물 [illegible] 와 응용

상 [illegible] 공학

| 수질오염제어 및 자원회수 |

안영호 지음

WATER AND WASTEWATER ENGINEERING

교문사

The highest activity a human being can attain

is

learning for understanding, because to understand is to be free.

Baruch Spinoza (1632~1677)

머리말

물은 지속 가능한 발전의 핵심 요소이다. 18세기 산업혁명의 태동 이후 현대에 이르기까지 4차에 걸친 산업혁명은 우리를 첨단 기술의 향연으로 이끌었지만, 인류는 심각한 환경오염과 각종 병원성 질병으로 인한 위험에 직면하고 있다. 우리 사회가 당면한 물 문제는 인간의 건강과 환경보전뿐만 아니라 경제성장 및 식량, 그리고 에너지 안보에 이르기까지 포괄적인 영향을 끼치고 있다.

안전한 물 공급을 위한 최선의 솔루션은 수질오염을 혁신적으로 줄이고 물관리 방식을 효과적으로 개선하는 것이다. 이미 물 재이용과 담수화는 기존의 수자원 활용에 대한 불확실성에 훌륭한 대안이 되고 있다. 수질에 대한 높은 수준의 신뢰도는 수량보다 더 주목받는 이슈가 되었으며, 이에 대한 이해 없이 물관리는 더 이상 논할 수 없는 상황이 되었다. 수질오염 저감은 이제 단순히 오염물질 제거 차원을 넘어 지속 가능한 자원 회수와 재사용으로 기술적 및 정책적 패러다임이 전환되었다. 물관리 시스템은 최적화 운전, 더 엄격한 규제 요건의 충족, 에너지 비용 및 온실가스 배출량 저감, 그리고 신재생에너지와 같은 신수익 창출이라는 과제를 안고 있다. 이러한 전환은 신흥오염물질의 제어와 에너지 효율의 향상 및 기후 영향의 최소화, 그리고 처리 시설의 역할을 오염 발생원으로부터 에너지 및 자원 공급원으로 변경하는 데 있다.

상하수도공학은 이용 가능한 양질의 수자원 확보와 지속 가능한 수질 관리를 위해 매우 중요한 기술로 아주 특별한 학문 분야이다. 상하수도공학은 기본계획, 관로 그리고 오염 제어의 세 분야로 구성되어 있다. 상하수도공학과 물 환경기술은 매우 전통적으로 보이지만 실제는 매우 빠른 속도로 진화하고 있는 분야이다. 따라서 토목환경공학을 기반으로 하는 예비 및 전문기술인들은 반드시 습득하고 발전시켜야 하는 필수 학문이다. 대학에서는 수질오염 제어기술을 상수 및 하수처리, 용수 및 폐수처리, 수질오염방지기술 혹은 물 환경기술 등이라는 이름으로 강의하고 있다. 이 책은 수질오염 제어기술과 자원 회수에 대하여 종합적으로 다루고 있다. 2016년 발행한 상하수도공학 전편은 물관리에 대한 기초적인 지식과 기본계획 그리고 관거 계획을 포함하고 있다. 수질오염 제어기술은 요소기술의 원리에 따라 물리화학적 방법과 생물학적 처리기술로 구분하여 강의하기도 한다. 비록 이 책에서는 상수와 하수처리로 크게 구분하고 있지만, 오염물질 제거 기술은 목표로 하는 오염물질의 종류와 농도에 따라 선택적으로 응용할 수 있다.

이 책은 총 4개의 파트와 13개의 장으로 구성되어 있다. 먼저 첫 번째 파트에서는 수질오염에 대한 근본적인 문제 제기와 그 역사적 발전과정을 다루고 있다. 제1장에서는 수질오염 제어의 필요성에 대하여 객관적인 근거와 배경을 예를 들어 설명하였고, 제2장에서는 수질오염 관리기술의 발전과정을 핵심 주제별(근대식 하수도의 도입, 여과, 소독, 활성슬러지, 막 여과, 바이오가스)로 구분하여 연대표와 함께 그 기술적 진화과정을 이해하기 쉽도록 요약하였다. 물 환경기술에 대한 요소기술을 학습한 후에 2장의 역사적 흐름을 반복하여 탐독한다면 또 다른 관점에서 기술적 발전과정을 이해할 수 있으리라 생각한다.

수질오염 제어와 관련한 기본개념은 두 번째 파트에 언급되어 있다. 제3장에서는 공정의 설계 및 운영 인자에 대한 개념을 설명하였고, 제4장에서는 물질반응을 표현하는 반응속도론과 물질수지를, 그리고 제5장에서는 반응조의 흐름 모델과 수리학적 특성을 설명하였다. 물 화학의 주요 개념인 산/염기 화학, 탄산염 평형, 가스 용해도 및 기체전달은 제6장에서 포괄적으로 다루었다. 제7장에서는 환경미생물학의 원리와 설계에 사용하는 수학적 표현에 대하여 설명하였다. 미생물학의 기초에서부터 미생물의 성장(속도 및 양적 개념)과 사멸, 생물 에너지론, 대사, 그리고 이와 관련한 동역학 이론은 생물학적 처리공정을 설계하고 평가하는 데 있어 매우 유용한 도구이다. 특히 생물학적 공정의 적용성과 신뢰성, 그리고 경제성을 평가하기 위해 미생물학에 대한 이해는 필수적이므로 이 장에서는 환경미생물에 대한 충분한 정보를 제공하고자 하였다.

세 번째 파트에서는 상수(음용수)처리에 대한 내용을 다루었다. 제8장에서는 정수처리시설계획과 우리나라의 제반 여건, 그리고 일반적인 상수처리 단위기술에 대하여 설명하였다. 제9장에는 상수고도처리에 있어 적용되는 각종 단위기술과 기존공정의 개선, 그리고 오염물질의 종류별 적용 가능한 공정에 대하여 설명하였고, 제10장에서는 정수처리과정에서 발생되는 배출수와 정수슬러지의 처리와 처분에 대해 다루었다.

마지막 네 번째 파트에서는 하수처리에 대한 내용을 다루었다. 제11장에서는 일반적인 하수처리를, 제12장에서는 하수고도처리를, 그리고 제13장에서는 하수슬러지의 처리처분, 그리고 자원화를 다루었다. 하수처리는 영양소(질소와 인)제거와 물 재이용을 전제로 할 경우 그 설계과정과 운영방법은 매우 복잡해지며, 이때 체계적인 폐수의 특성분석은 매우 유용하다. 하수처리의 핵심은 생물반응조에 있으므로 활성슬러지와 혐기성 소화는 중요한 공정이며, 합리적인 설계를 위해 7장의 미생물학적 지식은 그 기초가 된다. 하수의 고도처리에서는 각종 요소기술뿐만 아니라 각종 미량오염물질의 제거에 대한 최신의 연구내용을 포함하였다. 또한 슬러지의 처분에 대해서는 각종 우리나라와 선진외국의 재이용 관련 규제와 적용 방법을 체계적으로 비교하여 각종 처리기술의 기능적 특성과 효과를 이해할 수 있도록 하였다.

이 책은 한 학기 또는 여러 학기로 적절히 나누어 활용할 수 있다. 물리화학적 처리기술을 위해서는 기본개념(3~6장)과 상수처리(8~10장) 부분을, 그리고 생물학적 처리기술을 위해서는 환경미생물(7장)과 하수처리(11~13장)으로 구분하여 학습할 수 있다. 또한 물 재이용(중수도)과 고도처리기술에 대해서는 상수와 하수의 고도처리기술(9장과 12장)을 종합하여 학습하는 것이 바람직하다. 과학과 기술의 혁신은 늘 현재 진행형이며, 발전을 거듭할수록 이론과 설계는 더 복잡해지고, 그 결과 후학들이 학습해야 할 분량은 더욱 늘어난다. 그러나 무엇보다도 중요한 것은 정의와 기본개념의 이해이다. 따라서 효과적인 학습을 위해서는 꾸준히 반복하여 읽고 예제풀이를 통해 이해와 성취도를 높여야 한다.

이 책을 마무리하는 데 생각보다 긴 시간이 필요하였다. 그간의 강의노트와 수집한 내용을 단순히 정리하고자 했던 당초의 계획보다 그 내용과 범위가 크게 확대되었고, 국내외의 법령과 기준을 정리하는 데도 시간이 필요하였다. 그동안 학문적 성장에 도움을 주신 모든 분에게 특별히 감사의 마음을 전하고자 한다. 또한 이 책을 출판하는 데 도움을 주신 많은 분들에게도 감사드린다. 편견이나 오류 혹은 부족한 부분이 적지 않으리라 미루어 짐작하지만 늘 열린 마음으로 보완하고자 한다. 스스로 게으름에 빠지지 않기를 바라며, 나는 이 지식의 늪에서 자유로움을 찾고자 한다. 자연 속에서 끊임없이 자유를 추구한 스피노자의 삶처럼….

2020년 웅장한 매미소리 아래

무향재(撫香齋)

차례

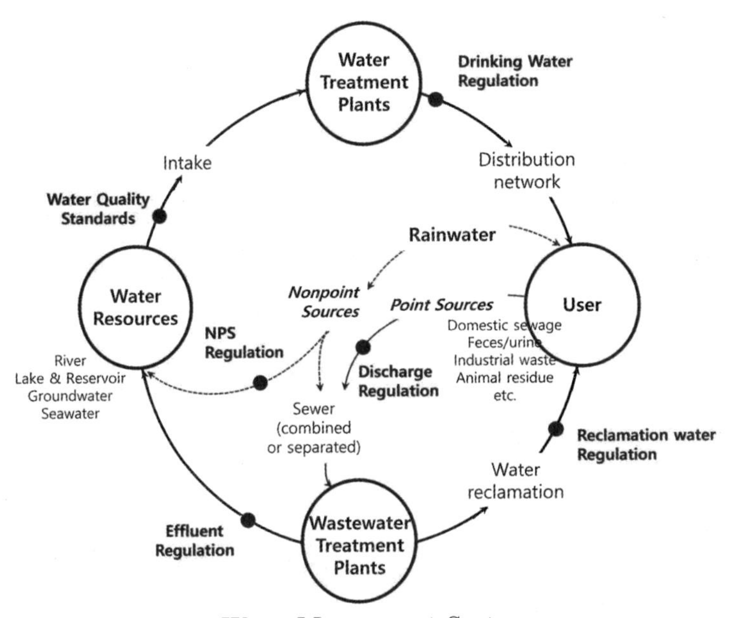

Water Management System

PART 1

Environmental Technology
for Water Pollution Control

수질 오염 제어를 위한 환경기술

Good water quality is essential to human health, social and economic development, and the ecosystem. However, as populations grow and natural environments become degraded, ensuring there are sufficient and safe water supplies for everyone is becoming increasingly challenging. A major part of the solution is to produce less pollution and improve the way we manage wastewater.

(UN Water, Water Quality & Wastewater, 2018)

Egyptian Clarifying Device

The wall of the Tomb of Ramses II. 1500 BC.

Ancient scriptures show that early Egyptian and Indus Valley cultures used processes to keep their water pure and it was amazingly effective. The processes included boiling, heating water in the sun, or poking a heated iron into the water. They may also have used filtering through sand and gravel.

(Baker & Taras, 1981)

Chapter 01

수질 오염 제어의 필요성

Need of Water Pollution Control

The Silent Highway Man

Drawing from the satirical journal Punch,
demonstrating the extremely polluted river Thames in 1858.
(Föhl and Hamm, 1985)

1.1 인구 증가와 도시화 그리고 물 산업의 부상

글로벌 미래를 연구하는 UN 밀레니엄 프로젝트(the millennium project)는 급격한 자원고갈, 지속발전, 기후변화 그리고 깨끗한 물의 안정적 확보를 인류가 직면한 가장 큰 도전이라고 규정하였다. 2025년 세계 인구의 40%(약 27억 명) 정도가 물 부족을 겪을 것이며, 가정용수, 산업용수 및 에너지 등의 수요 증가로 인하여 2050년에는 전 세계 물 수요량이 현재의 55%까지 증가할 것으로 예상하고 있고, 그 결과 21세기 물 산업은 지난 20세기를 이끌었던 석유산업을 추월할 것이라고 전망하고 있다(UNESCO-WWAP, 2003, 2015). 이에 대한 실질적 대응을 위해 상하수도 및 공공보건, 수자원, 물 관련 거버넌스 구축, 수질 및 하수 관리, 그리고 물과 관련한 재해 등 5개의 목표 영역으로 구분하여 물과 관련한 지속 가능한 개발목표(SDGs, Water and the Sustainable Development Goals)를 설정하였다(UN-Water, 2014).

21세기 블루골드(blue gold)라고도 불리는 물 산업(water industry)은 이제 미래의 중요한 성장동력으로 주목받고 있다. 그러나 깨끗하고(clean) 안전한(safe) 물을 확보하고 공급하기 위한 물 산업은 단지 21세기만의 새로운 개념은 아니다. 물 산업이란 이수와 치수 및 물 환경으로 정의되는 일련의 물 순환 과정에 기여하는 제조업, 설계/건설업 및 운영관리업 등과 관련된 산업으로, 이는 오래된 인류의 역사와 함께 발전해온 핵심 사회기반시설(social infrastructure) 산업분야이다. 그럼에도 불구하고 현시점에서 새롭게 주목받는 이유는 점점 더 심각해지는 물 부족과 오염의 다변화에 있다. 즉, 지속 가능하지 않은 성장의 결과, 급성장하는 수요와 한정된 공급능력 간의 불균형은 물 부족 문제를 더욱 가중시키고 있고, 급변하는 산업발전은 새롭게 출현하는 오염물질에 대응할 새로운 혁신기술을 필요로 하고 있다.

물 수요는 인구 증가, 도시화, 산업화, 식량 및 에너지 정책에 의해 크게 영향을 받으며, 식습관 변화 및 소비 증가와 같은 거시적 경제 동향에도 영향을 받는다. 지난 60년간 급격한 도시화 과정에서 세계의 도시 인구는 2007년에 처음으로 농촌 인구를 초과했으며, 2014년 기준으로 볼 때 세계 인구의 54% 정도가 도시에 거주하고 있다(그림 1-1). 즉, 전 세계 인구의 70% 이상이 농촌 지역에 살았던 1950년에 비하여, 2050년에는 약 66%의 인구가 도시에 거주하게 될 것이라고 추정하고 있다.

이에 반하여 우리나라의 경우는 사정이 좀 다르다. 우리나라의 도시화는 21.4%에 불과했던 1950년대에 비하여, 1960년대 이후 급격히 증가하여 1977년 이미 도시 인구가 농촌 인구를 앞질러 2014년에는 약 82.4%였다(그림 1-2). 우리나라의 급격한 도시화 현상에 대하여 유엔 인구국(Population Division of the Department of Economic and Social Affairs, United Nations)은 2033년 85%를 넘어서 2050년엔 약 90%에 근접할 것으로 예측하고 있다. 즉, 우리나라는 동아시아 국가 중에서도 가장 빠른 속도로 도시화 과정을 이루었으며 이미 거의 정점에 이르고 있음을 알 수 있다. 이처럼 급격한 도시화는 결국 깨끗한 물과 위생 관련 기반 인프라 부담의 증가를 초래하게 되고, 그 결과 무분별한 수원 개발과 수질 악화 등 인프라 서비스의 질적 저하와 함께 지역 간 물 분쟁을 초래할 가능성이 높다.

인구 집중과 도시화는 초 거대도시라 불리는 메가시티(megacity)의 형성과 확산을 초래하고

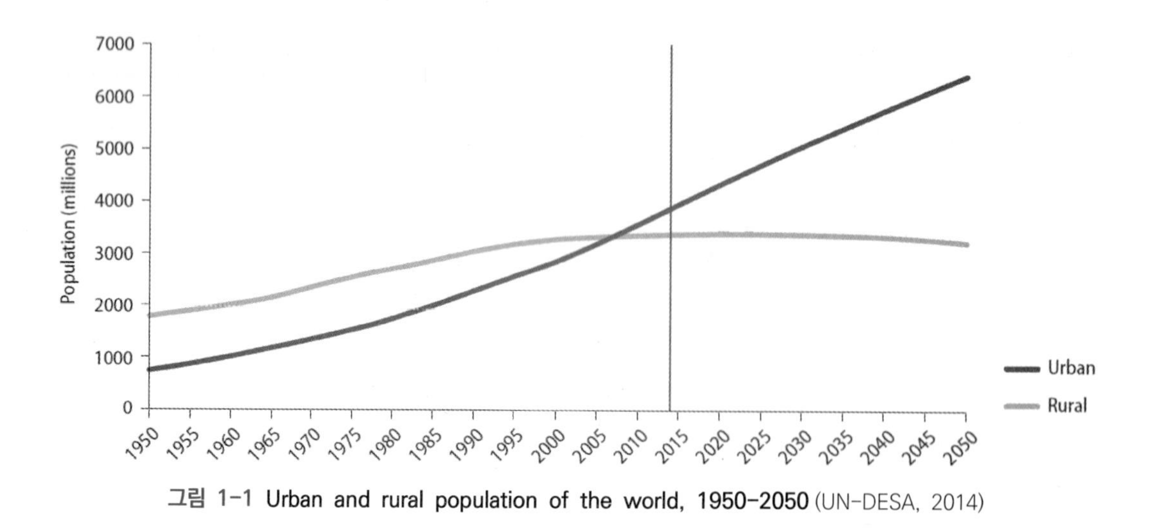

그림 1-1 Urban and rural population of the world, 1950-2050 (UN-DESA, 2014)

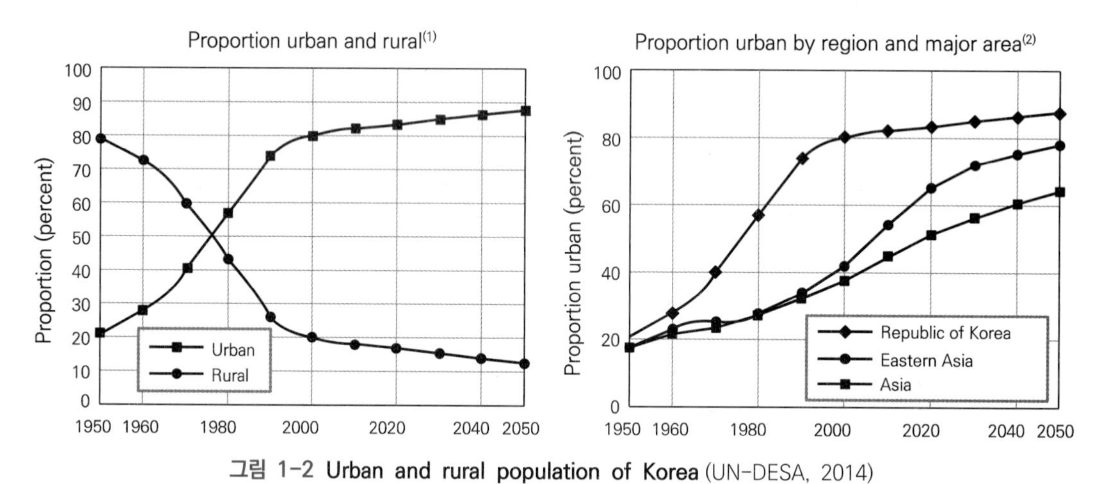

그림 1-2 Urban and rural population of Korea (UN-DESA, 2014)

있다. 20세기 초부터 사용된 이 용어는 일반적으로 1천만 명을 초과하는 인구를 가진 대도시 지역을 말하며(New Scientist Magazine, 2006), 단일 대도시 지역이나 둘 이상의 대도시 권역(metropolitan area)으로 구성되기도 한다. 현재 전 세계적으로 36개의 메가시티가 있는데, 유엔은 2030년까지 약 41개의 메가시티가 형성될 것이며, 또한 2025년까지 적어도 아시아에만 30개 이상의 메가시티가 형성될 것으로 예측하고 있다(UN, 2016). 2015년 기준으로 인도 델리(4,607만 명), 일본 도쿄(3,880만 명), 중국 상하이(인구 3,550만 명)를 포함하여 우리나라의 수도권인 서울(2,560만 명)도 10위권 내에 포함되어 있다. 메가시티는 장차 경제적·정치적·사회적 중요성을 띤 산업경제의 구심체 역할을 할 것으로 전망하며 많은 나라에서 국가 경쟁력 강화의 일환으로 추진하는 추세이다(정재영, 2000). 그러나 인구 집중으로 인한 사회기반 인프라(상하수도, 에너지, 교통)의 부족과 환경오염 문제(온실가스 배출, 기후변화 등)는 더 나은 주거환경과 풍부한 여가, 엔터테인먼트 등 다양한 편익을 제공할 것으로 기대되는 메가시티가 직면할 가장 중요한 문제가 되고 있다.

1.2 수인성 질병의 발병과 확산

도시화의 심화와 물 환경 기반 인프라 서비스의 질적 저하는 수인성 질병(waterborne disease)의 발병과 확산에도 관련이 매우 깊다. 오염된 물의 접촉이나 섭취를 통해 감염되는 수인성 질병은 일반적으로 병원성 미생물(pathogenic microorganisms)에 의해 유발되는 것으로 원생동물(protozoa), 박테리아(bacteria), 바이러스(virus) 및 조류(algae) 등이 원인이 될 수 있다. 이 중에서 전염성이 강할 뿐 아니라 증상이 심해 치명적인 상태로 진행하기 쉬운 장염(enteritis)과 같은 질병을 수인성 전염병(waterborne infections)이라 부른다. 대표적인 것은 콜레라(cholera), 장티푸스(typhoid), 이질(dysentery) 등으로 우리나라에서는 모두 제1군 법정 전염병(legal epidemic)으로 분류되어 있다.

깨끗한 물 공급을 위한 상하수도공학의 기술적 발전은 물 환경개선뿐만 아니라 이러한 수인성 질병으로부터의 예방 효과를 우선적으로 가져왔고 그 결과 의학이나 다른 어떤 치료기술의 발달보다도 인류의 건강에 더 큰 영향을 끼쳤다(BBC, 2007). 그 대표적인 사례로써 현재 50개국 이상에서 대규모 전염성 풍토병의 형태로 나타나는 콜레라를 들 수 있다. 콜레라라고 여겨지는 질병에 대한 역사적 기술은 기원전 5세기경 산스크리트(Sanskrit)에서도 발견되며 지난 수세기 동안 이 질병은 인도 대륙에 이미 존재해 왔다. 약 7세기 중국과 17세기 자바에서 콜레라로 추정되는 악성 역병의 기록이 있지만, 세계적인 대유행은 1817년과 1923년 동안 발생하였다. 인도 콜카타(Kolkata, India)에서 발생한 이 유행성 질병은 아시아, 아프리카뿐만 아니라 유럽과 남북아메리카로 확산되었다. 1817년 이후 약 7차에 걸쳐 아시아에서부터 세계의 많은 지역으로 확산 전파되었다. 콜레라균은 1854년에 이탈리아 해부학자 필리포 파시니(Filippo Pacini)에 의해 인체 분변시료로부터 처음 관찰되었고(Pacini, 1854), 이후 1884년 로베르트 코흐(Robert Koch, Germany)는 인도에서 비브리오 콜레라(*Vibrio cholerae*)균을 순수 분리하였다(Koch, 1884). 1961년경부터 최근까지 진행 중인 제7차 콜레라의 대유행(그림 1-3)은 벵골 만(Bay of Bengal)에서 시작되어 아시아를 거쳐 아프리카, 유럽 및 중남미 대륙을 횡단하여 확산된 것으로 매년 3~5백만 명에게 영향을 주었고, 약 120,000명이 사망했다(Harris et al., 2012, Mutreja et al., 2011). 우리나라에서도 2001년도에 크게 유행하여 162명의 환자가 보고된 바 있다. 콜레라와 같은 병원성 미생물로 인한 수인성 질병에 대한 효과적인 대응방안 마련은 현재까지도 거의 모든 국가에 있어서 해결되어야 할 중요한 과제로 남아 있다.

1.3 산업 발전과 오염물질의 다변화

산업의 발전은 오염원 및 오염물질의 다양성과 매우 관련이 깊다. 역사적 관점에서 보면 산업혁명(그림 1-4)과 같은 과학기술적 성과는 매우 최근에 이루어진 것으로 이는 우리 사회가 매우 짧은 시간 동안 발전하고 변화해왔다는 것을 알 수 있다. 약 2세기 전 농경중심의 사회에서 현대사회로의 첫 번째 전환점이라고 할 수 있는 제1차 산업혁명(1784)에서부터 제4차 산업혁명에

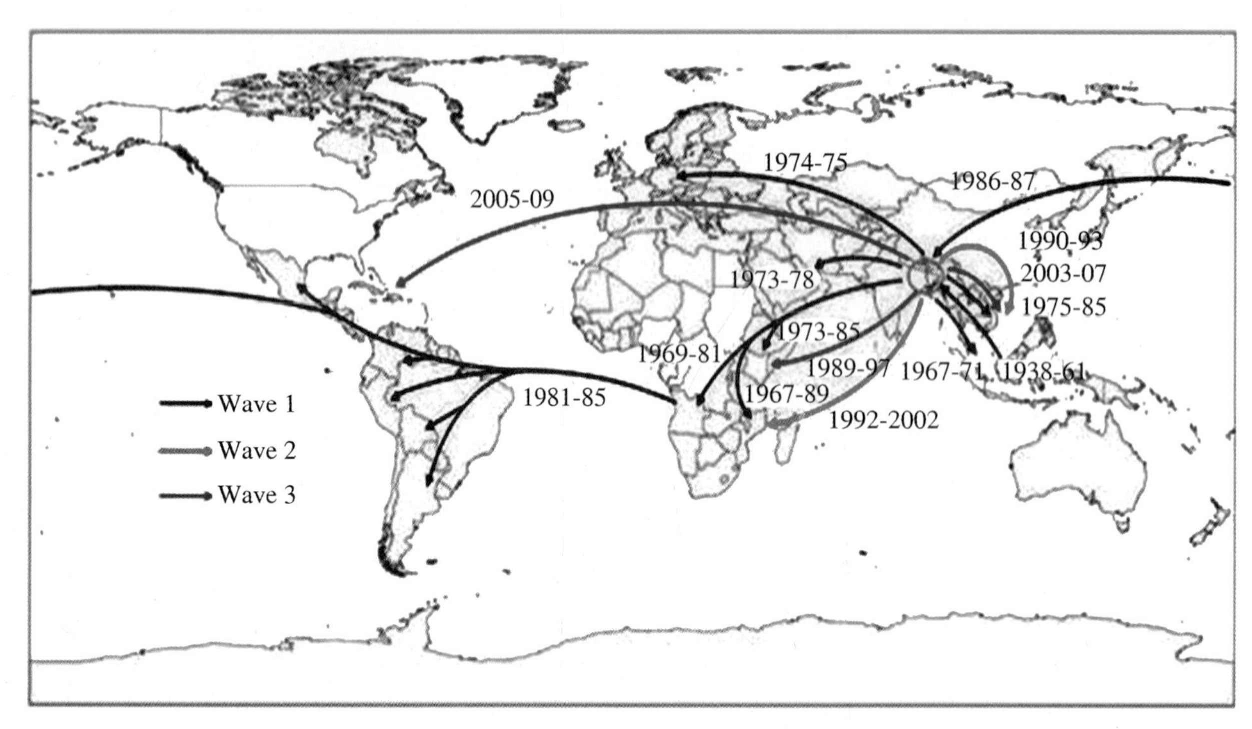

그림 1-3 **Transmission events inferred for the seventh-pandemic phylogenetic tree, drawn on a global map.** (Mutreja et al., 2011)

진입한 현대에 이르기까지 기술혁신의 주기와 그 파급력은 매우 급격하게 빨라지고 있다(Kurzweil, 2005).

유례없는 경제성장을 보였던 20세기는 물론 현재까지도 경제적 부를 제공한 성장의 대부분은 물 소비에 의한 결과이다. 특히 제품 생산 활동과 함께 부수적인 물 수요가 급격하게 증가하였

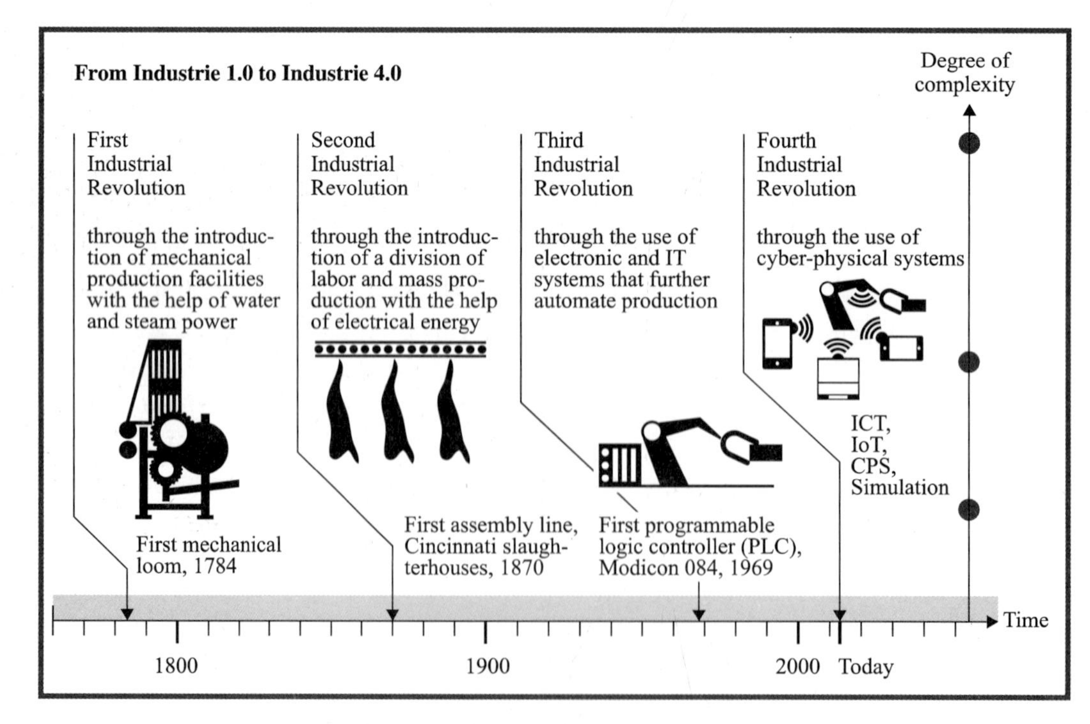

그림 1-4 **산업혁명과 기술의 변화** (DFKI, 2011)

표 1-1 산업별 주요 수질오염물질

제조업부문	오염물질
철과 강철	유기체 잔여물, 유지, 금속, 산, 페놀, 시안화물
섬유 및 피혁	유기체 잔여물, 부유 고형물, 황산, 크롬
펄프 및 제지	유기체 잔여물, 고형물, 염소 유기 혼합물
석유화학 및 정유소	유기체 잔여물, 광물성 유지, 페놀, 크롬
화학제품	유기체 화합물, 중금속, 부유 고형물, 시안화물
비 제철 금속	불소, 부유 고형물
극소 전자 공학	유기체 잔여물, 유기체 화합물
채광 산업	부유 고형물, 금속, 중금속, 산, 염

Ref) Stauffer(1998)

고, 결과적으로 수자원 확보와 수질환경을 크게 위협하는 요인이 되었다(표 1-1). 이러한 산업은 주요 도시를 중심으로 집중되는 경향이 있어 도시화와 함께 오염원과 오염물질의 다양성에 크게 영향을 끼친다. 오·폐수 등을 포함하여 각종 산업폐수에는 대부분 유기물질과 부유물질이 포함되어 있는데, 이들은 수중의 산소를 고갈시키고 바닥에 서식하는 유기체를 질식시키거나 수중 생태계의 활동에 악영향을 끼치며, 궁극적으로는 인간의 보건에 직접적인 위협 요인이 된다. 카드뮴, 납, 수은 등은 호르몬과 생식 작용을 방해하기 때문에 더욱 위험하다. 구리와 아연의 경우, 인체에는 덜 유해하지만 그럼에도 불구하고 수중 생물에게는 중요한 독성물질에 해당한다 (Stauffer, 1998; Gleick, 1993).

수질오염 문제를 일으키는 가장 빈번한 오염원으로는 분뇨, 산업 폐기물, 화학물질, 농업용 살충제, 화학비료 등으로, 오염의 주요 형태로는 분뇨 속의 세균, 유기화학물질, 광산 대수층의 산성화 물질, 대기 중으로 배출되는 가스, 산업용 중금속, 암모니아, 농업활동으로 인한 질산염 및 인산염, (농업용) 살충제 및 그 잔여물, 인간 활동으로 인한 하천·호소 퇴적물의 부식 및 염류의 축적 등이 있다. 또한 수질오염의 위험은 제조산업 활동 과정뿐만 아니라 예기치 않은 사고 등으로 인해 발생하기도 한다. 예를 들면, 1986년에 발생한 스위스 슈바이처할레(Schweizerhalle) 살충제 공장에서 발생한 참혹한 화재는 라인강의 심각한 오염으로 이어졌고, 이는 사고 이후 며칠 동안 네덜란드의 하천 하류까지 1,000 km에 달하는 거리를 유하하면서 어업활동과 식수공급 활동이 중단되는 원인이 되었다. 1988년 영국에서는 카멜포드(Camelford) 및 콘월(Cornwall)에 있는 물 처리시설에서 20톤에 달하는 농축 황산 알루미늄 용액이 유출되는 사고로 인하여 카멜강(Camel River)의 pH가 7～8에서 3.5～4.2 수준까지 떨어져, 하천에 서식하는 물고기의 대부분이 폐사하는 결과를 초래하였다. 이 사건으로 물 소비자는 사흘 간 3.9～5.0의 pH지수를 가진 식수에 노출되었고, 결과적으로 지역공동체의 수환경과 건강에 큰 악영향을 미쳤다(UNESCO-WWAP, 2003).

산업의 발전과 경제성장의 과정에서 오염물질의 발생원과 그 특성은 다양한 변화를 보였다. 그림 1-5는 지난 80년간 물 오염 문제가 발생되었거나 실제 심각한 사회문제로 인지된 주요 항목을 정리한 것이다. 비록 이는 유럽의 경우를 바탕으로 작성된 것이나 세계적으로 도시화와 산

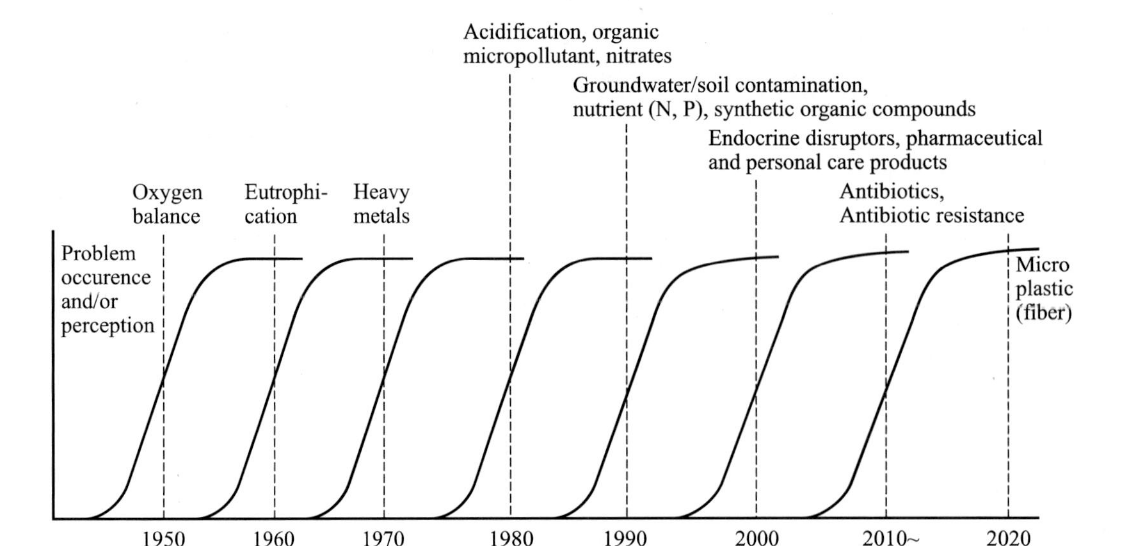

그림 1-5 **Historical identification of water pollution problems** (modified from Rydén et al., 2003)

업화 과정에 있는 국가의 경우에 대한 단계적 변화과정으로 보아도 무방할 것이다. 유기물질의 유입으로 인한 산소부족에 대한 문제에서부터 부영양화, 중금속, 영양소 제거, 지하수 토양오염, 환경호르몬, 의약품 및 개인위생용품, 그리고 항생제 내성에 이르기까지 오염물질의 다변화는 산업발전과정과 매우 관련이 깊다. 여기서 유의할 점은 특정 오염물질에 대한 이슈는 산업화 과정에서 시대상을 반영하는 결과라는 것이며, 시간이 경과하더라도 그 오염물질의 중요성은 여전하기 때문에 꾸준한 관리와 모니터링의 대상이 된다. 즉, 오늘날에도 유기물질, 영양소 및 독성물질 등은 여전히 완벽하게 제어되어야 할 중요한 규제항목이며 이에 더하여 새로운 오염물질들이 다양하게 추가되고 있는 것이다(Deblonde et al., 2011).

1.4 신흥 오염물질의 등장

신흥 오염물질(emerging pollutants)이란 주로 급수나 폐수의 방류 단계에서 그 물질의 존재에 대한 모니터링이나 자료 보고의 요구에 대한 법적 규정이 없는 물질을 의미한다. 이러한 물질은 신흥 관심 성분(CECs, constituents of emerging concern), 미량 성분(microconstituents), 미량 유기오염물질(trace organic contaminants) 등 다른 유사 명칭으로 표현되기도 한다. 현재 신흥 오염물질로 설명되는 성분들은 대부분 의약품 및 개인위생용품(PPCPs, pharmaceuticals and personal care products)들로 내분비 교란 화합물(EDCs, endocrine disrupting compounds)과 나노 입자(nanoparticles)와 항생제 내성 유전자(ARGs, antibiotic resistant genes) 등이 포함된다. 이러한 물질들은 인간과 동물의 대소변, 미사용 의약품, 가정용 또는 목욕을 통해 세척되어 환경으로 유입되어, 통상적으로 나노그램(ng/L)에서 마이크로그램(μg/L)의 농도범위로 나타난다. 특히 최근 검출 방법의 기술적 발전으로 인해 많은 오염물질이 점점 더 많이 검출되고 있다(Keen et al., 2014; Lang et al., 2016; Liu, et al., 2016). 주요 발생원은 병원폐수, 불법 의약품, 도시하

표 1-2 Sources, category, and examples of substances as potential endocrine disruptors

Sources	Category(Example of Uses)	Examples of Substances
Incineration, landfill	Polychlorinated Compounds (from industrial production or by-products of mostly banned substances)	Polychlorinated dioxins, polychlorinated biphenyls
Agricultural runoff / Atmospheric transport	Organochlorine Pesticides (found in insecticides, many now phased out)	DDT, dieldrin, lindane
Agricultural runoff	Pesticides currently in use	Atrazine, trifluralin, permethrin
Harbours	Organotins (found in antifoulants used to paint the hulls of ships)	Tributyltin
Industrial and municipal effluents	Alkylphenolics (Surfactants - certain kinds of detergents used for removing oil - and their metabolites)	Nonylphenol
Industrial effluent	Phthalates (found in placticisers)	Dibutyl phthalate, butylbenzyl phthalate
Municipal effluent and agricultural runoff	Natural Hormones (produced naturally by animals); synthetic steroids (found in contraceptives)	17-b-estradiol, estrone, Testosterone; ethynyl estradiol
Pulp mill effluents	Phytoestrogens (found in plant material)	Isoflavones, ligans, coumestans

표 1-3 알려진 내분비 교란 화합물과 그 사용예

Category/Use	Examples EDCs
Pesticides	DDT, chlorpyrifos, atrazine, 2,4-D, glyphosate
Children's products	Lead, phthalates, cadmium
Food contact materials	BPA, phthalates, phenol
Electronics and Building materials	Brominated flame retardants, PCBs
Personal care products, medical tubing	Phthalates
Antibacterials	Triclosan
Textiles, clothing	Perfluorochemicals

Ref) Gore, A.C. et al.(2014)

수, 하수처리장 방류수, 매립지 침출수 등으로 알려져 있다.

1991년에 처음 정의된 내분비계 교란물질이란 명칭은, 환경화학물질이 내분비계통의 발달을 방해하며 그 노출로 인한 영향이 영구적일 수 있는 물질로 정의하고 있다(Colborn et al., 1993). 이후 약 10년간의 연구결과, 내분비계 교란물질은 야생 동물과 인간의 건강에 있어 중요한 문제를 야기할 수 있음이 명확히 밝혀졌다(Bern et al., 1992; Brock et al., 1999). 내분비 교란물질의 종류는 그 발생원 및 주요 사용처 등에 따라 매우 다양하다(표 1-2와 1-3). 미국 내분비 학회에 따르면 현재 제품 제조에 사용되는 화학물질 85,000종 중에서 수천 가지가 EDCs일 수 있으며, 살충제(pesticides), 계면활성제(surfactants), 세척제(cleaning agents), 난연재(flame retardants), UV 필터 및 가소제(plasticizers) 등이 내분비 교란 특성을 가진다(The ChemSec, 2015).

항생제(antibiotics)의 경우 합성 항생제(1907)와 페니실린(penicillin)(1928), 그리고 다양한 후속 항생제의 개발로 인류 건강에 지대한 기여를 하였으나(Fleming, 1980; Lindblad, 2008) 무분별한 오남용과 관리 소홀로 새로운 수질오염물질로서 항생제 성분과 항생제 내성균(ARB,

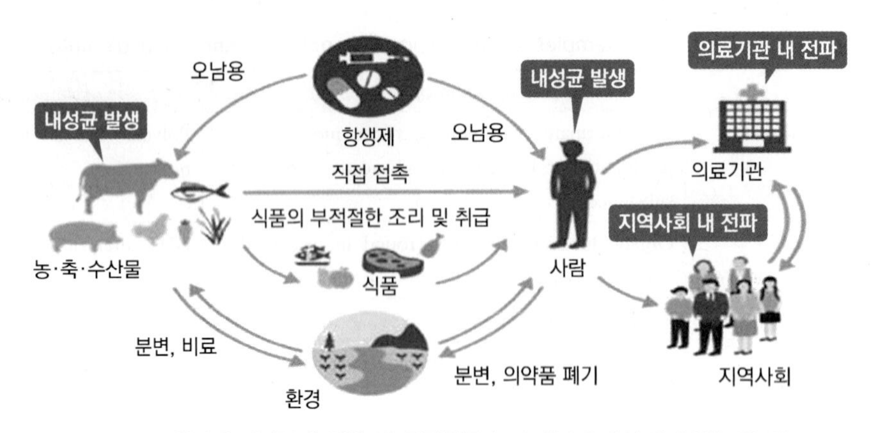

그림 1-6 **항생제 내성균의 발생 및 전파경로** (국가 항생제 내성 관리대책, 2016)

그림 1-7 **Timeline of antibiotic deployment and the evolution of antibiotic resistance** (CDCP, 2013)

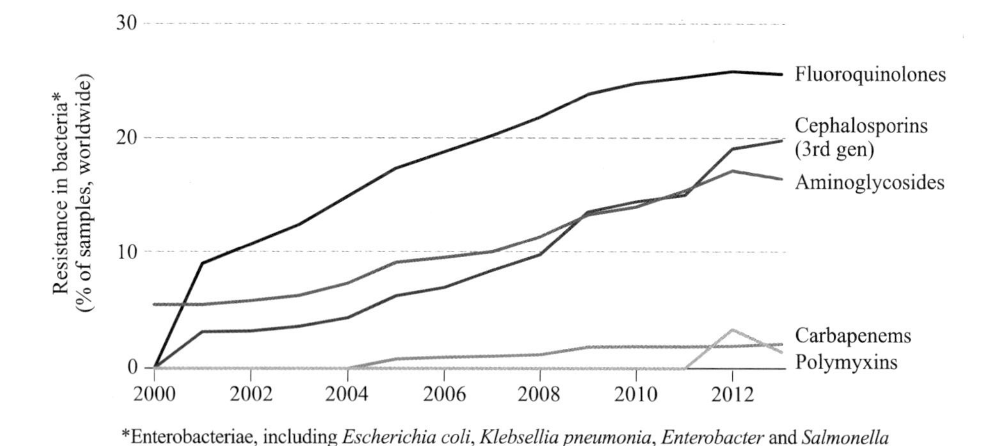

그림 1-8 **항생제 내성의 확산** (Reardon, 2015; CDDEP Resistance Map, based in part on data obtained under license from IMS MIDAS)

antibiotic resistant bacteria) 및 그 유전물질(ARGs)의 출현(그림 1-6~1-8)을 야기하였다. 특히 병원 폐수나 미처리된 도시 폐수의 배출을 통한 확산과 환경오염은 점점 심각한 보건환경 문제가 되고 있다(Marti et al., 2014; Martinez and Olivares, 2012). 미국의 경우 매년 2백만 명이 항생제 내성균에 감염되고 이중 2만3천 명이 사망하는 것으로 알려지고 있다(CDCP, 2013). 항생제 내성에 대처하지 못할 경우 2050년에는 전 세계적으로 연간 1,000만 명 이상 사망할 것이라고 예측하고 있다(국가 항생제 내성 관리대책, 2016). 의학품 규정 1일 사용량(DDD, defined daily dose)을 기준으로 할 때 우리나라는 경제개발협력기구(OECD) 12개국 평균(23.7)보다도 매우 높은 사용량(31.7)을 보이고 있어 물 환경 및 공중보건에 미치는 영향이 상대적으로 클 것으로 예측하고 있다.

항생제 내성기작은 수평 유전자 전이(horizontal gene transfer)라는 독특한 특성을 가지고 있는데, 이는 유전자 벡터 또는 운반체 역할을 하는 바이러스나 전염 물질을 통해 이종교배가 되지 않는 종들 사이에 유전자 변이를 일으키는 것을 의미한다. 즉, 박테리아는 본질적으로 특정 항생제에 대해 내성이 있을 수 있으나 염색체 유전자 내 돌연변이 혹은 수평적 유전자 전이에 의해 항생제 내성이 생기게 된다. 이는 항생제 내성이 단순히 하·폐수처리 단계의 문제가 아니라, 지표수와 지하수 및 해양의 물 환경 모두 이러한 내성 박테리아와 유전자의 중요한 저장소가 될 수 있다는 것을 의미한다(Moore and Rose, 2009).

최근 전 세계적으로 어떠한 항생제로도 치료할 수 없는 속칭 슈퍼박테리아(superbacteria)라 불리는 다제 내성균(MDR, multi-drug resistance)과 그 유전자(MDR gene: ex, MCR-1, NDM-1)가 하천과 생활용수 등에서 출현되었다고 보고된 바 있다(Liu et al., 2016; Parry, 2016; Wiki, 2016). MCR-1(mechanism of colistin resistance-1)은 콜리스틴(colistin), 폴리믹신(polymixin) 등의 최후 항성 항생제 중 하나에 대해 수평 유전자 전이가 가능한 저항 유전기작(plasmid-mediated resistance mechanism)으로 장내세균에서 처음 발견되었다. 또한 NDM-1(new delhi metallo-beta-lactamase-1)은 박테리아가 광범위한 베타락탐 항생제(카바페넴 계열)에 내성을 갖도록 만드는 효소로, 그 명칭이 의미하는 바와 같이 인도 뉴델리의 식수와 세탁용수에서 검출된 것이다. 현재 우리나라의 주요 감시대상 다제 내성균은 총 6종으로 반코마이신내성 황색포도상구균(VRSA), 메티실린내성 황색포도상구균(MRSA), 다제내성녹농균(MRPA), 다제내성 아시네토박터바우마니균(MRAB), 카바페넴 내성 장내세균 속 군종(CRE), 그리고 반코마이신 내성 장알균(VRE)이다. 또한 최근 국내에서도 MCR-1 및 NDM-1 유전자가 가축 및 인체의 장내세균과 하천에서 각각 검출된 사례가 있다(질병관리본부, 2016).

우리나라의 경우를 살펴보면 빠른 경제성장과 함께 1970년 이후 물 오염이 중요한 사회문제로 대두되어 왔으며, 산업화와 오염물질의 다변화 특성에 대한 관점으로 볼 때 앞서 설명한 바와 같이 유사한 경향이라 할 수 있다. 즉, 1980년도에는 유기물질의 제거, 1990년도에는 영양소와 토양 지하수 오염 및 합성 유기물질, 2000년도에는 내분비계 교란물질, 그리고 2010년 이후에는 남세균의 과잉성장에 의한 시아노톡신(cyanotoxin)의 검출, 그리고 항생제 내성균 확산에 대해 사회적인 관심과 우려가 높다.

이상과 같이 시대별로 오염물질에 대한 주요 이슈는 과학기술의 발전상을 반영하고 있으며, 오염물질의 발생원과 종류 그리고 그 물질의 특성은 매우 다양하다. 또한 현실적으로 이러한 성분을 모두 개별적으로 분석하기가 용이하지 않을 뿐만 아니라 오염물질로서 이를 정의하기 위한 방법도 쉽지 않다. 수질오염항목(water quality parameters)은 일반적으로 해당 수역의 특성에 따라 결정되는데, 기본적으로 “물고기가 살 수 있는(fishable) 그리고 수영이 가능한(swimmable)”으로 정의되는 일반적인 항목(Clean Water Acts, USA, 1972)과 특정 오염물질에 대한 항목 등으로 구분된다(the fifteenth annual report of the Council on Environmental Quality, USA, 1984). 또한 일반적으로 깨끗한 물(clean water)이란 색, 냄새, 맛 및 고형물질이 없는 상태(colourless, odourless, tasteless and no suspended solids)로 정의되며, 안전한 물(safe water)이란 병원균과 유기성/무기성 유해물질이 없으며, 미네랄 성분이 낮은 경우(less mineral substances)를 말한다. 결론적으로 이러한 다양한 오염물질의 특성을 종합적으로 정의한다면 다음과 같이 구분할 수 있다.

- 유기성(organic) / 무기성(inorganic)
- 용존성(soluble) / 불용성(insoluble)
- 합성(synthetic) / 천연(natural)
- 독성(toxic) / 무독성(non-toxic)
- 생물학적 분해불능(NBD, non-biodegradable) / 생물학적 분해가능(BD, biodegradable)
- 미량(micro-) / 거대(macro-)

이러한 물질은 해당산업의 종류에 따라 다양한 형태로 발생하며, 결국 용존성 유기물질, 그 중에서도 독성을 가지는 미량 성분의 난분해성 합성 유기물질의 제거는 깨끗하고 안전한 물을 확보하기 위해 가장 어려운 기술적 도전이 된다.

1.5 오염물질에서 재생가능 자원으로의 인식전환

2차 산업혁명(1870)과 1885년 내연기관의 개발 이후 현재까지의 급격한 도시화와 산업발전은 기본적으로 다량의 물과 에너지 소비를 바탕으로 이루어져 왔다. 그 주요 에너지원은 석탄, 석유 및 천연가스 등의 화석연료(fossil fuels)로, 이는 재생 불가능(non-renewable)한 유한 자원(finite resources)이다(그림 1-9). 또한 이산화탄소의 과다 방출과 지구온난화(global warming) 등의 환경오염 문제 발생은 결과론적인 불가피한 현상이었다. 세계적인 에너지 위기(energy crisis)는 국제적인 정치 및 경제 상황 변화에 따라 반복적으로 야기되었고(그림 1-10), 화석에너지를 대신할 수 있는 새로운 에너지의 요구에 대한 인식이 꾸준히 증가되어 왔다. 지속 가능한 발전을 위해서

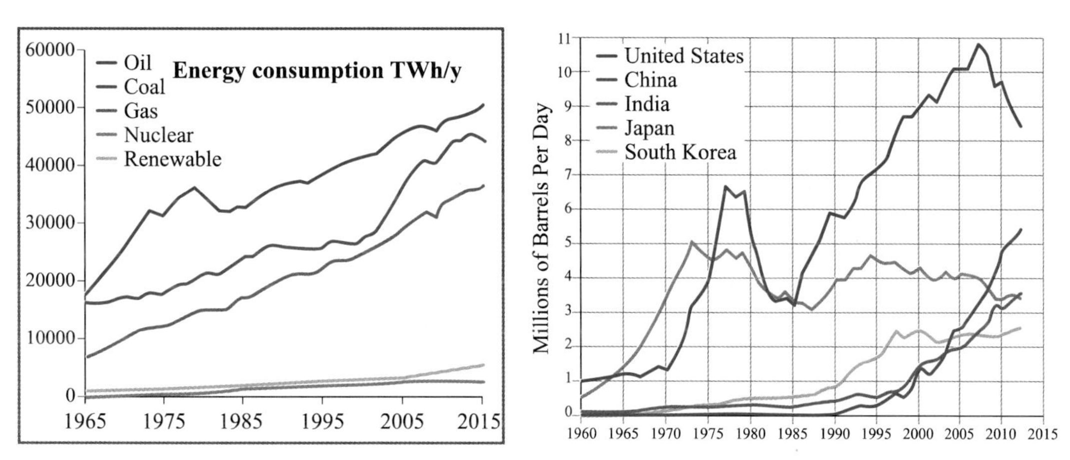

그림 1-9 **The world's energy consumption**(from BP: Statistical Review of World Energy, Workbook(xlsx), 2016) **and top five crude oil-importing countries** (1960-2012)

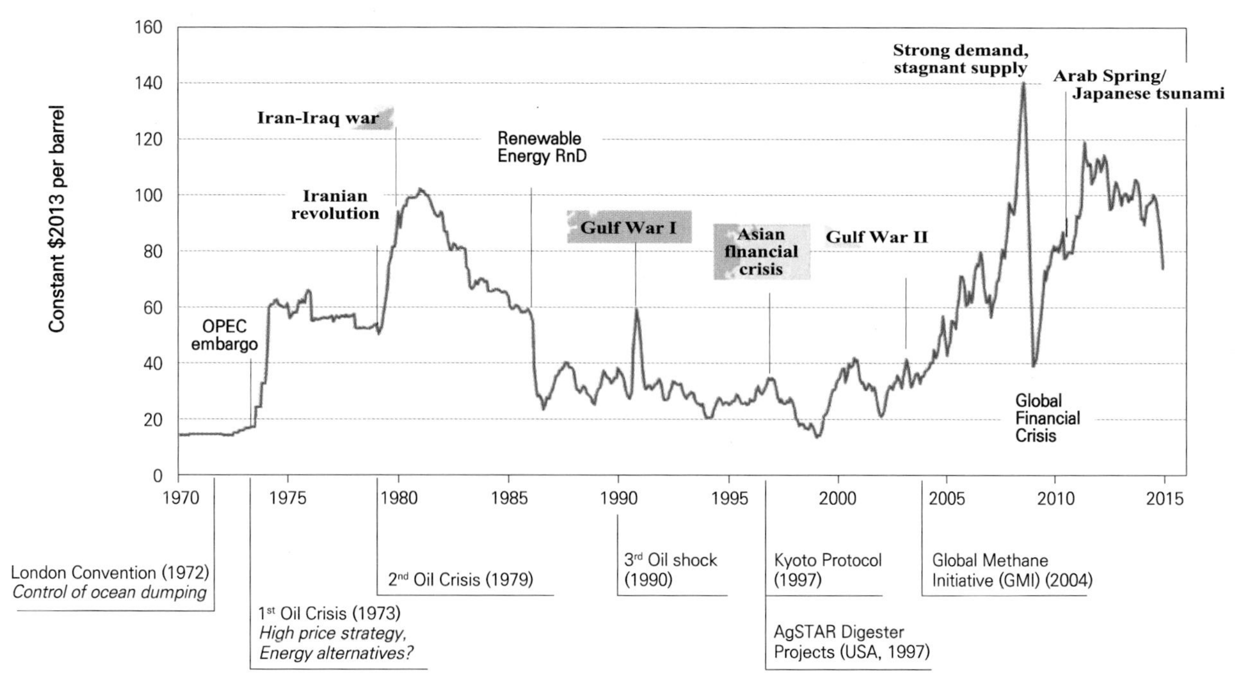

그림 1-10 **Timeline of oil price shocks** (modified from US Energy Information Administration, "What Drives Crude Oil Prices?", 2015. http://www.eia.gov/finance/markets/spot_prices.cfm)

환경보전과 충분한 에너지원의 확보는 매우 중요한 사항으로 안정적 에너지 수급에 대한 불안과 새로운 에너지에 대한 불확실성은 국제적 에너지 자원 확보 경쟁을 초래하고 있다. 이러한 여건하에서 지속가능한 에너지 공급 체계를 수립하기 위한 대체에너지(alternative energy)에 대한 연구와 개발이 점차 강조되었고, 이는 재생가능 에너지(renewable energy) 또는 신재생에너지라는 개념으로 발전해 왔다. 신재생에너지는 자연적으로 끊임없이 보충되는 재생가능한 자원으로부터 수집될 수 있는 에너지로, 이는 태양열(solar), 풍력(wind), 해양(ocean), 수력(hydropower), 바이오매스(biomass), 지열(geothermal), 그리고 바이오 연료(biofuels)와 수소(hydrogen) 등에서 발생되는 전기 및 열을 포함한다(IEA, 2002; Omar, et al., 2014).

2012년 기준 전 세계의 총 에너지 소비량(TPEC, total primary energy consumption)은 155,505 TWh(terawatt-hrs = 10^{12} W)로 최종 에너지 소모량(final energy consumption)으로는 약 104,426 TWh이다. 이는 석유(40.7%), 전기(18.1%), 천연가스(15.2%), 바이오연료/폐기물(12.4%), 석탄/이탄/셰일(10.1%) 및 기타(3.5%) 순이며, 최근 바이오 연료와 폐기물 등 신재생에너지의 성장이 점진적으로 이루어지고 있다(IEA, 2014; REN21, 2015). 미국 에너지 관리청(US EIA, 2014)에 따르면 향후 에너지 소비는 2040년까지 현재 대비 약 48% 성장할 것으로 기대되며, 그중에서 신재생에너지는 가장 큰 비중을 차지할 것으로 예측하고 있다(그림 1-11).

전체 에너지원의 96%를 수입에 의존하고 있는 우리나라는 에너지 빈국에 해당한다. 2014년 기준 에너지 통계(한국가스연맹, 2014)에 따르면 한국의 에너지 소비량은 약 273백만 TOE (tonnage of oil equivalent, 석유 1톤을 연소할 때 발생하는 에너지)로 전 세계에서 9번째로 높다. 석탄·석유·천연가스 등 1차 에너지 소비량(primary energy consumption)은 9위(212.8백만 TOE), 1인당 에너지 소비량은 10위권(5,262 kg OE/catipta-annum, 6,994.5 W/capita-annum)이다. 2014년 우리나라는 약 309백만 TOE의 에너지를 수입하여 소비하고 이중 20% 정도(62.3백만 TOE)를 수출하고 있다. 참고로, 에너지(석유) 수입량은 국가 총 예산의 50% 수준(2015년 기준)에 해당하는 막대한 양이며, 1인당 가정용 전기 소비량은 2012년 기준 1,278 kWh로 이는 OECD 평균 사용량인 2,335 kWh의 55% 수준에 해당한다. 현재 우리나라의 신재생에너지 공급 비중은 약 3~4% 정도이나(표 1-4), 2012년 이후 신재생에너지 공급 의무할당제(RPS, renewable energy portfolio standard)를 도입하는 등 생산과 보급을 점차 확대하여 2035년에는 그 비중을 11%까지

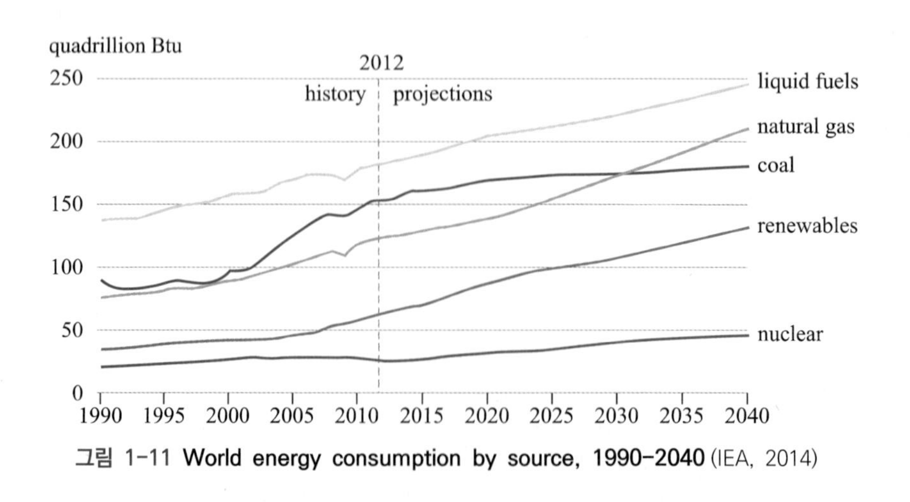

그림 1-11 World energy consumption by source, 1990-2040 (IEA, 2014)

표 1-4 우리나라의 신재생에너지 보급현황 (단위: 천 TOE)

	2005	2006	2007	2008	2009	2010	2011	2012	2013
공급량	4.879.20	5.225.20	5.608.80	5.858.50	6.086.20	6.856.30	7.582.80	8.850.70	9.879.20
공급비중(%)	2.1	2.2	2.4	2.4	2.5	2.6	2.8	3.2	3.5
태양열	34.7	33	29.4	28	30.7	29.3	27.4	26.3	27.8
태양광	3.6	7.8	15.3	61.1	121.7	166.2	197.2	237.5	344.5
바이오	181.3	274.5	370.2	426.8	580.4	754.6	963.4	1.334.70	1.558.50
폐기물	3.705.50	3.975.30	4.319.30	4.568.60	4.558.10	4.862.30	5.121.50	5.998.50	6.502.40
수력	918.5	867.1	780.9	660.1	606.6	792.3	965.4	814.9	892.2
풍력	32.5	59.7	80.8	93.7	147.4	175.6	185.5	192.7	242.4
지열	2.6	6.2	11.1	15.7	22.1	33.4	47.8	65.3	87
수소, 연료전지	0.5	1.7	1.8	4.4	19.2	42.3	63.3	82.5	122.4
해양	–	–	–	–	–	0.2	11.2	98.3	102.1

Ref) 신재생에너지센터(2014)

확대하는 것을 목표로 하고 있다.

신재생에너지는 과다한 초기 투자라는 장애요인이 있음에도 불구하고 화석에너지의 고갈과 환경오염 문제의 해결이라는 두 가지 큰 장점으로 인하여 전 세계적으로 이에 대한 과감한 투자와 연구개발이 활발히 추진되고 있다. 특히 불안정한 국제 유가의 변화와 함께 해양오염 방지를 위한 런던협약(London Convention, 1972)과 기후변화 협약(Kyoto protocol, 1997, 2005) 등 각종 환경규제의 확대로 인하여 청정에너지(green technology)의 중요성은 더욱 강조되고 있다.

1997년 미국의 기후변화 행동계획(Climate Change Action Plan)에 따르면 메탄 배출 저감 방안의 일례로 환경 보호국(EPA)과 에너지부(DOE) 및 농무부(USDA)는 축산업계(축산분뇨)를 주축으로 자발적 AgSTAR 오염 예방 프로그램을 확대 시행하고 있다(그림 1-12). 이 프로그램의 주요 목표는 메탄의 회수 및 사용 그리고 수익성 향상에 있다(Clinton and Gore, 1993; USEPA, 1997). 또한 2004년에는 농업(축산분뇨, 거름), 석탄 광산, 도시 고형폐기물(MSW, municipal solid wastes) 매립지, 도시 하수 및 산업폐수처리장, 석유 및 가스 시스템과 같은 5개 핵심 배출원에 대하여 발생하는 청정 에너지원인 메탄의 저감, 회수 및 사용에 관한 자발적 국제기구인 세계 메탄 이니시어티브(GMI, Global Methane Initiative)가 조직되었다. 이는 온실가스 배출량

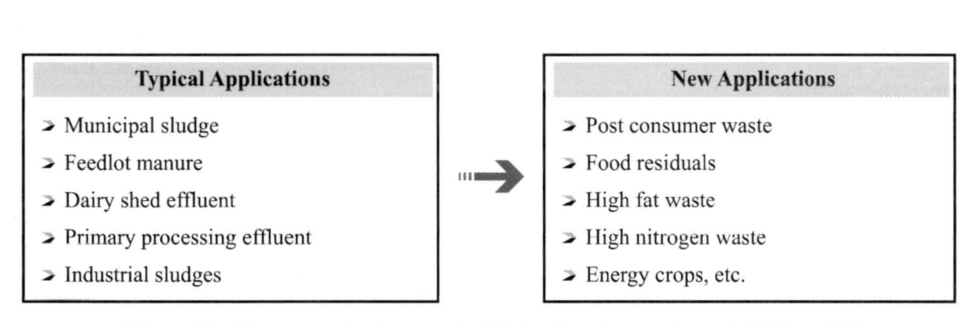

그림 1-12 Waste application in AgSTAR digester projects (USEPA, 1997)

저감을 위해 기후 및 청정공기 연합(Climate and Clean Air Coalition), 유엔 유럽경제위원회(United Nations Economic Commission of Europe), 유엔 기후변화 협약(United Nations Framework Convention on Climate Change) 등 다른 국제기구와 연계 협력하고 있는데, 2015년 9월 기준으로 우리나라를 포함하여 총 43개국이 활동하고 있다(GMI Factsheet, 2016).

신재생에너지를 생산할 수 있는 다양한 자원 중에서도 인간의 생활과 산업화의 부산물로 발생되는 각종 폐기물(하·폐수, 분뇨, 슬러지, 축산폐수, 산업폐수, 음식물쓰레기 등), 즉 환경오염물질은 대표적인 재생가능한 자원으로서 상당한 가치를 가지고 있는데, 그 이유는 인간이 생존하는 한 "끊임없이 보충되는 자원"이라는 점이다. 일반적으로 태양, 바람 및 지열은 지역적 특성에 의존도가 매우 높으며, 또한 낮은 경제성이라는 특성을 가지고 있다. 반면에 하·폐수와 같은 각종 폐기물은 처리와 동시에 바이오 연료가 생산가능한 매우 효과적인 자원인 것이다. 예를 들어 미국의 경우 상하수의 이송과 처리과정에서 국가 전력사용량의 3～4%를 사용하며, 이는 전체 총 운전비의 최대 60%에 이른다(Carlson and Walburger, 2007; EPRI, 2002; Daw et al., 2012). 하수처리시설의 경우는 핵심 기술인 생물반응조의 종류와 특성에 따라 에너지 사용량(표 1-5)은 매우 큰 차이가 있다. 살수 여상(trickling filter)은 430 kW/m^3/s 정도인데 비해 일반적인 활성슬러지(CAS, conventional activated sludge)는 최대 6배(680～2,550 kW/m^3/s)나 높으며, 멤브레인 생물반응조(MBR)의 경우는 8,520 kW/m^3/s로 매우 높다. 대부분 영양소제거 기술을 적용하고 있는 우리나라 하수처리장(233개소 대상 조사)에서의 평균 에너지 사용량은 0.243 kWh/m^3(875 kW/m^3/s, 2.07 kWh/kg BOD 제거)이었다(박승호 외, 2007).

캐나다의 북부 토론토 하수처리장(North Toronto Wastewater treatment plant, 0.413 m^3/s, 431 mg COD/L, 1,930 mg TS/L)을 대상으로 한 하수의 에너지 수지(energy balance) 조사결과를 보면 유입 하수의 에너지 함량은 폐수처리를 위해 필요한 에너지의 9.3배(2616 kW, 6,334 kJ/m^3)로 높게 나타났다(표 1-6). 또한 운전조건 하에서 유입수 내 함유된 에너지의 약 80%가 1차 슬러지(66%)와 2차 슬러지(14%)로 발생되었고, 이중 47%의 에너지를 바이오 가스(메탄)로 전환하여 사용하는 것으로 분석되었다. 이러한 결과는 재생가능한 자원으로서 하·폐수의 가치

표 1-5 Comparative energy consumption for wastewater treatment.

Process	Energy Consumption		Remark
	kW per m^3/s	kWh/kg COD removal	
Activated Sludge (AS)			(1)
Carbon removal	1,020～2,550 680	0.7～2 -	(1) (2)-Canada
Nutrient Removal	840 875	n.a. (2.07)*	(1) (3)-Korea
Oxidation Pond	170～430	n.a.	(1)
Trickling Filter (TF)	430	n.a.	(1)
Membrane Bioreactor	8,520	n.a.	(1)

Note) n.a., not available; (1) Cooper et al.(2007); (2) Shizas and Bagley(2004); (3) Park et al.(2007)
* kWh/kg BOD removal

표 1-6 Energy content of the North Toronto Waste Streams

Stream	Flow (m^3/s)	Energy	
		($\times 10^8$ kJ/d)	(%)
Raw wastewater	0.413	2.26	100
Primary effluent	0.409	0.759	34
Primary sludge	0.0036	1.50	66
Secondary sludge	0.0094	0.317	14
Treated solids	0.0515*	0.565	25
Biogas production	0.0397	0.858	38

Note) Shizas and Bagley(2004); *, (kg/s)

를 충분히 보여주고 있으며, 좀 더 공학화된 우수한 기술개발과 적용의 필요성을 의미한다.

오염물질을 에너지로 전환하여 직접 사용한 역사적 사례는 19세기 말 유럽(영국, 프랑스)과 인도에서 찾아볼 수 있는데, 이는 초기 형태의 혐기성 소화조를 이용한 오물처리(1859)와 하수관거에 설치된 가스등(sewer gas lamps)을 들 수 있다. 그러나 오늘날에는 고도로 발전된 공학기술을 바탕으로 오염물질 처리와 신재생에너지 생산을 동시에 이룰 수 있는 우수한 첨단 융합기술개발로 이어지고 있다. 즉, 천연 액화가스(LNG) 형태로 전환 가능한 청정 바이오 에너지인 메탄뿐만 아니라 바이오 수소에너지는 높은 에너지 효율과 재순환성(recyclability), 그리고 비오염적 특성(non-polluting nature)으로 인하여 중요한 환경친화적인 지속발전적 에너지원으로 인식되고 있다.

참고로 혐기성 소화(anaerobic digestion)에 의한 메탄가스화 기술과 바이오 수소 생산기술 등은 다양한 신재생에너지 생산기술 중에서 바이오매스 가스화 기술(biomass gasification)로 분류되어 있다(그림 1-13). 바이오매스란 태양에너지를 받은 식물과 미생물의 광합성에 의해 생성되는 식물체, 균체와 이를 먹고 살아가는 동물체를 포함하는 생물 유기체로, 여기에는 전분질계(곡물, 감자류), 셀룰로오스계(초본, 임목, 볏짚, 왕겨 등), 당질계(사탕수수, 사탕무 등), 단백질계(가축의 분뇨, 사체와 미생물 균체 등), 그리고 이들 자원에서 파생되는 각종 유기성 폐기물을 포함한다(신재생에너지센터, 2016). 바이오 에너지(bioenergy)란 바이오 에탄올(bioethanol), 바이오 디젤(biodiesel) 및 바이오 가스(biogas)로 크게 구분되는데, 이들은 각각 가솔린 엔진, 디젤 엔진 및 가스엔진에 직접적으로 사용이 가능하다. 바이오 가스를 제외한 나머지 두 가지는 원료 대비 에너지 수율(< 20%)이 매우 낮으며, 우리나라는 국내 여건상 대상 원료의 확보도 용이하지 않다. 반면에 바이오 가스는 이미 언급한 바와 같이 끊임없이 발생하는 다양한 오염물질(폐기물)을 대상으로 하고 있으므로 원료의 확보에도 전혀 문제가 없으며, 에너지 수율(> 60%)도 높은데 이는 적용되는 기술의 종류와 운전 특성에 크게 영향을 받는다(안영호, 2008).

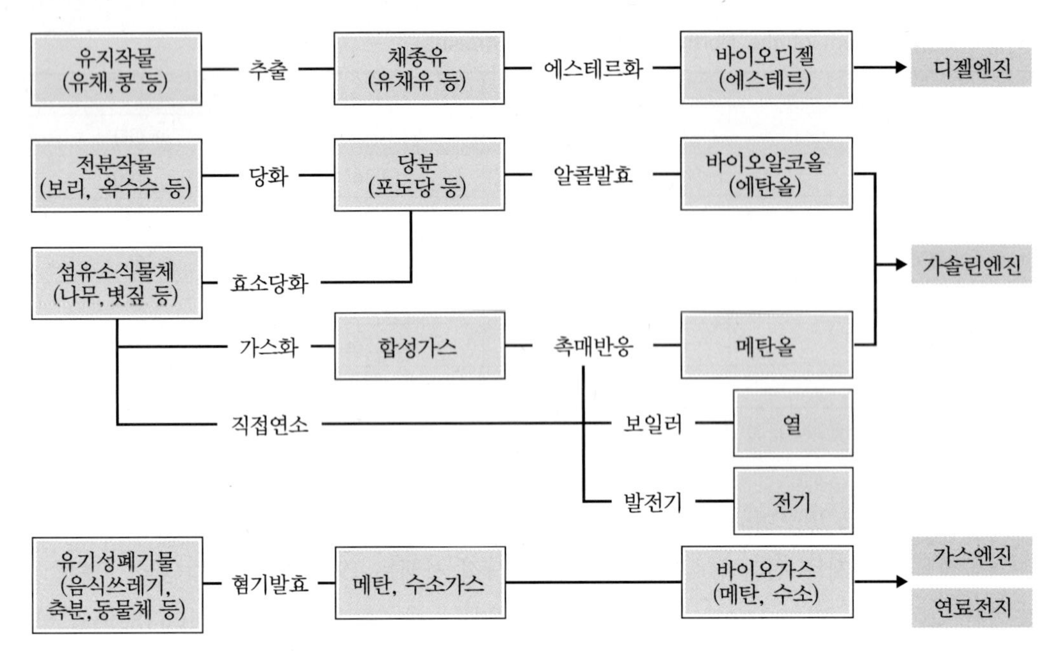

그림 1-13 **바이오 에너지의 분류**

참고문헌

- BBC (2007). (http://news.bbc.co.uk/2/hi/health/6275001.stm).
- Bern, H.A., Blair, P., Brasseur, S., Colborn, T., Cunha, G.R., Davis, W., et al. (1992). Statement from the Work Session on Chemically-Induced Alterations in Sexual Development: The Wildlife/Human Connection. In: Clement C, Colborn T. Chemically-induced alterations in sexual and functional development-the wildlife/human connection. Princeton, N.J: Princeton Scientific Pub. Co., 1-8.
- BP (2016). Statistical Review of World Energy, Workbook (xlsx), London.
- Brock, J., Colborn, T., Cooper, R., Craine, D.A., Dodson, S.F., Garry, V.F., et al. (1999). Statement from the Work Session on Health Effects of Contemporary-Use Pesticides: the Wildlife/Human Connection. Toxicol Ind Health, 15(1-2), 1-5.
- Carlson, S., Walburger, A. (2007). Energy Index Development for Benchmarking Water Utilities and Wastewater Utilities. Denver, CO: AWWA Research Foundation.
- Centre of Disease Control and Prevention (CDCP) USA-Timeline of antibiotic deployment and the evolution of antibiotic resistance (https://thefern.org/2013/11/imagining-the-post-antibiotics-future/timeline-of-antibiotic-resistance/).
- Clinton, W.J., Gore, A.C. (1993). Climate Change Action Plan. Washington, DC: Executive Office of the President.
- Colborn, T., vom Saal, F.S., Soto, A.M. (1993). Developmental effects of endocrine- disrupting chemicals in wildlife and humans. Environ. Health Perspect. 101 (5), 378-84.
- Cooper, N.B., Marshall, J.W., Hunt, K., Reidy, J. (2007). Less power, great performance. Water Environment Technology, 19, 63-66.
- Daw et al. (2012). Energy Efficiency Strategies for Municipal Wastewater Treatment Facilities. Technical Report, NREL/TP-7A30-53341.
- Deblonde, T., Cossu-Leguille, C., Hartemann, P. (2011). Emerging pollutants in wastewater: a review of the literature. International journal of hygiene and environmental health, 214(6), 442-448.
- Electric Power Research Institute (EPRI) (2002). Water & Sustainability (Volume 4): U.S. Electricity Consumption for the Water Supply & Treatment-The Next Half Century. Topical Report 1006787. Palo Alto, CA.
- Fleming, A. (1980). "Classics in infectious diseases: on the antibacterial action of cultures of a penicillium, with special reference to their use in the isolation of B. influenzae by Alexander Fleming, Reprinted from the British Journal of Experimental Pathology 10:226-236, 1929". Rev. Infect. Dis., 2(1), 129-39.
- Gleick, P.-H. (1993). Water in Crisis: A Guide to the World's Fresh Water Resources. New York, Oxford University Press.
- Global Methane Initiative (2016). An Overview, GMI Factsheet.
- Gore, A.C. et al. (2014). Introduction to Endocrine Disrupting Chemicals (EDCs): A Guide for Public Interest Organizations and Policy-Makers, Endocrine Society & IPEN.
- Harris, J.B., LaRocque, R.C., Qadri, F., Ryan, E.T. (2012). Cholera, The Lancet, 379(9835), 2466-2476.
- International Energy Agency (IEA) (2002). Renewable Energy Working Party. Renewable Energy into the mainstream, p. 9.
- International Energy Agency (IEA) (2014). 2014 Key World Energy Statistics (www.iea.org).
- Keen, O. S, et al. (2014). Emerging pollutants-Part II: Treatment. Water Environment Research, 86(10), 2036-2096.

- Koch, R. (1884). Sechster Bericht der Leiters der deutschen wissenschaftlichen Commission zurErforschung der Cholera. (6th report of the head of the German scientific commission for research on cholera), Deutsche medizinische Wochenscrift (German Medical Weekly), 10(12), 191-192.
- Kurzweil, R. (2005). The singularity is near: When humans transcend biology. Penguin.
- Lang Qiu et al. (2016). Emerging Pollutants - Part I: Occurrence, Fate and Transport. Water Environment Research, 88(10), 1855-1875.
- Lindblad, W.J. (2008). Considerations for determining if a natural product is an effective wound-healing agent. International Journal of Lower Extremity Wounds, 7(2), 75-81.
- Liu Bo et al. (2014). Emerging Pollutants-Part II: Treatment. Water Environment Research, 86(10), 1876-1904.
- Liu YY, Wang Y, Walsh TR, Yi LX, ZhangR, Spencer J, Doi Y, Tian G, Dong B, Huang X, Yu LF, Gu D, Ren H, Chen X, Lv L, He D, Zhou H, Lian Z, Liu JH, Shen J (2016). Emergence of plasmid-mediated colistin resistance mechanism MCR-1 in animals and human beings in China: a microbiological and molecular biological study. Lancet Infectious Disease, 16(2), 161-168.
- Marti, E., Variatza, E., Balcazar, Jose L. (2014). The role of aquatic ecosystems as reservoirs of antibiotic resistance. Trends in Microbiology, 22(1), 36-41.
- Martinez, J.L., Olivares, J. (2012). Envrironmental pollution by antibiotic resistance genes. In P. L. Keen, & M. H. Montforts, Antimicrobial Resistance in the Environment (151-171), Hoboken, N.J., John Wiley & Sons.
- Moore, M., Rose, J.M. (2009). Occurrence and patterns of antibiotic resistance invertebrates off the Northeastern United States coast. FEMS Microbiology Ecology, 67, 421-431.
- Mutreja, A., Kim, D. W., Thomson, N. R., Connor, T. R., Lee, J. H., Kariuki, S. et al., (2011). Evidence for several waves of global transmission in the seventh cholera pandemic. Nature, 477(7365), 462-465.
- New Scientist Magazine (2006). How Big Can Cities Get?, 17, 41.
- Omar, E., Haitham, A.-R., Frede, B. (2014). Renewable energy resources: Current status, future prospects and their enabling technology. Renewable and Sustainable Energy Reviews, 39, 748-764.
- Pacini, F. (1854). "Osservazioni microscopiche e deduzioni patologiche sul cholera asiatico" (Microscopic observations and pathological deductions on Asiatic cholera), Gazzetta Medica Italiana: Toscana, 2nd series, 4(50), 397-401; 4(51), 405-412.
- Parry, L. (2016). Second patient in US is infected with 'superbug' resistant to ALL antibiotics. Daily Mail.
- Reardon, S. (2015). Spread of antibiotic-resistance gene does not spell bacterial apocalypse—yet. Nature, 12, 21.
- REN21 (2015). Renewables 2014: Global Status Report.
- Rydén, L., Migula, P., Andersson, M. (2003). Ch.17 Resource management and the technology of clean water. In: Environmental Science-Understanding, protecting and managing the environment in the Baltic Sea Region, Baltic University Press (http://www.balticuniv.uu.se/environmentalscience/ch17/)
- Shizas, I., Bagley, D.M. (2004). Experimental determination of energy content of unknown organics in municipal wastewater streams. Journal of Energy Engineering, 130, 45-53.
- Stauffer, J. (1998). The Water Crisis: Constructing Solutions to Freshwater Pollution. London, Earthscan Publications.

- The Chemical Secretariat (ChemSec) (2015). SIN List and SINimilarity Tool (sinlist.chemsec.org).
- The Clean Water Act (1972), USA.
- The fifteenth annual report of the Council on Environmental Quality, USA (1984).
- UN (2016). World Urbanization Projects.
- UN-DESA (2014). World urbanization prospects, ST/ESA/SER.A/352.
- US Energy Information Administration (EIA) (2014). (http://www.eia.gov/).
- UNESCO-WWAP (2015). World Water Development Report (WWDR).
- UNESCO-WWAP (2003). World Water Development Report (WWDR).
- UN-Water (2014). Water and the Sustainable Development Goals (SDGs).
- US EPA (1997). A manual for developing biogas system at commercial farms in the United States. EPA-430-B-97-01.
- Wiki (2016). Antimicrobial_resistance (https://en.wikipedia.org/wiki/Antimicrobial_resistance).
- 국가 항생제 내성 관리대책 (2016).
- 독일 인공지능연구소(DFKI) (2011).
- 박승호, 김병주, 배재호, 이철모, 김응호 (2007). 국내 공공하수도 시설의 에너지사용 및 자원화 실태조사 연구. 대한상하수도학회지, 21(5), 539-549.
- 신재생에너지센터 (2014). 신재생에너지 보급현황.
- 신재생에너지센터 (2016). 2016 신재생에너지 백서.
- 안영호 (2008). 고성능 혐기성 생물전환기술을 이용한 바이오 에너지 및 동력생산의 향상. 한국에너지관리공단 신재생에너지센터 연구보고서 (2006-N-BIO8-P-01).
- 정재영 (2010). 글로벌 메가시티의미래 지형도. LG Business Insight 10, 13, pp. 1-20.
- 질병관리본부 (2016) 콜리스틴 항세제 내성 슈퍼박테리아 MCR-1 보도자료.
- 한국가스연맹 (2014). 에너지 통계.

Chapter 02

수질 오염 제어기술의 발전

Historical Review of Water Pollution Control Technology

Hippocrates H_2O Filtration System

Hippocrates introduced the Hippocratic sleeve – which was a piece of fabric through which boiled water was passed through, in order to remove sediments. This is still regarded as the forefather of the present day water filter.

(The Hippocratic Sleeve, 500 B.C.)

깨끗하고 안전한 물을 만들기 위한 수처리의 역사는 오늘날의 처리 시스템을 구성하고 있는 핵심 기술들이 개발된 중요한 역사적 사건을 기준으로 구분할 수 있다. 그중에서 가장 중요한 사건은 근대식 하수도 시스템(modern sewerage system)의 도입(1859∼1865), 여과(filtration) 기술의 발전(1600∼1902), 소독(disinfection) 기술의 적용(1886∼1910), 활성슬러지(activated sludge)의 발견과 진화(1912∼1983), 그리고 막 여과(membrane filtration) 기술의 도입(1918∼1993), 메탄의 발견과 바이오 에너지 생산기술의 확대(1776∼2000) 등을 들 수 있다. 이러한 발전은 산업혁명이라 불리는 기술적 대변화 과정과도 매우 관련이 깊다. 특히 런던 메트로폴리탄 위원회(Metropolitan Board of Works)의 수석 기술자였던 바젤게트(Joseph William Bazalgette)에 의해 건설된 최초의 런던 하수도 시설(1859∼1865)은 당초 템스 강의 오염문제와 콜레라 전염병을 해결하기 위한 대안이었으나(그림 2-1), 이는 이전의 건식 위생시스템(dry sanitation system)과는 확연히 다른 습식 위생시스템(wet sanitation system) 시대로의 전환을 가져 왔으며, 근대의 오물 처리기술이 한층 더 발전하는 계기를 제공하였다. 한편 표 2-1과 같이 수처리 기술의 변천과정을 단순히 물리·화학적 처리기술과 생물학적 처리기술, 그리고 분리막 기술로 간단하게 구별하기도 한다.

그림 2-1 Early sewer construction-intercepting sewers along both banks of the Thames. (Source: Hulton-Deutsch/CORBIS)

표 2-1 수처리 기술의 진화

	1세대	2세대	3세대
시기	1800∼	1920∼	1990∼
기술	물리·화학적	생물학적	막분리 기술
방법	약품을 사용하여 오염물질을 응집, 침전 후 여과	호기성 및 혐기성 미생물을 이용하여 오염물질을 생분해	다양한 분리막을 이용하여 오염물질을 여과분리
특징	화학약품 사용, 다량의 슬러지 발생, 설비 투자비용이 높음	물리화학적 공정에 비해 2차오염 발생 감소, 난분해성 물질의 제거 불가	환경친화적, 간편한 조작, 콤팩트한 설비, 모듈화, 분리막 교체 및 유지관리비용 높음

자료: LG 경제연구원(2009)

2.1 고대와 중세시대(~1500)

일상의 생활에서 물 처리 방법의 사용은 기원전 2000년으로 거슬러 올라가는 고대 그리스와 산스크리트(sanskrit)어로 저술된 고대 인도의 기록 등에서도 이미 발견된다. 당시 사람들은 모래와 자갈을 이용하여 여과(filtration), 가열(boiling) 및 거름작용(straining) 등의 방법에 의해 물을 정화할 수 있다는 것을 알고 있었다. 이때 정수(water purification)의 주요 동기는 더 좋은 맛을 가진 음용수를 만드는 것이었지만 이를 현대 과학적인 차원에서의 깨끗한 물로 정의하기에는 어려움이 있을 것이다. 당시의 수처리는 주로 탁도의 제거가 목적이었으며, 미생물이나 화학적인 오염물질 등의 제거효과에 대해서는 별로 알려지지 않고 있다.

기원전 1500년 이후, 응집(coagulation)의 원리를 처음 발견한 이집트인들은 부유입자(suspended solids)를 제거하기 위하여 명반(alum)을 사용하였는데, 이 근거가 아메노피스 2세(Amenophis II)와 람세스 2세(Ramses II)의 무덤벽화에 남아 있다. 기원전 500년경 물의 치유능력을 발견한 히포크라테스(Hippocrates)는 '히포크라테스의 소매(Hippocratic sleeve)'라고 불리는 여과용 주머니 필터(cloth bag filter)를 만들어서 환자들에게 사용하였는데(그림 2-2), 주 목적은 맛이나 냄새 또는 퇴적물(sediments)을 거르기 위한 것이었다. 이 시기는 현존하는 가장 오래된 하수도인 로마의 대하수구 클로아카 맥시마(Cloaca Maxima)가 건설되던 시기에 해당한다.

암흑기(Ages of Dark)라고도 불리는 중세(기원후 500-1500) 동안의 물 처리와 공급은 이전처럼 더 이상 정교하지 못하였고 과학 혁명과 실험적 시도 역시 부족하였다. 특히 1453년 로마 제국의 붕괴와 함께 물 기반 시설은 파괴되고 수처리 기술의 발전 역시 이루어지지 않았다.

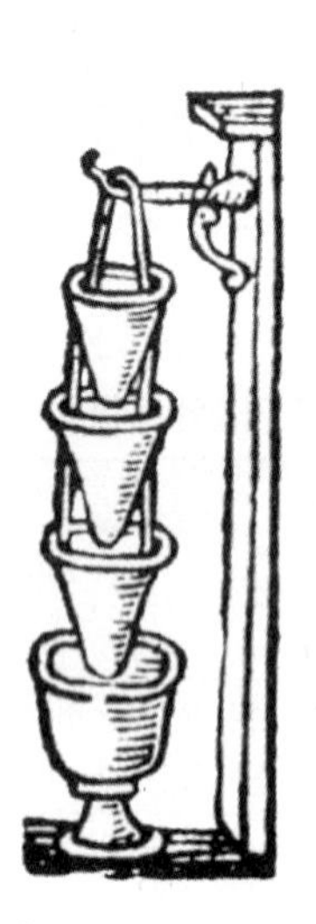

그림 2-2 **Hippocratic sleeve** (Source: http://www.snipview.com/q/Hippocratic_sleeve)

2.2 여과기술의 확립(1600~1902): 모래여과에서 급속여과로

16~18세기의 계몽주의 시대(Age of Enlightenment)에 철학자들은 모든 인류의 자연권, 즉 깨끗하고 맑은 물은 모든 인류의 타고난 권리라고 생각하였다. 중세 이후의 새롭게 시작된 오염 제어기술의 발전은 1619년 영국의 제한적 급수시스템의 도입과 현미경의 개발과 이용, 그리고 모래여과(sand filter) 시스템의 과학적 접근으로 시작된다.

1627년 음용수 생산을 목적으로 해안의 모래언덕을 단순한 모래여과(sand filtration) 시설로 활용한 바닷물의 탈염 시도(Francis Bacon, 1627)가 있었으나 이는 결국 성공하지 못하였다. 1670년경 현미경의 아버지라 불리는 레벤후크(Antonie van Leeuwenhoek)에 의해 개발된 현미경(1676)은 물속의 작은 입자와 미생물의 관찰을 가능하게 하였고, 이후 식수에 오염된 콜레라(cholera) 박테리아의 존재를 확인하는 데 사용되기도 하였다(Koch, 1884; Pacini, 1854).

1700년대 이르러서는 최초의 가정용 정수필터가 도입되었는데, 양모나 스펀지 및 목탄이 주로 사용되었다. 프랑스 과학자 라이르(La Hire)는 모든 프랑스 가정에 깨끗한 물을 공급할 수 있도록 당시 유럽 여러 도시에서 가장 많이 사용하던 물 여과 방법인 모래여과필터를 제안하기도 하였다.

완속모래여과(SSF, slow sand filtration)를 이용한 최초의 실규모 정수처리 시설은 1804년 스코틀랜드의 페이즐리(Paisley, Scotland)에 설치되었는데(그림 2-3), 이는 관로를 이용하여 도시 내 모든 가정에 여과된 물을 공급하고자 고안된 것이었다. 이 시설은 계몽주의 과학자인 로버트 톰(Robert Thom)과 존 깁스(John Gibb)에 의해 설계·건설되었는데, 당시 이 시설은 그리 효율적이지 않았지만, 향후 더 발전된 모래여과 기술개발에 기여하게 된다. 이를 바탕으로 만들어진 심슨 워터필터 모델(James Simpson, 1827)은 향후 첼시(Chelsea Waterworks Co., 1928)를 포함한 영국 전역의 시립 수처리 시설로 확대 적용되었다.

완속모래여과시설이 미국에 도입된 것은 1832년경이었으나 당시 제임스 강(James river)의 고탁도 하천수를 처리하기에는 무리가 있었다. 최초의 모래여과 정수처리 시설이 설치된 후 3년 뒤에서야 수도관이 설치되지만, 연속 급수는 약 60년 뒤인 1873년경에야 이루어졌다. 이 모래여과 필터는 투과속도가 매우 느리고 잦은 막힘 현상(fouling)으로 인하여 주기적인 청소가 필요하였다.

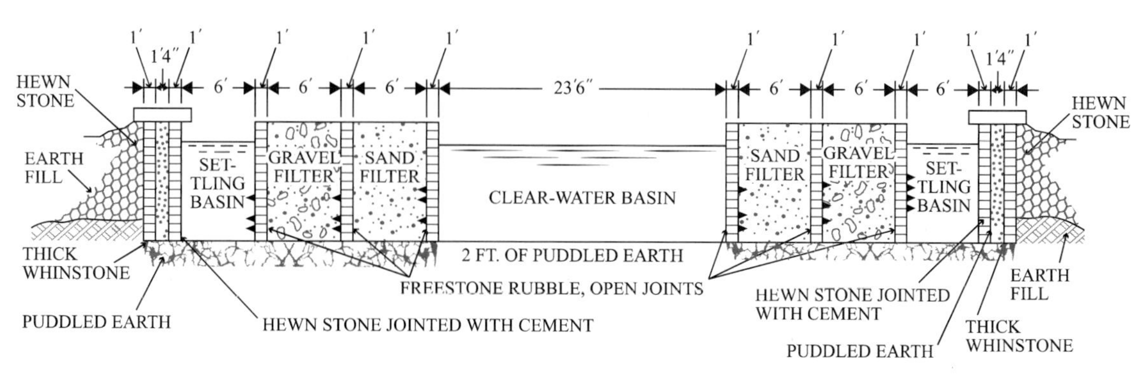

그림 2-3 **First known sand filter to supply an entire city with water completed at Paisley Scotland in 1804, by John Gibb.** (from description in Sinclair's Code of Health and Longevity, London, 1807)

The Original "Hyatt Pure Water Filter" Installed at Atlanta, Ga., and Still Available for Use if Needed.

The sand was washed by jetting it from the filter bed to the upper chambers. Clean sand was dropped down to the filter shell by opening the valves on the pockets. Capacity 500,000 gpd each.

그림 2-4 The original "Hyatt Pure Water Filter" installed at Atlanta, GA (Capacity 500,000 gpd each) (https://thisdayinwaterhistory.wordpress.com/tag/mechanical-filtration/)

완속모래여과 방식으로부터 급속여과 방식으로의 기술적 혁신은 미국에서 이루어졌다. 당시 뉴아크 필터링 주식회사(Newark Filtering Co.)에 근무하던 이사야 하얏트(Isaiah Hyatt)는 동료 가드너(Gardner)의 제안에 따라 1884년 2월 동시 응결-여과(simultaneous coagulation-filtration) 기술에 관한 특허를 취득하였으나 이듬해 사망하여 이 기술은 그의 동생 존 하얏트(John Wesley Hyatt)와 클라크(Patrick Clark)에 의해 발전하게 된다. 완속모래여과에 더하여 황산알루미늄(aluminum sulfate, 명반)과 같은 화학적 응집제(coagulant)를 사용하는 기계식 급속여과(mechanical filtration/rapid sand filtration) 방식은 완속 모래여과에 비하여 약 60배 이상 높은 여과율(filtration rate)을 보였다(그림 2-4). 1890년경 존 하얏트는 여과 기술을 포함하여 약 60건 이상의 특허를 가지고 있었는데, 그중에 여과와 관련한 가장 주목할 만한 것은 강력한 제트류 세정시스템(jet-washing system)과 폭기(aeration) 기술에 대한 것이었다. 하얏트의 폭기 특허는 실용적이지 못하였지만, 유기물 제거가 중요한 이슈였던 수질 정화 기술의 발전에 영향을 끼쳤다(Baker, 1981). 제트류 세정시스템은 필터의 효율과 처리용량을 크게 증가시켰는데, 이 여과시설은 1882년 뉴저지 서머빌(Somerville)에서 처음 적용되었다.

급속모래여과시설에서 침전지의 필요성을 처음 주장한 사람은 미국 켄터키 주 루이빌 시(City of Louisville)에 근무하던 위생공학자 풀러(George W. Fuller)였다. 당시 상수공급을 위해 수행된 오하이오 강(Ohio river) 물의 정화 연구에서 그는 부유하는 입자성 물질(suspended particulates)을 제거하기 위해 여과 전에 침전 단계를 추가할 것을 제안하며 이에 대한 연구를 진행하였다(Fuller, 1898; 1899). 이러한 연구결과는 1902년 뉴저지에 설치된 일 3천만 갤런(약 11만 4천m^3) 용량의 기계식 여과 설비를 설계(East Jersey Water Company)하는 데 사용되었고, 이후 식수 여과 설비 설계의 모델이 되었으며(Fuller, 1902), 향후 오늘날의 가장 일반적인 수처리 방식인 응집-침전-여과 순의 정수처리기술로 자리하게 된다.

2.3 소독 기술의 발전(1886~1910)

콜레라균과 같은 병원성 미생물로 인한 물 오염 확산과 그 피해를 처음 주장한 사람은 런던의 의사인 존 스노우(John Snow, 1813~1858)였다. 그는 1849년에서 1854년 사이에 런던에서 발생한 대역병(Broad street cholera outbreak)이 식수로 사용된 오염된 우물로 인한 것임을 밝혀내었는데, 해당 우물을 폐쇄하고 식수 사용을 통제함으로써 전염 확산을 억제할 수 있었다. 이 사건은 후에 모든 판매용 식수는 반드시 여과하여야 한다는 음용수 여과법(1857)의 근거가 되었으며, 소독을 포함한 수처리 기술 발전의 원동력이 되었다.

1880년 이후 10년 동안 급속모래여과 기술은 빠르게 발전하였으며, 이 시기는 부유성 고형물의 제거뿐만 아니라 박테리아 제거에 대한 시도가 광범위하게 이루어졌다. 그 첫 번째 시도는 살균(disinfection)을 위한 염소(chlorine)와 오존(ozone)의 사용이었다.

1894년에 물을 무균(germ-free) 상태로 만들기 위한 방안으로 물속에 염소를 첨가하는 방법이 공식적으로 제안되었다(Turneaure and Russell, 1901). 물 처리시설 규모에서 처음 염소 첨가를 시도한 것은 1893년 독일 함부르크였으며, 1897년 영국의 메이드스톤(Maidstone)은 일시적으로 염소 처리한 안전한 물을 공급한 최초의 도시였다(JSI, 1897). 또한 석회(hydrated lime, chloride of lime)나 표백제(bleaching powder)를 사용하는 방식과는 달리 1903년 벨기에의 미들케케(Middlekerke)에서는 염소 가스(chlorine gas)를 직접 음용수 소독에 처음 사용하였고, 같은 해 인도에서는 압축된 액화 염소 가스(compressed liquefied chlorine gas)를 사용하여 식수를 소독하는 기술이 개발되었다(Nesfield, 1903).

물 처리시설에서 연속적인 염소 처리는 1905년 영국 링컨(Lincoln)에서 이루어졌는데, 완속모래여과시설을 통하여 공급된 오염된 물로 인해 심각하게 발생한 장티푸스 전염병의 확산이 계기가 된 것이다. 이때에는 현대식 염화칼슘(calcium chloride)이 아니라, 석회수(lime water-묽은 수산화칼슘)에 용해된 염소 가스가 주로 사용되었다.

상수처리에서 연속적인 염소 소독(calcium hypochlorite)은 미국에서도 시도되었다. 1908년 뉴저지주 저지시(Jersey City)의 공급원이었던 분톤 저수지(Boonton reservoir)를 대상으로 한 것으로 당시의 소독시설은 풀러(George W. Fuller)에 의해 설계되었다(Fuller, 1909). 이후 몇 년 동안 석회 염화물[lime chloride-차아염소산칼슘(calcium hypochlorite)] 등을 사용한 염소 소독은 세계의 음용수 시스템에 빠르게 확산되었다(Hazen, 1916). 1917년 캐나다 오타와(Ottawa)와 미국 덴버(Denver)에서는 클로라민(chloramines)이 처음 사용되었다.

액체 염소(liquid chlorine)의 사용은 1910년 미 육군에서 다넬(Carl Rogers Darnell) 대령에 의해 기계식 액체 염소 정수기(mechanical liquid chlorine purifier, known as a chlorinator)라는 이름으로 개발되었는데, 이는 현재 세계적으로 도시 급수에 사용되는 염소 소독 기술의 원형에 해당한다. 또한 비슷한 시기에 리스터(William Lyster) 대령은 리스터 백(Lyster bag)으로 알려진 현장 염소처리 방법을 군의 음용수 공급을 위한 방법으로 사용하였다. 표준 규격은 36갤런(약 136 L) 용량으로 100명당 1개씩 삼각대에 매달아 사용하는 방식이며, 이후 몇십 년 동안 미국 지상군의 일반적인 음용수 생산을 위한 표준장치로 사용되었다. 이 설비는 제1차 세계 대전(1914~1918)에서 베트남 전쟁(1955~1975)을 거치는 동안 한외여과 기술(ultrafiltration technology)과 같은 수준의 여과 기술이 포함된 역삼투막 시스템(reverse osmosis systems)으로 대체되었다(Wiki, 2016). 미국에서 물 공급 시설에서 연속적으로 염소 가스를 사용한 것은 1913년 필라델피아 벨몬트(Belmont) 여과시설이었으며, 염소 가스 소독은 1941년경까지 점차 석회 염화물로 대체되었다.

오존은 연료전지(fuel cell)의 발명으로 잘 알려진 독일의 과학자 쇤바인(Christian Friedrich Schönbein)에 의해 1840년 처음 명명되었는데, 세균을 살균하기 위해 오존을 이용한 첫 실험은 1886년 프랑스 드 메리땅(De Meritens)에 의해 성공적으로 수행되었다. 오존을 활용한 정수장 소독시설은 1893년 네덜란드와 1906년 프랑스 니스(Nice) 시에서 최초로 건설되었으며, 그 이후 유럽에서 일반적으로 사용하는 음용수 및 도시 폐수의 소독방법이 되었다. 당시 미국에서는 오존에 비해 염소가 가장 보편화된 소독방법이었는데, 그 이유는 오존 설비의 비용과 복잡성에 있었다. 반면에 유럽에서는 1차 세계대전 동안 발생한 화학전(chemical warfare)의 영향으로 염소의 사용에 부정적이었으나 제1차 세계대전 중 저렴한 비용의 염소 가스가 개발되면서 오존의 수요는 점차 감소하였다.

한편 자외선(UV light)을 이용한 음용수 소독은 1910년 프랑스 마르세유(Marseille)에서 처음 도입되었다. 이러한 음용수의 소독방법은 제2차 세계대전을 거치는 동안 멤브레인을 이용한 탈염기술(water desalination technology) 개발로 점차 전환되었다.

2.4 건식 위생 시대의 오물처리(~1910): 하수농장, 살수여상 그리고 인공습지

19세기 중엽 영국 런던에서 근대식 하수도시설(modern sewerage system)이 도입(1859~1868)되어 일반화되기 이전까지를 일반적으로 하수관거나 물의 사용이 필요 없는 건식 위생 시스템(dry sanitation systems)의 시대로 정의할 수 있다. 이 시기는 생활하수(gray water), 오줌(urine)과 배설분(feces) 등의 오물을 이용하여 희석, 부패 및 비료화 등의 방법을 통하여 유효자원의 회수나 농지에 재사용하는 방식이 일반적이었는데, 이는 아시아뿐만 아니라 유럽과 아메리카 대륙을 포함한 거의 모든 문명에서 자생적으로 이루어져 왔다. 또한 적절히 관리되지 못한 오물은 화장실 아래의 토양뿐만 아니라 강과 운하로 직접 배출되었다.

1890년대 오늘날의 형태와 유사한 워시 다운형 수세식 화장실(wash-down flush toilets)이 확대 보급된 이후 수세식 변기는 근대식 하수도시설의 보급과 더불어 습식 위생시스템(wet sanitation systems)의 시작을 가져왔다. 그러나 이때의 수세식이란 이전까지 행해왔던 생태순환적 처리방식이 아니라 문명의 이기를 통해 분뇨와 같은 오물을 도시로부터 최대한 멀리 강, 바다로 흘려 보내는 단순한 방식으로, 이것은 근본적으로 2000년 전 로마에서 사용된 것과 동일한 수집, 이송 및 배출의 방식이었다. 이러한 접근방식은 결국 물 환경 오염을 유발하였고, 근대의 오물 처리기술이 발전하는 계기가 되었다.

19세기 후반 영국의 도시는 급속한 성장과 증가하는 하수발생량을 안정적으로 처리하기에는

표 2-2 Concentration of samples from the influent and effluent of an irrigation field in Breslau (14 April 1891; Uffelmann 1893)

Substance	Concentration(mg/L)	
	Influent [a)]	Effluent [b)]
Suspended material	295.2	54.0
Organics	246.0	–
Inorganics	49.2	–
Dissolved material	687.3	478.4
Organics	155.9	53.2
Inorganics	531.4	425.2
$KMnO_4$ consumption	118.1	9.7
Ammonia ($NH_3 + NH_4^+$)	105.0	7.0
Nitric acid	–	17.5
Phosphoric acid	22.4	–

a) Pump station

b) Mean dewatering ditch.

어려움이 있었으므로 새로운 하수처리 기술이 절실히 필요한 시점이었다. 당시 영국에서는 하수농장(sewage farms)이라 불리는 관개 시설(irrigation fields)(James Smith, 1840s)과 다공성 자갈을 이용한 하수 여과(sewage filtration)(Edward Frankland, 1870s) 등에 대해 연구하고 있었는데, 이러한 시도는 생물학적 하수처리에 접촉상(contact beds)의 사용 가능성을 보여주었다(Russell, 2003). 영국 솔즈베리(Salisbury, 1840)와 크로이돈(Croydon), 그리고 인도의 일부 지역에서는 하수에 포함된 각종 비료성분을 이용하고자 하수를 관개용수로 농지에 직접 활용하였고, 이때 발생하는 악취와 전염병 등의 문제를 해결하기 위해 출구에 침전지와 화학적 처리를 사용하기도 하였다. 이 시기에 주로 사용되었던 하수 농장이란 하수원수(raw sewage)를 관개(irrigation)하여 거름으로 사용하는 농장을 말하는데, 현재의 개념으로 보면 황산철(ferrous sulfate) 또는 석회(lime)가 주입되는 수평흐름 1차침전지(horizontal flow primary sedimentation tank)와 같은 시설에 해당한다고 볼 수 있다. 관개 시설의 효과는 1870년대 후반에 이미 입증되었지만, 처음 10년 동안 유기물질의 감소에 대한 과학적 근거는 명확하게 밝혀지지 않았다. 1890년경에 이르러 이는 단순한 화학적인 결과가 아니라 호기성 및 혐기성 박테리아에 의한 생물학적 분해 과정이었음이 밝혀졌으나, 이 논란은 20세기 초까지도 계속되었다(Dunbar, 1912). 관개시설의 성능에 대한 자료는 거의 찾아보기 어렵지만 1891년 독일의 기록(Uffelmann, 1893)을 참고로 하면, 이 시설에서는 약 66% 정도의 용존 유기물질 제거와 거의 완벽하게 진행된 질산화 반응을 볼 수 있다(표 2-2).

이러한 관개 시설을 이용한 다공성 접촉상 여과방식은 1885~1891년 사이 영국 전역에 걸쳐 건설되었으며, 미국 로렌스(Lawrence, Massachusetts, USA, 1988) 지역과 런던(Dibdin, 1894~1896)에서는 간헐적 토양여과(intermittent soil filtration)기술 개발로 이어졌다(Dunbar, 1899; Roeckling, 1899). 그러나 이 방법은 지하수 수위 제어와 여과수 수집, 그리고 산소공급의 필요성 등 몇 가지 문제점에 대한 해결이 필요하였다. 그림 2-5는 모래를 이용한 간헐적 토양여과의 예를 보여주고 있다.

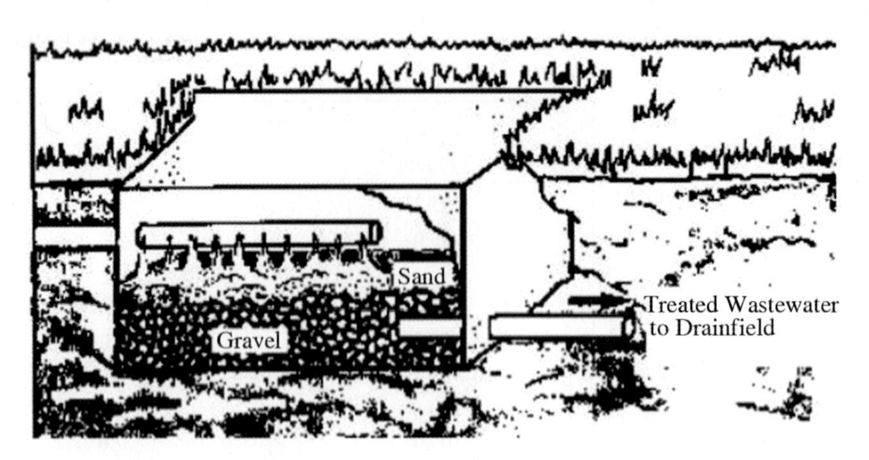

그림 2-5 Intermittent sand filter systems for sewage treatment

표 2-3 Development of irrigation fields and trickling filters

Year	Process	Specific load(m^3/ha · h)
1860	Irrigation fields prepared on suitable soil and level area	0.24-0.36
1878	Irrigation fields with drain trenches and soil fields	4-8
1884	Irrigation fields and preliminary sedimentation	8-10
1886-1900	Intermittant soil filtration	30-40
1890	Intermittant filtration with contact beds	120
1903	Trickling filter	500-2000
1960	High-load trickling filter	8000

Ref) Wiesmann et al.(2007)

이러한 노력들에 의해 마침내 훨씬 더 안정적인 성능을 제공하는 연속흐름 살수여상(trickling filters)이 로렌스 실험실(LES, Lawrence Experiment Station)에서 개발되었다(Wiesmann et al., 2007)(표 2-3). 거대한 코크스(coke) 조각을 사용한 최초의 실규모 살수여상 시설이 베를린 근처의 스탄스돌프(Stahnsdorf)에서 간헐적 여과시설과 함께 접촉상(contact beds)의 형태로 설치되었다(Müller 1907). 살수여상의 개발과 발전으로 인하여 1950년경쯤에는 사실상 관개시설, 토양여과 및 고전적인 접촉상 모델은 점차 사라지게 되었다. 1930～1960년대에는 Aero-filter(Lakeside Engineering), Bio-filter(Dorr/Link-Belt Comp.), Accelo-filter(Infilco)와 같은 고부하로 운전이 가능한 살수여상이 개발되었다(Hardenbergh, 1936; Wiesmann et al., 2007). 살수여상의 일반적인 구조는 그림 2-6과 같다.

하수관개시설이나 간헐적 토양여과 방법은 오늘날의 인공습지(CWs, constructed/engineered wetlands) 기술과도 매우 관계가 깊다. 토양여과 방법은 갈대(reed-일반적으로 *Phragmites sp.*)와 같은 다양한 종류의 습지식물(marshy vegetation)과 결합하여 새로운 기술로 발전하게 된다(그림 2-7). 인공습지는 지표수, 지하수 또는 폐기물 흐름의 오염물을 처리하기 위해 습지식물, 토양 그리고 이에 포함된 미생물 집단의 자연 기능을 활용하도록 설계된 시스템을 말한다(ITRC, 2003).

자연습지(natural wetlands)는 일반적으로 하·폐수의 처분장(disposal sites)으로 이용되어 왔고, 영양염류의 포화상태로 인하여 심각한 오염문제를 야기시켰다. 습지식물을 이용한 폐수 처리

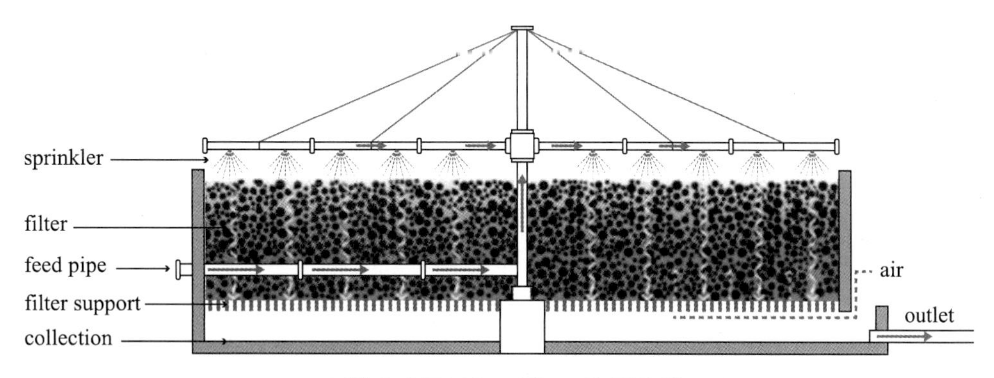

그림 2-6 Trickling Filters의 구조 예

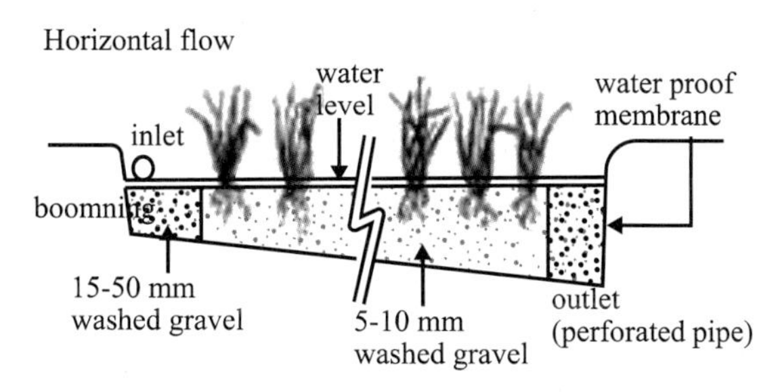

그림 2-7 Reed beds sewage treatment system

가능성은 1952년 사이덜(Seidel, Germany) 박사에 의해 처음 연구되었는데(Seidel, 1965), 1967년 네덜란드에서는 자유수면(free water surface) 방식의 인공습지를 '식생 하수 농장(planted sewage farms)'이라고 불렀다(Verhoeven et al., 2006). 반면에, 지표면 아래 흐름(subsurface flow) 방식의 인공습지는 식생 토양 필터(planted soil filters), 갈대상 처리 시스템(reed beds treatment system, 특히 유럽지역에서), 침지형 식생상(vegetated submerged beds), 자갈 충진상 수경필터(gravel bed hydroponics filters) 등 다양한 명칭으로 불린다(Hoffmann et al., 2011).

인공습지 기술은 1990년대 이후 하수, 산업 폐수 및 우수(storm water) 등과 같은 여러 종류의 폐수처리로 확대되면서 공정의 개량(그림 2-8)을 통하여 상당한 기술적 발전을 가져왔다(Hoffmann et al., 2011; Valipour and Ahn, 2016). 그러나 인공습지의 운전특성은 낮은 온도환경에 영향을 많이 받아 적용 가능한 지역이 제한적인 단점이 있으며, 특히 하·폐수를 처리하는 경우 불안전한 운영과 오염문제로 인하여 직접적인 인체 감염이 발생하는 사례도 있었다(Water Tech. Eng., 2017).

2.5 활성슬러지의 발견과 진화(1912~2000)

(1) 활성슬러지의 발견

오늘날 하수처리에 대표적으로 사용하고 있는 활성슬러지 공정(activated sludge process)의 발견은 1913년 영국의 두 기술자 아덴(Edward Ardern)과 로켓(William T. Lockett)에 의한 것

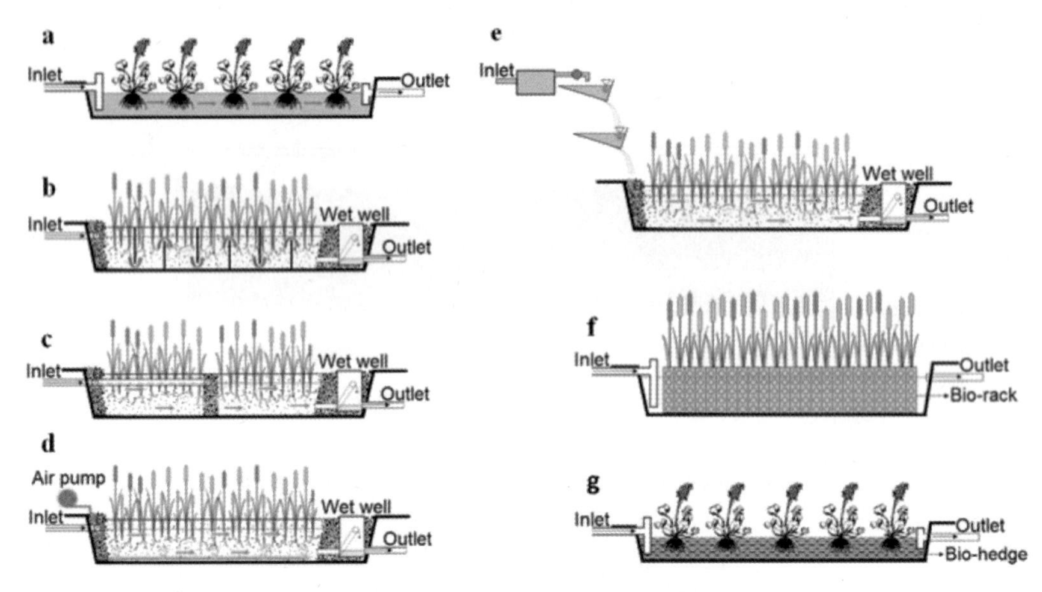

그림 2-8 **Advanced wetland systems: (a) shallow pond, (b) baffled follow, (c) step-feed, (d) artificial aeration, (e) multilevel drop aeration, (f) bio-rack, and (g) bio-hedge** (Valipour and Ahn, 2016)

이었다(Ardern and Lockett, 1914). 이 두 사람은 병에서 하수를 폭기한 후 슬러지(sludge)의 침전에 의해 호기성 박테리아의 농도가 증가하는 것을 처음으로 발견한 사람이다. 1912년 맨체스터 대학의 파울러(Gilbert Fowler) 박사는 조류(algae)로 덮인 병에 담긴 하수에 공기를 주입하는 연구를 수행했는데, 당시 그의 연구 동료인 아덴과 로켓은 유입/유출 방식의 반응조(draw-and-fill reactor)의 운전 과정에서 높은 수준의 하수처리수를 발견하였다. 약 한 달 이상에 걸친 폭기(aeration) 실험결과에서 완전한 질산화(nitrification) 현상을 관찰했는데(그림 2-9), 특히 조류성장을 억제하기 위해 빛을 차단하고, 충분한 공기와 산도(pH) 조절이 필요하다는 것을 발견했다. 이들은 오물인 슬러지가 활성화(활성탄과 유사한 방식으로)가 될 수 있다고 생각하여 활성슬러지로 명명하였다. 그러나 오래지 않아 고농도의 생물학적 유기체(미생물)가 그 원인임을 밝혀내게 된다. 이 연구결과는 1914년 발표되었는데, 몇 년 뒤 첫 번째 실규모 연속흐름 방식(continuous-flow system)의 활성슬러지가 셰필드(Sheffield, UK)에 설치되었다(Haworth, 1922). 제1차 세계대전 이후 활성슬러지 공정은 미국, 덴마크, 독일, 캐나다 등으로 급격히 확산보급되어 1930년대 후반에는 하수도 시스템이 갖추어진 나라에서 가장 일반적으로 사용하는 생물학적 폐수처리기술로 자리하게 되었다.

활성슬러지 공정은 기본적으로 생물반응조(bioreactor)와 침전조(clarifier/settler/sedimentation tank)로 구성되는데(그림 2-10), 생물반응조는 호기성(aerobic/oxic) 미생물의 증식에 필요한 산소를 공급하기 때문에 폭기조(aeration tank)로도 불리며, 침전지는 생물학적 플록(biological flocs)을 형성시켜 깨끗한 처리수를 분리하는 중요한 기능을 갖는다. 이 기술은 이후에 개발되는 영양소 제거 공정(BNR, biological nutrient removal process)과 구별하기 위해 종종 일반 활성슬러지(CAS, conventional activated sludge)라고 하기도 한다. 이러한 활성슬러지의 진화는 과학적 발전과 시대적인 요구에 따라 생물반응조와 침전지 두 가지 모두에서 이루어지게 된다.

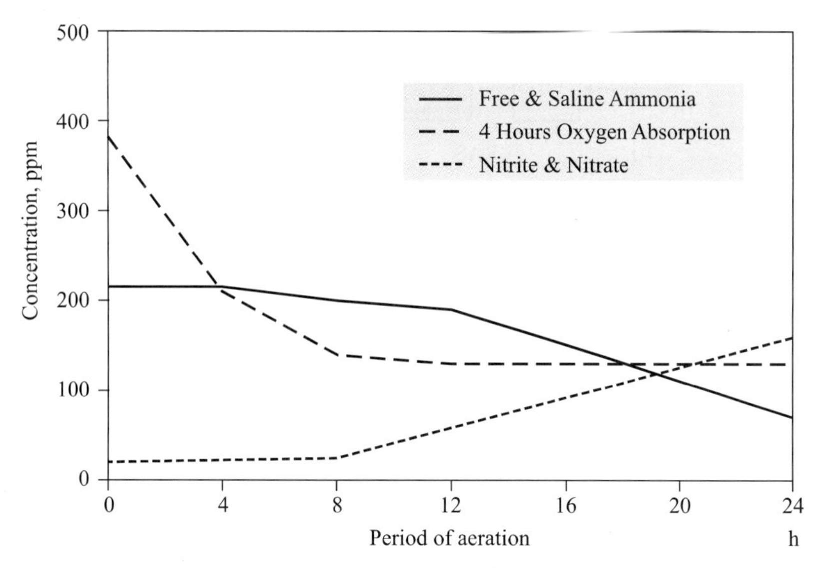

그림 2-9 **First batch sewage aeration experiment with enriched activated sludge** (Arden and Lockett, 1914)

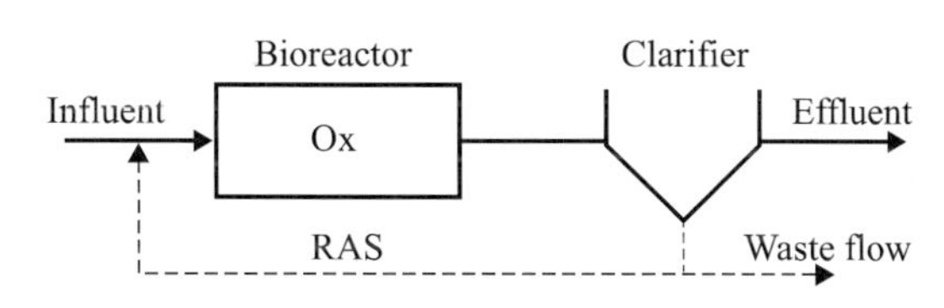

그림 2-10 **Activated sludge process** (Ox, Oxic)

(2) 생물반응조의 진화: 유기물질에서 영양소 제거기술로

생물반응조의 진화에 대한 대표적인 이유는 영양소(nutrient, 질소와 인) 제거의 필요성이 강조되었기 때문이다. 원래 활성슬러지는 폐수로부터 유기물질을 제거하기 위해 악취를 유발하는 부패조(septic tank) 방식의 혐기성 공정(anaerobic process)에 대한 대안으로 개발된 것이었다. 1870년에서 1910년 사이의 초기 연구기간 동안 연구자들은 장시간 동안 공기를 공급하는 장기폭기(extended aeration) 방식이 하수에 포함된 암모니아(ammonia)를 질산성 질소(nitrate)로 전환시킨다는 사실을 발견하였다(Warrington, 1882). 또한 유기화합물과 암모니아의 산화로 인해 발생되는 탄산(carbonic acid, H_2CO_3)과 질산(Nitric acid, HNO_3)은 미생물학적 반응에 의한 것임을 증명하는 연구결과가 발표되었다(Emich, 1885; Weigmann 1888; Winogradsky 1890).

영양소가 부영양화(eutrophication)와 관련이 있다는 것을 인식한 20세기 중반까지 질산화 반응(nitrification)은 크게 주목받지 못하였다(Henze, et al., 2008). 즉, 당시의 활성슬러지 기술은 주로 유기물질의 제거나 질소의 산화반응이 주 역할이었다. 그러나 질소 산화반응의 결과물(NOx)에 대한 위해도 문제와 상수원의 부영양화 현상에 대한 문제가 강조되면서 다양한 질소제거 기술(biological nitrogen removal process)들이 개발되게 된다(그림 2-11).

생물학적 질소 제거(biological nitrogen removal) 기술의 개발은 기본적으로 질산화(nitrification)-탈질(denitrification), 즉 호기조(oxic: Ox)-무산소조(anoxic: Ax)로 구성되는 2단 공정(2-stage process) 방식의 접근을 통하여 시작되었다(Ludzack and Ettinger, 1962; Wuhrmann,

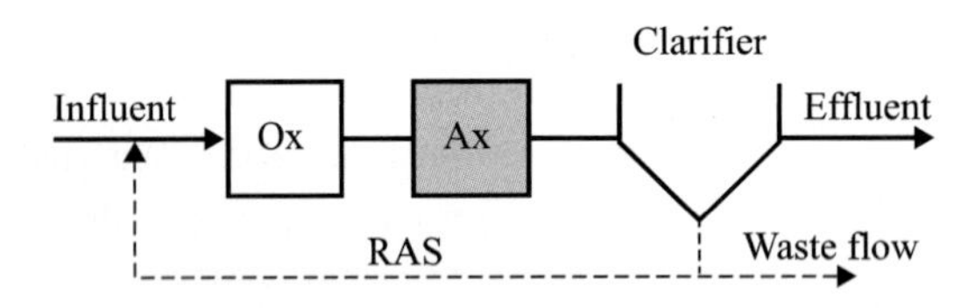

(a) Wuhrmann process (Wuhrmann, 1954)

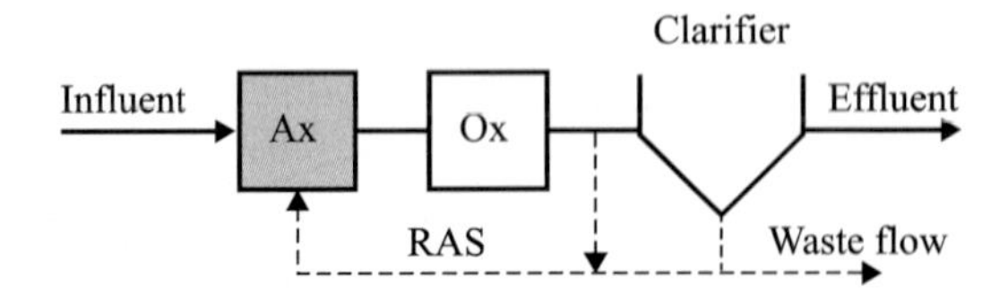

(b) Ludzack-Ettinger process (Ludzack and Ettinger 1962)

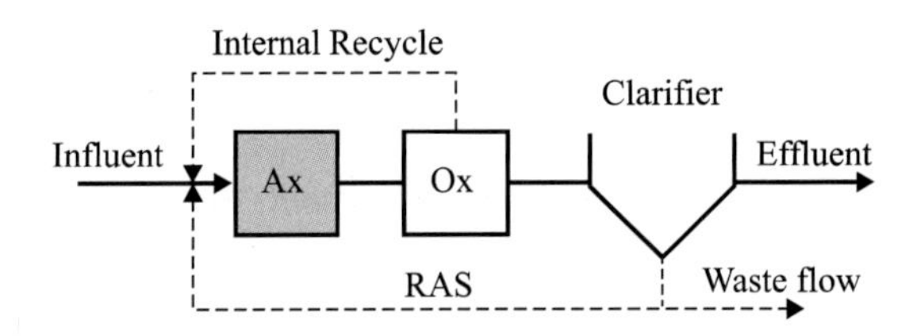

(c) Modified Ludzack-Ettinger(MLE) process (Barnard, 1962)

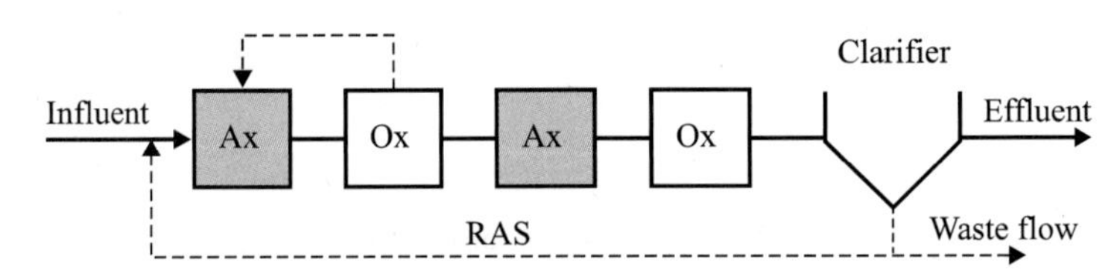

(d) 4 staged Bardenpho process (Barnard, 1974)

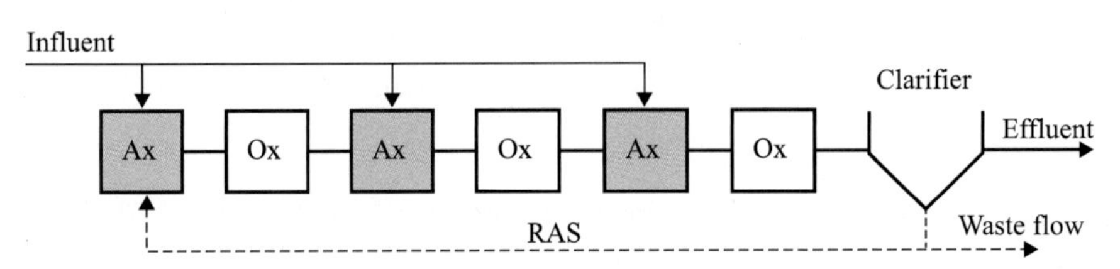

(e) Step-feed process (Fillos et al., 1996).

그림 2-11 질소 제거를 위한 생물반응조의 진화 (Ax, Anoxic; Ox, Oxic)

1962; Downing et al., 1964; McCarty et al., 1969; Balakrishnan and Eckenfelder, 1970; Barnard, 1973).

이러한 연구들은 더 나아가 modified Ludzack-Ettinger 공정이나 modified Balakrishnan-Eckenfelder 공정, 그리고 Bardenpho 공정과 같은 다단 공정(multi-stage processes)의 개발로 발전하기에 이르렀다. 이는 수처리 계통(mainstream)에서 유기물질, 질소 및 인의 제거를 순차적으로 이루기 위해 산화-환원 전위(redox)를 적절히 제어하는 방식이었다(Balakrishnan and Eckenfelder, 1970; Barnard, 1973). 또한 충분한 질산화 미생물(nitrifier)의 확보와 탈질될 질소의 양을 적절히 제어하기 위해서는 슬러지의 반송(RAS, return activated sludge)과 내부순환(internal recycle)의 최적화가 중요하였다. 첨두율이 높은 처리시설(합류식 하수관거 시스템의 경우, 특히 우기 동안)의 경우 단계적 주입방식(step-feed pocess)의 활성슬러지는 질소 제거에 매우 효과적인 방법이었다(Fillos et al., 1996).

향상된 생물학적 인 제거(EBPR, enhanced biological phosphorus removal)에 대한 개념은 활성슬러지 공정에서 미생물들이 성장에 필요한 양 이상의 인을 섭취할 수 있다는 아이디어로부터 시작된다(Greenberg et al., 1955). 인(P)은 미생물 성장과 호흡에 필수 영양소로서 유기물질(BOD) 제거를 통하여 기본적으로 세포 합성(cell synthesis)에 사용된다. 즉, 활성슬러지 공정에서 인(P)의 제거는 폐슬러지(waste/excess sludge) 제거만으로 이루어지는데, 이때 제거 가능한 인의 총량은 통상적으로 10~30% 범위로, 이는 슬러지 내 인의 함량(건조 중량 기준 1.5~2.5%)과 유입수의 BOD/P의 비율 및 운전조건에 따라 차이가 있다. EBPR은 통상적으로 미생물 성장에 필요한 양 이상의 인(80~90% 이상)을 섭취하는 현상을 말한다.

과잉의 생물학적 인 제거 현상이 처음 발견된 것은 1959년 인도의 한 실규모 처리시설(Srinath et al., 1959)에서였다. 당시 압출식 반응조(plug-flow reactor)의 저폭기(under-areated) 지역에서 인의 용출(P-release) 현상이 관찰되었는데, 이를 단순히 충분한 산소공급이 부족한 때문으로 판단하였다. 1965년 레빈(Levin)과 샤피로(Shapiro)는 실험실 규모에서 혐기성(anaerobic)과 호기성(aerobic) 조건에서 각각 인의 용출과 섭취가 이루어지는 연구결과를 얻었으며, 이를 바탕으로 PhoStrip 공정[그림 2-12(a)]이라 불리는 실질적인 첫 번째 EBPR 공정이 고안되었다. PhoStrip 공법은 활성슬러지 공정의 반송슬러지를 탈인조(stripper tank)라 불리는 별도의 발효조에서 인이 배출과정을 거친 후 인 농도가 높은 상징액을 석회(lime)나 기타 약품으로 응집/침전방식으로 제거하는 방법이다. 생물반응조의 유입부분에서 발생되는 인 방출 현상은 유기물질 제거를 목적으로 운전되는 대부분의 압출류 흐름방식의 실규모 처리장에서 나타나는 유사 특성으로 관찰되었는데(Vacker et al., 1967; Milbury et al., 1971), Milbury 등(1971)은 이를 압출류 흐름방식 처리장의 주요 문제점으로 지적하였으며, 또한 '인의 과잉섭취(luxury uptake

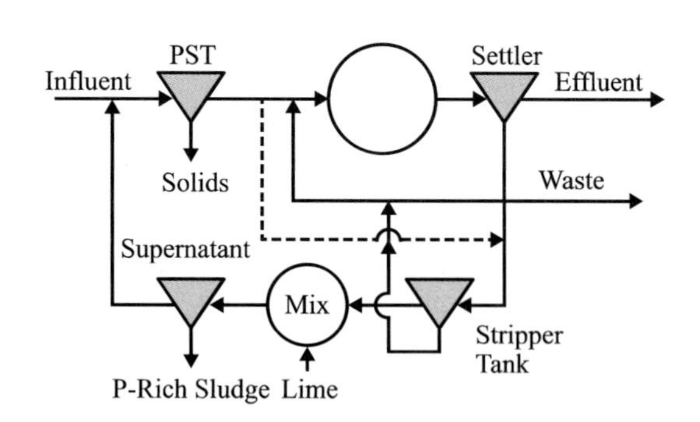

(a) PhoStrip process (Levin and Shapiro, 1965)

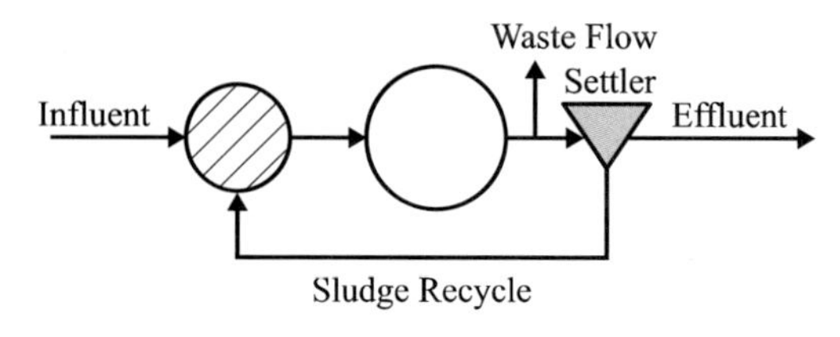

(b) Phoredox (A/O) (Barnard, 1976)

그림 2-12 **인 제거를 위한 생물반응조**(EBPR)**의 진화** (adapted from Barnard and Comeau, 2014)

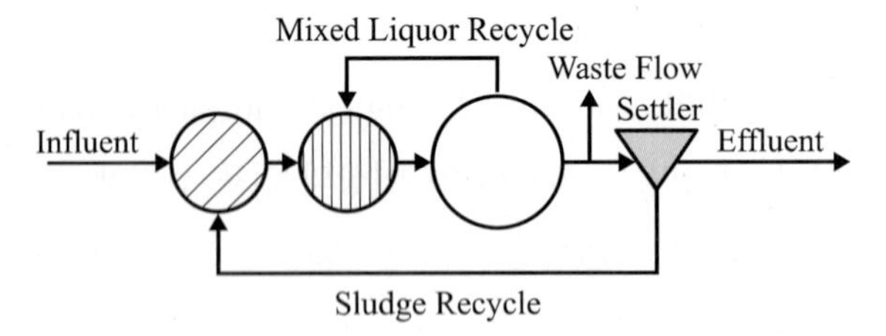

(c) 3-stage Phoredox (A2/O) (Barnard, 1976)

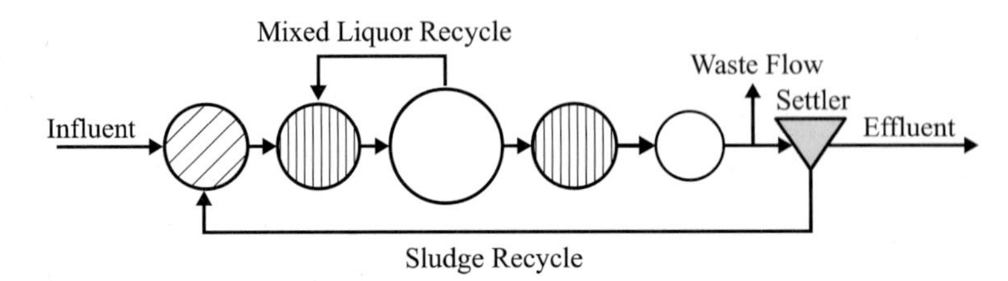

(d) Modified (5 staged) Bardenpho Process (Barnard, 1976)

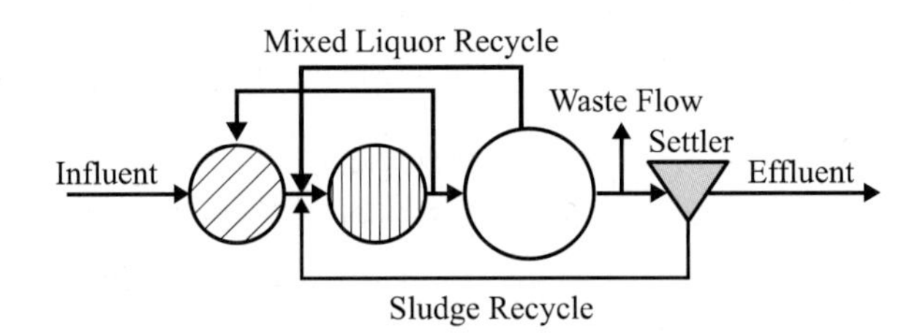

(e) UCT (VIP) process (Marais, et al, 1983)

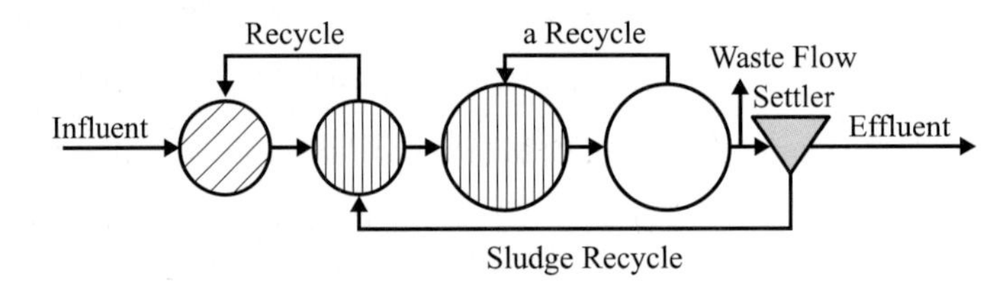

(f) MUCT Process (Marais, et al, 1983)

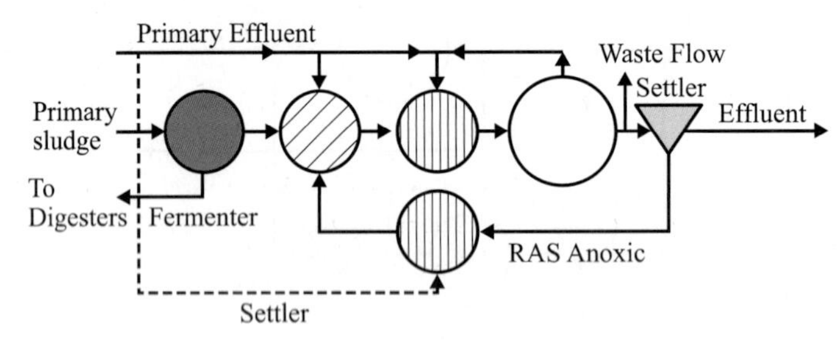

(g) West Bank (Canada, Barnard, 1976)

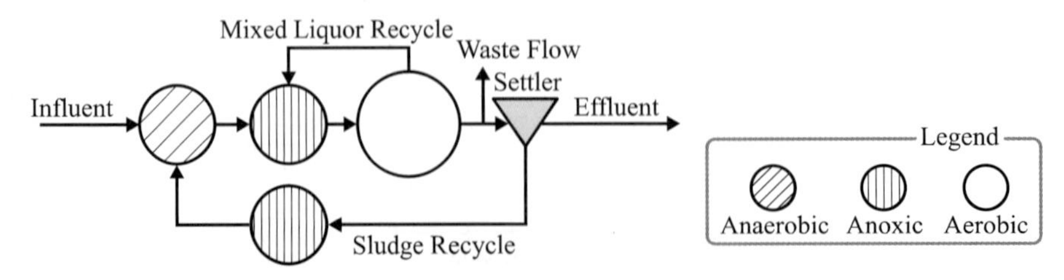

(h) Johannesburg process (Nicholls, 1975)

그림 2-12 (계속) **인 제거를 위한 생물반응조**(EBPR)**의 진화** (adapted from Barnard and Comeau, 2014) of P)' 현상에 대해서도 설명하였다.

활성슬러지의 생물반응조에서 직접적인 공정 변화는 남아공에서 시작되었다. 1970년대 초 남아공에서는 심각한 부영양화 현상과 도시의 물 재이용 프로젝트로 인하여 폐수로부터 영양소 제거의 필요성이 강조되던 시기였다. 이를 계기로 Bardenpho 공정이라 불리는 4단 질소 제거 공정(4 staged N removal process)이 버나드(James Barnard, 1974)에 의해 개발되었다. 100 m^3/d 규모의 pilot 실험에서 질소의 제거와 함께 인의 방출과 섭취가 관찰되었는데, 이때 생물반응조에서 인 섭취를 위해 폭기조 앞단에 인 방출을 위한 질산성 질소와 용존산소가 없는 혐기성 지역이 필요하다고 주장하였다. 이를 바탕으로 1976년 버나드는 2단 또는 3단 Phoredox 공정[그림 2-12(b), (c)]과 수정된(5단) Bardenpho 공정[그림 2-12(d)]과 같은 다수의 생물학적 영양소 제거 공정을 제안하였는데, 이는 요하네스버그(Johannesburg)와 케이프타운(Cape Town)에 실규모 시설의 설계에 사용되기도 하였다.

1983년 케이프타운 대학의 연구진(Marais et al., 1983)들은 UCT 공정(The University of Cape Town process)을 개발하였는데[그림 2-12(e)], 이는 생물반응조 유출수와 반송슬러지 내에 포함된 질산성 질소(nitrate) 농도를 더 낮추는 데 주목적이 있었다. 이러한 기술적 발전은 MUCT(modified UCT) 공정 개발로 이어지는데[그림 2-12(f)], 이러한 두 가지 공정의 주된 차이점은 내부반송 흐름과 앞단 혐기조에서 약 50% 이하로 유지되는 MLSS(mixed liquor suspended solids) 농도에 있는데, 이는 결국 질소와 인의 제거효과를 높이기 위한 것이다.

생물학적 영양소 제거는 유입수 내에 존재하는 쉽게 생분해가능한 유기물질(rbCOD, readily biodegradable organics)의 함량에 크게 영향을 받는다. 이러한 물질이 유입수 내에 매우 부족한 경우에 보완할 수 있는 1차슬러지의 발효단계가 포함된 공정[그림 2-12(g)]이 실규모에서 연구된 바 있다(Westbank, Canada, 1976). 요하네스버그 시에서는 요하네스버그 공정(Johannesburg process)이라는 기술을 제안하였는데(Nicholls, 1975), 이는 반송슬러지(RAS) 내 질산성 질소의 농도를 줄이기 위해 탈질(denitrification)을 위한 무산소조를 추가하고 그 유출수를 혐기조로 유입하는 방식이다[그림 2-12(h)].

생물학적 인 제거에 대한 메커니즘은 1975년 처음 보고(Fuhs and Chen, 1975)된 이후 이에 대한 많은 연구가 이루어졌다. 특히 EBPR에서 중요한 역할을 담당하는 인 축적 미생물(PAOs, polyphosphate-accumulating organisms)의 특성에 대하여 매우 중요한 연구결과가 있었다. PAOs는 아세트 산(acetate)과 프로피온 산(propionate)과 같은 휘발성 유기산(VFAs, volatile fatty acids)만을 섭취할 수 있으므로 다른 생분해가능 유기물질(biodegradable organics, bCOD)은 먼저 유기산으로 전환되어야만 한다는 것이다(Gerber et al., 1986). 대부분의 폐수는 충분한 VFAs를 포함하고 있지 않으므로 유입수의 bCOD는 VFAs를 생산하기 위해 생물반응조의 혐기성 지역에서 충분히 발효될 수 있어야 한다는 연구결과가 다수의 연구자들에 의해 검증되었다(Wentzel et al., 1985; 1990; Randall et al., 1994). EBPR 공정에서는 유입수 내 충분한 VFAs 확보가 중요하나, 이를 위해 편성 혐기성 조건(strictly anaerobic condition)이 반드시 필요하지는 않는다. 또한 유기물질의 발효를 위해 충분한 체류시간이 혐기조에 확보되지 않는다면 반송슬러지 흐름계통에서 이를 대신할 수 있다. 이러한 개념에 근거하여 최근 최적화된 EBPR 공정

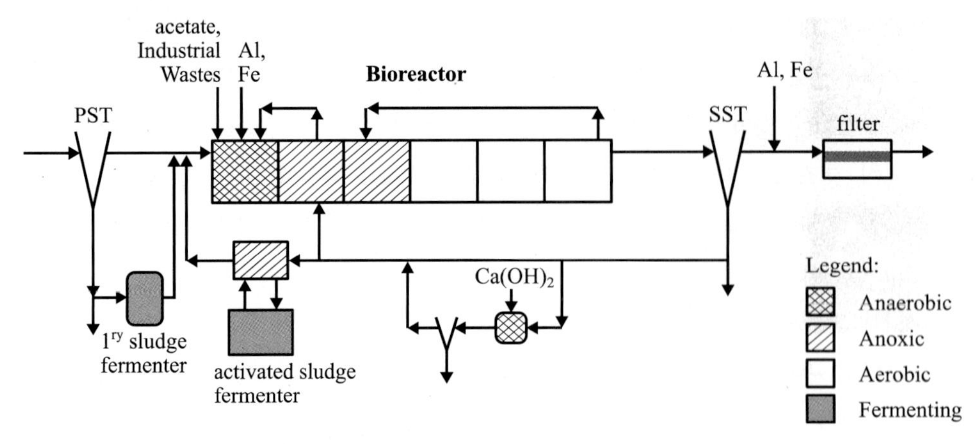

그림 2-13 EBPR process optimization concepts with fermentation of PS and RAS (adapted from Barnard and Comeau, 2014)

(그림 2-13)이 제안되기도 하였는데(Barnard and Comeau, 2014), 이 공정의 특징은 반송슬러지 라인에서의 인 제거, 유기산을 생성하기 위한 슬러지 발효, rbCOD가 주성분인 산업폐수(예를 들어 식품폐수 등)의 주입, 그리고 철염과 알루미늄염을 이용한 화학적 인결정화 반응 등을 포괄적으로 포함하고 있다는 점이다.

(3) 부착성장 생물반응조

활성슬러지에서 생물반응조의 변화는 미생물의 활성도가 높은 다량의 미생물 확보 차원에서도 일어났다. 일반적으로 활성슬러지는 부유성장(suspended growth) 상태로 유지되는 약 2,000~4000 mg/L의 혼합고형물(MLSS, mixed liquor suspended solids 기준) 농도와 10~40일 정도의 고형물 체류시간(SRT, solids retention time), 그리고 0.1~0.2 kg BOD/kg MLSS/d의 기질/미생물 비(F/M ratio, food/microbes ratio) 범위에서 각 공정별로 최적화된 특성을 가지고 있다. 즉, 더 많은 미생물을 더 오래 생물반응조에 확보할 수 있다면 더 많은 오염물질을 먹이로서 분해할 수 있고 그 결과 반응조의 용량이 소규모로 더 작아질 수 있다는 개념이다.

이러한 개념은 고전적인 살수여상 개념의 연장선상에서 더 진화한 생물막 반응조(biofilm/fixed film reactor)와 자기고정화(self-immobilized)한 호기성 입상슬러지(AUSB, aerobic upflow sludge bed)와 같은 고부하 생물반응조의 개발로 이어진다. 이 기술들은 부유성장이라는 용어에 대비하여 부착성장(attached growth) 생물반응조로 정의된다. 1898년 개발된 살수여상의 개발과 확산을 바탕으로 1930년 이후부터는 미생물 부착능력을 높이려는 다양한 생물막 담체(biofilm carriers)의 개발과 적용이 시도되었다. 살수여상에서 생물막의 기능과 중요성에 대한 관심은 곧 폴리스티렌 디스크(Bryan, 1955)와 플라스틱(Chipperfield et al., 1972)과 같은 소재를 이용한 매체(media) 개발에서 회전원판법(RBC, rotating biological contactor)(Allen, 1929; Smith and Bandy, 1980)과 충진상(packed bed) 등의 생물막 공정 기술 개발로 이어졌다(Alleman, 1982; Dow Chemical Co., 1971). 그러나 충진상과 같은 고정상 생물막(fixed-film) 공법은 후에 호기성보다 혐기성 분야에서 더 나은 발전이 있었다. 생물막은 특히 미생물의 안정된 확보차원에서

그림 2-14 생물막 공정에 사용되는 다양한 매체 (Fixed film forum, 2017)

매우 유용한데, 미생물의 성장속도가 빠른 호기성에 비해 혐기성은 매우 느린 고유 특성을 가지고 있기 때문이었다.

한편, 생물막 담체는 일반적으로 매체의 기능과 적용방법에 따라 고정형(filxed media/ fixed bed)과 분산형(dispersed media/moving bed)으로 구별할 수 있다(그림 2-14). 대표적으로 살수여상이나 충진상과 같이 매체가 고정된 경우는 전자로 칭하며, 매체가 생물반응조 안에서 자유롭게 움직이며 이동하는 이동상 생물막반응조(MBBR, moving bed biofilm reactor) 및 통합 고정상 생물막 활성슬러지(IFAS, integrated fixed-film activated sludge)의 경우를 후자로 정의한다. 비교적 새로운 기술인 MBBR과 IFAS는 현탁액 상태의 부유성장 반응기 내부에 부착성장 미생물 담체를 포함하는 부유성장 시스템을 말한다(US EPA 2010). 이러한 기술은 폐수의 고도처리 시설에서 기존 시설의 개량이나 신규 건설 시설에 매우 유용한 기술로, 특히 짧은 수리학적 체류시간(HRT, hydraulic retention time)과 높은 미생물 확보(SRT, solids retention time)의 관점에서 우수한 특성을 가지고 있다(Randall and Sen, 1996).

생물막공정은 현재 Trickling Filters, Bio-towers, Rotating Bio-Contactors, Combined Bio-Processes, Integrated Bio-Processes 및 Submerged Bio-Filters 등(그림 2-15)의 형태로 다양하게 진화하고 있다(Fixed film forum, 2017).

다양한 미생물 군집 덩어리인 입상슬러지(granular sludge/bed)의 형성과 이용기술은 혐기성 처리분야에서는 이미 1980년대 이후 상당한 발전을 이루어 현재에는 상용화되어 있다. 그러나 호기성 분야에서의 이러한 노력은 혐기성 분야보다 좀 더 늦게 이루어졌다. 일반적으로 호기성

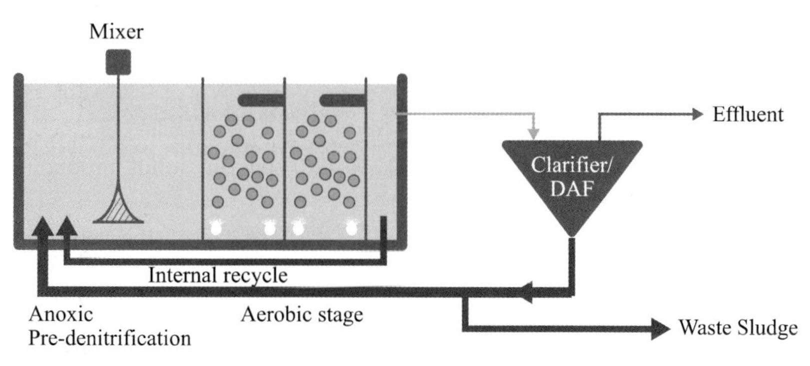

그림 2-15 An example of integrated fixed-film/activated sludge system (Source: AQWISE, 2010)

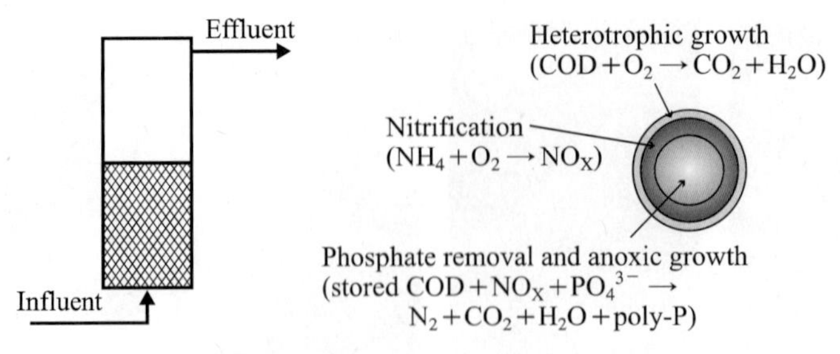

그림 2-16 호기성 입상슬러지 반응조와 반응기작

입상 활성슬러지(aerobic granular activated sludge, 그림 2-16)는 유체역학적인 전단력(hydrodynamic shear)의 감소하에서도 파괴되거나 응집되지 않는, 활성슬러지 플록(floc)보다도 훨씬 더 빨리 침전하는 미생물 덩어리로 정의된다(de Kreuk et al., 2005).

호기성 입상화 기술은 1999년 네덜란드 연구진의 발표(Beun et al., 1999) 이후 2000년대에 다양한 하·폐수를 대상으로 기초적인 연구가 시도되었다. 2003년 말 첫 번째 pilot 규모 시험을 시작으로 2005년 1,500 m^3/hr(59,000 pe) 용량의 실규모 시설이 네덜란드 네레다(nereda)에 설치되었고 이후 연구는 전 세계적으로 확산되었다. 연속 회분식 공기부상 반응조(SBAR, sequencing batch airlift reactor)와 연속 회분식 버블컬럼 반응조(SBBC, sequencing batch bubble column) 방식을 적용하는 이 기술은 유기물질뿐만 아니라 높은 영양소(질소와 인)의 제거가능성을 목표로 그 기술적 및 경제적 가능성이 조사 평가되었다. 그 결과 높은 수준의 처리효율과 함께 일반적인 처리기술에 비해 더 작은 용량에서도 적용이 가능한 우수한 경제적인 효과를 보였다(de Kreuk and de Bruin, 2004). 이 기술은 가까운 미래에 도시 및 산업폐수의 처리에 있어 활성슬러지를 대체할 혁신적인 기술로 자리할 것으로 예측하고 있으나, 대규모 시설의 적용을 위한 충분한 연구 결과는 아직 부족한 편이다(de Bruin et al., 2004; Gao et al, 2011).

활성슬러지를 기반으로 발전한 도시하수처리시설의 생물학적 처리공정은 주로 더 콤팩트하고 단순한 경제적인 공정으로 발전하고 있으며, 또한 유출수의 수질을 지속적으로 향상시킬 수 있는 결합형 반응조 형태로 전환되고 있다. 새롭게 개발된 공정과 처리방법들은 일반적으로 수인성 질병이나 불쾌감의 최소화 및 부영양화 억제(영양소 제거) 등의 수질규제 강화와 관련이 있다. 현재의 지속가능발전(sustainability)에 대한 요구는 물의 재이용뿐만 아니라 에너지와 자원의 효율성 문제를 강조하고 있다. 따라서 미래의 도시하수처리시설의 운전기준(performance criteria)은 주로 다음과 같이 예측되고 있다(Loosdrecht et al., 2014).

- 물(water): 처리수의 수질과 재이용 기준(effluent and reuse criteria), 미량오염물질 기준, 지표미생물 대신 특정 병원성 미생물의 규제, 처리수의 열에너지 회수
- 고형물(solids): 잔여물(residue)의 양(비고형물생산량, specific solids production), 미량오염물질과 병원성 미생물 함량
- 대기(air): 온실가스(GHG, green houses gas-CO_2, N_2O, CH_4) 배출(equivalent GHG/PE or GHG/m^3) 및 에어로졸(aerosols) 등의 규제
- 에너지(energy): 에너지 소모량(kwh/PE, kwh/kgCOD, kwh/m^3) 및 효율(%) 향상

• 화학약품(chemicals): 단위 소요량(g chemical/PE, g chamical/m^3)

이를 바탕으로 미래 활성슬러지 공정의 발전방향은 다음과 같이 제시된다.

• 공정 강화(process intensification): 슬러지 침전성 향상 및 입상화(granulation), 결합형 공정(hybrid process)
• 방류수 수질 향상(improved effluent quality): 생물학적 공정과 미생물 다양성, 신흥 오염물질, 공정 최적화
• 에너지 중립성/기후영향 최소화(energy neutrality/minimum climate impact): 에너지 소모 최소화 및 회수, 주처리 계통에서 아나목스(anammox) 공정의 적용, 열에너지 회수
• 자원 회수(resource recovery): 물 재이용, 영양소(N, P) 회수, 유기화합물(셀룰로오스 등) 회수
• 도시 기능성 통합(integration of fuctionalities in urban areas): 도시의 통합 물순환(integrated urban water cycle), 물과 에너지, 분산형과 중앙집중형

(4) 침전지의 진화

생물반응조의 급격한 진화와 더불어 침전지에도 큰 변화가 이루어졌다. 생물학적 플록(biological flocs)과 처리수, 즉 고액분리를 더 효과적으로 수행할 수 있도록 분리막(membrane)을 생물반응조와 결합한 형태로 이를 분리막 생물반응조 또는 멤브레인 생물반응조(MBRs, membrane bioreactor)라고 부른다. 여과필터로 사용되는 분리막은 침전지(clarifier)의 경우보다 우수한 고액분리가 가능한데, 모든 MBRs 반응조는 높은 수준의 고형물 제거와 병원성 미생물(pathogens)을 제거하는 특징을 가지고 있다.

멤브레인(분리막) 소재의 개발은 이미 상당한 오래된 역사적 배경을 가지고 진행되어 왔지만, 첫 번째 상업적인 MBRs은 1970년대 초 Dorr-Oliver Inc.(now FLSmidth Dorr-Oliver Eimco Inc.)에 의해 도입되었다(Bemberis et al., 1971). 이 기술은 일반적인 활성슬러지(CAS, conventional activated sludge)에 한외여과(UF, ultrafiltration) 멤브레인을 결합한 형상이었다. 초기의 MBRs 모델들은 대부분 생물반응조 외부에 멤브레인이 설치된 형태(sMBR)로 외부형 또는 압송된 방식(external/sidestream)을 하고 있었다[그림 2-17(a)]. 반면에 최근에는 내부 침지형 형상(internal/immersed)이 상업적으로 더 효과적인 형태(iMBR)로 알려져 있다[그림 2-17(b)]. 높은

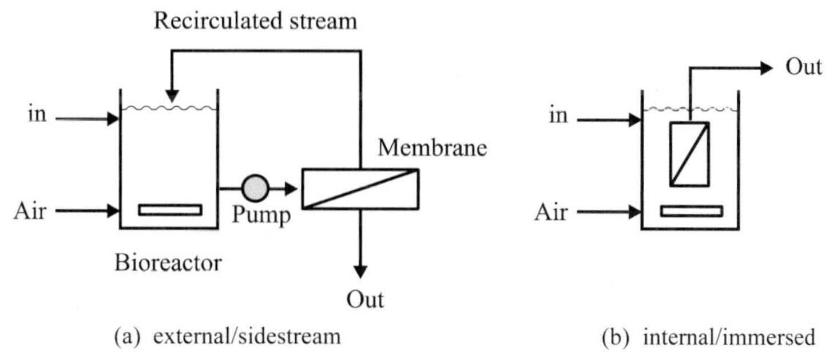

그림 2-17 Configuration of a membrane bioreactor (adapted from Judd and Judd, 2010)

수준의 압력(~3.5 bar)과 낮은 투과율(17 L/m^2-h)은 상대적으로 높은 에너지 요구량을 의미하지만, Dorr-Oliver system은 성공적인 결과를 보였고, 곧 일본에서 상업화되기 시작하였다. 이후 유사한 형태의 외부형 MBRs이 프랑스(the PLEIADE by Rhone Poulenc)와 남아공(ADUF, Weir Envig), 그리고 미국(Thetford system, the Cycle-Let process)에서 연차적으로 개발되었다.

중요한 기술적 발전은 침지형 MBRs 반응조 형상이 상업화되던 1980년대에 일어났다. 일본 정부의 주도로 진행된 물 재이용 프로그램에서 중공사막 한외여과(HF UF, hollow fiber ultrafiltration) iMBR(Yamamoto et al., 1989)과 평판형 정밀여과(FS MF, flat sheet microfiltration) iMBR(Kubota, Japan)이 개발되었다.

또한 1990년대 초 북미의 제논 환경(Zenon Environmental, Canada)은 Thetford system을 인수하고 자체 iMBR을 개발하여 ZenoGem immersed HF UF iMBR 공정의 특허를 획득하였고 (Tonelli and Canning, 1993; Tonelli and Behmann, 1996), 첫 번째 침지형 HF ZeeWeed 모듈이 1993년에 소개되었다. 1990년도 전반기 동안 캐나다와 일본 두 나라에서 개발된 세 종류의 iMBR이 주도하고 있었으며, 이후 10년 동안은 적어도 7개국 10개 이상의 기술들이 주도적이었다. 2000년대 이후에는 중국을 포함한 다양한 나라에서 기술 개발이 경쟁적으로 이루어지고 있으며(표 2-4), multitube 모듈과 같은 다양한 멤브레인 제품을 기반으로 특허권을 갖춘 MBRs 기술이 개발되고 있다(Crawford et al., 2014).

표 2-4 Key MBR membrane products, bulk municipal market

Supplier	Country	Date launched	Acquired	Date, first 〉10 MLD plant
Asahi Kasei	Japan	2004	–	2007
Ge-*ZeeWeed*®	US	1993	Jun-06	2002
Econity[1)]-*KSMBR*®	Korea	2000	–	2008
Huber	Germany	2003	–	2014
Hyflux(*Porosep*)	Singapore	2012		2013
Koch Membrane Systems-*PURON*®	US	2001	Nov-04	2011
Kubota *EK*	Japan	1990	–	1999
Kubota *RW*	Japan	2009	–	2011
Memstar	Singapore	2005	–	2010
Microdyn Nadir	Germany	2005	–	–
Mitsubishi Rayon (*SADF*)	Japan	2005	–	2006
Mitsubishi Rayon (*SUR*)	Japan	1993	–	–
Motimo	China	2000	–	2007
Pentair-Norit	Netherlands	2002	–	2012
Siemens Water Tech.-*MEMCOR*®	Germany	2002	Jul-04	2008
Sumitomo	Japan	2010	–	–
Toray	Japan	2004	–	2011

1) Formerly Korea Membrane Separations
Source) Adapted from Judd and Judd(2010)

2.6 멤브레인 여과기술의 도입과 발전(1918~)

19~20세기에 걸쳐 성립된 물리화학적 및 생물학적 처리 중심의 오염물질 처리기술은 최근 들어 미세한 여과필터를 통해 오염물질을 걸러내는 멤브레인(membrane) 방식으로 그 패러다임이 전환되고 있다. 이는 20세기 중반 이후 급격하게 발전한 멤브레인 소재 개발에 따른 것이다. 멤브레인은 다양한 화학적 응용 분야에서 이미 광범위하게 적용되어온 기술이다. 그 주요 특성은 멤브레인을 통해 적절한 성분의 투과 속도(permeation rate)와 물질 분리(separation)를 조절하는 멤브레인의 능력에 있다. 물질 분리에 있어서 그 목표는 혼합물에 포함된 한 성분은 자유롭게 멤브레인으로 투과 침투시키면서 다른 성분의 침투는 방해하는 데 있다.

멤브레인 현상(membrane phenomena)에 대한 초기 연구는 18세기 중반으로 거슬러 올라간다. 1748년에 노렛(Abb'e Nolet)은 다이어프램(diaphragm, 압력 작용에 따라 변위를 일으키는 막)을 통한 물의 침투를 설명하기 위해 삼투(osmosis)라는 단어를 만들었다. 19세기와 20세기 초에 이르기까지, 막은 산업적 또는 상업적 용도가 없었지만 물리화학적 이론[예를 들어 van't Hoff 방정식이나 반투막(semipermeable membrane) 개념 등]을 증명하기 위해 유용한 실험실 도구로 사용되었다(Baker, 2004).

초기 막 연구는 돼지와 같은 동물 내장으로 만든 다양한 종류의 다이어프램에 대한 것이었고, 이후 더 높은 재현성(reproducibly)을 이유로 콜로디움[collodion, 니트로 셀룰로오스(nitrocellulose)] 막이 선호되었다. 니트로 셀룰로오스 멤브레인 제조 기술은 1907년 다양한 크기의 공극을 가진 형태로 개발되었는데, 이는 주로 기포 시험(bubble test)을 위해 사용되었다(Bechhold, 1907). 1930년대 초 이 기술은 상업적으로도 이용가능한 미세 다공성 콜로디움 멤브레인(microporous collodion membranes)으로 발전하였다. 이후 20년 동안 초기 미세 정밀여과막(MF, microfiltration membrane) 기술은 셀룰로오스 아세테이트(cellulose acetate)와 같은 다른 중합체(polymer)로 발전하였다. 1918년 처음 정밀여과(MF, microfiltration)와 관련한 특허가 제출되었고(Zsigmondy and Bachmann, 1918), 1926년에는 한외여과막(UF membrane)이 처음 상업화되었다(Membrane Filter GmbH).

멤브레인을 음용수(drinking water) 생산에 응용한 첫 번째 사례는 제2차 세계대전 말(1945)에 시행된 음용수 시험에서였다. 당시는 독일을 포함한 유럽 지역 대부분의 대규모 공동체에서 식수 공급이 중단되었고, 물 안전(water safety)을 검사하기 위한 필터가 시급히 필요한 때였다. 미 육군의 후원 하에 이러한 필터를 개발하기 위한 연구가 시작되었는데, 이는 미국 최초의 대규모 미세정밀여과막(microfiltration membrane) 생산업체인 밀리포어(Millipore Corporation)에 의해 진행되었다.

멤브레인 탈염(membrane desalination) 기술에 대한 개념(Hassler, 1950)과 수소 가스를 분리하기 위한 금속 멤브레인(metal membrane)의 사용(Hunter, 1956, 1960) 등 1960년대까지 근대의 막 과학과 관련한 여러 기술들이 개발되었지만 이때까지도 멤브레인은 단지 몇 개의 실험실이나 소규모 특수 산업용 응용분야에서만 사용되었을 뿐 괄목할만한 멤브레인 산업은 존재하지 않았다. 멤브레인이 분리 공정으로 널리 사용되는 데는 네 가지의 어려운 문제(신뢰성, 낮은 속도, 비선택적, 경제성)가 있었다. 이후 20세기 후반까지 약 30년 동안 이러한 문제에 대한 해결책이 연구되었으며, 멤브레인 기반 분리공정(membrane-based separation processes)의 상용화는 21세기에 들어 시작되었다.

1959년경 셀룰로오스 아세테이트 역삼투막(RO, reverse osmosis)을 이용한 탈염 시도(Breton and Reid, 1959)가 있었지만, 멤브레인 분리기술을 실험실에서 산업용으로 전환시킨 독창적인 발견은 1960년대 초 결함이 없는 높은 투과 플럭스를 가진 이방성 역삼투막 제조기술(anisotropic reverse osmosis membranes)의 개발이었다(Loeb and Sourirajan, 1963). 이 멤브레인은 기계적 강도를 가지는 두꺼운 투과성 미세 다공성 지지체(permeable microporous support) 위에 입혀진 매우 얇은 선택적 표면 필름(ultrathin selective surface film)을 특징으로 한 것이다. 이는 다른 멤브레인의 플럭스보다 10배 이상 높았으며 역삼투압을 탈염을 위한 잠재적인 실용적 방법이었다. 그 결과는 역삼투 기술의 상업화를 가져왔고 동시에 한외여과와 정밀여과의 발전에 주요한 요인이 되었다(표 2-5).

1960～1980년 동안은 멤브레인 기술에 상당한 변화를 가져왔다. 원래의 Loeb-Sourirajan 기술을 바탕으로, 계면 중합(interfacial polymerization) 및 다층 복합 주조(multilayer composite casting)/코팅(coating)을 비롯한 다양한 기술이 멤브레인의 특성을 향상시키기 위해 개발되었다. 이러한 기술을 사용하여 0.1 μm 이하의 얇은 선택 층(selective layer)을 갖는 멤브레인이 여러 회사에서 생산되었다. 또한 멤브레인을 패키지화하는 방법으로 대면적을 가진 나선형(large-membrane-area spiral-wound), 중공 사막(hollow-fine-fiber), 모세관(capillary), 그리고 평판형 프레임 모듈(plate-and-frame modules) 등으로 개발되어 멤브레인의 안정성을 향상시켰다.

1960년도 복합소재를 이용한 첫 번째 멤브레인이 론즈데일(Londsdale)에 의해 개발되었고, 해수를 이용한 탈염 연구와 더불어 1964년에는 멤브레인 증류법(membrane distillation)에 대한

표 2-5 Key milestones in UF/MF membrane development

1950s	• MF membranes commercialized for sterilization applications
1960s	• RO CA membranes commercialized
1970s	• PS UF flat sheet support used for RO Thin Film Composites • PS UF capillary invented with finger pore structure
1980s	• Foam or spongy structures developed for PS/PES CA capillary introduced • First large scale municipal UF installed in 1988 • PP MF fiber developed • PES/PVP UF developed
1990s	• PVDF and PAN membranes developed • Submerged membrane concept developed
2000s	• Hydrophilic PES and PVDF membranes introduced by several companies
2010s	• Hydrophilic/hydrophobic nanocomposite membranes research

Modified from Pearce(2007). MF, microfiltration; UF, ultrafiltration; RO CA, reverse osmosis cellulose acetate; PS, polysulfone; PES, polyether sulfone; PP, polypropylene; PVP, polyvinylpyrrolidone; PVDF, polyvinylidene fluoride; PAN, Polyacrylonitrile.

개념이 핀들리(Findley)에 의해 제안되었다. 아미콘(Amicon)사는 1966년 UF 멤브레인을 생산하는 데 PES(polyether sulfones)과 PVDF(polyvinylidene fluoride)를 처음 사용하였고, 이듬해 첫 번째 UF 중공사막(UF hollow fibers)을 생산하였다. 1997년에는 듀퐁(Du pont)사가 중공사 역삼투막(hollow fiber RO)을, 그리고 아코르(Abcor)사에서는 상업화한 관형 UF를 이용한 시설(tubular UF plant, 1969)을 건설하였다.

1970년에는 계면 박막 복합 멤브레인(interfacial thin-film composite membranes)이 개발되었고(Cadotte), UF 멤브레인의 첫 번째 산업적 적용(Forbes)도 이루어졌다. 1973년 로미콘(Romicon)사는 중공사 모세관 UF 시설(Hollow fiber capillary UF plants)을 설치하기도 하였다. 1975～1979년에는 최초로 1일 12,000 m^3 용량의 실규모 RO 해수 담수화 플랜트(first RO seawater desalination plant)가 사우디아라비아 제다(Jeddah, Saudi Arabia)에 설치되었다. 1974년에 설치된 염수 전환공사(SWCC, Salinewater Conversion Corporation)를 설치한 이래 사우디아라비아에서는 현재 총 7.614 Mm^3/d 정도를 음용수를 해수로부터 생산하고 있는데(Nada, 2013), 이중 약 14% 정도가 RO 기술에 의해 생산되고 있으며 나머지는 다단 증류법(multistage distillation)을 이용하고 있다.

1980년대 이후에는 정밀여과, 한외여과, 역삼투와 전기투석 등이 전 세계적으로 대규모 시설로 설치되던 시기였다. 1986년 저압 나노여과 멤브레인(low pressure nanofiltration(NF) membrane)이 개발되었고(Nitto Denko FilmTech.), 1988년에는 처음 세라믹 나노여과 멤브레인(ceramic membrane NF)이 상업화에 성공하였다(Cadotte et al, 1988). 또한 1990～1993년에는 음용수를 생산하기 위해 지표수를 처리하는 MF/UF 시스템이 몇몇 회사(Memtec, X-Flow 및 Romicon 등)에서 개발되었다. 이 시기 멤브레인의 주요 발전은 산업용 가스 분리 기술분야에서도 이루어졌다. 중요한 첫 번째 개발은 수소 분리용 Monsanto Prism 멤브레인이었다(Henis and Tripodi, 1980). Dow는 공기와 질소를 분리하는 시스템을 개발하였고, Cynara와 Separex는 천연가스에서 이산화탄소를 분리하는 시스템을 개발하는 등 가스 분리 기술은 빠르게 발전하였다. 또한 독일의 작은 엔지니어링 회사인 GFT는 알코올 탈수를 위한 최초의 상업용 증발 시스템을 개발하고 에탄올과 이소프로판올을 포함한 다양한 성분의 증류 탈수 설비를 상용화하였다.

멤브레인의 종류는 공극의 크기에 따라 정밀여과(MF), 한외여과(UF), 나노여과(NF), 역삼투(RO)로 나뉘어지고 그 적용은 제거하고자 하는 입자의 크기에 따라 달리하고 있다(표 2-6). 앞서 설명한 바와 같이 사실 멤브레인 기술은 이미 상당히 오래된 역사를 가지고 발전해 왔다. 그럼에도 불구하고 멤브레인 필터 자체의 높은 가격과 과도한 전기 소모량 등으로 운영 유지 측면에서 경제적 효용이 낮아 상용화에 부정적이었지만 그동안 제조 기술의 혁신으로 가격 경쟁력을 확보하고, 기존 방식으로 처리하지 못했던 물질들을 걸러낼 수 있는 장점이 있어 물 산업을 포함한 다양한 산업분야에서 점차 확대 응용되고 있다(그림 2-18).

표 2-6 Comparison of membrane filtration

Particular	MF	UF	NF	RO
Membrane	Porous isotropic	Porous asymmetric	Finely porous asymmetric/composite	Nonporous asymmetric/composite
Pore size	50 nm-1 μm	5-20 nm	1-5 nm	−
Transfer mechanism	Sieving and adsorptive mechanisms (the solutes migrate by convection)	Sieving and preferential adsorption	Sieving/electrostatic hydration/diffusive	Diffusive (solutes migrate by diffusion mechanism)
Law governing transfer	Darcy's law	Darcy's law	Fick's law	Fick's law
Typical solution treatment	Solution with solid particles larger bacteria, yeast, particles	Solution with colloids and/or macromolecules bacteria, macromolecules, proteins, larger viruses	Ions, small molecules viruses, 2-valent ions	Ions, small molecules salts, small organic molecules
Typical pure water flux ($Lm^{-2}h$)	500-10000	100-2000	20-200	10-100
Pressure requirement (atms)	0.5-5	1-10	7-30	20-100

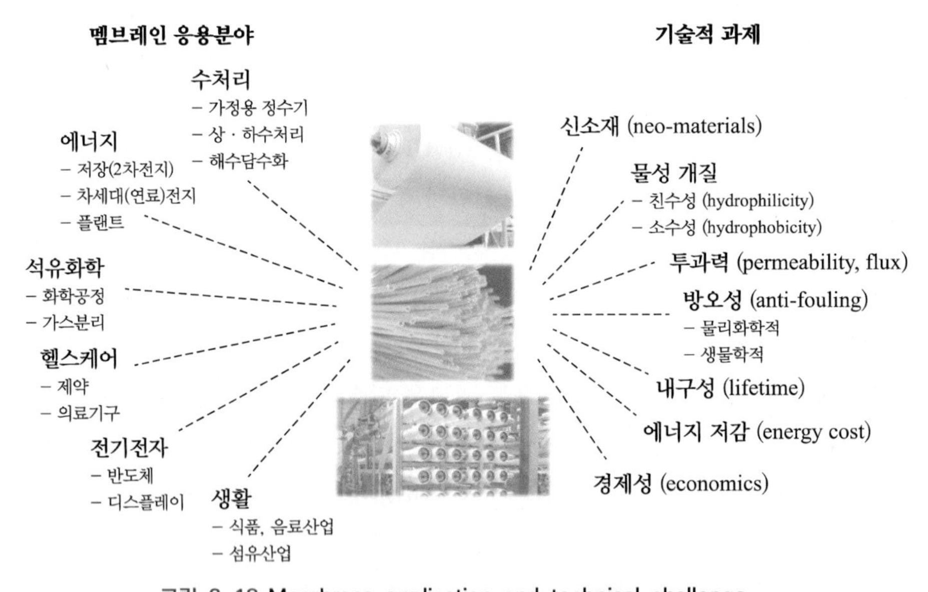

그림 2-18 Membrane application and technical challenge

2.7 폐기물에서 바이오 가스로(1776~2000)

오물을 포함한 유기성 폐기물이 부패할 때 가연성 가스가 생성된다는 것은 고대 아시리아(기원전 10세기)와 페르시아(기원후 6세기)뿐만 아니라 오래전 중국에서도 이미 인지하였던 것으로 보인다. 그러나 유기물을 이용한 직접적인 바이오 가스(메탄) 생성과 그 제조기술에 대한 초기의 과학적 기록은 17세기경으로 거슬러 올라간다. 1625년 네덜란드 과학자 헬몬트(van Helmont,

1577～1644)는 썩어가는 유기물질이 가연성 가스(flammable gases)를 만든다는 것을 처음 발견하며 '가스(gas)'라는 용어를 처음 사용한 사람이다. 또한 보일(Robert Boyle, 1627～1691)과 헤일스(Stephen Hales, 1677～1761)는 하천과 호수의 퇴적물이 교란될 때 가연성 가스를 배출한다는 사실을 보고하였다(Fergusen and Mah, 2006). 그러나 메탄(methane)을 과학적으로 처음 관찰한 사람은 전기 배터리(electronic battery)의 발명자로 유명한 볼타(Alessandro Volta, 1745～1827)로, 1776년 그는 이탈리아와 스위스를 가르는 마조레 호수(Lake Maggiore)의 습지에서 발생하는 가스(marsh gas)를 모아 순수 가스를 분리하고 이를 전기 스파크로 점화할 수 있다는 것을 보였다. 또한 1804～1808년경 돌턴(John Dalton)과 데이비(Humphrey Davy)에 의한 독립적인 연구결과에서도 가축분뇨로부터 가연성 가스인 메탄이 발생한다는 것을 증명하였다(Tietjen, 1975). 그러나 실제 메탄이라는 이름은 1866년 독일의 화학자인 호프만(August Wilhelm von Hofmann)에 의해 처음 명명된 것으로, 이는 메탄올이라는 이름에서 따온 것이다. 1868년 베샴(Antonie Béchamp)은 유기물질의 부패과정에서 발생되는 메탄이 미생물학적 반응에 따른 것이라 보고하였다. 파스퇴르(Louis Pasteur)의 조수였던 가용(Ulysse Gayon)은 35°C 온도조건에서의 발효실험에서 1톤의 가축분뇨(manure)로부터 100 L의 메탄을 얻을 수 있다고 보고하였다. 1890년대 오멜리안스키(Omelianski)는 셀룰로오스의 메탄발효 과정에서 수소(hydrogen), 아세트산(acetic acid) 및 뷰티르산(butyric acid)을 생산하는 미생물을 분리하고 메탄이 아마도 수소와 이산화탄소 사이의 미생물 반응으로 인해 형성되었을 것으로 설명하였는데, 이 반응은 후속연구에서 입증되었다(Sohngen, 1905, 1910). 이러한 가정은 수십 년 동안 높은 논란을 불러 일으켰지만 현재에는 본질적으로 합당하다고 받아들여지고 있다(McCarty et al., 1982).

유기성 폐기물의 분해와 메탄 가스의 발생과 관련한 미생물학 과정, 즉 미생물이 산소가 없는 상태에서 생분해성 물질을 분해하는 일련의 과정을 혐기성 소화(anaerobic digestion) 또는 혐기성 발효(anaerobic fermentation)라고 정의하며, 이를 이용한 유기물질 분해기술을 혐기성 소화기술(anaerobic digestion/anaerobic biotechnology) 또는 바이오 가스 생산기술(biogas technology)이라고 부른다. 혐기성 소화 기술의 역사는 오물, 하수슬러지(municipal sludge), 가축분뇨, 그리고 산업폐수(industrial waste) 등의 순으로 점차 확대 보급되며, 초기의 단순한 유기물질 분해효과에서 바이오 가스의 직접적인 회수와 이용, 그리고 고도화된 형태의 바이오 가스 생산기술의 개발로 진화하였다.

활성슬러지의 개발과 보급이 확대되는 시기였던 1920～1930년대 이전까지의 오물(생활하수, 오줌과 배설분 등) 처리는 특히 비료성분과 같은 유효자원의 회수와 이용 측면에서 평가될 수 있다. 즉, 초기 단계에서는 단순한 장기적인 저장과 분해 효과를 얻기 위한 시설로 사용되었을 뿐 메탄가스의 직접적인 생산과 이용이 주목적은 아니었다.

1840년 말 영국에서는 가정에서 발생되는 오물을 위생적으로 처리할 수 있는 방법을 마련하도록 하는 공중 보건법(Public Health Act of 1848)의 규정에 따라 대부분의 가정에서는 오물구덩이(cess pit/pool)를 만들어 사용하였는데, 이는 지하 침투가 일어나는 재래식 정화조 형태라 할 수 있다. 구덩이에 오랫동안 축적된 오물은 나이트맨(nightmen)이라는 별도의 수거인력에 의해 청소되었으며, 수거된 오물을 나이트소일(nightsoil)이라 불렀는데, 그 이유는 주로 야간에 청

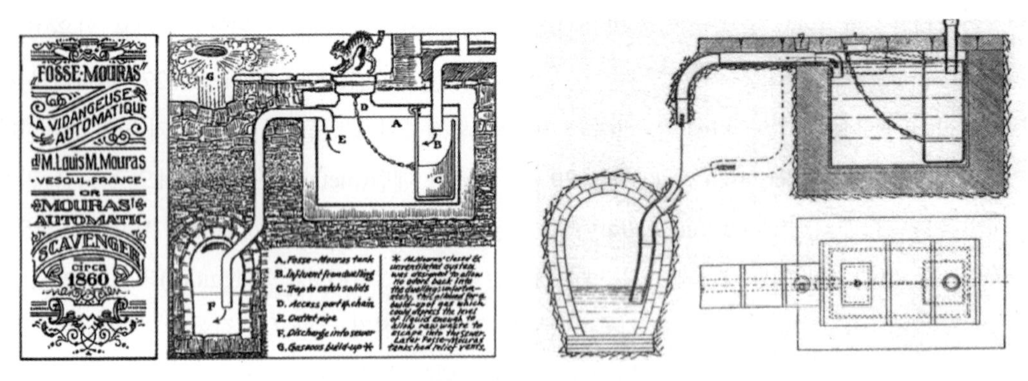

그림 2-19 The first septic tank (Mouras, 1881)

그림 2-20 Two-chamber septic tank with a dosing siphon for discharge (designed by Philbrick, USA, 1883)

소작업을 하기 때문이었다.

정화조 또는 부패조(septic tank)라고도 불리는 간단한 저류형 시설의 근대적 원형은 1860년경 프랑스인 모라스(Jean Mouras)의 노력으로 등장한다. 그는 단지 자신의 집에 좀 더 위생적인 오물저장시설을 만들고자 시도하였는데, 설치 후 약 10년에 걸친 사용에도 밀패된 탱크(closed chamber) 내부는 약간의 잔류물만이 남는 우수한 효과가 있었다. 1881년에 이 기술은 '모라스 자동청소기(The Mouras Automatic Scavenger)'라는 이름의 특허로 알려졌다(그림 2-19). 이러한 초기 형태의 부패조는 이후 미국, 유럽, 아프리카 및 인도 전역으로 확산되었다(그림 2-20)(Wilkinson, 2016). 이 모라스 시스템은 "가장 간단하고, 가장 아름다운, 그리고 가장 위대한 현대의 발명"이라고 평가받고 있다(McCarty, 1982).

1891년 영국의 스콧(W.D. Scot-Moncrieff)은 상하부가 침지형 돌층(submerged stone bed)과 빈 공간으로 각각 구성되는 개량형 탱크를 만들었다(그림 2-21). 하부에서 상부로 흐르는 형태로 운전되는 이 반응조는 혐기성 여상(anaerobic filter)의 초기 형태로 여겨진다(McCarty, 1982; Speece, 2008).

부패조는 초기의 하수 농장(sewage farm)의 개발과도 관련이 깊다. 하수 농장은 장기간 오물을 저장하여 부패시킨 후 이를 비료로 직접 사용한 대표적인 재활용 사례이다. 앞서 설명한 바와 같이 하수 농장은 다공정 자갈을 이용한 여과시설과 관개 시설로 주로 구성되는데, 여기에 부패조의 기능을 가진 저류 탱크가 연결되는 방식이었다. 하수 농장의 개발 초기부터 오물을 수집하고 저장하는 탱크 및 저수조(reservior)에 대한 특허(William Higgs, 1846)가 제출되었고, 수평흐름(1850)과 방사형 흐름(1905)을 가진 형상으로 개량되기도 하였다(Stanbridge, 1976; Cooper, 2013). 이러한 시설은 1956년 영국의 실행규정(Code of Practice)에서는 설치 테이블,

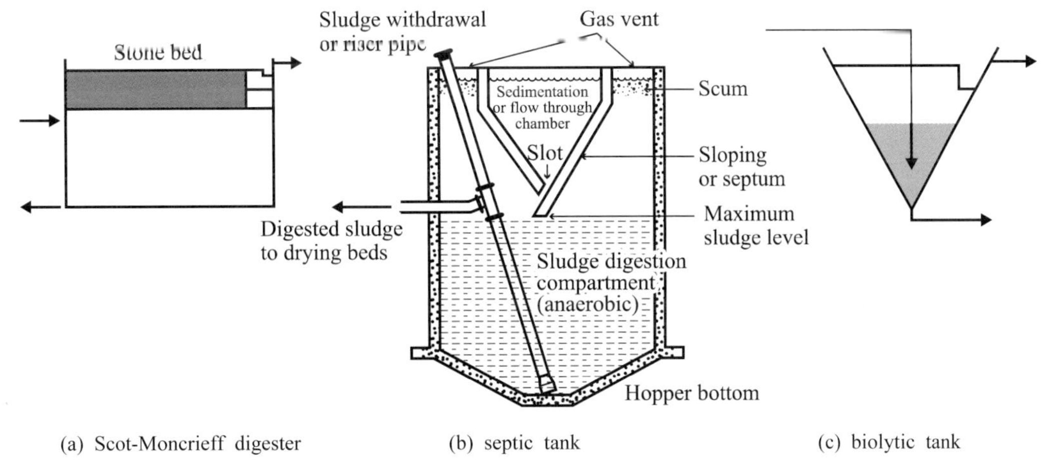

그림 2-21 초기 혐기성 소화조의 형상 (modified from Speece, 2008)

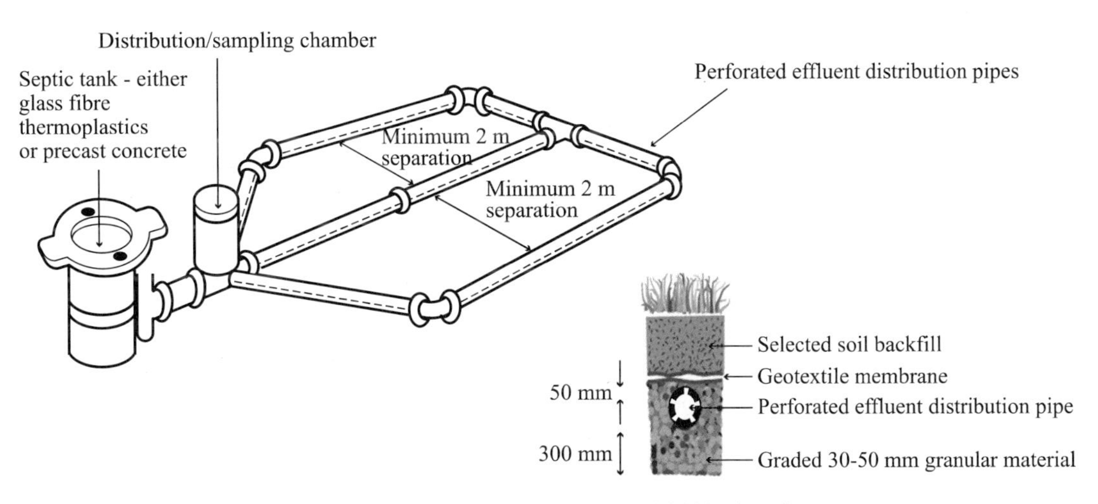

그림 2-22 Drainage field as per BS6297 (2007)

폭기에 의한 하수처리 및 2차 유출수로부터의 고형물 제거 등을 포함한 형태로 변화하였다. 그림 2-22는 1983년에 개정된 소규모 하수처리시설 및 오물웅덩이(cesspools)의 설계(BS 6297) 예를 보여준다.

단순한 저장을 통한 유기물질의 분해 차원을 넘어 발생되는 바이오 가스의 직접적인 이용에 대한 기록은 1830～1863년 동안 독일, 프랑스 및 영국 등에서 다수에 걸쳐 보여진다. 하수도 가스 램프(sewer gas destructor lamp)가 그 대표적인 예로 이는 하수관거와 부패조 등에서 발생되는 메탄가스를 포집하여 사용하는 직접 연소방식의 가로등이다. 독일의 경우에는 1830년대부터 이미 그 기록이 있으며(그림 2-23), 프랑스 나폴레옹 3세 시절(1848～1852) 이후 1963년경에는 파리에 약 3만 개의 가스 램프가 운영되었다고 알려진다.

부패조에 대한 좀 더 향상된 버전의 특허기술은 1895년 영국의 카메론(Donald Cameron)에 의해 공식적으로 부패조(오물을 분해할 수 있는 혐기성 박테리아 성장 환경을 의미)라는 이름으로 등장한다. 이 기술을 바탕으로 영국 데번주 엑서터(Exeter) 지방정부에서는 1897년 정화조를 이용한 도시 전체의 폐수처리 프로젝트를 승인하기도 하였다. 카메론은 당시 오물의 분해과정에

그림 2-23 Berlin: secret emptying of chamber pots into the river Spree. The gases of anaerobic processes (mainly CH_4) were used to provide light for the woman during her nightly job. Caricature by Doebeck, dated 1830 (Hösel 1990).

서 발생되는 메탄가스의 가치를 인식하고 이를 처리시설에서 난방이나 조명 목적으로 일부 사용하기도 하였다(Chawla 1986; McCarty, 1982). 1895년 하수도 가스 램프와 관련한 특허를 획득한 영국 버밍검의 에드몬드 웹(Joseph Edmund Webb)에 따르면 이 시설은 가스의 축적으로 인한 위험과 악취 문제 해결이 주요 목적이었다고 설명하고 있다. 영국의 경우 대부분의 도시에 이러한 램프가 운영되었고, 특히 구릉지역이 많은 셰필드(Sheffield)에서는 1915～1935년 사이에 약 84대가 설치되었다(Richards, 2009).

1897년 인도 뭄바이의 마퉁가 나환자요양소(Matunga leper Colony)에서는 오물구덩이를 개량하여 초기 형태의 혐기성 소화조(400인 용량)를 설치하였다. 생산된 가스는 불을 밝히거나 가스엔진(gas engine)을 가동하기 위해 사용하였고 처리슬러지(digestate)는 농장의 비료로 활용하였는데, 그 효과가 영국의 잡지(The Engineer, 1901)에 보고되었다(Bushwell and Hatfield 1938).

1904년 영국 런던의 햄프턴(Hampton)에서는 오물의 분해와 침전처리를 목적으로 한 최초의 2단 처리시스템(two-stage system)인 트래비스 탱크(Travis tank)가 설치되었고, 1907년에는 임호프 탱크(Imhoff tank)라는 특허기술(그림 2-21)이 등장하는데, 이는 1905년 독일의 공학자 임호프(Karl Imhoff, 1876～1965)에 의해 개발된 것으로 트래비스 탱크의 개량형 모델이다. 1910년에는 임호프 탱크에 비해 짧은 체류시간(5.8 hrs)에도 고형물의 액상화 효과(71%)가 뛰어난 생분해 탱크(biolytic tank)라는 기술이 윈슬로(Winslow)와 펠프스(Phelps)에 의해 연구되기도 하였다(Coulter, 1957).

1927년에는 첫 번째 슬러지 가열장치가 장착된 분리형 슬러지 소화조(separate digestion of sludge)가 독일의 한 처리장(Essen-Rellinghausen Plant, Germany)에 설치되었는데, 이는 소화조 성능 향상의 가능성과 생산된 바이오 가스의 중요성을 알리는 계기가 되었다(Imhoff, 1938). 이후 소화조의 성능 향상을 위해 미생물의 식종(seeding)과 산도(pH) 제어, 그리고 혼합(mixing)을 통한 고율 소화조(high-rate anaerobic digestion)가 등장하였다(Morgan, 1954; Torpey, 1955). 반응

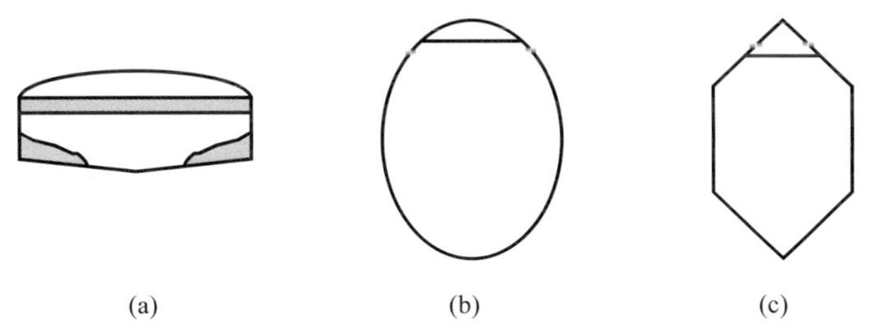

그림 2-24 (a) Pancake, (b) egg shaped, (c) poor man's egg shaped digester configurations

조 내 내용물의 효율적인 혼합을 위하여 난형 소화조(egg shaped digester)와 같은 다양한 모양의 탱크가 도입되었다(그림 2-24). 난형 소화조는 특히 하수슬러지의 처리에 주로 사용되었는데, 1956년 독일 프랑크푸르트(Niederrad)에서 슐즈(Oswald Schulze)에 의해 설계와 시공이 이루어졌으며, 남아공(Pietermaritzburg, 1975), 미국(Los Angeles, 1970s), 대만(PaLi, Taipeih, 1992) 및 호주(Perth, 1998) 등으로 확산되었다.

1950년 이후 바이오 가스 생산기술은 미생물의 보유 능력 향상(고형물 체류시간, SRT-solids retention time)과 규모(수리학적 체류시간, HRT-hydraulic retention time) 그리고 고액분리(solids separation)의 개념이 포함되면서 급속한 발전이 이루어졌다(그림 2-25). 즉, 혐기성 바이오 가스 생산기술의 특성은 고형물 체류시간과 수리학적 체류시간의 크기와 비율로서 정의될 수 있는데, 그 이유는 최대 SRT는 반응조의 안정성을 높이고 생산되는 슬러지를 최소화하는 데 그 의미가 있으며, 최소 HRT는 반응조의 크기와 소요 경비를 줄일 수 있기 때문이다. 또한 이때부

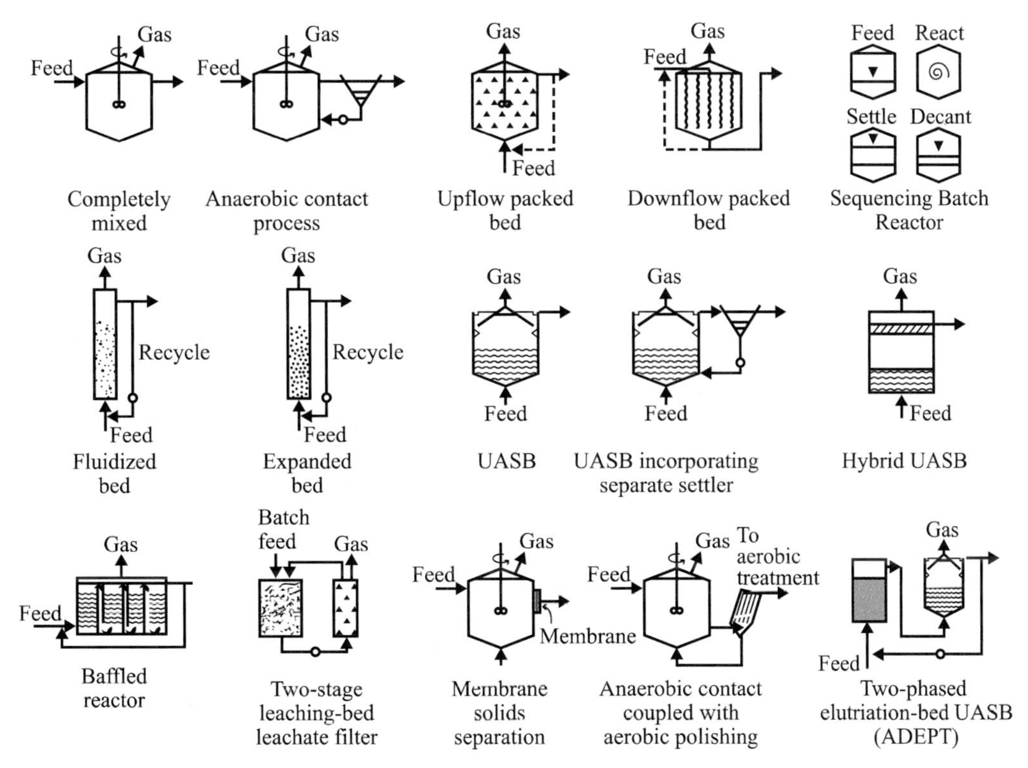

그림 2-25 Reactor configuration utilizing various biomass immobilization techniques (modified from Speece, 2008)

터는 오물을 단순히 안정화시키던 차원을 벗어나 하수슬러지, 축산분뇨 그리고 다양한 산업폐수로 대상 기질이 광범위하게 확대 적용되기 시작하였고, 안정화 과정에서 생산되는 바이오 가스와 생물고형물(biosolids)의 회수 기술도 광범위하게 발전하였다.

남아공의 스탠다(G.J. Stander, 1950)는 혐기성 침전식 소화조(anaerobic clarigester)의 성공적인 운전에 있어서 고형물 체류시간의 중요성을 처음으로 강조하였다. 1960년대경에는 역류흐름 침전식 소화조(reversed-flow clarigester or Dorr-Oliver clarigester)라 불리는 소화기술이 산업폐수(포도당/전분, glucose/starch)를 처리하기 위하여 실규모에서 적용되었는데, 이는 활성슬러지의 혐기적 변형(anaerobic activated sludge process) 형태로 설명할 수 있다(Hemens et al., 1962). Dorr-Oliver clarigester는 원래 하수처리를 위해 설계되었던 호기성 소화조의 상부에다 침전지를 설치하여 역류되는 침전지의 처리수를 가장자리의 웨어로 배수시키던 시설이었는데, Hemens 등(1962)이 침전지 상부를 수정하여 기계적인 혼합이 공급되지 않는 형태로 변화시킨 것이었다. 이러한 지식은 이후 SRT와 HRT 개념이 구분되는, 소위 고율 혐기성 소화조(highrate anaerobic processes) 개발에 중요한 기초가 되었다.

산업폐수 처리를 위해 널리 사용되는 고율 혐기성 처리 공정에는 혐기성 여상(anaerobic filter; Young and McCarty, 1967, 1969), 혐기성 분리막 생물반응조(AnMBR, Anaerobic membrane bioreactor; Grethlein, 1978; Epstein and Korchin, 1981), 상향류 혐기성 입상슬러지상 반응조(UASB, upflow anaerobic sludge blanket/bed; Lettinga, 1979), EGSB(expanded granular sludge bed, 1979), 유동상(fluidized bed; Switzenbaum and Jewell, 1980), ABR(anaerobic baffled reactor; McCarty, 1981) 혐기성 연속회분식 반응조(ASBR, anaerobic sequential batch reactor; Dague et al., 1992), 혐기성 소화 세정 상분리 기술(ADEPT, anaerobic digestion elutriated phased treatment; Kim, et al., 2001; Ahn et al., 2004) 및 다양한 하이브리드(hybrid) 시스템 등을 들 수 있다(그림 2-25).

혐기성 소화기술의 분류는 근본적으로 대상 기질의 고유 특성에 크게 의존하며, 또한 이에 준하는 적절한 공정을 선정하는 것이 중요하다. 즉, 액상(liquids or soluble-type), 슬러리상(slurry-type or high particulate) 또는 고체상(solids)의 대상 기질의 특성에 따라 습식(wet) 혹은 건식(dry) 소화 시스템으로 구분할 수 있다(그림 2-26). 또한 운전방식에 따라 회분식(batch), 연속식(continuous), 혹은 연속회분식(fed-batch or sequencing batch) 방식으로 분류되며, 또한 완전혼합형(completely mixed) 또는 압출류(plug flow) 방식의 수리학적 특성으로 세분화된다.

용존성의 액상 유기물질의 경우는 혐기성 여상, 유동상, 입상슬러지상, 하이브리드형 또는 2상(two phase)공정들이 적합하며, 입자성 슬러리형 유기물질의 경우는 일반적 완전혼합형, 압출류형, 혐기성 접촉소화조 또는 칸막이형이 좀 더 효과적이라 할 수 있다(표 2-7). 또한 높은 농도의 입자성 유기물질이나 음식물 폐기물과 같은 고형성 유기물질의 경우는 가수분해 및 액상화 기능을 강화하고, 고형물 손실을 방지할 수 있는 세정발효형(elutriation-type)이나 침출상(leaching-bed) 방식의 발효조를 첫 단계 공정으로 두고, 그 발효유출수를 후단에서 고율로 처리하는 액상 메탄발효공정 도입을 고려할 수 있다(안영호, 2008). 하수슬러지의 경우 전처리 단계에서 가수분해 효과를 높이기 위해 다양한 물리화학적 전처리 기술을 도입할 수 있지만, 그 효과에 비하

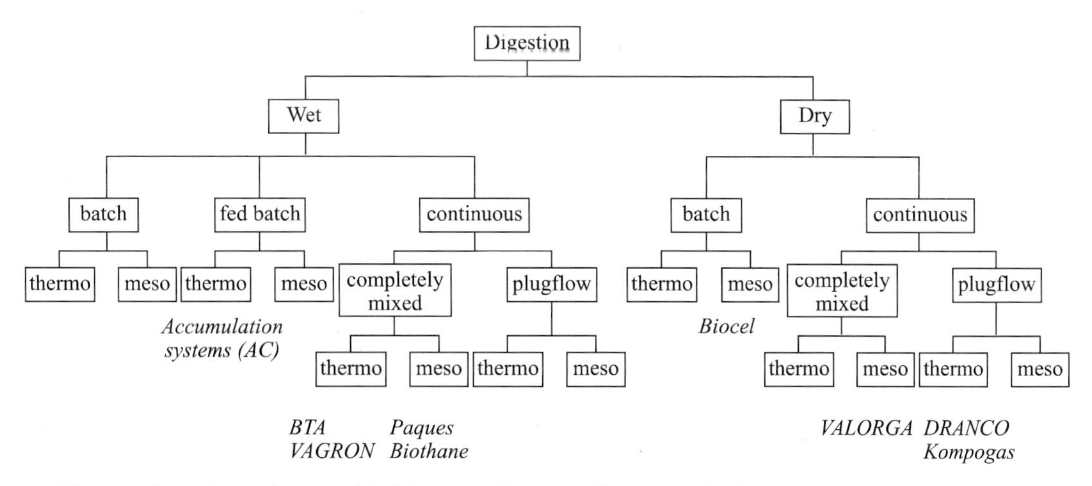

그림 2-26 Overview of anaerobic biogas technology-Commercial plants are indicated in italics (modified from Reith et al., 2003)

표 2-7 기질 특성에 따라 적용 가능한 바이오 가스 생산기술의 구분

	Substrate type	Example	Applicable process
Wet	Liquids	Soluble wastewater Low particulate waste	Anaerobic filter Sludge bed reactor (UASB, EGSB) Packed bed, Expended bed Sludge bed-filter hybrid Two-phase process AnMBR
	Particulate	Slurry-type waste Piggery waste Municipal sludge	Acid elutriation process ADEPT Anaerobic contact process Anaerobic baffled reactor Plug flow type process
Dry	Solids	Food waste Municipal organic waste	Leaching bed-AD Dry fermentation

여 경제적 부담은 적지 않다(Speece, 2008).

혐기성 바이오 가스 발효기술은 기본적으로 가수분해(hydrolysis)/액상화(solubilzation), 산형성(acidogenesis)/탈수소(dehydrogenation), 아세트산 형성(acetogenesis), 그리고 메탄형성 단계(methanogenesis) 등으로 일련의 연속되는 복잡한 생화학적 단계를 거쳐 이루어진다. 각 단계에 기여하는 미생물 종들(microbial species)은 상호 공생성(syntrophic relationship)이라는 특성을 가지고 있으므로 미생물의 다양성을 효율적으로 확보할 수 있는 고농도의 미생물 군집(microbial community)이 필수적이다. 이러한 측면에서 혐기성 입상슬러지(그림 2-27~2-28)는 우수한 군집 특성과 높은 활성도(microbial activity)를 가지고 있어 그 형성 메커니즘에 대한 의문이 1980~2000년의 기간 동안 많은 연구자들의 주요 연구주제가 되기도 하였다(표 2-8).

한편, 혐기성 바이오 가스 발효기술을 편의상 산형성과 메탄형성의 두 단계로 크게 분류하기도 하는데, 그 이유는 메탄형성 단계보다 앞선 세 가지 단계적 반응을 엄격하게 제어해주는 것이 사실상 쉽지 않기 때문이다. 그러나 분명히 각각의 세부 단계는 물리화학적 혹은 미생물학적으로

그림 2-27 **Anaerobic granular sludge** (Ahn, 2000, 2008)

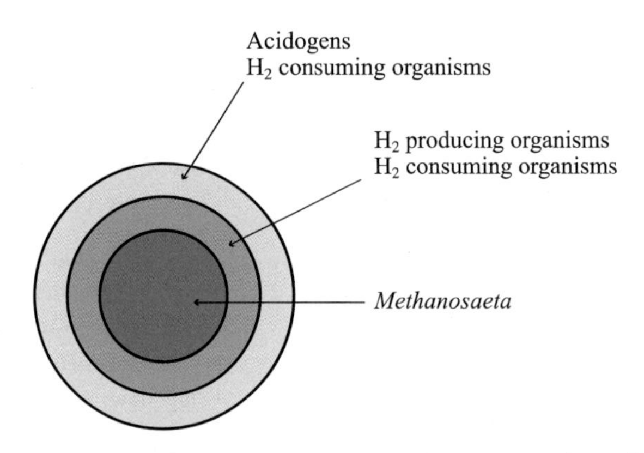

그림 2-28 **Granule composition as proposed by McLeod et al.** (1990)

독특한 특성을 가지고 있다. 이러한 측면에서 혐기성 기술을 이러한 발효경로의 채택과 그 기능에 따라 단단(single), 2단(two-stage) 및 2상(two-phase) 공정으로 분류한다(그림 2-29~2-30). 혼합미생물(mixed culture)을 이용하여 동일한 기능의 반응조를 단순히 직렬(in-series)로 연결하는 2단 공정에 비하여 2상 공정은 직렬로 연결된 각 반응조의 기능이 엄격히 통제되어 상분리(phase separation)를 이루고 있다는 점이 서로 다르다. 이러한 정의는 종종 설계와 운전단계에서 혼돈을 불러일으키기도 한다.

2상 소화(two-phase digestion)에 대한 개념은 1958년 바빗(Babitt)과 바우만(Baumann)에 의해 제안되었는데, 산형성 단계와 메탄형성 단계를 분리시킴으로써 일반적으로 혐기성 소화공정에서 발생하는 높은 농도의 유기산으로 인한 저해현상과 이와 관련한 문제점을 해결할 수 있는 가능성을 보여주었다(Babbitt and Baumann, 1958). 상분리 공정은 그 목적과 주요 기능에 따라 미생물의 종류 및 반응속도, 성장조건과 온도, 반응속도 등의 관련 미생물의 생리학적 특성과 수리학적 산세정 특성에 따라 정의되기도 하며, 그 특성은 효과적인 공정설계와 성공적인 운전을 위해서

표 2-8 **Different theories on anaerobic sludge granulation** (Pol et al., 2004)

Approach		References	Name of theory
Physical		Hulshoff Pol et al. (1983)	Selection pressure
		Pereboom (1994)	Growth of colonized suspended solids
Microbial	Physiological	Dolfing (1987)	
		Sam-Soon et al. (1987)	Cape Town hypothesis
	Growth	Wiegant (1987)	Spaghetti theory
		Chen and Lun (1993)	
	Ecological	Dubourgier et al. (1987)	Bridging of microflocs
		Morgan et al. (1991)	Bundles of methanothrix
		De Zeeuw (1980)	Three types of VFA degrading granules
		McLeod et al. (1990)	
		Vanderhaegen et al. (1992)	
		Ahn (2000)	
		Wu et al. (1996)	Defined species
Thermodynamic		Zhu et al. (1997)	Crystallized nuclei formation
		Thaveesri et al. (1995)	Surface tension model
		Schmidt and Ahring (1996)	
		Tay et al. (2000)	Proton translocation-dehydration

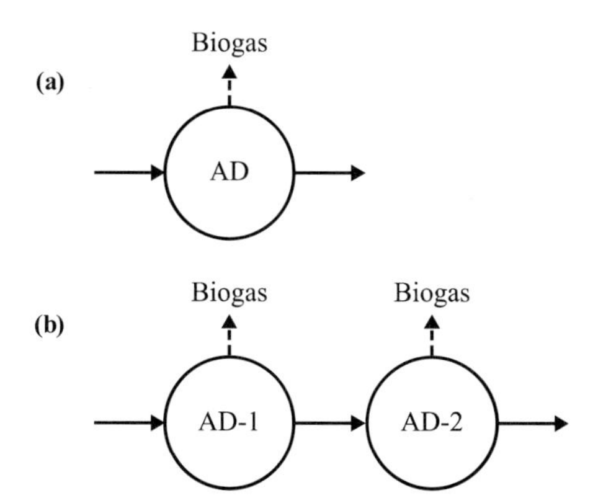

그림 2-29 **(a) Single digester and (b) 2 staged AD process**

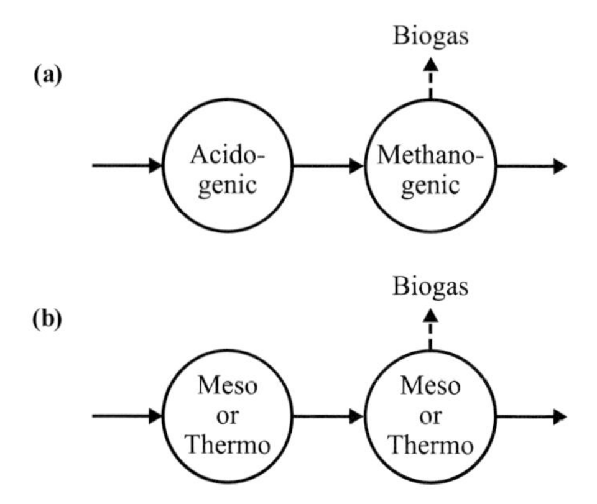

그림 2-30 **(a) 2 phased process and (b) temperature phased process**

매우 중요한 인자가 된다(Cohen et al., 1979; Fox and Pohland, 1994; Massey and Pohland, 1978; McCarty and Smith, 1986; 안영호, 2008). 자기고정화(self-immobilization) 미생물을 이용하는 UASB 반응조의 경우는 입상슬러지의 특성상 입상슬러지 내부에서 서로 상이한 미생물군이 응결하여 성장하기 때문에 상분리는 부분적으로 일어난다고 볼 수 있다. 그러나 기질의 분해에 대한 상호공생 미생물의 역할과 이들의 성장에 미치는 수소분압 환경은 새로운 측면에서 혐기성 반응을 이해하는 한 가지 방법(Sam-Soon et al., 1989)이 되고 있으며, 슬러지의 입상화는 관련 미생물들의 특성을 최대로 활용하는 효과적인 방법으로 여겨진다.

혐기성 소화기술은 약 150년 이상의 역사를 통하여 지금까지 발전해왔다. 1860년대의 모라스의 단순한 부패조를 시작으로 1911년 영국에 설치된 산업용 규모의 바이오 가스 생산시설, 1970년대 입상슬러지의 발견, 환경오염물질의 제거뿐만 아니라 중요한 신재생에너지(renewable energy) 자원이라는 가치 인식으로 인하여 이 기술은 반복되는 에너지 위기 때마다 주목받고 있다. 신재생에너지의 생산과 활용은 21세기 중요한 화두인 지속가능한 물-에너지 넥서스(Water-Energy NEXUS)의 중요한 요소로 하수처리장과 같은 환경기반시설은 그 주요 대상이 된다.

현재 하·폐수처리시설은 단순한 오염물질 처리를 넘어 이미 물 재이용시설(water reclamation facility)로서의 역할을 담당하고 있다. 뿐만 아니라 "에너지 생산형 하수처리시설(domestic wastewater treatment as a net energy producer)"로의 혁신적 전환을 시도하고 있으며(Ahn and Logan, 2010; Curtis, 2010; Homann, 2017; McCarty et al., 2011; 배재호 등, 2012), 더 나아가 대표적인 신재생에너지 생산기지로 탈바꿈하려 하고 있다(Stillwell et al., 2010; 윤성환, 2014; 최영준, 2017; 환경부, 2010).

하수처리시설에서 적용 가능한 에너지 생산기술로서는 혐기성 바이오 가스(메탄, 수소)화, 미생물 연료전지(MFC, microbial fuel cell) 그리고 미생물 전기분해(MEC, microbial electrolysis cell) 등을 들 수 있다(Logan and Rabaey, 2012; McCarty et al., 2011). 혐기성 공정은 기존의 호기성 공정과 동등한 처리효과를 확보하면서도 에너지(바이오 가스) 생산이나 슬러지 저감 측면에서 상대적으로 탁월한 장점을 가지고 있다. MFC나 MEC와 같은 미생물 전기화학기술(MET, microbial electrochemical technologies) 등의 방법도 그 대안으로 고려될 수 있으나, 이 기술들은 바이오 가스 생산기술에 비해 아직 에너지 효율과 경제성, 그리고 소재(전극) 측면에서 실효성이 떨어지며, 추가적인 기술혁신이 필요하다. 그림 2-31은 에너지 생산형 하수처리시설의 한 예를 보여주고 있으며, 그림 2-32는 하수처리시설에서의 에너지 생산 잠재력에 대한 개념도를 보여주고 있다.

참고로 2010년 수립된 우리나라의 "하수처리시설 에너지 자립화 기본계획(환경부, 2010)"에 따르면 공공하수처리시설 에너지 자립률을 2010년 0.8%에서 2030년 50%(907 GWh/년 전력대체, 56만 톤 CO_2/년 절감)로 목표하고 있다. 그 세부 실행계획으로 에너지 절감(공정 최적화, 소화가스 에너지화 확대, 에너지 절감형 하수처리 공정 도입), 자립화 기반구축(시설개선과 슬러지 자원화), 미활용(하수 열/폐열) 에너지 이용 및 자연에너지(태양광, 소수력 발전) 생산 등이다. 특히 바이오 가스는 열병합발전이나 차량용 연료 및 도시가스 공급 등에 있어 매우 현실적인 사업으로 주목받고 있다(최영준, 2017).

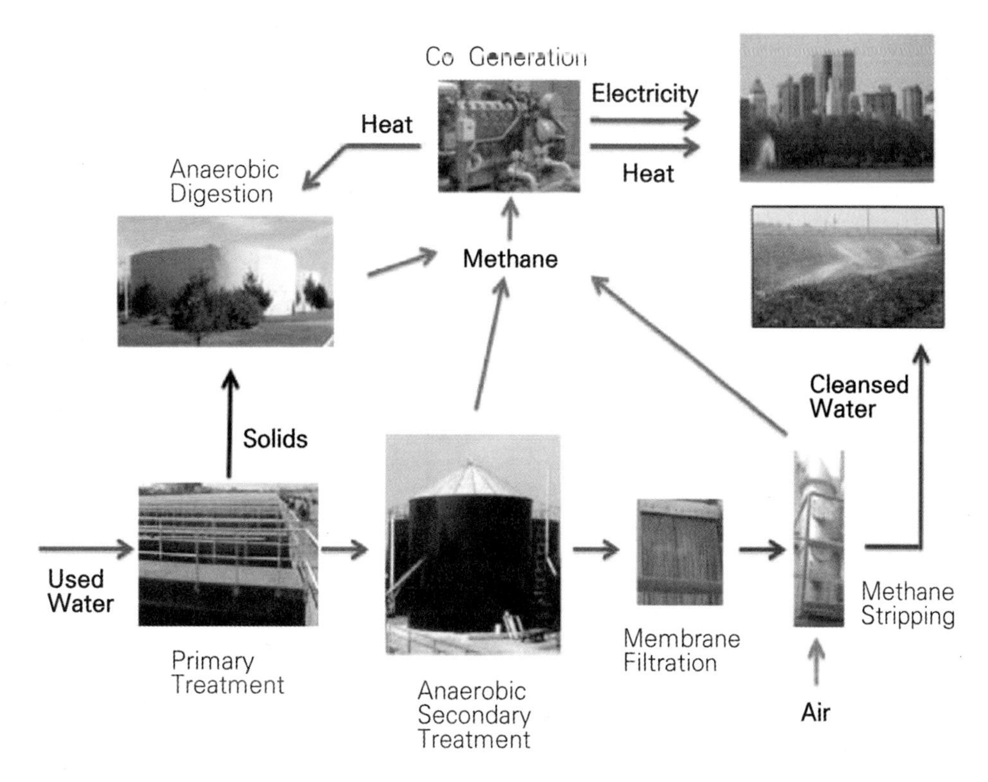

그림 2-31 **A hypothetical system for complete anaerobic treatment of domestic wastewater** (McCarty et al., 2011)

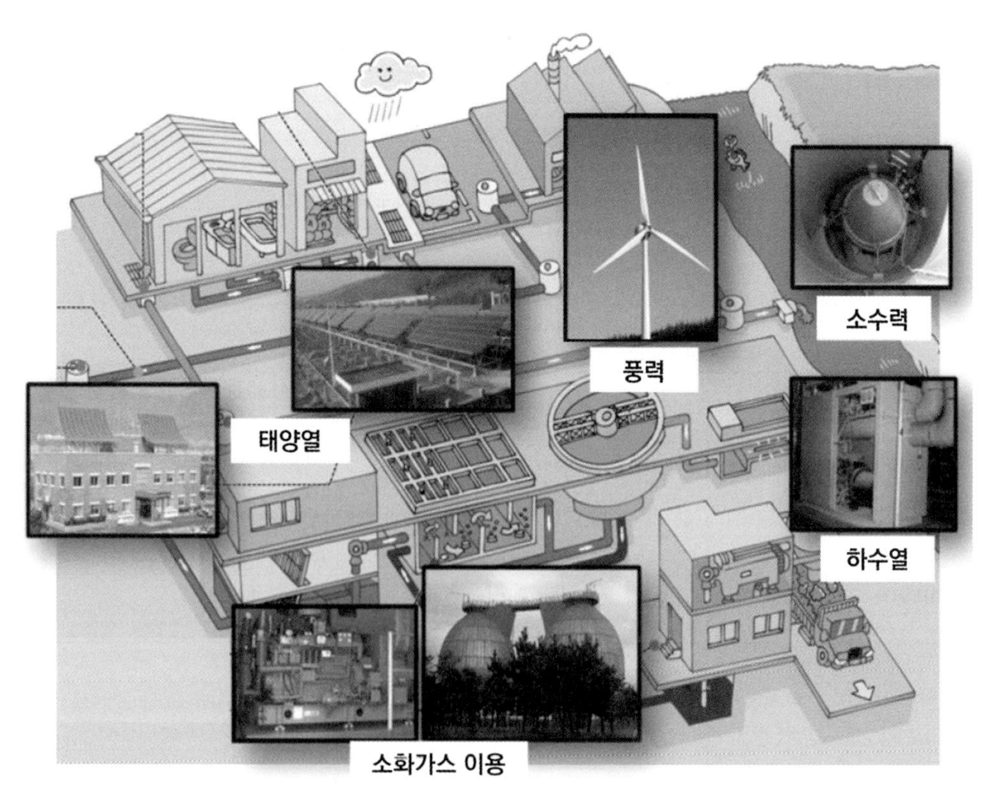

그림 2-32 **하수처리시설의 에너지 잠재력** (환경부, 2010)

표 2-9 Historical development of environmental technology

Year	Physico-chemical	Biological-Aerobic	Biological-Anaerobic/Reuse
BC2000~	Water purification by gravel/sand filtration, boiling and straining, etc. (ancient Greek and India)		
BC1500~	Alum application for coagulation/ suspended solids removal (Amenophis II and Ramses II, Egypt)		
BC500	Hippocratic sleeve (Cloth bag filter)		
500~1500	Ages of Dark		
1619	Introduction of limited water supply (England)		
1625			First description of hydrogen -first to use the word “gas”.(by van Helmont, Netherlands)
1670		Discovery of the microscope (by Leeuwenhoek, Dutch)	
1671			Discovery of H_2 by metal-acid reaction (by Robert Boyle, England)
1748	First observation of osmosis phenomenon (by Abb’e Nolet)		
1775	Patent of modern Flush toilet (by Alexander Cummings)		
1776			Discovery of combustible air-methane (by Alessandro Volta, Italy)
1784	**INDUSTRIAL REVOLUTION I**		
1804	Full-scale city slow sand filtration (Paisley, Scotland)		
1810	Flush toilet (London)		
1830			Sewer biogas lamp (Berlin, Germany)
1840	Identification of ozone (by Schönbein, Germany)	Sewage farms/land treatment-first attempts for use sewage as a fertilizer (by James Smith, Salisbury & Croydon, England; India)-	
1854		Broad Street cholera outbreak, Observation of cholera bacteria (by John Snow,)	
1859	Modern sewerage system(~1865) (London)		First anaerobic digester in Bombay, India
1860			“Mouras Automatic Scavenger” -first modern septic tank (by Mouras, France), patented in 1881
1863			Sewer biogas lamp (Paris, France)
1870	**INDUSTRIAL REVOLUTION II**	Filtration of sewage through porous gravel at sewage farms (Edward Frankland)	
1873	First continuous water supply system		
1880s			Anaerobic filter operation (Massachusetts Experimental Station, USA)
1884	Rapid filtration using coagulation (by Hyatt, USA)		

표 2-9 **Historical development of environmental technology**(계속)

Year	Physico-chemical	Biological-Aerobic	Biological-Anaerobic/Reuse
1886	Water chlorination using hypochlorite, Bacterial Disinfection using Ozone (by De Meritens, France)		
1887		Biological treatment of sewage using a contact bed (by William Libdin)	
1890		Intermittent soil filtration with contact beds, Irrigation field in Breslau (Germany)	A hybrid system (a digester and an anaerobic filter) construction (by Scott Moncrieff, England)
1893	First chlorination in WTP (Hamburg, Germany), Use of ozone in WTP (Netherland)		
1895			Improved septic tank (by Cameron), City wastewater treatment with septic tank, recovery of biogas for heating and lighting (Sewer biogas lamp) (Exeter, England), Sewer gas destructor lamp patented (by Webb, England)
1897			Septic tank-designed (by Talbot, Champaign, USA), Waste disposal tank-Digestion tank with gas collection system (Matunga leper Colony, Bombay, India)
1898		Trickling filter (TF)-simple septic tank (by Varing Jr.), First TF for wastewater treatment (by Dibden and Clowes)	
1903	The first use of chlorine gas for disinfection of drinking water (Middlekerke, Belgium)		
1904			Travis tank-two-stage system for a separate solid digestion (by Travis)
1905			Imhoff tank-modified the Travis tank (by Imhoff, Germany)
1906	Water purification using ozone (Nice, France), Introduction of term ultrafiltration (UF) (by Bechtold)		
1907			Imhoff tankpatented (by Imhoff, Germany)
1910	UV light for disinfection of drinking water (Marseille, France)		
1911			First industrialscale biogas plant (Birmingham, UK; Baltimore, Maryland, US)
1912		**Activated sludge (AS)**-draw/fill-mode (by Ardern and Lockett, England)	
1914		Dorr Clarifier (Chicago)	
1918	Microfiltration (MF) patent (by Zsigmondy and Bachmann)		
1919		Continuous-mode AS at Sheffield, UK (by Josbolten)	
1922		Sewage filter (Oliver Inc.)	

표 2-9 Historical development of environmental technology(계속)

Year	Physico-chemical	Biological-Aerobic	Biological-Anaerobic/Reuse
1926	First commercial UF membrane (Membrane Filter GmbH)		
1927			Sludge heating system-first separate sludge digestion system(Essen-Rellinghausen Plant, Germany)
1929		RBC(rotating biological contactor) (by Allen)	
1930			Digester seeding and pH control (by Fair and More)
1936		High rate TF (Hardenbergh, Germany)	
1939			Discovery of bio-H_2 from algae (by Hans Gaffron)
1950	Concept of membrane desalination (by Hassler) Wet Oxidation (by Zimmermann)		High-rate anaerobic digestion-digester mixing system (by Morgan and Torpey), Anaerobic Clarigester-SRT concept (by Stander, South Africa)
1952		Wetlands for Wastewater treatment (by Seidal)	
1954		2-stage (aerobic/anoxic) N-removal (by Wuhrmann)	
1955		Observation of EBPR (by Greenburg et al.), Eckenfelder AS model	Anaerobic contact process (ACP) (by Schroepfer, USA)
1956	Metal membrane for H_2 purification (by Hunter)		First egg-shaped digester in Frankfurt-Niederrad, Germany
1957		2-stage (anaerobic/aerobic) patented (by Daividson)	
1958			Two-phase digestion concept (by Babbitt andBaumann)
1959	Desalination using cellulose acetate reverse osmosis (RO) (by Breton and Reid)	First observation of EBPR in full-scale plant (by Srinath et al.)	
1960	First composite membranes (by Londsdale)	First commercial RBC (J. Conrad Stengelin Company, Germany)	
1960	First sea salt production		
1962		2-stage (anoxic/aerobic) N removal (by Ludzack and Ettinger), Modified Ludzack-Ettinger (MLE) Process (by Barnard), McKinney AS model	Full-scale reversed-flow anaerobic clarigester (Door-Oliver clarigester) (Hemens, et al)
1963	Anisotropic reverse osmosis membranes (Loeb and Sourirajan).		
1964	Concept of membrane distillation (by Findley)	Bio-N-removal (by Wuhrman)	
1965		PhoStrip Process (by Levin and Shapiro) -first practical EBPR in Lab scale (Luxury Bio-P uptake)	
1966	UF membrane using PES and PVDF (by Amicon)		
1967	First UF hollow fibers (by Amicon), First commercial hollow fiber RO module (Du pont)	EBPR reported (by Vacker et al.)	Discovery of two methanogenic bacterial species (by M.P. Bryant), Anaerobic filter-treatment of soluble wastewater (by Young and McCarty)

표 2-9 Historical development of environmental technology(계속)

Year	Physico-chemical	Biological-Aerobic	Biological-Anaerobic/Reuse
1969	**INDUSTRIAL REVOLUTION III** Commercial tubular UF plant (by Abcor)	Auto-thermal aerobic digestion (by Kambhu and Andrews)	
1970	Interfacial (thin-film) composite membranes (by Cadotte), First industrial applications of UF (by Forbes)	Membrane sewage treatment system (MSTS),- Membrane bioreactor (CAS+UF) (patented by Dorr-Oliver Inc.), Denitrification filter patented (by Savage)	
1972		Lawrenceand McCarty AS model	
1973	Hollow fiber capillary UF plants (by Romicon)	MLE process (by Barnard)	First Oil crisis -alternative energy?
1974		4-stage N removal (Bardenpho^{TM}) Process patented (by Barnard)	
1975	The first reverse osmosis (RO) seawater desalination plant (Jeddah, Saudi Arabia) (~1979)	Johannesburg process (Nicholls)	
1976		Phoredox (AO) process, 3-stage Phoredox process (by Barnard), A/O^{TM} and A^2/O^{TM} patented (by Specter), Modified (5 staged) Bardenpho Process (by Barnard), Marais and Ekama AS model- steady state	
1978			Anaerobic membrane bioreactor (AnMBR)-external cross-flow membrane coupled with anaerobic reactor (by Grethlein, USA)
1979			Upflow anaerobic sludge blanket reactor (Lettinga, The Netherlands) First observation of granular sludge in Clarigester in South Africa, Bacterial bio-H_2 production (1980~) 2nd Oil Crisis
1980		Dold AS model- dynamic model	Commercial-scale AnMBR in early 1980s (Dorr-Oliver, USA), Fixed-film expanded-bed reactor (Switzenbaum and Jewell, USA)
1981			Membrane anaerobic reactor system (MARS) (by Epstein and Korchin), Anaerobic baffled reactor-biomass retention of (by McCarty, USA)
1983		UCT, MUCT process (by Marais et al.), VIP process	Trace elements for methanogens (by Speece, USA)
1984		Secondary P release in EBPR, sludge fermentation in EBPR (by Barnard)	
1986	Low pressure nanofiltration(NF) membrane (Nitto Denko, FilmTech.)		Cross flow microfiltration in anaerobic digestion (by Anderson et al)
1987		ASM1 (IAWPRC task group)	
1988	First commercial ceramic membrane, Nanofiltration (NF) application (Cadotte et al)		
1990-1993	First MF/UF system to treat drinking water from surface water (by Memtec, X-Flow, and Romicon, etc.)		3rd Oil Crisis, Anaerobic digestion ultrafiltration (ADUF)-pilot scale (by Ross et al.), UASB with MF (Bailry et al), Anaerobic sequential batch reactor (ASBR) (by Dague and Pidaparti, USA)

표 2-9 Historical development of environmental technology(계속)

Year	Physico-chemical	Biological-Aerobic	Biological-Anaerobic/Reuse
1994			Discovery of first Anammox bacteria (by Mulder et al.)
1995		ASM2 (IAWQ task group)	
1996		Full-scale step-feed AS (by Fillos et al.), Full-scale IFAS (by Randall and Sen)	
1997		General AS model (by Barker and Dold)	Discovery of first reductive dechlorination bacteria-*Dehalococcoides E.* (by Maymo-Gatell et al., USA), AgSTAR digester projects (USA)
1999		ASM2d (IWA task group), First development of AUSB (by Beun et al.)	
2000		ASM3 (IWA task group)	
2001		ASM3-P (by Rieger et al.)	Anaerobic digestion elutriated phased treatment (ADEPT) (Kim et al., USA)
2002			First full-scale anammox reactor (Rotterdam, Netherland), Exo-electrogen (by Heidelberg et al.), ADM1 (Batstone et al.)
2005		First full-scale AUSB (Nereda, Netherland)	
2004			Global Methane Initiative (GMI)
2013			Large-scale bio-H_2 system using algae (by Grow Energy)

참고문헌

- Ahn, Y.H. (2000). Physicochemical and microbial aspects of anaerobic granular biopellets. Journal of Environmental Science and Health, A35(9), 1617-1635.
- Ahn, Y.H., Logan, B.E. (2010). Effectiveness of domestic wastewater treatment using microbial fuel cells at ambient and mesophilic temperatures. Bioresource Technology, 101(2), 469-475.
- Ahn, Y.H., Bae, J.Y., Park, S.M., Min, K. (2004). Anaerobic digestion elutriated phased treatment (ADEPT) of piggery waste. Water Science and Technology, 49(5-6), 181-189.
- Allen, K. (1929). The biological wheel. Sewage Works Journal, 1, 560.
- Alleman, J.E. (1982). The history of fixed-film wastewater treatment systems. Purdue University, West Lafayette, Indiana.
- AQWISE (Editor) (2010): Integrated Water & Wastewater Treatment Solutions. Herzliya: Aqwise-Wise Water Technologies Ltd.
- Ardern, E., Lockett, W.T. (1914). Experiments on the oxidation of sewage without the aid of filters. Journal of the Society of Chemical Industry, 33(10), 523-539.
- Babbitt, H.E., Baumann, E.R. (1958). Sewerage and Sewage Treatment. John Willey & Sons.
- Bailey, A.D., Hansford, G.S., Dold, P.L. (1994). The enhancement of upflow anaerobic sludge bed Reactor performance using crossflow microfiltration. Water Res., 28(2), 291-297.
- Baker, M.N. (1981). The Quest for Pure Water: the History of Water Purification from the Earliest Records to the Twentieth Century. 2e, Vol. 1, Denver: American Water Works Association, 183-5.
- Baker RW. (2004). Membrane Technology and Applications. 2e, New York: John Wiley & Sons, Ltd.
- Balakrishnan, S., Eckenfelder, W.W. Jr. (1970). Nitrogen removal by modified activated sludge process. Journal of the Sanitary Engineering Division, Amer. Soc. Civil Eng., 96(2), 501-512.
- Barnard, J.L. (1973). Biological denitrification. Water Pollution Control, 72(6), 705-720.
- Barnard, J., Comeau, E., (2014). Phosphorus removal in activated sludge. In: Activated sludge-100 years and counting, Edited by Jenkins, D., Wanner, J. IWA publishing.
- Bechhold, H. (1907). Kolloidstudien mit der filtrationsmethode, Z. Physik Chem. 60, 257.
- Bemberis, I., Hubbard, P.J., Loenard, F.B. (1971) Membrane sewage treatment systems-Potential for complete wastewater treatment. Presented at the American Society of Agricultural Engineers Conference, Chicago, Illinois, USA.
- Beun J.J., Hendriks A., Van Loosdrecht M.C.M., Morgenroth E., Wilderer P.A. and Heijnen J.J. (1999). Aerobic granulation in a sequencing batch reactor. Water Res., 33(10), 2283-2290.
- Bharti, K., Sanjay, K., Amit, K., Amit, S. (2012). Endocrine disruptors. The Internet Journal of Family Practice, 10, 1.
- Breton, E.J., Jr., Reid, C.E. (1959). Filtration of strong electrolytes. Chem. Eng. Progr. Symp. Ser., 55(24), 171.
- British Standard (BS) 6297:1983-Code of practice for design and installation of small sewage treatment works and cesspools.
- Bryan, E.H. (1955). Molded polystyrene media for trickling filters. Proceedings of the 10th Purdue Industrial Waste Conference, Purduc University, Engng. Bulletin, 164-172.
- Bushwell, A.M., Hatfield, W.D. (1938). Anaerobic Fermentation. Bulletin No. 32, State Water Supply.
- Cadotte, J., Forester, R., Kim, M., Petersen, R., Stocker, T. (1988). Nanofiltration membrancs broaden the use of membrane separation technology, Desalination, 70, 77-88.
- Chawla, O.P. (1986). Advances in biogas technology. Publications and Information Division, Indian Council of Agricultural Research, New Delhi.

- Chipperfield, P.N.J, Askew, M.W., Benton, J.H. (1972). Multistage, plastic-media treatment Plants. JWPCF, 44, 1955-1967.
- Christman K. (1998). The history of chlorine. Waterworld 14, 66-67.
- Clatworthy, A.E., Pierson, E., Hung, D.T. (2007). Targeting virulence: a new paradigm for antimicrobial therapy. Nature Chemical Biology, 3, 541-548.
- Cohen, A., Zeotemeyer, R.J., van Deursen, A. and van Andel, J.G. (1979). Anaerobic Digestion of Glucose with Seperated Acid Production and Methane Formation, Water Res., 13, 571.
- Cooper, P.F. (2013). Historical aspects of wastewater treatment.
- Coulter, J.B., Soneda, S., Ettinger, M.B. (1957). Anaerobic contact process for sewage disposal. Sewage and Industrial Wastes, 29(4), 468-477.
- Crawford, G.V., Judd, S., Zsirai, T. (2014). Membrane bioreactor. In: Activated sludge-100 years and counting, Edited by Jenkins, D., Wanner, J. IWA publishing.
- Crittenden J.C., Rhodes Trussell R., Hand D.W., Howe K.J., Tchobanoglous G. (2005). Water Treatment: Principles and Design, 2e, John Wiley & Sons, Inc.
- Curtis, T.P. (2010). Low-energy wastewater treatment: strategies and technologies, In: Environmental Microbiology(2e), edited by Mitchell, R., Gu, J. D., Wiley-Blackwell, Hoboken, NJ.
- Dague, R.R., Habben, C.E., Pidaparti, S.R. (1992). Initial studies on the anaerobic sequencing batch reactor. Water Science and Technology, 26(9-11), 2429-2432.
- De Bruin L.M.M., de Kreuk M.K., van der Roest H.F.R., Uijterlinde C. and van Loosdrecht M.C.M. (2004). Aerobic granular sludge technology: an alternative to activated sludge?. Water Science and Technology, 49(11-12), 1-7.
- De Kreuk, M.K., De Bruin, L.M.M. (2004). Aerobic granule reactor technology. IWA Publishing.
- De Kreuk M.K., McSwain B.S., Bathe S., Tay S.T.L., Wilderer P.A. (2005). Discussion outcomes. Ede. In: Aerobic Granular Sludge. Water and Environmental Management Series. IWA Publishing. Munich, 165-169.
- Diodorus S. (1939). Library of history. Vol III, Loeb Classical Library, Harvard University Press, Cambridge, UK.
- Dow Chemical Co., Functional Products and Systems Department (1971). A Literature Search and Critical Analysis of Biological Trickling Filter Studies, Vol. I and II, Environmental Protection Agency Water Pollution Control Research Series, Report No. 17050 DDY 12/71.
- Downing, L.S., Nere, R. (1964). Nitrification in the activated sludge process. In J. Proc. Inst. Sewage Purification.
- Dunbar, W.P. (1899). Die Behandlung städtischer Abwässer mit besonderer Berücksichtigung neuerer Methoden, Dtsch Vierteljahresschr. Öffentliche Gesundheitspfl., 31, 136-218.
- Emich, F. (1885). Chem. Central Blatt 33.
- Epstein, A.C., Korchin, S.R. (1981). Cheese whey ultrafiltration with flat plate polysulfone membranes. In 91st National Meeting of the AIChE, Detroit, Michigan.
- Fergusen, T., Mah, R. (2006). Methanogenic bacteria in Anaerobic digestion of biomass. 49.
- Fillos, J., Diyamandoglu, V., Carrio, L. A., Robinson, L. (1996). Full-scale evaluation of biological nitrogen removal in the step-feed activated sludge process. Water Environment Research, 68(2), 132-142.
- Fixed film forum (2017). http://www.fixedfilmforum.com/q-and-a-forum.
- Fox, P. and Pohland, F.G. (1994). Anaerobic treatment applications and fundamentals: substrate specificity during phase separation. Water Environ. Res., 66(5), 716-724.
- Fuhs, G.W., Chen, M. (1975). Microbiological basis of phosphate removal in the activated sludge process for the treatment of wastewater. Microbial Ecology, 2(2), 119-138.

- Fuller, G.W. (1898). Report on the Investigations into the Purification of the Ohio River Water at Louisville Kentucky: Made to the President and Directors of the Louisville Water Company. New York: Van Nostrand.
- Fuller, G.W. (1899). Report on the Investigations into the Purification of the Ohio River Water for the Improved Water Supply of the City of Cincinnati. Cincinnati: City of Cincinnati.
- Fuller, G.W. (1902). The filtration works of the East Jersey water company, at little falls, New Jersey. Transactions of the ASCE, 29 (February), 153-202.
- Fuller, G.W. (1909). Description of the process and plant of the Jersey City water supply company for the sterilization of the water of the boonton reservoir. Proc. AWWA, 110-34.
- Gao, D., Liu, L., Liang, H., Wu, W.-M. (2011). Aerobic granular sludge: characterization, mechanism of granulation and application to wastewater treatment. Critical Reviews in Biotechnology, 31(2), 137-152.
- Gerber, A., Mostert, E.S., Winter, C.T., De Villiers, R.H. (1986). The effect of acetate and other short-chain carbon compounds on the kinetics of biological nutrient removal. Water SA., 12(1), 7-12.
- Grethlein, H.E. (1978). Anaerobic digestion and membrane separation of domestic wastewater. Journal Water Pollution Control Federation, 754-763.
- Greenberg, A.E., Klein, G., Kaufman, W.J. (1955). Effect of phosphorus on the activated sludge process. Sewage and industrial wastes, 277-282.
- Hardenbergh, W.A. (1936). Sewerage and Sewage Treatment, International High Rate Filters Textbook Company, Scranton, PA.
- Hassler, G.L. (1950). The seas as a source of freshwater, UCLA Department of Engineering, Research Report, University of California, Los Angeles, Los Angeles, 1949-1950.
- Haworth, J. (1922). Bio-aeration at Sheffield. Proc. Assoc. Mgr Sewage Disp. Works, 83-88.
- Hazen, A. (1916). Clean Water and How to Get It. New York: Wiley, 102.
- Hemens, J., Meiring, P.G.J., Stander, G.J. (1962). Full-scale anaerobic digestion of effluents from the production of mauze-starch. Wat. Waste Treat. J., 9, 16-18.
- Henis, J.M.S., Tripodi, M.K. (1980). A novel approach to gas separation using composite hollow fiber membranes. Sep. Sci. Technol., 15, 1059.
- Henze, M., van Loosdrecht, M.C.M., Ekama, G.A. (2008). Biological Wastewater Treatment: Principles, Modelling and Design. International Water Association, London, UK.
- Hoffmann, H., Platzer, C., Winker, M., Von Muench, E. (2011). Technology Review of Constructed Wetlands: Subsurface Flow Constructed Flow Constructed Wetlands for Greywater and Domestic Wastewater Treatment. Deutsch Gesellschaftfür Internationale Zusammenarbeit (GIZ) GmbH, Eschborn.
- Homann, C. (2017). 미래 세계의 물산업 직종-에너지 생산 하수처리시설. IWA-KNC, WEF-MA 합동세미나.
- Hösel, G. (1990). Unser Abfall aller Zeiten-Eine Kulturgeschichte der Städtereinigung, Jehle Verlag, Munich.
- https://thisdayinwaterhistory.wordpress.com/tag/mechanical-filtration/
- http://www.historyofwaterfilters.com/
- http://www.waterhistory.org
- Hunter, J.B. (1960). Plat. Met. Rev., 30, 68.
- Imhoff, K. (1938). Sedimentation and digestion in Germany. In Modern Sewage Disposal, edited by L. Pearse, 47. Lancaster Press, Lancaster, PA, USA.
- ITRC (2003) Technical and regulatory guidance document for constructed treatment wetlands, The

Interstate Technology Regulatory Council Wetlands Team, USA.

- Jenkins, D., Wanner, J. (2014). Activated sludge-100 years and counting, IWA publishing.
- Journal of the Sanitary Institute (1897). Typhoid Epidemic at Maidstone. 18, 388.
- Judd, S., Judd. C. (2010). The MBR book: principles and applications of membrane bioreactors for water and wastewater treatment. Elsevier.
- Kim, M., Yangin, C., Ahn, Y.H., Speece, R.E. (2001). Anaerobic digestion elutriated phased treatment (ADEPT): the role of pH and nutrients. Proc. of 9th World Congress on Anaerobic Digestion, Antwerp, Belgium, 2-6 Sept., 1, 799-804.
- Koch, R. (1884). Sechster Bericht der Leiters der deutschen wissenschaftlichen Commission zur Erforschung der Cholera (Sixth report of the head of the German scientific commission for research on cholera), Deutsche medizinische Wochenscrift (German Medical Weekly), 10(12), 191-192.
- Laura Sima et al., (2014). Emerging pollutants-Part I: Occurrence, fate and transport. Water Environment Research, 86(10), 1994-2035.
- Lettinga, G., Van Velsen, A.F.M., De Zeeuw, S.W. and Klapwijk, A. (1980). Use of upflow sludge blanket(USB) reactor concept for biological wastewater treatment-especially for anaerobic treatment. Biotech. and Bioeng., 22, 699-734.
- Levin G.V., Shapiro J. (1965). Metabolic uptake of phosphorus by wastewater organics. J. Water Pollut. Control Fedn., 37(6), 800-821.
- LG 경제연구원 (2009). 물 산업의 물길이 바뀌고 있다. LG Business Insight, 22.
- Loeb, S., Sourirajan, S. (1963). Sea water demineralization by means of an osmotic membrane, in saline water conversion-II, Advances in Chemistry Series Number 28, American Chemical Society, Washington, DC, 117-132.
- Logan, B.E., Rabaey, K. (2012). Conversion of wastes into bioelectricity and chemicals by using microbial electrochemical technologies. Science, 337, 686-690.
- Ludzack, F.J., Ettinger, M.B. (1962). Controlling operation to minimize activated sludge effluent nitrogen. Journal Water Pollution Control Federation, 920-931.
- Marais G.v.R., Loewenthal R.E., Siebritz I.P. (1983). Review: observations supporting phosphate removal by biological excess uptake. Water Sci. Technol., 15(3/4), 15-41.
- Massey, M.L., Pohland, F.G. (1978). Phase Separation of Anaerobic Stabilization by Kinetic Controls. J. WPCF, 2204-2222.
- McCarty, P.L. (1982). One hundred years of anaerobic treatment. In: Hughes DE, Stafford DA, Wheatley BI et al. (eds) Anaerobic digestion, 1981: proceedings of the second international symposium on anaerobic digestion. Elsevier Biomedical, Amsterdam, 3-22.
- McCarty, P.L., Bae, J., Kim, J. (2011). Domestic wastewater treatment as a net energy producer-can this be achieved? Environ. Sci. Technol., 2011, 45(17), 7100-7106.
- McCarty, P.L., Beck, L., Amant, P.S. (1969). Biological denitrification of agricultural wastewaters by addition of organic materials. Proc. 24th Purdue Industr. Waste Conf., Lafayette, IN, 1271-1285.
- McCarty, P.L. and Smith, D.P. (1986). Anaerobic wastewater treatment-Fourth of a six-part series on wastewater treatment process. Environ. Sci. Technol., 20(12), 1200-1206.
- McLeod F.A., Guiot, S.R., Costerton J.W. (1990). Layered structure of bacterial aggregates produced in an upflow anaerobic sludge bed and filter reactor. Appl Environ Microbiol., 56(6), 1598-607.
- Melosi, M.V. (2010). The Sanitary City: Environmental Services in Urban America from Colonial Times to the Present. University of Pittsburgh Press., 110.

- Milbury, W.F., McCauley, D., Hawthorne, C.H. (1971). Operation of conventional activated sludge for maximum phosporus removal. Journal Water Pollution Control Federation, 1890-1901.
- Morgan, P.E. (1954). Studies of accelerated digestion of sewage sludge. Sewage and Industrial Wastes, 26, 462.
- Muirhead A, Beardsley S, Aboudiwan J. (1981). Performance of the 12,000 m^3/d seawater reverse osmosis desalination plant at Jeddah, Saudi Arabia January 1979 through January 1981.
- Müller, E. (1907). Die Entwässerungsanlage der Gemeinde Wilmersdorf, Zeitschr. d. Vereins Dtsch Ing. 51, 1971-1982.
- Nada, N. (2013). Desalination in Saudi Arabia: An overview. In Water Arabia Conference & Exhibition, 1-44.
- Nesfield, V.B. (1903). A chemical method of sterilizing water without affecting its potability. Public Health. 15(7), 601-3.
- Nicholls H.A. (1975). Full scale experimentation on the new Johannesburg extended aeration plants. Water SA, 1(3), 121.
- Oswald S., Umwelttechnik GmbH, History (http://www.oswald-schulze.de/en/oswald-schulze/history.html)
- Outwater A. (1996) Water: A natural history, Basic Books, New York, USA.
- Pacini, F. (1854). Osservazioni microscopiche e deduzioni patologiche sul cholera asiatico (Microscopic observations and pathological deductions on Asiatic cholera), Gazzetta Medica Italiana: Toscana, 2nd series, 4(50), 397-401, 4(51), 405-412.
- Pearce, G. (2007). Introduction to membranes: filtration for water and wastewater treatment. Filtration & separation, 44(2), 24-27.
- Pol, L.H., de Castro Lopes, S.I., Lettinga, G., Lens, P.N.L. (2004). Anaerobic sludge granulation. Water Res., 38(6), 1376-1389.
- Pullen, T. (2015). Anaerobic Digestion-Making Biogas-Making Energy: The Earthscan Expert Guide. Routledge.
- Randall, A.A., Benefield, L.D., Hill, W.E. (1994). The effect of fermentation products on enhanced biological phosphorus removal, polyphosphate storage, and microbial population dynamics. Water Science and Technology, 30(6), 213-219.
- Randall, C.W., Sen, D. (1996). Full-scale evaluation of an integrated fixed-film activated sludge (IFAS) process for enhanced nitrogen removal. Water Science and Technology, 33(12), 155-162.
- Reith, J.H., Wijffels, R.H., Barten, H. (2003). Bio-methane & bio-hydrogen: Status and perspectives of biological methane and hydrogen production. Dutch Biological Hydrogen Foundation, c/o Energy research Centre of The Netherlands.
- Richards, B. (2009). Webb Patent Sewer Gas Destructor Lamps. (http://www.sheffieldhistory.co.uk/forums/topic/6693-webb-patent-sewer-gas-destructor-lamps/).
- Roechling, H.A. (1899). Coreferat (no title), Dtsch Vierteljahresschr. Öffentl. Gesundheitspfl., 160-201.
- Ross, W.R., Barnard, J.P., Le Roux, J., De Villiers, H.A. (1990). Application of ultrafiltration membranes for solids-liquids separation in anaerobic digestion systems: The ADUF process. Water SA., 16(2), 85-91.
- Russell, C.A. (2003). Edward Frankland: Chemistry, Controversy and Conspiracy in Victorian England. Cambridge University Press, 372-380.
- Sam-Soon, P.A.L.N.S., Loewenthal, R.E., Dold, P.L., Marais, G.v.R. (1989). Pelletization in the Upflow Anaerobic Sludge Bed (UASB) Reactor, Research Report, W72, Univ. of Cape Town, South Africa.

- Seidel, K. (1965) Neue Wege zur Grundwasseranreicherung in Krefeld-Teil II: Hydrobotanische Reinigungsmethode (New methods for groundwater recharge in Krefeld-Part 2: hydrobotanical treatment method, in German). GWF Wasser Abwasser 30, 831-833.
- Sinclair's Code of Health and Longevity (1807). London.
- Smith, E.D., Bandy, J.T. (1980). A history of the rotating contactor process, Proc the 1st National Symposium/Workshop on Rotating Biological Contactor Technology, Vol. I, 11-23.
- Söhngen, N.L. (1905). Methane as carbon-food and source of energy for bacteria. Proc Kon Akad Wetensch Amsterdam 8: 327.
- Söhngen, N.L. (1910). Sur le rôle du Méthane dans la vie organique. Rec. trav. chim., 29, 238-274.
- Speece, R.E. (2008) Anaerobic Biotechnology and Odor/Corrosion Control for Municipalities and Industries. Archae Press, Nashville.
- Srinath, E.G., Sastry, C.A., Pillai, S.C. (1959). Rapid removal of phosphorus from sewage by activated sludge. Cellular and Molecular Life Sciences, 15(9), 339-340.
- Stanbridge, H.H. (1976). History of Sewage Treatment in Britain. Institute of Water Pollution Control.
- Stillwell, A.S., Hoppock, D.C., Webber, M.E. (2010). Energy recovery from wastewater treatment plants in the United State: A case study of the Energy-Water Nexus, Sustainability 2, 945-962.
- Switzenbaum, M.S., Jewell, W.J. (1980). Anaerobic attached-film expanded-bed reactor treatment, J. WPCF, 52(7), 1953.
- Tietjen, C. (1975). From biodung to biogas-a historical review of the European experience. In: Jewell WJ (ed) Energy, agriculture, and waste management: proceedings of the 1975 Cornell Agricultural Waste Management Conference. Ann Arbor Science, Ann Arbor, 207-260.
- Tonelli, F.A., Behmann, H. (1996). Aerated hot membrane bioreactor process for treating recalcitrant compounds, U. S. Patent No. 5,558,774. Washington, DC: U.S. Patent and Trademark Office.
- Tonelli, F.A., Canning, R.P. (1993). Membrane bioreactor system for treating synthetic metal-working fluids and oil-based products, U.S. Patent No. 5,204,001. Washington, DC: U.S. Patent and Trademark Office.
- Torpey, W.N. (1955). Loading to failure of a pilot high rate digester, Sewage and Industrial Wastes, 27, 121.
- Turneaure, F.E., Russell, H.L. (1901). Public Water-Supplies: Requirements, Resources, and the Construction of Works. New York: John Wiley & Sons, 493.
- Uffelmann, J. (1893). Zehnter Jahresberichtüber die Fortschritte und Leistungen auf dem Gebiet der Hygiene, Dtsch Vierteljahresschr. Öffentl. Gesundheitspfl. 25 (Suppl), 143.
- US EPA (2000). The history of drinking water treatment, Environmental Protection Agency, Office of Water (4606), Fact Sheet EPA-816-F-00-006.
- US EPA (2010). Nutrient Control Design Manual. Washington, DC: United States Environmental Protection Agency.
- Vacker, D., Connell, C.H., Wells, W.N. (1967). Phosphate removal through municipal wastewater treatment at San Antonio, Texas. Journal Water Pollution Control Federation, 750-771.
- Valipour, A., Ahn, Y.H. (2016). Constructed wetlands as sustainable ecotechnologies in decentralization practices: a review. Environmental Science and Pollution Research, 23(1), 180-197.
- Van Loosdrecht, M.C.M., Seah, H., Wah Y.L., Cao, Y. (2014). The next 100 years. In: Activated Sludge-100 Years and Counting, edied be Jenkins, D. and Wanner, J., IWA Publishing.
- Verhoeven, J.T.A., Beltman, B., Bobbink, R., Whigham, D.F. (2006). Wetlands and natural resource management. New York: Springer.

- Volta, Alessandro (1777) Lettere del Signor Don Alessandro Volta ... Sull' Aria Inflammabile Nativa delle Paludi (http://www.europeana.eu/portal/en/record/9200332/BibliographicResource_3000123618397.html) [Letters of Signor Don Alessandro Volta ... on the flammable native air of the marshes], Milan, Italy: Giuseppe Marelli.
- Warrington, R. (1882). Some aspects of recent investigation on nitrification. J. Royal Soc. Arts, 30, 532-544.
- Water Technology Engineering (2017). Reed Beds sewage treatment system (http://www.wte-ltd.co.uk/sewage_treatment_options.html).
- Weigmann, H. (1888). Die Reinigung der Abwässer, Der Gesundheitsingenieur, 17-19, 41-46.
- Wentzel, M.C., Dold, P.L., Ekama, G.A., Marais, G.V.R. (1985). Kinetics of biological phosphorus release. Water Science and Technology, 17(11-12), 57-71.
- Wentzel, M.C., Ekama, G.A., Dold, P.L., Marais, G. (1990). Biological excess phosphorus removal-steady state process design. Water SA, 16(1), 29-48.
- Wiesmann, U., Choi, I.S., Dombrowski, E.-M. (2007). Historical development of wastewater collection and treatment In: Fundamentals of Biological Wastewater Treatment, Wiley-VCH Verlag GmbH & Co. KGaA.
- Wiki (2016). Water_chlorination (https://en.wikipedia.org/wiki/Water_chlorination).
- Wilkinson, D.J. (2016). A Brief History of Septic Tanks. (http://djwl.co.uk/blog/brief-history-septic-tanks/).
- Winogradsky, S.N. (1890). Recherches sur les Organismes de la Nitrification, Ann. Inst. Pasteur 4, 213-231.
- Wuhrmann, K. (1962). Nitrogen removal in sewage treatment processes. In 15th International Congress of Limnology. University of Wisconsin, Madison, Wisconsin (Vol. 22).
- Yamamoto, K., Hiasa, M., Mahmood, T., Matsuo, T. (1989). Direct solid-liquid separation using hollow fiber membrane in an activated sludge aeration tank. Water Science and Technology, 21(4-5), 43-54.
- Young, J.C, McCarty, P.L. (1967). The anaerobic filter for waste treatment. Proc. of 22nd Purdue Ind. Wastes Conf., West Lafayette, IN.
- Young, J.C., McCarty, P.L. (1969). The anaerobic filter for waste treatment. J. Water Pollut. Control Fed., 41(5), R160-R173.
- Zsigmondy, R., Bachman, W. (1918). Über neue Filter. Z. Allgem. Chem., 103(1), 119-128.
- 배재호, 이은영, 김정환, McCarty, P.L (2012). 에너지 생산 및 슬러지 저감형 혐기성 하수처리 공정. 한국물환경학회·대한상하수도학회 2012 공동학술발표회 논문집, 3월 21~22일, 일산 킨텍스. S-III-5.
- 안영호 (2008). 고성능 혐기성 생물전환기술을 이용한 바이오 에너지 및 동력생산의 향상. 한국에너지관리공단 신재생에너지센터 연구보고서 (2006-N-BIO8-P-01).
- 윤성환 (2014). 공공하수도시설의 에너지자립화를 위한 재생에너지기술. 한국환경산업기술원 Konetic Report 2014-7.
- 최영준 (2017). 도시하수처리장, 처리에서 생산기지로! 신재생에너지의 생산기지: 물재생센터. 서울정책아카이브 S. (https://seoulsolution.kr/ko/node/6547).
- 환경부 (2010). 하수처리시설 에너지 독립선언-에너지 자립화 기본계획.

PART 2 Fundamentals

기본개념

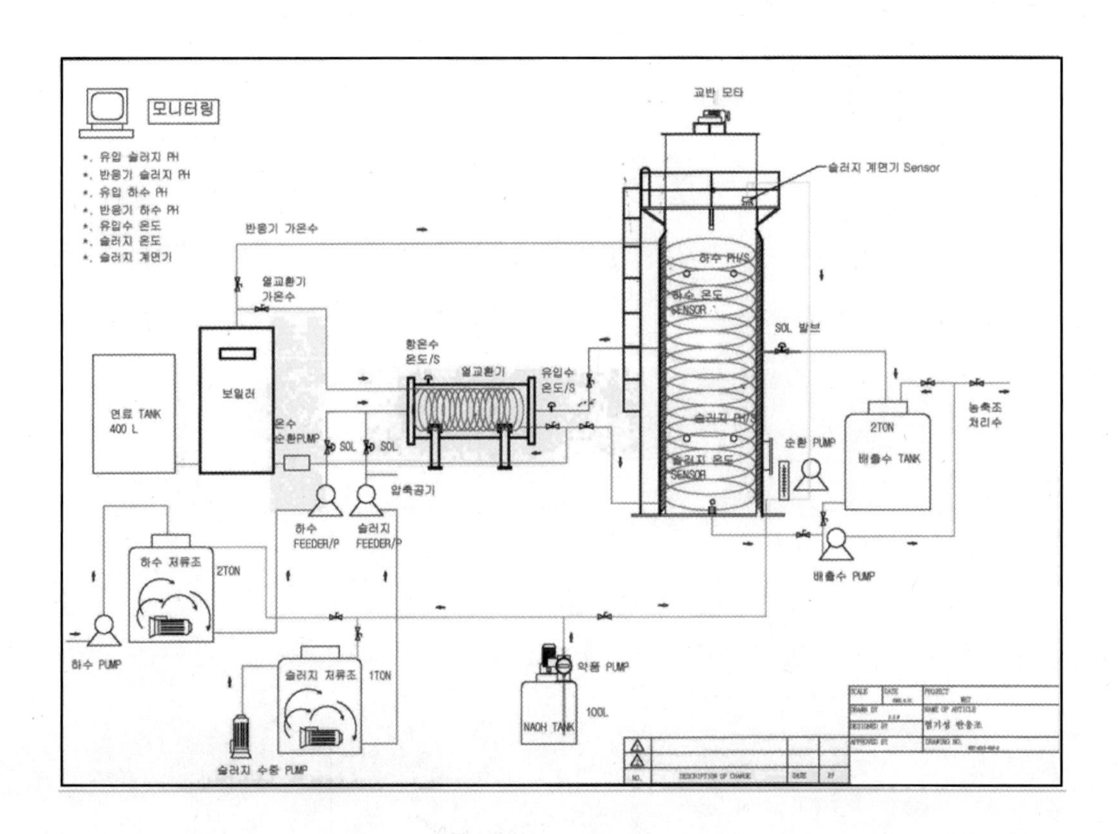

Pilot Plant Design for Acid Fermentation of Sludge

(YUEEL, 2004)

Chapter 03

공학적 계산

Engineering Calculations

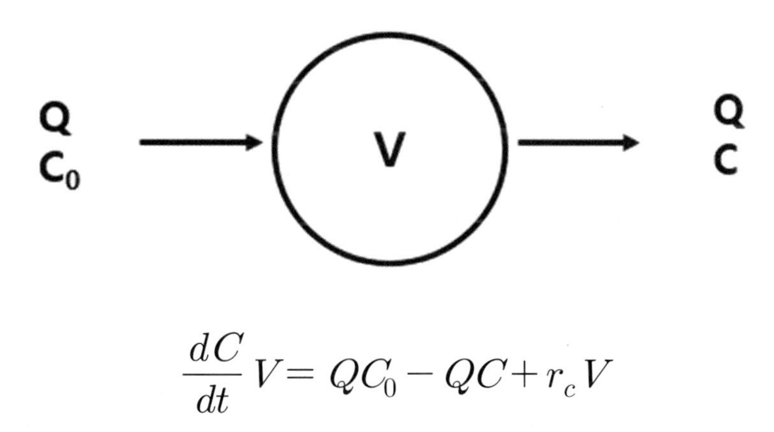

3.1 단위 및 차원

환경오염물질의 거동에 대한 과학적인 해석을 위해서는 기본적으로 양(quantity)적인 면과 질(quality)적인 측면이 동시에 고려되어야 한다. 이를 위해 유량(Q, flow rate), 농도(C, concentration), 질량 부하(M, mass loading)의 개념이 매우 중요한데, 이는 자연 환경에서의 거동뿐만 아니라 환경 기술의 성능 분석과 설계에 매우 중요한 인자가 된다.

차원(dimensions)은 기본적으로 질량(M, mass), 길이(L, length) 및 시간(T, time)과 같은 인자로 구성되며, 이를 기초로 만들어진 다양한 파생 차원은 하나 이상의 기본 차원에 대한 산술적 계산에 의해 결정된다. 예를 들면 유량은 용적과 시간의 차원$[L^3T^{-1}]$을 가지며 농도는 질량과 용적의 관계$[ML^{-3}]$로 표현된다.

단위(unit)는 어떠한 항목을 정량적으로 묘사하기 위해 사용되는데, 일반적으로 SI 시스템(International System of Units)과 영국 시스템(English system) 두 가지가 공통적으로 적용된다. 1960년 국제 표준화 협정에 따라 SI 시스템은 MKS(metre-kilogram-second)를 기준으로 사용하는 반면 영국 단위는 PFS(feet-pound-second) 시스템을 기준으로 한다. 영국 시스템에 비해 SI 시스템의 큰 장점은 십진법으로 작동하므로 계산이 매우 용이하다는 데 있다. SI 단위는 현재 전 세계적으로 사용되고 있지만 영국 단위도 자주 사용되므로 두 단위의 변환을 익혀둘 필요가 있다(부록 1 참고).

(1) 밀도와 농도

물질의 밀도(density)는 질량을 단위 부피로 나눈 값[식 (3.1)]으로 정의된다. SI 시스템에서 밀도의 기본 단위는 kg/m^3이며, 영국 단위로는 lb/ft^3로 표현되는데, 여기서 lb는 파운드(질량)로 표시된다. SI 시스템에서 물의 밀도는 $1 \times 10^3\ kg/m^3$ ($1\ g/cm^3$)이며, 영국 단위로 표현할 경우 $62.4\ lb/ft^3$에 해당한다.

$$\rho = M/V \tag{3.1}$$

여기서, ρ = 밀도

M = 질량

V = 부피

농도(concentration)는 밀도에서 파생된 차원의 단위로, 일반적으로 식 (3.2)와 같이 정의할 수 있다. 즉, 성분 A와 B로 구성된 혼합물질에서 성분 A의 농도는 혼합물의 총 부피에 대한 성분 A의 질량비로 표현된다.

$$C_A = M_A/V_T = M_A/(V_A + V_B) \tag{3.2}$$

여기서, C_A = 성분 A의 농도

M_A = 성분 A의 질량

V_T = 혼합물질(성분 A와 B)의 총 용적

V_A = 성분 A의 용적

V_B = 성분 B의 용적

SI 시스템에서 농도의 기본 단위는 kg/m^3이나, 환경공학에서 가장 널리 사용되는 단위는 mg/L이다($1\ kg/m^3 = 1\ g/L = 10^3\ mg/L$).

예제 3-1 농도계산

250 mL의 증류수에 자당(sucrose, $C_{12}H_{22}O_{11}$)이 2 g 녹아 있다면 이 시료의 자당의 농도는 얼마인가? 또한 이를 화학적 산소요구량(COD, chemical oxygen demand)으로 표현하면 얼마인가?

풀이

$$C_A = M_A/V_T = 2\text{ g sucrose}/0.25\text{ L} = 8\text{ g/L as sucrose}$$
$$= 8\text{ g sucrose/L} \times 1.12\text{ g } O_2/\text{g sucrose} = 8.96\text{ g/L as COD}$$

참고 여기서 자당 1 g에 대한 산소 당량(oxygen equivalent)은 1.12 g O_2에 해당한다.

물속에 포함된 오염물질은 그 특성에 따라 크게 물리적, 화학적 및 생물학적 요소(표 3-1, 3-2)로 구분되는데, 이러한 성질들은 서로 밀접한 관련이 있다. 예를 들어 물리적 성질인 온도는 하수에 용존되어 있는 가스의 양과 생물학적 활성도에 직접적으로 영향을 미치며, BOD, COD 및 SS 등은 유기물질을 표현하는 다양한 방법이다. 오염물질의 정량적 표현에 사용되는 단위(표 3-3)는 각 오염물질의 특성에 준하여 표시한다. 화학적 성분 역시 물리적 단위인 mg/L 또는 g/m^3로 표시하며, 미량성분의 농도는 더 낮은 단위인 ug/L 또는 ng/L를 사용한다. 또한 농도는 질량 대 질량비로 표현되는 ppm(part per million)으로도 표시될 수 있는데, 이는 수질오염물질에 국한하며 mg/L와 ppm의 상관관계는 다음과 같다.

$$\text{ppm} \times \rho\,(\text{density}) = \text{mg/L} \tag{3.3}$$

$$1\text{ ppm} = \frac{1\text{ mg}}{1{,}000{,}000\text{ mg}(=1\text{ kg})} \approx \frac{1\text{ mg}}{1\text{ L}} \quad \text{for water}$$
$$= \frac{1\text{ mg}}{1{,}000{,}000\text{ mg}} \times 100 = \frac{1}{10{,}000}\%$$
$$\rightarrow 1\% = 10{,}000\text{ ppm} \approx 10{,}000\text{ mg/L} \quad \text{for water}$$

즉, 1% 고형물(solids) 농도를 갖는 하수슬러지는 10,000 mg TS/L 또는 10,000 ppm TS로 표현이 가능한데, 이것은 물과 고형물의 비중을 모두 1 ton/m^3라고 가정한데 따른 것이다. 자연수를 포함하여 대부분의 폐수에서 오염물질은 용액상태에 존재하므로 시료 1 L의 질량은 1 kg으로 표현하고, mg/L나 kg/m^3 그리고 ppm은 동일한 단위로 고려한다. 또한 ppb(part per billion)와 ppt(part per trillion)는 ug/L와 동일하게 사용할 수 있다.

표 3-1 Water quality parameters

Parameters	Definitions
Physical	Solids Total solids(TS)/Total volatile solids(TVS)/ Total fixed solids(TFS) Total suspended solids(TSS)/volatile suspended solids(VSS)/fixed suspended solids(FSS) Total dissolved solids(TDS)/volatile dissolved solids(VDS)/fixed dissolved solids(FDS) Turbidity (NTU, nephelometric turbidity unit) Taste Odor(TON, threshold odor number) Temperature (°C) Color
Chemical	Organic matters-soluble, insoluble Biochemical oxygen demand (BOD) Chemical oxygen demand (COD) Natural organic materials (NOMs) Total organic carbon (TOC) Inorganic matters Nutrients Nitrogen : Total nitrogen (T-N), Total kjeldahl nitrogen (TKN = Org-N + NH_4-N), Organic N (Org-N), Ammonia (NH_4-N), nitrite (NO_2-N), nitrate (NO_3-N) Phosphorus : Total Phosphorus (T-P), Organic P (Org-P), Inorganic P (Inorg-P) pH Alkalinity - carbonate, bicarbonate, hydroxide Hardness Conductivity (EC) Gases- O_2 and dissolved oxygen (DO), CO_2, CH_4, NH_3, H_2S, Micro-toxicants Synthetics, Chlorinated solvent Heavy metals Salts Chlorine
Biological	Microorganisms (virus, bacteria, fungi, algae, protozoa, higher animal) Pathogen group Indicators- Total coliform, Fecal Coliform, Fecal Streptococci (NTU), bacteriophages Toxicity (TU)

표 3-2 **주요 오염성분의 특성**

항목	중요성
부유물질 (suspended solids)	미처리된 오염물질을 물환경에 배출하면 부유물질은 슬러지의 침적을 야기하고 혐기성 상태를 유발한다.
생분해성 유기물 (biodegradable organics)	주로 단백질, 탄수화물, 지방으로 구성된 생분해성 유기물은 BOD로 측정된다. 환경에 배출될 경우 생분해성 유기물질이 안정화되는 과정에서 자연적으로 존재하는 산소원을 고갈시켜 혐기성 상태를 유발한다.
병원균(pathogens)	전염병 유발가능
영양염류 (nutrients)	질소와 인은 탄소와 더불어 성장의 필수 영양원이다. 수계에 배출되면 바람직하지 못한 수생 생물의 성장을 유발시킨다. 또한 토양에 다량 배출되면 지하수를 오염시킨다.
특정 오염물질 (Priority pollutants)	유기성과 무기성 화합물들은 발암성, 돌연변이성, 기형성 또는 맹독성을 근거로 규정되며, 하·폐수에서 발견될 수 있다.

표 3-2 **주요 오염성분의 특성**(계속)

항목	중요성
난분해성 유기물질 (Refractory Organics)	난분해성 유기물질은 재래식 처리방법으로는 분해되기 어렵다. 예를 들어 계면활성제, 페놀, 살충제 등이 포함된다.
중금속 (heavy metals)	중금속은 상업 및 산업활동으로 인해 각종 폐수 내에 포함되어 배출되는데, 특히 하·폐수의 재이용을 계획할 때 중요한 항목이 된다.
용존성 무기물질 (dissolved inorganics)	칼슘, 나트륨, 황산염과 같은 무기 성분은 필요에 따라 상수에 첨가되는데, 물의 재이용을 위해서는 적절한 제거가 필요하다.

용존성 기체의 경우 이상기체법칙(the ideal gas law)과 헨리의 법칙(Henry's law)을 따라 계산된다. 기체의 농도는 일반적으로 표준 상태(0°C, 1 atm)의 조건에서 공기의 부피당 오염물질의 질량(ug/m^3, mg/L) 또는 ppm으로 표시된다. μg/m^{3}에서 ppm으로의 변환은 가스의 분자량을 고려해주어야 한다. 이상기체법칙으로부터 표준상태 하에서 모든 기체는 1몰(즉, g 분자량)당 22.4 L의 부피를 차지하므로 그 변환은 다음과 같다.

$$\mu g/m^3 = \frac{1\,m^3 \text{ pollutant}}{10^6\,m^3 \text{ gas}} \times \frac{\text{Molecular weight (g/mole)}}{22.4 \times 10^{-3}\,m^3/\text{mole}} \times 10^6\,\mu g/g$$

$$\mu g/m^3 = (\text{ppm} \times \text{Molecular weight} \times 10^3)/22.4 \qquad \text{at } 0°C \text{ and } 1\,atm$$

$$\mu g/m^3 = (\text{ppm} \times \text{Molecular weight} \times 10^3)/24.45 \qquad \text{at } 25°C \text{ and } 1\,atm$$

참고 1 이상기체법칙(ideal gas law)

이상기체법칙은 이상기체를 다루는 상태방정식을 말하는 것으로, 보일의 법칙(Boyle's law, 기체의 부피는 일정 온도에서 압력에 반비례한다)과 샤를의 법칙(Charles's law, 기체의 부피는 일정 압력에서 온도에 비례한다) 그리고 아보가드로의 법칙(Avogadro's law, 온도와 압력이 일정하면 부피는 몰수에 비례한다)이라는 세 가지 법칙에 따라 확립된 것이다.

$$PV = nRT$$

여기서, $P=$ 절대압력(atm)

$V=$ 기체가 차지하는 부피(L, m^3)

$n=$ 기체의 몰 수(mole)

$R=$ 기체상수(0.082 atm · L/mole · K)

$T=$ 절대온도(°K = 273.15 + °C)

참고 2 헨리의 법칙(Henry's law)

일정한 온도에서 일정 부피의 액체 용매에 녹는 기체의 질량, 즉 용해도는 용매와 평형을 이루고 있는 그 기체의 부분압력에 비례한다는 법칙이다. 이로부터 대기 중에서 기체의 몰 분율과 액체에서 기체의 몰 분율 관계는 다음과 같이 표현된다.

$$P_g = \frac{H}{P_T} x_g$$

여기서, P_g = 공기 중 기체의 몰 분율(mole gas/mole air)

H = 헨리 상수$\left[\dfrac{\text{atm (mole gas/mole air)}}{\text{(mole gas/mole water)}}\right]$

P_t = 총 압력(보통 1.0 atm)

X_g = 물속 기체의 몰 분율(mole gas/mole water) ←

헨리 상수는 기체의 종류, 온도 및 액체의 특성에 따른 함수로, 이 법칙은 용매(물)에 잘 녹지 않는 불용성 및 난용성 기체(수소, 산소, 질소, 이산화탄소 등)에 대하여 낮은 압력에서만 주로 적용된다.

표 3-3 오염물질의 정량화를 위해 사용하는 각종 단위

Parameters	Definition		Unit
Physical	Density	Mass/Volume	kg/m^3, g/m^3
	Percentage of volume	Vol. of sol. × 100/Vol. of sol.	% v/v
	Percentage of mass	Mass of sol. × 100/Total mass of solute + solvent	% w/w
	permillage	The amount, number or rate of thousand	‰
	Volume ratio	Vol./Vol.	mL/L
	Mass per unit volume	Nanograms/Liter of solution	ng/L
		micrograms/Liter of solution	ug/L
		Milligrams/Literof solution	mg/L
		Gram/cubic meter of solution	g/m^3
	Mass ratio	Milligram/10^{12} miligrams	ppt
		Milligram/10^9 miligrams	ppb
		Milligram/10^6 miligrams	ppm
	Odor unit	Threshold odor number	TON
	Turbidity unit	Nephelometric turbidity unit	NTU
	Color Unit	Standard color unit	CU
Chemical	Molality	Moles of solute/10^3 g of solvent	mol/kg
	Molarity (M)	Moles of solute/Liter of solution	mol/L
	Normality (N)	Equivalents of solute/Liter of solution	eq/L
		Milliequivalents of solute/Liter of solution	meq/L
Biological	Cell counting unit	Most probable number	MPN
		Cell forming unit	CFU
		Plaque forming unit	PFU
	Toxicity	Toxicity unit	TU

Note) 1 g = 10^3 mg = 10^6 ug = 10^9 ng = 10^{12} pg; ppm, parts per million; ppb, parts per billion; ppt, parts per trillion

예제 3-2 기체의 농도계산

압력 하수관에서 배출되는 기체에 황화수소가 9 ppm(부피 기준) 포함되어 있다. 표준상태(0°C, 1 atm)에서의 농도를 $\mu g/m^3$와 mg/L 단위로 계산하시오.

풀이

1. 황화수소(H_2S)의 분자량 = 2(1.01) + 32.06 = 34.08 g/mol
2. $$9\,\text{ppm} = \left(\frac{9\,\text{m}^3}{10^6\,\text{m}^3}\right)\left(\frac{(34.08\,\text{g/mole H}_2\text{S})}{(22.4\times10^{-3}\,\text{m}^3/\text{mole of H}_2\text{S})}\right)\left(\frac{10^6\,\mu\text{g}}{\text{g}}\right) = 13{,}693\,\mu\text{g/m}^3$$

$$13{,}693\,\mu\text{g/m}^3 = \left(\frac{13{,}693\,\mu\text{g}}{\text{m}^3}\right)\left(\frac{1\,\text{mg}}{10^3\,\mu\text{g}}\right)\left(\frac{\text{m}^3}{10^3\,\text{L}}\right) = 0.0137\,\text{mg/L}$$

(2) 유량 및 질량 부하

유체의 유량(flow rate)은 통상적으로 단위시간당 흘러가는 용적(L/h, m^3/d)의 단위로 표현하며, 그 파생된 단위로는 질량 부하(mass loading)가 있다. 후자를 질량 유량(mass flow rate)이라 부르기도 하는데, 이에 대비하여 전자를 용적 유량(volumetric flow rate)이라 구분한다. 그러나 일반적으로 유량이라 함은 용적 유량을 의미하고 질량 유량은 질량 부하라는 용어로 주로 사용된다. 이 두 가지 단위의 상관관계는 식 (3.4)로 표현되는데, 부피 유량과 질량 부하는 단위시간 동안 유선상의 한 점을 통과하는 물질의 질량(M)과 그 부피(V)와 관련이 있기 때문에 이는 독립적인 양은 아니다.

$$M = Q \times C \tag{3.4}$$

여기서, M = 질량 부하(kg/d)

Q = 유량(m^3/d)

C = 농도(kg/m^3)

둘 이상의 용액이 혼합될 경우 이 식은 다음 식 (3.5)와 같이 변형된다.

$$M_T = Q_T \times C_T = \sum_{i=1}^{n}(Q_i \times C_i) \tag{3.5}$$

예제 3-3 오염 부하율 계산

우리나라 하수의 농도는 일반적으로 BOD 100 mg/L, N 35 mg/L 및 P 3.5 mg/L로 표현된다. 하수처리장의 방류수의 법적 기준을 각각 10 mg/L, 20 mg/L 및 2 mg/L로 한다면, (1) 방류수의 오염 부하는 어느 것이 가장 크게 나타나는가? 또한 (2) 방류수의 P의 농도를 0.2~0.5 mg/L로 낮게 설정할 경우 이에 대한 영향은 어떠한가? (단, 유량은 일정하다.)

풀이

(1) 동일한 유량을 기준으로 하므로 오염물질의 질량 부하나 농도는 같은 의미를 가진다. 따라서 다음과 같이 계산할 수 있으며, 방류수 내 오염 부하량의 비율은 P가 69.5%로

가장 높게 나타난다.

	Typical Influent (mg/L)	Effluent limit (2011) (mg/L)	Conversion factors	Oxygen equivalent in influent (mg O_2/L)	Oxygen equivalent in effluent (mg O_2/L)	Removal (%)	Fractions of oxygen equivalent in effluent (%)
BOD	100	10	1.7	170	17	90.0	4.8
N	35	20	4.6	161	92	42.9	25.8
P	3.5	2	124	434	248	42.9	69.5
SUM				765	357		100

(2) 동일한 방법으로 계산하면 방류수의 P의 농도를 0.2～0.5 mg/L로 설정할 경우 방류수 내 P로 인한 오염 부하량은 18.5～36.3% 정도가 된다. 따라서 방류수로 배출되는 P의 기준을 강화하면 총 오염 부하는 38～48% 정도 더 저감되는 효과가 있다.

	Typical Influent (mg/L)	Effluent limit (2011) (mg/L)	Conversion factors	Oxygen equivalent in influent (mg O_2/L)	Oxygen equivalent in effluent (mg O_2/L)	Removal (%)	Fractions of oxygen equivalent in effluent (%)
BOD	100	10	1.7	170	17	90.0	12.7
N	35	20	4.6	161	92	42.9	68.8
P	3.5	0.2	124	434	24.8	94.3	18.5
SUM				765	133.8		100.0
BOD	100	10	1.7	170	17	90.0	9.9
N	35	20	4.6	161	92	42.9	53.8
P	3.5	0.5	124	434	62	85.7	36.3
SUM				765	171		100.0

참고 전환인자(conversion factor)는 다음과 같다.

BOD: 1.7 = mg BOD_{ult}/mg BOD_5

N: 4.6 mg O_2/mg N

P: 124 mg O_2/mg P, 114.5 mg Algae/mg P (based on Algae- $C_{106}H_{263}O_{110}N_{16}P$)

3.2 통계적 분석

(1) 정규분포곡선

확률과 통계를 이용한 정보 분석은 방대한 자료의 해석과 예측을 위해 매우 유용한 공학적 도구로 사용된다. 공학에서 사용하는 통계해석에서는 일반적으로 종모양 곡선(bell-shaped curve)의 정규분포(normal distribution or Gaussian distribution)라 불리는 이상적인 형태[식 (3.6)]로 설명한다(그림 3-1).

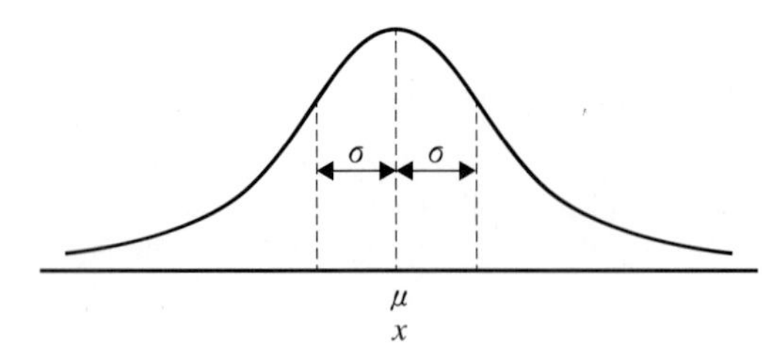

그림 3-1 **정규분포곡선**

$$P_{\sigma(x)} = \frac{1}{\sigma\sqrt{2\pi}}\exp\left[-\frac{1}{2}\left(\frac{x-\mu}{\sigma}\right)\right]^2 \tag{3.6}$$

여기서, μ = mean, estimated as $\bar{x}$

$\bar{x}$ = observed sample mean $= \frac{\sum x}{n}$

σ = standard deviation, estimated as s

s = observed standard deviation $= \left[\frac{\sum x_i^2}{n-1} - \frac{(\sum x_i)^2}{n(n-1)}\right]^{1/2}$

n = sample size

표준편차는 분포의 평균치와 편차 정도를 나타내기 위한 값으로 분포에서 개별값과 중간값 간의 평균적인 차이이다. 정상분포(대칭형 또는 종형)일 때, 평균을 중심으로 모든 x값의 68.3%에 해당하는 x로 정의된다. 또한 누적 함수로 종 모양 곡선의 데이터를 묘사하는 경우가 종종 있는데, 이때 수직축은 관측값의 누적 비율로 나타낸다(그림 3-2). 이러한 S곡선은 간단히 직선으로 표현되기도 한다.

한편 표준편차는 다음 식 (3.7)과 같이 약식으로 결정할 수 있는데, 여기서 x_{90} 및 x_{10}은 각각 누적 백분율 90 및 10에 해당하는 횡좌표값이다.

$$s \approx \frac{2}{5}(x_{90} - x_{10}) \tag{3.7}$$

유량과 농도 자료에 대한 통계분석을 하기 위해서는 각종 통계변수들을 결정해야 하는데, 이

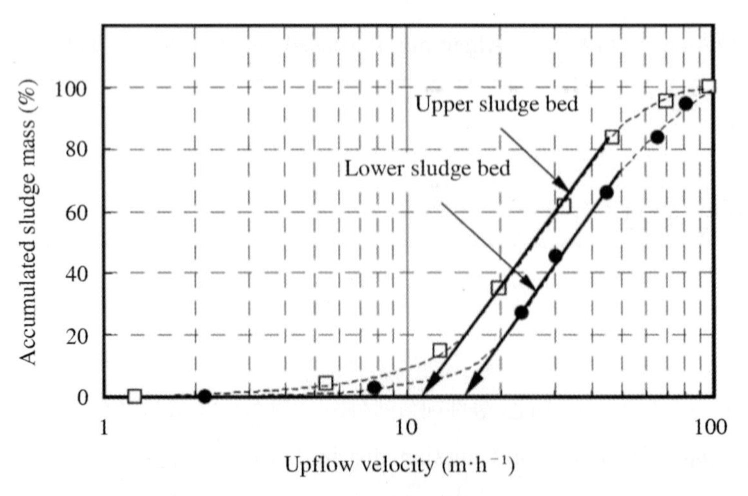

그림 3-2 **입상슬러지의 침전성 실험에서의 적용예** (Ahn and Speece, 2003)

는 일련의 측정값들을 정량화하기 위함이나. 사료분식에 일반직으로 이용되는 통계변수의 그래프 기법의 사용에 대한 아래의 내용은 Metcalf & Eddy(2003)의 설명을 요약한 것이다.

(2) 일반적 통계변수

데이터들이 정규분포한다는 가정하에 일반적으로 사용되는 통계변수(common statistical parameters)로는 평균(mean), 중앙값(median), 최빈수(mode), 표준편차(standard deviation), 분산계수(coefficient of variation) 등이 있다. 이러한 변수는 가장 일반적으로 사용되는 척도이지만 주어진 분포의 성질을 정량화하기 위해서는 왜도계수(coefficient of skewness)와 첨도계수(coefficient of kurtosis)라는 두 가지 요소가 더 필요하다. 왜도계수에 의해 만약 분포가 매우 비대칭이면 정상적인 통계적 해석은 곤란하다. 비대칭을 나타내는 대부분의 자료도 그 대수값(log of value)들은 정규적으로 분포하는데, 이 경우 대수정규(log-normal)분포라고 한다. 자료분석을 위해 사용하는 일반적인 통계변수들을 표 3-4에 나타내었다.

표 3-4 자료분석에 사용되는 통계변수

통계변수	정의
평균(mean) $\bar{x} = \frac{\Sigma f_i x_i}{n}$	$\bar{x}$ = mean value f_i = frequency (for ungrouped data $f_i = 1$) x_i = midpoint of the i th data range (for ungrouped data, x_i = the i th observation) n = number of observations (Note $\Sigma f_i = n$)
표준편차(standard deviation) $s = \sqrt{\frac{\Sigma f_i (x_i - \bar{x})^2}{n-1}}$	s = standard deviation C_v = coefficient of variation, percent
분산계수(coefficient of variation) $C_v = \frac{100s}{\bar{x}}$	α_3 = coefficient of skewness α_4 = coefficient of kurtosis M_g = geometric mean
왜도계수(coefficient of skewness) $\alpha_3 = \frac{\Sigma f_i (x_i - \bar{x})^3/(n-1)}{s^3}$	s_g = geometric standard deviation $\log x_g = \log x_i - \log M_g$
첨도계수(coefficient of kurtosis) $\alpha_4 = \frac{\Sigma f_i (x_i - \bar{x})^4/(n-1)}{s^4}$	**중앙값**(median value) 일련의 측정값들이 크기순으로 배열되어 있다면 가장 중앙에 존재하는 값이다. 측정개수가 짝수이면 가장 중앙의 두 값들의 산술평균값이다.
기하학적 평균(geometric mean) $\log M_g = \frac{\Sigma f_i (\log x_i)}{n}$	**최빈수**(mode) 일련의 측정값들 중 가장 많이 발생하는 값으로 빈도분포가 연속그래프로 그려지면 최빈수는 곡선의 가장 정점에 있는 값이다. 측정값들이 대칭의 분포를 이루면 평균, 중앙값, 최빈수는 모두 같은 값이다.
기하학적 표준편차(geometric standard deviation) $\log s_g = \sqrt{\frac{\Sigma f_i (\log^2 x_g)}{n-1}}$	**왜도계수**(coefficient of skewness) 분포가 균형이 잡히지 않을 때 비대칭 분포라고 한다.
확률지 사용 시 $s = P_{84.1} - \bar{x}$ or $P_{15.9} + \bar{x}$ $s_g = \frac{P_{84.1}}{M_g} = \frac{M_g}{P_{15.9}}$	**첨도계수**(coefficient of kurtosis) 분포가 얼마나 뾰족한가를 정의하는 데 사용된다. 정규분포의 첨도계수값은 3이다. 3보다 큰 값을 가지면 더 뾰족한 분포이고 3보다 작은 값이면 더 완만한 분포를 갖는다.

* Metcalf & Eddy(1991), Crites and Tchobanoglous(1998).

(3) 자료의 그래프 분석

자료의 그래프 분석은 분포의 특성을 조사하기 위하여 사용된다. 실제 자료를 산술-확률(arithmetic-probability) 그래프나 지수-확률(logarithmic-probability) 그래프로 그려 본 후 곡선이 선형(직선)을 나타내는지를 보고 분포형태를 결정한다. 산술-확률 또는 지수-확률 그래프를 이용하는 방법은 다음과 같다.

① 측정값을 크기순으로 나열하고 등급일련번호(rank serial number)를 부여한다.

② 각 자료에 상응하는 표시위치(plotting position)를 식 (3.8)을 이용하여 계산한다.

$$\text{Plotting position}(\%) = \left(\frac{m}{n+1}\right) \times 100 \tag{3.8}$$

여기서, m = 등급일련번호

n = 관측값의 수

자료수가 충분하지 않을 경우 치우침 현상이 일어날 수 있는데 이를 보정하기 위해 $(n+1)$의 항이 이용된다. 표시위치는 제시된 값과 같거나 작은 측정값의 빈도(또는 퍼센트)로 나타낸다. 표시위치를 정의하기 위하여 자주 사용되는 또 다른 표현은 식 (3.9)와 같은 브롬(Blom)의 변형식이다.

$$\text{Plotting position}(\%) = \frac{m\ 3/8}{n+1/4} \times 100 \tag{3.9}$$

③ 정리된 자료를 산술-확률이나 지수-확률 그래프로 표현한다. 이때 확률 눈금(probability scale)은 "주어진 값과 같거나 작은 값들의 퍼센트(percent values equals to or less than the indicated value)"라고 표현한다.

만일 산술-확률 그래프에 표시된 자료들이 직선을 이루면 그 자료들은 정규분포를 이룬다고 가정할 수 있다. 그러나 직선에서 많이 벗어난다면 비대칭으로 간주될 수 있다. 자료가 비대칭을 이루고 또한 측정값을 지수값으로 나타내었을 때 정규분포를 이룰 경우 지수-확률 그래프를 활용할 수 있다.

지수-확률 그래프에서는 최적의 직선식이 기하학적 평균 M_g를 지나고 84.1%에서 $M_g \times S_g$를 지나며, 15.9%에서 M_g / S_g를 지난다. 기하학적 표준편차 S_g는 표 3-4에 나타난 식을 이용하여 결정할 수 있다.

예제 3-4 하수의 성분농도자료에 대한 통계학적 분석

24개월 동안 하수처리장에서 수집된 다음의 유출수 자료를 가지고 통계변수값을 산정하시오.

월	값(g/m³)		월	값(g/m³)	
	TSS	COD		TSS	COD
1	13.50	15.00	13	37.00	46.60
2	25.90	11.25	14	30.10	36.25
3	28.75	35.35	15	21.25	30.00
4	10.75	13.60	16	23.50	25.75
5	12.50	15.30	17	16.75	17.90
6	9.85	15.75	18	8.35	11.35
7	13.90	16.80	19	18.10	25.20
8	15.10	15.20	20	9.25	16.10
9	23.40	18.75	21	9.90	16.75
10	21.90	37.50	22	8.75	15.80
11	23.70	27.00	23	15.50	19.50
12	18.00	23.30	24	7.60	9.40

풀이

1. 분석자료를 산술-확률 그래프와 지수-확률 그래프에 그려보고 분포특성을 조사한다.
   a. $n = 24$로 하고 식 (3.8)을 이용하여 표시위치를 다음과 같이 결정한다.
   b. 이 값을 산술-확률 및 지수-확률 그래프로 작성한다. 결과에서 보듯이 TSS와 COD 값들은 모두 지수 정규분포를 이루고 있음을 알 수 있다.

수	표시위치 (%)	값(g/m³)		수	표시위치 (%)	값(g/m³)	
		TSS	COD			TSS	COD
1	4	7.60	9.40	13	52	16.75	17.90
2	8	8.35	11.25	14	56	18.00	18.75
3	12	8.75	11.35	15	60	18.10	19.50
4	16	9.25	13.60	16	64	21.25	23.30
5	20	9.85	15.00	17	68	21.90	25.20
6	24	9.90	15.20	18	72	23.40	25.75
7	28	10.75	15.30	19	76	23.50	27.00
8	32	12.50	15.75	20	80	23.70	30.00
9	36	13.50	15.80	21	84	25.90	35.35
10	40	13.90	16.10	22	88	28.75	36.25
11	44	15.10	16.75	23	92	30.10	37.50
12	48	15.50	16.80	24	96	37.00	46.60

주) 표시위치(%) $= \left(\dfrac{m}{n+1}\right) \times 100$

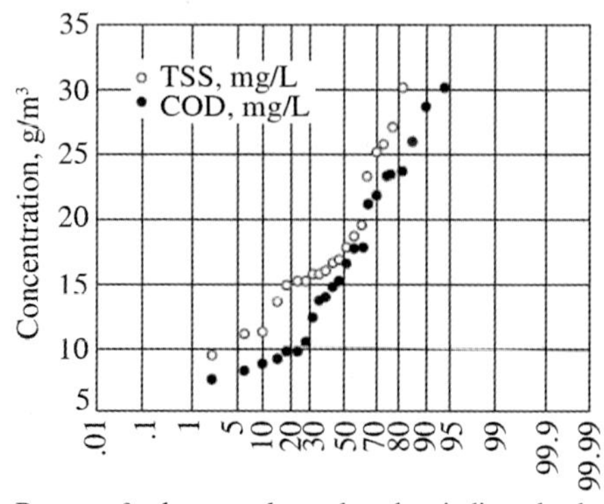

2. TSS와 COD의 기하학적 평균과 기하학적 표준편차를 구한다.

$$s_g = \frac{P_{84.1}}{M_g} = \frac{M_g}{P_{15.9}}$$

성분	M_g	s_g
TSS	23	2.19
COD	30	2.14

예제 3-5 하수량 자료에 대한 통계학적 분석

1년의 1/4기간 동안 운전된 산업폐수 배출시설의 주간 유량자료를 이용하여 통계적 특성을 구하고 1년 동안 운전할 경우 발생될 최대 주간 유량을 예측하시오.

주간 수	유량(m^3/주)	주간 수	유량(m^3/주)
1	2900	8	3675
2	3040	9	3810
3	3540	10	3450
4	3360	11	3265
5	3770	12	3180
6	4080	13	3135
7	4015		

풀이

1. 지수-확률 방법을 이용하여 유량자료를 표시한다.
   a. 아래에 나타난 바와 같이 자료분석표를 작성한다.
      i) 첫째 칸: 등급일련번호
      ii) 둘째 칸: 유량 증가 순으로 자료를 배열한다.
      iii) 셋째 칸: 확률표시위치를 나열한다.

등급일련번호(m)	유량(m^3/주)	표시위치(%)	등급일련번호(m)	유량(m^3/주)	표시위치(%)
1	2900	7.1	8	3540	57.1
2	3040	14.3	9	3675	64.3
3	3135	21.4	10	3770	71.4
4	3180	28.6	11	3810	78.6
5	3265	35.7	12	4015	85.7
6	3360	42.9	13	4080	92.9
7	3450	50.0			

주) 확률표시위치 = $[m/(n+1)]100$

   b. 표시위치에 상용하는 주간 유량들을 그래프상에 표시한다. 두 그래프에서 각 자료값은 모두 직선식을 이루므로 유량값들은 정규분포의 형태로 설명이 가능하다.

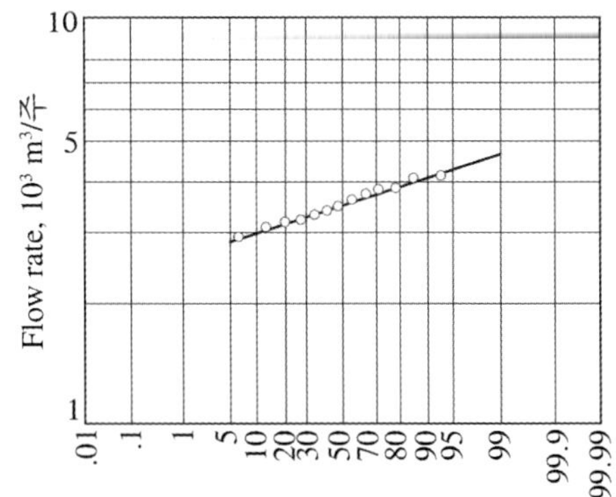

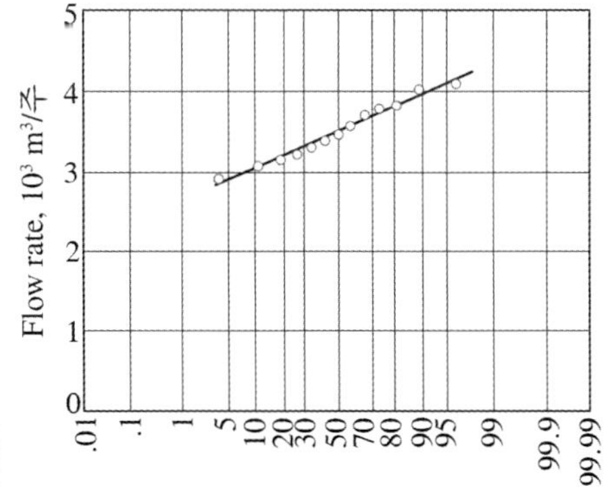

2. 유량자료에 대한 통계적 특성을 결정한다.

   a. 통계적 특성을 구하기 위해 다음의 자료분석표를 작성한다.

유량(m^3/주)	$(x-\bar{x})$	$(x-\bar{x})^2$	$(x-\bar{x})^3$ 10^{-6}	$(x-\bar{x})^4$ 10^{-9}
2,900	−578	334,084	−193	11,161
3,040	−438	191,844	−84	3,680
3,135	−343	117,649	−40	1,384
3,180	−298	88,804	−26	789
3,265	−213	45,369	−9.6	206
3,360	−118	13,924	−1.6	19.4
3,450	−28	784	−0.02	0.06
3,540	62	3,844	0.24	1.48
3,675	197	38,809	7.6	151
3,770	292	85,264	25	727
3,810	332	110,224	37	1,215
4,015	537	288,369	155	8,316
4,080	602	362,404	218	13,134
45,220		1,681,372	88.62	40,784

   b. 표 3-4에 정리된 변수를 이용하여 통계적 특성을 결정한다.

      i. 평균

$$\bar{x} = \frac{\sum x}{n}$$

$$\bar{x} = \frac{45,220}{13} = 3478 \text{ m}^3/\text{ 주}$$

      ii. 중앙값(가장 가운데에 있는 값)

중앙값 $= 3450 \text{ m}^3/$ 주 (위의 자료표 참조)

      iii. 최빈수

최빈수 $= 3(\text{Med}) \quad 2(\bar{x}) = 3(3450) \quad 2(3478) = 3394 \text{ m}^3/$ 주

      iv. 표준편차

$$s = \sqrt{\frac{\sum (x-\bar{x})^2}{n-1}}$$

$$s = \sqrt{\frac{1,681,372}{12}} = 374.3 \text{ m}^3/\text{ 주}$$

v. 분산계수

$$C_v = \frac{100s}{\bar{x}}$$

$$C_v = \frac{100(374.3)}{3478} = 10.8\%$$

vi. 왜도계수

$$\alpha_3 = \frac{\sum(x-\bar{x})^3/n-1}{s^3}$$

$$\alpha_3 = \frac{88.62\times10^6/12}{(374.3)^3} = 0.141$$

vii. 첨도계수

$$\alpha_4 = \frac{\sum(x-\bar{x})^4/n-1}{s^4}$$

$$\alpha_4 = \frac{40,784\times10^9/12}{(374.3)^4} = 1.73$$

통계특성 결과를 검토하면 분포가 다소 비대칭이고($\alpha_3 = 0.141$, 참고로 정규분포의 경우 0), 정규분포보다 상당히 평평하다($\alpha_4 = 1.73$, 참고로 정규분포의 경우 3.0)는 것을 알 수 있다.

3. 예상되는 연간 최대 주간 유량을 결정한다.

a. 확률인자(probability factor)

첨두 주간 $= m/(n+1) = 52/(52+1) = 0.981$

b. 앞선 그림에서 98.1%에 대한 유량을 구한다.

첨두 주간 유량 $= 4,500\ \mathrm{m^3}/$ 주

참고 자료의 통계분석은 처리장의 설계조건을 결정하는데 매우 중요하다. 통계해석을 통하여 최적화된 설계유량과 질량 부하를 선택한다.

3.3 설계 및 운영요소

오염제어를 위한 반응조의 설계와 운영을 위해 필요한 인자(design and operating parameters)는 크게 시스템에 머무는 체류시간(retention time, detention time or residential time)과 시스템에 가해지는 부하율(loading rate)로 구분하여 정의할 수 있다. 이러한 인자는 요소기술 종류에 따라 물리적(physical), 화학적(chemical), 그리고 생물학적(biological)인 처리공정에 따라 달리 적용된다. 그림 3-3에는 단위 기술의 개념도를 나타내었는데, 여기서 V는 반응조의 용적(volume, $\mathrm{m^3}$)을 의미하며, X_T는 생물학적 공정에서 운영되는 미생물의 농도(MLVSS, mixed liquor volatile suspended solids, mg VSS/L)를 의미한다.

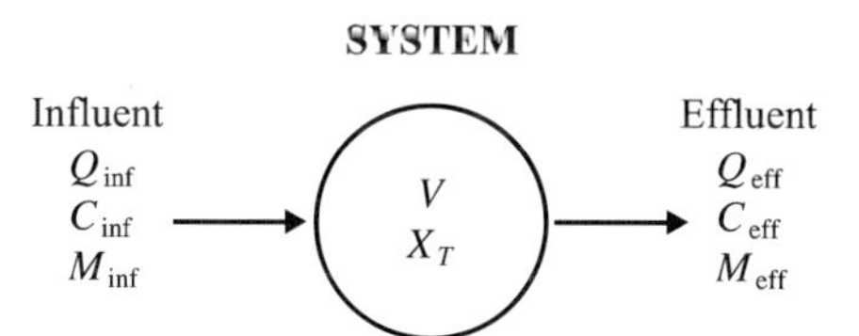

그림 3-3 단위 기술의 개념도 (Q, flowrate; C, concentration; M mass load)

(1) 체류시간

체류시간은 환경기술의 설계에 있어서 매우 중요한 개념 중의 하나이다. 체류시간은 시스템에서 유체 또는 입자가 평균적으로 머무는 시간으로, 이는 반응에 노출된 시간으로 정의되기도 한다. 체류시간은 수리학적 체류시간(HRT, hydraulic retention time)과 고형물 체류시간(SRT, solids retention time)으로 크게 구분하며, 고형물 체류시간을 흔히 슬러지 일령(sludge age)이라고 부르기도 한다. 이들은 식 (3.10), (3.11)과 같이 각각 표현된다.

$$\mathrm{HRT(d)} = \frac{V(\mathrm{m^3})}{Q(\mathrm{m^3/d})} \tag{3.10}$$

$$\mathrm{SRT(d)} = \frac{\text{Mass of sludge in system}(MX_T)}{\text{Mass wasted per day}(MX_W)} \tag{3.11}$$

유량기준으로 표현되는 수리학적 체류시간은 반응조의 용적(V)과 유입 유량($\mathrm{m^3/d}$)의 비율로 표현되며, 거의 모든 단위 공정에서 가장 일반적으로 간단하게 적용되는 인자이다. 한편 고형물 체류시간은 반응조의 혼합액(mixed liquor)에 보유되는 총 미생물의 양(MX_T, kg VSS)과 유출되는 미생물(MX_W, kg VSS/d)의 양적 비율로 표현된다. 이때 미생물의 양적 평가를 위해서는 휘발성 고형물질(volatile suspended solids) 농도가 일반적으로 사용되는데, 이 값을 사용할 수 없을 경우 부유물질(suspended solids) 농도를 사용하여 계산하기도 한다. 고형물 체류시간은 특히 생물학적 공정을 사용하는 모든 단위 기술에 매우 중요하게 적용되는 인자이다.

(2) 부하율

부하율은 수리학적 부하율(hydraulic loading rate)과 질량 부하율(mass loading rate)로 구분되어 좀 더 다양한 인자로 표현된다(표 3-5). 수리학적 표현으로 정의되는 인자는 대부분 물리화학적 공정에 주로 사용되는데, 이는 단위 용적, 면적 및 위어 길이에 대한 유입 유량의 비율로 표현하며, 각각 용적 부하율(volumetric loading rate), 표면 부하율(surface loading rate) 및 위어 부하율(weir loading rate)로 불린다. 그러나 농축조와 같이 유입수 내 고형물의 농도가 주 영향 인자로 고려되는 경우는 고형물 플럭스(solids flux, $\mathrm{kg/d/m^2}$)와 같은 인자가 중요한 요소로 적용된다. 또한 용적 부하율은 수리학적 체류시간의 역수로 나타난다.

질량 부하율은 각종 오염물질(예를 들어 COD, BOD 등)의 질량을 기준으로 부하율을 나타낸 것으로 COD 부하 또는 BOD 부하율과 같이 표현한다. 질량 부하율은 대부분 생물학적 공정에서 사용되며, 파생된 인자로서는 먹이(food)와 미생물(microbes)의 비율을 나타내는 F/M 비가 있다.

표 3-5 부하율의 단위 표현

Parameters	Basis	Equations	Unit	Remarks	
Physical	Flow rate	VLR = Q/V	$m^3/d/m^3$	Volumetric loading rate(= 1/HRT)	(3.12)
		SLR = Q/A	$m^3/d/m^2$	Surface loading rate	(3.13)
		WLR = Q/L	$m^3/d/m$	Weir loading rate	(3.14)
		SF = M/A	$kg/d/m^2$	Solids Flux	(3.15)
Chemical	Flow rate	HRT = 1/VLR	d		(3.16)
Biological	Mass	MLR = M/V	$Kg/d/m^3$	Mass loading rate (BOD, COD, etc.)	(3.17)
		F/M	Kg/d/kg SS (or VSS)	Food/Microbes ratio	(3.18)

단위 기술의 설계란 기본적으로 필요한 용적과 규격을 결정하는 것으로, 이를 위해 각종 시설 설계 매뉴얼에 제시된 설계값을 활용하는데, 이는 많은 선행연구 결과를 토대로 최적의 설계값을 제안한 것이다. 또한 기존의 처리시설에서는 당초 설계값에 준하여 알맞게 운영되는지 그 운전특성을 평가하기 위한 운전인자로 사용하기도 한다.

예제 3-6 설계인자 계산예

BOD 300 mg/L인 하수 3,000 m^3/d의 유기물질을 제거하기 위해 8시간의 수리학적 체류시간을 가진 활성슬러지로 처리하고자 한다. 이때 미생물(MLSS)의 농도를 3,000 mg SS/L로 유지한다고 가정하고, 다음을 계산하시오.

1) 생물반응조(폭기조)의 용적
2) BOD 용적 부하
3) F/M 비

풀이

1) 생물반응조 용적(V) = Q × HRT

$$= 3{,}000(m^3/d) \times (8\,hr/24\,hr)$$
$$= 1{,}000\ m^3$$

2) BOD 용적 부하 = M_{BOD}/V

$$= \frac{300(mg/L) \times 3{,}000(m^3/d)}{1{,}000\,m^3}$$
$$= 0.9\ kg\ BOD/m^3/d$$

3) F/M 비 = M_{BOD}/M_T

$$= \frac{300 \times 1{,}000(kg/m^3) \times 3{,}000(m^3/d)}{3{,}000 \times 1{,}000(kg/m^3) \times 1{,}000\ m^3}$$
$$= 0.3\ kg\ BOD/kg\ MLSS/d$$

참고문헌

- Ahn, Y.H., Speece, R.E. (2003). Settleability assessment protocol for anaerobic granular sludge and its application. Water SA, 29(4), 419-426.
- Crites, R.W., Tchobanoglous, G. (1998), Small and Decentralized Wastewater Management Systems, McGraw-Hill, New York.
- Metcalf & Eddy, Inc. (1991) Wastewater Engineering: Treatment, Disposal, and Reuse (3/e), McGraw-Hill, New York.
- Metcalf & Eddy, Inc. (2003) Wastewater Engineering: Treatment, Disposal, and Reuse (4/e), Revised by Burton, F.L., Stensel, H.D., Tchobanoglous, G., McGraw-Hill, New York.

Chapter 04

물질반응

Reactions

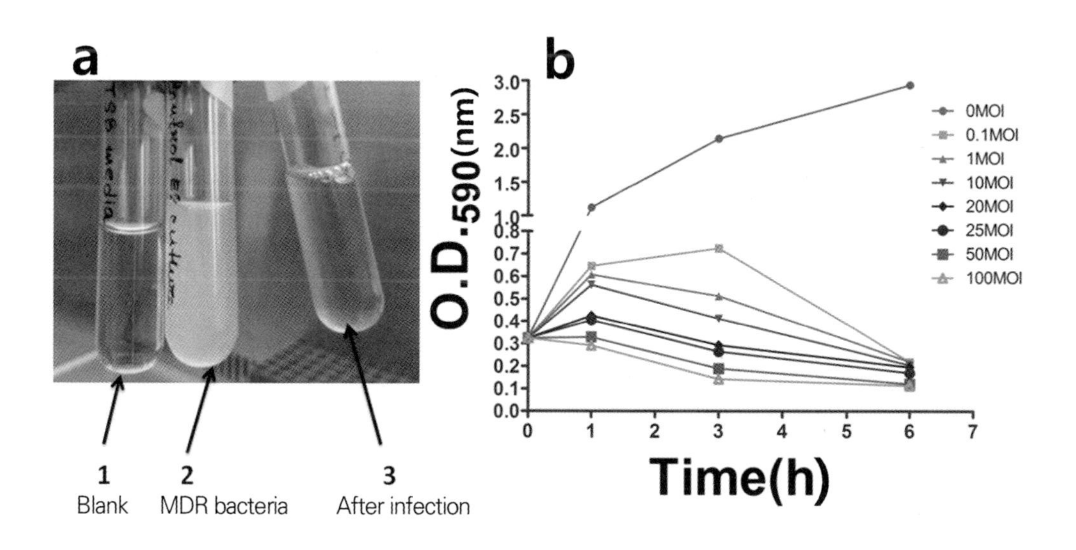

Phage Therapy for Multi-drug Resistant Bacteria Biocontrol
(YUEEL, 2017)

4.1 물질반응, 반응속도 및 반응속도상수

수중에서 일어나는 복잡한 물리화학적 및 생화학적 반응의 속도(reaction rate)를 공학적으로 설명하기 위해 반응양론(stoichiometry), 반응동역학(reaction kinetics) 그리고 물질수지(materials/mass balances) 등의 방법을 사용한다. 이러한 표현들은 주로 경험적으로 유도되며, 질량보존의 원칙(the principle of conservation of mass)에 기초한 물질수지를 통해 물 환경 시스템 내에 일어나는 변화를 정의하는 데 적용된다. 물질수지는 실험실 규모부터 하천과 호소 등 자연적 환경에 이르기까지 물질의 반응(reaction)과 수리학적 흐름(hydraulic flow)의 두 가지 특성을 결합하여 수학적으로 표현하고 모델화한다. 즉, 어떠한 반응에 대한 이해를 통하여 현상과 거동을 설명하는 모델을 만들고, 이를 활용하여 가상의 상황을 예측하기 위한 것이다. 자연계는 매우 복잡하고 그 변수를 모두 정확히 정의하고 결정하는 것이 어렵기 때문에 수질 모델은 실제적인 유용성이 요구된다. 지나치게 복잡한 모델은 적용이 매우 어려운 반면, 너무 간단한 모델은 다양한 상호작용이 무시되므로 그 적용에 문제가 있을 수 있다. 이러한 이유로 수학적 모델은 적절한 구성과 복잡성이 필요한데, 이는 대부분 자료의 이용 가능성에 따라 좌우된다. 반응양론, 반응동역학 및 물질수지에 대한 개념은 이러한 모든 환경적인 모델 형성의 기초가 된다.

오염물질 제어를 위한 단위 기술의 선택과 설계에 있어서 반응양론과 반응속도는 매우 중요한 요소이다. 임의의 반응에 있어서 소모되는 물질과 생성되는 물질의 몰수를 비교하는 것을 반응양론이라고 하며, 주어진 반응에서 물질이 소멸되거나 생성되는 속도를 반응속도로 정의한다.

물 환경 시스템에서 일반적인 반응은 크게 균일 반응(homogeneous reactions)과 비균일 반응(heterogeneous reactions)으로 구분한다. 균일 반응은 반응물과 생성물이 동일한 상(phase, 예를 들면, 액상, 고체상, 또는 기체상)으로 존재하는 반응이며, 2종류 이상의 상 사이의 계면을 통해 일어나는 반응을 비균일 반응이라 정의한다. 2종류의 액체(또는 기체) 혼합물 반응은 균일하며, 기체-액체, 기체-고체 또는 액체-고체 사이의 반응은 비균일 반응에 해당하다. 균일 반응은 비가역(irreversible) 또는 가역(reversible) 반응으로 구분된다.

반응 과정에 어떤 물질(i)이 사라지거나 생성되는 현상을 설명할 때 사용되는 용어인 반응속도(r_i)는 균일 반응의 경우 단위 시간-부피당 몰(또는 질량)(mol/L·t)의 단위로 표현되며, 비균일 반응의 경우 생성 속도는 단위 시간-면적당 몰(또는 질량)로 표현될 수 있다. 반응물질은 음의 반응속도를 가지는 반면 생성물질은 양의 생성 속도를 갖는다. 반응속도는 보통 물리화학적 및 생물학적 환경의 함수로 반응 및 생성 물질의 농도, 반응양론 계수, 온도 및 pH, 미생물 특성 등 반응속도에 영향을 미치는 중요 변수들은 매우 다양하다. 모든 반응속도는 경험적이며 실험적인 연구로부터 유도된다. 일정 온도 조건에서 0차 반응은 농도의 영향이 없으며($r_A = k$), 1차 반응은 농도의 함수로 표현된다($r_A = k[A]$).

반응속도는 일반적으로 반응물질 농도의 함수이다.

$$\mathrm{aA + bB \rightarrow cC + dD}$$

$$r = k[\mathrm{A}]^{\alpha}[\mathrm{B}]^{\beta} \tag{4.1}$$

여기서, r : 반응속도(mol/L · t)

k : 반응속도 상수

[ ] : 반응물질의 몰농도(mol/L)

α, β : 경험적 지수

상수 α와 β는 각각의 반응물질 A와 B에 대한 반응차수를 정의하는 데 사용된다. 전체 반응차수는 $(\alpha+\beta)$로 정의된다. 지수 α와 β는 일반적으로 0, 1, 또는 2의 값을 갖지만 어떤 경우는 소수점 이하의 값을 갖기도 한다. 예를 들어 어떤 반응의 반응속도가 $r=k[\mathrm{A}]^2[\mathrm{B}]$ 라면 반응물질 A에 대하여 2차 반응, 반응물질 B에 대하여 1차 반응이라고 하며 반응 전반에 대해서는 3차 반응이라고 한다. 여기서 반응속도 상수(k)는 반응차수의 함수임을 알 수 있다. 만약 균일반응의 경우 0차 반응상수는 단위 부피-시간당 몰수(mol/L · t)로, 1차 및 2차 반응상수의 단위는 각각 단위 시간(t^{-1}) 및 단위 몰-단위 시간당 부피수(L/mol · t)의 단위를 갖는다.

예제 4-1 반응속도의 해석

다음과 같은 반응에서 전체 반응속도(r)는 물질 A에 대하여 1차 반응으로 알려져 있다. 개별의 반응물질 및 생성물질에 대한 반응속도를 반응속도상수 k와 물질 A의 몰 농도의 함수로 구하시오.

$$3\mathrm{A} \rightarrow 2\mathrm{B} + \mathrm{C}$$

풀이

1. 전체 반응속도는 다음의 식으로 표현된다.

$$r = k[\mathrm{A}]$$

2. 전체 반응속도와 개별 반응/생성물질에 대한 반응속도는 다음과 같이 정의된다(실제로 물질 C가 생성되는 속도는 반응물질 A가 사라지는 속도의 1/3이 된다).

$$r = \frac{r_\mathrm{A}}{a} = \frac{r_\mathrm{B}}{b} = \frac{r_\mathrm{C}}{c}$$

$$= \frac{r_\mathrm{A}}{-3} = \frac{r_\mathrm{B}}{2} = \frac{r_\mathrm{C}}{1}$$

3. 물질 A, B, C의 반응속도를 A의 항으로 표현하면 다음과 같다.

$$r_\mathrm{A} = -3k[\mathrm{A}]$$

$$r_\mathrm{B} = 2k[\mathrm{A}]$$

$$r_\mathrm{C} = k[\mathrm{A}]$$

환경공학 분야에서 흔히 접하게 되는 가장 일반적인 반응의 종류에는 비가역 반응, 가역 반응, 포화반응(saturation) 및 자가촉매반응(autocatalytic)이 있다. 아래의 예에서 반응속도를 1차로 가정할 경우 비가역 반응과 가역 반응의 반응속도는 다음과 같이 표현된다.

비가역반응

$$aA \xrightarrow{1} bB \xrightarrow{2} cC$$

$$r_1 = \frac{r_A}{a} = \frac{r_{B_1}}{b} \qquad r_A = ak_1[A]$$

$$r_2 = \frac{r_{B_2}}{b} = \frac{r_C}{c} \qquad r_B = bk_1[A] + bk_2[B]$$

$$r_C = ck_2[B] \tag{4.2}$$

가역반응

$$aA \underset{2}{\overset{1}{\rightleftarrows}} bB$$

$$r_1 = \frac{r_{A_1}}{a} = \frac{r_{B_1}}{b} \qquad r_A = ak_1[A] + ak_2[B]$$

$$r_2 = \frac{r_{B_2}}{b} = \frac{r_{A_2}}{a} \qquad r_B = bk_1[A] + bk_2[B] \tag{4.3}$$

포화반응

포화반응은 최대 반응속도, 즉 반응속도가 농도(A)에 독립적인 구간이 존재하는 형태이다. $aA \rightarrow bB$로 표현되는 반응에서 전형적인 포화반응속도 함수는 식 (4.4)와 같이 정의된다.

$$aA \rightarrow bB$$

$$r = \frac{k[A]}{K + [A]} \tag{4.4}$$

여기서, r : 반응속도(mol/L · t)

k : 반응속도 상수(mol/L · t)

$[A]$: 반응물질 A의 농도(mol/L)

K : 반포화 상수(half-saturation constant)(mol/L)

반포화 상수(K)의 단위는 농도 단위와 같으며, 반응속도 상수(k)의 단위는 단위 부피-시간당 몰로 구분된다. 이 식에서 $K \ll [A]$의 경우 포화반응속도 함수는 0차 반응($r \rightarrow k$)과 같으며, $[A] \ll K$일 때 1차 반응($r \rightarrow k[A]$)으로 근접한다(그림 4-1).

포화반응속도는 종종 식 (4.5)와 같이 복잡하게 표현되기도 하는데, 이는 수질 모델링에서 자주 접하게 되는 형태이다.

$$r = \frac{k[A][B]}{K + [A]} = k\left(\frac{[A]}{K_1 + [A]}\right)\left(\frac{[B]}{K_2 + [B]}\right) \tag{4.5}$$

자가촉매반응

자가촉매반응은 1차, 2차, 또는 포화형 반응의 형태가 될 수 있으며, 또한 반응 및 생성물질의 함수로서 부분적인 자가촉매형 반응으로 나타날 수도 있다. 1차 자가촉매반응 $aA \rightarrow bB$의 경우 반응속도는 다음과 같다.

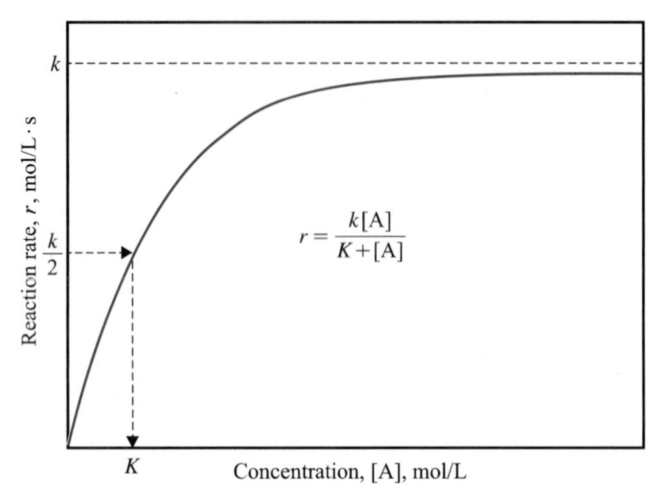

그림 4-1 Saturation-type reaction rate

$$r = k[\mathrm{B}]$$
$$r_{\mathrm{A}} = ak[\mathrm{B}]$$
$$r_{\mathrm{B}} = bk[\mathrm{B}] \tag{4.6}$$

예제 4-2 반응속도 상수의 결정

1차 반응($r_{\mathrm{C}} = -k\mathrm{A}$)으로 표현되는 A 물질의 분해반응의 해와 반응속도 상수(k)를 결정하시오.

풀이

1차 분해반응속도는 다음과 같이 표현될 수 있다.

$$\frac{d\mathrm{A}}{dt} = r = -k\mathrm{A}$$

이 식은 $t = 0$ 에서 A_0, 시간 t에서 A 농도를 가진다고 할 때 다음의 식으로 정리된다.

$$\int_{\mathrm{A}_0}^{\mathrm{A}} \frac{d\mathrm{A}}{\mathrm{A}} = -k\int_0^t dt$$

$$\ln\frac{\mathrm{A}}{\mathrm{A}_0} = -kt \quad \text{or} \quad \frac{\mathrm{A}}{\mathrm{A}_0} = e^{-kt} \quad \text{or} \quad \ln\mathrm{A} - \ln\mathrm{A}_0 = -kt$$

$$k_{\text{base 10}} = (0.434)\, k_{\text{base } e}$$

따라서 $k = \dfrac{(\ln\mathrm{A} - \ln\mathrm{A}_0)}{-t}$ 가 된다.

4.2 반응속도 상수에 대한 온도의 영향

특정 반응속도 상수에 대한 온도 의존성은 다양한 온도 조절의 필요성으로 중요하게 인식된다. 반응속도 상수의 온도 의존성은 아레니우스(van't Hoff-Arrhenius) 법칙에 의해 식 (4.7)로 표현된다.

$$k_T = Ae^{-E/RT} \tag{4.7}$$

여기서, k_T : 반응속도 상수(L/s, L/min)

A : 아레니우스 계수

E : 활성화 에너지(J/mol)

R : 이상기체 상수(8.314 J/mol·K 또는 1.99 cal/mol·K)

T : 온도(K = 273.15 + °C)

상이한 두 온도(T_1, T_2)조건에서 반응속도 상수의 변화를 비교하기 위해서 식 (4.7)은 식 (4.8)로 변형이 가능하다. 환경공학에서 사용하는 대부분의 오염제어기술은 비교적 한정된 온도범위에서 적용된다. 따라서 관습적으로 E/RT_1T_2가 일정하다고 가정할 경우 이 식은 식 (4.9)와 같이 단순화된다. 일반적인 생물학적 처리공정에 대해서 전형적인 θ값은 대략 1.020～1.10이다.

$$\frac{k_{T_1}}{k_{T_2}} = \exp\left[\left(\frac{E}{RT_1T_2}\right)(T_1 - T_2)\right] \tag{4.8}$$

$$k_{T_1} = k_{T_2}\theta^{(T_1 - T_2)} \tag{4.9}$$

여기서, θ : 온도계수

4.3 실험자료의 해석

단위 기술의 물리화학적 및 생물학적 반응을 해석할 때 필요한 반응속도식의 평가에 있어서 그 기초자료는 실험실 규모(lab-scale) 또는 파일럿규모(pilot-scale)의 실험을 통하여 수집된다. 이 실험은 일반적으로 시스템 내에 유입과 유출이 없는 조건하에서 수행된다. 자료해석에 가장 보편적으로 사용되는 방법으로 적분법과 미분법이 있다.

적분법(integration method)은 반응 차수를 결정하는 가장 용이한 방법으로 여러 시간단위에서 남아 있는 물실의 양을 분석하고 이를 이용하여 앞선 여러 반응속도식의 적분형에 치환하여 구하는 방법이다. 이때 가장 일관성 있는 k값을 갖는 수식이 반응의 차수를 정확하게 나타내는 것으로 결정된다. 선형(linear)관계의 직선이 얻어졌다면 평가된 반응차수가 그래프로 그려진 반응식에 적합한 경우 평가할 수 있다. 여러 가지 반응속도식의 적분형 전개 및 특정 반응속도상수를 결정하기 위해 자료를 도식화하는 방법을 표 4-1과 그림 4-2에 요약하였다.

표 4-1 Reaction and reaction rate

Reaction	Mathematical expression	Equation	Graphical analysis of k	
$C \rightarrow P$ Zero-order	$r_C = \frac{dC}{dt} = k$	$C - C_0 = -kt$	C vs t	(4.10)
$C \rightarrow P$ First-order	$r_C = \frac{dC}{dt} = kC$	$\ln\frac{C}{C_0} = kt$	$-\ln(C/C_0)$ vs t	(4.11)
$C + C \rightarrow P$ Second-order	$r_C = \frac{dC}{dt} = kC^2$	$\frac{1}{C} - \frac{1}{C_0} = kt$	$1/C$ vs t	(4.12)
n-order	$r_C = \frac{dC}{dt} = kC^n$	–	–	(4.13)
Saturation	$r_C = \frac{dC}{dt} = \frac{kC}{K+C}$	$kt = K\ln\frac{C_0}{C_t} + (C_0 - C_t)$	$1/t\ln(C_0/C_t)$ vs $(C_0 - C_t)/t$	(4.14)

Note) ln [C] = 2.3 log [C]

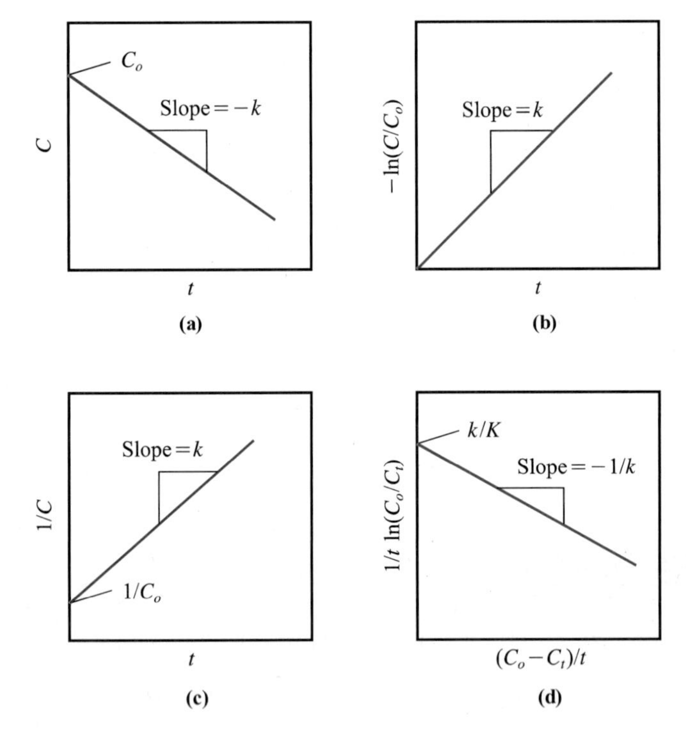

그림 4-2 Graphical analysis for rate constant of reaction. (a) zero-order, (b) first-order, (c) second-order and (d) saturation-type ($k_{\text{base }10} = 0.434\, k_{\text{base }e}$)

반응속도는 일차적으로 반응물질의 농도의 함수이다. 미분해석법(differential method)은 이러한 개념에서 반응속도가 농도의 n제곱에 비례한다고 가정하여 계산한다.

$$r_A = \frac{d[A]}{dt} = -k[A]^n \tag{4.15}$$

상이한 두 시점에서 측정된 2개의 다른 농도에 대해 다음의 식이 성립한다.

$$\frac{d[\mathrm{A}_1]}{dt} = -k[\mathrm{A}_1]^n, \quad \frac{d[\mathrm{A}_2]}{dt} = -k[\mathrm{A}_2]^n \tag{4.16}$$

상기 식의 각 항에 log를 취하고 k값에 대해 정리하면 n값은 다음 식을 사용하여 구할 수 있다. 이 식은 농도를 표현할 때 사용되는 단위와는 독립적으로 구분된다.

$$n = \frac{\log(-d[\mathrm{A}_1]/dt) - \log(-d[\mathrm{A}_2]/dt)}{\log[\mathrm{A}_1] - \log[\mathrm{A}_2]} \tag{4.17}$$

예제 4-3 반응차수 및 반응속도 상수의 결정

회분식 반응기에서 수행된 실험에서 얻어진 다음의 자료에 대하여 반응차수 및 반응속도 상수를 구하시오(적분 및 미분해석법 사용).

TIME, min	[A], mol/L	TIME, min	[A], mol/L
0	100.0	6	16.9
1	50.0	7	15.2
2	37.0	8	13.3
3	28.6	9	12.2
4	23.3	10	11.1
5	19.6		

풀이

[적분법에 의한 방법]

1. 반응이 1차 또는 2차 반응이라 가정하고 실험자료를 도식화할 수 있도록 정리한다.

TIME, min	[A], mol/L	$-\log\left[\frac{\mathrm{A}_t}{\mathrm{A}_0}\right]$	$\frac{1}{[\mathrm{A}]}$
0	100.0	0.00	0.010
1	50.0	0.30	0.020
2	37.0	0.43	0.027
3	28.6	0.54	0.035
4	23.3	0.63	0.043
5	19.6	0.71	0.051
6	16.9	0.77	0.059
7	15.2	0.82	0.066
8	13.3	0.87	0.075
9	12.2	0.91	0.082
10	11.1	0.95	0.090

2. $-\log[\mathrm{A}_t]/[\mathrm{A}_0]$ vs. t 의 그래프를 도식화하여 1차 반응에 부합하는지를 결정한다[그림 4-3(a)]: 선형을 보이지 않으므로 자료는 1차 반응을 따르지 않는다.
3. $1/[A]$ vs. t 의 그래프를 도식화하여 2차 반응에 부합하는지를 결정한다[그림 4-3(b)]. 결과는 직선이므로 그 반응은 2차 반응에 부합한다. 이때 반응속도 상수는 직선의 기울기이다.

$$k = \frac{0.017\ \text{L/mol}}{2.1\ \text{min}}$$

$$= 0.0081\ \text{L/mol·min}$$

따라서 반응속도식은 다음과 같다.

$$r_A = -\ (0.0081\ \text{L/mol}\cdot\text{min})\ [\text{A}]^2$$

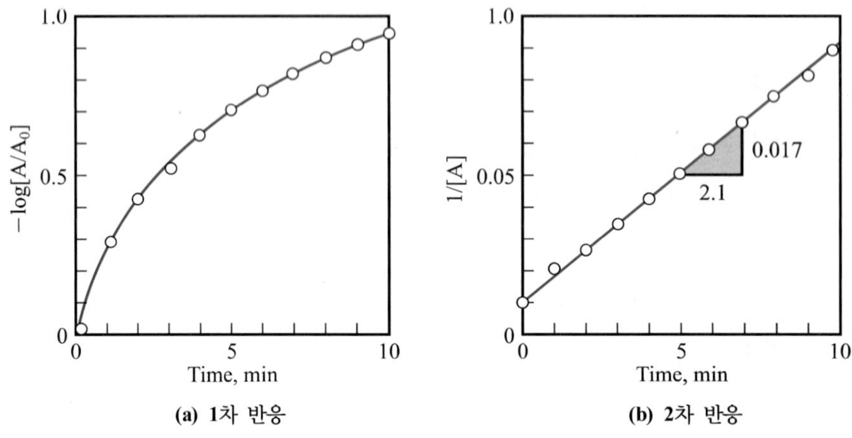

(a) 1차 반응 (b) 2차 반응

그림 4-3 반응차수 및 반응속도 상수 평가를 위한 도해

[미분법에 의한 방법]

주어진 자료에서 2분과 6분에서 얻어진 실험자료를 이용하여 n에 대한 식 (4.17)을 풀면,

TIME, min	$[\text{A}_t]$, mol/L	$\left(\frac{[\text{A}_{t+1}]-[\text{A}_{t-1}]}{2}\right) \simeq \frac{d[\text{A}_t]}{dt}$
2	37.0	$\frac{28.6-50.0}{2} \simeq -10.7$
6	16.9	$\frac{15.2-19.6}{2} \simeq -2.20$

$$n = \frac{\log(10.7) - \log(2.2)}{\log[37.0] - \log[16.9]}$$

$$= \frac{1.029 - 0.342}{1.568 - 1.228}$$

$$= \frac{0.687}{0.34} = 2.02$$

반응은 2차 반응에 해당하며, 두 시점을 사용한 반응속도 상수는 다음과 같다.

$$\frac{d[\text{A}]}{dt} = -k[\text{A}]^2$$

i. 2분에서 $-10.7 = -k(37.0)^2$

$$k = 0.0078\ \text{L/mol}\cdot\text{min}$$

ii. 6분에서 $-2.20 = -k(16.9)^2$

$$k = 0.0077\ \text{L/mol}\cdot\text{min}$$

두 값은 동일하므로 반응속도 상수로 사용될 수 있다.

참고 적분법과 미분법에 의한 계산결과는 모두 2차 반응으로 나타났으며, 반응속도 상수는 유효숫자 개념에서 0.008 L/mol·min로 결론 지을 수 있다.

4.4 반감기와 배가 시간

반감기(half-life)는 대상 성분의 절반이 전환하는 데 필요한 시간으로 정의된다. 즉, $t = t_{1/2}$일 때, 농도 C는 C_0의 50%를 의미한다. 대표적인 반응속도식에 $[A]/[A]_0 = 0.5$를 대입하면 다음과 같이 다양한 반응 차수의 반감기가 결정된다.

$$\text{First order:} \quad t_{1/2} = \frac{\ln 2}{k} = \frac{0.693}{k}$$

$$\text{Second order:} \quad t_{1/2} = \frac{1}{kA_0}$$

$$\text{Noninteger order:} \quad t_{1/2} = \frac{[(1/2)^{1-n} - 1] \cdot A_0^{1-n}}{(n-1)k} \tag{4.18}$$

배가 시간(doubling time)은 구성 성분의 양이 두 배로 늘어나는 데 필요한 시간이다. $t = t_2$에서 A는 A_0의 두 배가 된다. 따라서 반응속도식에 $[A]/[A]_0 = 2$를 대입하면 다양한 반응 차수에 대한 배가 시간을 계산할 수 있다.

4.5 물질수지

물질수지(material/mass balances)는 토목환경공학 분야에서 가장 중요한 개념 중 하나이다. 가장 보편적인 적용의 예로 유체흐름에 대한 연속방정식과 운동량 방정식의 사용을 들 수 있다. 상하수도공학 분야에서 물질수지는 장치의 설계 및 공정 성능 평가에 주로 사용되며, 수질관리 분야에서는 오염물질의 유입에 따른 수자원 환경의 거동을 연구하는 데 주로 사용된다.

물질수지란 하나의 시스템에서 발생되는 모든 물질의 거동을 질량으로 표현한 것으로 질량수지라고도 한다. 물질수지는 "질량은 새로 생성되거나 소모되지도 않는다"는 질량보존의 법칙을 기초로 한다. 물질수지의 기본적인 표현은 일정 부피를 가진 시스템에 대해 적용되며 그 부피에 유입, 유출, 생성 및 축적(또는 저장)되는 항목으로 표현된다. 물질수지의 계산에 있어서 단위는 매우 중요하며 오류를 줄이기 위해서도 개별 항의 단위가 적절한지 검토가 필요하다. 또한 그 풀이는 대체로 상미분(ordinary) 또는 편미분 방정식(partial differential equations)의 형태로 나타난다.

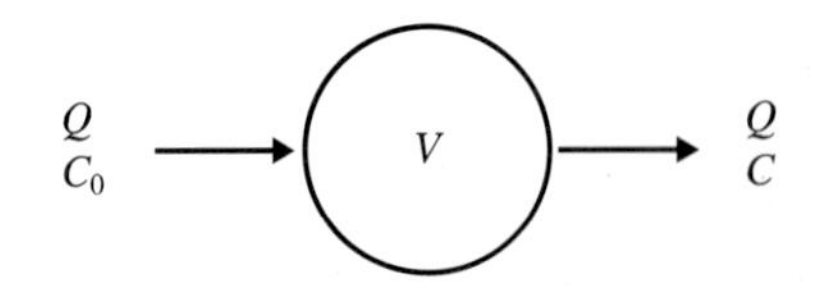

그림 4-4 임의의 시스템에 대한 물질수지

[Mass accumulation] = [Mass in] − [Mass out] + [Mass generation]

$$\frac{dC}{dt}V = QC_0 - QC + r_C V \tag{4.19}$$

반응속도를 1차 반응($r_C = -kC$)으로 가정할 경우 이 식은 다음과 같이 표현이 가능하다.

$$\frac{dC}{dt}V = QC_0 - QC + (-kC)V \tag{4.20}$$

여기서, dC/dt = 제어부피 내 반응물 농도의 변화속도($ML^{-3}T^{-1}$)

V = 제어부피 내 부피(L^3)

Q = 제어부피에 출입하는 부피유량(L^3T^{-1})

C_0 = 제어부피에 유입되는 반응물의 농도(ML^{-3})

C = 제어부피로부터 유출되는 반응물의 농도(ML^{-3})

r_C = 1차 반응속도($= -kC$)($ML^{-3}T^{-1}$)

k = 1차 반응속도 상수(T^{-1})

한편, 물질수지를 적용할 때는 일반적으로 두 가지 상태, 즉 정상상태(steady state) 및 비정상상태(non-steady state)가 고려된다. 정상상태란 반응(속도, 농도 등)이 모두 시간에 따라 변화하지 않는 상태를 말한다(즉, $dC/dt = 0$). 환경공학 분야의 대부분의 설계와 운전은 정상상태를 목표로 하고 있기 때문에 반응물질은 시스템 내부에 축적되지 않는다고 가정한다. 그러나 시간의 변화에 따라 유량과 질량 부하의 환경변화가 불가피하게 야기되는 경우 비정상상태($dC/dt \neq 0$)의 동역학적 모델이 연구되기도 한다.

정상상태로 가정할 경우 식 (4.20)의 좌변 반응물의 축적 부분은 $dC/dt \fallingdotseq 0$으로 단순화되어 다음과 같이 변화한다.

$$0 = QC_0 - QC - r_C V \tag{4.21}$$

따라서 r_C는 다음과 같이 표현된다.

$$r_C = \frac{Q}{V}(C_0 - C) \tag{4.22}$$

이 식의 표현과 그 해는 반응속도식의 특성(표 4-1)에 따라 달라질 것이다.

예제 4-4 물질수지 계산예1

중력식 농축조(gravitational thickener)는 밀도 차이를 이용하여 물과 고형물을 분리하는 시설이다. 아래와 같은 조건하에서 농축슬러지의 고형물 농도와 회수율을 계산하시오.

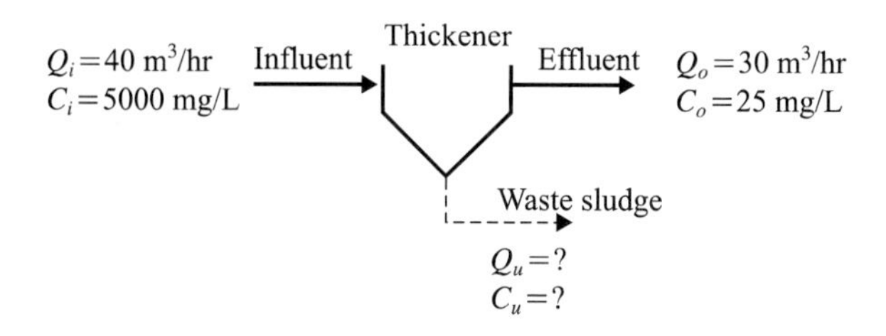

풀이

정상상태로 가정하고 유량과 고형물 질량에 대한 물질수지를 작성한다.

1. 유량 기준 물질수지

$$\begin{bmatrix}\text{Volume}\\\text{ACCUMULATED}\end{bmatrix}=\begin{bmatrix}\text{Volume}\\\text{IN}\end{bmatrix}-\begin{bmatrix}\text{Volume}\\\text{OUT}\end{bmatrix}+\begin{bmatrix}\text{Volume}\\\text{PRODUCED}\end{bmatrix}-\begin{bmatrix}\text{Volume}\\\text{CONSUMED}\end{bmatrix}$$

$$0=40-(30+Q_{\mathrm{u}})+0-0$$

$$Q_{\mathrm{u}}=10\ \mathrm{m^3/hr}$$

2. 고형물 기준 물질수지

$$\begin{bmatrix}\text{Solids}\\\text{ACCUMULATED}\end{bmatrix}=\begin{bmatrix}\text{Solids}\\\text{IN}\end{bmatrix}-\begin{bmatrix}\text{Solids}\\\text{OUT}\end{bmatrix}+\begin{bmatrix}\text{Solids}\\\text{PRODUCED}\end{bmatrix}-\begin{bmatrix}\text{Solids}\\\text{CONSUMED}\end{bmatrix}$$

$$0=(C_{\mathrm{i}}Q_{\mathrm{i}})-[(C_{\mathrm{u}}Q_{\mathrm{u}})+(C_{\mathrm{o}}Q_{\mathrm{o}})]+0-0$$

$$0=(5000\ \mathrm{mg/L})(40\ \mathrm{m^3/h})-\left[C_{\mathrm{u}}(10\ \mathrm{m^3/hr})+(25\ \mathrm{mg/L})(30\ \mathrm{m^3/h})\right]$$

$$C_{\mathrm{u}}=19{,}925\ \mathrm{mg/L}$$

3. 고형물 회수율

$$R_{\mathrm{u}}=\frac{C_{\mathrm{u}}Q_{\mathrm{u}}}{C_{\mathrm{i}}Q_{\mathrm{i}}}\times 100$$

$$R_{\mathrm{u}}=\left[(19{,}925\ \mathrm{mg/L})(10\ \mathrm{m^3/hr})\times 100\right]/\left[(5{,}000\ \mathrm{mg/L})(40\ \mathrm{m^3/hr})\right]=99.6\%$$

예제 4-5 물질수지 계산예2

활성 슬러지(activated sludge process)는 유기물질을 분해하여 제거하는 미생물학적 공정이다. 다음과 같은 조건으로 하수를 처리하고자 한다. 정상상태로 가정할 때 방류수의 유량과 폐활성 슬러지 발생량(고형물 생산량)은 얼마인가?

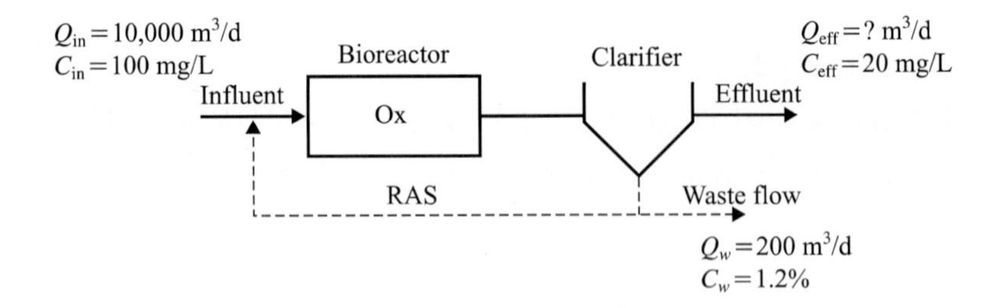

풀이

정상상태로 가정하고 유량과 고형물 질량에 대한 물질수지를 작성한다.

1. 유량기준 물질수지

$$0=[10,000]-[200+Q_{eff}]+0+0$$

$$Q_{eff}=9,800\ m^3/d$$

2. 고형물 기준 물질수지

$$0=[Q_I C_I]-[Q_E C_E+Q_W C_W]+[X]-0$$

(여기서, X = 생물반응조 내의 고형물 생산율)

$$0=[10,000\ m^3/d\times 100\ mg/L]$$
$$-[9,800\ m^3/d\times 20\ mg/L+200\ m^3/d\times 12,000\ mg/L]+[X]-0$$

$$X=1,596\ kg/d$$

참고문헌

- Levenspiel, O. (1972), Chemical Reaction Engineering (2/e), John Wiley & Sons, New York.
- Metcalf & Eddy, Inc. (2003) Wastewater Engineering: Treatment, Disposal, and Reuse (4/e), Revised by Burton, F.L., Stensel, H.D., Tchobanoglous, G., McGraw-Hill, New York.
- Smith, J.M. (1981), Chemical Engineering Kinetics (3/e), McGraw-hill Book Company, New York.
- Tchobanoglous, G., Schroeder, E.D. (1985). Water Quality: Characteristics, Modeling, Modification. Addison-Wesley Pub. Co., MA.

Chapter 05

반응조

Reactors

Biogas(methane, hydrogen) Harvesting UASB Reactor
(YUEEL, 2007)

5.1 확산, 분산 및 혼합

고요한 물에 물감을 조용히 한 방울 떨어뜨리면 시간이 흐름에 따라 물은 점점 옅은 색깔을 띠게 되는데 이러한 현상을 분자(물감)들의 브라운 운동(brownian/random motion)에 의한 분자 확산(molecular diffusion)이라고 한다. 즉, 분자 확산은 농도(밀도)가 높은 쪽에서 낮은 쪽으로 분자가 스스로 이동하여 퍼져나가는 현상을 의미하는 것으로 거리에 따른 농도의 차이를 농도 경사(concentration gradient)라고 한다. 확산의 특징은 대규모 흐름(bulk motion)이 없는 상태에서 혼합(mixing)이나 질량 수송(mass transport)을 초래한다는 점이다. 이는 대규모 흐름 상태하에서 발생하는 입자의 수송 현상인 대류(convection)나 수평방향의 이류(이송, advection) 현상과는 구분된다. 브라운 운동이 일어난 액체를 조금 흔들어주면 확산의 정도는 더욱 커지는데, 이를 분산(dispersion)이라고 한다. 즉, 여기서 인위적인 혼합(mixing)이 분산 현상을 유발하게 된 것이다. 분산이 순간적으로 이루어졌을 경우를 이상적인 완전혼합(ideal complete mixing) 상태라고 한다.

환경공학에서 확산, 분산 및 혼합은 흔히 사용하는 용어이다. 이러한 개념은 반응조 내의 혼합 특성을 설명하기도 하며 하천이나 호소에 유입된 각종 오염물질의 이송과 분산 작용을 설명하는데 활용되기도 한다. 예를 들어 하천의 경우 연직 혼합과 횡방향 및 종방향의 퍼짐 현상으로 설명할 수 있는데, 횡방향과 종방향의 퍼짐은 확산과 분산작용에 의한 것이며, 연직 혼합 작용은 주변 물과의 섞임 현상을 의미한다. 혼합은 상하수처리에 사용되는 각종 반응조의 설계에 매우 중요한 요소이다. 특히 응집처리공정에서 주요한 급속 혼합(rapid/flash mixing)은 단시간 내 응집제와 오염물질을 접촉시키는 과정을 의미하며, 분산이나 확산의 의미와는 차이가 있다.

5.2 반응조 흐름 모델

각종 오염물질은 물리적, 화학적 및 생물학적 반응에 의해 물질적 전환과 제거가 이루어진다. 이때 물리적인 방법은 단위조작(unit operation)으로 불리며, 화학적 및 생물학적 방법은 단위공정(unit process)으로 구분된다. 전체적인 처리공정 시스템은 단위 기술들의 다양한 조합으로 이루어지는데, 이러한 단위 기술은 반응조(reactor)라 불리는 탱크 안에서 구현된다.

반응조 안에서 혼합과 난류상태(turbulence)는 매우 밀접한 관계가 있다. 혼합은 난류에 의해서만 발생되므로 반응조에 이상적인 혼합 특성을 부여할 수 있도록 설계하는 것은 매우 중요한 일이다. 반응조의 설계에 있어 이상적인 두 가지의 수리학적 흐름 모델(flow model)이 있는데, 이는 이상적인 플러그(압출류) 흐름(ideal plug flow)과 이상적인 완전혼합 흐름(ideal complete mixed flow)이다. 기본적인 흐름 모델로는 회분식 반응조(BR, batch reactor), 완전혼합 반응조(CMR, complete mixed-flow reactor; CSTR, continuous flow stirred-tank reactor), 그리고 플러그 흐름 반응조(PFR, plug flow reactor)로 구분된다(그림 5-1).

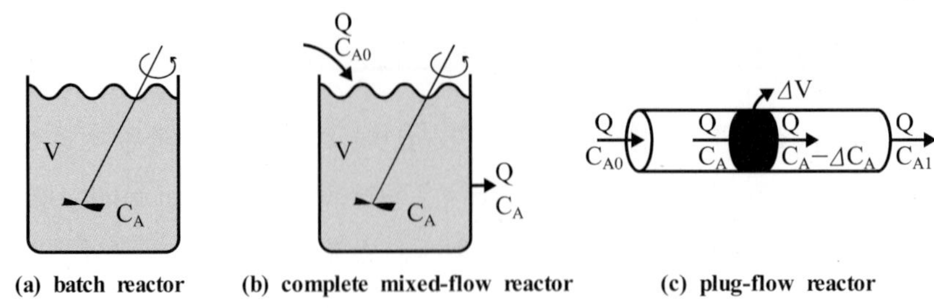

그림 5-1 Reactor flow model (V, Volume; C, Concentration; r, reaction rate)

(1) 회분식 반응조

회분식 반응조는 유입과 유출 흐름이 없는 완전혼합형 반응조이다. 이 반응조는 유체가 유입되어 반응을 종결한 후 배출되는 과정을 반복하는 형태이다. 이 반응조는 일반적으로 반응속도를 측정하거나 화학물질을 혼합 또는 농축된 물질을 희석하기 위한 목적으로 사용된다.

(2) 완전혼합 반응조

완전혼합 반응조는 일정 유량의 유입과 유출이 동시에 연속적으로 이루어지는 반응조로 이상적인 완전혼합 반응조는 유입과 동시에 순간적으로 균일한 혼합이 이루어진다. 반응조로 유입된 오염물질의 농도(C_{A0})는 유입과 동시에 내용물의 농도(C_A)로 변화하며 이 농도는 유출수의 농도와 동일하다. 반응조의 내용물이 연속적으로 동일하게 분포한다고 가정하지만 실제 완전혼합에 도달하는 데 필요한 시간은 반응조의 기하학적 구조와 혼합을 위한 동력의 크기에 따라 달라진다. 활성슬러지의 폭기조는 대표적인 완전혼합 반응조 형태이며, 활성슬러지 공정은 여기에 침전 슬러지의 반송이 추가된다.

(3) 플러그 흐름 반응조

플러그 흐름 반응조는 완전혼합 반응조와 같이 일정 유량의 유입과 유출이 동시에 연속적으로 이루어지지만 반응조의 흐름 방향으로 혼합이 이루어지지 않는 상태로 유출수는 유입된 순서와 동일하게 시차를 두고 유출이 이루어진다. 유입수의 농도는 이론적인 지체시간과 동일한 시간으로 반응조에 체류한다. 이런 형태의 흐름은 반응조의 길이와 단면의 비가 커 길이 방향의 분산이 매우 작거나 없다. 플러그 흐름 반응조는 다수의 완전혼합 반응조가 직렬로 연결된 형태로 고려되기도 한다.

5.3 반응조의 수리적 특성

완전혼합 및 플러그 흐름 두 반응조는 오염물질 처리기술 분야에서 가장 흔하게 적용되는 형태이다. 이 반응조들의 수리학적 특성은 기본적으로 이상적 흐름(ideal flow) 조건으로 가정하여 설계 또는 해석되지만 실제로 대부분 비이상적 흐름(non-ideal flow) 양상에 가깝다. 따라서 반응조의 설계 시에는 순간적인 완전한 분산상태의 유체흐름을 이룰 수 있도록 유도하며, 이상적인 흐름 상태와의 차이를 최소화할 수 있도록 노력한다. 비이상적인 흐름은 반응의 완성도를 떨어트려 전체적인 효율 저하를 초래한다.

이러한 반응조 내의 수리적인 유동 특성을 규명하기 위하여 일반적으로 추적자 시험(tracer test 또는 dye test)이 이용되는데, 이때 반응성이 전혀 없는 물질이나 물감(fluorescein, lithium chloride, sodium chloride, Congo red 등)이 사용된다. 추적자가 반응조 내에서 완전혼합 되었다고 가정할 때의 농도를 C_0, 임의의 시간 t_i에서 유출되는 물감의 농도를 C_i라 하고 평균 체류시간을 $\bar{t}$라 할 때 연속운전 반응조 내에서 추적자가 유입될 경우 유출되는 추적자의 농도는 그림 5-2와 같이 나타난다. 이때 이상적인 연속 흐름 조건에서 일정 유량이 반응조를 통과하는 데 걸리는 이론적인 평균 체류시간(mean detention time)은 식 (5.1)과 같이 정의된다.

$$\bar{t} = \frac{V}{Q} \tag{5.1}$$

여기서, $\bar{t}$: 이론적인 평균 체류시간(h)
V : 반응조 용적(L)
Q : 유량(L/h)

표준농도곡선(C curve)을 보여주는 그림 5-2에서 (A)와 (E) 곡선은 각각 이상적인 플러그 흐름과 이상적인 완전혼합 상태를 나타내며, 분산의 정도에 따라 (B), (C) 및 (D)의 형태로 나타난다. 일반적으로 반응조 내 혼합장치가 있다면 (D)형의 곡선에 가까우며, 완전혼합에 가까워질수록 C_i/C_0축에 가까워진다. 이러한 비이상 흐름은 단회로(short circuiting, 반응조 내에서 혼합이 이루어지지 않고 순간적으로 반응조 밖으로 유출되는 상태)나 사역(dead space, 실질적인 반응이 일어나지 않는 반응조 내의 공간)의 형태로 나타나 이론적인 체류시간에 비해 실제적인 수리학적 체류시간은 낮게 운영되어 충분한 반응시간을 제공하지 못하게 된다.

완전혼합 상태에서 체류시간 산정은 식 (5.2)의 물질수지를 이용할 수 있다.

반응조 내 추적자의 축적속도	=	반응조로 유입되는 추적자의 유량	−	반응조로부터 유출되는 추적자의 유량
$\frac{dC}{dt}V$	=	QC_0		$-QC$

$$\frac{dC}{dt}V = QC_0 - QC \tag{5.2}$$

$C_0 = 0$ 이므로

$$\frac{dC}{dt} = -\frac{Q}{V}C$$

$t=0$ 에서 $C=C_0$, $t=t$ 에서 $C=C$ 에 대하여 적분하면,

$$\int_{C_0}^{C}\frac{dC}{C} = -\frac{Q}{V}\int_0^t dt \tag{5.3}$$

$$C = C_0 e^{-t(Q/V)} = C_0 e^{-t/\bar{t}} = C_0 e^{-\theta} \tag{5.4}$$

여기서, C = 시간 t에서의 반응조 내 추적자의 농도(ML^{-3})

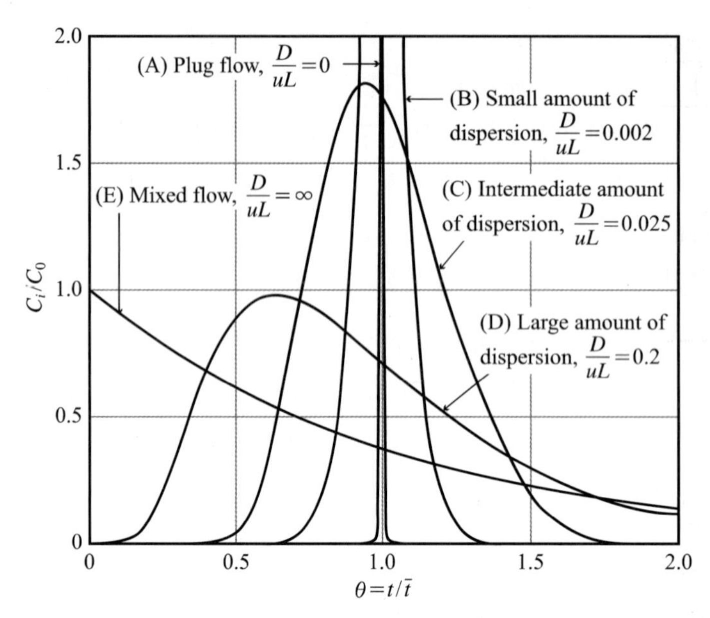

그림 5-2 C curve in closed system for various extents of back-mixing as predicted by the dispersion model

C_0 = 반응조 추적자의 초기농도(ML^{-3})

t = 시간(T)

Q = 부피유량(L^3T^{-1})

V = 반응조 부피(L^3)

$\bar{t}$ = 이론적 체류시간 V/Q(T)

θ = 표준화된 체류시간 $t/\bar{t}$ (무차원)

또한 그 값은 유출되는 물감의 농도를 반대수 그래프(semi-log graph)에 나타내었을 때의 직선의 기울기와 같다. 이 식에서 k는 물감이 반응조로부터 씻겨 나오는 속도이다. 그래프에서 x축은 측정된 체류시간(t)이나 표준화된 체류시간($\theta = t/\bar{t}$)으로 표현할 수 있다.

$$\frac{C_i}{C_0} = e^{-kt} \Rightarrow t = \frac{1}{-k}\log\frac{C_i}{C_0} \tag{5.5}$$

그림 5-2에서 보이듯 이상적인 완전혼합 상태 (E)에서는 $-k = 1/\bar{t}$ 이며, 이때 $\bar{t}$는 이론적 체류시간과 같다. 만약 $-k$값이 이론적인 체류시간에서 얻어지는 값보다 크다면($-k > -k_{theoritical}$) 비이상적인 (B), (C), (D) 곡선이 된다. 한편 반응조로부터 유출되는 추적자의 농도가 비선형으로 나타나는 경우 완전혼합과 플러그 흐름의 중간 상태로 나타나는데, 이러한 경우 유체의 평균 체류시간은 식 (5.6)에 의해 결정될 수 있다.

$$\bar{t} = \frac{\Sigma C_i t_i}{\Sigma C_i} \tag{5.6}$$

그림 5-3은 다양한 흐름에 대한 F, C 및 E 단위곡선을 나타내고 있는데, F곡선은 유출되는

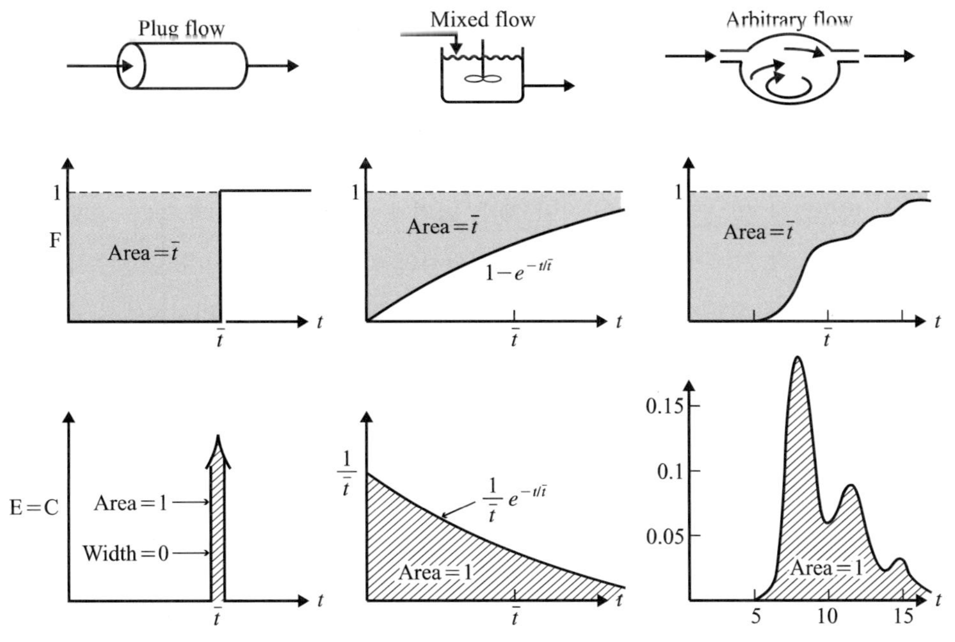

그림 5-3 **Properties of the E, C curves for various flow. Curves are drawn in terms of ordinary and dimensionless time units** (F curve, a time record of tracer in the exit stream from vessel; E curve, the age distribution of fluid leaving a vessel the residence time distribution(RTD) of fluid;, C curve, normalized concentration response curve)

추적자의 시간 기록이며, E곡선은 시스템에서 유출되는 유체의 체류시간 분포이고, C곡선은 정규화된 추적자의 농도반응 곡선을 의미한다.

5.4 분산수와 분산지수

비이상적인 반응조의 수리학적 특성은 혼합의 정도를 표현하여 나타낼 수 있다. 혼합의 정도를 표현하는 방법으로는 분산수(dispersion number), 통계학적 의미의 분산(variance), 그리고 Morrill 지수 등을 들 수 있다. 개방형(open vessels) 및 폐쇄형 반응조(closed vessels, $\bar{t}_0/\bar{t}=1$)의 경우 분산식은 각각 식 (5.7)과 (5.8)로 표현된다.

$$\text{Variance}(\sigma_\vartheta^2)=\frac{\sigma^2}{\bar{t}^2}=2\frac{D}{\mu L}+8\left(\frac{D}{\mu L}\right)^2 \tag{5.7}$$

$$\text{Variance}(\sigma_\vartheta^2)=\frac{\sigma^2}{\bar{t}^2}=2\frac{D}{\mu L}-2\left(\frac{D}{\mu L}\right)^2(1-e^{-\mu L/D}) \tag{5.8}$$

여기서, (σ_ϑ^2): 분산(variance), 단위 시간에 의한 무차원의 분포곡선식

$(\sigma^2)=1$: 이상적인 완전혼합 반응조 [time]²

$(\sigma^2)=0$: 이상적인 플러그 흐름 반응조

D: 분산계수

L: 반응조의 길이

μ: 반응조 내 유체의 속도

$\frac{D}{\mu L}$: 분산수(dispersion number)

분자확산, 난류확산 및 분산의 일반적인 계수 범위가 표 5-1에 나타나 있다. 혼합의 정도를 나타내는 분산수는 그 크기가 무한대(∞)이면 이상적인 완전혼합 상태이며, 분산수가 영(0)이면 이상적인 플러그 흐름 상태가 된다(표 5-2). 실제적인 목적으로 하수처리시설에서 축방향 분산 정도를 평가하는 데 표 5-3의 분산값을 사용할 수 있다. 한편, 분산수의 역수는 길이방향 분산도를 의미하는 페클렛 수(Peclet number, P_e)와 동일한 표현이다(Kramer & Westererp, 1963).

표 5-1 분자확산, 난류확산 및 분산의 일반적인 계수 범위

항목	기호	계수의 범위(cm^2/s)
분자확산	D_m	$10^{-8} \sim 10^{-4}$
난류 또는 와류확산	D_e, E	$10^{-4} \sim 10^{-2}$
분산	D	$10^{2} \sim 10^{6}$

Ref) Schnoor(1996), Shaw(1966) and Thibodeaux(1996).

표 5-2 분산수와 분산상태

Dispersion number, $\frac{D}{\mu L}$	Dispersion	Flow mode
0	No	ideal plug flow
< 0.05	low	
0.05 ~ 0.25	Moderate	
> 0.25	High	
∞	Very High	ideal complete mixed

표 5-3 다양한 하수처리시설에 대한 일반적인 분산수

처리시설	분산수의 범위(cm^2/s)
장방형 침전조	0.2 ~ 2.0
활성스러지 포기조	
긴 플러그 흐름	0.1 ~ 1.0
완전혼합	3.0 ~ 4.0+
산화구 활성슬러지 공정	3.0 ~ 4.0+
폐기물 안정화지(waste-stabilization ponds)	
단일 조	1.0 ~ 4.0+
직렬연결된 다수의 저장조	0.1 ~ 1.0
기계적 포기 라군	
긴 장방형	1.0 ~ 4.0+
정사각형	3.0 ~ 4.0+
염소 접촉조	0.02 ~ 0.004

Ref) Arceivala(1998)

비이상적 흐름 모델의 경우 평균 체류시간은 추적자의 반응곡선(C 곡선)을 이용하여 결정할 수 있다.

$$\bar{t} = \frac{\int_0^\infty t\,Cdt}{\int_0^\infty Cdt} \approx \frac{\Sigma\, t_i\, C_i\, \Delta t_i}{\Sigma\, C_i\, \Delta t_i} \tag{5.9}$$

또한 분포의 확산을 정의하기 위한 분산(σ^2)은 다음과 같이 정의된다.

$$\sigma^2 = \frac{\int_0^\infty (t-\bar{t})^2 Cdt}{\int_0^\infty Cdt} = \frac{\int_0^\infty t^2\, Cdt}{\int_0^\infty Cdt} - \bar{t}^2$$

$$\approx \frac{\Sigma\,(t_i-\bar{t})^2 C_i\, \Delta t_i}{\Sigma\, C_i\, \Delta t_i} - \bar{t}^2 = \frac{\Sigma\, t_i^2\, C_i\, \Delta t_i}{\Sigma\, C_i\, \Delta t_i} - \bar{t}^2 \tag{5.10}$$

한편, 모릴(Morrill, 1932)은 침전조 연구를 바탕으로 누적 추적자 곡선으로부터 90%와 10%의 비율로 표현되는 분산지수(dispersion index)를 제안하였는데, 또한 그 역수를 부피효율(volumetric efficiency)의 척도로 나타내었다.

$$\text{Morrill dispersion index(MDI)} = t_{90}/t_{10} \tag{5.11}$$

여기서, t_{10}: 반응조에 주입된 물감이 10% 유출되기까지의 시간

t_{90}: 반응조에 주입된 물감이 90% 유출되기까지의 시간

이상적인 플러그 흐름 반응조에 대한 MDI값은 1.0이며 완전혼합 반응조에 대해서는 약 22이다. MDI값이 2.0 또는 이 보다 낮은 값을 가지는 플러그 흐름 반응조를 효율적인 플러그 흐름 상태로 고려한다(US EPA, 1986). 한편, 부피효율은 다음과 같이 표현된다.

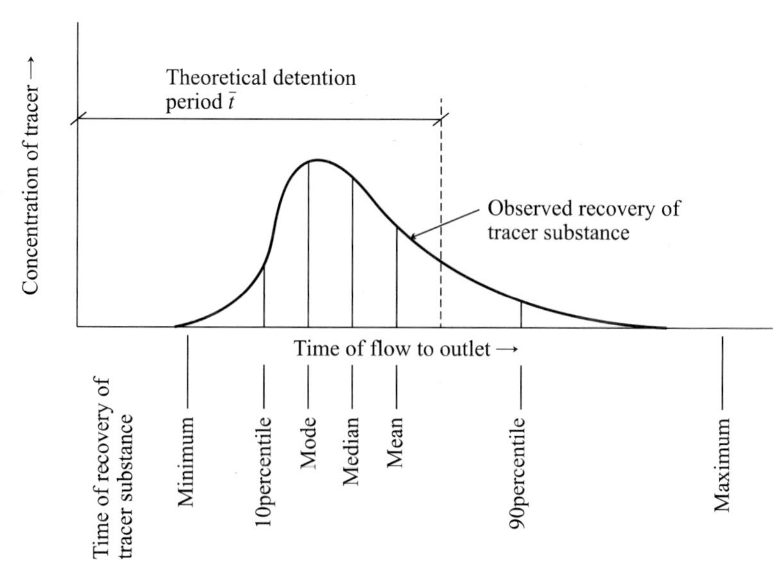

그림 5-4 **추적자 농도반응곡선 시간대 농도 분석 개념도**

$$\text{Volumetric efficiency}(\%) = \frac{1}{\text{MDI}} \times 100 \tag{5.12}$$

또한 혼합의 정도를 나타내기 위해 지체시간(lag time)을 사용하기도 하는데, 이는 반응조로부터의 유출시간에 유입시간을 뺀 값으로 영(0)의 값을 가진다면 완전혼합 상태를 의미하며, 플러그 흐름 상태하에서는 이론적인 수리학적 체류시간이 된다. 혼합에 대한 이론은 각종 반응조의 설계에 매우 중요하다. 그러나 이는 수리학에서 층류(laminar flow)와 난류(turbulent flow)의 한계를 표시하는 레이놀드 수(Reynold number, Re)와는 상이한 개념이다.

예제 5-1 평균 체류시간, 분산 및 MDI 계산

다음의 추적자 실험결과를 토대로 평균 체류시간, 분산 및 MDI를 계산하시오.

t_i(min)	C_i(mg/L)	$C_i t_i$	$C_i t_i^2$
0	0	0	0
5	3	15	75
10	5	50	500
15	5	75	1125
20	4	80	1600
25	2	50	1250
30	1	30	900
35	0	0	0
Σ	20	300	5450

풀이

$$\bar{t} = \frac{\Sigma C_i t_i}{\Sigma C_i} = \frac{300}{20} = 15\,\text{min}$$

$$\sigma^2 = \sigma_\vartheta^2 \times \bar{t}^2 = \frac{\Sigma t_i^2 C_i \Delta t_i}{\Sigma C_i \Delta t_i} - \bar{t}^2 = \frac{5450}{20} - 15^2 = 47.5$$

$$\therefore\ \sigma_\vartheta^2 = 47.5/15^2 = 0.211$$

$$\text{or}\ (\sigma_\vartheta^2) = \frac{\sigma^2}{\bar{t}^2} = 2\frac{D}{\mu L} - 2\left(\frac{D}{\mu L}\right)^2 (1 - e^{-\mu L/D}) \fallingdotseq 2\frac{D}{\mu L}$$

$$\text{MDI} = t_{90}/t_{10} = 22.3/4 = 5.6$$

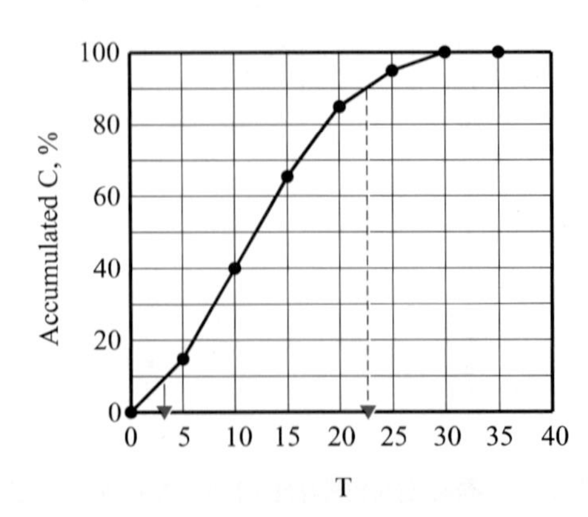

예제 5-2 혼합공정의 해석예

40 kg의 소금이 용해된 200 m^3의 물이 있다. 매분 m^3당 2 kg의 소금이 용해된 5 m^3의 물이 탱크로 유입되어 균질하게 혼합된 후 동일한 양의 물이 유출된다. 임의의 시간에서 소금의 양 $y(t)$를 구하시오.

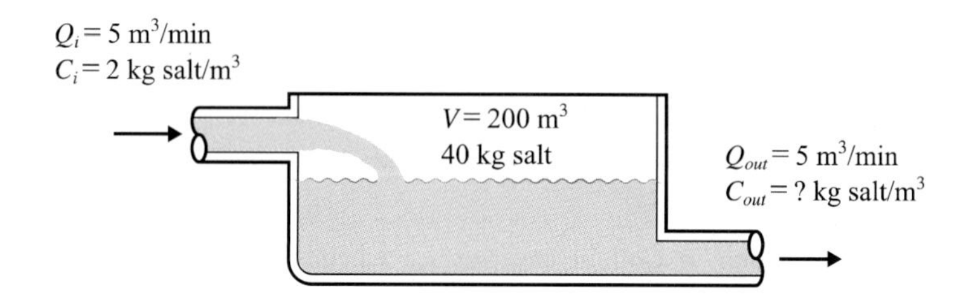

풀이

1. 모델링

소금의 변화량$(dy/dt = y')$ = 소금의 유입량 − 소금의 유출량

소금의 유입량 $= 5\ \mathrm{m^3/min} \times 2\ \mathrm{kg/m^3} = 10\ \mathrm{kg/min}$

소금의 유출량 $= 5\ \mathrm{m^3/min} \times y/200\ \mathrm{kg/m^3} = y/40\ \mathrm{kg/min}$

⇒ 소금의 양에 관한 미분방정식 $y' = 10 - y/40 = \dfrac{1}{40}(400 - y)$

2. 미분방정식의 일반해를 구한다.

$$y' = \frac{1}{40}(400 - y) \Rightarrow \frac{y'}{y-400} = -\frac{1}{40} \Rightarrow \frac{dy}{y-400} = -\frac{1}{40}dt$$

$$\int \frac{1}{y-400}dy = -\int \frac{1}{40}dt + c^* \Rightarrow \ln|y-400| = -\frac{1}{40}t + c^*$$

$$\ln|y-400| = -\frac{1}{40}t + c^* \Rightarrow y - 400 = e^{-t/40}e^{c^{**}} = ce^{-t/40}$$

3. 초기조건, $y(0) = 40$ 적용

$$y(0) = 400 - ce^0 = 400 + c = 40 \Rightarrow c = -360$$

$$y = 400 - 360e^{-t/40}$$

4. 도식화

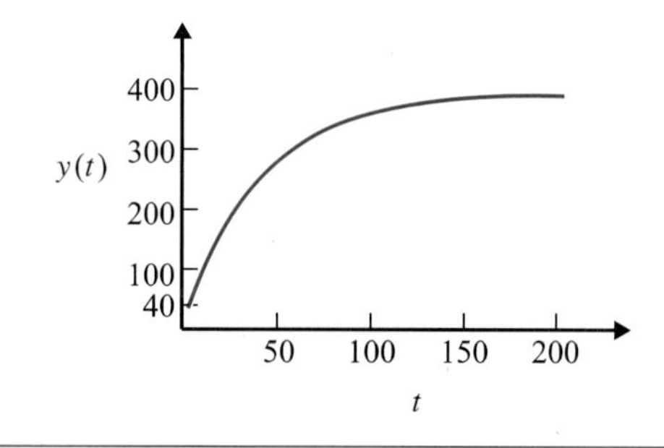

참고문헌

- Arceivala, S.J. (1998). Wastewater Treatmentfor Pollution Control (2/e), Tata McGraw-Hill Publishing Company Limited, New De1hi, India.
- Kramer, H., Westererp, K.R. (1963). Elements for Chemical Reactor Design and Operation, Academic Press, Inc., New York.
- Levenspiel, O. (1972), Chemical Reaction Engineering (2/e), John Wiley & Sons, New York.
- Metcalf & Eddy, Inc. (2003) Wastewater Engineering: Treatment, Disposal, and Reuse (4/e), Revised by Burton, F.L., Stensel, H.D., Tchobanoglous, G., McGraw-Hill, New York.
- Schnoor, J.L. (1996). Environmental Modeling, A Wiley-Interscience Publication, John Wiley & Sons, Inc., New York.
- Shaw, D.J. (1966). lntroduction to Colloid and Surface Chemistry, Butterworth, London.
- Tchobanoglous, G., Schroeder, E.D. (1985). Water Quality: Characteristics, Modeling, Modification. Addison-Wesley Pub. Co., MA.
- Thibodeaux, L.J. (1996). Chemodynamics: Environmental Movement of Chemicals in Air, Water, and Soil (2/e), John Wiley & Sons, New York.
- Vesilind, P. A., Morgan, S.M., Heine, L.G. (2010). Introduction to Environmental Engineering-SI Version. Cengage Learning.
- US EPA (1986). Design Manual, Municipal Wastewater Disinfection, U.S. Environmental Protection Agency, EPA/625/l -86/021, Cincinnati, OH.

Chapter 06

물 화학

Water Chemistry

Hydrogen Bonding in Water

물 화학(water chemistry)에 대한 일반적인 기초는 앞서 발행된 교재(《상하수도공학-물 관리와 기본계획》)의 5.4절 화학적 수질요소 부분에서 상세히 언급하였다. 따라서 이 장에서는 중복되는 부분을 제외하고 오염물질 처리 단위 기술과 관련한 중요한 내용을 모아서 정리하였다. 물 화학은 대부분 산/염기 화학과 관련이 깊다. 그 중에서도 특히 약산/약염기 화학(weak acid/base chemistry), 탄산염 완충시스템의 작용에 따른 탄산염 평형(carbonate equilibrium), 그리고 물속에서의 가스전달(gas transfer) 등은 단위 공정의 설계와 운영에 있어서 매우 중요한 분야이다. 물론 탄산염 평형은 물의 pH, 알칼리도 및 경도 등과도 매우 밀접한 상관관계가 있으므로 이러한 내용들은 앞선 교재를 참고하기 바란다.

Water Chemistry

Hydrogen Bonding in Water

6.1 용액과 용해도, 화학평형

모든 물질을 구성하는 기본적인 성분을 원소(element)라고 한다. 주기율표(periodic table)는 이러한 모든 원소들의 특성을 정리하여 나타낸 것으로, 어떤 원소의 1 g 원자량이란 수소 1 g을 기준으로 그 원소의 무게를 표현한 것이다. 물속의 화학적인 반응은 기본적으로 한 원소와 다른 원소 간의 일정 비율(원자가 또는 몰)로 이루어지며, 또한 분자구성물 중의 한 단위인 라디칼(radical) 형태로 반응하기도 한다. 수산기(OH^-)와 중탄산기(HCO_3^-) 그룹과 같이 이온 형태의 많은 종류의 라디칼이 물속의 화학반응에 관여한다. 라디칼은 화합물(compound)은 아니지만 다른 원소와 결합하여 화합물 형태를 이룰 수 있는 특징이 있다. 물속의 무기화합물은 전하를 띤 원자와 이온이라 불리는 라디칼로 해리되는데, 어떤 물질이 구성하는 이온들로 분리되는 것을 이온화(ionization) 반응이라 한다.

용액(solution)은 화학적으로 서로 다른 둘 이상의 물질이 분산상태로 균질하게 조성된 혼합물을 말하며, 기체나 고체가 액체에 용해하는 정도를 용해도(solubility)라고 한다. 원소와 화합물의 반응비율에 대한 정량적인 관계를 화학양론(stoichiometry)이라고 정의하는데, 이는 질량 보존의 법칙(the law of conservation of mass), 에너지 보존의 법칙(the law of conservation of energy), 그리고 기체 반응의 법칙(the law of gaseous reaction) 등을 기반으로 하고 있다. 기체 반응의 법칙이란 기체 간의 화학 반응에서, 같은 온도와 같은 압력에서 반응하는 기체와 생성되는 기체 사이의 부피는 간단한 정수비가 성립한다는 것으로 게이뤼삭의 법칙(Gay- Lussac's law, 1805)이라고도 한다.

대부분의 화학반응은 어느 정도까지는 가역적이며 반응물과 생성물 농도가 궁극적 결정되는 최종 평형상태를 가진다. 식 (6.1)과 같은 일반적인 반응에서 물속에 들어간 고형성 물질(A_mB_n)은 평형상태를 유지하기 위해 반응의 방향은 오른쪽으로 진행하게 되고, 반면 A^+나 B^-의 농도가 증가하면 반응은 왼쪽으로 움직인다. 이때 반응의 평형상수(equilibrium constant, K)와 용해도적 상수(solubility product constant, K_{sp})는 각각 식 (6.2)와 (6.3)으로 표현된다. 물질의 용해도적이 작을수록 용해도는 낮아진다.

$$A_mB_{n\,(\mathrm{solids})} \rightleftharpoons mA^+ + nB^- \tag{6.1}$$

$$K = \frac{[A^+]^m[B^-]^n}{A_mB_n} \tag{6.2}$$

$$K_{sp} = [A^+]^m[B^-]^n = K[A_mB_n] \tag{6.3}$$

여기서, [ ]: molar concentration (mg/L 농도 단위가 아님)

K: equilibrium constant

K_{sp}: solubility product constant

일반적으로 pH가 낮고 온도가 높아질수록 반응의 평형상수는 증가한다. 반응의 평형상태는 다음과 같이 반응의 평형상수(K)와 용해도적(K_{sp})의 상관관계로부터 알 수 있다. 임의의 물질반응에 대한 용해도적 상수는 화학분야 핸드북에 상세히 정리되어 있다.

$K > K_{sp}$ → 침전물 형성

$K \approx K_{sp}$ → 평형상태

$K < K_{sp}$ → 고형물이 존재한다면 용해된다.

예제 6-1 용해도 문제 1

탄산칼슘($CaCO_3$)의 용해도적은 온도와 이산화탄소(CO_2)의 분압에 따라 변화하며, 25°C에서 통상적으로 $K_{sp} = 3.7 \times 10^{-9} \sim 8.7 \times 10^{-9}$로 주어진다. 동일한 온도조건의 실험에서 다음과 같은 결과를 얻었다. 용액 속의 $CaCO_3$가 침전할 것인지 검토하시오.

$$[Ca^{2+}] = 4 \times 10^{-4} M, \quad [CO_3^{2-}] = 3 \times 10^{-5} M, \quad K_{sp} = 5 \times 10^{-9}$$

풀이

$$CaCO_3 \rightleftharpoons Ca^{2+} + CO_3^{2-} \tag{6.4}$$

$$K = [Ca^{2+}][CO_3^{2-}] = [4 \times 10^{-4}][3 \times 10^{-5}] = 1.2 \times 10^{-8}$$

$\therefore \; K > K_{sp}$, 따라서 $CaCO_3$ 침전이 일어날 것으로 예측된다.

예제 6-2 용해도 문제 2

칼슘이온으로 유발된 경도를 제거하기 위해 석회를 이용한 연수화 반응을 계획하고 있다. 칼슘의 농도가 70 mg/L라 할 때 칼슘을 제거하기 위해 필요한 생석회(Quicklime, CaO, 78%)의 양은 얼마인가?

$$CaO + Ca(HCO_3)_2 = 2CaCO_3 \downarrow + H_2O \tag{6.5}$$

풀이

$$1 \text{ mol } Ca(HCO_3)_2 = 162 \text{ g } Ca(HCO_3)_2 = 40.1 \text{ g } Ca^{2+}$$

따라서 칼슘 70 mg/L는 다음과 같이 반응한다.

$$\frac{162}{40.1} \times 70 = 283 \text{ mg/L } Ca(HCO_3)_2$$

또한 56.1 g CaO는 162 g의 $Ca(HCO_3)_2$와 반응한다. 그러므로 283 mg/L의 $Ca(HCO_3)_2$는 아래와 같이 반응한다.

$$\frac{56}{162} \times 283 = 98.0 \text{ mg/L CaO}$$

따라서 순도 78%의 상업용 석회의 요구량은 다음과 같다.

$$\frac{98.0\, CaO}{0.78} = 126 \text{ mg/L}$$

6.2 산/염기 화학

산(acid)은 양성자(proton, H^+)를 잃어버리거나 기증하는 물질을 말하는 반면 염기(base)는 양성자를 얻거나 받아 들이는 물질을 말한다. pH(power of hydrogen ion)는 물속에 존재하는 수소이온의 농도(산도)를 표시하는 방법으로 물질의 산성과 염기성의 정도를 표현하는 방법이다. 즉, 이는 물속의 수소이온의 활성도를 표현하는 척도로 물 화학(water chemistry)의 기초가 된다. 이온화된 물은 다음과 같은 반응식 (6.6)으로 표현되며, 이 반응의 평형상수는 식 (6.7)과 같다.

$$H_2O \rightleftharpoons H^+ + OH^- \tag{6.6}$$

$$\frac{[H^+][OH^-]}{[H_2O]} = K \tag{6.7}$$

여기서 K는 평형상수이고 [ ]는 몰 농도를 나타낸다. 물의 몰 농도는 기본적으로 상수이므로 평형 상수에 포함되지 않는다. 그러므로 물에 대한 이온 농도의 곱은 다음과 같이 정의할 수 있다.

$$[H^+][OH^-] = K_w = 10^{-14} \quad (\text{i.e., } pK_w = 14) \tag{6.8}$$

따라서 물의 pH는 다음과 같이 표현된다.

$$pH = -\log[H^+] = \log\frac{1}{[H^+]} = \frac{1}{2}pK_w \tag{6.9}$$

$[H^+] < [OH^-]$ = 염기성(basic) pH > 7

$[H^+] = [OH^-]$ = 중성(neutral) pH = 7

$[H^+] > [OH^-]$ = 산성(acidic) pH < 7

25°C의 순수한 물의 경우에 물의 $pH = -\log[10^{-7}] = 7$이 된다. pK_w는 온도의 함수로서의 온도가 낮아지면 감소하므로 pH값은 증가하게 된다. 또 H^+나 OH^-로 이온화될 수 있는 오염물질이 물에 용해될 경우 H_2O, H^+, OH^- 간의 평형상태가 변하고 pH값은 증가(더 염기성으로)하거나 감소(더 산성으로)된다.

표 6-1 물의 평형상수

T(°C)	K_w(mol²/L²)	pH of water at given temperature
0	1.13×10^{-15}	7.47
5	1.83×10^{-15}	7.37
10	2.89×10^{-15}	7.27
15	4.46×10^{-15}	7.18
20	6.75×10^{-15}	7.09
25	1.00×10^{-14}	7.00
30	1.45×10^{-14}	6.92
35	2.07×10^{-14}	6.84
40	2.91×10^{-14}	6.77

Ref) Butler(1964)

강산(strong acid)과 강염기(strong base)는 물속으로 완전히 해리하여 이온을 형성하는 경우(예를 들어 HCl, H_2SO_4, HNO_3, $HClO_4$)를 말하며, 반면에 약산(weak acid)과 약염기(weak base)는 부분적으로 이온화하는 경우(예를 들어 H_2CO_3, H_2S, HOCl, hypochlorous acid)를 말한다. 이온화 반응은 가역적이며, 수중에 포함된 대부분의 오염물질은 약 산-염기의 반응 패턴을 따른다. 약산-염기 용액은 동적 평형상태에서 해리되지 않은 성분을 포함하게 된다.

상하수처리에서 화학반응은 물속의 오염물질을 제거하기 위해 화학적 평형을 이동하기 위한 목적으로 사용된다. 이러한 화학적 반응을 일으키기 위한 가장 보편적인 방법으로 불용성 침전물(precipitates) 형성, 산화-환원(oxidation-reduction), 약산-약염기 반응, 폭기(aeration), 그리고 탈기(gas stripping) 반응 등을 활용한다. 이 과정에서 수소이온의 농도는 화학적 반응에 많은 영향을 미치기 때문에 중요하다.

반응의 평형 관계는 pH에 의해 매우 강하게 영향을 받는데, 특히 생물학적 공정에서는 생물학적 산화-환원 반응으로 인하여 탄산 평형 시스템을 포함한 약산-약염기반응은 생물학적 공정의 운전 특성에 큰 영향을 미친다. 일반적으로 생물학적 처리 시스템은 아주 좁은 범위의 pH 영역(대체로 6.5에서 8.5)에서만 정상적인 운전이 가능하다. 특히 혐기성 발효공정(anaerobic fermentation/digestion)의 경우 pH는 강산/강염기와 약산/약염기 사이의 복합적인 상호반응으로 형성된다. 표준 운전조건하에서 탄산염에 의한 약산/약염기는 매우 중요한 반면 불안정한 운전 과정에서는 초산(acetic acid)과 같은 유기산(SCFAs, shot chain fatty acids)의 축적이 pH 변화의 주요한 원인으로 작용한다. 이때 적절한 수준의 탄산염 완충능력이 없다면 혐기성 반응조는 정상적인 운전이 매우 어렵게 된다.

예제 6-3 평형상태 pH 계산 1

$Ca(OH)_2$ 200 mg/L 용액의 pH를 계산하시오. 단, $Ca(OH)_2$는 완전히 해리하여 평형상태를 유지하는 것으로 가정한다($Ca(OH)_2$의 분자량은 74이다).

풀이

$Ca(OH)_2$의 몰 농도 $= 200/(74 \times 1000) = 2.7 \times 10^{-3}$ M

$$Ca(OH)_2 = Ca^{2+} + 2OH^- \qquad (6.10)$$

즉, 1 mol의 $Ca(OH)_2$는 2 mol의 OH^-로 해리된다. 따라서

$$[OH^+] = (2.7 \times 10^{-3}) \times 2 = 5.4 \times 10^{-3}\ M$$

$$pOH = -\log(5.4 \times 10^{-3}) = 2.27$$

그러므로

$$pH = 14 - 2.27 = 11.7$$

이 된다.

예제 6-4 평형상태 pH 계산 2

25°C에서 초산(CH_3COOH)의 이온화 상수는 1.75×10^{-5}이다. 이 온도에서 0.015 M의 초산용액의 pH를 결정하시오.

풀이

$$CH_3COOH = H^+ + CH_3COO^- \tag{6.11}$$

$$(0.015 - x)\text{M} \quad x\text{M} \quad x\text{M}$$

$$K_a = [CH_3COO^-][H^+] \ / \ [CH_3COOH]$$

$$= x^2/(0.015 - x)$$

$$= 1.75 \times 10^{-5}$$

x가 0.015보다 매우 작다면 $1.75 \times 10^{-5} = x^2/0.15$ 를 만족한다.

그러므로

$$x = [H^+] = 5.12 \times 10^{-4}\ \text{M}$$

$$\text{pH} = -\log[H^+] = 3.29$$

가 된다.

6.3 pH와 농도의 상관관계: log C-pH diagram

자연수뿐만 아니라 하·폐수의 특성은 대부분 약산, 약염기 그리고 염의 존재에 따라 특정 지어진다. 특히 탄산 평형 시스템과 암모니아(약염기)와 인산의 평형 시스템 등은 매우 영향력 있는 인자에 해당한다. 약산 또는 약염기의 정의는 다소 임의적이지만, 일반적으로 평형상수 K_a값이 1.0보다 큰 산은 0.1 M 이하의 농도에서도 강하게 해리되는데, 물 화학에서 우리가 실제 관심을 가지는 산은 이 값이 매우 낮은 경우($K_a \ll 1$)이다.

물속의 농도와 pH의 상관관계를 나타내는 도표(log C-pH diagram)는 그 반응의 특성을 쉽게 이해할 수 있는 도해 방법이다. pH를 주 변수로 하여 가로축에 나타내고 각 물질의 로그 농도를 세로축으로 표현한다. 이 방법은 모든 pH값에서 질량수지를 맞추어 표현되는데, 문제를 풀기 위해서는 먼저 주어진 물질의 농도를 pH와 K_w, K_a, C_T 등의 함수로 표현한다. 약염기의 경우 수소이온에 대한 양이온(예를 들어 Na^+)의 치환이나 수산화 이온에 대한 음이온의 치환으로 동일하게 설명이 가능하므로 여기에서는 단일 양성자(monoprotic acids)를 가지는 약산을 모델로 설명한다.

H^+ 이온 1개로 가역 반응을 하는 단일 양성자 약산 HA에 대해 예(6.12)를 들어 설명하면 다음과 같다. 이 반응에서 용액 내 화학물질은 HA, A^-, H^+, OH^- 네 가지로, 이는 순수한 물속에서의 약산의 용액상태를 표현하는 데 일반적으로 사용된다.

a. 약산의 식

$$HA \rightleftharpoons H^+ + A^-$$

$$\frac{[H^+][A^-]}{[HA]} = K_a \text{ (mol/L)} \tag{6.12}$$

b. 물

$$H_2O \rightleftharpoons H^+ + OH^-$$

$$[H^+][OH^-] = K_w \text{ (mol}^2\text{/L}^2) \tag{6.13}$$

c. 약산의 물질수지식

$$C_T = [HA] + [A^-] \tag{6.14}$$

여기서, C_T: 약산의 총 농도(mol/L)

d. 약산을 포함하는 순수한 물의 전하수지

$$[H^+] = [A^-] + [OH^-] \tag{6.15}$$

4개의 미지수 [HA], $[A^-]$, $[H^+]$, $[OH^-]$에 4개의 식이 있으므로 이 식의 풀이가 가능하다. 이 식은 또한 그림 6-1에 나타낸 것과 같이 log C-pH 도표로 표현할 수 있다. 여기에서 보는 것처럼 각각의 물질들은 모두 pH의 함수로서 도식된다. [HA]와 $[A^-]$에 대한 곡선을 그리는 데 사용되는 관계식은 식 (6.15)의 [HA]와 $[A^-]$를 식 (6.12)에 적용시켜 구할 수 있는데, 그 필요한 관계식은 다음과 같다.

$$[HA] = \frac{C_T[H^+]}{K_a + [H^+]} \tag{6.16}$$

$$[A^-] = \frac{C_T K_a}{K_a + [H^+]} \tag{6.17}$$

예제 6-5 log C-pH 도표의 적용

log농도-pH 도표를 이용하여 10^{-3} M 용액의 아세트산(acetic acid, CH_3COOH)의 pH를 산정하시오. 이때 $K_a = 1.78 \times 10^{-5}$, $K_w = 1.00 \times 10^{-14}$ 으로 가정한다.

풀이

1. 용액에 존재하는 모든 물질의 종류: HA, A^-, H^+, OH^-
2. 약산의 물질수지식 작성: $C_T = [HA] + [A^-]$
3. 용액 속 물질의 전하수지: $[H^+] = [A^-] + [OH^-]$
4. log농도-pH 도표 작성

표 6-2 log농도-pH 도표 작성을 위한 계산표

pH	[H$^+$]	log[H$^+$]	log[OH$^-$]	log[HAc]	log[Ac]
0.0	1.000×10^{0}	0.00	-14.00	-3.00001	-7.74959
0.5	3.162×10^{-1}	-0.50	-13.50	-3.00002	-7.24960
1.0	1.000×10^{-1}	-1.00	-13.00	-3.00008	-6.74966
1.5	3.162×10^{-2}	-1.50	-12.50	-3.00024	-6.24982
2.0	1.000×10^{-2}	-2.00	-12.00	-3.00077	-5.75035
2.5	3.162×10^{-3}	-2.50	-11.50	-3.00244	-5.25202
3.0	1.000×10^{-3}	-3.00	-11.00	-3.00766	-4.75724
3.5	3.162×10^{-4}	-3.50	-10.50	-3.02378	-4.27336
4.0	1.000×10^{-4}	-4.00	-10.00	-3.07115	-3.82073
4.5	3.162×10^{-5}	-4.50	-9.50	-3.19393	-3.44351
5.0	1.000×10^{-5}	-5.00	-9.00	-3.44404	-3.19362
5.5	3.162×10^{-6}	-5.50	-8.50	-3.82144	-3.07102
6.0	1.000×10^{-6}	-6.00	-8.00	-4.27416	-3.02374
6.5	3.162×10^{-7}	-6.50	-7.50	-4.75807	-3.00765
7.0	1.000×10^{-7}	-7.00	-7.00	-5.25285	-3.00243
7.5	3.162×10^{-8}	-7.50	-6.50	-5.75119	-3.00077
8.0	1.000×10^{-8}	-8.00	-6.00	-6.25066	-3.00024
8.5	3.162×10^{-9}	-8.50	-5.50	-6.75050	-3.00008
9.0	1.000×10^{-9}	-9.00	-5.00	-7.25044	-3.00002
9.5	3.162×10^{-10}	-9.50	-4.50	-7.75043	-3.00001
10.0	1.000×10^{-10}	-10.00	-4.00	-8.25042	-3.00000
10.5	3.162×10^{-11}	-10.50	-3.50	-8.75042	-3.00000
11.0	1.000×10^{-11}	-11.00	-3.00	-9.25042	-3.00000
11.5	3.162×10^{-12}	-11.50	-2.50	-9.75042	-3.00000
12.0	1.000×10^{-12}	-12.00	-2.00	-10.25042	-3.00000
12.5	3.162×10^{-13}	-12.50	-1.50	-10.75042	-3.00000
13.0	1.000×10^{-13}	-13.00	-1.00	-11.25042	-3.00000
13.5	3.162×10^{-14}	-13.50	-0.50	-11.75042	-3.00000
14.0	1.000×10^{-14}	-14.00	0.00	-12.25042	-3.00000

$C_T = 0.001$ M

$K_a = 0.0000178$

$\log[H^+] = -pH$

$\log[OH^-] = -pH - pK_w$

$$[HA] = \frac{C_T[H^+]}{K_a + [H^+]}$$

$$[A^-] = \frac{C_T K_a}{K_a + [H^+]}$$

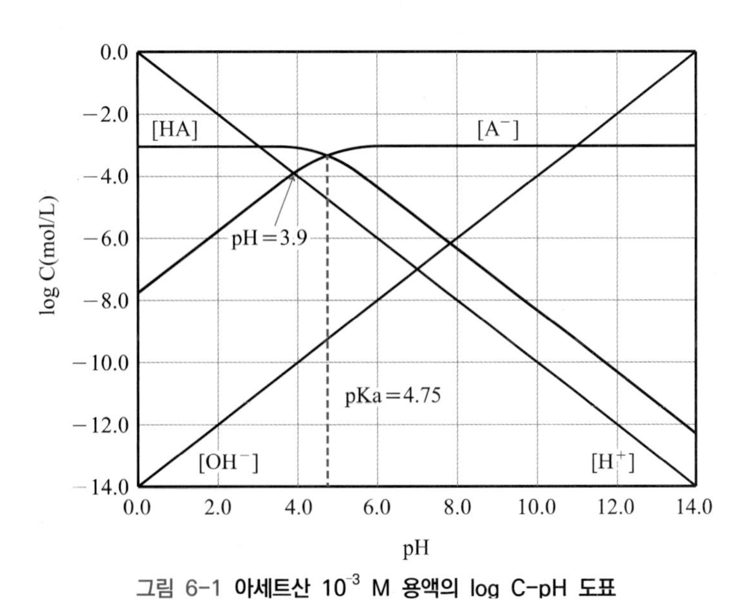

그림 6-1 아세트산 10^{-3} M 용액의 log C-pH 도표

5. 작성된 log C-pH 도표에서 이 관계를 만족하는 pH를 찾는다. 이때 $[H^+]$값이 크면 $[OH^-]$ 값은 무시되어 $[H^+] \fallingdotseq [A^-]$의 식이 성립한다. 결과적으로 이 반응은 pH값이 3.9일 때 이 관계를 만족한다. pH 3.9에서 $[OH^-]$의 농도는 $[H^+]$와 $[A^-]$에 대한 값보다 세 단계 아래로 작게 나타난다.

6.4 탄산염 평형

수중에서 가장 중요한 산-염기 시스템은 탄산 평형 시스템(carbonate equilibrium, carbonate buffer system)으로 이는 대부분의 자연수의 pH 제어에 기여하며, 또한 수질오염 제어분야에서는 특히 중요하다. 탄산 시스템을 구성하는 종류는 기체 형태의 이산화탄소[$(CO_2)_g$], 용존된 이산화탄소[$(CO_2)_{aq}$], 탄산(H_2CO_3), 중탄산이온(HCO_3^-), 탄산이온(CO_3^{2-}), 탄산염을 포함하는 고형물 등을 들 수 있다.

$$CO_2(g) \rightarrow CO_2 + H_2O \rightleftharpoons H_2CO_3^* \rightleftharpoons H^+ + HCO_3^- \rightleftharpoons 2H^+ + CO_3^{2-}$$

여기서, H_2CO_3 = carbonic acid

HCO_3^- = bicarbonate ion

CO_3^{2-} = carbonate ion

대기에 노출된 물에서 용존형태의 CO_2에 대한 평형 농도는 액체 상태의 CO_2의 몰 분율과 대기 중에 존재하는 CO_2의 분압의 함수이다. 따라서 CO_2의 기체-액체 평형에 대하여 헨리 상수를 적용할 수 있다.

$$x_{CO_2} = K_H P_{CO_2} \tag{6.18}$$

여기서, x_{CO_2}: 액체 상태의 평형조건에서 CO_2의 몰 분율

K_H: 헨리 상수(atm^{-1}) (표 6-3)

P_{CO_2}: 기체 내 CO_2의 분압(atm)

표 6-3 **온도에 따른 CO_2와 O_2의 헨리 상수**

T(°C)	$K_{H_{CO_2}}$ (atm^{-1})	$K_{H_{O_2}}$ (atm^{-1})
0	0.001397	0.0000391
5	0.001137	0.0000330
10	0.000967	0.0000303
15	0.000823	0.0000271
20	0.000701	0.0000244
25	0.000611	0.0000222
40	0.000413	0.0000188
60	0.000286	0.0000159

Ref) Butler(1982), Perry and Green(1984)

K_H의 값은 온도의 함수이다. CO_2는 평균 대기압이 1 atm, 101.4 kPa인 해수면에서 대기의 0.03%를 차지한다. 수중 CO_2의 농도는 식 (6.18)과 몰 분율의 정의(즉, 용액에서 모든 구성요소의 총 몰수에 대한 용질의 몰수에 대한 비율)를 이용해 결정된다. 용존된 이산화탄소[$(CO_2)_{aq}$]는 물과의 가역 반응으로 탄산을 형성하며, 평형식은 (6.20)과 같다.

$$(CO_2)_{aq} + H_2O \rightleftharpoons H_2CO_3 \tag{6.19}$$

$$\frac{[H_2CO_3]}{[CO_2]_{aq}} = K_m \tag{6.20}$$

25°C에서 K_m의 값은 1.58×10^{-3}이다. 용액 내에서 $(CO_2)_{aq}$와 H_2CO_3를 엄밀하게 구별하기 어렵고 또한 H_2CO_3는 자연수에 극히 작은 농도로 존재하므로 이러한 사실은 다음 식 (6.21)과 같은 탄산($H_2CO_3^*$)을 정의할 수 있다.

$$H_2CO_3^* = (CO_2)_{aq} + H_2CO_3 \tag{6.21}$$

탄산은 2가의 산이기 때문에 중탄산과 탄산의 두 단계로 분리된다. 중탄산으로의 첫 번째 해리 과정은 식 (6.22)로 표현되며, 평형식은 (6.23)과 같다. 25°C의 K_1의 값은 4.47×10^{-7} mol/L이다.

$$H_2CO_3^* \rightleftharpoons H^+ + HCO_3^- \tag{6.22}$$

$$\frac{[H^+][HCO_3^-]}{[H_2CO_3^*]} = K_1 \tag{6.23}$$

탄산의 두 번째 해리는 중탄산에서 탄산으로 되는 과정 (6.24)로 평형식은 (6.25)와 같다.

$$HCO_3^- \rightleftharpoons H^+ + CO_3^{2-} \tag{6.24}$$

$$\frac{[H^+][CO_3^{2-}]}{[HCO_3^-]} = K_2 \tag{6.25}$$

온도에 따른 탄산 평형상수를 표 6-4에 정리하였다. K_m은 무차원이며, K_1과 K_2는 mol/L로 표현된다. 일반적으로 평형상수의 단위는 단위 용적당 몰수의 형태로 정의한다.

표 6-4 온도에 따른 탄산 평형상수

T(°C)	K_m	K_1(mol/L)	K_2(mol/L)	K_{sp}*(mol^2/L^2)
5		3.02×10^{-7}	2.75×10^{-11}	8.13×10^{-9}
10		3.46×10^{-7}	3.24×10^{-11}	7.08×10^{-9}
15		3.80×10^{-7}	3.72×10^{-11}	6.03×10^{-9}
20		4.17×10^{-7}	4.17×10^{-11}	5.25×10^{-9}
25	1.58×10^{-3}	4.47×10^{-7}	4.68×10^{-11}	4.57×10^{-9}
40		5.07×10^{-7}	6.03×10^{-11}	3.09×10^{-9}
60		5.07×10^{-7}	7.24×10^{-11}	1.82×10^{-9}

* $CaCO_3$에 대한 용해도적 상수
Ref) Butler(1964), Larson and Buswell(1942)

예제 6-6 빗물의 pH 계산

일반적으로 빗물에는 매우 낮은 농도의 미네랄 성분이 포함되어 있다. 용존상태의 CO_2가 추가되면 수소이온의 증가와 함께 CO_3^{2-} 농도는 무시할 수 있다. 25°C 기준으로 빗물의 pH는 다음과 같이 계산된다.

풀이

1. 용존형태의 CO_2의 몰 분율을 구한다(대기 중 CO_2는 0.03%라 가정).

$$x_{(CO_2)aq} = K_H P_{(CO_2)aq}$$
$$= 6.11 \times 10^{-4}\ \text{atm}^{-1}\ (0.0003\ \text{atm})$$
$$= 1.84 \times 10^{-7}$$

2. $[CO_2]_{aq}$ 몰 농도

$$x_{CO_2} = [CO_2]_{aq}/([H_2O] + [CO_2]_{aq} + \cdots)$$
$$x_{CO_2} \fallingdotseq [CO_2]_{aq}/[H_2O]$$
$$x_{CO_2} \fallingdotseq [CO_2]_{aq}/55.56$$
$$[CO_2]_{aq} = (1.84 \times 10^{-7})(55.56) = 1.02 \times 10^{-5}\ \text{mol/L}$$

3. $[H_2CO_3]$의 몰 농도를 구한다.

$$\frac{[H_2CO_3]}{[CO_2]_{aq}} = K_m$$
$$[H_2CO_3] = (1.58 \times 10^{-3})(1.02 \times 10^{-5})$$
$$= 1.61 \times 10^{-8}\ \text{mol/L}$$

4. $[H_2CO_3^*]$의 몰 농도를 구한다.

$$[H_2CO_3^*] = [CO_2]_{aq} + [H_2CO_3]$$
$$= 1.02 \times 10^{-5} + 1.61 \times 10^{-8}$$
$$= 1.02 \times 10^{-5}\ \text{mol/L}$$

5. 강우의 pH를 구한다.

   a. $[H_2CO_3^*]$에 대한 평형식은 다음과 같다.

$$\frac{[H^+][HCO_3^-]}{[H_2CO_3^*]} = K_1$$

   b. 전기적 중성조건, 즉 수소이온 농도는 음이온과 같아야 한다. 빗물의 경우 중탄산, 탄산, 수산화 이온만이 음이온의 근원이 된다고 가정하므로 다음과 같다.

$$[H^+] = [OH^-] + 2[CO_3^{2-}] + [HCO_3^-]$$

여러 측정값에 따르면 강우의 pH는 7.0 이하라고 알려져 있다. 만약 pH < 7.0이라면 $[OH^-]$, $[CO_2^{-3}]$의 값은 무시되고 $[H^+] \fallingdotseq [HCO_3^-]$일 것이다. $[H_2CO_3^*]$에 대한 평형식에서 $[HCO_3^-]$를 $[H^+]$로 바꾸면 다음 식을 만족한다.

$$\frac{[H^+]^2}{[H_2CO_3^*]} = K_1$$

이 식에 K_1과 $[H_2CO_3^*]$를 대비하여 $[H^+]$를 결정한다.

$$[H^+]^2 = (4.47 \times 10^{-7})(1.02 \times 10^{-5})$$

$$[H^+] = 2.13 \times 10^{-6} \text{ mol/L}$$

그러므로 pH = 5.67이 된다.

참고 강우의 알칼리도는 이 예제의 경우와 같이 매우 낮다. 알칼리도의 거의 모두는 $[HCO_3^-]$로 인한 것으로 알칼리도는 수소이온의 농도와 같아진다. 알칼리도가 2.13×10^{-6} M 정도로 나타난 것은 빗물의 완충능력이 매우 제한적이라는 것을 의미한다.

6.5 탄산염 평형의 적용

탄산 평형 관계식을 적용함에 있어서 가장 중요한 것은 물 환경 시스템의 특성이다. 즉, 시스템이 개방형(open system)인지 폐쇄형(closed system)인지, 그리고 추가적인 탄산 공급원(고체나 기체 형태로)이 존재하는지 여부에 따른다. 대기중의 이산화탄소와 수분의 접촉현상은 개방형 시스템의 대표적인 예이며, 대표적인 생물학적 반응조인 활성슬러지와 혐기성 소화조는 생물학적 산화-환원반응에 따라 생성되는 탄산가스가 연속적으로 공급되는 폐쇄형 시스템으로 고려될 수 있다. 또는 지하수의 경우는 토양의 석회성분의 용출에 따라 탄산의 농도가 변화한다. 그러나 기본적으로 적용되는 개념은 동일하며, $CaCO_3$와 같은 고체 탄산원[식 (6.26)]이 존재한다면 식 (6.27)의 $CaCO_3$의 용해도적을 추가로 고려하여야 한다.

$$CaCO_3 = Ca^{2+} + CO_3^{2-} \tag{6.26}$$

$$[Ca^{2+}][CO_3^{2}] = K_{sp} \tag{6.27}$$

대기 중 이산화탄소의 log C-pH 도표는 그림 6-2와 같이 나타난다. 대기와 접촉하고 있는 물은 단순히 기체-액체 평형 조건만으로 간단하게 설명할 수 있고 pH 조건에 상관없이 $[H_2CO_3^*]$의 농도는 1.02×10^{-5} mol/L이다. 물속의 $[HCO_3^-]$와 $[CO_3^{2-}]$ 농도는 pH가 증가함에 따라 점점 더 증가하나 자연수의 pH는 거의 9 이상 증가하지는 않는다. 따라서 총 농도는 CO_3^{2-}로 최대 0.005 mol/L(280 g/m³)를 초과하지 않는다. 또한 앞선 빗물의 pH 계산에서처럼 $[H^+] = [HCO_3^-]$라고 가정한다면 계산결과는 타당성이 있다.

탄산원의 공급이 없는 폐쇄형 시스템에서의 탄산의 농도와 pH의 상관관계는 예제 6-7을 통하여 설명하였다. 만약 가스(예, 생물학적 반응)나 고체상(예, $CaCO_3$)의 탄산원이 존재한다면 앞서 설명한 바와 같이 여기에 탄산원 공급 반응을 고려해주어야 할 것이다.

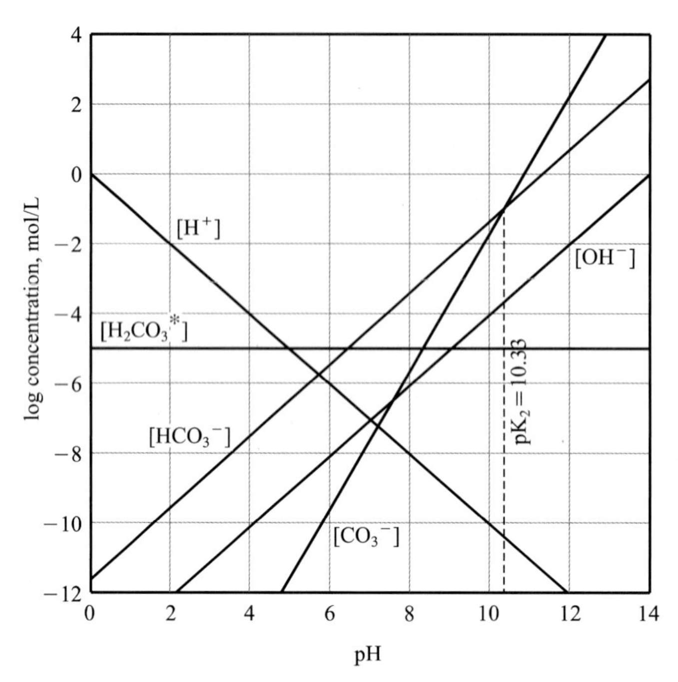

그림 6-2 대기 중 이산화탄소의 log C-pH 도표

예제 6-7 탄산원의 공급이 없는 폐쇄형 시스템에서의 탄산의 log C-pH 도표 적용

log농도-pH 도표를 이용하여 10^{-3} M 용액의 탄산(H_2CO_3)의 pH를 산정하시오.

이때 $K_1 = 4.47 \times 10^{-7}$, $K_2 = 4.68 \times 10^{-11}$, $K_w = 1.00 \times 10^{-14}$로 가정한다.

풀이

1. 용액에 존재하는 모든 물질의 종류: $[H^+]$, $[OH^-]$, $[H_2CO_3^*]$, $[HCO_3^-]$, $[CO_3^{2-}]$
2. 적용되는 해리반응식, 평형식 및 물질수지식

   a. 해리식

   $[H_2CO_3^*] = [HCO_3^-] + [H^+]$

   $[HCO_3^-] = [CO_3^{2-}] + [H^+]$

   $[H_2O] = [H^+] + [OH^-]$

   b. 평형식

   $$\frac{[H^+][HCO_3^-]}{[H_2CO_3^*]} = K_1$$

   $$\frac{[H^+][CO_3^{2-}]}{[HCO_3^-]} = K_2$$

   $[H^+][OH^-] = K_w$

3. 탄산이온의 물질수지 : $C_T = [H_2CO_3^*] + [HCO_3^-] + [CO_3^{2-}]$
4. pH의 함수로써 $[H^+]$, $[OH^-]$, $[H_2CO_3^*]$, $[HCO_3^-]$ 및 $[CO_3^{2-}]$의 log농도 도식 관계식

$$\log[\mathrm{H}^+] = -\mathrm{pH}$$

$$\log[\mathrm{OH}^-] = \mathrm{pH} - \mathrm{p}K_w$$

$$[\mathrm{H_2CO_3^*}] = \frac{C_T[\mathrm{H}^+]^2}{[\mathrm{H}^+]([\mathrm{H}^+] + K_1) + K_1K_2}$$

$$[\mathrm{HCO_3^-}] = \frac{K_1C_T[\mathrm{H}^+]}{\mathrm{H}^+([\mathrm{H}^+] + K_1) + K_1K_2}$$

$$[\mathrm{CO_3^{-2}}] = \frac{K_1K_2C_T}{\mathrm{H}^+([\mathrm{H}^+] + K_1) + K_1K_2}$$

5. log농도-pH 도표 작성

작성된 log C-pH 도표에서 이 관계를 만족하는 pH를 찾는다. 이때 $\mathrm{p}K_1$과 $\mathrm{p}K_2$는 각각 6.35와 10.33으로 결정된다.

표 6-5 탄산에 대한 log농도-pH 도표 작성 계산표

pH	$[\mathrm{H}^+]$	$\log[\mathrm{H}^+]$	$\log[\mathrm{OH}^-]$	$\log[\mathrm{H_2CO_3^*}]$	$\log[\mathrm{HCO_3^-}]$	$\log[\mathrm{CO_3^{2-}}]$
0.0	1.000×10^{0}	0.00	-14.00	-3.00000	-9.34969	-19.67945
0.5	3.162×10^{-1}	-0.50	-13.50	-3.00000	-8.84969	-18.67945
1.0	1.000×10^{-1}	-1.00	-13.00	-3.00000	-8.34969	-17.67945
1.5	3.162×10^{-2}	-1.50	-12.50	-3.00001	-7.84970	-16.67945
2.0	1.000×10^{-2}	-2.00	-12.00	-3.00002	-7.34971	-15.67947
2.5	3.162×10^{-3}	-2.50	-11.50	-3.00006	-6.84975	-14.67951
3.0	1.000×10^{-3}	-3.00	-11.00	-3.00019	-6.34989	-13.67964
3.5	3.162×10^{-4}	-3.50	-10.50	-3.00061	-5.85031	-12.68006
4.0	1.000×10^{-4}	-4.00	-10.00	-3.00194	-5.35163	-11.68138
4.5	3.162×10^{-5}	-4.50	-9.50	-3.00610	-4.85579	-10.68554
5.0	1.000×10^{-5}	-5.00	-9.00	-3.01899	-4.36868	-9.69844
5.5	3.162×10^{-6}	-5.50	-8.50	-3.05742	-3.90711	-8.73687
6.0	1.000×10^{-6}	-6.00	-8.00	-3.16047	-3.51017	-7.83992
6.5	3.162×10^{-7}	-6.50	-7.50	-3.38269	-3.23238	-7.06214
7.0	1.000×10^{-7}	-7.00	-7.00	-3.73815	-3.08785	-6.41760
7.5	3.162×10^{-8}	-7.50	-6.50	-4.18059	-3.03029	-5.86004
8.0	1.000×10^{-8}	-8.00	-6.00	-4.66190	-3.01159	-5.34135
8.5	3.162×10^{-9}	-8.50	-5.50	-5.15970	-3.00940	-4.83915
9.0	1.000×10^{-9}	-9.00	-5.00	-5.67110	-3.02079	-4.35055
9.5	3.162×10^{-10}	-9.50	-4.50	-6.21051	-3.06021	-3.88996
10.0	1.000×10^{-10}	-10.00	-4.00	-6.81710	-3.16679	-3.49655
10.5	3.162×10^{-11}	-10.50	-3.50	-7.54476	-3.39445	-3.22421
11.0	1.000×10^{-11}	-11.00	-3.00	-8.40466	-3.75435	-3.08410
11.5	3.162×10^{-11}	-11.50	-2.50	-9.34895	-4.19864	-3.02840
12.0	1.000×10^{-12}	-12.00	-2.00	-10.32974	-4.67943	-3.00918
12.5	3.162×10^{-13}	-12.50	-1.50	-11.32348	-5.17317	-3.00292
13.0	1.000×10^{-13}	-13.00	-1.00	-12.32148	-5.67117	-3.00093
13.5	3.162×10^{-14}	-13.50	-0.50	-13.32085	-6.17054	-3.00029
14.0	1.000×10^{-14}	-14.00	0.00	-14.32065	-6.67034	-3.00009

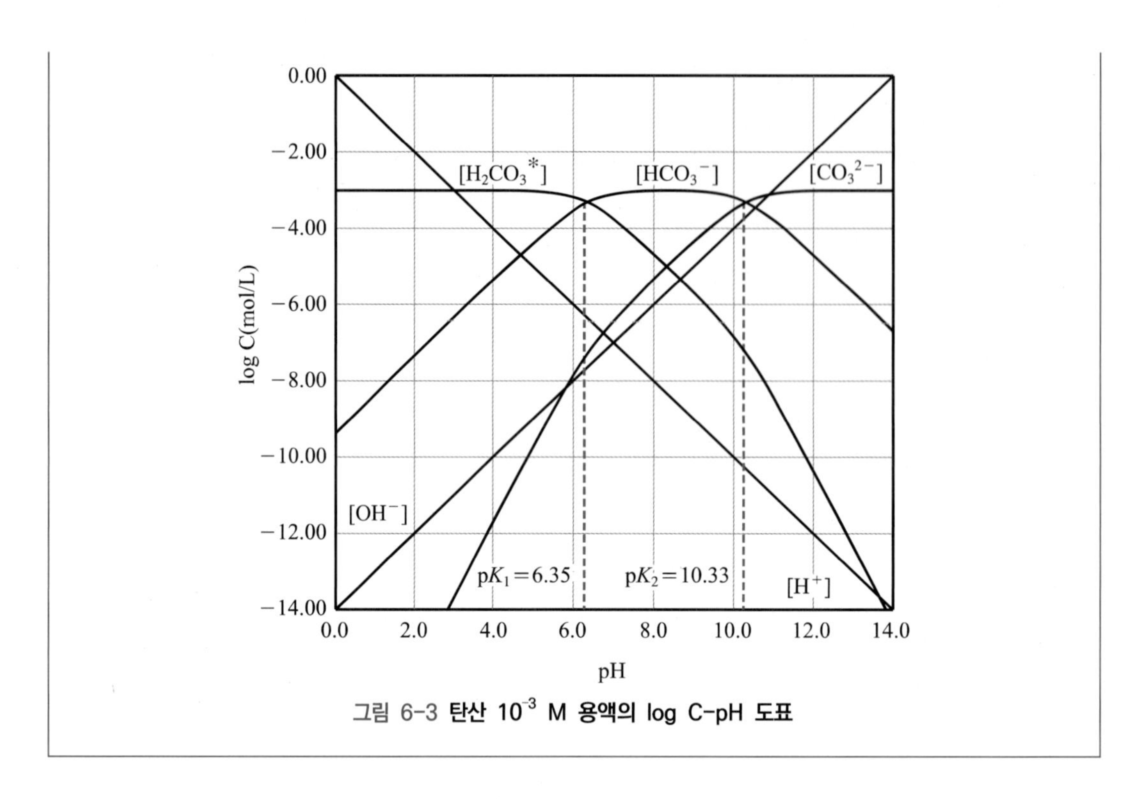

그림 6-3 **탄산 10^{-3} M 용액의 log C-pH 도표**

log C-pH 도표는 탄산 평형 시스템을 포함하여 다양한 평형 시스템을 설명하는 유용한 도구이다. 그러나 기본개념은 앞서 설명한 탄산 시스템과 동일하다. 이 도표로부터 다양한 탄산 종들 사이의 상관관계를 알 수 있다. 만약 폐쇄형 시스템에서 측정된 pH가 6.5라면 존재하는 거의 모든 탄산의 형태는 $H_2CO_3^*$와 HCO_3^-이며, pH 8에서는 HCO_3^-가 탄산의 거의 대부분을 차지한다. 또한 pH 12에서는 CO_3^{2-}가 실제로 존재하는 탄산 형태가 된다. 이를 응용하여 $H_2CO_3^* = CO_3^{2-} = 0$이고, HCO_3^- 농도가 10^{-4} mol/L로 측정된 경우 pH는 7∼9 범위 내에 있어야 한다.

6.6 가스 용해도

(1) 헨리 상수와 가스 용해도

물과 같은 액체에서 가스의 용해도(gas solubility)는 간단한 평형 개념(equilibrium concepts)에 의해 제어된다. 액체의 표면에 부딪히는 가스 분자의 수는 일차적으로 압력과 온도에 의해 결정되므로 이러한 인자와 용해도 사이에는 밀접한 상관관계가 있다. 이러한 개념은 "일정한 온도에서, 주어진 유형 및 부피의 액체에 용해된 기체의 양은 그 기체와 평형을 이룬 기체의 분압에 직접적으로 비례한다"는 헨리의 법칙(Henry's Law, 1803)으로 설명된다. 반응의 평형상수(K_{eq})는 용액 속의 농도[$gas_{(aq)}$]와 기체의 분압(P_i) 간의 비율로 표현되는데, 일반적으로 그 역수를 헨리 법칙의 상수(K_H)로 표현한다.

$$gas + H_2O_{(l)} = gas_{(aq)} \tag{6.28}$$

표 6-6 Various forms of Henry's low and constants (gas in water at 298K)

Equation	$k_{H,pc} = \frac{p_{gas}}{c_{aq}}$	$k_{H,cp} = \frac{c_{aq}}{p_{gas}}$	$k_{H,px} = \frac{p_{gas}}{x_{aq}}$	$k_{H,cc} = \frac{c_{aq}}{c_{gas}}$
Demension	$\left[\frac{L_{soln} \cdot atm}{mol_{gas}}\right]$	$\left[\frac{mol_{gas}}{L_{soln} \cdot atm}\right]$	$\left[\frac{atm \cdot mol_{soln}}{mol_{gas}}\right]$	dimensionless
O_2	769.23	1.3×10^{-3}	4.259×10^{4}	3.180×10^{-2}
H_2	1282.05	7.8×10^{-4}	7.099×10^{4}	1.907×10^{-2}
CO_2	29.41	3.4×10^{-2}	0.163×10^{4}	0.8317
N_2	1639.34	6.1×10^{-4}	9.077×10^{4}	1.492×10^{-2}
He	2702.7	3.7×10^{-4}	14.97×10^{4}	9.051×10^{-3}
Ne	2222.22	4.5×10^{-4}	12.30×10^{4}	1.101×10^{-2}
Ar	714.28	1.4×10^{-3}	3.955×10^{4}	3.425×10^{-2}
CO	1052.63	9.5×10^{-4}	5.828×10^{4}	2.324×10^{-2}

Note) c_{aq} = moles of gas per liter of solution, L_{soln} = liters of solution, p_{gas} = partial pressure above the solution, in atmospheres of absolute pressure, x_{aq} = mole fraction of gas in solution ≈ moles of gas per mole of water, atm = atmospheres of absolute pressure

Ref) Sander(2015)

$$K_{eq} = \frac{[gas_{(aq)}]}{[gas][H_2O]} \qquad K_H = \frac{P_i}{[gas_{(aq)}]} = \frac{1}{K_{eq}[H_2O_{(l)}]} \tag{6.29}$$

경우에 따라서 헨리 상수는 표 6-6처럼 다양한 형태로 표현하기도 한다. 이 표로부터 공기 중의 산소(21%)와 질소(78%) 가스와 평형을 이룬 물속에서의 농도는 각각 산소 0.00027 M(= 0.21 atm/769.23 atm M^{-1})와 질소 0.00048 M(= 0.78 atm/1639.34 atm M^{-1})로 계산된다.

자연계에 존재하는 각종 가스 성분들의 용해도는 매우 상이하게 나타난다. 질소(N_2) 가스는 가장 용해하기 어려운 성분 중 하나이며, 가장 용해하기 쉬운 성분은 이산화황(SO_2)이다. 25°C를 기준으로 할 때 질소와 이산화탄소는 각각 6.8×10^{-4} mol/L-atm과 3.2×10^{-2} mol/L-atm의 용해도를 가진다. 표 6-7은 몇 가지 대표적인 가스에 대해 25°C, 1기압의 조건에서의 용해도를 보여준다.

표 6-7 Gas solubilities at 25°C and 1 atm

Gas	Solubility (mol/L · atm)
He	3.8×10^{-4}
N_2	6.8×10^{-4}
CO	1.0×10^{-3}
O_2	1.4×10^{-3}
CH_4	2.83×10^{-3}
CO_2	3.2×10^{-2}
SO_2	1.5×10^{-1}

표 6-8 온도에 따른 물의 포화증기압

온도(°C)	증기압(mmHg)	온도(°C)	증기압(mmHg)
0	4.579	50	92.51
5	6.545	55	118.0
10	9.209	60	149.4
15	12.788	65	187.5
16	13.634	66	196.1
17	14.530	67	204.9
18	15.477	68	214.2
19	16.477	69	223.7
20	17.535	70	233.7
21	18.650	71	243.9
22	19.827	72	254.6
23	21.068	73	265.7
24	22.377	74	277.2
25	23.756	75	289.1
30	31.824	80	355.1
35	42.175	85	433.6
40	55.324	90	525.8
45	71.880	95	633.9
49	88.020	99	733.2

참고로 산소의 용해도에 대한 대기압의 영향은 다음과 같이 표현된다.

$$C_s' = C_s \frac{P_b - P}{760 - P} \tag{6.30}$$

여기서, C_s': 대기압 P에서의 DO 포화농도(mg/L)

C_s: 대기압 760 mgHg에서의 DO 포화농도(mg/L)

P_b: 대기압(mmHg)

P: 물의 포화증기압(mmHg) (표 6-8 참조)

예제 6-8 물속의 산소 포화농도 1

1기압 20°C 조건하에서 건조 공기와 접촉하는 물의 산소 포화농도는 얼마인가?

풀이

1) 건조 공기는 부피 기준 21%의 산소를 함유한다($P_g = 0.21$ mole O_2/mole air).

2) 헨리의 법칙 관련식 $P_g = \frac{H}{P_T} x_g$ 에서 x_g를 계산하면

$$x_g = \frac{P_T}{H} P_g$$

$$= \frac{1.0 \text{ atm}}{4.11 \times 10^4 \ \frac{\text{atm(mole gas/mole air)}}{\text{(mole gas/mole water)}}} (0.21 \text{ mole gas/mole air})$$

$$= 5.11 \times 10^{-6} \text{ mole gas/mole water}$$

여기서, 20°C에서 헨리 상수는 $H = 4.11 \times 10^4 \ \frac{\text{atm(mole gas/mole air)}}{\text{(mole gas/mole water)}}$

3) 1 L의 물은 1000 g/(18 g/mole) = 55.6 mole을 함유하므로

$$\frac{n_g}{n_g + n_w} = 5.11 \times 10^{-6}$$

$$\frac{n_g}{n_g + 55.6} = 5.11 \times 10^{-6}$$

여기서 1 L의 물에 녹은 기체의 mole 수는 물의 mole 수에 비해 매우 작으므로

$$n_g + 55.6 \approx 55.6$$

$$n_g \approx (55.6) \times (5.11 \times 10^{-6})$$

$$n_g \approx 2.84 \times 10^{-4} \text{ mole } O_2/L$$

4) 산소의 산소 포화농도를 계산하면

$$C_s \approx \frac{(2.84 \times 10^{-4} \text{ mole } O_2/L)(32 \text{ g/mole } O_2)}{(1 \text{ g}/10^3 \text{ mg})} = 9.09 \text{ mg/L}$$

예제 6-9 물속의 산소 포화농도 2

수온 18°C, 염도 800 mg/L Cl^-의 물속에서 포화된 용존산소농도는 얼마인가? 이때 고도는 1250 m이며, 대기압 660 mmHg이다.

풀이

18°C에서의 포화 DO = 9.45 mg/L

	농도(mg/L) @ 18°C	
Chloride	0	5000
DO	9.45	8.95

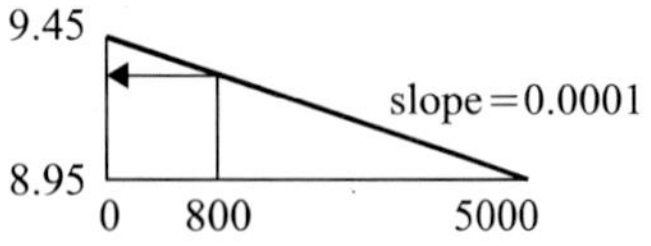

9.45
8.95
slope = 0.0001
0 800 5000

800 mg CL-/L에서의 포화 DO = 8.95 + 0.42 = 9.37 mg O_2/L

1250 m 고도에서의 DO로 보정할 경우

$$C_s' = C_s \frac{P_b - P}{760 - P} = 9.37 \frac{660 - 16}{760 - 16} = 8.11 \text{ mg } O_2/L$$

(2) 가스 용해도에 대한 온도의 영향

모든 물질의 용해도와 마찬가지로 온도가 증가함에 따라 가스의 용해도는 감소한다. 그림 6-4는 다양한 일반 가스의 용해도를 비교하여 나타내었다. 표 6-7의 몰 단위와 비교할 때 용해도의 순서와 차이를 보이는데, 이는 단위 중량(1 kg)의 물에 녹는 가스의 양(gram)적 비율을 기준(즉, g/L)으로 표현하였기 때문이다. 즉, 몰 단위로 표현하였을 때 메탄은 산소가스보다 좀 더 잘 용해할 수 있을 것으로 보이지만 사실 중량단위로 환산하면 메탄은 산소에 비해 훨씬 용해하기 어려운 물질임을 알 수 있다. 이 그림에서 보면 온도에 대한 모든 가스의 용해도의 상관관계는 특히 20°C를 전후하여 변화함을 알 수 있다.

한편, 표준기압과 염도가 없는 조건하에서 온도와 산소의 용존 포화농도(C_s)의 상관관계식은 다음과 같다(Elmore and Hayes, 1960).

$$C_s = 14.652 - 0.41022\,T + 0.0079910\,T^2 - 0.000077774\,T^3 \tag{6.31}$$

여기서, C_s: 용존산소 포화농도(mg O_2/L)

T: 물의 온도(°C)

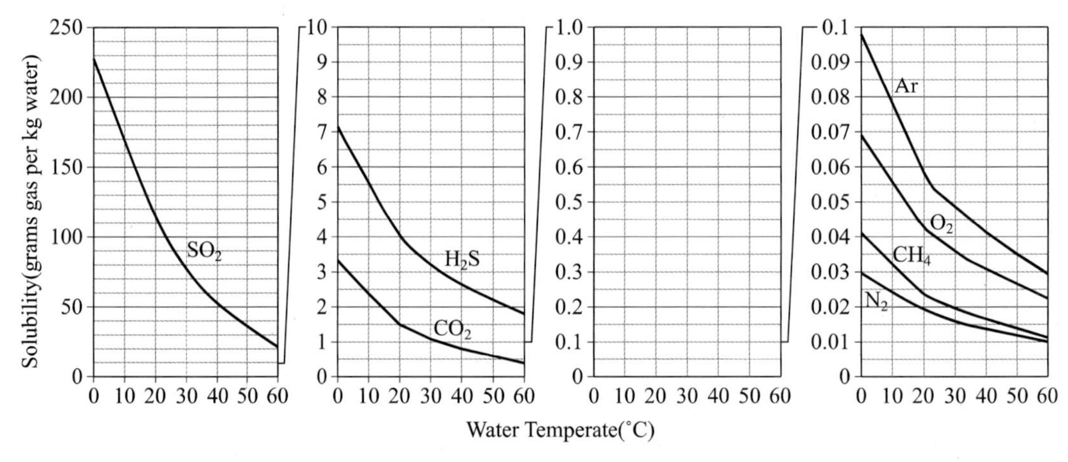

그림 6-4 Solubility of gases in water (1 atm)

(3) 혐기성 소화가스의 용해도

생물학적 처리방법으로 혐기성 발효공정을 적용하는 경우 메탄(CH_4), 수소(H_2), 이산화탄소(CO_2), 황화수소(H_2S) 및 질소(N_2) 등의 가스가 발생될 수 있는데, 그 성분비는 처리대상 오염물질의 특성과 기술의 목표에 따라 상이하다. 그림 6-5는 이러한 종류의 가스에 대한 용해도를 온도의 함수로 비교하여 나타내었다. 혐기성 발효반응에서 탄산염에 의한 약산/약염기 사이의 복합적인 상호반응은 이미 앞서 설명한 바와 같이 연속적으로 발생되는 이산화탄소의 용해과정에 따른 것이다. 이산화탄소 가스의 높은 용해도에 비하여 황화수소는 매우 높은 용해도를 가지며, 강한 부식성(causticity)이라는 물성으로 인하여 적절한 관리가 필요한 성분이다.

한편 혐기성 발효기술의 주된 목표인 메탄가스는 사실상 이산화탄소에 비해 비교적 물에 녹기 어려운 성분이다. 그러나 혐기성 처리기술을 적용하고 있는 실제 처리시설에서 성공적인 운전과

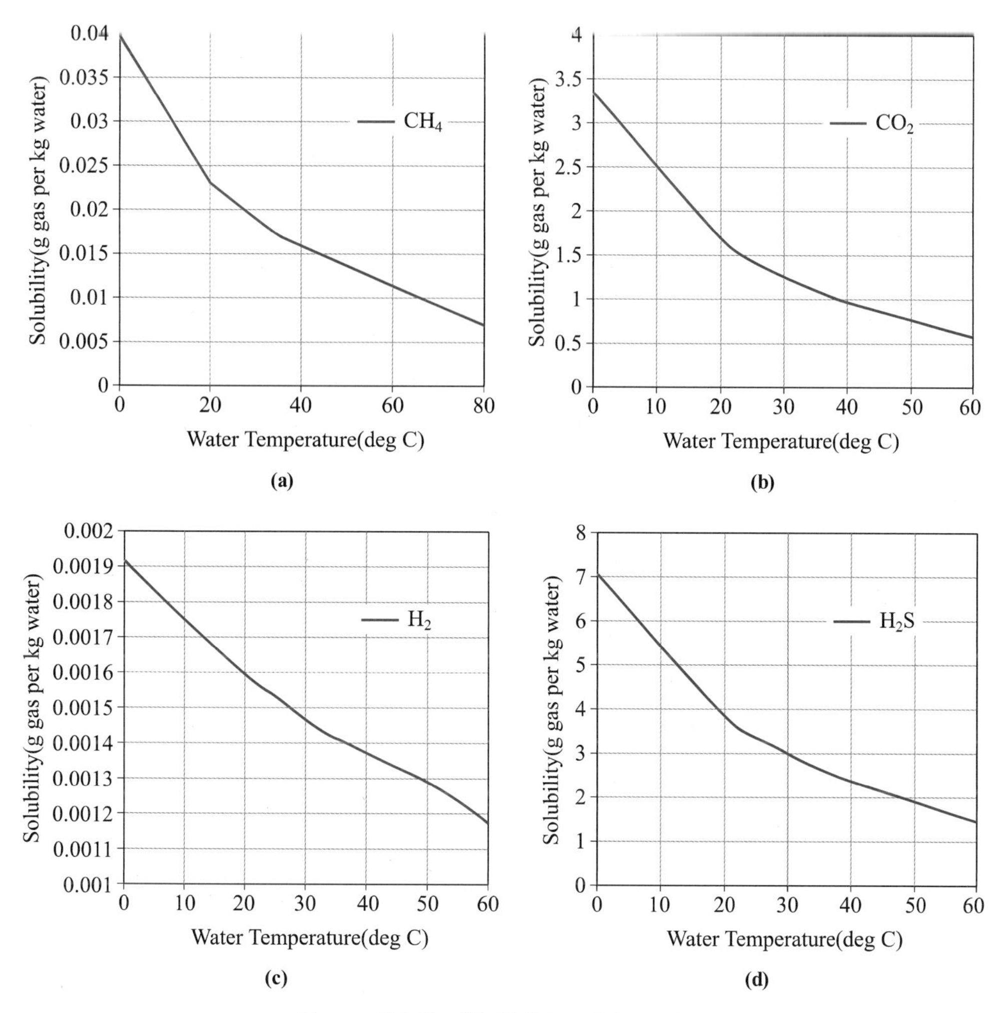

그림 6-5 온도에 따른 혐기성 소화가스의 용해도

정에도 불구하고 예상보다도 저조한 메탄가스 회수율을 보이는 사례를 다수의 문헌에서 발견할 수 있다(Uemura and Harada, 2000; Singh et al., 1996; 민경석 외, 2002). 이는 대부분 낮은 운전온도 조건에서 짧은 수리학적 체류시간(HRT)으로 운전되는 저농도 하·폐수(low strength wastewater)의 경우에 해당한다. 이 경우 낮은 메탄 회수율에 대한 주된 이유는 메탄가스의 용해도(solubility)에 있다. 일반적으로 메탄가스는 비용해성 기체로 알려져 있으나, 실제 메탄의 용해도는 20°C 온도기준으로 산소의 약 40% 정도이며, 온도가 낮아질수록 용해도는 더 높게 나타난다. 즉, 35°C의 경우에 비해 20°C에서는 약 12%, 그리고 10°C에서는 76% 정도 더 높은 용해도를 보인다. 예를 들어 35°C를 기준으로 할 때, 용액 속의 메탄가스 농도가 만약 70 mg COD/L 이상이라면 가스는 액체상 밖으로 배출될 것이며, 그렇지 않다면 액체상에 그대로 남아 있게 된다. 이러한 이유에서 고유량의 짧은 체류시간으로 운전되는 고율 혐기성 소화조의 경우는 더 많은 양의 메탄이 처리수에 용해되어 그대로 배출되게 된다. 경우에 따라서 용해된 메탄가스로 인한 손실은 때로는 이론적인 가스발생량의 50%에까지 이르기도 한다. 따라서 저농도 하·폐수를 혐기성 처리하는 경우는 기술의 경제성 향상을 위하여 처리수에 용해된 상태로 손실되는 메탄의 회수가 필요하다. 특히 앞서 언급한 바와 같이 상온의 온도조건으로 운전되는 혐기성 발효조는 용존상태로 배출되는 메탄가스의 손실이 고온이나 중온의 운전온도에 비하여 더 높기 때문에 설계에 세심한 주의가 필요하다.

6.7 기체 전달

(1) 기체 전달과 속도

액체와 기체가 서로 경계면(interface)을 이루고 있을 때 2개의 상 사이에서 기체의 농도가 평형상태에 이르지 않았다면 물질(기체)은 평형상태를 유지하기 위해 이동을 시작한다. 이러한 기체상 물질의 전달 현상을 기체 전달(gas transfer)이라고 한다. 기체 전달은 이중막 이론(two-film theory)이라는 개념적 모델(Lewis and Whitman, 1924)에 기반을 두고 있다(그림 6-6).

이중막 이론에 따라 기체막에서 액체막으로 이동하는 기체의 전달속도(rate of gas transfer)는 식 (6.32)와 같이 표현된다.

$$\frac{dC}{dt} = (D \cdot S)^{1/2}\,[A/V](C_S - C_L) \tag{6.32}$$

여기서, C_S = 기체-액체 평형상태에서의 기체의 포화농도(mg gas/L)

C_L = 액체 속 기체의 농도(mg gas/L)

D = 액체 속 기체의 확산계수(diffusivity of gas)(m^2/h)

S = 액체 막의 재생률(h^{-1})

A = 막의 계면 면적(m^2)

V = 액체의 용적(m^3)

dC/dt = 시간 dt에 따른 기체의 농도 변화(mg gas/L-h)

만약 $C_S > C_L$의 조건하에서는 기체의 전달이 기체상에서 액체상 방향으로 일어나고, $C_S = C$에서는 평형상태로 기체 이동은 일어나지 않으며, $C_S < C_L$에서는 액체상에서 기체상 방향으로 기체 전달이 일어나게 된다. 기체 전달의 주된 추진력(driving force)은 $(C_s - C_L)$ 항이 된다. $C_L = 0$일 때 기체의 전달속도는 최대가 되며, $C_L = C_s$일 때 최소(0)가 된다. 수중의 산소를 예로 들면

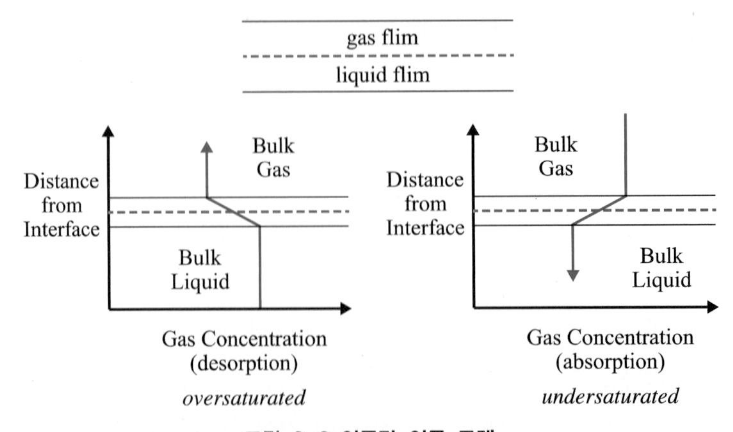

그림 6-6 이중막 이론 모델

물속의 산소부족량($C_s - C_L$)이 클수록 산소전달속도는 더 빠르게 나타난다.

물속의 산소전달(oxygen transfer) 특성은 물 환경과 관련하여 여러 가지 측면에서 매우 중요하다. 예를 들어 자연수에서 수중의 용존산소 감소현상은 유기물질의 분해로 인한 것이며, 반면에 하수처리장에서는 유기물질의 분해를 효과적으로 달성하기 위해 인위적인 산소 공급이 필요하다. 물속의 산소 공급은 원하지 않는 불쾌한 가스 성분(황화물, 암모니아, 탄화수소 등)을 물 밖으로 탈기(gas stripping)시켜 맛과 냄새를 제거하기도 한다. 지하수에 용해된 철분이나 망간의 산화를 위해서도 산소 공급은 매우 유용하며, 석회 연수화 공정에서 부식이나 간섭작용을 줄이기 위해 수중에 용해된 이산화탄소를 제거하기 위해 이용되기도 한다. 또한 시멘트 및 콘크리트의 분해나 금속 부식 억제를 위해서도 산소의 공급은 매우 유용한 방법이다. 이러한 특성은 폭기(aeration)라는 방법으로 공학적으로 다양하게 응용된다. 자연수에서의 용존산소의 거동, 공급과 소모에 대해서는 앞서 발행된 교재(안영호, 2016) 8장에서 상세히 언급하였다. 이 장에서는 상수 및 하수처리에서 폭넓게 사용되는 폭기(aeration) 공정과 관련하여 설명한다(Ekama et al., 1984).

폭기를 사용하는 대표적인 공정으로 활성슬러지(activated sludge)나 호기성 소화(aerobic digestion) 같은 호기성 공정(aerobic process)을 들 수 있다. 이때 주된 역할을 하는 호기성 미생물의 활성도는 원활한 산화 반응을 유지하기 위해 산소를 얼마나 충분히 안정적으로 공급할 수 있는가에 달려 있다. 산소는 유기물질(COD)의 분해와 질산화(nitrification) 반응에서 최종전자수용체(terminal electron acceptors)의 역할을 한다. 산소는 용해도가 낮고 또한 전달속도도 느리므로 일반적인 방법으로는 안정적인 산소 공급이 어렵다. 따라서 안정적인 운전을 위해서는 적어도 생물학적 요구량과 동등 이상의 속도로 산소를 공급할 수 있도록 적절히 장비를 설치해야 한다. 이때 사용되는 장비를 폭기장치(aeration devices) 또는 폭기기(aerators)라고 한다. 폭기장치의 효과적인 설계는 필요한 양의 산소를 효과적으로 공급하는 데 있으며, 이는 공정의 효율적 운전뿐만 아니라 경제성과도 관련한 중요한 과제이다.

(2) 폭기

1) 산소전달 기작

폭기는 주로 물속을 통과하는 미세 기포(fine bubbles)와 통과 과정에서 막혀 생긴 거대 기포(coarse bubbles), 그리고 공기와 수면의 접촉으로 인한 표면 교반(surface agitation)에 의해 발생된다. 이때 산소는 기체-액체 계면을 통한 확산(diffusion)에 의해 수중으로 용해되고, 대류(convection) 및 확산에 의해 액체 속으로 분산된다.

계면에서 산소의 이동은 다음의 3단계로 진행된다.

① 공기로부터 수중으로 이동하는 산소 분자는 들어가고 나오는 분자의 수가 같을 때까지 기체-액체 계면으로 전달된다(1초에 약 1×10^{-6} 정도로 매우 빠름).

② 계면에서 포화 상태로 용해된 산소 분자는 확산에 의해 계면 막(interfacial film)을 통과한다(막은 최대 분자 13개 정도의 두께를 가지며, 막은 공기를 향하는 모든 부분이 물 입자로 이루어져 있으며, 확산의 주요 장벽이 된다).

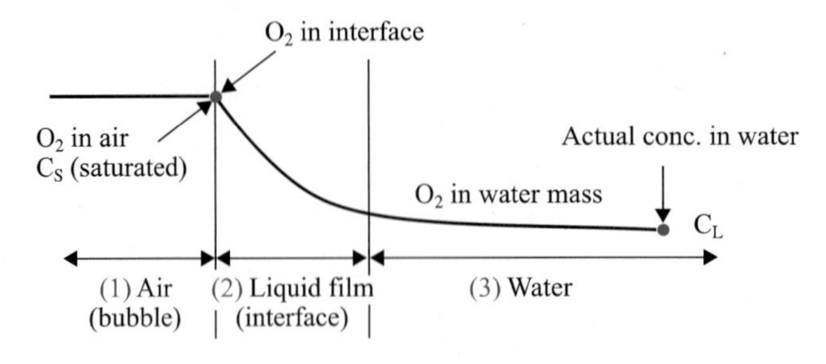

(a) Laminar flow condition

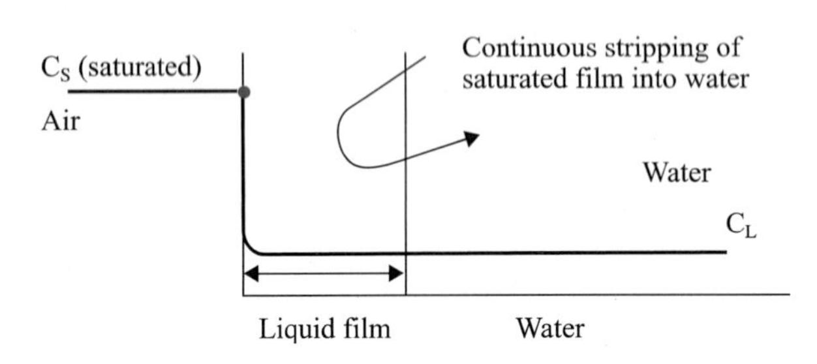

(b) Turbulence flow condition

그림 6-7 **수면에서의 산소농도곡선**

③ 확산 및 대류에 의해 산소는 수역 전체로 분산된다.

교란이 일어나지 않는 층류 조건[그림 6-7(a)]의 계면이라면 산소의 용해속도(rate of oxygen dissolution)는 계면을 통한 분자 확산에 의해 조절된다. 즉, 단계 (2)가 속도제한(율속)단계(rate limiting step)가 된다. 그러나 난류 수준이 지배적으로 높은 경우[그림 6-7(b)], 막은 끊임없이 파괴되어 교란되어 포화된 막 계면은 액체로 옮겨지고 새로운 층은 빠른 속도로 다시 포화가 이루어진다. 이 경우에는 단계 (2)가 아니라 단계 (1)과 (3)이 속도제한단계가 된다. 활성슬러지 시스템에서는 후자의 경우가 일반적이다.

2) 산소전달속도

식 (6.32)의 기체 전달 속도식에서 기체의 확산계수(D), 액체 막의 재생률(S) 및 계면 면적(A) 등의 항들은 사실상 그 값을 결정하기가 용이하지 않다. 따라서 이러한 항들은 일반적으로 하나의 상수인 K_{La}로 압축하여 표현한다(식 6.33).

$$\frac{dC}{dt} = K_{La}(C_S - C_L) \tag{6.33}$$

여기서 K_{La}는 물질전달 속도상수(mass transfer coefficient, h^{-1})로 산소전달률은 난류상태, 기포의 크기, 혼합, 폭기조 형상, 액체 속에 포함된 불순물의 함유 정도 및 온도 등에 따라 달라진다.

표준상태(20°C, 1기압)에서 완전한 탈산소화(즉, $C_L = 0$)가 이루어진 불순물이 없는 깨끗한 물속으로 단위시간당 전달할 수 있는 산소량을 산소용량(O.C., oxygen capacity)이라고 하는데, 이는 식 (6.34)과 같이 표현된다.

$$\text{O.C.} = (dC/dt)V = K_{La}C_S V \ (\text{kg O/h}) \tag{6.34}$$

한편 산소전달률(oxygen transfer rate, R)이란 단위전력당 단위시간당 수중에 전달 가능한 산소의 질량(식 6.35)을 말하는데, 이는 식 (6.34)를 폭기장치의 축(shaft)에 공급된 전력량으로 나누어진 값이 된다.

$$R = \frac{O.C.}{Power} = \frac{K_{La} C_S V}{(kwh)} \quad (kg\ O/kwh) \tag{6.35}$$

이 값은 일반적으로 제조사로부터 폭기장치의 기본사양(표준상태하의 값)으로 제공된다. 그러나 실제 현장은 표준상태의 조건이 아니므로 설계에서는 실제 산소전달속도(R_{actual})를 찾아 반영해야 한다.

기체-액체의 계면 확산은 계명활성제나 높은 양이온/음이온 농도 등과 같은 불순물에 의해 영향을 받는데, 이러한 요인을 α로 표현하며 흔히 실험적으로 결정한다.

$$\alpha = \frac{K_{La}(wastewater)}{K_{La}(tap\ water)} \tag{6.36}$$

α 값은 유체의 혼합강도(mixing intensity)와도 관련이 있는데, 정지상태에서는 확산에 저항하기 때문에 유체이동은 α 값에 거의 영향이 없으며, 점차 교반시키게 되면 유체에 대한 저항이 감소하여 최솟값을 가지고, 높은 난류조건하에서는 최댓값(1)으로 증가하는 특성이 있다.

반응조 내 미생물 농도(MLSS)의 증가는 점도(viscosity)의 증가를 초래하므로 이 역시 α 값에 영향을 미치게 된다. 그러나 1%(10,000 mg SS/L) 미만의 농도에서는 거의 영향을 받지 않지만 1%에서 3%로 고형물 농도가 증가하게 되면 α 값은 0.92에서 0.65로 감소한다.

한편 수중에 포함된 불순물은 기체의 포화도(C_S)를 떨어뜨리는데, 도시하수의 경우는 β 값이 0.9～1.0 정도이다[식 (6.37)]. 흔히 하수시료와 증류수를 기준으로 할 때 α와 β 값은 각각 0.9와 097 내외로 적용된다(US EPA, 1992).

$$\beta = \frac{C_S(wastewater)}{C_S(tap\ water)} \tag{6.37}$$

기체의 포화도는 해수면의 높이(압력)에 따라서도 영향을 받는데, 이는 앞서 설명한 가스용해도와 대기압 관련 부분[식 (6.30)과 표 6-8]을 참조한다. 기체의 포화도에 대한 압력조정은 기계식 표면 폭기장치(mechanical surface aerators)의 경우 직접 적용이 가능하나, 산기식 폭기장치(diffused air aerators)의 경우는 기포가 수조의 바닥에서 공급되므로 수심의 깊이에 따른 증기압의 변화를 고려하여야 한다[식 (6.38)].

$$C_{Sh} = C_S \frac{(P_S + 0.5h' - p)}{P_S - p} \tag{6.38}$$

여기서, C_{Sh} = 수심 깊이에 따른 포화농도(mg O/L)

C_S = 압력 P에서의 포화농도(mg O/L)

P_S = 대상 지점의 공기압(mmHg)

p = 지역의 포화 수증기압(mmHg)

h' = 수두(h, m)의 압력(mmHg)

[즉, h' (mmHg) = h(m)×(1000 mm/1 m)×(1 m/13.6 mmHg) = 1,000 h/13.6]

한편, 물질전달 속도상수(K_{La})에 대한 온도 영향은 아레니우스 형식(Arrehnious type)으로 표현된다[식 (6.39)].

$$K_{LaT} = K_{La20}\,\theta^{(T-20)} \tag{6.39}$$

여기서, K_{La20}은 20°C에서의 물질전달 속도상수이다. θ 값은 기계식 폭기장치의 경우 흔히 1.024로 고려되지만 이 값은 실제 너무 높은 편으로 1.012를 적용하는 경우가 일반적이다. 산기식 폭기장치의 경우 θ 값은 1.020～1.028의 범위로 보통 1.024를 사용한다.

기체의 포화도(C_S)에 대한 온도영향은 흔히 표로 제공되고 있지만 간단히 식 (6.40)으로 표현된다.

$$C_{ST} = \frac{(C_{S20} + 51.6)}{(31.6 + T)} \tag{6.40}$$

여기서, T = 온도(°C)

$C_{S20} = 9.07$ mg O/L

이상의 요인들을 이용하여 산소전달률(R) 식 (6.35)를 보정하면 식 (6.41)이 된다.

$$R = \frac{O.C.}{Power} = \frac{(dC/dt)V}{Power} = \frac{kg\ O}{kwh} \tag{6.41}$$

이 식으로부터 실제 설계값이 되는 산소전달률(R_{actual}, AOTR)과 표준 산소전달률(R_{std}, SOTR)과의 상관관계는 다음 식 (6.42)와 같다.

$$\begin{aligned}\frac{R_{actual}}{R_{std}} &= \frac{[(dC/dt)V/kwh]_{actual}}{[(dC/dt)V/kwh]_{std}} \\ &= \frac{\alpha\theta^{(T-20)} K_{La}\left[\frac{(P-p)}{(760-p_{std})} \times \frac{51.6}{(31.6+T)} \times C_S\beta - C_L\right]V}{K_{La}\, C_S\, V} \\ &= \alpha\theta^{(T-20)}\left[\frac{(P-p)}{(760-p_{std})} \times \frac{51.6}{(31.6+T)} \times C_S\beta - C_L\right]/C_S\end{aligned} \tag{6.42}$$

생물학적 공정에서 실제 산소전달률(R_{actual})과 최대 산소요구량(total peak oxygen requirement)을 알면 다음 식 (6.43)과 같이 소요동력을 계산할 수 있다.

$$Power(kw) = \frac{Design\ Oxygen\ Demand(kg\ O/h)}{R_{actual}(kg\ O/kwh)} \tag{6.43}$$

이 값은 폭기장치의 축에서 요구되는 동력으로 실제 요구되는 총 동력은 폭기장치 각 부분(변속장치, 전기모터 등)의 효율이 종합적으로 고려되어야 한다. 일반적으로 전체 효율은 기계식의 경우 70～90%이며, 산기식의 경우는 50～80% 정도이다. 에너지의 손실은 공기 압축(발열, 소음 등)이나 장비 자체의 효율성에서 발생한다.

3) 폭기 장치

폭기 장치는 3종류의 기본 유형이 있다. 먼저 산기식 폭기장치에는 다공성(고무 또는 세라믹 재질), 비 다공성(오리피스 유형) 및 정적 폭기(static aeration) 형태가 있다. 터빈형 폭기기(turbine aerators)는 기계 혼합장치와 압축공기 살포기(compressed air sparging)의 조합으로 이루어진다. 표면 폭기기는 방사류(radial flow)와 축류(axial flow) 및 브러시 형태가 있는데, 방사류 방식은 단회로(short circuiting) 흐름을 발생할 가능성이 있다.

일반적으로 하수 및 폐수처리장의 생물학적 산화단계에서 산소를 공급하기 위해 사용하는 폭기장치의 산소전달능력은 산기식 폭기기가 20～40 mg O_2/L/hr, 표면 폭기기가 60 mg O_2/L/hr, 그리고 터빈 폭기기가 75～80 mg O_2/L/hr 정도이다. 표 6-9에는 폭기기 종류에 따른 산소전달률 및 소요동력을 정리한 것이며, 그림 6-8은 활성슬러지에 사용되는 전형적인 폭기장치의 종류를 보여주고 있다.

4) 폭기장치의 성능평가를 위한 실험 방법

폭기장치의 선정에 있어서 제조사의 품질보증을 만족하는지 알아보기 위해 실규모 조건하에서 폭기장치의 성능을 시험할 필요가 있다. 이때 네 가지 시험방법이 적용가능하다.

- 탈산소화된 수돗물을 이용한 비정상상태(unsteady state) 시험
- 수돗물을 이용한 정상상태(steady state) 시험
- 활성슬러지를 이용한 비정상상태 시험
- 활성슬러지를 이용한 정상상태 시험

이중에서 첫째와 넷째 방법이 효과적이며, 보편적으로 이용된다.

① 수돗물을 이용한 비정상상태 시험

이 방법은 일반적으로 활성슬러지 시스템을 시운전하기 전에 수행하는데, 다음과 같은 절차에 따른다.

(i) 폭기조를 수돗물로 채운다($\alpha = \beta = 1$).
(ii) 산소가 포화농도에 이르기까지 폭기장치를 가동한다(장치점검).
(iii) 현장 조건(대기압, 수온 등)을 측정한다.
(iv) 폭기장치의 가동과 함께 수중의 잔류산소를 제거하기 위한 화학물질(Na_2SO_3)을 첨가한다.

$$2\ Na_2SO_3 + O_2 \rightarrow 2\ Na_2SO_4 \qquad (6.44)$$

$$\begin{matrix} (2\times126) & (2\times16) \\ x & 9.07 \end{matrix}$$

이 식에 따르면 1 mg O/L에 대해 7.87 mg Na_2SO_3/L가 필요하지만 최소한 40% 정도 증가하여 투입한다. 즉, 20°C 기준으로 계산하면 9.07 mg O/L×(7.87 mg Na_2SO_3/1 mg O)×1.4 = 100 mg Na_2SO_3/L가 된다. 여기에 촉매재(catalyst, $CoCl_2.6H_2O$)를 소량(0.05 mg Co^{2+}/L) 주입하면 완전한 탈산소가 가능하다.

표 6-9 폭기장치의 종류와 특성

폭기기의 종류		특성	일반적인 폭기기의 특성			산소전달효율 (kgO_2/kW-hr)
			적용범위	장점	단점	
산기식 폭기기	A) 산기식 a. 미세기포 산기식	매우 작거나 혹은 중간 크기의 공기방울을 배출시키며 멤브레인이나 세라믹으로 된 판, 관 및 플라스틱섬유관 또는 백(bag)으로 제작된다.	고율, 재래식, 장기포기, 계단식, 수정식, 접촉안정법, 활성슬러지법에 적용된다.	혼합정도가 좋고, 유지효과가 있고, 양호한 운전상 유동성으로 공기량을 조절할 수 있다.	초기시설비 및 유지관리비가 크며, 공기여과가 필요하다. 주입된 공기나 나선형으로 이동되므로 반응조의 모양이 한정되어 있다.	0.82 ~ 1.14
	b. 조대기포 산기식	공기방울을 노즐, 밸브, 오리피스관(shear type)으로 방출하여 그 크기가 비교적 크다. 플라스틱에 체크밸브(check valve)를 설치한 경우도 있다.	미세기포산기와 같다.	산기기가 막히지 않으며, 수온 유지효과와 유지관리가 쉽다.	초기시설비가 크다. 산소전달효율이 낮고 전력비가 비교적 많이 지출된다. 간혹 공기방울이 조정 안되는 경우도 있다.	0.54 ~ 0.82
	B) 관통형 (tubular)	수직으로 설치된 관통을 통해서 공기가 유출될 때 물과 혼합되는 전단력을 이용한 것으로 플라스틱재료나 금속제품이다.	포기식산화지에 주로 사용된다.	경제성이 있다. 산소전달효율이 높다. 유지관리가 쉽다.	폭기조를 잘 혼합시킬 수 있는지가 의문이며 처리효과가 높은 생물학적 처리법에 적용가능여부가 확인되지 않고 있다.	0.82 ~ 1.18
	C) 제트(jet)형	노즐을 이용해 압축된 공기와 펌프로 양수된 물을 혼합시키고 분출시킨다.	산기식과 같다.	깊은 포기조에 적합하고, 비용이 그리 높지 않다.	사용하는 폭기조의 모양이 제한되어 있으며 노즐이 막히는 경우가 있다.	1.14 ~ 1.59
기계식 표면 폭기기	A) 방사류 저속(20~60 rpm)	저속, 직경이 큰 터빈으로 수중에 부상 및 고정형(fixed-bridge)에 설치가능하고 감속기어가 설치된다.	산기식과 같다.	반응조모양에 크게 구별받지 않으며 양수용량이 크다.	동절기에 결빙문제가 발생하며 축류형포기조보다 시설비가 고가이며 기아감속기의 유지관리가 힘들다.	0.91 ~ 2.04
	B) 축류형 고속전동기 (300~1200 rpm)	고속, 직경이 적은 프로펠러식 사용. 수중에 부상형 구조로 전동기에 직접 설치한다.	포기식산화지와 재포기조	시설비가 저렴하며 수위변화에도 운전이 쉽고, 운전에 융통성이 있다.	동절기에 결빙문제가 발생하며 유지관리가 어렵고 혼합정도가 불충분할 수 있다.	0.91 ~ 1.14
	C) 브러시 로터(brush rotor)	저속, 기어감속기 사용.	산화구, 포기식산화지와 활성슬러지	초기시설비가 중간정도이며, 유지관리가 쉽다.	운전방법에 따라 효율이 감소될 수 있으며 사용되는 반응조모양에 제한이 있다.	1.14 ~ 1.59
수중형 폭기기 (submerged turbine)		저속터빈과 압력튜브 혹은 보통관을 통한 압축공기를 주입하는 형식. 고정형(fixed-bridge) 및 자립형으로 설치가능	산기식과 같다.	혼합정도가 좋으며 단위용량당 주입량이 크고, 깊은 반응조에 적용하며 운전에 융통성이 있다. 결빙문제나 유체가 튀지(splash) 않는다.	기어감속기와 송풍조가 소요되어 전기료가 많이 든다.	0.77 ~ 1.14

주) 산소주입 가능량은 1기압 20°C에서 깨끗한 물을 기준으로 하였을 때 값이다.

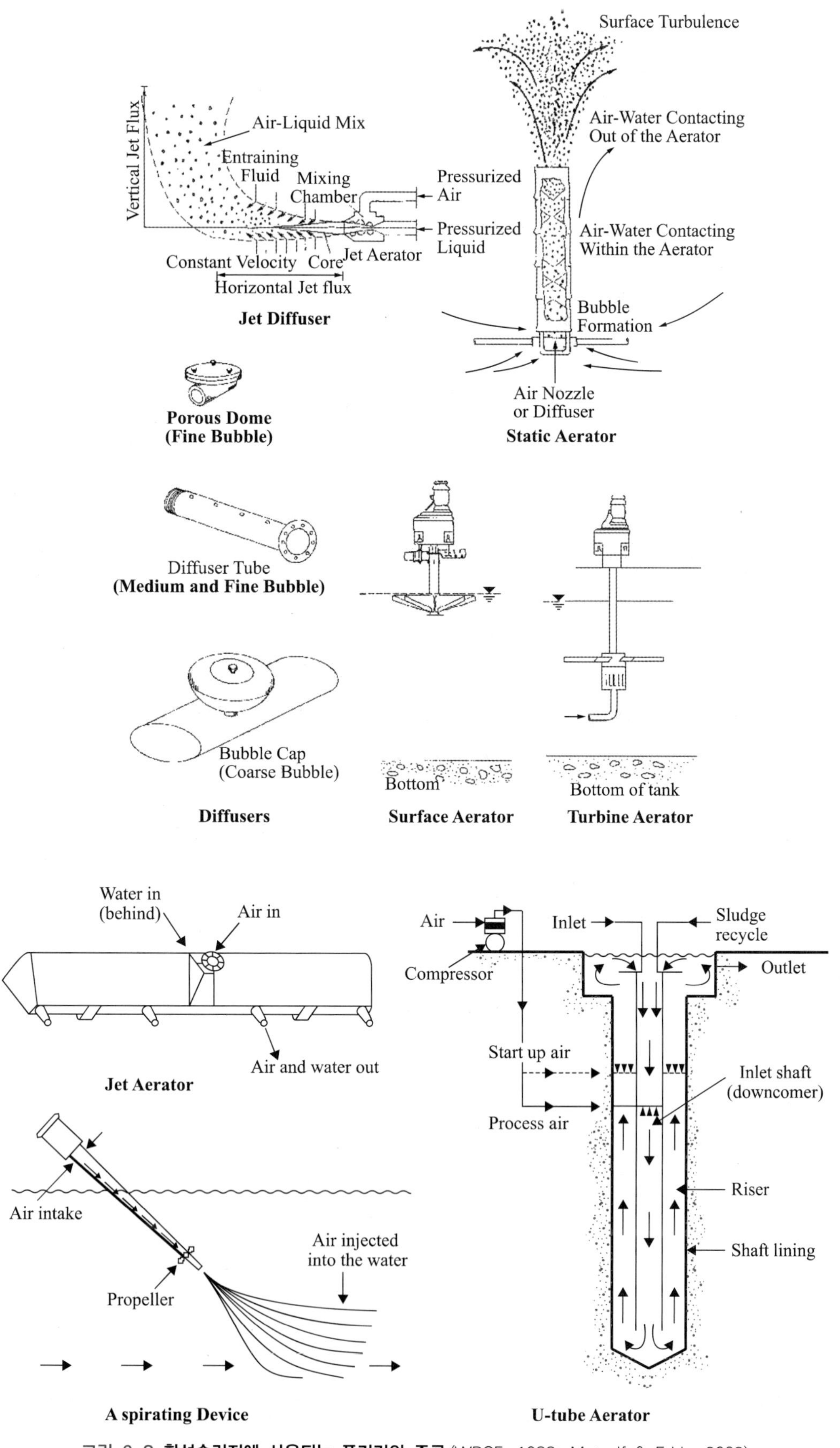

그림 6-8 **활성슬러지에 사용되는 폭기기의 종류** (WPCF, 1988; Metcalf & Eddy, 2003)

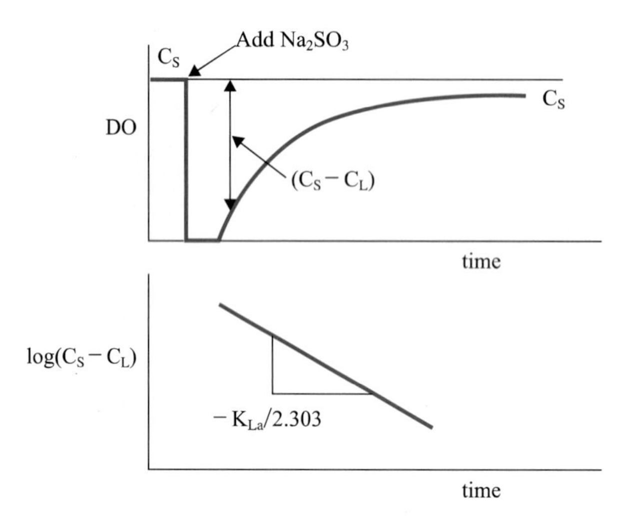

그림 6-9 폭기기의 산소전달 성능평가

(v) 수조 내의 용존산소(DO)를 0에서 포화농도에 이르기까지 증가시키며, 용존산소와 동력(축 동력과 총 전력)을 측정한다.

(vi) 주어진 온도 및 압력에서 포화 DO를 계산하고 DO 측정값을 이용하여 시간에 따른 $\log(C_S - C_L)$ 값을 그래프로 나타낸다. 이때 기울기는 주어진 물의 온도에서 $-K_{La}/2.303$을 나타낸다(그림 6-9).

(vii) 20°C에 대한 K_{La}를 계산하고 O.C.를 구한다($C_{S\ std} = 9.07$ mg O/L).

$$O.C._{std} = K_{La}\, C_{S\ std}\, V \quad (\text{kg O/h}) \tag{6.45}$$

(viii) $O.C._{std}$에서 R_{std}를 결정한다.

$$R_{std} = O.C._{std}/\text{사용된 전력량} \tag{6.46}$$

(ix) 제조사에서 제공한 보증자료와 측정값을 비교한다.

② 활성슬러지를 이용한 정상상태 시험

처리시설이 이미 가동 중인 상태에서 폭기장치의 점검이 필요하다면, 일반적으로 다음과 같은 절차로 활성슬러지를 이용하여 정상상태 시험을 수행한다.

(i) 설계 사양에 맞추어 폭기장치를 설정한다(침수형 또는 회전형 등).

(ii) 활성슬러지의 산소요구량이 1시간 동안 일정하게 유지되는 시간대에 시험을 실시한다(실제 실규모 처리시설에서 이러한 상황은 매우 어렵다).

(iii) 이 시간 동안 다수에 걸쳐 DO 농도(C_L)를 측정하여 평균치를 구한다.

(iv) 동시에 반응기에서 혼합액(mixed liquor) 시료를 취하여 슬러지의 산소소비율(OCR, oxygen consumption rate)을 측정한다. OCR 측정은 시료에 용존산소를 최대로 증가시킨 후 산소공급을 중단한 상태에서 시간에 따라 감소되는 DO 농도를 측정하여 작성된 시간-DO 농도 그래프로부터 결정한다. 이때 그래프의 기울기가 OCR(mg O/L-hr)이 된다. 동일한 방법으로 새로운 활성슬러지 시료를 채취하여 4～5회 반복적으로 시험하여

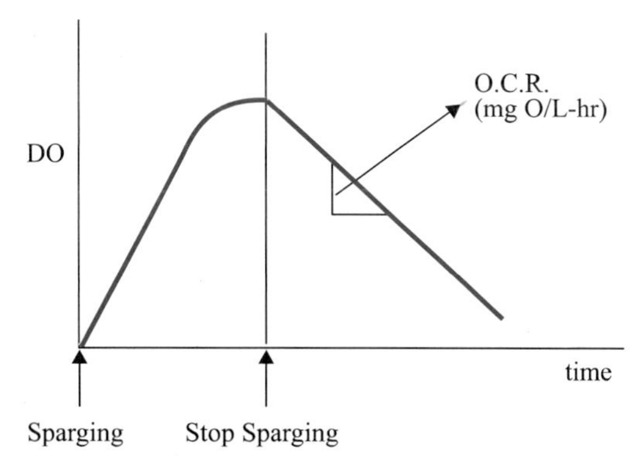

그림 6-10 활성슬러지의 산소소비율평가

결과를 비교한다(그림 6-10).

정상상태로 운전되는 활성슬러지 시스템에서 DO 농도 변화는 없으므로 다음 식 (6.48)에 의해 K'_{La} $(dC_L/dt = 0)$를 결정한 후 R_{std}를 구할 수 있다.

$$\frac{dC_L}{dt} = K'_{La}(\beta C_S - C_L) - (OCR) = 0 \tag{6.47}$$

$$K'_{La} = \frac{(OCR)}{(\beta C_S - C_L)} \tag{6.48}$$

여기서 C_S = 현장 압력과 시간 조건에서 포화된 DO 농도

C_L = 정상상태의 반응조 DO 농도

$K'_{La} = \alpha K_{La}$

예제 6-10 산소 전달률 계산

15°C에서의 폭기실험에서 다음과 같은 실험자료를 얻었다. 이를 이용하여 20°C에서의 산소 전달률을 계산하시오.

시간(분)	4	7	10	13	16	19	22
DO 농도(mg/L)	0.8	1.8	3.3	4.5	5.5	5.2	7.3

풀이

1. 식 (6.36)을 참고로 그래프(그림 6-11 참조)를 그린다(C_s @ 15°C = 10.7).
2. K_{La} (15°C) = 4.39 h^{-1}
3. K_{La} (20°C)

$$K_L a_{(T)} = K_L a_{(20°C)} \theta^{T-20}$$

$$K_{La} \text{ (20°C)} = (4.39)/1.024^{(15-20)} = 4.94 \text{ h}^{-1}$$

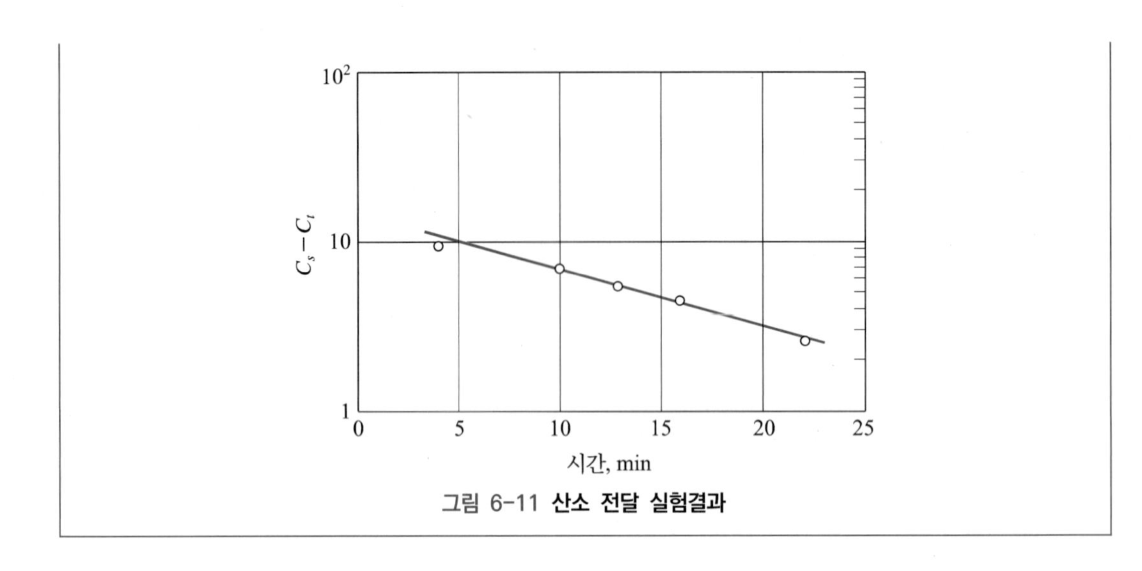

그림 6-11 **산소 전달 실험결과**

(3) 폭기조에서의 산소 섭취, 탈기 및 열전달

하수 및 폐수처리장에서 유기물질의 분해를 위해 산소를 공급하는 시스템(O_2 transfer system)은 용존 산소(DO)의 공급뿐만 아니라 혼합(mixing), 열전달(heat transfer), 그리고 휘발성 유기탄소(VOCs, volatile organic carbons)의 탈기(stripping) 등과 같은 주요 기능을 추가적으로 가진다.

공기(air)를 공급하는 활성슬러지의 경우 산소 섭취 효율(oxygen absorption efficiencies)은 실제 5～10% 정도에 지나지 않으며, 주입된 산소가스는 대부분 VOC와 반응열 그리고 이산화탄소의 탈기 효과를 가진다. 즉, 미생물에 의한 산소 섭취와 탈기의 두 가지 측면에서 본다면 우수한 산소 섭취(good O_2 absorber)는 저조한 탈기(poor stripper)를 의미하고 반대로 저조한 산소 이용은 우수한 탈기 작용을 의미할 것이다.

산소공급을 위해 공기를 사용하는 생물반응조에서 미생물에 의한 실제 산소의 섭취율은 다음과 같이 전체 공기량의 1～2% 정도에 지나지 않으며, 그 나머지인 98～99%는 모두 탈기되게 된다.

$$100\ m^3\ \text{air} \times 0.21\ O_2/\text{air} = 21\ m^3\ O_2$$

$$21\ m^3\ O_2 \times 0.05 \sim 0.10\ \text{abs} = 1 \sim 2\ m^3\ O_2$$

반면에 순산소(pure O_2)를 사용할 경우 산소 이용률은 50～60%까지 증가한다. 이러한 관점에서 볼 때 표면폭기시스템(surface aeration system)은 확산형 폭기시스템(diffused aeration system)보다 우수한 탈기 특성을 보일 것이며, 탈기효과를 향상시키기 위해 생물반응조의 덮개는 불필요하다. 이러한 개념은 특히 산업폐수를 처리하는 호기성 처리기술이나, 산업폐수가 많이 포함되어 있는 하수처리에서는 중요한 고려사항이 된다.

호기성 처리기술은 생물학적 반응과정에서 동시에 발열(heat generation) 반응을 수반하게 되는데, 이는 유기물질의 안정화(CBOD stabilization)와 질산화(nitrification), 그리고 탈질반응(denitrification)에 따른 것이다. 따라서 공기압축시스템(air compression system)과 생물학적 안정화(biological stabilization) 반응에 따른 반응조 내부의 온도 증가율은 다음과 같다.

ΔT1 = 2°F(1.1°C)/1,000 mg/L (air compression system)

ΔT2 = 6°F(3.3°C)/1,000 mg/L ΔBOD (biological stabilization process)

이러한 온도증가 현상은 특히 고농도의 폐수와 슬러지(예를 들어 분뇨, 축산폐수, 산업폐수 등)를 처리하는 경우에 두드러지게 나타난다. 예를 들어 유기물질의 분해량(ΔBOD)이 10,000 mg/L라면 약 40°C 이상의 온도상승 효과를 가지게 된다.

ΔT1 = 1.1°C × 10,000/1,000 = 11°C

ΔT2 = 3.3°C × 10,000/1,000 = 33°C

이러한 개념은 1960년도 후반 개발된 슬러지의 처리기술 중 하나인 자체발열 호기성 소화기술(ATAD, auto-thermal aerobic digestion)의 이론적 배경이 된다(Kambhu and Andrews, 1969; Jewell and Kabrick, 1980). 특히 생물학적 분해가능 유기물질(high biodegradable COD)의 양이 높을 경우 ATAD 시스템의 온도는 70°C 이상까지 높게 관측되기도 한다(Staton et al., 2001; US EPA, 1990). 그림 6-12에 폭기조에서의 산소 및 열전달 물질수지에 대한 간단한 예를 나타내었다.

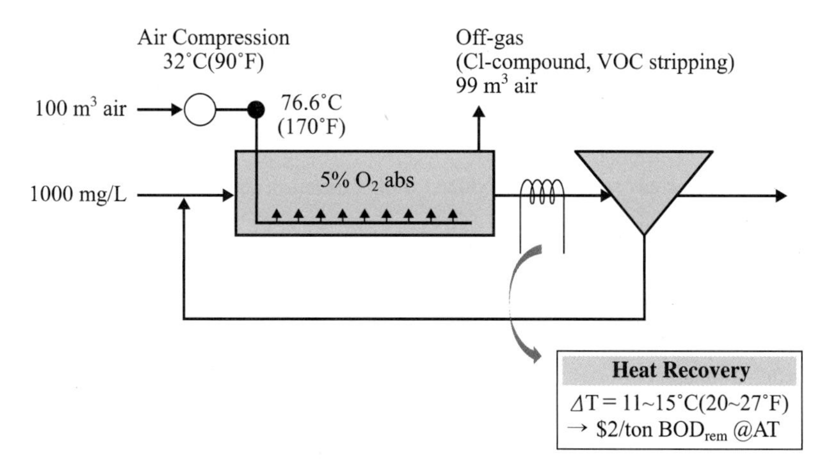

그림 6-12 **폭기조에서의 산소 및 열전달 물질수지**

참고문헌

- Butler, J.N. (1964). Solubility and pH Calculations, Addison-Wesley Publishing Company, MA.
- Butler, J.N., (1982). Carbon Dioxide Equilibria and Their Applications, Addison-Wesley, Publishing Company, MA.
- Ekama et al. (1984). Theory, Design and Operation of Nutrient Removal Activated Sludge Processes. WRC Report No TT16/84.
- Elmore, H.L., Hayes, T.W. (1960). Solubility of atmospheric oxygen in water. In Proc. Am. Sot. Civil Engrs, 86, 41-53.
- Hammer, M.J., Hammer, M.J. Jr. (2000). Water Wastewater Technology, Pearson.
- Jewell, W.J., Kabrick, R.M. (1980). Autoheated aerobic thermophilic digestion with aeration. J. Water Pollut. Control Fed., 52: 512.
- Kambhu, K., Andrews, J.F. (1969). Aerobic thermophilic process for the biological treatment of wastes-simulation studies, J. Water Pollut. Control Fed., 41, R127.
- Larson, T.E., Buswell, A.M. (1942). Calcium carbonate saturation index and alkalinity interpretations. J. American Water Works Association, 34(11), 1667.
- Lewis, W.K, Whitman, W.G. (1924). Principles of Gas Absorption. Industrial & Engineering Chemistry, 16 (12), 1215-1220.
- Lide, D.R. (2005). CRC Handbook of Chemistry and Physics (86/e). Boca Raton: CRC Press.
- Metcalf & Eddy, Inc. (2003) Wastewater Engineering: Treatment, Disposal, and Reuse (4/e), Revised by Burton, F.L., Stensel, H.D., Tchobanoglous, G., McGraw-Hill, New York.
- Perry, R.H, Green D.W. (1984), Chemical Engineers Handbook (6/e), McGraw-Hill Book Company, New York.
- Sander, R. (2015). Compilation of Henry's law constants (ver. 4.0) for water as solvent. Atmos. Chem. Phys., 15, 4399-4981.
- Seely, O. (1998). Selected solubility products and formation constants at 25°C. Public domain databases in the sciences.
- Singh, K.S., Harada, H., Viraraghaban T. (1996). Low-strength wastewater treatment by a UASB reactor. Bioresource Technology, 55(96), 187-194.
- Speece, R.E. (1996). Anaerobic Biotechnology for Industrial Wastewater Treatment. Archae Press, Nashville, Tennessee.
- Staton, K.L., Alleman, J.E., Pressley, R.L., Eloff, J. (2001). 2nd generation autothermal thermophilic aerobic digestion: conceptual issues and process advancements. Proc. the Water Environment Federation, 1, 1484-1495.
- Tchobanoglous, G., Schroeder, E.D. (1985). Water Quality: Characteristics, Modeling, Modification. Addison-Wesley Pub. Co., MA.
- Vesilind, P.A., Morgan, S.M., Heine, L.G. (2010). Introduction to Environmental Engineering-SI Version. Cengage Learning.
- Uemura, S., Harada, H. (2000). Treatment of sewage by a UASB reactor under moderate to low temperature conditions. Bioresource Technology, 72, 275-282.
- US EPA (1977). Process Design Manual, Wastewater Treatment for Sewered Small Communities, EPA 625/1-77-009.
- US EPA (1978). Innovative and Alternative Technology Assessment Manual, EPA430/9-78-009.
- US EPA (1990). Environmental Regulations and Technology: Autothermal Thermophilic Aerobic Digestion of Municipal Wastewater Sludge, EPA/625/10-90/007.
- US EPA (1992). Design of Municipal Wastewater Treatment Plants, 1592, WEF Manual of Practice

No.8 and ASCE Manual and Report on Engineering Practice No.76, 2 vols.
- WPCF (1988). Aeration: A Wastewater Treatment Process, MOP FD-13.
- 민경석, 안영호, 박소민 (2002). UASB 반응조를 이용한 저농도 폐수의 처리. 대한환경공학회지, 24(8), 1379-1389.
- 안영호 (2016). 상하수도공학-물 관리와 기본계획, 청문각.

Chapter 07

환경 미생물

Environmental Microbiology

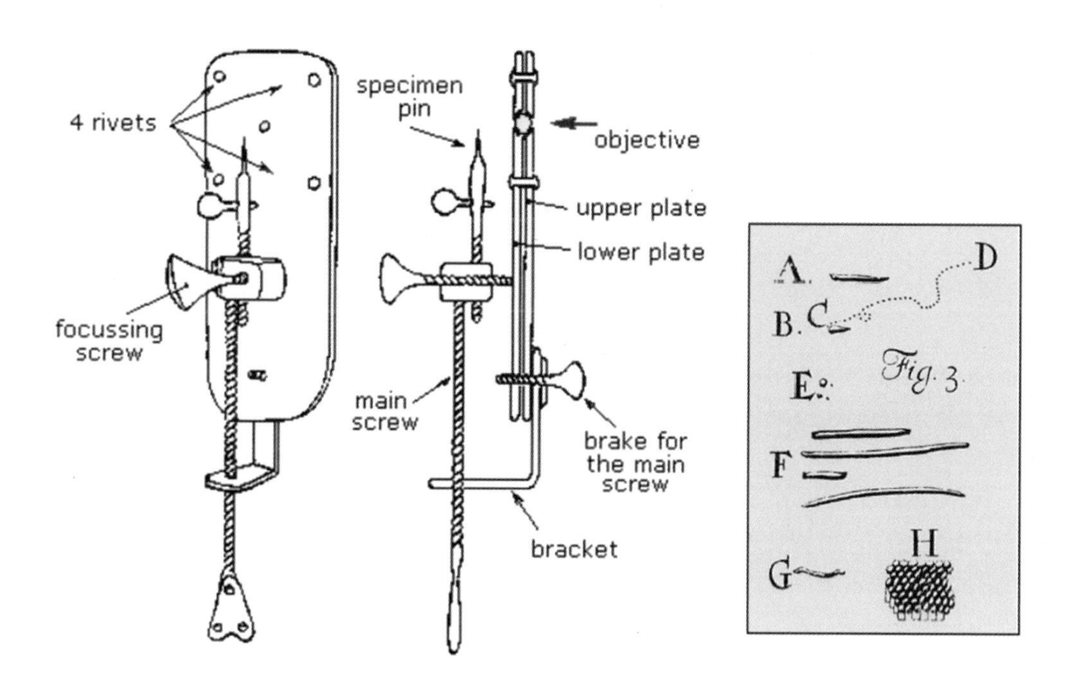

Van Leeuwenhoek's Microscopes

constructed by Antoni van Leeuwenhoek in the XVII century, Netherland.
Van Leeuwenhoek is commonly known as "the Father of Microbiology", and one of the first microscopists and microbiologists. He is best known for his pioneering work in microscopy and for his contributions toward the establishment of microbiology as a scientific discipline.

(Antoni van Leeuwenhoek, 1632~1723)

7.1 환경 미생물학의 발전과 중요성

"환경 미생물학(environmental microbiology)"은 지구의 모든 환경에 존재하는 미생물에 대하여 인류의 건강과 복지에 대해 유익하거나 또는 해로운 영향을 탐구하는 분야로 정의된다(Pepper et al., 2014). 이 학문분야는 물, 토양 혹은 공기와 같은 환경 내에서 미생물 간의 상호작용에 초점을 둔 미생물 생태학(microbial ecology)과도 깊은 관련이 있다. 그러나 두 분야의 주된 차이점은 환경 미생물학은 환경을 개선하고 유익하게 하는 응용과학분야라는 데 있다. 최근 환경 미생물학과 미생물 생태학, 그리고 환경 유전체학(Environmental genomics) 등에 대한 경계는 상당히 모호해지고 있다. 특히 미생물을 실험실에서 배양하지 않고 환경에서부터 직접 유전체를 추출하여 조작하는 메타지노믹스(Metagenomics) 기술의 개발(Handelsman et al., 1998)은 환경 미생물학의 발전에 큰 전기를 마련하고 있다. 표 7-1에는 미생물학과 그 분석기술의 발전과정을 정리하였다.

미생물은 가장 오래된 생물체로서 생화학적 순환(biochemical cycle)에 중요한 역할을 한다. 1676년 네덜란드 상인이었던 레벤후크(Antoni van Leeuwenhoek, 1632~1723)로부터 시작된 현미경의 발전에 힘입어 초기 미생물학의 과학적 관심은 주로 공중보건 측면에서의 환경에 존재

표 7-1 미생물학의 발전

Year	Development
1664	The first microscope (optical, x30), discovery of cells (fungi) (Robert Hooke, England)
1676	Discovery of red blood cells (x270) (Antoni van Leeuwenhoek, Netherland)
1684	Discovery of microorganisms (Antoni van Leeuwenhoek, Netherland)
1839	Cell theory (Schwann and Schleiden, Germany)
1842	Draft version of "On the Origen of Species by means of Natural Selection" (Charles Darwin, England)
1850	Discovery of pathogenic microorganisms (Casimir Davaine and Pierre Rauer, France)
1858	Wallace (1823~1913)'s essay Fermentation and germ theory of diseases (Louis Pasteur, France)
1859	Publication of "On the Origen of Species" (Charles Darwin, England)
1864	Swan neck flask experiment (Louis Pasteur, France)
1869	Discovery of Deoxyribonucleic acid (DNA) (Friedrich Miescher, Swiss)
1876	Bacterial endospore (Ferdinand Cohen, Germany)
1881	Four generalized principles linking specific microorganisms to specific diseases (Robert Koch, Germany)
1931	The first prototype electron microscope, transmission electron microscope (TEM)
1953	double-helix model of DNA (James Watson and Francis Crick, USA)
1970	The first nucleotide sequence analysis of DNA (Ray Wu, USA)
1977	The first full DNA genome of bacteriophage φX174 (Sanger et al.)
1986	Invention of scanning probe/atomic force microscope
1990~2003	Human Genome Project (HGP)
1998	Metagenomics-the culture-independent genomic analysis (Handelsman et al.)
2010	High throughput DNA sequencing (Novais and Thorstenson)
2011	Real-time detection of pathogens (van Frankenhuyzen et al.)
2014	Quantitative microbial risk assessment (Haas et al.)

하는 병원체(environmental pathogenic microorganisms)의 운명에 대한 것이었다. 이는 1870년대 파스퇴르(Louis Pasteur)와 코흐(Robert Koch)에 의해 제안된 질병발생에 대한 세균론(Germ Theory of Disease)을 바탕으로 하고 있으며, 또한 생명의 기원과 관련하여 부모가 없이도 생명체가 스스로 생길 수 있다는 자연발생설(spontaneous generation)에 대한 반론이기도 하였다 (Wiener, 1973).

인간과 동물을 위협하는 병원체(이들은 대부분 수인성에 해당한다)의 등장과 폐기물의 처분 결과 필연적으로 발생하는 각종 유기 및 무기물질로 인한 물 환경의 오염 그리고 DNA (deoxyribonucleic acid) 구조의 발견(James Watson and Francis Crick, 1953) 등은 미생물을 탐색하고 분석하기 위한 새로운 과학적 도구들을 지속적으로 개발하는 데 있어 주요한 동력이 되었다. 새로운 분석도구와 그 응용기술의 발전은 이처럼 비교적 짧은 시기에 환경 미생물학이 독자적인 연구분야로 자리매김하는 배경이 되었고, 또한 이 학문은 다양한 분야(그림 7-1)에 기술적 확산을 가져왔다.

병원성 세균(pathogens)에 의한 수인성 질병(water borne disease)은 음용수 및 폐수 처리와 관련된 상하수도 및 환경공학 기술의 발달로 현저히 줄어 들었으나 장내 세균(intestinal bacteria)보다 소독에 강한 바이러스 및 원생 동물과 같은 다른 미생물들은 여전히 주목 받고 있다. 다양한 환경문제를 해결하기 위한 환경 미생물학의 주요 적용분야는 도시하수 및 산업폐수 처리, 음용수의 수질 향상, 유해물질로 오염된 지역의 복구, 환경오염물질로부터 수자원의 보호 및 복구 그리고 병원균의 확산 방지 등으로 매우 다양하다(Rittmann and McCarty, 2002). 뿐만 아니라 각종 폐기물로부터 바이오(메탄, 수소)가스나 바이오 에탄올 또는 바이오 디젤과 같은 생물연료(biofuel)를 생산하기 위해서 발효균과 고세균 및 미세조류 등은 매우 유용하게 사용되는 미생물이다.

환경 미생물을 중요한 핵심 도구로 사용하는 생물 응용공학의 타 분야와 달리 환경 생물공학

그림 7-1 환경 미생물학과 관련한 다양한 분야 (Pepper et al., 2014)

표 7-2 일상 생활환경에 미치는 미생물의 영향

Activity	Environmental Matrix	Impact	Microorganisms
Municipal wastewater treatment	Wastewater	Waterborne disease reduction	*E. coli, Salmonella*
Water treatment	Water	Waterborne disease reduction	Norovirus, *Legionella*
Food consumption	Food	Foodborne disease	*Clostridium botulinum* *E. coli* O157:H7
Indoor activities	Fomites	Respiratory disease	Rhinovirus
Breathing	Air	Legionellosis	*Legionella pneumophila*
Enhanced microbial antibiotic resistance	Hospitals	Antibiotic resistant microbial infections	Methicillin resistant *Staphylococcus aureus*
Nutrient cycling	Soil	Maintenance of biogeochemical cycling	Soil heterotrophic bacteria
Rhizosphere/Plant interactions	Soil	Enhanced plant growth	Rhizobia, Mycorrhizal fungi
Bioremediation	Soil	Degradation of toxic organics	*Pseudomonas* spp.

Ref) Pepper et al.(2014)

(environmental biotechnology)의 가장 큰 차이점은 실제 환경에 적용되는 대부분의 기술들이 특정한 목표를 가지는 경우를 제외하고는 거의 멸균되지 않은 상태의 혼합 미생물(mixed culture)을 다룬다는 데 있다. 따라서 복잡한 미생물 군집(bacterial population) 생태계 속에서 각종 미생물의 선택적 활성화 또는 불활성화를 통하여 목표로 하는 기술의 효과를 극대화하여 달성하도록 설계한다. 환경 미생물학이 자연과학적 측면에서의 탐구라면 환경 생물공학은 문제해결을 위해 실제적인 공학적 적용을 다룬다 할 것이다. 표 7-2에는 일상 생활환경에 미치는 미생물의 영향을 예를 들어 나타내었다.

오염물질의 제거는 기본적으로 물리적(physical), 화학적(chemical) 및 생물학적(biological) 요소기술의 조합으로 이루어진다. 이 중에서 생물학적 방법은 그 경제성과 실효성 측면에서 다양한 장점을 가지고 있어 선호되며 또한 전체적인 처리 시스템 중에서도 매우 중요한 핵심기술로 여겨진다. 생물학적 처리기술은 각종 환경오염물질의 정화를 위해 특정 미생물이나 혹은 최적화된 미생물 군집을 활용한다. 호기성과 혐기성 미생물을 이용한 오염물질 정화기술은 이미 19세기 후반 이후 급격한 발전을 이루어왔고, 현재에도 매우 유용하게 사용되고 있다. 뿐만 아니라 각종 유해물질과 신흥 오염물질에 효과적으로 대응하기 위해 새로운 미생물과 그 응용기술의 개발이 꾸준히 시도되고 있다. 이러한 필연적 발전과정은 과거의 단순한 생물학적 처리(biological treatment)라는 개념에서 확장하여 환경 생물공학과 환경 미생물학이라는 용어가 자리하게 되는 주된 이유이기도 하다.

생물학적 요소기술을 잘 이해하고 설계하기 위해서는 미생물학과 공학의 원리에 대한 기초적인 이해가 필요하다. 특히 중요한 것은 앞 장에서 언급한 반응속도론과 질량보존의 법칙, 그리고 에너지 보존의 법칙 등의 공학원리를 미생물학적 시스템 내에서 이해하는 것이다. 세포의 증식, 에너지의 흐름 및 미생물 군집의 복잡성 등 공정의 특성을 파악하고 제어하기 위해서는 다양한 생명공학적(분자생물학적) 도구가 필요하다. 이 장에서는 그 이해를 돕기 위해 미생물학적 기초 지식을 정리하였다. 더 구체적인 학습을 위해서는 미생물학 분야의 훌륭한 문헌(Madigan et al., 1997; Pepper, et al., 2014)을 참고하기 바란다.

7.2 미생물학의 기초

(1) 세포와 세포론

세포(cell)는 모든 생명체(유기체, organism)의 기본 구조이자 활동(재생산) 단위로 정의된다. 예를 들어 박테리아와 같은 유기체는 단지 세포 하나로 이루어진 단세포 생물이나 반면에 인간은 대략 60조 개 이상의 세포로 구성되어 있는 다세포 생물에 해당한다. 세포는 1665년에 훅(Robert Hooke)에 의해 발견되었다. 세포론(Cell theory)은 세포의 고유한 특성을 설명하기 위한 생물학의 기초 이론으로 1838년 슐라이덴(Schleiden)과 슈반(Schwann)에 의해 제안되었다. 즉, 세포는 생물을 이루는 기본 단위로, 모든 생물은 세포로 이루어져 있으며, 또한 세포는 이전에 이미 존재하는 세포로부터 나온다는 것이다. 그러나 분자생물학의 발달에 따라 현대의 세포론은 다음과 같은 내용을 추가하고 있다(Mazzarello, 1999).

- 세포에는 세포 분열 과정에서 세포에서 세포로 전달되는 유전 정보가 존재한다.
- 모든 세포의 기본적인 화학 조성(C, H, O, N, P)은 같다.
- 세포에는 에너지 흐름(물질대사)이 있다.

이 이론에 따르면 모든 유기체는 하나 이상의 세포로 구성되어 있으며, 모든 세포는 기존의 세포에서 출발하고, 모든 생명 활동 역시 세포에 기반하며, 마지막으로 세포는 스스로의 기능을 정의하고 다음 세대로 정보를 넘겨주기 위해 어떠한 방식으로든 유전 정보를 가지고 있다고 설명한다. 이러한 이론은 모든 생물의 증식과 성장을 이해하기 위해 필요한 기본개념이다.

세포는 물리적으로 완벽한 살아 있는 생명체로서의 반응들을 원활히 수행할 수 있도록 구성되어 있다. 세포의 구성성분은 매우 다양하지만 그 중에서도 세포를 살아 있는 독립체로 정의하는 본질적이고도 필수적인 구성요소와 그 특성은 다음과 같다.

- 세포막(cell membrane): 세포 내부와 외부 환경을 나누는 장벽으로 세포의 형태를 유지하게 한다. 또한 선택적 투막성(selectively permeable)이란 특징을 가지고 있어서 선택적으로 영양분을 받고, 노폐물을 배출할 수 있어 세포가 독자적인 기능을 유지할 수 있게 한다.
- 세포벽(cell wall): 대부분의 미생물에 존재하며, 세포에게 있어 구조적 강도를 제공한다.
- 세포질(cytoplasm): 세포 내부의 핵을 제외한 나머지 대부분을 구성하고 있으며 세포 기능을 유지하는 데 필요한 물과 거대분자(macro-molecule)들을 포함하고 있다.
- 염색체(chromosome): 세포의 유전과 생화학적 기능들에 대한 유전학적 정보(genetic code)를 담고 있는 물질로 염색으로 쉽게 관찰이 가능하여 붙여진 이름이다.
- 리보솜(ribosome): 세포질에 있는 가장 작은 세포소기관(organelle)으로 단백질을 합성하는

촉매역할을 하는 물질이다. 리보솜 RNA(rRNA)와 단백질이 결합된 2개의 단위체(대, 소)로 구성된다.

- 효소(enzyme): 세포 내에서 생화학 반응을 매개하는 단백질 촉매로, 기질과 결합하여 효소-기질 복합체를 형성하여 반응의 활성화 에너지를 낮추는 역할을 한다.

세포는 그 자체로 완전하며, 스스로 활동이 가능한 특징을 가지고 있다. 즉, 영양소를 받아들여서 에너지로 전환하고, 고유한 기능을 수행하며, 필요에 의해 번식할 수도 있는 것이다. 세포의 특징은 크게 다음과 같이 6가지로 정리할 수 있는데, 이를 생명체의 기본적인 정의로 규정하기도 한다.

- 대사(metabolism): 영양분의 화학적 전환이며 세포에게 있어 영양분을 흡수하고 부산물을 배출한다.
- 생장(Growth)과 생식(reproduction): 생장이란 기계장치의 역할을 하는 세포와 암호화장치의 역할을 하는 세포 간의 결합을 뜻하며, 하나의 세포에서 2개의 세포로 생성되는 것을 말하기도 하다.
- 분화(differentiation): 세포를 변형시키는 새로운 물질 또는 구조의 형성으로 일부의 미생물에게만 발생한다(특히 환경이 열악할 경우 분화하게 되는데 예를 들어 알코올 70%에서는 대부분의 미생물이 죽게 되는데 포자균은 여기에서 살아남아 분화할 수 있다). 분화는 세포의 능력이 더 기능적으로 특성화되는 것으로 세포능력을 스스로 재생하는 분아증식(proliferation)과 구분하기도 한다.
- 운동성(motility)과 반응(reaction): 미생물에게는 편모 등이 있어 운동성을 가지고 있으며, 특정한 자극에 반응한다는 것이다.
- 진화(evolution): 자손에게 전달되는 유전적 변화이며, 핵, DNA의 돌연변이를 통해서 진화하게 되다.
- 상호소통(communication): 화학신호를 생성하여 주변의 세포들과 상호소통하며 활동한다는 것이다. 이는 현재 일부 세포에게서만 발견되는 것으로 알려진다.

(2) 계통 발생의 이해

생물학에서 유기체(organisms)의 설명(description), 식별(identification), 명명(nomenclature) 및 분류(classification) 등을 체계적으로 탐구하는 과학 부문을 분류학(taxonomy)이라고 하는데, 특히 미생물의 다양성과 계통을 비교 연구하는 학문분야를 미생물 계통분류학(microbial systematics)이라고 한다.

고전적인 미생물 분류법은 기본적으로 표현형질(phenotype), 즉 형태학(morphology)적 유사성에 근거하여 이루어져왔다. 그러나 현대적인 관점에서 미생물 분류학에 대한 기본체계는 생명의 유전정보(16s rRNA, ribosomal ribonucleic acid)를 기반으로 하고 있는데, 이는 우즈(Woese, et al, 1990; Woese, 2002)에 의해 성립된 것이다. 유전적 특성은 세포의 유전물질들을 포함하고 있는 DNA(deoxyribonucleic acid)와 단백질 합성과 관련된 RNA(ribonucleic acid)에

암호화되어 있다. 특히 전령 RNA(messenger RNA, mRNA), 운반 RNA(transfer RNA, tRNA) 및 리보솜 RNA(ribosomal RNA, rRNA) 등과 같은 다양한 RNA 종류 중에서도16s 리보솜 RNA에 있는 염기쌍(base pair)의 배열은 특별히 중요하다. 단백질을 합성하는 가장 기본적인 기관인 RNA는 모든 세포가 가지고 있기 때문에 16s rRNA를 분석하는 방법(진핵세포의 경우 18s rRNA)은 매우 효과적이며, 기존 방법에 비해 간단하고 보존성과 안정된 기능성이라는 장점을 가지고 있다.

이러한 염기서열을 이용한 계통분석법의 개발과 도입에 따라 당시까지는 단순히 세균(bacteria)의 한 부류로 여겨지던 시원세균(Archae bacteria)은 고세균(Archaea)이라는 독자적인 영역으로 분리하게 되었다. 또한 기존의 휘태커(Whittaker) 분류방식인 5계(kingdom) 체계와 구분하기 위해 영역(domain)이라는 명칭을 사용하였다. 시원세균의 무리는 리보솜 RNA 염기서열 외에도 여러 점에서 세균과 달랐으며 오히려 진핵생물과 더 가깝다는 것이 입증되었기 때문이었다. 결국 시간의 흐름에 따라 최초의 생명체 원형(LUCA, last universal common ancestor)은 시원세균으로 진화하고 여기에서 세균, 진핵생물 순으로 갈라져 나온 것으로 분류학자들은 설명하고 있다.

이를 기초로 생명의 다양성은 3개의 영역(domain)과 6개의 계(kingdoms)로 구분된다(Woese et al., 1990; Cavalier-Smith, 1998). 즉 LUCA에서 시작해 세균, 고세균 및 진핵생물(eukaryota)의 영역으로 구분되며, 진핵생물은 식물계(plantae), 동물계(animalia), 균계(곰팡이-fungi), 원생생물계(protista)로, 다시 원생생물(protists)은 조류(algae)와 원생동물(protozoa)을 포함한다. 이 중에서 미생물(microorganisms)이란 박테리아, 곰팡이, 조류, 원생동물을 포함하며, 여기에는 엄격하게 생명이 아니나 유사 흉내를 내는 바이러스(virus)도 포함하고 있다. 이러한 미생물은 총칭하여 병원성 미생물(pathogenic microorganism)이라고도 한다. 미생물은 일반적으로 세포 안의 핵(cell nucleus)이 핵막(nuclear membrane)에 뚜렷하게 싸여 있는가 아닌가에 따라 진핵생물(eukaryotes) 또는 원핵생물(prokaryotes)로 구분된다(그림 7-2). 아직 명확하게 밝혀지지 않은 미분류 상태의 종들이 많고, 또한 새로운 종들의 꾸준한 발견으로 인하여 미생물의 다양성에 대한 분류작업은 아직도 현재 진행형이다. 특히 환경미생물의 중요한 부분인 박테리아와 고세균 영역은 잠정적인 분류체계에 의존하는 경우가 많아 앞으로도 꾸준한 수정과 보완이 이루어질 것이다.

표 7-3은 각 3개의 영역에 대한 특성을 비교하여 정리하였는데, 특히 타 영역과는 달리 진핵생물은 핵(nucleus)과 기능성 구조물인 세포소기관(organelle)을 가지고 있음을 알 수 있다. 또한 메탄생성(methanogenesis)과 황 환원(sulfur reduction)은 고세균만이 가능한 반면 이 영역의 미생물을 이용한 질산화(nitrification) 반응은 불가능하다는 것을 보여주고 있다.

일명 진화의 역사라고 불리기도 하는 계통(발생)학(phylogeny)은 각종 미생물 간의 진화적 유연관계를 역추적하여 탐구하는 분야이다. 계통수(phylogenetic tree)는 계통분류학을 연구하는 데 중요한 방법으로 과거에 발생된 개체(organism), 종(species), 또는 유전자(gene)가 진화한 기록을 나타내는 나무 모양의 도형을 말한다. 미생물의 형질(형태적 특징, DNA 염기서열 등) 분석을 통하여 특정 유전자나 단백질을 서로 비교 분석하여 진화적으로 어떻게 분화되었는가를 추적하는 방법으로, 이때 사용하는 유전자나 단백질을 분자시계(molecular clock)라 부른다. 진화

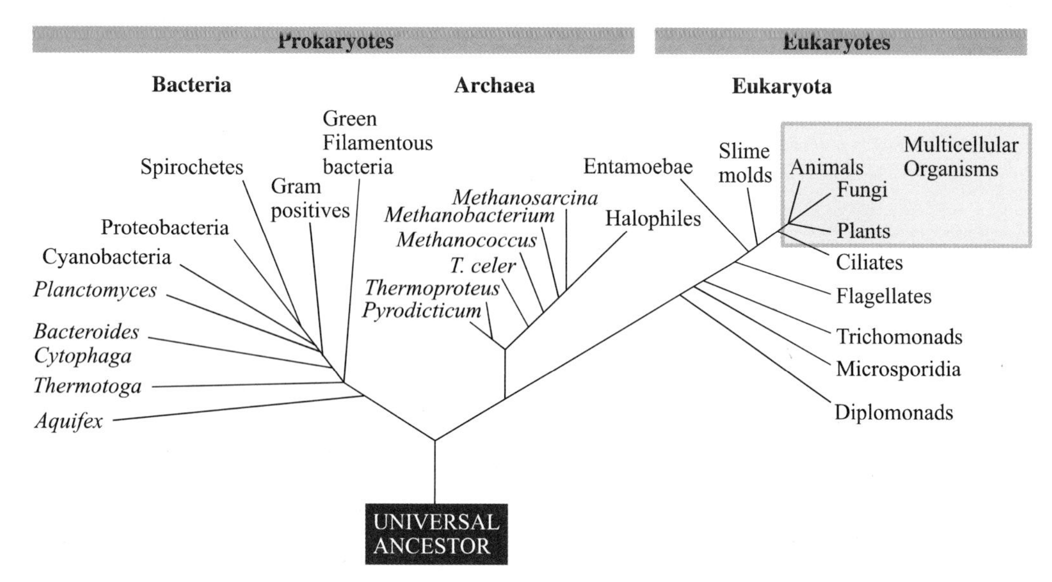

그림 7-2 **A phylogenetic tree of living things, based on RNA data and proposed by Carl Woese, showing the separation of Bacteria, Archaea, and Eukaryotes** (NASA Astrobiology Institute, 2006, Wiki, 2017)

표 7-3 **Differing features among Bacteria, Archaea, and Eukarya**

Characteristic	Bacteria	Archaea	Eukarya
Membrance-enclosed nucleus	Absent	Absent	Present
Cell wall	Muramic acid present	Muramic acid absent	Muramic acid absent
Organelles	Absent	Absent	Present
Chlorophyll-based photosynthesis	Yes	No	Yes
Methanogenesis	No	Yes	No
Reduction of S to H_2S	Yes	Yes	No
Nitrification	Yes	No	No
Denitrification	Yes	Yes	No
Nitrogen fixation	Yes	Yes	No
Synthesis of poly-β-hydroxyalkanoate carbon storage granules	Yes	Yes	No
Sensitivity to chloramphenicol, streptomycin, and kanamycin	Yes	No	No
Ribosome sensitivity to diphtheria toxin	No	Yes	Yes

Ref) Madigan et al.(1997)

가 일어난 과정에 대한 가정을 통해 그것을 재구성하여 결과를 분석하는데, DNA 진화는 돌연변이에 의해서 일어나고 돌연변이가 일정한 패턴으로 발생한다면 진화 모델을 활용하여 과거 진화의 과정을 재구성할 수 있다는 개념이다. 사용되는 유전적 진화 모델은 매우 다양하며, 이를 분석하기 위해 일반적으로 EzEditor와 MEGA(Kumar ert al., 2016)와 같은 전문화된 소프트웨어가 사용된다.

참고 1 계통수의 이해 1 : 계통수의 표현 (Liò and Goldman, 1998)

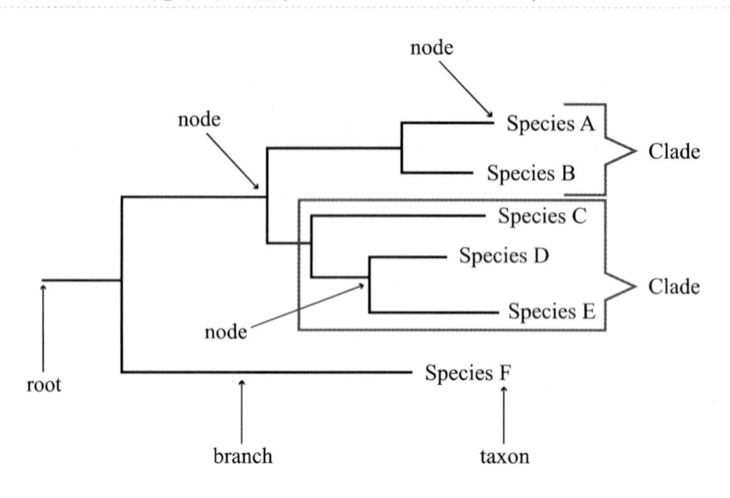

계통수는 기본적으로 뿌리(root), 마디(node), 분기(branch)로 표현된다. 분류는 생물체 간의 유사성이나 진화적인 유연관계에 입각해서 분류군(group)이라는 단위로 배열하고 계통화하는데, 공통의 조상을 가진 분류군으로 이루어진 계통을 분기군(clade)이라 부른다. 미생물을 포함한 생물의 분류에 있어 기본적인 단위는 종(species)이며 그 집합은 속(genus)으로 표현된다. 미생물에서 종의 개념은 표현형(phenotype)과 유전인자형(genotype)의 차이로 특정된다. ←

참고 2 계통수의 이해 2 : 계통수의 종류 (Stewart, 2000)

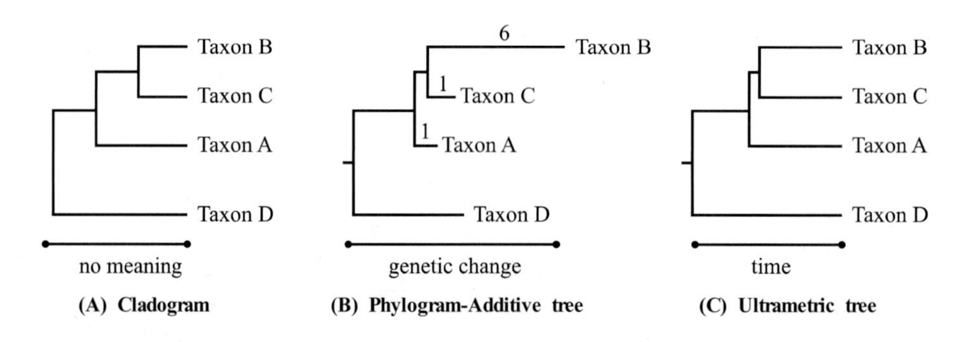

계통수는 항상 왼쪽에서 오른쪽으로 진화의 방향을 표현한다. 이상의 세 종류의 분기도는 동일한 진화적 상관관계와 분기순서를 나타낸다. A형 분기도(cladogram)에서는 마디 사이의 연결관계(즉, 진화의 패턴)만 보여주며, 분기의 정보는 의미가 없다. B형 분기도(phylogram-additive tree)와 C형 분기도(ultrametric tree)는 모두 진화의 패턴과 분기 정보를 함께 보여준다. C형 분기도는 뿌리에서 최종 마디까지 각 분기 길이의 합이 모두 같으나 B형 분기도는 모든 마디까지의 거리가 다른데, 그 이유는 모델구성에서 진화의 속도 차이에 대한 고려 여부에 따른 것이다. 따라서 상대적으로 B형 분기도가 더 현실적이다. C형 분기도는 공통 조상의 존재 시간을 측정하는 데 유용하게 사용되는데, 보통 분기도 아래에 진화 거리 또는 시간을 환산하여 x축으로 표현한다. ←

참고 3 계통수의 이해 3: 유사성과 진화적 상관관계 (Stewart, 2000)

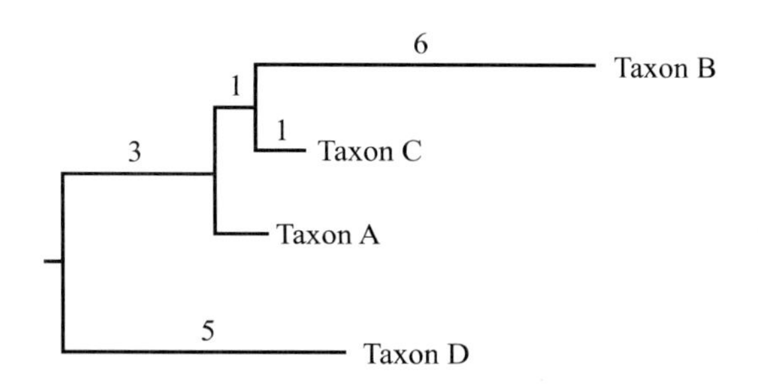

진화적 관계(evolutionary relationships)는 특정 유형의 유사성(similarity)으로부터 추론된다. 그러나 이 두 가지가 동일한 의미를 가지는 것은 아니다. 유사성이란 관찰에 의해 비슷하거나 닮은 점이 있음을 의미하며, 상관관계는 유전적으로 관련이 있다는 역사적인 사실을 의미한다. 즉, 2개의 분류 종은 서로 밀접하게 관련되지 않고도 유사성을 가질 수 있다. 예시된 분기도에서 B와 C는 가장 가까운 진화적 상관관계를 보이지만 C는 B(d = 7)보다 A(d = 3)와 더 유사성을 가진다. 또한 C와 B는 가장 최근에 A와 함께 가까운 공통 조상을 공유하고 있다는 것을 보여준다. ←

계통수는 단지 진화가 일어난 과정을 가정하고 작성된 모델을 기초로 재구성된 결과일 뿐 정확성을 논하기는 어렵다. 따라서 그 분석 결과는 매우 조심스럽게 해석된다. 그러나 이러한 미생물 군집 특성과 계통수 분석은 생물학적 환경기술에서 다양한 미생물학적 환경인자와 반응기작, 그리고 기술적 완성도와 관련하여 매우 유용한 정보를 제공한다. 그림 7-3에서 7-7에는 주요 관심 미생물에 대한 계통수를 정리하였다.

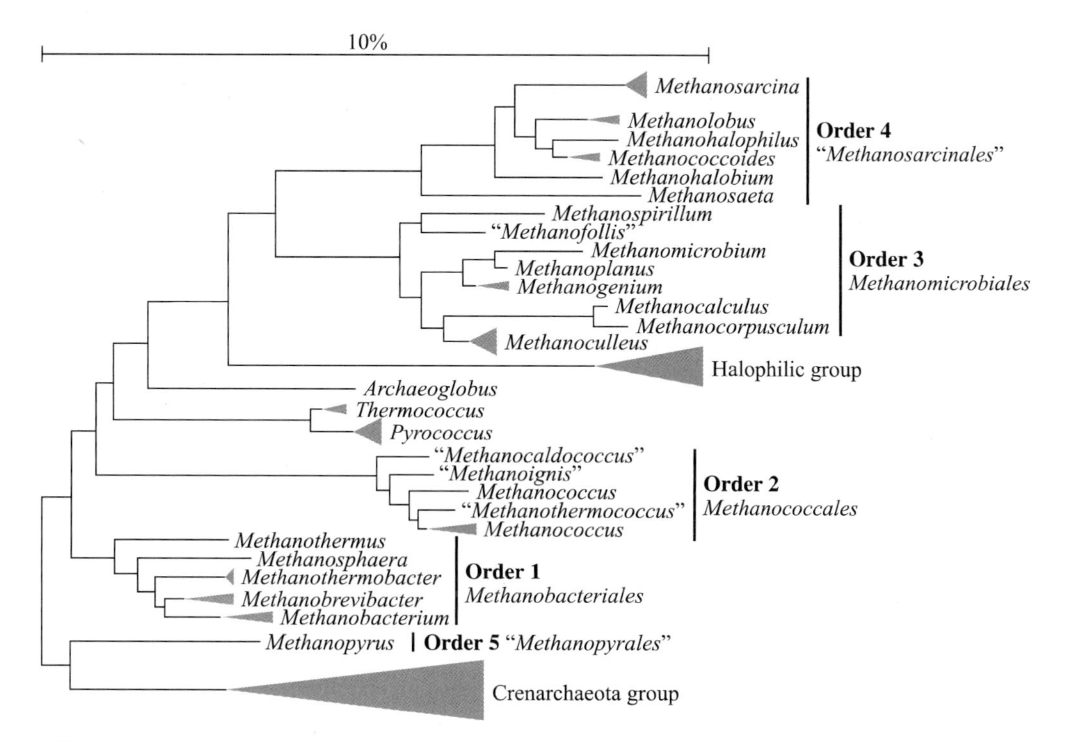

그림 7-3 Updated phylogeny of methanogens, domain Archaea. Genus and family names shown in inverted commas identify changes proposed by Boone et al. (1993) which are yet to be taxonomically accepted and validated. Non-methanogens are indicated by their group names (large triangles). (Boone et al., 1993; Garcia et al., 2000)

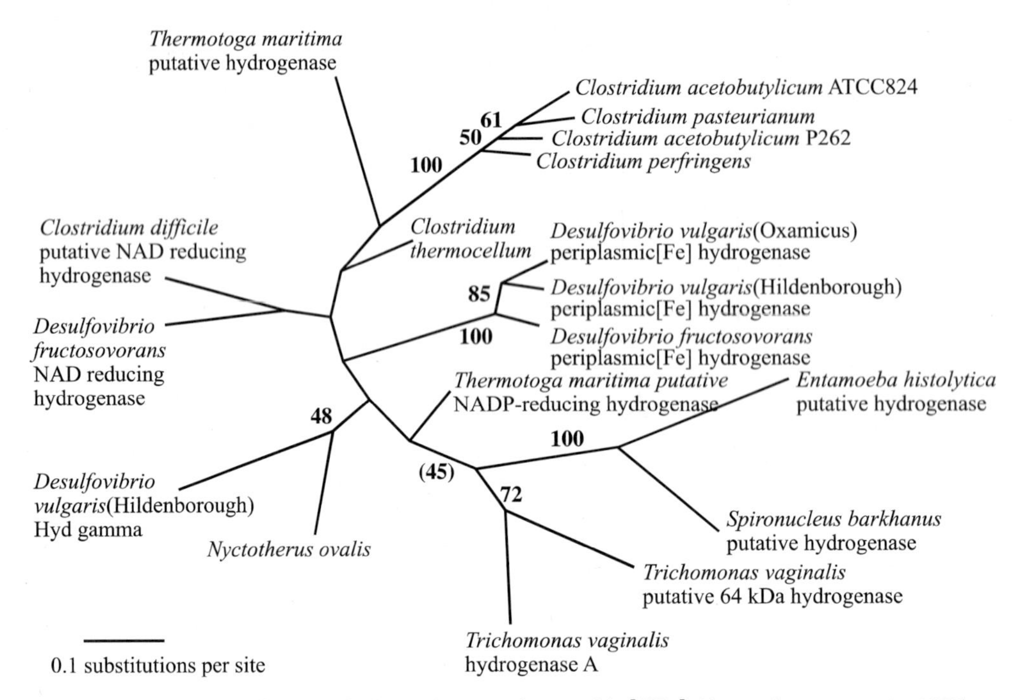

그림 7-4 **Phylogenic tree of H_2 producing microorganisms with [NiFe]-H_2ases** (Horner et al., 2000)

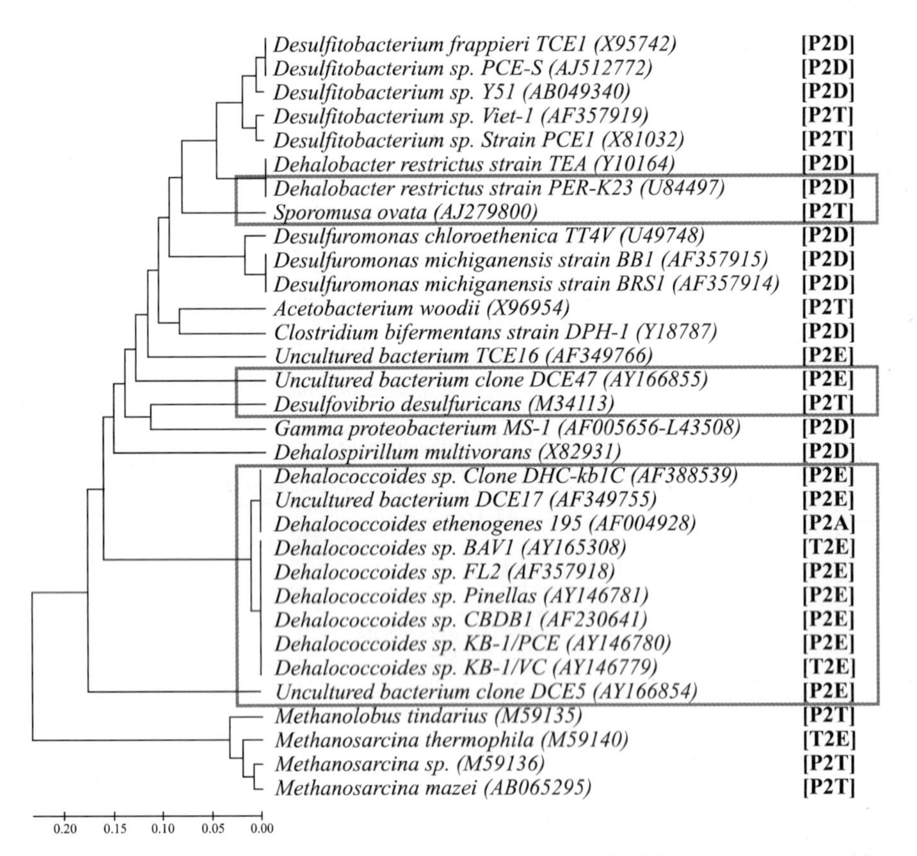

그림 7-5 **Phylogenetic tree of anaerobic dechlorination bacteria. Red Box means anaerobic reductive dechlorination (ARD) bacteria and others for anaerobic cometabolic bacteria. [P2D, PCE to cis-DCE; P2T, PCE to TCE; P2E, PCE to ethylene; P2A, PCE to ethane; T2E, TCE to ethylene]** (안영호, 2006)

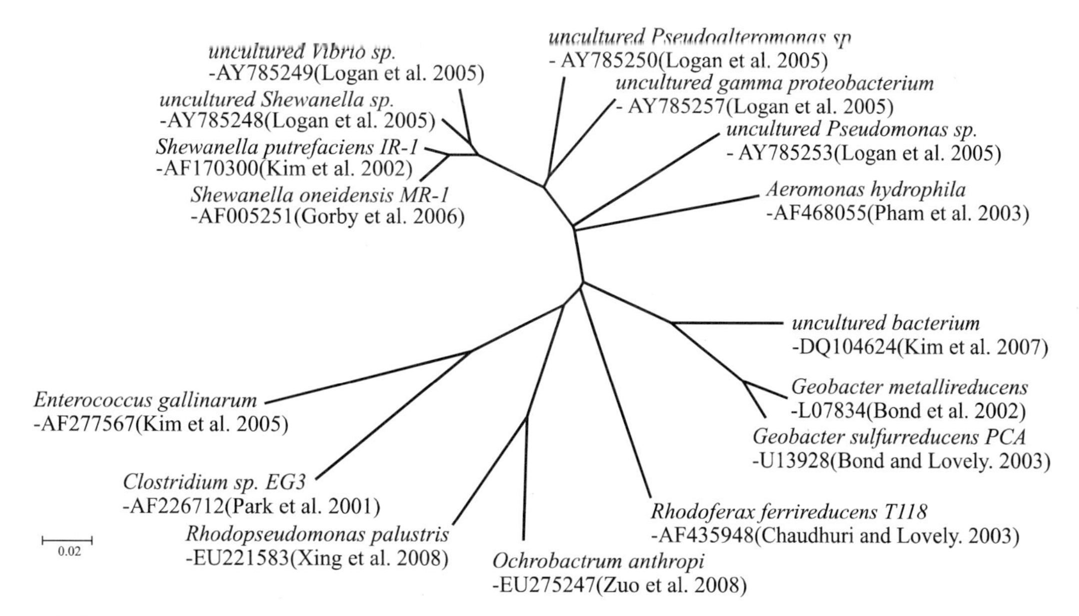

그림 7-6 **16s rRNA-gene-based phylogenetic tree of bio-electrochemical exo-electrogens** (안영호, 2008)

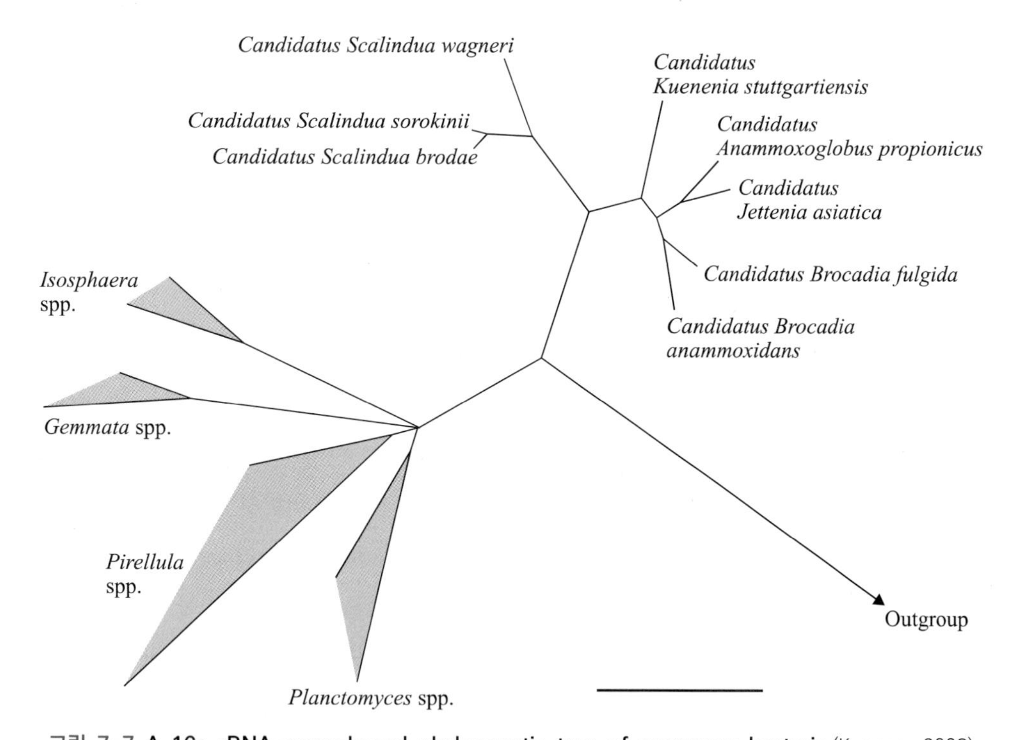

그림 7-7 **A 16s rRNA-gene-based phylogenetic tree of anammox bacteria** (Kuenen, 2008)

미생물 분류체계(hierarchy)는 영역(domain), 계(kingdom), 문(phylum 또는 division), 강(class), 목(order), 과(family), 속(genus), 종(species) 등으로 규모가 증가되는 집단 순서로 분류한다. 국제 표준(ICNB, International Code of Nomenclature of Bacteria)에 따라 어떤 미생물의 학술명은 통상적으로 속과 종의 이름으로 이루어진 이명법(binomial name)에 의해 규정된다. 먼저 표기되는 속명은 항상 대문자로 표현하며, 두 명칭 모두 이탤릭(예, *Microcystis aeruginosa*) 또는 밑줄을 포함하여 표기한다(예를 들어 인간의 학술명은 *Homo sapiens*이다. 즉, 인간은

sapiens종 Homo속이라는 말이다. 또한 확장하여 인간은 Hominidae과, Primate목, Mammalia강, Chordata문, 마지막으로 Animal계에 포함된다). *Escherichia coli* O157:H7이란 이름은 이 미생물을 발견한 과학자(Theodor Eschrich, 1888)의 이름을 따온 속명과 이 미생물을 처음 발견한 장소(대장, colon)의 이름을 종명으로 하고 여기에 다양한 변종(strain)과 아종(subspecies)의 이름을 추가하여 만들어진 것이다.

(3) 원핵생물

원핵생물은 단세포로 이루어진 가장 단순한 유기체(unicellular organism)로 미토콘드리아(mitochondria)나 엽록체(chloroplasts)와 같은 막결합 세포소기관(membrane-bound cell organelles)과 진정한 핵(membrane-bound nucleus)이 없다. 이러한 특징은 진핵생물과 크게 차별화되는 중요한 특성이다(Pepper and Gentry, 2014).

원핵생물에서 모든 세포 내 수용성 성분(단백질, DNA 및 대사산물)은 별도의 세포구획 없이 세포막으로 둘러싸인 세포질 내에 함께 위치하고 있다. 박테리아의 경우는 단백질 껍질에 들어있는 원시적인 세포소기관으로 여겨지는 단백질 기반의 미세구획을 가지고 있다. 광합성을 하는 박테리아인 시아노박테리아(cyanobacteria-blue green algae, 남세균)와 같은 일부 원핵생물은 커다란 군체(colonies)를 형성할 수 있다. 또한 점액 세균(slime bacteria)으로 불리는 믹소박테리아(myxobacteria)와 같은 종류는 주로 토양 속에서 불용성 유기물질(insoluble organic substances)을 먹는데, 체내에서 생산된 점액(slime layer)으로 군체를 형성하여 다세포와 같은 단계(multicellular stages)를 이루기도 한다(Kaiser, 2003).

원핵생물은 박테리아와 고세균이라는 2개의 큰 영역으로 구분된다. 박테리아는 악취를 내거나 불쾌한 환경 조건을 초래하고 심지어 위장질환(gastroentestinal diseases)이나 콜레라(cholera), 장티푸스(typhoid), 위장염(gastroenteritis) 등의 수인성 질병을 일으키는 등 대부분 환경위생문제(sanitary problems)의 원인이 되기도 한다. 그러나 유기물질 분해, 질산화 반응 및 광합성 반응 등 이 미생물이 가진 다양한 성장특성은 오염물질의 무해화하고 그 분해산물을 자연계에서 순환시키는 매우 중요한 역할을 한다. 이러한 특성은 하·폐수처리장을 비롯한 다양한 환경기초시설에서 매우 유용한 요소기술로 응용된다. 특히 고세균은 매우 특별한 유형의 원핵생물로 여기에는 일반적으로 극한적인 환경 조건에서 서식하는 독특한 종들이 포함된다. 즉, 메탄가스를 생성하는 세균(methanogens)과 높은 염분농도와 높은 온도에서도 생존하는 세균 등이 포함되는데, 이는 단순히 오염물질의 분해 차원 이상으로 특정한 목적과 용도를 위해 활용이 가능하다.

1) 박테리아

① 형태와 특성

박테리아는 지구상에 존재하는 가장 오래된 생명체 중 하나로, 진정세균(eubacteria) 또는 단순히 세균이라 불린다. 박테리아는 토양, 물, 산성 온천, 방사성 폐기물, 지각의 깊은 부분 등 대부분의 환경 서식지에 존재하는 가장 작은 생물체(Fredrickson et al., 2004)로 다른 생명체와 공생

(symbiotic) 또는 기생(parasitic)적인 관계를 가지기도 한다. 대부분의 박테리아는 아직 그 특성이 충분히 밝혀지지 않았으며 이는 주로 미생물학의 한 분류인 세균학(bacteriology)에서 다루어지고 있다. 박테리아는 신진대사에 있어서 가장 큰 유연성과 다양성을 가진 미생물이다. 따라서 이러한 특성이 환경에 있어 중요한 수많은 물질순환반응(예를 들어 질소 고정 등)에 기여한다.

박테리아는 일반적으로 높은 복제율(replication rate)과 표면적/부피(surface area/volume) 비율, 그리고 유전적 유연성(genetic malleability)이라는 특징이 있다. 특히 구획화된 세포구조가 아닌 박테리아의 상대적인 구조적 단순성은 변화하는 환경 조건에 빠르게 반응하고 적응할 수 있게 한다. 대부분의 세포는 세포 안팎으로 물질의 확산에 의존하기 때문에 상대적으로 크기가 작다. 확산 속도에 영향을 미치는 요인으로 확산이 일어날 수 있는 표면적, 온도, 확산되는 기질의 농도 경사, 그리고 거리 등이 있다. 크기가 작고 많은 세포로 구성된 생물은 크기가 크고 적은 수의 세포로 구성된 생물보다 생존에 유리하다. 즉, 세포의 크기가 증가할수록 부피는 표면적보다 훨씬 더 빠르게 증가하므로 세포 표면을 통한 확산이 제대로 이루어지지 않게 된다. 세포반지름(r)이 10배 증가할 경우 세포의 표면적($4\pi r^2$)은 100배, 부피($\frac{4}{3}\pi r^3$)는 1000배 증가한다. 이는 박테리아가 생태계에서 물질순환에 중요한 역할을 담당하는 이유이다. 실험실에서 배양한 박테리아는 통상적으로 약 0.5～1 μm의 지름과 1～2 μm의 길이를 가지는데, 건조된 토양 1 g 중에는 약 10^{12}개(CFU, cell forming unit)의 박테리아가 있다. 박테리아의 표면적은 일반적으로 12 m^2/g이다. 대장균(*Escherichia coli*)의 경우 세포 하나당 총 중량은 (9.5×10^{-13} g/cell)로 이중 수분함량은 70% 정도이다(Neidhardt et al., 1990).

일반적으로 용존상태의 먹이(soluble food)를 섭취하는 이 단세포 유기체는 이분법(binary fission) 방식에 의해 증식하며, 매우 유연한 세포구조에 대부분 종속영양(heterotrophic) 및 화학합성(chemotrophic)으로 성장한다. 미생물들은 모두 자기만의 독특한 세포형태(morphology)를 갖는다. 구균(Coccus, 복수 시 Cocci, 지름 1～3 μm)은 둥근 구형의 형태를 가지며 간균(bacillus, bacilli, 지름 0.3～1.5 μm, 길이 1.0～10.0 μm)은 막대모양 원통형의 형태, 그리고 나선형의 나선균(Spirilla, spiral, curved rod)이 있다. 구균은 쌍을 이룬 쌍구균(diplococcus), 사슬모양의 연쇄상구균(*Streptococcus, Enterococcus*, *Lactococcus*) 그리고 포도송이모양의 포도상구균(*Staphylococcus*)이 있다. 대장균은 대표적인 간균으로 폭이 0.5 μm, 길이가 2 μm 정도이다. 굴곡형 간균으로는 비브리오균(vibrios)이 있고 이는 폭이나 혹은 지름이 0.6～1.0 μm, 길이가 2～6 μm로 크기가 다양하다. 나선균은 길이가 50 μm 이상이다. 사상성 박테리아(filamentous)는 이름이 다양하고 100 μm 정도로 크거나 그 이상일 수도 있다. 특별한 형태를 가지는 균은 대부분 기본형태(구균, 간균, 나선균)의 변형된 것이다 이러한 세포형태만을 가지고 생리학적, 생태학적, 계통학적인 특성을 추정하는 것은 불가능하다. 따라서 박테리아의 특성은 선택적인 작용과 영양성분 섭취 시 최적화된 표면비(표면적/부피), 점성 환경 혹은 유영성 또는 활주운동성(gliding motility) 등을 바탕으로 추정한다. 박테리아의 일반적인 형상은 그림 7-8과 같다. 그림 7-9는 하수처리장의 생물반응조에서 일반적으로 존재하는 박테리아의 투과전자현미경사진(TEM, transmission electron micrograph)을 보여준다(Pandiyan and Ahn, 2016).

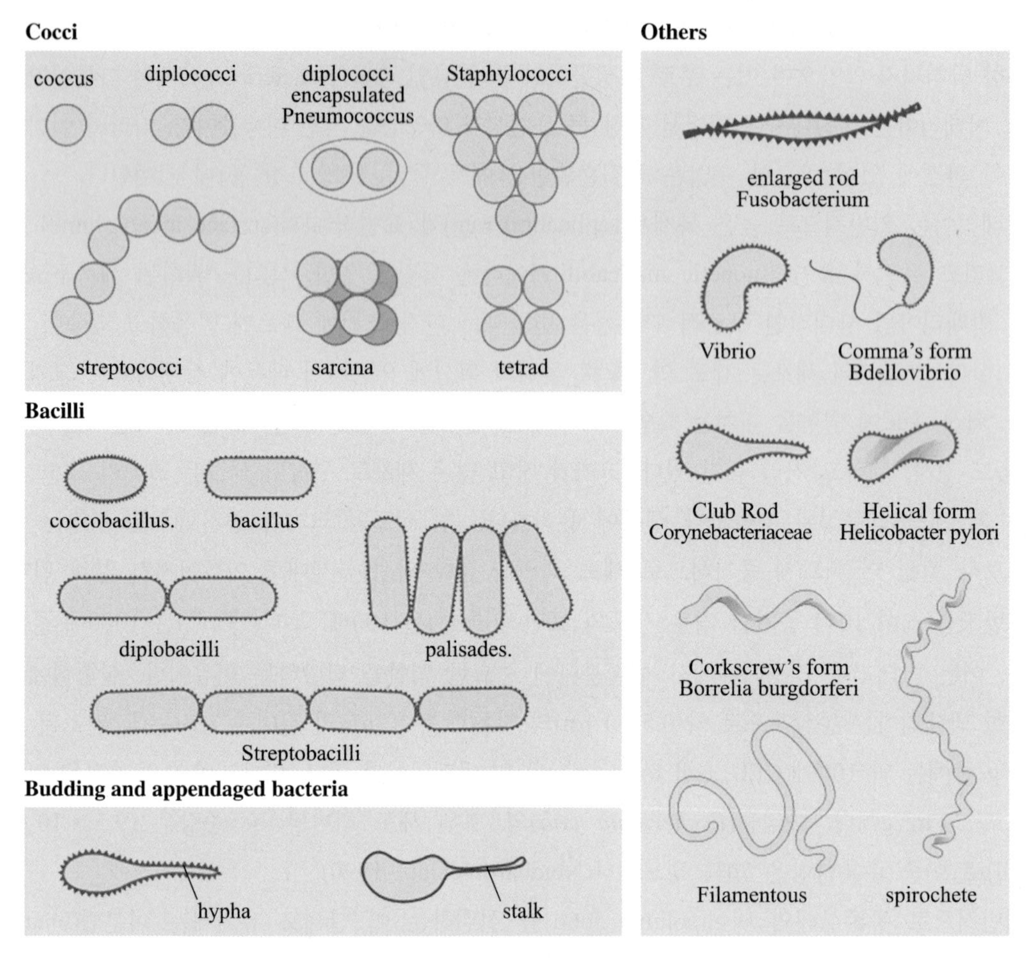

그림 7-8 Basic morphological differences between bacteria (LadyofHats, 2006)

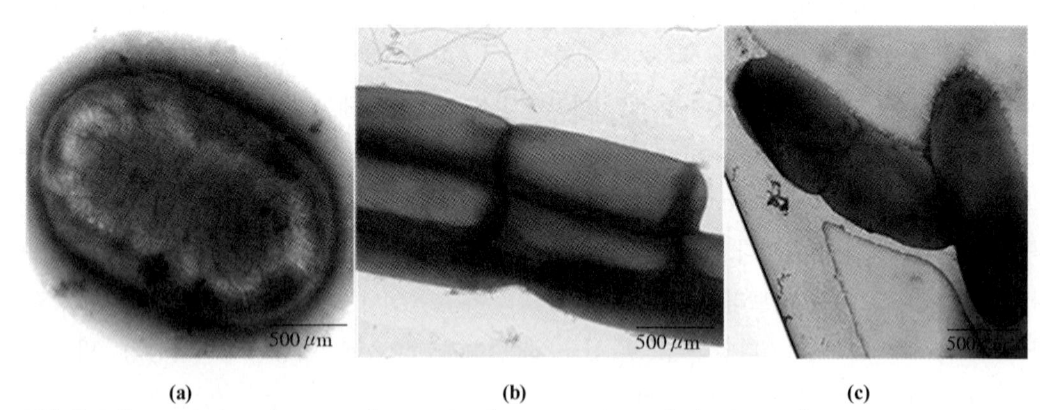

그림 7-9 Transmission electron micrograph of common bacteria in domestic wastewater : (a) *Escherichia Coli*, (b) *Pantoea agglomerans*, and (c) *Pseudomonas graminis* (Pandiyan and Ahn, 2017)

박테리아와 같은 원핵세포의 내부는 매우 단순하다(그림 7-10). 박테리아 DNA(bacterial DNA) 또는 염색체 DNA(chromosomal DNA)라고도 불리는 핵산(nucleic acid)은 막으로 둘러싸이지 않고 분자상태로 세포질(cytoplasm) 내의 핵양체(nucleoid, nuclear region)라 불리는 콜로이드성 세포질 부분에서 존재하며, 단백질 합성기능이 있는 리보솜(ribosomes-RNA +

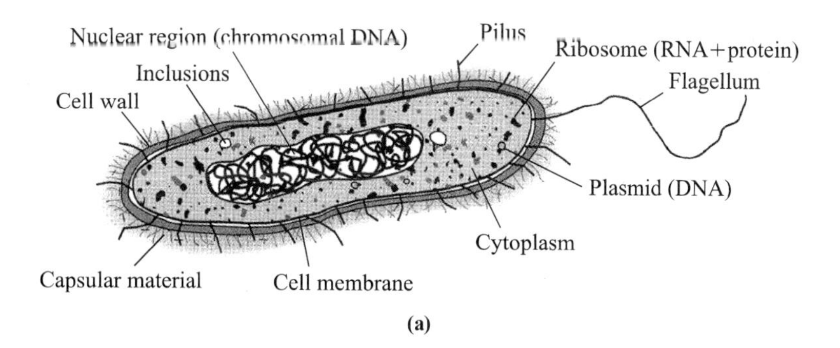

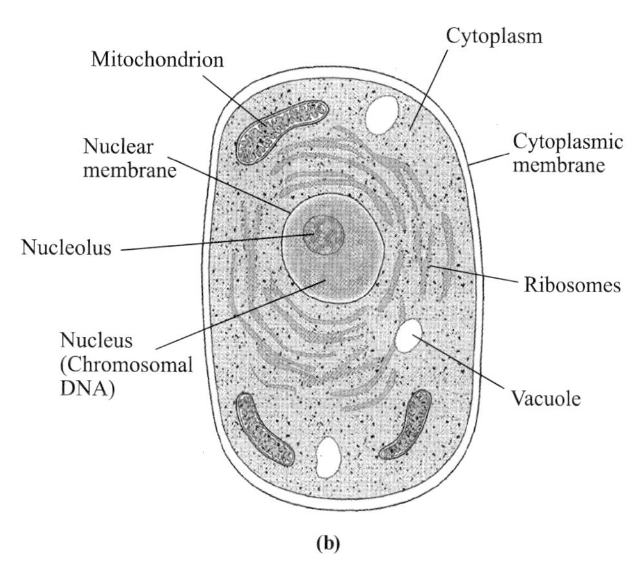

그림 7-10 The structure of typical prokaryotic and eukaryotic cells.
(a) Prokaryotic cell, (b) Eukaryotic cell (Ritmann and McCarty, 2001)

protein)은 세포질에 흩어져 있다. 세포질은 원형질막(plasma membrane)과 세포벽(cell wall)으로 싸여 있으며, 크기는 일반적으로 1～10 μm 정도이다.

세포벽은 아미노산의 소집단으로 이루어진 펩티도글리칸(peptidoglycan)의 반복된 구조로 이루어져 있는데, 이는 세포의 구조적 강도와 안정성을 제공한다. 펩티도글리칸은 다당류로 구성되어 있으며, N-아세틸글루코사민(N-acetylyglucosamne), N-아세틸유람산(N-acetylmuramic acid), 알라닌(alanine), 글루타민산(glutamic acid), 라이신(lysine)과 같은 아미노산(amino acids)이 포함된다. 세포벽의 표면과 염색반응의 특성에 따라 그람음성(Gram-negative) 세균과 그람양성(Gram-positive) 세균에서 구분된다. 그람양성 세균과 같은 경우 외막(outer membrane)이 없으며, 세포벽의 구성성분 중 90%가 펩티도글리칸이다. 외막이 존재하는 그람음성 세균은 단지 세포벽의 10%가 펩티도글리칸이다.

세포막(cell membrane)은 세포의 생명활동이 일어나는 경계로 세포질막(cytoplasmic membrane) 또는 원형질막(plasma membrane)이라고도 부른다. 세포의 종류는 매우 다양할지라도 세포막의 기본구조는 모두 동일하다. 즉, 세포막은 비극성 소수성(nonpolar hydrophobic tails)의 지방산(2 fatty acids)과 극성 친수성(polar hydrophilic heads)의 글리세롤(glycerol)-인산(phosphate group)을 가진 인지질로 구성된 인지질 이중층(phospholipid bilayer)을 가진다. 이는 5～

10 nm 두께의 반투과성으로 수소결합과 소수성의 상호작용으로 세포에서 중요한 몇 가지 기능들을 수행한다. 그것은 주로 커다란 분자들을 통과하지 못하게 하고, 세포 안팎으로 영양분들의 출입을 통제하는 역할을 한다. 특히 그것은 또한 시토크롬(cytochrome), 전자전달 및 에너지의 보존과 관련된 효소(enzyme: 특별한 화학반응을 수행할 있도록 도와주는 단백질)와 같은 중요한 성분이 있다. 시토크롬은 세포 구성성분인 헴단백질(hemeprotein: Fe 함유하고 있는 일종의 단백질)의 일종으로 효소의 도움을 받아 전자의 산화·환원 반응을 수행함으로써 세포의 화학반응에 중요한 역할을 한다. 세포막이 간단한 대부분의 박테리아에 비해 무기영양을 하는 독립영양(autotrophic) 박테리아와 광합성(phototrophic) 박테리아는 더 복잡한 구조를 가지고 있다.

세포질(cytoplasm)은 세포막 안쪽의 핵을 제외한 부분으로, 세포의 성장과 기능을 수행하기 위해 사용되는 세포막 내부에 포함된 물질로 물, 용해된 영양분, 효소, 단백질 및 핵산(RNA와 DNA) 등으로 구성된다. 또한 단백질 합성을 위한 효소를 포함하고 있는 RNA가 들어 있는 리보솜(ribosomes)이 포함된다. 어떤 세포의 경우 세포질 함유물(cytoplasmic inclusions)이라고 불리는 농축된 침전물들을 포함하고 있다. 일반적으로 세포질 함유물은 양분이나 영양물의 저장장소로 사용된다. 특히 인산염(phosphates)은 입자상 고분자로, 다당류들은 탄수화물을 저장하고, 다른 입자들은 PHB(polyhydroxybutyrate: 탄소저장물질로 유기성 탄소가 풍부한 환경에서 존재)나 지방물질을 저장한다. 또한 일부 황대사 박테리아(sulfur-metabolizing bacteria)에는 많은 양의 황이 입자로 축적된다.

일부 세포는 세포 주위에 다당류(polysaccharide)와 아미노산 중합체(amino acid polymer) 성분의 캡슐(capsule)이나 점막층(slime layer)을 만들기도 하는데, 이는 성장환경에 따라 유체의 점도가 높아질 수 있으며, 박테리아 플록(floc)을 이루어 서로 엉기거나 생물학적 응집(bioglomeration)을 이루는 데 도움을 주기도 한다. 또한 이러한 특성은 생물막(biofilm)의 형성이나 슬러지의 입상화(microbial granulation)에 기여하기도 한다.

박테리아의 외면적 특성으로 편모(flagellum)와 핌브리아(fimbriae), 그리고 섬모(pili)를 들 수 있다. 머리카락 모양 구조를 가진 편모는 세포질막에 부착되어 세포벽을 통해 주위 매질로 돌출되어 있는데, 이는 운동성을 확보하기 위해 활용된다. 편모의 길이는 세포 길이의 몇 배가 되기도 하며, 위치와 개수는 박테리아의 종에 따라 다르다. 구균과는 달리 간균의 경우 대부분 편모를 가지고 있다. 세포의 움직임은 주로 화학적 또는 물리적 조건에 따른 것으로 화학약품에 반응(주화성, chemotaxis)과 빛에 응답하는 반응(주광성, phototaxis)으로 구분된다. 또한 세포 표면에 돌출된 단백질로 핌브리아와 섬모가 있는데, 이는 주로 표면에 부착하기 위해서 사용된다. 핌브리아보다 긴 구조를 가지고 있는 섬모는 단지 그람음성 세균에서만 관찰되는데, 세포 간 접합(conjugation, 그림 7-11)에 도움을 주어 유전물질을 교환하기 위해 사용되기도 한다. 박테리아 간의 접합은 미생물의 다양성을 향상시키고 종종 특정 개체군이 환경에 더 잘 적응하도록 허용하기 때문에 중요하다. 최근에 일부 박테리아는 전도성을 가지는 세포외 섬유상(extracellular nanowire)을 형성한다는 것이 발견되었다(Gorby et al., 2006). 산소가 없는 혐기성 반응과정에서 나노와이어는 세포로부터 직접 전자를 이동시키는 매체역할을 하는데, 이를 직접적인 세포외 전자전달(DEET, direct extracellular electron transfer)이라고 한다.

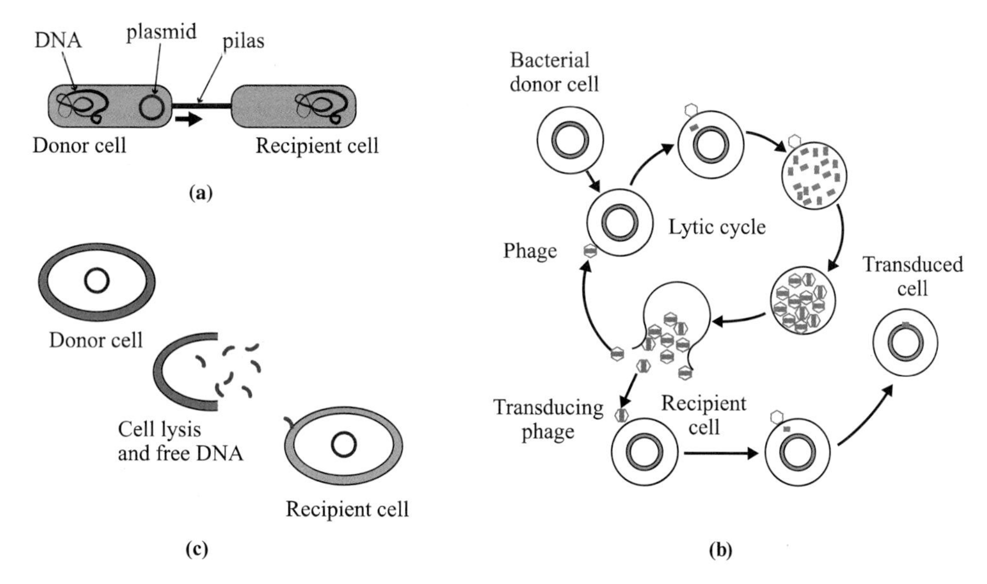

그림 7-11 **Genetic information transfer mechanisms of bacteria. (a) conjugation, (b) transduction, and (c) transformation** (modified from Pepper et al., 2014)

그림 7-11에는 박테리아의 유전정보전달 메커니즘[a, 접합(conjugation); b, 형질도입(transduction); c, 형질전환(transformation)]을 도식화하여 나타내었다. 이러한 메커니즘을 수평적 유전자전이(horizontal gene transfer)라고 한다. 이는 개체에서 개체로 유전 형질이 이동되는 현상을 가리키는 유전학 개념으로 종 간의 차이를 뛰어넘어 이동할 수 있어 서로 다른 미생물 종들이 수평적 유전자 이동을 통해 병원성 유전자나 항생제 내성 유전자가 확산되는 원인이 된다.

유전적 전달의 분자적 기초는 DNA(Deoxyribonucleic acid) 분자와 이를 구성하는 4종류의 뉴클레오티드(nucleotides: A, T, G, C) 염기서열로 이루어진다. 이때 개별 정보단위를 유전자(gene)라 하며, 모든 유전정보가 들어 있는 유전자의 집합체(DNA 전체구성)를 게놈(genome)이라 하고, 복제된 세포를 클론(clone)이라 한다. 생명의 연속성은 모세포(parent cells)에서 딸세포(daughter cells) 속으로 DNA가 충실히 복사되는 과정으로 이루어진다. 복제를 위해 필요한 유전정보들을 담고 있는 거대 중합체(polymer)는 핵산(nucleic acids-DNA, RNA)으로, 특히 DNA는 이중나선(double helix) 구조를 하고 있다. 또한 뉴클레오티드라는 단위체(monomer)에는 세포의 정상적인 기능을 수행하기 위해 필요한 모든 유전정보들이 암호화된 형태로 저장되어 있다. 뉴클레오티드는 5탄당(sugar: deoxyribose)-인산기(phosphate group)-질소 염기(nitrogenous base)로 구성되어 있는데(그림 7-12), 아데닌(adenine, A), 구아닌(guanine, G), 시토신(cytosine, C), 티민(thymine, T)이라는 4개의 질소 염기 중 하나로 연결되어 있다. 핵산에서 뉴클레오티드들은 한 뉴클레오티드의 인산기와 다음 뉴클레오티드의 5탄당 사이는 인산이 에스테르 결합(phosphodiester bonds)으로 서로 연결되어 있으며, 이를 당-인산 골격(sugar-phosphate "backbone")이라고 부른다. 질소 염기는 이 사슬에서 돌출되어 있고 두 가닥의 이중나선 사이에서 안정된 수소결합(A-T, C-G)을 하고 있다. 원핵세포의 유전정보는 세포의 염색체(prokaryotic chromosome), 즉 DNA 분자에 의해 저장, 복제 및 해석이 이루어진다. DNA 속에 포함된 정보는 또 다른 거대 중합체 핵산인 RNA(Ribonucleic acid)에 의해 읽혀지고 단백질의 생산을 위해

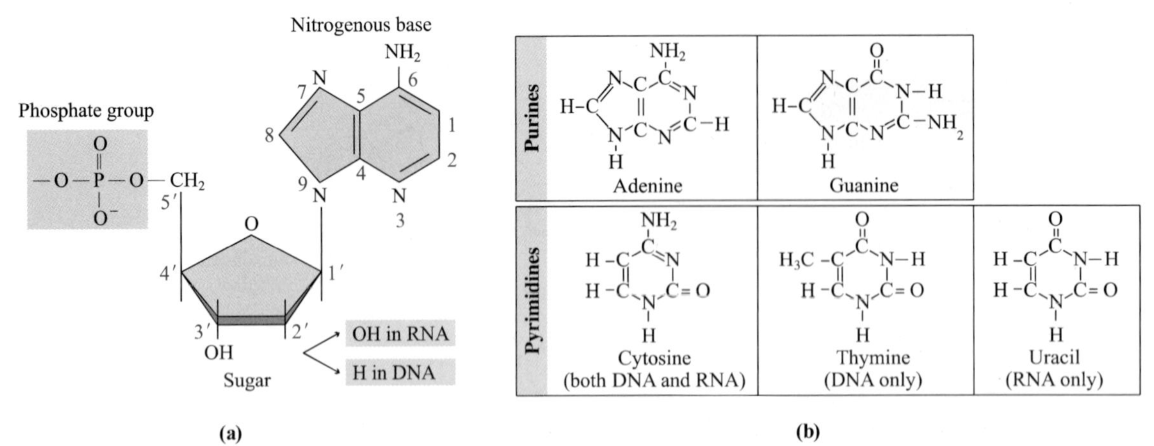

그림 7-12 (a) 뉴클레오티드 및 (b) 질소염기의 구조 (Raven et al., 2014)

리보솜(ribosome)으로 전달된다. RNA는 DNA와 달리 단일 가지(single polynucleotide strand) 형태로 구성되어 있으며, 뉴클레오티드의 당 부분이 디옥시리보스가 아니라 리보스(ribose)라는 것이고, 질소 염기로 티민(thymine)이 우라실(uracil)로 바뀌어 있다. RNA는 단백질 합성단계에서 매우 중요한 역할을 한다. DNA 분자로부터 단백질 합성을 위한 정보들을 전달해주는 메신저 RNA(messenger RNA, mRNA), 단백질의 생산을 위해 아미노산을 mRNA의 적당한 위치에 전달해주는 전달 RNA(transfer RNA, tRNA), 그리고 리보솜의 구조, 촉매 성분으로 작용하는 리보솜 RNA(ribosomal RNA, rRNA) 등이 있다. DNA는 박테리아의 구조와 기능에 대한 청사진이며, 다른 종류의 핵산인 RNA는 DNA의 정보를 사용하여 단백질의 아미노산 서열을 지정하고 세포를 만드는 역할을 한다. 뉴클레오티드의 다른 종류로 ATP(adenosine triphosphate), NAD^+(nicotinamide adenine dinucleotide) 및 FAD^+(flavin adenine dinucleotide) 등이 있다. ATP는 세포반응의 일차적 에너지 화폐(primary energy currency)로 에너지가 필요한 화학반응에 직접적으로 이용되며(그림 7-13), NAD^+ 와 FAD^+ 는 세포반응에서 중요한 전자이송체(electron carriers)이다.

박테리아는 플라스미드(bacterial plasmid)라는 작은 고리모양의 DNA를 세포 내에 소량 가지

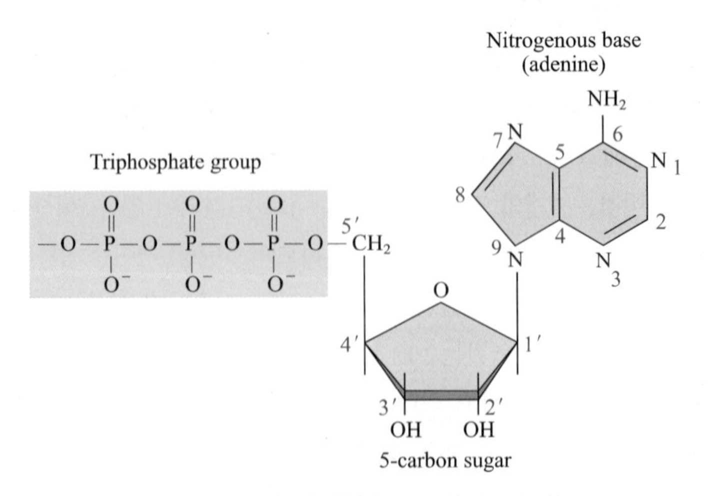

그림 7-13 ATP의 구조 (Raven et al., 2014)

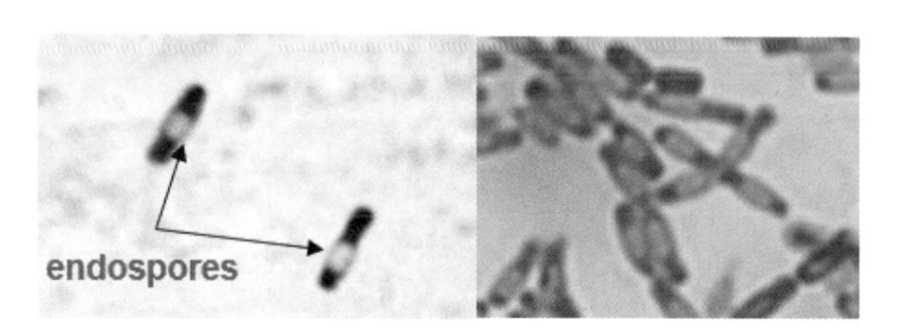

그림 7-14 Endospores inside bacterial cells (Sung et al., 2005; Wikimedia Commons, 2016)

고 있다. 이는 세포에 특별한 기능(예를 들어 항생제 또는 수은내성, 유전자 전이 등)을 부여하는 역할을 하며, 그 종류도 매우 다양하다. 플라스미드는 복제 원점(replication origin: DNA 이중 가닥이 풀리는 곳)이라는 특징을 가지고 있기 때문에 이를 이용하여 직접적으로 복제에 활용되기도 한다. 플라스미드는 세균들 간의 접합(conjugation) 과정을 통해 타 세포로 전달되기도 하며, 심지어 수중에 떠다니는 플라스미드 DNA를 세균이 주워가거나, 세포막을 뚫고 직접 들어가기도 한다. 이러한 특성은 세균의 유전적 다양성을 높여주는 역할을 한다. 이러한 플라스미드는 세균류뿐만 아니라 일부 고세균과 효모와 같은 일부 진핵생물에서도 발견된다.

바실루스(Bacillus) 및 클로스트리듐(Clostridium)과 같은 일부 그람양성 세균은 세포의 생존을 보장하기 위해 다층구조의 내생포자(endospore: 세포 내에서 만들어진 포자, 그림 7-14)를 만들 수 있는 능력을 가지고 있다. 포자(spore)는 일반적으로 필요한 영양성분의 부족, 부적절한 온도, 열, 자외선, 건조 또는 pH와 같이 주위 환경이 박테리아의 성장에 불리한 환경에 노출되었을 때 만들어진다. 내생포자는 자신이 성장하기에 유리한 환경에 처해 있다고 인식하면 활발한 발육상태로 돌아가 발아(germinates)를 한다. 포자가 형성될 때 박테리아는 비활성 상태이며, 수년 또는 수세기 동안 비활성 상태로 남아 있을 수도 있다. 이러한 대사적 휴면 상태는 환경적으로 매우 독특한 특성으로 내생포자를 만드는 박테리아는 통상적인 멸균기술로는 파괴하기 어렵다. 반면에 이러한 특성은 복잡한 미생물 군집에서 특정 박테리아를 분리 선별해내는 공학적인 유용한 기술로 사용되기도 한다. 예로써 수소발효(biohydrogen fermentation) 미생물의 일부는 클로스트리듐 종에 포함되는데, 이 미생물을 선택적으로 분리 활성화시키기 위해 열처리(Lay et al., 1999), 산/염기처리(Chen et al., 2002), 공기주입(Ueno, et al., 1995), 메탄반응 억제제(Sparling et al., 1997) 또는 전류공급(Roychowdhury, 2000) 등의 방법이 적용되기도 한다. 그림 7-15는 하수처리장 슬러지를 열처리(온도 105°C, 2시간)하여 수소생산 미생물의 활성도를 비교한 결과이다(Choi and Ahn, 2014). 이러한 미생물은 하수슬러지에 다량 포함되어 있으며, 특히 바이오수소($BioH_2$) 생산기술에 활용된다.

② 화학적 구성

표 7-4는 박테리아의 일반적인 화학적 특징을 요약한 것이다. 박테리아는 대략 75% 정도 수분을 세포 내부에 포함하고 있는데 이러한 세포 내부의 수분은 통상적인 탈수기술로는 제거하기 어렵다. 수분이 모두 제거되어 건조된 박테리아는 약 90%의 유기물을 함유하고 있으며, 원소의 함량은 탄소(약 50%), 산소, 질소 및 수소의 순이다. 이중에서 단백질과 핵산을 구성하는 중요한

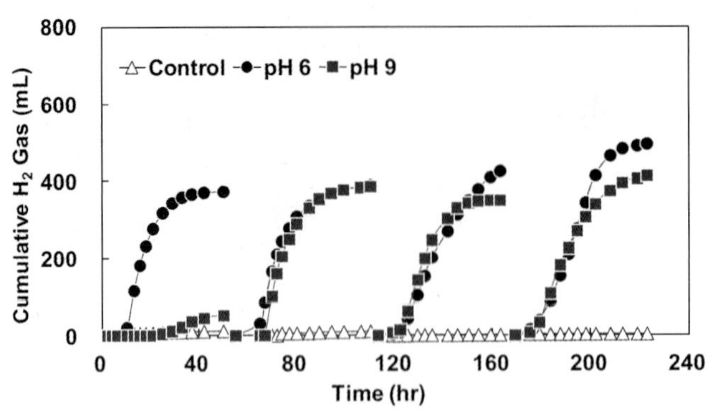

그림 7-15 Cumulative hydrogen profiles by untreated (control) and heat treated anaerobic sludge (initial pH 6 and 9) (Choi and Ahn, 2014)

성분인 질소의 함량은 약 12% 정도로, 폐수 내 이용가능한 질소원이 부족한 경우 박테리아 성장 속도는 매우 감소한다. 박테리아의 성장에 필요한 또 다른 성분인 인(P)은 핵산과 주요 효소의 필수성분으로 박테리아 성장에서 인의 요구량은 질소 요구량의 약 1/5～7 정도이다. 그 외 중요한 미량 영양소로 황과 철이 있다. 특정 박테리아의 종류에 따라 미량 영양소는 그 종류와 양이

표 7-4 Chemical and macromolecular characteristics of prokaryotic cells (after Ritmann and McCarty, 2001)

Chemical Composition

Constituent	Percentage
Water	75
Dry Matter	25
Organic	90
C	45-55
O	22-28
H	5-7
N	8-13
Inorganic	10
P_2O_5	50
K_2O	6.5
Na_2O	10
MgO	8.5
CaO	10
SO_3	15

Macromolecular Composition

E. coli and *S. typhimurium* a)

	Percentage b)	Percentage	Molecules per cell
Total	100	100	24,610,000
Proteins	50-60	55	2,350,000
Carbohydrates	10-15	7	
Lipids	6-8	9.1	22,000,000
Nucleic Acids			
DNA	3	3.1	2.1
RNA	15-20	20.5	255,500

a) Data from Madigan, et al.(1997) and Neidhardt et al.(1996). *E. Coli* dry weight for actively growing cells is about 2.8×10^{-13} g.

b) Dry weight

선택적으로 의존하는 경우가 있다(예를 들어 질소고정화 반응에서 몰리브덴(Mo), 메탄 생산반응에서 니켈(Ni)). 그러나 실제 처리시설에서는 실험실의 순수배지를 이용한 배양에서처럼 충분히 고려되기 어렵다. 미생물 세포의 분자식(cell formulas)은 통상적으로 주요 5대 원소의 상대적인 질량에 기초하여 표현되는데, 이러한 식은 생물학적 반응조의 설계와 물질수지 평가에 유용하게 사용된다. 일반적으로 사용되는 박테리아의 분자식은 $C_5H_7O_2N$으로, 분자량은 113 g, 질량기준 질소와 탄소의 함량은 각각 12.4%와 53%이다(Ritmann and McCarty, 2002).

③ 계통발생적 특징

일반적으로 박테리아는 세포벽의 물리화학적 특성에 따라 그람양성균과 그람음성균의 두 종류로 구분된다(표 7-5). 그람염색법(Gram's stain)은 1884년 덴마크의 세균학자 그람(Hans Christian Gram, 1853~1938)에 의해 고안된 방법으로 세균을 진한 자색 용액(crystal violet dye)으로 처리한 후 알코올로 세척할 때 그 착색 여부에 따라 구분한다. 즉, 자주색으로 염색되는 세균을 그람양성균, 그리고 붉은색으로 염색되는 세균을 그람음성균이라고 한다. 이러한 차이는 그람양성균의 경우 세포의 외부막(outer membrane)이 없기 때문이다. 대표적인 그람양성균으로는 포도상구균(*Staphylococcus aureus*), 바실루스(Bacillus), 클로스트리듐(Clostridium) 등이 있으며, 그람음성균으로는 대장균(*Escherichia coli*), 슈도모나스(*Pseudomonas*), 슈와넬라(*Shewanella*) 등이 있다.

박테리아의 계통발생적 특징을 정의하면 표 7-6과 같다. 이러한 계통군의 분류는 에너지원과 환경 조건(온도, 영양성, 산소 등), 그리고 생물의 내성(염, 열)을 바탕으로 표현형질적 특징에 따른 것이다. 환경공학분야에서는 모든 종류의 박테리아를 그 연구대상으로 하고 있지만 이중에서 주요 관심 집단은 대부분 그람양성균(Gram-positive bacteria), 시아노박테리아(cyanobacteria), 그리고 자색세균(purple bacteria)이다.

프로테오박테리아(proteobacteria)는 그람음성균 중 하나의 주요한 문(major phylum)으로 자색세균으로 불린다. 이는 1987년 우즈에 의해 비공식적으로 "보라색 박테리아와 그 친척(purple bacteria and their relatives)"이라고 명명한 데 따른 것이다(Woese, 1987). 자색세균은 광영양균

표 7-5 Phylum of bacteria

Gram-positive	Gram-negative	Unknown-ungrouped
Actinobacteria	Aquificae	Acidobacteria
Firmicutes	Bacteroidetes/Fibrobacteres/Chlorobi	Chloroflexi
Tenericutes	Chlamydiae	Chrysiogenetes
	Deinococcus-Thermus	Cyanobacteria
	Fusobacteria	Deferribacteres
	Gemmatimonadetes	Dictyoglomi
	Nitrospirae	Thermodesulfobacteria
	Planctomycetes/Verrucomicrobia/Chlamydiae	Thermotogae
	Proteobacteria	
	Spirochaetes	
	Synergistetes	

https://commons.wikimedia.org/wiki/File:Bacterial_morphology_diagram.svg

표 7-6 박테리아의 계통발생적 특징 (Ritmann and McCarty, 2001)

발생론 계통군	특성
Aquifex/Hydrogenobacter	초고온성, 화학빈영양성
Thermotoga	초고온성, 화학유기영양성, 발효성
Green nonsulfer bacteria	고온성, 광영양성인 동시에 비광영양성
Deinococci	몇몇은 고온성, 몇몇은 방사선에 내성, 몇몇은 특정한 파상균
Spirochetes	독특한 나선형 모양
Green sulfur bacteria	완전한 혐기성, 기생적 무산소 상태의 광영양성
Bacteroides-Flavobacteria	여러 형태의 혼합, 완전한 혐기성 미생물에 대해 완전한 호기성, 몇몇은 활주 미생물
Planctomyces	몇몇은 발아에 의해 재상산, 세포벽에 펩티드글리칸이 부족, 호기성, 수생성, 희석 배지 필요
Chlamydiae	세포 내부의 기생충, 인간과 동물에 질병을 야기
Gram-positive bacteria	그람양성, 많은 서로 다른 형태를 가짐, 독특한 세포벽을 구성
Cyanobacteria	산소가 있는 상태에서 광영양성
Purple bacteria	그람음성; 무산소 상태하에서 광영양성과 비광영양성을 포함한 여러 서로 다른 형태; 호기성, 혐기성, 임의성; 화학유기영양성, 화학빈영양성

표 7-7 프로테오박테리아(자색세균)의 주요 집단

Alphaproteobacteria	*Brucella, Rhizobium, Agrobacterium, Caulobacter, Rickettsia, Wolbachia, Rhodospirillum**, Rhodopseudomonas**, Rhodobacter**, Rhodomicrobium**, Rhodovulum**, Rhodopila**, Rhizobium, **Nitrobacter**, Agrobacterium, Aquaspirillum, Hyphomicrobium, Acetobacter, Gluconobacter, Beijerinckia, Paracoccus, Pseudomonas (in part)*
Betaproteobacteria	*Bordetella, Ralstonia, Neisseria, **Nitrosomonas** Rhodocyclus**, *Rhodoferax**, *Rubrivivax**, *Spirillum, Sphaerotilus, **Thiobacillus**, Alcaligenes, Pseudomonas, Bordetella, Neisseria, Zymomonas*
Gammaproteobacteria	***Escherichia**, **Shigella**, **Salmonella**, **Yersinia**, Buchnera, Haemophilus, Vibrio, Pseudomonas, Chromatium**, *Thiospirillum**, *other purple sulfur bacteria**, *Beggiatoa, Leucothrix, **Legionella**, Azotobacter, Fluorescent*
Deltaproteobacteria	*Desulfovibrio, **Geobacter**, Bdellovibrio Myxococcus, Bdellovibrio, Desulfovibrio, **sulfate reducing bacteria**, Desulfuromonas*
Epsilonproteobacteria	*Helicobacter, Campylobacter, Wolinella, Thiovulum*
Oligoflexia	*Oligoflexus*
Acidithiobacillia	*Acidithiobacillus thiooxidans, [Thermithiobacillus tepidarius]*

* Phototrophic representatives
Ref) modified from Madigan et al.(1997); Wiki(2017)

(무산소성), 무기독립영양균, 유기종속영양균 등 다양한 집단 미생물에서 나타나며, 대장균(escherichia), 살모렐라(salmonella), 비브리오(vibrio) 및 헬리코박터(helicobacter) 등과 같은 다양한 병원균이 포함된다. 프로테오박테리아는 현재 유전적으로 상이한 6가지의 집단(강, class)으로 구분된다(표 7-7). 광영양균은 알파와 베타 및 감마집단 내에 존재하며, 유기물질 분해에 있어 중요한 광범위한 분류인 슈도모나스(pseudomonads) 또한 이 세 집단에 해당한다.

- 알파프로테오박테리아(alphaproteobacteria)는 매우 낮은 수준의 영양소에서 자라며 비정상

적인 형태를 가지고 있다. 여기에는 식물과 공생하며, 질소고정이 가능한 중요 세균이 포함된다.

- 베타프로테오박테리아(betaproteobacteria)는 대사적 특성이 매우 다양하며 화학합성 독립영양(chemolithoautotrophs), 광합성 독립영양(photoautotrophs) 및 일반적인 종속영양(heterotrophs)이 포함된다.
- 감마프로테오박테리아(gammaproteobacteria)는 통성 호기성균이며, 대장균(E. coli)을 포함하는 그람음성간균의 집단인 장 박테리아(enterobacteria)이 포함된다. 장 박테리아에는 인간, 동물, 식물에게 질병을 발병시키는 많은 종류들이 있다.
- 델타프로테오박테리아(deltaproteobacteria)에는 다른 박테리아의 포식자인 박테리아가 포함되어 있으며 혐기성 황환원균(sulfate reducing bacteria)이 포함된다.
- 입실론프로테오박테리아(epsilonproteobacteria)는 나선형이나 구부러진 가느다란 형태를 한 그람음성간균이다. Campylobacter spp와 같은 병원균이 포함된다.
- 올리고플렉시아(oligoflexia)는 섬유상의 호기성균이다.
- 애시디티오바실리아(acidithiobacillia)에는 황산화 독립영양균이 포함되어 있는데, 특히 광산업계(mining industry)에서 중요한 미생물이다.

환경 생물공학에 있어서 특별히 중요한 자색세균의 범주 내에 속하는 다른 미생물로는 암모니아를 질산염으로 산화시키는 독립영양 질산화균(nitrifying bacteria)이 있는데, 이중 *Nitrobacter*는 알파 집단에, *Nitrosomonas*는 베타 집단에 포함된다. 에너지 대사에서 전자수용체로 산소 또는 질산염을 사용하는 박테리아는 알파, 베타, 감마 집단에 속하며, 전자수용체로 황산염을 사용하는 박테리아는 델타 집단에 속한다. 산성의 광산폐수나 콘크리트 부식과 같은 문제를 일으키는 환원된 황화합물들을 산화시키는 박테리아는 애시디티오바실리아 집단에 속한다. 참고로 *Escherichia coli*의 과학적 분류체계는 Escherichia속(genus), Enterobacteriaceae과(family), Enterobacteriales목(order), Gammaproteobacteria강(class), Proteobacteria문(phylum), Bacteria영역(domein)으로 표현된다.

의간균 문(The phylum Bacteroidetes)은 그람음성균, 비포자형성(non-sporeforming), 혐기성 또는 호기성 및 막대모양의 박테리아로 토양, 퇴적물 및 해수뿐만 아니라 동물의 피부와 내장 등에 광범위하게 분포하는 특징이 있다(Todar, 2007).

녹만균 문(The phylum Chloroflexi/Chlorobacteria)에 속하는 세균은 광합성을 위해 빛을 이용하는 무산소성 광합성균과 에너지원으로써 할로겐화 유기체(독성을 지닌 염화 에탄 화합물 chlorinated ethenes과 폴리염화 비페닐 polychlorinated biphenyls 같은)를 이용하는 혐기성 유기 할로겐 호흡세균 등을 포함하고 있다(wiki, 2017).

아시도박테리움균 문(The phylum Acidobacteria)은 비교적 새로운 세균 문의 하나로 생리학적으로 매우 다양하며, 여러 장소, 특히 토양 속에서 발견되지만, 일부는 친산성(acidophilic)이며 1997년에 처음으로 새로운 부문으로 인정 받았다(Kuske et al., 1997).

니트로스피라(The phylum Nitrospirae)는 단지 1개의 과(family Nitrospiraceae)를 가지는 박

테리아 문이며, 플랑크토마이세테스(The phylum Planctomycetes)는 수생 박테리아의 종류로 기저수(brackish wate, 반염수)와 해양 및 담수에서 주로 발견되는 세균이다.

방선균(Actinomycetes)은 지오스민(geosmin)이라는 물질을 생산하여 식수에서 종종 냄새 문제를 야기시키는데, 주로 토양에서 많이 발견되는 독특한 특성을 지니고 있는 세균이다. 방선균류는 방선균문(Actinobacteria)에 속하는 세균의 총칭으로 다른 세균류와 달리 외생 포자를 만들어 곰팡이와 비슷히게 섬유상 사상체를 이룬다. 또한 그람양성균에 해당하지만 몇몇 종에는 복잡한 세포벽 구조로 그람염색법에 의한 분류로는 적합하지 않다.

바실루스와 클로스트리듐 속은 후벽균(Firmicutes)이라는 그람양성 박테리아 문에 포함된다. 퍼미큐티스 종류는 특히 극한 조건에서도 견딜 수 있는 내생포자를 생산하는 특징을 가지며, 그 결과 다양한 환경에서 발견된다. 광합성 균(헬리오 박테리아)과 일부 병원균이 포함되어 있다.

클로로플렉시(Chloroflexi) 문에 포함된 대표적인 박테리아로 디할로코코이드(Dehalococcoides)라는 환원성 탈염소화균(reductive dechlorination bacteria)이 있다. 이는 탈할로겐 호흡반응(dehalorespiration)이라고 불리는 혐기성 반응에서 수소가스의 산화와 동시에 할로겐 유기화합물을 분해하는 환원성 탈할로겐화(reductive dechlorination) 반응(그림 7-16)을 일으키는 세균이다. 대표적으로 PCE나 TCE 등과 같은 염소계 지방족 탄화수소(CAHs, chlorinated aliphatic hydrocarbons)로 오염된 토양 및 지하수의 생물학적 처리에 활용된다.

비교적 최근에 주목받고 있는 박테리아군으로 아나목스균(anammox bacteria)과 외부전기발생균(exoelectrogens)이 있다. 아나목스(Anammox)는 혐기성 암모늄산화(anaerobic ammonium oxidation)의 약어로 생태계의 질소 순환에 매우 중요한 역할을 담당하는 미생물이다. 이 반응을 매개하는 박테리아는 1999년에 처음 밝혀졌다. 현재까지 실험실 농축 배양으로 이용가능한 7가지를 포함하여 총 10종류의 아나목스 종이 보고되었으며(Kartal et al., 2013), 크게 다음과 같이 5가지 속으로 분류된다(처음 4종은 폐수처리장 슬러지에서, 마지막 종은 해양환경에서 발견된 것이다).

- *Kuenenia* (*Kuenenia stuttgartiensis*)
- *Brocadia* (*B. anammoxidans, B. fulgida, B. sinica*)
- *Anammoxoglobus* (*A. propionicus*)
- *Jettenia* (*J. asiatica*)
- *Scalindua* (*S. brodae, S. sorokinii, S. wagneri, S. profunda*)

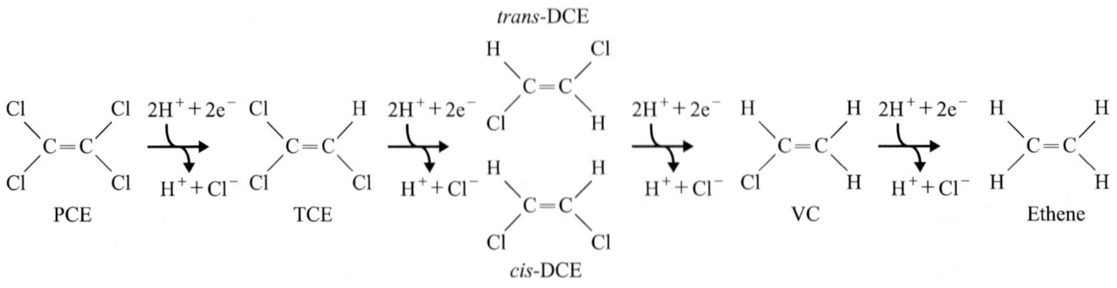

그림 7-16 **Dechlorination of PCE** (Parsons, 2004)

아나목스 16S rRNA 유전자를 이용한 계통발생 분석(phylogenetic analysis) 결과 이 미생물은 모두 플랑크토마이세테스(the phylum Planctomycetes)라는 독특한 부류에 해당하며(Fuerst and Sagulenko, 2011), Verrucomicrobia 및 Chlamydia와 함께 PVC 슈퍼문(superphylum)으로 구분하고 있다(Wagner and Horn, 2006).

외부전기발생 미생물은 일반적으로 전자를 세포 외부로 전달하는 능력을 가진 미생물을 말하는데, 전기화학적 활성박테리아(electrochemically active bacteria), 양극 호흡 박테리아(anode respiring bacteria) 등의 이름으로 불리기도 한다. 전기발생균은 현재 활성 슬러지와 같은 기존의 폐수처리시설을 대신하여 유기물을 에탄올, 수소가스 및 전류로 직접적으로 전환할 수 있는 잠재력을 지닌 미생물 연료전지(MFCs, microbial fuel cells)와 관련한 기술개발에 연구되고 있다. 양극과 음극 사이에 외인성 전자이동매개체(exogenous mediator)가 없는 환경에서 전기생산 활성을 보인 균주는 다음과 같다.

Shewanella oneidensis MR-1, *Shewanella putrefaciens IR-1*, *Clostridium butyricum*, *Desulfuromonas acetoxidans*, *Geobacter metallireducens*, *Geobacter sulfurreducens*, *Rhodoferax ferrireducens*, *Aeromonas hydrophilia(A3)*, *Pseudomonas aeruginosa*, *Desulfobulbus propionicus*, *Geopsychrobacter electrodiphilus*, *Geothrix fermentans*, *Shewanella oneidensis DSP10*, *Escherichia coli*, *Rhodopseudomonas palustris*, *Ochrobactrum anthropic YZ-1*, *Desulfovibrio desulfuricans*, *Acidiphilium sp.3.2Sup5*, *Klebsiella pneumonia L17*, *Thermincola sp.strain JR*, *Pichia anomala*

이들은 감마프로테오박테리아(*Shewanella spp.*), 델타프로테오박테리아(*the family Geobacteracae*), 베타프로테오박테리아(*Rhodoferax ferrireducens*), 퍼미큐티스(*Firmicutes-Chlostria*) 박테리아 그룹이다(Logan, 2009; Flynn et al., 2010).

유전학적인 계통발생론의 발달은 특히 광합성 미생물(시아노박테리아, 조류, 광합성 세균)의 특성을 명확히 구분하고 있다. 조류(algae)는 원래 식물처럼 행동하는(엽록소 포함, 광합성 기작, 그람음성) 단세포 생물의 집단을 지칭하기 위해 사용된 말이다. 그러나 광합성 원핵생물 집단으로 핵이 없으며, 식물이 아닌 박테리아적인 성질을 가지고 있는 식물성 세균은 식물성 플랑크톤이나 조류와는 명확히 구별된다. 흔히 말하는 남조류(blue-green algae)는 시아노박테리아(cyanobacteria), 시아노파이타(cyanophyta) 또는 남세균(blue green bacteria)을 의미하는 것으로 엄밀하게는 남조류라는 명칭은 적절하지 않다.

시아노박테리아는 전통적인 형태학적 특성에 의해, 남구슬말목(Chroococcales), 플레우로캅사목 또는 굳은막말목(Pleurocapsales), 흔들말목(Oscillatoriales), 구슬말목 또는 줄구슬말목(Nostocales) 및 가죽실말목 또는 여러줄말목(Stigonematales)의 다섯 그룹으로 구분된다(표 7-8). 이중 마지막 두 종류는 동일 조상(monophyletic)에서 발생한 그룹으로 이형세포성 시아노박테리아(heterocystous cyanobacteria)이다. 계통발생학에 기초한 시아노박테리아의 과학적인 세부분류는 아직도 명확하지 않다.

표 7-8 Classification of representative Cyanobacteria

Classes	Orders	Family	Genus
Gloeobacteria	Gloeobacterales	Gloeobacteraceae	*Gloeobacter*
Cyanophyceae	Chroococcales	Microcystaceae	*Microcystis*
	Pleurocapsales		
	Oscillatoriales	Oscillatoriaceae	*Oscillatoria*
Hormogoneae	Nostocales	Nostocaceae	*Anabaena, Aphanizomenon*
	Stigonematales		

표 7-9 Nitrogen fixing properties of Cyanobacteria

Types	Genus	Bloom conditions
N_2 fixing	*Anabaena* *Aphanizomenon* *Cylindrospermopsis* *Gloeotrichia* *Nodularia*	P-enriched, warm, stratified, long-residence time, high irradiance, eutrophic
Non-N_2 fixing	*Microcystis* *Oscillatoria* *Gomphosphaeria*	N- and P-enriched, eutrophic conditions, warm, stratified, long residence time

Ref) Paerl et al.(2001)

시아노박테리아는 광합성 세균(nitrogen-fixing photosynthetic bacteria)의 한 그룹으로 질소고정능력이라는 특성을 가지고 있으나 일부 균주는 그렇지 않은 경우도 있다(표 7-9). 이들은 습도가 높은 토양이나 물에 자유롭게 서식하며, 단세포, 섬유상 또는 군락을 이루기도 한다. 또한 식물 또는 이끼류 형성 곰팡이와도 공생관계에 있기도 한다. 시아노박테리아와 조류는 흔히 자연상태의 물에서 함께 발견되며, 같은 에너지원과 탄소원을 놓고 경쟁하는 경향이 있다. 시아노박테리아는 정상적인 광합성 세포에서부터 기후저항성 포자(climate-resistant spore), 그리고 질소고정을 위한 필수효소(enzyme nitrogenase)를 가지는 이형세포(heterocysts) 등 다양한 세포로 분화할 수 있다. 특히 이형세포 형태로 특화된 시아노박테리아는 혐기성 조건하에서도 공기 중의 질소를 고정시킬 수 있다. 이형세포 형성(heterocystous) 그룹들은 특히 질소 고정에 특화되어 있으며 질소가스를 암모니아(NH_3), 아질산염(NO_2^-) 또는 질산염(NO_3^-) 형태로 고정할 수 있다. 또한 이들은 식물에 흡수되어 단백질과 핵산으로 전환될 수 있다(여기서 내부공생성 질소고정 박테리아 endosymbiotic nitrogen-fixing bacteria는 제외된다. 내부공생이란 엽록체와 미토콘드리아가 서로의 필요성에 의해 한 세포 내에 공생하는 특성을 말한다). 질소 고정을 하지 않는 시아노박테리아로 마이크로시스티스(*Microcystis*), 오실라토리아(*Oscillatoria app.*) 종류가 대표적인데, 우리나라의 경우 주로 발견되는 종들은 이 두 종류와 함께 아나베나(*Anabaena*)가 포함된다(안치용 외, 2015). 수역에서 질소 고정을 하지 않는 종들의 과잉성장은 대기 중 질소가 아닌 다른 형태의 질소원(예를 들어 하·폐수에 포함된)을 이용한다는 의미이다. 표 7-10에는 시아노박테리아의 성장과 수화현상의 발생에 영향을 미치는 각종 인자를 나타내었다. 시아노박테

표 7-10 Environmental factors influencing Cyanobacterial growth and bloom formation

Factor	Impacts and Cyanobacterial Responses
Physical	
Temperature	Temperatures > 15°C favor cyanobacterial growth, many species have optima at > 20°C.
Light	Many bloom genera prefer/tolerate high light, while others are shade-adapted.
Turbulence and mixing	Most bloom genera prefer low turbulence over a range of spatial scales, poorly mixed conditions are favorable.
Water residence time	Long residence times are preferred by all genera.
Chemical	
Major nutrients(N and P)	Both N and P enrichment favor non-N_2-fixing genera. Low N:P ratios (i.e., high P enrichment) favors N_2 fixers.
Micronutrients(Fe, metals)	Fe required for photosynthesis, No_3^- utilization, and N_2 fixation; evidence for periodic Fe limitation. Other metals (e.g., Cu, Mo, Mn, Zn, Co) required but not limiting.
Dissolved inorganic C(DIC)	DIC can limit phytoplankton growth, but cyanobacteria can circumvent this; DIC limitation and high pH may provide competitive advantages to cyanobacterial bloom taxa.
Dissolved organic C(DOC)	Many cyanobacterial bloom taxa are capable of utilizing DOC; blooms often flourish in DOC-enriched waters.
Salinity	Not restrictive to cyanobacteria *per* se, but some bloom-forming genera (*Anabaena*, *Microcystis*) do not thrive in saline waters. Other genera (*Nodularia*) are salt-tolerant.
Biological	
Grazing	Selective factor, favoring large inedible filamentous and colonial, as well as toxic (to zooplankton) genera
Microbial interactions	Consortial cyanobacterial-bacterial interactions may promote growth and bloom formation/persistence. Interactions may be chemically mediated (i.e., role for "toxins"?). Some cyanobacteral-protozoan interactions may also be mutually beneficial. Evidence for viral and bacterial antagonism (i.e., lysis) towards cyanobacteria. However, does not appear to be a common mechanism for bloom control. Cyanobacterial-microbial competition for nutrients exists and may be a competitive mechanism.
Symbioses with higher plants and animals	Cyanobacteria are epiphytic/epizoic and form endosymbioses with algae, ferns, and vascular plants. Many are obligate and involve N_2-fixing cyanobacterial genera.

Ref) Paerl et al.(2001)

리아 그룹은 보통 25°C를 초과하는 비교적 높은 수온에서 최적의 성장률을 가지며(Paerl and Huisman, 2008), 이러한 높은 온도조건에서 진핵미생물인 조류와 경쟁한다.

시아노박테리아는 신경독소(neurotoxins), 세포독소(cytotoxins), 내독소(endotoxins: 세포 내부에 발견되는 독성물질) 및 간독소(hepatotoxins)를 생성할 수 있는데, 이들은 모두 시아노톡신(cyanotoxins)으로 알려져 있다(표 7-11). 이러한 독성물질은 음용수의 맛과 냄새에서부터 소를 포함한 다른 반추동물들을 죽일 만큼, 부산물 독소생성으로 지표수 수질의 심각한 오염문제를 야기할 수 있다. 이러한 시아노박테리아의 과잉성장을 Cyanobacterial Harmful Algal Blooms (CyanoHABs)이라 부른다. 특히 일부 남세균(cyanobacteria)의 독소는 여름철 체류시간(retention time)이 긴 수역에서 수질에 악영향을 미칠 가능성이 높다.

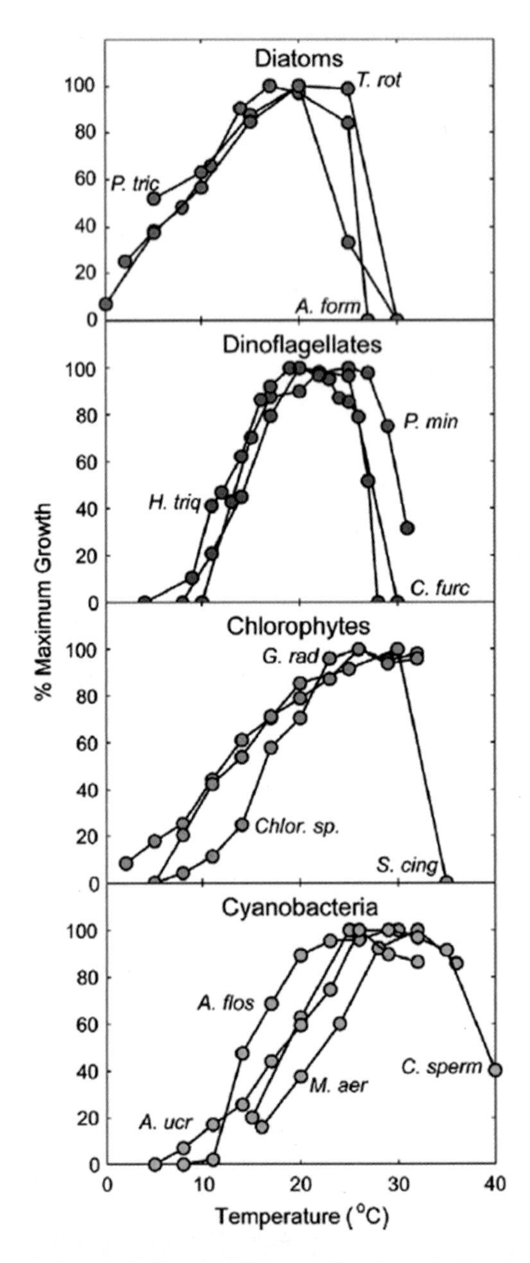

그림 7-17 **Temperature dependence of the specific growth rates of representative species from three eukaryotic phytoplankton classes and of CyanoHAB species** (summarized by Paerl et al., 2011); *A. form=Asterionella Formosa, T. rot=Thalassiosira rotula, P. tric=Phaeodactylum tricornutum, H. triq=Heterocapsa triquetra, P. min=Prorocentrum minimum, C. furc=Ceratium furcoides, G. rad=Golenkinia radiate, Chlor. sp.=Chlorella sp., S. cing=Staurastrum cingulum, A. ucr=Anabaena ucrainica, M. aer=Microcystis aeruginosa, A. flos= Aphanizomenon flos-aquae, C. sperm=Cylindrospermopsis raciborskii*

독성물질의 발생으로 인한 환경 유해성 논란에도 불구하고 시아노박테리아의 그 본질적인 특성으로 인하여 일부 균주에 대한 상업적 활용을 위한 연구개발은 농업에서의 질소비료 공급원, 항염 및 항균제(anti-inflammatory and antibacterial agents)(Science daily, 2012), 식이보조제(Dietary supplementation-Spirulina)(Christaki et al., 2011) 등으로 매우 다양하다(Spolaore et al., 2006). 그 중에서도 광합성을 통한 전기생산이나 조류기반 연료(algae-based fuels, algenol

표 7-11 Cyanobacterial toxins

Name	Produced by	Characteristics
BIOTOXINS		
Anatoxin-a, Homo-Anatoxins-a	*Anabaena, Aphanizomenon, Oscillatoria (Planktothrix)*	Neurotoxins
Anatoxin-a(s)	*Anabaena, Oscillatoria (Planktothrix)*	Neurotoxins
Cylindrospermopin	*Aphanizomenon, Cylindrospermopsis, Umezakia*	Cytotoxins
Microcystins	*Anabaena, Aphanocapsa, Hapalosiphon, Microcystis, Nostoc, Oscillatoria (Planktothrix)*	Hepatoxins
Nodularins	*Nodularia(blackish water)*	Hepatoxins
Saxitoxins	*Alexandrium, Anabaena, Aphanizomenon, Cylindrospermopsis, Lyngbya*	Neurotoxins
Debromoaplysiatoxin-Lyngbyatoxin	*Lyngbya (marine)*	
Aplysiatoxin	*Schizothrix (marine), Lyngbya (marine)*	
CYTOTOXINS	*Both fresh and marine cyanobacteria*	Cytotoxins

Ref) modified from Pearl et al.(2001)

biofuels) 등 신재생에너지 개발차원에서도 매우 주목받고 있다(Quintana et al, 2011; The Hindu 21, 2010; 오희목 외, 2008).

광합성 박테리아(photosynthetic bacteria)는 광합성으로 에너지인 당을 만드는 혐기성 세균이다. 이는 식물이나 시아노박테리아와는 광합성 색소와 이용하는 전자공여체 등에서 분명히 차이를 보인다(표 7-12). 혐기성 상태에서만 광합성을 하는 세균(photoheterotroph)이지만 대부분 빛이 없어도 호기성 호흡을 통할 경우 화학적 유기영양으로 생장이 가능하다. 세균은 동화 색소를 가지고 있지 않으므로 광합성을 할 수 없지만, 박테리오클로로필(bacteriochlorophyll)을 가지고 있는 자색 황세균(purple sulfur bacteria), 녹색 황세균(green sulfur bacteria)은 이산화탄소와 무

표 7-12 **광합성 세균의 특성**

특징	Purple Bacteria		Green Bacteria		*Heliobacter-iaceae*
	Nonsulfur	Sulfur	Sulfur	다세포	
Bacteriochlorophyll	a, b	a, b	a, c, d, e	a, c, d	g
유화수소 이용성(전자공여체)	−*	+	+	+	−
유황 축적	−	세포 내	세포 외	−	−
수소 이용성	+	+	+	+	−
유기 전자공여체 이용성	+	+	−	+	+
탄소원	CO_2 유기물	CO_2 유기물	CO_2 유기물	CO_2 유기물	유기물
호기적 호흡	+	−	−	+	−
이산화탄소 고정	Calvin 회로	Calvin 회로	Reductive TCA 회로	Calvin 회로**	−

Purple non-sulfur bacteria; *Rhodospirillum*속 등
Purple sulfur bacteria; *Chromatium*속 등
Green sulfur bacteria; *Chlorobium*속 등
Green gliding bacteria; *Chloroflexus*속 등

* : 균주에 따라 이용하는 예도 있다.
** : *Chloroflexus*속 세균은 3-hydroxypropionate 회로
*** : 이들 외에 준광합성 세균과 호염성 archaea도 빛에너지를 이용한다.

기화합물(예, S^0, H_2S, $S_2O_3^{2-}$, H_2)을 이용하여 광합성을 한다. 호기적 조건에서 유기영양적으로 성장하면서 성장에 필요한 일부 에너지를 빛에너지로부터 공급받는 세균을 준광합성 세균(quasi-photosynthetic bacteria) 또는 호기적 무산소 광합성 세균(aerobic anoxic photosynthetic bacteria)이라고 한다. 이러한 이름은 시아노박테리아와 구분하기 위함이며, Erythrobacter나 Roseibum 등이 해당된다. 광합성 세균은 식물에 유기 탄소 공급, 질소 고정(토양 내 질소 공급량의 약 50%), 기능성(아미노산, 비타민 등) 물질 분비, 유해물질 제거, 유해균의 생장 억제(항균 및 항바이러스 물질 생산), 토양 미생물상 개선(산도 개선) 등의 기능을 한다.

④ 생물반응조에서 미생물의 다양성

폐수를 생물학적으로 처리하는 반응조 내에서 미생물의 다양성(microbial diversity)을 보여주는 한 가지 예를 그림 7-18에 나타내었다(Choi et al., 2017). 이는 도시하수를 처리하는 실규모 영양소제거(EBPR) 분리막 생물반응조(MBR)를 대상으로 조사한 것으로 부유상태의 슬러지(bulk sludge)와 분리막에 부착된 슬러지 케이크 층(cake layer)의 박테리아 분포 특성으로부터 폐수처리에 기여하는 박테리아 군집특성의 차이를 알 수 있다. 파이로시퀀싱(pyrosequencing) 분석기법을 이용한 이 분석결과로부터 의간균(Bacteriodetes), 프로테오박테리아 및 녹만균(Chloroflexi) 등의 박테리아 문들이 해당처리시설의 오염물질 제거에 중요한 역할을 담당하고 있음을 알 수 있다. 이러한 군집특성은 처리기술이나 대상폐수의 성상 등에 따라 영향을 받을 수 있다. 일반적으로 활성슬러지와 생물막 공정에서는 프로테오박테리아가 우점하는 것으로 보고된 바 있다(Miura et al., 2007; Ma et al., 2013).

참고로 미국국립보건원(NIH, National Institute of Health)의 인체 미생물군집 프로젝트(HMP, The Human Microbiome Project)(2007～)에 따르면, 인체 내 확인된 미생물은 약 1만 종(약 100조 개체, 1～2 kg)으로 이중 가장 다양한 종의 미생물이 공생하는 곳은 배설물이 모이는 대장(약

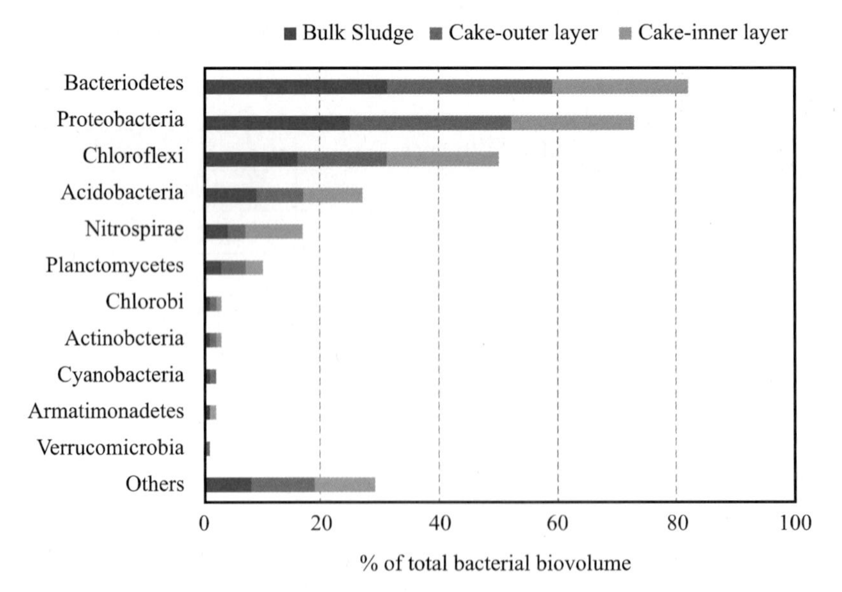

그림 7-18 **Phylum distribution of microbial populations in the MBR. Minor phyla groups accounting for less than 0.5% of the total sequences are presented as "others".** (a: bulk sludge, b: biofilm outer layer in the MBR, and c: biofilm inner layer in the MBR).(Choi et al., 2017)

4,000종)이다(AAM, 2014; Turnbaugh, et al., 2007). 16S rRNA 서열 기반 연구결과 현재까지 알려진 박테리아(70 divisions)와 고세균(13 divisions) 중에서 장내 공생하는 미생물 군집(gut community) 중 가장 많은 비율(약 90% 이상)을 차지하는 것은 의간균(Bacteriodetes)와 후벽균(Firmicutes)이었다. 또한 메탄생성 고세균(methanogenic archaeon)인 *Methanobrevibacter smithii*도 현저히 관측되었다(Eckburg PB, et al., 2005). 기타 프로테오박테리아 등 다수의 박테리아 종류(proteobacteria, actinobacteria, fusobacteria, verrucomicrobia, cyanobacteria, vadinBE97, spirochaeates, synergistes)도 미량의 장내세균으로 검출되었다(Gill et al., 2006).

장내 영양 측면에서 의간균와 후벽균은 속칭 날씬균과 비만유발균으로 알려져 있다. 의간균은 탄수화물을 분해하고 배출시켜 체중 감량을 이끌어내는 유익균(healthy placental microbiome)인 반면, 후벽균은 장내에서 당 발효를 증진시켜 지방산을 생성해 비만을 유도하는 균으로 특히 그 활성도는 과당(fructose)에 의해 크게 영향을 받는다(Ley et al., 2006). *M. smithii*는 단세포 미생물로 이산화탄소(CO_2)와 수소(H_2)를 이용하여 메탄(CH_4)을 생성하는 수소영양(hydrogentroph) 중온 메탄생성 고세균(mesophilic methanogenic archaeons)의 한 종류이다. *M. smithii*와 같은 고세균은 사람의 내장 생태계에서 식이(난소화성) 다당류(dietary polysaccharides)의 박테리아 소화에 대해 특이성과 효율성에 중요한 역할을 한다. 즉, 메탄의 생산은 박테리아 발효과정에서 발생되는 수소가스를 제거하는 주요 경로로 장내에서 식이 다당류의 분해효율을 향상시키는 기능을 한다(Eckburg PB, et al., 2005).

이러한 결과로부터 도시하수를 처리하는 생물반응조의 미생물 군집특성은 특히 인간의 장내 미생물의 군집특성과 관련성이 매우 높음을 알 수 있다. 인간의 장내 미생물은 분변으로 배출되어 결국 하수처리장의 생물반응조(호기성)에서 처리된다. 이 과정에서 과당에 특이적 활성도를 보이는 후벽균과 혐기성 메탄균은 부적절한 성장환경으로 도태될 가능성이 높으므로 그림 7-18의 결과는 매우 합리적으로 보인다.

⑤ 에너지원과 탄소원

박테리아의 대사(Bacterial metabolism)는 생물학적 환경기술을 이해하는 데 있어 매우 중요하다. 박테리아 대사는 성장을 위해 사용되는 탄소원(carbon source)과 에너지원(energy source)을 기준으로 4종류로 간단히 요약된다(표 7-13). 에너지는 광합성(광영양, phototroph)을 통하거나 또는 유기(또는 무기)물질의 산화(화학영양, chemotroph)를 통해 얻을 수 있다. 탄소원으로는 이산화탄소(독립영양, autotroph) 또는 포도당과 같은 유기화합물[종속영양(heterotroph) 또는 유기영양(organotroph)]을 이용한다. 화학합성유기(종속)영양(chemoheterotrophs or chemoorganotrophs)은 에너지와 탄소 모두 유기화합물을 사용하고, 화학합성무기(독립)영양(chemolithotrophs or chemoautotrophs)은 이산화탄소에서 무기화합물과 탄소의 산화로 에너지를 얻으며, 광합성독립영양(photoautotrophs)은 빛으로부터 에너지를 얻고 이산화탄소에서 탄소를 고정화하며, 마지막으로 광합성종속영양(photoheterotrophs)은 유기화합물로부터 탄소와 빛으로부터 에너지를 얻는다.

박테리아가 새로운 세포물질을 만들기 위해 필요한 에너지를 생산할 수 있는 방법에는 호흡(respiration)과 발효(fermentation) 두 가지가 있다. 호흡반응에서의 핵심은 전자 전달흐름

표 7-13 **Metabolic Classification of Bacteria** (Pepper et al., 2014)

Metabolism	Electron Donor (Terminal Electron Acceptor)	Carbon Source	Metabolism Type	Products
			Chemoheterotroph	
Respiration	organic compounds	organic compounds	*Pseudomonas*, *Bacillus*	CO_2, H_2O
(aerobic)	(O_2)			
(anaerobic)	(e.g., NO_3, Fe^{3+}, SO_4^{2-})a)		*Micrococcus*, *Geobacter*, *Desulfovibrio*	CO_2, NO_2^-, N_2O, N_2, Fe^{2+}, S, S^{2-}
Fermentation (anaerobic only)	organic compounds (organic acids)	organic compounds	*Escherichia*, *Clostridium*	CO_2, organic acids, alcohols
			Chemoautotroph or Chemolithotroph	
Chemolithotrophy	H_2, S^{2-}, NH_4^+, Fe^{2+}	CO_2	Hydrogen bacteria,	H_2O, SO_4^{2-}, NO_2^-, Fe^{3+}
(aerobic)	(O_2)		Beggiatoa,	
(anaerobic)a)	(NO_3)		Planctomycetes	
			Photoautotroph	
Photosynthesis	Light + H_2O($NADP^+$)	CO_2	*Cyanobacteria*	O_2
(oxygenic)				
(anoxygenic)	Light + H_2S (bacteriochlorophyll)	CO_2	bacteria including: purple sulfur bacteria e.g., *Chromatium*; purple nonsulfur bacteria, e.g., *Rhodospirillum*; green nonsulfur bacteria, e.g., *Chloroflexus*; Heliobacteria, e.g., *Heliobacterium*	S^0
			Photoheterotroph	
Photoheterotrophy	light + H_2S (bacteriochlorophyll)	organic compounds	many purple nonsulfur bacteria purple sulfur bacteria to a limited extent	S^0

a) The majority of chemoautotrophs are aerobic. However, there have been several descriptions of anaerobic chemoautotrophs including those that participate in ammonia oxidation(Anammox) using NO_2^- as the terminal electron acceptor (from the order Planctomycetes, e.g., *Brocadia anammoxidans*) and those that participate in sulfur oxidation using NO_3^- as a terminal electron acceptor (*Thiobacillus denitrificans*).

(electron transfer chain)에서 전자를 최종적으로 받아들이는 최종 전자수용체(TEA, terminal electron acceptor)이다. 호기성(aerobic) 조건에서 TEA는 산소(포도당 1몰당 총 38 ATP 생산)이며, 혐기성(anaerobic) 조건에서는 NO_3^-, Fe^{3+}, SO_4^{2-}, 또는 CO_2가 된다. 혐기성 호흡반응은 호기성의 경우보다 에너지 생산량이 낮다. 산소가 없을 경우 대신 NO_3^-를 사용하는 박테리아는 통성(임의성) 혐기성 세균(facultative anaerobes)이며, 슈도모나스(Pseudomonas)속이 여기에 포함된다. 특히 황산염 환원균(sulfate reducers)은 황산염(sulfate)을 TEA로 사용하는 절대 혐기성 세균(obligate anaerobes)이다.

발효는 매우 낮은 에너지(포도당 1몰당 2몰의 ATP)를 생산하는 혐기성 반응이다. 이 과정에서는 전자 전달흐름을 사용하거나 외부 전자수용체를 필요로 하지 않는다. 전자흐름은 일반적으로 유기산(organic acids) 또는 알코올과 유기화합물 단계에서 종료되어 매우 적은 양의 에너지를 생성하게 된다. 따라서 발효공정에서 최종 생성물은 이산화탄소와 유기산 및 알코올의 조합으로 이루어진다.

2) 고세균

고세균(Archaea)은 단세포 미생물의 한 영역(domain)이자 계(kingdom)를 이루고 있는 원핵생물이다. 이는 과거에 원시 지구의 환경과 비슷한 환경에서 서식하는 종이라는 의미에서 시원세균(Archaebacteria)이라는 박테리아군으로 분류되었으나, 유전학적인 계통발생 분석기술의 발달에 따라 현재 고세균은 생명의 다른 두 영역인 박테리아 및 진핵생물에서 분리하여 하나의 독특한 미생물군으로 구분하고 있다.

고세균은 박테리아와 마찬가지로 세포핵이나 세포 내에 다른 막결합 소기관이 없으며(표 7-3), 두 영역은 형태학적으로 유사성(크기나 모양)이 높다. 그러나 고세균은 유전자와 각종 대사경로(유전자 및 단백질의 상동성, 세포벽과 세포막의 구성, DNA 복제 및 단백질 합성 등) 측면에서 오히려 진핵생물에 가까운 특징을 가지고 있다. 세포벽을 예로 들면 박테리아는 펩티도글리칸(peptidoglycan: 짧은 폴리펩타이드와 연결된 변형된 당으로 이루어진 중합체)을 지니고 있는 반면 고세균은 구조적으로 더 안정된 변형된 형태인 슈도펩티도글리칸(pseudopeptidoglycan, pseudomurein) 층으로 구성되어 있다.

고세균은 지구 생명체의 주요 일부분으로 탄소와 질소 순환에서 매우 중요한 역할을 한다. 대사과정에서 이들은 다양한 화학반응을 보이며 진핵생물보다도 더 다양한 종류의 에너지원(예를 들어, 설탕과 같은 유기화합물, 암모니아, 금속 이온 또는 수소가스 등)을 사용한다(표 7-14). 이러한 반응은 에너지원과 탄소원으로 분류할 수 있다. 일부 고세균은 유황이나 암모니아와 같은 무기화합물로부터 에너지를 얻는데(Lithotrophs), 여기에는 질산화균(nitrifier), 메탄생성균 및 혐기성 메탄산화균(anaerobic methane oxidiser) 등이 포함된다. 또한 염(소금)에 견딜 수 있는 할로고세균(Haloarchaea, 호염성균)은 햇빛을 에너지원으로 사용하지만(phototrophs), 산소 생성 광합성 반응은 일어나지 않는다. 또한 다른 고세균 종은 탄소 고정을 하기도 한다. 고세균은 이분법(binary fission), 분열(fragmentation) 또는 출아(budding)에 의해 무성생식으로 번식하며, 포자를 형성하지 않는다.

고세균이 다른 원핵생물과 구분되는 이유 중 하나는 많은 고세균들이 극한적인 환경(높은 염농도, 온도, 유기용매 등)에서 성장하는 독특한 특성이 있다는 것이다. 초기에 고세균은 단지 온천(hot springs)과 염분이 있는 호수(salt lakes)와 같은 거친 환경에 사는 극한생물로 여겼으나 [이와 같은 미생물군을 특별히 극한미생물(extremophiles)이라 구분한다. 극한미생물에 대한 상세설명은 206쪽 참고], 현재 고세균은 토양, 해양 및 습지대 등과 같은 광범위한 서식처에서도

표 7-14 Nutritional types in archaeal metabolism

Nutritional type	Source of energy	Source of carbon	Examples
Phototrophs	Sunlight	Organic compounds	*Halobacterium*
Lithotrophs	Inorganic compounds	Organic compounds or carbon fixation	*Ferroglobus, Methanobacteria, Pyrolobus*
Organotrophs	Organic compounds	Organic compounds or carbon fixation	*Methanosarcinales, Pyrococcus, Sulfolobus*

Note) Wiki(2017). (https://en.wikipedia.org/wiki/Archaea)

발견되고 있다.

통상적으로 고세균은 주로 그 특징과 서식지에 따라 메탄생성균(methanogens), 호염성균(halophiles), 호열성균(thermophiles), 초고온성균(hyper thermophiles) 등으로 간단히 구분한다. 특히 크렌아키아오타(Crenarchaeota), 유리아키아오타(Euryarchaeota) 및 코르아키아오타(Korarchaeota) 및 나노아키아오타(Nanoarchaeota)이라는 4개의 문이 잘 알려져 있다(Huber et al., 2002; Woese, et al, 1990). 그러나 이러한 고세균의 계통발생학적 분류는 유전정보 분석기술의 발달로 인해 현재에도 꾸준히 보완되고 있다. 표 7-15는 비교적 최근까지 연구된 고세균의 주요 집단들의 개요를 보여준다.

크렌아키아오타(Crenarchaeota)는 유리아키아오타(Euryarchaeota)보다 좀 더 원시적인 고세균으로 대부분 호열성(thermophiles) 또는 초고온성(hyperthermophiles)이며, 원래 지열성 유황온천(이탈리아)에서 분리되었다. 그러나 최근에는 해수나 토양 등의 저온 환경에서도 DNA 시료가

표 7-15 Classification of Archaea

Kingdom/or Superphylum	Phyla	Classes	
Euryarchaeota	**Euryarchaeota**	Archaeoglobi	Archaeoglobales
		Halobacteria	Halobacteriales
		Methanobacteria	Methanobacteriales
		Methanococci	Methanococcales
		Methanomicrobia	Methanocellales, Methanomicrobiales, Methanosarcinales
		Methanopyri	Methanopyrales
		Thermococci	Thermococcales
		Thermoplasmata	Thermoplasmatales
DPANN[1]	Diapherotrites,	Ca. Iainarchaeum	
	Parvarchaeota[2]	Ca. Micrarchaeum, Ca. Parvarchaeum	
	Aenigmarchaeota	Ca. Aenigmarchaeum	
	Nanohaloarchaeota	Ca. Nanosalina, Ca. Nanosalinarum	
	Nanoarchaeota	Ca. Nanoarchaeum	
Proteoarchaeota (TACK)	Thaumarchaeota	Nitrososphaeria- Cenarchaeales, Nitrosopumilales, Nitrososphaerales	
	Aigarchaeota	Ca. Caldiarchaeum subterraneum	
	Crenarchaeota	Thermoprotei-Acidilobales, Desulfurococcales, Fervidicoccales, Sulfolobales, Thermoproteales	
	Korarchaeota	Ca. Korarchaeum cryptofilum	
	Lokiarchaeota	Ca. Lokiarchaeum	
	Heimdallarchaeota		
	Odinarchaeota		
	Thorarchaeota		

Note) modified from Wiki(2017).

1) DPANN(Diapherotrites, Parvarchaeota, Aenigmarchaeota, Nanoarchaeota, Nanohaloarchaea) is a superphylum of Extremophile Archaea(Rinke et al., 2013).

2) ARMAN, Archaeal Richmond Mine Acidophilic Nanoorganisms.

검출된 바 있어 다양한 서식지를 가질 가능성이 높다. 세포의 모양은 매우 다양해 포도상구균 형태에서 간균에 이르기까지 다양하다. 이 고세균은 호기성 및 혐기성 성장 환경에서도 존재하며, 종속화학영양(chemoorganotrophs)과 독립화학영양(chemolithoautotrophs)을 두루 포함한다. 대표적인 특징은 호열성과 함께 호산성(acidophiles)이다. 대표적인 크렌아키아오타균인 *Solfolobus solfataricus*은 pH 1～2 사이에서 가장 잘 자라며 pH 7 이상에서는 사멸한다.

유리아키아오타에는 메탄을 생성하는 메탄생성균, 염분의 극한 농도에서 생존하는 호염균(halobacteria), 그리고 80°C 이상의 초고온성 호기성 또는 혐기성균(extremely thermophilic aerobes and anaerobes) 등이 포함된다. 이중 Archaeoglobus는 독특하게 황산염(sulphate, SO_4^{2-})을 황화수소(H_2S)로 환원시키는 황환원 미생물(SRB, sulfate reducing bacteria)이며 Methanopyrus는 심해저 환경의 암석으로부터 수소와 이산화탄소를 이용해 메탄을 생성하는 초호열성 고세균이다. 현재까지 알려진 고세균의 약 45% 가량이 메탄을 생성하는 메탄생성균으로, 이들은 주로 산소가 없는 다양한 호수, 늪, 심해저, 동물의 장내 등의 환경에서 발견된다. 이들의 먹이인 메탄 생성의 원료는 매우 다양하며(이산화탄소, 수소, 개미산(formate), 일산화탄소, 메탄올, 메틸아민, 다이메틸아민, 트리메틸아민, 메틸머캅탄, 아세테이트 등), 메탄생성균 중에는 극한성이 없는 경우(예, *Methanococcus maripaludis*)도 있다. 호염성 고세균(Halobacteriacea family)은 바닷물 10배 이상의 염농도에서도 외부환경에 적응하여 성장한다. 현재까지 알려진 모든 호염성균은 그람음성으로 포자를 생성하지 않고 이분법으로 증식한다. 열플라즈마균(thermoplasma)들은 유리아키아오타 중 가장 알려지지 않은 종으로, 낮은 수소이온농도 에서 잘 자라고 약산성이나 중성 이상의 pH에서는 죽는 극산성 미생물이다.

코르아키아오타(Korarchaeota, Xenarchaeota로도 불린다)는 미국 옐로스톤 국립공원 온천 진흙(74～93°C)에서 분리한 실제 순수배양되지 못한 미생물로 아직도 명확하게 밝혀져 있지 않다. 그러나 이들은 온도(열수환경), 염분(담수 또는 해수) 또는 지형에 따라 다양하게 나타난다(Auchtung et al., 2011; Reigstad et al., 2010).

나노아키아오타(Nanoarchaeota)는 현재 심해 해저 열수 분출구에서 발견된 단지 한 종류(Nanoarchaeum equitans)의 균만이 알려져 있다(Clingenpeel et al., 2013; Huber et al., 2002). 지름 400 nm의 구균으로 초고온성이고 혐기성이며, 숙주에 공생하는 특성이 있다. 숙주는 크렌아키아오타에 포함되는 Ignicoccus속이다.

고세균에는 극한의 환경에서 생존하는 다양한 종류의 미생물들이 포함된다. 고세균은 바이오메탄, 바이오 수소, 극한 효소 생산 등 환경공학과 생명공학 분야에서 다양한 측면에서 활용되고 있다. 특히 무산소, 고염, 고온, 고압 등 극한의 환경에서 생존함으로써 놀라운 대사능력을 가지고 있어 최근 세계적으로 많은 연구가 진행 중이다. 환경오염물질은 다양한 폐수의 성상으로 나타나며, 여기에는 염분 농도나 온도가 극한의 조건인 경우가 있다. 일부 산업폐수의 경우는 일반적인 생물학적 처리기술로는 어렵다. 최근 새로운 미생물의 발견과 관련 정보의 축적은 이러한 난분해성 극한폐수의 생물학적 분해처리에 도전하는 계기가 되고 있다. 그림 7-19는 맥주발효폐수의 혐기성 처리과정에서 바이오가스(메탄)를 생산하는 혐기성균의 전자현미경 사진을 보여준다.

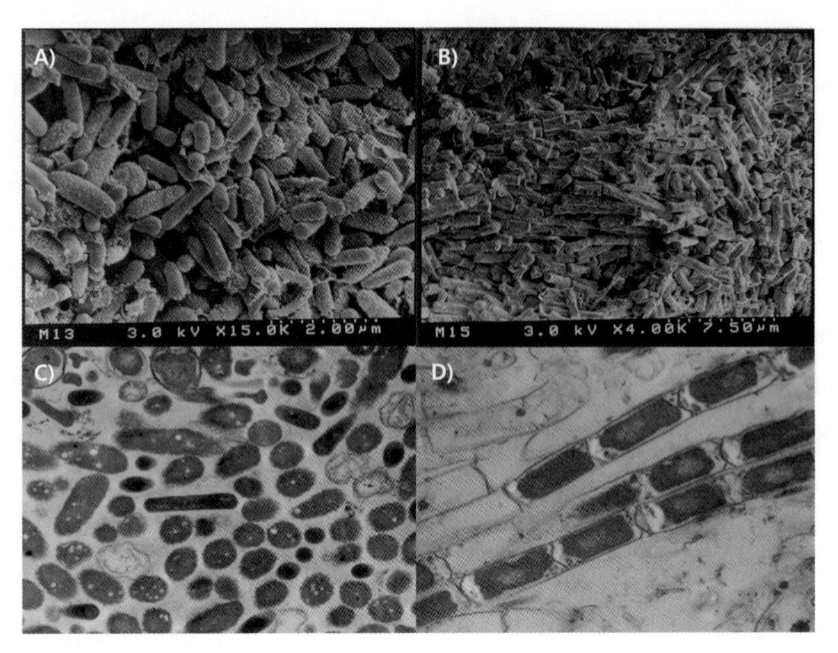

그림 7-19 SEM (A, B) and TEM (C, D) images of methanogenic bacteria treating brewery wastewater (Ahn, 1996)

3) 극한미생물

호극성생물(extremophiles)로 불리는 극한생물은 물리적 또는 지구 화학적인 측면에서 지구상의 대부분의 생명에 유해한 극한 환경(extreme environments: 극고온도, 극저온도, 고 pH, 저 pH, 및 고염분 환경)에서 살 수 있는 유기체를 말한다(Rothschild and Mancinelli, 2001). 이에 반하여 좀 더 온화한 환경에서 사는 유기체를 중온성(mesophilies) 또는 호중성(neutrophils, 중성친화적인)이라고 정의한다. 지구상에서 가장 잘 알려진 극한생물은 대부분 단세포 생물이기 때문에 이를 극한미생물이라고 구분하여 부른다. 1980～1990년대에 미생물이 극한의 환경(산성이나 매우 뜨거운 조건)에서 살아남을 수 있는 큰 유연성을 가지고 있다는 것이 발견된 이후 이에 대한 본격적인 연구는 비교적 최근에서야 이루어지고 있는 새로운 분야이다.

앞에서 설명한 고세균 영역은 극한미생물의 대표적인 종류들을 포함하고 있다. 그러나 중온성을 가지는 고세균도 존재하므로 모든 고세균을 극한미생물로만 규정하기는 어렵다. 또한 극한생물에는 고세균뿐만 아니라 박테리아 영역에도 다양하게 존재하며, 그외 단세포가 아닌 벌레(Pompeii worm), 곤충류(psychrophilic Grylloblattidae), 갑각류(Antarctic krill) 등의 원생동물도 포함된다. 그러나 고세균에 대한 연구는 극한미생물에 대한 본격적인 연구로 이어져 이를 활용한 산업화 단계에까지 이르렀다(US DOE, 2014).

극한미생물의 분류는 그 환경 조건에 따라 이루어지는데 대체로 표 7-16과 같이 요약할 수 있다. 그러나 이러한 분류방식은 배타적으로 적용되지 않으며, 다수의 조건이 중복되어 구분되기도 하고 또한 연구자에 따라 조금씩 다른 견해를 보이기도 한다. 극한 미생물의 개발과 환경공학적 활용은 앞으로도 발전의 여지가 매우 높다.

표 7-16 **Classification of Extremophiles**

Classification	Description
Acidophile	An organism with optimal growth at pH levels of 3 or below
Alkaliphile	An organism with optimal growth at pH levels of 9 or above
Anaerobe	An organism that does not require oxygen for growth such as *Spinoloricus cinzia*. Two sub-types exist: facultative anaerobe and obligate anaerobe. A facultative anaerobe can tolerate anaerobic and aerobic conditions; however, an obligate anaerobe would die in the presence of even trace levels of oxygen
Cryptoendolith	An organism that lives in microscopic spaces within rocks, such as pores between aggregate grains; these may also be called endolith, a term that also includes organisms populating fissures, aquifers, and faults filled with groundwater in the deep subsurface
Halophile	An organism requiring at least 0.2M concentrations of salt (NaCl) for growth
Hyperthermophile	An organism that can thrive at temperatures above 80°C, such as those found in hydrothermal systems
Hypolith	An organism that lives underneath rocks in cold deserts
Lithoautotroph	An organism (usually bacteria) whose sole source of carbon is carbon dioxide and exergonic inorganic oxidation (chemolithotrophs) such as *Nitrosomonas europaea*; these organisms are capable of deriving energy from reduced mineral compounds like pyrites, and are activc in geochemical cycling and the weathering of parent bedrock to form soil
Metallotolerant	Capable of tolerating high levels of dissolved heavy metals in solution, such as copper, cadmium, arsenic, and zinc; examples include *Ferroplasma sp.*, *Cupriavidus metallidurans* and GFAJ-1.
Oligotroph	An organism capable of growth in nutritionally limited environments
Osmophile	An organism capable of growth in environments with a high sugar concentration
Piezophile	An organism that lives optimally at high pressures such as those deep in the ocean or underground; common in the deep terrestrial subsurface, as well as in oceanic trenches (also referred to as barophile).
Polyextremophile	A polyextremophile (faux Ancient Latin/Greek for 'affection for many extremes') is an organism that qualifies as an extremophile under more than one category
Psychrophile/ Cryophile	An organism capable of survival, growth or reproduction at temperatures of -15°C or lower for extended periods; common in cold soils, permafrost, polar ice, cold ocean water, and in or under alpine snowpack
Radioresistant	Organisms resistant to high levels of ionizing radiation, most commonly ultraviolet radiation, but also including organisms capable of resisting nuclear radiation
Thermophile	An organism that can thrive at temperatures between 45-122°C
Thermoacidophile	Combination of thermophile and acidophile that prefer temperatures of 70-80°C and pH between 2 and 3
Xerophile	An organism that can grow in extremely dry, desiccating conditions; this type is exemplified by the soil microbes of the Atacama Desert

Note) modified from Wiki(2017)

(4) 진핵미생물

진핵생물(Eukaryotes)은 원핵생물과는 달리 세포핵과 다른 세포 소기관이 막 안에 들어 있는 유기체로, 일반적으로 원생생물계(Protista), 식물계(Plantae), 균계(Fungi), 그리고 동물계(Animalia) 등 총 4개의 계로 구분하며(Cavalier-Smith, 1998; Scamardella, 1999), 원생생물계는 조류(Algae)와 원생동물(Protozoa)을 포함하는 원시적인 단세포적인 형태의 진화론적 등급으로 여겨진다. 최근 2012년에 형태와 분자생물학적 자료에 근거하여 개정된 분류법에 따르면 표 7-17에 나타난 바와 같이 고색소체류(Archaeplastida or Primoplantae), SAR 분기군, 섭식구굴착류(Excavata), 아메보조아류(Amoebozoa), 후편모류(Opisthokonta) 등의 5개 슈퍼그룹(supergroups)으로 더 체계화하고 있다(Adl et al., 2012). 이 분류법에 따르면 각종 조류와 원생동물 곰팡이류들이 더 세분화되어 있음을 알 수 있다. 환경 미생물학적인 관점에서는 통상적으로 균류(곰팡이/진균류), 조류, 원생동물, 그리고 기생충(helminthes/worms)의 4가지로 단순화하여 구분하고 있다. 표 7-18은 이들 각 그룹 간의 특성에 대한 차이를 정리하여 나타내었다. 이때 원생동물과 곰팡이의 특징을 모두 갖춘 매우 단순한 생물체인 점균류(slime molds)가 곰팡이 그룹으로 고려되기도 한다.

생물학적 요소기술에 의한 오염물질의 제어는 하나의 종이 아니라 박테리아를 포함하여 복잡

표 7-17 The five supergroups of eukaryotes

classification	Subgroups
Archaeplastida (or Primoplantae)	Land plants, green algae, red algae, and glaucophytes
SAR	Stramenopiles (brown algae, diatoms, etc.), Alveolata, and Rhizaria (Foraminifera, Radiolaria, and various other amoeboid protozoa).
Excavata	Various flagellate protozoa
Amoebozoa	Most lobose amoeboids and slime molds
Opisthokonta	Animals, fungi, choanoflagellates, etc.

Ref) Adl et al.(2012)

표 7-18 Major differences among Eukaryotic microorganism

	Fungi	Algae	Protozoa	Helminths
Kingdom	Fungi	Protist	Protist	Animalia
Nutritional type	Chemoheterotroph	Photoautotroph	Chemoheterotroph	Chemoheterotroph
Multicellularity	All, except yeasts	Some	None	All
Cellular arrangement	Unicellular, filamentous, fleshy (such as mushrooms)	Unicellular, colonial, filamentous; tissues	Unicellular	Tissues and organs
Food acquisition method	Absorptive	Absorptive	Absorptive; ingestive (cytostome)	Ingestive (mouth); absorptive
Characteristic features	Sexual and asexual spores	Pigments	Motility; some form cysts	Many have elaborate life cycles, including egg, larva, and adult
Embryo formation	None	None	None	All

Note) Pearson Education-Benjamin Cummings(2004)

한 미생물군집을 이용한다. 따라서 이러한 진핵미생물은 상위포식자로서 먹이사슬에서 중요한 역할을 한다. 박테리아와 고세균, 그리고 균류와 같은 1차 분해자가 급성장할 경우 이는 처리수의 용존성 수질은 양호할지 모르나 이로 인해 과다하게 발생되는 생물슬러지(biosludge)는 후속 처리 단계에서 기술적 및 경제적인 측면에서 더욱 큰 부담으로 작용한다. 따라서 미생물 생태계의 먹이사슬에서 상위포식자의 적절한 확보는 매우 중요하며, 이는 설계단계에서 고려되어야 할 중요한 요건이 된다.

1) 균류

진균류(Eumycota/Eumycetes)라고도 부르는 균계(Fungi)는 크게 곰팡이(molds), 효모(yeasts) 및 버섯(mushrooms)으로 분류되는데, 일반적으로 곰팡이라 총칭하여 부른다. 이는 호기성 미생물이자 다세포 생물로 광합성을 하지 않는 종속영양계 유핵 원생생물에 해당한다. 유사하게 생긴 점균류(slime molds)나 난균류(Oomycete)는 균계와는 상이한 분류이다. 점균류(Mycetozoa)는 아메바류(Amoeba)의 일종으로 변형균류(Myxomycetes)로서 단세포에서 다세포로, 동물성에서 식물성으로 변화하는 독특한 변화를 가진다. 난균류는 부등편모류(Stramenopiles)의 하나로 물곰팡이류(water molds)를 말한다.

진균류는 일반적으로 식물보다 동물집단에 더 밀접한 관련이 있다(표 7-17). 균계 세포는 세포벽이 식물과 달리 키틴(chitin)으로 구성되어 있으며, 엽록소 등과 같은 동화색소가 없는 점이 특징이다. 따라서 고등식물처럼 광합성을 하여 스스로 양분을 만들지 못하므로 대부분의 균류는 생물의 사체나 배설물 따위에 붙어서 기생 또는 부생을 하며 살면서 유기물 및 영양분을 흡수하여 생활한다.

균류는 주로 성생식 구조(sexual reproductive structures)의 특성에 기초하여 분류되는데, 현재 7개의 문[미포자충문(Microsporidia), 호상균(Chytridiomycota), 후벽낭균(Blastocladiomycota), 네오칼리마스트릭스균(Neocallimastigomycota), 수지상균근균(Glomeromycota), 자낭균(Ascomycota), 담자균(Basidiomycota) 등]이 제안되어 있다(Blackwell et al., 2006). 이외에도 하등 균류라고도 불리는 접합균(Zygomycota)이 있는데, 이는 균사의 격벽이 아예 없거나, 불규칙하거나 불완전하여 세포질이 다핵체 상태를 띤다.

박테리아와 함께 균류는 생물권에서 1차적으로 탄소 분해를 담당하는 매우 중요한 유기체로 그 크기는 폭 5～10 μm 정도로 사상성(filamentous)에 다양한 모양을 하고 있다(그림 7-20). 생태학적으로 균류는 박테리아보다 세 가지의 장점을 갖고 있다. 즉, 균류는 저습지역(low-moisture areas)과 낮은 pH 환경(pH 4.5에서 최적)에서도 잘 자랄 수 있고 또한 박테리아의 1/2 정도에 해당하는 낮은 질소 농도에서도 잘 성장한다. 따라서 이러한 생리학적 특징으로 인해 균류는 지상과 수생 환경의 유기물질과 질소순환의 중요한 역할을 담당한다. 균류의 경험식은 $C_{10}H_{17}O_6N$으로 표현되며, 75～80%가 물로 구성되어 있다. 하수처리장의 생물반응조에서 섬유상(filamentous growth)으로 성장하는 이 미생물은 침전지에서 잘 침전되지 않아 팽화(bulking) 현상을 발생시켜 침전지(sedimentation tank)에서 고액분리(liquid-solid separation)의 문제를 일으키기도 한다.

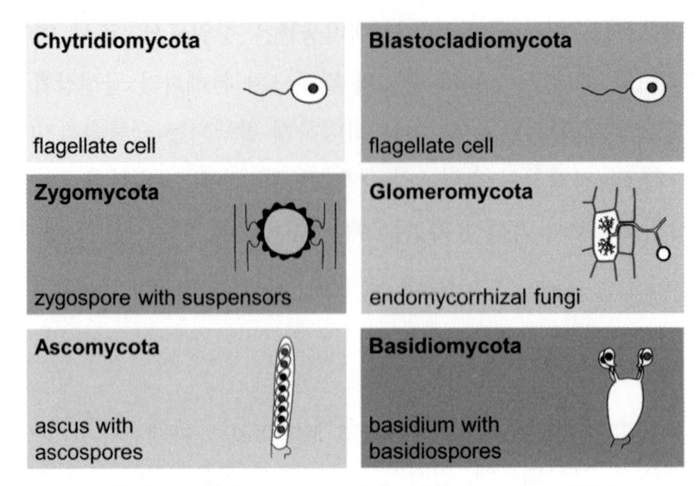

그림 7-20 **Major groups of fungi** (Piepenbring, 2015)

생태계에서 곰팡이의 주요 역할 중 하나는 균사체에 의한 분해로, 균사체는 식물 섬유의 두 가지 주요 구성 요소인 리그닌(lignin)과 셀룰로오스(cellulose)를 분해하는 세포 외 효소(extracellular enzymes)와 산(acids)을 분비한다. 이러한 특성을 생물정화기술에 활용하는 것이다. 특히 곰팡이는 비교적 단순한 분자인 경우 탄화수소를 쉽게 분해할 수 있다. 곰팡이를 이용한 정화기술은 비교적 최근에 다양하게 시도되고 있다(Singh, H., 2006).

백색부후균(white rot fungi)이라는 특정 곰팡이는 살충제, 제초제, 펜타클로로페놀(pentachlorophenol), 크레오소트(creosote), 석탄 타르(coal tars) 및 중질 연료(heavy fuels)를 분해하여 이산화탄소, 물, 그리고 각종 기초성분(basic elements)으로 안정화할 수 있는 능력이 있다(Christian et al., 2005). 또한 우라늄 산화물(uranium oxides)을 생물학적으로 미네랄화(biomineralization)할 수 있는 곰팡이균도 발견되어 방사성 오염지역의 생물학적 정화에 응용가능성이 보고된 바 있다(BBC, 2008; Fomina et al., 2007).

대규모의 오염지역을 정화하는 생물학적 정화기술(bioremediation) 중 곰팡이를 이용하는 경우를 진균정화기술(Mycoremediation)이라 하는데, 이때 특정 오염물질을 분해할 수 있는 균종의 분리개발은 매우 중요하다. 그 적용 예로써 디젤오일로 오염된 지역에서의 다환 방향족 탄화수소(PAH, polycyclic aromatic hydrocarbons), 염소 화합물(특정잔류농약) 및 폴리 우레탄(polyester polyurethane) 등 생물분해 연구사례가 있으며, 그 결과는 상당히 긍정적으로 알려져 있다(Battelle, 2000; Russell et al., 2011).

2) 조류

조류(algae)는 광합성을 하는 다양한 생물군을 총칭하는 다계통 발생군(polyphyletic: 동일한 조상을 가지지 않는다는 의미)을 말한다. 조류는 일반적으로 세포의 특성과 크기에 따라 거대조류(macroalgae)와 미세조류(microalgae)로 구분된다. 거대조류는 크기(수백 μm 이상)가 큰 다세포 조류를 말하며, 현미경 없이 육안으로도 관찰이 가능하다. 해조류(해초, seaweed)는 해양조류의 대표적인 예이며, 광합성에 관여하는 색소의 종류에 따라 녹조류(green algae), 홍조류(red algae: 김), 갈조류(brown algae: 미역, 다시마, 톳) 등으로 구분된다. 또한 이들은 수면 아래 빛의 투과 특성에 따라 녹조류는 비교적 얕고 밝은 곳에, 갈조류 및 홍조류는 차례로 점차 깊고 어두운 곳에서 자라는 특징을 가지고 있다. 해조류는 세계적으로 약 8,000종, 한국 근해에는 약 500여 종으로 알려져 있다.

한편 미세조류는 담수나 해양에 서식하는 현미경적인 크기(0～000 μm)를 가지는 단세포 광합성 생물로 속칭 식물성 플랑크톤이라고도 불리며, 개별적으로 또는 사슬(chains) 또는 그룹(groups) 형태로 존재한다. 이들은 지구 전역에 광범위하게 분포하며, 영양소 순환과 무기 탄소 고정에 중요한 역할을 한다. 또한 상당량의 산소를 공급하며, 해양 생태계의 먹이 사슬 중 가장 아래층을 담당하고 있다. 미세조류는 매우 거대한 생물 다양성(약 200,000～800,000종)을 가지고 있는데, 클로렐라(Chlorella), 규조류(diatoms), 녹조류(green algae) 등과 함께 시아노박테리아 속의 일부도 여기에 포함된다. 고등식물과 달리 미세조류에는 뿌리, 줄기 또는 잎이 없고, 특히 점성력이 높은 환경에 적응한다. 일반적으로 환경 미생물학적 차원에서 조류란 주로 단세포의 미세조류가 중요하며, 일부 다세포 형태도 그 의미를 가진다.

조류는 대부분 수생 독립영양을 하고, 주요 광합성 색소로 엽록소(chlorophyll)를 포함하고 있다는 점이 특징이다. 조류의 색소는 이외에도 오렌지색(carotenes), 청색(phycocyanin), 적색(phycoerythrin), 갈색(fucoxanthin), 노란색(xanthophylls) 등 다양한데, 이러한 색들을 조합한 색을 띠고 있다. 이를 기초로 조류는 녹조식물문(chlorophyta), 황갈조식물문(chrysophyta), 유글레나식물문(euglenophyta), 황적조식물문(pyrrophyta) 등으로 구분되며, 또한 생육 장소에 따라 담수조류 또는 해조류 등으로도 구분한다.

유전전달정보인 플라스미드의 근원을 기준으로 할 때 녹조류는 세포내공생 시아노박테리아(endosymbiotic cyanobacteria)에서 유래된 1차 엽록체(primary chloroplasts-photosynthesis)를 가지고 있는 조류의 예이며, 규조류(diatoms) 및 갈조류(brown algae)는 세포내공생 적색 조류(endosymbiotic red alga)에서 유래한 2차 엽록체(secondary chloroplasts)가 있는 조류이다(Kirsten and Roger, 2015; Palmer et al., 2004). 조류의 계통은 이러한 엽록체의 기원에 따라 결정된다. 그림 7-21은 조류의 진화에 결정적으로 작용한 내부공생자(Endosymbiont)의 종류별로 분류된 세 종류의 주요 미생물 그룹을 나타내고 있는데, 이러한 그룹에는 광합성을 더 이상 하지 못하는 종류도 포함하고 있다. 일반적으로 표현되는 조류의 분류와 그 특성은 표 7-19와 같다.

녹조식물문으로 분류되는 녹조류는 민물에 흔히 존재하며, 폐수처리를 위한 안정화 라군에서 중요한 역할을 하는데, 주로 Chlorella, *Scenedesmus*, *Chlamydomonas*속 등이 여기에 속한다. 민물과 해양에 두루 존재하는 규조류는 황갈조식물문에 해당하는 중요한 조류로, 규소로 채워진 껍질 구조로 황갈색 색소를 가지고 있다. 일반적으로 자연수 내 탁도발생의 원인이 조류인지 아니면 광물(미사나 점토)인지 구별하기는 어렵다. 규조류가 분해되면 규소 껍질이 남아 침전물을 형성하는데, 이들 껍질은 규조토와 유사하여 수처리 시설과 여과보조재로 사용되기도 한다. 유글레나식물문의 유글레나(Euglena)는 편모를 이용해 운동성을 가지는 민물에 사는 단세포 조류 집단으로, 흔히 안정화된 연못에서 주로 관찰된다.

황적조식물문의 와편모조류(dinoflagellate)는 셀룰로오스로 구성된 벽과 2개의 편모를 움직인

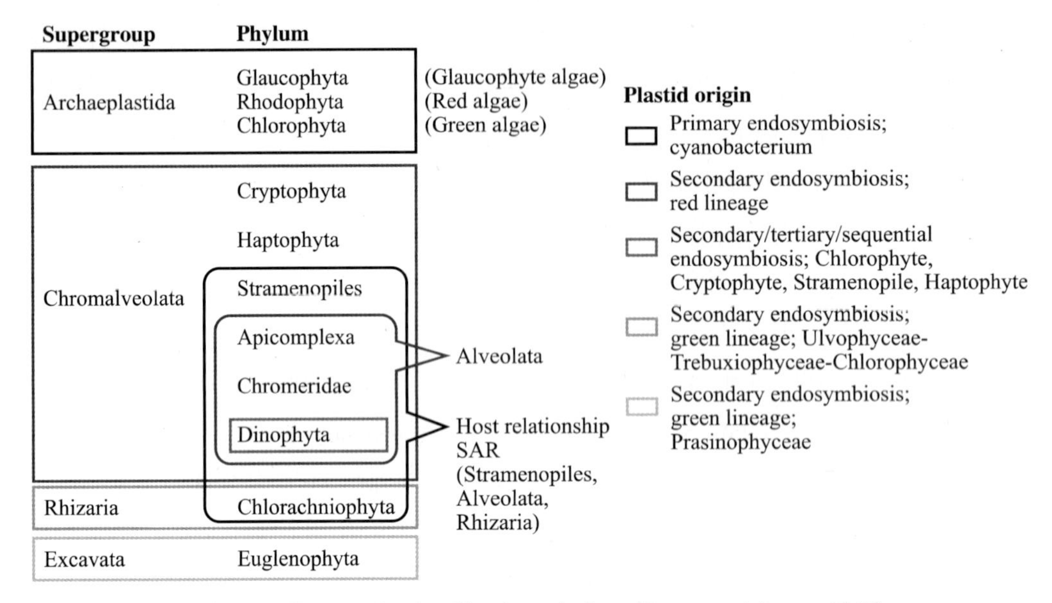

그림 7-21 **Taxonomic classification of algae** (Kirsten and Roger, 2015)

표 7-19 **Classification of Algae**

Algal group	Division	Algal body	Cell wall (major component)	Chlorophylls and carotenoids	Phyco-biliproteins	Storage products
Green algae	Chlorophycophyta	Unicellular or multicellular, branched or unbranched filaments, flat parenchymatous or siphonaceous	Cellulose	Chl a, Chl b, β-carotene	–	Starch, oils
Yellow-green algae	Xanthophycophyta	Unicellular, or coenocytic, branched filaments	Pectic substances	Chl a, Chl c, β-carotenes and xanthophylls	–	Chrysolaminarin, oils
Diatoms	Bacillariophycophyta	Unicellular	Pectic substances and silica	Chl a, Chl c, β-carotene, fucoxanthin	–	Chrysolaminarin, oils
Brown algae	Phaeophycophyta	Multicellular, morphologically complex thalli	Cellulose and alginic acid	Chl a, Chl c, β-carotene, fucoxanthin	–	Laminarin, oils, soluble carbohydrates
Red algae	Rhodophycophyta	Multicellular, simple or complex thalli	Cellulose	Chl a, Chl d, β-carotene, zeaxanthin	Phycocyanin, Phycoerythrin	Floridean starch, oils
Golden-brown algae	Chrysophycophyta	Unicellular, flagellated cells without cell wall	–	Chl a, Chl c, fucoxanthin, lutin	–	Chrysolaminarin, oils
Euglenoid flagellates	Euglenophycophyta	Unicellular, flagellated cells without cell wall	–	Chl a, Chl b, xanthophylls	–	Paramylum, oils
Cryptomonads	Cryptophycophyta	Unicellular flagellated cells, dorsiyentrally flat, with or without cell wall	Cellulose, when cell wall present	Chl a, Chl c, alloxanthin	Phycocyanin, Phycoerythrin	Starch, oils
Dinoflagellates	Pyrrophycophyta	Unicellular, motile, flagella inserted in an equatorial girdle; naked or with cell wall	Cellulose plates covering the cells	Chl a, Chl c, dinoxanthin peridinin	–	Starch, oils

다. 해양에서 심각한 적조현상(red tide)의 원인이 되기도 하며, 분비되는 독소로 어류나 조개류에 악영향을 미치기도 한다. 다양한 적조발생의 원인 중에 가장 큰 것은 영양물질 과다배출과 바닥에 퇴적된 영양물의 재용출 그리고 특정 조류의 성장을 촉진하는 각종 영양조건을 들 수 있다. 와편모조류는 규조류와 함께 미세갑각류에서 고래에 이르기까지 다양한 수생물들의 먹이가 된다.

물질대사 과정에서 조류는 세포의 탄소합성을 위해 물에 있는 이산화탄소를 이용한다. 색소는 광 에너지를 흡수하여 세포 번식과 유지를 위해 사용하고, 광합성(photosynthesis) 과정 동안 산소가 생산되고 빛이 존재하지 않을 때에 조류는 호흡작용(respiration)에 의해 산소를 소비하게 된다. 물론 햇빛이 있을 경우에도 호흡반응은 진행하지만 보통 낮 동안에 생산된 산소량은 호흡에 사용되는 양을 초과한다. 광합성 작용을 수행하는 엽록소 종류는 광원의 파장 크기에 따라 최대 흡수율이 다르다(표 7-20과 그림 7-22). 결국 파장의 크기는 발생하는 조류의 우점종을 결

표 7-20 **Absorption maxima of plant and bacterial pigments** (David, 2001)

Pigment	Wavelength(nm)	Occurrence
Chlorophyll *a*	430, 670	All green plants
Chlorophyll *b*	455, 640	Higher plants; green algae
Chlorophyll *c*	445, 625	Diatoms; brown algae
Bacteriochlorophyll	365, 605, 770	Purple and green bacteria
α-Carotene	420, 440, 470	Leaves; some algae
β-Carotene	425, 450, 480	Some plants
γ-Carotene	440, 460, 495	Some plants
Luteol	425, 445, 475	Green leaves; red and brown algae
Violaxanthol	425, 450, 475	Some leaves
Fucoxanthol	425, 450, 475	Diatoms; brown algae
Phycoerythrins	490, 546, 576	Red and blue-green algae
Phycocyanins	618	Red and blue-green algae
Allophycoxanthin	654	Red and blue-green algae

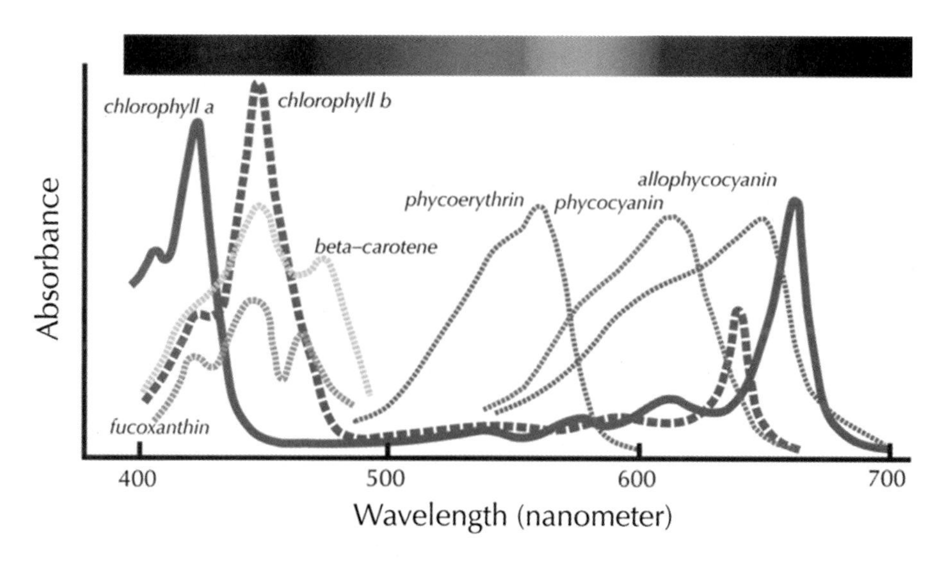

그림 7-22 **엽록소 종류와 흡수파장** (David, 2001)

정하게 된다. 또한 클로로필-a는 보편적으로 조류의 농도를 표현하는 데 사용되는 인자이나 적조나 남세균의 대량 번성에서는 유용하다고 보기 어렵다. 다른 종류의 조류에 비해 적조나 남세균은 특정한 엽록소(phycoerythrins, phycocyanins 및 allophycoxanthin)를 가지고 있으며, 이들은 높은 파장(550 nm 이상)에서 최대 흡수율을 보이기 때문이다.

조류는 박테리아나 균류와 비슷하게 유성 또는 무성 번식을 한다. 단세포 종의 경우 증식시간은 몇 시간 정도이다. 이들은 엄격히 광독립영양균으로 분류되지만 일부의 경우 세포 합성을 위해서 아세트산염 같은 매우 단순한 탄소원을 사용하기도 한다. 조류는 대략 탄소 50%, 질소 10%, 그리고 인 2%로 구성되어 있다. 필수 영양분인 질소나 인은 성장속도에 영향을 미치는 주요 제한 인자로 환경의 변화에 따라 약 2%와 0.2%까지 감소하기도 한다. 독립영양 조건들에 대한 이해는 안정화 라군에서처럼 조류의 성장을 촉진시키거나 강, 호수, 강어귀, 그리고 저수지에서 조류의 성장을 억제하기 위해서는 필수적이다. 조류는 그 다양성으로 인해 성장환경조건을 일반화하여 설명하기 어렵다. 일반적으로 규조류는 녹조류보다 수온이 더 낮은 조건을 좋아하고 녹조류는 사이아노박테리아보다 수온이 낮은 조건을 좋아한다. 영양조건의 변화뿐만 아니라 최적 온도조건 등의 차이에 의해 연간 수환경 내에서 우점하는 조류종은 변화하게 된다(Ritmann and McCarty, 2002).

조류는 수질오염과 그 제어기술에 있어서 중요하다. 특히 중요한 상수원인 호소와 하천의 경우 체류시간이 길게 유지될 경우 심각한 오염문제를 야기한다. 수환경에서 조류는 박테리아와 공생관계를 이루는데, 만일 조류의 세력이 우세할 경우 야간에 나타나는 산소부족 현상으로 인하여 혐기성 상태의 원인이 될 것이며, 결국 용존산소의 평형에 악영향을 미칠 수 있다. 조류는 세포성장에 필요한 탄소원으로 물에 존재하는 중탄산염이나 탄산염의 형태를 이용한다. 이 결과 물의 pH는 보통 상승하게 되는데, 경우에 따라서는 pH가 증가하여 탄산칼슘($CaCO_3$)이 침전될 수 있다. 많은 조류들이 맛(taste-producing oil)과 냄새 물질과 관련이 있어 심미적인 악영향을 끼치기도 한다. 따라서 호소나 정체된 수역에서 조류가 많이 발생할 경우 산소결핍, pH 상승, 맛, 냄새 유발, 상수처리장 여과지 막힘현상 증가 및 상수원수 취수구 막힘현상 등이 자주 발생하게 된다. 일반적으로 조류의 경험식은 $C_5H_8O_2N$으로 표현된다.

조류는 수처리시설에서뿐만 아니라 식품, 의학, 비료 등 다양한 산업용도로 활용된다. 조류의 왕성한 광합성 활동은 특히 물속에 존재하는 각종 영양소(ammonia, ammonium nitrate, nitrite, phosphate, iron, copper 및 CO_2) 제거에 매우 효과적이다. 조류세정시설(algae scrubber)과 같은 인공해초여과장치(artificial seaweed filters)는 거대조류를 제거할 수 있는 효과적인 방법이다(Norris, 2005). 조류를 이용한 오염정화는 독성물질을 포함하는 하수처리(Hoffmann, 1998; Pittman et al., 2011; Pescod, 1992), 비료활용(McHugh, 2003), 비료성분제어(Morrissey et al., 1988; Veraart et al., 2008), 영양소 회수 활용(Perry, 2010), 영양소 제거를 위한 연못(algal turf scrubber), 합성물질의 생분해(Cappitelli and Sorlini, 2008) 등 매우 다양하다. 또한 식품(vegetable oil)과 각종 신재생에너지원(algal fuel, biohydrogen, biodiesel, ethanol fuel, butanol fuel 등)으로서의 기술개발 노력도 주목할 만하다(Chisti, 2007; Wijffels and Barbosa, 2010; Yang et al., 2013).

표 7-21 미세조류의 활용 분야

분야	주요 내용	시장 규모
농업	• 토양개량제 및 생물비료로 활용 • 주요 미세조류: *Chlamydomonas*, *Nostoc*, *Anabaena*, *Tolypothrix*, *Aulosira*	• 세계 생물비료 • 2011년 약 50억 1,310만$, 2017년 102억 9,850만$ • 북미 생물비료 • 2011년 132.9백만$, 2018년 205.6백만$
신재생 에너지	• 바이오에탄올, 바이오디젤, amphidinol 생산 • 주요 미세조류: *Chlamydomonas*, *Tetraselmis*, *Chlorella*, *Euglena gracilis*, *Prymnesium*, *Amphidinium*, 규조류	• 바이오 연료 세계 수요 2030년 1억톤 • 수송용 연료 중 바이오연료 비중 9.3% • 미국: 2022년 수송용 연료에 바이오에탄올 20% 혼합 • 유럽/중국: 2020년 수송용 연료의 10% 바이오연료 사용
식품 및 의약품	• 식품, 건강보조식품, 의약품 원료로 활용(색소, 지방산, 항산화제, 항생물질, 항암제) • 주요 미세조류: *Chlorella*, *Schizochytrium*, *Aphanizomenon*, *Nostoc*	• 클로렐라 전 세계 연간 생산량 약 5,000～7,000톤 • 건강식품 시장규모 1억$ 이상, 건강보조식품 시장규모 1천만$ • 제약 세계시장 규모 1억$ 이상, 의학진단시장 1천만$ • 의약품의 국내 시장 규모는 연간 500억원 이상
사료 및 첨가제	• 생물사료, 사료첨가제 활용 • 주요 미세조류: *Tetraselmis*, *Chlorella*, *Spirulina*, 규조류	• 미국 내 사료소모량은 900억$, 세계시장은 4,000억$ 이상 - 동물사료 시장 연간 100억$ - 어분사료는 가격 1,200$/톤(동물사료의 3배) • 미생물 사료첨가제 시장은 2010년 1.8억$, 2011년 2.1억$, 2016년 5억$, 2011～2016 연평균성장률 19.3%
환경정화	• 폐수처리, 중금속 흡착, 환경정화 활용 • 주요 미세조류: *Chlorella* 등	• 2010년 기점으로 높은 성장률 • 2016년 1,100억$ 이상
기타	• 건축재료, 동위원소물질, 기후변화 연구, 우주 개발, 방사능 완화 등 활용 • 주요 미세조류: *Chlorella vulgaris*	• 동위원소 물질 시장규모는 연간 1,300만$ 이상

Ref) 농림수산식품기술기획평가원(2011), 최승필 외(2012)

미세조류의 대부분은 카로티노이드, 산화방지제, 지방산, 효소, 고분자, 펩타이드, 독소 및 스테롤과 같은 독특한 물질을 생산한다. 미세조류의 화학적 조성은 종과 배양 조건(온도, 빛, pH, 이산화탄소, 소금 및 영양소 등)에 따라 매우 다양하며, 환경변화에 쉽게 적응한다. 미세조류는 갑각류, 연체동물, 어류 등의 식량 공급원으로서 다양한 해양 동물 종의 상업적 육성에 필수적이다. 또한 하·폐수처리와 바이오에너지 생산 등 환경공학적 요소기술뿐만 아니라 기초과학 및 기후변화 연구재료, 대체에너지, 먹이생물, 식품 및 의약품의 원료, 건강보조식품 등 다양한 분야에서 응용되고 있다(표 7-21). 이러한 측면에서 미세조류의 고밀도 대량 배양, 수확, 물질전환 등의 핵심기술들이 개발되고 있다(Kim, 2015).

3) 원생동물

원생동물(protozoa)은 단세포 진핵생물(unicellular eukaryotic organisms)의 다양한 그룹으로 정의된다. 운동성이나 식성으로 인하여 과거에는 단세포 동물류로 분류되었으나 현재 원생동물이라는 용어는 단세포 비광합성(종속영양) 원생생물(single-celled, non-photosynthetic protists)을 지칭한다. 원생동물은 유기체로 민물과 해양, 그리고 토양, 이끼 및 수생 서식지와 같은 습한 환경에 자유롭게 서식하며, 많은 종들이 낭포(cysts)를 형성할 수 있다. 원생동물은 이 낭포로 인해 극심한 온도변화나 유해한 화학물질에의 노출, 그리고 장기간의 영양소 부족 등의 열악한 환경에서도 견딜 수 있다. 대부분의 원생동물은 공생성(symbionts)이며, 박테리아, 조류 및 다른 원생동물의 상위포식자를 포함하여 일부는 기생충(parasites)에 해당한다. 대부분 자연계에서 독립생활을 하지만 몇몇 종은 숙주생물체에 붙어서 기생하는 종류도 있다. 원생동물의 대부분은 호기성이거나 편성 혐기성 종속영양이지만 몇몇 종은 혐기성인 것도 보고되고 있다. 원생동물은 일반적으로 이분법과 비슷한 유사분열(mitosis)에 의해 무성생식(asexual reproduction)을 하지만 유성생식(sexual reproduction) 또한 가능하며, 용존성 및 비용존성(입자성) 먹이를 모두 섭취한다. 크기는 약 10～100 μm 정도로 경험식은 $C_7H_{14}O_3N$으로 표현된다.

원생동물은 주로 형태, 이동수단 및 기생생물의 숙주 등을 기초로 다음과 같이 4종류로 구분한다.

- 섬모충(ciliates, e.g., *Balantidium coli*)-섬모충문(Ciliophora),
- 아메바(amoeboids, e.g., *Entamoeba histolytica*)-육질충문(Sarcodina),
- 편모충(flagellates, e.g., *Giardia lamblia*)-편모충문(Mastigophora),
- 포자충(Sporozoans, e.g., *Plasmodium knowlesi*), 포장충강(Sporozoa)

이러한 구분은 염기서열분석에 의한 계통 분류체계가 반영되지 않은 것으로 원생동물의 과학적인 분류체계는 아직도 명확하지 않다. rRNA 상동성을 근거로 작성된 비교적 최근의 분류는 표 7-22와 같다. 그림 7-23에는 대표적인 원생동물의 구조적 특성을 나타내었다.

표 7-22 Classification of protozoa based on rRNA holmology and mitochondria

Phyla	Major Characteristics	Examples
Archaezoa	Protozoal cells without mitochondria. Flagella two or more emerging from the anterior end. Some are parasitic. Others live symbiotically in the digestive tracts of animals. Cysts may be present.	*Trichomonas* *Giardia*
Microsporidia	Cells without mitochondria and microtubules. Obligate intracellular parasites, including some human pathogenic forms causing diarrhoea and keratoconjunctivitis.	*Nosema*
Rhizopoda	Protozoa exhibiting amoeboid movement with the help of indefinite number of pseudopodia. Phagotrophic. Mostly free-living. The only human pathogenic forms are species of Entamoeba which thrive in the intestines and mouth. Some amoebae have chalky or siliceous shells having pores through which the pseudopodia are projected. These amoebae are mostly marine. Cyst formation is known in certain amoebae. Cells reproduce asexually by binary fission.	*Amoeba* *Entamoeba* *Foraminifera* *Radiolaria* *Hellozoa* *Arcella*
Apicomplexan	Protozoa have an apical complex of some special organelles. All are obligate parasites. Commonly known as sporozoa, because they form spores. The organisms are without flagella or cilia in their mature stage, but may form motile gametes. They are unable to engulf solid food. The protozoa reproduce both asexually and sexually. Some, malarial like parasite, have a complicated life-cycle, requiring two hosts to complete life-cycle.	*Plasmodium* *Toxoplasma* *Babesia*
Ciliophora	Cells with numerous cilia arranged in precise rows and two types of nuciei, sexual reproduction is by conjugation. Cells divide by transverse binary fission. Majority are free-living feeding on smaller microorganisms including protozoa by phagotrophy. Food particles are ingested through a specialized structure, called cytostome. Cyst formation occurs in some. Only human pathogenic ciliate in *Balantidium coli*.	*Paramecium* *Tetrahymena* *Balantidium* *Colpoda* *Vorticella* *Stentor*
Euglenozoa	This phyium includes two different groups of flagellated protozoa. They are the *Euglena*-like photosynthetic flagellates and the hemoflagellates, like *Trypanosoma* which are blood parasites. The justifications for including two apparently dissimilar groups in this phylum are similarity in r-RNA sequences and the presence of discoid mitochondria in both.	*Euglena* *Trypanosoma*

Ref) Biology discussion(2017)

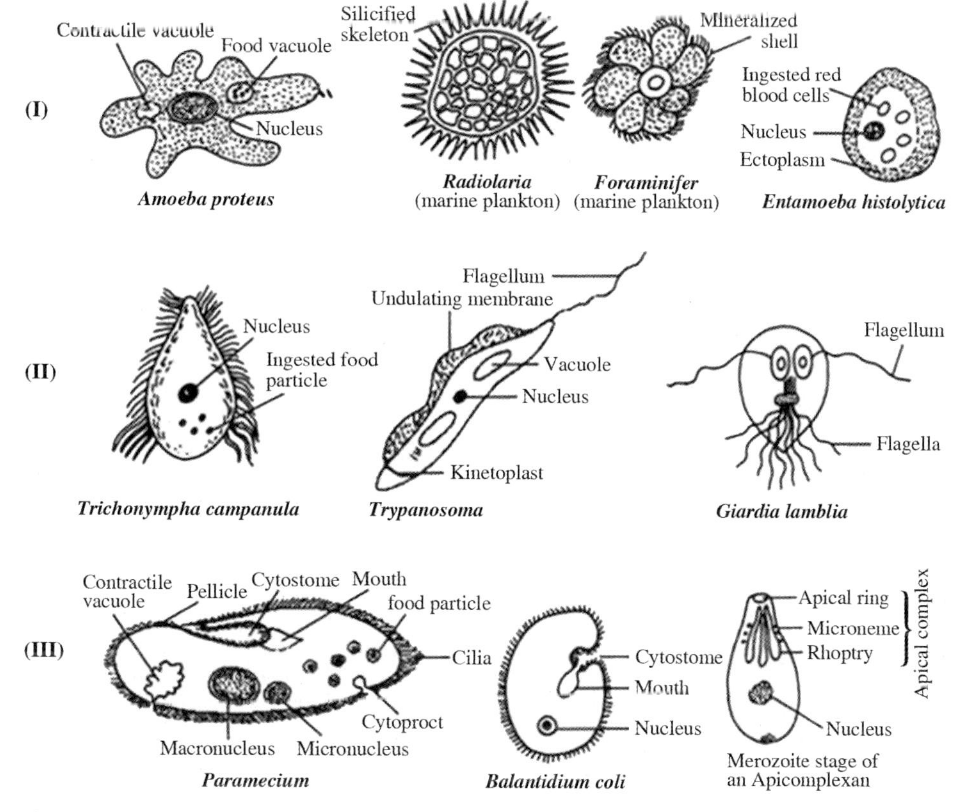

그림 7-23 Structure of cellular features of representative protozoal microorganisms. (I) amoeboid protozoa, (II) flagellates, and (III) ciliates and apicomplexan protozoa (Biology discussion, 2017)

원생동물은 수질오염과 그 제어기술에서 매우 중요한 역할을 한다. 일반적으로 상수도에서 가장 문제가 되는 원생동물은 람블편모충(*Giardia lamblia*)이다. 이 편모성 원생동물은 편모충증(Giardiasis)의 원인으로 원생동물에 의한 질병 중 세계적으로 가장 흔하게 발생되는 질병이다. 편모충증의 증상은 일반적으로 설사, 구토, 소화불량, 헛배부름, 부기, 피로, 식욕감퇴 및 체중감퇴 등으로 만성질환이 될 가능성이 있다. 보통 이 질병은 야생동물이나 사람에 의해 오염된 지표수를 음용할 경우 발병 가능성이 있다. 생물학적인 처리 시스템에서 원생동물은 상위포식자로서 처리수에 남아 있는 미세 입자물질이나 박테리아를 제거하여 처리수의 수질을 향상시키고 아울러 생물학적 슬러지 발생량을 감소시킨다. 또한 이들은 매우 민감하여 독성물질의 존재유무나 생물학적 요소기술의 성능을 판단할 수 있는 지표로 활용이 가능하므로 주요 관심의 대상이 된다.

4) 기생충과 다세포 미세동물

미세동물(multicellular micro-animals)은 주로 현미경으로만 관찰할 수 있는 아주 작은 다세포 동물을 말한다. 미세절지동물(arthropods)에는 먼지 진드기(dust mites), 거미 진드기(spider mites), 그리고 요각류(copepods) 및 지각류(cladocera)와 같은 갑각류 동물(crustaceans)이 포함된다. 갑각류는 민물과 해수, 그리고 안정화된 라군(lagoon)에서 자주 발견되는 미세동물이다. 윤충류(rotifers)는 가장 단순한 다세포 동물로 머리부분에 위치한 섬모의 회전으로 이동과 먹이를 포획한다. 물질대사의 관점에서 윤충류는 호기성 화학유기영양계로 분류되며, 박테리아가 윤충류의 주요 먹이원이다. 또 윤충류와 같이 갑각류는 박테리아와 조류를 잡아먹는 호기성 화학유기영양계이다. 이러한 단단한 껍질로 된 다세포 동물은 물고기의 중요한 먹이가 된다.

편형동물문(Platyhelminthes)의 와충류(flatworm)인 플라나리아(planaria)는 연충류(worms)에 속하며, 이는 윤충류와 함께 담수인 연못과 낮은 유속의 하천에서 일반적으로 볼 수 있다. 와충류 중에서 완전한 기생성을 보이는 것으로 흡충(fluke-Trematodes)과 촌충(tapeworm-Cestodes)이 있다. 대형동물문(Aschelminthes)의 대표적인 종류로 선충류(nematode species)인 회충(roundworm)이 있는데, 이들은 약 10,000종 이상의 다양성을 가지고 있으며, 일부는 미세종에 해당한다. 동갑동물문(Loricifera)은 최근에 발견된 혐기성 종으로 무산소 환경에서도 생존한다(Fang, 2010). 윤충류, 완보동물(tardigrades) 및 선충류와 같은 단순한 동물은 완전히 건조된 상태에서도 오랜 시간 동안 휴면 상태를 유지할 수 있다(Lapinski and Tunnacliffe, 2003). 미세동물들은 대부분 호기성이고, 박테리아, 조류, 다른 살아있거나 죽은 입자상 유기물을 섭취한다. 이들은 물속의 탁도 유발 물질처럼 크기가 작지만 일부는 현미경 없이도 그 존재와 운동성을 확인할 수 있다.

다른 진핵미생물처럼 미세동물 역시 수질오염과 그 제어기술에서 매우 중요하다. 이들은 주로 고형물 체류시간(SRT, solids retention time)이 긴 하수 및 폐수처리장의 생물반응조에서 최상위 포식자로 자리하며, 처리수의 수질을 향상시키고 아울러 생물학적 슬러지 감량화에 기여한다. 윤충류, 갑각류, 연충류, 그리고 유충(Larvae) 등은 생물반응조 내에서 관찰될 수 있는 대표적인 미세동물이다.

일반적으로 기생성 벌레(parasitic worms)로 알려진 기생충(helminths)은 다세포 미세동물에 포함되는데, 보통 육안으로 관찰도 가능하다. 모든 기생충이 반드시 내장기관에 존재하는 것은 아니지만 흔히 장내기생충(intestinal parasites/worms)이라고도 불린다. 기생충의 분류에 관한 명확한 정의는 없으나 일반적으로 편형동물(flatworms-platyhelminthes), 회충(roundworms 또는 nemathelminths)과 같이 외형적인 유사성이 그 기준이 된다. 이러한 기생충은 사람과 동물 폐기물에 직접적으로 접촉하였을 경우 감염증상을 야기시킬 수 있다. 따라서 이들은 중요한 병원성 미생물로서 질병의 관점에서도 매우 중요하다. 기생충은 열을 동반하며 기생충 감염증(parasitic infectious disease)을 일으킨다. 특히, 수돗물을 매개로 하여 감염 위험성이 높은 것으로는 콜레라(cholera), 세균성 이질(bacillary dysentery), 장티푸스(typhoid) 등 법정 전염병으로 지정되어 있는 3대의 수인성 전염병(waterborne infection)을 비롯하여 에키노콕스증, 지아디아증, 아메바성 이질, 크립토스포리디움증 등이 있다. 보통 환경에서는 저항성이 약하기 때문에 이들은 체외에서는 감염을 일으키기 어렵지만, 낭포(cysts)나 접합자낭(충란, oocyst)은 저항성이 강해 오염된 물에서는 장기간 생존하여 수인성 감염을 일으키기도 한다.

기생충 알(helminth ova)은 다양한 환경 조건으로부터 알을 보호하는 강한 껍질을 박멸하기 어려워 환경공학에서는 소독과 멸균기술에 있어서 중요한 관심의 대상이다. 기생충 알은 염소나 자외선 또는 오존으로 불활성화할 수 없으며, 또한 비경제적이다. 그러나 40°C 이상의 온도와 5% 미만의 수분 조건하에서는 불활성화가 가능하다(Jimenez, 2007). A급 생물고형물(Biosolids

Class A)은 하수처리장에서 발생된 슬러지를 적절한 안정화 기술에 의해 처리한 후 유용하게 재활용할 수 있는 유기성 고형물 비료로, 여기에 기생충 알은 살모넬라(Salmonella), 분변성 대장균(Fecal Coliforms), 장바이러스(Enteris viruses)와 함께 매우 중요한 척도가 된다(U.S.EPA, 1992, 1999).

(5) 바이러스

바이러스(viruses)는 단백질로 구성된 막 내부에 유전정보물질(주로 RNA이며 DNA는 극소수)만으로 이루어진 절대 기생성(obligate parasites)으로 단지 다른 유기체의 살아있는 세포 내부에서만 복제되는 매우 작은(10~1000 nm) 감염성 물질이다. 이들은 숙주(host)가 없이는 새로운 화합물을 합성하지 못하므로 엄밀하게는 생명체라고 정의하기 어렵다. 그러나 살아있는 세포에 침투해서 숙주 세포의 성장과 유지 활동을 새로운 바이러스성 입자의 번식을 위한 세포 활동으로 바꾸게 한다.

바이러스는 동식물에서 미생물에 이르기까지 모든 유형의 생명체를 감염시킬 수 있다. 그러므로 숙주의 종류에 따라 식물 바이러스(plant viruses), 동물 바이러스(animal viruses), 세균 바이러스(bacterial viruses-bacteriophage or phage), 또는 고세균 바이러스(Archaeal viruses)로 구분되기도 한다. 그러나 생물 증식의 근원이 핵산에 있으므로 바이러스의 분류는 핵산의 종류에 따라 DNA바이러스 아문과 RNA바이러스 아문으로 나뉘며, 다시 이들을 세분화(강, 목, 과)한다. 대표적인 DNA바이러스로는 천연두나 수두를 일으키는 바이러스나 대장균에 기생하는 T파지가 있으며, 이에 반해 유행성 이하선염, 홍역, 광견병, 소아마비, 일본뇌염 등을 일으키는 경우는 RNA바이러스에 해당한다. 바이러스는 생물적 특성(효소를 이용한 물질대사, 증식, 유전 등의 생명 현상, 자기복제)과 무생물적 특성(핵 및 세포기관이 없음, 독립적 대사 불가능, 생체 밖에서는 결정체로 존재)을 동시에 가지고 있다(Koonin et al., 2006).

바이러스는 다른 종들 사이에서 자연적으로 유전자를 옮기는 중요한 수단으로, 이는 유전자의 다양성을 증가시키고 진화로 이끄는 동력이다. 특히 바이러스는 지구상의 공통 조상(LUCA)의 시기에 박테리아, 고세균 및 진핵생물의 분화 이전의 초기 진화과정에서 중요한 역할을 했다고 여겨진다. 바이러스의 복제방식에는 크게 두 가지가 있는데, 숙주 세포를 감염시킨 후 숙주 세포를 파괴하며 복제된 바이러스가 외부로 방출하는 방식을 용균성(lytic)이라고 하고, 반면에 숙주 세포를 감염시킨 후 숙주 세포 염색체의 일부로 끼여 들어가는 잠재성 바이러스를 용원성(lysogenic)이라고 한다. 용원성의 경우 세포 분열 시 바이러스의 유전물질도 같이 복제가 이루어지며, 상황에 따라 용균성으로 작용하기도 한다. 감염된 세포가 죽으면 많은 수의 바이러스가 다른 세포를 전염시키기 위해 방출된다. 바이러스가 모든 종류의 세포를 숙주로 사용하지는 않으며, 바이러스에 따라 숙주 세포의 종류가 서로 다르다. 어떤 바이러스는 단지 한 종류의 생물체만 공격한다. 또 유전적 변종(돌연변이)으로 특히 감염되기 쉽거나 면역이 될 수 있는데, 감기 바이러스(influenza virus)가 일반적인 예이다.

바이러스는 환경 중에서 장기간 생존이 가능하며, 수많은 바이러스성 질병은 흔히 물에 의해 전파된다. 장바이러스(enterovirus)는 대표적인 수질오염 바이러스로, 이는 수계에 있는 바이러스

중에서 가장 많고 질병을 유발하는 흔한 종류에 해당한다. 이는 소아마비, 수막염, 호흡기 질환 및 설사의 원인(특히 유아 및 소아에게 발병률이 높다)이 된다. 주요 전파경로로는 온혈동물을 숙주로 하여 환자의 대변과 함께 배설되어 수계로 유입하여 수질오염을 발생하여 감염시키며, 이는 또한 하수처리 후 방류수에도 존재가 가능하여 자연수 및 음용수원으로 쓰이는 지하수나 표층수도 이로 인하여 오염될 수 있으므로 특별한 관리가 요구된다. 현재까지 약 110종류 이상(Poliovirus, Coxasackievirus, Echovirus 등)이 알려져 있으며, 지름 20～85 nm(nm = 10억분의 1 m)의 미세크기로 분리 및 정량적 분석을 위해서는 적절한 숙주와 함께 전문화된 분석기술이 필요하다.

바이러스는 수생태계에 있어서 중요한 역할을 담당하며 수생 환경에 반드시 부정적인 영향만을 끼치는 것은 아니다. 예를 들어 바닷물에는 상당한 양의 바이러스가 있으나, 이는 대부분 세균성 바이러스인 박테리오파지(약 25천만 개/1 mL)로 이들은 동식물에 부정적이나 수생태계의 먹이사슬에서는 식물성 플랑크톤의 중요한 제어원인에 해당한다(Bergh et al., 1989). 즉, 이들은 수생 미생물 군집에서 박테리아를 감염시키고 파괴하며 물 환경에서 탄소와 영양 순환을 재사용하는 가장 중요한 메커니즘 중 하나이다(Suttle, 2005, 2007). 바다에서 바이오 매스의 90% 이상을 차지하는 미생물(박테리아와 고세균)은 바이러스에 의해 매일 약 20% 정도가 분해되고 약 10～15배의 바이러스가 생겨난다. 또한 바이러스는 유해 조류(harmful algal blooms)를 포함한 다른 해양생물을 죽이는 중요한 능력이 있다(Wigington et al., 2016). 바이러스의 수는 상대적으로 숙주의 농도가 낮은 해안가나 깊은 바다에서 더 낮다. 해양포유류는 바이러스감염에 더 취약하다.

박테리아 분해 바이러스(bacteria eating virus)로 불리는 박테리오파지는 동물이나 식물 또는 인체에 전혀 영향을 주지 않는 상태에서 특정 숙주 박테리아만 파괴하는 매우 독특한 특성을 가지고 있다. 이러한 파지는 주변의 물, 토양 환경에 다양하게 분포하며 특정 세균에 부착하여 자신의 유전물질을 숙주 세포에 주입시킨 후 숙주 세포의 효소를 이용하여 유전물질과 단백질을 합성하여 세포 내에서 새로운 파지를 형성하고 자신의 효소를 이용하여 박테리아의 세포벽을 분해시키는데, 박테리아는 삼투압을 버티지 못하여 생성된 새로운 박테리오파지를 방출하면서 숙주인 박테리아도 파괴된다(그림 7-24). 파지는 머리와 꼬리 등 형태학적인 특성에 따라 구분된다(그림 7-25). 파지는 1896년 갠지스(Ganges) 강에서 처음 이러한 현상이 발견된 이후 1917년 프랑스 파스퇴르 연구소 트워트(Twort)와 펠릭스(Félix Hubert dHérelle)에 의해 공식적으로 그 이름이 정의되었다. 환경 미생물학에서 파지의 역할은 세균 군집 제어, 병원성 세균 제어, 해양 시아노박테리아 제거, 먹이사슬에서의 작용, 생물지구화학적 순환 작용, 유전자 수평전이를 통한 원생생물의 다양성 향상 등에 있다. 표 7-23에는 다양한 환경에서 검출되는 파지의 농도를 나타내었다. 이때 파지와 박테리아의 비율(VBR, virus and bacteria ratio)은 흔히 MOI(the multiplicity of infection)로 표현되기도 한다.

바이러스 응용기술은 생명과학 및 의학, 재료과학, 나노공학 등 매우 다양한 분야에서 급속하게 개발 확산되고 있다(Blum et al., 2005; Farr et al., 2014; Fischlechne and Donath, 2007; Lodish et al.,2008; Matsuzaki et al., 2005). 박테리오파지의 경우 주로 식품공학(햄, 치즈산업),

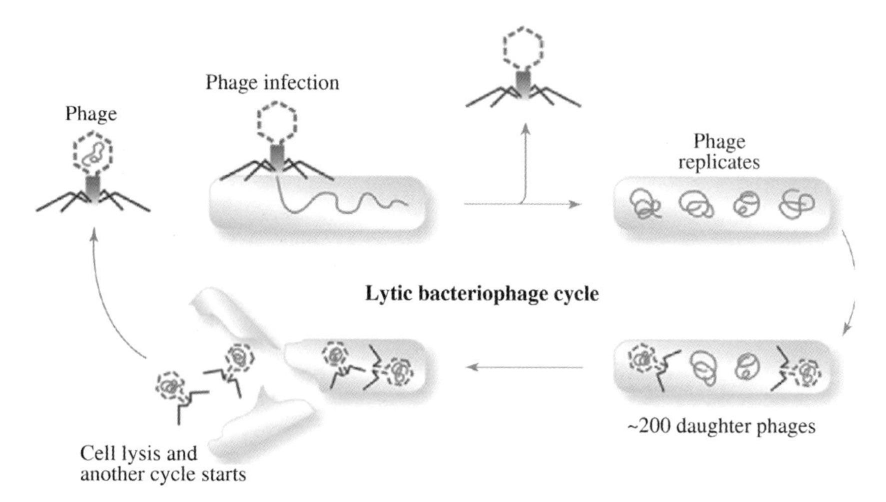

그림 7-24 용균성 박테리오파지의 세균감염기작

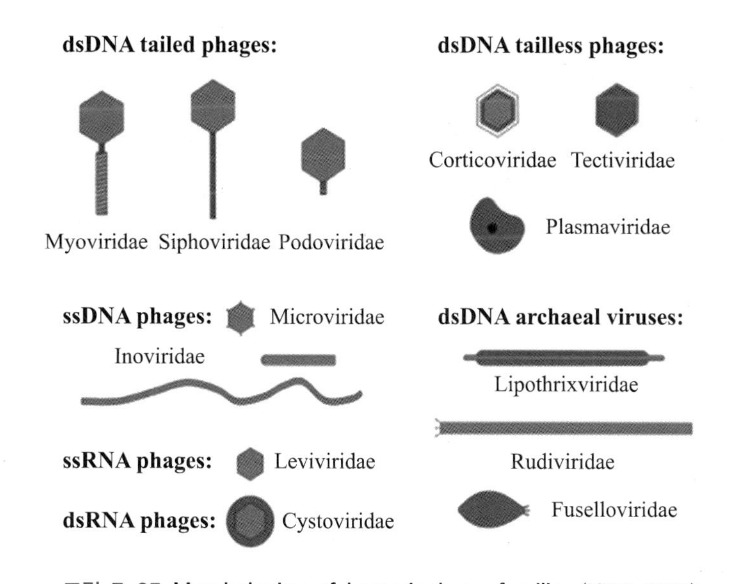

그림 7-25 Morphologies of bacteriophage families (ICTV, 2012)

표 7-23 Incidence of Phages in Different Environments

Environment	Number of Phages (g^{-1} or mL^{-1})	Virus to Bacteria Ratio (VBR)
Marine		
Oligotrophic	$1.4 \times 10^6 - 1.6 \times 10^7$	$3 - 110$
Mesotrophic and Eutrophic	$2.8 \times 10^6 - 4.0 \times 10^7$	
Freshwater		
Oligotrophic	$4.2 \times 10^6 - 4 \times 10^7$	$3 - 9$
Mesotrophic	$5.3 \times 10^6 - 1.4 \times 10^8$	
Eutrophic	$5.6 \times 10^6 - 1.2 \times 10^9$	$0.1 - 72$
Terrestrial		
Forest soil	$1.3 - 4.2 \times 10^9$	$5 - 12$
Agricultural soil	$1.5 \times 10^8 - 1.1 \times 10^9$	$0.04 - 3346$

Ref) Srinivasiah et al.(2008), Williamson et al.(2005)

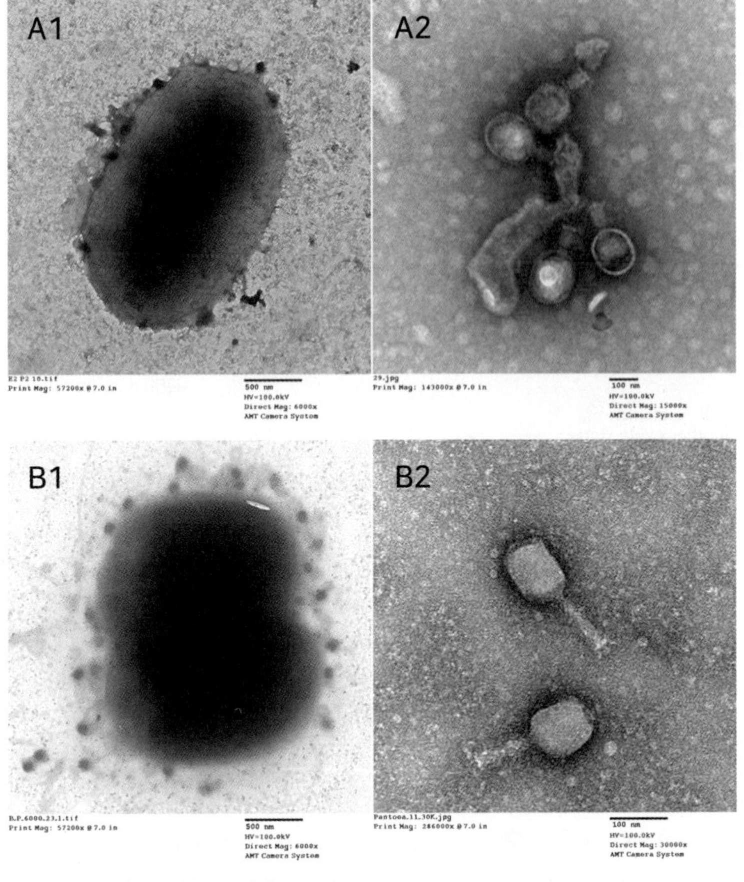

그림 7-26 Morphological view of *Enterobacteria* phage (A1, A2) YUEEL01 (KCTC 13237BP) and (B1, B2) YUEEL02 (KCTC 13271BP) (안영호, 2017)

의학[파지요법(phage therapy): 항생제 내성균 제어], 약학(차세대 항생제 개발) 등 기초과학 분야를 중심으로 활발하게 연구되고 있다(Lekunberri, et al., 2017; USFDA No. 000198 & No.000218). 한편 지표수와 지하수의 상호 작용이 일어나는 하천에서의 수문추적분석(hydrological tracing and modelling)에서 편의성과 실용적인 이유에서 일반적으로 사용되는 추적자(tracer)인 염료 대신 사용하기도 하였다(Martin, 1988).

최근에는 하수 및 폐수처리기술 중에서 생물학적 질소제거능력 향상, 슬러지 팽화(sludge bullking)현상 제어, 생물막오염(membrane biofouling), 그리고 항생제 내성균 제어를 위한 환경기술로 박테리오파지를 응용한 사례가 있다(Bhattacharjee et al., 2015; Choi, 2012; Motlagh et al., 2015, 2016; 안영호, 2017). 향후 환경보건 및 농축산업 등의 다양한 측면에서 기술개발이 이루어질 가능성이 높다. 그림 7-26에는 멤브레인 막오염 저감과 항생제 내성균 제어에 사용된 각종 파지의 사진을 나타내었다.

(6) 전염성 병원균과 수인성 질병

인간은 환경에서 미생물이라는 자연계의 거대한 조직에 노출되어 살아가지만, 감염(infection)과 질병(disease)이라는 상호작용은 이들 중 일부 미생물에 의해 이루어진다. 질병을 일으키는 미생물을 병원균(pathogens)이라고 하며, 감염이란 미생물이 숙주(host) 표면이나 속에서 증식하는 과정을 말한다. 질병을 일으키지 않고도 숙주를 이용하여 성장하는 것이 가능하기 때문에 감염이라는 과정이 반드시 질병을 초래하는 것은 아니다(예를 들어 살모넬라에 의한 장염의 경우, 감염된 개인의 절반 정도가 임상적 질병 증상을 보인다).

병원균은 흔히 두 가지로 구분되는데, 정상적인 건강한 사람과 면역이 약한 사람 모두에서 질병을 일으킬 수 있는 미생물을 명확한 병원균(frank pathogens)이라 하며, 반면에 면역 체계가 약해졌을 때만 질병을 유발하는 경우를 기회적 병원균(opportunistic pathogens)이라 한다. 기회적 병원균은 화상, 항생제 복용, 면역 체계가 약하거나 손상된 경우(당뇨병)에만 감염을 일으킬 수 있으며, 환경에서 일반적으로 존재하여 질병을 일으키지 않으면서 인간의 내장이나 피부에 존재할 수 있다. 감염 이후 설사(diarrhea), 열(fever)과 같은 증상이 나타나기까지의 시간을 배양시간(incubation time) 또는 잠복기간이라고 하는데, 이는 원인균에 따라 크게 차이가 있다(예, 살모넬라의 경우 16～72시간, 대장균의 경우 16～120시간, 지아르디아(Giardia lamblia의 경우 7～14일)(Gerba, 2014). 병원체는 숙주의 배설물(feces), 소변(urine) 또는 호흡기 분비물(respiratory secretions)에 의해 환경으로 방출되는데, 그 농도는 유기체의 종류와 전달경로에 따라 상이하다(표 7-24). 일반적으로 배설물 속에 존재하는 대장균의 농도는 1 g당 10^7～10^9 정도이다.

병원성 미생물은 감염이 일어난 숙주(즉, 사람이나 동물) 또는 환경으로부터 직접 발생하여 직간접적으로 전파된다. 특히 분변-구강(fecal-oral) 경로를 통해 전염되는 미생물은 위장관(gastrointestinal tract)을 감염시키기 때문에 보통 장내 병원균(enteric pathogens)이라고 부른다. 이들은 물과 음식물에 특히 안정적으로 생존하는 특성이 있다. 특히 장박테리아(enteric bacteria)의 경우 적절한 환경 조건에서 숙주 외부에서도 자랄 수 있다.

표 7-24 Concentration of Enteric Pathogens in Feces

Organism	Per Gram of Feces
Portozoan parasites	$10^6 - 10^7$
Helminths	
Ascaris	$10^4 - 10^5$
Enteric viruses	
Enteroviruses	$10^3 - 10^7$
Rotavirus	10^{10}
Adenovirus/Norovirus	10^{11}
Enteric bacteria	
Salmonella spp.	$10^4 - 10^{10}$
Shigella	$10^5 - 10^9$
Indicator bacteria	
Coliforms	$10^7 - 10^9$
Fecal coliforms	$10^6 - 10^9$

Ref) Gerba(2014)

표 7-25 우리나라 법정 전염병의 분류(2016년 1월 기준)

구분	정의	질환/원인균
제1군	마시는 물 또는 식품을 매개로 발생하고 집단발생의 우려가 커서 발생 또는 유행 즉시 방역대책을 수립하여야 하는 감염병	콜레라, 장티푸스, 파라티푸스, 세균성 이질, 장출혈성 대장균감염증, A형간염
제2군	예방접종을 통해 예방 또는 관리가 가능하여 국가예방 접종사업의 대상이 되는 감염병	디프테리아, 백일해, 파상풍, 홍역, 유행성이하선염, 풍진, 폴리오, B형간염, 일본뇌염, 수두, B형헤모필루스 인플루엔자, 폐렴구균
제3군	간헐적으로 유행할 가능성이 있어 계속 그 발생을 감시하고 방역 대책의 수립이 필요한 감염병	말라리아, 결핵, 한센병, 성홍열, 수막구균성수막염, 레지오넬라증, 비브리오패혈증, 발진티푸스, 발진열, 쯔쯔가무시증, 렙토스피라증, 브루셀라증, 탄저, 공수병, 신증후군출혈열(유행성 출혈열), 인플루엔자, 후천성면역결핍증(AIDS), 매독, 크로이츠-야콥병(CJD) 및 변종크로이츠펠트-야콥병(vCJD)
제4군	국내에서 새로 발생하였거나 발생할 우려가 있는 감염병 또는 국내 유입이 우려되는 해외 유행 감염병으로서 보건복지부령이 정하는 감염병	페스트, 황열, 뎅기열, 바이러스성 출혈열, 두창, 보툴리눔독소증, 중증 급성호흡기증후군(SARS), 조류인플루엔자 인체감염증, 신종인플루엔자, 야토병, 큐열, 웨스트나일열, 신종감염병증후군, 라임병, 진드기매개뇌염, 유비저, 치쿤구니야열, 중증 열성 혈소판 감소증후군(SFTS), 중동호흡기증후군(MERS), 지카바이러스
제5군	기생충에 감염되어 발생하는 감염병으로서 정기적인 조사를 통한 감시가 필요하여 보건복지부령으로 정하는 감염병	회충증, 편충증, 요충증, 간흡충증, 폐흡충증, 장흡충증
지정감염병	제1군감염병부터 제5군감염병까지의 감염병 외에 유행 여부를 조사하기 위하여 감시활동이 필요하여 보건복지부장관이 지정하는 감염병	C형간염, 수족구병, 임질, 클라미디아 감염증, 연성하감, 성기단순포진, 첨규콘딜롬, 반코마이신내성 황색포도알균 감염증, 반코마이신내성 장알균 감염증, 메티실린내성 황색포도알균 감염증, 다제내성녹농균 감염증, 다제내성아시네토박터바우마니균 감염증, 카바페넴내성장내세균속균종 감염증, 장관감염증, 급성호흡기감염증, 해외유입기생충감염증, 엔테로바이러스감염증

병원성 미생물에 의한 감염병은 확산속도에 따라 그 영향을 크게 미칠 수 있다. 따라서 세계의 각 나라에서는 질병으로 인한 사회적 손실을 방지하기 위해서 법률로써 관리하고 있다. 감염병의 구분은 예방 및 확산을 방지해야 하는 전염성 질병에 대하여 그 전파 속도와 위해성을 기준으로 구분하며, 이들은 대부분 물과 음식물을 매개로 한다. 우리나라의 경우 대표적인 수인성 전염병인 콜레라와 이질 등은 가장 위험한 1군으로 분류하고 있으며, 기생충 감염병은 제5군으로, 항생제 내성균이나 장바이러스 감염균은 별도의 지정 감염병으로 분류되어 있다(표 7-25).

미생물로 인한 물 관련 질병은 그 전달경로와 질병의 특성에 따라 세분화된다(표 7-26). 수인성 질병(waterborne diseases)은 오염된 물의 섭취를 통해 전염되는 질병으로 오염된 물은 감염성 병원체의 수동적 담체 역할을 한다. 수세(척)성 질환(water-washed disease)은 위생 상태가 좋지 않거나 부적절한 위생 상태와 밀접한 관련이 있다. 유기체 생명주기의 대부분 또는 중요 주기 부분을 물속에서 보내거나 또는 수생 생물에 의존하는 기생성 병원균에 의한 경우는 수기반 질병(water-based diseases)에 해당한다. 한편 황열, 뎅기열, 말라리아, 사상충증 등 물에서 번식하거나 물 근처에서 사는 곤충에 의해 전염되는 질병은 물 관련 질병(water-related diseases)으로 구분된다.

일반적으로 수인성 전염병이란 감염의 매개체로서 물에 의하거나 오염된 물로 조제된 식품에

표 7-26 Classification of Water-related Illnesses Associated with Microorganisms

Class	Cause	Example
Waterborne	Pathogens that originate in fecal material and are transmitted by ingestion	Cholera, typhoid fever
Water-washed	Organisms that originate in feces are transmitted through contact because of inadequate sanitation or hygiene	Trachoma (과립성 결막염)
Water-based	Organisms that originate in the water or spend part of their life cycle in aquatic animals and come in direct contact with humans in water or by inhalation	Schistosomiasis (주혈흡충병), Legionellosis
Water-related	Microorganisms with life cycles associated with insects that live or breed in water	Yellow fever

Ref) Gerba(2014)

의해 발생되는 전염병을 총칭하는 말로 사용된다. 수인성 전염병은 레지오넬라(*Legionella*)와 같이 호흡기계통과 피부계통(피부접촉) 질병도 있으나 대부분 소화기계통의 장관계 질병(Gastroenteritis)과 관련이 깊다. 그 증상은 대부분 가벼운 설사나 거북함 정도로, 심할 경우 구토, 고열, 두통, 어지럼증 등을 수반하기도 하며, 특히 어린이나 노약자, 면역체계가 약한 사람 등에게는 치명적인 결과를 초래할 수도 있다.

병원성 균의 종류에 따라 질병과 오염원 그리고 이에 따른 일반적인 증상은 매우 다양하다(표 7-27). 살모넬라, 대장균(*E. coli*), 이질균(*Shigella*), 캄필로박터(*Campylobacter*), 여시니아(*Yersinia*), 비브리오(*Vibrio*), 헬리코박터(*Helicobacter*), 레지오넬라, 남세균(*Cyanobacteria*) 등

표 7-27 Infections by type of pathogen (Wiki, 2017)

(a) Protozoan

Disease and Transmission	Microbial Agent	Sources of Agent in Water Supply	General Symptoms
Amoebiasis (hand-to-mouth)	Protozoan (*Entamoeba histolytica*) (Cyst-like appearance)	Sewage, non-treated drinking water, flies in water supply	Abdominal discomfort, fatigue, weight loss, diarrhea, bloating, fever
Cryptosporidiosis (oral)	Protozoan (*Cryptosporidium parvum*)	Collects on water filters and membranes that cannot be disinfected, animal manure, seasonal runoff of water.	Flu-like symptoms, watery diarrhea, loss of appetite, substantial loss of weight, bloating, increased gas, nausea
Cyclosporiasis	Protozoan parasite (*Cyclospora cayetanensis*)	Sewage, non-treated drinking water	cramps, nausea, vomiting, muscle aches, fever, and fatigue
Giardiasis (fecal-oral) (hand-to-mouth)	Protozoan (*Giardia lamblia*) Most common intestinal parasite	Untreated water, poor disinfection, pipe breaks, leaks, groundwater contamination, campgrounds where humans and wildlife use same source of water. Beavers and muskrats create ponds that act as reservoirs for Giardia.	Diarrhea, abdominal discomfort, bloating, and flatulence
Microsporidiosis	Protozoan phylum (*Microsporidia*), but closely related to fungi	*Encephalitozoon intestinalis* has been detected in groundwater, the origin of drinking water	Diarrhea and wasting in immunocompromised individuals.

표 7-27 **Infections by type of pathogen** (Wiki, 2017)(계속)

(b) Bacterial

Disease and Transmission	Microbial Agent	Sources of Agent in Water Supply	General Symptoms
Botulism	*Clostridium botulinum*	Bacteria can enter an open wound from contaminated water sources. Can enter the gastrointestinal tract through consumption of contaminated drinking water or (more commonly) food	Dry mouth, blurred and/or double vision, difficulty swallowing, muscle weakness, difficulty breathing, slurred speech, vomiting and sometimes diarrhea. Death is usually caused by respiratory failure.
Campylobacteriosis	Most commonly caused by *Campylobacter jejuni*	Drinking water contaminated with feces	Produces dysentery like symptoms along with a high fever. Usually lasts 2-10 days.
Cholera	Spread by the bacterium *Vibrio cholerae*	Drinking water contaminated with the bacterium	In severe forms it is known to be one of the most rapidly fatal illnesses known. Symptoms include very watery diarrhea, nausea, cramps, nosebleed, rapid pulse, vomiting, and hypovolemic shock (in severe cases), at which point death can occur in 12-18 hours.
E. coli Infection	Certain strains of *Escherichia coli* (commonly *E. coli*)	Water contaminated with the bacteria	Mostly diarrhea. Can cause death in immunocompromised individuals, the very young, and the elderly due to dehydration from prolonged illness.
M. marinum infection	*Mycobacterium marinum*	Naturally occurs in water, most cases from exposure in swimming pools or more frequently aquariums; rare infection since it mostly infects immunocompromised individuals	Symptoms include lesions typically located on the elbows, knees, and feet (from swimming pools) or lesions on the hands (aquariums). Lesions may be painless or painful.
Dysentery	Caused by a number of species in the genera *Shigella* and *Salmonella* with the most common being *Shigella dysenteriae*	Water contaminated with the bacterium	Frequent passage of feces with blood and/or mucus and in some cases vomiting of blood.
Legionellosis (two distinct forms: Legionnaires' disease and Pontiac fever)	Caused by bacteria belonging to genus *Legionella* (90% of cases caused by *Legionella pneumophila*)	Legionella is a very common organism that reproduces to high numbers in warm water; but only causes severe disease when aerosolized.	Pontiac fever produces milder symptoms resembling acute influenza without pneumonia. Legionnaires' disease has severe symptoms such as fever, chills, pneumonia (with cough that sometimes produces sputum), ataxia, anorexia, muscle aches, malaise and occasionally diarrhea and vomiting
Leptospirosis	Caused by bacterium of genus *Leptospira*	Water contaminated by the animal urine carrying the bacteria	Begins with flu-like symptoms then resolves. The second phase then occurs involving meningitis, liver damage (causes jaundice), and renal failure
Otitis Externa (swimmer's ear)	Caused by a number of bacterial and fungal species.	Swimming in water contaminated by the responsible pathogens	Ear canal swells, causing pain and tenderness to the touch

표 7-27 **Infections by type of pathogen** (Wiki, 2017)(계속)

Disease and Transmission	Microbial Agent	Sources of Agent in Water Supply	General Symptoms
Salmonellosis	Caused by many bacteria of genus *Salmonella*	Drinking water contaminated with the bacteria. More common as a food borne illness.	Symptoms include diarrhea, fever, vomiting, and abdominal cramps
Typhoid fever	*Salmonella typhi*	Ingestion of water contaminated with feces of an infected person	Characterized by sustained fever up to 40°C (104°F), profuse sweating; diarrhea may occur. Symptoms progress to delirium, and the spleen and liver enlarge if untreated. In this case it can last up to four weeks and cause death. Some people with typhoid fever develop a rash called "rose spots", small red spots on the abdomen and chest.
Vibrio Illness	*Vibrio vulnificus*, *Vibrio alginolyticus*, and *Vibrio parahaemolyticus*	Can enter wounds from contaminated water. Also acquired by drinking contaminated water or eating undercooked oysters.	Symptoms include abdominal tenderness, agitation, bloody stools, chills, confusion, difficulty paying attention (attention deficit), delirium, fluctuating mood, hallucination, nosebleeds, severe fatigue, slow, sluggish, lethargic feeling, weakness.

(c) Viral

Disease and Transmission	Viral Agent	Sources of Agent in Water Supply	General Symptoms
SARS (Severe Acute Respiratory Syndrome)	Coronavirus	Manifests itself in improperly treated water	Symptoms include fever, myalgia, lethargy, gastrointestinal symptoms, cough, and sore throat
Hepatitis A	Hepatitis A virus (HAV)	Can manifest itself in water (and food)	Symptoms are only acute (no chronic stage to the virus) and include Fatigue, fever, abdominal pain, nausea, diarrhea, weight loss, itching, jaundice and depression.
Poliomyelitis (Polio)	Poliovirus	Enters water through the feces of infected individuals	90～95% of patients show no symptoms, 4～8% have minor symptoms (comparatively) with delirium, headache, fever, and occasional seizures, and spastic paralysis, 1% have symptoms of non-paralytic aseptic meningitis. The rest have serious symptoms resulting in paralysis or death
Polyomavirus infection	Two of Polyomavirus: JC virus and BK virus	Very widespread, can manifest itself in water, ～80% of the population has antibodies to Polyomavirus	BK virus produces a mild respiratory infection and can infect the kidneys of immunosuppressed transplant patients. JC virus infects the respiratory system, kidneys or can cause progressive multifocal leukoencephalopathy in the brain (which is fatal).

(d) Algal

Disease and Transmission	Microbial Agent	Sources of Agent in Water Supply	General Symptoms
Desmodesmus infection	Desmodesmus armatus	Naturally occurs in water. Can enter open wounds.	Similar to fungal infection.

Ref) Wiki(2017)(https://en.wikipedia.org/wiki/Waterborne_diseases)

은 대표적인 병원성 박테리아이다. 또한 환경에 존재하는 다양한 종류의 기회적 병원성 박테리아가 지표수와 음용수(수돗물과 휴대용 음용수 등)에서 발견되며, 이들은 모두 탄소원으로 유기탄소를 사용하는 종속영양 박테리아에 해당한다. 인간에 의한 모든 병원성 박테리아는 종속영양에 해당하지만 음용수에 나타나는 종속영양 박테리아의 대부분은 인간에 의한 병원균이 아니다. 레지오넬라, 결핵균(*Mycobacterium*), 슈도모나스(*Pseudomonas*), 아시네토박터(*Acinetobacter*), 에어로모나스(*Aeromonas*) 등과 같은 속(genera)의 일부가 기회적 병원성 박테리아에 해당하는 종을 포함하고 있다.

기생성 병원성 미생물에는 매우 다양한 진핵생물(eukaryotic organisms)이 포함되는데, 단세포(unicellular), 다세포(multicellular) 및 다핵성(multinucleate) 유기체가 있으며, 이들은 호기성(aerobic) 및 혐기성(anaerobic), 운동성(motile) 및 비운동성(nonmotile), 유성생식(sexual)과 무성생식(asexual)의 다양한 특성을 가진다. 대표적인 원생동물(Protozoa)에는 지아르디아(*Giardia lamblia*), 크립토스포리디움(*Cryptosporidium*), 이질아메바(*Entamoeba histolytica*), 자유아메바(*Naegleria fowleri*), 사이클로스포라(*Cyclospora sp.*), 미포자충(*Microsporidia*), 톡소플라스마(*Toxoplasma gondii*) 등이 있다. 기생충(Helminthes) 종류로는 선충류(Nematodes)와 촌충류(Cestodes), 그리고 흡충류(Trematodes) 등이 포함된다.

위장염의 주요 원인인 바이러스는 특히 영유아에 있어서 전 세계적인 사망 원인이다. 인간의 위장염 바이러스(human gastroenteritis viruses)로는 로타바이러스(rotavirus), 아데노바이러스(adenovirus), 노로바이러스(norovirus), 사포바이러스(sapovirus), 아스트로바이러스(astrovirus), 엔테로바이러스(enterovirus), A형간염바이러스(HAV, Hepatitis A virus), 레오바이러스(reoviruses), E형간염바이러스(HEV, Hepatitis E virus), Picobimaviruses, Bocaviruses, 코로나바이러스(coronaviruses) 등이 포함된다. 이중에서 노로바이러스는 수인성 및 음식물 질병과 관련한 대표적인 장바이러스(enteric virus)이다. 리오바이러스(rhinoviruses)와 코로나바이러스, 독감바이러스(influenza viruses), SARS 등은 대표적인 호흡기관 바이러스(respiratory viruses)로, 그 감염경로가 물 위생과는 근본적으로 상이하다.

인간과 동물의 배설물은 병원균의 주요 발생원으로 오염된 물과 음식물, 그리고 오염된 지표수와 지하수는 다양한 전염경로로 인간의 감염을 일으킨다. 장내 병원체의 전염경로에서 이들의 생존과 감염능력은 다양한 환경요인에 따라 의존한다. 장내 박테리아보다 바이러스와 원생동물군 병원체가 환경에서는 더 오래 생존하는 경향이 있다. 이러한 환경적 영향은 온도, 습도, 빛, pH, 염, 유기물질 등 매우 다양하다(표 7-28). 이중에서 온도는 생존과 감염능력에 영향을 미치는 매우 중요한 요소라 할 수 있다(표 7-29). 일반적으로 자연수나 하수에 포함된 미생물은 장내 병원균의 생존에 적대적이며, 장내 병원균은 지표수와 바닷물에서보다 멸균된 물에서 오래 생존하는 특성이 있다. 또한 자연수의 박테리아는 병원성 지표 박테리아를 섭취하기도 한다. 또한 부유물질(점토, 유기물 찌꺼기 등)과 퇴적물(담수 및 해양)은 병원균의 생존시간을 연장시키는 경향이 있다(Gerba, 2014).

물 위생으로 인한 질병은 지구상의 모든 질병문제의 약 80% 이상에 해당한다. 미생물 오염의 특징은 대체로 다음과 같이 요약할 수 있다.

표 7-28 Environmental Factors Affecting Enteric Pathogen Survival in Natural Waters

Factor	Remarks
Temperature	Probably the most important factor, longer survival at lower temperatures; freezing kills bacteria and protozoan parasites, but prolongs virus survival.
Moisture	Low moisture content in soil can reduce bacterial populations.
Light	UV in sunlight is harmful.
pH	Most are stable at pH values of natural waters. Enteric bacteria are less stable at pH > 9 and pH < 6.
Salts	Some viruses are protected against heat inactivation by the presence of certain cations.
Organic matter	The presence of sewage usually results in longer survival.
Suspended solids or sediments	Association with solids prolongs survival of enteric bacteria and virus.
Biological factors	Native microflora is usually antagonistic.

Ref) Gerba(2014)

표 7-29 다양한 환경에서 20~30°C에서 병원균의 생존기간

병원균	생존기간(일)		
	담수 및 하수	작물	토양
Bactera			
Fecal coliforms [a]	< 60 (< 30)	< 30 (< 15)	< 120 (< 50)
Salmonella spp. [a]	< 60 (< 30)	< 30 (< 15)	< 120 (< 50)
Shigella [a]	< 30 (< 10)	< 10 (< 5)	< 120 (< 50)
Vibrio cholerae [b]	< 30 (< 10)	< 5 (< 2)	< 120 (< 50)
Protozoa			
E. histolytica cysts	< 30 (< 15)	< 10 (< 2)	< 20 (< 10)
Helminths			
A. lumbricoides eggs	수개월	< 60 (< 30)	< 수개월
Viruses [b]			
Enteroviruses [c]	< 120 (< 50)	< 60 (< 15)	< 100 (< 20)

Ref) Feachem et al.(1983)
a) 해수에서 바이러스의 생존은 적고, 박테리아의 생존은 담수에서보다 훨씬 적다.
b) 수환경에서 V. cholerae 생존은 흐름의 불안정에 영향을 받는다.
c) polio, echo, and coxsackie viruses.
( )는 통상적인 생존기간

1) 감염된 보균자나 환자, 동물의 체내에서 빠른 속도로 증식하고 다른 이들에게도 전염하여 2차 오염을 유발한다.
2) 화학물질에 의한 질병은 대체로 만성적임에 비하여 미생물 질병은 급성에 해당한다.
3) 어린이, 노약자, 환자 등 면역체계가 낮은 사람에게 더 취약하다.
4) 주요 오염원은 사람이나 동물의 배설물로 그 원인균이 매우 다양하여 모든 병원균을 전부 검사하기가 어렵다.
5) 미생물 오염은 특히 급수체계에 오염될 경우 대규모 발병으로 심각한 사회문제가 된다.

환경공학의 범주에서 미생물 오염에 대한 주요 과제는 상수원의 안전한 관리와 급수단계에서

병원성 미생물에 의한 감염사고 예방, 그리고 환경기초시설에서의 적절한 제어이다. 음용수(먹는 물) 관리 단계에서는 일반세균, 총대장균, 분원성 대장균, 분원성 연쇄상구균, 녹농균, 살모넬라, 쉬겔라, 아황산환원 혐기성 포자형성균, 여시니아 등이 주요한 관리대상 병원균이다. 하수처리수와 재이용수의 생산에서는 총대장균이, 그리고 하수슬러지의 생물고형물화 단계에서는 살모넬라, 분원성 대장균, 장바이러스, 기생충 등이 중요한 관리항목이다(안영호, 2017).

상하수도 위생기반시설의 발달로 세균에 의한 발병건수는 크게 감소하고 있는 반면 바이러스나 원생동물과 같은 병원균에 의한 발병은 상대적으로 증가하는 경향이며, 이는 대부분 장관계 질병에 해당한다. 특히 대표적인 병원균인 지아르디아와 크립토스포리디움은 각각 1970년대와 1980년 이후 주목받기 시작하였고, 1993년 미국 밀워키(Milwaukee) 정수장에서 발생한 크립토스포리디움 오염은 약 100만 명 이상의 사람들에게 직간접적인 악영향을 끼쳤다. 이러한 종류들은 소독에 의한 제거효과가 타 병원균에 비하여 매우 낮은 특징이 있어 소독능을 나타내는 중요한 인자로 사용된다.

(7) 지표 미생물

전통적으로 지표 미생물(indicator microorganisms)은 병원균의 존재가능성을 암시하기 위해 사용되는 것으로(Berg, 1978), 주로 배설물로 인한 물의 오염수준을 평가하는 데 유용하게 활용된다. 이들은 인체의 건강에 위험하지 않지만 건강상 위해가능성을 나타내기 위해 효과적으로 사용되어 왔다. 그러나 최근에는 지표는 있으나 병원균이 부재한(또는 그 반대인 경우) 이유에 대한 많은 가능성이 알려지고 있다. 실제 지표와 장내 병원균의 수 간에는 직접적인 상관관계가 없다(Grabow 1996). 미생물 지표(microbial indicator)라는 모호성을 없애기 위해 지표 미생물(표 7-30)은 공정 지표(process indicator), 분원성 지표(fecal indicator), 그리고 모델 유기체(Index and model organisms)와 같이 세 그룹으로 구분한다(Ashbolt et al., 2001). 공정 지표는 음용수 처리시설과 같은 처리공정의 효율을 평가하기 위해 사용하며, 분원성 지표와 모델 유기체는 주어진 환경에서 각각 분원성 오염과 병원균의 존재와 거동 분석을 위해 이용된다. 직접적인 역학적 접근법(epidemiological approach)은 보통 지표 미생물 분석의 대안이나 보조적인 방법으로 사용되는데, 이 방법은 일반적으로 민감도가 떨어지고, 수인성 질병 전파과정을 명확하게 밝히기 어려

표 7-30 Definitions for indicator and index microorganisms of public health concern

Group	Definition
Process (microbial) indicator	A group of organisms that demonstrates the efficacy of a process, such as total heterotrophic bacteria or total coliforms for chlorine disinfection.
Fecal indicator	A group of organisms that indicates the presence of fecal contamination, such as the bacterial groups thermo-tolerant coliforms or *E. coli*. Hence, they only infer that pathogens may be present.
Index and model organisms	A group/or species indicative of pathogen presence and behavior respectively, such as *E. coli* as an index for Salmonella and male-specific coliphages as models of human enteric viruses.

Ref) modified from Ashbolt et al.(2001)

우며, 예방적이지 못한 단점이 있다. 그럼에도 불구하고 역학적인 연구를 통해 적절한 지표 생물을 검증하는 것은 가장 이상적인 방법이다. 따라서 보편적으로 사용가능한 지표(universal indicator)는 없지만 각 지표의 특징을 이용하여 수인성 미생물의 위해성(waterborne microbial risks)을 관리를 위해 적절한 용도로 사용한다(Ashbolt et al., 2001; Frost et al., 1996).

이상적인 지표 미생물의 기준은 다음과 같다.

- 미생물은 모든 유형의 물에 유용해야 한다.
- 장내 병원균이 존재할 때마다 생물체가 존재해야 한다.
- 유기체는 가장 강한 장내 병원균보다 합리적인 긴 생존시간을 가져야 한다.
- 유기체는 물속에서 성장해서는 안 된다.
- 시험 방법은 쉽게 수행할 수 있어야 한다.
- 지표 생물의 밀도는 분변 오염의 정도와 직접적인 상관관계가 있어야 한다.
- 유기체는 온혈동물의 장내 미생물 군집의 구성원이어야 한다.

이러한 이상적인 기준을 모두 충족하는 지표는 없으므로 현재 분원성 지표 미생물을 주로 사용하고 있다. 음용수 및 하수관리에서 병원성 미생물 대신 분원성 지표 미생물을 사용하는 이유는 장내 병원균의 직접적인 분리 검사가 어렵고, 병원균의 종류가 많아 모든 병원균의 분리가 사실상 불가능하기 때문이다. 또한 평시에는 병원균의 수가 매우 낮아 감지하기 어려우며, 상시 검사를 위해서는 과다한 비용이 소요되는 비경제적인 측면이 있다. 표 7-31에는 분원성 지표 미생물의 종류와 특징을 정리하였으며, 그림 7-27은 장내 박테리아 지표 간의 상관관계를 나타내었다. 일반적으로 하수 및 각종 배설물에서 발견되는 지표 미생물의 농도는 표 7-32와 7-33과 같다.

대장균은 거의 한 세기 동안 분원성 오염으로 인한 물오염을 평가하기 위한 표준으로 사용되어 왔다. *Escherichia*, *Citrobacter*, *Enterobacter* 및 *Klebsiella* 종들이 포함되며, 상대적으로 쉽게 검출이 가능한 장점이 있다. 이 그룹(total coliform)은 모든 종류 호기성(aerobic) 및 통성혐기성(facultative anaerobic), 그람(−), 비포자형성(nonspore-forming), 막대모양 박테리아(rod-shape bacteria)로 35°C에서 48시간 내에 젖당(lactose)을 분리하여 가스(CO_2)를 발생시키는 특성이 있다(APHA, AWWA, WEF, 2010). 대장균은 일반적으로 온혈동물의 장내에서 서식하는 분변성 대장균(fecal coliforms)과 토양과 부패된 식물에서 발견되는 비분변성(non-fecal coliforms)으로 크게 구분한다. 대장균의 배출량은 100～400 billion/person/day로 자연계의 다른 병원성 세균보다 더 많으나 대부분 비병원성(nonpathogenic)으로 분뇨물질에 의한 오염과 인간으로부터 유래된 병원성 미생물의 존재가능성을 암시한다. *E. coli*(*Escherichia coli*)는 대장균군 중 가장 널리 알려져 있는 것으로 일반적으로 박테리아 실험에 유용하게 사용되는 미생물이다. *E. coli* 중에는 일부 독성이 있는 종류도 있다. 경험적으로 볼 때 음용수 100 mL 내에 대장균이 없다면 수인성 질병은 발생하지 않는다. 그러나 물 환경이나 상수관로에서의 재성장특성, 높은 성장특성의 억제, 건강상의 무해성, 그리고 장내 원생동물과 바이러스 농도와의 상관관계가 없는 점 등은 많은 장점에도 불구하고 대장균이 수질의 대표적인 생물 지표로서 부적절한 지

표 7-31 Type of fecal indicator microorganisms

Indicator Microorganisms	Properties
Total Coliforms	The standard for assessing fecal contamination of water all aerobic and facultatively anaerobic, Gram-negative, nonspore-forming, rod-shaped bacteria Not specific indicators of fecal pollution.
Fecal Coliforms and *Escherichia coli.*	Clear evidence of fecal origin No distinguish between human and animal contamination
Fecal Streptococci (*Enterococci*)	Evidence of animal pollution Gram-positive cocci
Clostridium perfringens	An indicator(tracer) of past pollution An indicator of removal of protozoan parasites or viruses during drinking water and wastewater treatment often found in soils and sediments. Gram-positive, spore-forming, non-motile, strictly anaerobic rods that reduce sulphite to H_2S. Very resistant to heat (75°C for 15 minutes) and disinfectants
Bacteroides	Found in the gut of humans and animals. Suggested as indicators of recent fecal pollution
Bifidobacterium	Primarily associated with humans, Distinguish between human and animal contamination Obligately anaerobic, non-spore-forming, non-motile, Gram-positive bacilli
Bacteriophages (Coliphages, *Bacteroides fragilis* bacteriophages)	Indicators of fecal and viral pollution Evaluation of virus resistance to disinfectants
Heterotrophic organisms	An assessment of the numbers of aerobic and facultatively anaerobic heterotrophic bacteria in water

Ref) modified from Ashbolt et al.(2001)

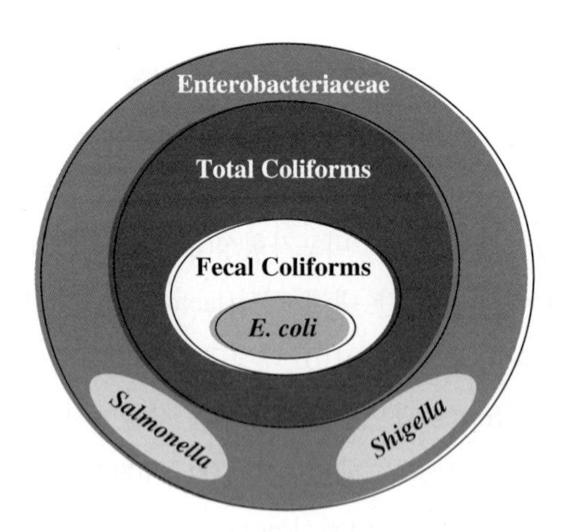

그림 7-27 Relationships between indicators in three Enterobacteriacea (Gerba, 2014)

표라고 지적되기도 한다(Gleeson and Gray, 1997). 대장균을 분석하기 위해 일반적으로 평판계수법(plate count), 최확수(MPN, most probable number)법, 막여과법(MF, membrane filtration) 및 P-A(presence- absence) 시험법(탁도측정법, 세포성분측정법 등) 등이 사용되나, 앞선 두 가지 방법에 비하여 마지막 방법은 정량화가 불가능한 분석법이다. 그림 7-28에는 가장 흔히 사용하는 최확수법에 따른 실험과정이 정리되어 있다. 이때 사용되는 배지(agar medium)는 미생물의 종류

표 7-32 Estimated Levels of Indicator Organisms in Raw Sewage

Organism	CFU* per 100 mL
Coliforms	$10^7 - 10^9$
Fecal coliforms	$10^6 - 10^7$
Fecal streptococci	$10^5 - 10^6$
Enterococci	$10^4 - 10^5$
Escherichia coli	$10^6 - 10^7$
Clostridium perfringens	10^4
Staphylococcus (coagulase positive)	10^3
Pseudomonas aeruginosa	10^5
Acid-fast bacteria	10^2
Coliphages	$10^2 - 10^3$
Bacteroides	$10^7 - 10^{10}$

Note) * CFU, cell forming unit
Ref) Gerba(2014)

표 7-33 Microbial indicators excreted in the feces of warm-blooded animals
(average numbers per gram wet weight)

Group	Thermotolerant coliforms	Fecal streptococci	*Clostridium perfringens*	F-RNA Coliphages [b]	Excretion (g/day)
Farm animals					
Chicken	1,300,000	3,400,000	250	1867	182 (71.6) [c]
Cow	230,000	1,300,000	200	84	23,600 (83.3)
Duck	33,000,000	54,000,000	–	13.1	336 (61.0)
Horse	12,600	6,300,000	< 1	950	20,000
Pig	3,300,000	84,000,000	3980	4136	2700 (66.7)
Sheep	16,000,000	38,000,000	199,000	1.5	1130 (74.4)
Turkey	290,000	2,800,000	–	–	448 (62.0)
Domestic pets					
Cat	7,900,000	27,000,000	25,100,000		
Dog	23,000,000	980,000,000	251,000,000	2.1	413
Human	13,000,000	3,000,000	1580 [a]	< 1.0 – 6.25	150 (77.0)
Ratios in raw sewage	50	5	0.3	1	–

Note) a) Only 13-35% of humans excrete
b) F-RNA coliphage data from Calci et al.(1998). Note low numbers in human feces, and only excreted by about 26% of humans, about 60% of domestic animals (including cattle, sheep, horses, pigs, dogs and cats), and 36% of birds (geese and seabirds)(Grabow et al. 1995).
c) Moisture content
Ref) Ashbolt et al.(2001), Geldreich(1978)

와 특성에 따라 다양하게 사용된다.

인간이나 동물의 장 계통에서 주로 발견되는 또 다른 부류의 미생물에는 분원성 연쇄상구균(fecal streptococci: *Entrococci-Streptococcus faecalis*), 클로스트리디아(clostridia: *Clostridium perfringens*), 혐기성 유산균(*lactobacilli*) 등이 있다. 분원성 연쇄상구균은 현재 분변 오염의

(A) Presumptive test

Transfer the specified volumes of sample to each tube.
Incubate 24 h at 35°C.

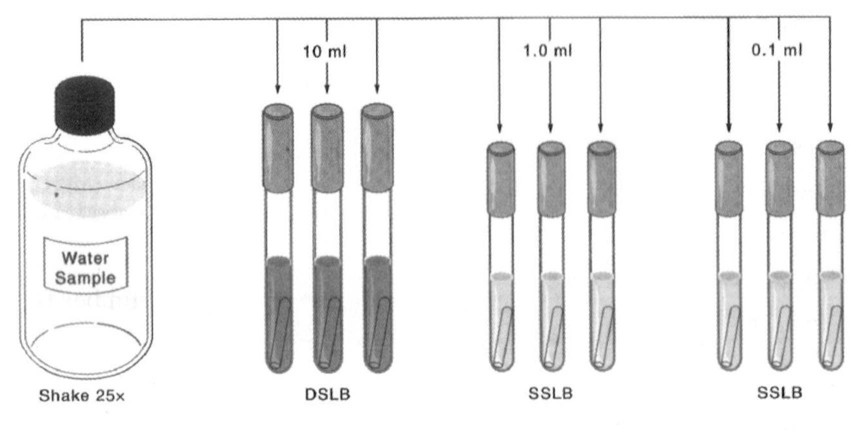

Tubes that have 10% gas or more are considered positive. The number of positive tubes in each dilution is used to calculate the MPN of bacteria.

(B) Confirming test

One of the positive tubes is selected, as indicated by the presence of gas trapped in the inner tube, and used to inoculate a streak plate of Levine's EMB agar and Endo agar. The plates are incubated 24 h at 35°C and observed for typical coliform colonies.

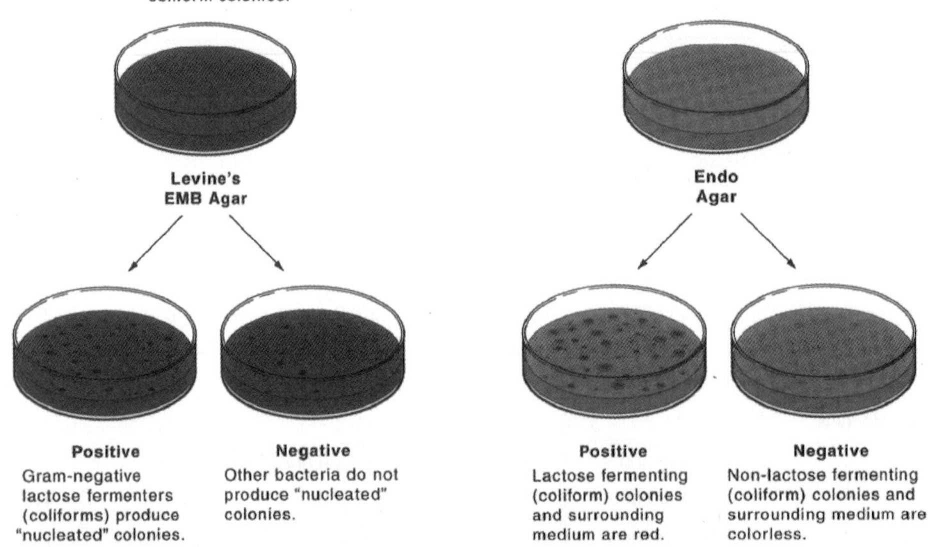

그림 7-28 Procedure for performing an MPN test for coliforms on water samples: (A) presumptive test and (B) confirming test. DSLB = double strength lauryl sulfate broth, SSLB = single strength lauryl sulfate broth, EMB = eosin-methylene blue (Gerba, 2014)

지표 미생물로서 대장균 시험과 함께 종종 사용되는데, FC(fecal coliforms)와 FS(fecal streptococci)의 비율에 의해 오염원의 주체가 인간에 의한 것인지 동물에 의한 것인지 구분하는 척도로 사용되기도 한다(표 7-34) (Geldriech, 1976; Geldreich and Kenner, 1969; Howell et. al., 1995; Raji et. al., 2015). FC/FS 비율이 4 이상인 경우 인간의 오염을 나타내는 반면, 0.7 이하는 가축이나 야생동물로 인한 오염이 원인일 수 있다. 야생동물로 인한 오염의 경우는 0.1 이하에 해당한다. FC/FS 비율에 대한 유효성에는 일부 논란이 있으며, 이 비율은 최근 24시간 동안의 분원성 오염에 대해서는 명확하게 받아들여지고 있다. 물속에서 거의 자라지 않고, 대장

표 7-34 The FC/FS ratio and pollution sources

Ratio	Source of pollution
>4.0	Strong evidence that pollution is of human origin
2.0-4.0	Good evidence of the predominance of human wastes in mixed pollution
0.7-2.0	Good evidence of the predominance of domestic animal wastes in mixed pollution
<0.7	Strong evidence that pollution is of animal origin

Ref) Geldreich and Kenner(1969)

균군보다 환경 스트레스와 염소에 더 강하며, 일반적으로 환경에서 더 오래 지속하는 장내구균(Enterococci)의 특성(Gleeson and Gray, 1997)은 대장균군과 분원성 대장균군에 비해 유용한 지표 미생물로서의 장점을 가지고 있다.

표 7-35에서 7-37에는 음용수와 하수에 대한 각종 미생물 기준이 정리되어 있으며, 표 7-38에는 위락용수에 대한 미생물 기준이 정리되어 있다.

대체 지표 미생물로 활용이 가능하거나 혹은 특정한 상황에 적용하여 사용되는 미생물이 있는데(표 7-39), 슈도모나스(*Pseudomonas* spp.), 이스트(yeast), 마이코박테리아(mycobacteria-*Mycobacterium fortuitum*), 에어로모나스(*Aeromonas)*와 포도상구균(*Staphylococcus*) 등이 포함된다.

슈도모나스 속 중에서 가장 중요한 종은 녹농균(Pseudomonas aeruginosa)으로, 이는 사람을 포함한 포유동물에서 질병을 유발하는, 비교적 흔하게 접할 수 있는 세균이다. 또한 가장 일반적

표 7-35 **우리나라의 미생물 관련기준**(2017)

구분	기준	비고
하천수/호소수	< 50 total coliforms/100 mL < 10 fecal coliforms/100 mL	매우 좋음(Ia)기준
지하수	< 5,000 total coliforms/100 mL	생활용수 기준
해양	< 1,000 total coliforms/100 mL	생활환경 기준
먹는 물	ND total coliforms/100 mL ND fecal coliforms/100 mL	수돗물 기준
	ND fecal streptococci/250 mL ND *Pseudomonas aeruginosa*/250 mL ND *Salmonella*/250 mL ND *Shigella*/250 mL ND Spore Forming Sulfite Reducing Anaerobes/50 mL	먹는 샘물
배출수	< 100 total coliforms/mL	청정지역 기준
방류수	< 3,000 total coliforms/mL (폐수종말처리시설) < 1,000 total coliforms/mL (공공하수처리시설) < 3,000 total coliforms/mL (분뇨처리시설)	(I) 지역기준
재이용수	ND total coliforms/100 mL (빗물이용시설, 친수용수) < 200 total coliforms/100 mL (조경, 습지 및 공업용수) < 1,000 total coliforms/mL (하천유지용수)	

Ref) ND, not detected

표 7-36 U.S. Federal and State Standards for Microorganisms

Authority	Standards
U.S. EPA	
Safe Drinking Water Act	0 coliforms/100 mL
Clean Water Act	
Wastewater discharges	200 fecal coliforms/100 mL
Sewage sludge	< 1000 fecal coliforms/4 g < 3 *Salmonella*/4 g < 1 enteric virus/4 g < 1 helminth ovum/4 g
California	
Wastewater reclamation for irrigation	≤2.2 MPN/100 mL coliforms
Food and Drug Administration	
Shellfish growing areas	14 MPN/100 mL fecal coliforms

Ref) FDA(2005)

표 7-37 Drinking Water Criteria of the European Union

Authority	Standards
Tap water	
Escherichia coli	0/100 mL
Fecal streptococci	0/100 mL
Sulfite-reducing clostridia	0/20 mL
Bottled Water	
Escherichia coli	0/250 mL
Fecal streptococci	0/250 mL
Sulfite-reducing clostridia	0/50 mL
Pseudomonas aeruginosa	0/250 mL

Ref) European Union(1995)

표 7-38 Guidelines for Recreational Water Quality Standards

Country or Agency	Regime(samples/time)	Criteria or Standard [a]
U.S. EPA	5/30 days	200 fecal coliforms/100 mL < 10% to exceed 400 per mL
		Fresh water [b] 33 enterococci/100 mL 126 *E. coli*/100 mL
		Marine waters [b] 35 enterococci/100 mL
European Economic Community	2/30 days [c]	500 coliforms/100 mL
		100 fecal coliforms/100 mL
		100 fecal streptococci/100 mL
		0 *Salmonella*/L
		0 Enteroviruses/10 L
Ontario, Canada	10/30 days	≤1000 coliforms/100 mL
		≤100 fecal coliforms/100 mL

a) All bacterial numbers in geometric means
b) Proposed, 1986
c) Coliforms and fecal coliforms only
Ref) Saliba(1993); USEPA(1986)

표 7-30 Other potential indicator organisms

Organisms	Properties
Pseudomonas aeruginosa	A potential indicator for swimming pools, hot tubs and recreational waters Gram-negative, nonsporulating, rod-shaped bacterium, The most common opportunistic pathogen causing life-threatening infections
Staphylococcus aureus	A better indicator for swimming pools and recreational waters Gram-positive bacterium
Candida albicans	A better indicator for swimming pools and recreational waters
Aeromonas hydrophila	Pathogenic for humans, other warm-blooded animals and cold-blooded animals including fish Facultatively anaerobic gram-negative rods

인 기회적 병원균으로 알려져 있다. 주변 토양, 물, 피부 등에서 널리 분포하며 비교적 산소가 적은 상태에서도 생육이 가능하기 때문에 다양한 환경에서 발견된다. 동물에 감염되면 염증과 패혈증이 발생할 수 있으며, 특히 얼굴의 각종 기관뿐만 아니라 폐나 신장 등 인체 장기에 감염될 수 있어 치명적일 수 있다. 습윤한 표면에서 빠르게 증식하고 의료용 설비와 장치에서 빈번히 검출되므로 병원에서 교차 감염을 유발하는 주요 세균으로 인식된다. 그러나 탄화수소를 분해하는 능력이 있어 공학적으로는 매우 활용가능성이 높은 미생물이다. 녹농균은 포도상구균과 함께 국가적인 주요 관리대상 항생제 내성균에 해당한다. 이들 모두 수영용수나 위락용수에서 우수한 지표 미생물로 사용될 수 있다(Charoenca and Fujioka, 1993). 에어로모나스는 하수와 오염된 물뿐만 아니라 오염되지 않은 물에서도 발견되는데, *Aeromonas hydrophila*는 인간과 모든 동물의 경우에 병원성이 될 수 있다.

(8) 미생물 연구도구와 공학적 활용

1953년 DNA 이중나선구조의 발견 이후 지난 수십년 동안 유전자분석 및 응용기술은 실로 눈부신 발전을 이루어왔다. 물 위생문제를 다루는 환경기술분야에서는 전통적으로 단순히 특정하는 분원성 지표 미생물을 검출하고 정량화하는 차원에서 주로 사용되어 왔으나 현재에는 공정기술의 효율 평가, 물 환경에서 특정 유해 미생물의 거동 분석뿐만 아니라 새로운 미생물의 발굴과 환경공학적 응용에 이르기까지 매우 빠른 속도로 관련기술을 도입하고 있다. 여기에서는 그 분자생물학적 기법에 대한 개괄적인 내용과 예들을 소개하고자 한다.

생물학적 환경기술을 적용하고 있는 오염방지시설에서 생물반응조(bioreactor)는 오염물질의 분해 안정화를 위한 핵심기술로서 중요한 역할을 담당한다. 따라서 생물반응조에 성장하는 미생물의 생태학적 군집 특성은 그 기술의 성능을 예측하고 진단하는 매우 중요한 척도가 된다. 미생물 생태학(microbial ecology)에서는 어떠한 미생물들이(community structure), 어떠한 대사과정으로 임의의 반응에 작용하고 있으며(community function), 주어진 환경에서 미생물 상호간에 상호작용(community interaction)은 어떠한지가 탐구의 주요 대상이다(Ritmann and McCarty, 2001). 생물학적 공정의 설계와 운전의 목표는 미생물 생태를 효과적으로 조작하여 미생물 군집이 목표로 하는 기준을 달성하도록 하는 데 있다. 따라서 올바른 종류의 미생물이 존재하고(군집구조), 생화학적인 군집기능을 수행하기에 충분한 양을 확보하여(군집기능), 장기간 정상상태의

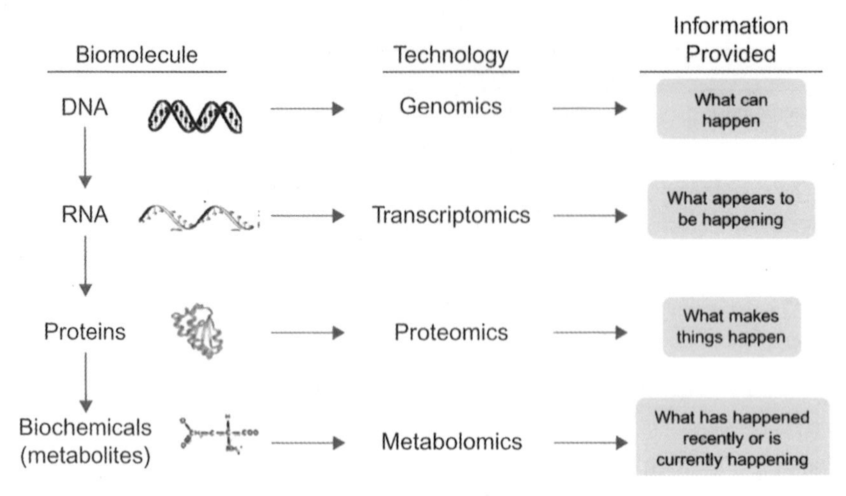

그림 7-29 **환경미생물을 분석기술의 개요** (Zhang et al., 2010)

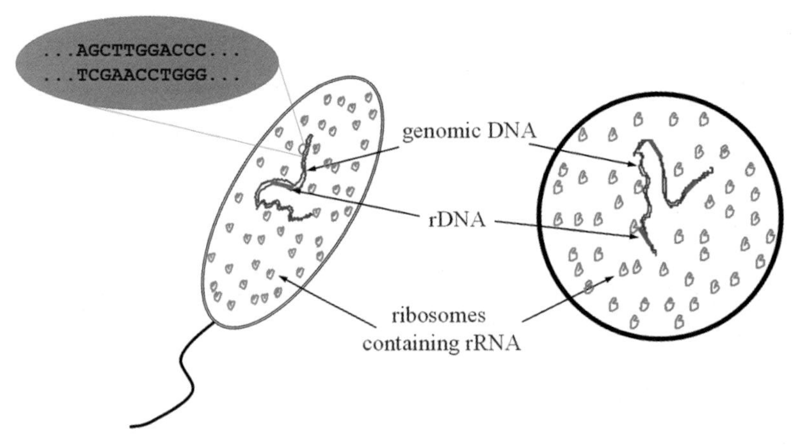

그림 7-30 **rDNA와 rRNA의 개념**

운영이 가능하도록 하는(통합군집) 시스템을 만들어야 한다. 이러한 목표를 달성하기 위해 공학자들은 원하는 미생물에 적절한 영양분의 공급과 시스템 내에서 활성도가 높은 미생물의 안정된 확보, 그리고 미생물 군집과 먹이와의 효과적인 접촉(혼합) 방법을 고민한다.

환경미생물의 분석에 대한 기본개념은 계통발생적 주체(phylogenic identity-DNA, RNA)와 표현형의 잠재성(phenotypic potential-mRNA, enzyme, protein, biochemical)에 따라 크게 4가지로 구분된다(그림 7-29). 여기서 DNA와 RNA가 중요한 것은 모든 세포에 공히 포함된 유전정보이기 때문이다(그림 7-30). 게놈(genome or metagenome)은 일어날 수 있는 일(즉, 기능적 잠재력)에 관한 정보를 제공하며, 트랜스크립톰(transcriptome or metatranscriptome)에는 일어나고 있는 것(즉, 어떤 유전자가 발현되는지)에 대한 정보를 포함하고 있다. 프로테옴(proteome or metaproteome)에는 일어나는 일에 대한 분자정보, 그리고 메타볼롬(metabolome)에는 최근에 또는 현재 발생되는 일에 대한 정보를 제공한다. 이러한 분석기술을 바탕으로 생물정보학(bioinformatics)이라는 새로운 학제 간 학문분야가 성립되었는데, 이는 생물학적 데이터를 이해하기 위한 방법과 소프트웨어 도구를 개발하는 컴퓨터 과학, 생물학, 수학 및 공학이 결합하여

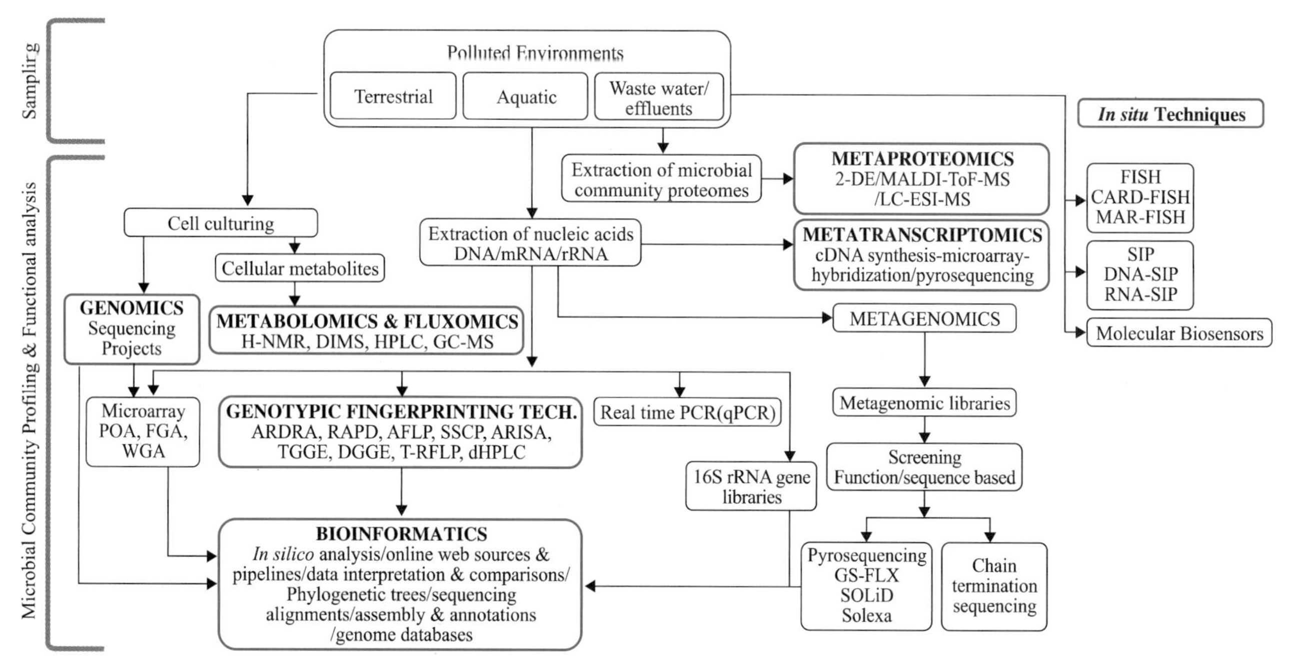

그림 7-31 **환경미생물의 분자생물학적 분석방법**(modified from Desai, et al., 2010)

생물학적 데이터를 분석하고 해석하는 학문분야를 말한다.

미생물 군집(microbial community)은 어떤 환경에 살고 있는 미생물 전체로 정의된다. 마이크로바이옴(microbiome)이란 인간의 몸에 서식하는 전체 미생물 군집을 의미하는 유사어로, 이러한 분야의 연구는 2000년 초 인체 내 숙주와 병원체를 시작으로 출발하였다. 미생물 군집과 기능적 특성 연구에 사용되는 분석방법을 전체적으로 요약하면 그림 7-31과 같다. 이 방법들은 기본적으로 배양법(culturing method)과 비배양법(non-culturing method)으로 구분된다. 미생물의 배양과 분리기술은 미생물 공정에 대한 이해를 높이는 데 매우 유용하다. 반면에 분자생물학적 기술은 미생물을 배양하지 않은 상태에서도 미생물의 군집해석에 용이하게 사용된다. 이때 식별을 위해서는 rRNA와 DNA가 표적으로 사용되고 기능적 분석을 위해 유전자(gene) 또는 mRNA가 표적이 된다. 메타프로테옴과 메타볼롬 등의 방법은 단백질 분자 및 물질대사를 기반으로 한 좀 더 전문적인 기법에 해당한다.

이러한 분석방법 중에서 생물학적 환경기술에도 주로 이용되는 방법은 다음 세 가지로 구분된다.

1) 배양법에 의한 군집분석: 이 방법은 미생물을 규명하기 위해 전통적으로 사용하던 방법으로 순수 분리된 미생물의 보관성이 우수하며, 균주의 표현형질(phenotype)과 유전형질(genotype)을 동시에 분석할 수 있다는 장점이 있다. 그러나 주어진 환경에서는 잘 자라지만 배양접시에서는 증식을 하지 않는, 즉 미생물 중에서 단지 배양이 가능한 종류(약 0.5 ~10%)만이 분석이 가능하다는 한계가 있다. 배양된 미생물 종의 유전체(DNA)를 추출해 16S rRNA의 유전자 염기서열을 분석하여 박테리아 종류를 규명한다.
2) 중합효소연쇄반응을 이용한 군집분석: 중합체연쇄반응(PCR, polymerase chain reaction)은 특정 DNA 염기서열만을 선택적으로 복제하여 증폭시킴으로써 효과적으로 DNA를 탐

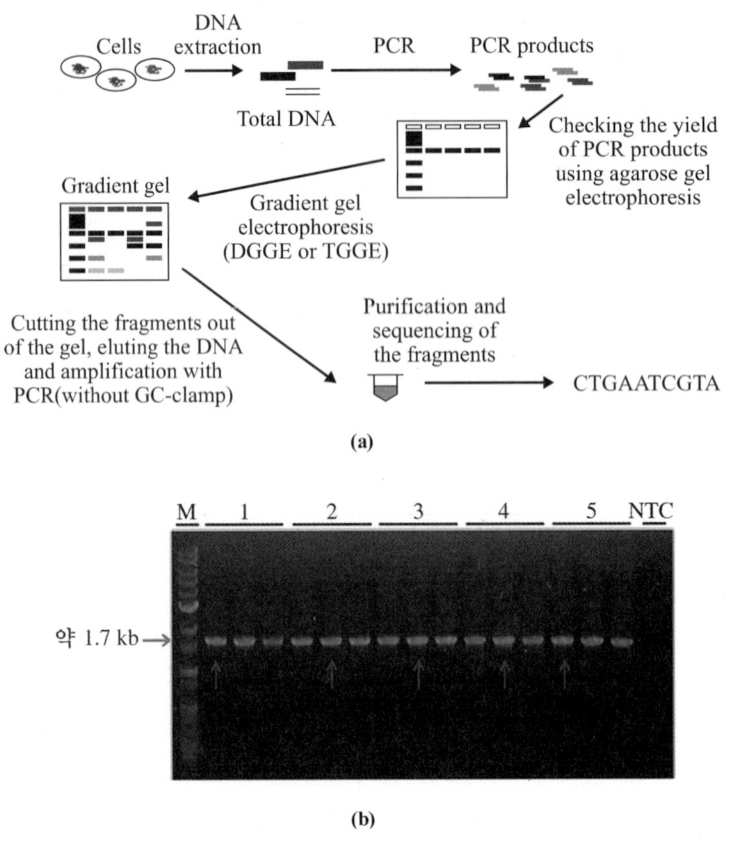

그림 7-32 (a) PCR-DGGE 분석법(Kaksonen)과 (b) 하수처리 MBR 반응조의 생물막 시료의 PCR 클로닝의 예

색하고 분리할 수 있는 기법을 말한다. 시료에서 바로 추출한 DNA(즉, 메타유전체)에서 16s rDNA 유전자 부분만을 PCR로 증폭한 뒤 이를 클로닝(cloning, 원형DNA에 끼워 넣어 박테리아에서 발현시키는 기술)한다(그림 7-32). 즉, 시료에서 원형DNA를 추출해 PCR 증폭 후 클로닝된 16s rDNA의 염기서열을 분석해 박테리아 종을 분석한다.

3) 메타유전체 분석: 시료 내 존재하는 박테리아 유전체 전체를 분석해서 종의 분석뿐만 아니라 그 특성까지 알아내는 방법이다. 메타유전체를 효소로 무작위로 자른 DNA조각의 염기서열을 읽은 뒤 컴퓨터를 이용한 생물정보학적 분석도구를 이용하여 미생물 유전체를 해독한다.

16s rRNA 유전자 클로닝(gene cloning) 방법은 간단하면서도 매우 실용적인 방법으로, DNA 추출과 PCR 분석을 통해 얻어진 16s rDNA의 염기서열을 유전자은행(Genebank, National Center for Biotechnology Information- NCBI)에 기등록된 SSU rRNA(small subunit ribosomal RNA) 데이터베이스(clone library)와 비교함으로써 미생물 군집 내에 존재하는 박테리아 종들을 결정하거나 알려진 종들과의 계통학적 상관성을 구할 수 있다. 이때 계통발생수(phylogenic tree)의 제작은 유전체의 계통발생적 주체를 설명하는 유용한 도구가 된다. 16s rDNA 클론 해석 결과는 서로 다른 미생물 군집 시료(예를 들어 서로 다른 장소와 시간)에 대한 종의 다양성을 비교하는 데 유용하며, 미생물 분석에 필요한 탐침(probe, 특정 DNA 혹은 RNA 염기서열이 존재하는지를 확인하기 위하여 만들어지는 표지를 부착한 DNA 혹은 RNA)과 프라이머(primer, DNA 복제

가 일어날 때 상보적인 염기서열이 새로 만들어지는 시작이 되는 짧은 조각)를 설계하는 데에 사용되기도 한다. 그러나 이 방법은 군집 내 종의 다양성이 높거나, 대상 시료가 많을 경우 또는 연속적인 군집변화를 모니터링해야 하는 경우에는 적용하기 어렵다.

유전자형 핑거프린팅(genotype fingerprinting) 방법은 PCR로 증폭된 특정 DNA(주로 16s rDNA)를 분리하여 그 염기서열 밴드(band)의 패턴이나 프로파일을 활용하여 미생물 군집에서 종의 다양성을 결정하거나, 군집의 시공간 또는 조건에 따른 변화를 모니터링하는 방법이다. 이 방법에는 DGGE(denaturing gradient gel electrophoresis), TGGE(temperature gradient gel electrophoresis), SSCP(single strand conformation polymorphism), RFLP(restriction fragment length polymorphism), T-RFLP(terminal restriction fragment length polymorphism) 등 매우 다양한 방법이 사용된다.

PCR-DGGE법(그림 7-32)은 많은 시료에서 전체적인 미생물 종의 수와 양적 변화를 하나의 겔(gel)상에서 관찰할 수 있다는 장점이 있다. 또한 특정 밴드의 DNA의 염기서열을 분석하여 종을 재확인할 수 있기 때문에 클로닝 분석법에 비해 시간적 및 경제적 효과가 있다. 그러나 분석 시 사용되는 겔의 제작과 최적 농도구배의 범위 설정이 쉽지 않고, 시료 내 종의 농도가 매우 낮은 경우는 해석이 어렵다. 비교 샘플의 수가 많다면 다수의 겔을 사용하여 전기영동을 시행해야 하고 또한 서로 다른 염기서열의 밴드가 뒤엉켜서 인식에 오류가 발생하기도 한다. 유사 기법인 PCR-TGGE법은 겔에 농도구배 대신 온도구배를 이용하여 전기영동을 실시하여 군집을 해석하는 방법이다. SSCP법은 DNA 이중사슬을 2개의 단일사슬로 완전히 변성시킨 후, 낮은 온도에서 단일사슬에 대한 입체구조의 차이를 이용하는 방법이다.

T-RFLP법은 미생물의 16s rDNA를 PCR로 증폭시킨 후, 증폭된 PCR 산물을 제한효소(즉, 이중사슬 DNA의 특정부위를 절단하는 기능적 효소)로 절단하고, 전기영동을 실시하여 염기서열 밴드의 프로파일을 비교하는 기존방법을 개량한 기법으로, 형광물질을 부여한 프라이머가 사용된다(그림 7-33). 전기영동 시 생성된 DNA 조각 가운데 형광 표지 조각들을 검출함으로써 미

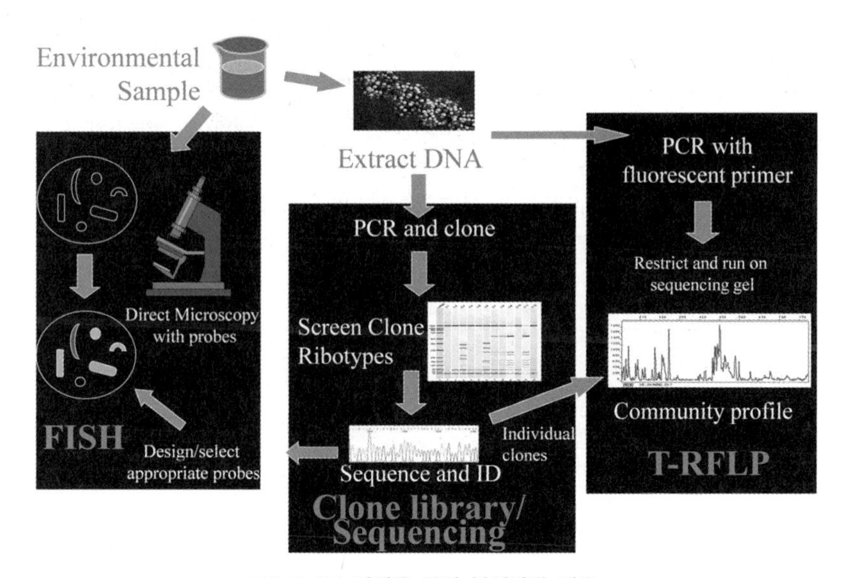

그림 7-33 **미생물 군집 분석방법 개요**

생물 군집 내 종의 다양성을 나타내는 프로파일을 분석한다. 이 방법은 시간적 변화와 서로 상이한 시료의 군집특성 분석을 위해서 용이한 방법이다. 특히 복잡한 군집구조를 가지는 시료 해석에 적합하지 못하며, 프로파일 해석에서 오류를 범할 가능성이 있고, 사용한 프라이머와 제한효소의 종류가 결과에 영향을 미칠 수 있다.

FISH(Fluorescence in-situ hybridization) 분석법은 대표적인 현장용 분석기술로 생물막과 같은 미생물 집단 속에서 목적하는 박테리아 분류군이 존재하는 위치를 파악하기 위해 사용되기도 한다. 이는 목적하는 박테리아의 DNA 또는 RNA의 특정 부분에 상보적인 염기서열을 갖는 형광표지 탐침(20개 내외의 염기로 구성된 짧은 DNA 단편)을 결합시킨 후 특정 박테리아 군을 형광현미경을 이용하여 시각적으로 용이하게 검출할 수 있는 방법이다. 이 방법은 목표의 미생물 존재와 시각화 등의 장점으로 인하여 미생물 군집 해석에 폭넓게 사용되고 있으나, 형광물질의 양과 강도에의 의존성, 실험과정(세척)에서의 유실, 정량화의 어려움, 정확한 탐침 설계 등이 단점으로 작용한다. 또한 미생물 군집에 포함된 수많은 박테리아 종에 특정한 탐침을 모두 설계하는 것은 불가능하며, 검출목표 박테리아 개체군의 수가 늘어나면 방대한 시간과 경제적 비용이 요구된다. 최근에는 형광세포 분류장치(flow cytometry) 또는 동위원소이용법(microautoradiography, MAR-FISH) 등과 결합하여 사용하거나, TSA-FISH(Tyramide Signal Amplification of FISH), CARD-FISH(Catalyzed Reporter Deposition-FISH) 등 새로운 방법들이 개발되어 적용되고 있다. 그림 7-34는 FISH 분석법에 의한 특정 미생물의 선택적 분석예를 나타내었으며, 표 7-40에는 각 분석법의 장단점을 정리하였다.

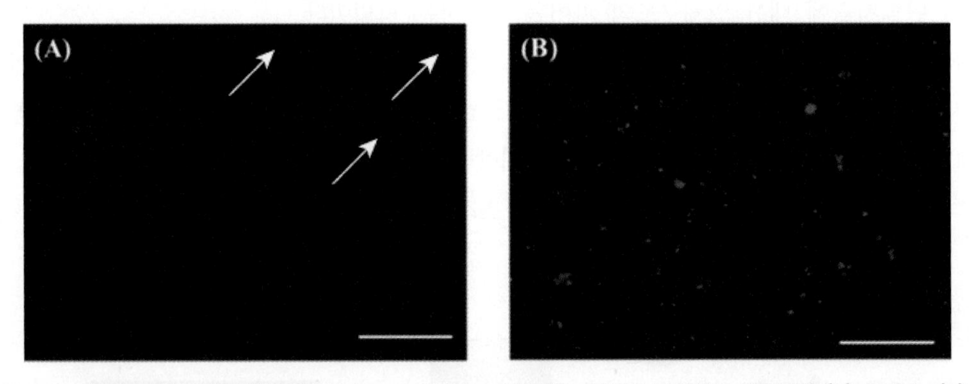

그림 7-34 **FISH 분석법에 의한 Dehalococcoides spp. 의 검출, 혐기성 탈염소화 반응조의 (A) 처리수, (B) 슬러지** (Some YELLOW arrows show Dehalococcoides spp. The images were overlaid between DAPI and CY3, and the PINK cells represent Dehalococcoides spp. The scale bar represents 10 μm) (안영호, 2006)

표 7-40 **미생물 군집 분석법의 비교**

Method	Properties
Clone Libraries	Species identification possible even in complex communities Time consuming, expensive, subject to PCR bias
T-RFLP	Rapid and inexpensive Qualitative and subject to PCR bias
FISH	Rapid, quantitative, no PCR bias Must know targeted species sequence, some biases

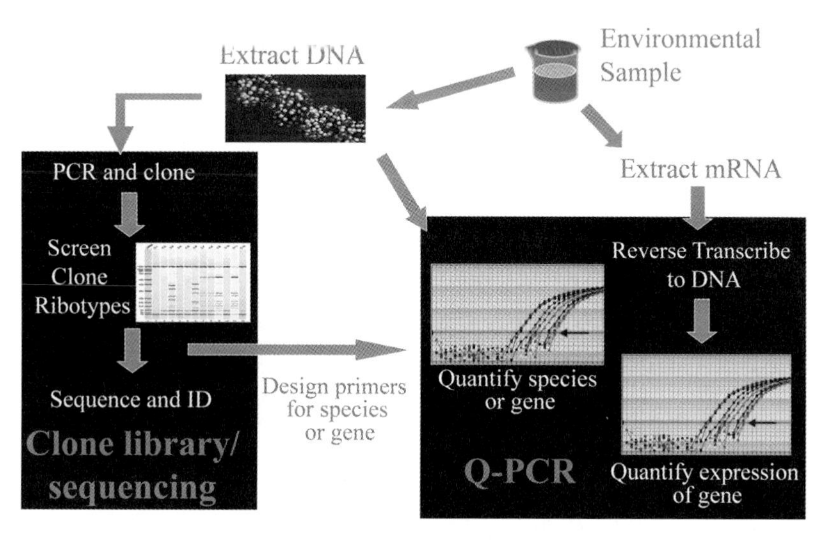

그림 7-35 Real time PCR을 이용한 미생물의 정량적 해석방법 개요

미생물의 정량적 해석방법으로 중합효소연쇄반응을 기반으로 한 실시간 실험법(Real-time polymerase chain reaction, real-time PCR)이 있다. 실시간 중합효소연쇄반응의 줄인 말로 간단히 qPCR(quantitative real time polymerase chain reaction)로도 불린다. DNA 시료에서 하나 또는 그 이상의 특정 서열을 분석하기 위해 실시간 중합효소연쇄반응은 목표 DNA 분자의 증폭 검출과 그 양을 동시에 측정한다. 이때 계량은 복제된 절댓값 또는 상대적인 값으로 평가된다. 이는 일반적으로 불리는 역전사 중합연쇄반응(reverse transcription polymerase chain reaction, RT-PCR)과는 다른 의미이다. 그림 7-35에는 Real time PCR을 이용한 미생물의 정량적 해석방법에 대한 대략적인 개요가 나타나 있다.

차세대 염기서열 분석(NGS, Next Generation Sequencing)은 유전체의 염기서열의 고속 분석 방법이며 High-throughput sequencing, Massive parallel sequencing 또는 Second-generation sequencing이라고도 불린다(Schuster, 2007). 이러한 분자 도구는 시료 내의 미생물 농도가 매우 낮을 경우 검출할 수 있는 능력이 매우 제한적이며, 또한 시료 내 미생물군에 대한 부분적인 정보만이 제공가능하다. 최근에 이러한 종래의 미생물 분석기술의 한계를 극복한 새로운 접근법인 메타노믹(metanomincs) 분석법으로 파이로시퀀싱(pyrosequencing) 분석법이 개발되어 대중적으로 사용되고 있다. 높은 처리량을 장점으로 한 이 방법은 수십에서 수천 개의 서열을 생성할 수 있으며 풍부하지 않은 미생물일지라도 분석능력을 향상시킨다. 따라서 유전체 분석에 필요한 시간과 비용이 급격히 낮아져 다양한 분야에서 사용되고 있다. 그림 7-36은 high-throughput pyrosequencing 기법을 이용한 메타유전체 분석예를 나타내고 있는데, 하수처리와 병원폐수처리 미생물의 군집이 크게 상이한 것을 알 수 있다(Ahn and Choi, 2016).

미생물 군집의 조성 및 그 다양성을 신속하게 특성화할 수 있는 유용한 도구로 표지 유전자(marker gene)를 사용하는데, 16s rRNA는 박테리아와 고세균의 분석에 가장 일반적으로 사용되며, 18s rRNA(또는 26s rRNA)는 곰팡이의 군집 분석을 위해 주로 사용된다. 일반적으로 계통발생학적 분류에서는 모든 생물 세포가 포함하고 있는 리보솜(Ribosome, mRNA 정보를 해독하여

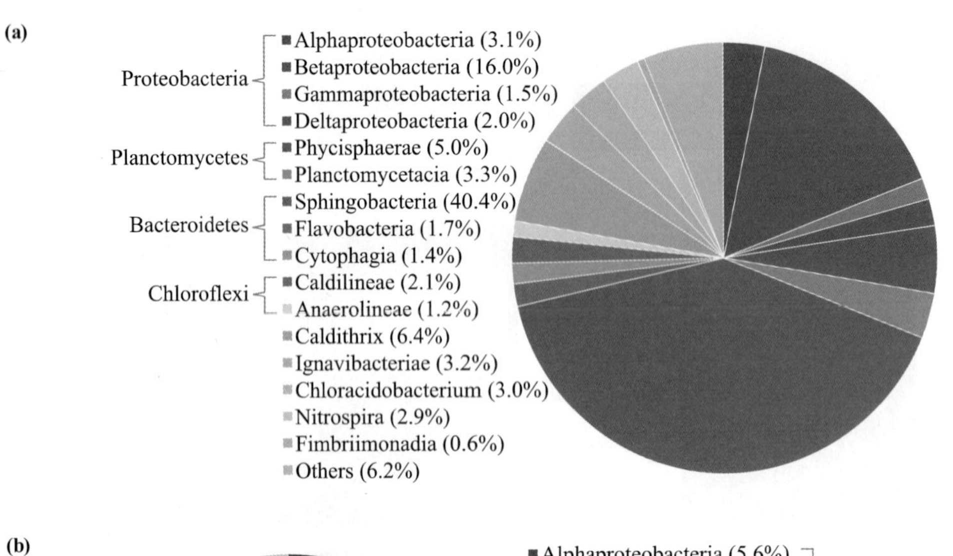

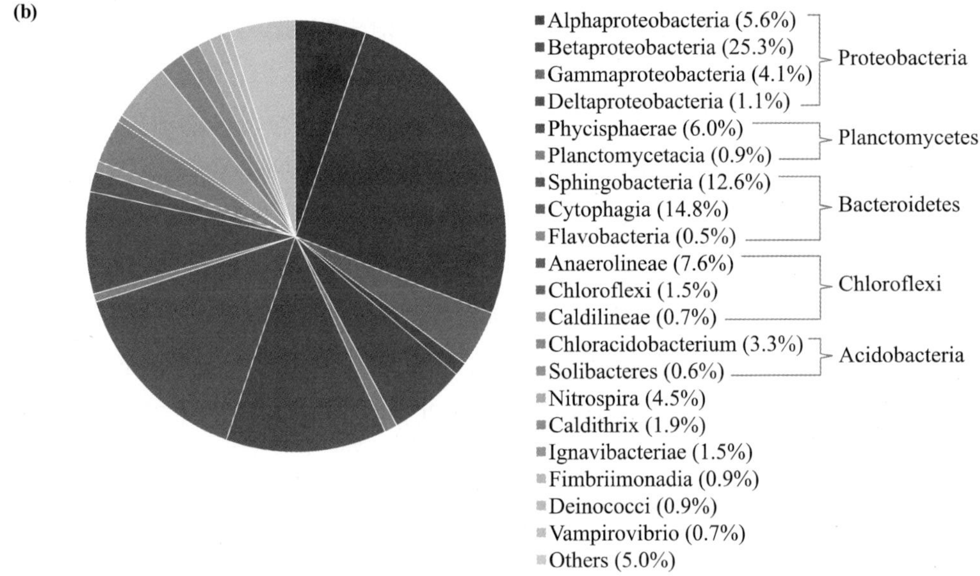

그림 7-36 **High-throughput pyrosequencing 기법을 이용한 메타유전체 분석예. (a) 하수처리 미생물, (b) 병원폐수처리 미생물** (Ahn and Choi, 2016)

단백질을 생성하는 세포소기관) 가운데에서 약 1,500~1,900개의 염기로 구성된 작은 단위체 부분 RNA(RNA: SSU rRNA)의 염기서열을 기준으로 생물을 분류한다. 이를 위해 소규모로 제작된 뉴클레오티드 탐침(oligonucleotide probe)이 사용된다(그림 7-37~7-38, 표 7-41).

최근 새로운 미생물의 발굴과 공학적 응용에 대한 연구는 다양한 측면에서 빠른 속도로 진행되고 있다. 특정 오염물질을 분해하는 새로운 미생물의 발견과 그 생물정보의 축적은 이 미생물 응용기술의 개발과 실용화를 촉진하는 원동력이 되고 있다. 하나의 예로 다환방향족 탄화수소(PAH, polycyclic aromatic hydrocarbon)의 미생물학적 분해를 들 수 있다. PAH는 독성, 유전독성, 변이원성 및 발암성 등으로 인해 중요한 환경 및 공중 보건문제의 우려가 있는 대표적인 유기성 우선오염물질(organic priority pollutants)로, 이는 두 가지 이상의 방향족 고리가 융합된 유기화합물이다(WHO, 1983). 그림 7-39는 PAH의 생물정화(bioremediation)를 위해 적용 가능한 분석방법들을 요약한 것이다. 이러한 방법은 환경시료로부터 배양과 비배양적 방법으로 수행

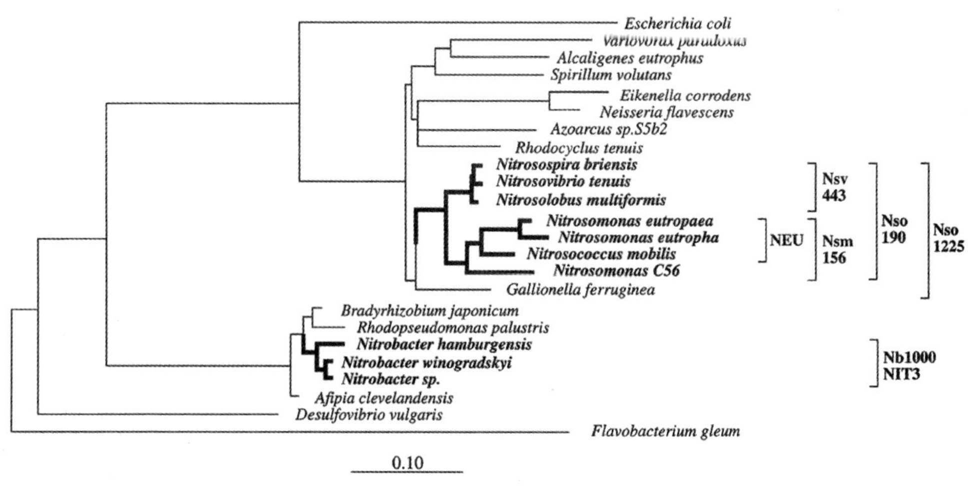

Probe	*E. coli* 16S rRNA position	Probe sequence
Nb1000	1000 – 1012	5' – TGCGACCGGTCATGG – 3'
NIT3	1035 – 1048	5' – CCTGTGCTCCATGCTCCG – 3'
NEU	653 – 670	5' – CCCCTCTGCTGCACTCTA – 3'
Nso190	190 – 208	5' – CGATCCCCTGCTTTTCTCC – 3'
Nso1225	1225 – 1244	5' – CGCCATTGTATTACGTGTGA – 3'
Nsm156	156 – 174	5' – TATTAGCACATCTTTCGAT – 3'
Nsv443	444 – 462	5' – CCGTGACCGTTTCGTTCCG – 3'

그림 7-37 **질산화 미생물을 위한 올리고뉴클레오티드 탐침** (Mobarry et al., 1996)

ORDER I: *METHANOBACTERIALES*
- **Family I: *Methanobacteriaceae*** } **MB310, MB1174**
  - Genus I: *Methanobacterium*
  - Genus II: *Methanobrevibacter*
  - Genus III: *Methanosphaera*
- **Family II: *Methanothermaceae***
  - Genus I: *Methanothermus*

ORDER II: *METHANOCOCCALES*
- **Family I: *Methanococcaceae*** } **MC1109**
  - Genus I: *Methanococcus*

ORDER III: *METHANOMICROBIALES*
- **Family I: *Methanomicrobiaceae*** } **MG1200** (Families I–III)
  - Genus I: *Methanomicrobium*
  - Genus II: *Methanogenium*
  - Genus III: *Methanoculleus*
  - Genus IV: *Methanospirilum*
- **Family II: *Methanocorpusculaceae***
  - Genus I: *Methanocorpusculum*
- **Family III: *Methanoplanaceae***
  - Genus I: *Methanoplanus*
- **Family IV: *Methanosarcinaceae*** } **MSMX860**
  - Genus I: *Methanosarcina* } **MS821**; can use acetate and other substrates (H_2/CO_2, methanol, and methylamines) } **MS1414**
  - Genus II: *Methanococcoides*, Genus IV: *Methanolobus*, Genus V: *Methanohalophilus* } can use methanol and methylamines } **MS1414**
  - Genus III: *Methanosaeta* } **MX825**; can only use acetate

Probe	Sequence (5′–3′)	Target site (*E. coli* numbering)	T_d (°C)
MC1109	GCAACATAGGGCACGGGTCT	1128–1109	55
MB314	GAACCTTGTCTCAGGTTCCATC*	335–314	
MB310	CTTGTCTCAGGTTCCATCTCCG	331–310	57
MB1174	TACCGTCGTCCACTCCTTCCTC	1195–1174	62
MG1200	CGGATAATTCGGGGCATGCTG	1220–1200	53
MSMX860	GGCTCGCTTCACGGCTTCCCT	880–860	60
MS1414	CTCACCCATACCTCACTCGGG	1434–1414	58
MS1242	GGGAGGGACCCATTGTCCCATT*	1263–1242	
MS821	CGCCATGCCTGACACCTAGCGAGC	844–821	60
MX825	TCGCACCGTGGCCGACACCTAGC	847–825	59
ARC915	GTGCTCCCCCGCCAATTCCT	934–915	56
ARC344	TCGCGCCTGCTGCTCCCCGT	363–344	54

* underlined sequences indicate regions of internal complementarity

그림 7-38 **메탄생성균을 포함한 모든 고세균을 위해 고안된 올리고뉴클레오티드 탐침** (Raskin et al., 1994)

표 7-41 혐기성 환원 탈염소화 미생물의 분석을 위한 올리고뉴클레오티드 탐침

Probe	Probe Sequence (5'-3')	Target site (E.coli numbering)	T_d (°C)
515F	GTGCCAGCMGCCGCGGTAA	515-533	60°C
1391R	GACGGGCGGTGTGTRCA	1391-1407	60°C

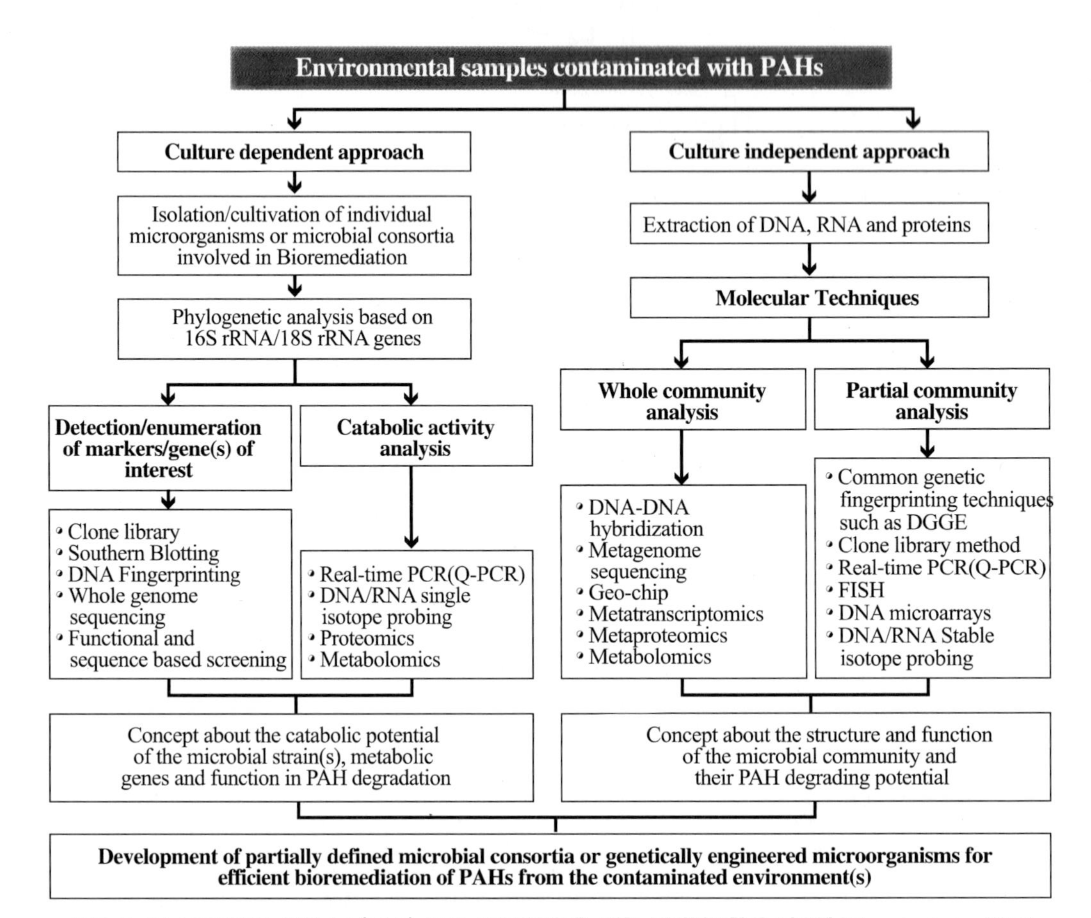

그림 7-39 다환방향족 탄화수소(PAH) 분해 미생물개발을 위한 분자생물학적 접근예 (Ghosal et al., 2016)

할 수 있으며, 각 경우에 적용 가능한 다양한 분자생물학적 기법을 요약하고 있다. 특히 메타유전체 분석기술의 발전은 가까운 미래에 결정적인 도구로 작용할 가능성이 높으며, 이러한 노력들은 아직도 연구실에서 배양되지 않는 많은 미생물의 정보를 제공하게 될 것이다. 이를 통해 얻어진 결과는 미생물의 다양성과 기능에 대한 이해뿐만 아니라 생물학적 공정 관리 및 제어에 중요한 기술적 자료로 활용될 수 있다.

현재 상업적으로 제공되고 있는 염기서열 분석법은 일반적으로 표 7-42와 7-43으로 정리할 수 있다. 모세관 전기영동 분석법(CES, Capillary Electrophoresis Sequencing)은 생화학적 방법을 이용하여 DNA 염기서열을 분석하는 방법이며, 차세대 염기서열 분석법(NGS, next generation sequencing)은 모든 유전자의 집합체인 유전체를 무수히 많은 조각으로 나눠서 읽은 후, 얻어진 염기서열 조각을 조립하여 전체 유전체의 서열을 분석하는 방법이다. NGS 기술은 2000년대부터 상용화되기 시작하여 비약적으로 발전하고 있으며, 단기간 내에 많은 양의 유전체

표 7-42 Next generation sequencing(NGS)의 종류와 특징

Type	Characteristics
Metagenome Sequencing	다양한 환경에 존재하는 미생물 군집(microbial community)과 이들의 상호작용 및 역할 등을 확인할 수 있는 방법(주로 박테리아, 고세균 및 곰팡이의 분석). Fusion primer를 제작하여 여러 샘플을 섞어 실험이 한번에 진행가능. Metagenome은 제2의 게놈으로 불리고 있음.
Whole Genome Sequencing (WGS, X-Genome)	유전체 전체를 한번에 읽어내어 관련 유전체 정보를 분석하는 방법.
Exome Sequencing	유전자가 존재한다고 알려져 있는 Exon 영역만을 선택적으로 분석하는 방법. 유전자들만을 선택적으로 분석함으로써 WGS보다 효율적이며 경제적.
Targeted Sequencing	원하는 영역만을 Capture할 수 있도록 Customized kit 제작을 통해 목적 영역만을 선택적으로 분석하는 방법.
Transcriptome Sequencing	유전자를 지칭하는 염기서열의 숫자를 누적해 발현량을 표현하여 샘플 간 유전자 발현값의 차이(Expression Profiling)를 확인가능.
Epigenome Sequencing	외부환경요인에 의하여 특정 유전자의 기능이 제대로 발현되었는지를 확인하는 방법.

표 7-43 Capillary Electrophoresis Sequencing(CES)의 종류와 특징

Type	Characteristics
Standard Sequencing	가장 보편화된 염기서열 분석법으로 시료의 PCR product와 Plasmid DNA 등을 Sequencing하는 방법.
Identification	박테리아 및 곰팡이의 ribosomal RNA 유전자를 증폭시켜 염기서열을 분석하고 rRNA Database(NCBI)를 이용하여 대상 미생물의 상동성을 확인하는 방법. • 박테리아의 경우 16s rRNA gene을 27F, 1492R primer를 이용하여 PCR을 진행한 뒤 Inter-primer인 785F, 907R primer로 Sequencing하여 균을 동정(1,350 bp 이상). • 곰팡이의 경우 18s rRNA 염기서열 분석(1,600 bp 이상), ITS region의 염기서열 분석(500 bp 이상), 그리고 26s rRNA gene의 염기서열 분석(1,300 bp 이상) 등이 사용.
Fragment Analysis	Fluorescent label로 표지된 Primer를 이용하여 증폭된 PCR product를 Fragment에 따라 분리 및 분석하는 Genescan 방법, Standard marker 로 blue, green, yellow, red, 등이 사용.
Customized Sequencing	기존의 Sequencing 방식에서 새롭게 응용된 방법: PCR Optimization/Amplification, Pyrosequencing, NGS Validation, MLST(Multilocus Sequence Typing), One-click Sanger Sequencing, Primer Walking, and Cloning, etc.

정보를 획득하는 것이 가능하므로 다양한 분야에서 활용되고 있다. 그림 7-40은 NGS와 CES 분석법의 흐름도를 비교한 것이다.

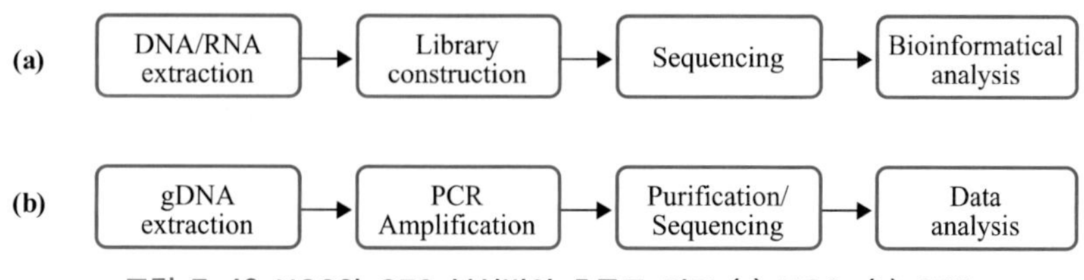

그림 7-40 NGS와 CES 분석법의 흐름도 비교 (a) NGS, (b) CES

7.3 미생물의 성장(Microbial growth)

(1) 먹이와 영양원

생식과 성장이라는 생화학적 대사과정을 수행하기 위해 환경미생물은 반드시 전자 공여체(ED, electron donor)와 전자 수용체(EA, electron acceptor), 그리고 적절한 탄소원(carbon source)이 필요하다. 환경공학적인 관점에서 이러한 종류들은 대부분 오염원이거나 오염물 제거반응을 유도하기 위해 필수적으로 요구되는 것들이다. 생화학적 대사과정에서 전자는 전자 공여체에서 전자 수용체로 전달되는데, 이를 산화-환원반응(oxidation-reduction: redox reaction)이라 한다. 미생물뿐만 아니라 모든 생물들은 증식을 위한 새로운 세포의 합성(cell synthesis)과 유지(maintenance)를 위해서 에너지 생산(energy production)에 필요한 물질들을 주어진 환경으로부터 얻게 되는데, 이는 대사반응에서 에너지의 획득과 흐름과정을 설명하는 중요한 도구가 된다. 표 7-44는 공학적으로 중요성이 매우 높은 환경미생물 그룹의 특성을 영양성 측면에서 구분하여 나타낸 것이다. 여기서 탄소원과 에너지원은 일반적으로 미생물을 분류하는 중요한 척도가 된다.

미생물의 생식과 성장에서 필요한 탄소원은 크게 유기물질과 무기물질(이산화탄소)로 구별할 수 있다. 유기물질은 또한 천연 유기물질과 합성 유기물질 등으로 구분되나 일반적으로 공학적으로는 생화학적 산소요구량(BOD), 화학적 산소요구량(COD), 고형물질(solids) 및 총 유기탄소(TOC) 등 다양한 인자로 정의된다. 모든 형태의 유기물질들은 대표적인 환경오염물질로서 물위생시설에서 중요한 관리 대상이 된다.

유기물질의 분해과정은 흔히 호기성(aerobic)과 혐기성(anaerobic) 반응으로 구별된다(그림

표 7-44 주요 환경미생물 유형에 대한 영양분류

Microbial Group	Electron Donor	Electron Acceptor	Carbon Source	Domain*
Aerobic Heterotrophs	Organic	O_2	Organic	B & E
Nitrifiers	NH_4^+ NO_2^-	O_2 O_2	CO_2 CO_2	B B
Denitrifiers	Organic H_2 S	NO_3^-, NO_2^- NO_3^-, NO_2^- NO_3^-, NO_2^-	Organic CO_2 CO_2	B B B
Methanogens	Acetate H_2	Acetate CO_2	Acetate CO_2	A A
Sulfate Reducers	Acetate H_2	SO_4^{2-} SO_4^{2-}	Acetate CO_2	B B
Sulfide Oxidizers	H_2S	O_2	CO_2	B
Fermenters	Organic	Organic	Organic	B & E
Dehalorespirers	H_2 Organic	PCE PCE	CO_2 Organic	B B
Phototrophs	H_2O H_2S	CO_2 CO_2	CO_2 CO_2	E & B B

* The domains are **B**acteria, **A**rchaea, and **E**ukarya.
Ref) Rittmann and McCarty(2001)

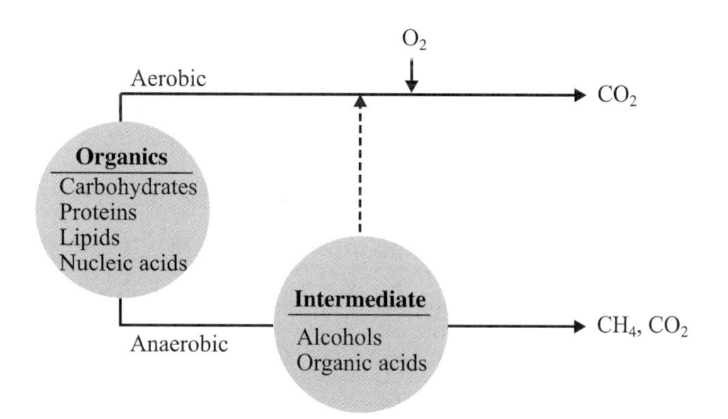

그림 7-41 유기물질의 분해과정 개요

7-41). 전통적인 세균학(bacteriology)의 관점에서는 최종 전자 수용체가 용해된 산소분자이면 이때 기질의 산화 과정을 호기성이라고 한다. 그러나 만약 화학적으로 결합된 산소, 즉 질산염(nitrate), 아질산염(nitrite) 또는 황산염(sulphate)인 경우에는 혐기성이라 부른다. 또한 최종 전자 수용체의 기원에 따라 세포 외부에서 유래한 경우[즉, 외생적(exogenous)]를 호흡(respiration)반응이라 하고, 세포 내부에서 기원하는 경우[즉, 내성적(endognous)] 그 반응을 발효(fermentation)라고 한다. 그러나 환경공학에서 이러한 용어 중 일부는 세균학의 경우와는 좀 다른 용도로 사용된다. 특히 용해된 산소는 존재하지 않지만 질산염이 존재한다면 그러한 환경을 무산소(anoxic) 조건이라고 하고, 용존 산소나 질산염이 모두 존재하지 않는다면 혐기성 환경이라고 부른다. 특히 산소의 유무에 영향을 받지 않는 경우 임의성(facultative)이라고 한다. 이러한 반응은 모두 각각 특정화된 미생물이 관여하므로 미생물의 분류기준으로도 사용된다. 분자상의 용존 산소가 없는 환경을 의미하는 무산소 조건은 절대 혐기성(obligate anaerobic) 조건과는 분명히 구별된다.

혐기성 반응에서는 최종적인 안정화 산물인 이산화탄소로 전환되기까지 다양한 종류의 발효산물(fermentation products: 알코올과 유기산)이 반응의 중간산물(intermediate products)의 형태로 발생한다. 발효는 산소가 없는 상태에서 당을 분해하여 에너지(ATP)를 얻는 대사과정을 말하며, 반응산물의 종류와 특성에 따라 알코올(alcohols) 발효, 유기산(organic acids) 발효, 젖산(lactic acid) 발효, 수소 발효 또는 메탄 발효 등으로 부른다. 수소는 유기산 발효과정에서 부산물로 발생되며, 메탄은 완전한 혐기성 발효과정을 통한 최종산물이다. 일부 효모와 같이 산소가 존재하더라도 당을 분해하기 위해 호기성 호흡(aerobic respiration)보다 발효 반응을 더 선호하는 경우도 있어 발효 반응이 반드시 혐기성 조건을 필요로 하는 것은 아니다(Dickinson, 1999). 물환경 오염의 관점에서 유기물질의 종류와 특성은 발생원의 특성이나 저장 및 수집(관로) 과정에서의 체류시간 등에 따라 달라질 수 있다. 따라서 거대분자(macromolecule)인 유기물질 중합체(polymer)와 그 소단위인 단량체(monomer)에 대한 정보는 유기물질의 분해과정을 이해하는 데 매우 유용하다.

유기화합물(organic compounds), 즉 유기물질에 대한 정의는 다소 임의적인 면이 있다. 그러나 전통적인 관점에서 유기물질이란 탄소-수소 공유결합을 포함하는 생화학 반응기반 물질로 정의된다. 생물 분자는 기본적으로 탄소로 이루어져 있고, 여기에 다른 탄소원자나 산소, 질소, 황, 인 혹은 수소원자와 결합하고 있다. 최대 4개까지 공유결합(covalent bonds)이 가능한 탄소원자의 특성상 그 모양은 사슬, 고리, 공관 또는 코일 형태 등의 다양한 구조적 특성을 가질 수 있으며, 이론적으로 탄소원자에 의해 형성되는 사슬의 길이는 무제한으로 늘어날 수 있다. 탄소와 수소만으로 이루어진 분자를 탄화수소(hydrocarbon)라고 부르는데, 그 구성물질 간의 공유결합은 상당량의 에너지를 저장하고 있다. 이는 유기물질이 에너지원으로서 중요한 의미를 가지는 이유이기도 하다. 탄화수소는 비극성(nonpolar)으로 이와 결합하는 다양한 작용기(functional group)들은 그 유기물질의 특성을 결정한다(표 7-45).

표 7-45 작용기의 종류와 특성 (Raven et al., 2012)

Functional Group	Structural Formula	Example	Found In
Hydroxyl	— OH	H H H — C — C — OH H H Ethanol	carbohydrates, proteins, nucleic acids, lipids
Carbonyl	O ‖ — C —	H O H — C — C — H H Acetaldehyde	carbohydrates, nucleic acids
Carboxyl	O — C OH	H O H — C — C H OH Acetic acid	proteins, lipids
Amino	H — N H	O H H HO — C — C — N CH_3 H Alanine	proteins, nucleic acids
Sulfhydryl	— S — H	COOH H — C — CH_2 — S — H NH_2 Cysteine	proteins
Phosphate	O^- — O — P — O^- ‖ O	OH OH H O H — C — C — C — O — P — O^- H H H O^- Glycerol phosphate	nucleic acids
Methyl	H — C — H H	O H HO — C — C — NH_2 H — C — H H Alanine	proteins

표 7-46 유기물질을 구성하는 거대분자와 생체 내에서의 특성 (Raven et al., 2012)

거대분자		소단위	기능	예
탄수화물	전분, 글리코겐	포도당	에너지 저장	저장
	셀룰로오스	포도당	식물세포벽에서 구조적 지지	종이 주성분
	키틴	변형된 포도당	구조적 지지	절지동물 외골격
단백질	기능적	아미노산	촉매; 수송	효소; 헤모글로빈
	구조적	아미노산	지지	머리카락; 실크
지질	지방	글리세롤과 3개의 지방산	에너지 저장	버터; 옥수수 기름; 비누
	인지질	글리세롤, 2개의 지방산, 인산기 및 극성 R기	세포막	포스페티딜콜린
	프로스타글란딘	2개의 비극성 꼬리를 가지는 5-탄소고리	화학적 전달자	프로스타글란딘 E(PGE)
	스테로이드	융합된 4개의 탄소고리	세포막구성 성분; 성호르몬	콜레스테롤; 에스트로겐
	테르펜	긴 탄소사슬	색소; 구조적 지지	카로틴; 고무
핵산	DNA	뉴클레오티드	유전정보의 저장	염색체
	RNA	뉴클레오티드	유전자 발현	tRNA, rRNA, mRNA

유기물질을 구성하는 거대분자는 보통 탄수화물(carbohydrate), 단백질(protein), 지질(lipid) 및 핵산(nucleic acid)물질로 구분된다(표 7-46). 중합체의 기본적인 성질은 이를 구성하는 단량체에 의해 결정되는데, 예를 들어 녹말(starch)과 같은 탄수화물은 단순한 고리모양의 당(saccharides)으로 이루어진 중합체이다.

생화학 반응에서 긴 사슬모양의 중합체와 단량체 간의 반응은 가수분해 반응(hydrolysis reaction)과 탈수합성 반응(dehydration reaction)으로 이루어진다(그림 7-42). 탈수합성 반응에서는 두 단량체들 간에 공유결합을 형성하기 위해 한 단량체에서 수산화기(OH^-)가 제거되고 반대편 단량체에서는 수소원자(H^+)가 제거된다. 이러한 반응은 예를 들어 아미노산으로부터 단백질이, 그리고 포도당으로부터 녹말의 형성과정 등으로 설명할 수 있다. 이 반응에서 수산화기와 수소이온의 제거를 물 분자의 제거로 보아 탈수반응이라고 부르며, 또한 축합반응(condensation)이라고도 한다. 단량체가 하나씩 첨가될 때마다 하나의 물 분자가 제거되는데, 이러한 화학반응은 촉매작용(catalysis)으로 설명되며, 세포 내에서의 효소반응에 해당한다.

가수분해 반응은 탈수반응의 반대반응으로 거대분자에서 작은 단위의 생화학 물질로 분해되는 과정을 말하는데, 그 과정에서 물이 첨가된다. 즉, 거대분자의 특정 공유결합을 절단하기 위

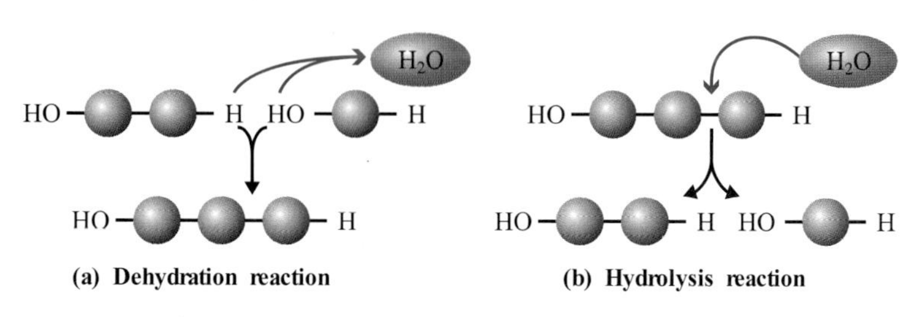

그림 7-42 탈수반응과 가수분해 반응 (Raven et al., 2014)

해 수소원자와 수산화기가 활용되는 것이다. 가수분해와 액상화 반응(hydrolysis/solubilization)은 오염물질의 분해 측면에서 매우 중요한 단계로 전체적인 분해속도를 결정짓는 중요한 단계가 되기 때문에 그 반응속도를 높이기 위해 다양한 물리화학적 및 생물학적 방법들이 고안되기도 한다.

탄수화물은 탄소, 수소 및 산소의 세 가지 원소로 구성된 물질로 그 비율은 1 : 2 : 1로 조성되어 있으며, 경험적 구조식은 $C_m(H_2O)_n$ 또는 $(CH_2O)_n$으로 표현된다. 여기서 m은 탄소의 수를 의미하며, m은 n과 같거나 다른 값을 가질 수도 있다(예를 들어 DNA의 당 성분인 디옥시리보오스 당은 $C_5H_{10}O_4$). 생화학에서는 탄수화물을 당류(saccharide)와 동의어로 사용한다. 구조적인 측면에서 탄수화물은 폴리하이드록시 알데히드(polyhydroxy aldehydes, OH 작용기를 가진 R-CHO 구조), 케톤(ketones, RC(=O)R' 구조), 알코올(alcohols, R-OH), 산(acids), 이들의 단순 유도체 및 아세탈 유형(acetal type, $R_2C(OR')_2$ 구조의 작용기)의 결합을 갖는 중합체를 말한다. 따라서 그 종류는 중합도(degree of polymerization)에 따라 결정되며, 일반적으로 당(sugars), 올리고당(oligosaccharides) 및 다당류(polysaccharides) 등의 세 가지 주요 그룹으로 구분한다(표 7-47) (WHO and FAO, 1998). 흔히 당(sugars)이란 분자량이 가장 작은 단당류(monosaccarides)와 이당류(disaccharides)를 칭하는 것이다. 이는 결정체를 형성하지 않는 수용성으로 단맛을 갖고 있으나, 반면에 다당류는 결정체를 형성하고 물에 녹지 않으며 단맛도 없다. 탄소의 수화물 형태인 이들은 탄소-수소의 공유결합 특성으로 인하여 높은 에너지 저장기능을 가진다.

단당류는 가장 단순한 탄수화물인 단순당(simple sugar)으로 탄소원자가 3개에서 6개를 이룬

표 7-47 탄수화물의 종류와 특성

Type		Property	Function in living organisms
Sugars(1～2)	Monosaccarides	3-Carbon : Glyceraldehyde	Energy storage
		5-Carbon : Ribose, Deoxyribose	
		6-Carbon : Glucose, Fructose, Galactose	
	Disaccharides	Sucrose : Glucose + Fructose	Energy storage /sugar transport
		Lactose : Glucose + Galactose	
		Maltose : Glucose + Glucose	
	Others	Sorbitol, mannitol	
Oligosaccharides (OS) (3～9)	Malto-OS	Maltodextrins	
	others	Raffinose, stachyose, fructo-OS	
Polysaccharides (PS) (> 9)	Starch	Amylose, amylopectin, modified starches	Energy storage (Plant)
	Non-starch	Glycogen	Energy storage (Animal)
		Cellulose, hemicellulose, pectins	Structural support (Plant)
		Chitin	Structural support (Arthropods/fungi)

Note) ( ), 중합도(degree of polymerization)

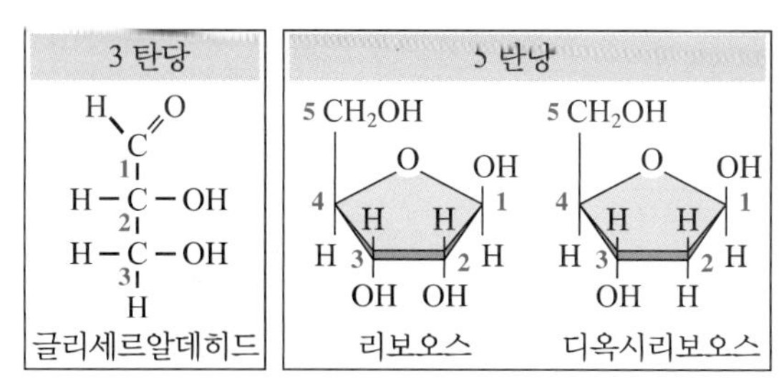

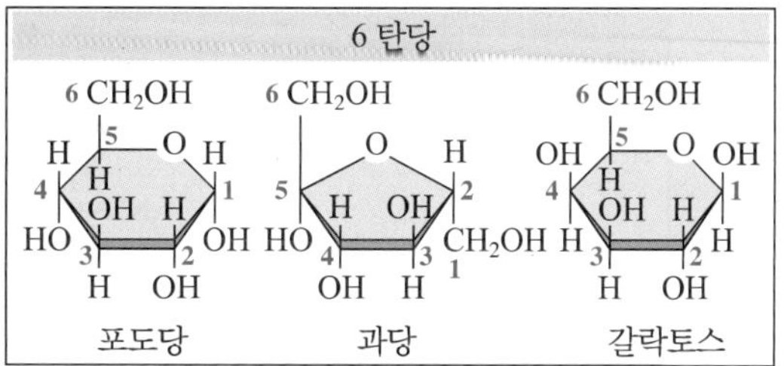

그림 7-43 **단당류의 종류** (Raven et al., 2012)

다(그림 7-43). 이중에서 5 탄당인 리보오스(ribose)와 데옥시리보오스(deoxyribose)는 핵산의 구성성분이며, 6 탄당으로는 포도당(glucose, $C_6H_{12}O_6$)과 그 이성질체(isomer)인 과당(fructose)과 갈락토스(galactose)가 있다. 특히 6 탄당은 에너지 저장에 가장 중요한 물질로 보통 사슬모양으로 존재하지만 물에 녹으면 대부분 고리를 형성한다. 이때 첫 번째 탄소와 결합한 수산화기(OH)의 위치에 따라 알파 또는 베타 유형의 포도당으로 구분되다. 이당류는 단당류의 탈수합성반응(dehydration reaction)에 의하여 형성되는데, 자당(sucrose, 사탕수수당), 유당(lactose, 젖당 milk sugar) 및 맥아당(maltose, 엿당)이 있다. 자당은 흔히 설탕(table sugar)으로 불린다. 이들은 모두 생명체 내에서 에너지 저장이나 당의 이송(sugar transport)을 위한 주요 형태에 해당한다. 다당류는 탈수반응을 통해 결합된 단당류의 긴 중합체로 대부분 불용성이다. 녹말(starch)과 셀룰로오스(cellulose)는 각각 알파와 베타 포도당으로 이루어진 사슬모양 중합체이다. 가장 간단한 구조의 녹말은 수백 개의 알파 포도당으로 구성된 아밀로오스(amylose)가 있다. 글리코겐은 녹말에 상응하는 동물의 분자로 녹말보다 더 길고 많은 가지를 가진 불용성 다당류이다. 셀룰로오스는 식물 세포벽과 같이 구조적 성분으로 생물학적인 분해가 용이하지 않은데, 그 이유는 대부분의 가수분해 효소들은 알파 결합만을 인식하고 작동하므로 베타 결합은 자르기 어렵기 때문이다. 그러나 공생성 박테리아(예를 들어 소의 소화관에 서식하는)와 원생생물에 의해 분해가 가능하다. 키틴(chitin)은 절지동물과 곰팡이류에서 주로 발견되는 외형적 구조물질로 생물학적인 분해는 매우 어렵다. 펙틴(pectin)은 식물의 세포벽과 세포 간 조직에 들어 있는 수용성 탄수화물을 말한다.

단백질은 단량체인 아미노산(amino acid)으로 이루어진 선형모양의 중합체로, 아미노산은 아미노기($-NH_2$)와 하나의 산성 카르복실기($-COOH$)가 결합한 물질(그림 7-44)을 말한다. 아미노산은 20개의 종류로 구분되는데, 그 종류와 화학적 성질은 곁사슬로 붙은 작용기 R에 의해 결정된다. 이에 따라 아미노산은 방향족(aromatic)과 비방향족, 극성(polar)과 비극성, 전하성(charged) 또는 비전하성, 그리고 기타 특수기능을 가진 종류 등으로 크게 구분된다(그림 7-45). 각 아미노산은 이온화되면 한쪽에 양전하를 띤 아미노기(NH_3^+)와 다른 한쪽에 음전하를 띤 카

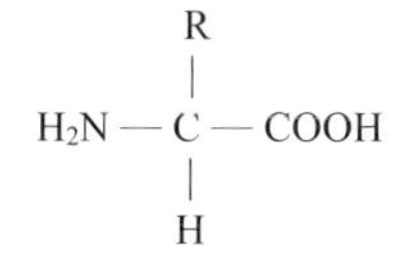

그림 7-44 **아미노산의 구조**

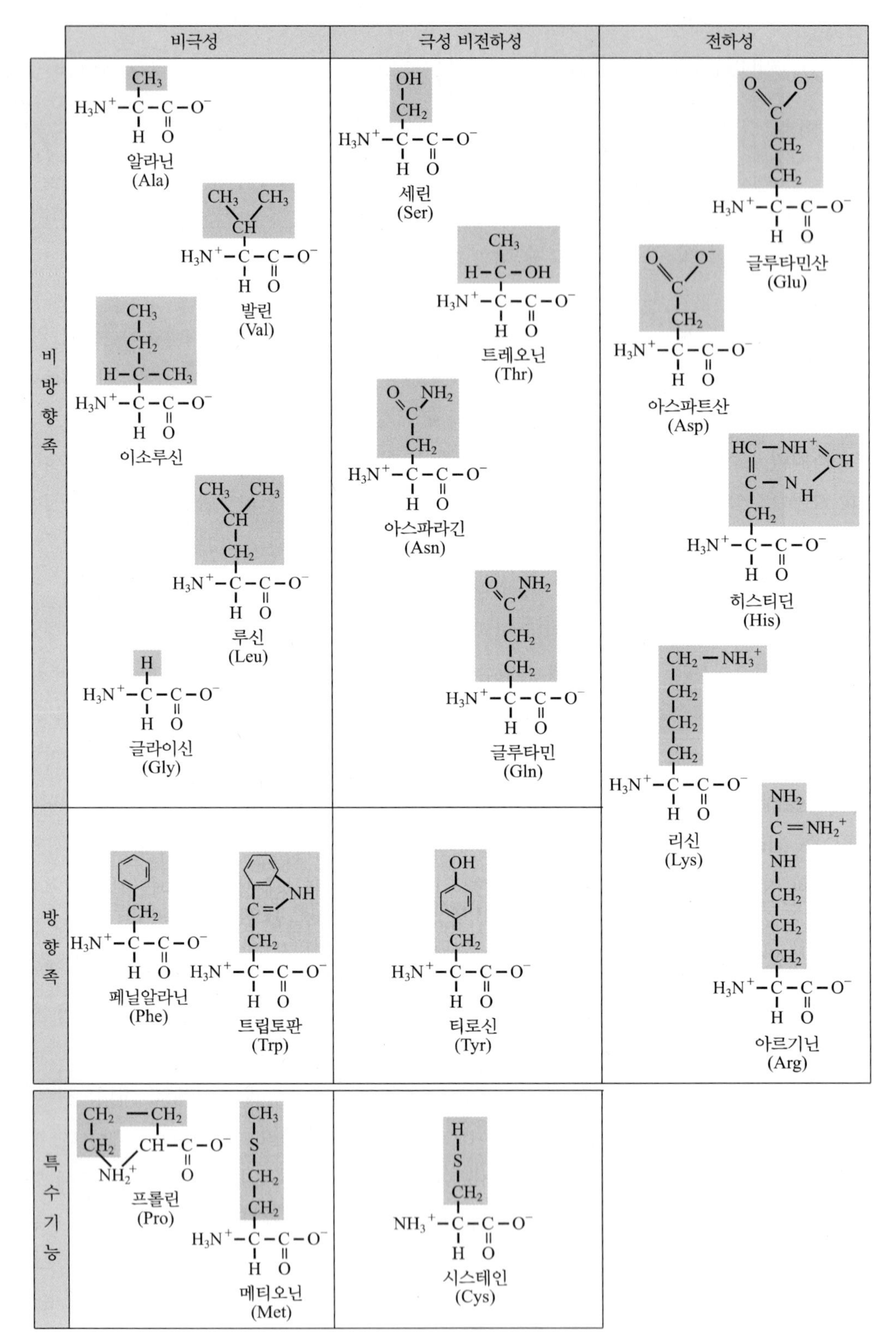

그림 7-45 아미노산의 종류 (Raven et al., 2012)

르복실기(COO^-)를 가진 물질로 변화한다. 이러한 물질은 다시 탈수반응을 통하여 공유결합을 하는데, 이를 펩티드 결합(peptide bond)이라 하고(그림 7-46), 하나의 사슬형태를 폴리펩티드(polypeptide)라 부른다. 최종적인 단백질의 구조와 특성은 기본적으로 1차 구조인 아미노산의

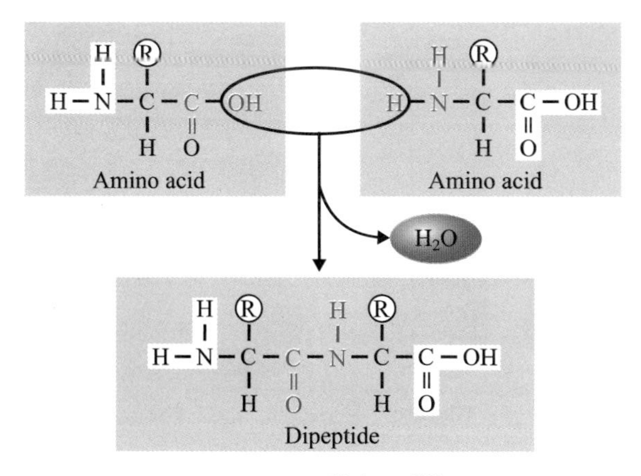

그림 7-46 **펩티드 결합**

배열순서에 따라 결정된다. 단백질은 화학적으로뿐만 아니라 기능적으로 매우 다양하다. 생체 내에서의 단백질은 조직의 구성 성분, 세포 안의 각종 화학반응의 촉매 역할(효소), 항체 형성과 면역 담당 등 여러 형태의 중요 역할을 담당한다.

단백질의 구조와 특성은 주어진 환경 조건에 따라 변화할 수 있는데, 이를 단백질 변성(denaturation)이라고 한다. 이는 다양한 물리적인 요인(가열, 건조, 교반, 압력, X선, 초음파, 진동, 동결)이나 화학적인 요인(산과 염기, 요소, 이온, 염, 유기용매, 중금속, 계면활성제) 혹은 효소의 작용 등으로 원래의 성질을 잃어버리는 현상을 말한다. 변성된 단백질은 보통 생물학적으로 불활성 상태가 되며, 이러한 변성은 단백질 분해과정에서 매우 중요한 역할을 한다. 한편 특정 박테리아는 그 대사과정에서 체외폴리머(extracellular polymers, ECPs)의 형태로 아미노산(폴리펩티드)을 배출하기도 하는데(Zehnder et al., 1977), 이러한 체외폴리머의 특성(표 7-48)은 박테리아의 성장 특성[생물막 성장(biofilm growth)이나 입상화(granulation)]에 영향을 미치기도 한다(Sam-Soon et al., 1987; Ahn, 2000).

지질은 불용성의 무색 유기화합물로 동식물의 세포조직을 구성하는 주요 유기물질이다. 이 물

표 7-48 ***Methanobacterium strain AZ*의 혐기성 대사에서 배출되는 아미노산의 특성**

Amino acid	MW	mole Fraction (%)	Mass Fraction (%)	COD/VSS	N/COD	N/VSS (%)
Alanine	89	(37.8)	(29.7)	1.08	0.146	15.71
Valine	117	(18.7)	(19.3)	1.64	0.073	11.97
Glutamic acid	147	(11.3)	(14.7)	0.98	0.097	9.52
Serine	105	(8.2)	(7.6)	0.76	0.175	13.33
Leucine	131	(7.7)	(8.9)	1.83	0.058	10.69
Threonine	119	(4.8)	(5.0)	1.08	0.109	11.76
Isoleucine	131	(3.6)	(4.2)	1.83	0.058	10.69
Methinoine	149	(2.3)	(3.0)	1.61	0.058	9.40
Aspartic Acid	133	(2.3)	(2.7)	0.72	0.146	10.53
Phenylalanine	165	(2.3)	(3.3)	1.94	0.044	8.48
Tyrosine	181	(1.0)	(1.6)	1.68	0.046	7.73
Average				1.29	0.106	12.35

Ref) calculated from Zehnder et al.(1977)

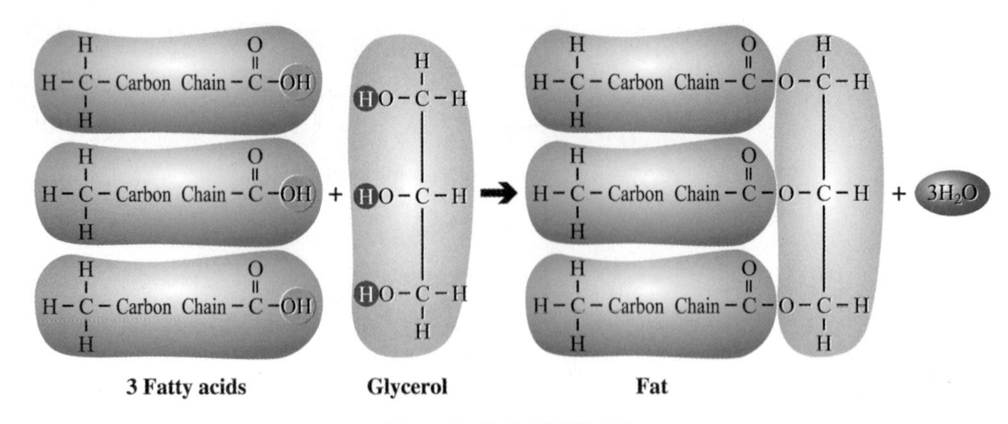

그림 7-47 **중성 지방의 구조**

질은 기본적으로 다소 느슨한 구조를 하고 있으며, 무극성 유기 용매에 녹는 특징이 있다. 우리가 흔히 지방(fat)이라고 부르는 기름 덩어리는 지질의 한 종류인 트라이글리세라이드(triglyceride: 정확한 화학명은 triacylglycerol)를 말하며, 이에 반하여 지질은 좀 더 포괄적인 개념을 가지고 있다. 지질에는 중성 지방, 인지질(phospolipid), 스테로이드(steroid) 등이 있는데, 모두 화학식과 구조, 그리고 그 기능이 다르다. 우리가 일반적으로 알고 있는 지방이란 중성 지방을 의미한다. 지질은 매우 농축된 에너지 공급원으로 탄소, 산소, 수소로 이루어져 있으며, 세포막의 주요 구성 성분이다. 1 g당 4 kcal의 열량을 가지는 탄수화물과 단백질에 비하여 지질은 1 g당 9 kcal의 높은 열량을 가지고 있다.

중성 지방은 글리세롤(glycerol) 1분자와 지방산(fatty acids) 3분자가 결합한 유기화합물(그림 7-47)로 그 구조적인 특징으로 인해 트라이글리세라이드로 불린다. 여기서 글리세롤은 3개의 탄소를 가진 알코올이며, 지방산은 $-CH_2$기로 이루어진 긴 탄화수소 사슬로 끝단에 카르복실기($-COOH$)를 가진 물질을 말한다. 탄화수소 사슬의 길이는 매우 다양하며, 이러한 C-H 결합은 에너지 저장에 매우 유용하다. 이 탄소사슬의 형태가 단일 결합일 경우 포화(saturated) 지방산(대부분의 동물성 지방, 상온에서 고체)이라 하고, 2중 결합일 경우 불포화(unsaturated) 지방산(대부분의 식물성 지방, 상온에서 액체로 존재)으로 구분한다. 불포화 지방에 인위적으로 수소를 첨가하여 포화상태로 전환시킨 경우를 트랜스 지방산(trans-fatty acids)이라고 한다. 음식물에 함유된 지질의 약 95%가 지방에 해당하며, 동물성 지방은 상온에서 고체로 존재하고, 반면에 식물성 지방으로 상온에서 액체로 존재한다.

인지질은 세포막이나 핵막을 구성하는 주성분으로 글리세롤(1), 인산기(1)와 지방산(2)으로 이루어져 있다(그림 7-48). 인지질의 한쪽 끝은 전하를 띠고 있어 친수성(hydrophilic, 물과 잘 어울리는 성질)의 성질을 가지고 있으며, 다른 한쪽 끝은 지방산으로 구성되어 있어 소수성(hydrophobic, 물과 잘 어울리지 못하는 성질)을 띠고 있다. 따라서 인지질은 물에 녹지 않으며, 지방에 잘 녹는다. 인지질은 소수성과 친수성 모두를 가지고 있어 세포막을 형성할 때 극성을 띤 머리 부분은 물과 접촉하여 세포 내부나 외부를 향하고, 비극성인 꼬리 부분은 안쪽에서 서로 마주 보는 독특한 인지질 이중층(phospholipid bilayer) 구조를 가진다. 수용액 상태에서 인지질 분자는 물방울 모양을 형성하는데, 이를 미셀(micelles)이라고 한다. 특히 꼬리의 구부러진 모

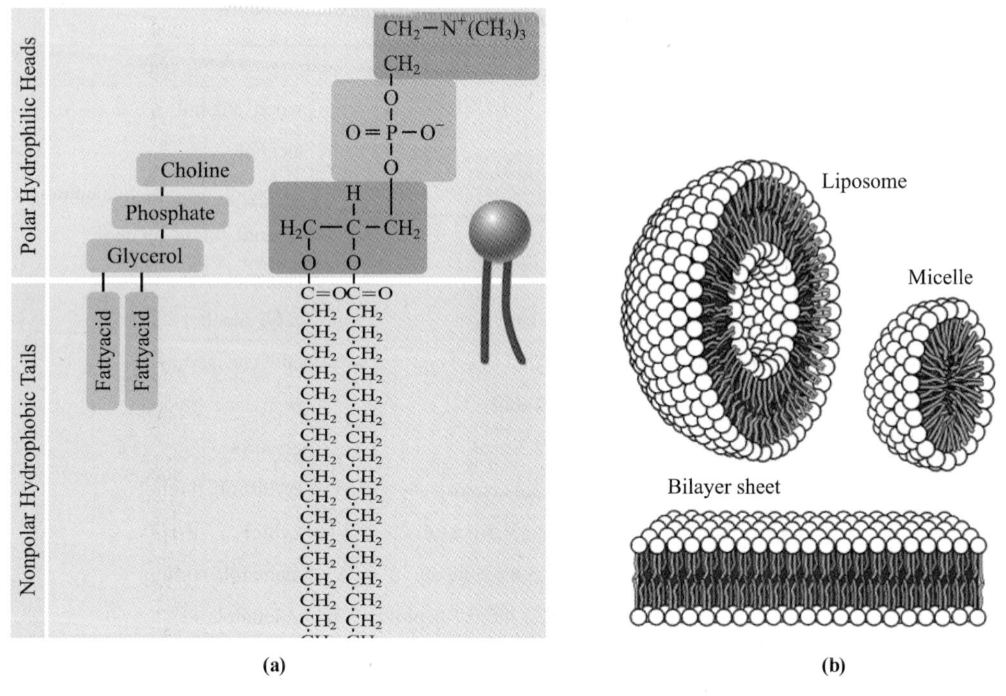

그림 7-48 (a) 인지질의 구조와 (b) 물속에서 형성되는 자발적 인지질 이중층

양은 막의 유동성과 매우 관련이 깊으며 불포화 지방산 함량이 높거나 불포화도가 높으면 막지질 전체의 유동성이 증가하고 막의 투과성이 높아진다. 저온 환경에서 성장하는 유기체일수록 지질 중에 다량의 불포화 지방산을 함유하고 있다.

콜레스테롤과 같은 스테로이드는 세포막의 구성 성분이자 호르몬 등 생물학적으로 활성이 있는 물질을 생합성하는 중요한 역할을 한다. 이외에도 식물에 존재하는 지질 색소인 카로티노이드는 광합성에 관여한다.

알코올은 수산화기(−OH)가 포화 탄소 원자에 결합된 유기화합물을 말하는데(그림 7-49), 그 분류는 수산화기의 수 또는 수산화기와 결합하고 있는 탄소 원자에 결합하는 알킬기(R)의 수에 따른다. 단순 사슬형 알코올($C_nH_{2n+1}OH$)은 가장 중요한 1가 알코올(monohydric alcohols)로 메탄올(CH_3OH)과 에탄올(C_2H_5OH)이 대표적이다(표 7-49). 통상적으로 알코올이라는 용어는 알킬기의 수가 하나인 1차 알코올(primary alcohol)인 에탄올(에틸 알코올)을 말한다. 메탄올은 목재의 증류과정에서 부산물로서 주로 생산되었기 때문에 목재 알코올이라고 불린다. 글리콜(glycol)이라 총칭되는 2가 알코올에는 에틸렌 글리콜(Eg, ethylene glycol), 프로필렌 글리콜(PG, propylene glycol) 등이 있다.

알코올은 천연에서 유리된 독립된 형태로 존재하기는 어려우며, 주로 다른 화합물과 결합한 형태(예, 지방과 기름 등)로 존재한다. 알코올은 알코올성 음료와 향수 제조를 포함하여 방부/세

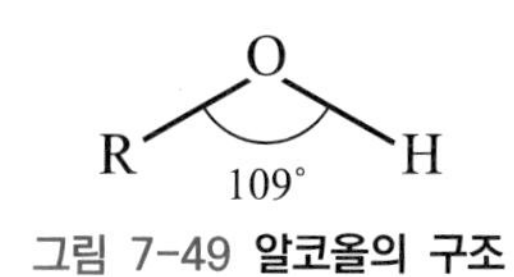

그림 7-49 알코올의 구조

표 7-49 Mono- and poly-hydric alcohols

Type	Formula	IUPAC Name	name
Monohydric alcohols	CH_3OH	methanol	wood alcohol
	C_2H_5OH	ethanol	alcohol
	C_3H_7OH	propan-2-ol	propanol, isopropyl alcohol
	C_4H_9OH	butan-1-ol	butanol, butyl alcohol
	$C_5H_{11}OH$	pentan-1-ol	pentanol, amyl alcohol
	$C_{16}H_{33}OH$	hexadecan-1-ol	cetyl alcohol
Polyhydric alcohols	$C_2H_4(OH)_2$	ethane-1,2-diol	ethylene glycol
	$C_3H_6(OH)_2$	propane-1,2-diol	propylene glycol
	$C_3H_5(OH)_3$	propane-1,2,3-triol	glycerol
	$C_4H_6(OH)_4$	butane-1,2,3,4-tetraol	erythritol, threitol
	$C_5H_7(OH)_5$	pentane-1,2,3,4,5-pentol	xylitol
	$C_6H_8(OH)_6$	hexane-1,2,3,4,5,6-hexol	mannitol, sorbitol
	$C_7H_9(OH)_7$	heptane-1,2,3,4,5,6,7-heptol	volemitol

Note) IUPAC(international union of pure and applied chemistry)(2013)

정제(antiseptic/sanitizer), 알코올 연료(alcohol fuel), 용매(solvent), 합성 섬유나 합성 수지의 제조 등 의학 및 산업적으로 매우 다양한 용도로 사용된다. 특히 메탄올, 에틸렌 글리콜(EG), 프로필렌 글리콜(PG) 및 글리세롤 등은 빙점 강하 특성으로 인하여 자동차의 동결방지 첨가제(antifreeze additive), 항공기의 제빙용 유체(deicing/anti-icing fluids), 그리고 도로 안전시설 등에서 융설보조제(snow melting agents) 등으로 사용한다. 이러한 물질들은 대부분 독성을 띠고 있으며, PG와 같이 무독성으로 분류되어 있다 하더라도 적절한 관리가 필요하다. 특히 물 환경에 직접적으로 노출될 경우 그 분해과정에서 다량의 산소를 소모하므로 수생태 환경 오염을 초래하게 된다(USEPA, 2012).

유기산(organic acids)은 산의 특성(acidic properties)을 지닌 유기화합물을 말한다. 가장 일반적인 유기산은 카르복실산(carboxylic acids)으로 그 이름이 의미하듯 카르복실기(−COOH)를 가지고 있는 점이 특징이다. 일반적으로 물에서 완전히 해리되는 강산(strong acids)에 비하여 유기산은 약산(weak acids)으로 물에서 완전히 해리되지 않는 특징이 있다. 포름산(formic acid) 및 젖산(lactic acid)과 같은 저분자 유기산은 물과 잘 혼합되는 특성이 있으나 벤조산과 같은 고분자 유기산은 불용성이다. 앞서 설명한 바와 같이 지방산(fatty acids)이란 $-CH_2$기로 이루어진 긴 탄화수소 사슬 끝단에 카르복실기(−COOH)를 가진 유기산 종류이다. 이는 지방을 가수분해하면 글리세롤과 유기산이 분리되어 생기기 때문에 붙여진 이름이다. 이러한 지방산은 지방산 사슬(free fatty acid chains)의 길이에 따라 표 7-50과 같이 구별되나, 일반적으로 단쇄상 지방산(SCFA, short-chain fatty acids)을 제외하여 장쇄상 지방산(LCFA, long-chain fatty acids)으로 단순화하여 부르기도 한다. 단쇄상 지방산은 또한 휘발성 지방산(volatile fatty acids)으로 불리기도 한다.

젖산(lactic acid)은 $CH_3CH(OH)COOH$의 구조식으로 표현되는 유기화합물로 액체 상태에서 무색을 띤다. 이는 카르복실기에 인접하여 수산화기를 가지므로 α-히드록시산(AHA, alpha-

표 7-50 Length of free fatty acid chains

Type	No. of Carbon in aliphatic tails
Short-chain fatty acids (SCFA)	< 5
Medium-chain fatty acids (MCFA)	6~12
Long-chain fatty acids (LCFA)	13~21
Very long chain fatty acids (VLCFA)	> 22

hydroxy acid)으로 분류되는데, 이는 짝염기의 형태(lactate)로 생화학적 과정에서 중요한 역할을 한다. 젖산은 2개의 광학 이성질체(optical isomers)를 가지는데, 흔히 L(+)-젖산과 D(−)-젖산으로 구분한다. 젖산은 무산소 조건에서 탄수화물의 분해과정을 통해 생성되는데 이를 젖산발효(lactic acid fermentation)라고 한다. 이 반응은 젖산균(유산균)에 의해 일어난다. 엄밀히 젖산은 지방산의 정의에는 해당하지 않으나 구조적 유사성과 중요성으로 인하여 흔히 지방산과 함께 설명하기도 한다.

다양한 종류의 유기산 중에서도 특히 카르복실기를 가진 유기화합물은 생물학적 환경시스템에서 통상적으로 유기산(또는 휘발성 지방산)으로 지칭되는데, 이들의 농도는 공정의 안정성을 의미하는 중요한 척도가 되며, 동시에 공정제어 주요 인자로 고려된다. 특히 유기산은 미생물학적으로 매우 분해가 용이한 성분(readily biodegradable organics)으로 하·폐수 내의 이들의 함량과 그 특성은 생물학적 처리(특히 영양소 제거공정에서)에 있어서 기술적 성능을 예측할 수 있는 중요한 척도이다. 또한 주처리 공정의 설계에 있어 유입수에서 이들의 농도를 향상시킬 수 있는 방안이 설계단계에서부터 고려되기도 한다. 특히 혐기성 처리공정에서는 혐기성 반응의 중

표 7-51 **유기물질을 포함한 중요 대사물질의 산소당량 비교**

Chemicals	Formula	Molar mass (g/mol)	Oxygen equivalents	
			(g O_2/g)	(g O_2/g C)
Formic acid	$HCOOH$	46.03	0.348	1.333
Acetic acid	CH_3COOH	60.05	1.067	2.667
Propionic acid	CH_3CH_2COOH	74.08	1.514	3.111
Butyric acid	$CH_3(CH_2)_2COOH$	88.11	1.818	3.333
Valeric acid	$CH_3(CH_2)_3COOH$	102.13	2.039	3.467
Lactic acid	$CH_3CH(OH)COOH$	90.08	1.067	2.667
Glucose	$C_6H_{12}O_6$	180.16	1.067	2.667
Sucrose	$C_{12}H_{22}O_{11}$	342.30	1.125	2.667
Protein	$C_{16}H_{24}O_5N_4$	352.24	1.515	2.750
Lipid	$C_8H_{16}O$	128.16	2.875	3.833
Methanol	CH_3OH	32.04	1.500	4.000
Ethanol	C_2H_5OH	46.07	2.087	4.000
Domestic wastewater	$C_{10}H_{19}O_3N$	201.19	1.990	3.333
Hydrogen	H_2	2.01	8.000	-
Methane	CH_4	16.04	4.000	5.333

간 대사산물로서 소화조의 성능을 평가하는 중요한 척도가 된다. 표 7-51에는 단쇄상 지방산을 포함하여 주요한 유기물질에 대한 산소당량을 비교하였다.

미생물의 성장에 있어서 영양소는 생합성(biosynthesis)과 에너지 생산(energy production)을 위해 사용되는 물질이다. 지구상에 자연발생적으로 존재하는 약 90개의 원소(elements) 중에 미생물의 세포 내에 상당량으로 존재하는 성분은 단지 12가지(C, O, H, N, P, S, Fe, Ca, Mg, K, Na, Cl)이다. 이중에서 탄소, 수소, 산소, 질소는 주성분(major elements)이며, 나트륨, 염소, 칼슘, 인, 칼륨, 황, 철, 마그네슘 등은 소수 성분(minor elements)으로 존재한다(Raven et al., 2012). 그러나 환경미생물학적 관점에서 탄소와 에너지원 외에도 질소, 인, 황과 같은 성분은 다른 성분이 비하여 비교적 많은 양이 필요하기 때문에 거대영양물질(macro-nutrients)로 구분하는데, 이들은 탄수화물, 단백질, 지질 및 핵산 등의 주요 구성성분이 된다. 또한 세포 안에 양이온의 형태로 존재하는 K, Ca, Mg 및 Fe 성분도 이 범주에 포함된다. 망간, 아연, 코발트, 몰리브덴 및 구리와 같은 금속이온과 각종 비타민과 미네랄은 미량영양물질(micro-nutrients/trace elements)로 고려한다. 이 성분들은 세포의 대사에 주로 관여하며, 그 자체가 에너지원이 될 수는 없다. 일반적으로 이들은 효소(enzymes)와 보조 인자(cofactors)의 일부이며, 반응의 촉매 작용과 단백질 구조의 유지에 도움을 준다.

생물학적 처리를 목표로 할 경우 단백질, 핵산 그리고 세포의 다른 구조적인 부분을 합성하기 위한 주요 성분인 필수 영양소는 박테리아의 성장조건을 충분히 만족시키기 위해 균형을 이룬 공급이 필요하다. 또한 이러한 영양물질은 때로는 탄소 또는 에너지원보다 미생물의 세포합성과 성장을 위한 제한물질이 될 수 있다. 특히 미량영양물질은 인위적으로 공급되지 않는 한 주어진 환경으로부터 얻어야 되기 때문에 어떤 경우에는 영양소 결핍으로 처리성능에 장애를 초래하기도 한다. 따라서 이러한 원소들이 폐수 내에 이용가능한 형태로 존재하지 않는다면 추가로 공급해 줄 수 있도록 설계되어야 하며, 이때 세포의 성장과 성장속도 등이 소요량 평가의 기준이 된다. 일반적으로 도시하수는 그 발생특성상 충분한 영양물질을 포함하고 있지만, 산업폐수의 경우에는 생물학적 처리단계에서 추가적인 영양물질공급을 고려할 필요가 있다. 특히 질소와 인 성분의 부족현상은 식품가공폐수나 유기물 함량이 높은 하수에서도 일반적으로 볼 수 있다. 또한 도시하수처리에서 중요한 주제 중 하나인 영양소 제거/회수(nutrient removal/recovery)는 미생물의 성장에 필요 이상으로 존재하는 과잉의 질소와 인을 대상으로 하는 것이다. 표 7-52에는 박테리아의 성장과 대사에 있어서 거대영양물질과 미량영양물질의 기능에 대해 정리하였다. 또한 영양소의 적절한 공급이 미생물의 활성도에 얼마나 중요한 영향을 미치는지 그 예를 그림 7-50에 나타내었다.

표 7-52 Functions of macro- and micro-nutrients in bacterial growth

Nutrient	Functions	Remarks
Carbon (C)	Energy cell material	Carbon is the basic building block of bacterial cell material and is the primary source of energy. Because organic substrates are carbon-rich, carbon will generally not be a limiting nutrient. Instead, the ratios of carbon to nitrogen (C/N), phosphorus (C/P), and potassium (C/K), may define the nutritional requirements.

표 7-52 Functions of macro- and micro-nutrients in bacterial growth(계속)

Nutrient	Functions	Remarks
Nitrogen (N)	Protein synthesis	Nitrogen is the primary nutrient required for microbial synthesis, and it is required for the activity by a number of enzymes, including those involved in protein synthesis. Nitrogen occurs in the cell material in the reduced-form as amino nitrogen ($R\text{-}NH_2$). Amino-nitrogen is essential for the synthesis of proteins.
Phosphorus (P)	Nucleic acid synthesis	Phosphorus requirements for bacterial synthesis are generally much less than that of nitrogen or carbon. Phosphorus aids in the synthesis of nucleic acids.
Potassium (K)	Cell wall permeability	Potassiumis required for the activity by a number of enzymes, including those involved in protein synthesis. K increases cell wall permeability by aiding the cellular transport of nutrients and providing cation balancing.
Sulfur (S)	Numerous enzymes	Sulfur requirements for methanogens are quite complex because methanogens may use only certain forms of sulfur and there are numerous sinks for sulfur in the anaerobic digestion process. Generally, sulfur will take the non-reduced-form of sulfates or the reduced-form of sulfides. Sulfates may inhibit methanogenesis because methanogens can use only a fully reduced form of sulfur and sulfate reduction is considered rate-limiting. The sulfide form of sulfur, however, has been shown to have stimulatory growth effects for various methanogens. Sulfide is required in numerous enzymes including carbon monoxide dehydrogenase (CODH) and formate dehydrogenase (FDH). The sulfur sinks include hydrogen sulfide (H_2S) gas production and precipitation of sulfides by heavy metals. Consequently, as bacterial activity and gas production rates increase, essential sulfides may be stripped from solution. Similarly, essential heavy metals (described below) may also be removed from bacterial contact by sulfide precipitation.
Cobalt (Co)	Corrinoids, CODH	Cobalt is a component of Vitamin B12 and present in specific enzymes and corrinoids. The common enzyme carbon monoxide dehydrogenase (CODH) uses cobalt. CODH plays an essential role in acetogenic (acetate-forming) activity.
Copper (Cu)	SODM, hydrogenase	Copper has been found in the analysis of many methanogenic bacteria strains. Copper may be a component in super dismutase (SODH) and hydrogenase. However, copper addition has not been found to have any noticeable stimulatory effects.
Iron (Fe)	CODH, precipitate sulfide	Iron is part of cytochromes and a cofactor for enzymes and electron-carrying proteins. It has been found to be present in methanogenic tissue in concentrations higher than that of any other heavy metal. Iron plays numerous roles in anaerobic processes, primarily due to its extremely large reduction capacity. Iron is found in, and helps activate, numerous enzymes. In addition, iron may form sulfide precipitates and may promote excretion of extra cellular polymers.
Calcium (Ca)		Calcium contributes to the heat resistance of bacterial endospores. 15% of spore contains dipicolinic acid and calcium.
Magnesium (Mg)		Mg serves as a cofactor for many enzymes, complexes with ATP and stabilizes ribosomes and cell membranes.
Manganese (Mn)		Mn aids many enzymes catalyzing the transfer of phosphate groups.
Molybdenum (Mo)	FDH, inhibit sulfur reducers	Molybdenum is required for nitrogen fixation and present in the common enzyme formate dehydrogenase (FDH). However, molybdenum may also inhibit sulfate reducing bacteria, limiting the formation of necessary sulfides.

표 7-52 Functions of macro- and micro-nutrients in bacterial growth(계속)

Nutrient	Functions	Remarks
Nickel (Ni)	CODH, synthesis of F430, essential for sulfate reducing bacteria, aids CO_2/H_2 conversion.	Many anaerobic bacteria are dependent on nickel when carbon dioxide (CO_2) and hydrogen (H_2) are the sole sources of energy. Most nickel is taken up by cells in a compound named F factor 430 (F_{430}). F_{430} has been found in every methanogenic bacterium ever examined. In addition, CODH is a nickel protein and may aid sulfur-reducing bacteria.
Selenium (Se)	Fatty acid metabolism, FDH	Selenium is a component of several anaerobic bacterial enzymes and certain bacterial nucleic acids. A common selenium enzyme in anaerobic bacteria is formate dehydrogenase (FDH). Selenium- dependent enzymes tend to be very reactive at neutral pH, have a low redox potential, and may help metabolize fatty acids. The catalysts which contain selenium are synthesized when selenium is present at extremely low concentrations.
Tungsten (W)	FDH, may aid metabolism of CO_2-H_2 substrates	Tungsten is also a component of the FDH enzyme. It is possible that tungsten may aid the metabolism of CO_2 and H_2, in a manner similar to nickel. Limited studies have been conducted on the effect of tungsten supplementation.
Zinc (Zn)	FDH, CODH, hydrogenase	Zinc, is present at the active site of some enzymes but is also involved in the association of regulatory and catalytic subunits, Like copper, it is present in relatively large concentrations in many methanogens. It may be part of FDH, SODM, and hydrogenase. Zinc has not yet proven to be an essential metal.

Note) CODH = enzyme carbon monoxide dehydrogenase, SODM = enzyme super dismutase, FDH = enzyme formate dehydrogenase. (modified from Kayhanian and Rich, 1995)

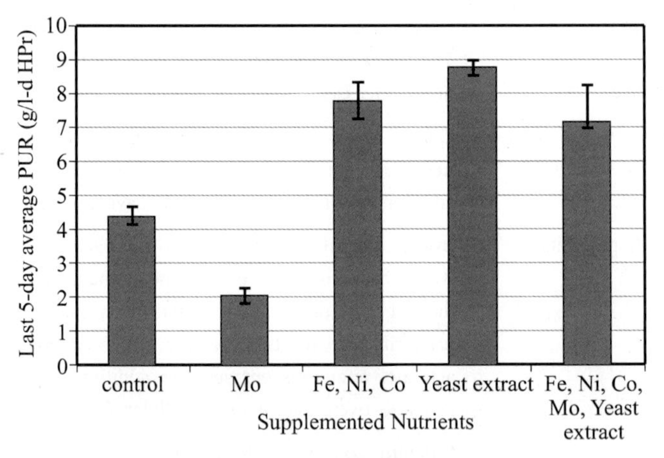

그림 7-50 **영양소 공급에 따른 혐기성 미생물(프로피온산 분해균) 활성도 변화 (PUR, propionate uptake rate)** (Boonykitsombut et al., 2002)

(2) 성장을 위한 환경 요건

미생물 성장에는 필수적인 영양물질의 공급 외에도 적절한 물리화학적 환경을 필요로 하는데, 이러한 중요한 영향인자로는 수분, 온도, pH, 산소 분압, 삼투압 및 이온강도 등이 있다.

온도 조건은 생화학적인 반응을 포함한 모든 화학반응에 있어서 그 반응속도에 크게 영향을 준다. 일반적으로 박테리아의 성장속도는 온도와 함께 증가하며 일정 구간에서는 10°C 증가할 때마다 대략 두 배가 된다. 그러나 종의 생리학적 특성에 따라 적정 온도 범위를 넘어서면 효소의 활성감소나 구조의 변형으로 정상적인 대사가 불가능해진다. 박테리아의 성장특성은 적정 온

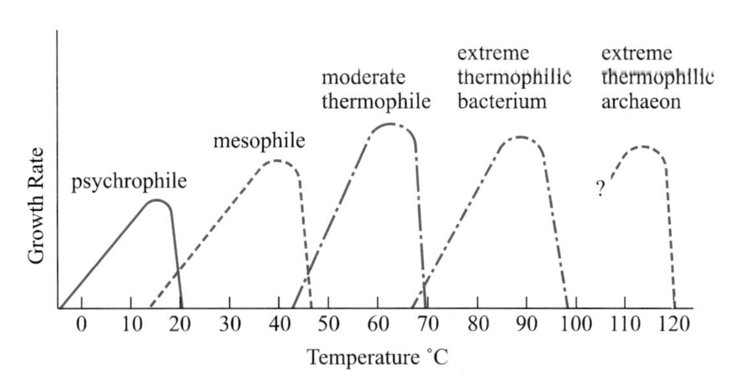

그림 7-51 Growth rate vs temperature for five environmental classes of prokaryotes

표 7-53 Temperature for bacterial growth

Group	Temperature for growth (°C)		
	Minimum	Maximum	Optimum
Psychrophile	< 0	< 20	10～15
Psychrotroph	0	> 25	15～30
Mesophile	10～15	< 45	30～40
Thermophile	45	> 100	50～85

도영역에 기초하여 크게 네 가지 집단으로 분류할 수 있는데, 그림 7-51과 표 7-53은 박테리아의 성장속도에 대한 온도의 영향을 대략적으로 보여준다. 일반적으로 높은 온도영역에서 성장하는 특성을 가진 미생물은 낮은 영역의 경우보다 최대 성장속도가 더 큰 경향이 있으며, 또한 최대 성장속도는 최적의 좁은 온도 범위 내에서 나타난다. 저온균(psychrophile)은 −5～20°C, 중온균(mesophile)은 10～45°C, 고온균(thermophile)은 40～70°C, 그리고 초고온균(hyperthermophile)은 65～110°C의 온도영역을 가지고 있다. 환경에서 저온균은 주로 온도가 낮은 환경에서 발견되며, 반면에 고온균은 온천과 같은 매우 높은 온도에서 관찰된다.

박테리아의 성장온도에 대한 지식은 특히 생물학적 처리 시스템의 설계와 운전에 있어서 매우 중요하다. 미생물의 높은 활성도는 높은 처리속도를 의미하고, 이는 곧 처리효율과 경제성과도 깊은 관련이 있기 때문이다. 따라서 시설의 규모를 최적화하여 작은 규모로 최대의 효율을 얻을 수 있는 장점을 가질 수 있다. 그러나 미생물의 성장속도를 높이기 위해 무작정 온도를 높이는 것은 결국 에너지 소요량을 높이는 결과를 초래하며, 또한 유출수의 수질을 악화시킬 가능성도 높다. 따라서 목표로 하는 미생물 군집에 대하여 최적의 온도 조건을 제공하는 것이 중요하다. 일반적으로 도시하수처리는 상온에서 이루어지며, 혐기성 메탄발효를 통한 폐수처리의 경우 중온균과 고온균을 대상으로 각각 35°C와 55°C의 온도 조건에서 운전하고 있다.

박테리아의 성장과 관련하여 최적 pH 영역은 호산균(acidophile), 호중성균(neutrophile), 호염기균(alkalophile) 및 극호염기균(extreme alkalophile) 등으로 세분화된다(그림 7-52). 이는 각 세균의 생리학적 성장특성에 따라 따른 것이다. 미생물은 대부분 pH 6～8 조건의 호중성균으로 알려져 있으나 이는 자연적인 성장환경과 세포 내 pH값이 일반적으로 중성영역을 유지하기 때문이다. 그러나 엄밀하게는 특정 종들은 활동 영역이 아주 넓은 반면에 다른 것들은 아주 좁은 독특

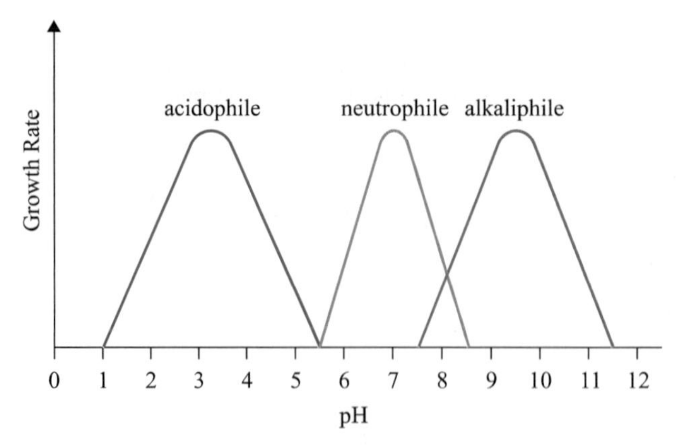

그림 7-52 Approximate pH ranges for the growth of the different classes of pH-specific prokaryotes

한 경우가 있다. 에너지를 위해 황이나 철을 산화시키는 무기독립영양균과 같은 일부 박테리아는 호산성의 조건에서 잘 성장하는데, 이는 에너지 대사 최종생산물이 일반적으로 황산과 같은 강산이기 때문이다. 또한 극호염균의 경우는 pH 10 이상의 조건을 선호하는 특성이 있다. 특정한 목적이 없는 한 일반적인 생물학적 처리 시스템에서는 대부분 pH 6～8 조건의 호중성균을 대상으로 하고 있다. 그러나 처리 시스템의 설계와 운전에 있어서 주요 관심대상인 박테리아의 최대 성장속도를 유지하기 위해 필요한 최적의 pH 조건은 우선적으로 고려되어야만 하는 인자이다.

박테리아의 성장 환경 중에서 중요한 인자로 분자상태의 산소(O_2)가 있다. 이는 동시에 박테리아를 구분하는 중요한 특징이기도 한다. 앞서 설명한 바와 같이 미생물은 전자 수용체의 종류에 따라 구별된다. 산소는 중요한 전자 수용체로 호기성(aerobic) 박테리아는 성장을 위해 산소를 필요로 하며 또한 에너지 생성 반응에서 전자 수용체로서 산소를 이용한다. 혐기성(anaerobic) 박테리아는 산소가 없는 상태에서 성장하며 에너지 발생 반응을 위해 산소는 불필요하다. 산소의 존재 여부와 관련 없이 생존가능한 박테리아를 임의성(또는 통성, facultative) 박테리아라고 한다. 특히 절대(또는 편성) 혐기성균(obligate anaerobes)들은 산소에 의해서 성장이 저해 받거나 죽을 수도 있다. 내산소성 혐기성균(aerotolerant anaerobes)는 엄격한 발효대사를 하지만 분자상태 산소의 존재에 대하여 상대적으로 둔감하고 직접적으로 산소를 이용할 수 없는 미생물을 말한다. 또한 산소를 좋아하지만 그것 없이도 생존할 수 있는 종류를 통성 호기성균(facultative aerobes)이라고 하며, 분자상태의 산소가 미세한 산소분압(2～10%)의 조건에서만 자라는 박테리아를 미세호기성균(microaerophiles)이라고 한다.

이러한 특성은 생물학적 처리공정의 설계와 운전에 있어서 실질적으로 고려되어야만 하는 사항이다. 물속에 녹아 있는 용존 산소(dissolved oxygen)의 농도는 호기성 미생물의 성장과 대사속도에 큰 영향을 미친다. 따라서 호기성 박테리아를 이용하는 처리 시스템에서는 충분한 속도로 안정적인 산소공급이 요구된다. 반면에 메탄발효를 통한 혐기성 처리 시스템에서는 편성 혐기성 미생물을 이용하기 때문에 산소는 필수적으로 시스템에서 배제되어야 한다. 특히 유산소와 무산소 조건이 함께 운영되어야만 하는 영양소 제거(BNR) 공정에서 산소 농도의 제어는 매우 중요하다.

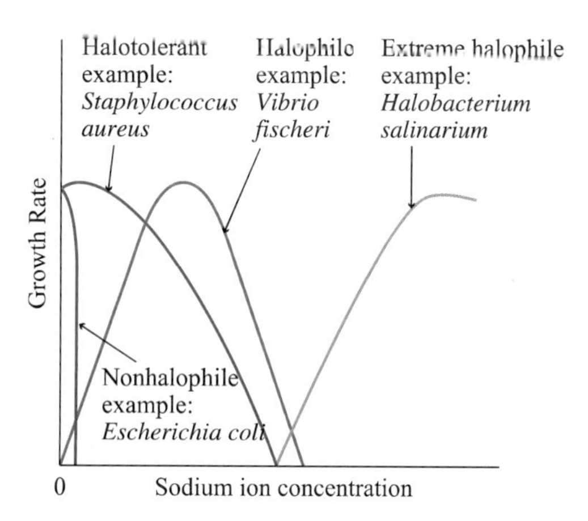

그림 7-53 **Optimal salt concentration for different species** (Eisen, 2016)

박테리아의 성장에 미치는 또 다른 인자는 내염성(염에 대한 내성)이다. 일반적으로 바닷물(3.5% NaCl)과 비슷한 염의 농도 조건에서 가장 잘 자라는 것들은 호염균(halophiles)이라고 하는데, 염의 농도에 따라 mild halophiles(1～6%), moderate halophiles(6～15%) 및 extreme halophiles(15～30%)로 분류한다. 내염성균(halotolerent)이란 염분이 없는 경우에 잘 자라지만 약간의 농도에서도 견딜 수 있는 미생물을 말한다. 극도 호염균이 서식하는 자연환경의 대표적인 예로 미국 유타주(Utah)에 있는 솔트레이크(Great Salt Lake)와 샌프란시스코(San Francosco)만을 둘러싸고 있는 염 연못이 있는데, 이곳에서는 바닷물 속에 포함되어 있는 염을 상업적으로 이용하기 위해 바닷물을 증발시킨다(Rittmann and McCarty, 2002). 그림 7-53은 다양한 종류의 세균에 대한 염의 내성을 보여준다.

(3) 박테리아의 성장특성

생물학적인 처리 시스템의 설계와 운영에 있어서 박테리아의 성장과 증식속도에 대한 지식은 매우 유용한 정보이다. 미생물의 생장(bacterial growth)은 기질 주입 조건에 따라 회분식(batch mode)과 연속식(continuous mode) 배양이라는 두 가지 방법으로 구분할 수 있으며, 또한 사용하는 미생물 종의 수에 따라 순수 배양(pure culture)과 혼합 배양(mixed culture)으로 구분된다. 회분식은 일정량의 기질(substrate), 즉 먹이(Food, F)와 박테리아(Microbes, M)를 접종하여 시간에 따른 거동을 측정하며, 연속 배양 방식은 일정한 농도의 기질을 연속적으로 주입하는데, 주로 반응의 정상상태 거동을 평가하기 위해 적용된다. 자연 환경에서의 성장특성은 긴 세대기간과 제한된 환경 조건으로 이러한 배양 방식과는 큰 차이가 있다.

박테리아는 보통 세포를 가로지르는 세포벽 또는 격막을 형성한 후에 둘로 나뉘어지는 이분법(binary fission)을 통해 번식한다. 이 무성생식은 세포가 성장하여 어느 정도 크기에 도달하면 자발적으로 일어난다. 번식 후에 모세포는 더 이상 존재하지 않으며, 보통 2개의 딸세포는 정확히 서로의 복제물(clones)로 모세포와 같은 유전정보를 가진다. 1개의 세포에서 2개의 세포로 분열하는 데 걸리는 시간을 세대시간(generation time, 시간/세대수)이라고 하며, 균주의 수가 2배로 증가하는 시간을 배가시간(doubling time)이라고 한다. 한 번의 분열에 필요한 세대시간은 약

20분 이내에서부터 수일간으로 다양한데, 이는 균종이나 주어진 환경 조건에 의해 상당히 다르게 나타난다. 이때 박테리아 수의 표현단위는 CFU(colony/cell forming unit)으로 표현한다. 대장균의 경우에 세대시간은 약 20~30분 정도로 짧다. 세균의 경우 증식은 2^n의 형태로 이루어지며, 만약 성장에 제한이 없다면 28시간, 즉 56번의 분열 후에는 총 개체수 10^{16}개 이상으로 약 18 kg의 건조중량을 가지게 된다. 그러나 일반적으로 배지 환경 및 영양성의 한계가 이러한 증식현상을 제한한다. 발아나 유성생식 등 박테리이가 번식하는 다른 방법들이 있지만 대체로 이분법에 의한 무성생식은 박테리아가 번식하는 주요한 방식이다.

회분식 순수 배양에 따른 박테리아의 성장곡선은 그림 7-54와 같이 나타난다. 이 곡선은 회분식 반응기 내 기질과 영양분이 충분하고, 미생물이 아주 소량인 조건에 해당한다. 시간의 경과에 따라 성장곡선은 특정한 양상을 보이는 4개의 구간으로 뚜렷히 구분되는데, 각 구간은 다음과 같은 특성을 가진다.

1) 유도기

이 구간은 주로 세포분열이 일어나기 전에 새로운 환경에 박테리아가 순응하는 데 필요한 시간을 의미한다. 유도기(lag phase) 동안에 낮은 세포밀도로 인하여 효소의 희석 및 유도(enzyme induction) 반응이 생길 수도 있으며, 세포는 염분, pH, 온도 등 주어진 환경 조건에 순응하게 된다. 회분식 운전의 초기 상태 동안에 미생물의 측정은 미생물 농도가 낮으므로 향후 측정값에 영향을 미칠 수 있다.

2) 지수기

회분식 배양의 두 번째 생장주기인 지수기(exponential phase)는 순응단계를 거친 박테리아 세포가 지수성장 단계를 보이는 구간이다. 이 기간 동안에 세포는 기질이나 영양물질에 대해 아무런 제한을 받지 않고 최대 속도로 증식하며, 이분법의 분열 방식에 따라 성장곡선은 2^n의 지수함수로 증가한다. 이 단계에서는 기질과 영양물질의 제한이 없기 때문에 지수성장속도에 영향을 주는 유일한 인자는 온도이다. 지수기의 세포성장률(r_g)은 다음 식 (7.1)로 표현된다.

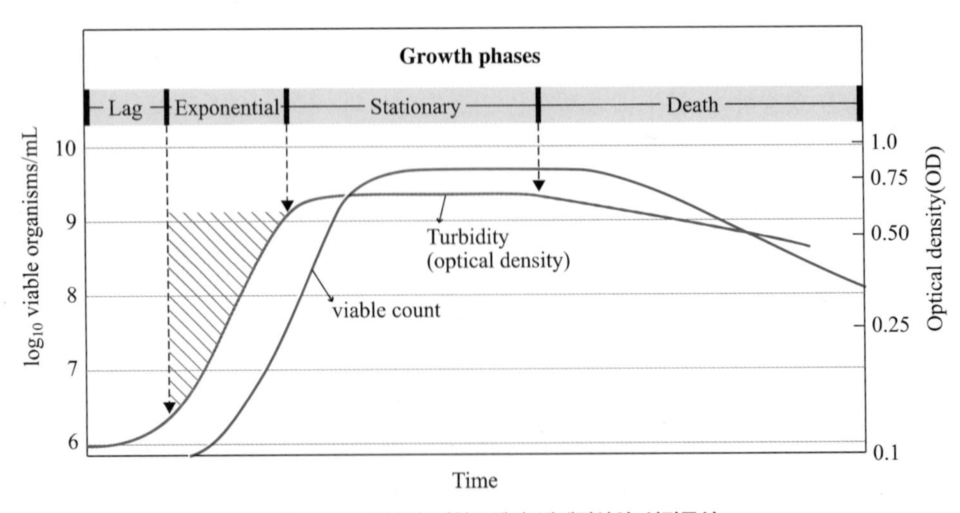

그림 7-54 **회분식 배양조에서 박테리아의 성장곡선**

$$r_g = dX/dt = \mu X \tag{7.1}$$

여기서, r_g = 미생물 성장률, [M/L^3T] (g VSS/L d)

X = 세포 수(또는 질량), [M/L^3] (g VSS/L)

t = 시간(d)

μ = 비성장률(specific growth rate) [1/T] (g VSS/g VSS/d)

이 식을 재배열하고 적분하면 다음과 같다.

$$X/X_o = e^{\mu t} \tag{7.2}$$

$$\begin{aligned} \ln X/X_o &= \ln X - \ln X_o = \mu t \\ \mu &= (\ln X - \ln X_o)/t \end{aligned} \tag{7.3}$$

즉 주어진 환경 조건하에서 미생물 성장률은 미생물 농도에 비례한다. 비성장률(μ)은 단위시간 동안에 미생물이 몇 배로 증식하는가를 의미하며, 비성장계수(specific growth coefficient) 또는 미생물 증식계수라고도 한다. 최대 비성장률(μ_m)은 주로 기질, 온도 및 염분도 등의 함수이다.

세대시간과 배가시간은 흔히 혼용되어 사용되고 있으나 엄밀하게는 차이가 있다. 세대시간은 주어진 환경조건에서 달성할 수 있는 최대 비성장률(μ_m)하에서 2배의 세포증식을 위해 필요한 시간을 의미한다. 수학적으로는 다음과 같이 표현할 수 있다.

$$X = X_o e^n = X_0 e^{(t/t_g)} = X_o 2^{(t/t_d)} \tag{7.4}$$

여기서, n = 세대수

t_g = 세대시간

t_d = 배가시간($= \ln 2 \times t_g$)

3) 정지기

기질이나 영양물질의 고갈로 인하여, 이 기간에 미생물의 농도는 시간에 따라 상대적으로 일정하게 유지되어 미생물의 순생장(net growth)은 일어나지 않는다($dX/dt = 0$). 이 시기를 정지기 또는 정체기(stationary phase)라고 한다. 박테리아의 성상은 더 이상 지수함수가 아니며, 성장과 사멸하는 세포에 의해 균형을 이루게 된다. 회분식 배양에서 정지기가 발생하는 이유는 여러 가지가 있는데, 탄소원과 에너지원 또는 필수 영양분의 완전 고갈은 가장 일반적인 원인이다. 그러나 탄소원이 고갈되어도 죽은 세포로부터 배출되는 용균성 물질은 다른 세포의 성장을 용이하게 한다. 즉, 기질로서 탄소원의 고갈이 모든 생장의 정지를 의미하는 것은 아닌 것이다. 이처럼 사멸하는 세포에 의존하는 생장을 내생호흡 대사(endogenous respiration metabolism)라고 하는데, 꾸준한 산소의 소비와 이산화탄소 발생을 근거로 측정된다.

4) 사멸기

생장주기의 마지막 단계는 사멸기(death phase)로 기질은 완전히 고갈되었으며, 더 이상의 성

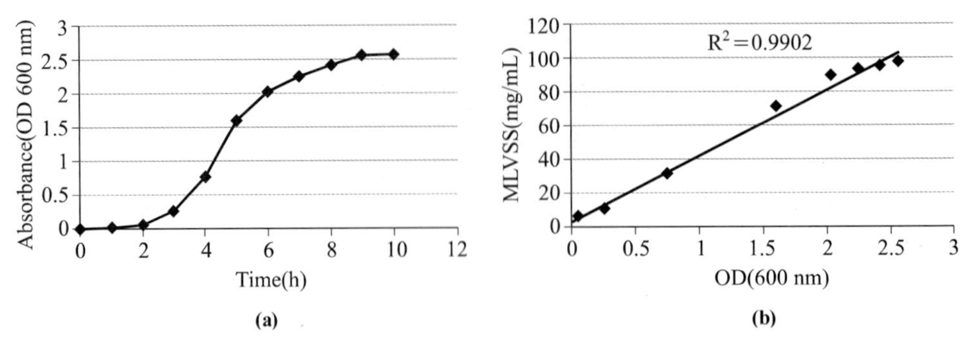

그림 7-55 광학밀도와 MLVSS로 표현된 대장균(*E. coil*)의 성장곡선 특성

장이 이루어지지 않고 사멸하는 단계이다. 이 시기에도 대사 분열하는 세포도 있지만, 세포가 사멸하는 속도가 더 빠르게 유지되어 미생물 농도의 순 손실(net loss)은 계속 일어나고, 최종적으로 남은 미생물은 대략 일정한 분율로 관찰되는 특성을 보인다. 사멸기는 다음 식 (7.5)와 같이 표현된다.

$$dX/dt = -bX \tag{7.5}$$

여기서, b는 미생물 사멸률(specifc death rate, $1/T$)을 의미하는데, 이는 내생호흡률(endogenous respiration rate) 또는 내생호흡계수 등으로도 표현된다.

그림 7-55는 회분식 배양의 예로써 도시하수에서 분리된 대장균의 성장곡선을 보여준다. 이 곡선에서 광학밀도(OD, optical density)와 MLVSS(mixed liquor volatile suspended solids)로 표현된 박테리아의 농도는 밀접한 상관관계를 보여준다.

평균 세대시간(mean generation time, t_g)은 다음 식 (7.6)을 이용하여 간단히 결정할 수 있다.

$$N_t = N_0 \times 2^n \tag{7.6}$$

여기서, N_0: $t=0$에서의 세포 수(cfu/mL)

N_t: $t=t$에서의 세포 수(cfu/mL)

n: t 시간에서의 세대 수(분열 횟수)

대수성장이므로 이 식에서 양변에 log를 취하면

$$\log N_t = \log N_0 + n \log 2 \quad = \log N_0 + n(0.301) \tag{7.7}$$

$$n = \frac{\log N_t - \log N_0}{0.301} \quad = 3.3(\log N_t - \log N_0) \tag{7.8}$$

세대시간(t_g)은 t/n이므로

$$t_g = \frac{t}{n} = \frac{0.301 \times t}{\log N_t - \log N_0} \tag{7.9}$$

박테리아의 비성장률(specific growth rate, μ)은 시간당 세대 수(number of generation per hour)의 역수로 표현되며, 식 (7.10)과 같다.

$$\mu = 1/t_g = n/t \tag{7.10}$$

예제 7–1 세대시간의 계산

박테리아 수가 대수성장기간 10시간 동안 10^3에서 10^9 cfu/mL로 증가하였다. 이때 세대시간은 얼마인가?

풀이

$$\mu = n/t = \frac{\log N_t - \log N_0}{0.301t} = \frac{\log 10^9 - \log 10^3}{(0.301)(10\ \text{hr})} = 2.0 \quad \text{세대/hr}$$

$$t_g = 1/\mu = 1\ \text{hr}/2.0\ \text{세대} = 30\ \text{min}/\ \text{세대}$$

예제 7–2 박테리아 세대시간(t_g)과 성장률(R)

대장균(*E coli.*)과 판토아 균(*Pantoea sp.*)의 회분식 배양실험으로부터 대수성장 단계에서 다음과 같은 결과를 얻었다. 두 세균의 세대시간과 비성장률을 비교하시오.

E Coli. : final population = 1.4×10^6 cfu/mL, initial population = 2.2×10^5 cfu/mL

Pantoea sp. : final population = 2.4×10^6 cfu/mL, initial population = 2.1×10^5 cfu/mL

풀이

1) *E coli.*

$$n = 3.3(\log_{10} 1.4 \times 10^6 - \log_{10} 2.2 \times 10^5)$$
$$= 3.3(6.15 - 5.34)$$
$$= 2.67\text{세대/hr}$$

$$t_g = 60/2.67 = 22.47\ \text{min}$$

따라서 $\mu = 2.67/\text{hr}$ (약 3세대/hr)

2) *Pantoea sp.*

$$n = 3.3(\log_{10} 2.4 \times 10^6 - \log_{10} 2.1 \times 10^5)$$
$$= 3.3(6.38 - 5.32)$$
$$= 3.49$$

$$t_g = 60/3.49 = 17.19\ \text{min}$$

따라서 $\mu = 3.49/\text{hr}$ (약 4세대/hr)

이상의 계산을 바탕으로 판토아균이 대장균보다 좀 더 빠르게 성장하는 것을 알 수 있다.

(4) 생물반응조에서 혼합미생물의 성장특성

환경오염물질 제어를 위해 사용되는 생물반응조는 특정 목적을 제외하고는 일반적으로 혼합배양(mixed culture) 방식을 적용하고 있다. 그 이유는 대상하고 있는 기질, 즉 각종 폐수는 매우 복합적이며, 이를 분해하는 데는 다양한 미생물 군집이 필요하기 때문이다. 따라서 실제 처리공정에서는 처리효율이나 공정의 운전특성을 평가하기 위해 미생물 군집을 조사하기도 한다. 혼합배양 방식에서는 순수 배양의 경우와는 달리 박테리아 구성조건에 따라 성장모형이 달라지게 된다. 기질과 미생물 및 온도 등 일정한 환경 조건으로 운전되는 회분식 혹은 연속식 반응기를 적정한 체류시간을 유지하며 평가한다. 이때 세대시간이라는 용어는 미생물 군집의 평균 증식시간으로 표현된다.

그림 7-56과 7-57은 회분식 활성슬러지 공정에서 전형적인 미생물의 성장곡선과 그 특성을

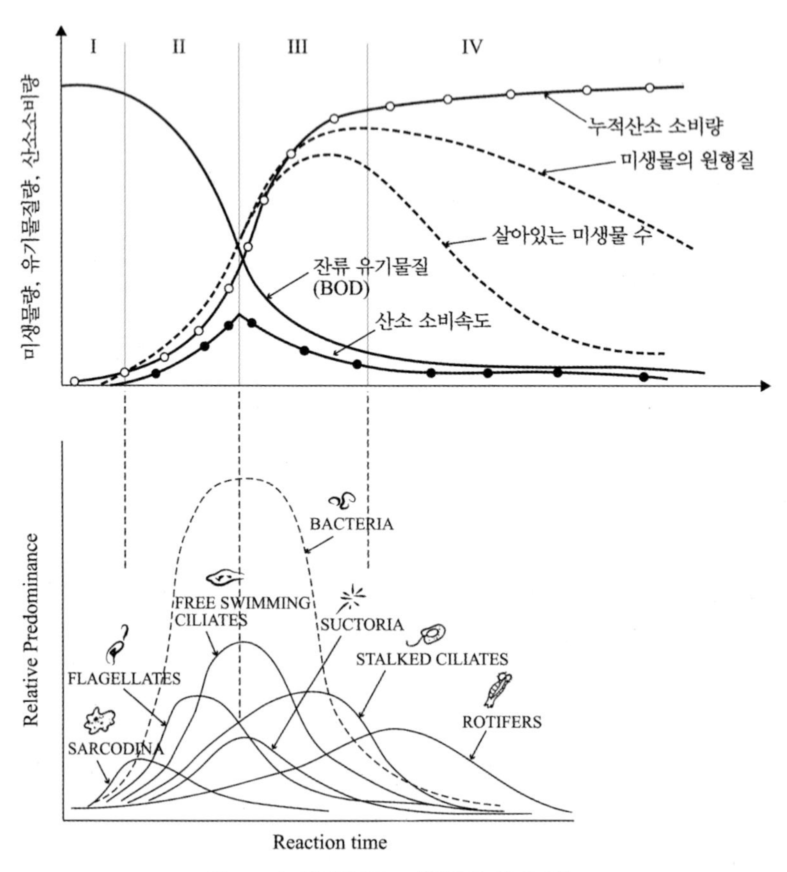

그림 7-56 생물반응조 미생물의 생장특성

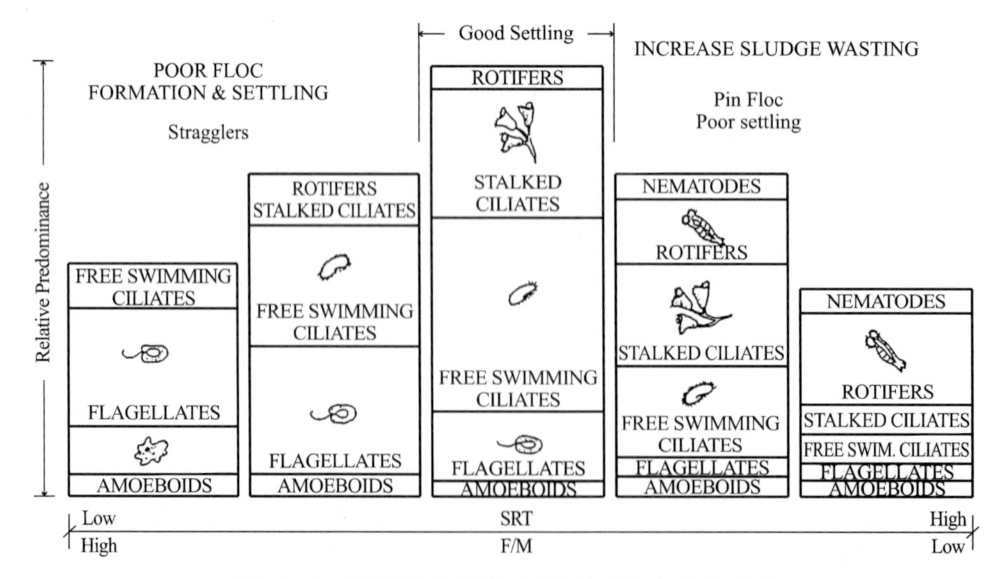

그림 7-57 미생물의 상대적인 우점도와 생물 슬러지의 특성

보여준다. 이때 활성슬러지를 구성하고 있는 미생물 군집은 앞서 설명한 순수 배양과 같이 4개의 생장구간으로 구분이 가능하나 각 구간의 특성은 차이가 있다.

유도기(lag phase, I)에서는 순수 배양과 마찬가지로 미생물이 새로운 환경에 적응하는 단계로 세포 수의 증식은 크게 일어나지 않는다. 그러나 대수성장 단계(log growth phase, II)를 거치면서 기질(F)은 급격히 감소되며, 미생물의 성장분열은 변곡점에서 최대가 된다. 변곡점 이상에서는 감소성장단계(declining growth phase, III)로 접어들게 된다. 미생물 군집을 구성하는 미생물 종들의 복잡한 효소반응을 통하여 유기물질을 분해하고 세포를 합성하는데, 사실상 최대의 처리효율은 변곡점에 있다고 할 수 있다. 미생물의 생리적 특징이 균일할수록 균형 잡힌 생장(balanced growth)이 이루어지고 영양물질 농도에 따라 성장속도는 차이가 있다. 대수성장 상태에서 미생물은 침전성이 불량한 분산 성장(dispersed growth)하는 특징이 있으나 반면에 감소성장 상태로 갈수록 미생물들은 엉기는 특징을 가지고 있다. 이를 생물학적 응결형성(biological flocculation)이라고 한다. 생물학적 처리에서 처리수의 고액분리는 매우 중요하므로 이러한 생물학적 응결은 침전지의 성능을 향상시키기 위해서도 매우 중요하다. 감소성장 단계는 순수 배양의 정지기와 유사하며, 미생물의 생장 정지로 성장-사멸의 평형 상태에 이르게 된다. 이 구간의 발생 원인은 영양물질의 부족 외에도 독성 노폐물 축적, 군집의 임계밀도 등이 될 수 있다. 미생물의 양(M)은 이 단계에서 최고점에 이르렀다가 점차 감소하여 궁극에는 일정 수준으로 나타난다. 더 감소되지 않는 미생물 부분을 생물학적으로 분해 불가능한 유기물질(nonbiodegradable organic matter, NBD)로 표현한다. 그 결과 실제 활동적인 미생물(active microbes, M_a)의 양은 급격히 감소되는 것이다. 이러한 구간을 내생성장 단계(endogenous respiration, IV)로 규정하는데, 신진대사율의 큰 감소로 살아있는 미생물 수가 감소하고, 미생물은 자신의 원형질을 분해시켜 에너지를 얻는 자산화(auto-oxidation) 내호흡단계로 설명한다.

이러한 성장특성은 흔히 먹이와 미생물의 비(F/M, food/microbes ratio)로 표현할 수 있는데, 이 비율은 유도기에서 가장 높고 내생호흡단계에서 가장 낮다. 즉, 유도기로 갈수록 미생물(M)의 양이 반응의 제한요소가 되며, 반대로 내생호흡단계로 갈수록 먹이(F)의 양이 제한요소가 된다. 이는 처리효율뿐만 아니라 미생물 종의 구성비율과 침전특성 등 반응조의 거동을 모두 F/M 비의 조절에 의해 제어가 가능하다는 것을 의미한다. 특히 생물학적 슬러지(biosludge)는 최종처분에 어려움이 많으므로 실제 생물반응조의 설계와 운영은 최대의 미생물 활성도와 최소한의 슬러지 생산량의 개념으로 이루어진다.

7.4 생물에너지와 대사

생명체 내에서 일어나는 모든 화학반응을 대사(metabolism)라고 하며, 이 과정을 수행하는 동안 생체 내에서 변환되거나 이동하는 에너지를 생물에너지(bioenergetics)라고 한다. 이 두 가지는 미생물의 생화학적 거동을 이해하는 데 매우 유용하다. 물질대사의 관점에서 볼 때 모든 세포에서 일어나는 반응과정들은 생물체의 종류에 상관없이 근본적으로 유사하다. 화학반응에 수반되는 에너지 변화는 기본적으로 열역학 법칙을 따른다. 즉, 에너지는 한 형태로부터 다른 형태로 전환할 뿐 소모되거나 새롭게 생겨나지 않는다는 에너지 보존의 법칙(열역학 제1법칙)은 세포 내 모든 화학반응을 설명하는 근간이 된다.

화학반응에서 평형방정식은 반응물과 생성물의 관계를 나타내는 양론식(stoichiometry)을 기초로 표현되는데, 이러한 양론식은 생물 시스템의 물질수지(mass balance)를 수립하는 데 매우 유용하게 사용된다. 생물학적 산화반응에 대한 초기의 물질수지의 적용예(Porges et al., 1956)를 보면[식 (7.11)], 우유의 주요 단백질인 카제인(casein)을 호기성 미생물로 분해하고자 할 때, 1볼(184 g)의 카제인을 물로 분해하기 위해서 96 g의 산소가 필요하며, 그 과정에서 113 g의 새로운 세포가 생성된다는 것을 보여준다. 이는 하루에 1,000 kg의 카제인을 처리하기 위해 520 kg의 산소가 필요하고 그 결과 610 kg의 생물슬러지(biosludge, 건조기준)를 폐기 처분하여야 한다는 것을 의미한다(Ritmann and McCarty, 2001).

$$\underset{\substack{\text{casein}\\184}}{C_8H_{12}O_3N_2} + \underset{96}{3O_2} \rightarrow \underset{\substack{\text{bacteria}\\113}}{C_5H_7O_2N} + \underset{17}{NH_3} + \underset{132}{3CO_2} + \underset{18}{H_2O} \qquad (7.11)$$

이러한 방식의 계산은 전체적인 생물학적 처리 시스템을 공학적으로 설계하고 운영하는 데 매우 중요한 정보가 된다. 아래에서는 대표적인 호기성 시스템(주로 종속영양반응)을 예(Marais and Ekama, 1984)로 들어 물질과 에너지의 흐름에 대해 간단히 소개하고자 한다. 에너지 반응에 대한 추가적인 예들은 다른 문헌(Ritmann and McCarty, 2001)을 참고하기 바란다.

(1) 에너지 흐름

생물학적 대사는 생체 내에서의 에너지 전환과정을 의미한다. 앞서 설명한 바와 같이 에너지원은 주로 햇빛(solar radiation)과 유기화합물(organic compounds), 그리고 무기화합물(inorganic compounds)로 구분되며, 이들은 각각 광합성 독립영양균(photo-synthetic autotrophs)과 종속영양균(heterotrophs), 화학합성 독립영양균(chemo-synthetic autotrophs)에 의해 사용된다. 폐수처리의 관점에서 유기물질에 결합된 에너지와 독립영양물질(인산염, 암모니아, 질산성 질소 등)의 전환은 중요한 고려사항이 된다. 생물학적 폐수처리공정에서 투입되는 에너지는 탄소성(carbonaceous) 및 질소성(nitrogenous) 유기화합물 형태로 폐수 속에 존재한다. 처리과정에서 이들은 다른 에너지 형태로 전환되고 일부는 열로써 손실된다. 탄소성 에너지는 종속영양 미생물에 의해 소모되며, 질소성 물질의 주요한 에너지원은 유리 및 염성 암모니아(free and saline ammonia) 형태이다. 이때 유리 및 염성 암모니아는 용존된 암모니아(NH_3)와 암모늄이온(NH_4^+)를 말한다. 단백질성 질소(proteinaceous nitrogen)를 예로 들면 이는 일차적으로 종속영양균에 의해 암모니아와 탄소성 물질로 분해되고, 유리 및 염성 암모니아는 2개의 특정한 균(*nitrosomonas*와 *nitrobacter*)에 의해 에너지원으로 사용된다.

박테리아를 포함한 모든 유기체에 대하여 에너지원은 두 가지의 중요한 기능을 한다. 이는 새로운 세포물질로 변환(합성)하거나 그 변환과정에 중요한 영향을 주는 에너지의 공급기능을 말한다. 종속영양 성장 시스템에서 에너지는 탄소성 물질로부터 나오게 되는데, 각 유기분자는 수소이온과 이산화탄소 분자, 그리고 전자로 쪼개진다. 이때 유기분자는 전자를 내놓기 때문에 전

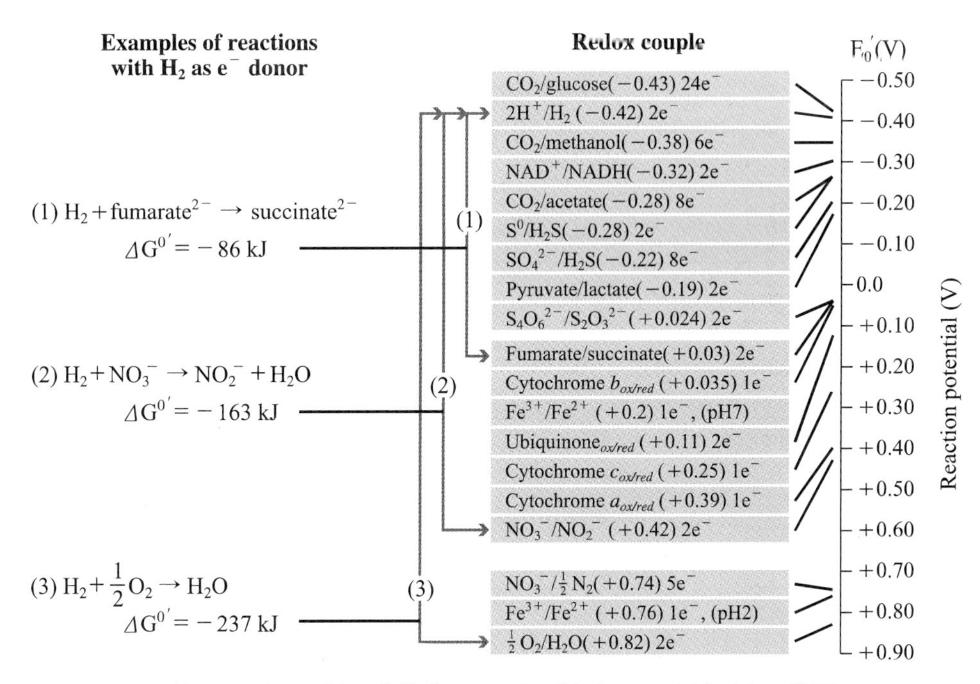

그림 7-58 Potentials of Redox couples (Medigan and Martinko, 2006)

자 공여체가 되며, 전자를 생산한 물질은 산화되었다(oxidized)고 한다. 반대로 유리된 전자와 결합하는 분자는 전자 수용체가 되어 환원상태(reduced)가 된다. 이러한 산화-환원(redox)반응에서 자유에너지(free energy)가 방출되는데, 이 에너지는 대사과정에서 직접적으로 사용될 수 있다. 그림 7-58은 호흡체인(respiratory chain)에서 사용되는 산화-환원반응의 전위차(potential)를 보여준다. 산화-환원반응에서 발생되는 자유에너지의 양은 전자 공여체와 전자 수용체의 종류에 따라 다르다. 탄수화물이 전자 공여체일 경우 산소가 최종 전자 수용체라면 자유에너지는 상대적으로 크며, 아질산이나 질산이 전자 수용체라면 자유에너지는 산소의 경우보다 약 5% 정도 낮다. 하수 속에는 다양한 종류의 탄소성 물질이 혼합된 상태로 포함되어 있으므로 그 평균 자유에너지는 사실상 일정하다(MaCarty, 1964).

세포 합성계수의 평가는 생물반응조의 거동을 설명하기에 매우 중요한 인자로 그 분석은 주로 생물학적 반응과 열역학 법칙을 적용한 생물에너지론에 근거하여 이루어진다(McCarty, 1964, 1975). 에너지 변화를 수반하는 생화학 반응들은 깁스 자유에너지(Gibbs free energy)로 알려진 자유에너지의 변화에 의해 열역학적으로 설명된다. 이 에너지는 $\Delta G^{0'}$로 표현한다. 첨자는 표준조건(pH 7.0, 25°C)에서 얻은 자유에너지 값이라는 것을 의미한다. 또한 양 또는 음으로 표시되는 순 자유에너지(net Gibbs free energy)는 반쪽반응(half reaction)에서만 이용할 수 있는 표준 자유에너지 값에 근거하여 반응물과 생성물을 평가하는 데 사용된다. 반쪽반응에서는 산화-환원과 합성반응에서 1 mole의 전자만 전달된다. 생물학적 시스템을 위한 다양한 반쪽반응을 표 7-54에 정리하였다. 자유에너지가 음(−)의 값을 가지는 반응을 에너지를 방출하는 반응, 즉 발열(exergonic)반응이라 하고 반면에 양(+)의 값을 가지는 반응을 흡열(endergonic)반응이라 하는데, 두 반응은 동시에 발생하지 않는다. 세포성장을 위해 이용가능한 에너지의 생산에서 발열반응은 세포 내의 효소반응에 의해 촉진된다. 자유에너지 변화에 대한 분석은 전자 공여체와 전자

수용체 간의 산화-환원반응을 해석하여 에너지 수지를 수립하는 것이다.

표 7-54 **Half reactions for biological systems** (Ritmann and McCarty, 2001)

(A) Inorganic

Reaction Number	Reduced-oxidized Compounds		Half-reaction	$\Delta G^{0'}$ kJ/e$^-$ eq
I-1	Ammonium-Nitrate	$\frac{1}{8}NO_3^- + \frac{5}{4}H^+ + e^-$	$= \frac{1}{8}NH_4^+ + \frac{3}{8}H_2O$	−35.11
I-2	Ammonium-Nitrite	$\frac{1}{6}NO_2^- + \frac{4}{3}H^+ + e^-$	$= \frac{1}{6}NH_4^+ + \frac{1}{3}H_2O$	−32.93
I-3	Ammonium-Nitrogen	$\frac{1}{6}N_2 + \frac{4}{3}H^+ + e^-$	$= \frac{1}{3}NH_4^+$	26.70
I-4	Ferrous-Ferric	$Fe^{3+} + e^-$	$= Fe^{2+}$	−74.27
I-5	Hydrogen-H^+	$H^+ + e^-$	$= \frac{1}{2}H_2$	39.87
I-6	Nitrite-Nitrate	$\frac{1}{2}NO_3^- + H^+ + e^-$	$= \frac{1}{2}NO_2^- + \frac{1}{2}H_2O$	−41.65
I-7	Nitrogen-Nitrate	$\frac{1}{5}NO_3^- + \frac{6}{5}H^+ + e^-$	$= \frac{1}{10}N_2 + \frac{3}{5}H_2O$	−72.20
I-8	Nitrogen-Nitrite	$\frac{1}{3}NO_2^- + \frac{4}{3}H^+ + e^-$	$= \frac{1}{6}N_2 + \frac{2}{3}H_2O$	−92.56
I-9	Sulfide-Sulfate	$\frac{1}{8}SO_4^{2-} + \frac{19}{16}H^+ + e^-$	$= \frac{1}{16}H_2S + \frac{1}{16}HS^- + \frac{1}{2}H_2O$	20.85
I-10	Sulfide-Sulfite	$\frac{1}{6}SO_3^{2-} + \frac{5}{4}H^+ + e^-$	$= \frac{1}{12}H_2S + \frac{1}{12}HS^- + \frac{1}{2}H_2O$	11.03
I-11	Sulfite-Sulfate	$\frac{1}{2}SO_4^{2-} + H^+ + e^-$	$= \frac{1}{2}SO_3^{2-} + \frac{1}{2}H_2O$	50.30
I-12	Sulfur-Sulfate	$\frac{1}{6}SO_4^{2-} + \frac{4}{3}H^+ + e^-$	$= \frac{1}{6}S + \frac{2}{3}H_2O$	19.15
I-13	Thiosulfate-Sulfate	$\frac{1}{4}SO_4^{2-} + \frac{5}{4}H^+ + e^-$	$= \frac{1}{8}S_2O_3^{2-} + \frac{5}{8}H_2O$	23.58
I-14	Water-Oxygen	$\frac{1}{4}O_2 + H^+ + e^-$	$= \frac{1}{2}H_2O$	−78.72

(B) Organic

Reaction Number	Reduced-oxidized Compounds	Half-reaction	$\Delta G^{0'}$ kJ/e$^-$ eq
O-1	Acetate		
	$\frac{1}{8}CO_2 + \frac{1}{8}HCO_3^- + H^+ + e^-$	$= \frac{1}{8}CH_3COO^- + \frac{3}{8}H_2O$	27.40
O-2	Alanine		
	$\frac{1}{6}CO_2 + \frac{1}{12}HCO_3^- + \frac{1}{12}NH_4^+ + \frac{11}{12}H^+ + e^-$	$= \frac{1}{12}CH_3CHNH_2COO^- + \frac{5}{12}H_2O$	31.37
O-3	Benzoate		
	$\frac{1}{5}CO_2 + \frac{1}{30}HCO_3^- + H^+ + e^-$	$= \frac{1}{30}C_6H_5COO^- + \frac{13}{30}H_2O$	27.34
O-4	Citrate		
	$\frac{1}{6}CO_2 + \frac{1}{6}HCO_3^- + H^+ + e^-$	$= \frac{1}{18}(COO^-)CH_2COH(COO^-)CH_2COO^- \frac{4}{9}H_2O$	33.08

표 7-54 **Half reactions for biological systems** (Ritmann and McCarty, 2001)(계속)

(B) Organic

Reaction Number	Reduced-oxidized Compounds	Half-reaction	$\Delta G^{0'}$ kJ /e$^-$ eq
O-5	Ethanol		
	$\frac{1}{6}CO_2 + H^+ + e^-$	$= \frac{1}{12}CH_3CH_2OH + \frac{1}{4}H_2O$	31.18
O-6	Formate		
	$\frac{1}{2}HCO_3^- + H^+ + e^-$	$= \frac{1}{2}HCOO^- + \frac{1}{2}H_2O$	39.19
O-7	Glucose		
	$\frac{1}{4}CO_2 + H^+ + e^-$	$= \frac{1}{24}C_6H_{12}O_6 + \frac{1}{4}H_2O$	41.35
O-8	Glutamate		
	$\frac{1}{6}CO_2 + \frac{1}{9}HCO_3^- + \frac{1}{18}NH_4^+ + H^+ + e^-$	$= \frac{1}{18}COOHCH_2CH_2CHNH_2COO^- + \frac{4}{9}H_2O$	30.93
O-9	Glycerol		
	$\frac{3}{14}CO_2 + H^+ + e^-$	$= \frac{1}{14}CH_2OHCHOHCH_2OH + \frac{3}{14}H_2O$	38.88
O-10	Glycine		
	$\frac{1}{6}CO_2 + \frac{1}{6}HCO_3^- + \frac{1}{6}NH_4^+ + H^+ + e^-$	$= \frac{1}{6}CH_2NH_2COOH + \frac{1}{2}H_2O$	39.80
O-11	Lactate		
	$\frac{1}{6}CO_2 + \frac{1}{12}HCO_3^- + H^+ + e^-$	$= \frac{1}{12}CH_3CHOHCOO^- + \frac{1}{3}H_2O$	32.29
O-12	Methane		
	$\frac{1}{8}CO_2 + H^+ + e^-$	$= \frac{1}{8}CH_4 + \frac{1}{4}H_2O$	23.53
O-13	Methanol		
	$\frac{1}{6}CO_2 + H^+ + e^-$	$= \frac{1}{6}CH_3OH + \frac{1}{6}H_2O$	36.84
O-14	Palmitate		
	$\frac{15}{19}CO_2 + \frac{1}{92}HCO_3^- + H^+ + e^-$	$= \frac{1}{92}CH_3(CH_2)_{14}COO^- + \frac{31}{92}H_2O$	27.26
O-15	Propionate		
	$\frac{1}{7}CO_2 + \frac{1}{14}HCO_3^- + H^+ + e^-$	$= \frac{1}{14}CH_3CH_2COO^- + \frac{5}{14}H_2O$	27.63
O-16	Pyruvate		
	$\frac{1}{5}CO_2 + \frac{1}{10}HCO_3^- + H^+ + e^-$	$= \frac{1}{10}CH_3COCOO^- + \frac{2}{5}H_2O$	35.09
O-17	Succinate		
	$\frac{1}{7}CO_2 + \frac{1}{7}HCO_3^- + H^+ + e^-$	$= \frac{1}{14}(CH_2)_2(COO^-)_2 + \frac{3}{7}H_2O$	29.09
O-18	Domestic Wastewater		
	$\frac{9}{50}CO_2 + \frac{1}{50}NH_4^+ + \frac{1}{50}HCO_3^- + H^+ + e^-$	$= \frac{1}{50}C_{10}H_{19}O_3N + \frac{9}{25}H_2O$	*
O-19	Custom Organic Half Reaction		
	$\frac{(n-c)}{d}CO_2 + \frac{c}{d}NH_4^+ + \frac{c}{d}HCO_3^- + H^+ + e^-$	$= \frac{1}{d}C_nH_aO_bN_c + \frac{2n-b+c}{d}H_2O$ where, $d = (4n + a - 2b - 3c)$	*
O-20	Cell Synthesis		
	$\frac{1}{5}CO_2 + \frac{1}{20}NH_4^+ + \frac{1}{20}HCO_3^- + H^+ + e^-$	$= \frac{1}{20}C_5H_7O_2N + \frac{9}{20}H_2O$	*

* Equations O-18 to O-20 do not have $\Delta G^{0'}$ values because the reduced species is not chemically defined.

표 7-54 **Half reactions for biological systems** (Ritmann and McCarty, 2001)(계속)

(C) Cell synthesis (Rc)

Reaction Number		Half-reaction	$\Delta G^{0'}$ kJ /e⁻ eq
	Ammonium as Nitrogen Source		
C-1	$\frac{1}{5}CO_2+\frac{1}{20}HCO_3^-+\frac{1}{20}NH_4^++H^++e^-$	$=\frac{1}{20}C_5H_7O_2N+\frac{9}{20}H_2O$	
	Nitrate as Nitrogen Source		
C-2	$\frac{1}{28}NO_3^-+\frac{5}{28}CO_2+\frac{29}{28}H^++e^-$	$=\frac{1}{28}C_5H_7O_2N+\frac{11}{28}H_2O$	
	Nitrite as Nitrogen Source		
C-3	$\frac{5}{26}CO_2+\frac{1}{26}NO_2^-+\frac{27}{26}H^++e^-$	$=\frac{1}{26}C_5H_7O_2N+\frac{10}{26}H_2O$	
	Dinitrogen as Nitrogen Source		
C-4	$\frac{5}{23}CO_2+\frac{1}{46}N_2+H^++e^-$	$=\frac{1}{23}C_5H_7O_2N+\frac{8}{23}H_2O$	

(D) Common electron acceptors (Ra)

Reaction Number			Half-reaction	$\Delta G^{0'}$ kJ /e⁻ eq
I-14	Oxygen	$\frac{1}{4}O_2+H^++e^-$	$=\frac{1}{2}H_2O$	−78.72
I-7	Nitrate	$\frac{1}{5}NO_3^-+\frac{6}{5}H^++e^-$	$=\frac{1}{10}N_2+\frac{3}{5}H_2O$	−72.20
I-9	Sulfate	$\frac{1}{8}SO_4^{2-}+\frac{19}{16}H^++e^-$	$=\frac{1}{16}H_2S+\frac{1}{16}HS^-+\frac{1}{2}H_2O$	20.85
O-12	CO_2	$\frac{1}{8}CO_2+H^++e^-$	$=\frac{1}{8}CH_4+\frac{1}{4}H_2O$	23.53
I-4	Iron(III)	$Fe^{3+}+e^-$	$=Fe^{2+}$	−74.27

(2) 전자 및 에너지 이송

대사는 유기체가 분해과정을 통해 에너지를 얻는 경로(energy capture)인 이화작용(catabolism)과 유기체가 원형질을 합성(energy use)하는 경로인 동화작용(anabolism)으로 구분되는 복잡한 생화학 반응으로 설명된다. 이화작용에서 유기물은 효소(생물학적 촉매제)반응에 의해 CO_2와 H_2O로 산화되며, 이때 상당량의 에너지를 방출하게 되는데, 방출된 에너지의 일부는 생물학적 반응을 위해 유기체에 의해 포착(captured)되고 나머지 부분은 열(heat)로 손실된다. 동화작용에서 유기체는 효소반응에 의해 새로운 세포를 형성하는데, 이때 유기물, 무기물(예: N와 P), 에너지, 양성자 및 전자 등이 요구된다. 생물학적 처리에서는 포획(이화)과 사용(동화) 두 반응 모두 열 손실로 인해 에너지 전달 측면에서 비효율적이다. 이러한 과정은 결국 에너지 감소현상을 초래하기 때문에 폐수처리에서는 매우 중요하다. 세포 내부에서 조절되는 산화-환원반응을 통해 세포는 쉽게 에너지를 이용할 수 있는데, 전자는 기질로부터 다수의 중간산물을 경유하여 최종 전자수용체(terminal electron acceptor, 예를 들어 O_2와 NO_3)로 이동한다. 이 과정에서 전자 전달의 중요한 역할을 하는 전자운반체(electron carrier)로 NAD(nicotinamide adenine dinucleotide)와

ADP/ATP(adenosine diphosphate/triphosphate)가 있는데, 전자는 에너지 수송(energy transport)을, 후자는 에너지 저장(energy storage)에 기여하는 매체이다.

1) 전자 수송 모듈(electron transport module)

산화된 형태인 NAD_{OX}는 식 (7.12)와 같이 2개의 전자와 양성자를 받아들여 환원된 형태인 NAD_{RED}로 변화한다(일반적인 생물학에서는 NAD_{OX}와 NAD_{RED}를 각각 NAD^+와 NADH로 표현한다).

$$NAD^+ + 2\,e^- + 2\,H^+ \rightarrow NADH + H^+ \qquad \Delta G^{0'} = 62\ kJ \tag{7.12}$$

이러한 전자와 양성자는 기질인 유기물질로 나오며, 효소반응에 의해 CO_2, H^+ 및 e^-로 분해된다.

예) 초산(acetic acid)의 경우

$$CH_3COOH + 2\,H_2O \rightarrow 2\,CO_2 + 8\,H^+ + 8\,e^- \tag{7.13}$$

이상의 두 반쪽반응식을 결합하면

$$CH_3COOH + 2\,H_2O + 4\,NAD^+ \rightarrow 2\,CO_2 + 4\,NADH \tag{7.14}$$

이화반응에서 전자는 최종 전자 수용체(oxygen or nitrate)로 기여하게 되므로

$$O_2 + 2\,NADH \rightarrow 2\,H_2O + 2\,NAD^+ \tag{7.15}$$

$$2\,NO_3^- + 5\,NADH + 2\,H^+ \rightarrow N_2 + 6\,H_2O + 5\,NAD^+ \tag{7.16}$$

이러한 반응에서 방출되는 에너지는 ATP의 형성을 통해 유기체에 의해 부분적으로 포착된다. 즉, $NADH/NAD^+$는 기질 산화와 에너지 생성 사이의 연결고리를 제공한다(그림 7-59).

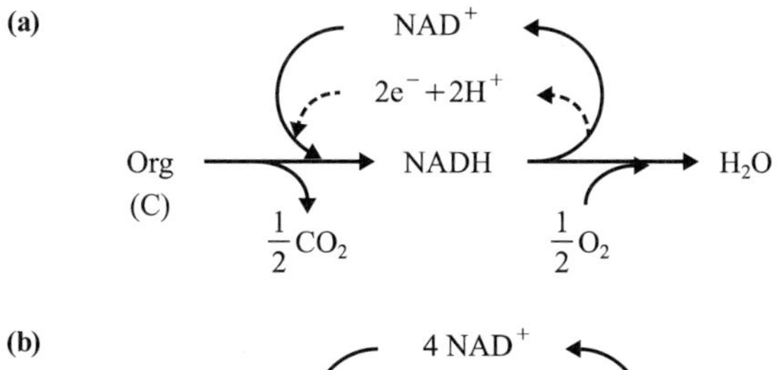

(b)
$4\,NAD^+$
$8e^- + 8H^+$
CH_3COOH
$+2\,H_2O$
4 NADH
$4\,H_2O$
$2\,CO_2$
$2\,O_2$

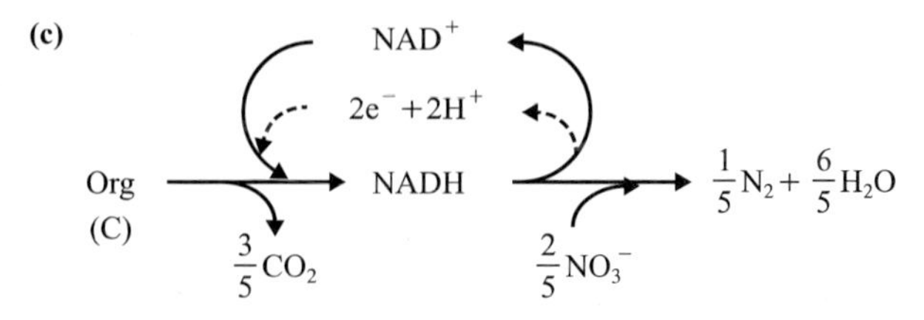

NADH
Substrate oxidation
Energy generation
NAD^+

그림 7-59 **기질 산화와 에너지 생산. (a) 유기물질과 산소 반응, (b) 초산과 산소 반응, (c) 유기물질과 질산염 반응**

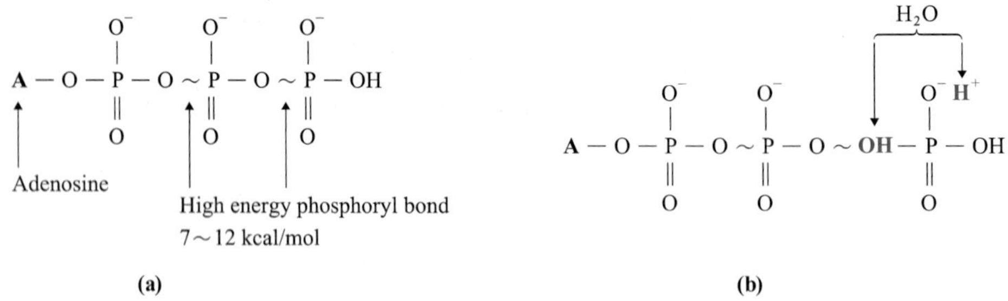

Adenosine
High energy phosphoryl bond
7～12 kcal/mol

(a)

(b)

그림 7-60 ATP와 ADP의 반응

2) 에너지 수송 모듈(energy transport module)

에너지는 ADP로부터 ATP를 만들면서 저장되며, 고에너지 인산염 결합(high-energy phosphoryl bond)을 통하여 보존된다(그림 7-60).

$$ADP + PO_4^{2-} + (7 \sim 12\ kcal/mol\ ATP) \rightleftharpoons ATP + H_2O \quad \Delta G^{0'} = +32\ kJ \qquad (7.17)$$

$$ATP + H_2O \rightleftharpoons ADP + Pi \qquad \Delta G^{0'} = -30.5\ kJ/mol(-7.3\ kcal/mol)$$

$$ATP + H_2O \rightleftharpoons AMP + PiPi \qquad \Delta G^{0'} = -45.6\ kJ/mol(-10.9\ kcal/mol)$$

방출된 에너지의 포획과 ATP의 형성은 기질 인산화(substrate phosphorylation) 반응과 산화적 인산화(oxidative phosphorylation) 반응을 통하여 진행된다. 기질 인산화는 전자의 이송 없이 인산기를 포함한 유기물질로부터 직접 ATP를 만드는 반응[식 (7.17)]이며, 산화적 인산화는 전자 전달계(ETC, electron transport chain)를 통해 전자를 전달하는 과정에서 ADP가 인산기를 하나 더 얻어 ATP를 만드는 반응이다. 두 가지 반응 중에서 주요 에너지 포획은 산화적 인산화 반응을 통하여 이루어진다.

기질 인산화: substrate-P + ADP → substrate + ATP (7.18)

산화적 인산화:

$$NADH + H^+ \rightarrow NAD^+ + 2\,H^+ + 2\,e^- \quad \Delta G^{0'} = -62\ kJ \qquad (7.19)$$

$$1/2\ O_2 + 2\,H^+ + 2\,e^- \xrightarrow[3ADP + 3P]{3ATP} H_2O \quad \Delta G^{0'} = -157\ kJ$$

$$NADH + 1/2\ O_2 + H^+ + 3\ ADP + 3\ Pi \rightarrow NAD^+ + H_2O + 3\ ATP \qquad (7.20)$$

$$\Delta G^{0'} = -219\ kJ$$

즉, NADH는 각 한 쌍씩의 e^-와 H^+를 방출하여 최종 전자 수용체(O_2)에 포획되는데, 산소와의 반응에서 NADH는 3 ATP를 생산하지만 이는 전자 수용체의 종류에 따라 달라질 수 있다. 또한 1/2 O_2가 물(H_2O)로 환원되면서 한 쌍씩의 e^-와 H^+가 3 ATP를 만들게 된다.

이화작용에서 에너지 포획의 효율은 기질의 산화 결과 방출된 자유에너지와 보존된 자유에너지를 비교하여 결정할 수 있다. 즉, 방출 에너지는 반응식의 깁스 자유에너지($\Delta G_R^{0'}$)를 파악하고 보존된 에너지(ATP)는 기질 인산화와 산화적 인산화 반응식에서 나타나는 e^-와 H^+의 수를 평가하는 방법(ATP 수 × 10 kcal/mol ATP)이다. $\Delta G_R^{0'}$는 실제 에너지로, 봄 열량계(bomb calorimeter)로 측정이 가능하다.

포도당을 예로 들면

$$
\begin{aligned}
C_6H_{12}O_6 + 6\,H_2O &\rightarrow 6\,CO_2 + 24\,H^+ + 24\,e^- \\
24\,H^+ + 24\,e^- + 6\,O_2 &\rightarrow 12\,H_2O \\
\hline
C_6H_{12}O_6 + 6\,O_2 &\rightarrow 6\,CO_2 + 6\,H_2O
\end{aligned}
\tag{7.21}
$$

반응물($C_6H_{12}O_6$, O_2)과 생성물(CO_2, H_2O)의 자유에너지($\Delta G_R^{0'}$)로부터 반응식의 자유에너지($\Delta G_R^{0'}$)를 계산할 수 있다.

$$
\begin{aligned}
\Delta G_R^{0'} &= \Delta G_f^{0'}\,(\text{products}) - \Delta G_f^{0'}\,(\text{reactants}) \\
&= \Delta G_f^{0'}\,(CO_2)\cdot 6 + \Delta G_f^{0'}\,(H_2O)\cdot 6 - \Delta G_f^{0'}\,(C_6H_{12}O_6) - \Delta G_f^{0'}\,(O_2) \\
&= (-94)\cdot 6 + (-57)\cdot 6 - (-217) - 0 \\
&= -689\ \text{kcal/mol glucose}\ (\text{“}-\text{”는 에너지방출을 의미한다.})
\end{aligned}
$$

$$\Delta G_R^{0'}/e^-\ \text{eq.} = -689/24 = -28.7\ \text{kcal}/e^-\ \text{eq.}$$

$$\text{Free energy/mole } O_2 = -689/6 = -14.8\ \text{kcal/mol } O_2$$

$$
\begin{aligned}
\text{Free energy/g } O_2 &= -689/(6\cdot 32) = -3.59\ \text{kcal/g } O_2 \\
&= -15.1\ \text{kJ/g O}\ (1\ \text{kcal} = 4.1862\ \text{kJ})
\end{aligned}
$$

이러한 반응에서 다양한 종류의 유기물질을 대상으로 할 때 1 g O(혹은 e^- eq.)당 방출된 자유에너지의 양은 매우 일정한 범위로 나타난다. 그 이유는 유기물질의 강도를 전자나 O_2에 대한 열량을 나타낼 경우 비교적 일정한 수준을 보이기 때문으로, 이는 안정화된 연료의 경우도 동일하다.

13.3 kJ/g O for short chain fatty acids (eq. acetate)

15.1 kJ/g O for sugars (carbohydrates)

13.9 kJ/g O for methane (CH_4)

13.7 kJ/g O for octane (C_8H_{18})

따라서 자유에너지는 유기물질이 이산화탄소로의 산화에서 소모된 산소(또는 등가로 기여된 전자)의 양, 즉 전자 기여 능력(EDC, electron donating capacity)과 밀접하게 관련이 있음을 분명히 알 수 있다.

(3) 에너지의 획득

이화작용에서 유기체가 어떻게 에너지를 얻는지 그 과정에 대해 녹말(starch)을 기질로 이용할 경우를 예를 들어 설명한다. 녹말은 포도당 분자를 서로 연결하여 긴 사슬모양(Glu-Glu-Glu_...)을 하고 있는 매우 큰 고분자 물질로 포도당과는 달리 세포 안으로 직접 들어갈 수 없는 구조를 하고 있다.

1단계: 세포 외적인 녹말의 분열(extracellular breakdown: Hydrolysis)

세포로 직접 들어갈 수 있도록 녹말을 포도당으로 분해하는 과정이다.

2단계: 포도당의 해당 작용(glycolysis)

해당작용은 세포 내에서 포도당을 분해하는 연쇄적인 화학반응이다(그림 7-61). 생물이 자신에게 필요한 에너지를 만들기 위해, 포도당을 미토콘드리아로 들어갈 수 있을 정도로 작은 분자인 피루브산($C_3H_4O_3$, Pyruvate)으로 분해하는 과정을 말한다. 가장 일반적인 유형의 해당 작용은 EMP(Embden-Meyerhof-Parnas) 경로인데, 이는 발견자의 이름을 딴 것이다. 포도당을 분해하는 과정은 모든 생명체에서 일어나는 일로, 호기성과 혐기성 박테리아 모두 이러한 에너지 획득반응을 수행한다. 이 과정은 세포질 내에서 일어나며, 대기에 산소가 축적되기 전에 진화한 작용이기 때문에 세포가 미토콘드리아를 갖든(진핵세포) 갖지 않든(원핵세포) 상관없이 일어난다. 이 반응에서 포도당 1분자가 여러 단계의 화학반응을 거쳐 2분자의 피루브산으로 분해되고, 2 NADH와 2 ATP가 생성된다[식 (7.22)]. 생성물인 피루브산은 산소가 부족할 경우(anoxic) 젖산 혹은 에탄올 발효경로로 전환되고, 산소가 충분할 경우(oxic) 다음 단계인 크렙스 회로와 산화적 인산화 과정을 거쳐 이산화탄소와 물로 최종적으로 분해된다. 여기서 조효소 A(coenzyme A, CoASH)는 지방산의 합성 및 산화에서 중요한 역할을 하는 물질로 구연산 순환(citric acid cycle)에서 피루브산의 산화 작용에 관여한다. 아세틸 조효소 A(acetyl coenzyme A, acetyl CoA)는 생체의 세포호흡(대사)경로의 중요한 중간체이며 지질의 주된 전구체이다. 피루브산, 지방산 또는 아미노산이 산화되는 동안에 아세틸기가 조효소에 부착됨으로써 형성된다.

$$\begin{aligned} &\text{Glu} + 4\,\text{NAD}^+ + 2\,\text{ADP} + 2\,\text{Pi} + 2\,\text{CoASH} \\ &\qquad \rightarrow 2\,\text{Acetyl CoA} + 4\,\text{NADH} + 2\,\text{ATP} + 2\,\text{CO}_2 \end{aligned} \tag{7.22}$$

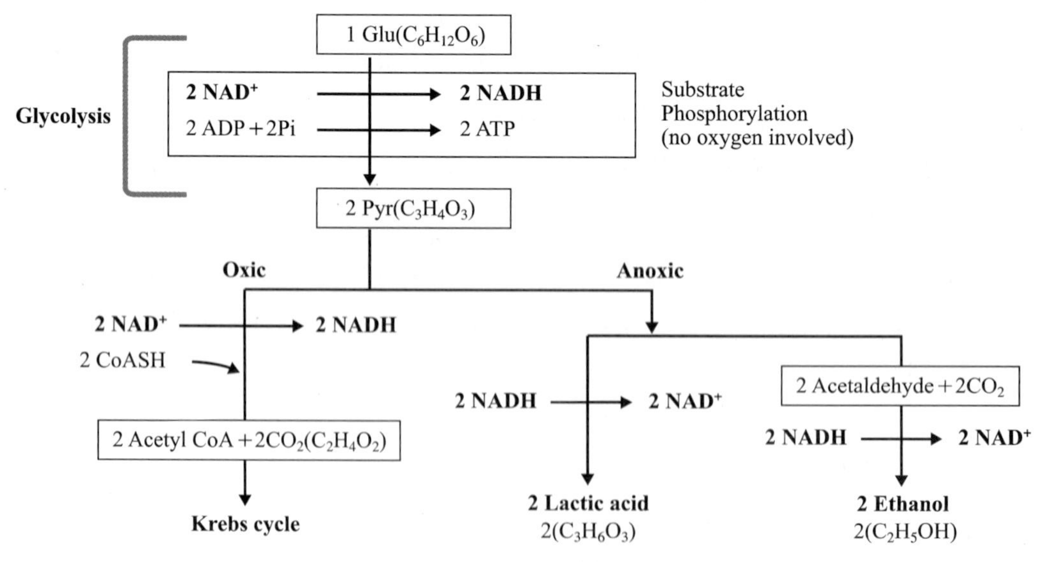

그림 7-61 해당과정과 아세틸-조효소 A 생성

3단계: 크렙스 회로(Krebs cycle)

포도당이 해당작용을 거쳐 피루브산으로 변환된 다음 호기적 호흡에 의하여 대사가 지속될 때 반응은 크렙스 회로에 연결되고 그 이후 전자 전달계를 거치게 된다. 피루브산으로부터 만들어진 아세틸기는 크렙스 회로에서 9개의 단계적 반응을 거치는데, 궁극적으로 물과 이산화탄소로 완전히 분해시키는 산화반응으로 이어진다. 크렙스 회로는 TCA 회로(tricarboxylic acid cycle) 또는 시트르산 회로(citric acid cycle)라고 부르기도 하는데, 이 회로의 첫 번째 중간대사물질인 구연산(citric acid)이 3개의 카르복실 그룹을 가진 산이기 때문에 붙여진 이름이다. 크렙스 회로에서는 한 번 순환할 때 8개의 전자가 나오는데, 그 중에 6개는 3분자의 NADH 형태로 받고, 나머지 2개는 전자 수용체의 한 종류인 FAD(flavin adenine dinucleotide)가 $FADH_2$로 환원되는 데 사용된다(그림 7-62). 크렙스 회로는 세포호흡 과정의 일부로 많은 ATP를 만드는 것이 역할이지만, 회로 자체가 많은 ATP를 생성하는 것은 아니다(1개의 아세틸기는 1개의 ATP를 생산). 그러나 크렙스 회로는 아세틸 그룹이라는 연료를 산화시켜 나오는 많은 에너지를 고에너지 전자 형태인 NADH와 $FADH_2$의 형태로 축적하는 기능을 한다. 이렇게 수집한 전자들은 다음 단계인 산화적 인산화 과정을 위해 전자 전달계(ETC, electron transport chain)에 보내지게 된다. 식 (7.23)은 크렙스 회로의 반응식을 나타내었고, 식 (7.24)는 1～3단계 반응을 함께 나타낸 것이다. 결국 포도당이 6개의 CO_2 분자로 전환되면서 에너지는 4개의 ATP와 12개의 환원된 전자운반체에 저장된다. 이 전자운반체 중 10개는 NADH이며 2개는 $FADH_2$이다.

$$\begin{aligned} &2\ \text{Acetyl CoA} + 6\ NAD^+ + 2\ FAD + 2\ ADP + 2\ Pi \\ &\quad \rightarrow 4\ CO_2 + 6\ NADH + 2\ FADH_2 + 2\ ATP + 2\ CoASH \end{aligned} \tag{7.23}$$

1～3단계

$$\begin{aligned} &Glu + 10\ NAD^+ + 2\ FAD + 4\ ADP + 4\ Pi \\ &\quad \rightarrow 6\ CO_2 + 10\ NADH + 2\ FADH_2 + 4\ ATP \end{aligned} \tag{7.24}$$

Oxidative phosporylation (to step 4 ETC)

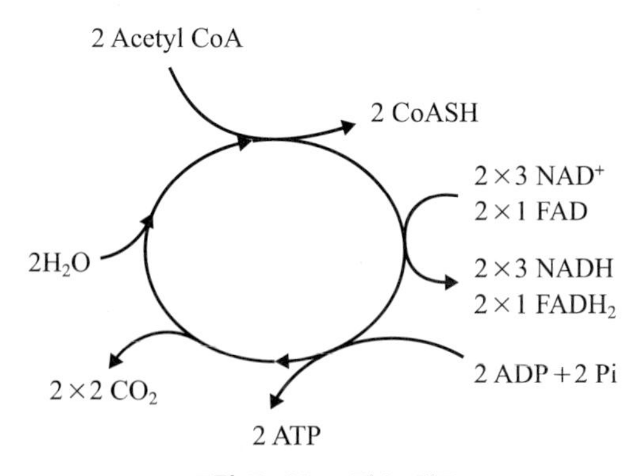

그림 7-62 크렙스 회로

4단계: 전자 전달계(ETC)

전자 전달계란 세포질(cytochromes)에서 해당 작용과 TCA 회로에서 생성된 NADH와 $FADH_2$의 전자를 전자 전달 효소가 차례로 전달받아 산화-환원반응을 진행시키고, 전자를 운반하면서

ATP를 생성하여 에너지를 방출하는 일련의 과정을 말한다. 이 과정에는 4종의 전자 전달 효소 복합체와 전자운반체 역할을 하는 유비퀴논(ubiquinone)과 사이토크롬 복합체(cytochrome complex) 등이 관여한다. 전자 전달계로부터 방출된 에너지는 화학 삼투에 의해 ATP가 합성될 수 있도록 한다. 이 복합체는 4개의 전자를 이용하여 산소 한 분자를 환원시키는데, 각 산소 원자는 2개의 양성자와 결합하여 물 분자를 만든다[식 (7.25)].

$$O_2 + 4\,H^+ + 4\,e^- \rightarrow 2\,H_2O \qquad (7.25)$$

호기성 반응에서 산소는 전자 전달계의 최종 전자 수용체로, 이는 전자 친화력이 높기 때문이며 산소가 없으면 전자 전달이 진행되지 않는다.

ETC에서 각 NADH는 3개의 ATP를 얻는다. 즉,

$$NADH + 1/2\,O_2 + 3\,ADP + 3\,Pi \rightarrow NAD^+ + H_2O + 3\,ATP \qquad (7.26)$$

따라서 전체적인 반응식은 (7.27)과 같이 표현된다.

$$1\,C_6H_{12}O_6 + 38\,ADP + 38\,pi + 6\,O_2 \rightarrow 6\,CO_2 + 6\,H_2O + 38\,ATP \qquad (7.27)$$

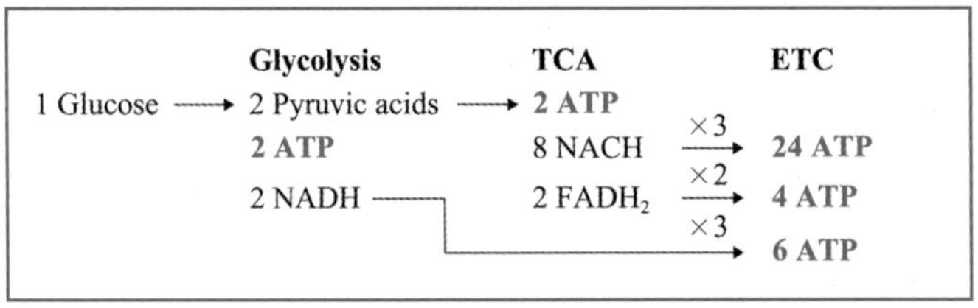

	Glycolysis	**TCA**		**ETC**
1 Glucose →	2 Pyruvic acids →	2 ATP		
	2 ATP	8 NACH	×3 →	24 ATP
	2 NADH	$2\,FADH_2$	×2 →	4 ATP
	(2 NADH)		×3 →	6 ATP

여기서, 38 ATP는 기질 인산화 반응에서 2 ATP와 산화적 인산화 반응에서의 36 ATP를 합한 값이다(그러나 해당과정에서 만들어진 2분자의 NADH가 전자 전달계를 거치기 위해 미토콘드리아 내부로 들어갈 때 2분자의 ATP를 소모하게 되므로 포도당 1분자에서 만들어지는 ATP는 실제 36분자이다). ATP 1몰당 10 kcal(41.84 kJ)가 형성된다고 가정하면, 세포의 내부회로에 의한 보존 에너지는 380 kcal가 된다.

10 kcal/1 mol ATP × 38 mol ATP/1 mol glucose = 380 kcal/mol glu

깁스 자유에너지로부터 포도당의 산화에서 방출되는 자유에너지는 포도당 1몰당 −689 kcal (2882 kJ)이므로 에너지 포획효율(efficiency of capture)은 380/689로 55% 정도가 된다. 즉, 남은 45%는 방출된 에너지가 열로 인해 손실되는 분량이다. 이러한 방식으로 산화된 모든 기질에 대한 에너지 효율은 55%로 매우 일정하게 나타난다. 표 7-55는 포도당의 분해 과정에 따라 생성되는 ATP 수와 에너지 전환 효율을 비교하여 보여주고 있다.

특정한 최종 전자 수용체의 경우 전자 수용체로 전달되는 쌍 전자에 대해 생성된 ATP의 수는 일정하며, 산화적 인산화에서 유기체가 포착하는 에너지는 유기물질의 ETC에 비례한다. 산화적 인산화에서는 이 비율이 "3 ATP 형성/2 e^-"로써 일정하다. 기질 인산화 반응에서 차이가 있을 수 있지만 그 영향은 아주 작다. 그러므로 유기물질의 강도(organic strength)를 ETC로 표현하는 것이 가능하다. 그림 7-64와 7-65에는 호기성 종속 영양 에너지 추출에 있어서 신진대사의 주요 단계를 표현하고 있다.

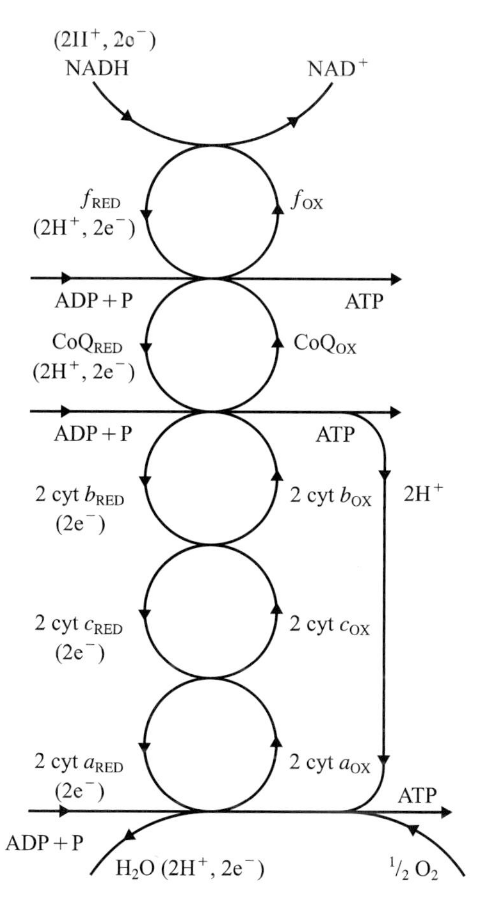

그림 7-63 **전자 이송 체인(ETC)에서 연쇄적인 산화-환원반응에 의한 ATP 형성**

표 7-55 **Efficiency of transfer of energy from glucose conversion to ATP formation**

Glucose Reaction	$\Delta G^{0'}$ (kJ/mol Glucose)	Number ATP Formed	Total ATP/ADP Energy* (kJ)	Energy Transfer Efficiency(%)
$C_6H_{12}O_6 + 6\ O2 \rightarrow 6\ CO_2 + 6\ H_2O$	−2,882	38	1,590	55
$C_6H_{12}O_6 \rightarrow 2\ CH_3CH_2OH + 2\ CO_2$	−244	2	84	34
$C_6H_{12}O_6 \rightarrow 3\ CH_3COO^- + 3\ H^+$	−335	3	126	37

* Assuming physiological energy content of ATP is 41.84 kJ/mol.[modified from Rittmann and McCarty(2001)]

(4) 유기체 증식과 산소 이용

유기체가 먹이로 유기화합물을 이용할 때 에너지 효율과 전자(e^-)는 모두 보존되어야 한다. 즉, 에너지와 전자 모두의 운명은 추적이 가능해야 한다. 유기체의 호기성 합성에서, 탄소성 물질의 일부는 산화-환원의 복잡한 반응을 통해 산화되어 ADP-ATP 교환을 통해 자유에너지를 생산한다(그림 7-66). 에너지는 유기물 내에서 이용가능한 자유에너지의 형태로 보존되며, 일부는 잔여 탄소 분자를 원형질 물질로 재구성하는 데 이용되고, 나머지는 열로 손실된다. 전자는 유기물질에서 전자 형태로 보존되고, 일부는 새로운 세포의 유기성분으로 잔류하고 나머지는 최종 전자 수용체로 전달된다.

유기체에 의해 보유된 전자(또는 에너지)의 비율은 유기체의 비증식계수(specific organism

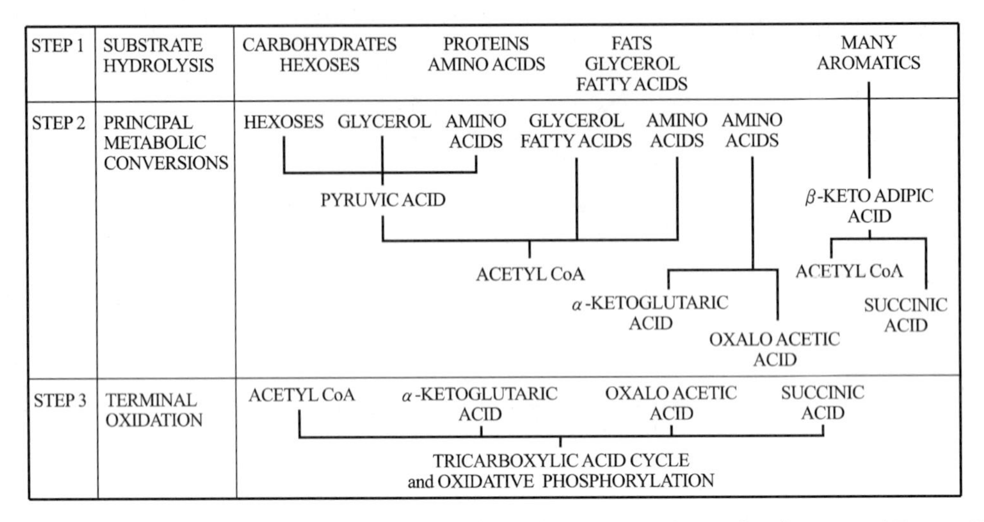

그림 7-64 **Major metabolic stages of aerobic heterotrophic energy abstraction** (Servisi and Bogan, 1963)

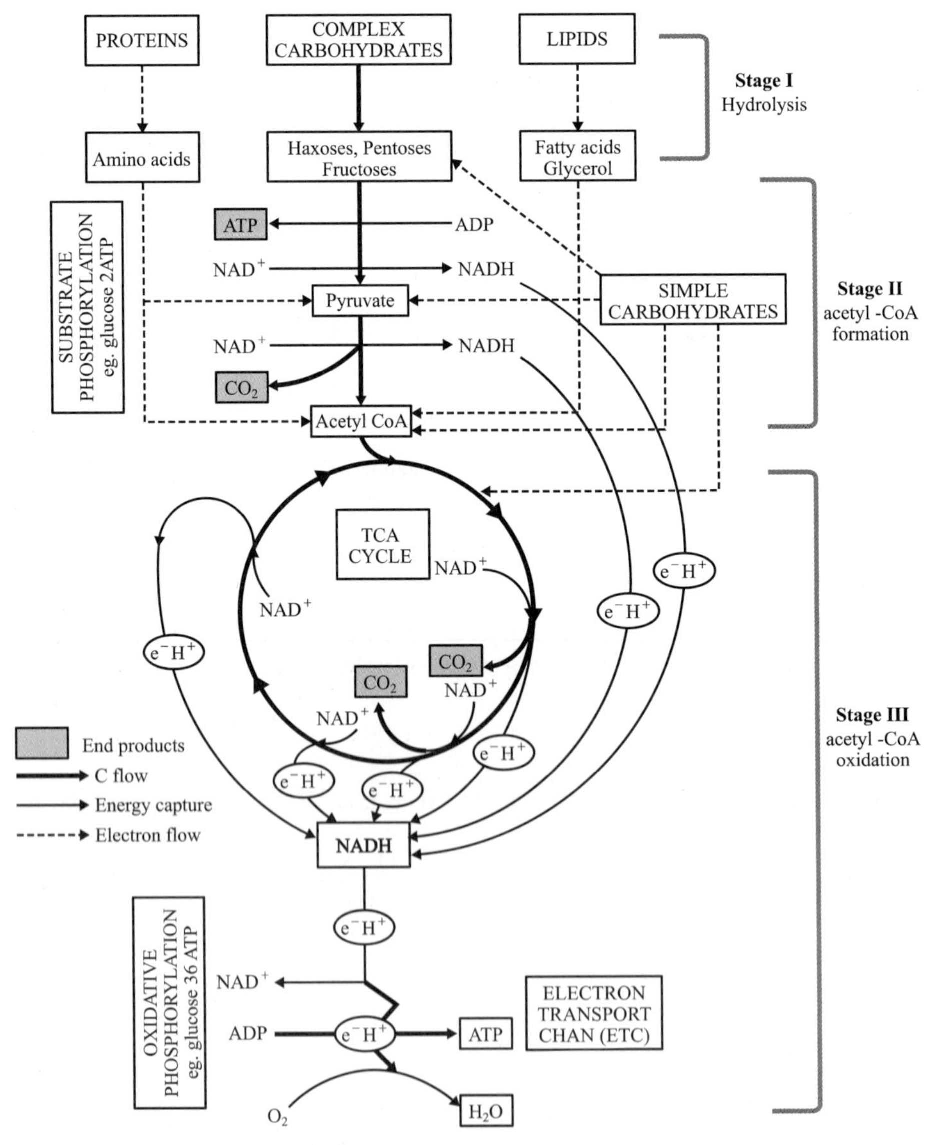

그림 7-65 **Simplified schematics of heterotrophic organis catabolisms** (Marais and Ekama, 1984)

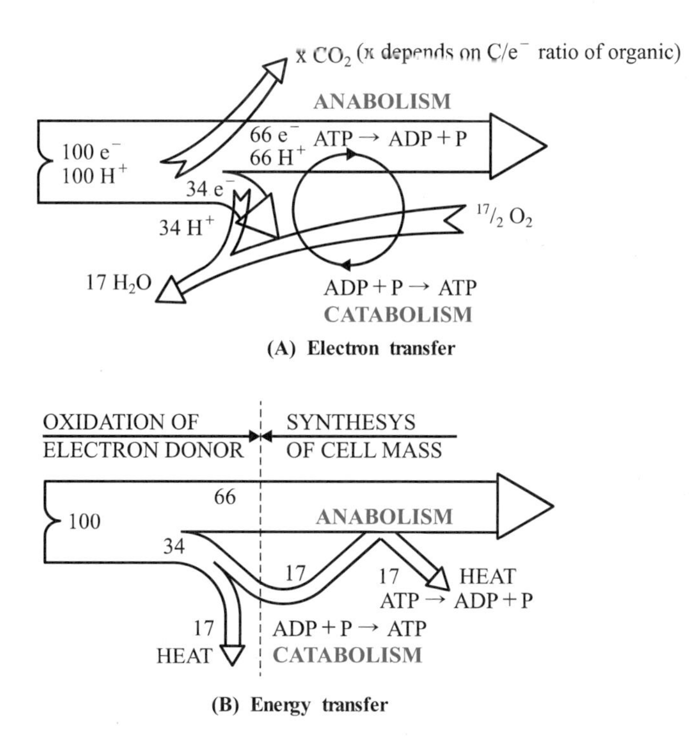

그림 7-66 **Electron and energy transfer on anabolism and catabolism** (Marais and Ekama, 1984)

mass yield coefficient, Y_h)로 정의되는데, 여기서 아래 첨자 h는 종속영양을 의미하며, 모든 미생물에 일반화할 경우 Y라고 표현한다. 또한 이 상수는 세포 합성(증식)계수 또는 단순히 수율(yield)이라고 부르기도 한다.

$$Y_h = \frac{e^- \text{ (or E) conserved in organism mass}}{e^- \text{ (or E) released from substrate consumed}}$$

생물에너지와 열역학 원리를 이용하여 Y_h 값을 평가할 수 있으며, 이를 위해 동화작용과 이화작용을 함께 고려해야 한다.

1) 동화작용 경로

박테리아 세포의 조성은 탄수화물, 단백질 및 지질 등으로 매우 복잡하게 구성되어 있다. 일반적으로 박테리아의 조성식은 $C_5H_7O_2N$(분자량 113 g/mol)으로 표현되며, 탄소 53%, 산소 28%, 질소 12% 및 수소 6%의 비율을 가진다.

세포의 형성(동화작용)은 매우 다양한 복잡한 경로를 따르지만 크게 원형질(protoplasm, $C_5H_7O_2N$)의 형성과 기질의 산화로 단순화할 수 있다. 환경공학에서 세포 원형질의 표현은 휘발성 고형물질(VSS, volatile suspended solids)로 나타낸다.

① CO_2, NH_3, e^- 및 H^+로부터 원형질의 생성

$$5\,CO_2 + NH_3 + 20\,e^- + 20\,H^+ \rightarrow C_5H_7O_2N + 8\,H_2O \qquad (7.28)$$

이때 세포는 종속영양이므로 기준에너지를 수립하기 위해 CO_2만을 사용하며, 20 e^-과 20 H^+는 NADH에 의해 공급되므로 이 식은 다음과 같이 표현된다.

$$5\,CO_2 + NH_3 + 10\,NADH \rightarrow C_5H_7O_2N + 8\,H_2O + 10\,NAD^+ \quad (7.29)$$

② e^-와 H^+를 공급하기 위한 기질의 산화

원형질 형성 단계에서 필요한 e^-와 H^+를 공급하기 위해 유기체는 기질을 산화시켜 10 NADH를 공급한다. 포도당의 경우 산화식은 다음과 같다.

$$C_6H_{12}O_6 + 6\,H_2O \rightarrow 6\,CO_2 + 24\,H^+ + 24\,e^-$$
$$24\,H^+ + 24\,e^- + 12\,NAD^+ \rightarrow 12\,NADH$$
$$C_6H_{12}O_6 + 6\,H_2O + 12\,NAD^+ \rightarrow 6\,CO_2 + 12\,NADH \quad (7.30)$$

동화작용에서는 에너지가 필요하고 새로운 세포에 e, H^+ 및 CO_2를 공급하기 위해 10/12 = 0.83몰의 포도당이 필요하다. 식 (7.29)의 반응에서 생성물과 반응물의 깁스 자유에너지는 다음과 같다.

$$\Delta G_f^{0'}\ (C_5H_7O_2N) \approx +\ 40.6\ \text{kcal/mol}$$
$$\Delta G_f^{0'}\ (NADH - NAD^+) \approx -5.0\ \text{kcal/mol}$$

따라서 반응식 (7.29)의 자유에너지는 다음과 같이 계산된다.

$$\begin{aligned}\Delta G_R^{0'} &= \Delta G_f^{0'}\ (\text{products}) - \Delta G_f^{0'}\ (\text{reactants}) \\ &= \Delta G_f^{0'}\ (C_5H_7O_2N) + \Delta G_f^{0'}\ (H_2O)\cdot 8 - \Delta G_f^{0'}\ (CO_2)\cdot 5 \\ &\quad - \Delta G_f^{0'}\ (NADH - NAD^+)\cdot 10 - \Delta G_f^{0'}\ (NH_3) \\ &= (+40.6) + (-57)\cdot 8 + (-94)\cdot 5 - (-5)\cdot 10 - (-6) \\ &= +\ 110.6\ \text{kcal/mol (energy required)}\end{aligned}$$

그러나 에너지 이동 효율은 100%가 아니다. 그러나 이 에너지는 이화작용에 의해 공급되므로 이화작용과 같이 55% 효율로 가정한다면 110.6/0.55 = 201 kcal/mol protoplasm로 계산된다.

2) 이화작용 경로

동화작용을 위한 에너지 공급에서 각 ATP는 약 10 kcal/mol이므로 201 kcal/mol protoplasm의 에너지를 공급하기 위해 1 mol의 원형질당 20.1 mol의 ATP가 이화작용 단계에서 발생되어야 한다. 최종 전자 수용체인 산소의 경우 한 쌍의 전자로부터 3 ATP가 형성될 수 있으므로 20.1 mol ATP/mol protoplasm × (2 e^-/3 ATP) = 13.4 e^- eq./mol proto가 되므로 이 정도의 유기물질이 산화되어야 한다. 예를 들어 포도당의 경우 1 mol $C_6H_{12}O_6$는 24 e^- eq. [식 (7.30)]를 방출하므로 1 mol의 원형질을 합성하기 위해 필요한 에너지 공급량은

$$(13.4\ e^-\ \text{eq./mol proto})/(24\ e^-\ \text{eq./mol glucose}) = 0.56\ \text{moles glucose}$$

가 산화되어야 한다.

3) 세포 증식

1 mole의 원형질을 합성하기 위하여 기질로부터 공급되어야 할 총 에너지는 33.4 e^- eq.가 된다. 이는 기질의 종류 및 형태와는 상관이 없다.

Anabolism: 20 e^- eq. [필요한 CO_2, e^-, H^+ 공급, 식 (7.28)]

Catabolism: 13.4 e^- eq. (필요한 에너지 공급)

생성된 원형질과 산화된 기질의 질량비로 정의되는 세포의 증식계수는 다음과 같이 다양한 방법으로 표현할 수 있다.

- mol proto/mol substrate
- mass(g) protoplasm/mass(g) substrate
- mass(g) protoplasm/e^- eq. of substrate
- mass(g) protoplasm/e^- eq. of oxygen

마지막 단위는 흔히 g/e^- eq.로 표현되는데, e^- eq.는 식 (7.31)과 같이 산소의 중량으로 표현할 수 있다.

$$4\,e^- + H^+ + O_2 \rightarrow 2\,H_2O \tag{7.31}$$

여기서, 4 e^- eq. = 32 g oxygen (1 e^- eq. = 8 g oxygen)

이것은 COD와 직접적으로 관련이 있으므로 매우 유용한 방법이다.

$$1\text{ g COD} = 1\text{ g } O_2 = 1/8\ e^- \text{ eq.}$$

여기에 초산과 포도당 2개의 기질을 예로 들어 설명한다.

① 초산염

$$CH_3COOH + 2\,H_2O \rightarrow 2\,CO_2 + 8\,H^+ + 8\,e^- \tag{7.32}$$

1 mol acetate는 8 e^-를 가진다. 1 mol의 원형질은 만드는 데 33.4 e^- eq.의 에너지가 요구되므로 이는 결국 4.17 mol의 초산염에 해당한다.

$$(33.4\ e^-\text{ eq./mol proto}) \times (1\text{ mol acetate}/8\ e^-\text{ eq.}) = 4.17\text{ mol acetate/mol proto}$$

1 mol protoplasm ($C_5H_7O_2N$) = 113 g이므로

$$\begin{aligned} Y_h &= 1/4.17 = 0.24\text{ mol proto/mol acetate} \\ &= 113/(4.17 \times 60) = 0.45\text{ g proto/g acetate} \\ &= 113/(4.17 \times 8) = 3.38\text{ g proto/}e^-\text{ eq. acetate} \\ &= 113/(4.17 \times 8 \times 8) = 0.42\text{ g proto/g oxygen} \end{aligned}$$

② 포도당

$$C_6H_{12}O_6 + 6\,H_2O \rightarrow 6\,CO_2 + 24\,H^+ + 24\,e^- \tag{7.33}$$

1 mol의 포도당은 24 e^-를 가진다. 1 mol의 원형질은 만드는 데 33.4 e^- eq.의 에너지가 요구되므로 이는 결국 1.39 mol의 포도당에 해당한다.

$$(33.4\ e^-\ \text{eq./mol proto}) \times (1\ \text{mol glucose}/24\ e^-\ \text{eq.}) = 1.39\ \text{mol glucose/mol proto}$$

따라서

$$\begin{aligned} Y_h &= 1/1.39 = 0.72\ \text{mol proto/mol glucose} \\ &= 113/(1.39 \times 180) = 0.45\ \text{g proto/g glucose} \\ &= 113/(1.39 \times 24) = 3.38\ \text{g proto}/e^-\ \text{eq. glucose} \\ &= 113/(1.39 \times 24 \times 8) = 0.42\ \text{g proto/g oxygen} \end{aligned}$$

여기서 원형질을 합성하기 위하여 기질로부터 공급되어야 할 총 에너지의 양(33.4 e^- eq./mol protoplasm)은 기질의 종류 및 형태와는 관련이 없으나, 세포합성계수 Y(g protoplam/g substrate)는 모든 유기물의 경우에 동일하지는 않다. 요약하면, 1 mol의 원형질을 생산하기 위해 새로운 세포합성을 위한 동화작용에서 20 e^- eq.의 에너지가 필요하고 또한 최종 전자 수용체인 산소를 이용하여 에너지를 생산하기 위한 이화작용에서 13.4 e^- eq.의 에너지가 필요하다. 따라서 기질로부터 새로운 세포로 이동하는 에너지는 60%(= 20/33.4)이며, 기질에서 산소로 이동하는 에너지는 40%(= 13.4/33.4)에 해당한다.

세포합성계수는 생물반응의 양론식(stoichiometry)에 의해서도 비교적 간단히 결정될 수 있다. 즉, 호기성 반응의 경우 제거되는 기질과 호기성 종속영양 미생물의 생분해 과정 동안 소비되는 산소의 양과 발생되는 미생물 증식 사이의 관계를 양론식으로 표현할 수 있다. 이때 기질의 반응을 정의하는 방법은 일반적으로 유기물질(COD) 물질수지를 이용한다. 하수 내 기질농도는 산소 당량(oxygen equivalence)으로 정의할 수 있고, 소모된 COD는 미생물이나 산화되는 양으로 보존된다. 도시하수의 경우 혼합 유기화합물의 생물학적 산화에 대한 정확한 반응식은 알려져 있지 않다. 그러나 앞선 예제와의 비교를 위해 포도당을 예로 들어 질소 이외의 다른 영양물질을 무시한다고 가정하고 반응식을 만들면 식 (7.34)와 같이 표현된다.

$$\underset{3(180)}{3C_6H_{12}O_6} + \underset{8(32)}{8O_2} + \underset{2(17)}{2NH_3} \rightarrow \underset{2(113)}{2C_5H_7NO_2} + 8CO_2 + 14H_2O \tag{7.34}$$

위 식으로부터 소모된 포도당을 이용한 세포합성계수는

$$\begin{aligned} Y &= \frac{\Delta(C_5H_7NO_2)}{\Delta(C_6H_{12}O_6)} = \frac{2(113\ \text{g/mole})}{3(180\ \text{g/mole})} \\ &= 0.42\,\text{g VSS/g glucose consumed} \end{aligned}$$

이 값을 포도당의 산소 당량 1.07 g COD/g glucose을 고려하면 0.39 g VSS/g COD_{glu} used이 된다. 이러한 계산결과는 생물에너지를 기준으로 한 경우에 비해 약 7% 정도의 편차를 보인다.

4) 전자 수용체의 종류와 세포합성계수

에너지와 세포합성에 대한 개념은 도시하수를 미생물로 분해하는 과정에서 매우 중요하며, 특히 감소성장단계로 설계와 운영이 이루어지는 활성슬러지 공정의 이론적 발전에 기초가 되었다(McKinney, 1962). 요약하면 그림 7-67과 같은데, 1 kg의 BOD(또는 1.72 kg biodegradable COD, BDCOD)의 하수가 미생물에 의해 분해될 때 이중 2/3(66%)의 BOD는 세포로 합성되며, 1/3(33%)의 BOD는 에너지로 이용된다. 생산된 미생물은 내생 호흡에 의해 80%가 감량되며 20%는 NBD COD로 남게 된다(최의소, 2001). 여기서 66%의 에너지가 세포합성으로 가는 것은 고형물 체류시간(SRT)이 0인 경우에 해당하므로 실제로는 현실적이지 못하다. 따라서 세포합성계수는 0.09～0.47 g VSS/g BDCOD의 범위가 되며, 미생물 구성식을 $C_5H_7O_2N$(산소 당량 1.42 g COD/g VSS)을 기준으로 할 때 이 값은 0.13～0.67 g COD/g COD가 된다.

세포합성계수는 사용되는 기질뿐만 아니라 전자 수용체의 종류에 따라서도 크게 차이가 있다. 생물에너지론적인 계산방법에 따라 종속영양 박테리아가 초산을 전자공여체로, 그리고 전자 수용체로 CO_2를 사용하고, 질소원으로는 암모니아를 이용한다면[식 (7.35)], 이때 세포합성계수는 0.032 g VSS/g COD(에너지 이용 효율을 60%로 가정)로 산정된다(표 7-56). 전자 수용체로 각 CO_2를 사용하는 경우는 혐기성 반응을 의미하는 것으로 이 경우 세포합성계수의 값은 산소를 이용한 경우에 비해서 10% 이하로 매우 낮다. 이는 O_2를 전자 수용체로 사용하는 경우에 비해 CO_2를 이용할 경우 생성되는 에너지의 양이 매우 낮기 때문이다.

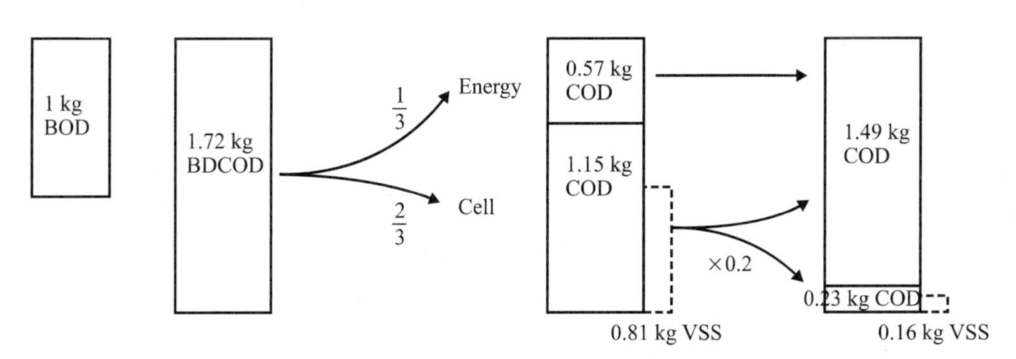

1 kg BOD 기준 시 세포생산과 소요에너지

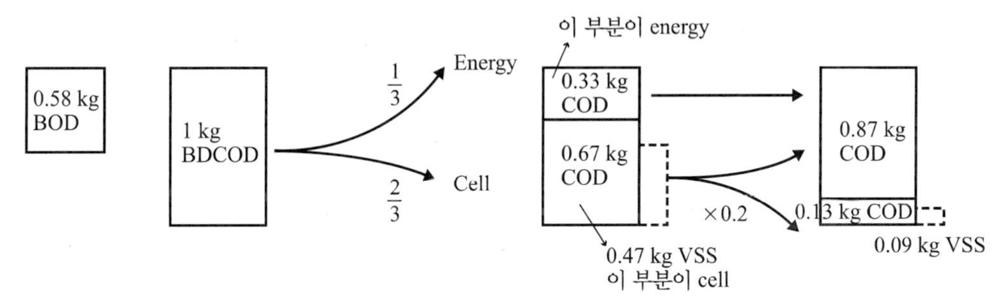

1 kg COD 기준 시 세포생산과 소요에너지

그림 7-67 **유기물질에 의한 세포생산과 소요에너지** (최의소, 2001)

표 7-56 하수처리에서 일반적인 생물학적 반응에 사용되는 전형적인 박테리아 합성계수

Growth condition	Electron donor	Electron acceptor	Yield, Y
Aerobic	Organic compound	O_2	0.40 g VSS/g COD
Aerobic	Aetate	O_2	(0.42) g VSS/g COD
Aerobic	Ammonia	O_2	0.12 g VSS/g NH_4-N
Anoxic	Organic compound	NO_3	0.30 g VSS/g COD
Anaerobic	Organic compound	Organic compound	0.06g VSS/g COD
Anaerobic	Acetate	CO_2	0.05 (0.032) g VSS/g COD

Note) ( ), biomass yields for acetate oxidation based on bioenergetics.
Ref) Metcalf and Eddy(2003)

$$\frac{1}{8}CH_3COO^- + \frac{3}{8}H_2O \rightarrow \frac{1}{8}CO_2 + \frac{1}{8}HCO_3^- + H^+ + e^- \qquad -27.66$$

$$\frac{1}{8}CO_2 + H^+ + e^- \rightarrow \frac{1}{8}CH_4 + \frac{1}{8}HCO_3^- \qquad +24.11$$

$$\frac{1}{8}CH_3COO^- + \frac{3}{8}HO_2 \rightarrow \frac{1}{8}CH_4 + \frac{1}{4}HCO_3^- \qquad \Delta G_R^{0'} = -3.57 \tag{7.35}$$

생물학적 처리 시스템을 평가하고 모델링할 때 측정된 합성계수(observed yield)와 이론적인 합성계수(theoretical yield) 간에 뚜렷한 차이가 나타난다. 실측정된 미생물 합성계수는 실제 처리공정의 운영조건하에서 미생물량과 기질 소모량을 기준으로 측정한 것으로, 이는 이론적인 값보다 낮을 수 있다. 그 이유는 실제 생물학적 처리공정의 운영특성에 있다. 즉, 생물학적 처리공정에서 발생되는 생물슬러지(biosludge)는 슬러지 처리와 최종 처분단계에서의 영향을 줄이기 위해 그 발생량을 최소화시킬 필요가 있다. 즉, 최대의 처리효율과 최소의 찌꺼기 생산이란 서로 상반된 요건은 실제 생물반응조의 설계와 운영에서 반드시 고려되어야 할 사항이다. 따라서 세포의 성장은 일반적으로 세포의 손실(cell loss)이 일어나는 감소성장단계로 설계되는데, 이때 세포 질량으로 전환된 기질의 일부는 다시 세포유지를 위한 에너지를 얻기 위해 박테리아에 의해 사용된다. 이 반응은 실제 생물반응조의 각종 주요 운영인자(고형물 체류시간, 미생물 농도, 온도, pH, 영양원 등)로 인하여 영향을 받을 수 있고, 이러한 실제 설계와 운영상의 조건이 실측값과 이론값의 차이를 야기하게 된다. 또한 실제 처리공정에서 사용되는 고형물 생산(sludge production) 또는 고형물 합성(solids yields)이라는 용어에서 고형물은 일반적으로 휘발성 고형물(VSS)의 양으로 표현되는데, 실제 이 용어는 세포의 합성계수 값과는 다르다. 왜냐하면 이 항에는 생물학적 반응이 아닌 다른 유기성 고형물도 포함하고 있기 때문이다.

5) 산소의 이용

포도당과 같이 완전히 생분해되는 용존성 기질(completely biodegradable soluble substrate)을 예로 들면, 포도당 용액 시료에 박테리아를 접종하면 새로운 박테리아 세포가 성장한다. 즉, 용해성 COD의 변화는 박테리아 질량(ΔCOD_bac) 및 자유에너지 생성에 사용된 산소(O_2)의 변화에 반영된다.

$$\Delta COD(soluble) = \Delta COD(bacteria) + \Delta O_2(utilized) \tag{7.36}$$

식 (7.36)은 전자 공여체로부터 합성된 물질과 전자 수용체인 산소의 이동을 반영하고 있다. 세균학에서 보고된 광범위한 연구자료의 검토에 따르면 ΔCOD(박테리아)로 나타나는 용해성 COD의 변화와 박테리아 합성에 사용된 COD의 변화 사이의 비율은 거의 일정하게 나타난다(Payne, 1971). 이 분율은 비증식계수(specific yield coefficient, Y_{COD}, 세포합성계수로 g COD/g COD 단위)를 의미한다.

$$\frac{\Delta COD(bacteria)}{\Delta COD(soluble)} = Y_{COD} \tag{7.37}$$

즉, 식 (7.36)은 Y_{COD}의 항이므로 변화가 가능하다.

$$\Delta COD(soluble) = Y_{COD}\Delta COD(soluble) + \Delta O_2(utilized) \tag{7.38}$$

이 식으로부터 자유에너지 생성에 사용된 산소(ΔO_2)의 양은 식 (7.39)와 같다.

$$\Delta O_2 = (1 - Y_{COD})\ \Delta COD(soluble) \tag{7.39}$$

생물학적 처리의 동력학에서는 합성된 미생물 질량을 ΔCOD(bacteria) 외에도 합성으로 생성된 휘발성 고형물(volatile solids) 질량(ΔX_a)으로도 표현이 가능하다. 그리고 이 비율은 미생물의 COD/VSS 비율(f_{CV})로 표현된다.

$$f_{CV} = \frac{COD}{VSS} = \frac{\Delta COD(bacteria)}{\Delta X_a} \tag{7.40}$$

정의에 따라서 세포합성계수(Y_{COD})는 다음 식 (7.41)로 표현이 가능하다.

$$Y_{COD} = f_{CV}\ Y_h \tag{7.41}$$

g COD/gCOD = (g COD/g VSS) × (g VSS/g COD)

이 식을 (7.39)에 대입하면, 식 (7.42)의 형태로 변환되는데, 이 식은 생물학적 처리의 동력학에서 매우 중요한 식이 된다.

$$\Delta O_2 = (1 - f_{CV}\ Y_h)\Delta COD(soluble) \tag{7.42}$$

여기서, Y_{COD}와 f_{CV}는 서로 반대의 단위를 가지고 있으므로 혼돈하지 말아야 한다. 즉, f_{CV}는 미생물의 산소 당량이며, Y_{COD}는 세포합성계수로 Y_h를 산소로 표현한 것이다. 또한 첨자인 h는 종속영양에 대한 표현을 한 것으로 이를 일반화시킨다면 단순히 Y로 표현된다.

6) 미생물의 산소 당량(f_{CV})

미생물의 COD/VSS 비율(f_{CV})과 그 값에 미치는 영향을 결정하기 위한 많은 연구가 있었다. 일반적으로 이 값은 생물학적 슬러지에 대한 양론식을 바탕으로 한 경험식(Hoover and Porges, 1952)을 따른다.

$$C_5H_7O_2N + 5\ O_2 \rightarrow 5\ CO_2 + 2\ H_2O + NH_3 \tag{7.43}$$

113 g VSS = 160 g COD, 즉 1 g VSS = 1.42 g COD이다. 그러므로 COD/VSS = 1.42 mg COD/mg VSS로 정의된다.

f_{CV}의 평가에서 기본적인 어려움은 이 값이 비율로 표현되기 때문에 COD 또는 VSS 값에서 작은 오차도 비율의 분산을 확대시킨다는 데 있다. 따라서 생물슬러지의 평균 f_{CV} 값에 대한 합리적인 평가를 위해서는 적이도 30회 이상의 반복 측정이 필요하다(Marais and Ekama, 1984).

하·폐수를 처리하는 생물학적 공정에서 발생된 슬러지의 COD/VSS 비율을 고려할 때, 활성 상태의 휘발성 물질(active volatile mass)뿐만 아니라 유입수 내 분해가 불가능한 입자(nonbiodegradable particluate)와 내생 호흡으로 인한 생물학적 불활성 잔류물(inert biological residue)도 존재하게 되는데, 후자인 2개 항목은 모두 슬러지 질량(sludge mass)에 축적된다. 결국 슬러지는 일반적으로 활성(active, M_a), 비활성 유입(inert influent, M_i) 및 내생성(endogenous, M_e)의 세 부분으로 구성될 수 있다. 이외에도 비활성 무기 입자(inert inorganic, M_{ii})가 포함되어 있을 수 있으나 이는 유기물질이 아니므로 고려되지 않는다. 이들 모두 평균 f_{CV} 값에 영향을 미칠 수 있는데, 앞서 논의한 이론적인 평가에는 이러한 영향이 고려되어 있지 않다. 이들 성분의 분율은 슬러지 일령(sludge age, 고형물 체류시간)에 따라 달라진다. 활성화된 Ma 분율은 슬러지 일령이 길 경우 비교적 작고 반대로 짧은 슬러지 일령에서는 높게 나타난다. 그러나 실제 슬러지 노화에 따라 f_{CV} 값의 변화를 조사한 결과를 보면 2일에서 30일 사이의 고형물 체류시간(SRT)을 가진 도시하수처리 활성슬러지에 대해 슬러지 일령 변화에 따라 세 종류의 비율이 크게 변경되었음에도 불구하고 f_{CV}는 1.48 mg COD/mg VSS로 일정하게 유지되었다(Marais and Ekama, 1976; Schroeter et al., 1982). 이 값에 해당하는 활성슬러지의 조성식은 $C_{6.0}H_{7.7}O_{2.3}H$(C 48.9%, H 5.2%, O 24.8%, N 9.46%, ash 9.8%)로 표현될 수 있다. 미생물의 산소당량 값을 기초로 폐슬러지에 대한 VSS를 측정하여 생물학적 공정의 COD 물질수지에 용이하게 사용할 수 있다. 표 7-57에는 호기성 및 혐기성 박테리아의 화학적 조성과 산소 당량을 비교하였다.

예제 7-3 세포합성계수 및 산소 소모량 계산

아래 그림에서 보는 바와 같이, 반송이 없는 호기성 완전혼합 생물학적 처리공정에서 500 g/m³의 생분해성 용존성 COD(bsCOD)를 함유한 하수가 유입된다. 유량이 1,000 m³/d이고, 방류수의 bsCOD와 VSS 농도가 각각 10 g/m³와 200 g/m³일 때,

1) 측정 수율은 얼마인가? (g VSS/g COD 제거)
2) 이용된 산소의 양은 얼마인가? (g O_2/g COD 제거, g O_2/d)

표 7-57 호기성 및 혐기성 박테리아의 화학적 조성비교

Researcher	Compositon, %				Formula	mg COD /mg VSS	Ratio, %			Substrate /Reactor	
	C	H	N	O			C	N	P		
Anaerobic											
McCarty, P L(1972)	–	–	–	–	$C_5H_7O_2N$	1.42	–	–	–	–	–
Speece, R E(1985)	–	–	–	–	$C_5H_7O_2NP_{0.62}S_{0.1}$	–	100	23	3.1	–	–
Sam-Soon, et al.(1989)	–	–	–	–	–	1.23	–	–	–	Glucose	UASB
Takashi, K(1991)	–	–	–	–	–	–	100	9	6.4	MWS	–
	–	–	–	–	–	–	100	24～25	2.1～3.4	TCL	UASB
Ahn, YH(2000)	48.2	6.8	10.9	22.6	$C_5H_9O_3N$	1.22～1.43	100	19.4～23.3	3.5	Sucrose w.	UASB
	39.5	5.9	8.4	33.1	$C_{5.5}H_{10}O_{3.5}N$	1.20～1.22	100	21.3	–	Dairy w.	UASB
	20.2	2	1.4	55.5	–	0.34	100	6.9	–	Acid w.	UASB
Aerobic*											
Mayberry, et al.(1968)	47	7.8	12.5	32.6	$C_4H_8O_2N$	1.1	100	26.6	–	–	–
Hoover, et al.(1952)	53	6	12	29	$C_5H_7O_2N$	1.42	100	22.6	–	Skim milk	AS
McKinney, R E(1982)	49～50	7～8	10～12	32	$C_5H_8O_{25}N$	1.31	100	21.7～24	–	–	–
Anon(?)	–	–	–	–	$C_5H_9O_3N$	1.22	–	–	–	–	–

MWS: municipal waste sludge; TCL: thermal conditioning liquor; AS: activated sludge, *, McKinney(1990)
Ref) Summarized by Ahn(2000)

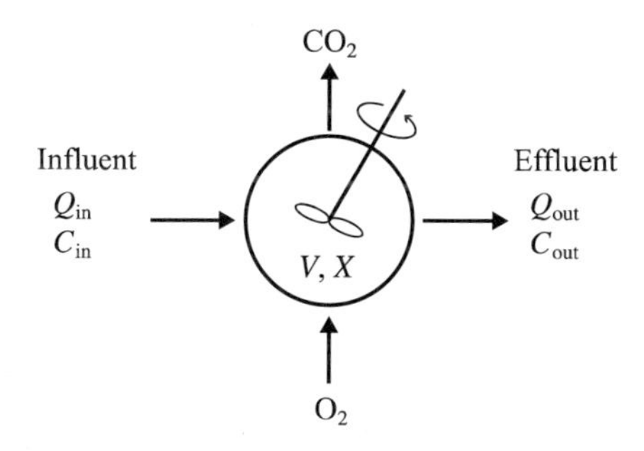

풀이

1) 측정된 세포합성계수를 결정한다. 이때 아래의 일반식을 사용할 수 있다.

유기물질 + O_2 + 영양물질 → $C_5H_7O_2N$ + CO_2 + H_2O

a. 생성된 VSS : (200 g/m³)(1000 m³/d) = 200,000 g VSS/d

b. 제거된 생분해 가능한 용해성 COD :

(500 − 10 g COD/m³)(1000 m³/d) = 490,000 g COD/d

c. 측정 수율 :

$$Y_{\text{obs}} = \frac{(200{,}000\,\text{g VSS/d})}{(490{,}000\,\text{g COD/d})} = 0.41\,\text{g VSS/ 제거된 g COD}$$

2) 생분해 가능한 용해성 COD당 사용된 산소의 양

a. 정상상태 조건에서 반응기 COD 물질수지를 세운다.

축적 = 유입 − 유출 + 전환

0 = 유입 COD − 유출 COD − 사용된 산소량 (as COD)

따라서 사용된 산소의 양 = 유입 COD − 유출 COD

유입 COD = (500 g COD/m³) (1000 m³/d) = 500,000 g COD/d

유출 COD = 유출 생분해 가능한 용해성 COD + 유출 미생물 COD

유출 생분해 가능한 용해성 COD = (10 g/m³) (1000 m³/d) = 10,000 g COD/d

유출 미생물 COD = (200,000 g VSS/d) (1.42 g COD/g VSS) = 284,000 g COD/d

전체 COD 유출 = 10,000 g/d + 284,000 g/d = 294,000 g COD/d

b. 사용된 산소의 양

사용된 O_2 = 500,000 g COD/d − 294,000 g COD/d

= 206,000 g COD/d = 206,000 g O_2/d

c. 제거된 COD 단위당 사용된 산소의 양

O_2/COD = (206,000 g/d) (490,000 g/d) = 0.42 g O_2/g COD

참조 세포생성과 COD 산화를 설명하는 일반적인 COD 물질수지식은 다음과 같다.

제거된 COD = COD cell + 산화된 COD

= (0.41 g VSS/g COD)(1.42 g O_2/g VSS) + 0.42 g O_2/g COD

= 1.0 g O_2/g COD

(5) 대사반응의 양론식

생물학적 반응에서 전자 공여체의 사용에 대한 개념도는 그림 7-68과 같이 표현된다. 이러한 개념으로부터 총괄 반응식(R)은 식 (7.44)와 같이 표현될 수 있는데, 이를 위해 3개의 반쪽반응식(half reaction), 즉 전자 공여체 반응식(R_d)과 전자 수용체 반응식(R_a), 그리고 세포합성에 대한 반응식(R_c)이 필요하다. 이때 전자 공여체는 산화되기 때문에 항상 음(−)의 부호를 갖는다.

$$R = R_e + R_s$$
$$= f_e R_a + f_s R_c - R_d \tag{7.44}$$

$$f_e + f_s = 1 \tag{7.45}$$

여기서, R: 총괄 화학양론식

R_e: 에너지 반응식 (= $R_a - R_d$)

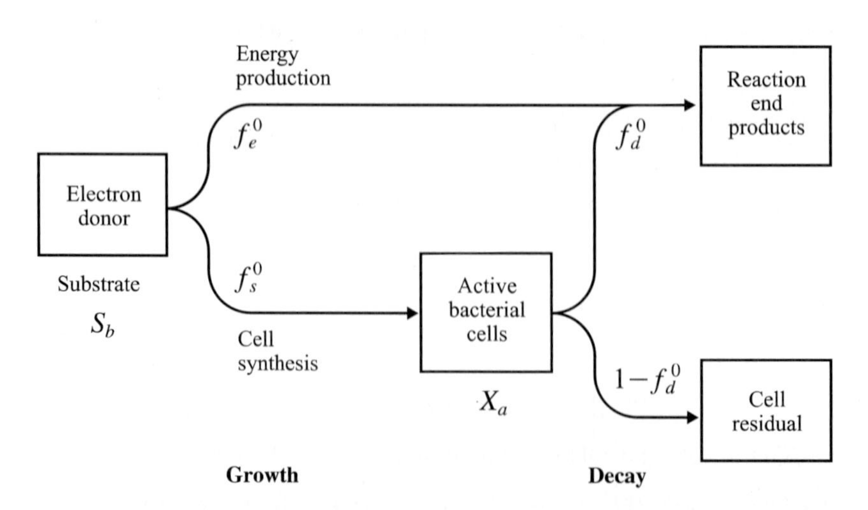

그림 7-68 **에너지 생성과 합성에 대한 전자 공여체의 사용** (modified from Ritmann and McCarty, 2002)

R_s: 합성 반응식 ($= R_e - R_d$)

R_d: 전자 공여체(ED) 반쪽반응식

R_a: 전자 수용체(EA) 반쪽반응식

R_c: 세포 합성 반쪽반응식

f_e: 전자 공여체 중 에너지를 위한 사용 비율

f_s: 전자 공여체 중 세포합성을 위해 사용한 에너지 비율 ($= f_{CV} Y$)

이 식은 전자 당량을 기초로 만들어진 생물반응 양론식으로, 미생물이 전자 공여체에서 1전자 당량(e^- eq.)을 소비할 때 반응물의 순수 소비량과 생성물의 순수 생산량을 표현한 것이다 (McCarty, 1972, 1975). 그림 7-68에서 첨자 0의 의미는 성장과 내생호흡을 포함한 이론상의 값을 뜻한다. 이에 반하여 성장과 내생 그리고 유지반응을 모두 포함하는 순수율 반응식에서는 f_s, f_e 및 f_d 값으로 표현한다.

이때 전자 공여체의 반응식(R_d)은 유기물질을 이용하는 종속영양 반응의 경우 생활하수, 단백질, 탄수화물, 지방, 아세트산, 프로피온산 및 벤조익산 등이 주요 대상이 될 것이며, 무기물질을 이용하는 독립영양의 경우 이산화철, 암모니아, 황, 황화수소, 산화황, 수소 및 황산이온 등이 될 것이다. 전자 수용체의 반응식(R_a)은 산소, 질산염, 황산염 및 이산화탄소가 이용될 것이며, 박테리아 세포합성반응(R_c)에서의 질소원은 암모니아 또는 질산염이 된다. 대상 물질의 종류는 미생물의 종류와 그 성장환경에 의존한다.

이러한 양론식으로부터 오염물질을 제거하는 과정에서 필수적인 산소와 영양물질(질소)의 요구량과 반응결과로 생성되는 미생물량을 쉽게 계산할 수 있다. 산소 소요량은 호기성 공정에 있어 중요한 운전인자이며, 질소는 세포성장을 위해 반드시 필요한 요소이다. 생성되는 미생물은 과잉의 생슬러지(excess biosludge)로 발생되는데, 이는 최종적인 안정화를 위해 후속처리가 필요한 고형 폐기물로 고려된다.

예제 7-4 호기성 종속영양 박테리아의 세포합성 양론식

탄수화물을 기질로 하여 질소원으로 암모니아를 사용하는 호기성 박테리아 성장에 대한 생물화학반응 양론식을 결정하시오. 이때 세포합성계수(Y_{obs})는 0.59 g cell/g COD 제거였으며, 세포의 VSS 함량은 85%로 측정되었다.

풀이

$$R = R_d - f_e R_a - f_s R_c$$

$$f_s = 1.42\,Y$$

세포의 85%가 VS(volatile solids)이므로

$$Y = Y_{obs} \times 0.85 = 0.59 \times 0.85 = 0.50$$

$$\therefore\ f_s = 1.42 \times 0.5 = 0.71$$

$$f_e = 1 - 0.71 = 0.29$$

$$\therefore \; R = R_d - 0.29R_a - 0.71R_c$$

반쪽반응식(표 7-54)을 이용하여 총괄 생물반응식을 구한다.

- 전자 공여체 탄수화물 R_d; $\frac{1}{4}CH_2O + \frac{1}{4}H_2O \rightarrow \frac{1}{4}CO_2 + H^+ + e^-$
- 전자 수용체 산소 R_a; $\frac{1}{2}H_2O \leftarrow \frac{1}{4}O_2 + H^+ + e^-$
- 질소원 암모니아 R_c; $\frac{1}{20}C_5H_7O_2N + \frac{9}{20}H_2O \leftarrow \frac{1}{5}CO_2 + \frac{1}{20}HCO_3^- + \frac{1}{20}NH_4^+ + H^+ + e^-$

상기 총괄양론식을 적용하여,

$$R_d = 0.25CH_2O + 0.25H_2O = 0.25CO_2 + H^+ + e^-$$

$$-0.29R_a = 0.0725O_2 + 0.29H^+ + 0.29e^- = 0.145H_2O$$

$$-0.71R_c = 0.142CO_2 + 0.0355HCO_3^- + 0.0355NH_4^+ + 0.71H^+ + 0.71e^-$$
$$= 0.0355C_5H_7O_2N + 0.3195H_2O$$

$$R = 0.25CH_2O + 0.0725O_2 + 0.0355NH_4^+ + 0.0355HCO_3^-$$
$$= 0.0355C_5H_7O_2N + 0.108CO_2 + 0.2145H_2O$$

양변을 0.25로 나누면,

$$CH_2O + 0.29O_2 + 0.142NH_4^+ + 0.142HCO_3^-$$
$$= 0.142C_5H_7O_2N + 0.432CO_2 + 0.858H_2O$$

예제 7-5 세포합성계수와 산소 및 질소 요구량

앞선 예제 7-4를 이용하여 세포합성계수와 산소 및 질소 요구량을 계산하시오.

풀이

$$CH_2O + 0.29O_2 + 0.142NH_4^+ + 0.142HCO_3^-$$
$$= 0.142C_5H_7O_2N + 0.432CO_2 + 0.858H_2O$$

탄수화물의 COD 당량

CH_2O	$+ \; O_2$	$= CO_2 + H_2O$
$12+2+16$	16×2	
$=30$	$=32$	$\rightarrow 1.07\,g\,COD/g\,CH_2O$

$$세포생성수율(Y) = \frac{[0.142C_5H_7O_2N]_{VS}}{[CH_2O]_{COD}}$$
$$= \frac{0.142(12\times5+7+16\times2+14)}{30\times1.07} = \frac{16}{32} = 0.5\frac{g\,VS}{g\,COD}$$

$$\text{산소 요구량} = \frac{0.29 \times 16 \times 2\,\text{g O}_2}{30\,\text{g CH}_2\text{O}} \cdot \frac{\text{g CH}_2\text{O}}{1.07\,\text{g O}_2} \cdot \frac{\text{g O}_2}{-\text{g COD}} = -0.29\frac{\text{g O}_2}{\text{g COD}}$$

$$\text{질소 요구량} = \frac{0.142 \times (14+4)\text{g NH}_4^+}{30 \times 1.07\,\text{g O}_2} \cdot \frac{\text{g O}_2}{-\text{g COD}} = -0.08\frac{\text{g NH}_4^+}{\text{g COD}}$$

$$= -0.08\frac{\text{g NH}_4^+}{\text{g COD}} \cdot \frac{14\,\text{g NH}_4^+ - \text{N}}{18\,\text{g NH}_4^+} = \frac{-0.062\,\text{g NH}_4^+ - \text{N}}{\text{g COD}}$$

앞선 예제의 유기 종속영양균의 반응에 비하여 무기 독립영양균(chemolithotrophs)은 에너지 생성을 위해 환원형태의 무기물질을 이용하고 세포합성을 위해 무기탄소(이산화탄소)를 주로 이용하는 중요한 환경미생물이다. 여기에 대표적인 무기영양 반응인 질산화(nitrification)와 메탄발효(methane fermentation)에 대한 양론식의 예(Ritmann and McCarty, 2001)를 소개한다.

예제 7-6 질산화 반응의 양론식

질산화는 호기성 조건하에서 암모니아를 질산염으로 산화시키는 반응으로 대표적인 무기영양반응이다. 만약 암모니아성 질소 농도가 22 mg/L 인 도시하수를 하루 1000 m^3의 규모로 처리하고자 한다. 다음을 평가하시오.

1) 처리에 필요한 산소의 양은 얼마나 되는가?
2) 이 반응에서 몇 kg의 세포(건조중량 기준)가 생성될 것인가?
3) 처리된 물의 질산성 질소 농도는 얼마나 되는가?

이때 f_s는 0.1로 가정하고($f_e = 1 - f_s$), 무기탄소가 세포합성에 사용된다고 가정한다. 반응식에서 암모니아가 전자 공여체이며 질산염으로 산화된다. 호기성 반응이므로 산소는 전자 수용체이고 암모니아는 세포합성과정에서 질소원으로도 사용된다.

풀이

앞선 반쪽반응식(표 7-54)을 이용하여 총괄 생물반응식을 구한다.

f_eR_a: $0.225\text{O}_2 + 0.9\text{H}^+ + 0.9\text{e}^- \rightarrow 0.45\text{H}_2\text{O}$

f_sR_c: $0.02\text{CO}_2 + 0.005\text{NH}_4^+ + 0.005\text{HCO}_3^- + 0.1\text{H}^+ + 0.1\text{e}^- \rightarrow$

$0.005\text{C}_5\text{H}_7\text{O}_2\text{N} + 0.045\text{H}_2\text{O}$

$-R_d$: $0.125\text{NH}_4^+ + 0.375\text{H}_2\text{O} \rightarrow 0.125\text{NO}_3^- + 1.25\text{H}^+ + \text{e}^-$

R: $0.13\text{NH}_4^+ + 0.225\text{O}_2 + 0.02\text{CO}_2 + 0.005\text{HCO}_3^- \rightarrow$

$0.005\text{C}_5\text{H}_7\text{O}_2\text{N} + 0.125\text{NO}_3^- + 0.25\text{H}^+ + 0.12\text{H}_2\text{O}$

이 반응식으로부터 유입수 내 암모니아성 질소량 0.13(14) = 1.82 g에 대하여 0.225(32) =

7.2 g 산소가 소모되고, 또한 0.005(113) = 0.565 g 세포와 0.125(14) = 1.75 g NO_3-N이 생성됨을 알 수 있다.
이때 처리된 암모니아성 질소의 양은

$$(22\ \text{mg/L})(1{,}000\ \text{m}^3/\text{d})(10^3\ \text{L/m}^3)\ (\text{kg}/10^6\ \text{mg}) = 22\ \text{kg/d}$$

이다. 따라서

1) 산소 소비량 = 22 kg (7.2 g/1.82 g) = 87 kg/d
2) 생산된 세포의 건조중량 = 22 kg (0.565 g/1.82 g) = 6.83 kg/d
3) 방류되는 NO_3-N 농도 = 22 mg/L (1.75 g/1.82 g) = 21 mg/L

가 된다.

예제 7-7 메탄발효 반응의 양론식

처리대상 산업폐수의 원소분석결과 $C_8H_{17}O_3N$의 조성식을 얻었다. 또한 이 폐수의 유기물질 농도는 23,000 mg/L로 분석되었고 그 발생 유량은 150 m^3/day 이었다. 이러한 특성을 가진 폐수를 이용하여 메탄발효를 통해 처리하고자 한다. 다음을 결정하시오.

1) 하루에 생산되는 메탄의 양(35°C, 1기압 기준)은 얼마인가?
2) 발생되는 기체 중에서 메탄의 분율은 얼마나 되는가?

이때 f_s는 0.08이며, 이 공정의 유기물 제거 효율은 95%이다. 또한 생성된 모든 기체는 기체상으로 존재한다고 가정한다.

풀이

먼저 전자 공여체로서 폐수에 대한 반쪽반응식이 전개되어야 한다. 앞선 반쪽반응식(표 7-54)으로부터 이 폐수의 조성식에 대한 R_d는 다음과 같이 표현할 수 있다.

$$R_d:\ \frac{1}{40}NH_4^+ + \frac{1}{40}HCO_3^- + \frac{7}{40}CO_2 + H^+ + e^- \rightarrow \frac{1}{40}C_8H_{17}O_3N + \frac{7}{20}H_2O$$

CO_2와 CH_4에 대한 반쪽반응식을 이용하여 총괄 생물반응식(R)을 구한다.

$$f_eR_a:\ 0.115CO_2 + 0.92H^+ + 0.92e^- \rightarrow 0.115CH_4 + 0.23H_2O$$

$$f_sR_c:\ 0.016CO_2 + 0.004NH_4^+ + 0.004HCO_3^- + 0.08H^+ + 0.08e^- \rightarrow 0.004C_5H_7O_2N + 0.036H_2O$$

$$-R_d:\ 0.025C_8H_{17}O_3N + 0.35H_2O \rightarrow 0.025NH_4^+ + 0.025HCO_3^- + 0.175CO_2 + H^+ + e^-$$

$$R:\ 0.025C_8H_{17}O_3N + 0.084H_2O \rightarrow 0.004C_5H_7O_2N + 0.115CH_4 + 0.044CO_2 + 0.021NH_4^+ + 0.021HCO_3^-$$

이 반응식으로부터 하루 동안 제거되는 유기물질의 양은 0.95(23 kg/m³)(150 m³/d) = 3,280 kg/d이며, $f_e = 1 - f_s = 1 - 0.08 = 0.92$ 이다.

폐수의 분자량이 175이므로 중량은 0.025(175) = 4.375 g이다. 메탄발효에 의해 유기물질 1 당량이 소비될 때 0.115 mol의 메탄과 0.044 mol의 이산화탄소가 생성된다. 따라서

$$1)\ \text{메탄 생산량} = \left(\frac{(273+35)}{273}\right)\left(0.0224\ \frac{\mathrm{m^3\ gas}}{\mathrm{mol}}\right)\left(3,280,000\ \frac{\mathrm{g}}{\mathrm{d}}\right)\left(\frac{0.115\ \mathrm{mol}}{4.375\ \mathrm{g}}\right)$$

$$= 2,180\ \mathrm{m^3/d}$$

$$2)\ \text{메탄 분율} = 100\left(\frac{0.115}{0.115+0.044}\right) = 72\%$$

가 된다.

요약하면 대사반응의 중요한 두 축인 이화작용과 동화작용은 각각 에너지 생산을 위한 호흡반응과 세포의 성장을 의미한다. 이 두 가지 반응은 실제 설계에서는 얼마나 많이(Y_h, yield) 그리고 얼마나 빠르게(kinetics) 자라는가에 있다. 성장속도는 다음 장에서 언급이 되겠지만 기본적으로 Monod 속도식이 주로 사용된다. 그 개념은 식 (7.46), (7.47)과 같은 성장(growth) 관련식과 식 (7.48)과 같은 사멸(decay) 관련식으로 표현된다. 참고로 이 식들은 종속영양균을 기준으로 표현한 것이다.

$$\text{성장식: 속도개념}\quad \frac{dX_a}{dt} = \mu X_a = \left(\frac{\mu_m S_b}{K_s + S_b}\right) \times X_a \tag{7.46}$$

$$\text{양적개념}\quad \frac{dX_a}{dt} = -Y_h \frac{dS_b}{dt} \tag{7.47}$$

$$\text{사멸식:}\quad \frac{dX_a}{dt} = -b_h X_a \tag{7.48}$$

여기서, dX_a/dt: 활성 미생물(X_a, M/L³)의 순 성장속도(M/L³T)

$-dS/dt$: 기질(S, M/L³)의 소비속도(M/L³T)

μ: 미생물의 비성장속도(T^{-1})

μ_m: 최대 비성장속도(T^{-1})

S_b: 생분해 가능한 기질의 농도(M/L³)

K_s: 최대속도의 절반에 해당하는 기질의 농도(M/L³)

b_h: 미생물(종속영양)의 사멸속도(T^{-1})

Y_h: 미생물(종속영양)의 실제 수율(true yield, M/M)

이 식들에서 변수는 X_a와 S_b 이며 상수는 μ, μ_m, K_s, Y_h, b_h가 된다.

성장과 사멸 관련식을 합하면 실제 겉보기 수율 관련식을 얻을 수 있다. 이 식을 일반화하여 표현하면 식 (7.49)와 같다.

$$\frac{dX_a}{dt} = Y\left(\frac{-dS}{dt}\right) - bX_a \quad (7.49)$$

순 성장속도(net growth rate)는 기질 소비를 통한 성장과 내생호흡 또는 포식관계로 인한 사멸의 차이와 같으며, 순 수율(net yield)(Y_n, M/M)은 식 (7.49)를 기질 이용 속도($-dS/dt$)로 나누면 얻어진다.

$$Y_n = \frac{dX_a/dt}{-dS/dt} = Y - b\frac{X_a}{-dS/dt} \quad (7.50)$$

순 수율은 기질 내 전자들의 일부분이 유지 에너지(maintenance energy)를 위해 소비되기 때문에 Y보다 작다. 이를 고려할 때 합성에 사용된 전자 부분은 f_S^0가 아닌 f_S가 되며, 에너지 생성에 사용된 부분은 f_e^0가 아닌 f_e이다. 그러나 여전히 f_s와 f_e의 합은 1이며, $f_S < f_S^0$인 반면 $f_e > f_e^0$가 된다.

식 (7.50)에서 사멸항은 사멸속도나 미생물 농도가 증가하거나 기질 소비 속도가 감소함에 따라 증가한다. 세포 단위 질량당 기질 이용 속도가 충분히 낮다면 식 (7.50)의 오른쪽 항은 0이 되고, 이때 세포의 순 수율 Y_n은 0에 근접한다. 즉, 이는 기질 이용 속도가 세포를 유지하기에만 충분하므로 활성 세포의 순 성장은 없다는 것을 의미한다. 이러한 조건에서 관련식은 식 (7.51)과 같이 표현할 수 있다.

$$Y_n = 0\,,\ \ \frac{-dS/dt}{X_a} = \frac{b}{Y} = m \quad (7.51)$$

이 경우 m은 b에 비례하고 Y에 반비례한다. 즉, 기질 이용 속도가 m보다 작다는 것은 유용한 기질이 미생물들의 전체 대사요구량을 만족시키기에 충분하지 않다는 것을 의미한다.

7.5 미생물 반응속도

생물학적 공정의 성능은 기질의 이용과 세균의 성장에 의존한 것으로 이러한 미생물을 이용한 환경 기술에 있어서는 두 가지 중요한 원칙이 있다. 먼저 생체 대사를 수행하는 활성 미생물은 그 반응의 촉매로 작용한다. 따라서 오염물질 제거속도는 촉매의 농도(즉, 활성 미생물 농도)에 비례하게 된다. 두 번째로 활성 미생물은 에너지와 전자를 생산하는 1차 기질(primary substrate, S)의 이용을 통해 성장하고 유지된다. 즉, 활성 미생물 생체(바이오매스, biomass, X_a)의 생산속도는 1차 기질의 이용 속도에 비례한다. 여기서 1차 기질이란 우선적으로 전자를 공급하는 기질을 의미한다. 활성 미생물과 1차 기질 사이의 연관성은 생물학적 오염물질 제어시스템을 이해하고 설계하기 위해 매우 중요한 부분이다.

앞서 설명하였듯이 대사는 반응의 양적인 측면을 고려하고, 그 속도는 미생물 동역학(biokinetics)에 의해 제공된다. 미생물 동역학은 기질의 이용과 활성 미생물의 성장을 수학적으로 표현하며, 이를 바탕으로 최종적인 생물반응조의 크기를 결정한다. 여기서 기질(S)의 표현은 생분해 가능한 부분 또는 생분해 가능한 용존성 부분(유기물질의 경우 biodegradable soluble COD, bsCOD)이 주로 사용된다. 그 이유는 bsCOD가 산화나 세포합성에 이용된 기질의 생화학 양론과 밀접한 관련이 있으며, 또한 반응에 관여한 유기물질의 거동을 쉽게 정량화할 수 있기 때문이다. 그러나 이러한 물질은 특정한 목적을 위해 더 세분화되기도 한다(11장 하수의 특성 참조).

생물반응조에서 생체 고형물(biomass solids)은 혼합액 부유고형물(MLSS, mixed liquor suspended solids) 또는 혼합액 휘발성 부유고형물(MLVSS, mixed liquor volatile suspended solids)이라고 정의한다. 일반적으로 고형물(solids)은 생물학적 분해 불능 휘발성 고형물(nbVSS, non-biodegradable VSS)부분과 불활성 무기성 부유고형물(iTSS, inert inorganic SS)을 함께 포함하고 있다. 따라서 생물반응조 내의 고형물은 총 부유성 고형물(TSS) 또는 휘발성 부유고형물(VSS)로 표현하지만 일반적으로 VSS를 기준으로 하는 표현이 더 바람직하다. 참고로 nbVSS와 iTSS는 주로 유입수에 포함되어 있는 성분이며, nbVSS의 경우는 세포의 내생호흡 산물로도 생산된다.

(1) 기질 이용률

1) 용존성 기질

오염물질 제거에 있어서 궁극적인 목표는 기질의 효과적인 제거이며, 일차적으로 생분해 가능한 용존성 기질(bCOD, S_b)을 대상으로 표현한다. 기질, 즉 전자 공여체는 종속영양 미생물의 경우는 유기물질이며, 독립영양 미생물의 경우는 암모니아나 그 산화된 형태의 무기화합물이 된다. 생물학적 시스템에서 기질 이용률(rate of substrate utilization, dS/dt)은 일반적으로 식(7.52)와 같이 표현한다.

$$r_{su} = \frac{dS}{dt} = kX_a = -\frac{k_m S_b}{K_s + S_b} X_a \tag{7.52}$$

여기서, r_{su}: 이용으로 인한 기질의 농도변화율(g/m³ d)

S: 제거되지 않은(성장 제한) 기질의 농도(g/m³)

K_s: 반포화 속도상수, 최대 속도(μ_m)의 절반에 해당하는 미제거된 기질의 농도(g/m³)

k: 기질의 비이용률(specific substrate utilization rate, SUR, g substrate/g biomass d)

k_m: 기질의 최대 비이용률(max specific substrate utilization rate, g substrate/g biomass d)

X_a: 활성 미생물의 농도(g/m³)

이 식에서 K_s는 최대 기질이용 속도의 절반에 해당하는 미제거된 기질의 농도를 의미하므로 반포화 속도상수(half reaction constant)라고 부르기도 한다. 반포화 속도상수는 기질의 생분해도와 미생물에 의한 가용성의 정도를 나타낸다. 반포화 속도상수가 크다는 것은 동일한 비성장률을 유지하기 위해서는 더 높은 기질 농도가 필요하며, 이때의 남은 기질은 생분해도가 낮거나 미생물이 이용하기 어려운 물질이라고 해석할 수 있다. 또한 S는 성장 제한 기질 농도(growth limiting substrate concentration)를 의미한다. 기질의 이용률(섭취율)을 의미하는 k와 k_m은 문헌에 따라서는 q와 q_m으로 표현하기도 한다.

기질 제거를 표현하는 이 식은 프랑스의 미생물학자 모노드(Monod, 1949)에 의해 제안된 것으로, 이는 용존형태의 제한된 기질(limiting substrate) 이용조건 하에서 기질 이용과 박테리아의 비성장률을 실험적으로 나타낸 식이다. 기질의 농도에 따라 기질의 비이용률(k)과 비성장률(μ)은 그림 7-69와 같이 표현된다.

$$k = k_{\max} \frac{S_b}{K_s + S_b} \tag{7.53}$$

$$\mu = \mu_{\max} \frac{S_b}{K_s + S_b} \tag{7.54}$$

여기서, μ = 미생물 비성장속도(specific growth rate, T^{-1})

μ_m = 미생물 최대 비성장속도(max specific growth rate, T^{-1})

이 식들은 포화반응 유형(saturation type)을 따르고 있는데, 그 이유는 S_b 값이 어느 정도에 이르면 성장속도는 μ_m으로 일정한 값에 이르기 때문이다. 따라서 최대 기질 이용률은 높은 기질 농도에서 일어나며, 기질의 농도가 임계농도 이하로 감소하게 되면 기질 이용률은 거의 선형으로 변화한다. 즉, S_b 값이 K_s에 비하여 매우 높을 경우($S_b \gg K_s$) 이 반응은 S_b 값과는 관련이 없는 영차반응이 된다. 반면에 S_b 값이 K_s에 비하여 상당히 낮다면($S_b \ll K_s$) 이 반응은 S_b에 대한 1차 반응으로 변화한다. 또한 $S_b = K_s$일 때 $\mu = \mu_m/2$이 된다. 이 식은 경험식이지만 미생물 시스템에서는 흔히 사용되고 있는데, 그 이유는 실제 생물학적 처리 시스템은 유출수 내 포함된 기질의 농도를 매우 낮게 유지되도록 설계하기 때문이다.

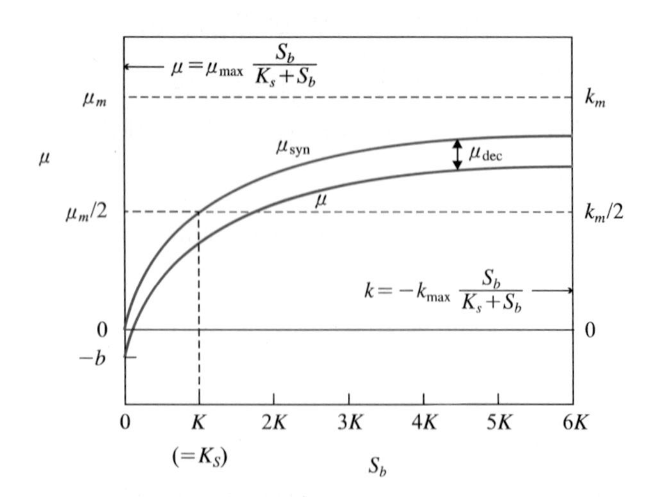

그림 7-69 **기질 이용률과 순 비성장속도가 기질농도에 미치는 영향**(modified from Rittmann and McCarty, 2002)

참고 기질 농도에 따른 Monod 식의 변화

$$\frac{dX_a}{dt} = \mu X_a = \left[\frac{\mu_m S_b}{K_s + S_b}\right] X_a$$

1) $S_b \gg K_s$의 경우

$$\frac{dX_a}{dt} = \mu_m X_a$$

2) $S_b \ll K_s$의 경우

$$\frac{dX_a}{dt} = \left[\frac{\mu_m}{K_s}\right] S_b X_a$$

3) $S_b = K_s$의 경우

$$\frac{dX_a}{dt} = \left[\frac{\mu_m}{2}\right] X_a$$

Monod식은 S_b의 크기에 따라 변화한다. 1)의 경우는 회분식 실험에 해당하고, 2)의 경우는 연속주입 완전혼합 반응조의 운전에 해당한다. 따라서 일반적인 하수처리장 생물반응조의 경우는 유형 2)의 식에 해당한다. 따라서 유형 2)의 식은 일반적으로 미생물 성장을 표현하는 기본식이 된다. ←

그림 7-69에서 보는 바와 같이 기질 이용률이 최대로 유지될 때 박테리아의 비성장률도 최대가 된다. 따라서 박테리아의 최대 비성장률과 최대 기질 비이용률의 관계는 다음과 같이 표현한다.

$$\mu_m = k_m Y \tag{7.55}$$

$$k_m = \frac{\mu_m}{Y} \tag{7.56}$$

여기서, μ_m: 미생물 최대 비성장속도(max specific growth rate, g biomass/g biomass d)

Y: 순 세포합성계수(net biomass yield coefficient, g/g)

따라서 기질 이용률은 다음과 같은 식 (7.57)로도 표현된다.

$$r_{su} = -\frac{\mu_m X_a S_b}{Y(K_s + S_b)} \tag{7.57}$$

한편, 용존성 기질 이용률을 나타낼 수 있는 다른 형태의 속도식[식 (7.58)~(7.61)]도 있다. 기본적으로 동역학 속도상수는 실험자료를 기초로 만들어진다. 1차 반응식[식 (7.58)]은 생물학적 처리공정이 상대적으로 낮은 기질 농도조건으로 운전될 경우 적합하다.

$$r_{su} = -k \tag{7.58}$$

$$r_{su} = -kS \tag{7.59}$$

$$r_{su} = -kXS \tag{7.60}$$

$$r_{su} = -kX\frac{S}{S_o} \tag{7.61}$$

참고 미생물의 동력학적 경쟁

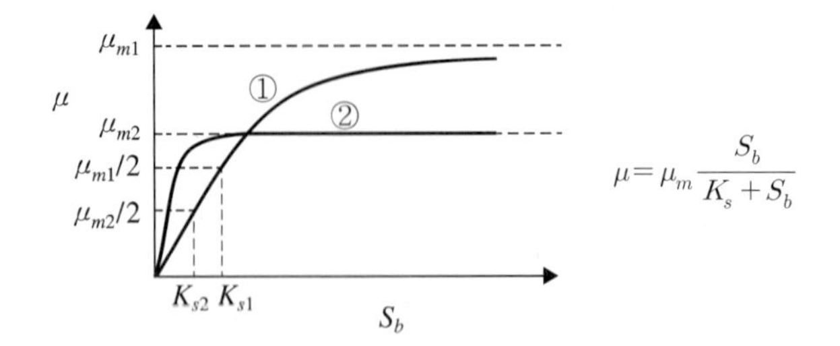

Monod 식으로 표현되는 미생물의 성장속도 그래프는 일반적으로 이상과 같은 유형으로 구분할 수 있다. 여기서 μ는 성장속도가 얼마나 빠른지를 나타내고, K_s의 크기(기울기)는 반응이 얼마나 빠른지를 보여준다. 따라서 상대적으로 μ_m이 작다는 것은 성장속도가 낮으므로 더 많은 고형물체류시간(SRT)이 확보되어야 한다는 것을 의미하며, 상대적으로 K_s 값이 작고 기울기가 가파르다는 것은 기질을 더 빠르게 섭취한다는 것을 의미한다. 즉, K_s 값이 매우 낮다면 이 반응은 순식간에 벌어진다는 것을 뜻한다. 따라서 유형을 서로 비교할 때 유형 ①은 유형 ②에 비하여 기질의 섭취속도는 낮지만 더 빠르게 성장한다는 것을 의미한다. 이러한 차이는 미생물 간의 동력학적 경쟁(kinetic competition)을 유발한다.

예를 들어 이러한 특성은 종속영양미생물과 질산화미생물의 성장특성에서 관찰된다. 종속영양미생물의 μ_m은 3～13(6) d^{-1}이나 질산화미생물의 경우는 0.2～0.9(0.75) d^{-1}이다. 또한 K_s 값은 종속영양미생물의 경우 5～40(20) mg/L이나 질산화미생물의 경우는 0.5～1.0(0.74) mg/L 정도이다. 그 외에 플록 형성의 관점에서는 플록(floc) 형성 미생물의 성장은 유형 ①, 그리고 사상성 미생물의 성장은 유형 ②에 해당한다. 또한 기질특성의 관점에서 보면 쉽게 분해가능한 기질(rbCOD)을 이용한 성장은 유형 ①에, 그리고 천천히 분해가능한 기질(sbCOD)을 이용한 성장은 유형 ② 형태로 나타난다. ←

2) 입자성 기질로부터 용존성 기질로의 전환속도

앞서 설명한 기질 이용과 성장에 대한 속도식은 용존성 기질(S_b)을 기초로 한 것이다. 그러나 실제 도시폐수는 생분해성 유기물(bCOD)의 약 20～50%만이 용존성 기질에 해당하며, 일부 산업폐수의 경우는 이 분율이 더 낮을 수도 있다. 또한 하수 슬러지는 거의 모두가 입자성이다. 박테리아는 본질적으로 용존성 기질만을 직접적으로 이용할 수 있으므로 입자나 고분자성 기질은 박테리아의 산화반응을 위해 미리 가수분해되어 세포막을 통과할 수 있어야 한다. 분해 가능한 입자성 기질은 세포외 효소에 의해 용존성 기질로 가수분해되는데, 이러한 효소들은 가수분해 반응의 촉매 역할을 한다. 실제 가수분해 반응은 매우 중요하나 가수분해 반응속도를 표현하는 효과적인 방법은 아직 명확하게 밝혀져 있지 않다. 그 이유 중 하나는 활성 바이오매스가 가수분해 효소를 생산함에도 불구하고 가수분해 효소가 반드시 활성 바이오매스와 연관이 있거나 비례하지 않기 때문이다(Rittmann and McCarty, 2002).

가수분해 속도를 표현하는 데 있어 가장 합리적인 접근법은 같은 입자(또는 고분자) 기질에 관한 1차 반응식 (7.62)이다.

$$r_{hyd} = -k_{hyd} S_p \tag{7.62}$$

여기서, r_{hyd}: 가수분해에 의한 입자성 기질의 축적 속도(M/L^3 T)

S_p = 입자성(또는 고분자) 기실의 농도(M/L^3)

k_{hyd} = 가수분해 반응의 1차 반응계수(T^{-1})

원칙적으로 k_{hyd}는 효소의 고유 가수분해 속도뿐만 아니라 가수분해 효소의 농도에도 비례한다. 따라서 일부 연구자들은 다음 식 (7.63)과 같이 활성 바이오매스 농도를 k_{hyd}의 일부분으로 포함하기도 한다.

$$k_{hyd} = k'_{hyd} X_a \tag{7.63}$$

여기서, k'_{hyd}는 비가수분해 속도 계수(L^3/MT)로, 바이오매스가 없을 때 가수분해 속도는 0이 된다.

한편, 입자성 기질의 전환은 입자성 기질과 미생물의 농도에 의존하는 포화형태의 속도 제한 반응속도식 (7.64)로 표현하기도 한다(Grady et al., 1999).

$$r_{sc,\,P} = -\frac{k_{mP}(S_p/X)}{K_x + S_p/X}X \tag{7.64}$$

여기서, $r_{sc,\,P}$: 용해성 기질의 전환에 의한 입자성 기질의 농도 변화율(g/m^3 d)

k_{mP}: 최대 비입자성 기질 전환율(g P/gXd)

S_p: 입자성 기질 농도(g/m^3)

X: 미생물 농도(g/m^3)

K_x: 반 속도 분해상수(g/g)

가수분해 반응을 1차 반응으로 가정할 때 연속흐름 완전혼합 반응조에서의 입자성 기질에 대한 정상상태의 물질수지는 다음과 같다.

입자성 기질변화 = 유입 − 유출 − 기질반응변화

$$0 = Q(S_P^0 - S_p) - k_{hyd} S_p V \tag{7.65}$$

이 식에서 S_P = 유출수의 입자성 기질 농도(M/L^3)이며, 식 (7.65)는 식 (7.66)과 같이 정리된다.

$$S_p = \frac{S_p^0}{1 + k_{hyd}\theta} \tag{7.66}$$

여기서, θ는 수리학적 체류시간(HRT)을 의미한다.

한편, 입자성 기질의 가수분해는 반응과정에서 다른 영양분(질소, 인, 황 등)도 용출된다. 이러한 물질의 용출속도는 식 (7.67)로 표현된다.

$$r_{hydn} = \gamma_n k_{hyd} S_p \tag{7.67}$$

여기서, r_{hydn}은 가수분해에 의한 용해성 영양염류 n의 용해 상태에 대한 축적 속도 (M/L^3 T)

γ_n = 입자성 기질에서의 영양염류 n의 화학양론 비(M/M)

(2) 미생물 성장률

앞서 설명한 바와 같이 생물반응조에서의 미생물 성장률(rate of biomass growth, dX/dt)은 새로운 세포의 성장과 세포 사멸 관련식을 합한 형태[식 (7.49)]가 된다. 미생물 성장률은 주어진 환경 조건 하에서는 미생물 농도에 비례한다. 미생물 비성장률로 표현되는 그 계수는 단위시간 동안에 미생물이 몇 배로 증식하는가를 의미한다.

$$r_g(=\mu X) = -Yr_{su} - bX$$

$$\frac{dX}{dt} = Y\left(\frac{-dS}{dt}\right) - bX \tag{7.68}$$

여기서, $r_g(=dX/dt)$: 활성 미생물(X_a, M/L³)의 순 성장속도(M/L³T)

$r_{su}(=-dS/dt)$: 기질(S, M/L³) 소비속도(M/L³T)

X(or X_a) : 미생물 농도(M/L³)

Y: 미생물 합성계수(yield coefficient, M/M)

b: 미생물의 사멸속도(T^{-1})

이 식을 미생물 양(X)로 나누면,

$$\frac{\frac{dX}{dt}}{X} = Y\frac{\frac{dS}{dt}}{X} - b \tag{7.69}$$

활성 바이오매스의 순수 비성장속도(μ)는 식 (7.53)과 같이 표현된다.

여기서, $\frac{1}{X}\frac{dX}{dt} = \mu$, $\frac{1}{X}\frac{dS}{dt} = -\frac{k_m S}{K_s + S}$, $\mu_m = k_m Y$ 이므로 이 식을 정리하면 식 (7.70)과 같다.

$$\mu = \mu_{\rm syn} + \mu_{\rm dec} = \mu_m \frac{S}{K_s + S} - b \tag{7.70}$$

여기서, $\mu_{\rm syn}$: 세포합성으로 인한 비성장속도(T^{-1})

$\mu_{\rm dec}$: 세포사멸로 인한 비성장속도(T^{-1})

이 식은 또한 식 (7.71)과 같이 단순화된다.

$$\mu = Yk - b \tag{7.71}$$

여기서, μ: 미생물 비성장속도(specific growth rate, T^{-1})

k: 기질 비이용속도(specific substrate utilization rate, T^{-1})

이때, μ와 k는 일반적으로 다음과 같은 Monod 식으로 표현된다(그림 7-69).

$$\mu = \mu_{\max} \frac{S}{K_s + S} \tag{7.72}$$

$$k = -k_{\max} \frac{S}{K_s + S} \tag{7.73}$$

여기서, S: 제거되지 않은 기질의 농도(M/L³)

K_s: 최대 속도(μ_m)의 절반에 해당하는 미제거된 기질의 농도(M/L³)

μ_m: 미생물 최대 비성장속도(max specific growth rate, T^{-1})

k_m: 기질 최대 비이용속도(max specific substrate utilization rate, T^{-1})

바이오매스의 실제 합성계수(true biomass yield)는 기질의 소모량에 대한 세포합성의 비율로 정의된다. 생물학적 처리공정의 설계와 분석에서 2개의 중요한 합성계수는 순 바이오매스 합성계수[net biomass yield, 식 (7.74)]와 측정된 고형물 합성계수[observed solids yields, 식 (7.75)]이다. 전자는 시스템 내에서 활성 미생물의 양을 측정하기 위해 사용되며, 후자는 생물학적 슬러지 생산량을 평가하는 데 주로 사용된다.

$$Y_{bio} = -\frac{r_g}{r_{su}} \tag{7.74}$$

$$Y_{obs} = -\frac{r_{X.VSS}}{r_{su}} \tag{7.75}$$

여기서, Y_{bio}: 순 미생물 합성계수(g biomass/g substrate used)

Y_{obs}: 측정된 미생물 합성계수(g VSS produced/g substrate removed)

예제 7-8 미생물 성장률

$\mu_m = 3\ d^{-1}$, $K_s = 60$ mg/L, X = 3000 mg VSS/L인 조건에서 유입 기질(S)의 농도 5 mg/L, 50 mg/L, 500 mg/L인 각각의 경우에 대해 세포 순 성장률(r_g)을 계산하시오. 이때 내생호흡으로 인한 감소는 일어나지 않는다고 가정한다.

풀이

식 (7.66)에서 내생호흡 항이 무시되므로 $r_g = \mu_m \frac{S}{K_s + S} X$ 가 된다.

1) S = 5 mg/L

$$r_g = 3\frac{5}{60+5}3000 = 692\,\text{mg VSS/L d}$$

2) S = 50 mg/L

$$r_g = 3\frac{50}{60+50}3000 = 4091\,\text{mg VSS/L d}$$

3) S = 500 mg/L

$$r_g = 3\frac{500}{60+500}3000 = 8036\,\text{mg VSS/L d}$$

즉, 1)의 경우에 비해 기질의 농도를 10배와 100배로 증가하였을 때 세포의 순 성장률은 약 5.9배와 11.6배로 증가한다.

(3) 동역학 계수

기질 이용과 미생물의 성장과 관련된 동역학 계수들(즉 k, K_s, Y, b)은 도시하수의 특성, 미생물군 및 온도 등에 따라 변할 수 있다. 동역학 계수값은 실험실 규모(bench-scale)나 실규모 처리장(full-scale plant)의 실험 결과로부터 측정할 수 있다. 표 7-58은 도시하수 내 포함된 유기물질(BOD)의 호기성 산화에 대한 전형적인 동역학 계수를 나타내고 있고, 표 7-59에는 주요 미생물의 종류에 대한 동역학 계수를 보여주고 있다. 이러한 인자들은 세포합성의 화학양론과 생물에너지 기초원리에 기초를 두고 특정한 단위와 일정한 범위 값을 가지고 있으므로 임의적 변수(random variable)로써 사용할 수는 없다.

표 7-58 Typical kinetic coefficients for the activated sludge process for the removal of organic matter from domestic wastewater

Coefficient	Unit	Value a)	
		Range	Typical
k	g bsCOD/g VSS-d	2-10	5
K_s	mg/L BOD	25-100	60
	mg/L bsCOD	10-60	40
Y	mg VSS/mg BOD	0.4-0.8	0.6
	mg VSS/mg bsCOD	0.3-0.6	0.4
b	g VSS/g VSS-d	0.06-0.15	0.10

a) Values reported are for 20°C.

Ref) Metcalf and Eddy(2003)

표 7-59 생물학적 처리에서 사용하는 주요 미생물 종류에 대한 전형적인 동역학 계수

미생물 종류	전자 공여체	전자 수용체	탄소원	f_S^0	Y	k_{max} ($\hat{q}$)	μ_{max} ($\hat{\mu}$)
호기성 종속영양균	탄수화물 BOD	O_2	BOD	0.7	0.49 g VSS/g BOD_L	27 g BOD_L/g VSS-d	13.2
	기타 BOD	O_2	BOD	0.6	0.42 g VSS/g BOD_L	20 g BOD_L/g VSS-d	8.4
탈질균	BOD	NO_3^-	BOD	0.5	0.25 g VSS/g BOD_L	16 g BOD_L/g VSS-d	4
	H^2	NO_3^-	CO_2	0.2	0.81 g VSS/g H_2	1.25 g H_2/g VSS-d	1
	S(s)	NO_3^-	CO_2	0.2	0.15 g VSS/g S	6.7 g S/g VSS-d	1
독립영양 질산화균	NH_4^+	O_2	CO_2	0.14	0.34 g VSS/g NH_4^+-N	2.7 g NH_4^+-N/g VSS-d	0.92
	NO_2^-	O_2	CO_2	0.10	0.08 g VSS/g NO_2^--N	7.8 g NO_2^--N/g VSS-d	0.62
메탄균	아세트산 BOD	아세트산	아세트산	0.05	0.035 g VSS/g BOD_L	8.4 g BOD_L/g VSS-d	0.3
	H_2	CO_2	CO_2	0.08	0.45 g VSS/g H_2	1.1 g H_2/g VSS-d	0.5
황산화 독립영양균	H_2S	O_2	CO_2	0.2	0.28 g VSS/g H_2S-S	5 g S/g VSS-d	1.4
황산염 환원균	H_2	SO_4^{2-}	CO_2	0.05	0.28 g VSS/g H_2	1.05 g H_2/g VSS-d	0.29
	아세트산 BOD	SO_4^{2-}	아세트산	0.08	0.057 g VSS/g BOD_L	8.7 g BOD_L/g VSS-d	0.5
발효균	당분 BOD	당분	당분	0.18	0.13 g VSS/g BOD_L	9.8 g BOD_L/g VSS-d	1.2

- Y는 세포 VSS_a의 구성식이 $C_5H_7O_2N$, NH_4^+가 질소원이라는 가정하에 계산한 값이다. NO_3^-가 전자 수용체인 경우에는 NO_3^-가 질소원이다. 일반적인 Y의 단위 역시 표시하였다.
- k_{max}는 $1e^-$ eq./g VSS_a − d을 이용하여 계산.
- μ_{max}의 단위는 d^{-1} .

Ref) Rittmann and McCarty(2001)

(4) 산소 섭취율

산소 섭취율(rate of oxygen uptake)은 화학양론적으로 유기물 이용 및 세포 성장률(7.4절 참조)과 관계가 있다. 산소 섭취율의 일반식을 정리하면 다음과 같다.

$$r_o = -r_{su} - 1.42\, r_g \tag{7.76}$$

여기서, r_o = 산소 섭취율($g\ O_2/m^3 \cdot d$)

r_{su} = 기질 소비율($g\ bsCOD/m^3 \cdot d$)

1.42 = 미생물의 COD값($g\ bsCOD/g\ VSS$)

r_g = 미생물 성장률($g\ VSS/m^3 \cdot d$)

식 (7.76)의 오른쪽 첫항(기질 이용률)이 음의 부호인 이유는 기질의 농도가 시간에 따라 감소하기 때문이다. 또는 계수 1.42는 세포의 COD당량(f_{CV})을 의미한다.

(5) 온도 영향

온도는 미생물의 대사 활성도뿐만 아니라 기체 전달률과 생물학적 고형물의 침전특성과 같은 물리적 및 화학적 인자에 상당한 영향을 미친다. 온도에 대한 영향은 식 (7.77)과 같이 반응상수에 포함되며, 생물학적 시스템의 경우 θ값은 1.02～1.25의 범위로 고려된다.

$$k_T = k_{20}\theta^{(T-20)} \tag{7.77}$$

여기서, k_T = 온도 T°C에서 반응속도상수

k_{20} = 20°C에서 반응속도상수

θ = 온도 영향계수

T = 온도(°C)

(6) 활성 미생물과 세포 잔류물

생물학적 동역학과 성장률을 설명하기 위하여 사용된 수식들은 처리반응조 내 활성 미생물의 농도(X)와 관계가 있다. 실제로 활성 미생물로 구성된 반응조 내의 VSS, 그리고 활성 미생물의 분율은 하수의 특성과 운전조건에 큰 영향을 받는다. VSS 농도에 기여하는 기타 성분은 내생감소에 따른 세포잔류물과 생물학적 반응조로 유입되는 유입하수 내 비생분해성 VSS(nbVSS)이다. 세포사멸 동안 세포의 용해(lysis)는 다른 박데리아에 의해 소모될 수 있는 세포물질이 액체로 용출되면서 일어난다. 세포질량(세포벽)의 일부는 용존되지 않고, 계 내에서 비생분해성 입자물질로 남는다. 남아 있는 비생분해성 물질은 세포 잔류물로 간주되고, 이는 세포무게의 약 10～15%에 해당한다. 또한 세포의 잔류물은 VSS로 측정되고 반응기 혼합액의 총 VSS 농도에도 기여한다. 세포 잔류물의 생성률은 내생감소율에 비례한다.

$$r_{xd} = f_d(b)X \tag{7.78}$$

여기서, r_{xd} = 세포 잔류물 생성률(g VSS/m^3 · d)

f_d = 세포 잔류물로 잔존하는 미생물의 분율(0.10 ~ 0.15 g VSS/g VSS)

세포 잔류물로 인한 nbVSS 농도는 도시하수와 일부 산업폐수의 처리에 이용된 생물반응조 내 VSS 중에서 통상 상대적으로 작은 분율을 차지한다. 위에서 언급했듯이, MLVSS 중 미생물이 아닌 일부는 유입하수 내 nbVSS에 기인한다. 처리하지 않은 전형적인 도시하수의 nbVSS 농도범위는 60~100 mg/L이고, 1차 처리수에서 10~40 mg/L의 범위이다.

한편, 호기성 생물반응조에서 VSS 생산율은 미생물 생산량, nbVSS 생산량 그리고 유입 nbVSS의 합으로 정의할 수 있다.

$$r_{X_T, VSS} = \begin{pmatrix} \text{용존성 bCOD로부터} \\ \text{net nbVSS} \end{pmatrix} + \begin{pmatrix} \text{세포로부터} \\ \text{nbVSS} \end{pmatrix} + \begin{pmatrix} \text{유입수의} \\ \text{nbVSS} \end{pmatrix} \tag{7.79}$$

$$= (-Yr_{su} - bX) + f_d(b)X + QX_{o,i}/V$$

여기서, $r_{X, VSS}$ = 총 VSS 생산율(g/m^3 · d)

Q = 유입유량(m^3/d)

$X_{o,i}$ = 유입 nbVSS 농도(g/m^3)

V = 반응조 용적(m^3)

이 식으로부터 생물반응조 혼합액의 VSS(MLVSS) 내 활성 미생물의 분율(X_a/MLVSS)은 성장과 사멸의 합을 총 MLVSS 생산량으로 나눈 비율로 결정된다.

$$f_{av} = \frac{(-Yr_{su} - bX)}{r_{X_T, \text{VSS}}} \tag{7.80}$$

여기서, f_{av}: MLVSS 중 활성 미생물의 분율(g/g)

예제 7-9 미생물과 고형물 합성계수

도시하수를 활성슬러지 공정으로 처리하고 있다. 이때 유입하수의 bsCOD는 300 g/m^3, nbVSS는 50 g/m^{3}이었다. 유입수의 유량은 1000 m^3/d로, 반응조의 용량은 105 m^3, 미생물의 농도는 2000 g/m^3, 그리고 반응조의 bsCOD 농도는 15 g/m^{3}이었다. 세포 잔류물의 분율(f_d)을 0.1이라고 가정할 때 순 미생물 합성계수와 측정 고형물 합성계수, 그리고 MLVSS 내 미생물의 분율을 계산하시오. 표 7-53에 주어진 동역학 계수를 사용하시오.

풀이

1. 먼저 순 미생물 합성계수[식 (7.74)]를 결정한다.

$$Y_{\text{bio}} = -r_g / r_{su}$$

a) 식 (7.55)와 표 7-58에 주어진 자료를 이용하여 기질 이용률 r_{su}에 대하여 풀면,

$$r_{su} = -\frac{kXS}{K_S + S}$$

$$= -\frac{(5/\text{d})(2000\ \text{g/m}^3)(15\ \text{g bsCOD/m}^3)}{(40+15)\ \text{g/m}^3}$$

$$= -2727\ \text{g bsCOD/m}^3\cdot\text{d}$$

b) 식 (7.68)을 이용하여 순 미생물 성장속도 r_g를 결정한다.

$$r_g = -Yr_{su} - bX$$

$$= -(0.40\ \text{g VSS/g bsCOD})(-2727\ \text{g bsCOD/m}^3\cdot\text{d})$$

$$-(0.10\ \text{g VSS/g VSS}\cdot\text{d})(2000\ \text{g VSS/m}^3)$$

$$= 891\ \text{g VSS/m}^3\cdot\text{d}$$

c) 순 미생물 합성계수를 결정한다.

$$Y_{\text{bio}} = -r_g/r_{su} = (891\ \text{g VSS/m}^3\cdot\text{d})/(2727\ \text{g bsCOD/m}^3\cdot\text{d})$$

$$= 0.33\ \text{g VSS/g bsCOD}$$

2. 식 (7.79)를 이용하여 VSS 생산율을 결정한다.

$$r_{X_T,\ VSS} = -Yr_{su} - bX + f_d(b)X + QX_{o,i}/V$$

$$= 891\ \text{g VSS/m}^3\cdot\text{d}$$

$$+(0.10\ \text{g VSS/g VSS})(0.10\ \text{g VSS/g VSS}\cdot\text{d})(2000\ \text{g VSS/m}^3)$$

$$+(1000\ \text{m}^3/\text{d})(50\ \text{g VSS/m}^3)/105\ \text{m}^3$$

$$= (891+20+476)\ \text{g VSS/m}^3\cdot\text{d}$$

$$= 1387\ \text{g VSS/m}^3\cdot\text{d}$$

3. 식 (7.75)를 이용하여 측정 고형물 생산계수를 계산한다.

$$Y_{\text{obs}} = -r_{X_T,\ VSS}/r_{su}$$

$$= -(1387\ \text{g VSS/m}^3\cdot\text{d})/(-2727\ \text{g bsCOD/m}^3\cdot\text{d})$$

$$= 0.51\ \text{g VSS/g bsCOD}$$

4. 식 (7.80)을 이용하여 MLVSS 내 활성 미생물 분율을 계산한다.

$$f_{av} = (-Yr_{su} - bX)/r_{X_T,\ VSS}$$

$$= (891\ \text{g VSS/m}^3\cdot\text{d})/(1387\ \text{g VSS/m}^3\cdot\text{d})$$

$$= 0.64$$

따라서 유입수 내 nbVSS와 세포 잔류물의 생성을 고려할 때 활성 미생물은 MLVSS의 64%가 된다.

(7) 완전혼합 생물반응조의 물질수지

앞서 설명한 대사 반응(양적인 측면)과 반응동역학(반응속도)을 바탕으로 여기에서는 기초적인 물질수지를 설명하고자 한다. 가장 간단한 반응조의 예는 정상상태로 연속 운전되는 완전혼

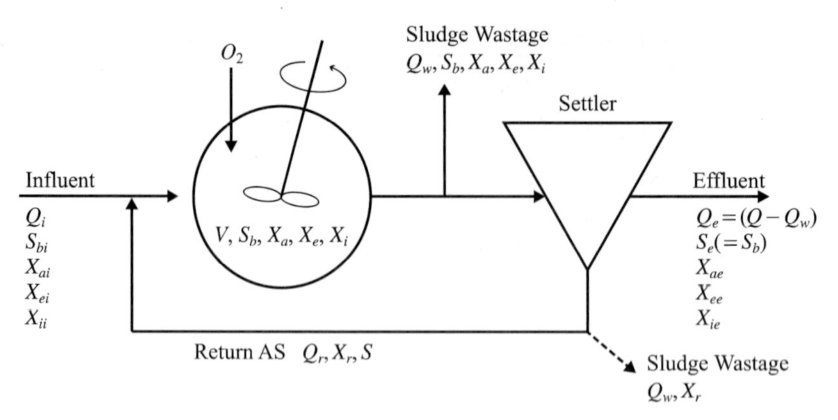

그림 7-70 **완전혼합 부유성장 활성슬러지 공정 개략도**

합형 부유성장 활성슬러지 공정이다(그림 7-70). 이때 생물반응조(chemostat)의 구성은 일정 용량의 용적(V)과 기질(S), 바이오매스(X)가 된다. 이 반응조에는 일정한 유량(Q)과 기질 농도(S_i)를 가진 유입수가 공급되며, 이때 바이오매스(X_i, 활성 및 비활성 포함)는 공급되지 않는다고 가정한다. 완전혼합형으로 운전되므로 생물반응조의 유출수는 유입수와 동일한 유량조건으로 배출되며, 그 특성(S, X)은 기본적으로 반응조 내용물과 동일하다. 그러나 침전지를 통과한 공정 처리수의 특성(Q_e, S_e, X_e)은 고액분리 특성에 따라 변화한다. 생물반응조 내 바이오매스(X_v)는 활성(active, X_a), 내생잔류물(endogenous, X_e), 불활성(inert, X_i)으로 구분하며, 기본적으로 유입수와 처리수 내는 이들 성분이 존재하지 않는다고 가정한다.

세포의 성장으로 인한 과잉 슬러지(excess sludge, Q_W)는 2차침전지 하단 혹은 폭기조에서 직접 폐기할 수 있으나 전자보다는 후자의 방법이 훨씬 안정적인 방법이다. 2차침전지의 침전슬러지 농도(X_r)는 침전지의 운영조건과 성능에 따라 일반적으로 일중 변화가 크게 나타난다. 따라서 침전슬러지를 폐기하는 경우 폐슬러지의 양을 정확하게 측정하기가 쉽지 않다. 반면에 폭기조의 슬러지 농도(X)는 매우 안정적으로 유지되므로 폐슬러지의 양을 매우 정확하게 제어할 수 있다. 이러한 경우를 SRT의 수리학적 제어라고 한다. 폐슬러지의 양적 제어란 결국 반응조 내에 미생물이 머무는 시간, 즉 고형물 체류시간(SRT, solid retention time, R_s)의 제어를 의미한다. SRT는 평균 세포 체류시간(MCRT, mean cell residence time) 또는 슬러지 일령(sludge age)이라고도 한다. SRT는 공정의 설계와 운전에 있어 가장 중요한 요소이다. 따라서 SRT의 효과적인 제어를 위해서는 폭기조로부터 직접 슬러지를 폐기하는 것이 바람직하다.

모든 생물학적 처리 반응조의 설계는 대상이 되는 주요 성분(즉, 미생물 X_a과 기질 S_b 등)에 대하여 정의된 공정의 물질수지에 기초한다. 여기서 바이오매스는 활성 촉매로서 그리고 기질은 촉매를 축적시키는 역할을 하는 중요한 항목이다. 물질수지는 시스템 내에 유입 또는 유출되는 유량과 질량을 기준으로 대상 성분 물질의 생성 또는 감소를 평가하며, 이때 반응속도 개념이 포함된다. 물질수지의 단위는 대개 질량/부피/시간으로 표현된다. 물질수지에서 생성되는 항목의 부호는 항상 양(+)의 부호로 표시되지만, 실제 공정에서의 부호는 속도식의 일부분으로 나타난다(예를 들어 만약 반응속도식이 $y = -kC$라면, 생성항의 부호는 음(−)이므로 이는 감소한다는 것을 의미한다). 다음의 물질수지는 종속영양미생물(heterotrophic, 첨자 h로 표기)을 이용하는 완전혼합 활성슬러지 공정을 기준으로 설명한다.

① 활성 미생물의 농도(X_a, mg VSS/L)

완전혼합 반응조 내 미생물의 질량에 대한 물질수지는 다음과 같이 나타낼 수 있다.

[Mass Accum] = [Mass flow in] − [Mass flow out (effluent + waste)]
+ [Mass gain by growth] − [Mass loss by decay]

$$VdX_a = 0 - 0 - (Q_w X_a)dt + (dX_a/dt)_g Vdt - (dX_a/dt)_d Vdt \quad (7.81)$$

여기서, $(dX_a/dt)_g = (\mu_m/K_S)S_b X_a$ [7.5(1) 참조]

$(dX_a/dt)_d = b_h X_a$

이 식을 (Vdt)로 나누고, $Q_w/V = 1/R_s$(즉, SRT를 수리학적 제어로 가정)를 대치하면 다음과 같다.

$$dX_a/dt = -(X_a/R_s) + (\mu_m/K_S)S_b X_a - b_h X_a \quad (7.82)$$

정상상태($dX_a/dt = 0$)의 조건하에서 이 식은 다음과 같이 정리된다.

$$(\mu_m/K_S)S_b = (1 + b_h R_s)/R_s \quad (7.83)$$

② 내생 미생물의 농도(X_e, mg VSS/L)

$$VdX_e = 0 - (Q_w X_e)dt + 0 - (dX_e/dt)_d Vdt \quad (7.84)$$

여기서, $(dX_e/dt)_d = fb_h X_a$

f = 미생물의 내생잔류물(생물학적 분해불능) 분율(= 0.2 mg VSS/mgVSS)

이 식을 (Vdt)로 나누면 다음과 같다.

$$dX_e/dt = -(X_e/R_s) + fb_h X_a \quad (7.85)$$

정상상태($dX_e/dt = 0$)의 조건하에서 이 식은 다음과 같이 정리된다.

$$X_e = f b_h X_a R_s \quad (7.86)$$

③ 불활성 미생물의 농도(X_i, mg VSS/L)

$$VdX_i = (Q_i X_i)dt - (Q_w X_i)dt + 0 - 0 \quad (7.87)$$

이 식을 (Vdt)로 나누면 다음과 같다.

$$\begin{aligned} dX_i/dt &= (Q_i X_{ii})/V - (Q_w X_i)/V \\ &= (X_{ii}/R_{hn}) - (X_i/R_s) \end{aligned} \quad (7.88)$$

여기서, R_{hn} = 수리학적 체류시간(= V/Q, hr)

정상상태($dX_i/dt=0$)의 조건하에서 이 식은 다음과 같이 정리된다.

$$X_i = X_{ii} R_s / R_{hn} \tag{7.89}$$

④ 기질(S_b, mg COD/L)

[Mass Accum] = [Mass flow in] − [Mass flow out (effluent + waste)]
− [Mass loss by utilization]

$$VdS_b = (Q_i S_{bi})dt - (Q_w S_b + Q_e S_b)dt - (dS_b/dt)_u \tag{7.90}$$

여기서, $(dS_b/dt)_u = (1/Y_h)(\mu_m/K_S)S_b X_a$ [7.5(1) 참조]

이 식을 (Vdt)로 나누면 다음과 같다.

$$dS_b/dt = (Q_i/V)(S_{bi} - S_b) - (1/Y_h)(\mu_m/K_S)S_b X_a \tag{7.91}$$

정상상태($dS_b/dt=0$)의 조건하에서 이 식은 다음과 같이 정리된다.

$$(\mu_m/K_S)S_b = Y_h(S_{bi} - S_b)/(R_{hn} X_a) \tag{7.92}$$

식 (7.83)과 (7.92)를 이용하여 활성 미생물(X_a)을 결정할 수 있다.

$$X_a = \left(\frac{R_s}{R_{hn}}\right)\left[\frac{Y_h(S_{bi} - S_b)}{1 + b_h R_s}\right] \tag{7.93}$$

유출수의 기질 농도식은 식 (7.82)로부터 결정할 수 있다. 이때 Monod 반응식은 포화식 형태로 바뀌어야 한다.

$$dX_a/dt = -(X_a/R_s) + \left(\frac{\mu_m S_b}{K_s + S_b}\right)X_a - b_h X_a \tag{7.94}$$

정상상태($dX_a/dt=0$)의 조건하에서 이 식을 X_a로 나누고 S_b에 대해 정리하면 다음과 같다.

$$\frac{1}{R_s} = \frac{\mu_m S_b}{K_s + S_b} - b_h \tag{7.95}$$

$$S_b = \frac{K_s[1 + b_h R_s]}{R_s(\mu_m - b_h) - 1} \tag{7.96}$$

식 (7.95)에서 내생분해가 무시된다면 고형물체류시간(R_s)은 미생물의 비성장속도(μ)의 역수가 된다. 또한 S_b식에서 $\mu_m = Y_h k_m$으로 표현할 수 있다. 완전혼합 활성슬러지 공정에서 유출수의 용해성 기질 농도는 SRT와 성장과 사멸에 대한 동역학 계수와 직접적으로 관련이 있다. 유출수 기질 농도는 유입수 용존성 기질 농도와는 관련이 없으나 유입수 기질 농도는 미생물 농도에 직접적으로 영향을 미친다.

식 (7.93)에 주어진 것처럼 생물반응조 내 활성 미생물의 농도(X_a)는 SRT, HRT, 성장 및 사멸계수 그리고 기질제거량의 함수이다. 만약 침전지와 반송슬러지 흐름이 없는 단순한 유량통과

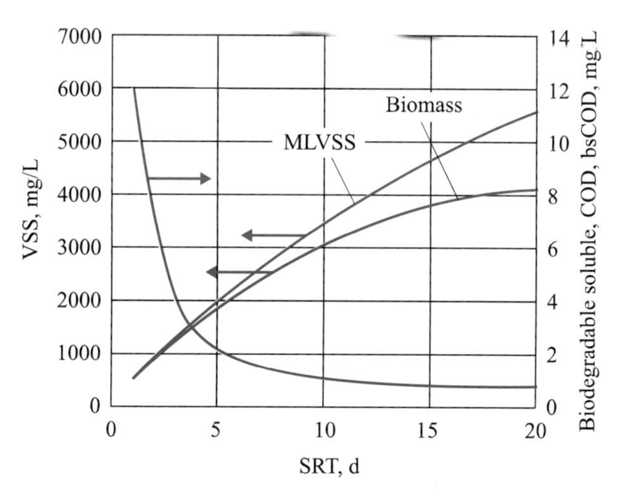

그림 7-71 **완전혼합 활성슬러지 공정에서 SRT와 MLVSS 농도의 상관관계** (Metcalf & Eddy, 2003)

형(flow-through mode)의 완전혼합 반응조라면 SRT는 HRT와 동일하므로 반응조 내의 미생물 농도(X_a)는 유출수의 미생물 농도(X_{ae})와 동일하게 된다. SRT는 유출수 용존 기질의 농도와 생물반응조 내 미생물의 농도에 매우 중요한 인자이다. 처리수의 미생물 농도는 통상적으로 매우 낮게 유지되므로($X_e < 15$ mg VSS/L), 공정의 SRT는 고형물 폐기량(Q_w)에 의해 쉽게 제어할 수 있다.

따라서 생물반응조 내 슬러지 혼합액의 총 고형물 농도(MLSS, X_t)와 휘발성 성분(MLVSS, X_v)은 다음과 같다.

$$X_v = X_a + X_e + X_i \quad \text{(mg VSS/L)} \tag{7.97}$$

$$X_t = X_v + X_{ii} \quad \text{(mg TSS/L)} \tag{7.98}$$

여기에서 X_{ii}는 생물반응조 내의 불활성 무기성(inert inorganic, ISS) 고형물질을 뜻하는 것으로 유입수에 포함된 불활성 유기물질(X_i)과는 구분된다. 한편 생물반응조 안의 혼합액의 활성 미생물(X_a)의 분율은 다음과 같이 표현된다.

$$f_{av} = M(X_a)/M(X_v) \tag{7.99}$$

$$f_{at} = M(X_a)/M(X_t) = f_i f_{av} \tag{7.100}$$

여기서, f_i = 생물반응조 바이오매스의 MLVSS/MLSS

그림 7-71은 완전혼합 활성슬러지 공정에서 SRT와 MLVSS 농도의 상관관계를 보여준다. SRT가 증가함에 따라 활성 미생물(X_a)은 일정한 값에 수렴하지만, 내생잔류물(X_e)과 불활성 물질(X_i)은 점차 증가하게 된다.

⑤ 산소소모율(O_c, mg O_2/L/hr)

완전혼합 활성슬러지 공정에서 산소소모와 관련한 물질수지식은 다음과 같다.

[Mass change in O_2 conc. in reactor]

= [Mass flow of O_2 into reactor] − [Mass flow of O_2 out of reactor]

− [Mass O_2 utilized by heterotrophic organisms]

$$VdO = MO_i - O_r(Q_w + Q_e)dt - O_c Vdt \tag{7.101}$$

여기서, O_i = 유입수의 DO 농도

O_r = 생물반응조 안의 DO 농도

O_c = 종속영양미생물의 산소이용률(OUR, mg O/L/d)

일반적으로 반응기에서 유출되는 산소의 질량은 폭기장치에 의해 반응기로 유입하는 산소의 질량에 비해 무시할 수 있다. 따라서 정상상태에서 산소의 질량주입률은 사용률과 같다.

$$MO_i/dt = O_c V = MO_c \qquad \text{(mg O/d)} \tag{7.102}$$

산소소모율(OUR)은 활성유기체의 합성과 내생호흡에 필요한 산소를 합한 값이다.

$$MO_c = MO_s + MO_e \tag{7.103}$$

여기서, $MO_s = (1 - f_{cv} Y_h)(S_{bi} - S_b)Q_i$

$MO_e = f_{cv}(1-f)b_h X_a \cdot V$

일반적으로 $S_{bi} \gg S_b$이며 산소소모율(O_c)은 다음과 같이 계산할 수 있다.

$$O_c = MO_c/V \qquad \text{(mg O/L-h)} \tag{7.104}$$

예제 7-10 활성슬러지 공정

다음과 같은 설계조건에서 완전혼합 부유성장 활성슬러지 공정을 설계하시오.

(설계조건)

유량 1,000 m^3/d

유입수의 특성 bCOD = 192 mg/L; nbVSS 30 mg/L; ISS 10 mg/L

폭기조 MLVSS = 2,500 mg/L (f_i = 0.85 mg VSS/mg TSS)

SRT = 6 d

Y_h = 0.4 g VSS/g bCOD,	k_m = 12.5 g COD/g VSS/d
b_h = 0.1 /d	K_s = 10 mg bCOD/L
fd = 0.15	f_{CV} = 1.42 mg COD/mg VSS

1) 유출수의 bCOD 농도

2) 수리학적 체류시간(HRT, R_{hn})

3) 생물반응조 용량(V)

4) 활성 미생물의 비율(M_a/M_v)

5) 슬러지 발생량($P_{x,\ VSS}$) 및 세포증식률(Y_{obs})

6) 산소요구량

풀이

1) 유출수의 bCOD 농도

$$S_b = \frac{K_s[1 + b_h R_s]}{R_s(\mu_m - b_h) - 1} = 0.56 \text{ mg bCOD/L}$$

2) 수리학적 체류시간(HRT)

$X_V = X_a + X_e + X_i$ (mg VSS/L)

$$2{,}500 = \left(\frac{R_s}{R_{hn}}\right)\left[\frac{Y_h(S_{bi} - S_b)}{1 + b_h S_s}\right] + f b_h X_a R_s + X_{ii} R_s / R_{hn}$$

이 식으로부터 $R_{hn} = 4.74$ hr

3) $V = R_{hn}(Q) = 4.74(1{,}000)/24 = 198$ m^3

4) $X_a = 1{,}457$ mg VSS/L

$X_e = 131$ mg VSS/L

$X_i = 911$ mg VSS/L: $X_a / X_v = 0.58$

5) 슬러지 생산량($P_{x,\ VSS}$) $= X_v(V)/R_s = 82.3$ kg VSS/d

세포증식률(Y_{obs}) $= P_{x,\ VSS}/[Q_i(\text{bCOD}_i - \text{bCOD}_e)] = 0.43$ g VSS/g bsCOD

6) 산소요구량

$MO_c = 118$ kg O/d

$O_c = 23.6$ mg O/L-h

참고문헌

- AAM (2014). American Academy of Microbiology, FAQ: Human Microbiome.
- Adl, S.M. et al. (2012). The revised classification of eukaryotes. Journal of Eukaryotic Microbiology, 59(5), 429-514.
- Ahn, Y.H (1996). SEM and TEM images of methanogenic bacteria treating brewery wastewater. Yeungnam University, Department of Civil Engineering.
- Ahn, Y.H. (2000). Physicochemical and microbial aspects of anaerobic granular biopellets, J. Environ. Sci. Health, A35(9), 1617-1635.
- Ahn, Y.H., Choi, J.D. (2016). Bacterial communities and antibiotic resistance communities in a full scale hospital wastewater treatment plant by high-throughput pyrosequencing. Water, 8(12), 580.
- American Public Health Association, American Water Works Association, Water Environment Federation. (2010). Standard Methods for the Examination of Water and Wastewater, New York, USA.
- Ashbolt, N.J., Grawbow, W.O.K., Snozzi, M. (2001). Indicators of microbial water quality. In: Water Quality Guidelines, Standards and Health (L. Fewtrell, and J. Bartram, eds.), IWA Publishing, London, pp. 289-315.
- Auchtung, T.A., Shyndriayeva, G., Cavanaugh, C.M. (2011). 16S rRNA phylogeneticanalysis and quantification of Korarchaeota indigenous to the hot springs of Kamchatka, Russia. Extremophiles, 15(1), 105-116.
- Battelle (2000). persistent pesticides.
- BBC (2008). Fungi to fight 'toxic war zones', BBC News. 5 May 2008.
- Berg, G. (1978). The indicator system. In Indictors of Viruses in Water and Food (ed. G. Berg), pp. 1-13, Ann Arbor Science Publishers, Ann Arbor, MI Bergh, O., Borsheim, K.Y., Bratbak, G., Heldal, M. (1989). High abundance of viruses found in aquatic environments. Nature, 340(6233), 467-468.
- Bergh, O., Borsheim, K.Y., Bratbak, G., Heldal, M. (1989). High abundance of viruses found in aquatic environments. Nature, 340(6233), 467-468.
- Bhattacharjee, A.S., Choi, J., Motlagh, A.M., Mukherji, S.T., Goel, R. (2015). Bacteriophage therapy for membrane biofouling in membrane bioreactors and antibiotic-resistant bacterial biofilms. Biotechnology and bioengineering, 112(8), 1644-1654.
- Biology discussion (2017). http://www.biologydiscussion.com/protozoa-2/protozoa.
- Blackwell, M., Hibbett, D.S., Taylor, J.W., & Spatafora, J.W. (2006). Research coordination networks: a phylogeny for kingdom Fungi (Deep Hypha), Mycologia, 98(6), 829-837.
- Blum, A.S., Soto, C.M., Wilson, C.D., Brower, T.L., Pollack, S.K., Schull, T.L., Franzon, P. (2005). An Engineered Virus as a Scaffold for Three-Dimensional Self-Assembly on the Nanoscale. Small, 1(7), 702-706.
- Boone D.R., Whitman W.B., RouvieÁre P. (1993) Diversity and taxonomy of methanogens. In Ferry J.G. (ed), Methanogenesis, Chapman and Hall Co., New York.
- Boonyakitsombut, S., Kim, M., Ahn, Y.H., Speece, R.E. (2002). Degradation of propionate and its precursors: the role of nutrient supplementation. KSCE Journal of Civil Engineering, 6(4), 243-253.
- Cappitelli, F., Sorlini, C. (2008). Microorganisms attack synthetic polymers in items representing our cultural heritage. Applied and environmental microbiology, 74(3), 564-569.
- Cavalier-Smith, T. (1998). A revised six-kingdom system of life. Biological Reviews, 73(3), 203-266.

- Chen, C.C., Lin, C.Y., Lin, M.C. (2002). Acid-base enrichment enhances anaerobic hydrogen production process. Applied microbiology and biotechnology, 58(2), 224.
- Choi, J.D., Ahn, Y.H. (2014). Characteristics of biohydrogen fermentation from various substrates. International Journal of Hydrogen Energy, 39(7), 3152-3159.
- Choi, J.D., Kim, E.S., Ahn, Y.H. (2017). Microbial community analysis of bulk sludge/cake layers and biofouling causing microbial consortia in a full-scale aerobic membrane bioreactor. Bioresource Technology, 227, 133-141.
- Choi, J.D., Kotay, S.M., Goel, R. (2012). Viruses to the rescue?, Water Environment & Technology, 38-41.
- Christaki, E., Florou-Paneri, P., Bonos, E. (2011). Microalgae: a novel ingredient in nutrition, International journal of food sciences and nutrition. 62(8), 794-799.
- Chisti, Y. (2007). Biodiesel from microalgae. Biotechnology advances, 25(3), 294-306.
- Christian, V., Shrivastava, R., Shukla, D., Modi, H.A., Vyas, B.R. (2005). Degradation of xenobiotic compounds by lignin-degrading white-rot fungi: enzymology and mechanisms involved. Indian Journal of Experimental Biology, 43(4): 301-12.
- Clingenpeel, S., kan, J., Macur, R.E., Woyke, T. et al. (2013). Yellowstone Lake Nanoarchaeota, Frontiers in Microbiology, 4, 274.
- David, W.L. (2001). Photosynthesis (3e), Springer-Verlag.
- Desai, C., Pathak, H., Madamwar, D. (2010). Advances in molecular and "-omics" technologies to gauge microbial communities and bioremediation at xenobiotic/anthropogen contaminated sites. Bioresource Technology, 101, 1558-1569.
- Dickinson, J. R. (1999). "Carbon metabolism". In J. R. Dickinson; M. Schweizer. The metabolism and molecular physiology of *Saccharomyces cervisiae*. Taylor & Francis. ISBN 978-0-7484-0731-6.
- Eckburg P.B. et al. (2005). Diversigy of the human intestinal microbial flora. Science, 308, 1635.
- Eisen, J. (2016). Microbial growth and functions.
- European Union(EU) (1995). Proposed for a Council Directive concerning the quality of water intended for human consumption. Com(94), 612. *Final. Offic. J. Eur. Union*, 131, 5-24.
- Fang, J. (2010). Animals thrive without oxygen at sea bottom. 825-825.
- Farr, R., Choi, D.S., Lee, S.W. (2014). Phage-based nanomaterials for biomedical applications. Acta biomaterialia, 10(4), 1741-1750.
- Feachem, R.G., Bradley, D.J., Garelick, H., Mara, D.D. (1983). Sanitation and Disease: Health Aspects of Excreta and Wastewater Management. Published for the World Bank by John Wiley & Sons, New York.
- Fischlechner, M., Donath, E. (2007). Viruses as building blocks for materials and devices. Angewandte Chemie International Edition, 46(18), 3184-3193.
- Flynn, J. et al. (2010). Enabling unbalanced fermentations by using engineered electrode-interfaced bacteria. mBio, American Society of Microbiology. 1(5), 1-8.
- Fomina, M., Charnock, J.M., Hillier, S., Alvarez, R., Gadd, G.M. (2007). Fungal transformations of uranium oxides, Environmental Microbiology. 9(7), 1696-710.
- Food and Drug Administration (2005). National Shellfish Sanitation Program, Guide for the Control of Molluscan Shellfish. Washington, DC.
- Fredrickson, J.K., Zachara, J.M., Balkwill, D.L., Kennedy, D., Li, S.M., Kostandarithes, H.M., Daly, M.J., Romine, M.F., Brockman, F.J. (2004). Geomicrobiology of high-level nuclear waste-contaminated vadose sediments at the Hanford site, Washington state. Applied and Environmental Microbiology, 70(7), 4230-41.
- Frost, F.J., Craun, G.F., Calderon, R.L. (1996). Waterborne disease surveillance. J. AWWA 88,

66-75.

- Fuerst, J.A., Sagulenko, E. (2011). Beyond the bacterium: planctomycetes challenge our concepts of microbial structure and function. Nat Rev Microbiol. 9, 403-413.
- Garcia, J.L., Patel, B.K., Ollivier, B. (2000). Taxonomic, phylogenetic, and ecological diversity of methanogenic Archaea. *Anaerobe*, *6*(4), 205-226.
- Geldriech, E.E. (1976) Faecal coliform and faecal streptococcus density relationship in waste discharges and receiving waters. Crit. Rev. Environ. Control, 6, 349-369.
- Geldreich, E.E. (1978) Bacterial populations and indicator concepts in feces, sewage, storm water and solid wastes. In "Indicators of Viruses in Water and Food" (G. Berg, ed.), Ann Arbor Science, Ann Arbor, MI, 51-97.
- Geldreich, E.E., Kenner, B.A. (1969). Comments on fecal streptococci in stream pollution. J. Water Pollut. Confrol Fed., 41, R336-R341.
- Gerba, C.P. (2014). Ch22. Environmentally transmitted pathogens. In: Environmental Microbiology (3e), Academic Press.
- Ghosal, D., Ghosh, S., Dutta, T.K., Ahn Y.H. (2016) Current state of knowledge in microbial degradation of polycyclic aromatic hydrocarbons (PAHs): A Review. Frontier in Microbiology, 7, 1369.
- Gill, S.R. et al. (2006). Metagenomic analysis of the human distal gut microbiome. Science, 312, 1355-1359.
- Gleeson, C., Gray, N. (1997). The Coliform Index and Waterborne Disease, E and FN Spon, London.
- Gorby, Y.A., et al., (2006). Electrically conductive bacterial nanowires produced by *Shewanella oneidensis strain MR-1* and other microorganisms. Proceedings of the National Academy of Sciences, 103(30), 11358-11363.
- Grabow, W.O.K. (1996). Waterborne diseases: Update on water quality assessment and control, Water SA 22, 193-202.
- Grady, C.P.L. Jr., Daigger, G.T., Lim, H.C. (1999). Biological Wastewater Treatment, 2ed., Marcel Dekker, New York.
- Handelsman, J., Rondon, M.R., Brady, S.F., Clardy, J., Goodman, R.M. (1998). Molecular biological access tothe chemistry of unknown soil microbes: a new frontier for natural products. Chemistry & biology, 5(10), R245-R249.
- Haas, C.N., Rose, J.B., Gerba, C.P. (2014). Quantitative Microbial Risk Assessment. 2/e, John Wiley & Sons, New York, NY.
- Hoffmann, J.P. (1998). Wastewater treatment with suspended and nonsuspended algae. Journal of Phycology, 34(5), 757-763.
- Hoover, S.R., Porges, N. (1952). Assimilation of dairy wastes by activated sludge. II. The equations of synthesis and rate of oxygen utilization. Sew. and Ind. Wastes J., 24, 306-312.
- Horner, D. S., Foster, P. G., Embley, T. M. (2000). Iron hydrogenases and the evolution of anaerobic eukaryotes. Molecular Biology and Evolution, 17(11), 1695-1709.
- Howell, J.M., Coyne, M.S., Cornelius, P. (1995). Fecal bacteria in agricultural waters of the bluegrass region of Kentucky. Journal of Environmental Quality, 24(3), 411-419.
- https://commons.wikimedia.org/wiki/File:Bacterial_morphology_diagram.svg
- https://commons.wikimedia.org/wiki/File:OSC_Microbio_02_04_Endospores.jpg
- https://en.wikipedia.org/wiki/Algae
- https://en.wikipedia.org/wiki/Archaea
- https://en.wikipedia.org/wiki/Chloroflexi_(phylum)

- https://en.wikipedia.org/wiki/DNA_sequencing#cite_note-12(Ray Wu, Faculty Profile. Cornell University. Archived from the original on 2009-03-04.)
- https://en.wikipedia.org/wiki/Human_Genome_Project
- https://en.wikipedia.org/wiki/Phylogenetic_tree
- https://en.wikipedia.org/wiki/Waterborne_diseases
- http://www.funsci.com/fun3_en/antoni/vlen.htm
- Huber, H., Hohn, M.J., Rachel, R., Fuchs, T., Wimmer, V.C., Stetter, K.O. (2002). A new phylum of Archaea represented by a nanosized hyperthermophilic symbiont. Nature, 417(6884), 63-67.
- ICTV (2012). Virus Taxonomy Ninth Report of the International Committee on Taxonomy of Viruses, 63-85.
- IUPAC (2013). "alcohols". IUPAC Gold Book.
- Jimenez, B. (2007). Helminth ova removal from wastewater for agriculture and aquaculture reuse. Water Science and Technology, 55(1-2), 485-493.
- Kaiser, D. (2003). Coupling cell movement to multicellular development in myxobacteria. Nat. Rev. Microbiol. 1(1): 45-54.
- Kaksonen, A. Molecular approaches for microbial community analysis. (http://wiki.biomine.skelleftea.se/biomine/molecular/index_11.htm).
- Kartal B. et al. (2013). How to make a living from anaerobic ammonium oxidation. FEMS Microbiology Reviews. 37, 428-461.
- Kayhanian, M., Rich, D. (1995). Pilot-scale high solids thermophilic anaerobic digestion of municipal solid waste with an emphasis on nutrient requirements. Biomass and bioenergy, 8(6), 433-444.
- Kim, S.K. (ed) (2015). Handbook of Marine Microalgae: Biotechnology Advances, Elsevier, London, UK.
- Kirsten, H., Roger, H. (2015). Microalgal Classification: major Classes and Genera of commercial microalgal species. In: Handbook of Marine Microalgae: Biotechnology Advances, edited by Kim, S.K., London, UK.
- Koonin, E.V., Senkevich, T.G., Dolja, V.V. (2006). The ancient Virus World and evolution of cells. Biology direct, 1(1), 29.
- Kuenen, J. G. (2008). Anammox bacteria: from discovery to application. Nature Reviews Microbiology, 6(4), 320-326.
- Kumar S, Stecher G, Tamura K. 2016. MEGA7: Molecular evolutionary genetics analysis version 7.0 for bigger datasets. Mol Biol Evol 33: 1870-1874.
- Kuske, C.R., Barns, S.M., Busch, J.D. (1997). Diverse uncultivated bacterial groups from soils of the arid southwestern United States that are present in many geographic regions. Appl. Environ. Microbiol., 63(9), 3614-21.
- LadyofHats, M.R. (2006). Basic morphological differences between bacteria.
- Lapinski, J., Tunnacliffe, A. (2003). Anhydrobiosis without trehalose in bdelloid rotifers. FEBS letters, 553(3), 387-390.
- Lay, J.J., Lee, Y.J., Noike, T. (1999). Feasibility of biological hydrogen production from organic fraction of municipal solid waste. Water Res., 33(11), 2579-2586.
- Leewenhoeck A. An abstract of a letter from Mr. Anthony Leewenhoeck at Delft, dated Sep. 17. 1683 Containing some microscopical observations, about animals in the scurf of the teeth, the substance call'd worms in the nose, the cuticula consisting of scales. Phil. Trans. 14, 568-574.
- Lekunberri, I., Subirats, J., Borrego, C.M., Balcázar, J.L. (2017). Exploring the contribution of bacteriophages to antibiotic resistance. Environmental Pollution, 220, 981-984.
- Ley, R.E., Turnbaugh, P.J., Klein, S., Gordon, J.I. (2006). Microbial Ecology: Human gut microbes

associated with obesity. Nature, 444, 1022-1023.
- Liò, P., Goldman, N. (1998). Models of Molecular Evolution and Phylogeny. Genome Res. 8, 1233-1244.
- Lodish, H., Berk, A., Zipursky, S.L., Matsudaira, P., Baltimore, D., Darnell, J. (2000). Section 6.3 Viruses: Structure, Function, and Uses. In: Molecular Cell Biology (4e), by W. H. Freeman, New York.
- Logan, B. (2009). Exoelectrogenic bacteria that power microbial fuel cells. Nature Reviews Microbiology, 7, 375-383.
- Ma, Z., Wen, X., Zhao, F., Xia, Y., Huang, X., Waite, D., Guan, J., 2013. Effect of temperature variation on membrane fouling and microbial community structure in membrane bioreactor. Bioresour. Technol. 133, 462-468.
- Madigan, M.T., Martinko, J.M., Parker, J. (1997). Brock Biology of Microorganisms, 8th ed. New York, Prentice-Hall.
- Madigan, M.T, Martinko, J.M. (2006). Brock Biology of Microorganisms, 11/e, Pearson Prentice Hall Inc.
- Marais, G.v.R., Ekama, G.A. (1976). The activated sludge process Part 1. Steady state behaviour. Water SA, 2, 164-200.
- Marais, G.v.R., Ekama, G.A. (1984). Chapter 1. Fundamentals of biological behavior. In: Theory, Design and Operation of Nutrient Removal Activated sludge Processes. University of Cape Town, Water Research Commission.
- Martin, C. (1988). The application of bacteriophage tracer techniques in southwest water. Water and Environment Journal, 2(6), 638-642.
- Matsuzaki, S., Rashel, M., Uchiyama, J., Sakurai, S., Ujihara, T., Kuroda, M., Imai, S. (2005). Bacteriophage therapy: a revitalized therapy against bacterial infectious diseases. Journal of infection and chemotherapy, 11(5), 211-219.
- Mazzarello P. (1999). A unifying concept: the history of cell theory. Nat Cell Biol., 99. 1(1), E13-5.
- McCarty, P.L (1964). Thermodynamics of biological synthesis and growth, 2nd Int. Conf. Water Poll. Research, Pergamon Press, New York, 169-199.
- McCarty, P.L. (1975). Stoichiometry of Biological Reactions. In: Progress in Water Technology, 7, 157-172.
- McHugh, D.J. (2003). A guide to the seaweed industry: FAO Fisheries Technical Paper 441. Food and Agriculture Organization of the United Nations, Rome.
- McKinney, R.E. (1962). Mathematics of complete mixing activated sludge. J. SED, ASCE, 88, SA3.
- McKinney, R.E. (1990). Biological principles of environmental systems. Kansas Univ.
- Metcalf & Eddy, Inc. (2003). Wastewater Engineering-Treatment and Reuse, 4th ed, McGraw-Hill, New York.
- Miura, Y., Hiraiwa, M.N., Ito, T., Itonaga, T., Watanabe, Y., Okabe, S. (2007). Bacterial community structures in MBRs treating municipal wastewater: relationship between community stability and reactor performance. Water Res., 41, 627-637.
- Monod, J. (1949). The growth of bacterial cultures. Annual Review of Microbiology, 3, 371-394.
- Morrissey, J., Jones, M.S., Harriott, V. (1988). Nutrient cycling in the Great Barrier Reef Aquarium. In Proc. 6th Int. Coral Reef Symp. Townsville, Australia, 2, 563-568.
- Motlagh, A.M., Bhattacharjee, A.S., Goel, R. (2015). Microbiological study of bacteriophage induction in the presence of chemical stress factors in enhanced biological phosphorus removal (EBPR). Water Res., 81, 1-14.
- Motlagh, A.M., Bhattacharjee, A.S., Goel, R. (2016). Biofilm control with natural and genetically-

modified phages. World Journal of Microbiology and Biotechnology, 32(4), 67.
- Neidhardt, F.C., Ingraham, J.L., Schaechter, M. (1990). Physiology of the Bacterial Cell: A Molecular Approach. Sinaller Associates, Sunderland, MA.
- Neidhardt, F.C. et al. (1996). Escherichia coli and salmonella typhimurium. In: *Cellular and Molecular Biology,* 2/e. Washington DC, American Society for Microbiology.
- Mobarry, B.K., Wagner, M., Urbain, V., Rittmann, B.E., Stahl, D.A. (1996). Phylogenetic probes for analyzing abundance and spatial organization of nitrifying bacteria. Appl. Environ. Microb. 62, 2156-2162.
- Norris, J. (2005). Algae scrubber filtration system. U.S. Patent No. 6,837,991.
- Novais, R.C., Thorstenson, Y.R. (2011). The evolution of pyrosequencing for microbiology: from genes to genomes. J. Microbiol. Methods, 86, 1-7.
- Paerl, H.W., Fulton, R.S., Moisander, P.H., Dyble, J. (2001). Harmful freshwater algal blooms, with an emphasis on cyanobacteria. The Scientific World Journal, 1, 76-113.
- Paerl, H.W., Hall, N.S., Calandrino, E.S. (2011). Controlling harmful cyanobacterial blooms in a world experiencing anthropogenic and climatic-induced change. Science of the Total Environment, 409(10), 1739-1745.
- Paerl, H.W., Huisman, J. (2008). Blooms like it hot. Science, 320, 57-8.
- Palmer, J.D., Soltis, D.E., Chase, M.W. (2004). The plant tree of life: an overview and some points of view. American Journal of Botany, 91(10), 1437-1445.
- Pandiyan, R., Ahn, Y.H. (2017). SEM and TEM images of multidrug resistant bacteria (MDRB) in domestic wastewater. WEBNET, Yeungnam University, Department of Civil Engineering.
- Parsons (2004). Principles and Practices of Enhanced Anaerobic Bioremediation of Chlorinated Solvents. AFCEE, NFEC, ESTCP, 457, August.
- Payne, W.J. (1971). Energy yields and growth of heterotrophs. Annual Review. Microbiology, 1.
- Pepper, I.L., Gentry, T.J. (2014). Ch.2 Microorganisms Found in the Environment. In: Environmental Microbiology, 3/e, edited by Pepper, I.L. et al., Academic Press.
- Pepper, I.L., Gerba, C.P., Gentry, T.J. (2014). Environmental Microbiology, 3/e, Academic Press.
- Pepper, I.L., Gerba, C.P., Gentry, T.J. (2014). Ch.1 Introduction to Environmental Microbiology. In: Environmental Microbiology, 3/e, edited by Pepper, I.L. et al., Academic Press.
- Perry, A. (2010). Algae-a Mean, Green Cleaning Machine. Australian Grain, 20(1), 14.
- Pescod, M.B. (1992). Wastewater treatment and use in agriculture.
- Pearson Education-Benjamin Cummings (2004). Eukaryotic microorganism.
- Piepenbring, M. (2015). Biologische Schemata, gezeichnet und freigegeben von M. Piepenbring (https://commons.wikimedia.org/wiki/File:02_01_groups_of_Fungi_(M._Piepenbring).png).
- Pittman, J.K., Dean, A.P., Osundeko, O. (2011). The potential of sustainable algal biofuel production using wastewater resources. Bioresource technology, 102(1), 17-25.
- Porges, N., Jasewicz, L, Hoover, S.R. (1956). Principles of biological oxidation. In: Biological Treatment of Sewage and Industrial Wastes by J. McCabe and W. W. Eckenfelder. New York.
- Quintana, N., Van der Kooy, F., Van de Rhee, M.D., Voshol, G.P., Verpoorte, R. (2011). Renewable energy from Cyanobacteria: energy production optimization by metabolic pathway engineering. Appl Microbiol Biotechnol., 91(3), 471-490.
- Raji, M.I.O., Ibrahim, Y.K.E., Tytler, B.A., Ehinmidu, J.O. (2015). Faecal Coliforms (FC) and Faecal Streptococci (FS) ratio as a tool for assessment of water contamination: a case study of river sokoto, Northwestern Nigeria. The Asia Journal of Applied Microbiology, 2(3), 27-34.
- Raskin, L., Stromley, J.M., Rittmann, B.E., Stahl, D.A. (1994). Group-specific 16s rRNA hybridization

probes to describe natural communities of methanogens. Appl. Eη viron. Microb. 60, 1232 -1240.
- Raven, P., Johnson, G.B., Mason, K.A., Losos, J.B., Singer, S.S. (2014). Biology 9/e, McGraw-Hill.
- Reigstad, L.J., Jorgensen, S.L., Schleper, C. (2010). Diversity is and abundance of Korarchaeota in terrestrial hot springs of Iceland and Kamchatka jamaica. ISME J., 4 (3), 346-56.
- Rinke, C. et al., (2013). Insights into the phylogeny and coding potential of microbial dark matter. Nature, 499(7459), 431-437.
- Rittmann, B.E., McCarty, P.L. (2001). Environmental Biotechnology: Principles and Applications. McGraw-Hill Inc.
- Rothschild, L.J., Mancinelli, R.L. (2001). Life in extreme environments. Nature, 409 (6823), 1092-1101.
- Roychowdhury, S. (2000). Process for production of hydrogen from anaerobically decomposed organic materials. U.S. Patent No. 6,090,266. 18 Jul.
- Russell, J.R., et al. (2011). Biodegradation of polyester polyurethane by endophytic fungi. Applied and Environmental microbiology, 77(17), 6076-6084.
- Saliba, L. (1993) Legal and economic implication in developing criteria and standards. 1n: Recreational Water Quality Management. (D. Kay, and R. Hanbury, eds.), Ellis Horwood, Chichester, UK, 57-73.
- Sam-Soon, P.A.L.N.S., Loewenthal, R.E., Dold, P.L., Marais, G.v.R. (1987). Hypothesis for pelletisation in the upflow anaerobic sludge bed reactor. Water SA, 13(2), 69-80.
- Sanger F., Air G.M., Barrell, B.G., Brown, N.L., Coulson, A.R., Fiddes, C.A., Hutchison, C.A., Slocombe, P.M., Smith, M. (1977). Nucleotide sequence of bacteriophage phi X174 DNA. Nature, 265(5596), 687-95.
- Sawyer, C.N., McCarty, P.L., Parkin, G.F.(1994) Chemistry for Enviromnenlal Engineering, 4th ed., McGraw-HilI lnc., New York.
- Scamardella, J. M. (1999). Not plants or animals: a brief history of the origin of Kingdoms protozoa, protista and protoctista. International Microbiology, 2, 207-221.
- Schleifer, K.H. (2009) Classification of bacteria and archaea: past, present and future. Syst. Appl. Microbiol. 32, 533-542.
- Schroeter, W.D., Dold, P.L, Marais, G.v.R. (1982). The COD/VSS Ratio of the Volatile Solids in the Activated Sludge Process, Res. Rept. No. W 45, Dept. of Civil Eng., University of Cape Town.
- Schuster, S.C. (2007). Next-generation sequencing transforms today's biology. Nature Methods, 5(1), 16-18.
- Science daily (2012). Nuisance seaweed found to produce compounds with biomedical potential. 24 May.
- Servisi, J.A., Bogan, R.H. (1963). Microbial biofilms and biofilm reactors. J. San. Eng. Div., Proc. ASCE, 89, 17.
- Singh, H. (2006). Mycoremediation: Fungal Bioremediation. John Wiley & Sons.
- Singh, H Reigstad, L.J., Jorgensen, S.L., Schleper, C. (2010). Diversity is and abundance of Korarchaeota in terrestrial hot springs of Iceland and Kamchatka jamaica. ISME J. 4, (3), 346-56.
- Sparling, R., Risbey, D., Poggi-Varaldo, H.M. (1997). Hydrogen production from inhibited anaerobic composters. International Journal of Hydrogen Energy, 22(6), 563-566.
- Spolaore, P., Joannis-Cassan, C., Duran, E., Isambert, A. (2006). Commercial applications of microalgae. Journal of bioscience and bioengineering, 101(2), 87-96.
- Srinivasiah, S., Bhavsar, J., Thapar, K., Liles, M., Schoenfeld, T., Wommack, K.E. (2008). Phages

across the biosphere: contrasts of viruses in soil and aquatic environments. Research in Microbiology, 159(5), 349-357.

- Stewart, C.B. (2000). Phylogenic analysis. NHGRI lecture for the course Current Topics in Genome Analysis.
- Suttle, C.A. (2005). Viruses in the sea. Nature, 437(7057), 356.
- Suttle, C.A. (2007). Marine viruses-major players in the global ecosystem. Nature reviews. Microbiology, 5(10), 801.
- The Hindu 21 (2010). Blue green bacteria may help generate 'green' electricity.
- Todar, K. (2007). Pathogenic E. Coli. Online Textbook of Bacteriology. University of Wisconsin-Madison Department of Bacteriology.
- Turnbaugh, P.J. et al. (2007). The Human Microbiome Project. Nature, 449, 804-810.
- Ueno, Y., Kawai, T., Sato, S., Otsuka, S., Morimoto, M. (1995). Biological production of hydrogen from cellulose by natural anaerobic microflora. Journal of fermentation and bioengineering, 79(4), 395-397.
- US DOE (2014). Bioenergy and Industrial Microbiology. Idaho National Laboratory.
- U.S.EPA. (1986). Ambient water quality. Criteria-1986. EPA440/5-84-002.
- U.S.EPA (1992, 1999). Environmental Regulations and Technology: Control of Pathogens and Vector Attraction in the Sewage Sludge. EPA/625/R-92/013, Washington, DC.
- US EPA (2012). Environmental Impact and Benefit Assessment for the Final Effluent Limitation Guidelines and Standards for the Airport Deicing Category, EPA-821-R-12-003.
- U.S. FDA/CFSAN: Agency Response Letter, GRAS Notice No. 000198 & No.000218.
- van Frankenhllyzen, J.K., Trevors, J.T., Lee, H., Flemming, C.A., Habash, M.B. (2011). A review: molecular pathogen detection in biosolids with a focus on quantitative PCR using propidium monoazide for viable cell enumeration. J. Microb. Methods, 87, 263-272.
- Veraart, A. J., Romaní, A.M., Tornes, E., Sabater, S. (2008). Algal response to nutrient enrichment in forested oligotrophic stream. Journal of Phycology, 44(3), 564-572.
- Wagner, M., Horn, M. (2006). The Planctomycetes, Verrucomicrobia, Chlamydiae and sister phyla comprise a superphylum with biotechnological and medical relevance. Curr Opin Biotechnol. 17, 241-249.
- WEF(1996). Operation of Municipal Wastewater Treatment Plants, 5th ed., Manual of Practice, no.11, vol.2, Water Environment Federation, Alexandria, VA.
- WHO (1983). Polycyclic aromatic compounds, Part1, chemical, environmental and experimental data. IARC Monogr. Eval. Carcinog. Risk Chem. Hum. 32, 1-453.
- WHO (2006). Guidelines for the safe use of wastewater, excreta and greywater (Vol.1). World Health Organization.
- WHO, Food and Agriculture Organization of the United Nations (1998). Carbohydrates in human nutrition. Report of a Joint FAO/WHO Expert Consultation.
- Wiener, P.P. (1973). Spontaneous Generation. Dictionary of the History of Ideas. New York: Charles Scribner's Sons.
- Wigington, C.H., Sonderegger, D., Brussaard, C.P., Buchan, A., Finke, J.F., Fuhrman, J.A., Wilson, W.H. (2016). Re-examination of the relationship between marine virus and microbial cell abundances. Nature microbiology, 1, 15024.
- Wijffels, R. H., Barbosa, M. J. (2010). An outlook on microalgal biofuels. Science, 329(5993), 796-799.
- Williamson, K.E., Radosevich, M., Wommack, K.E. (2005). Abundance and diversity of viruses in six Delaware soils. Applied and environmental microbiology, 71(6), 3119-3125.

- Woese, C.R., Kandler, O., Wheels, M.L. (1990). Toward a natural system of organisms: proposal for the domains Archaea, Bacteria, and Eucarya. Proc. Natl. Acad. Sci., 87, 4576-4579.
- Woese, C.R. (1987). Bacterial evolution. Microbiological reviews, 51(2), 221-71.
- Woese, C.R. (2002). On the evolution of cells. Proceedings of the National Academy of Sciences, 99(13), 8742-8747.
- Yang, Z.K., Niu, Y.F., Ma, Y.H., Xue, J., Zhang, M.H., Yang, W.D., Li, H.Y. (2013). Molecular and cellular mechanisms of neutral lipid accumulation in diatom following nitrogen deprivation. Biotechnology for biofuels, 6(1), 67.
- Zehnder, A.J.B., Wuhrmann, K. (1977). Physiology of a *Methanobacterium strain AZ*, Arch. Microbiol., 111, 199-205.
- Zhang, W., Li, F., Nie, L. (2010). Integrating multiple omics analysis for microbial biology: applications and methodologies. Microbiology, 156, 287-301.
- 농림수산식품기술기획평가원(2011). 농수축산용 미생물산업육성지원센터 설립 방안에 대한 연구.
- 안영호(2006). 염화에틸렌으로 오염된 토양 및 지하수 오염현장 생물학적 복원기술개발: 혐기성 환원 탈염소화(ARD) 기술의 적용을 위한 모형실험연구, 차세대 핵심환경기술개발사업, 한국 환경기술진흥원.
- 안영호(2008). 고성능 혐기성 생물전환기술을 이용한 바이오에너지 및 동력생산의 향상 최종보고서, 한국에너지관리공단 신재생에너지센터.
- 안영호(2017). 나노복합소재-바이오 융복합기술을 이용한 하·폐수 고도처리용 분리막 생물반응조의 막오염 저감기술개발 최종보고서, 한국연구재단.
- 안영호(2017). 상하수도공학-물관리와 기본계획. 청문각.
- 안치용, 이창수, 최재우, 이상협, 오희목(2015). 유해 남조류의 세계적 발생현황 및 녹조제어를 위한 질소와 인－제한 전략. Korean J. Environ Biol. 33(1), 1-6.
- 오희목, 최애란, 안치용, 박찬선, 안종석, 이인선, 박용하(2008). Cyanobacteria를 이용한 이산화탄소 고정화 및 고부가 생물제품화 기술 개발(2002-2012), 21C 프론티어 연구개발사업 이산화탄소 저감 및 처리기술 개발사업단.
- 최승필, 심상준(2012). 미세조류에 의한 이산화탄소의 생물학적 유기자원화, 공업화학 전망, 15(2), 11-24.
- 최의소(2001). 상하수도공학, 청문각.

PART 3

Water Treatment Technology

상수처리

It is increasingly necessary to consider 'unconventional' water resources in future planning. Water reuse (or reclaimed water) is a reliable alternative to conventional water resources for a number of uses, provided that it is treated and/or used safely. Desalination can augment freshwater supplies, but it is generally energy-intensive and thus may contribute to GHG emissions if the power source is non-renewable. Atmospheric moisture harvesting such as cloud seeding, or fog water collection presents a low-cost and low-maintenance approach for localized areas where advective fog is abundant.

(The 2020 United Nations World Water Development Report, 2020)

"A Cheap and Easy Way to Make a Filter."

100-Year-Old Way do Filter Rainwater

Chapter 08

상수처리

Water Treatment

The Original "Hyatt Pure Water Filter"(1884)
installed at Atlanta, GA (Capacity 500,000 gpd each)
(https://thisdayinwaterhistory.wordpress.com/tag/mechanical-filtration/)

8.1 개요

(1) 상수처리의 필요성

수원에서부터 정수장을 경유하여 소비자에 이르는 전체 상수도 시스템의 궁극적인 목표는 안전하고 깨끗한 물을 수요지까지 충분한 수압으로 안정되게 공급하는 데 있다. 상수처리(water treatment)의 목적은 크게 물에 대한 안전성(safety)과 용도(use)의 측면으로 구분할 수 있다. 즉, 병원성 세균(pathogens)과 다른 건강상 유해물질(healthy substances)로부터 사용자를 보호하고, 또한 사용하고자 하는 물의 용도(예, 음용수, 산업용수 등)에 적합한 수질을 확보하기 위한 것이다. 주로 탁도(turbidity) 유발 입자성 물질, 우선오염 유해물질(priority pollutant-hazardous materials), 그리고 부식성 물질(휴믹 물질, humus 혹은 humic substances)과 같은 천연 유기물질(NOMs, natural organic matters) 등이 주요 처리대상 물질이다. 특히 NOMs은 상수처리의 최종단계인 염소 소독단계에서 트리할로메탄(THMs, trihalomethanes)과 같은 발암물질을 소독부산물(DBPs, disinfection by-products)로 생성할 가능성이 있으므로 상수처리장에서는 주요한 관심대상 중 하나이다(그림 8-1).

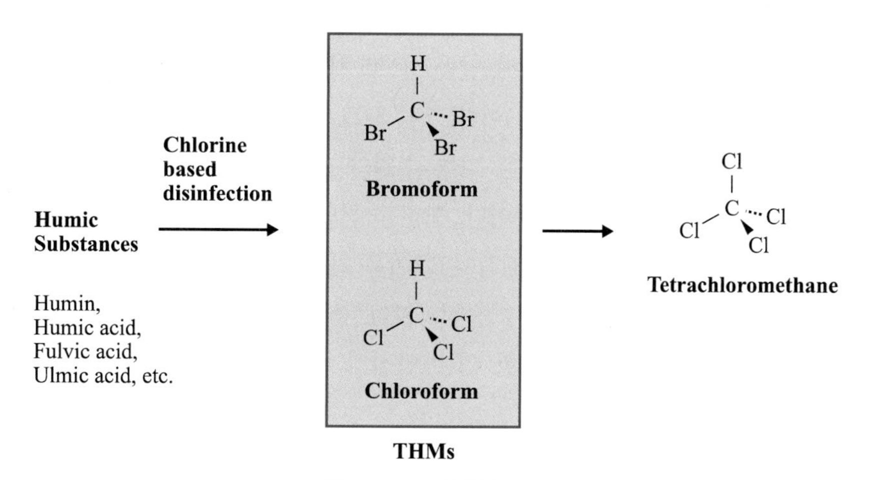

그림 8-1 **소독부산물의 생성**

참고 트리할로메탄 (THMs, trihalomethanes)

트리할로메탄은 메탄(CH_4)을 구성하는 수소 원소 4개 중 3개가 하나 또는 여러 개의 할로겐 원소(염소, 불소, 요오드, 브롬)로 대치된 형태의 화학물질을 말하는데, 현재 약 10여 종이 알려져 있다. 소독 부산물의 전구물질로 작용하는 휴믹 물질은 토양 속의 유기물질이 오랜 시간 동안 산화/분해된 갈색 또는 흑색을 띤 유기물질로, 이화학적 특성에 따라 부식탄(휴민, humin), 부식산(휴믹산, humic acid), 풀빅산(fulvic acid), 울믹산(ulmic acid) 등으로 구분된다.

상수 원수로 사용되는 수원의 특징은 지역 환경과 산업적 특성뿐만 아니라 계절적 변화에도 크게 영향을 받는다. 특히 원수의 수질은 적절한 정수처리기술의 선정과 운영에 있어서 가장 중요한 척도가 된다. 정수시설의 신설 또는 확장 계획을 수립하기 위해서는 수도법에 준한 시설기준 외에도 시설규모, 수원, 원수수질, 처리 수질의 목표, 정수 방법, 용지의 지형 및 취득조건, 처리기술의 기준, 주위 환경에 대한 관련성, 관련법과 규제 등에 대한 다양한 측면에서의 조사가 필요하며, 또한 기존시설과의 연계성도 함께 고려되어야 한다. 정수시설(WTPs, water treatment plants)은 수자원(water resources)과 사용자(user) 사이에 위치하므로 정수된 물의 질적 요건(즉, 처리수의 수질)은 근본적으로 생산된 물의 용도에 달려 있다. 예를 들어 먹는 물과 산업(공업)용수는 본질적으로 그 요구하는 수질에 차이가 있다. 이러한 개념은 사용자와 방류수역(receiving water body) 사이에 위치하고 있는 하수처리시설이나, 하수처리시설과 사용자 사이에 있는 물재이용(중수도) 시설의 경우도 마찬가지로 적용된다.

상수도 시설의 설계와 운전은 모든 환경기초시설의 경우와 마찬가지로 처리하고자 하는 물의 유량(water quantity, Q)과 수질(water quality, C), 두 인자를 기초로 한다. 정수처리시설에 있어서도 그 요소기술의 선택과 전체 시스템의 구성은 원수로 사용되는 수원에 대한 두 인자의 특성에 따라 결정된다. 즉, 이러한 인자들은 지표수와 지하수가 다르며, 같은 지표수라 할지라도 수역에 머무는 체류시간의 길이(하천과 호소)뿐만 아니라 염분의 포함여부(담수와 해수)에 따라서도 달라진다. 이는 수자원의 질적 특성이 물의 순환경로(hydrologic cycle)와 직접적으로 관련이 있기 때문이다.

공공 급수(public water supplies)를 위해 일반적으로 사용되는 수원은 호소(호수, 댐 및 저수지), 하천 및 지하수(심정, 천정, 강변여과)이다(그림 8-2). 이중에서 호수와 댐은 대규모 정수시설에서 가장 선호하는 수원인데, 그 이유는 다른 수원의 경우에 비해 충분히 안정적인 수량 확보가 가능하고, 수질보호가 용이하기 때문이다. 또한 하천의 경우는 타 종류의 수원에 비해 수량의 계절적 변화가 적으며, 지하수보다 경제적이고, 이용 가능한 자원이 일반적으로 더 많다는 장점이 있다. 깨끗한 물을 생산하기 위하여 기술적으로나 경제적으로 우수한 정수기술을 적용하는 것은 기본적인 사항이나 그보다 더 중요한 점은 양질의 수자원 확보와 유지관리가 될 것이다.

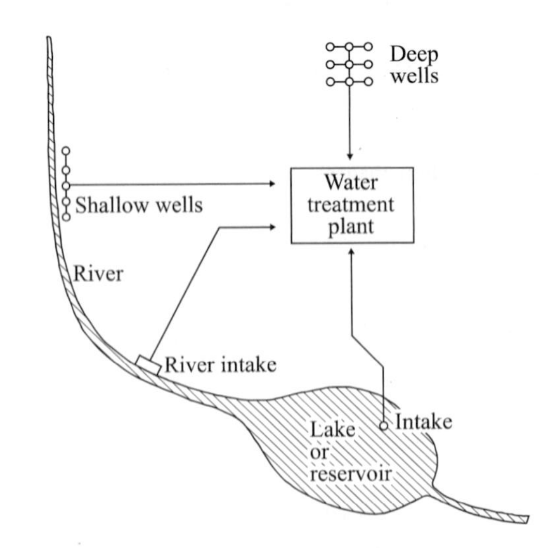

그림 8-2 **Common municipal water sources** (Viessman and Hammer, 1998)

표 8-1 Operations and process categories for water treatment

Category	Examples
Physical	screening, settling, filtration, flocculation, gas transfer, evaporation, adsorption, etc.
Chemical	coagulation, softening, absorption*, oxidation, precipitation, disinfection, etc.
Biological	biological activated carbon(BAC), submerged biofilter, rotating biocontactor(RBC), etc.

Note) *, physical or chemical phenomenon

(2) 상수처리 공정의 구성과 수질

정수처리에서 주된 핵심 기술은 여과(filtration)로, 여기에 전처리 또는 후처리의 형태로 다양한 단위 기술을 적절히 조합하여 전체적인 상수처리 시스템을 구성한다. 각종 단위기술들은 그 특성에 따라 물리적, 화학적 및 생물학적인 방법으로 구분된다(표 8-1). 흔히 물리적 방법을 단위조작(unit operations)이라고 하는 반면 화학적인 방법이나 생물학적 방법은 단위공정(unit processes)이라고 구분한다. 물리적인 방법은 처리대상 오염물질의 물리적 특성을 이용하여 분리 제거하는 것으로 스크린(screening), 침전(settling, clarification), 응결(flocculation) 및 여과 등이 대표적인 단위기술이다. 적절한 화학반응을 통해 오염물질을 제거하는 화학적 방법에는 응집(coagulation), 연수화(softening) 및 소독(disinfection) 등이 있다. 또한 미생물의 활성을 이용한 생물학적 방법에는 생물 활성탄(BAC)과 침지형 여상(submerged biofilter) 등의 기술이 있다. 정수처리에 있어서 생물학적인 공정의 사용은 일반적이지는 않지만 원수의 수질이 열악하고 생분해성 유기물질과 질소(암모니아, 질산성 질소)의 농도가 높은 경우에 적용이 가능하다.

각종 단위기술의 종류와 적용효과는 표 8-2에 나타난 바와 같다. 전처리 단계는 주로 입자성 물질의 제거(스크린, 침전), 조류제어와 생물학적 성장억제(전염소처리)를 위해 주로 사용되는데, 소량의 망간(Mn)이 존재할 경우 용존상태의 철(Fe)을 제거하기 위해 전염소 처리와 함께 폭기(aeration)를 함께 사용하기도 한다. 주처리(여과) 단계에서는 탁도, 조류 및 병원성 균(일반 세균이나 대장균군) 등의 불용성(non-soluble) 성분 외에도 다양한 용해성 성분(예를 들어, 농약이나 기타 일반유기화학물질, 소독부산물 및 그 전구물질, 철, 망간, 경도, 불소, 암모니아성 질소, 질산성 질소, 침식성 유리탄산 등)이 주요 제거대상 물질이 되나 그 목표에 따라 응집, 응결, 후염소처리 등 다양한 종류의 단위기술이 결합된다. 또한 기존의 처리시설로는 처리가 불가능하거나 어려운 미량 오염물질의 제거를 목표로 할 경우 고도처리라고 부르는데, 여기에는 관거 내의 부식방지와 미생물 성장억제까지도 포함한다(Smith, 1991). 유기성 탄소(TOC, total organic carbon)는 입자상(particulate, POC)과 용해성(dissolved, DOC)으로 구분된다. 유기성 탄소는 미생물의 성장과 직접적으로 관련이 있으므로(그림 8-3), 이때 생분해 가능한 용존유기탄소(BDDOC, bioderadable dissolved organic carbon)와 쉽게 동화 가능한 유기탄소(AOC, readily assimilable organic carbon)는 중요한 인자로 고려되기도 한다(Pepper et al., 2014; Volk and LeChevallier, 2000). 통상적으로 고도 처리는 기존 처리시설에 이어 추가적으로 설치하거나 기존 처리공정의 개선(upgrading/retrofitting) 또는 수정(modification)을 통해서도 이루어진다.

음이온계면활성제(ABS) 농약, 살충제, 세척용 용매 등과 같은 합성 유기화학물질(SOC, syn-

표 8-2 단위처리공정의 구분과 적용효과

불순물	농도	전처리				일반적인 처리					특수처리			
		스크린	전염소 처리	일반 침전	포기	석회법에 의한 연수화	응집 침전	금속 여과	완속 여과	후염소 처리	과염소 주입 혹은 클로라민형성	오존 활성탄	특수 화학 처리	제염 방법[1]
대장균(MPN/100 mL) (월평균)	0～20									E				
	20～100			O			O	O	O	E				
	100～5,000		E				E	E	O	E				
	> 5,000		E	O[3]			E	E		E	O			
탁도	0～100	O							O					
	10～100	O					E	E						
	> 200	O		O[4]			E	E						
색도	20～70						O	O			O			
	> 70						E	E			O			
맛과 냄새	noticeable(감지)		O		O				O		O	E		
탄산칼슘(mg/L)	> 200					E	E	E					E	
철과 망간(mg/L)	< 0.3		O	O				S						
	0.3～1.0				O		E	E	O					
	> 1.0		E		E		E	E	O				O	
염소(mg/L)[2]	0～250													
	250～500													O
	500 이상													E
페놀화합물(mg/L)	0～0.005						O	O			O	O		
	> 0.005						E	E			O	E	O	
독성물질							E	E				E	O	
비교적 독성이 적은 물질							O	O				O	O	

자료 Fair and Geyer(1964), Water Supply and Wastewater Disposal. John Wiely and Sons., N.Y.

주 E-필수; O-선택, S-선정 시에 특별히 필요함;

1) 다른 방법으로 염소농도가 적은 희석수 사용; 2) 과염소주입 후에는 탈염소를 행할 것; 3) 2중침전(double settling)을 대장균 수가 20,000 MPN을 초과하는 경우에 설치할 것; 4) 탁도가 매우 큰 경우에는 중력식 전침전지를 설치하는 것이 좋다.

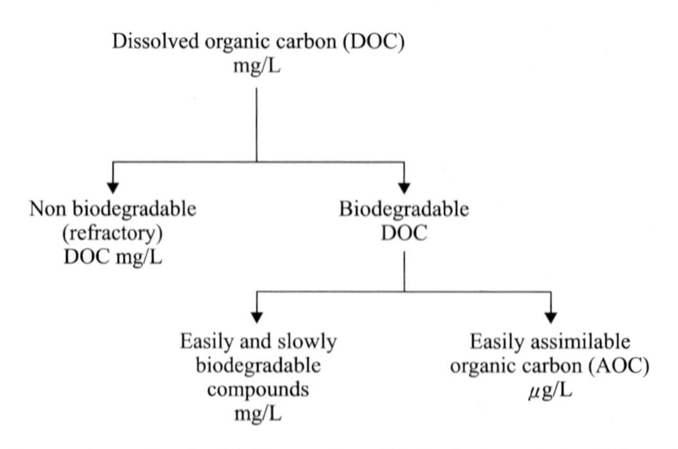

그림 8-3 **Fraction of organic matter in drinking water distribution systems** (Volk and LeChevallier, 2000)

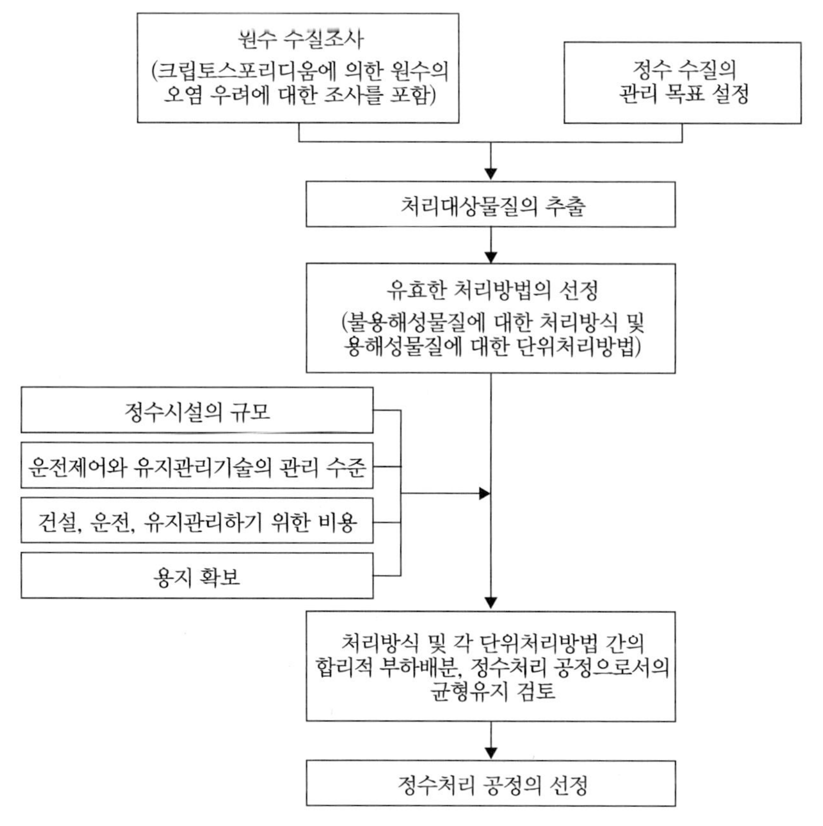

그림 8-4 **정수방법 선정을 위한 일반적인 절차** (환경부, 2010)

thetic organic carbon)과 NOM 등을 포함하여 물속의 유기물 함량을 나타내는 일반적인 수질단위는 COD, TOC 및 BOD이다. 합성 유기화학물질(SOC)은 분자량이 대부분 400 이하이며, 반면에 자연적으로 형성되는 NOM, 특히 수중의 부식질(aquatic humic substance; AHS-fulvic, humic, humin)은 분자량이 매우 크다. 일반적으로 이러한 물질은 생물학적 분해가 매우 어렵다.

먹는 물 수질기준에 적합한 수돗물을 생산하기 위한 정수 공정의 선정에 있어서 수원의 종류와 원수의 수질특성은 매우 중요한 요소로, 동일한 수원을 대상으로 하고 있더라도 수질특성에 따라 특정 기술이 추가되거나 생략될 수도 있다. 또한 여기에는 정수 수질 관리 목표, 시설 규모, 계측제어, 유지관리기술의 수준 및 용이성, 현장 조건(부지면적 및 확보), 기술의 특징과 경제성(건설비, 유지관리비) 등 다양한 인자들이 전체적인 정수 시스템의 구성에 종합적으로 고려된다. 원수의 수질조사와 정수 수질의 목표치 설정이 우선적으로 선행되며, 이를 바탕으로 불용해성 성분과 용해성 성분의 적절한 단위처리방법을 선정하여 이를 합리적으로 조합하여 전체 시스템을 구성한다. 특히 동일한 수계의 상수원이라 하더라도 그 규모에 따라서 처리방법이 달라질 수도 있다. 정수방법의 선정을 위한 일반적인 절차는 그림 8-4와 같다.

정수처리 방법(그림 8-5)은 크게 소독에 의한 단독처리 방식(chlorination), 완속(모래)여과 방식(SSF, slow sand filtration), 급속(모래)여과 방식(RSF, rapid sand filtration), 막여과(membrane filtration) 방식, 그리고 고도처리 방식(advanced treatment) 또는 기타 처리방식 등으로 구분한다. 이러한 구분은 정수의 핵심기술인 여과공정의 기술적 특징(매체의 종류, 속도 등)에 따른 것이다. 한편 응집-여과를 연이어 구성하는 방식을 인라인 여과(in-line filtration)라

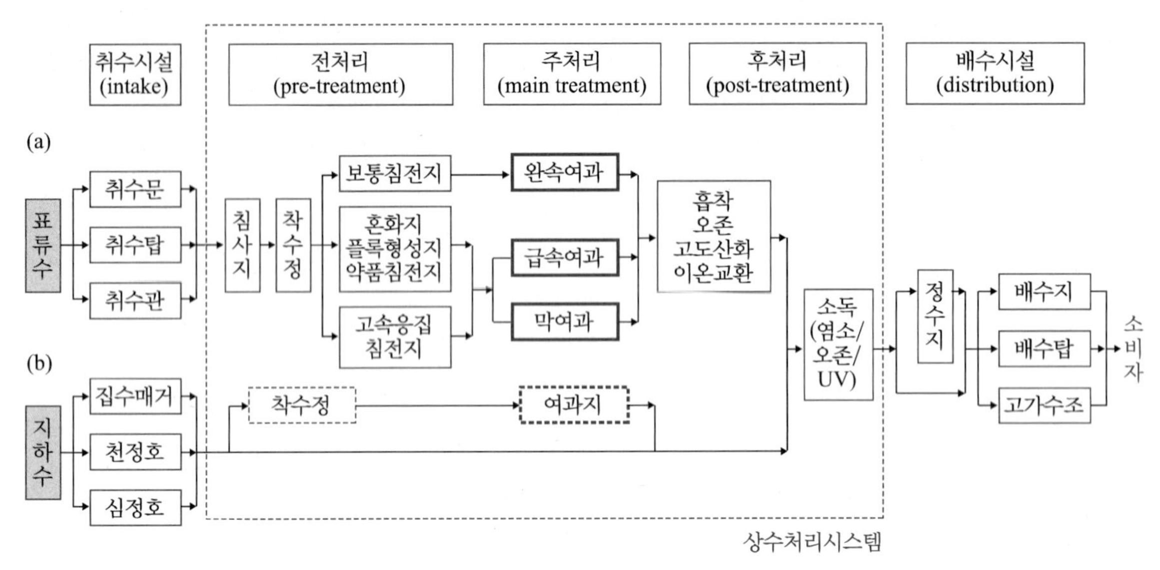

그림 8-5 상수도의 구성과 일반적인 상수처리 시스템 (a) 지표수를 수원으로 하는 경우, (b) 지하수를 수원으로 하는 경우

고 하고, 응집-응결-여과 순으로 연결되는 방식을 직접 여과(direct filtration) 방식이라고 한다. 이에 반하여 일반적인 상수처리(conventional water treatment) 시스템이라 함은 통상적으로 급속여과 방식을 의미하며, 그 기본구성은 응집-응결-침전-여과-소독 순으로 배열된다.

지표수의 경우 급속여과 또는 석회-소다 연수화(LSS, lime-soda softening) 공정이 일반적으로 적용되며, 반면에 지하수의 경우는 탈기후 염소처리(gas stripping and chlorination) 또는 연수화(softening: lime-soda or ion exchange) 공정이 기본 구조가 된다. 수질이 양호한 지하수를 수원으로 하는 경우에는 소독만으로 수질기준을 만족하는 경우도 있다. 수자원의 오염이 심각하지 않았던 과거에는 깨끗한 원수를 이용하였으므로 수질문제가 거의 일어나지 않았으나 최근에는 오염원의 종류와 그 농도도 다양하게 나타나 지역에 따라서는 고도처리기술의 도입이 불가피한 상황이 되고 있다.

처리방법의 선정과 조합에 있어 가장 중요한 점은 원수수질뿐만 아니라 정수된 물의 수질 목표를 반드시 만족시킬 수 있어야 한다는 것이다. 정수처리 시스템의 구성에 있어서는 일반적으로 불용성 성분에 대한 적절한 처리방식을 우선적으로 선택하고, 이어서 용해성 성분을 처리하기 위한 적절한 처리 기술을 조합시키는 방식을 따른다. 완속여과, 급속여과 및 막여과 방식은 불용성 성분을 제거하는 대표적인 처리 방식이다. 반면에 용해성 성분의 경우는 이러한 방법으로 효과적인 제거가 어렵기 때문에 필요에 따라 고급 산화, 흡착 등의 방법을 통한 고도처리나 특수처리의 적용을 고려한다. 최근 분리막 소재와 기술의 발달로 막여과 공정의 적용도 점차 확대 추세에 있다. 2016년을 기준(표 8-3)으로 볼 때 우리나라 정수시설은 급속여과 방식(56.1%), 고도처리 방식(40%), 완속여과 방식(2%), 소독에 의한 단독처리 방식(1.1%), 막여과 방식(0.7%), 그리고 기타(1%)로 설계 운영되고 있다. 다음은 각 처리방식의 특징을 개략적으로 설명하였다.

1) 소독에 의한 단독처리 방식

이 방법은 기본적으로 소독만의 방식으로 먹는 물 수질기준을 만족시킬 수 있다는 전제하에서

표 8-3 **정수방식별 우리나라의 정수시설 현황**

연도	설계시설 용량	정수방식별 설계 시설용량(m^3/일)						연간 총 처리 수량 (m^2/년)	지표			
		소독만의 방식	완속여과 방식	급속여과 방식	막여과 방식	고도처리 방식	기타		연간 전력 사용량 (kWh)	정수장 최대 가동률 (%)	생산량 일 첨두율 (비율)	단위 생산당 전력 사용량 (kWh/m^3)
2006	22,294,820	197,200	647,980	16,896,640	1,500	4,551,500	-	4,644,515,464	1,094,518,813	0.67	1.20	0.20
2007	21,690,560	152,600	658,000	15,888,160	5,300	4,895,500	91,000	4,472,053,649	907,919,346	68.33	1.24	0.21
2008	21,317,510	248,000	655,350	15,497,160	7,500	4,908,500	1,000	4,516,052,479	1,059,505,392	69.52	1.24	0.24
2009	28,884,875	336,000	660,200	22,291,670	38,505	5,557,500	1,000	5,933,752,609	1,192,187,861	70.30	1.30	0.21
2010	28,907,655	338,500	658,400	22,497,750	68,505	5,343,500	1,000	6,030,636,035	1,091,095,309	71.50	1.30	0.19
2011	28,779,805	336,750	633,400	22,237,930	47,145	5,473,500	51,080	6,091,228,978	1,177,546,526	70.61	1.25	0.20
2012	27,648,321	330,616	568,950	21,285,530	96,145	5,366,000	1,080	6,122,102,599	1,117,558,378	72.75	1.24	0.19
2013	27,167,875	329,700	605,450	20,171,230	129,415	5,931,000	1,080	6,244,811,792	1,116,494,374	73.60	1.22	0.19
2014	27,140,695	337,600	609,310	18,261,490	180,215	7,751,000	1,080	6,294,781,948	1,091,826,253	74.81	1.22	0.18
2015	26,823,927	339,432	545,660	16,032,490	203,265	9,703,000	80	6,367,594,270	1,155,919,628	77.97	1.24	0.19
2016	27,022,222	310,100	544,562	15,146,140	202,340	10,819,000	80	7,777,825,893	1,397,945,617	78.14	1.22	0.22

Ref) 환경부(2017)

채택이 가능한 간이처리 방식이다. 따라서 유역의 상류에 오염 발생원이 없어야 하며, 탁도의 관리가 효과적으로 이루어지고 있어야 한다. 또한 원수에 지표세균(indicator organisms)이 검출되지 않는 상태, 즉 원수가 분변으로 오염되지 않았다는 것을 확인해야 한다. 따라서 원수수질이 대장균군(< 50 MPN/100 mL)과 일반세균(< 500 CFU/mL)의 농도한계를 만족해야 하며, 그 외의 수질항목은 먹는 물 수질기준을 만족하는 등 상시 적합한 수준을 유지하는 경우에 적용이 가능하다. 이 방식은 수질이 양호한 지하수를 수원으로 하는 경우에 일반적으로 적용하는 방식으로 정수처리 방식 중에서 가장 단순한 처리방법이다(그림 8-5).

원수가 이상의 수질조건을 만족하여 깨끗한 상태를 유지한다 하더라도 특정한 병원성 원생동물에 의한 오염 우려가 있는 경우에는 이 방식을 채택할 수 없다. 특히 크립토스포리디움(Cryptosporidium)과 지아르디아(Giardia, 편모충류) 등은 가장 대표적인 병원성 원생동물로, 이들은 사람을 포함한 포유류, 설치류 등 숙주범위가 광범위하여 인수공통 질병 원인체로 알려져 있다. 상수원 유역에서 사람 및 가축의 분변과 관련이 있는 하수처리장, 축산분뇨처리장, 낙농지역, 화훼농가 등으로부터 특히 강우 시 상수원에 유입될 가능성이 높다(Xiao and Fayer, 2008). 또한 이들의 (난)포낭은 외부 환경에서 오래 생존하며, 특히 정수처리 과정에서 소독제로 사용되는 염소나 소독부산물에 대해 강한 내성을 가지는 특성이 있다. 이러한 병원성 원생동물로 인한 식수를 통한 집단적 감염사고가 세계적으로 꾸준히 보고되고 있어 최근 중요한 먹는 물 관리 항목으로 고려된다(Havelaar et al., 2000; Selma and Panagiotis, 2011). 우리나라 역시 상수 원수에서 일반적으로 발견되고 있으며 2013년 처음 이러한 두 종류의 병원성 원생동물에 대한 정량적 위해도 평가(김복순 외, 2013)가 수행된 이후 지속적인 조사가 이루어지고 있다.

이러한 병원성 원생동물에 의해 상수원 오염이 우려되는 지역에서는 상류 유역 또는 상수원 주위의 오염 배출원에 대한 조사가 상세히 이루어져야 하고, 정수방법 역시 급속여과, 완속여과 또는 막여과 등의 방법으로의 변경을 고려하여야 한다. 특히 분변에 의한 오염 지표미생물인 대장균(E.coli), 분변성 대장균군, 분변성 연쇄구균 및 혐기성 아포균의 수질 검사로부터 분변에 의한 오염의 영향이 있다고 판단되는 경우 크립토스포리디움과 같은 병원성 미생물에 의한 오염의 잠재적 가능성이 높으므로 정수처리 공정에 대한 세심한 검토가 필요하다. 우리나라는 정수처리 기준(2011년 개정) 등에 관한 규정에서 크립토스포리디움에 대해 여과지에서 확보 가능한 제거율을 얻기 위해서는 통합 여과수에 대해 95% 누적 탁도가 0.15 NTU를 초과하지 않아야 하고, 개별 여과지에 대해서는 95% 누적탁도가 0.15 NTU(최대 0.3 NTU)를 초과하지 않아야 한다.

참고 크립토스포리디움(Cryptosporidium)과 지아르디아(Giardia)

이들은 사람이나 포유동물, 조류, 물고기 등 광범위한 동물의 소화기관과 호흡기관에 기생하는 원생동물로서, 식수오염에 의한 집단발병 원인으로 밝혀지면서 주목받기 시작하였다. 1993년 미국 위스콘신주 밀워키(Milwaukee, Wisconsin)의 수돗물에서 발생한 크립토스포리디움 유출사고(40만 명이 설사, 구토 발생, 100여 명 사망)가 대표적인 사례이다. 일반적으로 정수장에서 미생물의 관리는 지표세균인 대장균과 일반세균을 대상으로 상시적으로 이루어지고 있다. 그러나 수인성 질병의 원인은 단지 세균으로 한정하던 과거와는 달리 최근 바이러스나 원생동물 등의 다른 병원성 미생물로 점차 확대되고 있다. 특히 이러한 원생동물은 자연 환경 조건하에서 매우 큰 내성을 가지는 특성이 있어 세균보다 오래 생존하며, 경우에 따라서는 수개월 이상도 생존이 가능하다. 일반적인 감염 증상은 장염과 비슷하여 설사, 복통, 구토, 열 등을 일으킨다. 건강한 사람은 감염 후 2주가 경과되면 자연적으로 치유되지만, 면역저하의 환자나 어린이, 노약자는 장기간 설사로 인한 탈수 등으로 사망에 이르게 할 수도 있다(Dietz et al., 2000). 하천, 호수 및 저수지 등 지표수에서 모두 분포하며, 지하수에는 지표수보다 상대적으로 분표율이 낮다. 오·폐수나 분뇨의 갑작스러운 유입이나 퇴비로부터 유출가능성이 높은데, 특히 강우가 내린 직후에 급격히 증가하는 경향이 있다. 일반적인 정수처리 공정(급속여과 및 소독)에서 이들의 제거율은 주로 탁도(예를 들어 매월 탁도 측정값 95% 이상에 해당하는 설정 NTU 이하)와 불활성화 비율(소독능)로 평가된다. 우리나라의 경우 수도법에 의해, 원수 오염도에는 관계없이 지아르디아는 탁도와 소독능 관리로 99.9% 제거하고, 크립토스포리디움은 탁도 관리로 99% 제거로 일괄 규정하고 있다. 대부분의 선진외국과 WHO에서는 탁도와 소독능의 지표 외에도 원수의 종류와 오염도 및 위해도 평가를 포함하고 있으며, 병원성 미생물의 허용기준은 연간 10,000명당 1명 이하, 즉 10^{-4}/년의 감염 위해도 수준으로 규정되어 있다.

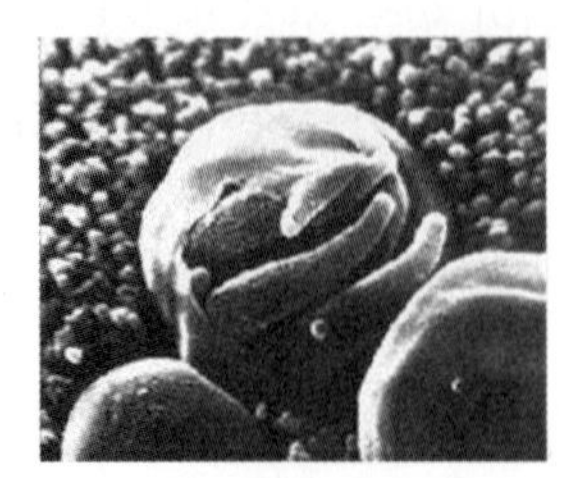

Cryptosporidium(Gardiner et al., 1988)

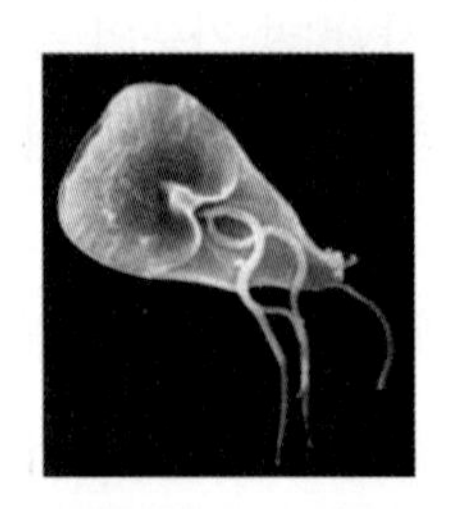

Giardia(Janice, 2006)

2) 완속(모래)여과 방식

이 방식은 고액분리를 위해 일정 깊이의 모래층을 이용하는 완속여과지를 주요 기술로 사용하는 방법으로, 깊은 여과지(depth filter) 형상의 모래상 여과(sand bed filtration)를 사용한다. 원수의 수질이 비교적 양호한 상태(대장균군 < 1,000 MPN/100 mL, 생화학적 산소요구량 < 2 mg BOD/L 및 최고 탁도 < 10 NTU)인 수원을 대상으로 주로 적용 가능하며, 대체로 지하수, 부영양화가 진행되지 않은 호소수 그리고 오염이 진행되지 않은 하천 표류수 등이 여기에 해당한다. 특히 원수 중에 소량의 탁도 유발 물질과 유기물질 제거를 목적으로 하는 경우에 적합한 방법이다.

완속여과지에서는 물리적 및 화학적 반응뿐만 아니라 점액질의 생물막(gelatinous biofilm) 형성으로 인해 생물학적 분해반응이 함께 일어난다. 모래층 표면에서는 불용해성 오염물질을 제거하고, 모래층 내부에 서식하는 미생물군으로 용해성 물질을 산화하여 분해하는 방식이다. 부유성 탁질, 암모니아성 질소, 망간, 세균, 냄새물질 등의 미량물질도 제거가 가능하다. 박테리아와 바이러스의 경우 약 90～99% 제거가 가능하고, 지아르디아(Giardia lamblia cyst)와 크립토스포리디움(Cryptosporidium oocyst)의 제거도 효과적이다. 또한 1.0 NTU 이하의 유출수 탁도를 갖는 부유 입자도 효과적으로 제거할 수 있다(NDWC, 2000).

느린 여과속도(4～5 m/d)로 인하여 넓은 여과지 면적이 필요하며, 다량의 여과재(모래)에 대한 청소와 교체를 위한 수작업을 위해 많은 인력과 비용이 필요하다. 또한 높은 탁도를 가진 원수는 모래필터의 오염을 가속화시키는데, 일반적으로 10 NTU 이하의 탁도를 가진 원수는 전처리 없이 적용이 가능하다. 이 방법은 낮은 수준의 유입수 탁도를 기본요건으로 하지만 그 농도가 30 NTU 정도에 이르는 경우 필터에 과부하가 되지 않도록 적절한 전처리 과정을 필요로 한다. 이 경우 보통침전지를 설치할 수도 있으며, 필요에 따라서는 침전지에 약품 처리 설비를 갖추기도 한다. 또한 탁도의 변화폭이 크다면 유입하는 탁도를 줄이기 위해 취수 단계에서 집수매거(infiltration gallery)나 상향류형 자갈형 필터(upflow gravel filter)의 설치를 고려해야 한다. 국내 12개 지점을 대상으로 평가된 집수매거의 설치 효과에 대한 자료를 참고로 할 때 여과효율은 COD_{Mn} 41±25%, BOD 51±33% 및 SS 67±34%로 다소 큰 편차를 보였다(국립환경연구원, 1992). 한편 원수의 수온이 낮거나 원수에 포함된 영양분 함량이 매우 낮은 경우 필터 베드 내에서 발생하는 생물학적 분해 효과가 낮아진다.

이 공정은 원수의 수질, 온도 및 기후 조건의 미세한 변화에도 효과적으로 운영이 가능하고 일시적인 과도한 탁도에도 대처가 용이하지만 정기적인 유지 관리가 충분히 이루어져야 한다(Huisman and Wood, 1974; WHO, 1996a). 완속여과의 설계는 실규모에서의 성능을 예측하기 위해 반드시 파일럿 실험(pilot test)이 선행되어야 한다. 설계와 운전상의 단순함은 이 공정의 가장 큰 장점으로 부유상태의 유기 혹은 무기물질의 제거뿐만 아니라 병원성 유기체도 효과적으로 제거가 가능하여 결국 소독의 필요성뿐만 아니라 찌꺼기(슬러지) 처리문제도 최소화할 수 있다. 따라서 원수의 수질조건이 충분히 안정되어 있다면 매우 경제적인 방법이다. 그러나 완속여과는 모든 유기물질(휴믹산), 용해된 무기물질(중금속), THM 전구물질 등을 완벽하게 제거하지는 못하며, 아주 미세한 점토 입자나, 휴믹 물질로 인해 발생하는 색도 역시 제거하기 어렵다(WHO, 1996b). 이러한 단점을 해결하기 위해 최근에는 입상형 활성탄(GAC)을 사용하는 다소 변형된 형태를 사용하거나 다단여과(multistage filtration) 방식의 개선된 여과시스템이 개발되고 있다(Glavis, 1999; NDWC, 2000).

참고 바이오 센드필터(BSF, biosand filter)

바이오 센드필터는 흔히 개발 도상국에서 사용되는 적정 기술(AT, appropriate technology)의 한 종류로, 전통적인 완속 모래 여과기술을 응용한 간이 정수 장치이다. 1980년 후반 캐나다 캘거리 대학에서 제안된 가정용 BSF가 그 시작이다. 현재 전 세계에서 20만 개 이상의 BSF가 사용 중이다. 이 기술은 탁도와 병원성 미생물 등 각종 식수 오염물질의 제거에 있어서 유효성과 편의성, 그리고 처리비용 측면에서 높은 장점을 가지고 있다(CAWST, 2008; Eliott, et al., 2008). 여기서 적정 기술이란 낙후된 지역이나 소외된 계층을 배려하여 첨단 기술과는 달리 해당 지역의 환경이나 경제, 사회 여건에 적합하도록 만들어진 기술을 말한다.

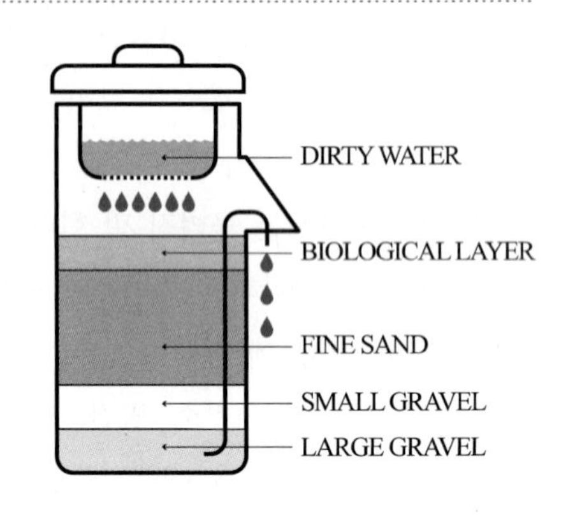

↩

3) 급속(모래)여과 방식

이 방식은 원수수질이 앞서 설명한 소독만의 방식이나 완속여과 방식으로 정화할 수 없는 경우에 주로 고려되는 방법이다. 급속여과는 수처리 과정에서 중요한 물리적인 요소기술이나 전처리나 후속처리 단계가 없이는 먹는 물 수질기준을 만족할 수 있는 안전한 물을 생산할 수 없다(Brikke and Bredero, 2003). 따라서 전체 처리 시스템의 구성(그림 8-5)은 다단식 처리 시스템(multiple-stage treatment system)을 따른다(US EPA, 1990). 즉, 주처리 공정인 여과지의 앞 단에 전처리 단계로 약품침전지(응집-응결-침전)를 두고, 후처리 단계로는 소독시설(염소 또는 오존)을 둔다. 이 공정에서는 현탁 물질을 처음부터 약품 처리함으로써 응집, 응결(플록 형성)시키고, 이를 이어지는 침전지에서 효율적으로 고액분리하여 제거한 후 다음 급속여과지에서 나머지를 여과·제거하는 방식이다. 이때 약품침전지의 우수한 효과로 인하여 여과지는 완속여과에 비해 훨씬 빠른 유속으로 운전이 가능하다. 따라서 이 여과지를 급속(모래)여과(rapid sand filter)라고 한다. 급속여과는 개방형인 급속 중력 여과기(rapid gravity filter)와 폐쇄형인 가압식 여과기(pressure filter)로 구분한다(WHO, 1996c).

급속여과지에서 오염물질 제거는 물리화학적인 작용에 의해서만 이루어진다. 즉, 응결 덩어리인 플록(floc)은 여재 입자 표면에 부착되거나 플록 상호간의 부착으로 억류되어 제거된다. 이 방식은 용해성 물질의 제거능력이 거의 없다. 따라서 용해성 물질이 원수에 포함되어 문제가 된다면, 그 용해성 물질의 종류와 특성에 따라 적합한 고도정수기술을 추가적으로 도입하여야 한다. 경우에 따라서는 급속여과와 완속여과 방식을 모두 이용한 2단 여과 형태로 운영하기도 하는데, 이 경우 현탁 물질은 급속여과로 제거하는 반면, 용해성 물질은 완속여과로 제거하도록 설계한다. 급속여과지는 완속여과의 30배 정도(120～150 m/d)의 여과속도로 운전되며, 이를 위해 충진 모래 역시 완속여과의 경우보다 비교적 굵은 모래와 다양한 크기의 입상형 매체를 사용한다.

이 시스템은 운영 및 유지 보수가 복잡하고 비용이 많이 소요되므로 소규모 공동체에는 적합하지 않아 주로 도시 공공 정수시설에서 일반적으로 사용된다. 특히 성능을 최적화하기 위해 전처리 단계(약품의 최적 주입과 적절한 침전처리)가 매우 중요하며 시스템의 운전과 관리에 고도의 기술이 요구된다. 이 여과 시스템은 공급되는 인구에 비례하여 상대적으로 작은 면적으로 적용이 가능하고, 처리성능은 원수의 수질 변화에 덜 민감하다. 작은 여과 면적으로 대량의 물 처리가 가능한 반면 찌꺼기(배출수와 슬러지)의 처리 처분대책이 불가피하게 요구된다. 모래여과층의 막힘 현상(fouling)을 제거해주기 위해 압축 공기를 사용하여 하루에도 여러 번 역세척 운전이 필요한데, 역세척(배출수)의 부산물은 슬러지의 형태로 발생한다. 여과지의 운전은 자동화나 원격제어 등을 통하여 운전성의 향상과 에너지 소요량을 줄일 수 있다(Deboch and Farris, 1999; WHO, 1996c).

한편 이 방식에 활성탄이 필터 매체에 포함되어 있지 않을 경우에는 음용수의 맛과 냄새, 그리고 용해된 형태의 불순물의 제거에는 거의 영향을 미치지 못하는 단점이 있다. 또한 장기간에 걸쳐 원수의 탁도가 10 NTU 이하로 안정되는 시기에는 침전 처리를 생략하고 간단한 응집조작만으로 여과하는 인라인 여과나 직접여과 방식으로 변화도 가능하다.

4) 막여과 방식

여과를 위해 모래나 입상형 매체를 이용하는 앞선 매체형 여과(media filteration) 방식과는 달리 막여과(membrane filtration) 방식은 선택적 장벽(selective barrier)을 가진 분리막을 사용하는 방법이다. 분리막은 정밀여과(MF, microfiltration), 한외여과(UF, ultrafiltration), 나노여과(nanofiltration) 및 역삼투(RO, reverse osmosis) 등으로 구분한다(표 8-4). 여기서 MF와 UF는 공경(pore size)보다 큰 입경의 현탁 물질과 콜로이드 입자를 물리적으로 제거하는 다공성 분리막이며, NF와 RO는 용해도와 확산성의 차이에 따라 오염물질을 분리하는 막분리 기술이다(Mallevialle et al., 1996). 분리막은 수투과도(water permeability), 친수성/소수성(hydrophilic/

표 8-4 A comparison of the four main membrane water treatment processes

	Microfiltration	Ultrafiltration	Nanofiltration	Reverse Osmosis
Process	Membrane filtration	Membrane filtration	Membrane separation	Membrane separation
Type	Porous	Porous	Nonporous	Nonporous
Source water pretreatment	Yes	Yes	Yes	Ycs
Primary reason for selection	Pathogen removal	Pathogen removal	Hardness and organics removal	Total dissolved solids (TDS) and monovalention removal
Particulates removed	Suspended solids, turbidity, some colloids, bacteria, and protozoan cysts	Suspended solids, turbidity, some colloids, bacteria, protozoan cysts and some viruses	Dissolved contaminants such as salts or salinity, pesticides, total organic carbon, and pathogens	Dissolved contaminants such as salts or salinity, pesticides, total organic carbon, and pathogens

Ref) Schendel et al.(2009)

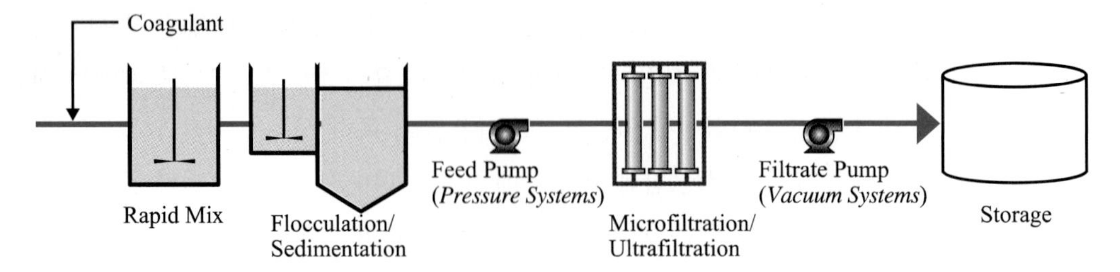

그림 8-6 **Flow diagram for typical MF/UF water treatment process** (Schendel et al., 2009)

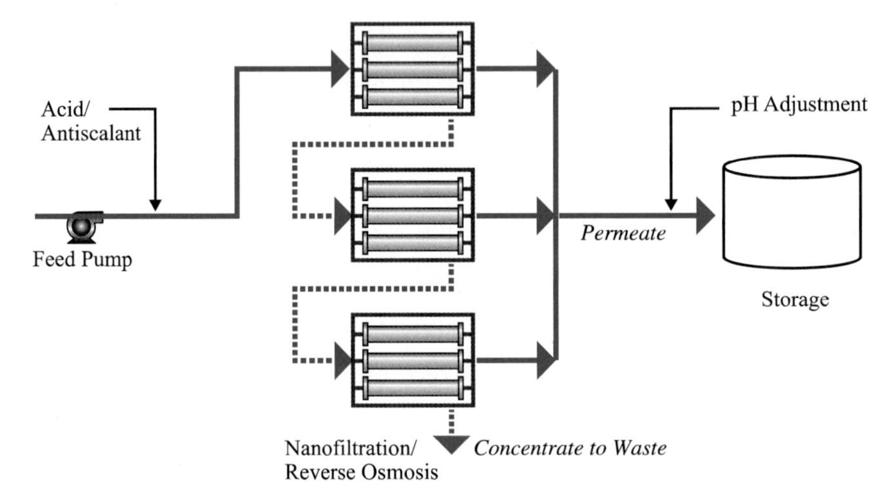

그림 8-7 **Flow diagram for typical NF/RO water separation process** (Schendel et al., 2009)

hydrophobic) 및 방오성(fouling) 등에 따라 그 특성이 크게 상이하다.

전 세계적으로 수처리 시설에서 멤브레인의 사용은 최근 수십 년 동안 크게 증가하고 있다. MF와 UF는 최근 표준식 여과공정(침전-급속(모래)여과)의 대안(그림 8-6)으로 입자성 물질(탁도)과 미생물(원생동물과 바이러스)을 제거하기 위해 점차 확대 적용되고 있다(Schendel et al., 2009). 대부분의 경우에 있어 MF 및 UF를 선택하는 주된 이유는 병원균의 제거에 있다. NF 및 RO는 맛, 냄새, 염, 농약류(살충제) 및 소독전구물질, 총 유기탄소(TOC)와 같은 미량으로 존재하는 용존성 오염물질의 제거가 가능하다(그림 8-7). 따라서 막여과 공정의 경우 일반적으로 MF와 UF는 일반정수처리 기술로 분류되는 반면 NF나 조합형(hybrid)이나 공정은 고도정수처리 공정으로 분류된다(막여과 공정에 대한 상세한 설명은 9.5절 고도처리부분에서 종합적으로 설명되어 있다).

한편, 해수(sea water)나 기수(brackish/or briny water, 염분이 담수보다는 많지만 해수보다는 작은 물)를 담수화(desalination)하여 음용수로 공급하는 경우 원수 중의 염분농도를 낮추는 것이 중요한데, 염의 농도가 높은 경우(해수) 역삼투법을, 반면에 염분농도가 낮은 기수의 경우 전기투석법을 선호한다. 그림 8-8은 해수를 담수화하여 음용수로 공급하는 대표적인 예를 보여준다. 미국 WRF(water research foundation)의 조사에 따르면 MF/UF 시설의 약 62%가 지표수를 수원으로 사용하고 있고 이중 41%는 기존 공정과 통합된 형태이며, 나머지 59%는 독립형 처리시설로 사용되고 있다(Adham et al., 2005).

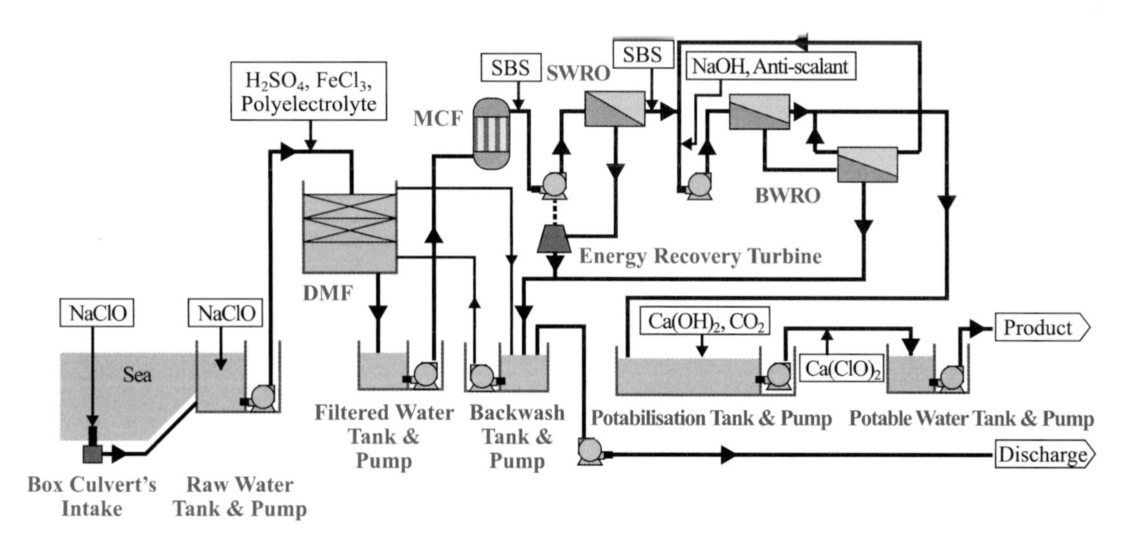

그림 8-8 **The seawater reverse osmosis (SWRO) desalination plant (phage 1: 48,848 m^3/d in 2007, phase 2: 48,848 m^3/d in 2009) by Saline Water Conversion Corporation (SWCC), Jeddah, Saudi Arabia (Note: DMF, dual media filter; MCF, media cartridge filter; SWRO, seawater reverse osmosis; BWRO, brine water reverse osmosis)** (Nada, 2013; SWCC, 2007, 2009)

막여과 방식은 근본적으로 여과라는 물리적 방법에 의존하므로 분리막의 성능을 효율적으로 증가시키기 위해 전처리(협잡물과 입자성 물질 등의 제거)와 후처리(분리막으로 제거하기 어려운 용해성 유기물, 냄새와 맛, 망간 등의 제거) 공정이 필요하다(그림 8-5). 이 방식은 분리막의 주기적인 세척이 필요하며, 수년 간격으로 막을 교환해야 한다. 하지만 자동화나 원격제어 등으로 효율적인 운전이 가능하며 유지관리도 용이하다.

정수장 용지 마련의 어려움과 고급의 수질 요구, 우수한 기술자의 확보 등의 배경에서 더 콤팩트하고 효율적이며 에너지 절약형인 막분리 정수처리기술의 채택이 확대되고 있다. 막분리에 대한 연구는 막의 소재와 물성뿐만 아니라 소독부산물, 농약, 맛 및 냄새물질 등 용해성 미량유기물질의 제거로 확산되고 있다. 막여과 방식의 다양한 장점에도 불구하고 아직 대규모 급수시설에서의 적용은 경제성과 기술 인프라(인력, 관리체계 등)의 확보 측면에서 어려움이 있다.

5) 고도정수처리 방식

고도정수처리(advanced water treatment)는 이상의 일반적인 정수처리 방식으로 제거하기 어려운 미량의 용존성 오염물질을 대상으로 적용되는데, 여기에는 냄새물질(2-MIB, geosmin 등의 곰팡이 냄새), 색도, 미량 유기물질, 소독부산물 전구물질, 암모니아성 질소, 음이온 계면활성제, 휘발성 유기물질 등이 포함된다. 따라서 대상하는 미량 오염물질의 종류와 그 특성에 대한 파악은 매우 중요하다.

고도정수처리를 위해 적용 가능한 대표적인 기술은 표 8-5와 같은데, 이러한 기술들은 단독 또는 조합한 형태로 적용된다. 특히, 철, 망간, 침식성 유리탄산, 불소, 암모니아성 질소, 질산성 질소 및 경도 등을 처리할 목적으로는 전염소처리, 폭기(aeration), 알칼리제 처리 등을 추가적으로 도입할 수 있다. 또한 정수시설 내에서 조류(algae) 등에 의한 생물장애가 있는 경우에는 장애생물의 종류에 알맞은 생물제거 처리기술(염소제와 황산구리 등의 살조제 살포, 마이크로스트

표 8-5 고도정수처리를 위해 적용 가능한 기술

공정	설명
오존(O_3)	오존의 강력한 산화력을 이용하여 난분해성 유기물질을 분해성 유기물질로 변환시켜 활성탄에 의해 흡착 제거시키는 방법으로, 맛, 냄새 물질, 철, 망간의 제거와 트리할로메탄의 생성을 감소시키는 효과가 있다.
입상활성탄(GAC, granular activated carbon)	입상활성탄을 이용한 여과시설로, 유기물질을 활성탄으로 흡착 제거시키는 방법이다. 입상활성탄은 수개월 후에는 미생물이 부착되어 생물활성탄(BAC)의 기능을 갖는다.
생물활성탄(BAC, biological activated carbon)	입상활성탄 여과조를 설치하고 미생물이 부착되도록 하여 활성탄 자체의 흡착력과 미생물의 분해력을 이용하여 수중의 유기물질을 제거하는 방법으로, 활성탄을 재생하지 않고 3～5년간 사용할 수 있다.
고급산화법(AOP, advanced oxidation processes)	오존과 산화제 등을 동시에 반응시켜 OH Radical의 생성을 가속화시켜 유기물질을 분해시키는 방법으로, Ozone/high pH, Ozone/H_2O_2, Ozone/UV, TiO_2/UV 등이 있다.
용존공기부상법(DAF, dissolved air floatation)	고압의 공기를 물에 주입하여 발생된 기포를 오염물질에 부착시켜 수면에 부상시켜 제거시키는 방법으로, 맛, 냄새유발물질, 조류, 합성세제, 철, 마그네슘, 휘발성 유기물질을 제거한다.
생물학적 처리	회전원판법, 하니콤튜브 등의 접촉제에 미생물을 증식시켜 미생물에 의해 유기물질, 암모니아성 질소 등을 분해 제거시키는 방법으로, 수온이 낮을 경우 처리효율이 낮아진다.

레이너, 침전/응집/여과 및 안트라사이트를 포설한 다층여과 등)을 고려할 수 있다.

정수처리에 있어서 생물학적인 공정의 사용은 일반적이지 않지만 원수의 수질이 열악하고 생분해성 유기물질과 질소(암모니아, 질산성 질소)의 농도가 높은 경우에 적용되며, 이외에도 조류나 곰팡이 냄새 등의 제거도 효과적이다. 생물학적 반응은 난분해성 물질을 완전히 제거하기 어려우며, 수온의 영향을 크게 받는다는 단점이 있다. 생물학적 처리방법으로는 수중에 고정된 플라스틱 소통의 집합체인 하니콤(honeycomb) 방식, 회전하는 원판에 의한 회전원판 방식(RBC, rotating biocontactor), 입상여재에 의한 생물접촉여과(biofilter) 방식 등이 있다.

표 8-6에는 각종 수질항목별로 적용 가능한 유효 처리방법을 나타내었다. 또한 표 8-7은 고도정수처리 등을 포함하여 대표적인 정수처리공정과 그 선정 기준을 정리하였다.

(3) 정수처리 시설계획 및 관리

정수시설의 계획 정수량(즉, 설계 시설용량)은 계획 1일 최대급수량을 기준으로 하지만, 정수과정 중에 필요한 작업용수와 기타 소모성 용수에 대한 추가적인 고려가 필요하다. 또한 소비자에게 안정적인 수도 서비스를 제공하기 위하여 정수시설은 유지보수, 사고대비, 시설 개량 및 확장 등에 대비하여 적절한 예비 용량을 갖추어야 한다. 통상적으로 정수시설의 가동률은 예비 용량을 고려하여 75% 내외로 권장된다. 참고로 우리나라의 전국 취수장 가동률은 2016년 평균 취수량 기준 55.9%(최대 취수량 기준 68.8%)이며, 정수장 가동률은 2016년 기준 평균 64.1%(최대 78.1%)이다. 정수장에서의 손실수두는 일반적으로 완속여과 방식의 경우 1.2～2.2 m(여과수두 0.9～1.2 m, 유량조절장치 수두 0.3～1.0 m)로, 급속여과 방식의 경우 4.5～5.5 m(여과수두 3.5～4.0 m, 응집/응결지와 침전지를 포함한 기타 수두 1.0～1.5 m)로 설계된다.

최종적으로 정수된 물의 수질관리목표는 먹는 물 수질기준보다 일반적으로 높게 설정될 필요가 있으며, 신뢰성이 높은 최적의 공정을 선정하기 위해 충분한 기술적 검토가 이루어져야 한다. 이때 운전제어 및 유지관리 측면도 중요한 검토 대상이다. 신설하거나 확장할 경우 정수시설은

표 8-6 **처리 대상물질과 처리방법**

	처리대상항목	처리대상물질	처리방법
불용해성 성분	탁도		완속여과 방식[1], 급속여과 방식(직접여과)[2], 막여과 방식[3]
	조류		막여과 방식, 마이크로스트레이너, 부상분리 (급속여과 방식 중에서 2단 응집, 다층여과 등의 대응방법이 있다.)
	미생물	크립토스포리디움	완속여과 방식, 급속여과 방식, 막여과 방식, 오존
		일반세균, 대장균군	염소, 오존
용해성 성분	냄새	곰팡이 냄새	활성탄, 오존, 생물처리
		기타 냄새[4]	활성탄, 오존, 폭기, 염소[5]
	소독부산물	THMs전구물질[6]	완속여과 방식, 급속여과 방식, 막여과 방식, 오존, 활성탄
		THMs	활성탄, 산화, 소독방법 변경[7]
	음이온계면활성제		활성탄, 오존, 생물처리
	휘발성 유기물		활성탄, 탈기
	농약류[8]		활성탄, 오존
	무기물	철	산화(전염소, 중간염소, 폭기)처리, 폭기와 여과
		망간	산화(전염소, 중간염소, 오존, 과망간산칼륨)처리와 여과, 망간 사여과
		암모니아성 질소	염소(파과점 염소)처리, 생물처리, 막처리(역삼투)
		질산성 질소	이온교환, 막처리(역삼투), 전기투석, 생물처리(탈질)
		불소	응집침전, 활성알루미나, 골탄, 전기분해, 막처리(역삼투)
		경도	정석(晶析)연화, 응석(凝析)침전, 막처리(NF), 이온교환
		침식성 유리탄산	폭기, 알칼리제 처리
	색도	부식질	응집침전, 활성탄, 오존
	랑겔리아지수[9]		알칼리제 처리, 탄산가스, 소석회 병용법

주) 1) 원수탁도가 대략 10 NTU 이하로 안정된 경우. 다만, 원수탁도의 상승에 대하여 침전처리 또는 1차여과설비를 완속여과 앞에 추가하여 대처할 수 있다.
2) 원수탁도가 대략 10 NTU 이하로 안정된 경우에는 응집처리만으로 급속여과하는 방식(직접여과)으로 할 수가 있다.
3) 이 표에서는 막여과 방식은 정밀여과(MF) 및 한외여과(UF)를 말한다. 중·고탁도의 원수처리에는 일반적으로 전처리가 필요하다.
4) 냄새원인물질에 따라 유효한 처리방법이 다르다.
5) 아민류와 같이 염소와 결합하여 냄새가 강하게 되는 것이 있으므로 주의를 요한다.
6) 여과 방식으로 제거할 수 있는 트리할로메탄전구물질은 현탁성의 것에 한한다.
7) 이 표에서는 산화와 소독방법의 변경이란, 전염소처리방식으로부터 중간염소처리로 변경, 전염소·중간염소처리에서 오존 등 다른 산화제로의 변경 및 유리염소로부터 결합염소로 소독방법을 변경하는 것을 말한다.
8) 농약의 종류에 따라 처리성이 다르다(상세한 것은 「상수도시설기준 유지관리매뉴얼」 제10장, 수질위생관리 참조).
9) 랑겔리아지수의 개선은 직접 처리대상물질은 아니지만, 이 란에 포함하여 기재하였다.
Ref) 환경부(2010)

입지, 정수시설 및 건설 계획에 대한 조사가 이루어져야 하는데, 개량 또는 갱신을 목적으로 한 경우에는 기존 및 신규시설 간의 연계성에 대한 조사가 반드시 필요하다. 원수수질이 악화되어 효과적인 정수가 불가능할 경우 기존시설의 증설이나 개량이 고려된다. 이때 기존 처리시설의 성능이나 안정성이 확보되는 조건에서 신규 시설의 설치를 계획하고, 기존 시설의 능력저감에 대한 대처방안을 마련하여 그 영향이 최소화되도록 해야 한다.

정수시설은 전체 시스템을 구성하고 있는 각종 정수 시설이 그 기능을 충분히 발휘할 수 있도록 배치하고, 공정 간의 조화 및 효율화를 도모하여 유지관리나 향후 시설확장, 개량 및 갱신이

표 8-7 대표적인 정수처리공정과 그 선정 기준

불용해성 성분의 처리방식	용해성 성분의 처리방식	정수처리공정의 대표예	정수처리공정에 의한 처리대상 항목 또는 물질의 처리성					
			탁도	맛·냄새 2-MIIB 지오스민	THMs 또는 THMs 전구물질	농약	ABS	철분, 망간
완속여과 방식		① 완속여과	◎	○	△	×	△	○
급속여과 방식 또는 막여과 방식 (MF, UF)		② 응집침전 → 급속여과 (전염소 또는 중간염소)	◎	△	△	×	×	◎
	분말활성탄	③ 분말활성탄 → 응집침전 → 급속여과 (전염소 또는 중간염소)	◎	○	○	○	○	◎
		분말활성탄 → 막여과(염소처리함)						
	입상활성탄	④ 응집침전 → 급속여과 → 입상활성탄 (전염소 또는 중간염소)	◎	◎	◎	◎	◎	◎
		막여과 → 입상활성탄(염소처리 있음)						
	입상활성탄 (GAC)	⑤ 응집침전 → 급속여과 → 입상활성탄 (전염소 또는 중간염소 없음)	◎	◎	○	◎	◎	○
		막여과 → 입상활성탄(염소처리 없음)						
		⑥ 응집침전 → 입상활성탄 → 급속여과 (중간염소 있음)	◎	◎	○	◎	◎	◎
		막여과 → 입상활성탄(염소처리 있음)						
	오존, 입상활성탄	⑦ 응집침전 → 급속여과 → 오존 → 입상활성탄 (전염소 또는 중간염소 있음)	◎	◎	◎	◎	◎	◎
		막여과 → 오존 → 입상활성탄(염소처리 있음)						
	오존, 입상활성탄 (GAC)	⑧ 응집침전 → 급속여과 → 오존 → 입상활성탄 (전염소 또는 중간염소 없음)	◎	◎	◎	◎	◎	◎
		막여과 → 오존 → 입상활성탄(염소처리 없음)						
		⑨ 응집침전 → 오존 → 입상활성탄 → 급속여과 (중간염소 있음)	◎	◎	◎	◎	◎	◎
		오존 → 입상활성탄 → 막여과(염소처리 있음)						
		⑩ 응집침전 → 급속여과 → 오존 → 입상활성탄 → 급속여과(입상활성탄 후 중간염소 있음)	◎	◎	◎	◎	◎	◎

정수처리공정에 의한 평가
◎: 양호하게 처리할 수 있다.
○: 어느 정도 처리할 수 있다.
△: 약간 처리할 수 있다.
×: 거의 처리할 수 없다.
Ref) 환경부(2010)

용이하도록 한다. 처리시설은 시설규모 등에 따라 가능한 한 독립된 2계열 이상으로 분할하는 것이 바람직하나, 중·소규모인 경우에는 계열별로 주된 기능의 부여가 가능하다. 침전지와 여과지 등으로부터 배출되는 슬러지는 배출수처리시설과 최종처분방법의 선정에 크게 영향을 미친다. 또한 시설주변에 미칠 영향, 소음, 진동, 냄새 등에 대해서도 종합적인 검토가 필요하다.

정수장의 충분한 부지확보는 처리방식뿐만 아니라 시설배치, 유지관리, 시설개량과 확장 시를

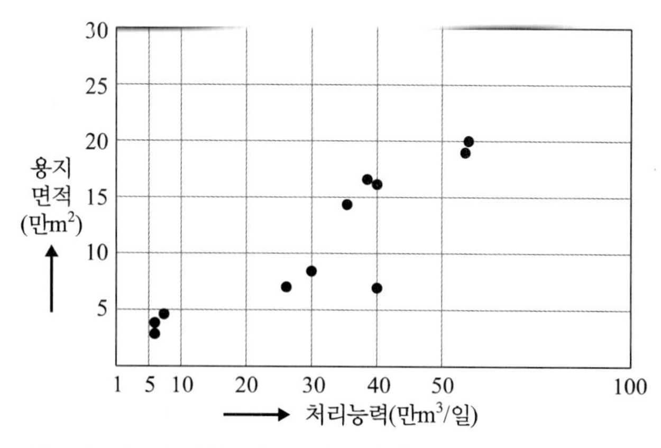

그림 8-9 **정수장 시설규모(급속여과 방식)와 용지면적** (환경부, 2010)

표 8-8 **정수처리시설의 주요 설계요소**

약품주입	혼합방법	플록 형성	침전	여과
• 약품종류 • 투입량과 pH • 투약설비 및 투약지점 • 2종 이상의 약품 주입 시 주입순서 • 약품용해방법	• 혼합기 종류 in-line 또는 기계적 혼합 • 혼합기의 수 • 혼합속도/체류시간(Gt)	• 체류시간 • 혼합강도 • 구획화	• 표면부하율 • 바람, 수온, 밀도류, 유입과 유출부의 구조에 의한 단회로 형성여부 • 슬러지 생성률 및 생성량 • 슬러지 제거방법	• 여과속도 및 유량 조절방법 • 수리적인 측면 • 역세척방법 • 여재 및 여과방법

대비하여 매우 중요한 고려대상이다. 그림 8-9는 급속여과 방식의 경우 정수장의 처리능력과 용지면적의 상관관계를 나타낸 자료이다. 이러한 자료는 처리 방식별로 상이한 경향을 가질 것이다. 용지의 형상은 좁고 긴 것보다는 장방형 용지가 시설 배치에 유리하며, 가능한 한 평탄한 것이 바람직하나 고저차가 있다면 처리시설의 수리학적 동수경사를 효과적으로 맞추어야 한다. 표 8-8은 정수처리시설의 주요 설계요소를 나타내었다.

(4) 공정구성의 예

정수처리 시스템의 구성에 있어서 단위 기술의 조합은 매우 중요하다. 그 기술적 조합은 특히 주요 처리대상 오염물질의 종류와 특성에 매우 큰 영향을 받으며, 그 오염물질의 특성은 동시에 수원의 종류와 관련이 깊다. 예를 들어 철과 망간, 연수화의 필요성은 흔히 우물의 경우에 주목받는 이슈이며(그림 8-10~11), 맛과 냄새는 호소(그림 8-12)의 경우에, 그리고 하천(그림 8-13)은 맛과 냄새, 탁도, 색도 등 복합적인 문제를 안고 있을 가능성이 높다. 이러한 각각의 경우에 고려할 수 있는 다양한 옵션이 개략적으로 표현되어 있다.

그림 8-14와 8-15는 수원의 종류에 따라 운전 중인 실규모 정수처리 시스템을 종합적으로 비교 정리한 것이다. 하천을 수원으로 한 경우(그림 8-14) 일반적인 시스템인 (a)에 비해 (b)~(d)는 입상활성탄(GAC)과 오존을 다양한 단계에서 적용하고 있으며(b: 프랑스의 Moulle; c: 파리의 Choisy; d: 파리의 Orly), 반면에 (e)는 매우 복잡한 과정을 처리하고 있다(e: 네델란드 로테르담의 Kralingen). 또한 여기서 주목할만한 점은 일부 처리장에서는 하천수를 취수하여 정수장으로 보내어 처리하기 전에 일시 저장하는 공간을 마련하고 있다는 것인데, 이는 하천수의 수질

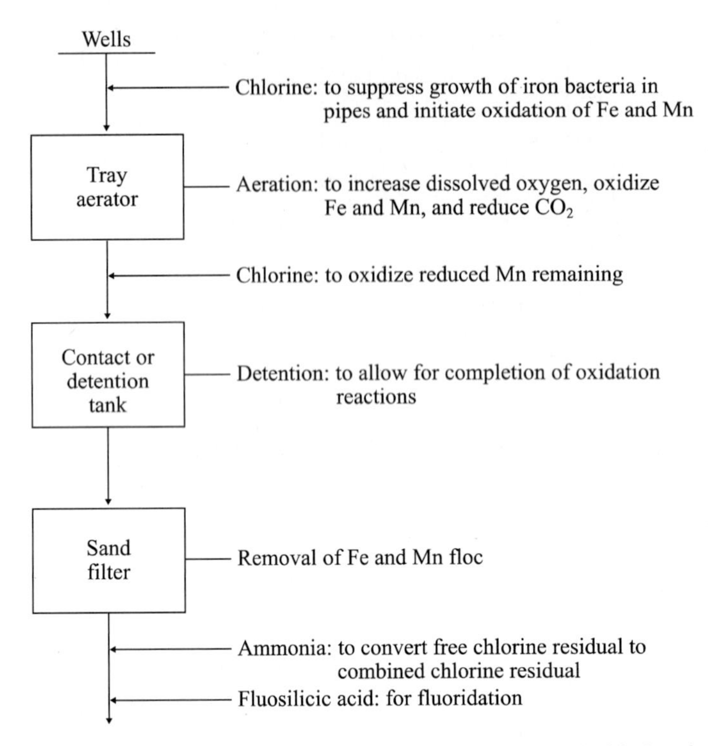

그림 8-10 **Iron and manganese removal plant using aeration and chlorine for oxidation**
(Viessman and Hammer, 1998)

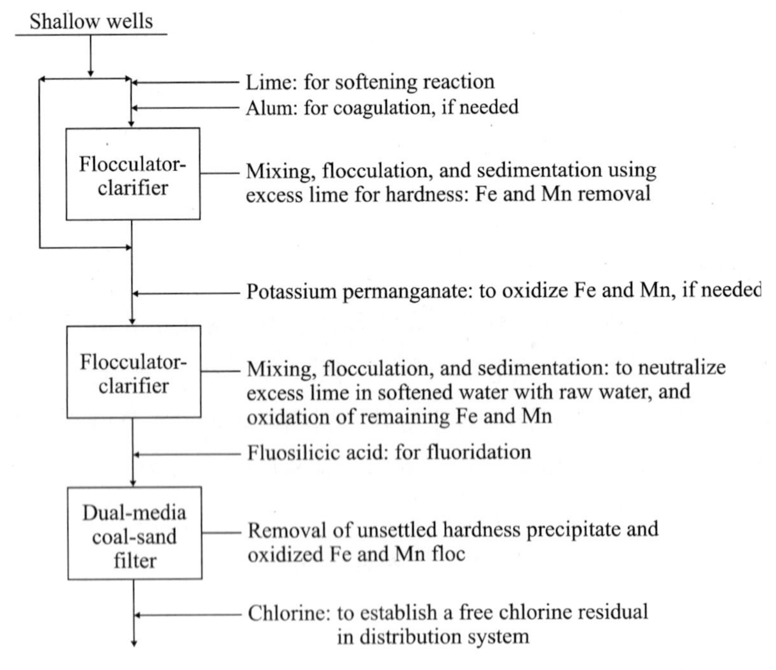

그림 8-11 **Plant using split treatment for partial softening and iron and manganese**
(Viessman and Hammer, 1998)

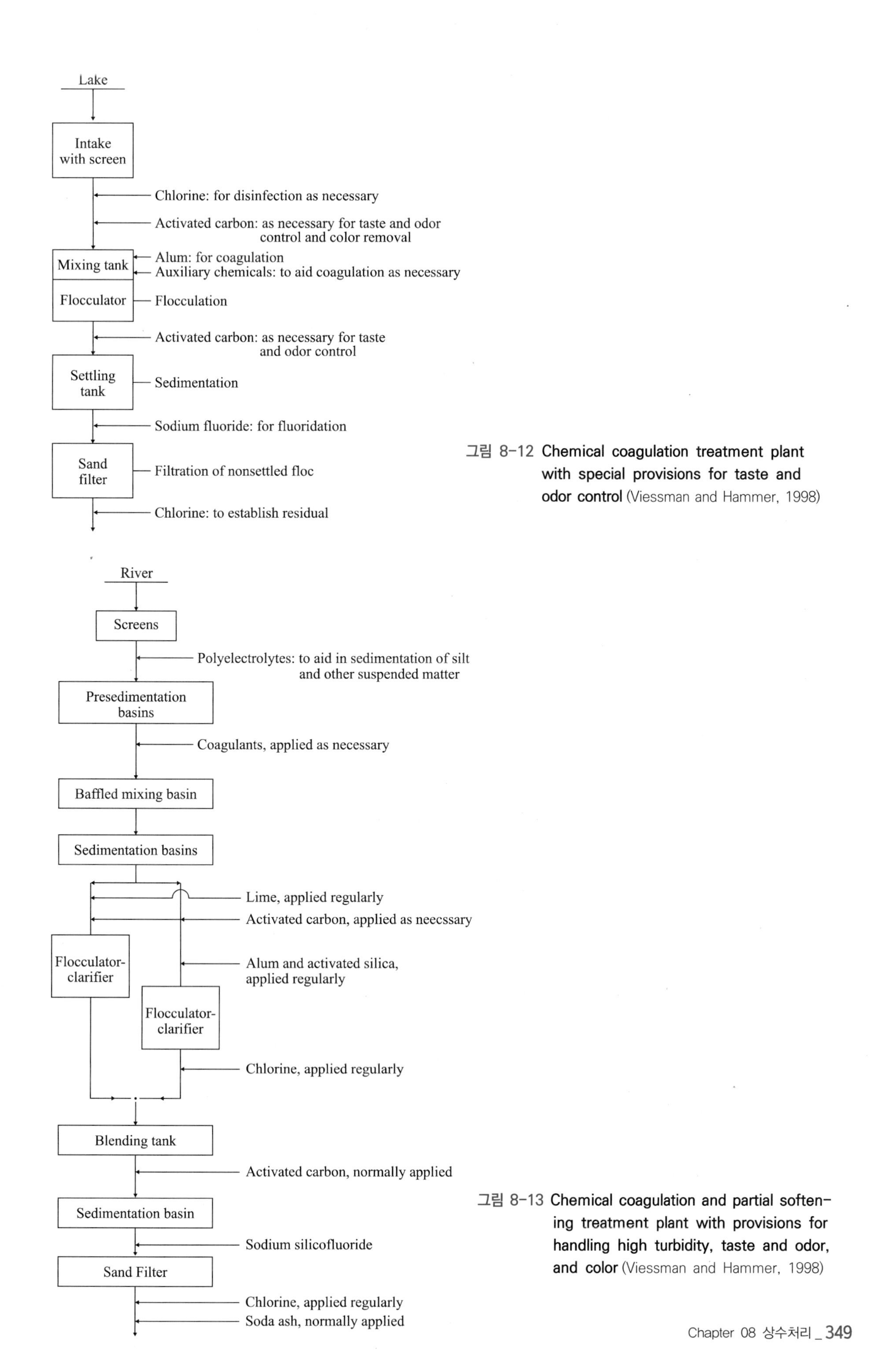

그림 8-12 **Chemical coagulation treatment plant with special provisions for taste and odor control** (Viessman and Hammer, 1998)

그림 8-13 **Chemical coagulation and partial softening treatment plant with provisions for handling high turbidity, taste and odor, and color** (Viessman and Hammer, 1998)

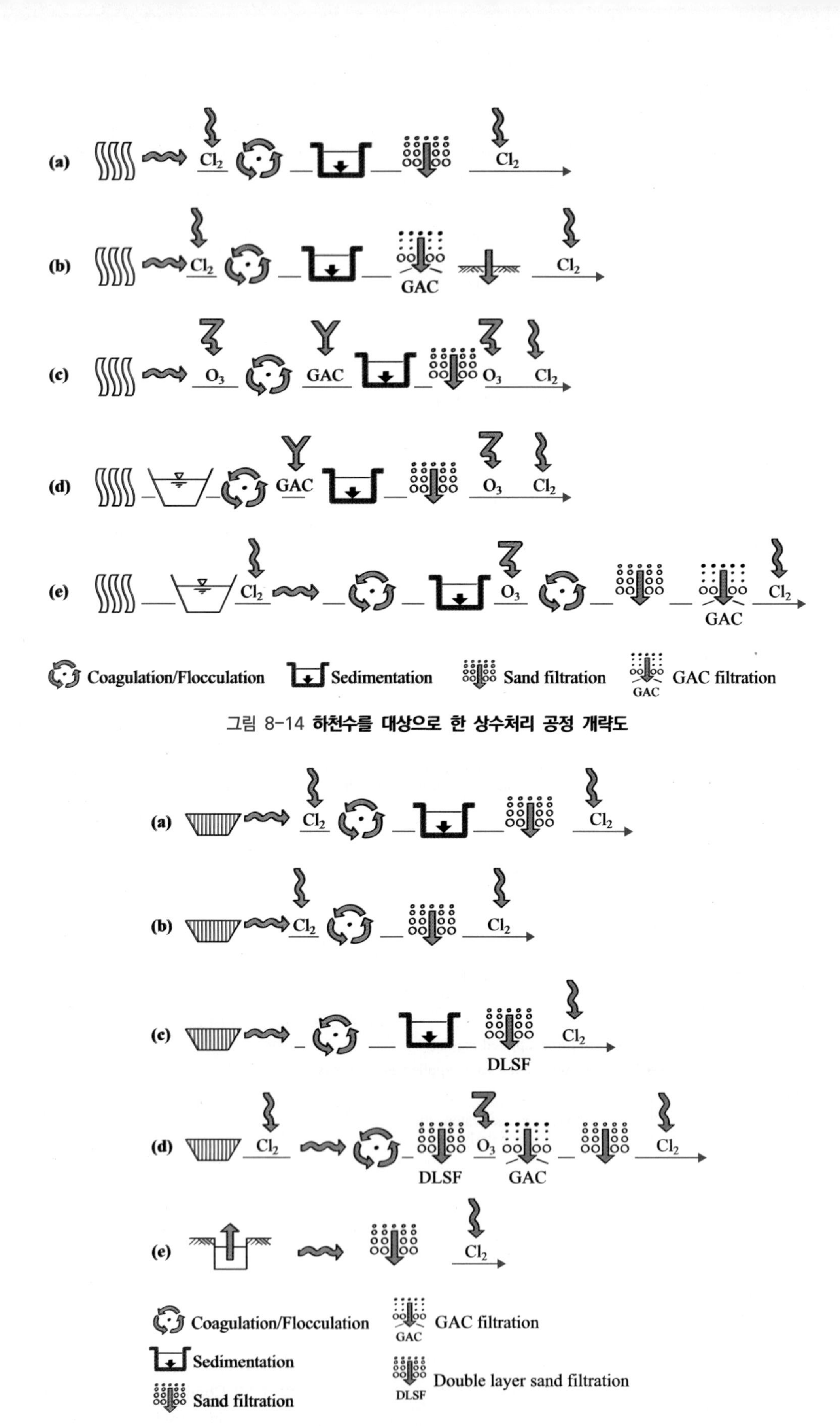

그림 8-14 **하천수를 대상으로 한 상수처리 공정 개략도**

그림 8-15 **호소와 지하수를 대상으로 한 상수처리 공정 개략도**

오염사고에 대비하여 양질의 원수를 일정시간 확보할 수 있는 아주 유효한 대응 방법이다.

호소를 수원으로 한 경우(그림 8-15) 역시 각 공정구성은 차이를 보이는데 이 또한 원수의 수질 특성에 따른 것이다(a-일반적인 시스템; b, c-일본, 미국 뉴욕 Rochester; d-스위스 쥬리히 Lengg). 여기서는 특히 하천수의 경우와는 달리 2층 모래여과(double layer sand filtration) 방식을 사용하는 경우도 있음을 알 수 있다. e)는 지하수를 사용하는 경우(미국 뉴욕 Long Island)로 모래여과와 염소소독 만으로 간단히 적용하고 있다. 각 지역별로 공정의 구성에 대한 이러한 차이는 수원의 차이뿐만 아니라 각 원수수질의 상대적인 차이도 의미한다.

참고로 그림 8-16과 8-17에는 각각 표류수를 이용하는 고도처리공정과 호소수를 이용하는 급

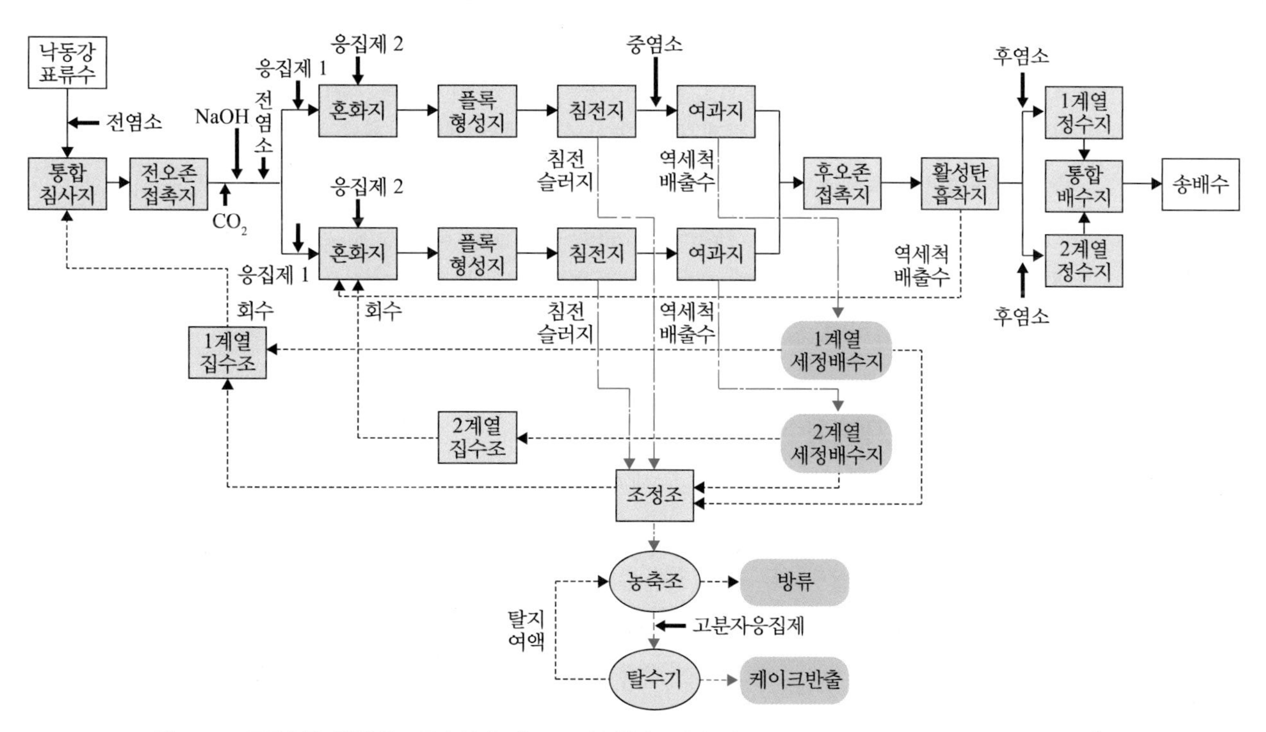

그림 8-16 **표류수를 이용하는 급속여과 및 고도정수처리공정의 예** (대구시 매곡정수장, 시설용량 800,000 m^3/일)

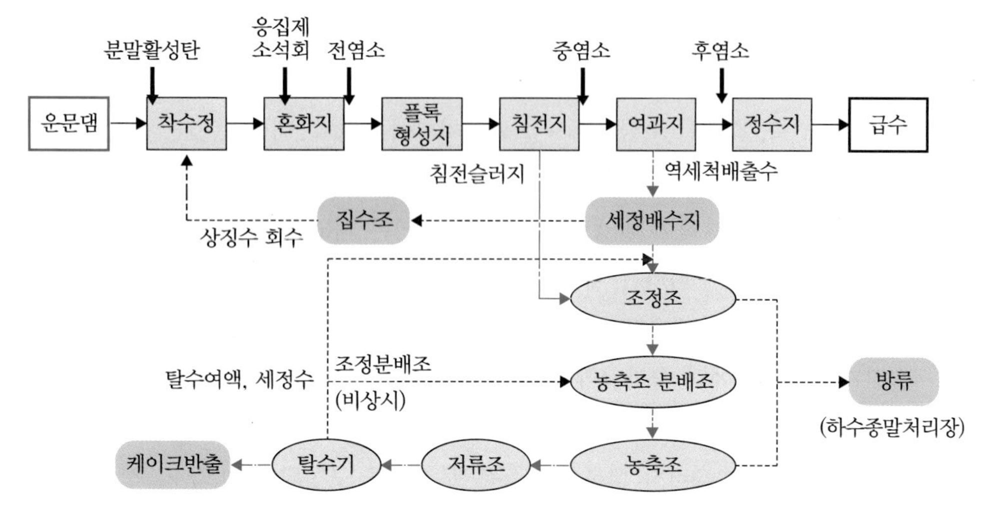

그림 8-17 **호소수를 이용하는 급속여과 정수처리공정의 예** (대구시 고산정수장, 시설용량 350,000 m^3/일)

속여과 정수처리공정의 예를 나타내었다(대구시 상수도사업본부, 2015). 낙동강 표류수를 이용하는 고도정수처리시설(대구시 매곡정수장, 시설용량 800,000 m^3/일)은 급속여과 방식의 정수처리공정(혼화, 응집/응결, 침전, 여과)과 고도정수처리공정(오존접촉 + 활성탄흡착)을 통하여 정수를 생산하고 있는 대표적인 사례이다. 통합 침사지의 유입부에 전염소를 주입하고, 급속혼화지에 응집제(PACS 12.5%, PACl 17%)의 선택적 주입이 가능하며, 산(acids)과 알칼리(alkali) 공급을 위해 각각 CO_2와 NaOH를 사용한다. 배출수는 농축 및 탈수공정을 통해 고액분리 처리하며, 배출수지 및 조정조(배슬러지지) 상징수는 집수조를 통해 착수정으로 회수되고 농축조 상징수는 방류하며 슬러지는 탈수처리하는 방식으로 설계되어 있다.

호소수를 이용하는 급속여과 정수처리시설(대구시 고산정수장, 시설용량 350,000 m^3/일)은 전형적인 급속여과 방식(착수정, 급속혼화지, 플록 형성지, 약품침전지, 급속여과지, 정수지로 구성)을 따르고 있다. 착수정 유입부에서 분말활성탄이 비상시를 대비하여 주입되도록 시설되어 있으며, 혼화지 유입부에서 응집제가, 혼화지 상단에서 pH조절제로 소석회가 주입되고 있다. 플록 형성지 분배수로에서 전염소, 침전지 유출 통합수로에서 중염소, 정수지 유입부에서 후염소가 주입되도록 시설되어 있다. 배출수는 농축 및 탈수공정을 통해 고액분리하여 처리한다. 세정배수지 상징수는 집수조를 통해 착수정으로 회수되고, 농축조 상징수와 조정조 상징수는 하수종말처리장으로 방류하며 슬러지는 탈수처리하도록 설계되어 있다.

(5) 상수 슬러지(배출수) 처리

정수시설에서 발생되는 찌꺼기는 역세척 과정에서 발생하는 역세척 배출수(backwash water)와 약품처리 후 침전단계에서 배출되는 화학적 침전슬러지(chemical sludge)가 대부분이며, 여기에 기타 공정에서 발생되는 폐수(월류수 등 각종 배수)도 포함되는데, 이를 총칭하여 상수슬러지(water-processing sludge, water treatment works sludge)라고 한다. 우리나라에서는 상수슬러지를 배출수라고 하는 별도의 용어를 사용하고 있으므로 이는 역세척 배출수나 일반적인 폐수배출시설에서 범용으로 사용되는 배출수라는 용어와 구분하여 이해하여야 한다.

수질 및 수생태계 보전에 관한 법률에 의거하여 상수도 시설(시설용량 1,000 m^3/d 이상의 정수장 대상)은 폐수배출시설의 한 종류로 분류된다. 폐수배출시설에서 유출되는 배출수는 직접적인 하천방류를 규제하고 있으므로, 상수슬러지(배출수) 역시 적절한 처리시설을 설치하도록 규정하고 있다. 즉, 적절한 오염방지시설을 설치하여 배출수 허용기준과 폐수종말처리시설의 방류수 수질기준 이하로 오염도를 저감시킨 후 공공수역에 방류하거나 재활용하도록 설계한다. 또한 슬러지 처리과정을 통하여 발생되는 케이크(cake)는 사업장 폐기물로, 그 수집, 운반 및 처분과정은 폐기물 관리법에 따라 규제된다. 이러한 처리시설은 정수처리와 직접적으로 관련이 있으므로 정수시설의 계획단계에서 하나의 시스템으로 통합하여 설계되어야 한다.

슬러지 처리공정에서 슬러지의 발생량과 그 특성(고형물 농도, 밀도, 농축특성 및 탈수성 등)의 파악은 매우 중요하다. 이는 수원의 종류와 오염도, 강우특성과 같은 계절적 변화 등에 따라 상이하게 나타난다. 슬러지 성분은 대부분 무기질로 구성되어 있으나, 오염된 하천수나 부영양화된 호소수는 유기물질이 많이 포함되어 있을 수도 있다. 고탁도일 때에 발생하는 슬러지는 농축성과 탈수성이 좋은 반면에 저탁도 또는 조류가 번성할 때 발생하는 슬러지는 침강성이나 농축성 및 탈수성이 나쁘게 나타난다. 따라서 슬러지 발생량 예측과 성상 파악을 위해서는 원수 수질자료에 대한 사전 조사가 중요하며, 사용된 약품의 종류 및 주입률, 정수처리 공정구성, 침전지 및 여과지의 형식 등 정수시설의 특성과 운전방식 등도 중요한 영향인자이다.

상수슬러지의 주된 성분인 화학적 침전슬러지(0.5～1.5% as TS)와 역세척 배출수(0.01～0.04% as TS)는 그 성상이 매우 다르지만 과거에는 편의상 대부분 함께 처리하는 경우가 많았다. 그러나 원수로부터 농축된 미량유기물, 유기화합물 및 중금속 등이 포함되어 있는 침전슬러지의 특성상 혼합처리할 경우 이러한 오염물질을 오히려 역세척 배출수에 희석하는 효과가 있다. 또한 혼합처리는 배출수 탁도의 증가뿐만 아니라 이를 처리하는 데 더 많은 수처리 약품을 필요로 하고 불쾌한 맛과 냄새를 슬러지로부터 정수된 물로 전이시킬 가능성도 있으므로 혼합처리는 바람직하지 않은 방법이다.

일반적으로 침전슬러지는 배출수 처리시설의 농축조에서 농축처리하며 그 상징수는 정수 공정으로는 반송하지 않는다. 반면에 여과지의 역세척수의 상징수는 정수시설의 착수정으로 직접 반송하거나 또는 침전과 소독공정을 거친 다음 상징수를 착수정으로 반송하여 재활용할 수 있다. 재순환되는 역세척배출수의 수질은 평균적인 원수수질과 같거나 더 양호해야 하며, 공공수역에 방류되는 경우에는 인체에 대한 허용수질과 동일하거나 그보다 우수해야 한다. 역세척 배출수 처리공정의 형식은 기본적으로 통상의 소독을 수반하는 응집-응결-침전 공정과 유사하게 설계된다. 정수장 유량의 2～3% 정도에 해당하는 반송수의 소독에는 염소처리가 유효한 수단이다. 그 처리시설을 계획하고 설계할 때는 다음 사항을 고려해야 한다.

① 탈수된 케이크(dewatered cake)는 처분 또는 재활용이 가능하도록 한다.
② 원수의 탁도 변화가 큰 시설에서는 고탁도 시에 발생된 고형물을 일시 저류시켜 평상시에 처리할 수 있도록 고려해야 한다.
③ 처리시설과 처분시설의 입지는 지역의 자연환경과 사회환경 등을 고려하고 장기적인 관점에서 유리한 지역을 선정한다.

상수 슬러지의 처리방식은 정수처리공정, 원수수질, 배출수의 양과 질, 슬러지의 성상, 발생 케이크의 처분방법, 유지관리의 편의성, 소요부지면적, 건설비 및 지역의 환경여건 등이 고려되어야 한다. 기본적인 처리방법은 자연건조(천일건조상, 라군), 탈수(기계식 외), 열 건조, 하수처리장 이송 등이 있다(그림 8-18).

하수처리장으로의 이송 방법을 제외한 직접적인 처리방법을 개략적으로 설명하면 다음과 같다.

- 천일건조방식: 넓은 연못을 이용하여 농축된 슬러지를 유입해 침강, 탈수, 태양열에 의한 건조 등 자연조건을 이용하는 방식이다. 경제적이며, 유지관리가 간단하다. 반면에 넓은 부지가 필요하고, 성능은 자연조건에 따라 다르다. 추운 지역에서는 어려우며 야외 처리 방식이므로 냄새 등 주변 환경에 대한 악영향이 있을 수 있다.
- 기계식 탈수방식: 원심분리와 같은 기계식 탈수기를 이용하여 농축슬러지를 처리하는 방식이다. 처리효율은 슬러지의 특성에 따라 달라진다. 비교적 안정적이고 유지관리도 용이하

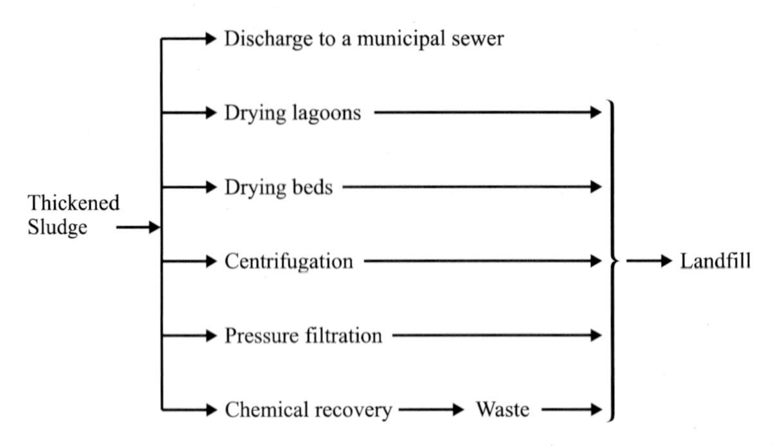

그림 8-18 **Common methods for dewatering and disposal of water- processing sludges**
(Viessman and Hammer, 1998)

다. 케이크의 함수율이 낮고 부지소요량도 낮으며 주위 환경에 대한 영향도 없어 경제적이고도 안정적인 처리를 이룰 수 있다.

- 열처리 방법: 탈수된 케이크에 열을 가열하여 함수율을 낮추는 방법으로, 이 방법은 가열을 위한 경비가 증가하며 배출가스를 처리해야 하는 단점이 있다.
- 동결융해법: 농축이 어려운 성질의 슬러지를 동결시킴으로써 탈수성이 양호한 케이크로 개선시킨 후 탈수하는 방법으로, 시스템이 복잡하고 처리비용도 비교적 높다. 열처리법이나 동결융해법은 슬러지의 재이용 측면에서 성상을 유효하게 변화시킬 목적으로도 사용된다.

일반적인 처리 방법으로는 배출슬러지를 농축하고 탈수하여 케이크를 장외로 반출하고 분리액은 농축조에 반송하여 처리하거나 하수도에 방류하고, 탈수는 기계탈수기로 처리하는 방법이 비교적 안정되어 있다. 또한 기후조건이 양호하거나 소규모인 경우에는 천일건조방식도 유효한 방법이다.

탈수된 케이크의 최종적인 처분은 폐기물 관리법에 준하므로 그 안정성이 중요하다. 탈수케이크는 함수율, 중금속, 석회, pH, 냄새, 형상 등을 조사하고 재활용하고자 하는 경우 그 용도에 따른 평가도 필요하다. 슬러지의 최종 처분은 현재 사회적으로나 환경적으로 매우 어려운 난제이므로 경제성 관점이 아닌 친환경적인 측면이 강조되고 있다. 유효한 재활용 방법으로는 농업이나 원예에의 이용, 택지조성이나 토지개량 및 토목재료로써의 이용 등이 검토되고 있다.

(6) 우리나라 상수원의 수질특성 및 제반 여건

정수시설을 계획할 때에 원수의 수질을 정확하게 파악하는 것은 매우 중요하다. 원수에 포함된 오염물질의 성분이나 농도는 다양한 영향인자로 인하여 변화가 잦고 지역의 특성과 수원에 따라 고유한 특징이 있다. 특히 원수수질이 가장 악화되는 홍수 시와 갈수 시뿐만 아니라 도시화에 따라 오염물질의 배출로 수질은 점차 오염이 심화되므로 장래의 수질변화 예측도 충실히 이루어져야 한다.

우리나라의 수원은 대부분 지표수로써 저수지나 호소 및 하천으로 하고 있기 때문에 대체로

표 8-9 **우리나라의 상수원 이용 현황**

연도	설계 시설 용량 (m^3/일)	연간 총 취수량 (m^3/년)	수원형태별 연간 총 취수량					일최대 취수량 (실적) (m^3/년)	취수장 연간 전력사용량 (kWh)	지표	
			하천 표류수 (m^3/년)	하천 복류수 (m^3/년)	댐 (m^3/년)	기타 저수지 (m^3/년)	지하수 (m^3/년)			취수장 이용률 (평균) (%)	취수장 가동률 (최대) (%)
2006	21,448,552	4,222,745,788	2,488,903,403	399,185,444	1,181,441,038	61,389,556	91,826,347	14,465,780		54.90	67.44
2007	19,594,368	3,711,483,063	2,475,993,582	416,995,014	671,823,792	56,231,035	90,439,640	12,871,251		53.41	65.69
2008	21,496,886	3,809,312,273	2,503,824,932	433,131,672	732,431,884	50,968,431	88,955,354	13,001,252		48.61	60.48
2009	37,521,175	6,827,601,532	3,154,472,643	416,680,957	3,120,593,346	45,584,790	90,269,796	24,694,531		50.60	65.80
2010	36,924,145	7,161,538,444	3,267,408,540	463,035,976	3,280,514,297	58,014,872	92,564,759	25,843,848	990,917,993	53.30	70.00
2011	37,160,230	7,072,192,779	3,252,916,840	473,589,397	3,193,803,837	56,271,047	95,611,658	24,739,222	1,227,689,022	52.33	66.57
2012	37,077,450	7,175,476,828	3,270,031,592	441,963,310	3,310,920,433	54,929,407	97,632,086	24,707,434	1,315,318,102	53.02	66.64
2013	37,181,073	7,280,234,693	3,256,281,596	433,628,467	3,430,541,127	57,526,675	102,256,828	24,603,673	1,341,071,390	53.75	66.17
2014	37,219,393	7,299,609,537	3,234,740,521	437,204,190	3,404,185,517	60,608,855	162,870,454	25,010,458	2,051,268,019	54.21	67.20
2015	32,591,219	6,551,977,442	2,598,593,373	450,553,444	3,269,588,308	63,652,008	169,590,309	22,197,534	1,278,268,053	55.32	68.11
2016	32,690,875	6,671,705,611	2,635,130,860	444,527,239	3,376,762,437	69,725,152	145,559,923	22,496,645	1,265,146,675	55.90	68.80

Ref) 환경부(2017)

외적인 요인에 크게 영향을 받는다. 특히 하천하류에 조성된 호소의 경우에는 상류의 토지이용에 따라 수질에 미치는 영향이 크다(최의소, 2001). 2016년 기준으로 연간 총 취수량(6,671,705천 m^3) 중 댐 50.6%, 하천 표류수 39.5%, 하천 복류수 6.7%, 지하수 2.2%, 기타 저수지 1% 순으로 사용되고 있다(표 8-9). 저수지의 경우는 수도시설을 위한 취수원으로는 거의 사용하지 않으며 주로 농업용수의 공급을 위해서만 제한적으로 사용한다.

우리나라의 수질 및 수생태계 환경기준에 따르면 수원의 유지관리와 관련한 총 7개 수질등급 중에서 일반적인 정수처리가 가능한 수준은 II(좋음) 등급까지이며, 그 이상에서는 고도정수처리나 특수처리를 하도록 되어 있다(표 8-10). 2016년을 기준으로 현재 우리나라 정수시설의 약 40% 정도가 고도처리방식을 채택하고 있다는 것은 그만큼 원수의 수질조건이 양호하지 않다는 것을 의미한다. 또한 조류가 과다하게 번성할 경우 조류경보제도에 따라 단계별 조치를 하도록 규정하고 있는데, 취정수장에서는 조류주의보 시 정수처리강화(활성탄처리, 오존처리), 조류경보 시 조류증식 수심 이하로 취수구 이동 정수처리강화(활성탄처리, 오존처리), 그리고 정수된 물의 독소분석이 주요 내용이다.

표 8-10 **우리나라의 수질 및 수생태계 환경기준 분류와 사용 가능 용도**

등급	구분	사용 가능 용도
Ia	매우 좋음	간단한 정수처리(여과·살균 등) 후 생활용수
Ib	좋음	일반적인 정수처리(여과·침전·살균 등) 후 생활용수
II	약간 좋음	일반적인 정수처리(여과·침전·살균 등) 후 생활용수 또는 수영용수
III	보통	고도정수처리(여과·침전·활성탄 투입·살균 등) 후 생활용수, 일반적 정수처리 후 공업용수
IV	약간 나쁨	농업용수, 고도정수처리 후 공업용수
V	나쁨	특수정수처리(활성탄 투입, 역삼투 공법 등) 후 공업용수
VI	매우 나쁨	

우리나라 수원은 대체로 철(0.47～1.9 mg/L)과 망간(0.5～0.58 mg/L), 그리고 암모니아 질소(0.01～2.55 mg/L) 성분이 높고 칼슘과 마그네슘이 낮아 경수가 거의 없는 특성이 있다. 또한 알칼리도가 낮고 약산성 pH를 가지는 것이 일반적이다. 따라서 정수장의 설계에 있어서 탁도는 매우 중요한 요소가 된다. 하천의 경우 여름철 집중강우로 홍수 시와 갈수 시에 유량변화가 매우 크며, 갈수기에는 수질이 악화된다. 또한 탁도는 평상시에는 낮게 유지되지만 강우 시에는 매우 높게 나타난다.

물의 흐린 정도를 정량적으로 표현하는 탁도의 단위에는 몇 가지가 있으나 주로 NTU (nepthelometric turbidity unit)와 ppm(parts per million)을 사용한다. NTU는 탁도계(nephelometer, turbidimetrs)를 사용하여 산란광과 표준화된 광량 간의 상관관계를 이용하여 측정하는 방법으로, 미국 EPA를 포함하여 국제적으로 공인된 방법이다. ppm은 정제된 고령토(kaoline, SiO_2) 현탁액을 표준화하여 분광광도계 또는 광전광도계로 측정하는데, ppm을 도(°)라고도 한다. 증류수 1에 고령토 1 mg이 함유된 경우를 탁도 1도로 정의한다. 고령토 현탁액은 자연상태의 탁도와 유사하기 때문에 현재에도 사용되지만 입자가 균일하지 못한 특징이 있어 광산란의 재현성이 표준 현탁액의 수준에 미치지 못하는 단점이 있다[포마진(formazine)을 표준현탁액으로 사용한 경우 산란각 25～135°에서 1.0 NTU = 2.25～7.5 ppm as SiO_2이다]. 우리나라의 경우 1.0 NTU = 1.8 ppm as SiO_2로 보고된 바 있으며(국립환경연구원, 1992), 한강의 경우는 1.0 NTU = 2 ppm as SiO_2으로 조사되었다(송원호, 1990).

부유물질(mg/L as SS) 농도와 탁도(NTU)의 상관관계(SS/NTU)는 흔히 응집제 주입률을 평가하는 데 사용된다. 이 값은 한강의 경우 대략 4 정도였으며(최의소, 2001), 낙동강은 1.6(박영규 등, 1981), 금강(대청호)은 1.25(금강수질검사소, 1995)로 나타난다. 국내의 정수장별로 조사된 SS/NTU 값은 1.21～1.57(평균 1.36) 정도였다(최의소, 2001). 낙동강 본류(매곡정수장)의 경우 SS/NTU 비는 0.39～3.58(평균 1.49, 95% 누적비 2.24)이었고, 운문댐(고산정수장)의 경우 SS/NTU 비는 0.2～6.16(평균 1.06, 95% 누적비 2.0)이었다(대구시 상수도사업본부, 2015). 일반적으로 SS는 NTU 값보다 크며, 고령토 탁도보다는 낮게 나타난다. 입자의 크기에 따른 오염물질의 정의와 관련하여 두 성분은 엄격히 구분된다. SS/NTU 비는 동일한 원수의 경우에도 계절에 따라 변화되고 원수의 유기물 함량이 많은 경우 다소 낮은 값을 갖는다. 점토성분이 많은 하천수보다 호소수에서 낮은 값을 갖는 것이 일반적이다. 하지만 이 값은 원수의 수질 특성을 정의할 뿐만 아니라 공정 내에서 응집제 주입률을 결정하기 위해서도 사용된다.

2014년에서 2015년에 조사된 4대강 수계 주요 상수원 측정지점의 수질현황(연평균기준)을 보면(표 8-11, 8-12), 팔당댐(한강), 물금(낙동강), 대청댐(금강) 및 주암댐(섬진강) 수질은 Ia～II 등급을 유지하고 있다(BOD 기준). 또한 대표적인 49개 호소 중에서 부영양 또는 과영양 상태는 10개 지점(20.4%)이었으며, 중영양 33개 지점(67.3%), 빈영양 6개 지점(12.2%) 순이었다(국립환경과학원, 2016). 여기서 좋은 물의 등급(～II)기준은 하천의 경우 BOD 3.0 mg/L 이하, TP 0.1 mg/L이며, 호소의 경우는 COD 4 mg/L 이하, TP 0.03 mg/L를 말한다. 최근 10년간 4대강 주요 상수원의 수질변화는 그림 8-19와 같다.

표 8-11 **4대강 수계 주요 지점의 수질현황**

(단위: mg/L)

수계	주요 지점	2014				2015			
		BOD (등급)	COD (등급)	T-P (등급)	Chl-a (mg/m^3)	BOD (등급)	COD (등급)	T-P (등급)	Chl-a (mg/m^3)
한강	팔당댐	1.2(Ib)	3.5(Ib)	0.023(Ib)	10.3	1.3(Ib)	3.5(Ib)	0.022(Ib)	10.6
	노량진	2.4(II)	5.0(II)	0.212(IV)	14.0	3.0(II)	5.7(III)	0.235(IV)	20.5
낙동강	안동1	1.0(Ia)	3.6(Ib)	0.023(Ib)	8.3	0.8(Ia)	3.8(Ib)	0.015(Ia)	5.0
	왜관	2.4(II)	6.0(III)	0.044(II)	27.4	1.8(Ib)	6.0(III)	0.029(Ib)	20.4
	물금	2.3(II)	6.3(III)	0.058(II)	27.9	2.2(II)	6.4(III)	0.043(II)	21.2
금강	대청댐	1.0(Ia)	4.0(Ib)	0.015(Ia)	8.1	1.0(Ia)	3.8(Ib)	0.012(Ia)	8.7
	부여1	2.4(II)	6.4(III)	0.066(II)	28.1	2.5(II)	6.6(III)	0.064(II)	33.0
영산강·섬진강	담양	1.6(Ib)	4.3(II)	0.114(III)	9.4	1.6(Ib)	3.9(Ib)	0.076(II)	5.8
	나주	4.2(III)	8.2(IV)	0.091(II)	72.1	4.5(III)	8.7(IV)	0.099(II)	47.3
	주암댐	0.7(Ia)	2.7(Ib)	0.012(Ia)	2.4	0.9(Ia)	2.8(Ib)	0.016(Ia)	3.9
	구례	0.8(Ia)	3.9(Ib)	0.038(Ib)	5.4	0.9(Ia)	4.0(Ib)	0.046(II)	4.0

비고 Ia: 매우 좋음, Ib: 좋음, II: 약간 좋음, III: 보통, IV: 약간 나쁨, V: 나쁨
Ref) 국립환경과학원(2016)

표 8-12 **전국 호소의 영양화 현황**

구분	계	한강	낙동강	금강	영산강
계	49	13	14	10	12
빈영양	6	1	2	2	1
		파로호	밀양호, 운문호	용담호, 부안호	동화호
중영양	33	10	9	5	9
		춘천호, 소양호, 의암호, 청평호, 충주호, 충주조정지, 횡성호, 광동호, 괴산호, 팔당호	안동호, 영천호, 가창호, 임하호, 합천호, 진양호, 사연호, 대암호, 안계호	대청호, 탑정지, 경천지, 대아지, 보령호	담양호, 광주호, 장성호, 나주호, 옥정호, 주암호, 동복호, 주암조정지, 수어호
부영양	7	1	3	1	2
		경포호	낙동강하구, 보문호, 회야호	금강하구	영산호, 보성호
과영양	3	1	0	2	0
		아산호		예당지, 삽교호	

※ COD, 클로로필-a, 총인에 가중치를 부여하여 부영양화 지수를 산정, 빈영양(30 미만), 중영양(30～50 미만), 부영양(50～70 미만), 과영양(70 이상) 단계로 구분
Ref) 국립환경과학원(2016)

1993년에서 1996년 상반기까지 조사된 우리나라 전국 정수장 취수원의 수질은 대체로 pH 7～7.7, 탁도 0.3～5.2 NTU, TS 49～293 mg/L, 경도 22～100 mg/L, 황산이온(SO_4^{2-}) 6～110 mg/L, 알루미늄이온(Al^{3+}) 0.1～0.7 mg/L, 과망간산칼륨($KMnO_4$) 소비량 1.8～8.3 mg/L 정도이다(국립환경연구원, 1995, 1996).

한강수계 6개 취수원을 대상으로 한 2013년 수질분석 결과를 참고하면 pH 6.9～9.0(연중 약알

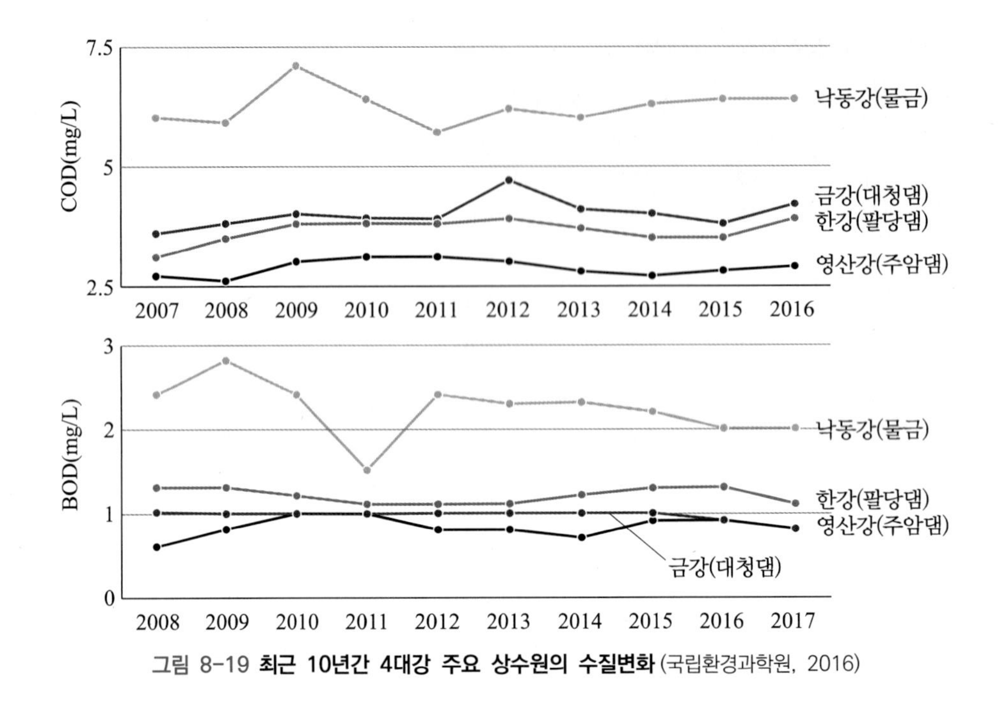

그림 8-19 **최근 10년간 4대강 주요 상수원의 수질변화** (국립환경과학원, 2016)

칼리성), 용존산소 7.1∼16.2 mg/L, 전기전도도 92∼247 μS/cm, BOD 1.5∼1.7 mg/L, COD 2.6∼3.0 mg/L, TOC 2.0∼2.2 mg/L, SS 0.4∼112.0 mg/L, 조류 세포수 4,359∼6,963 cells/mL, 총대장균군 70∼1,400군수/100 mL, 총 질소 농도 1.844∼3.144 mg/L, 질산성 질소 1.502∼2.510 mg/L, 그리고 암모니아성 질소 0.001∼0.595 mg/L로 나타났다. 총 질소에 대한 암모니아성 질소의 비율은 상류보다 하류지점에서 높게 나타났으며, 대부분 질산성 질소였다. 그림 8-20은 월별 유기물질 및 엽록소(클로로필-a)의 농도변화를 보여준다(서울특별시 상수도연구원, 2014).

여기서는 대표적인 상수원인 지표수와 호소수의 취수원을 대상으로 더 상세한 계절적 원수수질 변화에 대해 예를 들어 설명한다(대구시 상수도사업본부, 2015). 이러한 특성은 원수수질의 계절적 변화패턴을 이해하고 향후 계획에 참고할 수 있는 자료이다.

낙동강 본류 취수원(매곡정수장, 강정고령보지점)의 과거 10년간(2004년∼2013년)의 원수수질(표 8-13)은 BOD 0.7∼4.8 mg/L(평균 1.9 mg/L), COD 4.0∼7.4 mg/L(평균 5.4 mg/L), 그리

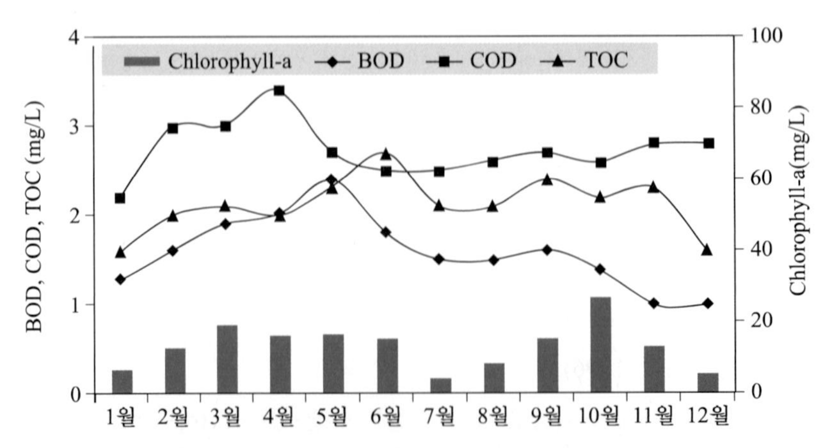

그림 8-20 **한강수계 취수원의 월별 유기물질 및 엽록소(클로로필-a)의 연간 농도변화** (서울특별시 상수도연구원, 2014)

표 8-13 낙동강 본류 월평균 기준 원수수질(대구시 상수도사업본부, 2015)

구분	항목	하천수질기준 보통(III) 등급	2004~2011[1]				2012~2013[1]			
			평균	최대	최소	검출 빈도	평균	최대	최소	검출 빈도
생활환경[3]	pH	6.5~8.5	8.0	9.3	6.8	96/96	8.0	9.3	7.1	24/24
	COD(mg/L)	7 이하	5.4	7.4	4.0	12/49	1.6	3.2	0.5	24/24
	BOD(mg/L)	5 이하	1.9	4.8	0.7	96/96	1.6	3.2	0.5	24/24
	SS(mg/L)	25 이하	22.7	242.3	1.1	96/96	8.4	22.1	1.2	24/24
	DO(mg/L)	5.0 이상	10.3	15.8	4.6	96/96	9.8	15.7	5.7	24/24
	총 대장균군(군수/100 mL)	5,000 이하	1,203.8	16,000	13.0	96/96	394.4	2,000	13.0	24/24
	분원성대장균군(군수/100 mL)	1,000 이하	87.8	750.0	1.0	47/48	13.2	51.0	1.0	21/24
	불소(mg/L)	1.5 이하[2]	0.2	0.3	0.0	45/95	0.20	0.28	0.15	20/24
	암모니아성 질소(mg/L)	0.5 이하[2]	0.1	0.8	0.0	85/96	0.05	0.21	0.01	21/24
	질산성 질소(mg/L)	10 이하[2]	2.0	3.3	0.9	96/96	2.1	3.2	1.3	24/24
	클로로포름(mg/L)	0.08 이하[2]	0.0022	0.0028	0.0016	2/59	불검출	불검출	불검출	0/24
	안티몬(mg/L)	0.02 이하[2]	0.0007	0.0010	0.0006	5/36	0.0030	0.0067	0.0004	10/24
자체감시항목	아질산성 질소(NO_2-N)		0.11	0.15	0.06	7/43	0.1	0.2	0.1	3/24
	총인(T-P)(mg/L)	-	0.11	0.36	0.04	43/43	0.057	0.102	0.009	24/24
	총질소(T-N)(mg/L)	-	3.13	5.72	1.18	55/55	2.566	4.100	1.709	24/24
	아연(Zn)(mg/L)	3 mg/L 이하[2]	0.01	0.03	0.003	37/43	0.013	0.041	0.002	20/24
	구리(Cu)(mg/L)	1 mg/L 이하[2]	0.01	0.01	0.002	6/44	0.009	0.010	0.007	4/24
	망간(Mn)(mg/L)	0.05 mg/L 이하[2]	0.06	0.28	0.01	32/43	0.028	0.058	0.010	15/24
	철(Fe)(mg/L)	0.3 mg/L 이하[2]	0.33	1.03	0.04	40/43	0.119	0.356	0.037	17/24
	염소이온(Cl^-)(mg/L)	250 mg/L 이하	20.3	38.0	3.9	43/43	18.8	30.4	5.1	24/24
	황산이온(SO_4^{2-})(mg/L)	200 mg/L 이하	30.9	46.0	10.0	40/43	26.3	40.4	10.5	24/24
	TOC(mg/L)	-	2.7	6.0	1.9	43/43	4.3	5.9	2.4	24/24
	클로로필-a(mg/m^3)	-	24.9	90.9	5.0	43/43	18.0	61.9	2.9	24/24
	탁도(NTU)	-	23.2	128.0	3.8	43/43	6.9	35.8	1.0	24/24
	전기전도도(μs/cm)	-	273.6	410.0	122.0	43/43	247.6	339.0	108.0	24/24
	1,4다이옥신(μg/L)	50 μg/L 이하	3.0	7.2	1.1	17/23	2.6	6.0	1.0	17/24
	2-MIB	0.02 μg/L 이하	0.002	0.003	0.002	7/23	0.009	0.028	0.003	6/24
	Geosmin	0.02 μg/L 이하	0.003	0.010	0.001	18/24	0.013	0.197	0.001	22/24
	지아르디아(개체/10 L)	-	1.0	1.0	1.0	1/8	2.5	3.0	2.0	2/8
	크립토스포리디움(개체/10 L)	-	불검출	불검출	불검출	0/8	4.0	4.0	4.0	1/8

주) 1) 법정검사항목 중 세제(ABS), 페놀, 카드뮴, 비소, 시안, 수은, 납, 6가크롬, 세레늄, 유기인, 폴리클로리네이티드비페닐, 카바릴, 1,1,1-트라클로로에탄, 테트라클로로에틸렌, 트라클로로에틸렌, 사염화탄소, 1,2-디클로로에탄, 디클로로메탄, 벤젠, 디에틸헥실프탈레이트(DEHP)는 불검출임.

2) 먹는 물 수질기준

3) 환경정책기본법 시행령, 사람의 건강보호 기준

고 SS 1.1~242.3 mg/L(평균 22.7 mg/L)였다. 비소(As)를 포함한 건강보호항목은 검출되지 않았으나 과거 각종 수질오염 사고(1,4-다이옥산 등)의 이력이 있다. 철 및 망간은 최대 1.03 mg/L와 0.28 mg/L로 먹는 물 수질기준 이상이었다. 또한 지난 4년간(2010~2013)을 기준으로 할 때 지아르디아와 크립토스포리디움은 주로 1~3월에 각각 총 3회 및 1회 검출되었다. 클로로필-a는 2.0~120.0 mg/m^3(평균 18.9 mg/m^3)로 대체로 봄철과 가을철에 높게 나타났는데, 총 204회 측정 중에서 출현 알림 기준(조류주의보 15 mg/m^3 이상)은 87회, 조류경보기준(25 mg/m^3 이상)은

표 8-14 낙동강 본류 원수(매곡정수장)의 일평균 수질 특성

구분	강정·고령보 준공 전 (2010년~2011년)					강정·고령보 준공 후 (2012년~2013년)				
	수온 (°C)	pH	알칼리도 (mg/L)	탁도[1] (NTU)	전도도 (μs/cm)	수온 (°C)	pH	알칼리도 (mg/L)	탁도[1] (NTU)	전도도 (μs/cm)
평균	15.2	7.7	55.6	37.0	272.7	15.6	7.9	53.2	9.3	248.4
최대	31.1	9.1	75.3	688.0	435.0	30.0	9.6	69.5	614.0	388.0
최소	1.5	7.1	22.0	4.8	98.0	1.4	7.0	23.0	1.0	91.0

주) 1) 95% 누적탁도는 강정·고령보 준공 전 83.1 NTU, 준공 후 28.4 NTU임.

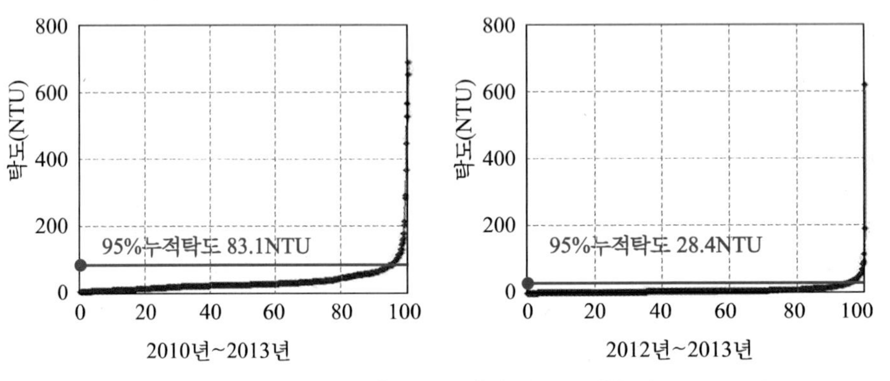

그림 8-21 낙동강 본류 원수(매곡정수장)의 탁도 누적분포 (2010~2013)

총 42회 나타났다. 냄새유발물질인 2-MIB 및 Geosmin은 각각 최대 0.028 μg/L, 0.197 μg/L로 기준인 0.02 μg/L를 초과하였다. 각 항목에 따라 다르지만 대체로 수질은 Ib~III 범위에 있으며, 특히 SS의 경우는 다수에 걸쳐 III 등급을 보였다.

표 8-14와 그림 8-21~8-23은 낙동강 본류 취수원의 일평균 수질변화 패턴을 보여준다. 원수의 탁도는 보의 준공 전후에 각각 4.8~688.0 NTU(평균 37.0 NTU)와 1.0~614.0 NTU(평균 9.3 NTU)로 큰 차이가 없다. 그러나 95% 누적 탁도(그림 8-21)는 보의 준공 전후에 각각 83.1 NTU와 28.4 NTU도 비교적 큰 차이를 보였지만 여전히 하절기 강우 시에는 일시적인 고탁도 현상이 나타나고 있음을 알 수 있다.

운문댐은 대구와 그 인접 지역에 대한 생활 및 공업 용수를 공급하기 위한 저수 총량 1억 3,500만 m^3(용수 공급량 1억6,800만 m^3)의 대규모 댐(유역 면적 301 km^2, 높이 55 m, 길이 407 m, 홍수위 152.6 m, 만수위 150 m, 저수위 122 m)이다.

운문댐 취수원(고산정수장)의 과거 10년간(2004년~2013년)의 원수수질은 pH 6.5~7.8(평균 7.1), COD 1.2~4.1 mg/L(평균 2.68 mg/L), SS 0.6~30.9 mg/L(평균 4.32 mg/L), DO 4.6~14.1 mg/L(평균 9.49 mg/L), 그리고 총 대장균군 1~1,000군수/100 mL(평균 55군수/100 mL)였다. 크립토스포리디움은 총 23회 분석 중 모두 불검출되었고, 클로로필-a는 평균 0.4~25.4 mg/m^3(평균 3.8 mg/m^3)로 총 204회 측정 중에서 출현 알림 기준(조류주의보 15 mg/m^3 이상)은 2회, 조류경보기준(25 mg/m^3 이상)은 1회에 지나지 않았다. 냄새유발물질인 2-MIB 및 Geosmin은 각각 최대 0.006 μg/L, 0.004 μg/L로 기준인 0.02 μg/L였다. 각 항목에 따라 다르지만 대체로 수질은 Ia~II 등급에 해당한다(표 8-15).

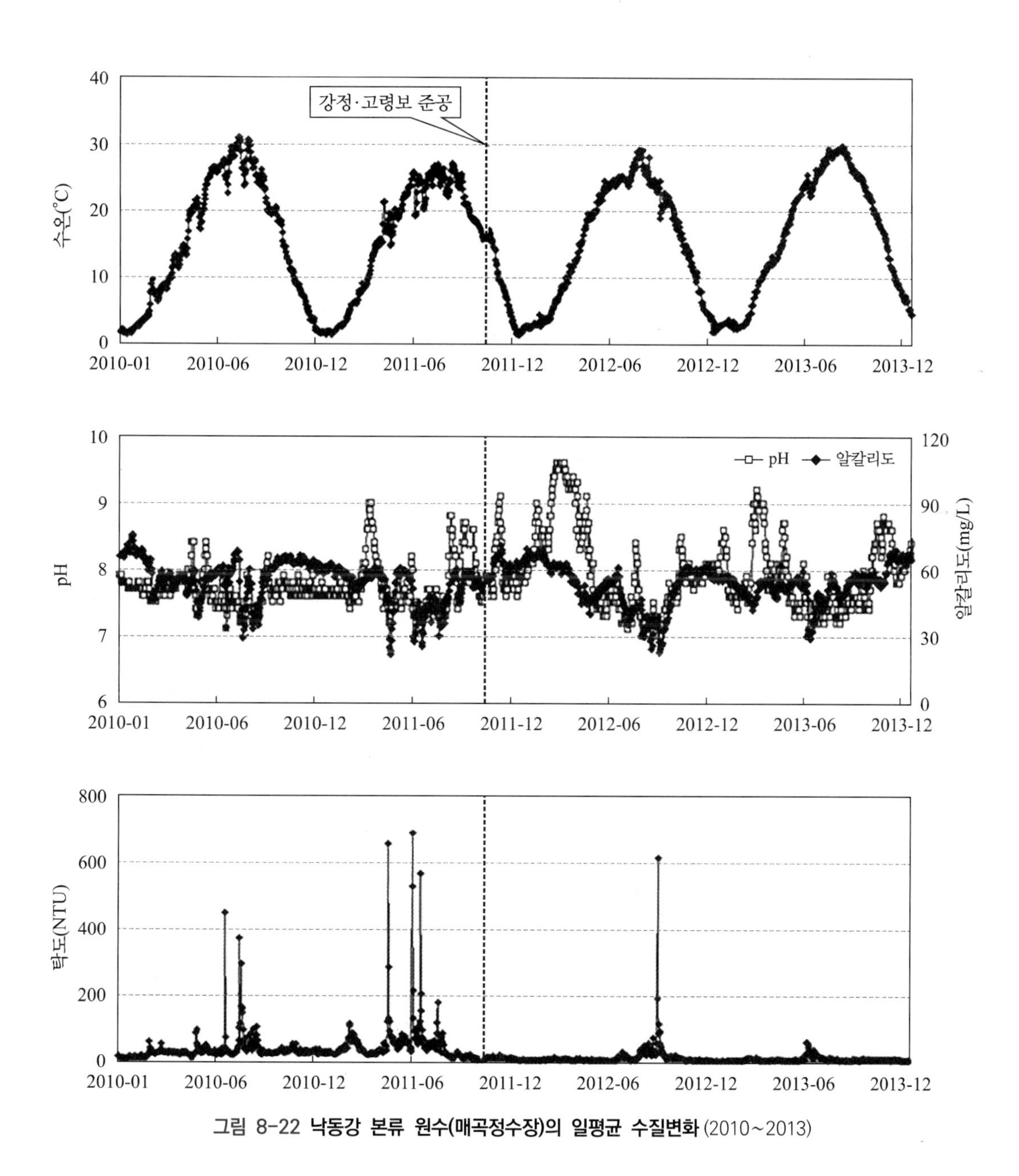

그림 8-22 낙동강 본류 원수(매곡정수장)의 일평균 수질변화 (2010~2013)

표 8-16과 그림 8-24~8-26은 운문댐 취수원의 일평균 수질변화 패턴을 보여준다. 원수의 탁도는 1.4~132.8 NTU(평균 5.6 NTU)이었는데, 태풍 '산바'(2012.9.17)의 영향은 고탁도 발생의 원인이었다. 95% 누적 탁도(그림 8-24)는 12.76 NTU이었다. 이러한 자료는 앞선 하천 표류수의 경우와 큰 차이를 보인다는 것을 알 수 있다.

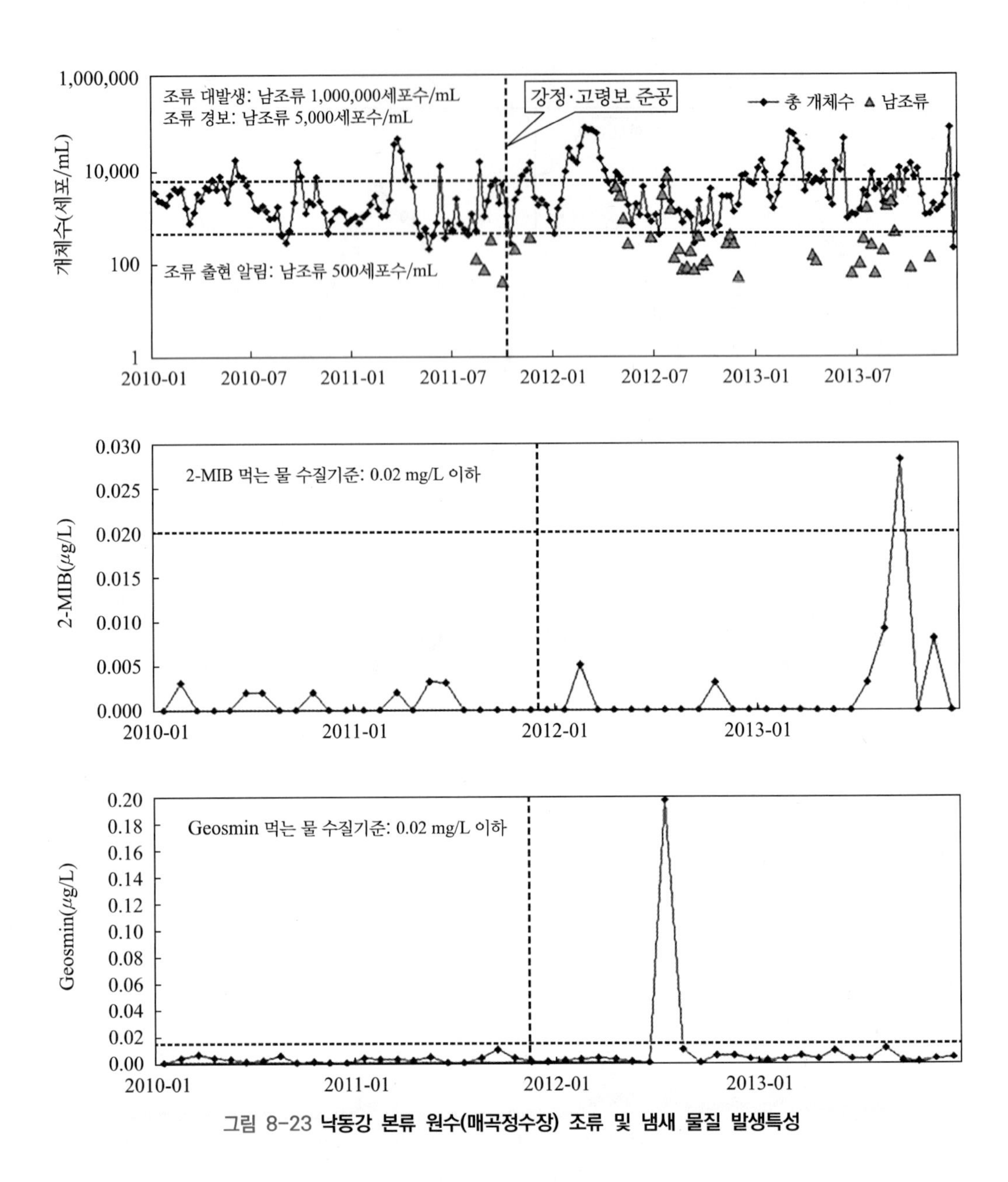

그림 8-23 **낙동강 본류 원수(매곡정수장) 조류 및 냄새 물질 발생특성**

표 8-15 **운문댐 월평균 기준 원수수질(2010~2013)** (대구시 상수도사업본부, 2015)

항목		호소수질기준 (상수원수 II급)	평균[1)]	최대	최소	검출빈도
생활환경	pH	6.5~8.5	7.1	7.8	6.5	120/120
	COD(mg/L)	4 이하	2.68	4.10	1.20	120/120
	SS(mg/L)	5 이하	4.32	30.90	0.60	118/120
	DO(mg/L)	5.0 이상	9.49	14.10	4.60	120/120
	총 대장균군 (군수/100 mL)	1,000 이하	55	1,000	1	114/120
	분원성대장균군 (군수/100 mL)	200 이하	3	20	1	23/72
암모니아성 질소(mg/L)		0.5 이하[2)]	0.017	0.085	0.002	59/120
질산성 질소(mg/L)		10 이하[2)]	0.83	1.50	0.49	120/120
클로로포름(mg/L)		0.08 이하[2)]	0.0016	0.0016	0.0016	1/83
안티몬(mg/L)		0.02 이하[2)]	0.0006	0.0013	0.0004	5/60

주) 1) 불소(F), 음이온계면활성제(ABS), 페놀, 카드뮴(Cd), 비소(As), 시안(CN), 수은(Hg), 납(Pb), 6가크롬(Cr^{+6}), 세레늄(Se), 유기인, 사염화탄소, 벤젠, DEHP, 디클로로메탄, 1,2-디클로로에탄, 폴리클로리네이티드비페닐(PCB), 카바릴, 1,1,1-트리클로로에탄, 테트라클로로에틸렌(PCE), 트리클로로에틸렌(TCE)은 매월 측정하였으며, 모두 불검출임.
2) 먹는 물 수질기준

표 8-16 **운문댐 원수 일평균 수질 변화**(2010~2013)

구분	수온(°C)	탁도(NTU)	pH	알칼리도(mg/L)
평균	11.4	5.6	6.97	14.9
최대	25.2	132.8	7.56	24.8
최소	2.8	1.4	6.02	7.2

주) 95% 누적 탁도 12.76 NTU

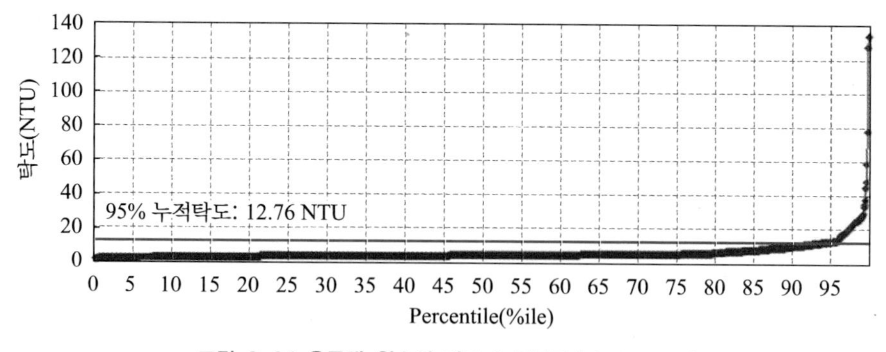

그림 8-24 **운문댐 원수의 탁도 누적분포** (2010~2013)

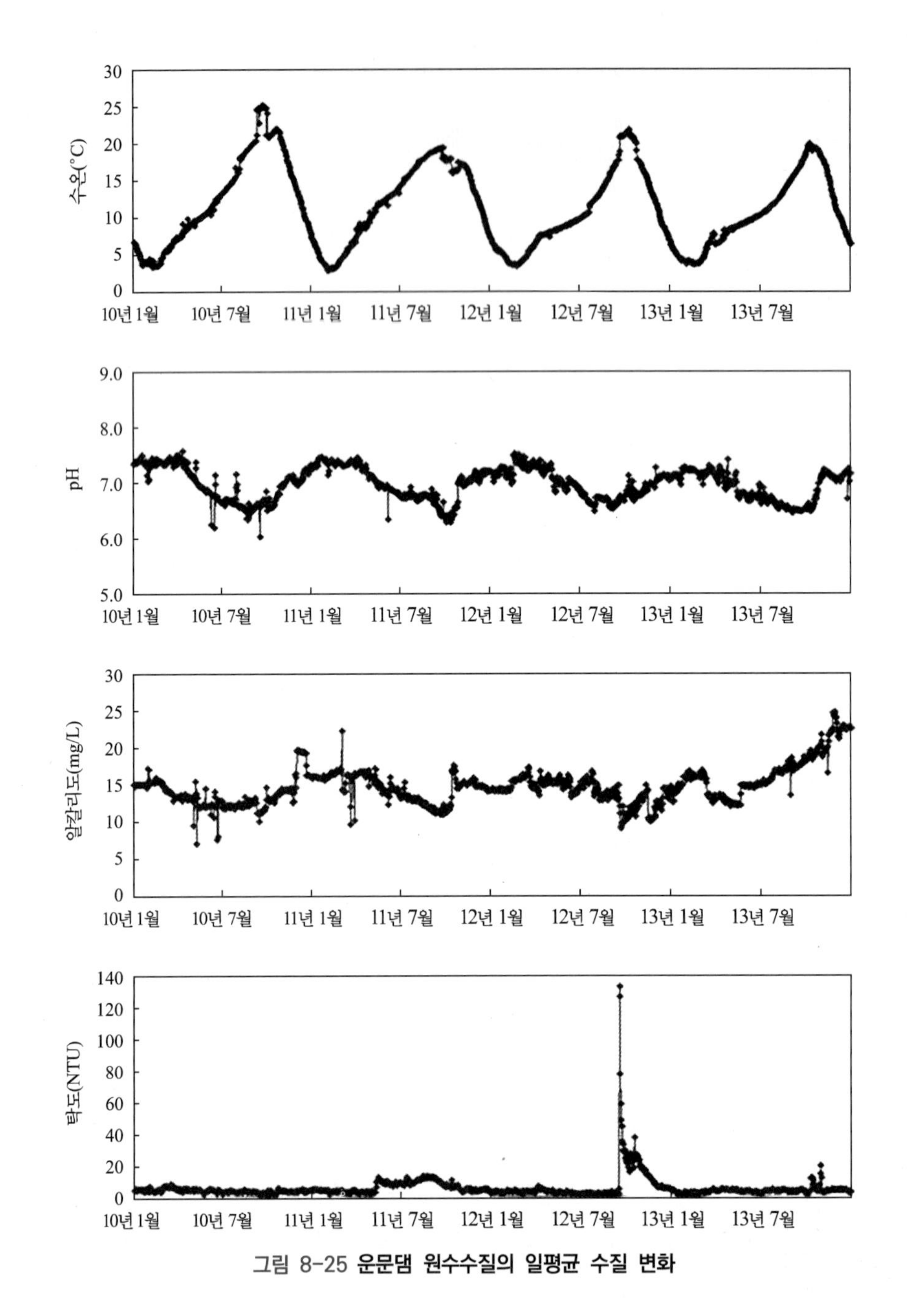

그림 8-25 운문댐 원수수질의 일평균 수질 변화

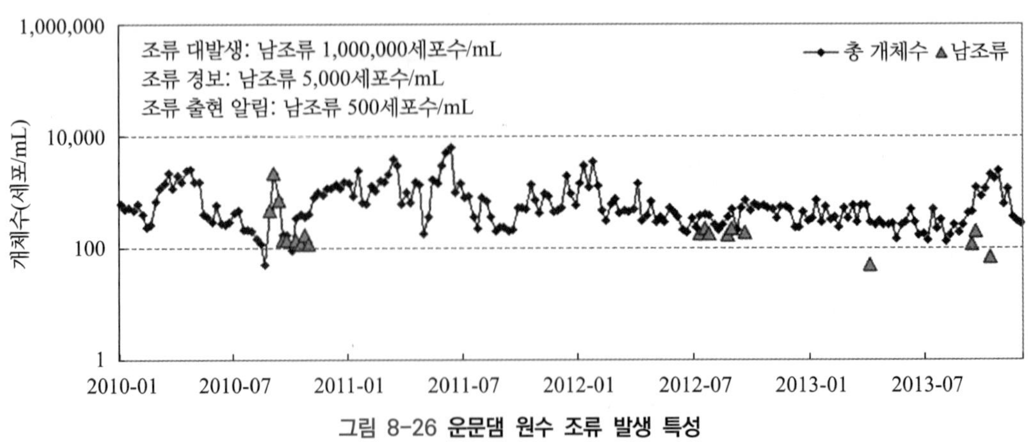

그림 8-26 운문댐 원수 조류 발생 특성

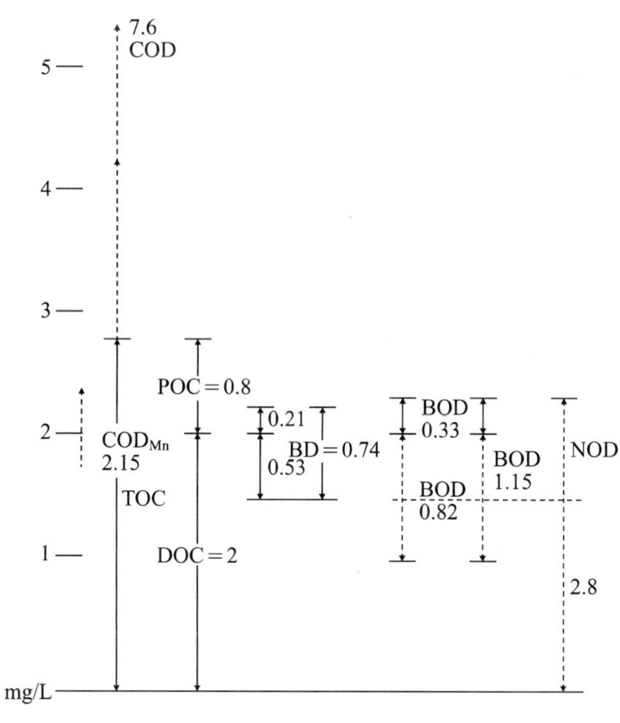

그림 8-27 한강의 수질을 토대로 한 유기물질 측정값의 상관관계 (최의소, 2001)

참고로 하천수의 수질을 토대로 원수 내 유기물질 인자(TOC, BOD 및 COD)들 간의 상관관계를 더 세분화하여 분석한 결과(최의소, 2001)를 소개하면 그림 8-27과 같다. 이는 한강의 경우를 예로 들어 최솟값과 최댓값의 합의 1/2을 평균 농도라고 가정하여 분석한 결과이다. 여기서 TOC 농도가 2.8 mg/L일 때 그 중 입자상 유기탄소(POC)를 0.8 mg/L로 가정할 때, DOC는 2 mg/L가 된다. TOC 중 0.74 mg/L 정도가 생물분해가능 부분에 해당한다. 또한 BOD 농도(1993년~1995년 한강 원수 자료기준)를 1.15 mg/L라 할 때 COD/TOC 비율은 2.67이 된다. 이를 근거로 이론적인 CODcr 농도는 7.6 mg/L로 산정된다. 이 값에 비해 COD_{Mn} 농도는 2.15 mg/L에 매우 낮은 값이다. 암모니아성 질소(NH_4-N)를 산화할 때 필요한 산소당량이 4.6 mg O_2/mg N이므로 이러한 질소산화를 위한 산소 소모량(NOD)이 BOD 값에 어느 정도 포함되어 있을 것으로 추정할 수 있다. 이러한 상관관계는 수심이나 계절 등에 따라 달라질 것이다.

8.2 착수정

착수정(gauging well)은 취수시설과 침사지를 통해 정수장으로 운송된 원수를 정수하기 위한 첫 단계로 유량의 계측과 분배가 이루어지는 시설이다. 유량의 균등 분배는 특히 다수의 계통으로 운영되는 약품침전지의 경우 원활한 운전을 위해서 매우 중요하다. 아울러 착수정은 원수수질이 일시적으로 악화될 경우를 대비하여 분말활성탄, 알칼리제 및 응집보조제 등의 주입과 역세척 배출수의 반송수를 받아들이는 기능도 가지고 있다. 그러나 착수부의 관거 용량이 충분하여 원수 압력과 수위 변화를 효과적으로 제어할 수 있을 경우 착수정은 축소 또는 생략되기도 한다. 착수정과 그 부대설비의 수리와 청소 등을 위하여 착수정은 2지 이상으로 설치하지만 규모가 작은 경우 분할하지 않고 단순히 우회관을 설치한다. 또한 원수나 반송수의 균등한 혼합을 위해 관 배치를 적절히 하고 조내의 수위를 일정하게 유지하기 위해 월류관이나 월류위어(weir)를 설치한다.

착수정의 형상은 일반적으로 직사각형 또는 원형으로 설계하며 유입구에 제수밸브를 두고, 착수정의 고수위와 주변 벽체의 상단 간에는 60 cm 이상의 여유를 두도록 한다. 또한 부유물이나 조류가 유입되는 경우 후속공정에 영향을 미칠 수 있으므로 이를 위해 스크린 등의 제거설비가 필요하다. 착수정은 그 경제성을 고려하여 체류시간을 1.5분 이상으로 하며, 수심은 3～5 m, 고수위와 주변 상단 간의 여유고는 0.6 m 이상으로 설계한다. 그러나 소규모 정수장의 경우 체류시간 1.5분은 소요표면적이 너무 작거나 수심이 깊게 되는 결과를 낳는데, 이 경우 유지관리에 문제가 있으므로 최소 표면적이 10 m^2 이상 되도록 체류시간을 조절한다.

8.3 응집/응결

(1) 개요

원수 중에 포함되어 있는 부유물 가운데 극히 미세한 것이나 비중이 가벼운 것은 좀처럼 침전시키기가 어렵다. 특히 탁도가 높은 원수일수록 침전효율은 나쁘며, 통상적인 침전을 이용하여 고농도 원수의 처리효율을 향상시킨다는 것은 거의 불가능하다. 원수에 포함된 탁도 유발물질 중에서 입경이 10^{-2} mm 이상인 것은 보통 침전이나 여과로 제거가 가능하지만, 일반적으로 콜로이드(colloids) 입자라고 정의되는 입경 10^{-3} mm(1 μm) 이하의 입자는 그대로의 상태로는 거의 침강하지 않을 뿐만 아니라 급속여과 시설에서도 제거되지 않는다(그림 8-28).

정수처리 과정에서 콜로이드성 부유물질을 제거하는 가장 효과적인 방법은 약품처리 공정으로, 이는 응집(coagulation)과 응결(flocculation)의 순차적인 반응으로 이루어진다. 응집이란 전

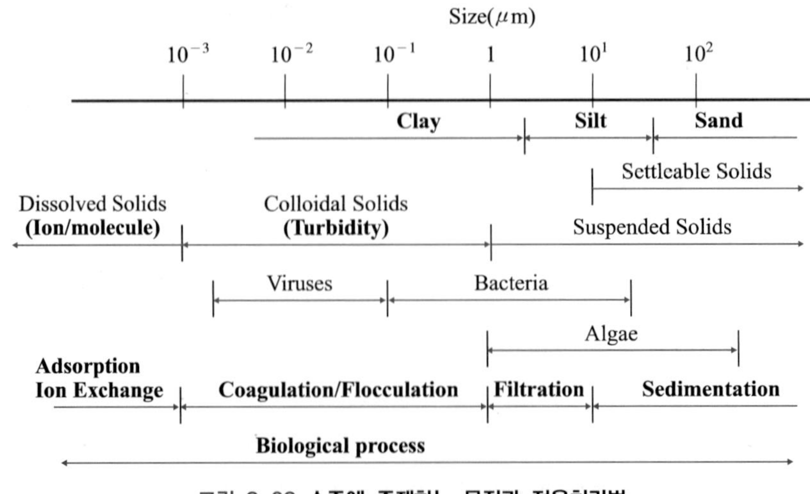

그림 8-28 **수중에 존재하는 물질과 적용처리법**

기-화학적 반응(chemical and electrical processes)을 통해 콜로이드의 안정성을 파괴하고 제거하는 반응을 말한다. 즉, 적절한 약품을 첨가하여 탁도 입자를 응집시켜 입자 크기를 크게 한 후 침전을 촉진시키는 약품 침전(chemical precipitation)을 말하는데, 이러한 반응은 급속한 혼합조건에서 발생하므로 급속혼화 반응이라 하고 그 반응이 일어나도록 설계된 반응조를 급속혼화지(rapid mixing tank)라고 한다. 이때 사용되는 약품을 응집제(coagulent), 그리고 응집한 덩어리 물질을 플록(floc)이라고 한다. 반면에 응집반응에서 생성된 플록은 아직 미세하여 침전이 용이하지 않으므로 플록 간의 추가적인 접촉을 통해 더 큰 덩어리를 형성시켜야 하는데, 이러한 과정을 응결이라고 하고 그 반응이 일어나도록 설계된 반응조를 플록 형성지(flocculation basin)라고 한다. 이 반응은 플록이 깨시지 않도록 충분히 부드럽게 혼합해줄 필요가 있다. 유기고분자 응집제는 입자 간의 가교작용(bridging effect)을 유도할 수 있는 효과적인 물질이다. 응집과 응결이란 용어는 종종 구분 없이 응집이라는 한 가지 용어로 사용되기도 하지만 엄밀하게 말하면 응결 반응은 물리적인 현상으로 전기-화학적 반응인 응집과는 구별된다. 정수장에서 응집과정은 급속여과지 시스템에서 원수의 현탁물질 중 0.01 mm 이하 입자를 제거하기 위한 응집제를 사용하는 전처리 과정을 말한다. 또한 30 NTU 이상의 고탁도로 운전되는 완속여과에서도 여과층의 조기 폐쇄를 예방하기 위해 응집용 설비가 필요하다(참고로 하수처리장의 경우 대량의 공장폐수를 함유하는 하수의 1차 처리로서, 2차 처리에 대한 유기물 및 인 농도의 저감이나 2차 처리에서 제거할 수 없는 색도의 제거 등을 위해서도 사용된다).

응집과 응결반응의 설계에서는 콜로이드의 성질과 응집과정, 응집제의 종류와 응집보조제의 종류 및 특성, 응결에 필요한 응집제의 소요량 등이 주요 검토대상이다. 응집용 약품은 응집제, pH 조정제(산제, 알칼리제), 응집보조제로 크게 구분된다. 응집제를 투여할 때 pH가 변화될 수 있는데, 이때 사용하는 것이 pH 조정제이며, 응집보조제는 응집의 효율을 향상시키기 위한 목적으로 사용된다. 약품주입률을 결정하기 위해 일반적으로 자-테스트(jar-test)를 사용하는데, 이는 실험실 규모의 장치로 용수에 포함된 현탁 고형물을 응집제로 침전 제거할 때 최적의 응집 조건을 찾기 위해 사용하는 시험 방법으로 응집제 종류, 응집 침전 조건, 약품 주입 조건 등을 쉽게 결정할 수 있다. 약품은 대개 강한 산성이나 알칼리성을 띠고 있으므로 이에 대한 설비는 내식성의 구조와 재질로 할 필요가 있다.

(2) 콜로이드의 성질

액체 내에서 분산되어 있거나 부유상태로 존재하는 미세한 입자인 콜로이드는 용매가 물이라면 이들은 소수성(hydrophobic, 물을 싫어하는)과 친수성(hydrophilic, 물을 좋아하는) 및 회합성 콜로이드(association colloid, 혼합된 형태)로 구분할 수 있다. 소수성 입자는 물에 대한 인력이 거의 없는 반면에 친수성 입자는 물에 대한 인력이 매우 크다. 따라서 물과 강하게 결합하는 특성(예, 비누, 가용성 녹말과 단백질 등)으로 인해 친수성 콜로이드는 물에 쉽게 분산되며 그 안정도는 콜로이드의 전하량보다 용매에 대한 친화성에 의존하여 물로부터 이들을 제거하기 어렵다. 이 경우 보통 폐수처리에서 사용하는 약품 양의 약 10∼20배를 투여하기도 한다. 물과 반발하는 성질을 가지고 있는 소수성 콜로이드는 모두 전기적으로 하전되어 있어 반대 부호로 대전된 콜로이드를 혼합하면 서로 중화되어 전하를 잃게 되어 간단히 응결된다. 회합성 콜로이드는 용매 중에 녹아 있는 비교적 작은 분자(또는 이온)들로 미셀(micelles)이라고 부르는 조그만 용해성 입자들이 응결하여 형성하고 있는 부유성 입자(예, 세정제)이다.

콜로이드는 수용액 내의 매질에 존재 시 전기적인 부하를 띠게 되는데, 대부분 수용액으로부터 발생되는 선택적인 이온흡착에 따른 결과이다. 이는 부유상태와 용해상태의 중간적인 상태(그림 8-28)로 여과에 의해서 제거되지도 않으며 브라운 운동(Brownian motion, 무질서 운동)으로 인하여 침전하지도 않는다. 전기적 부하로 인해 콜로이드는 입자 표면의 거동과 상호 간 작용에 따른 표면 전위인 제타 전위(zeta potential)와 입자의 분자구조에 대한 함수인 반데르발스 힘(van der Waals forces), 그리고 중력(gravity) 이 세 가지 힘에 의해서 전기역학적으로 평형상태(electro-kinetically equilibrium)를 유지하고 있다. 콜로이드의 크기는 1×10^{-9}에서 1×10^{-6} m로, 용적에 대한 비표면적 비율이 매우 커서 화학적인 흡착이나 미생물학적 대사반응으로만 제거가 가능하다.

콜로이드의 안정성(stability)에 관련된 중요한 인자 중 하나는 표면전하(surface charge)로 매체와 콜로이드 입자의 화학적 구성 요소에 따라 여러 요인에 의해 생기게 되는데, 주로 선택적 흡착, 이온화, 이종동형치환(isomorphous replacement) 등에 의해 생긴다. 이종동형치환이란 칼슘이나 마그네슘, 금속이온 등의 저가이온에 의해 치환되는 현상을 말한다. 전하의 발생은 진흙이나 다른 흙 입자로부터 발생하며, 격자구조를 형성하고 있는 이온들이 용액 속에의 이온들과 치환하게 된다(예를 들면, Si가 Al로 치환된다). 콜로이드 입자의 표면이 전기를 띠게 되면, 반대 전기를 가진 이온들이 표면에 붙게 되고, 이 이온들은 열역학적 교란보다 큰 정전기적인 힘과 반데르발스 힘에 의해 계속 붙어 있게 된다(그림 8-29). 그 결과 전위는 치밀층(compact layer, 분산층)과 확산층(diffused layer)의 이중층으로 나타나는데, 입자의 표면층에서의 전위를 제타 전위(mV)라 하며 식 (8.1)로 표현된다. 제타 전위는 부유물질끼리 또는 부유물질과 필터 등의 표면에서의 전기적 흡인력과 반발력을 나타내는 기준으로 사용된다.

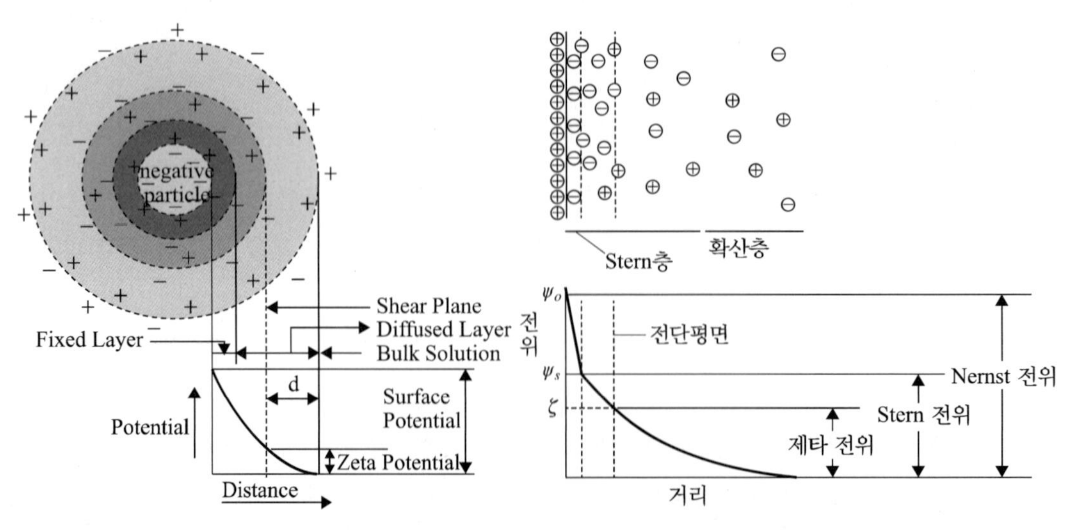

그림 8-29 콜로이드의 구조와 전위 이중층 모델

$$\zeta = 4\pi\delta q / D \tag{8.1}$$

여기서, ζ: 제타전위(mV)

δ: 전하 차이가 현저한 입자 주변의 확산층 두께

q: 입자에 대한 단위면적당 전하

D: 매체의 유전상수(dielectric constant)

제타전위가 높은 콜로이드(>±40 mV)는 전기적으로 안정화되는 반면 제타전위가 낮은 콜로이드(<±5 mV)는 쉽게 응집/응결되는 특성이 있다. 입자를 응집시키기 위해서는 입자의 전하를 줄이거나 또는 이 전하의 영향을 극복하기 위한 단계가 필요한데, 이를 위한 방법으로는 다음을 들 수 있다.

① 전위결정 이온을 첨가하여 콜로이드 표면을 채우거나 반응시켜 표면전하를 줄이거나, 전해질을 첨가하여 분산층의 두께를 줄여서 제타 전위를 줄이는 효과를 유발시킨다.

② 긴 사슬을 가진 유기고분자 응집제를 첨가한다. 고분자 응집제는 이온화가 되기 쉬워 고분자 전해질(polyelectrolyte)이라고 불리는데 이 물질은 흡착작용과 가교작용을 용이하게 한다.

③ 수산화금속이온을 형성하는 화학약품을 투입한다.

(3) 응집제

응집제는 수중에 현탁되어 있는 미세한 콜로이드성 입자를 응집·침전시키기 위하여 첨가하는 물질을 말하는 것으로, 원수의 수량, 탁도(최고치와 시간적 변화) 등을 포함한 수질 특성, 여과방식 및 슬러지(배출수) 처리방식 등을 고려하여 위생적으로 안전한 물질을 선정해야 한다. 사용 가능한 응집제(표 8-17)의 종류는 "정수용 수처리제(응집제, 살균·소독제, 부식억제제 및 활성탄 등의 기타 제제)"라고 규정하여 규격화된 제품을 환경부에서 지정 고시하고 있다(환경부고시 제2013-188호, 수처리제의 기준과 규격 및 표시기준).

표 8-17에서 보는 바와 같이 대부분의 응집제는 알루미늄이나 철 화합물이다. 그 이유는 입자가 가지고 있는 전기동력학적인 힘의 균형을 깨뜨리려면 다량의 양이온이 필요한데, 이 두 물질은 자연계 성분(elements) 중에 가장 많은 양성자를 가지고 있기 때문이다. 황산알루미늄은 황산반토, 명반, 알럼(alum)이라는 이름으로도 불린다. 또한 유기고분자 응집제(polymer)는 다양한 형태로 개발되고 있다. 다만, 유기고분자 응집제는 식품에 첨가할 정도의 높은 안전성이 공인된 종류 외에는 정수처리에 사용하는 것은 바람직하지 않다. 유기고분자 응집제 중에서 폴리아크릴산계 아크릴아미드와 아크릴신염의 공중합체(copolymer) 등의 폴리아크릴아미드계는 건강상의 위해성에 논란이 있다. 또한, 알루미늄도 건강상의 위해도 논란으로 인하여 이러한 성분의 응집제 주입량의 최적화가 요구된다. 처리수 중의 잔류알루미늄 농도 허용치는 0.2 mg/L로 규제하고 있다.

알루미늄염의 응집반응 메커니즘에 따르면 알루미늄 이온은 직접 콜로이드와 반응하거나 가수분해되어 양(+)전하로 하전된 알루미늄 수산기중합체($[Al(OH)_3]^+$)가 침전을 촉진시킨다. 수중의 탁질 콜로이드는 그 표면이 음(−)전하로 하전되어 있으므로 콜로이드가 상호 반발하기 때문에 잘 침전되지 않으나, 수산화알루미늄이 양(+)전하로 중화되면 미립자가 상호집합하여 커지면서

표 8-17 응집제의 종류와 특성

종류	구조식	분자량(g/mol)	특성
폴리염화알루미늄 (Poly Aluminum Chloride, PAC)	$[Al_2(OH)_nCl_{6-n}]_m$		무색～엷은 황갈색의 투명한 액체 Al_2O_3 10～18% (1종～3종)
황산알루미늄 (Aluminum Sulfate, AS)	$Al_2(SO_4)_3$	342.2	편상 또는 결정형 백색 고체분말, 무색～엷은 황갈색의 투명한 액체 Al_2O_3 16% 이상(고체), 8% 이상(액체)
알긴산나트륨 (Sodium Alginate, SA)	$(C_6H_7NaO_6)_n$ or $C_6H_9NaO_7$	216.1	백·황색의 분말 1호(SA 90% 이상), 2호(SA 25% 이상)
폴리황산규산알루미늄 (Poly Aluminum Sulfate Silicate, PASS)	$Al_a(OH)_b(SO_4)_c(SiO_x)_d$	> 100,000	투명한 액체, Al_2O_3 8% 이상
폴리수산화염화규산알루미늄 (Poly Aluminum Hydroxy Chloro Silicate, PACSi)	$(Na_2O)_a(Al_2O_3)(SiO_2)_c$ a : 1～1.3 c : 0.03-0.15.		무색～미황색의 점조성 액체 1호(Al_2O_3 16～18%, SiO_2 0.2～0.4%), 2호(Al_2O_3 10～16%, SiO_2 0.1～0.2%)
황산제이철 (Ferric Sulfate)	$Fe_2(SO_4)_3 \cdot xH_2O$	400(x=0), 454(x=3)	회색 내지 백색의 분말 또는 결정 3가철 18% 이상, 2가철 3% 이상, 유리산 4.5% 이하
염화제이철 (Ferric Chloride)	$FeCl_3$	162.1	황갈색～오렌지색 액체 3가철 9.6～16.2%, 2가철 2.5% 이하, 유리산 1% 이하
폴리아민(EPI-DMA Polyamines) (에피클로로히드린-디메틸아민 폴리아민) (Epichlorohydrin- dimethylamine Polyamines EPI-DMA)	$-CH_2-CHOH-CH_2-N^+(CH_3)_2-$.		무색～엷은 황갈색의 액체 폴리아민 함량 10～65% 에피클로로히드린 20 mg/L 이하 총클로로프로판올 2,000 mg/L 이하 (개별 1,000 mg/L 이하)
폴리수산화염화황산알루미늄 (Poly Aluminum Hydroxy Chloro Sulfate, PAHCS)	$Al_{13}(OH)_{28}Cl_9SO_4$		무색～엷은 황갈색 투명 액체 Al_2O_3 10～13% 이상, SO_4^{2-} 1.3～3%

Ref) 환경부(2014)

물속에 있는 유기물, 세균, 무기물, 생물 등까지 끌어들여 플록으로 성장하게 된다. 가수분해된 알루미늄 수산기중합체는 알루미늄 이온보다 양이온의 수가 적으므로 응집의 효과는 떨어진다.

참고 알루미늄염의 응집반응

1) $Al_2(SO_4)_3 \rightarrow 2\ Al^{3+} + 3\ SO_4^{2-}$
   반응산물
2) Al-Colloid → 침전 가능
3) $[Al(OH)_3]^+ \rightarrow Al(OH)_3$ − Colloid → 침전 가능
   $2\ Al(OH)_3 - SO_4^{2-}$ → 침전 가능

황산알루미늄(alum)은 탁도, 색도, 세균 및 조류 등 대부분의 탁질에 대하여 유효하며, 저렴하다. 고탁도 시나 저수온 시 등에는 응집보조제를 병용함으로써 처리효과가 상승된다. 고형 황산알루미늄은 부식성과 자극성이 없고 취급이 용이하며 중량비로 5～10% 용액으로 희석하여 사

용한다. 액체 황산알루미늄의 경우 사용상 편의성이 좋은 반면 겨울철에 산화알루미늄 농도가 높으면 석출(precipitation)현상으로 인해 관 막힘 현상이 발생하기도 한다. 결정석출의 우려가 있을 때에는 6～8% 정도의 산화알루미늄 농도로 희석하여 사용한다. 철염에 비하여 생성한 플록이 가볍고, 적정 pH 폭이 좁은 것이 단점이다.

폴리염화알루미늄(PAC)은 가수분해되어 중합된 형태의 액체로 일반적으로 응집성이 우수하고 황산알루미늄보다 적정주입 pH 범위가 넓으며 알칼리도의 감소가 적다(50% 이하)는 점 등의 장점이 있다. 응집, 플록 형성 및 침강속도가 황산반토보다 훨씬 빨라 탁도 제거효과가 탁월하고, 적정 주입률의 폭이 넓으며, 과잉주입 시에도 효과가 크게 떨어지지 않는다. 다만 산화알루미늄 농도가 10～18%이고 －20°C 이하의 온도에서는 결정이 형성되므로 한랭지에서는 보온장치가 필요하다.

철염계 응집제는 적용 pH의 범위가 넓으며 플록이 침강하기 쉽다는 이점도 있지만, 과잉으로 주입하면 물이 착색되기 때문에 주입량의 조절이 중요하다. 황산제일철(황산철II, $FeSO_4 \cdot 7H_2O$)의 경우 대부분의 침전물을 형성하기 위해서는 석회를 동시에 첨가해야 하며, 황산철 단독으로 사용하기 어렵다. 이 성분은 특히 알칼리도가 높고 고탁도인 원수에 적합하며 경제적이다. 또한 생성된 플록은 무겁고 침강성도 좋다. 저온이나 pH의 변화에 의한 영향이 적으나 잔류하는 철이온으로 인해 부식성이 우려된다. 황산제이철(황산철III, $Fe_2(SO_4)_3$)은 소석회는 불필요하고 이 역시 플록 생성 및 침전시간은 황산알루미늄보다 빠르지만, 금속에 대한 부식성이 강한 단점이 있다. 넓은 범위의 pH에 적용 가능하나 낮은 pH에서는 색도가, 높은 pH에서는 철과 망간의 제거가 일어난다. 염화제이철은 해수담수화의 전처리를 위한 응집제로도 사용된다.

처리성과 경제적인 측면에서는 평상시 황산알루미늄이나 폴리염화알루미늄을 사용하고 고탁도 시나 저수온 시에는 고염기 계통의 응집제를 사용하는 방법도 고려할 수 있다(그림 8-30).

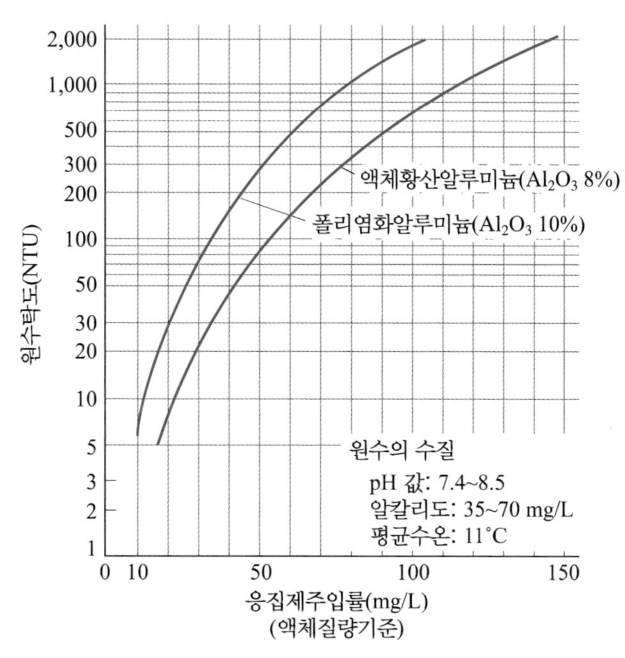

그림 8-30 **원수탁도와 응집제 주입률의 예**

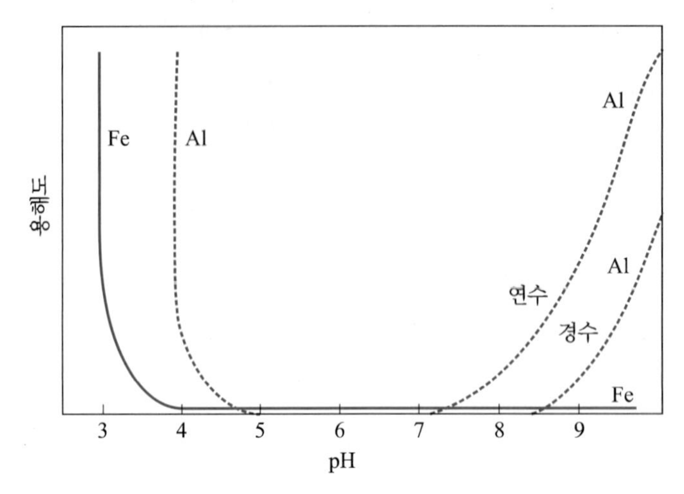

그림 8-31 pH 및 경도에 따른 응집제 용해도의 관계

폴리염화알루미늄은 6개월 이상 저장하면 변질될 가능성이 있다. 폴리염화알루미늄을 황산알루미늄과 혼합 사용하면 침전물이 발생하여 송액관을 막히게 하므로 혼합 사용은 피해야 한다. 응집제의 용해도(solubility)는 pH 및 경도에 영향을 많이 받는데(그림 8-31), 경도가 낮은 연수(soft water)의 경우 최적의 pH 조건은 알루미늄염의 경우 4～8이며, 철염의 경우 3 이상이다. 표 8-18에는 PAC과 Alum의 응집특성과 효과를 비교하였다.

실제 정수장의 운영사례를 보면 낙동강 본류(매곡정수장)의 경우 주로 PACS(12.5%) 및 PAC(17%) 성분을 고탁도와 일반적인 탁도의 경우에 각각 선택적으로 사용하는데, 주입량은 Al_2O_3 기준으로 각각 3.5～19.3 mg/L(평균 5.8 mg/L)와 2.4～18.1 mg/L(평균 4.2 mg/L)였으며, 최대 주입률(PAC 19.3 mg/L)을 보인 시점의 원수 탁도는 688.0 NTU이었다. 이때 소석회를 알칼리제로 사용하여 0.004～28.4 ppm(평균 5.4 mg/L)으로 연간 60일 정도 주입되었다. PACS 2호(10.5%)를 사용하는 운문댐(고산정수장)의 경우 주입량은 Al_2O_3 기준으로 각각 1.3～4.7 mg/L(평균 2 mg/L)였다(그림 8-32, 표 8-19)(대구시 상수도사업본부, 2015).

응집제 주입률에 미치는 영향인자는 약품의 종류, 원수의 수질(수온, 탁도, pH, 알칼리도 등) 및 공정의 종류와 운영(전염소나 분말활성탄 처리, 교반, 효율, 탁도 부하 배분 등)에 따라 다양하다. 이 값은 최적의 조건으로 결정되어야 하며, 설비용량을 결정하는 기초자료가 된다. 응집제를 이용한 응집실험에서는 어느 정도의 적정 주입량 범위가 나타나는데, 이 범위를 벗어나 주입량이 부족하면 플록이 잘 형성되지 않고, 과잉으로 주입한다면 오히려 응집효과는 나빠진다. 자-테스트는 응집제의 적정 주입량을 결정하기 위한 장치로 몇 개의 용기에 각 단계적으로 임의 설정한 양의 응집제를 주입하여 플록의 상태를 관찰하고 이를 바탕으로 최적의 약품소요량을 결정한다. 주입률에 대한 희석배율은 최대한 적게 하고, 주입량은 처리수량과 주입률을 이용하여 평가한다. 응집약품이 순간적인 혼합조건을 만족할 수 있도록 장소와 방법을 선정한다. 주입지점은 혼화방법에 따라 다를 수 있으나 관내 설치 혼화기, 낙차지점, 또는 유입관의 중심부 등 주입과 동시에 신속한 교반이 이루어질 수 있는 지점이어야 한다. 주입량(용적 주입률, L/h)은 처리

표 8-18 **PAC과 alum의 비교**

응집특성		효과의 비교		PAC의 평가 (Alum과의 비교)
항목	세목	PAC*	Alum	
응집성능과 제탁효과	청정성 플록의 크기 흡착활성도 플록강도	대 대 대 대	소 소 소 소	제탁효과 저탁도 1.2～1.5배 고탁도 2.0～5.0배
처리능력	플록 생성속도 플록 침강속도 여과속도 증대	대 대 가능	소 소 보통	1.5～3.0배 1.5～3.0배 2.0～3.0배 가능
알칼리제의 절감	알칼리 소비량	소	대	Alum의 1/2～1/3
원수탁도와 알칼리도와의 조합효과	저탁도-고알칼리도 고탁도-고알칼리도 저탁도-저알칼리도 고탁도-저알칼리도	효과적 효과적 효과적 효과적	보통 보통 보통 보통	2～5배의 효과 (특히 고탁도-저알칼리도의 물에 효과적)
응집촉진제의 주입 가부	활성실리카의 주입 알긴산소다 주입	불필요 불필요	필요 필요	약품처리비와 인건비의 절감
저온, 저알칼리도 원수처리	저온원수(10°C 이하) 저알칼리도 원수	효과적 효과적	보통 보통	한랭 시에 효과적 매우 효과적
철, 망간 제거효과	철 제거 망간 제거	대 대	소 소	이온상 철, 콜로이드 철 유기철의 제거
착색수, 오염수의 제색, 제탁	휴민질 리그닌	대 대	소 소	매우 유효
처리설비의 축소화 여부	혼화지 침전지 슬러지 처리	가능 가능 용이	보통 보통 보통	건설비의 대폭절감
저장능력	유효성분(Al_2O_3)	10～15%	7～8배	1.25～2배

Ref) 최의소(2001)

표 8-19 **원수 SS/NTU 비율과 응집제주입률의 상관관계(2010-2013)** (대구시 상수도사업본부, 2015)

(a) 낙동강 본류(매곡정수장)

구분	평균	최소	5%ile	25%ile	50%ile	75%ile	95%ile	최대
SS/NTU	1.49	0.39	0.81	1.11	1.45	1.82	2.24	3.58
응집제 주입률(mg/L)	4.7	2.4	2.6	3.3	4.4	5.4	8.8	18.1

주) 응집제는 환산 응집제 주입률(mg/L as Al_2O_3)로 PAC(Al_2O_3 함량 17%, 비중 1.37), PACS(Al_2O_3 함량 12.7%, 비중 1.28)을 적용하여 환산함.

(b) 운문댐(고산정수장)

구분	평균	최소	5%ile	25%ile	50%ile	75%ile	95%ile	최대
SS/NTU	1.06	0.20	0.34	0.67	0.90	1.18	2.00	6.16
응집제 주입률(mg/L)	2.0	1.3	1.5	1.6	1.8	2.0	3.2	4.7

주) 응집제는 환산 응집제 주입률(mg/L as Al_2O_3)로 PACS 2호(Al_2O_3 함량 10.5%, 비중 1.2)를 적용하여 환산함.

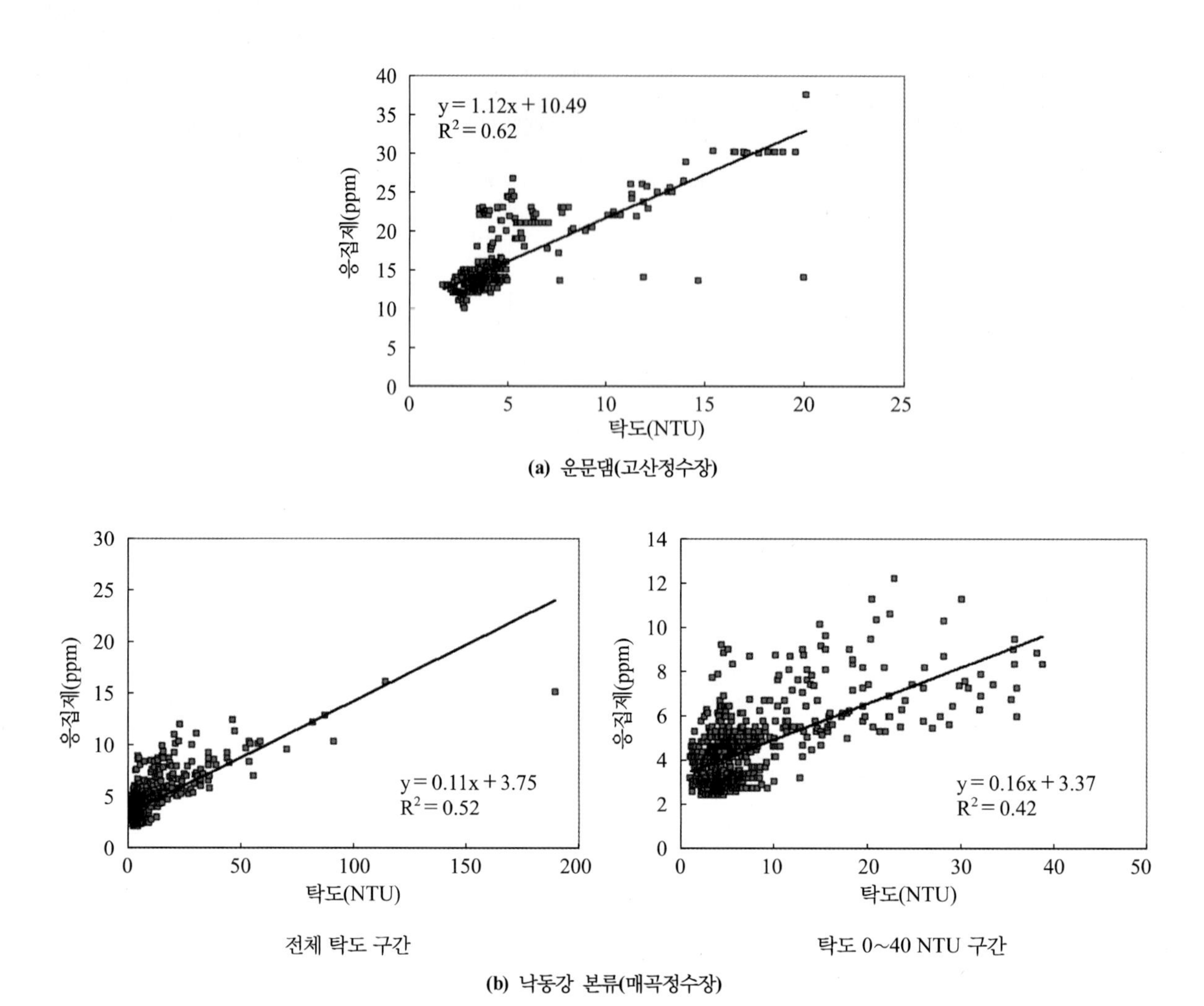

그림 8-32 **원수 탁도와 응집제 주입률의 상관관계(2010-2013)** (대구시 상수도사업본부, 2015)

수량(Q)에 응집제 주입량(R_s, mg/L 혹은 R_L, mL/L)을 곱하여 산정한다[식 (8.2), (8.3)]. 고형성 응집제를 용해하여 사용할 때에는 농도에 따라 주입량이 달라지고, 액체형은 원액을 희석하여 사용할 경우 희석배수가 고려되어야 한다. 우리나라의 경우 정수장에서의 약품사용량은 전염소가 필요한 경우 0.1~112 mg/L로 매우 큰 범위로 나타난다. 세부적으로 황산알루미늄의 경우 25~80 mg/L, PAC의 경우 15~60 mg/L, PASS의 경우 20~60 mg/L, 그리고 PACS의 경우 6~30 mg/L 정도가 사용되고 있다(최의소, 2001).

① 고형 황산알루미늄의 용적 주입률

$$V_v = Q \times R_S \times \frac{100}{C} \times 10^{-3} \tag{8.2}$$

여기서, V_v: 고형 황산알루미늄을 용해하여 C(%)의 농도인 황산알루미늄용액의 용적 주입률(L/h)

Q: 처리수량(m^3/h)

R_S: 고형 황산알루미늄 주입량(mg/L)

C: 고형 황산알루미늄을 용해하였을 때의 용액농도(%)

② **액체 황산알루미늄의 용적 주입률**

$$V = Q \times R_L \tag{8.3}$$

여기서, V: 액체 황산알루미늄의 용적 주입률(L/h)

R_L: 액체 황산알루미늄의 주입량(mL/L)

예제 8-1 **응집제 소요량**

지표수를 이용한 응집혼화공정에서 30 mg/L의 황산철($FeSO_4 \cdot 7H_2O$)과 동일한 양의 석회(lime, $Ca(OH)_2$)를 사용하였다. 이때 (a) 황산철의 소요량과 (b) 수화된 석회(70% CaO의 순도 가정)의 무게 및 (c) 처리수 1톤당 발생하는 슬러지의 양을 계산하시오.

풀이

a) 황산철의 소요량은 물 1 L당 30 mg으로 1 m^3당 30 g이다.

b) 반응식에 따라

$$\underset{278}{FeSO_4 \cdot 7H_2O} + \underset{74}{Ca(OH)_2} \rightarrow \underset{107}{Fe(OH)_3}$$

따라서 반응비율은

$$556 : 30 \text{ mg/L} = 148 : Y \text{ mg/L as } Ca(OH)_2 = 214 : Z \text{ mg/L as } Fe(OH)_3$$

이고, 이로부터 석회의 소요량은

$$Y \text{ mg/L as } Ca(OH)_2 = 30 \times 148 / 556 = 7.98 \text{ mg/L}$$

$$Y \text{ mg/L as } 70\% \text{ CaO} = 7.985 \times 56 / 74 \times 1 / 0.7 = 8.6 \text{ mg/L}$$

으로 산정된다.

c) $Fe(OH)_3$ 슬러지 생산량은

$$Z \text{ mg/L } Fe(OH)_3 = 30 \times 214 / 556 = 11.5 \text{ mg/L}$$

으로 1 m^3 처리당 11.5 g이 된다.

참고 $Fe(OH)_3$ 등가중량(139)은 70% CaO 등가중량(28/0.70 = 40)과 반응한다. 따라서 석회 소요량은 30 × 40 / 139 = 8.6 mg/L as 70% CaO가 된다.

---

(4) pH 조정제와 응집보조제

원수 내 포함된 알칼리도는 정수처리 시 응집과정에서 매우 중요한 인자이다. 응집과정에서 불가피하게 변화하는 pH를 조정하기 위해 응집효과를 높이는 데 적절하고, 위생적으로 안전하며, 다루기 쉬운 성분이 필요하다. 소석회($Ca(OH)_2$), 소다회(soda ash, Na_2CO_3) 및 액상 가성소다(NaOH) 등은 대표적인 알칼리제이며, 황산(H_2SO_4)이나 이산화탄소(CO_2) 등은 산성제이다.

표 8-20 알칼리제의 물리적 특성

물리적 특성 \ 알칼리	가성소다 [NaOH]	소석회 [$Ca(OH)_2$]	소다회 [Na_2CO_3]
비중	2.130	2.24	2.533
용해도(20°C)	109 g/100 mL	0.0933 g/100 mL	16 g/100 mL
융점	318	-	851
비점(760 mmHg)	1,390°C	-	-

소석회는 물의 경도를 증가시키는 결점이 있으며, 용해도가 다른 종류의 알칼리제보다 현저히 떨어져(표 8-17) 낮은 효율에 과다한 슬러지 생산이라는 문제가 있어 실제 효용적 측면에서는 떨어진다. 실험실 규모의 연구에서 가성소다보다 소석회가 응집단계에서 약 5% 이상 높은 슬러지 생산량을 보였으며, 현장사용량의 수준(슬러지 TS의 60%)에서 슬러지의 발생량은 60% 이상 상승하였다(송원호, 1990). 또한 소석회는 분말이기 때문에 취급성이 용이하지 않고 완속여과지에 사용하면 여과모래가 서로 고착되는 경우가 있다. 입상인 소다회는 고가이나 경도의 증가 없이 용해도가 커서 취급성이 용이하다. 가성소다는 용액으로 취급하므로 편리하고 자동주입이 쉽지만 강한 부식성으로 주의하여 다루어야 한다. 상수원이 부영양화되어 조류가 번성하는 시기에는 원수의 pH가 높아지므로 응집에 필요한 적정 pH로 조정하기 위하여 황산 또는 액화 이산화탄소를 산제로 사용한다. 정수시설에서 pH 조절제는 슬러지 발생량과 매우 밀접한 관계를 가지므로 충분한 슬러지 처분비용에 대한 경제성 검토가 필요하다(최의소, 2001).

물속의 알칼리도는 응집제의 주입과 반응의 진행에 따라서 변화한다. 표 8-21은 알칼리 반응과 관련한 물속의 알칼리도 변화에 대한 반응식과 그 값을 나타내었으며, 주요 응집제의 반응식은 표 8-22에 정리하였다. 이러한 식들을 참고하여 약품의 주입에 따른 알칼리도의 소요량을 산정할 수 있는데, 표 8-23에 정수용 약품의 단위 주입량에 대한 알칼리도의 변화가 요약되어 있다.

산제나 알칼리제의 주입량은 응집제의 주입량과 관련하여 결정되는데, 원수의 pH, 알칼리도, 응집제 주입량과 자-테스트할 때의 상징수 알칼리도(물의 부식성과의 관련상 20 mg/L 이상 잔류함이 바람직하다) 등이 중요한 영향인자이다. 알칼리 주입량은 식 (8.4)와 같이 표현된다.

표 8-21 응집반응과 관련한 알칼리도의 변화

구분	반응식	알칼리도 변화(as $CaCO_3$)
생석회	$CaO + H_2O + CO_2 \rightarrow CaCO_3 + H_2O$	+1.8 mg/mg CaO
소석회	$Ca(OH)_2 + CO_2 \rightarrow CaCO_3 + H_2O$	+1.35 mg/mg $Ca(OH)_2$
가성소다	$CO_2 + 2NaOH \rightarrow 2Na^+ + CO_3^{2-} + H_2O$	+1.25 mg/mg NaOH
소다회	$Na_2CO_3 + H_2O + CO_2 \rightarrow 2NaHCO_3$	+0.94 mg/mg Na_2CO_3
황산알루미늄	$Al^{3+} + 3HCO_3^- \rightleftarrows Al(OH)_3 \downarrow + 3CO_2$ $Al^{3+} + 3(OH^-) \rightarrow Al(OH)_3 \downarrow$	−5.56 mg/mg Al −2.94 mg/mg Al_2O_3
염소	$Cl_2 + H_2O \rightarrow OCl^- + 2H^+ + Cl^-$	−1.4 mg/mg Cl
염소	$Cl_2 + H_2O + NO_2\text{-}N \rightarrow NO_3 + 2H^+ + 2Cl^-$	−7.1 mg/mg NO_2-N
기타	$1.5Cl_2 + NH_4^+ \rightarrow 0.5N_2 + 4H^+ + 3Cl^-$	−7.6 mg Cl/mg NH_4-N

표 8-22 주요 응집제의 반응식

황산알루미늄	• Natural alkalinity와의 반응 $Al_2(SO_4)_3 \cdot 18H_2O + 3Ca(HCO_3)_2 \rightarrow 2Al(OH)_3 \downarrow + 3CaSO_4 + 18H_2O + 6CO_2$ • Lime과의 반응 $Al_2(SO_4)_3 \cdot 18H_2O + 3Ca(OH)_2 \rightarrow 2Al(OH)_3 \downarrow + 3CaSO_4 + 18H_2O$ • Soda ash와의 반응 $Al_2(SO_4)_3 \cdot 18H_2O + 3Na_2CO_3 \rightarrow 2Al(OH)_3 \downarrow + 3Na_2SO_4 + 3CO_2 + 15H_2O$ • 가성소다와의 반응 $Al_2(SO_4)_3 \cdot 18H_2O + 6NaOH \rightarrow 2Al(OH)_3 \downarrow + 3Na_2SO_4 + 18H_2O$
황산철	• 황산철 단독으로 사용 시 $FeSO_4 \cdot 7H_2O + Ca(HCO_3)_2 \Leftrightarrow Fe(HCO_3)_2 + CaSO_4 + 7H_2O$ • chlorine 첨가 시(pH 4) $3FeSO_4 \cdot 7H_2O + 1.5Cl_2 \rightarrow Fe_2(SO_4)_3 + FeCl_3 + 21H_2O$ • Lime과의 반응(pH 9.5) $Fe(HCO_3)_3 + 2Ca(OH)_2 \Leftrightarrow Fe(OH)_2 + 2CaCO_3 + 2H_2O$ $4Fe(OH)_2 + O_2 + 2H_2O \Leftrightarrow 4Fe(OH)_3$
황산제2철	• Natural alkalinity와의 반응 $Fe_2(SO_4)_3 + 3Ca(HCO_3)_2 \rightarrow 2Fe(OH)_3 \downarrow + 3CaSO_4 + 6CO_2$ • Lime과의 반응 $Fe_2(SO_4)_3 + 3Ca(OH)_2 \Leftrightarrow 3CaSO_4 + 2Fe(OH)_3 \downarrow$
염화철	$FeCl_3 + 3H_2O \Leftrightarrow Fe(OH)_3 + 3H^+ + 3Cl^-$ $2FeCl_3 + 3Ca(OH)_2 \Leftrightarrow 3CaCl_2 + 2Fe(OH)_3$

표 8-23 정수용 약품 1 mg/L주입에 따른 알칼리도의 증감

약품명		알칼리도	
		증가	감소
소석회(CaO 기준) 72%		1.29	
소다회(Na_2CO_3) 99%		0.93	
액체. 수산화나트륨(NaOH)	(45%)	0.56	
	(20%)	0.25	
황산알루미늄(Al_2O_3 기준)	액체(7%)		0.21
	액체(8%)		0.24
	고형(15%)		0.45
폴리염화알루미늄(Al_2O_3(10%) 염기도(50%) 기준)			0.15
염소(Cl_2)			1.41

$$W = (A_2 + K \times R) - A_1 \times F \tag{8.4}$$

여기서, W: 알칼리 주입량(mg/L)

A_1: 원수 중의 알칼리도(mg/L as $CaCO_3$)

A_2: 처리수 내에 잔존해야 할 알칼리도(mg/L as $CaCO_3$)

K: 응집제 주입에 따른 알칼리도 감소수치

R: 응집제 주입량(mg/L)

F: 알칼리도 1 mg/L를 올리는 데 필요한 알칼리 주입량

전염소처리를 할 때에는 염소(Cl_2) 1 mg/L에 대하여 알칼리도는 이론상 1.41 mg/L를 소비하는 것으로 계산되지만 원수 내 포함된 암모니아 질소로 인해 전염소 주입률이 높아질 경우 보정이 필요하다. 주입지점은 응집제 주입지점의 상류 부분이 일반적이며 또한 혼화가 잘 일어나는 장소로 선택해야 한다. 우리나라의 경우 정수장에서의 알칼리제의 사용량은 소석회의 경우 0.6～35 mg/L였으며, 가성소다(20% 기준)의 경우 0.1～30 mg/L로 보고되어 있다(최의소, 2001).

응집보조제(coagulant aids)는 원수수질 조건에 따라 응집, 플록 형성, 침전 및 여과 효율을 증가시키기 위하여 통상 소량으로 사용하는 위생적으로 문제가 없는 약품이다. 강우로 인하여 일지적으로 원수 탁도가 높아졌거나 겨울철의 낮은 수온에서 또는 처리수량을 증가시키고자 할 경우 플록이 잘 형성되지 않고 침전수 탁도가 상승하여 여과수의 탁도가 높아진 경우에 주로 사용한다. 또한 철, 망간 및 생물 등의 제거가 필요한 경우, 분말활성탄을 주입할 때에도 침전과 여과 효과를 한층 높이는 목적으로도 응집보조제를 사용한다. 일반적으로 황산알루미늄을 응집제로 사용할 때에는 응집보조제가 필요하고, 폴리염화알루미늄을 사용할 때에는 필요로 하지 않는 경우가 많다.

응집보조제로서는 규산나트륨(sodium silicate, Na_2SiO_3)과 알긴산나트륨(Sodium Alginate, $(C_6H_7NaO_6)_n$ or $C_6H_9NaO_7$)을 주로 사용하고 있으며, 그 밖에도 고분자전해질(polyelectrolytes)과 같은 여러 종류의 합성유기고분자 응집제를 활용하기도 한다. 저수온이나 저농도로 응집이 매우 어려운 경우에는 10 mg/L 정도의 카오린이나 분말활성탄을 주입하는 경우도 있다. 벤토나이트 역시 수중의 콜로이드 입자의 흡착에 대해서 핵을 제공해주어 응집보조 작용이 있으며, 알칼리성 점토로 pH에는 크게 영향을 주지 않는다. 활성규산(Sodium silicate, activated silica, $Na_2O(SiO_2)_n$)은 규산나트륨을 산(황산, 이산화탄소 등)으로 적절히 중화시킨 후 규산을 중합시켜 콜로이드 형태로 만든 고분자물질로, 응집제로부터 생긴 양전하의 금속수산화물과 결합하여 쉽게 침전 제거될 수 있는 응결물 형성한다. 따라서 응집보조제로서 기능은 우수하지만, 여과지에서 손실수두가 빠르게 상승하여 운전에 어려움이 있다. 알긴산나트륨은 미역과 같은 해초로 만들어지는 천연고분자제의 약품으로, 그 작용은 가교흡착과 이온교환작용이라고 하며 분말을 그대로 용해하여 사용하므로 편리하다. 하지만 순도가 높아지면 점성이 커져서 용해시키는 데 시간이 걸린다. 고분자전해질은 반복되는 단위로 전해질 그룹이 형성되어 있는 중합체로 하전된 전하에 따라 양성(anionic), 음성(cationic), 그리고 양성으로 구분된다. 이 물질 역시 입자의 전하를 낮추는 응집제 역할과 가교작용(bridging effect)에 의해 입자의 크기를 크게 하여 쉽게 침전 제거가 가능하도록 한다(그림 8-33). 응집보조제의 규격 역시 환경부 고시를 따르고 주입률과 주입량 산정 역시 앞서 설명한 응집제의 경우와 유사하다. 표 8-24에는 각종 정수처리 약품에 대한 종류와 주입방식에 대한 설명이 요약되어 있다.

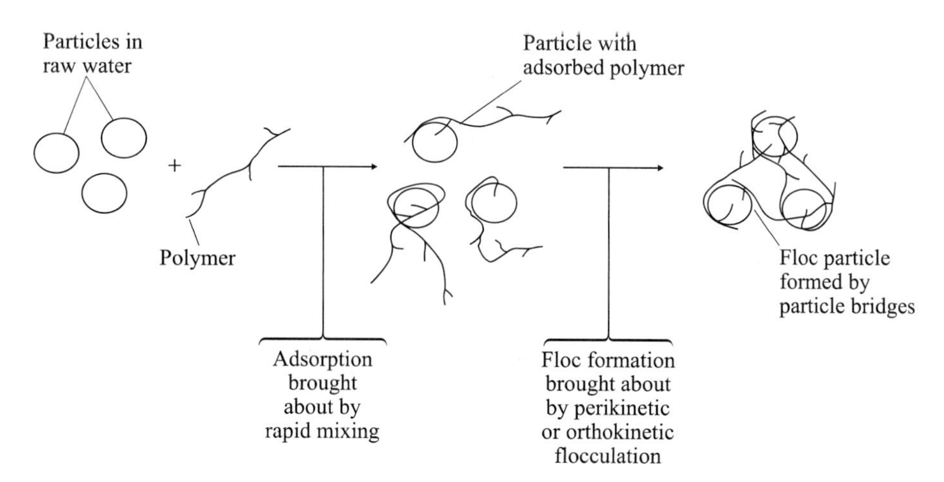

그림 8-33 **Coagulation by interparticle bridging with polymers** (O'Melia, 1978)

표 8-24 **약품주입방식**

	약품의 종류	주입방식	적요
응집제	액체 황산알루미늄	습식	산화알루미늄(Al_2O_3) 농도 6~8% 사용
	PAC	습식	산화알루미늄(Al_2O_3) 농도 10~18% 사용
	고형 황산알루미늄	습식	고형 황산알루미늄은 수용액으로 주입한다.
산제	황산	습식	황산(H_2SO_4) 농도 98%를 100~80배로 희석한 것을 사용한다.
	이산화탄소	습식	액화가스를 기화기를 사용하여 주입한다.
알칼리제	수산화나트륨	습식	일반적으로 20~25%로 희석하여 사용한다.
	소석회	건식 또는 습식	소석회는 건석주입기를 사용하거나 일정 농도의 석회유로 하여 용량계량펌프로 주입한다.
	소다회	건식 또는 습식	소다회는 세립상의 것을 건식으로 주입할 때와 배치식으로 일정 농도의 수용액으로 하여 주입하는 경우가 있다.
응집보조제	활성 규산	습식	규산소다용액(SiO_2 1.5%)을 활성화한 후 SiO_2 0.5% 정도의 용액으로 희석 사용한다.
	알긴산나트륨	습식	

예제 8-2 응집 반응 시 알칼리도 소요량

자연수의 알칼리도 조건하에서 필요한 알칼리도의 양을 결정하시오.

1) 10 mg/L의 황산알루미늄

2) 10 mg/L의 황산철, 이때 석회와 산소의 소모량은 얼마인가?

풀이

표 8-22의 반응식으로부터

1) 10 mg/L의 황산알루미늄과 반응하는 데 필요한 알칼리도의 양

$$= 10.0\ \mathrm{mg/L} \times \frac{3 \times 100\ \mathrm{g/mol}}{666.7\ \mathrm{g/mol}} = 4.5\ \mathrm{mg/L}$$

2) 10 mg/L의 황산철과 반응하는 데 소요되는 알칼리도의 양

$$= 10.0\ \mathrm{mg/L} \times \frac{100\ \mathrm{g/mol}}{278\ \mathrm{g/mol}} = 3.6\ \mathrm{mg/L}$$

- 석회의 소모량: $10.0\ \text{mg/L} \times \dfrac{2 \times 56\ \text{g/mol}}{278\ \text{g/mol}} = 4.0\ \text{mg/L}$
- 산소요구량: $10.0\ \text{mg/L} \times \dfrac{32\ \text{g/mol}}{4 \times 278\ \text{g/mol}} = 0.29\ \text{mg/L}$

참고 수산화제1철이 최종산물인 수산화제2철로 반응하기 위해서는 반드시 산소가 요구된다.

(5) 급속혼화지

급속혼화(rapid mixing, flash mixing)의 목적은 응집제를 단시간 내에 골고루 확산시켜 입자와 접촉을 강화시키는 것이다. 특히 황산알루미늄이나 염화제2철과 같은 금속염 응집제를 사용할 경우에는 가수분해되면서 콜로이드 입자로의 흡착도 거의 순간적으로 일어나기 때문에 매우 중요하다. 따라서 금속염 응집제의 분산은 매우 빠르게(몇 분의 1초 이내) 이루어져야 한다. 반면에 가수분해 반응이 일어나지 않는 폴리머, 염소, 알칼리제, 오존, 그리고 과망간산칼륨과 같은 약품들은 접촉시간은 그리 문제가 되지 않는다. 정상적인 조건에서 정수분야에서 황산알루미늄과 물의 비는 1 : 50,000 정도이다.

용수 및 폐수처리시스템에서 사용되는 혼합장치의 형태는 터빈 또는 패들 혼합기(turbine or paddle mixers), 프로펠러 혼합기(propeller mixers), 진공 혼합(pneumatic mixing), 수리적 혼합(hydraulic mixing), 관입 또는 관내 혼합(in-line hydraulic and static mixing) 등으로 분류할 수 있다. 이중에서 정수장에서 급속혼화를 위해 적용되는 가장 일반적인 방법으로는 기계식, 수류식, 인라인 기계식, 인라인 고정식, 가압수확산 방식 그리고 파이프 격자에 의한 혼화방식 등이 있다(표 8-25, 그림 8-34). 혼화지는 수류 전체가 동시에 회전하거나 단락류를 발생하지 않는 구조가 요구되는데, 일반적으로 수류식이나 기계식 및 가압수확산에 의한 방법이 적용된다. 기계식 급속혼화시설을 채택하는 경우에는 1분 이내의 체류시간을 갖는 혼화지에 응집제를 주입한 다음 급속교반장치를 통과한다. 정수장에서 가장 많이 사용되고 있는 혼화방식은 기계식으로 설계기준은 $G = 300\ s^{-1}$, 혼화시간은 10～30초, 소요동력은 10,000 m^3/d당 2.24～2.64 hp이다. 연직축 주위에 회전날개의 주변속도는 1.5 m/s 이상으로, 회전속도 변화에 따라 교반강도를 조절할 수 있어 유량변화에 대한 적응성과 수두손실이 거의 없다는 장점이 있으나 기계적인 고장이 많다. 또한 기계식 혼화는 전력소비가 크고 가압식 인젝터 혼화는 혼화강도가 작은 단점을 가지고 있다. 약품혼화시간은 주입하는 응집제와 응집보조제의 종류를 고려하여 결정하되 일반적으로 양호한 혼화가 이루어진다면 1분 이내라도 충분하다. 표 8-26에는 흔히 고려되는 급속혼화기의 장단점을 비교하여 나타내었다.

(6) 응결과 플록 형성지

응결 또는 플록 형성(flocculation)이란 입자의 응집을 촉진시키기 위해 느린 속도로 수리동력학적인 입자 간 충돌(hydrodynamical particle collisions)이 일어나게 하는 단위조작이다. 플록 형성은 콜로이드 입자의 불안정화를 전제로 입자들의 충돌을 효과적으로 유도하는 물리적인 반

표 8-25 급속혼화 방법

종류	특징
가압수확산 방식 혼화 (diffusion mixing by pressurized water jet)	• 혼화기에 의한 추가 손실수두가 없고 혼화효과가 좋으며, 혼화강도를 조절할 수 있고 소비전력이 기계식 혼화의 절반 이하로 가장 선호하는 방식이다. • 약품 확산 시 압력은 70 kPa(약 0.7 kgf/cm^2) 이상으로 한다. • 단점은 부유물로 인해 노즐이 폐색될 우려가 있고, 직경 2,500 mm 이상의 대형관이나 넓은 수로에서는 사용이 어렵다.
인라인 고정식 혼화 (in-line static mixing)	• 별도의 가동부가 불필요하고 외부동력이 불필요하다. 그러나 유량의 변화에 영향을 많이 받으며, 제작자 제공 성능표에 의존해야 한다. • 실제 혼화시간 1～3초와 최대 손실수두 0.6～0.9 m는 현장에서 가능하다. • 고정식 혼화장치가 막히는 현상을 방지하기 위하여, 취수스크린을 설치해야 하고 혼화기 내부의 이물질이나 스케일 제거가 필요하다.
수류식 혼화 (hydraulic mixing)	• 수류식 혼화장치에는 난류를 이용한 혼화장치로 파샬플룸, 벤투리미터 및 위어 등이 있다. • 와류의 정도가 유량의 정도에 좌우되며 혼화강도를 조절할 방법이 없다.
기계식 혼화 (mechenical mixing)	• 정수장에서 가장 많이 사용되고 있는 혼화방식이나 선호도가 낮은 편이다. • 연속흐름인 정수공정에서 순간혼화가 어렵고, 단락류가 많이 발생하며, 금속염 응집제에 대해서는 혼화시간이 너무 길고, 소음과 함께 응집효과에 부정적인 back-mixing이 발생하는 단점이 있다. • 대용량에서 축과 기어드라이브에 고장 사례가 많다. 따라서 기계 선정 시 여유가 필요하고 다른 혼화방법에 비해 운전과 유지관리비가 상대적으로 비싸다.
파이프 격자에 의한 혼화 (diffusion by pipe grid)	• 파이프 격자에 의해 발생되는 난류를 이용하는 방법으로 응집제나 다른 약품은 파이프 격자의 주입 오리피스를 통하여 주입된다. • 단기간에도 주입구가 막히는 현상이 있다.

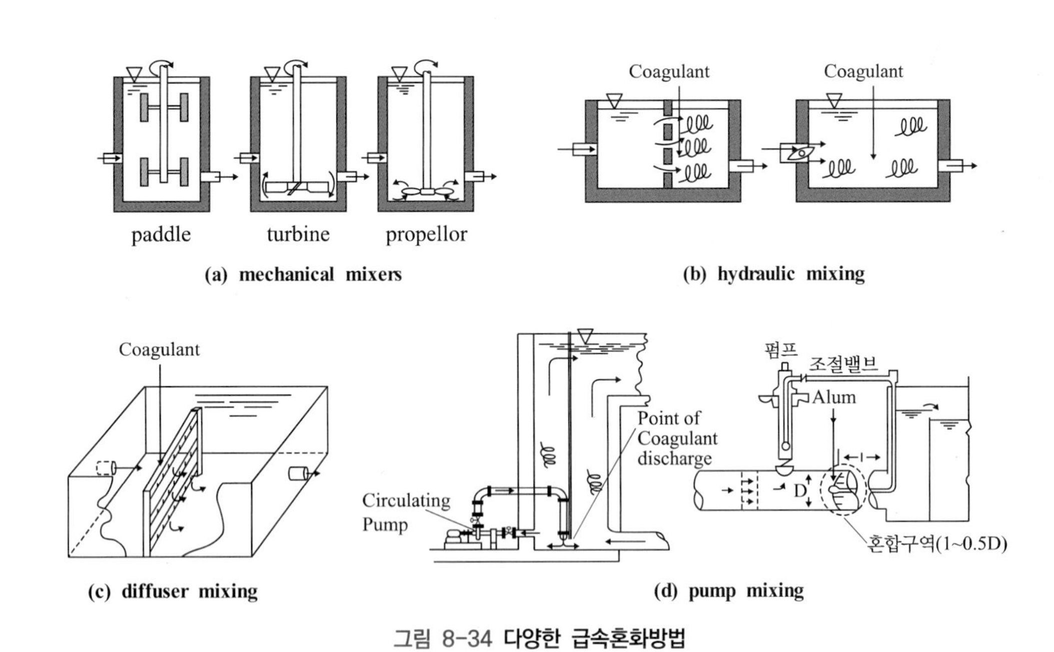

그림 8-34 다양한 급속혼화방법

응단계를 말하는 것으로, 크고 작은 입자들의 충돌원리를 바탕으로 브라운 운동(brownish motion, perikinetic flocculation), 층류에서의 속도경사(orthokinetic flocculation), 속도차 침전(differential Settling) 및 난류확산(turbulent transport) 등으로 설명된다.

브라운 확산(perikinetic)에 의한 플록 형성은 아주 작은 입자와 큰 입자 사이의 충돌로 층류상태에서 작은 입자들의 충돌에는 지배적일 수 있으나, 반면에 기계적인 교반이나 난류 확산 조건

표 8-26 급속혼화기의 장단점 비교

구분	기계식 혼화	급속분사교반기	가압확산혼화기
형상	혼화기 응집제 Folw	터블런스구간 유입 급속혼화기	응집제 Folw
구조	• 기계적 혼화기를 장착하여 혼화하는 방식	• 수중에서 고속 회전하는 프로펠러의 회전력에 의해 발생되는 진공력으로 응집제를 흡입, 분사함과 동시에 혼화	• 관로에서 약품주입과 함께 가압수를 원수 흐름방향으로 분사하여 충돌판에 의해 확산 혼화
장점	• 기존 혼화지 활용 • 설치 및 유지관리 간편 • 구조 간단, 제작 용이 • 혼화강도 조절 가능 • 실적이 가장 많음	• 별도의 혼화지 불필요 • 손실수두 없음 • 혼화강도 조절 가능 • 다른 형식보다 소요면적이 작고 혼화효율 양호 • 설치 및 유지관리 간단	• 별도의 혼화지 불필요 • 손실수두 적음 • 혼화강도 조절 가능 • 동력 및 약품 절감 • 구조 간단, 유지관리 용이
단점	• 혼화시간이 상대적으로 길고 연속흐름 공정에서 불리 • 교반강도 증가에 한계 있음 • 단락류 형성 • 소음 발생	• 직경 1,500 mm 이상 관거에 적용 시 혼화효율 저하 가능	• 직경 2,000 mm 이상 관거에 적용 시 혼화효율 저하 가능 • 관로상에 설치 시 별도의 토목구조물 설치 필요 • 내부배관의 막힘 방지를 위해 스트레이너 등 부대설비 필요

하에서는 무시할 정도로 작다. 속도경사가 있는 층류영역에서 유속이 빠른 영역에 있는 입자는 빠르게 움직이며, 유속이 상대적으로 낮은 영역에 있는 입자는 천천히 움직인다. 이러한 입자 상호 간의 속도차에 의하여 두 입자는 서로 충돌하게 되는데 이러한 기작에 의한 플록 형성을 정동역학적(orthokinetic) 플록 형성이라고 한다. 침전속도가 다른 두 입자는 정체된 수중에서 침전되는 과정에서 서로 충돌할 수 있으며, 이는 응집/침전 과정에서 발생하는 주된 플록 형성 기작이다. 속도차 침전에 의한 플록 형성은 중력이 구동력으로 작용하며, 침전지나 교반속도가 낮은 플록 형성지 마지막 단에서 발생할 수 있다. 난류영역에서는 유체의 불규칙한 움직임에 의해 여러 크기의 소용돌이(eddy)가 발생하고, 그 소용돌이에 의해 유체의 운동량, 즉 속도경사가 수시로 변하면서 부유하는 입자들이 서로 충돌하여 플록이 형성된다. 교반에 의한 난류는 소용돌이의 내외부에서 입자 간의 충돌과 성장을 촉진시킨다.

플록 형성지(flocculation basin)는 혼화지와 침전지 사이에 위치하고 통상적으로 일체구조형으로 침전지에 붙여 설치한다. 플록 형성지의 종류에는 교반장치(플록큐레이터)로 패들(paddle)을 사용하는 기계식(paddle flocculator), 저류판과 도류벽을 설치한 우류식(baffled flocculator), 터빈식(turbine flocculator), 공기사용방식(air flocculator) 등이 있다(그림 8-35, 8-36). 우류식은 일반적으로 수량이나 수질변동이 심할 경우에는 부적절한 방법이다.

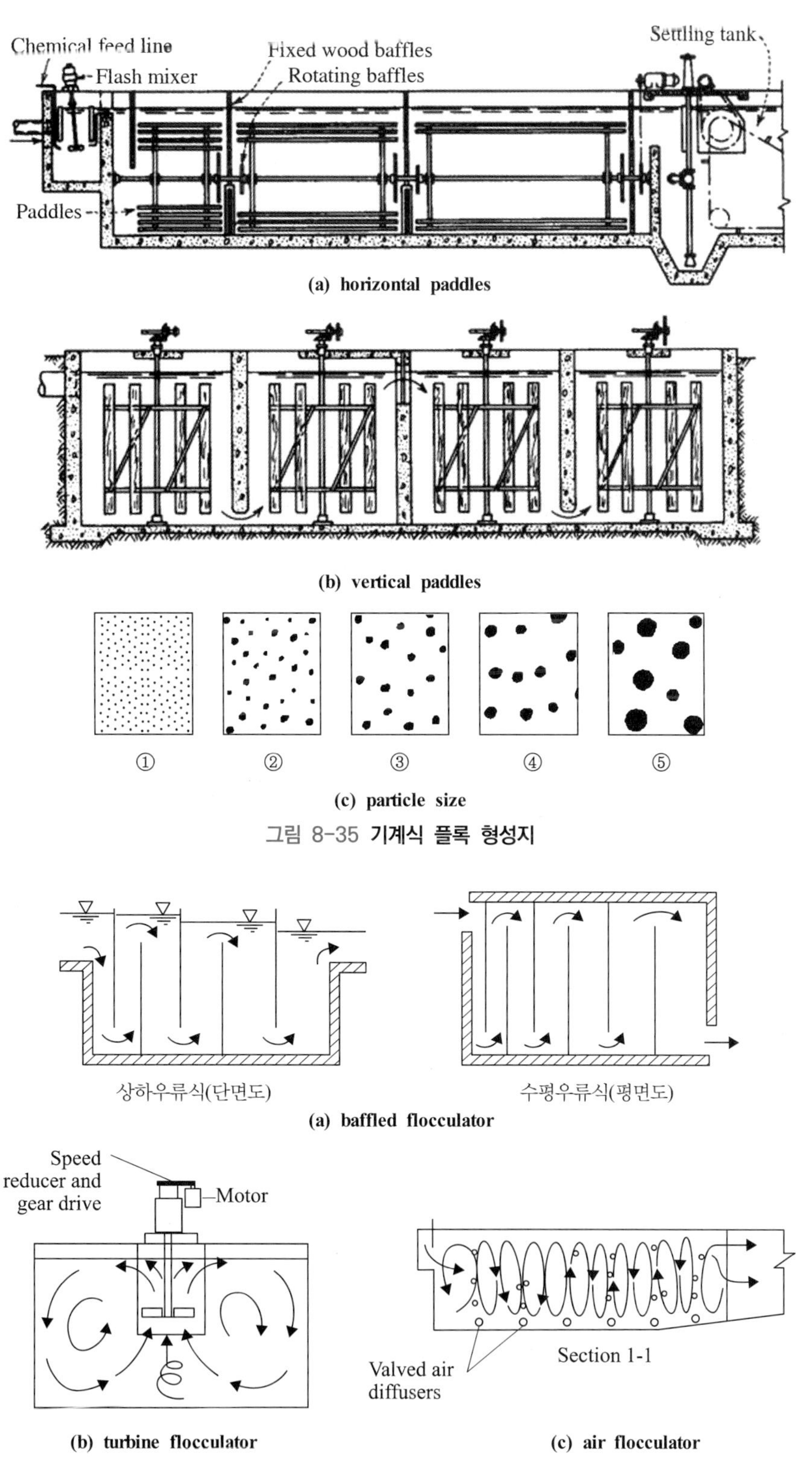

그림 8-35 **기계식 플록 형성지**

그림 8-36 **플록 형성지의 다른 예**

플록 형성 시간(체류시간)은 계획 정수량에 대하여 20～40분간을 기준으로 한다. 기계식 교반 장치의 주변속도는 80(입구)～15(출구) cm/s 정도로, 우류식 교반에서는 평균유속을 15～30 cm/s 로 한다. 플록 형성지 내에 적용되는 교반강도는 매우 중요한데, 플록입경이 작은 초기에는 강한 교반을 하고 플록이 크게 성장함에 따라 단계적으로 교반강도를 낮추어가는 점감식 플록 형성(tapered flocculation) 방식을 채택해야 한다. 플록이 점차 크게 성장함에 따라 3~4단으로 나누어 교반강도를 줄여가는 방식이 일반적으로 사용된다. 교반 설비는 수질변화에 따라 교반강도를 조절할 수 있어야 하고, 플록 형성지의 흐름은 단락류나 정체부가 최대한 생기지 않아야 하며, 슬러지나 스컴의 제거도 용이한 구조가 되어야 한다. 플록 형성지는 유량의 시간적인 변화와는 상관없음에도 불구하고 가능한 균등하게 분배시켜 주어야 한다. 이를 위해 위어나 잠수공을 설치하는 방법이 있는데, 후자가 전자에 비하여 수위와 유속 및 유량 모두의 측면에서 더 효과적이다.

플록 형성의 주된 기작인 정동역학적 응결(orthokinetic flocculation)은 유체흐름의 속도경사에 영향을 받는다. 서로 다른 속도로 움직이고 있는 입자들은 더 쉽게 충돌하여 큰 입자로 결합되기 때문이다. 실제 평균 속도경사(mean velocity gradient, G, s^{-1})는 혼합 동력의 함수로 플록 형성지는 이를 기초로 설계된다. 이 값은 속도경사의 평균값이므로 위치에 따른 변동이 있을 수 있다. 유체에 투입되는 동력은 평균 속도경사로 표현되며[식 (8.5)], 이 식으로부터 평균 속도경사 관련식[식 (8.6)]을 얻을 수 있다.

$$P = \mu G^2 \tag{8.5}$$

$$G = \sqrt{\frac{P}{\mu}} = \sqrt{\frac{p}{\mu V}} \tag{8.6}$$

여기서, P: 단위용적당 동력요구량(W/m³)

p: 동력요구량(W)

V: 용적(m³)

모터의 효율(E_f)을 고려할 때 이 식은 또한 식 (8.7)로 변화한다.

$$G = \sqrt{\frac{C_D A \rho_w v^3}{2\mu V}} = \sqrt{\frac{E_f p_r}{\mu V}} \tag{8.7}$$

여기서, $p = F_D v = C_D A \rho_w \frac{v^3}{2}$, $F_D = C_D A \rho_w \frac{v^2}{2}$

F_D: drag force, N

C_D: coefficient of drag(1.8 for flat blades)

A: total cross-sectional area of flocculator paddles(m²)

ρ_w: fluid density(kg/m³)

v: fluid velocity(m/s)

P: 구동장치의 축동력[(kg · m²)/s³]

우류식의 경우 소요 동력은 식 (8.8)로 산정된다.

$$p = \rho g Q h \quad \text{혹은} \quad P = \frac{wQh_f}{al} = \frac{wvh_f}{l} \tag{8.8}$$

여기서, ρ: density of fluid(kg/m³)

g: acceleration due to gravity(9.81 m/s^2)

Q: fluid flow rate(m^3/s)

h: head loss(m)

P: 단위체적당 동력(N · m/s · m^3)

w: 물의 단위중량(1000 N/m^3)

Q: 단위시간당 유입량(m^3/s)

h_f: 플록 형성지에서 전수두손실(m)

a: 우류수로의 단면적(m^2)

l: 우류수로의 총연장(m)

v: 지내유속(m/s)

이 식에서 플록 형성지에서 전수두손실(h_f)은 유속 v의 제곱에 비례하므로 동력 P는 유속의 세제곱에 비례함을 알 수 있다. 있다. 따라서 유량이 교반에 미치는 영향이 크다는 것을 알 수 있다. 이 식으로부터 우류식의 속도경사는 식 (8.9)로 계산된다.

$$G = \sqrt{\frac{\rho g Q h}{\mu V}} = \sqrt{\frac{gh}{v \theta_H}} \tag{8.9}$$

여기서, v: kinematic viscosity(m^2/s)

θ_H: hydraulic detention time, V/Q(s)

이 식에서 손실수두(h)는 하부굴곡손실수두(h_b)와 암거(또는 개거)의 마찰손실수두(h_e) 및 월류손실수두(h_0)를 합한 값으로 이들은 각각 다음과 같이 표현된다.

$$h_b = f_b \cdot \frac{v_b^2}{2g} \tag{8.10}$$

$$h_c = \frac{l}{C^2 R} \cdot v_c^2,\ C^2 = \frac{1}{n^2} \cdot R^{1/2} \tag{8.11}$$

$$h_0 = \frac{v_0^2}{2g} \tag{8.12}$$

여기서, v_b: 하부굴곡부의 평균유속(m/s)

f_b: 굴곡손실수도계수 2～4.5, 평균 3.5

v_c: 암거부의 평균유속(m/s)

l: 환산수로장(m)

C: Chezy 계수(상향류 · 하향류부분 유로의 합계)

n: 조도계수

R: 경심(m)

v_0: 월류부의 평균유속(m/s)

한편, 혼화지의 속도구배와 소요 동력(P)과의 관련식은 다음과 같이 표현되기도 한다.

• 교반날개의 회전속도와 저항계수와 G 값의 관계식

$$G = \sqrt{\frac{\rho C \Sigma_i (a_i v_i^3)}{2\mu V}} \tag{8.13}$$

여기서, ρ: 물의 밀도(예를 들면, $1.0 \times 10^3 \text{ kg/m}^3$, 20°C)

C: 교반날개의 저항계수$(=1.5)$

a_i: 교반날개 i의 운동방향에 직각인 면적(m^2)

v_i: 교반날개 i의 평균속도(m/s)

μ: 물의 점성계수(예를 들면, $1.0 \times 10^{-3} \text{ kg/m·s}$, 20°C)

V: 혼화지 용량(m^3)

• 펌프를 이용한 확산방식의 경우

$$G = \sqrt{\frac{\rho v^2 Q}{2\mu V}} \tag{8.14}$$

여기서, v: 노즐분출수의 초속도(m/s)

Q: 노즐분출수류량(m^3/s)

예제 8-3 플록 형성지 동력 계산

20,000 m^3/d의 평균 유량으로 운영되는 정수처리공정에서 30분의 체류시간과 평균 속도경사가 40 s^{-1}인 플록 형성지를 설계하고자 한다. 모터 구동효율을 60%로 가정할 경우 소요동력을 계산하시오.

풀이

식 (8.6)으로부터

$$V = 20{,}000 \text{ m}^3/\text{d} \times \frac{30 \text{ min}}{1440 \text{ min/d}} = 417 \text{ m}^3$$

$$\mu \simeq 10^{-3} \text{ kg/m·s}$$

$$E_f = 0.60$$

$$G = 40 \text{ s}^{-1}$$

$$p_r = \frac{(417 \text{ m}^3)(10^{-3} \text{ kg/m·s})}{(0.60)}(40 \text{ s}^{-1})^2$$

$$= 1112 \text{ W}$$

이다.

급속혼화지와 플록 형성지에서 교반조건은 매우 중요한 인자로 이는 일반적으로 평균 속도경사(G)와 체류시간(T)의 곱으로 정의된다. 급속혼화조의 설계에 있어 허용되는 일반적인 교반조

표 8-27 급속혼화지의 교반조건

	T(s)	G(s^{-1})	Mixing type
AWWA, ASCE	10～60	600～1000	Back-mix Type
Camp	60～120	700～1000	Back-mix Type
Japan	120～180	> 100	Back-mix Type
Korea	60～300 (기계식 10～30)	1000 (기계식 300)	Back-mix Type
Janssens	0.1～1	1000～5000	In-line Blend
Hudson	< 1	< 3500	In-line Blend
Kawamura	0.5～1	700～1000	Injection

건은 표 8-27과 같으며, 속도경사와 체류시간을 곱한 값(GT)은 대체로 10^4～10^5의 범위에서 양호한 교반조건을 제공한다. 이때 G값이 너무 크면 응집 입자는 단단해지지만 작은 입자가 많이 형성되어 침전과 필터과정을 쉽게 통과해버리므로 최종 수질에 악영향을 주게 된다. 반면에, G값이 너무 작으면 입자는 커지지만 구조가 약해져 처리 과정에서 쉽게 깨어질 우려가 있다.

우리나라의 경우 급속혼화지는 흔히 체류시간 20～60초, 교반기(기계식) 회전속도 750～1,000 rpm, 교반지 주변속도 1.5 m/s 이상 그리고 속도경사(G) 1,000 s^{-1}의 기준으로 설계된다. 완속교반으로 운전되는 플록 형성지의 체류시간 20～40분, 교반기 주변속도 0.15～0.8 m/s, G값은 10～75 s^{-1}이며, GT값은 200,000(5 NTU 정도의 저탁도 원수)에서 20,000(50 NTU 정도의 고탁도 원수)의 범위로 적용된다. 2단 혼화공정으로 설계하는 경우 교반강도와 체류시간을 2단계로 나누어서 고려해야 하는데, 흔히 1단계는 인라인 혼화(In-line blender) 방식(G = 600～1,600 s^{-1}, T = 1 s), 후단의 2단계는 공기주입(Air blower) 방식(G = 300～500 s^{-1}, T = 10～50 s)으로 적용 가능하다.

실제 정수장의 운영사례를 보면 낙동강 본류(매곡정수장)의 경우 급속분사교반기(계열당 1대)와 기계식 교반기(수직형 임펠러, 계열당 4대)를 설치하고 있으며, 후자는 비상시 대응용이다. 앞선 혼화강도식에 따라서 2개의 계열의 G값은 기계식의 경우 각각 52～63 s^{-1}과 398～431 s^{-1}, 또한 우류식은 38s^{-1}과 45s^{-1} 정도였다. 이를 기초로 한 혼화지 검토의 예(대구시 상수도사업본부, 2015)를 표 8-28에 나타내었다.

8.4 침전

(1) 개요

침전(sedimentation, clarification, settling)은 입자의 중력을 이용해 물보다 무거운 입자를 물로부터 분리하는 물리적인 단위조작(physical unit operation)의 한 방법이다. 이는 화학반응과 함께 동시에 가라앉는 현상을 의미하는 화학적 침전(precipitation)과는 구별된다. 오염물질의 화학적 또는 생물학적 제거과정에서 발생하는 입자 덩어리(플록)는 그 특성에 따라 상이한 침전

표 8-28 기계식 혼화지 혼화강도 검토 예시(온도조건 15°C)

구분		매곡정수장(낙동강 본류)(온도조건 15°C)								고산정수장 (운문댐) (온도 10°C)	기준[1)]
		1계열				2계열					
운영 rpm		휴지	15.5	13.6	14.5	51.3	50.6	53.3	50.8	40.0	-
축동력(N · m/s)			0.28	0.19	0.23	10.1	9.7	11.3	9.8	5.0	-
G (/sec)	기계식		62.7	51.6	56.5	406.8[7)]	398.4	430.9	400.7	242.1	600～1,000[1)]
	유입수류		38.1(84.3)[5)]			44.7[8)](91.2)				168.5	300[3)]
t(sec)[4)]		85.0(50.0)[5)]				68.8(42.8)				107.2	10～60[1)] 10～30[3)]
Gt	기계식	휴지	5,326	4,388	4,801	27,996	27,414	29,653	27,571	25,198	300～1,600[2)]
	유입수류		3,238(4,218)			3,077(3,902)				842	
주변속도(m/sec)			1.10	0.96	1.02	3.62	3.57	3.77	3.59	3.351	1.5 이상[3)]

주) 1) AWWA. 기계식 혼화기 기준

2) Kawamura 설계기준

3) 상수도시설기준

4), 5) 평균유량 적용 **매곡정수장** 1계열 247,239 m^3/일, 2계열 261,153 m^3/일, **고산정수장** 210,754 m^3/일

( )는 설계유량 적용 시

6) 1계열 기계제원(1호: 60 rpm, 2,3,4호: 73 rpm) 적용 시 G값은 1호 476.2/sec, 2,3,4호 639.0/sec임.

7) 기계식 혼화강도 $G=\sqrt{\dfrac{Ps}{\mu \cdot V}}$, $Ps=K \cdot \rho \cdot N^3 \cdot d^5$

$$\text{매곡정수장}=\sqrt{\frac{3.6\times 999.1\ \mathrm{kg/m^3}\times(51.3/60)^3\times 1.35^5}{0.001\ \mathrm{N\cdot s/m^3}\times 52.0\ \mathrm{m^3}}}=406.8\ \mathrm{s^{-1}}$$

$$\text{고산정수장}=\sqrt{\frac{1.6\times 999.7\ \mathrm{kg/m^3}\times(40.0/60)^3\times 1.6^5}{0.001\ \mathrm{N\cdot s/m^3}\times 63.5\ \mathrm{m^3}}}=242.1\ \mathrm{s^{-1}}$$

8) 유입수류 방식 혼화강도 $G=\sqrt{\dfrac{\rho g h}{\mu t}}$, $h=f\dfrac{V^2}{2g}=f\times\dfrac{(Q/A)^2}{2g}$

$$\text{매곡정수장}\ h=1\times\frac{((247{,}239\ \mathrm{m^3/d}\times 1\ \mathrm{d}/86{,}400\ \mathrm{s})/4\text{지}/(L\,1.2\ \mathrm{m}\times H\,1.2\ \mathrm{m}))^2}{2\times 9.81\ \mathrm{m/s^2}}=0.01\ \mathrm{m}$$

$$G=\sqrt{\frac{999.1\ \mathrm{kg/m^3}\times 9.81\ \mathrm{m/s^2}\times 0.01\ \mathrm{m}}{0.001\ \mathrm{kg/m\cdot s}\times 68.81\ \mathrm{sec}}}=44.7\ \mathrm{s^{-1}}$$

$$\text{고산정수장}\ h=1\times\frac{((210{,}754\ \mathrm{m^3/d}\times 1\ \mathrm{d}/86{,}400\ \mathrm{s})/4\text{지}/(L\,1.0\ \mathrm{m}\times H\,1.0\ \mathrm{m}))^2}{2\times 9.81\ \mathrm{m/s^2}}=0.019\ \mathrm{m}$$

$$G=\sqrt{\frac{999.7\ \mathrm{kg/m^3}\times 9.81\ \mathrm{m/s^2}\times 0.018\ \mathrm{m}}{0.001\ \mathrm{kg/m\cdot s}\times 5\ \mathrm{sec}}}=168.5\ \mathrm{s^{-1}}$$

양상을 가지지만, 일반적으로 크고 조밀한 입자가 더 빠르게 침전한다. 침전반응을 유도하기 위한 반응조는 일반적으로 직사각형 또는 원형으로 설계하는데, 경제적인 고액분리를 위해 오염물질 제거시스템에서 가장 보편적으로 사용하고 있다.

정수처리에서는 보편적으로 지표수의 전처리, 여과공정에 선행하는 약품침전, 배출수 처리단계에서의 슬러지 농축, 연수화 침전물의 제거강, 철 및 망간 침전물의 제거 등에 적용한다. 약품침전지는 현탁물질이나 플록의 대부분을 중력침강 작용으로 제거함으로써 후속하는 여과지의 부담을 경감시키기 위한 목적으로 설치되며, 침전, 완충 및 슬러지 배출 등의 세 가지 기능으로 운영된다. 침전지를 생략한 상태로 혼화지에서 직접 여과지를 통하여 정수하는 직접여과 방법도 있으나 이 경우는 원수 탁도가 안정된 조건하에서 혼화효과를 충실히 감시하여 약품주입설비를

갖추어야 하고 충분히 큰 여과층을 채택하는 등의 주의가 필요하다. 하수처리에서는 생물학적 처리를 하기 전후에 걸쳐 토사류, 고형물, 부유물질 및 생물 슬러지 등의 제거에 적용된다. 입자의 특성에 따라 침전 양상도 다르며, 또한 침전된 고형물질(슬러지)의 성질도 상이하게 나타나기 때문에 적절한 슬러지 처리방법의 계획도 중요한 과제이다.

(2) 침전이론

침전의 주된 양상에 따라 그러한 기능으로 설계되는 반응조의 명칭도 침전지(sedimentation tank or clarifiers)와 농축조(thickening tank or thickener) 등으로 다르게 표현된다. 따라서 여기에서는 침전의 양상과 특징 그리고 이를 기초로 한 설계방법에 대해 전반적으로 설명한다.

이상적인 침전시스템은 입자 간의 상호작용과 반응조 내 유체흐름 특성으로 인하여 차이가 있다. 입자의 상호작용은 입자 간의 충돌과 부착, 유체의 블록화 및 물리적 압축모드로 구분된다. 침전의 종류는 이러한 입자들의 상호작용과 농도에 따라 독립침전(discrete particle settling), 응결침전(flocculent settling), 지역(방해)침전(hindered/zone settling) 및 압축침전(compression) 등의 네 가지로 분류된다(그림 8-37, 표 8-29). 일반적으로 침전이 일어나는 시간 동안 최소한 두 가지 이상 유형의 침전현상이 동시에 발생하며, 또는 네 가지 모두가 동시에 발생될 수도 있다. 이러한 네 가지 침전양상은 각각 침사지, 정수장 약품침전지와 하수처리장 1차침전지, 농축조, 탈수 공정의 설계에 있어 이론적 기초를 제공한다. 설계 시 주요 고려사항은 각 침전 양상에 따라

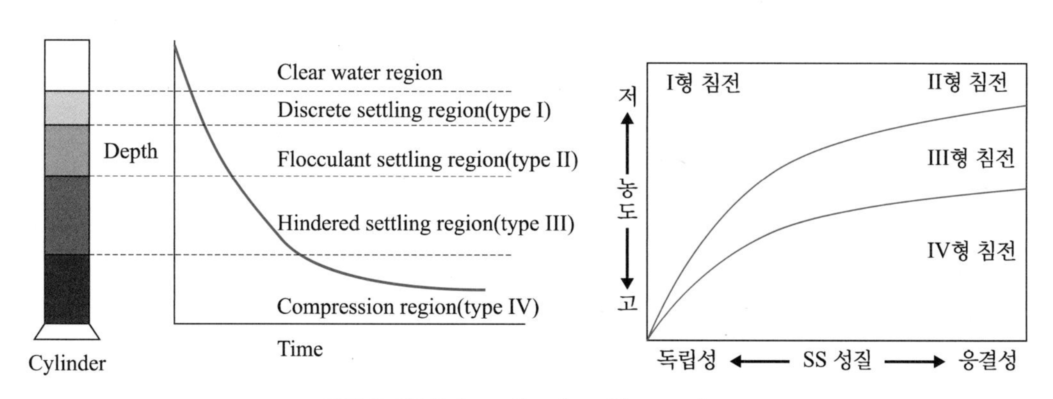

그림 8-37 Schematic of settling regions

표 8-29 Four types of sedimentation

Type	Characteristics	Units	Design theory
I	Discrete Particles settling: Dilute, non-flocculent, independent free-settling	Grit chamber PST (initial)	Stokes's law
II	Flocculent settling: Dilute, particles can flocculate as they settle).	SWT, PST (bottom), SST (initial)	Tube settling unit
III	Hindered (zone) settling: concentrated suspensions	SST (bottom), Thickener (initial)	Solid flux theory
IV	Compression: concentrated suspensions	SST (bottom) Thickener (bottom)	Consolidation

Note) SWT, sedimentation in water treatment; PST, primary settling tank; SST, secondary sedimentation tank

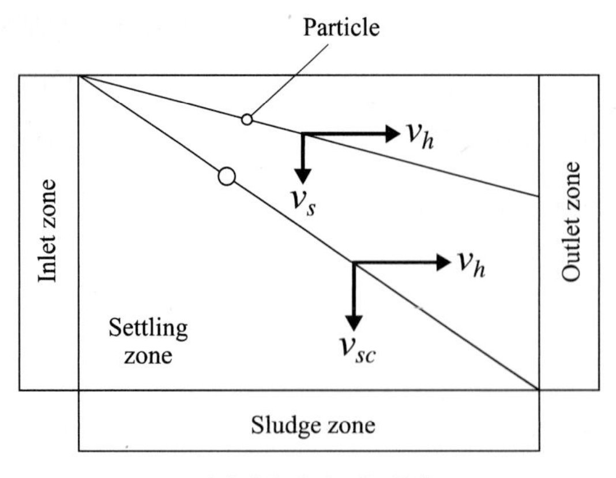

(a) 이상적인 수평흐름 침강조

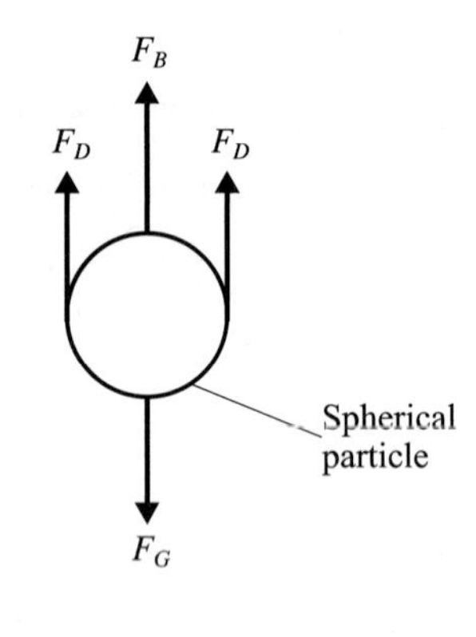

(b) 부력, 중력, 저항력을 받는 입자

그림 8-38 **구형 입자의 침강 개요도**

다르게 적용되지만 대체로 체류시간, 유속, 표면부하율과 깊이, 유입부, 위어 부하율, 침전 효율, 슬러지 제거 등이 있다.

Type I: 독립 침전

독립 침전은 이상적인 독립 입자 침강형태로 입자 간의 상호작용이 발생하지 않는 상태이다. 이는 뉴턴의 법칙(Newton's Law)과 스토크스의 법칙(Stokes's Law)에 의해 해석될 수 있다. 일반적으로 모래(grit)를 제거하기 위한 침사지와 설계에 적용되지만, 하수처리시설의 1차침전지의 초기 침전양상에서도 관찰된다.

침강하는 독립 입자는 다음과 같은 힘의 균형을 가지게 된다(그림 8-38).

$$m_p = \frac{dv_s}{dt} = F_G - F_B - F_D \tag{8.15}$$

여기서, m_p: mass of settling particle(kg)

v_s: particle settling velocity(m/s)

F_G: gravitational force(N)

F_B: buoyant force(N)

F_D: drag force(N)

한편 순중력(net gravitational force)은 다음과 같이 표현된다.

$$F_G - F_B = (\rho_p - \rho_w) g V_p \tag{8.16}$$

여기서, ρ_p: density of particle(kg/m^3)

ρ_w: density of water(kg/m^3)

g: acceleration due to gravity(m/s^2)

V_p: volume of particle($\pi d_p^3/6$)(m^3)

d_p: diameter of particle(m)

또한 저항력(drag force)은 입자의 단면저, 침강속도, 액체의 밀도 및 저항계수의 함수이나.

$$F_D = C_D A_p \rho_w \frac{v_s^2}{2} \tag{8.17}$$

여기서, C_D: coefficient of drag

A_p: cross-sectional area of particle($\pi d_p^2/4$)(m^2)

ρ_w: density of water(kg/m^3)

v_s: particle settling velocity(m/s)

이 식에서 항력계수(drag coefficient, C_D)는 입자를 둘러싼 유동 양상(층류 혹은 난류)에 따라 달라진다.

$$C_D = \frac{24}{N_R} \qquad \text{for laminar flow, } N_R \le 0.5 \tag{8.18}$$

$$C_D = \frac{24}{N_R} + \frac{3}{\sqrt{N_R}} + 0.34 \quad \text{for transitional flow, } 0.5 \le N_R < 1,000 \tag{8.19}$$

$$C_D = 0.4 \qquad \text{for turbulent flow, } N_R \ge 1,000 \tag{8.20}$$

여기서, N_R: Reynolds number ($N_R = \frac{Vdp}{\mu} = 0.5 \sim 10,000$, dimensionless)

μ: absolute viscosity of fluid (kg/m-s)

이상적인 시스템에서 최종 침강속도는 빠르게 얻어지고, 가속도 항목은 무시할 수 있을 정도가 되어 식 (8.15)는 다음과 같이 표현할 수 있다.

$$F_G - F_B = F_D \tag{8.21}$$

여기에 순중력[식 (8.16)]과 저항력[식 (8.17)]을 대입하여 풀면 침강속도는 다음 식 (8.22)와 같다.

$$V = \left[\frac{4g(\rho_s - \rho)d}{3C_D \rho} \right]^{1/2} \tag{8.22}$$

여기서, V: terminal settling velocity(m/s)

ρ_s: density of particle

ρ: density of fluid

g: acceleration due to gravity (9.81 m/sec^2)

d: diameter of particle(m)

C_D: dimensionless drag coefficient

이때 독립침전은 층류 조건을 만족하므로 식 (8.18)은 식 (8.23)으로 바뀌고, 이를 식 (8.22)에 대입하면 최종적인 스토크스의 침전식 (8.24)가 유도된다.

$$C_D = \frac{24}{N_R} = \frac{24\mu}{Vdp} \tag{8.23}$$

$$V = \frac{g}{18\mu}(\rho_S - \rho)d^2 = \frac{g}{18v}(w_S - 1)d^2 \quad \cdots \text{ Stokes's Law} \tag{8.24}$$

여기서, w_s: specific gravity of particle

$v = \mu / p$: kinematic viscosity of fluid

스토크스의 법칙은 유체와 입자의 거동에 있어서 층류(laminar flow), 구형 입자, 균일한 조성, 매끄러운 입자 표면, 그리고 입자는 서로 간섭하지 않는다는 기본 가정이 요구된다. 따라서 침전지에서의 고형물의 제거는 V(terminal settling velocity)$\geq$(V_S)일 경우에 일어나게 된다. 입자의 밀도는 그 특성에 따라 그 차이가 매우 큰 폭으로 나타나지만 일반적으로 유기물질(박테리아, 분변입자)은 통상 1,030～1,100 kg/m^3, 화학적 플록은 1,400～2,000 kg/m^3, 그리고 무기물 입자는 통상 2,500 kg/m^3 부근의 값을 갖는다(Tchobanoglous and Schroeder, 1985). 물의 점도는 20°C에서 약 0.001 kg/m · s이나 온도에 따라 차이가 있다.

그림 8-38과 같은 침전지역 조건에 대하여 설계인자를 도출하기 위해서는 다음과 같은 기본적인 조건이 가정된다.

- 독립된 입자(즉, 입자는 서로 상호 작용하지 않는다)
- 수평 및 수직방향의 유량 분포가 균등하다.
- 반응조 내에 난류가 없다.
- 입자는 물과 동일한 속도로 수평으로 움직인다.

이때 입자의 수평유속(V_L)은 유체의 유속(V_0)과 동일하고, 스토크스의 법칙에 따라 수직방향 유속은 입자의 유속(terminal settling velocity, $V_S = V_C$)과 동일하다. 이때 입자의 유속과 체류시간(detention time, t)은 식 (8.25), (8.26)과 같다.

$$V_S = h_0 / t \tag{8.25}$$

$$t = \frac{\text{Volume}}{\text{Flowrate}} = \frac{V}{Q} = \frac{L \times W \times h_0}{Q} \tag{8.26}$$

그러므로 입자의 유속은 최종적으로 식 (8.27)과 같이 정리되며, 이는 곧 침전지의 표면부하율(surface loading rate, SOR, m^3/sec-m^2)과 동일한 형태가 된다.

$$V_S = \frac{h_0}{\dfrac{L \times W \times h_0}{Q}} = \frac{h_0 \times Q}{L \times W \times h_0} = \frac{Q}{L \times W} = \frac{Q}{A_S} \tag{8.27}$$

이때, 만약 $V_P \geq V_S$ 조건이라면 모든 입자가 제거될 것이며, $V_P < V_S$ 조건을 만족한다면 V_S 비율까지만 제거될 것이다. $X_R(= V_S / V_P)$은 침전속도 V_P에서 제거되는 입자의 분율을 의미한다(그림 8-39). 따라서 I형 침전에서 입자의 제거 정도는 표면부하율에 크게 의존하며, 침전지의 깊이에 대해서는 영향을 받지 않는다. 즉, 침전지의 깊이가 2배라 하더라도 완전히 제거

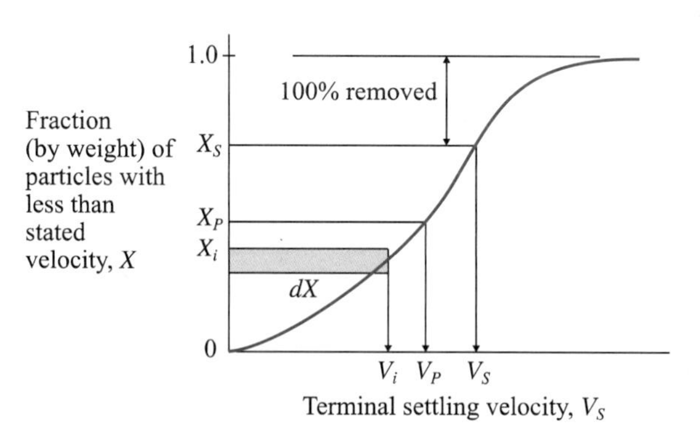

그림 8-39 **침전속도에 따른 입자의 누적 분포**

되지는 않는다. 따라서 I형 침전에서의 설계요소(design parameters)는 입자의 침전속도(V_S)와 유체의 속도(V_0)와 깊은 관련이 있다. 임의의 시간 동안 입자의 제거효율은 침전 속도의 전 범위를 고려하여야 하고, 체분석시험(sieve analysis)이나 비중계 테스트(hydrometer test)가 사용될 수 있다.

그림 8-39는 침전속도에 대한 일반적인 입자의 누적분율 곡선을 보여주는데, 제거분율 f는 식 (8.28)과 같이 표현된다.

$$f = (1-X_S) + \frac{V_S + V_{i+1}}{2V_S}(X_S - X_{i+1}) + \frac{V_{i+1}+V_i}{2V_S}(X_{i+1}-X_i) + \frac{V_i + V_{i-1}}{2V_S}(X_i - X_{i-1}) + \cdots$$

$$= (1-X_S) + \int_0^{X_S} \frac{V_P}{V_S} dX = (1-X_S) + \frac{1}{V_S}\sum V_P \Delta X \qquad (8.28)$$

여기서, $(1-X_S)$: $V_P > V_S$ 조건을 가진 입자의 분율

$\int_0^{X_S} \frac{V_P}{V_S} dX$: $V_P (= V_i) < V_S$ 조건을 가진 입자의 분율

참고로 그림 8-40에는 침사지의 실제 구조를 보여주고 있다.

(a) 유입부

(b) 침사지 내부

(c) 유출부

그림 8-40 **침사지의 구조 예** (낙동강 본류 매곡정수장)

예제 8-4 침사지 설계

$Q = 20{,}000$ CMD 인 취수시설의 침사지를 설계하시오.

설계조건 입자의 입경 = 0.1 mm, 입자의 비중 = 1.9,
원수의 동점성계수 = 1.0087×10^{-2} cm²/sec

풀이

1) 입자의 침강속도(V_S)

$$V_S = \frac{g}{18v}(w_S - 1)d^2 = \frac{980(1.9-1)(0.01)^2}{18 \times 1.0087 \times 10^{-2}} = 0.49 \text{ cm/sec}$$

2) 침사지 표면적(A_S)

$Q/A_S = 0.49$ cm/sec = 424 m/day = 424 m³/day-m²

$\therefore$ A_S = (20,000 m³/day)/(424 m³/day-m²) = 47.2 m²

Type II: 응결침전

응결침전은 침전 과정에서 응결이 일어나는 희석된 현탁액(diluted suspension)의 침전을 말한다. 이러한 양상은 정수장의 약품침전지와 하수처리장 1차침전지 하단부, 그리고 2차침전지의 초기 침전과정에서 흔히 관찰되나 설계에서는 앞선 두 경우에 주로 적용된다. 응결반응에 의해 입자의 질량은 서서히 증가하여 플록의 크기, 형상 및 비중 등이 계속 변화하여 빠른 속도로 침전하게 된다. 실제 침전속도는 침전관 실험(settling column test)에 의해 결정된다(그림 8-41).

침전관 실험에서는 통상적으로 $\phi 6'' \times L10'$(ϕ15.2 cm × L3 m) 크기의 실린더 관을 사용하는데, 여기에는 시료 채취용 작은 관이 일정한 간격(일반적으로 2 ft 혹은 61 cm)으로 설치된다. 침전효율은 개별 입자의 침전속도뿐만 아니라 고체 및 체류 시간의 농도에 따라 달라지는데, 이를 위해 각 지점에서 측정된 수질분석자료를 바탕으로 시행착오법에 준하여 등농도 곡선(isoconcentration curve)을 결정한다. 결정된 값은 파일럿 규모의 결과이므로 실제 침전지의 값과는 다소 차이가 있는데, 이를 보정해주기 위해 다음과 같은 보정 계수(scale-up factor, SF)가 고려된다.

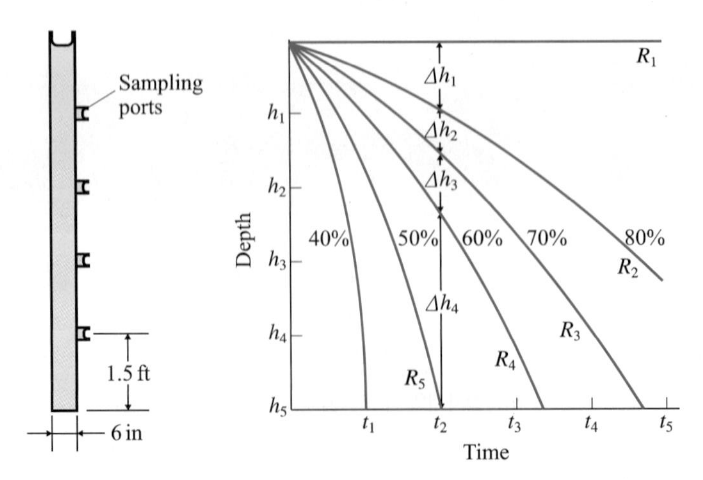

그림 8-41 Settling column and settling curves for flocculent particles

표 8-30 **침전지의 설계 월류율**

TYPE OF OPERATION	OVERFLOW RATE(m^3/d)	
	Range	Typical*
Water treatment		
Alum coagulation		
Turbidity removal	40-60	48
Color removal	35-45	40
Lime softening		
Low magnesium	60-110	80
High magnesium	50-90	65
Wastewater treatment		
Primary treatment		
Primary only	30-60	40
Primary with waste activated sludge return	22-40	30
Secondary treatment		
Activated sludge(excluding extended aeration)	16-32	24
Activated sludge(following extended aeration)	10-24	16
Trickling filter	16-30	24

* The typical value is based on average plant flow; for peak flow use twice the typical value.
Ref) Tchobanoglous and Schroeder(1985).

- 설계 침전속도(settling velocity) 또는 월류율(overflow rate) = 실험치 × SF(0.65～0.85)
- 설계 수리학적 체류시간(hydraulic detention time, HRT) = 실험치 × SF(1.25～1.5)

예제 8-5 II형 침전지의 입자 제거효율

그림 8-41의 침전관 실험결과를 이용하여, 체류시간 t_2와 깊이 h_5에서의 고형물 제거효율을 결정하시오.

풀이

제거효율은 다음과 같이 표현된다.

Percent removal

$$= \frac{\Delta h_1}{h_5} \times \frac{R_1 + R_2}{2} + \frac{\Delta h_2}{h_5} \times \frac{R_2 + R_3}{2} + \frac{\Delta h_3}{h_5} \times \frac{R_3 + R_4}{2} + \frac{\Delta h_4}{h_5} \times \frac{R_4 + R_5}{2}$$

오른쪽 계산과정에 따라 총 제거효율은 65.7%이다.

$\frac{\Delta h_n}{h_5} \times \frac{R_n + R_{n+1}}{2}$	=	percent removal
$0.20 \times \frac{100+80}{2}$	=	18.00
$0.11 \times \frac{80+70}{2}$	=	8.25
$0.15 \times \frac{70+60}{2}$	=	9.75
$0.54 \times \frac{60+50}{2}$	=	29.70
1.00		65.70

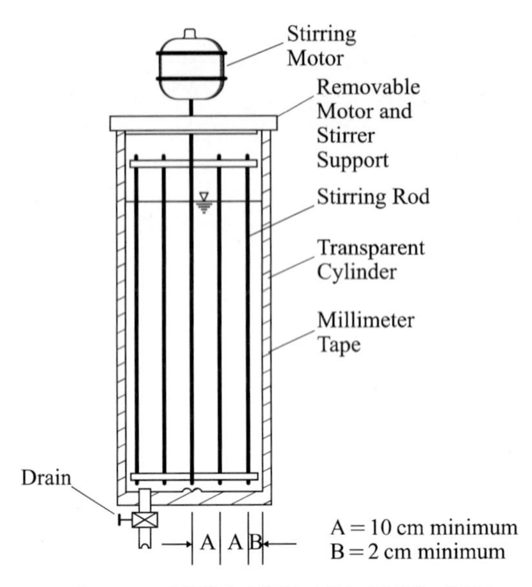

그림 8-42 **지역침전 실험을 위한 침전관 개략도**

Type III: 지역(방해)침전

이 침전양상은 중간 농도의 현탁액이 침전하는 유형으로 입자 상호간의 힘이 인접 입자의 침강을 방해하여 고체와 액체 사이에 일정한 계면(interface)이 발생하므로 계면침전(interface settling)이라고도 한다. 이때 교반(stirring)은 입자 간의 침전 방해현상을 제거하기에 효과적인 장치이다(Dick and Ewing, 1967). 일반적으로 정수시설의 슬러지 농축조와 하수처리장 2차침전지의 농축조 설계에 적용하며, 성상에 따라 차이가 크므로 침전실험은 반드시 선행된다. 이 형식의 침전속도는 고형물의 농도와 그 특성의 함수이다. 침전관 실험은 교반기구가 장착된 침전 칼럼(최소한 높이 1 m, 직경 19 cm)을 사용한다(그림 8-42).

이러한 유형 침전에 있어서 최종적인 월류율을 결정하기 위해 침전을 위한 면적, 농축을 위한 면적 또는 슬러지의 배출속도 등의 세 가지 인자가 고려된다. 또한 소요 면적을 산정하기 위해 회분식 침전관 시험 또는 고형물 플럭스(solid flux) 시험이 이용된다(안영호, 1989).

① 회분식 침전 실험에 기초한 소요 면적 산정

이 실험에서 침전을 위한 면적은 다음 식으로 표현된다.

$$A_C(\mathrm{m}^2) = \frac{Q\,(\mathrm{m}^3/\mathrm{min})}{V_S\,(\mathrm{m}/\mathrm{min})} \tag{8.29}$$

여기서 V_S: 계면침전곡선의 초기 부분의 접선경사

또한 농축을 위해 필요한 면적(Talmadge and Fitch, 1955)은 그림 8-43을 참고로 하여 다음 식으로 결정된다.

$$A_T(\mathrm{m}^2) = \frac{Q \times t_u}{H_0} \tag{8.30}$$

여기서, Q: 유입유량(m^3/s)

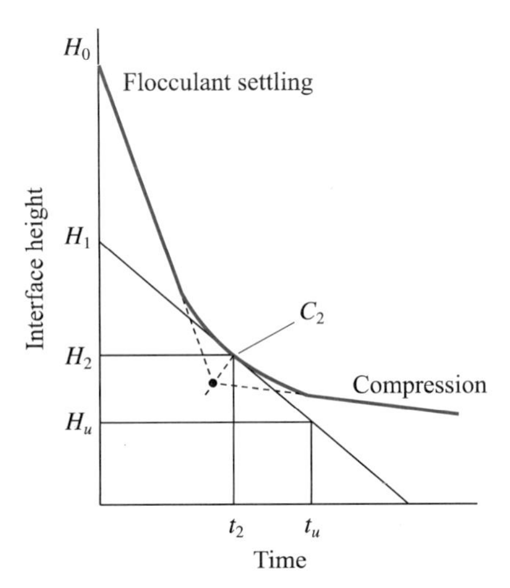

그림 8-43 Graphical analysis of interface settling curve (C_0 = uniform conc. of solids filled a column of height H_0, C_2 = critical conc. Controlling the sludge handling capacity of the tank, H_2 = height at which C_2 occurs, H_u = the depth at which the solids are at the desired underflow conc. C_u)

t_u: 하향류의 목표농도에 도달하는 시간(s)

H_0: 계변의 초기 높이(m)

$$H_u = \frac{C_0 \times H_0}{C_u} \tag{8.31}$$

이때 t_u의 결정은 깊이 H_u에서 수평선을 작도하고 침전곡선의 변곡점 C_2에서 접선을 그어 두 선이 만나는 지점에 해당하는 시간이 된다.

이러한 방식의 평가에서는 침전과 농축을 위해 요구되는 두 면적 중 더 큰 면적이 설계안으로 사용된다.

② 고형물 플럭스 해석에 기초한 소요 면적 산정

이 방법은 계면침전이 일어나는 시스템의 고형물 물질수지를 이용하여 해석하는 방법으로 정상상태조건으로 운전되는 침전 양상은 그림 8-44와 같이 개략적으로 나타낼 수 있다.

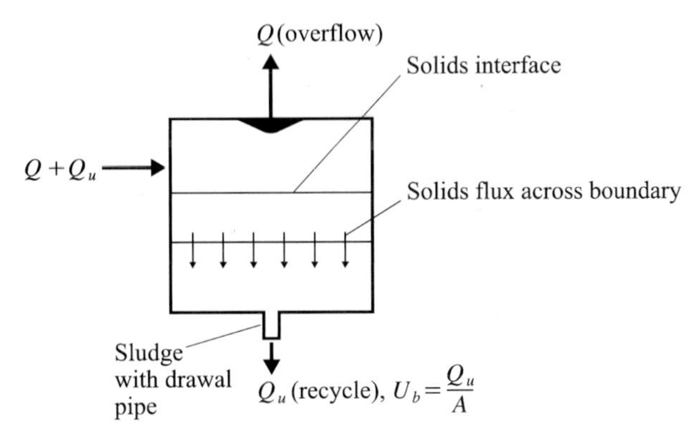

그림 8-44 정상상태조건으로 운전되는 침전지의 개략도

이때 침전 고향물의 질량에 대한 총 플럭스는 다음과 같은 물질수지식으로 표현된다.

$$\text{Total-mass flux } (SF_t) = SF_g + SF_u$$
$$= (C_i V_i - C_i U_b) \times (10^3 \text{ g/kg})^{-1} \quad (8.32)$$

여기서, SF_g: 중력에 의한 고형물 플럭스(kg/m² · h)

SF_u: 하향류에 의한 고형물 플럭스(kg/m² · h)

C_i: 임의점에서의 고형물 농도(mg/L)

V_i: C_i에서 고형물 침전속도(m/h)

U_b: 하향흐름유속(m/h)

이 식으로부터 침전을 위해 필요한 면적은 다음과 같이 정리된다.

$$\text{Area}(A) = \frac{(Q+Q_u)C_0}{SF_L} \times (10^3 \text{ g/kg})^{-1} = \frac{(1+\alpha)QC_0}{SF_L} \times (10^3 \text{ g/kg})^{-1} \quad (8.33)$$

여기서, A: 단면적(m²)

$(Q+Q_u)$: 총 용적유량(m³/d)

C_0: 유입수 고형물 농도(mg/L)

SF_L: 제한 고형물 플럭스(kg/m² · h)

α: Q_u/Q

그림 8-45에는 고형물 플럭스 해석에 있어서 침전자료의 해석방법을 간단히 도식화하여 나타내었다.

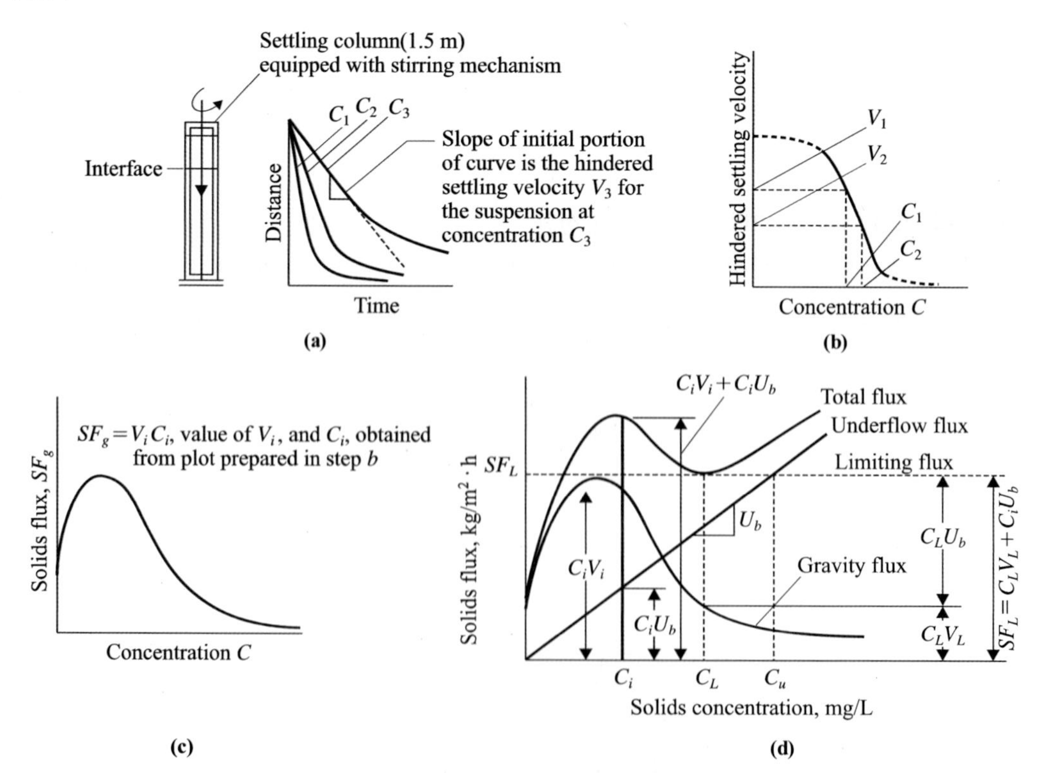

그림 8-45 **고형물 플럭스 해석에 따른 침전자료의 해석방법 개요**

Type IV: 압축침선

이 침전양상은 매우 고농도의 고형물에 대한 경우로 입자 간의 물리적 상호작용력(physical interaction forces)이 압축침강의 양상을 만들어낸다. 압축 영역에서 슬러지에 필요한 체적은 침전 시험에 의해 결정될 수 있다. 이때 압밀의 속도는 시간 t에서의 깊이와 장기간에 걸친 침전 깊이의 차이에 비례한다. 그 상관관계는 다음 식 (8.34)로 표현된다.

$$H_{t1} - H_{\infty} = (H_{t2} - H_{\infty}) \cdot \exp\{-i(t_1 - t_2)\} \tag{8.34}$$

여기서, H_{t1}: 시간 t_1에서의 슬러지 높이
H_{∞}: 최종적인 슬러지 깊이(i.e. 24hours)
H_{t2}: 시간 t_2에서의 슬러지 높이
i: 대상 현탁액 특성 상수

(3) 약품침전지의 특성과 설계요소

정수시스템에서 사용되는 침전지의 종류로는 전 단계에서 응집-응결단계를 거치는 약품침전지와 원수를 단지 자연 침강시키는 보통침전지, 그리고 배출수처리단계에서 사용하는 농축조가 있다. 보통침전지는 완속여과지의 부담을 경감시키기 위한 목적이지만 원수의 탁도가 열악할 경우(연간 최고 탁도가 30 NTU 이상) 응집처리시설이 필요하다. 반면에 원수 탁도가 대체로 10 NTU 이하인 경우에는 보통침전지를 생략하기도 한다. 이러한 침전지는 II형 침전 양상이 주된 역할을 하는 대표적인 공정이다. 따라서 여기에서는 약품침전지를 중심으로 하여 설명한다(III형 침전양상에 해당하는 농축조에 대해서는 배출수처리시설을 참고하기 바란다).

침전지는 그 형상과 흐름특성에 따라 직사각형(횡류형, horizontal flow)과 원형(방사류, radial flow), 그리고 호퍼형(상향류, hopper bottomed upflow)으로 구분된다(그림 8-46). 또한 단층식 또는 다층식(2～3층), 경사판식(수평류, 상향류)으로 설치가 가능하다. 횡류식 장방형 침전지는 수리적으로 안정되고 또한 충격부하(설계유량의 2배)에 대해서도 어느 정도 효과적으로 대응할 수 있어 일반적으로 사용되는 형식이다. 이 형식은 또한 조작이 간단할 뿐만 아니라 고속침강장치를 쉽게 추가할 수 있는 장점이 있다. 다층형 침전지는 더 넓은 면적을 제공할 수 있으므로 효율이 좋은 반면에 구조가 복잡하고 관리가 어려운 단점이 있다. 이러한 개념에서 침전지 내부에 경사판 또는 경사관(inclined lamella and tube settlers)이 추가된 침전지 형상이 사용되기도 한다(그림 8-47). 한편 플록 형성을 추가적으로 촉진하여 응집침전효율을 향상시킬 목적으로 사용하는 고속응집침전지(solids contact clarifiers)가 있는데, 그 종류에는 슬러지 순환형, 슬러지 블랭킷형, 맥동형 및 복합형 등이 있다(그림 8-48).

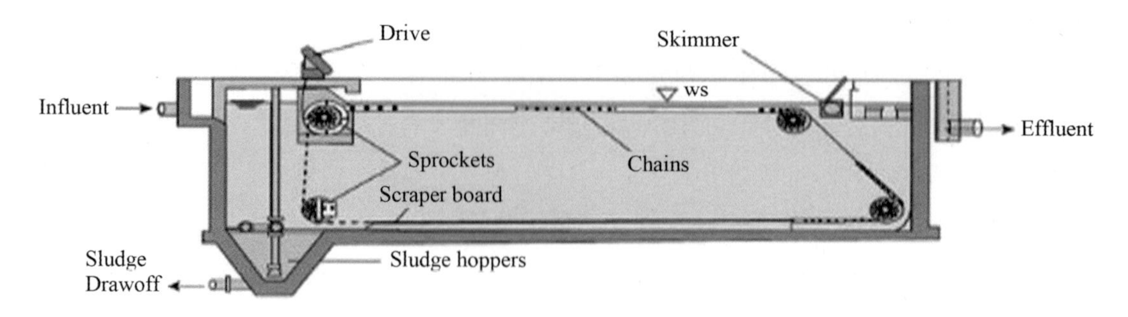

(a) 직사각형(횡류형)

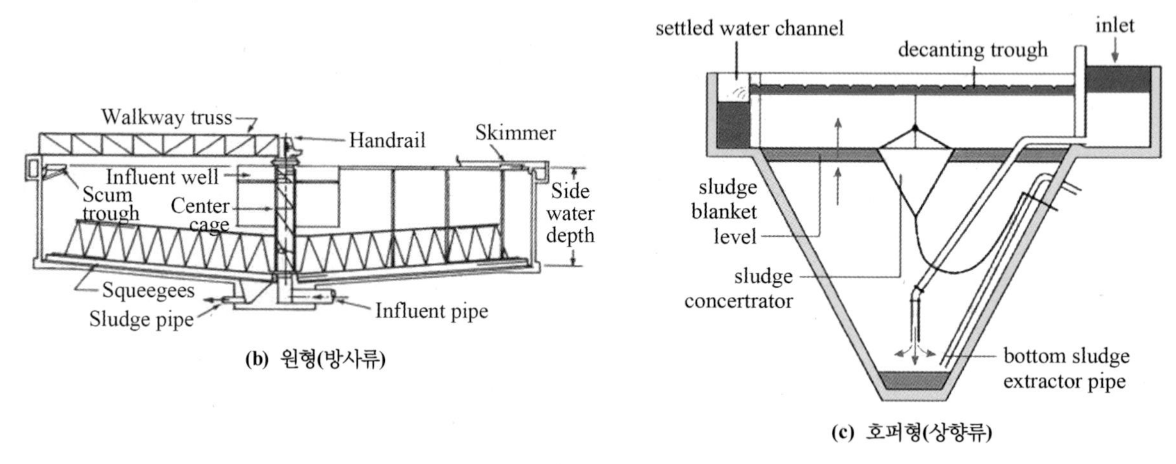

(b) 원형(방사류)

(c) 호퍼형(상향류)

그림 8-46 **일반적인 침전지의 종류**

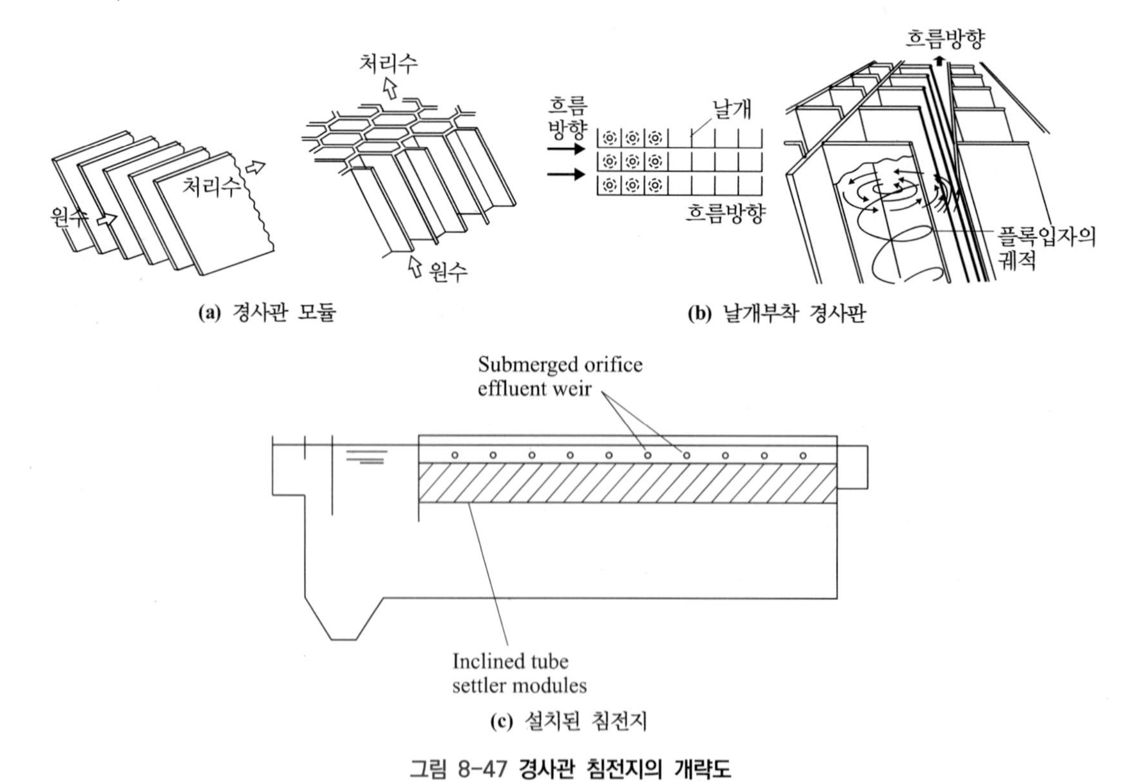

(a) 경사관 모듈

(b) 날개부착 경사판

(c) 설치된 침전지

그림 8-47 **경사관 침전지의 개략도**

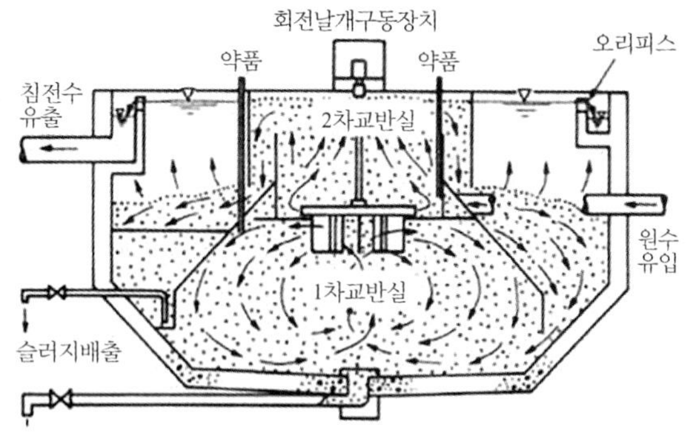

(a) 슬러지 순환형

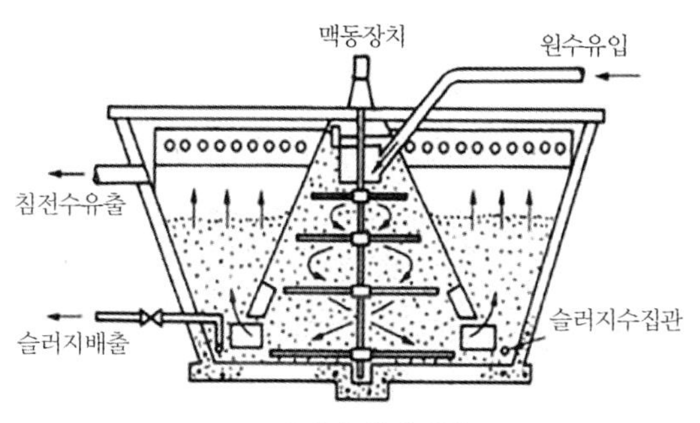

(b) 슬러지 블랭킷형

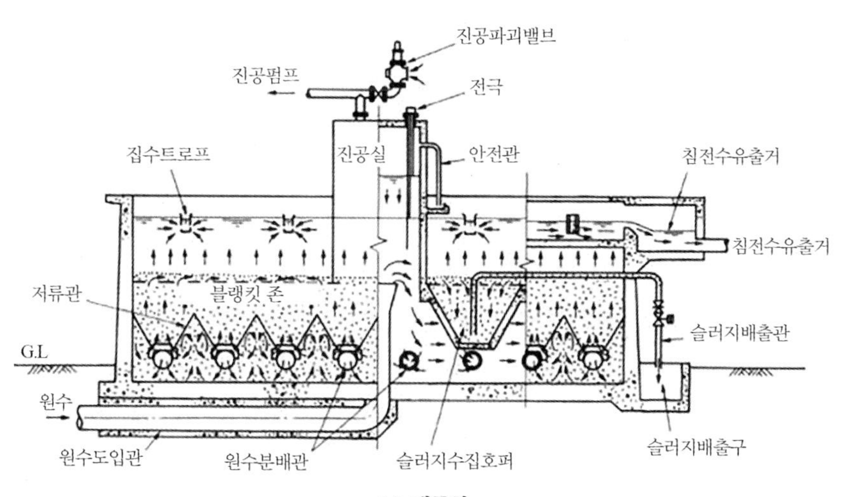

(c) 맥동형

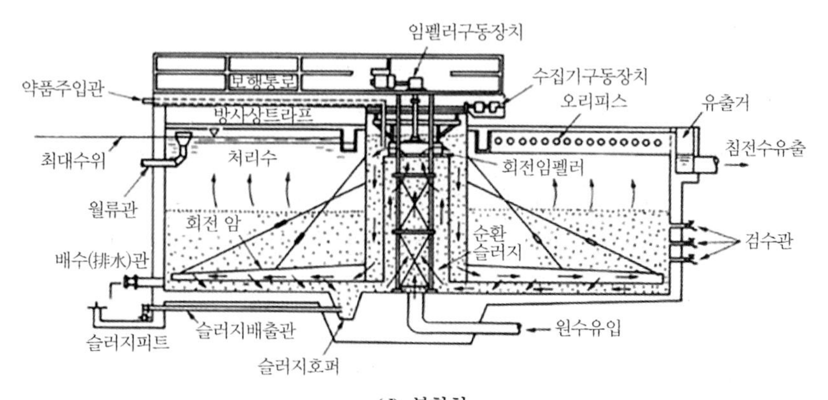

(d) 복합형

그림 8-48 고속응집침전지의 종류

표 8-31 **침전지의 일반적인 설계요소**

Type of basin	Detention time (h)	Surface overflow rate(m/day)	Weir overflow rate (m^3/m·day)
Presedimentation	3-8		
Standard basin following:			
Coagulaltion and flocculation	2-8	20-33	250
Softening	4-8	20-40	250
Upflow clarifier following:			
Coagulation and flocculation	2	55	175
Softening	1	100	350
Tube settler following:			
Coagulation and flocculation	0.2		
Softening	0.2		

침전지는 효과적인 유지관리(청소, 검사 및 수리 등)를 위해 기본적으로 독립적인 구조를 가진 2지 이상으로 설계하는데, 이때 유입수의 수리학적인 균등분배가 매우 중요하며, 침전지의 전후를 연결하는 우회관의 설치도 매우 유효하다.

침전 이론으로부터 입자제거효율에 미치는 주된 영향인자는 침강면적(A)과 침강속도(V) 그리고 유량(Q)이다. 따라서 침전지의 설계에 있어서 중요한 요소로는 표면부하율(SLR, flowrate/surface area), 수리학적 체류시간(HRT, tank volume/flowrate) 그리고 위어부하율(WLR, flowrate/weir length)이다. 표 8-31은 침전지의 일반적인 설계요소에 대한 전형적인 설계값을 보여준다.

횡류형 침전지의 형상은 직사각형으로 길이(길이는 폭의 3~8배 이상)는 흔히 15 m 정도까지가 많다. 또한 유효수심은 3~5.5 m, 슬러지 퇴적층 깊이 30 cm 이상, 여유고(고수위에서 침전지 벽체 상단까지) 30 cm 이상이다. 침전지 바닥에는 슬러지의 원할한 제거를 위해 배수구를 향하여 경사(기계식 1/500~1/1,000, 인력식 1/200~1/300)를 둔다. 응집처리를 하지 않은 보통침전지의 경우 표면부하율은 5~10 mm/min, 체류시간 약 8시간, 침전지 내 유체의 평균 유속은 0.3 m/min 이하를 기준으로 한다. 반면에 응집처리를 수반하는 단층 약품침전지의 경우 15~30 mm/min의 표면부하율, 3~5시간의 체류시간 및 0.4 m/min 이하의 평균유속을 기준으로 한다.

횡류식 경사판(관)식 침전지의 경우 표면부하율 4~9 mm/min, 평균유속은 0.6 m/min 이하, 경사판 내의 체류시간은 20~40분(경사판의 간격 100 mm인 경우), 경사판의 경사각은 60°, 장치의 하단과 바닥과의 간격은 1.5 m 이상, 장치와 침전지의 유입부벽 및 유출부벽과의 간격은 1.5 m 이상으로 한다. 상향류식의 경사판을 설치하는 경우에는 표면부하율 12~28 mm/min, 평균 상승유속은 250 mm/mim 이하, 침강장치 1단, 경사각은 55~60° 정도이다. 또한 횡류식 침전지에 상향류식 경사판을 설치하는 경우 장치 하부 입구에서의 평균유속은 0.7 m/min 이하이며, 장치의 하단과 바닥과의 간격은 1.5 m 이상, 장치와 유입부벽과의 간격은 1.5 m 이상으로 설계한다. 경산판(관) 방식의 침전지에서는 유체 흐름을 효과적으로 유지하는 것이 중요하므로 특히 단락류에 주의하여 설계해야 한다. 또한 처리효율을 향상시키기 위하여 기존 침전지에 경사판 등 침강장치를 설치하는 경우에는 부대된 기존 설비능력을 충분히 고려해야 하고, 불가피하게 처리수량을 증가시켜야 할 경우 수질현황과 관련한 유량 증가 가능량, 침강장치의 설치가능면적, 침전지의 표면부하율 및 유속, 유량완충능력, 유출설비 및 슬러지 배출 능력 등에 대한 검토가 필요하다.

고속응집침전지는 원수의 탁도가 10 NTU 이상(최고 탁도 1,000 NTU 이하)인 경우에 수온과 탁도, 그리고 처리수량의 변동이 적은 경우에 적당하다. 고속응집침전지의 표면부하율은 40～60 mm/min을 기준으로 용량은 계획정수량의 1.5～2.0시간 분량으로 한다. 만약 경사판 등의 침강장치를 설치하는 경우 슬러지 계면 상부에 설치한다.

침전지의 정류(분배)설비는 반응조 내에서 편류나 밀도류를 발생을 억제시켜 제거율을 높이기 위한 시설이다. 횡류식 침전지의 정류설비는 횡단면에 균등 유입이 가능하도록 설계되어야 하고, 정류벽은 유입단에서 1.5 m 이상 간격을 두어야 한다. 이때 정류공의 10 cm 전후로 전체 면적은 유수 단면적의 6%를 기준으로 하고 있다.

횡류식 침전지 유출부에서 설계 위어부하는 500 $m^3/d \cdot m$ 이하이나, 상향류식에 경사판 등 침강장치를 설치하는 경우에는 구조적인 제약으로 인해 350～400 $m^3/d \cdot m$ 정도가 한계이다. 유출설비의 하단과 침강장치 상단과의 간격은 원칙으로 30 cm 이상으로 한다.

한편 침전지의 중요한 기능 중 하나인 슬러지 배출에 있어 그 설계원칙은 슬러지 배출이 원활하고 고장이 없을 것, 슬러지 양에 알맞은 배출능력을 가질 것, 그리고 고농도로 소량의 슬러지를 배출할 수 있을 것 등이다.

슬러지 수집기는 슬러지 양, 반응조 수, 용량의 여유여부, 기계의 신뢰도, 슬러지 배출작업의 상황 등을 고려하여 선정한다. 일반적으로 기계식 수집기의 형식은 주행브리지식, 체인플라이트식, 수중대차식 및 중심축회전식(center pivot rotating arm type)이 있으며, 그 외에도 공기압 이용방식, 침전지 바닥에 호퍼를 설치하는 방식 등이 있다.

그림 8-49와 8-50에는 횡류형 침전지 구조와 슬러지 수집기의 예를 나타내었고, 표 8-32에는

(a) 정류벽

(b) 침전지 내부

(c) 유출프로프

그림 8-49 **횡류형 침전지의 구조예** (낙동강 본류 매곡정수장)

(a) 체인플라이트식

(b) 수중대차식

(c) 진공흡입식

그림 8-50 **횡류형 침전지의 슬러지 수집기의 종류**

표 8-32 **슬러지 수집기 형식 비교**

구분	체인플라이트식	수중대차식	진공흡입식
구조	• 순환체인에 고정된 플라이트가 연속적으로 슬러지를 호퍼로 수집하여 제거	• 하부 또는 벽면에 레일을 설치하여 스크레이퍼가 와이어로프에 의해 왕복운동을 하면서 슬러지를 호퍼로 수집하여 제거	• 압축공기에 의해 슬러지를 진공 흡입하여 제거
장점	• 구조가 간단 • 많은 슬러지 양 처리 가능 • 수집 속도가 일정하고 연속적이며, 저속운전 가능 • 수몰식으로 주위경관과 무관	• 구동부 단순, 유지보수 용이 • 슬러지 수집 효율 우수 • 침전지 길이에 무관(경제적) • 주행방향 및 거리 조절 등 자동화 가능	• 슬러지 포집과 동시에 흡입배출, 슬러지 교란 최소화 • 별도의 호퍼 및 인발밸브 불필요(기존 시설 활용) • 공정 자동화로 이송속도 및 배출량 제어
단점	• 체인장력 고려 시 침전지 길이 제한 및 장력조정 필요 • 수온에 의한 장력변화로 체인 끊김 발생 가능	• 누적 슬러지 처리 시 과부하 및 대차의 탈선 우려 • 보수 시 침전지 배수 필요 • 유입/유출부 하부에 슬러지 적체 발생 가능	• 낙엽 등의 슬러지 이외에 유입 시 흡입구가 막히는 현상 발생 가능 • 슬러지 이송관이 수표면에 노출되어 미관상 단점

흔히 고려되는 슬러지 수집기의 구조와 장단점을 비교하였다(대구시 상수도사업본부, 2015).

일반적으로 전산유체해석(CFD, computational fluid dynamics) 방법은 침전지 내의 유체 흐름 상태를 파악할 수 있는 유용한 방법으로 반응조의 사역(dead spaces)과 단회로(short circiting) 현상을 파악하고 저감시키기 위한 노력의 일환으로 주로 사용된다. 수작업으로 해석이 불가능한 복잡한 구조물 내의 유동장 해석에는 주로 FVM(finite volume method)기법을 이용하는데, 상용

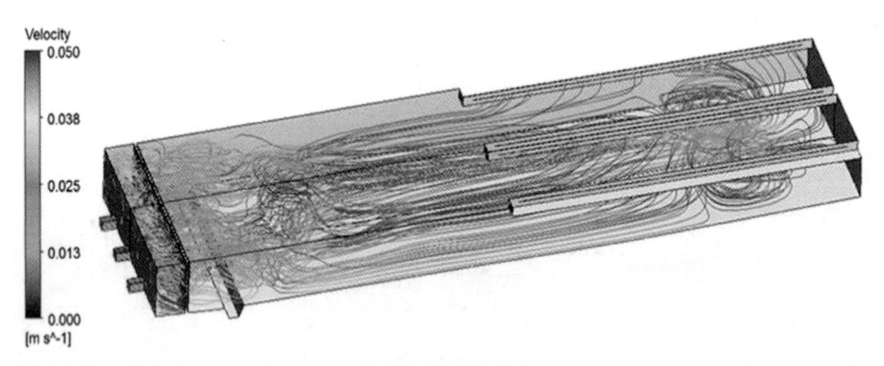

(a) 침전지 전 영역

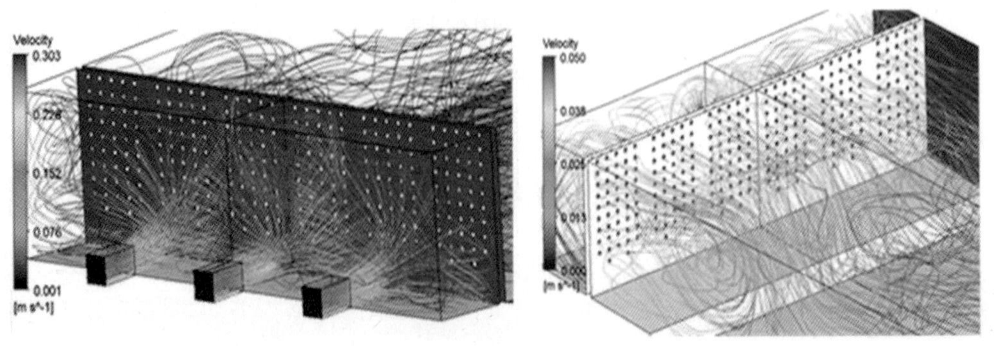

(b) 유입부

그림 8-51 **횡류형 침전지의 유체흐름특성 분석 예** (대구시 상수도사업본부, 2015)

하는 전산유체 프로그램으로 ANSYS CFX(Ansys Inc., USA)가 있다. CFD 해석은 침전지의 설계 및 실제 운전유량 조건에서의 정상상태(steady state) 흐름과 비정상상태 흐름(unsteady state, transient-flow) 특성을 모두 분석한다. 그림 8-51에는 횡류형 침전지의 전산유체 해석사례를 보여주는데, 유입수가 들어오는 정류부의 흐름특성과 유출 트러프 양측에서 발생하는 와류의 영향으로 중앙의 트러프로 흐름의 쏠림 현상이 발생하고 있다는 것을 알 수 있다(대구시 상수도사업본부, 2015). 이러한 침전지 내 흐름특성 해석결과를 바탕으로 흐름의 집중화 및 와류의 형성 지점 등을 파악할 수 있으며, 이러한 자료는 향후 시설물의 개선에 매우 유용한 기초자료가 된다.

예제 8-6 약품침전지의 설계

계획정수량(1일 최대급수량) 60,000 m^3/일인 정수장을 계획하고 있다. 다음의 조건을 만족하는 약품침전지 설계하시오.

1) 침전시간 4시간, 유효수심 4 m로 할 때, 반응조의 총 용량과 총 표면적
2) 탱크의 길이/폭 = 3～8 m(최대폭 15 m), 평균 유속 40 cm/min 이하를 만족시키는 반응조 수, 한 반응조당 길이와 폭, 평균유속 및 위어부하

풀이

(1) 약품침전지의 총 용량 V는,

$$V = (\text{계획정수량}) \times (\text{침전시간}) = (60{,}000/24) \times 4 = 10{,}000\ m^3$$

유효수심이 4 m이므로 총 표면적은

$$V/4 = 2{,}500\ m^2$$

(2) 단위 반응조의 폭을 10 m라고 가정할 때 길이는 250 m가 필요하다. 이때 길이/폭 비를 5로 계획한다면 길이 50 m의 반응조를 5개 설치하면 된다. 반응조 내의 평균유속은 50 m/4 h ≒ 20.8 cm/min이며, 이는 기준인 40 cm/min을 만족한다.

또한 침전지의 유출부 월류위어의 폭이 10 m × 5조 = 50 m이므로 위어부하는 60,000/50 = 1,200 $m^3/m \cdot d$로, 이는 일반적인 값 500 $m^3/m \cdot d$ 이하를 초과한다. 따라서 양측 유입형의 위어트랩을 유체흐름방향으로 설치하여 위어부하를 경감시키도록 할 수 있다. 여기서 반응조의 폭 50 cm, 길이 15 m에 트랩을 부설한다고 하면, 월류위어와 트랩의 총 연장 길이는 $L = (10 + 15 \times 2) \times 5 = 200$ m이다. 따라서 평균 위어부하는

$$60{,}000\ m^3/\text{일} \div 200\ m = 300\ m^3/m \cdot d$$

가 된다. 그러므로 폭 10 m, 길이 50 m의 침전시(양측 유입형 트랩 15 m)를 5개 설치한다면 평균유속은 20.8 cm/min, 위어부하는 300 $m^3/m \cdot d$로 설계기준을 만족하게 된다. 또한 침전지의 깊이 산정에서는 슬러지 퇴적분(30 cm)과 수면 위 탱크까지의 높이(30 cm)의 여유고를 고려해야 한다.

8.5 공기부상조

공기부상법(DAF, dissolved air flotation)은 전 단계에서 형성된 플록에 미세기포를 부착시켜 수면 위로 부상시키는 방법으로 침전 메커니즘의 반대적인 개념이다. 플록 형성에 소요되는 시간은 재래식 침전 공정보다 짧아서 표면부하율은 재래식 침전지의 10배 이상이며, 발생된 슬러지의 고형물농도 역시 침전 슬러지의 농도(0.5%)보다도 높다(2～3%).

호소나 저수지에서 원수를 취수하고 있는 대부분의 정수장에서는 원수에 조류와 유기화합물과 같은 저농도 부유고형물이 포함되어 있으며, 이러한 원수는 조류의 번성과 함께 심한 색도와 철 및 망간, 맛 그리고 냄새 문제를 일으킨다. 공기의 공급에 따라 고액분리와 탈기(gas stripping) 효과를 동시에 가지므로 용존공기부상법은 이러한 경우에 특히 적합한 방법이다. 이 방법의 사용은 최근 정수처리뿐만 아니라 하수 및 폐수처리장에서 점차 확대되고 있다. 그림 8-52는 플록 형성지와 연결된 일반적인 DAF 시설의 개념도를 나타내었다.

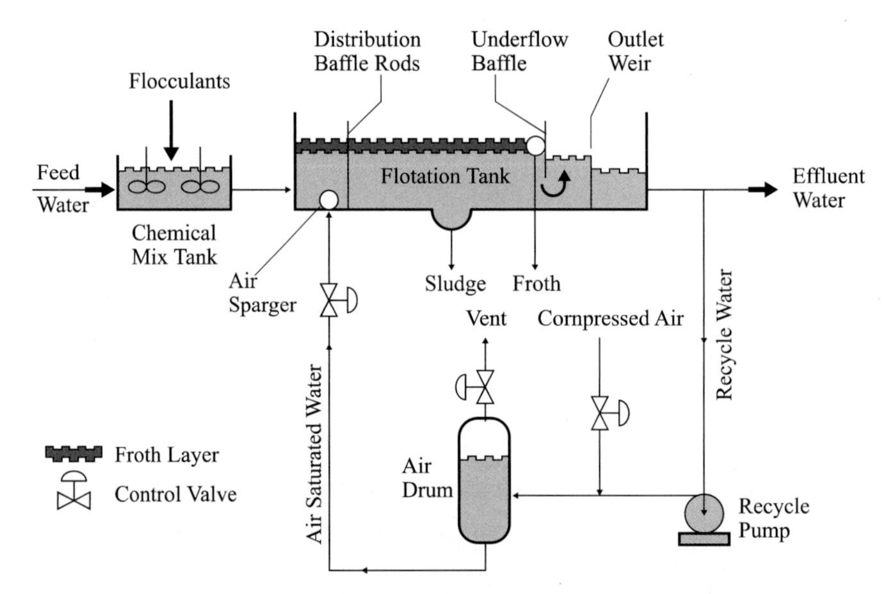

그림 8-52 **플록 형성지가 결합된 일반적인 DAF 공정의 개념도**

(1) 플록 형성지

일반적인 침전공정과는 달리 DAF의 전 단계로 연결되는 플록 형성 공정은 그 특성상 차이가 있다. 즉, 중력식 침전의 경우와는 달리 DAF 공정을 위한 플록은 공기방울들이 플록에 부착되어 수면으로 빠르게 상승할 수 있도록 충분히 작고 가벼운 특성을 가져야 한다. 이를 위해 상대적으로 높은 교반강도, 짧은 교반시간 및 부대설비(부상 공간의 경사 저류벽) 등에 대한 검토가 필요하다. 이 경우 플록 형성지는 2지 이상, 수심 3.6～4.5 m, 폭은 부상지의 폭과 동일하게 10 m 정도로 하고, G값 30～120 s^{-1} 정도로 설계한다. 또한 교반시간(체류시간)은 15～20분 정도가 좋으며, 플록 형성지의 각 단을 구획시키는 격벽의 설치가 유용하다. 일반적으로 플록 형성지는 2단으로 구성하며, 플록 형성지 유출부에 저류벽의 경사는 수평면에 대하여 60～70° 정도가 적당하다.

(2) 용존공기부상조

용존공기부상조(DAF)는 최소 2조 이상으로 부상조의 길이는 통상 최대 12 m 이하로 설계된다. 또한 10～15 m/h의 표면부하율 조건하에서 체류시간은 약 10～15분이 적당하나, 일반 무기응집제와 폴리머를 조합하여 주입한다면 표면부하율은 15～20 m/h까지도 가능하다. 또한 수심은 미세기포(평균 40～50 μm)의 효과가 최적의 상태로 발휘될 수 있도록 1.0～3.2 m 정도가 적당하며, 반송수의 순환비(recycle ratio)는 공정수의 6～10%, 최대 공기부하량은 10 g/m^3(지표수의 경우 공기 380 mL/1g 고형물), 포화 부하량은 62.5 m^3/m^2-h, 운전압력은 415～620 kPa의 범위이다.

중력식 침전방식에 비하여 DAF 방식의 소요 부지(약 10%)는 작으나, 공기포화기, 순환펌프, 슬러지 수집장치 등으로 인하여 운전비용은 비교적 높다(일반 플록 형성-침전공정에는 0.7 Wh/10 m^3/d인데 반하여 DAF에 소요되는 동력은 2.5 Wh/10 m^3/d 정도이다). DAF의 성능에 영향을 미치는 가장 큰 요소는 탁도로, 일반적으로 100 NTU 이상의 탁도에서는 침전공정이 더 효과적이다. 이러한 고농도 탁도가 유입되는 경우 예비침전지를 두는데, 예비침전지는 상대적으로 높은 표면부하율로 설계하며, 평상시에는 역세척수의 탁질부하를 80% 이상 제거하는 배출수 침전지의 역할을 수행할 수 있다. 또한 DAF는 여과지나 오존전처리 등의 다른 공정과 조합하여 사용할 수 있다.

8.6 여과

(1) 개요

여과(filtration)는 콜로이드(유·무기성)와 부유물질(SS) 및 응집(침전된 경도, 철 또는 망간)에 의해 제거되지 않는 미립자를 분리 제거하기 위한 방법으로, 역사적으로 수처리에 있어서 최종적인 정화(polishing) 단계로 적용되어 왔다. 여과지는 정수처리뿐만 아니라 하·폐수처리 및 물재이용(중수도) 공정에서도 다양하게 이용되는데, 일반적으로 물리화학적 처리나 생물학적 처리의 후속처리로 채택되고 있다. 필터의 종류에 따라서는 지아르디아(Giardia) 낭종, 바이러스, 그리고 석면 섬유(asbestos fibers, about 1 μm)까지도 제거가 가능하다. 일반적으로 여과지 내에서 유체는 모래와 자갈층을 통해 통과하여 아래쪽으로 흐르며, 입자는 모래 알갱이(sand grains) 사이에 포집되고 여과된 물은 배수관을 통해 집수되어 후단의 소독(disinfection)시설로 보내게 된다. 일부 필터는 활성탄을 포함하여 유기물 제거에 사용되기도 한다.

(2) 여과의 종류

여과(filtration)의 종류(그림 8-53)는 크게 심층여과(depth filtration)와 표면여과(surface filtration), 그리고 막여과(membrane filtration)의 세 가지로 구분한다(Metcalf & Eddy, 2003). 심층여과에서는 입자의 제거가 여상(filter bed)의 내부와 표면에서 함께 이루어지며, 표면여과나

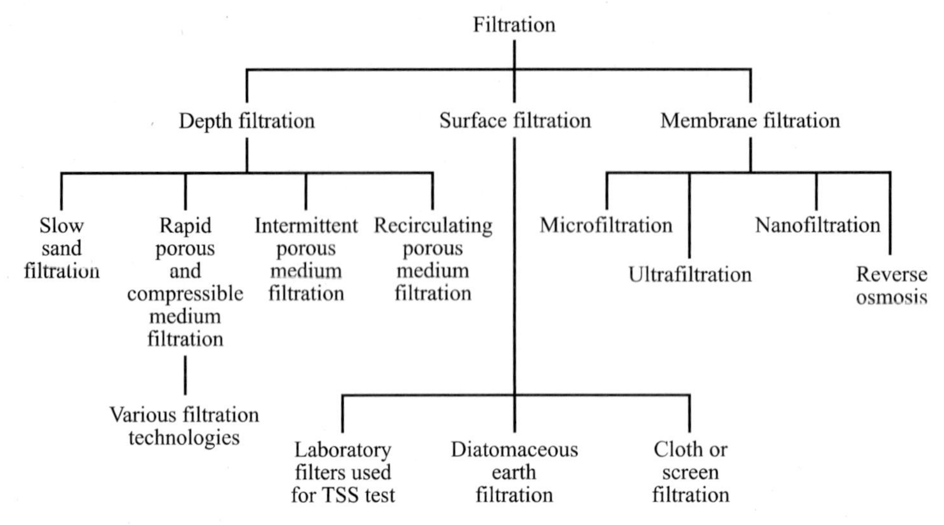

그림 8-53 Classification of filtration (Metcalf & Eddy, 2003)

막여과에서는 부유물질이 거름체의 표면(straining surface)이나 얇은 지지막(supported membrane)을 통과하면서 제거된다(그림 8-54).

심층여과는 액체를 입상(granular) 또는 신축성 있는 여재(media)로 이루어진 여상을 통과시킴으로써 액체 내에 포함된 입자성 물질을 제거하는 것이다. 심층여과는 정수처리과정에서 사용되는 주요한 단위 공정 중 하나지만, 점차 하·폐수의 고도처리를 위해서도 보편적으로 사용되고 있다. 여과지의 운전특성은 후속하는 살균시설의 운전특성에도 상당한 영향을 미치게 된다.

정수시설로써 완속모래여과()는 최초에 도시(1804년 스코틀랜드 페이즐리) 급수를 위해 고안되었고, 급속여과(RSF, rapid sand filtration)는 규모가 작은 시설에서도 많은 양의 물을

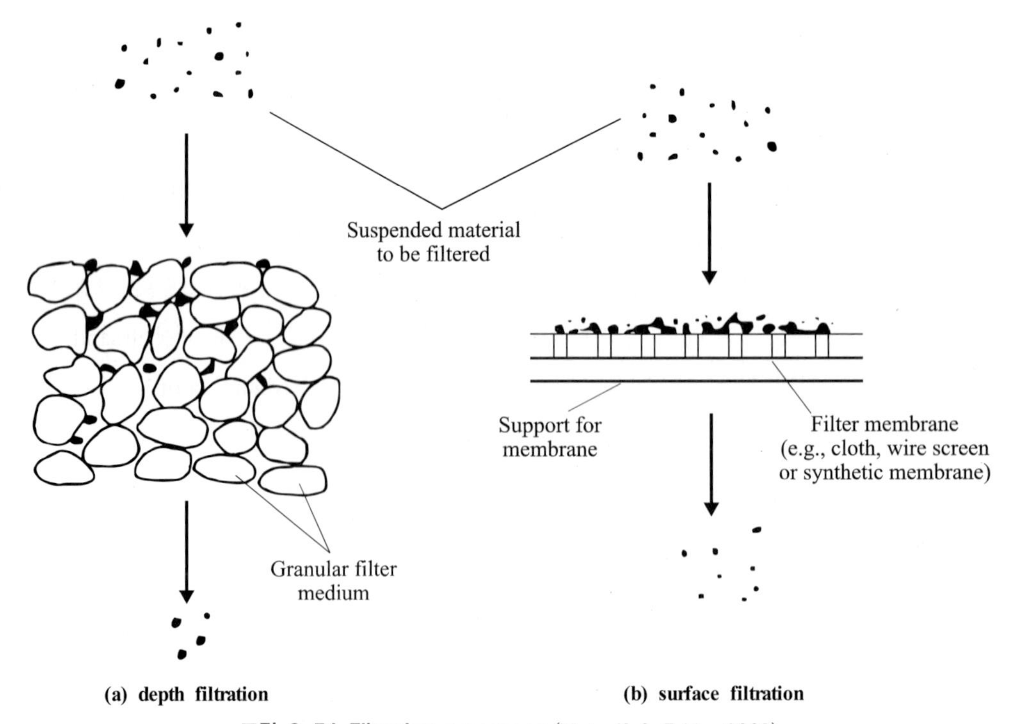

그림 8-54 Filtration processes (Metcalf & Eddy, 2003)

처리할 수 있도록 개발된 것이다(1884년, 미국 뉴서시 서머빌). 완속모래여과는 얇은 자갈층으로 지지되는 고운 모래상에서 케이크 여과(cake filtration) 방식의 중력을 이용한 지하배수 시스템(underdrain system)이다. 따라서 수질은 시간이 지나도 악화되지 않으나, 넓은 부지를 필요로 한다. 급속모래여과는 전통적으로 실리카 모래(silica sand: s.g. 2.5, ID 0.45-0.6 mm)가 사용되었지만 모래, 무연탄(anthracite coal: s.g. 1.5, ID 0.8-1.4 mm), 석류석(garnet sand: s.g. 4.5, ID 0.2-0.35 mm), 그리고 활성탄(activated carbon, GAC: s.g. 1.5)을 포함한 다양한 재료들이 사용된다. 입자는 입상형베드(granular bed)에서 제거되며, 수질은 회복하기 위해 주기적인 역세공정(back washing)이 필요하다. 간헐성 및 순환형 다공성 여재를 이용한 여과는 주로 소규모 시설용이며, 대규모 급수시설은 주로 완속여과와 급속여과에 의해 이루어진다.

표면여과는 여과재료로 얇은 격벽(septum)을 사용하는 것으로 기계적 제거에 의해 부유입자를 제거하는 것이다. 여과 격벽으로 사용되는 물질에는 금속 또는 섬유 직물, 그리고 합성물질(styrenes: s.g. 0.9-1.0) 등이 있다. 막여과도 일종의 표면여과이긴 하지만, 여재의 공극(pore size)이 다르다. 섬유 여재(cloth-medium) 표면여과의 간극 크기는 10～30 μm 정도이고, 막여과에서는 0.0001～1.0 μm 정도이다. 표면여과는 하수처리 유출수의 처리를 주로 사용하여 왔고, 막여과는 선택적인 여과벽을 이용한 분리기술을 응용한 것이다. 여기에서는 대규모 공공정수기술에 일반적으로 사용하는 입상여재 여과를 중심으로 설명하며, 막여과는 뒷편의 별도의 장(9.5절)에서 설명하도록 한다.

(3) 여과 메커니즘

입상여재 여과에서 입자의 제거는 거름작용(straining), 침전(sedimentation) 및 관성 충돌(inertial impaction), 차단(interception), 부착(adhesion), 응결(flocculation) 등 다양한 기작에 의해, 하나 또는 그 이상의 조합을 통해 일어난다(그림 8-55). 이중에서 거름작용은 입자물질과 응결입자 등 큰 입자가 붙고 그 입자 사이를 지나가다가 여기에 걸려 드는 현상으로 다른 기작에 비하여 입자의 제거에 중요한 역할을 한다. 입자 제거에 기여하는 주요 메커니즘과 그 현상에 대한 상세한 설명은 표 8-33에 정리되어 있다.

시간이 경과하면서 여재 간의 빈 공간에 오염물질이 축적되면 여과지의 손실수두는 초깃값에서부터 서서히 증가하기 시작하는데, 어떤 시점에서 이르러서는 운전 손실수두(또는 유출수 탁도)는 미리 설정된 손실수두(또는 탁도) 한계값에 도달하게 되는데, 이때 여상 내에 축적된 부유물질을 제거하여 여과지의 성능을 다시 높여주기 위해 역세척(청소) 과정이 요구된다(그림 8-56, 8-57). 이상적인 조건하에서는 누적된 손실수두와 탁도의 상관성은 매우 높다고 할 수 있지만 실제는 다소의 차이를 보일 수 있다. 역세척은 여재를 통과하는 물의 흐름방향을 반대로 하여 입상 여재가 확산될 수 있도록 충분한 세척수를 주입하여 여재 내의 이 물질들이 서로 비벼져서 떨어지도록 하는 과정이다. 세척수가 확산된 여상을 움직이면서 발생시킨 전단력에 의해 여재 내에 갇혀있던 부유물질이 제거되고 여상 내에 축적되었던 물질들이 씻겨 나가는 작용을 한다. 이때 여상의 세적효과를 높이기 위해 물과 공기를 동시에 사용하기도 한다.

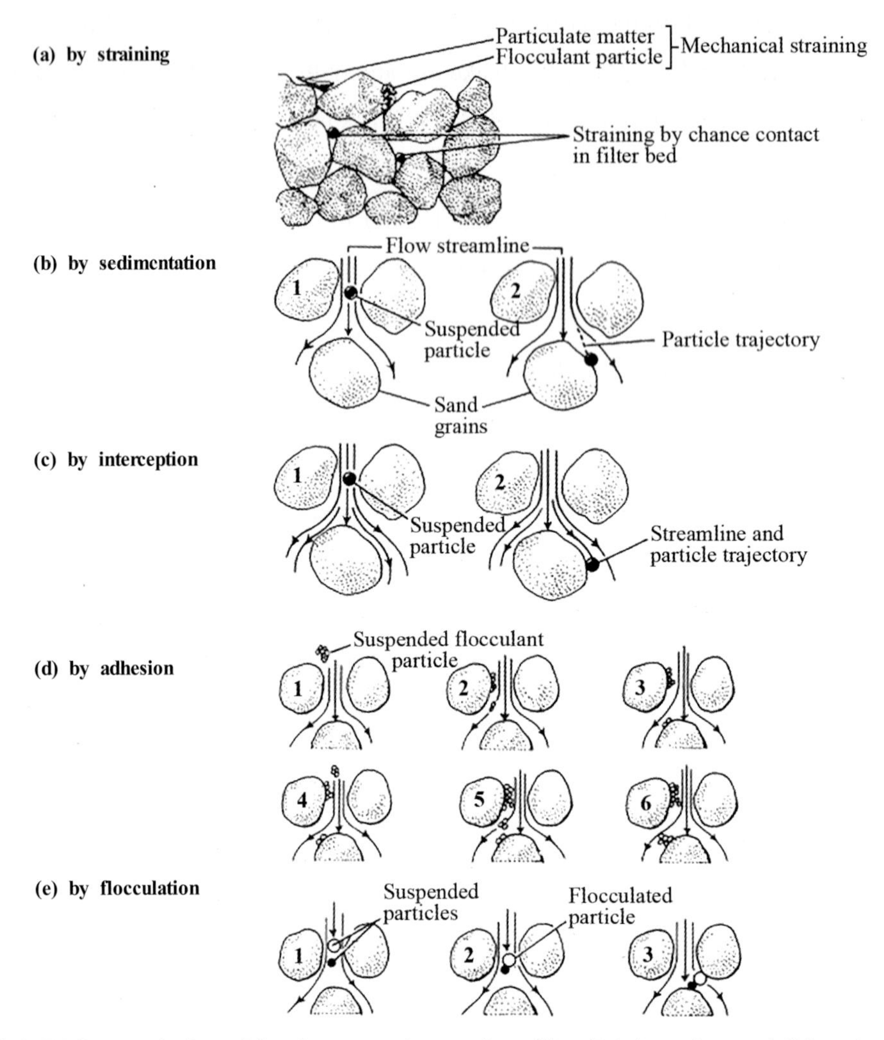

그림 8-55 **Removal of particles in a granular-medium filter** (Tchobanoglous and Schroeder, 1985)

표 8-33 **Principal mechanisms and phenomena contributing to removal of particles within a granular medium depth filter**

Mechanism/phenomenon	Description
1. Straining	
a. Mechanical	Particles larger than the pore space of the filtering medium are strained out mechanically
b. Chance contact	Particles smaller than the pore space are trapped within the filter by chance contact
2. Sedimentation	Particles settle on the filtering medium within the filter
3. Impaction	Heavy particles will not follow the flow streamlines
4. Interception	Many particles that move along in the streamline are removed when they come in contact with the surface of the filtering medium
5. Adhesion	Particles become attached to the surface of the filtering medium as they pass by. Because of the force of the flowing water, some material is sheared away before it becomes firmly attached and is pushed deeper into the filter bed. As the bed becomes clogged, the surface shear force increases to a point at which no additional material can be removed. Some material may break through the bottom of the filter, causing the sudden appearance of turbidity in the effluent
6. Flocculation	Flocculation can occur within the interstices of the filter medium. The larger particles formed by the velocity gradients within the filter are then removed by one or more of the above removal mechanisms

표 8-33 Principal mechanisms and phenomena contributing to removal of particles within a granular medium depth filter(계속)

Mechanism/phenomenon	Description
7. Chemical adsorption a. Bonding b. Chemical interaction 8. Physical adsorption a. Electrostatic forces b. Electrokinetic forces c. van der Waals forces	Once a particle has been brought in contact with the surface of the filtering medium or with other particles, either one of these mechanisms, chemical or physical adsorption or both, may be responsible for holding it there
9. Biological growth	Biological growth within the filter will reduce the pore volume and may enhance the removal of particles with any of the above removal mechanisms (1 through 5)

Ref) Metcalf & Eddy(2003)

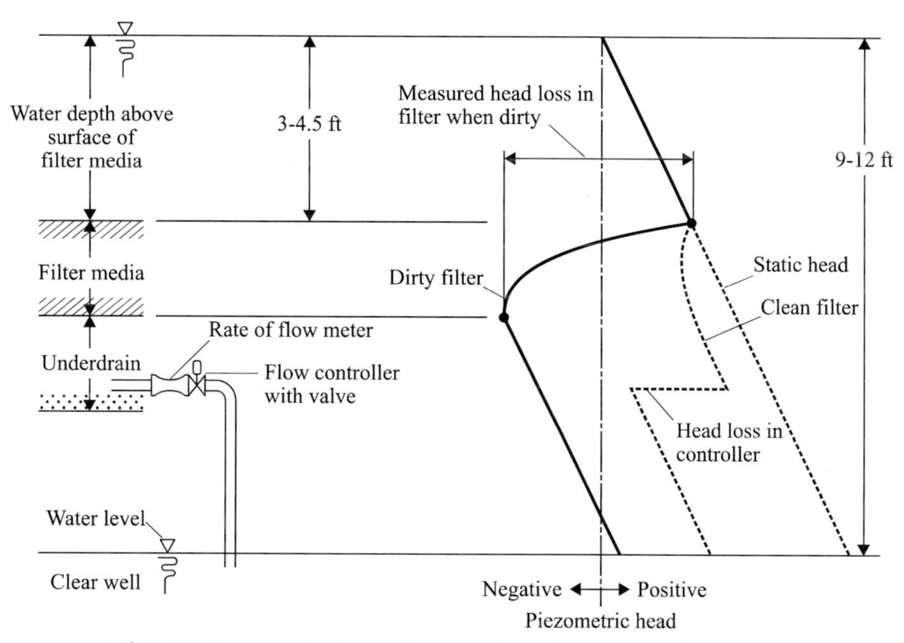

그림 8-56 Piezometric head diagram through a gravity filter system

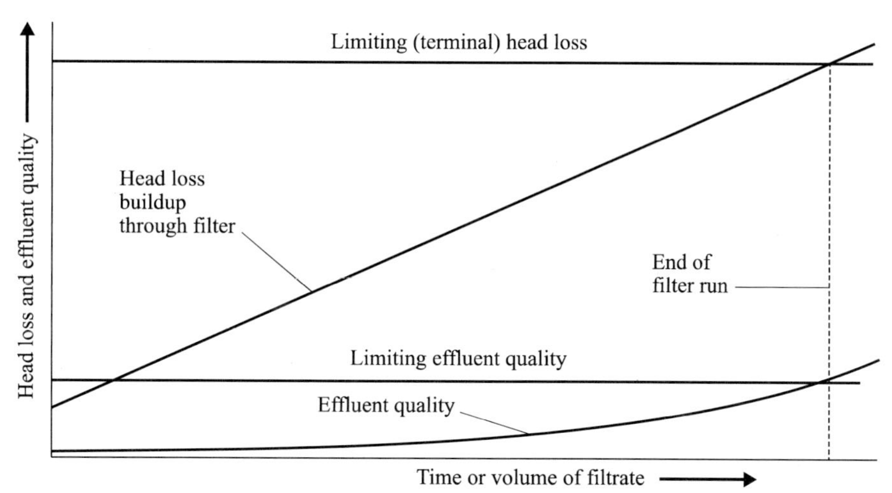

그림 8-57 Relationship between head loss and effluent quality in a gravity filter system (Tchobanoglous and Schroeder, 1985)

표 8-34 입상여재 여과지의 설계에 사용되는 주요 인자

변수	중요성
1. 여재의 특성 a. 입자의 크기 b. 입도분포 c. 입자의 모양, 밀도, 조성 d. 평균전하	입자의 제거효율과 손실수두 축적에 영향을 줌
2. 여상의 공극률	여과지 내에 저장될 수 있는 고형물의 양을 결정
3. 여상의 깊이	손실수두와 여과지속시간에 영향을 줌
4. 여과속도	변수 1, 2, 3, 6과 함께 역세척 후 손실수두 계산 시 사용
5. 가능한 손실수두	설계변수임
6. 유입하수의 특성 a. 부유물질농도 b. 플록이나 입자의 크기와 분포 c. 플록의 강도 d. 플록이나 입자의 전하 e. 액체의 성질	주어진 여상에서의 제거 특성에 영향을 줌 나열된 유입수의 특성은 어느 한도까지는 설계자에 의한 조절이 가능하다.

여재의 특성은 여과공정의 성능에 영향을 끼치는 주요 인자(표 8-34) 중 하나로, 이는 수두손실과 입자의 마찰저항과 직접적으로 관련이 있다. 여재의 입경분포는 체분석을 통해 가능하며, 입도분석결과의 누적 퍼센트를 산술로그 또는 확률로그지에 작성하여 분석한다. 여재의 유효경(d_{10})은 질량으로 10%를 차지하는 크기로 정의되며, 균등계수(UC, uniformity coefficient)는 10% 크기에 대한 60% 크기의 비율로 정의된다($C_U = d_{60}/d_{10}$). 표 8-35에는 입상형 매질을 통해 물의 흐름과 관련한 손실수두공식이 정리되어 있다.

참고 여과지의 손실수두

여과지에서 수리학적인 주요 고려사항으로는 여과층 통과 시의 손실수두, 역세척 시의 여과층 팽창률, 그리고 여과지 관로와 수로에서의 유속 등을 들 수 있다. 초기 손실수두(initial headloss)는 여과 시작시점에서의 손실수두로, 이는 물이 입상여재를 통과할 때 발생하는 저항으로 발생한다. 초기 손실수두는 Darcy 또는 Hazen의 공식에 의해 다음과 같이 표현된다.

$$\Delta h = LQ/kA \qquad \text{(Darcy)}$$

$$k = c(0.7+0.03t)De^2 \qquad \text{(Hazen)}$$

여기서, h: 손실수두(cm), L: 여층의 두께(cm)
Q: 유량(cm^3/s), A: 여과지의 면적(cm^2)
k: 투수계수(cm/s), c: 계수
t: 수온(°C), De: 여재의 유효경(cm)

이때 상수 c는 일반적으로 124(123～125)이나, 유효경(De)의 크기(0.3～2.0 mm)에 따라 차이가 있다. 또한 역세척 단계에서의 손실수두는 다음과 같이 표현된다.

$$\text{역세척이 최적일 때의 여과층 팽창률} = (0.1)^{0.22} - f/1-(0.1)^{0.22} = (0.6-f)/0.4$$

표 8-35 Formulas governing the flow of clean water through a granular medium

FORMULA	DEFINITION OF TERMS
Carmen-Kozeny	$C=$ coefficient of compactness (600 to 1200)
$h=\frac{f}{\phi}\frac{1-\alpha}{\alpha^3}\frac{L}{d}\frac{v^2}{g}$	$C_d=$ coefficient of drag
	$d=$ grain diameter, m
$h=\frac{1}{\phi}\frac{1-\alpha}{\alpha^3}\frac{Lv^2}{g}\sum f\frac{p}{d_g}$	$d_g=$ geometric mean diameter between sieve sizes d_1 and d_2 $\sqrt{d_1 d_2}$
	$d_{10}=$ effective grain diameter, mm
$f=150\frac{1-\alpha}{N_R}+1.75$	$f=$ friction factor
	$g=$ acceleration due to gravity, 9.81 m/s^2
$N_R=\frac{\phi d v \rho}{\mu}$	$h=$ head loss, m
	$k=$ filtration constant, 5 based on sieve openings, 6 based on size of separation
Fair-Hatch	
$h=k\nu S^2\frac{(1-\alpha)^2}{\alpha^3}\frac{L}{d^2}\frac{v}{g}$	$L=$ depth of filter bed, m
	$N_R=$ Reynolds number
$h=k\nu\frac{(1-\alpha)^2}{\alpha^3}(Lv)\left(\frac{S}{\phi}\right)^2\sum\frac{p}{d_g^2}$	$p=$ percent of particles (based on mass) within adjacent sieve sizes
	$S=$ shape factor (varies between 6.0 and 7.7)
	$T=$ temperature, °C
Rose	$v=$ filtration velocity, m/s
$h=\frac{1.067}{\phi}C_d\frac{1}{\alpha^4}\frac{L}{d}\frac{v^2}{g}$	$v=$ filtration velocity, m/d
	$\alpha=$ porosity
$h=\frac{1.067}{\phi}\frac{Lv^2}{\alpha^4 g}\sum C_d\frac{p}{d_g}$	$\mu=$ viscosity, N·s/m^2
	$\nu=$ kinematic viscosity, m^2/s
$C_d=\frac{24}{N_R}+\frac{3}{\sqrt{N_R}}+0.34$	$\rho=$ density, kg/m^3
	$\phi=$ shape factor
Hazen	
$h=\frac{1}{C}\frac{60}{1.8T+42}\frac{L}{d_{10}^2}v$	

Ref) Tchobanoglous and Schroeder(1985)

역세척 동안의 팽창층 깊이$(Le/L)=(1-f)/(1-fe)$

팽창된 여과층의 손실수두$(h/Le)=(\rho_m-1)(1-fe)$

여기서, L: 안정된 여과층 깊이

Le: 팽창된 여과층 깊이

f: 안정된 여과층의 공극률(모래 0.45~0.45, 안트라사이트 0.48~0.50)

fe: 팽창된 여과층의 공극률

h: 손실수두

ρ_m: 여재의 비중

예제 8-7 여과지의 손실수두

(1) 여재의 유효경이 0.075 cm이고, 여층의 두께가 76 cm인 여과지에서 여과속도 15 m/h (360 m/d) 및 수온 20°C일 때의 손실수두를 계산하시오.

(2) 유효경 0.5 mm, 공극률 0.45이고 비중이 2.65인 모래층 30 cm와 유효경 1.0 mm, 공

극률 0.5이며 비중 1.65인 안트라사이트층 61 cm로 구성된 2층여과지에서 표면세척시설을 갖추고 있을 경우 알맞은 역세척 조건에서 손실수두는 얼마인가? (모래층 팽창률은 37%, 안트라사이트층의 팽창률은 25%이다.)

풀이

(1) 여과지 단위표면적(1 cm^2)에 대한 손실수두를 계산한다.

$$k = 124 \times (0.7 + 0.03 \times 20) \times 0.075^2 = 0.906 \ \ \text{cm/s}$$

$$\text{여과량} = \frac{(15\ \text{m/h} \times 100\ \text{cm/m})}{(60\ \text{min/h} \times 60\ \text{s/min})} = 0.417\ \ \text{cm}^3\text{/s}$$

$$\text{손실수두} = \Delta h = LQ/kA\ = \frac{(76\ \text{cm})(0.417\ \text{cm}^3/\text{s})}{(0.906\ \text{cm/s})(1\ \text{cm}^2)} = 35\ \text{cm}$$

(2) ① 역세척 동안의 팽창층 깊이$(Le/L) = (1-f)/(1-fe)$

② 팽창된 여과층의 손실수두$(h/Le) = (\rho_m - 1)(1-fe)$

이 두 식으로부터 $h = (\rho_m - 1)(1-f)(L)$

모래층의 손실수두$(h_1) = (2.65 - 1)(1 - 0.45)(30\ \text{cm}) = 27.2\ \text{cm}$

안트라사이트층의 손실수두$(h_2) = (1.65 - 1)(1 - 0.5)(61\ \text{cm}) = 19.83\ \text{cm}$

총 손실수두 $h = h_1 + h_2 = 27.4\ \text{cm} + 19.8\ \text{cm} = 47.2\ \text{cm}$

예제 8-8 입상형 여과지의 손실수두

평균입경 1.6 mm의 균일한 안트라사이트층 300 mm와 평균입경 0.5 mm의 균일한 모래층 300 mm로 이루어진 여상 안에 깨끗한 물이 160 L/m^2 · min의 속도로 흐를 때의 손실수두를 계산하시오. 온도는 20°C로 가정하고 손실수두 계산식은 표 8-35 중 Rose의 식을 사용하시오. 안트라사이트와 모래의 ϕ값은 각각 0.73과 0.82로 가정하라.

풀이

1. 안트라사이트와 모래층에 대한 Reynolds 수를 계산한다.

(a) 안트라사이트층

$$N_R = \frac{\phi d V_s}{v}$$

$$d = 1.6\ \text{mm} = 1.6 \times 10^{-3}\ \text{m}$$

$$V_s = 0.160\ \text{m/min} = 2.67 \times 10^{-3}\ \text{m/s}$$

(여과속도는 동등한 선속도로 변환하기 위해서 L을 m^3로 변경)

$$v\ \text{at}\ \ 20\,°\text{C} = 1.003 \times 10^{-6}\ \text{m}^2/\text{s}$$

$$N_R = \frac{(0.73)(1.6 \times 10^{-3}\ \text{m})(2.67 \times 10^{-3}\ \text{m/s})}{1.003 \times 10^{-6}\ \text{m}^2/\text{s}} = 3.11$$

(b) 모래층

$$N_R = \frac{(0.82)(0.5 \times 10^{-3}\ \mathrm{m})(2.67 \times 10^{-3}\ \mathrm{m/s})}{1.003 \times 10^{-6}\ \mathrm{m^2/s}} = 1.09$$

2. 항력계수 C_D를 계산한다.

(a) 안트라사이트층

$$C_D = \frac{24}{N_R} + \frac{3}{\sqrt{N_R}} + 0.34$$

$$= \frac{24}{3.11} + \frac{3}{\sqrt{3.11}} + 0.34 = 9.76$$

(b) 모래층

$$C_D = \frac{24}{1.09} + \frac{3}{\sqrt{1.09}} + 0.34 = 25.23$$

3. 안트라사이트층과 모래층 통과 시의 손실수두를 결정한다.

(a) 안트라사이트층

$$h = \frac{1.067}{\phi} C_D \frac{1}{\alpha^4} \frac{L}{d} \frac{V_s^2}{g}$$

$\phi = 0.73$

$C_D = 9.76$

$\alpha = 0.4$ (가정치), $\alpha^4 = 0.0256$

$L = 0.3\ \mathrm{m}$

$d = 1.6 \times 10^{-3}\ \mathrm{m}$

$V_s = 2.67 \times 10^{-3}\ \mathrm{m/s}$

$g = 9.8\ \mathrm{m/s^2}$

$$h = \frac{1.067}{0.73}(9.76)\left(\frac{1}{0.0256}\right)\left(\frac{0.3\ \mathrm{m}}{1.6 \times 10^{-3}\ \mathrm{m}}\right) \times \frac{(2.67 \times 10^{-3}\ \mathrm{m/s})^2}{9.8\ \mathrm{m/s^2}}$$

$$= 0.076\ \mathrm{m}$$

(b) 모래층

$\phi = 0.82$

$C_D = 25.23$

$\alpha = 0.4$ (가정치), $\alpha^4 = 0.0256$

$L = 0.3\ \mathrm{m}$

$d = 0.5 \times 10^{-3}\ \mathrm{m}$

$V_s = 2.67 \times 10^{-3}\ \mathrm{m/s}$

$g = 9.8\ \mathrm{m/sec^2}$

$$h=\frac{1.067}{0.82}(25.23)\left(\frac{1}{0.0256}\right)\left(\frac{0.3\ \text{m}}{0.5\times10^{-3}\ \text{m}}\right)\times\frac{(2.67\times10^{-3}\ \text{m/s})^2}{9.8\ \text{m/s}^2}$$
$$=0.560\ \text{m}$$

4. 총 손실수두 H_T를 구한다.

H_T = 안트라사이트층의 손실수두 + 모래층의 손실수두

$= 0.076\ \text{m} + 0.560\ \text{m} = 0.636\ \text{m}$

참고 이 예제에서의 손실수두 계산은 안트라사이트층과 모래층이 같은 두께라고 가정하여 간단하게 계산하였다. 여러 개의 층으로 이루어진 여상에서도 전체 손실수두는 각각의 층에서의 손실수두를 더한 것과 같다고 가정하여 같은 계산방법을 사용할 수 있다. 이때는 표 8-35의 Carmen-Kozeny, Fair-Hatch, Rose 공식 중 두 번째로 쓰인 공식(h)을 사용하면 된다.

(4) 완속여과

완속여과(SSF, slow sand filtration)란 모래층과 모래층 표면에 증식하는 미생물군에 의하여 수중의 불순물(부유물질이나 용해성 물질 등)을 포착하여 산화 분해시켜 제거하는 정수방법이다. 이 방법은 통상적으로 약 4∼5 m/d의 느린 수투과속도(water permeation rate)로 운영되는 간단한 모래여과 장치를 사용한다. 이 방법은 유지관리가 간단하고 상대적으로 저렴하며, 안정된 양질의 처리수 생산에 대한 신뢰성이 있는 반면 비교적 숙련된 운영이 필요한 공정이다. 원수는 여과지 표면 위로 유입되어 다공성 모래 베드를 통과하여 서서히 여과한 다음 바닥으로 배출된다(그림 8-58). 이 공정은 적절하게 제작된 필터와 저수조, 고운 모래층, 모래를 지탱하는 자갈층, 여과된 물을 모으기 위한 분산 시스템 및 여과속도를 조절하기 위한 유량 조절기로 구성되며, 여과 과정을 돕기 위해 별도의 화학약품이 첨가되지 않는다. 설계와 운전상의 단순함은 이 공정의 가장 큰 장점으로 부유상태의 유기 혹은 무기물질의 제거뿐만 아니라 병원성 유기체도 제거가 가능하여 결국 소독의 필요성뿐만 아니라 찌꺼기(슬러지) 처리문제도 최소화할 수 있는 장점이 있다(표 8-36).

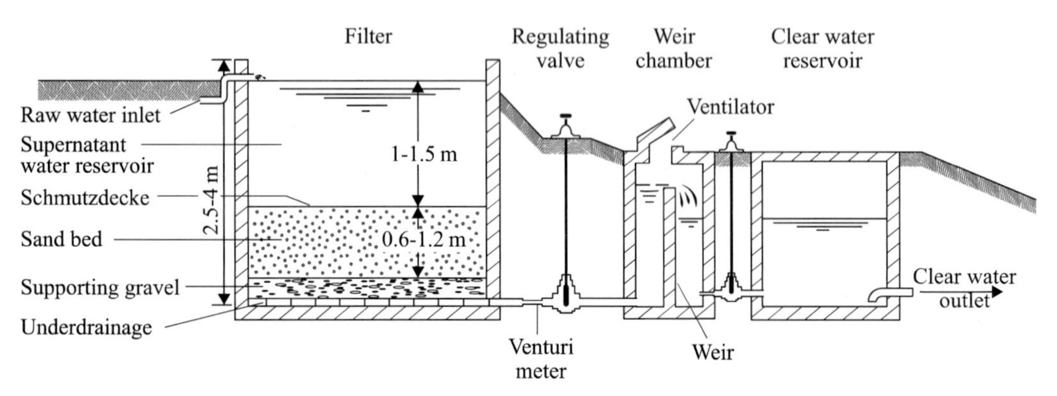

그림 8-58 Illustration of a slow sand filter with a regulating valve and a subsequent reservoir
(Source: Huisman and Wood, 1974)

표 8-36 Properties of slow sand filtration

Advantages	Disadvantages
• Very effective removal of most contaminants • Simplicity of design (simple and cheap construction) • High self-help compatibility (simple operation and maintenance) • No electricity required • Construction with local material and knowledge • NO chemicals involved • Long lifespan (> 10 years)	• Minimal quality of initial fresh water or pre-treatment required • Cold climate lowers efficiency • Majority of chemicals and fluoride is not removed • Loss of productivity during maintenance • Possible need for attitudinal change

매우 낮은 수투과율로 운전되는 완속여과지의 특성상 여과필터에서는 각종 물리화학적(거름 작용, 흡착, 침전과 산화 등) 현상과 생물학적 반응이 함께 이루어진다. 유입수가 가는 모래 사이를 느린 속도로 통과하면서 기계적인 체거름 작용과 함께 수중의 미립자의 부착현상이 일어나 수중의 현탁물질은 모래층의 표면에 억류된다. 이 물질은 다시 수중의 부식질이나 영양염류로 인해 조류나 미소생물, 또한 이들을 분해하는 다양한 박테리아의 번식을 초래하여 결국 현탁물질과 생물군, 그리고 그 분비물이 피막을 이루면서 생물여과막을 형성하게 된다. 이러한 생물여과막의 형성은 표층에서 현탁물질의 제거율을 높이며, 미생물학적 대사과정에 의해 유기물질 분해를 촉진하게 된다. 이러한 복합적인 반응에 의해 완속여과지에서는 수중의 현탁물질이나 세균뿐만 아니라 암모니아성 질소, 냄새, 철, 망간, 합성세제, 페놀 등도 어느 정도 제거가 가능하다.

완속여과 공정은 탁도제거 능력(< 1.0 NTU 이하)을 포함하여 비교적 우수한 처리 능력을 가지고 있다(표 8-37 및 8-38). 박테리아와 바이러스의 경우 약 90～99% 제거가 가능하고, 지아르디아(Giardia lamblia cyst)와 크립토스포리디움(Cryptosporidium oocyst)의 제거에도 효과적이다(NDWC, 2000). 병원성 미생물의 제거에 미치는 영향인자로는 온도, 모래입자 크기, 여과지 깊이, 수투과율, 그리고 잘 형성된 생물막층 등을 들 수 있다. 모래층(높이 60～120 cm)은 하부의 자갈층(높이 30～50 cm)에 의해 지지되어 있으며, 여과지의 운전 동안 생물학적 활성층(끈적끈적한 물질로 이루어진 층으로 'schmutzdecke'라고 불림)이 모래 표면에 형성되며 여기에 부유입자가 갇혀 생물학적인 유기물질 분해가 이루어진다. 완속여과의 정화 메커니즘은 본질적으로 생물학적 과정을 포함하기 때문에, 그 효율은 schmutzdecke층에서의 균형 잡힌 생물학적 공동체에 달려 있다. 따라서 필터는 일정한 투과속도로 운전되어야 한다. 운전이 중단될 경우 생물학적 분해를 일으키는 미생물은 활성을 잃어버리게 되며, 간헐적인 조작은 생물학적 활동의 효율과 연속성에 악영향을 주게 된다. 또한 수온과 충분한 용존산소의 농도는 여과지의 성능에 크게 영향을 미치는데, 낮은 온도와 용존산소의 농도는 여과상의 생물학적 활성에 직접적으로 영향을 미치기 때문이다. 여과 동안 형성된 표면 케이크(surface cake)는 여과과정에서 매우 중요한 역할을 하는데, 이는 입자의 거름현상(particulate straining)을 효과적으로 유도할 수 있다. 완속여과지의 설계에 사용되는 각종 인자와 자료를 표 8-39와 8-40에 정리하였다.

이 공정은 원수의 수질, 온도 및 기후 조건의 미세한 변화에도 효과적으로 운영이 가능하고 일시적인 과도한 탁도에도 대처가 용이하지만 정기적인 유지 관리가 반드시 필요하다(Huisman

표 8-37 Typical treatment performance of slow sand filters

Highly effective for	Somewhat effective for	Not effective for
• Bacteria • Protozoa • Viruses • Turbidity • Heavy metals (Zn, Cu, Cd, Pb)	• Odour, Taste • Iron, Manganese • Organic Matter • Arsenic	• Salts • Fluoride • Trihalomethane (THM) Precursors • Majority of chemicals

Ref) Brikk and Bredero(2003), Logsdon(2002)

표 8-38 Treatment efficiencies of slow sand filters

Water quality parameter	Performance(%)	Comments
Enteric bacteria	90 to 99.9	Reduced by low temperatures; increased hydraulic rates; coarse and shallow sand beds; and decreased contaminant level
Enteric viruses	90 to 99.9 (2-4 log units)	At 20°C: 5 logs at 0.2 m/h and 3 logs at 0.4 m/h At 6°C: 3 logs at 0.2 m/h and 1 log at 0.4 m/h
Giardia cysts	99 to 99.99 (2-4 log units)	High removal efficiencies, even directly after cleaning (removal of the filter skin)
Crypstosporidium	> 99.9 (> 4 log units)	Crypstosporidium Oocytes. Pilot scale studies
Cercaria	100	Virtually complete removal
Turbidity	< 1.0 NTU	The level of turbidity and the nature and distribution of particles affect treatment capacity
Pesticides	0 to 100	Affected by the rate of biodegradation
DOC	5 to 40	Mean around 16. Removal appears to be site specific and varies with raw water and O&M
UV-absorbance (254 nm)	5 to 35	A Slight, but not significant difference in treating upland and lowland water sources. Mean 16-18%
True Colour	25 to 40	Colour associated with organic material and humic acids. 30% being the average
UV-absorbance (400 nm)	15 to 80	Colour (^{0}Hazen). Mean 34%, but upland water sources 42% and lowland water sources 26%
TOC; COD	< 15-25	Total organic carbon; Chemical Oxygen demand
AOC	14 to 40	Assimilable organic carbon. Mean about 26%
BDOC	46 to 75	Biodegradable dissolved org. carbon. Mean 60%
Iron, manganese	30 to 90	Fe levels > 1 mg/L reduce the filter runs
Coliforms	1-3 log units	
Trihalomethane Precursors	< 20-30	
Heavy metals Zn, Cu, Cd, Pb Fe, Mn As	 > 95-99 > 67 < 47	

Ref) Galvis et al.(1992), Fox et al.(1994), Lambert and Graham(1995), Collins(1998)

표 8-39 Comparison of design criteria for slow sand filtration

Design Criteria	Recommendation			Kors, et al.(1996) (Treatment lant data)
	Ten States Standards USA(1987)	Huisman and Wood(1974)	Visscher, et al. (1987)	
Design period (years)	Not Stated	Not Stated	10-15	Not Stated
Period of operation (h/d)	24	24	24	24
Filtration rate (m/h)	0.08-0.24	0.1-0.4	0.1-0.2	0.48-0.65
Sand bed: Initial height (m)	0.8	1.2	0.9	1.3
Minimum height (m)	Not Stated	0.7	0.5	0.8
Effective size (mm)	0.30-0.45	0.15-0.35	0.15-0.30	0.15
Uniformity coefficient: Acceptable	Not Stated	< 3	< 5	-
Preferred	≤ 2.5	< 2	< 3	2.1
Support bed. Height including drainage (m)	0.4-0.6	Not Stated	0.3-0.5	0.5
Supernatant water. Maximum height (m)	0.9	1-1.5	1	2.0
Freeboard (m)	Not Stated	0.2-0.3	0.1	-
Maximum surface area (m^2)	Not Stated	Not Stated	< 200	605

Ref) Glavis(1999)

표 8-40 Design parameters of a Slow Sand Filter

Design parameters	Recommended range of values
Filtration rate	0.15 $m^3/m^2 \cdot h$ (0.1-0.2 $m^3/m^2 \cdot h$)
Area per filter bed	Less than 200 m^2 (in small community water supplies to ease manual filter cleaning)
Number of filter beds	Minimum of two beds
Depth of filter bed	1 m (minimum of 0.7 m of sand depth)
Filter media	Effective size (ES) = 0.15-0.35 mm; uniformity coefficient (UC) = 2-3
Height of supernatant water	0.7-1 m (maximum 1.5 m)
Underdrain system Standard bricks Precast concrete slabs Precast concrete blocks with holes on th top Porous concrete	Generally no need for further hydraulic calculations
Perforated pipes (laterals and manifold type)	Maximum velocity in the manifolds and in laterals = 0.3 m/s Spacing between laterals = 1.5 m Spacing of holes in laterals = 0.15 m Size of holes in laterals = 3 mm

Ref) Vigneswaran and Visvanathan(1995)

and Wood, 1974). 또한 완속여과는 모든 유기물질(휴믹산), 용해된 무기물질(중금속), THM 전구물질들을 완벽하게 제거하지는 못하며, 아주 미세한 점토 입자 역시 쉽게 처리되지 않고, 휴믹물질로 인해 발생하는 색도 역시 제거하기 어렵다(WHO, 1996). 또한 기본적인 요건으로 10 NTU 이하의 유입수 탁도를 필요로 하지만 30 NTU 이하의 경우에 대해서는 필터가 과부하가 되지 않도록 침전과 같은 전처리 과정을 필요로 한다. 따라서 원수의 수질 특성에 따라 보통침

표 8-41 Some water quality guidelines that permit direct SSF treatment

Water quality parameters	Quality limitations based on references of 1991		
	Spencer, et al.	Cleasby	Di Bernardo
Turbidity (NTU) [1]	5-10	5	10
Algae (Units/mL)	200 [2]	5 μg/L [3]	250
True colour (PCU)	15-25		5
Absorbance at 254 nm (cm^{-1})	0.08		
Dissolved oxygen (mg/L)	>6		
Phosphate (PO_4)(mg/L)	30		
Ammonia (mg/L)	3		
Total Iron (mg/L)	1	0.3	2.0
Mangenese (mg/L)		0.05	0.2
Faecal Coliforms (CFU/100 mL)			200

1) The type of turbidity and the particle distribution may produce changes in the water quality of the effluent of the SSF.
2) Both the number and the type of species present in the water source are important. This reference suggests covered filters.
3) This limit corresponds with chlorophyll-a in the supernatant water as an indirect measure for the algae content.
Ref) after Glavis, G.(1999)

전지를 설치할 수도 있으며, 필요에 따라서는 침전지에 약품 처리 설비를 갖추기도 한다. 완속여과의 설계는 실규모에서의 성능을 예측하기 위해 반드시 파일럿 실험(pilot test)을 추천하고 있다. 표 8-41에는 완속여과 방식의 직접적인 적용이 가능한 원수의 수질조건을 문헌별로 정리하였다.

완속여과기술의 이러한 한계는 급속여과 방식의 개발과 함께 다단계(multi-staged) 및 통합 수처리 개념(integrated water treatment concepts)으로 진화하였다. 완속여과 단계에 앞선 전처리 공정의 대안(pretreatment alternatives)으로 표류수의 취수지점을 대상으로 침투여과정(infiltration well: 강둑여과 riverbank filtration 유사 방식)이나 하상여과(riverbed filtration: 집수매거 infiltration galleries 방식)를 사용하거나 단기간 저장을 위한 길이가 긴 형상의 평지침전(plain sedimentation) 방법이 있다. 또한 수평류, 하향류 및 상향류 등의 동적여과(dynamic filtration)와 같은 조대여재여과(coarse media/gravel filtration, CMF/CGF) 방법을 이용한 전처리 방법도 있다(그림 8-59). 특히 1980년 이후 기술적 발전은 조대여재여과는 표류수의 열악한 수질조건하에서도 완속여과를 성공적으로 운영할 수 있는 훌륭한 대안이 되고 있으며 꾸준한 기술개발이 이루어지고 있다(Glavis, 1999). CMF 시설의 유출수는 일반적으로 탁도 10～20 NTU 이하(유입수 20～100 NTU에서 63%, 100～300 NTU에서 79%, >300 NTU에서 92% 제거효율) 혹은 SS <5 mg/L를 만족하며, 손실수두는 0.3 m이다(Pardon, 1989; Wegelin, 1996). 일반적으로 투수율은 0.5～8 m/h(around 60 NTU)로 최대 탁도 제거는 2 m/h 이하이며, 0.5～1.0 m/h의 조건에서 CMF 유출수의 탁도는 10 NTU 이하였다(Wegelin and Mbwette, 1989). 또한 미생물학적 오염과 중간 이상 수준의 탁도 농도의 경우 완속모래여과 앞에 단단 CMF(DyGF) 또는 2단 CMF(DyGF 및 CGF)를 설치하는 방법(그림 8-60)도 고려되고 있다(Andean Cauca Valley, Columbia) (Glavis, 1999). 표 8-42와 8-43에는 실규모 MSF 시설의 설계자료와 그 운전예를 나

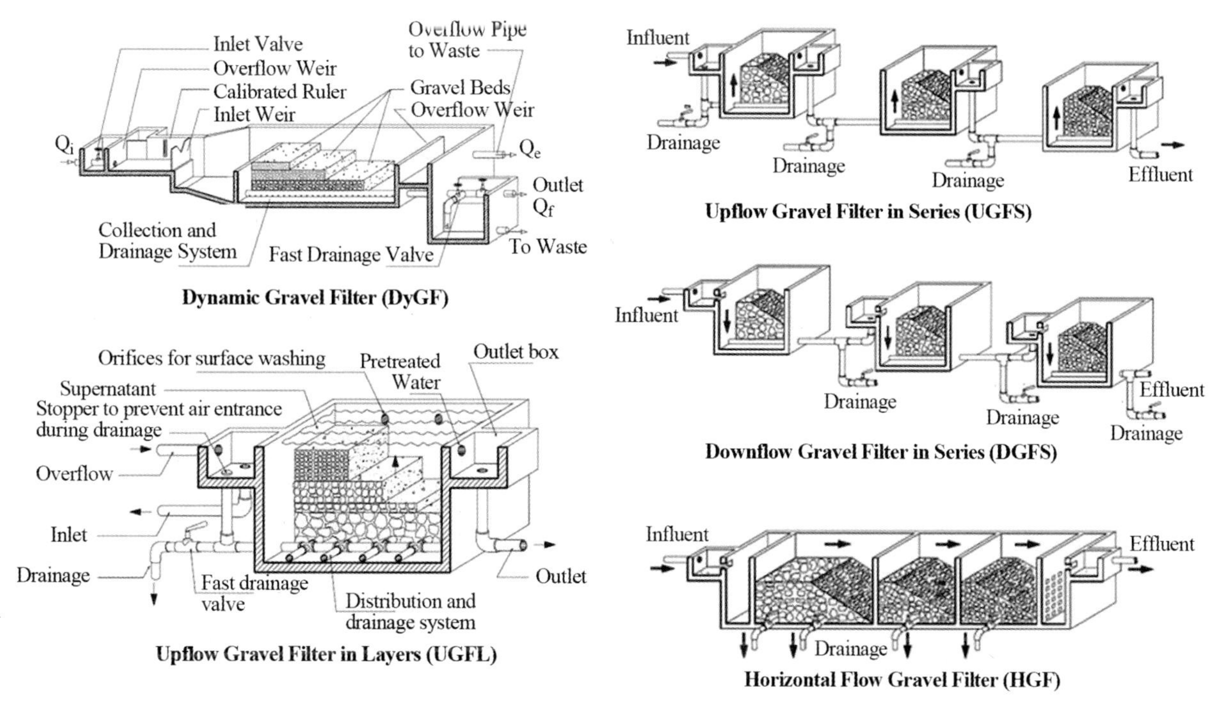

그림 8-59 **Schematic view of coarse gravel filtration(CMF) alternatives**(Galvis and Visscher, 1987)

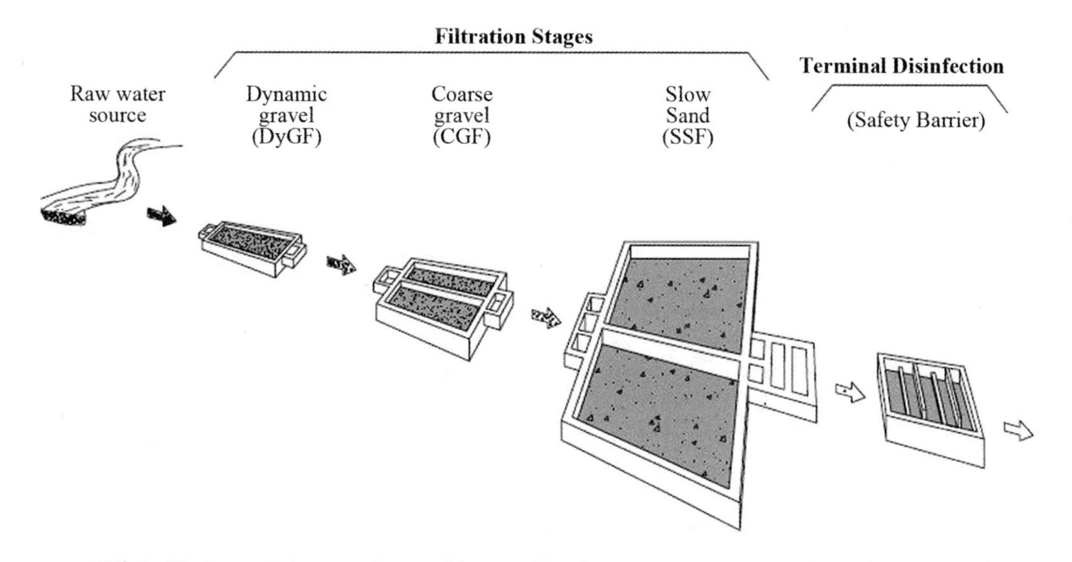

그림 8-60 **General layout of a multistage filtration water treatment plants** (Glavis, 1999)

타내었다.

한편 입상형 활성탄(GAC) 샌드위치 필터는 유기물질을 세거할 수 있는 변형된 형태의 완속 여과 방법으로, 필터는 일정한 규격(약 30 cm 깊이의 기본 모래층과 약 15 cm의 중간 GAC층 그리고 약 45 cm 깊이의 상단 모래층)으로 설계되는데, 살충제, 총 유기탄소(TOC) 및 THM 전구물질 등을 효과적으로 제거할 수 있다(NDWC, 2000).

완속여과지에 대한 우리나라의 시설기준(환경부, 2010)을 보면 여과지 깊이는 하부집수장치의 높이에 사갈층과 모래층 두께, 모래면 위의 수심과 여유고를 더하여 2.5～3.5 m를 표준으로 하

표 8-42 **Design parameters and filter media bed specifications of full-scale MSF plant** (Glavis, 1999)

Treatment plant	Flow (l/s)[1]	Pre-treatment system						SSF		
		Type	No.	Area (m^2)[2]	V_f (m/h)[1]	Filter media		No.	Area (m^2)[2]	V_f (m/h)[1]
						Size (mm)	Length (m)			
El Retiro	20(15.1)	DyGF	3	39.2	1.8(1.4)	25-6	0.6	4	540	0.15(0.13)
		UGFL	5	100	0.7(0.5)	25-3	0.9			
Canasgordas	10.5(8.9)	DyGF	1	37	10.2(8.7)	25-6	0.3	3	275	0.14(0.12)
		$UGFS_2$	2	46	0.8(0.7)	38-3	2.0			
La Rivera	12.0(3.8)	UGFL	2	68.6	0.6(0.2)	25-3	1.2	2	198	0.20(0.07)
Javeriana	3.2(1.8)	DyGF	1	4.1	2.6(1.6)	25-6	0.3	2	67.4	0.17(0.10)
		HGF	2	7.4	1.5(0.9)	25-3	4.0			
Shaloom	1.0(1.0)	DyGF	1	2.4	1.5(1.5)	25-6	0.6	2	24.0	0.15(0.15)
		UGFL	1	6.0	0.6(0.6)	25-3	1.5			
Ceylan	10.5(9.4)	$UGFS_2$	2	50.4	0.8(0.7)	25-6	2.0	2	252	0.15(0.13)
Colombo	1.0(0.6)	DyGF	1	2.4	1.5(0.9)	25-6	0.6	2	27	0.13(0.08)
		UGFL	1	4.7	0.8(0.5)	25-3	1.3			
La Marina	7.0(7.0)	$UGFS_3$	2	42	0.6(0.6)	25-6	1.8	2	168	0.16(0.16)
Restrepo	0.7(0.8)	HGF	2	4	0.6(0.7)	19-6	7.0	2	16.8	0.15(0.17)

1) Mean operational flows and filtration rates (V_f) are included between brackets

2) Cross sectional area

표 8-43 **Turbidity, colour, suspended solids and fecal coliform levels in full-scale MSF plant** (Glavis, 1999)

Descriptives Statistics	PARCELACION EL RETIRO				COLOMBO-BRITANICO				CLUB SHALOOM			
	Raw Water	DyGF (*)	UGFL	SSF	Raw Water	DyGF	UGFL	SSF	Raw Water	DyGF	UGFL	SSF
	Turbidity (NTU)											
Mean	14.8	7.2	4.2	0.9	14.6	6.4	4.5	0.6	3.8	3.0	1.9	0.8
SD	17.2	7.4	3.8	1.1	16.1	7.5	7.2	0.5	3.7	3.1	1.4	0.6
Minimum	3.0	1.0	1.0	0.2	2.0	1.4	0.7	0.2	0.5	0.4	0.3	0.2
Maximum	120	47	25	12	122	62	80	6.0	22	18	8.3	2.9
N	203	197	204	209	286	258	261	372	70	66	69	70
	Colour (PCU)											
Mean	24	20	16	5	25	19	16	4	15	12	10	6
SD	19	16	10	4	17	15	14	3	9	8	7	4
Minimum	2	2	2	2	3	2	2	2	4	3	2	2
Maximum	188	158	51	30	122	107	114	15	42	34	31	19
N	199	189	102	202	291	252	257	373	65	65	64	65
	Suspended Solids (mg/L)											
Mean	20.3	4.5	1.3	0.1	22.3	3.2	1.4	0.1	1.9	0.9	0.2	0.1
SD	41.4	6.4	2.2	0.1	46.9	5.0	3.1	0.1	2.8	1.6	0.3	0.0
Minimum	0.2	0.1	0.1	0.1	0.1	0.1	0.1	0.1	0.1	0.1	0.1	0.1
Maximum	316	40	14	0.8	392	45	35	0.6	11	7.0	1.0	0.1
N	154	152	155	159	194	193	196	197	31	30	31	31

표 8-43 Turbidity, colour, suspended solids and fecal coliform levels in full-scale MSF plant (Glavis, 1999)(계속)

Descriptives Statistics	PARCELACION EL RETIRO				COLOMBO-BRITANICO				CLUB SHALOOM			
	Raw Water	DyGF (*)	UGFL	SSF	Raw Water	DyGF	UGFL	SSF	Raw Water	DyGF	UGFL	SSF
	Faecal Coliforms (CFU/100 mL)											
Mean	6,416	2,152	301	1.4	51,916	10,063	2,008	0.9	2,895	1,680	214	4.3
SD	17,582	9,930	337	5.0	73,140	19,170	4,664	4.5	3,341	2,305	226	8.5
Minimum	140	120	2	0	800	210	24	0	20	8	0	0
Maximum	162,000	105,500	2,040	53	677,000	193,000	48,400	82	14,200	10,900	1,120	56
N	247	113	215	322	283	180	253	370	69	40	69	70

(*) Dynamic Gravel Filter; N, number of data; October/1991 to December/1998

며, 직사각형을 표준 형상으로 하고 있다. 총 면적은 계획 정수량을 여과속도로 나누어 몇 개 여과지를 접속시켜 1열이나 2열로 배치한다. 일반적으로 여과지의 크기는 작은 경우 50～100 m^2 정도이며, 큰 것은 4,000～5,000 m^2 정도이다. 여과지의 수는 예비지를 포함하여 2지 이상으로 하고 10지마다 1지 비율로 예비지를 둔다.

여과모래의 품질은 한국상하수도협회규격 KWWA F100(수도용여과모래시험방법)에 준하여 입도분포(유효경 0.3～0.45 mm, 균등계수 2.0 이하)가 적절하고 협잡물이 적으며 마모되기 어렵고 위생상 지장이 없는 것으로 안정적이고 효율적으로 여과할 수 있어야 한다. 모래층 두께는 70～90 cm를 표준으로 하고 있다.

주위벽 상단은 지반보다 15 cm 이상 높여 여과지 내로 오염수나 토사 등의 유입을 방지하고 필요에 따라서는 복개된 형태로 설치한다. 여과속도가 느릴수록 완속여과의 정수기능이 우수하게 발휘되고 여과층의 오염도 줄일 수 있으므로 여과속도는 일반 표류수를 기준으로 4～5 m/d로 한다. 다만, 원수수질이 양호하더라도 최대 8 m/d까지를 한계로 한다. 특히 상수원이 크립토스포리디움 등의 병원성 미생물로 오염될 우려가 있는 경우에는 여과속도는 5 m/d를 넘지 않도록 한다. 통상적으로 여과모래를 교체한 다음 여과기능이 회복되기까지 걸리는 시간은 1일(하절기)～7일(동절기) 정도이다.

완속여과지의 여과자갈의 품질은 자갈의 형상이나 입경 등이 적절하고 협잡물이 적고 위생상 지장이 없는 것으로 모래층을 충분하게 지지할 수 있어야 한다. 여과자갈은 최대경 60 mm, 최소경 3 mm로 하고, 층의 두께는 400～600 mm를 표준으로 하며 일반적으로 4층으로 깔고 있다. 하부집수장치의 구조에 따라서 자갈층의 두께를 얇게 할 수도 있고 급속여과지에 준하여 설계할 수도 있다. 하부집수거는 주거와 지거로 구분하고 유속은 지거에서 15 cm/s 이하, 주거에서 20 cm/s 이하로 한다. 하부집수장치의 바닥경사는 주거에는 1/200, 지거에는 1/150 정도이다. 여과지의 수심이 깊어지면 모래층이 단단하게 되며, 너무 얕으면 공기가 모래층 간에 축적되어 공기 장애를 일으켜 여과를 방해한다. 따라서 여과지의 모래면 위의 수심은 90～120 cm를 표준으로 하고 고수위에서 여과지 상단까지의 여유고는 30 cm 정도로 한다. 모래면의 상부와 하부 배수관의 관경은 배수시간을 기준으로 각각 3～4.5시간과 1～1.5시간 정도로 계획한다. 완속여과

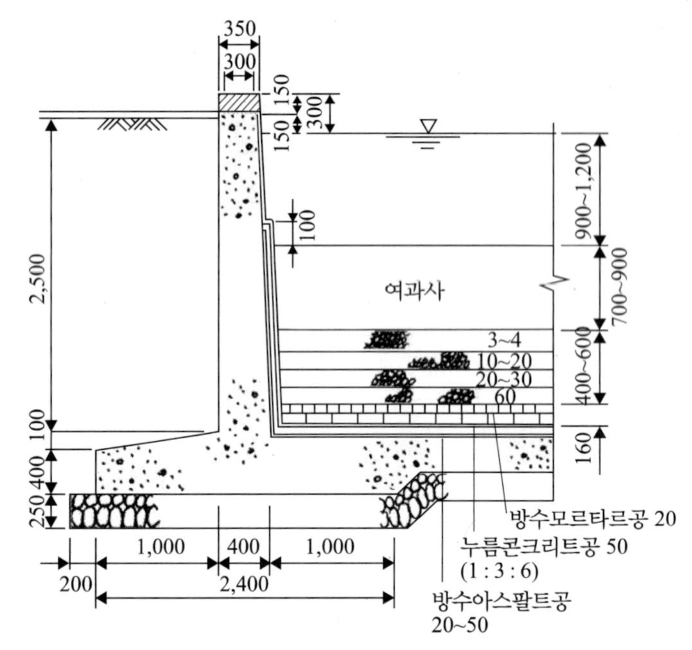

그림 8-61 완속여과지 단면도 예시(단위: mm) (환경부, 2010)

지 단면도를 그림 8-61에 예를 들어 나타내었다.

완속여과 방식에서 여과의 기능은 여과모래층의 표층부에 집중되기 때문에 손실수두의 발생은 주로 표층부분에서 일어난다. 손실수두가 증가하면 유출부의 수위를 낮추어 여과속도를 일정하게 유지하며, 손실수두(탁도 또는 유출수량)가 한계치에 도달할 경우 여과지를 정지하고 표면층을 재생하여 하는데, 그 깊이는 표층 10 mm 정도이다. 완속여과지에서 오염된 여과사의 제거와 처리는 매우 중요하다. 따라서 여과지에 가까운 곳으로 모래의 반입과 반출에 편리한 장소에 보충용 깨끗한 모래와 오염된 모래를 분리 저장할 수 있는 저장조가 필요하다. 또한 오염된 모래를 세척할 경우 대비하여 적당한 수량과 수압을 가진 세척수압관, 세척배출수 침전조 등 필요한 설비가 설치되어야 한다. 오염된 모래의 제거작업은 흔히 인력에 의존하나 기계적인 방법(모래제거용 로봇 또는 샌드스크레이퍼 등)으로 효율을 높이도록 계획해야 한다.

한편 완속여과 방식의 정수장에서는 최종단계에서 반드시 여과된 물을 저장하는 시설이 필요한데, 그 이유는 소독의 필요성과 수요에 대비한 충분한 저장공간의 확보를 위한 것이다. 특히 완속여과에서는 생물학적 활성도의 유지가 중요하므로 여과지 전염소처리 방법은 매우 부적절하다. 따라서 소독은 기본적으로 별도의 후단 저장 시설에서 이루어지는데, 그 이유는 최종적으로 남아 있는 박테리아의 불활성화와 저장 또는 배수관망에서 박테리아의 성장을 억제할 소독제의 잔류 농도를 제공하기 위함이다. 상수원이 크립토스포리디움 등의 병원성 미생물에 오염될 우려가 있는 경우의 여과지 유출수에 대한 탁도 모니터링은 상시적으로 실시하고 여과지 유출 여과수의 탁도를 0.1 NTU 이하로 유지하도록 하고 있다.

참고 2단여과(two-stage filtration)

2단여과는 플랑크톤, 조류, 탁질 등의 부유물질들을 완속여과지의 전 단계에서 미리 제거하여 후속하는 완속여과시의 부담을 줄여주기 위해 고안된 방법으로 이러한 전 단계 여과시설을 초벌여과 또는 조대입자 여과(CMF)라고도 한다. 현재는 완속여과지의 전 단계뿐만 아니라 직접여과나 인라인(in-line) 여과 등에서도 여과속도를 높이기 위해 적용되고 있다.

2단여과의 공정은 1차여과지(초벌여과)와 2차여과지(최종여과)로 구성된다. 조립자로 구성된 1차의 여과층에서 플록 형성을 촉진시켜 부유물질의 50～80%를 제거한다. 이 여과지는 응집제의 주입량이나 원수의 성상에 영향을 받는다. 2단여과의 장점은 응집제의 주입량을 감소시켜, 슬러지 발생량도 적고 직접여과나 인라인 여과와는 달리 단기간의 탁도상승과 조류번성에도 견딜 수 있다. 2차여과지의 설계는 보통 고속여과지에 준하며, 원수수질, 여재의 입경, 여과층의 두께 등에 따라 여과속도는 다르지만 일반적으로 720～900 m/d 정도이다. 여재로는 작은 자갈, 안트라사이트 또는 플라스틱을 사용하고 여재의 유효경(De)은 3～6 mm, 균등계수는 1.5 이하, 여과층 두께(L)는 75～300 cm($250 < L/De < 500$) 정도가 적당하다. 또한 지지층의 자갈의 유효경은 10～20 mm, 두께는 15～30 cm가 적당하다. 세척방식은 공기와 물을 함께 사용하는데, 1차여과지의 세척은 물만으로는 불충분하며 공기세척을 병행한다. 세척수두는 5～10 m, 세척수량 0.6～0.9 $m^3/min \cdot m^2$, 세척시간은 5～8 min, 공기량은 0.9～1.5 $m^3/min \cdot m^2$, 통기시간은 5～7 min 정도이다. ←

(5) 급속여과

완속여과와는 달리 급속여과(RSF, rapid sand filtration)는 단지 물리적인 방법으로 입자성 물질을 제거하는 고액분리과정으로 그 특성상 적절한 전처리나 후속처리 단계 없이는 안전한 물을 생산하기 어렵다. 원수가 저탁도일지라도 급속모래여과만으로는 크립토스포리디움을 포함한 콜로이드 및 현탁물질을 충분하게 제거할 수 없다. 따라서 전체 처리 시스템의 구성(그림 8-5)은 다단식 처리 시스템(multiple-stage treatment system) 방식을 따르며(US EPA, 1991), 급속여과지는 일반적인 정수처리 시스템에서 필수적인 요소기술이다.

급속여과를 채용하고 있는 다단식 정수처리 시스템에서 오염물질 제거는 물리화학적인 작용에 의해서만 이루어진다. 주처리 공정인 급속여과지의 앞 단 전처리 단계로 약품침전지(응집-응결-침전)를 두고, 후처리 단계로는 소독시설(염소 또는 오존)을 둔다. 이 공정에서는 현탁 물질을 처음부터 약품 처리함으로써 응집 및 플록 형성을 가속화시키고 이를 이어지는 침전지에서 효율적으로 고액분리하여 제거하며, 다음 자갈과 모래로 이루어진 급속여과지에서 나머지 불순물을 여과하여 제거하는 방식이다. 모래가 막히거나 여과된 물의 탁도가 너무 높아지면 여과지는 역세척 단계(backwash)를 거치게 된다. 역세척 동안 압력이 가해진 물은 모래층을 통해 상향류 흐름을 위쪽으로 이동하여 유동화된 모래층을 통과하여 모래층으로부터 막혀진 입자를 분리하게 되는데, 역세척수는 침전지로 반송되어 재활용되거나 찌꺼기 처리단계를 거치게 된다. 역세척 단계에서 필요한 물은 정수 생산량의 1～5% 정도이다.

약품침전 방식을 채택함으로 인해 이 방법은 완속여과에 비해 훨씬 빠른 유속으로 운전이 가능하다. 응결 덩어리인 플록은 여재 표면에 부착되거나 플록 간의 부착으로 억류되어 제거되지만, 여기서 용해성 물질의 제거능력은 거의 없다. 따라서 원수의 수질에서 용해성 물질(맛, 냄새 등)이 문제가 된다면, 그에 적합한 고도정수기술(오존, 활성탄 등)이 고려되어야 한다(표 8-44, 8-45). 장기간에 걸쳐 원수의 탁도가 10 NTU 이하로 안정적인 수질을 보일 경우 침전단계를 생

표 8-44 Properties of rapid sand filtration

Advantages	Disadvantages
• Very effective in removing turbidity/large particles (< 0.1-1 NTU) • High filter rate (4,000-12,000 litres per hour per m^2) • Small land requirements • No limitation regarding initial turbidity level • Cleaning time (backwashing) only takes several minutes	• Not effective in removing bacteria, viruses, protozoa, fluoride, arsenic, salts, odour and organic matter (unless pre- and post-treated) • High investment and operational costs • Frequent cleaning required (every 24-72h) • Skilled supervision essential • Highly energy demanding • Treatment of backwashing water and sludge necessary

표 8-45 Typical treatment performance of rapid sand filters if freshwater has been pre-treated with coagulation-flocculation

Moderately effective for	Somewhat effective for	Not effective for
• Turbidity • Iron, Manganese	• Odour, Taste • Bacteria • Organic matter	• Viruses • Fluoride • Arsenic • Salts • Majority of chemicals

Ref) Brikk and Bredero(2003), Deboch and Farris(1999), SDWF(2011) and WHO(2012)

략하여 간단한 응집조작만으로 여과하는 인라인 여과나 직접여과 방식으로 변형하여 운영하기도 한다.

이 시스템은 운영 및 유지보수가 복잡하고 비용이 많이 소요되므로 소규모 공동체에는 적합하지 않아 주로 도시 공공 정수시설에서 일반적으로 사용된다. 특히 성능을 최적화하기 위해 전처리 단계(약품-침전)가 매우 중요하며 시스템의 운전과 관리에 고도의 기술이 요구된다. 이 여과 시스템의 성능은 원수의 수질 변화에 덜 민감하지만 작은 여과 면적으로 대량의 물 처리가 가능한 반면 찌꺼기(배출수와 슬러지)의 처리 처분대책이 불가피하게 요구된다.

단위여과면적당 여재 표면적은 여재 입경과 여층 두께의 함수관계이다. 여재 입경을 작게 할수록 억류효과가 높아지고 여층 두께가 얇아도 탁질을 억류할 수 있으나, 억류물이 표면 여과층에 집중되어 손실수두가 높아지기 때문에 장기간 여과지속은 어렵고 얇은 여과층에서 억류되는 탁질량은 한계가 있다. 여과층에서 플록의 포착상태는 플록의 강도에 따라 달라진다. 탁질당 응집제의 양(예: Al/T ratio)이 높은 플록은 강도가 낮아 여재입자의 표면에 부착되었더라도 물 흐름에 의한 전단력으로 파쇄되기 쉬운 반면, 이 비율이 낮고 최적의 교반조건하에서 생성된 플록은 강도가 높아 쉽게 파괴되지 않는다.

여과지 내에서 여재의 입도분포는 탁질의 억류에 직접적인 영향을 미친다(그림 8-62). 역세척 단계에서 여재는 무겁고 굵은 여재는 아래로, 반면에 가볍고 미세한 여재는 위층으로 나누어진다(A형). 하향류의 흐름분포에서 대부분의 플록은 표층 근처에서 제거되고, 그 결과 표층의 손실수두가 높아져 전체 여과층은 충분히 활용하지 못한 상태에서 세척을 해야 한다. 그러나 여과층의 입도분포를 반대(B)로 하거나 다층 구조할 경우(C) 여과지의 내적 여과효과로 인하여 탁질

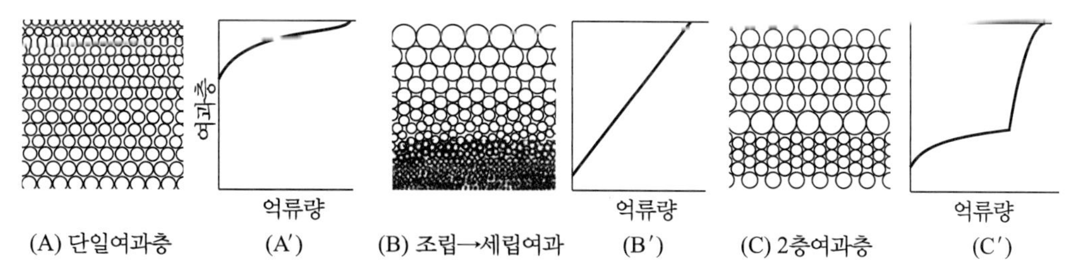

그림 8-62 **여과층의 입도분포와 탁질 억류량 분포**

의 억류효과는 더 높아지게 된다. 이러한 측면에서 상향류나 다층여과방식의 적용이 효과적일 수 있다. 모래층 위에 안트라사이트를 넣은 2층여과는 실제 많이 이용되는 다층여과 방식으로 이는 모래에 비하여 입경이 크고 밀도가 작은 안트라사이트층에서 탁질의 대부분을 억류하고 나머지를 모래층에서 제거하는 분리억제기능을 적용한 것이다.

현재 가장 많이 사용되고 있는 여과지의 형식은 적절한 입도로 체거름된 자연모래를 여재로 사용하는 중력식 하향류 흐름방식이다. 세척은 역세척과 표면세척, 또는 역세척과 공기세척 형식이 대부분 사용되고 있다. 여과지는 그 구성(단층과 다층), 물 흐름 방향(하향류와 상향류), 여재(모래와 안트라사이트-각각 단층과 다층인 경우), 표준 여과속도(단층: 120～150 m/d, 다층: 120～240 m/d), 수리학적 특성(중력식과 압력식), 여과수량 시간변화(정속여과와 감쇠여과) 그리고 여과수량 조절방식(유량제어형, 수위제어형 및 자연평형형) 등으로 다양하게 구분된다.

급속여과는 개방형인 중력식 급속 여과기(rapid gravity filter)와 폐쇄형인 가압식 여과기(pressure filter)로 구분된다(WHO, 1996c)(그림 8-63). 중력식이란 여과지 내에 자유수면을 가지고 있어 중력에 의한 자연적인 흐름으로 여과하는 방식으로 일반적으로 사용하는 방식이다. 반면에 압력식은 강판 등의 재질로 만들어진 밀폐형 탱크로 압력(0.1～0.6 MPa)을 이용하기 때문에 정수장 내의 수리적인 제약을 받지 않는 특징이 있어 비교적 소규모 정수장이나 침전지를 생략할 수 있을 정도의 원수수질 특성을 가지는 곳에서 흔히 사용하고 있다.

여과지의 설계에 있어서 주요한 항목은 여재입경, 여층두께를 포함한 여과층의 구성, 여과속도와 그 조절방식, 여과층의 역세척 방식과 역세척 빈도 등이다. 입상여재 여과지 설계는 이론적인 접근보다도 주로 이전의 운영사례와 파일롯 실험결과 그리고 설계자의 경험 등에 기초하여 일반적으로 설계된다(Tchobanoglous and Schroeder, 1998). 표 8-46에는 급속여과와 완속여과의 특성과 성능을 비교하였으며, 표 8-47 및 8-48에는 정수와 하수처리수를 대상으로 한 여과시설의 전형적인 설계자료를 나타내었다. 정수의 경우 단일여재 천층식(1 m 미만), 단일여재 심층식(1 m 이상) 그리고 이중여재의 경우를 포함하고 있다. 하수처리수의 경우는 이러한 형식 외에도 널리 이용되는 천층 맥동상 여과지(shallow pulse-bed filter)의 경우에 해당하는 자료이다.

급속여과지에 대한 우리나라의 시설기준(환경부, 2010)을 보면, 여과지의 표준 형상은 직사각형(길이와 폭의 비는 5 : 1 이하)으로 하고 총 소요면적은 계획 정수량을 여과속도로 나누어 결정하되, 여과지 1지의 최대면적을 150 m^2 이하로 하고 있다. 또한 세척, 점검, 고장, 여재교환 등의 경우를 고려하여 예비지를 포함하여 총 여과지수는 최소 2지 이상으로 하고, 10지의 경우 10%의 예비지를 설치한다.

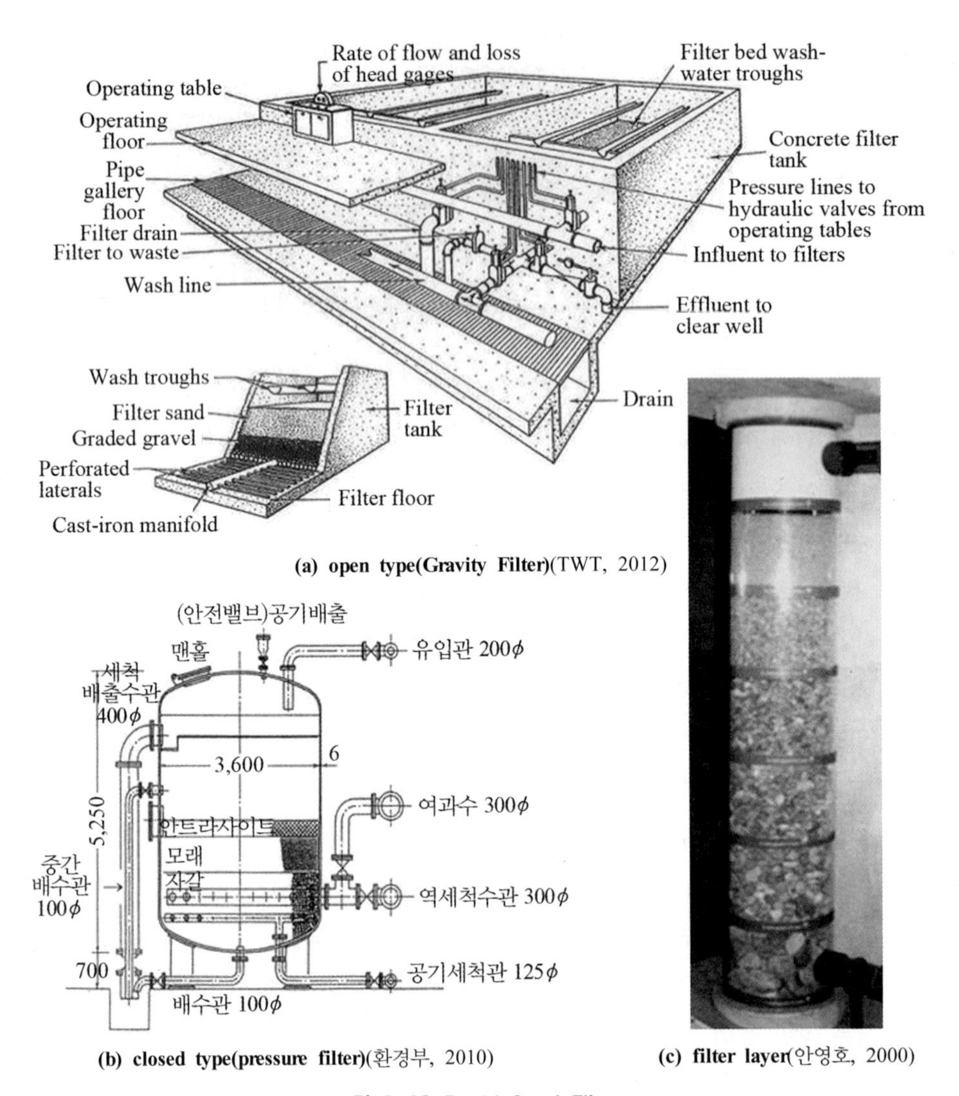

(a) open type(Gravity Filter)(TWT, 2012)

(b) closed type(pressure filter)(환경부, 2010)

(c) filter layer(안영호, 2000)

그림 8-63 Rapid Sand Filters

여과속도(여과유출량/여과면적)는 120~150 m/d를 기준으로 하고 있지만, 효율적인 여과를 위해 유입수의 수질, 여과층의 구성, 여과지속시간 등을 고려하여 적절한 여과속도를 결정해야 한다. 여과지속시간 역시 유입 수질, 처리목표수질, 가용수두 및 운전관리의 경제성 등을 참고로 하여야 한다. 또한 여과속도의 안정적인 속도유지를 위해 정속 또는 정압 방식의 적절한 제어방안이 고려된다.

① 정압(정수위)여과: 여과층의 상류측 수위와 하류측 수위 간의 압력차가 일정하며 여층의 폐쇄에 따라 여과유량이 서서히 감소하는 여과방식이다. 즉 여과지 수위가 일정하도록 유입과 유출밸브를 조절한다.

② 정속(정률)여과: 여층 폐쇄에 따른 여과유량의 감소를 막기 위하여 상류측 수위를 높이거나 하류측 밸브를 개방하여 손실수두를 감소시켜 여층에 걸리는 압력차를 증가시키고 일정 여과유량을 유지하기 위하여 여과지의 유출구에 유량계와 조정밸브를 설치하는 여과방식으로 흔히 사용되는 방식이다.

표 8-46 급속여과와 완속여과의 비교 (modified from USEPA, 1991)

Parameter	Rapid sand filters (RSF)	Slow sand filters (SSF)
Filtration rate	5-10 m/h (120～150 m/d)	0.4-1.5 m/h (4～5 m/d)
Size of bed		5-200 m^2/filter
Depth of bed	45 cm gravel/76 cm sand	30 cm gravel/106 cm sand
Sand effective size	0.45-0.55 mm	0.1-0.3 mm
Uniformity coefficient	1.65	2-3
Grain size distribution	Stratified layer (after backwashing larger particles will settle)	No stratification (No back washing)
Penetration of suspended matter	Much deeper	shallow
Cleaning method	Backwash, expended san bed	Scrape of top layer, wash, and replace
Amount of w/w used	Approximately 4%	0.2-0.6% of the filter water
Pretreatment	need	Little/no need
Posttreatment	Chlorination	Chlorination
Construction Cost	Lower	Higher(Larger area)
Operation Cost	High	Low
성능		
원수 탁도 (NTU)	제한없음	5 이하
색도 (Color Unit)	75 이하	10 이하
녹조류 (chlorophyll-a)	-	5 mg/l 이하
대장균수 (MPN/100ml)	20,000 이하	800 이하
virus 제거효율 (%)	99	99.999
Giardia Lamblia 제거효율 (%)	96.9～99.9	98～100

표 8-47 Typical design data for granular-medium filters used for water treatment

PARAMETER 1)	SINGLE MEDIUM 2)		DUAL MEDIUM		MULTIMEDIUM	
	Range	Typical	Range	Typical	Range	Typical
Garnet or ilmenite						
Depth, mm					75-200	100
Effective size, mm					0.2-0.35	0.25
Uniformity coefficient					1.3-1.7	1.6
Sand						
Depth, mm	500-900	600	150-500	300	150-400	300
Effective size, mm	0.35-0.70	0.45	0.45-0.6	0.5	0.45-0.6	0.5
Uniformity coefficient	1.3-1.7	1.5	1.4-1.7	1.6	1.4-1.7	1.6
Anthracite						
Depth, mm	900-1800	1500	400-600	500	400-600	500
Effective size, mm	0.7-1.0	0.75	0.8-1.4	1.0	0.8-1.4	1.1
Uniformity coefficient	1.4-1.8	1.6	1.4-1.8	1.6	1.4-1.8	1.6
Filtration rate, $L/m^2 \cdot min$	80-400	160	80-400	160	80-400	160
Backwashing	Air/water, surface wash		Air/water, surface wash		Air/water, surface wash	
Backwash rate, $L/m^2 \cdot min$	360-1000 3)	500 3)	500-1600	800	500-1600	800

1) The effective size is defined as the 10 percent size by mass, d_{10}. The uniformity coefficient is defined as the ratio of the 60 to the 10 percent size by mass ($UC = d_{60}/d_{10}$).
2) Separate sand and anthracite single-medium filters.
3) For single medium sand filter only.
Ref) Tchobanoglous and Schroeder(1998)

표 8-48 Typical design data for granular-medium filters used for treatment of wastewater (primary or secondary effluent)

PARAMETER [1]	SINGLE MEDIUM [2]		SINGLE MEDIUM [3]		DUAL MEDIUM	
	Range	Typical	Range	Typical	Range	Typical
Sand						
Depth, mm	200-300	250	500-900	600	150-300	300
Effective size, mm	0.4-0.6	0.45	0.45-0.7	0.5	0.4-0.7	0.55
Uniformity coefficient	1.3-1.7	1.5	1.3-1.7	1.5	1.4-1.7	1.6
Anthracite						
Depth, mm			900-1800	1500	300-600	500
Effective size, mm			0.8-1.8	1.4	0.8-1.8	1.2
Uniformity coefficient			1.4-1.8	1.6	1.4-1.8	1.6
Filtration rate, $L/m^2 \cdot min$	80-320	160	80-400	160	80-400	160
Backwashing	Air pulse followed by water, chemical cleaning		Air/water, surface wash		Air/water, surface wash	
Backwash rate, $L/m^2 \cdot min$	360-800	600	360-1000 [4]	500 [4]	500-1600	800

1) The effective size is defined as the 10 percent size by mass, d_{10}. The uniformity coefficient is defined as the ratio of the 60 to the 10 percent size by mass ($UC = d_{60}/d_{10}$).
2) Plused-bed filter.
3) Separate sand and anthracite single-medium filters.
4) For single medium sand filter only.
Ref) Tchobanoglous and Schroeder(1998)

③ 감쇠여과: 여과지 수위가 일정하게 수압을 가하지만 유량조절기가 없으므로 여과지가 폐쇄됨에 따라 여과수량이 점차로 감소하는 여과법이다.

유효경이 큰 두꺼운 여과층을 사용하는 경우나 응집·침전처리가 특히 양호한 경우 그리고 고도정수처리와 같이 양호한 유입수의 경우에는 이 여과속도를 초과하여 적용할 수 있다. 여과속도의 급격한 변경은 여과수질을 악화시킬 우려가 있으므로 피해야 한다.

여과모래는 입도분포가 적절하고 협잡물이 적으며 마모되지 않고 위생상 지장이 없는 것으로 안정적이고 효율적으로 여과하고 세척할 수 있는 것이어야 한다. 급속여과모래의 유효경은 0.45～1.0 mm 중에서 적절히 선정하고, 여과모래의 유효경이 0.45～0.7 mm의 범위인 경우 모래층의 두께는 60～70 cm를 표준으로 한다. 다만, 유효경이 그 이상으로 크게 되는 경우에는 실험 등에 의하여 결정한다. 자연에 존재하는 모래의 균등계수는 대체로 1.5～3.0의 범위에 있으나, 입경의 균일도를 높이기 위해 여과지 모래의 균등계수는 1.70 이하로 규정하고 있다. 이외에도 모래의 특성을 세척탁도 30 NTU, 강열감량 0.75% 이하, 염산 가용률 3.5% 이하, 비중 2.55～2.65, 마모율 3% 이하, 직경 0.3～2 mm 이하로 규정하고 있다. 여과층 두께와 여재입경의 비(L/D_e)는 800 이상으로 추천하고 있다(표 8-49).

자갈층의 두께와 입경은 하부집수장치에 적합하도록 결정해야 하는데, 하부집수장치의 설계 시 다음과 같은 기능적 특성에 유의하여야 한다.

① 하부집수실과 상부여과실로 여과지를 분리한다.

② 상부여과실에 설치한 여과재를 지지·보호하며 상·하부로의 유출을 방지한다.

표 8-49 **여과층 두께와 유효경**

<table>
<tr><td rowspan="4">$L/D_e \geq$</td><td>1,000 … 보통 모래 단독이나 2층여과인 경우</td></tr>
<tr><td>1,250 … 3층(안트라사이트, 모래, 가네트)</td></tr>
<tr><td>1,250∼1,500 … 심층 조립단일여재인 경우(1.2 ≤ D_e ≤ 1.4)</td></tr>
<tr><td>1,500∼2,000 … 입경이 매우 큰 심층 조립단일여재인 경우(1.5 ≤ D_e ≤ 2.0 mm)</td></tr>
</table>

여기서 L은 여과층 두께(mm)이고, D_e는 여재의 유효경(mm)이다.

주) 1. 여재입경이 1.5 mm 이상이면 보통 여과층의 공극에 비하여 여재입자 간의 공극은 훨씬 커진다. 여재입경이 2배가 되면 공극은 3배가 된다. 그러므로 L/D_e비는 여재의 입경이 1.5 mm 이상일 때 추정치로만 사용할 수 있으며 실제값은 모형실험을 통하여 얻어야 한다. 또한 파괴현상으로 인하여 원생동물의 난포낭과 같은 작은 입자가 유출되는 것을 방지하기 위한 방호벽으로써 심층 조립 단일여재의 여과층 바닥에 0.3 m 정도의 모래층을 두면 좋다.

2. 여과보조제로 폴리머를 사용하지 않고 여과수 탁도가 0.1 NTU 이하를 맞추어야 하는 경우 L/D_e비가 15% 정도 증가된 값이 좋다.

3. 장래 수질기준이 더욱 엄격해질 것을 예상하여 보통의 여과층을 활성탄(GAC)여재로 교체하는 계획을 수립하는게 좋다. 가장 짧은 공탑접촉시간(EBCT)이 10분인 활성탄여과에 필요한 접촉시간을 확보하기 위하여 보통의 여과지를 신설할 경우에도 활성탄여과에 대응할 수 있도록 깊게 하는 게 좋다. 240 m/d의 여과속도에서 10분의 공탑접촉시간을 확보하기 위해서는 1.7 m의 여층두께가 필요하다.

③ 침전지 월류수를 상부여과실에서 여과시켜 하부집수실로 보낸다.

④ 세척수 및 공기를 하부집수실로부터 상부여과실로 분출시켜 여과재를 깨끗이 세척시킨다.

⑤ 역세척수 및 공기를 여과실 전체에 균등압력으로 균일하게 분포시켜서 세척 효과를 높인다.

하부집수장치에는 물역세척 방식(휠러블록형, 스트레이너 블록형, 티피블록형, 유공블록형 등)과 물·공기 혼합 역세척방식(스트레이너 블록형, 유공블록형 등)이 있다(그림 8-64). 여과면적을 기준으로 한 집수공의 총 단면적은 유공블록형의 경우 0.6∼1.4%, 스트레이너 블록형의 경우 0.25∼1.0%로 하고 있다.

일반적으로 급속여과지의 수심은 1∼1.5 m로 유지하는 경우가 많으며, 고수위로부터 여과지 상단까지의 여유고는 통상적으로 30 cm 정도로 한다. 급속여과는 여과지의 폐쇄가 빨리 일어나

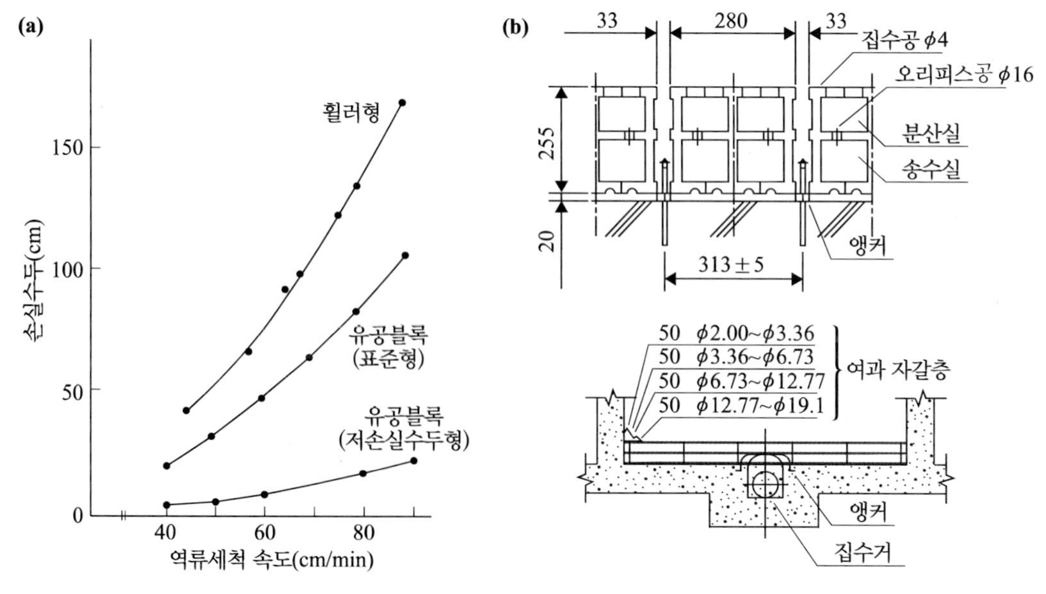

그림 8-64 **하부집수장치의 손실수두 및 유공블록형의 구조 예** (환경부, 2010)

표 8-50 공기세척을 이용한 전형적인 역세척 속도

여재 구성	역세척 순서	공기 속도(m/min)	물 속도(m/min)	비고
가는 모래 0.5 mm	공기, 물	0.62～0.92	0.62	팽창방식
가는 안트라사이트 1.0 mm 포함한 이중여재	공기, 물	0.92～1.22	0.62～0.82	팽창방식
굵은 안트라사이트 1.5 mm 포함한 이중여재	공기, 공기+물, 물	1.22～1.52 1.22～1.52	0.40 1.02	팽창방식
굵은 모래 1.0 mm (조립 심층)	공기+물, 물	0.92～1.22	0.25～0.28 동일속도 혹은 2배	비팽창방식
굵은 모래 2.0 mm (조립 심층)	공기+물, 물	1.83～2.43	0.40～0.48 동일속도 혹은 2배	비팽창방식
굵은 안트라사이트 1.5 mm (조립 심층)	공기+물, 물	0.92～1.52	0.33～0.40 동일속도 혹은 2배	비팽창방식

Ref) Cleasby and Logsdon(1999)

므로 역세척을 기계적으로 하여 단시간 내에 여과기능을 회복해야 한다. 여과층의 세척은 역세척과 표면세척을 조합한 방식을 표준으로 하고 여과층이 유효하게 세척되어야 하며 필요에 따라 공기세척을 조합한다. 세척효과의 판정은 보통 세척배출수의 최종탁도로 한다. 병원성 미생물에 대한 대책으로 세척배출수의 최종탁도 관리가 대단히 중요하며, 최종탁도는 10 NTU 내외를 목표로 하는 것이 바람직하다. 역세척 방법에는 공기로 모래층을 교란시킨 후 역세척하는 방법과 공기와 물을 동시에 분출시켜 역세척하는 방법 및 단순히 물만으로 역세척하는 방법이 이용된다. 표 8-50에는 공기세척을 이용할 경우의 전형적인 역세척 속도를 나타내었다.

역세척수로는 기본적으로 염소가 잔류하고 있는 정수된 물을 사용하고, 역세척에 필요한 수량과 수압 및 시간은 충분한 역세척 효과를 얻을 수 있도록 한다(표 8-51). 수온은 여과공정에 크게 영향을 미치는데, 동일한 여과속도에서 수온이 4.5°C 이하가 되는 겨울의 여과지속시간은 수온이 21°C 이상인 여름의 여과지속시간의 절반 정도가 되고, 여과수의 탁도도 겨울철이 더 높다. 더욱이 동일한 역세척률에서 겨울철에는 여층팽창률이 여름의 2배 정도가 된다. 그러므로 겨울철에

표 8-51 역세척 수량, 수압 및 여과지속시간의 표준값

항목 \ 세척방법	표면세척과 병용하는 경우		역세척만인 경우
	고정식	회전식	
표면분사수압(m)	15～20	30～40	
동 수량(m^3/min · m^2)	0.15～0.20	0.05～0.10	
동 시간(min)	4～6	4～6	
역세척 수압(m)	1.6～3.0	1.6～3.0	1.6～3.0
동 수량(m^3/min · m^2)	0.6～0.9	0.6～0.9	0.6～0.9
동 시간(min)	4～6	4～6	4～6

주) 1) 표면분사수압은 분출부에서의 동 수두
2) 역세척 수압은 하부집수장치의 분출부(하부집수장치는 포함하지 않는다)에서의 동 수두. 이것은 여과층과 자갈층의 손실수두 0.4～0.8 m와 하부집수장치의 상단으로부터 세척트로프의 월류수면까지 표준수심 1.2～1.6 m에 여유를 가산한 것이다.
3) 수량은 매분당 여과면적 1 m^2당의 수량

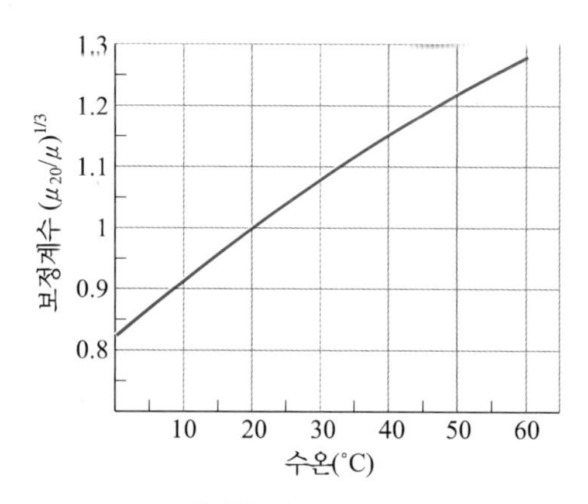

그림 8-65 역세척유속에 대한 수온 보정계수

역세척률을 조정하지 않으면 많은 여재가 유실된다. 따라서 필요한 역세척유속을 수온으로 보정하는 보정계수(20°C의 경우 역세척 속도에 곱하는 계수)를 고려해주어야 한다(그림 8-65).

역세척 시 모래층의 팽창비[식 (8.35)]는 역세척 조작에 중요한 지표가 된다. 팽창비가 너무 크면 모래층 간의 마찰 및 충동이 작아져서 완전한 세척이 되지 않으므로 보통 30% 정도가 적당하다.

$$\text{모래층의 팽창비(\%)} = \frac{\text{세척 시 팽창한 모래층 두께} - \text{비세척 시의 모래층 두께}}{\text{비세척 시의 모래층 두께}} \times 100 \tag{8.35}$$

(6) 기타 급속여과지

1) 다층여과지

다층여과지는 밀도와 입경이 다른 여러 종류의 여재를 사용하여 유체흐름방향으로 큰 입경과 작은 입경 순으로 배열하는 구조를 사용한다(표 8-52). 통상적으로 두 종류 이상의 여재를 사용하는 경우를 총칭하여 다층여과지라고 부르는데, 모래단층여과지와 비교하여 다층여과지의 특징은 다음과 같다.

① 내부여과의 경향이 강하므로 여과층의 단위체적당 탁질억류량이 크고 여과효율이 높다.
② 탁질억류량에 대한 손실수두가 적어서 여과지속시간이 길어진다.
③ 여과속도를 크게 할 수 있다.
④ 여과수량에 대한 역세척 수량의 비율이 작다.
⑥ 고속여과로 여과면적을 작게 할 수 있다.
⑦ 조류 등 특히 응집침전으로 제거하기 어려운 입자에 대해서도 여과지의 막힘현상을 일으키지 않는다.

여재로는 모래(비중 2.55～2.65), 안트라사이트(무연탄, 비중 1.4～1.6), 인공경량사(비중 1.75～1.82), 석류석(garnet, 비중 3.15～4.3), 일메나이트(티타늄철광, 비중 4.5～5) 등이 선택적으로 사용되며, 총 여과층의 두께 60～80 cm, 여과속도 240 m/d 이하를 기준으로 하고 있다. 안트

표 8-52 (a) 2층여과지의 표준 여과층 구성 예 및 (b) 탁질억류분포

(a) (단위: mm)

구분	안트라사이트		여과모래		총 여과층 두께
	여과층 두께	유효경	여과층 두께	유효경	
경우 1	200～300		300～400		600
경우 2	200～400	0.9～1.4	300～500	0.45～0.6	700
경우 3	300～500		300～500		800

(b)

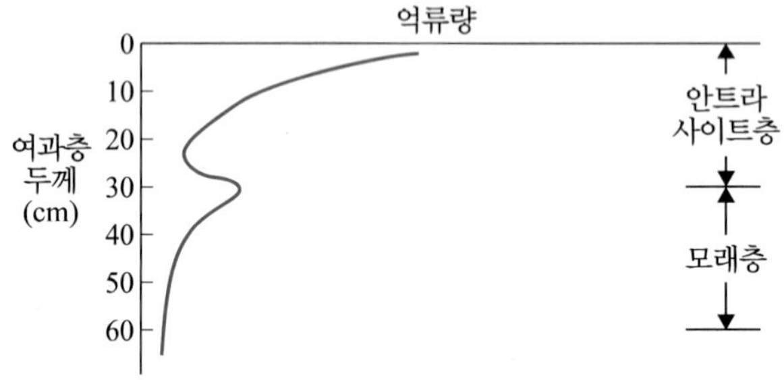

억류량
0
10
20
30
40
50
60
여과층 두께 (cm)
안트라 사이트층
모래층

라사이트의 선정 표준은 다음과 같다.

① 외관은 먼지, 쇄석, 토탄질 등 불순물 및 미분탄, 세장(細長), 편평(偏平) 등의 파쇄물이 적을 것
② 비중은 1.40 이상일 것(24시간 침적기준)
③ 마모율은 3% 이하일 것
④ 염산가용률은 6.0% 이하일 것
⑤ 공극률은 50% 이상일 것
⑥ 유효경은 0.7～1.5 mm의 범위에 있을 것
⑦ 균등계수는 1.5 이하일 것
⑧ 최대입경은 2.8 mm 이하, 최소입경은 0.5 mm 이상일 것

2) 자연평형형 여과지

자연평형형 여과지는 유입수량과 유출수량이 자연스럽게 평형을 이루는 방식을 말하는 것으로, 크게 자기역세척형과 역세척탱크보유형으로 구분된다. 공통적인 특징으로는 유입측에는 사이펀과 밸브 등을 설치하여 여과되지 않은 물의 차단과 유입을 방지하고, 유출부에는 유량조절기 등을 설치하지 않고 여과지로 유입된 물을 그대로 유출한다. 이 형식의 여과지는 손실수두 증가에 따라 지내의 수면이 상승하며 일정한 여과속도를 유지하는 형식이므로 여과지 전체의 깊이는 일반 여과지에 비해 수면의 상승분량만큼 커지며, 최대손실수두는 1.5～2.5 m로 하고 있다. 기타 중력식 급속여과지로 역세척장치이동형(hardinge filter)과 아카즐필터 등의 형식도 있다. 여과지의 형식의 결정에 있어서 계획 정수장의 규모, 건설용지, 원수수질, 전처리방식, 계획 정수량, 여과기능, 여과능력, 운전관리방식, 기타 유의 사항 등을 충분히 검토하여야 한다.

3) 직접여과

직접여과(direct filtration)는 원수의 수질(탁도, 색도, 미생물 등)이 양호하고 장기적으로 안정성이 확보되는 경우에 적합한 정수처리방법으로(표 8-53), 소량의 응집제 주입과 플록 형성 단계를 거쳐 침전공정을 거치지 않고 바로 여과하는 방식이다. 직접여과를 위해서 응집제는 통상 주입량의 1/2～1/4 정도로 하여 플록을 형성시키는데, 생성된 플록은 입경과 침강속도는 작지만 밀도와 강도가 큰 마이크로플록(microfloc)이 형성되므로 이것을 직접여과함으로써 안정된 처리뿐만 아니라 약품사용량과 슬러지 발생량도 작은 장점이 있다. 대부분 급속혼화 후 교반을 하지 않은 체 약 20～60분 체류시킨 후 여과한다. 태풍이나 호우 등으로 인하여 원수수질이 악화될 경우 이 방법은 성능을 보장할 수 없으므로 이 방법을 채택한 정수장에서는 통상의 응집·침전지를 구비해둘 필요가 있다.

표 8-53 **직접여과의 운영기준**

Color	< 40 CU(color unit)
Turbidity	< 5 NTU (< 12 NTU w/ alum, 16 NTU w/cationic polymer)
Algae	< 2000 asu/mL (areal standard unit = cell)
Iron	< 0.3 mg/L
Manganese	< 0.05 mg/L

4) 인라인 여과

여과지의 유입 관로에서 직접 응집제를 주입하는 방식을 인라인(in-line filtration) 또는 내부여과라고 한다. 이는 일반적인 정수처리공정에서 응집-응결지와 침전지가 생략된 상태로 원수의 수질(특히 탁도와 미생물 등) 변화가 크고 응집제 주입량이 과다하게 요구되는 경우에는 부적합한 방법이며, 불충분한 응집반응으로 인해 여과 후에도 플록이 발생될 가능성이 있다. 이러한 방식은 흔히 일반적인 정수공정에서 보조적으로 사용할 수 있다.

(7) 여과시설의 정수처리기준

수도법 제3조에 기초하여 우리나라의 정수처리기준은 탁도 기준과 불활성화율로 규정되어 있으며, 이를 바탕으로 여과 및 소독시설 등을 설치·운영하도록 하고 있다. 여기서, 정수처리기준이란 경제적·기술적으로 농도기준을 정하고 정기적인 수질검사가 어려운 병원성 미생물(표 8-54)들이 수돗물 중에 포함되지 않도록 요구되는 정수장 운영·관리기준을 말한다. 또한 불활성

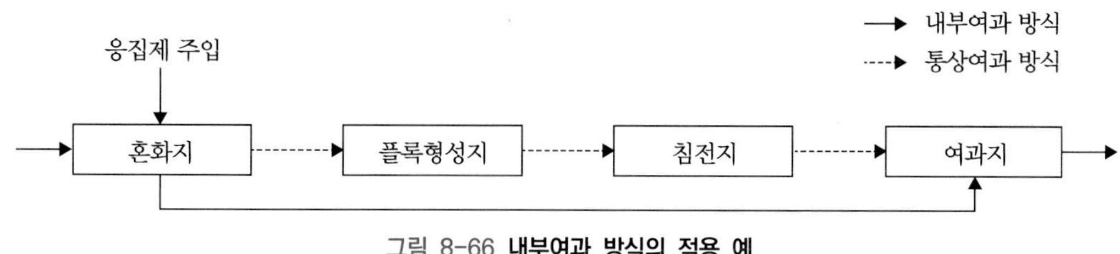

그림 8-66 **내부여과 방식의 적용 예**

표 8-54 **여과에 의한 바이러스, 지아르디아 포낭의 제거율**(제5조 제3항 관련)

여과 방식	제거율(%)	
	바이러스	지아르디아 포낭
급속여과	99(2 log)	99.68(2.5 log)
직접여과	90(1 log)	99(2 log)
완속여과	99(2 log)	99(2 log)
정밀여과(MF)	68.38(0.5 log)	99.68(2.5 log)
한외여과(UF)	99.9(3.0 log)	99.68(2.5 log)

비고 1. Log 불활성화율과 % 제거율은 다음 식에 의해 계산된다.

% 제거율 = $100 - (100/10^{\log\ 제거율})$

2. 정밀여과 및 한외여과의 제거율은 막 모듈 및 시설에 대한 평가절차 마련 전까지 적용한다.

화율은 병원성 미생물이 소독에 의하여 사멸되는 비율을 나타내는 값으로써 정수시설의 일정 지점에서의 소독제 농도, 소독제와 물과의 접촉시간 등을 측정하여 평가된 소독능값(CT)과 대상미생물의 이론적인 소독능값과의 비를 말한다. 우리나라는 특히 바이러스나 지아르디아 등 병원성 미생물의 제거에 대한 여과지의 역할을 강조하고 있으며, 여과지 유출수의 목표 탁도를 0.3 NTU 이하(일부 도시의 경우 0.1 NTU 이하)로 설정하고 있다(환경부 고시 제2011-85호, 2002).

병원성 미생물에 대한 수질관리 강화를 위해 관련 규정에 따라 여과시설에서의 탁도 관리는 여과지 공동수로와 개별 여과지로 구분하여 이루어지며, 탁도의 측정은 자동측정기, 탁도계 또는 제어계측설비(입자계수기) 등을 활용한다.

참고 여과수 탁도관리 목표(급속 혹은 직접여과시설)

(1) 공동수로 여과수 탁도

① 시료채취지점: 단위 공정 여과지의 모든 여과수가 혼합된 지점

② 탁도 측정 및 기록: 탁도 자동측정기에 의거 실시간 측정·감시 운영하고 1시간 이내 간격으로 분석자료기록(또는 4시간 간격으로 1일 6회 이상)

③ 탁도관리 목표: 매월 측정된 시료수의 95% 이상이 0.3 NTU를 초과하지 않아야 하며, 각 시료에 대한 측정값은 1.0 NTU를 초과하지 아니할 것(단, 공동수로 여과수의 탁도관리 목표 초과원인이 탁도계 또는 계측제어설비 등에 의한 초과의 경우에는 위 탁도기준을 적용하지 아니한다)

(2) 지별 여과수 탁도

① 시료채취지점: 타 여과지 여과수가 혼합되기 전 지별 여과수의 대표지점

② 탁도 측정 및 기록: 탁도 자동측정기에 의거 실시간 측정하여 매15분 간격으로 기록유지

③ 지별 탁도관리 목표

- 매월 측정된 시료수의 95% 이상이 0.15 NTU를 초과하지 않아야 한다.
- 여과개시 후 안정화될 때까지 0.5 NTU보다 커서는 안 된다.
- 여과개시 4시간 후에는 0.3 NTU보다 커서는 안 된다.
- 매월 1 NTU보다 높은 탁도가 30분 이상 연속하여 월 1회 이상 발생하고 이와 같은 현상이 3개월 연속 나타나서는 아니된다.

• 매월 2 NTU보다 높은 탁도가 30분 이상 연속하여 월 1회 이상 발생하고 이와 같은 현상이 2개월 연속 나타나서는 아니된다. ←

참고 소독에 의한 불활성화율(inactivation ratio) 계산

1) 현장 소독능력 계산

① 실제(현장) 소독능값(C·T: concentration × time 계산값)의 산정

C·T계산값 = 잔류소독제 농도(mg/L) × 소독제 접촉시간(분)

② 잔류소독제 농도는 정수지 유출부 또는 대표 농도측정지점 중 최소농도값으로 선택한다.

③ 소독제 접촉시간은 1일 사용유량이 최대인 시간에 최초 소독제 주입지점부터 정수지 유출지점 또는 불활성화율의 값을 인정받은 지점까지 측정하여야 한다.

• 추적자시험을 통해 실측하는 경우는 접촉시간을 측정하기 위해 최초 소독제 주입지점에 투입된 추적자의 10%가 정수지 유출지점 또는 불활성화율의 값을 인정받은 지점으로 빠져나올 때까지의 시간을 접촉시간으로 한다.

• 이론적인 경우는 정수지 구조에 따른 수리학적 체류시간(정수지용량/시간당 최대유량)에 장폭비에 따른 환산계수(8.7절 정수지 참고)를 곱하여 소독제의 접촉시간으로 한다.

2) 불활성화율의 계산

불활성화율 = (C·T계산값/C·T요구값)

① 정수시설의 한 지점에서만 소독하는 경우 잔류 소독제 농도측정지점에서 불활성화율을 결정하고 소독에 의한 처리기준 준수여부를 판정한다.

② 정수처리공정 또는 급수과정에서 1회 이상의 소독을 할 경우에는 각 소독단계에서 소독능값을 계산하고 각 단계별 불활성화율를 합한 값으로 소독에 의한 처리기준을 준수하는지 여부를 판정한다. 다만, 취수지점에서 정수장 정수지 유출지점 이외의 지점에 대한 불활성화율의 합산은 정수처리기준 등에 관한 규정에 의해 인증 받은 경우에 한한다.

③ 불활성화율 계산을 위한 소독능 요구값(C·T요구값)은 다음과 같이 산정한다.

• 정수처리기준 표에서 측정된 pH와 온도범위에 해당하는 상하값을 찾은 후, 그 두 값을 직선화하여 측정된 pH와 온도에서의 소독능 요구값을 정한다.

• 일상적인 계산에 있어서는 소독능 산정의 편리 등을 위하여, 측정된 pH와 온도보다 낮은 온도 및 높은 pH를 찾은 후 그 값을 적용할 수 있다.

3) 정수처리기준의 준수여부 판단

계산된 불활성화율의 값이 1.0 이상이면 99.99%의 바이러스 및 99.9%의 지아르디아 포낭의 불활성화가 이루어진 것으로 한다[8.8절 (11) 참조]. ←

참고로 표 8-55와 8-56에는 각 정수처리공정에 대한 병원성 미생물의 일반적인 제거효율이 나타나 있으며, 표 8-57에는 미국의 표류수처리규칙에 의한 성능 규정이 정리되어 있다.

표 8-55 Coagulation, Sedimentation, Filtration: Typical Removal Efficiencies and Effluent Quality

Organisms	Coagulation and Sedimentation(% Removal)	Rapid Filtration (% Removal)	Slow Sand Filtration (% Removal)
Total coliforms	74-97	50-98	> 99.999
Fecal coliforms	76-83	50-98	> 99.999
Enteric viruses	88-95	10-99	> 99.999
Giardia	58-99	97-99.9	> 99
Cryptosporidium	90	99-99.9	99

Ref) U.S. EPA(1988)

표 8-56 Removal of Virus by Coagulation-Settling-Sand Filtration

Virus	Viral Assays, PFU (% Removal)		
	Imput	Settled Water	Filtered Water
Poliovirus	5.2×10^{7}	1.0×10^{6} (98)	8.7×10^{4} (99.84)
Rotavirus	9.3×10^{7}	4.6×10^{6} (95)	1.3×10^{4} (99.987)
Hepatitis A virus	4.9×10^{10}	1.6×10^{9} (97)	7.0×10^{8} (98.6)

Ref) Rao et al.(1988)

표 8-57 Disinfection and Process Credits (Log Removal[a)]) under the U.S. Environmental Protection Agency Surface Water Treatment Rule

Process Credits	Viruses	*Giardia*	*Cryptosporidium*
Total log removal/inactivation required	4.0	3.0	2.0 to 5.5[b)]
Conventional treatment; sedimentation and filtration credit only	2.0	2.5	3.0
Disinfection required	2.0	0.5	0 to 2.5
Direct filtration credit	1.0	2.0	2.5
Disinfection required	3.0	1.0	0 to 3.5
No filtration	0	0	0
Disinfection required	4.0	3.0	2.0 to 5.5

a) log 10 removal: each log is a 90% removal of the original concentration in the source water.
b) Requirement depends on concentration of Cryptosporidium oocysts in source water.
Ref) U.S. EPA(1991, 2003)

참고 급속여과지에서 크립토스포리디움에 대한 대책

대표적인 병원성 원생동물인 크립토스포리디움의 중요성으로 인하여 여과지의 역할은 점점 더 중요해지고 있다. 크립토스포리디움에 의해 상수원이 오염될 우려가 있는 경우에는 여과지의 유출수 탁도는 상시적인 감시가 이루어져야 하고 통상적으로 0.1 NTU 이하로 유지해야 한다. 여과지 출구 여과수의 탁도는 원칙적으로 각 여과지마다 측정되어야 하지만, 불가능한 경우에는 각 처리계통마다 측정할 수도 있다.

여과지에서 크립토스포리디움 대책으로 ① 약품에 의한 응집처리, ② 여과재개 후 일정한 시간 동안 여과수를 배출 시동방수, ③ 여과수 탁도의 상시 감시, ④ 여과재개 시 여과속도의 단계적 증가, ⑤ 여과지속 시간 단축 등이 있다.

고도정수처리를 하고 있는 경우에도 탁도는 공정의 최종단계 또는 여과수로 0.1 NTU 이하가 유지되어야 한다.

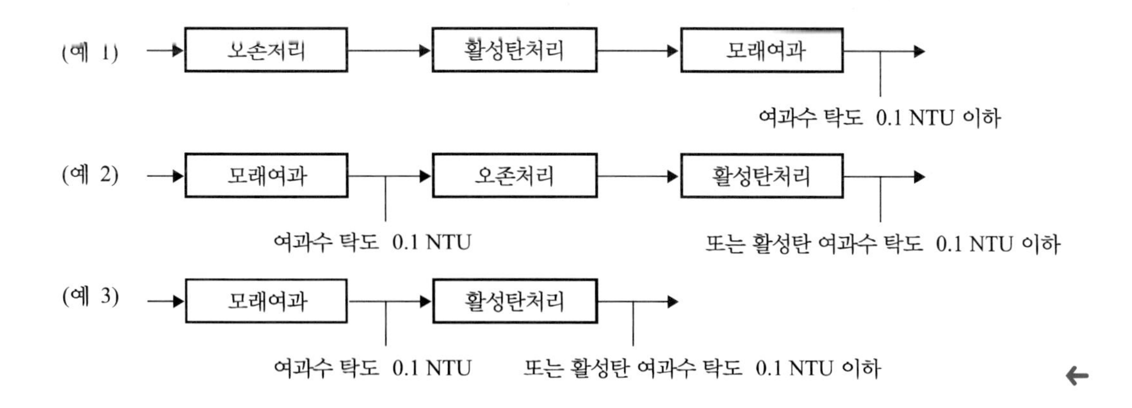

8.7 정수지

정수지(clear well)는 정수시설의 최종단계 시설로 정수(여과)수량과 송수량 간의 불균형을 조절하는 역할을 하는 시설로, 특히 각종 사고나 고장, 수질변동(상수원과 처리수)에 대응하고 시설의 점검과 안전작업 등에 대비하여 일정 용량을 확보하도록 하고 있다. 일반적으로 정수량과 송수량은 동일하고 일정하며, 수요량의 시간적 변화를 배수지에서 대처하는 것이 원칙이다. 또한 염소혼화지가 별도로 구비되어 있지 않은 경우 정수지는 염소주입과 균일 혼화의 기능도 필요하다.

정수지의 유효용량은 첨두 수요대처용량과 소독접촉시간(C · T)용량 두 가지를 고려하여 결정한다. 첨두 수요대처용량은 최저 운전수위 이상에서의 용량으로 1일 평균소비량을 기준으로 하며, 소독기능이 부여된 경우 최저 운전수위 이하에서의 소독접촉시간용량으로 적절한 소독접촉시간(C · T)을 확보할 수 있어야 한다. 그러나 원칙적으로 소독제의 완전 혼화 및 제어를 위해서는 소독제 전용 혼화지를 확보하는 것이 바람직하다.

정수지 내에서의 유체흐름은 다른 반응조의 경우와 마찬가지로 단락류나 정체구역가 발생한다. 따라서 추적자 시험을 통해 유체흐름특성이 명확히 정의되지 않을 경우 접촉반응시간으로서의 정수지의 수리학적 체류시간(HRT, T)은 단지 10% 정도만 고려된다. 정수지에서 실제 소독시간의 효율계수(T_{10}/T)는 도류벽의 상태로 구분되는데, 여기서 T_{10}은 실제 체류시간이며, T는 정수지의 용적을 유량으로 나눈 이론적인 HRT이다(표 8-58).

참고 소독기능을 가진 정수지

정사각형이거나 장방형의 정수지 형태를 가정할 때 소독기능을 함께 가진 정수지는 통상적으로 3～5개의 수로가 되도록 구분하며, 2～4개의 도류벽을 설치한다. 이때 각 수로의 장폭비는 5～15 : 1로 전체 장폭비는 25～50이며, 최소수심은 3 m로 설계한다. 염소접촉기능이 부여된 정수지의 경우 지아르디아의 불활성화를 위하여 1 mg/L의 유리잔류염소일 때 최소 30분의 순접촉시간을 가져야 한다. 여기서 정수지 수위의 하한은 C · T값을 확보할 수 있는 수위이다. 또한 정수지의 용량은 첨두 수요대처용량과 소독접촉시간용량을 고려하여 최소 2시간 이상의 분량이 기준이다.

표 8-58 도류벽 분류표와 장폭비에 따른 환산계수

(a) 도류벽의 분류

도류벽 상태	T_{10}/T	도류벽 설명
없음(혼화된 흐름)	0.1	도류벽이 없으며 교란되는 정수지이고 장폭비가 아주 낮음. 유입·유출구의 유속이 아주 빠름.
불량	0.3	유입구와 유출구가 하나이거나 복수이지만, 완충기능이 없으며 도류벽이 없음.
보통	0.5	유입구와 유출구에 완충기능이 있고 도류벽이 있음.
양호	0.7	유입구와 유출구에 완충기능이 있고 내부에 도류벽이 양호하게 설치되어 있음.
완전(plug flow)	1.0	장폭비가 크고(플러그흐름형태), 유입·유출구에 완충기능과 내부에 도류벽이 있음.

(b) 유로의 장폭비(L/W ratio)

환산계수(T_{10}/T)	유로의 장폭비(L/W)	T_{10}/T	유로의 장폭비(L/W)
0.10	2 미만	0.65	30 이상 40 미만
0.20	2 이상 5 미만	0.70	40 이상 50 미만
0.30	5 이상 10 미만	0.71 이상	50 이상인 경우에는 추적자 실험에 의함
0.40	10 이상 15 미만	0.71 이상	50 이상인 경우에는 추적자 실험에 의함
0.50	15 이상 20 미만	0.71 이상	50 이상인 경우에는 추적자 실험에 의함
0.60	20 이상 30 미만	0.71 이상	50 이상인 경우에는 추적자 실험에 의함

1. 장폭비: 정수지 내 일정 간격으로 설치된 도류벽에 의해 산출된 실제 물흐름 길이(L)와 물흐름 폭(W)의 비
2. 관 흐름(pipeline flow)인 경우의 환산계수는 1.0으로 한다.
3. 일정 간격으로 도류벽이 설치되지 않은 경우에는 추적자 실험 결과에 따라 산출된 환산계수를 적용한다.

정수지는 통상적으로 2지 이상 설치되는데, 불가피한 경우 정수지를 경유하지 않고 직접 송수할 수 있는 우회관이 필요하다. 정수지는 오염 방지를 위해 수밀성과 내구성을 갖는 밀폐구조가 되어야 하며, 내부의 침식방지(에폭시 수지도료), 누수방지, 수온 유지와 부력에 의한 부상방지 대책이 필요하다. 정수장의 정지고(또는 예상 홍수위)보다 0.6 m 이상 높게 설치하며, 정수지의 유효수심은 3~6 m 정도가 일반적이나 최고수위는 시설 전체에 대한 수리적인 조건에 의해 결정한다. 정수지의 고수위로부터 정수지 상부 슬래브까지 여유고는 30 cm 이상, 바닥은 저수위보다 15 cm 이상 낮게 하고, 청소 등의 배출을 위해 바닥은 적당한 경사(1/100~1/500)를 둔다. 전형적인 정(배)수지 형상과 관로 배치는 그림 8-67과 같은데, 월류설비(나팔관 bell mouse 또는 위어), 배수설비, 환기설비, 출입설비, 수위계와 검수설비 등이 필요하다.

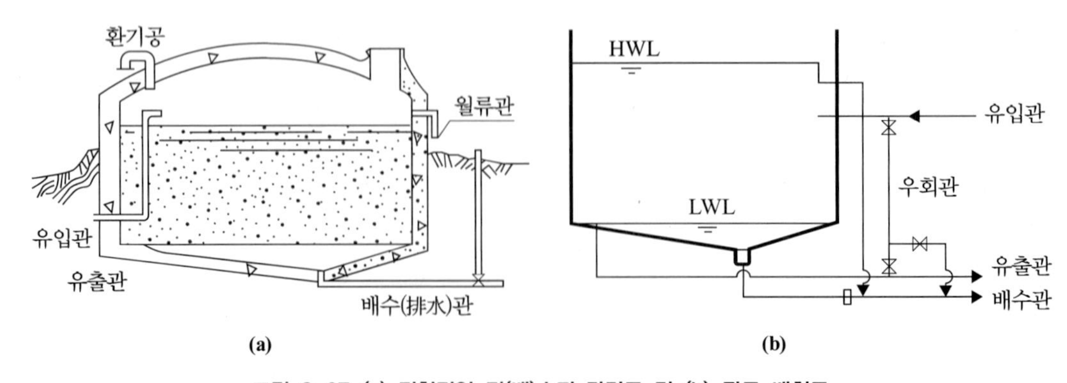

그림 8-67 (a) 전형적인 정(배)수지 단면도 및 (b) 관로 배치도

8.8 소독

(1) 개요

소독(disinfection)이란 병원성 미생물의 활동을 억제하거나 제거하여 감염성 질병이 일어나지 않도록 질병을 유발시키는 미생물을 선택적으로 불활성화(inactivation)시키는 것으로, 흔히 살균이라고도 한다. 이를 위해 사용하는 항균제(antimicrobial agents)를 소독제(disinfectants) 또는 살균제라고 하며, 소독은 모든 미생물을 다 죽이는 멸균(sterilization) 또는 무균(asepsis)과는 다른 개념이다. 항균(antimicrobial or antibacterial, microbicide)이란 세균을 파괴하거나 세균의 발육, 증식을 억제하는 물질 또는 그런 특성을 의미한다.

정수된 물의 안전성은 상수처리에 있어서 가장 중요한 요건으로, 생산된 수돗물은 병원성 미생물에 오염되지 않고 위생적으로 안전해야 한다. 따라서 모든 정수시설에는 정수기술의 종류나 규모와 관계없이 반드시 소독(disinfection)시설이 필요하다. 하수처리나 중수도의 경우 역시 처리수 내에 존재하여 전염병을 일으킬 수 있는 병원성 미생물의 감염력을 없애고, 방류수의 안전성을 높일 목적으로 사용된다.

살균은 물리적(기계장치, 열과 빛), 화학적(산화제 등) 및 생물학적인(미생물 공정과 바이러스) 방법을 통해 이루어질 수 있다. 그러나 기계적인 수단(스크린, 침사지, 침전 등)이나 미생물학적 공정(활성슬러지와 박테리오파지) 등은 각 공정 자체의 고유기능 이외에 얻어진 부수적인 효과이므로 살균효과를 주목적으로 사용하지는 않는다(Metcalf and Eddy, 2004).

물리적인 가열방식(heating)은 내성 세균 포자(bacterial spores)를 제외한 대부분의 질병유발 박테리아를 효과적으로 파괴시킬 수 있으나(표 8-59), 많은 양의 물을 처리하는 데는 비경제적이다. 또한 자외선(ultraviolet, UV)을 이용한 광화학(photochemical) 반응은 잔류효과는 없으나 유

표 8-59 Thermal death times of water-and food-borne pathogenic organisms

Organism	Temperature(°C)/time(min)	Reference
Campylobacter spp.	75/1	Bandres et al., 1988
Escherichia coli	65/1	Bandres et al., 1988
Legionella	66/0.45[a)]	Sanden et al., 1989
Mycobacterium spp.	70/2	Robbecke and Buchholtz, 1992
M. avium	70/2.3[a)]	
Salmonella spp.	65/1	Bandres et al., 1988
Shigella spp.	65/1	Bandres et al., 1988
Vibrio cholerae	55/1[a)]	Roberts and Gilbert, 1979
Cryptosporidium parvum	72.4/1	Fayer, 1994
Giardia lamblia	50/1[a)]	Cerva, 1955
Hepatitis A virus	70/10	Siegl et al., 1984
Rotavirus	50/30	Estes et al., 1979

a) In buffered distilled water.
Ref) summarized by Gerba(2015)

해한 소독부산물을 생성하지 않으며, 모든 종류의 박테리아와 바이러스를 대상으로 적용할 수 있는 소독방법이다. 이는 약품이 불필요하고 짧은 반응시간과 유지보수가 거의 필요 없는 좋은 살균 방법이나, 자외선 발생을 위한 특수램프가 필요하고 효율은 수중의 광투과율에 따라 크게 좌우된다. 따라서 입자상 물질이 많이 들어 있는 물의 경우 자외선 살균은 바람직하지 않으며, 비경제적이다. 그 외 전자기파(electromagnetic wave)인 감마선(gamma)과 고에너지 전자빔(high-energy electron beams)을 사용하는 경우도 있으나 이는 정수처리 소독기술로는 일반적이지 않다. 최근에는 자외선뿐만 아니라 가시광선(visible light) 조건에서 나노입자(nanoparticles)를 이용한 고급 광촉매(photocatalytic) 산화 기술이 발전하고 있다(Maharingam and Ahn, 2018; Wanag, 2018).

(2) 소독제

소독제의 종류로는 염소(Chlorine)와 염소화합물[클로라민(Chloramines), 이산화염소(Chlorine deoxide)], 브롬(Bromine 염화 브롬) 및 요오드(Iodine)와 같은 할로겐 화합물(halogens)과 오존(Ozone), 금속이온(metal ions) 및 기타 물질(페놀과 페놀화합물, 알콜, 비누와 합성세제, 암모니아 화합물, 이산화수소, 산과 알칼리 등)이 있다. 이중에서 염소는 지금까지 개발된 성분 중 살균력이 뛰어나며, 상당기간 잔류성이 지속되는 특성이 있어 특히 음용수의 정수처리나 방류수 처리에 가장 널리 사용되고 있다. 브롬과 요오드는 훌륭한 소독제이지만 값이 비싸고 그 적용기술이 쉽지 않아 광범위하게 이용되지 못한다. 오존은 매우 강력한 살균효과를 가지고 있어서 바이러스나 원생동물의 포낭을 쉽게 불활성화시킬 수 있다. 그러나 처리비용이 많이 들고 오존의 생산과 처리 공정이 간단하지 않으며, 유기물질과 반응하여 유해한 소독부산물을 생성할 가능성이 있다. 또한 오존은 잔류성이 없어 살균지속력이 없다. 그러나 효과의 우수성으로 인해 염소와 병행하여 점점 폭넓게 사용되고 있으며, 고도정수처리에서는 매우 유용한 산화제이기도 하다. 살균력은 오존(O_3) > 이산화염소(ClO_2) > 차아염소산 > 차아염소산(OCl^-) 이온 > 클로라민 순이다. pH가 11보다 높거나 3보다 낮은 강산, 강알칼리의 물은 전염성 박테리아를 없애는 효과가 있다.

염소가스(Cl_2), 차아염소산나트륨(sodium hypochlorite, NaOCl), 차아염소산칼슘[calcium hypochlorite, $Ca(OCl_2)$]과 같은 염소계 화학약품, 오존 및 자외선 등은 특히 정수 소독제로 주로 이용되며, 이때 대장균과 일반세균의 수가 소독지표로 사용된다. 우리나라 수도법(수도시설의 청소 및 위생관리 등에 관한 규칙)에서는 상수관에서의 미생물 재성장을 억제시키기 위해 수도꼭지에서 유지되어야 할 잔류염소의 일정 농도(유리잔류염소 0.1 mg/L, 결합잔류염소 0.4 mg/L)를 규정하고 있기 때문에 다른 소독제를 사용하였더라도 정수시설에서는 최종적으로 염소나 클로라민 등 지속력이 있는 소독제를 함께 주입해야 한다.

일반적으로 소독제가 갖추어야 할 이상적인 조건(표 8-60)으로는 살균력, 살균속도, 지속성, 잔류농도의 비독성, 맛-냄새, 경제성, 안전성 등이 있으며, 또한 처리수에서도 쉽게 농도를 측정할 수 있어야 한다. 일반적으로 사용되는 살균제의 특성과 장단점을 표 8-61과 8-62에 나타내었다.

살균제는 세포벽에의 손상, 세포의 투과력 변화, 원형질 콜로이드 성질 변화, 유전정보(DNA, RNA)의 손상 그리고 효소작용의 방해 등의 메커니즘으로 작용한다(표 8-63). 염소나 오존은

표 8-60 Characteristics of an ideal disinfectant

Characteristic	Properties/response
Availability	Should be available in large quantities and reasonably priced
Deodorizing ability	Should deodorize while disinfecting
Homogeneity	Solution must be uniform in composition
Interaction with extraneous material	Should not be absorbed by organic matter other than bacterial cells
Noncorrosive and nonstaining	Should not disfigure metals or stain clothing
Nontoxic to higher forms of life	Should be toxic to microorganisms and nontoxic to humans and other animals
Penetration	Should have the capacity to penetrate through surfaces
Safety	Should be safe to transport, store, handle, and use
Solubility	Must be soluble in water or cell tissue
Stability	Should have low loss of germicidal action with time on standing
Toxicity to microorganisms	Should be effective at high dilutions
Toxicity at ambient temperatures	Should be effective in ambient temperature range

Ref) Metcalf and Eddy(2003)

강력한 산화반응을 통해 작용하여 효소의 화학적 구조를 변화시켜 효소의 활동을 억제한다(표 8-64). 가열, 방사선, 강산이나 강알칼리제는 원형질의 콜로이드 성질을 강하게 변화시킨다. 자외선은 DNA 가닥을 해체하여 이중구조를 손상시킬 수 있다. 또는 가열방식의 경우 세포단백질을 응고시키고, 산이나 알칼리는 단백질을 용해시켜 세포에 치명적인 효과를 나타낸다.

상수도시스템에서 소독은 기본적으로 2단계에 걸친 운영목적을 가지고 있다. 즉, 1차적인 목적은 지아르디아(99.9%)와 바이러스 외 기타 병원균(99.99%)의 직접적인 제거이며, 배수관망에서 미생물의 성장을 억제시키는 것은 2차적인 목적이 된다. 1차 목적을 위해서는 산화력이 큰 살균제의 사용이 중요하며 염소, 이산화염소, 오존 또는 UV를 이용할 수 있다. 반면에 잔류성의 유지가 중요한 2차 목적에서는 염소, 이산화염소 또는 클로라민이 이용 가능 하다. 1차 목적에서 소독접촉시간(C·T)값은 중요한 지표로 사용되며, 설계유량은 일최대급수량으로 한다.

염소를 이용할 경우 1차 목적과 2차 목적을 공히 쉽게 달성할 수 있으나 THM과 같은 소독부산물(DBPs, disinfection by-products)을 생성할 가능성이 높은데, 이를 최소화하기 위해 이산화염소(chloride dioxide), 오존(ozone) 또는 UV가 대안으로 고려된다. 그러나 UV는 지아르디아를 효과적으로 제거하지 못하며, 클로라민은 바이러스 제거에 효과적이지 못한 것이 단점이다.

표 8-65와 8-66은 정수장에서의 소독제 주입지점과 주의사항을 보여준다. 염소의 경우 소독설비만 있는 정수시설에서는 착수정, 염소혼화지, 정수지 입구 등에서, 여과지를 갖춘 시설에서는 여과지 이후의 염소혼화지나 정수지 입구 등에서 주입한다.

(3) 살균 속도

미생물의 불활성화는 일련의 물리화학적 및 생화학적 단계를 포함하는 점진적인 과정이다. 소독의 결과를 예측하기 위한 방법으로 실험 데이터를 이용하여 불활성화 속도(kinetics of

표 8-61 Advantages and disadvantages of various disinfectants

Disinfectant	Principal Advantages	Principal Disadvantages
Chlorine Applied as gas or liquid (hypochlorite)	• Effective for most microorganisms • Can oxidize iron and manganese (makes them easier to remove) • Keeps a residual in distribution system • Technology well understood • Relatively easy to use in hypochlorite from	• Forms DBPs when organic substances are present • Not effective against Cryptosporidium protozoa • Can cause taste and odor problems
Chloramines Formed by combining chlorine and ammonia	• Forms more stable residual than chlorine alone • Forms less DBPs than chlorine • Forms less taste and odor causing compounds in water • Technology well understood	• Less effective than chlorine against microorganisms, especially viruses and protozoa • Poorly oxidizes iron and manganese • Usually requires a more powerful disinfectant for primary disinfection
Chlorine Dioxide Produced by reacting sodium chlorite with chlorine or hydrochloric acid	• More effective than chlorine or chloramines as disinfectant against microorganisms • Controls taste and odor better than chlorine in some cases • Forms less THMs* and HAAs* than chlorine	• Must be produced on site • Forms additional DBPs such as chlorite and chlorate • Requires daily chlorite and chlorine dioxide monitoring • Costs more for equipment and chemicals than chlorine • Takes more technical skill to use
Ozone Produced by electrical discharge through air or oxygen	• Most powerful disinfectant used in drinking water treatment • More effective than chlorine dioxide • Effective against Giardia and Cryptosporidium protozoa	• Must be produced on site • Takes more technical skill to use • Forms bromate and other DBP compounds • Requires bromate monitoring • Does not provide residual protection
Ultraviolet Radiation Non-chemical disinfection by using ultraviolet radiation at certain wavelengths	• Effective against bacteria, Giardia and Cryptosporidium • Does not form DBPs	• Disinfection effectiveness and efficiency are affected by turbidity and dissolved substances • Less effective against certain viruses • Technically complex, requires training to operate equipment • Does not provide residual protection (may need secondary disinfectant) • Does not reduce DBP formation by secondary disinfectant

* THM stands for trihalomethanes and HAA stands for haloacetic acids. Both are forms of DBPs.

표 8-62 Comparison of ideal and actual characteristics of commonly used disinfectant [a), b)]

Characteristic [a)]	Chlorine	Sodium hypochlorite	Calcium hypochlorite	Chlorine dioxide	Ozone	UV radiation
Availability/cost	Low cost	Moderately low cost	Moderately low cost	Moderately low cost	Moderately high cost	Moderately high cost
Deodorizing ability	High	Moderate	Moderate	High	High	na
Homogeneity	Homogeneous	Homogeneous	Homogeneous	Homogeneous	Homogeneous	na
Interaction with extraneous material	Oxidizes organic matter	Active oxidizer	Active oxidizer	High	Oxidizes organic matter	Absorbance of UV radiation
Noncorrosive and nonstaining	Highly corrosive	Corrosive	Corrosive	Highly corrosive	Highly corrosive	na

표 8-62 Comparison of ideal and actual characteristics of commonly used disinfectant [a), b)](계속)

Characteristic [a)]	Chlorine	Sodium hypochlorite	Calcium hypochlorite	Chlorine dioxide	Ozone	UV radiation
Nontoxic to higher forms of life	Highly toxic to higher life forms	Toxic	Toxic	Toxic	Toxic	Toxic
Penetration	High	High	High	High	High	Moderate
Safety concern	High	Moderate	Moderate	High	Moderate	Low
Solubility	Moderately	High	High	High	High	na
Stability	Stable	Slightly unstable	Relatively stable	Unstable, must be generated as used	Unstable, must be generated as used	na
Toxicity to microorganisms	High	High	High	High	High	High
Toxicity at ambient temperatures	High	High	High	High	High	High

a) See table 8-60 for a description of each characteristic.
b) na = not applicable.
Ref) Metcalf and Eddy(2003)

표 8-63 Mechanisms of inactivation used by common disinfectants

Target	Agent	Effect
Cell wall	Aldehydes Anionic surfactants	Interaction with $-NH_2$ groups Lysis
Cytoplasmic membrane	Quaternary ammonium compounds, biguanides, hexachlorophene	Leakage of low molecular weight material
Nucleic acids	Dyes, alkylating agents, ionizing and ultraviolet radiation	Breakage of bonds, cross-linking, binding of agents to nucleic acids
Enzymes or proteins	Metal ions (Ag, Cu) Alkylating agents Oxidizing agents (chlorine, hydrogen peroxide)	Bind to -SH grouups of enzymes Combine with DNA or RNA Damage of bacterial cell membranes; damage of proteins and nucleic acid

Ref) Block(1991)

표 8-64 Mechanisms of disinfections

Chlorine	Ozone	UV radiation
1. Oxidation 2. Reactions with available chlorine 3. Protein precipitation 4. Modification of cell wall permeability 5. Hydrolysis and mechanical disruption	1. Direct oxidation/destruction of cell wall with leakage of cellular constituents outside of cell 2. Reactions with radical byproducts of ozone decomposition 3. Damage to the constituents of the nucleic acids (purines and pyrimidines) 4. Breakage of carbon-nitrogen bonds leading to depolymerization	1. Photochemical damage to RNA and DNA (e.g., formation of double bonds) within the cells of an organism 2. The nucleic acids in microorganisms are the most important absorbers of the energy of light in the wavelength range of 240-280 nm 3. Because DNA and RNA carry genetic information for reproduction, damage of these substances can effectively inactivate the cell

Ref) Metcalf and Eddy(2003)

표 8-65 **정수장에서의 소독제 주입지점**

염소	THM 형성을 최소화하기 위해 처리과정 중에서 맨 끝부분이나 2차 소독제로 사용
오존	급속혼합 이전, 입상활성여과 이전, 재래적인 처리과정에서 여과 이후, 유기화학물질이 존재하는 경우에는 오존에 의해 분해 후 생물분해가 완료된 후에 2차 소독제 주입
UV	UV 소독에 방해물질이 없도록 처리과정의 말미에 수행
ClO2	여과 이전 또는 이후 ClO_2, ClO_2^-와 ClO_3 농도를 저하시키기 위해 총 투입량 조정필요
Chloramine	2차 소독세로서 원수 내 암모니아가 존재하는 경우 염소와 결합하여 형성

* 대체적으로 처리과정의 말미에 소독을 수행하는 것이 방해물질이 적어 효과적이다. 그러나 정수지(clear well)로부터 멀지 않은 곳의 급수지역을 위해서는 C·T값을 유지하기 위해 처리과정의 말미 대신에 적정한 지점을 택할 수 있다.

Ref) USEPA(1990)

표 8-66 **정수장에서의 소독제 사용 시 주요 고려사항**

	Cl_2	ClO_2	Monochloramine	O_3	UV
최적 pH	7	6~9	7~8	6	N/A
부산물 생산여부	Yes	Yes	Yes	Yes	No
운전의 용이성	Yes	No	No	No	Yes
유지관리의 필요성	Low	Low	Low	High	High

Ref) USEPA(1990)

inactivation)를 표현하기 위한 다양한 모델이 개발되었다. 오늘날 주로 사용되는 소독 이론은 치크-와슨(Chick-Watson) 모델로 미생물의 불활성화율은 1차 반응식으로 표현된다.

$$N_t / N_0 = e^{-kt} \tag{8.36}$$

또는

$$\ln N_t / N_0 = -kt \tag{8.37}$$

여기서, N_0: 시간 0에서 미생물의 수

N_t: 시간 t에서 미생물의 수

k: 분해상수(1/time)

t: 시간

생존율의 대수곡선(logarithm of the survival rate, N/N_0)은 반응시간에 대해 직선으로 표시되지만(그림 8-68), 실제 실험실이나 현장자료는 1차 반응속도에서 벗어난 경우가 많다. 지체 곡선(lag/or shoulder curves)은 불활성화 전 생물체의 덩어리나 다수의 결과로 인해 나타날 수 있는데, 이 곡선 유형은 클로라민에 의한 대장균 박테리아의 살균에서 일반적으로 나타난다(Montgomery, 1988). 꼬리형 곡선(tailing-off curve)은 일반적으로 많은 소독제의 경우에 나타나는데, 물속의 방해물질(부유물질과 같은), 집적 또는 유전적 내성 등에 따른 저항성 모집단의 생존으로 설명된다.

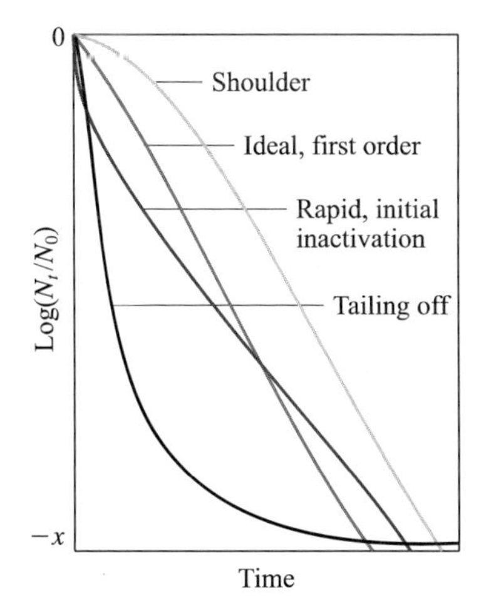

그림 8-68 **Types of inactivation curves observed for microorganisms** (Gerba, 2015)

(4) 영향인자

미생물의 살균속도와 그 효용성(소독효과)을 결정하기 위해 다양한 인자들이 사용되지만 가장 유용한 척도는 C · T(concentration × time) 또는 I · T(irradiation × time)이다. 여기서 C는 소독제의 잔류농도(mg/L)이고, T는 특정 조건(pH 및 온도)하에서 특정 비율의 개체군을 불활성화시키는 데 필요한 접촉시간(min)이다. 일반적으로 C · T값을 비교할 때 99% 불활성화 수준을 기준으로 하며, C · T값이 낮을수록 소독제는 효과적이라 할 수 있다. 또한 C · T값을 이용하여 각종 미생물에 대한 소독제의 효과를 다양하게 비교할 수 있으며, 제거목표를 달성하기 위해 얼마나 많은 소독제를 사용해야 하는지 결정할 수도 있다. 여기서 염소인 경우 염소주입 후에 주입량의 10%가 유출되는 시간(T_{10})이 이론적인 접촉시간이 되나 오존의 경우에는 반감기가 짧기 때문에 정수장에서의 접촉시간이 실제 접촉시간으로 적용된다. 그림 8-69는 각 살균방법에 따라 비교된 미생물의 99% 불활성화를 위한 C · T값들이 나타나 있다. *Giardia Lamblia*를 99.9% 제거시키기 위한 C · T값은 표 8-67(a)에 나타난 90% 제거시키기 위한 C · T값의 3배 가량에 해당하며, 표 8-67(b)는 virus를 제거시키기 위한 C · T값이다. 여기서 99.9% 불활성화는 3 log에 해당하는 값이다. 살균제는 미생물의 종류에 따라 저항수준이 다르며, 특히 내성 세균 포자(bacterial spores)와 미코박테리아(mycobacteria)는 저항성이 매우 높다(그림 8-70). 일반적으로 염소 및 대부분의 다른 소독제에 대한 내성의 순서는 원충 포낭(protozoan cysts) > 바이러스 > 식물성 박테리아 순이다.

참고 로그 불활성화

로그 불활성화(log inactivation or log reduction, log c_o/c)란 미생물학 분야에서 흔히 미생물의 감소/사멸 특성을 나타낼 때 사용하는 단위이다. 이는 십진수 감소(decimal reduction) 방식으로 보통 4 log cycle까지 표현한다. 이때 로그 그래프는 시간과 생존균수로 표현된다. 1 log 불활성화(1 log inactivation)란 1 log cycle 감소를 말하는데, 그래프의 특성상 90%가 사멸하고 10%만 살아 있음을 뜻한다($90\% = 1 - 10^{-0.1}$). 따라서 99% 감소는 2 log 값이며, 99.99%는 4 log에 해당한다. 이때 1 log cycle(즉, 90%) 감소하는 데 걸리는 시간을 사멸시간(decimal reduction time, DRT or D value)이라고 한다. 이는 미생물의 세대시간과 반대되는 개념이다.

표 8-67 불활성화를 위한 C·T값

(a) Giardia lamblia

Disinfectant	pH	≤ 1°C	5°C	10°C	15°C	20°C	25°C
Free Chlorine [a] (2 mg/L)	6	55	39	29	19	15	10
	7	79	55	41	28	21	14
	8	115	81	61	41	30	20
	9	167	118	88	59	44	29
Ozone	6-9	0.97	0.63	0.48	0.32	0.24	0.16
Chlorine dioxide	6-9	21	8.7	7.7	6.3	5	3.7
Chloramines [b] (preformed)	6-9	1,270	735	615	500	370	250

a) C·T값은 유리염소의 농도가 2 mg/L인 경우이다. C·T값은 잔류염소농도가 증가되면 증가한다.
b) chloramine으로 99.99%의 장내 virus를 불활성화시키기 위한 C·T값으로는 0.5∼15°C에서 C·T > 5,000이다.
자료) USEPA(1991)

(b) Virus(pH condition 6∼9)

	Log Inactivation	Temperature					
		0.5°C	5°C	10°C	15°C	20°C	25°C
Free Chlorine	2	6	4	3	2	1	1
	3	9	6	4	3	2	1
	4	12	8	6	4	3	2
Ozone	2	0.9	0.6	0.5	0.3	0.25	0.15
	3	1.4	0.9	0.8	0.5	0.4	0.25
	4	1.8	1.2	1.0	0.6	0.5	0.3
Chlorine dioxide	2	8.4	5.6	4.2	2.8	2.1	-
	3	25.6	17.1	12.8	8.6	6.4	-
	4	50.1	33.4	25.1	16.7	12.5	-
Chloramines	2	1,243	857	643	428	321	214
	3	2,063	1,423	1,067	712	534	356
	4	2,883	1,988	1,491	994	746	497

살균에 미치는 인자로는 접촉시간, 소독제의 농도, 물리적 수단의 강도와 성질, 온도, 미생물의 종류와 특성, 부유액의 성질을 들 수 있는데, 세분화하여 설명하면 다음과 같다.

1) 접촉시간

살균공정 중 가장 중요한 변수는 접촉시간으로, 일정한 농도에서 접촉시간은 소독효과에 비례하는 특성이 있다(그림 8-71). 대상 미생물의 개체수와 접촉시간의 상관관계(Chick's law)는 식 (8.38)과 같은 미분방정식으로 표현된다.

$$\frac{dN}{dt} = -kN_i \tag{8.38}$$

여기서, dN_t/dt: 시간에 따른 미생물의 농도 변화율

N_t: 시간 t에서의 미생물의 개체수

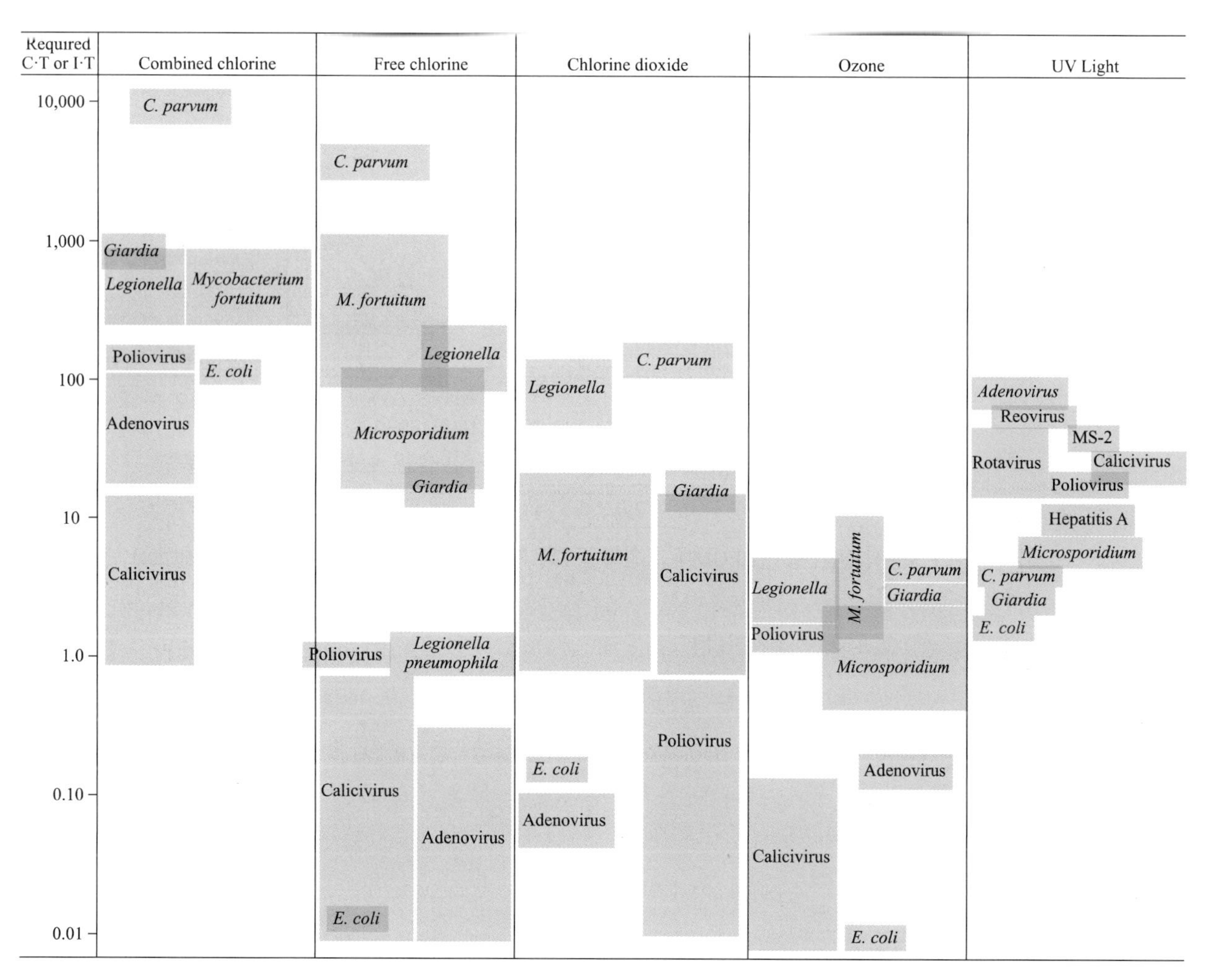

그림 8-69 **Overview of disinfection requirements for 99% inactivation of microorganisms. C·T = concentration of disinfectant time. I·T = (μW s/cm^2) (times).** Adapted form Jacangelo et al.(1997).

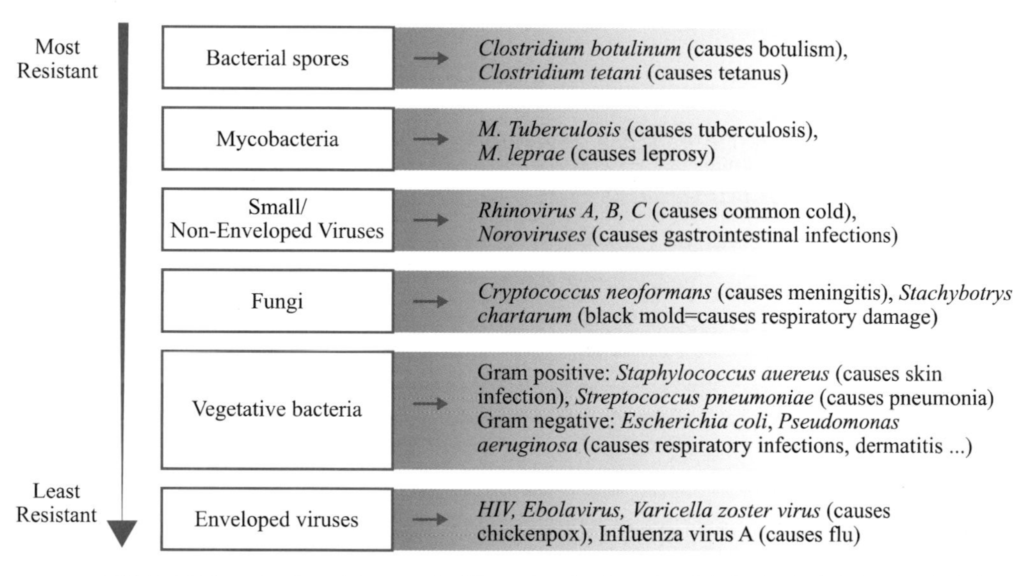

그림 8-70 **Level of resistance of different microbes to disinfectants** (kristinamz, 2016)

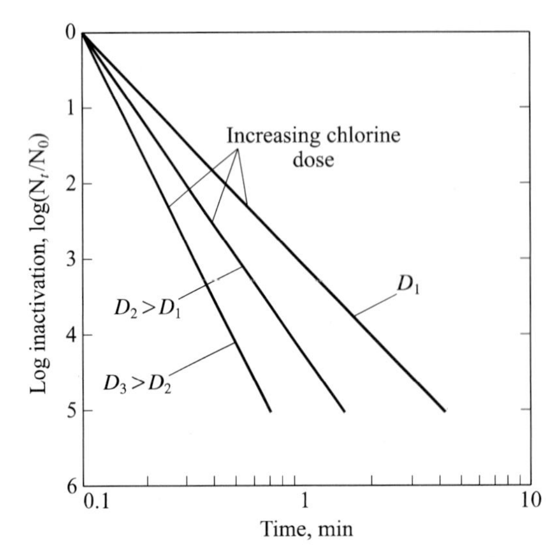

그림 8-71 **회분식 살균반응조(20°C)에서 시간과 농도에 따른 대장균의 불활성화 영향 예** (Metcalf and Eddy, 2003)

t: 접촉시간(T)

k: 반응속도 상수(T^{-1})

N_0를 시간 $t=0$에서의 미생물의 개체수라 하고, 식 (8.38)을 적분하면,

$$\frac{N_t}{N_0}=e^{-k} \tag{8.39}$$

$$\ln\frac{N_t}{N_0}=-k_i \tag{8.40}$$

이 반응식은 실제 자료와 일치하지 않는 경우도 많다. 즉, 어떤 경우 사멸속도가 시간에 따라 증가 또는 감소할 수 있다. 이러한 조건하에서 미생물의 사멸 관계식은 다음과 같이 가정된다.

$$\ln\frac{N_t}{N_0}=-kt^m \tag{8.41}$$

여기서, m은 상수이다. m이 1보다 작으면 사멸속도는 시간에 따라 감소하고 m이 1보다 크면 사멸속도는 시간에 따라 증가한다.

2) 소독제의 농도

소독반응에 있어서 반응속도 상수는 식 (8.42)와 같이 소독제의 주입농도와 관련이 있다(H. Watson).

$$k=k'C^n \tag{8.42}$$

여기서, k: 반응속도 상수

k': 사멸계수

C: 소독제 농도

n: 희석배수

이 식을 식 (8.38)에 대입하여 정리하면 다음과 같이 표현된다.

$$\frac{N_t}{N_0} = e^{-k' C^n t} \quad \text{또는} \quad \ln \frac{N_t}{N_0} = k' C^n t \tag{8.43}$$

이 식을 선형화하면 다음과 같다.

$$\ln C = -\frac{1}{n} \ln t + \frac{1}{n} \ln \left[\frac{1}{k'} \left(-\ln \frac{N_t}{N_0} \right) \right] \tag{8.44}$$

n 값은 log-log 용지에 C와 t의 관계를 도시하여 구할 수 있으며, 이때 $n = 1$ 이면 접촉시간과 주입농도는 모두 중요한 요소라 할 수 있고, $n > 1$의 경우 주입농도가 $n < l$이면 접촉시간이 더 중요한 요소이다.

3) 물리적 수단의 강도와 성질

가열과 빛은 그 강도에 따라 효과가 달라진다고 알려져 있다. 그 예로 미생물의 사멸이 다음 식과 같이 1차 반응에 의해 설명된다면,

$$\frac{dN}{dt} = -kN \tag{8.45}$$

여기서, N: 미생물의 개체수

t: 접촉시간(T)

k: 반응속도 상수(1/min)

물리학적 수단의 강도의 영향은 어떤 기능적인 관계식에 의해 상수 k값에 반영된다.

4) 온도

사멸속도에 대한 온도의 영향은 아레니우스(van't Hoff-Arrhenius) 관계식의 형태로 표현된다. 온도가 올라가면 사멸속도는 빨라지게 되는데, 주어진 사멸 효과를 얻기 위해 요구되는 시간 t의 관계식은 다음과 같다.

$$\ln \frac{t_1}{t_2} = \frac{E(T_2 - T_1)}{R T_1 T_2} \tag{8.46}$$

여기서, t_1, t_2: 온도 T_1, T_2(°K)에서 주어진 사멸률을 얻기 위한 시간

E: 활성에너지(J/mol 혹은 cal/mol)

R: 기체상수(8.3144 J/mol · °K)

다양한 pH조건에서의 염소화합물에 대한 활성에너지의 일반적인 값은 표 8-68과 같다.

표 8-68 액상 염소와 클로라민류의 활성화 에너지(~20°C)

성분	pH	E, cal/mole	E, J/mole
액상 염소	7.0	8,200	34,340
	8.5	6,400	26,800
	9.8	12,000	50,250
	10.7	15,000	62,810
클로라민류	7.0	12,000	50,250
	8.5	14,000	68,630
	9.5	20,000	83,750

Ref) Fair et al.(1948)

5) 미생물의 종류와 특성

여러 가지 소독제의 효율은 미생물의 유형, 성질, 조건에 따라 영향을 받는다. 예를 들어 성장과정에 있는 세포는 이미 성장하고 오래되어 점액성분으로 세포 주변이 코팅된 박테리아보다 쉽게 죽일 수 있다. 반대로 박테리아의 포자는 저항력이 매우 강해서 많은 소독제의 경우 효과가 전혀 없거나 매우 적게 나타난다. 이때에는 가열과 같은 다른 방법을 사용해야 한다. 또한 상수와 같이 미생물의 농도가 낮은 시스템에서 미생물의 농도는 그다지 중요하지 않지만 그 농도가 큰 높은 경우에는 주어진 치사율을 얻는 데 소요되는 시간이 길어진다.

6) 부유액의 성질

미생물의 불활성화에 대한 여러 관계식은 대부분 실험실 조건에서 증류수 또는 완충수(buffered distilled water)를 이용하여 회분식 반응으로 수행된 것이다. 수중에 부유상태의 유기물질이 있으면 대부분의 산화성 살균제는 이들과 반응을 일으켜 그 살균력은 감소한다. 탁도 유발물질 역시 박테리아를 흡착하거나 둘러싸 보호함으로써 살균제의 효율을 떨어뜨리게 된다.

(5) 염소에 의한 소독

1880년 후반 정수과정에서 소독의 필요성이 제기된 이후 지금까지 세계적으로 가장 보편적으로 사용되는 화학적 살균제 중의 하나는 염소이다. 그 이유는 염소가 소독제로서의 대부분의 요구사항(표 8-60)을 만족하고 있기 때문이다. 염소는 가격이 저렴하며, 조작이 간단하고 살균력과 함께 지속성을 가지는 장점이 있다. 그러나 수중에서 유리잔류염소(free residual chlorine: $HOCl$, OCl_{-})와 결합잔류염소(combined residual chlorine: chloramine)의 형태로 존재하고, 물속에 포함된 철, 망간, 부유 고형물, 알칼리도는 살균 효과를 저하시키며, 소독부산물로 발암물질인 트리할로메탄(THM)을 생성시킬 가능성이 있다.

1) 염소 소독제의 종류와 특성

염소는 보통 염소가스(Cl_2), 차아염소산염(hypochlorites) 및 이산화염소(ClO_2) 등의 형태로 사용되는데, 처리수량, 취급성, 안전성 등을 고려하여 선정된다. 염소는 기체(녹황색, 증기밀도 2.486)나 액체(갈색, 비중 1.468) 상태로 존재하며, 고독성 및 고부식성 물질이다. 차아염소산염은 고체상(차아염소산나트륨 NaOCl, 차아염소산칼슘 $Ca(OCl)_2$)과 액상(bleach, as dissolved hypochlorites, 5～10% solutions)으로 구분된다. 고형성 차아염소산염은 통상적으로 소규모 처리장에서 사용해 왔으나 염소가스를 사용하는 것보다 비용(4～5배)이 많이 들지만 취급에 있어서 훨씬 더 안전하기 때문에 대체로 이 약품들로 교체하여 사용하는 추세이다. 액상의 경우도 고가이므로 대용량으로 사용하지 않는다. 유효염소는 액화염소의 경우 거의 100%이며, 차아염소산나트륨은 5～12%, 차아염소산칼륨은 60% 이상이다. 이산화염소(ClO_2)는 염소가스보다 약 25배 가량 강력하나 THM을 생성하지 않고 암모니아와도 반응하지 않는 특징이 있다. 그러나 이는 매우 불안정하고(고온에서 폭발성) 빠르게 분해되기 때문에 보통 현장에서 제조하여 사용한다. 염소는 기본적으로 산화제이기 때문에 소독에 필요한 양은 물속의 유기성분과 암모니아성 질소 농도가 주된 함수가 된다(상수의 경우 소독에 필요한 양은 2～5 g/m³ 정도인 반면 하수처리수의 경우는 40～60 g/m³으로 훨씬 많다).

가스상태의 염소가 물에 들어가면 가수분해(hydrolysis)와 이온화(ionization)의 2개의 반응이 일어나 유리잔류염소를 형성한다. 가수분해는 다음과 같이 정의된다.

$$Cl_2 + H_2O \rightleftharpoons HOCl + H^+ + Cl^- \tag{8.47}$$

이 반응의 평형상수(K_H)는 다음과 같다.

$$K_H = \frac{[HOCl][H^+][Cl]}{[Cl_2]} = 4.5 \times 10^{-4} (mole/L)^2,\ 25°C \tag{8.48}$$

이 값이 매우 크다는 것은 많은 양의 염소가 물에 녹을 수 있다는 것을 의미한다. 또한 차아염소산의 이온화 반응은 다음과 같다.

$$HOCl \rightleftharpoons H+ + OCl^- \tag{8.49}$$

이 반응의 이온화 상수(K_i)는

$$K_i = \frac{[H^+][OCl]}{[HOCl]} = 3 \times 10^{-8}\ mole/L,\ 25°C \tag{8.50}$$

이다. 온도에 따른 K_i의 값의 변화는 표 8-69와 같다.

물속에 존재하는 차아염소산(HOCl)과 차아염소산이온(OCl^-)의 총량을 유리 유효잔류염소(free available residual chlorine) 또는 유리염소라고 한다. HOCl의 살균력은 OCl^-의 경우보다 40～80배 더 강하기 때문에 이 두 성분의 분포비율은 매우 중요하다(그림 8-72). 온도에 따른 HOCl의 % 분포율은 식 (8.51)과 표 8-69의 값에 의해 계산될 수 있다.

$$\frac{[HOCl]}{[HOCl]+[OCl]} = \frac{1}{1+[OCl]/[HOCl]} = \frac{1}{1+K_i[H^+]} = \frac{1}{1+K_i 10^{pH}} \tag{8.51}$$

유리염소의 특징은 다음과 같이 정리된다.

- pH 5 이하에서는 염소(Cl_2)분자의 형태로 존재한다.
- 차아염소산이 차아염소산 이온보다 살균력이 약 80배 정도 강하다.

표 8-69 **차아염소산의 이온화 상수**

온도(°C)	0	5	10	15	20	25
$K_i \times 10^{-8}$(mole/L)	1.5	1.7	2.0	2.3	2.6	2.9

Ref) Metcalf and Eddy(2003)

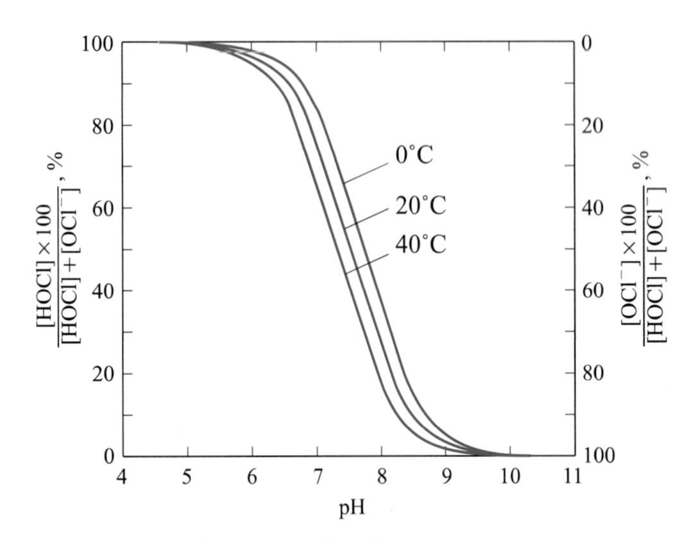

그림 8-72 **Distribution of [HOCL] and [OCl⁻] as a function of pH and temperature**
(Tchobanoglous and Schroeder, 1998)

- 차아염소산은 장기간 살균력이 지속되는 성질을 가지고 있다.
- 차아염소산의 살균력은 pH 5.5에서, 차아염소산 이온의 살균력은 pH 10.5 정도에서 최대이다.

유리잔류염소는 차아염소산염의 형태로 물에 첨가될 수 있으며, 이 반응은 다음과 같이 표현되어 차아염소산의 이온화 반응으로 연결될 수 있다.

$$Ca(OCl)_2 + 2H_2O \rightarrow 2HOCl + Ca(OH)_2 \quad (8.52)$$

$$NaOCl + H_2O \rightarrow HOCl + NaOH \quad (8.53)$$

2) 파과점 염소화 반응

유리잔류염소는 물속에 암모니아가 포함되어 있는 경우 이와 결합하여 결합잔류염소를 형성한다. 특히, 상수의 경우 전염소처리 과정이나 하수의 소독에서 흔히 볼 수 있는 경우로 암모니아의 질산화 물질(NO_2-N, NO_3-N)에 대해 염소는 산화작용을 하고 NDMA(N-nitrosodimethylamine)과 같은 소독 부산물의 생성을 유도한다. 형성되는 결합잔류염소의 종류는 염소와 암모니아의 비, 접촉시간, 염소주입량, 온도, pH 및 알칼리도 등에 따라 달라지게 된다. 차아염소산은 매우 활발한 산화제이므로, 수중의 암모니아와 빠르게 결합하여 다음과 같은 연쇄반응에 의해서 세 가지 종류의 클로라민을 형성한다.

$$HOCl + NH_3 \rightleftharpoons H_2O + NH_2Cl \text{ (monochloramine) : pH 8.5 이상} \quad (8.54)$$

$$HOCl + NH_2Cl \rightleftharpoons H_2O + NHCl_2 \text{ (dichloramine) : pH 8.5～4.5 정도} \quad (8.55)$$

$$HOCl + NHCl_2 \rightleftharpoons H_2O + NCl_3 \text{ (trichloramine) : pH 4.4 이하} \quad (8.56)$$

이러한 여러 종류의 클로라민들도 살균제 역할을 하지만 반응속도는 매우 느리다. 대부분의 경우 모노클로라민과 디클로라민으로 존재한다. 결합잔류염소의 특징은 다음과 같다.

- 차아염소산보다 살균력이 약하여 주입량이 많이 요구된다.
- 접촉시간이 30분 이상 필요하다.
- 살균 후 물에 맛과 냄새를 일으키지 않고 살균작용이 오래 지속된다.

동일한 시간으로 동등한 소독효과를 달성하기 위해서 결합잔류염소는 유리잔류염소에 비하여 약 25배의 양을 필요로 하고, 동일한 양을 사용하여 동등한 효과를 얻기 해서는 약 100배의 반응시간이 필요하다.

유리염소는 암모니아와 반응할 뿐만 아니라 강력한 산화제이므로 소독과정에서 잔류염소(유리 및 결합)의 농도를 유지하는 것은 매우 어렵다. 염소를 충분히 주입하여 산화 가능한 모든 물질과 반응한 후 추가적인 염소 주입을 통해 유리잔류염소를 형성하는 방법을 파과점 염소화(breakpoint chlorination) 반응이라고 한다(그림 8-73). 일정량의 염소를 주입할 때까지 결합염소는 증가하지만 최대점에 도달한 후에는 잔류염소가 감소하여 거의 제로상태가 된다. 이 점을 지나 다시 염소 주입을 계속하면 주입량에 비례하여 유리잔류염소량이 증가한다. 이 잔류염소 곡선에서 유리잔류염소가 출현하기 시작하는 점을 파과점(breakpoint) 또는 분기점이라고 하는데, 이 시점이 염소주입에 의해 효과적인 살균작용이 시작되는 점이다.

염소가 첨가되면, Fe^{2+}, Mn^{2+}, H_2S, 유기물 등과 같이 쉽게 산화되는 물질들은 염소와 반응하여 대부분의 염소를 염소이온으로 환원시킨다(그림 8-73의 A지점). 이 같은 소요량을 만족시

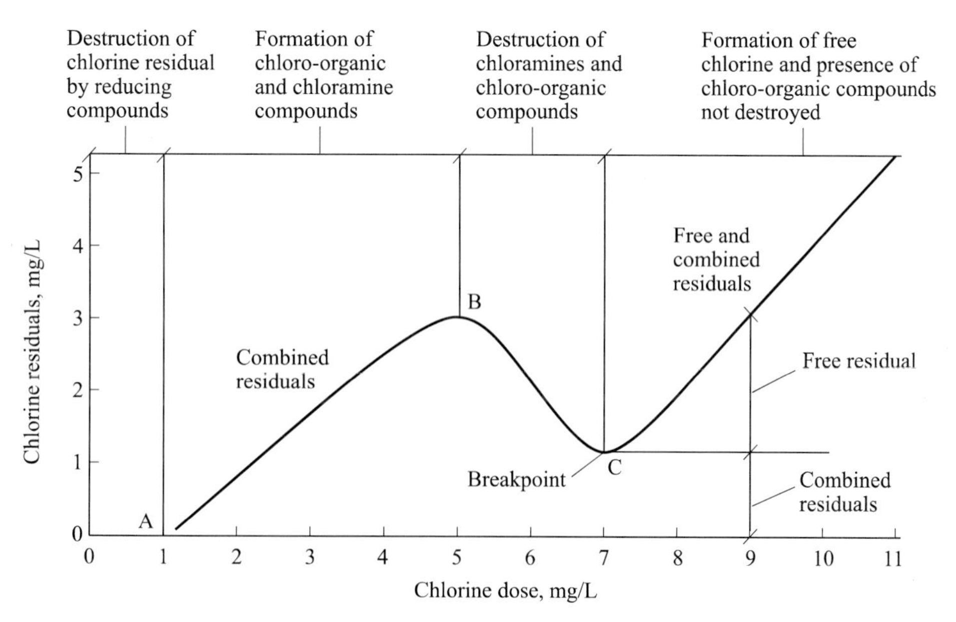

그림 8-73 **Generalized curve obtained during breakpoint chlorination of wastewater**
(Metcalf and Eddy, 2003)

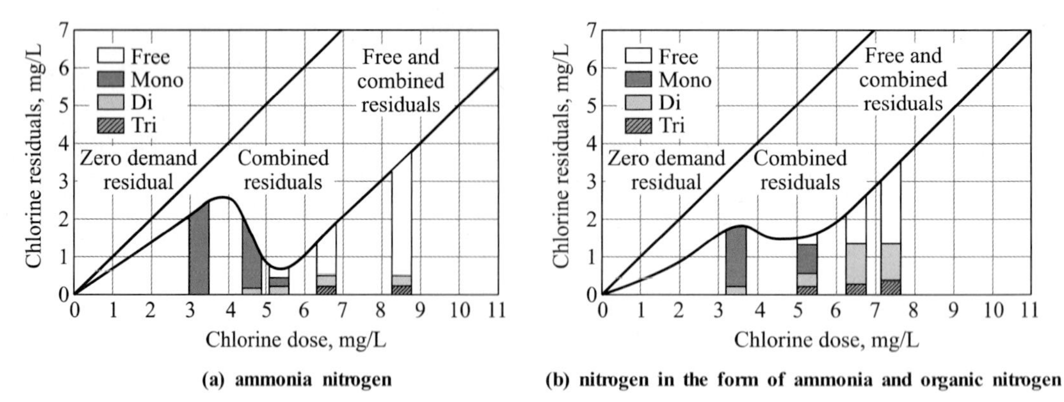

그림 8-74 Curves od chloine residual versus chlorine dosage for wastewater contining (White, 1999)

킨 후 염소는 암모니아와 계속 반응하여 A와 B지점 사이에서 클로라민을 형성한다. 염소 대 암모니아의 몰 비율이 1보다 작을 때는 모노클로라민과 디클로라민이 형성되며, 이 두 물질의 생성량은 pH와 온도의 영향에 따른 생성속도에 의해 결정된다. B점과 분기점 C 사이에서는 클로라민들 중의 일부는 NCl_3로 변환되고 나머지 클로라민들은 산화질소(N_2O)나 질소(N_2)로 산화되며, 또한 염소는 염소이온으로 환원될 것이다. 이때 염소를 계속 주입하면, 대부분의 클로라민들은 분기점에서 산화된다. A지점까지의 염소주입량(chlorine dose)을 염소소비량(각종 상수도 시설에서 소모되는)이라 하며, 이 지점에서 C지점까지를 염소요구량이라고 부른다.

이론적으로는 분기점에서의 염소 대 암모니아성 질소의 무게비는 7.6 : 1이 된다. 파과점 염소화가 진행되는 동안의 반응식은 다음과 같이 표현된다. 이 과정에서 NCl_3와 관련된 화합물에 의해 심각한 냄새가 발생하기도 한다.

$$NH_4^+ + HOCl \rightarrow NH_2Cl + H_2O + H^+ \quad (8.57)$$

$$NH_2Cl + HOCl \rightarrow NHCl_2 + H_2O \quad (8.58)$$

$$0.5NHCl_2 + 0.5H_2O \rightarrow 0.5NOH + H^+ + Cl^- \quad (8.59)$$

$$0.5NHCl_2 + 0.5NOH \rightarrow 0.5N_2 + 1.5HOCl + 0.5H^+ + 0.5Cl^- \quad (8.60)$$

$$NH_4^+ + HOCl \rightarrow 0.5N_2 + 1.5H_2O + 2.5H^+ + 1.5Cl^- \quad (8.61)$$

3) 염소의 주입과 살균효과

염소주입농도는 염소요구량과 잔류염소농도를 합한 값이다. 만약 파과점 반응을 달성시킬 만큼의 충분한 염소가 공급되지 못할 경우 적절한 소독시간을 유지하도록 해야 한다. 염소주입 시 다른 화합물이 있으면 수중의 알칼리도와 반응하고 대부분의 경우에 있어서 pH는 약간 떨어진다. 반응식으로부터 살펴보면, 분기점 염소주입 과정에서 1 mg/L의 암모니아성 질소를 산화시키기 위해서는 14.3 mg/L의 알칼리도(as $CaCO_3$)가 필요하다. 분기점 주입 시 흔히 사용되는 화학약품에 의해 증가하는 총 용존물질(TDS)의 양은 표 8-70과 같다.

표 8-70 파과점 염소화에서 화학물질의 첨가에 따른 TDS의 증가

화학약품 첨가	NH_4^+ 소비당 총 용존고형물의 증가
염소가스를 이용한 파과점	6.2 : 1
차아염소산 나트륨을 이용한 파과점	7.1 : 1
연소가스를 이용한 파과점 - 석회로 모든 산도 중화	12.2 : 1
염소가스를 이용한 파과점 - 가성소다로 모든 산도 중화	14.8 : 1

Ref) Metcalf and Eddy(2003)

참고 파과점 염소주입에서 염소/암모니아성 질소의 질량비와 알칼리소요량

분기점 반응식으로부터 질량비

$NH_4^+ + 1.5HOCl \rightarrow 0.5N_2 + 1.5H_2O + 2.5H^+ + 1.5Cl^-$

(17) 1.5(52.45)

(14) 1.5(2 × 35.45)

Molecular ratio = $Cl_2/N = 1.5(2 \times 35.45) / 14 = 7.60$

1 mg/L 암모니아 질소에 요구되는 알칼리도

$NH_4^+ + Cl_2 \rightarrow 0.5N_2 + 4H^+ + 2Cl^-$

$2CaO + 2H_2O \rightarrow 2Ca^{2+} + 4OH^-$

요구되는 알칼리도 = 2(100 mg/mmole of $CaCO_3$) / (14 mg/mmole of NH_4^+ as N)

= 14.3

염소의 주입량은 처리수량과 주입률을 기초로 다음과 같이 산출된다.

액화염소의 경우 $V_W = Q \times R \times 10^{-3}$ (8.62)

차아염소산나트륨의 경우 $V_V = Q \times R \times \dfrac{100}{C} \times \dfrac{1}{d} \times 10^{-3}$ (8.63)

여기서, V_W: 질량주입량(kg/h) V_V: 용적주입량(L/h)

Q: 처리수량(m^3/h) C: 유효염소농도(%)

R: 액화염소주입률(mg/L) d: C%일 때의 밀도(kg/L)

주어진 접촉시간 또는 잔류량하에서, 차아염소산의 살균효율(접촉시간이나 잔류량의 기준으로)은 차아염소산이온이나 모노클로라민의 살균효율보다도 훨씬 높다(그림 8-75). 그러나 적정한 접촉시간만 주어진다면 염소와 거의 비슷한 효과를 얻을 수 있다.

염소소독 시에 주요 고려할 사항으로는 염소주입량(C), 접촉시간(T), 초기혼합, 유입수의 특성(각종 유기물질 및 미생물의 특성), 온도, pH, 잔류염소의 형태(유리 또는 결합) 등이 있다. 살균공정에서 초기혼합의 중요성은 매우 중요하다. 염소를 주입할 때 높은 난류영역($N_R \geq 10^4$)에서 주입하는 것이 일반적인 급속혼화방식보다 효과적이다. 표 8-71에서 8-73은 다양한 미생물을 대상으로 염소와 클로라민을 소독제로 사용하였을 때 99% 불활성화를 달성하기 위한 C·T값의 차이를 보여준다.

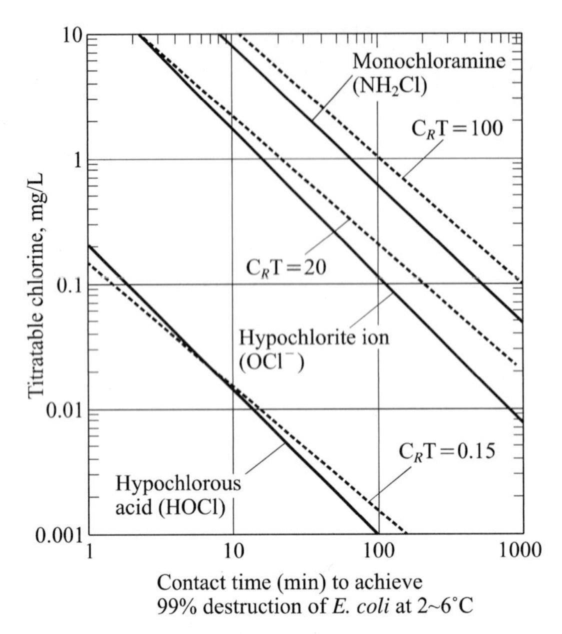

그림 8-75 **Comparison of germicidal efficiency of hypochlorous acid, hypochlorite ion, and monochloramine** (Metcalf and Eddy, 2004)

염소화합물은 강한 산화제로 부식으로 인한 문제가 있을 수 있으므로 저장 및 주입시설은 내부식성과 내마모성 재료와 구조를 하여야 하며, 유지관리 시 관련 법령에 따른 제해설비를 갖추어야 한다.

(6) 이산화염소에 의한 소독

이산화염소(ClO_2)는 염소와 동등 이상의 소독력을 가진 소독제로 세균의 효소시스템의 비활성화 또는 단백질 합성교란 등이 주요 메커니즘으로 작용한다. 특히 바이러스의 불활성화에는 염소보다 효과가 우수한데, 그 이유는 이산화염소가 바이러스를 구성하는 단백질막(펩톤)에 직접적으로 흡수되어 불활성화된다는 것이다. 그러나 이산화염소는 과거 높은 비용문제로 인해 일반화되지 못했다.

이산화염소는 높은 비중을 가지고 있는 불쾌하고 자극적인 냄새와 황색을 띤 불안정한 가스이다. 따라서 이산화염소는 쉽게 분해되기 때문에 통상적으로 현장에서 직접 생산하여 사용한다. 생성 반응식은 다음과 같다.

$$2NaClO_2 + Cl_2 \rightarrow 2ClO_2 + 2NaCl \tag{8.64}$$

이 식에서 1 mg의 이산화염소를 얻기 위해서는 1.34 mg의 아염소산소다(sodium chlorite, $NaClO_2$)와 0.5 mg의 염소가 필요하다. 실제 아염소산소다의 순도(80%)를 고려하면 약 1.68 mg의 $NaClO_2$가 요구된다. 아염소산소다는 액체상태(약 25% 용액)로 냉장 저장되어 유통되는데, 중량 기준으로 염소보다 약 10배 정도 비싸기 때문에 경제성에 대한 고려가 필요하다.

이산화염소를 이용한 소독에서 실제 작용하는 성분은 유리 용존 이산화염소(free dissolved chlorine dioxide, ClO_2)이다. 이산화염소는 가수분해되지 않기 때문에 ClO_2의 산화력은 주로 등가 유효염소(equivalent effective chlorine)로 표현된다.

표 8-71 C·T values for chlorine inactivation of microorganisms in water (99% inactivation)[a)]

Organism	°C	pH	C·T
Bacteria			
Escherichia coli	5	6.0	0.04
E. coli	23	10.0	0.6
Legionella pneumophila	20	7.7	1.1
Mycobacterium avium (strain A5)	23	7.0	106
Mycobacterium avium (strain 1060)	23	7.0	204
Helicobacter pylori	5	6.0	0.12
Viruses			
Polio 1	5	6.0	1.7
Echo 1	5	6.0	0.24
Echo 1	5	7.8	0.56
Echo 1	5	10.0	47.0
Coxsackie B5	5	7.8	2.16
Coxsackie B5	5	10.0	33.0
Adenovirus 40	5	7.0	0.15
Protozoa			
Giardia lamblia cysts	5	6.0	54-87
Giardia lamblia cysts	5	7.0	83-133
Giardia lamblia cysts	5	8.0	119-192
Naegleria fowleri tropozoites	25	7.5	6
N. fowleri cysts	25	7.5	32.1
Encephalitozoon intestinalis spores	5	7.0	39
Cryptosporidium parvum oocysts	21-24	7.5-7.6	9740-11,300
Toxoplasma gondii	22	7.2	> 133,920
Fungi			
Aspergillus fumigatus	25	7.0	946
A. terrus	25	7.0	1404
Penicillium citrirnum	25	7.0	959
Cladosporium tenuissimum	25	7.0	71

From Sobsey(1989); Rose et al.(1997); Gerba et al.(2003); Wainwright et al.(2007); Shields et al.(2008); Sarkar and Gerba(2012); Pereira et al.(2013).
a) In buffered distilled water.
Ref) summarized by Gerba(2015)

표 8-72 C·T values for chloramine inactivation of microorganism in water (99% inactivation)[a)]

Microbe	°C	pH	C·T
Bacteria			
Escherichia coli	5	9.0	113
Mycobacterium fortuitum	20	7.0	2667
Viruses			
Polio 1	5	9.0	1420
Echo 11	5	8.0	880
Hepatitis A	5	8.0	592
Adeno 2	5	8.0	990

표 8-72 **C·T values for chloramine inactivation of microorganism in water** (99% inactivation)[a] (계속)

Microbe	°C	pH	C·T
Adeno 40	5	8.0	360
Coliphage MS2	5	8.0	2100
Rotavirus SA11			
Dispersed	5	8.0	4034
Cell-associated	5	8.0	6124
Protozoa			
Gardia muris	3	6.5-7.5	430-580
Gardia muris	5	7.0	1400
Cryptosporidium parvum	1	8.0	64,600
C. parvum	20	8.0	11,400

Adapted from Sobsey(1989); Rose et al.(1997); Driedger et al.(2001); Cromeans et al.(2010).
a) In buffered distilled water.
Ref) summarized by Gerba(2015)

표 8-73 **Summary of C·T values**(mg/L. min) **for 99% inactivation at 5°C**

Organism	Disinfectant			
	Free chlorine, pH 6 to 7	Pre-formed chloramine, pH 8 to 9	Chlorine dioxide, pH 6 to 7	Ozone, pH 6 to 7
E. coli	0.034-0.05	95-180	0.4-0.75	0.02
Polio virus 1	1.1-2.5	768-3740	0.2-6.7	0.1-0.2
Rotavirus	0.01-0.05	3806-6476	0.2-2.1	0.006-0.06
Bacteriophage f_2	0.08-0.18	-	-	-
G. lamblia cysts	47 → 150	-	-	0.5-0.6
G. lamblia cysts	65～121[d]	2200[e]	26[e]	1.9[e]
G. muris cysts	30-630	-	7.2-18.5	1.8-2.0[a]
C. parvum	7200[b]	7200[c]	78[b] 277[f]	5-10[c] 9.9[f]

a) Values for 99.9% inactivation at pH 6-9
b) 99% inactivation at pH 7 and 25°C
c) 90% inactivation at pH 7 and 25°C
d) 99% inactivation at pH 6-7, 0-3 mg/L Cl, 5°C
e) 99% inactivation at pH 6-9, 5°C
f) 99% inactivation at pH 7, 10°C
Ref) summarized from Clark et al.(1993) and USEPA(2003)

$$ClO_2 + 5e^- + 4H^- \rightarrow Cl^- + 2H_2O \quad (8.65)$$

이 식을 참고로 할 때 염소원자는 이산화염소에서 염소이온으로 변환 시 5개의 전자수의 변화가 동반된다. 즉, 이산화염소에서 염소의 무게비는 52.6%이며, 5개의 전자변화로 인해 등가 유효염소는 263%가 된다. 따라서 ClO_2는 염소보다 2.63배의 산화력을 가지고 있다(1 g/m³ ClO_2 = 2.63 g/m³ Cl). 1 mol의 ClO_2는 67.45 g으로, 이는 염소 177.5 g(23.45 × 5)과 동일하다.

이산화염소는 소독력뿐만 아니라 잔류효과도 양호하고 수중의 암모니아와 반응하지 않는 특성이 있다. 또한 이는 유리염소에 의해 THM이 생성되지 않으므로 대체산화제라 할 수 있다. 이산화염소는 페놀화합물을 분해하고 맛·냄새와 색도제거에도 효과적이며, 클로로페놀까지도 어느 정도 제거할 수 있다. 또한 맹독성인 시안(CN)화합물, 아질산염, 아황산염을 산화시킨다. 그

표 8-74 C·T Values for chlorine dioxide inactivation of microorganisms in water (99% Inactivation)

Microbe	ClO_2 Residual(mg/L)	Temperature(°C)	pH	% Reduction	C·T
Bacteria					
Escherichia coli	0.3-0.8	5	7.0	99	0.48
B. subitilis spores		21	8.0	99	25
Viruses					
Polio 1	0.4-14.3	5	7.0	99	0.2-6.7
Rotavirus SA11					
Dispersed	0.5-1.0	5	6.0	99	0.2-0.3
Cell-associated	0.45-1.0	5	6.0	99	1.7
Hepatitis A virus	0.14-0.23	5	6.0	99	1.7
Adenovirus 40	0.1	5	7.0	99	0.28
Coliphage MS2	0.15	5	6.0	99	5.1
Protozoa					
Giardia muris	0.1-5.55	5	7.0	99	10.7
Giardia muris	0.26-1.2	25	5.0	99	5.8
Giardia muris	0.21-1.12	25	7.0	99	5.1
Giardia muris	0.15-0.81	25	9.0	99	2.7
Cryptosporidium parvum		21	8.0	99	1000

Adapted from Sobsey(1989); Rose et al.(1997); Charuet et al.(2001); Gerba et al.(2003).
Ref) summarized by Gerba(2015)

러나 부산물인 염소산 무기음이온[아염소산이온 chlorite(ClO_2^-)이나 염소산 이온 chlorate(ClO_3^-) 등]은 유해한 것으로 밝혀져 사용에 주의하여야 한다.

염소와 동일한 소독효과를 얻기 위해 필요한 이산화염소 주입량은 염소주입량의 절반 정도로, 정수처리에서 이산화염소 주입량은 통상 1~2 mg/L로 하고 있다. 환경부 기준(2008)에 따르면 이산화염소와 그 부산물의 총량이 1.0 mg/L를 넘지 않게 사용하도록 규제하고 있다. 일본에서는 이산화염소는 2.0 mg/L 이하, 아염소산이온은 0.2 mg/L 이하로 규제하고 있으며, 미국에서는 잔류 이산화염소의 양은 0.8 mg/L 이하, 아염소산이온의 최대허용수준(MCL, maximum contaminant level)은 1.0 mg/L로 규제하고 있다.

이산화염소의 소독효과에 대한 문헌자료는 매우 제한적이데, 소독을 위해 요구되는 이산화염소의 주입량은 주로 특정미생물에 대한 온도와 pH 조건으로 수행된 연구결과를 참고로 한다(표 8-74). 일반적으로 박테리아에 대한 이산화염소의 효능은 결합염소의 효능과 비슷하며, 바이러스의 소독에는 큰 차이가 있다. 또한 원생동물 포자를 븀활성화시키는 데는 유리염소보다 더 효과적이다.

(7) 전염소처리와 탈염소화

1) 전염소처리

염소는 주로 소독목적으로 여과 후 단계에서 주입하지만, 강력한 산화력을 가지고 있기 때문

표 8-75 **전염소처리의 목적**

제거목적	설명
세균	원수 중의 일반세균이 1 mL당 5,000 CFU 이상 혹은 장균군(MPN)이 100 mL 2,500 이상 존재하는 경우 여과 전에 세균을 감소시켜 안전성을 높여야 하고, 침전지나 여과지의 내부를 위생적으로 유지한다.
생물처리	조류, 미세동물, 철 박테리아 등이 다수 존재하는 경우 이들의 사멸시키고, 번식을 억제한다. 특히 응집이 어려운 규조류[멜로시라(Melosira), 시네드라(Synedra)] 등에 대해서는 염소를 강화하여 충분히 살조처리한 다음 응집침전처리한다. 마이크로시스티스(Microcystis)에는 염소처리로 군체가 깨져 세포가 분산되기 때문에 전염소처리보다 중간염소처리가 효과적이다.
철과 망간	원수 중에 철과 망간이 용존되어 있을 경우 후염소처리 시 탁도나 색도를 증가시키게 되므로 전염소 또는 중간염소처리하여 비용해성 산화물로 바꾸어 제거한다.
암모니아성 질소와 유기물 등	암모니아성 질소, 아질산성 질소, 황화수소, 페놀류, 기타 유기물 등을 산화한다.
맛과 냄새	황화수소의 냄새, 하수의 냄새, 조류 등의 냄새 등을 제거하는 데 효과가 있지만, 종류에 따라서는 염소에 의하여 맛과 냄새를 더 강하게 하거나 새로운 냄새를 유발시키는 경우도 있다.

에 소독 외에도 조류제거 등 오염된 원수에 대한 정수처리 대책의 일환으로 사용된다. 여과 이전의 처리단계에서 염소를 주입하는 방법을 통상적으로 전염소처리(prechlorination)라고 하지만 응집·침전 이전 단계에서 주입하는 경우와 침전지와 여과지 사이에서 주입하는 경우로 더 세분화하여 구분하기도 하는데, 이때 전자를 전염소처리, 후자를 중간염소처리라고 하기도 한다. 표 8-75에는 전염소처리의 목적과 관련 내용을 정리하였다. 원수 중에 부식질(humic substance) 등의 유기물이 존재할 경우 유리잔류염소와 반응하여 트리할로메탄이 생성될 가능성이 높기 때문에 이때는 응집과 침전으로 부식질을 어느 정도 제거한 다음 중간염소처리를 하는 것이 바람직하다. 완속여과방식에서는 염소가 여과막생물에 나쁜 영향을 미치기 때문에 원칙적으로 전염소·중간염소처리는 하지 않는다.

전염소처리에 있어서 염소제 주입률은 처리목적에 따라 상이하지만 이론적인 요구량은 철 이온에 대해 0.63 mg/mg, 망간이온에 대해 1.29 mg/mg, 그리고 암모니아성 질소에 대해 7.6 mg/mg의 염소가 필요하다.

2) 탈염소화

탈염소화(dechlorination)는 낮은 농도일지라도 잔류된 염소성분이 수중 생물에 잠재적인 독성을 미칠 경우를 대비하여 소독 처리된 유출수에 포함된 염소를 제거하는 공정이다. 탈염소는 주로 다양한 환원제(이산화황 SO_2, 아황산 나트륨 Na_2SO_3, 중아황산나트륨 $NaHSO_3$, 메타중아황산나트륨 $Na_2S_2O_5$, 티오황산나트륨 NaS_2O_3 등)를 사용하거나 활성탄 흡착에 의해서 주로 이루어진다.

이산화황(sulfur dioxide)은 가압상태의 액상가스로 사용되며, 물에 첨가되었을 때 강한 환원제인 황산($H_2SO_3^-$)이온을 생성한다. 이 물질은 연속적으로 유리염소, 모노클로라민, 디클로라민, NCl_3 그리고 폴리클로린(polychlorine) 화합물과 반응하게 된다(표 8-76). 이산화황과 염소의 반응식에 있어서 그 질량비는 0.9 : 1이지만 실제로는 1.0 mg/L 염소 잔유물을 제거하기 위해 1～1.2 mg/L의 이산화황이 필요하다. 이때 알칼리도 소모량은 약 2.8 mg/L이다. 이산화황과 염

표 8-76 **탈염소화 반응식**

이산화황에 의한 탈염소화
$SO_2 + H_2O \rightarrow HSO_3^- + H^+$
$HOCl + HSO_3^- \rightarrow Cl^- + SO_4^{2-} + 2H^+$
$SO_2 + HOCl + H_2O \rightarrow Cl^- + SO_4^{2-} + 3H^+$
$SO_2 + NH_2Cl + 2H_2O \rightarrow Cl^- + SO_4^{2-} + NH_4^+ + 2H^+$
$SO_2 + NHCl_2 + 2H_2O \rightarrow 2Cl^- + SO_4^{2-} + NH_3 + 2H^+$
$SO_2 + NCl_3 + 3H_2O \rightarrow 3Cl^- + SO_4^{2-} + NH_4^+ + 2H^+$
$SO_3 + N_2O \rightarrow N_2SO_3$
$5H_2SO_3 + 2ClO_2 + H_2O \rightarrow 5H_2SO_4 + 2HCl$
$NH_2Cl + H_2SO_4 + H_2O \rightarrow NH_4HSO_4 + HCl$
황화합물에 의한 탈염소화
$Na_2SO_3 + Cl_2 + H_2O \rightarrow Na_2SO_4 + 2HCl$
$Na_2SO_3 + NH_2Cl + H_2O \rightarrow Na_2SO_4 + Cl^- + NH_4^+$
$NaHSO_3 + Cl_2 + H_2O \rightarrow NaHSO_4 + 2HCl$
$NaHSO_3 + NH_2Cl + H_2O \rightarrow NaHSO_4 + Cl^- + NH_4^+$
$Na_2S_2SO_5 + Cl_2 + 3H_2O \rightarrow 2NaHSO_4 + 4HCl$
$Na_2S_2O_5 + 2NH_2Cl + 3H_2O \rightarrow Na_2SO_4 + 2Cl^- + 2NH_4^+$

소 또는 클로라민의 반응은 거의 순간적으로 일어나기 때문에 접속시간은 큰 문제가 되지 않으므로 별도의 접촉시설은 두지 않으나 주입지점에서의 급속한 혼화는 반드시 필요하다.

소독제로 이산화염소를 사용한 경우에도 이산화황은 탈염소화 반응을 위해 사용될 수 있다. 이 경우 이론적으로 1 mg의 이산화염소 잔류물(as ClO_2)에 대해서 2.5 mg/L의 이산화황이 필요하지만, 실제 2.7 mg SO_2/mg ClO_2 정도가 적당하다. 이산화황을 과다하게 주입할 경우 물속의 용존산소의 소모도 많아져 수질에 영향을 미칠 수 있다.

$$HSO_3^- + 0.5O_2 \rightarrow SO_4^{2-} + H^+ \tag{8.66}$$

이산화황을 이용한 탈염소시설은 염소 주입시설 대신 이산화황 주입시설만 바꾸어 주면 되므로 염소살균 시설과 거의 비슷하다. 티오황산나트륨은 실험분석에 사용되는 탈염소제로, 단계적 반응과 교반 등의 어려움으로 실제 시설에서는 사용하지 않는다. 표 8-77에는 잔류염소당 요구되는 탈염소화합물의 사용량을 나타내었다. 그림 8-76과 8-77에는 일반적인 염소화/탈염소화 공정의 흐름도와 염소주입을 위한 혼화장치의 예를 보여준다.

활성탄(activated carbon)을 이용한 흡착법(adsorption)은 탈염소화를 위해 매우 유용한 방법으로 결합 잔류연소와 유리 잔류염소의 완전한 제거가 가능하다.

유리염소와의 반응:

$$C + 2Cl_2 + 2H_2O \rightarrow 4HCl + CO_2 \tag{8.67}$$

클로라민과의 반응:

$$C + 2NH_2Cl + 2H_2O \rightarrow CO_2 + 2NH_4^+ + 2Cl^- \tag{8.68}$$

$$C + 4NHCl_2 + 2H_2O \rightarrow CO_2 + 2N_2 + 8H^+ + 8Cl^- \tag{8.69}$$

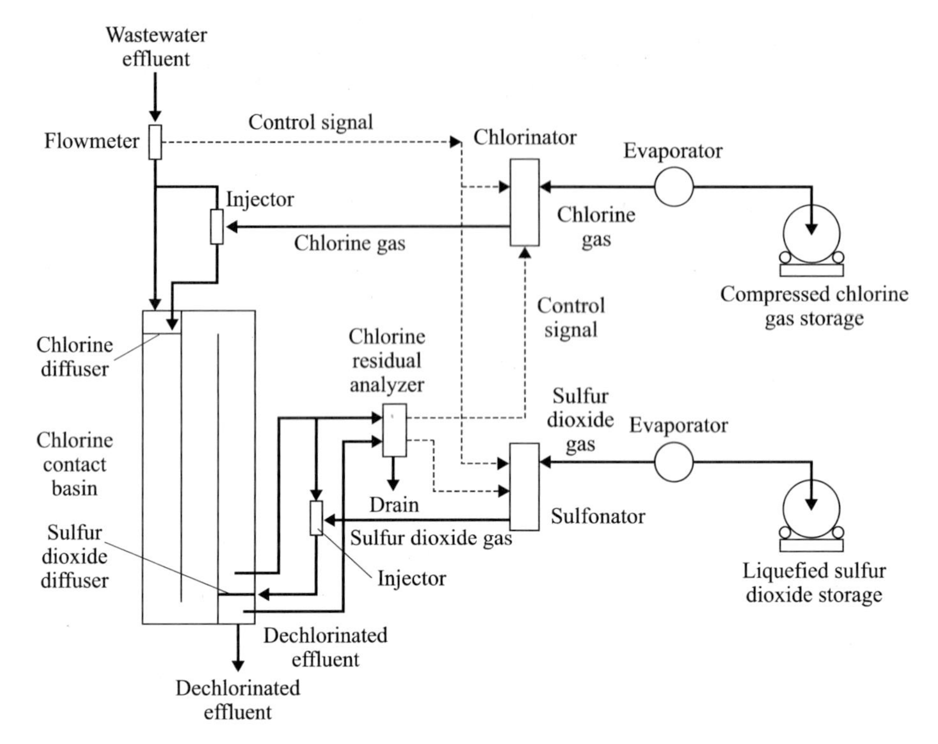

(a) a chlorine injector system

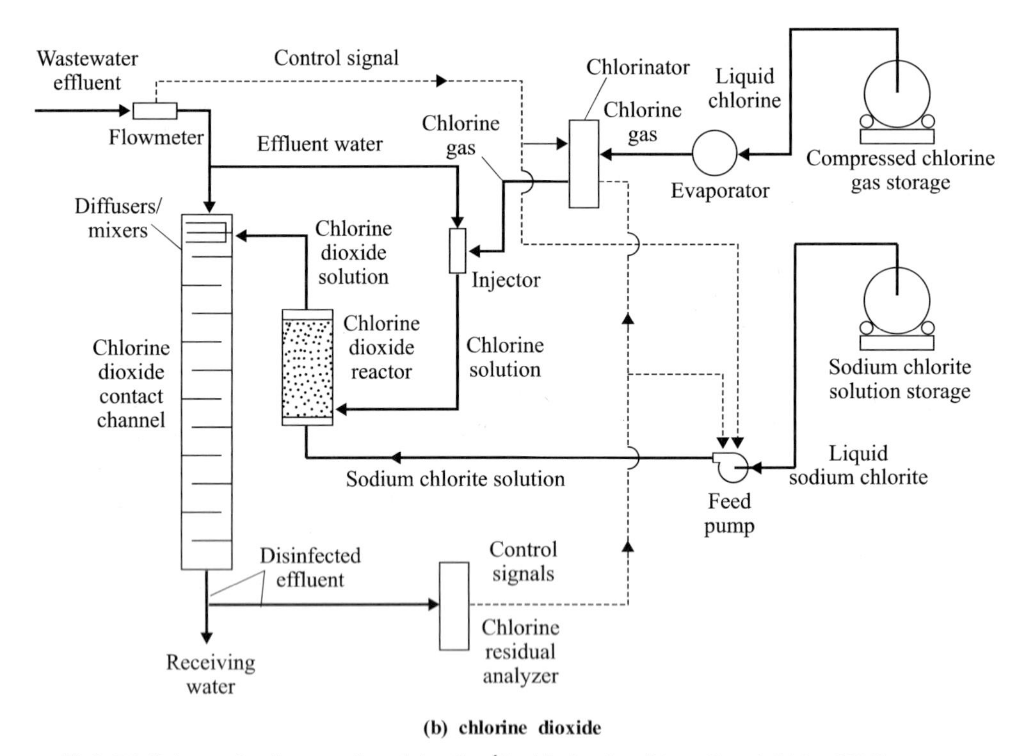

(b) chlorine dioxide

그림 8-76 Schematic diagram for cloination/dechlorination (Metcalf and Eddy, 2003)

일반적으로 입상활성탄은 중력식이나 압력식 여과상의 형태로 적용된다. 만약 탈염소화만을 위해 활성탄이 사용된다면 제거가 용이한 기타 물질은 사전에 미리 제거되어야 하며, 유기물 제거를 위해 입상활성탄이 사용되고 있다면 탈염소화는 동일한 여상이나 추가적인 별도의 여상을

표 8-77 잔류염소당 탈염소화합물의 요구량

탈염소화합물			필요량, mg/(mg/L 잔류량)	
명칭	화학식	분자량	화학양론적 양	사용 범위
sulfur dioxide	SO_2	64.09	0.903	1.0-1.23
sodium sulfite	$NaSO_3$	126.047	1.775	1.8-2.0
sodium bisulfite	$NaHSO_3$	104.06	1.465	1.5-1.7
soduim metabisulfite	$Na_2S_2O_5$	190.10	1.338	1.4-1.6
sodium thiosulfate	$Na_2S_2O_3$	112.12	0.556	0.6-0.9

Ref) Metcalf and Eddy(2003)

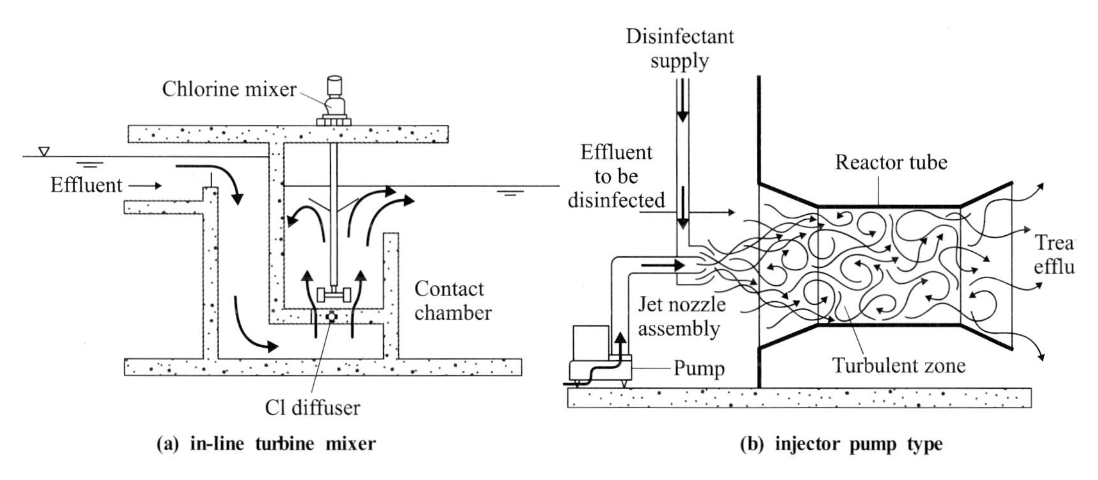

그림 8-77 Typical mixers for chlorine injection (Metcalf and Eddy, 2003)

적용할 수 있다. 특히 유기물질 제거를 위한 고도정수처리과정에서 탈염소화를 위해 활성탄을 사용하는 것은 매우 유용하다. 탈염소화를 위해 입상활성탄은 매우 효과적이고 신뢰성이 높으나 비용이 비싸다는 단점이 있다.

(8) 오존에 의한 소독

정수과정에서 오존(O_3)을 소독제로 사용한 것은 염소의 사용과 비슷한 시기인 19세기 말로, 당시 염소소독이 보편적이었던 미국과는 달리 유럽에서는 오존소독이 일반적이었다. 그러나 1차 세계대전 중 저렴한 비용의 염소가스가 대량생산되면서 오존의 수요는 점차 감소하게 되었다.

역사적으로는 오존은 비록 용수소독을 위해 주로 사용되었지만, 오존 관련기술의 발전으로 현재는 주로 맛·냄새, 색도 유발 물질 및 난분해성 용존 유기물질 등의 제어를 위해 일반적으로 사용되며, 그 대상도 상수와 하·폐수 및 재이용수 모두로 점차 확대되었다.

소독제로서 오존은 효과는 우수하나 비싸고 잔류성이 떨어진다는 장단점으로 정의된다. 소독이 가진 1차 및 2차 목적을 모두 달성하기에는 오존의 낮은 잔류 특성은 매우 부정적이다. 따라서 오존소독은 THM 형성과 같은 염소소독의 단점을 방지하기 위한 염소소독의 대체방법으로 사용할 수 있으며, 살균력이 지속적이지 못하기 때문에 소독제의 잔류성을 확보하기 위해 추가적인 염소주입이 필수적이다. 여기에서는 오존의 특성과 화학적 성질, 소독세로서의 오존의 성

표 8-78 **오존농도와 생체에 미치는 영향**

오존농도(mg/L)	생체에 미치는 영향
0.01～0.02	냄새를 감지할 수 있다.
0.1	강한 냄새이며 코와 후두에 자극을 준다.
0.2～0.5	3～6시간 폭로(曝露)로 시각이 저하된다.
0.5	명확하게 상부기도에 자극을 느끼게 된다.
1～2	2시간 폭로로 두통, 흉부통, 상부기도에 갈증과 기침을 일으키며 폭로를 반복하면 만성중독이 된다.
5～10	맥박이 증가하며 폐기종을 유발한다.
15～20	작은 동물은 2시간 이내에 사망한다.
50	사람도 1시간 이내에 위험한 상태가 된다.

능을 주로 설명하며, 오존의 강한 산화력을 이용한 고급산화공정에 대한 설명은 고도정수처리기술(9장)을 참고하기 바란다.

1) 오존의 특성

오존은 산소 분자가 산소 원자로 해리될 때 발생되는 불안정한 가스이다. 오존은 전기분해(electrolysis), 광화학적 반응(photochemical reaction) 또는 전기방출(electrical discharge), 방사화학 반응(radiochemical reaction)에 의해 생산된다. 소독을 위한 오존 생산은 대부분 전기방출법을 이용하고 있다. 오존의 색깔은 물리적 상태에 따라 다른데, 상온에서 기체일 때는 약한 청색, 액체상태일 때는 흑청색, 고체상체에서는 암자색을 띠며, 독유한 냄새를 가지고 있어 낮은 농도($2\times10^{-5}\sim1\times10^{-4}$ g/m^3)에서도 감지될 수 있다. 오존의 헨리 상수(4570 $atm/mol_g/mol_{sol}$, 25°C 기준)는 산소의 경우(4259 $atm/mol_g/mol_{sol}$, 25°C 기준)와 비슷하여 물에 대한 오존의 용해도는 매우 낮다. 용해된 오존은 물속에서 천천히 분해되는데, 그 반응식은 다음과 같다.

$$O_3 + H_2O \rightarrow HO_3^+ + OH^- \tag{8.70}$$

$$HO_3^+ + OH^- \rightarrow 2HO_2 \tag{8.71}$$

$$O_3 + HO_2 \rightarrow HO + 2O_2 \tag{8.72}$$

$$HO + HO_2 \rightarrow H_2O + O_2 \tag{8.73}$$

이때 만들어진 자유라디칼(free radical-HO_2와 HO)은 강력한 산화력을 가지고 있으며, 주로 살균, 표백, 유기화합물의 분해 능력이 있다. 오존의 생체독성에 대한 영향을 표 8-78에 정리하였다.

2) 오존소독 시스템

오존소독 시스템은 전력공급, 가스공급 장치, 오존 발생 장치, 오존 접촉지, 배기가스(off-gas) 분해 장치 등으로 구성된다(그림 8-78). 산소가 오존으로 전환되는 과정에서의 전력소모량은 공기공급의 경우 13.2～19.8 kWh/kg O_3(순산소의 경우 6.6～13.2) 정도이다. 공기로부터 발생된 오존의 함량은 약 1～3% 정도이며, 공기 대신 순산소를 이용할 경우는 이보다 약 3배 정도 높

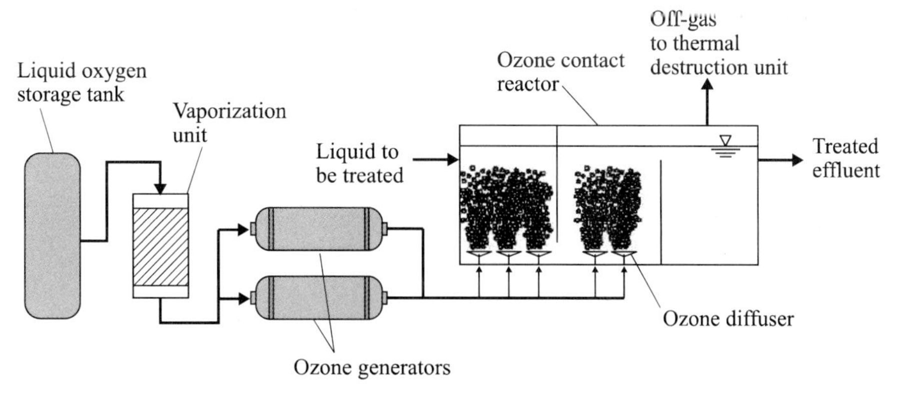

그림 8-78 오존소독 시스템 (Metcalf and Eddy, 2003)

다. 낮은 오존발생 농도와 용해도로 인하여 오존 접촉지의 설계는 매우 중요한데, 가능한 압출류 흐름으로 설계하는 것이 유용하다. 전형적인 오존 전달효율은 약 80～90% 정도이다. 오존 접촉조로부터 배출되는 배기가스는 사용되지 않은 오존을 포함하고 있어 아직 자극적이고 독성이 있으므로 적절히 처리되거나 반송하여 재이용할 수 있다. 또한 잔류 오존의 처리산물은 순산소로 다시 오존 발생을 위해 재사용이 가능하다.

오존 주입 요구량은 다음 식으로 계산된다.

$$D = U\left(\frac{100}{TE}\right) \tag{8.74}$$

여기서, D: 총 오존 주입 요구량(mg/L)

U: 사용된(전달된) 오존량(mg/L)

TE: 오존 전달효율(80～90%)

이때 사용된 오존량은 다음 식으로 표현된다.

$$N/N_0 = [(U)/q]^{-n} \quad \text{또는} \quad U = q(N/N_0)^{-1/n} \tag{8.75}$$

여기서, N: 소독 후 남아 있는 미생물의 수

N_0: 소독 전에 있었던 미생물의 수

U: 이용된(전달된) 오존 주입량(mg/L)

n: 주입량 반응곡선의 경사

q: $N/N_0 = 1$ 또는 $\log N/N_0 = 0$ 일 때의 x절편값(초기 오존 요구량과 같다고 가정)

오존의 이용률(흡수율)과 전달효율은 다음 식으로 표현된다.

$$\text{이용률(또는 흡수율)(\%)} = \frac{\text{(주입 오존량)} - \text{(잔류 오존량)} - \text{(배출 오존량)}}{\text{(주입 오존량)}} \times 100 \tag{8.76}$$

$$\text{전달효율(\%)} = \frac{\text{(주입 오존량)} - \text{(배출 오존량)}}{\text{(주입 오존량)}} \times 100 \tag{8.77}$$

표 8-79 C·T values for ozone inactivation of microorganisms in water (99% inactivation)

Organism	°C	pH	C·T
Bacteria			
Escherichia coli	1	7.2	0.006-0.02
Viruses			
Polio 1	5	7.2	0.2
Polio 2	25	7.2	0.72
Rota SA11	4	6.0-8.0	0.019-0.064
Coxsackie B5	20	7.2	0.64-2.6
Adeno 40	5-7	7.0	0.02
Protozoa			
Giardia muris	5	7.0	1.94
Giardia lamblia	5	7.0	0.53
Encephalitozoon intestinalis	5	7.0	0.30-0.04
Cryptosporidum parvms	1	-	40.0
C. parvum	7	-	7.0
C. parvum	22	-	3.5
Toxoplasma gondii	20	7.7-7.8	> 69

From Sobsey(1989); Rose et al.(1997); Gerba et al.(2003).
Ref) summarized by Gerba(2015)

3) 오존의 소독효과

오존은 반응성이 매우 큰 산화제로, 오존에 의한 박테리아의 사멸은 세포벽의 용해(cell lysis)를 통해 일어난다. 또한 오존은 염소보다도 우수한 효과적인 바이러스 사멸제이다. 오존 처리는 용존 물질을 생산하지 않고 공정 유입수 내 포함된 암모니아 질소나 pH에 영향을 받지 않는다. 따라서 오존 처리는 염소나 차아염소산 처리 등과 같이 탈염소를 필요로 하는 공정에 대한 대안으로 제시되고 있다.

오존은 다른 화학적 살균제와 달리 환경에 악영향을 거의 미치지 않는다. 또한 그 특성상 빠르게 분해되기 때문에 처리 후 잔류 오존은 거의 존재하지 않는다. 오존 처리 중에 독성이 있는 중간물질이 생기는지의 여부는 오존 주입량, 접촉시간, 그리고 전구물질의 유무에 달려 있다. 또한 오존은 주입 후 산소로 분해되기 때문에 처리수의 용존산소가 상승하게 된다. 표 8-79에는 오존을 이용한 미생물의 불활성화를 위해 필요한 C·T값을 나타내었다.

(9) 자외선에 의한 소독

음용수 소독에 자외선(UV)을 처음 도입한 것은 1910년 프랑스에서였다. 그러나 자외선은 UV 램프 관련 기술의 발전과 함께 점차 음용수 외에도 하·폐수 처리수 및 재이용수의 소독으로 확대 사용되고 있다.

자외선에 의한 소독은 화학물질의 첨가를 필요로 하지 않기 때문에 안정성이 높을 뿐만 아니라 경제적으로 양질의 물을 얻을 수 있는 소독방법이다. 적당한 자외선 조사는 물속의 박테리아나 바이러스의 제거에 효과적이고 독성 부산물이 발생되지 않는다. 따라서 정수과정에서 염소소독의 대체방법으로 사용할 수 있으며, 이 역시 소독의 잔류성을 확보하기 위해 추가적인 염소주입이 고려된다.

1) 자외선의 특성

자외선이 발생하는 전자기 스펙트럼(electromagnetic radiation)은 10~400 nm 사이로, 근자외선(UV-A, UV-B)과 원자외선(UV-C)으로 구분된다(그림 8-79). 이 중에서 특히 소독과 관련한 파장은 220~320 nm로 주로 단파(short wave)와 중파(middle wave) 범위에 있다. 자외선은 램프 내에서 수은 증기가 전기 불꽃에 의해 충전되어 파동 에너지로 전환되면서 발생된다.

자외선 램프(표 8-80)는 그 특성에 따라 저압-저강도, 저압-고강도 및 중압-고강도로 나누며, 소독효과가 기장 우수한 파장은 260 nm(255~265 nm) 부근으로, 특히 저압-고강도 UV 램프(UV C, 수은-아르곤 램프)가 기본적으로 254 nm의 단일 파장을 방출한다. 광폭 크세논 램프(broad-band xenon lamp, pulsed UV)와 협폭 엑시머 자외선 램프(narrow-band excimer lamp) 등 관련 기술이 매우 빠르게 발전하여 소독을 포함한 다양한 분야에서 적용되고 있다(James and Christine, 2008).

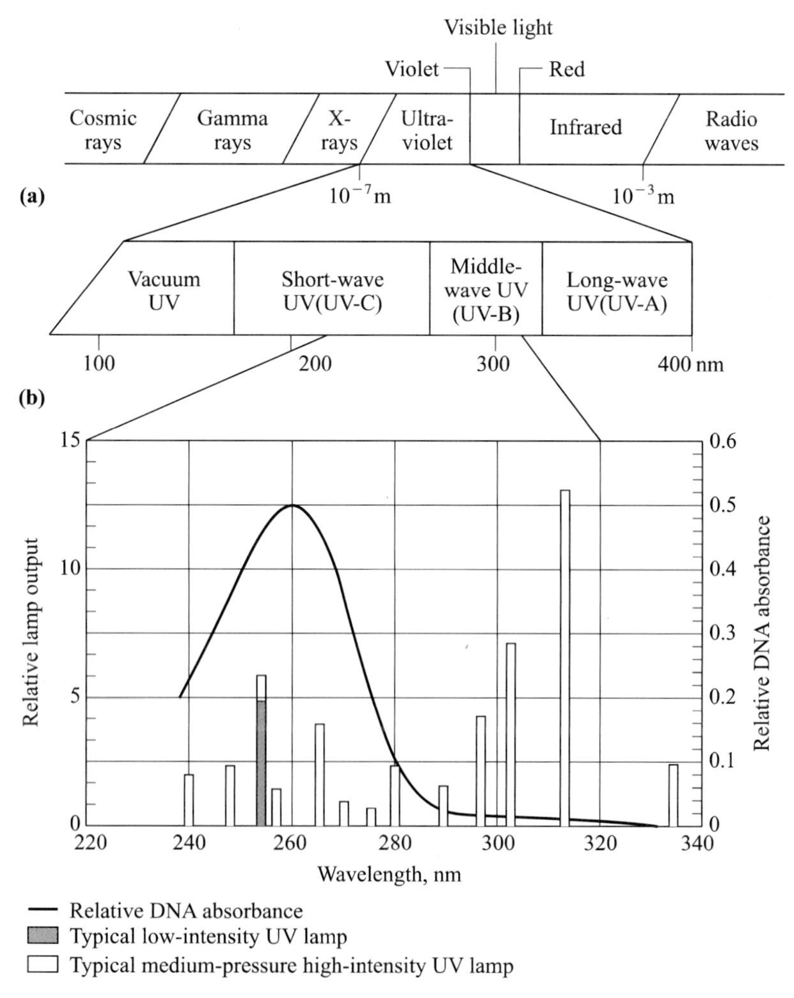

그림 8-79 **자외선 스펙트럼 (a) 전자기파, (b) UV에 대한 DNA 흡착효과** (Metcalf and Eddy, 2003)

표 8-80 UV 램프의 일반적인 특성

구분	저압	저압 고출력	중압
살균력이 있는 UV 파장	254 nm에서 단일	254 nm에서 단일	200～300 nm에서 변동
수은 증기압 (Pa)	약 0.93	0.18～1.6	40,000～4,000,000
운전온도 (°C)	약 40	60～100	600～900
전력투입량 (W/cm)	0.5	1.5～10	50～250
UV 출력량 (W/cm)	0.2	0.5～3.5	5～30
전력 전환효율 (%)	35～38	30～35	10～20
아크 길이 (cm)	10～150	10～150	5～120
소요 조사량에 따른 램프 개수	많음	중간	적음
작동시간-수명 (h)	8,000～10,000	8,000～12,000	4,000～8,000

2) 자외선 소독장치

자외선 조사에 의한 소독방법은 물 외부로부터 자외선을 조사하는 방식(외조식)과 석영유리 램프에 의해 수중에서 자외선을 조사하는 방식(내조식)으로 구분된다. 단순한 장치로써 다량의 물을 처리할 수 있는 후자가 주로 적용된다. 자외선 소독장치는 UV 램프, 램프를 감싼 석영관, 지지대, 전압안정기(ballast) 및 동력원으로 구성된다. 이 장치는 수리학적 흐름특성에 따라 개수로 또는 관수로 형태로 설계되며, UV 램프는 수평 또는 수직형으로 설치된다.

3) 자외선 소독효과

자외선은 광화학반응을 하지만 물리적인 소독제(disinfection agent)로 구분된다. UV는 세포벽을 통과해 핵산(DNA와 RNA)으로 들어가 세포복제를 방해하거나 세포사멸을 일으킨다. 소독의 효율은 소독 장치의 특성(UV 강도, 램프 상태), 접촉시간, 수리학적 흐름특성, 원수의 특성(탁도, 부유물, 용존 유기물, 총 경도 등), 처리대상 미생물의 특성 등에 의존한다.

UV 조사량은 다음 식으로 표현되는데, 이는 염소소독에서 소독접촉시간(C · T)의 개념과 동일하게 사용된다.

$$D = I \times T \tag{8.78}$$

여기서, D: UV 조사량(mJ/cm², mJ/cm² = mW · s/cm²)

I: UV 강도(mW/cm²)

T: 노출시간(sec)

박테리아를 효과적으로 죽이기 위해서는 비교적 탁도를 낮게 하여 자외선이 잘 통과되도록 해야 하고 고형물질의 농도가 높은 경우에는 효과가 저감된다. 표 8-81에는 다양한 미생물의 사멸을 위한 UV 조사량이 비교되어 있다. 크립토스포리디움 오시스트(cryptosporidium oocyst) 등 불활성화 기준을 준수하기 위한 UV 소독능값은 염소계 소독제나 오존소독의 경우보다 낮다. 표 8-82에는 바이러스, 지아르디아, 크립토스포리디움 불활성화 정도에 대한 자외선 조사량을 보여준다.

표 8-81 UV dose to kill microorganisms

Organism	Ultraviolet Dose (μW·s/cm^2), Required for 90% Reduction
*Bacillus subtilis**	56,000
*Clostridium perfringens**	45,000
Campylobacter jejuni	1100
Escherichia coli	1300-3000
Klebsiella terrigena	3900
Legionella pneumophila	920-2500
Salmonella typhi	2100-2500
Shigella dysenteriae	890-2200
Vibrio cholerae	650-3400
Yersinia enterocolitica	1100
Adenovirus	23,600-56,000
Coxsackievirus	11,900-15,600
Echovirus	10,800-12,100
Poliovirus	5000-12,000
Hepatitis A	3700-7300
Rotavirus SA11	8000-9900
Coliphage MS-2	18,600
Cryptosporidium parvum	3000
Toxoplasma gondii	7000
Giardia	2000
Acanthamoeba	40,000
Naegleria fowleri (*trohpozite*)	6500
Naegleria fowleri (*cyst*)	31,500
Encephalitozoon intestinalis	2800

From Roessler and Severin(1996); John et al.(2003); Hijnen et al.(2006); Gerba et al.(2003); Sarkar and Gerba(2012).
* Environmental strains (spores)
Ref) summarized by Gerba(2015)

표 8-82 UV 조사 요구량 (mJ/cm^2)

Organism	Log Inactivation							
	0.5	1.0	1.5	2.0	2.5	3.0	3.4	4.0
Cryptosporidium	1.6	2.5	3.9	5.8	8.5	12	15	22
Giardia	1.5	2.1	3.0	5.2	7.7	11	15	22
Virus	39	58	79	100	121	143	163	186

※ UV disinfection guidance manual(EPA, 2006)

미국의 음용수와 하수 재이용(중수도)을 위한 UV소독지침서(NWRI and AWWARF, 2000)는 반응조 설계, 신뢰도 확보, 모니터링과 경보장치, 현장 시험, 성능 모니터링 그리고 제약받지 않는 처리수 재이용에 관한 기술보고 등에 대해 규정하고 있다. 먹는 물과 재이용수에 대한 지침은 대부분 유사하지만, 가장 큰 차이점은 재생수의 경우와는 달리 먹는 물의 경우에는 권고치가 제시되어 있지 않다. 즉, 재이용 시스템에서 설계 UV 조사량의 권고치는 입상 여과 처리수의 경우 100 mJ/cm^2, 막여과 처리수의 경우 80 mJ/cm^2, 그리고 역삼투 처리수의 경우 50 mJ/cm^{2}이다. 미생물의 밀도에 다르게 적용되며, 안전율 2를 고려하여 4 log 정도의 조사량을 필요로 한다. 또한 현장자료에 근거하여 각 처리수에 대한 설계 투과도는 55, 65 및 90%로 설정되어 있다.

UV 소독장치의 성능평가는 파일롯 규모(pilot test)로 각 영향인자에 대해 평가한다. 비효율적인 수리학적 흐름(단회로, 와류, 사역), 수로벽과 장치 표면의 생물막, 탁도로 인한 투과강도 약화 등은 UV 소독장치의 주요 문제점으로 반드시 검토되어야 할 사안이다.

UV 소독(50～140 mJ/cm^2)으로 인해 생성된 소독부산물이 인체나 환경에 악영향을 끼치는 사례는 아직까지 보고된 바 없다(Metcalf and Eddy, 2004). 또한 미량 유기물질(NDMA나 내분비계 교란물질)을 분해하기 위해 400 mJ/cm^2 이상의 강도로 UV 소독을 실시한 경우에도 그 악영향은 알려지지 않았다. UV와 그 응용기술을 이용한 고도산화 공정은 9장에서 설명한다.

(10) 소독부산물

소독부산물(DBPs, disinfection by-products)이란 화학물질(chemical agents)을 사용한 물의 소독 과정에서 물속의 유기물질과 무기물질 사이의 화학반응으로 발생하는 물질의 총칭이다(Richardson et al., 2007). 이 물질은 일반적으로 염소계 소독부산물(chlorination disinfection byproducts)과 비염소계 소독부산물질(byproducts from non-chlorinated disinfectants)로 분류되는데, 여기서 염소계 소독이란 염소, 클로라민 및 이산화염소에 의한 소독을 의미하고, 오존을 포함한 다른 경우를 비염소계 소독이라 한다.

음용수의 생산을 위한 염소소독과정에서 유기할로겐 화합물(organohalides)이 생성된다는 발표는 1974년 미국과 유럽에서 동시에 보고되었다(Bellar et al., 1974; Rook, 1974). 그 후 소독뿐만 아니라 색도와 맛·냄새 제거를 위한 수처리시설에서 염소, 오존과 같은 산화제의 사용은 바람직하지 않은 다양한 소독부산물의 생산을 야기한다는 것이 밝혀졌다(USEPA, 1986, 1999).

이러한 물질들의 발견은 사실 소독 기술의 한계가 아닌 분석 기술의 발달에 따른 것으로 현재 약 600종 이상의 DBPs가 처리된 음용수에 검출된 것으로 보고되고 있으나(Richardson, 2011), 실제 경제성과 중요도 측면에서 단지 몇 종류의 DBPs만이 모니터링되고 있다. 그러나 규제 모니터링을 받지 않는 다수의 DBPs(특히 요오드화된 질소성 DBP, iodinated, nitrogenous DBPs)의 유전 독성 및 세포 독성은 일반적으로 선진국에서 모니터링되는 DBPs(THM 및 HAA)보다 상대적으로 더 높게 나타나고 있다(Richardson et al., 2007, 2008; Plewa et al., 2008). 소독부산물의 종류는 대표적으로 트리할로메탄류(THMs, trihalomethanes), 할로아세트산류(HAAs, haloaceticacids), 할로아세토니트릴류(HANs, haloacetonitriles), 알데히드류(Aldehydes) 등이 있는데, 가장 높은 농도로 매우 흔하게 나타나는 종류는 트리할로메탄(THMs)과 할로아세트산(HAAs, haloacetic acids)이다.

음용수의 DBPs 노출에 대한 역학 연구(epidemiological studies)와 메타 분석(meta-analyses) 등의 연구결과를 기초로 소독부산물에 대한 유전적 위해성과 발암성 문제는 꾸준히 제기되고 있

표 8-83 Maximum Contaminant Levels (MCL) and sampling requirements for DBPs

Contaminant	MCL(mg/L)	Compliance
Total Trihalomethanes (TTHM)	0.080	RAA of Quarterly Averages
Five Haloacetic Acids (HAAS)	0.060	RAA of Quarterly Averages
Bromate	0.010	RAA of Monthly Averages
Chlorite	1.0	Daily

Note) MCLs, maximum contaminant levels; RAA, running annual average of residual measurements taken at the same time and place, (Ref, US EPA, 1999).

다(Grellier et al., 2010; Koivusalo and Vartiainen, 1997; Nieuwenhuijsen et al., 2009; Richardson et al., 2007). 그러나 세계보건기구에 따르면 소독부산물로 인한 암 발생 위험보다 병원균에 의한 사망 위험은 최소한 100～1000배 이상 높고 병원균에 의한 질병의 위험은 적어도 만～백만 배 이상 높다(WHO, 2000). 소독부산물의 생성은 특히 공중보건과 환경에 미치는 잠재적인 악영향으로 인하여 큰 관심의 대상이다. 특히 먹는 물에서는 이들의 생성을 억제하고 제거하기 위해 적극적인 대응을 하고 있다.

미국 EPA에서는 잔류소독제의 최대수준(MRDL, maximum residual disinfectant level)을 염소와 클로라민 4.0 mg/L, 그리고 이산화염소 0.8 mg/L로 지정하고 있고, 브롬산염, 아염소산염, HAAs 및 THMs 등에 대해서도 최대 오염 수준(MCLs, maximum contaminant levels)을 설정하고 있다(표 8-83). 유럽에서는 음용수 지침(EU Drinking Water Directive)에 따라 THM(0.1 mg/L)과 브롬산염(0.01 mg/L)을 설정하고 있으나, HAAs에 대한 규정은 설정되지 않았다(EU Directive 83). 세계보건기구에서는 브롬산염, 브로모디클로로메탄, 염소산염, 아염소산염, 클로로 아세트산, 클로로포름, 시안화수소, 디브로모아세토니트릴, 디브로모클로로메탄, 디클로로아세트산, 디클로로아세토니트릴, NDMA 및 트리클로로 아세트산을 포함한 다양한 DBPs에 대한 세부 지침을 제정했다(WHO, 2008).

우리나라에서는 1990년 6월 일부 정수장 수돗물에서 THMs 함량이 허용기준치(0.1 mg/L)를 초과하여 검출된 이래 중요한 관리대상이 되었다. 2009년에는 먹는 샘물(생수) 제품에서 브론산염이 기준을 초과하여 검출되어 이슈가 되기도 하였다. 정수장에서 소독부산물의 농도는 주로 원수의 상태에 따라 결정된다. 특히 장마철 이후 전구물질(NOM)이 하천으로 유입되면 일시적으로 높아진다. 우리나라의 경우 정수처리과정에서 생성된 THMs 농도는 최대 45 μg/L 수준(2005～2010)을 보였고, 계절적인 경향이 뚜렷하다(그림 8-80). 정수 및 수돗물에서 검출된 THMs 중에서 클로로포름과 브로모디클로로메탄(BDCM, bromodichloromethane)이 각각 70%와 25%로 대부분을 차지하였다(최영준 외, 2013).

참고 소독부산물에 대한 우리나라의 먹는 물 기준

① 총 트리할로메탄(THMs)은 0.1 mg/L를 넘지 아니할 것
② 클로로포름은 0.08 mg/L를 넘지 아니할 것
③ 브로모디클로로메탄은 0.03 mg/L를 넘지 아니할 것

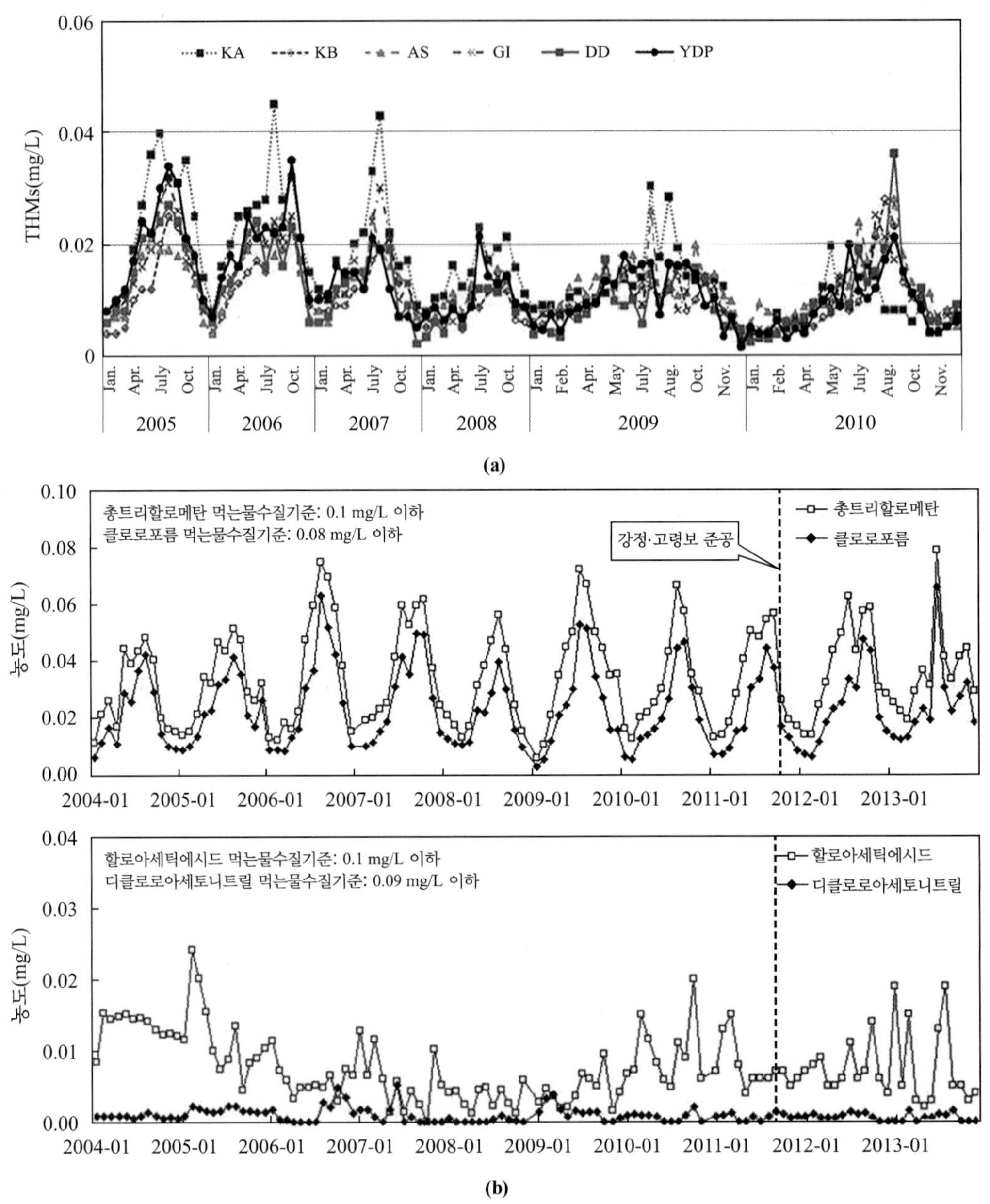

그림 8-80 우리나라 한강(a) 및 낙동강(b) 수원으로 한 정수장의 소독부산물 농도
(최영준 외, 2013; 대구시 상수도사업본부, 2015)

④ 디브로모클로로메탄은 0.1 mg/L를 넘지 아니할 것
⑤ 클로랄하이드레이트는 0.03 mg/L를 넘지 아니할 것
⑥ 디브로모아세토니트릴은 0.1 mg/L를 넘지 아니할 것
⑦ 디클로로아세토니트릴은 0.09 mg/L를 넘지 아니할 것
⑧ 트리클로로아세토니트릴은 0.004 mg/L를 넘지 아니할 것
⑨ 할로아세틱에시드(HAAs)(디클로로아세틱에시드, 트리클로로아세틱에시드 및 디브로모아세틱에시드의 합으로 한다)는 0.1 mg/L를 넘지 아니할 것
⑩ 포름알데히드는 0.5 mg/L를 넘지 아니할 것

1) 염소계 소독 부산물

염소 및 클로라민과 같은 염소 소독제는 자연적으로 존재하는 푸르빅산(fulvic acid) 및 부식산(humic acids), 아미노산(amino acids) 및 기타 천연 유기물질(NOMs)뿐만 아니라 요오드화물(iodide) 및 브롬화물 이온(bromide ions)과 반응하여 트리할로메탄(THMs), 할로아세트산(HAAs), 브롬산염(bromate) 및 아염소산염(chlorite) 등 다양한 DBPs를 생산한다(표 8-84). 특히 haloacetonitriles, haloamides, halofuranones 및 iodo-acids(iodoacetic acid, iodotrihalomethanes 및 nitrosamines) 등은 소위 신흥 소독부산물(emerging DBPs)로 주목받고 있다(USEPA, 1999).

염소 주입에 의한 부산물의 형성과 병원균과 소독력과의 관계는 일반적으로 그림 8-81과 같이 나타난다. THM은 주로 방향족 천연유기물질(aromatic NOMs)이 Cl_2나 Br_2와 반응할 경우 형성되

표 8-84 Representative disinfection byproducts resulting from the chlorination of wastewater containing organic and selected inorganic constituents.

Disinfectant residuals	Halogenated organic byproducts
Free chlorine	Trihalomethanes (THMs)
Hypochloros acid	Chloroform
Hypochlorite ion	Bromodichloromethane (BDCM)
Chloramines	Dibromochloromethane (DBCM)
Monochloramine	Bromoform
Dichloramine	Total trihalomethanes
Trichloramine	Haloacetic acids (HAAS)
Inorganic byproducts	Monochloroacetic acid
Chlorate ion	Dichloroactic acid (DCA)
Chlorite ion	Trichloroacetic acid (TCA)
Bromate ion	Monobromoacetic acid
Iodate ion	Dibromoacetic acid
Hydrogen peroxide	Total haloacetic acids
Ammonia	Haloacetonitriles
Organic oxidation byproducts	Chloroacetonitrile (CAN)
Aldehydes	Dichloroacetonitrile (DCAN)
Formaldehyde	Trichloacetonitrile (TCAN)
Acetaldehyde	Bromochloroacetonitrile (BCAN)
Chloroacetaldehyde	Dibromoacetonitrile (DCAN)
Dichloroacetaldehyde (chloral hydrate)	Total haloacetonitriles
Glyoxal (also methyl glyoxal)	Haloketones
Hexanal	1,1-Dichloroprppanone
Heptanal	1,1,1-Trichloroprppanone
Carboxylic acids	Total haloketones
Hexanoic acid	Chlorophenols
Heptaoic acid	2-Chlorophenol
Oxalic acid	2,4-Dichlorophenol
Assimilable organic carbon	2,4,6-Trichlorophenol
Nitrosoamines	Chloropicrin
N-nitrosodimethylamine (NDMA)	Chloral hydrate
	Cyanogen chloride
	N-organochloramines
	(MX)3-chloro-4-(dichloromethyl)-5Hydroxy-2(5H)-furaone

Ref) adapted, in part, from USEPA(1999)

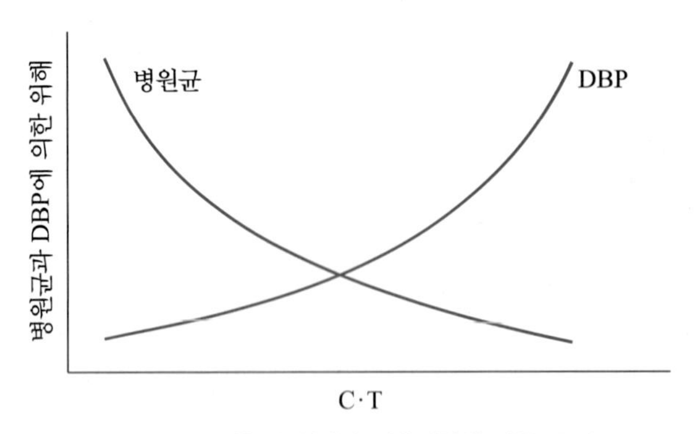

그림 8-81 **염소주입량과 접촉시간에 따른 효과**

표 8-85 **염소소독부산물의 반응식**

$$Cl_2 + H_2O \rightarrow HOCl + H^+ + Cl^-$$
$$HOCl \rightarrow OCl^- + H^+$$
$$HOCl/OCl^- + NOM \rightarrow CHCl_3 + \text{other chlorinated DBPs}$$
$$HOCl/OCl^- + Br^- \rightarrow HOBr$$
$$HOBr + NOM \rightarrow CHBr_3 + \text{other brominated DBPs} \quad (8\text{-}79)$$

$$HOCl + Br^- + NOM \rightarrow CHCl_3 + \text{other halogenated DBPs}$$
$$CHBrCl_2 \text{ (Chloro-bromo)}$$
$$CHBr_2Cl$$
$$CHBr_3 \quad (8\text{-}80)$$

는 것으로 알려지고 있다(표 8-85). 이 반응물들은 보통 HCX_3의 단일 탄소분자식으로 표현되는데, 여기서 X는 염소이온(Cl^-) 또는 브롬이온(Br^-)을 의미한다(예, 클로로포름 $HCCl_3$).

클로라민은 요오드가 원수에 존재할 때 요오드아세트산(iodoacetic acid)과 같이 유전 독성이 높은 요오드화 DBPs뿐만 아니라 인간에 대한 발암가능물질(possible human carcinogen)인 N-nitrosodimethylamine(NDMA)을 생성하는 것으로 밝혀졌다(Richardson et al., 2007, 2008). NDMA의 생성은 다음 반응식으로 설명된다.

$$\underset{\text{Nitrite anion}}{NO_2^-} + \underset{\text{hydrochloric acid}}{HCl} \rightarrow \underset{\text{nitrous acid}}{HNO_2} + \underset{\text{chloride ion}}{Cl^-} \quad (8.81)$$

$$\underset{\text{Nitrous acid}}{HNO_2} + \underset{\text{dimethylamine}}{CH_3-NH-CH_3} \rightarrow \underset{\text{N-nitrosodimethylamine}}{CH_3 - \overset{\overset{\displaystyle NO}{|}}{N} - CH_3} \quad (8.82)$$

이산화염소가 소독제로 사용될 때 생성되는 주된 DBPs는 아염소산염(chlorite, ClO_2^-)과 염소산염(chlorate, ClO_2)으로 이 역시 잠재적인 독성을 가진다. 이 물질들은 아염소산나트륨과 이산화염소의 반응에서 생성되어 소독에 직접적으로 사용되는데, 그 과정에서 미사용된 성분이 유출되는 것이다. 잔류 이산화염소와 기타 부산물들은 잔류 염소보다도 더 빠르게 분해되므로 수생 생태계에 심각한 위협은 주지 않는다. 소독제에서 이산화염소의 장점은 암모니아에 반응하지 않고 잠재력 독성이 있는 DBPs를 생성하지 않는다는 것이다. 특히 클로로포름과 같은 할로겐

표 8-86 미국의 10개 정수장에 있어서 염소소독에 의한 부산물 생성현황

compound	검출 정수장수	농도
위해가 큰 경우		
Chloroform	10 of 10	2.6 to 594
Bromodichloromethane	10 of 10	2.6 to 77
Chlorodibromomethane	10 of 10	0.1 to 31
Bromoform	6 of 10	0.1 to 2.7
Dichloroacetonitrile	10 of 10	0.2 to 9.5
Dibromoacetonitrile	3 of 7	0.4 to 1.2
Bromochloroacetonitrile	7 of 7	0.2 to 4.0
Chloropicrin	8 of 10	0.2 to 5.6
위해가 적은 경우		
Chloroacetic acid	6 of 10	< 10
Dichloroacetic acid	10 of 10	< 10 to > 100
Trichloroacetic acid(as chloral hydrate)	6 of 10	10 to 100
1,1,1-Trichloropropanone	10 of 10	10 to 100
2-Chlorophenol	10 of 10	10 to 100
2,4-Dichlorophenol	0 of 10	-
2,4,6-Trichlorophenol	0 of 10	-
생성여부		
1,1-Dichloropropanone	0 of 8	-
1,1-Dichloro-2-butanone	0 of 8	-
3,3-Dichloro-2-butanone	1 of 8	-
-1,1,1-Trichloro-2-butanone	0 of 8	-
Cynogen chloride	1 of 7	-
Dichloroacetaldehyde	0 of 10	-

* 현 시점에서 건강상에 위해 정도가 큰 경우와 작은 경우로 구분하여 나타내고 있으며 건강상의 위해 여부가 불확실한 경우에는 단지 생성여부만 나타내고 있음.

Ref) Stevens et al.(1987)

유기화합물은 거의 검출되지 않는다.

잔류 염소나 기타 소독제로 인한 부산물 생성반응은 상수관망 네트워크(용해된 천연 유기물질 또는 상수관의 생물막) 내에서도 일어날 수 있다. 우리나라의 결과를 보면 공정별로는 THMs는 전염소처리에 의해서 36～43%(착수정 기준), 후염소처리 후 송수기준으로 58～80%까지 증가하고, 나머지는 배급수 계통에서 발생하는 것으로 나타났다(최영준 외, 2013).

염소주입 후에 생성되는 DBPs 종류와 농도는 원수에 포함된 유기물 또는 무기물의 종류에 크게 영향을 받는다. 또 사용된 살균제의 종류와 농도, 천연 유기물(브롬화물/요오드화물) 농도, 약품투입 후 시간(water ages), 온도 및 pH 등도 중요한 인자가 된다(Koivusalo and Vartiainen, 1997).

미국의 정수장에 있어서 DBP 형성사례(표 8-86)를 보면 클로로포름, bromodichloromethane, chlorodibromomethane 등의 THM은 10개 정수장 전체에 걸쳐 생성되는 것을 알 수 있다. 표 8-87은 각종 염소소독 DBPs에 대한 건강상 위해성 정도를 보여준다.

2) 비염소계 소독 부산물

비염소계 소독부산물은 주로 오존과 관련하여 알려져 있다. 강력한 산화제인 오존은 포름알데

표 8-87 염소소독 부산물에 의한 건강상의 위해

Chemical Class	Example	Toxicological Effects
Trihalomethanes	Chloroform	C, H, RT
	Dichlorobromomethane	H, RT
	Dibromochloromethane	H, RT
	Bromoform	H, RT
Haloacetonitriles	Chloroacetonitrile	G, D
	Dichloroacetonitrile	M, G, D
	Trichloroacetonitrile	G, D
	Bromochloroacetonitrile	M, G, D
	Dibromoacetonitrile	G, D
Haloacid derivatives	Dichloroacetic acid	MD, C, N, OL, A
	Trichloroacetic acid	HPP
Chlorophenols	2-Chlorophenol	F, TP
	2,4-Dichlorophenol	F, TP
	2,4,6-Trichlorophenol	C
Chlorinated ketones	1,1-Dichloropropanone	M
	1,1,1-Trichloropropanone	M
	1,1,3,3-Trichloropropanone	M
Chlorinated furanones	MX	M, Cl
Chlorinated aldehydes	2-Chloroacetaldehyde	G

Key to Toxicological Effects:
C = Carcinogenic N = Neurotoxic
H = Hepatotoxic OL = Ocular Lesions
RT = Renal Toxic A = Aspermatorgensis
G = Genotoxic HPP = Hepatic Peroxisome Proliferation
D = Developmental F = Fetotoxic
M = Mutagenic TP = Tumer promoter
MD = Metabolic Disturbance Cl = Clastogenic
Ref) USEPA(1990)

히드를 포함한 케톤, 카르복실산 및 알데히드 등을 생성한다. 오존의 장점 중 하나는 THMs, HAAs(표 8-84)와 같은 염소화된 DBPs를 생성하지 않는다는 것이다. 그러나 수원에서 브롬화물(bromide)이 함유되어 있다면 오존처리 시 브롬산염과 다른 브롬화 DBPs로 전환될 수 있다(표 8-88). 브론산염(Bromate, BrO_3^-)은 원수를 오존 또는 차아염소산나트륨으로 소독할 때 발생할 수 있는 소독부산물로서, 세계보건기구 산하 국제암연구소(IARC)에서는 잠재적 발암물질(2B)로 분류하고 있다. 잠재적 발암물질이란 발암성은 동물에 대해 확인된 바 있으나, 인체에는 그 근거가 부족할 때 임시로 분류하는 기준을 말한다. 때로 오존소독은 과산화수소를 생성하기도 한다. 이러한 부산물의 양과 상대적인 분포는 존재하는 전구물질의 성질에 전적으로 좌우된다.

3) 소독 부산물의 저감 및 제어

중요한 소독부산물은 THMs, HAAs, 그리고 브롬산염과 관련한 DBPs들이다. THMs 관련 DBPs의 생성을 제어할 수 있는 가장 기본적인 방법은 유리염소의 직접적인 첨가를 피하는 것이

표 8-88 Representative disinfection byproducts resulting from the ozonation of wastewater containing organic and selected inorganic constituents.

Aldehydes	Brominated byproducts
Formaldehyde	Bromate ion
Acetaldehyde	Bromoform
Glyoxal	Brominated acetic acids
Methyl glyoxal	Bromopicrin
Acids	Brominated acetonitriles
Acetic acids	Cyanogen romide
Formic acids	Other
Oxalic acids	Hydrogen peroxide
Succinic acids	
Aldo and ketoacids	
Pyruvic acids	

Ref) adapted, in part, from USEPA(1999)

다. 클로라민의 경우는 상대적으로 많은 양의 THMs 관련 DBPs를 생성시키지 않는다. 만약 특정한 유기성 전구물질(NOM)로 인하여 DBPs 생성이 문제가 된다면, 파과점 염소화는 사용할 수 없으며, 다른 UV나 다른 대안을 고려하여야 한다. 특히 UV소독은 NDMA의 제거에 효과적이다. 오존소독에 따른 부산물의 경우도 만약 브롬과 관련한 경우가 아니라면 대부분 쉽게 생분해되는 특성이 있어 크게 문제가 되지 않지만 브롬의 존재하에서 발생된 DBPs라면 그 제어방법은 더욱 복잡해진다. 이러한 경우에는 UV나 다른 대안이 필요하다.

소독부산물 저감과 관련된 기술적 방법은 크게 공정개선을 통한 소독부산물의 전구물질 저감, 대체소독제의 사용과 소독조건 변경 그리고 소독부산물의 직접적인 제거 등으로 구분한다.

응집방법의 개선은 소독단계의 전구물질인 NOMs의 양을 감소시켜 궁극적으로 THMs 등 다양한 DBPs 농도를 저감시킬 수 있다(Symons, 1976; Reckhow et al., 1990).

대체소독제(alternative disinfectants)란 소독부산물의 형성을 저감 또는 방지하기 위해 염소(액상 또는 기체상) 대신 사용하는 소독제를 말하는데, 일반적으로 클로라민, 이산화염소(ClO_2), 오존(O_3) 및 자외선(UV) 등이 포함된다(표 8-61의 장단점 비교 참조). 클로라민을 사용할 경우는 염소에 비해 소독부산물을 상당한 수준(THMs 약 8%, HAAs 약 18～25%)으로 감소시킬 수 있다(Clark et al., 1994; Norman et al., 1980; Nissinen et al., 2002). 또한 염소소독 시 반응 pH를 9에서 7로 조절하면 THMs 농도를 50%까지 저감할 수 있고(Trussell et al., 1978), 클로라민의 경우 pH를 8에서 6으로 낮추면 THMs와 HAA 농도를 각각 30%와 5% 정도로 낮출 수 있는 것으로 보고되었다(Diehl et al., 2000).

소독부산물 직접적인 제거를 위해 오존과 UV 등을 이용한 고도산화(advanced oxidation), 폭기(aeration), 입상활성탄 흡착, 환원제(영가금속)의 사용 등의 방법이 사용될 수 있다. 영가철은 수중의 유기물(chlorinated methanes/benzenes 등)뿐만 아니라 무기 음이온(perchlorate- ClO_4^-, nitrate-NO_3^- 등)과 중금속(As, Cd 등)의 제거가 가능하다. 고도산화기술을 통한 소독부산물의 제거는 상수의 고도처리(9장)에서 상세히 설명한다.

(11) 소독 모니터링

미국 EPA에서는 상수처리장의 소독 성능을 효과적으로 모니터링(disinfection profiling and benchmarking)할 수 있는 기술지침서(US EPA, 2003)를 마련하였다. 소독 성능을 평가하기 위해 CT 및 미생물의 로그 불활성화(microbial log inactivation/or log reduction) 개념을 활용하는데, 여기에서는 그 개념과 평가절차를 소개한다.

앞서 설명한 바와 같이 CT(min.mg/L)는 소독 공정의 효과를 제어하는 여러 변수 중 하나로 잔류 소독제의 농도(C, mg/L)와 해당 소독제의 접촉시간(T, min)을 곱한 값을 말한다. 한편, 로그 불활성화는 소독 과정을 통해 불활성화된(죽거나 복제할 수 없는) 미생물의 수 혹은 백분율을 표현하는 편리한 방법이다. 예를 들어, 특정 미생물의 로그 불활성화 값(LIV, log inactivation value = log C_0/C)이 3이라면 이는 3 log로 표현하며 해당 미생물의 99.9%가 비활성화되었다는 것을 의미한다[$99.9\% = 100 - (100/10^3)$]. 로그 불활성화는 소독 공정의 효과를 측정하며, 소독제의 유형과 농도, 온도 및 pH를 포함한 다양한 변수에 따라 영향을 받는다. 예를 들어 온도가 낮아짐에 따라 반응 속도는 느려지므로 온도가 낮을수록 불활성화 효과는 줄어들게 된다.

기본적으로 로그 불활성화는 특정 환경 조건에서 미생물을 죽이는 데 설계된 소독 공정이 얼마나 효과적인가를 분석한다. 실제 상수처리장의 운영에 있어 로그 불활성화를 직접 측정하는 것은 그리 실용적이지 않지만, 로그 불활성화 값의 계산으로 개별적인 상수처리시설에 대한 미생물 불활성화 효과를 판단할 수 있다. 이때 대상 처리장의 시간첨두유량(peak hourly flow, Q_p), 잔류 소독제의 종류와 농도(C), 온도, pH, 반응조의 구조, 도류벽의 형상 등의 운전자료가 필요하다. 표 8-89는 소독 평가를 위한 주요 고려사항과 관련 식들을 정리한 것이며, 도류벽의 형상 계수(BF, baffling factor)는 표 8-90에 정의되어 있다. 또한 그림 8-82의 흐름도는 상수처리 시스템에 대한 로그 불활성화의 계산 과정을 정리한 것이다.

로그 불활성화 계산과정에서 소독의 효율에 영향을 미치는 각종 소독 공정 변수의 영향을 반영하여 처리장(WTPs)의 CT값을 조정할 수 있다. 로그 불활성화 계산에서는 처리장의 운전조건에 대한 CT 산정값(즉, CT_{CALC})과 EPA에서 실험적으로 개발된 CT 로그 불활성화 표를 사용하

표 8-89 소독 평가를 위한 고려사항 및 관련 식

인자	관련식
• 시간첨두유량, Q_p (peak hourly flow, L/min) • 소독제의 잔류농도 (C, mg/L) • 온도, T (°C) • pH • 반응조의 구조 (basin geometry) • 도류벽의 형상 (baffle configuration) • 살균제의 종류 (disinfectant trpe)	• *Giardia* log inactivation = 3 log × ($CT_{CALC}/CT_{99.9}$) • Virus log inactivation = 4 log × ($CT_{CALC}/CT_{99.99}$) • $CT_{CALC} = C \times T$ • $T = TDT \times BF$ • $TDT = V/Q$

Note) TDT=Theoretical detention time; V=Volume, based on low water level; Q=peal hourly flow
T=Detention time; BF=Baffling factor (measuring of short circuiting);
CT_{CALC}=Concentration time calculated value for WTP;
$CT_{99.9}$=Concentration time to inactivate 3 log of *Giardia* (from Table 8-91);
$CT_{99.99}$=Concentration time to inactivate 4 log of virus (from Table 8-91)

표 8-90 Baffling factor and description

Baffling condition	Baffling factor	Baffling description
Unbaffled (mixed flow)	0.1	None, agitated basin, very low length-to-width ratio, high inlet and outlet flow velocities
Poor	0.3	Single or multiple unbaffled inlets and outlets, no intra basin baffles
Average	0.5	Baffled inlet or outlet with some intra basin baffles
Superior	0.7	Perforated inlet baffle, serpentine or perforated intra basin baffles, outlet weir or perforated launders
Perfect (plug flow)	1.0	Very high length-to-width ratio(pipeline flow), perforated inlet, outlet, and intrabasin baffles

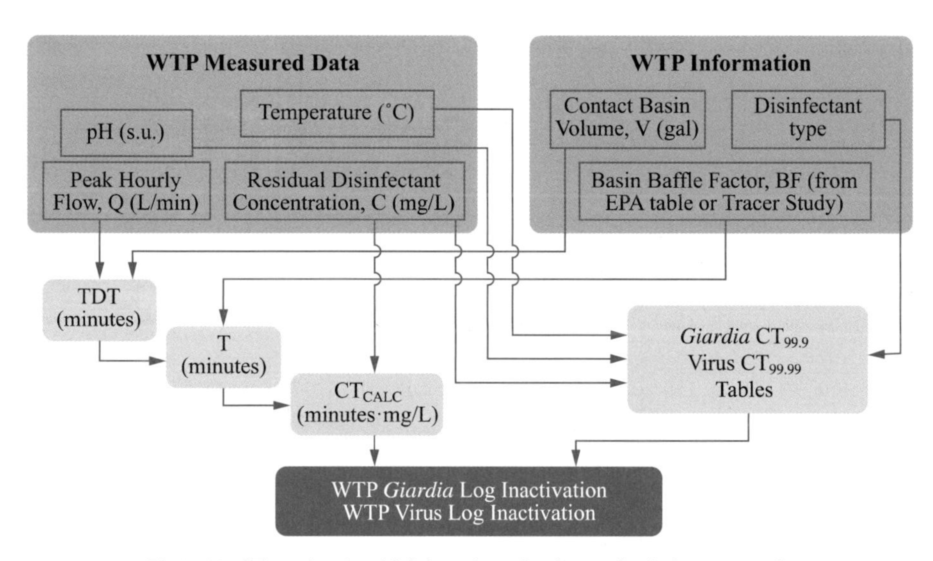

그림 8-82 CT and microbial Log inactivation calculation procedure

는데, 이때 *Giardia lamblia*의 경우 $CT_{99.9}$(3 log), 바이러스의 경우 $CT_{99.99}$(4 log)값을 적용한다. 소독제로 유리 염소(free chlorine)의 사용하는 경우에 대한 CT 로그 불활성화 표를 표 8-91에 예시하였다. 다른 소독제(UV, chloramine, chlorine dioxide 및 ozone)의 경우는 미국 EPA 자료(2003)를 참고하기 바란다.

미생물의 불활성화 관련식(표 8-89)에서 $CT_{CALC}/CT_{99.9}$ 또는 $CT_{CALC}/CT_{99.99}$는 흔히 불활성화율(inactivation ratio)로 정의한다. 참고로 우리나라는 여과시설의 정수처리 기준(설치 및 운영)을 탁도 이외에 불활성화율을 포함하고 있다[8.6절 (7) 참조]. 계산된 불활성화율이 1보다 크다면 *Giardia*는 99.9%, 그리고 바이러스는 99.99% 불활성화가 이루어진 것으로 판단한다.

표 8-91 Log CT Values by free chlorine (US EPA, 2003)

A) 3 Log CT ($CT_{99.9}$) Values for *Giardia* Cysts by free chlorine

Chlorine Conc. (mg/L)	Temperature ≤ 0.5°C							Temperature=5°C						
	pH							pH						
	≤6.0	6.5	7	7.5	8	8.5	9	≤6.0	6.5	7	7.5	8	8.5	9
≤0.4	137	163	195	237	277	329	390	97	117	139	166	198	236	279
0.6	141	168	200	239	286	342	407	100	120	143	171	204	244	291
0.8	145	172	205	246	295	354	422	103	122	146	175	210	252	301
1.0	148	176	210	253	304	365	437	105	125	149	179	216	260	312
1.2	152	180	215	259	313	376	451	107	127	152	183	221	267	320
1.4	155	184	221	266	321	387	464	109	130	155	187	227	274	329
1.6	157	189	226	273	329	397	477	111	132	158	192	232	281	337
1.8	162	193	231	279	338	407	489	114	135	162	196	238	287	345
2.0	165	197	236	286	346	417	500	116	138	165	200	243	294	353
2.2	169	201	242	297	353	426	511	118	140	169	204	248	300	361
2.4	172	205	247	298	361	435	522	120	143	172	209	253	306	368
2.6	175	209	252	304	368	444	533	122	146	175	213	258	312	375
2.8	178	213	257	310	375	452	543	124	148	178	217	263	318	382
3.0	181	217	261	316	382	460	552	126	151	182	221	268	324	389

Chlorine Conc. (mg/L)	Temperature=10°C							Temperature=15°C						
	pH							pH						
	≤6.0	6.5	7	7.5	8	8.5	9	≤6.0	6.5	7	7.5	8	8.5	9
≤0.4	73	88	104	125	149	177	209	49	59	70	83	99	118	140
0.6	75	90	107	128	153	183	218	50	60	72	86	102	122	146
0.8	78	92	110	131	158	189	226	52	61	73	88	105	126	151
1.0	79	94	112	134	162	195	234	53	63	75	90	108	130	156
1.2	80	95	114	137	166	200	240	54	64	76	92	111	134	160
1.4	82	98	116	140	170	206	247	55	65	78	94	114	137	165
1.6	83	99	119	144	174	211	253	56	66	79	96	116	141	159
1.8	86	101	122	147	179	215	259	57	68	81	98	119	144	173
2.0	87	104	124	150	182	221	265	58	69	83	100	122	147	177
2.2	89	105	127	153	186	225	271	59	70	85	102	124	150	181
2.4	90	107	129	157	190	230	276	60	72	86	105	127	153	184
2.6	92	110	131	160	194	234	281	61	73	88	107	129	156	188
2.8	93	111	134	163	197	239	287	62	74	89	109	132	159	191
3.0	95	113	137	166	201	243	292	63	76	91	111	134	162	195

Chlorine Conc. (mg/L)	Temperature=20°C							Temperature=25°C						
	pH							pH						
	≤6.0	6.5	7	7.5	8	8.5	9	≤6.0	6.5	7	7.5	8	8.5	9
≤0.4	36	44	52	62	74	89	105	24	29	35	42	50	59	70
0.6	38	45	54	64	77	92	109	25	30	36	43	51	61	73
0.8	39	46	55	66	79	95	113	26	31	37	44	53	63	75
1.0	39	47	56	67	81	98	117	26	31	37	45	54	65	78
1.2	40	48	57	69	83	100	120	27	32	38	46	55	67	80
1.4	41	49	58	70	85	103	123	27	33	39	47	57	69	82
1.6	42	50	59	72	87	105	126	28	33	40	48	58	70	84
1.8	43	51	61	74	89	108	129	29	34	41	49	60	72	86
2.0	44	52	62	75	91	110	132	29	35	41	50	61	74	88
2.2	44	53	63	77	93	113	135	30	35	42	51	62	75	90
2.4	45	54	65	78	95	115	138	30	36	43	52	63	77	92
2.6	46	55	66	80	97	117	141	31	37	44	53	65	78	94
2.8	47	56	67	81	99	119	143	31	37	45	54	66	80	96
3.0	47	57	68	83	101	122	146	32	38	46	55	67	81	97

표 8-91 **Log CT Values by free chlorine** (US EPA, 2003)(계속)

B) 4 Log CT ($CT_{99.99}$) Values for virus by free chlorine

Temperature(°C)	pH	
	6~9	10
0.5	12	90
5	8	60
10	6	45
15	4	30
20	3	22
25	2	15

미국 EPA는 *Giardia* 및 바이러스에 대한 소독 효과를 계산하여 그래프로 나타내는 소독 프로파일 스프레드 시트(disinfection profile spreadsheet calculator)를 개발하여 사용하고 있다(http://www.epa. gov/safewater/mdbp/lt1eswtr.html). 지표 수원의 직접적인 영향을 받는 지표수나 지하수를 사용하는 거의 모든 지역 사회뿐만 아니라 일시적인 용도가 아닌 비공공 수도 시스템에서도 고유의 소독 프로파일을 개발하도록 요구하고 있다. 또한 각 수처리 시스템은 그래픽 형식의 소독 프로파일을 확보하고, 위생 조사의 일환으로 활용하고 있다.

소독 프로파일(disinfection profile)이란 1년 동안 최소 매주 측정된 *Giardia lamblia* 또는 바이러스에 대한 시스템 수준의 불활성화 효과를 그래픽으로 표현한 자료를 말한다. 이때 기준(benchmark)은 소독 프로파일의 평가 동안 미생물에 대한 가장 낮은 월평균 불활성화 값(lowest monthly average inactivation)으로 설정하고 있다. 수처리 시스템에서 소독제의 주입 시점(혹은 모니터링 지점)을 시작으로 다음 모니터링 지점까지를 하나의 소독구간(disinfection segment)으로 정의한다. 만약 처리 시스템이 다수의 구간으로 구성된다면 시스템 전체의 총 불활성화 값(total inactivation)은 각 소독구간에서 평가된 로그 불활성화 값의 합계가 된다. 그림 8-83은 상

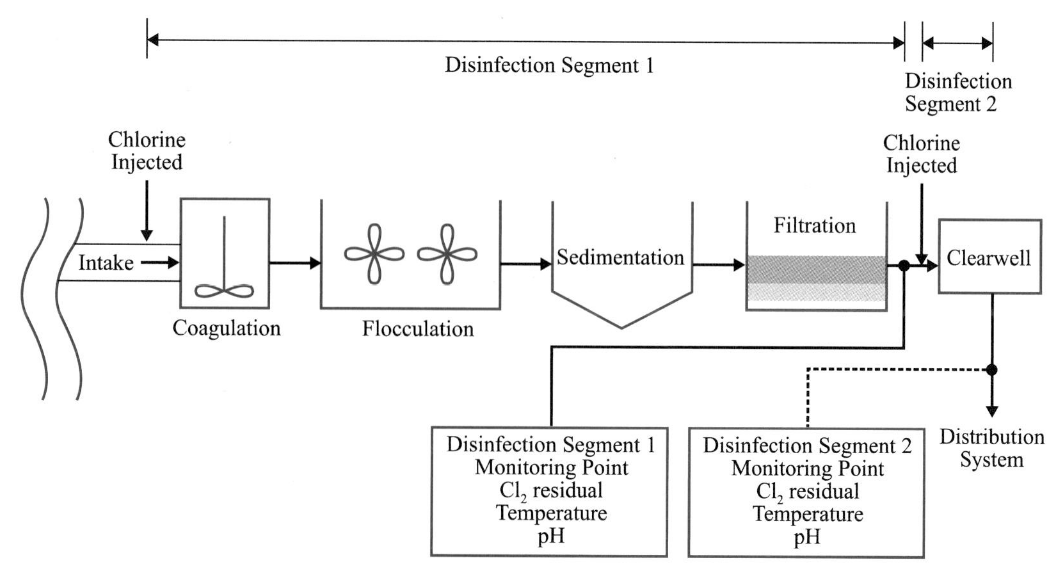

그림 8-83 **Two disinfection segments example** (US EPA, 2003)

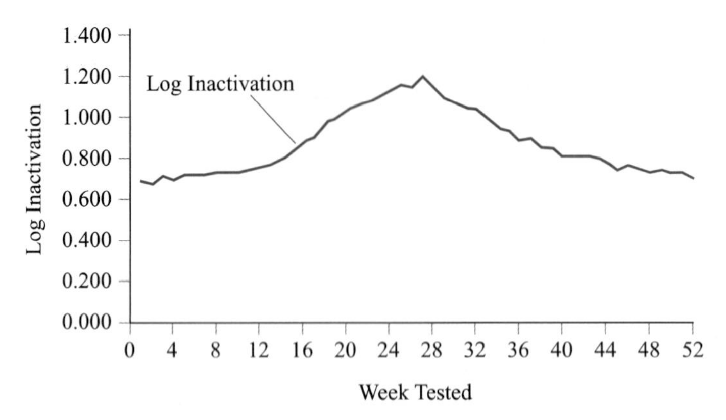

그림 8-84 Example of disinfection profile (US EPA, 2003)

수처리 시스템을 2개의 소독구간으로 구분한 예를 나타내었고, 그림 8-84는 결정된 소독 프로파일을 예시하고 있다.

예제 8-9 로그 불활성화 값 평가

다음의 조건 하에서 *Giardia*와 바이러스에 대한 로그 불활성화 값을 결정하시오. 또한 유리잔류염소의 농도의 차이가 로그 불활성화 값에 미치는 영향을 설명하시오.

(조건)

시간첨두유량, Q = 1,000 L/min

유리잔류염소, C1 = 0.8 mg/L, C2 = 0.4 mg/L

pH = 6.0

온도 = 0.5°C

소독 반응조의 특성: 내부직경 D = 10 m, 최소 수위 d = 6 m, 도류벽 없음(즉, BF = 0.1)

풀이

1) 소독조의 용량(V) = 3.1416(6 m)(5 m)^2 = 471 m^2
2) 소독조의 체류시간
   이론적 체류시간(TDT) = (471 m^2)/(1,000 L/min) = 471 min
   실제 체류시간(T) = TDT(BF) = 471(0.1) = 47.1 min
3) 처리장의 로그 불활성화
   C1 = 0.8 mg/L일 때: CT_{CALC1} = CT = (0.8 mg/L)(47.1 min) = 37.7 min.mg/L
   C2 = 0.4 mg/L일 때: CT_{CALC2} = CT = (0.4 mg/L)(47.1 min) = 18.8 min.mg/L

4) 로그 불활성화 값 결정

Giardia			Virus		
Free chlorine(mg/L)	0.8	0.4	Free chlorine(mg/L)	0.8	0.4
$CT_{99.9}$	145	137	$CT_{99.99}$	12	12
$CT_{CALC}/CT_{99.9}$	0.26	0.14	$CT_{CALC}/CT_{99.99}$	3.14	1.57
Log inactivation	0.78	0.41	Log inactivation	12.57	6.28

Note) $CT_{99.9}$ (표 8-91)

참고 일반적으로 로그 불활성화는 유리잔류염소의 농도, 혼합의 정도(BF), 온도 및 접촉조 용적의 크기에 대해 비례관계가 성립하나 반면에 pH나 첨두유량의 크기와는 반비례 관계가 있다.

참고문헌

- Adham, S., Chiu, K., Gramith, K., Oppenheimer, J. (2005). Development of a Microfiltration and Ultrafiltration Knowledge Base. Project #2763. Denver, Colo. AWWARF.
- Bellar, T. A., Lichtenberg, J. J., Kroner, R.C. (1974). The occurrence of organohalides in chlorinated drinking water. J. Am. Water Works Assoc., 66, 703-6.
- Block, S. S. (1991). Disinfection, Sterilization and Preservation, 4th ed. Lea & Febiger, Philadelphia, PA.
- Brikke, F., Bredero, M. (2003). Linking Technology Choice with Operation and Maintenance in the Context of Community Water Supply and Sanitation. Geneva: World Health Organization (WHO). (http://www.who.int/water_sanitation_health/hygiene/om/linkingintro.pdf).
- CAWST (2008). Biosand Filter. (http://www.cawst.org/en/resources/biosand-filter).
- Cleasby, J. L. (1991) *Source water quality and pretreatment options for slow sand filtration*: In Slow Sand Filtration, ed. by GS Longsdon; ASCE: New York, USA., 69-100.
- Clark, R. M., Hurst, C. J., Regli, S. (1993). Costs and benefits of pathogen control in Drinking-Water. In: Safety of Water Disinfection: Balancing Chemical and Microbial Risks. Craun G. F. ed. ILSIPress, Washington, DC.
- Cleasby, J. L., Logsdon, G.S. (1999). Granular bed and precoat filtration. In: Water Quality and Treatment: A Handbook of Community Water Supplies, 5/e, by R.D. Letterman, McGraw-Hill.
- Collins, M. R. (1998). Assessing slow sand filtration and proven modifications. In: Small Systems Water Treatment Technologies: State of the Art Workshop. NEWWA Joint Regional Operations Conference and Exhibition. Marlborough, Massachusetts.
- Deboch, B., Farris, K. (1999). Evaluation on the Efficiency of Rapid Sand Filtration. Addis Abada: 25th WECD Conference.
- Di Bernardo, L. (1991) *Water supply problems and treatment technologies in developing countries of South America.* Journal Water SRT-Aqua, 40, 3.
- Dick, R.I., Ewing. B.B. (1967). Evaluation of activated sludge thickening theories. Journal of the Sanitary Engineering Division, 93, 9-30.
- Diehl, A. C., Speitel, G. E., Symons, J. M., Krasner, S.W., Hwang, C. L., Barrett, S. E. (2000). DBP formation during chloramination. J. AWWA,. 92(4), 76-90.
- Elliott, M., Stauber, C., Koksal, F., DiGiano, F., Sobsey (2008). Reduction of *E. coli*, echovirus type 12 and bacteriophages in an intermittently operated 2 household-scale slow sand filter. Water Res., 42(10-11), 2662-2670.
- EU Directive 83 The quality of water intended for human consumption.
- Fair, G. M., Geyer, J. C. (1954). Water Supply and Wastewater Disposal. John Wiley & Sons Inc., New York.
- Fair, G. M., Geyer, J. C, Okun, D. A. (1966). Water and Wastewater Engineering-Vol.1 Water Supply and Wastewater Removal, John Wiley & Sons Inc., New York.
- Fair, G. M., Geyer, J. C, Okun, D. A. (1968). Water and Wastewater Engineering-Vol.2 Water Purification and Wastewater Treatment and Disposal, John Wiley & Sons Inc., New York.
- Fox, K. R., Graham, N.J.D., and Collins, M. R. (1994). *Slow sand filtration today: an introduction review.* In: Slow Sand Filtration. An International Compilation of Recent Scientific and Operational Development. Ed. by MR Collins and Graham, N.J.D. AWWA, USA.
- Gardiner et al. (1988). An Atlas of Protozoan Parasites in Animal Tissues, USDA Agriculture Handbook No. 651.
- Glavis, G. (1999). Development and Evaluation of Multistage Filtration Plants. University of Surrey, UK.

- Galvis, G., Fernandez, J., and Visscher, J. T. (1992) *Comparative Study of Different Pretreatment Alternatives. Roughing Filters for Water Treatment. Workshop in Zurich.* Switzerland.
- Gerba, C. P. (2015) Ch.29 Disinfection. In: Environmental Microbiology (3/e) edited by Pepper, I.L. et al., Academic Press.
- Grellier, J., Bennett, J., Patelarou, E., Smith, R. B., Toledano, M. B., Rushton, L., Briggs, D. J., Nieuwenhuijsen, M. J. (2010). Exposure to disinfection by-products, fetal growth, and prematurity. Epidemiology. 21(3), 300-13.
- Gurnham, C. F. (1965). Industrial Wastewater Control, Academic Press, New York.
- Havelaar A. H., De Hollander A. E., Teunis P. F., Evers E. G., Van Kranen H. J., Versteegh J. F., Van Koten J. E., Slob W. (2000). Balancing the risks and benefits of drinking water distinfection: disaility adjusted life-years on the scale. Environ. Health Perspect, 108(4), 315-321.
- Huisman, L., Wood, W. E. (1974). Slow Sand Filtration, World Health Organization (WHO).
- Jacangelo, J., Patania, N., Haas, C., Gerba, C., and Trussel, R. (1997). Inactivation of waterborne emerging pathogens by selected disinfectants. Report No. 442, American Water Works Research Foundation, Denver, Colorado.
- James, B., Christine, C. (2008). The Ultraviolet Disinfection Handbook. American Water Works Association. ISBN 978-1-58321-584-5.
- Janice, H. C. (2006). SEM image of flagellated *Giardia lamblia* protozoan parasite. (https://commons.wikimedia.org/wiki/File:Giardia_lamblia_SEM_8698_lores.jpg).
- Koivusalo, M., Vartiainen, T. (1997). Drinking water chlorination by-products and cancer. Reviews on Environmental Health. 12(2), 81-90.
- Kors, L. J., Wind, A., and van der Hoek, J. P. (1996). *Hydraulic and bacteriological performance affected by resanding, filtration rate and pretreatment.* In: Advances in Slow Sand and Alternative Biological Filtration, ed. by NJD Graham and Collins, M. R. John Wiley and Sons: England, 255-264.
- Kristinamz (2016). (https://commons.wikimedia.org/wiki/File:Resistance_of_Microbes_to_Disinfectants.png).
- Lambert, S. D., Graham, N.J.D. (1995). *A comparative evaluation of the effectiveness of potable water filtration processes*. J. Water SRT-Aqua, 144(1), 38-51.
- Logsdon, G. (2002). Slow sand filtration for small water systems. Journal of Environmental Engineering and Science, 1, 339-348.
- Maharingam, S., Ahn, Y. H. (2018). Improved visible light photocatalytic activity of rGO-Fe_3O_4-NiO hybrid nanocomposites synthesized by in-situ facile method for industrial wastewater treatment applications. New Journal of Chemistry, 42, 4372-4383.
- Mallevialle, J., Odendaal, P. E., Wiesner, M. R. (1996). Water Treatment Membrane Processes. McGraw-Hill, New York.
- Metcalf & Eddy, Inc. (2003). Wastewater Engineering: Treatment and Reuse, 4th Ed., edited by Tchobanoglous, G. and Burton, F. L., McGraw-Hill.
- Montgomery, J. M. (1998). Water Treatment and design, John Wiley & Sons, New York.
- Nada, N. (2013). Desalination in Saudi Arabia: An Overview. Water Arabia, Saudi Arabian Water Environment Association(SAWEA). (http://www.sawea.org/pdf/waterarabia2013/).
- National Water Research Institute and American Water Works Association Research Foundation (2000). Ultraviolet Disinfection Guidelines for Drinking Water and Wastewater Reclamation. NWRI-00-03, National Water Research Institute and American Water Works Association Res ε arch Foundation, Fountain Valley, CA.
- NDWC (2000). Slow Sand Filtration. Tech Brief, National Drinking Water Clearinghouse Fact sheet.
- Nieuwenhuijsen, M., Martinez, D., Grellier, J., Bennett, J., Best, N., Iszatt, N., Vrijheid, M., Toledano,

M. B. (2009). Chlorination, disinfection byproducts in drinking water and congenital anomalies: review and meta-analyses. Environmental Health Perspectives, 117(10), 1486-93.

- Nissinen, T. K., Miettinen, I. T., Martikainen, P. J., Vartiainen, T. (2002). Disinfection by-product in Finnish drinking waters. Chemosphere, 48, 9-20.
- Norman, T. S., Harms, L. L., Looyenga, R. W. (1980). The use of chloramines to prevent trihalomethane formation. J. AWWA, 72(3), 176-180.
- O'Melia, C. R. (1978). Coagulation. In: Water Treatment Plant Design for the Practicing Engineer, edited by R.L. Sanks, Ann Arbor Science Publishers, Ann Arbor, Mich.
- Pardon, M. (1989) *Treatment of Turbid Surface Water for Small Community Supplies.* PhD Thesis. University of Surrey. U.K.
- Pepper, I. L., Gerba, C. P., Gentry, T. J. (2014). Environmental Microbiology, 3/e, Academic Press.
- Plewa, M. J., Muellner, M. G., Richardson, S. D., Fasano, F., Buettner, K. M., Woo, Y.-T., McKague, A. B., Wagner, E. D. (2008). Occurrence, synthesis, and mammalian cell cytotoxicity and genotoxicity of haloacetamides: an emerging class of nitrogenous drinking water disinfection byproducts. Environmental Science & Technology, 42(3), 955-61.
- Rao, V. C., Sumons, J. M., Wang, P., Metcalf, T. G., Hoff, J. C, and Melnick, J. L. (1988). Removal of hepatitis A virus and rotavirus by drinking water treatment. J. AWWA, 80, 59-67.
- Reckhow, D. A. and Singer, P. C. (1990). Chlorination by-products in drinking waters: from formation potentials to finished water concentrations. J. AWWA, 82(4), 173-180.
- Richardson, S. D. (2011). Disinfection by-products: formation and occurrence of drinking water. In Nriagu, J. O. Encyclopedia of Environmental Health. 2. Burlington Elsevier, 110-13.
- Richardson, S. D., Fasano, F., Ellington, J. J., Crumley, F. G., Buettner, K. M., Evans, J. J., Blount, B. C., Silva, L. K., et al. (2008). Occurrence and mammalian cell toxicity of iodinated disinfection byproducts in drinking water. Environmental Science & Technology, 42(22), 8330.
- Richardson, S. D., Plewa, M., Wagner, E. D., Schoeny, R., DeMarini, D. M. (2007). Occurrence, genotoxicity, and carcinogenicity of regulated and emerging disinfection by-products in drinking water: A review and roadmap for research. Mutation Research/Reviews in Mutation Research, 636(1-3), 178-242.
- Rook, J. J. (1974). Formation of haloforms during chlorination of natural waters. Water Treat. Exam., 23, 234-43.
- Schendel, D. B., Chowdhury, Z. K., Hill, C. P., Summers, S., Towler, E., Balaji, R., Raucher, R. S., Cromwell, J. (2009). Decision Tool to Help Utilities Develop Simultaneous Compliance Strategies. Project #3115. Denver, Colo. Water Research Foundation.
- SDWF (2011). Conventional Water Treatment: Coagulation and Filtration. Saskatoon: Safe Drinking Water Foundation (SDWF). (http://www.safewater.org/PDFS/knowthefacts/conventionalwaterfiltration.pdf).
- Selma B., Panagiotis K. (2011). Waterborne transmission of protozoan parasites: Review of worldwide outbreaks-An update 2004-2010. Water Res., 45, 6603-6614.
- Stevens. A. A. et al. (1987). By-products of chlorination at ten operating utilities. In: Proc. the 6th Conf. on Water Chlorination: Env. Impact and Health Effects, Oak Ridge Associated Universities, Oak Ridge, Tenn.
- Symons, J. M., (1976). Interim Treatment Guide for Control of Chloroform and Other Trihalomethanes. U.S. EPA, Cincinnati, OH, 48-52.
- Smith, J. E. (1991). Technologies for upgrading existing or Designing New Drinking Water Treatment Facilities. Technomic Pub. Co., Ohio, Office of Drinking Water, US EPA.
- Spencer, C. and Collins, M. R. (1991) *Water quality limitations to the slow sand filters. Slow Sand*

Filtration Workshop. In: 2nd International Conference on Slow Sand Filtration. University of Newhamspshire, USA.

- SWCC (2007, 2009). Jeddah Reverse Osmosis Desalination Plant Phase 1 & 2, Saudi Arabia.
- Talmadge, W.P., Fitch, E.G., Ind. Eng. Chem., 47(1), 38 (1955).
- Tchobanoglous, G., Schroeder, E. D. (1985). Water Quality: Characteristics, Modeling, Modification. Addison-Wesley Pub. Co., Reading, MA.
- Trussell, R. R., Umphres, M. D. (1978). The formation of trihalomethanes. J. AWWA, 70:11:604-612.
- TWT (2012). Components of an Open Rapid Sand Filter. Unknown Location: The Water Treatments. (http://www.thewatertreatments.com/wp-content/uploads/2009/01/components-rapid-sand-filters5.jpg).
- U.S. Environmental Protection Agency (2003). LT1ESWTR Disinfection Profiling and Benchmarking Technical Guidance Manual. EPA 816-R-03-004 (http://www.epa.gov/safewater/mdbp/pdf/profile/lt1profiling.pdf).
- US EPA disinfection profile spreadsheet calculator. (http://www.epa.gov/safewater/mdbp/lt1eswtr.html.)
- US EPA (1986) Design Manual, Municipal Wastewater Disinfection, U.S. Environmental Protection Agency, EPA/625/1-86/021, Cincinnati, OH.
- U.S. EPA (1988). Comparative Health Effects Assessment of Drinking Water Treatment Technnolges. Office of Drinking Water, U.S. Environmental Protection Agency, Washington, DC.
- US EPA (1990). Technologies for Upgrading Existing or Designing New Drinking Water Treatment Facilities. U.S. Environmental Protection Agency, EPA 625/4-89/023, Cincinnati, OH.
- U.S. EPA (1991). Guidance Manual for Compliance with the Filtration and Disinfection Requirements for Public Water Systems using Surface Water Sources. Office of Drinking Water, U.S. Environmental Protection Agency, Washington, DC.
- US EPA (1999) Alternative Disinfectants and Oxidants Guidance Manual. U.S. Environmental Protection Agency, EPA 815-R-99-014, Cincinnati, OH.
- U.S. EPA (2003). National Primary Drinking Water Regulations: Long Term 2 Enhanced Surface Treatment Rule. Proposed Rule. Federal Register 40CFR Parts 141 and 142, 47639-47795.
- US EPA (2006). UV disinfection guidance manual.
- Viessman, W. Jr., Hammer, M. J. (1998). Water Supply and Pollution Control. 6/e, Addison Wesley Longman, Menlo Park, CA.
- Vigneswaran, S., Visvanathan, C. (1995). Water Treatment Processes: Simple Options.
- Wanag, A. et al. (2018). Antibacterial properties of TiO_2 modified with reduced graphene oxide. Ecotoxicology and Environmental Safety, 147, 788-793.
- Wegelin, M. (1996) *Surface Water Treatment by Roughing Filters: A Design, Construction and Operation Manual.* Duebendorf, Switzerland: SKAT, Swiss Centre for Development Cooperation in Technology and Management, 2.
- Wegelin, M. and Mbwette, T.S.A. (1989) *Horizontal-flow roughing filtration.* In: Pre-treatment Methods for Community Water Supply. An overview of techniques and present experience. ed. by JEM Smet and Visscher, J. T. IRC, International Water and Sanitation Centre. The Hague, The Netherlands. pp. 127-162.
- White, G. C. (1999). Handbook of Chlorination and Alternative Disinfectants. 4th ed., A Wiley-Interscience Publication, John Wiley & Sons, Inc., New York.
- World Health Organization (1996a) Fact sheet. 2.12 Slow Sand Filtration, Health Library for Disasters. (http://helid.digicollection.org/en/d/Js13461e/2.12.html#Js13461e.2.12).
- World Health Organization (1996b) Guidelines for Drinking-Water Quality, 2/e, World Health Organization.
- World Health Organization (1996c). Rapid Sand Filtration. (Fact Sheets on Environmental Sanitation,

No. 2.14). World Health Organization. (http://www.who.int/water_sanitation_health/hygiene/emergencies/fs2_14.pdf).

- World Health Organization (2000a). Disinfectants and Disinfection By-Products. Session Objectives. Water Sanitation Health(WSH). (http://www.who.int/water_sanitation_health/dwq/S04.pdf).
- World Health Organization (2000b). Disinfectants and Disinfection By-Products. Environmental Health Criteria 216.
- World Health Organization (2008). Guidelines for Drinking-water Quality. Water Sanitation Hcalth (WSH) Geneva.
- World Health Organization (2012). Ch.12: Water treatment. In: WHO: Seminar Pack for Drinking-water Quality, Water Sanitation and Health (WSH). Geneva: World Health Organization (WHO). (http://www.who.int/water_sanitation_health/dwq/S12.pdf).
- Xiao, L., Fayer, R. (2008). Molecular charactrisation of species and genotypes of Cyptosporidium and Giardia and assessment of zoonotic transmission. Int. J. Parasitol., 38, 1239-1255.
- 국립환경과학원 (2016). 2015년 전국수질평가보고서.
- 국립환경연구원 (1992, 1995). 먹는 물 정수처리공정개선에 관한 연구.
- 금강수질검사소 (1995). 대청호 수질보전 종합대책에 관한 연구(I).
- 김복순 외 (2013). 먹는 물에서 크립토스포리디움 및 지아르디아의 정량적 위해도 평가. 2013 아리수 연구보고서, 서울특별시 상수도연구원.
- 대구시 상수도사업본부 (2015). 대구광역시 정수장 기술진단(안) 보고서.
- 박영규 등 (1981). 낙동강 수질오염에 따른 정수처리개선에 관한 연구, 수도, 24, 16.
- 서울특별시 상수도연구원 (2014). 2013년 취수원 수질조사(주간조사), 아리수 수질조사분석보고서.
- 송원호 (1990). 원수 탁도에 따른 상수슬러지 발생량에 관한 연구, 고려대학교 석사학위논문.
- 안영호 (1989). 도시하수슬러지의 농축특성연구 고려대학교 석사학위논문.
- 안영호 (2016). 상하수도공학-물관리와 기본계획. 청문각.
- 최영준 외 (2013). 소독부산물 저감을 위한 공정개선 및 신소재 적용 연구. 아리수 연구보고서. 서울특별시상수도연구원.
- 최의소 (2001). 상하수도공학, 청문각.
- 환경부 (2002). 환경부 고시 제2011-85호, 정수처리기준 등에 관한 규정.
- 환경부 (2010). 상수도시설기준.
- 환경부 (2014). 환경부 고시 제2013-188호 수처리제의 기준과 규격 및 표시기준.
- 환경부 (2017). 상수도 통계.

Chapter 09

상수고도처리

Advanced Water Treatment

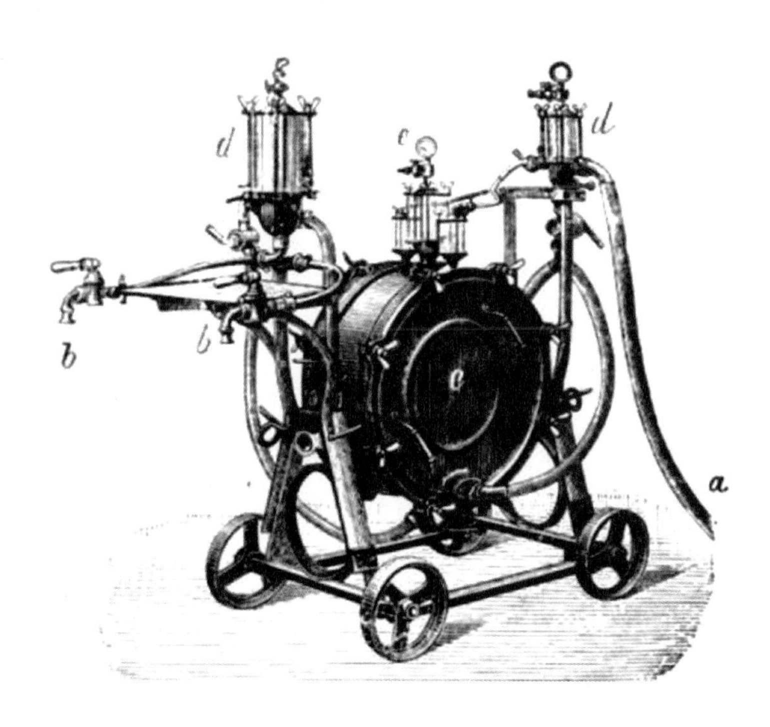

The First Membrane Plant

Andrzej, B. (2005). The history and state of art in membrane technologies, TARRAGONA, ERASMUS 2005

9.1 개요

고도정수처리는 일반적인 정수처리 공정으로는 제거되기 어려운 오염물질을 제거하기 위한 기술을 총칭하는 것으로 그 대상 물질로는 미량 유기 및 무기 물질, 맛·냄새 유발물질, 소독부산물 전구물질 등 매우 다양하다. 참고로 미국 EPA(1990)는 다음과 같이 포괄적인 의미로 상수의 고도처리를 정의하고 있다.

① 상수원의 오염 증가에 대하여 재래식 공정의 효율적 개선
② 소독부산물(DBPs)의 전구물질인 천연 유기물질(NOMs)의 제거
③ 소독부산물의 감소 및 제거
④ 급수 관거 내 미생물 성장 억제를 위한 생물학적 분해가능 유기물질의 제거
⑤ 농약, TCE 및 PCE와 같은 미량 유기화학물질이나 중금속의 제거
⑥ 급수 관거의 부식방지

고도처리의 수준은 전적으로 원수의 상상과 목표 수질에 따른 것으로 다변화되는 상수원 오염원과 좋은 물에 대한 수요자의 욕구는 재래식 기술의 한계를 극복하기 위한 기술적 발전과 함께 물 산업의 급격한 성장을 가져왔다. 상수 공급이 일반화된 이래 목표로 하는 수질기준은 점차 강화되어 왔으며, 비록 규제 항목으로 설정되어 있지 않더라도 위해성이 제기되는 물질에 대해서는 꾸준한 관심의 대상이 되고 있다. 따라서 정수처리의 목표를 어떠한 항목에 대해 어느 정도의 수질로 설정하는 가는 전체 시스템의 설계와 요소기술의 선정과 관련하여 매우 중요한 문제이다.

먹는 물 수질기준(drinking water quality)은 음용수 중에 검출가능성이 높은 유해물질에 대하여 사람이 평생 섭취해도 유해하지 않은 수준인 최대허용량을 정하고, 그 나라의 수자원상태, 경제적 수준, 정수처리기술 등을 종합적으로 고려하여 규제대상 물질의 종류나 허용한도를 법 또는 권장사항으로 설정하여 관리하는 기준을 말한다. 먹는 물 수질기준의 설정은 각 나라별로 차이가 있다(표 9-1). 오염물질의 범주는 미생물, 유기물질(농약류 포함), 무기물질, 소독제 및 소독

표 9-1 먹는 물 수질기준 비교

오염물질 그룹	한국	WHO	미국	일본	EU
미생물	4(1)		8	2(1)	5
유해영향 무기물질	12(2)	13	15(2)	12(2)	15(1)
유해영향 유기물질	12(11)	26	28	8(6)	8
유해영향 유기물질(농약류)	5(3)	34	24	(1)	6
유해영향 유기물질(소독부산물)	11(7)	15	8	11(5)	2
심미적 영향물질	16(3)	1	2(13)	18(10)	9(4)
방사성 물질	(1)	1	4	(1)	(2)
소계	60(26)	90	89(15)	51(26)	45(7)

주) ( ): 한국 수질감시항목, 미국 2차 수질기준, 일본 목표관리설정 항목, EU부가검사항목
자료) 국립환경과학원(2017)

부산물 및 심미적 영향물질 등으로 구분하고 있으며, 우라늄과 라듐과 같은 방사능물질에 대해서는 대부분의 국가에서 감시항목인 반면 미국과 WHO는 추가적인 범주로 구분하고 있다.

미국의 수질기준은 매우 체계적이며 과학적으로 WHO뿐만 아니라 세계 각국의 수질기준의 설정에 크게 영향을 주고 있다. 따라서 정수처리의 목표수질기준에 대한 이해를 돕기 위해 여기에 간략하게 소개한다.

음용수와 관련한 미국의 연방법(Federal Law)은 1974년에 수립된 안전한 먹는 물법(SDWA, Safe Drinking Water Act)을 기초로 하고 있다. 또한 연방규정(CFR, Code of Federal Regulations)을 통하여 먹는 물과 관련한 연방행정부의 각종 행정명령을 규정하고 있다. 이 법에 따라 미국 환경보호청(USEPA)은 음용수의 수질기준을 정하고 시행하는 모든 주에 있어 물 공급 기관을 감독하는 역할을 한다. 단, SDWA는 미국의 모든 공공 상수도 시스템(PWS, public water system)에만 적용되며, 생수와 개인적 용도의 우물에는 적용되지 않는다. 생수는 연방 식품의약청법(Federal Food, Drug and Cosmetic Act)에 의거하여 식품의약청(FDA, Food and Drug Administration)에 의해 규제된다. SDWA에 따라 현재 미국의 먹는 물 수질기준은 1차 기준인 NPDWR(National Primary Drinking Water Regulations) 88개 항목과 2차 기준인 NSDWR(National Secondary Drinking Water Regulations) 15개 항목으로 구분되어 있다. NPDWR은 공중 보건상의 악영향을 일으킬 수 있는 오염물질이며, NSDWR은 음료수에 발생할 수 있는 미용적(예: 피부/치아 변색) 또는 심미적 영향(예: 맛, 냄새 또는 색)을 일으키는 오염물질에 관한 비강제적인 지침이다. 2차 기준의 경우는 공공 상수도 시스템에 권장사항으로 반드시 준수해야 하는 필수 요건은 아니다.

이 기준에서 모든 항목들은 오염물질의 최대 허용농도(MCL, maximum contaminant level)과 최대 허용 목표(MCLG, maximum contaminant level goals)로 세분화되어 있다. MCLG는 건강상의 위해성이 알려지지 않았거나 예상되는 위험이 없는 수준 이하로 음용수에 포함된 오염물질 농도를 말하며 안전상의 여유를 가진 비강제적인 공중 보건 목표(non-enforceable public health goals)이다. 반면에 MCL은 강제적 기준으로 음용수에 허용되는 최고 수준의 오염농도로, 최선의 처리기술(BAT, best available treatment technology)이라 규정된 처리기술의 적용성과 경제성을 고려하여 가능한 한 MCLG에 근접하도록 설정되어 있다. 항목에 따라 다르지만 오염물질의 농도는 대부분 mg/L 또는 μg/L으로 규정되어 있다(1차 및 2차 기준에서 설정된 각 항목별 기준치와 인체에 미치는 잠재적 영향 그리고 주 발생원에 대한 상세한 자료는 부록 4를 참고하기 바란다). 1986년 SDWA의 개정과 함께 먹는 물 규제 항목은 초기의 22개항에서 현재 88개항으로 증가되었고, 규제농도 또한 점점 더 엄격하게 설정되고 있다. 미생물학적 오염물질에 관한 사항으로서 대장균뿐만 아니라 병원성 원생동물, virus 등을 규제하고 있고, 소독제와 소독부산물의 경우에는 1, 2단계로 나누어 규제방향을 제시하고 있다. 표류수 처리규칙(surface water treatment rule)에서는 불순물 농도를 직접 점검하지 않고 간접적인 방법으로 가장 적합한 처리방법을 제시하여 사용하게 함으로써 수질을 향상시키는 방법이 이용되고 있다.

오염 저감을 위한 최선의 기술로 불리는 BAT는 오염저감 전략과 관련하여 오염 물질 배출을 제한하기 위해 미국 EPA에서 승인된 기술을 말한다. 이와 유사한 용어로 최선의 기술(best available techniques), 최선의 실행가능 수단(best practicable means) 또는 최신의 실행가능 환경 옵션(best practicable environmental option) 등이 있다. BAT는 사회적 가치 향상과 기술의 발전으로 인해 가변적이며, 현재 "합리적으로 달성 가능한", "최선으로 실현 가능한", 또는 "최선으로 이용 가능한" 등의 의미로 사용된다. 참고로 표 9-2에는 미국 켈리포니아의 법규에 따라 규정(California Code of Regulations)된 BAT의 종류에 대해 정리해두었다. 이 표에서 BAT는 각 오염물질 그룹에 대해 단순히 나열된 것이므로 혼돈하지 말아야 한다. 예를 들어 모든 종류의 무기물질에 나열된 BAT를 모두 적용할 수 있는 것은 아니다. 질산성 질소(nitrate)를 위한 BAT

표 9-2 **Best available technology for contaminants**

Group of contaminants	Best available technologies[1]
Microbiological	Available tech. for achieving compliance with the total coliform MCL are as follows: • Protection of wells from coliform contamination by appropriate placement and construction • Maintenance of a disinfectant residual throughout the distribution system • Proper maintenance of the distribution system • Filtration and/or disinfection of approved surface water, or disinfection of groundwater
Inorganic chemicals	• Activated Alumina • Coagulation/Filtration (not BAT for systems < 500 service connections) • Direct and Diatomite Filtration • Granular Activated Carbon • Ion Exchange • Lime Softening (not BAT for systems < 500 service connections) • Reverse Osmosis • Corrosion Control • Electrodialysis • Optimizing treatment and reducing aluminum added • Chlorine oxidation • Biological fluidized bed reactor • Oxidation/Filtration
Organic chemicals	
Volatile Organic Chemicals (VOCs)	• Granular Activated Carbon • Packed tower aeration
Synthetic Organic Chemicals (SOCs)	• Granular Activated Carbon • Packed tower aeration • Oxidation
Radionuclides	
Combined radium-226 and radium-228	• Ion exchange, reverse osmosis, lime softening
Uranium	• Ion exchange, reverse osmosis, lime softening, • coagulation/filtration
Gross alpha particle activity	• Reverse osmosis
Beta particle and photon radioactivity	• Ion exchange, reverse osmosis

Note) 1) depending on type of contaminants
Ref) California Code of Regulations(2012)

에는 이온교환(ion exchange), 역삼투(reverse osmosis) 및 전기투석(electrodialysis)이 포함되나, 아질산성 질소(nitrite)의 경우는 이온교환과 역삼투 만이 BAT로 분류된다. 또한 입상활성탄(GAC, granular activated carbon)과 충진탑폭기(PTA, packed tower aeration) 법은 대부분의 휘발성 유기화합물(VOCs)에 대한 BAT이지만, 염화 메틸렌(dichloromethane), 메틸 3차 부틸 에테르(MTBE, methyl-tert-butyl ether) 그리고 염화 비닐(VC, vinyl chloride)의 경우는 충진탑 폭기법 만이 BAT로 규정하고 있다.

음용수 수질기준과 목표 처리수질을 달성하기 위한 처리목적 별 사용 가능한 공법이 표 9-3에 재래식 공법을 포함하여 정리되어 있다. 공정의 선택에 있어 고려되어야 할 주요사항은 목표수질, 원수수질, 기존 시설과의 부합성, 처리비용, 운전의 용이성, 전처리 및 후처리의 필요성, 슬러

표 9-3 Overview of Water treatment Technologies

목적별 처리공법	적용공법	적정규모	비고
탁도와 미생물 제거를 위한 공법	급속여과	모든 규모	일반적으로 적용이 쉬움
	직접여과	모든 규모	비교적 저렴한 공법임
	완속여과	소규모	운전이 쉬우나 부지소요가 큼
	package plant filtration	매우 작은 규모	콤팩트함
	규조토 여과	매우 작은 규모	소규모 적용 시에 고가이며 적용이 제한
	막분리	매우 작은 규모	고가임
	cartridge filtration	소규모	고가임
소독	염소	모든 규모	보급이 잘 되어 있으나 DBPs 위해가능성
	ClO_2	모든 규모	사용이 증대되는 추세임, DBPs 우려 있음
	결합잔류염소	모든 규모	2차 소독용임, DBPs 우려 있음
	ozone	모든 규모	매우 효과적이나 2차적 소독필요
	UV	모든 규모	간단하며 DBPs 우려 없으나 2차적 소독 필요
	AOP	모든 규모	제한된 정보만 있음
유해유기물 제거	입상활성탄	모든 규모	매우 효과적이나 폐활성탄 폐기문제 있음
	packed column aeration	모든 규모	VOC에 효과적이나 대기오염문제 있음
	분말활성탄	대규모	기존처리시설에 쉽게 사용 가능
	산기식포기	모든 규모	효율변화가 큼
	multiple tray aeration	모든 규모	효율변화가 큼
	산화	모든 규모	부산물문제가 있음
	역삼투	중소규모	효율변화가 크며 고가임
	기계적포기	모든 규모	하수처리에 흔히 이용되며 전기료가 큼
	catenary grid	모든 규모	자료 불충분, 대기오염가능성
	higee aeration	소규모	에너지소비가 크며 대기오염가능성
	resins	소규모	자료 미흡
	ultrafiltration	소규모	탁도제거용으로 자료 불충분
무기물질제거	역삼투	중소규모	고효율이나 고가이며 폐기물처분 문제가 있음
	이온교환	중소규모	고효율이나 고가이며 폐기물처분 문제가 있음
	activated alumina	소규모	고효율이나 고가이며 폐기물처분 문제가 있음
	입상활성탄	소규모	방사능폐기물제거실험중, 폐기물처분문제
부식방지	pH조정	모든 규모	다른 공정에 영향을 줄 수 있음
	방식제	모든 규모	방식제에 따라 상이함

주) BAT: AC, PCA
Ref) USEPA(1990)

지처리 그리고 장래 계획과의 부합성 등을 들 수 있다. 양질의 수돗물을 생산하기 위해서 수원 보호는 물론, 최적의 처리방법 선정이 중요하다. 특히 소독과정에서 부산물(DBPs)의 생성을 최소화하면서도 병원균이 성장억제가 가능한 안전한 물을 생산하는 것이 필요하며, 이를 위해 소독된 물은 수요자에게 도달하기까지 급수관에서 미생물의 성장 억제를 담보할 수 있어야 한다.

고도처리기술은 원수의 수질이 열악한 유럽의 경우 이미 일찍부터 다양한 방법으로 적용해 왔으나 우리나라의 경우는 1991～1994년경 중요한 상수원으로 사용되었던 표류수에서 발생한 각종 수질오염 사고가 고도정수처리기술 도입의 직접적인 계기가 되었다. 참고로 우리나라의 수계별 수질 오염사고(2008～2013년 기준)는 연평균 84.5건으로 한강권역 25.4%, 낙동강권역 19.9%, 금강권역 17.2%, 영산강권역 6.9% 순이다. 장기간에 걸친 유형별 분석 결과(1999～2013)에 따르면 그 주요 원인은 유류유출(47.7%), 화학물질 유출(11.9%) 및 수환경 변화(예, 물고기 폐사 등) (17.7%) 등이었으며, 대부분 관리상의 부주의(공장시설, 가정, 차량 및 선박)(49%)였다(환경부, 2014).

일반적으로 적용되는 고도정수처리기술로는 활성탄흡착, 고도산화기술 및 막여과 등을 들 수 있다. 활성탄 처리기술은 분말활성탄(PAC), 입상활성탄(GAC) 및 생물활성탄(BAC)으로 구분할 수 있으며, 막여과 기술에는 MF, UF, RO, NF, 전기투석법 등의 종류가 있고, 고도산화기술(AOPs)에는 오존(O_3)과 자외선 등을 이용한 다양한 응용 기술(O_3/high pH, O_3/H_2O_2, O_3/UV, UV/H_2O_2 등)이 있다. 이러한 공정들은 신규시설의 설치뿐만 아니라 기존 시설의 효율향상과 개선 등에 있어서 단독 또는 조합된 형태로 적용된다. 고도처리에 사용되는 각종 단위 기술은 실제 정수뿐만 아니라 하수의 고도처리와 재이용을 위한 중수도 시설에서도 흔히 사용된다. 적용에 있어 그 주된 차이점은 주로 원수의 수질 특성에 있으며, 단위 기술의 주요 메커니즘과 제거목표 등은 유사하다.

이 장에서는 먼저 고도정수처리에 일반적으로 적용되는 요소기술을 소개하고 기존 시설의 효율 향상과 개선 방법 그리고 각종 오염물질에 적용 가능한 공정들을 설명한다.

9.2 활성탄 흡착

(1) 개요

흡착(adsorption)은 어떠한 매체 표면에 다양한 물질(가스, 액체 또는 용존 고형물의 원자, 이온 또는 분자 등)들이 부착(adhesion)되는 현상을 말하며 부착현상이 일어나는 매체를 흡착제(adsorbent)라고 한다. 이는 액체가 액체 또는 고체에 의해 용해되거나 침투되는 흡수(absorption)와는 다른 현상으로, 흡착은 표면 현상(surface phenomenon)이며 흡수는 물질의 전체 부피를 통해 반응이 이루어진다는 차이가 있다.

활성탄 흡착은 고도산화 방법과 함께 고도정수처리에 사용되는 중요한 방법이다. 기존 급속여과를 중심으로 한 정수처리기술은 응집·침전, 여과 공정의 물리화학적 작용에 의한 탁도 유발물질이 주요 제거대상이다. 그러나 활성탄 흡착은 활성탄 내부의 무수한 공극을 이용하여 흡착가

표 9-4 Readily and poorly adsorbed organics

<table>
<tr><th colspan="2">Organic compounds</th><th colspan="2"></th></tr>
<tr><th colspan="2">Readily adsorbable</th><th colspan="2">Poorly adsorbable</th></tr>
<tr><td colspan="2">• Aromatic Solvents - benzene, toluene, nitrobenzenes
• Chlorinated Aromatics - PCBs, chlorobenzenes, chloronaphthalene
• Phenol and Chlorophenols
• Polynuclear Aromatics - acenaphthene, benzopyrenes
• Pesticides and Herbicides - DDT, aldrin, chlordane, BHCs, heptachlor
• Chlorinated Nonaromatics - carbon tetrachloride, chloroalkyl ethers, hexachlorobutadiene
• High-molecular weight Hydrocarbons - dyes, gasoline, amines, humics</td><td colspan="2">• Alcohols
• Low molecular weight ketones
• Acids and aldehydes
• Sugars and starches
• Very high molecular weight or colloidal organics
• Low molecular weight aliphatics</td></tr>
<tr><th colspan="2">Inorganic compounds</th><th colspan="2"></th></tr>
<tr><td colspan="2">High adsorption potential</td><td colspan="2">Low adsorption potential</td></tr>
<tr><td colspan="2">• Chlorine
• Bromine
• Iodine
• Fluoride</td><td colspan="2">• nitrate
• phosphate
• chloride
• bromide
• iodide</td></tr>
<tr><th colspan="2">Metals</th><th colspan="2"></th></tr>
<tr><td>High adsorption potential</td><td>Good adsorption potential</td><td colspan="2">Fair/low adsorption potential</td></tr>
<tr><td>• Antimony
• Arsenic
• Bismuth
• Chromium
• Tin</td><td>• Silver
• Mercury
• Cobalt
• Zirconium</td><td>• Lead
• Nickel
• Titanium
• Vanadium
• Iron
• Copper
• Cadmium</td><td>• Zinc
• Barium
• Selenium
• Molybdenum
• Manganese
• Tungsten
• Radium</td></tr>
</table>

Ref) TIM(2002)

능한 유해물질(표 9-4)들을 제거하기 위한 것으로 용해성 유기물질, DBPs 전구물질, 맛·냄새물질, 농약성분 등의 미량 유해물질이 주요 대상이다. 최근 활성탄 처리시설은 활성탄의 안정된 흡착기능과 생물학적 처리기능을 효과적으로 발휘하는 유효한 방법(BAC, 생물활성탄)이 적용되기도 한다.

수처리용 흡착제가 갖추어야 할 기본조건은 다음과 같다.

- 단위 무게당 흡착 능력이 우수할 것
- 물에 용해되지 않고, 내알칼리 및 내산성일 것
- 재생이 가능할 것
- 다공질이며, 입경에 대한 비표면적이 클 것
- 자체로부터 수중에 유독성 물질을 발생시키지 않을 것
- 입도분포가 균일하며, 구입이 용이하고 가격이 저렴할 것

표 9-5 Typical properties of adsorbents

Type	Typical properties	Adsorbent
Oxygen-containing compounds	hydrophilic and polar	silica gel and zeolites
Carbon-based compounds	hydrophobic and non-polar	activated carbon and graphite
Polymer-based compounds	polar or non-polar functional groups in a porous polymer matrix	

1) 흡착제

대부분의 산업용 흡착제는 친수성 및 극성을 띠는 산소계 화합물(실리카겔 및 제올라이트 등)과 소수성이며 비극성을 띠는 탄소계 화합물(활성탄 및 그라파이트 등) 그리고 극성 또는 비극성 작용기를 가진 고분자계 화합물로 구분된다(표 9-5).

흡착제는 구형(spherical pellets)이나 막대 모양(rods) 등의 형태로 사용되며, 유체동역학적 반경은 일반적으로 0.25～5 mm 정도이다. 특히 흡착제는 내마모성(abrasion resistance), 열적 안정성(thermal stability)이 높아야 한다. 또한 넓은 표면적을 제공하기 위해 공경(pore diameters)이 작아야 하며, 기공 구조 역시 물질의 전달 속도에 영향을 미친다.

산업적으로 많은 흡착제가 개발되어 사용되고 이용되고 있으나, 합성중합체와 실리카 흡착제는 특히 극성을 가지는 흡착제로 물에 대하여 인력이 작용(친수성)하므로 수처리에 유용하지 않고 가격도 비싸다. 반면에 활성탄(AC, activated carbon)과 같은 소수성의 비극성 특성을 지닌 물질로 물속의 오염물질 제거에 매우 유용하다. 활성탄은 격자모양 흑연(graphite lattice)의 미세결정으로 이루어진 고 다공성의 무정형 고체(highly porous, amorphous solid)로 이 물질은 비극성으로 저렴하지만 300 °C 이상의 온도에서는 산소와 반응하는 단점이 있다.

2) 활성탄

활성탄은 석탄(역청탄, 갈탄), 이탄, 목재 또는 견과류 껍질(예: 코코넛)과 같은 탄소성 물질을 이용하여 제조하는데, 그 공정은 탄화(carbonization, 무산소 조건에서의 열분해, 400 °C이상)와 활성화(activation)의 두 단계로 구성된다. 탄화된 입자(탄화수소)를 고온에서 스팀이나 공기를 이용하여 산화시키면 활성화된 표면을 갖는 다공체(3차원 그라파이트 격자구조)가 생성된다. 활성탄의 표면 특성은 원료나 제조 공정에 따라 상이하고 원료의 종류에 따라 공극의 크기 분포와 재생 특성이 달라진다. 활성화 동안 생성되는 기공의 크기는 시간의 함수로 노출 시간이 길수록 기공의 크기가 크다. 공극의 크기는 일반적으로 micropores(< 1 nm), mesopores (1～25 nm) 및 macropores(> 25 nm)로 정의된다. 총 표면적은 보통 500～1,500 m^2/g, 건조밀도는 약 500 kg/m^3이다.

일반적으로 활성탄의 물리적 특성은 공극률, 비표면, 세공용, 세공크기 분포 등으로 정의된다(표 9-6). 흔히 0.074 mm(200번 체)보다 작은 직경을 분말활성탄(PAC, powdered activated carbon)으로 반면에 직경 0.1 mm(140번 체) 이상 직경을 입상활성탄(GAC, granular activated carbon)으로 구분한다.

표 9-6 Comparison of granular and powdered activated carbon

Parameter	Unit	Type of activated carbon[a)]	
		GAC	PAC
Total surface area	m^2/g	700-1300	800-1800
Bulk density	kg/m^3	400-500	360-740
Particle density, welted in water	kg/L	1.0-1.5	1.3-1.4
Particle size range	mm(μm)	0.1-2.36	(5-50)
Effective size	mm	0.6-0.9	na
Uniformity coefficient	UC	≤ 1.9	na
Meon pore radius	$\hat{A}$	16-30	20-40
Iodine number		600-1100	800-1200
Abrasion number	minimum	75-85	70-80
Ash	%	≤ 8	≤ 6
Moisture as packed	%	2-8	3-10

a) Specific values will depend on the source material used for the production of the activated carbon.
Ref) Metcalf and Eddy(2004)

활성탄 내부 공극(세공, pore)의 크기 측면에서 PAC은 지름 1∼20 nm 정도가 많고 GAC는 10 nm 이하가 많다. 야자껍질을 원료로 하여 생산된 입상활성탄(직경 3 nm 이하의 세공이 많고 30 nm 이상의 세공은 적다)은 내부표면은 크고 세공은 작기 때문에 저분자 물질이나 기체상 물질제거의 용도로 많이 사용된다. 석탄계 활성탄은 3 nm부터 약간 큰 세공까지 폭 넓게 존재하므로 내부표면은 다소 작지만 세공은 크기 때문에 비교 큰 분자량의 물질이 제거되기 쉬우며 수처리용으로 많이 사용되고 있다. 입상활성탄에는 0.1∼수 μm 크기의 세공이 존재하여 피흡착물질 입자들의 확산통로가 된다.

활성탄의 적용성 측면에서 볼 때 비상시 또는 단기간 사용할 경우에는 분말활성탄이 적합하고 연간으로 연속 또는 비교적 장기간 사용할 경우에는 입상활성탄의 사용이 유리하다. 또한 활성탄의 종류에 따라 흡착특성이 다르기 때문에 사용목적에 적합한 종류를 선정해야 한다. 표 9-7에는 분말활성탄과 입상활성탄의 적용성이 정리되어 있다.

표 9-7 **분말활성탄과 입상활성탄의 적용성 비교**

항목	분말활성탄	입상활성탄
처리시설	○ 기존시설을 사용하여 처리할 수 있다.	△ 여과지를 만들 필요가 있다.
단기간 처리하는 경우	○ 필요량만 구입하므로 경제적이다.	△ 비경제적이다.
장기간 처리하는 경우	△ 경제성이 없으며, 재생되지 않는다.	○ 탄층을 두껍게 할 수 있으며 재생하여 사용할 수 있으므로 경제적이다.
미생물의 번식	○ 사용하고 버리므로 번식이 없다.	△ 원생동물이 번식할 우려가 있다.
폐기 시의 애로	△ 탄분을 포함한 흑색슬러지는 공해의 원인이다.	○ 재생사용할 수 있어서 문제가 없다.
누출에 의한 흑수현상	△ 특히 겨울철에 일어나기 쉽다.	○ 거의 염려가 없다.
처리관리의 난이	△ 주입작업을 수반한다.	○ 특별한 문제가 없다.

○: 유리, △: 불리
자료) 환경부(2010)

(2) 흡착 메커니즘 및 동력학

1) 흡착 메커니즘

표면 장력(surface tension)과 마찬가지로 흡착은 표면 에너지(surface energy)의 차이에 따른 것으로 흡착반응의 결과 흡착제의 표면에는 흡착물(adsorbate)로 이루어진 막(film)이 형성된다. 흡착 공정은 일반적으로 물리적 흡착(physisorption, 약한 반데르발스 힘의 특성) 또는 화학적 흡착(chemisorption, 공유결합 특성)으로 분류되며, 또한 정전기적 인력(electrostatic attraction)에 의해 발생하기도 한다. 화학적 흡착과 물리적 흡착을 엄격하게 구분하는 것은 어렵기 때문에 유기물의 활성탄 부착을 설명할 때 수착(sorption)이라는 용어가 흔히 사용되기도 한다.

흡착 공정은 다음 4가지 단계로 설명된다. 용액상의 이동(bulk solution transport or bulk diffusion), 막 확산 이동(film diffusion transport), 공극 이동(pore transportor intrapartical diffusion), 흡착(adsorption or sorption)(그림 9-1). 용액상의 이동은 주로 이류(advection) 및 분산(diffusion)에 의해 이루어지는데, 흡착제 주변 액체 고정막 경계면에 위치한 벌크 액체를 통해 흡착되는 유기물질의 움직임을 말한다. 막 확산 이동은 흡착제의 공극 입구에 있는 정체상태의 액체막(stagnant liquid film)을 통한 유기물질의 분산 이동을 말한다. 또한 공극을 통한 분자 확산 또는 흡착제의 표면을 따라 확산되는 현상을 공극 이동이라고 한다.

활성탄의 흡착 효율은 활성탄의 종류(비표면적과 공극의 크기 분포 등), 흡착하고자 하는 물질의 특성(분자량, 용해도, 극성, 이온화 경향 등), pH, 온도, 공존물질 등에 따라 변화된다. 활성탄의 비표면적이 클수록 흡착능력이 커지고 입경이 작을수록 흡착속도가 빨라진다. 또한 공극의 크기가 큰 활성탄은 분자량이 큰 유기물질의 제거에 용이한데, 식물계 원료의 활성탄은 비교적 공극이 작다. 일반적으로 소수성이 강하고 분자량이 큰 물질(농약류)일수록 활성탄에 흡착되기 쉬우며 반면에 물에 용해되기 쉽고 분자량이 작은 물질(부식질, humic substance)은 활성탄에 흡

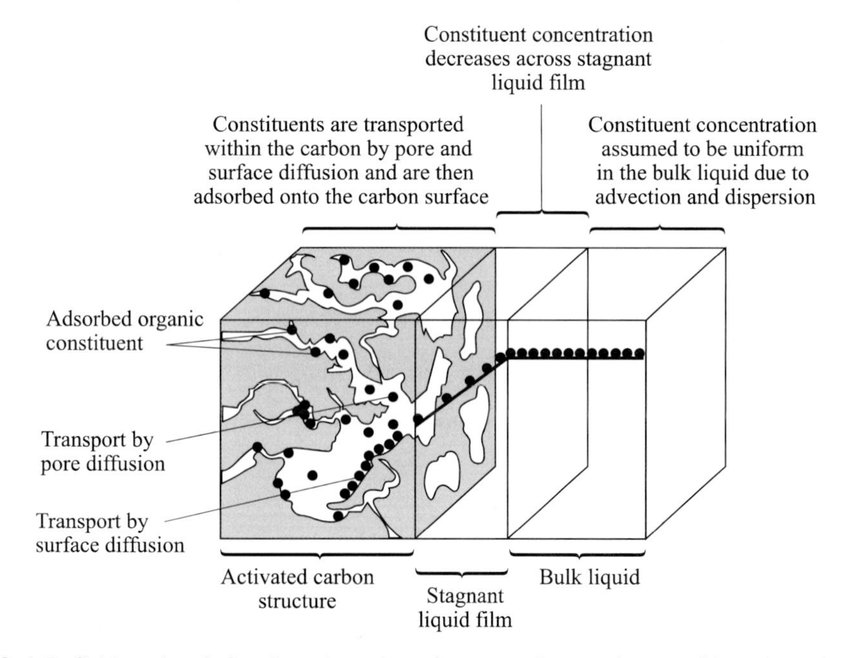

그림 9-1 **Definition sketch for the adsorption of an organic constituent with activated carbon**
(Metcalf and Eddy, 2004)

착되기 어려운 경향이 있다. 피흡착 물질의 용해도의 크기와 극성이 클수록 그리고 이온화될수록 흡착효율이 낮아진다. 처리대상물질이 혼합되어 있는 경우 흡착제와 피흡착 물질 간의 경쟁흡착(competitive adsorption)이 발생하는데, 이때 물질확산속도(transport diffusion)가 빠른 물질일수록 우선적인 흡착이 일어난다. 이때 상호경쟁에 의해 먼저 흡착된 물질이 탈착(desorption)되는 경우도 있는데, 이러한 현상은 유입수의 농도보다 방류수의 농도가 순간적으로 높아지는 크로마토그래피 효과(chromatographic effect)를 초래하기도 한다. pH는 물질의 이온화율을 결정하게 되므로 흡착능력은 물의 pH변화에 따라 달라질 수 있다. 휴믹산이나 풀빅산의 경우 pH가 낮을수록 전하밀도(charge density)가 낮아져 반발력(repulsion force)이 감소되므로 흡착력은 높아진다. 화학적 흡착은 발열반응(exothermic reaction)이므로 온도가 낮을수록 흡착력은 높아진다. 흡착에 있어서 일반적으로 온도의 영향은 크지 않다.

흡착과 같은 단계적 반응에서는 가장 느린 단계를 전체 반응속도를 결정하는 율속단계(rate limiting step)라고 부른다. 일반적으로 흡착 반응이 주로 물리적 현상에 의존한다면 확산 이동단계 중 하나가 율속단계가 되며, 반대로 화학적 현상이 주요 기작이 되면 보통 이동이 아닌 흡착단계가 율속단계가 된다. 수착률(sorption rate)이 탈착률(desorption rate)과 같을 때, 평형이 이루어지고 활성탄의 흡착능력은 한계에 도달하게 된다.

특정 흡착제에 흡착되는 물질(adsorbate)의 양은 대상 물질의 양과 특성 그리고 온도의 함수로 결정되며, 흡착물질의 주요 특성으로는 용해성, 분자구조, 분자량, 극성 및 탄화수소 포화량 등을 들 수 있다. 일반적으로 흡착 물질의 총량은 일정 온도조건하에서 농도의 함수로 결정되는데 그 수학적 표현을 흡착등온식(adsorption isotherm)이라고 한다. 어떤 오염물질에 대한 이론적인 흡착능력은 그것의 흡착등온식을 계산함으로써 구할 수 있다.

흡착등온식은 일정 부피의 용액에 포함된 흡착질을 활성탄의 양에 따라 구분하여 접촉시켜 용액 중에 남아 있는 흡착질의 총량을 분석하여 결정되는데, 평형상태에 도달한 용액 속의 흡착제 농도는 식 (9.1)과 같이 표현된다.

$$q_e = \frac{(C_o - C_e)V}{m} \tag{9.1}$$

여기서, q_e: 평형 도달 후 단위 흡착제에 대한 흡착물질(고체상) 농도(mg adsorbate/g adsorbent, x/m)

C_o: 흡착질의 초기 농도(mg/L)

C_e: 흡착 후 흡착질의 최종 평형농도(mg/L)

V: 반응조 내의 용액의 부피(L)

m: 흡착제의 질량(g)

등온흡착을 표현하는 수학적 표현은 Freundlich, Langmuir와 BET(Brunauer, Emmet and Teller) 등온식 등으로 구분된다(Shaw, 1966). 이중에서 처음 두 가지가 정수 및 하수처리에 있어 가장 보편적으로 이용된다.

Freundlich 흡착등온식은 다음과 같은 경험식으로 정의된다.

$$\frac{x}{m} = K_f C_e^{1/n} \tag{9.2}$$

여기서, $\frac{x}{m}$: 흡착제 단위 중량당 흡착된 흡착질의 양(mg adsorbate/g activated carbon)

K_f: Freundlich 용량 계수((mg adsorbate/g activated carbon)(L water/mg adsorbate)$^{1/n}$)

C_e: 흡착이 일어난 후 용액 중 흡착물질의 평형농도(mg/L)

$1/n$: Freundlich 민감도 변수(intensity parameter)

이 식에서 나타난 상수(K_f, $1/n$)들은 $\log\left(\frac{x}{m}\right)$과 $\log C$의 그래프와 식 (9.2)를 사용하여 다음과 같이 결정될 수 있다. 이 값들은 화합물의 종류에 따라 큰 차이를 보이는데(예를 들어 K_f 값은 벤젠은 1.0, 클로로포름 2.6, PCB는 14100), 상세한 값은 해당 문헌(Dobbs and Cohen, 1980; LaGrega et al., 2001)을 참고하기 바란다.

$$\log\left(\frac{x}{m}\right) = \log K_f + \frac{1}{n}\log C_e \tag{9.3}$$

Langmuir 흡착등온식은 추론적 접근 방식으로 유도된 것으로 식 (9.4)와 같이 표현된다.

$$\frac{x}{m} = \frac{abC_e}{1 + bC_e} \tag{9.4}$$

여기서, $\frac{x}{m}$: 흡착제 단위 중량당 흡착된 흡착질의 양(mg adsorbate/g activated carbon)

a, b: 경험적 상수

C_e: 흡착이 일어난 후 용액 중 흡착물질의 평형농도(mg/L)

이 식에서 흡착은 가역적이며, 흡착 가능한 흡착제 표면의 지점수는 일정하고 균일한 에너지를 가지고 있다는 기본적인 가정을 가지고 있다. Langmuir 등온식의 상수들은 다음과 같이 결정될 수 있다.

$$\frac{C_e}{\left(\frac{x}{m}\right)} = \frac{1}{ab} + \frac{1}{a}C_e \tag{9.5}$$

BET(Brunauer, Emmett & Teller) 등온식은 흡착제의 표면에 무한정으로 흡착가능하다는 다분자층 흡착 모델로 다음과 같이 표현된다.

$$q = \frac{V_m A_m C}{(C_s - C)[1 + (A_m - 1)(C/C_s)]} \quad \text{또는} \quad \frac{C}{q(C_s - C)} = \frac{1}{A_m V_m} + \left(\frac{A-1}{A_m V_m}\right)\frac{C}{C_s} \tag{9.6}$$

여기서, C_s: 포화농도

V_m, A_m: 단분자층흡착시 최대흡착량과 흡착에너지 상수

그림 9-2에는 각종 오염물질에 대한 흡착등온선의 예가 나타나 있다.

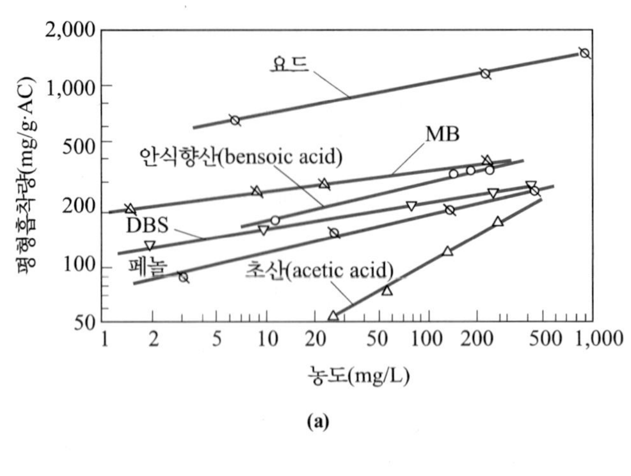

(a)

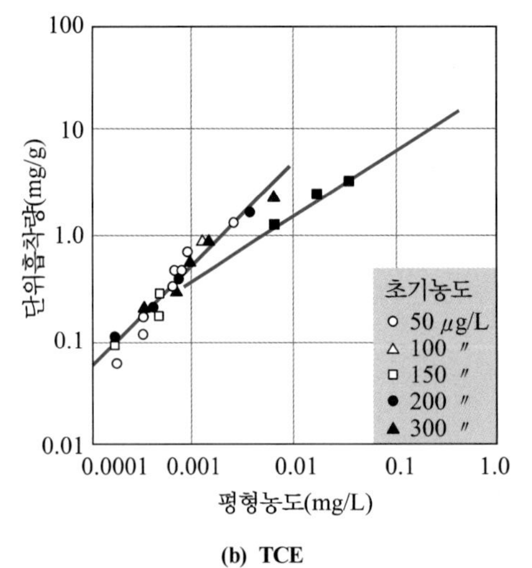

(b) TCE

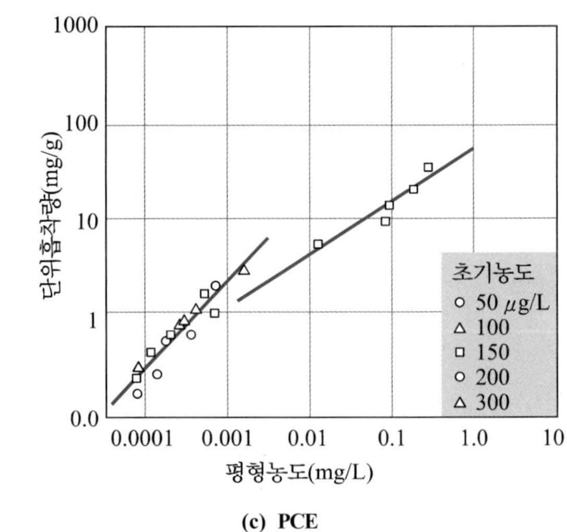

(c) PCE

그림 9-2 **각종 물질에 대한 흡착등온선의 예** (환경부, 2010)

예제 9-1 활성탄에 의한 흡착등온식

입상활성탄을 이용한 흡착실험에서 다음과 같은 결과를 얻었다. 이를 이용하여 Freundlich와 Langmuir 흡착등온식의 상수를 결정하라. 단 회분식 흡착실험에 사용된 용액의 부피는 1 L이다.

GAC의 질량 m(g)	용액 내 흡착질의 평형농도 C_e(mg/L)
0.0	3.37
0.001	3.27
0.010	2.77
0.100	1.86
0.500	1.33

풀이

1. Freundlich와 Langmuir 흡착등온 그래프 작성을 위해 실험자료를 정리한다.

흡착질의 농도(mg/L)			M(g)	$(x/m)^{a)}$ (mg/g)	$C_e/(x/m)$
C_o	C_e	$C_o - C_e$			
3.37	3.37	0.00	0.000	-	-
3.37	3.27	0.10	0.001	100	0.0327
3.37	2.77	0.60	0.010	60	0.0462
3.37	1.86	1.51	0.100	15.1	0.1232
3.37	1.33	2.04	0.500	4.08	0.3260

a) $q_e = \frac{x}{m} = \frac{(C_o - C_e)V}{m}$

2. Freundlich와 Langmuir 흡착등온 그래프를 작성한다.

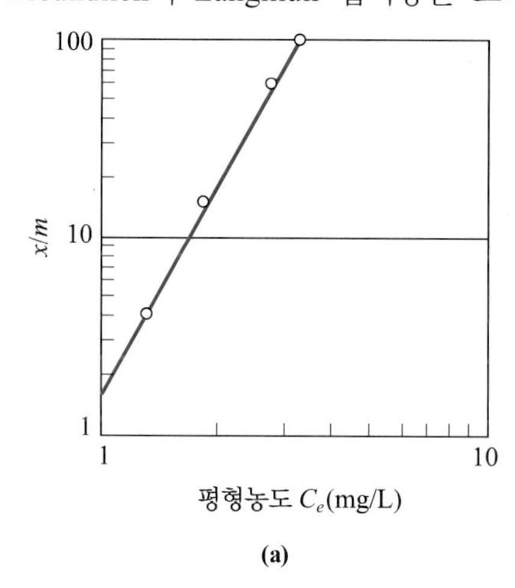

(a)

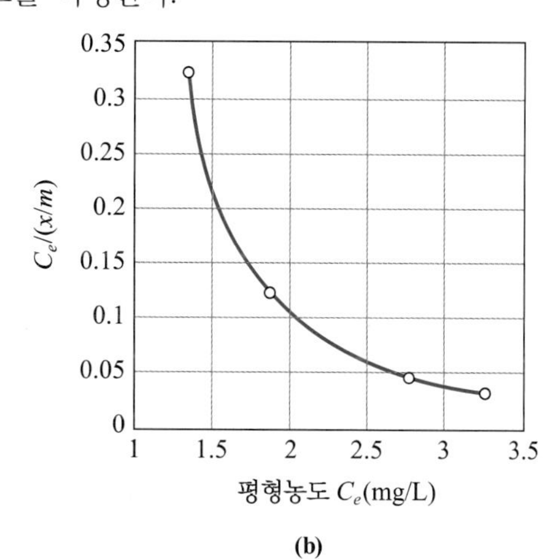

(b)

3. 흡착등온식의 상수들을 결정한다.

(a) Freundlich 공식

상기 그림 (a)에서 $C_e = 1.0$일 때 y절편은 (x/m)이며, 기울기는 $1/n$이다.

C_e가 1.0일 때, $(x/m) = 1.55$, $K_f = 1.55$

(x/m)이 1.0일 때, $C_e = 0.9$, $1/n = 0.26$

따라서 $(x/m) = 1.55\,C_e^{0.26}$

(b) Langmuir 공식

Langmuir 등온식의 그래프는 선형을 만족하지 않으므로 이 실험자료는 Langmuir 흡착등온식이 적합하지 않다.

2) 흡착 동력학

일반적으로 단일성분의 흡착능력은 흡착용량(평형 흡착량)과 흡착속도로 평가된다. 이를 위해 흡착반응의 파과(breakthrough) 특성이 중요한데, 그림 9-3은 입상활성탄이 충진된 하향류 흡착 컬럼의 일반적인 파과곡선(breakthrough curve)을 나타내고 있다. 여기서 GAC 상에서 흡착이 일어나는 부분을 물질이동지역(MTZ, mass transfer zone) 또는 흡착대라고 하는데, MTZ 이하의 층에서 흡착은 더 이상 일어나지 않는다. 활성탄 입자의 상부층이 유기물질로 포화되면 MTZ

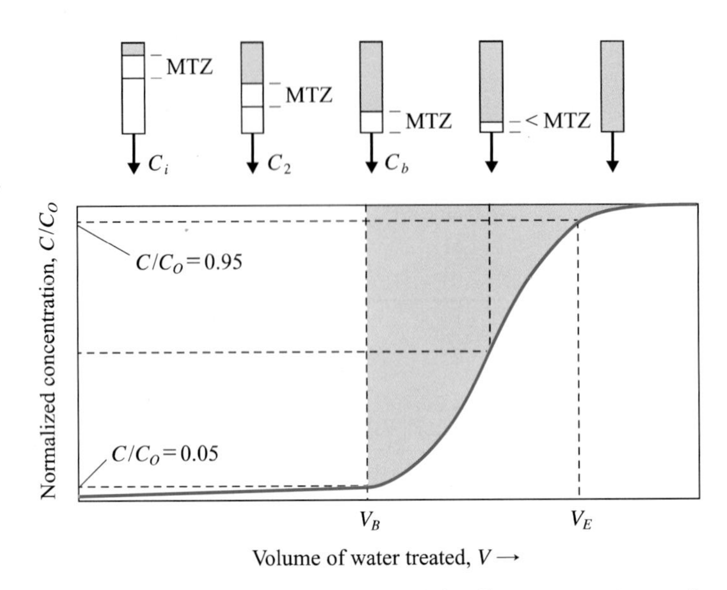

그림 9-3 **활성탄 흡착 컬럼의 일반적인 파과곡선(breakthrough curve)**

는 파과가 일어날 때까지 층 아래로 이동한다. 일반적으로 파과는 유출수 농도가 유입수 농도의 5 %에 도달할 때 발생한다고 보고, 흡착층은 유출수 농도가 유입수 농도의 95 %가 될 때 흡착 기능을 상실했다고 본다. 활성탄의 성능이 완전히 고갈되는 시점에서 유출수 농도(C_e)와 유입수의 농도(C)가 같아지게 된다.

일반적으로 MTZ의 높이(H_{MTZ})는 활성탄 컬럼 특성과 수리학적 부하율의 함수이다. 활성탄 흡착에 있어서 접촉시간은 통상적으로 공상접촉시간(EBCT, empty bed contact time)으로 표현한다. GAC층 안에서 MTZ 층이 완전히 만들어지려면 최소한의 접촉시간이 필요한데, 만약 공상접촉시간이 너무 짧으면(즉, 수리학적 부하가 너무 크면), MTZ의 길이는 GAC여상의 깊이보다 커지게 되고, 흡착 가능한 물질이라 할지라도 활성탄에 의해 완전히 제거되지 못한다. 대칭성 파과 곡선의 경우 MTZ의 높이는 다음 식 (9.7)과 같이 표현된다(Michaels, 1952; Weber, 1972).

$$H_{\mathrm{MTZ}} = Z\left[\frac{V_E - V_B}{V_E - 0.5(V_E - V_B)}\right] \tag{9.7}$$

여기서, H_{MTZ}: 물질전달영역의 길이(m)

Z: 흡착 컬럼의 높이(m)

V_E: 흡착성능이 종료되기까지 처리수량(m^3)

V_B: 파과까지의 처리수량(m^3)

파과곡선의 양상은 피흡착물질의 흡착능, 입자의 외부와 내부의 확산속도 및 운전조건 등에 따라 다르다. 페놀과 같이 흡착속도가 빠른 물질인 경우는 전형인 S자형 곡선이 되지만 부식질이나 계면활성제와 같이 분자량이 크고 흡착속도가 느린 물질은 S자형 파괴곡선을 나타내지 않는 경우가 많다. 파과곡선은 또한 원수에 포함된 흡착가능 성분과 생분해 가능 성분의 포함 여부에 따라서도 상이한 모양(그림 9-4)으로 나타난다(Snoeyink and Summers, 1999). 일반적으로

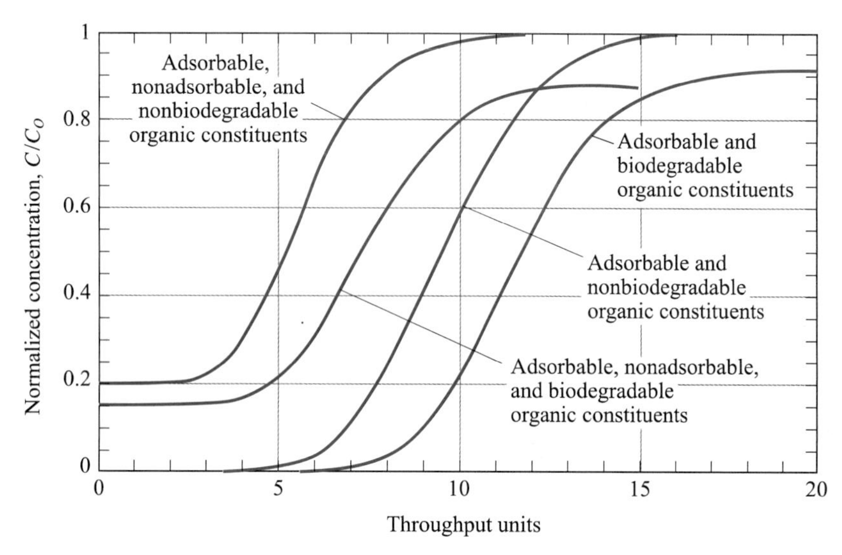

그림 9-4 **활성탄 흡착 파과곡선에 미치는 흡착가능성분과 유기물질의 영향** (Snoeyink and Summers, 1999)

파과곡선을 기초로 유출수 농도가 처리목표농도에 도달한 시점에서 활성탄을 재생하거나 교체하고 있다.

실제로 활성탄 흡착 컬럼의 운영은 활성탄의 용량을 충분히 이용하기 위해 파과로 인해 유출수 수질에 영향을 주지 않도록 두 개 이상의 컬럼을 직렬로 연결하고 성능이 다 되면 순서를 바꾸거나 또는 여러 개의 컬럼을 병렬로 연결하는 방식을 주로 사용한다. 또한 연속처리를 위해 필요한 컬럼의 개수와 규모를 결정하기 위해서 최적의 유량, 층의 깊이 그리고 활성탄의 운전용량을 알아야 한다. 이러한 인자들은 동역학적인 컬럼시험(dynamic column tests)을 통하여 결정된다(Metcalf and Eddy, 2004).

실제로 GAC 흡착 컬럼을 운전해보면 파과 흡착능[breakthrough adsorption capacity, $(x/m)_b$]은 이론적인 흡착능[등온식, $(x/m)_0$]의 경우보다 작다. 단독 컬럼을 사용했을 때 $(x/m)_b$는 $(x/m)_0$의 25～50% 정도이다. 파과 때까지 걸리는 시간 t_b는 다음 식에 의해 결정될 수 있다.

$$\left(\frac{x}{m}\right)_b = \frac{x_b}{m_{\mathrm{GAC}}} = Q\left(C_0 - \frac{C_b}{2}\right)\frac{t_b}{m_{\mathrm{GAC}}} \tag{9.8}$$

$$t_b = \frac{(x/m)_b m_{\mathrm{GAC}}}{Q(C_0 - C_b/2)} \tag{9.9}$$

여기서, $\left(\frac{x}{m}\right)_b$: 실제 파과흡착 용량(g/g)

x_b: 파과 시에 GAC 컬럼안에 흡착된 유기물질의 질량(g)

m_{GAC}: 컬럼 내의 활성탄의 질량(g)

Q: 유량(m^3/d)

C_0: 유입 유기물질농도(g/m^3)

C_b: 파과 유기물질농도(g/m^3)

t_b: 파과 시까지 걸리는 시간(d)

여러 형태의 유기화합물이 원수에 복합적으로 존재하는 경우 공존하는 경우 개별의 화합물의 흡착량은 떨어지지만, 전체 흡착능력은 단일 화합물에 대한 흡착용량보다 클 수도 있다. 경쟁적인 흡착 조건에서 흡착도는 대상 분자의 크기, 흡착 선호도 및 상대적인 농도 크기에 따라 달라질 수 있다(Crittenden et al., 1987; Sontheimer, 1988).

(3) 활성탄 흡착 공정

활성탄의 주요 특징은 수중에 용해되어 있는 유기물의 제거능력이 크며 약품 처리하는 경우와는 달리 처리수에 반응생성물이 잔류하지 않는다는 데 있다. 따라서 활성탄 흡착시설을 설계할 때에는 사전에 제거대상 물질의 특성, 오염실태, 처리효과 등에 대한 기초 실험과 충분한 조사가 필요하다. 현재의 오염실태는 물론 제거대상물질의 장래 변화추이 등도 고려하여 공정배열과 처리시설의 규모 등을 결정해야 한다. 활성탄 흡착 공정은 용수 및 하수처리에 매우 다양한 방법으로 이용되고 있지만 특히 활성탄의 종류(분말, 입상)에 따라 그 적용방법은 매우 상이하다.

1) 분말 활성탄 공정

분말활성탄(PAC) 처리는 일반적으로 응집처리 이전의 급속혼화 장치에서 투입하여 수중의 오염물질을 흡착하고, 응집침전 및 여과지에서 제거된 후 재생되지 않고 역세척수와 함께 폐기되는 과정을 거친다. 분말활성탄은 미세한 분말이므로 급속여과의 역세척 주기가 길어질 경우, 여과수 중에 활성탄이 누출될 수 있으므로 유의해야 한다. 특히 겨울철은 응집효과가 떨어지므로 폴리염화알루미늄이나 응집보조제를 사용하거나 또는 2단 응집 등으로 응집효과를 높여야 할 필요가 있다. 주입지점은 혼화와 접촉이 충분히 이루어지고 또한 전염소처리의 효과에 영향을 주지 않도록 선정하며, 필요에 따라 접촉지를 별도로 설치하기도 한다. 전염소처리를 할 경우에는 활성탄으로 염소가 소비되므로(활성탄 1 mg당 염소 0.2～0.25 mg 정도 소비), 목표로 하는 잔류염소농도가 확보될 수 있도록 염소주입량을 적절히 조정해주어야 한다.

우리나라 시설기준에 따르면 활성탄의 접촉시간은 20분～1시간 정도로 하고, PAC 접촉지를 신설할 경우에는 2지 이상으로 필요에 따라 교반기 등을 설치하도록 되어 있다. 또한 PAC 주입률은 원수수질 등에 따라 다르므로 기본적으로 자-테스트(jar-test)를 기준으로 결정하도록 하고 있다. 주입방식에는 건식과 슬러리 형태의 습식(건조기준 슬러리 농도 2.5～5%)이 있다. PAC 주입량은 원수수질과 제거대상물질의 종류와 농도 등에 따른 주입률에 계획처리수량을 곱하여 산정한다. 주입률은 원수의 수질, 제거 대상물질의 종류와 농도 등에 따라 다르지만 통상적으로 맛과 냄새물질 제거의 경우 10～30 mg/L(건조기준), 소독부산물 전구물질 제거의 경우 30 mg/L 이상이 필요하다. 그러나 과량을 주입한다면 여과지 유출수에 PAC의 유출로 인하여 흑수(blackwater) 현상이 발생할 가능성도 있다.

분말활성탄이 접촉하는 부분의 재질은 활성탄에 대해 충분한 내식성과 내마모성이 있는 것으로 해야 한다. 분말활성탄을 사용하면 일반으로 정수처리과정에서 발생하는 슬러지의 탈수성은 좋아지고 냄새발생을 억제할 수 있지만, 탈수케이크는 검은색으로 케이크량도 증가한다.

2) 입상 활성탄 공정

입상활성탄을 이용한 공정은 흔히 입상활성탄 방식(GAC)과 생물활성탄 방식(BAC)으로 구분된다. GAC 방식은 흡착효과만을 주요 기능으로 사용하는 반면 BAC 방식은 활성탄의 흡착작용과 함께 활성탄층 내의 미생물에 의한 생분해(유기물질, 질산화)작용까지 고려하여 활성탄의 흡착기능을 더 오래 지속시키는 효과가 있다. BAC의 경우 미생물의 활동을 방해하지 않도록 전염소처리는 하지 않아야 한다. 성능은 수온에 의해 영향을 받는다. BAC방식의 전단에 전오존처리를 하면 난분해성 유기물을 분해성 유기물로 전환시키는 효과가 있다. 특히 오존처리된 처리수는 용존산소가 포화상태이므로 입상활성탄층 내부의 생화학 작용을 향상시키는 장점이 있다. 또한 흡착된 유기물은 분해되어 활성탄은 자기재생효과(bio-regeneration)로 흡착능력은 장기간 유지된다.

활성탄의 오염물질 제거능력은 오염물질의 종류와 특성에 따라 큰 차이가 있으며 운전시간이 지남에 따라 흡착능력은 점차 감소하여 포화상태에 도달하고 처리목표달성이 어려워지는 시점에서 재생하거나 교체한다. 오존처리를 할 경우에도 생분해성 증가와 전체적인 오염물질 제거율은 운전조건에 따라 제한적일 수 있다. GAC과 BAC방식의 선정뿐만 아니라 이를 이용한 처리공정의 배열은 원수수질, 처리목표수질 및 농도, 경제성, 현장조건 등에 따라 다를 수 있다. 여기에 활성탄을 이용한 적용가능공정(그림 9-5)을 예로 들고 각 공정의 특성을 표 9-8에 설명하였다. 이때 전염소공정은 DBPs 형성가능성 때문에 잘 이용되지 않다는 것을 염두에 두어야 한다.

표 9-8 입상활성탄 적용공정의 특성

공정번호	특성
①	이 방식은 원수를 직접 활성탄으로 처리하는 배열이다. 대상으로는 지하수 등 깨끗한 원수이며 미생물이 이용할 유기물이 적으므로 흡착이 주체가 된다. 주로 색도나 트리클로로에틸렌 등의 제거에 이용된다.
②	이 방식은 전염소 또는 중간염소처리를 하고 모래여과로 철·망간을 제거한 다음 활성탄처리를 하는 방식이다. 주로 맛과 냄새, 미량유기물질을 제거하는데 이용된다.
③	이 방식은 응집 침전후에 활성탄 처리를 한 다음 중간염소처리와 모래여과로 탁도, 철, 망간을 제거 하는 방식으로 철이나 망간을 많이 포함한 원수처리에 적합하다.
④	활성탄처리의 전단에서 염소처리를 하지 않으므로 생물활성탄으로서 처리효과를 얻을 수 있다. 주로 맛·냄새, 트리할로메탄 전구물질 등의 제거에 이용된다.
⑤	이 방식은 응집 침전과 여과 후에 활성탄 처리를 하는 배열로서 철과 망간 농도가 낮은 원수처리에 합하다. 처리효과와 처리목적은 ③과 같다.
⑥	이 방식은 ②의 활성탄처리공정 앞에 오존처리공정을 추가한 배열로 ②에 비하여 농도가 높은 맛·냄새물질과 미량유기물질 등의 제거에 효과가 있다.
⑦	이 방식은 ④의 활성탄처리공정 앞에 오존처리를 추가한 배열로 오존처리효과와 아울러 생물활성탄의 처리효과를 촉진한 방식이다. ④에 비하여 더욱 농도가 높은 맛·냄새물질과 트리할로메탄 전구물질 등의 제거에 효과가 있다. 또 모래여과공정의 앞에 오존처리를 하므로 철과 망간 농도가 높은 원수에도 적용될 수 있다.
⑧	이 방식은 ⑤의 활성탄처리공정 앞에 오존처리를 추가한 배열로 오존처리효과와 함께 생물활성탄 처리의 효과를 진한 방식이다. ⑤에 비하여 더욱 농도가 높은 맛·냄새물질과 트리할로메탄의 구물 질 등의 제거에 효과가 있다.
⑨	이 방식은 ⑧의 활성탄처리 후에 중간염소처리를 하는 배열로 철과 망간 농도가 높은 원수처리에 합하다. 처리효과와 처리목적은 ⑧과 같다.
⑩	이 방식은 처리공정 중 오존처리와 활성탄처리의 효과를 높일 목적으로 ⑧, ⑨의 처리공정의 배열에서 오존처리 앞에 모래여과를 추가한 공정이다.

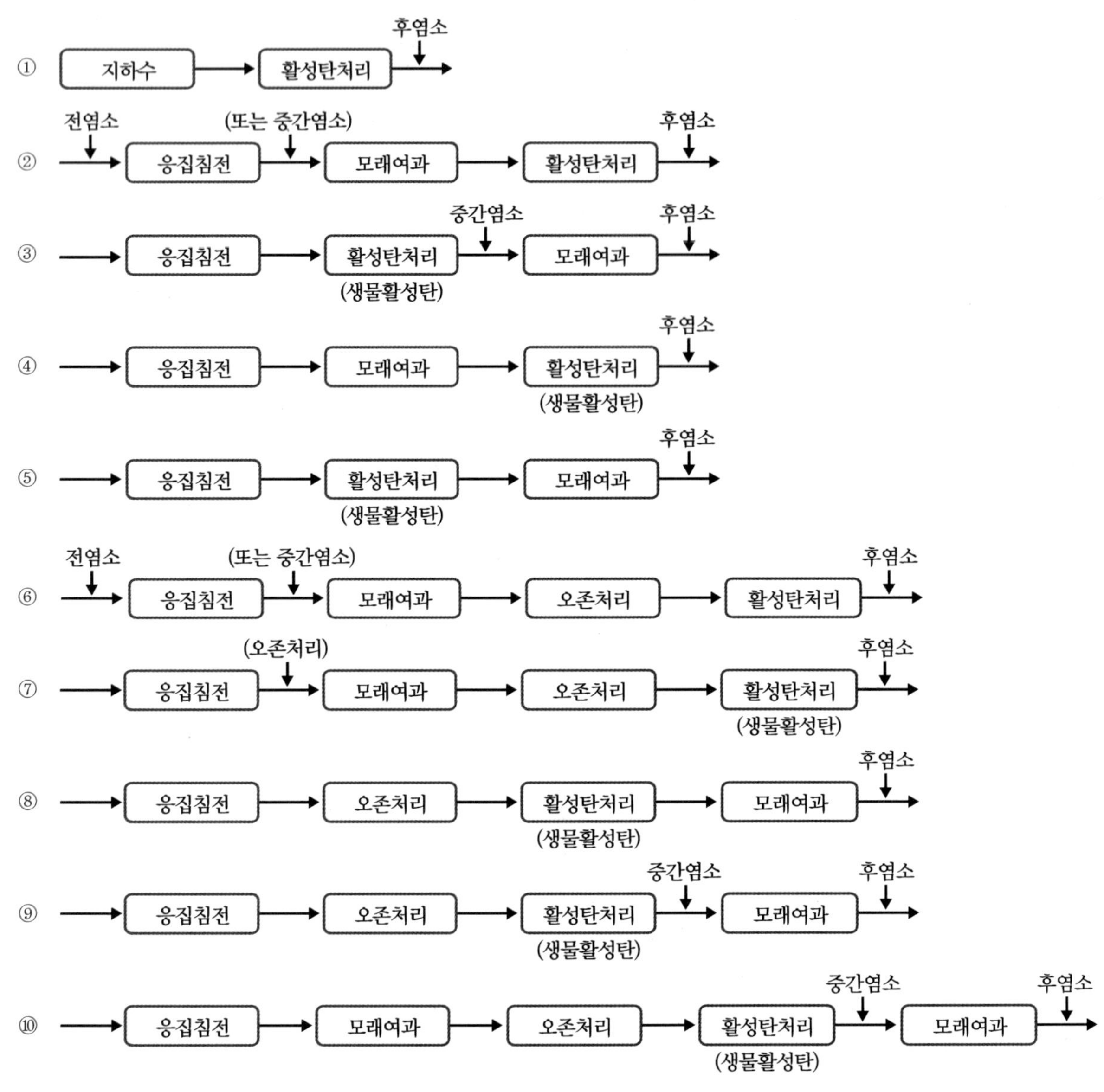

그림 9-5 **입상활성탄을 이용한 공정 예시**(환경부, 2010)

표 9-9 **제거 대상물질과 적용 가능한 입상활성탄 공정**

제거대상물질	적용가능공정	고농도의 경우
맛·냄새물질	②~⑩	⑥~⑩
소독부산물(THM)	②, ⑥	
소독부산물 전구물질(부식질 등)	①, ③~⑤, ⑦~⑩	
색도	①~⑩	
음이온계면활성제와 페놀류 등 유기물	②~⑩	③~⑤, ⑦~⑩
트리클로로에틸렌 등 휘발성유기화합물	①	
암모니아성질소	BAC	

이를 기초로 제거 대상물질과 적용 가능한 입상활성탄 공정을 표 9-9에 요약하였다.

이상의 공정에서 유의할 사항은 다음과 같다.

- ②와 ⑥의 공정배열은 THM제거를 목적으로 하는 경우 활성탄의 수명이 짧아진다.
- ③~⑤, ⑦~⑩(BAC)의 공정배열은 수온이 10°C 이하로 낮을 때 생물처리효과가 떨어진다.
- ③~⑤의 공정배열은 유입수의 용존산소농도가 낮고 암모니아성질소 농도가 높은 경우 활성탄층이 혐기성으로 유지되어 철, 망간 용출 가능성이 있다.
- ④, ⑥, ⑦의 공정배열에서는 활성탄층에서 번식하는 미생물 등이 누출될 가능성이 있으므로 그 대책이 필요하다.
- 여과처리 전단에 활성탄 흡착지를 두고 있는 처리공정(특히 ③, ⑤, ⑧, ⑨)에서는 높은 탁도로 인하여 활성탄 흡착조의 역세척 주기를 조절해줄 필요가 있다.

(4) 입상활성탄 접촉조

1) 처리방법

입사활성탄을 이용한 처리는 주로 활성탄층을 통해 액체를 통과시키는 방식을 이용하고 있으므로 흔히 활성탄 접촉조(GAC contactors)라고 부른다. 다양한 형태의 접촉 시스템이 사용되는데, 상향류 혹은 하향류 방식의 고정상(fixed-bed) 또는 상향류 방식의 유동상(expanded bed)이 있다(그림 9-6). 또한 이러한 시스템은 직렬(in series) 또는 병렬(in parallel)흐름으로 중력식 또는 가압식의 형태로 운영된다.

고정상은 보통 하향류의 가압식이나 중력식 개방형이 일반적이다. 중력식은 대규모 설비에, 가압식은 소규모 설비에 주로 사용되며, 일반적인 구조는 보통 모래여과지와 유사하다. 유동상 방식은 상향류 개방형이 일반적이며 팽창되는 GAC상을 균등하게 유지시키는 것이 중요하다. 장치구조나 운전관리가 용이하기 때문에 고정상이 가장 많이 사용되고 있으며, 유동상은 활성탄층의 부상을 위해 충분한 유속으로 원수를 통수시켜 흡착층의 폐쇄가 일어나지 않으므로 흡착속도가 큰 소립경의 활성탄을 사용할 수 있다는 이점이 있다. 하향류 설계의 장점은 유기물질의 흡착과 부유물질의 여과가 단일 과정에서 이루어질 수 있다는 점이다. 일반적으로 하향류 방식보다 상향류 방식에서 유출수에 더 많은 활성탄 입자가 누출되는데, 그 이유는 GAC상의 팽창으

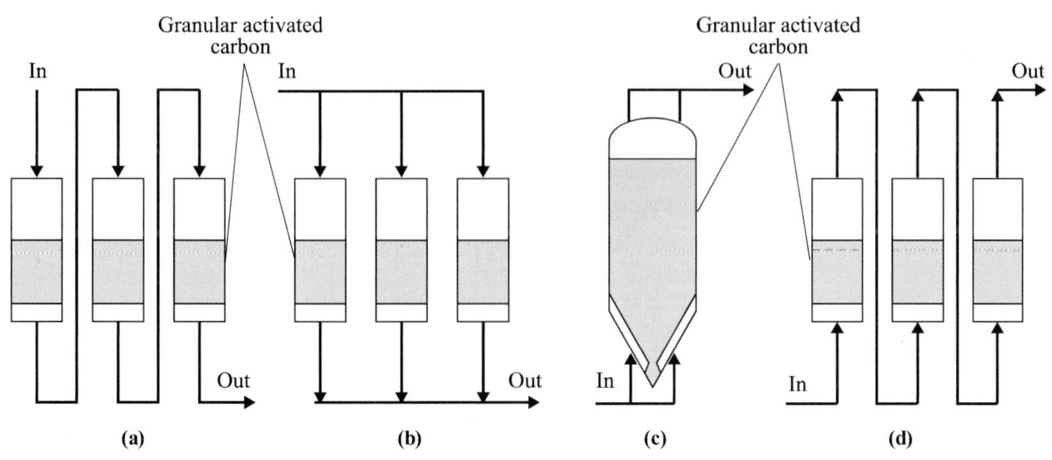

그림 9-6 Types of activated carbon contactors. (a) downflow in series, (b) downflow in parallel, (c) moving bed, and (d) upflow expanded in series (adapted from Calgon Carbon Corp)

표 9-10 활성탄 접촉시스템의 비교

항목 \ 종류	고정상	유동상
통수방식	하향류	상향류
활성탄입경	0.5～2.0 mm	0.3～0.6 mm
활성탄주입량	많다	적다
활성탄층두께(정지 시)	2.0 m 정도	1.0 m 정도
손실수두	크다	작다
역세척조작	필요	빈도가 적다(상향류)
운전조작	쉽다	어렵다
활성탄주입과 배출	슬러리화하는 데 다량의 물 필요	소량의 물로도 슬러리화가 쉽다
통수속도	SV 5～10	SV 10～15
설비실적	많다	적다

로 활상탄 입자가 충돌하고 마모되어 발생한 미세 활성탄 입자가 유출되기 때문이다. 고정상 및 유동상 접촉조의 특성을 표 9-10에 비교하였다.

2) 설계요소

활성탄 접촉조의 설계 시 주요 고려사항에는 설계유량(일최대유량 기준), 처리대상 오염물질의 종류 및 농도, 처리목표농도, 선속도(LV, liner velocity), 공간속도(SV, space velocity), 표면부하율(SLR, surface loading rate), 공상접촉시간(EBCT, empty bed contact time), 활성탄 소모량, 접촉조의 규격(깊이, 모양) 및 수 그리고 배치 지점(전처리 및 후속처리) 등이 있다.

입상활성탄의 처리효율은 접촉시간 또는 공간속도, 선속도, 탄층 두께, 입경 등 상호관계로부터 결정되며, 공간속도를 우선 정하고 각 정수장의 조건에 적합한 탄층 두께(bed height)를 결정한다.

공상접촉시간(EBCT)은 입상활성탄의 충전량(m^3)을 처리수량(m^3/h)으로 나눈 값으로 이로부터 탄층의 두께와 선속도의 상관관계가 결정된다. 선속도를 크게 하려면 입상활성탄의 층 높이를 두껍게 해야 한다. 공상접촉시간은 고정상인 경우 10～30분, 유동상인 경우 5～10분이 일반적이다. 생화학적 반응을 이용하는 BAC의 경우 10～25분이 필요한데, 이러한 경우에는 탄층의 두께가 두꺼워진다. 일반적으로 공상접촉시간이 길수록 처리효과는 증가한다. EBCT는 처리효율 외에도 활성탄 소모율과 직접적으로 관련이 있다. 공상접촉시간에 따른 THM 전구물질(THMFP, trihalomethane formation potential) 파과곡선의 예(그림 9-7)를 참고할 때 유출수의 THMFP 농도가 100 μg/L에 도달하는 시간은 EBCT가 5분일 경우 약 28일, 7.5분일 경우 52일 그리고 15분에서는 200일을 초과하고 있음을 알 수 있다.

공간속도(SV)는 입상활성탄층을 통과하는 1시간당 처리수량을 입상활성탄의 용적으로 나눈 값($m^3/m^3 \cdot h$)으로 표시되는데, 이는 공상접촉시간의 역수이다. 즉 1시간에 통과하는 수량이 입상활성탄 용적(m^3)의 몇 배가 되느냐를 의미하는데, 일반적인 값은 5～10 h^{-1}이다.

선속도(LV)는 처리수량을 흡착지의 면적으로 나눈 값으로 여과속도에 해당된다. 일반적으로 중력식 고정상인 경우에는 10～15 m/h, 가압식인 경우는 15～20 m/h가 일반적이다. 그리고 유동상인 경우는 10～15 m/h 정도이다. 선속도는 공간속도에 탄층의 높이를 곱한 것이다.

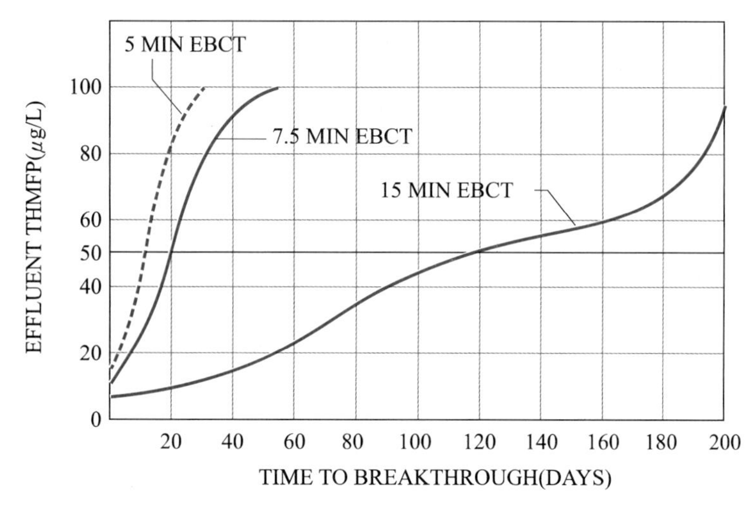

그림 9-7 **공상접촉시간(EBCT)에 따른 THM 전구물질(THMFP) 파과곡선**

탄층이 두꺼운 경우 탄층의 손실수두가 커지므로 운전수위가 높아지며 흡착지의 높이도 커진다. 탄층의 두께(H)를 얇게 하고 일정한 접촉시간을 유지하려면 접촉지의 면적은 커지게 된다. 탄층의 두께는 접촉시간(T)과 선속도(LV)의 곱으로 계산된다. 탄층의 두께는 고정상인 경우 1.5～3.0 m 정도가 일반적이며, 유동상의 경우는 정지 시의 두께 기준으로 1.0～2.0 m 정도이다. 탄층 두께가 커질수록 오염물질의 제거율은 높아지므로 처리목표의 달성 여부와 재생주기 등을 고려하여 적절한 수준을 선정해야 한다.

입상활성탄의 입경은 흡착속도 및 수두손실에 큰 영향을 미치는 인자로 입경이 작을수록 단위용적당의 표면적은 커지므로 그 결과 물질이동대(MTZ)는 짧아지게 된다. 초기 손실수두와 운전에 따른 손실수두의 증가를 고려하여 하향류 고정상에서는 0.4～2.4 mm 정도의 입경이 많이 사용되며, 유동상에서는 일정한 유동상태를 만들기 위해 0.3～0.9 mm 정도의 입경을 흔히 사용한다.

활성탄소모량은 입상활성탄의 수명, 즉 교체시기를 판단하는 인자로서 유지관리비 산정에도 직접적인 영향을 준다. 활성탄 소모량의 결정은 회분식 등온흡착실험과 파일롯 실험으로 판단할 수 있다. 단일 오염물인 경우는 Freundlich 또는 Langmuir 공식으로 쉽게 흡착평형농도 등을 계산할 수 있으나 현장의 경우 최소한 두 가지 이상의 오염물질이 혼합되어 있는 다종혼합형이므로 각각의 오염물질은 상호경쟁에 의해 활성탄에 흡착되기 때문에 계산이 용이하지 않다. 따라서 일반적으로 이론적인 방법보다는 실험을 통해 파과점까지의 여과지속시간을 구하여 활성탄 소모량을 계산한다.

예비조를 포함하여 활성탄 접촉소의 수는 최소 2개 이상이어야 하며, 10개 이상에서는 10 %의 예비지를 설치하는 것이 바람직하다.

상수처리에 사용하는 GAC 접촉조의 전형적인 설계값을 표 9-11에 정리하였다.

활성탄층에 누적된 부유물질에 의한 여과저항을 줄여 통수능력을 회복시키기 위해서 역세척(backwashing)이 필요하다. 고정상 방식에서는 비교적 잦은 역세척이 필요한데, 세척 방식에는 물 또는 공기를 이용한 역세척과 표면세척 등이 있다. 세척빈도는 처리수량, 처리수 중의 현탁물

표 9-11 **Typical design values for GAC contactors to treat water**

Parameter	Symbol	Unit	Value
Volumetric flowrate	V	m^3/h	50-400
Bed volume	V_b	m^3	10-50
Cross-sectional area	A_b	m^2	5-30
Length	D	m	1.8-4
Void fraction	α	m^3/m^3	0.38-0.42
GAC density	ρ	kg/m^3	350-550
Approach velocity	V_f	m/h	5-15
Effective contact time	t	min	2-10
Empty bed contact time	EBCT	min	5-30
Operation time	t	d	100-600
Throughput volume	V_L	m^3	10-100
Specific throughput	V_{sp}	m^3/kg	50-200
Bed volumes	BV	m^3/m^3	2,000-20,000

Ref) Sontheimer et al.(1988)

표 9-12 **입상활성탄의 세척조건**

<table>
<tr><th colspan="3">구분</th><th>활성탄 입경
(2.38~0.59 mm)</th><th>활성탄 입경
(1.68~0.42 mm)</th></tr>
<tr><td rowspan="4">물 역세척과
공기세척</td><td rowspan="2">역세척</td><td>역세척 속도</td><td>$0.67\ m^3/min \cdot m^2$</td><td>$0.4\ m^3/min \cdot m^2$</td></tr>
<tr><td>역세척 시간</td><td>8~10분간</td><td>15~20분간</td></tr>
<tr><td rowspan="2">공기세척</td><td>역세척 속도</td><td>$0.83\ m^3/min \cdot m^2$</td><td>좌동</td></tr>
<tr><td>역세척 시간</td><td>5분간 공기세척과 물 역세척을 행할 때에는 주의 필요</td><td>좌동</td></tr>
<tr><td rowspan="4">물 역세척과
표면세척</td><td rowspan="2">역세척</td><td>역세척 속도</td><td>$0.67\ m^3/min \cdot m^2$</td><td>$0.4\ m^3/min \cdot m^2$</td></tr>
<tr><td>역세척 시간</td><td>8~10분간</td><td>15~20분간</td></tr>
<tr><td rowspan="2">표면세척</td><td>세척 속도</td><td>$0.1\ m^3/min \cdot m^2$</td><td>좌동</td></tr>
<tr><td>세척 시간</td><td>5분간</td><td>좌동</td></tr>
</table>

자료) 환경부(2010)

질의 성질과 농도, 입상활성탄 입자의 크기, 흡착방식(고정상, 유동상) 등에 따라 다르다. 일반적으로 물 역세척만으로는 입상활성탄 표면에 축적된 고형물의 제거효과가 작기 때문에 공기세척 또는 표면세척을 조합하여 사용한다. 고정상식에서 물 역세척속도는 사용하는 입상활성탄의 종류에 따라 다르며 탄층팽창률은 특히 수온의 영향을 받는다. 역세척 시 탄층팽창률은 일반적으로 20~40 %(평균 25 %) 정도가 되도록 한다. 표 9-12에는 입상활성탄 접촉조의 세척조건을 정리하였다.

3) 국내 활성탄 접촉시설 설계 및 운영 현황

국내의 활성탄 접촉시설은 대부분 하향류 중력식이며 활성탄 접촉지의 저부에 자갈, 안트라사이트 및 모래 등을 채우고 상부에 2.2~4.1 m의 활성탄을 충전하여 운영하고 있다. 하부집수장치는 대부분 스트레이너형이나 유공블럭형으로 역세척 시 활성탄의 유실을 방지하기 위하여 활

표 9-13 국내 입상활성탄 흡착시설의 운영 현황

정수장	EBCT(min)	공간속도(SV, /hr)	선속도(LV, m/hr)
부산 덕산	16.89	3.85	10.66
부산 화명	8.17	7.34	17.26
울산 회야	14.0	4.1	10.3
양산 범어	10.0～15.0	3.6	9.0
대구 두류	10.0	6.0	15.0
대구 매곡	10.0	6.0	15.0
김해 삼계	15.9	3.77	34.7
마산 칠서	11.0	5.48	12.0
진해 석동	25.9	5.78	2.31
동두천 동두천	15.6	3.9	9.7
원주 원주제2	5.6	14.0	11.0
군산 군산제2	10.0	3.0	10.4
공주 옥룡	30.0	1.94	6.48
일산 고양	14.1	4.25	10.21
영남내륙 고령	22	2.74	8.23

자료) 환경부(2010)

성탄의 표층과 트로프(trough) 간에는 1.2～3.65 m의 수심을 두고 있다. 접촉지당 단위 면적은 대규모 정수장의 경우 대략 80～100 m^2이며, 중소규모 정수장은 40～70 m^2로 설치되고 있다. 활성탄흡착지의 유량조절은 자연평형형, 또는 연립식 및 개별식 유출수 제어방식을 도입하고 있다. 국내에 설치되어 있는 입상활성탄 흡착시설의 운영 결과는 표 9-13과 같은데, 평균적으로 볼 때 공상접촉시간은 14.8(5.6～30)분, 공간속도는 5.1(1.9～14) h^{-1}, 그리고 선속도는 12.1(2.3～34.7) m/h이다.

한편 외국의 사례를 보면, 공상접촉시간(EBCT)은 고정상인 경우 6～15분, 유동상에서 8～11분, 선속도는 고정상에서 9～20 m/h, 유동상에서 11～15 m/h, 공간속도는 고정상에서 4～10 h^{-1}, 유동상에서 5～10 h^{-1}, 탄층의 두께는 고정상에서 1.5～2.7 m, 유동상에서 1.5～2.1 m로 각각 설계되고 있다.

(5) 활성탄의 재생

활성탄의 경제적 사용은 활성탄이 흡착능력의 증대와 효과적인 재생에 달려 있다. 입상활성탄의 재생은 고온의 연소로에서 흡착 유기물을 산화시켜 재생하는데, 이때 활성탄의 일부(약 5～10 %)는 파괴되므로 새로운 활성탄의 보충이 필요하다. 일반적으로 재생탄의 흡착능력은 새로운 활성탄보다 떨어진다. 분말활성탄은 재생하여 사용하지 않는다.

활성탄 재생은 직접 자가재생하거나 위탁하여 재생할 수 있는데, 재생빈도와 재생탄의 품질 및 경제성을 비교하여 선택한다. 재생로를 구비하는 경우 연간 재생량과 운전조건을 고려하여 용량과 방식을 결정한다. 재생로에 의한 활성화(activation)방식에는 건식과 습식이 있다.

활성탄 재생기술로는 열재생(thermal regeneration)방법(탄화-활성화)이 많이 사용되지만 최근에는 열재생 시 발생하는 대기오염 문제와 낮은 재생수율, 고비용 등으로 인해 이화학적 재생기술을 이용하는 사례가 증가하고 있다. 흡착의 원리를 역이용한 이화학적 재생기술은 흡착과 탈착에 결정적인 역할을 하는 pH, 유기용제, 온도 등을 조합하여 재생효율을 극대화하는 방법으로 재생반응과 탈착, 세척, 회수의 연속된 공정으로 이루어진다. 신탄에 비하여 재생(흡착능)효과는 83~97 % 정도로 재생방법이 간단하고 운전이 용이하며 재생탄의 손실이 적고 기존의 흡착시설에 추가하기 쉬울 뿐 아니라 경제성 측면(신탄가격의 10 %, 열재생 방식의 15~20 % 정도 비용소요)에서도 장점이 있다.

예제 9-2 활성탄 접촉조 설계

다음의 설계조건을 참고로 활성탄 접촉조를 설계하시오.

- 유량: $Q = 277,000\ m^3/d$
- EBCT: 15 min
- LV: 16.4 m/hr
- SV: 4 /hr
- 지당 설계유량: 46,167 m^3/d (1,924 m^3/hr)
- 역세척(Backwash) LV: 20 m/h

풀이

1) 용량계산

- 지수선정: $N = \dfrac{\text{전체유량}}{\text{1지유량}} = \dfrac{277,000}{46,167} = 5.9\text{지} \rightarrow 6\text{지로 선정}$
- 소요면적: $A = \dfrac{Q}{\text{LV}} = \dfrac{1924}{16.4} = 117\ \text{m}^2$
- 탄층고(Bed Height): $\text{BH} = \text{LV} \times \text{EBCT} = 16.4 \times \dfrac{15}{60} = 4.1\ \text{m}$
- $\text{SV} = \dfrac{Q}{A \times \text{BH}} = \dfrac{1924}{117 \times 4.1} = 4.0\ \text{hr}$
- 활성탄량: $117\ \text{m}^2 \times 4.1\ \text{m} \times 6\text{지} = 2,878\ \text{m}^3 \rightarrow 2,880\ \text{m}^3\text{로 선정}$
- EBCT 검토: $t = \dfrac{V}{Q} = \dfrac{2,885\ \text{m}^3}{277,000\ \text{m}^3/\text{d}} \times 24 \times 60 = 15.0\ \text{min}$
- 팽창률: $E = \left[\dfrac{(1-P)}{(1-P_{\text{exp}})} - 1\right] \times 100 = \left[\dfrac{(1-0.45)}{(1-0.58)} - 1\right] \times 100 = 31.0\%$

(P = 고정된 여재의 공극(0.45), P_{exp} = 팽창된 bed의 공극(0.58))

∴ Free board 높이 = (여재층고 × 팽창률) + 여유율 = 4.1 × 0.31 + 0.779 = 2.05 m

지 유효 높이: EH = 여재층고 + 하부집배수장치 + Free board

= 4.1 + 1.22 + 2.05 = 7.37 m

9.3 오존처리

(1) 개요

1840년 독일의 과학자 숀베인(hristian Friedrich Schönbein)에 의해 처음 명명된 오존(Ozone)은 1886년 살균 효과에 대한 성공적인 연구(De Meritens, France)결과를 바탕으로 이후 유럽에서는 음용수 처리에 사용되는 주요 소독방법(1893, 네덜란드 Oudshoorn; 1901년 독일 Wiesbaden, 1906 프랑스 니스 Nice)이 되었다. 프랑스 파리의 경우 1950년경에는 총 급수량(급수인구 8백만 명, 136개소 정수장)의 1/3을 오존으로 처리하였고 1970년대 말에는 그 수가 600개소에 이르렀다. 1956년 최초(퀘벡 St. Therese 정수장)로 오존처리를 도입한 캐나다는 1977년까지 약 20개의 정수장에 오존처리를 적용하였다. 전 세계적으로 오존을 사용하는 정수장은 2003년을 기준으로 1000개소를 훨씬 상회하고 있다. 19세기 후반 이후에는 오존의 살균력뿐만 아니라 물속에 포함된 각종 유기물질과 무기물질의 제거에 그 중요성이 인식되면서 오존처리(ozonation) 공정은 단순한 소독제로서의 역할을 넘어 활성탄 흡착과 함께 중요한 고도정수처리 기술로 자리하게 되었다. 오존처리공정은 각종 산화제(oxidants)와 촉매제(catalysts)를 복합적으로 사용하여 살충제, 방향족 화합물 및 염소화 유기 용제(chlorinated solvents)와 같은 내오존성 화합물(ozone-resistant compounds)의 분해에 더 효과적인 고도산화공정(AOPs, advanced oxidation processes)의 개발로 발전하고 있다(Glaze et al. 1987; von Gunten, 2003a, 2003b).

염소보다 강력한 살균제로서 오존의 효과에 대해서는 이미 소독(8장)부분에서 상세히 설명한 바 있으므로 오존의 특징과 오존 소독과 관련한 내용은 이를 참조하기 바란다. 또한 AOPs 공정에 대해서는 다음 9.4절에서 별도로 설명하고자 하며, 이 절에서는 오존산화에 의한 고도처리에 대해서만 주로 설명한다.

오존에 의한 고도정수처리는 살균 및 조류, 미량유기물(맛·냄새, 색도, THM전구물질 등), 무기물(철-망간, 암모니아 등)의 제거, 생분해도 증진 및 응집효과의 개선 등이 다양한 목적으로 적용될 수 있다. 정수과정에서 오존의 사용은 각 나라의 원수 특성에 따라 오존처리(전오존, 후오존)와 활성탄 접촉조 등의 적용 위치가 다르게 나타난다(9.2절 활성탄 흡착공정 참조). 표 9-14에는 오존처리의 장단점을 정리하였다.

표 9-14 오존처리의 장단점

장점	단점
• 냄새, 색도 제거에 효과가 크다. • 철, 망간의 제거 능력이 크다. • 바이러스와 병원균에 대한 살균(불활성화) 및 조류제거 효과가 크다. • 유기물의 생물 분해성을 증대시킨다. • 유해한 유기물을 산화·분해할 수 있다. • 유기물과 결합하여 THM 등을 형성시키지 않는다. • 슬러지를 생성시키지 않는다. • 주입장소에 제약이 없다. • 응집, 여과, 활성탄 흡착 등의 처리효과를 증진시킨다.	• 효과의 지속성(잔류성)이 없다. • 발생 비용이 많이 든다.(염소살균에 비해 경제성이 떨어진다.) • 후염소 주입설비가 필요하다. • 수온이 높아지면 오존 소비량이 증가한다. • 배수시스템에서 미생물에 의한 2차 오염의 우려가 있다.

(2) 오존의 물성과 반응 메커니즘

오존은 수산화 라디칼(hydroxyl radicals, ˙OH)과 산소원자 다음으로 높은 전위차(2.08 V)를 가지고 있는 매우 불안정한 산화제(표 9-15)로 상온에서 무색의 기체로서 코를 자극하는 독특한 냄새를 가지고 있으며 −180°C까지 냉각시키면 검푸른 액체가 된다. 물에 대한 오존의 용해도는 산소보다 수배~수십 배 크지만 이는 온도와 압력에 크게 영향을 받는다. 오존은 그 자체로 불안전하여 일반적인 지표수에서 수초~수분의 반감기(half-life)를 가진다. 수중의 오존(잔류 오존)은 비교적 단시간에 산소로 분해되는데 그 속도는 주로 pH의 영향을 받는다. 즉, 산성에서는 비교적 안정하나 알칼리성으로 갈수록 분해속도가 빨라져 pH 11에서 거의 최대가 된다.

물과의 반응에서 오존은 공유하지 않는 활성전자를 가진 집단 즉, 유리기(자유 라디칼, free radical)인 과산화수소 라디칼(hydroperoxide radical, ˙HO_2)과 수산화 라디칼(hydroxyl radicals, ˙OH)을 생성한다(8장 오존의 특성 참조). 이들은 모두 수용액 속에서 각종 불순물과 반응할 수 있는 높은 산화력을 가지고 있다. 수산화 라디칼은 오존보다도 높은 산화 전위를 가지기 때문에 오존보다 더 강한 산화 메커니즘을 갖는 매우 짧은 반응시간을 가진 화합물이다. 일반적으로 오존처리는 단순한 오존산화 메커니즘을 이용하는 방식으로 물속에서 수산화 라디칼의 수를 증가시켜 수산화 라디칼의 산화력을 주요 도구로 이용하는 고도산화공정(AOPs)과는 구분된다. 즉, 고도산화공정은 수산화 라디칼 생산을 강화하는 기술이라 할 수 있다.

오존처리의 메커니즘은 오존의 직·간접적인 산화반응으로 설명된다(그림 9-8). 오존과 유기물과의 반응은 오존 분자가 직접적으로 반응하는 직접 산화(direct oxidation)와 물과 오존의 반응 부산물인 2차 산화제(수산화 라디칼과 같은)와 반응하는 간접 산화(indirect oxidation) 반응으로 구분된다. 간접 산화는 pH가 증가할수록 반응속도가 증가한다. 실제 오존산화는 직접 및 간접 산화 반응이 함께 일어나며, 이는 물의 온도, pH 및 화학적 특성 등과 같은 다양한 요소에 따라 반응의 종류가 결정된다. 오존산화에서 수산화 라디칼의 역할을 설명하기 위해 흔히 수산화 라디칼과 오존의 비율(R_c)이 사용된다.

$$R_c = \frac{[{}^{\bullet}OH]}{[O_3]} \tag{9.10}$$

표 9-15 Standard potentials of some oxidizing agents

Oxidizing agent	Electrochemical oxidation potential (EOP), V	EOP relative to chlorine
Fluorine	3.06	2.25
Hydroxyl radical	2.80	2.05
Oxygen (atomic)	2.42	1.78
Ozone	2.08	1.52
Hydrogen peroxide	1.78	1.30
Hypochlorite	1.49	1.10
Chlorine	1.36	1.00
Chlorine dioxide	1.27	0.93
Oxygen (molecular)	1.23	0.90

Ref) Ozonia(1977)

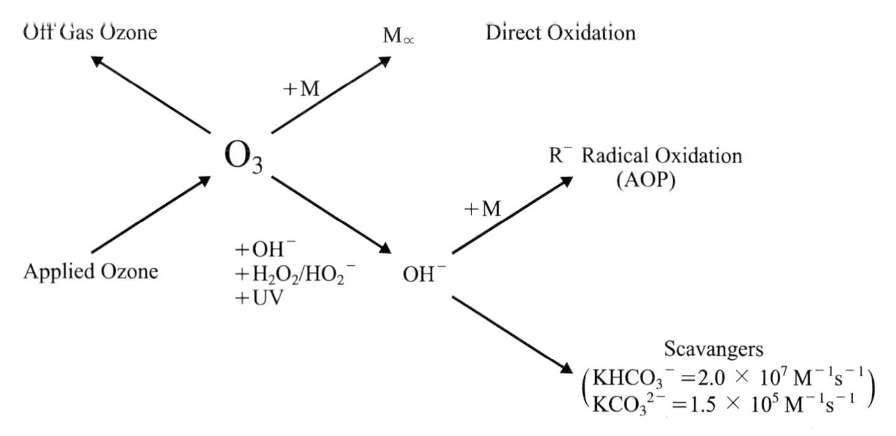

그림 9-8 Reactions of ozone and dissolved solids

표 9-16과 9-17은 각각 무기물질과 유기물질에 대한 오존의 반감기를 나타낸다. 오존의 반감기가 짧을수록($t_{1/2}$ < 5분), 오존처리는 효율적이다. 이러한 자료는 오존이 입자의 산화와 관련하여 매우 선택적인 반면 수산화 라디칼은 실제 어떤 화합물과도 반응할 수 있다는 것을 보여준다. 오존의 선택성은 화학적 구조(쌍극자)에 따른 것이다.

일반적으로 간접 산화는 대부분 유기성 오염 물질에 적용될 수 있는 반면, 직접 산화는 많은 무기성 오염 물질에 적용될 수 있다. 오존을 물에 적용하면 R_c 값은 10^{-6}～10^{-9} 사이에 있으며, 오존처리 동안 이 값은 약 10^{-7}～10^{-9} 사이에 있다. 또한 일반적으로 AOPs 공정의 경우는 10^{-7} 이하를 보인다(von Gunten, 2003a).

화합물의 완전한 광물화(complete mineralization)는 대부분의 경우 경제성이 낮으므로 오존과 AOPs 모두 적절하지 않지만, 부분적인 산화에 의해 색도와 맛·냄새 제거 또는 유기 화합물의 생분해성 향상을 위해서는 매우 효과적인 방법이다.

표 9-16 Kinetics of the oxidation of selected inorganic compounds with ozone and OH radicals at ambient temperature

Compound	k_{O_3} ($M^{-1}s^{-1}$)	$t_{1/2}$ [b)]	k_{OH} ($M^{-1}s^{-1}$)
Nitrite (NO_2^-)	3.7×10^5	0.1 s	6×10^9
Ammonia (NH_3/NH_4^+)	20/0	96 h	9.7×10^7 [c)]
Cyanide (CN^-)	10^3-10^5 [a)]	～1 s	8×10^9
Arsenite ($H_2AsO_3^-$)	> 7	82 min	8.5×10^9 [d)]
Bromide (Br^-)	160	215 s	1.1×10^9
Sulfide			
H_2S	$\approx3\times10^4$	～1 s	1.5×10^{10}
S^{2-}	3×10^9	20μs	9×10^9
Manganese (Mn(II))	1.5×10^3	～23 s	2.6×10^7
Iron (Fe(II))	8.2×10^5	0.07 s	3.5×10^8

a) Cyanide reacts with ozone via a radical chain reaction.
b) Half-life time at pH 7 for $[O_3]$ =1 mgL^{-1} (ozone reaction only).
c) Rate constant for NH_3.
d) Rate constant for H_3AsO_3.
Ref) summarized by von Gunten(2003a)

표 9-17 Kinetics of the oxidation of selected organic compounds with ozone and OH radicals at ambient temperature

Compound	k_{O_3} ($M^{-1}s^{-1}$)	$t_{1/2}$ [c]	k_{OH} ($M^{-1}s^{-1}$)
Algal products			
Geosmin	< 10 [a]	> 1 h	8.2×10^9
2-Methylisobomeol (MIB)	< 10 [a]	> 1 h	$\approx 3 \times 10^9$
Mycrocystin-LR	3.4×10^4	1 s	
Pesticides			
Atrazine	6	96 min	3×10^9
Alachlor	3.8	151 min	7×10^9
Carbofuran	620	56 s	7×10^9
Dinoseb	1.5×10^5 [b]	0.23 s	4×10^9
Endrin	< 0.02	> 20 d	1×10^9
Methoxychlor	270	2 min	2×10^{10}
Solvents			
Chloroethene	1.4×10^4	2.5 s	1.2×10^{10}
Cis-1,2-dichloroethene	540	64 s	3.8×10^9
Trichloroethene	17	34 min	2.9×10^9
Tetrachloroethene	< 0.1	> 4 d	2×10^9
Chlorobenzene	0.75	13 h	5.6×10^9
p-Dichlorobenzene	≪3	≫3 h	5.4×10^9
***Fuel** (additives)*			
Benzene	2	4.8 h	7.9×10^9
Toluene	14	41 min	5.1×10^9
o-Xylene	90	6.4 min	6.7×10^9
MTBE	0.14	2.8 d	1.9×10^9
t-BuOH	$\sim 3 \times 10^{-3}$	133 d	6×10^8
Ethanol	0.37	26 h	1.9×10^9
Ligands			
NTA			
NTA^{3-}	9.8×10^5	0.04 s [e]	2.5×10^9
$HNTA^{2-}$			7.5×10^8
H_2NTA^-	83 [d]	7 min [e]	
Fe(III)NTA			1.6×10^8
EDTA			
$HEDTA^{3-}$	1.6×10^5	0.2 s [e]	2×10^9
$EDTA^{4-}$	3.2×10^6	0.01 s [e]	4×10^8
$CaEDTA^{2-}$	$\approx 10^5$	0.35 s [e]	3.5×10^9
Fe(III)EDTA	3.3×10^2	105 s [e]	5×10^8
DTPA			
$CaDTPA^{3-}$	6200	6 s [e]	
$Zn(HDTPA^{2-}/H_2DTPA)$	≈100	6 min [e]	2.3×10^9
$ZnDTPA^{3-}$	3500	10 s [e]	
$Fe(III)(DTPA^{2-}/HDTPA)$	≪10	≫60 min [e]	1.5×10^9
$Fe(III)(OH)DTPA^{3-}$	2.4×10^5	70 s [e]	
Disinfection by-products			
Chloroform	≪0.1	≫100 h	5×10^7
Bromoform	≪0.2	≫50 h	1.3×10^8
Iodoform	< 2	> 5 h	7×10^9
Trichloroacetate	$< 3 \times 10^{-5}$	36 yr	6×10^7

표 9-17 Kinetics of the oxidation of selected organic compounds with ozone and OH radicals at ambient temperature(계속)

Compound	k_{O_3} ($M^{-1}s^{-1}$)	$t_{1/2}$[c]	k_{OH} ($M^{-1}s^{-1}$)
Pharmaceuticals			
Diclofenac	$\sim 1\times10^6$	33 ms[f]	7.5×10^9
Carbamazepine	$\sim 3\times10^5$	0.1 s[f]	8.8×10^9
Sulfamethoxazole	$\sim 2.5\times10^6$	14 ms[f]	5.5×10^9
17α-Ethinylestradiol	$\sim 7\times10^9$	5 μs[f]	9.8×10^9

a) Estimated from Glaze et al.
b) Rate constant for deprotonated form ($pK_a = 4.5$)
c) Estimated for 1 mg/L ozone.
d) Observed rate constant at pH 2. Estimated from Hoigné and Bader.
e) Half-live calculated for indicated species.
f) Most reactive form.
Ref) summarized by von Gunten(2003a)

(3) 오존처리공정

1) 오존처리 도입 시 주요 검토사항

오존을 정수공정에 도입하기 위해서, 최우선적으로 판단해야 할 사항은 오존의 도입이 해당 정수장의 원수 처리에 얼마나 효과적일 것인가 먼저 판단하는 것이다. 오존은 주로 그 자체로서 오염물질 제거의 수단이 되기보다 각종 오염물질의 성상을 변화시킴으로써 후속처리의 효과를 높이는 역할을 한다. 따라서 오존의 효과는 정수시스템을 전체를 통하여 평가하여야 한다. 특히 활성탄 흡착공정의 전처리 단계로 오존이 사용된다면 그 주된 역할은 활성탄의 세공보다 크기가 커 흡착이 용이하지 않던 오염물질(NOMs)을 작게 부수어 흡착이 용이하게 하는 데 있다. 그러나 이러한 긍정적인 측면과는 반대로 오존 주입에 의해 다소 흡착성이 저하되는 단점도 있다(그림 9-9). 이러한 긍정적인 면과 부정적인 영향의 정도는 물의 성상, 오존의 수중농도, 오존접촉시간에 따라 달라지게 되므로 원수의 특성에 맞는 운전조건을 설정하는 것이 매우 중요하다.

오존의 주입은 용존산소(DO)의 농도를 증가시켜 후속공정인 생물활성탄층에 번식하는 미생물을 활성화시키고 유기물질 제거에 더욱 유용한 환경을 제공하며, 일반적으로 활성탄의 수명도 연장된다. 수처리 효율을 향상시키기 위해 오존 도입이 고려된다면 대체로 활성탄 공정의 후속

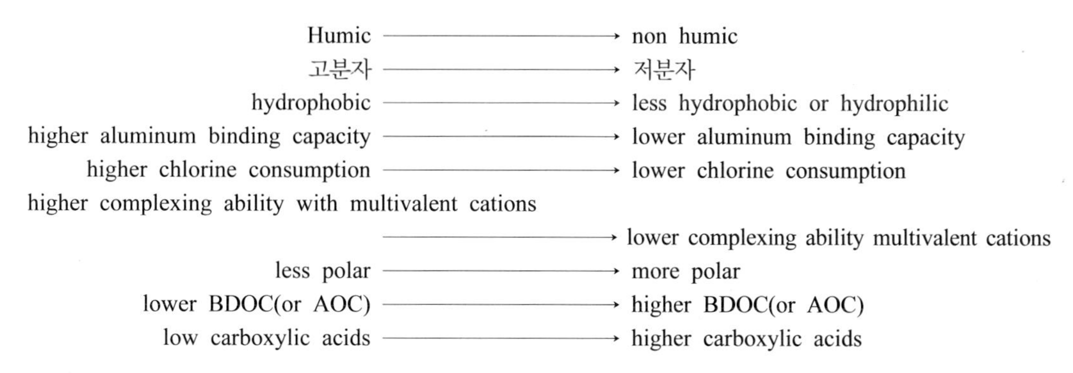

그림 9-9 오존산화에 의한 NOM의 일반적인 성상 변화(최의소, 2003)

배치는 필연적인 배열이 된다.

오존소독에서도 설명하였지만 오존처리는 THMs과 HAAs와 같은 발암성 DBPs를 형성하지 않는 장점이 있지만, 수원에서 브롬화물이 존재할 경우 이와 관련한 DBPs를 형성할 수 있다. 브롬이온(Br^-)은 건강상 아무런 위해도 주지 않으나 오존과 결합하는 경우에는 브롬산염(BrO_3^-, bromate)를 형성하여 문제를 야기시킨다. 즉, 브롬이온은 브롬산염의 전구물질로 이 물질은 해빙제나 비료, 공장 폐수, 해수 등에 포함되어 있다. 일반적으로 상수원수 내의 브롬이온농도는 10~3,000 μg/L 가량이다. 브롬산염의 형성은 오존주입량, DOC, 알칼리도에 의해 주로 결정된다. 오존주입량, 알칼리도 및 온도가 증가할수록 브롬산염의 형성이 증대된다. 형성된 브롬산염은 활성탄흡착 등에 의해 제거가 가능하다(Siddinqui, 1995).

오존처리를 위해 결정해야 할 주요 사항은 오존의 주입지점, 주입률 및 접촉시간 등이다. 고도정수처리에 있어서 오존은 어느 지점에서나 주입할 수 있다는 특징을 가지고 있다. 그러나 주입지점에 따라 효과도 상이하게 나타나게 되므로 오존처리도입을 검토하는 과정에서 이상의 오존효과에 대한 종합적인 검토가 필요하다.

고도처리에서 오존처리의 장단점은 다음과 같이 요약된다.

- 미세플록 형성(microflocculation) 향상-전오존(preozonation) 처리 시에 원수의 탁도 중에 포함된 핀 플록(pin floc)의 응집 효과가 있어 응집제 소요량이 작으며, 플록 형성 및 침전 효과를 향상시킨다.
- 맛·냄새물질과 색도제거의 효과가 우수하다. 조류 및 관련 맛·냄새 유발물질을 억제하며, 지오스민(geosmin)이나 2-메틸이소보니올(2-MIB) 등에 의한 냄새나 부식질 등에 의한 색도, 그리고 염소와의 반응으로 냄새를 유발하는 페놀류 등을 제거하는 데 효과적이다.
- 오존은 자체의 높은 산화력으로 염소에 비하여 높은 살균력을 가지고 있다. 염소주입에 앞서 오존을 주입하면 염소의 소비량을 감소시킨다. 또한 크립토스포리디움과 지아르디아를 포함한 모든 병원성 미생물에 대한 소독시간을 단축할 수 있다.
- 소독부산물(DBPs) 전구물질의 제거가 효과적이다. 그러나 실제 전오존 처리는 응집에 의한 NOM 제거효율을 감소시킨다.
- 오존산화 시 어느 일정 시간 동안은 기존의 생분해성 용존유기탄소(BDOC)의 산화율보다 고분자 유기물로부터의 BDOC 생성률이 크다. 따라서 접촉시간이 짧게 유지될 경우 BDOC의 증가를 초래한다. 난분해성 유기물질의 생분해성 증대는 후속공정에서 입상활성탄(생물활성탄으로 운전 시) 성능을 향상시킨다. 그러나 이러한 현상은 급수관 내 미생물 성장을 촉진할 수도 있다.
- Bromate 등의 산화 부산물을 형성할 가능성이 있다.
- 철·망간의 산화능력이 크다.

한편, 오존처리에서 유의해야 할 사항은 다음과 같다.

- 충분한 산화반응을 진행시킬 접촉지가 필요하다.

- 배오존처리설비가 필요하다.
- 염소처리를 할 경우에도 염소와 반응하여 잔류염소가 감소된다.
- 수온이 높아지면 용해도가 감소하고 분해가 빨라진다.
- 설비의 사용재료는 충분한 내식성이 요구된다.
- 소독부산물의 생성을 유발하는 저감물질에 한 처리효율이 높다.

2) 공정배열과 주입률

오존은 원수(전오존), 침전(중오존) 또는 여과(후오존)에 주입할 수 있다. 전오존 처리는 색도 성분이 많은 경우에 적합하지만 탁도물질이 많을수록 오존소비량이 많아진다. 따라서 침전 또는 여과 후에 오존을 주입하는 경우가 통상적이다. 어느 지점에 주입하더라도 충분한 혼화시간을 확보해야 하며 또 배출되는 오존가스(off-gas)는 대기 중으로 직접 확산되지 않도록 밀폐식의 형태가 되어야 한다.

냄새와 색도를 제거할 목적으로 하는 경우 일반적인 정수처리공정의 배열에 흔히 오존공정과 활성탄 흡착공정을 추가한다. 또한 응집효과의 개선을 목적으로 하는 경우 저탁도의 원수를 처리하기에 앞서 전오존처리를 하는 경우가 있다. 전오존처리를 실시하면 응집특성이 개선되어 응집제의 주입량이 감소하고, 플록의 크기와 강도가 개선되는 효과가 있다. 이러한 목적인 경우에는 특히 유입수질에 따라 오존주입률을 조절해주어야 한다. 유기염소화합물의 생성을 저감시킬 목적으로 적용할 경우에는 전염소 대신 오존처리와 활성탄 흡착처리를 추가하여 정수처리공정 내에서의 유기물과 무기물의 산화는 오존으로 처리하고 최종 소독은 염소제로 처리하는 방식이 유효하다(9.2절 활성탄 흡착공정 참조).

주입률은 처리대상수의 수질, 제거대상물질의 종류와 농도 등에 따라 다르며 처리효과에도 큰 영향을 미친다. 최적의 주입률을 결정하기 위해 따라서 기존문헌을 참고하고 필요한 경우 실험에 의해 각종 조건의 변화에 따른 적정 주입률을 결정해야 한다. 표 9-18에는 각종 제거대상물질에 대한 통상적인 오존주입률을 정리하였다. 오존-활성탄 흡착처리 공정을 운영하는 실제 정수장 운전결과를 참고하면, 0.5～3.0 mg/L(평균 1.1 mg/L)의 오존주입률에서 2-MIB제거율은 거의 100 %였다. 반면에 이미 생성된 THM의 저감을 위한 오존처리는 효과가 거의 없다.

오존주입률 결정은 실시간 수질을 반영하여 주입 방법을 선정하는데, C·T 일정 제어방식, TOC 대비 결정방식 또는 오존소비특성을 이용한 오존요구량 일정제어방식 등이 고려된다. 오존주입량과 효율에 대한 계산식은 식 (8.76)과 (8.77)을 참고로 한다.

표 9-18 **각종 제거대상물질에 대한 오존의 주입률**

제거대상물질	주입률(mg/L)	접촉시간(min)	효율(%)
맛·냄새물질	0.5～2	10～20	n.d.
망간	0.5～1.0	1～3.	n.d.
1-4 다이옥산 등	1.9～6.0	n.d.	38～62.7

Note) n.d. not defined.

3) 오존처리 시스템

오존처리 시스템에는 공기전처리설비(air pretreatment), 송풍기(compressor), 오존발생장치(ozone generator), 접촉조(contactor), 배출오존 파괴설비(ozone destructor) 등이 포함된다(그림 9-10). 오존의 이용효율을 높이기 위해 오존재이용시설이 포함될 수 있다.

오존발생기는 그 형상에 따라 플레이트형과 튜브형(수평형, 수직형)으로 분류되는데, 주로 튜브형이 일반적으로 사용된다. 또한 사용주파수에 따라서는 저주파(60 Hz, 1.9 kV)와 중주파(250～600 Hz, 1.5 kV)로 구분한다. 저주파보다 중주파의 경우 발열량이 많아 별도의 냉각장치가 필요하지만 반면, 저주파는 발생기 자체가 크다. 전력비가 싼 곳이나 기온이 낮은 곳에서는 냉각비용을 절감할 수 있으므로 중주파가 경제적이므로 방식의 선택에는 오존발생효율, 안정성, 내구성, 경제성 등에 대한 충분한 검토가 필요하다.

오존처리의 핵심공정인 오존접촉조의 주요 고려사항은 오존이용률과 오존산기방식 및 접촉시간이다. 오존이용률에 영향을 미치는 요소로서 기액의 접촉방향, 가스농도, 공탑유속, 오존가스의 기포크기, 접촉수심, 기액비(G/L, Nm^3/m^3), 가스의 균등접촉 등이 있다. 오존가스 주입방식으로는 확산식(diffuser), 인젝터(injector)식, 오존가압기식, 기계교반식이 있다. 오존화공기 주입은 이용률과 유지관리의 용이성과 경제성 측면에서 확산식이 많이 사용된다. 접촉지 바닥에는 세라믹 재질의 개구비 35 %, 기공직경 60 μm 정도인 산기관이나 산기판을 설치하며, 오존가스가 균등하게 산기되도록 적절하게 배치해야 한다. 산기관은 공기방울이 작을수록, 산기관이 깊은 위치에 있을수록 오존의 전달효과가 높다. 오존접촉조의 깊이는 보통 5～6 m인 경우가 많다. 오존접촉조는 3～4개의 격벽으로 이루어져 있는데, 첫 번째 단에서는 오존주입으로 발생가능한 거품제거설비를 갖추기도 하며 마지막 방은 주로 오존산기를 하지 않고 용존오존의 소모를 유도한다. 또 접촉지 바닥에는 배수(排水)와 슬러지 배출을 하여 배수관을 설치한다.

오존접촉시간은 제거대상물질에 따라 다르다. 망간 제거를 목적으로 할 경우에는 단시간(1～3분)으로 산화효과가 있지만, 유기물 등을 분해하기 위해서는 10～20분 정도의 시간이 필요하며, 이 경우 70～90 % 정도의 흡수효율을 달성할 수 있다.

오존주입 설비용량은 시간최대주입량에 여유분을 고려하여 결정한다. 장치는 유지관리상의 편의를 위해 원칙으로 2계통 이상으로 분할 설치해야 한다. 2단 주입일 경우의 각 조별 오존주

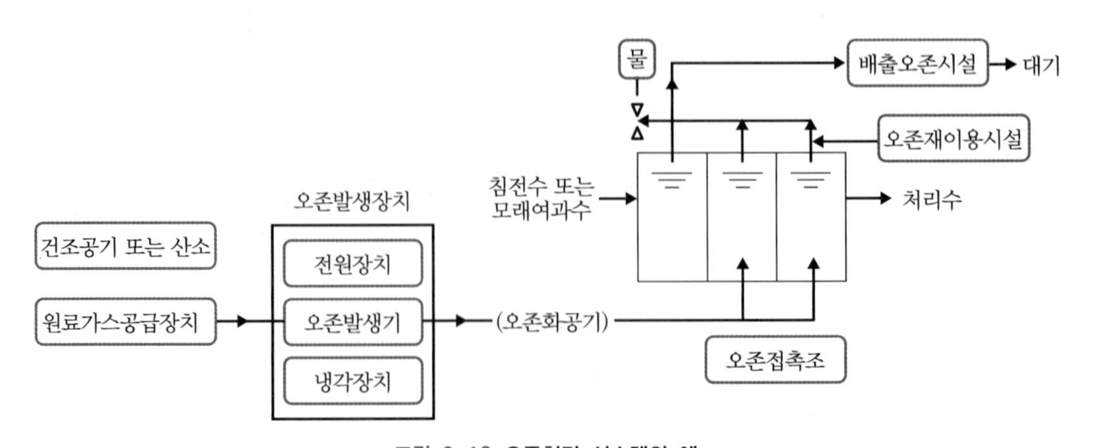

그림 9-10 오존처리 시스템의 예

입비율을 1 : 1 정도로 하는 것이 일반적이다. 주입비율은 각 반응조별 용존오존농도와 C · T값 및 처리수의 용존오존농도 등을 고려하여 실험을 통하여 결정하는 것이 바람직하다. 오존접촉지의 단수를 1단 증가시킬 때 흡수효율의 상승효과는 1 % 정도에 불과하므로 필요 이상으로 과다하게 증가시킬 필요는 없다.

오존처리설비에서의 소요전력량은 원료가스공장치, 오존발생기, 기타 부속설비를 포함하여 1 kg당 20～30 kWh이다. 오존은 산화성과 폭발성이 있는 가스이므로 건물은 내화·방폭 구조가 요구되며, 오존의 강한 산화력으로 인해 오존에 접촉하는 부분과 접촉 가능성이 있는 부분의 재질은 충분한 내식성과 강도가 있어야 한다.

발생된 오존은 오존접촉조 내에서 100 % 소모되지 않으므로 미소모된 분량은 반응조의 상부로 배출(off-gas)되는데, 이러한 오존가스를 포집하여 전오존처리에 이용하거나 오존접촉조의 첫 단으로 재순환시켜 오존사용효율을 극대화할 수 있다. 그러나 실제 운영 경험에 따르면 재순환은 기대했던 이익보다는 송풍기의 규모증대, 배관설비, 부식유발 등의 부정적인 문제점을 발생시킨다. 따라서 오존 재순환시스템의 채택에는 충분한 경제성 검토가 필요하다.

공정 중에서 오존의 배출은 오존접촉조, 모래여과 및 활성탄흡착 등에서 발생하게 된다. 모래여과나 활성탄흡착지에서의 배출되는 오존의 농도는 낮지만 오존접촉지에서는 일시적으로 상당히 높은 농도의 오존이 배출되는 경우가 있다(가장 높은 경우는 0.1 wt%, 공기 오존농도로 환산하면 약 660 mg/L). 대기환경기준에 따르면 오존농도는 8시간 평균치가 0.06 mg/L 이하이고 1시간 평균치는 0.1 mg/L 이하로 규정되어 있다. 따라서 배출되는 오존은 적절한 처리를 통하여 일정 농도 이하로 유지되어야 한다. 배출오존의 처리방법으로는 활성탄 흡착분해법, 가열분해법, 세정법 및 촉매분해법 등의 방법이 있으나, 처리효과, 유지리, 경제성, 안전성을 고려하여 결정한다.

산업안보건법에 따르면 1일 작업시간(8시간) 동안에 오존의 시간가중평균농도(TWA, time weighted average)는 0.1 mg/L 그리고 단시간노출허용농도(STEL, short term exposure limit)는 0.3 mg/L로 규정되어 있다. 따라서 오존처리시스템은 시스템의 안정된 운전과 작업자의 안전을 위해 시스템 내의 자동개폐 및 경보설비 및 각종 안전시설이 필요하다.

예제 9-3 오존접촉지의 설계

다음과 같은 설계조건으로 오존접촉지를 설계하시오.

목표 오존이용률 80 % 이상, 수심 6.0 m, 가스공탑속도 5.0 m/h

접촉조는 4열(상시 3열, 예비 1열),

접촉지의 구성은 반응지 1단, 상하우류 향류식, 공급가스 1단접촉, 재이용가스 1단접촉

계획정수량은 100,000 m^3/d, 세척수량비 5 %,

오존주입률은 2.0 mg/L, 발생오존농도 20 g/Nm^3.

풀이

(1) 오존소요량 = (2 mg/L) × (100,000 m^3/d) × (1.05/24/1,000) = 8.75(kg/h)

(2) 오존화공기량 = (8.75 kg/h) × (1,000 g/kg)/(20 g/Nm^3) = 437.5(Nm^3/h)

(3) 공급가스 접촉부(2단조)

1열당 공기량: (437.5 Nm^3/h)/3열 = 145.83(Nm^3/h)

공급가스접촉부 면적: (145.83 Nm^3/h)/(5 m/h) ≒ 29.17(m^2)

유효폭 5.85 m, 길이 5 m로 할 때 면적은 29.25 m^2로 계산된다.

접촉시간: (29.25 m^2) × 6/[(100,000 + 5000)/1,440/3)] = 7.22(min)

디퓨저의 수: 145,830/60/100 = 24.305 → 24개로 설정

(4) 재이용가스부(1단조): (3)과 동일

(5) 반응지(3단조)

반응시간을 5분으로 계획할 경우 105,000/1440/3 × 5/6 ≒ 20.255(m^2)

유효폭 5.85 m, 길이 3.46 m로 설계

(6) 산기과과 산기판(diffusing pipe and plate) 설치

산기관이나 산기판은 오존화공기가 균등하게 분배되고 물에 편류가 생기지 않도록 바닥에서 30 cm 정도의 높이에 충분한 용량으로 설치한다.

9.4 고도산화

(1) 개요

19세기 후반 이후 오존처리와 함께 꾸준히 주목 받아온 고도산화(AOPs, advanced oxidation processes)에 대한 초기 정의는 수질 정화를 수행하기에 충분한 양의 수산화 라디칼(hydroxyl radicals, •OH)을 생성하는 상온에서의 가압형 수처리 공정(near ambient temperature and pressure water treatment processes)으로 설명하고 있다(Glaze et al. 1987). 그러나 광범위한 의미에서 고도산화공정은 수산화 라디칼과의 산화반응을 통해 물속에 포함된 유기물질과 무기물질을 제거하도록 설계된 일련의 화학적 수처리 시스템을 의미하며, 실제 적용에서는 오존(O_3), 과산화수소(H_2O_2) 또는 자외선(UV)을 사용하는 화학적 수처리 공정들을 말한다.

수산화 라디칼(•OH)은 수산화 이온(OH^-)의 중성적 형태(neutral form)으로 쉽게 수산기로 전환이 가능하여 반응성이 매우 높으며 반응시간도 짧은 특성을 지니고 있다. AOPs는 이러한 고반응성의 수산화 라디칼을 강력한 산화제로 사용하여 일반적인 산화제(즉 산소 및 염소)로 분해할 수 없는 방향족 화합물, 살충제 및 휘발성 유기화합물과 같은 유독성 또는 난분해성 물질을 처리하는 데 특히 유용한 방법이다(Munter, 2001). AOPs의 최종산물은 물, 이산화탄소, 질소 및 염과 같은 안정한 무기 화합물로 완전히 광물화(mineralization)된다. AOPs는 일반적으로 동질상(homogeneous phase)과 비동질상(heterogeneous phase), 또는 비광화학 공정(nonphotochemical processes or Dark AOPs)과 광화학 공정(photochemical processes or photo- assisted AOPs)로 구분된다(그림 9-11). 비광화학 공정의 대표적인 예는 오존기반 AOPs이며, 자외선 기반 AOPs는 광화학 공정 범주에 포함된다. 또한 여기에 수산화 라디칼의 생성을 촉진하기 위해 과산화수소와 같은 다양한 산화제나 촉매제가 조합하여 사용된다. 최근에는 가시광선조건에서 다양한 나노입자를 촉매로 사용하는 기술들이 등장하고 있다.

불소(플루오르, fluorine)를 제외하면 수산화 라디칼은 가장 높은 전위차(2.8 V)로 인해 매우 활성적인 산화제이다(표 9-15). 수산화 라디칼은 용존성 물질과 반응하고, 그 성분이 완전히 분해될 때까지 연속적인 산화반응을 하게 된다. 비선택적으로 또한 정상적인 온도와 압력하에서 반응이 진행되므로 수산화 라디칼은 다른 산화제와 비교하여 특정 화합물군에 대한 구분 없이 일반적으로 사용이 가능하다. 또한 고도산화공정은 2차 폐기물이 발생하지 않고, 처분하거나 재생이 필요한 물질의 발생도 없다. 표 9-19에는 AOPs 공정의 종류에 따른 수산화 라디칼의 생성 반응식을 정리하였다.

이러한 AOPs 공정들은 일반적으로 상수, 하수 및 각종 산업폐수의 고도처리에 다양하게 응용되지만, 대규모 공공 정수처리 시스템에서는 주로 전오존 또는 후오존 방식의 오존산화의 적용이 일반적이다(그림 9-5 참조). 그 대상물질은 주로 유기물질 및 소독부산물 전구물질, 암모니아 질소, 맛, 냄새, 색도, 살균, 철-망간 등으로 매우 다양하다. 하수나 각종 산업폐수의 고도처리에서는 더 다양한 AOPs 기술들이 연구·적용되고 있다. 기본적으로 AOPs 기술은 기존의 기술로

표 9-19 Main AOPs and related reactions involving the production of ·OH

	Reactions
Dark AOPs	
Ozone at elevated pH	$3O_3 + OH^- + H^+ \rightarrow 2{}^\bullet OH + 4O_2$
Ozone + hydrogen peroxide	$2O_3 + H_2O_2 \rightarrow 2{}^\bullet OH + 3O_2$
Ozone + catalyst	$O_3 + Fe^{2+} + H_2O \rightarrow Fe^{3+} + OH^- + {}^\bullet OH + O_2$
Fenton	$Fe^{2+} + H_2O_2 \rightarrow Fe^{3+} + OH^- + {}^\bullet OH$
Photo-assisted AOPs	
Ozone/UV	$O_3 + H_2O + h\nu \rightarrow O_2 + H_2O_2$
Hydrogen peroxide/UV	$H_2O_2 + h\nu \rightarrow 2{}^\bullet OH$
Ozone/H_2O_2/UV	The addition of H_2O_2 to the O_3/UV process accelerates the decomposition of ozone, which results in an increased rate of ${}^\bullet OH$ generation
Photo-Fenton	$Fe^{2+} + H_2O_2 + h\nu \rightarrow Fe^{3+} + OH^- + {}^\bullet OH$ $Fe(OH)^{2+} + h\nu \rightarrow Fe^{2+} + {}^\bullet OH$ $Fe(OOCR)^{2+} + h\nu \rightarrow Fe^{2+} + CO_2 + R^\bullet$
Heterogeneous photocatalysis (TiO_2/UV)	$TiO_2 + h\nu \rightarrow TiO_2(e^- + h^+)$ $h^+ + H_2O \rightarrow {}^\bullet OH + H^+$ $e^- + O_2 \rightarrow O_2^{-\bullet}$

Ref) Ignasi, et al.(2014)

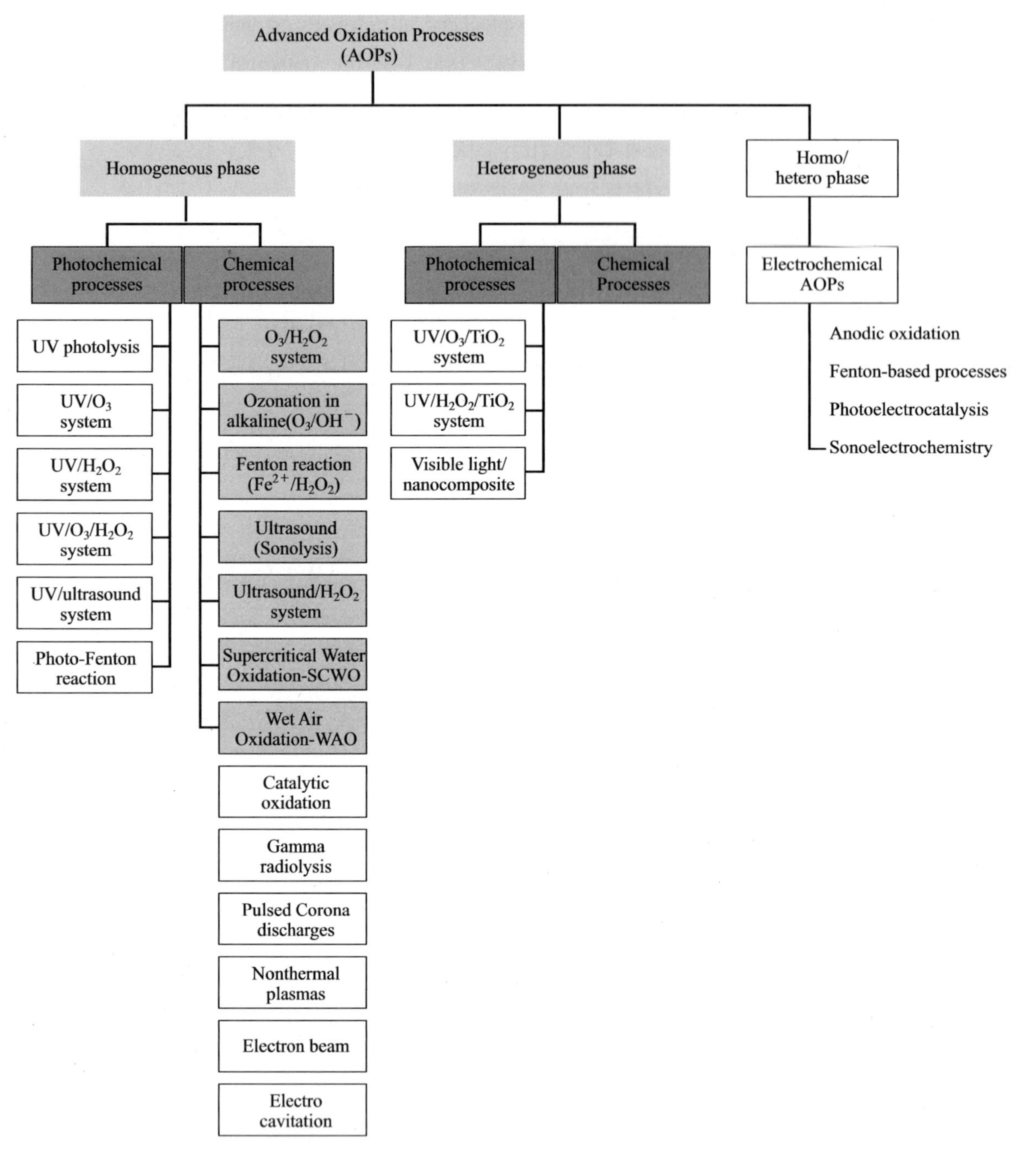

그림 9-11 **Classification of advanced oxidation processes** (modified from Andrzej and Sylwia, 2012)

제거되지 못하는 미량 오염물질(micro-pollutants)이나 난분해성 물질(non-easily removable organic compounds) 그리고 살균(disinfection) 등을 목적으로 한 고도처리에 중점을 두고 다방면에 걸쳐 기술개발과 상업화가 빠르게 이루어지고 있는 분야이다. 표 9-20에는 AOPs 공정의 장단점을 정리하였다.

이 장에서는 수처리에 흔히 사용되는 오존기반 AOPs와 자외선 기반 AOPs, 기타 AOPs 기술에 대하여 개략적으로 설명한다. 그외 더 상세한 내용은 관련문헌(Comninellis et al., 2008; Ignasi et al., 2014; Sharma et al., 2011)을 참고하기 바란다.

표 9-20 Advantages and disadvantages of AOPs

Advantages	a) Rapid reaction rates. b) Small foot print. c) Potential to reduce toxicity and possibly complete mineralization of organics treated. d) Does not concentrate waste for further treatment with methods such as membranes. e) Does not produce materials that require further treatment such as "spent carbon" from activated carbon absorption. f) Does not create sludge as with physical, chemical process or biological processes
Disadvantages	a) Capital intensive. b) Complex chemistry must be tailored to specific application. c) For some applications quenching of excess peroxide is require.

Ref) Sharma et al.(2011)

(2) 오존기반 AOPs

빛 에너지를 사용하지 않고 수산화 라디칼을 발생시키는 대표적인 비광화학 산화법에는 오존 관련 기술과 펜톤(Fe^{2+}/H_2O_2) 시스템이 포함된다. 오존 관련 기술은 정수처리에 흔히 사용되는 반면 펜톤 시스템은 주로 산업폐수를 대상으로 적용되고 있다.

이론적으로 볼 때 모든 유기물질은 오존산화에 의해 이산화탄소(CO_2)와 물(H_2O)로 완전한 분해가 이루어져야 하지만, 실제 대다수의 유기물질(맛·냄새 유발물질과 THM과 같은 포화 탄화수소 등)과의 반응은 느리거나 또는 전혀 반응하지 않는 경우도 있다. 이러한 특성을 보이는 물질을 내오존성 유기화합물(ozone-resistant organic compounds)이라고 한다.

오존의 이러한 단점은 산화제 또는 촉매제를 오존과 동시에 반응시켜 수산화 라디칼의 생성을 가속화함으로써 해결할 수 있다. 이러한 기술을 오존기반 고도산화법(Ozone-based AOPs)이라 하는데, 수산화 라디칼을 만들기 위해 이용되는 오존기반 기술로는 높은 pH(> 8.5) 조건에서의 오존산화방법(O_3/high pH)이나 다양한 산화제 또는 촉매제를 사용하는 방법[O_3/H_2O_2, O_3/UV, $O_3/UV/H_2O_2$, O_3/Catalyst(metallic oxides, TiO_2), O_3/electron beam 등]이 있다. AOPs의 주된 반응 물질인 수산화 라디칼은 비선택적이며 매우 짧은 반감기(10^{-4}M 농도에서 10 μS)로 용해성 고형물과 직접적으로 반응하는 매우 반응성이 강한 성분이다(표 9-19).

AOPs는 오존이 모든 화합물을 빠르게 산화시키지 못하는 문제에 대한 해결책이 될 수 있다. 특히 오존기반 AOPs는 종래의 오존 공정에서 pH 값을 증가시키고 과산화수소를 첨가함으로써 비교적 간단하게 적용할 수 있다. 이때 추가되는 산화제로서 과산화수소는 가장 경제적인 방법이다(von Gunten, 2003a). 오존기반 AOPs 중에서 O_3/H_2O_2, O_3/UV 및 $O_3/UV/H_2O_2$ 등은 이미 상용화되어 실제 적용되고 있다(Rice, 1996).

맛과 냄새를 없애고 음용수의 살균을 위해서는 오존만으로도 충분하다. 그러나 물속에 존재 가능한 일부 미량 오염물질(살충제, 염소화 유기물 등)의 경우 O_3/UV 시스템이 뒤따르는 O_3/H_2O_2의 조합은 음용수 처리 설비에서 가장 효율적이고 저렴한 기술이다. O_3/H_2O_2 공정의 장점은 UV 램프의 청소 및 교체와 같은 유지 보수가 필요하지 않으며, 일반적으로 전력 요구량이 낮다는 데 있다. 또한 이미 오존을 처리단계로 사용하는 정수장에서는 H_2O_2를 첨가하여 쉽게 적용할 수 있다.

1) O_3/high pH

pH의 증가는 물속의 오존 분해 속도에 크게 영향을 미친다. 예를 들어 pH 10에서 물속의 오존 반감기는 1분 미만이 된다. 수산화 이온(OH^-)과 오존 사이의 반응은 과산화(superoxide) 음이온 라디칼($\cdot O_2^-$)과 과산화수소 라디칼($\cdot HO_2$)의 형성을 촉진하며, 최종적으로 수산화 라디칼을 생성한다. 즉, 3개의 오존 분자는 2개의 수산화 라디칼을 생성한다(표 9-19).

자연수에서 중탄산염(bicarbonate, HCO_3^-)과 탄산염(CO_3^{2-})은 수산화 라디칼의 중요한 소모원(scavengers)으로서 이들 성분에 의한 반응 생성물은 더 이상 오존이나 유기 화합물과 반응하지 않는다. 수산화 라디칼에 의한 반응속도는 통상 분자 오존의 경우보다 10^6~10^9배나 빠르다. 오존산화 공정의 운영비의 대부분은 오존생성을 위한 전기소모 비용이다. 공기를 이용한 오존합성 에너지는 약 22~33 kWh/kg O_3이며, 순산소를 이용할 경우는 산소비용 제외 시 12~18 kWh/kg O_3이다(Techcommentary, 1996).

2) O_3/H_2O_2

오존에 과산화수소를 첨가하면 오존의 분해속도로 강화시켜 수산화 라디칼의 생성을 촉진시킬 수 있는 간접적인 반응경로이다. 이 반응에서 두 개의 오존 분자는 두 개의 수산화 라디칼을 생성한다(표 9-19). 이 반응에서 최적의 H_2O_2/O_3 질량비는 0.35~0.45이며, 공정의 성능은 오존 투여량, 접촉시간 및 물의 알칼리성에 의존한다. 과산화수소 농도가 낮으면 오존분해가 원활하지 않아 수산화 라디칼의 생성이 저해되고, 농도가 높으면 과산화수소가 오히려 소모제로 작용해 역효과를 일으킨다.

과산화수소는 비교적 저렴하고 사용이 용이한 산화제로 황산 암모늄(ammonium bisulphate)의 전기 분해 또는 알킬히드로안트라퀴논(alkyl hydroanthraquinones)의 산화에 의해 생성될 수 있는데, 이때 에너지 소요량은 생산된 과산화수소 1 kg당 약 7.7 kWh 정도이다(Techcommentary, 1996).

그림 9-12는 대표적인 내오존성 유기화합물인 파라 클로로벤조익산(pCBA, para-chlorobenzoic acid)을 대상으로 한 지하수와 지표수 시료에서 오존산화와 AOP(O_3/H_2O_2) 공정의 성능을 비교하여 보여준다.

3) O_3/CAT

오존 처리 반응을 가속화할 수 있는 또 다른 방법으로는 이종 또는 균질성 촉매(catalysts)를 사용하는 경우가 있다. 촉매물질로는 다양한 금속 산화물과 금속 이온(Fe_2O_3, Al_2O_3-Me, MnO_2, Ru/CeO_2, TiO_2, Fe^{2+}, Fe^{3+}, Mn^{2+} 등)이 주로 연구되고 있다. 대부분의 경우 반응 메커니즘은 불분명하지만, 화합물의 분해에 상당한 효과를 보이고 있다(Munter, 2001).

(3) 광화학 기반 AOPs

일반적인 오존이나 과산화수소에 의해 유기화합물은 대부분의 경우 이산화탄소와 물로 완전히 산화되지 않는다(Techcommentary, 1996). 일부 반응에서 물속에 잔류하는 산화반응의 중간

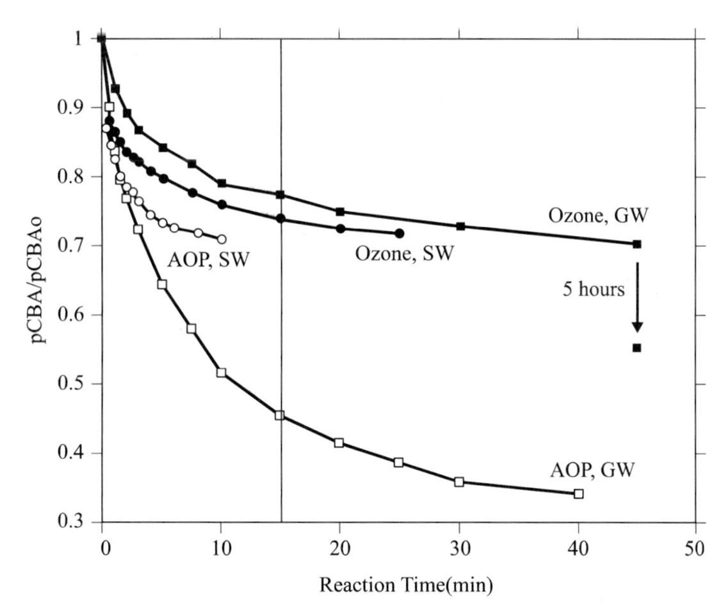

그림 9-12 Oxidation of pCBA (para-chlorobenzoic acid) during ozonation and AOP (O_3/H_2O_2) for a groundwater (GW) and a surface water (SW). GW: DOC 1 mg/L, alkalinity 5.2 mM; SW: DOC 3.2 mg/L, alkalinity 3.8 mM. Experimental conditions: pH=7, T=11°C, $[O_3]_o=2.1\times10^{-5}$ M, $[H_2O_2]=1\times10^{-5}$ M, $[pCBA]_o=0.25$ mM (Acero and von Gunten, 2001)

생성물은 독성이 있거나 혹은 초기 화합물보다 더 높은 독성을 가질 수 있다. 이 경우 자외선은 소독에서의 효과와 마찬가지로 완벽한 산화 반응을 달성할 수 있는 보조기능으로 사용될 수 있다. 광화학 기반의 AOPs는 특히 자외선을 강하게 흡수하는 유기화합물의 경우에 적합하다.

효율적인 오존 광분해를 위해 UV 램프는 254 nm의 파장에서 얻어지는 최대 방사 출력(maximum radiation output)을 이용한다. 대부분의 유기성 오염물질은 200～300 nm 범위에서 UV 에너지를 흡수하고 직접 광분해 되거나 분해효율이 증가하고, 또한 화학적 산화제와도 효과적으로 반응한다. 또한 물의 직접 광분해를 위해 172 nm와 222 nm의 파장을 사용하는 엑시머 램프(excimer lamps)는 UV 산화 공정에서도 매우 효과적이다(Fassler et al., 1998).

1) O_3/UV

오존은 254 nm 파장에서 자외선을 쉽게 흡수하여(흡광 계수 ε_{254} nm = 3,300 M^{-1} cm^{-1}) 중간 생성물인 과산화수소를 생성하고, 이는 궁극적으로 수산화 라디칼로 분해된다(표 9-19). 일반적인 저압 수은 램프는 이 파장에서 UV 에너지의 80 % 이상을 생성한다. 최종적으로 수산화 라디칼을 얻기 위해 과산화수소를 만드는 오존의 광분해는 매우 값비싼 방법이다. 개념적으로 과산화수소의 광화학적 분해가 수산화 라디칼을 생성시키는 가장 간단한 방법이지만, 예외적으로 254 nm에서의 과산화수소의 분자 흡수율은 매우 낮다(ε_{254} nm = 18.6 M^{-1} cm^{-1}). 그러나 과산화수소의 광흡수율은 더 낮은 파장의 램프를 사용함으로써 증가될 수 있다. 페놀 화합물(페놀, p-cresol, 2,3-xylenol, 3,4-xylenol)은 오존에 의해 쉽게 산화되기는 하지만, 이산화탄소와 물로 완전한 광물화는 되기는 쉽지 않다.

2) H_2O_2/UV

과산화수소의 광분해는 직접적인 수산화 라디칼의 형성을 유도한다(표 9-19). 과산화수소와 산-염기의 평형상태에 존재하는 과산화수소 라디칼($\cdot HO_2^-$) 또한 254 nm의 파장에서 자외선을 흡수한다. H_2O_2/UV 공정은 클로로페놀과 다른 염소 화합물의 분해에 성공적으로 사용될 수 있다(Nicole et al., 1991; Hirvonen et al, 1996). 지하수와 음용수를 대상으로 연구된 결과를 보면 각종 제초제(atrazine, desethylatrazine 및 simazine) 성분은 최종적으로 이산화탄소로 분해될 수 있다고 보고하였다(Bischof et al., 1996). 그러나 과산화수소는 분자 소멸 계수를 가지고 있으므로, 이 공정은 비교적 높은 농도의 과산화수소를 필요로 하고, UV 에너지를 효과적으로 사용하지 못하는 경향이 있어 주의가 필요하다.

3) O_3/H_2O_2/UV

앞서 설명한 O_3/UV 공정에 H_2O_2를 첨가하면 오존의 분해가 촉진되어 수산화 라디칼의 생성 속도가 증가한다(Techcommentary, 1996). 이 공정은 UV 방사선의 흡수가 약한 오염물질을 대상으로 하며, 특히 비용적인 측면에서 효과적이다. 오염물질의 직접 광분해가 주요 영향인자가 되지 않는다면, O_3/H_2O_2는 광산화 공정의 대안으로 고려될 수 있다.

UV/O_3 및/또는 H_2O_2 시스템의 운영 비용은 유량, 오염 물질의 유형 및 농도 및 목표제거 정도에 따라 크게 다르다. 자외선을 이용한 AOPs는 원수 탁도와 색도에 따라 처리효율의 변동이 있을 수 있다. 표 9-21에는 AOPs 공정에서 수산화 라디칼을 생산하기 위한 산화제와 UV의 이론적인 양을 비교하였다. 또한 표 9-22는 다양한 AOPs의 운영 비용을 비교한 것이며, 그림 9-13은 AOPs 공정의 개요도를 보여준다.

표 9-21 Theoretical amount of oxidants and UV required for the formation of OH radicals in AOPs

System	Moles of O_3/mole $\cdot$OH	Moles of UV photons, einsteins/mole $\cdot$OH	Moles of H_2O_2/mole $\cdot$OH
O_3/OH^-	1.5	0	0
O_3/UV	1.5	0.5	0.5(H_2O_2 *in situ*)
O_3/H_2O_2	1.0	0	0.5
H_2O_2/UV	0	0.5	0.5

Ref) Glaze et al.(1987)

표 9-22 Comparative operating costs of some AOPs

Process	Cost of oxidant	Cost of UV
O_3/UV	High	Medium
O_3/H_2O_2	High	0
H_2O_2/UV	Medium	High
Photocatalytic oxidation	Very low	Medium to high

Ref) Techcommentary(1996)

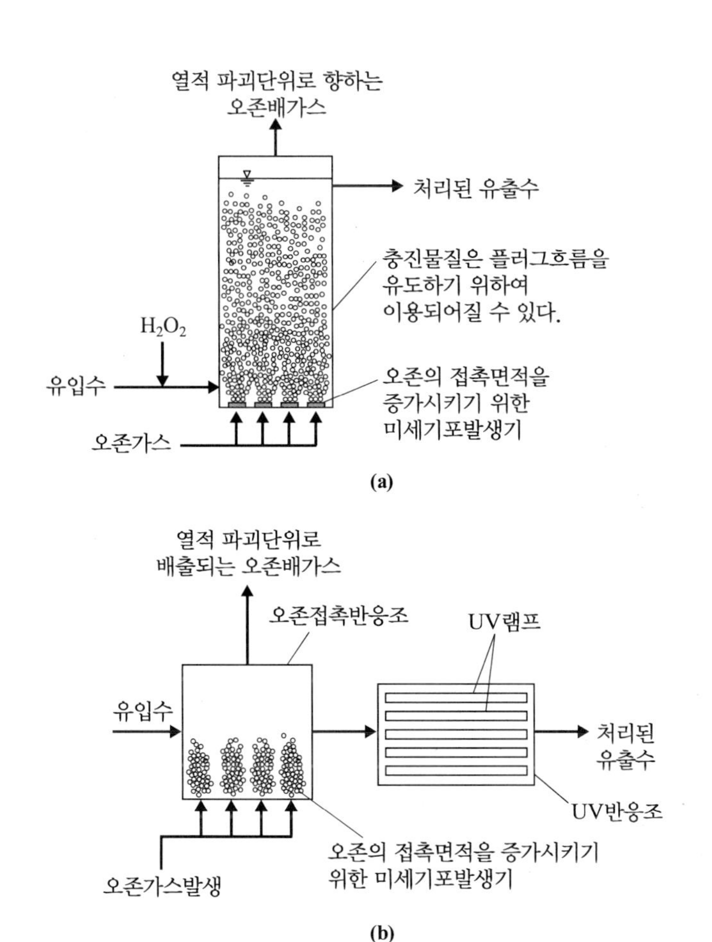

그림 9-13 **AOPs 공정의 개요도. (a) O_3/H_2O_2, (b) O_3/UV** (Metcalf & Eddy, 2004)

4) 광촉매 산화

광촉매 산화(PCO, photocatalytic oxidation)는 반도체(semiconductor) 물질의 광자극(photo-excitation)으로 인한 결과이지만 자외선 스펙트럼으로 국한되지는 않는다. UV 인근 파장의 조사에서 반도체 재료는 충분한 크기의 전도대 전자에너지(conduction band electrons energy)로 광자극 특성을 가지며, 이러한 전하 운반체는 환원 또는 산화 반응을 유도할 수 있다. 이산화티탄(TiO_2) 입자는 이러한 특성을 가지고 있는 대표적인 성분(표 9-19)으로 흔히 다양한 광촉매 반응에 사용되는 금속 산화물이다.

실질적으로 모든 종류의 독성 화학 물질은 PCO에 의해 분해되며, 할로겐화 탄화수소(halogenated hydrocarbons)와 방향족 분자(aromatic molecules)도 광분해가 용이하다. 염소화 페놀과 같은 페놀류, 다이옥신 등도 완전히 산화되어 최종 생성물(CO_2와 HCl)로 전환이 가능하다. 미량일지라도 독성 부산물이 형성되지 않는다는 증거는 아직 문헌에 보고되어 있지 않다. 염료(dyes), 프탈레이트(phthalates), DDT 및 계면활성제(sulfactants) 등은 광물화(mineralization)가 효과적으로 이루어질 수 있는데, 여기서 광물화란 이산화탄소와 물이라는 최종적인 산물로 안정화되었다는 것을 의미한다.

현재 전 세계적으로 이 분야의 연구 활동은 주로 내화물 및 독성 유기물을 함유한 폐수에 집중되어 있으나, 가까운 장래에 PCO 및 기타 AOPs는 새로운 음용수 처리 기술에 대한 오늘날의 까다로운 요구에 중요한 역할을 할 것으로 기대된다. 정수처리에서 광촉매 산화는 많은 파일럿 규모의 적용에서 그 효율성을 증명하였으나 아직 상업화 단계에 있다. 그러나 이러한 새로운 수처리 방법은 현재 사용 중인 공정의 비용보다 최소한 2배 이상 낮은 비용으로 실행될 여지가 높다(Munter, 2001).

반도체의 표면상태, 밴드 전위(flat-band potential), 유기 오염물질의 분해와 같은 많은 특성들 pH에 의존하기 때문에 pH는 광촉매 반응에 지배적인 영향을 미치지만 적절한 수준은 처리의 조건에 따라 달라질 수 있다.

표 9-23은 다양한 나노복합물질을 이용한 광촉매 산화 효과를 보여주며, 그림 9-14는 그래핀 금속산화물을 이용한 총유기탄소 제거 효과를 보여준다.

표 9-23 Comparative performance of the graphene-metal oxide nanocomposites

Nanocomposites	Irradiation source	Dye	Irradiation time(h)	Degradation(%)	References
TiO_2/G	visible light	BM	60	100	1
CdS-G	visible light	MB	7	94.5	
		MO	7	80	
		RhB	7	91	2
$BiFeO_3$-G	sunlight	MO	6	100	3
G-αMoO_3	visible light	MB	4	96	4
PVA/TiO_2/G-MWCNT	UV light	MB	5	98.5	5
TiO_2/G	UV light	BM	60	100	6
TiO_2-GO	UV light	MO	4	84	7
ZnO-rGO	UV light	Cr(VI)	4	96	8
G-αMoO_3	UV light	MB	3	97	4

Note) BM, butane molecule; G, graphene, GO, graphene oxide; MB, methylene blue; MO, methyl orange; RhB, Rhodamine B.

Ref) 1, Stengl et al. (2011); 2, Khan et al. (2016); 3, Dai et al. (2013); 4, Maharingam et al. (2017); 5, Gowun and Hyung (2014); 6, Stengl et al. (2011); 7, Atchudan et al. (2017); 8, Liu et al. (2012).
summarized by Mahalingam et al.(2017)

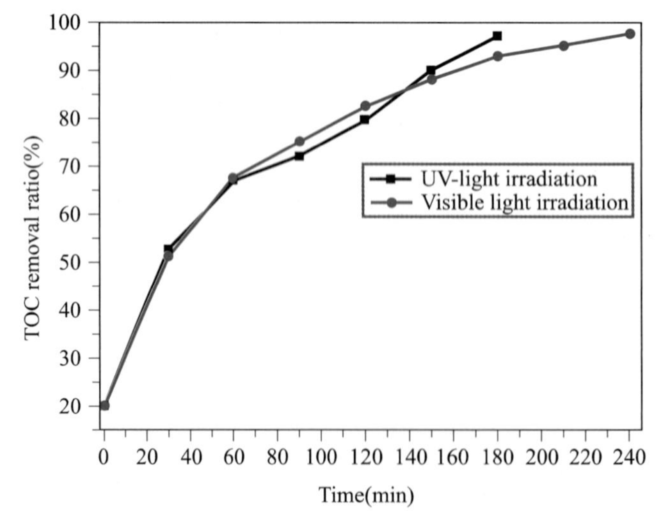

그림 9-14 TOC removal of the G-MoO_3 nanocomposites (Mahalingam et al., 2017)

(4) 기디

앞선 오존기반 AOPs와 광화학기반 AOPs 외에 수산화 라디칼을 만들어내는 다른 반응으로는 펜톤 시스템(Fenton system)과 전기화학기반 AOPs(EAOPs, electrochemical-based AOPs) 공정이 있다. 펜톤 시스템의 경우 광화학(photo-fenton) 또는 비광화학(fenton) 방법으로 적용이 가능하며, 유사펜톤시스템(fenton-like system)도 있다. 이러한 공정들은 주로 각종 산업폐수와 토양 지하수처리 및 난분해성 물질을 분해하기 위해 연구되어 왔으며, 정수처리에는 사용 예가 드물다. 여기에서는 참고로 고도산화의 큰 범주에서 그 개념적인 설명을 간단히 추가한다.

1) 펜톤 시스템(H_2O_2/Fe^{2+})

펜톤 반응은 이미 130여년 전 불포화 유기이염기산인 말레산(maleic acid, $HO_2CCH=CHCO_2H$)의 산화반응을 통하여 밝혀졌다(Fenton, 1884). 과산화수소와 철 이온의 반응속도는 매우 높은데, 과량의 과산화수소 존재 하에서 Fe(II)(ferrous ion)는 Fe(III)(ferric ion)로 수초~수분 이내에 산화된다. 이 과정에서 Fe(III)에 의한 촉매반응으로 인해 과산화수소는 분해되어 수산화 라디칼을 생성하게 된다.

$$Fe^{3+} + H_2O_2 \rightleftarrows H^+ + Fe-OOH^{2+} \quad (9.11)$$

$$Fe-OOH^{2+} \rightarrow HO_2^{\bullet} + Fe^{2+} \quad (9.12)$$

$$Fe^{2+} + H_2O_2 \rightarrow Fe^{3+} + OH^- + {}^{\bullet}OH \quad (9.13)$$

이러한 반응에 기초할 때 철염과 과산화수소의 혼합액인 펜톤 시약에 의한 오염물질의 분해는 단순히 Fe(III)-H_2O_2 시스템에 의한 것이므로 이 공정은 사실상 과량의 과산화수소를 가진 유사 펜톤 시약(Fenton-like reagents)을 이용하는 방법이라 할 수 있다. 보통 생화학 반응이나 간단한 산화반응으로 분해되지 않는 유기물을 분해시키는 데 있어 이러한 펜톤 반응은 매우 유용하다. AOPs 공정으로서 펜톤 시스템(Fe(II)/H_2O_2)의 장점은 철이 매우 풍부하고 비독성인 특성의 원소이며 과산화수소는 다루기 쉽고 친환경적이고, 수산화 라디칼 생성이 매우 효과적이라는 데 있다. 그러나 수산화 라디칼의 단위 생산량에 대해 Fe(II) 소요량은 한 분자에 해당하므로 고농도의 Fe(II)를 요구하는 단점이 있다.

펜톤산화 공정은 물속에서 페놀, 니트로벤젠, 제초제 등과 같은 난분해성 물질, 독성물질, 색도 등의 처리에 주로 이용되어 왔으며(Esplugas et al., 1998; Ijpelaar et al., 1998; Watts et al., 1993), 도시 폐수, 침출수 및 염색폐수 등의 고도처리기술로 널리 사용되고 있다. 펜톤 처리의 가장 큰 목적은 완전한 산화를 통해 물속의 유기물질을 무해화하거나, 고농도 난분해성 유기물질을 미생물 분해가 가능하도록 변환시키는 데 있다.

2) 광 펜톤 시스템($Fe^{3+}/H_2O_2/UV$)

Fe(III) 이온이 H_2O_2/UV 공정에 첨가될 때 일반적으로 이 공정을 광 펜톤형 산화(photo-Fenton type oxidation)라고 부른다. 따라서 이 공정은 광화학기반 AOPs로도 분류될 수 있다.

이 반응은 산성조건(pH 3)에서 $Fe(OH)^{2+}$ 착물(complex-화합물이나 이온과 같은 간단한 물질의 결합에 의해서 형성된 이온이나 전기적으로 중성인 분자)을 형성한다.

$$Fe^{3+} + H_2O \rightarrow Fe(OH)^{2+} + H^+ \tag{9.14}$$

$$Fe(OH)^{2+} \rightleftarrows Fe^{3+} + OH^- \tag{9.15}$$

UV 조사에 노출되면 생성된 착물은 분해되어 수산화 라디칼과 Fe(II) 이온을 생성하게 된다.

$$Fe(OH)^{2+} \xrightarrow{h\nu} Fe^{2+} + {}^{\bullet}OH \tag{9.16}$$

즉, 광 펜톤형 반응은 UV 조사에 크게 의존하여 수산화 라디칼을 생성한다. 자외선(UV)/가시광선(visible light)은 Fe(III)의 광환원 반응 촉진과 빛 양자(light quanta)의 효율적 사용(즉, 250~450 nm으로 스팩트럼의 확대)으로 펜톤 및 유사펜톤 시약의 효율성을 증가시킨다. 제초제와 살충제 및 클로로페놀 등과 같은 유기물질들은 UV/가시 광선 조사로 완전히 광물질화가 가능하다(Sun and Pignatello, 1993; Ruppert et al., 1993).

3) 전기화학기반 AOPs

전기화학기반 AOPs(EAOPs)란 비교적 최근에 개발된 고도산화기술로 전기화학기술을 이용하는 산화방법을 말한다. EAOPs에는 수산화 라디칼이 양극 표면에서 전기 화학적 또는 광 화학적으로 생성되는 양극 산화(anode oxidation, AO)와 광전촉매 반응(photoelectrocatalysis, PEC)과 같은 이질적인 공정(heterogeneous processes)과 수산화 라디칼이 액상 내에서 생성되는 전자-펜톤(electro-Fenton, EF), 광전자-펜톤(photoelectro-Fenton, PEF) 및 초음파 전기분해(sonoelectrolysis, SE)와 같은 균질 공정(homogeneous processes)이 모두 포함된다(Ignasi et al., 2014). 이때 금속이온[Fe(II)], 광원(UV/visible) 및 초음파(ultrasound)는 산화제의 활성화(activation)를 유도하기 위해 유용하게 사용된다.

전자(electron)는 깨끗한 물질이므로 EAOPs는 공해문제의 예방이나 개선에 이점이 있고, 높은 에너지 효율, 자동화의 용이성, 간단한 장치, 용이한 취급성, 높은 안전성(평상의 온도, 압력 조건에서 운영) 등의 다양한 장점을 가지고 있다. 이 공정은 음용수를 비롯하여 적용 가능한 유기물질의 농도범위(0.01~100 g COD/L)로 적용범위가 매우 넓으며, 페놀류, 염료, 농약류, 의약품 등 적용 가능한 오염물질도 매우 다양하다(Fryda et al., 2003; Ignasi et al., 2014; Plakas et al., 2016).

EAOPs 공정의 기초적인 개념은 그림 9-15와 9-16에 간략히 나타나 있으며, EAOPs 기술의 장단점은 표 9-24에 정리되어 있다. 기술개발에 대한 짧은 이력에도 불구하고 다양한 기술이 개발되어 상업화 중에 있으며, 주로 정수 및 폐수처리에서 무염소 살균(chlorine-free disinfection)과 유기물질(COD, TOC) 제거에 사용되고 있다(표 9-25).

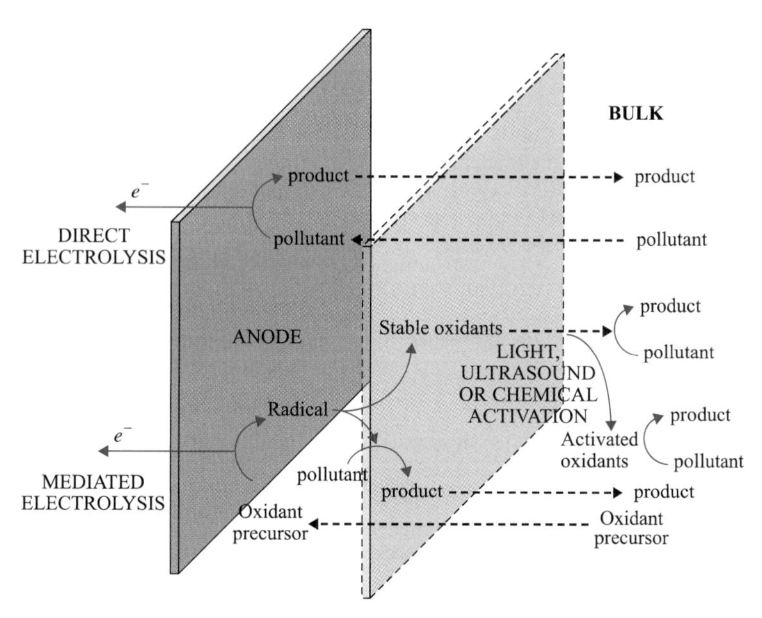

그림 9-15 A conceptual approach to mediated oxidation in EAOPs (Ignasi et al., 2014)

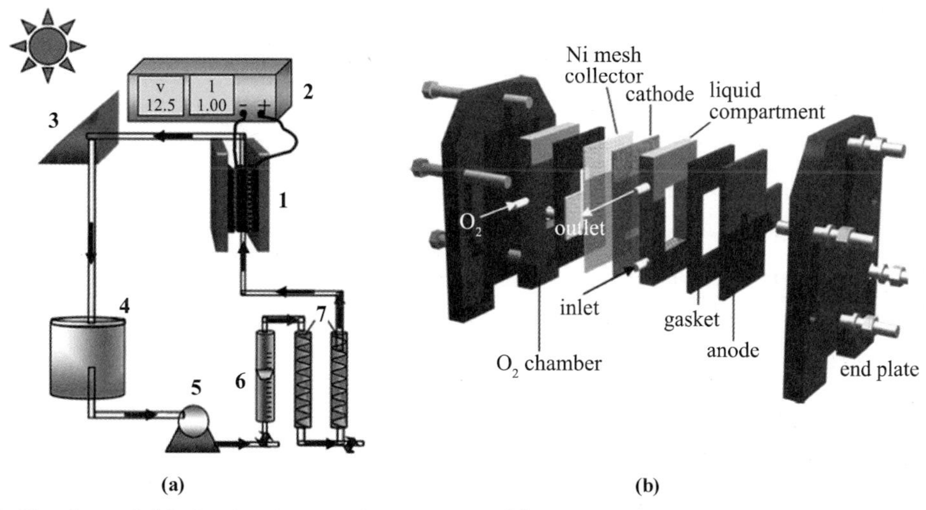

그림 9-16 Sketches of (a) the 2.5-L pre-pilot plant and (b) the single one-compartment filter-press electrochemical cell with a BDD anode and an O_2 diffusion cathode, both of 20 cm^2 exposed area, used for the SPEF degradation of organic pollutants in acid medium. In (a), 1 flow cell, 2 power supply, 3 solar photoreactor, 4 reservoir, 5 peristaltic pump, 6 flow meter, 7 heat exchangers (Flox et al., 2007)

표 9-24 Main advantages and drawbacks of the EAOPs

Technology	Advantages	Drawbacks
Anodic oxidation	• Treatment of large volumes (need of large anodes or cell stacks) • Very large percentages of organic matter degradation • No pH restrictions	• Electrode fouling • Expensive, high O_2 overpotential anodes • Attention to halogenated by-products • Usually work in batch mode
Fenton-based processes	• Treatment of large volumes (need of large electrodes or cell stacks)	• Need of pH regulation (pH near 3.0) and neutralization

표 9-24 Main advantages and drawbacks of the EAOPs (계속)

Technology	Advantages	Drawbacks
	• Degradation (more remarkable under sunlight irradiation) • Cathodic generation of H_2O_2	• Quick and very large percentages of organic matter removal • Sludge formation • Attention to halogenated by-products • Usually work in batch mode
Photoelectrocatalysis	• Small bias potential required • Slow but large percentages of organic matter degradation • Immobilized photocatalyst (no need of separation filtration after treatment)	• High cost of UV lamps usage • Particular reactor configuration with photoactive anodes and quartz glass • Attention to halogenated by-products • Usually work in batch mode
Sonoelectrochemistry	• Large enhancement of the mass transport of reactants toward/from the electrodes • Promotion of degassing at the electrode surfaces • Prevention of electrode fouling	• High cost of US horns and usage • Difficult system scale-up • Usually work in batch mode

Ref) Ignasi et al.(2014)

표 9-25 Large scale application of EAOPs

Trademark	Electrode materials	Target pollutants	water
Oxineo (Netherlands)	BDD	Disinfection	Swimming pool
Sysneo (France)	BDD	Disinfection	Swimming pool
CondiaCell (Germany)	diamond	Disinfection, Organics	Water, Wastewater
Diamonox (U.S.A.)	UNCD coated Niobium	Organics	Water, Wastewater
EctoSys (Germany)	BDD	Disinfection	Ballast Water

Note) BDD, Boron-doped diamond; UNCD, ultrananocrystalline diamond

9.5 막 여과

(1) 개요

앞선 막 여과(membrane filtration)기술의 발전에 대한 역사적 고찰(2.6절)과 정수처리기술로서의 적용(8.1절)에 대한 설명에서 알 수 있는 바와 같이 막 여과 기술은 이미 정수 및 하수처리 분야에서 중요한 핵심기술로 자리하고 있다. 정수 분야에서는 특히 소독과 소독부산물에 대한 우려, 점차 강화되는 음용수 수질기준, 취수원의 악화 및 중수도 개발에 대한 중요성 등으로 인해 막 여과 공정은 점점 더 주목받고 있다.

정밀여과(MF)와 한외여과(UF)는 표준식 여과공정(침전-급속모래여과)의 대안(alternative)으로 고려되고 있다. 그 주된 요인으로는 탁도와 함께 병원균(원생동물과 바이러스)의 우수한 제거능력에 있다. 나노여과(NF)와 역삼투(RO)는 맛, 냄새, 염, 농약류(살충제) 및 소독전구물질, 총 유기탄소(TOC)와 같은 미량으로 존재 가능한 용존성 오염물질의 제거능력을 특징으로 하고 있고, 또한 역삼투는 담수화(desalination)를 위한 핵심 기술 중 하나에 해당한다. 이러한 막 여과 공정의 다양한 특성은 일반정수처리 현실적 대안기술(MF와 UF)과 고도정수처리기술(NF 및 조합형), 그리고 담수화 기술이라는 세부적인 분야로 구별되어 적용할 수 있는 이유이기도 하다.

기존의 응집·침전 및 여과 방식의 정수처리에 대해 막 여과 공정이 가질 수 있는 장점은 다음과 같이 요약된다(최의소, 2003).

- 더 좋은 질의 수돗물 생산
- 응집제의 주입 없이 콜로이드 입자나 부유물질을 제거 가능하다.
- 기존처리장에의 증설이 용이하다.
- 운전 비용의 저감 가능성이 있다.
- 운전 및 제어의 용이성과 자동화가 가능하다.
- 원수의 수질 변화에도 안정한 처리수질을 얻을 수 있다.
- 유기물질의 제거가 가능하다.
- 화학적 유기물 제거로 인한 부산물 생성을 방지할 수 있다.

전통적으로 음용수 처리는 물에서 용해된 오염물질을 제거하기보다는 액체와 고체의 분리에 집중되어 왔다. 미국의 경우 1996년 개정된 안전한 음용수법(SDWA, Safe Drinking Water Act)에 따르면 막 공정과 같은 새로운 기술을 단독으로나 혹은 고액분리기술과 함께 적용하도록 장려하고 있다. 막 공정의 선정에 대하여 미국에서 제시된 일반화된 평가 절차를 보면(그림 9-17), 처리목적에 따라 입자의 크기, 용존성 유기 이온, 무기 이온, 총용존고형물(TDS) 등이 주요 고려 항목으로 포함되어 있다. 그러나 이러한 절차는 일반적인 가정을 근거로 하고 있으므로 실제 적용 시에는 더 상세한 분석을 권장하고 있다.

우리나라 상수도 시설기준(2010)에서는 막 여과법을 정수처리에 적용할 수 있는 주된 이유로 다음과 같이 설명하고 있다.

- 막의 특성에 따라 원수 중의 현탁물질, 콜로이드, 세균류, 크립토스포리디움 등 일정한 크기 이상의 불순물을 제거할 수 있다. 막 여과는 특히 어느 크기 이상의 물질을 제거하는 경우에는 안정성이 높은 제거율을 보이고 있으므로, 현탁물질 이외의 용해성 물질이 거의 포함되지 않은 원수에 적합하나 분말활성탄 또는 응집제를 사용한 조합공정을 통해 용해성 물질을 제거할 수 있다.
- 정기점검이나 막의 약품세척, 막의 교환 등이 필요하지만, 자동운전이 용이하고 다른 처리법에 비하여 일상적인 운전과 유지관리에서 에너지를 절약할 수 있다.
- 응집제를 사용하지 않거나 또는 적게 사용한다.
- 부지면적이 종래보다 작을 뿐 아니라 시설의 건설공사기간도 짧다.

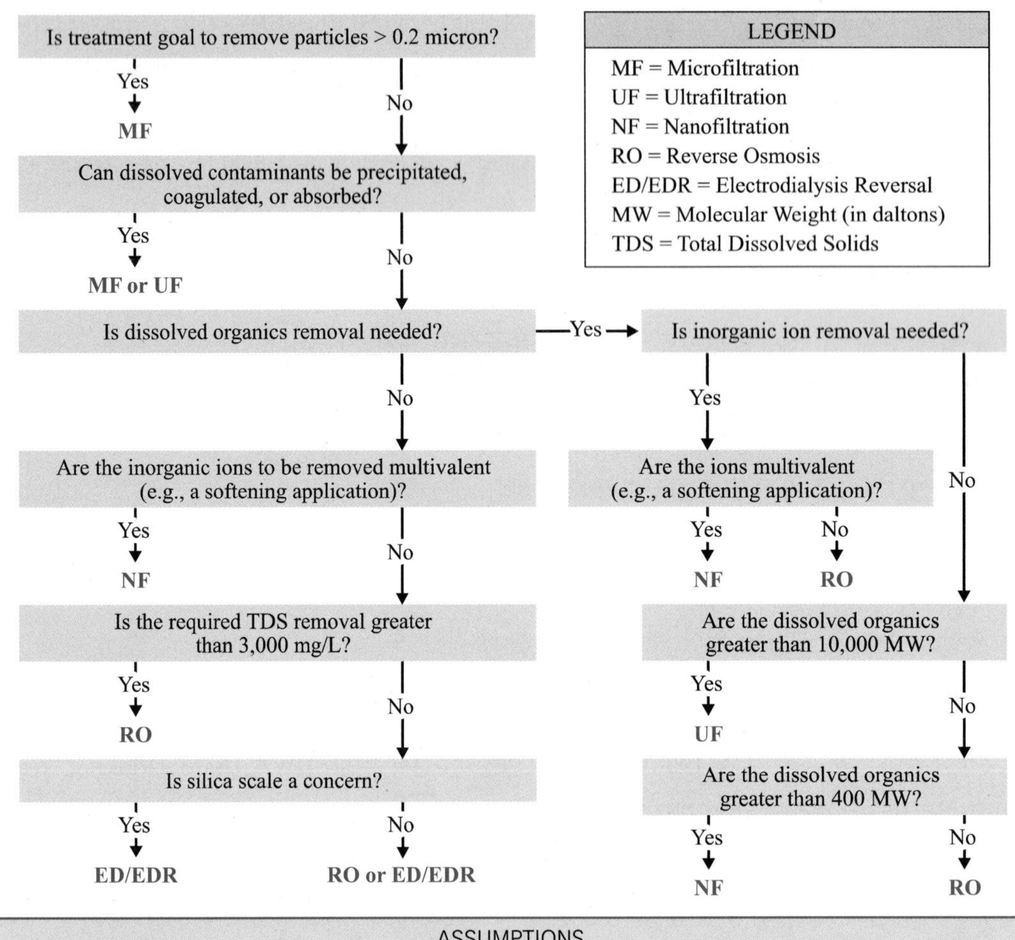

ASSUMPTIONS

A Relative Cost	B Removals
• MF < UF < NF < RO or ED/EDR	• MF-particles > 0.2 Micron
• IF TDS removal > 3,000 mg/L, RO or ED/EDR may be less costly	• UF-organics > 10,000 MW, virus and colloids
	• NF-organics > 400 MW and hardness ions
	• RO-salts and low MW organics
	• ED/EDR-Salts
	• Particles include *Giardia, Cryptosporidium*, bacteria and turbidity

Note) This simplified chart is based on common assumptions and should not be applied to every situation without more detailed analysis.

그림 9-17 **Generalized membrane process selection chart** (Bergman and Lozier, 1993)

참고 막 여과 공정 관련 용어

'막 모듈(membrane module)'이란 일정 개수의 막을 일정 형태의 용기 안에 설치하여 일체화하거나 또는 용기 안에 설치하지 않고 일정 개수의 막을 묶음 형태로 일체화하여 여과 기능을 할 수 있도록 만든 것을 말한다.

'수도용 막 여과 공정(membrane filtration processes)'이란 원수공급, 펌프, 막 모듈, 세척, 배관 및 제어 설비 등으로 구성된 일련의 정수처리과정으로, 수도에 사용되는 정밀여과공정, 한외여과공정, 나노여과공정, 역삼투공정 및 해수담수화 역삼투공정을 말한다.

'막 여과 회수율(recovery)'이란 막 여과 공정의 원수 공급량에 대하여 여과수량 중에서 막 모듈의 세척을 위해 사용되는 여과수량을 제외하여 백분율(%)로 나타낸 값을 말한다.

'공칭공경(nominal pore size)'이란 정밀여과막에 있어 직접적인 공경 측정이 어려우므로 간접적인 방법(버블포인트법, 수은압입법, 지표균 등)으로 분리성능을 측정하여 이를 마이크로미터(μm) 단위로 나타낸 것을 말한다.

'분획분자량(MWCO, molecular weight cutoff)'이란 한외여과막 등의 공경을 직접적으로 측정하는 것이 어려우므로 간접적으로 측정하고 분리성능을 분자량 단위인 달톤(Dalton)으로 나타내는 방법이다. 이미 분자량을 알고 있는 물질의 배제율이 90 %가 되는 분자량을 말한다.

'배출수(discharged water)'란 물, 공기, 약품 등을 이용하여 막의 표면에 부착된 오염물질을 제거할 때 발생되는 세척수나 세척수가 포함된 농축수가 막 모듈 밖으로 배출된 것을 말한다.

'농축수(retentate)'란 공급된 원수가 막을 투과하지 않고 농축된 것을 말한다.

'공정수(treated water)'란 정수시설을 구성하는 공정에서 소독공정을 제외한 각 단위공정의 처리수를 말한다. ←

(2) 막의 종류와 특성

막의 유형(type of membrane)은 크게 등방성(isotrophic)과 이방성(anisotrophic)으로 구분할 수 있다(그림 9-18). 등방성인 미세다공성 막(microporous membranes)은 구조와 기능면에서 기존의 여과필터와 매우 유사한데, 무작위로 상호 연결된 딱딱한 공극으로 통상 직경 10 μm까지의 공경(pore diameter)을 가진다. 비다공성 막(nonporous, dense membranes)은 압력, 농도 또

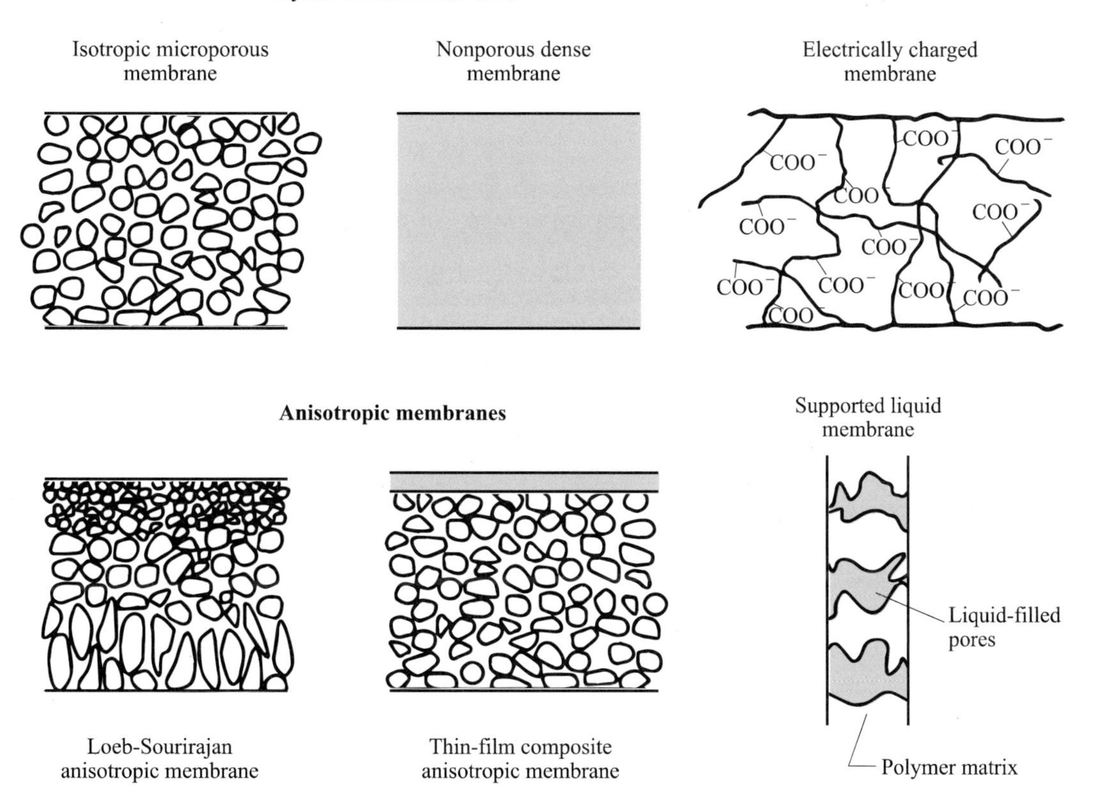

그림 9-18 **Schematic diagrams of the principal types of membranes** (Baker, 2004)

는 전위차 경사(electrical potential gradient) 등의 구동력에 의해 확산에 의해 운반되는 고밀도의 얇은 막(dense film) 구조이다. 이는 막 물질에 대한 확산성 및 용해도가 높은 가스 분리 및 투과 증발(pervaporation)에 적당하다. 전기적으로 하전된 막(electrically charged membranes)은 음이온 또는 양이온으로 고정된 공극을 가진 고밀도의 미세다공성 막으로 막에 하전된 동일한 이온을 배제하는 특성을 가진다. 이방성 막은 복합적인 층 구조를 이루며 각 층은 서로 다른 중합체로 이루어진다. 이방성 막은 두껍고 다공성인 하부 지지층의 표면에 매우 얇은 박막층(thin film)이 위치하는 형태로 구성된다. 이때 막을 통과하는 물질의 이동속도는 막 두께에 반비례하므로 가능한 한 얇은 층으로 제작된다. 이외에도 세라믹, 금속 그리고 액상 막(liquid membrane) 등이 있다.

(3) 막 공정

수처리용 막 공정(membrane processes)은 사용하는 막의 공경(pore size)과 목적에 따라 크게 정밀여과막(MF, microfiltration), 한외여과막(UF, ultrafiltration), 나노여과막(NF, nanofiltration) 또는 역삼투막(RO, reverse osmosis) 등으로 분류하는데, 때로는 필요에 따라 이들을 혼용하여 사용하기도 한다. 이러한 종류의 막들은 수리학적 정압차(hydrostatic pressure difference)를 구동력(driving force)으로 사용한다. MF는 공경보다 큰 입경의 콜로이드 입자와 박테리아를 물리적으로 제거하는 다공성 여과막이며, UF는 단백질과 같은 거대분자(macromolecules)의 분리에 적합하다. NF와 RO는 용해도와 확산성의 차이에 따라 오염 물질을 분리하는 막 분리 기술이다. MF와 UF는 체거름(sieve) 원리를, 그리고 RO는 확산(diffusion) 및 배제(exclusion) 기능을 주요 메커니즘으로 이용하는데, NF는 이상의 기능이 모두 포함된다. 각각의 막 종류에 대한 특징은 다음과 같다.

1) 정밀여과

정밀여과(MF)는 다소 큰 입자(박테리아, 점토, 실트, 낭종, 조류)의 제거를 목적으로 하며 기존처리장의 침전지 및 여과지를 대신할 수 있는 기능이 있다. 입경 0.01 μm 이상의 영역을 분리대상으로 하며 가장 일반적인 공경은 0.2 μm이다. 분리성능은 흔히 공칭 공경으로 표현한다.

콜로이드 중에는 다소 큰 입자를 제거가 가능하나, 용존 물질의 제거는 불가능하다. 응집제를 주입한 후 MF를 거치게 되면 무기성 콜로이드 입자나 콜로이드성 유기물질(COM, colloidal organic matter, 0.2～1 μm)의 제거는 가능하지만 용존성 유기물질(DOM, dissolved organic matter, < 0.2 μm)은 거의 제거할 수 없다. DOM 제거와 막투과량 향상을 위해 PAC 흡착과 같은 전처리 단계를 도입하기도 하는데(Pirbazari, 1992), 이 경우 원수 내의 TCE 제거율은 99.8 %였으며, TOC는 60 % 정도 제거율을 보였다.

2) 한외여과

한외여과(UF)는 MF나 NF에 비해 다소 넓은 범위(10～1000 Å)의 분획분자량(MWCO, molecular weight cut off)과 공경을 가진다. UF는 콜로이드, 박테리아, 바이러스, 고분자 유기물 등은 효과적으로 제거시키나, 공경에 따라 차이는 있지만 대개 저분자 유기물은 효과적으로 제거하지 못하므로 급수과정에서 미생물의 재성장(bacterial regrowth)을 초래할 수 있다. NOM 제거효율은 원수 내의 분자량(AMW, apparent molecular weight) 분포와 막 공경에 따라 좌우된다. 수처리에서는 초순수의 제조, 폐액·폐수처리, 배출수의 재이용 등에 주로 사용하고 있으며, 분리성능은 주로 분획 분자량으로 나타낸다.

지하수를 대상으로 수행된 NOM 제거연구에서 저효율 UF(MWCO ≈ 50,000 Da, 10～30 psi)로 처리할 경우 TOC 제거율은 20 % 미만이었고, 고효율 UF(MWCO ≈ 1,000 Da, 30～100 psi)로 처리할 경우 86 % 정도까지 증가하였다(Fu et al., 1994). 그러나 대부분의 생분해 가능한 용존유기탄소(BDDOC, bioderadable dissolved organic carbon)와 쉽게 동화 가능한 유기탄소(AOC, readily assimilable organic carbon)가 1,000 Da 이하의 저분자라는 점을 고려한다면 고효율 UF의 처리수 또한 생물학적으로 안정한 물(biologically stable water)로 확신하기는 어렵다. 따라서 UF의 MWCO보다 작은 분자량의 용존 유기물질 제거를 위해 PAC 흡착을 전처리로 사용하는 방법이 흔히 쓰인다. 이러한 접근은 막 투과량의 향상이라는 부가적인 효과도 있으나, 막 투과량 향상은 PAC 전처리에 비해 오존산화 전처리가 더 효과적이다(Crozes et al., 1993).

3) 나노여과

나노여과(NF)에서 흔히 사용되는 MWCO는 200～400 Da으로 1 nm 정도의 작은 입자의 제거가 가능하고, 보통 원수 내의 DOC를 90 % 정도 제거할 수 있다.

분리막의 재질과 MWCO에 따라 차이는 있지만, NO_3^-와 Na^+ 같은 1가 이온의 제거율(50～70 %)에 비해 Ca^{2+}이나 Mg^{2+} 같은 2가 이온의 제거율(90 %)이 뛰어나기 때문에 NF를 막 연수화 공정(membrane softening process)이라고도 부르기도 한다. 연수화 목적으로 사용된 NF는 높은 TDS 제거라는 장점이 있지만 잔류하는 TDS 중 상당량이 스케일 형성으로 인한 막 폐색(inorganic fouling)을 야기시킨다.

NF의 탁월한 유기물 제거능력은 AOC나 소독부산물과 관련한 각종 수질기준을 동시에 만족할 수 있다. 그러나 분자량이 MWCO보다 작은 SOCs나 맛·냄새 유발물질에 대해서는 활성탄 흡착이나 AOPs 공정이 전처리 또는 후처리 시설로 적용되어야 한다. NF에 있어서도 가장 심각한 문제는 스케일 형성에 의한 막 투과량 감소로 이에 대한 대책이 필요하다.

4) 역삼투

서로 다른 용질 농도(concentration of solute)를 갖는 두 용액이 반투과 막(Semi-permeable membrane)에 의해 분리될 때 막을 통한 화학적 포텐셜의 차이가 존재하게 된다. 물은 낮은 농도(높은 포텐셜)를 갖는 쪽에서 높은 농도(낮은 포텐셜)를 갖는 쪽으로 확산하려는 경향이 있으며, 일정한 용적을 갖는 시스템 내에서 이 흐름은 압력차가 화학적 포텐셜의 차이와 균형을 이룰 때까지 계속되는데, 이 공정을 삼투(osmosis) 또는 초극세여과(hyperfiltration)라고 한다. 이때 균형을 이루고자 하는 압력차를 삼투압(osmotic pressure)이라 하는데, 이는 용질의 특성과 농도, 온도 등의 함수가 된다. 삼투압보다 큰 압력 경사가 반대방향의 막에 가해지면 보다 높은

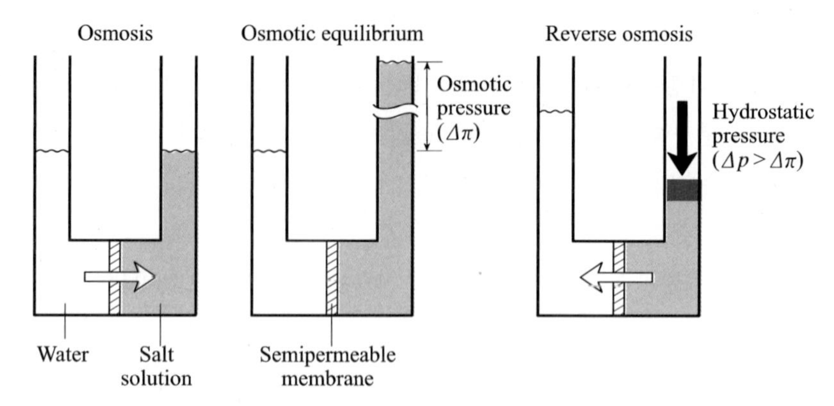

그림 9-19 A schematic illustration of the relationship between osmosis (dialysis), osmotic equilibrium and reverse osmosis (Baker, 2004)

농도에서 낮은 농도 영역으로 흐름이 발생하게 되는데 이를 역삼투(reverse osmosis)라고 한다(그림 9-19). 삼투와는 반대되는 개념으로 막을 통해 용질 분자와 이온들이 통과되는 것을 투석(dialysis)이라 한다.

역삼투 공정은 일찍이 전기투석(electrodialysis)과 더불어 기저수(brackish water)나 바닷물의 탈염(desalination)을 목적으로 사용되어 왔던 방법이나, 요즘은 담수에 포함된 TDS나 1가 이온(예, NO_3^-, Na^+)의 농도를 낮추거나, 중금속을 제거하기 위한 목적으로도 사용된다.

NOMs을 함유된 원수를 처리할 경우 유기성 물질에 의한 폐색(organic fouling)이 일어나므로 적절한 전처리 방법이 필요하다. 일반적으로 막 제조회사는 막 공정에 유입되는 원수의 기준(SDI, silt density index)을 대략적으로 규정하고 있다(AWWARF et al., 1996). SDI는 콜로이드 입자에 의한 폐색(colloidal fouling)을 최소화하기 위한 최저값으로 식 (9.17)을 이용하여 평가할 수 있다.

$$\mathrm{SDI} = \frac{\mathrm{P}_{30}}{\mathrm{T}_t} = 100 \times \frac{1-(\mathrm{T}_i/\mathrm{T}_f)}{\mathrm{T}_t} \tag{9.17}$$

여기서, SDI: Silt Density Index

P_{30}: % plug gage at 30 psig feed pressure

T_t: Total test time in minutes (usually 15 minutes, but may be less if 75 % plug gage occurs in less than 15 minutes).

T_i: initial time in seconds required to obtain sample(500 mL).

T_f: time required to obtain sample(500 mL) after 15 minutes (or less).

이를 만족하기 위해서는 지표수의 경우는 전염소, 응집침전 및 여과, 탈염소(dechlorination) 공정이 전처리로 수행되어야 하며, 지하수의 경우는 탁도가 낮으므로 전여과(prefilter)를 거친 후 RO나 NF를 적용한다. 지표수의 경우 전염소를 거치는 이유는 미생물에 의한 폐색(biofouling)을 방지하기 위함이며, 여과 후 탈염소를 수행하는 이유는 잔류염소에 의한 분리막 손상을 방지하기 위함이다. 전염소 및 탈염소를 대신할 수 있는 방법으로 RO나 NF 직전 오존산화 및 AOPs가 고려될 수 있으며, 이는 잔류유기물의 성질을 변화시키거나 제거시켜 유기물에 의한 폐색을

표 9-26 Silt density index(SDI) for RO pre filtration

SDI	
< 5	No prefiltration is necessary
5~10	A media (sand-type) filter is required.
> 10	A 2-stage media filtration is necessary. (possibly with the aid of coagulants or settling tanks).

Ref) Applied Membranes(2007)

최소화하는 효과도 가져온다. 표 9-26은 SDI 값에 따른 RO 전처리 방법을 설명하고 있다.

표 9-27에는 표류수 처리에 사용할 수 있는 막 여과공정의 특성에 대해 정리된 자료이며, 표 9-28은 우리나라의 규정(수도법, 시행령 및 시행규칙)을 근거로 한 막 여과 정수시설의 설치기준에 대한 고시(환경부 고시 2008-198호)에 준한 막의 종류와 특징을 나타낸 것이다. 그림 9-20은 입자의 크기와 관련한 여과 스펙트럼(filtration spectrum)을 보여준다.

표 9-27 Surface water treatment compliance technology: membrane filtration

Unit Technologies	Removals: Log Giardia & Log Virus	Raw Water, Pretreatment & Other Water Quality Issues
Microfiltration (MF)	Very effective *Giardia*, > 5-6 log; Partial removal of viruses (disinfect for virus credit).	High quality or pretreatment required. Same note regarding TOC.
Ultrafiltration (UF)	Very effective *Giardia*, > 5-6 log; Partial removal of viruses (disinfect for virus credit).	High quality or pretreatment required (e.g., MF). TOC rejection generally low, so if DBP precursors are a concern, NF may be preferable.
Nanofiltration (NF)	Very effective, absolute barrier (cysts and viruses).	Very high quality or pretreatment required (e.g., MF or UF to reduce fouling/extend cleaning intervals). See also RO pretreatments, below.
Reverse Osmosis (RO)	Very effective, absolute barrier (cysts and viruses).	May required conventional or other pretreatment for surface water to protect membrane surfaces: may include turbidity or Fe/Mn removal; stabilization to prevent scaling; reduction of dissolved solids or hardness; pH adjustment.

Unit Technologies	Complexity: Ease of Operation (Operator Skill Level)	Secondary Waste Generation	Other Limitations/ Drawbacks
Microfiltration	Basic: increases with pre/post-treatment and membrane cleaning needs.	Low-volume waste may include sand, silt, clay, cysts, and algae.	Disinfection required for viral inactivation.
Ultrafiltration	Basic: increases with pre/post-treatment and membrane cleaning needs.	Concentrated waste: 5 to 20 percent volume. Waste may include sand, silt, clays, cysts, algae, viruses, and humic material.	Disinfection required for viral inactivation.
Nanofiltration	Intermediate: increases with pre/post-treatment and membrane cleaning needs.	Concentrated waste: 5 to 20 percent volume.	Disinfection required under regulation and recommended as a safety measure and residual protection.

표 9-27 Surface water treatment compliance technology: membrane filtration(계속)

Unit Technologies	Complexity: Ease of Operation (Operator Skill Level)	Secondary Waste Generation	Other Limitations/ Drawbacks
Reverse Osmosis	Intermediate: increases with pre/post-treatment and membrane cleaning needs.	Briney waste. High volume, e.g., 25 to 50 percent. May be toxic to some species.	Bypassing of water (to provide blended/stabilized distributed water) cannot be practiced at risk of increasing microbial concentrations in finished water. Post-disinfection required under regulation, is recommended as a safety measure and for residual maintenance. Other post-treatments may include degassing of CO_2 or H_2S, and pH adjustment.

Ref) US EPA(1998)

표 9-28 **수도용 막의 종류 및 특징**

항목	분리경 (pore size, μm)	분획 분자량 MWCO (Dalton)	압력 (bar)	제거대상물질
정밀여과막 (MF)	0.02～10	> 100,000	< 2	부유물질, 콜로이드, 세균, 조류, 바이러스, 크립토스포리디움 포낭, 지아르디아 포낭 등
한외여과막 (UF)	0.001～0.02	1,000～100,000	1～10	부유물질, 콜로이드, 세균, 조류, 바이러스, 크립토스포리디움 포낭, 지아르디아 포낭, 부식산 등
나노여과막 (NF)	0.0008～0.002	100～1,000	3～20	유기물, 농약, 맛·냄새물질, 합성세제, 칼슘이온, 마그네슘이온, 황산이온, 질산성 질소 등 (염화나트륨 제거율 5～93 % 미만)
역삼투막 (RO)	0.0001～0.001	< 100	10～80	금속이온, 염소이온 등 (염화나트륨 제거율 93 % 이상)
해수담수화 역삼투막 (해수담수화 RO)	0.0001～0.001	< 100	10～80	해수중의 염분 (염화나트륨 제거율 99 % 이상)

Note) 1 bar = 100 kPa = 14.5 psi
자료) 환경부, 2008 재구성

(4) 막 공정의 기초 메커니즘

막의 가장 중요한 특성은 다른 종의 투과 속도(rate of permeation)를 조절하는 능력에 있다. 이러한 투과 메커니즘(mechanism of permeation)을 설명하기 위해 다음과 같은 두 종류의 흐름 모델(그림 9-21)이 사용된다.

1) 공극-흐름 모델(pore-flow model)

이 모델은 막을 통과하는 액상의 흐름을 설명하는 가장 단순한 방법으로 막은 일정한 직경을 가진 일련의 원통형 모세 공극(cylindrical capillary pores)의 형태로 설명된다. 이때 하나의 공극을 통과하는 액상 흐름은 다음과 같이 푸아죄유의 법칙(Poiseuille's law)에 의해 표현된다.

$$q = \frac{\pi d^4}{128 \mu \ell} \cdot \Delta p \qquad (9.18)$$

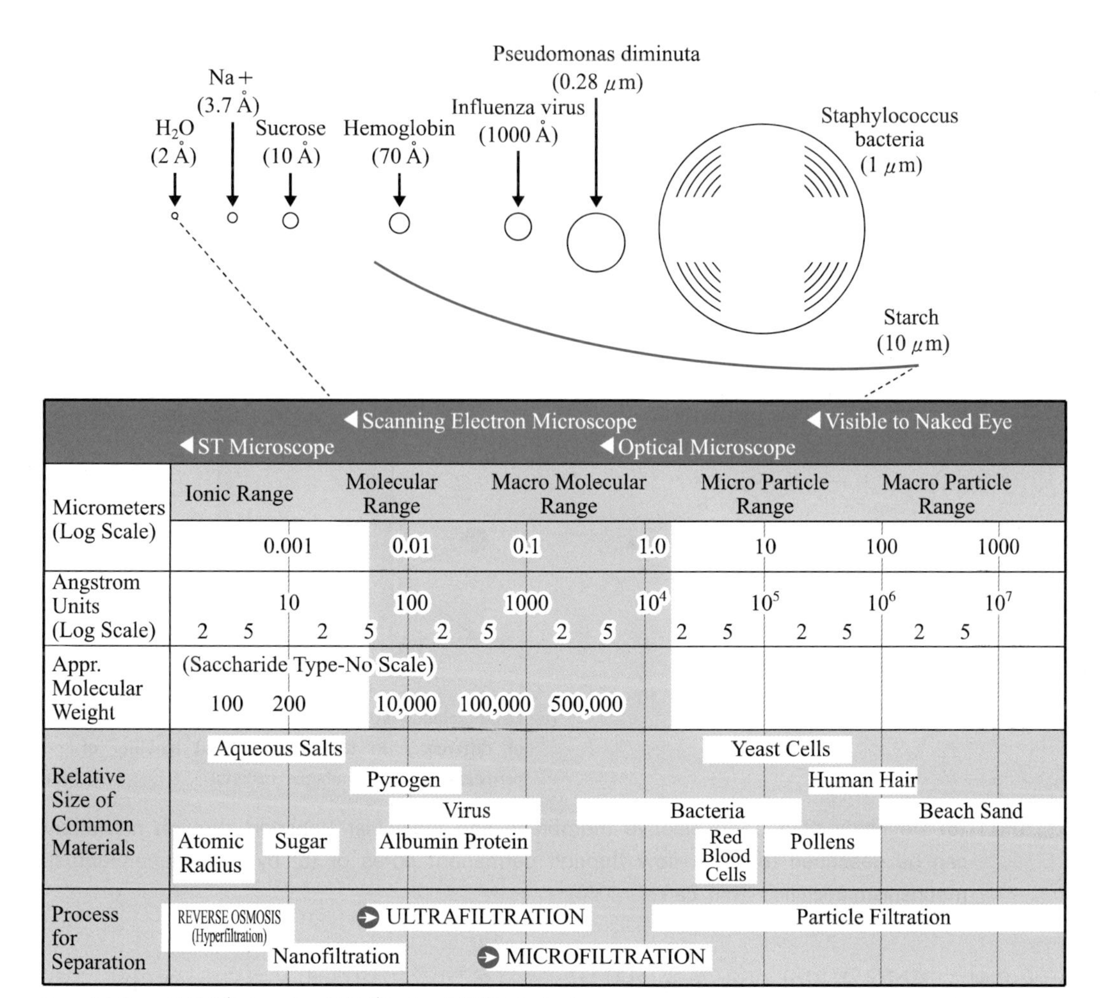

Note 1 Micron(1×10^4 Meters) = 4×10^4 Inches(0.00004 inches)
1 Angstrom Unit = 10^4 Meters = 10^4 Micrometers(Microns)

그림 9-20 **The filtration spectrum** (osmonic.com)

여기서, Δp: the pressure difference across the pore

μ: the liquid viscosity

ℓ: the pore length

막의 단위면적당 유량, 즉 플럭스(flux)는 개별 공극을 통과하는 모든 유량의 합이므로 다음과 같이 표시된다.

$$J = N \cdot \frac{\pi d^4}{128 \mu \ell} \cdot \Delta p \quad (9.19)$$

여기서, N: the number of pores per square centimeter of membrane

2) 용액-확산 모델(solution-diffusion model)

이 모델에서는 멤브레인 물질 내에서 입자가 용해된 다음 그 농도 또는 압력 구배(concentration or pressure gradient)로 인해 멤브레인을 통과하여 확산된다고 설명한다. 따라서 입자는 물

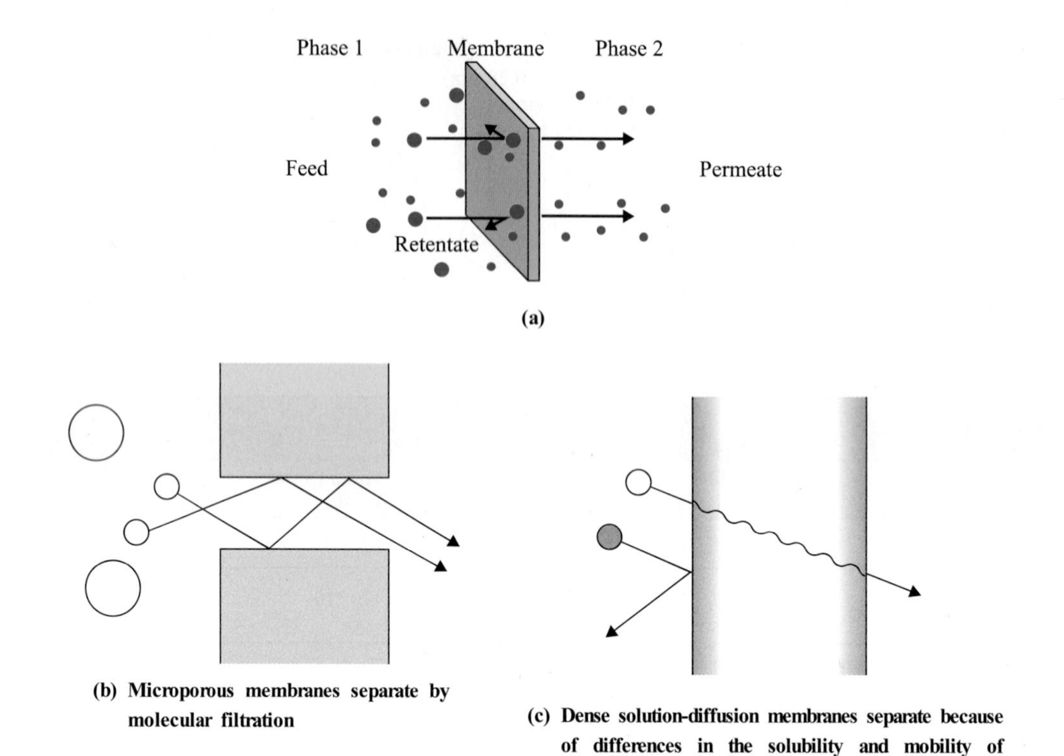

그림 9-21 **(a) Definition of a permselective membrane and molecular transport through membranes can be described (b) by a flow through permanent pores or (c) by the solution-diffusion mechanism** (modified from Barker, 2004)

질의 용해도 차이와 물질이 막을 통해 확산되는 속도의 차이로 인하여 분리된다. 이러한 모델은 픽의 법칙(Fick's Law)이나 달시의 법칙(Darcy's Law)으로 표현된다. 픽의 법칙은 액체 중의 용질 확산을 설명하는 식이며, 달시의 법칙은 다공성 매체를 통과하는 유체의 특성을 설명하는 관련식이다.

Fick's Law

$$J_i = -D_i \frac{\mathrm{d}c_i}{\mathrm{d}x} \tag{9.20}$$

여기서, J_i: the rate of transfer of component i of flux(g/cm^2 · s)

$\frac{\mathrm{d}c_i}{\mathrm{d}x}$: the concentration gradient of component i

D_i: the diffusion coefficient(cm^2/s)-measure of the mobility of the individual molecules

Darcy's Law

$$J_i = K' c_i \frac{\mathrm{d}p}{\mathrm{d}x} \tag{9.21}$$

여기서, c_i: the concentration of component i in the medium

$\frac{\mathrm{d}p}{\mathrm{d}x}$: the pressure gradient existing in the porous medium

K': a coefficient reflecting the nature of the medium

3) 흐름 모델의 적용

공극-흐름 모델과 용액-확산 모델의 공극의 상대적인 크기와 영속성에 있다. 그러나 실제 막의 평균 공경은 직접적으로 측정하기가 어려우므로 일반적으로 막을 투과하는 분자의 크기나 기타 방법을 이동하여 정의된다.

공극-흐름 모델은 표면 여과(surface/screen filtration)나 심층 여과(depth filtration)에 주로 적용된다(8.6절 여과 참조). 표면 여과 방식에서는 막의 표면 공경보다 더 큰 직경의 입자를 제거하게 되며, 입자는 막의 표면에 축적하게 된다. 한외여과(UF)는 표면 여과 방식의 대표적인 예이다. 심층 여과의 대표적인 예는 정밀여과(MF)로 입자는 막의 내부에서 포착(capture) 제거된다. 일부 입자는 막 내부의 작은 협착(constrictions)에서, 다른 것들은 구불구불한 통로(tortuous depth)에서 흡착(adsortpion)에 의해 제거된다(그림 9-22).

용액-확산 모델은 투석(dialysis), 역삼투(RO) 초극세여과(hyperfiltration) 및 투과증발(pervaporation)과 같은 막 분리 흐름에 주로 적용된다. 투석은 용액-확산 모델의 가장 간단한 적용예로 농도 구배를 이용하여 서로 다른 성분의 두 가지 용액을 분리한다. 역삼투는 반투막을 통한 압력에 의해 구동하는 흐름(pressure-driven flow)이다. 초극세여과는 RO와 동일한 유형의 공정이지만 주로 유기 혼합물의 분리에 적용되며, 다성분 액체(multicomponent liquids)의 분리 공정인 투과증발은 증기압, 화학적 전위차, 압력 및 활성도 등의 특성을 이용하는 공정이다.

흔히 나노여과(NF)를 공극-흐름 모델과 용액-확산 모델의 천이영역(transition region)으로 설명하는데(그림 9-23), 일반적으로 NF는 대부분 유기성 용질(organic solutes)을 대상으로 하며, 2가 이온에 대한 배제(rejection)가 우수하고 1가 이온의 제거도 20～70 % 정도이다.

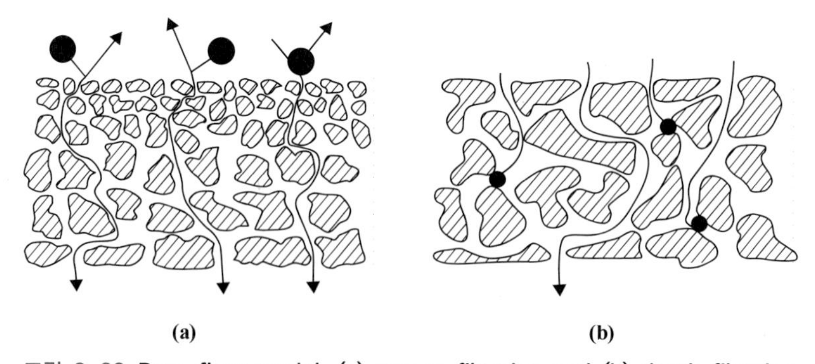

그림 9-22 Pore-flow model. (a) screen filtration and (b) depth filtration

(5) 막의 선정

막의 특성은 막의 제작을 위해 사용되는 재료의 성질에 크게 의존한다. 특히, 구조적 강도(physical strength), 친수성(hydrophilicity), 투과력(permeability, flux), 방오성(anti-fouling), 내

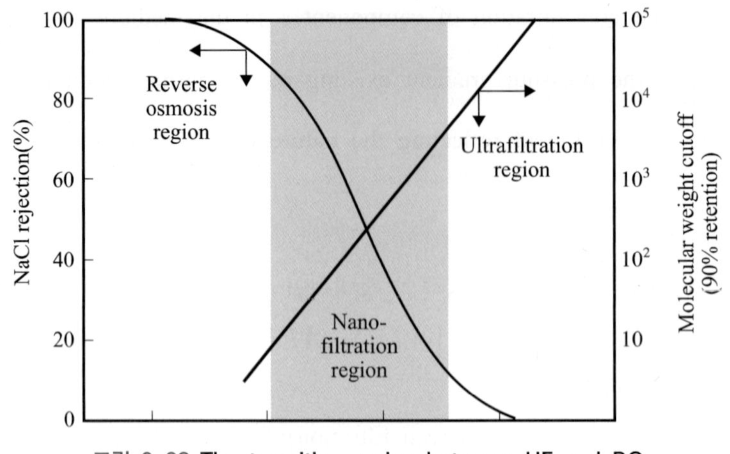

그림 9-23 The transition region between UF and RO

구성(lifetime), 에너지 저감 및 경제성 등은 막의 선정(membrane selection)에 있어 중요한 인자가 된다.

막의 제작에 사용되는 기본적인 재료로는 셀룰로오스 아세테이트(CA, cellulose acetate)와 그 유도체들(CA-derivatives; cellulose nitrate, etc.)을 포함하는 셀루로오스계의 친수성 고분자(cellulose-based hydrophilic polymer) 물질과 폴리아마이드(PA, polyamides), 폴리에틸렌(PE, polyethylene), 폴리프로필렌(PP, polypropylene), 폴리술폰(PS, polysulfone), 폴리에테르술폰(PES, polyethersulfone), 폴리아크릴로니트릴(PAN, polyacrylontrile) 폴리비닐리덴플루오라이드(PVDF, polyvinylidene fluoride), 폴리테트라플루오로에틸렌(PTFE, polytetrafluoroethylene) 등의 소수성 고분자(hydrophobic polymer) 물질, 그리고 세라믹(ceramic)과 같은 무기 물질 등이 사용된다.

물과의 친화력은 막의 특성과 운전성에 매우 큰 영향을 미친다. 친수성 표면(hydrophilic surface)이란 물에 의해 표면이 완전히 적셔진다는 것을 의미하며, 이에 반해 소수성 표면(hydrophobic surface)에서 물은 구슬형 방울을 형성한다. 친수성의 정도는 일반적으로 물방울과 표면의 접촉각(contact angle)에 의해 측정되는데, 완전히 젖을 경우(예: CA) 접촉각은 0이며, 소수성이 강할 경우(예: PP) 접촉각은 90° 이상이 된다. 막의 재료에 대한 상대적인 친수성은 그림 9-24에 비교되어 있다.

친수성 고분자 재료의 경우는 수소결합 등으로 인하여 물 분자와의 상호작용이 활발하고, 이

Hydrophilic				Hydrophobic
CA	PES	PAN	PVDF/PS	PE, PP

CA is naturally hydrophilic

PS, PES, PAN and PVDF are naturally quite hydrophobic, but can be blended with additives and pore formers to make a moderately hydrophilic membrane.

PE and PP are hydrophobic, and are difficult to modify.

그림 9-24 Relative hydrophilicity of membranes (Pearce, 2007a)

에 따라 물이 쉽게 침투하여 수투과도(water permeability)가 높은 장점이 있으나, 열이나 화학약품 등에 민감하며, 처리 대상 유체에 포함된 효소 등에 의해 고분자 사슬이 쉽게 분리되어 막이 파괴되는 문제점이 있다. 친수성 막은 쉽게 습윤 상태가 되어 공극의 크기와 관련하여 높은 투과성을 가지고 운전이 용이하게 된다. 표면이 충분히 젖어있다면 운전 초기의 공기 접촉에 의한 건조 위험이 없이 운전이 시작될 수 있다. 반면에 소수성 표면과의 반복적인 공기 접촉은 건조상태를 촉진하게 된다. 지표수에 존재하는 오염 성분의 대부분은 유기물로 이들은 소수성 표면에 쉽게 부착된다. 그러나 친수성 표면은 유기물의 흡수로 인한 부착에 저항하는 경향이 있어 효과적이다. 일반적으로 이러한 특성을 막의 오염 저항(fouling resistance)이라고 한다. 친수성 막의 단점은 견고성과 수명이 소수성 막의 경우만큼 우수하지 않을 수 있다는 점이다.

소수성 고분자 재료의 경우, 통상적으로 열이나 화학약품 등에 대한 내성이 강하고, 기계적 강도 등과 같은 물리적 특성이 우수한 장점이 있으나, 소수성으로 인하여 수투과도가 현저히 낮으며, 단백질 등과 같은 오염원에 의해 친수성 고분자보다 더 쉽게 오염되는 문제점이 있다. 소수성 고분자의 이러한 문제점을 해결하기 위해, 분리막의 제조 시 이산화티탄(TiO_2) 등과 같은 무기 입자를 포함하거나, 분리막의 표면에 카르복실기(carboxyl group, $-COOH$)와 술폰기(sulfonation group, $-SO_3H$) 같은 작용기(functional group)를 처리하거나, 폴리비닐알코올(PVA, polyvinyl alcohol) 등과 같은 친수성 고분자를 처리하는 등의 여러 가지 방법을 통해 개질하기도 한다. 그러나 이러한 방법들의 경우에도 여전히 분리막의 친수성이 상대적으로 낮아 수투과도가 낮으며, 막 오염에 취약한 문제점이 있다.

그림 9-25는 막 제조에 사용되는 소재의 물리적 안정성을 보여주며, 또한 각각의 소재를 사용한 막의 특성이 표 9-29와 9-30에 비교되어 있다.

CA는 천연적으로 친수성의 특성을 지니고 있지만, 구조적 강도가 떨어진다. 물리적인 안정성 측면에서 가장 우수한 물질은 PE와 PVDF이며, PS, PES, PAN 및 PVDF는 자연적으로 매우 소수성인 특성을 가지지만 첨가제(additives) 및 기공 형성제(pore formers)와 혼합하여 적당히 친수성인 막을 만들 수 있다. 반면에 PE와 PP는 소수성 물질로 개질이 어렵다. PE와 PES는 유사한 물질이지만 PES가 훨씬 소수성인 특징을 가지고 있다. PVDF 소재 막의 가장 큰 장점은 특히 염소(chlorine)에 대한 내성이 매우 높다는 점이다. PS/PES 계열은 가장 넓은 내화학성(chemical resistance)을 지니고 있으며, 1.5～13 정도의 pH 범위와 보통의 염소농도에서도 견딜

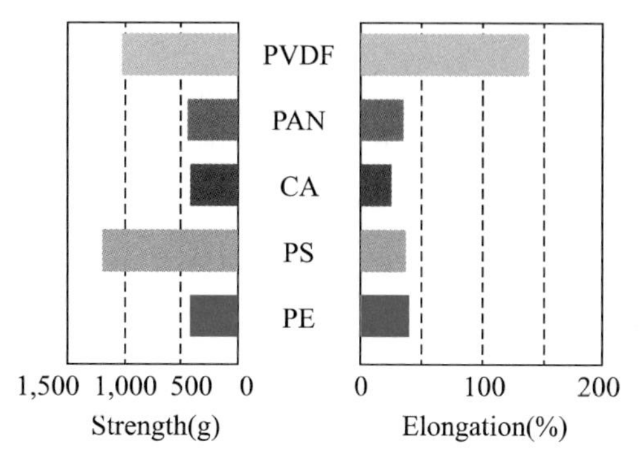

그림 9-25 **Comparison of physical stability – membrane materials** (Gijsbertsen-Abrahamse, et al., 2006)

표 9-29 Pros and Cons of Different Membranes

CA	good permeability and rejection characterisitics
	susceptible to hydrolysis
	limited pH resistance
	chlorine tolerant and fouling resistant
PES, PVDF (PS, PAN)	ability to modify properties through polymer blend
	good strength and permeability
	PVDF best for flexibility and use with air scour
	PES best for polymer blending and UF rating
PE, PP	susceptible to oxidation
	limited blend capability

Ref) Pearce(2007a)

표 9-30 PVDF vs PES Comparison

Parameter	PVDF	PES
Polymer cost	Hi	Med
UF rating	Med	Hi
Permeability	Med	Hi
Caustic resistance	Med	Hi
Chlorine resistance	Hi	Med
Feed range	Hi	Med
Fibre breaks	Nil - Lo	Med [1]
Membrane Life	Hi	Med - Hi

Note) 1) Fibre breakage experience refers to single bore fibres
Ref) Pearce(2007a)

수 있다. PDVF는 산에 견딜 수 있지만 부식성인 pH 11 정도 수준까지로 제한된다. 따라서 최근의 막의 개발은 주로 PES와 PVDF 등 우수한 베이스 폴리머와 나노복합 물질을 이용하여 우수한 물성(강도, 친수성)을 가진 하이브리드 막(hybride membrane)으로의 개질화와 수투과율 증대 그리고 방오성의 향상 등의 방향으로 이루어지고 있다(Ayyaru and Ahn, 2017, 2018). 표 9-31과 9-32는 각종 하이브리드 막의 성능을 비교한 자료이며, 그림 9-26은 고성능 하이브리드 막의 단면 사진(SEM)을 보여준다.

수처리용 막의 선정에 있어서 중요한 고려 인자는 강도 및 유연성(strength and flexibility), 기공 크기(pore size) 및 투과성(permeability), 내화학성(chemical resistance) 및 친수성(hydrophilicity) 등이 있다. 상수처리 시 막 여과 공정을 도입하기 위해서는, 오염물질의 크기를 파악하고 적절한 특성을 가진 막의 선택이 중요하다. 목표로 하는 오염물의 크기가 작을수록 더 작은 공경의 막을 선택하여야 하지만 이는 운전을 위해서는 그만큼 높은 압력이 필요하다는 것을 의미한다. 따라서 경제성과 막투과율(permeate flux) 및 막투과수의 수질(permeate water quality) 등을 고려하여 적절한 전처리나 후처리 공정의 선택이 필요하다.

표 9-31 Comparative performance of the hybrid PVDF composite membranes

Type	Inorganic fillers dimensionality	Modulus	Water flux ($Lm^{-2}h^{-1}$)	Content of additives (%)	Rejection (%)	References
PVDF/Al_2O_3	3D	Plat sheet	70	3	97.1	1
PVDF/SiO_2	3D	Hollow fibers	190	1	90	2
PVDF/TiO_2	3D	Plat sheet	180	5	90	3
PVDF/$LiClO_4$	3D	Plat sheet	90	4.8	94.5	4
PVDF-GO	1D	Plat sheet	505	1	87	5
PVDF-GO	1D	Plat sheet	552±6	3	-	6
PVDF/MWCNTs	2D	Plat sheet	620	1	89.1	5
PVDF/PFSA/O-MWNTs	2D	Hollow fiber	229	0.7	-	7
PVDF/O-MWNTs	1D	Plat sheet	690	1	99.9	8
PVDF/GO	2D	Plat sheet	165	1	83.7	9
PVDF/GO	2D	Plat sheet	460	0.8	95	10
PVDF/SGO	2D	Plat sheet	740	0.8	98	10

Ref) summarized by Ayyaru and Ahn(2017)

1, Yan et al. (2006); 2, Cui, et al. (2010); 3, Wei et al. (2011); 4, Lin et al. (2003); 5, Zhao et al. (2013); 6, Zhao et al. (2014); 7, Zhang et al. (2014); 8, Moslehyani et al. (2015); 9, Zhang et al. (2013); 10, Ayyaru and Ahn (2017)

표 9-32 Comparative performance of the hybrid membranes

Type of TiO_2 NPs and size	Size (nm)	Polymeric materials	Modulue	Water flux ($Lm^{-2}h^{-1}$)	Content of TiO_2 NPs in dope solution (%)	References
P25(85% anatase-15% rutile)	21	PVDF	Flat sheet	150	5	1
PEG-TIO_2, Degussa P25	20-30	PVDF	Flat sheet	340	1	2
Degussa 20 nm	20	PVDF/SPES	Flat sheet	670	6	3
Anatase	180	PVB(Polyvinylbutyral)	Hollow fiber	200	1	4
TiO_2 with Rutile(China)-γ-aminopropyl triethoxysilane	20	PES	Flat sheet	596	3	5
Degussa P25-silane coupling agent modification and mechanical	20	PES	Flat sheet	460	2	6
Degussa P25-silane coupling agent modification and mechanical	20	PES	Hollow fiber	57	2	7
TiO_2-g-HEMA	20-30	PSF	Flat sheet	230	3	8
TIO_2 modified by sodium dodecyl sulfate	20-30	PSF	Flat sheet	488	2	9
$STiO_2$ sulfonic acid group modification	30-40	PES	Flat sheet	650	1	10
$STiO_2$ sulfonic acid group modification	30-40	PES/SPES	Flat sheet	802	1	10

Ref) summarized by Ayyaru and Ahn(2018)

1, Mericq et al. (2015); 2, Gardy, et al. (2017); 3, Rahimpour et al. (2008); 4, Fu et al. (2008); 5, Wua et al. (2008); 6, Razmjou et al. (2011); 7, Razmjou et al. (2012); 8, Zhang et al. (2013); 9, Song et al. (2012); 10, Ayyaru and Ahn (2018)

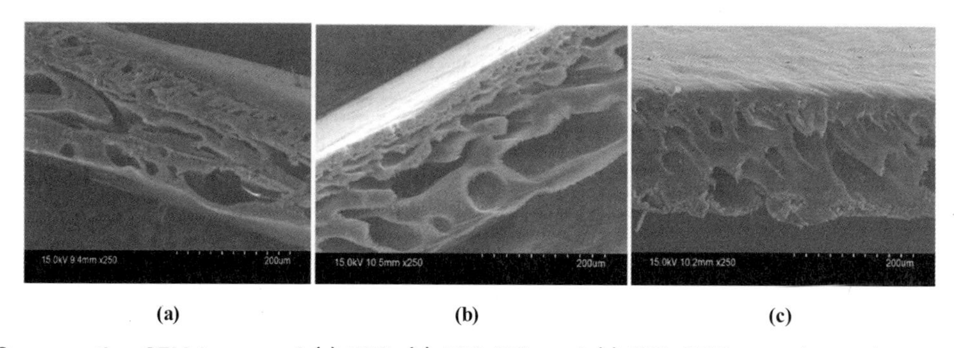

(a) (b) (c)

그림 9-26 Cross section SEM images of (a) PES, (b) PES-TiO_2 and (c) PES-$STiO_2$ membranes (Ayyaru and Ahn, 2018)

(6) 막 모듈

막을 이용한 공정에서는 필연적으로 일체화된 형상의 막 모듈(membrane module format)이 사용된다. 막 모듈은 막 여과를 수행할 수 있는 최소 단위로 여과 막, 압력지지시설, 원수의 유입구, 유입된 원수의 분배시설, 막투과수(permeate)의 배출구, 농축수(retentate or concentrate)의 배출구 등으로 구성되어 있다. 일반적으로 막 모듈의 설계 시에 고려하여야 할 점은 원활한 물의 순환을 위한 농도 분극(concentration polarization)과 막 폐색(fouling)의 최소화, 단위 용적당 막 면적(packing density, m^2/m^3), 원수와 막투과수 사이의 누수 방지, 그리고 막 세척의 용이성 등을 들 수 있다. 여기서 농도 분극이란 막을 투과하는 물의 흐름과 함께 막 표면에 이송된 용질 분자가 막에서 일부 혹은 대부분 저지되어 체류하기 때문에 용질의 농도가 막 표면을 향해 상승하는 현상을 말한다. 농도 분극은 케이크층 형성과 마찬가지로 막 오염을 증가시킨다. 각 모듈은 막 면적, 막 세정법, 현탁 물질에 대한 허용성 등에서 차이가 있으므로 원수 탁도나 처리목적에 따라 적절한 형식의 모듈을 선택해야 한다.

막 모듈은 그 형상에 따라 평막형(plate and frame), 중공사형(hollow fiber), 나선형(spiral wound) 및 관형(tubular) 등으로 나누어진다(그림 9-27). 주로 사용되는 모듈의 종류는 막의 종류에 따라 다르지만 흔히 중공사형과 나선형 방식을 선호하나, 최근 세라믹막과 더불어 관형 또한 많이 쓰인다.

주요 상업용 UF나 MF 제품은 모두 모세관 멤브레인(capillary membrane)을 기반으로 하고 있는데, RO 및 NF 제품은 나선형 형식이 지배적인 반면, UF나 MF는 중공사형이나 모세관 모듈을 선호하고 있다(Cardew and Le, 1998). 중공사형이라는 용어는 내부 직경이 0.5 mm 미만인 경우에 주로 사용하며, 모세관은 1.0 mm보다 큰 내부 직경에 사용된다. 그림 9-28은 중공사막의 다양한 종류를 보여준다.

RO 및 NF 막은 주로 조밀한 활성층이 지지층에 코팅된 박막 복합체(TFC, thin film composite) 막 형태로 주로 만들어진다. 이 공정은 용액-확산 메커니즘으로 작동한다. 초기 RO는 매우 미세한 중공사 모듈로 매우 낮은 유량조건에서 운전되었으나, 최근 TFC 막은 RO 및 NF의 경우 가장 선호하는 형태이다. TFC 막을 생산하는 가장 저렴한 방법이 평판형 시트(flat sheet)이며, 이를 이용하여 생산되는 가장 저렴한 모듈은 나선형으로 이는 저가의 구성으로 높은 밀도를 제공한다. 동수역학적 한계(hydrodynamic limitations)는 나선형 형상 고유의 특성으로 RO와 NF의 흐름(플럭스)은 상대적으로 낮다. 그러나 나선형 모듈의 중요한 장점은 주요 제조업체 간 제품의 호환성에 도움이 된다는 점이다.

UF나 MF 막의 활성층은 밀도가 아니라 공극에 있으며, 비교적 좁은 공경크기 분포를 갖는다. 공극은 여과수에 대해 무시할만한 저항성을 제공하기 위해 활성층보다 더 거친 형상일 필요가 있으므로 단일 중합체 또는 중합체 용액으로부터 비대칭 구조로서 막을 제조하는 것이 효과적이다. 따라서 수처리에 사용되는 대부분의 상업용 UF/MF 제품은 다층 멤브레인이 아니라 서브구조를 가진 통합된 활성 분리층을 가지고 있다. MF 멤브레인은 일반적으로 구조가 균질하거나 제한된 비대칭 구조를 가지고 있는데, 이는 활성층의 큰 공극의 크기가 비대칭성을 필요로 하지 않기 때문이며, 또한 이는 막 구조를 약화시킬 수 있으므로 바람직하지 않다.

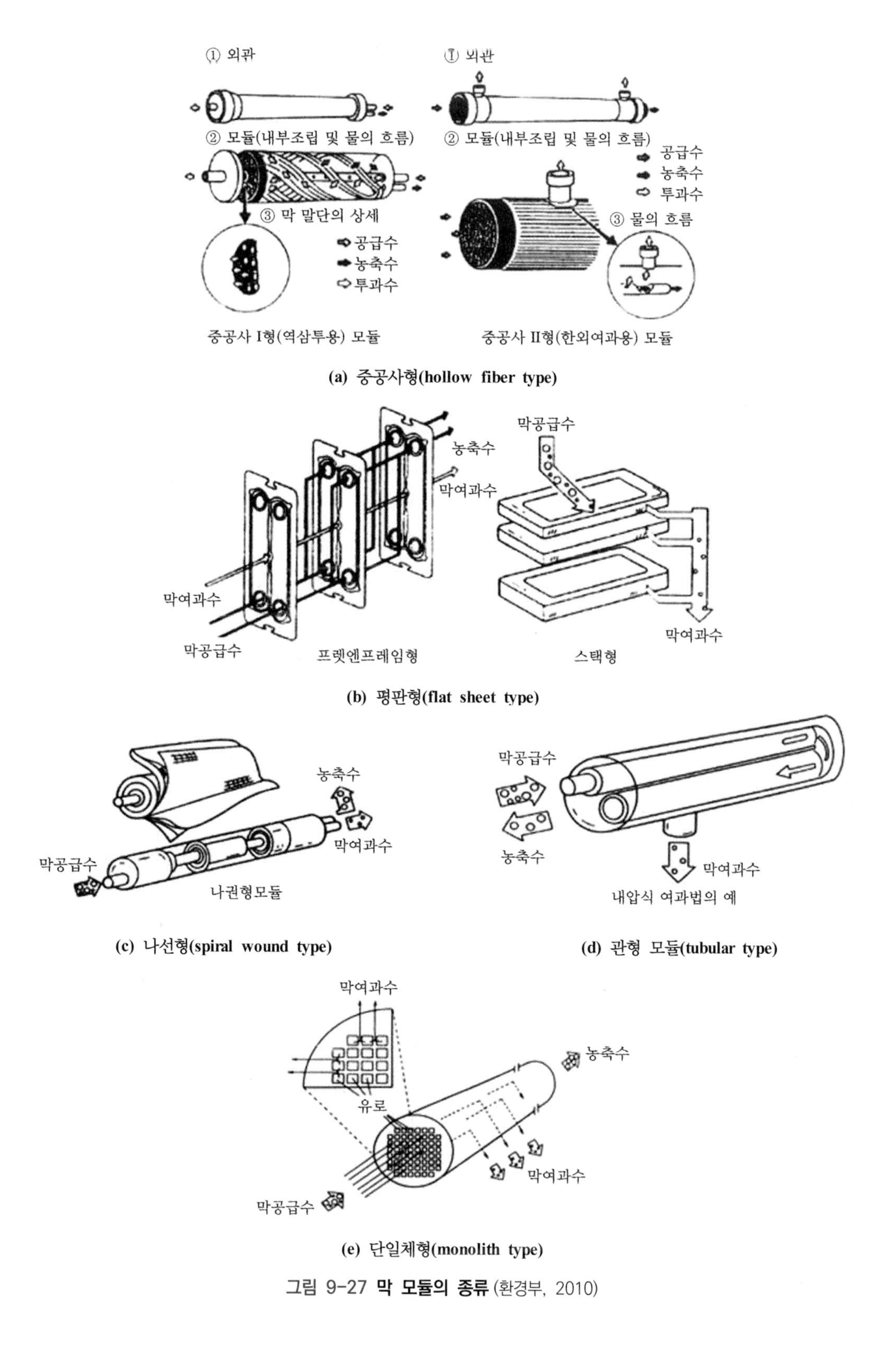

(a) 중공사형(hollow fiber type)

(b) 평판형(flat sheet type)

(c) 나선형(spiral wound type)

(d) 관형 모듈(tubular type)

(e) 단일체형(monolith type)

그림 9-27 **막 모듈의 종류** (환경부, 2010)

중공사 또는 모세관 형상은 나선형에 비해 다음과 같은 중요한 이점을 제공한다(Pearce, 2007b).

- 동수역학적 효율(hydrodynamic efficiency): UF/MF 막을 나선형으로 만들면 상대적으로 높은 플럭스가 중앙집수기에 연결된 부분에 압력 강하를 일으켜 동수역학적 효율이 떨어진

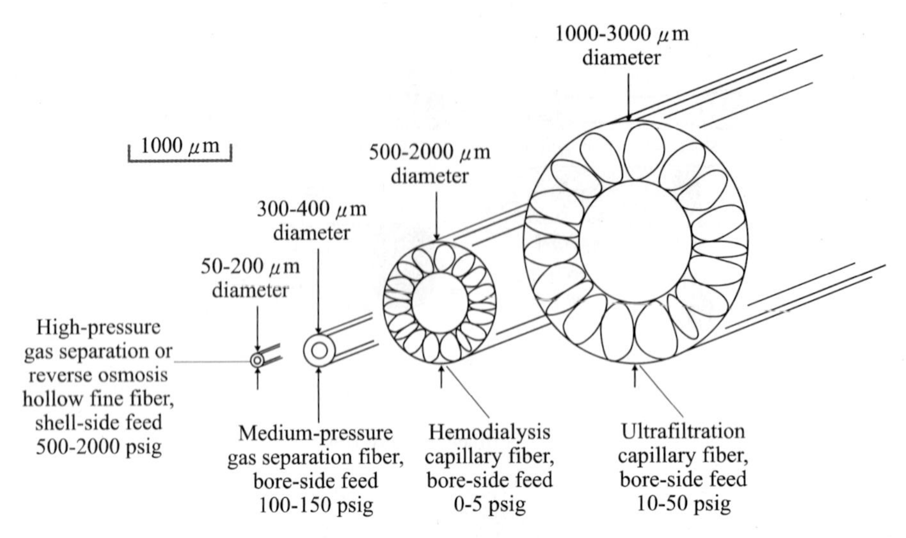

그림 9-28 **Schematic of the principal types of hollow fiber membranes** (Barker, 2004)

다. 반면에 중공사에서는 모듈 내의 내부 분배효율을 높여준다.

- 역세능력(backwashability): UF/MF 막은 단일 폴리머 또는 폴리머 용액으로 만들어졌기 때문에 역세척 과정에서 다중층 구조의 TFC 막의 박리 가능성이 없다. 역세척 운전은 일반적으로 여과 단계의 유량보다 높은 유량에서 이루어지므로 중공사막의 효율적인 동수역학적 특성은 중요한 장점이 된다.
- 구조적 무결성(structural integrity): 중공사 모듈은 나선형보다 높은 구조적 무결성을 가진다.
- 전처리(pre-treatment): 나선형의 경우 수중에 포함된 입자로 인한 막힘 현상이 없도록 전처리가 필요한 반면 중공사나 모세관 모듈은 더 높은 고형물 부하를 허용할 수 있다. 내부유입 형상의 중공사막 모듈에 대한 일반적인 전처리 수준은 약 150 μm이며 외부 유입의 경우는 좀 더 높게 설정된다. 반면에 나선형은 5 μm 이하로 전처리가 필요하다.

공정의 적용 면에서 막은 유체의 흐름 특성에 따라 구분하기도 한다. UF나 MF는 주로 교차흐름(crossflow, 십자여과) 방식을 사용하는데, 이러한 방식은 막의 표면에 오염물질의 과도한 축적을 방지하여 막의 오염속도를 조절할 수 있다[그림 9-29(a)]. 막 공극 내의 흐름은 층류인 반면 막 표면에서는 전단력 강화와 물질전달 속도 향상을 위해 어느 정도의 난류형성은 막의 운영에 매우 효과적이다. 교차흐름은 일반적으로 난류 또는 천이영역 흐름을 생성하여 입자의 축적에 대해 막 표면을 청소하는 매우 효과적인 기능을 가진다. 그러나 대규모의 적용에 있어 교차흐름 방식은 충분한 속도를 위한 펌프의 크기 확보와 소요 비용 그리고 운전상의 에너지 요구 등이 주요 단점으로 작용한다.

직접흐름(directflow, 전량여과) 방식의 운전은 수처리 분야에서 흔히 선택되는 막 여과 방법이다. 이 경우 고형물 부하는 전통적인 교차흐름 방식에 비해 훨씬 낮게 유지되는데, 이는 교차흐름 방식의 대안으로 운영될 수 있다. 먼저, 횡류 흐름 속도를 감소한 다음 간헐적인 역세척에만 의존하여 완전히 멈추는 방식으로 이러한 유형의 운전을 직접 흐름(directflow or semi-dead end)이라고 한다[그림 9-29(b)]. 이러한 방식은 횡류 흐름의 제거로 여과 사이클의 압력 강하가

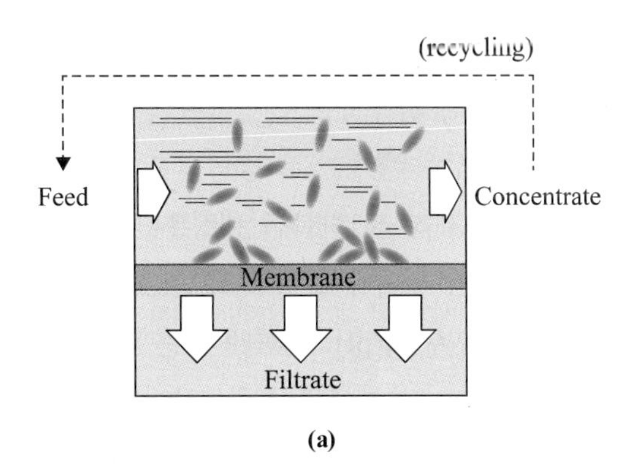

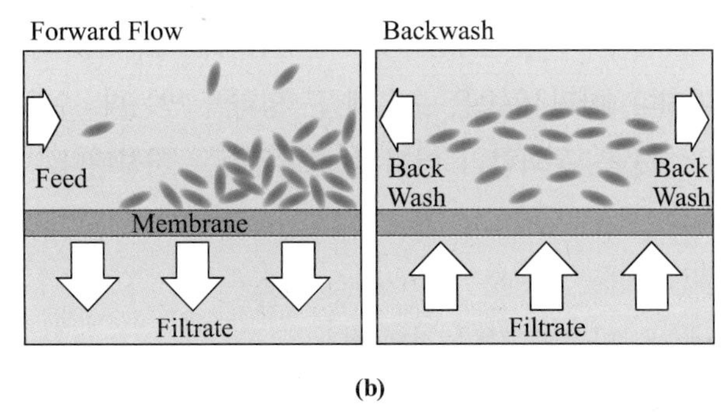

그림 9-29 **Schematics of (a) crossflow process and (b) directflow process** (modified from Pearce, 2007b)

제한요인으로 작용하지 않으므로 더 미세한 유입 채널을 사용할 수 있으며, 그 결과 모듈의 충진 밀도를 크게 증가시키고, 결국 설치비(capex)와 운전비(opex)를 낮추는 역할을 한다.

(7) 막 공정의 설계인자

막 공정의 설계에 있어서 고려되는 중요한 인자는 다음과 같다.

1) 막투과율

막투과율(Permeable flux, J)은 막 공정을 설계하는 데 가장 기초적인 요소로 수투과율(water flux)은 다음 식과 같이 단위시간당 막의 단위면적을 통과하는 물의 양($L/m^2/h$, $m^3/m^2/d$ 또는 m/h)으로 표현된다.

$$J = A(TMP) = \frac{TMP}{R_t \mu} \tag{9.22}$$

여기서, J: instantaneous membrane flux

A: permeable constant

TMP: transmembrane pressure

R_t: total membrane resistance(즉, membrane resistance와 fouling resistance 의 합)

μ: absolute viscosity of water

수투과율의 개념은 매우 간단하지만 여과 흐름의 방향, 역세척 소요 시간, 역세척 여과수량 등이 경우에 따라 상이하기 때문에 안전율을 고려하여 가능한 플럭스를 높게 설정하는데, 대부분의 유입수 기준의 막 면적과 순간 유출유량에 근거하여 산정한다. 안정적인 운영을 위해 막 설비는 한계 플럭스 아래로 운전되어야 한다.

MF 또는 UF 막의 유효 수명은 역세척 및 화학적 세정뿐만 아니라 막의 재질과도 관련이 있으며, 통상적으로 유기 막의 경우 5년, 무기막의 경우 15년 정도이다. 특히 화학적 요인에 의한 막의 파손은 내우 중요힌데, 유입수의 수온, pH, 산화제 또는 수처리 폴리머가 막 재질에 적합하지 않을 때 주로 발생한다.

막 여과유속이 클수록 필요한 막 면적은 작아지며, 동시에 막의 원가는 줄어들어 설치공간도 줄어든다. 또한 유속을 크게 해서 운전하는 경우 운전압력은 높아지고 막 차압의 상승과 함께 약품세정의 빈도도 높아진다. 한편 유속은 수온에 큰 영향을 받는다. 수온이 낮아지면 점성저항이 높아지므로 물은 막 세공을 통과하기 어려워지고 유속은 저하된다.

2) 막의 저항성

막의 저항성(resistance)은 다음과 같이 정의된다.

$$R_t = R_m + R_e + R_i = R_m + (R_p + R_c) + R_i \tag{9.23}$$

여기서, R_t: total resistance

R_m: constant resistance of the clean membrane (pure hydraulic resistance)

R_e: internal fouling resistance $(= R_p + R_c)$

R_p: resistance due to concentration polarization (which can be neglected)

R_c: cake layer resistance

R_i: resistance due to pore blocking and adsorption of materials

3) 회수율

회수율(recovery, R)은 막 공정에서 수량관리 측면의 효율성을 나타내는 지표로서 사용된다. 회수율이 높을수록 손실수량이 적다[그림 9-30, 식 (9.24)]. 막 여과의 수량 회수율은 막 여과 설비의 회수율과 막 여과 정수시설 전체의 회수율로 크게 구분하기도 한다. 막 여과 설비의 회수율이란 막 여과 설비에의 공급수량에 대하여 막 여과수 중 물리적 세척수량 등을 뺀 양의 비를 백분율로 표현한 것이다. 즉, 막 여과 설비에서 회수율은 물리적 세척빈도에 크게 영향을 받으며 또한 그 빈도는 공급 수질이나 막 여과 유속(flux)의 영향을 받는다. 일반적으로 물리적 세척빈도가 높게 되면 회수율이 떨어진다. 일반적인 회수율의 목표치는 90 % 정도이다.

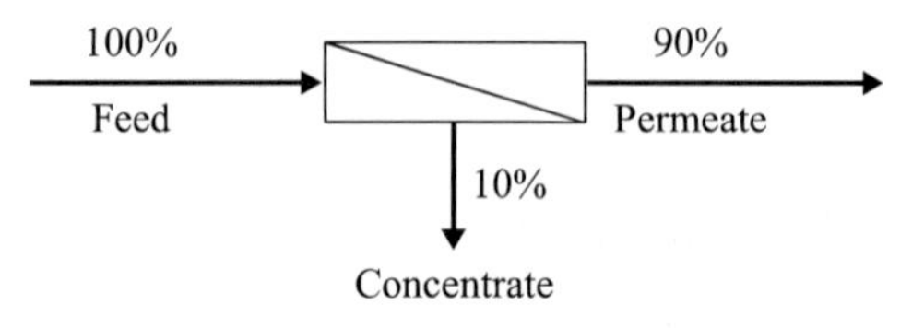

그림 9-30 Recovery in membrane processes

$$R = \frac{Q_{\text{permeate}}}{Q_{\text{feed}}} \times 100 \tag{9.24}$$

4) 막간차압력

막을 통해 물을 가압하는 데 필요한 압력을 막간차압력(TMP, trans membrane pressure)이라고 하며, 엄밀하게는 막의 압력 구배(pressure gradient) 또는 평균 공급 압력(average feed pressure)에서 투과 압력(permeate pressure)을 제외한 값으로 정의된다. 공급 압력은 주로 막 모듈의 초기 지점에서 측정되나, 막을 통과하는 유량이 수압 손실을 유발하기 때문에 이 압력은 평균 공급 압력과 동일하지는 않다. 막의 차압은 여과 방식에 따라 다음과 같이 표현된다.

① 직접여과의 경우

$$\text{TMP} = \text{P}_{\text{tm}} = \text{P}_{\text{i}} - \text{P}_{\text{p}} \tag{9.25}$$

여기서, P_{tm}: transmembrane pressure

P_{i}: pressure at the inlet to the modules

P_{p}: permeate pressure

② 교차흐름의 경우

$$\text{TMP} = \text{P}_{\text{tm}} = \frac{\text{P}_{\text{F}} + \text{P}_{\text{R}}}{2} - \text{P}_{\text{E}} \tag{9.26}$$

여기서, P_{F}: Filter pressure

P_{R}: Return pressure

P_{E}: Effluent pressure

(8) 막 여과 정수시설

막 여과 정수시설의 설치에 있어 주요 검토사항은 다음과 같다.

- 막 여과 정수시설은 환경부에서 고시한 막 여과 정수시설의 설치기준(2008)에 따라 설치한다. 시설용량이 5,000 m^3/일 이상인 막 여과 정수시설은 수도법에 따른 설치기준을 준수하여야 하고, 시설용량이 5,000 m^3/일 미만의 막 여과 정수시설은 이를 준용할 수 있다.
- 상수원관리규칙의 수질검사기준에 따라 실시한 과거 3년간의 원수 수질검사 결과를 검토하여야 한다.
- 장래 원수 수질변화가 예측되는 경우는 그 대응 방안을 마련하여야 한다.
- 막 여과 정수시설의 신설이나 기존 정수시설의 개량으로 막 여과 정수시설을 설치하고자 할 경우에는 막 여과 정수시설의 안정성을 검토하여야 한다.
- 막 여과 단독 공정에서 먹는 물 수질기준의 초과가 예상될 경우 다른 정수공정과의 조합을 고려해야 한다.

• 건설비, 유지관리비 등을 포함한 경제성을 고려한다.

막 여과 정수시설의 시설능력(계획 정수량)은 계획 1일 최대급수량을 기준으로 그 외 작업용수와 기타 용수(세척) 등을 고려하여 결정한다. 시설 전체에서 손실되는 작업용수량은 막 여과 설비에서 회수율 등을 감안하여 통상적으로 계획1일 최대급수량의 5～10 % 정도로 계획한다. 또한 최소 2계열 이상으로 구성하는 것을 원칙으로 하고, 각 계열 및 여과수에는 연속측정식 탁도계와 압력유지시험(pressure decay test) 장치 등이 설치되어야 한다.

1) 공정의 구성

막 여과 정수시설의 공정 구성은 기본적으로 주 공정인 막 여과 공정과 후속하는 소독 공정으로 구성하며, 필요에 따라 전처리, 후처리 및 배출수 처리 시설을 구성한다. 전처리와 후처리는 원수의 수질특성과 처리 목표수질에 따라 오존 접촉, 응집/침전, 활성탄 등을 적절히 구성하도록 한다.

주 공정인 막 여과 공정(MF 또는 UF)은 원수 공급, 펌프, 막 모듈, 세척, 배관 및 제어 설비 등으로 구성되며(그림 9-31), 막의 종류, 막 여과 면적, 여과 유속, 회수율 등은 원수수질 및 여과수의 수질기준과 시설의 규모 등을 고려하여 결정된다.

MF나 UF로 제거할 수 있는 것은 주로 점토입자나 식물성 플랑크톤 등의 현탁 물질, 콜로이드, 세균, 크립토스포리디움 등으로, 막의 공칭분획경보다 큰 경우에는 거의 100 % 제거 가능하다. 그러나 막의 공경보다 작은 용해성 물질은 MF나 UF 막으로는 제거할 수 없으므로, 적절한 전처리 또는 후처리 방법을 조합하여 구성하여야 한다.

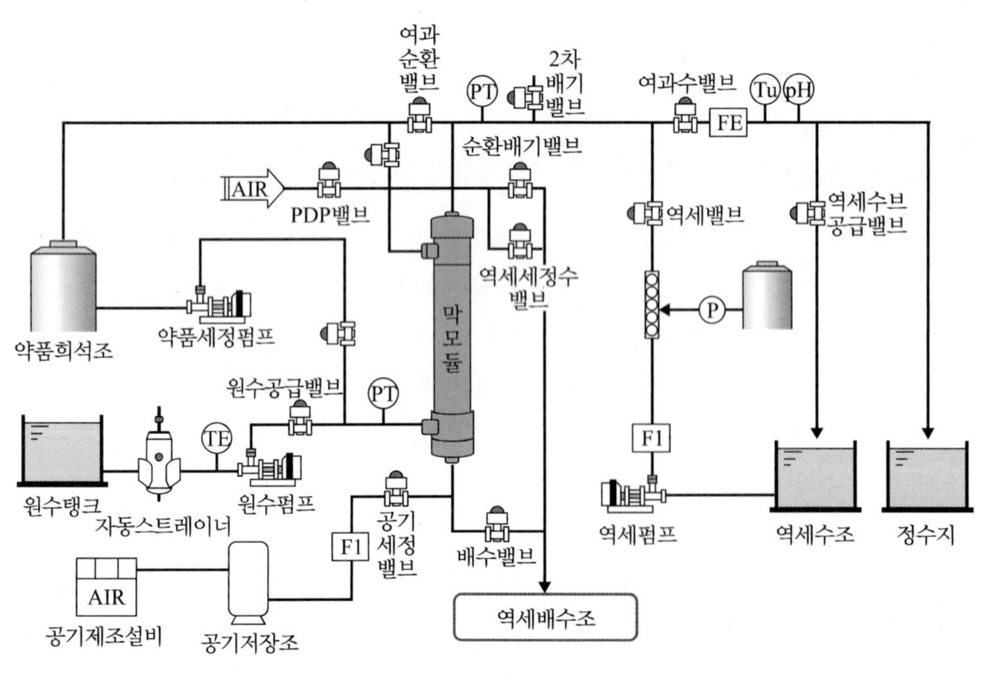

그림 9-31 막 여과 정수처리 공정의 흐름도 예(환경부, 2010)

① 전처리와 후처리

막 여과 정수시설의 전처리는 원수수질과 처리목표수질 등을 감안하여 필요에 따라 적절한 방법을 선정한다. 전처리 시설로는 스크린이나 스트레이너(협잡물 제거), 응집-침전-여과(탁질 및 유기물 제거), 전염소 또는 전오존(철, 망간 등 산화), 분말활성탄(맛 · 냄새물질 등 미량유기물 제거), 응집효율 제어를 위한 약품 주입 설비 및 기타 막 모듈 보호 및 여과수질 향상을 위한 시설 등이 포함된다.

후처리 시설은 용존 유기물, 곰팡이 냄새, 망간 제거 등의 목적으로 막 여과수를 다시 한번 처리해야 하는 경우에 오존, 활성탄 흡착 등의 설치가 고려된다.

② 막 여과 시설

막 여과 시설에 있어 우리나라는 환경부에 고시된 막 여과 정수시설의 설치기준(환경부 고시 2008-198호)에 따라 막 모듈의 성능기준을 만족하고 인증(한국상하수도협회 표준인증)받은 막 모듈을 사용하도록 규정하고 있다(표 9-33). 막의 종류와 막 모듈은 처리성능, 내구성, 내약품성 및 위생성 등을 고려하여 선정한다.

막 여과 공정에서 회수율은 취수 조건이나 막 공급 수질, 역세척, 세척배출수의 처리 등의 여러 가지 조건을 고려하여 그 효율성과 경제성 등을 종합적으로 검토하여 설정한다. 막 여과의 유속은 막의 종류, 막 공급 수질과 최저 수온, 전처리 설비의 유무와 방법, 입지조건과 설치공간, 경제성 및 유지관리 등을 고려하여 적절하게 설정한다.

막의 소요 면적은 여과 수량과 막 여과 유속으로부터 산출할 수 있다.

$$\text{막 면적}(m^2) = \frac{\text{여과수량}(m^3/d)}{\text{막 여과 유속}[m^3/(m^2 \cdot d)]} \tag{9.27}$$

단위시간당 단위 막 면적을 통과하는 수량으로 정의되는 막 여과 유속(permeable flux)은 일반적으로 펌프 가압방식의 경우 장기간 운전에 대한 평균치로서 단위 막 차압(100 kPa, 약 1 kgf/cm^2)당 약 0.5～1.0 $m^3/m^2/d$ 정도를 목표로 한다. 이 값은 막의 종류, 재질, 공경 또는 분획

표 9-33 수도용 막 모듈의 성능 기준

항목	정밀여과막모듈	한외여과막모듈	나노여과막모듈	역삼투막모듈	해수담수화 역삼투막모듈
여과성능	0.5 m^3/m^2 · 일 이상	0.5 m^3/m^2 · 일 이상	0.05 m^3/m^2 · 일 이상	0.05 m^3/m^2 · 일 이상	0.01 m^3/m^2 · 일 이상
탁도 제거성능	0.05 NTU 이하	0.05 NTU 이하	-	-	-
염화나트륨 제거성능	-	-	5～93% 미만	93% 미만	99% 이상
내압성	누수, 파손 및 기타 외형에 이상이 없을 것				
미생물 제거성능	시료수에 대해서 형성된 집락수가 시료수 1 mL당 10개 이하일 것				
용출성	시료수의 분석치와 대조수의 분석치의 차가 "막모듈 용출액 분석기준에 적합할 것"				

비고 1. 정밀여과막모듈 및 한외여과막모듈의 여과성능은 25°C, 막차압 100 kPa의 조건에서 보정한 값으로 한다.
2. 나노여과막모듈, 역삼투막모듈 및 해수담수화역삼투막모듈의 여과성능은 25°C, 유효압력(有效壓力) 1 MPa의 조건에서 보정한 값으로 한다.
3. 막모듈 성능기준인 탁도 제거성능은 정밀여과막모듈 및 한외여과막모듈에만 적용한다.
4. 막모듈 성능기준인 염화나트륨 제거성능은 나노여과막모듈, 역삼투막모듈, 해수담수화 역삼투막모듈에만 적용한다.
자료 환경부(2010)

분자량 등 막의 조건 외에 수온, 막 공급 수질, 전처리의 유무와 방법 등 다양한 조건에 따라 동일한 막 차압에서의 막 여과 유속은 달라진다. 교차 흐름(crossflow) 방식의 경우에는 유속을 크게 함으로써 막 여과 유속도 크게 할 수 있지만, 동력비가 증가하기 때문에 막의 유속은 통상 수십 cm/s～1 m/s 전후의 범위로 설정한다.

막 차압(TMP)은 막 여과 유속에 크게 영향을 미치는데, 펌프 가압방식을 예로 들면 최대 막 차압은 MF의 경우 최대 200 kPa이며, UF 막에서는 최대 300 kPa 정도로 통상적으로 그 이하로 운전된다. 흡인 여과 방식인 경우에는 흡인압의 절대치가 크면 막 여과수 중의 용존가스가 공동현상(cavitation, air lock)을 일으킬 우려가 있으므로 통상적으로 －80 kPa 이상(절대치로 80 kPa 이하)으로 제한한다.

2) 막 여과 방식과 운전 제어

막 여과는 막 모듈을 일정한 규격의 케이스에 수납 배열한 케이싱(casing) 방식과 수중에 막 모듈을 침수한 형태로 운영되는 침지형(submerged) 방식으로 구분할 수 있는데, 이러한 여과방식 모두 앞서 설명한 직접 흐름(directflow)과 교차흐름(crossflow)의 유체 흐름 방식을 선택할 수 있으며, 이는 또한 내압식과 외압식으로도 구분된다. 이는 원수의 수질뿐만 아니라 막의 종류별 특성과 구동압의 확보조건 등과 관련이 있으므로 주어진 조건에 따라 적절한 방식을 선택한다. 침지형 막여과는 장치가 간단하고 막 모듈의 교체가 용이하다는 이점이 있는 반면 고압조건 하에서 운전이 어려우므로 고유속(high flux)의 운전에는 한계가 있다.

막 여과를 하기 위해서는 막 모듈의 전후에 일정한 막간차압력(TMP)이 필요하고, 그 압력차를 주는 구동압의 종류에는 펌프 가압방식, 수위차 방식, 흡인 방식으로 크게 나누어지며, 또한 각 방식을 조합하여 이용하는 경우도 있다(그림 9-32). 막 여과의 제어 방법은 정량(수량)제어와 정압(압력)제어의 두 가지가 있다. 이러한 인자들을 선정할 때에는 막의 종류, 구동압 방식 및 배수지의 용량과 수요 변동을 기본으로 경제성과 유지관리적인 측면 등을 종합적으로 감안하여 선정해야 한다. 정량제어는 원수의 수온이나 막의 여과저항에 좌우되지 않고 여과유량을 소정의 양으로 제어할 수 있다. 그러나 정압제어는 시간의 경과에 따라 투과 유량이 감소하고, 원수수온이나 막 공급 수질에 따라 여과수량이 변동하기 때문에 원수수질이 항상 안정된 시설을 제외하고는 취수나 배수지 운용 상황 등을 포함하여 충분한 검토가 필요하다.

일반적인 정수처리의 경우와 비교한 UF/MF 막 공정의 동력 소요량이 표 9-34에 요약되어 있다.

(9) 막 여과량 감소

막 공정의 경제성에 영향을 미치는 가장 중요한 요소는 막 투과량 감소(permeate flux decline)로 이는 막 오염(membrane fouling), 농도 분극(concentration polarization), 그리고 막의 물리화학적 변형에 의해 초래된다.

막 오염이란 원수 내에 포함된 물질에 의해 막 투과량 감소가 일어나는 모든 현상을 총칭하며 농도 분극에 의한 겔 층(gel layer)의 형성도 사실상 이 범주에 포함될 수 있다. 막 오염은 크게 유기성 오염(organic fouling), 생물오염(biofouling), 콜로이드성 오염(colloidal fouling), 무기성

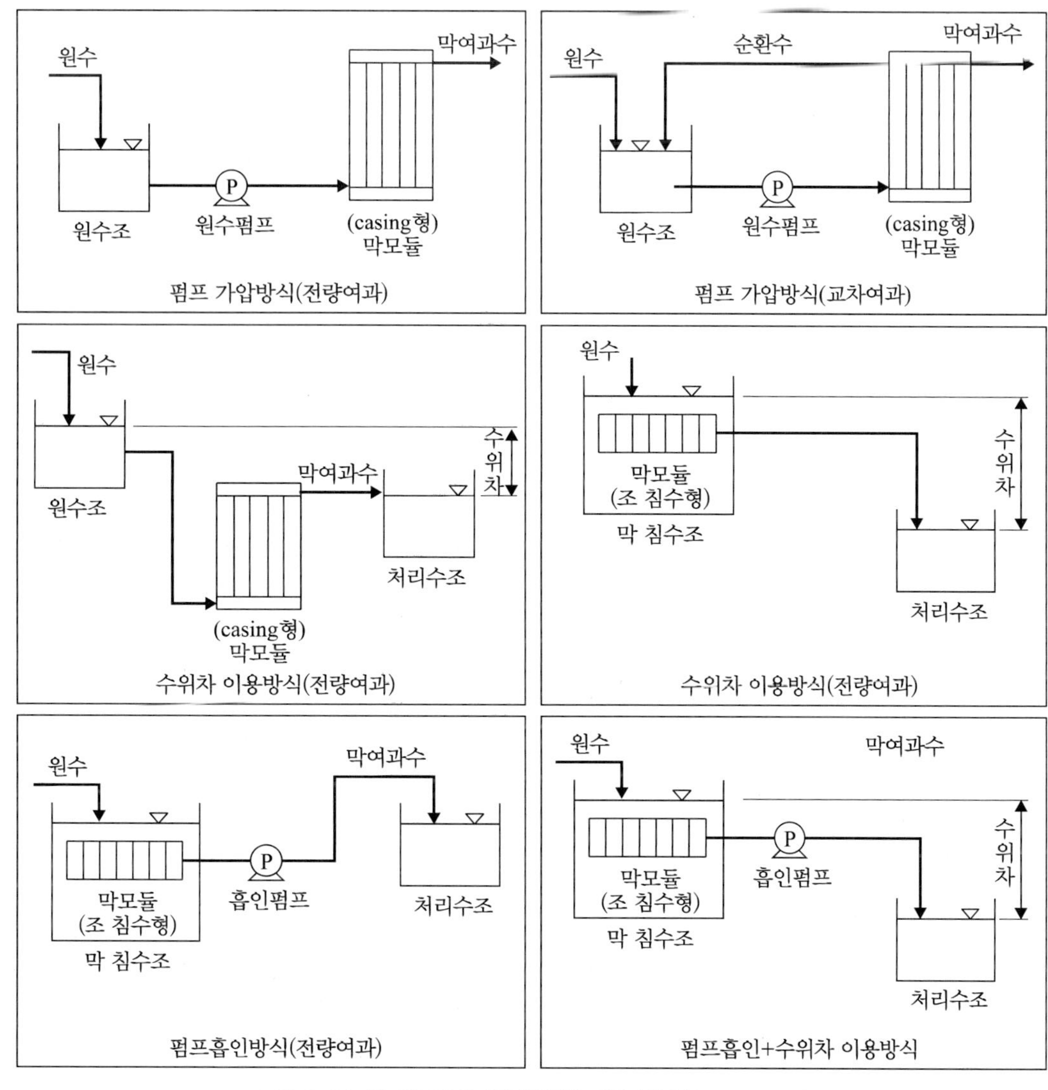

그림 9-32 **막 공정에서 구동방식에 따른 구분** (환경부, 2010)

표 9-34 Energy Costs of Treatment for Surface and Groundwater sources

	Power (MWhr/m^3)
Surface water - Conventional Treatment	0.15 - 0.30
Surface water - Conventional + UF/MF	0.25 - 0.35
Ground water infl by surface - UF/MF	0.1

Ref) Pearce(2007c)

오염(inorganic fouling), 그리고 침전물 형성(precipitation scaling) 등으로 분류할 수 있으며, 이는 또한 가역적(reversible)이거나 비가역적(irreversible)일 수 있다. 실제 수처리에서 막 오염은 주로 다양한 물리화학적 메커니즘에 의해 발생된다. 막 표면에서의 부유물질이나 콜로이드 입자의 침적(deposition)과 유기물의 흡착(adsorption), 그리고 막 공경(pore size)보다 작은 입자들의 공극(pore) 내 침전/흡착 등에 의해 막 투과량은 시간이 지남에 따라 점차 감소하게 된다.

농도 분극은 막을 통과하지 못한 용질의 가역적 축적(reversible accumulation) 현상을 의미한

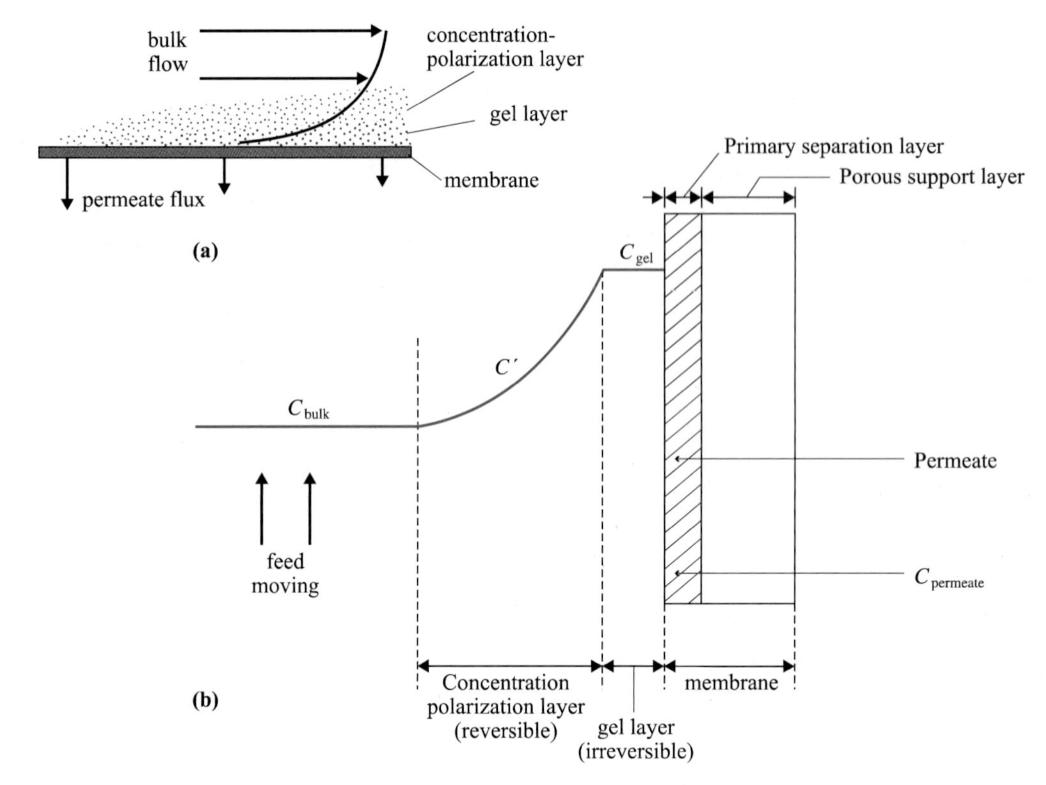

그림 9-33 **분리막의 흐름과 용질의 농도변화** (a) Bulk flow over a membrane surface and the associated layer, and (b) concentration profile in polarization and gel layer

다. 농도 분극층의 두께는 막간차압력(TMP), 농도 경사(concentration gradient), 그리고 수류 전단력(shearing force by feed-flux)에 의해 결정된다. 즉, 농도 분극층의 범위는 막간차압력, 농도 경사에 의한 용질의 역확산(back diffusion), 그리고 수류에 의한 전단력이 평형을 이루는 지점에서 용질의 농도(C′)는 분리막에서 멀어짐에 따라 점차 감소하여 결국 용액(bulk solution)상의 농도(C_{bulk})와 같아지게 된다(그림 9-33).

농도 분극층 내 용질의 농도(C′)는 분리막에 가까워질수록 증가하게 되며 어느 임계값에 도달해서는 증가하지 않고 일정한 농도($C' = C_{gel}$)를 나타내게 된다. 이러한 형상은 농도 경사에 의한 역확산이 점차 감소하여 임계점에서는 전혀 일어나지 못하기 때문으로 그 원인으로는 높은 막간차압력으로 인해 임계농도 이상으로 용질의 축적(deposition), 또는 압력이 높지 않더라도 막의 표면에 용질(예, 휴믹물질)의 흡착, 농도 분극 현상에 의해 무기 이온 농도의 증가에 따른 침전물 형성(precipitation scaling) 등이 있다. 이와 같이 막을 통과하지 못한 용질의 가역적 축적(reversible accumulation)이 일어난 부분을 농도 분극층이라 하고 비가역적 축적(irreversible accumulation)이 일어난 부분을 겔 층이라고 한다. 대체로 겔 층은 막 오염(fouling)으로 간주되는 반면 농도 분극은 오염으로 고려하지 않는다.

막은 운전 과정에서 또는 원수의 성상에 따라 물리적 또는 화학적으로 변형이 일어난다. 즉, 원수의 이온 강도(ionic strength)가 높은 경우 분리막의 전하밀도(charge density)는 감소하게 되며 이는 이중층의 압축을 초래하므로 막은 결국 수축하게 된다. 막의 수축에 의해 막 투과에

표 9-35 막 모듈의 열화와 파울링

분류	정의	내용		
열화	막 자체의 변질로 생긴 비가역적인 막 성능의 저하	물리적 열화 압밀화 손상 건조		장기적인 압력부하에 의한 막 구조의 압밀화(creep변형) 원수 중의 고형물이나 진동에 의한 막 면의 상처나 마모, 파단 건조되거나 수축으로 인한 막 구조의 바가역적인 변화
		화학적 열화 가수분해 산화		막이 pH나 온도 등의 작용에 의한 분해 산화제에 의하여 막 재질의 특성변화나 분해
		생물화학적 변화		미생물과 막 재질의 자화 또는 분비물의 작용에 의한 변화
파울링	막 자체의 변질이 아닌 외적 인자로 생긴 막 성능의 저하	부착층	케이크층	공급수 중의 현탁물질이 막 면상에 축적되어 형성되는 층
			겔층	농축으로 용해성 고분자 등의 막 표면 농도가 상승하여 막 면에 형성된 겔(gel)상의 비유동성층
			스케일층	농축으로 난용해성 물질이 용해도를 초과하여 막 면에 석출된 층
			흡착층	공급수 중에 함유되어 막에 대하여 흡착성이 큰 물질이 막 면상에 흡착되어 형성된 층
		막힘		고체: 막의 다공질부의 흡착, 석출, 포착 등에 의한 폐색 액체: 소수성 막의 다공질부가 기체로 치환(건조)
		유로폐색		막 모듈의 공급유로 또는 여과수 유로가 고형물로 폐색되어 흐르지 않는 상태

자료) 환경부(2010)

대한 저항성은 증가될 수 있는데, 이는 결국 막 투과량의 감소를 초래하게 된다. 또한 이온 강도가 높다면 NOM에 대한 분리막의 반발력(repulsion force)도 감소시키므로 막 오염은 촉진된다. 이와 같은 물리적인 변형 이외에도 원수 내 물질 및 미생물 대사산물(metabolite)과의 화학적 반응, 또는 화학적 세정(chemical cleaning)의 결과 막은 변질될 수 있다.

이상의 요인을 포함하여 막 모듈의 성능저하의 원인은 크게 두 가지로 구분하기도 한다. 즉, 막 자체의 변질로 인한 막 자체의 비가역적 성능저하를 열화(degradation)라고 하며, 막 자체의 변질이 아닌 외적인 인자로 인한 성능저하를 막 오염(fouling, 폐색)이라고 정의한다(표 9-35). 막의 오염은 외적 요인으로 막의 성능이 변화되는 것이므로 그 원인에 따라 적절한 세척기술을 이용하여 성능 회복이 가능하다. 장기간의 사용과 열화 등으로 인해 막 모듈은 교환해주어야 하므로 막 모듈은 점검과 교환이 용이한 구조가 되어야 한다. 사용조건에 따라 다르지만 막의 수명은 통상적으로 유기막은 3년 이상, 세라믹막은 7년 이상을 기준으로 보고 있다.

(10) 막 오염 제어와 배출수 처리

1) 막 오염과 제어

막 공정은 기본적으로 일정 수준의 파울링을 허용하도록 개발되어 있으므로 적절한 세정(cleaning) 방법의 실행에 의해 막의 성능은 회복될 수 있다. 상업적으로 사용되는 막 오염제어 전략(fouling control strategy)은 표 9-36과 같이 정리될 수 있다. 물리적인 제어방법으로는 역세척(backwash/back flushing), 공기세정(air scour), 전방향 세척(forward flush) 및 기계적 진동 등이 있으며, 이는 주로 오염의 예방차원에서 사용된다. 반면에 산-알칼리, 염소와 같은 화학적인 제어는 회복과 유지관리 차원에서 주로 이용되고 있다. 각 오염제어 방법에 대한 특성을

표 9-36 Fouling control strategy for commercial systems

Strategy	Type	Characteristic	Process Seq
Prevention	Frequent	Physical	Bw, air, fwd/f, c/f
Maintenance	Intermittent	Chemical	CEB
Recovery, cure	Intervention	Chemical	CIP
Des/ops changes	Add hardware	System change	Repl membrane

Note) Bw, backwash; air, air scour; fwd/f, forward flush; c/f, chemical flush; CEB, chemical enhanced backwash; CIP, clean-in-place.
Ref) Pearce(2007d)

표 9-37 Characteristics of the various fouling control processes

Type	Description
Backwash	• Regular intermittent process to address particle fouling, normally undertaken 1-4 times/hour; • Reverses the effect of pore plugging due to high velocities; • Controls the build up of particles at the membrane surface; • Reduces the particle concentration in the feed channel; • Reduces the effect of concentration polarization; • Creates surface shear to dislodge surface attachment.
Air scour	• Used as part of a maintenance strategy between once/cycle to once/day (n.b. can be mechanically aggressive to the membrane fibre); • Improves mass transfer and displacement action; • Effective for reversing pore plugging, particularly as TMP rises.
Forward flush	• Can be undertaken during the filtration cycle, or as part of the backwash routine (can be expensive in terms of reduced recovery); • Improves shear; • Particle concentration build up effectively removed.
Chemical Wash	• Used as part of a maintenance strategy on a periodic basis of between several times per day to once per week; • Alkali (eg, NaOH) or chlorine soak to combat organic fouling; • Acid soak (eg, HCl, H_2SO_4, citric) to combat inorganic fouling; • Biocide soak (eg, Cl_2, H_2O_2, sodium metabisulfite) to combat bio-fouling.
Clean-In-Place	• Used as part of a restoration strategy with heavy or tenacious fouling, normally undertaken between once per week to once in several months, often using the same chemicals as for Chemical Wash; • Extended soak and preferably recirculation, also sometimes with heating, to enhance effectiveness of chemicals.

Ref) Pearce(2007d)

표 9-37에 정리하였다.

물리적 세척 방법의 선택에 있어서는 막의 재질, 모듈의 종류, 여과방식 및 운전제어 방식 등을 고려하여 소비 동력과 물의 손실이 적고 효과적이며 유지관리가 용이한 방법이 바람직하다. 물리적 세척빈도는 막 공급수나 막 모듈의 형상 등에 따라 다르며 일반적으로 10～120분에 1회 정도를 목표로 하지만, 막 여과 유속을 작게 하는 경우에는 세척 간격을 길게 할 수 있다.

약품세척의 경우 막 오염 물질의 종류와 그 정도, 막 모듈의 형태 및 막 모듈을 구성하는 막이나 기타 부재의 내성을 고려하여 선택해야 한다. 특히 세척제에 대한 막 소재의 내성은 매우 중요하며, 부적절한 약품세척은 오히려 막 성능의 저하나 오염물질과 세척제 간의 화학반응으로

표 9-38 막 세척에 사용되는 화학약품의 종류와 용도

약품		제거가능한 물질	
		유기물	무기물
수산화나트륨		○	
무기산	염산		○
	황산		○
산화제	차아염소산나트륨	○	
유기산	구연산		○
	옥살산		○
세제	알칼리 세제	○	
	산 세제		○

자료) 환경부(2010)

막을 열화를 촉진시킬 가능성이 있다.

넓은 의미에서 막 오염의 원인은 유기물, 무기물 및 생물오염과 같이 세 가지 그룹으로 구분할 수 있다. 유기물이 원인인 경우 이는 부식제(caustic)에 의해 가장 효과적으로 제거되기도 하지만 고농도의 염소(chlorine)에 의해서도 제거될 수 있고, 때때로 다른 세척 방법이 사용되기도 한다. 무기물의 경우는 무기산(예: 칼슘 스케일) 또는 구연산/옥살산(예: Fe 또는 Mn)에 의해 제거가 가능하다. 실리카 결정물이나 휴민질에 대해서는 알칼리가 사용될 수 있다. 생물오염(미생물)의 경우는 염소(Cl_2)가 가장 효과적이지만 다른 산화제(차아염소산나트륨 등)나 pH 조정도 사용될 수 있다(Pearce, 2007d). 지방이나 광유 성분 등에는 계면활성제가 주로 사용된다. 막 세척에 사용되는 약품의 종류와 제거가능한 물질에 대해서는 표 9-38에 정리하였다.

기타 세척 방법으로 막 근처에 전기장을 가해 전하를 띤 입자나 분자를 막 표면으로부터 제거하는 전기적인 세척(electric cleaning)법도 있지만 이 방법은 공정 운전을 중단하지 않고 막 세척을 수행할 수 있는 장점이 있으나 막 소재가 전도성(conductivity)이 있어야 하고 특별한 막 모듈의 설계가 필요하므로 일반적으로 사용되는 방법은 아니다.

2) 막의 보관

사용하지 않은 유기막 모듈 또는 부속물을 보관하는 경우에는 미생물 번식 방지 등을 위해 지정된 보존액을 사용해야 한다. 또한 유기막 모듈을 막 여과 설비에 장착한 채로 장기간 운전을 중지하는 경우에는 막의 오염을 방지하기 위하여 특별한 지장이 없는 한 차아염소산나트륨 용액을 봉입하여 보관한다.

사용하지 않은 무기막과 그 부속물을 보관하는 경우에는 동결이나 건조 및 장기보관에 의한 화학적·생물학적 열화는 크게 문제되지 않으나, 낙하 등의 기계적인 충격을 받지 않도록 주의해야 한다. 또한 무기막 모듈을 막 여과 설비에 장착한 채로 장기간 운전을 중지하는 경우에도 미생물의 번식 등으로 인한 막의 오염이 발생할 수 있는데 이를 방지하기 위하여 선조상태로 유지하거나 산 또는 알칼리 용액 등을 봉입하여 보관해야 한다.

3) 배출수 처리

막 여과 정수시설에서 배출되는 배출수에는 막 모듈의 물리적 세척 배출수, 막 여과 시설로부터 미처리 상태로 배출되는 농축수(공정수), 전처리 시설부터 발생되는 배출수, 막 모듈의 약품세척 폐액 등이 포함된다. 이러한 배출수 처리에 있어서 약품세척 폐액와 물리적 세척 배출수 등은 명확히 구별하여 적절하게 처리해야 한다. 특히 약품세척 폐액에는 유해물질 등이 포함될 수 있으므로 폐액의 성상 등을 상세히 조사하여 처리방법을 결정해야 한다.

산과 알칼리 폐액 또는 차아염소산나트륨 폐액에 대해서는 중화처리하여 배출수 기준에 적합하도록 처리하여 방류하고, 그 밖의 약품에 의한 폐액에 대해서는 배출수 기준에 적합하도록 직접 처리하거나 위탁처리를 할 수 있다. 배출수 처리는 상수 슬러지 처리기술을 참고하기 바란다.

물리적 세척 및 약품세척 배출수와 농축수 처리는 수질 및 수생태계보전에 관한 법률과 폐기물관리법 관련규정을 따른다. 막 모듈의 약품세척 후 발생된 배출수는 회수하거나 막 여과 정수시설의 원수로 사용할 수 없다. 반면에 막 여과 정수시설 외의 기타 시설에서 발생되는 배출수는 원수의 수질보다 양호하게 처리한 후 회수하여 원수로 사용하거나 막여과 공정으로 반송하여 재이용할 수 있다.

예제 9-4 수투과율

순수한 물(pure water)을 이용한 한 분리막의 시험 운전에서 다음과 같은 결과를 얻었다. 이로부터 수투과율(water permeable flux, J_w)을 결정하시오.

(조건)

수투과량: 689 mL, 운전시간: 20 min, 운전압력 1 bar, 분리막의 면적: 6 cm^2

풀이

수투과율은 다음 식으로 표현할 수 있다.

$$J_w = \frac{V}{A \cdot t}$$

여기서, J_w = 수투과율(L/m^2 h)

V = 투과된 물의 용적(L)

A = 분리막의 용적(m^2)

t = 운전시간(h)

단위시간당 투과수량 $= \left(\frac{V}{t}\right) = \frac{689}{(20/60)} = 2{,}067\ \mathrm{mL/h}$

여과지 단면적$(A) = 3.14(3)^2 = 28.26\ \mathrm{cm^2}$

$$J_w = \frac{2{,}067\ \mathrm{mL/h\,(L/1{,}000\ mL)}}{28.46\ \mathrm{cm^2\,(m^2/(100\ cm)^2)}} = 731\ \mathrm{L/m^2h}\ \ \mathrm{bar}$$

예제 9-5 막 오염저항과 회수율

막의 총 오염저항(R_t, total fouling resistance)은 가역적인 오염저항(R_r, reversible fouling resistance)과 비가역적인 오염저항(R_{ir}, irreversible fouling resistance)의 합이다. 막 오염 분석을 위한 여과 시험에서 다음과 같은 결과를 얻었다. 이를 이용하여 각 오염저항 값과 투과수 회수율(R, flux recovery)을 결정하시오.

(조건)

J_{w1}(깨끗한 막의 순수 투과율, pure water flux of clean membrane) = 731 L/m^2 h

J_{w2}(세정된 막의 순수 투과율, pure water flux of the cleaned membrane) = 649 L/m^2 h

J_p(단백질 용액의 투과율, flux of the protein solution) = 125 L/m^2 h

풀이

1) $R_r = \left(\dfrac{J_{w2} - J_p}{J_{w1}}\right) \times 100 = \left(\dfrac{649 - 125}{731}\right) \times 100 = 71.7\%$

2) $R_{ir} = \left(\dfrac{J_{w1} - J_{w2}}{J_{w1}}\right) \times 100 = \left(\dfrac{731 - 649}{731}\right) \times 100 = 11.2\%$

3) $R_t = \left(\dfrac{J_{w1} - J_p}{J_{w1}}\right) \times 100 = \left(\dfrac{731 - 125}{731}\right) \times 100 = 82.9\%$

혹은 $R_t = R_r + R_{ir} = 71.7 + 11.2 = 82.9\%$

4) $R = \left(\dfrac{J_{w2}}{J_{w1}}\right) \times 100 = \left(\dfrac{649}{731}\right) \times 100 = 88.8\%$

예제 9-6 막의 저항특성 평가

제작된 막의 저항성을 평가하기 위한 여과 시험에서 다음과 같은 결과를 얻었다. 이를 기준으로 분리막의 저항특성(R_t, R_m, R_e, R_c, R_i)을 분석하시오.

(조건)

J_{w1}(깨끗한 막의 순수 투과율, pure water flux of clean membrane)

= 170.5 L/m^2 h(= 4.74×10^{-5} m/s)

J_t(오염된 막의 투과율, permeable flux of fouled membrane)

= 48 L/m^2 h(= 1.33×10^{-5} m/s)

J_{w2}(세정된 막의 순수 투과율, pure water flux of the cleaned membrane)

= 161.9 L/m^2 h(= 4.50×10^{-5} m/s)

TMP = 0.1 MPa

점성계수(μ, dynamic viscosity)

순수(μ_w): 8.90×10^{-4} N s/cm^2 @ 25°C (1 N · s/cm^2 = 1 Pa · s = 10 poise)

폐수(μ_{ww}): 1.45×10^{-3} N s/cm^2 @ 25°C

풀이

$$J = A(TMP) = \frac{TMP}{\mu R_t}, \text{ 즉 } R_t = \frac{TMP}{\mu J}$$

$$R_t = R_m + R_p + R_c + R_i = R_m + R_c + R_i \text{ (if } R_p \approx 0\text{)}$$

1) 막의 수리학적 저항

$$R_m = \left(\frac{0.1 \times 10^6 \text{Pa}}{(8.9 \times 10^{-4} \text{Pa.s}) \times (4.74 \times 10^{-5} \text{m/s})} \right) = 2.37 \times 10^{12}/\text{m}$$

2) 막의 기공차단 저항

$$R_{i.pw} = \left(\frac{0.1 \times 10^6 \text{Pa}}{(8.9 \times 10^{-4} \text{Pa.s}) \times (4.50 \times 10^{-5} \text{m/s})} \right) = 2.50 \times 10^{12}/\text{m}$$

$$R_i = R_{i.pw} - R_m = (2.50 \times 10^{12}) - (2.37 \times 10^{12}) = 0.13 \times 10^{12}/\text{m}$$

3) 막의 총 저항

$$R_t = \left(\frac{0.1 \times 10^6 \text{Pa}}{(1.45 \times 10^{-3} \text{Pa.s}) \times (1.33 \times 10^{-5} \text{m/s})} \right) = 5.17 \times 10^{12}/\text{m}$$

4) 케이크 저항

$$R_c = R_t - (R_m + R_i) = (5.17 \times 10^{12}) - (2.37 \times 10^{12} + 0.13 \times 10^{12})$$
$$= 2.67 \times 10^{12}/\text{m}$$

참고 막의 수리학적 저항(R_m, hydraulic resistance)은 깨끗한 막을 통과하는 순수한 물의 투과율을 이용하여 결정한다. 또한, 막의 총 저항(R_t, total resistance)은 대상 시료로 오염된 막(fouled membrane)의 수투과율을 사용하여 평가하며, 사용한 막을 순수한 물로 세척하여 오염층(gel layer)을 제거하고 세정한 후 다시 순수한 물로 투과율을 측정하여 기공차단 저항(R_i, pore blocking/adsorption resistance)을 평가한다. 케이크층 저항(R_c, cake layer resistance)은 $R_t - (R_m + R_i)$ 식으로 계산할 수 있다. 주어진 조건에서 막의 총 저항에는 수리학적 저항이 46%, 기공차단 저항은 2% 그리고 케이크 저항이 52% 정도이다. 막의 저항성은 막의 물리화학적 특성과 운전조건에 따라 영향을 받는다.

9.6 이온교환

(1) 개요

물속의 이온은 탈염(demineralization/desalination)과 같은 특별한 공정을 통해서만 제거될 수 있는데, 흔히 말하는 순수한 물(pure water)이란 이온이 완벽하게 제거된 경우를 말한다. 대표적인 이온제거 공정으로는 활성화된 표면에서의 흡착반응을 이용하는 이온교환(ion exchange, IX), 반투과막을 이용하는 역삼투(RO), 그리고 증류(distillation)를 이용한 탈염 공정이 있다. 실제 적용에서 공정의 선택은 주로 경제성과 운전성에 의해 결정된다.

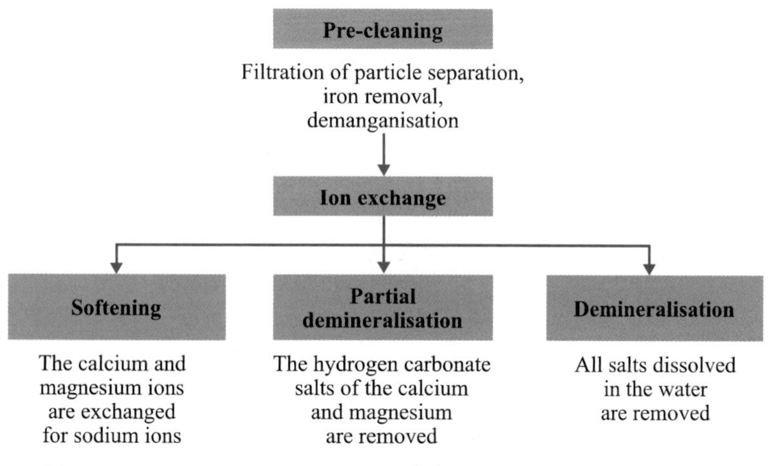

그림 9-34 **Overview of ion-exchange(IX) processes** (Hydrogroup, 2018)

이온교환(IX, ion exchange)은 2개의 전해질(electrolytes) 사이 또는 전해질 용액(electrolyte solution)과 비용해성 복합체(insoluble complex) 사이에서 분리된 이온들이 서로 교환하는 반응을 말한다. 환경기술 분야에서 이 용어는 고형성 고분자나 광물성인 이온교환체(IXers, ion exchangers)를 이용하여 이온이 함유된 액상 용액으로부터 이온을 분리 정화(deionization)하는 오염제거 단위공정을 의미한다. 이온교환은 흡착(sorption)의 한 형태로 가역적인 과정이며 이온교환기는 재생하여 사용가능하다. 참고로 이온교환막(ion exchange membrane)은 이온교환수지를 박막(thin film)상으로 늘여 양이온 또는 음이온을 선택적으로 투과시키는 합성수지막을 말한다. 또한 전기장 내에서 이온교환막을 통해 폐수나 해수 중의 각종 전해질을 농축하거나 탈염시키는 공정을 전기투석(electro dialysis)이라 한다.

이온교환공정은 상수와 폐수 분야에서 광범위하게 사용되고 있는 기술이지만, 우리나라의 경우 대규모 공공 상수처리시설로는 일반적이지 않다. 이 공정은 특히 지하수에서 칼슘과 마그네슘 같은 경도 유발물질이나 질산염의 제거, 그리고 탈염(용해성 무기물의 제거)을 목적으로 주로 사용된다. 이온교환방식을 이용한 경도 제거는 양이온교환수지(cation exchange rasin)의 나트륨 이온과 교환하여 연수화(softening)를 이루는 방법이다. 이온교환은 또한 중금속, 총 용존성 고형물(TDS), 과염소산염(perchlorate, ClO_4^-) 및 붕소(boron, B)의 제거뿐만 아니라 초순수(ultrapure water) 제조에도 사용되며, 수처리용 이온교환수지를 이용한 초순수 제조는 발전소의 스팀 생산, 전기전자 부품(반도체 등) 생산, 식품 산업(분리 정제과정)에서는 필수적인 기술이다. 최근에는 막 공정(UF)의 후속처리 단계로 유기물질(NOM, TOC)을 제거하기 위해서 적용되기도 한다. 그림 9-34는 이온교환공정의 개요를 보여준다.

(2) 이온교환 물질과 반응

수소와 산소의 화합물인 물은 본질적으로 우수한 용제(solvent)로서의 특성을 가지고 있다. 따라서 자연수는 다양한 무기물과 염, 유기 화합물을 함유하고 있을 뿐만 아니라 다양한 농도와 성분의 콜로이드 분산 물질을 포함하고 있다. 용해된 염은 이온으로 존재하는데, 양(+)으로 하전

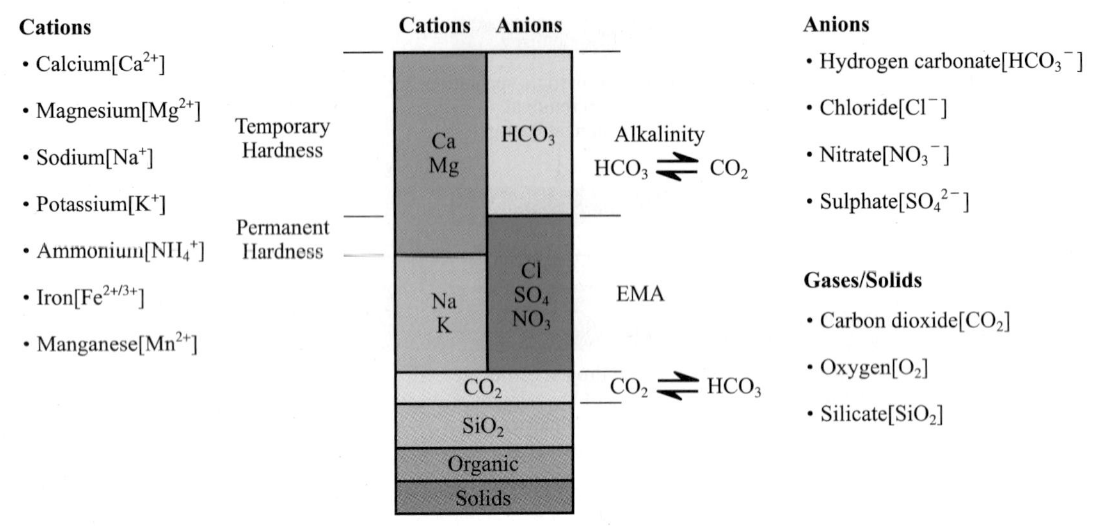

Trace ions

- Cations: Strontium[Sr^{2+}], Barium[Ba^{2+}], Lithium[Li^{+}]
- Anions: Fluoride[F^{-}], Nitrite[NO_2^{-}], Phosphate[PO_4^{3-}], Bromide[Br], Iodide[I^{-}]

그림 9-35 Major and trace components dissolved in water

된 이온을 양이온(cations)이라 하고 음(−)으로 하전된 이온을 음이온(anions)이라 한다. 수원의 종류에 따라 물속에 포함된 이온의 비율은 상이하게 나타난다. 또한 모든 물은 비이온성 또는 이온성(주로 음이온)의 특징을 가진 유기 성분을 포함하는데, 일반적으로 이러한 성분들은 NOMs, TOC, DOC 및 COD 등의 인자로 표현된다(그림 9-35). 탈염 공정의 설계를 위해서는 대상 원수의 pH, 전기전도도(electrical conductivity)와 온도 등을 포함한 세부적인 수질자료가 매우 중요하며, 수질분석 결과는 양이온과 음이온의 이온 물질수지(ionic balance)를 통해 확인할 수 있다.

이온교환체(ion exchangers)는 이온축적이 가능한 합성수지(synthetic resins, 유기 고분자)로 다양한 이온교환 활성그룹(exchange-active groups)으로 만들어진다. 이온교환공정에서 대상 원수에 포함된 이온은 수지상의 동일한 전하를 갖는 이온으로 교환이 이루어지는데, 기본적으로 양이온과 음이온 교환기 사이에는 차이가 있다. 양이온 교환 공정에서는 수지의 표면에 하전된 양이온(일반적으로 Na^{+})이 원수에 포함된 양이온과 교환되는데, 연수화(softening) 반응은 가장 널리 사용되는 양이온 교환 공정이다. 마찬가지로 음이온 교환에서는 수지 표면에 하전된 음이온(일반적으로 Cl^{-})은 물속의 음이온과 교환된다. 질산염(nitrate), 불화물(fluoride), 황산염(sulfate) 및 비소(arsenic)와 같은 오염물질은 음이온 교환기로 모두 제거가 가능하다. 일반적으로 유기물질(humates, fulvates etc)은 음이온 수지와 반응한다.

일반적으로 교환 활성그룹과 관련하여 이온교환의 유형은 약산성(weak acidic)/강산성(strong acidic)과 약염기성(weak basic)/중간염기성(medium basic)/강염기성(strong basic)으로 구분되며(표 9-39), 이는 겔(gel) 또는 거대 다공성(macroporous) 형상을 하고 있다. 수처리 분야에서는 이온교환기와 수지라는 용어는 동일한 의미로 사용된다. 천연 제올라이트(zeolite)와 합성 이온교환물질의 전형적인 이온교환 반응을 표 9-40에 정리하였으며, 표 9-41은 상업적으로 이용되는

표 9-39 Classification of ion exchange resins

수지 형태	특성
강산 양이온 수지	강산 수지는 강산처럼 작용하며, 전체 pH에 걸쳐 산($R\text{-}SO_3H$)과 염($R\text{-}SO_3Na$) 형태로 강하게 이온화된다.
약산 양이온 수지	약산 양이온 교환수지는 일반적으로 카르복실기 약산 작용기(−COOH)처럼 작용한다. 이들 수지는 약하게 해리되어 약 유기산처럼 작용한다.
강염기 음이온 수지	강염기 수지는 매우 잘 해리되어 OH와 같은 강염기 작용기를 가지며, 전체 pH에 걸쳐 작용한다. 이들 수지는 물의 탈이온화를 위하여 수산화기(OH)가 이용된다.
약염기 음이온 수지	약염기 수지는 이온화 정도는 pH에 따라 약염기 작용기 그룹으로 작용한다.
중금속 선택 킬레이트 수지	킬레이트 수지들은 약산 양이온처럼 작용하지만 중금속 양이온에 대하여 높은 선택성을 가진다. 대부분의 작용기 그룹은 EDTA이며, 나트륨 형태로 수지의 구조는 R-EDTA-Na이다.

Ref) Eckenfelder(2000)

표 9-40 Typical reaction of ion exchange

천연 제올라이트(Z)		$ZNa_2 + \begin{bmatrix} Ca^{2+} \\ Mg^{2+} \\ Fe^{2+} \end{bmatrix} \leftrightarrow Z\begin{bmatrix} Ca^{2+} \\ Mg^{2+} \\ Fe^{2+} \end{bmatrix} + 2Na^+$
합성수지(R)	강산 양이온 교환	$RSO_3H + Na^+ \leftrightarrow RSO_3Na + H^+$ $2RSO_3Na + Ca^{2+} \leftrightarrow (RSO_3)_2Ca + 2Na^+$
	약산 양이온 교환	$RCOOH + Na^+ \leftrightarrow RCOONa + H^+$ $2RCOONa + Ca^{2+} \leftrightarrow (RCOO)_2Ca + 2Na^+$
	강염기 음이온 교환	$RR'_3NOH + Cl^- \leftrightarrow RR'_3NCl + OH^-$
	약염기 음이온 교환	$RNH_3OH + Cl^- \leftrightarrow RNH_3Cl + OH^-$ $2RNH_3Cl + SO_4^{2-} \leftrightarrow (RNH_3)_2SO_4 + 2Cl^-$

표 9-41 The total exchange capacities for the various categories of exchangers (unit: eq g/L of resin)

Nature of the exchanger	Gel type	Macroporous type
Low acidity cation	3.5 to 4.2	2.7 to 4.8
High acidity cation	1.4 to 2.2	1.7 to 1.9
Low alkalinity anion	1.4 to 2.0	1.2 to 1.5
High alkalinity anion - type I - type II	 1.2 to 1.4 1.3 to 1.5	 1.0 to 1.1 1.1 to 1.2

Ref) Suez

다양한 이온교환체의 일반적인 총 이온교환능력(total exchange capacities, eq g/L of resin)을 보여준다.

일반적으로 사용되는 이온교환체로는 기능화된 이온교환수지(다공성 또는 겔 폴리머), 제올라이트, 몬모릴로나이트(montmorillonite), 점토 및 토양 부식질 등을 이용한다. 이온교환체에 결합할 수 있는 이온으로는 H^+ 및 OH^-, 단전하 단원자 이온(Na^+, K^+, Cl^-), 이중전하 단원자 이온(Ca^{2+}, Mg^{2+}), 다원자 무기이온(SO_4^{2-}, PO_4^{3-}), 유기성 염기(일반적으로 아민 작용기 $-NR_2H^+$를 함유한 분자), 유기산(카르복실산 작용기 $-COO^-$를 가지는 분자) 및 이온화 가능한 생체 분자(아미노산, 펩타이드, 단백질 등)가 있다.

천연 제올라이트(zeolite)나 점토(clay)는 20세기 초반에 물을 정화하기 위해 사용한 최초의 이온교환체이며, 이온교환수지의 합성은 1935년 페놀 수지를 이용한 아담스(Adams Holmes)에 의해 시작되었다. 제올라이트[(Al, Si)O_4]는 알루미늄, 나트륨 등의 규산암으로 양이온을 함유하고 다른 양이온과 쉽게 교환되는 특성이 있고 내부에 비교적 큰 공극을 가지고 있기 때문에 흡착제로서도 이용된다. 천연적인 그린샌드(greensand)와 인공 합성제올라이트가 있으며, 정수과정에서는 연수화나 암모늄 이온의 제거를 위하여 주로 이용된다. 연수화에 이용되는 제올라이트는 이동상이온(mobile ion)으로 나트륨을 이용하는 알루미노실리케이트(aluminocilicate) 화합물이다. 합성 알루미노실리케이트들이 생산되기도 하지만, 대부분의 인공 이온교환 물질들은 수지나 페놀계 고분자이다. 합성 이온교환수지들은 대부분 스티렌(styrene)과 디비닐벤젠(divinylbenzen)을 중합하는 과정에서 만들어진다. 강산성 양이온 교환수지는 술폰산기($-SO_3H$)를 교환기로 가지고 있는 스티렌(styrene)계 수지와 페놀과 술폰산기를 양방향으로 페놀-술폰산 수지(phenol sulfonic acid resin)가 대표적으로 pH 전 범위에서 이온교환이 가능하다. 약산성 양이온 교환수지의 교환기는 카르복실기($-COOH$), 페놀기 등을 가진 것으로 비교적 높은 pH 영역에서 적당하다.

모래의 표면에 얇은 이산화망간(manganese dioxide) 층을 형성하도록 가공된 망간 그린샌드(manganese greensand) 역시 이온교환공정에 사용되기도 한다. 이 층은 철, 망간 및 비소 및 라듐과 같은 용해된 이온들을 흡착하거나 촉매 역할을 한다. 매체의 산화/흡착 특성을 유지하기 위해서는 재생이 필요하여 이를 위해 과망간산염(permanganate) 또는 염소가 사용될 수 있다.

이온교환수지의 중요한 성질은 이온교환용량, 입자 크기와 안정성이다. 흡수할 수 있는 교환 가능한 이온의 양으로 정의되는 이온교환용량은 수지를 재생하기 위하여 이용되는 재생 용액의 종류와 농도에 따라 다양하다. 이온교환용량은 수지의 단위부피당 탄산칼슘의 양(g $CaCO_3$/L resin) 혹은 단위부피당 등가중량(eq g/m^3)으로 표현되는데, 두 단위는 다음과 같은 관계로 표시할 수 있다.

$$\frac{1\ \mathrm{eq}}{\mathrm{m}^3} = \frac{(1\ \mathrm{eq})(50\ \mathrm{g\ CaCO_3/eq})}{\mathrm{m}^3} = 50\ \mathrm{g\ CaCO_3/m^3} \tag{9.28}$$

일반적으로 합성 이온교환수지의 이온교환용량은 2～10 eq/kg 정도이며, 제올라이트 양이온 교환 수지는 0.05～0.1 eq/kg의 용량을 갖는다.

수지의 입자 크기 또한 매우 중요한 요소이다. 일반적으로 이온교환 비율은 입자 직경 제곱의 역수에 비례한다. 수지의 안정성은 수지의 운전기간과도 관련이 있다. 과도한 삼투 팽창과 수축, 화학적 안정성, 물리적 압박에 의해 일어나게 되는 구조적 변화는 수지의 사용성을 제한하는 중요한 요소가 된다.

이온교환반응에 있어서 이온 간의 경쟁은 오염물을 제거를 위한 시스템의 효율에 큰 영향을 끼친다. 일반적으로 원자가가 높고 원자량이 크고 반경이 작은 이온이 이온교환반응에 더 큰 친화력을 가지고 있다. 이온교환반응의 친화력은 흔히 선택 계수(selectivity coefficient)로 표현하는데, 이는 이온의 특성과 원자가, 수지의 형태와 포화도, 원수 내 이온 농도에 따라 주로 결정되며, 좁은 pH범위에서도 유효하다. 일반적으로 원자가가 같은 저농도 수용액에서의 교환 순위는 교환 이온의 원자번호가 증가함에 따라 더 증가한다. 합성된 양이온과 음이온 교환수지에 있어서 전형적인 선택성의 순서는 다음과 같다.

$$Li^+ < H^+ < Na^+ < NH_4^+ < K^+ < Rb^+ < Ag^+ < Mg^{2+} < Zn^{2+} < Co^{2+} < Cu^{2+} < Ca^{2+} < Sr^{2+} < Ba^{2+} \quad (9.29)$$

$$F^- < OH^- < HCO_3^- < Cl^- < NO_2^- < CN^- < Br^- < NO_3^- < I^- < SO_4^{2-} < PO_4^{3-} \quad (9.30)$$

실질적으로, 선택 계수들은 실험실에서 측정된 값으로 측정 조건하에서만 유효하다. 일반적으로 낮은 농도에서 2가 이온에 의하여 1가 이온의 선택 계수 값은 1가 이온에 의한 1가 이온의 경우보다 큰 값을 갖는다.

(3) 이온교환공정

이온교환(IX)공정은 탈염(demineralization)/수지 고갈(resin exhaustion)과 수지 재생(resin regeneration)이라는 순환과정을 통해 이루어지는데, 재생에는 수지상 역세척(resin bed back-washing), 수지 재생 및 수지 세정(resin rinsing) 과정이 포함된다.

이온교환공정은 운영 중 유체의 흐름 방향에 따라 처리와 재생을 역방향으로 하는 역류식 공정(counter-current flow process)과 처리와 재생을 동일한 방향으로 하는 병류식(parallel/co-current flow process) 공정으로 크게 구분된다. 역류식은 운전과 유지관리가 병류식에 비하여 복잡하지만 처리수의 수질이 좋고 재생제 사용량도 적어서 흔히 사용하는 방식이다. 역류식에는 처리단계에서 하향류로 운전하고 재생단계에서는 상향류로 하는 하향류 역류식 공정(downflow counter current process)과 이와 반대로 운영(처리를 상향류로, 재생을 하향류로)하는 방법이 있는데, 이러한 방식을 흔히 유동상 공정(floating bed process)이라고 한다. 또한 유동상 공정의 특별한 경우로 양이온과 음이온 교환체를 하나의 여과지로 운영하는 방식을 다단여과(multi-step filter)라고 하는데, 이때 완충용 필터(buffer filter)가 필요하다. 그 외 양이온과 음이온 수지를 혼합한 혼합상 여과(mixed bed filter) 방식도 있는데, 이 방식은 탈염 공정 후 처리수에 포함되어 있는 잔여 이온(residual ions)을 세정(polishing)하는 단계로 주로 사용된다(표 9-42).

IX 공정은 회분식 또는 연속식 모드로 모두 운전이 가능하다. 회분식 공정에서는 반응조에서 처리하고자 하는 물과 수지를 반응이 완전히 일어날 때까지 혼합시킨 후 사용된 수지를 침전에 의해 제거하고 반복된 재생과 재사용을 통해 이루어진다. 연속식 공정은 주로 하향류(down-flow) 및 충진상(packed-bed) 형태로 운전된다. 유입수는 칼럼 상부에서 일정 압력으로 유입되며, 수지상을 통하여 아래로 흘러 하단부에서 제거된다. 연속운전으로 수지의 교환용량이 소진되었을 때, 수지상에 걸려진 고형물 제거를 역세척한 후 재생하게 된다. 일반적으로 대부분의 수처리용 IX 공정은 연속 모드로 운전한다. 이온교환 수지 시설의 설계요소와 그 적정 범위는 표 9-43에 나타난 바와 같다.

표 9-42 Overview of IX processes for demineralization

Type of process	Description
Co-current flow process	Very robust process technology, but requires relatively large amount of chemicals and offers moderate demineralization rate. Only used in specific cases for these reasons.
Counter-current flow process	
Floating bed process	Loading in up-current, regeneration in down current, very economical, very good demineralization rate
Downflow counter-current process	Loading in down-current, regeneration in up-current, larger regeneration water consumption, somewhat more complex process tech. than the floating bed process.
Multi-step filter with integrated buffer filter	Specialty of the floating bed process, cation and anion exchanger in one filter. Separated by additional nozzle plate. Third chamber with additional cation exchanger possible.
Mixed bed filter	
Fine-polishing mixed bed	The water output of a demineralization plant is cleaned of remaining ionic traces.
Working mixed bed	Raw water is freed on ions.

Ref) Hydrogroup(2018)

표 9-43 이온교환 수지탑 설계기준

항목		양이온 수지탑	음이온 수지탑
1. 최대운전 허용온도(°C)		120	60
2. 설계 최대 온도(°C)		110	540
3. 최소 충진물 높이 (mm)	병류식	> 700	> 700
	향류식	> 1,500	> −1,500
4. 최대 충진물 높이(m)		1.6～1.8	1.6～1.8
5. 유량(SV/hr)		5～40	5～40
6. 최대 선속도 (L.V) (m/hr)	High TDS	15～25	15～25
	Low TDS	30～45	30～45
7. 재생 수준(g/L)	병류식	50～150(as HCl)	60～150(as NaOH)
	향류식	30～120(as HCl)	30～120(as NaOH)
8. 재생 공간속도(SV/hr)		2～5	2～8
9. 재생제 농도(%)		4～10(Acid)	2～6(Caustic)
10. 세정공간속도(SV/hr)		2～3	2～3

IX 공정의 효율은 결석(scaling), 화학 침전 및 표면 막힘 현상과 같은 수지 오염(resin fouling) 등에 의해 영향을 받는다. 이러한 오염을 줄이기 위해서는 적절한 전처리(부유물질의 여과 또는 스케일 생성 저감 물질 주입 등)의 도입이 필요하다. 원수의 탁도가 높으면(> 3 NTU) 수지가 오염되어 처리수의 수질이 떨어진다. 이온교환수지의 일반적인 유효경은 0.5 mm 전후로 현탁 물질이 수지 층에 흡착되고 그로 인해 손실수두가 증가하면서 처리수량이 감소한다. 따라서 탁도를 제거하기 위한 적절한 전처리가 요구된다. 또한 원수 내에 유리 염소와 같은 산화성 물질이 많을 경우 이온교환수지의 사용은 어렵다. 만약 염소보다 친화성이 높은 황산 이온(SO_4^{2-})이 원수에

존재한다면 염소이온을 제거하기 위해 SO_4^{2-}도 동시에 제거해주어야 한다. 원수에 철분이 많을 경우에도 수지를 오염시키며, 염의 농도가 높다면 처리수의 순도와 양이 감소한다. 반면에 알칼리도가 높은 물을 이온교환수지($R-SO_3H$)로 처리하면 교환용량이 증가하여 처리수의 순도가 올라간다.

이온교환수지의 성능이 소진되면, 포화 용액을 사용하여 초기 상태로 수지의 재생과 용량 회복이 가능하다. 염수(brine) 또는 염화나트륨 용액은 가장 일반적으로 사용되는 재생제(regenerant)이지만, 강산(염산, 황산)이나 강염기(수산화 나트륨)와 같은 다른 종류도 흔히 사용된다. 이온교환수지의 재생시간은 통상 1～2시간으로 1일1회 정도로 하는 경우가 많다. 이온교환탑은 2개 이상 설치하거나 또는 재생시간에 해당하는 용량분 이상 규모의 정수지를 설치하여 재생 동안에도 급수에 지장이 없도록 해야 한다. 이온교환수지의 대부분의 운전비는 재생제로 인한 것이다. 수지재생효율과 재생제 사용량은 비례하지 않으며, 높은 재생효율을 얻기 위해서는 더 많은 양의 재생제가 필요하다. 따라서 경제적으로 유리한 재생조건은 통상적으로 실험에 의하여 결정한다.

이온교환수지를 장기간 보관할 때 주의하지 않으면 물리·화학적으로 성능 열화가 발생할 수 있다. 이온교환수지의 보관에 영향을 줄 수 있는 인자로는 건조, 동결과 해동, 온도 변화, 물리적 충격, 화학적 형태 등이 있다. 또한 간헐적으로 사용하거나 장기간 사용하지 않은 장치는 미생물이나 수상식물 등으로 인한 오염이 일어날 수 있다. 따라서 새 수지나 사용하던 수지를 일시적으로 보관해야 할 경우 저장기간 동안 열화가 일어나지 않도록 수분을 유지하는 것이 좋다. 겨울철의 경우 수지의 동결과 파손을 막기 위해 염화나트륨(NaCl) 용액에서 보관하는 것이 바람직하다. 10 % 이내의 NaCl 용액은 미생물 오염 방지를 위해 유효하다.

IX 공정에서 생성되는 일차적인 찌꺼기는 사용 후 폐기되는 재생제로 이는 수지 및 과량의 제거 이온을 포함하므로 일반적으로 총 용존 고형물(TDS)의 농도가 매우 높다. 사용한 재생제의 처리를 위해 주로 폐수처리시설로 배출되며 TDS와 기타 오염물질의 농도에 따라 관련 규정에 의거하여 처리된다.

그림 9-36은 이온교환방식에 의한 수처리 시스템의 개요도를 보여준다.

(4) 이온교환의 적용

1) 경도 제거

물속의 경도(hardness)는 일시적 경도(temporary hardness)와 영구적 경도(permanent hardness)로 구분되는데, 이는 자연수(특히 지하수) 내에 포함된 칼슘(Ca^{2+})과 마그네슘(Mg^{2+}) 성분이 주요 원인이다(그림 9-35). 일시적 경도는 이러한 양이온 성분이 음이온인 알칼리도(자연수에서는 주로 중탄산 이온, HCO_3^-)와 결합한 상태[$Ca(HCO_3)_2$, $Mg(HCO_3)_2$]이며, 영구적 경도는 알칼리도를 제외한 다른 음이온과 결합된 상태($CaSO_4$, $CaCl_2$, $MgSO_4$, $MgCl_2$)를 말한다.

이온교환을 통한 이러한 경도의 제거는 경도 성분에 따라 사용하는 방법이 다르다. 경도를 유발하는 모든 성분(총 경도)을 제거하게 위해서 일반적으로 강산성 양이온(strong acid cation, SAC) 교환수지를 사용하게 된다. 경도 유발 이온은 이온교환체 중의 나트륨(Na^+) 이온과 교환하여 제거되는데, 결국 나트륨 이온은 상대적으로 제거된 경도 이온의 양만큼 증가하게 된다.

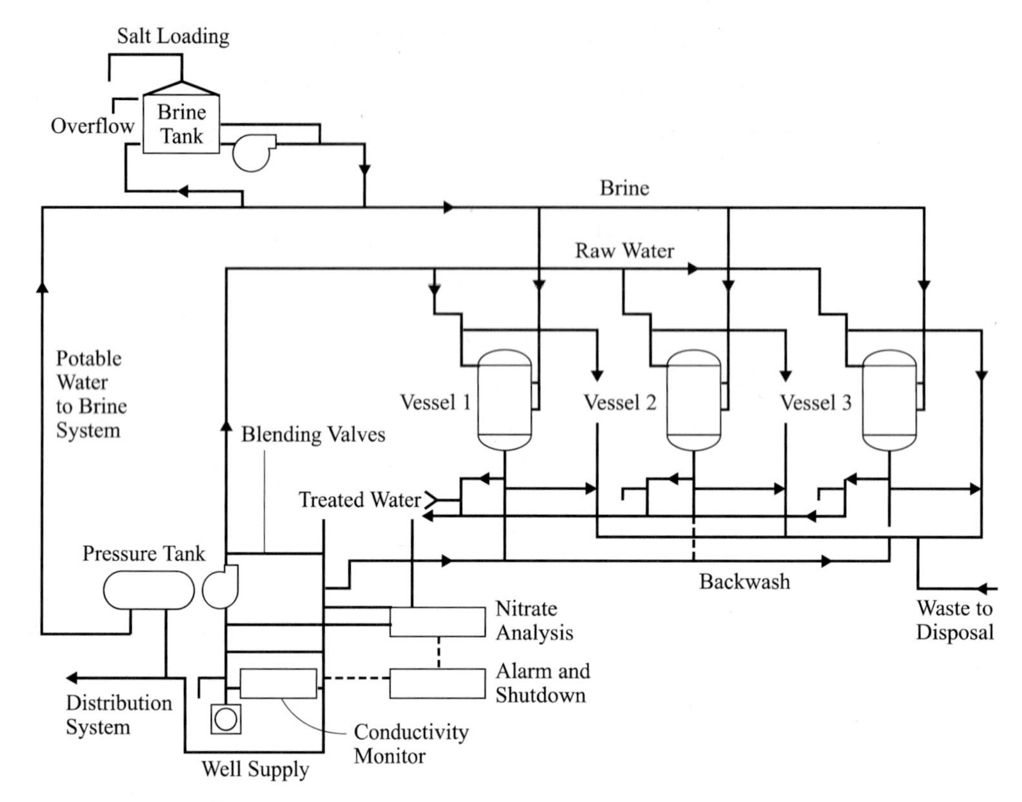

그림 9-36 **Typical Ion exchange treatment system** (USEPA, 1989)

총 경도 중 일시적 경도만을 제거하기 위해서는 약산성 양이온(weak acid cation, WAC) 교환수지가 사용될 수 있다. 이때 알칼리도는 물과 이산화탄소라는 무해한 성분으로 최종 분해되어 없어진다.

$$RCOO^- \cdot H^+ + Ca(HCO_3)_2 \rightarrow (RCOO)_2Ca + H_2CO_3$$
$$\rightarrow (RCOO)_2Ca + H_2O + CO_2 \quad (9.31)$$

이때 경도 유발 양이온은 이온교환체($RCOO^-$)에 흡착되고, 교환된 수소 이온은 중탄산 이온과 결합하게 되는데, 이때 생성된 탄산(carbonic acid, H_2CO_3)으로 인하여 용액은 매우 약한 산성(pH 5～6)을 띠게 된다.

2) 총 용존고형물의 제거

경도의 경우와는 달리 이온교환을 통한 총 용존고형물(TDS)의 제거를 위해서는 양이온과 음이온계 수지 모두를 이용해야 한다. 일반적인 공정 배열은 다음과 같다.

- 공정 I: 원수 ➜ SAC ➜ SBA ➜ 탈염수
- 공정 II: 원수 ➜ SAC ➜ DG ➜ SBA ➜ 탈염수
- 공정 III: 원수 ➜ SAC ➜ SBA ➜ polishing MB ➜ 탈염수

SAC(strong acid cation resins)-SBA(strong base anion resins) 공정은 가장 간단한 공정(그림 9-37)으로 강산성 양이온 수지(SAC)는 H^+ 이온을 TDS의 양이온 부분과 교환하고 희석된

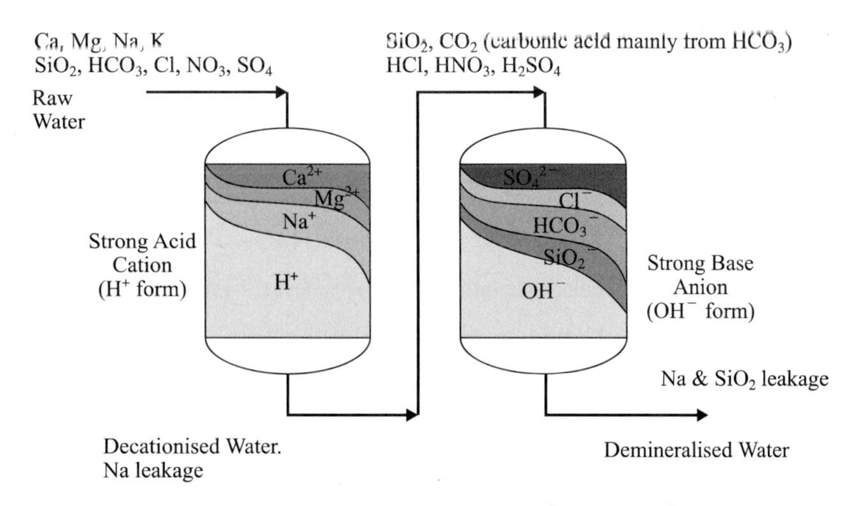

그림 9-37 **The simplest IX process and ionic profile (SAC → SBA)** (Joe Woolley, 2012)

산 용액(HCl, H_2SO_4)에 의해 재생되어 탈 양이온화되어 약산이나 강산 용액으로 바뀐다. 또한 후단의 강한 염기성 음이온 수지(SBA)는 TDS의 음이온 부분과 OH^- 이온을 교환하고 묽은 수산화나트륨(OH^-)에 의해 재생되는데 이때 앞서 생성된 약산이나 강산이 중화되어 제거된다. 결국 물속의 TDS 성분은 수소와 수산화 이온으로 대치되면서 물 분자를 형성하는 반응을 하게 된다.

원수의 알칼리도가 1 meq/L(> 50 g $CaCO_3$)일 때 공정 II에서와 같이 탈기 장치(DG, degasser)의 설치를 고려할 수 있다. 탈기는 SAC나 SBA 후단에 모두 설치가 가능하며, 흔히 충진상(packed column) 형태를 적용한다. 탈기 장치의 설치로 인해 이산화탄소의 농도를 5 mg/L 이하로 감소시킬 수 있는데, SAC 후단에 설치할 경우 SBA 장치에 가해지는 중탄산 음이온 부하가 줄어들어 수지 요구량이 적게 나타나는 장점이 있다. 이 방법은 SAC - SBA 공정과 동일한 수준의 처리수 생산이 가능하며, 대규모 시설에서의 시설비 절감, SBA 수지 재생제(NaOH) 요구량 감소 및 운영비 절감 등의 장점이 있다.

또 다른 옵션(공정 III)으로는 공정 I이나 II의 후단에 세정용 혼합상(polishing mixed bed)을 설치하는 방법이 있다. 이는 병류식, 역류식 모두에 가능하나 처리수의 질적인 효과는 크지 않다(표 9-44). 처리수에서 나타나는 잔류 전도성(residual conductivity), 나트륨 및 실리카 농도는 SAC 및 SBA 수지의 불균형으로 일어나는 현상으로 일반적으로 역류식 재생 시스템이 병류식보다 성능이 우수하다. 높은 처리수 수질을 얻기 위해서는 이러한 수지 간의 불균형이 해소되어야 한다.

표 9-44 **Water quality of IX processes treating TDS**

Parameters	SAC → SBA (Co-flow Regeneration, 25°C)	SAC → SBA (Counter-flow Regeneration, 25°C)	SAC → SBA → Polishing MB
Conductivity (uS/cm)	5～30	0.5～2	< 0.1
Silica (mg/L as SiO_2)	0.1～0.5	0.002～0.05	< 0.02
Sodium (mg/L as Na)	n.a	0.05～0.2	0.01～0.1

Ref) Joe Woolley(2012)

약산성 양이온 수지(WAC, weak acid cation resin)는 앞서 설명한 바와 같이 주로 일시 경도의 제거에 사용된다. WAC 수지는 SAC 수지보다 교환 용량(총 용량 4 eq /L)이 더 높고, 적은 양(이론값의 105%)의 산으로 재생이 가능한 장점이 있다. SAC와 직렬(SAC-WAC)로 재생할 경우 운전이 용이하나 SAC 수지 재생의 경우 더 많은 양의 산이 필요하다. 또한 적층 형태의 WAC-SAC이나 분리된 WAC 장치 구조로 사용할 수 있다.

약염기 음이온 수지(WBA, weak base anion resin)는 폴리스티렌(polystyrenic) 또는 폴리아크릴(polyacrylic) 계통으로 CO_2나 SiO_2는 제거하지 못한다. 그러나 SAC 수지 통과과정에서 발생되는 강산을 제거할 수 있어 SBA 수지의 부하를 줄일 수 있다. 또한 높은 유기물 부하가 가해질 경우 SBA 수지의 보호에 도움이 되고 소량의 알칼리(이론의 130%)를 사용하여도 재생이 쉬운 장점이 있다. 또한 SBA-WBA로 일렬의 재생이 가능하나, SBA 수지 재생의 경우보다 과량의 알칼리를 필요로 한다.

TDS 제거용 IX 공정은 분리된 교환 칼럼을 병렬로 연결하거나, 단일 반응조에 여러 개의 수지를 혼합하여 사용한다. 또한 재이용을 위하여 이온교환으로 처리되는 부분과 이온교환으로 처리되지 않는 부분을 혼합함으로써 운전조건을 적절히 조절하기도 한다.

IX 공정의 종류와 적절한 수지의 선택은 원수 조성(TDS의 화학 조성, 수지 오염원, 수지분해 화학물질 여부, 실리카 함량, 온도 등), 처리수의 목표수질, 처리 유량, 시설의 기계적 설계, 경제적 제약조건(시설비, 운영비), 환경 규제 등에 따라 달라진다. 또한 IX 공정의 운전 용량(operating capacity)은 중요한 설계 인자로 원수의 TDS 농도와 조성, 유입 유량, 급수 시간, 수지의 총 용량 및 수지 상태, 처리수의 목표수질, 재생제의 종류와 농도, 재생 수준, 접촉 시간 및 경제적 제약 등에 의존한다.

원수에 만약 유기물질이 포함되어 있다면 이는 음전하를 띠고 있으므로 음이온 수지(특히 SBA styrenic gels)를 오염시킨다. 이 경우 아크릴 SBA 수지나 혹은 SBA 전에 WBA[스티렌계(styrene-based) 또는 아크릴계(acrylic-based)] 수지의 설치가 도움이 될 수 있다. 유기물에 의한 IX 수지의 오염은 최적화된 설계(부식제 접촉 시간, 원수 수온 상의 수지 재생 온도)와 정기적인 유지관리를 통해 최소화할 수 있다.

3) 질소 제거

일반적으로 IX 공정에서 질소 제거는 흔히 암모늄 이온(NH_4^+)과 질산성 질소 이온(NO_3^-)이 주요 대상이다. 암모늄 이온의 제거에는 천연(제올라이트) 혹은 합성 이온교환수지가 이용가능하지만, 내구성 때문에 합성수지가 널리 이용된다. 천연 제올라이트 중에는 클라이놉타일로라이트(clinoptilolite, 수화된 나트륨, 칼륨, 칼슘, 규산알루미늄 광물)가 선택적 질소 제거에 효과적인 것으로 알려진다. 다른 이온교환 가능한 물질보다 암모늄 이온에 대한 친밀도가 큼에도 불구하고 합성 매질에 비하여 가격이 저렴하다. 이 제올라이트의 중요한 특징 중의 하나는 적용할 수 있는 재생 체계를 이미 충분히 갖추고 있다는 것이다. 이온교환용량이 고갈된 후 제올라이트는 석회[$Ca(OH)_2$]를 이용하여 재생할 수 있으며, 제올라이트로부터 제거된 암모늄 이온은 높은 pH 때문에 암모니아로 변하게 된다. 탈기된 액체는 계속적인 재사용을 위하여 저장조로 수집된다. 이 공성은 제올라이트 이온교환층 내부와 탈기탑 및 파이프 라인에서 형성되는 탄산칼슘 침전물로 인한 문제점이 있다. 따라서 제올라이트 필터 내에 형성된 탄산 침전물을 제거하기 위하여 역세장치가 필요하다.

질산염은 강염기성 음이온 교환(SBA) 수지를 사용하여 처리할 수 있다. 그러나 IX 공정을 이용한 질산성 질소의 제거에서는 일반적으로 두 가지 문제에 직면한다. 첫째는 대부분의 수지들은 염소 이온이나 중탄산염보다 질산성 질소에 대하여 친화성이 크지만, 황산 이온과 비교해서는 오히려 친화성이 매우 낮다. 이러한 점은 질산성 질소를 제거하기 위한 IX 유효 용량의 한계를 의미한다. 두 번째는 황산 이온보다 질산성 질소의 낮은 친밀도 때문에 질산성 질소의 누출(leackage) 현상이 나타날 수 있다는 점이다. 질산성 질소의 누출은 이온교환 칼럼이 질산성 질소의 파과점을 지나 운전될 때, 유입수에 있는 황산 이온에 의하여 수지 내의 질산성 질소와 치환하게 되고, 이는 질산성 질소의 누출로 나타나게 된다.

이러한 낮은 친화성과 질산성 질소의 파과와 관련된 문제점을 극복하기 위하여 수지 제조업체는 질산염에 대해 더 높은 친화성을 갖는 SBA 수지를 개발하여 사용하고 있다. 황산 이온이 많은 양으로 존재할 때(즉 황산 이온과 질산성 질소를 meq/L로 표현할 때, 그 총량이 25 %를 넘는 경우), 질산성 질소의 선택 수지를 사용하는 것이 더 효과적이다(McCarty et al., 1989; Dimotsis nd arvey, 1995). 질산성 질소 교환능력은 원수 중에 포함된 황산 이온, 철분, 규산, 유기물 등에 의해서도 영향을 받는다. 따라서 이온교환수지의 필요량을 결정하기 위해서는 미리 처리실험과 재생실험을 하여 경제적으로 유리한 조건을 구하는 것이 바람직하다.

4) 중금속의 제거

IX 공정은 중금속의 제거를 위해 이용되는 가장 일반적인 방법 중의 하나이다. 고농도의 금속을 배출하는 주요 시설은 전기산업(반도체, 인쇄된 전기 기관 등), 금속 도금과 마무리, 의약 산업 및 자동차 서비스업 등이다. 또한 고농도의 금속은 매립지의 침출수, 초기강우 유출수 등에서도 발견된다.

처리대상 원수에 포함된 금속의 농도 변화가 큰 경우에는 기본적으로 유량 균등조를 설치하는 것이 필요하다. 금속 제거를 위해 IX 공정을 이용하는 경제적 타당성은 특히 금속의 제거와 함께 유가 금속의 회수가 가능할 때에 있다. 이는 특정한 기능을 가진 수지들의 제작과 활용이 가능하기 때문으로 대상 금속에 대한 선택성이 높은 수지를 사용하여 이온교환의 경제성을 높일 수 있다.

제올라이트, 강한 음이온 및 양이온 수지, 킬레이트 수지, 미생물과 식물의 바이오매스 등이 금속의 교환을 위해 사용가능한 물질이다. 바이오매스는 다른 상업적 재료에 비하여 매우 흔하고 저렴하며, 천연 제올라이트, 즉 클라이놉타일로라이트, 캐버자이트(chabazite-Cr, Ni, Cu, Zn, Cd, Pb이 혼합된 금속들)들이 혼합 금속을 가지고 있는 원수를 처리할 수 있다(Ouki and Kavannagh, 1999). 킬레이트 수지(aminosphnic, iminodiacetic)들은 Cu, Ni, Cd와 Zn에 대한 높은 선택성을 가지고 있다.

IX 공정은 pH에 대한 의존성이 매우 높다. pH는 금속과 교환하는 이온과 수지 사이의 상호

작용에 큰 영향을 준다. 대부분의 금속은 높은 pH에서 높은 결합력을 보이는데, 이는 흡착 부위 양자와의 경쟁이 낮기 때문이다. 대부분의 운전 조건은 수지의 선택성, pH, 온도, 다른 이온 화학적 배경 성분에 따라 결정된다. 또한 산화제, 입자, 용매와 폴리머의 존재 역시 IX 공정의 성능에 영향을 준다. 재생하는 과정에서 만들어지는 성분의 양과 질에 대한 고려도 필요하다.

5) 유기물질(TOC)의 제거

일반적으로 자연수는 다량의 유기물(NOMs)을 함유하고 있는데, 이러한 특성은 계절적인 현상이나 혹은 영구적인 특성일 수도 있다. 천연 유기물질은 일반적으로 음으로 하전되어 있어 강염기성 음이온 수지(SBA)를 사용할 수 있다. 수지가 포화되면 염(salts)이나 소다(caustic)로 재생된다. 외관성으로 볼 때 일반적인 연수화 IX 공정과 유사하며, 일반적으로 유기물 제거(organic scavenging) 공정이라고 한다. 유기물질 제거용 수지는 유기탄소수지(OCR, organic carbon resin)라고 부르는데, 스티렌계, 아크릴계, 겔 형, I형 및 II형 등이 있다. OCR은 흡수 교환되는 유기물질의 종류에 따라 선정된다. IX 공정을 이용하여 유기물질을 제거하기 위해서는 원수의 다른 불순물(탁도, 금속, 경도)들이 충분히 제거되어야만 한다. OCR을 이용한 공정의 장단점은 표 9-45와 같다.

그림 9-38에는 하천수(BoMont WTP, Canada)를 대상으로 수행한 실험실 규모 연구사례를 보여주고 있다. UF와 OCR이 연결된 이 정수 시스템에서 최종 유출수의 pH가 다소 떨어졌으나 탁도와 색도(43 TCU에서 0 TCU)로 완전히 제거되었고, 유기물질(TOC) 제거 역시 매우 효과적임을 알 수 있다. 이 연구결과를 근거로 설치된 실규모 시스템(2012)의 구성은 그림 9-39와 같다.

6) 기타 오염물질

일부 오염물질은 기존의 이온교환수지로 쉽게 제거할 수 없다. 이러한 오염물질에 대해서는 대부분의 경우 특수한 수지를 개발하여 사용하고 있다. 현재 붕소(boron), 카드뮴, 수은 등의 중금속, 크롬산염, 납, 니켈, 질산염, 과염소산염에 대한 선택성 수지가 개발하여 사용하고 있다.

- 과염소산염(perchlorate, ClO_4^-)은 강한 염기성 음이온 교환수지(SBA)로 제거가 가능하지

표 9-45 Advantages and limitations of organic scavenging IX process

Advantages	Limitations
• High rates of organic matter reduction are possible • Very low THMs and HAAs • Simple process operation - no chemical addition • Only consumable is salt • Readily available for small and very small systems • Avoid high pressure filtration or coagulation-processes • Performance over wide range of feed water color when sized appropriately • Low power consumption • Little operator oversight	• Diminishing removal rates • Incomplete regeneration cycles and permanent fouling • Odour - amine “throw” (fishy) • Sensitive to pre-treatment conditions • May require elaborate pre-filters and/or metal removal and/or softening • Biological fouling • Resin loss during backwash • Variability between locations • Alkalinity consumption • Ongoing salt costs

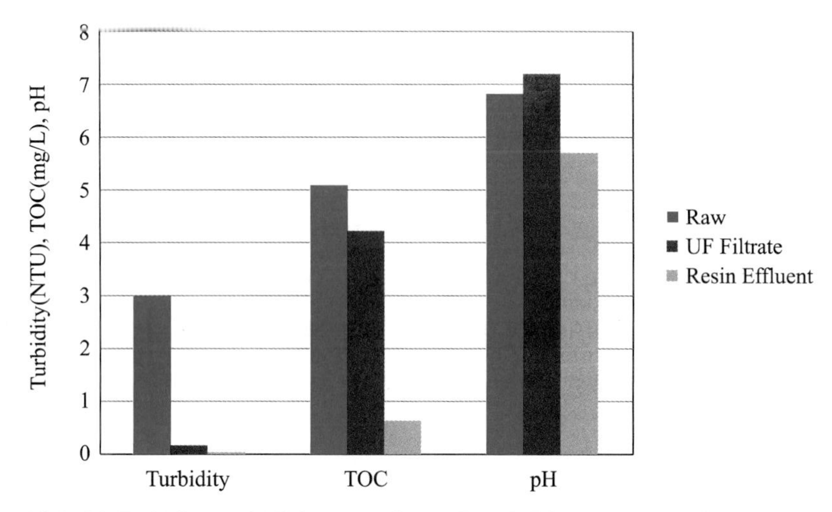

그림 9-38 **Turbidity and TOC removal in UF and OCR IX process** (Chaulk, 2013)

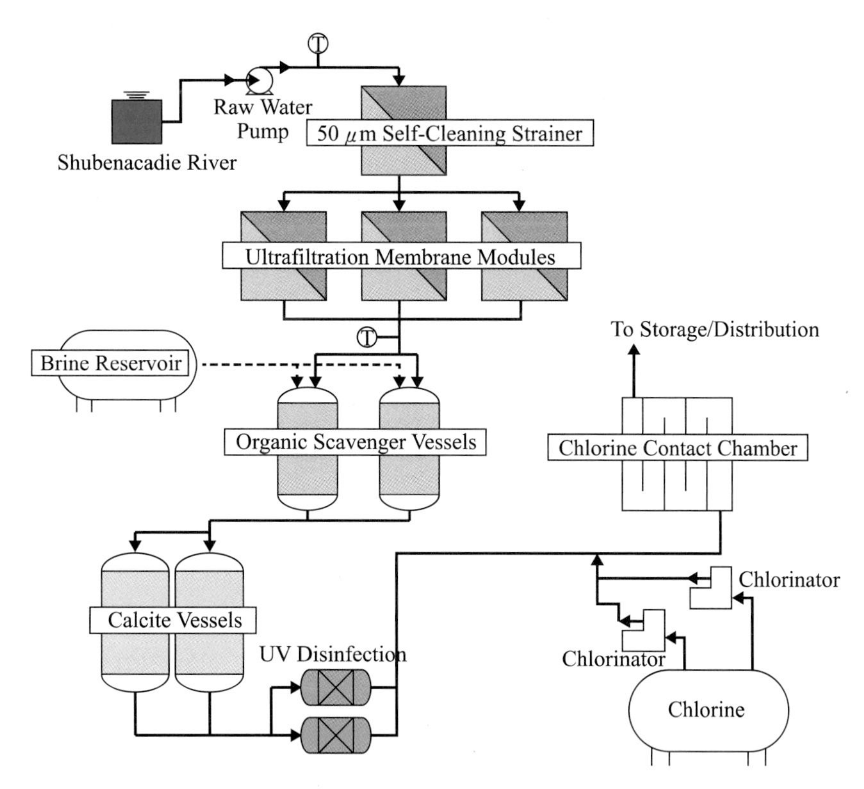

그림 9-39 **Process flow diagram of UF and OCR IX process** (Chaulk, 2013)

만 이 성분은 수지를 비가역적으로 파괴하는 강력한 산화제이다. 따라서 사용된 수지는 재생될 수 없다. 탄산수소를 포함한 원수에 존재하는 모든 음이온이 염소 이온으로 교환되는데, 이 반응은 원수에 포함된 염분(salinity)의 함수이다.

- 수중에 포함된 붕소(boron)는 강염기성 음이온 교환 수지(SBA)에 매우 선택적이다. 따라서 일정 농도 수준(수 mg/L)의 붕소는 IX 공정에 의해 처리가 가능하다. 재생은 산(HCl 또는 H_2SO_4), 소다(Na_2CO_3) 또는 암모니아에 의해 영향을 받는다. 이 수지는 담수 처리 후 초순수 생산에 사용될 수 있다. 식수의 붕소 함량에 대한 WHO(2015) 기준은 0.05 mg/L 이하이다.

9.7 기존공정의 개선

(1) 개요

원수수질의 악화 등의 원인으로 기존의 정수시설로는 처리목표를 달성하기 어렵다고 판단될 때는 공정의 개량과 증설 또는 적절한 고도정수시설의 조합 등을 통하여 기존 시설의 효율화를 도모할 수 있다. 이때 기존 시설과 새로운 시설 간의 연계성(compatibility)은 매우 중요하다. 새로운 처리방식을 도입하기 위해 원수수질의 변화를 포함하여 기존의 처리공정에서의 주요 대상물질과 처리특성, 운전조건, 약품주입량 및 전력사용량 등의 다양한 측면에 대하여 상세한 검토가 필요하다.

원수 내 포함된 맛-냄새 유발물질, 색도, 미량 유기물질, 소독부산물 THM 전구물질, 암모니아성 질소, 음이온계면활성제, 휘발성 유기물질(VOCs), 경도, 질소(질산성), 조류 등은 모두 일반적인 정수처리공정에서는 제거가 매우 어려운 물질들이다. 목표로 하고 있는 제거대상물질에 따라 앞서 설명한 고도정수처리용 단위공정(활성탄흡착, 고급산화 등)을 적절히 단독 또는 조합하여 최적의 위치에 적용해야 한다. 철, 망간, 침식성 유리탄산, 불소, 암모니아성 질소, 질산성 질소 및 경도 등의 경우 전염소처리, 폭기처리, 알칼리 처리 등을 고려할 수 있으며, 정수시설 내에서의 직접적인 조류 제거를 위해서 약품 산화-침전과 여과 방법이 효과적이다. 산화제로서는 오존과 과산화수소, 이산화염소, 자외선 등을 사용할 수 있으며, 이들은 모두 산화반응의 촉진과 함께 살균 효과를 동시에 가지고 있다.

각 처리기술들은 처리대상물질의 적용농도와 처리조건 및 효과 등의 고유 특성이 있기 때문에 처리공정의 구성에 있어서는 각 요소기술의 장단점을 충분히 파악하여 결정해야 한다. 즉, 처리방식에 따라서는 고농도의 탁도나 소독제, 산화제, pH조정제 등의 약품 주입, 수온 및 그 밖의 요소에 크게 영향을 받을 수 있고, 단독 공정보다 조합 공정의 경우 처리 효과가 더 상승하는 경우도 있지만, 반대로 간섭반응으로 인하여 오히려 처리 효과가 저감될 수도 있다. 표 9-46에는 시설개량 시 일반적인 유의사항을 보여주고 있으며, 표 9-47에는 고도정수처리기술의 도입에 있어 기존 시설에 대한 유의사항과 그 대책의 예를 보여주고 있는데, 이는 전염소처리와 세척배출수를 반송하고 있는 급속여과방식의 정수장에 오존과 입상활성탄 처리 방법을 도입한 경우이다. 기존 처리공정의 개선에 있어 주요 시설별 문제유발원인을 표 9-48에 요약하였다.

(2) 공정별 개선

1) 전처리

여기서 전처리란 주처리 공정에 앞서 특정 목적(주로 산화분해)을 가지고 수행하는 처리방법을 말한다. 과거에는 주로 전염소처리가 일반적이었으나 NOMs으로부터의 THM 형성, 지아르디아와 같은 원생동물의 제거에 효과적이지 못하므로 최근에는 이산화염소, 결합잔류염소, $KMnO_4$, 고도산화(AOPs⁻ O_3, UV) 등의 대체 방법이 주로 고려되고 있다. 정수에서 흔히 사용되는 고도산화기술로는 오존(O_3/H_2O_2, O_3/UV 및 O_3/TiO_2 등), 자외선(H_2O_2/UV, TiO_2/UV), 그

표 9-46 시설개량 시 유의사항

시설	방법	유의할 점
착수정	여유고를 높인다.	수면동요의 흡수에는 면적이 필요하다.
응집·플록 형성지	급속교반의 변경, 플록큐레이터의 개량	응집, 플록 형성 효과 확인, 여유공간의 유무, 구조상의 안전성, 유지관리의 용이하다.
침전지	경사판 등의 설치, 정류벽, 유출위어 개량, 슬러지 수집장치 개량	효과 확인, 여유공간 유무, 구조상의 안전성, 슬러지 재부상
여과지	2층화, 여과조절기능의 갱신, 표면세척장치 개량	여과와 세척효과 확인, 여유공간 유무, 여재 유출
약품주입장치	약품변경, 주입기 개량	효과 확인, 법령상 제약, 저장장소 확보, 주입량 범위(range) 검토
전기·기계	설비 교체, 용량 증강	계측제어·제어와 관련, 전력용량 확보, 유지관리 변경
계측제어	시스템의 변경, 설비의 교체	제어의 효과와 신뢰성, 유지관리의 변경, 여유공간 유무
케이블, 관로, 닥터	단면과 본수 증강	신호·전력용량, 유량·손실수두 확보, 점검·피난의 안전 확보
배출수 처리	방식 변경, 기기 교체	처리능력과 케이크의 질, 여유공간 유무, 유지관리의 변경, 분리수의 반송

자료) 환경부(2010)

표 9-47 고도정수처리기술의 도입시 기존시설에 대한 유의점과 대책의 예

시설	유의점	대응책
착수정	입상활성탄 흡착설비의 세척배출수반송과 급속 모래여과지 세척빈도 증가 등에 따른 반송수량의 증가	착수정 주벽인상, 세척배출수 균등반송
응집·플록 형성지	전염소처리의 폐지에 따른 pH조정제 주입량 감소	플록 형성상태 확인
침전지	전염소처리의 폐지에 따른 조류 발생, 슬러지 재부상	조류발생이나 슬러지의 재부상을 방지할 정도의 최소전염소주입, 침전지의 차광(덮개의 설치 등)
급속여과지	전염소처리의 폐지에 따라 여과층에 생물이 발생함으로써 세척빈도가 증가	여과층의 오염제거에 충분한 세척속도, 시간 및 세척관계설비(세척펌프, 세척탱크)의 능력확보, 정기적인 여과층 상태 확인
배출수처리	입상활성탄 흡착설비의 세척배출수 반송과 급속여과지의 세척빈도 증가 등에 따른 세척배출수 증가, 전염소처리의 폐지에 따른 슬러지의 탈수성, 탈수케이크의 질 변화	세척배출수의 반송관련설비(반송펌프, 세척배출수받이)의 능력확보, 세척배출수의 균등반송(착수정 세척배출수 반송량의 피크량 완화 및 반송에 따른 수질변화에 대하여 약품주입량 조정을 쉽게 하기 위하여), 탈수처리의 강화
약품주입설비	전염소처리의 폐지에 따른 pH조정제 주입량 감소, 염소주입지점의 변경(후염소주입만으로 변경), 오존, 입상활성탄처리의 도입에 의한 염소주입량 감소	약품주입설비의 용량, 대수, 주입관의 재검토, 염소접촉지의 설치(암모니아성질소를 제거하기 위하여 파과점 염소처리하는 경우)
전기·기계	오존, 입상활성탄처리를 위한 소비전력 증가	전력설비용량의 증강, 펌프설비의 증강 등
계측제어	오존, 입상활성탄처리관련 계측제어설비 추가, 염소주입관련 계측제어설비 변경	계측제어시스템의 변경
기타	오존, 입상활성탄처리설비 및 연락배관 등에 의한 손실수두 증가, 기존 시설과의 여유공간 조정	저양정의 펌프설치 등 경우에 따라 기존시설의 개량으로 공간확보, 시설의 입체화도 고려

주) 처리공정: 전염소처리-응집침전-급속여과-오존-입상활성탄 (표 8-6공정 ⑦)
자료) 환경부(2010)

표 9-48 기존 처리공정의 개선을 위한 점검사항

처리공법/시설	문제유발원인
약품주입시설	- 적정약품 선정 여부 - 투약량 및 pH - 약품주입장치의 기능, control 방법 - 약품주입관의 유지관리 - 주입지점의 적정선정 여부, 1지점 이외의 주입 가능 여부 - 다른 약품과의 연계사용 가능 여부 - 희석주입 가능 여부
급속혼합	- 급속혼합방법; in line 또는 기계식 - 급속혼합기의 수 - 약품주입방법 - 혼합속도/체류시간
플록 형성	- 적정체류시간 - 적정혼합강도 - 적정 stage수 - plug flow를 유지하기 위한 적절한 배플 설치 여부
침전	- 바람, 온도, 밀도차, 유입 및 유출부의 위치에 의한 단회로 여부 - 슬러지 축적량과 축적률 - 슬러지 제거방법
여과	- 여과속도 및 조절방법 - 수리적인 측면 - 전처리로서의 침전상태 - 역세척방법 및 시간-하부집수장치

Ref) USEPA(1991)

리고 광촉매(photocatalysis)를 이용한 응용기술들이 있다(Gilmour, 2012). 기타 방법으로 펜톤 시약(Fenton's Reagent-Fe^{2+}/H_2O_2)을 이용한 방법도 있으나 이는 주로 폐수중의 잔류유기화합물(PCE, TCE)의 분해나 산업폐수처리에 주로 사용되는 방법으로 정수처리에는 일반적이지 않다(He and Zhou, 2017). 고도산화기술에 대한 상세한 설명은 9.3절을 참고하기 바란다.

2) 응집·침전공정의 최적화

전통적으로 정수과정은 주로 탁도 제거에 초점을 맞추어 이루어져 왔다. 그러나 원수의 수질이 점차 열악해짐에 따라 소독의 결과로 발생되는 부산물의 제어에 대한 중요성이 강조되었다. 소독부산물의 형성을 감소시키기 위해서는 그 전구물질인 NOMs의 효과적인 제거가 중요하다. 이때 약품 혼합과 응집침전은 매우 중요한 단계가 된다. 일반적으로 응집제(alum, $FeCl_3$)와 고분자 폴리머를 사용하여 탁도, 색도, 병원균 및 THM 전구물질의 제거도 일부 가능하지만 더 우수한 제거효율을 얻기 위해 약품주입을 최적화시켜 탁도와 병원균뿐만 아니라 NOMs을 더 효과적으로 제거시키는 강화응집(enhanced coagulation) 방법이 고려된다(Vrijenhoek, et al., 1998; US EPA, 1999). 강화응집은 응집반응에 의한 TOC 제거를 통해 소독부산물의 형성을 통제하기 위해 개발된 방법으로 미국의 새로운 규제 요건 중 하나이다(Edzwald and Tobiason, 1999).

미국 EPA에서는 1999년 소독부산물 저감을 위한 강화응집과 강화연수화 매뉴얼(enhanced

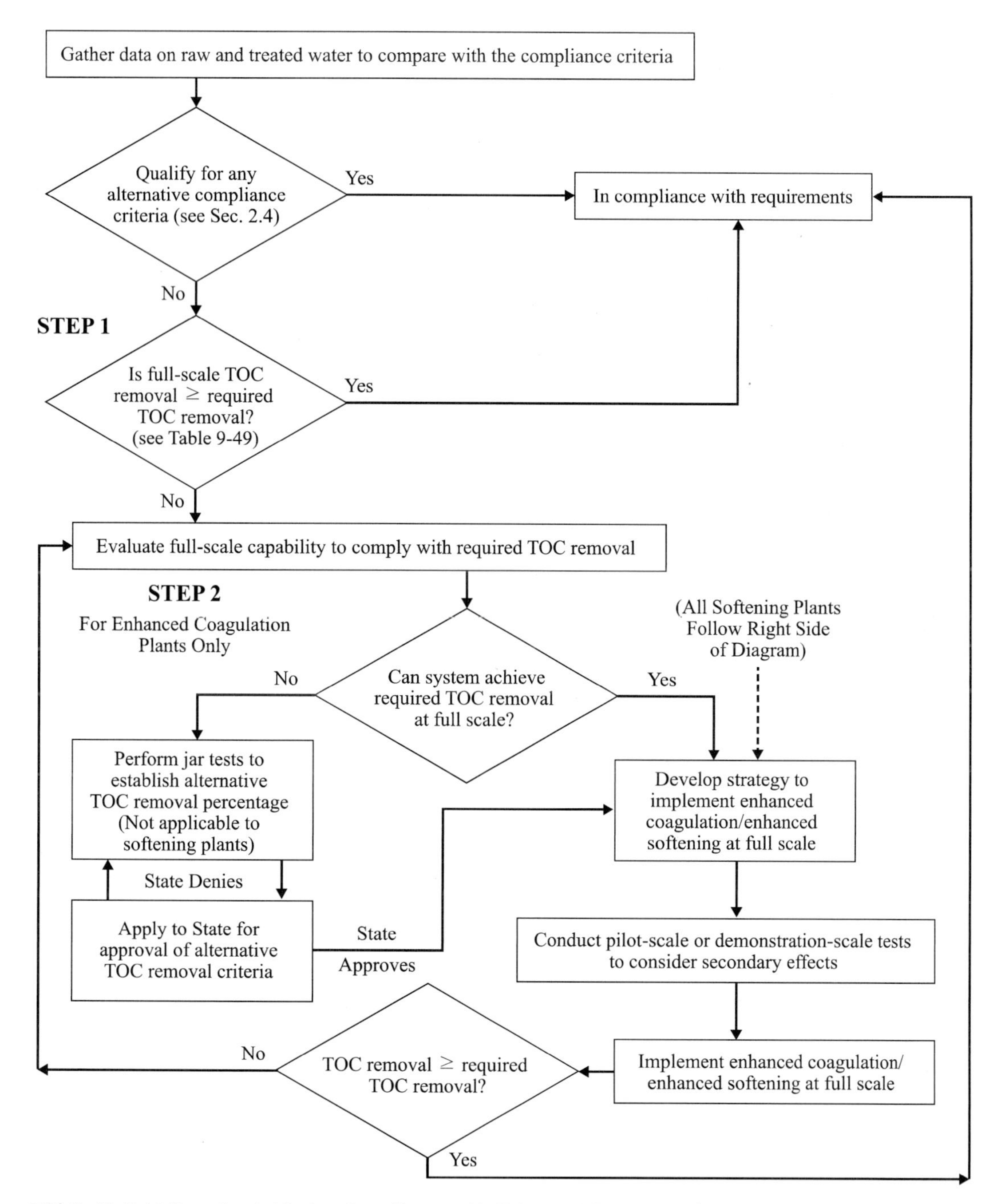

그림 9-40 **Guidelines for Achieving Compliance with Enhanced Coagulation/Softening Criteria** (US EPA, 1999)

coagulation and enhanced precipitative softening guidance manual)을 발표하였다. 여기에는 강화응집으로 소독부산물 전구물질 저감효과를 얻기 위한 원수수질조건과 강화응집 적용을 위한 2단계(1단계 TOC 제거, 2단계 대체 TOC 제거) 과정을 제시하고 있다(US EPA, 1999). 그림 9-40은 강호응집과 강화연수화 기준 달성을 위한 가이드 라인을 보여준다. 강화응집을 통한 1단계에서 TOC 제거 기준은 표 9-49에 원수의 알칼리도 수준에 따라 제시되어 있으며, 2단계에서 수행되는 대체 TOC 제거 요구에 대한 규정과 평가방법이 표 9-50~9-51과 그림 9-41에 정리되어 있다.

표 9-49 STEP 1: Required removal of TOC by enhanced coagulation for plants using conventional treatment(%, Removal Percentages[a), b)])

SOURCE WATER TOC(mg/L)	SOURCE WATER ALKALINITY(mg/L as $CaCo_3$)		
	0 to 60	〉60 to 120	〉120[c)]
> 2.0-4.0	35.0%	25.0%	15.0%
> 4.0-8.0	45.0%	35.0%	25.0%
> 8.0	50.0%	40.0%	30.0%

Notes)

a) Enhanced coagulation and enhanced softening plants meeting at least one of the six alternative compliance criteria in Section 2.4 are not required to meet the removal percentages in this table.

b) Softening plants meeting one of the two alternative compliance criteria for softening in Section 2.4 are not required to meet the removal percentages in this table.

c) Plants practicing precipitative softening must meet the TOC removal requirements in this column.

표 9-50 STEP 2: Alternative TOC removal requirements

- A Step 2 jar test will establish the plants required percent removal rate for up to six month
- In a Step 2 jar test, 10 mg/L increments of alum (or an equivalent about of iron coagulant) are added to determine the incremental removal of TOC
- TOC removal is calculated for each 10 mg/L increment of coagulant added
- Coagulant must be added in the required increments until the target pH is achieved
- The point where adding another 10 mg/L dose of alum does not remove at least 0.3 mg/L of TOC is defined as the point of diminishing return (PODR)
- The percentage of TOC achieved at the PODR in the Step 2 jar test is defined as the plants alternative percent TOC removal requirement
- The goal of Step 2 is to determine the amount of TOC that can be removed with reasonable amounts of coagulant and to define an alternative TOC removal percentage
- The procedure is neither designed nor intended to be used to establish a full-scale coagulant dose requirement
- Once a plants alternative TOC removal percentage is approved a plant may achieve this removal at full scale by suing any appropriate combination of treatment chemicals
- Water "Not Amenable to Treatment"
  - Sometimes, a Step 2 jar test will show that there is no additional TOC removal, no matter how much coagulant is added
  - Plants may apply to the state for a waiver from the enhanced coagulation requirements if they consistently fail to achieve the PODR
- These plants have a raw water in which enhanced coagulation will not work

표 9-51 Target pH Under Step 2 Requirements

Alkalinity(mg/L as $CaCO_3$)	Target pH
0-60	5.5
> 60-120	6.3
> 120-240	7.0
> 240	7.5

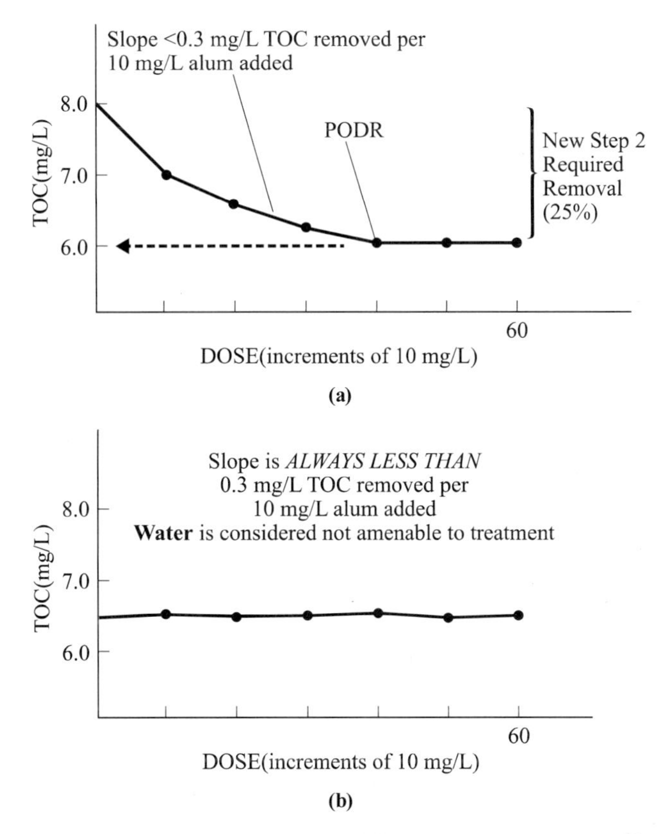

그림 9-41 Estimation of alternative TOC removal requirements(STEP 2)

기존의 탁도 제거를 목적으로 한 응집침전보다 강화응집 방법은 더욱 정교한 공정관리를 요구하고 있다. 강화응집은 물속의 입자성 물질뿐만 아니라 용존 유기물질인 유기탄소, 색도물질, TOC 및 소독부산물(DBPs)의 전구물질을 제거하기 위해 고안된 공정으로 일반 탁도 제거목적의 주입량보다 과량의 응집제(2～5배)를 투입하고 알칼리도의 크기에 따라 목표 pH를 정교하게 조정(5.5～7.5)함으로써 이루어진다. 강화응집의 효과는 원수 NOMs의 휴믹 성분 비율과 밀접한 관계를 가진다. 254 nm 파장에서의 UV 흡광도를 시료의 DOC로 나눈 원수의 비자외선흡수값(SUVA, Specific UV Absorbance)은 좋은 지표로 SUVA값이 높다는 것은 물속의 유기물질의 함량이 높다는 것을 의미한다. 따라서 SUVA값이 낮은 원수(< 2.0 L/mg-m)의 경우 강화응집은 효과적이지 못하다. 이 공정은 pH에 의존성이 높기 때문에 응집을 최적화시키기 위해 자동화된 pH제어가 필요하다. 알칼리도가 높은 원수의 경우는 응집제 투입만으로는 최적의 pH조건(pH 5.5～6.5)을 맞추기 어려워 별도의 산 주입이 필요하며, 배급수관 부식을 억제하기 위하여 송수 전에 다시 알칼리제로 pH를 재조정해야 한다. 그러나 응집제의 과다 주입으로 인해 슬러지 발생량과 잔류 알루미늄 농도의 증가, 약품구입비 증가도 단점으로 작용한다. 따라서 이 공정의 경제성은 제어 시스템과 직접적으로 관련이 있다.

응집제의 특성에 적합한 정교한 pH 조정과 침전지에 경사판을 설치한다든가 용존공기부상법(DAF) 또는 가는 모래(microsand)를 침전지에 투입하여 침전효율을 높이는 방법도 이용된다. 약품주입은 pH, 제타 전위 등을 충분히 점검하여 탁도 변화에 효과적으로 대응하여 운전되어야 한다. 약품응집 후에 제타 전위는 +5～－10 mV가 바람직하다. 약품주입량(coagulant dosages)을 결정하는 일반적인 방법인 자 테스터에 비해 SCD(streaming current detector)를 이용하여 응집반응을 효과적으로 최적화할 수 있다(HACH, 2016; Sibuya, 2014).

현장에서의 약품의 주입지점은 간과할 수 없는 매우 중요한 요소이다. 약품 혼합은 될 수 있는 한 짧은 시간인 1～7초 내에 이루어지도록 하여 설계된 속도경사를 만족하도록 해야 한다. 형성된 플록은 저속(2～15 rpm)으로 15～45분 내에 침전 가능한 플록이 되도록 유도해야 하며, 침전지 유입부분은 가능한 와류가 형성되지 않도록 유체흐름은 안정된 상태로 유출되도록 월류부 위어(weir)를 제어한다. 침전지에서 경사판을 설치하는 것은 침전효율을 증대시키는 효과적인 방법으로, 특히 운전 유량이 당초 설계값보다 크게 증가된 경우라면 고려할 필요가 있다.

3) 여과

기존공정의 개선에 있어서 여과시설은 전처리 공정에서의 침전성, 여과속도 및 제어방법, 수리학적 측면, 역세척 방법과 시간 그리고 하부 집수장치 등이 주요 검토 대상이다. 여과에서 중점적으로 점검되어야 할 수질 요소로는 탁도, 색도 및 병원균(지아르디아 포낭, 장바이러스, 대장균)이며, 여기에 역세척 빈도, 약품소요량, 운전의 용이성과 슬러지 생산량 및 생산된 슬러지의 유해성 여부 등의 운전관련 인자도 중요하다. 흔히 사용되는 급속여과 대신에 유출수의 수질측면에서 효율이 좋은 완속여과, 입상활성탄여과(GAC), 생물활성탄여과(BAC), 규조토 여과(DE) 또는 막여과를 이용하기도 한다. 입상활성탄여과는 맛과 냄새 등 비극성 유기물질의 제거에 효과적이다. 또한 입상활성탄여과와 오존(GAC/O_3)을 함께 사용하는 경우 오존의 산화작용에 의해 고분자 유기화합물의 크기를 상당히 줄여 생분해성을 증가시킬 수 있으므로 활성탄의 생물분해기능을 향상시킬 수 있다. 또한 맛/냄새의 제거와 휴믹 물질에 의한 색깔도 제거가 가능하며, 유기물이 감소되므로 후단의 염소주입량을 감소시키는 효과도 있다.

원수의 수질에 따라 적용 가능한 다양한 여과방법과 그 성능이 표 9-52에 비교 정리되어 있다. 재래적인 급속여과는 규모와 원수의 수질에 관계없이 적용 가능한 방법이며, 막여과 방법은

표 9-52 상수 원수의 수질에 따른 적용 가능 여과법과 병원균 제거효율

Filtration Options	Turbidity (NTUs)	Color (in color units)	Coliform Count (per 100 mL)	Typical Capacity (MGD)	Achievable *Giardia* Cyst Levels	Achievable Virus Levels
Conventional	Nor restrictions	< 75	< 20,000	> All sizes	99.9	99.0
Direct	< 14	< 40	< 500	> All sizes	99.9	99.0
Slow sand	< 5	< 10	< 800	< 15	99.99	99.9999
Package Plant		[depends on processes utilized]		< 6	varies with manufacturer	
Diatomaceous earth	< 5	< 5	< 50	< 100	99.99	> 99.95
Membrane	< 1	[fouling index of < 10]		< 0.5	100	Very low
Cartridge	< 2	NA	NA	< 1.0	> 99	Little data available

주) NA = not available

1 MGD = 0.044 m^3/sec

Ref) USEPA(1990)

대체로 2,000 m^3/d 이하의 소규모 처리시설에 적용되고 있다. 직접여과는 비교적 양호한 수질(탁도 14 NTU 이하, 대장균 500/100 mL 이하)에 적용 가능한 방법이다. 완속여과는 지아르디아 포낭이나 바이러스 제거에 매우 효과적이나 소요 부지면적이 커서 60,000 m^3/d 이하의 처리규모 시설에서 원수 탁도 5 NTU 이하일 때 주로 적용된다. 원수 탁도가 5 NTU 이하인 비교적 큰 규모의 경우에 적용 가능한 방법이 규조토 여과(DE)이다. 우리나라는 건기와 우기에 탁도 변화가 크게 나타나기 때문에 직접여과와 규조토 여과는 거의 사용하지 않는다.

급속여과지는 통상적으로 높은 수리학적 부하(약 120 $m^3/m^2/d$)로 설계되는데, 유량 증가가 필요할 경우 모래 대신에 공극률이 큰 안트라사이트(anthracite)를 표층에 충전시켜 유입 유량을 2배 가량 높일 수 있다. 여과지의 용량 확장을 위해서는 전단의 침전지 용량뿐만 아니라 여과지의 부대설비(역세척, 배수관 등)에 대해서도 검토가 필요하다. 안트라사이트를 이용하는 경우에는 모래의 경계면에 진흙덩어리(mad ball)가 형성되는 것에 특히 유의하여야 하며, 안트라사이트의 비중이 모래보다 작기 때문에 역세척 시 유출되지 않도록 입경을 조정할 필요가 있다.

4) 소독

살균력과 잔류성이라는 소독제의 기본적인 조건을 모두 만족하는 염소의 특성으로 인해 지금까지 염소는 전 세계적으로 가장 보편적으로 사용되는 소독제였으나, THM과 같은 소독부산물의 생성 억제와 제거 그리고 병원성 원생동물의 불활성화에 대한 요구는 고도정수처리에 있어서 가장 중요한 과제 중 하나가 되었다(표 9-52).

NOMs와 염소와의 화학반응에 의해 형성되는 THM의 형성을 제어하기 위해서는 염소 주입 이전에 미리 NOMs을 제거시키거나 염소 이외의 대체 소독제를 사용하거나 또는 염소주입량을 최적화시키는 방법 등을 사용할 수 있다. NOMs 제거를 위해서는 활성탄흡착, 응집-침전의 효율화, 고도산화(오존 등) 그리고 막분리 등의 방법이 있다.

오존과 이산화염소 및 클로라민을 포함한 각종 대체 소독제는 염소 소독의 문제를 해결할 수 있는 대안이 되지만 그 살균력이 지속적이지 못하기 때문에 NOM 제거 후에는 잔류염소농도를 유지하기 위해 추가적인 염소 주입이 반드시 요구된다. 오존처리에 대한 장단점은 9.3절을 참고한다. 또한 각종 소독제의 장단점과 주입지점 및 주요 고려 사항, 그리고 소독부산물과 적용 가능한 대체 소독제에 대한 특성 및 각종 저감 효과에 대해서는 앞선 8.8절을 참고하기 바란다.

(3) 부식성 개선

부식성(corrosivity)이 강한 수돗물은 급수 관로와 배수지 시설에서 부식을 촉진시키며 그 결과 녹물을 발생시킬 가능성이 높다. 부식 현상은 주변 환경, 관의 재질 등에 따라 다르지만 녹물은 수돗물의 안전성에 대한 신뢰도와도 관련이 있으므로 정수장이나 배·급수 계통에서는 가능한 한 수돗물의 부식성 개선을 목표로 하고 있다. 음용수의 부식성에 영향을 미치는 인자와 그 영향은 표 9-53에 정리되어 있다. 부식성의 개선 방법으로는 부식억제제를 주입하거나 알칼리제 주입 등의 방법이 있다.

표 9-53 Factors affecting the corrosivity of drinking water

Factor	Effect on Corrosivity
pH	Low pHs generally accelerate corrosion.
Dissolved oxygen	Dissolved oxygen in water induces active corrosion, particularly of ferrous and copper materials.
Free chlorine residual	The presence of free chlorine in water promotes corrosion of ferrous metals and copper.
Low buffering capacity	There is insufficient alkalinity to limit corrosion activity.
High halogen and sulfate alkalinity ratio	A molar ratio of strong mineral acids much above 0.5 results in conditions favorable to pitting corrosion (mostly in iron and copper pipe).
Total dissolved solids	Higher concentrations of dissolved salts increase conductivity and may increase corrosiveness. Conductivity measurements may be used to estimate total dissolved solids.
Calcium	Calcium can reduce corrosion by forming protective films with dissolved carbonate, particularly with steel, iron, or galvanized pipe.
Tannins	Tannins may form protective organic films over metals.
Flow rates	Turbulence at high flow rates allows oxygen to reach the surface more easily, removes protective films, and causes higher corrosion rates.
Metal ions	Certain ions, such as copper, can aggravate corrosion of downstream materials. For example, copper ions may increase the corrosion of galvanized pipe.
Temperature Rates	High temperature increases corrosion reaction rates. High temperature also lowers the solubility of calcium carbonate, magnesium silicates, and calcium sulfate and thus may cause scale formation in hot-water heaters and pipes.

1) 부식억제제

부식억제제는 수도관의 부식을 억제하여 수돗물에 녹물이 발생되는 것을 방지할 목적으로 첨가하는 물질로 그 기준과 규격은 환경부 수처리제 고시에 준한다. 부식억제제는 정수장에서 직접 주입하거나, 배·급수계통의 배수지 또는 최종 수돗물 수요처 저수조의 전후에 주입하기도 한다. 이때 부식억제제의 적정 농도의 유지가 중요한데, 과다 투입되지 않도록 철저한 공정관리가 요구된다. 부식억제제의 효과는 상수도관의 재질과 수질 특성에 따라 차이가 있다. 선진외국에서는 녹물 저감에 긍정적인 효과가 인정되어 부식억제제를 일부 정수장에서 투입하기도 한다.

부식억제제는 인산염과 규산염이 주원료로 사용되며, 주요 특징은 표 9-54와 같다. 일반적으로 정수장에서는 소독공정 후단에 주입한다.

2) 수돗물 부식성 지표와 평가

현재까지 수돗물의 부식성을 직접적으로 표현하는 지표는 알려져 있지 않으므로 간접적인 부식성 지표를 사용하고 있다(표 9-55). 이중에서 랑게리아 포화지수(LSI or LI, Langelier Saturation Index)가 일반적으로 사용된다. 랑게리아 지수(또는 포화지수)란 물의 실제 pH와 이론적 pH(즉, 수중의 탄산칼슘이 용해되거나 석출되지 않는 평형상태로 있을 때의 pH, pHs)의 차이를 말한다. 여기서 지수가 양(+)의 값으로 클수록 탄산칼슘의 석출이 일어나기 쉽고, 0이면 평형관계에 있으며, 음(−)의 값에서는 탄산칼슘 피막은 형성되지 않고 그 절댓값이 커질수록 물의 부식성은 강하다는 것을 의미한다. 랑게리아 지수가 음(−)이더라도 값이 0에 가까우면 관 내면에 탄산칼슘 피막이 형성되어 부식 방지에 기여할 수 있다.

표 9-54 인산염계 부식억제제와 규산염계 부식억제제의 특징

구분		인산염계 부식억제제		규산염계 부식억제제		
		화학식	특징		화학식	특징
종류	정인산염	H_3PO_4 NaH_2PO_4 Na_2HPO_4 Na_3PO_4	칼슘이온이 많은 경우 효과적으로 보호피막 형성	규산염	Na_2SiO_3 $Na_6Si_3O_7$	$(mSiO_2, nSiO_3)^{2n-}$와 같은 콜로이드 음이온으로 작용 pH가 낮고 용존산소가 높은 수질에서 처리하기 적당
	다중인산염	$Na_5P_3O_{10}$ $(NaPO_3)_6$	Polyphosphate가 Orthophosphate로 전환될 때 효과 있음			
	혼합인산염	Ortho phosphate + Poly phosphate	Orthophosphate는 부식억제효과, Polyphosphate는 봉쇄제효과			
인체 유해성		과잉 섭취 시 체내 칼슘 소모 등		과잉 섭취 시 결석(요석) 초래 등		
사용 기준		P_2O_5 기준으로 국내 5 mg/L 이하 프랑스, EU, 일본 5 mg/L 이하		SiO_2 기준으로 국내 10 mg/L 이하 프랑스, EU 10 mg/L 이하 일본 5 mg/L 이하		
효과		부식속도 감소 및 중금속 용출 제어		고농도 주입 시 부식속도 감소 주철관에서 오히려 철 용출 증가 동관, 아연도강관에서 효과 미미		
적용 사례	국내	옥내급수관 부식방지를 위해 많은 저수조에서 인산염계 부식억제제 사용		인산염계 부식억제제에 비해 미미한 실적		
	외국	미국의 경우 수돗물 중 납, 동 용출 방지를 위해 많은 정수장에서 주로 인산염계 부식억제제 사용		문헌상으로 규산염계 부식억제제 사용 사례가 극히 적으며, 일부 지하수를 대상으로 적용한 사례가 있으나 효과 미미		

자료) 환경부(2010)

표 9-55 수돗물 부식성 관련 지수

지수(index)	계산식	의미
LSI 또는 LI (Langelier Saturation Index)	LSI = pH − pHs	LSI > 0 탄산칼슘 스케일 형상(비부식성) LSI = 0 탄산칼슘 평형 LSI < 0 탄산칼슘 용해가능(부식성)
AI(Aggressive Index)	AI = pH + log[(A)(H)] A: 총경도 H: 칼슘경도	AI < 10 강부식성 AI = 10-12 약부식성 AI > 12 비부식성
RSI(Ryanar Stability Index)	RSI = 2pHs − pH	RSI > 7.0 부식성 6.5 < RSI < 7.0 평형상태 RSI < 6.5 스케일 형성

Ref) AWWA, Corrosion Control for Operators(1986)

부식성이 강한 물은 콘크리트 구조물, 모르타르 라이닝관, 석면 시멘트관 등을 열화시키며 아연도금 강관, 동관 또는 납관에 대해서는 아연, 동, 납을 용출시키거나 철관으로부터는 철을 녹여서 녹물 발생의 원인이 된다. 랑게리아 지수와 부식성과의 상관관계는 표 9-56과 같이 정의된다. 물의 부식성과 관련한 미국의 수질기준은 물의 pH를 7.0 이상으로 단순화하고 있으나 일본

표 9-56 **LI와 부식성과의 관계**

LI	부식 특성
+0.5～+1.0	보통～다량의 스케일 형성
+0.2～+0.3	가벼운 스케일 형성
0	평형상태
-0.2～-0.3	가벼운 부식
-0.5～-1.0	보통～다량의 부식

Ref) Kawamura(2001)

의 경우 pH 7.5 이상 그리고 LSI는 －1.0～0으로 유지하는 것을 국가 수질관리 목표로 지정하고 있다.

부식성 개선은 물의 pH, 칼슘 경도 및 알칼리도의 증가를 통해 이루어지는데, 일반적으로 소석회-이산화탄소를 함께 사용하는 방법과 알칼리제(수산화나트륨, 소다회, 소석회)를 단독으로 사용하는 방법이 있다.

소석회-이산화탄소 사용법은 칼슘 경도, 유리 탄산, 알칼리도가 낮은 원수의 랑게리아 지수 개선에 적합한 방법으로, 특히 랑게리아 지수를 거의 0으로 가깝게 하고 싶은 경우에 효과적이다. 소석회-이산화탄소의 사용법에 대한 반응식은 다음과 같다.

$$Ca(OH)_2 \rightarrow Ca^{2+} + 2OH^- \qquad (9.32)$$

$$Ca(OH)_2 + CO_2 + H_2O \rightarrow CaCO_3 + 2H_2O \qquad (9.33)$$

$$Ca(OH)_2 + 2CO_2 \rightarrow Ca^{2+} + 2HCO_3^- \qquad (9.34)$$

그림 9-42는 부식성 개선을 위한 현장 규모의 소석회-이산화탄소 공정 예를 보여준다. 소석회-이산화탄소의 주입량 변화에 따른 처리수의 pH 및 LSI 변화값은 표 9-57에 나타나 있다.

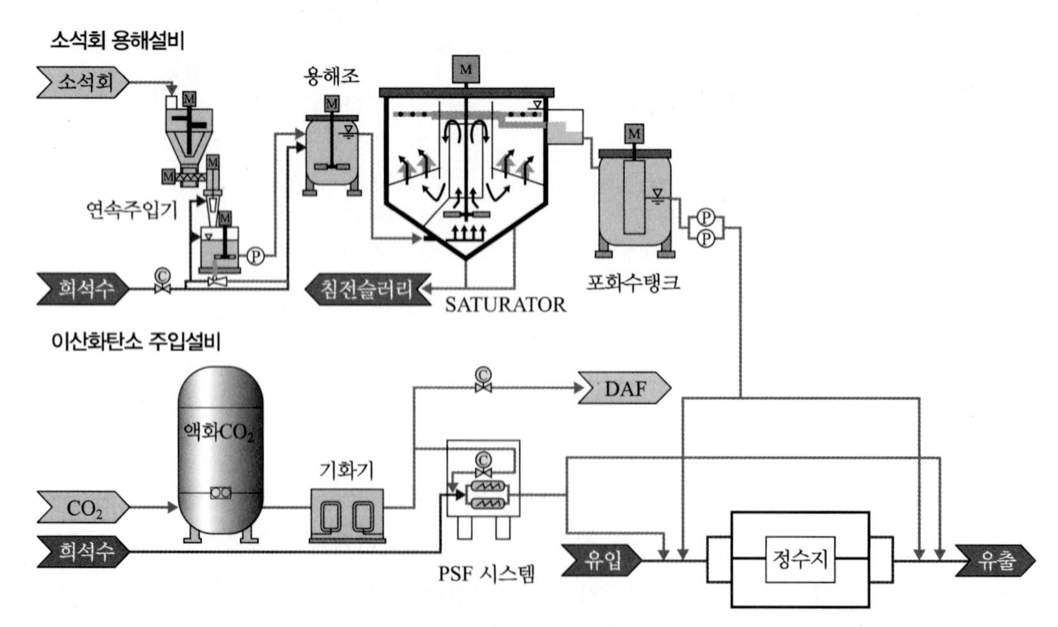

그림 9-42 **소석회-이산화탄소 주입설비 예** (환경부, 2010)

표 9-57 소석회-이산화탄소 주입을 통한 LI 개선사례

구분	수온 (°C)	pH	탁도 (NTU)	전기전도도 (μmhos/cm)	알칼리도 (mg/L)	칼슘경도 (mg/L)	LI
여과수	19.8	6.7	0.051	93.8	14.9	26	-1.99
소석회 8 mg/L	21.4	7.8	0.071	110.4	25.5	37	-0.58
		7.5	0.069	105.8	25.8		-0.82
		7.0	0.069	108.8	25.9		-1.05
소석회 16 mg/L	22.9	7.8	0.069	128.5	35.6	47	-0.25
		7.5	0.066	130.8	35.5		-0.45
		7.0	0.067	131.8	35.8		-0.78
소석회 mg/L	22.3	7.8	0.068	157.9	45.9	57	-0.05
		7.5	0.069	158.1	46.0		-0.24
		7.0	0.071	158.4	45.7		-0.75

참고 랑게리아 지수

랑게리아 지수(LSI)는 물의 pH, 칼슘 이온량, 총 알칼리도 및 총 용존고형물 농도로부터 다음 식으로 구한다.

$$LSI = 물의\ pH - pHs$$

$$pHs = A + B - \log[Ca^{2+}] - C$$

여기서, A: 수온 관련 상수

B: 총 용존고형물(DOC) 관련 상수

C: 알칼리도 관련 상수, log[TA]

Ca^{2+}: 칼슘 농도(mg/L as $CaCO_3$)

TA: total alkalinity(mg/L as $CaCO_3$)

수온 (°C)	A값
0	2.60
4	2.50
8	2.40
12	2.30
16	2.20
20	2.10
25	2.00
30	1.90
40	1.70
50	1.55
60	1.40
70	1.25
80	1.15

증발잔류물 (mg/L)	B값
0	9.70
100	9.77
200	9.83
400	9.86
800	9.89
1000	9.90

칼슘경도, 알칼리도 (mg/L)	C값	칼슘경도, 알칼리도 (mg/L)	C값
10	1.00	200	2.30
20	1.30	300	2.48
30	1.48	400	2.60
40	1.60	500	2.70
50	1.70	600	2.78
60	1.78	700	2.84
70	1.84	800	2.90
80	1.90	900	2.95
100	2.00	1000	3.00

Ref) AWWA, Corrosion Control for Operators, 1986

예제 9-7 랑게리아 지수 계산

다음 조건에서 랑게리아 지수를 계산하시오.

칼슘 농도 88 mg/L (as $CaCO_3$)

총 알칼리도 110 mg/L (as $CaCO_3$)

총 용존고형물 170 mg/L

pH 8.2, 수온 25°C

풀이

$pHs = A + B - \log[Ca^{2+}] - \log[TA]$

$pHs = 2.0 + 9.81 - 1.94 - 2.04 = 7.83$

$LSI = pH - pHs = 8.20 - 7.83 = 0.37$

9.8 오염물질에 따른 적용가능 공정

(1) 유기물질

여기서 유기물질이란 원수의 오염에 기여하는 천연(natural, NOMs) 또는 합성 유기화학물질(synthetic organic chemicals, SOCs)을 말한다. 천연 유기물질은 용해된 형태로 주로 표류수를 수원으로 한 음용수에 맛, 냄새 또는 색상 문제를 일으키며, SOCs는 지하 가솔린/저장 탱크에서의 유출, 제초제 또는 살충제가 함유된 농촌지역 유출수, 폐기물 매립지(고형 또는 유해 폐기물), 부적절하게 처분된 화학 폐기물 등이 주요 원인이다. 고도정수처리에서 주요 목표는 재래적인 정수처리공정에서 제거되지 않는 각종 미량 유기물질(NOMs, DBPs, SOCs, 맛과 냄새 유발물질 등)이 된다. 일반적으로 유기물질은 재래식 정수처리공정(약품침전-여과-소독)에서 제거목표에 포함되지 않지만 실제 응집-침전과 여과과정에서는 고형물질에 부착된 유기물과 콜로이드성 유기물질의 제거가 상당부분 일어난다.

고도정수처리에서 미량 유기물질의 제거는 주로 입상활성탄(GAC) 흡착과 폭기, 생물학적 또는 화학적인 산화방법이 선호된다(표 9-58). GAC은 미국 EPA에 의해 합성 유기화학물질 제거를 위한 최적의 적용가능기술(BAT, best available technology)로 지정된 바 있다.

표 9-58 **고도처리에 사용되는 GAC와 산화의 효과**

적용방법	효과
GAC	활성탄 입자의 공극분포와 활성탄의 종류에 따라 다르나 NOMs 제거가 불량하며 한계가 있다.
산화방법	NOMs을 산화시켜 제거 가능(mineralization)
	NOMs을 생물분해물질로 전환(transformation)
	농약류를 분해하여 생물분해물질로 전환(transformation)
	O_3/H_2O_2가 O_3보다 강력한 산화

표 9-59 **Readily and poorly adsorbed organics in GAC**

Readily Adsorbed Organics	• Aromatic solvents (benzene, toluene, nitrobenzenes) • Chlorinated aromatics (PCBs, chlorobenzenes, chloronaphthalene) • Phenol and chlorophenols • Polynuclear aromatics (acenapthene, benzopyrenes) • Pesticides and herbicides (DDT, aldrin, chlordane, heptachlor) • Chlorinated nonaromatics (carbon tetrachloride, chloroalkyl ethers) • High molecular weight hydrocarbons (dyes, gasoline, amines, humics)
Poorly Adsorbed Organics	• Alcohols • Low molecular weight ketones, acids, and aldehydes • Sugars and starches • Very high molecular weight or colloidal organics • Low molecular weight aliphatics

Ref) USEPA(1990)

통상적으로 비극성 물질의 경우 활성탄 흡착으로, 또한 생분해가 가능한 물질은 생물분해나 생물활성탄 공정으로 제거한다. 대체적으로 분말활성탄(PAC)과 폭기 방식은 그 효과가 제한적이며, 공기탈기법(air stripping)은 휘발성 유기물질의 제거에 효과적이나, 탈기가스(degassing)를 제거하기 위한 별도의 처리시설이 필요하다. 활성탄 흡착법은 물속에 존재하는 여러 형태의 유기물질과 무기물질을 동시에 제거 가능하다는 점에서 장점이 있으나 분자량이 매우 큰 NOMs의 제거는 그리 효과적이지 않다(표 9-59). 일반적으로 단독으로 사용되는 오존보다 오존/과산화수소와 같은 고급산화방식이 더 강력한 산화력을 가진다. 오존산화는 고분자의 휴믹물질을 저분자의 비휴믹물질로 변화시키고 유기물의 O/C비를 증가시킴으로써 BDOC(biodegradable DOC)를 증가시키게 된다. 그러나 장시간의 오존산화는 비휴믹물질과 BDOC를 산화하여 제거할 수 있지만 비경제적이다.

활성탄 흡착효과는 유기물질의 극성(polar) 또는 비극성(nonpolar) 특징에 따라 차이가 있다(그림 9-43). 비극성물질(THMs, TCE, PCE, PEBs 등과 같은 할로겐화 유기물질)은 GAC에는 잘 흡착되지만 생물분해는 어렵다. 반면에 극성물질(aldehydes, ketons, carboxylic, acids, mixed aldehyde acids, phenol)은 GAC에 의해 흡착되지는 않지만 생물학적인 분해가 용이하다. 그림 9-43에서 (a) 영역은 카르복실산(carboxylic acids), 케톤(ketones), 혹은 오존산화에 의해 중간 분자량의 휴믹 혹은 풀빅산 종류에 해당하며, (b) 영역은 흡착이 잘 되는 성질이지만 분자량이

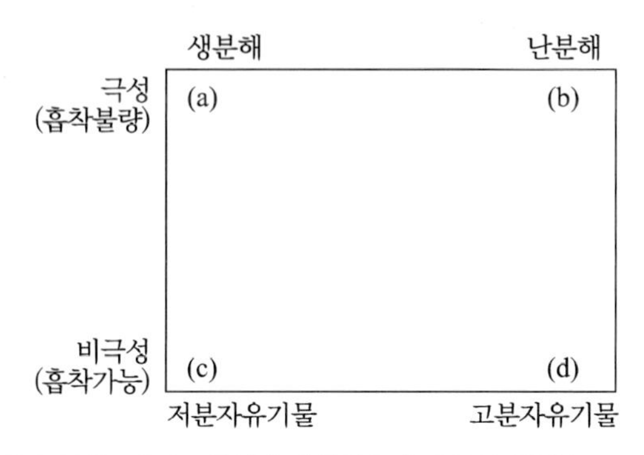

그림 9-43 **유기물질 종류에 따르는 활성탄 흡착효율과 오존의 역할** (Rice and Robson, 1982)

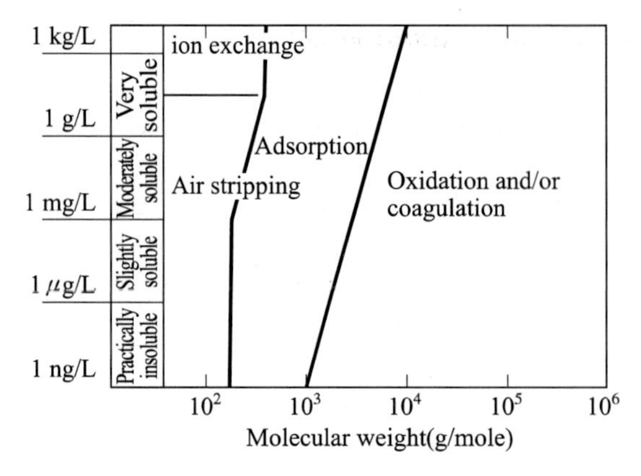

그림 9-44 **유기 화학물질의 제거를 위한 공정적용범위**(Montgomery, 1985)

너무 커서 흡착이 어려운 물질로 살충제 일부가 여기에 속한다. (c) 영역은 생분해가 가능한 지방족 또는 방향족 탄화수소 종류에 해당하며, (d)는 생분해가 어려운 지방족 탄화수소 종류로 TCE, PCE, 할로겐 유기화합물과 살충제 등이 여기에 포함된다.

미량 유기물질의 제거를 위해 적용 가능한 공정은 또한 유기물질의 분자량 및 용해 정도에 따라서도 구분된다(그림 9-44). 분자량이 큰 경우에는 산화나 응집방법이 효과적이며 분자량이 $10^2 \sim 10^4$ g/mole인 경우에는 흡착, 이보다 더 작은 경우에는 이온교환이나 공기주입이 효과적인 것으로 나타나고 있다. 표 9-60은 유기물질 제거를 위해 사용될 수 있는 각종 정수처리기술의 운전조건을 비교한 자료이다.

폭기(aeration)방식은 소규모 정수시스템에 적합한 방법으로 충진상 컬럼 폭기(packed column aeration, PCA), 확산 폭기(diffused aeration), 다중 트레이 폭기(multiple-tray aeration) 등의 방

표 9-60 **Operational conditions for organic treatment**

Technology	Level of Operational Skill Required	Level of Maintenance Required	Energy Requirements
Coagulation/Filtration	High	High	Low
GAC	Medium	Low	Low
PCA	Low	Low	Varies
PAC	Low	Medium	Low
Diffused aeration	Low	Low	Varies
Multiple tray aeration	Low	Low	Low
Oxidation	High	High	Varies
Reverse osmosis	High	High	High
Mechanical aeration	Low	Low	Low
Catenary grid	Low	Low	High
Higee aeration	Low	Medium	High
Resins	Medium	Medium	Low
Ultrafiltration	Medium	High	Medium

Ref) USEPA(1990)

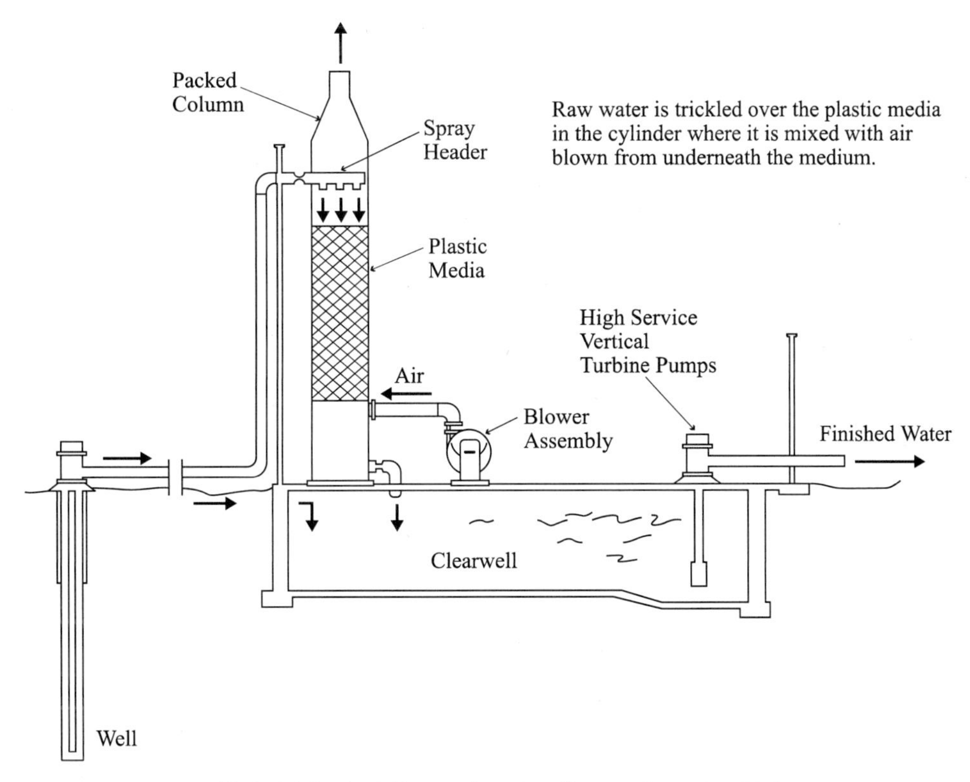

그림 9-45 **Packed Tower Aeration System** (NDWC, 1997)

식이 있다. 그림 9-45에는 PCA 시스템의 예를 보여주고 있다.

1) NOMs

천연유기물질(NOMs)의 대표적인 예가 휴믹물질이다. 휴믹물질은 약 700～300,000 정도 크기의 분자량을 가지고 휴민(humin, 불용성), 휴믹산(HAs, humic acids, pH 2 이하에서 불용성, 분자량 20,000～50,000), 풀빅산(FAs, fulvic acid, 모든 pH에서 용해성) 등의 종류가 있다(그림 9-46).

휴믹물질은 동·식물이 부패될 때에 생성되는 물질로 토양으로부터 미량 영양소를 흡착시켜,

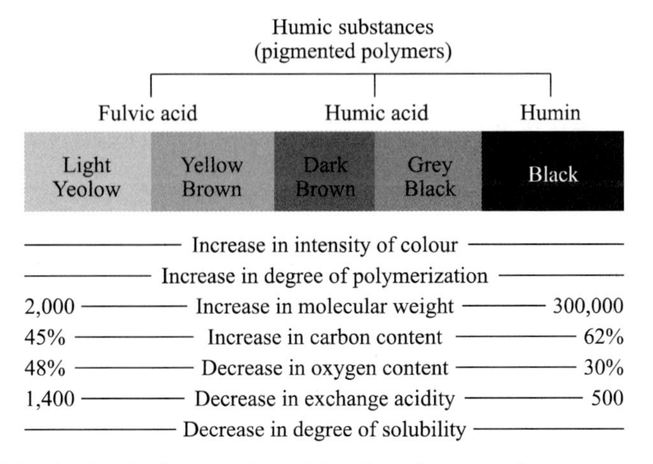

그림 9-46 **Chemical properties of humic substances** (Stevenson, 1982)

검은 색깔을 띠고 있다. 토양 내에서 수량함량을 증대시키고 각종 영양소(N, P 및 S등)를 서서히 용출시켜 작물에 공급하는 역할을 한다. 따라서 휴믹물질은 각종 미량 유기물질을 이송시켜 토양의 비옥도와 식물의 영양에 매우 중요한 역할을 한다. 그러나 수중에 이물질이 존재할 때 정수과정, 특히 염소 소독단계에서 부산물(THM)을 형성시킬 뿐만 아니라 급배수관망에 침전물을 생성시키기도 한다(Nafcy, 1995; Pettit, 2002). 반면에 총 유기탄소(TOC)는 NOMs뿐만 아니라 물속의 각종 유기물질의 함량을 나타내므로 NOMs과는 구분되며, NOMs 농도는 일반적으로 UV_{254}로 측정하고 있다. 앞서 설명한 바와 같이 NOMs은 고도정수처리에서 중요한 제거대상물질로 염소소독에 의해 소독부산물(DBPs)을 형성할 수 있다. 또한 BDOC(biodegradable dissolved organic carbon) 역시 DBPs를 형성시킬 수 있으며, BDOC 급·배수관거 내에서 미생물의 성장을 촉진시켜 맛과 냄새 또는 수인성 전염병 등의 부정적인 문제를 초래하기도 한다.

NOMs의 제거는 GAC로는 불완전하며, 정밀한 pH조절을 통한 강화응집법이 사용될 수 있으나 그 제거율에는 한계가 있다. 반면에 오존이나 AOPs에 의해 NOMs의 완전 산화가 가능하지만 경제적이지 못하여 일반적으로 BAC나 막여과에서 전처리공정으로 이용된다. 특히 AOPs를 사용할 경우 NOMs뿐만 아니라 미량으로 존재 가능한 농약이나 유기용매(TCE, PCE 등)와 같은 합성유기탄소(SOC)도 상당부분 산화시켜 인체에 무해한 반응산물로 변화시킬 수도 있다.

분자량이 큰 유기물질의 경우 오존 주입은 어느 정도 분해효과를 기대할 수 있다. 통상적으로 2～4 mg O_3/mg TOC 정도로도 유기물 제거효율을 증가시킬 수 있는데, 오존주입과 후속 모래생물여과로 16～33 %의 TOC 제거효과가 있었다(Hozalski et al., 1995). 오존(또는 AOP)의 적용을 전처리 혹은 후처리로 결정하는 기준은 물론 유입 원수의 성상과 밀접한 관계가 있다. 유기물로 인한 오염이 높아 응집 효과가 낮을 경우 전오존 처리방식은 콜로이드 입자에 흡착된 NOMs을 탈착 또는 산화 그리고 제타 전위의 감소를 통해 미세응결(micro-flocculation)을 유도하여 응집 효과를 증가시킬 수 있다. 그러나 오존은 무기성 콜로이드입자의 응집제거에만 효과가 있을 뿐 NOMs의 응집제거는 오히려 역효과를 초래하므로 무기성 콜로이드입자가 후속 고도처리에 영향을 주는 특별한 경우가 아니면 사용하지 않는 것이 바람직하다. 원수의 특성에 따라 다르지만 우리나라의 경우 일반적으로 전오존 방식은 0.5～1.0 mg O_3/L에서 5분 정도, 후오존 방식의 경우 2 mg O_3/L에서 10분 정도의 접촉시간이 권장된다(한국건설기술연구원, 1995). 원수의 유기물질 농도가 큰 경우에 약간의 전오존 방식이 효과적인 반면 후오존 방식은 원수의 유기물질 농도가 높지 않을 경우에는 적당하다. 그러나 유입 원수의 TOC/O_3 비율을 참고하여 적절히 조절하여 운영할 필요가 있다.

2) 소독부산물

1986년 개정된 SDWA 법률에 따라 미국은 소독부산물의 종류와 농도를 MCL과 MCLG에 규정하고 있다(부록 4 참고). 또한 1998년 공포된 1단계 소독부산물 규칙(DBPR, Disinfection Byproduct Rule)을 기초로 음용수에 허용되는 소독부산물(DBPs) 농도를 제한하고 DBPs 선구물질을 제거하여 식별되거나 식별되지 않은 DBPs의 형성을 줄임으로써 DBPs에 대한 노출을 줄이고자 하고 있다(USEPA, 1999). 또한 MCLG와 마찬가지로 최대 잔류 살균제 농도

표 9-61 MRDLs and MRDLGs for the DBPR

Disinfectant	MRDLGs(mg/L)	MRDLs(mg/L)
Chlorine (as Cl_2)	4	4.0*
Chloramine (as Cl_2)	4	4.0
Chlorine dioxide (as ClO_2)	0.8	0.8

Note) *, Compliance is based on a running annual average, computed quarterly
Ref) USEPA(1999)

(MRDLs, Maximum Residual Disinfectant Levels)와 최대 잔류 살균제 농도목표(MRDLGs, maximum residual disinfectant level goals)를 설정하여 관리하고 있다(표 9-61).

트리할로메탄(THM), 할로초산(HAAs) 등과 같은 소독부산물은 정수처리과정에서 주입되는 염소와 원수 중에 존재 가능한 유기물질과 브롬 등의 전구물질과 반응하여 생성된다. 따라서 소독부산물의 제거는 이러한 전구물질의 발생 억제와 발생된 소독부산물의 직접적인 제거 두 가지 방식으로 이루어진다.

소독부산물의 진구물질의 제거는 그 전구물질의 특성(현탁성 또는 용해성)에 따라 달라진다. 현탁성 전구물질의 경우 응집-침전이 유효한 반면 용해성 전구물질은 활성탄(입상 또는 분말) 처리가 효과적이다. 이 경우 전구물질의 생성 억제를 위해 전염소에 대체 산화제를 사용해야 한다. 응집침전과 중간염소처리를 조합시킬 경우 비교적 분자량이 큰 전구물질을 제거할 수 있고 트리할로메탄의 생성량도 20～40 % 정도 저감할 수 있다. 중간염소처리를 하고자 할 때 원수 중에 용해성 망간과 암모니아성 질소가 공존하는 경우에는 망간 콜로이드에 의한 색도장애를 일으킬 우려가 있으므로 유의해야 한다. 분말활성탄을 사용할 경우에는 일반적으로 분말활성탄 1 mg/L당 0.5～3 μg/L의 THM 전구물질의 제거효과가 있다.

생물활성탄처리의 경우 공간속도 SV 5～6 L/h 정도에서 100～160일간 50～70 % 이상의 THM 전구물질 제거율을 가진다. 오존처리를 병용할 경우 용해성의 THM 전구물질 농도가 비교적 높은 경우에도 장기간 좋은 제거효과를 나타낸다. 이때 용존 유기탄소(DOC) 1 mg/L당 오존 주입률은 1 mg/L 정도가 필요하다. THM 전구물질을 다량 포함하고 있거나, 지하수 등을 원수로 할 경우 세균이 적고 암모니아성 질소를 포함하고 있다면 결합염소소독을 고려할 수 있다.

3) 휘발성 유기화합물

PCE(tetrachloroethylene)이나 TCE(trichloroethylene) 등은 유기용제(organic solvent)로 사용되는 휘발성 유기화합물질(VOCs, volatile organic compounds)로 일반적인 생물학적 분해가 용이하지 않기 때문에 지표수뿐만 아니라 지하수를 오염시키는 주요 물질이다. 특히 TCE는 휘발성이 높아 대기 중으로 일부 배출되고 나머지는 PCE와 함께 물속에서 서서히 분해되나 그 속도는 매우 낮아 수년간 잔류하며 주로 만성적인 독성을 유발한다. 이 물질들은 높은 휘발성을 특징으로 하기 때문에 표류수에는 극히 미량으로 존재한다. 휘발성 유기화합물로 오염된 지하수를 수원하는 하는 경우에는 오염의 영향이 없는 수원으로 변경하는 것이 바람직하다.

수원의 변경이 어렵다면 이러한 물질의 제거는 불가피한데, 이 경우 폭기(또는 탈기처리), 입

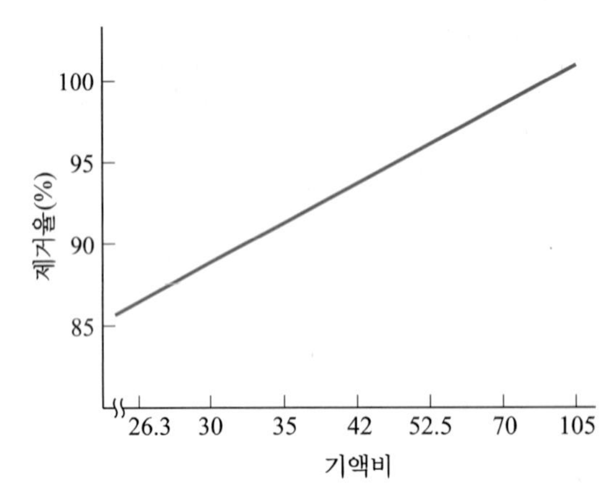

그림 9-47 **기액비와 트리클로로에틸렌 제거율의 관계**

상활성탄(GAC) 흡착 또는 화학적 산화방법(AOPs)이 유효하다. 폭기는 용해도가 낮고 휘발성이 강하다는 휘발성 유기화합물의 특성을 이용하여 수중에서 대기로 휘산시키는 방법이다. 폭기 방법으로 공기주입 방식과 충전탑 방식이 일반적으로 사용된다. 공기주입 방식은 수조 바닥에 설치된 산기시설(산기판 혹은 산기관)에서 공기를 불어넣는 방식으로 기액비(기체와 액체의 비율)는 보통 4∼10배 정도로 한다. 충전탑 방식인 경우에는 보통 수리학적 부하량은 4 $m^3/m^2 \cdot h$ 이상(50∼60 $m^3/m^2 \cdot h$)으로 접촉시간을 최저 2분(통상적으로 3∼10분) 이상을 확보할 수 있도록 한다. 충전탑의 기액비는 보통 실험을 바탕으로 결정하는데, 그 예로 기액비와 트리클로로에틸렌 제거율의 관계를 그림 9-47에 나타내었다.

입상활성탄에 의한 경우 접촉시간은 보통 15분 정도로 탄층두께와 여과속도를 결정한다. 그러나 활성탄 흡착능력은 원수에 포함된 유기물 종류와 그 양에 따라 변화하므로 설계 제원을 결정하기 위해서 처리대상 원수를 이용한 세분화된 처리 실험이 필요하다.

휘발성 유기화합물은 호기성 공동대사(aerobic co-metabolims)나 혐기성 탈염소화(anaerobic dechlorination)를 이용한 생물학적인 방법으로도 제거가 가능한데, 이 경우 분해효과를 가진 특정 미생물의 존재와 최적의 성장조건 및 충분한 활성도를 가진다는 까다로운 전제 조건이 필요하다(박후원 외 2005, 안영호 외 2006).

4) 합성 유기화학물질

합성 유기화학물질(SOC)로 인한 상수원수의 오염은 점차 빈번해지고 있다. 표 9-62와 9-63은 각종 미량 유기물질에 대한 처리방법과 제거효율을 보여준다. 이 결과를 참고로 할 때 탁도 제거가 기본적인 목표인 응집이나 침전공정에서도 입자성 물질 제거에 부수적으로 약간의 유기물질의 제거 효과가 있음을 알 수 있다.

Henry 상수가 높은 휘발성 유기물의 경우 PCA(packed column aeration)와 같은 탈기공정(air stripping)으로 효과적인 제거가 가능하다. 일반적으로 Henry 상수가 크다는 것은 탈기처리가 용이하다는 것을 의미한다. 휘발성 유기물질의 양이 미량이라면 탈기에 의해 쉽게 제거된다. 그 밖에도 GAC, O_3, 막분리 및 BAC에 의해서도 유기물질 제거가 가능하다.

표 9-62 **유기화학물질에 대한 공정별 제거효과 및 BAT**

Organic Compounds	제거효율(USEPA, 1990)					BAT (Pontius, 2000)
	입상활성탄 Filtrasorb 400b	Packed Column Aeration	역삼투 Thin Film Composite	오존산화 (2~6 mg/L)	재래식 처리방법	
Volatile Organic Contaminants						
Alkanes						
Carbon tetrachloride	++	++	++	0	0	GAC, PTA
1, 2-Dichloroethane	++	++	+	0	0	GAC, PTA
1, 1, 1-Trichloroethane	++	++	++	0	0	GAC, PTA
1, 2-Dchloropropane	++	++	++	0	0	GAC, PTA
Ethylene dibromide	++	++	++	0	0	GAC, PTA
Dibromochloropropane	++	+	NA	0	0	GAC, PTA
Alkenes						
Vinyl chloride	++	++	NA	++	0	PTA
Styrene	NA	NA	NA	++	0	GAC, PTA
1, 1-Dichloroethylene	++	++	NA	++	0	GAC, PTA
cis-1, 2-Dichloroethylene	++	++	0	++	0	GAC, PTA
trans-1, 2-Dichloroethylene	++	++	NA	++	0	GAC, PTA
Trichloroethylene	++	++	++	+	0	GAC, PTA
Aromatics						
Benzene	++	++	0	++	0	GAC, PTA
Toluene	++	++	NA	++	0	GAC, PTA
Xylenes	++	++	NA	++	0	GAC, PTA
Ethylbenzene	++	++	0	++	0	GAC, PTA
Chlorobenzene	++	++	++	+	0	NA
o-Dichlorobenzene	++	++	+	+	0	GAC, PTA
p-Dichlorobenzene	++	++	NA	+	0	GAC, PTA
Pesticides						
Pentachlorophenol	++	0	NA	++	NA	GAC
2, 4-D	++		NA	+	0	GAC
Alachlor	++	++	++	++	0	GAC
Aldicarb	NA	0	NA	NA	NA	GAC
Carbofuran	++	0	++	++	0	GAC
Lindane	++	0	NA	0	0	GAC
Toxaphene	++	++	NA	NA	0	GAC
Heptachlor	++	++	NA	++	NA	GAC
Chlordane	++	0	NA	NA	NA	GAC
2, 4, 5-TP	++	NA	NA	+	NA	GAC
Methoxychlor	++	NA	NA	NA	NA	GAC
Other						
Acrylamide	NA	0	NA	NA	NA	PAP
Epichlorohydrin	NA	0	NA	0	NA	PAP
PCBs	++	++	NA	NA	NA	GAC

++ = 탁월함, + = 평균, 0 = 불량, NA = 자료가 없음

GAC: granular activated carbon, PAP: polymer addition practices, PTA: packed-tower aeration

Ref) USEPA(1990), Pontius(2000)

표 9-63 **고도처리공정별 유기화학물질의 제거효율**

유기화학물질	응집/여과	입상활성탄	Packed Column Aeration	분말활성탄	산기식 포기법	산화	역삼투
Acrylamido	5	NA	0-29	13	NA	NA	0-97
Alachlor	0-49	70-100	70-100	36-100	NA	70-100	70-100
Aldicarb	NA	NA	0-29	NA	NA	NA	94-99
Benzene	0-29	70-100	70-100	NA	NA	70-100	0-29
Carbofuran	54-29	70-100	0-29	45-75	11-20	70-100	70-100
Carbon tetrachlorid	0-29	70-100	70-100	0-25	NA	0-29	70-100
Chlordane	NA	70-100	0-29	NA	NA	NA	NA
Chlorobenzene	0-29	70-100	70-100	NA	NA	30-69	70-100
2, 4-D	0-29	70-100	70-100	69-100	NA	W	0-65
1, 2-Dichloroethane	0-29	70-100	70-100	NA	42-77	0-29	15-70
1, 2-Dichloropropane	0-29	70-100	70-100	NA	12-79	0-29	10-100
DibromoDichloropropane	0-29	70-100	30-69	NA	NA	0-29	NA
Dichlorobenzene	NA	70-100	NA	NA	NA	NA	NA
0-Dichlorobenzene	0-29	70-100	70-100	38-95	14-72	30-88	30-69
p-Dichlorobenzene	0-29	70-100	70-100	NA	NA	30-69	0-10
1, 1-Dichloroethylene	0-29	70-100	70-100	NA	97	70-100	NA
cis-1, 2-Dichloroethylene	0-29	70-100	70-100	NA	32-85	70-100	0-30
trans-1, 2-Dichloroethylene	0-29	70-100	70-100	NA	37-96	70-100	0-30
Epichlorohydrin	NA	NA	0-29	NA	NA	0-29	NA
Ethylbenzene	0-29	70-100	70-100	33-99	24-89	70-100	0-30
Ethylene dibromide	0-29	70-100	70-100	NA	NA	0-29	37-100
Heptachlor	64	70-100	70-100	53-97	NA	70-100	NA
Heptachlor epoxide	NA	NA	NA	NA	NA	26	NA
High molecular weight hydrocarbons (gasoline, dyes, amines, humics)	NA	W	NA	NA	NA	NA	NA
Lindane	0-29	70-100	0-29	82-97	NA	0-100	50-75
Methoxychlor	NA	70-100	NA	NA	NA	NA	> 90
Monochlorobenzene	NA	NA	NA	14-99	14-85	86-98	50-100
Natural organic material	P	P	NA	P	NA	W	P
PCBs	NA	70-100	70-100	NA	NA	NA	95
Phenol and chlorophenols	NA	W	NA	NA	NA	W	NA
Pentachlorophenol	NA	70-100	0	NA	NA	70-100	NA
Styrene	0-29	NA	NA	NA	NA	70-100	NA
Tetrachloroethylene	NA	70-100	NA	NA	73-95	W	70-100
Trichloroethylene	0-29	70-100	70-100	NA	53-95	30-69	0-100
Trichloroethane	NA	70-100	NA	NA	NA	NA	NA
1, 1, 1-Trichloroethane	0-29	70-100	70-100	40-65	58-90	0-29	15-100
Toluene	0-29	70-100	70-100	0-67	22-89	70-100	NA
2, 4, 5-TP	63	70-100	NA	82-99	NA	30-69	NA
Toxaphene	0-29	70-100	70-100	40-99	NA	NA	NA
vinyl chloride	0-29	70-100	70-100	NA	NA	70-100	NA
Xylenes	0-29	70-100	70-100	60-99	18-89	70-100	10-85

W = 잘 제거됨, P = 제거 불량, NA = 자료 미흡

Ref) USEPA(1990)

입상활성탄(GAC)의 경우 흡착 가능한 SOC만이 제거가 가능하다. 이때 별도의 접촉반응조와 활성탄 재생시설이 필요하며, 접촉조의 성능은 유효 체류시간, 활성탄 여과지 깊이, 수리학적 부하율 및 오염물질 부하율 등에 따라 결정된다.

분말활성탄(PAC)은 별도의 추가적인 반응조 없이 재래적인 정수장의 각종 시설(응집, 침전, 여과)에서 직접적으로 또는 간헐적으로 적용이 가능하여 편리하나 폐활성탄의 회수나 처분에 어려움이 있다. 만약 후속처리로 UF나 MF를 이용하면, 이 시설에서 제거가 어려운 미량 유기물질이나 NOMs을 PAC에 흡착시킨 후 막여과 시설에서 PAC을 회수할 수 있다. 이때 PAC은 막여과 시설이 투수율 감소를 최소화할 수 있다는 부수적인 효과도 가지고 있다. 활성탄 공정에 대한 상세한 특성은 9.2절을 참고하기 바란다.

5) 맛·냄새

상수도에서 맛·냄새 문제는 자연 발생적인 것과 인위적인 것으로 구분된다. 맛·냄새 문제는 원인 물질이 다양하고, 이들의 생성경로가 복잡하며, 정성적인 분석이 용이하지 않다. 특히, 지표수는 조류(algae)와 방선균(actinomycetes) 그리고 수질사고에 의한 원인이 있을 수 있으며, 계절에 따른 변화폭도 크다. 또한 그 원인물질은 원수뿐만 아니라 정수와 급배수 등 모든 단계에서도 발생될 수 있다.

원핵세포인 남세균(cyanobacteria)과 진핵세포 조류인 편모조류와 규조류(bacillariophyceae)가 대표적인 원인이다. 남세균 중에서 아나베나(anabaena), 아파니조메논(aphanizomenon), 마이크로시스티스(microcystis), 오실라토리아(oscillatoria) 등의 종들이 가장 심하게 냄새를 유발한다. 이들 남조류에 의해 생성되는 냄새는 주로 흙/곰팡이냄새, 풀냄새 혹은 부패성이며, 조류는 주로 비린내를 유발한다. 또한 그람음성의 혐기성 세균인 황산염 환원균의 대사로 인하여 발생되는 계란 썩는 냄새가 종종 지하수에서 문제가 되기도 하고, 성층화된 호수의 무산소층에서 검출되기도 한다(표 9-64).

맛과 냄새의 주요 원인에는 남세균과 방선균의 부산물인 지오스민($C_{12}H_{22}O$, MW 109)과 2-MIB(2-Methylisoborneol, $C_{11}H_{20}O$, MW 168), 염소, 클로로페놀(chlorophenol), 삼염화질소(nitrogen trichloride) 및 페놀화합물(phenolic compound) 등이 있다. 지오스민은 흙이나 곰팡이 냄새를, 2-MIB는 이외에도 소독약 냄새를 피우며 방선균류는 토양미생물로서 흙냄새를 야기시킨다. 이들은 모두 수원의 부영양화 현상과 관련이 있다. 지오스민은 흙과 민물에서 자주 발견되는데, 흙에서 나는 지오스민 냄새는 흙 속에 사는 방선균류가 지오스민을 방출하면서 나는 냄새이며, 민물에서는 영양물질(질소와 인)을 섭취하여 성장한 남세균과 이끼류가 분해되는 과정에서 지오스민을 방출한다. 지오스민은 악취가 매우 강하지만 인체에 위해성은 거의 없으며, 휘발성이 강하다. 그 밖에 페놀, 디클로로헥산아민, 기름에 기인하는 냄새 등은 주로 공장폐수 등에 의한 사고가 원인인 경우가 많다.

정수공정에서 발생되는 냄새유발물질은 대부분 염소소독과 오존산화공정과 관련이 있다. 염소소독과정에서 생성되는 소독부산물(알데히드, 페놀과 2-클로로페놀, 및 THM)이 대표적이다. 또한 오존은 원수에 존재하는 맛·냄새를 제거하는 데 탁월한 능력이 있지만, 오존산화반응 동안

표 9-64 조류와 관련된 맛·냄새 물질의 주요 특성

분자구조	일반명	화학명	분자량	화학식	발생냄새
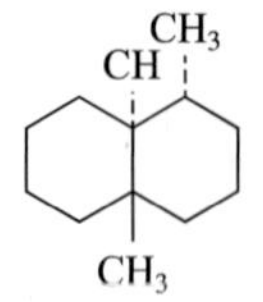	Geosmin	trans-1, 10-dimethyl trans-9-decalol	182	$C_{12}H_{22}O$	흙냄새 곰팡이냄새
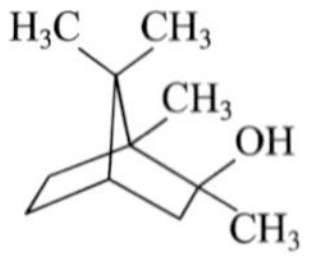	2-MIB	2-methyl isoborneol	168	$C_{11}H_{20}O$	흙냄새 곰팡이냄새
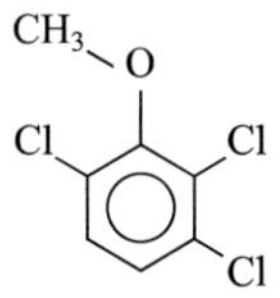	TCA	2, 3, 6-trichloro anisole	212	$C_7H_5OCl_3$	곰팡이냄새
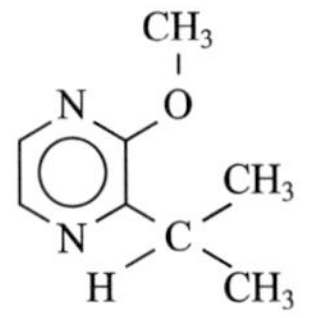	IPMP	2-isopropyl 3-methoxy pyrazine	152	$C_8H_{12}ON_2$	흙냄새 곰팡이냄새
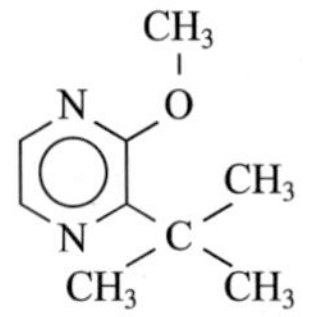	IBMP	2-isobutyl 3-methoxy pyrazine	166	$C_9H_{14}ON_2$	흙냄새 곰팡이냄새 풀냄새

자료) 환경부(2010)

에 생성되는 각종 부산물인 지방족 및 방향족 알데히드도 주요 원인에 포함된다. 표 9-65와 9-66은 각종 염소화합물화 페놀화합물에 대한 맛·냄새 유발 임계농도를 보여준다.

급수관망에서 맛·냄새의 발생은 일반적으로 미생물의 재성장(biofilm), 관망에 잔류하는 소독제와 그 부산물, 관 내부 코팅제에서 발생하는 유기물, 그리고 합성수지 파이프 등이 원인이 된다.

맛·냄새의 제거를 위해서는 폭기, 염소, 활성탄(PAC, GAC), 오존 및 오존-GAC처리 등의 방법이 사용된다.

폭기는 황화수소와 휘발성 유기화합물(VOCs) 제거에 주로 활용된다. 각 성분은 고유의 헨리 상수를 갖고 있어 휘발되는 정도가 서로 다르다. 지오스민($8.9\times10^{-6}\ m^3\cdot atm/mol$, 25°C)과 2-MIB($1.18\times10^{-5}\ m^3\cdot atm/mol$, 25°C)의 헨리 상수는 벤젠($5.28\times10^{-3}\ m^3\cdot atm/mol$)과 TCE ($1.71\times10^{-2}\ m^3\cdot atm/mol$) 등에 비하면 매우 작아서 폭기에 의한 제거가 효과적이지 않다. 일반적으로 탈기에 의한 지오스민과 2-MIB의 제거효율은 클로로포름의 약 1/50 정도이며, 분말활성탄 주입과 30분 이상의 폭기를 병행할 경우 그 제거효율을 향상시킬 수 있다.

염소처리는 방향성 냄새, 풀냄새, 비린내, 황화수소냄새, 부패한 냄새 등의 제거에 효과가 있지만, 곰팡이냄새 제거에는 효과가 없다. 페놀류는 염소를 이용하여 분해가 가능하지만 2-클로로

표 9-65 맛·냄새를 내는 염소화합물의 임계농도

염소화합물	냄새 임계농도(mg/L)	맛 임계농도(mg/L)
HOCl	0.28	0.24
OCl^-	0.36	0.30
NH_2Cl	0.65(as Cl_2)	0.48(as Cl_2)
$NHCl_2$	0.15(as Cl_2)	0.13(as Cl_2)
NCl_3	0.02(as Cl_2)	

Ref) Suffet et al.(1996)

표 9-66 페놀화합물의 맛·냄새 임계농도

종류	냄새	맛
페놀	1	0.1
2-클로로페놀	0.0001～0.001	0.001
2, 4, 6-트리클로로페놀	0.1	0.001

자료) 환경부(2010)

페놀 등 페놀화합물은 강한 냄새를 발생시킨다. 염소처리는 결합염소의 산화력이 약하기 때문에 보통은 유리염소로 처리해야 한다. 따라서 염소를 사용한 맛·냄새 제거는 파과점 염소처리를 전제로 한다.

활성탄은 많은 종류의 냄새제거에 효과가 있다. PAC는 원수에 직접 주입하여 20～60분 정도 접촉한 다음 응집침전과 급속여과하는 방식을 따른다. 활성탄 주입률은 일반적으로 10～30 mg/L(건조기준) 정도이다. 또 분말활성탄과 염소는 동시에 사용할 경우 활성탄의 흡착능력을 저해하므로 유의하여야 한다. 분말활성탄 주입률 10 mg/L과 1시간의 접촉시간 조건에서 지오스민과 2-MIB의 제거율은 각각 60 % 및 85 % 정도이다. 교반강도와 접촉시간은 분말활성탄 공정의 주요 영향인자이다.

GAC의 경우 고정층(1.5～3.0 m)과 유동층(1.0～2.0 m)으로 경제성을 고려하여 두께를 결정한다. 여과(선)속도(LV)는 활성탄의 흡착능력, 활성탄층 두께, 냄새물질의 종류와 농도에 따라 다르지만 통상적으로 고정상의 경우 10～15 m/hr이며 유동상은 15～20 m/hr으로 사용한다. 응집혼화공정에서 자연유기물질(NOMs) 제거율을 높일 경우 입상활성탄의 성능과 사용기간을 늘릴 수 있으며, 특히 석탄계 재질의 활성탄이 가장 효과적이다. 또한 입상활성탄은 물리적 흡착기능 외에 생물학적인 맛·냄새 제거가 가능한데, 5°C 이하의 낮은 온도에서는 처리효율이 저하된다.

오존은 강력한 산화제로서 다양한 맛·냄새 물질의 제거에 효과적이다. 오존에 의한 방법은 주입 오존 농도와 자연유기물(NOMs), 알칼리도 및 수온 등의 원수 특성에 의하여 영향을 받는다. 표 9-67은 오존처리에 의한 2-MIB와 지오스민의 제거효율을 나타내었다. 오존과 과산화수소(H_2O_2)를 동시에 주입하는 고도산화(AOPs)공정은 오존 단독처리보다 이들 성분의 제거에 더 효과적이다. 오존산화에 있어서 보통 오존주입률은 0.5～2.0 mg/L, 접촉시간은 10～15분 정도, 접촉조의 수심은 4 m 이상으로 한다. 오존반응에서 생성되는 냄새는 활성탄 흡착공정에 의해 쉽게 제거된다. 오존과 GAC를 병용한 처리는 다양한 냄새물질뿐만 아니라 특히 곰팡이냄새가 장

표 9-67 오존에 의한 지오스민과 2-MIB의 제거효율

구분	오존주입농도(mg/L)	제거효율(%)		
		접촉시간 5분	접촉시간 10분	접촉시간 15분
Geosmin	1	32.4	39.8	45.3
	2	48.6	54.0	60.3
2-MIB	1	31.3	34.3	39.2
	2	41.7	46.5	50.0

자료) 한국수자원공사

표 9-68 오존-GAC처리에서 지오스민과 2-MIB의 제거효율

구분	제거효율(%)		
	입상활성탄	오존	오존입상활성탄
Geosmin	91～93	99～100	100
2-MIB	96～97	83～88	100

주) geosmin 유입농도 71.5～126.1 ng/L, 2-MIB 유입농도 108.7～176.6 ng/L, 오존주입률 1 mg/L 및 접촉시간 30분, 입상활성탄 EBCT 15분 및 Bed Volume 67,000, 수온 25°C, 팔당호.

자료) 서울시 상수도연구원

기간 심하게 발생할 때에도 매우 안정적이며, 성능이 우수하다(표 9-68).

완속여과방식에서는 여과막의 생물화학적 작용에 의한 냄새의 제거를 기대할 수 있으나, 급속여과방식에서는 응집침전에 의한 조류의 직접적인 제거만이 가능하다. 또한 전염소처리 방식은 조류 등에 의한 냄새, 저질에 의한 황화수소 냄새, 부패 냄새 등의 제거에는 효과가 있지만, 곰팡이냄새의 제거 효과는 기대하기 어렵다.

재래적인 처리공정에 전오존, 후오존, 활성탄 흡착시설을 결합하여 지오스민과 2-MIB를 대상으로 한 맛·냄새 제거에 대한 연구결과(김영석, 1995)를 참고하면 다음과 같다.

- 탈기법(stripping): 지오스민과 2-MIB는 chloroform에 비해 헨리 상수가 매우 작아서 폭기(aaeratio)에 의한 제거가 어렵다.
- 응집-침전: 맛과 냄새 제거효율은 약 8.1～15.3 %였으며, 파일롯 실험에서는 효율이 매우 낮았다. 이때 $KMnO_4$ 소비량은 53.4 %였으며, 12.5 %의 암모아성 질소(NH_4-N)가 제거되었다.
- 전오존: 이 경우 지오스민과 2-MIB가 오히려 증가하는 경향을 보였다. 이는 오존 처리에 의해 조류 세포가 파괴되면서 이러한 성분들이 이탈된 것으로 판단되었다. 이때 $KMnO_4$ 소비량은 20.5 %였고 NH_4-N 제거효율은 약 8.3 %이었다.
- 후오존: 후오존 처리에 의한 맛·냄새물질의 제거효율은 약 9.4～18 %이었다(0.2 mg O_3/L의 오존잔류농도, 접촉시간 5분). 이때 $KMnO_4$ 소비량은 20.5 %, NH_4-N 제거율은 약 1.6 %이었다.
- 입상활성탄: 접촉시간(EBCT)을 7～14분으로 하였을 때 71～85 %의 제거효율을 보였다. 이때 $KMnO_4$ 소비량은 37～57 %였고, NH_4-N 제거율은 18～34 %였다. 입상활성탄에서 NH_4-N의 제거는 생물학적 산화의 결과이며, 이를 위해 미생물 성장에 충분한 접촉시간

(EBCT 10분 이상)을 주는 것이 효과적이었다.

처리공정의 운전조건은 원수의 특성과 공정의 조합 특성 등에 따라 상이하겠지만, 대체로 오존처리의 경우 접촉시간 5~20분 그리고 최대 주입농도 약 3.0 mg/L 이하이다. 활성탄 흡착의 경우 접촉시간은 10~30분 그리고 여과속도는 10~15 m/hr이며 생물활성탄의 경우 약 15~25분의 체류시간이 일반적이다.

(2) 무기물질

정수공정 중에서 무기물질을 제거에 적용할 수 있는 기술로는 침전, 공침(coprecipitation), 흡착(adsorption), 이온교환(ion exchange), 막분리 또는 전기분해(membrane separation or electrodialysis) 등을 적용할 수 있다. 대상 기술의 선정과정에서 오염물질의 특성(성상 및 원자가), 오염물질의 농도, 원수의 pH와 총 고형물(TS) 농도, 목표 수질, 그리고 기존 처리장에서의 적용 가능성 등에 대한 충분한 고려가 요구된다.

무기물질의 종류는 수원의 종류에 따라 차이가 있으며, 이는 또한 적용 가능한 처리공정(표 9-69)과 그 성능(표 9-70)에서도 큰 차이가 있다. 대부분의 처리방법은 특정한 물질을 특정한 조건에서 최적의 상태하에서 반응시켜야만 효과적인 성능을 확보할 수 있다.

표 9-71에는 무기물질의 제거에 사용되는 주요 공정의 장단점을 비교하였다.

응집-침전방법은 주로 탁도 제거를 위해 사용되지만 이때 사용되는 응집제(alum이나 Fe염)에 의해 Se, As, F 등과 같은 음이온이 탁도와 함께 공침(coprecipitation)되거나 혹은 플록입자에 흡착(sorption)되어 제거된다.

응집제로서 알루미늄 성분(alum)을 사용하는 경우 상수관망에서 잔류 알루미늄으로 인해 추가적인 응집-침전현상이 발생할 가능성이 있다. 또한 알럼을 함유한 미소 플록이 관 내에 축적되었다가 방출되기도 한다. 이를 예방하기 위해 미국 EPA는 먹는 물 2차 기준으로 잔류 알루미늄 허용농도를 0.05~0.2 mg/L로 정하고 있으며(부록 4 NSDW 참고), WHO와 우리나라는 0.2 mg/L를 기준으로 하고 있다. 잔류알루미늄의 농도를 최소화하기 위해서는 응집-침전반응의 pH

표 9-69 무기물질 제거공정별 적용가능원수 및 주요대상물질

처리방법	원수	무기물질
재래식 공법/응집	지표수	Ag, As, Cd, Cr, Pb
석회연수	지표수(경수)	As^{V}, Cd, Cr^{III}, F, Pb
	지하수	Ba, Ra
이온교환/양이온수지	지하수	Ba, Ra
" /음이온수지	지하수	NO_3, Se
역삼투	지하수	All
분말활성탄	지표수	organic Hg from spils
입상활성탄	지표수	organic Hg
	지하수	organic Hg
활성 알루미나	지하수	As, F, Se

Ref) USEPA(1991)

표 9-70 무기물질 제거공정 비교

Treatment	Ag	As	As^{III}	As^{V}	Ba	Cd	Cr	Cr^{III}	Cr^{VI}	F	Hg	Hg^{o}	Hg^{I}	NO_3	Pb	Ra	Rn	Se	Se^{V}	Se^{III}	U
재래식 공법	H	-	M	H	L	H	-	H	H	L	-	M	M	L	H	L	-	-	M	K	M
응집/alum	H	-	-	H	-	M	-	H	-	-	M	-	-	-	H	-	-	-	-	-	-
응집/iron	M	-	-	H	-	-	-	H	H	-	-	-	-	-	-	-	-	-	-	-	-
석회연수	-	-	M	H	H	H	-	H	L	M	-	L	M	L	H	H	-	-	M	L	H
역삼투/전기분해	H	-	M	H	H	H	H	-	-	H	H	-	-	M	H	H	-	H	-	-	H
양이온 교환수지	-	L	-	-	-	H	-	H	L	L	-	-	-	L	H	H	-	L	-	-	H
음이온 교환수지	-	-	-	-	-	M	-	M	H	-	-	-	-	H	M	M	-	H	-	-	H
활성 알루미나	-	-	H	-	-	L	-	-	-	H	-	-	-	-	-	L	-	H	-	-	-
분말활성탄	L	-	-	-	-	L	-	L	-	L	-	M	M	L	-	L	-	-	-	-	-
입상활성탄	-	-	-	-	-	L	-	L	-	L	-	H	H	L	-	L	H	-	-	-	-
BAT*	NA	NA	NA	NA	IX LS RO	C-F DC IX LS RO	C-F IX RO	LS	NA	AA RO	C-F GAC LS RO	NA	NA	ED IX RO	CC LSLR PE SWT	LS IX RO AR	C-F LS	AA ED LS RO	C-F	NA	AX LS

H: High(> 80%, removal), M: Medium(20～80%, removal), L: Low(< 20%, removal), -: no data

* BAT(best available technology) AA: activated alumina, AR: aeration, AX: anion exchange, BAT: best available technology, CC: corrosion control, C-F: coalgulation and filtration, DC: disinfection system control, ED: electrodialysis, GAC: granular activated carbon, IX: ion exchange, LS: Lime softening, LSLR: lead service line replacement, PE: public education, RO: reverse osmosis, SWT: source water treatment

Ref) USEPA(1990), Pontius(2000)

표 9-71 무기물질 제거공정의 장점 및 단점

공법	장점	단점
응집-침전	• 비용의 저렴 • 제거효율의 신뢰성	• 약품소요 • 슬러지의 수분함량이 높음 • 처리수의 수질을 ppb 단위로 하기 위해서는 다단계처리가 필요
이온교환	• 유량변화에 민감한 조절 가능 • 처리수의 농도를 0으로 할 수 있음 • 교환수지의 재생이 가능하며 각종 수지가 개발되어 있음	• 처리수에 peak 출현 가능 • 교환수지의 재생 시 폐기물 생산(spent regenerant) • 수중의 각종 이온에 의한 처리수의 영향 • TS가 높은 경우에 적용이 곤란
활성 알루미나	• 유량이나 TS 농도에 민감하지 않음 • 처리수의 저농도 가능 • 비소와 F에 선택적임	• 재생 시 산과 알칼리 소요 • media가 용해되어 미세부유물질 생산 • spent regenerant의 폐기
막분리(Reverse Osmosis)와 전기분해	• 모든 이온이나 용해상태의 비이온을 제거시킴 • 유량이나 TS 변화에 비교적 예민하지 않음 • 저농도로 처리 가능 • RO에 있어서 박테리아와 함께 미세부유물질 제거 가능	• 시설비와 유지관리비가 고가 • 고도의 전처리 필요 • 분리막이 Fouling됨 • 분리폐액이 유입유량의 20～90%임

Ref) Clifford(1986)

조건을 알루미늄의 용해도가 낮은 pH 6～7로 유지하거나, 잔류 탁도를 0.1～0.15 NTU 이하가 되도록 약품투입을 최적으로 제어하는 강화응집 방식으로 수행해야 한다. 참고로 우리나라의 상수원수에 포함된 알루미늄 농도는 0.022～0.875 mg/L(평균 0.205 mg/L) 범위였고, 정수 후의 평균 잔류농도는 0.082 mg/L(최대 0.24 mg/L)이었다(이성우, 1995).

수산화 알루미늄이 탈수소화된 형태인 활성 알루미나(activated alumina)는 매우 높은 표면적

(200 m^2/g 이상)을 가지는 다공성 물질이다. 이 화합물은 음용수 내에 포함된 불소, 비소 및 셀레늄을 제거할 수 있으며, 또한 흡습제의 용도로 사용된다. 특히 지하수 내의 불소를 제거시키기 위한 방법으로 흔히 이용된다.

비소(As, arsenic)는 일종의 발암물질로서 물속에서 아비산염(As(III), arsenite)과 비산염(As(V), arsenate)의 용해된 형태로 존재한다. 자연수 내의 비소는 주로 지질특성에 따른 것으로 지하수나 용천수 중에 존재할 가능성이 높으며, 온천이나 광산폐수 등으로부터 표류수로 유입되는 경우도 있다. 지하수와 같은 환원상태에서 비소는 3가의 아비산염 형태로, 호기성 상태의 표류수 중에는 5가의 비산염 형태로 존재하는 경우가 많다. As(III)는 무산소 상태에서, H_3AsO_3는 pH 9.22 이하에서, 그리고 pH 9.22 이상에서는 $H_2AsO_3^-$로 존재한다. 또한 As(V)는 pH 5～12에서 용존산소가 충분할 때 AsO_4^-, $HAsO_4^{2-}$, AsO_4^{3-}의 형태로 존재한다(Ferguson and Garvis, 1972). 비소는 수원의 퇴적물 내에 포함되어 혐기성 상태가 되면 쉽게 환원되어 침전물(AsS 또는 As_2S_3)을 형성한다. 비소는 준금속의 독성을 가진 원소로 최근까지도 농약, 제초제, 살충제 등의 주요 재료로 사용되고 있다.

비소는 음용수의 수질기준에서 특히 주목 받는 항목으로 미국 EPA의 경우 최대 허용오염농도(MCL)를 0.010 mg/L로 정하고 있으며, 공공건강을 위한 목표값은 영(0)으로 설정되어 있다(USEPA, 2009). 우리나라 역시 0.01 mg/L 이하로 규제되어 있다. 원수 중에 비소의 농도가 높은 경우에는 다른 수원으로의 전환을 검토해야 한다. 그러나 적당한 수원이 없어 불가피하다면 목표수질을 달성하기 위해 적절한 처리를 해야 하지만 각 처리법에서 제거할 수 있는 비소의 형태는 다르기 때문에 주의하여야 한다.

비소를 제거하는 방법으로는 공침(coprecipitation), 응집 플록에서의 흡착, 석회를 사용한 연수화, 황 침전(sulfide precipitation), 흡착(활성탄, 활성 알루미나, 수산화세륨 또는 이산화망간 이용), 이온교환, 전기분해, 역삼투 분리막 등이 적용 가능하다.

강화응집 방식에 의해 As(V)를 제거할 경우 pH 7 이하에서 알럼을 이용하는 것이 효과적이며, pH 5.5～7에서 $FeCl_3$이 더 효과적이다. 비소의 제거효율은 알럼 20 mg/L 주입에 의해 약 60%, $FeCl_3$ 30 mg/L 주입에 의해 약 99.1% 가량 제거가 가능하다(Cheng et al, 1994).

응집-침전 또는 응집-여과 방법에 의해 5가 비소는 효과적으로 제거할 수 있다. 3가 비소의 경우는 전처리(예, 전염소처리)에 의하여 5가로 산화시켜야 한다. 활성 알루미나 혹은 이산화망간을 이용한 흡착공정에 의해서도 5가 비소를 제거할 수 있으나, 3가 비소가 포함된 경우는 마찬가지로 산화처리가 전단계로 요구된다. 흡착 공정에서 pH는 활성 알루미나의 경우 4～6, 그리고 이산화망간에서는 5～7이 효과적이다. 수산화세륨을 흡착제로 사용하는 경우에는 3가 및 5가 비소를 모두를 흡착할 수 있다. 이때 흡착범위는 pH 5～8이며, pH 조정 및 전염소처리가 거의 필요없다는 장점이 있다.

흡착법에 따른 처리능력은 지하수를 예로 들 때 통상적으로 흡착제 부피의 4만 배 이상까지 가능하다. 흡착탑에서의 공간속도(SV)는 5～10 L/h 정도이며, 만약 원수 중에 탁도 성분이 포함되어 있다면 흡착 성능을 높이기 위해 탁도유발물질을 미리 제거해야 한다. 또 사용한 흡착제는 폐기물 관리법에 근거하여 적절히 처리되어야 한다.

(3) 질소

수중에서 질소는 비료, 분뇨, 축산폐수 등의 유입에 따른 인위적인 오염에 기인한 것으로 대부분 유기성 질소(Org-N), 암모니아성 질소(NH_4^-N) 및 질산성 질소(NO_3^-N)의 형태로 존재한다. 미국 EPA 기준에 따르면 질산성 질소(nitrate)와 아질산성 질소(nitrite)의 MCL 농도는 각각 10 mg/L와 1 mg/L로 적용되어 있고, 공공건강목표도 동일하게 설정하고 있다. 우리나라의 경우는 암모니아성 질소 0.5 mg/L, 질산성 질소 10 mg/L로 설정되어 있다.

유기성 질소는 대부분 응집-침전과정에서 탁도와 함께 제거되며, 암모니아성 질소는 염소처리(파과점 염소주입)에 의해 클로라민을 형성하거나 혹은 질소가스(N_2)의 형태로 제거가 가능하다. 또한 생물여과방식의 경우에 있어 암모니아성 질소는 질산성 질소로 산화가 가능하지만 그 반응은 기본적으로 온도조건에 크게 영향을 받는다.

파과점 염소주입방식을 적용한 국내의 한 정수장의 운전사례에서 염소주입량/NH_4^-N 비는 이론값(7.6)보다 높은 13.6으로 나타났다(서상채, 1995). 그 잠재적 이유로는 원수에 포함된 유기물질 및 황화수소(H_2S) 등을 원인으로 들 수 있다. 따라서 이 경우 염소소요량의 결정은 이러한 물질들로 인한 추가 소모량을 고려해주어야 한다. TOC를 고려한 염소소요량은 다음 식으로 표현된다(Krasner, 1994).

$$Cl_2(mg/L) = 3\ TOC + 7.6\ NH_4^-N \tag{9.35}$$

염소주입 후 잔류염소가 형성된 상태에서 후속처리로 오존처리를 하게 되면 산소 형성의 촉진을 초래해 오존처리 효과가 저감된다. 이러한 경우에는 잔류염소를 미리 제거하기 위해 분말활성탄(PAC)을 사용할 수 있다.

암모니아성 질소의 제거를 위해 제올라이트(zeolite)를 사용할 수도 있다. 국내 한 정수장의 사례에서는 4.4 mg/L의 유입 암모니아 농도에서 약 93 % 제거효율을 보였다. 앞선 파과점 염소방법과 비교할 때에 시설비는 제올라이트 방식이 염소주입방식에 비해 4배 가량 고가이지만 유지관리비는 약 50 % 수준이었다(서상채, 1995).

정수처리과정에서 질산성 질소를 제거하는 방법은 표 9-72와 같이 구분되는데, 가장 효율적인 방법은 이온교환방법으로 알려진다.

이온교환법은 이온교환체의 이온과 수중의 이온을 교환하는 방법에 의해 목표로 하는 이온을

표 9-72 질산성 질소의 제거방법 및 특성

제거방법	제거 효율 및 문제점
화학적 응집침전	효율불량
화학적 환원	가능성은 있으나 비실용적
생물학적 탈질	가능성은 있으나 적용이 어렵다
이온교환	효율적
역삼투	효율적이나 비용고가, 다른 영양소가 제고된다
전기투석	효율적이나 비용고가

자료) 하기성(1995)

제거하는 방법으로, 이온교환수지는 유지하는 작용기에 따라 양이온과 음이온 방식으로 구분된다. 이온교환법의 원리는 강염기 음이온수지인 R-Cl를 NO_3^-와 결합시켜 $R\text{-}NO_3$와 Cl^-로 만드는 방법이다. 음이온에 대한 이온교환수지의 선택성은 이온가의 수가 높은 이온일수록 증가하며 동일한 이온가의 경우는 원자번호가 클수록 또한 수화반경이 작을수록 선택성이 크게 나타난다. 음이온의 선택성[9.6절 이온교환 참조, 식 (9.32)]을 참고로 할 때 질산성 질소보다 선택성이 높은 이온(PO_4^{3-}, SO_4^{2-} 등)이 존재한다면 질산성 질소의 제거효율은 이들로 인해 영향을 받게 된다. 이온교환법의 문제점은 재생단계에서 NaCl과 NO_x^-N이 과도하게 포함되므로 부식문제나 환경오염문제를 야기시키는 데 있다. 따라서 정수된 물의 염소이온(Cl^-)의 농도가 높아지게 되고, 만약 원수 내에 이온교환의 선택성이 높은 물질이 존재할 경우 이온교환수지의 수명이 단축된다. 또한 분자량이 큰 종류의 NOMs가 원수에 포함되어 있을 경우 이온교환수지의 재생은 용이하지 않다. 이온교환에 의해 $NO_x^-N(NO_3^-, NO_2^-)$을 제거시키는 처리장은 미국 내에서 1992년 기준으로 약 15개소 정도이다. 1974년 이후 운전 중인 미국의 실규모(Garden City, 7,000 m^3/d) 하향류 고정식 이온교환수지의 운전 사례를 보면 원수의 질산성 질소 농도는 10～30 mg/L이나 처리수는 0.4～4.0 mg/L로 효과적인 성능을 보였다. 또한 이온교환 수지량은 2,830 L, 공간속도(SV)는 2 m/hr, 선속도(LV)는 65 m/hr 그리고 재생에 필요한 식염은 660 kg/d 정도였다.

정수처리에서 질산성 질소를 제거하기 위해 좀 더 직접적으로 생물학적 종속영양탈질(heterotrophic denitrification) 방법을 적용하는 경우도 있다. 생물학적 탈질 공정은 처리수에 포함된 염소이온의 농도를 증가시키지 않고, 슬러지 생산량이 적은 장점이 있으나 이온교환방법보다 운전이 어렵고 고비용이라는 단점이 있다. 탈질반응을 유도하기 위해서는 전자공여체(electron donor)의 적절한 공급이 필수적인데, 종속영양탈질에서는 다양한 유기탄소원(organic carbon source) 중에서 메탄올, 에탄올 혹은 아세트산 등이 가장 일반적이다(Ahn, 2006). 메탄올은 독성이 있어 에탄올이 주로 사용되고 있으나 가격이 비싸다. 따라서 탄소원의 주입량(메탄올의 경우 g $COD_{methanol}/NO_3\text{-}N = 3.75 \sim 7.35$)은 매우 적절하게 유지되어야 하며, 또한 반응조로부터 유실되는 미생물에 대한 추가적인 대책도 필요하다.

직접적인 탈질 방법을 적용하는 경우에 있어서의 후처리 공법으로는 응집, 공기 공급, 활성탄 흡착, 오존주입, 염소주입 등이 이용될 수 있다. 이온교환수지의 재생단계에서 분리된 질산성 이온을 제거하기 위해 생물학적 종속영양탈질을 이용할 수도 있다. 이러한 접근은 이온교환수지의 문제점을 극복하고, 재생단계에서 필요한 염화나트륨의 소요량을 절감시킬 수 있는 장점이 있으나 별도의 추가적인 탈질 시설이 필요하다.

탈질을 위한 생물반응조로는 연속회분식(SBR, sequencing batch reactor)이나 상향류 슬러지상 반응조(USBR, upflow sludge blanket reactor)(Clifford and Lin, 1993), 그리고 유동상 반응조(Liessens, 1993)도 이용이 가능하다. 또한 PAC 표면에 탈질균으로 이루어진 생물막 공정과 후속하는 한외여과(UF) 공정을 순차적으로 연결하여 질산성 질소와 NOMs 그리고 SOC 등을 동시에 제거하는 방법도 있다. 유기탄소원으로 메탄올을 주입할 때에 잔류 농도는 2 mg/L 이하가 적당한데, 그 이유는 무산소 상태하에서 그 이상의 농도로 존재할 경우 황산이온의 환원반응으로 물에 맛과 냄새 그리고 부식문제를 유발시킬 가능성이 있기 때문이다(McDonald, 1990).

유동상 반응조의 경우 탈질 속도는 1～3.5°C에서 8.99～9.34 mg NO_3-N/m^3-d (0.07 g N/kg VS/d)이었다.

역삼투막법은 반투막의 한쪽 측면 유입수에 기계적 압력을 가함으로써 불순물을 포함하지 않은 물이 반투막의 반대쪽에서 얻어지도록 하는 방법이다. 역삼투막법은 질산성 질소뿐만 아니라 다른 무기이온이나 유기물도 제거할 수 있지만 비용이 고가이므로 질산성 질소만을 제거할 목적으로는 선호하지 않는다.

전기투석법은 음이온선택투과막과 양이온선택투과막을 조합시켜 전기적 에너지로 무기이온을 제거하는 방법으로 염수와 해수의 탈염 방법으로 주로 사용된다. 이 방법은 주로 염소이온을 제거하기 위한 것이나 질산성 질소도 제거가 가능하다. 그러나 역삼투막법과 같이 일반적으로 질산성 질소만을 목적으로 사용하지는 않는다.

(4) 철과 망간

철(Fe) 또는 망간(Mn)과 관련한 문제는 주로 지하수를 원수로 사용하는 소규모 정수 및 급수 시스템에서 나타난다. 이 성분들은 수중에서 +2가의 상태로 쉽게 용존함으로써 수질 문제를 야기시키는데, 철은 산화의 결과 붉은색을 띠고 녹을 형성시키게 된다. 망간은 특히 화강암 지대, 분지, 가스함유 지대 등의 지하수에 포함되기도 한다. 하천수에는 보통 광산폐수, 공장폐수 또는 하수 등의 영향으로 포함될 수 있으며, 호소나 저수지에서는 여름철에 물이 정체되어 성층현상으로 저층수가 무산소(anoxic) 상태로 되어 바닥의 슬러지로부터 철과 망간이 용출되는 경우도 있다. 일반적으로 상당한 농도의 철 성분을 함유하는 물은 보통 망간도 함께 함유하게 된다.

이러한 성분들은 물속에서 일반적으로 최대 허용오염농도 수준(MCL)을 초과하여 존재하면 변색(적갈색)과 배관설비에 문제를 야기하게 된다. 철분과 망간 항목은 2차(심미적) 기준에 해당하며, 이는 직접적으로 건강과 관련된 것은 아니다. 이들 항목에 대하여 우리나라는 미국 EPA와 동일한 농도(철 0.3 mg/L, 망간 0.05 mg/L)로 설정하고 있다.

철과 망간은 수중에서 용존성(Fe^{2+}, Mn^{2+}), 입자성(Fe^{3+}, Mn^{4+}), 또는 콜로이드성 형태로 존재할 수 있다(그림 9-48). 이중 콜로이드성의 경우는 그 특성상 침전이나 여과가 어렵다. 그 형태는 주로 pH, Eh(산화-환원 전위) 및 물의 온도에 의존하며, 물질 변화에 대한 기초지식은 이러한 금속물질의 제거에 도움이 된다. 철과 망간은 쉽게 산화되는 특성을 가지고 있으므로 비용존 물질로 제거가 용이하다.

철과 망간의 제거는 물리·화학적 방법과 생물학적 방법을 적용할 수 있는데, 시스템의 주요 구성은 공기폭기-급속모래여과, 산화제(염소, 이산화염소, 오존, $KMnO_4$ 등), 산화 코팅 또는 촉매 여재를 이용한 여과, 폭기-생물여과(완속여과) 및 이온교환 등이다.

산화/여과 공정은 대부분의 시스템에서 가장 선호하는 방법이다. 사용 가능한 산화제(oxidants)로는 산소, 염소, 과망간산염, 오존 또는 과산화수소 등이 있다. 산화제는 철 또는 망간을 화학적으로 산화(입자를 형성)시켜 물속에 존재할 수 있는 철 박테리아(iron bacteria)나 기타 질병을 일으키는 박테리아(disease-causing bacteria)를 죽이고, 그 다음 여과에 의해 철 또는 망간 입자를 제거한다. 이때 원수의 특성을 충분히 파악하여 적절한 산화제 양을 결정하고 처리과정을 모

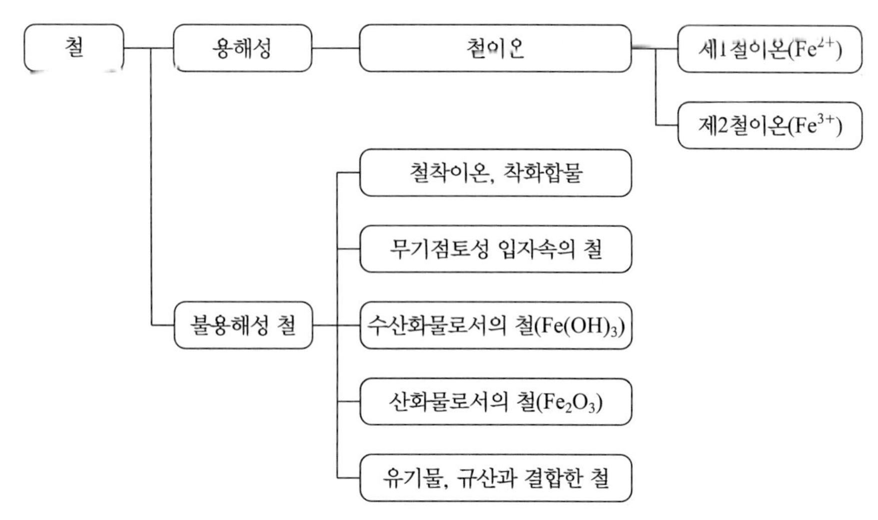

그림 9-48 **수중의 철 성분의 종류**(환경부, 2010)

니터링해야 한다. 원수에 포함된 철과 망간은 단순한 폭기나 전오존에 의해서도 쉽게 산화되며 후속되는 응집침전과정을 통해 제거가 가능하다. 또한 용존공기부상법도 효과적이며, 분말활성탄을 사용하면 원수 내의 각종 유기물질도 함께 제거가 가능한 장점이 있다.

산소에 대한 철과 망간의 반응식은 다음과 같이 표현된다.

$$2Fe^{2+} + \frac{1}{2}O_2 + 5H_2O \rightarrow 2Fe(OH)_3 + 4H^+ \tag{9.36}$$

$$Mn^{2+} + \frac{1}{2}O_2 + H_2O \rightarrow MnO_2 + 2H^+ \tag{9.37}$$

이 반응에서 수소이온(H^+)의 생성은 보통 문제가 되지 않는다. 예를 들어, 0.9 mg/L Fe^{2+}(1.6×10^{-5} mol/L)가 $Fe(OH)_3$로 산화되면 3.2×10^{-5} mol/L의 H^+를 생성하는데, 대부분 원수의 알칼리도는 이 정도의 산을 중화시키기에 충분하기 때문이다. Fe^{2+}의 산화는 Mn^{2+}의 산화에 비해 매우 빠르다. 중성 pH 부근에서 Fe^{2+}가 90～95% 전환되는 데 필요한 시간은 약 15분으로 반응속도는 pH 크기에 비례하고 적절한 촉매를 첨가하면 반응속도는 더 빨라진다(Tchobanoglous and Schroeder, 1998).

일차적인 철 광물(primary iron minerals)의 풍화물 또는 철광석 침전물(iron ore deposits)로 흔히 발견되는 레피도크로사이트[lepidocrocite, γ-FeO(OH)]는 공기와 산화반응을 한 산화철-수산화 무기물(iron oxide-hydroxide mineral)로 오래된 강철 수도관과 물 탱크의 내부 녹(rust scale)으로 나타난다. 이 물질은 급속여과지에서 모래에 퇴적되거나 수중에 존재하는 Mn(II)와 빠르게 흡착된다. 흡착된 Mn(II)은 산소가 충분하고 pH가 7 이상의 조건에서 수중에서 산화되는 것보다 훨씬 빠른 속도로 레피도크로사이트의 표면에서 산화되어 망간산화물(MnO_2 or MnOOH)을 형성한다. 이러한 자촉매(autocatalyst) 반응이 계속 진행되면 모래에 퇴적된 망간산화물과 철산화물이 모래층에 코팅되어 얇은 층을 형성하게 되는데, 그 과정에서 Mn(II)의 제거는 더욱 효과적으로 이루어진다(환경부, 2010).

생물학적 방법에서는 철과 망간을 산화하는 세균을 이용할 수 있는데, 이러한 세균은 철을 에너

표 9-73 철과 망간 처리기술의 비교

구분	망간접촉여과			생물처리		
규모	대	중	소	대	중	소
철	• 처리효과가 제한적임			• 처리효과가 제한적임		
망간	• 처리효과가 높음			• 처리효과가 제한적임		
설치면적	• 작다			• 크다		
유지관리	• 특별한 정수처리의 지식이 필요 없이 운전 매뉴얼의 이해만으로 운전 가능 • 암모니아성 질소가 있는 경우 염소 소비			• 특별한 정수처리의 지식이 필요 없이 운전 매뉴얼의 이해만으로 운전 가능 • 철 박테리아의 존재가 필요		
선정기준	• 공존하는 철의 농도, 원수탁도가 높은 경우는 전처리를 하거나 철과 망간을 구분하여 처리 • 여과수에 유리잔류염소가 0.5～1.0 mg/L 정도 잔류하도록 운전하는 것이 중요			• 수온저하 시 처리효율이 떨어지기 때문에 원수의 수온 5°C 이상이 바람직 • 수온 외에 pH, DO, 알칼리도, 영양염류 등 처리효과에 영향을 미치는 요인이 많으므로 운전에 세심한 주의가 필요		

자료) 환경부(2010)

지원으로 사용하고 이산화탄소를 탄소원으로 사용하는 독립영양균(chemolithotrophic autotroph)과 유기물을 에너지원과 탄소원으로 사용하는 종속영양균(chemoorganotrophic heterotroph)이 있다. 주로 토양 내에서 잘 서식하는 이들 미생물은 철과 망간을 효소작용에 의해 세포 내에서 산화반응이 이루어지거나, 대사과정 중에 배출된 폴리머의 촉매작용에 의해 세포외 산화작용에 의해 제거된다. 철 산화세균은 모래에 생물막 층을 형성하며 성장하는데, 여과지에서 이러한 대사작용과 물리·화학적인 반응이 복합적으로 발생한다.

철 제거방법은 산화법과 접촉법으로 나누어진다. 산화법에 의한 철의 제거는 2가 철을 산화제로 산화석출시킨 후 응집입자를 플록화하여 침전이나 모래여과에 의해 분리하는 방법이다. 접촉법은 2가 철을 이온상태로 접촉제에 흡착시켜 흡착된 철이 산화제에 의해 산화하고 자기촉매적 반응으로 흡착제가 되는 방법이다. 이 밖에 생물(철 산화균, 조류 등)에 의해 제거하는 방법 등도 있으나 적용사례가 많지 않다.

우리나라의 시설기준에서는 철 제거를 위해 폭기, 전염소처리 및 pH 조정 등 다양한 방법을 단독 또는 조합한 형태의 전처리 설비와 여과지 설치를 제안하고 있다. 또한 망간 제거의 경우에도 동일한 방식에서 pH 조정, 약품산화 및 약품침전처리 등을 단독 또는 조합한 방식의 전처리 설비를 제안하고 있다. 이때 약품산화처리는 전·중간염소처리, 오존처리 또는 과망간산칼륨 처리를 권장하고 있다(환경부, 2010). 표 9-73에는 철과 망간 처리기술을 비교하여 나타내었다.

(5) 연수화

물속에서의 경도(hardness) 발생의 원인물질은 다양한 다원자의 금속이온이지만 일반적으로는 칼슘과 마그네슘 이온이 주요 성분이다. 경도는 지질특성에 따라 석회암 지대의 지하수나 용천수에 비교적 높게 나타난다. 경도가 높으면 설사의 원인이 되거나 비누의 세척효과가 떨어진다. 일반적으로 경도가 높은 물(hard water)은 150～300 mg/L $CaCO_3$(3～6 meq/L) 이상으로 정의되는데, 우리나라의 수질기준은 심미적 영향물질 항목으로 300 mg/L 이하로 설정되어 있다. 미국의 EPA의 1차 및 2차 기준에는 이에 대한 규정이 없지만 일반적으로 정수시설의 설계에 있어 총 경도 120 mg/L 이하(마그네슘 경도 40 mg/L 이하)가 연수화 시설(softening facilities)의 허용 설계기준으로 적용되고 있다(AWWA and ASCE, 1998).

경도 제거에는 약품침전과 이온교환 등의 방법이 있다. 칼슘과 마그네슘의 제거에 사용되는 가장 일반적인 방법은 소석회(CaO)-소다회(Na_2CO_3) 공정으로 그 반응식은 식 (9.38)~(9.44)와 같다.

어떤 종류의 연수화 공정을 적용할지라도 수중의 이산화탄소는 반드시 제거되어야 한다. 만일 물속에 탄산가스가 있으면 이는 석회와 반응하게 된다. 생석회(quicklime, CaO)에 물을 첨가하면 수산화석회(hydrated lime, 소석회)가 되어 CO_2는 침전 가능한 탄산칼슘($CaCO_3$)으로 전환된다.

원수에 포함된 이산화탄소의 전환은

$$CO_2 + Ca(OH)_2 \rightarrow CaCO_3 + H_2O \quad (9.38)$$

로, 이 반응은 경도를 감소시키지 못하지만 석회를 소비한다. 과포화된 CO_2를 포기에 의하여 제거시키면 석회소요량이 줄어들게 된다. CO_2가 10 mg/L를 초과한다면 연수화하기 전에 그것을 제거하는 것이 경제적으로 유리하다.

소석회는 다음 식과 같이 칼슘 및 마그네슘 탄산경도와 반응한다.

$$Ca(HCO_3)_2 + Ca(OH)_2 \rightarrow 2CaCO_3 + 2H_2O \quad (9.39)$$

$$Mg(HCO_3)_2 + 2Ca(OH)_2 \rightarrow 2CaCO_3 + Mg(OH)_2 + 2H_2O \quad (9.40)$$

소다회는 칼슘 및 마그네슘의 비탄산경도와 반응한다.

$$Ca^{2+} + Na_2CO_3 \rightarrow CaCO_3 + 2Na^+ \quad (9.41)$$

잉여 소석회의 제거와 pH 조정($pH \approx 9.5$)을 위한 재탄산화 반응은

$$Ca(OH)_2 + CO_2 \rightarrow CaCO_3 + H_2O \quad (9.42)$$

$$Mg(OH)_2 + CO_2 \rightarrow MgCO_3 + H_2O \quad (9.43)$$

이고, pH 조정($pH \approx 8.5$)을 위한 재탄산화 반응은 다음과 같다.

$$CO_3^{2-} + CO_2 + H_2O \rightarrow 2HCO_3^- \quad (9.44)$$

이상에서 정의된 연수화 반응을 고려하여 소석회와 소다회의 양론적 소요량을 m^3당 당량으로 나타내면 다음과 같다.

$$\text{소석회 소요량, } eq/m^3 = CO_2 + HCO_3^- + Mg^{2+} + \text{잉여량} \quad (9.45)$$

$$\text{소다회 소요량, } eq/m^3 = Ca^{2+} + Mg^{2+} - \text{알칼리도} \quad (9.46)$$

$CaCO_3$와 $Mg(OH)_2$의 침전은 pH에 따라 달라진다. 석회 주입에 따른 $CaCO_3$의 침전에 대한 최적 pH는 9~9.5 사이인 반면 정수장 조건에서 $Mg(OH)_2$의 효과적인 침전은 pH가 약 11.0에

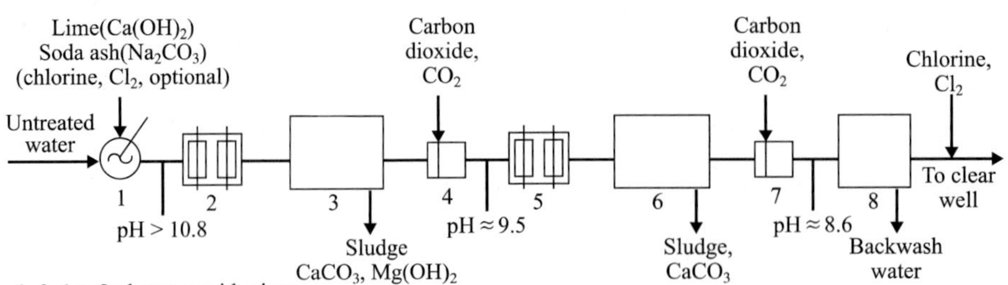

(a) conventional and two-stage

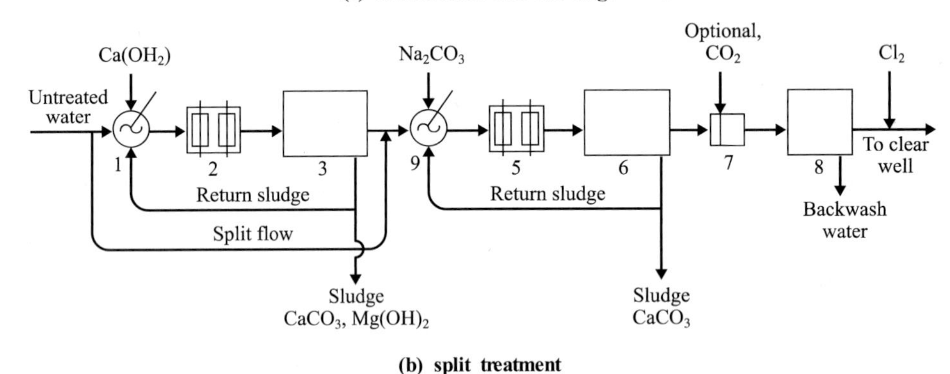

(b) split treatment

그림 9-49 **Typical flow sheets for the lime-soda softening of water** (Reh, 1978)

서 이루어진다. 대부분의 자연수는 pH가 이 값보다 훨씬 적기 때문에 인위적으로 pH를 올려 주어야 할 필요가 있는데, 이때 과잉의 석회 주입이 요구된다. 양론적으로 볼 때 소요량의 잉여분으로서 약 1～1.25 eq/m^3을 첨가하면 pH 값이 11 이상이 되어 $Mg(OH)_2$의 완전한 침전이 가능하다. 따라서 소석회-소다회 공정에 있어 약품소요량의 실제적인 한계치는 약 1 eq/m^3이 된다. 침전 및 여과에 의해 침전물을 제거할 때 잉여 소석회를 제거하는 재탄산화 반응을 통해 상당한 안정화가 일어나려면 pH는 거의 9.2～9.7까지 낮아져야 한다(Tchobanoglous and Schroeder, 1985).

그림 9-49에는 소석회-소다회 시스템의 개략도가 나타나 있다. 이 시스템에는 각 반응조들이 직렬로 운전되며, 콜로이드 크기의 입자가 포함되어 있기 때문에 응집공정이 필요하다. 또한 침전공정은 유효하지만 미세한 입자를 제거하기 위해 여과공정이 필요하다.

이온교환법에서는 불용성의 고분자 이온교환체로 충진된 컬럼에 원수를 통과시켜 경도 유발물질을 이온교환체 중의 나트륨(Na^+) 이온과 교환하여 제거하는 방법을 사용한다. 제올라이트법은 무기질의 규산염 교환체에 의해 경도를 제거하는 방법으로 천연 제올라이트(green sand)와 합성 제올라이트가 있다. 이러한 방법들은 원수에 나트륨이 많은 경우 실용성이 부족하고 또한 원수 중에 철분이나 탁도가 높다면 이온교환이나 재생 기능을 방해하는 단점이 있다. 이온교환법에 의한 총 용존성고형물(TDS)과 기타 오염물질의 제거는 9.6절을 참조하기 바란다.

예제 9-8 연수화 공정에서의 약품소요량

다음과 같은 성상의 물을 소석회-소다회 방법으로 연수화하고자 한다. 처리수 1 m³당의 약품소요량을 계산하시오.

consttuent	concentration(eq/m³)
Ca^{2+}	4.50
Mg^{2+}	1.50
HCO^{3-}	3.00
CO_3^{2-}	0.02
Cl^-	2.00
SO_4^{2-}	1.0
T(°C)	25

풀이

1. 탄산염 평형관계식으로부터 용액의 pH와 알칼리도를 계산한다.

$$[H^+] = \frac{K_2[HCO_3^-]}{[CO_3^{-2}]}$$

$$[CO_3^{-2}] = (\frac{1}{2}\ mol/eq\,CO_3^{2-})(0.02\ eq/m^3)(10^{-3}\ m^3/L)$$

$$= 10^{-5}\ mol/m^3$$

$$[H^+] = \frac{4.68\times 10^{-11}(3.00\times 10^{-3}\ mol/L)}{(10^{-5}\ mol/m^3)^2}$$

$$= 1.41\times 10^{-8}\ mol/L$$

$$pH = 7.85$$

$$\text{Alkalinity} = (HCO_3^-) + (CO_3^{2-}) + (OH^-) - (H^+)$$

$$= 3.00 + 0.02 + \left(\frac{10^{-14}}{1.4\times 10^{-8}}\times 10^3\right) - 1.41\times 10^{-8}$$

$$= 3.00 + 0.02 + 0.0007 - 1.4\times 10^{-8}$$

$$= 3.02\ eq/m^3$$

2. 소석회 소요량을 산정한다.

$$\text{Lime required} = CO_2 + HCO_3^- + Mg^{2+} + \text{excess}$$

$$= [0.0 + 3.0 + 1.5 + 1(\text{excess})]\ eq/m^3$$

$$= 5.5\ eq/m^3$$

$$= 203.5\ g/m^3$$

$$= 275\ g/m^3\ \text{as}\ CaCO_3$$

$$\text{Soda required} = Ca^{2+} + Mg^{2+} - \text{alkalinity}$$

$$= (4.5 + 1.5)\ eq/m^3 - 3.02\ eq/m$$

$$= 2.98\ eq/m^3$$
$$= 157.9\ g/m^3$$
$$= 149\ g/m^3\ as\ CaCO_3$$

(6) 조류와 조류 독소

정수시설 내에서 직접적인 조류를 제거하는 방법으로는 약품산화-침전과 여과 방법이 있다. 약품산화를 위해서는 염소제(액화염소, 차아염소산나트륨, 차아염소산칼슘)나 황산구리 등을 살조제(algicide)로 사용하고, 여과방법으로는 마이크로스트레이너(microstrainer), 응집침전-여과, 모래와 안트라사이트로 구성된 다층여과 방법 등이 있다. 조류의 제거는 조류의 종류, 번식시기, 번식규모, 정수처리방식 등에 따라 그 효과가 다르기 때문에 동일한 수역에서의 과거 사례 조사가 도움이 된다.

표 9-74에는 조류의 종류에 따른 살조제의 표준 주입량을 나타내었다. 그 처리효과는 수질이나 물리적 환경에 의하여 크게 영향을 받는다. 황산구리는 경도, 알칼리도, 유기물 등에 따라 효과가 저하되며 햇빛이나 수온이 높을수록 효과가 좋아진다. 약품주입은 염소제의 경우에는 전염소 또는 중간염소처리에 준하고, 황산구리를 사용하는 경우에는 분말형태의 황산구리를 녹여 사용한다.

마이크로스트레이너는 응집침전지나 보통침전지의 전단계로서 전염소 주입지점보다 상류 측에 설치하는 것이 좋다. 이때 부대설비로서 우회(bypass) 관과 세척장치가 필요하다.

응집-침전한 처리수에 다시 응집제를 주입하는 2단 응집 방법도 적용된다. 이때 응집제 주입률은 조류의 종류와 처리수질에 따라 다르지만 폴리염화알루미늄(PAC)의 경우 5～10 mg/L의 범위가 일반적이다. 응집-침전에 의해 대부분의 80～90 %의 조류가 제거가능하므로 보통 여과단계에 큰 장애를 주지는 않는다. 그러나 응집-침전으로 제거하기 어려운 특정 종류(*Synedra*, *Melosira* 및 *Microcystis*)나 조류의 증식량이 많은 경우 여과지 폐색과 여과 효율에 악영향을 주기도 한다. 이 경우 모래여과층의 상부에 안트라사이트를 15～25 cm 두께로 깔아서 다층여과 방식으로 전환하여 효율을 증가시킬 수 있다.

참고로 부영양화 호소에서 녹조 발생(Cyanobacterial harmful algal bloom, CyanoHABs)을 억제하기 위하여 흔히 사용될 수 있는 방법을 물리적, 화학적, 생물학적 및 복합적인 기술로 구분하여 표 9-75와 9-76에 정리하여 나타내었다.

물리적 제어 방법으로는 심층 폭기(hypolimnetic aeration), 저질토 도포 또는 준설, 외부 흐름을 이용한 물 교환율 조절, 영양염류의 농도가 높은 심층수의 방류, 초음파 처리, 녹조제거선, 가압부상법, 차광막 설치 및 연속 원심분리 등이 있으며, 화학적 방법으로는 황토살포, 살조제의 사용, 인(P)의 불활성화 또는 흡착 등이 있다. 생물학적 제어방법으로는 먹이 연쇄사슬의 천적생물(조개, 동물성 플랑크톤)의 이용, 살조생물(어류, 바이러스) 이용, 미생물 성장조절물질이용, 생분해성 제재 및 식물 이용 등의 방법이 이 있다. 그림 9-50은 시아노파지(cyanophage)와 알갈바이러스(algal virus)에 의한 남세균과 조류의 분해사진을 보여준다.

남세균으로 생산되는 조류 독소는 먹는 물 수원으로 이용되는 지표수에 흔히 존재한다. 이러

표 9-74 조류 제거를 위한 살조제의 표준 주입량

생물			황산구리 ($CuSO_4 \cdot 5H_2O$) (mg/L)	염소 (Cl_2) (mg/L)
남조류	아나베나	(*Anabaena*)	0.12~0.48	0.50~1.00
	마이크로시스티스	(*Microcystis*)	0.12~1.00	1.00
	아파니조메논	(*Aphanizomenon*)	0.12~0.50	0.50~1.00
	오시라토리아	(*Oscillatoria*)	0.20~0.50	1.10
	폴미디움	(*Phormidium*)	0.3~1.0	3.00
규조류	아크난테스	(*Achnanthes*)	0.50	2.00~3.00
	아스테리오네라	(*Asterionella*)	0.12~0.20	0.50
	아티야	(*Attheya*)	0.20	-
	사이클로텔라	(*Cyclotella*)	0.50	1.00
	후라기라리아	(*Fragilaria*)	0.25	2.00
	메로시라	(*Melosira*)	0.33	0.50~2.00
	노비큐라	(*Navicula*)	0.07	-
	닛치야	(*Nitzschia*)	0.50	-
	리죠소레니아	(*Rhizosolenia*)	0.20~0.70	-
	스테파노디스커스	(*Stephanodiscus*)	0.25	-
	시네드라	(*Synedra*)	0.50~1.00	1.00
	타벨라리아	(*Tabellaria*)	0.12~0.50	0.30~1.00
녹조류	안기스트로데스머스	(*Ankistrodesmus*)	1.00	-
	크라미도모나스	(*Chlamydomonas*)	0.50	-
	클로스트리움	(*Closterium*)	0.17	-
	코코미사	(*Coccomyxa*)	2.50~3.00	-
	코스마리움	(*Cosmarium*)	1.50~2.00	-
	유도리나	(*Eudorina*)	10.00	-
	팔멜라	(*Palmella*)	0.50~1.00	2.50~3.00
	세네데스머스	(*Scenedesmus*)	1.00	-
	스페로시스티스	(*Sphaerocystis*)	0.25	-
	스피로기라	(*Spirogyra*)	0.12~0.20	0.70~1.50
	스타우라스트럼	(*Staurastrum*)	1.50	-
	테트라스포라	(*Tetraspora*)	0.30	1.00~1.50
	율로스릭스	(*Ulothrix*)	0.20	-
	볼박스	(*Volvox*)	0.25	0.30~1.00
	지그네마	(*Zygnema*)	0.50	-
황색편모조류	디노브리욘	(*Dinobryon*)	2.50	0.30~1.00
	말로모나스	(*Mallomonas*)	0.50	-
	시누라	(*Synura*)	0.12~0.25	0.30~1.00
	우로그레노프시스	(*Uroglenopsis*)	0.05~0.20	0.30~1.00
와편모조류	세레티움	(*Ceratium*)	0.33	0.30~1.00
	페리디니움	(*Peridinium*)	0.50~2.00	-

자료) 환경부(2010)

한 조류독소 중 하나인 마이크로시스틴-LR에 대해 WHO(1998)에서는 1.0 ug/L의 농도로 먹는 물의 잠정적 가이드라인으로 정하여 관리하고 있다. 유럽에서는 남조류 독소에 대해 명확히 규제하고 있지는 않지만, 우선순위 수질오염물질로 구분하여 잠정적 유해물질로 관리하고 있다(Ingrid Chorus, 2005).

표 9-75 **Various techniques for the control and mitigation of algal bloom**

Category	Technique	Descriptive notes
Physical techniques	Aeration or oxygen addition	Mechanical maintenance of oxygen level
	Artificial or augmented circulation	Water movement to enhance mixing and/or provent stratification
	Bottom sealing	Physical obstruction of rooted plant growths and/or sediment-water interaction
	Dilution and/or flushing	Increased flow to dilute or minimize retention of undesirable materials
	Dredging	Removal of sediments under wet or dry conditions
	Hydroraking or rotovation	Disturbance of sediments, often with removal of rooted plants, to disrupt growth
	Harvesting, pulling, or cutting	Reduction of plant growths by mechanical means, with or without removal from the lake
	Partitioning for pollutant capture	Creation of in-lake areas, such as forebays and created wetlands, to capture incoming pollutants
	Selective withdrawal	Removal of targeted waters for discharge or intake
	Water level control	Drying or flooding of target areas to aid or eliminate target species
Chemical techniques	Biocidal chemical treatment	Addition of inhibitory substances intended to eliminate target species
	Chemical sediment treatment	Addition of compounds that alter sediment features to limit plant growths or control chemical exchange reactions
	Dye addition	Introduction of suspended pigments to create light inhibition of plant growth
	Nutrient inactivation	Chemical complexing and usually precipitation of nutrients, normally phosphorus
	Nutrient supplementation	Addition of nutrients to enhance productivity or alter nutrient ratios to affect algal composition
	Other chemical treatments	Addition of chemicals to adjust pH, oxidize compounds, flocculate and settle solids, or affect chemical habitat features
Biological techniques	Biomanipulation	Facilitation of biological interactions to alter ecosystem processes
Others	Rules and regulations	Restrictions on human actions directed at minimizing impacts on lakes and lake users

Ref) Holdren et al.(2001)

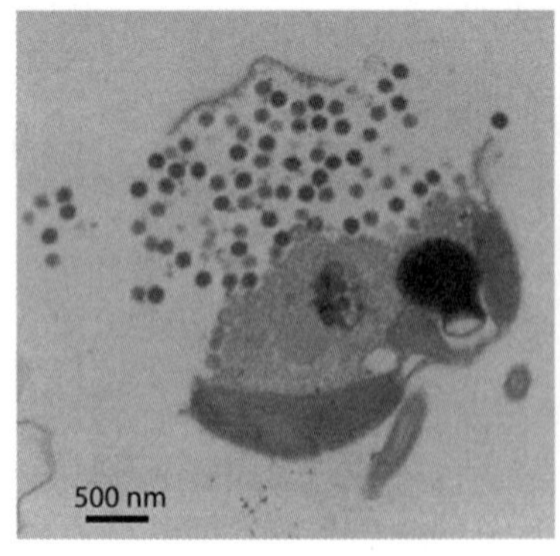

(a) 조류(Mirza et al., 2015)

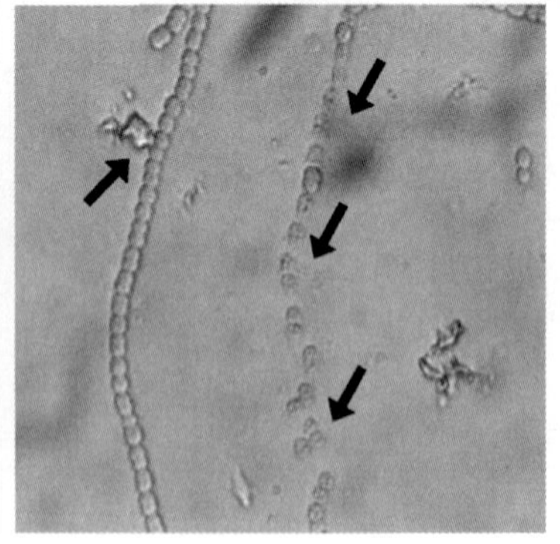
(b) 남세균(Anam and Ahn, 2018)

그림 9-50 **바이러스에 의한 조류 및 남세균 분해 사진**

조류독소에 관한 국내 연구는 일부 독소(주로 마이크로시스틴)에 대하여 분석 위주의 연구가 진행되었고, 조류독소 제거에 관한 연구는 기초단계에 있는 수준으로 연구 자료가 매우 부족한

표 9-76 Various techniques for the control and mitigation of algal bloom conducted in Korea

Category	Technique	Developer
Physical techniques	Sola water circulation system Contactless plasma system Ultrasonic algae control system Integrated submersible pressure flotation technique Portable pressure flotation device S-DAF flotation separation Multistage pressure filter waster purifying system Ultrasonic algae control system Red clay spraying ship Hybrid electrochemical stream diffusion system Aeration and agitation circulation system	Ecoco Jarwon Electronics Rapsys GeoMarine Shingang Hi-Tech KED Eson E&L, K-1 EcoTech KRIBB Sangseung Global KC Rivertech Biotop Korea
Chemical techniques	Natural inorganic coagulant complex method Ozone micro-bubble method Chlorine dioxide processing	GCM Korea Ox Engineering Chemopia
Biological techniques	Predatory natural enemy utilization technique Algicidal Medi-Tide Complex microbial agent application	Rural Research Institute(RRI) Hanyang University Kunnong
Others	Natural algicidal agent application technique Combined system with underwater coagulation-flotation and plant island Water quality decontaminant and annular flow system Algae monitoring system package Algal concentration measuring system	MCE Korea Earth-En, Eco-Top Daekyung Aqua Service BL process JMENB

Ref) KEC(2012)

실정이다. 입자성 물질의 제거를 목적으로 하는 응집-여과공정에서의 조류독소 제거는 낮은 것으로 알려져 있다. 그러나 염소·오존·과망간산칼륨 등과 같은 산화제는 조류독소 종류(마이크로시스틴, 아나톡신-a, 실린드로스퍼몹신, 삭시톡신 등)에 따라 제거 효과가 다르기 때문에 원수에 발생한 독소 종류에 따라 적절한 처리방법을 선택해야 한다. 활성탄의 경우는 조류독소 제거에 효과적인 것으로 알려져 있으나, 형태(PAC, GAC), 탄종(석탄계, 야자계 등) 및 제조사 등에 따라 상이하게 나타난다.

표 9-77은 조류독소 제거를 위한 활성탄의 흡착능력을 보여준다. 이때 운전조건은 수온 20°C, 유입농도 2 ug/L, 활성탄 주입률은 30 mg/L, 그리고 접촉시간(공탑체류시간)은 15분으로 제거효

표 9-77 **활성탄 흡착에 따른 조류독소 제거효율**

활성탄 종류 / 독소 종류	제거효율(%)							
	GAC 신탄			GAC 사용탄		F (재생탄)	G (분말 활성탄)	H (안트라사이트)
	A	B	C	D(2년)	E(3년)			
마이크로시스틴-LR	23	60	70	38	48	16	92	65
실린드로스퍼몹신	70	80	43	40	30	25	90	40
삭시톡신	18	50	40	58	-	18	92	40
아나톡신-a	8	42	42	17	24	10	87	35
노둘라린	18	55	58	30	40	8	92	58

자료) 김복순외(2013)

율은 활성탄과 독소의 종류에 따라 상이하나 대체로 활성탄 주입률이 증가할수록 제거효율은 향상되었다. 여름철 조류독소 농도가 2 ug/L로 정수장으로 유입될 때 먹는 물 수질기준 1 ug/L 이하로 처리하는 데 요구되는 활성탄 양을 산출한 결과, 입상활성탄의 흡착작용만으로는 운전일수가 길지 않기 때문에 오존처리와 함께 병행하여 운전하는 것이 효과적인 것으로 나타났다.

먹는 물 수질기준 이하로 처리할 수 있는 취수원의 마이크로시스틴-LR의 최대 한계 농도는 매우 중요하다. 원수에 5.4 ug/L 이상의 마이크로시스틴이 발생한다면 기존 공정의 염소 처리로는 수질기준을 충족하기 어렵다. 이 경우 30 mg/L의 분말활성탄을 투입하면 90 %까지 추가 제거가 가능하며, 이때 최대 한계농도는 54 ug/L로 예상된다. 고도정수처리 공정의 경우 남조류 대발생 지속기간이 길어질수록 GAC 제거효율은 감소하게 된다. GAC 단독공정은 기존 공정에 분말활성탄 투입 시보다 제거율이 낮으나 경제성에서 유리하고 오존처리 + GAC 조합 공정은 99.3 % 이상의 안정된 제거효율을 기대할 수 있으며, 처리 가능한 원수의 최대농도도 720 ug/L로 증가한다(김복순외, 2013).

(7) 기타

1) 침식성 유리탄산

유리탄산(free carbonic acid, H_2CO_3*)이란 물속의 알칼리 성분이 물과 반응(탄산염 완충시스템)하여 만들어진 용존된 형태의 이산화탄소를 말한다. 수중에 탄산가스가 많이 함유되어 있으면 pH를 증가시켜 상수관을 부식시킨다. 유리탄산은 수중의 탄산수소염이 석출되지 않는 수준의 종속성 유리탄산(free dependent carbonic acid)과 그 이상의 양으로 존재하여 부식작용을 가지는 침식성 유리탄산(free aggressive carbonic acid)으로 구분된다. 유리탄산은 물의 총 산도에 의존하며 또 침식성 유리탄산은 총 산도와 총 알칼리도로부터 결정할 수 있다. 침식성 유리탄산에 의해 철관에 녹이 발생한다는 것은 수중의 유리탄산이 종속성 유리탄산에 상당하는 양보다 많다는 것을 의미한다.

상수 원수에서는 지하수와 호소의 저층수(정체기)에, 정수가정에서는 특히 전염소와 응집제를 다량으로 사용한 경우에 침식성 유리탄산이 많이 생성된다. 유리탄산이 약 20 mg/L를 초과하는 경우 침식성 유리탄산도 높아질 가능성이 있으므로, 폭기나 알칼리제 첨가 등의 적절한 방법으로 중화시키는 것이 좋다. 표 9-78에는 유리탄산 1 mg/L를 제거하는 데 필요한 알칼리 소요량을 비교하였다.

표 9-78 **유리탄산 1 mg/L를 제거하는 데 필요한 알칼리 소요량(mg/L)**

종류	소요량(mg Alk/mg free carbonic acid)
소석회(CaO 72%)	0.88
소다회(Na_2O_3 99%)	2.43
수산화나트륨(NaOH 20%)	4.55
수산화나트륨(NaOH 45%)	2.02

2) 불화물

불소는 음용수 중에 적정량 존재하면 충치를 예방하지만 다량으로 존재하면 오히려 문제를 일으킬 수 있다. 불화물(fluoride)에 대한 미국 EPA의 MCL 농도기준은 4.0 mg/L(2차 기준 2 mg/L)이며, 우리나라(1.5 mg/L 이하)와 일본(0.8 mg/L 이하)은 좀 더 낮은 기준을 정하고 있다. 수중의 불소는 주로 지질에 기인하며 화강암 지대의 지하수와 용천수 중에 많이 존재하고 온천, 광산폐수, 공장폐수 등으로부터 유입되는 경우도 있다.

원수 중에 불소가 과량으로 포함된 경우에는 응집-침전, 활성 알루미나, 골탄법, 전기분해 등의 방법을 통해 처리할 수 있으나, 비교적 처리효율이 낮기 때문에 가능한 한 수질이 좋은 다른 수원의 물을 혼합하여 희석하거나 수원을 전환하는 것이 바람직하다. 여기서 골탄(bone black)이란 동물의 뼈를 재료로 만들어진 다공질의 우수한 탄소계 흡착제(일종의 숯)로, 약 12 %는 탄소원자이며 나머지는 주로 인산칼슘과 탄산칼슘으로 구성되어 있는 물질을 말한다.

3) 색도

자연적인 원인으로 인하여 발색되는 색도는 주로 이탄(peat)지대를 흐르는 표류수와 유기물이 많은 토양 지하수에서 흔히 볼 수 있는 부식질로 인해 발생되는 유황색 또는 황갈색의 색을 띠는 수질현상이다. 부식질의 주성분은 분자량이 비교적 큰 휴믹산(humic acid)과 분자량이 더 작은 풀빅산(fulvic acid)이다.

색도 물질을 제거하는 데는 주로 응집-침전, 활성탄 또는 오존 처리가 유효하다. 응집-침전처리 시에는 pH를 6 전후의 조건에서 휴믹산을 효과적으로 제거할 수 있다. 활성탄 처리에는 휴믹산이나 풀빅산의 두 가지 모두 제거가능하지만 흡착능력은 그리 효과적이지 않다. 따라서 낮은 pH 조건에서 응집-침전과 활성탄 처리를 조합시키는 방법이 적절하다. 오존산화 또한 휴믹산과 풀빅산으로 인한 색도 제거에 유효하다. 그러나 원수를 전오존 처리하는 경우는 철이나 망간으로 인한 색도 문제뿐만 아니라 소독부산물(THM)의 생성 가능성이 높아지므로 주의해야 한다. 또한 원수의 색도의 원인이 철이나 망간이라면 철-망산 제거방식을 선택해야 한다.

4) 음이온 계면활성제

계면활성제(surfactants, detergent)는 친수성과 소수성 두 부분으로 구성되어 물속에서 계면에 흡착하여 표면의 장력을 저하시켜 두 물질이 잘 섞이게 하는 물질로 흔히 합성세제로 알려져 있다. 그 중에서 계면활동을 나타내는 부분이 음이온인 경우를 음이온 계면활성제(ABS, anionic surfactants or alkylbenzene sulfonate)라고 한다. 이 물질은 다양한 공업용 용도로 사용되므로 주로 공장폐수나 가정하수 등의 유입이 주요 원인이며, 생분해성이 낮고 수중에 유입되면 거품을 일으킨다.

미국 EPA는 2차(심미적) 기준에 발포제(foaming agents)에 대한 항목을 0.5 mg/L로 설정하며, 우리나라도 동일한 수준으로 규정하고 있다.

음이온 계면활성제를 제거하는 일반적인 방법은 활성탄(입상, 분말) 처리이나 생물처리 또는 양이온성 고분자 응집제를 사용할 수도 있다. 분말활성탄은 입상활성탄에 비하여 단위질량당 표면적이 크고 흡착량도 많은데, 제거효과를 높이기 위해서는 충분한 접촉시간(최소 30분 이상)의 확보가 중요하며, 농도에 따라 다르지만 주입률은 통상적으로 ABS 농도의 약 20배 정도가 적합하다. 입상활성탄의 경우 처리용량은 통상 여층체적의 2~3만 배 정도이다. 일반적으로 분말활성탄처리는 단기간의 처리에 적당하다.

5) 생물학적 처리

정수처리에서 생물학적인 공정은 특히 원수의 수질이 열악하고 생분해성 유기물질과 질소(암모니아, 질산성 질소)의 농도가 높은 경우, 그리고 조류나 곰팡이냄새 등으로 인한 문제를 제거하기 위해 적용될 수 있다. 그러나 공정의 특성상 온도의 영향을 크게 받고 난분해성 물질을 완전히 제거하기 어렵다. 또한 공정제어가 쉽지 않으며, 처리효과는 계절이나 원수수질에 따라 크게 달라진다.

처리공정의 선정에는 제거대상 물질과 목표수질을 특정하고 경제성과 기존 정수시설에의 적합성 등을 고려하여야 한다. 또한 소요면적, 설비의 크기, 설비에서의 손실수두, 유지관리의 난이도, 세척방법 및 슬러지 처리의 필요성, 설비의 내구성, 주변환경에의 영향, 건설비, 유지관리비 등을 고려해야 한다.

생물학적 처리방법으로는 수중에 고정된 플라스틱 재질의 하니콤(honeycomb), 회전원판(RBC, rotating biocontactor), 입상여재에 의한 생물접촉여과(Biofilter) 등의 방식이 있다(표 9-79).

표 9-80은 각종 제거대상물질의 고도정수방법과 처리효과를 정리한 것이며, 표 9-81에는 우리나라의 68개 정수장과 파일롯 규모 연구결과를 바탕으로 제안된 고도처리시설의 설계제원이 정리되어 있다. 이 연구결과에서 원수의 오염도가 심하지 않는 경우 일반처리 + 활성탄 여과를, 비교적 오염도가 심한 경우는 일반처리 + 후오존 + 활성탄 여과를, 그리고 오염도가 매우 심각한 경우에는 전오존 + 일반처리 + 후오존(또는 AOPs) + 활성탄(BAC) 여과 방식을 제안하고 있다.

표 9-79 생물학적 정수처리공정의 비교

	하니콤방식	회전원판방식
처리방식	반응조에 벌집모양의 집합체(하니콤)를 두고 그 안에 부착된 생물막과 접촉하도록 물을 순환시켜 처리함. 순환동력은 공기취입으로 이루어짐.	반응조 내에 약 40%가 수몰되도록 설치한 원형판의 열(列)을 서서히 느리게 회전시켜서 부착된 생물막과 접촉시켜서 처리함.
설비의 구성	반응조, 하니콤, 순환용 공기취입장치, 세척용 공기장치	반응조, 회전원판, 구동장치 지붕
체류시간(hr)	≈2시간	≈2시간
소요면적($m^2/m^2 \cdot d$)	0.015~0.020	0.020~0.030
처리수조의 깊이(m)	5~7	3~4
손실수두	거의 없음.	거의 없음.
폭기설비	물을 순환시키기 위하여 필요.	필요 없음.
세척설비	막힐 우려가 있는 경우에는 필요.	필요 없음.
슬러지 배출설비	필요하게 되는 경우가 많음.	필요하게 되는 경우가 많음.
유지관리의 용이함	용이	가장 용이
환경에의 영향	음이온 계면활성제가 많은 경우에는 거품이 발생될 우려가 있음.	지붕이 없는 경우 냄새가 누설되기 쉬움.

자료) 환경부(2010)

표 9-80 **고도정수시설 방법과 처리효과**

처리방법 \ 제거대상		트리할로메탄(THM)	냄새물질	음이온 계면활성제(ABS)	암모니아성 질소(NH4-N)
O_3		오존소비량이 적으면 유기물질의 종류에 따라 효과가 다르며, 4~5 mg/L 정도 소비되면 전구물질이 30~60% 감소함.	100~150 mg/L의 2-MIB, Geosmin에 대해서는 O_3 주입률 2 mg/L로 악취를 없앨 수 있는 농도까지 제거 가능함.	오존처리 시의 포기에 의해 상당히 제거되지만, O_3 산화는 높은 주입률이 아니면 효과가 없음.	오존으로는 효과적으로 제거할 수 없음.
PAC		PAC 1 mg/L당 0.5~3 mg/L의 THM 전구물질 제거효과가 있음. THM의 제거효과는 활성탄의 종류에 따라 다르나 적어도 50%의 제거율을 기대할 수 있음.	PAC에 의한 냄새물질의 제거효과가 있지만, O_3 산화는 높은 주입률이 아니면 효과가 없음.	ABS 농도의 10~20배 PAC를 주입하면 약 95% 이상의 제거효과가 있음.	제거가 불가능함.
GAC	비염소처리	수온이 낮은 경우를 제외하고는 THM 전구물질의 30% 정도 제거됨.	높은 수온인 경우에는 2년 경과 후에도 2-MIB로 90%의 제거율을 나타내며, 수온, 층 두께에도 불구하고 최저 50% 정도의 제거율은 가능함.	적절한 사용조건 하에는 100% 정도 제거가 가능함.	생물활성탄 이외는 제거가 불가능함.
	염소처리 (전·중간염소)	전염소처리의 경우는 활성탄에 따라 다르지만 20일 전후로 THM의 누출이 시작되며 40~60일에 전체층이 파손됨. 중간염소처리와 같이 염소주입 후 GAC까지의 시간을 단축하는 것이 효과적임.	통수시간의 경과와 함께 제거율은 저하되어 1년 경과 후 2-MIB의 제거율은 50%인 경우도 있음. 전염소처리보다도 중간염소처리 방법이 제거효과는 좋음.	-	-
오존/GAC 처리		오존소비량이 적으면 GAC와 비슷하나, 오존농도가 4~5 mg·O_3/mg·C 이상이면 제거효과가 우수함.	냄새물질 제거에 대해서는 매우 효과적임.	높은 제거율이 기대됨.	보통처리 형태로는 제거할 수 없으나 생물활성탄으로 사용한 경우 제거가 가능함.
생물학적 처리		생물산화작용에 의한 THM 전구물질의 제거효과는 20~30% 정도임.	수온, 접촉시간 등에 따라 다르며, 30~80% 제거함. 냄새물질 농도가 높은 경우에는 생물학적 처리만으로는 제거가 곤란함.	수온, 접촉시간 등에 의해 영향을 받으나 제거율은 30~100%임.	적절한 설계로 효과적인 제거를 기대할 수 있음.

표 9-81 **우리나라 고도처리시설의 설계제원**

(a) 활성탄 흡착

설계요소	GAC	BAC	GAC/BAC
선속도(m/hr)	10~15	7.5~12.5	7.5~12.5
공정접촉시간(min)	5~10	10~15	7.5~12.5
활성탄 깊이(m)	0.83~2.5	1.25~3.12	0.9~2.6
역세시간(min)	8~10	15~10	15~20

(b) 산화

설계요소	오존산화		AOPs	
	전오존	후오존	전 AOPs	후 AOPs
O_3 주입농도(mg/L)	0.5~1.0	2~3	0.5~1.0	1.5~2.0
접촉시간(min)	5~10	10~20	2.5~7.5	5~10
O_3/H_2O_2(w/w)	n/a	n/a	1/0.3~0.5	1/0.3~0.5

자료) 한국건설기술연구원(1995)

참고문헌

- Acero, J.L., von Gunten, U. (2001). Characterization of oxidation processes: ozonation and the AOP O_3/H_2O_2. J Am Water Works Assoc., 93(10), 90-100.
- Ahn, Y.H. (2006). Sustainable nitrogen elimination biotechnologies: a review. Process Biochemistry, 41(8), 1709-1721.
- Anam, G.B., Ahn, Y.H. (2018). Isolation of a new cyanophage infecting cyanobacteria. Yeungnam University, Department of Civil Engineering.
- Andrzej K.B., Sylwia, S.M. (2012). Comparison of the advanced oxidation processes (UV, UV/H_2O_2 and O_3) for the removal of antibiotic substances during wastewater treatment. Ozone: Science & Engineering, The Journal of the International Ozone Association, 34(2), 136-139.
- Applied Membranes Inc. (2007). Water treatment guide-Silt Density Index (SDI) Measurement & Testing. Technical Database for the Water Treatment Industry. (http://www.watertreatmentguide.com/silt_density_index.htm).
- AWWA (1986). Corrosion control for operators.
- AWWA, ASCE (1998). Water Treatment Plant Design. McGraw-Hill. New York, NY.
- AWWARF, Lyonnaise des Eaux, WRC of South Africa (1996). Water Treatment-Membrane Processes, McGraw-Hill.
- Ayyaru, S., Ahn, Y.H. (2017). Application of sulfonic acid group functionalized graphene oxide to improve hydrophilicity, permeability, and antifouling of PVDF nanocomposite ultrafiltration membranes. Journal of Membrane Science, 525, 210-219.
- Ayyaru, S., Ahn, Y.H. (2018). Fabrication and separation performance of polyethersulfone/ sulfonated TiO_2 (PES-$STiO_2$) ultrafiltration membranes for fouling mitigation, Journal of Industrial and Engineering Chemistry (in publication).
- Baker, R.W. (2004). Membrane technology and applications (2/e), John Wiley & Sons, Ltd.
- Bergman, A.R., Lozier, J.C. (1993). Membrane process selection and the use of bench and pilot tests, In Proc. Membrane Technology Conference, American Water Works Association, Baltimore.
- Bischof, H., Höfl, C., Schönweitz, C., Sigl, G., Wimmer, B., Wabner, D. (1996). UV-activated hydrogen peroxide for ground and drinking water treatment-development of technical process. In Proc. Reg. Conf. Ozone, UV-light, AOPs Water Treatm., September 24-26, Amsterdam, Netherlands, 117-131.
- California Code of Regulations (2012). California Regulations Related to Drinking Water.
- Cardew, P.T., Le, M.S. (1998). Membrane Processes: A Technology Guide, Ch 3, Royal Society of Chemistry.
- Chaulk, M. (2013). Application of Ion exchange in municipal drinking water treatment: organics reduction, Clean and Safe Drinking Water Conference, Gander, NL, Canada.
- Cheng, R.C. et al. (1994). Enhanced coagulation for arsenic removal, AWWA, 86(9), 79.
- Clifford, D., Lin, X. (1993). Ion exchange for nitrate removal, AWWA, 85(4), 135.
- Clifford, D.S., Subramonian, S., Sorg, T. (1986). Removing dissolved inorganic contaminants from water. Environ. Sci. Tech., 20(11), 1072-1080.
- Comninellis, C. et al. (2008). Perspective Advanced oxidation processes for water treatment: advances and trends for R&D. J. Chem. Technol. Biotechnol., 83, 769-776.
- Crittenden, J.C., et al. (1987). Multicomponent Competition in Fixed Beds. Journal Environmental Engineering Division, American Society of Civil Engineers, 113, EE6, 1364-1375.
- Crozes, G. et al. (1993). Effect of adsorption of organic matter on fouling of ultrafiltration membranes. Journal of Membrane Science, 84(1-2), 61-77.

- Dimotsis, G.L., McGarvey, F. (1995). A comparison of a selective resin with a conventional resin for nitrate removal, IWC, No. 2.
- Dobbs, R.A., Cohen, J.M. (1980). Carbon Adsorption Isotherms for Toxic Organics, EPA-600/8-80-023, U.S. Environmental Protection Agency, Washington, DC.
- Eckenfelder, W.W., Jr. (2000). Industrial Water Pollution Control (3/e), McGraw Hill, Boston, MA.
- Edzwald, J.K., Tobiason, J.E. (1999). Enhanced coagulation: US requirements and a broader view. Water Science and Technology, 40(9). 63-70.
- Esplugas, S., Marco, A., Chamarro, E. (1998). Use of Fenton reagent to improve the biodegradability of effluents. In Proc. Int. Reg. Conf. Ozonation and AOPs in Water Treatm., September 23-25, Poitiers, France, 20-1-20-4.
- Fassler, D., Franke, U., Guenther, K. (1998). Advanced techniques in UV-oxidation. In Proc. Eur. Workshop Water Air Treatm. AOT, October 11-14, Lausanne, Switzerland, 26-27.
- Fenton, H.J. (1884). Oxidative properties of the H_2O_2/Fe2+ system and its application. J. Chem. Soc., 65, 889-899.
- Ferguson, J.E., Garvis, J. (1972). A review if the arsenic cycle in natural waters. Water Res., 6, 1259.
- Flox, C. et al. (2007). Mineralization of herbicide mecoprop by photoelectro-Fenton with UVA and solar light. Catal Today, 129, 29-36.
- Froelich, E.M. (1978). Control of synthetic organic chemicals by granular activated carbon: theory, application and reactivation alternatives, Presented at the Seminar on Control of Organic Chemical Contaminants in Drinking Water, Cincinnati, OH.
- Fryda, M., Matthée, T., Mulcahy, S., Höfer, M., Schäfer, L., Tröster, I. (2003). Applications of DIACHEM electrodes in electrolytic water treatment. Electrochem Soc. Interface, 12, 40-44.
- Fu et al. (1994). Selecting membanes for removing NOM and DBP precursors. AWWA, 86, 55-72.
- Gijsbertsen-Abrahamse, A.J., Cornelissen, E., Hofman, J.A.M.H. (2006). Fiber failure frequency and causes of hollow fiber integrity loss. Desalination, 194(1-3), 251-258.
- Gilmour, C.R. (2012). Water Treatment Using Advanced Oxidation Processes: Application Perspectives. The University of Western Ontario, MS thesis.
- Glaze, W.H., Kang, J.W., Chapin, D.H. (1987). The chemistry of water treatment processes involving ozone, hydrogen peroxide and UV-radiation. Ozone: Sci. Eng., 9, 335-352.
- HACH (2016). Optimizing coagulation with streaming current. 2016 Plant Operations Conference Presented by the VA AWWA Plant Operations Committee.
- He, H., Zhou, Z. (2017). Electro-Fenton process for water and wastewater treatment. Journal of Critical Reviews in Environ. Sci. Technol., 21, 2100-2131.
- Hirvonen, A., Tuhkanen, T., Kalliokoski, P. (1996). Treatment of TCE- and TeCE- contaminated groundwater using UV/H_2O_2 and O_3/H_2O_2 oxidation processes. Water Sci. Technol., 33, 67-73.
- Holdren, C., Jones, W., Taggart, J. (2001). Managing Lakes and Reservoirs. North American Lake Management Society and Terrene Institute in coop. with Off. Water Assess. Watershed. Proc. Div. U.S. Environ. Prot. Agency, Madison, WI.
- Hozalski, R.M., Goel, S., Bouwer, E.J. (1995). TOC removal in biological filters, AWWA, 87, 12.
- https://en.wikipedia.org/wiki/Safe_Drinking_Water_Act
- http://osmonic.com
- Hydrogroup (2018). Fundamentals of ion exchange. (https://www.hydrogroup.biz/areas-of-use/industry-power-stations-commercial-enterprises/ion-exchange.html)
- Ijpelaar, G.F., Meijers, R.T., Hopman, R., Kruithof, J.C. (1998). Oxidation of herbicides in groundwater by the Fenton process: A realistic alternative for O_3/H_2O_2 treatment. In Proc. Int. Reg. Conf. Ozonation and AOPs in Water Treatm., September 23-25, Poitiers, France, 19-1-20-1.

- Ingrid Chorus (2005). Current approaches to cyanotoxin risk assessment, risk management and regulations in different countrries, Federal Environmental Agency, Umwelt Bundes Amtm, 2005.
- Ignasi, S. et al. (2014). Electrochemical advanced oxidation processes: today and tomorrow. A review, Environ Sci Pollut Res, 21, 8336-8367.
- Joe Woolley (2012). Ion Exchange Process Design. Watercare International Ltd.
- Kawamuea (2001). 정수시설의 종합설계와 유지관리.
- Korea Environment Corporation (KEC) (2012). Proceedings of the Conference for Algae Removal Technology. KEC, Seoul.
- Krasner, S.W. et al. (1994). Quality degradation: implications for DBP formation, AWWA, 86(6), 34.
- LaGrega, M.D., Buckingham, P.L., Evans, J.C. (2001). Hazardous Waste Management, McGraw-Hill, Boston.
- Liessens, J. et al. (1993). Removing nitrate with a methylotrophic fluidized bed: technology and operating performance, AWWA, 85(4), 144.
- Maharingam, S., Ramasamy, J., Ahn, Y.H. (2017). Synthesis and application of graphene-α MoO_3 nanocomposite for improving visible light irradiated photocatalytic decolorization of methylene blue dye. Journal of the Taiwan Institute of Chemical Engineers, 80, 276-285.
- McDonald, D.V. (1990). Denitrification by an expended bed reactor, Res, J. WPCF, 62(6), 796.
- McGarvey, F. et al. (1989). Removal of nitrates from natural water supplies, Presented at the American Chemical Society Meeting, Dallas TX.
- Metcalf & Eddy, Inc. (2003) Wastewater Engineering: Treatment, Disposal, and Reuse (4/e), Revised by Burton, F.L., Stensel, H.D., Tchobanoglous, G., McGraw-Hill, New York.
- Michaeis, A.S. (1952). Simpiified method of interpreting kinetic data in fixed bed ion exchange. Industrial and Engineering Chemistry, 44(8), 1922-1930.
- Miller, W.S., Castagna, C.J., Pieper, A.W. (1981). Understanding ion exchange resins for water treatment systems, Plant Engineering.
- Mirza, S.F. et al. (2015). Isolation and characterization of a virus infecting the fresh water algae *Chrysochromulina parva*, Virology, 486, 105-115.
- Munter, R. (2001). Advanced Oxidation Processes - current status and prospects, Proc. Estonian Acad. Sci. Chem., 50(2), 59-80.
- Nafcy, A.M. (1995). The role of humic substance in water and wastewater treatment. IWA Asian Regional Conf, Manila, Philippines.
- NDWC (1997). Tech Brief: Organic removal. #DWBLPE59.
- Nicole, I., De Laat, J., Dore, M. (1991). Evaluation of reaction rate constants of #OH radicals with organic compounds in diluted aqueous solutions using H_2O_2/UV process. In Proc. 10th Ozone World Congr., Monaco, 1, 279-290.
- NPDW (2009). National Drinking Water Regulation: Primary and Secondary. EPA 816-F-09-004.
- Ouki, S.K., Kavannagh, M. (1999). Treatment of metals-contaminated wastewaters by use of natural zeolites, Water Sci. Technol., 39(10-11), 115-122.
- Ozonia, Ltd. (1977). The Ozat™ Compact Ozone Generation Units, Ozonia North America, Eimwood Park, NJ.
- Pearce, G. (2007a). Introduction to membranes: membrane selection, Filtration and Separation, 4, 35-37.
- Pearce, G. (2007b). Introduction to membranes: membrane module format, Filtration and Separation, 5, 31-33.
- Pearce, G. (2007c). Introduction to membranes: water and wastewater - RO pre-treatment, Filtration and Separation, 9, 28-31.
- Pearce, G. (2007d). Introduction to membranes: fouling control, Filtration and Separation, 8, 30-32.

- Pettit, R.E. (2002). Organic matter, humus, humate, humic acid, fulvic acid and humin: their importance in soil fertility and plant health, Texas A & M University, 1-24.
- Reh, C.W. (1978). Lime soda softening processes. In: Water Treatment Plant Design for the Practicing Engineer, edited by R. L. Sanks, Ann Arbor Science Publishers, Ann Arbor, Mich.
- Plakas, K.V. et al. (2016). Removal of organic micropollutants from drinking water by a novel electro-Fenton filter: Pilot-scale studies, Wat. Res., 91, 183-194.
- Rice, R.G. (1996). Ozone Reference Guide, Prepared for the Eiectric Power Research Institute, Community Environment Center, St. Louis, MO.
- Rice, R.G., Robson, C.M. (1982). Biological Activated Carbon, Ann Arbor Science.
- Ruppert, G., Bauer, R., Heisler, G., Novalic, S. (1993). Mineralization of cyclic organic water contaminants by the photo-Fenton reaction. Influence of structure and substituents. Chemosphere, 27, 1339-1347.
- Shaw, D.J. (1966). Introduction to Colloid and Surface Chemistry, Butterworth, London, England.
- Sharma, S. et al. (2011). A general review on Advanced Oxidation Processes for waste water treatment. In Inter. Conference on Current Trends in Technology 2011, NUiCONE, Institute of Technology, Nirma University, Ahmedabad, 382-481, 08-10, 1-8.
- Sibuya, S.M. (2014). Evaluation of the streaming current detector (SCD) for coagulation control. Procedia Engineering, 70, 1211-1220.
- Siddinqui, M.S., et al. (1995). Bromate ion formation. A critical review. AWWA, 87(10), 59.
- Snoeyink, V.L., Summers, R.S. (1999). Adsorption of Organic Compounds. in R.D. Letterman (ed.), Water Quality and Treatment: A Handbook of Community Water Supplies (5/e), American Water Works Association, McGraw-Hill, New York.
- Sontheimer, H., Crittenden, J.C., Summers, R.S. (1988). Activated Carbon for Water Treatment (2/e). in English, DVGW-Forschungsstelle, Engler-Bunte-Institut, Universitat Karlsruhe, Germany.
- Stevenson F.J. (1982) Humus Chemistry. Genesis, Compositions, Reactions (2/e), Wiley & Sons Inc., NY, 1-25.
- Suez. (https://www.suezwaterhandbook.com/water-and-generalities/fundamental-physical-chemical-engineering-processes-applicable-to-water-treatment/ion-exchange/main-types-of-ion-exchangers).
- Suffet, I.H. et al. (1996). AWWA taste and odor survey. AWWA, 88(4), 168-180.
- Sun, Y., Pignatello, J.J. (1993). Photochemical reactions involved in the total mineralization of 2,4-D by $Fe^{3+}/H_2O_2/UV$. Environ. Sci. Technol., 27, 304-310.
- Tchobanoglous, G., Schroeder, E.D. (1985). Water Quality: Characteristics, Modeling, Modification, Addison-Wesley Pub. Co., MA.
- Techcommentary (1996). Advanced Oxidation Processes for Treatment of Industrial Wastewater. An EPRI Community Environmental Center Publ. No. 1.
- Technical Information Memorandum (2002). Treatment by generator, treatment-specific guidance: carbon adsorption, ecology Fact Sheet, Washington State Department of Ecology. Publication Number 96-415.
- US EPA (1990). Technologies for Upgrading Existing or Designing New Drinking Water Treatment Facilities. Cincinnati, OH. EPA 625/4-89/023.
- U.S. EPA (1998). Small System Compliance Technology List for the Surface Water Treatment Rule and Total Coliform Rule. Washington, D.C.: Office of Water. EPA/815/R/98/001.
- US EPA (1999). Enhanced Coagulation and Enhanced Precipitative Softening Guidance Manual.
- von Gunten, U. (2003a). Ozonation of drinking water. Part I. Oxidation kinetics and product formation, Water Res., 37, 1443-1467.
- von Gunten, U. (2003b). Ozonation of drinking water. Part II. Disinfection and by-product formation

in presence of bromide, iodide and chlorine. Water Res., 37, 1469-1487.
- Vrijenhoek, E.M. et al. (1998). Removing particles and THM precursors by enhanced coagulation. Journal of AWWA, 90(4), 139-150.
- Watts, R.J., Udell, M.D., Monsen, R.M. (1993). Fenton process as a potential oxidant for pesticides and other soil contaminants. Water Environ. Res., 65, 839-844.
- Weber, W.J., Jr. (1972). Physicochemical Processes for Water Quality Control, Wiley Interscience New York.
- Wiliams, R.B., Culp, G.L. (1986). Handbook of Public Water Systems. New York, Van Nostrand Reinhold Company.
- 국립환경과학원 (2017). 먹는물 수질기준 해설서, 환경부.
- 김복순 외 (2013). 활성탄 흡착에 의한 조류독소 제거연구, 아리수 연구보고서, 서울특별시상수도연구원.
- 김영석 (1995). 수돗물에서 지오스민과 2-MIB의 처리에 관한 연구. 고려대학교 박사학위논문.
- 박후원, 김영, 권수열, 하준수, 안영호 (2005). PCE와 TCE로 오염된 토양 및 지하수의 현장 생물학적 복원 기술개발 및 상용화. 차세대 핵심환경기술 개발 사업 최종보고서, 한국환경기술진흥원.
- 서상채 (1995). 파과점 염소주입에 따른 수질개선대책, 한국수도협회 수도심포지움.
- 안영호, 최정동, 김영, 권수열, 박후원 (2006). 반연속 흐름 2단 토양컬럼에서의 사염화에틸렌의 혐기성 완전탈염소화 환원생분해. 한국지하수토양학회지, 11(2), 68-76.
- 이성우 (1995). 우리나라 주요 하천의 알루미늄 현황 및 정수처리대책. 한국수도협회 수도심포지움.
- 최의소 (2003). 상하수도공학, 청문각.
- 하기성 (1995). 질산성 질소에 의한 지하수오염의 안정성 및 처리기술. 한국수도협회 수도심포지움.
- 한국건설기술연구원 (1995). 고도정수시스템 개발, G-7 연구보고서.
- 환경부 (2008). 막여과 정수시설의 설치기준, 환경부고시 제2008-198호.
- 환경부 (2010). 상수도시설기준.
- 환경부 (2014). 환경통계연감 제27호.

Chapter 10

상수슬러지처리

Water Treatment Residuals Processing

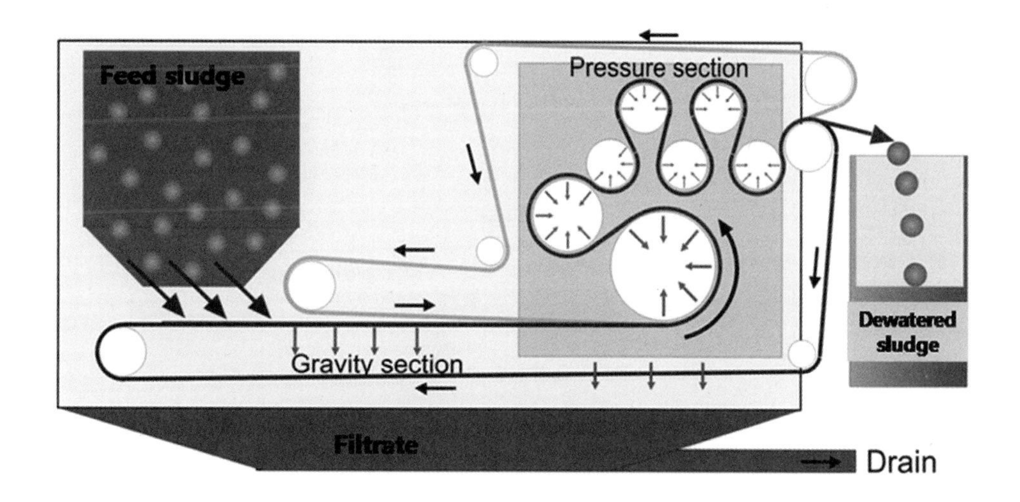

Belt Press Filter for Sludge Dewatering

(Wikimedia Commons, 2009)

10.1 개요

상수처리시설은 안전한 음용수의 생산과 더불어 그 처리과정에서 다양한 종류의 폐기물을 생산한다. 상수처리시설 잔류물(water treatment plant residuals)이라고 불리는 이 찌꺼기에는 수원의 종류와 처리방법의 유형(응집응결, 연수화, 막분리, 이온교환 및 입상활성탄 등)에 따라 액체상, 고체상 및 기체상의 다양한 유기 및 무기 화합물들이 포함된다. 이러한 각종 폐기물의 관리계획을 수립하기 위해서 다음 사항을 고려할 필요가 있다(USEPA, 1996).

- 잔여물의 형태와 양적 및 질적 특성
- 적절한 법적 규제 요구사항
- 실행 가능한 처분 옵션
- 잔류물의 적절한 처리공정과 기술의 선택
- 수처리 시설에 대한 경제적 또는 비경제적 목표를 모두 충족시키는 잔류물 관리 전략

정수과정에서 발생하는 잔류 폐기물(residuals)은 슬러지(화학적 침전슬러지와 역세척수 등), 염 농축수(이온교환 및 막여과 반송수 등), 수명이 다한 활성탄과 필터여제 등, 그리고 맛·냄새 제거 후 방출되는 폐가스 등 크게 4종류로 구분된다. 표 10-1은 상수처리에 사용되는 주처리 공정과 발생되는 주요 폐기물의 종류 그리고 폐기물 처분방법을 보여준다. 그 대표적인 처분방법(disposal methods)으로는 표류수로의 직접적인 방류(direct discharge), 하수처리장으로의 이송, 매립(landfill options) 그리고 토지적용(land application) 등이 있다. 이러한 최종처분방법은 우리나라를 포함하여 대부분의 나라에서 수용 환경(수질, 토양, 대기)에 대한 법적 규제를 적용받고 있으므로 관리계획의 수립에는 세심한 검토가 요구된다. 그림 10-1은 지역의 경제적 및 비경제적 요인을 고려한 실용적인 처리계획 수립절차를 보여준다. 최종적인 관리계획을 수립하기 위해 사용되는 기술의 기준은 상황에 따라 다를 것이며, 또한 경제적이고도 안정한 최종처분을 위해 좀 더 강화된 추가적인 처리가 요구되기도 한다.

정수처리 잔류물 처리공정(water treatment residuals processing)이라 함은 일반적으로 고형성 잔류물(슬러지)의 처리에 대한 단위기술을 말한다. 이 장에서는 슬러지 처리와 처분에 국한하여 설명하고자 하며, 기타 부분에 대해서는 관련문헌(Robinson and Witko, 1991; USEPA, 1996; USEPA 2011)을 참고하기 바란다.

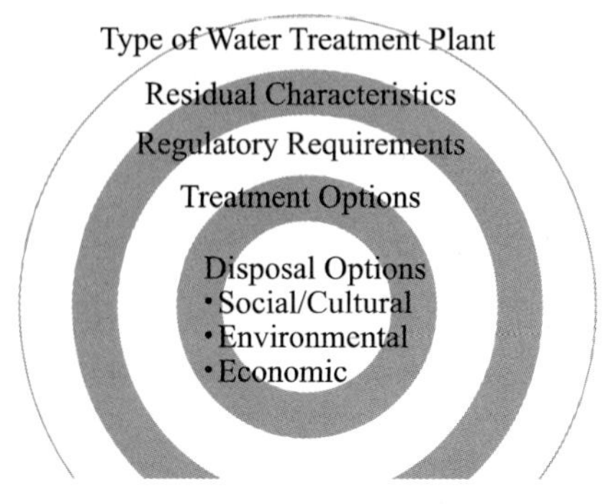

그림 10-1 **The primary target of a residuals management plan** (USEPA, 1996)

표 10-1 Treatment processes and waste streams

Major Treatment Process Type	Typical Residual Waste Streams Generated	Typical Contaminant Categories	Typical Disposal Methods	Regulation Covering Disposal Method(USA)
Coagulation/ Filtration	Aluminum hydroxide, ferric hydroxide, or polyaluminum chloride, sludge with raw water, suspended solids, polymer and natural organic matter (sedimentation basin residuals)	Metals, suspended solids, organics, biological, radionuclides, inorganics	Landfilling	RCRA/CERCLA
			Disposal to sanitary sewer/WWTP	State and local regulations
			Land application	RCRA, DOT
			Surface discharge	NPDES (CWA), state and local DOH
	Spent backwash filter-to-waste	Metals, organics, suspended solids, biological, radionuclides, inorganics	Recycle	State and local DOH
			Surface discharge (pumping, disinfection, dechlorination)	NPDES (CWA), state and local regulations
			Disposal to sanitary sewer/WWTP	State and local regulations
Precipitative softening	Calcium carbonate and magnesium hydroxide sludge with raw water, suspended solids and natural organic matter	Metals, suspended solids, organics, unreacted lime, radionuclides	Landfilling	RCRA/CERCLA, state and local regulations
			Disposal to sanitary sewer/WWTP	State and local regulations
			Land application	RCRA, state and local regulations, DOT
	Spent backwash filter-to-waste	Metals, organics, suspended solids, biological, radionuclides, inorganics	Recycle	State and local DOH
			Surface discharge (pumping, disinfection, dechlorination)	NPDES (CWA), state and local regulations
			Disposal to sanitary sewer/WWTP	State and local regulations
Membrane separation	Reject streams containing raw water, suspended solids (microfiltration), raw water natural organics (nanofiltration), and brine(hyperfiltration, RO)	Metals, radionuclides, TDS, high molecular weight contaminants, nitrates	Surface discharge (pumping, etc.)	RCRA, NPDES, state and local regulations
			Deep well injection(pumping)	RCRA, NPDES, state and local regulations
			Discharge to sanitary sewer/WWTP	State and local regulations
			Radioactive storage	RCRA, DOT, DOE
Ion exchange	Brine stream	Matals, TDS, hardness, nitrates	Surface discharge	RCRA, NPDES, state and local regulations
			Evaporation ponds	RCRA, NPDES, state and local regulations
			Discharge to sanitary sewer/WWTP	State and local regulations
Granular activated carbon*	Spent GAC requiring disposal and/or reactivation, spent backwash, and gas-phase emissions in reactivation systems	VOCs, SOCs (nonvolatile pesticides), radionuclides, heavy metals	Landfill Regeneration-on/off site	RCRA, CERCLA, DOT
			Incineration	State and local air quality regulations (CAA)
			Radioactive storage Return spent GAC to supplier	State and local air quality regulations (CAA) DOT, DOE
Stripping process (mechanical or packed tower)	Gas phase emissions	VOCs, SOCs, radon	Discharge to atmosphere GAC adsorption of off-gas (contaminant type and concentration dependent)	State and local air quality regulations (CAA)

표 10-1 Treatment processes and waste streams(계속)

Major Treatment Process Type	Typical Residual Waste Streams Generated	Typical Contaminant Categories	Typical Disposal Methods	Regulation Covering Disposal Method(USA)
	Spent GAC if used for gas-phase control	VOCs, SOCs, radionuclides	GAC adsorption of off-gas (contaminant type and concentration dependent) Return spent GAC to	State and local air quality regulations (CAA)

* The discussion on disposal methods for GAC residuals is generic in nature. For more specific information on disposal options for GAC, see McTigue and Cornwell(1994).

Key CAA = Clean Air Act
CERCLA = Comprehensive Environmental Response, Compensation and Liability Act
DOE = Department of Energy
DOH = Department of Health
DOT = Department of Transportation
NPDES = National Pollutant Discharge Elimination System
RCRA = Resource Conservation and Recovery Act
RO = Reverse osmosis
SOC = Synthetic organic chemical
TDS = Total dissolved solids
VOC = Volatile organic compound

Ref) Robinson and Witko(1991)

전통적인 슬러지 처리방법은 농축(thickening), 탈수(dewatering) 및 건조(drying)로, 적절한 공정의 선택은 주로 고형물 농도에 따라 이루어진다. 표 10-2는 각 공정에 포함되는 요소기술들을 보여준다. 여기서 고형물 농도(저, 중, 고)에 대한 정의는 일반적으로 슬러지를 생성하는 처리시설의 종류(즉, 응결/여과 또는 연수화)에 따라 이루어진다. 슬러지 처리 시스템은 각 공정들의 운영상의 유연성을 높이고 복잡성을 피하기 위해 보통 일련의 조합형 시스템(in-series combination system)으로 구성된다.

고형성 잔류물(슬러지)은 대부분 약품침전된 화학적 슬러지(chemical sludge)와 여과지의 역세척수(backwash water)의 형태로 발생하며, 우리나라에서는 이를 총칭하여 상수슬러지 또는 배출수라고 한다. 우리나라의 시설기준에는 시설용량 1,000 m^3/d 이상의 정수장(역세척을 포함한 처리시설)에서 유출되는 배출수는 수질 및 수생태계 보전에 관한 법률에 의거하여 상황에 따라 배출수 허용기준과 방류수 수질기준으로 달리 적용받고 있다. 배출수는 일반적으로 하수관거에서 수용하게 되는데, 이 경우 수질 및 수생태계 보전에 관한 법률 시행규칙[별표 13]에서 정한 수질오염물질의 배출허용기준이 적용된다. 이때 공공하수처리시설에서 처리할 수 있는 항목에 대하여는 "나" 지역을 적용하고, 공공하수처리시설에서 처리할 수 없는 항목(특정수질유해물질

표 10-2 Representative solids concentration of treatment processes

Process	Solids Concentration	Equalization	Gravity Settling	Dissolved Air Flotation	Lagoon	Mechanical	Open Air	Thermal Drying
Thickening	Low	×	×	×	×	×		
Dewatering	Medium				×	×	×	
Drying	High				×	×	×	×

Ref) USEPA(1996)

표 10-3 방류수 수질기준 (기본배출부과금 산정기준: 2013. 1 이후)

항목	BOD	COD	SS	T-N	T-P
수질기준	10	20	10	20	0.2

주) 단위: mg/L

등)에 대하여는 같은 법 시행규칙[별표 13] 제1호(지역구분 적용에 대한 공통기준)에 지역기준을 적용한다. 또한 공공하수도관리청의 허가를 받아 폐수를 공공하수도에 유입시키지 않고 공공수역으로 배출하는 배출시설이나 같은 법 제27조 제1항을 위반하여 배수설비를 설치하지 않은 폐수를 공공수역으로 배출하는 사업장에 대한 배출허용기준은 「하수도법」 제28조에 따라 공공하수처리시설의 방류수 수질기준을 적용하고 있다. 즉, 배출수를 하천으로 직접 방류하는 경우는 2013년 1월 이후부터 더 강화된 방류수 수질기준(표 10-3)을 적용받게 되며, 이는 기본배출부과금의 산정기준으로 이용된다. 따라서 별도의 방류수 처리시설이 없이 농축조의 상징수를 표류수에 직접 방류할 경우 안정적인 방류수 수질관리를 위해서 적절한 방류수 처리시설을 두는 것이 가장 이상적이다. 하지만 이를 위해서는 기존 배출수 시스템의 전반적인 공정진단과 개선방안에 대한 상세한 평가가 선행되어야만 한다.

일반적으로 정수장 유입원수의 유기물질(BOD, COD)과 영양염류(N.P) 함량은 매우 낮기 때문에, 대체로 배출수는 부유물질 함량에 대한 기준치의 적합 여부가 중요한 척도가 된다. 그러나 조류의 과다발생 또는 정기적인 침전지 청소 과정에서 유기물질의 농도가 일시적으로 높아질 수 있으며, 또한 유기성 고분자 응집제(예, 아크릴아마이드계)를 사용하는 경우도 있으므로 배출수 중에 포함된 유기물질 농도를 고려할 필요가 있다. 슬러지 처리과정을 통하여 발생되는 케이크(cake)는 사업장 폐기물로, 그 수집, 운반 및 처분과정은 모두 현행 폐기물관리법에 따른다. 폐기물관리법에 의한 최종처분 방법에는 소각, 매립, 재활용 등이 있으며, 이중 정수슬러지의 최종처분은 매립과 재활용에 중점을 두고 있다.

정수과정에서 생산되는 슬러지의 처리공정에서 슬러지의 발생량과 그 특성(고형물 농도, 밀도, 농축특성 및 탈수성 등)의 파악은 매우 중요하다. 슬러지의 주요 배출원은 침전지와 여과지로 양적인 측면에서 침전지보다 여과지에서의 배출수량(총 처리용량의 2～5% 정도)이 일반적으로 훨씬 더 많다. 화학적 슬러지(0.5～1.5% as TS)와 역세척 배출수(0.01～0.04% as TS)는 그 성상이 매우 다르므로 미량 유기물 및 중금속 등이 포함될 여지가 있는 침전슬러지의 특성상 혼합처리는 바람직하지 않다.

배출수 처리에서 화학적 침전슬러지는 배출수 처리시설의 농축조를 시작으로 처리하며 일반적으로 그 상징수는 정수공정으로 반송하지 않는다. 반면에 여과지의 역세척수는 재활용이 가능한데, 이 경우에는 배출수지(세정배수지)라고 하는 회수조(recovery pond)를 통해 침전시킨 후 그 상징수를 회수하여 정수시설의 착수정으로 직접 반송하거나, 아니면 침전과 소독공정을 거친 다음 상징수를 착수정으로 반송하는 방식을 선택한다. 이때 회수지는 여과지의 역세척수량에 농축조와 탈수기로부터의 유입량을 가산하여 저장 가능한 크기 이상을 최소 용량으로 하고 있다. 슬러지의 처리를 위해 유량을 조절하는 조정지를 배슬러지라고 한다. 그림 10-2는 상수슬러지의

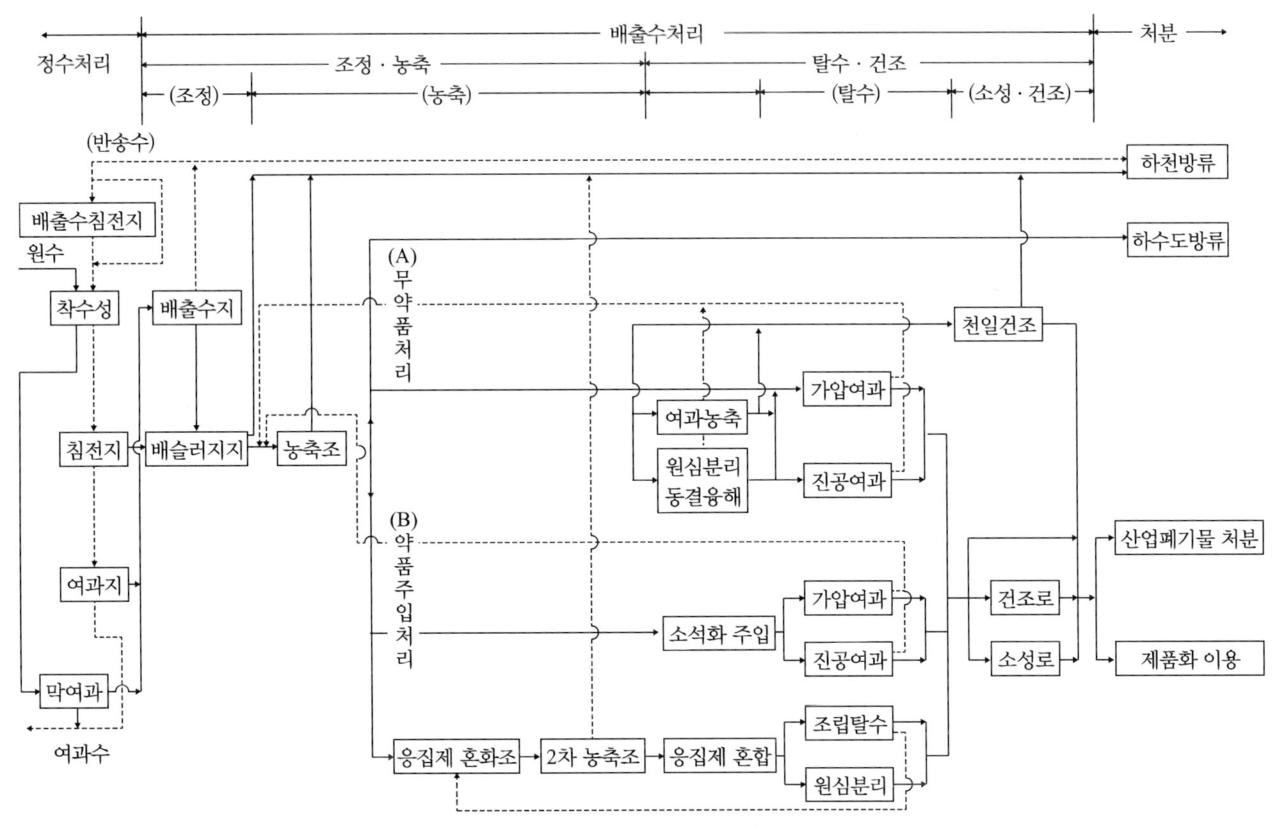

그림 10-2 **상수슬러지의 발생과 처리방식에 대한 개념도**(환경부, 2010)

발생과 처리방식에 대한 개념도를 보여준다. 일반적으로 상수슬러지의 특성은 하수슬러지의 경우와 큰 차이가 있으나 슬러지 처리목적은 기본적으로 감량화와 안정화에 있으므로 동일한 맥락에서 슬러지 처리공정을 설계한다.

10.2 슬러지 발생

화학적 침전뿐만 아니라 기계식 분리장치[즉, 스크린이나 전침전(pre-sedimentation)]로부터 생산된 반고형성 잔류물(semi-solid residuals)을 슬러지(sludge)라고 하는데, 이는 사용된 약품에 따라 응집제/고분자(coagulant /polymeric), 화학적 연수화(chemical softening) 및 산화된 철/망간(oxidized iron/manganese) 슬러지로 분류된다. 이러한 슬러지의 특성은 주로 고형물 농도에 따라 구분한다(표 10-4). 알럼/철염 슬러지는 수산화 침전물[즉, $Al(OH)_3$, $Fe(OH)_3$]을, 철/망간 슬러지는 $Fe(OH)_3/Mn(OH)_2$를, 그리고 연수화 슬러지는 결정형의 탄산칼슘($CaCO_3$)과 수산화 마그네슘($Mg(OH)_2$)을 높은 농도로 포함한다. 연수화 슬러지는 결정화 침전물로 인하여 응집슬러지나 철/망간슬러지에 비해 그 특성에 차이가 있다.

슬러지 발생량과 그 특성에 미치는 영향인자로는 원수의 종류와 수질특성, 정수장 기본계획과 시설현황 그리고 사용하는 약품의 종류(응집제, 응집보조제, 알칼리제 및 기타 등) 등이 있다. 특히, 정수시설의 특성과 운전방식 등에 따라 배출수의 양과 성상에 차이가 있으므로 슬러지 처리

표 10-4 Characteristics of sludge based on solid contents

Solids Content (%)	Alum/Iron Coagulant Sludge	Chemical Softening Sludge
0～5	Liquid	
0～10		Liquid
8～12	Semi-solid, spongy	
18～25	Soft clay	
25～35		Viscous liquid
40～50	Stiff clay	Semi-solid
60～70		Crumbly Cake

Ref) ASCE/AWWA(1990)

설비를 계획할 때에는 기존의 운영 중인 시설자료를 충분히 파악해야 한다. 발생된 총 슬러지 중에서 침전슬러지와 역세척 슬러지를 세분화하기 위해서는 먼저 총 슬러지 발생량을 구한 후 그 값과 역세척 슬러지와 침전슬러지의 양을 물질수지로 결정한다.

(1) 총 슬러지 발생량

정수과정에서 발생하는 슬러지의 총량은 다음 세 가지 방법에 의해 평가가 가능하다.

- 이론적인 접근법(응집제와 알칼리도의 반응식 이용)
- 자-테스트(jar-test) 실험법(실험실에서 원수에 응집제와 알칼리를 이용한 실험결과를 이용하여 침전슬러지의 SS를 분석계산)
- 실제 정수장 탈수케이크 측정법

이론적인 슬러지 발생량은 원수의 탁도로부터 SS를 추정한 후 이 값에 아래의 반응식에 따른 $Al(OH)_3$의 생성량을 더하여 결정된다.

$$Al^{3+} + 3(OH^-) \rightarrow Al(OH)_3 \downarrow \tag{10.1}$$

이 식으로부터 $Al(OH)_3$ 생산량은 다음과 같이 계산된다.

$$Al(OH)_3 \text{ 생산량} = \frac{(\text{응집제 중 } Al_2O_3 \text{ 함량})(2Al(OH)_3 \text{ 분자량})}{Al_2O_3 \text{ 분자량}} \tag{10.2}$$

1 mg/L PAC(10% as Al_2O_3) 주입 시 생성되는 $Al(OH)_3$ 양:

$0.10 \times (2 \times 78)/102 = 0.153$ mg/L

1 mg/L 액반(8% as Al_2O_3) 주입 시 생성되는 $Al(OH)_3$ 양:

$0.08 \times (2 \times 78)/102 = 0.122$ mg/L

만약 원수의 SS/NTU = 1.4, 원수탁도 4 NTU로 가정하면 원수의 SS는 5.6 mg/L가 된다. 이때 PAC 14 mg/L를 사용한다면 총 슬러지 생산량은 7.7 mg/L(= 5.6 mg/L + 14 mg/L × 0.153)가 된다. 동일한 조건하에서 액반 20 mg/L를 사용한다면 총 슬러지 생산량은 8.04 mg/L(= 5.6 mg/L + 20 mg/L × 0.122)가 된다. 이로부터 정수과정의 총 슬러지 생산량은 대체로 원수탁도

(NTU)의 약 2배 정도임을 알 수 있다. 그러나 실제 이러한 계산은 약품주입에 의한 원수 내의 콜로이드성 물질과 용해성 유기물질의 플록 형성, 그리고 $Al(OH)_3$ 이외의 화학 침전물 등으로 인해 실측값에 비해 약 4～7% 적게 나타날 수 있다(송원호, 1990).

이러한 개념에서 우리나라 시설기준은 배출수 처리시설의 설계유량 산정을 위해 대해 다음과 같은 식을 제안하고 있다.

$$S = Q(T \cdot E_1 + C \cdot E_2) \times 10^{-6} \quad (10.3)$$

여기서, S: 계획처리고형물량(t/d, 건조중량기준)

Q: 계획정수량(m^3/d)

T: 계획원수탁도(NTU)

E_1: 탁도와 부유물질(SS)의 환산율

C: 응집제주입량(산화알루미늄으로서의 주입량)(mg/L)

E_2: 수산화알루미늄과 산화알루미늄의 비($Al(OH)_3/Al_2O_3$) = 1.53)

이때 알루미늄에 의해 발생되는 수산화알루미늄은 물 분자를 포함하므로 이를 고려하지 않으면 실제 발생하는 슬러지 양보다 작게 계산될 수 있다(Cornwell, 1999). 따라서 알루미늄이 3개의 물 분자를 갖는 수산화알루미늄($Al(OH)_3 \cdot 3H_2O$)을 생성한다고 가정하여 환산계수를 2.59로 적용하기도 한다.

원수의 계획(설계) 탁도를 결정하기 위해 장기간의 탁도 발생현황(연간 탁도 및 고탁도의 발생 빈도), 정수처리시설과 배출수 처리시설의 저류능력 등에 대한 충분한 검토도 필요하다. 경험적으로 볼 때 연간평균치의 4배 탁도를 계획 탁도라고 할 때 연간일수의 95 % 이상을 감당할 수 있는 경우가 많다(환경부, 2010).

참고로, 미국의 경우 흔히 사용되는 알럼 슬러지와 철염 슬러지에 대한 예측식은 다음과 같다(Cornwell et al., 1987).

$$S = (8.34Q)(0.44Al + SS + A) \quad (10.4)$$

$$S = (8.34Q)(2.9Fe + SS + A) \quad (10.5)$$

여기서, S: 슬러지 생산량(lbs/day)

Q: 처리 유량(plant flow)(million gallons per day, mgd)

Al: 액상 알럼 주입량(mg/L, as 17.1% Al_2O_3)

Fe: 철 주입량(mg/L, as Fe)

SS: 원수의 SS 농도(mg/L as SS)

A: 추가 화학약품(PAC 혹은 폴리머)으로 인한 순 고형물량(mg/L)

(2) 역세척 슬러지 및 침전슬러지 발생

역세척수(filter backwash waters)나 완속여과 폐기물(slow sand filter wastes), 이온교환염수(ion exchange brine) 및 막여과 농축수(membrane filtration concentrate) 등은 액상폐기물

표 10-5 Typical chemical constituents of Ion Exchange wastewater

Constituents	Range of Averages(mg/L)
TDS	15,000-35,000
Ca^{++}	3,000-6,000
Mg^{++}	1,000-2,000
Hardness (as $CaCO_3$)	11,600-23,000
Na^{+}	2,000-5,000
Cl^{-}	9,000-22,000

Ref) AWWARF(1969)

(liquid Wastes)로 구분되는데, 그 특성은 사용되는 정수공정의 종류와 직접적인 관련이 있다.

여과지의 운전과정에서 통상적으로 대개 10~15분의 지속시간으로 이루어지는 역세척 단계는 전체 처리유량의 2~5 %(평균 2 %) 정도의 유량을 역세척 배출수로 단시간 내에 배출한다(ASCE/AWWA, 1990). 역세척수의 SS 농도는 50~400 mg/L로 낮기 때문에 건조중량으로 볼 때 역세척 슬러지의 양은 침전슬러지에 비해 크지 않다. 여과지에서 배출되는 고형물의 양은 침전수의 탁도에 비례하는데, 응집침전을 거쳐 여과지로 유입되는 침전수의 탁도는 대체로 1~6 NTU(4~10 mg SS/L)이다(ASCE/AWWA, 1990). 우리나라의 경우 평상시 침전수의 탁도는 0.5~2.5 NTU(1~5 mg SS/L) 정도로 나타난다(최의소, 2003). 원수의 탁도는 조류의 발생으로 인해 크게 영향(약 2~3배)을 받는데, 조류는 응집침전이 아닌 여과과정에서 주로 제거되므로 조류가 번성할 때 침전수의 농도는 고탁도의 경우보다 높게 나타난다.

참고로 이온교환폐수의 전형적인 특성은 표 10-5와 같다.

10.3 정수슬러지의 특성

정수슬러지는 고형물 함량(solid content), 비저항(specific resistance), 압축성(compressibility), 전단력(shear stress), 밀도(density), 입도분포(particle size distribution) 등과 같은 물리적인 특성과 고형물 농도, 금속함량(metal content), 독성(toxicity) 등의 화학적 특성으로 구분되는데, 이러한 특성은 슬러지 처리공정과 최종처분 방법의 결정에 큰 영향을 미친다.

(1) 물리적 특성

침전슬러지의 고형물 함량은 원수의 특성과 응집제의 종류와 사용량에 따라 3~54 %로 매우 크게 변화한다(Calkins and Novak, 1973). 연수화 슬러지의 경우 사용된 칼슘과 마그네슘의 비(Ca/Mg ratio)가 증가할수록 고형물 농도는 급격히 증가한다(그림 10-3). 슬러지의 물리적 특성(고형물 함량, 밀도, 농축 및 탈수특성)은 원수의 특성에 크게 영향을 받고 또한 계절에 따라서도 변한다(표 10-6). 고탁도일 때에 발생하는 슬러지는 농축성과 탈수성이 좋은 반면에 저탁도 또는 조류가 번성할 때의 슬러지는 침강성과 농축성뿐만 아니라 탈수성도 나쁘다. 일반적으로 상수슬러지는 하수슬러지에 비해 농축성이 불량하다. 이러한 슬러지의 다양한 특성은 슬러지

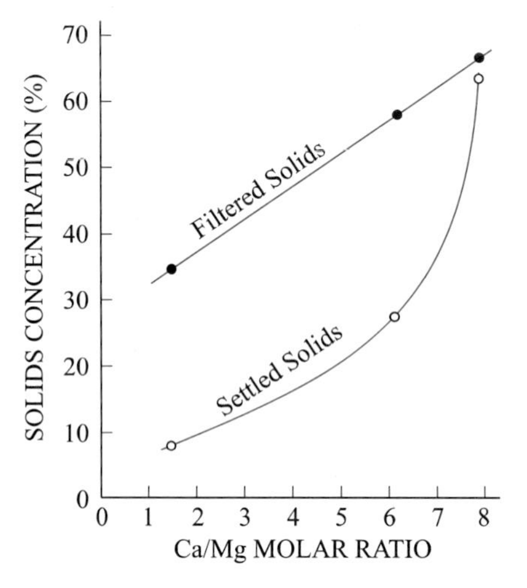

그림 10-3 **Effect of Ca-to Mg ration on the solids concentration of softening sludge**
(Calkins and Novak, 1973)

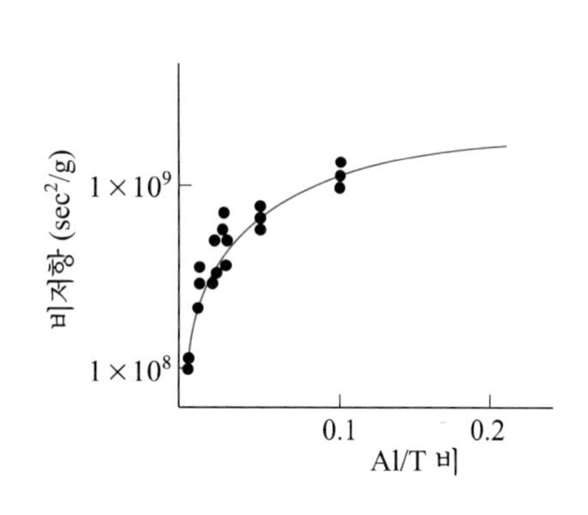

그림 10-4 **Al/T비와 비저항과의 관계**
(환경부, 2010)

표 10-6 **Specific gravity of sludge particles and cake solids concentrations obtainable from various laboratory dewatering methods** (Novak, 1989)

Type of Slurry	Specific Gravity of Particles	Settled Solids Concentration (%)	Cake Solids Concentration (%)		
			Vacuum Filtration	Centrifugation	Pressure Filtration
Lime sludge (low Mg)	1.19	28.5	56.1	60.6	69.5
Iron sludge	1.16	26.0	50.1	55.6	64.6
Ferric hydroxide	1.07	7.2	22.7	28.2	36.2
Lime sludge (high Mg)	1.05	5.6	21.0	24.8	34.6
Aluminum hydroxide	1.03	3.6	17.2	19.0	23.2

처리공정의 설계에 있어서 중요한 요소가 되므로 실험을 통하여 설계에 반영한다. 슬러지의 침강·농축 특성은 통상적으로 실린더(D 10 cm×H 100 cm) 테스트를 실시하고, 탈수성은 실제 탈수기 대신 리프 테스트(filter leaf test)를 통해 슬러지의 여과성을 나타내는 비저항값(specific resistance)을 비교한다(Cornwell, 1987). 이때 비저항값이 크다는 것은 탈수성이 나쁘다는 의미로 비저항값 결과를 활용하여 적합한 탈수기 기종을 어느 정도 추정할 수 있다. 슬러지의 탈수성과 관련한 인자로는 응집제 주입량과 탁도의 비(Al/T)가 있다(그림 10-4). 일반적으로 Al/T비가 낮을수록 비저항값이 작아서 탈수성이 양호하다. 부영양화로 인해 원수의 유기물 함량이 증가하면 일반적으로 비저항값이 커져서 탈수성이 나빠진다.

발생된 슬러지(침전지와 역세척수)는 별도의 약품주입 없이 24~48시간의 체류시간으로 약 1.5~3% 농도로 농축이 가능하다. 약품주입 없이 농축시킨 2% 농도의 슬러지에 소석회나 진한 황산을 주입하여 농축효율을 높인 예가 있는데, 24시간 농축 후의 효율은 약품주입이 없었던 경우는 35%인데 반해 소석회를 사용했을 경우와 황산을 주입했을 경우에는 41%와 62%로 효율이 각각 향상되었다(최의소, 2003).

참고 비저항

비저항(specific resistance)은 슬러지가 탈수되는 속도를 나타내는 척도이며 물이 슬러지를 통과하여 탈수될 때 필터 케이크의 입자 크기에 대한 영향이 반영된다. 초기에는 주로 진공여과(vacuum filter)의 성능을 평가하기 위해 개발되었지만 중력 침전 및 모래상 탈수를 포함한 다양한 여과 공정에 의한 탈수율(dewatering rate)을 표현하기 위해 주로 사용하고 있다. 비저항은 보통 진공여과장치를 사용하여 측정한다. 이때 여과저항은 슬러지 케이크의 다공성 또는 침투성에 의존하며, 투과성은 입자 크기와 입자의 변형(압축률)의 함수이다. 비저항은 다음 식으로 결정된다.

$$r = \frac{2PA^2b}{\mu c} \tag{10.6}$$

여기서, r: 비저항값(m/kg)
P: 슬러지 케이크에 걸친 압력 강하
A: 여과지 표면적
m: 여과액의 점성도(viscosity)
c: 여과 체적당 침전된 건조 고형물의 무게
b: t/V 대 V 곡선의 기울기
t: 여과시간
V: 여과용적

(2) 화학적 특성

정수슬러지의 화학적 특성은 강우특성과 계절에 따른 원수수질의 변화 또는 상수원의 오염 정도에 따라 크게 달라진다. 또한 사용된 약품의 종류 및 주입률, 정수처리 공정구성, 침전지 및 여과지의 형식 등 정수시설의 특성과 운전방식에 따라서도 영향을 받게 된다.

침전슬러지의 농도는 통상적으로 하수처리장의 경우보다 매우 낮다. 일반적으로 침전슬러지의 배출농도는 0.2～2% 정도이며(ASCE/AWWA, 1990; Cornwell, 1987), 침전지에 기계적 슬러지 배출설비를 갖춘 경우의 배출농도는 대체로 1% 미만이지만 별다른 배출설비 없이 정기적으로 상징수와 슬러지를 단순 분리하는 침전지의 경우는 보통 1% 이상의 농도로 배출된다. 알럼(alum)슬러지의 경우는 압축성이 나쁘지만(0.1～1% TS), 1개월 이상 침전지에 축적되면 4～6%로 농축되기도 한다.

우리나라의 경우 원수탁도가 20 NTU 이하일 때 침전슬러지 농도는 대체로 1% 이하였으나(송원호 외 1992), 역세척수의 평균 SS 농도는 50～100 mg/L 정도로 낮았다. 따라서 슬러지 성상을 고려할 때 침전슬러지는 농축조로 유입시키고, 역세척수는 배출수지(회수지)에 저장 침전시킨 후에 침전된 슬러지를 농축조로 유입시켜 함께 처리하는 것이 유리하다. 슬러지의 기계적 배출설비가 없는 경우 침전슬러지의 고형물 농도는 1.2～1.6%의 범위였고, 배출수지(회수조) 바닥으로부터 장기저류 후 배출된 역세척 슬러지의 농도는 0.6～0.7%의 범위였다. 역세척이 일어나는 10분 동안 배출되는 역세척수의 농도 변화는 약 10～350 mg/L였으나, 유량 가중 평균농도는 50～100 mg/L 정도로 낮았다. 슬러지의 VS 함량은 침전슬러지가 21%, 역세척 슬러지가 24%로 비슷하게 나타났다. 그러나 조류의 번성시기(봄·가을)에는 역세척 슬러지 내의 VS 함량은 평소보다 높아진다. 침전슬러지 상징액에서는 Zn 0.26 mg/L, Mg 4.18 mg/L, Mn 0.18 mg/L가 검출되었으며, 역세척 슬러지의 상징액에서는 거의 미량이 검출되었다. 반면에 Cd, Pb, Cr, As, Cu, Hg, Fe 등은 두 종류의 상징액 모두에서 검출되지 않았다(최의소, 2003). 슬러지 내에 Fe, Mn을 포함하여 각종 유해성분이 포함되어 있을 경우에는 슬러지 상징수의 반송에 있어 충분한 검토가 필요한데, 그 이유는 농축을 위해 강산, 강알칼리 처리를 할 경우 이러한 유해성분이 재용출될 수 있고, 폴리머를 사용할 경우에도 용출 시 형성된 단량체(monomer)로 인해 독성을 가질 수 있기 때문이다.

표 10-7은 우리나라와 미국의 침전슬러지의 성상을 비교한 자료이다. 정수장의 슬러지 성분은 대부분 무기질로 구성되어 있으나, 오염된 하천수나 부영양화된 호소수에는 유기물질이 많이 포함될 수 있다. 역세척 과정에서 발생하는 고형물질의 양은 정수공정에서 제거되는 전체 고형물의 1.0～1.5% 정도를 차지한다. 알럼슬러지와 역세척 배출수의 슬러지 물성에 대한 일본과 우리나라의 자료는 표 10-8과 같다.

정수장 잔류물은 대부분 발화가능성이나 부식성 및 반응성이 없지만 정수장 폐기물에 대한 또

표 10-7 **침전슬러지(alum sludge)의 성상**

	미국[1]	우리나라[2), 3)]
TS	0.1～17%	1.4～1.8
VS	10～35% TS	1.8～22% TS
SS	75～99% TS	0～84% TS
pH	5.5～7.5	6.8～7.3
Al	4～11% TS as Al	27～35% TS as Al_2O_3
Fe	6.5% TS	4.5～6.2% TS Fe_2O_3
Si		32.6～43.6% TS SiO_2
As	< 0.04% TS	침전 상징수 내에 불검출
Cd	< 0.05% TS	〃
기타 중금속	< 0.03% TS	
TKN	0.7～1200 mg/L	
P	0.3～300 mg/L	

1) Given, P. W. and Spink, D.(1984) Alum Sludge: Treatment Disposal and Characterization, "Proc 36th Aunnal Conf Western Canada Water and Sewage Conference"
2) 길경익(1993), 정수슬러지의 하수처리장 투입에 의한 영향, 고려대학교 석사학위 논문.
3) 한국수자원공사(1991), 정수장 배출수의 처리방안에 관한 연구(2차 연도).
자료) 최의소(2003)

표 10-8 **알럼슬러지와 역세척 배출수의 화학적 조성**

성분	Alum sludge[1]	Backwash water[2]
BOD (mg/L)	30～300	2～10
COD (mg/L)	30～500	28～160
Al_2O_3 (%)	15～40	25～50
SiO_2 (%)	35～70	24～35
유기물질 (%)	15～25	15～22

Ref) 1) Kawamura(2001)
2) 한국수자원공사(2002)

표 10-9 **TCLP Constituents and Regulatory Limits** (40 CFR Part 261.24, USA)

Constituents	Reg. Level (mg/L)	Constituents	Reg. Level (mg/L)
Arsenic	5.0	Hexachloro-1,3-butadiene	0.5
Barium	100.0	Hexachloroethane	3.0
Benzene	0.5	Lead	5.0
Cadmium	1.0	Lindane	0.4
Carbon tetrachloride	0.5	Mercury	0.2
Chlordane	0.03	Methoxychlor	10.0
Chlorobenzene	100.0	Methyl ethyl ketone	200.0
Chloroform	6.0	Nitrobenzene	2.0
Chromium	5.0	Pentachlorophenol	100.0
o-Cresol	200.0	Pyridine	5.0
m-Cresol	200.0	Selenium	1.0
p-Cresol	200.0	Silver	5.0
Cresol[a)]	200.0	Tetrachloroethylene	0.7
2,4-D	10.0	Toxaphene	0.5
1,4-Dichlorobenzene	7.5	Trichloroethylene	0.5
1,2-Dichloroethylene	0.5	2,4,5-Trichlorophenol	400.0
1,1-Dichloroethylene	0.7	2,4,6-Trichlorophenol	2.0
2,4-Dinitrotoluene	0.13	2,4,5-TP (Silvex)	1.0
Endrin	0.02	Vinyl chloride	0.2
Heptachlor (and its hydroxide)	0.008		
Hexachlorobenzene	0.13		

a) If o-, m-, and p-cresol concentrations cannot be differentiated, the total cresol concentration is used.

다른 관심사는 독성 여부이다. 잠재적인 독성평가에 있어서 미국은 1990년 이전까지 추출독성시험(EP, extraction procedure)에 근거하여 평가해 왔으나, 그 이후는 독성용출시험(TCLP, toxicity characteristic leaching procedure)이라는 새로운 방법으로 정의하고 있다. TCLP는 진공으로 밀폐된 추출 용기를 사용하여 시료의 VOC를 포집하여 분석하는 방법이다. TCLP는 주로 특정 금속, 제초제, 살충제 및 휘발성 유기 화합물(VOCs)에 적용되지만, TCLP 기준을 초과하는 정수슬러지는 위험물질로 분류될 수 있다. 특히 최종처분 방법으로 매립을 선택할 경우 독성분석 결과는 매우 중요한 영향을 미친다. 표 10-9는 폐기물이 위험하다고 정의되지 않는 최대 허용오염물질농도(maximum allowable pollutant concentrations)를 보여준다. 연구결과 정수장의 응집슬러지는 TCLP 기준을 쉽게 충족시키는 것으로 나타났고, 이 기준에 근거하여 잔류물에 포함된 금속 함량은 문제가 되지 않는 것으로 조사되었다(USEPA, 1996).

(3) 고형물 물질수지

고도처리를 수행하는 정수장의 고형물 물질수지의 예를 원수탁도의 변화와 관련하여 그림 10-5에 나타내었다. 이는 낙동강 본류 기준으로 평가된 것으로 설계유량은 총 80만 m^3/d(총 2개 계열로 각 계열당 40만 m^3/d)이며, 실제 생산유량은 2012～2013년 기준으로 약 50만 m^3/d 정도였다. 이 기간 동안 원수의 평균 탁도는 9.34 NTU였고, 95% 누적탁도로 28.4 NTU였다. 이때 설계탁도는 95% 누적탁도로 설정하고 있다. 정수장의 일평균 분석자료를 기준으로 할 때 원수

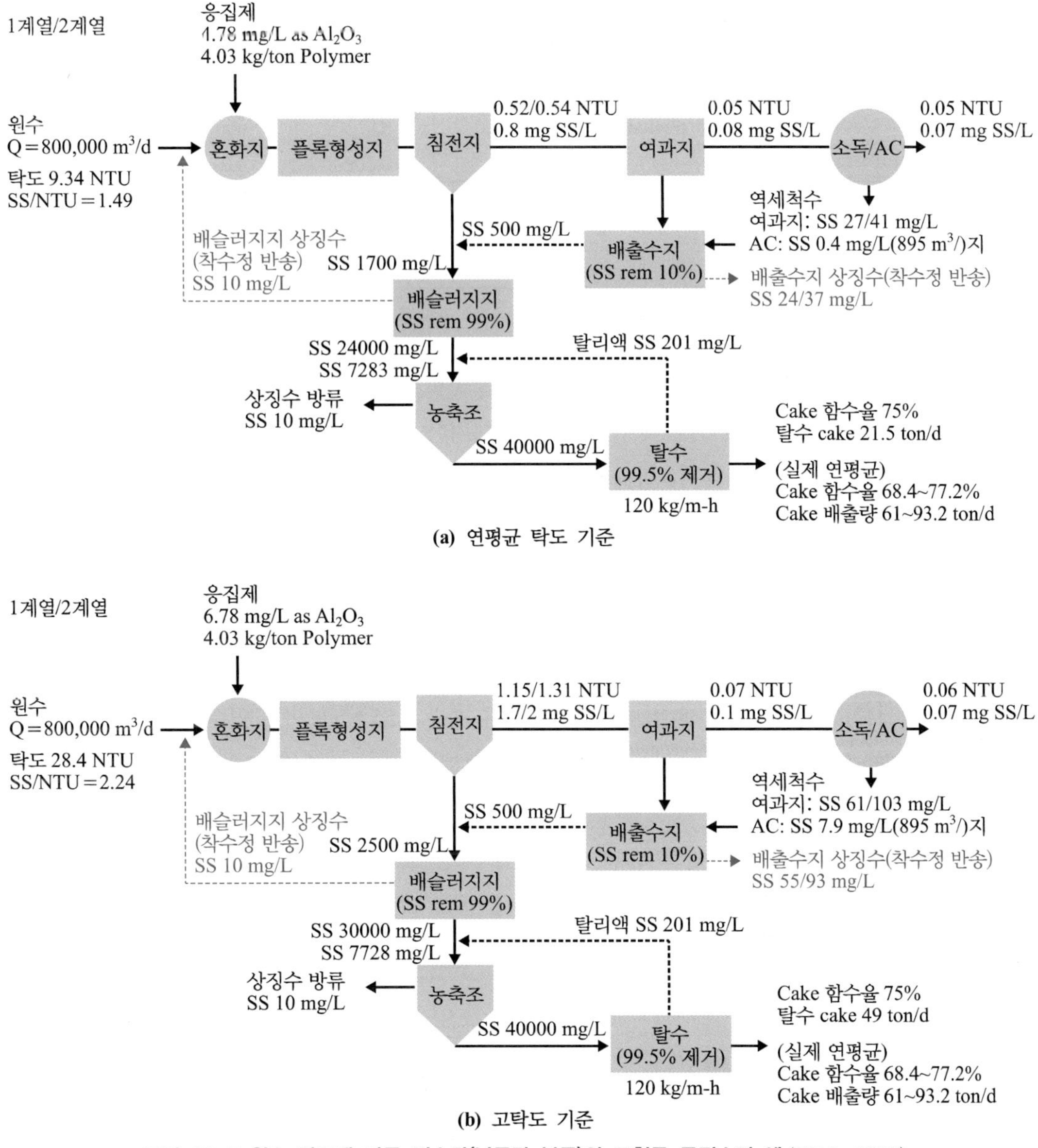

그림 10-5 **원수 탁도에 따른 정수장(낙동강 본류)의 고형물 물질수지 예** (2012~2013)

의 SS/NTU 비율은 연평균 탁도 기준으로 1.49, 그리고 95% 누적 탁도로는 2.24였다. 이를 기준으로 원수의 SS 농도를 환산하면 연평균 기준으로 13.9 mg/L, 고탁도 시기를 기준으로 42.3 mg/L에 해당한다. 탁도는 응집, 플록 형성 및 침전과정을 통해 약 95% 이상 제거되었고, 나머지는 급속여과에 의해 제거된다. 침전수의 수질은 0.53~1.4 NTU(0.8~1.8 mg/L as SS)의 범위였다. 사용된 역세척수의 수량은 급속여과지의 경우 909~917.6 m^3/지·회, 활성탄 흡착지의 경우 895.2 m^3/지·회였고, 역세척 빈도는 급속여과지의 경우 2~3일/회, 활성탄 흡착지의 경우 7일/회였다. 여과지의 종류와 계열별로 각각 24개의 여과지를 운영하고 있으므로 사용된 총 역세척 수량을 계산하면 실제 생산유량 기준으로 약 4.3%(설계유량기준으로는 2.7%)에 해당하였다. 또한 급속여과와 활성탄여과지에서의 사용비율은 총 역세척 수량에 대해 각각 85.6% 및 14.4%이었다. 평균적으로 침전슬러지는 정수처리 유량 대비 2.89%(v/v) 정도 발생하였고, 정수량 1 m^3

표 10-10 **처리유량 대비 슬러지 발생량 및 방류수량**(낙동강 본류 고도처리 정수장 운전자료, 2012~2013)

	unit	Avergae	Min	Max	95% 누적
침전슬러지	% (v/v)	2.89	0.01	4.84	4.34
	(kg SS/m^3 treated)	0.072	n.a.	n.a.	na.
농축슬러지	% (v/v)	0.11	0.0003	0.27	0.22
Cake	(kg SS/m^3 treated)	0.122	0.0060	0.318	0.210
	% 함수량	77.0	66.0	83.1	81.7
방류수량	% (v/v)	0.78	0.03	1.49	1.10

당 0.072 kg SS가 발생하였다. 탈수케이크는 정수량 1 m^{3}당 연평균 0.122 kg SS 발생하였고 함수량은 66~83%(평균 77%) 범위였다. 반송수를 제외하고 배출수 처리시설로부터 방류되는 수량은 정수량 1 m^{3}당 0.03~1.49%(평균 0.78%)로 나타났다. 처리유량 대비 슬러지와 방류수 발생량을 표 10-10에 정리하였다.

한강 수계 정수장의 경우 비강우 시 조류가 발생하지 않는 평상시의 원수탁도는 4 NTU(SS 5.6 mg/L)로, 응집, 플록 형성 및 침전의 과정을 통해 약 85%의 탁도가 제거되었으며, 급속여과에 의해 나머지 15%가 제거되는 것으로 나타났다. 침전수의 수질은 0.25~0.9 NTU(0.5~1.8 mg/L as silica)의 범위였고, 발생 빈도를 고려할 때 평균 0.55 NTU 정도였다. 고탁도 시에 원수탁도는 20 NTU(SS 28 mg/L)로 침전수의 수질은 평상시에 0.9 NTU(1.26 mg SS/L), 조류번성 시에는 2.0 NTU(2.8 mg SS/L) 정도였다. 역세척수의 평균 SS 농도를 50~100 mg/L 정도라 가정할 경우 평상시의 역세척 수량은 유입 유량의 0.8~2.5% 정도에 해당하며, 조류 번성 시에는 2.2~5.6%로 평가되었다(최의소, 2003).

10.4 배출수 처리공정

정수처리시설에서 고형성 잔류물(슬러지)은 주로 침사지(grit basins), 침전(전침전 또는 약품침전), 여과 및 연수화 설비에서 발생한다. 역사적으로 이러한 잔류물은 하수도나 하천 또는 기타 수역으로 배출시키는 것이 가장 일반적인 방법이었다. 그러나 점차 강화되는 환경규제로 인해 고형물 처리시설에 대한 요구가 증가하였고, 관련 기술의 수준도 향상되고 있다.

정수슬러지의 처리기술은 기본적으로 농축에서부터 응집제 회수, 탈수 및 처분 순으로 이루어지며 회수가능 여부에 따라 액상의 상징수를 착수정(또는 전침전지)으로 반송하거나 추가처리와 함께 최종처분 단계로 이어진다(그림 10-6).

배출수 처리공정에서는 공정의 선단에 유량조절조(equalization tank)를 설치하는데 우리나라 시설기준에서는 이를 그 용도에 따라 배출수지(회수지)와 배슬러지지라고 한다. 전자는 급속여과지로부터 역세척 배출수를 받아들이는 시설을 말하며, 후자는 약품침전지나 고속응집침전지 또는 배출수지로부터 슬러지를 받아들이는 시설을 말한다. 이러한 시설들은 배출수량의 시간적 변화를 조정하고 이후 공정에서 유량의 안정성을 확보하기 위함이다.

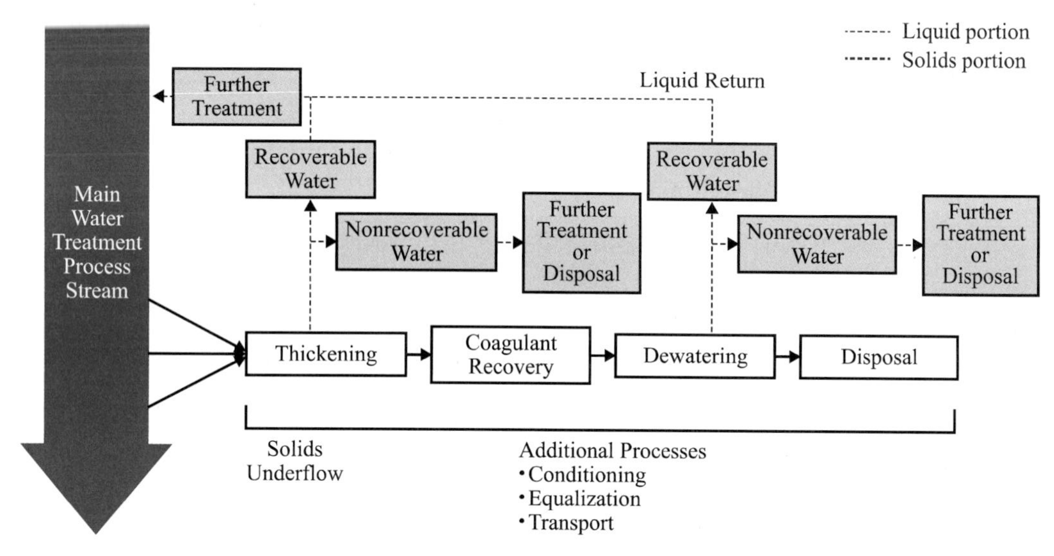

그림 10-6 **정수슬러지 처리 개념도** (USEPA, 1996)

표 10-11 Suggested process and desired residual solids concentration

Process Type	Metal Hydroxide Solids	Lime Solids
Thickening	≤8%	≤30%
Dewatering	8-35%	30-60%
Drying	>35%	>60%

Ref) USEPA(1996)

침전슬러지가 배슬러지지로 단시간에 유입되는 경우 고액분리가 어려울 뿐 아니라 슬러지의 부패로 인해 맛·냄새를 발생할 수 있으며, 크립토스포리디움 등 원생동물의 오염이 우려되므로 배슬러지지의 상징수를 정수공정으로의 반송하는 것은 피해야 한다. 역세척수는 그 특성상 가능한 약품침전슬러지와 분리하여 간단한 침전 처리방식을 선택하는 것이 바람직하다. 정수슬러지의 처리기술은 하수슬러지의 경우와 기술적인 측면에서 매우 유사하나 슬러지의 본질적인 특성에 큰 차이가 있으므로 이에 유의하여야 한다. 표 10-11에는 잔류슬러지 농도에 따라 제안 가능한 공정이 구분되어 있다(USEPA, 1996).

(1) 유량조절조

1) 배출수지

일반적으로 여과지의 역세척 배출수는 배출수지(회수지)를 통해 간단한 침전시설에서 처리된다. 통상적으로 여과지 세척은 여과지의 연속운전을 위해 1지씩 교대로 하게 된다. 따라서 역세척수를 위한 배출수지의 단위용량은 1회 여과지 역세척 배출수량[식 (10.7)] 이상으로 결정한다.

$$Q_f = A(v_1 T_1 + v_2 T_2) + a \tag{10.7}$$

여기서, Q_f: 배출수량(m^3/회·지)

A: 여과표면적(m^2/지)

v_1: 표면세척속도(m/min) (즉, 단위면적당 표면세척수량, $m^3/m^2/min$)

v_2: 역세척속도(m/min)

T_1: 표면세척시간(min/회)

T_2: 역세척시간(min/회)

a: 여과지 역세척 전후의 잔류수량의 차(세척배출수거의 수량)

배출수지는 통상적으로 2지 이상으로 설치되지만 소규모 정수장에서는 1지 2구획 또는 1지로 설치하기도 한다. 배출수지의 유효수심은 2～4 m, 고수위에서 주벽 상단까지 여유고는 60 cm 이상으로 한다. 필요에 따라 교반 장치, 상징수 집수장치 또는 월류거, 슬러지 수집 및 배출 장치 등이 설치된다.

2) 배슬러지지

배슬러지지의 기능은 간헐적으로 배출되는 침전지의 침전슬러지와 배출수 침전지 및 배출수지의 침강슬러지를 받아들이고 후속시설에 대한 유량과 부하량을 조정하는 데 있다. 그러므로 배슬러지지의 용량은 24시간 평균 배슬러지량과 1회 배슬러지량 중에서 큰 값을 기준으로 한다. 유지보수를 위해 배슬러지지는 2지 이상으로 하는 것이 바람직하지만, 충분한 슬러지 체류능력이 있는 경우에는 1지로도 가능하며, 유효수심과 여유고는 배출수지의 경우와 동일하고, 슬러지 배출관의 구경은 150 mm 이상이 바람직하다.

(2) 역세척 배출수의 침전 처리

역세척 배출수 처리공정은 기본적으로 통상적인 응집·침전공정과 소독공정으로 구성하며, 그 상징수는 재이용하거나 하천에 방류하는 방식으로 적용된다. 이때 각 공정들은 앞서 설명한 각 요소기술의 시설기준에 준하여 설계한다. 역세척 배출수 처리시설의 용량은 정수장에서 최대 역세척수의 발생량과 정수장에서 허용 가능한 재순환량(< 10%)을 고려하여 결정한다. 일반적으로 공정의 설계에 있어 플록 형성은 20분, 표면부하율은 2～6 m/h, 그리고 침전지 체류시간은 0.5～2시간 등으로 한다. 반송수의 소독에는 염소처리가 일반적이다. 반송수량은 일반적으로 정수장 유량의 2～3% 정도이므로 원수특성이 문제인 경우를 제외하고는 염소처리로 인한 소독부산물의 생성은 별로 문제되지 않는다.

침전지의 종류 중에서 내부순환형의 고속응집침전지는 효율이 좋고 충격부하에도 강하며, 높은 슬러지 농축성, 그리고 소요부지도 작은 장점이 있다. 일반적인 횡류식 장방형 침전지는 배출수를 취급하기는 쉽지만, 수리적 허용부하량이 낮아서 고속응집침전지보다 큰 부지면적이 필요하다. 미세모래 고속침강 공정(high-speed microsand settling process-ACTIFLO)과 같은 고율침전기술도 개발되어 있다. 침전시설에서 발생된 슬러지는 배슬러지지 또는 슬러지 농축시설로 보내져 슬러지와 함께 처리한다.

역세척 배출수의 처리시설을 설계할 때에는 반송수의 수질문제로 정수처리의 주처리 계통(main stream)에 장애를 초래하지 않도록 해야 한다. 특히 여과지 폐색을 일으키는 규조류 발생시에는 반송으로 인한 조류의 축적으로 인한 문제가 발생할 수 있는데, 이때에는 배슬러지시 또는 농축조로 직접 배출시키는 것이 좋다.

(3) 농축

농축(thickening)은 슬러지 감량화와 더불어 안정적인 상징수를 확보하는 데 일차적인 목적이 있으며, 후속공정의 안정적인 운전을 위한 저류 기능도 있다. 또한 농축의 효과에 따라 후속시설(탈수/건조)의 규모를 줄여 경제성을 높일 수 있다.

농축에는 중력식(gravity thickener), 부상식(floatation thickener), 기계식의 방법이 있으나 경제성 측면에서 중력식 방법을 선호한다(그림 10-7). 중력식 농축조의 설계는 일반적으로 III형 침전 특성을 이용하여 고형물 플럭스(solid flux) 이론을 이용하는데, 그 이론적 배경과 설계식은 8.3절을 참고하기 바란다. 반면에 중력식 밸트 농축기(gravity belt thickener)와 원심분리기(centrifuge) 같은 기계식 농축 방식도 있다.

중력식 농축의 경우 수산화 슬러지의 농축 농도는 수산화물과 부유고형물(SS) 비율에 따라 다르지만, 4.0 lb/d/ft^2(20 kg/m^2 · d)의 고형물 부하에서 농축슬러지의 농도는 약 1～3% TS, 경우에 따라 5～30% TS까지도 농축될 수 있다. 연수화 과정에서 생성된 탄산염 슬러지의 경우는 20～40 lb/d/ft^2(100～200 kg/m^2 · d)의 부하에서 약 15～30%로 농축이 가능하다(Cornwell et al., 1987). 표 10-12에는 다양한 농축장치의 성능이 비교되어 있다.

부상식 농축조는 사용되는 기체 입자의 크기나 방식에 따라 용존공기부상(DAF, dissolved air flotation: D 50～100 mm), 분산공기부상(dispersed air flotation: D 500～1,000 mm) 또는 진공부상(vacuum flotation) 방식으로 구분된다.

중력식 농축조의 용량은 적절한 고형물 부하(10～20 kg/m^2)와 체류시간(24～48시간)을 기준으로 설계한다. 그러나 원수의 특성에 따라 슬러지의 농축특성에 큰 차이가 발생할 수 있으므로 처리대상 슬러지의 농축특성을 평가하여 참고한다.

상수슬러지를 위한 농축조의 형상은 운영상의 용이성으로 인해 방사류식 원형을 선호하는데, 이때 최소한 2지 이상, 유효수심 3.5～4 m, 여유고 30 cm 이상, 바닥면 경사는 1/10 이상으로

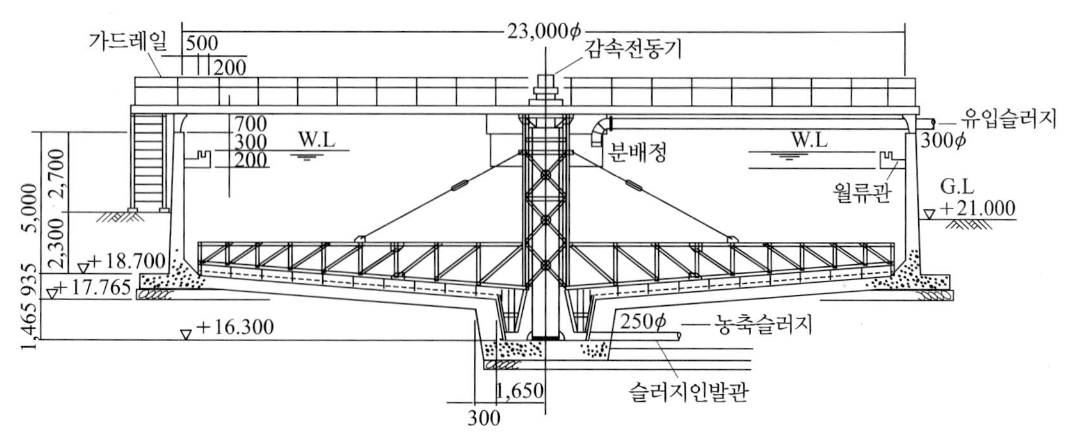

그림 10-7 **정수슬러지를 처리를 위한 중력식 농축조 구조** (환경부, 2010)

표 10-12 Comparison of Thickening Processes

Process	Residual	Solids Loading lb/ft^2·d (kg/m^2·d)	Solids Concentration (%)
Gravity	Carbonate	30 (146.5)	15-30
Gravity	Hydroxide	4.0 (20)	1-3
Flotation	Hydroxide	20 (100)	2-4
Gravity belt	Hydroxide	N/A[a)]	2.5-4.5

a) No solids loading rate is shown for the gravity belt thickener as it is not comparable to the values for the gravity thickener and the DAF unit. Care must be taken in the use of solids loading and percent solids values for both the flotation and gravity belt thickening, due to the absence of operating experience for those proceses.
Ref) Cornwell et al.(1987), Cornwell and Koppers(1990), Brown and Caldwell(1990)

한다. 상징수 유출장치에는 고정식 월류위어, 유동식 집수장치(위어, 트로프 또는 수문) 등이 있는데, 고정식 위어의 경우 위어부하율은 통상 150 m^3/m 이하로 한다. 하부의 슬러지 배출기능을 하는 슬러지 수집기는 슬러지의 재부상을 피하기 위하여 일반적으로 0.6 m/min 이하의 주변속도로 운전한다.

농축슬러지를 탈수시설로 이송하기 전까지 일시적으로 슬러지를 저장하는 저류조가 필요한데, 이는 슬러지의 농도를 균등하게 유지시켜 후속 공정인 탈수/건조시설의 처리효율을 향상시키고 운영의 편의성을 높이기 위함이다. 이를 위해 공기 혼합 또는 기계식 교반기가 설치된다.

(4) 개량

개량(conditioning)은 탈수 공정의 효율을 향상시키기 위해 슬러지 처리공정에서 흔히 사용하는 방법으로 크게 화학적 방법과 물리적인 방법으로 구분된다.

화학적 방법은 대부분 기계적인 농축이나 탈수공정의 전단계에서 이루어진다. 슬러지의 농축단계에서 약품(철염, 소석회, 폴리머 등)을 주입하는 것이 효과적이며, 이때 반드시 법적으로 고시된 상수도용 약품을 사용해야 한다. 농축성이 특히 나쁜 경우에는 응집처리로 전처리를 하고 고형물부하를 줄여 운전하기도 한다. 또한 탈수기의 탈리여액을 농축조의 유입부로 반송하여 탈리액 중의 잔류응집제를 재이용하는 방법을 사용하기도 한다. 표 10-13에는 다양한 기계식 탈수기를 이용하여 수산화슬러지를 탈수할 때 상용되는 일반적인 개량제의 종류와 투입량을 나타내었다.

물리적인 방법으로는 비반응성 첨가제(nonreactive additives), 동결-융해(freeze-thaw conditioning), 고온(350～400°F), 고압(250～400 psig) 열처리(thermal conditioning) 방식이 있다 (Cornwell and Koppers, 1990).

표 10-13 Typical Ranges of Conditioner Use for Hydroxide Sludges in Various Mechanical Dewatering Systems

	Filter Press	Centrifuge	Belt Filter Press
Lime	10-30%	-	-
Ferric chloride	4-6	-	1-3
Polymer	3-6	2-4	2-8

Note) All values are in units of lb/ton dry solids unless noted otherwise.
Ref) Malmrose and Wolfe(1994)

(5) 탈수

탈수(dewatering)는 농축슬러지의 용적과 수분을 감소시켜 탈수 케이크를 만들어 최종처분 방법에 적합한 성상이 되도록 할 뿐만 아니라 운반 등 취급의 편리성을 목적으로 운영된다. 탈수는 크게 기계식 탈수(mechanical dewatering)와 건조상(drying bed), 그리고 라군(lagoon) 등으로 구분한다.

정수장의 규모, 슬러지 성상, 처분 조건 등을 우선 고려하고 수반되는 전처리 방법을 고려하여 최적의 탈수방법이 선택된다. 과거에는 경제적인 측면에서 농축슬러지를 단순히 자연 건조시키는 방법이 흔히 사용되었으나 원수수질의 악화에 따라 슬러지의 성상이 불량해지고 냄새 등의 환경문제가 제기됨으로 인해 최근에는 기계식 탈수처리를 선호하고 있다. 탈수기를 선정할 때에는 탈수성능뿐만 아니라 유지관리의 난이도, 비용, 케이크의 재활용 및 매립지 상황 등을 고려하여 결정한다.

1) 기계식 탈수

기계식 탈수에는 가압여과(벨트프레스, 필터프레스), 진공여과, 원심분리, 조립탈수 등이 있다(표 10-14, 그림 10-8). 기계식 탈수처리 시에는 석회, 폴리머 등의 응집제가 함께 이용되는데, 특히 탈리액 중의 아크릴아마이드 모노머의 농도(< 0.01 ppm)에 유의하여야 한다. 소석회를 사용하는 경우는 탈수효율이 좋지만 발생 케이크의 pH가 높고 매립 처분할 경우 특별한 관리형 매립지를 이용하여야 한다. 통상적으로 탈수기는 2대 이상 설치한다. 여과면적은 슬러지량, 여과속도 및 실제 가동시간으로 산출된다.

가압탈수기는 그 원리에 따라 필터프레스(가압, 가압+압착), 벨트프레스 그리고 스크류프레스 방식 등으로 분류된다. 가압탈수기는 슬러지에 기계적 압력(1.0~2.0 MPa or 10~20 kgf/cm^2)을 가하여 압착 탈수하는 장치로 필터프레스 방식이 주로 정수슬러지 처리에 사용된다. 벨트프레스 방식의 탈수기 용량은 다음 식으로 표현된다.

표 10-14 **탈수기의 종류 및 특성**

항목 \ 기종	진공탈수기	가압형 탈수기			원심분리기	조립탈수기
		필터프레스	벨트프레스	스크루프레스		
형식	벨트형이 주로 사용됨	횡형, 종형	-	-	데칸타형이 일반적임	드럼형
탈수기구	감압여과	슬러지 공급 압력	여과포의 압착력과 전단력	스크루 압착	원심분리에 의한 고액분리	슬러지 응집과 중력 이용
슬러지 공급방법	연속	간헐	연속	연속	연속	연속
전처리	석회 산처리 후 석회 동결융해	석회 산처리 후 석회 (고분자응집제)	석회 산처리 후 석회 (고분자응집제)	석회 산처리 후 석회 (고분자응집제)	고분자응집제, 동결-융해	고분자응집제
기타	슬러지 성상에 따른 영향이 큼	슬러지성상에 따라 전처리를 하지 않아도 됨	전처리는 필수적임	-	건조와 소성공정이 필요한 경우가 있음	슬러지 농도가 낮아도 사용됨

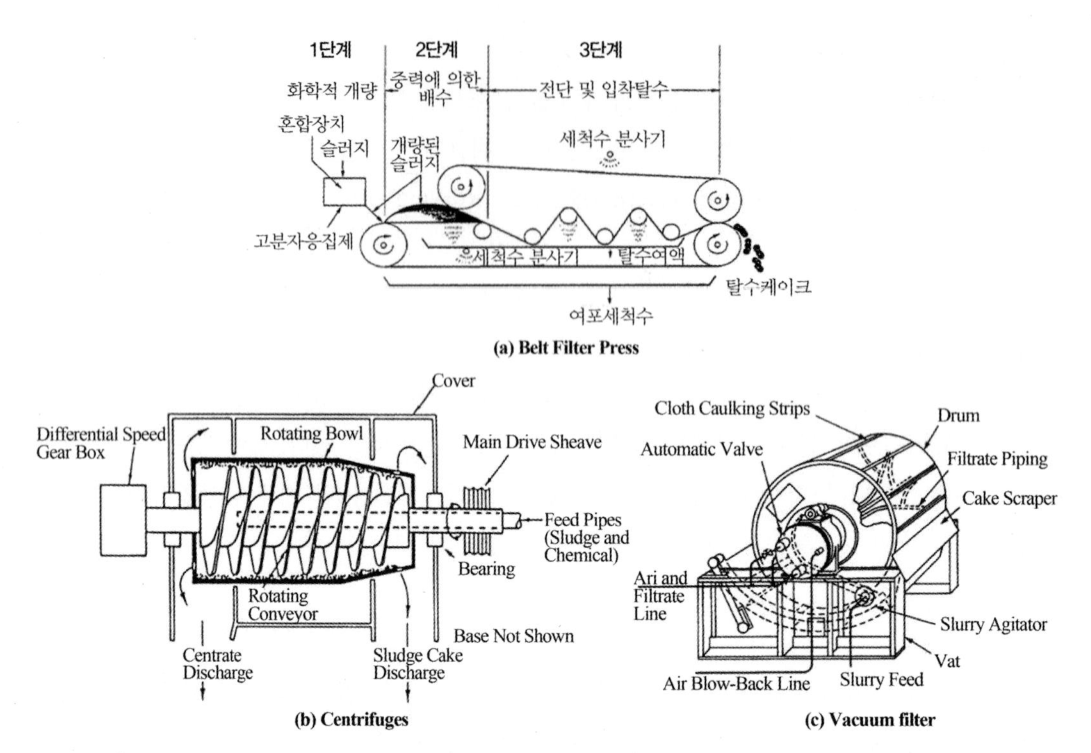

그림 10-8 Mechanical Dewatering Equipment (Cornwell et al., 1987; USEPA, 1979b 환경부, 2010)

$$B = 1{,}000\left(1 - \frac{W}{100}\right) \cdot \frac{Q}{V} \cdot \frac{1}{t} \tag{10.8}$$

여기서, B: 유효 여과포폭(m)

W: 슬러지 함수율(%)

Q: 유입 슬러지량(m^3/d)

V: 탈수속도($kg/m^2 \cdot h$)

t: 일 운전시간(hr/d)

진공탈수기는 드럼 표면에 있는 슬러지를 여과포를 통하여 진공에 의해 탈수하는 방식이다. 진공탈수기는 약품(소석회 등) 사용이나 동결-융해법 등의 탈수 전처리가 주로 사용된다. 케이크의 함수율은 슬러지의 성상과 탈수 전처리에 의한 영향이 크지만 보통 60~80% 정도이다.

원심탈수기는 회전드럼 내에 고분자응집제 등으로 전처리한 슬러지를 공급하고 원심력으로 고액분리하는 방식이다. 보통 원심탈수기에서 배출되는 케이크의 함수율은 60~80%이다.

조립탈수기는 슬러지에 고분자응집보조제(폴리아민계) 등을 첨가하여 회전드럼 내에서 천천히 회전시키며 슬러지 입자를 응집하여 중력에 의해 입자 간의 수분을 드럼 외부로 배출시키는 방법이다. 이 장치는 케이크의 함수율이 80% 정도로 높아 건조공정과의 조합이 필요하다.

가압탈수기에 사용되는 여과포에는 통상 폴리프로필렌, 나일론, 테프론 등의 합성섬유가 많고 섬유의 크기, 직조방법, 여과포의 구멍 크기 등이 다르기 때문에 여과포의 특성은 실험을 통하여 결정된다. 여과포는 선정 조건은 다음과 같다.

- 내산성, 내알칼리성일 것

- 강도, 내구성이 클 것
- 안정된 여과속도가 가능할 것
- 사용 중에 팽창과 수축이 적을 것
- 여과포의 폐색이 적고 케이크의 탈착이 좋을 것
- 탈수여액에 청징도가 높을 것
- 재생이 가능할 것

2) 자연건조

자연건조(air drying) 방식의 탈수방법으로 건조상(drying bed)과 라군(lagoon) 방식이 있다(그림 10-9). 대표적인 건조상 방식인 모래건조상(sand drying beds)은 일정 깊이의 모래층을 이용하여 중력에 의한 자유수(free water, 슬러리속의 수분)의 배수(drainage)와 증발(evaporation)에 의해 탈수되는 방식으로 알람슬러지보다 석회(lime)슬러지에 더 효과적이다. 또한 모래건조상 방식에 동결(freeze-assisted), 진공(vacuum-assisted) 또는 열처리(thermal)와 같은 외부 에너지를 주입하여 건조의 효과를 향상시키기도 한다.

자연건조는 슬러지의 탈수공정을 생략하고 건조상에 의하여 탈수·건조시키는 방식으로 소요부지면적이 크고 기상조건에 영향을 많이 받는다. 열처리와 같은 다른 건조방법은 탈수공정에서 충분하게 탈수할 수 없는 경우나 재활용을 위하여 함수율을 더 낮추어야 할 필요가 있는 경우에 적용되는 방식으로 기계 설비가 많고 복잡하며 에너지 소비도 크다. 참고로 정수장 내에 열병합발전시스템이 있다면 이 시스템에서 발생되는 폐열은 탈수를 위한 훌륭한 에너지 공급원이 될

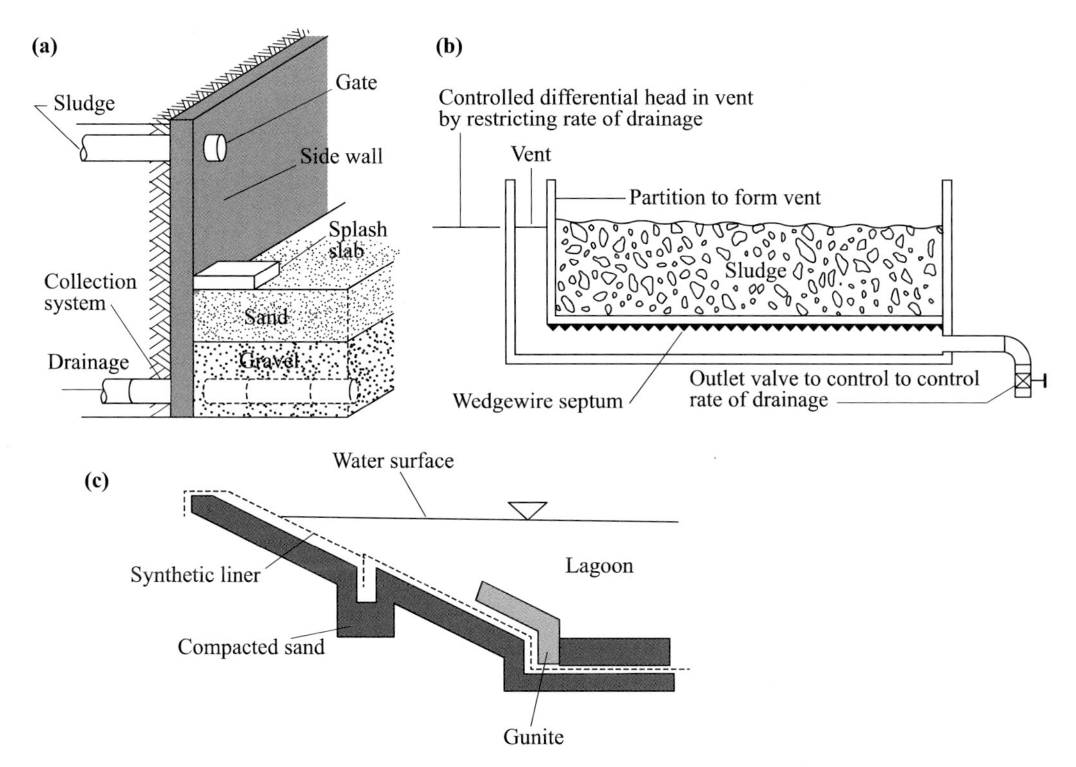

그림 10-9 **Dewatering by drying bed and lagoon, (a) Sand Drying Beds and (b) Wedgewire drying bed (c) Dewatering lagoon** (USEPA, 1979b)

수 있다.

라군(lagoon)은 정수슬러지를 처리에 사용한 가장 오래된 공정 중 하나이다. 단지 탈수의 목적으로만 사용하는 건조상과는 달리 라군은 저장, 농축, 탈수 또는 건조의 기능을 가질 뿐만 아니라 경우에 따라서는 슬러지의 최종처분을 위한 방법으로도 사용되었다. 전통적인 라군은 배수시설을 가진 웅덩이 형상을 하고 있다. 토양과 지하수 오염을 방지하기 위해 고밀도 폴리에틸렌(HDPE) 차수막과 침출수 수집 시스템 및 모니터링 우물이 라군 설계에 있어 기본적인 구성이다(그림 10-9). 일반적으로 라군의 깊이는 4～20피트(120～600 cm), 표면적은 0.5～15에이커(2000～60700 m^2)이다(Cornwell et al., 1987). 라군의 효과는 운전 방법에 따라 다른데, 공기건조 방식의 적용이 없이 단순히 1～3개월간 저장된 금속수산화 슬러지의 경우 고형물 농도는 일반적으로 6～10%이고, 동일한 조건에서 석회슬러지는 20～30%의 높은 고형물 농도가 가능하다. 경우에 따라서는 추가적인 유입을 중단하고 건조할 경우 고형물 농도는 50% 이상까지도 가능하다.

우리나라의 시설기준에서는 자연건조방식을 천일건조라는 이름으로 부르고 있다. 천일건조상은 상징수를 배제하고 여과하여 함수율을 낮춘 다음 증발로 건조되게 하는 시설로, 일반적으로 농축슬러지를 직접 천일건조상에 투입하는 방식이다. 우리나라의 폐기물 관련법규상 100 m^3/d 규모를 초과하는 천일건조상은 모두 산업폐기물처리시설로 분류된다. 처분하는 케이크의 운반과 처분지의 매립작업을 위하여 케이크의 함수율은 85% 이하로 유지되어야 하며, 보통 천일건조상의 유효수심은 1 m 이하, 여유고는 50 cm이며, 측면과 바닥면은 불투수성으로 설계되어야 한다.

건조상 방식의 처분은 중·소규모의 정수장에서 슬러지의 배출빈도가 적고 입지와 기상조건도 좋으며, 용지확보가 용이한 경우에는 유지관리 및 경제적인 측면에서 대단히 유리하다. 또한 대규모 정수장에서도 용지확보가 가능하다면 고탁도 시기에 저류와 건조 두 가지 기능으로 이용할 수 있다. 천일건조상의 면적은 슬러지 부하량, 목표로 하는 함수율, 슬러지의 성상, 날씨, 기온 등의 기상조건, 입지조건, 건조상의 구조 등에 차이가 있으나, 일반적으로 1지당 100～1,000 m^2 정도가 일반적이다.

건조상에서의 자연탈수효율은 유입되는 슬러지의 깊이와 슬러지의 농도에 따라 좌우된다. 일반적으로는 슬러지 부하가 동일하더라도 주입할 때에 슬러지 농도를 높게 하고 슬러지 깊이를 얇게 하는 편이 탈수효율 향상에 유리하다. 슬러지 부하와 건조상의 면적은 다음 식으로 결정한다.

$$A = \frac{D_s \times T}{S} \tag{10.9}$$

여기서, A: 건조상 면적(m^2)

D_s: 1일 발생 고형물량(kg/d)

T: 건조일수(d)

S: 슬러지 부하(kg/m^2) = 주입 깊이(m) × 슬러지 농도(kg/m^3)

표 10-15에는 다양한 탈수공정에 대한 효과가 비교되어 있다(Cornwell et al., 1987).

표 10-15 Comparison of Dewatering Processes

Process	Solids Concentration (%)	
	Lime Sludge	Coagulant Sludge
Gravity thickening	15-30	3-4
Scroll centrifuge	55-65	20-30
Belt filter press	10-15	20-25
Vacuum filter	45-65	25-35
Pressure filter	55-70	35-45
Diaphragm filter press	N/A	30-40
Sand drying beds	50	20-25
Storage lagoons	50-60	7-15

Ref) Cornwell et al.(1987)

10.5 배출수와 탈수 슬러지의 처분

앞서 설명한 바와 같이 배출수와 그 처리물(탈수케이크)의 최종처분(ultimate disposal)은 엄격한 법적 규제를 적용 받고 있으므로 적절한 처분 방법의 선정은 매우 제한적이다. 배출수에 포함된 고형물질의 함량과 경제성은 적절한 처분 방법과 그 한계를 결정하는 주요한 기준이 된다. 매립 및 토지적용과 같은 처분은 광범위한 고형물 함량에서도 가능하지만 이에 따라 적합한 소요 시설과 소요 장비가 필요하다.

적용 가능한 처분 방법(disposal alternatives)은 토지적용(land application), 매립(landfilling, 단독 또는 혼합), 직접적인 하천 배출(direct stream discharge), 하수관거 배출(discharge to sewer) 및 재이용(residual reuse)으로 구분된다. 이러한 방법에 대한 수용 가능한 고형물 함량의 일반적은 범위는 표 10-16과 같다.

우리나라의 경우 관련 법령에 따라 정수슬러지는 유기물 함량이 40% 이하인 경우 무기성으로, 반면에 유기물 함량이 40%를 초과할 경우는 유기성 슬러지로 분류된다. 또한 수분 함량 85% 이하로 탈수한 다음 관리형 매립시설에 매립할 수 있도록 되어 있으며, 런던협약 96의정서와 해양오염방지법개정에 따라 해양배출은 불가능하다.

표 10-16 Normal range of acceptable residual solids content for the six common methods of disposal

Type of disposal	Acceptable residual solids contents (% TS)
Land application	1～15%
Landfilling (co-disposal)	15～25%
Landfilling (monofill)	>25%
Discharge to sewer	<1% to 8% (<3%)
Direct stream discharge	<1% to 8%
Residual reuse	<1% to >25%

Note) ( ), solids content for hydroxide residuals solids
Ref) USEPA(1996)

(1) 표류수로의 직접적인 방류

정수처리 잔류물의 직접적인 하천방류(direct discharge)는 역사적으로 가장 일반적으로 행하던 처분 방법 중 하나이다. 미국의 경우 1984년 조사결과를 보면 총 잔류물(대부분이 알럼슬러지)의 약 50% 정도가 이 방법에 의해 처리되었다(AWWA, 1986). 그러나 이 처분 방법에 대한 공중 보건 및 수생 생물에 대한 위험 가능성은 꾸준히 제기되어 왔다.

철과 알루미늄에 대한 화학적 성질은 비슷하다. 하시만 철과는 반대로 알루미늄은 광범위한 pH 영역에서 용존성이며, 환경에 잠재적인 악영향을 가지고 있다. 따라서 직접방류 방식을 택할 경우 지표수에서 알루미늄의 화학적 상호작용(chemical interaction)에 대한 이해와 수생환경에 대한 독성 영향에 대한 검토가 필요하다. 알루미늄 독성 연구결과에 근거하여 잔류물의 표층수 처리 시 다음 사항에 대한 검토가 권장된다.

- 생태계에 대한 잠재적인 독성 영향을 파악하기 위해 독성 시험은 정해진 수역에서 다양한 대표 수생 생물을 대상으로 실시한다.
- 명반 슬러지는 산성상태(pH 6 미만)에서 배출되어서는 안 된다.
- 명반 슬러지를 연수(즉, 경도 50 mg $CaCO_3$/L 미만) 수역으로 배출할 때 주의해야 한다.
- 처분을 시행할 경우 환경에 대한 평가가 수행되어야 한다.

알럼슬러지의 생태계에 미치는 영향을 파악하기 위해 물 사용, 퇴적물의 구조, 수질 화학, 시스템 수리학, 수문학 및 수생 생물학 등의 요소가 포함된다. 하천의 흐름과 혼합의 해석에서 주로 1차원적인 물질수지 모델(stream flow mass balance)이 사용되며, 물질의 운송과 화학 모델들(transport and chemical models)이 사용된다. MINTEQ은 다양한 환경에서 무기 및 유기 성분의 평형거동을 정량적으로 평가하는 데 사용되는 대표적인 지구화학평형 모델(geochemical equilibrium computer models) 중의 하나이다(USEPA, 1991; Bassett and Melchoir, 1990). 표 10-17은 미국의 경우에 조사된 정수장 배출수에 포함된 각종 오염물질의 농도를 보여준다.

우리나라의 경우 정수장 방류수라 함은 정수처리시설의 마지막 단계인 농축수 상징수를 의미한다. 앞서 설명한 바와 같이 정수장 방류수를 직접 하천에 방류할 경우에만 공공하수처리시설 방류수 수질기준을 따르게 되어 있고 2013년 이후부터는 이전보다 더 강화된 기준(BOD < 10 mg/L, SS < 10 mg/L)으로 규제하고 이를 폐수처리시설 기본부과금 산정 기준으로 적용하고 있다. 따라서 농축조 상징수가 이러한 수준의 수질기준을 만족하지 못할 경우에는 추가적인 방류수 처리시설의 설치를 고려해야 한다.

방류수 처리시설로는 응집·침전지, 여과장치(사여과, 섬유상여과, 막여과 등) 등을 고려할 수 있는데, 수질조건과 경제성, 부지 면적 등에 대한 검토가 필요하다(그림 10-10).

방류수는 그 특성상 수질기준 항목 중 부유물질(SS)을 초과할 우려가 가장 높기 때문에 처리시설의 선정에는 우선적으로 SS 처리효율을 고려해야 한다. 특히, 방류수에 포함된 입자는 20 μm 이하의 미세입자가 대부분이다. 따라서 방류수의 입도분포와 여과재의 입도/공경 등의 조사는 여과장치의 선정에 주요한 기초자료가 된다. 필요하다면 효율 향상을 위해 여과장치 이전에 응집제 주입 및 혼화과정을 추가할 수 있으며, 방류수 배출량이 1～3종으로 분류되는 경우에는

표 10-17 Estimated WTP Discharge Stream Pollutant Concentrations

WTP	Total Discharge (m^3/min)	TSS (mg/L)	Al (mg/L)	As (mg/L)	Cd (mg/L)	Cr (mg/L)	Hg (mg/L)	Se (mg/L)	THM (mg/L)
Squaw Peak									
Presedimentation									
Average	0.05	8,400	0.2	0.015	0.005	0.01	0.0002	0.005	0.100
Maximum	0.18	9,400	0.2	0.015	0.005	0.01	0.0002	0.005	0.100
Final sedimentation									
Average	2.79	5,000	840	0.005	0.005	0.01	0.0002	0.005	0.136
Maximum	10.75	5,000	406	0.005	0.005	0.01	0.0002	0.005	0.136
Filter back wassh									
Average	4.73	190	8	0.010	0.005	0.01	0.0002	0.005	0.100
Maximum	18.92	280	11	0.010	0.005	0.01	0.0002	0.005	0.100
Deer Valley									
Presedimentation									
Average	0.03	14,400	0.2	0.428	0.036	0.30	0.0045	0.005	0.026
Maximum	0.16	9,400	0.2	0.428	0.036	0.30	0.0045	0.005	0.026
Final sedimentation									
Average	2.37	4,700	560	0.478	0.028	0.34	0.0012	0.029	0.126
Maximum	9.12	4,700	560	0.478	0.028	0.34	0.0012	0.029	0.126
Filter back wassh									
Average	4.21	170	14	0.056	0.005	0.01	0.0002	0.005	0.061
Maximum	15.77	280	14	0.056	0.005	0.01	0.0002	0.005	0.061
Val Vista									
Presedimentation									
Average	0.05	7,800	0.2	0.005	0.005	0.01	0.0002	0.005	0.100
Maximum	0.16	7,800	0.2	0.005	0.005	0.01	0.0002	0.005	0.100
Final sedimentation									
Average	2.68	4,800	214	1.170	0.005	0.07	0.0002	0.005	0.220
Maximum	9.59	5,000	300	1.600	0.005	0.10	0.0002	0.005	0.300
Filter back wassh									
Average	8.67	100	5	0.005	0.005	0.01	0.0002	0.005	0.100
Maximum	23.13	150	16	0.005	0.005	0.01	0.0002	0.005	0.100

Ref) HDR(1995)

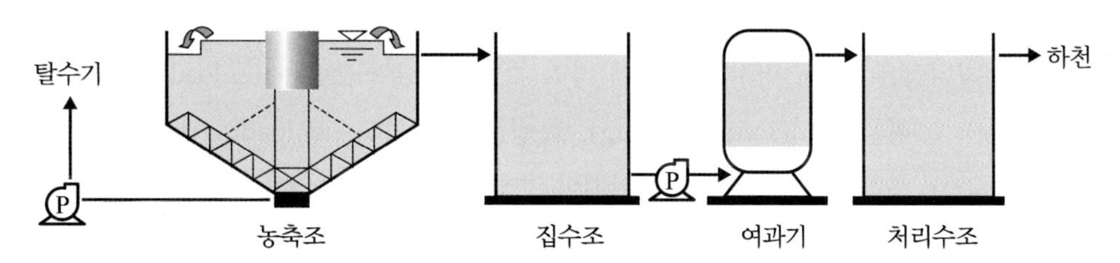

그림 10-10 **정수장 방류수 여과장치의 예** (환경부, 2010)

방류수의 모니터링 시스템(TMSTMS, Tele-Monitoring System)을 갖추도록 되어 있다. 표 10-18에는 정수장 방류수 처리에 적용 가능한 대표적인 시설의 특징을 비교하였다.

표 10-18 **정수장 방류수 처리시설의 비교**

구분	섬유사 여과기(PCF)	약품침전지	침지식 막여과
공정도	Filtration BackWashing	Coagulation Flocculation Sedimentation	처리수 흡입 세정공기 분리막조
개요	• 농축조 상등수가 여과기 내의 여재 사이를 통과하여 여재 표면과 여재 사이의 공극에 SS가 포획 분리되고 여과수를 배출하는 공법	• 농축조 상등수의 콜로이드 입자의 침강을 유도하기 위하여 응집제를 투여하여 응집조작으로 콜로이드상의 탁질을 플록화하여 침전시키는 수처리 공법	• 침지형 중공사막을 여재로 사용하여 전량여과 방식으로 물을 통과시켜 수중에 존재하는 오염물질이나 불순물을 포기공기 또는 상승류로 제거하는 수처리 공법
처리 효율	• SS 제거율 : 70% 이내 • BOD 제거율 : 50% 이내	• SS 제거율 : 80~90% • BOD 제거율 : -	• SS 제거율 : 90% 이내 • BOD 제거율 : 80% 이내
장점	• 입자제거 여과기 중 처리수질 우수, 고탁도 적용 가능 • 처리효율 불안정 • 자동화운전, 부하변동에 강함	• 처리효율 안정적 • 기존시설의 방류수질을 개량하여 사용 가능 • 운영경험 풍부	• 원수수질 변화, 탁도부하 변동에 대응능력 우수 • 공정구성 단순, 유지관리 용이, 소요부지 작음
단점	• 역세척 시 UNIT별로 여과 중단 • 설치높이 과다 • 장시간 경과 후 여과 수질 저하 • 별도의 원수저장조 필요	• 가장 낮은 운영비 • 소요부지 넓음 • 겨울철 동결에 의한 장애 발생 가능	• 설치운영비가 가장 높음 • 운전 및 운영경험 부족

(2) 하수처리장으로의 배출

정수처리 잔류물의 처분 방법 중 직접 하수관거(discharge to sewer)를 통해 하수처리시설로 배출하는 것은 매우 매력적인 처분 방법이다. 이때 하수처리시설은 정수슬러지의 수용을 거부하거나 그 배출량에 대해 엄격한 제한을 두기도 한다. 배출된 슬러지는 하수처리시설에서 발생하는 슬러지와 함께 다양한 영향을 고려하여 처리하게 되는데, 주요 고려사항은 다음과 같다.

- 폐기물 운반시스템(펌프장, 하수관거, 동력, 마모 및 부식)
- 하수처리시설(액체 또는 고체) 세부공정(예: 배출률, 고형물 농도, 균등화)
- 생물 독성 영향

하수처리장은 정수슬러지의 투입에 따라 수리학적 부하(hydraulic loading), 유기물 부하(organic loading), 고형물 부하(solids loading), 독성물질 부하(toxic loading) 및 고액분리(liquid/solids separation) 측면에서 검토가 이루어져야 한다.

미국 자료에 따르면 정수슬러지 유입으로 인해 하수처리장 1차슬러지의 고형물(TS) 함량은 5.8에서 4.7%로 감소되었고(Wilson et al., 1975), 200 mg/L의 알럼슬러지 첨가는 1차슬러지의 양을 약 2배 정도 증가시켰으며(그림 10-11), 200 mg/L 이하의 정수슬러지 주입은 하수처리장의 운영에 심각한 부작용을 보이지 않았다(Rolan and Brown, 1973).

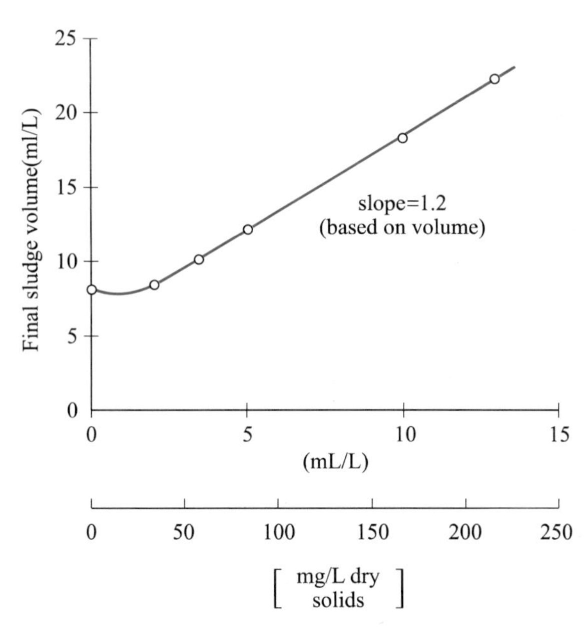

그림 10-11 **Effect of WTP alum sludge on the combined volume of wastewater sludge after 30 minutes of settling** (Rolan and Brown, 1973)

(3) 매립

정수슬러지의 처분 방법을 고려할 때 매립(landfill)은 가장 가능성이 높은 방법이다. 정수슬러지는 일반적으로 탈수과정을 거쳐 용적과 고형물을 감량시킨 후 매립하게 된다. 이 경우 매립은 공동 처분(co-disposal) 또는 단독 매립(monofilling) 방식으로 적용된다. 매립은 유해 폐기물로 분류되지 않을 경우에 가능한데, 대부분의 경우 정수슬러지는 이 범주에 해당하지 않는다. 슬러지의 매립에 있어 중요한 인자 중 하나는 독성물질로 표 10-19는 미국의 경우에 해당하는 정수슬러지와 자연토양, 하수슬러지 내에 포함된 금속의 농도를 비교한 것으로 농도범위는 크게 나타나지만 앞서 설명한 바와 같이 정수슬러지의 TCLP 수준은 규제기준에는 크게 미치지 못한다(Cornwell et al., 1990).

(4) 토지적용

토지적용(land application)은 처분 방법과 관련한 각종 규제와 환경적 제약이 심화됨에 따라 점점 더 확대되는 방법이다. 토지적용 방법에는 농업용(agricultural use), 조경용(silvicultural application), 토지개간(land reclamation) 또는 전용 토지 처분(dedicated land disposal) 등이 포함된다(US EPA, 1996).

이 방법은 폐기물 처분이라는 장점 외에도 슬러지의 성분을 재활용하여 토질개선(soil conditioning)에 사용하는 방법이다. 그러나 토지적용은 토양 및 지하수의 금속 농도 증가, 슬러지에 의한 토양 속의 인(P) 흡착, 토양 생산성 저하, 지하수로 질산염의 이동, 그리고 슬러지에 함유된 고형 알루미늄으로 인한 악영향 등과 같은 잠재적인 단점이 있다(Dempsey et al., 1990).

표 10-19 Comparison of Metals Concentrations in WTP Residuals, Natural Soils, and Sewage Sludge

Metals	Number of WTP Residuals Samples Included in Compilation	Range of Concentrations in WTP Residuals (mg/kg, dry)[a]	Average Concentration in Compiled WTP Residuals Samples (mg/kg, dry)[a]	Typical Range of Concentrations in Natural Soils (mg/kg, dry)[b]	Typical Range of Concentrations in Sewage Sludge (mg/kg, dry)[c]	Median Concentration in Sewage Sludge (mg/kg, dry)[c]
Aluminum	7	10,000-170,000	72,729	10,000-300,000	N/A	N/A
Arsenic	6	5.7-36	20	1.0-40	1.1-230	10
Barium	6	30-333	131	100-2,500	N/A	N/A
Cadmium	24	0-16	3.3	0.01-7.0	1-3,410	10
Chromium	26	6.7-200	59	5.0-3,000	10-99,000	500
Copper	25	7-1,300	176	2.0-100	84-17,000	800
Iron	4	15,200-79,500	51,400	7,000-550,000	1,000-154,000	17,000
Lead	26	1-100	50	2.0-200	13-26,000	500
Manganese	5	68-4,800	1,453	100-4,000	32-9,870	260
Mercury	24	0-9.8	0.9	0.01-0.08	0.6-56	6
Nickel	23	12-1,319	209	5.0-1,000	2-5,300	80
Selenium	5	0-36	8	0.1-2.0	1.7-17.2	5
Silver	4	0-2	1	0.1-5.0	N/A	N/A
Zinc	25	6.2-3,325	598	10-300	101-49,000	1,700

a) Cornwell et al., 1992; Dixon et al., 1988.
b) Dragun, 1988.
c) U.S. EPA, 1984b.
Key N/A = not analyzed.
Ref) USEPA(1996)

(5) 재이용

우리나라의 경우 정수슬러지는 과거에 관리형 매립시설(수분 85% 이하인 경우)에서 대부분 처분하였으나 매립지 확보의 어려움으로 인해 하수처리에서의 수용과 함께 슬러지의 재활용을 적극 권장하고 있다. 재활용 방안으로는 시멘트의 원료, 재생벽돌, 녹생토, 원예토, 상토재, 성토재 및 매립제 등의 다양한 방법이 있다.

- 농업 이용: 토지적용 방법에도 포함되지만, 재자원화라는 관점에서는 가장 가능성이 높은 분야이고, 객토재, 토양개량재, 야채류의 육묘토양, 화분이나 또는 과일재배용 토양 등으로 이용한다.
- 토지조성용: 탈수케이크의 형상과 함수율 등을 고려한 다음에 분쇄된 상태 또는 다른 흙이나 안정제와 혼합함으로써 그라운드(ground) 조성이나 매립, 성·복토재로 이용한다.
- 시멘트 원료: 시멘트 제조에서 원료의 하나인 천연점토의 원료로 슬러지를 이용할 수 있다. 슬러지는 원료점토의 화학성분에 가까운 것이 바람직하지만, 어느 정도 조성범위에서 부족하더라도 다른 원료와 조합하여 사용 가능하다.
- 되메움재: 슬러지에 석회나 시멘트를 혼합하여 적당한 입경으로 조립해 재생모래를 만들어서 수도관 매설 등의 되메움재로 이용 가능하다.

슬러지 유효이용을 계획하는 경우에는 슬러지의 양과 질, 용도, 수요처와 용량, 제조 및 유통 방법, 경제성 등의 측면에서 충분한 검토가 필요하다. 재활용은 폐기물관리법 제46조에 의하여

표 10-20 **슬러지 최종처분 방법 관련 법규**

항목	관련 법규	비고
성토재, 매립시설 복토재	폐기물관리법시행규칙66조 별표16의2	• 함수율 70% 이하
녹생토	폐기물관리법 44조의2 1항 4호 (자원의절약과재활용촉진에관한법률 제2조 6호)	
시멘트 원료, 재생벽돌	폐기물관리법 44조의2 1항 1호 (산업표준화법 제15조)	
매립	폐기물관리법시행규칙 14조 별표5	• 함수율 85% 이하

폐기물 재활용신고 등의 절차가 필요하며 처분 방법별 관련 법령은 표 10-20과 같다.

정수슬러지의 다양한 처분방법에도 불구하고 슬러지 처분은 경제적 및 환경적인 문제점을 안고 있다. 따라서 기본적으로 슬러지 발생량을 최소화(waste minimization)시키고, 그 속에 포함된 유효자원을 회수하는 방법(resource recovery)은 꾸준한 이슈가 되고 있다. 슬러지 발생을 최소화시키기 위해 공정의 개선과 신기술이 개발되며, 화학물질(응집제, 석회)의 회수기술이 연구되기도 한다.

(6) 염수폐기물의 처분

정밀여과(MF, microfiltration), 한외여과(UF, ultrafiltration), 나노여과(NF, nanofiltration), 역삼투(RO, reverse osmosis), 전기투석(ED, electrodialysis) 또는 역전전기투석(EDR, electrodialysis reversal) 등은 공공용수를 공급하기 위해 사용되는 막 공정(membrane processes)이다. 이러한 모든 공정은 잔류 폐기물을 생산하지만, 모든 공정이 다 염수(brine)로 분류될 수 있는 폐기물을 발생하지는 않는다. 염수란 단염의 용해도가 보통 해수의 농도보다 높은 경우를 말한다(Ingram, 1969).

염수폐기물(brine waste)이 생성되는 공정은 해수를 대상으로 한 RO, ED 또는 EDR 그리고 기수(brackish water) RO에 해당하며, 막 공정에서 나온 나머지 모든 잔류물들은 염수라기보다 막을 통과하지 못한 잔류 농축물(waste concentrate)이다. 잔류 농축물의 성분은 다른 정수처리 과정의 경우와 유사할 것이므로 정수슬러지 분야로 분류하고 관리되는 것이 타당하며, 앞선 처리 처분기술이 공히 적용될 수 있다. 여기에서는 막 공정의 잔류 농축물과 염수폐기물에 대한 특성과 처분 방법을 간단히 설명한다.

막 공정으로부터 배출되는 농축수는 원수 회수율과 폐기물 농축 비율 측면으로 평가된다(표 10-21). 일반적인 처분 방법은 표류수 배출, 심정주입(deep well injection), 관개살포(spray irrigation), 배수지/시추공(drainfield or borehole) 주입, 그리고 하수관거 주입 등이 있다(표 10-22). 미국 플로리다주의 경우 총 용존고형물(TDS) 1,500 mg/L를 초과하는 비독성 농축물(nonhazardous concentrates)에 대한 토지적용을 허용하고 있다.

염수의 무방류(zero discharge) 방법으로 증발(evaporation)과 결정화(crystallization) 등이 있는데(그림 10-12), 표 10-23에는 무방류를 위한 공정의 운전조건이 나타나 있다. 결정화 공정으

표 10-21 **Membrane Concentrate Generation**

Membrane Process	Percent Recovery of Feedwater	Percent Disposal as Concentrate
UF	80-90	10-20
NF	80-95	5-20
Brackish water RO	50-85	15-30
Seawater RO	20-40	60-80
ED	80-90	10-20

Ref) USEPA(1996)

표 10-22 **Disposal options for concentrated brine solutions from membrane processes**

Disposal option	Description
Ocean discharge	The disposal option of choice for facilities located in the coastal regions of the United States. Typically, a brine line, with a deep ocean discharge, is used by a number of dischargers. Combined discharge with power-plant cooling water has been used in Florida. For inland locations truck, rail hauling, or pipeline is needed for transportation
Surface water discharge	Discharge of brines to surface waters is the most common method of disposal for concentrated brine solutions
Land application	Land application has been used for some low-concentration brine solutions
Discharge to wastewater-collection system	This option is suitable only for very small discharges such that the increase in TDS is not significant (e.g., less than 20 mg/L)
Deep-well injection	Depends on whether subsurface aquifer is brackish water or is otherwise unsuitable for domestic uses
Evaporation ponds	Large surface area required in most areas with the exception of some southern and western states
Controlled thermal evaporation	Although energy-intensive, thermal evaporation may be the only option available in many areas

Ref) Metcalf and Eddy(2003)

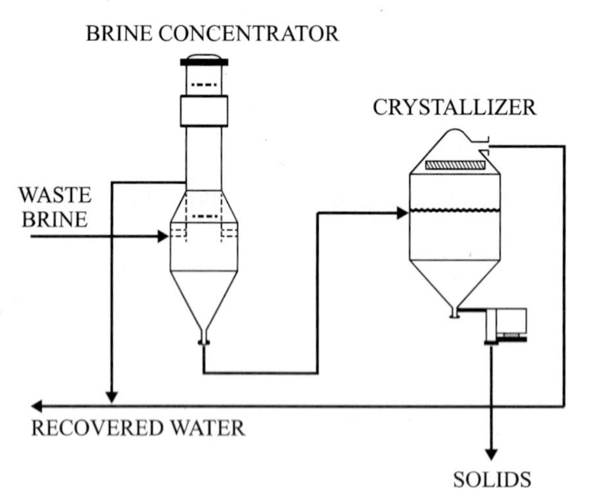

그림 10-12 **Zero discharge of brine** (USEPA, 1996)

로 기계식 증기재압축(MVR, mechanical vapor recompression) 시스템과 증기순환(SDC, steam driven circulation) 방식이 있다.

막 공정은 음용수 생산에 중요한 현재와 미래의 물산업 기술로 인식된다. 막 공정의 농축 잔

표 10-23 Typical Brine Process Conditions in Zero Discharge Applications

(a) Concentrator	
Feed TDS	2000-20,000 ppm
Feed temperature	40-120 °F
Preheater approach temperature	7-15 °F
Concentration factor	8-120
Seed slurry concentration	1-10%
Boiling point rise	1-10 °F
Compression ratio	1.20-2.0
Recirculation pump rate	20-40x feed
TDS of waste brine, weight%	15-22%
Total solids waste brine	15-30%
Overall power/1,000 ga	175-110 kWh
Distillate TDS	5-25 ppm

(b) Crystallizer	
Feed TDS	> 20,000 ppm
Feed temperature	40-220 °F
Concentration factor	N/A
Boiling point rise	1-50 °F
Compression ratio (MVR)	2.0-3.0
Recirculation pumping rate	> 200x feed
Solids, % free liquid hot	15-50%
Solids, % free liquid cool	0-10%
kWh/1,000 gal (MVP)	150-200 kWh
BTU/1,000 gal (steam)	10 mm BTU
kWh/1,000 gal (steam)	2-4 kWh
Cooling water (steam)	50x Feed
Distillate TDS	15-50 ppm

Note) MVR, Mechanical vapor recompression.
Ref) USEPA(1996)

류물과 염수폐기물은 막 공정이 도입된 이래 현재까지 별문제 없이 관리되고 있으며, 오히려 무방류와 자원회수라는 기술의 발전을 모색하고 있다. 기술의 발전은 향후 유기 및 무기물질의 제거에 가장 이용 가능한 기술(BAT, best available technology)이 될 것으로 예측된다.

참고문헌

- American Society of Civil Engineers (ASCE)/American Water Works Association (AWWA) (1990). Water treatment plant design (2/e), McGraw-Hill, New York, NY.
- American Water Works Association Research Foundation (AWWARF) (1969). Disposal of wastes from water treatment plants. J AWWA, 61, 541-619.
- Bassett, R.L., Melchoir, D.C. (1990). Chemical modeling of aqueous systems. In: Melchoir, D.C., and R.L. Bassett, eds. Chemical modeling in aqueous systems II. American Chemical Society Symposium Series 416. Washington, DC., 1-14.
- Brown and Caldwell, Inc. (1990). City of Phoenix water residuals management study. Study produced for the City of Phoenix, AZ.
- Calkins, R.J., Novak, J.T. (1973). Characteristics of chemical sludges. J AWWA, 65(6), 523.
- Cornwell, D., Bishop, M.M., Gould, R.G., Vandermeyden, C. (1987). Handbook of practice: Water treatment plant waste management. American Water Works Association Research Foundation (AWWARF), Denver, CO.
- Cornwell, D.A., Koppers, H.M.M. (1990). Slib, schlamm, sludge. American Water Works Association Research Foundation and KIWA Ltd., Denver, CO.
- Dempsey, B.A., Elliott, H.A. (1990). Land application of water treatment sludges. In: Proc. 44th Purdue Industrial Waste Conference, Purdue University. W. Lafayette, IN: Lewis Publishers.
- HDR Engineering, Inc. (1995). Study to develop BCT for NPDES permit limits forwater treatment plants. Draft report to the City of Phoenix, Water Services Department, Phoenix, AZ.
- Ingram, W.T. (1969). Glossary: Water and wastewater control engineering. APHA, American Society of Civil Engineers, American Water Works Association, Water Pollution Control Federation. 40.
- Kawamura (2001). 정수시설의 설계와 유지관리.
- Malmrose, P.E., Wolfe, T.A. (1994). Recent advances in technologies for dewatering coagulant residuals. AWWA Conference on Development of Programs for Engineering Tomorrow's Water Systems, Cincinnati, OH.
- Metcalf & Eddy, Inc. (2003). Wastewater Engineering: Treatment, Disposal, and Reuse (4/e). McGraw-Hill, New York.
- National Drinking Water Clearinghouse (1998). Tech Brief: Water Treatment Plant Residuals Management.
- Novak, J.T. (1989). Historical and technical perspective at sludge treatment and disposal. In: Sludge Handling and Disposal. American Water Works Association, Denver, CO.
- Robinson, M.P., Wiko, J.B. (1991). Overview of issues and current state-of-the art water treatment plant waste management programs. Annual Conference Proceedings. AWWA Quality for the New Decade, Philadelphia, PA. June 23-27.
- Rolan, A.T., Brown, J.C. (1973). Effect of water treatment plant sludge on the treatment of municipal wastewater. In: Proc. 53rd Annual Meeting of the North Carolina Section of the American Waste Water Association and WPCA.
- US EPA (1979). Process design manual for sludge treatment and disposal. EPA/625/1-79/011, Cincinnati, OH.
- US EPA (1991). MINTEQA2/PRODEFA2, a geochemical assessment model for environmental systems: Version 3.0 user's manual. EPA/600/3-91/021, Washington, DC.
- US EPA (1996). Management of Water Treatment Plant Residuals. ASCE Manuals and Reports on Engineering Practice No.88, AWWA Technology Transfer Handbook, and US EPA 625/R-95/008.
- Wilson, T.E., Bizzarri, R.E., Burke, T., Langdon, P.E. Jr., Courson, C.M. (1975). Upgrading primary treatment with chemicals and water treatment sludge. J. Water Pollut. Control Fed., 47(12),

2,820-2,833.
- 송원호 (1990). 원수 탁도에 따른 상수슬러지 발생량에 관한 연구, 고려대학교 석사학위논문.
- 송원호, 최의소 (1992). 한강 원수를 이용한 슬러지 발생량 및 상수슬러지 농축특성연구. 상하수도학회지, 1, No.1.
- 한국수자원공사 (2002). 배출수 처리시설 최적설계연구.
- 최의소 (2003). 상하수도공학, 청문각.
- 환경부 (2010). 상수도시설기준.

PART 4

Wastewater Treatment Technology

하수처리

Sustainable nutrient recovery and reuse is gaining national and international attention as wastewater utilities look for ways to decrease energy costs and greenhouse gas emissions, utilize excess capacity, generate new revenue, and address ever more stringent regulatory requirements. This evolution in thinking is moving wastewater treatment to enhanced energy efficiency and changing the role of wastewater treatment facilities from waste generators to resource providers.

(US EPA, 2010)

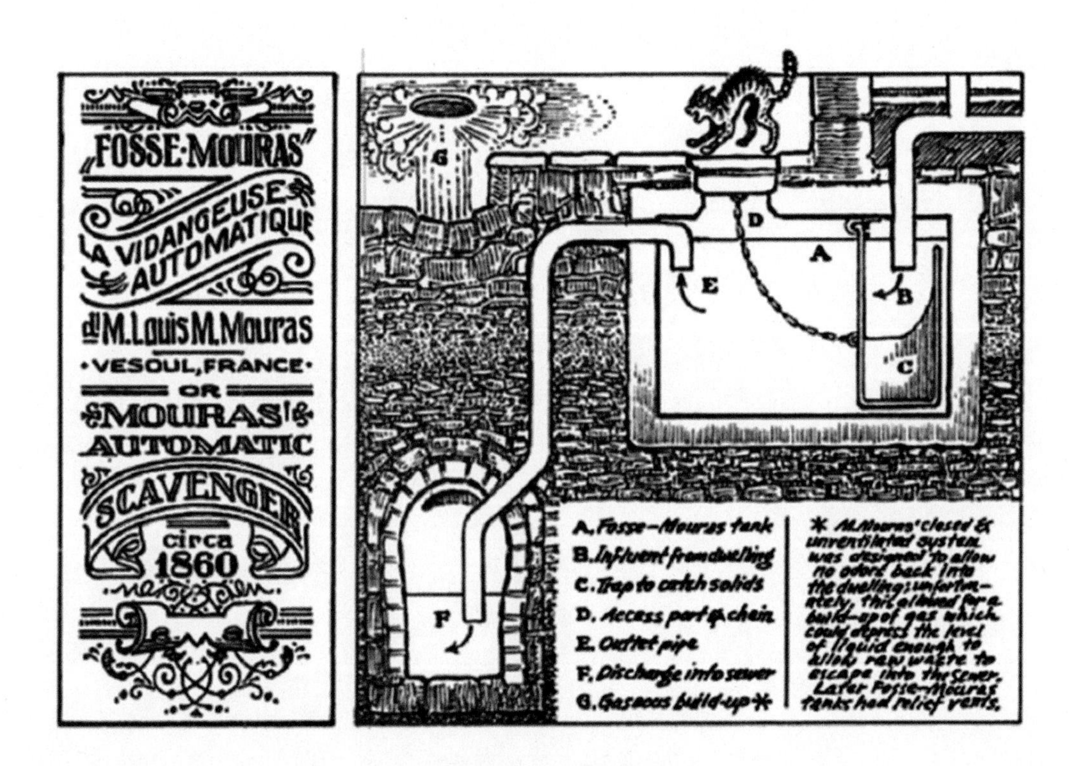

The First Septic Tank

is believed to have originated in France and is credited to Jeanlouis Mouras.
It was invented around 1860 by accident and patented in 1881.

(Jeanlouis Mouras, 1881)

Chapter 11

하수처리

Wastewater Treatment

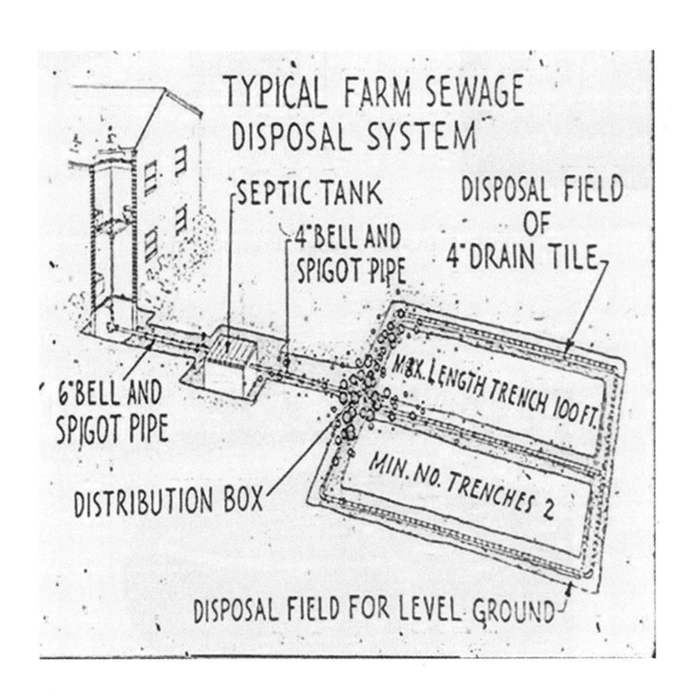

Septic Tank and Typical Farm Sewage Disposal System (US circa 1920)

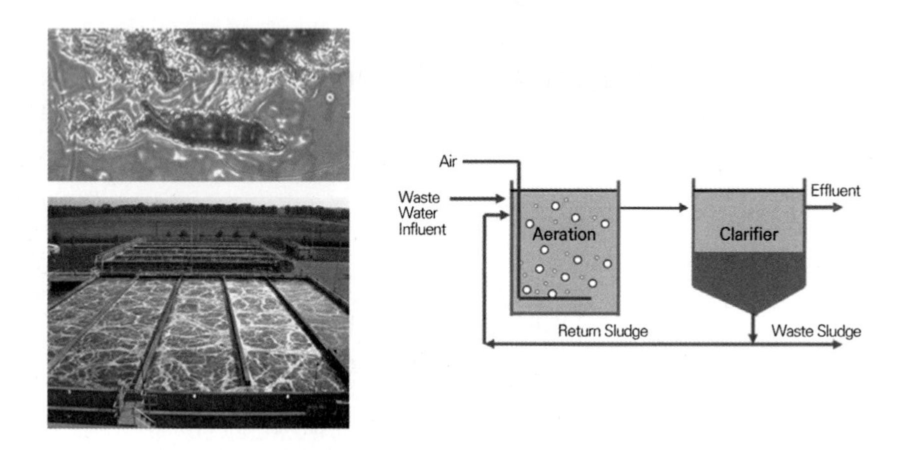

Typical Activated Sludge Process(1914)

Sewage Treatment Trickling Filter Bed

A small rural treatment plant at Beddgelert sewage treatment works, Gwynedd, Wales, UK.

(Velela, 2005)

11.1 개요

(1) 하수처리의 필요성과 배출규제

하수처리시설(municipal wastewater treatment facility)은 하수관거(sewer)와 함께 하수도시설의 중요한 구성 요소이다. 하수처리의 목적은 기본적으로 방류수역(receiving water body)의 수질을 보호하는 데 있으나 최근 하수처리에 대한 개념의 전환에 따라 물의 재이용과 관련하여 처리수의 질적인 안전성 확보도 중요한 목적에 포함된다. 하수는 그 발생원에 따라 생활오수(domestic wastewater)와 공공폐수(wastewater from institutions), 산업폐수(industrial wastes), 관거 침투수(infiltration into sewers), 우수(stromwater runoff), 침출수(leachate) 및 정화조 유출수(septic tank wastewater) 등으로 매우 다양하다. 하수관거시스템(sewer system)은 구역 내 발생하는 모든 폐수를 수집하여 처리장으로 운송하는 역할을 한다. 하수처리과정에서는 농축조 상징수, 소화조 상징수, 탈리액, 여상세정액 및 각종 청소용수가 반류수(reject water)라는 형태로 불가피하게 발생한다. 이에 더하여 음식물쓰레기와 분뇨·정화조 처리 그리고 하수도 준설물 등 다양한 폐기물이 하수처리시설에서 연계처리되고 있다.

하수관거는 우수의 포함 여부에 따라 분류식(sanitary/separated sewer)과 합류식(combined sewer)으로 구분한다. 합류식 관거시스템에서는 때로는 강한 폭우로 인하여 차집관거(intercepting sewer)의 통수 허용용량 이상의 하수를 발생하기도 한다. 이때 처리시설이 범람하거나 하수도시스템에 과부하를 주지 않기 위해 하수를 지표수로 우회하여 직접 방류하기도 하는데, 이를 합류식 하수관거 월류수(CSOs, combined sewer overflows)라고 한다. 합류식 하수관거의 문제점은 강우 유출수의 유입으로 인해 관거에서 처리장으로 이송되는 하수에 양적(유량) 및 질적(농도) 변화를 초래한다는 데 있다. 이러한 변화는 결국 하수처리시설의 성능에 부정적인 영향을 미치게 된다. 즉, 강우로 인한 유입 유량의 증가는 처리시설의 실질적 체류시간에 직접적으로 영향을 주게 되고, 하수의 농도를 희석하는 결과를 초래하여 오염물질의 처리를 더 어렵게 한다.

오염물질의 배출 관리는 크게 2단계로 이루어진다(그림 11-1). 먼저 공장 등과 같은 일정 규모의 개별 배출업소에서 발생되는 산업폐수의 경우 일차적으로 자체적인 전처리(pretreatment) 시설을 두며, 그 처리수를 하수관거로 배출하는 간접적인 배출방식을 따른다. 이러한 개별 배출수는 최대배출허용농도, 즉 배출허용기준(discharge guideline)으로 특별 관리된다. 한편 하수관거를 통해 수집·배출되는 각종 폐수는 최종적으로 공공하수처리시설(POTWs, publicly owned treatment works)이나 집단화된 공업지역의 폐수종말처리시설에서 최종적인 처리단계를 거치게 된다. 우리나라는 공공하수처리시설을 그 규모에 따라 간이처리시설(50 m^3/일 이하), 마을하수도(50～500 m^3/일), 그리고 하수종말처리시설(500 m^3/일 이상)로 구분하고 있다. 이러한 처리시설들은 모두 수계 방류 직전의 적용기준인 방류수 수질기준(effluent guideline)으로 관리되며, 그 규제는 수역의 특성에 따라 세분화되어 있다. 수질규제항목에 대해서는 배출허용기준의 경우 주로 유기물질(BOD, COD, SS)과 각종 유해물질(페놀류 등)에 대해 상세히 규정하고 있으며, 방

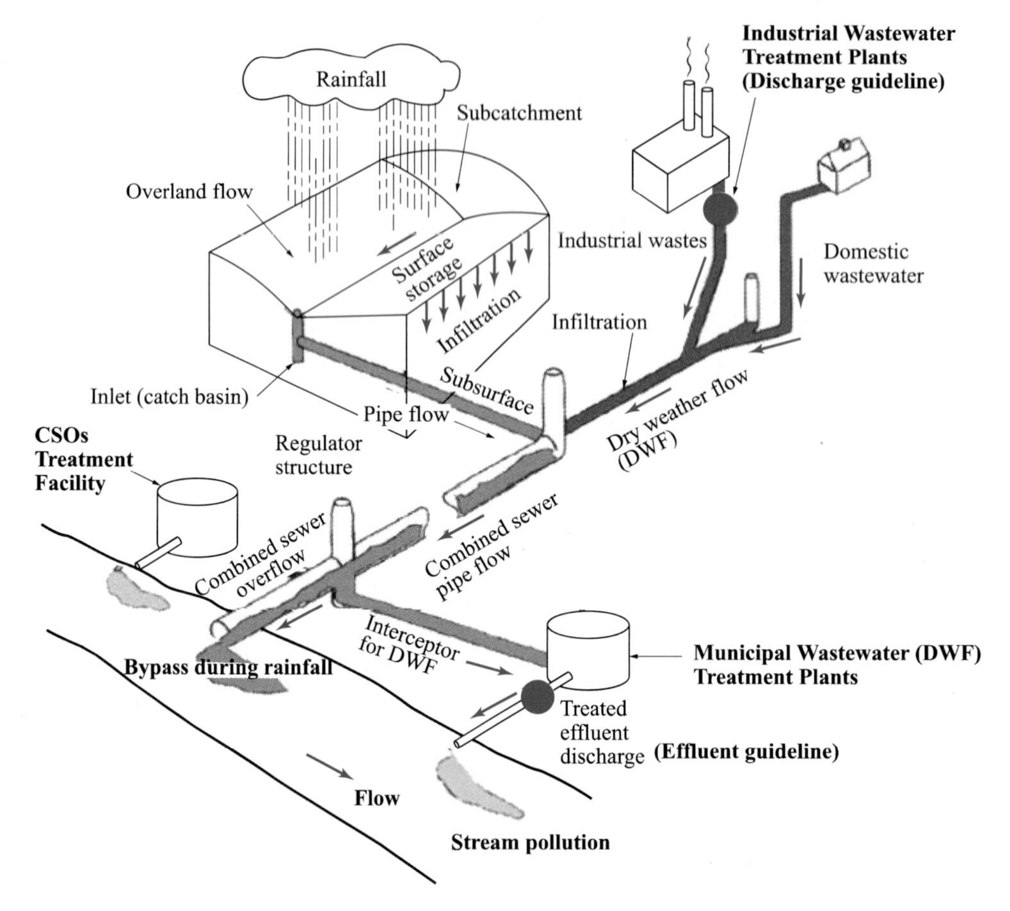

그림 11-1 **합류식 하수도 시스템에서의 하수처리 개념도** (modified from Metcalf and Eddy, 2003)

류수 수질기준에서는 이에 더하여 영양물질인 질소(T-N)와 인(T-P), 병원성 균(총대장균) 및 생태독성 등과 같은 항목이 추가로 포함되어 있다.

CSOs 처리시설(CSOs treatment facility)은 우천 시 합류식 하수도시설에서 발생하는 공공수역에 대한 방류부하량 저감 대책의 일환으로 적용되는 시설이다. 이 경우 수질평가지표로는 주로 BOD를 사용하지만 방류수역의 수생태 환경이나 오염총량규제 등의 관점에서 추가적인 수질항목도 고려된다(환경부, 2011).

(2) 하수처리공정의 구성

하수처리시스템에 적용되는 각종 단위공정은 기본적으로 다음과 같은 목적을 수행한다.

① 방류 수역에서의 산소 고갈(O_2 depletion)과 종속영양 활동(heterotrophic activity)을 억제하기 위한 유기성 에너지(유기물질)의 저감
② 독성 억제를 위한 암모니아(free & saline ammonia)와 유기성 질소(organic N)의 저감
③ 광합성 독립영양 활동(photosynthetic autotrophic activity)의 억제를 위한 부영양성 물질(P & N)의 저감

이러한 목표를 달성하기 위해 처리시스템은 예비(preliminary) 및 1차처리(primary treatment), 2차처리(secondary treatment)와 3차처리(tertiary treatment)로 이루어지는데, 3차처리를 고도처리(advanced treatment)라 부르기도 한다. 처리기술의 선택은 일반적으로 유입하수의 특성, 도시의 규모 및 유출수의 목표 방류수질 등을 기초로 이루어진다.

1) 예비 및 1차처리

예비처리 단계는 펌프나 다른 기계장치의 마모나 파손을 방지하기 위한 것으로 거대한 협잡물이나 오물과 모래(grit) 등을 제거하기 위한 스크린(screen), 분쇄기(comminutors) 및 침사지(grit chamber) 등으로 구성된다(그림 11-2). 1차처리는 통상적으로 침전지(PST, primary sedimentation tank)를 사용하는데, 이는 침전가능한 고형물질(settleable solids)의 제거에 주목적이 있다(그림 11-3).

1차침전지의 효율은 유입하수성상과 슬러지 처리계통의 반류수 등으로 인한 영향이 크다. 저농도 특성을 가진 우리나라 하수를 기준으로 할 때 1차침전지의 효율은 통상적으로 BOD 20~50%, SS 40~60%, T-N 10~15% 및 T-P 10~20% 정도이다. 1차침전지에 약품응집을 사용하는 경우 제거효율은 BOD 40~50%, SS 60~88%, T-N 25% 및 T-P 80% 정도로 증가한다(최의소, 2003). 소규모 시설이나 유입하수의 SS 농도가 낮은 경우에는 침전지를 생략하기도 한다. 1차침전지로부터 유입하수유량의 약 1% 정도에 해당하는 슬러지가 발생하는데, 이를 1차슬러지(primary sludge)라고 한다. 1차슬러지의 고형물 농도는 대체로 2~7%(보통 3% 내외) 정도이며 슬러지로 인한 COD 제거량은 40~50% 정도에 해당한다.

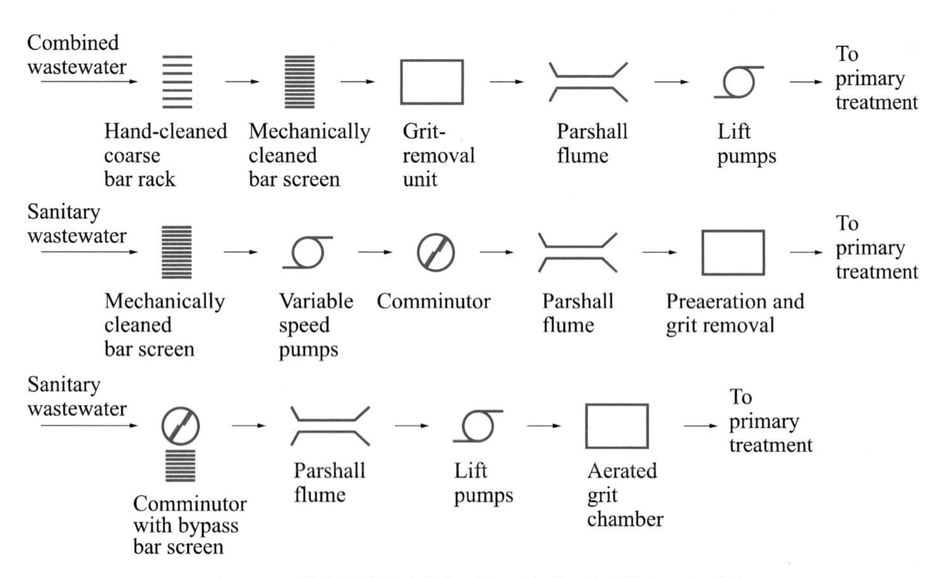

그림 11-2 **하수처리공정에서 적용 가능한 예비처리공정 배열도**

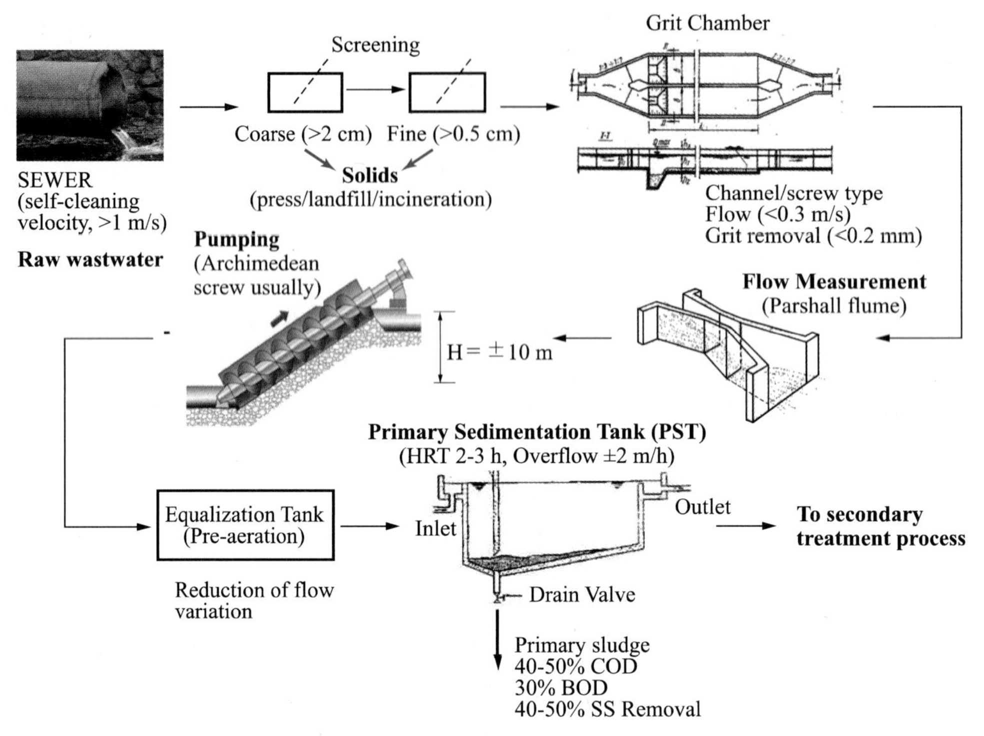

그림 11-3 **일반적인 도시하수 1차처리공정 배열도**

2) 2차처리

도시하수의 2차처리 단계에서는 통상적으로 생물학적인 방법(biological process)을 사용하는데, 이는 경제적이면서도 효과적인 오염물질 제거가 가능하기 때문이다. 이 단계에서는 물에 녹아 있는 상태, 즉 용존성 고형물(dissolved solids)이나 1차처리 단계에서 제거되지 않은 유기성(organics) 및 무기성 고형물(inorganic solids) 등이 주처리 대상이다. 따라서 용존성 및 생분해 가능한 입자성(biodegradable particulate) 성분의 최종적인 산화, 부유성 및 비침강성 콜로이드 고형물의 생물학적 포획(플록이나 생물막), 질소와 인 같은 영양물질의 제거, 그리고 특정 미량 유기성분과 화합물의 제거 등이 주요 목적이 된다.

생물학적 처리에 사용되는 기본공정들은 대사 기능(전자수용체의 종류)에 따라 호기성(aerobic), 혐기성(anaerobic), 무산소(anoxic) 및 임의성(facultative) 등으로 구분하며, 특정 목표를 달성하기 위한 혼합 공정 등으로 구분한다. 여기서 호기성과 혐기성은 분자당 산소의 존재 여부와 관련이 있고, 무산소란 질산성 질소의 탈질 전환을 위해 특별히 요구되는 산소가 없는 조건을 말한다. 또한 임의성이란 분자성 산소의 존재 여부와는 상관없이 생물학적 공정이 이루어지는 환경 조건을 말한다. 호기성 공정과 혐기성 공정은 각각 고유의 특성과 장단점을 가지고 있다. 즉, 동일한 조건의 기질 특성을 가진다고 전제할 때 호기성 공정은 우수한 유출수 수질 확보가 가능한 반면에 에너지 소요량(산소공급)이 높으며, 생물학적 슬러지도 다량으로 발생한다. 이와는 달리 혐기성 공정의 경우는 유출수의 수질은 다소 떨어지지만, 부산물로 바이오가스가 생산되고 슬러지 발생량도 매우 낮다는 장점이 있다.

한편 생물학적 공정에 사용되는 미생물의 성장유형에 따라서는 부유성장(suspended growth), 부착성장(attached growth) 및 이들의 통합(integrated) 공정으로 분류한다. 예를 들어 활성슬러지(AS, activated sludge) 공정과 산화지(oxidation pond)는 부유성장공정에 해당하며, 살수여상(TF, trickling filters)이나 회전원판(RBC, rotating biological contactors)은 부착성장공정에 해당한다.

기능적 측면에서 생물학적 공정은 탄소성 유기물질 제거(carbonaceous BOD), 질산화(nitrification), 탈질(denitrification), 생물학적 인 제거(biological P removal) 및 안정화(stabilization-호기성, 혐기성) 등으로 구분한다. 2차처리 단계에서 생물학적 공정의 선정기준은 기본적으로 요구되는 처리수의 수질에 따른다.

2차처리를 위한 생물학적 공정의 구성은 기본적으로 생물반응조와 고액분리시설(바이오매스와 처리수를 분리하기 위한 시설, 주로 침전지)로 이루어져 있다. 1차침전지와 구별하기 위하여 이때 사용하는 침전지를 2차침전지(SST, secondary sedimentation tank)라고 한다. 그러나 경우에 따라서는 침전지가 불필요한 경우(예를 들어 연속회분식 반응조, SBR)도 있다. 생물학적 공정의 종류는 매우 다양하고, 단순하면서도 고도의 기술을 필요로 하고 있다. 따라서 경우에 따라서는 1차처리 또는 3차처리 단위기술과 결합한 형태로 적용하기도 한다.

활성슬러지는 2차처리 단계에서 사용되는 가장 대표적인 공정이다. 이 공정에서는 유기물질(COD)의 제거뿐만 아니라 영양물질(N &/or P)의 제거도 가능하다. 그러나 일반 활성슬러지(CAS, conventional AS) 공정에 비해 영양소 제거(BNR, biological nutrient removal or EBPR, enhanced biological phosphorus removal) 공정은 생물반응조 내에 혐기/무산소/호기 등의 지역 구분이 필요하고, 기계식 혼합장치와 폭기기, 그리고 적절한 반송흐름(recycle flow)의 도입도 필요하므로 운전과 관리에 있어서 더 전문적인 기술이 요구된다.

산화지는 자연정화능력을 이용하여 오염물질을 처리하는 얕은 깊이(0.6～1.5m)의 인공 못(artificial pond)으로 안정지(stabilization pond) 또는 라군(lagoon)이라고도 부른다. 산화지는 상황에 따라 임의성(facultative pond) 또는 호기성(aerobic lagoon)으로 변형이 가능한 유연성 있는 공정이다. 즉, 햇빛과 영양물질(질소, 인)은 조류의 성장을 촉진하게 되는데, 부산물로 발생되는 산소는 종속영양균에 의해 유기물질의 분해과정에 이용된다. 성장한 세포는 하수 내 포함된 입자성 물질과 함께 바닥으로 침전하여 햇빛과 산소가 없는 상태에서 혐기성 과정에 의해 분해된다. 햇빛이 산화지 바닥까지 침투할 만큼 수심이 충분히 얕다면 완전한 호기성 상태(high rate aerobic lagoon)로 운전될 수 있다. 이때 운전효율을 높이기 위해 기계식 혼합을 적용하기도 하며, 인위적으로 산소를 공급하는 폭기식 라군(aerated lagoon) 형태로 운영하기도 한다.

혐기성 공정에는 완전혼합형, 고정상(fixed bed) 및 상향류 입상슬러지상(UASB, upflow anaerobic sludge bed) 등 매우 다양한 반응조 형상이 있는데, 호기성 공정과는 달리 이 공정에서는 전자수용체로 산소 대신 수소를 사용한다. 이 기술은 일반적으로 고농도 폐수(>2,000 mg COD/L)에 더 효과적이라고 알려져 있다. 우리나라에서는 일반적이지 않지만 아열대 지역 국가(브라질, 콜롬비아, 인도 등)에서는 저농도 하수(～500 mg COD/L) 처리에서도 흔히 고려되는

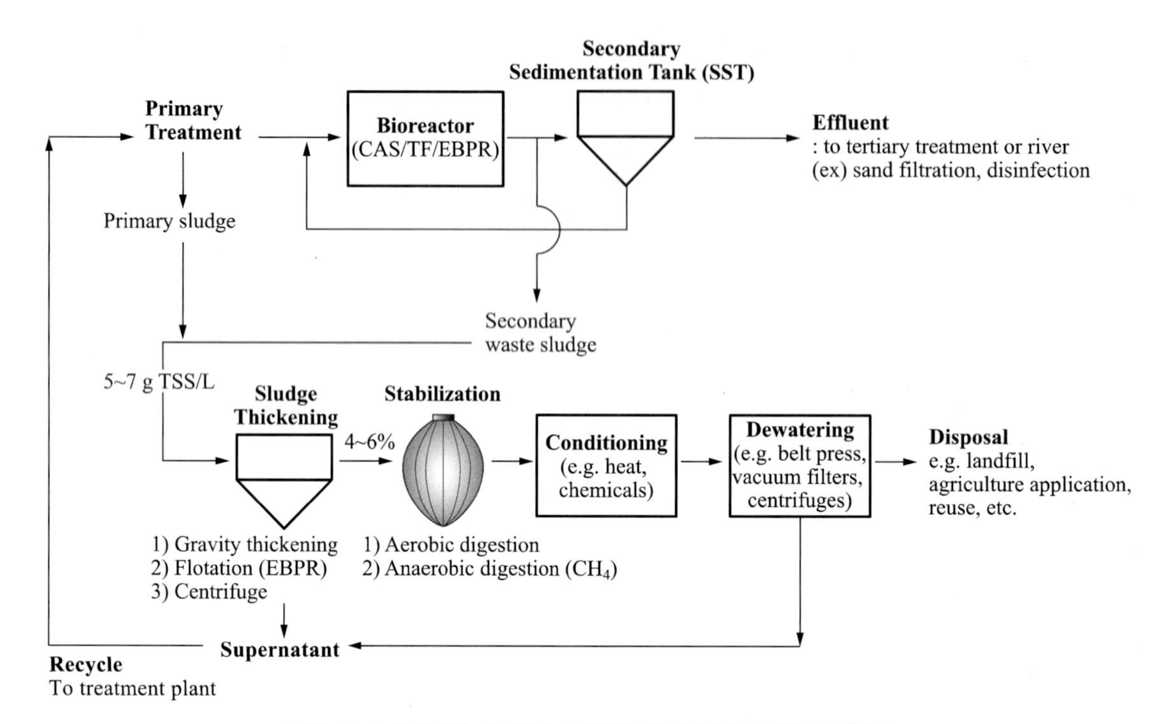

그림 11-4 일반적인 도시하수 2차처리 및 슬러지 처리공정 배열도

공정이다(Van Lier et al., 2010).

바이오필터(biofilter)나 RBC 등과 같은 고정상 생물막(fixed biofilm) 공정은 반응조 내에 미생물의 부착성장을 지지하는 고정매체(fixed media)가 필요하다. 소규모 처리장에서는 산화지, 산화구(oxidation ditch), 간헐식 폭기방법(SBR) 등이 사용될 수 있다.

모든 생물학적 처리공정에서는 처리부산물인 생물슬러지(biosludge)가 발생한다. 이는 생물반응조에서 일어나는 미생물의 증식에 따른 것으로 생물반응조 내의 미생물 농도를 일정하게 유지하기 위해 2차침전지에 침전된 슬러지를 생물반응조로 반송하고 과잉의 슬러지를 폐기하는 과정에서 발생된다. 이러한 생물슬러지를 2차슬러지(secondary sludge)라고 하는데, 그 고형물 농도는 보통 1%(10,000 mg SS/L) 내외이다. 그림 11-4는 일반적인 도시하수 2차처리와 슬러지 처리공정 계통도를 보여준다.

3) 3차처리

3차처리는 일반적으로 처리수의 용도와 방류수역의 목표수질에 따라 도입 여부가 결정된다. 이 경우는 2차처리 단계에서 제거되지 않은 각종 오염물질(고형물, 영양소, 미량 유기 및 무기물질, 병원균 등)을 대상으로 한다. 이 단계에서는 생물학적 방법뿐만 아니라 다양한 물리적 및 화학적인 처리방법이 고려된다.

일반적으로 고도처리와 3차처리는 혼용하여 사용되는 용어이지만 고도처리는 처리수의 재이용(reuse)을 전제로 한다는 점이 강조된다. 예를 들어 병원성균의 제거와 확산 억제를 위한 화학적 단위공정인 살균(disinfection)은 일반 도시하수처리시스템에서 통상적으로 사용하는 대표적인 3차처리 단위기술이지만 단순히 처리수를 수역에 방류하는 것으로 한다면 살균 이외의 추가적인 처리는 하지 않으며, 이 경우 고도처리라는 용어로 표현하지는 않는다. 그러나 만약 임의의 용도로 처리수를 재이용하고자 한다면 용도에 부합하도록 재이용수의 목표수질을 보장해주어야 한다. 따라서 기존 처리시설의 후단에 적절한 단위기술을 추가적으로 도입해야 하는데, 이때 고도처리라는 용어를 사용한다.

전 세계적인 물 부족 현상으로 인하여 하수처리수는 처분되어야 할 폐기물이 아니라 재사용이 가능한 자원이라는 인식으로 전환되고 있다. 그 결과 하수재생과 재이용(water reuse)을 위한 중수도 시스템(reclamation system)의 사용은 매우 빠르게 증가하고 있다. 재생수를 상수원으로 사용하는 방법이 고려된 바도 있지만(NRC, 1998), 보건상의 우려 때문에 재생수를 직접 음용수로 사용하는 것은 아직까지 현실적이지 못하다. 현재 재이용수는 대부분 조경 및 관개용수, 해수침투방지용 지하수 충전용수 그리고 일부 산업용수(보일러 냉각수, 골판지 제지산업 등)의 용도로 사용되고 있다. 하수처리수의 재이용을 위해 적합한 기술에는 분리막(membrane technology), 활성탄흡착(carbon adsorption), 고도산화(advanced oxidation), 이온교환(Ion exchage) 및 탈기(air striping) 등이 있다. 이러한 공정들은 대부분 고도정수처리(advanced water treatment)를 위해서는 이미 사용하고 있는 기술들이다. 이중에서 막 기술은 지난 20세기 중후반에 걸쳐 상당한 기술적 발전을 이루었고 우수한 친수성 소재의 개발과 경제성 향상 등으로 인하여 현재에는 오염물질 제거수준의 향상뿐만 아니라 양질의 재생수 생산에 있어서 점점 더 주목받고 있는 기술이 되고 있다.

표 11-1은 하수처리의 수준과 주요 대상 오염물질을 정리한 것이다. 그림 11-5는 하수처리에 적용되는 단위공정을 처리수준별로 분류한 것이며, 표 11-2에는 각종 단위기술을 요약하여 나타내었다.

표 11-1 **하수처리의 수준과 주요 대상 오염물질**

Treatment level	Description
Preliminary	Removal of wastewater constituents such as rags, sticks, floatables, grit, and grease that may cause maintenance or operational problems with the treatment operations, processes, and ancillary systems
Primary	Removal of a portion of the suspended solids and organic matter from the wastewater
Advanced primary	Enhanced removal of suspended solids and organic matter from the wastewater. Typically accomplished by chemical addition or filtration
Secondary	Removal of biodegradable organic matter (in solution or suspension) and suspended solids. Disinfection is also typically included in the definition of conventional secondary treatment
Secondary with nutrient removal	Removal of biodegradable organics, suspended solids, and nutrients (nitrogen, phosphorus, or both nitrogen and phosphorus)
Tertiary	Removal of residual suspended solids (after secondary treatment), usually by granular medium filtration or microscreens. Disinfection is also typically a part of tertiary treatment. Nutrient removal is often included in this definition
Advanced	Removal of dissolved and suspended materials remaining after normal biological treatment when required for various water reuse applications

Ref) Metcalf and Eddy(2003)

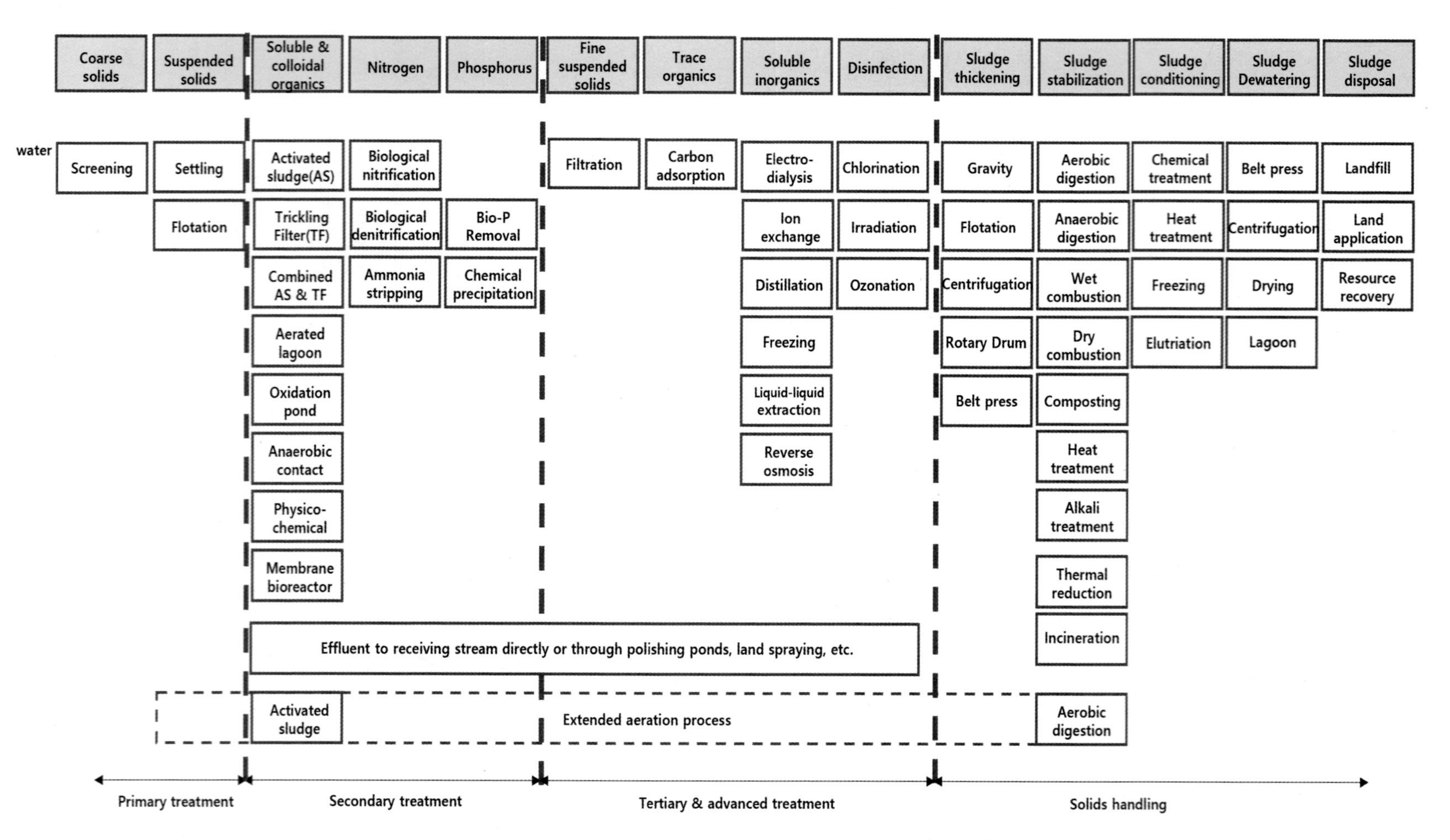

그림 11-5 **하수처리 단위공정의 분류** (Ekama, 2001)

표 11-2 **하수처리시설에서 적용되는 물리화학적 및 생물학적 단위기술**

(a) 물리적 단위조작

단위조작	적용예
유량측정	공정조절, 공정감시, 배출량기록
스크린	차단에 의하여 큰 침전성 고형물의 제거
분쇄	조대입자를 거의 균일한 크기로 갈아주기
유량조정	유량과 BOD, SS의 질량부하를 균등화
혼합	하수에 화학약품과 가스를 섞어주고 고형물을 부유상태로 유지
침전	침전성 입자의 제거
연과	생물학적 처리나 화학적 처리 후에 남아 있는 미세한 부유물질의 제거
Microscreen	여과와 같으며 안정화지 유출수에서 나온 조류의 제거
가스전달	가스의 첨가 및 제거
휘발 및 가스제거	하수로부터 휘발성과 비휘발성 유기물질의 방출

(b) 화학적 단위공정

공정	적용예
흡착	일반적인 화학적, 생물학적 처리방법으로 제거되지 않는 유기물질의 제거
살균	질병유발 미생물의 선택적 사멸(염소, 오존, 자외선 등)
탈염소	염소살균 후에 남아 있는 모든 잔류염소를 제거
기타 화학약품 사용	하수처리에서 특별한 목적을 달성시키기 위해 여러 가지 다른 화학약품이 사용될 수 있다.

(c) 생물학적 단위공정

형태	일반명칭	사용
호기성 공정		
부유성장	활성슬러지 공정	탄소성 BOD 제거, 질산화
	호기성 라군	탄소성 BOD 제거, 질산화
	호기성 소화	안정화, 탄소성 BOD 제거
부착성장	살수여상	탄소성 BOD 제거, 질산화
	회전원판	탄소성 BOD 제거, 질산화
	충전상 반응기	탄소성 BOD 제거, 질산화
혼합공정(부유 + 부착)	살수여상/활성슬러지	탄소성 BOD 제거, 질산화
무산소 공정		
부유성장	부유성장 탈질화	탈질화
부착성장	부착성장 탈질화	탈질화
혐기성 공정		
부유성장	혐기성 접촉 공정	탄소성 BOD 제거
	혐기성 소화	안정화, 고형물 분해, 병원균 사멸
부착성장	혐기성 충전상 및 유동상	탄소성 BOD 제거, 폐기물 안정화, 탈질화
슬러지블랭킷	상향류 혐기성 슬러지 블랭킷	탄소성 BOD 제거, 특히 고강도 폐기물
혼합공정	상향류 슬러지 블랭킷/부착성장공정	탄소성 BOD 제거
호기성, 무산소 그리고 혐기성 공정의 혼합공정		
부유성장	단일 또는 다단계 공정 다양한 독점적인 공정	탄소성 BOD 제거, 질산화, 탈질화, 인 제거
혼합	부착성장을 위한 충전제에 따른 단일 또는 다단계 공정	탄소성 BOD 제거, 질산화, 탈질화, 인 제거
라군 공정		
호기성 라군	호기성 라군	탄소성 BOD 제거
완숙(성숙, 3차) 라군	성숙(3차) 라군	탄소성 BOD 제거, 질산화
임의성 라군	임의성 라군	탄소성 BOD 제거
혐기성 라군	혐기성 라군	탄소성 BOD 제거, 폐기물 안정화

자료: Tchobanoglous and Schroeder(1985), 환경부(2011).

4) 슬러지 처리·처분

하수슬러지 처리의 기본방향은 감량화(volume reduction)와 안정화(stabilization)이다. 이를 위해 일반적으로 슬러지 농축(thickening)과 혐기성 소화(anaerobic digestion), 슬러지 개량(sludge conditioning) 및 탈수(dewatering) 단계를 적용한다. 혐기성 소화조는 흔히 2단 소화공정을 적용하는데, 2차 소화조에서 생산된 슬러지의 고형물 농도는 약 6～12%(평균 약 10%)로 철염($FeCl_3$)과 같은 응집제를 사용하지 않으면 탈수가 용이하지 않다. 개량된 슬러지는 최종적으로 탈수기를 이용하여 슬러지에 포함된 수분함량을 더욱 감소시키는데, 탈수슬러지의 고형물 농도는 보통 약 15～40% 정도이나 이는 사용되는 탈수기의 종류에 따라 상이하게 나타난다.

슬러지 처리계통(농축-소화-탈수)으로부터 발생된 상징수나 탈리액 등은 다시 수처리계통 선단으로 반송하게 되는데 이를 반류수(reject flow) 또는 반송수(return flow)라고 부른다. 반류수의 농도는 슬러지 처리공정의 운전특성에 따라 매우 변화가 심하며, 그 처리과정에서 영양소(질소, 인)의 재용출이 발생하기도 한다. 따라서 생물학적 공정에서 영양소 제거기술을 채용하고 있다면 이는 대부분 중요한 이슈가 된다. 반류수로 인한 평균 부하증가량은 하수처리장 유입수 대비 유량기준 약 1.6%, BOD 23%, SS 28%, T-N 24% 및 T-P 24%이다(최의소, 2003).

슬러지의 최종처분으로는 토지적용(land application), 건설자재이용 및 바이오에너지 이용과 같은 지속가능한 재이용방법들이 주요 고려대상이다. 생물고형물(biosolids)은 하수슬러지의 재이용과 관련하여 안전하게 처리된(주로 병원균과 중금속류에 대해) 재활용 가능한 유기성 고형물을 말하는 것으로 토지적용을 선택할 때에 중요한 기준이 된다.

5) 국내 하수처리시설 현황

우리나라는 1995년 방류수수질기준으로 유기물질(COD, BOD, SS) 항목 외에 영양물질(총인, 총질소)을 추가하였다. 이를 기점으로 하수처리장의 2차처리단계에서 적용되는 생물학적 처리공정을 유기물질제거공법(일반활성슬러지공법, CAS)에서 영양소제거공법(BNR, EBPR)으로 점차 개선해왔다. 또한 2012년에는 하수처리장 방류수에 대한 총인 기준을 강화함에 따라 전국 주요 하수처리시설은 총인제거기술을 도입하고 있다. 표 11-3은 국내 공공하수처리시설에 적용하고 있는 처리공법의 현황을 정리한 것이다. 2014년 기준으로 국내 공공하수처리시설 중 대부분(약 95%)은 이미 고도처리(영양소제거)공법으로 개선 또는 신설되었다. 공정별로는 연속회분식(SBR, sequencing batch reactor)공법이 36.6%이고, A2O(anaerobic-anoxic-aerobic) 계열공법이 24.3%로 대부분을 차지하고 있다. 또한 총인처리시설은 총 355개소로 이는 전체 하수처리시설(587개)의 60%에 해당한다. 적용기술은 여과법(39.1%)이 가장 많으며, 부상법(25.6%), 침전법(14.4%), 디스크필터(14.1%), 기타(8.6%) 순이다. 그림 11-6은 국내 하수처리시설의 계통도를 예시한 것이다.

표 11-3 **국내 공공하수처리시설 처리공법의 현황**

(a) 처리공법의 종류

구분	계	표준활성	장기폭기	산화구	회전원판	고도처리						
						SBR	A_2O	담체	막분리	특수미생물	기타	계
2012	528	17	4	14	7	182	123	116	22	–	43	486
2013	557	13	3	13	6	192	133	123	37	21	16	522
2014	587	10	3	13	6	203	135	131	48	21	17	555

(b) 규모별 총인처리방법 현황

시설규모(천톤/일)		계	<1	1~5	5~10	10~50	50~100	100~500	>500
총인처리 개소		355 (100)	72	129	47	68	15	19	5
처리방법	여과	139 (39.1)	24	62	19	22	5	7	-
	디스크필터	50 (14.1)	12	16	8	9	3	1	1
	부상	91 (25.6)	22	28	13	21	4	3	-
	침전	51 (14.4)	11	17	5	10	1	5	2
	기타	24 (6.8)	3	6	2	6	2	3	2

주) ( ), %

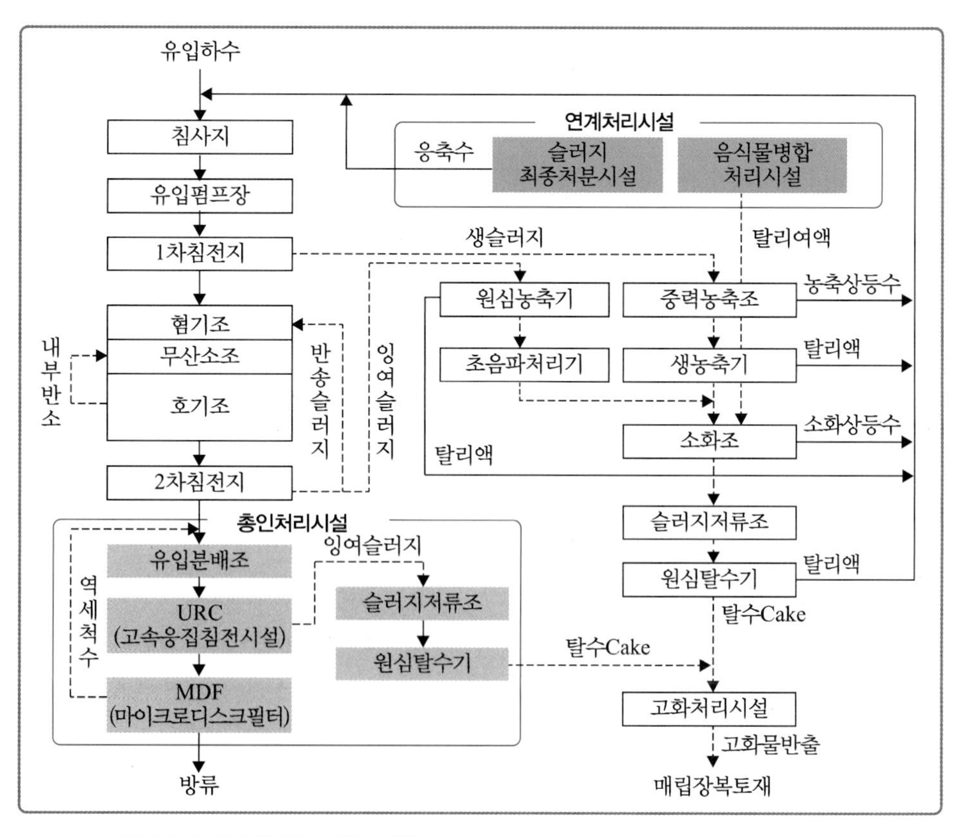

그림 11-6 **하수처리장 계통도 예시** (대구시 신천하수처리장, 시설용량 680,000 m3/d)

(3) 하수처리시설의 계획

1) 기본 고려사항

하수처리시설계획은 기본적으로 하수도정비기본계획 수립단계에서부터 이루어진다. 하수도정비기본계획에서는 대상지역에 대하여 하수도정비와 관련한 종합적인 기본계획을 수립하게 되며, 이를 바탕으로 하수처리시설에 대한 각종 기본계획을 검토하게 된다. 이때 기존 하수처리시설의 성능파악, 신규 및 증설의 필요성, 공정의 구성, 제반 시설의 규모, 방류수질, 슬러지처분, 처리수의 재이용계획 및 비용투자와 같은 다양한 측면에 대한 계획수립이 포함된다.

계획배수구역의 인구추정과 오·폐수발생량 및 오염부하량에 대한 평가는 하수처리시설의 기본계획수립에서 처리장의 계획유입수질과 오염부하량의 설정에 중요한 기초자료가 된다. 처리방법은 유입하수의 수량과 수질(부하), 목표수질, 처리장의 입지조건, 방류수역의 현재 및 장래이용계획(유량, 물이용, 수질환경기준), 경제성(건설비 및 유지관리비 등), 유지관리상의 용이성, 법규 등에 의한 규제 및 처리수의 재이용계획 등을 기초로 결정한다.

통상적으로 2차처리는 활성슬러지나 살수여상에 상응하는 수준의 처리기술로 계획한다. 그러나 방류수 수질기준의 강화로 인해 고도처리가 요구되는 경우, 방류지역이 폐쇄성 수역(호소·내만 등)으로 영양물질(질소·인)로 인해 부영양화가 예측되는 경우, 하수처리수를 중수도, 농업용수 및 공업용수 등으로 재이용할 경우 그리고 기타의 이유로 수질보전상 고도처리가 필요한 경우에 대해서는 고도처리계획을 검토해야 한다.

하수처리시설의 계획수립에 있어서는 다음 사항을 고려해야 한다.

① 처리장은 건설비 및 유지관리비 등의 경제성, 유지관리의 난이도 및 확실성 등을 충분히 고려하여 정한다.
② 처리장 위치는 방류수역의 물 이용상황 및 주변의 환경 조건을 고려하여 정한다.
③ 처리장의 부지면적은 장래 확장 및 향후의 고도처리계획 등을 참고하여 계획한다.
④ 처리시설은 계획 1일 최대오수량을 기준으로 하여 계획한다.
⑤ 처리시설은 이상 수위에서도 침수되지 않는 지반고에 설치하거나 또는 방호시설을 설치한다.
⑥ 처리시설은 유지관리가 쉽고 확실하도록 계획하며, 주변의 환경 조건에 대하여 충분히 고려한다.

하수처리수의 재이용이 요구된다면 그 용도는 생활용수, 공업용수, 농업용수, 유지용수를 기본으로 계획하며, 이때 용도별 요구되는 수질기준을 만족해야 한다. 재이용량은 해당지역 하수도정비기본계획의 물순환이용계획에서 제시된 유량 이상으로 계획하고, 재이용지역은 해당지역뿐만 아니라 인근지역을 포함하는 광역적 범위로 검토한다. 하수처리수의 재이용 처리시설의 계획을 위해서는 다음과 같은 사항들을 고려한다.

① 처리시설의 위치는 공공하수처리시설 부지 내에 설치하는 것을 원칙으로 한다.
② 처리시설의 규모는 시설설치비, 운영관리비 등의 경제성과 수처리의 효율성, 공급수의 수

질 변동성 등을 종합적으로 고려하여 합리적으로 정한다.

③ 처리시설의 부지면적은 장래요구량이 있을 경우 확장을 고려하여 계획한다.

④ 처리시설은 이상 수위에서도 침수되지 않는 지반고에 설치하거나 또는 방호시설을 설치한다.

⑤ 처리시설에서 발생되는 농축수(역세척수, R/O농축수 등)는 해당 처리장의 영향을 고려하여 반류하도록 한다.

⑥ 처리시설은 유지관리가 쉽고 확실하도록 계획하며, 주변의 환경 조건에 대하여 충분히 고려한다.

⑦ 재이용수 저장시설 및 펌프장은 공급에 차질이 없도록 일최대 공급유량을 기준으로 계획한다.

⑧ 재이용수 공급관거는 계획시간최대유량을 기준으로 계획한다.

⑨ 재이용시설 유입 및 공급유량계를 설치하여 배수설비 등에 설치한 수위계 또는 펌프장과 연동하여 운전할 수 있는 시스템 구성을 검토한다.

2) 계획하수량

각 단계별 하수처리시설의 계획하수량은 하수도정비기본계획에 따라 표 11-4를 기준으로 하고, 각 시설별 평균유속은 표 11-5를 참고로 한다. 합류식의 경우 우천시 우수토실에서의 월류시설이나 펌프장에서 비점오염원의 방류에 대한 악영향을 고려하여 초기 우수가 포함된 하수량을 오수로서 차집하게 된다. 이때 차집하는 양을 우천시계획오수량이라 한다. 이 유량은 원칙적으로 방류지역의 상황이나 배수구역의 특성 등에 따라 오염부하량의 저감효과와 그에 따르는 비용을 검토하여 희석배율에 근거하여 결정해야 하지만 통상적으로 계획시간최대오수량의 3배 이상으로 계획한다. 우천시 초기 우수는 일반적으로 청천시에 비해 오염물의 농도가 매우 높은 특징이 있다. 따라서 우천시계획하수량은 하수처리시설에서 1차처리(1차침전지) 이후 우회하여 방류하도록 되어 있으며, 이에 따라서 처리장 내 1차처리를 위한 연결관거는 통상적으로 3Q로 설계한다.

표 11-4 하수처리시설의 계획하수량

구분		계획하수량	
		분류식 하수도	합류식 하수도
1차처리 (1차침전지까지)	처리시설(소독시설 포함)	계획1일최대오수량	계획1일최대오수량
	처리장 내 연결관거	계획시간최대오수량	우천시계획오수량
2차처리	처리시설	계획1일최대오수량	계획1일최대오수량
	처리장 내 연결관거	계획시간최대오수량	계획시간최대오수량
고도처리 및 3차처리	처리시설	계획1일최대오수량	계획1일최대오수량
	처리장 내 연결관거	계획시간최대오수량	계획시간최대오수량

※ 고도처리시설의 경우, 계획하수량은 겨울철(12, 1, 2, 3월)의 계획1일최대오수량을 기준으로 한다. 단 관광지 등과 같이 계절별 유입하수량의 변동폭이 큰 경우는 예로로 한다.

자료: 환경부(2011)

표 11-5 각 시설별 계획수량 및 평균유속

시설명		계획수량	평균유속
유입관거		계획시간최대오수량	0.6～3.0 m/s
스크린	수동식	-	0.3～0.45 m/s
	자동식	-	0.45～0.6 m/s
침사지 유입관거		계획시간최대오수량	1.0 m/s 이상
침사지 분배수로		계획시간최대오수량	1.0 m/s 정도
침사지		계획시간최대오수량	0.3 m/s 정도
침사지～펌프장		계획시간최대오수량	1.0 m/s 정도
펌프장～펌프방류토구		계획시간최대오수량	1.0 m/s 정도
펌프방류토구～1차침전지		계획시간최대오수량	1.5～3.0 m/s 정도
1차침전지		계획일최대오수량	0.3 m/s 정도
1차침전지～생물반응조 관거		계획시간최대오수량	0.6～1.0 m/s
생물반응조		계획일최대오수량	-
생물반응조～2차침전지 관거		계획시간최대오수량＋계획반송슬러지량	0.6 m/s 정도
2차침전지		계획일최대오수량	0.3 m/s 이하
3차처리시설(여과지 등)		계획일최대오수량	0.2 m/s 이하
3차처리시설～소독조 관거		계획시간최대오수량	0.6 m/s 정도
소독조		계획일최대오수량	0.2 m/s 이하

자료: 환경부(2011)

처리장에 유입되는 하수량과 수질은 처리구역의 규모와 지역특성 등에 따라 상이한 특성을 가진다. 즉, 하수관거의 유하시간이 길수록 하수의 농도는 점차 감소하는데, 유하시간이 약 12시간 이상의 조건이라면 하수의 COD는 원수에 비해 약 55%(SCOD의 경우 45%) 정도로 낮아진다(Henze, 1992). 처리구역이 작은 소규모 하수처리시설의 경우 발생된 하수는 처리장까지의 도달 시간이 짧아 농도변화가 미미할 것으로 기대되나 이 경우 하수를 일정 시간 관거 내에 저장하는 저류 효과는 기대하기는 어렵다. 또한 유입하수의 유량과 수질은 시간 변동이 클수록 처리시설의 성능에 미치는 영향은 상당하다. 이 경우 유입하수의 유량과 수질의 균등화를 위해 유량조정조(equalization tank)를 설치하거나 이러한 영향에 대응 가능한 공정을 선정하기도 한다.

3) 하수의 계획수질

계획유입수질이란 하수처리시설의 계획단계에서 평가되는 하수처리장 유입하수의 수질을 말하는데, 이는 해당구역의 계획오염부하량을 계획1일 평균오수량으로 나눈 값이다. 계획오염부하량 산정은 기본적으로 원단위 값(유량 및 질량기준)을 이용한다. 예를 들어 생활오수에 의한 원단위 부하량(PL, unit population load)은 1인당 오수발생량(L/인·일)과 오염부하량(g BOD/인·일)으로 표현한다(표 11-6). 전 세계적으로 생활오수의 1인당 부하량은 대략 0.2 m^3/일과 60 g BOD/일 정도로 정의되지만, 실제 이 값은 국가별로 차이가 있으며, 하수의 수집방법, 사회·경제적 요인,

표 11-6 **생활오수 원단위 부하량**

Parameters	Wastewater	COD	BOD	SS	N	P
Units	m^3/capita-d	g/capita-d	g/capita-d	g/capita-d	g/capita-d	g/capita-d
Typical Variations	0.05～0.40	25～200	15～80	n.a	2～15	1～3
USA	0.2	n.a	82～96	82～96	14～19	2～3
Denmark	n.a	n.a	55～68	82～96	14～19	2～3
Germany	n.a	n.a	55～68	82～96	11～16	2～3
Brazil	n.a	n.a	55～68	55～68	8～14	0.6～1
Egypt	n.a	n.a	27～41	41～68	8～14	0.4～0.6
India	n.a	n.a	27～41	n.a	n.a	n.a
Turkey	n.a	n.a	27～50	41～68	8～14	0.4～2
Korea(Seoul)	0.43[1)]	n.a	72.3	64.1	14.3	1.3

Note) 1) daily maximum bases; n.a, not available
Ref) modified from Henze et al.(2002)

생활 양식, 가구의 유형 등에 따라 변화한다. 공장폐수의 경우는 배출부하량이 많다면 그 값을 실측해야 하며, 배출부하량이 작거나 장래 계획의 경우에 대해서는 기존의 조사된 원단위(예, 업종별 제품출하액당의 오염부하량)를 사용할 수 있다. 또한 계획구역 내에 가축폐수가 유입되는 경우에는 계획수질의 평가에 이를 고려하여야 한다. 이러한 값들은 각 지자체의 실태에 따라 지역의 실정 및 유사한 지역의 실태를 참고로 하여 결정한다.

우리나라의 경우 하수처리장으로 유입되는 하수의 유량과 수질은 통상적으로 그림 11-7과 같은 유형으로 나타난다. 유입 하수량은 우기인 6～8월에 월평균 최대유량을 나타내고 있으나, 반면에 유기물질과 질소 및 인의 농도는 희석 효과로 인하여 우기에는 감소하다가 강수량이 감소하는 동절기, 갈수기에는 상승하는 양상을 보인다.

실제 하수처리시설의 설계와 평가는 계획유입수질에 슬러지처리계통 등으로부터 반송되는 반류수와 병합처리되는 각종 폐수의 특성이 종합적으로 반영된 수질을 사용한다. 일반적으로 분류식 하수도인 경우 반류수 부하량을 배제시킨 계획유입수질은 대부분 BOD 및 SS를 모두 200 mg/L 전후로 계획하고 있다. 표 11-7에는 우리나라의 전국 하수처리장에서 분석된 평균 계획 및 유입수질이 정리되어 있는데, 일반적인 계획값에 비하면 대체로 낮은 수준이다. 실제 운영자료와 계획 수질을 비교할 때 지역별로 그리고 처리장에 따라서도 상당한 차이가 있음을 알 수 있다. 평균 BOD 농도를 예로 보면 서울지역은 130～140 mg/L 정도이나 대구지역의 경우 73～240 mg/L으로 큰 편차를 보이고 있다.

표 11-8은 우리나라의 하수와 분뇨 및 정화조 폐액의 대표적 성상을 비교한 것이며, 표 11-9와 11-10은 전 세계 대표적인 국가들에 대한 미처리된 생활하수의 일반적인 특성을 나타낸 것이다. 여기서 우리나라의 도시하수성상(표 11-7, 11-8)은 다른 외국의 자료에 비하여 비교적 저농도의 특성을 가지고 있음을 알 수 있다. 일반적으로 고농도 특성이란 물소비나 침투수가 적다는

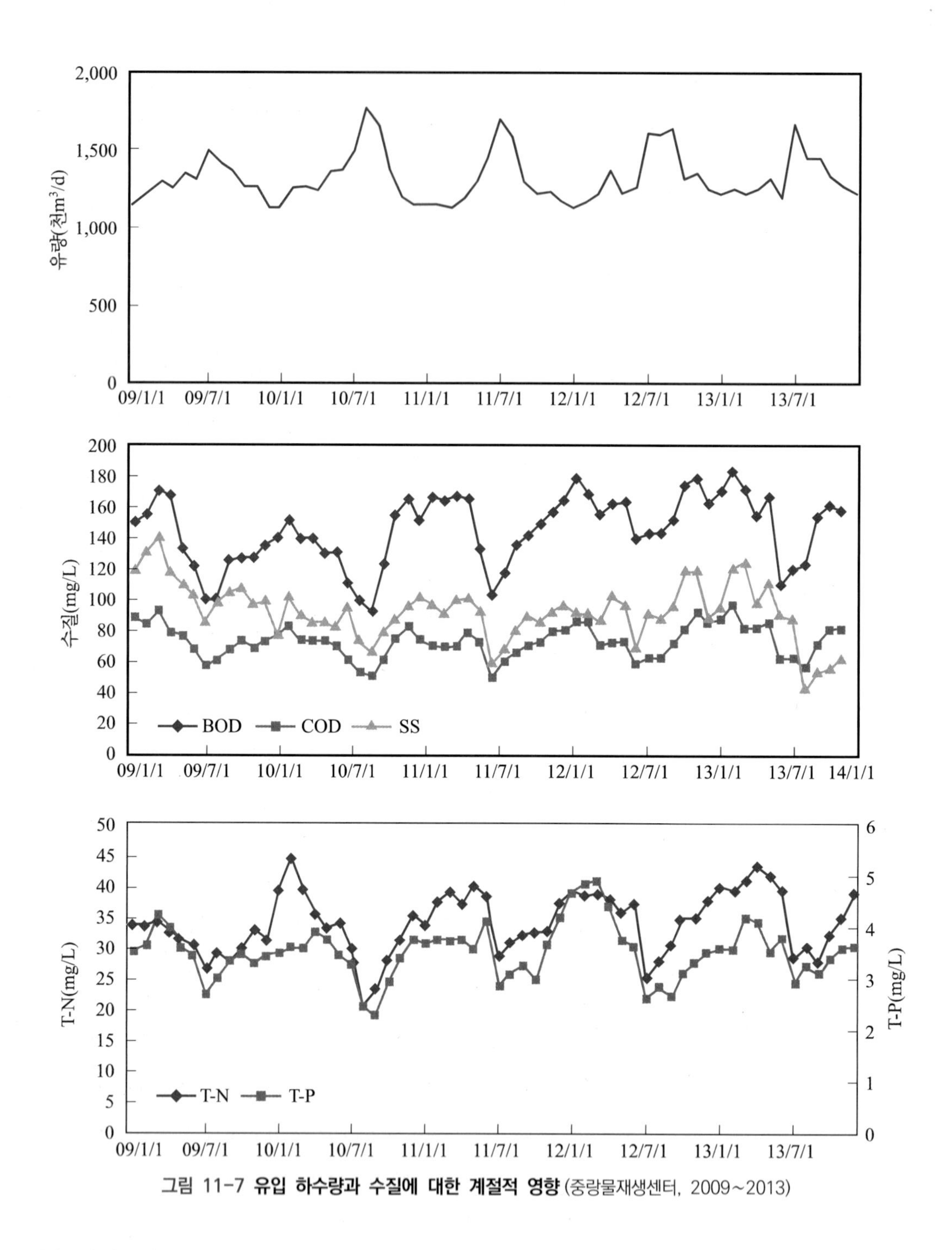

그림 11-7 유입 하수량과 수질에 대한 계절적 영향 (중랑물재생센터, 2009~2013)

것을 의미하며, 저농도는 물소비나 침투수량이 많아 희석되었다는 것을 뜻한다. 한편 저농도 폐수에 비해 농도가 더 낮은 우수 역시 관거로 유입하면 하수는 더욱 희석된다. 우리나라의 하수가 저농도 특성을 가지는 이유로는 물소비량이 높거나 관거의 이력이 오래되었다는 점을 들 수 있다. 그러나 더 근원적인 이유로는 다른 나라와는 달리 우리나라는 분뇨와 음식물(주방) 쓰레기를 하수와 분리하여 별도로 처리하는 방식을 채용하고 있다는 데 있다. 최근까지도 우리나라는 이러한 시스템을 따르고 있으나, 최근 수세식 화장실의 보급 확산과 함께 생활오수를 하수관거

표 11-7 우리나라 하수처리장의 평균 계획 및 유입수질

(a) 전국 기준(2012~2014)

구분	2012				2013				2014			
	BOD	SS	T-N	T-P	BOD	SS	T-N	T-P	BOD	SS	T-N	T-P
계획수질(mg/L)	152.8	152.7	34.2	4.3	159.6	152.5	38.3	4.7	161.3	155.5	38.4	5.0
유입수질(mg/L)	148.0	144.9	35.0	3.9	152.7	153.9	36.2	4.0	158.8	159.9	37.9	4.1
유입/계획(%)	96.9	94.9	102.3	90.7	95.7	100.9	94.5	85.1	98.5	102.8	98.7	82.0

자료: 환경부(2014, 2015)

(b) 서울시(2009~2013)

구분	Q (m^3/d)	BOD (mg/L)	CODmn (mg/L)	SS (mg/L)	T-N (mg/L)	T-P (mg/L)	비고
중랑	1,590,000(1,324,304)	172(140)	85(71)	126(90)	37(33.4)	4.1(3.47)	반류수 포함
난지	860,000(649,670)	179(130)	90(66)	132(103)	38(32.9)	4.3(3.03)	반류수 포함
탄천	900,000(802,640)	170(134)	96(66)	131(118)	35(32.2)	4.0(3.35)	반류수 포함
서남	1,630,000(1,656,323)	174(124)	94(63)	133(112)	37(29.1)	4.1(3.35)	

주) ( ) 실제 발생 산술평균값

자료: 2030 하수도정비 기본계획, 서울특별시(2018)

(c) 대구시 (2014~2016)

구분	Q (m^3/d)	BOD (mg/L)	CODmn (mg/L)	SS (mg/L)	T-N (mg/L)	T-P (mg/L)	비고
신천	680,000(506,850)	180(236)	160(124)	180(329)	40(35.4)	5.0(6.0)	슬러지처리 응축수, 반류수 포함
서부	520,000(418,675)	180(225)	160(128)	180(310)	40(44)	5.0(6.8)	하수도준설 세척수, 반류수 포함
달서천(생활)	250,000(155,145)	121(73)	123(68)	161(130)	40(25)	5.5(2.4)	침출수, 분뇨, 반류수 포함
달서천(공단)	150,000(74,988)	133(112)	144(127)	152(274)	43(29)	7.1(4.1)	
북부	170,000(114,349)	150(203)	130(110)	160(215)	40(42)	6.0(4.9)	반류수 포함
안심	47,000(37,343)	180(150)	160(87)	180(171)	40(38)	5.0(4.0)	반류수 불포함
지산	33,750(22,149)	180(201)	160(111)	180(228)	40(42)	5.0(4.7)	반류수 불포함
현풍	45,000(22,035)	168(104)	140(124)	173(252)	42.2(26)	5.3(3.0)	반류수 불포함

주) ( ) 실제 발생 산술평균값

자료: 대구광역시 하수도정비 기본계획(2018)

표 11-8 우리나라의 각종 폐수에 대한 성상비교

구분	하수	분뇨	정화조폐액	돈사폐수상징수
pH	7.1	7.8	7.5	8.8
TBOD	100	19,000	8,000	6,400
SBOD	50	12,500	4,300	4,200
TCOD	200	48,000	32,000	16,100

표 11-8 **우리나라의 각종 폐수에 대한 성상비교**(계속)

구분	하수	분뇨	정화조폐액	돈사폐수상징수
SCOD	80	26,000	12,000	10,600
SS	120	25,000	18,000	3,800
VSS	70	21,000	12,000	2,800
TKN	21	6,000	3,000	4,100
NH_4N	14	4,800	2,500	2,900
TP	4	1,000	500	180
PO_4P	3	600	200	80
알칼리도	120	24,000	9,000	12,400
VFA	20	4,800	2,000	5,000
COD/TP	50	48	64	89
BOD/TP	25	19	16	36
COD/TKN	9.5	8	11	3.9
BOD/TKN	4.8	3	3	1.6
COD/BOD	2.0	2.5	4	2.5
SCOD/TCOD	0.4	0.5	0.4	0.7

자료: 최의소(2003)

표 11-9 **미국의 미처리 생활하수에 대한 일반적인 특성**

오염물질	단위	농도[a]		
		저농도	중간농도	고농도
총고형물(TS)	mg/L	390	720	1230
총용존성(TDS)	mg/L	270	500	860
잔류성(Fixed)	mg/L	160	300	520
휘발성(Volatile)	mg/L	110	200	340
부유물질(TSS)	mg/L	120	210	400
잔류성(Fixed)	mg/L	25	50	85
휘발성(Volatile)	mg/L	95	160	315
침전성 고형물(Settleable solids)	mg/L	5	10	20
생화학적 산소요구량(BOD_5, 20°C)	mg/L	110	190	350
총유기탄소(TOC)	mg/L	80	140	260
화학적 산소요구량(COD)	mg/L	250	430	800
총질소(as N)	mg/L	20	40	70
유기성	mg/L	8	15	25
자유 암모니아	mg/L	12	25	45
아질산염	mg/L	0	0	0
질산염	mg/L	0	0	0
총인(as P)	mg/L	4	7	12
유기성	mg/L	1	2	4
무기성	mg/L	3	5	10

표 11-9 **미국의 미처리 생활하수에 대한 일반적인 특성**(계속)

오염물질	단위	농도[a]		
		저농도	중간농도	고농도
염화물[b]	mg/L	30	50	90
황산염[b]	mg/L	20	30	50
유지류(Oil and grease)	mg/L	50	90	100
휘발성 유기화합물(VOCs)	mg/L	<100	100~400	>400
총병원균(Total coliform)	No./100 mL	10^6~10^8	10^7~10^9	10^7~10^{10}
대장균(Fecal coliform)	No./100 mL	10^3~10^5	10^4~10^6	10^5~10^8
Cryptosporidium oocysts	No./100 mL	10^{-1}~10^0	10^{-1}~10^1	10^{-1}~10^2
Giardia lamblia cysts	No./100 mL	10^{-1}~10^1	10^{-1}~10^2	10^{-1}~10^3

자료: Metcalf & Eddy(2003)

[a] 저농도는 750 L/인 · 일(200 gal/인 · 일)의 유량을 근거로 하였음
중간농도는 460 L/인 · 일(120 gal/인 · 일)의 유량을 근거로 하였음
고농도는 240 L/인 · 일(60 gal/인 · 일)의 유량을 근거로 하였음

[b] 가정용수에 존재하는 양만큼 값을 증가시켜야 함

표 11-10 **Typical composition and ratios of raw municipal wastewater with minor contributions of industrial wastewater**

Parameter	High	Medium	Low	Ratio	High	Medium	Low
COD total	1,200	750	500	COD/BOD	2.5-3.5	2.0-2.5	1.5-2.0
COD soluble	480	300	200	VFA/COD	0.12-0.08	0.08-0.04	0.04-0.02
COD suspended	720	450	300	COD/TN	12-16	8-12	6-8
BOD	560	350	230	COD/TP	45-60	35-45	20-35
VFA(as acetate)	80	30	10	BOD/TN	6-8	4-6	3-4
N total	100	60	30	BOD/TP	20-30	15-20	10-15
Ammonia-N	75	45	20	COD/VSS	1.6-2.0	1.4-1.6	1.2-1.4
P total	25	15	6	VSS/TSS	0.8-0.9	0.6-0.8	0.4-0.6
Ortho-P	15	10	4	COD/TOC	3-3.5	2.5-3	2-2.5
TSS	600	400	250				
VSS	480	320	200				

Unit: mg/L
Ref) Henze and Comeau(2008)

로 직접적인 배출을 유도하고 있으며, 분뇨는 원칙적으로 하수처리시설과 연계하여 처리하도록 하고 있고, 관거정비와 더불어 음식물 쓰레기도 주방에서 분쇄 처리한 후 그 일부를 하수관거로 바로 폐기하는 방식을 도입하는 등 다양한 방안을 추진하고 있으므로 향후 미래에는 선진국과 유사한 수준의 도시하수성상으로 변화할 가능성이 매우 높다.

(4) 목표수질

하수처리시설의 설계와 운영을 위해서는 관련 법규에 따른 목표수질을 결정하여야 한다. 우리나라의 현행 방류수수질기준은 처리시설의 종류에 따라 표 11-11과 같이 설정하고 있다. 그러나

표 11-11 **방류수 수질기준**

(a) 공공하수처리시설

구분		생물화학적 산소요구량 (BOD) (mg/L)	화학적 산소요구량 (COD) (mg/L)	부유물질 (SS) (mg/L)	총질소 (T-N) (mg/L)	총인 (T-P) (mg/L)	총대장균군수 (마리/mL)	생태독성 (TU)
1일 하수처리용량 500 m^3 이상	I 지역	5 이하	20 이하	10 이하	20 이하	0.2 이하	1,000 이하	1 이하
	II 지역	5 이하	20 이하	10 이하	20 이하	0.3 이하	3,000 이하	
	III 지역	10 이하	40 이하	10 이하	20 이하	0.5 이하		
	IV 지역	10 이하	40 이하	10 이하	20 이하	2 이하		
1일 하수처리용량 500 m^3 미만 50 m^3 이상		10 이하	40 이하	10 이하	20 이하	2 이하		
1일 하수처리용량 50 m^3 미만		10 이하	40 이하	10 이하	40 이하	4 이하		

(b) 폐수종말처리시설

구분	BOD (mg/L)	COD (mg/L)	SS (mg/L)	T-N (mg/L)	T-P (mg/L)	Total Col. (마리/mL)	Ecotoxicity (TU)
I 지역	10(10)	20(40)	10(10)	20(20)	0.2(0.2)	3,000(3,000)	1(1)
II 지역	10(10)	20(40)	10(10)	20(20)	0.3(0.3)	3,000(3,000)	1(1)
III 지역	10(10)	40(40)	10(10)	20(20)	0.5(0.5)	3,000(3,000)	1(1)
IV 지역	10(10)	40(40)	10(10)	20(20)	2(2)	3,000(3,000)	1(1)

주) ( ), 논공단지 폐수종말처리시설 기준

(c) 분뇨처리시설

구분	BOD (mg/L)	COD (mg/L)	SS (mg/L)	T-N (mg/L)	T-P (mg/L)	Total Coli. (마리/mL)	Ecotoxicity (TU)
분뇨처리시설	30	50	30	60	8	3,000	-

(d) 축산폐수처리시설

구분		BOD (mg/L)	COD (mg/L)	SS (mg/L)	T-N (mg/L)	T-P (mg/L)
허가대상	특정지역	40	-	40	120	40
	기타지역	120	-	120	250	100
신고대상	특정지역	120	-	120	250	100
	기타지역	150	-	150	250	100

각 하수처리장의 처리수의 실제 목표수질은 방류수역의 현재 유량 및 수질, 동일수역 내에 방류되는 기타 배출원과의 관계, 다른 오염원의 장래 오염부하량 예측 그리고 방류수역의 자정능력 등을 고려하여 방류수수질기준 이하를 만족하도록 계획하고 있다. 수질규제와 관련한 상세한 내용은 요약된 문헌(안영호, 2016)을 참고하기 바란다.

11.2 폐수의 특성분석

하수처리장으로 유입하는 폐수의 특성은 처리구역, 오염발생원, 처리공정 및 연계처리 여부 등의 다양한 이유로 인하여 상이하게 나타난다. 이러한 차이는 처리장의 설계와 운전에 직접적인 영향을 미치게 된다. 생물학적 공정의 설계에 있어 반응조의 부피, 슬러지 생산량, 산소요구량, 그리고 유출수의 수질 등은 중요한 평가요소이다. 예를 들어 쉽게 생분해 가능한 화학적 산소 요구량(rbCOD)은 생물학적 인 제거에 중요한 인자이며, 입자성 생분해 불능 COD (particulate nbCOD)는 슬러지 생산과 산소요구량에 영향을 미친다. 폐수의 특성에 대한 상세한 분석은 설계와 운전평가(특히 모델링)에서 매우 유용하다. 이 장에서는 폐수의 특성과 관련한 기초지식과 그 특성분석에 대한 방법론을 정리하였다. 더 자세한 내용을 학습하기 위해서는 관련 문헌(Barker and Dold, 1997; Henze and Comeau, 2008; US EPA, 2010; WERF, 2003; WRC, 1984)을 참고하기 바란다. 각 구성인자를 표시하는 기호는 문헌에 따라 상이하지만 대표적인 표현 방식[ASM3-P(2001), UCTPHO+(2007)]을 따랐고, 이해를 돕기 위해 근원적인 문헌인 WRC(1984) 표현 방식을 추가로 표시하였다.

(1) 폐수의 특성

폐수처리(물리적 및 생물학적) 공정 설계의 신뢰도 향상을 위해 폐수에 대한 상세한 정보수집은 매우 중요하다. 이러한 폐수의 특성정보 수집과정을 폐수의 특성화(wastewater characterization)라고 한다. 이를 위해 물리적, 화학적 및 생물학적 분석 기술을 사용하며, 주요 오염물질에 대한 물리적, 화학적 및 생물학적 특성조사를 수행한다. 여기서 주요 오염물질이란 주로 에너지(COD, BOD, TOD, TOC), 질소(free and saline ammonia, org-N, TKN, nitrate, nitrite), 인(total P, ortho-P) 및 기타 성분(Ca, Na, Mg, SO_4^{2-}, alkalinity 등)을 포함한다.

1) 에너지 측정

유기물질의 분해(제거)는 유기화합물에 결합되어 있는 에너지의 감소와 직접적인 관련이 있다. 따라서 생물학적 공정에서 일어나는 에너지의 변화를 이해하기 위해서는 미생물과 기질 간의 에너지의 반응(반응속도)과 에너지의 측정방법(정량화)에 대한 지식이 필요하다(7.4절 생물에너지와 대사 참고).

예를 들어 유기체(종속영양균)는 전자공여체(유기 화합물, 암모니아)에서 전자수용체(산소, 질산염)로의 전자수송과 관련된 산화-환원 반응(redox reaction)을 통해 에너지를 얻는다(그림 11-8). 일반적으로 전자수용체를 유기체 외부에서 이용할 수 있는 산화-환원 반응을 호흡(respiration)이라고 하고, 전자수용체가 유기체 외부에서 이용 가능하지 않고 내부에서 생성되어야 하는 경우, 이 과정을 발효(fermentation)라고 한다. 미생물을 통한 에너지 흐름은 이화작용(catabolism, 에너지 생산)과 동화작용(anabolism, 세포의 성장) 두 가지 경로로 일어난다. 에너

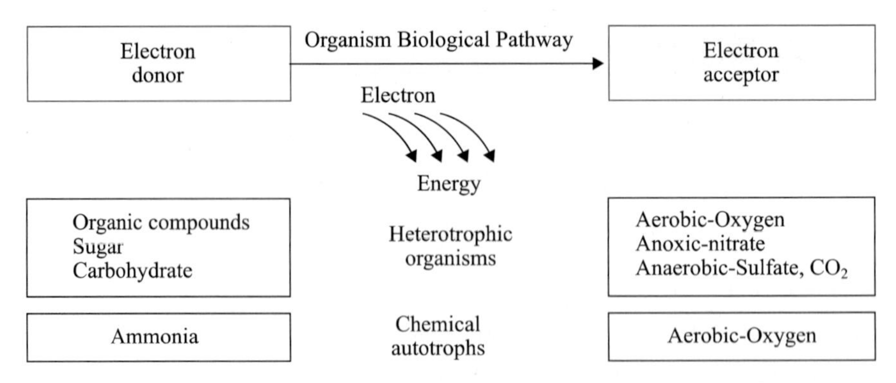

그림 11-8 **유기체의 산화-환원 반응**

지의 생산을 위한 호흡반응은 산소이용률(OUR, oxygen utilization rate)을 측정으로 알 수 있으며, 세포의 성장은 미생물의 증식률(biomass yielding rate, Y)을 통해 결정할 수 있다.

동화작용과 이화작용 두 가지 과정은 생물학적 폐수처리에서 동반되는 에너지 감소로 나타난다. 즉, 이화작용에서 전자수용체로 전달된 에너지(전자)는 열손실의 형태로 나타나는데, 바이오매스의 농도가 충분하다면 그 효과는 물속의 온도상승으로 나타난다. 또한 동화작용에서 새롭게 형성된 세포 덩어리에 결합된 전자(에너지)는 비용존성 미립자 형태로 발생하여 이는 침전과 같은 고액분리공정에 의해 물리적으로 물로부터 분리될 수 있다.

유기체가 이용 가능한 잠재적 에너지를 정량화하기 위해 유기화합물(기질)의 전자공여용량(ETC, electron donating capacity)을 측정할 수 있다. 이 값은 산소요구량(mg O/L)으로 결정될 수 있다. 기질에서 산소로 전달되는 모든 전자를 측정할 수 있는 방법으로는 화학적 산소요구량(COD), 생화학적 산소요구량(BOD), 총 산소요구량(TOD), 그리고 총 유기탄소(TOC)가 있다.

① 화학적 산소요구량

화학적 산소요구량은 유기물질을 이산화탄소와 물로 완전히 산화시키기 위해 환원된 산소농도(mg COD/L 또는 mg O/L)를 의미한다. 임의의 농도를 가진 유기물의 이론적 COD(ThOD)는 산화-환원 반응을 통해 쉽게 계산할 수 있다. 예를 들어 포도당 농도가 500 mg/L라면 다음 redox 반응에 따라 포도당의 이론적 산소량은 1.067 g/g glucose이며, COD는 534 mg COD/L가 된다.

$$C_6H_{12}O_6 + 6H_2O \rightarrow 6CO_2 + 24H^+ + 24e^- \quad \text{(산화: } e^- \text{ donor)}$$
$$24H^+ + 24e^- + 6O_2 \rightarrow 12H_2O \quad \text{(환원: } e^- \text{ acceptor)}$$
$$C_6H_{12}O_6 + 6O_2 \rightarrow 6CO_2 + 6H_2O \quad \text{(Redox)} \qquad (11.1)$$

유기물질의 종류나 농도를 모른다면 화학적 redox 시험법인 COD 분석법을 사용하면 된다. 일반적으로 콜라(Cocacola)는 163,000 mg COD/L이며, 일반적인 하수는 우리나라 200~400 mg COD/L, 미국 400 mg COD/L, 그리고 남아프리카 공화국 800~1200 mg COD/L 정도이다. 하수처리장 2차처리수의 COD는 통상적으로 30~60 mg COD/L 정도이다. COD 분석의 장점은 다음과 같다.

- 화합물의 ThOD와 매우 유사한 결과를 얻을 수 있다. 따라서 EDC 측정에 의해 시스템의 에너지, 전자 또는 COD 물질수지평가가 가능하다.
- 대부분의 유기물질을 산화시키지만 일부(벤젠고리화합물 및 단쇄 지방산 같은 부분적 이온화 화합물의 경우)는 촉매($AgSO_4$)가 필요하다.
- 단시간(~3시간) 내에 시험이 가능하다.
- 간단하고 기본적인 장비와 화학적 지식만으로도 쉽게 수행할 수 있다.
- 암모니아를 산화시키지 않는다.
- 생물처리시스템에 영향을 주는 생분해 불가능한 유기물질도 측정이 가능하지만, COD 시험은 유기물질의 생분해성 및 비생분해성을 구별할 수 없다(이것은 단지 폐수에 대한 미생물의 반응을 관찰함으로써 가능하다).

② 총 산소요구량

총 산소요구량(TOD, total oxygen demand)은 단위 용적에 포함되어 있는 모든 산화성 물질의 산화에 필요한 산소의 질량으로 고온의 연소로를 이용하여 측정하는데, 시료 내의 포함된 탄소화합물과 질소화합물 모두 산화가 가능하다. 이 분석법은 다음과 같이 다양한 단점을 가지고 있어 폐수의 경우에는 적합하지 못하다.

- 연소로 속의 산소량은 암모니아와 유기성 질소의 산화 정도에 영향을 미친다[산소가 부족할 경우 질소의 불완전한 산화가 일어나며, 과잉의 산소조건하에서는 산화질소(NO)가 형성된다].
- 시료 속의 질산염(NO_3^-)과 아질산염(NO_2^-), 그리고 용존산소의 농도가 분석결과에 영향을 끼친다.
- 탄소성 물질을 분리하기 위해 TKN과 질산염 및 아질산염에 대한 추가시험이 필요하다.
- 입자성 물질이 시료에 포함되어 있다면 결과의 재현성에 문제가 있다.
- 고가의 정밀한 장비와 운전기술이 필요하다.

③ 생화학적 산소요구량

생화학적 산소요구량(BOD)은 20°C에서 5일(또는 20일) 동안 폐수 시료에 포함된 생분해성 유기물질의 생물학적 산화에 미생물(종속영양) 종균이 사용하는 용존산소농도(BOD_5 및 BOD_u)를 말한다. BOD는 폐수 내의 산소고갈현상이 생물학적 활동에 따른 결과라는 점을 바탕으로 1890년경 개발된 측정방법이다. 실험에 대한 가변성과 오류를 방지하기 위해 엄격한 조건과 절차가 요구된다. 그림 11-9는 BOD 분석을 위한 시간과 온도의 중요성을 보여준다. BOD 시험의 표준조건은 온도 20°C와 반응시간 5일이며, 경험식은 다음과 같다.

$$BOD_t = BOD_u(1 - e^{-Kt}) \tag{11.2}$$

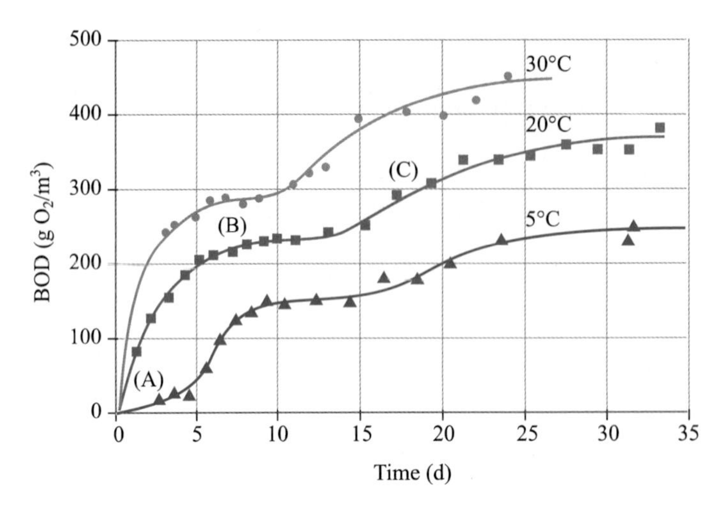

그림 11-9 온도와 시간에 따른 BOD 분석곡선 (Henze and Cameau, 2008; WRC, 1984)

여기서, $K = 0.23$ (20°C 기준)

$t = \text{time}$ (d)

이상의 경험식은 지연단계(A), 유기체의 저성장단계(B), 그리고 포식단계(C) 등에서 실제 곡선과는 차이가 있다. 따라서 경험적 곡선으로부터 표시된 수준(68%)보다 상당히 크거나 작을 수 있으므로 BOD값은 상대적으로 일관성이 없다. 또한 BOD 시험에서 질산화 반응은 특별히 억제되지 않는 한 일어난다. 이는 유기물질과는 관련이 없는 질소에 대한 산소요구량으로 이것은 때로는 보통 5~20일 전에 발생하여 유기물질에 대한 산소요구량의 정량적 분석을 어렵게 한다. COD 시험에 비하여 BOD 시험의 단점은 다음과 같다.

- 유기성 에너지를 측정하지 않으므로 생물시스템의 에너지 수지를 작성하기 어렵다.
- 분석을 위해 오랜 시간(5일)이 걸리며, 현대식 분석 장치가 없다면 시간 소모적이다.
- 때때로 미생물 접종 문제로 인해 다양한 결과가 나타날 수 있다.
- 질산화 반응으로 인해 BOD값에 오류가 있을 수 있다.
- 생물학적 시스템에 영향을 주는 생물학적 분해불능 유기물은 포함하지 않는다.
- 폐수에 따라 BOD_u/BOD_5 비율이 가변적이다.

침전된 도시하수의 경우 BOD_5에 비하여 COD는 대략 2배(1.73~2.27) 정도이며, 생분해가능한 COD(bCOD)는 약 1.6(Metcalf & Eddy, 2003) 혹은 1.8~1.9배(WRC, 1984)로 고려되고 있다. 이 값은 매우 유용하지만 폐수의 특성에 따라 상이하게 나타나므로 사용에 주의가 필요하다.

④ 총 유기탄소

총 유기탄소(TOC)는 이산화탄소로 산화된 유기탄소의 양을 말한다. 그러나 엄밀하게는 물속에 포함된 무기탄소($H_2CO_3^*$, HCO_3^-, CO_3^{2-}) 성분도 함께 측정되므로 시료의 전처리가 필요하다. pH 2 이하에서 이산화탄소의 폭기로 수행되는 이 단계에서 휘발성 유기물질의 일부가 손실될 수 있고 시간이 걸리는 작업이다. TOC는 e^-/C 비율이 유기화합물의 종류에 따라 일정하지 않으므로 전자공여용량이나 이용 가능한 생물에너지양을 충분히 반영하지 않는다.

결론적으로 이상의 네 가지 유기물질 측정방법 중에서 유기물질에 함유된 에너지를 측정하기 위한 가장 효과적인 방법은 COD 분석이다.

2) 질소 화합물

폐수 속에 존재하는 질소 성분을 측정하는 대표적인 방법으로는 총 킬달질소(TKN, total kjeldahl nitrogen)와 자유 및 염분성 암모니아(FSA, free and saline ammonia)가 있다.

FSA 분석은 시료 속에 포함된 암모늄 이온(NH_4^+)과 유리암모니아 가스(NH_3)를 함께 측정하는 방법으로 먼저 시료의 pH를 10으로 상승시킨 후 시료를 통해 증기를 분사시켜 증기 속에 포함된 암모니아 가스(NH_3)를 붕산(boric acid)에 포착하여 표준 황산으로 적정하는 방법을 사용한다(그림 11-10).

TKN은 유기물질에 결합된 질소(organic N)와 FSA를 동시에 측정하는 방법으로 이는 폐수 속에 존재하는 유기성 질소(org-N = TKN − FSA)를 파악하기 위해 주로 사용된다. 이 실험은 산성 소화법(acid digestion)에 의해 시료 속의 아미노산과 단백질 모두를 이산화탄소와 물 그리고 암모늄 이온으로 전환시키는 전처리 과정이 필요하며, 그 다음 FSA 분석법을 이용하여 측정한다. 하수에 포함된 모든 질소 화합물은 mg N/L 단위로 측정된다.

질산화 반응은 18 mg NH_4/L의 암모늄 이온이 62 mg NO_3/L의 질산염으로 일어나지만 실제 질소의 기여도만을 고려하면 14 mg NH_4-N/L에서 14 mg NO_3-N/L로 반응하는 것이다.

$$NH_4^+ + 2O_2 \rightarrow NO_3^- + 2H^+ + 2H_2O \ : \ \text{nitrification} \quad (11.3)$$

$$14+4 \qquad\qquad 14+48$$

질소 화합물의 산화된 형태인 아질산 질소(NO_2-N)와 질산성 질소(NO_3-N)는 분석기기를 이용하여 직접 분석이 가능하나 실제 폐수 원수에는 존재하기 어렵다.

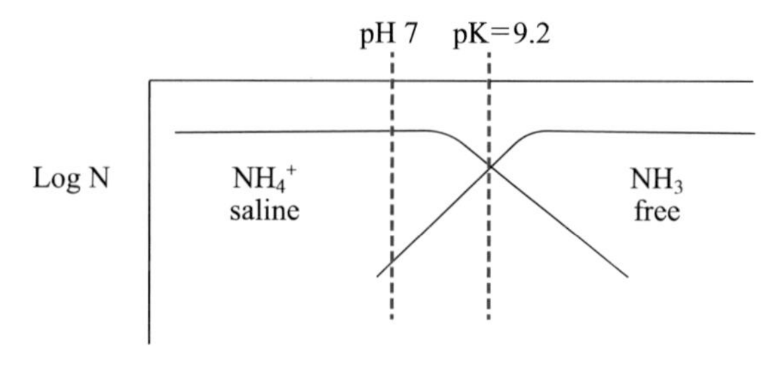

그림 11-10 pH와 자유/염분성 암모니아 농도의 상관관계

3) 인 화합물

질소 화합물과 마찬가지로 인 화합물 역시 유기성 및 무기성 두 종류로 구분하여 측정된다.

질소 및 COD와 마찬가지로 유기성 인 또한 유기물질 내에 포함된 것이다. 오르토 인산염(orthophosphate)은 무기 형태의 인을 분석하는 것이며, 총인(Total P)은 유기성 인과 무기성 인을 모두 측정하는 것이다.

총인에 대한 실험은 TKN 실험에서와 같이 유기물에 결합된 인(organically bounded P)을 먼저 오르토 인(ortho-P: P_2O_5, PO_3^-, PO_4^{3-})으로 전환하기 위한 전처리 소화단계가 필요하다. 이 방법에 따라 유기성 인(org-P = Total-P − ortho-P)이 결정된다. 질소의 경우와 마찬가지로 인 함유 물질에 대해서도 단위는 인의 농도로만 표현한다(96 mg PO_4/L 또는 32 mg PO_4-P/L). 하수에서는 총인(3～4 mg P/L)의 약 75% 정도가 오르토 인산염이다(WRC, 1984).

(2) 폐수의 상변환

폐수는 다양한 유기성 및 무기성 성분으로 이루어져 있다. 하수처리시스템에서 이들은 생물학적 산화, 활성슬러지 시스템 내에서 상변환(phase transformation) 그리고 침전지에서의 상분리(phase separation)에 의해 제거된다(그림 11-11). 폐수와 활성슬러지 모두에서 이러한 성분들은 부유성 고형물질(suspended solids), 콜로이드성 물질(colloidal solids) 그리고 용존성 물질(dissolved solids)의 형태로 존재한다.

혼합하지 않는 조건하에서 부유성 고형물질은 1시간 내에 침전이 가능하지만, 콜로이드성 물질은 침전하지 않는다. 폐수 내 침전성 고형물질은 1차침전지(PST, primary settling tank)의 규모를 결정한다. 또한 활성슬러지는 폐수와 반응하여 상의 변화를 촉진하는데, 이는 2차침전지(SST, secondary settling tank)에서의 고액분리 특성과 매우 관련이 깊다. 활성슬러지는 응결지로서의 역할(bio-flocculator)도 한다. 생물반응기 내에서 바이오매스는 기질 내 생분해성 물질(용존성 물질과 입자성 물질 모두)을 침전 가능한 물질로 전환시키고, 동시에 모든 입자성 물질(생분해성 성분과 생분해 불능 성분을 포함)을 침전성 고형물질로 전환시킨다. 원수나 침전된 폐수는 종류에 관계없이 폐수의 모든 입자성 성분은 혼합액(mixed liquor)의 일부가 되어 반응조 내부에 축적된다. 생물학적으로 이용된 용존성 물질도 마찬가지로 혼합액의 일부가 된다. 이때 혼합액 내 침전 불가능한 입자의 존재를 무시한다면, 혼합액은 원칙적으로 모두 침전이 가능

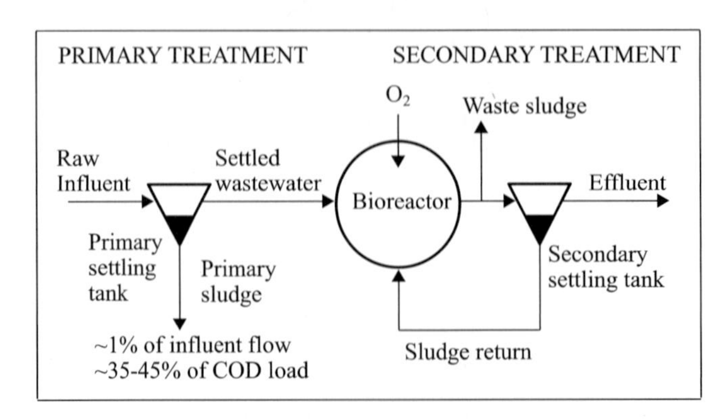

그림 11-11 **도시폐수의 1차와 2차처리**

<table>
<tr><th colspan="5">WASTEWATER CONSTITUENT</th><th>REACTION</th><th colspan="4">SLUDGE CONSTITUENT</th></tr>
<tr><td rowspan="8">ORGANIC</td><td rowspan="2">Soluble</td><td rowspan="2" colspan="2">Dissolved</td><td>Unbiodegradable</td><td colspan="5">Escapes with the effluent</td></tr>
<tr><td>Biodegradable</td><td>Transforms to active organisms</td><td rowspan="7">Organic</td><td rowspan="7">Volatile suspended solids(VSS)</td><td rowspan="11">Total suspended(= settleable) solids(TSS)</td><td rowspan="11">Mixed liquor solids in the bioreactor
All settleable - none colloidal or dissolved</td></tr>
<tr><td rowspan="6">Particulate</td><td rowspan="2" colspan="2">Colloidal</td><td>Unbiodegradable</td><td>Enmeshed in sludge mass</td></tr>
<tr><td>Biodegradable</td><td>Transforms to active organisms</td></tr>
<tr><td rowspan="4">Suspended</td><td rowspan="2">Non-settleable</td><td>Unbiodegradable</td><td>Enmeshed in sludge mass</td></tr>
<tr><td>Biodegradable</td><td>Transforms to active organisms</td></tr>
<tr><td rowspan="2">Settleable</td><td>Unbiodegradable</td><td>Enmeshed in sludge mass</td></tr>
<tr><td>Biodegradable</td><td>Transforms to active organisms</td></tr>
<tr><td rowspan="5">INORGANIC</td><td rowspan="3">Particulate</td><td rowspan="2">Suspended</td><td colspan="2">Settleable</td><td rowspan="3">Enmeshed in sludge mass</td><td rowspan="4">Inorganic</td><td rowspan="4">Inorganic SS(ISS)</td></tr>
<tr><td colspan="2">Non-settleable</td></tr>
<tr><td colspan="3">Colloidal</td></tr>
<tr><td rowspan="2">Soluble</td><td rowspan="2" colspan="3">Dissolved</td><td>Entrapment, adsorption, ppt, etc</td></tr>
<tr><td colspan="5">Escapes with the effluent</td></tr>
</table>

그림 11-12 **폐수의 구성요소와 생물반응조 내에서의 반응** (WRC, 1984)

하므로 혼합액은 2차침전지에서 침전되어 생물반응조로 반송되거나 폐기흐름으로 제거된다(그림 11-12).

처리 과정에서 일어나는 상변화 현상을 알아보기 위해서는 오염물질의 성질에 대해 더 자세한 정보를 수집할 필요가 있다. 이를 근거로 대상 공정의 최적화 설계가 가능하다. 이때 처리공정은 대부분 물리적 및 생물학적 단위기술을 사용하므로 물리적 및 생물학적 특성을 상세히 살펴보아야 한다.

1) 물리적 특성 분석

하수 내에 포함된 유기 및 무기성 물질은 입자 크기를 기준으로 물리적인 특성화가 가능하다. 즉, 입자의 크기에 따라 용존성(soluble), 콜로이드성(colloidal) 및 부유성 물질(suspended solids)로 분류할 수 있으며, 이는 또한 침전성(settlable) 및 비침전성(unsettlable)으로 구분된다. 앞서 설명한 바와 같이 용존성 및 콜로이드성 물질은 침전에 의해 제거할 수 없지만, 더 큰 물질들은 침전에 의해 제거가 가능하다. 그림 11-13은 유입 하수와 활성슬러지 고형물의 입경 분류와 입경별 고액분리 방법을 보여주는데, 생물학적 응결과 바이오매스의 고형물 포집특성을 고려한다면 분리방법은 용존성 영역에 가깝게 나타난다.

하수를 물리적으로 특성화하는 데 사용되는 두 가지 주요 유형은 서로 다른 종류의 상 분리,

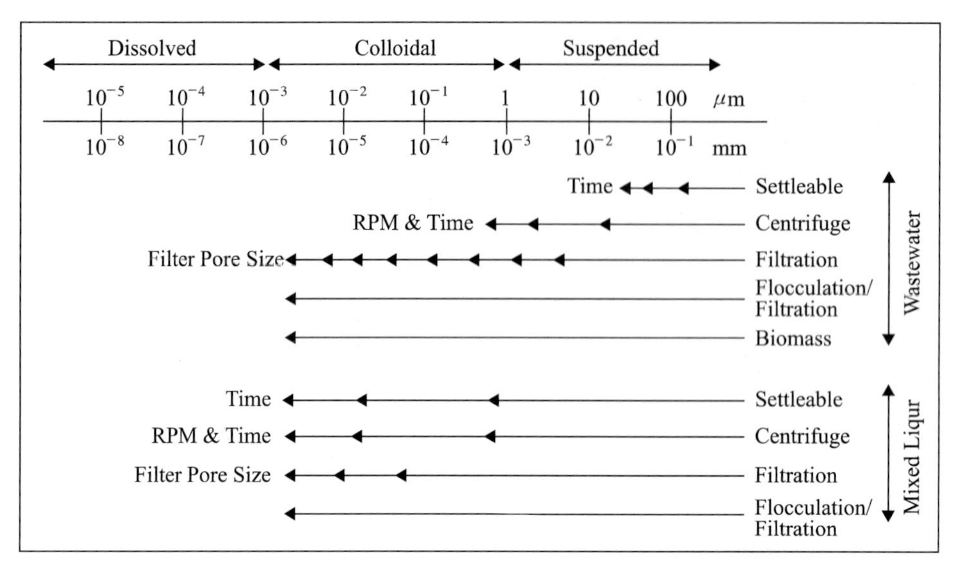

그림 11-13 **유입 하수와 활성슬러지 고형물의 입경 분류와 고액분리 방법** (WRC, 1984)

즉 고체-액체 분리과정(즉, 여과와 침전)이다.

① **여과**

여과(filtration)는 액체의 다양한 성분(COD, TOC, TKN, NH_4^+, P 등)이 필터를 통과하는 현상을 말하는데, 여과액은 이상적인 용존성(soluble/dissolved) 성분으로 규정한다. 이 값과 전체 시료(여과되지 않은)에 대한 값의 차이를 부유성 및 콜로이드성 물질로 평가한다.

실제 용해성이라는 용어를 사용하는 데 있어 그 정의는 명확하지 않다(Melcer et al., 2003). 대부분의 문헌은 용해성 물질이란 0.45 μm 유리섬유막 필터(glass fiber filter, GF/C)를 통과하는 물질로 정의한다. 그러나 총 용존고형물(TDS, total dissolved solids)은 통상적으로 1.2～1.5 μm의 공칭 기공 크기의 유리섬유 필터를 사용하여 측정한다. 두 방법의 차이는 콜로이드 성분에 있다. 대부분의 콜로이드 COD는 유리섬유 필터를 통과하지만 0.45 μm 필터에는 통과하지 못하기 때문이다. 따라서 상대적인 비교를 위하여 모든 실험에 사용된 필터의 유형을 분명히 명시할 필요가 있다.

② **침전**

침전 가능한 물질은 원뿔형 임호프 침전관(Imhoff Cone)에 의해 결정된다. 이는 주로 하수 원수를 대상으로 1차침전지의 잠재적인 성능을 평가하고자 하는 것이다. 즉, 침전관에 혼합한 하수를 주입하고 1시간 후 원뿔관 바닥에 침전된 물질의 부피(예, 15 mL)와 농도를 측정하는 것이다. 이 실험은 반복적으로 다수에 걸쳐 수행하며 원하는 결과를 도출해야 한다(예를 들어 1 mL/L = 25 mg TSS/L, 휘발성 70～80%). 여기에 침강성 물질(settled material)과 상징액(supernatant)의 수질(COD나 TKN 등)을 측정한다.

2) 생물학적 특성(Bioassay) 분석

활성슬러지 시스템에서 명확한 특성은 기질(먹이)과 미생물 간의 상호작용에서 나타난다. 먼저 기질은 생분해 가능(biodegradable)물질과 생분해 불능(nonbiodegradable)물질로 구분할 수 있다. 생분해 불능물질은 입자성 및 용존성으로 구분할 수 있는데, 이중에서 단지 입자성 물질만이 2차침전지에서 침전을 통해 제거가 가능하다.

생분해성 물질은 쉽게 생분해 가능한(readily biodegradable) 물질과 분해속도가 느린 서서히 생분해 가능한(slowly biodegradable) 물질로 구분된다. 쉽게 생분해 가능한 성분은 저분자물질로 직접적으로 매우 빠르게 분해가 가능하다. 반면에 서서히 생분해 가능한 물질은 거대분자로 물질의 특성상 체외분해(extrecellular breakdown), 즉 가수분해(hydrolysis) 과정이 필요하다.

또한 쉽게 생분해 가능한 물질은 생물학적 인 섭취 유기체(bio-P organisms)에 의해 직접 섭취 가능한 물질인 단쇄상 유기산(SCFAs, short chain fatty acids)과 간접적으로 섭취 가능한 발효 가능한(fermentable) 물질로 구분되는데, 후자의 경우는 혐기성 발효과정(anaerobic fermentation)을 필요로 한다.

그림 11-14는 활성슬러지에서 일어나는 유기물질의 물리적 및 생물학적 상변환 과정을 개략적으로 나타낸 것이다.

생물학적 반응기에서 총 고형물(TSS, total suspended solids)은 활성슬러지 또는 바이오매스(biomass) 또는 혼합액(mixed liquor)이라고 부른다. TSS는 휘발성 고형물(VSS, volatile suspended solids)과 비휘발성 고형물(ISS, inorganic suspended solids)의 합이다. 혼합액의

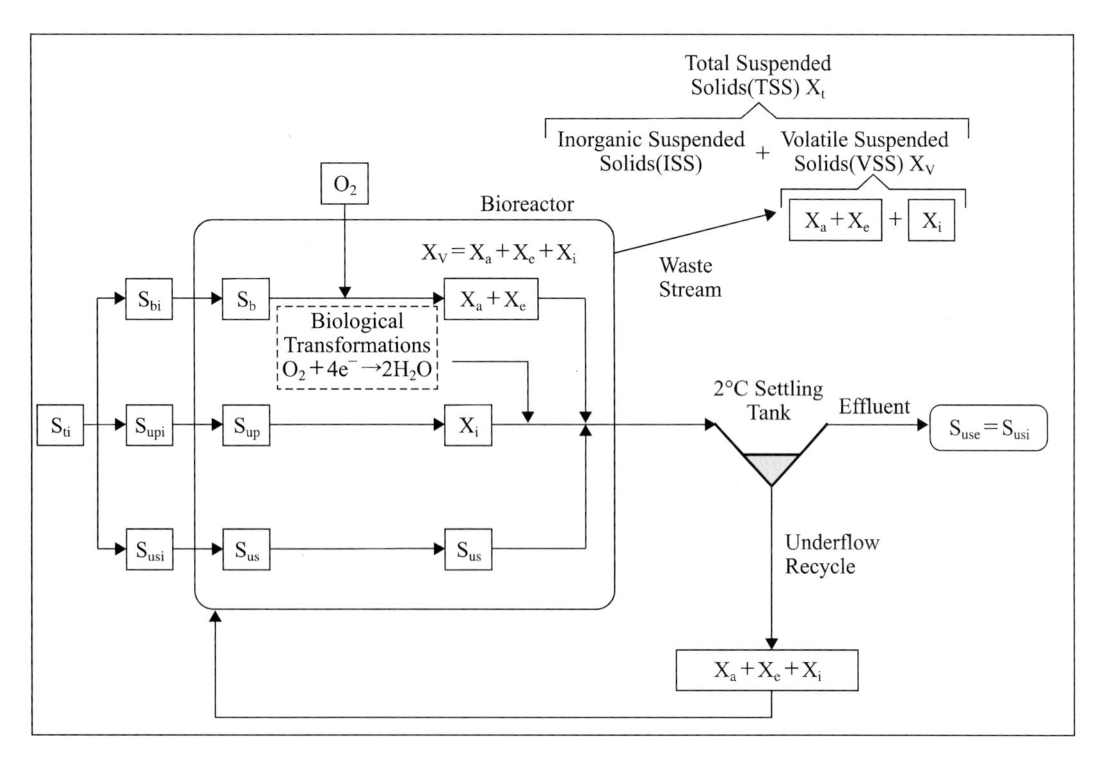

그림 11-14 **활성슬러지에서 유기물질의 물리적 및 생물학적 상변환** (WRC, 1984)

VSS(X_V)는 활성 미생물(active organisms, X_a), 내생 미생물(endogenous organisms, X_e)과 비활성(inactive, X_i) 물질로 구성되어 있다. 여기서 비활성 물질이란 폐수에 존재하여 반응기에 축적(종이나 모발 등)된 입자성 생물학적 분해불능 유기물(particulate unbiodegradable organics)이다. 여기에는 활성 미생물의 내생잔류물(endogenous residue)도 포함된다. VSS에 포함된 이러한 세 가지 성분의 비율은 생물반응조의 운전방식(즉, 고형물 체류시간, 슬러지 폐기량)에 따라 상이하게 나타난다. 그러나 이러한 변화에도 불구하고 혼합액의 COD/VSS($= f_{CV}$) 비율은 비교적 일정(실험치 약 1.48 mg COD/mg VSS, 이론값 1.42 mg COD/mg VSS)하다(WRC, 1984). COD/VSS 비율이 동일하고 EDC(또는 에너지 함량)가 동일하다는 사실은 슬러지의 화학적 성분도 거의 동일하다는 것을 의미한다.

예제 11-1 활성슬러지 혼합액의 TSS, VSS 및 ISS 측정

1) 혼합액으로부터 일정 부피의 시료를 취한다(예, 100 mL).
2) 원심분리용 튜브에 원심분리(3,000 rpm 이상, 20분)한다.
3) 상징액을 제거한다(필요시 COD 등의 시험을 할 수 있다).
4) 원심분리된 고형물을 증류수를 사용하여 깨끗한 도가니로 이동시킨다.
   이때 빈 도가니의 무게(M1)를 측정해야 한다(예, M1 = 28.1378 g).
5) 고형물이 들어 있는 도가니를 건조로에 건조(105°C, 12시간 이상)시킨다.
6) 도가니를 상온의 데시케이터에서 식힌 후 무게(M2)를 측정한다.
   [예, M2 = 도가니 무게 + TSS = 28.6531 g]
7) 건조된 도가니 시료를 연소로에서 연소(600°C, 20분 동안)시킨다.
8) 도가니를 상온의 데시케이터에서 식힌 후 무게(M3)를 측정한다.
   [예, M3 = 도가니 무게 + ISS = 28.2668 g]

예시된 값을 이용하면 TSS, VSS 및 ISS 값은 다음과 같이 계산된다.

$$TSS = \frac{(M2 - M1)\ g}{Sample\ vol.(mL)} \times \frac{1000\ mg}{g} \times \frac{1000\ mL}{L}$$

$$= (28.6531 - 28.1378) \times 10^6/1000 = 5{,}153\ mg\ TSS/L$$

$$VSS = \frac{(M2 - M3)\ g}{Sample\ vol.(mL)} \times \frac{1000\ mg}{g} \times \frac{1000\ mL}{L}$$

$$= (28.6531 - 28.2668) \times 10^6/1000 = 3{,}863\ mg\ VSS/L$$

$$ISS = \frac{(M3 - M1)\ g}{Sample\ vol.(mL)} \times \frac{1000\ mg}{g} \times \frac{1000\ mL}{L}$$

$$= (28.2668 - 28.1378) \times 10^6/1000 = 1{,}290\ mg\ ISS/L$$

or $= TSS - VSS = 5{,}153 - 3{,}863 = 1{,}290$ mg ISS/L

이때 휘발성분(즉 유기물) 함량은 $= 3{,}863 \times 100/5{,}153 = 74.9\%$ VSS/TSS가 된다.

주 폐수의 TSS 측정은 일반적으로 1.2 μm 유리섬유 필터를 이용하여 측정한다.

생물학적 분해가 불가능한 휘발성 부유물질(nbVSS) 농도는 다음과 같은 상관관계를 이용하여 평가할 수 있다. 이러한 접근은 활성슬러지 혼합액이나 하수 모두에 적용이 가능하다.

$$\frac{\text{nbVSS}}{\text{VSS}} = \frac{\text{pCOD} - \text{bpCOD}}{\text{pCOD}} \tag{11.4}$$

$$\frac{\text{bpCOD}}{\text{pCOD}} = \frac{(\text{bCOD}/\text{BOD})(\text{BOD} - \text{sBOD})}{(\text{COD} - \text{sCOD})} \tag{11.5}$$

여기서, bpCOD = 생물학적으로 분해 가능한 입자성 COD 농도(mg/L)

pCOD = 입자성 COD 농도(mg/L)

sCOD = 용존성 COD 농도(mg/L)

(3) 폐수의 특성화

폐수 내 포함된 탄소, 질소 및 인의 특성 분석과 그 정량적인 평가를 위한 매개변수는 설계하고자 하는 단위공정의 유형과 밀접하게 연결되어 있다. 폐수 내에 포함된 유기물질은 그 특성(즉 용해성인지 생분해성인지)에 따라 여러 가지 개별 구성요소로 나누어진다. 폐수 내 존재하는 유기물질의 상대적 분율은 생물학적 영양소제거공정에서 미생물이 이용할 수 있는 기질의 양을 결정하고, 또한 필요한 용존산소의 양과 슬러지의 발생량에 영향을 미치기 때문에 매우 중요하다. 특히 영양소제거 시스템의 경우에는 설계현장별로 상세한 특성 분석(WW characterization)을 권장하고 있다. 특히 우리나라의 경우는 외국의 자료와 상당한 차이를 보이므로 직접적인 분석 없이 기존 매개변수값을 그대로 사용한다면 주의가 필요하다.

활성슬러지 시스템에서 특성화 정도는 설계 절차의 정교함과 유출수의 요구 수준에 따라 달라진다. 탄소(COD)만을 제거하고자 하는 경우 폐수의 BOD_5와 부유물질(SS) 측정과 함께 적용하고자 하는 부하율에 의해 경험적으로 반응결과를 예측할 수 있다. 이때 폐수의 COD는 생분해 가능성분과 생분해 불능성분 그리고 각각에 대한 용존성과 입자성 부분에 대한 정보가 필요하다. 질산화의 경우는 폐수 내 질소의 구성성분에 대한 정보가 필요하고, 탈질반응을 통한 질소 제거의 경우 COD 성분들이 추가적으로 필요하다. 인 제거의 경우는 폐수 내 인의 성분과 더 세분화된 COD 성분이 필요하다.

1) 유기물질(COD)

① 유기물질의 구성요소와 분율

유기물질의 특성은 항상 BOD가 아닌 COD로 표현한다(COD 값은 크롬법으로 측정된 값을 기준으로 하며, 망간법으로 측정된 COD 값은 사용할 수가 없다). COD 데이터를 사용할 수 없는 경우 COD는 측정된 BOD와 VSS 또는 BOD와 COD의 상관관계로부터 추정이 가능하다. 그림 11-15는 활성슬러지 공정에서 유기물질의 구성요소와 처리수준에 따른 특성화 정도를 개념화하여 나타내었다. 그림 11-16은 폐수의 COD 구성요소를 개략적으로 나타낸 것이다.

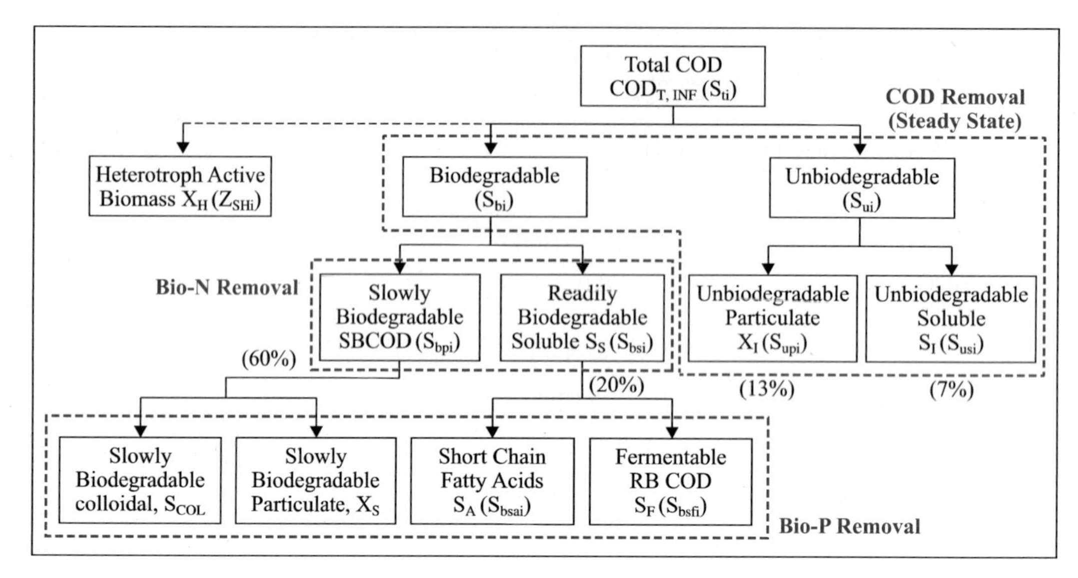

그림 11-15 **유기물질의 구성요소와 처리수준에 따른 특성화**
[Note: ASM3-P(2001) 및 UCTPHO+(2007)기준, ( ), WRC(1984) 기준]

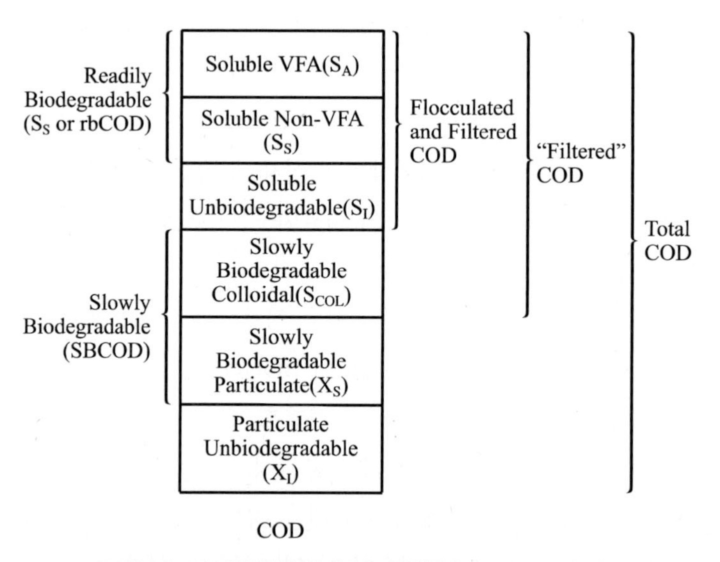

그림 11-16 **도시폐수의 COD 구성요소** (Melcer, 2003)

표 11-12는 각 구성요소에 대한 측정방법과 기호에 대한 설명을 보여준다. 기호를 명명하는데 있어 규칙은 용해성에 대해서는 "S", 입자성에 대해서는 "X", 생분해 불능 또는 불활성에 대해서는 "I"로 표현한다. COD 구성요소의 단위는 일반적으로 mg/L로 표현되지만, 기호가 아래첨자 "F"(혹은 f)로 표시된 경우는 전체의 분율을 의미할 수 있다(예: F_{SI} = 총 COD에 대한 생분해 불가능한 용해성 성분의 비율). 이러한 분율은 고정된 값이 아니며 처리장마다 다를 수 있다. 각 구성요소에 대한 농도를 참고할 때 활성슬러지의 유출수의 COD는 최소한 20~50 mg/L (우리나라의 경우 20 mg/L) 될 것으로 추측된다. 표 11-13은 각국의 도시폐수에 COD 농도 구분을 비교하고 있는데, 우리나라의 경우에 상응하는 값도 주어져 있다. 각 구성요소를 표시하는

표 11-12 **도시폐수의 COD 구성요소와 측정방법**

Fraction	Symbol [1]	Description	How It Can Be Measured	Concentration in Municipal Wastewater [2] (mg/L)
Total Influent COD	$COD_{T,INF}$	Quantifies "strength" of organic material in the influent	Directly measured or estimated based on relationship to BOD	250～700 [200]
Readily Biodegradable COD	S_S (or rbCOD)	Can be easily absorbed by organisms and used for energy and synthesis of cell mass. Is the sum of S_A and S_F	Directly measured by respirometry, but other methods are available using simplifying assumptions	25～125 [40]
Volatile Fatty Acids	S_A (or VFA_S)	A fraction of S_S	Directly measured using ion or gas chromatography	[20]
Complex Biodegradable Soluble COD	S_F	The fraction of S_S that is not VFA	S_S-S_A	[20]
Soluble Unbiodegradable COD	S_I	Portion of soluble COD unaffected by biological reactions at the plant. Leaves the secondary clarifier at same concentration as influent	Approximated as the soluble(filtered) COD of a well nitrified plant effluent	25～50 [25]
Slowly Biodegradable COD	SBCOD	Portion of biodegradable COD that requires extracellular enzymatic breakdown prior to adsorption and utilization. Is the sum of S_{COL} and X_S	Typically determined as $COD_{T,INF}$-S_I-S_S-X_I	200～400 [90]
Slowly Biodegradable Colloidal COD	S_{COL}	Portion of SBCOD that is colloidal and typically not settleable	The difference between the filtered COD and the ffCOD of the effluent	
Slowly Biodegradable Particulate COD	X_S	Portion of SBCOD that is particulate and settleable	SBCOD-S_{COL}	
Particulate Unbiodegradable COD	X_I	Portion of particulate COD unaffected by biological reactions at the plant. Accumulates in sludge mass.	Determined from the model or estimated based on influent COD, BOD, and TSS	35～110 [25]

Notes:

1. The literature contains more than one symbol for some components. The symbols shown are generally consistent with Melcer et al. (2003). Other commonly used symbols are included in parentheses. Note that the symbol shown represents concentration, expressed as milligrams per liter (mg/L). Fractions of total COD are represented by the letter "F" and a subscript (e.g. F_{SI} is the fraction of the influent COD that is unbiodegradable and soluble).
2. Derived from Melcer et al. (2003), Table 4-2 and experience with systems. Concentration may vary due to variable per capita water consumption.

[ ], Korea (Choi, 2003)

기호는 기본적으로 ASM3-P(2001)과 UCTPHO+(2007) 기준으로 표시하였고, 기초문헌인 WRC(1984)의 표시방식을 추가하였다.

표 11-13 **도시폐수의 COD 구성요소 비교**(Henze, 1992)

	S_I	S_S	X_S	X_H	X_I
Raw Wastewater			%		
Hungary	9	29	43	–	20
Denmark	8	24	49	–	19
Denmark, Lundtofte	2	20	40	20	18
South Africa	5	20	62	–	13
Switzerland	11	32	45	–	11
Switzerland, Flawil(22°C)	20	11	53	7	9
Switzerland, Tuffenwies(13°C)	10	7	60	15	8
Switzerland, Dietikon(15°C)	12	8	55	15	10
Primary Wastewater			%		
Denmark, Lundtofte	3	29	43	14	11
France, Pilot	10	33	44	–	13
France, Valenton	6	25	41		8
Korea [1)]	12.5	20	45	10	12.5
South Africa	8	28	60	–	4
Switzerland, Zurich	10	16	40	25	9
Precipitated Wastewater			%		
Denmark, Lundtofte	5	56	26	8	5

Note) S_I = soluble inert, S_S = soluble readily biodegradable, X_I = suspended inert, X_S = slowly degradable, X_H = heterotrophs

Ref) Henze(2002), 1) Choi(2003)

그림 11-15에 표시된 것처럼 도시폐수의 총 COD는 용존성 생분해성 성분(VFA와 non VFA), 용존성 생분해 불능성분(inert), 분해속도가 느린 생분해성 성분(콜로이드성 혹은 입자성), 그리고 입자성 생분해 불능성분으로 구성된다. 그림 11-16으로부터 폐수의 총 COD($COD_{T,INF}$)는 다음 식과 같이 표현된다(ASM3-P 형식).

$$\begin{aligned} COD_{T,\,INF} &= S_S + SBCOD + S_I + X_I \\ &= (S_A + S_F) + (S_{COL} + X_S) + S_I + X_I \end{aligned} \tag{11.6}$$

이 식을 WRC(1984) 방식으로 나타내면 다음 식으로 표현되는데, 여기서 첨자 i는 유입수(influent)라는 의미이다(그림 11-15).

$$S_{ti} = S_{bi} + S_{ui} = (S_{bsai} + S_{bsfi}) + (S_{bpi}) + S_{usi} + S_{upi} \tag{11.7}$$

여기서, $COD_{T,INF}$ (S_{ti}) = Total influent COD concentration

S_A (S_{bsai}) = Volatile fatty acids

S_F (S_{bsfi}) = Complex biodegradable soluble COD

S_I (S_{usi}) = Soluble unbiodegradable COD

S_{COL} = Slowly biodegradable colloidal COD

X_S = Slowly biodegradable particulate COD

X_I (S_{upi}) = Particulate unbiodegradable COD

폐수 처리에서 COD 분획의 중요성은 다음과 같다.

- **쉽게 생분해 가능한 COD(S_S 혹은 rbCOD, S_{bsi})**: rbCOD는 혐기성 영역에서 인축적미생물(PAO, phosphate accumulating organisms)이 사용할 수 있는 기질의 양을 결정하기 때문에 생물학적 인 제거(BPR, Bio-P removal) 시스템에 매우 중요한 변수이다. 여기에는 VFA(S_A)와 혐기성 구역에서 VFA로 분해될 수 있는 VFA 및 가용성의 쉽게 생분해 가능한 COD(S_F)가 포함된다. 하수 내 포함된 rbCOD의 농도는 탈질과 산소요구량, 그리고 폭기조의 플록 생성 미생물의 성장 등에서도 영향을 끼친다(표 11-14).

표 11-14 활성슬러지 공정에서 쉽게 생분해 가능한 COD 농도의 영향

공정	rbCOD의 영향
활성슬러지 포기	압출류 혹은 단계적 포기지역의 경우 유입 COD 내 rbCOD 함량이 높은 반응조 앞부분에서 산소요구량이 높게 나타날 수 있다.
생물학적 질소 제거	전무산소조의 경우 유입 COD 내의 높은 rbCOD 함량으로 인하여 탈질률이 높아질 수 있다. 따라서 무산소조의 부피를 줄일 수 있다.
생물학적 인 제거	유입수 내 rbCOD 농도가 많을수록 더 많은 양의 인을 생물학적으로 제거할 수 있다.
활성슬러지 선택조 (selector)	유입 COD의 rbCOD 함량이 높다면 선택조에서의 플록 형성 미생물을 위해 더 많은 COD를 제공할 수 있다. 즉, SV1의 개선에 더 큰 영향을 줄 수 있다.

- **천천히 생분해 가능한 COD(SBCOD, S_{bpi})**: SBCOD는 미생물에 의한 흡착 전에 세포 외 분해가 필요한 입자성(X_S) 및 콜로이드 물질(X_{COL})로 구성된다. 1차침전지의 모델수행에서 특히 입자성과 콜로이드성 물질의 분율 차이는 중요하다. 그 이유는 콜로이드성 물질은 모두 호기성 공정으로 통과하는 동안 입자성 분획의 일부가 폐기물 슬러지와 함께 침전 제거되기 때문이다.
- **용해성 생분해 불능 COD(S_I, S_{usi})**: 이 성분은 처리장을 통과하여 유출수로 배출된다는 점에서 중요하다. 이 부분은 전체 농도에 비해 작은 부분을 차지하지만, 처리장 유입수 내의 용해성 생분해 성분의 분율과 구별되어야 한다.
- **입자성 생분해 불능 COD(X_I, S_{usi})**: 폐슬러지에 축적되는 성분으로 물질수지 관점에서 시스템의 X_I는 시스템 내로 유입되는 1일 질량에 SRT를 곱한 값과 같다. 따라서 X_I는 SRT가 증가할수록 슬러지의 VSS는 감소한다.

위에서 설명한 유기물 분율 이외에도, 종속영양균(X_H, Z_{SHI})이나 질산화균(X_{AUTO}) 및 인제거균(X_{PAO})과 같은 활성바이오매스는 총 COD 측정방법으로 분석이 가능하다. 활성바이오매스는 입자성 COD 분획(X_I 및 X_S)에 반영된다. 도시폐수에 포함된 활성바이오매스는 총 COD의 7~25% 정도라고 추정된다(Orhon and Cokgor, 1997). 일부 고율 시스템(low HRT)을 제외하고는 활성바이오매스는 처리장 성능에 큰 영향을 미치지 않으므로 일반적인 모델링을 위해서 활성바이오매스 COD를 측정하거나 고려하지는 않는다. 그러나 시스템에서 상당한 부분을 차지할 것으로 예측되는 경우에는 일반적으로 활성바이오매스 COD를 결정한다.

여과 COD(fCOD, filtered COD)는 0.45 μm 필터를 통해 시료를 여과한 후에 측정한다. 이는 매우 미세한 콜로이드성 및 용존성 물질 모두를 포함한다. 콜로이드성 물질은 여과하기 전에 시료를 화학적으로 응집시켜 제거할 수 있는데, 이러한 방식을 통해 분석된 응결-여과 COD (ffCOD, flocculated and filtered COD)는 쉽게 생분해 가능한 성분과 진정으로 용해성인 생분해 불능 COD 성분을 의미한다.

② 유기물질과 부유물질의 상관관계

그림 11-17은 BOD, COD, TSS 및 VSS 간의 상관관계와 각각의 주요 부분을 보여준다. 이러한 관계를 이해한다면 설계자는 이용할 자료가 확보되어 있지 않을 때 COD 분율을 추정할 수 있고, 또한 COD 분율 자료를 사용할 수 있다면 이를 이용하여 다른 매개변수에 대한 결과를 확인할 수 있다.

BOD는 용존성이거나 입자성 상태일 수 있다. 용존성 BOD는 쉽게 생분해 가능한 부분(S_S)과 SBCOD의 콜로이드 부분의 합(COD 단위)으로 표시된다. 서서히 생분해 가능한 입자성 COD는 BOD의 입자성 분율에 해당한다. 생분해 불능 COD 분율(입자성 및 용존성 모두)은 BOD 분석방법으로 분석되지 않는다. 대부분의 도시폐수에 대한 COD/BOD 비율은 1.9~2.2 mg COD/mg BOD 정도이므로 이 비율은 COD 값을 추정하기 위해 사용이 가능하다.

TSS는 COD의 입자성 부분(VSS)과 무기성분(ISS)을 합한 값이다. 여기서 ISS는 변화가 일어

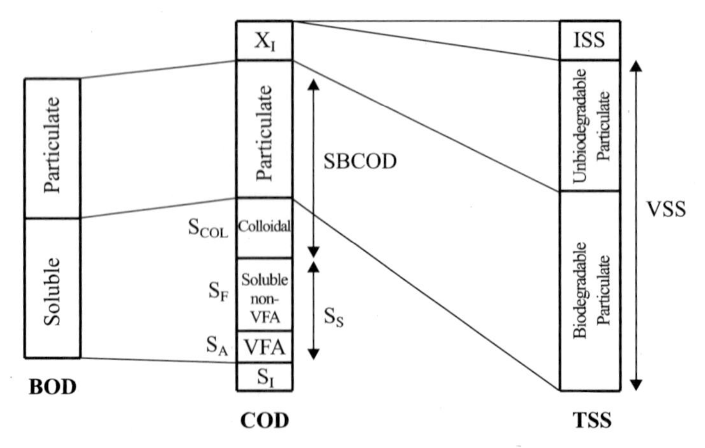

그림 11-17 **BOD, COD TSS 및 VSS의 상관관계** (USEPA, 2010)

나지 않으므로 특히 중요한 매개변수이다. 이 고형물은 반응하지 않은 상태로 반응조를 통과하여 폐슬러지에서 제거되며, 유출수에 소량으로 남게 된다. 또한 ISS는 혼합액 부유고형물(MLSS, mixed liquor suspended solids)에 상당한 영향을 미칠 수 있다. 인 제거 또는 화학약품의 첨가가 없는 처리장에서 ISS에 대한 물질수지는 고형물 분율을 확인하기에 좋은 방법이다. 그 이유는 물질수지에 따라 처리장의 유입과 유출에 대한 ISS는 항상 동일해야 하기 때문이다. 그러나 생물학적 또는 화학적 수단에 의해 액상으로부터 인이 제거된다면 인은 고체 형태(ISS)로 처리시설에서 폐기된다.

입자성 COD(pCOD)의 분율은 혼합액의 VSS(MLVSS) 자료와 관련 있다. 앞서 언급한 바와 같이 이 비율은 전형적으로 1.48 mg COD/mg VSS(이론값 1.42)이나 그 비율은 다른 고형물의 경우에 더 높을 수 있다. 일반적으로 처리장 전체에 대해 일정한 비율을 적용하기도 하나 특별한 경우 바이오매스, X_I 및 X_S 등과 같이 서로 상이한 값을 허용하기도 한다.

③ 유기물질 분율 결정방법

COD 분율의 특성을 평가하는 데는 다양한 접근방법이 있으나, 일반적으로 다음 세 가지 방법론이 유효하다(표 11-15). 다음은 유입수 및 유출수 분석 그리고 회분식시험을 통해 COD 구성 분율을 추정할 수 있는 권장가능한 방법(방법-2와 방법-3)에 대해 설명한다. 그러나 많은 경우에 하나 이상의 방법 등이 함께 사용될 수 있다.

표 11-15 COD 구성요소 평가방법

구분	평가방법	특성
방법-1	1차침전지 물질수지	COD 비율에 대한 수치모델 기본값을 사용하여 1차침전지 주변의 COD/VSS 비율과 BOD에 대한 물질수지를 수행한다. 이 방법은 최소한의 샘플링이 필요하며 기존 분석자료를 기반으로 한 첫 번째 선별단계가 될 수 있다.
방법-2	유입수 및 유출수 분석	처리장의 유입수 및 유출수에 대한 시료분석을 통하여 각 구성요소의 분율을 추정한다. 이 방법에는 최소한 유입수 및 유출수에 대한 여과 COD(fCOD) 및 응집 후 여과 COD(ffCOD)에 대한 자료가 필요하다. 경우에 따라서는 호흡측정장치(respirometry)와 같은 고급 측정기술이 권장된다.
방법-3	실험실규모 연속회분식 시험(SBR, sequencing batch test)	이 방법은 약 8주 정도(준비기간 6주, 집중 모니터링 2주)의 운전시간이 필요한 상세분석방법으로 비용은 가장 비싸지만 COD 및 TKN 분율과 질산화 미생물(nitrifier)의 성장속도를 파악할 수 있다.

- **쉽게 생분해 가능한 COD(S_S, S_{bsi})**: 이 성분을 결정할 수 있는 가장 간단한 방법은 암모니아와 BOD가 낮게 나타나는 처리장의 유입수와 유출수에 대해 응결-여과 COD(ffCOD)를 측정하는 것이다. 이는 쉽게 생분해 가능한 COD(S_S)는 모두 생물반응조에서 소모되어 유출수에서는 무시할 수 있다는 기본가정에 따른 것이다. 처리공정에서 용해성 생분해 불능 COD(S_I)가 생성되지 않으므로 유입수와 유출수의 S_I 농도는 동일하다. S_S는 유입수와 유출수의 ffCOD의 차이로 결정된다. 일반적으로 슬러지일령이 3일 이상일 때 폐수의 S_S는 0이

라고 가정할 수 있다. S_I에 관한 가정은 유입수와 유출수를 모두 측정하여 확인이 가능하지만 가정이 유효하지 않거나 결과가 예상과 다를 경우에는 호흡측정법(respirometric techniques)을 사용하여 S_S를 결정할 수 있다(Melcer et al., 2003). S_S의 VFA 부분을 구별하려면 이온 또는 가스크로마토그래피를 사용하여 직접 VFA를 측정해야 한다.

참고 응결-여과 COD(ffCOD) 분석방법(Mamais et al., 1993)

① 100 g/L 농도의 $ZnSO_4$ 용액 1 mL를 시료 100 mL에 주입하여 약 1분 동안 완전히 혼합한다.
② 6M NaOH를 pH를 약 10.5까지 올려 플록 형성을 위해 5~10분간 부드럽게 혼합한다.
③ 시료를 10~20분 동안 침전시킨 후 상징수를 0.45 μm의 여과지로 여과한다.
④ 여과액의 COD(ffCOD) 농도를 분석하면, 이 값과 시료의 COD와의 차이가 rbCOD이다. ←

- **용해성 생분해 불능 COD(S_I, S_{usi})**: S_I는 처리장 유출수로부터 sCOD(즉, 0.45 μm 필터를 통과한 용액)의 근삿값을 측정할 수 있다. 이 방법은 다음과 같은 가정을 바탕으로 하고 있다.
  i. 시스템 내에 S_I는 생성되지 않고 생성되더라도 무시할 수 있을 정도이다.
  ii. 유출수의 생분해성 sCOD는 생분해 불능부분과 비교할 때 무시할 만하다(이 가정은 유출수 암모니아 농도가 0.2 mg/L 미만인 경우에 특히 타당하다). 일반적으로 유출수의 생분해성 sCOD는 0으로 가정한다.
  iii. 콜로이드성 물질은 혼합액 고형물에 흡수되어 있기 때문에 유출수에는 거의 없다(일반적으로 도시폐수의 경우이며 산업폐수에서는 해당되지 않을 수도 있다). 따라서 유출수의 콜로이드 COD는 0으로 가정된다.
- **서서히 생분해 가능한 COD(SBCOD, S_{bpi})**: SBCOD는 입자성 COD와 콜로이드성 COD를 모두 포함한다. 따라서 일반적으로 다음 식으로 표현된다.

$$SBCOD = COD_{T,INF} - S_I - S_S - X_I \tag{11.8}$$

  SBCOD의 콜로이드와 입자성 분획을 구별하기 위해 유입수의 fCOD와 ffCOD를 비교하면 되는데, 그 차이가 서서히 생분해 가능한 콜로이드성 COD(X_S)이다.
- **입자성 생분해 불능 COD(X_I, S_{usi})**: X_I를 추정하기 위해 몇 가지 방법을 사용할 수 있다. 시뮬레이터의 반복된 실행에 의해 MLVSS의 예측값과 실측값이 일치될 때까지 X_I를 쉽게 조정할 수 있다(Melcer et al., 2003). 이때 X_I를 변경하면 산소섭취율(OUR)도 변화하므로 OUR이 폭기시스템의 한계를 초과하지 않도록 확인해야 한다. 또한 X_I 분율은 유입수 내 고형물의 COD/VSS 비율에 대한 값을 가정하여 COD, BOD 및 VSS에 대한 처리장의 과거 자료를 참고하여 평가할 수 있다.

쉽게 생분해 가능한 COD(S_S, S_{bsi})는 실험실규모의 회분식 시험(batch test)에 의해서도 결정

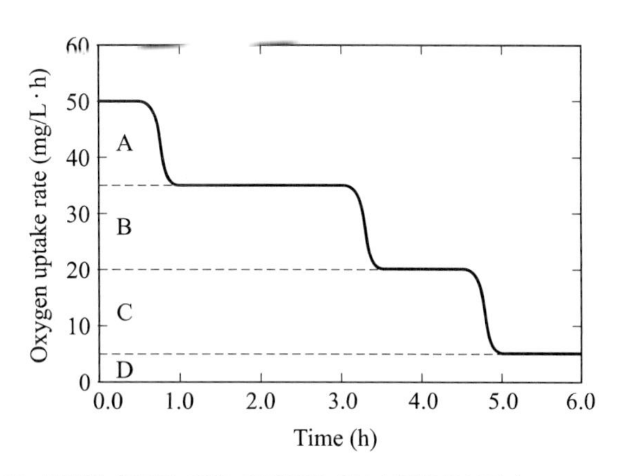

그림 11-18 **회분식 실험에 의한 이상적인 산소섭취율(OUR)** (Ekama et al, 1986)

할 수 있다. 질산화 미생물을 포함한 활성슬러지와 하수를 이용한 회분식 실험에서 이상적인 산소섭취율(OUR) 곡선은 그림 11-18과 같이 나타난다. 시간에 따른 OUR 곡선의 양상은 4개의 지역으로 나누어지는데, 소모된 산소의 양은 각 지역에 따라 구분하여 계산된다(A: rbCOD, B: 0차반응 질산화, C: 입자상 COD 분해, D: 내생분해). rbCOD의 경우 일부는 세포합성에 사용되므로 다음 식으로 계산이 가능하다. 이 식에서 Y_H 값은 0.67 g COD/gCOD$_{used}$로 추천하고 있다 (Ekama et al, 1986).

$$\text{rbCOD} = \frac{Q_A}{1 - Y_{\text{H, COD}}}\left(\frac{V_{AS} + V_{WW}}{V_{WW}}\right) \tag{11.9}$$

여기서, Q_A = 면적 A에서의 소모된 산소량(mg/L)

$Y_{\text{H, COD}}$ = 종속영양박테리아의 합성계수(g cell COD/g COD used)

V_{AS} = 실험에 사용된 활성슬러지 부피(mL)

V_{WW} = 하수시료의 부피(mL)

이 실험은 산소공급과 혼합 그리고 용존산소를 측정할 수 있는 장치가 구비된 일정 용기의 회분식 반응조(유효용적 5 L)에 폐수(4.9 L)와 혼합액 바이오매스(0.1 L, 2000～3000 mg MLSS/L)를 투입하고 최소한 6～12시간을 연속 측정하는 방법이다. 그림 11-19(a)와 같이 약 5분 간격으로 산소공급과 중단을 반복하며, 산소공급을 중단한 시간 동안 OUR을 측정한다. 이러한 실험을 반복적으로 약 6～12시간 정도 운영하여 시간에 따른 OUR 곡선을 작성하여 S_S를 평가한다. 이때 시스템의 먹이와 미생물의 비율($F/M = S_0/X_0$)이 비교적 낮은 조건이라면 OUR 곡선은 그림 11-19(b-1)과 같이 나타난다(우리나라는 대체로 이 경우에 해당한다). 그러나 F/M비가 비교적 높은 조건이라면 OUR 곡선은 보통 그림 11-19(b-2)와 같은 유형을 보인다. 한편 전자수용체가 산소가 아니라 질산성 질소(NO_3^-)라면(탈질반응), NO_3-N의 소모곡선은 그림 11-19(c)로 나타나는데, 곡선의 첫 번째 구간에서 쉽게 생분해 가능한 COD(S_S)를 결정할 수 있다. 참고로 두 번째 구간은 입자성 COD(SBCOD)의 분해로 인한 것이며, 세 번째 구간에서는

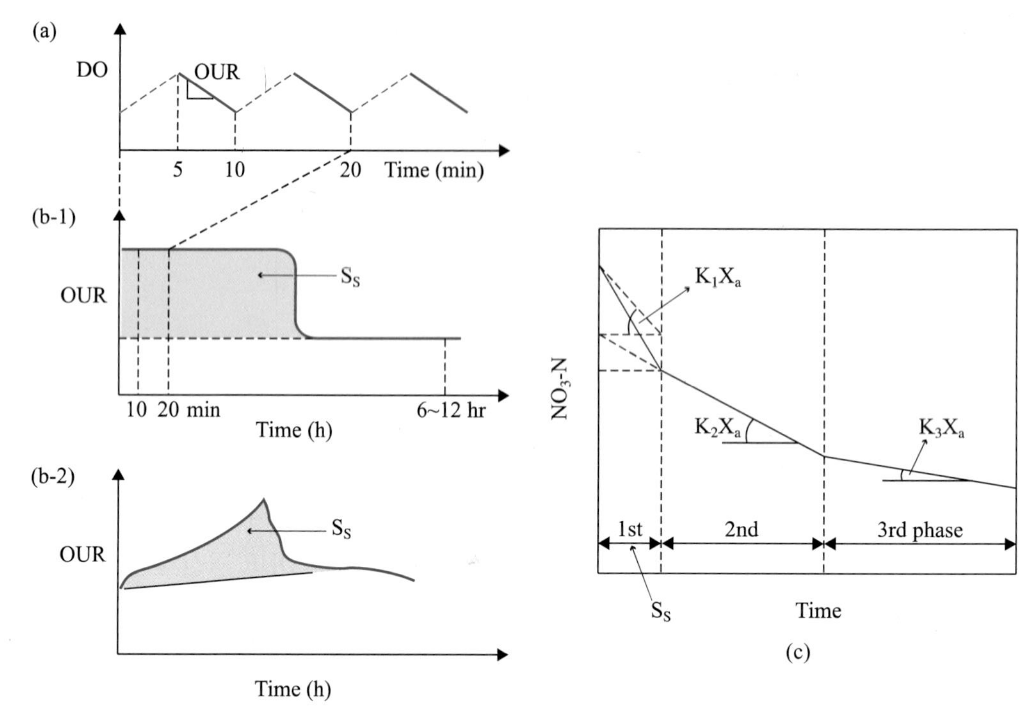

그림 11-19 회분식 시험에 위한 rbCOD(S_S) 분석. (a) DO 변화곡선, (b-1) S_0/X_0가 비교적 낮은 경우, (b-2) S_0/X_0가 비교적 높은 경우, (c) NO_3-N 농도곡선

내생탈질에 의해 발생된 것이다. 연속회분식 반응기(SBR)를 이용한 시험방법은 비용은 다소 비싸지만 더 안정적이고 효율적인 분석이 가능하다.

WRC(1984)를 참고로 하여 COD 구성요소에 대한 관련식을 요약하면 다음과 같다. 먼저 식 (11.7)로부터 유입수 내에 포함된 생분해 불능성분에 대해 정리한다.

$$S_{ti} = S_{bi} + S_{ui} = S_{bi} + [S_{usi} + S_{upi}]$$
$$= S_{bi} + (f_{S,us}\, S_{ti}) + (f_{S,up}\, S_{ti}) \qquad (11.10)$$

여기서, $f_{S,us}$ = 총 COD에 대한 용존성 생분해 불능 COD의 비율(mg COD/mg COD)
$f_{S,up}$ = 총 COD에 대한 입자성 생분해 불능 COD의 비율(mg COD/mg COD)

$f_{S,us}$와 $f_{S,up}$ 값은 하수의 특성에 따라 다소 차이가 있다. 참고로 우리나라의 경우는 하수 내 생분해 불능 비율이 다소 높다고 보고되어 있다(표 11-16).

따라서 유입수 내 생분해 가능 COD(S_{bi})는 다음과 같이 표현된다.

표 11-16 하수의 생분해 불능 COD 분율

Parameter	Unit	하수 원수	1차침전지 유출수
$f_{S,us}$	mg COD/mg COD	0.04～0.10	0.05～0.20 (0.125)
$f_{S,up}$	mg COD/mg COD	0.07～0.20	0.00～0.10 (0.125)

Ref) WRC(1984); ( ), 최의소(2003)

$$S_{bi} = (1 - f_{S,us} - f_{S,up}) \times S_{ti} \quad (11.11)$$

또한 S_{upi}는 생물반응기 내에 축적되어 혼합액 VSS의 일부가 되기 때문에 다음과 같이 VSS로 표현할 수 있다.

$$\begin{aligned} X_I &= S_{upi}/f_{cv} \\ &= (f_{S,up} \times S_{ti})/f_{cv} \end{aligned} \quad (11.12)$$

생물반응조 처리수에 포함된 COD는 유입수 내에 포함된 생분해 불능 sCOD와 동일($S_{te} = S_{usi}$)하므로 이 값과 유입수 총 COD와의 상관관계는 다음과 같이 표현된다.

$$f_{s,us} = S_{te}/S_{ti} = S_{usi}/S_{ti} \quad (11.13)$$

한편 유입수 내 포함된 생분해 가능 성분은 쉽게 생분해 가능한 성분(용존성)과 서서히 생분해 가능한 성분의 합으로 세분화된다.

$$\begin{aligned} S_{bi} = S_{bsi} + S_{bpi} &= (f_{s,bs} \times S_{ti}) + S_{bpi} \\ &= (f_{sb,s} \times S_{bi}) + S_{bpi} \end{aligned} \quad (11.14)$$

이 식으로부터 서서히 생분해 가능한 성분의 COD(S_{bpi})는 다음과 같이 정리된다.

$$\begin{aligned} S_{bpi} &= (1 - f_{sb,s}) \times S_{bi} \\ &= f_{s,bs} \times S_{ti} \end{aligned} \quad (11.15)$$

여기서, $f_{sb,s}$ = rbCOD에 대한 쉽게 생분해 가능 sCOD의 비율(mg COD/mg COD)
$f_{s,bs}$= 총 COD에 대한 쉽게 생분해 가능 sCOD의 비율(mg COD/mg COD)

쉽게 생분해 가능한 성분(용존성)은 발효 가능한 부분과 휘발성 유기산을 합하여 결정된다.

$$S_{bsi} = S_{bsfi} + S_{bsai} \quad (11.16)$$

2) 질소(N)

도시폐수의 경우 일반적으로 총 질소는 TKN으로 표현한다. 물론 질산염이나 아질산염 질소(NO_X)도 드물게 존재할 수 있지만, 이는 반류수 계통이나 오수관거에서 관측될 수 있다. 이러한 경우는 TKN과 별도로 NO_X를 유입수 내 질소의 특성으로 포함하여야 한다.

그림 11-20은 TKN 구성요소를 보여준다. 표 11-17은 각 구성요소에 대한 설명과 측정방법 그리고 예상 농도범위를 보여주며, 우리나라 하수에 대한 상응자료도 포함되어 있다. 일반적으로 암모니아(유리 및 염분성 포함)는 TKN의 60～75% 정도이며, 나머지 부분은 유기적으로 생분해성 및 생분해 불능 성분 모두에 결합되어 있다.

암모니아/TKN 비율은 질산화에 대한 pH 영향을 결정하는 데 특히 중요하다. 암모니아가 질산성 질소로 질산화하는 동안에는 알칼리도를 소모하는 반면, 유기성 질소(organic N)의 가수분해과정에서는 반대로 알칼리도를 생산한다. 만약 후자를 고려하지 않으면 비현실적으로 낮은

표 11-17 도시폐수의 TKN 구성요소 및 평가방법

Fraction	Symbol [1]	Description	Measurment Method(s)	Typical Concentration in Municipal Wastewater [2] (mg/L)
Total Kjeldahl Nitrogen	TKN_{INF}	The total nitrogen load on the plant	Directly measured using colorimetric or titration techniques	25～70 depending on per capita water consumption [25]
Ammonia(free and saline)	S_{NH}	The total ammonia	Directly measured	20～30 [17]
Soluble Unbiodegradable TKN	N_{UB} (rDON)	Soluble unbiodegradable dissolved organic nitrogen that passes through the plant untouched	Difficult to determine, default values often used	0.5～1.5. Higher values when specific industrial wastes are added [0.9]
Soluble Biodegradable TKN	S_{NB}	The portion of biodegradable nitrogen that is soluble	Total soluble fraction determined by filtering sample, measuring TKN, and subtracting ammonia. The biodegradable portion is determined using assumptions	$S_{NB}+X_{NB}=0\sim10$ [2.1]
Particulate Unbiodegradable TKN	X_{NI}	The portion of particulate bound nitrogen that is not biodegradable	Total particulate fraction determined by filtering sample and subtracting the soluble TKN. The unbiodegradable fraction is determined using assumptions.	2～8 [1.5]
Particulate Biodegradable TKN	X_{NB}	The portion of particulate bound nitrogen that is biodegradable	Total particulate fraction determined by filtering sample and subtracting the soluble TKN. The biodegradable fraction is determinded using assumptions.	$S_{NB}+X_{NB}=0\sim10$ [3.5]

Notes:

1. The literature contains more than one symbol for some components. The symbols shown are generally consistent with Melcer et al. (2003). Other commonly used symbols are included in parentheses. Note that the symbol shown represents concentration, expressed as milligrams per liter (mg/L). Fractions of total COD are represented by the letter "F" and a subscript to represent the influent COD fraction (e.g. F_{SI} is the fraction of the influent COD that is unbiodegradable and soluble).
2. Derived from Melcer et al. (2003).

[ ], Korea(Choi, 2003)

pH가 예측되므로 알칼리도의 검토는 중요하다.

흔히 난분해성 용존성 유기질소(rDON, recalcitrant dissolved organic nitrogen)라 불리는 용존성 생분해 불능(inert) 질소는 유출수 농도를 낮게 규제하려는 처리시설에서 특히 중요하다. rDON 농도가 높을수록 암모니아와 NO_X의 농도가 낮아지므로 유출수의 T-N 농도에 직접적으로 영향을 미치게 된다.

질소의 구성요소에 대한 분율을 추정하기에 있어 권장되는 사항은 다음과 같다.

- **암모니아(S_{NH})**: TKN을 정의할 때 가장 중요한 성분으로 이는 질산화 반응 동안 아질산염과 질산염으로 산화되는 TKN의 가장 큰 부분이기 때문이다.
- **용존성 질소**: 용존성 생분해 불능 질소(S_{NI}, rDON)는 공정 내에서 반응하지 않고 배출되기 때문에 중요하다. 반면에 용존성 생분해 가능 질소(S_{NB})는 암모니아로 전환이 이루어지 않

은 유기성 질소이다. 총 용존성 질소(total soluble nitrogen)는 여과된 시료의 TKN 농도로부터 암모니아 농도를 제외한 값이다. 사실상 S_{NB}와 S_{NI}을 실험적으로 구별하는 빠른 방법은 없다. S_{NI}를 결정하는 가장 간단한 방법은 SRT를 길게 유지한 운전조건(12일 이상)으로 실험실(또는 파일럿)규모의 실험을 수행하는 것이다. 실험 동안 질산화를 평가하기 위해 DO 및 pH와 같은 요소를 확인해야 하고 유출수의 암모니아 및 TKN의 농도를 측정해야 한다. 유출수에서 암모니아 농도는 0.1 mg/L 미만이어야 하고, 생분해성 유기질소가 매우 낮게 유지되면 그 나머지 TKN이 용존성 생분해 불능 질소(S_{NI})가 된다. S_{NI}의 측정은 특히 낮은 유출수 T-N 농도(예: 3.0 mg/L)를 목표로 하는 처리장의 경우에 중요하다. 이 분율은 매우 작으므로(약 3% 미만) 그 외의 경우는 대부분 기본값(default value)으로 충분하다.

- **입자성 질소**: 입자성 질소는 생분해성(X_{NB}) 또는 생분해 불능 성분(X_{NI})일 수 있다. 용존성 TKN과 마찬가지로 이들을 직접 측정하는 것은 불가능하다. 그러나 입자성 생분해 불능부분은 혼합액 고형물의 입자성 생분해 불능 COD(X_I)와의 상관관계를 이용하여 결정할 수 있다. 혼합액 고형물 중에서 TKN/COD의 비는 대략 0.07 mg N/mg COD라고 하면 X_{NI}는 다음과 같이 계산할 수 있다.

$$X_{NI} = 0.07 \ X_I \tag{11.17}$$

참고로 X_{NI}는 도시폐수 유입수 TKN의 약 10% 정도라는 보고가 있다(Melcer et al., 2003).

WRC(1984)를 참고로 하여 질소의 구성요소에 대한 관련식을 요약하면 다음과 같다.

폐수 속의 질소(TKN_i)는 유리 및 염분성 암모니아(FSA, N_{ai}, 무기성 질소)와 단백질 같은 유기화합물에 결합된 질소(N_{oi}, 유기성 질소)를 포함한다(그림 11-20).

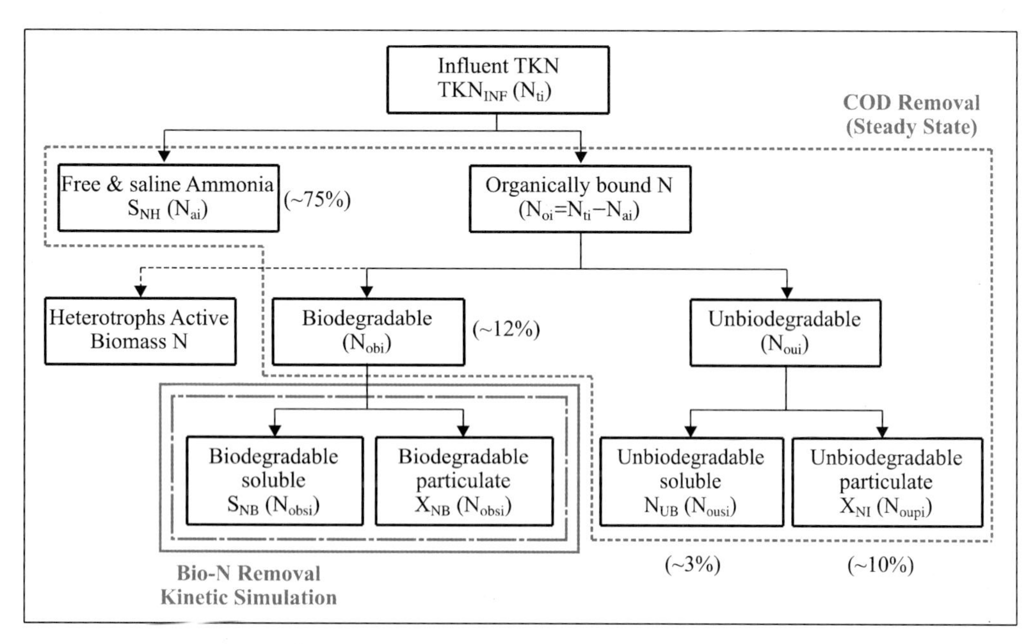

그림 11-20 질소의 구성요소와 처리수준에 따른 특성화

[Note: ASM3-P(2001) 및 UCTPHO+(2007)기준, ( ), WRC(1984) 기준]

$$N_{ti} = FSA + organic\ N$$
$$= N_{ai} + N_{oi}$$
$$= N_{ai} + N_{obsi} + N_{obpi} + N_{ousi} + N_{oupi} \quad (11.18)$$

여기서, N_{ti} = total influent TKN(mg N/L)

N_{ai} = influent ammonia(mg N/L)

N_{oi} = organic bounded TKN in influent(mg N/L)

N_{obsi} = soluble biodegradable organic N in influent(mg N/L)

N_{obpi} = particulated biodegradable organic N in influent(mg N/L)

N_{ousi} = soluble unbiodegradable organic N in influent(mg N/L)

N_{oupi} = 유입수에 포함된 입자성 생분해 불능 유기성 질소(mg N/L)

$f_n(= N_{ti}/X_{ii})$ = 유입수 내 TKN/생분해 가능 휘발고형물 분율(mg N/mg VSS)

$f_{na}(= N_{ai}/N_{ti})$ = 유입수 내 암모니아/TKN 분율

$f_{nu}(= N_{ousi}/N_{ti})$ = 유입수 내 용존성 생분해 불능 org-N/TKN 분율

여과는 용존성 또는 입자성만 구분할 수 있으므로 COD와 마찬가지로 TKN의 경우에도 여과에 의해 생분해성 여부는 구분할 수는 없다. 단지 0.45 μm 막을 통과하는 화합물은 용존성이며, 여과된 TKN과 FSA 값의 차이는 용존성 유기질소가 된다. 즉,

$$\text{Filtered (sol.) TKN} - N_{ai} = N_{ousi} + N_{obsi} \quad : \text{용존성 유기성분} \quad (11.19)$$

$$N_{ti} \text{ -filtered TKN} = N_{oupi} + N_{obpi} \quad : \text{입자성 유기성분} \quad (11.20)$$

용해성 및 입자성 유기질소의 생분해성 및 생분해 불능부분을 찾으려면 폐수는 질산화 활성슬러지 시스템에서 처리해야 한다. 이 반응에서 시스템에서 사용 가능한 모든 FSA는 NO_3^-(또는 NO_2^-)로 질산화가 일어난다. 따라서 여과된 유출수의 TKN은 FSA를 포함하지 않으며, 여과된 TKN 값은 용존성 생분해 불능 유기질소(N_{ousi})와 동일하다.

$$\text{Filtered (sol.) eff. TKN} = N_{ousi} \quad (11.21)$$

일반적으로 용존성 생분해 불능 유기질소는 TKN(N_{ti})의 5% 미만으로 그 분율($f_{nu} = N_{ousi}/N_{ti}$)은 0.02~0.05이다.

$$N_{obsi} = \text{sol. Organic N} - N_{ousi}$$
$$= \text{filtered TKN} - N_{ai} - N_{ousi} \quad (11.22)$$

입자성 생분해 불능 유기질소(N_{oupi})는 입자성 생분해 불능 COD(S_{upi})에 결합된 질소성분이다. 따라서 이 COD의 VSS당량(X_{ii})은 S_{upi}/f_{cv}가 된다. 바이오매스에 대한 TKN 분석자료를 참고하면 그 비율은 0.1 mg N/mg VSS로 거의 일정하다. 이것은 반응조 안의 입자성 COD(즉 VSS)가 약 10%의 질소(중량기준)를 가지고 있다는 의미이다. 바이오매스의 화학식을 $C_5H_7O_2N$으로 가정하였을 때 이 값은 0.12 mg N/mg VSS로 측정값보다 약간 높게 나타난다. 따라서 통상적으로

실측값을 사용한다.

$$N_{oupi}\ (mg\ N/L) = f_n \times X_{ii} = f_n \times (S_{upi}/f_{cv}) = f_n \times f_{up} \times (S_{ti}/f_{cv}) \quad (11.23)$$

여기서, $f_n = 0.10$ mg N/mg VSS

만약 N_{oupi} 값을 알고 있다면 생분해성 부분인 N_{obpi}는 다음 식에 의해 결정할 수 있다.

$$\begin{aligned} N_{obpi}\ (mg\ N/L) &= \text{partic. Org-N} - N_{oupi} \\ &= N_{ti} - \text{filtered TKN} - N_{oupi} \end{aligned} \quad (11.24)$$

질소성분의 구성요소와 관련된 식을 다시 정리하면 다음과 같다.

$$N_{ai} = f_{na} \times N_{ti} \quad : f_{na} = \text{FSA faction of influent TKN} \quad (11.25)$$

$$N_{ousi} = f_{nu} \times N_{ti} \quad : f_{nu} = \text{unbiodeg. soluble org N fraction} \quad (11.26)$$

$$N_{oupi} = f_n \times X_{ii} \quad : f_n = 0.10\ mg\ N/mg\ VSS \quad (11.27)$$

$$X_{ii} = f_{up} \times S_{ti}/f_{cv} = f_n \times (f_{up}/f_{cv}) \times S_{ti} \quad (11.28)$$

$$\begin{aligned} N_{obi} &= N_{ti} - N_{ai} - N_{ousi} - N_{oupi} \\ &= N_{ti} - (f_{na} \times N_{ti}) - (f_{nu} \times N_{ti}) - N_{oupi} \\ &= N_{ti}(1 - f_{na} - f_{nu}) - f_n \times (f_{up}/f_{cv}) \times S_{ti} \\ &= N_{obsi} + N_{obpi} \end{aligned} \quad (11.29)$$

3) 인(P)

인의 구성요소에 대한 이해는 특히 생물학적 인 제거를 목적으로 한 처리장의 설계와 평가에 있어 매우 중요하다. P/VSS 비율은 혐기성 구역의 크기를 결정하는 데 필요하므로 인제거(Bio-P)공정을 설계하는 중요한 요소이다.

그림 11-21은 폐수에 포함된 인의 구성요소를 보여준다. 표 11-18은 인의 구성요소에 대한 설명과 측정방법 그리고 예상 농도범위를 나타내고 있다. 이때 모든 단위는 mg P/L로 표시된다.

- **오르토 인산염(orthophosphate)**: 오르토 인산염은 통상적으로 직접 측정한다. 이는 용존성 생분해성 인으로 생물반응조의 호기성 구역에서 PAO에 의해 섭취된다. 일반적으로 도시폐수의 경우 오르토 인산염은 총인(T-P)의 많은 부분(50～80%)을 차지한다. 1차침전 이후에 대부분의 인은 혐기성 구역으로 운전되는 생물반응공정의 첫 번째 단계에서 대부분의 용존성 복합 인과 입자성 인이 오르토 인산염으로 빠르게 가수분해된다. 유출수에 포함된 인은 거의 모두가 오르토 인산염이 된다.
- **용존성 인 분율**: 인의 용존성 분율은 입자와 결합하지 않은 유기성 인을 나타낸다. 용존성 생분해 가능부분(S_{PB})은 성장을 위해 바이오매스에 흡수될 수 있는 유기성 인을 의미한다. 용존성 생분해 불능부분(S_{PI})은 미세한 콜로이드성 또는 용존성 유기화합물로, 이들 중 일부는 용존성 생분해 불능 COD와 관련이 있다. 여과에 의해 총 용존성 부분은 측정할 수 있으나 S_{PI}와 S_{PB}의 구별은 용이하지 않다. 일반적으로 S_{PI} 분율은 기본값으로 사용할 수 있으므

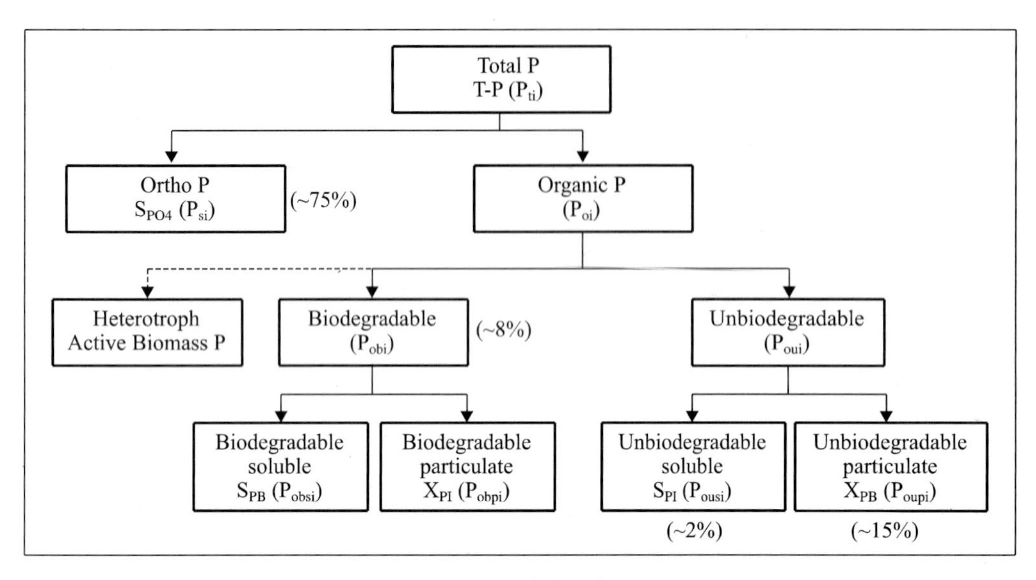

그림 11-21 **인의 구성요소**

[Note: ASM3-P(2001) 및 UCTPHO+(2007)기준, ( ), WRC(1984) 기준]

표 11-18 **도시폐수의 P 구성요소 및 평가방법**

Fraction	Symbol[1]	Description	Measurement Method(s)	Typical Concentration in Municipal Wastewater[2](mg/L)
Total Phosphorus	TP	The total phosphorus load on the plant	Measured as orthophosphorus following chemical conversion	4～15
Orthophosphate	S_{PO4}	The total orthophosphaste	Directly measured	2～12
Soluble Unbiodegradable Phosphorus	S_{PI}	Soluble unbiodegradable phosphorus	Total soluble fraction measured for filtered sample, estimate for unbiodegradable portion	
Soluble Biodegradable Phosphorus	S_{PB}	The portion of biodegradable phosphorus that is soluble	Total soluble fraction measured for filtered sample, estimate for biodegradable portion	With X_{PB} 0～10
Particulate Unbiodegradable Phosphorus	X_{PI}	The portion of particulate bound phosphorus that is not biodegradable	Total particulate fraction measured by subtracting soluble from total, estimate for biodegradable portion	1～4
Particulate Biodegradable Phosphorus	X_{PB}	The portion of particulate bound phosphorus that is biodegradable	Total soluble fraction measured by subtracting soluble from total, estimate for biodegradable portion	With S_{PB} 0～10

Notes:

1. The literature contains more than one symbol for some components. The symbols shown are generally consistent with Melcer et al. (2003). Other commonly used symbols are included in parentheses. Note that the symbol shown represents concentration, expressed as milligrams per liter (mg/L). Fractions of total COD are represented by the letter "F" and a subscript to represent the influent COD fraction (e.g. F_{SI} is the fraction of the influent COD that is unbiodegradable and soluble).
2. Derived from Melcer et al. (2003).

로 S_{PB}는 총 용존성 인에서 오르토 인과 S_{PI}를 제외하여 결정한다.

- **입자성 인 분율**: 입자성 인 분율은 입자에 유기적으로 결합된 인을 의미한다. 입자성 생분해성 부분(X_{PB})은 입자성 생분해 가능 COD와 관련이 있고, 입자성 생분해 불능부분(X_{PI})은 입자성 생분해 불능 COD와 관련이 있다. 총 입자성 분율은 총인으로부터 총 용존성 분율을 제외하여 결정된다. 입자성 생분해 불능부분 X_{PI}는 생분해 불능 COD 분율로 결정되는데, 일반적으로 0.02～0.03의 값이 사용된다. X_{PB}는 총 입자성 인에서 X_{PI}를 제외하여 결정할 수 있다.

WRC(1984)를 참고로 하여 인 성분의 구성요소와 관련된 식을 요약하면 다음과 같다.

$$P_{si} = f_{P,s} \times P_{ti} \quad : f_{P,s} = \text{S-P faction of influent T-P} \tag{11.30}$$

$$P_{ousi} = f_{P,ous} \times P_{ti} \quad : f_{P,ous} = \text{unbiodeg. soluble org P fraction} \tag{11.31}$$

$$P_{oupi} = f_{P,oup} \times P_{ti} \quad : f_{P,oup} = \text{unbiodeg. particulate org P fraction} \tag{11.32}$$

$$P_{obi} = P_{ti} - P_{si} - P_{ousi} - P_{oupi} \tag{11.33}$$

표 11-19는 WRC(1984)에서 분석된 도시폐수 특성화 결과를 예시하였고, 표 11-20은 수치모델에서 일반적으로 사용되는 도시폐수의 구성요소 분율값을 보여준다. 여기서 표시기호는 아직 표준화되어 있지 않고, 문헌마다 조금씩 상이하므로 사용에 주의가 필요하다. 또한 도시폐수의 성상은 개별 국가나 처리장별로도 상당한 차이가 있으므로 문헌상의 값들을 무분별하게 사용하는 것은 무리가 있으므로 사전에 충분한 검토가 필요하다. 그러나 처리시설의 계획단계에서는 기초적인 수학적 평가를 위해서 기본값을 사용하기도 한다(Langergraber et al., 2004).

표 11-19 **도시폐수의 특성화 예시**

Wastewater component	Symbol	Unit	Raw wastewater	Settled wastewater
COD				
Total COD	S_{ti}	mg COD/L	500～800	300～600
bCOD fraction	S_{bi}/S_{ti}	mg COD/mg COD	0.75～0.85	0.80～0.95
rbCOD fraction	$f_{bs} = S_{bsi}/S_{ti}$	mg COD/mg COD	0.08～0.25	0.10～0.35
Unbiodegradable sCOD fraction	$f_{us} = S_{usi}/S_{ti}$	mg COD/mg COD	0.04～0.10	0.05～0.20
Unbiodegradable pCOD fraction	$f_{up} = S_{upi}/S_{ti}$	mg COD/mg COD	0.07～0.20	0.00～0.10
Nitrogen				
TKN	N_{ti}	mg N/L	35～80	30～70
Ammonia/TKN	$f_{n,a}$	mg N/mg N	0.60～0.80	0.70～0.90
org. unbiodegradable N/TKN	$f_{n,ous}$	mg N/mg N	0.00～0.04	0.00～0.05
TKN/unbiodegradable sCOD	$f_{S,us,N}$	mg N/mg COD	0.00～0.06	0.00～0.06
TKN/unbiodegradable pCOD	$f_{S,up,N}$	mg N/mg COD	0.06～0.08	0.06～0.08
TKN/COD		mg N/mg COD	0.07～0.10	0.09～0.12

표 11-19 **도시폐수의 특성화 예시** (계속)

Wastewater component	Symbol	Unit	Raw wastewater	Settled wastewater
Phosphorus				
T-P	P_{ti}	mg P/L	8～18	6～15
S-P/T-P	$f_{P,s}$	mg P/mg P	0.70～0.90	0.75～0.95
org. unbiodegradable S-P/T-P	$f_{P,ous}$	mg P/mg P	0.00～0.03	0.00～0.04
T-P/unbiodegradable sCOD	$f_{S,us,P}$	mg P/mg COD	0.00～0.01	0.00～0.01
T-P/unbiodegradable pCOD	$f_{S,up,P}$	mg P/mg COD	0.01～0.02	0.01～0.02
T-P/COD		mg P/mg COD	0.015～0.025	0.02～0.03
Solids				
TSS		mg SS/L	270～450	150～300
VSS/TSS	f_i	mg VSS/mg TSS	0.7～0.8(0.75)	0.8～0.9(0.83)
Settleable solids		mg SS/L	150～350	0～50
		mL SS/L	6～14	0～2
Non-settleable solids		mg SS/L	100～300	100～300
Others				
BOD_5		mg BOD/L	250～400	150～300
Alkalinity	Alk	mg/L as $CaCO_3$	200～300	200～300

Ref) WRC(1984)

표 11-20 **Typical fractions of total COD for wastewaters**

State variable	Fraction of TCOD	
	Raw Wastewater	Primary effluent
S_U	0.03～0.08	0.05～0.10
S_{VFA}	0.0～0.08	0.0～0.11
S_F	0.05～0.18	0.06～0.23
$C_{INF,\ B}$	0.47～0.53	0.29～0.36
$X_{INF,\ B}$	0.16～0.19	0.29～0.36
X_{OHO}	0.1	0.1
X_U	0.13	0.08

Note) S, soluble; C, colloidal; X, particulate; T:, total(=S+C+X);
U, unbiodegradable; VFA, volatile fatty acids; F, fermentable;
INF. influent; OHO, ordinary heterotrophic organisms;

Ref) EnviroSim(2007)

(4) IWA에 따른 폐수의 구성요소 구분 및 특성

도시폐수의 구성요소와 그 개념에 대한 연구는 1960년대 초반 활성슬러지의 거동에 대한 수학적 모델(ASM, activated sludge model)을 수행하기 위해 시작된 초기단계의 단순한 접근에서부터 꾸준히 진화하고 있다. 활성슬러지 시스템의 수학적 모델링에 대한 수요는 설계와 운영평가 그리고 특정 연구의 목적 등으로 점차 증가하고 있다.

폐수처리를 위해 구축된 수학적 모델의 검증(calibration)에 있어서 폐수의 특성화는 매우 중요한 의미를 가진다. 지금까지 개발된 폐수의 특성화 방법은 단순하고 실용적인 것에서부터 매우 복잡한 종류까지 매우 다양한데, 다음 4종류의 방법이 유용하게 사용되고 있다. 이중에서 WERF protocol은 WRC(1984)를 근간으로 하고 있다.

- STOWA protocol (Hulsbeek et al., 2002)
- BIOMATH protocol (Vanrolleghem et al., 2003)
- WERF protocol for model calibration (Melcer et al., 2003, WERF, 2003)
- Hochschulgruppe(HSG) guidelines (Langergraber et al., 2004).

이상의 방법들은 기본적으로 IWA(International Water Association) 분류체계를 따르고 있다. 표 11-21에는 각종 구성요소를 표시하는 기호 목록과 정의가 요약되어 있다. 참고로 Phoredox (A/O, anaerobic/aerobic) 공정(SRT 5일, 12°C)을 대상으로 분석된 각 구성요소들의 분석결과가 그림 11-22에 예시되어 있다.

표 11-21 Symbol list of variables for various models

Group	Proposed symbol	Units	Description	ASM1	ASM2D	ASM3P	General ASDM	UCT PHO+	TUDP
S_{COD}									
	S_{CH4}	mg COD/L	Methane				S_{CH4}		
	S_{MEOL}	mg COD/L	Methanol				S_{BMETH}		
	S_{AC}	mg COD/L	Acetate				S_{BSA}		
	S_{PR}	mg COD/L	Propionate				S_{BSP}		
	S_{VFA}	mg COD/L	Volatile fatty acids		S_{LF}			S_A	S_{AC}
	S_F	mg COD/L	Fermentable organic matter		S_F		S_{BSC}	S_F	
	S_B	mg COD/L	Soluble biodegradable matter	S_S		S_S			
	$S_{INF,U}$	mg COD/L	Influent soluble unbiodegradable organics	S_I	S_I	S_I	S_{US}	S_I	
	S_E	mg COD/L	Soluble unbiodegradable endogenous products						
	S_U	mg COD/L	Soluble unbiodegradable organic matter						
	S_{ORG}	mg COD/L	Soluble organic matter						
	S_{H2}	mg COD/L	Dissolved hydrogen				S_{BH2}		
	S_{H2S}	mg COD/L	Dissolved hydrogen sulfide						
O_2									
	S_{O2}	mg O_2/L	Dissolved oxygen	S_O	S_O	S_O	DO	S_{O2}	S_{O2}
C_{COD} and X_{COD}									
	$C_{INF,B}$	mg COD/L	Influent slowly biodegradable colloidal matter				X_{SC}		
	C_B	mg COD/L	Slowly biodegradable colloidal matter						
	$C_{INF,U}$	mg COD/L	Influent unbiodegradable colloidal matter						

표 11-21 Symbol list of variables for various models (계속)

Group	Proposed symbol	Units	Description	ASM1	ASM2D	ASM3P	General ASDM	UCT PHO+	TUDP
	C_{E}	mg COD/L	Colloidal unbiodegradable matter						
	C_{U}	mg COD/L	Unbiodegradable colloidal matter						
	C_{ORG}	mg COD/L	Colloidal organic matter						
	$X_{INF,B}$	mg COD/L	Influent slowly biodegradable particulate organics (non colloidal)				X_{SP}		
	$CX_{INF,B}$	mg COD/L	Influent slowly biodegradable organics (colloidal and particulate)	X_{S}	X_{S}	X_{S}			
	$X_{INF,B,ENM}$	mg COD/L	Influent $CX_{INF,B}$ instantaneously enmeshed onto the biomass					X_{ENM}	
	$X_{ADS,B}$	mg COD/L	$X_{INF,B,ENM}$ adsorbed or produced from biomass decay					X_{ADS}	
C_{COD} **and** X_{COD}									
	$X_{PAO,PHA}$	mg COD/L	Stored polyhydroxyalkanoates (PHAs) in phosphorus accumulating organisms (PAOs)			X_{PHA}	S_{PHB}	X_{PHA}	X_{PHB}
	$X_{PAO,GLY}$	mg COD/L	Stored glycogen in PAOs						X_{GLY}
	$X_{OHO,PHA}$	mg COD/L	Stored PHAs in OHOs						
	$X_{GAO,PHA}$	mg COD/L	Stored PHAs in GAOs						
	$X_{GAO,GLY}$	mg COD/L	Stored glycogen in GAOs						
	X_{STO}	mg COD/L	Stored PHAs and glycogen		X_{BT}	X_{STO}			
	X_{B}	mg COD/L	Particulate biodegradable organics						
	$X_{INF,U}$	mg COD/L	Particulate unbiodegradable organics from the influent						
	$X_{E,OHO}$	mg COD/L	Particulate unbiodegradable endogen. products from OHOs						
	$X_{E,PAO}$	mg COD/L	Particulate unbiodegradable endogen. products from PAOs						
	X_{E}	mg COD/L	Particulate unbiodegradable endogenous products						
	X_{U}	mg COD/L	Particulate unbiodegradable organics	X_{U}			Z_{E}	X_{E}	
	X_{ORG}	mg COD/L	Particulate organic matter	X_{I}	X_{I}	X_{I}	X_{I}	X_{I}	X_{I}
Organigms									
	X_{OHO}	mg COD/L	Ordinary heterotrophic organisms (OHOs)	$X_{B,H}$	X_{BH}	X_{H}	Z_{BH}	X_{H}	
	X_{AOO}	mg COD/L	Ammonia oxidizing organisms				Z_{BA}		X_{NH}
	X_{NOO}	mg COD/L	Nitrite oxidizing organisms				Z_{BN}		X_{NO}
	X_{ANO}	mg COD/L	Autotrophic nitrifying organisms (NH_4^+ to NO_3^-)	$X_{B,A}$	X_{BA}	X_{A}		X_{AUT}	
	X_{AMO}	mg COD/L	Anaerobic ammonia oxidizing (Annamox) organisms				Z_{BAMO}		
	X_{PAO}	mg COD/L	Phosphorus accumulating organisms (PAOs)		X_{BP}	X_{PAO}	Z_{BP}	X_{PAO}	X_{PAO}

표 11-21 Symbol list of variables for various models (계속)

Group	Proposed symbol	Units	Description	ASM1	ASM2D	ASM3P	General ASDM	UCT PHO+	TUDP
	X_{GAO}	mg COD/L	Glycogen accumulating organisms (GAOs)						
	X_{MEOLO}	mg COD/L	Anoxic methanol utilizing methylotrophic organisms				Z_{BMETH}		
	X_{ACO}	mg COD/L	Acetoclastic methanogenic organisms				Z_{BAM}		
	X_{HMO}	mg COD/L	Hydrogenotrophic methanogenic organisms				Z_{BHM}		
	X_{PRO}	mg COD/L	Propionic acetogenic organisms				Z_{BPA}		
	X_{SRO}	mg COD/L	Sulfate reducing organisms						
	X_{BIOM}	mg COD/L	Organisms (biomass)						
Inorganics									
	$X_{INF,IG}$	mg ISS/L	Influent particulate inorganics (excluding other state variables)						
	$X_{ORG,IG}$	mg ISS/L	Inorganics that associated to organic matter (including organisms)						
	X_{MAP}	mg ISS/L	Struvite (magnesium ammonium phosphate)				X_{STRU}		
	X_{HAP}	mg ISS/L	Hydroxyapatite				X_{HAP}		
	X_{HDP}	mg ISS/L	Hydroxydicalcium-phosphate				X_{HDP}		
	X_{FEP}	mg ISS/L	Iron phosphate precipitates						
	X_{ALP}	mg ISS/L	Aluminum phosphate precipitates						
	X_{MEP}	mg ISS/L	Metal phosphate precipitates		X_{MEP}				
	X_{ALOH}	mg ISS/L	Aluminum hydroxide precipitates						
	X_{FEOH}	mg ISS/L	Iron hydroxide precipitates						
	X_{MEOH}	mg ISS/L	Metal hydroxide precipitates		X_{MEOH}				
	T_{ME}	mg ME/L	Metals (Al - Fe)				C_{ME}		
	$X_{PAO,PPL}$	mg P/L	Releasable stored phosphates in PAOs				PP_{LO}		
	$X_{PAO,PPH}$	mg P/L	Non releasable stored phosphates in PAOs				PP_{HI}		
	$X_{PAO,PP}$	mg P/L	Stored polyphosphates in PAOs		X_{PP}	X_{PP}		X_{PP}	X_{PP}
	X_{IG}	mg ISS/L	Particulate inorganic matter						
	X_{B_P}	mg P/L	P content of particulate biodegradable organic matter				X_{OP}		
	X_{U_P}	mg P/L	P content of particulate unbiodegradable organic matter				X_{IP}		
	$C_{INF,IG}$	mg ISS/L	Influent colloidal inorganics (excluding other state variables)						
	$C_{ORG,IG}$	mg ISS/L	Inorganics associated to colloidal organic matter						
	C_{IG}	mg ISS/L	Inorganics present in colloidal matter						
	S_{NH4}	mg N/L	Ammonia (NH_4^++NH_3)	S_{NH}	S_{NH}	S_{NH}	S_{NH3}	S_{NH4}	S_{NH4}

표 11-21 Symbol list of variables for various models (계속)

Group	Proposed symbol	Units	Description	ASM1	ASM2D	ASM3P	General ASDM	UCT PHO+	TUDP
	S_{NO2}	mg N/L	Nitrite (HNO_2+NO_2^-)				S_{NO2}		S_{NO2}
	S_{NO3}	mg N/L	Nitrate (HNO_3+NO_3^-)				S_{NO3}		S_{NO3}
	S_{NOX}	mg N/L	Nitrite+nitrate	S_{NO}	S_{NO}	S_{NO}		S_{NO3}	
	S_{PO4}	mg P/L	Inorganic soluble phosphorus (o-PO_4 test)		S_P	S_{PO4}		S_{PO4}	S_{PO4}
	S_{PO4}+X_{MEP}	mg P/L	Total phosphate (soluble P+metal-P)				c_{PO4}		
	S_{SO4}	mg ISS/L	Sulfate						
	S_{CA}	mg Ca/L	Calcium				S_{CA}		
	S_{MG}	mg Mg/L	Magnesium				S_{MG}		
	$S_{ORG,IG}$	mg ISS/L	Inorganics associated to soluble organic matter						
	$X_{PAO,PP,CAT}$	mg ISS/L	Polyphosphate bound cations				X_{PPCat}		
	S_{CAT}	meq/L	Other cations (strong bases)				S_{CAT}		
	S_{AN}	meq/L	Other anions (strong acids)				S_{AN}		
	S_{N2}	mg N/L	Soluble nitrogen		S_{NN}	S_{N2}	S_{N2}		S_{N2}
	S_{ALK}	mg $CaCO_3$/L	Alkalinity	S_{ALK}	S_{ALK}				
	S_{TIC}	mmol C/L	Total inorganic carbon			S_{HCO}	S_{CO2t}		
Water									
	S_{H2O}	mg H_2O/L	Water				S_{H2O}		
Supended solids (SS)									
	X_{ORG_R}	mg VSS/L	Volatile (organic) suspended solids (residue)						
	X_{IG_R}	mg ISS/L	Inorganic suspended solids (residue)						
	X_{T_R}	mg TSS/L	Total suspended solids (residue)			X_{TSS}			

Ref) ASM1, Henze et al. (1987); ASM2D, Henze et al. (1999); ASM3-P, Rieger et al. (2001); General ASDM, EnviroSim (2007); UCTPHO+, Hu et al. (2007); TUDP, de Kreul, et al. (2007).

	State variables	Units	Influent	Aerobic	Effluent
Organic Matter	S_{CH4}	mg COD/L	0	0.03	0.03
	S_{MEOL}	mg COD/L	0	0	0
	S_{AC}	mg COD/L	15	0	0
	S_{PR}	mg COD/L	5	0.01	0.01
	S_{F}	mg COD/L	30	1.7	1.7
	$S_{INF,U}$	mg COD/L	25	25	25
	$C_{INF,B}$	mg COD/L	15	0	0
	$X_{INF,B}$	mg COD/L	110	93	0.3
	$X_{PAO,PHA}$	mg COD/L	1	12	0.04
	X_{OHO}	mg COD/L	30	1318	4.8
	X_{AOO}	mg COD/L	1	40.0	0.15
	X_{NOO}	mg COD/L	1	29.8	0.11
	X_{AMO}	mg COD/L	1	18.5	0.07
	X_{PAO}	mg COD/L	1	153.6	0.56
	X_{MEOLO}	mg COD/L	1	17.1	0.06
	X_{ACO}	mg COD/L	1	7.3	0.03
	X_{HMO}	mg COD/L	1	8.6	0.03
	X_{PRO}	mg COD/L	1	8.3	0.03
	$X_{INF,U}$	mg COD/L	35	681	2.5
	$X_{E,OHO}$	mg COD/L	0	221	0.8
Inorganic Matter	X_{MAP}	mg ISS/L	0	0	0
	X_{HAP}	mg ISS/L	0.1	1.9	0.01
	X_{HDP}	mg ISS/L	0.1	0.0	0.0
	$X_{PAO,PPL}$	mg P/L	0	31	0.11
	$X_{PAO,PPH}$	mg P/L	0	10	0.04
	S_{NH4}	mg N/L	16	1.8	1.8
	S_{NO2}	mg N/L	0.1	0.2	0.2
	S_{NO3}	mg N/L	1.0	4.1	4.1
	S_{PO4}	mg P/L	2.2	0.55	0.55
	S_{CA}	mg Ca/L	66	66	66
	S_{MG}	mg Mg/L	12	11	11
	S_{CAT}	meq/L	2.5	2.4	2.4
	S_{AN}	meq/L	3.0	3.0	3.0
	S_{H2}	mg COD/L	0	0.3	0.3
	S_{N2}	mg N/L	15	19	19
	S_{O2}	mg O_2/L	0.0	2.0	2.0
COD	$SC_{\_COD}$	mg COD/L	90	27	27.5
	$X_{\_COD}$	mg COD/L	184	2608	9.6
	$T_{\_COD}$	mg COD/L	274	2636	37.0
BOD_5	$S_{\_BOD5}$	mg O_2/L	46	1	1.2
	$X_{\_BOD5}$	mg O_2/L	80	973	3.6
	$T_{\_BOD5}$	mg O_2/L	126	975	4.8
Residue	X_{ORG_R}	mg VSS/L	118	1775	6.5
	X_{IG_R}	mg ISS/L	17	524	1.9
	X_{R}	mg TSS/L	135	2299	8.4
Nitrogen	S_{TKN_N}	mg N/L	17.3	3.3	3.3
	X_{TKN_N}	mg N/L	9.7	191	0.7
	T_{TKN_N}	mg N/L	27.0	194	4.0
	$T_{\_N}$	mg N/L	28.1	198	8.3
Phosphorus	X_{B_P}	mg P/L	1.8	1.7	0.01
	X_{U_P}	mg P/L	0.3	10.7	0.04
	$T_{\_P}$	mg P/L	6.6	118	0.98

그림 11-22 **Concentration of various components for a Phoredox process with 5 d SRT operated at 12°C** (Henze and Comeau, 2008)

11.3 예비처리와 유량조정

(1) 예비처리

도시하수처리시설에서 예비처리는 처리장 내 각종 기계장치의 마모나 파손을 방지할 뿐만 아니라 처리효과를 향상시키기 위해 일반적으로 적용하는 처리장치이다. 이는 스크린(screen), 분쇄기(comminutors) 및 침사지(grit chamber) 등으로 구성되며, 거대한 협잡물이나 오물과 모래(grit) 등을 제거하는데, 그 위치와 배열은 하수관거의 유형(합류식과 분류식)에 따라 펌프시설의 전후로 조정한다(그림 11-2 참조).

1) 스크린

스크린은 하수처리장에서 제일 먼저 위치하는 장치로 제거된 물질을 스크린 찌거기(screenings)라고 한다. 하수처리에 주로 사용되는 종류로는 조목(coarse/bar screen, 망 간격 6～150 mm), 세목스크린(fine screen, 망 간격 0.2～6 mm) 및 미세스크린(micro screen, $<50\ \mu$m)이 있다(그림 11-23).

세목스크린은 합류식 하수관거 월류수(CSOs) 처리장치에서도 흔히 사용되며, 1차처리수(예: 살수여상공정 유입 단계)를 대상으로 사용하기도 한다. 특히 소규모 하수처리장에서는 1차침전지를 대신하여 설치하는 경우도 있다. 처리효율은 실제 하수의 집수특성이나 유하시간 등에 따라 상이하게 나타난다. BOD와 TSS 제거효율은 고정형의 경우 각각 5～20%와 5～30% 정도이며, 회전 드럼형은 25～50% 및 25～45% 정도이다. 미세스크린은 주로 하수 2차처리 또는 안정화지 유출수에 포함된 미세 부유 고형물을 제거하기 위해 사용되는데, 제거효율은 10～80%(평균 55%) 정도이다(Metcalf & Eddy, 2003).

스크린 찌꺼기는 하수과거의 유형에 따라 상이한데, 분류식에 비해 합류식이 더 많이 발생하며, 강우특성에 따라서도 변화가 심하다. 하수 1000 m^3 유입당 찌꺼기 발생량은 조목스크린의 경우 약 3.5～84 L(합류식) 정도이며, 세목스크린의 경우는 약 30～110 L 정도이다(Metcalf & Eddy, 2003; WEF, 1998).

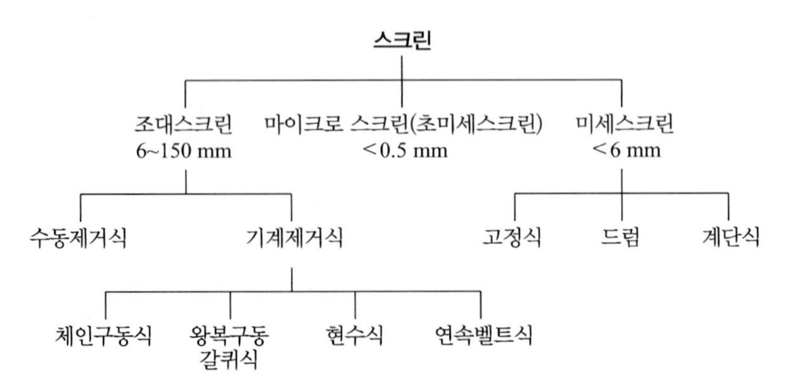

그림 11-23 **하수처리에 사용되는 스크린의 종류** (Metcalf & Eddy, 2003)

우리나라의 경우 스크린 협잡물의 양은 일반적으로 하수량 1,000 m^3당 분류식의 경우는 하수가 0.001～0.015 m^3이고, 우수는 0.001～0.03 m^3 정도이며, 합류식의 경우는 0.001～0.015 m^3 정도이나 지역상황에 따라 차이가 있다. 스크린부의 유효유속은 시간최대하수량을 기준으로 하고 수동스크린은 0.3～0.45 m/sec, 자동스크린은 0.45～0.6 m/sec로 하며, 설치수로의 폭에 따라 결정한다(환경부, 2010).

2) 파쇄장치

파쇄장치는 유입하수에 포함된 각종 협잡물을 부수어 각종 시설 및 장치의 고장을 사전에 예방하는 목적으로 설치된다. 그러나 스크린을 설치한다면 펌프의 막힘 현상으로 인한 장애가 없으므로 설치하지 않는 것을 원칙이다. 조목 및 세목스크린 대신에 분쇄기나 그라인더를 사용하면 고형물을 작고, 균일한 크기의 입자로 잘게 부수어 후속처리공정에서 처리할 수 있다. 파쇄기의 도입으로 찌꺼기 취급에 대한 악취나 불쾌감이 줄어들고, 찌꺼기를 별도 구분하여 처분하지 않아도 되나, 후속처리(1차침전지, 생물반응조 등)에 부하를 증가시키는 악영향을 줄 수 있다. 또한 처리유량이 증가한다면 분쇄장치의 용량도 증가하여 설치비가 상승할 수 있다.

파쇄장치는 통상적으로 하수처리과정에서 전처리 단계로 사용하기 때문에 유입하수의 시간적 변화에 크게 영향을 받는다. 따라서 설계유량은 관거나 침사지 등의 계획과 마찬가지로 계획시간최대오수량을 기본으로 한다. 분쇄기 통과 시의 손실수두는 0.1～0.3 m(대형장치의 경우 최대유량 시 0.9 m)까지도 된다. 파쇄기는 원칙적으로 2대 이상으로 설치하며, 1대만을 설치하는 경우 우회수로(by-pass line)가 필요하다(환경부, 2010).

3) 침사지

침사지(grit chamber)는 일반적으로 하수 중에 포함된 직경 0.15～0.2 mm 이상의 모래와 무기성 부유물질(grit)을 제거하여 펌프나 각종 처리시설의 파손이나 폐쇄를 방지하고 처리효과를 증대시키기 위해 펌프 및 처리시설의 앞단에 설치하는 시설이다.

침사지는 첨두유량조건하에서도 효율적으로 처리할 수 있도록 설계하여야 한다. 특히, 합류식의 경우에는 우천 시 계획오수량(3Q)을 처리할 수 있는 용량이 확보되어야 한다. 침사지의 종류는 중력식, 폭기식 및 기계식(선회류식, 선와류식 등) 등이 있는데, 선정에 있어서는 경제성, 기술성, 환경성 및 유지관리 측면을 종합적으로 비교 검토해야 한다.

침사지의 종류에는 수평류의 중력식(horizontal flow), 폭기식(aerated grit chamber), 와류식(vortex type) 등이 있다. 중력식 침사지의 형상은 직사각형이나 정사각형 등으로 하고, 지수는 2지 이상으로 하는 것이 원칙이다. 또한 점검정비 등 시설물 유지관리를 위해 지내 배수가 원활히 이루어질 수 있도록 배수구 또는 별도의 배수시설을 설치하여야 한다. 형상에 관계없이 단락류(short circuit) 현상이나 사역(dead spacc)이 생기지 않도록 고려한다. 소규모 시설이나 유입유량이 적은 경우는 침사지를 설치하지 않을 수도 있다. 침사지는 견고하고 수밀성 있는 철근콘크리트구조로 하고 우회관로를 설치한다. 유입부에 단락류 현상의 방지를 위해 굴곡부 및 도류벽을 설치하며, 바닥에 침전된 모래제거를 위해 유입부 쪽 침사지 바닥하향경사를 1/100～1/200로 한다. 합류식 하수의 경우 오수, 우수 전용으로 구분하여 설치하고, 오수용 침사지는 청천 시에 우수침사지에 유입되지 않도록 한 단 낮게 설치되어야 한다. 침사지의 유속이 너무 느리면 미세한 유기물까지 침전하고, 유속이 증가하여 토사의 한계유속을 넘을 때는 침전된 토사가 부상하게 된다. 한계유속은 Shield 공식에 Darcy-Weisbach의 유속공식을 적용하여 다음과 같이 표현된다.

$$V_c = \left(\frac{8\beta}{f} \cdot g(s-1) \cdot D \right)^{1/2} \tag{11.34}$$

여기서, V_c = 한계유속(m/sec)

f = 마찰손실계수(≒0.03)

β = 상수(≒0.06)

g = 중력가속도(9.8 m/sec²)

s = 입자의 비중

D = 입자의 직경

이 식에 따르면 입자의 직경이 0.2 mm인 토사(비중 2.65)의 한계유속은 0.23 m/sec이고, 0.4 mm인 토사의 직경은 0.32 m/sec에 해당한다. 일반적으로 침사지의 평균유속은 제거대상에 따라 다르지만 통상적으로 0.30 m/sec를 표준으로 하나, 청천 시의 경우는 0.15 m/sec 이하면 퇴적이 가능하다. 체류시간은 침사지의 규모 및 중요도에 따라 다르지만 과거의 실험 및 운영실적(침전효율) 등을 참고로 하여 보통 30～60초 정도로 한다.

침사지의 수심은 유효수심에 모래퇴적부의 깊이를 더한 값으로 표현된다. 유효수심은 침전효율과는 관계가 없으며, 표면부하율, 평균유속 및 체류시간에 따라 정한다. 침사지의 유효길이, 유효폭 및 유효수심 사이에는 다음과 같은 상관관계가 있다(그림 11-24).

- 유효길이(L) = 평균유속(V) × 체류시간(T) (11.35)
- 유효폭(W) = 유입하수량(Q) / (V × T × SLR) (11.36)
- 유효수심(H) = T × SLR (11.37)
- 표면부하율(SLR, surface loading rate: m³/m²/sec) $\text{SLR} = \dfrac{Q}{L \cdot W}$ (11.38)

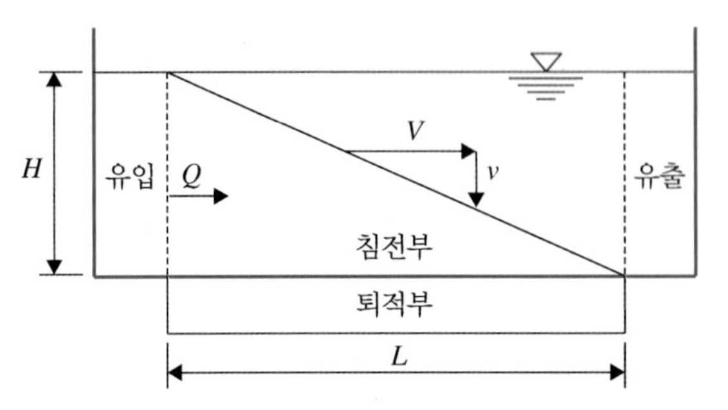

그림 11-24 **침사지의 유효수심과 유속과의 상관관계**

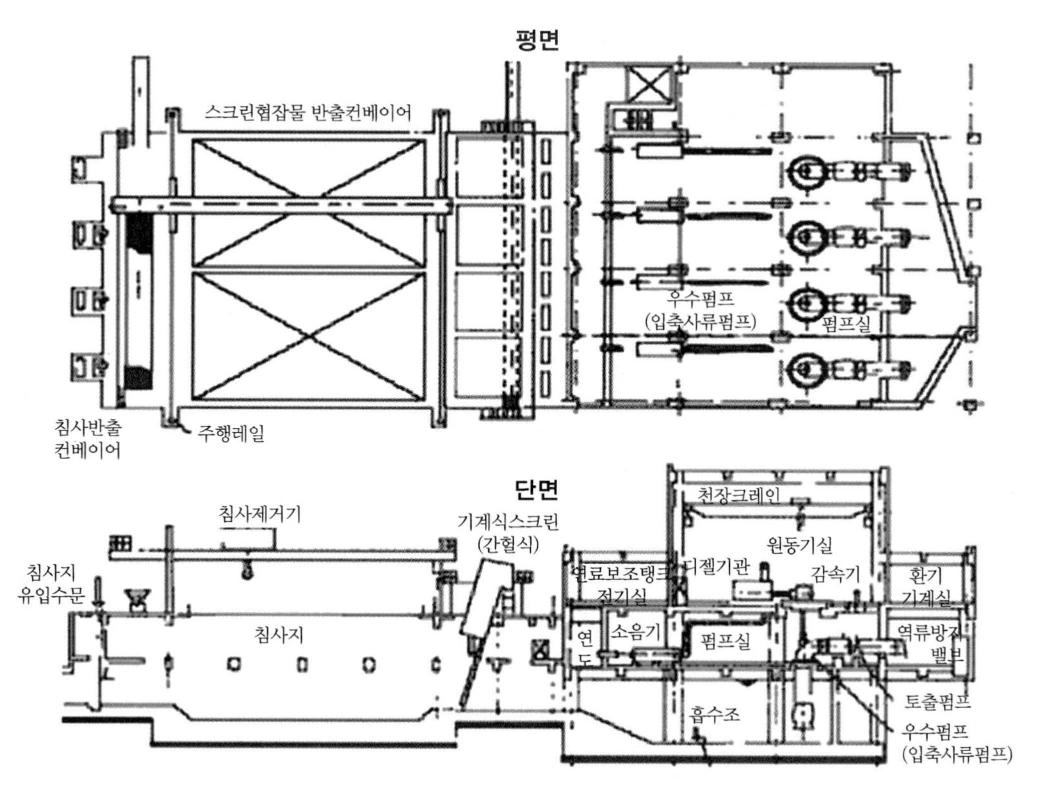

그림 11-25 **장방형 수평류식 침사지와 펌프장 예(분류식 우수)**

유효수심의 기준수면은 일반적으로 오수침사지에서는 계획시간최대오수량, 우수침사지에서는 계획우수량을 기준으로 하며, 수위변동에 따른 침사지의 수리학적 조건을 충분히 검토해야 한다.

침사량은 일반적으로 하수량 1,000 m^3에 대해 분류식의 경우 오수는 0.001～0.02 m^3 정도이고, 우수는 0.001～0.05 m^3 정도이며, 합류식인 경우는 0.001～0.02 m^3 정도이다. 모래퇴적부의 깊이는 일시에 이를 수용할 수 있도록 예상되는 침사량, 청소방법 및 빈도 등을 고려하여 일반적으로 수심의 10～30%(최소한 30 cm 이상)로 한다. 일반적으로 표면부하율은 오수침사지의 경우 약 1,800 $m^3/m^2 \cdot d$, 우수침사지의 경우 약 3,600 $m^3/m^2 \cdot d$을 표준으로 한다. 따라서 토사의 비중이 2.65인 경우, 이와 같은 표면부하율에서 최소제거입자의 직경은 오수침사지의 경우 0.2 mm, 우수침사지의 경우 0.4 mm 정도이다. 그림 11-25는 분류식 우수를 위한 장방형 수평류식 침사지와 펌프장의 예를 보여준다.

폭기식 침사지(aerated grit chamber)는 바닥에 산기관을 설치하여 침사지 내의 하수에 선회류(helical flow pattern)를 일으켜, 원심력으로 무거운 입자를 분리시키는 방식이다(그림 11-26). 종래의 침사지 방식과 비교하여 입자 표면에 대한 세척효과로 침전 토사에는 유기물량이 비교적 적다. 또한 예비포기(pre-aeration)의 효과도 있을 수 있어 소규모 시설이나 유기물 함유량이 많은 오수용 침사지에 특히 유효하다. 폭기식 침사지 역시 그 형상이나 구조 및 침사지 수는 중력식 침사지 기준에 따른다. 일반적으로 체류시간 1～2분, 유효수심 2～3 m, 그리고 여유고 50 cm를 기준으로 하고, 침사지의 바닥에는 깊이 30 cm 이상의 모래퇴적부를 설치한다. 하수량 1 m^3에

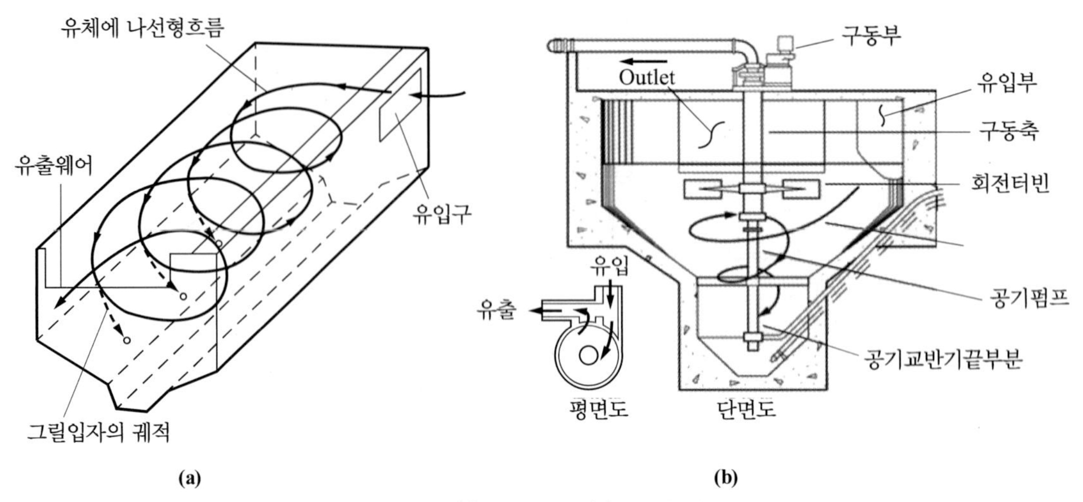

그림 11-26 **(a) 폭기식 및 (b) 와류형 침사지**

대하여 송기량은 1～2 m^3/h를 표준으로 하고, 필요에 따라 소포장치를 설치한다.

원형 침사지나 기계식 침사지 역시 중력식 침사지 기준에 따른다. 일체형 기계식 침사제거기의 경우 강판제 탱크 내에 중력식 침강을 이용한 침전부에서 침강 처리한 후 수평식 및 경사식 스크류 컨베이어의 조합에 의하여 고형물을 스크리닝-이송-압착-탈수하여 수거 처리될 수 있는 구조로 제작되고, 이러한 모든 공정은 단일 탱크 안에서 이루어져 별도의 침사용 세정장치 없이 반출이 가능한 구조를 필요로 한다.

(2) 유량 변화와 조정

1) 유량와 농도의 변화

하수처리장으로 도달하는 유량과 농도는 시간대별, 일별, 주별 및 계절별로 계속해서 변화한다. 그러나 통상적으로 하수처리장의 설계는 정상상태를 기준으로 이루어지며 다음과 같은 유량 조건이 고려된다.

- 평균 건기유량(ADWF, average dry weather flowrate): 생물반응조
- 첨두 건기유량(PDWF, peak dry weather flowrate): 첨두 산소요구량
- 첨두 우기유량(PWWF, peak wet weather flowrate): 수압적 측면, 2차침전지(SST)

특히, 소규모이거나 관거의 길이가 짧다면 유량의 변화폭은 크게 나타나고 반대로 대규모이거나 관거의 직경이 크다면 유량 변화는 낮게 된다. 특히 하수처리장에 대한 모의 시뮬레이션에서는 하루의 시간적 변화양상과 흐름의 연속성 등이 중요하고, 첨두 산소요구량은 동력학적 시뮬레이션을 통해 결정할 수 있다.

평균 건기유량(ADWF)을 결정하기 위해 건조한 시기에 대한 유량의 일변화과 농도발생 특성에 대한 조사가 필요하다[그림 11-27(a)]. 여기서 각 시간에 대한 부하는 그 시간대의 유량과 농도의 곱으로 결정한다. 일반적으로 발생 부하는 새벽 3～4시경에 최소가 되고, 오후 2시경에 최

대가 된다. 또한 부하의 변화곡선이 유량의 곡선과 반드시 일치하지는 않는다. 하수처리장이 공정과 시설은 설계에 있어 각각 상이한 유량과 부하를 사용한다(표 11-4). 즉, 침사지나 펌프시설은 시간최대유량은 설계하고, 폭기조는 시간최대 BOD 부하에서 물속의 용존산소가 2 mg/L 이상을 유지할 수 있도록 설계되어야 한다. 따라서 유량과 부하에 대한 변화는 면밀한 조사가 필요하다.

평균 건기유량과 부하량은 심프슨의 법칙(Simpson's rule)에 따라 계산하고, 두 값을 이용하여 평균 농도를 결정하면 된다. 상세한 절차는 아래와 같다.

(A) 부하량(kg COD/d) = 유량(L/d) × 농도(mg/L)

(B) 심프슨의 법칙에 따라 평균 유량과 부하량을 계산한다.

$$\int_a^b f(x)dx \approx \frac{h}{3}\left[f(x_0)+2\sum_{j=1}^{n/2-1} f(x_{2j})+4\sum_{j=1}^{n/2} f(x_{2j-1})+f(x_n)\right]$$

$$\approx \frac{h}{3}\left[f(x_0)+4f(x_1)+2f(x_2)+4f(x_3)+\cdots+4f(x_{n-1})+f(x_n)\right] \quad (11.39)$$

여기서, n = 나눈 구간의 총 개수(= 1일 24시간 / 2시간 간격 = 12, 짝수)

h = 부분구간의 길이[$(b-a)/n = (24-0)/12 = 2$]

(C) 평균 농도(mg/L) = 평균 부하(kg COD/d)/평균 유량(L/d)

(D) 최소한 2계절 이상의 평균 건기유량을 확률그래프로 나타내어 통상 80% 확률을 가진 유량과 농도를 결정하여 평균 건기유량과 농도를 설계에 사용한다.

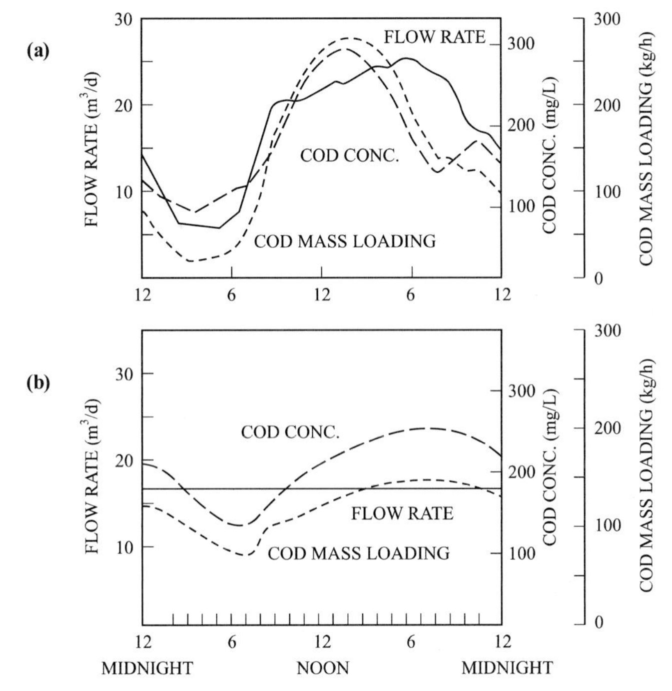

그림 11-27 (a) 유량과 부하의 일변화 곡선 및 (b) 유량 조정에 따른 변화

2) 유량조정조

유량조정(flow equalization)은 유입하수의 유량변동으로 인한 각종 운전상의 문제점을 극복하기 위하여 유량을 일정하게 유지하는 것이다. 이는 후속공정의 성능향상과 처리시설의 크기 및 비용을 줄이는 효과가 있다. 이러한 기능을 가진 시설을 유량조정조(균등조)라고 한다. 그림 11-27(b)는 유량과 부하의 변화에 대한 유량조정의 효과를 예시한 것이다. 다음과 같은 경우에 특히 유량조정조의 필요성이 강조된다.

- 건기유량 조건에서 최대 유량 및 부하량의 저감이 필요한 경우
- 유입수량과 수질의 변동폭이 큰 소규모 하수처리시설의 경우
- 후속 처리공법의 수리학적 체류시간이 비교적 짧거나 유입유량 변화에 악영향을 받기 쉬운 공법인 경우
- 합류식 관거에서 우천 시 불명수의 외부유입으로 인한 유량의 일시적 저류가 필요한 경우

유량조정조의 배열은 직접연결(in-line)과 간접연결(off-line) 방식이 있다(그림 11-29). 직접연결 방식[그림 11-28(a)]에서는 유입하수의 전량이 유량조정조를 통과하므로 수량 및 수질 모두를 균일화하는 효과가 있지만 간접연결 방식[그림 11-28(b)]에서는 미리 정해진 유량 이상의 유량만이 조정조로 넘어가게 되므로 직접연결 방식에 비하여 수질의 균일화 효과가 적다. 후자의 경우는 종종 강우 시 합류식 하수관거로 유입하는 초기강우를 저류하기 위해서 사용된다. 직접연결 방식은 특히 긴 슬러지일령(SRT)으로 운영되는 영양소제거 활성슬러지 시스템(혐기/무산소/호기 지역으로 생물반응조가 구성된)에 더 적합하다(Dold et al., 1984).

유량조정조는 통상적으로 1차침전지의 전단에 위치하나 경우에 따라 1차침전지와 포기조 사이에 설치하는 경우가 있는데, 이때에는 슬러지와 스컴 등의 문제가 줄어든다. 설치위치가 1차처리시설 전단이라면 고형물의 침전과 농도변화 그리고 악취를 방지하기 위해 혼합이나 폭기장

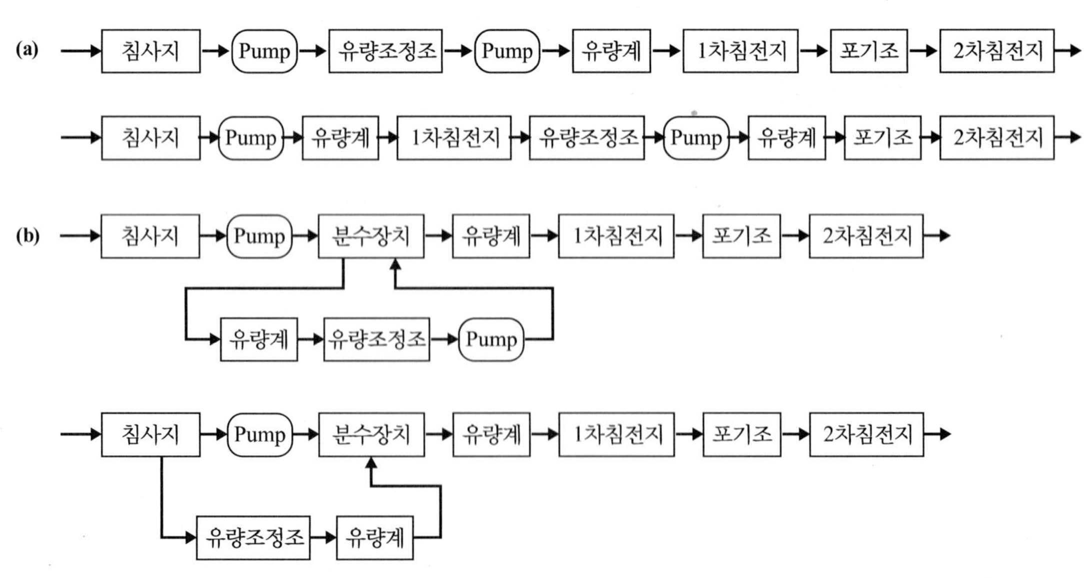

그림 11-28 **유량조정조의 배열예 (a) 직접연결 방식, (b) 간접연결 방식**

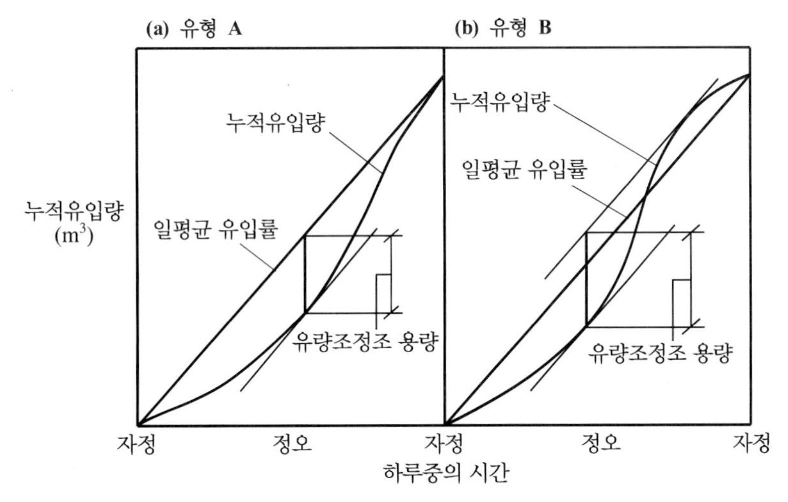

그림 11-29 **유입하수의 유량누가곡선에 의한 유량조정조 용량 산정**

치를 적절히 설계할 필요가 있다.

유량조정조의 장점은 충격부하를 줄이거나 없애고 독성물질의 희석을 통하여 생물학적 처리와 고형물 처리 등 하수처리 시스템의 전반적인 안정성을 향상시키는 효과가 있다. 그러나 넓은 면적의 부지확보가 필요하고, 악취 발생에 대한 대책과 부수적인 운영 및 유지관리의 필요성, 그리고 투자비용이 증가된다는 단점이 있다.

유량조정을 위한 소요 용량은 일반적으로 하루 중의 유입 유량을 시간에 대해 누적한 유량누가곡선(mass curve)을 이용하여 결정한다(그림 11-29). 이 방법은 상수도에서 저수지 용량결정 방법과 이론적 배경과 그 해석방법이 유사하다. 기존 처리장을 개조하는 경우 유입하수량에 대한 실측자료에 근거하여 유량변동패턴을 파악하고, 신규 하수처리시설의 경우에는 유사 처리장의 자료를 참조할 수 있다.

우리나라 시설기준에서는 유입하수 조정 후 변동비를 일최대하수량 대비 시간최대하수량의 변동비를 1.5 이하로 유지하는 것을 표준으로 하고 있다. 그러나 체류시간이 길어 유량변동에 강한 처리시설의 경우(산화구법, 장기포기법, SBR 등)는 예외로 한다. 유량조정조에서는 양과 질을 24시간 균등하게 조정하는 것이 이상적이지만, 이는 비경제적이므로 실제는 유입량의 조정에 의해 유입부하량을 조정한다. 대규모 처리장의 경우 유량변동폭이 1.5 이상을 초과하더라도 변동비가 그리 크지 않다면 1차침전지에 일정 부분 유량조정조 기능을 부여할 수 있다. 다만 이 경우에는 1차침전지의 정밀한 운전이 필요하고 침전효율과 슬러지 관리에 대한 검토가 필요하다.

유량조정조를 설계하는 데 고려해야 할 주요 인자는 조의 형상, 청소와 안전을 위한 시설, 교반 및 공기주입의 필요성, 펌프를 포함한 운전 및 제어장치 등이 있다.

우리나라의 경우 유량조정조의 형상은 직사각형 또는 정사각형을 표준으로 하고 있다. 그러나 그 형상은 배열방식에 따라 다를 수 있고, 직접연결 방식에서는 가능한 완전혼합형으로(단락류를 최소화) 계획하는 것이 바람직하다. 부속기계설비의 점검 및 수리를 위해 2개조를 계획할 수 있지만, 통상적으로 1개조를 원칙으로 한다. 조정조는 수밀 철근콘크리트구조로 하고 부력에 대해서 안전한 구조로 한다. 유효수심은 3~5 m를 표준으로 하고(최소 1.5~2 m), 측변 경사는 3~2 : 1 그리고 내부 콘크리트에는 방식처리를 고려한다.

유량조정조에는 고형물의 퇴적을 예방하고 동시에 유출수의 수질을 균질화하기 위해 교반(mixing)을 한다. 교반을 위한 소요동력은 부유물질의 농도와 혼합장치의 특성에 따라 다르지만 SS 농도가 약 210 mg SS/L인 경우 조정조 용량기준 0.004~0.008 kW/m^3(혹은 0.25 air/s/m^3) 정도가 요구된다(Metcalf & Eddy, 2003; WEF, 1998). 교반방식은 조 내의 수위변동이 크므로 수위변화 및 토목구조를 고려하여 정하며, 교반장치에는 산기식, 입축식, 수중식, 수중포기식 등이 있는데, 각 교반방식의 특성에 따라 적절한 수량 및 동력을 산출한다. 하수가 부패하거나 악취 예방을 위해 공기(산소)를 공급하기도 있다. 호기성 상태를 유지하기 위해 필요한 공기는 0.01~0.015 m^3 air/m^3/min(0.3~1.0 m^3/m^3/hr) 정도이다(WEF, 1998; 환경부, 2010). 체류시간이 짧은 경우(최소 2 hr)에는 산소공급이 필요하지 않는 경우도 있다. 하수나 산업폐수에 예비폭기 시설을 두는 것은 다소 논란이 있다. 그 이유는 공기를 주입하는 것은 호기성 상태의 유지보다 탈기(gas stripping)효과가 더 강조될 수 있기 때문이다. 즉, 혼합을 위해 주입한 공기로 인하여 오히려 악취 발생이 더 심각해질 수도 있으므로 이 경우는 단순한 혼합장치로 냄새문제를 최소화하는 것도 방법이다.

그림 11-30은 유량조정조의 예를 개략적으로 나타낸 것으로 그 크기는 폭기장치의 설계와 동력의 크기에 따라 조정될 수 있다.

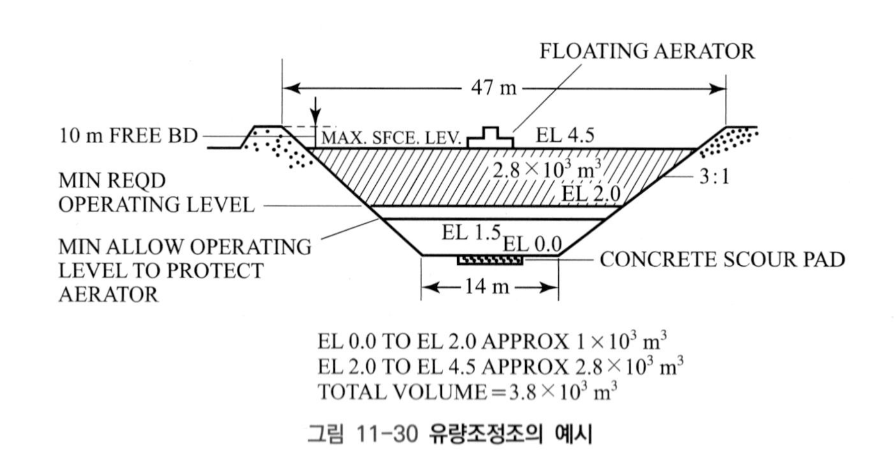

그림 11-30 유량조정조의 예시

11.4 1차침전지

중력에 의한 고액분리(gravity separation)는 하수처리에서 일반적으로 사용하는 물리적 단위조작 기술이다. 침전(sedimentation, settling)이란 물보다 무거운 부유입자를 중력에 의해 분리하는 방법을 말한다. 중력 침전 분리에 대한 기본이론은 앞서 8.4절에 상세하게 설명되어 있으니 참고하기 바란다.

하수처리시설에서 중력 침전의 원리를 사용하여 정화하는 시설로는 1차침전지, 2차침전지 그리고 농축조가 있다. 1차침전지는 침전지를 1차처리 단계로 사용하는 경우를 말하고, 2차침전지는 2차처리 단계에서 생물학적 슬러지를 고액분리하는 경우에 사용한다. 그리고 농축조는 슬러지의 용적을 감소시키기 위한 목적으로 슬러지 처리의 첫 단계로 주로 사용한다. 여기서는 1차침전지에 대해 그 성능과 설계방법에 대하여 설명한다.

(1) 개요

1차침전지에서는 하수 원수에 포함된 부유물질을 제거하기 위한 목적도 있지만 동시에 생물학적 처리를 효과적으로 수행하기 위한 전처리 효과도 있다. 원수의 특성에 따라 1차침전지를 거치지 않고 원수를 직접 생물반응조로 유입시킬 수 있도록 우회수로의 설치도 고려한다. 또한 소규모 처리시설에서는 처리방식에 따라 1차침전지를 생략하기도 한다. 침전된 슬러지는 부패를 방지하기 위하여 슬러지 수집기를 이용하여 신속하게 제거하지 않으면 슬러지의 부패가 일어나고, 그 결과 부패된 침전슬러지의 부상과 침전성 불량으로 인하여 스컴(scum)이 발생할 수도 있다.

1차침전지의 형상은 직사각형, 정사각형 및 원형으로 구분되는데, 형상의 선정은 처리장의 규모, 부지면적 및 시설의 전반적인 배치상황에 따라 주로 결정한다(그림 11-31). 이중 직사각형의 경우는 다층형의 구조로도 설계가 가능한데, 다층침전지(stacked multilevel clarifiers)는 제한된 부지공간에 대해 효율적인 설치가 가능하지만 구조적으로 더 복잡하고 건설비가 비싼 것이 단점이다. 그 구조는 단일방향과 양방향 흐름 방식이 있다. 이때 유효수면적은 상하층 평면적의 합계가 되며, 유입부와 월류부는 층별 유량을 균등하게 유입할 수 있는 구조가 되어야 한다. 침전지는 단락류나 국지적인 와류가 발생되지 않도록 계획하는 것이 중요하다. 전반적인 형상은 상수처리시설에서 사용하는 약품침전지의 경우와 유사하다.

상수처리에서 자주 사용되는 고율침전지(혼합 응집-침전지)는 하수처리에서도 가끔 사용되는데, 특히 산업폐수나 생(1차)슬러지를 대상으로 하는 경우가 많다. 강화된 입자응결(enhanced particle flocculation, ballasted flocculation)을 위해 화학적 상태의 재활용 슬러지나 약품과 폴리머를 사용하고, 침전을 가속화하기 위해 경사판 침전지를 사용하는 방법이 있다(Borchate et al., 2014). 그 예를 그림 11-32에 나타내었다. 고율침전지는 고도1차처리, CSOs 처리, 역세척수 처리, 그리고 고형물 처리시설로부터의 반송수 처리 등에 유효하다.

(2) 설계요소

침전 이론에 따르면 1차침전지는 독립침전(I형)과 응결침전(II형) 두 가지의 양상을 가진다. 그러나 독립침전 양상은 침전지 상단에서 주로 발생할 뿐 직접적인 설계는 주된 역할을 하는 응결침전 이론에 따른다. 이 침전 양상은 침전과정에서 입자끼리 결합하고 응결하는 비교적 농도

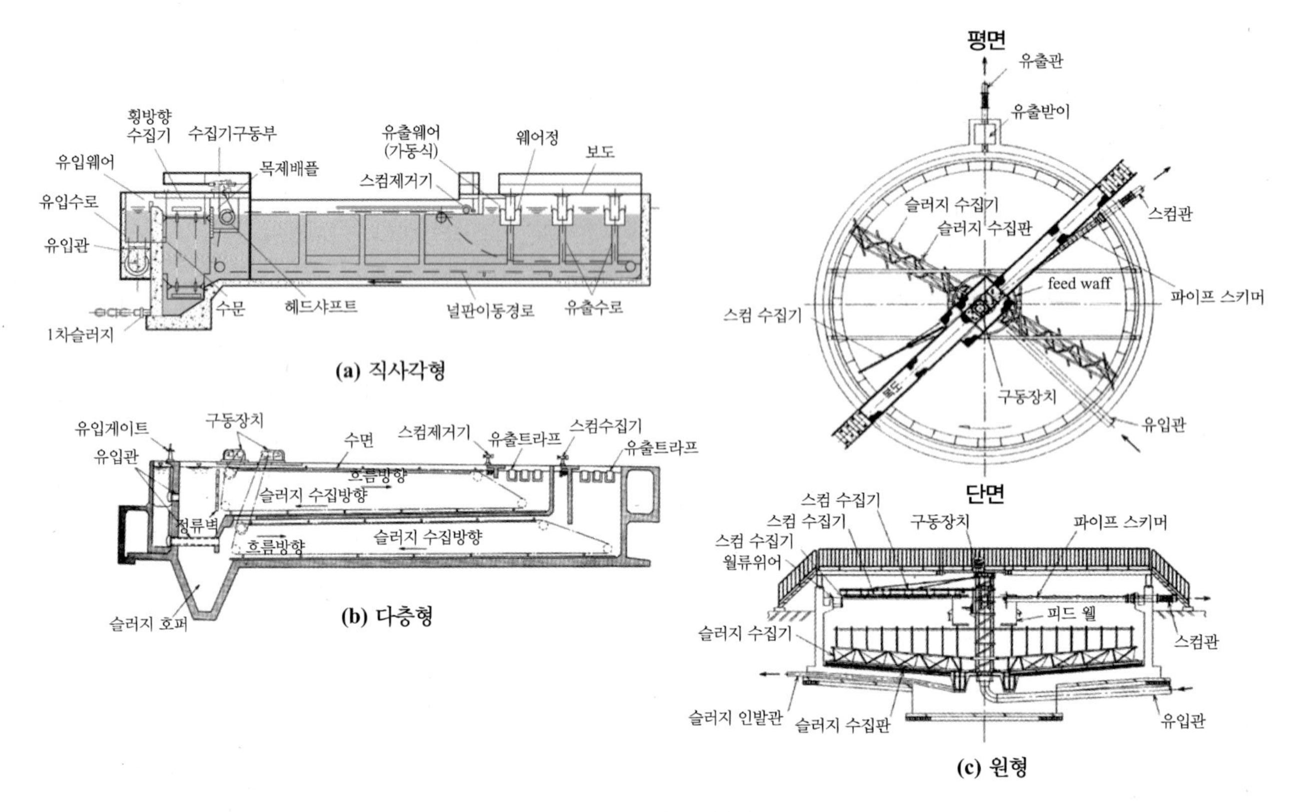

그림 11-31 **하수처리 1차침전지의 구조**

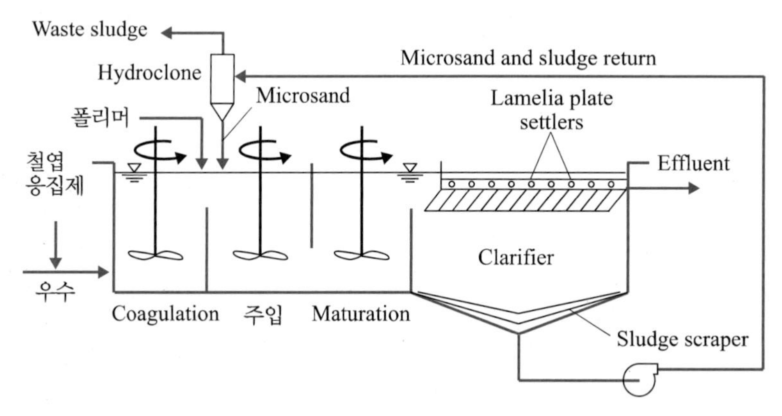

그림 11-32 **하수처리를 위한 고율침전지의 예** (Metcalf & Eddy, 2003)

가 낮은 상태에서의 침전을 말한다. 입자끼리의 결합 현상에 의해 입자의 질량이 커지며 더 빠른 속도로 침전하게 된다. 따라서 실제 침전특성은 침전관 실험(settling column test)에 의해 결정되며(그림 8-41 참조), 이때 침전효율은 입자의 침강속도와 침전지에서의 체류시간에 의해 평가된다.

1차침전지의 주요 설계인자는 표면부하율(SLR), 수리학적 체류시간(HRT) 및 월류위어 부하율(WLR) 등이다. 기준이 되는 입자의 침강속도는 유입 유량을 침전지의 표면적으로 나눈 표면부하율로 이로부터 유효수심과 침전시간을 결정한다.

1차침전지의 적정 표면부하율은 하수의 수질, 침강성 물질의 비율, SS 농도 등에 의해 달라진다. 표면부하율은 계획1일 최대오수량을 기준으로 분류식의 경우 35～70 $m^3/m^2 \cdot d$, 그리고 합류식의 경우 25～50 $m^3/m^2 \cdot d$의 범위로 계획한다. 유효수심은 2.5～4 m를 표준으로 설계한다. 침전시간은 계획1일 최대오수량에 대하여 표면부하율과 유효수심을 고려하여 일반적으로 2～4시간의 범위로 한다. 분류식에 있어서는 보통 1.5시간 정도도 가능하다. 합류식의 경우에 체류시간을 계획1일 최대오수량 기준으로 3시간 정도로 하면 우천 시 계획오수량에 대해서는 대략 30분 이상의 침전시간 확보가 가능하다. 침전지 수면의 여유고는 40～60 cm 정도로 하고, 월류위어의 부하율은 일반적으로 250 $m^3/m \cdot d$ 이하로 한다.

침전지는 효율적인 유지관리를 위해 최소한 2지 이상이 필요하다. 직사각형인 경우 폭과 길이의 비율을 1 : 3 이상, 그리고 폭과 깊이의 비는 1～2.25 : 1로 각각 계획하며, 폭은 슬러지 수집기의 폭을 고려하여 3～4 m(최대 5 m)를 기준으로 하고 있다. 원형 및 정사각형의 경우 폭과 깊이의 비는 6～12 : 1 정도이다.

슬러지 수집기 설치를 위해 침전지 바닥 기울기는 직사각형에서는 1/100～2/100으로, 원형 및 정사각형에서는 5/100～10/100(통상적으로 8/100)으로 하고, 측벽의 기울기가 60° 이상인 슬러지 호퍼(hopper)의 설치가 필요하다.

침전지에서 정류설비는 단면 전체에 대해 하수를 균등하게 분포시켜 유입하는 유체의 흐름을 층류(laminar flow)로 유지하는 중요한 역할을 한다. 직사각형 침전지와 같이 하수의 유입이 평행류인 경우에는 저류판 혹은 유공정류벽을 설치하고, 원형 및 정사각형 침전지에서 하수의 유입이 방사류 방식이라면 유입구의 주변에 원통형 저류판을 설치한다.

슬러지 수집기는 직사각형 침전지의 경우 연쇄(chain-flight)식을, 원형 침전지 및 정사각형 침전지의 경우 회전식을 많이 채용하고 있다. 원활한 슬러지 배출을 위해서 적합한 펌프가 필요하고, 슬러지 배출관은 내식성의 재질(주철관 또는 이와 동등 이상)로 최소 150 mm 이상의 직경으로 설치된다.

표 11-22는 1차침전지 설계를 위한 미국 자료를 나타내고 있는데, 우리나라의 기준에 비하여 체류시간이 다소 짧은 것을 알 수 있다. 표 11-23에는 우기 시 하수처리장 유입수를 처리하기 위한 고율침전지의 일반적인 설계자료가 나타나 있다.

(3) 성능

그림 11-33은 우리나라 하수처리장 1차침전지의 침전효율을 나타낸 것으로, 이는 유입원수와 반류수가 혼합된 경우이다. 대체로 체류시간 2.5～3시간을 기준으로 할 때 BOD 30%와 SS 50% 정도의 평균 제거효율을 보여주고 있다. 그러나 이 자료들은 일본 자료와 비교하면 침전효율은 상당히 낮은 경향이다.

표 11-24는 실제 하수처리장에서 유입하수와 혼합하수를 24시간 연속 채취하여 3시간 침전시킨 후 침전효율과 현장 운전결과를 비교한 것이다. 현장 운전결과가 실험결과에 비해 조금 낮을지

표 11-22 1차침전지의 일반적인 설계자료

(a)

항목		SI 단위		
		단위	범위	표준
2차처리 전에 설치하는 1차침전지				
체류시간		h	1.5～2.5	2.0
월류율	평균 유량	$m^3/m^2 \cdot d$	30～50	40
	시간 최대유량	$m^3/m^2 \cdot d$	80～120	100
웨어 부하		$m^3/m \cdot d$	125～500	250
활성슬러지 반송이 있는 1차				
체류시간		h	1.5～2.5	2.0
월류율	평균 유량	$m^3/m^2 \cdot d$	24～32	28
	시간 최대유량	$m^3/m^2 \cdot d$	48～70	60
웨어 부하		$m^3/m \cdot d$	125～500	250

(b)

항목	SI 단위		
	단위	범위	표준
장방형			
깊이	m	3～4.9	4.3
길이	m	15～90	24～40
넓이	m	3～24	4.9～9.8
이동속도	m/min	0.6～1.2	0.9
원형			
깊이	m	3～4.9	4.3
직경	m	3～60	12～45
바닥 기울기	mm/mm	1/16～1/6	1/12
이동속도	r/min	0.02～0.05	0.03

Ref) Metcalf & Eddy(2003)

표 11-23 고율침전지의 일반적인 설계자료

변수/공정		발레스트 응결	라멜라 침전지	농축슬러지
월류량 ($m^3/m^2 \cdot d$)	낮음	1,200～2,900	880	2.300
	중간	1,800～3,500	1,200	2,900
	높음	2,300～4,100	1,800	3,500
BOD 제거율 (%)	낮음	35～50	45～55	25～35
	중간	40～60	35～40	40～50
	높음	30～60	35～40	50～60
TSS 제거율 (%)	낮음	70～90	60～70	80～90
	중간	40～80	65～75	70～80
	높음	30～80	40～50	70～80

Ref) EPRI(1999)

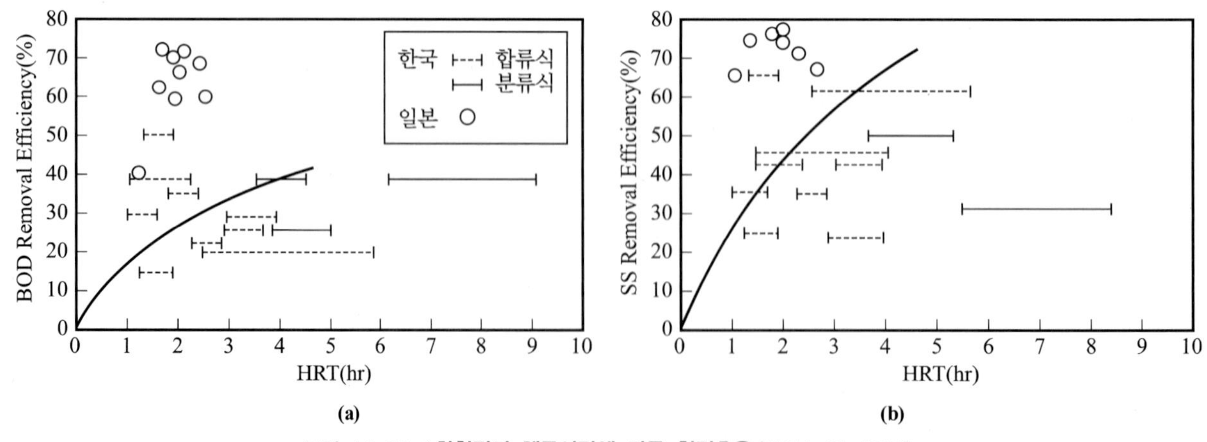

그림 11-33 **1차침전지 체류시간에 따른 침전효율**(최의소 외, 1993)

표 11-24 유입원수와 혼합하수의 1차 침전효율(침전시간 3hr)

구분	BOD(%)	SS(%)	T-N(%)	T-P(%)
유입원수	29(20～44)	51(26～63)	17(15～20)	16(10～25)
혼합하수	34(29～47)	55(47～65)	15(12～27)	10(6～17)
현장자료	31(24～48)	44(26～65)	-	-

주) 현장자료는 수도권 4개 하수처리장의 운전현황자료(미발표자료)를 인용한 것임.
자료: 최의소(2003)

라도 대체로 평균적인 침전효율은 BOD 30%, SS 50%, T-N 15% 및 T-P 10% 정도로 판단할 수 있다. 특히 질소와 인의 제거효율은 반류수의 혼합으로 인해 영향을 받는 것으로 나타났다.

표 11-25는 서울특별시 소재 하수처리장의 연간 운전자료를 바탕으로 조사된 1차침전지의 성능을 보여준다. 이들 처리장의 유입수 수질은 BOD 120～130 mg/L, SS 90～120 mg/L, T-N 29～33 mg/L 및 T-P 3～3.5 mg/L로 모두 유사한 수준이다[표 11-7(b) 참조]. 조사기간 동안 각 처리장에서 적용된 표면부하율(SLR)과 체류시간은 각각 21～58 $m^3/m^2/d$와 1.4～4.3 hr이었는데, 대체로 평균적인 침전효율은 BOD 35%, SS 55%, T-N 12% 및 T-P 18% 정도이었으며, 1차슬러지의 농도는 2.8～3.4% TS이었다.

통상적으로 1차처리를 통하여 기대 가능한 처리효율은 BOD 30～40%, COD 30～60%, SS 50～60%, TKN 15～20% 및 T-P 15～20% 정도이다.

소규모 하수처리시설에서는 침전지의 체류시간과 침전효율(BOD, SS) 관계를 이용하여 제거효율을 평가하기도 하는데, 일반적으로 다음과 같은 식을 이용한다(Crites and Tchobanoglous, 1998).

$$R = \frac{t}{a + bt} \tag{11.40}$$

표 11-25 1차침전지 운전효율 (서울특별시)

구분	SLR ($m^3/m^2/d$)	HRT (hr)	BOD (%)	CODmn (%)	SS (%)	T-N (%)	T-P (%)	Sludge (%, TS)
중랑1,2	21.1	4.3	33.3	31.1	50.5	19.7	20.9	3.4
중랑3	29.3	2.5	47.6	45.3	65.8	13.8	34.4	2.8
중랑4	37.2	2.3	35.7	32.5	47.1	15.4	20.7	3.1
난지 1	24.5	3.1	46.7	45.2	70.9	11.1	19.5	2.9
난지 2	29.4	2.4	55.2	49.4	79.3	12.0	24.4	3.1
탄천1	58.4	1.4	28.5	21.3	42.8	9.2	10.1	3.2
탄천2	56.3	1.6	28.3	27.3	47.2	9.3	11.0	3.1
서남1	26.8	2.7	24.8	26.0	48.2	8.6	12.2	3.2
서남2	35.4	2.1	19.8	22.4	38.5	7.7	7.9	3.1
평균	35.4	2.5	35.6	33.4	54.5	11.9	17.9	3.1

주) ( ) 연간 운영자료에 대한 산술평균값(2013.1～12)

여기서, R = 예상 제거효율
t = 체류시간
a = 상수(BOD의 경우 0.018, TSS의 경우 0.0075)
b = 상수(BOD의 경우 0.020, TSS의 경우 0.014)

1차침전지에서 제거된 침전슬러지의 대표적인 특성은 표 11-26에 나타나 있다. 침전슬러지의 특성은 침전지의 운전인자 외에도 유입하는 하수원수의 특성과도 매우 관련이 높다. 표 11-27에는 대구시 소재 하수처리장에서 조사된 1차슬러지의 특성을 약 5년간의 운전자료(2012~2016)를 기준으로 나타내고 있다. 침전지의 운전조건은 조금씩 상이하지만 평균적인 1차슬러지의 TS 농도는 2.3%였으며, VS/TS 비율은 0.65 정도이다. 이러한 값들은 외국의 경우(표 11-26)에 비하여 다소 낮은 수준임을 알 수 있다.

표 11-26 1차침전지의 침전고형물 특성

	비중	고형물 농도(건조고형물 %)	
		범위	표준
1차 슬러지만			
중간 농도의 하수	1.03	4~12	6
합류식 하수관거	1.05	4~12	6.5
1차 슬러지 + 하수활성슬러지	1.03	2~6	3
1차 슬러지 + 살수여상슬러지	1.03	4~10	5
스컴	0.95	범위가 다양함	-

Ref) Metcalf & Eddy(2003)

표 11-27 1차슬러지의 고형물 특성 (대구광역시)

구분	TS (mg/L)	VS (mg/L)	VS/TS
신천	18,975	13,744	0.72
서부	21,569	15,398	0.71
달서생활계1	23,103	14,217	0.62
달서생활계2	22,569	13,777	0.61
달서공단계	23,170	13,841	0.60
북부	20,268	14,380	0.71
현풍	23,191	13,673	0.59
평균	21,835	14,147	0.65

주) ( ) 연간 운영자료에 대한 산술평균값(2012~2016)

11.5 2차처리

(1) 생물학적 처리공정의 구성과 유형

도시하수의 2차처리를 위해 사용되는 생물학적 공정은 기본적으로 생물학적 대사가 이루어지는 생물반응조와 그 처리수를 바이오매스와 분리하는 고액분리시설(주로 침전지)로 이루어진다(그림 11-34). 활성슬러지의 발견이후 지난 한 세기 이상 매우 다양한 종류의 생물학적 하수처리 공정들이 개발되었는데, 이들은 주로 미생물의 대사(호기성, 임의성 및 혐기성)와 성장특성(부유성장, 부착성장), 그리고 공정의 기능적 제거목표(유기물질, 질소 및 인) 등에 따라 구분된다(그림 11-35). 그러나 모든 생물반응조는 기본적으로 완전혼합형이나 압출류 방식의 반응조 형상을 기초로 하고 있다.

생물학적 하수처리에서 미생물은 대사과정을 통하여 기질(용존성 및 분해 가능한 입자성 성분)을 생물전환(biotransformation)시키거나 안정화(stabilization)하는 역할을 수행한다. 유기물질을 생물학적으로 호기성 산화시키는 반응[식 (11.41)]을 예로 들면, 산소는 미생물의 대사과정에서 최종적인 전자수용체 역할을 하며, 암모니아와 인산염은 대사과정에서 필요한 중요 영양물질이 된다. 이 양론식에서 각 항목들은 특정한 양론계수(a∼g)를 가지게 된다.

$$a \text{ 유기물질} + b\ O_2 + c\ NH_3 + d\ PO_4^{3-}\ (+\text{미생물})$$
$$\rightarrow e \text{ 새로운 세포(biomass)} + f\ CO_2 + g\ H_2O \qquad (11.41)$$

미생물은 물보다 비중이 조금 더 크기 때문에 단순한 중력침전에 의해서도 처리수로부터 분리가 가능하다. 그러나 연속적인 운전에 따라 미생물의 증식은 계속되고 바이오매스는 공정 내에 축적되게 되므로 공정의 안정적인 정상운전을 위해서는 생성된 과잉의 바이오매스를 시스템으로부터 주기적으로 폐기해주어야 한다. 만약 그렇게 하지 않으면 미생물은 처리수의 입자성 유기물질(pCOD)의 농도 증가를 초래하게 된다.

도시하수처리에 가장 일반적으로 사용되는 생물학적 공정은 부유성장형 활성슬러지 공정이다. 생물반응조 내의 혼합액(MLSS, mixed liquor suspended solids)을 활성슬러지라고 명명하게 된 것은 하수의 안정화 단계에서 활성화된 미생물의 역할이 중요하기 때문이다. 재래식 활성

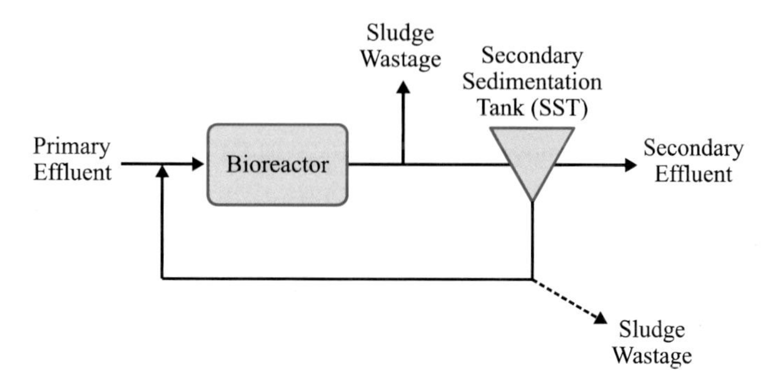

그림 11-34 **생물학적 2차처리의 기본구성**

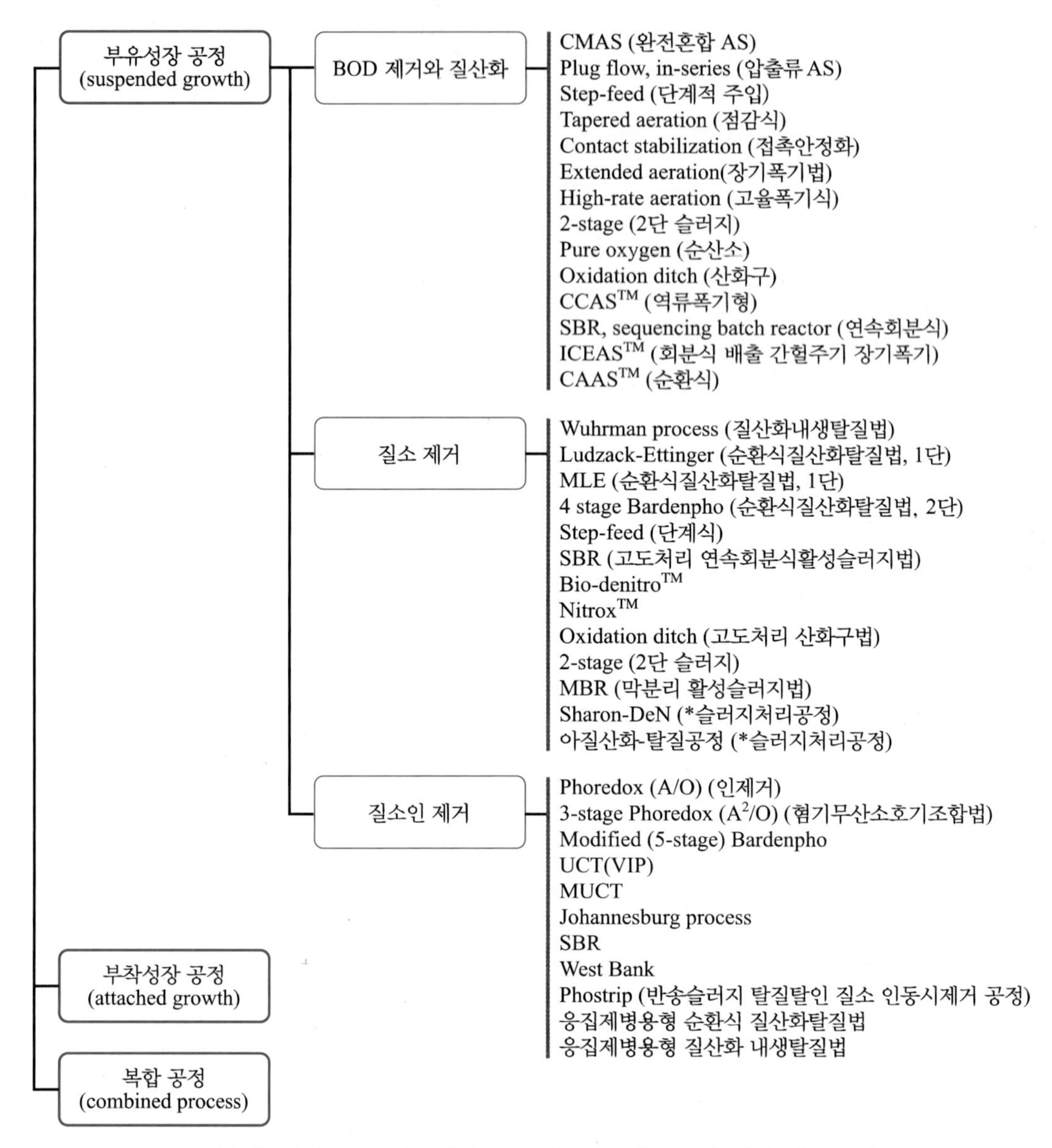

그림 11-35 **도시하수의 2차처리에 주로 사용되는 호기성 기반 생물학적 공정의 종류**

슬러지 공정(CAS, conventional activated sludge process)은 일반적으로 유기물질(BOD) 제거와 질산화를 목적으로 하는 호기성 활성슬러지 공정을 말한다. 이에 반하여 질소와 인 제거를 주된 목적으로 하는 공정은 영양소 제거 활성슬러지 공정(NDEBPR, nitrification-denitrification enhanced phosphorus removal process)이라고 하며, 더 일반화된 의미로 생물학적 영양소제거 공정(BNR, biological nutrient removal process)이라고 부른다. CAS 공정의 생물반응조는 단순히 호기성 상태로만 운전되지만, 영양소 제거를 목표로 하는 활성슬러지 공정에서는 공정의 기능적 목표에 적합한 미생물 대사를 유도하기 위해 생물반응조를 미생물의 반응환경에 따라 호기성(Ox, aerobic), 무산소(Ax, anoxic) 또는 혐기성(An, anaerobic) 지역으로 적절히 구분하여 배치할 필요가 있다.

생물반응조 혼합액은 침전지에서 고액분리된 후 다시 생물반응조로 반송이 필요한데, 이는 생물반응조 내의 미생물 농도(MLSS)를 일정하게 유지하기 위함이다. 이 공정의 중요한 특징은 중력침전이 효과적으로 이루어질 수 있도록 50～200 μm 크기의 플록 입자를 생성할 수 있도록 해야 하는데, 그 이유는 중력침전에 의해 우수한 부유고형물의 제거(SS 99% 이상)가 이 상태에서 달성 가능하기 때문이다. 최근에는 고액분리를 위해 침전지를 대신하여 공기부상조(DAF, dissolved air flotation)를 사용하거나, 혹은 생물반응조와 고액분리막을 결합한 분리막 생물반응조(MBR, membrane bioreactor)를 적용하기도 한다.

미생물이 불활성 매체 표면에 생물막을 형성하며 성장하는 부착성장 공정으로는 살수여상이 대표적이다. 일반적으로 하수를 반응조의 상단에서 살수하여 충진매체를 통과하여 흘러내리는 동안 호기성 산화반응을 수행하는데, 통상적으로 반응조의 높이는 5～10 m, 충진제의 공극(void space)은 90～95% 정도로 설계한다. 부착성장 처리공정은 독립적으로 설계되기도 하지만 때로는 부유성장 공정과 결합한 형태로 설계되기도 한다. 그 예로 살수여상-활성슬러지(고형물 접촉)를 연결한 2단 공정, 생물막 여재(부유성 여재 혹은 침지식)를 활성슬러지 내에 주입한 공정, 그리고 유동상 생물반응조 등이 있다. 여기에서는 부유성장 공정에 대해 집중적으로 설명하며 부착성장과 복합공정에 대해서는 뒷부분[(10)～(11)]에서 별도로 설명한다.

(2) 생물반응조와 물질대사

생물학적 처리공정의 공학적 설계를 위해서는 미생물의 생화학적 활성과 물질대사에 대한 이해가 요구된다. 즉, 탄소원, 전자공여체, 전자수용체 및 최종산물 등과 관련한 미생물의 종류와 그 대사적 특성은 대상 공정의 기능적 목표를 달성하기 위해 매우 중요하다. 생물반응조 내에서 일어나는 생물에너지와 대사, 미생물의 성장 그리고 반응속도 등과 관련한 상세한 설명은 앞선 7장에서 이미 다루었으니 이를 참고하기 바란다.

그림 11-36은 하수처리에 사용되는 박테리아의 대사 유형을 제거 대상 목표와 관련하여 개략화하여 나타낸 것이다. 여기서 유기물질의 산화는 호기성 종속영양(aerobic heterotrophic), 질산화는 호기성 독립영양(aerobic autotrophic), 탈질은 무산소 종속영양(anoxic heterotrophic) 그리고 유기물질의 환원은 혐기성 종속영양(anaerobic heterotrophic) 반응에 해당한다. 즉, 유기물질의 제거는 호기성, 무산소 및 혐기성 조건에서 이루어질 수 있으며, 질소의 제거는 질산화(호기성)와 탈질(무산소) 반응을 일렬로 연결하였을 때 달성 가능하다. 생물학적 인의 제거(bio-P removal)는 단지 세포합성을 통해서만 가능한데, 이러한 역할을 담당하는 미생물을 인 축적 미생물(PAO, phosphate accumulating organisms)이라고 부른다. 호기성 생물반응조 선단에 일정 용량의 혐기조를 설치한다면 PAO의 과잉 인 섭취(luxury P uptake)를 유도할 수 있다. 즉, 혐기성 환경 하에서 미생물은 일시적으로 체내에 함유하고 있는 인을 다량 용출하게 되는데, 그 효과로 인해 PAO는 호기조에서 과잉의 인을 섭취하게 되는 것이다. 이때 PAO의 인 함유량은 통상적으로 4～6% 정도이고, 인 제거율은 40～70% 정도로 상승하게 된다.

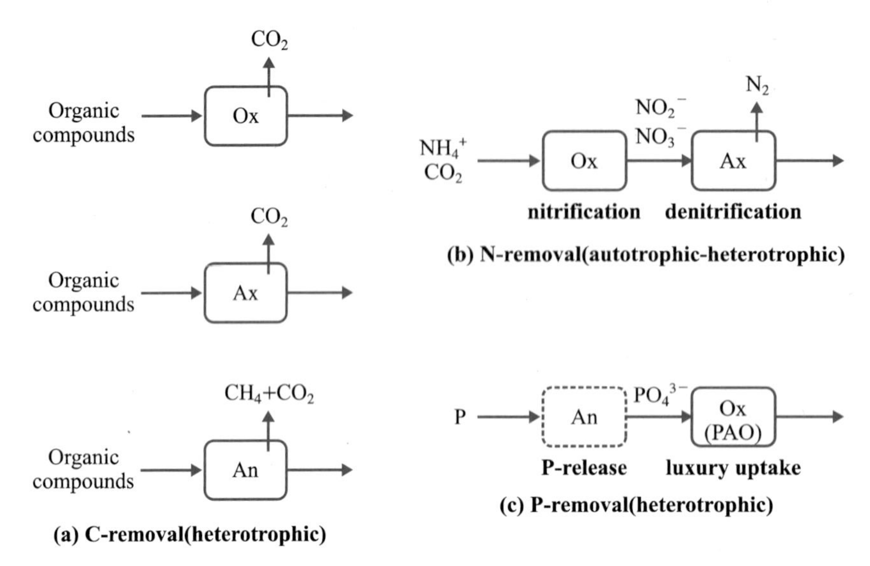

그림 11-36 **생물학적 하수처리에 사용되는 물질대사의 예**
(주: Ox, oxic; Ax, anoxic; An, anaerobic)

여기서 인 제거를 위한 대사공정에서 말하는 혐기성 조건이란 일반적으로 말하는 혐기성 공정(anaerobic process)과는 차이가 있다. 혐기성 환경이란 원칙적으로 용존산소나 무기 결합산소(NO_3^-와 같은)가 없이 유기적으로 결합된 산소(유기화합물 내에 결합된 산소)만으로 존재하는 상태를 말한다. 혐기성 공정이란 이러한 상태에서 외부로부터 어떠한 물질도 관여하지 않고 유기물 분해단계를 거치며 유기물 속의 에너지를 이용하여 반응이 이루어진다. 이 반응의 주체는 혐기성 미생물이며 그 최종산물로서 메탄과 이산화탄소를 생성한다. 즉, 생물학적 인 제거공정에서는 PAO의 과잉 인 섭취를 위해서는 짧은 시간(약 1～2시간) 동안 혐기성 환경을 제공할 뿐 혐기성 미생물을 직접 반응에 활용하는 것은 아니라는 점에 차이가 있다.

그림 11-36에 나타난 바와 같이 생물반응조에서 요구되는 대사의 유형은 제거대상 물질의 종류에 따라 상이하다. 실제 도시하수의 2차처리시설에서는 유기물질뿐만 아니라 영양소(질소와 인) 모두를 제거대상으로 설계하는 경우가 대부분이므로 적절한 대사 유형의 선정과 그 배열의 적정성은 처리목표를 달성하기 위해 매우 중요한 문제가 된다.

유기물질 제거만을 목표로 하는 일반 활성슬러지 공정(CAS)의 경우는 그림 11-34의 생물반응조에 산소를 공급한 형태가 되며, 반응은 전적으로 호기성 종속영양균의 역할에 의해 수행된다. 영양소제거를 목표로 하고 있는 생물학적 공정(NRAS)에서는 질소와 인의 제거 단계에서 종속영양균의 역할이 지배적이므로 공정 내에서 유기물질의 제거는 거의 문제가 없다. 즉, 영양소 제거공정을 위해 선택 가능한 대사의 기본적인 배열은 크게 질소-인 제거 또는 인-질소 제거 방식으로 구분할 수 있다. 먼저 질소-인 제거방식의 경우 공정 배열은 기본적으로 그림 11-36의 (b)와 (c)가 연결된 형태가 될 것이다[그림 11-37(a-1)]. 이 방식은 마지막 호기조(Ox)에서 질소 산화물(NO_2^-와 NO_3^-)을 공정의 선단으로 반송함으로 인해 (a-2)와 같이 공정이 단순화될 수 있다. 한편 인-질소 제거방식을 선택한다면 그 배열은 그림 11-36의 (c)와 (b)가 연결된 형태가 될

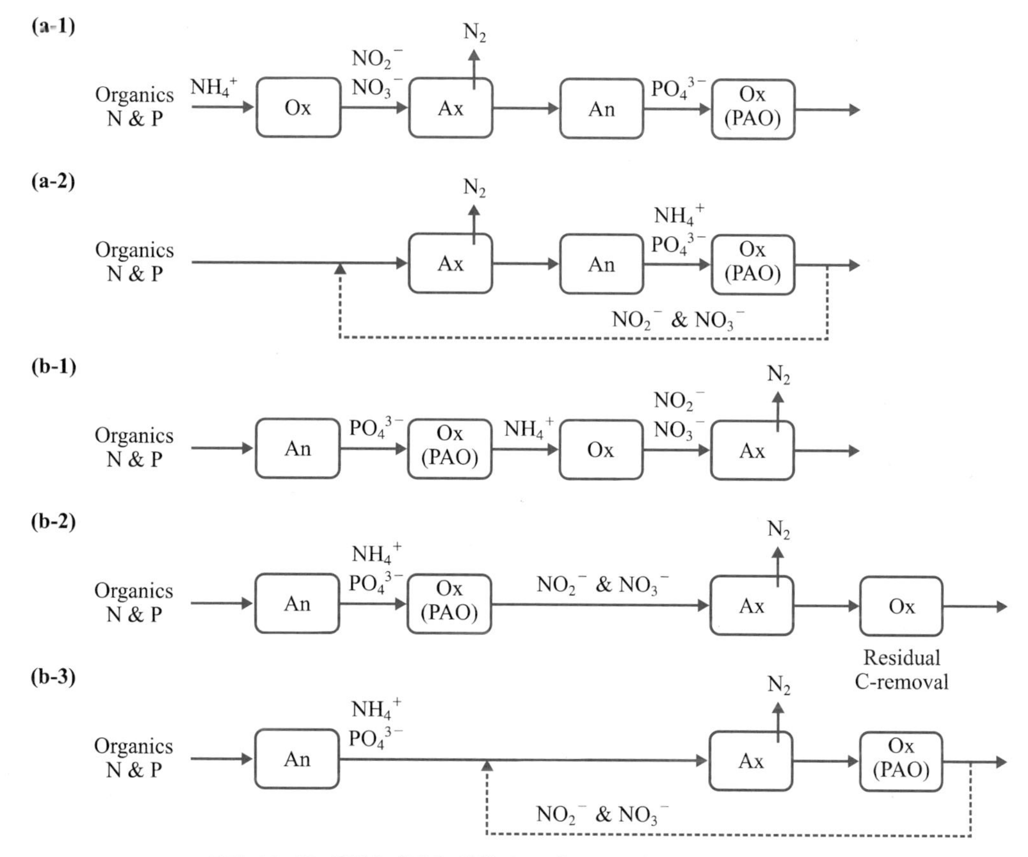

그림 11-37 영양소제거를 위해 요구되는 기초적인 공정배열 개념도
(a-1 & a-2, 질소-인 제거; b-1에서 b-3, 인-질소 제거)

것이다[그림 11-37(b-1)]. 그러나 이 경우는 중간에 호기성(Ox) 지역의 중첩이 일어나고 마지막 단계에서는 처리수 내 잔류 유기물질을 제거하기 위한 안정장치로 호기성 지역이 추가로 필요하다. 이때 공정의 말단에 호기성 지역을 둘 경우 호기조에서 질소산화물(NO_2^-와 NO_3^-)을 공정의 중간으로 적절히 반송하여 (b-3)과 같이 공정을 단순화할 수 있다. 즉, 생물학적 영양소제거공정의 생물반응조는 기본적으로 혐기(An)-무산소(Ax)-호기(Ox) 순의 배열방식을 선택하는 것이 합당하다. 이러한 방식을 A2O 공정이라고 부르는데, 3단 포레독스(3-stage Phoredox) 공정(Barnard, 1976)이 대표적이다. 대부분의 EBPR(enhanced biological phosphorus process) 공정은 이러한 기본 배열을 기초로 하고 있으며, 여기에 지역 구분의 반복, 내부 반송, 무산소 구역의 확대, 발효조의 도입 및 반류수의 처리 등의 방법을 통해 다양한 변화를 준 것이다(2.5절 참조).

활성슬러지의 설계에 있어 주요 목표는 하수처리에 필요한 생물학적 반응을 생물반응조 내에서 자연스럽게 수행할 수 있도록 관련 미생물의 최적 성장이 가능한 환경 조건을 제공하는 것이다. 이러한 목표를 달성하기 위해 폐수의 성질, 해당 유기체의 동역학적 거동 그리고 이들의 상호작용에 대한 지식이 필요하다.

일반적으로 생물반응조 내의 미생물(활성슬러지)의 농도는 혼합액 부유고형물(MLSS, mixed liquor suspended solids)로 표현한다. 혼합액의 특성은 선택된 미생물 집단 또는 군집의 양적 거

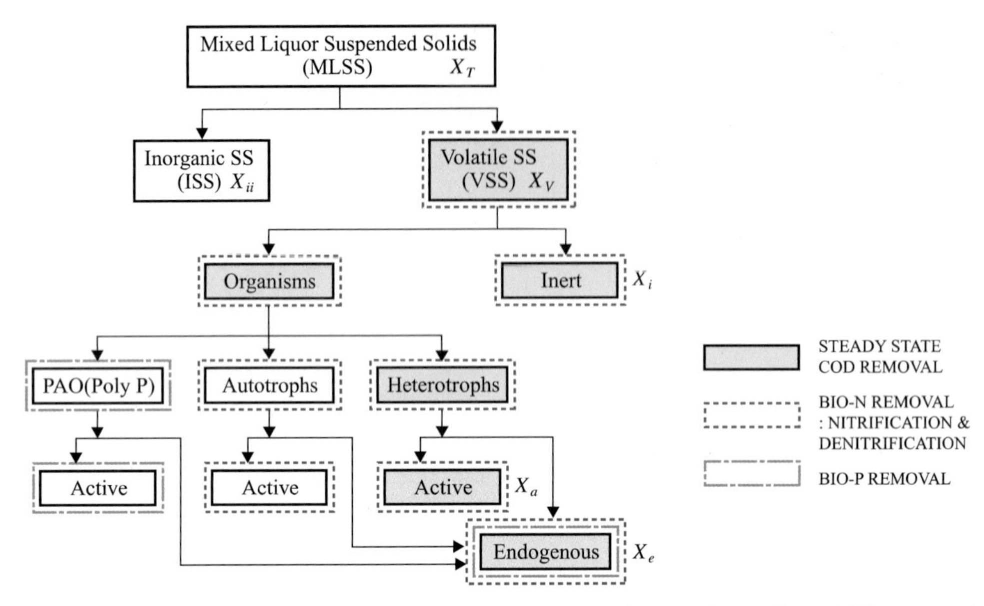

그림 11-38 **Component of mixed liquor suspended solids for simplest AS model** (WRC,1984)

동으로 나타난다. 이러한 특성은 군집을 이루는 유기체의 특성과 다를 수도 있으나, 특정한 기능을 수행하는 유기체는 본질적으로 고유한 특성을 지닌 동일 그룹으로 정의된다.

활성슬러지에서 물질대사에 관여하는 미생물은 일반적으로 다음 세 종류의 그룹으로 구분한다.

- 종속영양균(heterotrophs, X_H, X_{HD}): COD 제거, 탈질
- 독립영양균(autotrophs, X_{AUT}): 질산화
- 인축적 미생물(PAO, X_{PAO}): 과잉 인 제거(BEPR)

여기에는 다음과 같은 비 미생물 그룹도 포함한다.

- 유입수에 포함된 생분해 불가능한 입자(unbiodegradable particulate, S_{upi})
- 유기체의 사멸로 인한 불활성 물질(inert material, X_i)

각 미생물 그룹은 활성 미생물(X_a), 내생호흡상태(endogenous respiration)의 미생물(X_e), 미생물에 의해 분해되지 않는 불활성 유기성분(X_i, inert), 그리고 무기성 고형물(X_{ii}, inert inorganic) 등으로 구분할 수 있다(그림 11-38). 혼합액의 휘발성 성분(MLVSS, X_V)은 ($X_a + X_e + X_i$)의 값이 된다. 여기서 내생호흡상태란 박테리아의 사멸(bacterial death/decay) 또는 유지관리(maintenance)를 위한 에너지 생산단계를 말한다. 비 미생물 그룹은 모두 불활성 유기성분(X_i)으로 포함된다. 일반적으로 활성 미생물 X_a는 총 MLSS 농도(X_T)의 최대 20% 정도이다.

(3) 생물학적 반응의 양론과 동역학

1) 유기물질의 생물학적 산화

① 반응 양론

도시하수의 2차처리는 전통적으로 유기성 성분과 화합물의 제거에 중점을 두고 수행된다. 하

수 내에는 다양한 유기물질이 존재하고 유기물질의 함량은 생분해성 용해성 COD(bsCOD) 혹은 BOD로 표현한다. 호기성 산화에 따른 유기물질의 생물학적 전환은 종속영양균에 의해 이루어지며 다음과 같은 양론식으로 표현된다.

산화와 합성:

$$\underset{\text{유기물}}{COHNS} + O_2 + \text{nutrients} \xrightarrow{\text{bacteria}} CO_2 + NH_3 + \underset{\text{새로운 세포}}{C_5H_7O_2N} + \text{기타 최종생성물} \quad (11.42)$$

내생호흡:

$$C_5H_7O_2N + 5O_2 \xrightarrow{\text{bacteria}} 5CO_2 + 2H_2O + NH_3 + \text{energy} \quad (11.43)$$

이 식에서 전자수용체는 산소이며, 전자공여체로는 하수 내 유기물질이 된다. 참고로 전자공여체로 초산(acetate)을 사용할 경우를 예로 들어 반쪽반응식(표 7-54)을 사용하여 양론식을 나타내면($f_s = 0.59$로 가정) 다음 식 (11.44)와 같다.

$$0.125CH_3COO^- + 0.0295NH_4^+ + 0.103O_2 \rightarrow$$
$$0.0295C_5H_7O_2N + 0.0955H_2O + 0.0955HCO_3^- + 0.007CO_2 \quad (11.44)$$

② 성장 동역학

유기물질을 기질로 사용하는 종속영양 산화에 대한 미생물 성장식을 요약하면 다음과 같다(상세한 내용은 7.5절 참고).

$$r_{su} = \frac{dS}{dt} = kX = -\frac{k_m S}{K_s + S} X \quad (11.45)$$

$$r_g (= \mu X) = -Y r_{su} - bX = Y \frac{k_m S}{K_S + S} X - bX \quad (11.46)$$

$$\mu = \mu_m \frac{S}{K_s + S} - b \quad (11.47)$$

이상의 식들은 미생물 성장에 대하여 Monod(1942)에 의한 포화식과 기질이용에 대한 Michealis-Menten 식과 유사하다(Bailey and Ollis, 1986). 20°C 온도 조건에서 k_m와 K_s 값은 일반적으로 각각 8~12 g COD/g VSS/d와 10~40 g bsCOD/m³이다. K_s 값은 bsCOD 성분의 특성에 영향을 받을 수 있는데, 쉽게 생분해 가능한 단순기질의 경우 K_s 값은 1.0 mg bsCOD/L 이하로 측정된다(Bielefeldt and Stensel, 1999).

유기물질을 산화하는 동안 종속영양균의 세포생산과 소요에너지에 대한 상관관계(그림 7-67)로부터 세포수율계수(Y_H, yield coefficient)는 다음과 같이 계산된다.

세포생산: $bdCOD \times 0.667 = f_{CV} Y_H$ bdCOD (11.48a)

에너지소모: $bdCOD \times 0.333 = (1 - f_{CV} Y_H)$ bdCOD (11.48b)

이 식들에서 미생물의 양론계수(f_{CV})를 1.48 mg COD/mg VSS라고 가정할 때 세포수율계수(Y_H)

는 0.45 mg VSS/mg COD가 된다(한편 f_{CV}를 1.42 mg COD/mg VSS라고 가정한다면 Y_H는 0.47 mg VSS/mg COD로 계산된다). 실제 종속영양미생물을 이용한 설계에서 Y_H 값은 0.3～0.5 mg VSS/mg bCOD의 범위로 제안되며, 통상적으로 0.4 mg VSS/mg bCOD으로 적용한다(Metcalf & Eddy, 2003).

기질이용과 미생물 성장에 대한 위 식을 적용하면 고형물 체류시간(SRT), 먹이/미생물 비율(F/M비) 그리고 기질 비이용률(k)을 포함한 일련의 설계인자들을 유도해낼 수 있다. 탄소성 물질의 제거를 위해 허용 가능 pH 범위는 6.0～9.0(최적 pH는 중성)이다. 생물반응조의 용존산소(DO) 농도는 보통 2.0 mg/L으로 적용되지만 0.5 mg/L 이상의 농도에서는 기질의 분해율에 거의 영향을 미치지는 않는다. 일반적으로 BOD를 제거하는 종속영양균은 다른 종류(암모니아 산화 혹은 메탄생성균 등)와 비교하여 독성물질에 대한 내성이 높다.

2) 질산화

① 반응 양론

질산화(nitrification)는 암모니아성 질소(NH_4-N)가 아질산성 질소(NO_2-N)로 산화되고, 아질산성 질소가 다시 질산성 질소(NO_3-N)로 산화되는 연속적인 두 단계의 생물학적 반응을 통해 일어난다. 이 반응은 암모니아 산화 미생물(AOB, ammonia oxidation bacteria, *Nitrosomonas*)과 아질산염 산화 미생물(NOB, nitrite oxidation bacteria, *Nitrobacter*)이라는 두 종류의 독립영양균에 의해 수행된다[식 (11.49)]. 하수처리에서 질산화는 방류수역에서의 용존산소 고갈 및 어류독성과 관련한 암모니아의 영향 저감, 부영양화의 제어 그리고 물 재이용을 위한 질소 제거 등의 측면에서 중요하다.

Nitrosomonas: $2NH_4^+ + 3O_2 \rightarrow 2NO_2^- + 4H^+ + 2H_2O$

Nitrobacter: $2NO_2^- + O_2 \rightarrow 2NO_3^-$

전체 반응: $NH_4^+ + 2O_2 \rightarrow NO_3^- + 2H^+ + H_2O$ (11.49)

질산화 반응식을 보면 14 g의 질소는 64 g의 산소와 결합하여 NO_3-N을 형성하므로 암모니아의 완전한 산화를 위해 필요한 이론적인 산소소요량은 4.57 g O_2/g N이 된다. 아질산염 생성을 위해서는 3.43 g O_2/g N이 필요하고, 아질산염의 산화를 위해 1.14 g O_2/g N이 필요하다. 또한 질산화 반응의 결과 2몰의 수소이온이 발생하는데 이를 중화하기 위해 이에 상응하는 알칼리도가 필요하다. 알칼리도 요구량의 이론값은 식 (11.50)에 의해 7.14 g $CaCO_3$/g NH_4-N[= 2 × (50 g $CaCO_3$/eq) / 14]가 된다.

$$NH_4^+ + 2HCO_3^- + 2O_2 \rightarrow NO_3^- + 2CO_2 + 3H_2O \qquad (11.50)$$

한편, 세포합성을 고려할 경우 질산화 반응식은 반쪽반응식(f_s = 0.05로 가정)에 근거하여 다음과 같이 표현될 수 있다.

$$4CO_2 + HCO_3^- + NH_4^+ + H_2O \rightarrow C_5H_7O_2N + 5O_2 \qquad (11.51)$$

$$NH_4^+ + 1.863O_2 + 0.098CO_2 \rightarrow$$
$$0.0196C_5H_7O_2N + 0.98NO_3^- + 0.0941H_2O + 1.98H^+ \tag{11.52}$$

이 식을 기준으로 보면 질산화 반응에서는 1 g의 암모니아성 질소의 전환을 위해 4.25 g의 산소와 7.07 g의 알칼리도(as $CaCO_3$)가 필요하고, 0.16 g의 새로운 세포가 생성되며, 0.08 g의 무기성 탄소가 새로운 세포의 형성을 위해 이용된다. 그러나 이러한 값들은 전자공여체 중 세포합성을 위해 사용하는 에너지 비율(f_s)과 밀접하게 관련이 있다.

② 성장 동역학

암모니아 산화에 대한 포화 동역학식은 다음과 같이 표현된다.

$$\mu_n = \left(\frac{\mu_{nm} N}{K_n + N}\right) - b_n \tag{11.53}$$

여기서, μ_n = 질산화 미생물의 비성장률(g new cell/g cell · d)

μ_{nm} = 질산화 미생물의 최대 비성장률(g new cell/g cell · d)

N = 질소 농도(g/m³)

K_n = 반속도상수, 즉 최대기질 비소비율의 1/2에 해당하는 기질농도(g/m³)

b_n = 질산화 미생물의 내생 분해 계수(g VSS/g VSS · d)

질산화 반응은 또한 용존산소의 농도와도 관련이 깊다. 실제 반응조의 DO농도는 유기물질을 호기성 산화시키는 경우와는 달리 약 3～4 mg/L까지 증가한다. 따라서 용존산소의 농도를 고려할 때 질산화 미생물의 비성장률 관련식은 다음과 같이 표현된다.

$$\mu_n = \left(\frac{\mu_{nm} N}{K_n + N}\right)\left(\frac{DO}{K_o + DO}\right) - b_n \tag{11.54a}$$

$$\mu_n = 0.47e^{0.098(T-15)}\left(\frac{N}{K_n + N}\right)\left(\frac{DO}{K_o + DO}\right) - b_n \tag{11.54b}$$

여기서, DO = 용존산소농도(g/m³)

K_o = DO의 반포화계수(g/m³)

또한 $\mu_n = Y_{AUT} k_n$ 이므로 비질산화율(k_n, SNR, specific nitrification rate, g NH_4-N/g VSS/d)은 아래와 같이 표현된다.

$$k_n = \frac{\mu_n}{Y_{AUT}} \tag{11.55}$$

질산화량(즉, NH_4-N의 제거량)과 전체 미생물에 대한 질산화 미생물의 분율은 다음 식으로 표현할 수 있다.

$$R_n = k_n \cdot X_{AUT} = (k_n)(f_{AUT})(X_V) \tag{11.56}$$

여기서, R_n = NH_4-N 제거량(mg/d)

X_{AUT} = 질산화 미생물의 농도(mg/L)

X_V = 포기조 내의 MLVSS(mg/L)

k_n = 비질산화율(g NH_4-N /g VSS/d)

$$f_{AUT} = \frac{(\Delta X_{AUT})}{(\Delta X_{AUT})_T + (\Delta X_H)_T} \tag{11.57}$$

여기서, f_{AUT} = 질산화 미생물의 분율

$(\Delta X_{AUT})_T$ = 질산화 미생물의 총량(mg/L) = $Y_{AUT}(\Delta NH_4\text{-}N)_T$

Y_{AUT} = 질산화 미생물의 증식률(mg VSS/mg N 제거량),

0.05～0.21(흔히 0.17 사용)

$(\Delta X_H)_T$ = 포기조 내의 종속영양미생물의 총량(mg/L)

③ **환경인자**

질산화 반응은 기본적으로 충분한 용존산소가 존재한다는 전제가 필요하다. 또한 하수의 성상(질소와 유기물질, pH, 알칼리도)과 운전 조건(온도, SRT)에 영향을 많이 받는다. 또한 독성물질(유기화합물과 중금속 등)과 이온화가 일어나지 않은 유리 암모니아(FA: free ammonia, NH_2) 그리고 유리 아질산(FNA: free nitrous acid, HNO_2)에 의해서도 영향을 받는다.

질산화 미생물의 최대 비성장률(μ_{nm})은 온도에 영향을 크게 받는데, 28°C 이하에서는 아질산의 산화보다는 암모니아의 산화과정이 율속단계(rate-limiting step)가 된다. 20°C에서 최대 비성장률은 0.25～0.77 g VSS/g VSS/d 정도로 변하지만 종속영양균의 값보다는 훨씬 작다. 따라서 질산화를 위한 활성슬러지 시스템은 상대적으로 긴 SRT가 필요하다. 전형적인 SRT 설계값은 10°C에서 10～20일, 20°C에서 4～7일 정도이다. 28°C 이상의 높은 온도에서는 암모니아와 아질산염의 상대적인 산화율이 변화하므로 두 경우에 대한 산화속도(동역학)를 모두 고려하여야 한다. 25°C 이하의 충분한 DO가 유지되는 잘 적응된 완전혼합 활성슬러지의 경우 질산화 공정에서 NH_4-N 농도는 약 0.5～1.0 mg/L 그리고 NO_2-N 농도는 0.1 mg/L 이하이다. 질산화 미생물의 성장을 위해서는 무기탄소(CO_2)와 인(P)뿐만 아니라 미량영양원을 필요로 한다. 하지만 질산화 미생물의 세포합성계수가 낮기 때문에 무기탄소와 인이 부족한 경우는 거의 드물다.

질산화는 pH 조건에 민감한데, 질산화율은 pH 6.8 이하에서 상당히 감소한다. pH 5.8～6.0 근처에서의 질산화율은 pH 7.0에서의 경우에 비해 약 10～20% 정도이다(USEPA, 1993). 최적의 질산화율은 pH 7.5～8.0 범위이지만 정상적인 질산화율을 유지하기 위해 통상적으로 pH 7.0～7.2로 운전한다. 이때 하수 내에 함유된 알칼리도가 낮아 목표 pH를 유지하기 어렵다면 알칼리도의 첨가가 반드시 필요하다. μ_{nm}는 $7.2 < pH < 8.5$ 조건에서 일정하며, $5 < pH < 7.2$ 조건에서는 감소한다(Dowing et al., 1964, Loveless and Painter, 1968).

7.2 < pH < 8.5 조건

$$\mu_{nm \cdot \mathrm{pH}} = \mu_{nm \cdot 7.2} \tag{11.58a}$$

5 < pH < 7.2 조건

$$\mu_{nm \cdot \mathrm{pH}} = \mu_{nm \cdot 7.2}\,(2.35)^{(\mathrm{pH}-7.2)} \tag{11.58b}$$

여기서, 2.35 = pH sensitivity coefficient

따라서 질산화 미생물의 비성장율 관련식[식 (11.54)]에서 μ_{nm}는 pH 조건에 따라 조정될 수 있다. 그러나 실제 질산화 반응조의 설계(정상상태)에서 충분한 알칼리도를 전제로 하고 있다면 일반적으로 직접 설계에 반영하지 않는다. 하지만 동적 거동을 분석하기 위한 수치모델에서는 반응조 내의 pH에 대한 영향을 분석하기 위해 반영될 수 있다. 비질산화율(k_n)에 미치는 pH의 영향도 동일한 개념으로 적용한다(WRC, 1984).

질산화 미생물은 호기성 종속영양균에 비해 훨씬 낮은 농도의 다양한 유기 및 무기화합물에 대하여 민감하게 나타난다. 경우에 따라서는 질산화율을 크게 저해시키고, 질산화균을 죽이기도 한다. 이러한 이유로 질산화 미생물은 유기 독성화합물의 존재를 규명하는 지표로 사용되기도 하였다(Blum and Speece, 1991). 질산화 반응을 저해하는 대표적인 독성화합물에는 유기용매, 아민, 단백질, 탄닌, 페놀 화합물, 알코올, 시안화물, 에테르, 카바메이트 그리고 벤젠 등이 포함된다(Hockenbury and Grady, 1977; Sharma and Ahlert, 1977). 니켈(0.25 mg/L), 크롬(0.25 mg/L) 그리고 구리(0.10 mg/L)와 같은 중금속류도 질산화 반응에 상당한 독성을 보인다(Skinner and Walker, 1961).

이온화되지 않은 자유 암모니아(FA)나 비이온화된 아질산(FNA)에 의해서도 질산화 반응은 독성 효과를 보인다. 이러한 영향은 질산화종들에 대한 농도, 온도 및 pH와 직접적으로 관련이 있다. 일반적으로 FA가 0.1 mg/L 이하 그리고 FNA가 0.2 mg/L 이하일 때 완전한 질산화가 가능하다. 20°C, pH 7.0에서 NH_4-N 농도 100 mg/L인 경우, NO_2-N 농도가 20 mg/L에서부터 NH_4-N과 NO_2-N의 산화가 억제되기 시작하며, NO_2-N 농도가 280 mg/L에서부터 NO_2-N의 산화가 저해되기 시작한다(USEPA, 1993). 질산화 저해가 관찰되는 하수처리장에서 다수의 잠재적 화합물이 그 원인이 될 수 있기 때문에 독성원을 명확하게 지적하기는 어려우므로 광범위한 조사가 필요하다.

질산화 반응에서 암모니아 산화와 아질산염 산화 단계를 구분하는 결정적인 요소는 주로 온도와 pH이다. 30°C 이상의 온도조건에서 암모니아 산화 미생물의 성장속도는 아질산염 산화 미생물에 비해 상대적으로 크게 나타난다. 이러한 특성은 처리수에 아질산성 질소만을 축적하기에 효과적이다(Choi and Ahn, 2014). 이러한 방법은 부분 질산화(partial nitrification)를 이용하는 다양한 단축질소제거기술에 적용된다(Ahn, 2006).

3) 탈질소화

산소와 결합한 형태인 질산염(NO_2^-, NO_3^-)을 생물학적으로 NO, N_2O 혹은 최종산물인 N_2 가스로 환원시키는 반응을 탈질(denitrification)이라고 한다. 생물학적 탈질은 일반적으로 질산화와 탈질소화 반응을 통하여 이루어지며(그림 11-39), 이는 다른 물리화학적 제거방법(예를 들어 암모니아 탈기, 파과점 염소주입 및 이온교환 등)에 비해 경제성이 우수하여 일반적으로 선호하는 방법이다.

최근 종속영양 호기성 탈질(aerobic denitrification), 질산화균에 의한 탈질(nitrifier denitrification) 그리고 혐기성 암모늄 산화(Anammox, anaerobic ammonium oxidation) 등과 같은 새로운 질소제거방법들이 개발되었다(Ahn, 2006). 호기성 종속영양 탈질은 동시 질산화-탈질(simultaneous nitrification-denitrification)로도 알려져 있는데, 기질이용의 제한성으로 인하여 관련 미생물의 성장은 매우 낮다. 또한 용존산소가 없는 경우 질산염을 직접 이용할 수 있는 독립영양 질산화 미생물(*N. europaea*)의 경우 역시 탈질률은 매우 제한적이다. 이에 반하여 Anammox 공정은 혐기성 조건하에서 질산염의 환원과 동시에 암모니아를 산화시켜 질소가스를 생산하는 독특한 부류의 미생물(the phylum *Planctomycetes*)을 활용한다. 이러한 공정들의 목표는 대부분 혐기성 소화 슬러지 액(anaerobic digestion sludge liquor)과 같은 고농도 질소폐수에서 질소 화합물을 생물학적으로 제거하기 위해 사용되므로 하수처리의 수처리 계통(main stream)에서는 사용이 드물다. 따라서 여기에서는 전통적인 질산화-탈질을 통한 질소제거에 집중하여 설명한다.

질산화-탈질반응을 이용한 질소제거방법에는 호기-무산소 배열의 후탈질(postanoxic denitri-

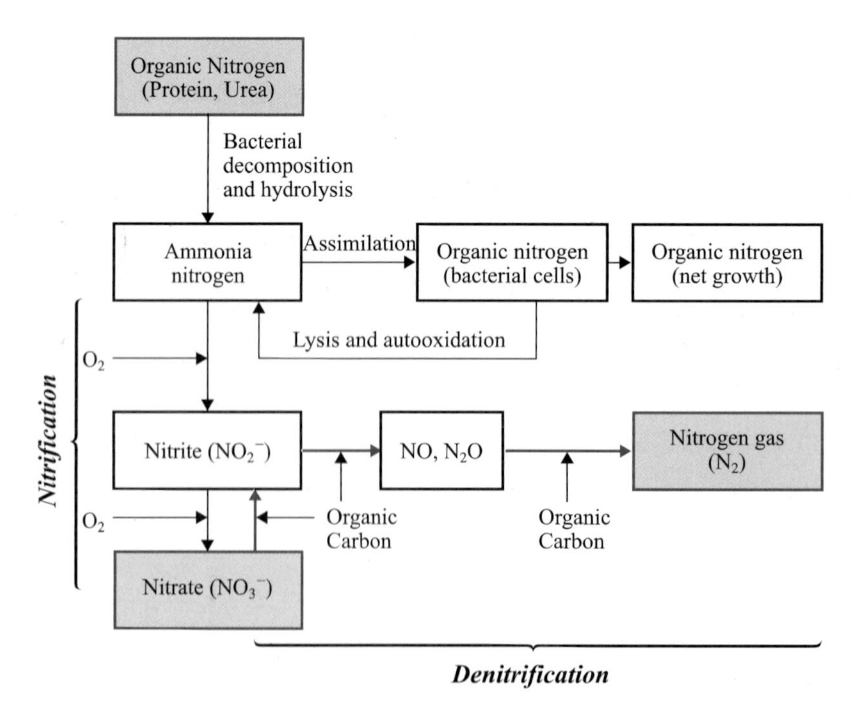

그림 11-39 질산화-탈질반응을 통한 질소의 생물학적 전환

fication: Wuhrmann process)방식과 무산소-호기 배열의 전탈질(preanoxic denitrification: MLE process)방식이 있다. 질산화 반응이 후단에서 일어나는 전탈질 방식의 경우 전자공여체는 유입하수 내 포함된 유기물질을 이용할 수 있으므로 기질에 의한 탈질(substrate denitrification)이라고 한다. 반면에 질산화 반응이 먼저 일어나는 후탈질 방식의 경우 전자공여체는 바이오매스의 내생탄소원이 된다. 따라서 전탈질 방식에 비하여 후탈질 방식은 외부의 추가적인 탄소원이 공급되지 않는 한 이용 가능한 탄소원에 한계가 있으므로 탈질률은 본질적으로 상당히 낮게 나타난다. 이는 후탈질보다 전탈질 방식을 선호하는 이유가 된다.

① 반응양론

생물학적 탈질은 질산염 환원반응으로 용존산소가 없거나 매우 제한된 환경에서 전자수용체로서 산소 대신 질산염(NO_3^-)과 아질산염(NO_2^-)을 이용하는 경우를 말한다. 탈질반응에서 질산염의 제거는 동화작용(합성)과 이화작용(환원) 모두에서 일어난다. 세포합성과정에서는 질산성질소가 암모니아로 환원되는 과정이 포함된다. 이 과정은 DO농도와는 관련이 없으며 NH_4-N가 없을 때 일어난다. 반면에 환원에 의한 질산염 제거(즉, 탈질)는 호흡과정의 전자전달체계에서 다양한 유기성 혹은 무기성 전자공여체의 산화와 함께 질산염이 전자수용체로 사용되는 과정에서 이루어진다.

생물학적 질소제거공정에서 전자공여체로는 일반적으로 유입하수 내에 포함된 bsCOD나 내생분해과정으로 생성된 bsCOD가 사용된다. 하지만 질산화 공정 이후 잔류된 유기물(bsCOD)이 거의 없는 경우 결핍한 유기물질을 공급하기 위해 추가로 외부탄소원(즉, 메탄올이나 아세트산)을 주입하기도 한다. 이들 전자공여체에 대한 반응 양론식은 다음과 같다. 이때 하수 내에 포함된 생분해성 유기물은 흔히 $C_{10}H_{19}O_3N$으로 표현한다.

하수: $C_{10}H_{19}O_3N + 10NO_3^- \rightarrow 5N_2 + 10CO_2 + 3H_2O + NH_3 + 10OH^-$ (11.59)

메탄올: $5CH_3OH + 6NO_3^- \rightarrow 3N_2 + 5CO_2 + 7H_2O + 6OH^-$ (11.60)

아세트산: $5CH_3COOH + 8NO_3^- \rightarrow 4N_2 + 10CO_2 + 6N_2O + 8OH^-$ (11.61)

이상의 반응식에서 대략 1 당량의 NO_3-N 환원과정에서 1 당량의 알칼리도가 생성된다. 즉, 알칼리도 생산량은 1 g NO_3-N 환원당 3.57 g(as $CaCO_3$)이 되는데, 이는 질산화 과정에서 1 g NH_4-N 제거당 7.14 g의 알칼리도가 소모되는 점을 고려할 때 탈질반응을 통해 질산화 과정에서 소모된 알칼리도의 절반 정도를 회수할 수 있음을 의미한다.

한편, 산화-환원 반쪽반응으로부터 전자수용체로서 사용된 질산염이나 아질산염의 산소당량을 다음과 같이 계산할 수 있다.

산소: $0.25O_2 + H^+ + e^- \rightarrow 0.5H_2O$ (11.62)

질산염: $0.20NO_3^- + 1.2H^+ + e^- \rightarrow 0.1N_2 + 0.6H_2O$ (11.63)

아질산염: $0.33NO_2^- + 1.33H^+ + e^- \rightarrow 0.67H_2O + 0.17N_2$ (11.64)

이상의 반쪽반응식에서 전자 하나의 이동에 상응하는 전자수용체의 양은 각각 0.25몰 산소 =

0.20몰 질산염 = 0.33몰의 아질산염에 해당한다. 따라서 질산염의 산소당량은 2.86 g O_2/g NO_3-N[= (0.25 mole/e^- × 32 g O_2/mole)/(0.2 mole/e^- × 14 g N/mole)]로 계산된다. 동일한 방법으로 계산하면 아질산염의 산소당량은 1.71 g O_2/g NO_2-N에 해당한다. 이러한 질소의 산소당량은 질산화-탈질 생물학적 처리공정에서 총 산소요구량을 결정할 때 매우 유용한 설계인자이다.

생물학적 탈질에서 주요 목표인 질산염의 제거를 위해서는 충분한 양의 전자공여체(유기물질, 즉 bsCOD 혹은 BOD)가 필요하다. 그 소요량은 전자공여체의 종류와 시스템 운전조건에 따라 달라지는데, 일반적으로 전자공여체의 구조가 복잡할수록 유기물질 소요량은 증가한다(표 11-28).

종속영양 미생물의 합성계수는 단위 유기물질(bsCOD)당 사용된 산소의 양과 관련이 있으므로 탈질의 경우도 유사하게 bsCOD/NO_3-N 비율도 미생물의 합성계수와 관련이 있다. 정상상태로 운전되는 탈질 반응조에서 COD 물질수지는 다음과 같이 나타난다.

$$bsCOD_r = bsCOD_{syn} + bsCOD_o \tag{11.65}$$

여기서, $bsCOD_r$ = bsCOD 소모율(g bsCOD/d)

$bcCOD_{syn}$ = 세포합성에 사용되는 bsCOD(g bsCOD/d)

$bsCOD_o$ = bsCOD 산화율(g bsCOD/d)

이 식에서 세포합성에 대한 $bsCOD_{syn}$은 순 미생물 성장계수(Y_n)와 미생물의 산소당량(1.42 g O_2/g VSS)으로부터 계산할 수 있다.

$$bsCOD_{syn} = 1.42\, Y_n\ bsCOD_r \tag{11.66}$$

여기서, Y_n = 순 미생물 합성계수(g VSS/g $bsCOD_r$)

표 11-28 **종속영양 탈질반응에서 필요한 유기물질 요구량**

	Carbon source	Organic requirement (g COD/g N)	References
NO_2-N	Acetic acid	1.56	Abeling & Seyfried(1992)
	Acetic acid	2.0	Akunna et al.(1993)
	Lactic acid	2.8	Akunna et al.(1993)
	Methanol	2.3	US EPA(1993)
	Methanol	2.1～2.6	Ho & Choi(2000)
NO_3-N	Acetic acid	2.08	Abeling & Seyfried(1992)
	Acetic acid	3.7	Akunna et al.(1993)
	Lactic acid	4.1	Akunna et al.(1993)
	Methanol	3.75～4.5	US EPA(1993)
	Methanol	7.35	Nyberg et al.(1992)
	Raw sewage	5.2	Rogalla et al.(1992)
	Piggery waste	8.44	Bae et al.(2001)
NO_X-N	Acetate	2.07	Narkis et al.(1979)
	Methanol	4.2	Narkis et al.(1979)
	Piggery waste	6.42	Bae et al.(2001)

Ref) summarized by Ahn(2006)

또한 미생물의 순 합성계수는

$$Y_n = \frac{Y}{1 + (k_{dn})\mathrm{SRT}} \tag{11.67}$$

로 표현되므로 정리하면,

$$bsCOD_r = bsCOD_o + 1.42\,Y_n\ bsCOD_r \tag{11.68}$$

$$bsCOD_o = (1 - 1.42\,Y_n) bsCOD_r \tag{11.69}$$

가 된다. $bsCOD_o$는 산화된 COD이고, 이는 bsCOD를 산화하기 위해 이용된 NO_3-N의 산소당량과 같다. 즉,

$$bsCOD_o = 2.86\ (g\ O_2/g\ NO_3\text{-}N) \times \text{환원된}\ NO_3\ (g\ N/d)] \tag{11.70}$$

이므로 식 (11.70)은 다음과 같이 정리된다.

$$2.86NO_3 = (1 - 1.42\,Y_n)\ bsCOD_r \tag{11.71}$$

$$\frac{bsCOD_r}{NO_3 - N} = \frac{2.86}{1 - 1.42\,Y_n} \tag{11.72}$$

이 식에서 2.86은 질산성 질소의 산소당량이다. 또한 세포의 질소함량을 10%로 가정할 때 제거되는 질소의 10%가 세포합성에 사용되므로 세포의 산소당량 1.42는 1.134[= 1.42 − (2.86 × 0.1)]로 수정된다.

② 성장 동역학

생물학적 탈질에서 사용되는 동역학(성장과 기질이용)은 기본적으로 호기성 종속영양 미생물의 경우와 동일하나 전자수용체는 산소 대신 질산성 질소가 사용된다. 따라서 질산염 소모율, 즉 탈질률은 기질이용률과 동일하다(그림 11-40). 탈질 미생물에 의한 탈질량(R_{dn})과 비탈질률(k_{dn}, SDNR, specific denitrification rate, g NO_3-N/g VSS/d)은 아래와 같다.

$$R_{dn} = k_{dn} \cdot X_{HD} \tag{11.73}$$

$$k_{dn} = \frac{\Delta NO_3 - N}{(X_V)(t)} \tag{11.74}$$

여기서, R_{dn} = NO_3-N 제거량(mg/d)

X_{HD} = 탈질 미생물의 농도(mg/L)

기질소모율과 탈질률은 질산화-탈질반응의 공정배열에 따라 차이가 있다. 즉, 무산소-호기 방식에서는 유입하수 내 포함된 유기물질이 탈질의 전자공여체가 될 것이며, 호기-무산소 방식에서는 호기 지역에서 BOD가 소진될 것이므로 무산소 지역에서는 추가적인 외부탄소원의 도입이 필요하다. 내생호흡에 의한 탈질의 경우에는 기질소비에 의한 탈질에 비하여 그 속도는 매우 낮다.

유입하수에서 전자공여체가 공급되는 경우(무산소-호기 방식) 종속영양 미생물의 성장은 무산

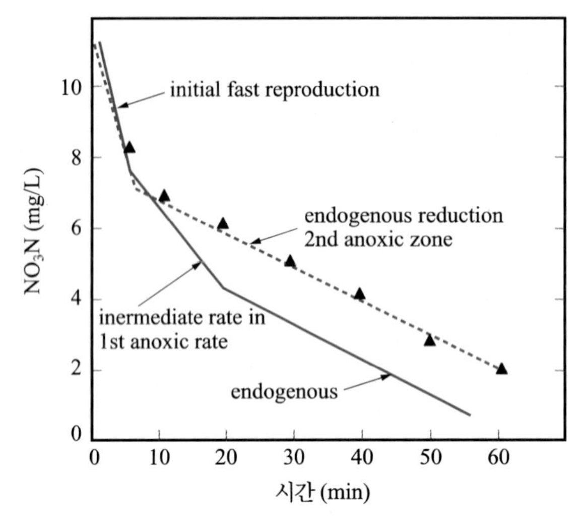

그림 11-40 **기질의 상태에 따른 탈질률** (Barnard, 1975)

소와 호기성 반응조 모두에서 질산염과 산소의 소모가 일어나게 된다. 생물반응조 내의 미생물 (biomass 또는 MLSS) 농도는 총 BOD 소모량으로 산정할 수 있지만, 탈질반응에서는 그중 일부만이 질산성 질소를 전자수용체로 사용할 수 있다. 따라서 탈질 동역학식에서는 전체 미생물 중 일정 분율에 해당하는 탈질 미생물이 무산소 지역에서 기질이용률($g/m^3/d$)에 관여하는 것으로 수정된다.

$$r_{su} = -\frac{k_{dnm} S}{K_s + S} X\eta \tag{11.75}$$

여기서, η = 미생물(biomass) 내 탈질 미생물의 분율(g VSS/g VSS)

기질의 최대 비이용률(k_m)은 산소에 의한 값보다 전자수용체로 질산염이 사용되는 경우 더 낮게 나타나지만, K_s 값은 전자수용체의 종류와 관련 없이 유사하다. 또한 전무산소(preanoxic) 탈질 공정에서 η값은 통상적으로 약 0.8 정도이나 0.2까지도 변화할 수 있다(Stensel and Horne, 2000). 이 공정에서는 혼합액 미생물의 일부만이 질산염을 이용할 수 있음에도 불구하고 무산소조의 부피는 생물반응조의 총 부피(무산소 + 호기)의 약 10～30% 정도이다.

한편, 후무산소(postanoxic) 공정의 경우 미생물은 외부탄소원으로 주어진 하나의 유기성 기질(즉, 메탄올 등)만을 무산소 조건하에서 사용하게 된다. 이 경우 미생물은 주로 탈질 박테리아로 구성되어 있기 때문에 μ항은 필요가 없다. 따라서 후무산소 공정을 설계하기 위해서는 기존의 동역학식을 기초로 적절한 계수값(k, Ks, Y, b)을 적용할 수 있다. 일반적으로 메탄올을 이용한 탈질공정에서 요구되는 SRT는 BOD 제거를 위해 필요한 호기성 공정의 SRT(약 3～6일)와 유사한 범위이다.

용존산소(0.2 mg/L 이상)는 질산염 환원효소를 억제하여 탈질반응을 저하시킬 수 있지만 (Dawsol1 and Murphy, 1972), 그럼에도 불구하고 낮은 DO 농도 하에서는 활성슬러지 플록과 생물막 내에서는 탈질반응이 일어날 수 있다. DO의 영향을 고려할 경우 기실이용률[식 (11.75)]

은 다음 식으로 보정된다.

$$r_{su} = -\left(\frac{k_{dnm}S}{K_s + S}\right)\left(\frac{NO_3}{K_{s,NO_3} + NO_3}\right)\left(\frac{K_o'}{K_o' + DO}\right)X(\eta) \tag{11.76}$$

여기서, K_a' = 질산염 환원 시 DO에 의한 저해계수(mg/L)

K_{s,NO_3} = 질산염 제한조건의 반응에서 반속도 상수(mg/L)

통상적으로 K_O'와 K_{s,NO_3} 값은 각각 0.1~0.2 mg/L 및 0.1 mg/L로 제안된다(Barker and Dold, 1997). K_{s,NO_3} 값을 0.1 mg/L로 0.1 mg/L로 가정한 경우 기질(질산염) 이용률은 DO 농도가 0.1, 0.2 및 0.5 mg/L일 때 각각 최대 기질이용률의 50%, 33% 및 17% 정도로 감소된다(Metcalf & Eddy, 2003).

③ 환경인자

탈질반응에서의 환경인자는 기본적으로 호기성 종속영양 미생물의 경우와 유사하다. 그러나 호기성 질산화 반응결과 낮아진 pH는 탈질반응에 의해 알칼리도의 생성으로 인하여 일반적으로 상승(약 50%)하게 된다. 따라서 탈질률에 대한 pH 영향은 질산화 미생물과는 반대로 크지 않다.

4) 생물학적 인 제거

인(P)은 질소와 함께 대표적인 부영양화 물질로 대부분의 담수시스템에서 인은 부영양화의 임계 영양소로 알려져 있다. 양론상으로 1 mg/L의 인은 114 mg의 조류를 생산하며, 이는 COD로 124 mg/L에 해당한다. 즉, 하수처리장에서 유기물질을 제거하여 방류하더라도 만약 인을 제거하지 않는다면 방류된 인으로 인하여 상당량의 COD가 재발생하게 된다. 그러므로 인 제거는 부영양화 억제를 위한 직접적인 대책으로 여겨진다.

전통적으로 가장 일반적으로 사용된 인 제거방법은 화학적 처리(알럼과 철염 사용)였다. 그러나 1970년 이후 실규모 처리장에서 과잉 인 섭취(luxury uptake of P)라는 생물학적 현상이 발견됨에 따라 그 공학적 기술이 발전하였고, 현재에는 하수처리시스템에서 직접적인 적용이 확대되고 있다. 일반적으로 생물학적 처리공정에서는 세포의 합성과정에서 필요한 양의 인이 기본적으로 제거된다. 그러나 여기서 생물학적 인(Bio-P) 제거란 생물학적 과잉 인 제거(BEPR, biological excess P removal)기작에 따른 인 제거방법을 말하는 것으로, 이는 인 축적 미생물(PAOs, poly-P organisms, X_{PAO})의 대사과정으로 설명된다.

화학적 처리방법에 비해 생물학적 인 제거(bio-P)의 주된 장점은 높은 경제성과 낮은 슬러지의 발생량에 있다. 그러나 인 축적 미생물에 의한 생물학적 인 제거는 그 효과에 한계가 있으므로 방류수의 인 제거효율을 더욱 향상시키기 위하여 화학적인 방법을 추가하기도 한다. 처리장 방류수의 인 배출기준은 방류 위치와 규모 그리고 방류 수역에 대한 영향 등에 따라 달라진다. 우리나라의 현행 규제 법률에 따르면 1일 처리용량 500 m^3 이상의 공공하수종말처리시설이나

I지역 폐수종말처리시설의 경우 배출한계는 총인(T-P) 기준으로 0.2 mg/L 이하이다. 화학적인 방법에 의한 추가적인 인 제거는 하수의 고도처리(12장) 부분을 참고하기 바란다.

생물학적 인 제거(Bio-P)는 궁극적으로 인을 함유하고 있는 미생물(PAOs)를 폐기함으로써 이루어진다. 생물반응조의 배열은 기본적으로 호기성 활성슬러지 반응조(3∼6 hr) 선단에 짧은 체류시간을 가진 혐기조(0.5∼2 hr)를 구성하는 형태가 되는데, 이때 전체 시스템의 SRT는 공정의 특성에 따라 2∼40일 정도(부유성장의 경우)가 된다. 이때 PAOs는 호기성 영역에서 세포합성에 의해 다중인산염(poly-P, polyphosphate)의 형태로 미생물 중량의 5∼7%에 해당하는 과잉의 인을 저장할 수 있다.

일반적으로 완전한 호기성 활성슬러지 공정에서 통상적인 인 제거량은 0.02 mg P/mg VSS (0.015 mg P/mg TSS) 정도이다. 반면에 BEPR 공정에서는 0.06∼0.15 mg P/mg VSS(0.05∼0.10 mg P/mg TSS) 정도로 높게 나타난다. 초산(acetate)을 기질로 배양된 인 축적 미생물(PAOs)의 인 섭취량은 약 0.38 mg P/mg VSS(0.17 mg P/mg TSS)이었다. 이때 슬러지 내에 축적된 다량의 다중인산염으로 인하여 PAOs 슬러지의 VSS/TSS 비율은 0.46 정도로 낮게 나타났다. PAOs는 탈질능력이 거의 없으며, 매우 낮은 내생호흡률(20°C기준 0.04 mg AVSS/mg AVSS/d)을 가지는 특징이 있다(WRC, 1984).

① Bio-P 미생물과 인 제거 메커니즘

BEPR과 관련된 초기 연구는 주로 *Acinetobacter*와 관련이 있으나, Bio-P 미생물은 주로 그람양성균(high G + C)이나 베타프로테오박테리아의 부류로 추측된다. BEPR 공정 설계에서 이러한 미생물은 poly-P, Bio-P 및 PAOs로 부르며 모두 동일한 의미로 사용한다. Poly-P 미생물의 성장을 위해서는 혐기조와 호기조의 연속적인 배열이 필요하며, 혐기조에서는 휘발성 유기산(VFAs, volatile fatty acids, S_A)이 존재해야 한다. 통상적인 종속영양미생물(OHOs, ordinary heterotrophic organisms: X_H)은 혐기조에서 산발효반응(facultative acidogenic fermentative reaction)을 일으키는데, 하수에 포함된 rbCOD($S_S = S_A + S_F$) 중에서 발효 가능한 성분(S_F)을 VFAs(S_A)로 전환한다. 외부의 전자수용체(용존산소나 질산성 질소)가 없다면 이때 생성된 VFAs는 OHOs에 의해 직접 사용될 수 없다. 따라서 생성된 VFAs는 PAOs에 의해 섭취되어 미생물내부에 PHA(polyhydroxyalkanoate) 형태로 저장된다. 즉, 용존산소와 질산성 질소가 없는 혐기성 환경에서 호기성 미생물인 PAOs는 발효산물(VFAs, S_A)을 섭취하는 동시에 세포 내에 저장된 다중인산염으로부터 인을 방출하게 된다. PAOs 미생물은 유기물질 VFAs를 독점적으로 사용하도록 분리되어야 한다. 기질 내 포함된 일부 콜로이드(S_{COL})와 입자성 유기성분(X_S)과 같은 sbCOD 역시 가수분해가 가능하지만 S_F 성분의 발효에 비하여 그 효과는 낮으므로 실제 설계에 대부분 반영하지 않는다. PAOs는 생성 가능한 에너지원(아세테이트 또는 세포 내에 저장된 글리코겐 일부)을 사용하여 폴리하이드록시 부틸레이트(PHB, polyhydroxybutyrate)라는 물질을 세포 내에 축적한다. 이때 에너지원으로는 세포 내에 저장된 다중인산염(ATP)이 되고, $NADH_2$원은 PHA가 된다. PHA는 글리코겐의 전환으로부터 발생된다. 즉, PAOs 내 다중인산염이 감소함에 따라 PHB 함량은 증가하게 되는데, 1 mg P가 방출되면 약 2 mg PHB가 저장된다. 이 과정에서 정인산염(PO_4-P)뿐만 아니라 다양한 양이온(Mg^{2+}, K^+, Ca^{2+})이 동시에 방출되는데, 방출되는 P : Mg^{2+} : K^+ 비율은 1 : 0.26 : 0.3 정도이다. 1몰의 인을 방출하기 위해 약 1몰의 VFAs를 섭취한다(WRC, 1984).

호기성 산화반응에서는 방출된 인을 다시 섭취하며 탄소원인 저장물질(PHB)로부터 에너지를 공급받아 새로운 세포를 성장시키는 대사작용을 한다(이때 글리코겐 일부 역시 PHB 대사로부터 생산된다). PHB 산화로부터 방출된 에너지는 세포 내에 다중인산염 결합을 위해 이용되는데, 이때 용존성 정인산염이 세포 내에 다중인산염으로 저장된다. 즉, PHB 이용 과정에서 PAOs 세포성장이 일어나고 그 과정에서 세포 내의 다중인산염의 저장이 증가하게 된다. 최종적으로 공정으로부터 과잉 성장한 바이오매스(poly-P organisms)를 폐슬러지(waste sludge)로 폐기하면서 생물학적 인의 제거가 달성된다. 결국 인 제거량은 인 섭취량에 인 방출량을 제외한 값이 된다.

이상의 설명을 기초로 한 Bio-P 제거 공정의 개념도를 그림 11-41에 나타내었다.

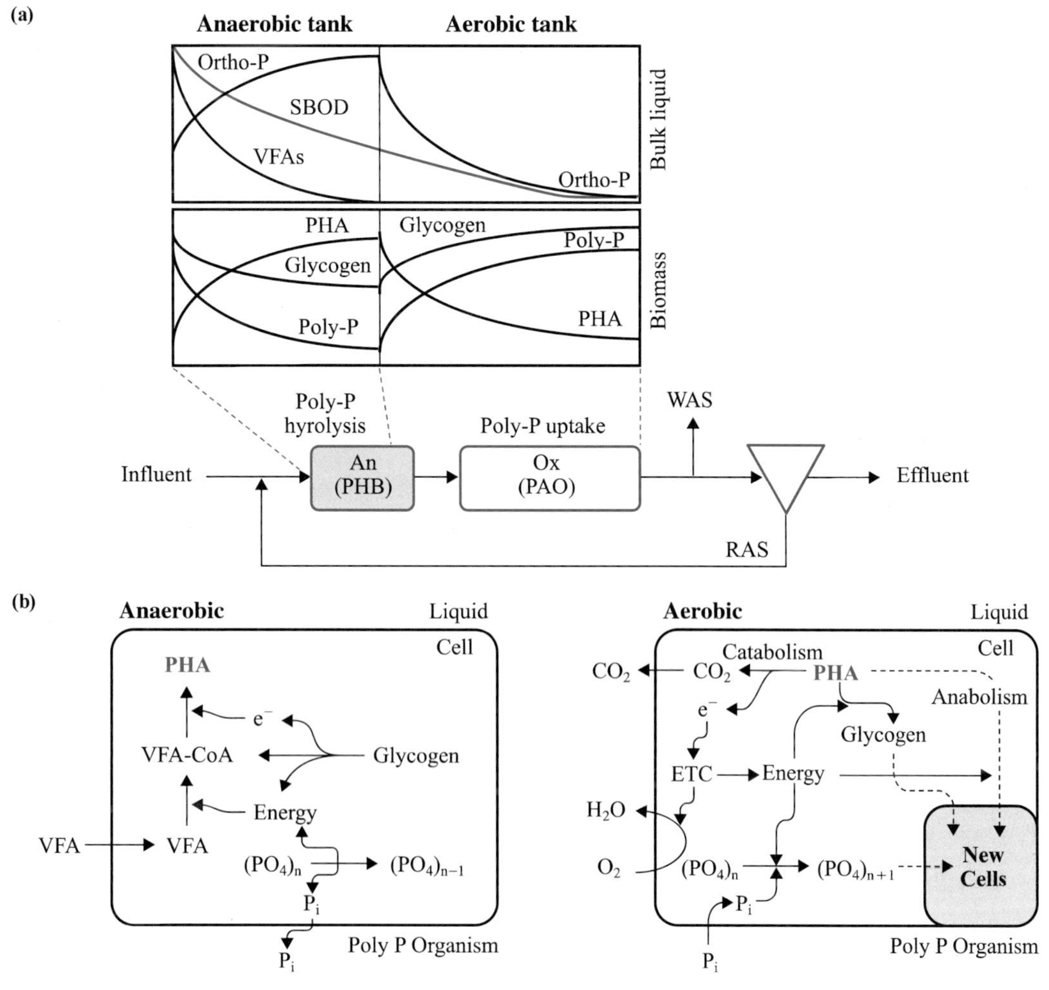

그림 11-41 (a) 생물학적 인 제거공정과 (b) 제거기작

Bio-P의 실질적인 제거를 위해서는 휘발성 유기산(VFAs)의 존재가 매우 중요하지만 실제 도시하수 내에 포함된 VFAs의 함량은 일반적으로 매우 낮다. 따라서 BEPR은 VFAs 생산이 용이한 성분인 rbCOD(S_S) 함량과 직접적으로 관련이 있다. 우리나라의 경우 rbCOD 함량은 총 COD의 약 20% 정도로 제안되었다(최의소, 2003).

② 반응양론

인 제거 메커니즘에 따르면 Bio-P 공정에서 인 제거량은 기본적으로 PAOs 성장과 관련이 깊고, 이는 혐기성 지역에서 주어진 체류시간 내에 VFAs로 전환 가능한 유입수의 rbCOD 양과 직접적인 관계가 있다(유입수 내 rbCOD 양 측정방법은 11.2절 참고). 만약 용존산소나 질산염이 혐기성 영역으로 유입된다면 VFAs는 PAOs에 의해 흡수되기 전에 제거되므로 인 제거 성능은 저해된다. 따라서 Bio-P 제거는 혐기성 영역으로 반송되는 흐름(반류수) 내에 포함된 질산염의 양을 최소화해야만 달성될 수 있다.

Bio-P 제거의 양론적 평가를 위해 기본적으로 적용되는 가정은 다음과 같다.

- 발효과정에서 유입수의 rbCOD 대부분이 VFA로 전환되며, 그 산생성률은 1.06 mg acetate/mg bsCOD이다.
- 세포 수율은 0.3 mg VSS/mg acetate이다.
- 세포의 인 함량은 0.3 mg P/mg VSS이다.

이러한 가정을 근거로 할 때 1 mg의 P를 제거하는 데 필요한 rbCOD는 약 10 mg이 된다. 하수 내 포함된 rbCOD가 총 COD의 20% 정도라고 가정할 때 인 제거 가능량은 0.02 mg P/mg tCOD가 된다. 그러나 활성슬러지 공정에서는 다른 bCOD의 제거도 이루어지며 그 세포합성에서 인의 추가적인 제거도 기대할 수 있다.

③ 성장 동역학

PAOs의 성장 동역학은 일반적인 종속영양 미생물의 경우와 유사하다. 단 최대 비성장률(μ_{PAOm})은 1～2 /d(20°C 기준) 정도로, 질산화 미생물의 2배 정도이다. 따라서 PAOs 성장을 위한 SRT는 질산화 미생물의 50% 정도로, 15～18°C에서 4～6일, 20°C 기준에서는 1～2일이 된다. 하지만 특이한 성장 메커니즘으로 인하여 일반적인 활성슬러지 공정에서는 활동적이 않다. Y_{PAO}는 0.44 g VSS/g COD_{VFA} 정도이며, 내생호흡률은 0.04 mg AVSS/mg AVSS/d(20°C 기준)이다. 통상적으로 활성 미생물 질량(M_a)의 25% 정도를 내생미생물 질량(M_e)으로 고려한다. 또한 X_{PAO}의 인의 함량은 M_a의 경우 34%, M_e의 경우 2%로 적용한다.

PAOs와 질산화 미생물은 모두 호기성 상태에서 성장하는 미생물이다. 그러나 질산화 미생물과는 달리 PAOs를 활성화하여 배양시키기 위해 적절한 배양조건(즉, 혐기/호기 배열과 VFAs의 존재)과 시간이 필요하다. PAOs의 온도에 대한 영향은 질산화 미생물의 경우보다 작다(IAWQ, 1995). 표 11-29는 활성슬러지의 양론계수와 동역학 상수를 관련 미생물의 종류에 따라 비교하

표 11-29 **Typical stoichiometric and kinetic parameters of activated sludge(ASM2d 기준)**

(a) Typical stoichiometric parameters

Symbol		Values	Units
Hydrolysis			
f_{SI}	Production of S_I in hydrolysis	0	g COD/g COD
Heterotrophic organisms, X_H			
Y_H	Yield coefficient of biomass	0.625	g COD/g COD
f_{XI}	Fraction of inert COD generated in biomass lysis	0.1	g COD/g COD
Phosphorus-accumulating organisms, X_{PAO}			
Y_{PAO}	Yield coefficient of biomass/PHA	0.625	g COD/g COD
f_{XI}	Fraction of inert COD generated in biomass lysis	0.1	g COD/g COD
Nitrifying organisms, X_{AUT}			
Y_A	Yield coeff. of autotrophic biomass per NO_3-N	0.24	g COD/g N
f_{XI}	Fraction of inert COD generated in biomass lysis	0.1	g COD/g COD

Note) N/Mv = 0.07 g N/COD_{VSS}, P/Mv = 0.02 g P/COD_{VSS}

(b) Typical kinetic parameters

Temperature		20°C	10°C	Units
Hydrolysis of particulated substrate, X_S				
K_h	Hydrolysis rate constant	3.00	2.00	/d
K_X	Saturation coeff. for particulated COD	0.1	0.1	g $X_{S/g}$ X_H
Heterotrophic organisms, X_H				
μ_H	Max. growth rate on substrate	6.00	3.00	g X_S/g X_H/d
b_H	Rate const. or lysis and decay	0.4	0.2	/d
K_F & K_A	Saturation coeff. for growth on S_F & S_A	4.00	4.00	mg COD/L
Phosphorus-accumulating organisms, X_{PAO}				
μ_{PAO}	Max. growth rate of PAOs	1.00	0.67	/d
b_{PAO}	Rate const. for X_{PAO} lysis	0.2	0.1	/d
K_{O2}	Saturation/inhibition coeff. for oxygen	0.2	0.2	mg O_2/L
K_{NO3}	Saturation coeff. for nitrate, S_{NO3}	0.5	0.5	mg N/L
Nitrifying organisms, X_{AUT}				
μ_{AUT}	Max. growth rate of X_{AUT}	1.00	0.35	/d
b_{AUT}	Rate const. for X_{AUT} lysis	0.15	0.05	/d
K_{O2}	Saturation coeff. for oxygen	0.5	0.5	mg O_2/L
K_{NH4}	Saturation coeff. for ammonium, S_{NH4}	1.00	1.00	mg N/L

Ref) IWA(2000)

여 나타낸 것이다. 이러한 값은 문헌에 따라 다소 차이가 있으므로 적용에 충분한 검토가 필요하다.

④ 환경인자

일반적으로 Bio-P 공정의 성능은 DO 농도가 1.0 mg/L 이상으로 운전되는 호기성 영역이라면 DO에 크게 영향을 받지 않으나, pH가 6.5 이하라면 인 제거효율은 크게 감소한다(Sedlak,

1991). 또한 Bio-P 공정은 다중인산염의 저장과 관련하여 미량 영양원(특히 양이온)이 충분히 필요하다. 세포성장과 관련하여 미량 미네랄인 마그네슘, 칼륨 그리고 칼슘의 권장 몰비는 각각 0.71, 0.50 및 0.25이다(Wentzel et al., 1989). 이를 기준으로 할 때 용존성 인의 농도 10 mg/L에 상응하는 양이온 소요량은 각각 5.6, 6.3 및 3.2 mg/L이 된다. 이들 양이온의 상대적인 양은 각각 인 1몰당 0.28, 0.26 및 0.09몰이다(Sedlak, 1991). 대부분의 도시하수는 이러한 무기원소를 충분히 가지고 있지만 산업폐수 등의 경우는 검토가 필요하다.

5) 혐기성 처리

혐기성 공정(anaerobic process)은 기본적으로 산소가 존재하지 않는 혐기성 환경에서, 혐기성 미생물에 의해 유기물질의 분해와 동시에 최종산물인 바이오가스(메탄, 수소)를 생산하는 기술을 말한다. 이 기술은 전통적으로 하수슬러지의 안정화(stabilization of sludge)나 고농도 산업폐수(high-strength industrial waste) 등과 같은 유기성 폐기물(액상, 반고체상 및 고체상)의 전처리를 위해 주로 사용되어 온 방법으로, 흔히 혐기성 소화(anaerobic digestion), 메탄발효(methane fermentation) 또는 바이오가스화 공정(biogas process)과 같은 다양한 명칭으로 불린다. 여기서 바이오가스란 혐기성 반응에서 발생되는 가스의 혼합물(주로 메탄과 이산화탄소)을 말한다.

혐기성 반응은 가수분해(hydrolysis)와 산생성(acidogenesis) 그리고 메탄생성(methanogenesis)단계를 통하여 이루어지는데, 간단히 산발효(acid fermentation)와 메탄발효(methane fermentation)단계로 구분하기도 한다(그림 11-42). 미생물학에서는 혐기성 환경에서 유기물로부터 에너지(ATP)를 방출하는 대사 과정을 발효라고 정의한다. 이 반응은 최종 전자수용체로 유기물을 사용하며, 대표적인 발효산물은 에탄올(ethanol)과 젖산(lactic acid) 그리고 수소가스이다. 반면에 혐기성 호흡(anaerobic respiration)반응을 통하여 메탄가스를 발생시키는 경우를 메탄발효라고 한다. 메탄생성의 전구물질(precursor)은 아세트산과 수소 그리고 이산화탄소이다. 혐기성 반응에 관여하는 필수 미생물군은 가수분해와 산발효를 수행하는 통성 혐기성 그룹과 메탄생산을 수행하는 절대(편성) 혐기성인 고세균이다. 메탄생성균은 전자공여체로서 수소가스를 이용하는 수소영양메탄균(hydrogenotrophic methanogens)과 유기물질(아세테이트)을 이용하는

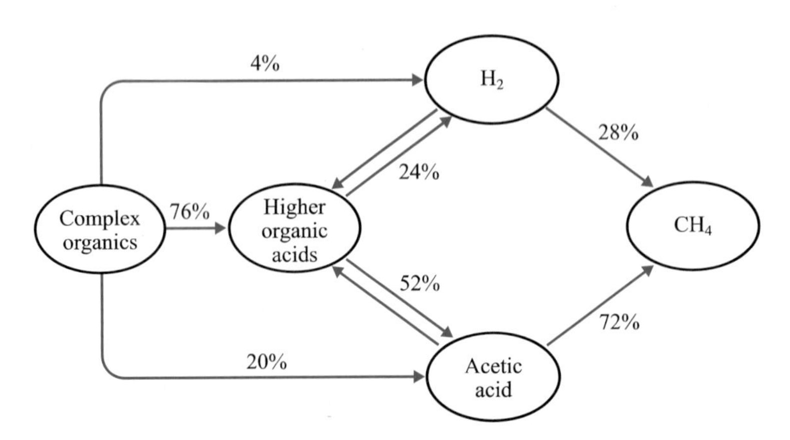

그림 11-42 **혐기성 분해 반응의 개요** (McCarty, 1981)

아세트산영양메탄균(acetoclastic methanogens)으로 구분되며, 전자수용체로 전자는 이산화탄소를, 후자는 아세테이트를 사용한다.

혐기성 처리공정은 앞서 설명한 생물학적 인(bio-P) 제거공정에서 세포 내 포함된 인의 용출(P release)을 위해 짧은 반응시간으로 제공되는 혐기성 환경의 경우와는 공정의 궁극적인 목표나 활용 미생물 그리고 성장 환경 등의 측면에서 큰 차이가 있으므로 구분하여 이해하여야 한다.

혐기성 소화 공정은 낮은 미생물 생성률과 유기성 기질을 에너지(메탄, 수소) 형태로 생물학적인 전환(biotransformation)이 가능하다는 장점이 있다. 그러나 이 기술을 도시하수와 같은 저농도 희석 폐수(low-strength diluted wastewater)를 처리하기 위해 적용하기에는 다수의 기술적 장벽이 있다. 혐기성 하수처리(AST, anaerobic sewage treatment) 기술은 후속하는 세정단계(polishing step) 없이 단독으로 2차처리에서 요구하는 방류수 목표수질을 달성하기 어렵고, 저농도 폐수의 특성상 최종적인 반응산물인 바이오가스(메탄)의 생산과 효율적인 회수가 용이하지 않다는 문제점이 있다(Van Haandel et al., 2006; Van Lier et al., 2008, 2010; 안영호 외 2000). 그뿐만 아니라 혐기성 처리공정만으로는 영양소제거를 달성할 수 없다. 또한 도시하수에 상당량의 황산염이 포함되어 있다면 황산염 환원 박테리아(SRB, sulfate reducing bacteria)는 이를 황화물로 환원시킬 수 있는데, 이러한 경우 메탄생성균의 활성에 독성영향을 미칠 수 있다. 황산염 환원 박테리아는 절대 혐기성균으로 전자수용체로서 황산염을 사용하는 특징이 있다.

① 반응양론

산발효단계에서의 반응양론식은 다음 식들로 표현되는데, 최종산물의 종류에 따라 에탄올발효, 젖산발효 또는 수소발효 등으로 부른다.

$$C_6H_{12}O_6 \rightarrow 2\ C_2H_5OH + 2\ CO_2 \quad (11.77)$$

$$C_6H_{12}O_6 \rightarrow 2\ CH_3CHOHCOOH \quad (11.78)$$

$$C_6H_{12}O_6 + 4\ H_2O \rightarrow 2\ CH_3COO^- + 2\ HCO_3^- + 4\ H^+ + 4\ H_2 \quad (11.79)$$

메탄생성의 전구물질(아세트산과 수소)에 대한 메탄생성 반응식은 다음과 같다.

$$CH_3COOH \rightarrow CH_4 + CO_2 \quad (11.80)$$

$$4\ H_2 + CO_2 \rightarrow CH_4 + 2H_2O \quad (11.81)$$

한편, 바이오가스의 성분은 아래와 같이 기질의 특성에 따라 달라진다.

탄수화물(carbohydrate)

$$C_nH_{n-2}O_{n-1} + n\ H_2O \rightarrow 0.5n\ CH_4 + 0.5n\ CO_2 \quad (11.82)$$

단백질(protein)

$$C_{10}H_{20}O_6N_2 + 3\ H_2O \rightarrow 5.5\ CH_4 + 4.5\ CO_2 + 2\ NH_3 \quad (11.83)$$

지방(lipid)

$$C_{54}H_{106}O_6 + 28\ H_2O \rightarrow 40\ CH_4 + 17\ CO_2 \quad (11.84)$$

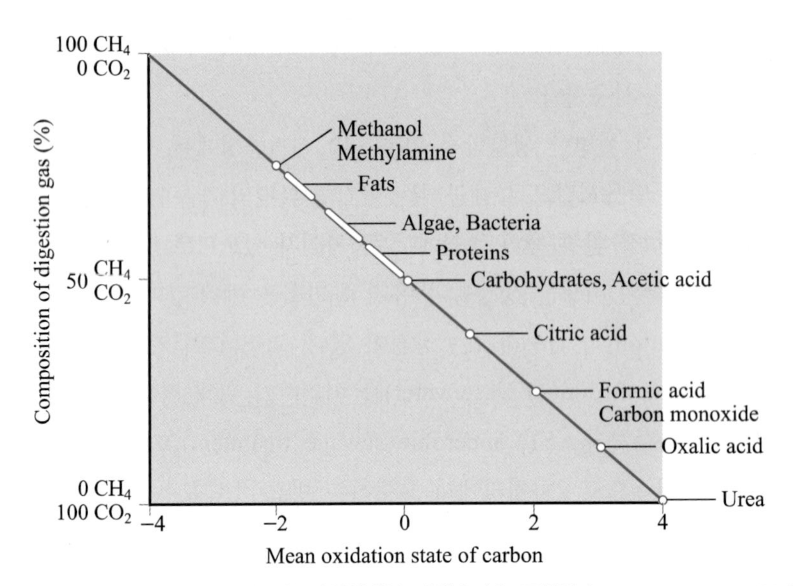

그림 11-43 **기질 내 탄소의 평균산화상태와 바이오가스 조성비** (Van Lier et al., 2008)

예를 들어 포도당($C_6H_{12}O_6$), 녹말 혹은 셀룰로오스($C_nH_{n-2}O_{n-1}$)와 같은 탄수화물의 경우 메탄(CH_4)과 이산화탄소(CO_2)의 비는 50 : 50이며, 단백질은 보통 55 : 45이며, 대표적인 지방성분인 트리글리세라이드(triglycerides)의 경우 대략 70 : 30이다. 바이오가스의 구성 성분은 대상 기질의 특성(그림 11-43)뿐만 아니라 반응의 불완전성, 중간산물(by-products) 및 미생물 증식 등의 이유로 다르게 나타난다. 통상적으로 바이오가스의 메탄 함량은 55～70%, CO_2 함량은 30～45%이나 경우에 따라서는 70% 이상으로 메탄 함량이 높게 나타나기도 한다.

미생물 성장을 고려한다면 유기물질의 혐기성 분해반응은 다음과 같이 표현된다. 이 식은 혐기성 공정의 동역학적 평가에 주로 사용된다.

$$C_nH_aO_bN_c + (2n + c - b - \frac{9sd}{20} - \frac{ed}{4})H_2O \rightarrow$$

$$\frac{de}{8}CH_4 + (n - c - \frac{sd}{5} - \frac{de}{8})CO_2 + \frac{sd}{20}C_5H_7O_2N + (c - \frac{sd}{20})NH_4^+ + (c - \frac{sd}{20})HCO_3^- \quad (11.85)$$

Where $d = 4n + a - 2b - 3c$; s = fraction of waste converted to cells; e = fraction of waste converted to methane gas for energy ($s + e = 1$); $C_nH_aO_bN_c$ = empirical formula of waste being digested; $C_5H_7O_2N$ = empirical formula of bacterial dry mass (i.e., VSS)
Ref) McCarty and Mosey(1991)

참고 메탄가스의 산소당량

혐기성 반응에서 메탄생성은 COD 물질수지에 의해 평가할 수 있다. 이때 메탄의 COD 당량을 결정하기 위해 메탄의 산화 양론식을 이용한다.

$$CH_4 + 2O_2 \rightarrow CO_2 + 2H_2O \quad (11.86)$$

이 식으로부터 메탄 1몰당 COD는 $2 \times (32\ g\ O_2/mole) = 64\ g\ O_2/mole\ CH_4$이 된다. 또한 이 값으로부

터 표준상태(0°C, 1기압)에서 메탄 1몰의 부피는 22.414 L이므로 혐기성 조건에서 전환된 COD의 이론적인 메탄 당량은 22.414/64 = 0.35 L CH_4/g COD가 된다. 혐기성 하수처리(AST)에서 메탄수율은 일반적으로 0.18~0.25 L CH_4/g COD 정도로 이론값의 50~70% 정도이다. ←

② 성장 동역학

혐기성 공정의 동역학 역시 미생물의 성장과 기질이용 간의 상관관계에 기초한다. 하지만 이 경우 가수분해(입자성 기질로부터 용존성 기질로의 전환) 그리고 산발효 및 메탄생성에 대한 용존성 기질의 이용에 대한 개념이 중요하다(7.5절 미생물 반응속도 참고). 전자수용체는 가수분해에 있어 유기물질이 되지만, 메탄생성의 경우는 메탄균의 종류에 따라 유기물질(아세트산) 또는 이산화탄소가 된다. 콜로이드와 고형물의 가수분해는 총 고형물의 분해뿐만 아니라 슬러지 발생량과도 관련이 있으므로 반응조의 소요체류시간에 직접적으로 영향을 끼치게 된다.

혐기성 공정은 메탄생성균의 존재와 중간산물인 휘발성 지방산(VFAs)의 농도가 균형을 이룰 때 충분히 안정적이다. 따라서 혐기성 공정의 속도제한단계는 용해성 기질의 발효 단계가 아니라 메탄생성균에 의한 VFAs 전환단계이다. 그러므로 메탄생성균의 성장 동역학은 혐기성 공정의 설계에 있어서 매우 중요하다. 시스템의 적절한 SRT는 기본적으로 동역학과 처리목표를 기준으로 결정된다. 메탄생성균에 대한 SRT_{min} 값은 운전온도가 20, 25 및 35°C인 경우 각각 7.8, 5.9 및 3.2일이다(Lawrence and McCarty, 1970). 부유성장 공정에서는 SRT 설계값 산정에서 약 5 이상의 안전계수를 사용하도록 권장하고 있다(Parker and Owen, 1986).

혐기성 반응에서는 자유에너지 변화가 비교적 낮기 때문에 합성계수는 호기성 산화의 값보다 훨씬 작다. 산발효와 메탄생성반응에 대한 합성계수(Y)는 각각 전형적인 0.15 g VSS/g COD와 0.03 g VSS/g COD이며, 내생분해(사멸)계수(b)는 각각 0.04와 0.02 d^{-1} 정도이다. 표 11-30에는 혐기성 처리공정에서의 동역학 상수를 요약하였다.

표 11-30 **혐기성 처리공정에서의 동역학 상수**

Process	Conversion rate (g COD/g VSS.d)	Y (g VSS/g COD)	K_s (mg COD/L)	μ_m (L/d)	b (d^{-1})
Acidogenesis	13	0.15	200	2.00	0.04
Methanogenesis	3	0.03	30	0.12	0.02
Overall	2	0.03~0.18	-	0.12	

Functional step	Reaction	$\Delta G^{o\prime}$ (kJ/mol)	μ_{max} (L/d)	T_d (d)	K_s (mg COD/L)
Acetotrophic methanogenesis*	$CH_3^-COO^- + H_2O \rightarrow CH_4 + HCO_3^-$	-31	0.12[a] 0.71[b]	5.8[a] 1.0[b]	30[a] 300[b]
Hydrogenotrophic methanogenesis	$CO_2 + 4H_2 \rightarrow CH_4 + 2H_2O$	-131	2.85	0.2	0.06

* Two different methanogens belonging to [a] *Methanosarcina* spec. and [b] *Methanosaeta* spec.

③ **환경인자**

혐기성 공정은 특히 온도(상온, 중온, 고온)의 영향이 크다. 실규모 혐기성 소화공정에서는 일반적으로 중온(25～45°C)과 고온(45～65°C)의 온도조건이 더 보편적이지만 혐기성 하수처리를 위해서는 상온의 조건이 더 보편적이다.

또한 혐기성 공정은 호기성 공정에 비하여 pH와 저해물질에 매우 민감하다. 일반적으로 산형성 반응단계에서는 pH가 떨어지나 메탄생성단계에서는 탄산염 완충효과로 인하여 알칼리도(HCO_3^-)의 회복으로 pH는 증가한다. pH는 통상적으로 중성영역이 바람직하고, 6.8 이하에서는 메탄생성균의 활성도 저해가 일어난다. 혐기성 공정에서는 중성의 pH를 확보하기 위하여 적절한 알칼리도(약 3,000～5,000 mg $CaCO_3$/L)가 요구되지만 그 양은 기질의 특성에 따라 다르다. 기질 내 탄수화물이 많은 경우 pH 조절을 위해 알칼리도의 첨가가 필요하지만, 단백질의 경우 단백질과 아미노산의 분해과정에서 충분한 알칼리도가 생성된다.

혐기성 공정은 다양한 성분(예: 암모니아, 황화수소, 기타 무기 및 유기화합물 등)에 의해 유관 미생물의 활성도가 저해될 수 있으며, 심할 경우 공정 운전의 실패를 가져오기도 한다. 황산염의 경우 황산염 환원 박테리아(SRB)에 의해 황화물로 환원되는데, 그 반응산물인 황화수소는 메탄생성균의 활성을 저해할 수 있다.

(4) 유기물질 제거

1) 개요

활성슬러지 공정은 본질적으로 유입수, 생물반응조, 폭기/혼합장치, 고액분리시설(침전지), 침전슬러지의 반송, 그리고 슬러지 폐기시설 등으로 구성된다. 활성슬러지 공정의 중요한 특징은 침전지에서 중력식 침강에 의해 제거될 수 있도록 침전성 응결물(플록)을 형성하는 데 있다. 활성슬러지 공정의 설계에 있어 기본적으로 고려되어야 할 사항으로는 반응조 형상(reactor configuration), 처리대상 오염물질(탄소, 질소, 인), 생물반응조의 지역구분(호기, 무산소, 혐기) 및 배열(zone sequencing), 반응 동역학(kinetics), 반송(recycles), 고형물 체류시간(sludge age) 및 부하기준(loading), 운전 온도, 슬러지 생산량(sludge yields), 산소요구량 및 전달량(oxygen utilization), 영양소 요구량(nutrients), 기타 약품 요구량(chemical requirement), 슬러지 침전성(sludge settleability), 선택조(selector: 슬러지 팽화현상제어 및 침전특성 개선)의 사용 및 유출수의 규제(effluent regulation) 등이 있다.

공정설계의 기본목표는 생물학적 하수처리를 수행하는 데 필요한 최적의 환경을 제공하는 것이다. 이러한 목표를 달성하기 위해 유입하수의 특성(substrate: wastewater)과 관련 미생물(organisms: mixed liquor)의 동역학적 거동 그리고 이 두 가지의 상호작용에 대한 지식이 필요하다. 공정의 설계는 각종 설계요소를 사용하여 시스템의 정상상태(일정한 유량과 부하 조건)의 거동을 기준으로 이루어진다. 반면에 기존 시설이나 제안 시설에 대한 시간적 반응 예측과 최적화 운전을 위해서는 동적 거동(시간에 따라 유량과 부하가 변화하는)에 대한 평가가 필요하다.

미생물의 거동을 평가하기 위해서는 반응속도에 대한 개념(kinetics: 얼마나 빠르게, 예: dX/dt, dS/dt, dO/dt)과 양적 개념(stoichiometry: 얼마나 많이, 예: Y_H, f_{CV})에 대한 수식들이 필요하다. 모든 호기성 생물학적 처리 시스템(CAS, 장기포기, 접촉안정, 호기성 라군 등)은 기본적으로 동일한 원리로 작동한다. 단지 그 차이는 생물학적 반응을 위한 제한 조건에 있을 뿐이며, 이는 시스템의 제어와 운전을 위한 것이다.

반응조의 형상은 기본적으로 압출류(PFR)와 완전혼합형(CMR)으로 구분한다. 압출류 흐름 방식은 완전혼합 반응기를 직렬로 배열한 형태로 설명할 수 있는데, n = 10일 경우 약 95% 압출류에 해당한다. 따라서 설계의 기본방식은 완전혼합 형태가 된다. 그러나 실제로 완전한 압출류나 완전혼합류는 존재하지 않는다. 활성슬러지 공정은 슬러지 반송 흐름(반송비 R = 0.25～3)이 있는 침전지를 포함하고 있으므로 복합적인 형태라고 볼 수 있다. 활성슬러지의 진화과정에서 보면 초기의 활성슬러지는 대부분 압출류 방식이었다. 그러나 완전혼합 반응조의 개발(McKinney, 1962)과 보급이 이루어진 주된 이유는 압출류 방식에 비하여 완전혼합형 방식에서 독성물질의 희석효과를 더 효과적으로 기대할 수 있다는 장점 때문이었다. 이후 영양소(질소와 인) 제거 기술의 개발과정에서 다양한 물질대사를 제공하기 위해 생물반응조의 구역화된 설계가 필요하였고, 그 결과 압출류 방식이나 다단 시스템의 형태를 선호하기 시작하였다. 하나의 반응조 안에서 유입-반응-유출이 반복적으로 일어나는 연속회분식 반응조(SBR, sequencing batch reactor)는 1970년대 자동제어시스템의 도입으로 주로 소규모시설에서 적용되었으나, 최근에는 점차 대도시의 경우로도 확대되는 추세에 있다. 지난 1세기 이상 동안 활성슬러지는 빠르게 진화를 거듭하였고, 영양소제거를 위해 수많은 변법들이 개발되어 왔다. 또한 처리수의 재이용을 위해서 분리막 생물반응조(MBRs, membrane bioreactors) 기술의 적용도 증가하고 있다. 그 결과 활성슬러지 공정의 설계와 운전은 더 복잡해지고 어려워지고 있지만, 모든 공정에 적용되는 생물학적 처리의 기본원리는 동일하다. 이러한 기초지식은 공정의 설계와 운전에 직접적으로 활용되며, 공정의 거동예측과 평가를 위한 컴퓨터 모델링을 위해서도 매우 유용하다.

최적의 공정설계와 거동예측을 위해서는 무엇보다도 유입하수의 특성을 정확하게 파악해야 하고, 이를 효과적으로 적용하는 것이 매우 중요하다(11.2절 참고). 그림 11-44와 11-45는 유입하수의 특성과 관련하여 활성슬러지 공정의 개념도를 간략히 나타낸 것이다. 여기서 유입수에 포함된 입자성 생분해 불능성분(S_{upi})은 생물반응조 내 불활성 성분(X_i)에 영향을 미치게 되고, 용해성 생분해 불능성분(S_{usi})은 유출수로 방류되므로 시스템의 처리성능에 영향을 미치게 된다.

2) 설계 및 운전요소

활성슬러지의 생물반응조는 하수 내에 포함된 침전되지 않는 용해성 유기물질을 미생물 세포로 생물전환(biotransformation)시키는 장소이다. 표 11-31은 일반적인 활성슬러지 공정의 설계 및 운전요소와 이에 미치는 영향인자를 요약하여 나타낸 것이다. 활성슬러지 공정의 종류는 이러한 인자를 기준으로 구분되는데, 그 인자로는 체류시간(SRT와 HRT), 부하율(F/M비, LR:

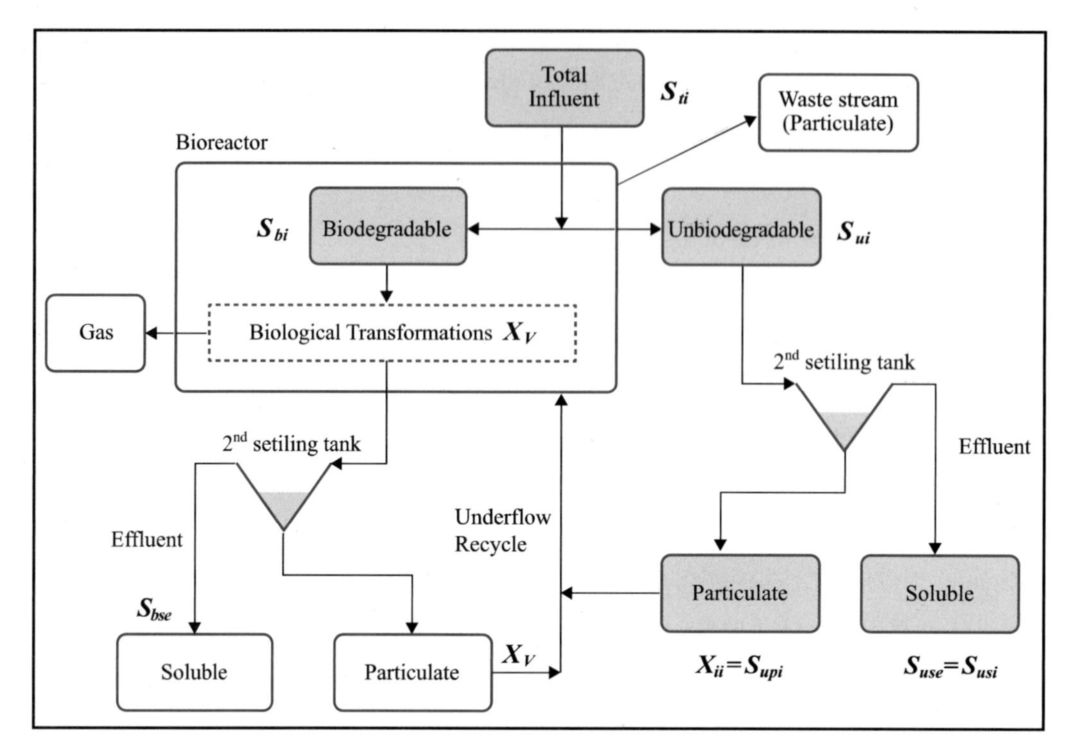

그림 11-44 **활성슬러지 공정의 개념도** (WRC, 1984)

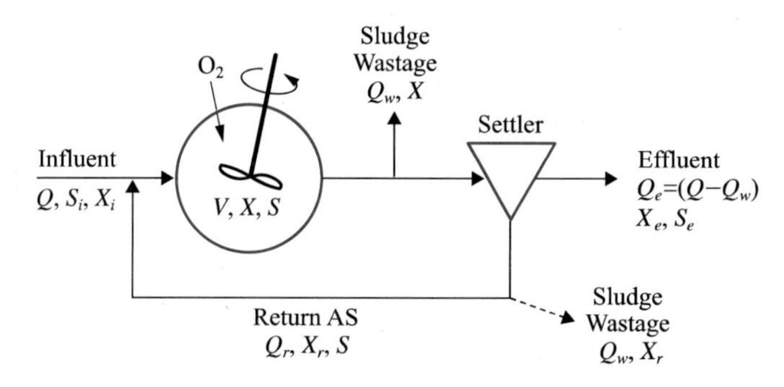

그림 11-45 **완전혼합 활성슬러지 공정의 개략도**

loading rate), 반응조 내의 미생물 축적량(MX_V 또는 MX_t), 슬러지 폐기량(ΔMX_V), 산소요구량(MO_t) 및 슬러지 침강성 등이 있다. 이중에서 SRT는 가장 기본적인 설계 및 운전요소인 반면, F/M 비와 OLR은 일반적으로 축적된 자료와 운전조건을 비교하는 데 유용하게 사용된다.

① **체류시간**

이미 앞서 설명한 바와 같이 활성슬러지 반응조의 체류시간에 대해서는 고형물 체류시간(SRT, R_s)과 수리학적 체류시간(HRT, R_h)이라는 두 가지 변수가 있다. 여기서는 그 정의와 중요성에 대하여 추가적으로 설명한다.

SRT는 사실상 시스템 내에 머무르는 슬러지(미생물)의 평균 체류시간(sludge age)을 의미한다. 이는 활성슬러지 공정설계에 있어서 가장 중요한 매개변수로 공정의 운전, 반응조의 크기,

표 11-31 일반적인 활성슬러지 공정의 설계요소에 미치는 영향인자

설계요소	결정인자	영향인자
포기시간 (HRT)	유입하수의 농도변화 처리수의 수질 미생물 반응속도	포기기의 선택 SRT 산소요구량 슬러지 생산량
고형물 체류시간 (SRT)	슬러지 생산량 질산화 여부	포기기시간 산소요구량 MLSS
MLSS	슬러지 반송률 반송슬러지의 농도	침전지의 고형물질 부하율 SVI SRT, HRT
슬러지 반송률	MLSS 반송슬러지 농도	SVI
F/M	SRT 슬러지 생산량 슬러지 Bulking	유입하수농도
운전온도	SRT, HRT F/M, MLSS	유입하수농도
침전슬러지 농도	슬러지 반송률 MLSS	침전지형상 포기조의 미생물상 운전온도

자료: WEF(1992)

슬러지 생산량, 산소요구량 등에 직접적인 영향을 끼친다. SRT는 다음과 같이 정의된다.

$$\mathrm{SRT} = R_s = \frac{VX}{(Q - Q_w)X_e + Q_w X_r} \tag{11.87}$$

일반적으로 반응조 내의 활성슬러지 양에 비해 처리수 중 활성슬러지의 양($X_e \fallingdotseq 0$)은 무시될 수 있기 때문에 이 식은 다음 식으로 단순화될 수 있다.

$$\mathrm{SRT} = \frac{V \cdot X}{Q_w \cdot X_r} \tag{11.88}$$

이때 만약 슬러지 폐기를 폭기조에서 수행한다면($X_r = X$), 이 식은 $Q = Q_w$가 되어 수리학적 체류시간(HRT)으로 단순화된다.

$$\mathrm{SRT} = \frac{V \cdot X}{Q_w \cdot X} = \frac{V}{Q_w} \tag{11.89}$$

따라서 실제 공정에서 SRT(R_s)는 매일 반응조 부피(V)의 $1/R_s$에 해당하는 양을 폐기함으로써 손쉽게 제어가 가능하다($Q_w = V/R_s$). 이때 HRT와 SRT는 $R_s = R_{hn}(Q_i/Q_w)$ 식으로 표현된다. 이 방법은 HRT개념과 같이 수리적 제어(hydraulic control)를 통하여 간단하게 SRT를 조절할 수 있다는 장점이 있다. 단, 여기에는 생물반응조 내에 혼합액 슬러지의 농도가 동일하고, 그 양이 일정하게 분포되어 있다는 기본적인 전제가 필요하다.

적절한 SRT값의 선정은 주로 제거 대상물질의 종류, 유출수의 농도 그리고 폐수의 최소온도에 따라 결정된다. 통상적으로 COD만을 제거하는 경우 2～5일, 여기에 질산화를 포함하는 경우 5～10일, 질산화-탈질의 경우 10～15일, 인의 생물학적 제거의 경우 12일 이상 그리고 질소와 인의 생물학적 동시제거의 경우 15일 이상의 SRT가 적용된다. 또한 질산화-탈질뿐만 아니라 슬러지의 안정화를 포함할 경우(즉, 장기폭기방식) SRT는 25일 이상으로 계획된다. 표 11-32는 활성슬러지 공정에서 SRT 선정을 위해 중요한 고려사항을 요약한 것이다. 생물반응조의 SRT를

표 11-32 **활성슬러지 공정의 SRT 선정을 위한 중요 고려사항**

Sludge Age	Short(2-5d)	Intermediate(8-15d)	Long(>25d)
Types	High rate, Step feed, Aerated lagoons, Contact stabilization Pure oxygen	Similar to high rate but with nitrification and sometimes denitrification. BNR systems	Extended aeration, Orbal, Carousel, BNR systems
Objectives	COD removal only	COD removal Nitrification Biological N removal and/or Biological P removal	COD removal Biological N removal Biological P removal
Effluent quality	Low COD High ammonia High Phosphate Variable	Low COD Low ammonia Low Nitrate High/Low Phosphate relatively stable	Low COD Low ammonia Low Nitrate Low Phosphate Usually stable
Primary settling	Generally included	Usually included	Usually excluded
Activated sludge quality	High sludge production Very active Stabilization required	Medium sludge production Quite active Stabilization required	Low sludge production Inactive No stabilization required
Oxygen demand	Very low	High due to nitrification	Very high due to nitrification and long sludge age
Reactor Volume	Very small	Medium to large	Very large
Sludge settleability	Generally good, but bulking by non low F/M filaments like *S. natans*, *Thiothrix* possible.	Good at low sludge age and high aerobic mass fractions; but generally poor due to low F/M filament growth like *M. parvicella*.	Can be good with high aerobic mass fractions, but generally poor due to low F/M filament growth particularly *M parvicella*
Operation	Very complex due to AS system variability and 1st and 2nd sludge treatment.	Very complex with BNR and 1st and 2nd sludge treatment	Simple if without 1st and 2nd sludge treatment, but BNR system is complex.
Advantages	Low capital costs Energy self sufficient with anaerobic digestion	Good biological N (and P?) removal at relatively low capital cost.	Good biological N (and P?) removal No 1st and stable 2nd sludge Low sludge handling costs
Disadvantages	High operation costs effluent quality variation	Complex and expensive sludge handling costs	Large reactor, high oxygen demand, high capital cost

Ref) Ekama and Wentzel(2008)

증가시키면 반응조 내의 미생물 농도(MX_t)와 산소요구량(MO_c)은 증가하는 반면, 슬러지 생산량($M\Delta X_t$)과 활성 미생물의 분율(X_a/X_v & X_a/X_t) 그리고 영양소 요구량을 감소시키는 결과를 초래하게 된다.

한편 단순히 유체가 반응조 내에 머무는 평균시간(V/Q)은 수리학적 체류시간(HRT, R_h)으로 정의한다. 그러나 이는 실제 슬러지 반송흐름(Q_r)을 고려하지 않았으므로 흔히 공칭 수리학적 체류시간(nominal HRT, R_{hn})으로 부르기도 한다. 슬러지 반송류를 고려한 실제 체류시간(actual HRT, R_{ha})은 다음과 같다.

$$R_{ha} = V/(Q + Q_r) \tag{11.90}$$

여기서, Q_r = 슬러지 반송유량(m^3/d)

R_{ha} = 실제 HRT(d)

이상에서 생물반응조에서 시간과 관련한 두 가지 변수는 고형물(sludge age, R_s)과 액상(HRT, R_{hn})로 표현된다는 것을 알 수 있다. 두 변수의 차이는 단지 고액분리과정(침전지)의 유무와 관련한 것으로 만약 침전지가 없다면 두 변수는 원칙적으로 동일한 값을 가지게 된다.

② 질량 부하

생물반응조에 가해지는 질량 부하(mass loading)는 흔히 먹이-미생물 비(F/M ratio)와 용적부하율(VLR, volumetric loading rate)로 표현하는데, 이는 처리 대상 기질(탄소, 질소 및 인)의 종류에 따라 구분하여 적용된다. 유기물질(BOD 또는 COD)의 경우를 예를 들어 설명하면 다음과 같다.

F/M 비는 혼합액 미생물(MLVSS, 또는 MLSS)의 단위 질량당 유기물질의 부하량을 의미하는데, 슬러지 부하율(SLR, sludge loading rate) 또는 부하계수(LF, load factor)라고도 부른다. 이 값은 경우에 따라서 공정 내 제거된 유기물질의 양을 기준으로 표현하기도 한다.

$$\mathrm{F/M} = \frac{\text{total applied substrate rate}}{\text{total microbial biomass}} = \frac{QS_i}{VX} = \frac{S_i}{R_h X} \tag{11.91}$$

$$(\mathrm{F/M})_r = \frac{Q(S_i - S)}{VX} = \frac{(S_i - S)}{R_h X} \tag{11.92}$$

여기서, F/M = 먹이 − 미생물 비(g BOD or bsCOD/g VSS/d)

$(\mathrm{F/M})_r$ = 제거된 먹이 − 미생물 비(g BOD or bsCOD 제거량/g VSS/d)

식 (11.92)에서 나타난 바와 같이 제거효율(%) 기준으로 표현된 $(\mathrm{F/M})_r$ 값은 결국 기질 비이용률(k)을 의미하므로 다음의 SRT 관련식에 포함할 수 있다.

$$\frac{1}{R_s} = -Yk - b \tag{11.93}$$

일반적으로 20～30일의 SRT로 설계된 활성슬러지를 이용하여 도시하수를 처리하는 경우 F/M 비는 각각 0.1～0.05 g BOD/g VSS/일 정도이며, 5～7일의 SRT라면 F/M 비는 각각 0.3～0.5 g BOD/g VSS/d 범위로 증가하게 된다. 슬러지의 내생분해가 낮고, BOD 제거율이 큰 경우 SRT와 F/M 비는 거의 반비례 관계에 있음을 알 수 있다.

용적부하율(VLR)은 생물반응조의 단위 용적당 가해지는 오염물질 1일 부하량을 말하는데, 예를 들어 유기물질을 대상으로 할 경우 유기물질 부하율(OLR, organic loading rate, kg BOD or rbCOD/m^3/d)이라고 한다[식 (11.94)].

$$\text{OLR} = \frac{QS_i}{V} = \frac{S_i}{R_h} \tag{11.94}$$

유기물 부하는 통상적으로 0.3～3.0 kg BOD/m^3/d의 범위다. 그러나 이 값은 MLSS나 SRT 개념을 포함하고 있지 않으므로 단지 경험적인 측면에서 설계 및 운전인자로 사용한다. 따라서 이를 기준으로 유출수의 수질을 정확하게 예측하거나 평가하기는 어렵다.

③ 미생물 농도와 질량

유입수의 특성은 슬러지 혼합액(MLSS)의 특성에 중요한 영향을 미친다. 즉, 유입수의 생분해성 성분($S_{bi} = S_{bsi} + S_{bpi}$)은 활성 미생물($X_a$), 내생 잔류물($X_e$) 및 처리수 내 포함된 용존성 생분해 가능물질(S_{bse})의 농도에 직접적인 영향을 준다. 또한 유입수의 생분해 불능성분($S_{ui} = S_{usi} + S_{upi}$)은 처리수에 포함된 용존성 생분해 불능물질의 농도(S_{use})와 슬러지 혼합액의 입자성 생분해 불능(불활성)물질(X_i)과 직접적인 관련이 있다(그림 11-44).

물질수지 결과(7.5절)를 참고로 슬러지 혼합액 고형성분의 농도 관련식을 정리하면 다음과 같다.

$$X_a = \frac{Y_h(S_{bi} - S_b)}{(1 + b_h R_s)} \frac{R_s}{R_{hn}} \quad \text{(mg VSS/L)} \tag{11.95}$$

$$X_e = f\, b_h X_a R_s \quad \text{(mg VSS/L)} \tag{11.96}$$

$$X_i = X_{ii} \frac{R_s}{R_{hn}} = \left[f_{up} \frac{S_{ti}}{f_{CV}} \right] \frac{R_s}{R_{hn}} \quad \text{(mg VSS/L)} \tag{11.97}$$

따라서 슬러지 혼합액의 총 고형물 농도(MLSS, X_t)와 휘발성 성분(MLVSS, X_v) 그리고 무기성 성분(X_{iss})의 상관관계는 다음과 같다.

$$X_v = X_a + X_e + X_i \quad \text{(mg VSS/L)} \tag{11.98}$$

$$X_t = X_v + X_{iss} \quad \text{(mg TSS/L)} \tag{11.99}$$

여기서, Y_h = yield coefficient = 0.3～0.5 mg VSS/mg COD(이론값 0.42)

f_{CV} = COD/VSS ratio = 1.48 mg COD/mg VSS(이론값 1.42)

f = 유기체의 생분해 불능비율(내생잔류물 분율) = 0.08～0.2 mg VSS/mg VSS

b_h = 내생호흡계수 = 0.06～0.20 /d

S_{ti} = 유입수의 총 COD(COD_t, mg/L)

f_{us} = 유입수의 총 COD에 대한 생분해 불능 용존성 COD(usCOD) 분율

f_{up} = 유입수의 총 COD에 대한 생분해 불능 입자성 COD(upCOD) 분율

이상의 각종 계수값은 상당히 큰 범위로 제안되어 있으므로 실제 적용에서는 국내실정에 알맞는 값을 선택하는 것이 중요하다(f_{us} 및 f_{up} 값은 표 11-16 참조).

이상 미생물의 농도식에 생물반응조의 용적(V)을 곱하면 각 항에 대한 질량식을 얻을 수 있다. 이때 처리수의 농도(S_b)는 유입수 농도(S_{bi})에 비하여 매우 낮으므로 무시하여 식을 단순화할 수 있다. 여기에 HRT(R_{hn}=V/Q) 항을 대치하면 이 식들은 모두 SRT(R_s) 항으로 표현이 가능하다. 따라서 혼합액 슬러지의 농도는 SRT 함수임을 알 수 있다.

$$M(X_a) = V(X_a) = \frac{V}{R_{hn}}(S_{bi} - S_b)\frac{Y_h R_s}{(1 + b_h R_s)} \quad \text{(mg VSS)}$$

$$= Q(S_{bi} - S_b)\frac{Y_h R_s}{(1 + b_h R_s)} = M(S_{bi})\frac{Y_h R_s}{(1 + b_h R_s)} \quad (11.100)$$

$$M(X_e) = f\, b_h R_s M(X_a) \quad \text{(mg VSS)} \quad (11.101)$$

$$M(X_i) = M(X_{ii})R_s = f_{up}\frac{M(S_{ti})}{f_{CV}}R_s \quad \text{(mg VSS)} \quad (11.102)$$

$$M(X_v) = M(X_a) + M(X_e) + M(X_i) \quad \text{(mg VSS)}$$

$$= M(S_{bi})\frac{Y_h R_s}{(1 + b_h R_s)}(1 + f\, b_h R_s) + f_{up}\frac{M(S_{ti})}{f_{CV}}R_s \quad (11.103)$$

$M(S_{bi}) = M(S_{ti})(1 - f_{us} - f_{up})$이므로 $M(X_v)$는 다음 식과 같이 같다.

$$M(X_v) = M(S_{ti})\left[(1 - f_{us} - f_{up})\frac{Y_h R_s}{(1 + b_h R_s)}(1 + f\, b_h R_s) + \frac{f_{up}}{f_{CV}}R_s\right] \quad (11.104)$$

$$M(X_t) = M(X_v)/f_i \quad (11.105)$$

여기서 f_i는 생물반응조 혼합액의 VSS/SS 비율을 나타내는데, 우리나라의 경우 처리장마다 다소 차이가 있으나 대체로 그 평균값은 0.68 정도이다(표 11-33). 이 값은 1차침전지가 있는 경우이며, 또한 슬러지처리 계통이 없어 반류수의 영향이 없는 처리장은 제외한 값이다. 반류수로 인한 영향이 없는 경우(단순히 수처리 계통만으로 운전될 때) 이 값은 0.85 정도로 증가한다. 외국의 경우 f_i 값은 0.75(하수원수기준)에서 0.85(1차침전지 유출수 대상)로 우리나라와는 큰 차이가 있다. 그 주된 이유는 아마도 하수 내에 포함된 무기성 고형성분(ISS)의 함량에 따른 차이일 것이다.

한편, 각 미생물량을 유입수의 유기물 부하량과의 비율로 표현하면 다음과 같다.

$$\frac{M(X_a)}{M(S_{bi})} = \frac{Y_h R_s}{(1 + b_h R_s)} \quad \text{(mg VSS/mg COD applied/d)} \quad (11.106)$$

표 11-33 우리나라 하수처리장 생물반응조의 혼합액 특성

		MLSS	MLVSS	VSS/SS	Xr(%TS)	공정	SRT(d)
서울시 (2013.1～12)	중랑1,2	2,721	2,095	0.77	0.59	A2O	18.2
	중랑3	2,591	1,970	0.76	0.61	MLE	13.8
	중랑4	2,127	1,619	0.76	0.54	CAS	14.6
	난지1	2,090	1,509	0.72	0.61	MLE	8.2
	난지2	1,769	1,288	0.73	0.60	MLE	17.3
	탄천1	2,281	1,574	0.69	0.75	MLE	7.5
	탄천2	2,315	1,630	0.70	0.73	MLE	6.2
	서남1	2,414	1,521	0.63	0.65	MLE	14.3
	서남2	2,513	1,529	0.61	0.63	MLE	8.5
대구시 (2012～2016)	신천	2,410	1,759	0.73	0.65	A2O	(10.8)
	서부	2,747	2,088	0.76	0.68	A2O	(10.1)
	달서생활1	3,475	2,189	0.63	1.17	A2O	(5.7)
	달서생활2	3,712	2,301	0.62	1.11	A2O	(6.7)
	달서공단계	3,831	1,916	0.50	1.02	A2O	(15.0)
	북부	3,370	2,460	0.73	0.67	A2O	(12.4)
	현풍	3,013	1,446	0.48	0.82	A2O	(6.3)
	안심*	2,370	2,023	0.85	n.a.	A2O	(12.3)
	지산*	2,412	2,080	0.86	n.a.	A2O	(16.0)
	평균	**2,711**	**1,806**	**0.68**	**0.74**		

주) 연간 운영자료에 대한 산술평균값 기준임; ( ), HRT (hr); *는 슬러지처리 공정이 없어 반류수로 인한 영향이 없는 경우로 평균값 산정에서 제외하였음.

$$\frac{M(X_e)}{M(S_{bi})} = f\, b_h R_s \frac{Y_h R_s}{(1 + b_h R_s)} \quad \text{(mg VSS/mg COD applied/d)} \qquad (11.107)$$

$$\frac{M(X_v)}{M(S_{bi})} = \frac{M(X_a) + M(X_e) + M(X_i)}{M(S_{bi})} \quad \text{(mg VSS/mg COD applied/d)} \qquad (11.108)$$

또한 생물반응조 안의 혼합액의 활성 미생물(X_a)의 분율은 다음과 같다.

$$f_{av} = M(X_a)/M(X_v) \qquad (11.109)$$

$$f_{at} = M(X_a)/M(X_t) = f_i\, f_{av} \qquad (11.110)$$

이상의 식들을 이용하여 생물반응조의 거동에 기여하는 다양한 미생물의 분율을 결정할 수 있다. 단, 이 식들은 유기물질을 제거하는 종속영양 미생물과 관련한 것으로 만약 유기물질 제거와 질산화를 동시에 고려할 필요가 있다면, 여기에 독립영양 미생물 관련식이 동일한 방법(유기물질 제거량 대신 질산화된 질소량으로 변경)으로 추가되어야 한다.

④ 슬러지 생산량

슬러지 생산량을 결정하기 위해서는 통상적으로 다음 두 가지 방법이 사용된다. 먼저 하수의

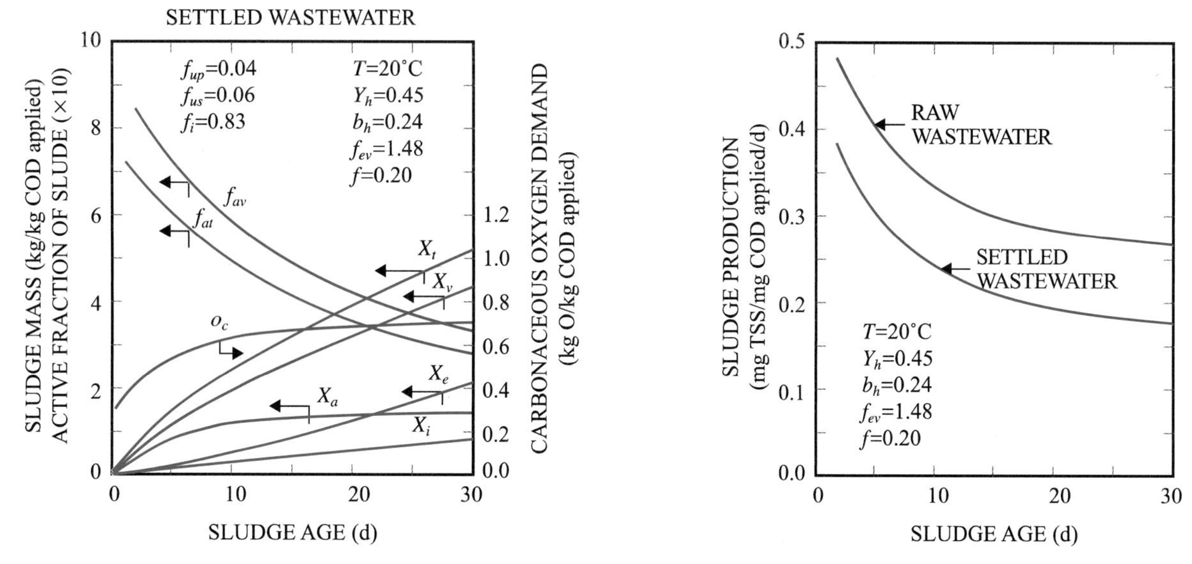

그림 11-46 **SRT에 따른 활성슬러지의 거동(1차처리수 기준)** (WRC, 1984)

특성을 더 세밀하게 파악할 수 있다면 생물반응조의 고형성분의 질량[식 (11.100)~(11.105)]을 계산한 후 계획된 혼합액 총 고형물 농도(MLSS, X_t)를 이용하여 반응조 용적을 계산할 수 있다. 수리학적 제어방식에 따라 폐슬러지의 유량 $Q_w(=V/R_s)$을 결정하여 최종적인 슬러지 생산량 $(M\Delta X_t,\ P_{X,TSS})$을 산정할 수 있다.

$$M(\Delta X_t) = Q_w X_t = VX_t/R_s = M(X_t)/R_s \quad \text{(kg TSS/d)} \tag{11.111}$$

$$M(\Delta X_v) = f_i\, M(\Delta X_t) \quad \text{(kg VSS/d)} \tag{11.112}$$

일부 문헌에서는 $M(\Delta X_t)$와 $M(\Delta X_v)$를 각각 $P_{X,TSS}$ 및 $P_{X,VSS}$로 표현한다. 유기물질 제거와 질산화를 동시에 고려할 경우 X_a 식을 질산화 미생물 관련식(X_{AUT})으로 변경하여 계산한 뒤 총 슬러지 생산량에 포함시켜야 한다.

한편 슬러지 생산량은 기존시설로부터 얻어진 운영자료(Y_{obs})를 활용하여 결정할 수도 있다. 이 방법은 활성슬러지 공정의 기초 설계나 예측을 위해 유용하게 사용할 수 있다. 이때 Y_{obs}값은 BOD, bCOD 혹은 COD 등을 기초로 표현된다.

$$P_{x,VSS} = Y_{ohs}(Q)(S_o - S) \tag{11.113}$$

그림 11-46은 활성슬러지 공정(기질: 1차처리수)에서 SRT에 따른 혼합액 고형물질의 분율과 슬러지 생산량에 대한 분석결과를 예시한 것이다. 또한 그림 11-47은 SRT 변화에 따라 결정된 단위 유기물질 제거당 생산된 슬러지량을 국내외 결과를 토대로 비교한 자료이다.

⑤ MLSS(X)와 슬러지 반송비(R)의 관계

활성슬러지 공정에서 MLSS 농도(X)와 슬러지 반송비$(R=Q_r/Q)$의 관계는 침전지의 고형물 수지를 통하여 결정할 수 있다.

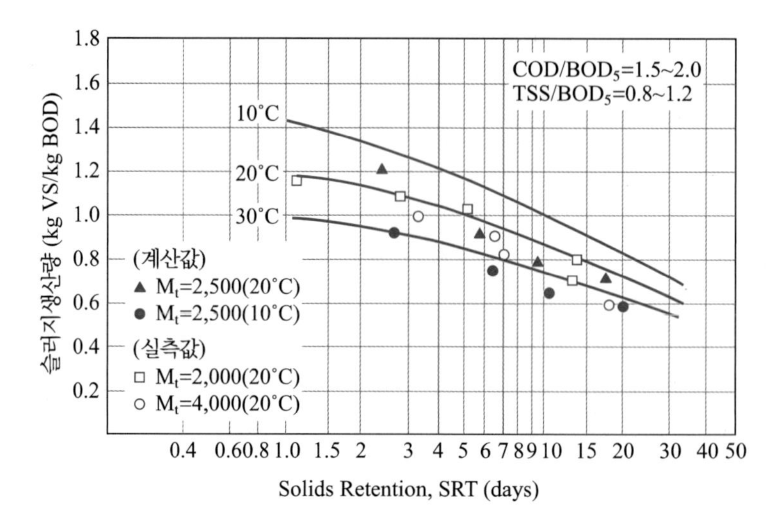

그림 11-47 활성슬러지 공정(1차처리수 기준)에서 SRT에 따른 슬러지 생산량 (최의소, 2003)

$$(Q + Q_r)X = QX_e + Q_rX_r \qquad (11.114)$$

이 식에서 유출수에 포함된 고형물의 양(X_e)을 무시할 수 있으므로 반송비와 반송슬러지 농도와의 관계는 다음과 같다.

$$X_r = \frac{(Q + Q_r)X}{Q_r} \qquad (11.115)$$

$$R = \frac{X}{X_r - X} \qquad (11.116)$$

적절한 반송비의 선택은 활성슬러지 반응조에서의 MLSS 농도를 안정하게 유지해주기 위해 필요하다. 그러나 그와 동시에 2차침전지에서 슬러지 농축성도 충분히 확보할 수 있어야 하며, 슬러지 벌킹현상(팽화현상)에 대책도 고려하여야 한다.

⑥ 산소소모량(MO_c)

생물반응조에서 탄소성 물질의 분해과정에서 필요한 산소소모량(MO_c, R_o)은 기질의 소모에 따른 활성 미생물의 세포합성(O_s) 및 내생호흡(O_e)의 경우를 합한 값이다(7.5절).

$$M(O_c) = O_cV = O_sV + O_eV \qquad (11.117)$$
$$= (1 - f_{CV}Y_h)(S_{bi} - S_b)(Q_i) + f_{CV}(1 - f)b_hX_aV$$

이 식에서 $X_aV = MX_a$이며, $S_{bi} \gg S_b$이므로 이 식은

$$M(O_c) = (1 - f_{CV}Y_h)M(S_{bi}) + f_{CV}(1 - f)b_h M(X_a)$$
$$= M(S_{bi})\left[(1 - f_{CV}Y_h) + f_{CV}(1 - f)b_h\frac{Y_hR_s}{(1 + b_hR_s)}\right] \ (\text{mg } O_2/\text{d}) \qquad (11.118)$$

산소이용률(OUR, O_c)은 산소소모량에서 반응조 용량으로 나누어 얻을 수 있다.

$$O_c = M(O_c)/(V \times 24) \qquad (\text{mg } O_2/\text{L-reactor/hr}) \qquad (11.119)$$

이상의 식으로부터 산소소모량은 유입 기질(bCOD)의 부하와 SRT 함수임을 알 수 있다. 한편, 산소소모량은 다음의 식으로 간단히 표현하기도 한다.

산소소모량 = 제거된 bCOD − 폐슬러지의 COD

$$R_o = (Q_i)(S_{bi} - S_b) - 1.42\ P_{X,bio} \qquad (11.120)$$

여기서, $P_{X,bio}$ = 매일 폐기되는 미생물량(Xv) 중에서 $(X_a + X_e)$에 해당하는 양

$(= P_{X,VSS} - Q_i X_{ii})$

만약 유기물질 제거와 질산화를 동시에 고려할 경우 다음과 같이 질산화를 위한 산소요구량을 포함하여야 한다.

$$R_o = (Q_i)(S_{bi} - S_b) - 1.42P_{X,bio} + 4.33(Q_i)(NO_x) \qquad (11.121)$$

참고 산소소요량

활성슬러지 시스템은 공정의 안전성을 위해서 보통 생물반응조 유출구의 DO 농도를 약 2∼3 mg/L 정도로 유지한다. 특히 질산화의 경우 반응조의 DO 농도를 1 mg/L 이하가 되지 않도록 해야 한다. 따라서 실제 산소소요량(AOR, actual oxygen requirement)은 다음과 같다.

$$AOR = MO_{c1} + MO_{c2} + MO_{c3} + MO_{c4} \qquad (kg\ O_2/d) \qquad (11.122)$$

여기서,

MO_{c1} = BOD의 산화에 필요한 산소량

$= A(kg\ O_2/kg\ BOD) \times$ [BOD 제거량(kg BOD/d) − 탈질량(kg N/d) $\times$ K(kg BOD/kg N 제거)]

MO_{c2} = 내생호흡에 필요한 산소량

$= B(kg\ O_2/kg\ MLVSS/d) \times MLVSS(kg\ MLVSS/m^3) \times V_{OX}(m^3)$

MO_{c3} = 질산화 반응 시에 필요한 산소량

$= C(kg\ O_2/kg\ N$ 제거$) \times Q(NO_x)(kg\ N/d)$

MO_{c4} = 용존산소농도의 유지에 필요한 산소량

$= DO \times Q(1 + R + IR)$

V_{OX} = 호기성 지역의 생물반응조 용량(m^3)

NO_x = (유입 TKN 양) − (유출 NH_4-N 양) − $(0.12\ P_{X,bio}/Q)$

DO = 호기성 생물반응조 말단의 용존산소농도(mg/L)

R = 침전지 반송비

IR = 내부반송비(필요시)

A = 0.5∼0.7; B = 0.05∼0.15; C = 4.57; K = 2.0∼3.0

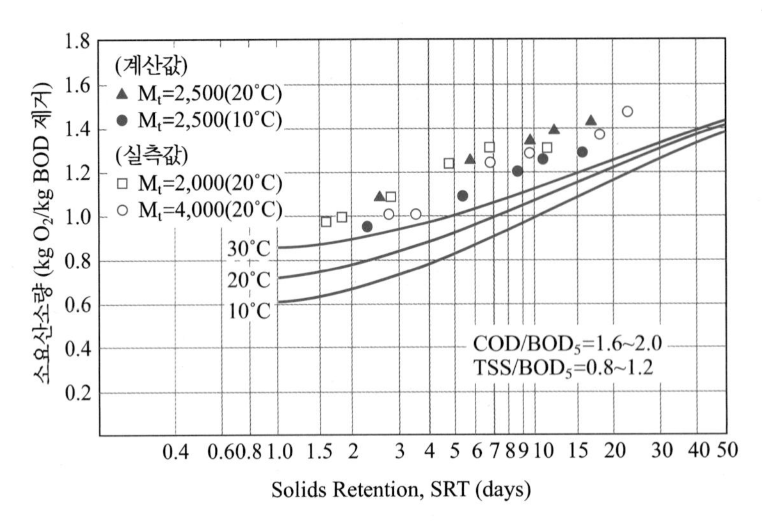

그림 11-48 **활성슬러지 공정(1차처리수 기준)에서 SRT에 따른 산소소요량** (최의소, 2003)

일반적으로 유기물질 제거를 위한 산소요구량은 SRT 10～20일의 경우 약 0.9～1.3 kg O_2/kg BOD 제거 정도이다(WEF, 1998). 그림 11-48은 활성슬러지 공정(기질: 1차처리수)에서 SRT에 따른 산소소요량에 대하여 국내외 자료를 비교하여 나타낸 것이다.

⑦ 영양소 요구량

생물반응조에서 활성 미생물의 세포합성과 에너지 생산을 효과적으로 수행하기 위해서 충분한 영양물질이 필요하다. 대사과정에서 필요한 주요 영양물질은 질소와 인으로, 활성슬러지는 폐수로부터 일정 부분의 질소와 인을 흡수하여 세포에 축적하며 제거하게 된다. 박테리아 세포의 조성식을 참고로 할 때 질소의 무게는 약 12.4% 정도이며, 인은 대체로 질소값의 1/5로 가정한다. 그러나 이 값은 고정된 값이 아니며, 시스템의 운전특성에 따라 가변적이다. 미생물의 성장은 질소와 인의 농도 범위가 0.1～0.3 mg/L일 때 영양물질 저해현상이 일어날 수 있으며, 일반적으로 7일 이상의 SRT에서는 BOD 100 g당 필요한 질소와 인의 양은 각각 5 g과 1 g이다(Metcalf & Eddy, 2003).

생물반응기에서 형성되는 바이오매스(MLVSS, X_v)는 호기성 활성슬러지 시스템의 경우 약 9～12(평균 10)%의 N과 1～3(평균 2.5)%의 P를 함유하고 있다. 이는 대한 X_a, X_e 및 X_i의 비율은 슬러지 일령에 따라 민감하게 변화함에도 불구하고 f_{CV} COD/VSS 비율이 1.48 mg COD/mg VSS로 일정하게 유지되는 것과 유사하다. 바이오매스의 N(f_n)과 P(f_p) 비율은 바이오매스에 대한 TKN과 T-P 그리고 VSS 농도를 직접 분석하여 결정할 수 있다. 통상적으로 f_n값은 0.1 mg N/mg VSS이며, f_p값은 0.025 mg P/mg VSS 정도이다.

세포합성에 따른 영양물질의 요구량(Ns, Ps)은 미생물 생산율에 근거하여 예측할 수 있는데, 그 양은 다음 식과 같이 표현된다.

$$Q(N_s) = f_n M(X_v)/R_s \quad Q(P_s) = f_p M(X_v)/R_s \tag{11.123}$$

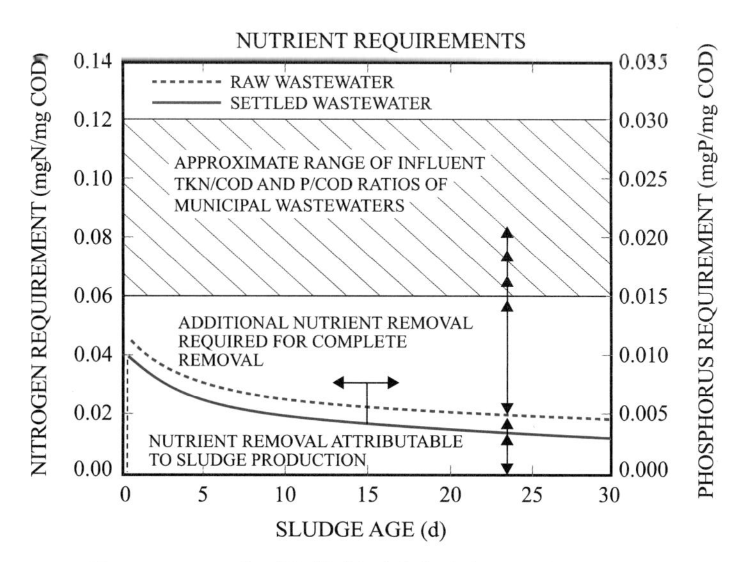

그림 11-49 SRT에 따른 활성슬러지의 영양소요구량 (WRC, 1984)

$$\frac{N_s}{S_{ti}} = f_n\left\{\frac{(1-f_{us}-f_{up})Y_h}{(1+b_hR_s)}(1+f\,b_hR_s)+\frac{f_{up}}{f_{CV}}\right\} \quad \text{(mg N/mg COD)} \qquad (11.124)$$

$$\frac{P_s}{S_{ti}} = \left\{\frac{(1-f_{us}-f_{up})Y_h}{(1+b_hR_s)}(r+f_pf\,b_hR_s)+f_p\frac{f_{up}}{f_{CV}}\right\} \quad \text{(mg P/mg COD)} \qquad (11.125)$$

여기서, $f_n = X_v$ 내의 N 함량(= 0.1 mg N/mg VSS)

$r = X_a$ 내의 P 함량(mg P/mg VSS)

$f_p = X_e$와 X_i에서의 P 함량(= 0.015 mg P/mg VSS)

물질수지에 의해 유출수 내의 영양소의 농도는 다음과 같다.

$$N_{te} = N_{ti} - N_s \qquad (11.126)$$

$$P_{te} = P_{ti} - P_s \qquad (11.127)$$

그림 11-49에는 활성슬러지 공정에서 SRT에 따른 영양소 요구량을 나타내었다. 이 그림으로부터 슬러지 생산을 위한 영양소 요구량은 1차침전지 유출수보다 하수원수의 경우가 더 높음을 알 수 있는데, 그 이유는 하수원수의 경우가 더 많은 슬러지를 생산하기 때문이다. 또한 SRT가 증가함에 따라 영양소 요구량은 점차 감소하고 일반적으로 10일 이상의 SRT에서는 질소와 인의 요구량은 각각 0.02 mg N/mg COD 및 0.005 mg P/mg COD 이하로 나타난다. 따라서 유입수 내 포함된 함량을 기준으로 할 때 추가적인 영양소 제거요구량은 SRT가 증가함에 따라 점차 더 크게 증가한다는 것을 알 수 있다.

⑧ 슬러지 침강성

생물학적 슬러지의 우수한 침강성(settleability) 확보는 활성슬러지의 중요한 특성 중의 하나로, 이는 후속하는 고액분리단계(2차침전지)의 설계에 있어 직접적인 영향인자가 된다. 생물학적 슬러지를 위한 침전지의 설계는 양호한 유출수와 침전슬러지의 농축성 확보에 중점을 두고 있다.

활성슬러지의 침전특성을 정량화하기 위한 일반적인 방법으로는 슬러지 용적지수(SVI, sludge volume index)와 지역(계면) 침전속도(ZSV, zone settling velocity)가 있다.

SVI는 반응조의 혼합액을 일정 용기(1～2 L 메스실린더)에 30분간 침전시킨 후 1 g의 활성슬러지 부유물질에 해당하는 부피(mL)를 말하는 것으로 다음 식으로 표현한다.

$$SVI = \frac{SV_{30}(mL/L)}{MLSS(mg/L)}\left(\frac{10^3 mg}{g}\right) \tag{11.128}$$

예를 들어 3000 mg/L TSS 농도를 가진 혼합액 시료를 1 L 메스실린더에 30분 동안 침전시킨 슬러지 부피가 300 mL였다면 SVI는 100 mL/g이 된다. 통상적으로 이 값은 100 mL/g 이하가 바람직하며, 150 mL/g 이상이라면 사상성 미생물(filamentous bacteria)의 성장이 있는 것으로 판단한다. 그러나 SVI 시험법은 경험적인 것으로 고형물의 농도가 높을 경우 의미 있는 결과를 얻기 어렵다. 즉, 슬러지의 침전이 효과적이지 않을지라도 고형물의 농도만 충분히 높다면(예, 10,000 mg SS/L) 100 mL/g 이하의 SVI 값을 얻을 수 있다. 이러한 오류를 피하기 위해 희석된 SVI(DSVI) 시험이 사용된다(Jenkins et a1., 1993). DSVI 시험이란 슬러지 시료를 30분 동안 침전시킨 후 슬러지의 부피가 250 mL 이하가 되도록 2차처리수로 희석한다면 그 시료를 이용하여 표준 SVI 시험을 수행하는 것을 말한다. 침전실험은 벽면효과를 줄이기 위해 일반적으로 2 L 실린더를 사용을 선호한다. 또한 교반장치가 포함된 시험법(stirred SVI)을 사용하기도 한다(WEF, 1995).

이론적으로 침전슬러지의 고형물 농도는 반송슬러지의 고형물 농도로 생각할 수 있으므로, 흔히 반응조 내의 최대 MLSS 농도를 다음과 같이 슬러지 반송비와 SVI 간의 관계로 대략적으로 표현한다. 그러나 SVI 값이 충분히 정상적인 범위로 얻어졌다는 기본가정이 필요하므로 이는 정밀한 결과를 제공하지는 않는다.

$$X = \frac{10^6}{SVI} \cdot \frac{R}{1+R} \tag{11.129}$$

지역침전속도(ZSV)는 2차침전지에서 활성슬러지의 침강성과 농축성을 더 잘 예측할 수 있는 방법으로 흔히 SVI 시험 동안 관찰하거나 좀 더 큰 규모의 침전장치를 사용하여 침전계면(액체와 슬러지 경계면)의 침전속도를 측정한다. 침전이론에 따르면 이러한 침전은 III형 침전에 해당한다(8.4절 참조). 이러한 유형의 경우 침전속도는 일반적으로 MLSS 농도와 수온에 의해 크게 영향을 받는다. 즉, 사상균의 성장으로 인한 팽화현상(sludge bulking)이 일어나지 않아도 만약 고형물의 농도가 2500 mg SS/L 이하로 낮거나 수온이 낮은 동절기에는 활성슬러지의 농축성은 떨어지고, 반송슬러지의 고형물 농도도 낮아질 수 있다.

지역침전속도에 기초하여 2차침전지의 표면월류율(SOR, surface overflow rate)을 간단하게 결정할 수 있다.

$$SOR = \frac{(V_i)(24)}{SF} \tag{11.130}$$

여기서, SOR = 표면월류율($m^3/m^2/d$)

V_i = 계면침전속도(m/h or $m^3/m^2/h$)

24 = 변환계수

SF = 안전계수(1.75～2.5)

ZSV 방법은 MLSS 농도가 높은 경우 침전특성과 침전지 해석에 효과적으로 사용할 수 있다는 장점이 있다. MLSS 농도가 높다면 계면침전속도는 감소할 것이며, 그 결과 2차침전지의 소요 표면적은 증가하게 된다.

생물학적 하수처리에서 고액분리는 가장 중요한 구성요소 중의 하나이다. 특히 팽화현상을 일으키는 사상균의 성장을 억제하고 슬러지의 침전특성을 개선하기 위해 소규모의 선택조(selector 혹은 contactor)를 폭기조 선단에 추가하는 방법을 사용하기도 한다. 선택조는 일반적으로 혐기, 무산소 또는 호기성(고율) 환경하에서 반송슬러지와 유입수를 짧은 체류시간(20～60분) 동안 혼합하는 방식으로 적용한다. 생물학적 영양소제거(BNR) 공정의 경우에는 이러한 특성이 이미 포함되어 있으므로 추가적으로 고려하지는 않는다. 따라서 선택조는 단지 BOD 제거나 혹은 BOD 제거와 질산화를 목표로 하는 활성슬러지 공정에서 주로 사용한다.

⑨ 처리수 수질

생물학적 처리공정은 공정의 종류와 처리 목표물질에 따라 유기물질, 부유물질 및 영양물질 등으로 규제하고 있다. 생물학정 공정의 유출수에 포함될 수 있는 잠재적 성분과 그 특징을 표 11-34에 정리하였다.

일반적으로 활성슬러지의 처리수 농도는 다음과 같이 표현될 수 있다.

$$S_{te} = S_{use} + S_{be} + f_{CV}X_{ve} \quad \text{(mg COD/L)} \qquad (11.131)$$
$$= S_{usi} + S_b + f_{CV}X_{ve}$$
$$= f_{us}S_{ti} + S_b + f_{CV}X_{ve}$$

표 11-34 생물학정 공정의 유출수에 포함될 수 있는 잠재적 성분

구분	종류
생물학적 분해 가능한 용해성 유기물	• 미처리된 용해성 유기물(S_{use}) • 생물학적 분해과정에서 중간생성물로 형성된 유기성분 • 세포성분(세포사멸 또는 분해산물)
부유성 유기물질	• 처리과정에서 생산되어 침전지에서 유출되는 생물학적 고형물 • 처리되지 않은 유입수 내 콜로이드성 유기물질
질소와 인	• 유출수 부유물질 내 미생물에 함유된 성분(입자성-N & -P) • 용존성 질소성분(NH_4-N, NO_2-N, NO_3-N, Org-N) • 용존성 정인산염(PO_4-P)
생물학적 분해 불능 유기물질	• 유입수 내에 존재하던 불용성(분해 불가능) 유기성분 • 생물학적 분해 부산물

표 11-35 생물반응조 관련 표시기호

기호	설명	단위	전형적인 수치
f_{CV}	미생물(X_a)의 산소당량	mg COD/mg VSS	1.45~1.50 (1.42)
f_{av}	활성 미생물과 MLVSS 분율(X_a/X_v)	mg VSS/mg VSS	
f_{at}	활성 미생물과 MLSS 분율(X_a/X_t)	mg VSS/mg TSS	
f_i	MLVSS/MLSS 비율(X_v/X_t)	mg VSS/mg TSS	원수: 0.7~0.8 (0.75) 침전수: 0.8~0.9 (0.85)
f_d(or f)	내생미생물로 전환되는 활성 미생물의 분율	mg VSS/mg VSS	0.1~0.2(0.15)
f_n	미생물의 질소 함량(N/MLVSS)	mg N/mg VSS	0.09~0.12(0.10)
f_p	미생물의 인 함량(P/MLVSS)	mg P/mg VSS	0.025

여기서, X_{ve} = 유출수의 VSS 농도 (mg VSS/L)

= (처리수의 tCOD − sCOD)/f_{CV}

그러나 7일 이상의 SRT 조건에서 S_b는 매우 낮으므로 무시할 수 있다. 따라서 이 식은 다음과 같이 표현할 수 있다.

$$S_{te} = S_{use} + f_{CV}X_{ve} \quad \text{(mg COD/L)} \tag{11.132}$$

생물반응조의 유출수에 대한 용존성 기질의 농도(S)식 (7.96)을 사용하면 유출수 용해성 BOD(sBOD) 농도는 약 1.0 mg/L 미만으로 예측된다. 그러나 실제 sBOD 측정값은 흔히 2~4 mg/L의 범위로 나타난다. 일반적으로 SRT가 4일 이하로 운전되는 활성슬러지 공정에서 유출수의 농도는 보통 3.0 mg/L 이하이다.

적절히 설계된 2차침전지에서 슬러지의 침전성이 양호할 경우 유출수 부유물질은 5~15 mg/L의 범위를 가진다. sBOD를 3 mg/L, VSS/TSS 비는 0.85, 유출수 TSS 값을 10 mg/L로 가정하면, 2차처리 유출수의 BOD 농도는 아래와 같이 예측할 수 있다.

$$BOD_e = sBOD_e + \left[\frac{1\text{ g BOD}}{1.72\text{ g COD}}\right](f_{CV}X_{ve}) \tag{11.133}$$

$$= sBOD_e + 0.825(X_{ve})$$

$$BOD_e = 3\text{ mg/L} + 0.825(0.85 \times 10\text{ mg SS/L})$$

$$= 10.0\text{ mg/L}$$

표 11-35에는 생물반응조 관련식에 사용된 표시기호와 전형적인 값을 정리하였다.

3) 활성슬러지 공정의 설계

① 공정의 특성

표 11-36에는 활성슬러지 공정의 전형적인 설계인자를 나타내고 있다. 고율폭기, 접촉안정법 및 순산소법을 제외하고는 대체로 유기물질 부하율을 1.0 kg BOD/m^3/d 이하로, 그리고 F/M 비

표 11-36 **활성슬러지 공정의 전형적인 설계인자**

공정의 명칭	반응조의 형태	SRT (d)	F/M (kg BOD/kg MLVSS·d)	용적부하 (kg BOD/ m^3·d)	MLSS (mg/L)	HRT (hr)	RAS (% of influent[a])
고율포기	Plug flow	0.5~2	1.5~2.0	1.2~2.4	200~1000	1.5~3	100~150
접촉안정화	Plug flow	5~10	0.2~0.6	1.0~1.3	1000~3000[b] 6000~10000[c]	0.5~1[b] 2~4[c]	50~150
순산소포기	Plug flow	1~4	0.5~1.0	1.3~3.2	2000~5000	1~3	25~50
일반적인 압출류	Plug flow	3~15	0.2~0.4	0.3~0.7	1000~3000	4~8	25~75[f]
단계적 주입	Plug flow	3~15	0.2~0.4	0.7~1.0	1500~4000	3~5	25~75
완전혼합	CMAS	3~15	0.2~0.6	0.3~1.6	1500~4000	3~5	25~100[f]
장기포기	Plug flow	20~40	0.04~0.10	0.1~0.3	2000~5000	20~30	50~150
산화구	Plug flow	15~30	0.04~0.10	0.1~0.3	3000~5000	15~30	75~150
회분식배출	Batch	12~25	0.04~0.10	0.1~0.3	2000~5000[d]	20~40	NA
SBR	Batch	10~30	0.04~0.10	0.1~0.3	2000~5000[d]	15~40	NA
역류포기공정 (CCAS™)	Plug flow	10~30	0.04~0.10	0.1~0.3	2000~4000	15~40	25~75[f]

a WEF(1998); Crites and Tchobanoglous(1998)
b 접촉조에서의 MLSS 및 체류시간
c 안정화조에서의 MLSS 및 체류시간
d 중간 정도의 SRT에서 사용
e 평균유량기준
f 질산화의 경우 이 비율은 25~50% 증가될 것이다.
NA = not applicable.
Ref) Metcalf & Eddy(2003)

도 최대 0.5 kg BOD/kg MLSS/d 이하로 운전하고 있다. 이 경우 BOD 제거효율은 대략 85~90% 정도이다. 표 11-37에는 일반 활성슬러지 공정의 종류와 장단점을 보여주고 있다.

재래식 활성슬러지 공정(CAS)은 기본적으로 압출류 방식을 채용하고 있다. 따라서 생물반응조 선단에서는 유기물질 부하가 크게 유지되므로 그 결과 산소소요량이 크게 나타나 용존산소의 부족현상이 발생한다. 결국 슬러지 팽화현상이 발생하고 아울러 BOD 제거효율은 불량하게 된다. 이러한 단점을 보강한 것이 점감식 폭기(tapered aeration), 계단식 폭기(step aeration), 고율(high rate) 또는 완전혼합류(CMR) 방식이다. 일반적으로 CAS는 계단식 폭기방식으로 적용하는데, 그 이유는 BOD 부하를 생물반응조 전반으로 분산시킴으로써 BOD 부하를 향상시킬 수 있고, 산소소요량도 평준화시키는 효과가 있기 때문이다.

완전혼합 방식의 경우 충격부하나 독성물질의 유입에 대처가 용이하고 운전이 쉬운 장점이 있으나 단회로(short circuit)나 사역(dead space)의 형성으로 인해 처리수 수질에 악영향을 미칠 수 있다. 따라서 폭기조의 폭과 길이를 적절히 조정하거나 폭기기 설치의 효용성을 높이는 것이 도움이 된다.

장기폭기법(extended aeration)은 24시간 내외의 긴 체류시간으로 단순하게 운전함으로써 폐슬러지의 발생량을 줄일 수 있으므로 주로 소규모 처리시설에서 사용된다. 접촉안정법(contact stabilization)은 2차침전지로부터 반송되는 슬러지를 재폭기하여 생물반응조로 주입하는 방법으

표 11-37 일반 활성슬러지 공정의 종류와 장단점

공정	장점	단점
완전 혼합 공정	• 일반적이며, 증명된 공정임. • 여러 형태의 하수에 적용가능 • 충격부하와 독성부하에 대해 큰 희석능력 • 일정한 산소요구량 • 설계가 상대적으로 덜 복잡함. • 모든 형태의 포기장치 사용가능	• 사상균성 슬러지 팽화가 일어나기 쉬움.
전형적인 압출류 공정	• 증명된 공정임. • 완전혼합공정보다 암모니아의 제거율이 약간 더 높음. • 단계적 주입, 선택조 설계, 그리고 무산소/호기공정을 포함한 다양한 공정으로 적용가능	• 점감식 포기에서 설계와 운전이 복잡해짐. • 첫 번째 유입수로에서 산소공급량을 산소요구량에 맞추기 어려움.
고율 공정	• 일반적인 압출류보다 포기조의 소요용량이 적음. • 포기 시 동력이 작게 소모됨.	• 불안정한 운전; 유출수 수질이 나쁨. • 질산화에 부적당 • 슬러지 생산량이 많음. • 첨두유량에서 MLSS의 유실로 인해 운전이 교란될 수 있음.
접촉 안정화 공정	• 포기조 소요용량 감소 • MLSS의 손실 없이 우기 시 유량을 다룰 수 있음.	• 질산화 능력이 적거나 없음. • 운전이 비교적 복잡함.
단계적 주입 공정	• 더 균일한 산소요구를 위해 부하를 분배 • 첨두 우기유량을 침전지에서 고형물 부하율을 최소화하기 위하여 마지막 수로에서 우회통과할 수 있음. • 융통성 있는 운전가능 • 무산소/호기 공정을 포함한 다양한 공정으로 적용가능	• 운전이 비교적 복잡 • 유입수 분배를 정확하게 하거나 측정하는 데 어려움. • 공정과 포기시스템에 대한 설계가 복잡함.
장기 포기 공정	• 높은 수준의 유출수 획득 가능 • 상대적으로 설계와 운전이 쉬움. • 충격/독성부하에 강함. • 슬러지 안정화가 좋음; 미생물 생산량이 적음.	• 포기에너지 사용이 높음. • 비교적 큰 포기조 • 대부분 소규모시설에만 적용가능
순산소 공정	• 상대적으로 포기조 소요용량이 작음. • 휘발성 유기화합물과 가스방출량이 적음. • 일반적으로 침전성이 우수한 슬러지 생성 • 운전과 DO조절이 상대적으로 간단함. • 다양한 형태의 하수에 적용가능	• 질산화에 대해 제한적 • 설치, 운전, 유지관리를 위해 장치가 복잡 • *Nocardia* 거품문제 • 첨두유량 시 MLSS의 유실로 운전이 교란될 수 있음.
산화구	• 신뢰성 높은 공정; 간단한 조작 • 유출수의 수질과 무관하게 충격/독성부하에 적용가능 • 소규모에 경제적 • 장기포기공정보다 동력소모량 적음. • 영양소제거 가능 • 유출수의 수질이 좋음. • 잘 안정화된 슬러지; 낮은 슬러지(biosolids) 생산량	• 큰 구조물과 넓은 부지 면적이 필요 • 낮은 F/M에서 bulking의 가능성 • 몇몇 산화구 공정변법은 특허등록되어 있어 특허사용료 필요. • 일반적인 완전혼합 활성슬러지와 압출류 • 공정보다 포기 시 더 많은 동력이 소모됨. • 시설용량 확장이 매우 어려움.
연속 회분식 반응조	• 공정이 간단함; 최종침전지와 슬러지 • 반송이 필요없음. • 시설의 소형화 가능 • 운전의 가변성; 운전조건의 변화와 영양소제거 가능 • 슬러지 벌킹을 최소화하기 위해 선택조 공정으로 운전가능 • 정체된 침전은 고형물 분리를 향상시킴. (유출수의 SS가 낮음) • 다양한 크기의 규모로 적용가능	• 공정제어가 더 복잡함. • 높은 첨두유량을 설계시에 고려하지 않을 경우 운전 시 교란을 가져올 수 있음. • 회분식 배출수는 여과와 살균 전에 균등화 필요 • 기구, 장치, 자동밸브 조작 시 고도의 기술 필요 • 경우에 따라 포기장치가 비효율적으로 사용될 수 있음.
역류식 포기	• 우수한 유출수 수질 가능 • 산소전달효율은 일반적인 포기시스템보다 더 높음. • 잘 안정화된 슬러지; 낮은 미생물 생산량 • 영양소제거를 위해 공정설계 수정가능	• 포기기의 막힘을 방지하기 위해 미세 스크린 필요 • 공정이 특허등록되어 있음. • 유지를 위해 포기장치 비가동 시 공정수행에 영향을 미침. • 운전자의 숙련된 기술 필요

Ref) Metcalf & Eddy(2003)

로 흔히 1차침전지를 생략한 경우에 사용된다.

순산소(pure oxygen) 폭기법은 공기 대신에 산소를 직접 공급하는 방법이다. 순산소의 산소분압은 공기에 비해 5배 정도 높으므로 폭기조 내에서 용존산소를 높게 유지할 수 있고 생물반응조의 폭기(체류)시간을 낮게 운전할 수 있으며, 상대적으로 고부하의 운전이 가능하다.

연속회분식(sequencing batch) 공법은 하나의 반응조에 생물반응조와 침전지의 기능을 모두 부여하여 활성슬러지에 의한 반응과 혼합액의 침전, 상징수의 배수, 침전슬러지의 배출공정 등을 반복하여 처리하는 방식이다. 이 방법은 원칙적으로 1차침전지가 불필요하나 유입유량의 변화에 영향을 받기 쉬우므로 유량조정조의 설치가 필요하다.

산화구(oxidation ditch)법은 주로 1차침전지를 설치하지 않은 상태에서 타원형 무한수로형 반응조를 이용하는 저부하형 공정으로 유량 밑 수질변동에 유리한 방법이다. 따라서 고형물 체류시간(SRT)이 길어 질산화 반응을 진행하기 쉽고, 산화구 내에 무산소 지역을 설치하여 질소 제거효과를 기대할 수 있지만, 넓은 부지가 요구된다.

② 공정설계

활성슬러지 공정의 설계에 있어서 유입하수의 특성(11.2절)은 매우 중요하다. 특히 rbCOD 농도는 산소요구량을 평가하는 데 중요하며, ubVSS 농도는 슬러지 생산량과 폭기조 용량 결정에 영향을 미친다. 공정설계에 있어 가장 기본적인 인자는 SRT이며, 반응속도 및 양론계수의 선정, 그리고 적절한 물질수지의 적용을 통해 이루어진다. 표 11-38에는 유기물질 제거를 위한 활성슬러지 공정의 설계에 사용되는 동역학 상수를 정리한 것이다. 이러한 값들은 상당히 넓은 범위로 보고되어 있으므로 사용 시에는 적절한 평가가 필요하다.

공정설계에서 SRT를 증가시키면 MLSS 농도(즉 반응조 용량)와 산소소요량이 증가하게 된다. 반면에 슬러지 생산량과 활성 미생물의 분율(f_{av} 및 f_{at}) 그리고 영양소 소요량이 낮아지게 된다.

활성슬러지 공정이 1차침전지 유출수를 대상으로 할 경우는 하수원수를 대상으로 할 경우에

표 11-38 활성슬러지 공정의 설계를 위한 동역학 계수(종속영양미생물, 20°C 기준)

계수	단위	범위	전형적인 값
μ_m	g VSS/g VSS·d	3.0～13.2	6.0
K_s	g bCOD/m^3	5.0～40.0	20.0
Y_h	g VSS/g bCOD	0.30～0.50	0.40
b_h	g VSS/g VSS·d	0.06～0.20	0.12
f_d	Unitless	0.08～0.20	0.15
θ값			
μ_m	Unitless	1.03～1.08	1.07
b_h	Unitless	1.03～1.08	1.04
K_s	Unitless	1.00	1.00

Ref) Henze et al.(1987a); Barker and Dold(1997); Grady et al.(1999)

비하여 유입 기질의 부하와 MLSS 농도가 낮아지고, 그 결과 반응조 용적과 산소소요량 그리고 2차슬러지의 발생량도 부수적으로 줄어드는 효과가 있다. 그러나 1차침전지 설치와 1차슬러지의 안정화 처리단계가 추가적으로 필요하다.

정상상태 활성슬러지 공정의 통상적인 설계절차는 표 11-39에 나타나 있다.

표 11-39 정상상태 활성슬러지 공정의 설계절차

1. 대상 하수의 성상 분석자료를 수집한다(원수 또는 1차침전지 유출수).
   1) f_{us}(용존성 생분해 불능 성분)와 f_{up}(불활성 입자성 물질)
   2) f_i(활성슬러지의 VSS/TSS 비율)
2. 유입수 COD의 특성을 조사한다.
   1) 농도: $S_{usi}(=f_{us}S_{ti})$, $S_{upi}(=f_{up}S_{ti})$, $S_{bi}[=(1-f_{us}-f_{up})S_{ti}]$ (mg COD/L)
      $X_{ii}(=S_{upi}/f_{CV})$ (mg VSS/L)
   2) 질량: $M(S_{usi})$, $M(S_{upi})$, $M(S_{bi})$, $M(X_{ii})$ (mg COD/d)
3. 시스템의 SRT(R_s)를 선정한다.
4. 유출수의 생분해성 COD(S_{be})를 계산한다.
5. 분해된 생분해성 COD 질량 $M(\Delta S_b)$을 계산한다.
   $M(\Delta S_b)=Q_i(S_{bi}-S_{be})$ (mg COD/d)
6. 생물반응조 내 고형물 질량을 계산한다.
   $M(X_v)$ & $M(X_t)=f(f_{us}, f_{up}, f_i, M(S_{ti}), R_s)$
   $M(X_a)$, $M(X_e)$, $M(X_i)$, $M(X_v)$, $M(X_t)$
7. 산소이용량 $M(O_c)$을 계산한다.
8. 반응조의 MLSS 농도(X_t)를 계산한다.
9. 반응조의 용량(V)을 계산한다.
   $V=M(X_v)/X_v$ 혹은 $M(X_t)/X_t$
10. 수리학적 (공칭)체류시간($R_{hn}=V/Q_i$)을 계산한다.
11. 반응조의 미생물 농도와 산소이용률(OUR, O_c)을 계산한다.
    $X_a=M(X_a)/V$, $X_e=M(X_e)/V$, $X_i=M(X_i)/V$ (mg VSS/L)
    $X_v=X_a+X_e+X_i$ 혹은 $X_v=MX_v/V$ (mg VSS/L)
    $X_t=X_v/f_i$ (mg TSS/L)
    $X_{iss}=X_t-X_v$ (mg ISS/L)
    $O_c=MO_c/(V\text{x}24)$ (mg O/L/h)
12. 유출수의 COD 농도(S_{te})를 계산한다.
    $S_{te}=f_{us}S_{ti}+S_b+f_{CV}X_{ve}$
    $S_{te}=f_{us}S_{ti}+S_b$ ($X_{ve}=0$의 경우)
13. 활성 미생물의 분율(f_{av}와 f_{at})을 계산한다.
    $f_{av}=M(X_a)/M(X_v)$
    $f_{at}=M(X_a)/M(X_t)$
14. 수리적 제어를 통한 폐슬러지의 유량(Q_w)과 슬러지 생산량($P_{X,TSS}$, $M\Delta X_t$)을 결정한다.
    $Q_w=V/R_s$; $P_{X,TSS}=M(\Delta X)=Q_w X_t$
15. 슬러지 생산을 위한 질소와 인의 요구량을 검토하고, 유출수의 질소(N_{te})와 총인(P_{te})의 농도를 계산한다.
16. COD 물질수지를 확인한다.
    [유출수 COD] + [폐기된 슬러지 COD] + [산소로 소모된 COD] = [기질의 총 COD]
    $M(S_{te})+f_{CV}M(X_v/R_s)+M(O_c)=M(S_{ti})$

예제 11-2 유기물질 제거를 위한 활성슬러지 공정

다음의 조건으로 유기물질 제거를 위한 완전혼합 활성슬러지 공정을 설계하고자 한다.

- 유량: 24,000 m^3/d (1차처리 유출수)
- SRT(R_s) 5일, MLSS 2,500 mg/L
- 유출수 농도: BOD 20 mg/L 이하, TSS 15 mg/L 이하
- 온도조건: 20°C
- 가정: $Y_h = 0.4$ g VSS/g bCOD, $\mu_m = 6\ d^{-1}$, $b_h = 0.12\ d^{-1}$, $K_s = 20$ mg bCOD/L
  내생분해계수(f_d) = 0.15
  폭기조 혼합액 VSS/TSS(f_i) = 0.8 mg VSS/mg TSS
- 하수의 특성

성분	농도(mg/L)	성분	농도(mg/L)
COD	300	VSS	80
sCOD	132	TKN	35
rbOD	60	NH_4-N	25
BOD	140	T-P	6
sBOD	70	Alk(as $CaCO_3$)	140
TSS	150	Temp(°C)	20

풀이

1. 하수특성의 정의

   1) S_{ti} = tCOD = 300 mg COD/L

   2) S_{bi} = bCOD = $(1 - f_{us} - f_{up})(S_{ti})$ = (1 − 0.067 − 0.126)(300) = 242 mg COD/L

   3) S_{ui} = ubCOD = COD − bCOD = 300 − 242 = 58 mg COD/L

   4) S_{usi} = S_{use}(i.e NBD sCOD) = SCOD − 1.6(sBOD) = 132 − 1.6(70) = 20 mg COD/L

   5) X_i = ubVSS = (1 − bpCOD/pCOD)VSS = (1 − 0.67)(80) = 26.7 mg VSS/L

      S_{upi} = (26.7)(1.42 g COD/g VSS) = 37.9 g COD/L

      여기서, bpCOD/pCOD = [(bCOD/BOD)(BOD-sBOD)]/(COD − sCOD)

      = [1.6(140 − 70)]/(300 − 132) = 0.67

   6) ISS = TSS − VSS = 150-80 = 70 mg ISS/L

   7) $f_{us} = S_{usi}/S_{ti}$ = 20/300 = 0.067

   8) $f_{up} = S_{upi}/S_{ti}$ = 37.9/300 = 0.126

   9) $M(S_{ti}) = Q_iS_{ti}$ = (24,000 m^3/d)(300 mg/L)(10^{-3}) = 7,200 kg COD/d

   10) $M(S_{bi}) = Q_iS_{bi}$ = (24,000 m^3/d)(224 mg/L)(10^{-3}) = 5,808 kg COD/d

2. 처리수 S_b 농도

   $S_b = [K_s(1 + b_hR_s)] / [R_s(\mu_m - b_h) - 1]$

$= [20(1 + 0.12(5))] / [(5)(6 - 0.12) - 1]$

$= 32/28.4 = 1.1$ mg bCOD/L ($S_b \ll S_{bi}$)

$M(S_b) = Q_i S_b = (24{,}000\ m^3/d)(1.1\ mg/L)(10^{-3}) = 27$ kg COD/d (Q_w 무시가능)

3. SRT의 검토

$1/R_S = \mu - b_h = \mu_m S_b / (K_s + S_b) - b_h$

$= [(6)(1.13) / (20 + 1.13)] - 0.12$

$= 0.20$

그러므로 $R_S = 5d$.

4. 생물반응조 슬러지 질량

1) $M(X_a) = M(S_{bi})(Y_h R_s) / (1 + b_h R_s)$

$= (5{,}808$ kg COD/d$)[0.4(5) / (1 + 0.12(5))] = 7{,}260$ kg VSS

2) $M(X_e) = f_d b_h R_s M(X_a)$

$= (0.15)(0.12)(5)(7{,}260$ kg VSS$) = 653$ kg VSS

3) $M(X_i) = f_{up} M(S_{ti}) R_s / f_{CV}$

$= (0.126)(7{,}200$ kg COD/d$)(5)/(1.42$ g COD/g VSS$) = 3{,}200$ kg VSS

4) $M(X_v) = M(X_a) + M(X_e) + M(X_i)$

$= 7{,}260 + 653 + 3{,}200 = 11{,}113$ kg VSS

5) $M(X_t) = M(X_v) / f_i = 11{,}113 / 0.8 = 13{,}892$ kg TSS

6) $f_{av} = M(X_a) / M(X_v) = 7{,}260/11{,}113 = 0.65$

7) $f_{at} = M(X_a) / M(X_t) = 7{,}260/13{,}892 = 0.52$

5. 생물반응조 용적

$V = M(X_t) / X_t = (13{,}892$ kg TSS$) / [(2{,}500\ mg/L)(10^{-3})] = 5{,}557\ m^3$

6. 수리학적 체류시간

$R_{hn} = V/Q_i = (5{,}557)(24) / (24{,}000) = 5.6$ hr

7. 슬러지 생산량

1) $Q_w = V/R_s = (5{,}557) / (5) = 1{,}111\ m^3/d$

2) 슬러지 농도

$X_a = M(X_a) / V = (7{,}260)(10^3)/(5{,}557) = 1{,}307$ mg VSS/L

$X_e = M(X_e) / V = (653)(10^3)/(5{,}557) = 118$ mg VSS/L

$X_i = M(X_i) / V = (3{,}200)(10^3)/(5{,}557) = 576$ mg VSS/L

$X_v V X_a + X_e + X_i = 1{,}307 + 118 + 576 = 2{,}000$ kg VSS/L

$X_t = M(X_t) / V = (13{,}892)(10^3)/(5{,}557) = 2{,}500$ mg VSS/L

$X_{iss} = X_t - X_v = (2{,}500) - (2{,}000) = 500$ mg ISS/L

3) 슬러지 생산량

$P_{X,TSS} = Q_w X_t = (1{,}111\ m^3/d)(2{,}500)(10^{-3}) = 2{,}778\ kg\ \ TSS/d$

$P_{X,VSS} = Q_w X_v = (1{,}111\ m^3/d)(2{,}000)(10^{-3}) = 2{,}223\ kg\ \ VSS/d$

$P_{X,Bio} = Q_w(X_a + X_e) = (1{,}111\ m^3/d)(1{,}307 + 118)(10^{-3}) = 1{,}583\ kg\ \ VSS/d$

8. 산소소모량

1) $M(O_c) = M(S_{bi})[(1 - f_{CV}Y_h) + f_{CV}(1 - f_d)b_hY_hR_s/(1 + b_hR_s)]$

$= (5{,}808\ kg\ \ COD/d)[(1 - 1.42(0.4)) + (1.42)(1 - 0.15)(0.12)(0.4)(5)/(1 + 0.12(5))]$

$= (5{,}808)(0.432 + 0.18)$

$= 3{,}561\ kg\ \ O/d$

2) $O_c = M(O_c)/(V)(24) = (3{,}561\ kg\ \ O/d)/(5{,}557\ m^3x24)$

$= 26.7\ mg\ \ O/L/hr$

9. 처리수의 최대 농도

$S_{te} = f_{us}S_{ti} + S_b + f_{CV}X_{ve}$

$= (0.067)(300) + (1.1) + (1.42)(0.8)(15)$

$= 20.1 + 1.1 + 17.0 = 38.2\ mg\ \ tCOD/L$

$S_{se} = f_{us}S_{ti} + S_b$

$= (0.067)(300) + (1.1)$

$= 20.1 + 1.1 = 21.2\ mg\ \ sCOD/L$ (if $X_{ve} = 0$)

$BOD_e = sBOD_e + (1/1.72)(f_{CV})(X_{ve})$

$= 0 + (1/1.72)(1.42)(0.8)(15) = 9.9\ mg/L$

10. 운전요소

1) $F/M_v = (Q_iBOD_i)/(X_vV) = (24{,}000)(140)/(2{,}000)(5{,}557)$

$= 0.30\ kg\ \ BOD/kg\ \ VSS/d$

2) $OLR = (Q_iBOD_i)/(V) = (24{,}000)(140)(10^{-3})/(5{,}557)$

$= 0.60\ kg\ \ BOD/m^3/d$

11. 세포증식계수

1) $Y_{obs.VSS} = P_{X,VSS}/M(S_{bi} - S_b) = (2{,}223)/[(24{,}000)(242 - 1.1)(10^{-3})]$

$= 0.384\ g\ \ VSS/g\ \ bCOD$

$= 0.384(1.6) = 0.612\ g\ \ VSS/g\ \ BOD$

2) $Y_{obs.TSS} = P_{X,TSS}/M(S_{bi} - S_b) = (2{,}778)/[(24{,}000)(242 - 1.1)(10^{-3})]$

$= 0.481\ g\ \ TSS/g\ \ bCOD$

참고 본 예제에서 각종 계수(Y_h, μ_m, b_h, K_s 등)들은 온도조건 20°C에 대한 전형적인 값을 기준으로 하고 있다. 그러나 이러한 값들은 폐수의 특성과 현장의 온도조건에 따라 변화하므로 실제 설계에서는 이러한 점을 충분히 고려하여야 한다. 특히 f_{us}와 f_{up}값은 유입

하수성상에 의존하며, f_i는 생물반응조의 슬러지 혼합액의 특성에 따른다. 이러한 값들은 처리수의 수질과 슬러지 생산량의 평가에 직접적으로 영향을 미치게 된다. 각종 영향인자들에 대한 상세한 분석이 선행된다면 설계의 정확성을 향상시킬 수 있다.

(5) 질산화

1) 개요

앞서 설명한 바와 같이 질산화는 기본적으로 암모니아 산화(ammonia oxidation)와 아질산염 산화(nitrite oxidation)라는 두 단계의 연속적인 redox 반응($NH_4^+ \rightarrow NO^{-2} \rightarrow NO^{-3}$)을 통해 이루어진다. 각 반응은 두 종류의 독특한 독립영양미생물(AOB, *nitrosomonas*; NOB, *nitrobacter)*에 의해 수행되는데, 일반적으로 두 번째 단계의 반응속도가 더 빠르다. 양론적으로 볼 때 질산화 반응을 위한 산소소요량은 4.57 g O_2/g N(1단계 3.43 g/g, 2단계 1.14 g/g)이며, 알칼리 소요량은 7.14 g $CaCO_3$/g N이다. 그러나 대사반응을 고려하면 이 값들은 각각 4.25 g O_2/g N와 7.07 g $CaCO_3$/g N으로 줄어든다. 이때 세포의 생산량은 0.16 g VSS/g N가 된다[11.5절의 (2) 참조].

질산화 미생물은 세포합성을 위한 질소원으로 암모니아를 사용하는데, 이는 동시에 합성을 위한 에너지원이기도 하다. 그러나 세포합성을 위해 필요한 질소량은 미생물 반응에 의한 전체 질소처리량의 약 2% 정도로 매우 낮으므로 대사에 필요한 질소요구량은 무시하기도 한다(WRC, 1984).

2) 설계 및 운전요소

① 질산화 미생물(X_n)의 성장

질산화 활성슬러지 시스템에서 질산화 미생물의 물질수지식은 다음과 적용할 수 있다.

[Mass Accum] = [Mass flow in] − [Mass flow out (effluent + waste)]
+ [Mass gain by growth] − [Mass loss by decay]

$$V\frac{dX_n}{dt} = Q_iX_{ni} - (Q_eX_{ne} + Q_wX_n) + \left(\frac{dX_n}{dt}\right)_g V - \left(\frac{dX_n}{dt}\right)_d V \qquad (11.134)$$

이 식에서 기질이용에 따른 질산화 미생물의 성장식(Monod)과 내생호흡 관련식은 종속영양미생물의 경우와 동일한 방식으로 표현할 수 있다.

$$\left[\frac{dx_n}{dt}\right]_g = \mu_nX_n = \frac{\mu_{nm}N_a}{K_n + N_a}X_n \qquad (11.135)$$

$$\left[\frac{dX_n}{dt}\right]_d = -b_nX_n \qquad (11.136)$$

이러한 식들을 물질수지식에 대입하면,

$$V\frac{dX_n}{dt} = Q_iX_{ni} - (Q_eX_{ne} + Q_wX_n) + \left(\frac{\mu_{nm}N_a}{K_n + N_a}X_n\right)V - (b_nX_n)V \qquad (11.137)$$

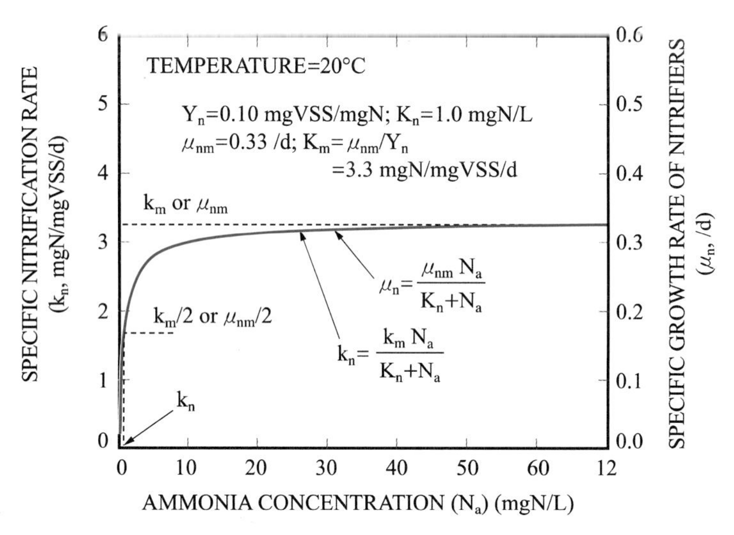

그림 11-50 **질산화 반응에 대한 Monod 성장** (WRC, 1984)

이 된다. 이때 시스템을 정상상태($dX_n/dt=0$)로 가정하고 질산화 미생물이 유입수($X_{ni}=0$)와 유출수($X_{ne}=0$)에 모두 존재하지 않는다고 한다면, 이 식은 다음과 같이 정리된다

$$0=-\frac{X_n}{Q_w}+\left(\frac{\mu_{nm}N_a}{K_n+N_a}X_n\right)-(b_nX_n) \tag{11.138}$$

여기서 SRT를 $R_s=V/Q_w$으로 정의하면, 유출수의 암모니아 농도(N_{ae})는 다음과 같이 결정된다.

$$N_{ae}=\frac{K_n(1+b_nR_s)}{R_s(\mu_{nm}-b_n)-1} \tag{11.139}$$

질산화 반응에 대한 Monod 식은 그림 11-50과 같이 나타난다. 종속영양미생물의 경우(20°C 기준 $\mu_m=3\sim13$ g/g/d, $K_s=5\sim40$ mg bCOD/L)와 비교할 때 독립영양미생물은 매우 낮은 값($\mu_{nm}=0.2\sim0.9$ g/g/d, $K_n=0.5\sim1.0$ mg NH_4-N/L)을 가지고 있다. 즉, 약 4 mg/L 이상의 암모니아 농도(N_a)에서 매우 빠르게 μ_{nm}에 도달한다.

② 운전온도

질산화 반응에 영향을 마치는 가장 중요한 요소 중 하나는 운전온도이다. 그림 11-51은 영양소 제거공정으로 운영되는 실규모 하수처리장에서 얻어진 온도와 유출수 암모니아 농도와의 상관관계를 나타낸 것이다. 이 자료는 약 5~15일의 SRT로 운영된 결과인데, 18°C 이하에서 암모니아 농도가 급격히 증가하고 있음을 보여준다. 대체로 우리나라의 경우 연평균수온은 약 15°C 내외로, 11월에서 3월까지는 15°C 이하의 온도를 보인다. 따라서 동절기에는 질산화 반응이 어려워질 수 있으므로 설계에 주의가 필요하다.

③ 슬러지 일령(SRT, R_s)

그림 11-52는 질산화 반응에 대한 암모니아 농도와 SRT(R_s) 영향을 예시하고 있다. 물론 이

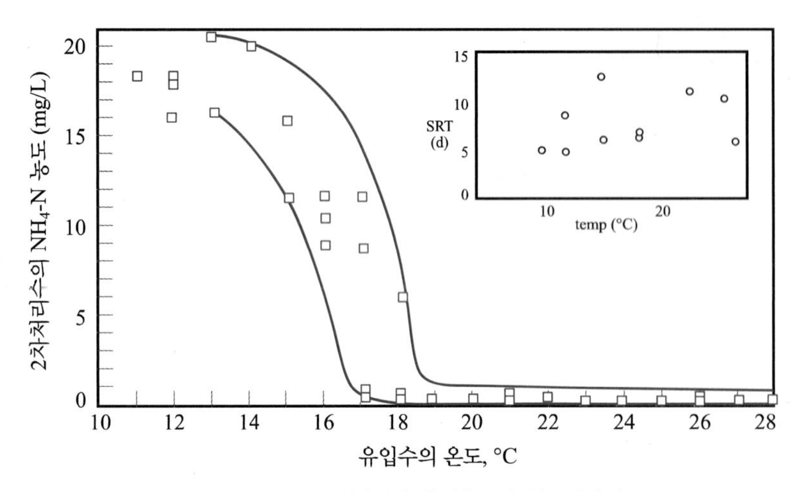

그림 11-51 **미국 York River 하수처리장의 운전온도와 암모니아 농도** (Randall, 1988)

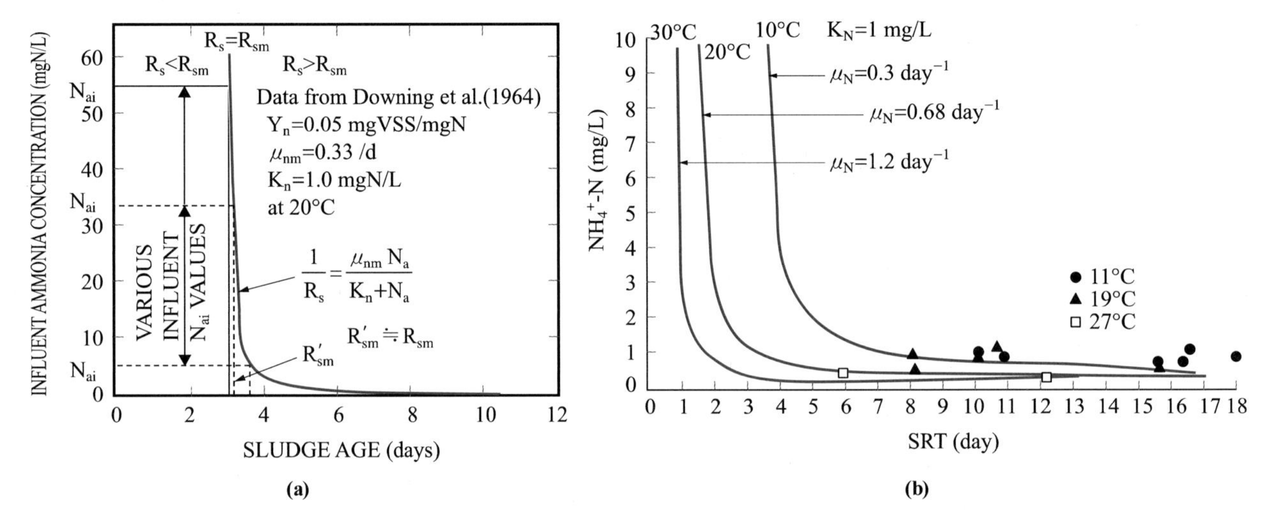

그림 11-52 **질산화 반응에 대한 암모니아 농도와 SRT 영향** [(a) WRC, 1984; (b) WPCF, 1983)]

러한 결과는 온도에 직접적으로 영향을 받는 인자값(μ_n, K_n, b_n)에 의해 조금씩 차이를 보일 수 있다. 그러나 유출수의 암모니아 농도(N_{ae})는 분명 SRT의 함수이며, 질산화 미생물의 증식계수(Y_n)나 유입수의 암모니아 농도(N_{ai})와는 직접적인 관련이 없다는 것을 알 수 있다[그림 11-52(a)]. 또한 동일한 유출수 질소를 얻기 위해 운전온도가 10°C인 경우는 20°C의 경우에 비하여 최소한 2배 이상의 SRT가 필요하다는 것을 보여준다[그림 11-52(b)]. 안전율을 고려하지 않은 상태에서 14°C의 온도조건에서는 22°C의 경우보다 약 3배의 SRT가 안정된 질산화 반응을 위해 필요한 것으로 보고된 바 있다(WRC, 1984).

그림 11-52(a)에서 보는 바와 같이 특정 R_s 이상에서는 N_{ae}가 매우 낮으며, R_s가 감소함에 따라 N_{ae}는 급격히 증가하기 시작한다. 하지만 N_{ae}는 유입수의 농도 N_{ai}를 초과할 수는 없으며, $N_{ae} = N_{ai}$인 경우 $R_s = R_{sm}$이 된다. 즉, R_{sm}은 질산화 반응을 위한 최소 슬러지 일령(minimum SRT)이 된다. 이 값은 질산화 반응이 포함되는 AS 공정에서는 기본적인 설계요소가 된다. 식 (11.139)에서 $N_{ae} = N_{ai}$로 놓고 $R_s (= R_{sm})$를 풀면 최소 SRT 식을 유도할 수 있다.

$$R_{sm} = \frac{1}{\mu_{nm} - b_n} \quad (11.140)$$

만약 $R_s < R_{sm}$의 조건이라면 질산화는 일어나지 않으며, $R_s > 1.25R_{sm}$이라면 질산화는 거의 완전하게 일어난다. 이러한 특성으로 인하여 질산화 반응을 흔히 전부 혹은 전무(all or nothing)의 반응이라고 부른다. R_s는 유출수의 질산성 질소의 농도뿐만 아니라 산소요구량에 대해서도 거의 영향을 끼치지 않는다.

최소 SRT 식에서 보는 바와 같이 R_{sm}은 주로 μ_{nm}의 함수로 폐수의 특성, 온도, pH 및 DO 등의 운전인자에 의해 영향을 받는다. 특히 온도가 낮거나 산업폐수의 함량이 높다면 μ_{nm}값은 낮다. 온도는 μ_{nm}뿐만 아니라 b_n과 K_n 등도 영향을 미치는 중요한 인자로 작용하므로 반드시 온도보정식을 이용하여 보정된 값을 사용해야 한다. 각종 인자들의 보정과정은 최종적으로 설계 SRT를 결정하기 위해 매우 중요하다.

문헌에 제시되어 있는 전형적인 질산화 동력학 상수(표 11-40)를 사용할 때 질산화 시스템의 최소 SRT(R_{sm})에 대한 온도의 영향은 그림 11-53과 같다. Case-1을 기준으로 보면 R_{sm}는 20°C (1.5 h)에 비해 15°C에서 약 1.4배(2.1 h), 그리고 10°C에서는 약 2배(3.1 h) 증가한다. 반면에 Case-2의 경우 R_{sm}는 20°C(3 h)에 비해 15°C에서 1.9배, 그리고 10°C에서 3.8배 정도 증가한다. 동력학 상수값에 대한 온도에 대한 영향은 조금씩 다르게 평가될 수 있지만, 20°C에 비해 10°C의 온도조건에서는 최소한 2~4배가량 높은 R_{sm}을 필요로 한다는 것을 알 수 있다.

표 11-40 질산화 설계에 사용되는 전형적인 동력학 상수

	Case-1 (Metcalf & eddy, 2003)		Case-2 (WRC, 1984)	
	20°C	Theta	20°C	Theta
μ_{nm} (g VSS/g VSS/d)	0.75	1.070	0.36	1.123
b_n (g VSS/g VSS/d)	0.08	1.040	0.04	1.029
K_n (mg N/L)	0.74	1.053	1.0	1.123

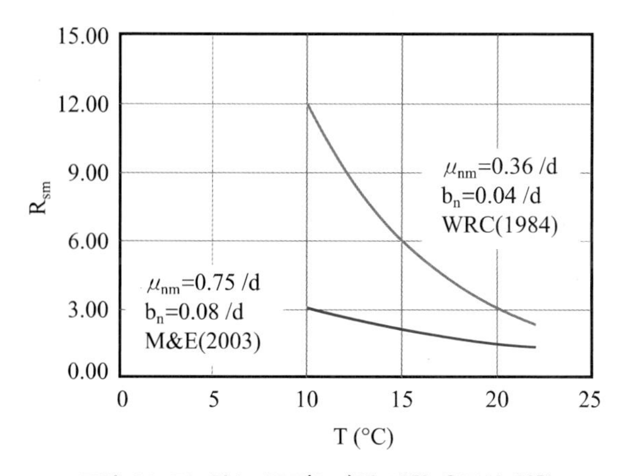

그림 11-53 최소 SRT(R_{sm})에 대한 온도의 영향

④ **안전계수(SF, safety factor)**

생물반응조의 유입수의 유량과 수질에 대한 변화에 충분히 대응할 수 있도록 설계되어야 한다. 따라서 성공적인 설계를 위해서 일반적으로 안전계수(SF)를 적용한다. 안전계수는 기본적으로 주어진 설계조건하에서 요구되는 SRT와 최소 SRT의 비율(R_s/ R_{sm})을 의미한다. 그러나 이 값은 또한 평균유량과 첨두유량(부하)조건(예를 들어 최대/평균 TKN) 혹은 하절기와 동절기의 온도 영향을 보정하기 위한 값으로 제시되기도 한다.

질산화 시스템에서 요구되는 SRT(R_s)와 최소 SRT(R_{sm})의 상관관계는 유입수 조건과 질산화 동력학 계수(표 11-40)를 이용하여 평가할 수 있다(그림 11-54). 유입수 조건을 예제 11-4(총 질소 = 35 mg/L, 암모니아성 질소 = 25 mg/L, 온도 20°C)와 같이 가정할 경우 R_{sm}은 Case-1과 Case-2의 경우 각각 1.54 d와 3.2 d로 차이를 보인다. 한편, 유출수의 암모니아성 질소 농도를 1 mg N/L 이하로 유지하기 위해 필요한 R_s는 Case-1과 Case-2의 경우 각각 3 d와 7 d이다. 그러나 이를 기초로 계산된 SF(= R_s/R_{sm})는 적용된 동력학 계수 두 가지 모두에서 2 정도로 유사하게 나타났다.

질산화 공정에서 실제 설계 SRT의 결정에 있어서는 완전한 질산화를 보장하고 설계의 불확실성을 반영하기 위해 충분히 큰 안정계수(SF > 1.25)를 사용하도록 권장하고 있다(WRC, 1984). 우리나라의 시설기준에는 안전계수를 1.3～2.0 범위로 제안하고 있으며, 동절기에 질소 농도의 Peak 부하와 불확실성을 고려하여 일반적으로 1.5 이상으로 제안하고 있다(환경부, 2010).

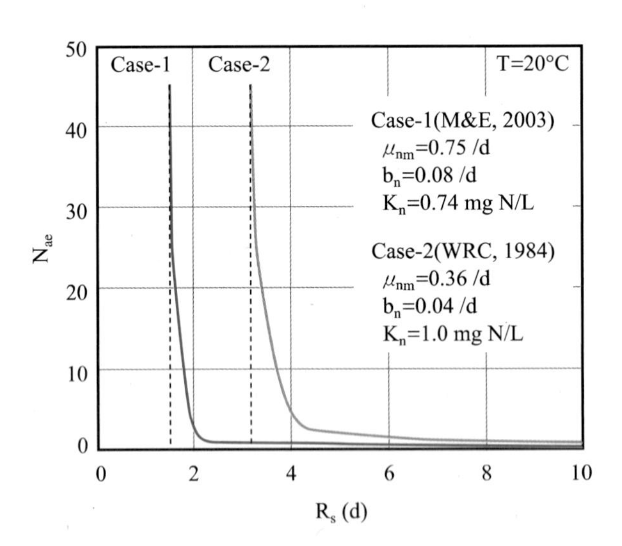

그림 11-54 **SRT에 따르는 유출수 암모니아성 질소 농도**

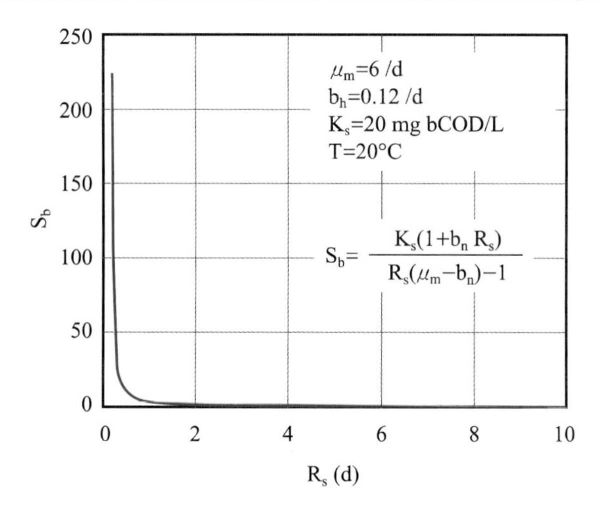

질산화 공정에서 사용된 설계 SRT(R_s)와 최소 SRT(R_{sm})에 대한 개념을 유기물질 제거공정에서도 적용할 수 있다. 이때 동력학 계수는 표 11-38을 참고로 할 수 있다. 유입수 조건을 S_{bi} = 224 mg bCOD/L로 가정하여 20°C의 동력학 상수를 이용하면(μ_m = 6 g VSS/g VSS/d, b_h = 0.12 g VSS/g VSS/d, K_s = 20 mg bCOD/L), $S_{be} = S_{bi}$ 조건에 해당하는 R_{sm}은 약 0.2 d가 되며, 유출수의 bCOD 농도를 1.0 mg/L로 이하로 유지할 수 있는 R_s는 5~6 d가 된다. 따라서 유기물질 제거공정을 위한 SF(= R_s/R_{sm})는 약 30 정도가 된다. 물론 이 값은 적용하는 동역학 상수값에 따라 달라진다. ←

⑤ **슬러지 생산량[M(ΔX_n)]**

생산된 질산화 미생물의 질량은 종속영양미생물의 경우와 동일한 방법으로 결정할 수 있다.

$$M(\Delta X_n) = Y_n M(\Delta N_a) \tag{11.141}$$

여기서, $M(\Delta X_n)$ = 질산화 미생물 생산량

$M(\Delta N_a)$ = 산화된 NH_4^+-N 질량

Y_n = 질산화 미생물 비증식 계수 (g VSS/g N)

$$X_n = \frac{(Y_n)(NO_x)R_s}{(1+b_n R_s)R_{hn}} \tag{11.142}$$

SRT가 일정하게 유지된다면, 종속영양미생물과 비교하여 질산화 미생물의 질량은 무시할 만큼 적다. 즉 유입수의 TKN 농도는 COD에 비하여 매우 낮으며, 미생물의 증식계수 역시 Y_n(0.1 g VSS/gN) < Y_h(0.45 g VSS/g COD)로 낮다. 그러므로 질산화 미생물의 질량은 슬러지량(kg VSS/d)이나 슬러지 생산량(kg VSS/kg COD)을 증가시키거나 반응조 용량(V)을 크게 증가시키지 않는다. 그러나 유기물질 제거 외에 질산화를 이루고자 한다면 불가피하게 SRT를 증가시켜야 하므로 그 결과 시스템 내 슬러지량이나 반응조 용량은 증가하게 된다. 그러나 슬러지 생산량은 감소하게 된다.

독립영양미생물의 합성을 위해 요구되는 질소량은 전체 질소처리량에 비해 매우 낮으므로 이

를 무시할 수 있다. 그러나 종속영양미생물의 합성에 사용되는 질소량(N_s)은 식 (11.143)을 참고로 계산할 수 있다.

$$\frac{N_s}{S_{ti}} = f_n \left\{ \frac{(1 - f_{us} - f_{up})Y_h}{(1 + b_h R_s)} (1 + f\, b_h R_s) + \frac{f_{up}}{f_{CV}} \right\} \tag{11.143}$$

⑥ **산소요구량**

질산화 반응에 따라 산소요구량은 탄소성 산소요구량보다 40~60% 이상 크게 증가한다. 그 정도는 유입수의 TKN/COD 비율에 영향을 받는다. SRT가 증가하게 되면, 탄소성 산소요구량도 증가하게 된다. 만약 산소결핍이 일어난다면 탄소성 산소요구량이 우선하게 되며, 질산화는 부분적으로 일어난다. 일반적으로 질산화를 위한 용존산소농도의 한계치는 2 mg/L이다. 따라서 호기조 말단의 용존산소농도는 통상적으로 1.5~2.0 mg/L 정도로 조절한다. 유기물질 제거와 질산화를 위한 공정에서 산소소요량은 다음과 같다.

$$M(O_t) = M(O_c) + M(O_n) \tag{11.144}$$

그림 11-55에는 질산화를 위한 완전혼합 AS 공정에서 SRT에 따른 산소소요량을 예시하였다.

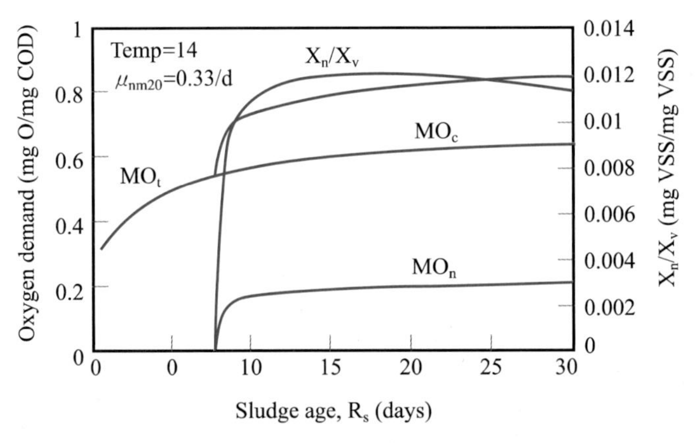

그림 11-55 **질산화 AS 공정에서 SRT에 따른 산소소요량** (WRC, 1984)

⑦ **pH와 알칼리도**

질산화 반응을 위한 최적의 pH 조건은 7.0~8.5의 범위이며, 질산화율은 pH의 감소와 함께 급격하게 떨어진다. 양론상으로 볼 때 1 mol의 질소가 질산화되면 2 mol의 H^+가 생산되며, 1 mg N당 7.14 mg[= (2 mol alk)(50 mg $CaCO_3$/g mol alk)/(14 mg N)]의 알칼리도가 소모된다. 따라서 유출수의 알칼리도가 약 40 mg/L 이하가 된다면 pH는 불안정해지며 질산화는 불확실해진다.

예를 들어 유입수 알칼리도가 200 mg $CaCO_3$/L이고 유출수의 NO_3-N이 24 mg/L라면 유출수의 알칼리도는 200 − (24)(7.14) = 29 mg $CaCO_3$/L가 된다. 이러한 경우 운전의 안정성을 확보하기 위하여 알칼리도의 주입이 필요하다.

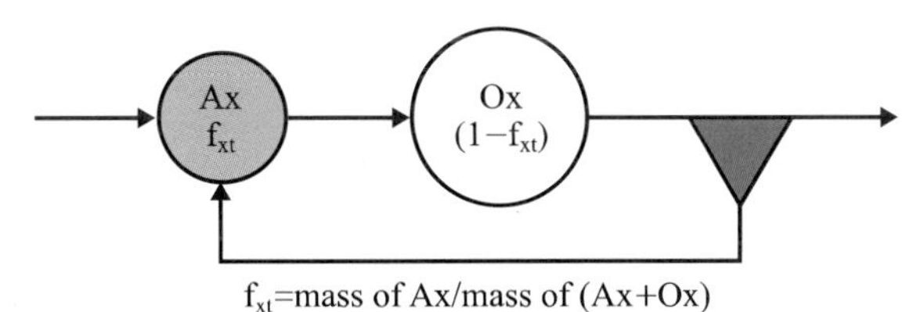

그림 11-56 **질산화 AS 공정에서 무산소 지역의 설치**

알칼리도의 보충을 위한 한 가지 대안으로 생물반응조 안에 무산소 지역(unaerated zone, f_{xt})을 제공하는 것도 효과적이다(그림 11-56). 이때 NO_3-N을 N_2로 탈질시키는 과정에서 3.57 mg $CaCO_3$/L의 알칼리도의 회복이 가능하다.

⑧ 무산소 지역의 설치

무산소 지역의 설치에 대한 영향을 논하기 위해 다음과 같은 기본가정이 필요하다. 즉, 질산화 미생물은 절대 호기성균(호기성 지역에서만 성장)이며, 내생호흡은 호기성 및 무산소 지역 모두에서 일어나고, 또한 질산화 미생물의 농도는 호기성 및 무산소 지역 모두에서 동일하다는 것이다. 이때 관련식들은 다음과 같이 수정된다.

$$N_{ae} = \frac{K_n(b_n + 1/R_s)}{\mu_{nm}(1 - f_{xt}) - (b_n + 1/R_s)} \tag{11.145}$$

$$R_{sm} = \frac{1}{\mu_{nm}(1 - f_{xt}) - b_n} \tag{11.146}$$

여기서, f_{xt} = 총 슬러지 질량에 대한 무산소조 슬러지의 분율

$(1 - f_{xt})$ = 총 슬러지 질량에 대한 호기조 슬러지의 분율

무산소조 슬러지의 최대 비율(f_{xm})은 R_{sm} 식으로부터 다음과 같이 얻을 수 있다.

$$f_{xm} = 1 - (b_n + 1/R_s)/\mu_{nm} \tag{11.147}$$

안전율(SF)을 고려하면 이 식들은 다음과 같이 조정된다.

$$R_{sm} = \frac{SF}{\mu_{nm}(1 - f_{xt}) - b_n} \tag{11.148}$$

$$f_{xm} = 1 - (SF)(b_n + 1/R_s)/\mu_{nm} \tag{11.149}$$

이 값은 μ_{nm} = 0.65～0.33 g VSS/g VSS/d과 SF = 1.25로 가정할 때 그 최댓값은 0.6 정도로 제안된다(WRC, 1984).

3) 질산화 공정의 설계

① 유입수 TKN

유입수의 질소 성분(N_i)은 다음과 같다(11.2절 참조)

$$N_{ti} = \text{암모니아성 질소}(N_{ai} = f_{na}N_{ti}) + \text{유기성 질소}(N_{oi}) \tag{11.150}$$

N_{oi} = 생분해성 유기성 질소(N_{obi})
+생분해 불능 용존성 유기질소($N_{ousi} = f_{nu}N_{ti}$)
+생분해 불능 입자성 유기질소[$N_{oupi} = f_n X_{ii} = f_n(f_{up}S_{ti})/f_{cv}$] (11.151)

여기서, f_{nu} = 0.03 mg N/mg N(유입수 총 질소 중에 N_{ousi} 분율)
f_n = 0.1 mg N/mg VSS(슬러지 혼합액의 질소 함량)

암모니아성 질소(N_{ai})는 일부 종속영양미생물에 의해 사용되며, 생분해성 유기성 질소(N_{obi})는 종속영양미생물에 의해 분해되어 N_{ai}로 추가된다. 또한 생분해 불능 용존성 유기질소(N_{ousi})는 유출수(N_{ouse})로 배출되며, 생분해 불능 입자성 유기질소(N_{oupi})는 폐슬러지로 배출된다.

② 유출수 TKN

유출수의 질소는 다음과 같이 정리할 수 있다($R_s > R_{sm}$의 경우).

- 암모니아성 질소

$$N_{ae} = \frac{K_n(1 + b_n R_s)}{R_s(\mu_{nm} - b_n) - 1} \quad (11.152)$$

- 생분해 불능 용존성 유기질소(N_{ous})

$$N_{ouse} = N_{ousi} = f_{N,ous}\ N_{ti} \quad (11.153)$$

- 생분해성 유기성 질소(N_{obe})

$$N_{obe} = \frac{N_{obi}}{1 + K_r X_h R_{hn}} = \frac{N_{obi}}{1 + K_r M(X_h)/Q_i} \quad (11.154)$$

여기서, K_r = 유기성 질소 전환속도[$= 0.015(1.029)^{(T-20)}$]
$R_{hn} = V/Q_i$
$M(X_h) = M(X_a)$

- 유출수 TKN

$$N_{te} = N_{ae} + N_{obe} + N_{ouse} + f_n X_{ve} \quad (11.155)$$

여기서, f_n = 유출수의 TKN/VSS ratio(= 0.1 mf N/mg VSS)
X_{ve} = 유출수의 VSS 농도(mg VSS/L)

만약, $X_{ve} = 0$이라면 이 식은 다음과 같이 단순화된다.

$$N_{te} = N_{ae} + N_{obe} + N_{ouse} \quad (11.156)$$

그림 11-57은 질산화를 위한 완전혼합 AS 공정에서 SRT에 따른 유출수의 질소 농도를 예시한 것이다. 이 자료에서는 운전온도가 14°C로 설정되어 있어 R_{sm}이 높게 적용되어 있음을 유의하여야 한다.

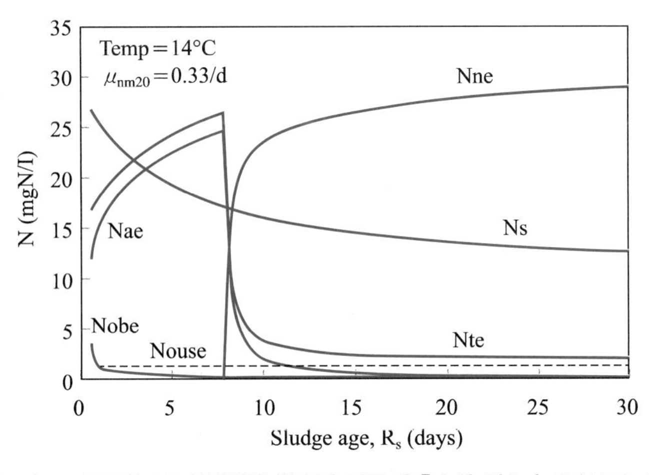

그림 11-57 **질산화 AS 공정에서 SRT에 따른 유출수의 질소 농도** (WRC, 1984)

③ 질산화 용량(nitrification capacity, N_C)

질산화 용량은 공정의 유출수에서 측정되는 질산성 질소의 농도로 표현된다. 질산화 공정에서 이 값은 처리수의 질산성 질소의 농도(N_{ne})와 동일한 값이 된다.

$$N_C = N_{ti} - N_{te} - N_S \quad (11.157)$$

여기서, N_S = 슬러지 생산에 사용된 질소의 농도(생분해 불능 입자성 유기질소 N_{oupi} 포함)

유입기질대비 질산화 용량(N_C/S_{ti})은 특히 유입수의 TKN/COD(N_{ti}/S_{ti}) 비율에 의해 민감하게 영향을 받는다.

④ 동력학 상수

표 11-41은 질산화를 위한 활성슬러지 공정 설계에 사용되는 동역학 상수를 정리한 것이다. 이러한 값들은 상당히 넓은 범위로 보고되어 있으므로 사용 시에는 적절한 검토가 필요하다. 표 11-42에는 질산화 AS 공정의 설계절차를 요약하였다.

표 11-41 **활성슬러지 공정의 설계를 위한 동역학 계수(독립영양미생물, 20°C 기준)**

계수	단위	범위	전형적인 값
μ_{mn}	g VSS/g VSS · d	0.20～0.90	0.75
K_n	g NH_4-N/m^3	0.5～1.0	0.74
Y_n	g VSS/g NH_4-N	0.10～0.15	0.12
b_n	g VSS/g VSS · d	0.05～0.15	0.08
K_o	g/m^3	0.40～0.60	0.50
θ값			
μ_n	Unitless	1.06～1.123	1.07
b_n	Unitless	1.03～1.08	1.04
K_n	Unitless	1.03～1.123	1.053

Ref) Henze et al.(1987a); Barker and Dold(1997); and Grady et al.(1999)

표 11-42 질산화를 위한 활성슬러지 공정의 설계절차

1. 대상 하수의 TKN 특성 분석: $N_{ti} = N_{ai} + N_{obi} + N_{ousi} + N_{oupi}$
2. 시스템의 최소 SRT(R_{sm})과 설계 SRT(R_s)를 결정한다.
3. 유출수의 질소 농도를 계산한다. $N_{te} = N_{ae} + N_{obe} + N_{ouse}$
   1) 유출수 NH_4-N: N_{ae}
   2) 유출수 TKN: $N_{te} = N_{ae} + N_{obe} + N_{ouse}$
   3) 유출수 NO_3-N: $N_{ne} = N_C = N_{ti} - N_{te} - N_s$
   4) 질산화 미생물 질량: $M(X_n) = QN_C Y_n R_s/(1 + b_n R_s)$
4. 슬러지 합성에 사용되는 질소량(N_s)을 계산한다.
5. 슬러지의 질량[$M(X_t)$, kg VSS]을 계산한다.
6. 반응조의 용량(V) 및 수리학적 체류시간(R_{hn})을 계산한다.
7. 슬러지의 농도(X_t)를 계산한다.
8. 폐슬러지의 유량(Q_w)과 슬러지 생산량($P_{x.TSS}$)을 계산한다.
9. 질산화를 위한 산소요구량($MO_n = 4.57QN_C$)을 계산한다.
10. 다양한 SRT에 대해 반복하거나 R_{sm}을 먼저 계산하고 $R_s > R_{sm}$을 선택한다.

예제 11-3 유기물질 제거와 질산화를 위한 활성슬러지 공정

예제 11-2에 추가하여 질산화를 포함하는 완전혼합 활성슬러지 공정을 설계하고자 한다. 유입수의 조건은 모두 동일하며, 온도조건 역시 20°C로 설정한다. 단 폭기조의 DO는 2 mg/L, 유입수의 최대/평균 TKN 부하 = 1.5이며, 질산화를 위한 안전계수는 1.3으로 계획한다.

(가정) $Y_n = 0.12$ g VSS/g NH_4-N

$\mu_{nm} = 0.75\ d^{-1}$, $b_n = 0.08\ d^{-1}$

$K_n = 0.74$ mg N/L

$K_r = 0.015$ mg N/mg N

$K_O = 0.745$ mg O/L

$f_d = 0.15$, $f_i = 0.8$

잔류 알칼리도 = 80 mg/L as $CaCO_3$

풀이

1. 유입 하수의 특성(COD 특성은 예제 11-2와 동일)
   1) N_{ti} = 유입수 TKN = 35 mg N/L
   2) N_{ai} = 유입수 암모니아 = $f_{na}N_i$ = (0.714)(35)
      = 25 mg N/L(여기서 f_{na} = 25/35 = 0.714 mg N/mg N)
   3) N_{oi} = 유입수 유기질소 = $N_{ti} + N_{ai}$ = 35 − 25
      = 10 mg N/L
   4) N_{ousi} = 유입수 생분해 불능 용존성 유기질소 = $f_{nu}N_{ti}$ = (0.03)(35)
      = 1.1 mg N/L(여기서 f_{nu} = 0.03 mg N/mg N)
   5) N_{oupi} = 유입수 생분해 불능 입자성 유기질소(f_n = 0.1 mg N/mg VSS)

$= f_n X_{ii} = f_n(f_{up} S_{ti})/f_{CV} = (0.1)(0.126)(300)/1.42$

$= 2.7$ mg N/L

6) N_{obi} = 유입수 생분해 가능 유기질소 $= N_i(1 - f_{na} - f_{nu}) - N_{oupi}$

$= 35(1 - 0.714 - 0.03) - 2.7 = 6.3$ mg N/L

2. SRT 결정

1) $R_{sm} = \dfrac{1}{\mu_{nm} - b_n} = 1/(0.75 - 0.08) = 1.5$ d

2) 최대/평균 TKN 부하 = 1.5이므로 $R_{sm} = 1.5(1.5) = 2.25$ d

2) $R_s = SF(R_{sm}) = 1.3(2.25) = 3$ d(질산화를 위한 SRT)

3) 유기물질 제거(예제 11-2 참조)와 질산화를 모두 달성하기 위한 총 SRT는 8 d(= 5 + 3)이 된다.

3. 생물반응조 슬러지 질량

1) $M(X_a) = M(S_{bi})(Y_h R_s)/(1 + b_h R_s)$

$= (5{,}808$ kg COD/d$)[0.4(8)/(1 + 0.12(8))] = 9{,}482$ kg VSS

2) $M(X_e) = f_d b_h R_s M(X_a)$

$= (0.15)(0.12)(8)(9{,}482) = 1{,}365$ kg VSS

3) $M(X_i) = f_{up} M(S_{ti}) R_s / f_{CV}$

$= (0.126)(7{,}200)(8)/(1.42$ g COD/g VSS$) = 5{,}120$ kg VSS

4) $M(X_n)$ = 질산화 미생물 질량 $= (QN_C) Y_n R_s/(1 + b_n R_s)$

$= (24{,}000)(18.5)(10^{-3})(0.12)(3)/(1 + 0.08(3)) = 129$ kg VSS

5) $M(X_v) = M(X_a) + M(X_e) + M(X_i) + M(X_n)$

$= 9{,}482 + 1{,}365 + 5{,}120 + 129 = 16{,}097$ kg VSS

6) $M(X_t) = M(X_v)/f_i = 16{,}097/0.8 = 20{,}121$ kg TSS

7) $f_{av} = M(X_a)/M(X_v) = 9{,}482/16{,}097 = 0.59$

8) $f_{at} = M(X_a)/M(X_t) = 9{,}482/20{,}121 = 0.47$

4. 처리수 농도

1) 질소

$N_{te} = N_{ae} + N_{obe} + N_{ouse} = 0.9 + 6.2 + 1.1 = 8.2$ mg/L

여기서, $N_{ae} = [K_n(1 + b_n R_s)]/[R_s(u_{nm} - b_n) - 1] = 0.9$ mg N/L

$N_{obe} = (N_{obi})/[1 + K_r M(X_a)/Q_i] = 6.2$ mg N/L

$N_{ouse} = (= N_{ousi}) = 1.1$ mg N/L

$N_{ne}(= N_c) = N_{ti} - N_{te} - N_s = 35 - 8.2 - 8.3 = 18.5$ mg N/L

$N_s = 8.3$ mg N/L, $N_s/S_{ti} = 0.028$[식 (11.143) 활용]

처리수의 총 질소 농도 $= 8.2 + 18.5 = 26.7$ mg N/L

질소 제거효율 $= (35 - 26.7)(100)/(35) = 24\%$

2) 유기물질 농도

$S_b = [K_s(1 + b_hR_s)]/[R_s(\mu_m - b_h) - 1]$

$= [20(1 + 0.12(8))]/[(8)(6 - 0.12) - 1]$

$= 39.2/46.0 = 0.85$ mg bCOD/L ($S_b \ll S_{bi}$)

$S_{te} = f_{us}S_{ti} + S_b + f_{CV}X_{ve}$

$= (0.067)(300) + (0.85) + (1.42)(15)(0.8)$

$= 20.1 + 0.85 + 17.0 = 37.9$ mg tCOD/L

$S_{se} = f_{us}S_{ti} + S_b$

$= (0.067)(300) + (0.85)$

$= 20.1 + 0.85 = 20.9$ mg sCOD/L (if $X_{ve} = 0$)

$BOD_e = sBOD_e + (1/1.72)(f_{CV})(X_{ue})$

$= 0 + (1.42/1.72)(0.8)(15) = 9.9$ mg/L

5. 생물반응조 용적

$V = M(X_t)/X_t = (20{,}121 \text{ kg TSS})/[(2{,}500 \text{ mg/L})(10^{-3})] = 8{,}048 \text{ m}^3$

6. 수리학적 체류시간

$R_{hn} = V/Q_i = (8{,}048)(24)/(24{,}000) = 8.0$ hr

7. 슬러지 생산량

1) $Q_w = V/R_s = (8{,}048)/(8) = 1{,}006 \text{ m}^3/\text{d}$

2) 슬러지 농도

$X_a = M(X_a)/V = (9{,}482)(10^3)/(8{,}048) = 1{,}178$ mg VSS/L ($X_a/X_t = 0.47$)

$X_e = M(X_e)/V = (1{,}365)(10^3)/(8{,}048) = 170$ mg VSS/L ($X_e/X_t = 0.07$)

$X_i = M(X_i)/V = (5{,}120)(10^3)/(8{,}048) = 636$ mg VSS/L ($X_i/X_t = 0.25$)

$X_n = M(X_i)/V = (129)(10^3)/(8{,}048) = 16$ mg VSS/L ($X_n/X_t = 0.006$)

$X_v = X_a + X_e + X_i + X_n = 1{,}178 + 170 + 636 + 17 = 2{,}000$ mg VSS/L

$X_t = M(X_t)/V = (20{,}121)(10^3)/(8{,}048) = 2{,}500$ mg TSS/L

$X_{iss} = X_t - X_v = (2{,}500) - (2{,}000) = 500$ mg ISS/L

3) 슬러지 생산량

$P_{X,TSS} = Q_wX_t = (1{,}006)(2{,}500)(10^{-3}) = 2{,}515$ kg TSS/d

$P_{X,VSS} = Q_wX_v = (1{,}006)(2{,}000)(10^{-3}) = 2{,}012$ kg VSS/d

$P_{X,Bio} = Q_w(X_a + X_e) = (1{,}006)(1{,}178 + 170)(10^{-3}) = 1{,}372$ kg VSS/d

8. 산소소모량

1) $M(O_c) = M(S_{bi})[(1 - f_{CV}Y_h) + f_{CV}(1 - f_d)b_hY_hR_s/(1 + b_hR_s)]$

$= (5{,}808 \text{ kg COD/d})[(1 - 1.42(0.4)) + (1.42)(1 - 0.15)(0.12)(0.4)(8)/(1 + 0.12(8))]$

$= (5{,}808)(0.432 + 0.18)$

$= 3{,}882$ kg O/d

2) $M(O_n) = 4.57QN_C$

$= 4.57(24,000)(18.5)(10^{-3}) = 2,026$ kg O/d

3) $M(O_t) = M(O_c) + M(O_n)$

$= 3,882 + 2,026 = 5,909$ kg O/d

2) $O_c = MO_t/(V)(24) = (5,909)/(8,048)(24)$

$= 31$ mg O/L/hr

10. 운전요소

1) $F/M_v = (Q_iBOD_i)/(X_vV) = (24,000\ m^3/d)(140\ mg/L)/(2,000\ mg/L)(8,048\ m^3)$

$= 0.21$ kg BOD/kg VSS/d

2) $OLR = (Q_iBOD_i)/(V) = (24,000\ m^3/d)(140\ mg/L)(10^{-3})/(8,048\ m^3)$

$= 0.42$ kg $BOD/m^3/d$

11. 세포증식계수

1) $Y_{obs.VSS} = P_{X,VSS}/M(S_{bi} - S_b) = (2,012$ kg VSS/d)/[(24,000)(242 − 0.85) kg bCOD/d]

$= 0.35$ g VSS/g bCOD

$= 0.35(1.6) = 0.55$ g VSS/g BOD

2) $Y_{obs.TSS} = P_{X,TSS}/M(S_{bi} - S_b) = (2,515$ kg TSS/d)/[(24,000)(242 − 0.85) kg bCOD/d]

$= 0.44$ g SS/g bCOD

12. 알칼리도 검토

1) 유입수 알칼리도 = 140 mg/L as $CaCO_3$

2) 질산화 단계 알칼리도 소모량

$= (7.14$ mg alk/mg N$)(N_c) = 7.14(18.5) = 132$ mg/L as $CaCO_3$

3) 계획 잔류 알칼리도 = 80 mg $CaCO_3/L$

4) 알칼리도 요구량 = 80 + 132 − 140 = 72 mg $CaCO_3/L$

$= (72)(24,000\ m^3/d)(10^{-3}) = 1,726$ kg/d as $CaCO_3$

$= 1,726(84$ g $NaHCO_3/50$ g $CaCO_3) = 2,900$ kg/d as $NaHCO_3$

13. 2차침전지 설계

1) 슬러지 반송비 및 반송유량

$Q_rX_r = (Q + Q_r)X$ (폐슬러지의 양은 무시한다고 가정한다.)

$R = Q_r/Q = X/(X_r - X)$

$= (2,500)/(8,000 - 2,500) = 0.45$

$Q_r = R \times Q = 0.45 \times 24,000 = 10,909\ m^3/d$

2) 침전지 크기

표면부하율 평균유량기준 16～28 $m^3/m^2/d$ (평균 22 $m^3/m^2/d$)

첨두유량기준 45～65 $m^3/m^2/d$ (평균 50 $m^3/m^2/d$)

침전지 표면적 = (1 + 0.45)(24,000)/(22) = 1,587 m^2 (평균유량기준)

3) 고형물질 부하율(SF) 검토

최대 SF 4～6 $kg/m^2/h$

$SF = (Q + Q_r)X_t/A = (1 + 0.45)(24,000)(2,500)(10^{-3})/(1,587)(24)$

$= 2.3\ kg/m^2/h$

14. 설계인자요약

설계인자	단위	BOD 제거 (예제 11-2)	BOD 제거+질산화 (예제 11-3)
평균하수유량	m^3/d	24,000	24,000
평균 COD 부하	kg COD/d	7,200	7,200
평균 TKN 부하	kg N/d	840	840
설계온도	°C	20	20
폭기조 SRT	d	5	8
폭기조 용량	m^3	5,557	8,048
HRT	h	5.6	8.0
MLSS	mg TSS/L	2,500	2,500
MLVSS	mg VSS/L	2,000	2,000
Xa	mg VSS/L	1,307	1,178
Xe	mg VSS/L	118	170
Xi	mg VSS/L	576	636
Xn	mg VSS/L	n.a	16
F/M_V	kg BOD/kg VSS/d	0.30	0.21
BOD 부하	kg $BOD/m^3/d$	0.61	0.42
슬러지 생산량($P_{x,TSS}$)	kg TSS/d	2,778	2,515
$Y_{obs.TSS}$	kg SS/kg bCOD	0.48	0.44
$Y_{obs.VSS}$	kg VSS/kg bCOD	0.38	0.35
산소요구량	kg O/h	148	246
반송비(RAS)	n.a.	0.45	0.45
침전지 표면부하율	$m^3/m^2/d$	22	22
알칼리도 소요량	kg/d as $CaCO_3$	n.a	1,726
유출수 sCOD	mg/L	<21	<21
유출수 BOD	mg/L	<9.9	<9.9
유출수 SS	mg/L	<15	<15
유출수 TKN	mg/L	26.7	8.2
유출수 NH_4-N	mg/L	n.a	<0.9
유출수 NO_3-N	mg/L	n.a	18.5

note) n.a, not applicable

참고 계산결과 생물반응조의 총 미생물량에 비하여 내생미생물의 분율과 질산화 미생물의 분율은 매우 낮게 나타났고(각각 7%와 1% 미만), 불활성 미생물 분율(25%)은 상대적으로 높게 나타났다. 실제 설계를 위해서는 평균유량과 첨두유량(부하)조건 그리고 하절기와 동절기의 온도조건에 대한 평가가 수행되어야 한다.

(6) 생물학적 질소제거(질산화–탈질)

1) 개요

생물학적 질소제거는 생물슬러지의 생산(biosludge production)과 유기물질로부터 에너지 추출을 위한 호흡반응(respiration) 두 가지 경로를 통하여 이루어진다. 슬러지 생산에서 질소제거는 세포합성에 따른 것으로 통상적으로 전체 질소제거량의 20% 정도이다($f_n = 0.1$ mg N/mg VSS). 이 경우 슬러지일령, TKN/VSS 비율 그리고 온도 등이 주요 영향인자가 된다. 한편 생물학적 탈질(biological denitrification)은 세포성장을 위해 NO_3-N을 사용하는 동화탈질(assimilative denitrification)과 NO_3-N을 질소가스로 환원시키는 이화탈질(dissimilative denitrification)을 통해 이루어진다. 탈질반응에서는 전자흐름의 경로가 산소와 매우 흡사하기 때문에 최종 전자수용체로서 산소 대신에 질산성 질소로 쉽게 대치된다. 양론식에 따라서 질산성 질소의 산소당량(oxygen equivalence)은 다음과 같다[식 (11.63) 참조].

$$1 \text{ mg } NO_3\text{-N} = 2.86 \text{ mg O} \qquad (11.158)$$

이 값으로부터 1 mg의 질산성 질소를 탈질시키기 위해 필요한 유기물질의 양은 8.56 mg COD가 된다(그림 11-58).

한편, 질산화 반응을 위해서는 4.57 mg O/mg N의 산소가 필요하지만 탈질반응을 거친다면 2.86 mg O/mg N의 산소를 회수할 수 있다. 즉, 완전한 탈질을 전제로 할 때 탈질반응을 통하여 질산화 단계에서 요구되는 산소량의 63%(= 2.86(100)/4.57) 정도가 회수 가능하다. 질산화를 위한 산소요구량은 총 산소요구량의 25～35% 정도이므로 생물학적 탈질공정을 포함할 경우 총 산소요구량의 15～20% 정도를 절약할 수 있다.

또한 양론상 1 mg의 질소가 질산화될 때 7.14 mg $CaCO_3$의 알칼리도가 소모되는 반면에, 1 mg의 질산성 질소가 탈질될 경우에는 3.57 mg $CaCO_3$의 알칼리도를 생산한다. 따라서 질산화-탈질공정을 통해서 질산화 반응에서 필요한 알칼리도의 50% 정도를 회수할 수 있다. 만약 유입수 내에 포함된 알칼리도가 100 mg/L $CaCO_3$ 정도로 부족하다면, 부분적인 질산화만이 일어날

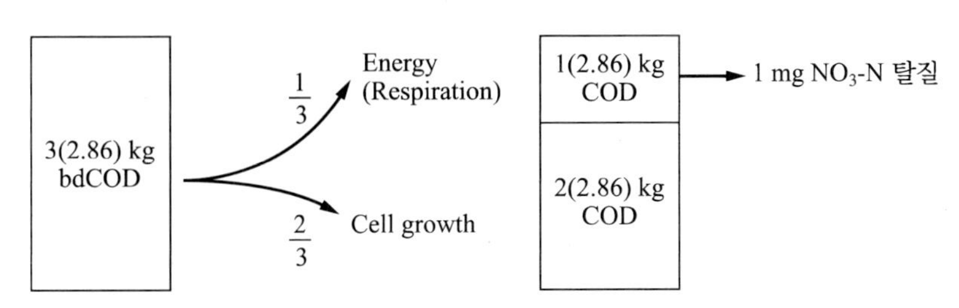

그림 11-58 **질산성 질소를 탈질시키기 위해 필요한 유기물질의 양**

것이며 반응조의 pH는 5 이하로 떨어지게 된다.

탈질반응을 위해 질산성 질소(질산화), 용존산소의 부재, 임의성 종속영양미생물, 에너지원(전자공여체, 즉 유기물질)이라는 전제조건이 필요하다. 앞서 설명한 바와 같이 질산성 질소의 농도는 최소 SRT(R_{sm})와 밀접한 관련이 있다. 용존산소는 탈질에 부정적인 영향을 미치지만 처리시스템에서 반류수 흐름, 물과 공기의 접촉, 스크류 펌프 그리고 수중펌프와 같은 수리학적 흐름 특성으로 인하여 불가피하게 물속으로 유입될 가능성이 있다. 하수처리 미생물은 대부분 종속영양이므로 이화탈질이 가능하다. 임의성 종속영양균의 합성과 내생호흡을 위해 에너지원이 필요하다. 에너지원은 크게 다음과 같이 구분할 수 있다.

- 내부탄소원(유입수 내에 포함되어 있는 유기물질: rbCOD와 sbCOD)
- 유기체의 내생/사멸단계(endogenous/death phase)에서 자가생산된 에너지원
- 외부탄소원(필요시 추가 공급되는 유기물질: 메탄올, 에탄올, 초산 등)

유입기질 내에 포함된 rbCOD는 탈질 외에도 생물학적 인 제거에도 기여한다. 특히 슬러지 소화조의 산발효조 유출수나 각종 유기성 폐수(식품음료 폐수)의 추가적인 유입은 유입하수 내 rbCOD 성분을 향상시켜 탈질 속도를 증가시킬 수 있다.

2) 공정의 유형과 특성

① 공정의 기본유형

탈질공정은 기본적으로 탈질조의 위치에 따라 후탈질(post-denitrification: Wuhrmann 유형)과 전탈질(Pre-denitrification: Ludzack-Ettinger 유형), 그리고 이를 조합한 방식(Bardenpho 공정)으로 구분한다. 흔히 후탈질을 후무산소(post anoxic), 그리고 전탈질을 전무산소(pre-anoxic) 공정이라고도 부른다. 또한 탈질공정의 배열에 따라 단일(single-sludge) 또는 2단 슬러지(two-sludge) 질산화-탈질공정으로 구분한다.

- Wuhrmann 공정(1964)은 생물반응조를 호기(Ox)-무산소(Ax)의 지역으로 구분하고 침전슬러지를 호기조로 반송하는 후탈질 방식의 단일슬러지 질산화-탈질 시스템을 말한다. 이 공정에서는 내생탈질 방식을 이용한다. 무산소조에서 발생하는 유기체의 사멸로 인하여 유출수로 유기성 질소와 암모니아가 방출되어 시스템의 총 질소제거효율이 떨어지게 된다. 이를 예방하기 위해 무산소와 침전지 사이에서 순간 재폭기조(flash reaeration reactor)가 설치되기도 하지만 결국 질산화를 초래하게 되므로 질산성 질소의 제거효율이 떨어진다.
- Ludzack-Ettinger 공정(1962)은 무산소(Ax)-호기(Ox) 순으로 생물반응조를 구성하고 침전슬러지를 호기조로 반송하는 전탈질 방식의 단일슬러지 질산화-탈질 시스템으로 유입수 내의 생분해성 물질(bdCOD)을 에너지원으로 사용한다. 이 방식은 탈질 효율이 매우 가변적이라는 단점이 있는데 그 이유는 생물반응조의 지역 구분이 매우 제한적이며, 슬러지 혼합액의 혼합도 함께 동시에 이루어지기 때문이다. 이러한 단점으로 인하여 이로 인하여 버나드(Barnard, 1973)는 두 지역을 완전히 구분하고, 침전슬러지를 무산소조로 반송하며, 호기

조에서 무산소조로 내부적인 반송(질산성 질소의 반송을 위해)을 추가하는 등으로 개량된 MLE 공정(modified Ludzack-Ettinger process)을 제안하였다. 그러나 이 시스템 역시 호기조의 전체 유량이 무산소조로 반송되지 않기 때문에 완전한 탈질을 기대하기는 어렵다.

- Bardenpho 공정(BARnard DENitrification and PHOsphorus removal process)은 Wuhrmann 유형과 MLE 유형이 결합된 방식으로 후탈질과 전탈질 방식 모두의 단점을 해결하기 위해 1973년 버나드가 개발한 공정이다. 이 시스템은 생물반응조를 무산소-호기-무산소-호기(탈기) 지역으로 배열하여 탈질을 위해 2개의 무산소조를 사용한다. 1차 무산소조(primary anoxic, 전탈질)에서는 유입수 내의 생분해성 물질을 사용하고, 2차 무산소조(secondary anoxic, 후탈질)에서는 내생탈질 방식을 이용하는 특징이 있다. 2차 무산소조와 침전지 사이에는 순간 재폭기조가 설치되는데, 이는 2차 무산소조에서 발생된 질소가스를 탈기시키고, 침전지에 잔류하는 질산성 질소의 탈질로 인한 슬러지의 부상 가능성을 줄이는데 목적이 있다. 이 공정은 침전지에서 슬러지의 축적은 최소화하고, 침전지의 반송수 유량을 높게(평균유입 유량수준) 유지하는 특징이 있다. 이론적으로 볼 때 이 공정은 완전한 탈질이 가능하지만 실제 항상 가능한 것은 아니다(WRC, 1984).

그림 11-59에는 생물학적 질소제거 공정의 기본유형을 나타내었다. 이 개념도에서 공정 내의 반송수는 2차침전지로부터 침전슬러지의 반송(recycle s: RAS, return activated sludge)과 호기조에서 질산화 슬러지의 반송(recycle a: NRCY, nitrified recycle)으로 구분된다. 질산화 슬러지의 반송흐름을 내부반송(IR, internal recycle)이라고도 부른다. MLE 방식은 Bardenpho, A2O 및 UCT 공정 등 대부분의 영양소제거 공정에서 기본적으로 적용하고 있는 방식이다. 그림 11-60은 MLE의 개량된 형태(남아공 요하네스버그, 1975)로, 반송슬러지 라인에 내생탈질 단계가 포함된 것이 특징이다. 각 공정 개요도에 표시된 K는 무산소조에서의 비탈질률(SDNR,

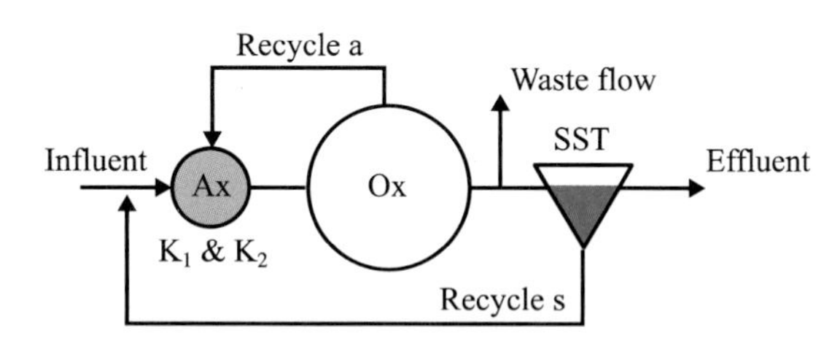

(a) Modified Ludzack-Ettinger(MLE) Process

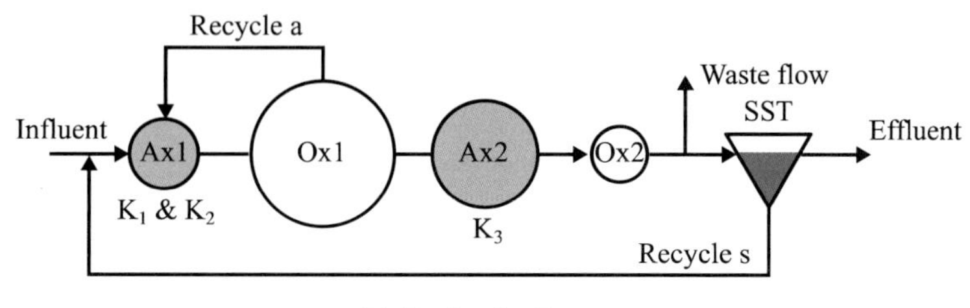

(b) Bardenpho Process

그림 11-59 **생물학적 질소제거 공정의 기본유형**

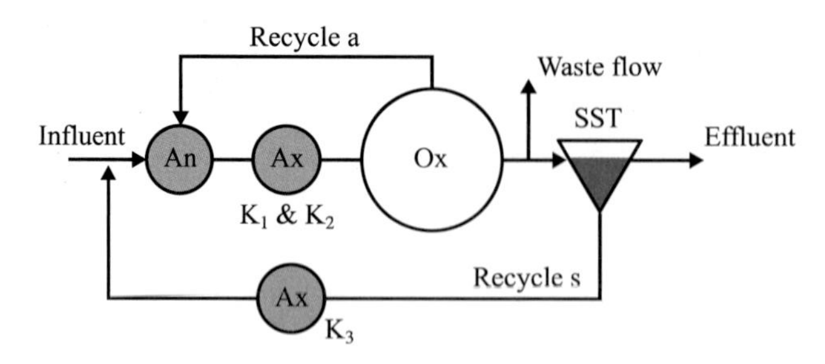

그림 11-60 Johannesburg 개량 공정

specific denitrification rate, k_{dn})을 간략히 표시한 것이다. 탈질의 유형은 아래와 같이 탈질과정에서 사용되는 주요 에너지원(전자공여체)의 특성에 따라 구분된다.

② 탈질 유형

탈질 반응조에서 얻어지는 질산성 질소의 농도변화곡선은 일반적으로 그림 11-61과 같이 나타난다. 이때 K_1은 유입수에 포함된 쉽게 분해 가능한 유기물질(rbCOD: VFA) 소모구간, K_2는 천천히 분해 가능한 유기물질(sbCOD) 소모(일부 내생분해 포함)구간, 그리고 K_3는 완전한 내생탈질 구간에 해당하는 비탈질률(SDNR)이다. 통상적으로 K_1은 매우 짧은 시간(1～10분)에 이루어지며, K_2는 K_1의 1/7의 속도를 가진다(WRC, 1984). Barnard(1975)는 $K_1 = 50$ mg/L/h, $K_2 = 16$ mg/L/h 그리고 $K_3 = 5.4$ mg/L/h 값을 제시하였다.

실제 각 구간의 세분화된 구분이 어려운 경우가 많기 때문에 흔히 유입기질 소모($K_1 + K_2$)구간과 내생탈질(K_3) 구간으로 단순하게 정의하기도 한다. 실제 완전혼합형 무산소조에서는 K_1과 K_2 구간은 구분하기가 용이하지 않으며, 명확한 결과를 얻기 위해서는 높은 숙련도가 필요하다.

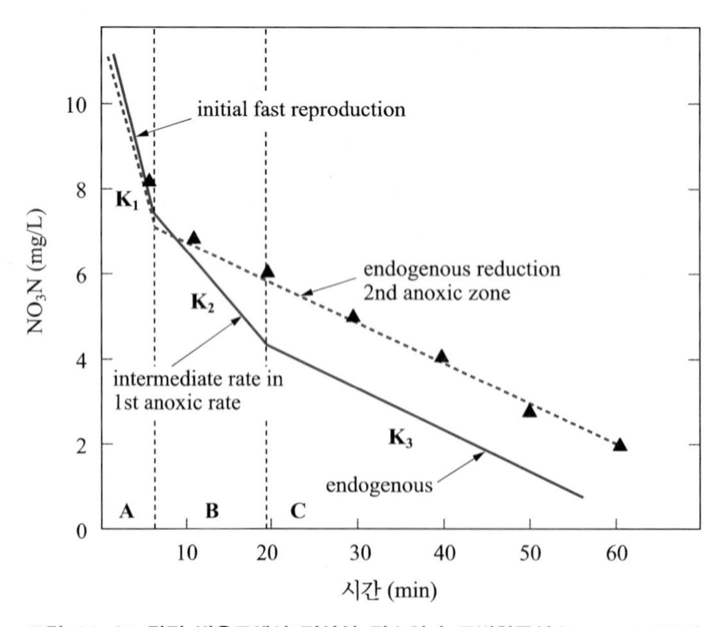

그림 11-61 탈질 반응조에서 질산성 질소의 농도변화곡선 (Barnard, 1975)

이러한 이유로 활성슬러지의 수치모델(ASM, activated sludge model)에서는 세분화된 구분 없이 간단히 Monod 형식을 사용한다.

③ 공정의 특성

유입수 내 포함된 유기물질을 전자공여체로서 사용하는 전탈질 방식에 비하여 후탈질 방식은 내생탈질이므로 전자공여체의 사용이 용이하지 않아 탈질률은 상대적으로 매우 낮게 나타난다. 따라서 후탈질의 경우 긴 체류시간으로 설계하거나 메탄올과 같은 외부탄소원을 추가적으로 공급하는 방법 등으로 단점을 보완한다. 표 11-43에는 대표적인 생물학적 질소제거 공정의 장단점을 비교하여 나타내었다. 그러나 각 공정들의 질소제거 메커니즘은 앞서 설명한 바와 같이 기본적으로 모두 동일하다.

생물학적 질소제거를 위한 공정의 선택은 원칙적으로 유입수의 특성과 기존 시설의 현황 그리고 요구되는 처리수준(방류수의 총 질소 농도)에 따른다.

MLE 공정은 생물학적 질소제거를 위해 사용되는 가장 일반적인 방법 중의 하나로, 기존의 활성슬러시 시설에 쉽게 적용할 수 있다는 장점이 있다. 이 공정의 질소제거량은 전무산소조의 내부반송에 의해 결정된다. 통상적인 유출수 총 질소 농도는 5～8 mg/L 정도이며, 무산소조로 주입되는 용존산소농도를 최소한으로 조절하는 것이 매우 중요하다.

단계적 주입공정 또한 MLE와 유사한 수준의 유출수 질소 농도를 달성할 수 있다. 그러나 공정의 마지막 유입 수로에 대하여 MLE 공정과 같은 내부반송을 이용한다면 유출수 질소 농도는 더 낮은 수준(3～5 mg/L)으로 달성할 수 있다. 그러나 이 공정은 역시 무산소조로 유입하는 용존산소가 최소화되어야 하며, 공정의 성능 최적화를 위해 유입 유량의 적절한 분배가 매우 중요하므로 공정의 운전이 까다롭다.

연속회분식(SBR) 공정은 질소제거에 대한 높은 유동성이라는 특성이 있다. 유입 시간 동안 혼합과 더불어 탈질(무산소 조건)의 기회를 제공하며, 이어지는 폭기를 통해 호기성 반응을 수행한다. 회분식 배출(Batch decant) 방식은 SBR보다 질소제거에 조금 덜 유동적이다.

Bio-denitro™, Nitrox™ 등은 용존산소의 제어가 포함되어 있고, 산화구는 매우 큰 반응소 용량으로 운영된다. 그러나 이 공정들은 대체로 유출수 총 질소 농도를 5～8 mg/L 수준까지 달성 가능하다.

Bardenpho 공정을 포함한 외부탄소원(메탄올)을 첨가하는 후탈질 공정은 총 질소 5～7 이하(3 mg/L)의 수준을 달성할 수 있다. Bardenpho 공정의 두 번째 무산소조에서의 탈질률은 내생탈질방식이라 매우 낮지만, 메탄올의 주입으로 탈질률을 증가시킬 수 있고 동시에 반응조의 소요용량도 줄일 수 있다.

그 외에도 동일한 반응조에서 질산화와 탈질을 함께 수행하는 동시 질산화-탈질공정(SNdN, simultaneous nitrification-denitrification)이 있다(예: Orbal™과 Sym-Bio™ 등). SNdN 공정은 대체로 반응조의 소요용량이 크며, 운전상의 주의를 요한다.

하수처리에 있어서 탈질공정의 도입한다면 일반적으로 SRT가 길어지고, 반응조의 규모가 커

표 11-43 생물학적 질소제거 공정의 장점과 한계

공정	장점	한계
전무산소-일반	• 에너지 절약; BOD는 호기조 전에 제거된다. • 알칼리도는 질산화 전에 생성된다. • 설계에는 SVI 선택조를 포함한다.	
MLE	• 기존 활성슬러지 공정에 매우 적합하다. • 5～8 mg/L TN 달성이 가능하다.	• 질소제거능력은 내부반송의 함수이다. • 잠재적인 Nocardia 성장문제 • DO 조절이 반송 전에 요구된다.
단계적 주입	• 기존 단계적-주입 활성슬러지 공정에 적합하다. • 마지막 주입수로에 내부순환 시, 5 mg/L 이하의 질소 농도가 가능하다. • 5～8 mg/L TN 달성이 가능하다.	• 질소제거능력은 흐름분배의 함수이다. • MLE보다 더 복잡합 운전; 운전 최적화를 위해 흐름분할 조절이 필요하다. • 잠재적인 Nocardia 성장문제 • 각 호기조에서의 DO 조절이 필요하다.
연속 회분식 반응조	• 공정이 유동적이고 운전이 용이하다. • 유량 균등화로 인해 혼합액 고형물은 수리적 파동에 의해 유실될 수 없다. • 정지된 침전은 낮은 유출수 TSS 농도를 제공한다. • 5～8 mg/L TN 달성이 가능하다.	• 포기조 청소 없이 포기시스템이 유지될 수 없을 시 운전의 신뢰성을 위해 여분의 장치가 요구된다. • 더 복잡한 공정설계 유출수 수질은 신뢰성 있는 배출설비에 의존한다. • 여과와 살균 전에 회분식 배출수의 균등화가 필요할 수 있다.
Batch decant	• 5～8 mg/L TN 달성이 가능하다. • 혼합·액체 고형물은 균등흐름으로 수리적 유동에 의해 유실될 수 없다.	• SBR에 비하여 운전의 유동성이 적다. • 유출수 수질은 신뢰성 있는 배출설비에 의존한다.
Bio-denitro™	• 5～8 mg/L TN 달성이 가능하다. • 큰 반응조 용량은 충격부하에 견딘다.	• 복잡한 운전시스템 • 2개의 산화구 반응조 요구; 건설비용 증대
Nitrox™	• 큰 반응조 용량은 충격부하에 견딘다. • 기존 산화구 공정개선이 쉽고 경제적이다. • SVI 조절을 제공한다.	• 높은 유입수 TKN에 의해 질소제거능력 제한 공정이 암모니아 유입에 민감하다. • 공정특성은 유입수의 변화에 영향을 받는다.
Bardenpho (4-stage)	• 3 mg/L 이하 수준의 유출수 질소 농도 유지가 가능하다.	• 큰 반응조 용량이 요구된다. • 2차 무산소조는 효율이 낮다.
산화구	• 큰 반응조 용량은 심각한 유출수 수질 영향 없이 부하변화에 대응한다. • 우수한 질소제거능 보유; 10 mg/L TN 달성이 가능하다.	• 질소제거능력은 운전자의 기술과 제어방법에 관련있다.
탄소첨가 후무산소	• 유출수 질소 수준을 3 mg/L 이하까지 가능 • 유출수 여과와 결합될 수 있다.	• 메탄올 구입으로 인해 운전비 상승 • 메탄올 주입 제어 필요
질산화/탈질 동시제거 공정(SNdW)	• 낮은 수준의 유출수 질소 가능(3 mg/L 이하) • 상당한 에너지 절약 가능 • 공정이 새로운 설치 없이 기존 시설 결합 가능 • SVI 제어 향상 • 알칼리도 생산	• 큰 반응조 용량; 숙련된 운전기술 필요 • 공정제어 시스템 필요

Ref) Metcalf & eddy(2003)

지며, 구조나 반송라인 등 시스템은 더욱 복잡해지게 된다. 그러나 탈질공정의 도입으로 인한 장점은 매우 다양하다. 먼저 처리수의 질산성 질소를 감소시킬 수 있어 2차침전지에서 슬러지 부상(sludge rising)현상을 예방할 수 있고, 그 결과 양호한 처리수 수질을 달성할 수 있다. 그러므로 처리시설에서 질산화를 의도한다면 동시에 탈질공정도 고려하는 것이 유리하다. 탈질반응에서는 유입 BOD를 산화시키기 위해 질산성 질소를 사용한다. 따라서 전탈질과 SNdN 방식의 경우 알칼리도를 회수할 수 있고 동시에 산소소요량도 감소시키는 효과가 있다. 반면에 메탄올과 같은 외부탄소원을 첨가하는 후탈질 방식은 에너지 절약, 알칼리도 생성, 그리고 사상균에 의한 벌킹 조절과 같은 전탈질 공정의 장점은 기대하기 어렵다. 메탄올 구입은 오히려 운영비의 증가를 초래하지만 불가피한 현장조건(기존시설 및 배치)에 의해 후탈질 방식이 결정되기도 한다. 또한 SRT를 길게 설계한다면 이는 슬러지 발생량 저감으로 슬러지 처리에 대한 경제적 부담도 줄어드는 효과가 있다.

3) 설계인자

① 탈질률

완전혼합 활성슬러지에 의한 탈질반응의 속도는 다음과 같이 나타난다.

$$dN_n/dt = k_{dn} X_a \tag{11.159}$$

여기서, dN_n/dt = 탈질률(denitrification rate, mg N/L/d)
dN_n = 질산성 질소의 제거농도(mg NO_3-N/L)
dt = 체류시간(d)
k_{dn} = 비탈질률(K or SDNR, specific denitrification rate, mg N/mg VSS/d)
X_a = 종속영양 활성 미생물(active heterotrophic biomass, mg VSS/L)

이 식에서 보는 바와 같이 탈질률은 질산성 질소 농도에 대하여 0차반응의 관계에 있으며, 단지 반응조의 활성 미생물의 함수로 나타난다.

Bardenpho 공정과 같이 무산소조가 2단계로 구성되어 있을 때는 2차 무산소조의 경우에도 이 식은 비탈질률만 내생탈질의 경우로 바뀔 뿐 동일한 방식으로 적용된다. 탈질 시스템의 총 질산성 질소제거량은 다음 식으로 표현된다(WRC, 1984).

$$\Delta N_{nts} = (K_1 X_a + K_2 X_a) R_{np} + (K_3 X_a) R_{ns} \tag{11.160}$$
$$= \alpha S_{bi} + K_2 X_a R_{np} + K_3 X_a R_{ns}$$

여기서, ΔN_{nts} = 총 질소제거량(mg N/L)
R_{np} = 1차 무산소조(primary anoxic, 전탈질조)의 공칭 체류시간(h)
R_{ns} = 2차 무산소조(secondary anoxic, 후탈질조)의 공칭 체류시간(h)
α = K_1 단계에서 빠르게 제거되는 NO_3-N의 비율(= 0.028 mg N/mg bCOD)
S_{bi} = 유입수의 bCOD(mg/L) [$= (1 - f_{us} - f_{up}) S_{ti}$]
K_i = 비탈질률 k_{dn} (i = 1 ~ 3)

단, 이 식은 모든 무산소조에서 질산성 질소가 영(0)이 아니라는 가정이 필요하다. 압출류 반응조의 끝단에서 질산성 질소가 영이 되는 경우 최소 반송비(minimum recycle)가 된다.

② **비탈질률에 대한 온도 및 용존산소 영향**

용존산소와 온도는 탈질률에 민감한 영향요소이다. 따라서 비탈질률에 미치는 영향은 일반적으로 다음 식으로 표현된다.

$$k_{dn(T)} = k_{dn(20)}K^{(T-20)}(1 - DO) \tag{11.161}$$

여기서, K = 1.026(M&E, 2003)

$k_{dn(20)}$ = 20°C에서의 SDNR

DO = 용존산소농도(mg/L)

③ **탈질 유형에 따른 비탈질률**

비탈질률은 사용되는 에너지원의 특성(그림 11-61)에 따라 다음과 같이 구분하여 적용하기도 한다.

$$K_{1(T)} = (0.72)(1.20)^{(T-20)}\ (mg\ NO_3\text{-}N/mg\ aVSS/d) \tag{11.162a}$$

$$K_{2(T)} = (0.101)(1.08)^{(T-20)}\ (mg\ NO_3\text{-}N/mg\ aVSS/d) \tag{11.162b}$$

$$K_{3(T)} = (0.072)(1.03)^{(T-20)}\ (mg\ NO_3\text{-}N/mg\ aVSS/d) \tag{11.162c}$$

여기서 aVSS는 X_a를 의미한다. 유입수에 포함된 rbCOD를 이용한 비탈질률(K_1)과 sbCOD 소모 비탈질률(K_2)에 비하여 내생탈질의 비탈질률($K_3 = k_{dn3}$)은 상대적으로 낮게 나타나고 온도영향도 가장 적게 받는다. 통상적으로 20°C에서 $K_2 > K_3$이나, 14°C 이하에서 두 값은 비슷하게 나타난다. 또한 특정 온도조건하에서 각 탈질률은 SRT(R_s) 10～25일의 범위에서는 큰 차이를 보이지 않았다(WRC, 1984).

다양한 실규모 처리장에서 측정된 전탈질조의 SDNR 값(K_1 및 K_2 조건)은 0.04～0.42 mg NO_3-N/mg VSS/d의 범위였다. 반면에 외부탄소원의 공급이 이루어지지 않는 후탈질 공정에서 관측된 SDNR 값(K_3 조건)은 0.01～0.04 mg N/mg VSS/d 범위였다(Metcalf and Eddy, 2003). 단 이 식에서 VSS란 X_v(MLVSS)를 의미하므로 사용에 주의가 필요하다.

한편, SDNR K_3는 내생상태에서의 탈질반응이므로 다음 식과 같이 내생분해율을 이용하여 계산할 수 있다.

$$SDNR_{(K_3)} = (1.42/2.86)k_d\eta = 0.5\ k_d\eta \tag{11.163}$$

여기서, 1.42 = 미생물 산소당량(mg O_2/mg VSS)

2.86 = 질산성 질소의 산소당량(mg O_2/ng NO_3-N)

k_d = 미생물의 내생분해계수(= 0.05 mg VSS/mg VSS_{bio}/d @20°C)

η = 전자수용체로서 산소 대신 질산성 질소를 사용할 수 있는 탈질 미생물 분율 (= 0.5 mg VSS/mg VSS)

또한 내생탈질률과 SRT의 상관관계를 다음과 같이 경험식으로 표현하기도 한다(Burdick et al., 1982, US EPA, 1993).

표 11-44 **메탄올을 외부탄소원으로 사용하는 탈질공정에서 사용가능한 동력학적 상수**

인자	단위	온도, °C	
		10	20
합성계수, Y	g VSS/g bCOD	0.17	0.8
내생분해계수, k_d	g VSS/g VSS·d	0.04	0.05
최대 비성장률, μ_m	g VSS/g VSS·d	0.52	1.86
최대 비기질이용률, k	g bCOD/g VSS·d	3.1	10.3
반속도, K_s	g/m^3	12.6	9.1

Ref) Stensel et al.(1973)

$$SDNR_{(K_3)(T)} = [0.12(SRT)^{-0.706}](1.08)^{(T-20)} \tag{11.164}$$

내생탈질에서 외부탄소원을 추가로 주입하여 탈질률을 향상시킬 수 있다. 이때 메탄올은 경제성을 이유로 가장 흔히 사용하는 탄소원으로, SDNR 값은 0.10~0.25 mg N/mg VSS/d 정도이다(Metcalf and Eddy, 2003). 외부탄소원을 이용하는 후무산소 탈질조는 유기물질 제거를 목표로 하는 활성슬러지 공정과 유사한 방법으로 설계할 수 있다. 이때 전자공여체는 산소 대신 질산성 질소가 되며, 유기성 기질로 메탄올을 이용하는 종속영양미생물의 성장 동력학을 사용해야 한다(표 11-44). 따라서 이 경우 설계를 위해 SDNR 방식으로 접근하는 것은 바람직하지 않다. 앞서 설명한 바와 같이 후탈질조 방식에서는 침전지에서의 슬러지 침전성을 향상시키기 위하여 충분한 SRT의 확보가 중요하다. 또한 혼합액이 침전지로 유입하기 전에 슬러지 내에 포함된 질소가스를 제거하기 위해 일반적으로 짧은 체류시간(30분 이하)으로 운영되는 재폭기조(reaeration tank)를 통과한다.

④ 탈질과 기질이용

미생물의 성장 동력학에서 나타난 바와 같이 호기성 조건에서 1 mg의 COD를 이용하기 위해 필요한 산소요구량은 $(1 - f_{CV}Y_h)$ mg O_2이다. 만약 $Y_h = 0.47$ mg VSS/mg COD라면 기질이용당 산소소모량은 0.33(= 1 − (1.42)(0.47)) mg O_2/mg COD가 된다. 무산소 조건이라면 1 mg의 COD 제거당 질산성 질소소모량은 $(1 - f_{CV}Y_h)/2.86 = 0.116$ mg N/mg COD가 된다(NO_3-N의 산소당량은 2.86 mg COD/mg N이다). 즉, 이론적으로 질산성 질소 1 mg N을 환원시키기 위해 8.6 mg의 COD가 필요하다(이 값은 $Y_h = 0.40$ mg VSS/mg COD으로 가정하면 6.6 mg COD/mg N이 된다).

NO_3-N은 탈질과정에서 세포증식에 필요한 산소소모에 의해 탈질이 이루어진다. 세포의 약 10%를 질소로 가정한다면 제거할 질소의 약 10% 정도는 세포합성으로 소모될 것이다. 따라서 실제 NO_3-N의 탈질에 필요한 유기물질의 양은 다음 식과 같이 나타난다.

$$\frac{\text{mg COD required}}{\text{mg } NO_3\text{-N reduced}} = \frac{2.86}{\{1-[f_{CV}-2.86(f_n)]Y_{obs}\}} = \frac{2.86}{[1-(1.134)Y_{obs}]} \tag{11.165}$$

여기서, f_{CV} = 활성슬러지 혼합액의 산소당량(mg COD/mg VSS)

f_n = 세포 내 질소함량(= 0.1 mg N/mg VSS)

Y_{obs} = 관측된 순 슬러지 증식계수(mg VSS/mg COD)

만약 순 슬러지 생산량이 0.3 kg VSS/kg COD 제거이라면 유기물질 소모량은 4.3 kg COD/kg NO_3-N 제거가 된다.

⑤ 탈질 가능량

탈질 가능량(denitrification potential, D_p, mg N/L)이란 무산소조에서 제거될 수 있는 질산성 질소의 최대 농도를 의미한다. 이 값은 유입하수의 유기물질 특성(S_{bi}, S_{bsi}), 온도, 무산조의 위치, 무산소조 슬러지의 비율(f_{x1}, f_{x3})과 직접적으로 관련이 있다. 이 값이 질산성 질소의 부하(N_L, nitrate loading)보다 크다면($D_p > N_L$), 전량 탈질이 가능할 것이며, 이 두 값이 동일하다면 최적의 조건이 된다.

1차 무산소조에서의 탈질 가능량(D_{p1}, mg N/L)은 다음과 같이 정리할 수 있다.

$$\begin{aligned} D_{p1} &= \alpha S_{bi} + K_2 X_a R_{np} \\ &= \alpha S_{bi} + K_2 X_a (V_p/Q_i) \\ &= \alpha S_{bi} + K_2 f_{x1} M(X_a)/Q_i \qquad [X_a V_p = f_{x1} M(X_a)] \\ &= \alpha S_{bi} + K_2 f_{x1} Y_h R_s Q_i S_{bi}/(1 + b_h R_s) Q_i \qquad [M(X_a) = Y_h R_s Q_i S_{bi}/(1 + b_h R_s)] \\ &= S_{bi}[\alpha + K_2 f_{x1} Y_h R_s/(1 + b_h R_s)] \end{aligned} \tag{11.166}$$

여기서, S_{bi} = 유입수 bCOD(mg COD/L)

α = 초기 탈질단계(K1)에서 제거되는 질산성 질소의 분율

[= $f_{bs}(1 - f_{CV} Y_h)/2.86$ = 0.028 mg N/mg bCOD]

f_{bs} = 유입수의 rbCOD/bCOD 비율

f_{x1} = 생물반응조의 총 슬러지에 대한 1차 무산소조 슬러지의 질량비

Q_i = 일 평균 유입수량(m^3/d)

V_p = 1차 무산소조의 용량(m^3)

$M(X_a)$ = 활성 미생물의 양[mg VSS, 식 (11.100)]

1차 무산소조에서 탈질 가능량은 무산소 슬러지의 질량비(f_{x1})에 가장 민감하며, 이 값은 rbCOD가 모두 소모되는 시점에서 최솟값($f_{x1,min}$)을 가지게 된다. 이 값은 다음과 같이 표현된다.

$$f_{x1,\,min} = \frac{f_{bs}(1 - f_{CV} Y_h)(1 + b_h R_s)}{2.86 K_1 Y_h R_s} \tag{11.167}$$

14°C 온도조건에서 SRT가 15일보다 크다면 $f_{x1.min} < 0.08$로 계산된다. 실제 1차 무산소조의 체류시간은 유입수에서 쉽게 생분해 가능한 COD를 모두 활용하는 데 필요한 시간보다 항상 길게 나타난다.

한편, 동일한 방법으로 2차 무산소조에서의 탈질 가능량(D_{p3}, mg N/L)은 다음과 같이 나타낼 수 있다.

$$D_{p3} = K_3 X_a R_{ns} \tag{11.168}$$
$$= K_3 f_{x3} S_{bi} Y_h R_s / (1 + b_h R_s)$$

여기서, f_{x3} = 생물반응조의 총 슬러지에 대한 2차 무산소조 슬러지의 질량비

2차 무산조의 최소 질량비($f_{x3.min}$)는 호기조로부터 유입되는 산소의 영향을 모두 제거할 수 있는 시점[$D_{ps,min} \geq (1+s)O_a/2.86$]이 되므로 다음과 같이 정리할 수 있다.

$$f_{x3,\,min} = \frac{(1+s)O_a(1+b_h R_s)}{2.86 S_{bi} Y_h R_s K_{3T}} \tag{11.169}$$

여기서, s는 침전슬러지의 반송비이며, O_a는 호기조의 산소 농도이다.

전무산소조와 후무산소조를 모두 갖춘 탈질 시스템(Bardenpho 공정)의 경우 제거 가능한 총 질산성 질소의 농도는 이상의 두 식을 합한 값이 된다.

$$D_p(=\Delta N_{nts}) = D_{p1} + D_{p3} \tag{11.170}$$

이상의 식에서 보는 바와 같이 시스템의 탈질 가능량은 유입수 특성(S_{bi}와 S_{bsi}), 온도, 무산소조의 위치, 무산소 슬러지 질량 분율(f_{x1}과 f_{x3})과 관계가 있다.

그림 11-62는 탈질 가능량과 SRT와 상관관계를 보여준다. SRT, 온도 및 무산소조의 질량비가 증가하면 탈질 가능량은 증가한다. 그러나 이중에서 가장 민감한 인자는 무산소조의 질량비임을 알 수 있다.

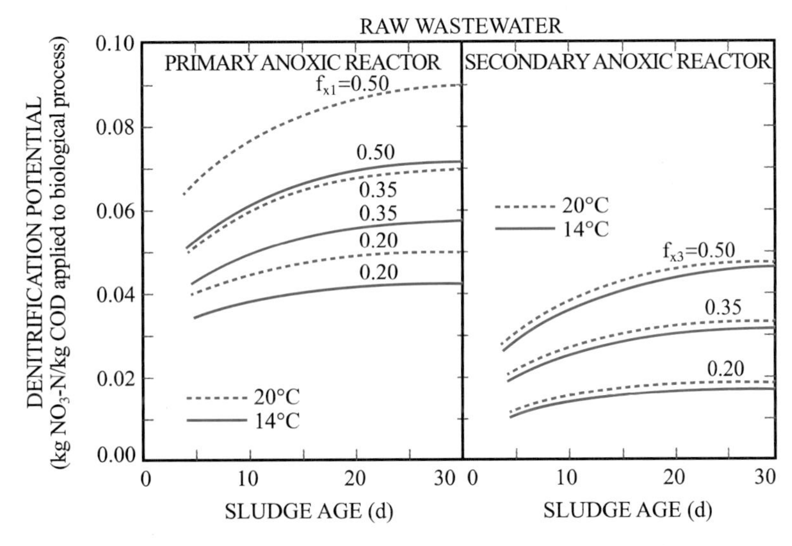

그림 11-62 **탈질 가능량과 SRT의 상관관계** (WRC, 1984)

⑥ **최적 내부순환비**

생물학적 질소제거공정에서 탈질률은 질산화 슬러지의 순환(NRCY, nitrified recycle)의 영향을 받는다(그림 11-59). 유입 유량에 대해 무산소조로 재순환되는 질산화 슬러지의 순환을 내부반송(IR, internal recycle)이라고 한다. 이는 궁극적으로 유출수의 질산성 질소 농도에 영향을 미치게 된다.

1차 무산소조에 탈질 가능량(D_{p1})이 가해질 때 최상의 탈질효과는 최적의 반송비(optimum nitrified recycle, a_o)를 선택함으로써 얻을 수 있다. 최적의 a-반송비는 다음과 같이 표현된다(WRC, 1984). 이 식에서 $a = a_o$라면 1차 무산소조 유출수의 질산성 질소는 최솟값이 될 것이다.

$$a_o = \frac{-B + \sqrt{B^2 + 4AC}}{2A} \tag{11.171}$$

여기서, $A = O_a/2.86$

$B = N_C - D_{pp} + [(s+1)O_a + sO_s]/2.86$

$C = (s+1)(D_{pp} - sO_s/2.86) - sN_C$

s = 침전슬러지 반송률(RAS)

a = 질산화 처리수 반송률(NRCY)

O_a = 질산화 슬러지 반송수(IR)의 DO 농도(mg O_2/L)

O_s = 침전슬러지 반송수(RAS)의 DO 농도(mg O_2/L)

N_C = 탈질대상 NO_x-N 농도(mg NO_x-N/L)

D_{pp} = 공정 내 최대 탈질 가능량(mg N/L)

이때 공정 내 최대 탈질 가능량(process denitrification potential)은 1차와 2차 무산소조 모두에서 제거될 수 있는 탈질량을 의미한다.

호기조의 유출수의 질산성 질소의 농도(N_{ne}, mg NO_3-N/L)는 물질수지에 의해 다음 식으로 정리된다.

$$N_{ne}[Q + s(Q) + a(Q)] = N_C(Q) \tag{11.172a}$$

$$N_{ne} = N_C/(1 + s + a) \tag{11.172b}$$

이 식에서 N_C가 낮다면(즉, 유입수 TKN/COD 비가 낮다면), N_{ne}도 낮아지며, a_o는 높아진다. 이 식은 특히 MLE 공정에서 유출수 내 존재하는 질산성 질소의 농도(N_e)를 결정하는 식이 된다. Bardenpho 공정에서와 같이 2차 무산소조의 경우에는 2차 무산소조의 질산성 질소 부하를 이용하여 유사한 방법으로 계산할 수 있다.

침전슬러지의 반송비(R)를 0.5Q로 가정하여 유출수의 질산성 질소 농도와 내부반송비의 상관관계를 그림 11-63에 예시하였다. 이 결과는 유출수의 질산성 질소 농도를 감소시키기 위해 내부반송비의 증가가 필요하다는 것을 보여준다. 즉, 유출수의 질소 농도를 5～7 mg T-N/L 이하로 유지하기 위해 내부반송비는 4 이상으로 유지되어야 한다. 그러나 일반적으로 유입수의 TKN

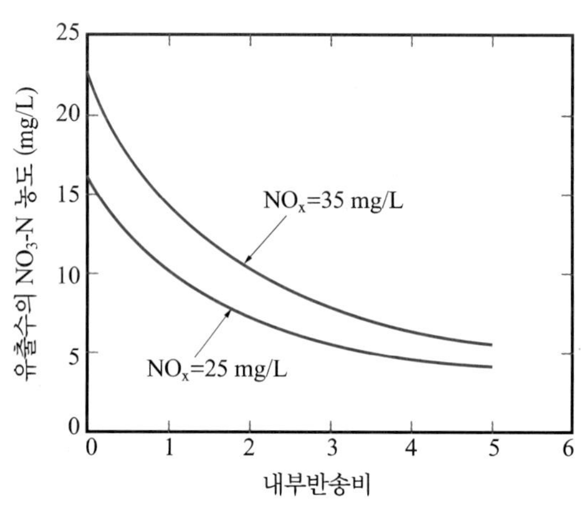

그림 11-63 무산소-호기공정에서 유출수의 질산성 질소 농도에 미치는 내부순환비의 영향(반송비=0.5)
(Metcalf and Eddy, 2003)

농도가 낮은 경우에 반송비는 2～3 범위로 적용한다. 그러나 높은 내부반송비는 호기조로부터 더 많은 용존산소가 무산소조로 유입할 가능성이 있으며, 이는 결국 무산소조에서 질산성 질소의 탈질효율에 직접적으로 영향을 미치게 된다. 용존산소는 rbCOD를 소모하기 때문에 내부반송에 의해 호기조로부터 무산소조로 공급되는 DO의 양을 최소화(O_a < 2 mg/L)하여야 한다. 또한 반송비의 증가는 경제성 측면에서도 문제가 있으므로 적절한 수준으로 선정될 필요가 있다.

예제 11-4 처리수의 질소 농도

MLE 공정에서 다음과 같은 자료를 획득하였다. 처리수의 총 질소 농도를 결정하라.

유입수 총 질소 농도 = 35 mg N/L

처리수 질소 농도: 암모니아 농도(N_{ae}) 1 mg N/L

유기성 질소 농도($N_{obe} + N_{ouse}$) = 2 mg N/L

슬러지 합성에 사용된 질소 = 8.3 mg N/L

질산화 슬러지의 반송률(a) = 2.49, 침전슬러지의 반송률(s) = 0.45

풀이

탈질대상 질소 농도(N_C) = $N_{ti} - N_{te} - N_s$ = 35 − 3 − 8.3 = 23.7 mg N/L

여기서, $N_{te} = N_{ae} + (N_{obe} + N_{ouse})$ = 1 + 2 = 3 mg N/L

처리수의 질산성 질소 농도(N_{ne}) = $N_c/(1 + s + a)$ = 23.7/(1 + 2.49 + 0.45) = 6 mg NO_3-N/L

처리수의 총 질소 농도(N_{tne}) = $N_{te} + N_{ne}$ = 3 + 6 = 9 mg N/L

⑦ 산소요구량

질소제거공정에서 총 산소요구량은 다음과 같다.

$$M(O_t) = M(O_C) + M(O_n) - M(O_d) \tag{11.173}$$

여기서, $M(O_t)$ = 총 산소요구량(kg O/d)

$M(O_C)$ = COD 분해를 위한 산소요구량

$M(O_n)$ = 질산화를 위한 산소요구량[= 7.14(Nc)]

$M(O_d)$ = 탈질에 의한 산소회수량[= $2.86(N_C - N_{ne})Q_i$]

4) 탈질률에 대한 경험식을 이용한 무산소조의 설계

무산소조의 용량(V_{ax})을 결정하기 위해 식 (11.174)를 유용하게 사용할 수 있다. 이 식은 다음과 같이 재정리할 수 있다.

$$V_{ax} = (NO_3\text{-}N)_{rem}/(k_{dn}\ X_a) \quad (11.174)$$

여기서, V_{ax} = 무산소조의 용량(m^3)

$(NO_3\text{-}N)_{rem}$ = NO_3-N 제거량(= $N_c - N_{ne}$)(g N/d)

다양한 실규모 처리장(Bardenpho 공정에서 20~25°C 기준)에서 측정된 SDNR(k_{dn}) 값을 바탕으로 전탈질조의 SDNR과 F/M 비와의 상관관계는 다음과 같은 경험식으로 표현된다(Burdick, 1982).

$$SDNR = 0.03(F/M_v) + 0.029 \quad (11.175)$$

여기서, SDNR = 비탈질률(g NO_3-N/g TSS/d)

F/M_v = 무산소조의 F/M 비(g BOD/g MLVSS/d) = $Q(S_i)/V_{ax}(X_a)$

S_i = 유입수 BOD(mg/L)

X_a = 무산소조 내 활성 미생물(X_a)의 농도(mg VSS/L)

그러나 이러한 경험식에서 SDNR은 활성 미생물의 분율, 무산소조에서의 rbCOD의 농도 및 온도 등을 포함한 다양한 인자에 의해 영향을 받을 수 있으므로 실제 그 활용성은 매우 제한적이다. 이러한 경험식은 특히 SRT 개념이 포함되어 있지 않으므로 단지 SDNR의 대략적인 평가에만 사용 가능하다.

무산소조에서 미생물과 질산성 질소의 농도, rbCOD/bCOD, 그리고 pbCOD 등 다양한 인자를 고려한 모델 시뮬레이션 결과(그림 11-64)는 이러한 문제점을 보완하여 실제 설계에 활용할 수 있다. 유입하수의 rbCOD에 대한 자료가 없다면 흔히 총 bCOD의 약 15~25%로 추정하기도 한다. 이때 F/M_b와 SDNR 값은 혼합액 내의 활성 종속영양미생물(active biomass: X_a)을 기준으로 하고 있음에 주의하여야 한다. 이 방법은 혼합액의 생분해가 불가능한 고형물의 양이나 SRT와는 상관없이 다양하게 적용할 수 있다. 또한 이 값들은 모두 20°C를 기준으로 하고 있으므로 만약 온도조건이 다르다면 설계 SDNR 값은 온도보정식[식 (11.161)]에 의해 보정되어야 한다. 무산소조에서 체류시간이 낮을수록 F/M_b는 높게 나타난다. 또한 rhCOD 농도가 높다면 반응속도는 빨라져 더 높은 SDNR을 초래한다. 참고로 모델에서 사용된 동역학 계수는 표 11-45에 요약되어 있다.

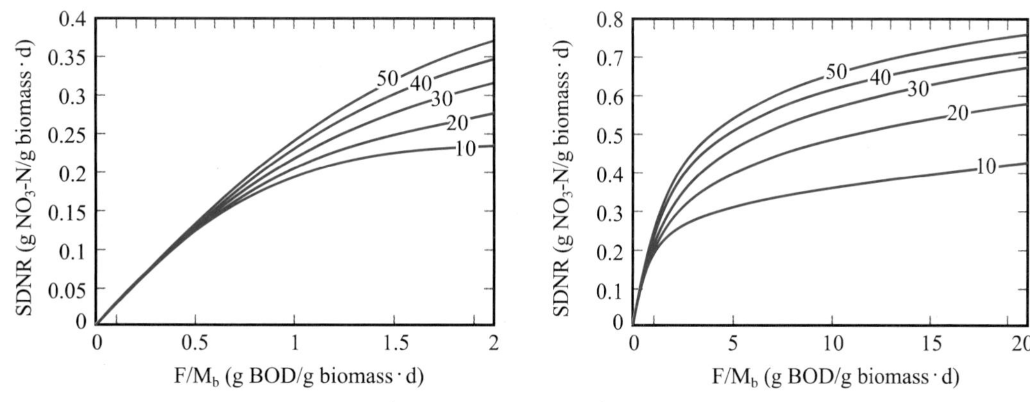

그림 11-64 유입수의 rbCOD/bCOD 분율에 따른 F/M_b와 SDNR(20°C 기준)의 상관관계
(Metcalf and Eddy, 2003)

표 11-45 SDNR 설계값을 개발하기 위해 사용된 동력학 계수(ASM1 기준)

동역학 계수	단위	값
미생물생산계수, Y	g VSS/g COD	0.40
내생분해계수, k_d	g VSS/g biomass · d	0.15
세포잔류물, f_d	g VSS/g VSS	0.10
최대비성장률, μ_m	g VSS/g VSS · d	3.2
반속도상수, K_s	g/m^3	9.0
입자성 가수분해 최대비속도상수, K_h	g VSS/g biomass · d	2.8
가수분해 반속도상수, K_x	g VSS/g VSS	0.15
미생물의 COD	g COD/g VSS	1.42
탈질미생물의 분율, η	g VSS/g VSS	0.50

내부반송비가 높으면 유입수 내의 rbCOD는 희석되고 그 결과 더 낮은 탈질률을 초래하게 된다. 내부반송비의 크기에 따라 설계에 사용되는 SDNR은 다음과 같이 보정된다.

$$IR = 2, \quad SDNR_{adj} = SDNR_{IR1} - 0.0166\ ln(F/M_b) - 0.0078 \tag{11.176a}$$

$$IR = 3 \sim 4, \quad SDNR_{adj} = SDNR_{IR1} - 0.029\ ln(F/M_b) - 0.012 \tag{11.176b}$$

여기서, $SDNR_{adj}$ = 보정된 SDNR

$SDNR_{IR1}$ = 내부반송비가 1인 경우 SDNR

F/M_b = 무산소조 용량과 활성 미생물 농도기준 F/M 비

예제 11-5 SDNR 경험식에 의한 무산소-호기 공정의 설계

예제 11-3에 나타난 완전혼합 질산화 공정을 MLE 공정으로 전환시켜 운전하려 한다. 이때 탈질을 위한 전탈질조를 설계하시오. 이때 유출수의 질산성 질소 농도는 6.0 mg/L로 가정하고, 공정의 개략도는 그림 11-59(a)를 참고하시오. 단, 유입수 조건 및 질산화 반응조의 설계값은 예제 11-3의 자료를 기초로 한다.

항목	단위	농도
유입유량	m^3/d	24,000
온도	°C	20
MLSS	mg/L	2,500
MLVSS/MLSS		0.8
호기조 SRT	d	8
호기조 용적	m^3	8,048
침전슬러지 반송률, R		0.45
무산소조 혼합 에너지	$kW/10^3\ m^3$	10

풀이

1. 활성 미생물 X_a 농도 = 1,178 mg/ VSS/L (예제 11-3 참고)
2. 내부반송비 $IR = (NO_x/N_{ne}) - 1.0 - R$

$= (23.7/6) - 1 - 0.45 = 2.49$ (예제 11-3과 11-4 참고)

3. 유입 NO_x 유량 $Q_{ax} = (a + s)(Q_{inf}) = (2.49 + 0.45)(24,000) = 70,687\ m^3/d$

유입 NO_x 부하 $= (Q_{ax})(NO_3 - N)_{eff} = (70,687)(6)/1000 = 424$ kg/d

4. 무산소조의 HRT = 2.5 h로 가정하면,

$V_{ax} = Q_{inf}/HRT = (24,000)/(2.5/24) = 2,500\ m^3$

$F/M_b = (Q_{inf}BOD_{inf})/(V_{ax}X_a) = (24,000)(140)/(2,500)(1,178) = 1.14$ g/g/d

rbCOD/bCOD = 60/242 = 0.25

이므로 그림 11-64에서 $SDNR_a = 0.23$ g/g/d @20°C

환원 가능한 질산성 질소량$(NO_3\text{-}N)_{rem} = (V_{ax})(SDNR)(X_a)$

$= (2,500)(0.23)(1,178)/1,000 = 677$ kg/d

$(NO_3\text{-}N)_{rem}/(NO_3\text{-}N)_{in} = 677/424 = 1.6$

이므로 더 낮은 체류시간을 적용할 수 있다.

5. 무산소조의 HRT = 1.2 h로 가정하면,

$V_{ax} = Q_{inf}(HRT) = 24,000(1.2/24) = 1,200\ m^3$

$F/M_b = (Q_{inf}BOD_{inf})/(V_{ax}X_a) = (24,000)(140)/(1,200)(1,178) = 2.38$ g/g/d

그림 11-64에서 $SDNR_a = 0.32$ g/g/d @20°C (rbCOD/bCOD = 0.25)

환원 가능한 질산성 질소량$(NO_3\text{-}N)_{rem} = (V_{ax})(SDNR)(X_a)$

$= (1,200)(0.32)(1,178)/1,000 = 453$ kg/d

$(NO_3\text{-}N)_{rem}/(NO_3\text{-}N)_{in} = 452/424 = 1.07$

6. 실제 처리장의 운영 SDNR 값과 설계값을 비교한다.

$SDNR_v = SDNR_a(X_a/X_v) = 0.32(1.178/2,000) = 0.19$ g/g/d

실처리장 운영값이 0.04～0.41 g/g/d이므로 설계값은 만족한다.

7. 산소요구량 검토

MO_c = 3,882 kg O/d = 161.8 kg O/h

$MO_n = 4.57QN_c$ = 2,596 kg O/d = 108.2 kg O/h (N_c, 예제 11-3 참조)

MO_{dn} = 탈질 시 사용한 질산성 질소의 등가산소량

= $(2.86)(Q_{inf})(N_C\text{-eff. } NO_3\text{-N})/1{,}000 = (2.86)(24{,}000)(23.7 - 6)/1{,}000$

= 1,213 kg O/d = 51 kg O/h

질산화-탈질 공정에서 산소요구량 = 161.8 + 108.2 − 51 = 219.4 kg O/h

8. 알칼리도 검토

1) 유입수 알칼리도 = 140 mg/L as $CaCO_3$

2) 알칼리도 소모량 = $(7.14 \text{ mg alk/mg N})(N_c) - 3.57 \times (N_c - N_{ne})_{dn}$

= 7.14(23.7) − 3.57(23.7 − 6) = 106 mg/L as $CaCO_3$

3) 계획 잔류 알칼리도 = 80 mg $CaCO_3$/L

4) 알칼리도 요구량 = 80 + 106 − 140 = 46 mg $CaCO_3$/L

= $(46)(24{,}000 \text{ m}^3/\text{d})(10^{-3})$ = 1,102 kg/d as $CaCO_3$

9. 무산소조에서의 혼합에너지 소요량 = (1,200)(10)/1000 = 12 kW

10. 유출수 질소 농도(예제 11-4 참조)

처리수의 질산성 질소 농도(N_{ne}) = 6 mg NO_3-N/L

처리수의 총 질소 농도(N_{tne}) = 9 mg N/L

11. 요약

항목	단위	농도
유출수 NO_3-N	m^3/d	6
내부반송비, s		2.49
침전슬러지 반송비, a		0.45
무산소조 용량	m^3	1,200
무산소조 HRT	h	1.2
MLSS	mg/L	2,500
SDNR	g N/g VSS/d	0.19
알칼리도 요구량	kg/d as $CaCO_3$	1,102
무산소조 혼합 에너지	kW	12

참고 앞서 설명한 바와 같이 이 설계방법에는 SRT가 고려되어 있지 않다. 또한 이 설계 예제는 20°C 온도조건에서 평균 유량에 대해 평가된 것으로 실제에는 동절기 수온, 첨두 유량과 부하 그리고 탈질 시 안전율에 대한 충분한 고려가 포함되어야 한다.

5) 모델기반 설계

앞서 설명한 SDNR과 F/Mv 상관관계를 이용한 경험적 무산소조의 설계방법에 비하여 다음의 모델기반의 설계법은 더 세밀한 설계정보를 제공한다.

① 개요

생물학적 질소제거공정의 성능은 유입하수의 성상에 매우 가변적인 특성을 가지고 있다. 하수의 특성은 질산화율(nitrification rate)과 탈질률(denitrification rate), rbCOD 분율과 직접적인 관련이 있다. 질산화 미생물의 최대 비성장률(μ_{nm20})로 표현되는 질산화율은 폐수의 특성과 발생원에 따라 크게 영향을 받는다. 가정하수의 경우 이 값은 보통 0.65～0.75 /d 정도이며, 산업폐수의 경우 0.20 /d로 낮아진다. 대상 하수에 대한 이러한 자료가 충분하지 않다면 그 불확실성은 높아지므로 질산화 공정의 안전한 설계를 위해서는 비교적 낮은 값(0.3～0.4 /d)이 선택된다. 질산화는 탈질의 선행조건이므로 완전한 질산화를 위해 호기성 조건의 슬러지 질량비는 충분히 크게 설정되어야 한다.

탈질률(SDNR)은 폐수의 특성과 발생원에 상대적으로 덜 민감하지만 경우에 따라서 하수에 포함된 산업폐수의 분율이 상이하므로 그 값은 영향을 받게 된다. 따라서 문헌자료를 참고로 하되 충분한 실제 자료의 확보가 중요하다. 만약 기존 자료의 적용에 의문이 제기된다면 적절한 안전율(1.1～1.2)로 탈질률을 낮추어 적용한다.

하수 내에 포함된 rbCOD(S_S, S_{bsi})는 폐수의 발생원과 구성에 따라 상당히 달라진다. 일반적으로 하수 원수를 기준으로 할 때 rbCOD 분율은 tCOD(S_{ti})의 20%(f_{ts}) 정도이며 bCOD(S_{bi}) 기준으로는 약 25%(f_{bs})이다(WRC, 1984). 물론 이 값은 하수에 포함되는 산업폐수의 특성에 따라 달라진다. 만약 1차처리(침전지)를 거친다면 침전수에 포함된 rbCOD는 그대로이지만, tCOD나 bCOD는 상당히 감소하므로 그 비율은 증가하게 된다.

온도는 생물학적 질소제거에 상당한 영향을 미치는 인자이다. 온도가 낮아지면 탈질률(K_1, K_2, K_3)은 모두 감소한다. 낮은 온도조건에서는 질산화율 또한 크게 감소하므로 하수의 최저 평균온도(minimum average temperature, T_{min})는 생물학적 질소제거를 위한 한계조건이 된다. 따라서 공정의 안정적인 설계를 위하여 하수의 최저 평균온도(T_{min})와 최대 평균온도(T_{max})에 대한 검토가 필요하다.

생물학적 질소제거공정에서 비폭기(무산소) 슬러지 질량분율(f_{xm})을 높게 하면 질소제거효과의 증가와 동시에 처리수의 질산성 질소 농도를 낮출 수 있다. μ_{nm20}=0.4 /d로 가정할 때 14°C의 온도조건에서 f_{xt} = 0.5(SRT 15～20 d, SF= 1.25)이었다(WRC, 1984). f_{xm}과 SRT의 결정은 세심한 검토를 필요로 한다.

SRT와 무산소 슬러지 분율에 대해 충분한 안전율(SF > 1.25)을 확보함으로써 질산화 반응을 위해 필요한 SRT는 충분하게 되므로 통상적으로 완전한 질산화가 가능하다. 따라서 유출수의 TKN 농도(N_{te})는 3 mg N/L로 가정할 수 있으며, 여기에 슬러지 합성에 사용되는 질소량(N_s)을 고려하여 질산화 용량(N_C)을 계산한다.

② 주요 설계인자

생물학적 질소제거 시스템의 설계에 있어 중요한 요소는 비폭기 슬러지 질량의 최대 분율(f_{xm}), 질산화 용량(N_c), 탈질 가능량(D_p), rbCOD(S_{bi}), 그리고 TKN/COD 비 등이다.

비폭기 슬러지 질량의 최대 분율(f_{xm})은 질산화 미생물의 최대 비증식계수(μ_{nm20}), 유입하수의 최저 평균온도(T_{min}) 및 SRT(R_s)에 영향을 받는다[식 (11.149)]. 안전한 질산화 반응을 위하여 f_{xm}값을 보통 0.5～0.6 정도로 제한할 것을 제안하고 있다. 또한 질산화 슬러지의 최소 질량분율을 1.25～1.35의 안전계수로 높일 것을 추천하고 있다(WRC, 1984). 앞서 설명한 바와 같이 우리나라의 시설기준에는 안전계수를 1.3～2.0 범위로 제안하고 있으며, 동절기에 질소 농도의 첨두부하와 불확실성을 고려하여 일반적으로 1.5 이상으로 추천하고 있다(환경부, 2010). 일반적으로 호기조 말단의 용존산소농도(O_s)는 2.0 mg/L 이하로 계획한다.

질산화 용량(N_c)은 유입수의 TKN을 질산화시킬 수 있는 양으로 단위 유량당 질산성 질소 농도로 표현한다. 질산화 용량은 공정의 구성과는 무관하며, 일반적으로 거의 완전하게 질산화 전환이 이루어진다. 보통 유출수 TKN(N_{te})은 2～3 mg/L 내외로, N_c는 유입수 TKN(N_{ti})에 슬러지 생산에 필요한 질소량(N_s)과 유출수 TKN을 제외한 값이다.

탈질 가능량(D_p)은 무산소조의 위치와 크기 그리고 유입수 내 포함된 bCOD(S_{bi})에 따라 의존한다. 유입수의 TKN/COD(N_{ti}/S_{ti})는 질산화 공정에 의해 발생할 수 있는 질산성 질소의 질량과 탈질에 의해 공정에서 제거 가능한 질산성 질소의 상대적인 질량비를 나타낸다.

③ 설계 원리

유입수의 특성으로부터 N_{ti}/S_{ti}, f_{bs}, μ_{nm20}, T_{min}, f_{xm} 및 N_c는 모두 선택된 R_s를 사용하여 결정할 수 있다. f_{xm}은 f_{x1}과 f_{x3}의 질량비로 구분하고($D_{pp} > D_{ps}$), 완전한 탈질을 위해서는 $D_p > N_c$ 조건이 성립되어야 한다. 만약 유입수 TKN/COD 비($>$ 0.1 mg N/mg COD)가 높아서 유출수의 질산성 질소가 높아질 경우($N_{ne} > 5$～7 mg N/L)에는 2차 무산소조를 생략하는 방안이 더 유리하다(즉, 이 경우 Bardenpho보다는 MLE가 더 효과적이다).

질소제거공정에서 무산소 슬러지 질량의 최대 분율(f_{xdm})은 비폭기 슬러지 질량의 최대 분율(f_{xm})과 같다[식 (11.149)]. 선택된 반송비(a, s)에 대해 1차 무산소조에 탈질 가능량이 가해질 때 최대 탈질능력을 얻을 수 있다. 1차 무산소조의 유출수 질산성 질소 농도는 0이 되며, 호기조에서 질산성 질소 농도는 $N_C/(a+s+1)$에 의해 결정될 수 있다. 이 식은 MLE 공정에서 유출수의 질산성 질소 농도를 예측하는 데 사용할 수 있다.

2개의 무산소조에 의해 운영되는 시스템(Bardenpho)의 경우 공정 내 최대 탈질 가능량(D_{pp})은 1차와 2차 무산소조 모두에서 제거될 수 있는 탈질량이 된다. 이때 각 무산소조에 가해지는 질산성 질소를 합하여 총 등가부하(total equivalent nitrate load, N_L)로 정의할 수 있다. 이 경우 완전한 탈질은 $D_{pp} \geq N_L$의 조건에서만 가능하다. 질산성 질소의 총 등가부하에는 호기조의 질산성 질소 농도, 호기조와 침전슬러지 반송수(s)의 용존산소농도가 고려되어야 한다. 2차 무산소조 질소부하를 1차 무산소조의 형태로 표현하기 위해 K_{2T}/K_{3T} 계수를 사용하여 다음 식으로 표현할 수 있다.

$$D_{pp} = D_{p1} + D_{p3}\left(\frac{K_{2T}}{K_{3T}}\right) \tag{11.177}$$
$$= S_{bi}[\alpha + \beta K_{2T}(f_{x1} + f_{x3})]$$
$$= S_{bi}[\alpha + \beta K_{2T}(f_{xdm})]$$

여기서, $S_{bi} = (1 - f_{us} - f_{up})S_{ti}$

$\alpha = f_{bs}(1 - f_{CV}Y_h)/2.86$

$\beta = Y_{hT}R_s/(1 + b_hR_s)$

내부반송(a, 질산화 슬러지 순환)과 침전슬러지의 반송수(s)에 대한 용존농도를 각각 O_a와 O_s로 정의하면 유출수의 질산성 질소의 등가 농도(N_{ne}), 그리고 1차와 2차 무산소 슬러지 질량의 최적 분율값(f_{x1}, f_{x3})은 다음과 같이 나타난다. 이 식은 결국 Bardenpho 공정의 설계식이 된다.

$$N_{ne} = \frac{\left\{\frac{N_C}{a+s+1} + \frac{O_a}{2.86}\right\}\left\{a + \frac{K_{2T}}{K_{3T}}(s+1)\right\} + \frac{sO_s}{2.86} - D_{pp}}{\left\{\frac{K_{2T}}{K_{3T}} + s\left(\frac{K_{2T}}{K_{3T}} - 1\right)\right\}} \tag{11.178}$$

$$f_{x1} = \frac{\left\{\left(\frac{N_C}{a+s+1} + \frac{O_a}{2.86}\right)a + \left(N_{ne} + \frac{O_s}{2.86}\right)s - \alpha S_{bi}\right\}}{\left\{S_{bi}\frac{Y_hR_s}{(1+b_{hT}R_s)}K_{2T}\right\}} \tag{11.179}$$

$$f_{x3} = \frac{\left\{(s+1)\left(\frac{N_C}{a+s+1} + \frac{O_a}{2.86} - N_{ne}\right)\frac{K_{2T}}{K_{3T}}\right\}}{\left\{S_{bi}\frac{Y_hR_s}{(1+b_{hT}R_s)}K_{2T}\right\}} \tag{11.180}$$

$$f_{xdt} = f_{x1} + f_{x3} \tag{11.181}$$

여기서, f_{x1}, f_{x3}, f_{xdt} = 각각 1차, 2차 및 총 무산소 슬러지의 질량분율

이상의 식에 포함된 모든 인자들은 특정화되어 있으므로 계산값은 단지 질산화 슬러지 반송(a)에만 의존한다. 완전한 탈질은 $N_{ne} = 0$인 경우에 해당한다. 반송비 a의 선택에 있어 rbCOD가 모두 소모되는 시점($f_{x1} > f_{x1.min}$)보다는 커야 하며, 호기조로부터 유입되는 산소의 영향을 모두 제거할 수 있는 시점($f_{x3} > f_{x3.min}$)보다는 작아야 한다. 이때 $N_{ne} > 0$의 경우 $f_{xdm} = f_{x1} + f_{x3}$이며, $N_{ne} \leq 0$의 경우에는 $N_{ne} = 0$으로 보정하여 $f_{xdt} = f_{x1} + f_{x3}$이 된다.

반응조의 소요 부피(V)를 결정하기 위해서는 공정 내의 실제 슬러지 질량 $M(X_v)$을 결정해야 한다[식 (11.104) 참조]. 계산방법은 유기물질 제거와 질산화 단계에서 사용한 방법과 동일하다. 단, 탈질공정에서 각 반응조는 동일한 MLSS 농도를 가지며, 반응조의 용적비율은 슬러지의 질량비율과 동일하다. 따라서 각 반응조의 공칭 체류시간(R_{hn})은 유입 COD 부하, MLSS 농도, 슬

러지 질량비로부터 발생된 슬러지 질량의 결과가 된다. 따라서 체류시간 그 자체는 질산화 및 탈질의 동역학에서는 의미가 없다.

④ **설계절차**

표 11-46에는 생물학적 질소제거에 사용되는 전형적인 설계인자가 요약되어 있다. 또한 표 11-47은 생물학적 질소제거를 위한 활성슬러지 공정의 설계절차를 요약한 것이다. 이는 1차와 2차 무산소조를 모두 고려한 경우이므로 Bardenpho 공정의 설계에 적용할 수 있으며, 이중 2차 무산소조를 제외한다면 MLE 공정의 설계과정이 된다.

표 11-46 생물학적 질소제거에 사용되는 전형적인 설계인자

설계온도/공정	SRT, d[a]	MLSS, mg/L	HRT, h			RAS, % of influent	internal recycle, % of influent
			Total	무산소 지역	호기 지역		
MLE	7～20	3000～4000	5～15	1～3	4～12	50～100	100～200
SBR	10～30	3000～5000	20～30	Variable	Variable		
Bardenpho(4-stage)	10～20	3000～4000	8～20	1～3 (1st stage) 2～4 (3rd stage)	4～12 (2nd stage) 0.5～1 (4th stage)	50～100	200～400
산화구	20～30	2000～4000	18～30	Variable	Variable	50～100	
Bio-denitro™	20～40	3000～4000	20～30	Variable	Variable	50～100	
Orbal™	10～30	2000～4000	10～20	6～10	3～6 (1st stage) 2～3 (2nd stage)	50～100	optional

[a] Temperature-dependent
Ref) Metcalf and Eddy(2003)

표 11-47 생물학적 질소제거 활성슬러지 공정의 설계절차

[Bardenpho system]

1. 대상 하수의 특성 분석
   S_{ti}, N_{ti}, f_{bs}, f_{up}, f_{us}, μ_{nm20}, T_{max}, T_{min}
2. T_{min} 조건에서 질산화에 대한 안전율(SF)과 시스템의 설계 SRT(R_s)를 선정한다.
3. T_{min}에 대한 f_{xm}을 계산한다(ex: $f_{xm} = 0.5 \sim 0.6$).
   $$f_{xm} = 1 - \frac{(b_{hT} + 1/R_s)}{\mu_{nmT}}$$
4. R_s와 f_{xm}로 T_{max}에 대한 SF를 계산한다(3항 활용).
5. 반송비 s, O_a, O_s를 선정하고 $f_{xdm}(=f_{xm})$을 설정한다(ex: $s = 1$, $O_a = 2$ mg O/L, $O_s = 1$ mg O/L).
6. N_C를 계산한다.
   $$N_C = N_{ti} - N_{te} - N_s$$
   여기서, $N_s = S_{ti} f_n \left\{ Y_h \frac{(1 - f_{us} - f_{up})}{(1 + b_{hT} R_s)} (1 + f b_{hT} R_s) + \frac{f_{up}}{f_{CV}} \right\}$

$N_{te} = N_{ae} + N_{obe} + N_{ouse}$ (일반적으로 $N_{te} = 3$ mg N/L)

$$N_{ae} = \frac{K_{nT}(b_{hT} + 1/R_s)}{\mu_{nmT}(1 - f_{xt}) - (b_{hT} + 1/R_s)}$$

$$N_{obe} = \frac{N_{oi}}{1 + K_r X_a R_{hn}}$$

$N_{ouse} = N_{oui}$

7. 온도(T_{max}와 T_{min})와 f_{xm}에 대한 D_{pp}를 계산한다.

$$D_{pp} = D_{p1} + D_{p3}\left(\frac{K_{2T}}{K_{3T}}\right)$$

8. T_{max}와 T_{min}에 대해 $f_{x1.min}$과 $f_{x3.min}$을 계산한다.

$$f_{x1.min} = \frac{f_{bs}(1 - f_{CV}Y_h)(1 + b_{hT}R_s)}{2.86 K_1 Y_h R_s}, \quad f_{x3.min} = \frac{(1+s)O_a(1 + b_{hT}R_s)}{2.86 S_{bi} Y_h R_s K_{3T}}$$

9. 반송비 a에 대하여 N_{ne}, f_{x1}, f_{x2} 및 f_{xdt}를 계산한다.

$$N_{ne} = \frac{\left\{\frac{N_C}{a+s+1} + \frac{O_a}{2.86}\right\}\left\{a + \frac{K_{2T}}{K_{3T}}(s+1)\right\} + \frac{sO_s}{2.86} - D_{pp}}{\left\{\frac{K_{2T}}{K_{3T}} + s\left(\frac{K_{2T}}{K_{3T}} - 1\right)\right\}}$$

10. $N_{ne} < 0$이라면 $N_{ne} = 0$으로 설정하고 적절한 a값을 선정한다.
11. N_{ne}값으로 f_{x1}과 f_{x3}을 계산한다.
    $f_{xdt} = f_{x1} + f_{x3}$
12. $f_{x1} \geq f_{x1.min}$과 $f_{x3} \geq f_{x3.min}$을 확인한다. 이를 만족하지 않는다면 다른 a값으로 9～11항을 반복하여 최적의 a 반송비를 결정한다.
13. T_{max}에 대하여 9～12항을 반복한다.
14. 슬러지의 질량[$M(X_t)$, kg VSS]을 계산한다.
15. 반응조의 용량(V) 및 수리학적 체류시간(R_{hn})을 계산한다.
16. 슬러지의 농도(X_t)를 계산한다.
17. 폐슬러지의 유량(Q_w)과 슬러지 생산량($P_{x.TSS}$)을 계산한다.
18. 산소요구량을 계산한다.
    $M(O_t) = M(O_C) + M(O_n) - M(O_d)$
19. 알칼리도를 확인한다.
    알칼리도 요구량 = 잔류 Alk − 유입 Alk + 7.14(N_c) − 3.57($N_C - N_{ne}$)

[MLE system]

1. Bardenpho system 설계과정의 1～6항까지 동일한 방법으로 계산한다.
2. 온도(T_{max}와 T_{min})와 f_{xm}에 대한 D_{pp}를 계산한다.
   $D_{pp} = D_{p1} = S_{bi}[\alpha + K_{2T}f_{x1}Y_hR_s/(1 + b_{hT}R_s)]$
   여기서, $\alpha = f_{bs}(1 - f_{CV}Y_h)/2.86$
   $f_{x1} = f_{xdt}$
3. 최적 반송비 a_o와 N_{ne}를 계산한다.
4. 경제성을 고려하여 반송비 a를 적절히 선정한다($a < 5$).
5. Bardenpho system 설계과정의 13항 이상 동일한 방법으로 계산한다.

예제 11-6 생물학적 질소제거공정 설계

생물학적 질소제거 활성슬러지 공정을 설계하고자 한다. 예제 11-3의 유입수의 성상을 참고로 활성슬러지 모델을 이용하여 Bardenpho 공정과 MLE 공정을 설계하여 그 특성을 비교하시오. 공정의 개략도는 그림 11-59를 참고하시오.

설계조건

- 최저 평균온도(T_{min}) = 10°C
- 유량 = 24,000 m^3/d
- MLSS(X_t) = 3,000 mg SS/L (f_i = VSS/TSS = 0.8)
- X_r = 8,000 mg SS/L
- f_{CV} = 1.42 mg COD/mg VSS
- f_n = 0.1 mg N/mg COD

풀이

1. 하수의 특성(유기물질 및 질소) 분석

S_{ti} = tCOD = 300 mg COD/L

S_{bi} = bCOD = $(1 - f_{us} - f_{up})S_{ti}$ = (1 − 0.067 − 0.127)300 = 242 mg COD/L

$f_{bs} = S_{bsi}/S_{bi}$ = 0.067 mg COD/mg COD

$f_{us} = S_{usi}/S_{ti}$ = 0.067 mg COD/mg COD

$f_{up} = S_{upi}/S_{ti}$ = 0.126 mg COD/mg COD

N_{ti} = TKN = 35 mg N/L

$N_{ai} = f_{na}(N_{ti})$ = 25 mg N/L (f_{na} = 0.714 mg N/mg N)

$N_{oi} = N_{ti} - N_{ai}$ = 35 − 25 = 10 mg N/L

$N_{ousi} = f_{nu}(N_{ti})$ = 1.1 mg N/L (f_{nu} = 0.03 mg N/mg N)

$N_{oupi} = f_n(X_{ii}) = f_n(f_{up}S_{ti})/f_{cv}$ = 2.7 mg N/L (f_n = 0.10 mg N/mg N)

$N_{obi} = N_{ti}(1 - f_{na} - f_{nu}) - N_{oupi}$ = 6.3 mg N/L

$MS_{ti} = Q_iS_{ti} = (24,000)(300)(10^{-3})$ = 7,200 kg COD/d

$MS_{bi} = Q_iS_{bi} = (24,000)(242)(10^{-3})$ = 5,808 kg COD/d

$MN_{ti} = Q_iN_{ti} = (24,000)(35)(10^{-3})$ = 840 kg N/d

2. T_{min} 조건에서의 질산화 안전율(SF)과 시스템의 설계 SRT(R_s)

문헌에 제시된 20°C의 동역학 계수를 이용하여 최소 온도조건(T_{min} = 10°C)에 대한 동력학 상수와 최저 SRT(R_{sm})를 결정한다. T_{min}이 상당히 낮은 조건이므로 질산화 반응의 안정성을 높이기 위해 안전율을 최댓값 2.0으로 적용한다. 아래의 계산과정으로부터 탈질-질산화 시스템을 위한 R_s는 T_{min} = 10°C를 기준으로 12 d, 그리고 T_{max} = 20°C로 가정할 경우 8 d로 결정된다.

	Typical value	Theta	@ T_{min}	Unit
Temp	20		10	°C
Y_h	0.4		0.4	g VSS/g COD
μ_{mT}	6	1.070	3.05	g VSS/g VSS/d
b_{hT}	0.12	1.040	0.08	g VSS/g VSS/d
K_S	20	1.000	20	g $bCOD/m^3$
Y_n	0.12		0.12	
μ_{nmT}	0.75	1.070	0.38	g VSS/g VSS/d
b_{nT}	0.08	1.04	0.05	g VSS/g VSS/d
K_n	0.74	1.053	0.44	g NH_4-N/m^3
K_O	0.50		0.50	g O_2/m^3
R_{sm}	1.5		3.1	d
SF	2.0		2.0	
$R_{s(n)}$	3.0		6.1	d
$R_{s(c+n)}$	8.0		11.1	d

3. T_{min} 조건에 대한 f_{xm}의 검토

   1) $f_{xm} = 1 - (b_{n10} + (1/R_{sn})/\mu_{nm10} = 1 - (0.05 + 1/6.1)/0.38 = 0.44$ @ $T_{min} = 10°C$

   2) $f_{xm} = 1 - (b_{n20} + (1/R_{sn})/\mu_{nm20} = 1 - (0.08 + 1/3.0)/0.75 = 0.45$ @ $T_{max} = 20°C$

4. 반송비 s, O_a, O_s 및 $f_{xdm}(= f_{xm})$ 설정

   1) $s = 1$, $O_a = 2$ mg O_2/L, $O_s = 1$ mg O_2/L

   2) 무산소 슬러지 질량분율의 최댓값$(f_{xdm}) = 0.5$

5. Nitrification capacity(N_C)

   $N_C = N_{ti} - N_s - N_{te}$

   $= 35 - 8.3 - 3.0 = 23.7$ mg N/L

   여기서, $N_{ti} = TKN = 35$ mg N/L

   $$N_s = S_{ti} f_n \left\{ \frac{(1 - f_{us} - f_{up})}{(1 + b_{hT} R_s)} (1 + f b_{hT} R_s) + \frac{f_{up}}{f_{CV}} \right\}$$

   $= (300)(0.10)[(0.165)(1.144) + 0.089] = 8.3$ mg N/L

   $N_{te} = N_{ae} + N_{obe} + N_{ouse}$

   $= 0.5 + 1.4 + 1.1 = 3.0$ mg N/L ($N_{obe} = 1.4$ mg N/L로 가정)

6. T_{min}과 f_{xdm}에 대한 D_{pp} 계산

   $D_{pp} = S_{bi}[\alpha + \beta K_{2T}(f_{xdm})]$

   $= (242)[0.05 + (2.44)(0.05)(0.5)]$

   $= 25.8$ kg N/L @ $T_{min} = 10°C$: ($D_{pp} > N_c$)

   여기서, $\alpha = f_{bs}(1 - f_{CV} \times Y_h)/2.86$

   $\beta = Y_h \times R_s/(1 + b_{hT} \times R_s)$

$K_{2T} = 0.101 \times (1.08)^{(T-20)}$

$f_{xdm} = 0.5$

7. T_{min}에 대한 $f_{x1.min}$과 $f_{x3.min}$ 계산
   1) $f_{x1.min} = 0.133$
   2) $f_{x3.min} = 0.044$
8. 반송비 a에 대하여 N_{ne}, f_{x1}, f_{x2} 및 f_{xdt}를 계산한다.
   1) 최적 반송비, $a_0 = [(-B) + (B^2 + 4 \times A \times C)^{1/2}]/(2A) = 6.5$

      여기서, $A = O_a/2.86 = 0.7$

      $B = N_c - D_{pp} + [(s+1)O_a + sO_s]/2.86 = -0.33$

      $C = (s+1)(D_{pp} - sO_s/2.86) - (sN_c) = 27.2$

      산정된 a_0값 6.5는 너무 높으므로 경제성($a < 5$)을 고려하여 $a = 3$으로 설정한다.
   2) N_{ne}를 계산한다.

$$N_{ne} = \frac{\left\{\frac{N_C}{a+s+1} + \frac{O_a}{2.86}\right\}\left\{a + \frac{K_{2T}}{K_{3T}}(s+1)\right\} + \frac{sO_s}{2.86} - D_{pp}}{\left\{\frac{K_{2T}}{K_{3T}} + s\left(\frac{K_{2T}}{K_{3T}} - 1\right)\right\}} = 0.99 \text{ mg N/L}$$

   3) 이를 기준으로 계산하면 $f_{x1} = 0.17$, $f_{x2} = 0.34$이며, $f_{xdt} = 0.51$로 산정된다. 이 값들은 f_{xdm}을 만족하고, 동시에 $f_{x1} \geq f_{x1.min}$과 $f_{x3} \geq f_{x3.min}$을 만족하므로 선정된 반송비 a는 타당하다 할 수 있다.
9. 슬러지의 질량[$M(X_t)$, kg VSS]
   1) $M(X_a) = 14{,}149$ kg VSS
   2) $M(X_e) = 2{,}070$ kg VSS
   3) $M(X_i) = 7{,}699$ kg VSS
   4) $M(X_n) = 278$ kg VSS
   5) $M(X_v) = 24{,}195$ kg VSS
   6) $M(X_t) = M(X_v)/f_i = 30{,}244$ kg TSS
   7) $f_{av} = M(X_a)/M(X_v) = 0.58$
   8) $f_{at} = M(X_a)/M(X_t) = 0.47$
10. 반응조의 용량(V) 및 수리학적 체류시간(R_{hn})
   1) $V = M(X_t)/X_t = (30{,}244)(10^3)/(3{,}000) = 10{,}081\ m^3$
   2) $R_{hn} = V/Qi = (10{,}081)24/(24{,}000) = 10$ hr
11. 슬러지의 농도(X_t)
   1) $X_a = M(X_a)/V = 1{,}403$ mg VSS/L (= 0.468 VSS/TSS)
   2) $X_e = M(X_e)/V = 205$ mg VSS/L (= 0.068 VSS/TSS)
   3) $X_i = M(X_i)/V = 764$ mg VSS/L (= 0.255 VSS/TSS)

4) $X_n = M(X_n)/V = 28$ mg VSS/L (= 0.009 VSS/TSS)

5) $X_v = 2{,}400$ mg VSS/L (= 0.800 VSS/TSS)

6) $X_t = 3{,}000$ mg TSS/L

12. 폐슬러지의 유량(Q_w)과 슬러지 생산량($P_{x.TSS}$)을 계산한다.

1) $Q_w = V/R_s = (10{,}081)/12 = 838\ m^3/d$

2) $P_{x.TSS} = Q_wX_t = (838)(3{,}000)(10^{-3}) = 2{,}514$ kg TSS/d

3) $P_{x.VSS} = Q_wX_v = (838)(2{,}500)(10^{-3}) = 2{,}011$ kg VSS/d

13. 산소요구량을 계산한다.

$M(O_t) = M(O_C) + M(O_n) - M(O_d)$

$= 3{,}893 + 2{,}604 - 1{,}562 = 4{,}936$ kg O_2/d

$= 206$ kg O_2/h

여기서, $MO_C = 3{,}893$ kg O_2/d

$M(O_n) = 4.57(Nc)(Q) = 2{,}604$ kg O_2/d

$M(O_d) = (2.86) \times (Q_i) \times (Nc\text{-}N_{ne})/1000 = 1{,}562$ kg O_2/d

14. 알칼리도를 확인한다.

1) 유입수 알칼리도 = 140 mg/L as $CaCO_3$

2) 알칼리도 소모량 = (7.14 mg alk/mg N)(N_c) − 3.57 × ($N_c - N_{ne}$)

= 7.14(23.7) − 3.57(23.7 − 0.99) = 88 mg/L as $CaCO_3$

3) 계획 잔류 알칼리도 = 80 mg $CaCO_3$/L

4) 알칼리도 요구량 = 80 + 88 − 140 = 28 mg $CaCO_3$/L

= (28)(24,000 m^3/d)(10^{-3}) = 679 kg/d as $CaCO_3$

15. 처리수 농도

1) 질소

$N_{tne} = N_{te} + N_{ne} = 3 + 0.99 = 4$ mg N/L

질소제거효율 = (35 − 4)(100)/(35) = 88.5%

2) 유기물질

$S_b = [K_s(1 + b_hR_{s)}]/[R_s(\mu_m - b_{hT}) - 1]$

$= [20(1 + 0.08(12))]/[(12)(3.05 - 0.08) - 1]$

$= 39.2/34.6 = 1.1$ mg bCOD/L ($S_b \ll S_{bi}$)

$S_{te} = f_{us}S_{ti} + S_b + f_{CV}X_{ve}$

$= (0.067)(300) + (1.1) + (1.42)(15)(0.8)$

$= 20.1 + 1.1 + 17.0 =$ max. 38.2 mg tCOD/L

$S_{se} = f_{us}S_{ti} + S_b$

$= (0.067)(300) + (0.85)$

$= 20.1 + 1.1 = 21.2$ mg sCOD/L (if $X_{ve} = 0$)

$BOD_e = sBOD_e + (1/1.72)(f_{CV})(X_{ve})$

$= 0 + (1.42/1.72)(15)(0.8) = 9.9$ mg/L

16. 세포증식계수

1) $Y_{obs.VSS} = P_{X,VSS}/M(S_{bi} - S_b)$

$= (2{,}011$ kg VSS/d)/[(24,000)(242 − 1.1) kg bCOD/d]

$= 0.35$ g VSS/g bCOD

$= 0.35(1.6) = 0.55$ g VSS/g BOD

2) $Y_{obs.TSS} = P_{X,TSS}/M(S_{bi} - S_b)$

$= (2{,}514$ kg TSS/d)/[(24,000)(242 − 1.1) kg bCOD/d]

$= 0.44$ g TSS/g bCOD

Parameters		Symbol	Design Value	Units
Influent		Q_i	24,000	m^3/d
MLSS		X_t	3,000	mg/L
Bioreactor volume		V	10,081	m^3
Total HRT		R_{hn}	10.1	m^3
IR		a	3	
RAS		s	1	
Primary anoxic	Mass fraction	f_{x1}	0.17	
	Volume	V_{ax1}	1,707	m^3
	HRT		1.7	h
Main oxic	Mass fraction	V_{ox1}	0.45	
	Volume		4,537	m^3
	HRT		4.5	h
Secondary anoxic	Mass fraction	f_{x2}	0.34	
	Volume	V_{ax2}	3,476	m^3
	HRT		3.5	h
Reaeration	Mass fraction		0.05	
	Volume	V_{ox2}	504	m^3
	HRT		0.5	h

참고 MLE system

1. Bardenpho system 설계과정의 1～6항 동일
2. T_{min}와 f_{xm}에 대한 D_{pp}

$D_{pp} = D_{p1} = S_{bi}[\alpha + K_{2T}(f_{x1})Y_h R_s/(1 + b_{hT} R_s)]$

$= 26.2$ mg N/L

여기서, $\alpha = f_{bs}(1 - f_{CV}Y_h)/2.86$

$f_{x1} = f_{xdt} = 0.51$ [식 (11.181) 참조]

3. 최적 반송비 a_o와 N_{ne}를 계산한다.

1) 최적 반송비, $a_0 = 6.86$

여기서, $A = Oa/2.86 = 0.7$

$B = N_c - D_{pp} + [(s + 1)O_a + sO_s]/2.86 = - 0.72$

$C = (s + 1)(D_{pp} - sO_s/2.86) - (sN_c) = 27.97$

산정된 a_0값 6.86은 너무 높으므로 경제성을 고려하여 a = 3으로 설정한다.

2) N_{ne}를 계산한다.

$N_{ne} = N_c/(1 + s + a) = 4.7$ mg N/L

4. Bardenpho system 설계과정의 9항 이상 동일한 방법으로 계산한다.

5. 처리수 질소 농도

$N_{tne} = N_{te} + N_{ne} = 3 + 4.7 = 7.7$ mg N/L

질소제거효율 = (35 − 7.7)(100)/(35) = 78%

(7) 생물학적 인 제거

1) 개요

BEPR 공정의 설계에서는 활성슬러지에 존재하는 종속영양미생물(OHOs, ordinary heterotrophic organisms: X_H)과 PAOs(X_{PAO})의 비율을 결정하는 것이 매우 중요하다. 그 이유는 폐슬러지의 P/VSS 함량과 시스템의 인 제거량이 모두 이를 기초로 결정되기 때문이다. 시스템 내에서 PAOs가 많을수록 더 많은 양의 인 제거가 가능하기 때문에 생물학적 인 제거 시스템의 설계목적은 기본적으로 PAOs의 양을 증가시키는 데 있다. PAOs와 저장된 인은 폐슬러지를 통하여 제거되므로 정상상태로 운전되는 BEPR 시스템에서는 폐기되는 PAOs의 질량과 공정 내에서 새로이 증식되는 PAOs의 질량은 동일하다.

앞서 설명한 BEPR의 메커니즘에 따라 PAOs의 성장을 위해서는 혐기/호기의 공정배열과 VFAs의 존재라는 두 가지 전제조건이 필요하다. 혐기성 조건에서는 혼합액 내의 VFAs와 세포 내의 poly-P 그리고 글리코겐의 감소가 일어나지만, 용존성 인, Mg^{2+}, K^+ 및 PHB는 증가하며 pH는 변화하지 않는다. 반면에 호기성 조건에서는 세포 내 poly-P와 글리코겐은 증가하지만, 용존성 인, Mg^{2+}, K^+ 및 PHB는 감소하며 pH가 증가한다. BEPR의 성능은 결국 혐기성 반응조에서 저장되는 PHA의 양에 의존한다. 따라서 혐기조는 다음과 같은 두 가지 중요한 기능을 수행한다.

- 일반적인 종속영양균(OHOs) 또는 발효균(fermenters)과 같은 미생물(non-PAOs organisms)에 의해 rbCOD를 VFAs로 전환
- PAOs 미생물에 의한 VFAs의 섭취와 내부저장(PHA)

즉, 혐기조의 주요 기능은 S_F를 S_A로 전환하고, PAOs에 의해 VFAs를 PHA로 저장 격리시키는 데 있다. 따라서 첫 번째 단계가 혐기조의 크기를 결정하는 설계인자가 된다. 만약 공정의 전단계에서 이미 산발효가 선행되어 충분한 VFAs가 이용 가능하다면 두 번째 단계가 중요인자가 된다.

PAOs의 안정된 성장은 BEPR 공정의 성능에 매우 중요하다. 이를 위해 혐기조로 반송되는 산소와 질산성 질소의 농도는 최소화되어야 한다. 그 이유는 이러한 성분들이 혐기조에 존재할 경우 종속영양미생물인 OHOs가 rbCOD를 직접 기질로 사용할 수 있기 때문이다. S_F를 소모할수록 생산 가능한 VFAs는 줄어들어 결국 P 제거량은 감소하게 된다. 즉, PAOs와 OHOs는 모두 VFAs 사용에 있어 경쟁관계에 있다. 따라서 BEPR 시스템의 설계 및 운영에 있어서 혐기성 반응조로 재순환되는 용존산소 및 질산염의 농도를 억제하는 것은 매우 중요한 과제가 된다.

최근의 연구결과에 따르면 인 축적 미생물은 전자수용체로 산소만을 사용하는 경우(oxic P uptake)와 질산성 질소(anoxic P uptake)를 사용할 수 있는 두 그룹으로 구분된다. 일반적으로 PAOs란 호기성 조건에서 인을 섭취하는 미생물을 말한다. 반면에 무산소 조건에서 인을 섭취할 수 있는 특별한 미생물을 dPAOs(denitrifying PAOs)라고 부른다. dPAOs는 상당히 느린 탈질률과 매우 가변적인 특성을 가지는 것으로 알려져 있다. 따라서 생물학적 질소-인 제거공정(NDBEPR systems)의 설계에서 dPAOs의 성장과 관련한 조건의 반영은 대부분 제한적인 경우가 많다. 그러나 인 제거를 위해 혐기성 반응조가 도입되면 탈질의 동역학이 변하므로 유의하여야 한다. PAOs는 저장된 탄소원을 산화시키는 단계에서 산소 대신 질산염도 사용 가능하므로 질소제거를 위해 무산소조를 설치한다면 그 위치는 혐기조 다음이 효과적이다(Wentzel et al., 1991). 이 경우 PAOs는 무산소조에서 세포 내부의 축적된 탄소원을 소모하여 탈질을 수행하므로 탈질을 수행하기 위해 필요한 추가적인 외부탄소원의 요구량을 감소시키는 효과도 기대할 수 있다.

2) 공정의 유형과 특성

생물학적 과잉 인 제거 현상은 이미 인도 Srinath(1959)와 미국 Alarcon(1961) 등에서 관찰된 바 있지만 실제 하수처리에서의 적용은 수처리 계통(main stream)에서보다 슬러지 처리계통(side stream)에서 먼저 시도되었다. 이 공정은 2차슬러지 내에 함유된 인을 인 방출조(stripping tank)를 통하여 분리한 후 석회(lime)를 이용하여 응집침전(precipitation)시키는 방법으로, 생물학적인 방법과 화학적인 방법을 결합한 공정이다[그림 2-12(a)]. 이 기술을 Phostrip 공정(Levin and Shapiro, 1965)이라고 부르는데, 후에 1차슬러지도 함께 적용하는 개량된 형태(Phostrip II)로 진화하였다.

앞서 설명한 바와 같이 PAOs를 배양하기 위한 기본조건은 혐기조(인 방출) 및 호기조(인 섭취)의 연속배열이다. 이는 Phoredox 원리(Phoredox principle)로 알려져 있다(Barnard, 1974). Phoredox 원리는 생물학적 질소제거공정과 조합하여 다양한 발전을 가져왔다. 즉, 4단 Bardenpho

공정(1974)은 5단 Bardenpho 공정(1974～75)과 3단 Phoredox 공정(1976, 미국에서는 A2/O 공정으로 불림)으로 진화하였다. 이 방법들은 모두 침전슬러지를 혐기조로 재순환하는 방식을 채택하고 있어 침전슬러지에 질산성 질소가 포함될 경우 BEPR의 성능에 직접적으로 악영향을 미치는 단점을 가지고 있다.

이러한 문제를 해결하기 위해 침전슬러지의 재순환으로부터 혐기조를 독립적으로 운영하는 방식을 적용한 UCT 공정(1980)이 제안되었다. UCT 공정은 MLE 공정(1962) 선단에 혐기조가 위치하는 형태로 미국에서는 VIP 공정으로 알려져 있다. MUCT 공정(1983)은 UCT 공정에서 내부순환되는 질산화 슬러지를 효과적으로 제어하기 위해 무산소조를 2단으로 구분하여 독립적으로 운영하는 형태이다. 이 공정에서는 1단 무산소조의 슬러지 질량분율을 약 10% 정도로 설정하여 내부순환에 대한 운영상의 제약조건을 해소하고 있다.

수처리 계통에서 질소와 인을 동시에 제거하는 기본형태는 3단 Phoredox와 UCT 공정이다(그림 11-65). 두 공정은 단지 침전슬러지의 반송위치만이 차이가 있을 뿐이다. Phoredox 공정에 비해 UCT 공정의 장점은 침전슬러지에 함유된 용존산소와 질산성 질소의 영향을 최소화할 수 있다는 데 있다. UCT를 비롯한 유사공정들은 상대적으로 저농도 하수특성에 일반적으로 적용된다. 남아공 연구진에 따르면 완전한 탈질(NO_3-N = 0)을 달성할 수 있는 유입수의 최대 TKN/COD 비율(안전율을 고려하여)을 3단 Phoredox의 경우 0.08 g/g 이하, MUCT의 경우는 0.08～0.11 g/g 범위, 그리고 UCT의 경우는 0.11～0.14 g/g 정도로 제시하고 있다(WRC,

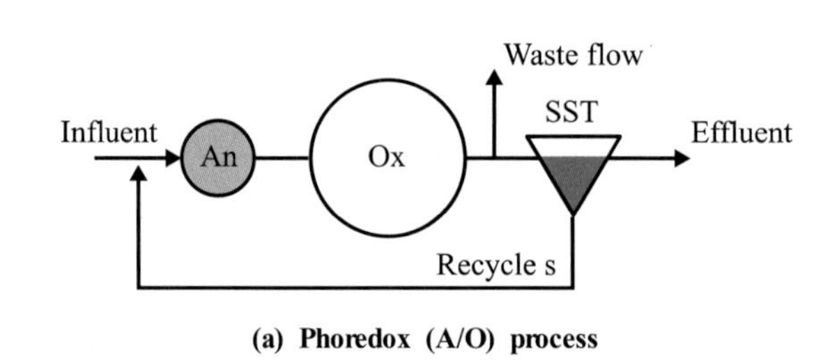

(a) Phoredox (A/O) process

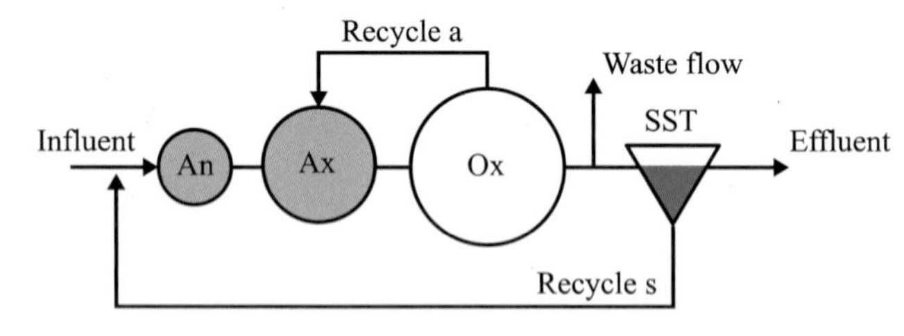

(b) 3 stage Phoredox (A2/O) process

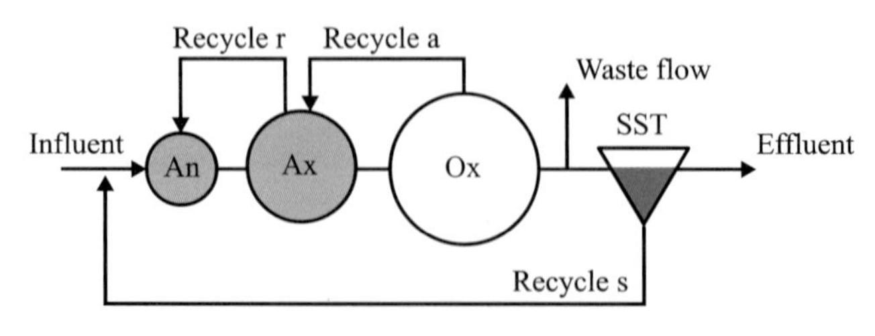

(c) UCT process

그림 11-65 **생물학적 인 제거 공정의 기본유형**

1984). MUCT는 유입수의 유기물질이 농도가 낮은 저농도 하수에 적합하며, 특히 반송슬러지 내의 질산성 질소 농도를 효과적으로 제거할 수 있는 방법이다. 만약 이 방법으로도 반송슬러지 내의 질산성 질소를 제거하기 어렵다면 반송슬러지의 내생호흡을 통해 탈질시킨 후 반송시킬 수 있다. 요하네스버그 공정(Johannesburg process, 1978～1986)은 침전슬러지 반송라인에 무산소조를 첨가하여 탈질을 수행하는 대표적인 방식으로, 이는 독일의 ISAH(Institutes für Siedlungswasserwirtschaft und Abfalltechnik der Leibniz Universität Hannover) 공정과 유사하다. 그 외에도 탈질효과를 명확히 하기 위해 필요하다면 추가적인 발효 탄소원(VFAs 등)을 주입하기도 한다.

일반적으로 질산화를 요구되지 않는 경우에는 인 제거를 위해 Phoredox(A/O) 공정을 적용할 수 있다. 이때 질산화를 방지하기 위해 SRT는 비교적 낮게 운전된다. 질산화가 배제된 상태에서 인 제거를 위해 필요한 SRT(R_s)는 20°C 기준으로 2～3일이며, 10°C에서는 4～5일 범위이다 (Grady et al., 1999). 그러나 여름철에 수온이 높을 경우 약 3일의 SRT에서도 부분적인 질산화가 일어날 수 있다.

대표적인 생물학적 인 제거 공정에 대한 특징이 표 11-48에 비교되어 있다.

표 11-48 생물학적 인 제거 공정의 장점과 한계

공정	장점	한계
Phoredox (A/O)	• 다른 공정에 비해 운전이 상대적으로 간단하다. • 낮은 BOD/P 비에서도 가능하다. • 상대적으로 짧은 수리학적 체류시간 • 슬러지의 침전성이 양호하다. • 인 제거가 양호하다.	• 질산화가 일어난다면 인 제거는 감소한다. • 공정제어의 유연성이 낮다.
A^2/O	• 질소와 인 모두를 제거한다. • 질산화에 필요한 알칼리도를 제공한다. • 슬러지의 침전성이 양호하다. • 운전이 상대적으로 간단하다. • 에너지를 절약한다.	• 질산성 질소를 포함하는 RAS는 혐기조로 반송되는데, 이는 인 제거능에 영향을 미친다. • 질소제거는 내부반송비에 의해 제한된다. • A/O 공정보다 더 높은 BOD/P 비가 요구된다.
UCT	• 혐기조의 질산성 질소 부하가 감소되는데 이는 인 제거능력을 향상시킨다. • 저농도 하수의 경우 인 제거가 향상될 수 있다. • 슬러지 침전성이 양호하다. • 질소제거율이 양호하다.	• 운전이 더 복잡하다. • 추가 반송 시스템이 필요하다.
VIP	• 혐기조의 질산성 질소 부하가 감소되는데 이는 인 제거능력을 향상시킨다. • 슬러지의 침전성이 양호하다. • UCT보다 더 낮은 BOD/P 비를 요구한다.	• 운전이 더 복잡하다. • 추가 반송 시스템이 필요하다. • 단계적 운전을 위한 더 많은 장치가 필요하다.
Bardenpho (5-stage)	• 3～5 mg/L의 TN 농도 비여과 방류수 기준을 얻을 수 있다. • 슬러지의 침전성이 양호하다.	• 인 제거가 덜 효율적이다. • 큰 반응조 용량이 필요하다.
SBR	• 질소 및 인 제거 둘 다 가능하다. • 운전하기 쉬운 공정이다.	• 질소와 인 제거를 위해 더 복잡한 운전을 필요로 한다. • 질소제거만을 위한 SBR보다 더 큰 용량 필요

표 11-48 생물학적 인 제거 공정의 장점과 한계 (계속)

공정	장점	한계
SBR(계속)	• 유입유량의 큰 변동에도 MLSS 유실이 없다. • 정치된 침전은 유출수 TSS 농도를 낮게 한다. • 유연성 있는 운전	• 방류수질은 신뢰성 있는 배출장치에 의존한다. • 설계는 더욱 복잡하다. • 숙련된 관리가 요구된다. • 소규모의 유량에 적합하다.
PhoStrip	• 기존의 활성슬러지 시설을 쉽게 개량할 수 있다. • 유연한 공정은 유동적이다; 인 제거능력은 BOD/P 비에 의해 영향을 받지 않는다. • 수처리공정에서의 약품침전 공정보다 약품 투여량이 현저히 작다. • 방류수의 PO_4-P 농도를 1 mg/L 이하로 확실히 달성할 수 있다.	• 인을 침전시키기 위해 석회주입이 필요하다. • 최종 침전조에서의 인 방출을 방지하기 위해 더 높은 혼합액 DO를 요구한다. • 탈기를 위한 추가적 반응조 용량이 필요하다. • 석회 스케일은 관리상의 문제가 될 수 있다.

Ref) MetCalf & Eddy(2003)

3) 설계 및 운전요소

BEPR 공정은 질소제거 기능의 결합 여부에 따라 인 제거 단독공정과 질소-인 제거(NDBEPR) 공정으로 구분된다. NDBEPR 공정에서는 X_H(OHOs)과 X_{PAO}(PAOs) 외에도 X_{AUTO}(AOs, autotrophic organisms)를 포함하여 다양한 미생물군이 복합적으로 작용한다. 그러나 X_{AUTO}는 상대적으로 작은 질량분율(약 3% 미만)을 가지고 있으므로 실제 설계에서는 일반적으로 무시되기도 한다. 따라서 모든 BEPR 공정의 설계에서는 OHOs와 PAOs의 상대적인 비율을 결정하는 것이 매우 중요하다.

BEPR 공정의 설계와 운영에 있어 고려해야 할 사항으로는 유입하수의 특성(rbCOD), 혐기조의 체류시간, SRT, 슬러지 처리방법과 반류수 내 인의 농도, 반송슬러지 내 용존산소와 질산성 질소, 추가적인 약품처리 필요성, 그리고 유출수 부유물질 농도 등이 있다.

① rbCOD와 VFAs

BEPR 공정에서 OHOs와 PAOs 두 미생물 그룹의 상대적인 비율은 각 유기체 그룹이 이용하는 유입 폐수 내 포함된 생분해성 rbCOD($S_S = S_A + S_F$)의 분율과 직접적인 관련이 있다. PAOs가 사용하는 rbCOD의 비율이 높을수록 혼합액에서의 PAOs 분율이 높아지고, 혼합액의 P 함량이 높을수록 BEPR 성능은 더 크게 나타난다. 인 제거 메커니즘에서 살펴본 바와 같이 1 mg의 P를 제거하는 데 필요한 rbCOD는 약 10 mg이다. 만약 하수 내 포함된 rbCOD가 총 COD의 20% 정도라고 가정한다면, 인 제거 가능량은 0.02 mg P/mg tCOD가 된다. 일반적으로 BEPR 공정의 성공적인 운전을 위해 필요한 rbCOD/P 비율(제거량 기준)은 최소한 4~5이며, 이 값이 약 10 정도라면 잘 설계된 경우로 볼 수 있다(Henze, 1996).

BEPR의 메커니즘에 따라 공정의 성능은 결국 혐기성 반응조에 저장되는 PHA의 양에 의존한다. 이때 발효산물인 VFAs(S_A)는 매우 중요한 역할을 한다. 혐기성 상태에서 인의 방출량은 VFAs의 종류에 따라 달라진다(그림 11-66). 그러나 하수 내 포함된 VFAs의 성분과 함량을 고

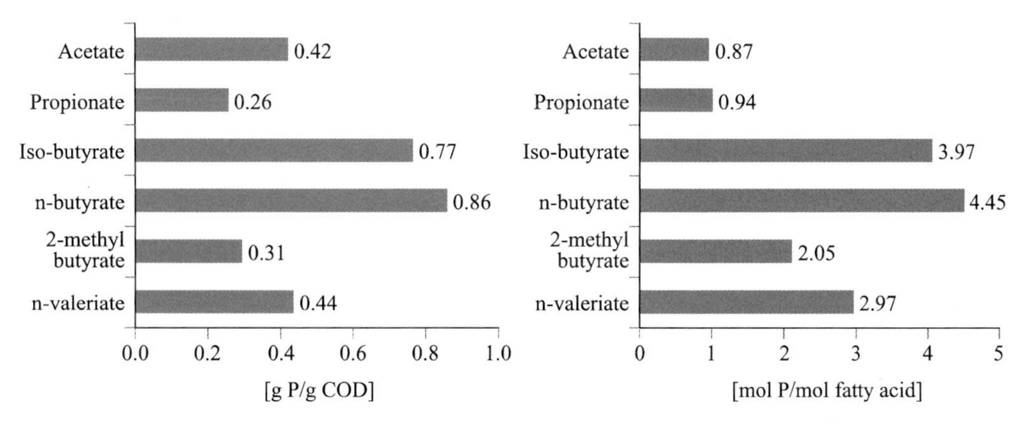

그림 11-66 **각종 VFAs 섭취량에 따른 활성슬러지의 인 방출량(T=20°C, pH 7.2)**

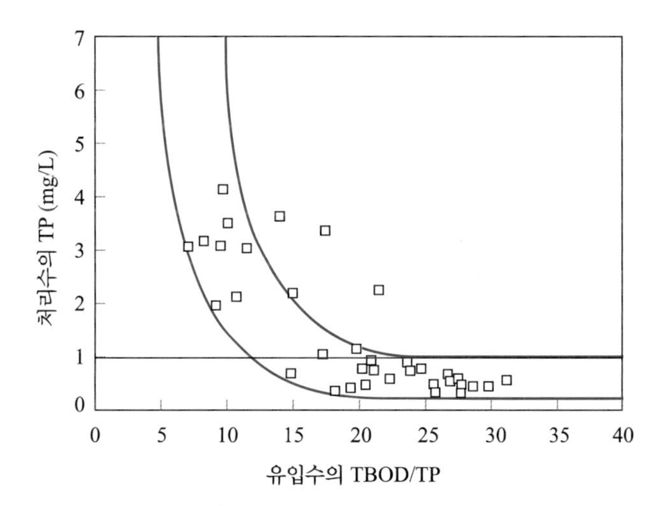

그림 11-67 **유입수의 BOD/T-P 비에 따르는 처리수의 T-P 농도** (Randall, 1992)

려할 경우 인의 방출을 위해 필요한 VFAs는 약 2.5 mg COD_{VFAS}/mg P으로 적용한다(ASM2: IAWQ, 1995). 일반적으로 하수 내에 포함된 VFAs는 유입수 tCOD에 비하여 매우 제한적(~20% 이하)이다. 우리나라의 경우 최대 20%로 가정하더라도 그 농도는 20~40 mg COD_{VFAS}/L 정도이다(최의소, 2003). VFAs는 PAOs뿐만 아니라 다른 종속영양균(X_H 와 X_{HD})에 의해서도 쉽게 섭취될 수 있으므로 VFAs 사용에 대한 이들 미생물 간의 경쟁을 잘 제어하는 것이 매우 중요하다.

그림 11-67에는 유입수의 BOD/T-P 비에 따르는 처리수의 T-P 농도를 보여주고 있다. 이 자료로부터 처리수에 1 mg/L 이하의 T-P 농도를 달성하기 위해서는 유입수의 BOD/T-P 비율이 최소한 22 이상이 유지되어야 한다는 것을 알 수 있다.

② 반송슬러지 내 용존산소와 질산성 질소

BEPR 공정의 성능은 혐기조로 반송되는 용존산소와 질산성 질소의 농도에 큰 영향을 받으므로 반송슬러지 내 이들의 농도는 최소화되어야 한다. 그 이유는 이러한 성분들이 혐기조에 존재할 경우 종속영양미생물인 OHOs가 rbCOD를 기질로 사용할 수 있기 때문이다. 보통 그 소모량은 2.3～3 mg rbCOD/mg O와 6.6～8.6 mg rbCOD/mg NO_3-N 정도이다(Metcalf & Eddy, 2003; WRC, 1984).

참고 용존산소와 질산성 질소로 인한 rbCOD 소모량

rbCOD 소모량은 미생물의 산소당량과 세포합성률에 따라 결정될 수 있다. 세포합성률을 0.44 mg VSS/mg $rbCOD_{rem}$라고 가정할 때 rbCOD 소모량은 다음과 같다.

1) 용존산소

rbCOD 산화에 사용된 산소량＝제거된 rbCOD－생성된 미생물의 COD

$$\left(\frac{1.0\ g\ O_2}{g\ rbCOD}\right)-\left(\frac{1.42\ g\ O_2}{g\ VSS}\right)\left(\frac{0.44\ g\ VSS}{g\ rbCOD}\right)=0.3752\ g\ O_2/g\ rbCOD$$

2) 질산성 질소

$$\left(\frac{g\ rbCOD}{g\ NO_3\text{-}N}\right)=\left(\frac{2.67\ g\ rbCOD}{g\ O_2}\right)\left(\frac{2.86\ g\ O_2}{g\ NO_3\text{-}N}\right)=7.64\ g\ rbCOD/g\ NO_3\text{-}N$$

이론적으로 1 mg의 DO는 2.67 mg의 rbCOD를 소모하며, 1 mg의 NO_3-N은 7.64 mg의 rbCOD를 소모하게 된다. 이 값들은 설계에 적용하는 미생물의 산소당량과 세포합성률에 따라 조금씩 차이가 있을 수 있다.

←

③ 혐기조의 체류시간

앞서 설명한 바와 같이 BEPR 공정에서 혐기조는 rbCOD를 이용하여 VFAs를 생산하고, 이를 섭취하여 PAOs 미생물 내부에 PHB 형태로 저장하는 중요한 역할을 한다. 버나드(Barnard, 1976)는 혐기조의 설계를 위해 1시간의 공칭 체류시간(R_{hn})을 제안하였다. 일반적으로 rbCOD의 발효를 위한 혐기조의 체류시간은 0.25～1.0시간 정도가 적절하며, 설계 SRT는 통상적으로 1일 정도로 추천된다(Grady et al., 1991). 만약 혐기조의 체류시간이 길게 설계될 경우 인의 2차 방출(secondary P release)이 일어날 가능성이 있다. 이러한 경우 VFAs 섭취가 일어나지 않아 PHB의 축적도 일어나지 않는다(Barnard, 1984). 실험실 규모 SBR 연구에서 혐기조의 체류시간이 3시간을 초과한 경우 2차 인 방출이 관찰되었다(Stephens & Stensel, 1998).

④ SRT

표 11-49에는 BEPR 공정에 대한 유기물질과 인의 제거비율 및 SRT에 대한 평가결과가 정리되어 있다(Grady et al., 1999). 이 자료는 SRT를 길게 운영할수록 유기물질의 소모당 인 제거량은 낮게 나타난다는 것을 잘 보여준다. 인 제거효율은 공정 부하율과 SRT에 직접적으로 관련이 있다. 인 제거량은 결국 폐기되는 PAOs의 양에 비례하기 때문에 부하율이 낮다면 PAOs의 생성량도 낮아지게 되고 결과적으로 인 제거율도 낮아진다. 또한 긴 SRT 조건은 내생호흡단계를 더 장기적으로 제공하게 되므로 세포 내 저장물질의 소모량은 더 많아지게 된다. 만약 세포 내 글리코겐이 고갈된다면, VFAs의 섭취율은 떨어지게 되고 결국 공정의 인 제거효율도 이에 동반하여 떨어지게 된다.

표 11-49 **대표적인 Bio-P 공정에서 유기물질/인 제거비율과 SRT 범위**

BPR 공정종류	BOD/P 비(g BOD/g P)	COD/P 비(g COD/g P)	SRT(d)
Phoredox, VIP	15～20	26～34	<8.0
A^2O, UCT	20～25	34～43	7～15
Bardenpho	>25	>43	15～25

Ref) Grady et al.(1999)

⑤ 슬러지 처리와 반류수의 인 농도

앞서 설명한 바와 같이 Bio-P 공정에서 인은 폐슬러지 형태로만 제거된다. 따라서 슬러지 처리공정(농축조, 소화조 등)에서 방출되는 인은 반류수에 포함된 인의 농도를 증가시켜 수처리 공정에서의 인의 부하량을 증가시키게 된다. 이러한 이유로 Bio-P 슬러지의 농축단계에서는 인 방출을 최소화하기 위해 단순한 중력식 농축보다 용존공기부상법(DAF)이나 벨트 혹은 드럼식 농축법을 선호한다. 실규모로 운전되는 혐기성 소화조에서 인 방출량은 약 27% 정도로 측정되었다. 또한 실험실 규모에서 수행된 Bio-P 슬러지의 호기성 소화에서 인 용출량은 약 20% 정도였다(Randall et al., 1992). 혐기성 소화조에서는 스트루바이트(struvite, $MgNH_4PO_4$)와 같은 인 결정화물의 형성으로 인이 오히려 제거되기도 한다. 반류수로 인한 인의 부하를 조절하기 위해 유량과 부하를 균등하게 조절하기도 하고, 또한 Phostrip 공정에서와 같이 약품처리를 통하여 인의 농도를 최소화하기도 한다.

⑥ 추가적인 약품처리 필요성

BEPR 공정의 설계에 있어서는 일반적으로 약품침전에 의한 추가적인 인 제거대책이 고려된다. 특히 유입하수의 rbCOD 양이 부족한 경우에는 요구되는 방류수 수질을 달성하기 어렵기 때문에 추가적인 화학적 처리는 불가피하다. 이 경우 주로 알럼이나 철염을 응집제로 사용하며, 처리공정 중 다양한 위치에서 적용이 가능하다. 만약 공정 내 유출수 여과시설을 갖추고 있고 인 제거 요구량이 크지 않다면(<2 mg P/L), 여과 직전에 약품을 주입할 수 있다. 1차 혹은 2차침전지 이전에도 주입가능하다. 1차처리단계에서 적용하는 경우에는 특히 철염을 더 선호하는데, 이는 악취의 원인이 되는 황화물의 제거라는 부가적인 이점을 가지고 있기 때문이다.

⑦ 인 제거효율 향상방안

BEPR 시스템의 성능은 대상 공정의 특성과 운영방법에 상당한 영향을 받는다. 따라서 Bio-P 제거효율을 증진시키기 위해 공정의 최적화 운전은 매우 중요하다. 그러나 최적의 조건으로 운전한다 할지라도 방류수의 용해성 인의 농도는 유입수의 rbCOD 함량에 따라 2 mg/L 이상에서 0.5 mg/L 이하의 큰 폭으로 변화한다. 따라서 인 제거성능을 개선하기 위해 추가적인 rbCOD [예, 초산(acetate)]의 공급, 공정의 SRT 감소, 혐기성 영역으로 유입되는 질산성 질소와 용존산소의 저감, 1차처리 또는 방류수에 대한 화학적 처리(알럼 또는 철염 사용) 등과 같은 다양한 방안이 검토된다.

하수처리장으로 유입되는 하수의 유량과 rbCOD 함량은 다양한 원인으로 인해 실제 매우 가변적이다. 특히 처리대상 구역의 크기나 일간 및 계절적 변화(특히 우기와 동절기)는 하수의 특성에 매우 큰 영향을 끼친다. 이러한 하수특성의 변동에 대한 대안으로 유입하수의 rbCOD 농도가 낮을 경우 특히 추가적인 공급방안이 고려된다. 이 경우 VFAs(acetate)를 직접 구입하여 주입하거나 아니면 설계단계에서 VFAs를 내부적으로 생산하여 공급할 수 있는 발효공정의 도입을 검토할 수 있다. VFAs의 발효를 위해서 1차슬러지(Barnard, 1984; Ahn and Speece, 2006a, b), 분뇨(Choi et al., 1996), 축산폐수(Ahn et al., 2004) 및 음식물 폐기물(Ahn and Choi, 2014) 등 다양한 유기성 폐기물이 사용될 수 있다.

발효공정을 이용한 실규모 BEPR의 성능개선 사례로 켈로나(Kelowna, Canada)의 수정된 Bardenpho 공정의 운전경험이 자주 인용된다(Oldham and Stevens, 1985). 당시 슬러지 농축조를 1차슬러지 발효조(primary tank sludge fermenter)로 변경하여 운영하였는데, 그 결과 생물반응조 유입수의 VFAs 농도는 9～10 mg/L로 증가하였고, 유출수의 인 농도는 0.5～1.5 mg/L로 감소하였다. 여기에 화학적 처리(알럼)를 병용하였을 때 방류수의 인 농도는 0.2 mg/L 이하까지도 유지 가능하였다. 그러나 실제 공정 성능은 Bardenpho 공정의 두 번째 무산소(Ax2)-호기(Ox2) 단계를 제거하였을 때 더 우수한 결과를 얻을 수 있었다. 특히 두 번째 무산소조는 2차 인 방출의 원인으로 주목되었다. 따라서 불필요한 공정의 제거로 SRT를 더 낮게 유지한다면 화학적 처리를 병행하지 않은 상태에서도 더 낮은 방류수 인 농도(0.1 mg/L)를 얻을 수 있다는 것이 입증되었다.

1차침전지를 발효조로 사용하는 경우 메탄생성 활성도를 억제하기 위해서는 흔히 상온의 조건에서 3～5일 범위의 SRT로 설계한다(Rabinowitz and Oldham, 1985). VFA 생산율은 보통 1 g VSS 주입당 0.1～0.2 g VFAs 범위로 발효조의 도입에 의해 약 10～20 mg/L 정도의 VFAs를 유입하수에 추가적으로 첨가하는 효과가 있다. 참고로 표 11-50은 우리나라 1차슬러지를 대상으로 수행된 세정식 산발효조(acid elutriation slurry reactor)의 운전결과를 온도와 pH 조건에 따라 보여준다. 산발효는 SRT 5일, pH 9 및 55°C의 운전조건에서 가장 효과적이었으며, 우기의 열악한 하수슬러지 조건에서도 VFAs 생산량은 0.18 g $VFAs_{COD}$/g VSS_{COD} 정도였다. 발효액을 실규모 처리장(Q = 158,880 m^3/d)에 투입한다고 가정하였을 때 유입하수의 농도는 약 31 mg COD/L, 20 mg $VFAs_{COD}$/L, 0.7 mg N/L 및 0.3 mg P/L 정도 증가하는 것으로 평가되었다(Ahn and Speece, 2006b).

한편, BEPR 시스템에서 방류수의 총 인 농도는 방류수에 포함된 고형물질(TSS) 농도에 영향을 받는다. PAOs의 성장이 효과적으로 이루어진다면 혼합액 고형물의 인 함량은 통상 3～6% 정도로, 이는 재래식 활성슬러지의 경우보다 더 높게 나타난다(Randall et al., 1992). 따라서 방류수의 TSS 농도를 10 mg/L라고 가정할 경우 상응하는 입자성 인의 농도는 0.3～0.6 mg/L가 된다. 실제 Bio-P 슬러지는 양호한 침전특성을 가지고 있어 유출수의 TSS 농도는 일반적으로 10 mg/L 이하이다. 하지만 방류수의 규제로 인하여 인 농도를 더 낮게 유지해야 한다면, 방류수

표 11-50 **우리나라 도시하수 1차슬러지의 세정식 산발효 특성** (처리용량 Q=158,800 m^3/d, 우기기준)

Temperature	°C	35		55	
Designated pH		9	11	9	11
COD production	(kg COD/d)	2965	5488	4916	7154
	(kg COD/m^3 sewage)	0.019	0.035	0.031	0.045
	(kg COD/m^3 PS)	3.90	7.22	6.47	9.41
VFAs production	(kg COD/d)	2247	1383	3112	1037
	(kg COD/m^3 sewage)	0.014	0.009	0.020	0.007
	(kg COD/m^3 PS)	2.96	1.82	4.09	1.36
N-release	(kg N/d)	52	86	104	69
	(kg N/m^3 sewage)	0.0003	0.0005	0.0007	0.0004
	(kg N/m^3 PS)	0.068	0.114	0.140	0.091
P-release	(kg P/d)	35	86	52	69
	(kg P/m^3 sewage)	0.0002	0.0005	0.0003	0.0004
	(kg P/m^3 PS)	0.045	0.116	0.070	0.092

주) PS-primary sludge.
Ref) Ahn and Speece(2006b)

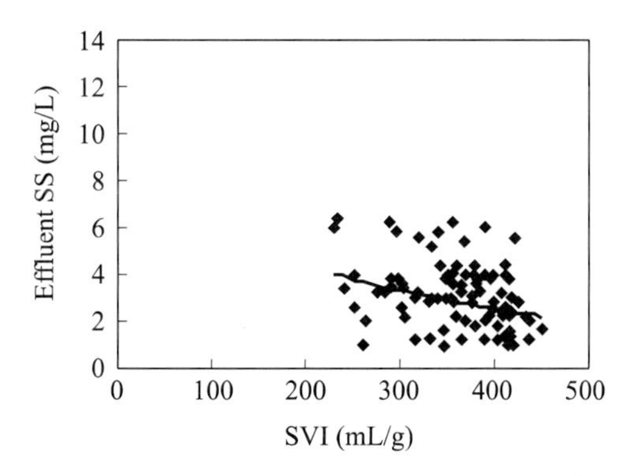

그림 11-68 **실규모 생물학적 영양소제거 공정에서 호기조의 SVI와 2차침전지 유출수 SS 농도의 상관관계** (Q=45,000 m^3/d, 대구지산하수처리장, 2003)

의 부유물질을 제거하기 위해 여과시설이 필요하다(Metcalf & Eddy, 2003). 참고로 그림 11-68에는 실규모 영양소제거 공정에서 호기조의 SVI와 2차침전지 유출수의 SS 농도의 상관관계를 나타내었다.

4) Bio-P 공정의 설계

각종 문헌자료들은 Bio-P 제거를 위한 최소한의 조건으로 COD/TP = 40, rbCOD/TP = 15 그리고 VFAs/TP = 3~20을 제안하고 있다. 또한 앞서 설명한 바와 같이 BEPR 시스템에서는 PAOs의 역할이 매우 중요하다. Bio-P 제거를 위해 혐기성 반응조가 도입되면 그 영향은 탈질 동역학의 변화로 이어지게 된다. 따라서 Bio-P 단독공정에 비하여 질소제거가 결합된 생물학적 질소-인 제거공정(NDBEPR systems)의 설계는 더욱 복잡해진다. 여기에서는 기본적인 BEPR 공정(Phoredox 및 UCT)을 기초로 Bio-P 제거모델을 기반으로 한 설계식들을 정리한다. 더 상세한 내용은 관련문헌(Grady et al., 1991; Henze, et al., 2008; WRC, 1984)을 참고하기 바란다.

생물학적 질소-인 제거공정에서 혐기조(An)의 슬러지 분율(f_{xa}, anaerobic sludge mass fraction)은 다음과 같이 표현될 수 있다.

$$f_{xdt} = f_{xt} - f_{xa} \tag{11.182}$$

BEPR 공정에서 반송류의 흐름을 고려한다면 혐기조에서의 rbCOD 농도(S_{bsa})는 다음과 같이 나타낼 수 있다.

$$S_{bsa} = (S_{bsi} - \Delta S_{bs})/(1+s): \text{ Phoredox 공정} \tag{11.183a}$$

$$S_{bsa} = (S_{bsi} - \Delta S_{bs})/(1+r): \text{ UST 공정} \tag{11.183b}$$

여기서, $S_{bsi} = rbCOD = f_{bs}S_{bi} = f_{bs}(1 - f_{us} - f_{up})S_{ti}$ ($f_{bs} = \sim 0.2$)

ΔS_{bs} = 용존산소와 질산성 질소를 이용하여 세포합성에 사용되는 rbCOD 양 (각각 유입수와 r로부터 유입)

$\Delta S_{bs} = s(8.6N_{ns} + 3O_s) + 3O_i$: Phoredox 공정

$\Delta S_{bs} = r(8.6N_{nr} + 3O_r) + 3O_i$: UST 공정

i: 유입수(influent)

r: r-반송수(무산소슬러지 내부반송)

s: s-반송수(침전슬러지 반송)

과잉 인 제거에 대한 정량화 모델에서는 다음과 같은 가정을 기본으로 하고 있다.

① 과잉 인 제거는 활성화된 미생물(X_a)만이 가능하다.

② 인 제거량은 X_a에 포함된 인의 함량에 비례한다.

③ 불활성화 미생물(X_i)에 포함된 인의 함량은 변하지 않는다.

따라서 미생물 합성에 사용된 인의 양(P-uptake, P_s)은 다음과 같이 나타낼 수 있다.

$$P_s = P_s(X_{PAO}) + P_s(X_{non\text{-}PAO}) + P_s(X_e) + P_s(X_i) \tag{11.184}$$

$$P_s = \gamma\left\{\frac{S_{bsa}Y_{PAO}}{(1+b_{PAO}R_s)}\right\} + f_p\left\{\frac{(sbCOD)Y_h}{(1+b_hR_s)}\right\} + f_p\left\{\frac{(N_C)Y_n}{(1+b_nR_s)}\right\} + f_pf_d(b_{PAO}X_{PAO}R_s + b_hX_hR_s + b_nX_nR_s) + f_p(f_{up}/f_{CV})S_{ti}$$

여기서, $P_s(X_{PAO})$ = PAOs에 의한 인 섭취량(mg P/L)

$P_s(X_{non\text{-}PAO})$ = non-PAOs (X_h 및 X_n)에 의한 인 섭취량(mg P/L)

$P_s(X_e)$ = 내생호흡 미생물(X_e)에 포함된 인 함량(mg P/L)

$P_s(X_i)$ = 불활성 미생물(X_i)에 포함된 인 함량(mg P/L)

γ = 과잉 인 제거 계수(mg P/mg VASS)

f_p = non-PAOs, 내생호흡 및 불활성 미생물에 대한 인 함량(mg P/mg VSS)

이 식에서 질산화 미생물(X_n)은 전체 미생물량 중에서 매우 낮은 분율을 차지하므로 무시하기도 한다. 과잉 인 제거 계수(γ)는 PAOs만을 고려할 때 최대 0.35 mg P/mg VASS 정도이나 여기에 non-PAOs(X_h)를 포함한다면 공정의 성능에 따라 최소 0.06 mg P/mg VASS까지도 낮아질 수 있다. f_p값은 약 0.01～0.03 mg P/mg VSS 정도로 낮게 나타난다. BEPR 공정에서 인 제거량은 통상적으로 0.06～0.15 mg P/mg VSS(0.05～0.10 mg P/mg TSS) 정도이다.

참고

혐기조에서 인 방출을 자극할 수 있는 최소한의 rbCOD는 약 25 mg/L 정도로 조사되었다(WRC, 1984). 이를 기초로 남아공 연구진은 다음과 같은 식을 제안하였다. 단, 이 식에서 γ값은 X_{PAO}와 X_H를 모두 포함한 경우이다.

$$\gamma = 0.35 - 0.29\exp(-0.242P_f) \quad (11.185)$$

여기서 P_f는 과잉 인 제거 성향계수(excess P removal propensity factor)로 정의하며, 그 값은 $(S_{bsa} - 25)f_{xa}$으로 rbCOD와 f_x값에 의해 결정된다. 만약 이 식에서 $S_{bsa} < 25$ mg COD/L이라면, $P_f = 0$이 된다. ←

P_s 관련식에서 보는 바와 같이 SRT(R_s)가 가능한 낮아야 인 섭취량이 증가할 수 있다는 것을 알 수 있다. 또한 슬러지의 질량은 온도에 따라 크게 영향을 받지 않으므로 P_s값도 온도에 따라 크게 영향을 받지는 않는다. 통상적으로 COD 300～800 gm/L, 온도 14～20°C, Rs 12～25 d의 조건에서 f_{xa}는 0.1～0.2 정도이다.

과잉 인 제거를 위해 Phoredox나 UCT 공정을 대상으로 한다면 선정된 SRT와 최대 비질산화 증식계수(μ_{nm20})의 조건에서 거의 완전한 탈질이 가능한지를 평가해야 한다. SRT 25일 이하에서 거의 완전한 탈질이 가능하다면 T_{min} 조건에서도 총 무산소 슬러지의 질량분율(f_{xdt})은 0.4 이하가 가능하다(탈질 관련식 참조). 이 경우 Phoredox 공정이 적당하며, 만약 이를 만족하지 않는다면 UCT 공정을 적용할 수 있다.

인 제거공정에서 탈질을 위한 최대 무산소 슬러지 분율(f_{xdm})은 최대 비폭기슬러지 분율[f_{xm}, 식 (11.147)]과 선정된 혐기성 슬러지 분율(f_{xa})의 차이가 된다. Phoredox 공정에서 탈질거동은 앞선 Bardenpho 공정의 경우와 동일하다.

유출수의 인 농도(P_{te})는 유입수 인 농도(P_{ti})와 P_s의 차이가 된다.

$$P_{te} = P_{ti} - P_s \text{ (mg P/L)} \quad (11.186)$$

UCT 공정은 Phoredox 공정에서 불완전한 탈질로 인하여 목표로 하는 인 제거를 달성하기 어려울 때 적용 가능하다. UCT 공정에서 S_{bsa}는 Rs나 μ_{nm20}의 조건과는 상관없이 단지 유입수의 rbCOD 특성이나 무산소 슬러지의 반송수(r-recycle)와 관련이 있다. 통상적으로 r = 1로 설정하며, 안전율을 고려하여 r 반송수 내의 질산성 질소 농도(N_{nr})과 용존산소농도(O_r)는 각각 1 mg N/L와 1 mg O_2/L로 설정한다. 이러한 가정을 통하여 S_{bsa}와 r값을 결정할 수 있다.

일반적으로 f_{xa}는 0.1～0.25 범위로 추천되는데, 0.1 이하에서는 상대적으로 짧은 SRT로 인해 인 제거가 어려워지고, 0.25 이상에서는 2차 인 용출이 일어날 가능성이 높다. 과잉 인 제거의 초기 평가를 위해 제안되는 f_{xa}값은 유입하수의 농도가 400 mg COD/L 이하일 경우 0.2～0.25 정도, 400～700 mg COD/L 범위에서는 0.15～0.2, 그리고 700 mg COD/L 이상에서는 0.1～0.15 정도로 제안하고 있다(WRC, 1984).

UCT 공정에 대한 설계를 완료한 후 만약 유입수의 TKN/COD 비율이 0.11～0.12 mg N/COD 이하의 조건이라면 무산소조를 2단으로 구분하여 운전하는 MUCT 공정(1단 무산소조의 분율 $f_{xd1} = 0.1f_{xdm}$) 방식으로 전환할 수 있다.

Phoredox 공정에서 반응조의 용적은 생물학적 질소제거공정에서의 경우와 동일한 방법으로 계산할 수 있다(예제 11-6 참조). 선정된 Rs와 온도, COD 부하의 조건하에서 Phoredox 공정의 총 반응조 용적은 Bardenpho 공정의 경우와 동일하며, 각 반응조의 용적은 이미 결정된 각 반응조의 슬러지 분율을 이용하여 결정할 수 있다.

반면에 UCT 공정에서는 반응조의 용적분율이 슬러지의 질량분율과 일치하지 않으므로 MLVSS(SS)의 농도가 공정 전체를 통해 일정하게 유지되지 않는다. 각 반응조의 용적분율은 다음과 같다.

혐기조: $f_{va} = f_{xa}[(1 + r)/(r + f_{xa})]$ (11.187a)

무산소조 및 호기조: $f_{vd}/f_{xd} = f_{vb}/f_{xb} = 1 - [f_{xa}/(r + f_{xa})]$ (11.187b)

여기서, v, x = 각각 용적 및 질량분율
a, b, d = 각각 혐기조, 호기조, 무산소조를 의미

따라서 각 반응조의 MLSS 농도는 다음 식으로 표현할 수 있다.

혐기조: $X_{ta} = X_{t.av}(f_{xa}/f_{va})$ (11.188a)

무산소조 및 호기조: $X_{td} = X_{tb} = X_{t.av}/[1 - \{f_{xa}/(r + f_{xa})\}]$ (11.188b)

여기서, $X_{t.av}$ = 공정 내 평균 MLSS 농도(mg/L)

이 식으로부터 만약 r = 1이고 $f_{xa} = 0.15$라면 X_{td}와 X_{tb}는 X_t보다 약 15% 정도 높게 나타난다는 것을 알 수 있다. 질소와 인 제거공정을 위한 산소소요량은 앞선 질소제거공정과 동일한 방식으로 계산되므로 관련 예제를 참고하면 된다.

표 11-51에는 생물학적 인 제거에 사용되는 전형적인 설계인자가 요약되어 있다. 또 표 11-52는 생물학적 인 제거를 위한 활성슬러지 공정의 설계절차를 요약한 것이다.

표 11-51 **생물학적 인 제거공정을 위해 사용되는 전형적인 설계인자**

설계인자/공정	SRT (d)	MLSS (mg/L)	HRT(h)			RAS (% of influent)	IR
			혐기조	무산소조	호기조		
A/O	2～5	3000～4000	0.5～1.5		1～3	25～100	-
A^2/O	5～25	3000～4000	0.5～1.5	0.5～1	4～8	25～100	100～400
UCT	10～25	3000～4000	1～2	2～4	4～12	80～100	200～400(anoxic) 100～300(aerobic)
VIP	5～10	2000～4000	1～2	1～2	4～6	80～100	100～200(anoxic) 100～300(aerobic)
Bardenpho(5-stage)	10～20	3000～4000	0.5～1.5	1～3 (1st stage) 2～4 (2nd stage)	4～12 (1st stage) 0.5～1 (2nd stage)	50～100	200～400
PhoStrip	5～20	1000～3000	8～12		4～10	50～100	10～20
SBR	20～40	3000～4000	1.5～3	1～3	2～4		

Ref) WEF(1998)

표 11-52 **생물학적 인 제거공정 설계절차**

[3 stage Phoredox process]

1. 대상 하수의 특성 분석
   S_{ti}, N_{ti}, P_{ti}, f_{bs}, f_{up}, f_{us}, μ_{nm20}, T_{max}, T_{min}
2. T_{min} 조건에서 질산화에 대한 안전율(SF)과 시스템의 설계 SRT(R_s)를 선정한다.
3. T_{min}에 대한 f_{xm}을 계산한다.
4. R_s와 f_{xm}로 T_{max}에 대한 SF를 계산한다.
5. T_{max}와 T_{min}에 대한 N_{te}를 계산한다.
6. 선정된 R_s에 대하여 f_{up}와 f_{us}를 이용하여 N_s를 결정한다.
7. N_C를 계산한다.
8. f_{xa}를 선정한다.
9. 온도(T_{max}와 T_{min})와 f_{xdm}에 대한 D_{pp}를 계산한다.
10. 반송비 s, O_a, O_s를 선정한다.
11. T_{max}와 T_{min}에 대해 $f_{x1.min}$과 $f_{x3.min}$을 계산한다.
12. 반송비 a를 선정한 후 N_{ne}를 계산한다.
13. $N_{ne} < 0$이라면 $N_{ne} = 0$으로 설정한다.
14. N_{ne}값으로 f_{x1}과 f_{x3} 및 f_{xdt}를 계산한다.
15. $f_{x1} \geq f_{x1.min}$과 $f_{x3} \geq f_{x3.min}$을 확인한다. 이를 만족하지 않는다면 다른 a값으로 11～15항을 반복하여 최적의 a 반송비를 결정한다.
17. T_{max}에 대하여 9～15항을 반복한다.
18. f_{x1}과 f_{x3}를 고정하여 N_{ne}값과 N_s를 확인한다.
19. O_i를 선택한다.
20. ΔS_{bs}와 S_{bsa}를 계산한다.
21. P_f와 r를 계산한다.
22. P_s와 P_{te}를 계산한다.
23. P_{te}가 충분히 낮은지를 확인하고 아니라면 R_s를 감소시키거나 f_{xa}를 증가시켜 다시 계산한다.

참고 앞서 설명한 질소제거공정의 설계절차(표 11-47)와 비교하여 유사한 순서로 진행되나 8항과 18～23항에서 차이가 있다.

표 11-52 **생물학적 인제거 공정 설계절차**(계속)

[UCT process]

1. 대상 하수의 특성 분석
   S_{ti}, N_{ti}, P_{ti}, f_{bs}, f_{up}, f_{us}, μ_{nm20}, T_{max}, T_{min}
2. 반송비 r, N_{nr} 및 O_r을 선정한다(일반적으로 $r = 1$, $N_{nr} = O_r = 1$ mg/L).
3. S_{bsa}를 계산한다.
4. f_{xa}(혹은 혐기조의 체류시간)을 선정한다.
5. P_f와 r를 계산한다.
6. R_s를 선정한다.
7. 온도조건(T_{max}, T_{min})에 대한 P_s와 P_{te}를 계산한다.
8. P_{te}가 적절하지 않다면 다른 f_{xa} 혹은 R_s를 이용하여 계산한다.
9. SF를 계산한다.
10. T_{min}에 대한 f_{xm}을 계산한다.
11. R_s와 f_{xm}로 T_{max}에 대한 SF를 계산한다.
12. T_{max}와 T_{min}에 대한 N_{te}를 계산한다.
13. 선정된 R_s에 대하여 f_{up}와 f_{us}를 이용하여 N_s를 결정한다.
14. N_C를 계산한다.
15. 온도(T_{max}와 T_{min})와 f_{xdm}에 대한 D_{pp}를 계산한다.
16. 반송비 s, O_a, O_s를 선정한다.
17. 반송비 a_0와 N_{ne}를 계산한다.
18. P_{te}와 N_{ne}가 적절한지 판단한다. P_{te}가 너무 높다면 f_{xa}를 증가시키거나 R_s를 감소시킨다. 이 경우 N_{ne}값은 증가하게 된다.
19. 최적의 P_{te}와 N_{ne}를 얻을 때까지 4~16항까지 반복한다.

예제 11-7 과잉 인 제거 계수 산정

다음의 조건을 참조하여 과잉 인 제거 계수(γ)를 결정하시오.

설계조건

UCT 공정

$S_{bs} = 60$ mg COD/L

$f_{xdt} = 0.4$, $f_{xa} = 0.1$

$N_{nr} = 0$, $O_r = 1$ mg O_2/L, $O_i = 0$

r-recycle = 1

rbCOD/NO_3-N = 7.64 mg/mg

rbCOD/O_2 = 2.67 mg/g

풀이

$$S_{bs} = r(7.64N_{nr} + 2.67O_r) + 2.67O_i$$
$$= 1[7.64(0) + 2.67(1)] + 2.67(0) = 2.67 \text{ mg COD/L}$$
$$S_{bsa} = (S_{bs} - \Delta S_{bs})/(1 + r)$$
$$= (60 - 2.67)/(1+1) = 28.7 \text{ mg COD/L}$$

$S_{bsa} > 25$ mg/L이므로 $P_f = (S_{bsa} - 25)f_{xa} = 0.367$

4. $\gamma = 0.35 - 0.29\exp(-0.242(0.37)) = 0.085$ mg P/mg VASS

참고 이 예제에서 $P_f = (S_{bsa} - 25)f_{xa}$이라는 것으로 가정하고 있다. 만약 $P_f = (S_{bsa})(f_{xa})$라고 가정할 경우 $\gamma = 0.21$ mg P/mg VASS가 된다. 이 식에서 γ값은 X_{PAO}와 X_H를 모두 포함한 경우라는 것에 주의하여야 한다.

예제 11-8 BEPR 공정의 설계-1 (Phoredox 공정)

예제 11-3의 유입수의 성상을 참고로 하여 3 stage Phoredox 공정을 설계하시오. 성장 동력학은 앞선 예제를 참조하시오(공정의 개략도는 그림 11-65를 참고).

설계조건

rbCOD(Ss) = $0.2(S_{ti})$

SRT = 12 d

MLVSS = 2,500 mg VSS/L

유출수의 TSS 농도 = 10 mg/L

RAS = 0.5(NO_3-N 농도 = 6 mg/L, DO 농도 = 0)

혐기조 슬러지 분율 $f_{xa} = 0.1$

rbCOD/P = 10 g/g; rbCOD/NO_3-N = 7.64 g/g

Nc/Nt = 0.68 mg/mg

PAOs의 VSS/TSS = 0.5

non-PAOs VSS/TSS = 0.8

PAOs의 인 함량 = 0.35 g P/g VASS

non-PAOs, X_e 및 X_i의 인 함량 = 0.02 g P/g VSS

$Y_{PAOs} = 0.44$ g VSS/g COD_{VFAs}

$b_{PAOs} = 0.04$ /d

풀이

1. Bio-P 제거에 필요한 rbCOD 결정

1) 시스템에 유입되는 rbCOD = $0.2(S_{ti}) = 60$ mg/L

2) RAS에 포함된 DO로 인한 rbCOD 소모량 = 0

2) RAS에 포함된 NO_3-N으로 인한 rbCOD 소모량

혐기조로 유입되는 질산성 질소(N_n) 물질수지 검토

$$Q_i(N_n)_i + Q_r(N_n)_r = (Q_i + Q_r)(N_n)_r$$

$$0 + 0.5Q_i(6) = 1.5Q_i(N_n)_r$$

그러므로 $(N_n)_r = 2.0$ mg NO_3-N/L

NO_3-N으로 인한 rbCOD 소모량

$= NO_3\text{-}N$의 등가산소량 $= 2.0(7.64) = 15.3$ mg rbCOD/L

3) Bio-P 제거에 사용 가능한 rbCOD

$= 60 - 15.3 = 44.7$ mg rbCOD/L

(PAOs에 의한 인 제거 가능량 추정치 $= 44.7/10 = 4.47$ mg P/L)

2. Bio-P 슬러지 생산량

1) 사용 가능한 기질의 양

Bio-P 제거에 사용 가능한 rbCOD $= S_s = 44.7$ mg rbCOD/L

bCOD = 241 mg COD/L

sbCOD = bCOD − rbCOD = 241 − 60 = 181 mg COD/L

$N_C = (NO_x\text{-}N) = 0.68(35) = 23.8$ mg N/L(예제 11-6 참조)

2) 슬러지 생산량

$P_{x,bio}(X_{PAO}) = Q_i Y_{PAO}(S_s)/(1 + b_{PAO}R_s) = 319$ kg VASS/d

$P_{x,bio}(X_h) = Q_i Y_h(sbCOD)/(1 + b_h R_s) = 711$ kg VASS/d

$P_{x,bio}(X_{AUTO}) = Q_i Y_n(N_c)/(1 + b_n R_s) = 35$ kg VASS/d

$P_{x.endo}(X_e) = f_d b R_s(P_{x,bio}) = 177$ kg VSS/d

$P_{x.inert}(X_i) = f_{up} M(S_{ti})/f_{CV} = 639$ kg VSS/d

$P_{x,bio} = 1{,}065$ kg VASS/d

$P_{x.VSS} = P_{x,bio} + P_{x.endo} + P_{x.inert}$

$= 1{,}065 + 177 + 639 = 1{,}881$ kg VSS/d

$P_{x.TSS} = (PAOs)/0.5 + (non\text{-}PAOs + X_e + X_i)/0.8$

$= P_{x,bio}(X_{PAO})/0.5 + \{P_{x,bio}(X_h) + P_{x,bio}(X_{AUTO}) + P_{x.endo} + P_{x.inert}\}/0.8$

$= 2{,}750$ kg TSS/d

슬러지의 VSS/TSS$(f_i) = 1{,}881/2{,}750 = 0.68$

$X_a/X_v = 0.57$, $X_a/X_t = 0.39$

3. 제거된 인의 양과 농도

PAOs에 포함된 인의 질량 = 112 kg P/d

X_h에 포함된 인의 질량 = 14 kg P/d

X_{AUTO}에 포함된 인의 질량 = 1 kg P/d

X_e에 포함된 인의 질량 = 4 kg P/d

X_i에 포함된 인의 질량 = 13 kg P/d

P in VSS = 143 kg P/d,

P/VSS = 143/1,881 = 0.076 g/g, P/TSS = 0.052 g/g

P in VASS = 127 kg P/d, P/VASS = 127/1,065 = 0.119 g/g

P_s = P in VSS/Q_i = $143(10^3)/24{,}000 = 5.95$ mg P/L

4. 생물반응조의 체류시간

1) $X_V = 2{,}500$ mg VSS/L($X_T = 2{,}500/0.68 = 3{,}655$ mg TSS/L)

2) $Q_w = 752$ m^3/d($P_{x.VSS} = Q_w X_V$)

3) $V = 9{,}028$ m^3($Q_w = V/R_s$)

4) $R_{hn} = 9.0$ h

$f_{xdt} = 0.5(= f_{x1} + f_{x2}$, 예제 11-6 풀이 참조)

An 0.9 h($f_{xa} = 0.1$)

Ax 3.6 h($f_{xdt2} = f_{xdt} - f_{xa} = 0.5 - 0.1 = 0.4$)

Ox 4.5 h

5. 유출수의 인 농도

1) 유출수의 용해성 인(S-P) 농도 $= 6 - 5.95 = 0.05$ mg S-P/L

2) 유출수의 VSS에 포함된 인의 농도

유출수의 VSS $= 10(0.68) = 6.8$ mg VSS/L

슬러지의 인 함량 $= 0.076$ mg P/mg VSS

유출수 VSS에 포함된 인 농도 $= 6.8(0.076) = 0.52$ mg P/L

3) 유출수의 총인(T-P) 농도 $= 0.05 + 0.52 = 0.57$ mg T-P/L

참고 Phoredox 공정에서 각 반응조의 용적은 예제 11-6 풀이에서와 같은 방법으로 계산할 수 있다.

예제 11-9 BEPR 공정의 설계-2 (UCT 공정)

예제 11-8의 설계자료를 참고하여 UCT 공정을 설계하시오.

풀이

1. 앞서 설명한 바와 같이 UCT 공정과 Phoredox 공정은 단지 반송류의 위치만 다를 뿐 Bio-P 제거 기작은 기본적으로 동일하다. 따라서 UCT 공정의 설계과정은 기본적으로 Phoredox 공정과 비슷하게 이루어진다. 동일한 설계조건(Rs, 온도, COD특성)이라면 총 반응조 용적은 두 공정 모두 유사한 값을 가지게 된다. Phoredox 공정에서 각 생물반응조의 용적은 이미 결정된 슬러지 분율을 기초로 결정된다. 그러나 UCT 공정에서는 반응조의 용적분율과 슬러지의 질량분율이 일치하지 않으므로 MLSS 농도에 대한 단계적인 검토가 필요하다.

2. 예제 11-8의 설계예를 UCT 공정에서 변경할 때 생물반응소의 용량과 MLSS 농도는 다음과 같이 계산된다. 여기서 r-recycle은 1로 설정하였다.

Process Parameters	Symbol	Values	Units
SRT	R_s	12	d
Influent flow	Q_i	24,000	m^3/d
average MLSS	$X_{t.av}$	3,655	mg/L
r-recycle	r	1.0	
Total sludge mass	$M(X_t)$	33,000	kg TSS
An mass fraction	f_{xa}	0.10	
Ax mass fraction	f_{xdt}	0.40	
Ox mass fraction	f_{xb}	0.50	
An sludge mass		3,300	kg TSS
Ax + Ox sludge mass		29,700	kg TSS
An vol. fraction	f_{va}	0.182	
Ax vol. fraction	f_{vd}	0.364	
Ox vol. fraction	f_{vb}	0.455	
Total Vol.	V	9,028	m^3
An Vol.	V_{an}	1,642	m^3
Ax Vol.	V_{ax}	3,283	m^3
Ox Vol.	V_{ox}	4,104	m^3
An MLSS	X_{ta}	2,010	mg TSS/L
Ax MLSS	X_{td}	4,021	mg TSS/L
Ox MLSS	X_{tb}	4,021	mg TSS/L
Total HRT	R_{hn}	9.0	h
An HRT		1,6	h
Ax HRT		3.3	h
Ox HRT		4.1	h

(8) 고액분리

활성슬러지 공정은 생물학적 처리 결과 발생되는 미생물(활성슬러지)을 처리수로부터 분리시키기 위한 고액분리(liquid-solid separation) 장치를 필요로 한다. 2차침전지는 경제적인 방법으로 고액분리를 달성할 수 있는 가장 일반적인 방법이다. 활성슬러지 공정의 중요한 특징 중 하나는 플록(floc) 입자를 약 50~200 μm 크기로 생성할 수 있도록 유도하는 것이다. 그 이유는 이러한 조건에서 단순한 중력침전에 의해 우수한 부유고형물의 제거(SS 99% 이상)가 가능하기 때문이다.

최근에는 2차침전지 대신하여 공기부상조(AF, air flotation)를 사용하거나 막 분리(membrane separation)를 적용하기도 한다. 공기부상은 상수(탁도, 조류)나 하폐수처리에서 입자를 제거하거나, 슬러지의 농축을 위해서도 흔히 사용하는 방법이다. 또한 분리막은 생물반응조와 결합하는 경우는 흔히 MBR(membrane bioreactor) 공정으로 알려져 있다.

여기에서는 일반적인 고액분리방법인 2차침전지에 대하여 집중적으로 설명한다. 공기부상법에 대해서는 상수처리(8.5절)나 하수 슬러지의 농축 부분(13.6절)을 참고하기 바란다.

1) 2차침전지

처리수의 재이용을 목적으로 추가적인 3차처리를 수행하지 않는 한 2차침전지는 사실상 처리수를 배출하는 단계에 해당한다. 따라서 2차침전지는 처리수의 수질(특히 입자성 성분)에 미치는 영향이 크므로 최적의 설계와 운전이 필요하다.

침전지의 효율은 슬러지의 특성과 침전속도, 침전지의 형상에 의해 주로 결정된다. 침전대상 슬러지의 성상은 유입하수의 특성, 폭기조의 체류시간(SRT, HRT), 유기물 부하, 용존산소, 폭기조 내의 전단강도 등에 의해 결정된다. 침전지는 단순한 침전이 아니라 슬러지의 농축성과 저장능력까지도 필요로 하고 특히 유입하는 하수의 유량변동(수리적 부하변동)과 미생물의 침전성 등에 대응할 수 있도록 충분한 용량과 깊이가 필요하다. 2차침전지의 형상은 1차침전지와 마찬가지로 직사각형, 정사각형 및 원형으로 구분되며, 그 구조나 기능적인 특성 역시 1차침전지와 매우 유사하다.

2차침전지에서 제거되는 부유물질은 주로 미생물의 응결물(floc)이므로 1차침전지의 경우와 비교하면 침강속도가 느리다. 침전이론에 따르면 생물학적 슬러지는 III형 침전으로 계면침전(zone settling) 또는 간섭침전(hindered settling)의 양상으로 나타난다. 이 침전은 주변 입자의 침전을 방해하는 농도에서의 침전양상을 말한다. 입자들은 서로 상대적인 위치를 변경시키려 하지 않고 경계면을 이루며 한 덩어리로 침전하게 된다. 실제 2차침전지의 최상부는 슬러지의 농도가 높지 않으므로 II형 침전형태를 보이지만 하단부로 갈수록 III형과 IV형 침전형태로 나타난다. 이러한 침전특성은 일정 규모의 회분식 침전 실험(SVI 및 ZSV 시험)이나 고형물 플럭스(SF, solids flux) 해석법(8.4절 참조)에 기초하여 결정한다.

2) 2차침전지 설계 및 운전요소

2차침전지의 설계와 운영에 있어서 중요한 인자로는 표면부하율(SLR), 고형물질 부하율(SF, solid flux), 월류위어 부하율(WOR), 체류시간, SVI(MLSS), 슬러지 층 깊이, 침전슬러지 제거속도, 슬러지 제거방법 등이 있다.

2차침전지의 설계는 기본적으로 고형물 부하율과 표면부하율을 기초로 한다. 즉, 고형물 부하율과 표면부하율을 기초로 소요면적을 결정한 후 서로 비교하여 더 큰 쪽을 선택하여 2차침전지의 표면적을 결정하고, 유효수심과 침전시간을 바탕으로 최종적인 용량을 결정하게 된다.

$$\mathrm{SF} = \frac{(Q + Q_R)(X)}{A} \tag{11.189}$$

여기서, SF = 고형물 부하율(kg SS/m^2/d)

Q = 유입유량(m^3/d)

Q_R = 반송슬러지 유량(m^3/d)

X = MLSS 농도(mg/L)

A = 침전조 단면적(m^2)

표 11-53 2차침전지의 전형적인 설계자료

처리 종류	월류율($m^3/m^2 \cdot d$)		고형물 부하($kg/m^2 \cdot h$)		깊이(m)
	평균	첨두	평균	첨두	
공기주입 활성슬러지의 침전(장기포기는 제외)	16～28	40～64	4～6	8	3.5～6
선택조, 생물학적 영양소제거	16～28	40～64	5～8	9	3.5～6
순산소 활성슬러지 후의 침전	16～28	40～64	5～7	9	3.5～6
장기포기법 후의 침전	8～16	24～32	1.0～5	7	3.5～6
인 제거를 위한 침전; 유출수 농도(mg/L)					3.5～6
Total P = 2	24～32				
Total P = 1	16～24				
Total P = 0.2 − 0.5	12～20				

Note) 첨두는 2시간 지속첨두를 의미함.
Ref) WEF(1998)

한편, 2차침전지는 유입하수의 유량, 반송슬러지 유량, MLSS 농도 등 다양한 가변적인 요소로 인하여 정상상태 운전을 기대하기 어려우므로 설계 시에는 안전율을 고려한 첨두부하에 대한 검토가 필요하다. 표 11-53에는 2차침전지의 설계를 위해 사용되는 전형적인 설계자료가 요약되어 있다.

우리나라의 시설기준에 따르면 2차침전지의 고형물 부하율은 40～125 $kg/m^2/d$로 큰 폭으로 제안하고 있는데, 이는 유입하수의 성상과 폭기조 운전방법 등을 고려하여 선정하는 것이 좋으며, 슬러지의 침강성이 나쁜 경우는 부하율을 낮추어야 한다. 또한 표면부하율은 일반활성슬러지(CAS)법의 경우 계획1일 최대오수량에 대하여 20～30 $m^3/m^2/d$ 정도로 하고, SRT가 길고 MLSS 농도가 높은 고도처리의 경우 15～25 $m^3/m^2/d$ 정도로 한다. 일반적으로 월류위어의 부하율은 190 $m^3/m/d$ 이하, 유효수심은 2.5～4 m, 침전시간은 계획1일 최대오수량에 따라 3～5시간으로 규정하고 있다.

2차침전지의 형상은 원형, 직사각형 또는 정사각형으로 구분하며, 지수는 최소한 2지 이상으로 설계한다. 직사각형인 경우 폭과 길이의 비는 1 : 3 이상, 폭과 깊이의 비는 1～2.25 : 1 정도로, 폭은 슬러지 수집기의 폭을 고려하여 정한다. 원형 및 정사각형의 경우 폭과 깊이의 비는 6～12 : 1 정도이고, 침전지 수면의 여유고는 40～60 cm 정도이다. 침전지는 수밀성 구조로 특히 부력에 대해서도 안전한 구조가 필요하다. 슬러지를 제거시키기 위해 슬러지 수집기를 설치하며, 이때 침전지의 바닥 기울기는 직사각형의 경우 1/100～2/100, 원형 및 정사각형의 경우 5/100～10/100으로 한다. 그 외에도 정류설비, 유출설비, 스컴제거시설, 슬러지 수집 및 배출설비가 요구된다.

3) 고형물 부하율과 상태점 분석

상태점 분석(state point analysis)은 2차침전지의 운전조건을 평가하기 위한 방법으로 고형물 플럭스 분석을 기반으로 하고 있다(Keinath, 1985). 그림 11-69에 예시한 바와 같이 상태점은

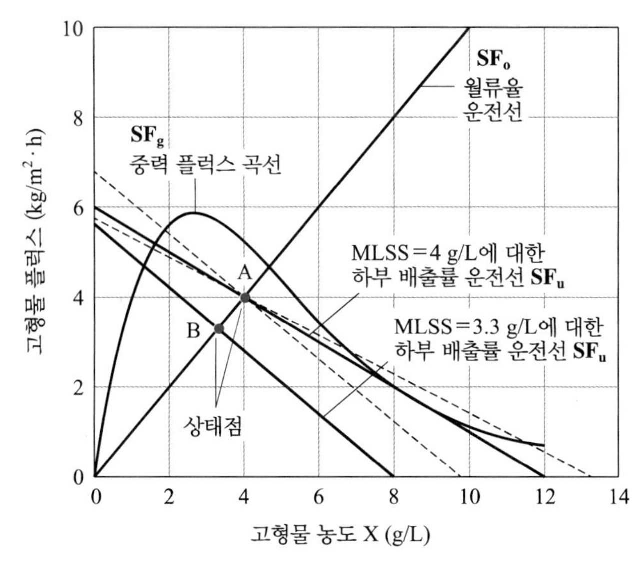

그림 11-69 **상태점 분석 예시** (Metcalf &Eddy, 2003)

2차침전지 월류율 운전선과 하부 침전슬러지 배출률 운전선의 교차점을 말하는데, 상태짐은 침전슬러지 배출률 운전선의 기울기에 따라 달라지게 된다. 상태점은 슬러지의 농도, 침전지의 수리학적 특성 및 침전슬러지의 반송률의 변화조건에 따라 달라지는데, 상태점과 월류 고형물 플럭스(SF_o) 그리고 중력 플럭스($SF_g = C_iV_i$) 곡선을 비교하여 슬러지의 침전특성이 고형물 플럭스의 한계조건 이내에 있는지를 분석한다. 이를 위해 다음과 같은 식들이 사용된다.

$$SF_t = SF_o + SF_u \tag{11.190}$$

$$U_b = (SF_u)/(-X) = [Q_r(X)/A]/(-X) = -Q_r/A \tag{11.191}$$

여기서, SF_t = total solid flux(kg TS/m²/d)

$SF_o = Q(X)/A$ = overflow solid flux(kg TS/m²/d)

$SF_u = Q_r(X)/A = -U_bX$ = underflow solid flux(kg TS/m²/d)

U_b = 하부 배출률 선의 기울기

Q = 침전지 월류 유출수량(m^3/d)

Q_r = 침전지 하부 유출수량(m^3/d)

A = 침전지 단면적(m^2)

X = MLSS 농도(mg TSS/L)

중력 고형물 플럭스와 접하는 하부 배출률 선과 월류율 선이 만나는 상태점(A)이 한계 고형물 플럭스(critical solid fulx)가 된다. 만약 운전조건으로 더 높은 MLSS로 바꾸면 하부 배출선은 한계 플럭스를 초과하게 되며, 결국 슬러지가 상부 위어를 통해 유출된다. 상태점 A보다 낮은 경우에는 MLSS 농도가 낮아 낮은 고형물 플럭스를 가지게 된다.

예제 11-10 2차침전지 운전

아래 설계조건에 대하여 2차침전지(SST)의 운전조건을 분석하시오.

설계조건

일최대 설계유량 = 15,000 m^3/d

MLSS(X) = 3,500 mg TSS/L

침전지의 직경 = 20 m(침전지 계획: 2기 혹은 1기)

침전슬러지의 농도(X_r) = 10, 12 혹은 14 g TSS/L

슬러지의 ZSV

X (g/L)	ZSV (m/h)	X (g/L)	ZSV (m/h)
2	2.90	8	0.26
3	1.90	9	0.17
4	1.30	10	0.12
5	0.90	12	0.05
6	0.60	16	0.01

풀이

1. 중력 고형물 플럭스(SF_g)와 상태점

1) SF_g = (ZSV)(X)를 계산하여 정하여 SF 곡선을 아래와 같이 작도한다.

2) SST가 2기일 때의 상태점을 계산하여 운전선을 결정한다.

$SF_g = Q(X)/2A = (15,000)(3.5)/[2(314)] = 3.5$ kg $SS/m^2/d$

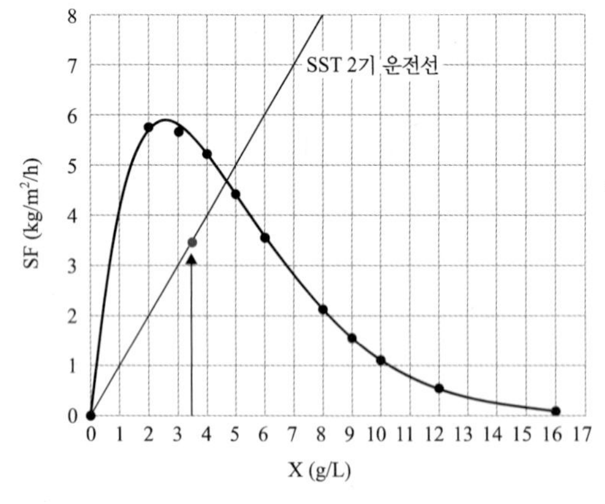

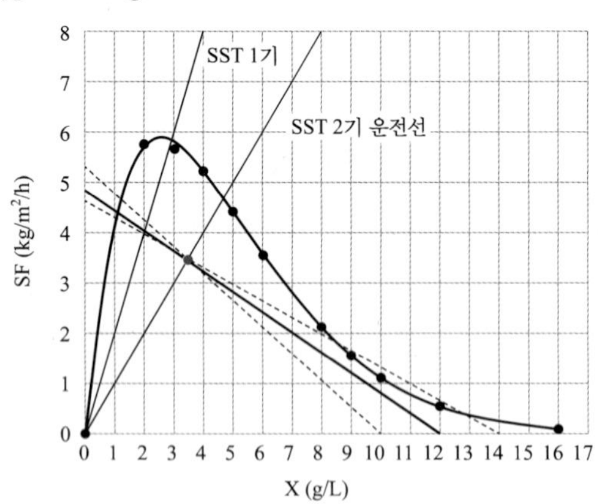

2. 상태점과 하부 배출농도(X_r) 조건에 따른 반송비

1) X_r = 14 g SS/L: 한계 SF 곡선을 벗어나므로 부적합하다.

2) X_r = 12 g SS/L:

$SF_g = 4.9$ kg $SS/m^2/d$

$U_b = (4.0 - 0)/(0 - 12) = -0.41$ m/h

SOR = (15,000/24)/628 = 1.0 m/h

$R = U_b/SOR = 0.41$

3) $X_r = 10$ g SS/L:

$SF_g = 5.38$ kg SS/m²/d

$U_b = (5.38 - 0)/(0 - 10) = -0.54$ m/h

SOR = (15,000/24)/628 = 1.0 m/h

$R = U_b/SOR = 0.54$

4) 반송비 확인

$R = Q_r/Q = X/(X_r - X)$

X = 12 경우 R = 0.41

X = 10 경우 R = 0.54

3. 침전지 1기(A = 314 m²) 운전 시 $X_r = 12$ g SS/L에서의 MLSS 농도

상태점(침전지 1기, $X_r = 12$ g SS/L)에서의 $SF_g = 4.0$ kg SS/m²/d

$X = SF_g(A)/Q = (4)(314)(24)/(15,000) = 2.0$ g SS/L

4. 침전지 대수에 따른 반송률 및 고형물 부하량의 변화

$R = U_b/SOR$

$SF_g = Q_rX_r/A = (RQ)X_r/A = (Q/A)[(1 + R)X]$

SST	Units	2기	1기
Q	m³/d	15,000	15,000
Diameter	m	20	20
Area	m²	628	314
X_r	g TSS/L	12	12
X	g TSS/L	3.5	2.0
U_b	m/h	-0.41	-0.41
SOR	m/h	1.0	2.0
R		0.41	0.21
SF_g	kg/m²/h	4.91	4.82

참고 주어진 조건에서 U_b는 동일하며 SF_g의 차이는 거의 없다. 그러나 SST 기수를 2기에서 1기로 줄이면 SOR 및 R값에 변화가 생긴다.

4) 2차침전지의 성능평가

① Ekama D&O 차트

Ekama D&O(Design and Operating) 차트는 1차원 플럭스 이론(1-D flux theory)을 기본으로 하고 있다(Ekama et al., 1997; WRC, 1984). 그 유도 과정이 다소 복잡하므로 여기에서는 도표

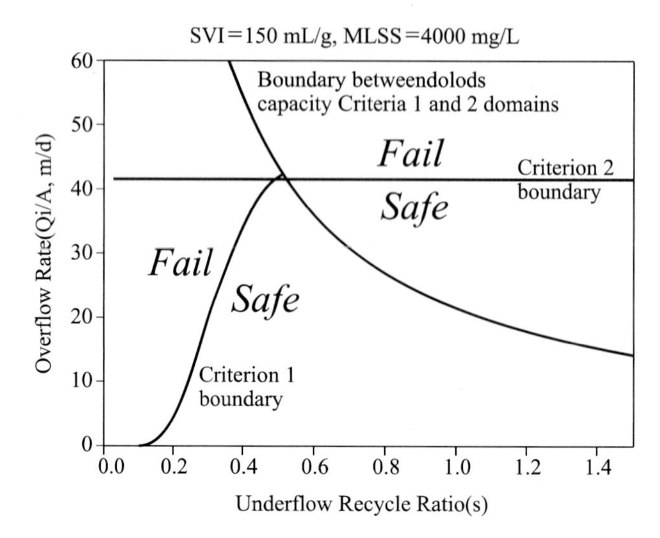

그림 11-70 **Design and operating chart for secondary settling tanks based on the 1-D flux theory** (WRC, 1984)

의 작도와 해석방법에 대하여만 간략히 소개한다. 그림 11-70은 전형적인 D&O 차트로써, X축은 침전슬러지의 반송률(s, Qr/Qi)을 나타내고, Y축은 2차침전지 월류율(Qi/A)을 나타낸다.

먼저, 그림 11-70의 Criterion 1 경계선은 2차침전지에서 슬러지 침전과 농축이 동시에 영향인자로 작용하여 2차침전지 운전이 슬러지 반송률에 직접 영향을 받는 경우에 해당한다. 이 경계선은 다음 식으로 표현된다.

$$\frac{Qi}{A} = \frac{V_o}{s}\frac{(1+\alpha)}{(1-\alpha)}\exp[-n(1+s)X_o(1+\alpha)/(2s)] \tag{11.192}$$

$$\alpha = \sqrt{1-4s/[n(1+s)X_o]} \tag{11.193}$$

여기서, Qi = 유입유량(m^3/d)
A = 침전지 표면적(m^2)
V_o, n = 슬러지 특성을 표현하는 상수
s = 하부흐름 반송비(Qi/Qr)
X_o = 생물반응조 MLSS 농도(mg/L)

이에 반하여, Criterion 2 경계선은 외부 반송률이 충분히 큰 경우로 슬러지 침전만이 주 영향인자로 작용하여 최대 허용부하율은 슬러지 반송률과는 관계가 없다.

$$\frac{Qi}{A} = Vo\,e^{-nXo} \tag{11.194}$$

Criterion 1과 Criterion 2를 구분하는 경계선은 α값이 0이 되는 지점으로 다음의 식으로 표현된다. 만약 Qi/A가 $Vo/(e^2s)$보다 작은 경우는 슬러지의 침전과 농축이 동시에 작용하는 영역으로 Criterion 1 경계선에 지배를 받게 되고, 만약 Qi/A가 $Vo/(e^2s)$보다 큰 경우는 슬러지 침전만이 작용하는 영역으로 Criterion 2 경계선에 지배를 받게 된다.

$$\frac{Qi}{A} = Vo/(e^2 s) \tag{11.195}$$

이와 같이 생물반응조의 슬러지 농도(X_o) 및 침강특성(V_o, n)을 이용하여 D&O 차트를 작도할 수 있고, 현장운영자료를 이용하여 침전지의 운영특성을 파악할 수 있다. 즉, 얻어진 침전슬러지의 반송률(s)과 2차침전지 월류율(Qi/A)을 이용하여 D&O 차트에 표시할 수 있다. 만약 표시된 값이 Criterion 1이나 Criterion 2 경계선보다 큰 영역에 나타나게 되면, 즉 최대 허용부하율을 초과하게 되어 슬러지는 2차침전지를 월류한다는 것을 의미한다.

아래에는 2차침전지의 운전특성 평가를 위해 Ekama D&O 차트를 적용한 사례를 설명하였다(이병준 외, 2003).

② 2차침전지 운전특성 검토 예

Ekama D&O 차트를 작도하기 위해 사용된 기초자료는 표 11-54와 같다. D&O 차트를 작도하기 위해 슬러지 침강특성 계수인 Vo 및 n값이 필요하지만(Smollen, 1981), SVI 실측값을 이용하는 경험식(IWA, 1997)으로도 결정할 수 있다.

$$V_o = 8.531e^{-0.00165(\mathrm{SVI})} \tag{11.196}$$

$$n = 0.20036 + 0.00091(\mathrm{SVI}) \tag{11.197}$$

여기서, V_o & n = 지역침전속도(zone settling velocity)상수

또한 표 11-55는 대구지산하수처리장의 운영자료를 바탕으로 조사된 값으로 다양한 조건에서의 2차침전지 월류율과 외부 반송률을 나타내고 있다. 경험식으로 결정된 V_o 및 n값을 이용하여 월류율과 슬러지 반송률을 결정하여 D&O 차트를 작도할 수 있으며, 현장운전자료를 D&O 차트에 표시하여 나타낸 것이 그림 11-71이다.

표 11-54 활성슬러지의 SVI 및 MLSS 농도(지산하수처리장)

	Phase I (average)	Phase II (average)	Phase III (max)	Phase IV
SVI (mL/g)	351	379	150	350
MLSS (mg/L)	2,540	2,700	4,000	4,000
Remarks	Before flowrate increment	After flowrate increment	Originally designed values	Values of the most deteriorated case

Note) Phase I: January, February and March, 2003, Phase II: April and May, 2003
Phase III max values for SVI = 50～150 mL/g and MLSS = 3000～4000 mg TSS/L

표 11-55 2차침전지의 월류율과 침전슬러지 반송률

Data Point	Flow Rate (m^3/d)	No. of SSTs (EA)	Total SSTs Area (m^2)	Overflow Rate (m/d)	Underflow Recycle Ratio	Periods	Phase
1 A	18,554 (24,395)	4	964.8	19.25 (25.29)	0.90	Jan 1st ~ Mar 31st	Phase I
2 B	24,279 (37,311)	6	1447.2	16.78 (25.78)	0.89	Apr 1st ~ Apr 30th	Phase II
3 C	27,081 (30,230)	8	1929.6	14.03 (15.67)	0.64	May 1st ~ May 13th	
4 D	28,886 (33,955)	8	1929.6	14.97 (17.60)	0.50	May 14th ~ May 31st	
O	45,000	8	1929.6	23.32	0.5~1	-	Phase III Phase IV

Note) ( ), max values during each period

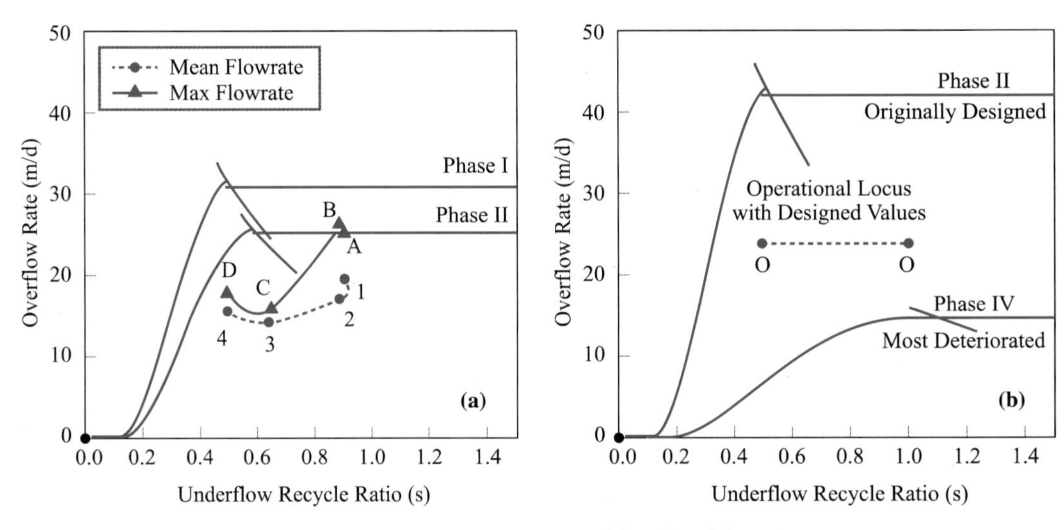

그림 11-71 **2차침전지의 운전특성 (a) 실측값 (b) 설계값**

그림 11-71(a)는 표 11-54의 Phase I 및 Phase II를 바탕으로 D&O 차트가 작도되었고, 표 11-55를 바탕으로 1월 초에서 5월 말 사이의 월류율 및 슬러지 반송률 조건(1, 2, 3, 4, A, B, C, D and O)을 도표에 표시하였다. 이 결과로부터 2차침전지의 최대 허용부하율은 활성슬러지의 SVI 및 MLSS 증가로 인하여 낮아져 있다는 것을 알 수 있다(Phase I → Phase II). 그리고 1, 2, 3 및 4로 표시된 지점은 주어진 기간 동안 관찰된 평균 유량에 대한 부하율과 슬러지 반송률의 궤적을 나타내고 있는데, 모두 D&O 차트의 안정영역에 있음을 알 수 있다. 그러나 A, B, C 및 D로 표시된 최대 유량에 대한 궤적의 경우, A, C 및 D 지점은 안정영역에 속하지만, B 지점의 경우 안정영역을 약간 벗어나 있음을 알 수 있다. 실제 대상 하수처리장의 운전 현황을 살펴보면, B 지점의 자료를 추출한 시기(2003년 4월)에 2차침전지로부터 슬러지가 유출되어 침전지를 6지에서 8지로 증가시켜 운전하였다. 따라서 D&O 차트를 통하여 2차침전지의 슬러지 유출 가능성을 비교적 정확하게 예측할 수 있다는 것을 보여준다.

주어진 설계조건에서 설계유량인 45,000 m^3/d의 하수가 유입될 경우 슬러지 침강성 악화로 인한 침전지의 영향을 파악하기 위해 D&O 차트를 작성하였다[그림 11-71(b)]. 이때 SVI를 350 mL/g 그리고 MLSS를 4,000 mg/L로 가정하였다. 도표에서 O 지점이 당초의 설계유량에 대한 하수처리장의 2차침전의 월류율과 슬러지 반송률을 나타내는데, 만약 슬러지의 침강성이 악화된다면 O 지점은 D&O 차트의 안정영역을 크게 벗어나고 있음을 보여준다(Phase III → Phase IV). 따라서 하수처리장은 침전지의 효율적인 운전을 위해 침강성 악화에 대한 대책이 필요하다는 것을 알 수 있다.

여기에서 주의해야 할 사항은 처리장의 2차침전지는 1차원 플럭스 이론에서는 모사할 수 없는 구조적 특성을 가지고 있다는 점이다. 따라서 실제 최대 허용부하율은 도표에서 제시된 값과는 다소간의 차이가 있을 수 있다. 예를 들어 대부분 하수처리장의 2차침전지는 장방형으로 구성되어 있고, 수평 흐름으로 인한 슬러지 침강성에 교란이 일어날 여지가 높다. 이러한 영향으로 D&O 차트 분석결과에 비하여 실제 최대 허용부하율은 다소 낮게 나타날 수 있다. 그러나 D&O 차트와 실제 상황의 차이에도 불구하고 D&O 차트는 2차침전지의 설계와 운영에 효과적으로 사용할 수 있다(Ekama, 2004).

(9) 분리막 생물반응조

생물학적 처리공정에서 고액분리를 위하여 2차침전지 대신 분리막(0.1～0.4 μm)을 사용하는 경우를 분리막/멤브레인 생물반응조(MBR, membrane bioreactor)라고 한다. 분리막의 위치는 생물반응조의 내부(iMBR, internal MBR) 또는 외부(sMBR, sidestream MBR)에 설치된다. 1970년 초 침지형 한외여과(UF, ultrafiltration) 막이 처음 활성슬러지에 적용된 이후 이 공정은 분리막의 기술의 발달과 더불어 2000년대 이후 급성장하여 주목받는 수처리 기술이 되었다(2.5절의 (4) 참고). 이 기술은 부유 성장과 부착 성장, 그리고 호기성, 무산소 및 혐기성 공정 모두에 다양하게 적용이 가능하며, 최근에는 2차처리수에 포함된 잔류 SS를 여과하기 위해서도 사용하고 있다(환경부, 2010). 분리막과 여과 시스템의 특성은 9.5절에 상세히 설명되어 있다. 여기서는 MBR 공정에 관하여 기술한다.

2차침전지를 이용하는 일반적인 활성슬러지 공정에 비하여 MBR 공정의 장점은 높은 용적부하율(짧은 HRT), 긴 SRT(작은 슬러지 생산량), 양질의 유출수 생산능력(저탁도, SS, BOD, 병원성 미생물), 소요 공간의 저감 등이 있다. 그러나 고비용(고에너지 운전 및 주기적 막 교체), 막 수명에 대한 자료 부족, 막 오염 제어의 필요성 등은 대표적인 단점이다.

MBR 시스템의 전형적인 운전특성이 표 11-56과 11-57에 요약되어 있다. 생물반응조 내 MLSS 농도는 6～16 g/L 범위이며, 처리수는 적절한 소독처리를 병행하였을 때 재이용수로 적당한 정도의 수준이다. MLE나 SNdN 공정에서는 유출수의 질소 농도를 10 mg/L 이하로 달성할 수 있지만, 13 g/L 이상의 높은 MLSS에서는 완전한 질산화가 어렵다.

표 11-56 iMBR의 전형적인 운전특성

항목	단위	범위
운전자료		
COD 부하	kg/m^3 · d	1.2～3.2
MLSS	mg/L	5000～20,000
MLVSS	mg/L	4000～16,000
F/M	g COD/g MLVSS · d	0.1～0.4
SRT	d	5～20
HRT	h	4～6
플럭스	L/m^2 · d	600～1100
적용 진공압	kPa	4～35
DO	mg/L	0.5～1.0
성능자료		
유출수 BOD	mg/L	<5
유출수 COD	mg/L	<30
유출수 NH_3	mg/L	<1
유출수 TN	mg/L	<10
유출수 탁도	NTU	<1

Ref) Stephenson et al.(2000)

표 11-57 일반적인 활성슬러지 공정과 비교한 MBR 공정의 운전특성

	Units	CAS	MBR			
			Cieck et al. (1999)	ZenoGem (USA)	6 EP Plants (Germany)	BIOSEP (France)
SRT	d	10～25	< 30	> 15	25～28	> 20
HRT	h	4～8	> 6	3	< 10	-
MLSS	kg/m^3	5	12～16	15～20	8～16	15
BOD loading	kg/m^3/d	0.25	-	2.5	0.32～0.79	-
F/M	/d	0.05	< 0.08	< 0.2	0.02～0.06	-
BOD removal	%	85～95 (15)	-	> 99 (< 2)	98 (< 5)	> 97.5 (-)
COD removal	%	94.5 (-)	- (< 30)	- (-)	96.1 (< 25)	97 (-)
TSS removal	%	60.9 (10～15)	- (0)	> 99 (-)	- (-)	99.8 (-)
TN removal	%	- (< 13)	- (< 13)	> 96 (-)	92 (< 10)	98.6(TKN) (-)
TP removal	%	88.5 (-)	- (< 0.3)	> 99 (< 0.1)	86.5 (1)	- (-)

Note) ( ) effluent conc., mg/L; Summarized by Kraume et al.(2005)

MBR 공정의 운전에서 막 오염 제어(membrane fouling control)는 매우 중요한 이슈 중의 하나이다. 막 오염이란 막의 표면 또는 공극에 입자성 오염물질이 증착되는 과정으로 막의 투과

능력(permeability)이 감소하는 것을 말한다. 오염물질에는 콜로이드(점토, 플록), 생물학적(박테리아, 곰팡이), 유기물(오일, 고분자 전해질, 휴믹스) 및 스케일링(미네랄 석출물) 등의 다양한 유형이 있다.

막 오염은 물리적, 화학적 또는 생물학적으로 세정할 수 있다. 물리적 방법으로는 가스 세정, 스펀지, 워터젯 또는 역세척(투과액 또는 가압 공기를 사용) 등이 사용된다. 화학적인 방법으로는 산 또는 염기성 약품(NaOCl, Citric acid: 0.2～0.3%)이 사용되며, 생물학적인 방법으로 살생물제(biocidal agent)나 세균분해 바이러스(bacteriophage)를 사용하는 방법도 있다(Ayyaru et al., 2018). 막 오염이 심각할 때는 막을 교체하여야 한다.

MBR 공정에서 막 오염은 피할 수 없는 현상이지만 우수한 방오성(biofouling) 기능을 가진 막의 선정과 적절한 운전 및 세정조건의 선택으로 오염의 정도를 최소화할 수 있다. 막 오염을 최소화할 수 있는 근본적인 접근 방법은 방오성 기능이 우수한 막을 사용하는 것이다. 최근에는 막의 방오성을 향상시키기 위하여 친수성(hydrophilicity)과 항균성(antimicrobial activity) 기능을 강화시키거나, 항생물막 특성(antibiofilm)을 결합한 자가세정(self-cleaning) 기능성 분리막 등이 개발되어 있다(Ayyaru and Ahn, 2017; Ayyaru et al., 2019; Manoharan et al., 2020).

(10) 부착성장 공정

여재(media)의 표면에 미생물이 부착된 상태로 성장하는 생물학적 공정을 부착성장(attached growth) 또는 생물막(biofilm) 공정이라고 부른다. 이 공법은 여재가 수면에 잠겨 있는 침지형(submerged type)과 그렇지 않는 비침지형(non-submerged)으로 구분한다. 또한 침지형은 여재가 수면 아래에 고정되어 있는 경우와 유동적인 움직임이 가능한 경우로 구분할 수 있다. 살수여상(TF, trickling filter)은 대표적인 비침지형 부착성장 공법이며, 회전원판(RBCs, rotating biological contactor)은 당초 약 40% 정도가 수면에 잠기는 형태였으나 최근에는 최대 90%까지 증가시키기도 한다. 침지형 공정으로는 고정형 충전상(packed bed)을 가진 호기성 생물여과(BAF, biological aerated filter)가 대표적이며, 유동상 방식으로는 FBBR(fluidized bed bioreactor)을 들 수 있다(Metcalf & Eddy, 2003; WEF, 1998). 접촉산화(contact oxidation)법은 수면 아래에 미생물 담체가 잠겨 있는 침지형에 속한다. 여기에 사용되는 여재는 고정상(fixed bed)이나 유동상(floating bed) 모두 가능하다. 부착성장에 대한 유형별 구분은 그림 11-72에 나타난 바와 같다.

살수여상과 회전원판법은 통상적으로 2차처리(유기물질 제거와 질산화) 혹은 2차처리수의 질산화(3차처리)를 위해서 사용된다. 반면에 침지형 부착성장 공정은 BOD 제거뿐만 아니라 질산화-탈질을 위해서도 이용된다. 상향류 및 하향류 BAF와 FBBR 그리고 침지형 RBCs는 후무산소 탈질(postanoxic denitrification)을 위해 적용 가능한 공법이며, 살수여상과 상향류 BAF는 전무산소 탈질(preanoxic denitrification)에 적용할 수 있다. 또한 생물여과 공정은 악취 제어를 위해 사용되기도 한다.

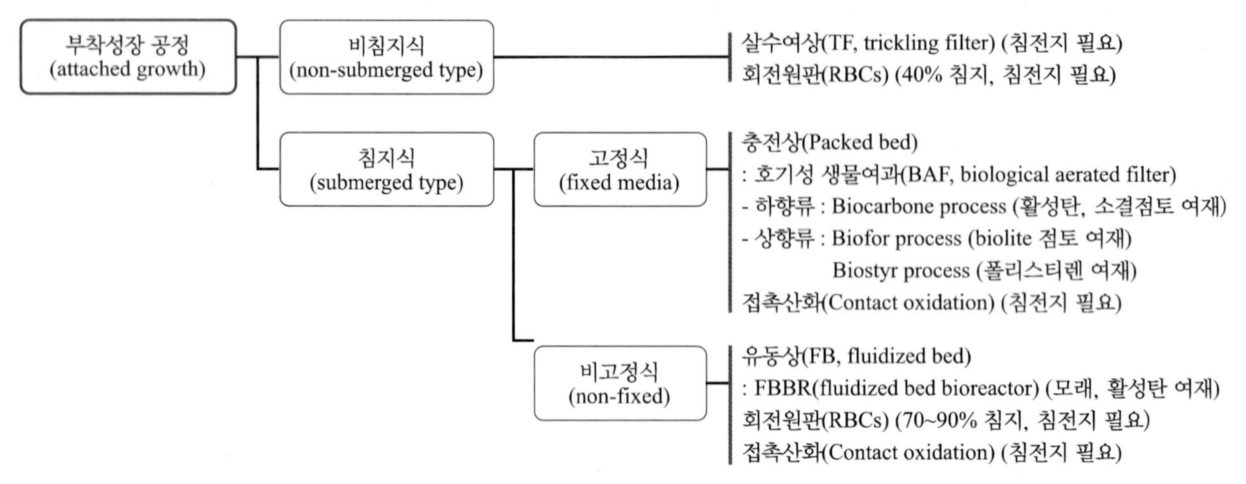

그림 11-72 **부착성장 공정의 분류**

부착성장 공정들은 일반적으로 소규모 하수처리 또는 공장폐수처리시설로서 적용되는데, 그 주된 이유는 유량과 수질의 변화에 대응하기가 쉬우며, 유지관리가 쉽고, 저농도 폐수에서도 고효율을 낼 수 있다는 장점이 있기 때문이다. 호기성 여상을 제외한 대부분의 생물막 공정은 활성슬러지 공정에서와 같이 고액분리를 위해 생물막 반응조 후단에 2차침전지를 구비하고 있다. 사용되는 여재의 재료로는 개발 초기 단계부터 사용된 쇄석을 포함하여 플라스틱, 폴리스티렌, 점토 및 활성탄 등 공정별로 매우 다양하다.

살수여상과 회전원판법은 별도의 산소공급 없이 부착 미생물이 공기와 직접 접촉하여 호기성 반응을 수행하므로 경제적인 측면에서 장점이 있다. 이 공정들은 특히 미국과 유럽에서 흔히 볼 수 있는 공정이나 현재 국내에서는 거의 활용되지 않는 편이다. 그 대표적인 이유는 아마도 사계절이 뚜렷한 국내 환경에서 겨울철 처리성능(예를 들어 질산화)의 저하가 기대되기 때문일 것이다. 접촉산화 방식에서는 각종 여재의 개발과 더불어 부유성장 공정(활성슬러지)과 결합한 복합 공정의 형태로 다양한 기술들이 개발되어 설계에 반영되고 있다. 부유성장 공정과 비교하여 부착성장 공정의 장단점이 표 11-58에 정리되어 있다.

활성슬러지와 같은 부유성장 공정의 경우는 반응의 동역학이 대부분 혼합액 내의 기질 농도에 의해 결정된다. 그러나 부착성장 공정의 경우는 전자공여체와 전자수용체의 농도 외에도 생물막

표 11-58 **부유성장에 대한 부착성장 공정의 장단점**

장점	단점
• 에너지 요구량이 적다. • 소형화 및 운전이 단순하다. • 2차침전지에서 슬러지 팽화현상이 없다. • 슬러지의 침전성 및 농축성이 좋다. • 필요한 유지장치가 적다. • 독성충격 부하로부터 회복이 빠르다. • 소요부지가 작다.	• 활성슬러지 공정에 비해 처리비용이 높다. • 유출수 수질(BOD, TSS)이 높다. • 생물학적 영양소제거가 어렵다. • 운전온도에 민감하다. • 악취문제가 발생한다. • 생물막 탈리(sloughing) 현상을 제어하기 어렵다.

의 깊이에 따른 확산속도가 중요한 함수가 된다. 분자확산은 탄소원뿐만 아니라 특히 전자공여체(용존산소와 질산성 질소 등)의 농도에 특별한 제한조건으로 작용할 수 있다. 산소의 이동성은 보통 400～500 mg BOD/L의 농도조건에서 영향을 받고(Schroeder & Tchobanoglous, 1976), 3.3 kg bCOD/m^3/d의 유기물질 부하 조건에서 산소는 유기물질 제거효율에 영향을 끼친다(Hinton & Stensel, 1994). 또한 낮은 DO 농도는 호기성 반응에 직접적인 제한조건이 되므로 생물막 공정에서 질산화를 목표로 한다면 부유성장 공정의 경우보다 더 높은 수준의 DO 농도가 필요하다. 반면에 DO 농도를 더 낮은 수준으로 떨어뜨린다면 생물막 내부에 혐기성 층을 형성시켜 탈질반응을 유도할 수 있다.

1) 살수여상

수처리 공정의 발전과정(2장)에서도 살펴본 바와 같이 살수여상은 매우 오래된 역사를 가지고 있다. 살수여상에서는 고정된 여재 표면을 폐수가 아래로 흘러내리면서 여재의 공극에 존재하는 공기를 이용하여 호기성 반응을 수행한다. 초기 단계에서 여재는 주로 쇄석을 사용하였지만, 현재에는 거의 플라스틱 소재가 일반적이다.

이 공정에서는 여재의 폐쇄를 방지하기 위해 전처리로 1차침전지가 필요하다(WEF, 1998). 여과상에는 약 10 mm 정도의 점액층이 형성되며, 여기에 호기성 및 임의성(통성 혐기성) 박테리아를 포함하여 균류, 조류, 원생동물 등이 함께 서식하며, 벌레(파리)나 유충, 또는 달팽이와 같은 고등동물도 관찰된다. 점액층이 과다하게 형성되어 생물막으로부터 떨어지는 현상을 탈리(sloudging)라고 한다. 탈리가 과다하게 발생되면 처리수의 BOD와 TSS가 유입수보다도 높게 나타날 수 있으므로 이 공정에서는 2차침전지가 필요하다.

살수여상에서는 비교적 짧은 반응시간에 유기물질이 미처리된 상태로 유출되므로 특히 처리수 내 sBOD의 농도가 높다. 따라서 BOD 제거효율은 일반적으로 활성슬러지의 경우에 비해 저조하다. 또한 살수여상은 산소가 부족한 상태에서 운전될 가능성이 크므로 완전한 질산화를 목표로 한다면 안전율을 충분히 고려하여야 한다. 따라서 보통 질산화를 위해서는 저율(low rate) 시스템을 표준으로 설계한다. 살수여상 처리시스템은 주로 1단 또는 2단 공정 형태로 설계하며, 활성슬러지와 동일한 수준의 유출수 수질을 확보하기 위해서는 상대적으로 반응조의 용량이 커지므로 넓은 부지가 필요하다.

저율 살수여상은 상대적으로 단순하며, 유입수의 부하 변화에도 안정된 처리수를 얻을 수 있는 공정이다. 고율로 갈수록 부하율은 증가하지만 질산화는 어렵다. 초벌 살수여상은 매우 높우 부하율로 운전되는 공정으로 주로 2차처리 이전 단계에서 사용된다. 2단 살수여상은 유기물질 제거와 질산화 두 반응 모두를 달성하기 위해 사용하며 이때 중간 침전지가 설치된다. 통상적으로 살수여상의 침전지는 단지 고액분리에만 목적이 있으므로 침전슬러지의 반송은 이루어지지 않는다.

살수여상의 설계에서 고려해야 할 주요 요소에는 여재, 폐수 주입률, 분배기 및 하부 배수 구조, 공기 공급(통풍) 그리고 침전지 등이 있다. 살수여상의 효율은 부하율(수리학적 및 유기물

표 11-59 살수여상의 설계제원

설계제원	저율 (표준율)	중간율	고율	초고율	초벌 (roughing)
여재	쇄석	쇄석	쇄석	플라스틱	쇄석/플라스틱
수리학적 부하($m^3/m^2/d$)	1～4	4～10	10～40	10～75	40～200
유기물질 부하($kg/m^2/d$)	0.07～0.22	0.24～0.48	0.4～2.4	0.6～3.2	> 1.5
재순환율	0	0～1	1～2	1～2	0～2
깊이(m)	2～2.7	2～2.7	1～2.7	< 13	1～7
BOD 제거효율(%)	80～90	50～80	50～90	50～90	40～70
질산화 정도	질산화 잘됨	부분적	질산화 안됨	질산화 안됨	질산화 안됨
박리현상(sloughing)	간헐적	간헐적	연속적	연속적	연속적
여상파괴	많음	변화	약간	약간	약간
전력소모($kW/10^3\ m^3$)	2～4	2～8	6～10	6～10	10～20

Ref) Metcalf & Eddy(2003), WEF(2000)

표 11-60 살수여상의 용도별 부하량과 처리수질

적용 용도	부하량		유출수 수질	
	단위	범위	단위	범위
2차처리	$kg\ BOD/m^3 \cdot d^a$	0.3～1.0	BOD, mg/L	15～30
			TSS, mg/L	15～30
BOD 제거와 질산화 동시수행	$kg\ BOD/m^3 \cdot d^a$	0.1～0.3	BOD, mg/L	< 10
	$g\ TKN/m^2 \cdot d^b$	0.2～1.0	NH_4-N, mg/L	< 3
3차 질산화	$g\ NH_4\text{-}N/m^2 \cdot d$	0.5～2.5	NH_4-N, mg/L	0.5～3
부분적 BOD 제거	$kg\ BOD/m^3 \cdot d$	1.5～4.0	% BOD removal	40～70

[a] 용적부하(volumetric loading)
[b] 여재표면적당 부하량
Ref) Metcalf & Eddy(2003)

질), 여재의 종류, 여상(filter bed)의 깊이, 반송률, 운전온도, 하수의 분배 및 주입방법 등에 따라 영향을 받는다. 살수여상의 설계를 위해서는 NRC(national research council, 1946) 공식 등 다양한 경험적 설계식들이 제안되어 있다(Metcalf & Eddy, 2003).

살수여상의 설계에 사용되는 설계인자와 설계값이 표 11-59에 나타나 있다. 또한 살수여상의 용도별 적용 가능한 부하율과 유출수 수질에 대한 전형적인 운전결과는 표 11-60에 정리하였다. 참고로 쇄석을 이용한 살수여상에서 75% 이상의 질산화를 달성하기 위해 필요한 유기물질 부하는 0.15～0.19 kg $BOD/m^3/d$ 이하이며, 질소의 최대제거율은 0.14 $kg/100\ m^2/d$ 정도이다.

2) 회전원판

회전원판(RBCs)법은 서독(1960)에서 개발되어 미국으로 확산된 공정으로, 디스크 모양의 접촉매체의 40% 정도가 수면 아래에 잠긴 상태로 구동축을 중심으로 회전(1～2 rpm)하면서 부착 미

표 11-61 회전원판법의 전형적인 설계자료

항목	단위	처리수준[a]		
		BOD 제거	BOD 제거와 질산화	분리식 질산화
수리학적 부하	$m^3/m^2 \cdot d$	0.08～0.16	0.03～0.08	0.04～0.10
유기물 부하	g $sBOD/m^2 \cdot d$	4～10	2.5～8	0.5～1.0
	g $BOD/m^2 \cdot d$	8～20	5～16	1～2
1단계의 최대 유기물 부하	g $sBOD/m^2 \cdot d$	12～15	12～15	
	g $BOD/m^2 \cdot d$	24～30	24～30	
NH_3 부하	g $N/m^2 \cdot d$		0.75～1.5	
수리학적 체류시간	h	0.7～1.5	1.5～4	1.2～3
유출수 BOD	mg/L	15～30	7～15	7～15
유출수 NH_4-N	mg/L		<2	1～2

[a] 하수온도는 13°C(55°F) 이상
Ref) Metcalf & Eddy(2003)

생물을 성장시킨다. 회전 매체는 주로 폴리스티렌(polystyrene)이나 PVC(polyvinylchloride) 소재로 제작된다. 부착 미생물은 성장과 탈리(sloughing-up)를 통해 일정 두께로 유지되며, 디스크의 회전으로 표면에 부착된 미생물막은 하수와 공기의 두 가지 상을 교대로 이동하며 생물학적 반응을 수행하게 된다. 회전원판 장치의 70～90%가 수중에 잠기는 침지식 RBCs는 탈질을 위해 고안된 것으로 1980년 초에 개발되었다.

RBCs 공법은 살수여상과 마찬가지로 2차처리(유기물질 제거와 질산화) 혹은 2차처리수의 질산화(3차처리)를 위한 생물막 공정으로 사용할 수 있다. RBCs 공정은 상대적으로 높은 수준의 유기물질 부하율에서도 2차 및 3차처리 수준의 안정적인 운전이 가능하다는 장점이 있다. 그러나 기본적으로 구동축, 원판과 지지장치 등에 구조적인 결함이 발생할 수 있으며, 특히 회전속도가 낮을 경우 부착 미생물의 과다성장으로 구동축에 부하가 가해져 파손되는 경우가 발생하기도 한다. 또한 자외선으로부터 원판의 산화를 보호하고, 겨울철 과도한 열손실을 차단하기 위해 반응조 상부의 덮개 시설이 필요하다. RBCs 공정의 설계에 있어 고려사항은 기본적으로 살수여상의 경우와 유사하다. RBCs 공정의 설계에 사용되는 전형적인 설계자료가 표 11-61에 나타나 있다. RBCs 반응조의 최적 용량은 통상적으로 원판면적당 0.0049 m^3/m^2 정도이며, 수심은 원판의 40%가 잠긴 상태에서 1.5 m 정도이다.

3) 호기성 생물여과

호기성 생물여과(BAF)는 대표적인 침지식 부착성장 공정으로 흔히 호기성 여상이라고도 부른다. 여재(직경 3～5 mm)에 부착된 미생물에 의해 유기물질과 질소를 산화시킨 후 여과시키는 방법이다. 여재의 깊이는 약 3 m 내외로 산소공급은 반응조의 하부로 직접 공기를 주입하거나 유입 하수에 산소를 용해시키는 방법이 있으며, 그 외에는 일반적인 여과지와 형태가 동일하다.

표 11-62 **호기성 생물여과 공정의 설계조건**

Process	Units	Biocarbone	Biofor	Biostyr
유기물질 제거	kg COD/m³/d	(3.5～4.5)	10～12[6]	8～10
유기물질 제거, 질산화	kg COD/m³/d	(2.0～2.75)	[10]	4～5
3차처리 질소제거	kg N/m³/d	1.2～1.5	1.5～1.8[14]	1～1.7
인 제거	kg TP/m³/d	-	～0.4[11]	-

Note) ( ) kg BOD/m³/d, [ ], 최대 여과속도(m/hr)
Ref) WEF(1998)

하지만 침지식 부착성장 공정들은 탈질공정으로도 사용할 수 있다

호기성 생물여과 공정의 운전은 공기량의 조정과 역세척만으로 이루어지며, 여상은 생물막의 기능과 동시에 여과 기능을 가지게 된다. 여상의 형태는 유체의 흐름 방향(하향류 또는 상향류)과 여재의 고정 여부(고정상 또는 유동상)에 따라 구분되며 여재의 종류나 반응조의 구조 및 운전방법에 따라 명칭이 조금씩 상이하다. BAF의 장점은 간단하면서도 부하변동에 강하여 수질이 안정적이며 소유부지가 작다는 장점이 있다. 또한 타 생물막 공정과는 달리 2차침전지의 설치가 필요하지 않으며, 슬러지 벌킹(bulking)이나 스컴(scum) 발생과 같은 문제도 없다. 이 방법은 산소의 용해 효율이 높기 때문에 다른 처리법에 비해 산소소요량이 작다. 호기성 생물여과 시설은 1차침전지, 생물여과조, 송풍기, 역세 배수조 및 처리수조 등으로 구성된다.

상업화된 공정으로 1980년대 프랑스에서 개발된 Biocarbone 공정(고정상 하향류)과 1990년대 후반에 개발된 Biofor(고정상 상향류)과 Biostyr(유동상 상향류) 공정을 들 수 있다. Biocarbone 공정은 활성탄이나 소결된 점토를 여재로 사용하며, BOD 제거의 경우 3.5～4.5 kg BOD/m³/d, BOD 제거 및 질산화를 위해서는 2.0～2.75 kg BOD/m³/d(1.2～1.5 kg N/m³/d) 정도의 설계 부하가 적용된다(WEF, 1998). Biofor 공정은 Biolite라는 점토소재의 여재를 사용하며, Biocarbone 공정의 경우와 설계부하량과 처리 효과가 비슷하다(표 11-62). 폴리스티렌 구형 여재를 사용하는 Biostyr 공정은 부유성 여재라는 특성으로 인하여 유동성이 있지만 상향류 흐름으로 인해 압축되고, 여재의 유출을 방지하기 위해 상부에 스크린 커버가 설치된다. 또한 여재층은 호기 또는 무산소층으로 구분하여 사용이 가능하다는 장점이 있다.

우리나라의 시설기준(환경부, 2011)에 따르면 호기성 생물여과조는 2 m 여층 높이로, 반응조는 2기 이상으로 계획하며, 안정된 처리수질을 얻기 위해서 계획1일 최대오수량 기준으로 여과속도를 25 m/d 이하 그리고 BOD 용적부하는 2 kg BOD/m³/d 이하로 제안하고 있다. 유기물질 제거기준으로 산소 공급량은 kg BOD 유입당 0.9～1.4 kg O_2 정도를 표준으로 하고 있다. 역세척은 여상의 폐쇄 정도에 따라 1일 1회(조당 30분) 수행하며, 공기, 공기와 물 혼합 그리고 물세척의 세 가지 방법을 활용한다. 세척 시 일반적으로 공기량은 50～60 m³/m²/d(2～4분), 수량은 30～60 m³/m²/d(3～5분) 정도가 필요하다. 역세척수를 모으는 역세 배수조에 유량조정기능을 부여하기도 한다.

여과조의 면적과 부하는 다음 식을 이용하여 결정한다. 여기서 용적이란 생물여과조의 여재층

전 용적을 말한다.

$$\text{여상면적}(\mathrm{m}^2) = \frac{\text{계획1일 최대오수량}(\mathrm{m}^3/\mathrm{d})}{\text{여과속도}(\mathrm{m/d})} \tag{11.198}$$

$$\text{BOD 용적부하}(\mathrm{kg\ BOD/m^3 \cdot d}) = \frac{\text{계획1일 최대오수량}(\mathrm{m}^3/\mathrm{d}) \times \text{여상유입 BOD}(\mathrm{mg/L})}{\text{여상면적}(\mathrm{m}^3) \times \text{충전높이}(\mathrm{m}) \times 10^3} \tag{11.199}$$

4) 유동상 생물반응조

유동상 생물반응조(FBBR, fluidized bed bioreactor)는 직경 약 0.4～0.5 mm 정도의 모래나 활성탄을 여재로 사용하는 상향류(30～36 m/h) 흐름의 생물반응조이다. 유동층의 높이는 3～4 m 정도이며 비표면적(specific surface area)은 반응조 부피 $\mathrm{m^3}$당 약 1,000 $\mathrm{m^2}$이다. 상향류 흐름 속도를 유지하기 위해 적당한 재순환을 활용하고 5～20분의 수리학적 체류시간을 유지한다. 산소공급은 반송수 라인에 산소 주입조를 통해 이루어지거나 반응조 하단부로 공기를 주입하는 방법을 사용한다. 후자의 경우 반응조 유출수로 여재가 배출될 수 있으므로 이 경우 여재의 유출 방지를 위해 반응조 상단에 스크린을 설치한다.

이 공정은 주로 도시하수처리에서 후탈질 방법으로 주로 이용되지만, 산소공급 없이 혐기성 공정으로 사용하기도 한다. 또한 지하수에 오염된 유해물질이나 질산성 질소의 탈질을 위해서도 사용되는데, 이때 활성탄 여재를 사용하여 흡착과 생분해 반응을 동시에 수행하기도 한다. FBBR의 장점으로는 긴 슬러지 일령, 충격부하에 대한 적응, 난분해성물질의 흡착 및 제거, 우수한 유출수 수질(COD, TSS), 단순한 운전성과 우수한 공정의 신뢰성 등이 있다.

5) 접촉산화

침전지가 필요 없는 다른 부착성장 공정(충전상이나 유동상)과는 달리 접촉산화(contact oxidation) 공정은 2차침전지가 필요한 침지형 생물막 공정이다. 따라서 이 공정은 1차침전지, 접촉산화조, 2차침전지로 구성되며, 2차침전지 후단에 여과시설이 추가될 수 있다. 접촉산화조는 이론적으로 부착 미생물의 대사활동에만 의존한다고 가정하며, 부착 생물의 증식을 위해 산소공급 장치와 혼합을 위한 교반 장치가 필요하다. 여재 표면에 과잉 성장한 생물막은 탈리되어 2차침전지에서 침전분리되며, 침전슬러지는 재순환하지 않고 바로 잉여슬러지로서 폐기한다. 접촉산화조의 접촉제로는 고정형과 유동상형이 사용된다. 표 11-63에는 접촉산화법의 특징이 정리되어 있다.

우리나라의 시설기준에 따르면 접촉산화조의 유효수심은 3～5 m, 반응조는 2기 이상(각 반응조는 2실 이상, 용량비 3 : 2), 그리고 BOD 용적부하는 계획1일 최대오수량을 기준으로 0.3 kg BOD/$\mathrm{m^3}$/d 정도를 표준으로 하고 있다. 접촉제는 반응조의 전체면, 양측면, 또는 한쪽 면에 설치할 수 있으나, 전체면을 기준으로 설치할 경우 출구의 DO 농도 2～3 mg/L 유지하기 위해 송풍량은 계획 오수량에 비하여 8배를 기준으로 한다. 접촉제의 형상은 다양한 종류(튜브, 끈, 망, 망

표 11-63 **접촉산화 공정의 특징**

장점	단점
• 유지관리가 용이하다. • 조 내 슬러지 보유량이 크고 생물상이 다양하다. • 분해속도가 낮은 기질제거에 효과적이다. • 부하, 수량변동에 대하여 완충능력이 있다. • 난분해성물질 및 유해물질에 대한 내성이 높다. • 수온의 변동에 강하다. • 슬러지 반송이 필요없고 슬러지 발생량이 적다. • 소규모시설에 적합하다.	• 미생물량과 영향인자를 정상상태로 유지하기 위한 조작이 어렵다. • 반응조 내 매체를 균일하게 포기 교반하는 조건설정이 어렵고 사수부가 발생할 우려가 있으며 포기비용이 약간 높다. • 매체에 생성되는 생물량은 부하조건에 의하여 결정된다. • 고부하 시 매체의 폐쇄위험이 크기 때문에 부하조건에 한계가 있다. • 초기 건설비가 높다.

Ref) 환경부(2011)

상골격체, 평판형, 구형 등)가 있으나 이는 처리특성과 충전 및 포기 방법에 따라 달라진다. 일반적으로 반응조 내의 접촉제의 충진율은 55% 정도로 하며, 반응조의 1실과 2실에 사용되는 접촉제의 종류를 공극률의 크기순으로 구별하여 사용하는 것이 바람직하다.

접촉산화 공정은 실제 생물막 여재(고정식 또는 유동식)를 활성슬러지 내에 주입하는 통합 활성슬러지(integrated activated sludge) 공정과 매우 흡사하다. 그러나 일반적으로 통합 AS 공정에서는 침전슬러지를 재순환시키는 반면, 접촉산화 공정에서는 침전슬러지를 재순환시키지 않는다는 점이 다르다.

(11) 복합 생물학적 처리공정

생물막과 부유성장(예, 활성슬러지)을 결합하여 사용하는 경우 이를 복합 생물학적 공정(combined biological processes)이라고 한다. 이러한 방식은 크게 생물반응조를 생물막-부유성장 순으로 2단으로 연결하여 구성되는 조합형 공정(2-staged/dual processes)과 부유성장 반응조 내부에 생물막이 위치하는 통합형 공정(integrated processes)으로 구분할 수 있다(그림 11-73). 복합 공정은 부유성장을 포함하고 있으므로 대부분 2차침전지를 필요로 한다.

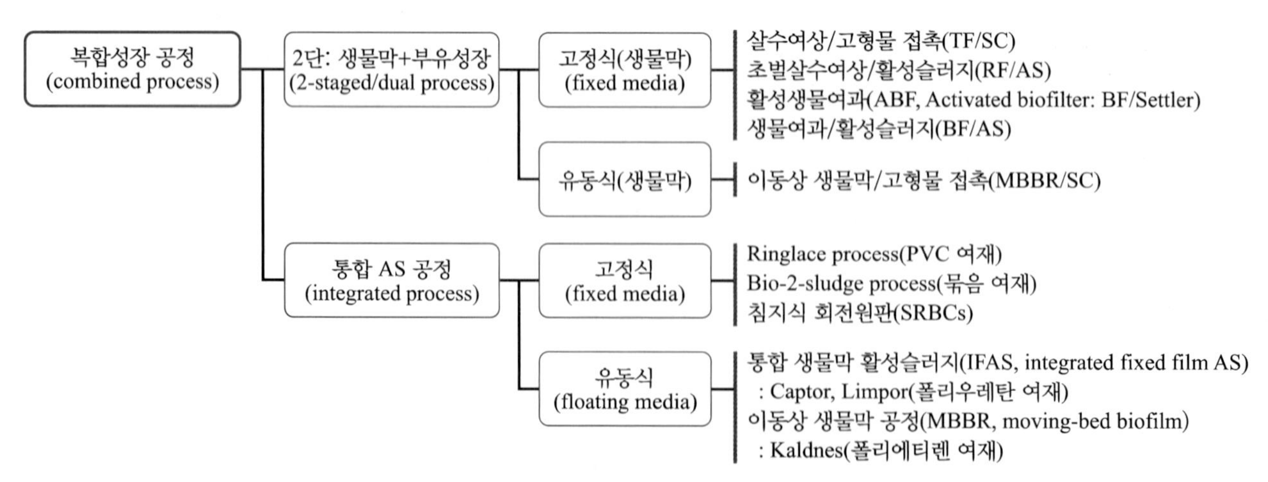

그림 11-73 **통합 생물학적 공정의 유형**

1) 2단 조합 공정

2단 조합형 공정(2-staged/dual processes)은 당초 기존 처리장의 개량을 위해 살수여상과 활성슬러지의 장점을 이용하고자 제시된 개념이었다(Parker et al., 1994). 이 시스템은 고정식 혹은 이동식 생물막 후단에 부유성장 공정을 위치하는 방식으로 살수여상/고형물 접촉(TF/SC), 초벌 살수여상/활성슬러지(RF/AS), 활성생물여과(ABF, activated biofilter), 생물여과/활성슬러지(BF/AS) 및 이동식 생물막/고형물 접촉(MBBR/SC) 공정 등이 있다. 여기서 고형물 접촉이라는 것은 활성슬러지를 짧은 체류시간(~1 hr)으로 운전하는 방법을 말한다. 개선된 시스템은 충격부하에 대한 저항 및 안정성, 에너지 소요량 및 반응조 용량 저감, 슬러지의 침전성 개선, 우수한 처리수 수질 등의 장점을 가지고 있다.

TF/SC와 RF/AS 조합 공정은 모두 살수여상과 활성슬러지 그리고 2차침전지로 구성되는 공통점이 있으며, 반송은 활성슬러지로 이루어진다. 그러나 TF/SC 공정의 경우는 짧은 폭기시간(SC)으로 운전하며, RF/AS 공정은 높은 유기물 부하를 특징으로 하는 초벌 살수여상을 사용하며, 필요에 따라 살수여상을 위한 중간 침전지를 추가하는 차이가 있다. TF/SC 공정의 살수여상에서는 낮은 유기물질 부하로 운전되는 조건 하에서 질산화를 달성할 수 있다. 표 11-64에는 TF/SC 및 RF/AS 공정의 설계인자를 비교한 것이다.

BF/AS 조합공정 역시 공정의 기본 골격은 앞선 공정과 동일하지만, 침전슬러지를 활성슬러지가 아닌 살수여상으로 반송한다는 점에서 차이가 있다. 중간에 폭기조를 생략하는 경우는 활성생물여과(ABF, activated biofilter)라고 부른다. 살수여상형 생물여과는 여재의 특성과 비침지형이라는 측면에서 앞서 설명한 호기성 생물여과(BAF)와는 차이가 있다. 살수여상형 생물여과의 여재로는 당초 삼나무 여재가 사용되었지만 점차 고밀도 플라스틱 여재로 대체되었다. 표 11-65

표 11-64 TF/SC 및 RF/AS 공정의 설계인자

공정	살수여상 부하율[a] (kg BOD/m^3·d)	활성슬러지			
		HRT(min)	SRT(d)	MLSS(mg/L)	침전지 첨두 월류율(m/h)
TF/SC	0.3[b]~1.2	10~60	0.3~2.0	1000~3000	1.8~3.0
RF/AS	1.2~4.8	10~60	2.0~7.0	2500~4000	2.0~3.5

Ref) Parker and Bratby(2001)

[a] 교차흐름형 플라스틱 여재층에 적용되는 부하율

[b] 낮은 값은 유기물질의 산화와 질산화를 동시에 수행하는 경우

표 11-65 ABF 및 BF/AS 공정의 설계인자

공정	살수여상 부하율 (kg BOD/m^3·d)	활성슬러지			
		HRT(h)	SRT(d)	MLSS(mg/L)	침전지 첨두 월류율(m/h)
ABF	0.36~1.2	-	0.5~2.0	1500~4000	1.8~3.0
BF/AS	1.2~4.8	2~4	2.0~7.0	1500~4000	2.0~3.5

는 ABF 및 BF/AS 공정의 설계인자를 정리한 것이다.

MBBR/SC 공정은 고형물 접촉법에서 살수여상 대신 유동상(moving-bed) 여재를 이용하는 방법으로 이 공정의 특성에 대해서는 뒤에 MBBR 공정에서 함께 설명한다.

2) 통합형 공정

통합형 공정(integrated processes)은 부유성장 공정에 생물막 담체를 주입하는 일체형 공정을 말한다. 생물막을 지지하는 여재는 폭기조 내부에 지지되어 있는 고정형(fixed type)과 생물반응조 안에서 자유롭게 움직이는 유동형(floating type)으로 구별할 수 있다. 고정형으로는 고리형 PVC 소재(직경 5 mm, 비표면적 120～500 m^2/m^3)를 사용하는 Ringlace과 묶음 여재(비표면적 90～165 m^2/m^3)를 폭기조 벽면에 설치한 integrated processes 공정 그리고 침지식 회전원판법이 포함된다. 유동형으로는 통합 생물막 활성슬러지(IFAS, integrated fixed-film activated sludge)와 이동형 생물막 반응조(MBBR, moving-bed biofilm reactor)가 있다(Fixed film forum, 2017; US EPA 2010). 통합형 공정은 그 특성상 대부분 2차침전지를 포함하고 있고 유동상의 경우는 담체의 유출을 방지하기 위해 스크린을 사용한다.

부유성장 공정에 미생물 담체를 적용하는 경우 처리용량의 증가, 공정의 안정성 향상, 슬러지 생산량의 감소, 슬러지의 침전성 향상, 2차침전지에서의 고형물 부하 감소, 추가적인 운전 및 유지관리비의 증가가 없다는 다양한 장점을 기대할 수 있다.

이러한 기술은 하수의 2차처리나 3차처리에서 기존 시설의 개량이나 신규 건설 시설에 매우 유용한 기술로, 특히 짧은 수리학적 체류시간(HRT)과 높은 미생물 확보(SRT)의 관점에서 우수한 특성을 가지고 있다(Randall and Sen, 1996). 일반적으로 활성슬러지를 이용한 2차 처리에서 질산화의 강화 또는 과부하에 대한 대안으로 폭기조에 담체를 넣어 운전하기도 한다.

담체의 소재로는 폴리우레탄이나 폴리에틸렌 등이 사용되고, 스폰지형에서부터 섬모상 형태 등 매우 다양하다. 폴리우레탄 담체(0.95 g/cm^3)를 사용하는 Captor와 Linpor 공정은 5,000～9,000 mg/L의 MLSS 농도에서 1.5～4 kg BOD/m^3/d까지 운전이 가능하다(WEF, 2000). MBBR은 원통형 폴리에틸렌 담체(Kaldnes, 0.96 g/cm^3, 비표면적 200～500 m^2/m^3)를 사용하는 공정이다. 호기성의 경우 미세공기를 사용하고 무산소 반응조에도 적용한다. MBBR 공정 자체는 내부반송만이 있을 뿐 침전슬러지의 반송이나 역세척은 하지 않는다. 표 11-66에는 MBBR

표 11-66 MBBR 공정의 설계인자

인자		단위	값의 범위
MBBR:	무산소 체류시간	h	1.0～1.2
	호기성 체류시간	h	3/5～4.5
	생물막 면적	m^2/m^3	200～250
	BOD 부하량	$kg/m^3 \cdot d$	1.0～1.4
2차침전지 수리학적 주입률		m/h	0.5～0.8

Ref) Rusten et al.(2000)

표 11-67 MBBR/SC 공정의 전형적인 운전자료

인자		단위	값의 범위
MBBR:	생물막 면적	m^2/m^3	300~350
	유기물 부하	kg $BOD/m^3 \cdot d$	4.0~7.0
	MLSS 농도	mg/L	2500~4500
SC:	SRT	d	2~3
	MLSS 농도	mg/L	1500~2500
	SVI	mL/g	90~120
	체류 시간	h	0.6~0.8
	재포기 탱크	h	0.6~0.8
	침전슬러지 농도	mg/L	6000~8500

Ref) Rusten et al.(2000)

공정의 설계인자가 나타나 있으며, 표 11-67에는 MBBR/SC 공정의 전형적인 운전결과가 예시되어 있다.

(12) 영양소 제거공정의 기술적 한계와 대안

지표수의 부영양화 현상은 수질오염의 오래된 과제로 질소와 인은 부영양화와 조류대번성의 1차적인 원인으로 주목받고 있다. 폐수는 이러한 수생환경의 변화에 악영향을 미치는 주된 요소로, 처리장의 방류수 배출에 대한 법적 규제는 전 세계적으로 강화되고 있다.

미국의 경우를 예로 들면 2000년을 기점으로 국토를 14개의 생태지역으로 구분하여 지역에 따라 최하 0.1 mg N/L 및 0.008 mg P/L에서 최대 2.18 mg N/L 및 0.076 mg P/L에 이르는 질소와 인 농도(표 11-68)를 생태지역기반 영양기준(Eco-region based nutrient criteria)으로 설정하고 2004년 이후 이를 수질기준에 포함시켰다. 그 결과 각 지역의 하수처리시설에서는 영양소 제거에 대한 필요성이 강화되었고, 새로이 수립된 영양기준에 근거하여 방류수의 규제기준을 재설정하기에 이르렀다.

여기서 주목할만한 사실은 생태지역별 규제기준을 만족하기 위하여 신규 하수처리시설의 설계나 기존시설의 개선에 있어서 각종 영양소제거기술에 대한 기술적 한계를 참고로 하고 있다는 점이다. 표 11-69에는 미국 EPA에서 평가된 방류수의 질소 및 인 한계농도를 달성할 수 있는 기술적 대안이 정리되어 있는데, 그 처리수준은 2단계로 구분하고 있다. 이를 참고하면 방류수

표 11-68 US EPA eco-region based nutrient criteria

Parameters	River & Stream	Lakes & Reservoirs
TP (mg P/L)	0.010~0.076	0.008~0.037
TN (mg N/L)	0.12~2.18	0.10~0.78
Chl-a (μg/L)	1.08~2.70	1.90~12.35
Turbidity (NTU)	1.30~6.36	0.79~4.93*

Note) * Secchi depth(m)
Ref) USEPA(2001)

표 11-69 Technology threshold for nitrogen and phosphorus limits

(a) Nitrogen removal

Treatment level	TN (mg TN/L)	Possible Alternatives
Level 1 (Moderate)	< 5	• Bardenpho process types • Mainstream BNR + Denitrification filter • Orbal processes • Step feed with internal recycle • Denitrification filter alone
Level 2 (More difficult)	< 3	• Bardenpho with carbon addition (in 2nd ax zone) + Filtration • Denitrification filter with high MeOH addition • Carrousel nitrification/denitrification • Nitrifying filters/denitrifying filters

Ref) USEPA(2009, 2010)

(b) Phosphorus removal

Treatment level	TP (mg TP/L)	Possible Alternatives
Level 1 (Moderate)	< 0.5	• Only chemical P removal + Filtration • Combined chemical + Bio-P removal (Possible Bio-P process: A/O, 3-stage BNR, Phostrip, MUCT, 3-stage Bardenpho with Filtration)
Level 2 (More difficult)	< 0.1	• Chemical P removal with multiple addition of coagulant + Filtration • Multiple addition of coagulant + Bio-P removal with carbon augmentation (RAS or primary sludge fermentation) + Filtration (Possible Bio-P process: A/O, Phostrip, MUCT, Bardenpho type)

Ref) USEPA(2009, 2010)

내의 총 질소를 3 mg N/L 이하(Level 2)로 달성 가능한 기술로는 추가적인 탄소원의 공급을 통한 질산화/탈질/여과 공정과 탈질여상을 제안하고 있다. 또한 방류수 총인 농도를 0.1 mg P/L 이하(Level 2)로 달성 가능한 기술은 화학적인 제거(응집)/여과, 응집/탄소원을 주입 Bio-P/여과 등을 들 수 있다. 이때 적용 가능한 Bio-P 공정에는 A/O, Phostrip, MUCT 및 Bardenpho 형태의 공정을 제안하고 있다.

낮은 수준의 방류수 영양소 농도를 달성하기 위해서는 메탄올(탈질), 응집제(화학적 인 제거) 및 알칼리첨가제(pH 조정) 등의 약품 소요량이 증가하게 된다. 그 결과 화학적 슬러지 발생량도 함께 증가하게 되고, 결국 운전비와 슬러지 처리비용의 상승으로 나타난다. US EPA 평가에 따르면 소요 약품비는 약 \$1～16/kg N 제거와 \$50～106/kg P 제거 정도였다. 기술적인 관점에서는 탈질을 위한 탄소원(내부 및 외부), 유출수의 유기성 용존 질소(DON, dissolved/or colloidal organic nitrogen)의 제거, 응집제 사용의 최적화, 그리고 슬러지 발생의 최소화 등이 주목받고 있다.

(13) BNR 공정의 최근 발전

도시 하수의 생물학적인 영양소(BNR)제거를 위해 지난 40년 이상 적용된 가장 보편적인 기술은 활성슬러지 시스템이다. 영양소제거 활성슬러지(BNRAS) 시스템의 크기, 면적 및 에너지 소비량은 주로 질소제거(질산화-탈질)를 위한 시스템적 요구에 의존한다. 특히 질산화균은 BNRAS 시스템에서 가장 느리게 성장하는 미생물로서 공정의 슬러지 일령(SRT)에 크게 영향을 준다. 슬러지 일령이 높을수록 반응조 내 슬러지의 총 질량도 높아지며, 산소소요량도 더 높게 나타난다. 이러한 영향은 슬러지의 침전성뿐만 아니라 고액분리시설에도 영향을 끼친다. 만약 더 낮은 SRT에서 질산화를 달성할 수 있고 고액분리가 슬러지 농도나 침강성에 덜 민감해질 수 있다면, BNRAS 시스템의 크기는 현저하게 감소될 수 있다.

BNR 기술에 대한 최근의 발전은 이러한 두 가지 문제를 극복하는 데 중점을 두고 있다. 통합형 활성슬러지(integrated AS processes), 외부 질산화(external nitrification), 막을 이용한 고액분리(membrane solid-liquid separation), 그리고 호기성 입상화 BNR(aerobic granulation BNR) 시스템 등은 생물반응조의 부피 저감과 능력 향상을 위해 개발된 대표적인 수처리 기술이다. 또한 질소 제거를 개선하기 위해서는 질산화 흐름에서 질산성 질소(nitrate)의 생성경로를 차단하는 다양한 단축 질소 제거 공정(shortcut nitrogen removal process)들이 개발되었다. 여기에는 아질산염 분로 공정(nitrite shunt process)과 탈암모니아화 공정(deammonification)이 여기에 포함된다. 여기에서는 이러한 기술의 특징에 대하여 개략하게 설명한다.

1) 통합형 활성슬러지 공정

통합형 활성슬러지 공정(integrated AS processes)은 부유성장 호기성 활성슬러지 반응조에 고정형 또는 유동형 생물막 담체(media)를 투입한 공정으로, 이는 부유성장 활성슬러지의 SRT와는 무관하게 질산화를 달성할 수 있는 방법이다. IFAS(integrated fixed film AS)과 MBBR (moving-bed biofilm reactor) 등은 대표적인 유동상 시스템으로 현재 여러 개의 실규모시설에 적용되고 있다. 이 공정의 특성에 대한 상세한 설명은 (13)절 복합 생물학적 공정을 참고하기 바란다.

이 공정의 목표는 처리장을 추가로 확장하는 대신 담체를 투입하여 기존의 부유성장 AS 시스템의 처리 용량과 질산화 성능을 높이는 데 있다. 질산화 미생물은 활성슬러지에 투입된 담체 표면에 부착하여 성장한다. 따라서 MLSS와는 관련이 없으므로 시스템의 전체적인 SRT는 더 낮아질 수 있다. 이러한 특성은 유입 하수의 온도가 낮은 경우(10～15°C)에 특히 유리하다. 그림 11-74는 실규모 IFAS 처리장에 대한 유입 폐수의 온도와 부유 고형물 SRT 간의 상관관계를 보여준다. 질산화에 대한 ATV(Abwasser Technischen Vereinigung, SA) 설계 가이드라인과 비교할 때, IFAS 처리장에서는 매우 낮은 온도조건(5～14°C)에도 불구하고 질산화 미생물의 평균 성장률은 더 낮은 부유 고형물 SRT에서도 가능하다는 것을 보여주고 있다.

2) 외부 질산화

질산화가 만약 BNRAS 혼합액과 독립적으로 운영될 수 있다면 전체 시스템의 SRT는 일반적인

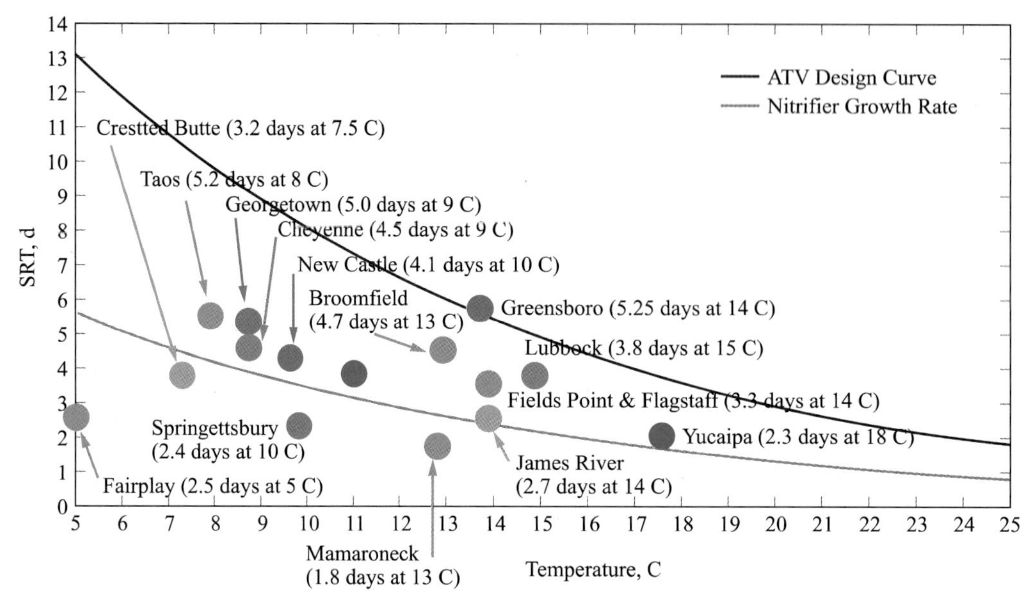

그림 11-74 **실규모 통합형 활성슬러지 공정에 대한 온도와 SRT 비교**
(Ødegaard et al., 2014)

범위(10～15일)보다 상당히 낮게(약 5～8일) 유지할 수 있다. 외부 질산화(external nitrification)는 이러한 관점에서 질산화를 주처리 계통(main stream)에서 벗어난 측면 흐름(side stream)에서 달성하는 기술을 말한다. 이 경우 주처리 계통의 부유성장 AS 공정의 SRT는 약 50% 정도로 낮아지며, 동시에 슬러지의 침강성과 처리능력도 향상되는 효과가 있다(Hu et al., 2000). 외부 질산화를 위해서 부착성장 반응조를 주로 사용하는데, 기존의 살수여상(TF, trickling filter) 시설을 영양소제거 시스템으로 확장하는 경우 또는 기존의 BNRAS 설비에 질산화 TF를 추가하는 경우에 일반적으로 사용된다(그림 11-75). 유기물 제거가 아닌 질산화 용도로만 사용하는 3차처리용 질산화 살수여상(TNTF, tertiary nitrifying trickling filter)은 미국과 유럽의 경우 매우 일반적이지만(Lutz et al., 1990), 이와는 달리 우리나라의 경우 TF의 적용예는 거의 없다.

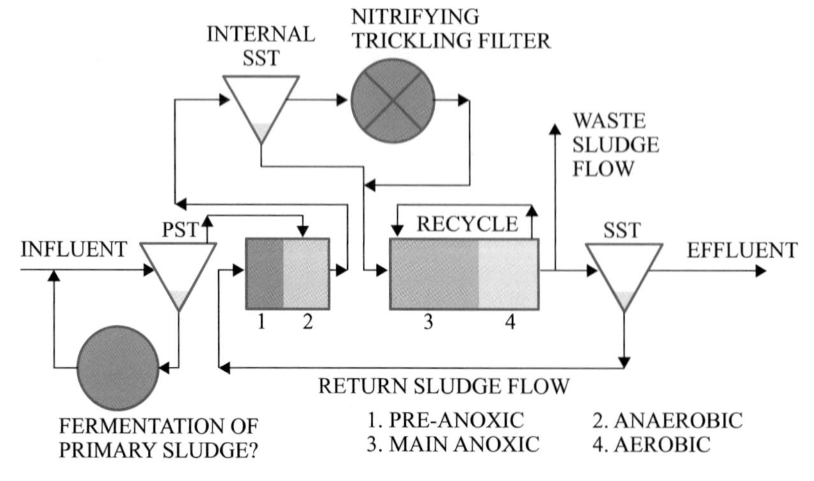

그림 11-75 **영양소제거 공정에 사용되는 외부 질산화 살수여상** (Ekama, 2015)

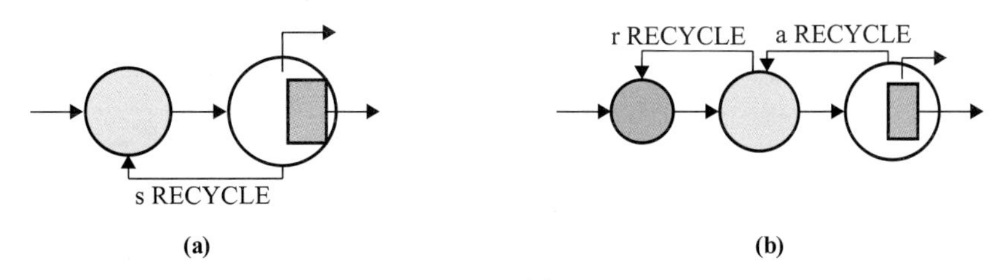

그림 11-76 **멤브레인 고액분리를 적용한 (a) MLE 및 UCT 공정** (Ekama, 2015)

3) 분리막 영양소제거 공정

분리막 영양소제거 공정(Membrane BNR)이란 영양소제거 공정의 2차침전지를 분리막으로 교체한 경우를 말한다(그림 11-76). 이때 분리막은 일반적인 MBR 공정과 마찬가지로 호기성 생물반응조의 내부(iMBR) 또는 외부(sMBR)에 설치된다.

영양소제거 활성슬러지 공정에서 2차침전지는 통상적으로 99.5%(< 20 mg SS/L) 정도의 부유물질 제거효율을 달성할 수 있다. 그러나 비용 절감, 성능 및 수명 개선, 적절한 유지 보수 및 제어, 더 작은 부지면적, 그리고 재사용을 위한 유출수 품질 개선 등의 다양한 효과로 인하여 분리막은 슬러지의 고액분리를 위해 점점 더 매력적인 대안이 되고 있다.

BNRAS 시스템에서 2차침전지와 비교한 멤브레인 고액분리의 장점은 다음과 같다(Ramphao et al., 2005).

- 호기성 지역의 분율이 낮을 경우(< 60%)에도 발생되는 슬러지 침강성과 팽화 현상에 대한 문제가 없다.
- 반응조 내에서 활성슬러지 플록 형성에 대한 수리학적 전단력에 대한 문제가 없다.
- 침전지가 불필요하므로 처리장의 소요면적이 줄어든다.
- 높은 슬러지 농도(8～12 g TSS/L)를 유지할 수 있어 반응조 부피가 줄어든다(분리막이 반응조 외부에 설치된 경우는 12～18 g TSS/L 정도의 농도도 가능하지만, 이는 산소전달률이 낮아지는 원인이 될 수 있다).
- 내부순환비율을 조정할 수 있어 영양소제거에 대한 유연성을 제공한다.
- 고품질의 유출수 수질로 인하여 3차 처리나 소독에 대한 요건이 줄어든다.
- 최적의 막 운전을 위해 활성슬러지 폐기량을 조절할 수 있다.

4) 호기성 입상화 영양소제거 공정

활성슬러지의 침강성과 팽화 현상은 2차침전지의 효율적인 제어를 위해 매우 중요한 변수 중 하나이다. 그러나 앞서 설명한 분리막에 의한 고액분리뿐만 아니라 호기성 입상화 활성슬러지(AGAS, aerobic granular activated sludge)와 같은 공정들은 부유성장 활성슬러지 공정이 본질적으로 가지고 있는 슬러지 침강성에 대한 문제가 없다.

대표적인 호기성 입상화 영양소제거(aerobic granulation BNR) 시스템인 AGAS 공정은 연속회분식 반응조(SBR, sequencing batch reactor) 형상을 이용하며, 동시 유입/유출-폭기-침전이라

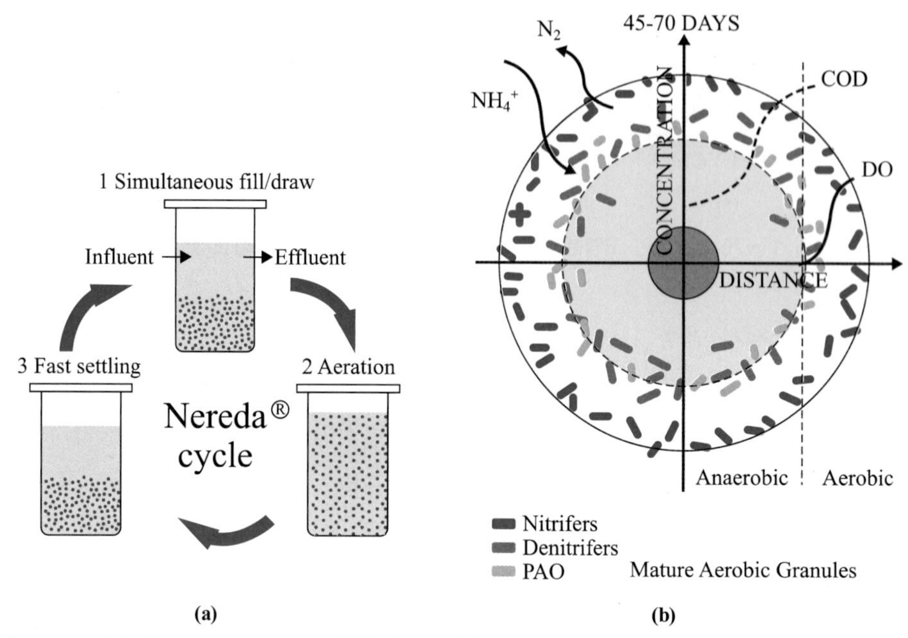

그림 11-77 (a) The Nereda AGAS 순환 운전과 (b) 입상슬러지의 반응 메커니즘(Ashish et al., 2018)

는 단순한 3단계의 순환과정을 통하여 운전한다(그림 11-77). 그 과정에서 종속영양미생물, 질산화 미생물, 탈질 미생물 그리고 인 축적 미생물(PAO)이 뭉쳐 침전성이 매우 우수한 입상슬러지를 형성하도록 한다. 생물학적 영양소(N & P) 제거는 입상슬러지 내에서 일어나며, PAOs의 성장은 호기성 입상화를 위해 필수적이다(De Kreuk and De Bruin, 2004). 1995년 네델란드(DUT)에서 처음 개발된 이후 Nereda 기술(2005)을 시작으로 2018년 기준 4기의 실규모시설들이 도시하수 및 산업폐수처리를 위해 운전 중에 있다(Ashish et al., 2018; Niermans et al., 2014).

호기성 입상슬러지의 입경은 최소 0.21 mm로, 5분과 30분의 침전시간 동안 SVI는 동일하다. 이 공정은 높은 슬러지 농도와 작은 반응조 용량이라는 특징을 가지고 있으며, 2차침전지가 필요하지 않다는 장점이 있다.

일반 활성슬러지에 비하여 AGAS의 장점은 다음과 같다.

- 모든 영양소제거반응이 하나의 반응조에서 일어나므로 공정의 형상과 운전특성은 유연성을 가지고 있다.
- MLSS의 농도는 8～10 g/L로 반응조의 크기가 더 작아진다.
- 입상슬러지의 침전속도는 8～12 m/h로 활성슬러지(0.5～1.5 m/h)에 비해 침전성이 우수하다.
- 고액분리장치, 재순환 펌프 및 교반장치가 필요하지 않다.
- 입상화 특성으로 인하여 탈수성이 우수하다.

5) 단축 질소 제거

단축 질소 제거(Shortcut nitrogen removal)공정은 암모니아가 질산염으로 전환되지 않고 대

표 11-70 **단축 질소 제거의 분류**

	Process	Full scale Processes
Sidestream	Nitrite shunt	SHARON process ANITA Shunt process Strass SBR process PANDA process Submerged attached growth reactor
	Deammonification	SBR type: DEMON, CANON, OLAND, Cleargreen Upflow granular sludge type: ANAMMOX, Terrana, NAS MBBR type: DeAmmon, ANITAMOx
Mainstream	SNdN(simultaneous nitrification-denitrification) and Nitrite Shunt	
	Deammonification	Flocculant suspended growth reactor Granular suspended growth reactor Attached growth reactor

Ref) Lackner et al.(2014), WEF(2015).

표 11-71 **생물학적 질소 제거공정의 비교**

Reaction	First phase		Second phase	
	Oxygen ($g\ O_2/g\ N$)	Alkalinity ($g\ CaCO_3/g\ N$)	Alkalinity ($g\ CaCo_3/g\ N$)	Organic[a] (g COD/g N)
Nitrification-Denitrification	4.57 [4.18]	7.14 [7.07]	(3.57)	3.7
Nitritation-Denitritation	3.43 [3.16]	7.14 [7.07]	(3.57)	2.3
Partial nitritation[b]-Anammox	1.71～2.06	3.57	0.24	-
CANON	1.94	3.68	-	-

[ ] Calculated by combined dissimilation-synthesis equations; ( ) alkalinity production in heterotrophic denitrification/denitritation.

a Based on methanol.

b Fifty to 60% partial nitritation.

Ref) Ahn(2006)

신 아질산염에서 멈추어 기존의 질산화-탈질 과정을 단축시키는 생물학적 질소 제거공정을 말한다. 단축 질소 제거공정은 크게 아질산염 분로 공정(nitrite shunt process)과 탈암모니아화 공정(deammonification)으로 분류되며, 부유성장, 부착성장 및 입상화(UGSR) 반응조를 사용하고 있다(표 11-70). 이러한 기술은 대부분 지난 20년 이내에 이루어진 것으로 대부분 고농도 질소계 폐수(혐기성 소화조 유출수이나 산업폐수 등)의 처리를 목표로 개발된 것이다. 그러나 현재 실험실을 벗어나 실규모 주처리 공정에 이르기까지 경제적인 질소 제거를 위해 성공적으로 적용되고 있다. 기존의 BNR 공정과 비교하여 이 새로운 기술은 반응경로의 단축과 단단계 탈암모니아 반응을 통하여 에너지 요구량을 낮추며, 탄소 요구량 및 약품비 저감 등 다양한 장점이 있다(표 11-71).

생물학적 질소 순환반응에는 암모니아 산화균(AOB, ammonia oxidation bacteria), 아질산염 산화균(NOB, nitrite oxidation bacteria), 탈질균(DN, denitrification), 그리고 아나목스(Anammox, anaerobic ammonium oxidation) 등 다양한 미생물 그룹이 관여한다. 표 11-72에는

표 11-72 **단축 질소 제거공정의 동역학 상수**

	Units	AOB		NOB		Anammox	
		20°C	θ	20°C	θ	20°C	θ
Y	g VSS/g N oxidized	0.15	1.0	0.05	1.0	0.11	1.0
b	g VSS/g VSS/d	0.17	1.029	0.17	1.063	0.003	n.a
μ_{max}	g VSS/g VSS/d	0.90	1.072	1.00	1.063	0.08	n.a
K_{NH} or K_{NO}	mg/L	0.70	1.0	0.20	1.0	0.07/0.05	1.0
K_o	mg/L	0.50	1.0	0.90	1.0	0.01	1.0

	Units	DN in anoxic and aerobic AS	
		20°C	θ
Y	g VSS/g N oxidized	0.47 (0.16～0.30)	1.0
b	g VSS/g VSS/d	0.12 (0.05)	1.04
μ_{max}	g VSS/g VSS/d	3.2 (0.94～1.86)	1.07 (1.09～1.14)
K_S	mg/L	5.0 (9.1)	1.0
K_{NO}	mg/L	0.10	1.0
$K_{O,H}$	mg/L	0.02	1.0

Note) ( ) methanol as C source, n.a, not available.
Ref) Barker and Dold(1997), Capuno et al.(2008), Henze et al.(2000), Melcer et al.(2003), US EPA(2010)

각 미생물 종류에 대한 동역학적 상수를 비교 정리하였다.

단축 질소 제거공정의 성공적인 운전은 일반적인 질소 순환과정(그림 11-78)에서 NOB 경로를 차단함으로써 달성 가능하다. NOB 성장을 억제하며 아질산염을 축적시키기 위한 인자로는 온도(>30°C), pH 증가(7.9-8.2), 용존산소(2～3 mg/L), 질산화 저해물질(free ammonia, free nitrous acid, salinity, organic & inorganic compounds), 충격 부하, 높은 슬러지 폐기율 등을 들 수 있다(Alleman, 1984; US EPA, 2010). SHARON 공정은 대표적인 아질산염 분로 공정으로, AOB와 NOB의 성장률 차이를 이용하여 AOB를 선택적으로 배양한다. 즉, 반응조 운전 시 30°C의 온도조건에서 SRT를 짧게 운전함으로써 NOB를 유출시켜 아질산염을 축적한다

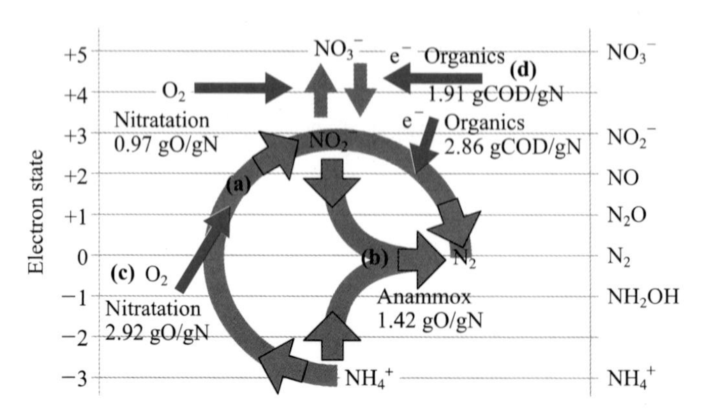

그림 11-78 질소 순환 (a: 아질산염 분로, b: 아나목스, c: 산소 유입, d: 유기물 유입)

(Hellinga et al., 1998).

동시 질산화-탈질(SNdN)공정은 용존산소가 충분히 낮은 활성슬러지(또는 생물막) 공정에서 슬러지 플록의 외부에서는 질산화가 발생하고 무산소 상태로 유지되는 플록 내부에서 탈질이 일어나는 경우를 말한다. SNdN은 일반적으로 SRT가 충분하고, 호기성 구역과 무산소 구역으로 구분되는 산화구(oxidation ditches)에서 일어난다. 이 시스템에서는 DO 침투와 탈질량에 영향을 미치는 플록의 크기가 중요한 인자이다.

탈암모니아(Deammonification) 공정은 혐기성 조건에서 아질산염을 이용하여 암모니아를 직접 제거하는 방법으로, 독립영양미생물을 이용하는 암모니아 질소 제거기술을 말한다(US EPA, 2010). 탈암모니아 공정은 혐기성 암모늄산화 반응을 이용하는 모든 공정을 포괄하는 의미이다. 혐기성 암모니아 산화를 간단히 아나목스(anammox)라고 부르며(Strous, et al., 1998), 이 반응은 다음 식으로 표현된다. 즉, 1몰의 NH_4-N 산화에 대하여 약 1.32몰의 NO_2-N가 환원되며, 0.26몰의 NO_3-N이 부산물로 발생된다.

$$NH_4^+ + 1.32NO_2^- + 0.13H^+ + 0.066HCO_3^- \rightarrow$$
$$1.02N_2 + 0.26NO_3^- + 0.066CH_2O_{0.5}N_{0.15} + 2.03H_2O \qquad (11.200)$$

탈암모니아 공정에서는 AOB에 의한 호기성 부분 아질산화(PN, partial nitritation) 공정과 혐기성 공정이 연결되는데, 전체적인 시스템의 구성은 기본적으로 부분 아질산화-아나목스(PN/A, partial nitritation/Anammox) 형태가 된다. 이 공정은 우수한 질소 제거효율과 경제성(< 60%)을 가지고 있지만, 아나목스 미생물의 증식시간이 매우 낮고(30°C에서 10～14일), 미생물이 유실되었을 때 일반적인 질소 제거공정에 비하여 충분한 회복기간이 필요하다는 단점이 있다. 또한 성장을 위한 최적 pH가 8로 pH 조정이 필요하다. SBR, MBBR, 혹은 GLLR(gas-lift-loop reactor)형상의 반응조들이 아나목스 미생물의 배양을 위해 주로 사용된다. 아나목스의 변형된 형태로 CANON, OLAND 및 DEMON 공정 등이 있다(Ahn, 2006; US EPA, 2010). 네덜란드 로테르담(Rotterdam)에서 첫 번째 실규모 반응조(2002)가 설치된 이후 2015년 기준 약 100기 이상의 PN/A 공정이 도시하수와 산업폐수의 처리를 위해 가동되고 있다(Lackner et al., 2014). 그 중 50% 이상이 SBR 형태이며, 약 88%가 단단 시스템으로 작동되고 있고, 약 75%가 슬러지 처리계통(sidestream)에 적용되고 있다. 표 11-73에는 아나목스 공정을 위한 부분 아질산화 공정의 성능이 비교되어 있다.

(14) 활성슬러지 모델과 시뮬레이션

1) 모델의 중요성

활성슬러지의 컴퓨터 모델링은 최근 하수처리 시스템의 설계(신규, 개선 및 확장 등)에 있어 중대한 영향을 미치고 있을 뿐만 아니라 실규모 공정에서는 폐수의 흐름 및 부하의 변화, 운영상의 수정 및 공정 구성에 대한 검토 등 다양한 영향을 평가하는 공정 최적화와 의사결정을 위한 주요 도구로 사용되고 있다. 또한 현장 운전자뿐만 아니라 관련 전공자들의 연구와 교육을

표 11-73 부분 아질산화 공정의 성능 비교

Reactor	Substrate	Influent NH_4-N (mg/L)	AOR[d]				Ref.
			AOR_L (mg N/L-h)	AOR_M (mg N/g VSS-h)	(%)	HRT(day)	
CSTR[a]	Synthetic	1545±20	62.5	–	42	0.42	Sliekers et al.(2003)
CSTR	Synthetic	500~1000	16.6~20.8	100~150	42~60	1.1	Mosquera-Corral et al.(2005)
CSTR	Urine	7300	32.5	–	47	[4.8][e]	Udert et al.(2003)
CSTR	Sludge liquor	1176	24.2	–	53	[1][e]	Van Dongen et al.(2003)
CSTR	Sludge liquor	417±14	12.7~15.9	64.1~89.7	45~64	[0.63~0.83][e]	Ahn & Choi(2006)
CSTR	Digester effluent	438±26	15.3~15.8	71~79	50~54	0.63	de Graaff et al.(2006)
CSTR	Digester effluent	1000	12.5~20	–	30~40	1	Mosquera-Corral et al.(2005)
SBR[b]	Synthetic	620~1200	3.13	–	85	1	Bagchi et al.(2010)
SBR	Synthetic	1000	2.08	0.67	22	–	Kual & Verstraete(1998)
SBR	Synthetic	2016	4.17	–	36~92	0.58~0.95	Third et al.(2001)
SBR	Urine	2240	11.7	–	51	[>30][e]	Udert et al.(2003)
SBR	Digester supematant	619~657	14.6	–	58	[0.85][e]	Fux et al.(2002)
SBR	Leachate	2237~4938	34.2	–	22~78	[6~8][e]	Ganiqué et al.(2009)
GLR[c]	Synthetic	29~200	29.2	5.42	34~99	0.17	Sliekers et al.(2002)
GLR	Sludge liquor	660±50	30.9	–	53	[1.7][e]	Third et al.(2001)
Biofilm	Synthetic	800~1000	10.2~57.2	–	49	–	Fux et al.(2004)
Biofilm	Sludge liquor	610±20	26	–	48	–	Fux et al.(2004)
Biofilm	Digester liquor	1400~1600	68.8	–	51	0.63~1	Yamamoto et al.(2011)
GLR	Recirculated liquor	394±12	13~19	203~302	44~65	0.67~1	Choi & Ahn(2014)
Biofilm	Recirculated liquor	396±3	19~24 (48)[f]	12.4~14.2	59~67	0.33~0.67 (0.17~0.33)[f]	Choi & Ahn(2014)

[a] CSTR, continuously stirred tank reactor.
[b] SBR, sequencing batch reactor.
[c] GLR, gas-lift reactor.
[d] Ammonia oxidation rate to convert from NH_4 to NO_2.
[e] [ ], solids retention time(SRT, day).
[f] ( ), based on liquid-phase volume.
Ref) Summarized by Choi and Ahn(2014)

위해서도 모델링은 매우 유용하게 사용되고 있다.

활성슬러지 공정에서 탄소성 물질의 제거뿐만 아니라 질산화, 탈질 그리고 과잉 인 제거(NDEBPR)를 통합할 경우 모델 시뮬레이션은 매우 유용할 뿐만 아니라 필수적이다. 그 이유는 시스템의 거동은 다양한 화합물과 각종 생물학적 반응(호기, 무산소 및 혐기성)을 동반하여 일어나고, 또한 그중 많은 경우가 상호작용하는 특성이 있기 때문이다. 시스템의 설계와 운전 및 제어는 복잡한 거동특성으로 인하여 기술적인 난이도가 더욱 높아졌다. 현재 활성슬러지 모델링의 방법으로는 역학적 모델(mechanistic models)을 사용하고 있다. 이러한 모델들은 시스템 내에서 발생하는 다양한 생물학적 반응에 대한 가설을 바탕으로 생물학적 상호작용을 효과적으로 나타낼 수 있는 통합된 수학적 표현을 사용하고 있다. 설계를 위해서는 기본적으로 정상상태 모델(steady state model)을 사용하지만, 시간에 따른 동적 시뮬레이션을 위해서는 동적 모델(dynamic model)이 필요하다.

2) 활성슬러지 모델의 발전

20세기 초 활성슬러지 공정이 개발된 이후 시스템의 설계는 경험적인 방법에 의존하였으나, 초기 접근법은 BOD와 MLSS를 기초로 한 정상상태의 모델이었다. 탄소성 물질(BOD)의 경우 슬러지 부하 개념(sludge loading concept, F/M)이, 그리고 질소의 생물학적 전환/제거에 대해서는 슬러지 일령 개념(sludge age concept, SRT)이 사용되었다.

국제수질오염협회(IAWPRC, IAWQ, 현재 IWA)는 1982년 탄소성 물질의 제거, 질산화 및 탈질화 반응이 통합된 활성슬러지 시스템의 모델링을 검토하기 위한 특별한 연구그룹을 조직하였다. 이후 약 4년의 연구결과 "IAWPRC 모델"의 예비 버전이 제출되었고(Grady et al., 1986), 남아공 UCT 대학 연구진(Dold and Marais, 1986)에 의한 포괄적인 평가와 제안(특히 유기성 질소의 거동부분)을 통해 ASM1(IAWPRC Activated Sludge Model No.1)의 최종 버전이 채택되었다(Henze et al., 1987). 이 모델에는 UCT 연구진에 의해 개발된 활성슬러지의 동적 모델(dynamic activated sludge model)이 중요한 영향을 주었다(Dold et al., 1980; van Haandel et al., 1981). UCT 연구진은 ASM1에 과잉 인 제거 모델(Wentzel et al., 1989)을 결합하여 NDEBPR 모델인 UCTPHO(1992)를 개발하였고, 광범위한 검증과정을 통하여 BNRAS 일반 모델(General model BNRAS)을 개발하였다(Barker and Dold, 1997). IAWQ 연구그룹 역시 NDEBPR 공정을 포함하여 확장된 ASM 모델을 개발하였는데, 초기의 개념적인 플랫폼인 ASM2로부터 개선된 ASM2d가 만들어졌다(Henze et al., 1999). 그림 11-79에 활성슬러지 모델의 발전과정이 요약되어 있다. 1980년대 후반부터 개발되기 시작한 활성슬러지 모델은 1990년대부터 점차 사용이 증가하여 오늘날에는 미국과 유럽 등 많은 나라에서 상용하는 수준으로 확대되고 있다.

현재까지 개발된 활성슬러지 모델은 ASM 종류(ASM1, ASM2, ASM2d, ASM3), 일반 모델이라 불리는 BioWin(EnviroSim Ltd), UCTPHO+(university of Cape Town), TUDP(metabolic bio-P model of the Delft University of Technology) 및 EAWAG bio-P model(Swiss Federal Institute of Aquatic Science and Technology)로 매우 다양하며, 필요에 따라 각 모델의 특징을 살려 서로 병합하여 구성하기도 한다.

3) 활성슬러지 모델의 특징

활성슬러지 모델은 유기물질(BOD와 COD) 제거, 질산화와 탈질, 그리고 Bio-P 제거와 관련된 다양한 공정들을 포함하고 있다. 이러한 공정들은 모두 기질의 전환과 바이오매스의 성장과 분해반응을 기초로 하고 있으며, 유출수의 수질, 산소요구량, 슬러지 생산량, 반응조 형상, 그리고 첨두용량을 평가하기 위해 사용된다. 일반적으로 모델링 결과는 5～25% 정도의 오류범위에

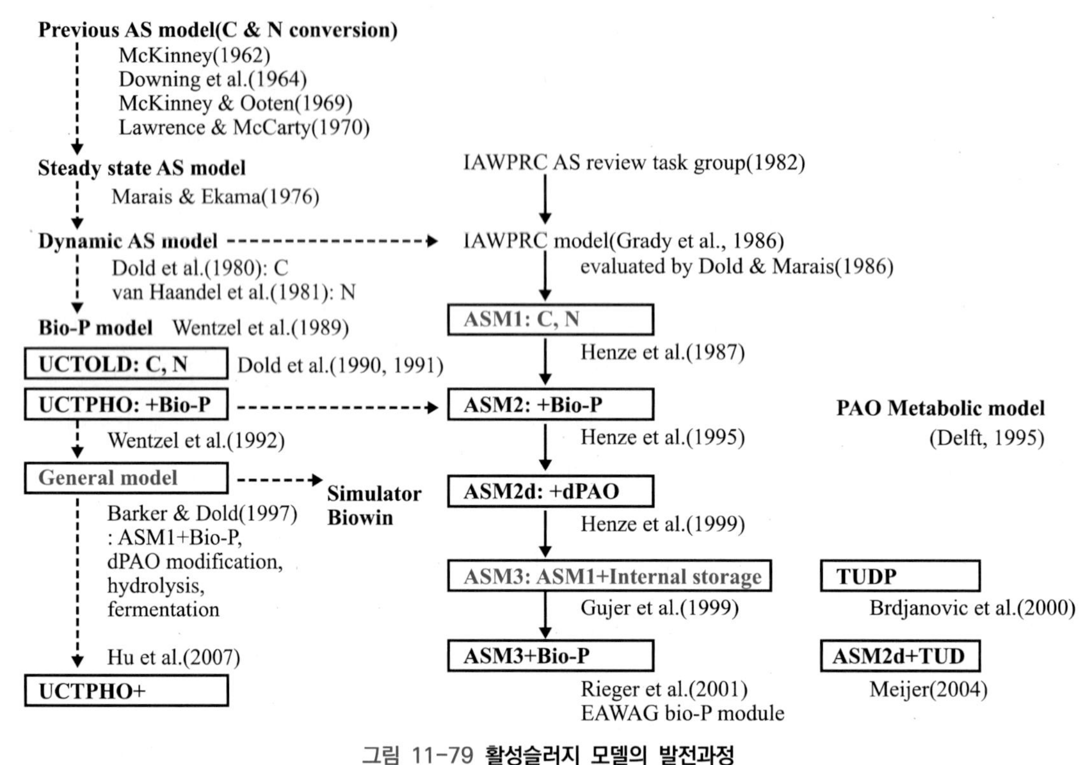

그림 11-79 **활성슬러지 모델의 발전과정**

해당하는 신뢰도를 가지고 있다.

ASM1은 COD 제거, 산소요구량, 박테리아 성장 및 바이오매스 분해에 대한 기본적인 모델이 통합되어 있으나, 인 축적 미생물의 역할이나 생물학적 인 제거와 질소 제거 사이의 관계 등은 포함되어 있지 않다. ASM2에는 생물학적인 인 제거 개념(PAO)이 포함되어 있으며, ASM2d는 호기성뿐만 아니라 무산소 환경에서의 인의 섭취 반응(dPAO)을 추가하여 확장된 것이다. 한편, 미생물의 성장을 사멸-재생산(decay-regeneration)과정으로 설명하는 ASM1과는 달리 1999년에 개발된 ASM3에서는 내생호흡과정으로 접근하는 차이가 있다. 즉, ASM1은 용존성 기질(S_S)이 미생물의 성장(X_H)에 직접 이용된다고 가정하지만, ASM3에서는 용존 기질이 미생물의 체내에 일시 저장(X_{STO})되었다가 다시 성장(X_H)에 이용하는 방식으로 적용하고 있다(그림 11-80).

NDEBPR 활성슬러지 모델은 생화학반응 외에도 다양한 공정을 포함하고 있고, 이와 관련한 유기체의 질량과 다수의 반응 양론(stoichiometry)과 동역학(kinetics)을 통합하고 있다. 표 11-74와 11-75는 각 모델에 포함된 공정의 종류(process type)와 변수(variables) 그리고 이와 관련한 매개변수(parameters)를 보여준다. 매개변수에는 반응 양론과 동역학 그리고 온도가 포함된다. 지금까지 개발된 다양한 활성슬러지 모델의 특징을 포함하여 변수와 매개변수의 특성과 그 적용성을 이해하기 위해서는 더 전문적인 문헌(Barker and Dold, 1997; Hauduc et al., 2013; Gernaey et al., 2004; Grady et al., 1986; Henze et al., 2008; Hu et al., 2003)을 탐독하기를 추천한다. 활성슬러지의 모델링을 위해서 폐수의 특성화는 매우 중요한데, 그 상세한 방법론은 11.2절에 정리되어 있다.

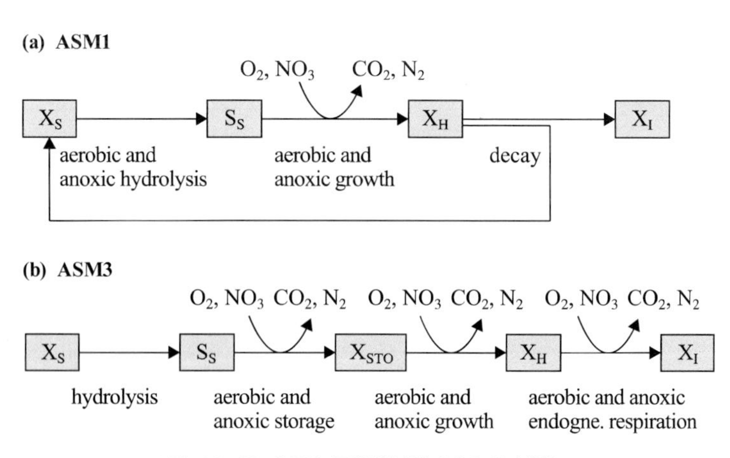

그림 11-80 ASM 모델에서의 COD의 분해

표 11-74 Overview of activated sludge models

Model	Nitrification	Denitrification	Heterotrophic /autotrophic decay	Hydrolysis	Bio-P	Den. PAOs	Lysis of PAO/PHA	Fementation	Chemical P removal	Reactions	State variables	Reference
ASM1	X	X	DR, Cst	EA						8	13	Henze et al.(1987)
ASM3	X	X	ER, EA	Cst						12	13	Gujer et al.(1999)
ASM2	X	X	DR, Cst	EA	X		Cst	X	X	19	19	Henze et al.(1995)
ASM2d	X	X	DR, Cst	EA	X	X	Cst	X	X	21	19	Henze et al.(1999)
General ASM	X	X	DR, Cst	EA	X	X	EA	X		36	19	Barker and Dold(1997)
TUDP	X	X	DR, Cst	EA	X	X	EA	X		21	17	Brdjanovic et al.(2000)
ASM3-bio-P	X	X	ER, EA	Cst	X	X	EA			23	17	Rieger et al.(2001)

Note) Den. PAO, denitrifying PAO activity; DR, death-regeneration concept; EA, electron acceptor depending; ER, endogenous respiration concept; Cst, not electron acceptor depending

Ref) Gernaey et al.(2004)

표 11-75 Process variables and parameters of activated sludge models

Models	Refs.	Substrates	# of processes	# of state variables	# of interacting processes versus variables	# of parameters												
									Stoichiometry					Kinetic				
						Total	Composition matrix parameters	Temperature adjustment	Hydrolysis	OHO	ANO	PAO	Biomass general	Hydrolysis	OHO	ANO	PAO	Biomass general
ASM1	Henze et al.(2000a)	CN	8	13	31	26	2	7	–	1	1	–	1	3	6	5	–	–
General ASM	Barker and Dold(1997)	CNP	36	19	153	81	16	18	2	5	2	8	–	4	9	5	11	1
ASM2d	Henze et al.(2000b)	CNP	21	19	136	74	13	12	1	1	1	3	1	6	12	6	18	–
ASM3	Gujer et al.(2000)	CN	12	13	72	46	8	10	1	4	1	–	1	2	13	6	–	–
ASM3+BioP	Rieger et al.(2001)	CNP	23	17	148	83	15	13	1	4	1	5	1	2	13	7	21	–
UCTPHO+	Hu et al.(2007)	CNP	35	16	169	66	12	10	–	3	2	7	–	–	13	4	14	1
ASM2d+TUD	Meijer(2004)	CNP	22	18	154	98	16	15	1	2	2	12	–	6	12	6	26	–

Ref) Hauduc et al.(2013)

표 11-76 활성슬러지 전용 시뮬레이터

Simulator	Academic		Industry	
	Software developer	Researcher	Consultant/ Process Engineer	Operator
Aquasim	O	O	-	-
AS40	-	O	O	-
Asim	O	O	-	-
BioWin	-	O	O	-
Crispisim	-	-	-	O
Daisy	-	O	O	-
Efor	-	O	O	-
GPS-X	O	O	O	-
WEST++	O	O	O	-
Simba	-	O	O	-
Simstep	-	-	-	O
Simworks	-	O	O	O
SSSP	-	-	O	-
UCT	-	O	O	-

4) AS 전용 시뮬레이터와 시뮬레이션

활성슬러지 전용 시뮬레이터는 최근까지 매우 다양하게 개발되어 있다(표 11-76). 이러한 시뮬레이터는 모두 고유의 장단점을 가지고 있으며, 다양한 활성슬러지 모델을 통합하여 사용하기도 한다. 도시폐수처리장을 위한 대부분의 시뮬레이터에는 ASM2d 모델(예: GPS-X, Stoat, EFOR)이 통합되어 있으나 BioWin 시뮬레이터는 일반 모델(Barker and Dold, 1997)을 기반으로 하고 있다. ASM2d 모델과는 달리 일반 모델은 무산소 성장에서 종속영양미생물의 상대적인 낮은 수율과 시스템 내에서 COD 물질수지 문제가 반영되어 있다는 특징이 있다.

그림 11-81에는 활성슬러지 공정을 이용하는 전형적인 하수처리시설의 시뮬레이션을 수행하는 데 필요한 기본적인 사항을 개략적으로 나타내고 있다. 시뮬레이터의 목적과 용도에 따라 대상 공정과 그 구성 그리고 운전조건 등에 대한 정보가 포함된다(Wilson and Dold, 1998). 시뮬레이션의 구성요소를 표 11-77에 정리하였으며, 그림 11-82에 개략적인 절차를 요약하였다.

일반적으로 다음과 같은 경우에 낮은 수준의 시뮬레이션 연구를 수행할 수 있다.

① 다양한 시나리오를 통한 기존 처리장의 최적화 연구(optimization studies)

② 개념적인 공정설계(conceptual process design): 가상적인 공정배열 구축, 새로운 운전전략 수립, 가능성 분석, 설계 대안에 대한 기술적 및 경제적 평가. 만약 현장에서 이용 가능한 자료가 없을 때 교정(calibration)이나 검증(validation) 평가는 불필요하다.

③ 비용 모의평가(cost simulation)

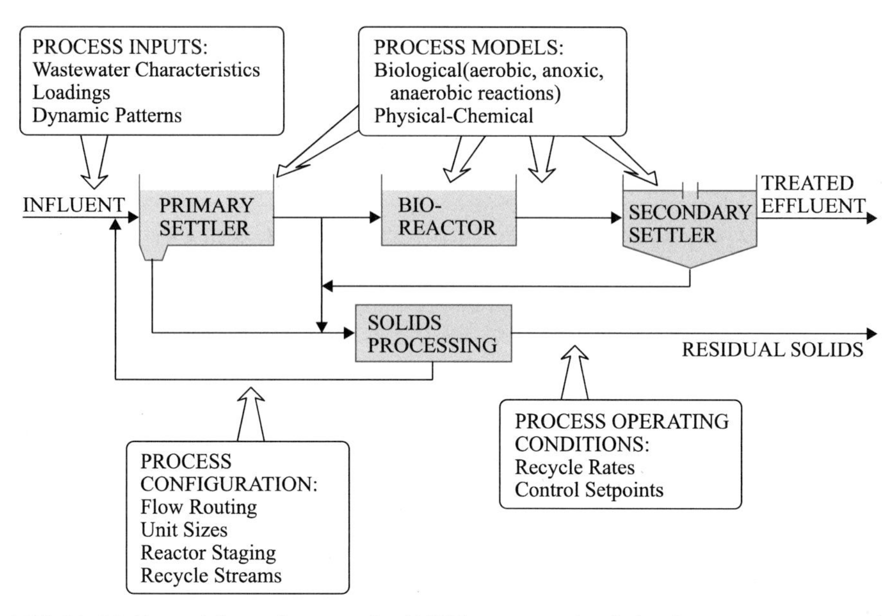

그림 11-81 **Essential requirement for WWT process simulation** (Wilson & Dold, 1998)

표 11-77 **시뮬레이션의 구성요소**

구성요소	주요 내용
Transport processes	Flow scheme, Aeration, Secondary clarifier sludge wasting
Biokinetic model	Definition of model compounds, Wastewater & biomass characterization, Transformation, Stoichiometry & Kinetic
Forcing functions	Influent, Pollutants, Temperature
Operating strategies	Process control
Software/numerics	Simulator
Parameter identification	Data calibration & Verification
Sensitivity analysis	

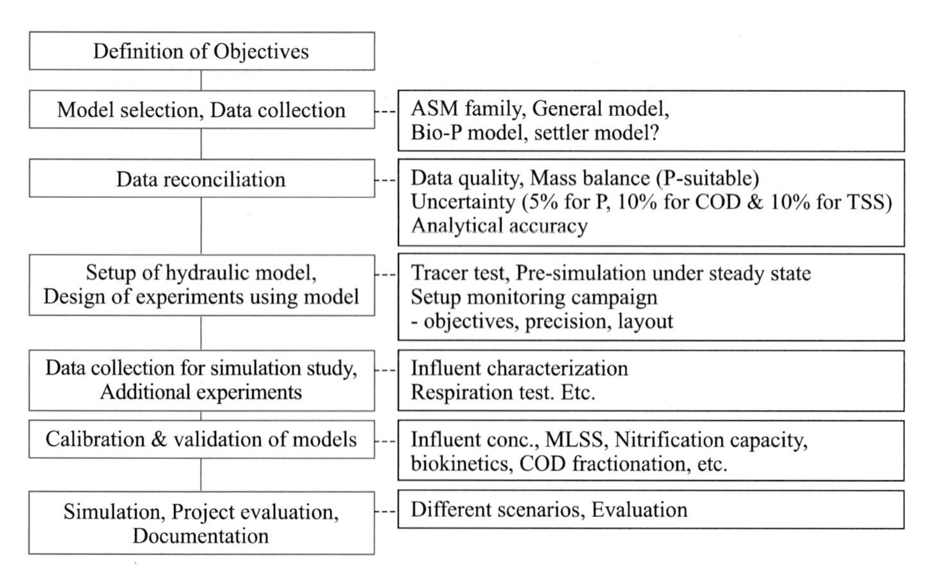

그림 11-82 **Simulation study protocol for good model practice** (Langergraber et al., 2004)

참고로 시뮬레이션의 방법론에 대한 상세한 내용은 관련 문헌(Hulsbeek et al., 2002; Langergraber et al., 2004)을 참고하기 바란다.

(15) 혐기성 하수처리

혐기성 공정을 도시하수처리에 이용하는 경우를 혐기성 하수처리(AST, anaerobic sewage/wastewater treatment)라고 부른다. 하수처리에 있어서 연속 흐름 활성슬러지 공정을 주로 사용하는 유럽과 우리나라와는 달리 아열대 지역 국가(브라질, 콜롬비아, 멕시코 및 인도 등)에서는 저농도 하수(~500 mg COD/L)의 2차 처리를 위해서도 혐기성 처리방법은 흔히 고려되는 기술이다(Giraldo et al., 2007; Sperling & Chernicharo, 2005; Van Haandel et al., 2006; Van Lier et al., 2008, 2010; Wett and Buchauer, 2003). 그 이유는 이 지역이 대부분 폐수의 온도가 비교적 높고(20°C 이상) 토지 이용이 용이하며, 에너지가 빈약하여 간단하고 에너지 소비가 적은 저비용의 유지관리가 간단한 기술이 주목받기 때문이다.

일반적으로 탄소와 에너지 흐름에 대한 관점에서 혐기성 처리와 호기성 처리는 그림 11-83과 같이 큰 차이가 있다. 호기성의 경우 유기물질의 양에 상응하는 폭기 에너지(1 kWh/kg COD)가 필요하고, 약 30~60%의 생물학적 슬러지가 발생한다. 반면에 혐기성 공정에서는 단지 5% 정도의 슬러지 발생과 함께 40~45 m^3/100 kg COD가 메탄 에너지로 얻어진다. 일반적으로 도시하수와 같은 저농도 희석폐수의 경우 메탄가스의 회수량은 이론값의 50~70% 정도에 지나지 않는데, 그 이유는 소화가스의 용해도(6.6절 참조) 때문이나 탈기(air stripping)방법에 의해 회수율을 증가시킬 수 있다.

표 11-78에는 하수처리에 있어 호기성 방법에 대한 혐기성 공정의 장단점을 비교하였다. 혐기성 공정이 호기성에 비해 처리효율이 낮다는 지적에 대해서는 근본적인 의문이 있다. 동일한 운전조건을 가정할 때 호기성 처리와 비교하여 혐기성 처리가 동일한 수준의 처리수를 생성하기 어렵다는 본질적인 이유는 없다. 그러나 실제 혐기성 공정으로 도시하수를 처리하는 경우 2차처리수의 목표(< 20 mg BOD/L)를 달성하기 위해서는 일반적으로 후처리가 필요하다. 특히 영양소제거 공정에서는 유입수의 유기물질 함량이 매우 중요한데, 혐기성 처리를 하게 되면 영양소제거를 위한 유기물질의 양은 절대적으로 부족하게 된다. 이러한 배경에서 혐기성 탈암모니아

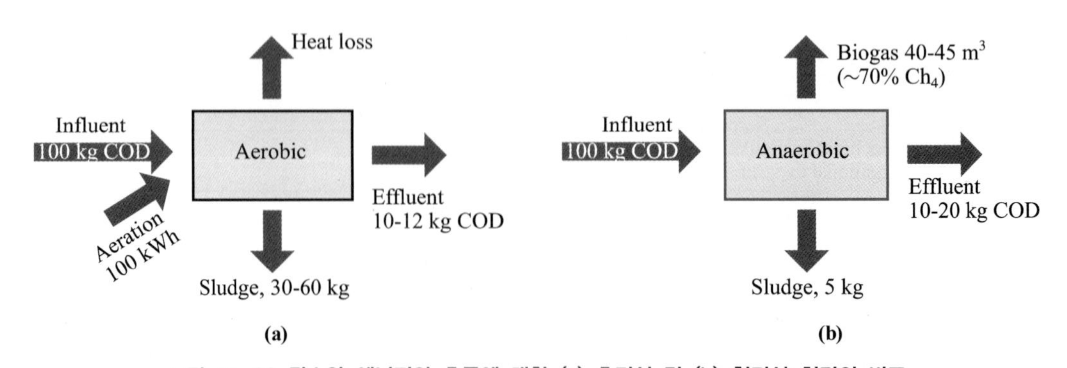

그림 11-83 **탄소와 에너지의 흐름에 대한 (a) 호기성 및 (b) 혐기성 처리의 비교**

표 11-78 **하수처리에서 호기성에 대한 혐기성 공정의 장점과 단점**

장점	단점
• 호기성 처리에 비해 처리장치가 간단해 초기 투자비용이 낮다. • 폭기 등의 에너지가 불필요하므로 운영비가 크게 절약된다. • 반응산물인 메탄 에너지의 회수와 이를 이용한 전기생산이 가능하다. • 높은 부하율(수리학적 및 유기물)에서도 안정적인 운전이 가능하다. • 시스템의 수리학적 체류시간은 보통 6～9시간으로 짧다. • 슬러지는 생산량이 낮고 안정화와 탈수가 효과적이다. • 영양소(N 및 P)가 보존되어 경작용 관개용수로 처리수의 재사용이 가능하다.	• 혐기성 공정은 호기성에 비해 일반적으로 처리수의 수질이 낮아 처리수의 배출규제 혹은 재사용 기준을 충족하기 위해서는 적절한 후처리가 필요하다. • 총 메탄 회수율을 높이려면 처리수 내 용해된 메탄 회수를 위한 추가적인 기술이 필요하다. • 중온에서 저온까지 실규모 적용에 대한 경험이 부족하다. • 유출수에 용해된 환원가스(H_2S)는 악취와 부식 문제를 야기할 수 있다. • 유입하수에 고농도의 황산염(SO_4^{2-})이 포함되어 있다면 이는 유기성 BOD/COD를 무기성 성분으로 전환시켜 혐기성 하수처리의 적용성을 제한할 수 있다.

표 11-79 **혐기성 하수처리에서 생물반응조의 배열 예**

주처리 공정 : Anaerobic	후처리 공정 : Aerobic
AUSB(anaerobic upflow sludge bed)	Stabilization ponds (Lagoon)
- UASB, EGSB	Trickling filters with settler
ABR(anaerobic baffled reactor)	Activated sludge (Conventional, SBR)
HRAP(high rate anaerobic ponds)	Biological aerated filters
Fixed bed	Coagulation/dissolved Air Flotation

Ref) Chernicharo(2006), Giraldo et al.(2007)

공정과 같은 독립영양 질소 제거기술의 필요성이 강조된다.

혐기성 하수처리는 주로 아열대 지역 국가들에서 주로 연구가 이루어졌다. 혐기성 공정을 도시하수의 2차처리에 적용할 경우 생물반응조의 기본적인 구성은 혐기성 공정을 주처리 공정으로 하고, 방류수 목표수질을 달성할 수 있는 호기성 공정을 후처리 공정으로 하여 조합한다(표 11-79). 혐기성 공정에는 완전혼합형 고율 혐기성 안정화지(HARP, high rate anaerobic ponds), 상향류 입상슬러지상(AUSB, anerobic upflow sludge bed) 및 고정상(fixed bed) 등의 기술이 적용된다. 후처리 공정으로는 주로 활성슬러지(CAS, SBR), 살수여상, 산화지 및 응집/공기부상 등과 같이 전자수용체로 산소를 사용하는 기술들을 사용한다. 이러한 공정들은 이미 지난 30년 이상 라틴아메리카 지역에서 많은 실규모 적용 실적을 가지고 있는 기술이다.

주처리 공정인 혐기성 하수처리(AST)공정은 고급 1차처리시스템(advanced primary treatment system)으로, 간단하고 에너지 효율적인 저온 혐기성 소화(low temperature anaerobic digestion)와 농축(thickening)기능을 갖는다. 따라서 대부분 1차 침전지를 생략하는 경우가 많다. 그림 11-84에는 고율 혐기성 처리기술을 이용한 하수처리의 공정계통을 예를 들어 나타내었다(Van Lier et al., 2010).

AST 공정에서 주요 제거대상은 하수 내에 포함된 CBOD와 부유물질(SS)로, 통상적인 제거효율은 대체로 70～75% 정도이다. 이 과정에서 단백질은 가수분해(hydrolysis) 반응을 통해 암모니아가 생성되어 가용화(solubilization)된다. 인(P) 또한 유사한 경로로 가수분해되지만, 낮은

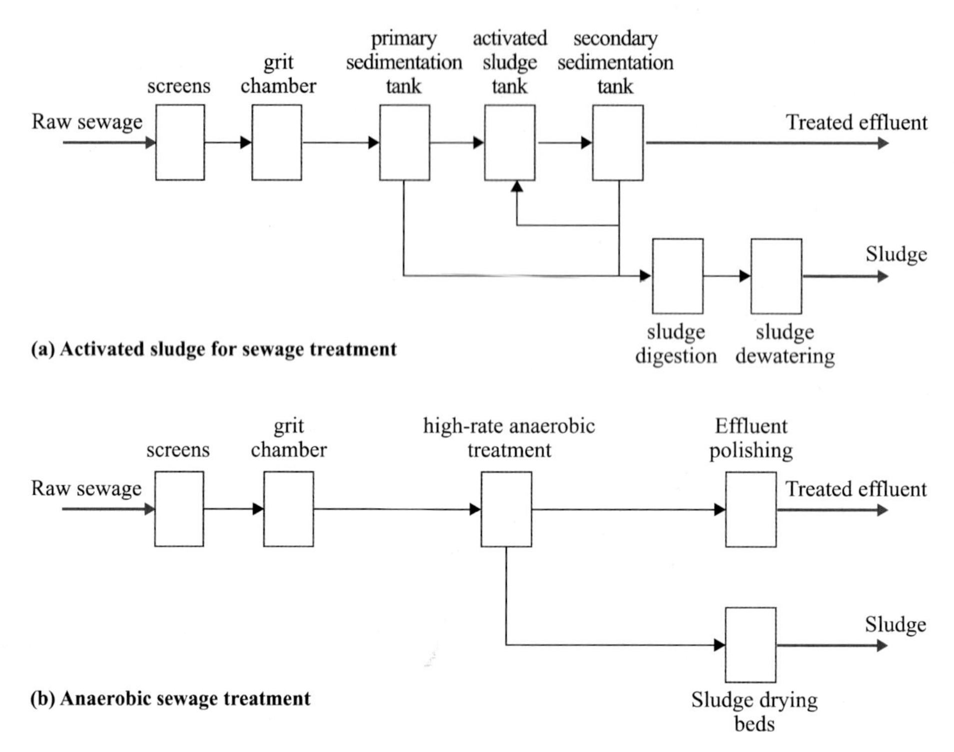

그림 11-84 고율 혐기성 처리기술을 이용한 하수처리의 예 (Van Lier et al., 2010)

세포합성으로 인해 총인(TP)의 제거효율은 매우 낮으며, 유출수 내 용존성 인(ortho-P)의 농도는 오히려 증가한다. 미처리된 CBOD의 대부분은 콜로이드 형태로, 처리수의 N/BOD와 P/BOD의 비율은 크게 증가하게 된다. 유출수의 이러한 특성은 질산화를 위해서는 유리하지만, 만약 방류수에 영양소(N, P)제거에 대한 규제가 있다면, 추가적인 외부탄소원의 첨가 없이 탈질이나 생물학적 인 제거를 달성하기는 어렵다. 이에 대한 대안으로 외부탄소원 제공의 한 방편으로 바이오가스를 적용하기도 하였다(Thalasso et al. 1995; Werner & Kayser, 1991). 그러나 AST를 조합하는 하수처리시스템은 투자비 절감(최대 50%), 단순성과 낮은 운전비 등과 같은 다양한 장점에도 불구하고, 여전히 이 기술은 영양소제거가 어렵다는 근본적인 한계를 가지고 있다.

참고로 도시하수처리에 적용된 실규모 UASB 공정의 운전특성을 표 11-80에 요약하였다. 적용된 체류시간은 5～42h의 범위이며, 제거효율은 COD 30～82%, BOD 40～93%, 그리고 TSS는 46～80% 정도의 범위를 보이고 있다.

저농도 하수(300 및 500 mg COD /L)를 처리하는 실험실규모 UASB 반응조의 운전결과를 보면, 유기물질 제거효율은 유입수의 COD 농도보다 운전온도에 더 많은 영향을 받는다는 것을 알 수 있다(그림 11-85). 중온(35°C)의 온도조건에서는 6 kg COD/m^3/d(HRT = 2h)의 부하율에 이르기까지 약 80% 이상의 안정된 COD 제거효율을 보였고, 부하율을 10 kg COD/m^3/d로 증가시켰을 때 효율은 약 70% 정도로 감소하였다. 반면에 25°C 조건의 경우는 60% 이상의 COD 제거효율을 얻기 위해 최소 2h 이상의 체류시간이 필요하며, 그 이하의 HRT에서는 유출수 수질은 악화되었다. 메탄가스 생성량은 1 g COD 제거당 0.12～0.17 L CH_4(함량 약 60%) 정도였고,

표 11-80 하수처리를 처리하는 실규모 UASB 공정의 운전특성

Place	Vol. (m^3)	HRT (h)	제거효율		
			COD (%)	BOD (%)	TSS (%)
Cali, Columbia	64	6~8	75~82	75~93	70~80
Italy	336	12~42	31~56	40~70	55~80
Kanpur, India	1,200	6	74	75	75
Sao Paulo, Brazil	120	5~15	60	70	70
Bucaramanga, Colombia	3,360	5	45~60	64~78	60
Sumare, Brazil	67.5	7	74	80	87
Kanpur, India	12,000	8	51~63	53~69	46~64
Mirzapur, India	6,000	8	62~72	65~71	70~78
Brazil	477	13	68	NP	76

Note) Temp.=15~20°C

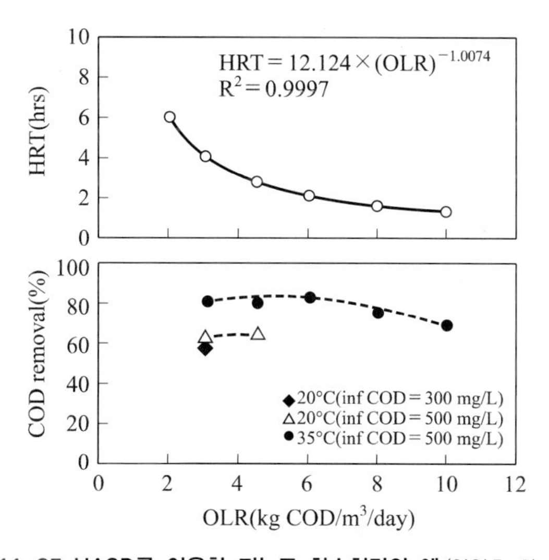

그림 11-85 UASB를 이용한 저농도 하수처리의 예 (안영호 외, 2002)

처리수 내 용해성 미생물학적 산물(SMPs, soluble microbial products)은 유출수 COD의 약 20~50% 정도였다(안영호 외, 2002).

SMPs는 생물학적 기질 대사와 미생물의 분해과정에서 생성되는 중간 복합화합물로 정의된다. 이러한 SMPs의 분해도는 일반적으로 호기성 상태보다 혐기성 상태에서 더 낮으며, 이는 처리수의 수질에 직접적으로 영향을 미치게 된다(Langenhoff and Stuchey, 2000). 저농도폐수를 처리하는 혐기성 처리공정에서는 유출수 수질의 향상을 위해 짧은 체류시간으로 운전되는 혐기성 혹은 호기성 여과공정(polishing filter)이 적용 가능하다. 특히 도시하수 원수를 처리하는 혐기성 여과필터는 30 mg BOD/L 이하의 처리수질을 달성할 수 있다(Heather, 2001).

예제 11-11 메탄가스 생성량

혐기성 반응조의 운전조건이 아래와 같을 때 메탄 발생량을 평가하시오.

운전조건

운전온도 = 25°C

유량 = 10,000 m^3/d

유입수 bCOD = 500 mg/L

bCOD 제거효율 = 60%

미생물 합성계수 = 0.04 g VSS/g bCOD

미생물의 산소당량(f_{CV}) = 1.42 g COD/g VSS

메탄함량 = 65%

풀이

1. 정상상태의 COD 물질수지

유입수 COD = 유출수 COD + 세포로 전환된 COD + 메탄으로 전환된 COD

$COD_{in} = COD_{eff} + COD_{VSS} + COD_{CH4}$

$COD_{in} = (10,000)(500)(10^{-3}) = 5,000$ kg COD/d

$COD_{eff} = (1 - 0.6)(5,000) = 2,000$ kg COD/d

$COD_{VSS} = (5,000)(0.6)(0.04)(1.42) = 170.4$ kg COD/d

$COD_{CH4} = 5,000 - 2,000 - 170.4 = 2,829.6$ kg COD/d

2. 25°C에서의 메탄 발생량

1) 1 atm, 25°C에서 메탄가스의 1몰당 부피

$V = nRT/P$

$= 24.45$ L/mol

여기서, $R = 0.082057(atm \cdot L/mol \cdot K)$

2) 메탄으로 전환된 COD의 메탄 당량

= (24.45)/(메탄의 산소당량)

= 0.382 L CH_4/g bCOD 제거

여기서, 메탄의 산소당량 = 64 g COD/mol CH_4

3. 가능한 메탄 발생량

= (2,829.6)(0.382)

= 1,080.6 m^3 CH_4/d

= (1,080.6)/0.65

= 1,662.9 m^3 gas/d

11.6 소독

(1) 소독의 필요성

도시하수는 발생과 이송과정에서 각종 박테리아(Coliform, Salmonella, Shigella 등)와 원생동물(protozoa), 기생충(Helminth Parasites) 및 바이러스 등 상당량의 병원성 미생물을 포함하게 된다. 대표적으로 사람의 분변 1 g에는 대략 10^{12}마리의 생물체가 존재하며, 이 중에서 총 대장균은 10^7~10^9마리, 그리고 분변성균은 10^6~10^9 정도가 포함되어 있다. 표 11-81에는 도시하수처리시설에서 분석된 전형적인 지표 미생물의 농도와 그 제거효율이 정리되어 있다. 이 자료에서 보는 바와 같이 하수처리시설은 비록 높은 효율로 각종 병원성 세균들을 제거하고 있지만, 2차 처리 방류수는 위생적으로 충분히 안전하다고 할 수 없다. 따라서 하수처리에서 소독(disinfection)을 시행하는 목적은 최종 방류수에 생존 가능한 병원성 미생물을 사멸시켜 처리수의 지속 가능한 위생상의 안정성을 확보하는 데 있다.

우리나라의 현행 방류수 기준에 따르면 공공 하수처리시설은 총 대장균 1,000마리/mL 이하, 그리고 폐수종말처리시설과 분뇨처리시설은 총 대장균 3,000마리/mL 이하로 규정되어 있다[지표미생물에 대한 상세한 내용은 7.2절의 (7) 참조]. 참고로 미국은 2001년 이후 수정된 연방규정(40 CFR 133)에 따라 총 대장균(TC)은 ≤2.2~10,000 MPN/100 mL, 그리고 분변성 대장균(FC)은 ≤2.2~5,000 MPN 100 mL으로 규제하고 있다(US EPA, 2001). 여기서 농도 범위가 큰 폭으로 정의되어 있는 이유는 각 지역별 특성과 계절의 영향을 고려하고 있기 때문이다. 비록 각 주별 기준은 다르지만, 방류수에 대한 일반적인 기준은 200 MPN FC/100 mL로(MetCalf & Eddy, 2003) 우리나라보다 더 엄격하게 규제하고 있다.

표 11-81 도시하수처리시설에서의 전형적인 지표 미생물 농도와 처리효율

종류	유입 하수 (no./100mL)	제거효율(%)		2차처리수 (no./100mL)
		1차처리	2차처리(AS)	
Total Coliform	$>10^6$	<10	90~99	0.45×10^5~20×10^5
Fecal Coliform	0.34×10^6~49×10^6	35	90~99	0.11×10^5~16×10^5
Fecal Streptococci	0.64×10^5~45×10^5	n.a.	n.a.	0.2×10^4~15×10^4
Virus	0.5×10^4~1×10^4	<10	76~99	0.05×10^3~1×10^3
Enteric Viruses	24×10^4	n.a.	n.a.	n.a.
Salmonella sp.	2.0×10^4	15	96~99	12~570
Shigella sp.	n.a.	15	91~99	n.a.
Escherichia coli.	n.a.	15	90~99	n.a.
Entamoeba histolytica	1.5×10^1	10~50	10	n.a.
Helminth Ova	2.5×10^2	72~98	none	n.a.
Amoebic Cysts	n.a.	little	none	n.a.
Mycobacterium	2.0×10^2	48~57	~87	n.a.

Note) n.a., not available; Ref) 환경부(2011)

하수처리에 있어서 소독의 목표나 방법은 정수처리의 경우와 크게 다르지 않다. 소독방법으로는 일반적으로 물리적 방법(가열, UV, 감마선, X선), 화학적 방법(할로겐족 및 비할로겐족 산화제, 금속, 계면활성제, 이온교환체), 그리고 생물학적 방법(박테리오파지, 살생물제) 등 매우 다양하다. 적절한 소독방법의 선택은 일반적으로 방류 수역의 특성과 경제성, 안정성 그리고 효율성에 초점을 두고 이루어진다.

다양한 소독방법 중에서 통상적으로 하수의 소독을 위해 고려되는 방법으로는 염소, 이산화염소, 오존, 그리고 자외선 조사법 등이다. 단, 염소계 소독의 경우에는 잔류 염소로 인한 2차 오염(THM)에 대한 대책(탈염소화)이 필요하며, 오존의 경우에는 잔여 오존의 제어방안과 충분한 경제성 검토가 요구된다. 또한 자외선 소독의 경우에는 처리장의 시설용량을 고려하여 UV 접촉방식에 따라 시설비 및 유지관리비(유량, 체류시간, UV 조사 강도)에 대한 검토가 필요하다. 일반적으로 단순 소독이 필요한 처리장의 경우에 오존 소독은 특별한 경우를 제외하고는 채택하지 않는다. 또한 소독부산물(DBPs)에 대한 유해성 이슈로 인하여 과아세트산(PAA, peracetic acids, CH_3CO_3H)과 펄옥손(peroxone: $O_3 + H_2O_2$) 등과 같은 결합형 고도산화기술(AOPs)이 기존의 소독방법을 대체할 수 있는 방안으로 평가받고 있다(US EPA, 1999).

소독의 기본 원리와 방법론에 대한 상세한 내용은 이미 8.8절에서 다루었으므로 이를 참고로 하고, 여기에서는 하수처리와 관련한 부분만을 선별하여 설명한다.

(2) 염소에 의한 소독

하수는 본질적으로 다양한 유기성 및 무기성 오염물질을 포함하고 있다. 따라서 하수에 염소를 주입하면 여러 가지 반응이 동시에 일어나게 된다. 특히 염소의 특성, 온도, pH, 하수의 완충능력, 그리고 오염물질의 종류와 특성 등은 반응에 직접적인 영향을 끼치게 된다. 염소(Cl_2)는 수중에서 가수분해와 이온화 반응을 통해 살균 효과를 가지는 차아염소산(HOCl)과 차아염소산 이온(OCl^-)을 생성하며, 그 생성 비율은 수용액의 pH에 의하여 결정된다. 특히, 하수 속에 포함되어 있는 환원 상태의 무기물질(S^{-2}, HS^-, SO_3^{-2}, NO_2^-, Fe^+ 등)은 빠른 속도로 염소와 반응하여 염화물을 형성하게 된다. 염소는 또한 암모니아와 반응하여 클로라민(chloramine) 화합물을 형성하며(파과점 염소화 반응), 그 외 아미노산, 단백질, 그리고 페놀(phenol) 등의 물질과도 쉽게 반응한다. 결국 이러한 반응들은 목표로 하는 소독의 효과를 저감시키게 되고, 염소의 소모량을 불필요하게 증가시키는 작용을 한다. 표 11-82에는 하수의 구성요소가 염소 소독에 미치는 영향을 설명하고 있다.

발암성 부산물질의 위해성과 환경에 미치는 2차 독성, 그리고 수생 생물에 대한 악영향 등을 이유로 직접적인 염소 소독은 점차 재고되고 있다. 염소 처리된 하수 방류수는 수생 생물에 대하여 급성 및 만성 독성을 나타내기도 하고, 물고기의 다양성에도 악영향을 미칠 수 있다. 대장균의 경우는 염소처리가 가능하지만, 바이러스는 염소처리보다 흡착반응이 더 유효하다. 하지만 *E. Histolytica*와 장티푸스 병원균의 제거를 위해서는 염소처리가 효과적이지 못하다(표 11-81).

표 11-82 **하수 구성요소와 염소 소독에 미치는 영향**

구성물질	효과
BOD, COD, TOC 등	• BOD와 COD로 나타나는 유기물은 염소 요구량을 유발. • 그들의 화학적 구조와 기능적 그룹에 따른 방해의 정도에 차이가 있음.
휴믹물질	• 잔류염소로 측정되지만 소독의 효율은 없는 유기 염소화합물의 생성에 의한 염소의 효율 감소.
오일과 그리스	• 염소의 요구량을 유발.
TSS	• 박테리아의 보호.
알칼리도	• 효과가 없거나 아주 작음.
경도	• 효과가 없거나 아주 작음.
암모니아	• 염소와 결합하여 클로라민 생성
아질산염	• 염소에 의해 산화되고, N-nitrosodimethylamine(NDMA)의 생성
질산염	• 클로라민이 생성되지 않기 때문에 염소량은 감소. 완전한 질산화는 유리염소의 존재로 인하여 NDMA의 생성을 유도. • 부분적인 질산화는 적당한 염소량을 알아내는 데 어려움을 야기.
철	• 염소에 의해 산화됨.
망간	• 염소에 의해 산화됨.
pH	• 차아염소산과 차아염소산염의 분포에 대한 영향.
산업폐수	• 구성물질에 따라 염소요구량에 있어서의 일별, 계절별 변화 존재.

Ref) Metcalf & Eddy(2003)

일반적으로 병원균들은 염소처리에 대하여 대장균보다 강한 내성을 보이므로 처리수 내 대장균이 검출되지 않더라도 병원균은 존재할 가능성이 높다.

도시하수의 소독처리를 위해 필요한 일반적인 염소주입량은 표 11-83과 같다. 보통 약 15분의 접촉시간에서 잔류 염소농도가 0.1 mg/L 정도이면 대장균을 사멸할 수 있다. 만약 처리수 내 질산성 질소가 존재할 경우에는 염소소요량도 증가한다. 염소 주입에 따라 알칼리도의 소모(1.4 mg $CaCO_3$/mg Cl)와 pH 저하가 일어나므로 이에 대한 고려도 필요하다.

소독공정의 제어를 위한 C·T(concentration×time) 개념의 사용은 하수처리 분야에서도 보편적으로 사용된다. 그러나 문헌상의 이 값들은 대부분 실험실의 통제된 조건 하에서 수행된 회분

표 11-83 **도시하수처리를 위한 염소주입량**

대상	염소주입량(mg/L)	
	우리나라(환경부, 2011)	WEF(1998)
유입 하수	7～12	n.a.
전염소처리	n.a.	6～40
1차처리수	7～10	5～24
활성슬러지 처리수	2～4	2～9
여과수	n.a.	1～6

Note) n.a., not available.

표 11-84 각종 병원균의 불활성화를 위한 C·T값의 추정치 비교(여과된 2차처리수, pH=7, T=20°C 기준)

소독제		단위	불활성화			
			1-log	2-log	3-log	4-log
Bacteria	유리염소	mg·min/L	0.1~0.2	0.4~0.8	1.5~3	10~12
	클로라민	mg·min/L	4~6	12~20	30~75	200~250
	이산화염소	mg·min/L	2~4	8~10	20~30	50~70
	오존	mg·min/L		3~4		
	UV조사[a]	mg·min/L		30~60	60~80	80~100
Virus	유리염소	mg·min/L		2.5~3.5	4~5	6~7
	클로라민	mg·min/L		300~400	500~800	200~1200
	이산화염소	mg·min/L		2~4	6~12	12~20
	오존	mg·min/L		0.3~0.5	0.5~0.9	0.6~1.0
	UV조사[a]	mg·min/L		20~30	50~60	70~90
Protozoan cysts	유리염소	mg·min/L	20~30	35~45	70~80	
	클로라민	mg·min/L	400~650	700~1000	1100~2000	
	이산화염소	mg·min/L	7~9	14~16	20~25	
	오존	mg·min/L	0.2~0.4	0.5~0.9	0.7~1.4	
	UV조사[a]	mg·min/L	5~10	10~15	15~25	

Ref) Mongomery(1985), U.S. EPA(1986), U.S. EPA(1999b)
[a] UV 사용량 = UV강도 × 시간

표 11-85 총 대장균을 이용한 하수의 염소주입량(접촉시간 30분)

하수의 형태	초기 대장균 수 (MPN/100 mL)	염소주입량(mg/L)			
		유출수 기준(MPN/100 mL)			
		1000	200	23	≤2.2
원수	$10^7 \sim 10^9$	15~40			
1차유출수	$10^7 \sim 10^9$	10~30	20~40		
살수여상 유출수	$10^5 \sim 10^6$	3~10	5~20	10~40	
활성슬러지 배출수	$10^5 \sim 10^6$	2~10	5~15	10~30	
여과된 활성슬러지 배출수	$10^4 \sim 10^6$	4~8	5~15	6~20	8~30
질산화 배출수	$10^4 \sim 10^6$	4~12	6~16	8~18	8~20
여과된 질산화 배출수	$10^4 \sim 10^6$	4~10	6~12	8~14	8~16
정밀여과 배출수	$10^1 \sim 10^3$	1~3	2~4	2~6	4~10
역삼투(유리염소기준)	~0	0	0	0	0~2
부패조 배출수	$10^7 \sim 10^9$	20~40	40~60		
간헐적 모래여과 배출수	$10^2 \sim 10^4$	1~5	2~8	5~10	8~18

Ref) U.S. EPA(1986); White(1999)

식 반응조의 운전 결과이며, 순수배양으로 얻어진 미생물을 사용하고, 미생물 성장을 위해 완충액을 사용하였으므로 실제 현장의 결과와는 차이가 있을 수 있다는 점에 주의하여야 한다. 표 11-84에는 각종 소독방법에 대한 상대적인 소독 효과가 비교되어 있다.

표 11-85에는 총 대장균을 기준으로 수행된 염소주입량과 소독 효과를 보여주고 있다. 이 결과 역시 현장에서 염소요구량을 결정하기 위한 초기 예측자료로 사용할 수 있다.

고체상[차아염소산나트륨(NaOCl)과 차아염소산칼슘($Ca(OCl)_2$)]과 액체상(bleach)으로 존재하

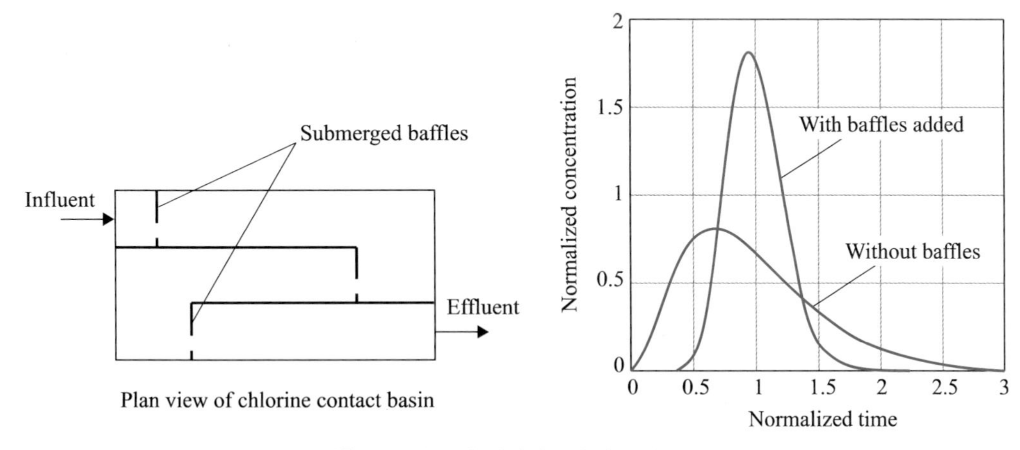

그림 11-86 **염소 접촉조 개략도 및 칸막이 사용의 효과** (Metcalf & Eddy, 2003)

는 차아염소산염은 일반적으로 사용되는 염소가스보다 비경제적(4～5배)이지만 더 안전하며 취급이 비교적 용이하다. 그러나 차아염소산염은 상온에서 불안정한 화합물이며, 강한 알칼리성으로 자외선과 온도 증가에 따라 분해가 가속화되는 단점이 있다. 물론 가용 염소(available chlorine)의 함량에 따라 다르지만, 통상적으로 가용 염소가 10～15%인 경우 차아염소산염은 저장보관은 최장 60～90일 정도이다. 차아염소산나트륨은 시판되는 제품을 구입하여 사용하거나 현장에서 해수를 전기분해하여 제조하여 사용하기도 한다.

염소소독시스템은 통상적으로 유입-염소 주입조-접촉조-유량측정장치(파샬 플룸)-유출 순으로 구성된다. 염소 주입조에서는 충분한 살균 효과를 얻기 위해 주입되는 염소가 잘 혼합되도록 해야 하고(혼합시간 3초, G = 500/sec), 반응조는 단락류나 사역(dead space)이 발생되지 않도록 플러그 흐름을 위해 길이/폭의 비를 40/1 이상으로 하며 중간 칸막이(baffle)를 설치하기도 한다(WEF, 1998). 그림 11-86은 염소 접촉조의 개략도와 칸막이의 사용에 대한 수리학적 효과를 보여준다.

우리나라의 시설기준에 따르면 염소 접촉조는 계획1일 최대오수량(합류식에 있어서는 우천시를 고려)으로 계획하고, 충분한 살균 효과를 위해 접촉시간을 최하 15분 이상으로 제안하고 있다. 또한 하수에 염소를 주입함에 따라 고형물의 침전성이 향상되므로 침전물의 효과적인 제거를 위해 슬러지 제거시설을 갖추거나 복수(2기)의 접촉조를 준비하여 교대 운전을 하도록 제안하고 있다. 그 외 염소주입장치, 염소저장(염소가스, 액체염소), 중화설비, 잔류염소 측정장치, 가스누출감지 및 안전장치 등의 시설이 필요하다.

(3) 이산화염소에 의한 소독

이산화염소는 염소와 동등 이상의 소독력을 가진 소독제로 특히 바이러스의 불활성화를 위해서는 염소보다도 더 효과적이다. 우수한 살균 효과 외에도 이산화염소는 살균 속도, 광범위한 pH 범위 그리고 효율성 및 선택성 등의 다양한 고유의 장점이 있으며, 열처리, 자외선 조사, 오

표 11-86 이산화염소와 염소의 특성 비교

특성	이산화염소	염소
사용상태	완충용액	액화가스
살균력(대장균 99% 이상 살균기준)	pH = 8.5에서 0.25 ppm 주입 시 20초 내	pH = 8.5에서 0.5 ppm 주입 시 60초 내
냄새 발생 농도	17 ppm부터	0.35 ppm부터
THM 생성농도	없음	10시간 반응 시 0.25 mol/L
음료수 살균 시의 사용농도	0.1에서 0.2 ppm	0.2에서 0.4 ppm
산화력(이론치)	염소의 2.5배	1.0

Ref) Simpson et al.(1995)

존 등의 소독방법과는 달리 지속적인 소독력도 가지고 있다. 그러나 일반적인 염소가스의 경우에 비하여 경제성이 다소 떨어지고 사용 시 안전상의 주의가 필요하지만, 염소계 소독제가 가지고 있는 단점을 보완하는 특징이 있어 흔히 대체 소독제로 분류된다.

이산화염소는 물에 쉽게 녹고, 냄새가 없으며, 산화력이 강하고, pH의 영향을 받지 않을 뿐만 아니라, 할로겐 화합물을 생성하지 않는다. 그러나 불안한 가스 상태로 인하여 저장 운반이 불가능하고, 일정 농도 이상에서는 폭발 위험성이 있다. 또한 공기 또는 햇볕에 노출될 경우 쉽게 분해되기 때문에 대부분 현장에서 제조하여 완충용액 상태로 사용한다. 이론적으로 염소 1 kg당 1.81 kg의 이산화염소를 생산할 수 있다. 안정성을 고려하여 생성된 이산화염소의 농도는 10% (부피기준) 미만으로 유지되어야 하며, 가스 유출에 대한 안전대책을 마련하여야 한다. 표 11-86은 이산화염소와 염소소독의 특성을 비교한 것이다.

(4) 탈염소화

염소소독에 의한 처리 유출수를 직접 방류할 경우 방류수 내 포함된 잔류염소로 인하여 유역 생태계에 독성을 나타내거나 2차 오염(DBPs)이 발생할 가능성이 크다. 따라서 염소 화합물의 생성과 독성에 대한 잠재적인 영향을 최소화하기 위해 탈염소화 공정을 통해 방류수의 잔류염소를 제거한다. 탈염소화 반응은 매우 순간적인 반응으로, 추가적인 반응조 없이 단지 방류 관로만을 이용하여 잔류염소를 제거하는 경우가 많다. 탈염소화를 위해서는 주로 이산화황(SO_2, 아황산가스)을 사용하지만, 메타중아황산나트륨(sodium metabisulfite, $Na_2S_2O_2$)과 아황산나트륨(Na_2SO_3) 등과 같은 환원제를 사용하기도 하며, 과립상의 활성탄을 이용한 흡착방법도 사용된다.

아황산가스는 잔류염소(자유 및 결합)와 매우 빠르게 반응한다. 경험적으로 염소 1 mg/L를 제거하기 위해 약 1 mg/L 정도의 아황산가스를 주입하며, 이때 약 2.8 mg/L 알칼리도가 소모된다. 탈염소 효율을 증가시키기 위해 충분한 혼합이 필요하고 잔류염소 측정장치를 이용한 제어시스템을 갖추는 것이 좋다.

메타중아황산나트륨은 보통 아황산가스의 저장에 어려움이 있거나, 하수량이 3,800 m^3/d 이하 혹은 아황산가스의 소모량이 2 kg/d 이하의 경우에 주로 고려된다. 이론적으로는 1 mg/L의 염소를 제거하는 데 1.34 mg/L의 메타중아황산나트륨이 필요하지만, 실제 1.5 mg/L의 비율로 주입한다.

과립상의 활성탄(GAC, granular activated carbon) 역시 탈염소화를 위해 매우 유용한 방법이다. 이 방법은 잔류염소의 특성, 농도와 유량, 활성탄의 물리적 특성 및 폐수의 특성에 의해 영향을 받는다. 특히 클로라민은 탈염소화 효율을 크게 감소시키며, 염소농도가 10배 증가하면 동일한 제거율을 위해 활성탄층의 두께는 3.3배 증가해야 한다. 활성탄에 의한 탈염소 효율은 하수 내에 포함된 불순물(유기 및 무기물질)의 양이 높을수록 감소한다. 탈염소를 목적으로 한 활성탄 접촉조는 주로 중력식 또는 가압식 여과기 형태로, 하수의 주입률은 최대 3,000～4,000 $L/m^3 \cdot d$ 정도이며, 접촉시간(접촉조가 비어 있는 상태기준)은 약 15～25분 정도로 설계한다. 활성탄 접촉조의 효율을 유지하기 위해서는 규칙적인 역세척이 필요하다. 활성탄 흡착의 메커니즘과 설계는 9.2절에 상세하게 설명되어 있다.

(5) 오존에 의한 소독

오존은 강력한 산화제로 주로 상수처리에서 맛, 냄새, 및 색도 제거가 주요 용도였다. 그러나 오존 발생과 용해 기술의 발전으로 경제성이 향상됨에 따라 최근에는 점차 하수의 소독뿐만 아니라 악취제어나 용존성 난분해성 유기물질의 제거 등 하수의 고도처리(고도산화)로 그 적용이 확장되고 있다(오존 산화는 9.3절 참조).

오존은 매우 효과적이고 강력한 소독물질이지만 강한 산화력으로 인하여 수중에 오존 소비물질(예, 유기물질)이 다량 존재한다면 원래의 목표인 소독 효과를 충분히 기대할 수 없다. 또한 오존은 자기분해 속도가 빨라 비록 수중에 오존 소비물질이 존재하지 않더라도 장시간 수중에 잔존시키기 어렵다. 이러한 이유로 상수도 분야에서는 오존을 유일한 소독제로 사용하지 않고 다른 잔류성 소독제와 함께 사용하고 있다. 그러나 하수도 분야에서는 잔류효과가 없다는 단점이 장점으로 작용한다. 하수 처리수에 남아 있는 잔류 유기물질에 의해 오존의 소비량은 증가하게 되므로 과량의 오존을 주입해야 하는 문제점이 있지만, 수중의 오존 잔류농도가 0.2 mg/L 미만이면 거의 독성을 나타내지 않는다. 따라서 오존 처리수는 수경용수 또는 중수도로 이용 가능하다. 표 11-87은 하수를 오존 소독한 경우 오존의 주입량과 달성 가능한 총 대장균의 농도를 보여준다.

오존 소독시설은 크게 오존발생시설(원료가스공급장치, 오존발생장치, 냉각장치 등)과 오존반응시설(주입장치, 접촉반응조, 배오존처리장치 등)로 크게 구성된다. 미반응된 오존은 대기로 방출될 경우 인체에 매우 유해하므로 배오존검출기의 설치와 처리장치는 매우 중요하다. 배오존처리장치에는 활성탄흡착분해와 금속촉매분해 방법 등이 사용된다.

오존접촉조는 산기식과 가압식으로 구분되는데, 이는 사용목적과 설치공간 그리고 유지관리성을 고려하여 결정한다. 산기식은 미세기공을 가진 디퓨저(diffuser)나 미세기포(microbubble) 공급장치를 이용하는데, 수심이 깊을수록 좋지만 상대적으로 오존발생장치의 압력이 증가하기 때문에 오존발생효율이 떨어지고 오존 주입에 대한 동력비가 증가하게 된다. 일반적으로 산기식

표 11-87 **총 대장균을 이용한 하수의 오존주입량**(접촉시간 15분)

하수의 유형	초기 대장균 수 (MPN/100 mL)	오존 주입량(mg/L)			
		유출수 기준(MPN/100 mL)			
		1000	200	23	≤2.2
Raw wastewater	$10^7 \sim 10^9$	15~40			
Primary effluent	$10^7 \sim 10^9$	10~40			
Trickling filter effluent	$10^5 \sim 10^6$	4~10			
Actvated-sludge effluent	$10^5 \sim 10^6$	4~10	4~8	16~30	30~40
Filtered activated-sludge effluent	$10^4 \sim 10^6$	6~10	4~8	16~25	30~40
Nitrified effluent	$10^4 \sim 10^6$	3~6	4~6	8~20	18~24
Filtered nitrified effluent	$10^4 \sim 10^6$	3~6	3~5	4~15	15~20
Microfiltration effluent	$10^1 \sim 10^3$	2~6	2~6	3~8	4~8
Reverse osmosis	Nil				1~2
Septic tank effluent	$10^7 \sim 10^9$	15~40			
Intermittent sand filter effluent	$10^2 \sim 10^4$	4~8	10~15	12~20	16~25

Ref) White(1999)

오존접촉조의 수심은 4~6 m 그리고 접촉시간은 10~20분 정도가 적당하다. 가압식은 오존의 용해성을 향상시키기 위해 압력을 가한 별도의 오존 용해탱크(체류시간 1~3 min)를 추가하는 방법으로 접촉은 반응조의 전체 또는 측면을 통해 이루어진다.

(6) 자외선에 의한 소독

자외선(UV) 소독은 별도의 화학물질을 첨가하지 않기 때문에 인체나 생물에 해가 없어 안정성이 높을 뿐만 아니라 경제적으로도 유효한 소독방법이다. 음용수와 하수 재이용(중수도)을 위한 UV소독 지침서(NWRI & AWWARF, 2000)의 규정에 따르면, 먹는 물과 재이용수에 대한 지침은 대부분 유사하다. UV 조사량은 통상 50~140 mJ/cm²의 범위로 입상여과 처리수는 100 mJ/cm²의, 막여과 처리수는 80 mJ/cm²의, 그리고 역삼투 처리수는 50 mJ/cm²의 정도로 권고하고 있다. 또한 미생물의 밀도에 따라 차등하여 적용하지만, 안전율을 고려하여 보통 4 log 정도의 조사량이 필요하며, 투과율을 현장 조건에 따라 55~90% 정도로 변화한다.

자외선 소독에 미치는 영향인자로는 수질(UV 투과율, 부유물질 농도, 용존 유기물질 농도, 총경도 등), 램프의 상태(석영 슬리브의 청결도, 사용기간, 노후상태), 그리고 처리공정(접촉시간, 처리유량) 등을 들 수 있다. 통상적으로 UV 램프의 자외선 강도는 100시간 사용경우를 기준으로 할 때 1년 후에는 약 65% 그리고 2년 후에는 58% 정도로 줄어든다.

자외선 투과율이란 1 cm 깊이의 시료를 자외선이 통과한 후에 흡수되지 않고 남은 254 nm 파장을 가진 자외선의 백분율(%)로 정의된다. 투과율은 수중의 방해물질(용해 또는 부유물질)의 농도에 따라 영향을 받는데, 투과율이 낮으면 자외선의 강도가 떨어지게 된다. 반응조의 수리학 특성 역시 소독 효과에 상당한 영향을 미치게 된다. 가장 유리한 형태는 플러그 흐름(plug flow)이나 이때 손실 수두를 작게 설계해야 한다.

표 11-88 **하수 2차처리수의 UV 소독**

	대장균 살균율(%)	자외선 조사량(uW·sec/cm^2)
2차처리수	90.0	15～20
	99.0	20～30
	99.9	30～50

Ref) 환경부(2011)

표 11-88에는 하수 2차처리수의 대장균 살균율(대장균군수 3,000개/mL 기준)을 만족하기 위해 필요한 자외선 조사량이 나타나 있다.

자외선 소독장치는 설치방법에 따라 수로식(channel)과 탱크(tank)식으로 크게 구분되는데, 사용목적, 설치공간 및 보수관리성 등을 고려하여 결정한다. UV 조사방법으로는 램프가 석영관 내에 장치되어 하수에 잠기는 접촉식(contact)과 튜브 안으로 흐르는 하수에 자외선을 투과하는 비접촉식(noncontact)이 있다.

UV 소독을 위한 수로와 소독장치는 일최대하수량을 기준으로 하지만 합류식의 경우에는 우천 시의 설계 유량을 고려해야 한다. 우천 시 우회 유량은 별도의 비상 염소소독을 준비하여 처리하는데, 이때 주로 차아염소산나트륨이나 차아염소산칼슘을 사용한다. 소독의 안정성 확보를 위해 수로의 체류시간은 저압램프의 경우 4～14초, 중압램프의 경우는 1초 내외로 한다. 설계 유량이 5,000 m^3/d 이상인 경우에는 소독 효과를 높이기 위해 수로 내 뱅크는 2개 이상 설치한다. 수로 유입부에는 스크린을 설치하고 유출부에는 수위조절장치가 필요하다. 소독장치의 자외선투과율은 70% 이상을 표준으로 한다.

하수처리수의 소독에 사용되는 UV 램프는 수은증기압에 따라 저압 및 중압형이 있다. 램프의 선정은 발생하는 자외선의 파장, 출력, 설치방법, 전력소비량 등을 고려하여 선정한다.

일반적으로 램프의 표준수명은 1～1.5년 정도이다. 저압형 램프는 살균 효과가 높은 260 nm 부근의 자외선을 발생하기 때문에 에너지 효율이 높고, 최대 100 W(고출력의 경우 1 kW)의 출력을 가지고 있다. 저압형은 표면의 온도가 낮고, 석영 슬리브에 오염물질이 비교적 덜 부착된다는 이점이 있다. 중압형 램프는 상대적으로 에너지 효율은 낮지만, 살균력이 있는 광역 파장으로 인하여 소독력이 강하며, 고출력(2～3 kW 이상)으로 대용량 처리에 유효하다. 중압형은 램프 표면의 온도가 높고 석영 슬리브의 오염제거를 위한 세척장치가 필요하다.

(7) 방사선 소독

방사선에 의한 소독은 방사선 조사에 의한 전리작용을 이용하여 미생물을 살균하는 방법이다. 이 방법은 화학약품을 필요로 하지 않기 때문에 잔류 농도나 유해 부산물의 생성과 같은 2차 오염에 대한 문제가 없다. 또한 수질에 거의 영향을 주지 않을 뿐만 아니라 화학 처리법에서는 소멸되지 않는 포자(spores)나 바이러스 등에 대해서도 뛰어난 소독 효과를 가지고 있다.

방사선법은 물리적인 소독법에 포함된다. 그러나 이 방법은 자외선법에 비해 대형 장치를 필요로 하고, 따라서 대규모 소독처리에 접합하다. 또한 기존의 소독법에 비해 방사선을 이용한 소독은 유지비가 고가이며, 안정성 등을 이유로 실용화에는 아직 어려움이 있다. 그러나 최근 전자빔가속기 제조기술의 발달에 따라 고출력 장치의 개발과 처리 단가의 저감 등으로 향후 경제적인 소독 기술로써 사용될 가능성이 높다.

표 11-89에는 각종 소독방법에 대한 시설물의 구성과 장단점이 비교되어 있다.

표 11-89 소독방법의 비교

항목 / 살균설비	시설의 구성	장점	단점
UV	① 수로(구조물) ② UV램프 ③ UV모듈 지지대 ④ 자외선 강도 센서 ⑤ PLC 제어장치 ⑥ 유량조정 및 수위조절장치 ⑦ 세척장치	① 자외선의 강한 살균력으로 바이러스에 대해 효과적으로 작용한다. ② 유량과 수질의 변동에 대해 적응력이 강하다. ③ 과학적으로 증명된 정밀한 처리시스템이다. ④ 전력이 적게 소비되고 램프수가 적게 소요되므로 유지비가 낮다. ⑤ 접촉시간이 짧다(1～5초). ⑥ 화학적 부작용이 적어 안전하다. ⑦ 전원의 제어가 용이하다. ⑧ 자동 모니터링으로 기록, 감시가능하다. ⑨ 인체에 위해성이 없다. ⑩ 설치가 용이하다. ⑪ pH변화에 관계없이 지속적인 살균이 가능하다.	① 잔류하지 않는다. ② 물이 혼탁하거나 탁도가 높으면 소독능력에 영향을 미친다.
O_3	① 제진장치 ② 공기압축기 또는 송풍기 ③ 냉각장치 ④ 제습건조기 ⑤ 오존발생기 및 접촉조 ⑥ 산기장치 ⑦ 잔류오존 파괴기 ⑧ 제어설비	① Cl_2보다 더 강력한 산화제이다. ② 저장시스템의 파괴로 인한 사고가 없다. ③ 생물학적 난분해성 유기물을 전환시킬 수 있다. ④ 모든 박테리아와 바이러스를 살균시킨다.	① 저장할 수 없어 반드시 현장에서 생산해야 한다. ② 초기투자비 및 부속설비가 비싸다. ③ 소독의 잔류효과가 없다. ④ 가격이 고가이다.
Cl_2	① 염소실 ② 염소중화실 ③ 염소주입기 ④ 염소기화기 ⑤ 염소콘테이너, hoist 및 계량저울 ⑥ 중화설비 ⑦ 염소노출설비 ⑧ 멸균수 공급펌프 ⑨ 배관설비(급수배관, 진공배관, 염소살균수배관) ⑩ 염소혼화지 ⑪ 제어설비	① 소독력이 강하다. ② 잔류효과가 크다. ③ 박테리아에 대해 효과적인 살균제이다. ④ 구입이 용이하고 가격이 저렴하다.	① 불쾌한 맛과 냄새를 수발한다. ② 바이러스에 대해서는 효과적이지 않다. ③ 인체에 위해성이 높다. ④ 불순물로 발암물질인 THM을 수발한다. ⑤ 유량변동에 대해 적응하기가 어렵다. ⑥ 접촉시간이 길다(15～30분).

표 11-89 **소독방법의 비교** (계속)

항목 / 살균설비	시설의 구성	장점	단점
ClO_2	① 발생기실 ② 아염소산나트륨 저장탱크 ③ 염소 또는 산 저장탱크 ④ 아염소산나트륨 주입펌프 ⑤ 염소 또는 산 주입펌프 ⑥ 공급수펌프 ⑦ 제어설비	① Cl_2보다 더 강력한 산화제이다. ② Fe, Mn, H_2S, 페놀화합물 등을 산화할 수 있다. ③ pH 변화에 따른 영향이 적다. ④ 잔류효과가 크다. ⑤ THM이 생성되지 않는다.	① 현장에서 제조되어야 한다. ② 공기 또는 일광과 접촉할 경우 분해된다. ③ 부산물에 의해 청색증이 유발될 수도 있다.
NaOCl	① 발생기실 ② 차아염소산나트륨발생기 ③ 소금 및 자염저장탱크 ④ 차염주입펌프 ⑤ 공급수펌프 ⑥ 제어설비 ⑦ 탈염소설비 ⑧ 소금용 hoist ⑨ 염소접촉지	① 안전하다. ② 소독력이 강하다. ③ 잔류효과가 크다. ④ 박테리아에 대해 효과적인 살균제이다. ⑤ 유지비용이 저렴하다. ⑥ 벌킹현상도 제어할 수 있다. ⑦ 재활용수 소독도 겸할 수 있다. ⑧ 유량이나 탁도 변동에서 적응이 쉽다. ⑨ 소독효과의 결과 확인이 쉽다.	① 불쾌한 맛과 냄새를 수반한다. ② 바이러스에 대해서는 효과적이지 않다. ③ 극미량이지만 발암물질인 THM이 발생될 수도 있다. ④ 접촉시간이 길다(10～15분).

Ref) US EPA(1999)

(8) 소독 부산물

색도, 냄새, 맛, 및 소독을 제거하기 위한 수처리 시설에서 염소와 오존과 같은 산화제를 사용할 때 원치 않는 소독 부산물(DBPs)이 발생한다는 사실은 이미 1970년대 초부터 잘 알려져 왔다. DBPs의 생성은 공중보건과 환경에 미치는 잠재적인 영향으로 인하여 특히 먹는 물 분야에서는 큰 관심을 받고 있다. DBPs의 특성과 규제 및 제어방법에 대해서는 8.8절의 (10)에 상세히 설명되어 있다. 하수에 사용되는 주요 소독제와 관련한 소독 부산물의 특성과 주요 제어방안은 다음과 같다.

1) 염소의 소독 부산물

하수의 경우 다양한 종류의 DBPs가 확인되지만, 가장 높은 농도로 흔히 발생하는 것은 할로겐 유기화합물인 트리할로메탄(THMs)과 할로아세트산(HAAs)이며, 니트로사민(nitrosoamines) 계통인 N-nitrosodiumethlyamine(NDMA)도 주요한 관심 항목이다. 염소와 암모니아(클로라민, chloramine), 염소와 휴믹산의 경쟁적인 반응으로 인하여 특히 초기 혼합은 THMs 형성에 영향이 크다. 또한 하수에 브롬화물이 존재한다면 유리 염소에 의해 브롬으로 산화되고 브롬 이온은 브롬성 THMs(bromoform 등)를 생성하게 된다(US EPA, 1999).

NDMA는 비교적 최근에 알려진 DBPs로 소독 처리한 하수 방류수에서 검출된 것이다. 이 화합물은 거의 모든 실험대상 동물에서 암을 유발하는 것으로 알려져 있으며, 특히 아질산염과 관련이 있어 질산화 반응을 포함하는 하수처리장에서는 주의가 필요하다. 미국의 경우 캘리포니아 주를 예로 들면 먹는 물의 NDMA 실행기준(일시적)은 20 ng/L(ppt)이나, 유입 하수에도 최대

10,000 ng/L 이상의 높은 농도가 검출되기도 한다(Metcalf & Eddy, 2003).

염소소독 시 DBPs의 생성여부와 속도는 다양한 요소에 의해 영향을 받는데, 특히 하수 내에 존재하는 유기성 전구물질(휴믹)의 존재와 종류 및 농도 등이 중요하다. 또한 유리 염소나 브롬 이온의 농도, pH 그리고 온도 등도 중요한 인자에 해당한다.

하수의 소독에서 DBPs를 제어하는 가장 기본적인 방법은 유리 염소의 직접적인 첨가를 피하는 것이다. 특히 클로라민은 DBPs의 생성을 촉진하지 않는다. 만약 소독을 위해 클로라민 용액을 제조하고자 한다면, 암모니아가 포함되어 있지 않은 하수처리수나 수돗물이 적당하다. 만약 유기성 전구물질이 문제가 된다면 파과점 염소화는 사용을 피해야 하고, UV와 같은 대안을 사용해야 한다. 생물학적 처리시스템의 질산화 공정이 적절히 운전된다면 NDMA와 관련한 위험성을 감소할 수 있다. 박막 복합 역삼투막(thin-film composite RO) 여과는 약 50～70% NDMA를 제거할 수 있고, UV 소독은 NDMA 제거에 효과적인 방법이다(Metcalf & Eddy, 2003).

2) 이산화염소의 소독 부산물

이산화염소를 소독제로 사용할 때 생성 가능한 주요 DBPs는 아염소산염(Chlorite, ClO_2^-)과 염소산염(Chlorate, Cl_2O_2)이다. 이 화합물은 주로 이산화염소의 생성과 환원 단계에서 발생하는데, 잠재적인 독성을 가지고 있다. 그러나 잔류 이산화염소와 관련 부산물은 일반적으로 잔류염소보다도 더 빠르게 분해되기 때문에 잔류염소의 경우처럼 수생 환경에 크게 영향을 준다고 판단하지는 않는다. 특히 이산화염소는 암모니아와 반응하지 않는다는 점이 소독제로서의 큰 장점이다.

이산화염소의 생성공정을 효과적으로 제어함으로써 아염소산염의 발생을 억제할 수 있고, 생성된 아염소산이온은 2가 철이나 아황산염과 같은 환원제를 이용하여 쉽게 제거할 수 있다. 그러나 염소산염을 제어할 수 있는 경제적인 방법은 없으며, 단지 시설의 효과적인 관리에 의존하고 있다(White, 1999).

3) 오존의 소독 부산물

염소화된 DBPs(THMs, HAAs)를 발생하지 않는다는 것은 오존 소독의 매우 중요한 장점 중 하나이다. 그러나 적은 양이라도 브롬화물이 하수 속에 존재한다면 이와 관련한 DBPs이 생성되며, 때로는 과산화수소가 발생할 수도 있다. 생성되는 DBPs의 종류와 특성은 사실상 하수에 포함된 전구물질에 따라 달라지므로 소독제로서 오존의 효용성과 DBPs의 생성 특성은 주로 현장의 하수를 대상으로 한 파일럿 규모 실험을 통하여 평가한다.

비브롬화 화합물은 쉽게 분해 가능한 특성이 있으므로 활성화된 생물여상(BAF, biological active filter)이나 활성탄 컬럼 또는 다른 생물학적 공정에 의해 제거가 가능하다. 그러나 브롬화된 DBPs의 제거는 매우 복잡하므로 만약 발생할 여지가 있다면 UV와 같은 대체 수단을 마련하는 것이 더 적절하다(White, 1999).

참고문헌

- Ahn, Y. (2006). Sustainable nitrogen elimination biotechnologies: a review, Process Chemistry, 41, 1709-1721.
- Ahn, Y.H. (2006). Sustainable nitrogen elimination biotechnologies: a review. Process Biochemistry, 41(8), 1709-1721.
- Ahn, Y.H., Bae, J.Y., Park, S.M., Min, K. (2004). Anaerobic digestion elutriated phased treatment (ADEPT) of piggery waste. Wat. Sci. Tech. 49(5-6), 181-189.
- Ahn, Y.H., Choi, J.D. (2014). Characteristics of biohydrogen fermentation from various substrates. International Journal of Hydrogen Energy, 7, 3152-3159.
- Ahn, Y.H., Speece, R.E. (2006a). A novel process for organic acids and nutrient recovery from municipal wastewater sludge. Wat. Sci. & Tech., 53, 101-109.
- Ahn, Y.H., Speece, R.E. (2006b). Elutriated acid fermentation of municipal primary sludge. Water Research, 40(11), 2210-2220.
- Alleman J.E. (1984). Elevated Nitrite Occurrence in Biolohical Wastewater Treatment Systems. Wat. Sci. Te, 409-419.
- Ashish et al. (2018). Aerobic granulation technolve hydrophilicity, permeability, and antifouling of PVDF nanocomposite ultrafiltration membraogy: laboratory studies to full scale practices, J. Cleaner Production, 197, 616-632.
- Ayyaru, S., Ahn, Y.H (2017). Application of sulfonic acid group functionalized graphene oxide to imprones, J. Membrane Science, 525, 210-219.
- Ayyaru, S., Choi, J., Ahn, Y.H (2018). Biofouling reduction in a MBR by the application of a lytic phage on a modified ch. 17nanocomposite membrane, Environ. Sci-Water Sci. Tech., 4, 1624-1638.
- Ayyaru, S., Pandiyan, R., Ahn, Y.H (2019). Fabrication and characterization of anti-fouling and non-toxic polyvinylidene fluoride-Sulphonated carbon nanotube ultrafiltration membranes for membrane bioreactors applications, Chemical Engineering Research and Design, 142, 176-188.
- Bailey, J.E., Ollis, D.F. (1986). Biochemical Engineering Fundamentals, 2e, McGraw-Hill, New York.
- Barker, P.S., Dold, P.L. (1997). General model for biological nutrient removal activated sludge systems: model presentation. Water Environ. Res., 69(5), 969-984.
- Barnard, J.L. (1975). Biological nutrient removal without the addition of chemicals, Water Res. 9, 485.
- Barnard, J.L. (1976). A review of biological phosphorus removal. Water SA, 2, 136-144.
- Barnard, J.L. (1984). Activated primary tanks for phosphate removal. Water SA, 10, 121-126.
- Bielefeldt, A.R., Stensel, H.D. (1999). Modeling competitive inhibition effects during biodegradation of BTEX mixtures. Water Research Journal, vol. 33.
- Blum, D.J.W., Speece, R.E. (1991). A database of chemical toxicity to environmental bacteria and its use in interspecies comparisons and correlations. Research Journal of Water Pollution Control Federation, 63, 198.
- Borchate, S.S. et al. (2014). A review on applications of coagulation-flocculation and ballast flocculation for water and wastewater. International Journal of Innovations in Engineering and Technology (IJIET), 4(4), 216-223.
- Chernicharo, C.A.L. (2006). Post-treatment options for the anaerobic treatment of wastewater, Reviews in Environmental Science and Bio/Technology, 5, 73-92.

- Choi, E. Lee, H.S., Lee, J.W., Oa, S.W. (1996). Another carbon source for BNR system. Wat. Sci. & Tech., 34(1-2), 363.
- Choi, J.D., Ahn, Y.H. (2014). Comparative performance of air-lift partial nitritation processes with attached growth and suspended growth without biomass retention. Environmental Technology, 35(11), 1328-1337.
- Crites, R., Tchobanoglous, G. (1998) Small and Decentralized wastewater Management Systems, McGraw-Hill, New York.
- Dawson, R.N., Murphy, K.L. (1972). The temperature dependency of biological denitrification. Water Research, 6, 71.
- De Kreul, M.K., De Bruin, L.M.M. (2004) Aerobic Granule Reactor Technology. IWA Publishing, London. Ekama, G.A. (2015). Recent developments in biological nutrient removal, Water SA, 515-524.
- Dold, P.L., Buhr, H.O., Marais, G.v.R. (1984). An equalization control strategy for activated sludge process control. Wat. Sci Tech., 17, 221-234.
- Dowing, A.L. et al. (1964). Nitrification in the activated sludge process. J. Proc. Inst. Sew/Purif., 64(2), 130-158.
- Ekama G.A., Marais P. (2004). Assessing the applicability of the 1D flux theory to full-scale secondary settling tank design with a 2D hydrodynamic model, Water Research 38, 495-506.
- Ekama, G. (2001). Wastewater Treatment. University of Cape Town, South Africa.
- Ekama, G. (2015). Recent developments in biological nutrient removal, Water SA, 515-524.
- Ekama, G.A. et al., (1997). Secondary Settling Tanks: Theory, Design, Modelling and Operation. IAWQ STR No 6, pp.216, International Association on Water Quality, London.
- Ekama, G.A., Dold, P.L., Marais, G.v.R. (1986). Procedures for determining influent COD fractions and the maximum specific growth rate of heterotrophs in activated sludge systems. Water Science Technology, 18, 6.
- Ekama, G.A., Wentzel, M.C. (2008). Organic Material Removal. In: Biological Wastewater Treatment: Principles Modelling and Design. Edited by M. Henze, M.C.M. van Loosdrecht, G.A. Ekama and D. Brdjanovic, IWA Publishing, London, UK.
- EnviroSim. (2007). General activated sludge-digestion model (General ASDM). BioWin3 software, EnviroSim Associates, Flamborough, Ontario.
- EPRI (1999). High-rate clarification for the treatment of wet weather flows. Tech Commentary, Electric Power Resε arch Institute, St. Louis, MO.
- Fixed film forum (2017). http://www.fixedfilmforum.com/q-and-a-forum.
- Gernaey, K.V. et al., (2004). Activated sludge wastewater treatment plant modelling and simulation: state of the art, Environmental Modelling & Software, 19, 763-783.
- Giraldo, E., Pena, M., Chernicharo, C., Sandino, J., Noyola, A. (2007). Anaerobic sewage treatment technology in Latin America: a selection of 20 years of experience. WEFTEC 2007, San Diego, CA.
- Grady, C.P.L., Daigger, G.T., Lim, H.C. (1999). Biological Wastewater Treatment, 2e, Marcel Dekker, Inc., New York.
- Grady, C.P.L., Gujer, W., Henze, M., Marais, G.v.R., Matsuo, T. (1986). A model for single-sludge wastewater treatment systems. Wat. Sci. Tech., 18(6), 47.
- Hauduc, H. et al. (2013). Critical Review of Activated Sludge Modeling: State of Process Knowledge, Modeling Concepts, and Limitations, Biotechnology and Bioengineering, 110(1), 24-46.

- Heather, E.B. (2001). Anaerobic Treatment of Domestic Wastewater at Tropical Temperature, MS Thesis, Vanderbilt University, Nashville, Tennessee, USA.
- Hellinga C., Schellen A.A.J.C., Mulder J.W., van Loosdrecht M.C.M, Heijnen, J.J. (1998). The SHARON process: An innovative method for nitrogen removal from ammonium-rich wastewater. Wat. Sci. Tech., 37, 135-142.
- Henze, M. (1992). Characterization of wastewater for modelling of activated sludge processes. Wat. Sci. Tech. 25(6), 1-15.
- Henze, M. (1996). Biological phosphorus removal from wastewater: process and technology, WQI, July/Aug, 32.
- Henze, M., Comeau, Y. (2008). Wastewater characterization. In: Biological Wastewater Treatment: Principles Modelling and Design. Edited by M. Henze, M.C.M. van Loosdrecht, G.A. Ekama and D. Brdjanovic, IWA Publishing, London, UK.
- Henze, M., Grady, C.P.L., Gujer, W., Marais, G.v.R., Matsuo, T. (1987). Activated Sludge Models No.1, London, IWA publishing.
- Henze, M., Harremoes, P., la Cour Jansen, J., Arvin, E. (2002). Wastewater Treatment: Biological and Chemical Processes, 3rd ed, Springer-Verlag, Berlin.
- Henze, M., van Loosdrecht, M.C.M., Ekama, G.A., Brdjanovic, D. (2008). Biological Wastewater Treatment: Principles Modelling and Design. IWA Publishing, London, UK.
- Henze, M., Willi, G., Takashi, M., van Loosdrecht, M.C.M. (2000). Activated Sludge Models ASM1, ASM2, ASM2d and ASM3, London, IWA publishing.
- Hockenbury, M.R., Grady, C.P.L. Jr. (1977). Inhibition of nitrification-effects of selected organic compounds. Joumal Water Pollution Control Federation, 49, 768.
- Hu, Z-R., Wentzel, M.C., Ekama, G.A. (2003). Mpdelling biological nutrient removal activated sludge system-a review, Water Res., 37, 3430-3444.
- Hu, Z-R., Wenzel, M.C., Ekama, G.A. (2000). External nitrification in biological nutrient removal activated sludge systems. Water SA, 26(2), 225-238.
- Hulsbeek J.J.W., Kruit J., Roeleveld P.J., van Loosdrecht M.C.M. (2002) A practical protocol for dynamic modelling of activated sludge systems. Wat. Sci. Tech. 45(6), 127-136.
- Jenkins, D., Richards, M.G., Daigger, G.T. (1993). The Causes and Cures of Activated Sludge Bulking and Foaming, 2nd ed., Lewis Publishers, Ann Arbor, MI.
- Kraume, M. et al. (2005). Nutrients removal in MBRs for municipal wastewater treatment, Wat. Sci. Tech. 51(6-7), 391-402.
- Lackner, S. et al. (2014). Full-scale partial nitritation/anammox experiences-An application survey, Water Research, 55, 292-303.
- Langenhoff, A.A., Stuchey, D.C. (2000). Treatment of dilute wastewater using an anaerobic baffled reactor: effect of low temperature. Wat. Res. 34(15), 3867-3875.
- Langergraber G., Rieger L., Winkler S., Alex J., Wiese J., Owerdieck C., Ahnert M., Simon J., Maurer M. (2004). A guideline for simulation studies of wastewater treatment plants. Wat. Sci. Tech. 50(7), 131-138.
- Lawrence, A.W., McCarty, P.L. (1970). A Unified basis for biological treatment design and operation. Journal Sanitary Engineering Division, American Society of Civil Engineers, 96, SA3, 757-778.
- Levin G.V., Shapiro J. (1965). Metabolic uptake of phosphorus by wastewater organics. J. Water Pollut. Control Fedn., 37(6), 800-821.
- Loveless, J.E., Painter, H.A. (1968). The influence of metal ion concentration and pH value in

growth of a *Nitrosomonas* strain isolated from activated sludge. J. Gen. Micro., 52, 1-14.

- Mamais, D., Jenkins, D., Pitt, P. (1993). A rapid physical-chemical method for the determination of readily biodegradable soluble COD in Municipal Wastewater. Water Research, 27, 195-197.
- Manoharan, R., Ayyaru, S., Ahn, Y.H (2020). Auto-cleaning functionalization of the polyvinylidene fluoride membrane by the biocidal oxine/TiO 2 nanocomposite for anti-biofouling properties, New J. Chemistry, 44, 807-816.
- McCarty, P.L. (1981). One hundred years of anaerobic treatment. In: Anaerobic Digestion 1981, D.E. Hughes et al ed., Elsevier Biomedical Press, 3-32, Amsterdam.
- McCarty, P.L., Mosey, F.E. (1991). Modelling of anaerobic digestion processes (a discussion of concepts). Water Science and Technology, 24(8), 17-33.
- McKinney, R.E., Symons, J.M., Shifron, W.G., Vezina, M. (1958). Design and operation of a complete mixing activated sludge system. Sewage and Industrial Wastes, 30, 287-295.
- Melcer, H., Dold, P.L., Jones, R.M., Bye, C.M., Takacs, I., Stensel, H.D., Wilson, A.W., Sun, P., Bury, S. (2003). Methods for Wastewater Characterization in Activated Sludge Modeling. WERF Final Report. Project 99-WWF-3.
- Metcalf & Eddy, Inc. (2003) Wastewater Engineering: Treatment, Disposal, and Reuse (4/e), Revised by Burton, F.L., Stensel, H.D., Tchobanoglous, G., McGraw-Hill, New York.
- Mongomery, J.M. (1985). Water Treatment Principles and Design, Wiley, New York.
- National Research Council (1998). Issues in Public Reuse-The Viability of Augmenting Drinking Water Supplies with Reclaimed Water, National Academy Press, Washington DC.
- National Water Research Institute and American Water Works Association Research Foundation (2000). Ultraviolet Disinfection Guidelines for Drinking Water and Wastewater Reclamation. NWRI-00-03, National Water Research Institute and American Water Works Association Res ε arch Foundation, Fountain Valley, CA.
- Niermans, R. et al. (2014). Full scale experiences with aerobic granular biomass technology for treatment of urban and industrial wastewater, Proc. Water Environ. Fed., 2347-2357.
- Ødegaard, H, et a.l, (2014). Chapter 15 - Hybrid systems. In: Jenkins D and Wanner J (eds) Activated Sludge 100 years - and Counting. IWA publishing, London.
- Oldham, W.K., Stevens, G.M. (1985). Operating experiences with the Kelowna pollution control centre. Proc. the Seminar on Biological Phosphorus Removal in Municipal Wastewater Treatment, Penticton, British Columbia, Canada.
- Orhon, D., CokgOr, E.U. (1997). COD Fractionation in Wastewater Characterization. the State of the Art. J. Chem. Tech. Biotechnol., 68, 283-293.
- Parker, D.S. et al. (1994). Critical process design issues in the selection if the TF/SC process for a large secondary treatment, Wat. Sci. Tech., 29, 209.
- Parker, G.F., Owen, W.F. (1986). Fundamentals of anaerobic digestion of wastewater sludges. Journal of Environmental Engineering, 112, 5, 867-920.
- Ramphao, M.C. et al. (2005). The impact of membrane solid-liquid separation on the design of biological nutrient removal activated sludge systems. Biotechnol. Bioeng., 89, 630-646.
- Randall, C.W. (1988). York River Sewage Treatment Plant Biological Nutrient Removal Demonstration Project. VIP & State Univ.
- Randall, C.W., Barnard, J.L, Stensel., H.D. (1992). Design and Retrofit of WWTP for Biological Nutrient Removal. Technomic Pub. Co.
- Randall, C.W., Sen, D. (1996). Full-scale evaluation of an integrated fixed-film activated sludge

(IFAS) process for enhanced nitrogen removal, Wat. Sci. Tech., 33(12), 155-162.
- Rusten, B. et al. (2000). Pilot testing and preliminary design of moving-bed biofilm reactors for nitrogen removal at the FREVAR wastewater treatment plant, Wat. Sci. Tech., 41, 13.
- Sharma, B., Ahlert, R.C. (1977). Nitrification and nitrogen removal. Water Research, 11, 897.
- Simpson, S.D., Miller, R.F., Laxton, G.D., Clements, W.R. (1995). A focus on chlorine dioxide: the "ideal" biocide, Proc. 50th Annu NACE Int. Corrosion Conf. (Corrosion 95), 26-31, March, Orlando, FL.
- Smollen, M. (1981). Behaviour of Secondary Settling Tanks in Activated Sludge Processes, MSc thesis, Dept. of Civil Eng., University of Cape Town.
- Sperling, V., Chernicharo, C. (2005). Biological Wastewater Treatment in Warm Climate Regions, IWA publishing, London.
- Stensel, H.O., Horne, G. (2000). Evaluation of denitrification kinetics at wastewater treatment facilities. Proc. 73rd Annual Water Environment Federation Conference, Anaheim, CA. October 14-18.
- Stephens & Stensel (1998). Effect of operating conditions on biological phosphorus removal. Water Environment Research, 70, 360-369.
- Stephenson, T., Simon, J., Jefferson, B., Brindle, K. (2000). Membrane Bioreactors for Wastewater Treatment, IWA Publishing, London.
- Tchobanoglous, G., Schroeder, E.D. (1985). Water Quality: Characteristics, Modeling, Modification, Addison-Wesley Publishing Company, Reading, MA.
- Thalasso, A.F., Vallecillo, A., Garcia-Encina, P., Fernandez-Polanco, F. (1995). The use methane as a sole carbon source for water denitrification. Water Res., 31, 55-60.
- US EPA (1986). Design Manual of Municipal Wastewater Disinfection, EPA/625/1-86/021, Cincinnati, OH.
- US EPA (1993). Manual Nitrogen Control, EPA/625/R-93/010, Office of Research and Development, U.S. Environmental Protection Agency, Washington, DC.
- US EPA (1999). Alternative Disinfectants and Oxidants Guidance Manual, EPA/815-R-99-014, Office of Water, Washington, DC.
- US EPA (2001) Eco-region Nutrient Criteria(https://www.epa.gov/nutrient-policy-data/ecoregional-criteria)
- US EPA (2009). Nutrient Control Design Manual-State of Technology Review Report. EPA/600/R-09/012, Office of Research and Development, Washington, DC.
- US EPA (2010). Nutrient Control Design Manual. EPA/600/R-10/100, Office of Research and Development, Washington, DC, USA.
- Van Haandel, A., Kato, M., Calvacanti, P., Florencio, L. (2006). Anaerobic reactor design concepts for treatment of domestic wastewater, Reviews in Environmental Science and Bio/Technology, 5, 21-38.
- Van Lier, J.B., Mahmound, N., Zeeman, G. (2008). Anaerobic Wastewater Treatment. In: Biological Wastewater Treatment: Principles Modelling and Design. Edited by M. Henze, M.C.M. van Loosdrecht, G.A. Ekama and D. Brdjanovic, IWA Publishing, London, UK.
- Van Lier, J.B., Vashi, A., can der Lubbe, J., Heffernan, B. (2010). Anaerobic sewage treatment using UASB reactors: engineering and operational Aspects. In: Environmental Anaerobic Technology, edited by Herbert H.P. Fang, World Scientific, 59-89.
- Vanrolleghem P.A., Insel G., Petersen B., Sin G., De Pauw D., Nopens I., Doverman H., Weijers S., Gernaey K.(2003) A comprehensive model calibration procedure for activated sludge models. In: Proceedings 76th Annual WEF Conference and Exposition, Los Angeles 11-15 October.

- WEF (1995). Standard Methods for the Examination of Water and Wastewater. 19th ed, Water Environment Federation. Alexandria, VA.
- WEF (1996). Wastewater Disinfection, MOP FD-10, Water Environment Federation, Alexandria, VA.
- WEF (1998). Design of Wastewater Treatment Plants, 4th ed., Manual of Practice no.8, Water Environment Federation. A1exandria, VA.
- WEF (2000). Aerobic Fixed-Growth Reactors: A Special Publication, Water Environment Federation, Alexandria, VA.
- WEF (2015). Shortcut Nitrogen Removal-Nitrite Shunt and Deammonification, Water Environment Federation, Alexandria, VA.
- Wentze1, M.C., Loewenthal, R.E., Ekama, G.A., Marais, G.v.R. (1989). Enhanced polyphosphate organism cultures in activated sludge systems-part 1: enhanced culture development. Water SA, 14, 81-92.
- Wentzel, M.C., Dold, P.L., Ekama, G.A., Marais, G.v.R. (1989). Enhanced polyphosphate organism cultures in activated sludge systems. part III: kinetic model. Water SA, 15, 89.
- Wentzel, M.C., Lotter, L.H., Ekama, G.A., Loewenthal, R.E., Marais, G.v.R. (1991). Evaluation of biochemical models for biological excess phosphorus removal. Water Science and Technology, 23, 567-576.
- WERF (2003). Methods for Wastewater Characterization in Activated Sludge Modeling. - Water Environment Research Foundation report 99-WWF-3, WERF and IWA Publishing, pp.575.
- Werner, M., Kayser, R. (1991). Denitrification with biogas as external carbon source. Water Sci. Technol. 23(4-6), 701-708.
- Wett, B., Buchauer, K. (2003). Comparison of aerobic and anaerobic technologies for domestic wastewater treatment based on case studies in Latin America. Aguas Residuales,
- White, G.C. (1999). Handbook of Chlorination and Aternative Disinfectants, 4th ed, A Wiley-Interscience Publication, John Wiley & Sons, Inc. New York.
- Wilson, A.W., Dold, P.L. (1998). General methology for applying process simulators to waserwater treatment plants. Proc. 71st Annual Conf. of the Water Environment Federation, Miami, Oct.
- WPCF (1983). Nutrient Control, MOP-FD-7.
- WRC (1984). Theory, Design and Operation of Nutrient Removal Activated Sludge Processes. Water Research Commission, Report No. TT16/84, Pretoria., South Africa.
- 서울특별시 (2002). 하수도정비기본계획(변경)보고서.
- 안영호 (2016). 상하수도공학-물 관리와 기본계획, 청문각.
- 안영호 외 (2002). UASB 반응조를 이용한 저농도 폐수의 처리, 대한환경공학회지, 249(8), 1379-1389.
- 이병준, 최정동, 안영호 (2003). 실규모 생물학적 영양소 제거공정의 시운전에서 하수처리 유량의 증가와 2차침전지의 거동특성. 영남대학교 방재연구소.
- 최의소 (2003), 상하수도공학, 청문각.
- 최의소, 김태형, 이호식 (1993). 하수처리장에서 정화조폐액의 혐기성 소화처리에 관한 연구, 대한토목학회논문집, 13(1), 223-241.
- 환경부 (2010). 상수도 시설기준.
- 환경부 (2011). 하수도 시설기준.
- 환경부 (2014). 2013년도 공공하수처리시설 운영관리실태 분석결과. 생활하수과.
- 환경부 (2015). 2014년도 공공하수처리시설 운영관리실태 분석결과. 생활하수과.

Chapter 12

하수고도처리

Advanced Wastewater Treatment

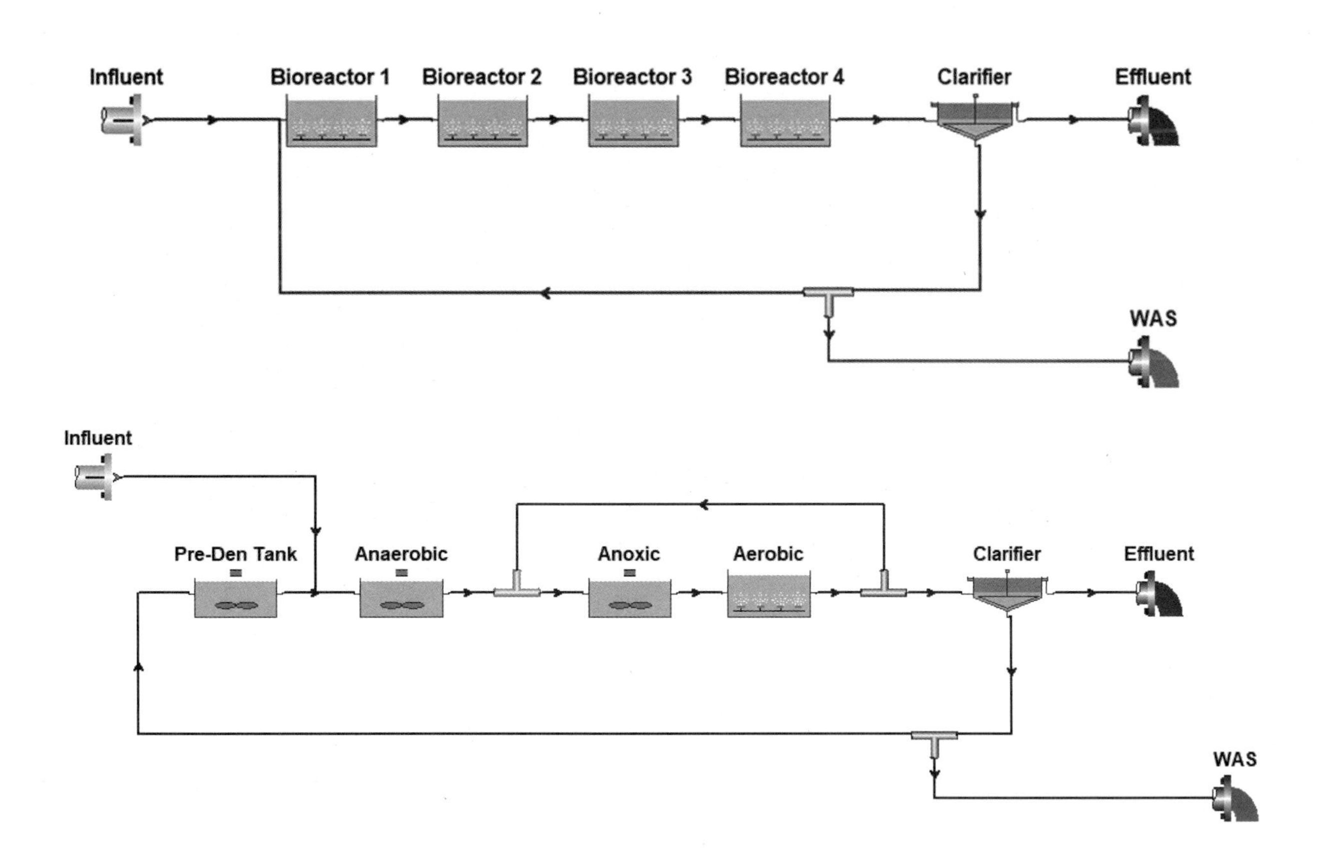

Process Modification and Simulation using Biowin, Envirosim
(YUEEL, 2006)

Membrane Biological Nutrient Removal Systems

Dalsung Municipal Wastewater Treatment plant, Daegu, Korea.

(YUEEL, 2014)

12.1 개요

하수의 고도처리는 2차처리수에 남아 있는 각종 잔류물질을 제거하기 위한 추가적인 처리 과정으로 정의된다. 이러한 잔류물질에는 간단한 무기 이온에서부터 복잡한 합성유기화합물에 이르기까지 매우 다양한 성분이 포함되는데, 크게 콜로이드상 및 부유물질, 용존성 화합물, 그리고 병원성 미생물로 구분할 수 있다(표 12-1). 하수의 고도처리는 단지 영양소제거만을 의미하는 것은 아니며, 기본적으로 처리수의 재이용을 전제로 하여 이루어진다. 따라서 처리수에서 발견되는 물질의 잠재적인 독성과 물 환경에 미치는 영향, 그리고 처리 효과(재래식 또는 고도처리) 등은 매우 중요한 과제이다. 하수처리시설은 오염물질을 정화하여 배출하는 마지막 단계로, 방류되는 각종 오염물질의 부하를 억제하고 그 독성의 한계치를 낮춘다는 점에서 시설의 설계와 운

표 12-1 **하수처리 유출수의 일반적인 잔류물질과 그 영향**

잔류물질	영향
무기 및 유기 콜로이드상 및 부유물질	
부유물질	• 슬러지 침적물이 발생하거나 탁도 발생 • 미생물을 보호하여 소독력을 저하시킴
콜로이드 물질	• 방류수 탁도에 영향 미침
유기물질(입자성)	• 소독 동안 미생물을 보호하고, 산소를 고갈시킴
용존유기물	
총 유기탄소	• 산소 고갈
난분해성 유기물	• 인간에게 유해함; 발암물질
휘발성 유기화합물	• 인간에게 유해함; 발암물질; 광화학 산화물 형성
제약 화합물	• 수중 생물에게 영향을 줌(내분비선 파괴, 성 변이)
세척제	• 거품을 유발하고 응집저해
용존무기물	
암모니아	• 염소요구량을 증가시킴 • 질산염으로 전환될 수 있고 이 과정에서 산소를 고갈시킬 수 있음 • 인과 함께 바람직하지 않은 수중 생물의 성장을 촉진시킬 수 있음 • 물고기에게 유해함
질산염	• 조류와 수중 생물의 성장을 촉진시킴 • 유아에게 청색증(methemoglobinemia)을 유발시킬 수 있음
인	• 조류와 수중 생물의 성장을 촉진시킴 • 응집저해 • 석회-소다 연수화를 저해
칼슘과 마그네슘	• 경도와 총 용존고형물의 양을 증가시킴
염소	• 찐맛 유발
총 용존고형물	• 농업과 산업 공정 저해
생물학적	
박테리아	• 질병 유발
원생동물 cyst와 oocysts	• 질병 유발
바이러스	• 질병 유발

Ref) Metcalf &Eddy(2003)

영은 점점 더 엄격해지고 있다.

하수의 고도처리가 필요한 이유는 대체로 다음과 같이 요약될 수 있다.

- 방류수의 재이용에 대한 필수 수질 요건의 충족
- 효과적인 소독을 위한 소독 효과 저감 물질의 제거
- 부영양화의 발생 억제를 위한 2차처리수준 이상의 영양물질 제거향상
- 지표수와 토양기반 유출수 처분, 그리고 간접적인 음용수원으로 재사용을 위해 필요한 조건 충족(예: 무기물-중금속 등, 유기물-MBTE, NDMA 등)
- 산업시설에서의 재이용(냉각수, 공정수 및 보일러 용수 등) 요건 충족(예: 중금속과 실리카 등)

1995년경 영양소 제거(BNR)공정을 도입한 이후 우리나라는 현재 거의 모든 공공하수처리시설의 2차처리 과정에 BNR 공정이 기본적으로 반영되어 있다. 또한 대하천정비사업(2009~2012) 이후부터는 처리수 내 총인의 농도를 더 저감시키기 위해 대부분 물리화학적인 방법(총인처리시설)을 추가적으로 적용하고 있다. 한편, 미국이나 유럽과는 달리 우리나라는 지하수의 수량 확보를 이유로 하수처리수를 지하수로 배출하지는 않는다. 근본적인 이유는 양적으로 풍부하지 못한 지하수원을 오염으로부터 미리 예방하려는 데 있다. 따라서 처리수의 방류는 대부분 지표수(하천)나 해양을 통하여 이루어진다. 그러나 지표수나 해양 역시 잠재적인 음용수원에 해당하므로 하수 처리수의 수질 강화는 불가피한 일이다.

하수 처리수 내 포함된 잔류물질의 제거를 위해 개발된 기술은 대부분 상수처리기술과 매우 흡사하다. 잘 처리된 하수 처리수는 종종 매우 열악한 수질특성을 가진 상수원과 비교되기도 하며, 실제 대부분의 상수처리기술은 하수의 고도처리기술로 사용이 가능하다. 표 12-1에 나타난 바와 같이 하수처리 유출수에는 매우 다양한 성분들이 포함되어 있으므로 이를 처리하기 위해 요구되는 처리기술도 더욱 복잡해진다. 문제는 단순하며 운전과 처리 효과가 우수한 경제적인 기술을 개발하고 적용하는 데 있다.

하수의 고도처리 시스템은 제거 대상물질의 종류에 따라서 크게 4종류로 구분할 수 있다(표 12-2). 콜로이드와 부유성 물질은 주로 여과(심층 여과, 표면 여과, 막 여과)에 의해 제거되며, 용존성 유기물질은 화학적 침전이나 고도산화 혹은 흡착이 유효하다. 또한 용존성 무기물질은 화학적 침전이나 이온교환(IX) 및 막 여과(UF, RO)가 일반적이며, 병원성균은 통상적으로 오존

표 12-2 잔류물질의 종류별 주요 고도처리 공정

잔류물질	적용 가능 공정
콜로이드와 부유성 물질	심층 여과, 표면 여과, 막 여과
용존성 유기물질	탄소흡착, 화학적 침전, 화학적 산화, 고도산화, 역삼투, 전기투석, 증류법
용존성 무기물질	화학적 침전, 이온교환, 한외여과, 역삼투, 전기투석, 증류법
병원성 미생물	소독, 삼투, 전기투석, 증류법

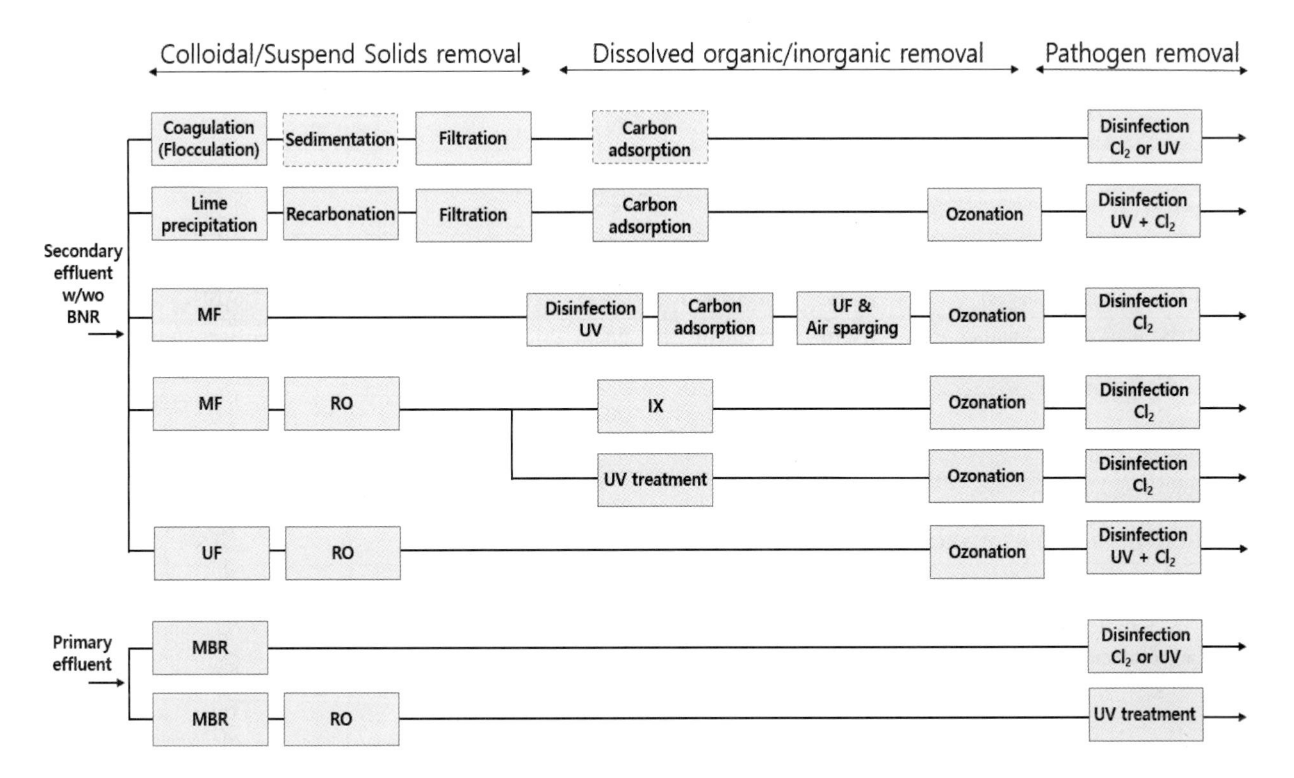

그림 12-1 **고도처리를 위한 일반적인 처리공정도**

이나 UV를 이용한 소독처리를 사용한다. 각 단위기술의 조합은 기본적으로 처리수의 용도, 원수의 특성, 타 공정과의 호환성, 최종 처분방법 및 경제성 등에 따라 결정된다. 하지만 고도처리의 근본적인 목적으로 인하여 경제성을 가장 중요한 인자로 평가하지는 않는다.

고도처리를 위한 일반적인 공정도를 그림 12-1에 나타내었다. 여기서 이온교환은 주로 질산성 질소의 제거를, 그리고 UV 처리는 살균과 NDMA 제거에 목표를 두고 적용된다. 반응조의 특성상 MBR은 가장 단순한 시스템으로 구성할 수 있으며, 2차처리와 고도처리에 동시에 적용할 수도 있고, 그 후속처리로 바로 소독(UV, Cl_2)공정을 적용하여 우수한 유출수를 생산할 수 있다. 표 12-3은 하수처리를 통해 달성 가능한 처리수의 수준을 정리해두었다. 영양소제거공정에 여과(심층 여과 혹은 막 여과)와 흡착 또는 RO 공정을 적용하는 경우가 가장 우수한 수질을 확보할 수 있다는 것을 알 수 있다.

고도처리에 사용되는 각 요소기술들의 기본 원리와 방법론에 대한 상세한 내용은 이미 8장과 9장에 충분히 다루었으므로 이를 참고로 하고, 여기에서는 요소기술을 이용한 하수고도처리, 기존시설의 개선, 인의 화학적 침전, 그리고 미량오염물질의 제거 등과 관련한 내용을 설명한다.

표 12-3 **하수처리를 통해 달성 가능한 처리수의 수준**

공정	전형적인 유출수 수질(mg/L) (탁도, NTU)						
	TSS	BOD	COD	TN	NH_3-N	PO_4-P	Turbidity
AS+GMF	4-6	<5-10	30-70	15-35	15-25	4-10	0.3-5
AS+GMF+GAC	<5	<5	5-20	15-30	15-25	4-10	0.3-3
AS+N (single stages)	10-25	5-15	20-45	20-30	1-5	6-10	5-15
AS+N-DN (separated stages)	10-25	5-15	20-35	5-10	1-2	6-10	5-15
AS+N-DN with metal addition +Filtration	≤5-10	≤5-10	20-30	3-5	1-2	≤1	0.3-2
Bio-P	10-20	5-15	20-35	15-25	5-10	≤2	5-10
Bio-N & -P+Filtration	≤10	<5	20-30	≤5	≤2	≤2	0.3-2
AS+GMF+GAC+RO	≤1	≤1	5-10	<2	<2	≤1	0.01-1
AS+N-DN+Bio-P+GMF+GAC+RO	≤1	≤1	2-8	≤1	≤0.1	≤0.5	0.01-1
AS+N-DN+Bio-P+MF+RO	≤1	≤1	2-8	≤0.1	≤0.1	≤0.5	0.01-1

Note) AS, activated sludge; GMF, granular media filtration; GAC, granular activated carbon, N, nitrification; DN, denitrification; MF, microfiltration; RO, reverse osmosis; Ref) Metcalf & Eddy (2003)

12.2 여과

(1) 심층 여과

대표적인 음용수 처리공정인 심층 여과(depth filtration)는 하수처리 분야에서 생물학적 혹은 화학적인 처리 후 유출수에 포함된 부유물질을 여과하기 위해 보편적으로 사용된다. 특히 심층 여과는 막 여과의 전처리 단계나, 화학적인 인 침전물을 제거하기 위해서도 유용하며, 또한 소독의 성능을 향상시키는 효과도 있다.

2차처리수를 위한 여과 시스템의 설계에서 고려해야 할 중요 사항으로는 유입 원수의 특성(SS, 입자의 크기분포, 플록의 강도 등), 생물학적 또는 화학적 공정의 설계 및 운영현황, 사용할 여과기술의 유형, 흐름 통제장치, 역세척 시스템, 소요 여과장비 및 제어 시스템 등이 있다.

여과지의 유형은 입상 여재(granular media)의 종류, 여과상(filter bed)의 구성, 그리고 운전방식 등에 따라 매우 다양하다. 고도처리에 사용되는 여과지의 유형에는 일반형(conventional), 심층 여상(deep bed), 맥동상(pulse-bed), Fuzzy 여과(fuzzy filter), 이동다리형(traveling-bridge) 등으로 대부분 급속여과 형태이다. 여상(filter bed)의 방식은 단일여상(mono-medium) 혹은 다중여상(multi-medium)으로 구분되며, 여상의 깊이는 280～1,830 mm까지로 다양하다. 모래, 무연탄(anthracite), 석류석(garnet), 티탄철광(ilmenite) 혹은 합성섬유사 등이 충진 여재(media)로 사용된다. 또한 유체의 흐름 방향에 따라 상향류(upflow) 또는 하향류(down flow)로 구분하며, 구동력에 따라서도 중력식과 압력식으로 구분된다. 일반적으로 흔히 사용되는 여과유형의 개념도를 그림 12-2에 나타내었다. 연속역세척 상향식 심층여상을 일렬로 구성한 형상인 2단 여과 시스템(2

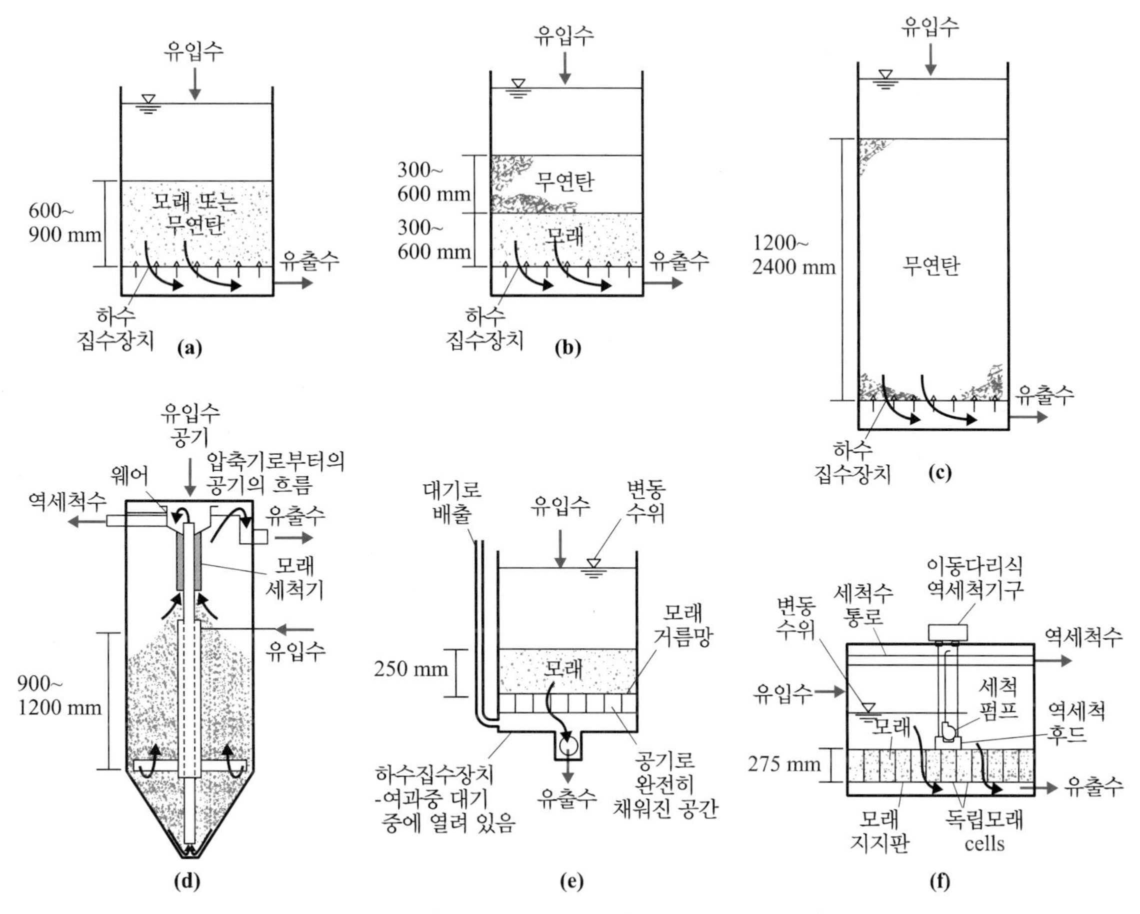

그림 12-2 **입상여과의 유형별 개념도 a) 단일여재 하향식, b) 이중여재 하향식, c) 단일여재 하향식 심층여상, d) 연속역세척 상향식 심층여상, e) 맥동형, f) 이동가교형** (Metcalf & Eddy, 2003)

stage filtration system)은 탁도나 부유물질뿐만 아니라 화학적인 인 제거를 동시에 달성할 수 있는 기술이다.

여과기술의 선정에서 고려해야 할 주요 사항으로는 대상 여과의 유형(특허 여부), 여과율, 구동력, 여과지의 수와 크기, 역세척 관련 등이 있다. 여과율은 플록의 강도와 여재의 크기와 관련이 있다. 하수처리를 위해 모래여과를 선택할 때 일반적인 여과속도는 완속모래여과(SSF)의 경우 30~60 L/m^2/d 정도이며, 급속모래여과(RSF)는 80~200 L/m^2/min 정도이나 보통 80~320 L/m^2/min 범위이면 큰 문제가 없다. 여과속도는 유입수와 여과수의 수질, SS의 포획능력 및 여과지속시간을 고려하여 결정한다. 중력식 여과에서 여과율의 조절은 일반적으로 정속여과(고정수두 또는 가변수두)나 변속감쇄여과를 사용된다. 여과지의 수는 역세척을 고려하여 최소 2지 이상으로 한다. 심층 여과지의 표면적은 최대 100 m^2, 수직형 압력여과지의 최대 직경은 3.7 m, 그리고 수평형 압력여과지의 경우 최대 직경과 길이는 각각 3.7 m와 12 m 정도이다. 그러나 이러한 크기는 설계조건에 따라 달라질 수 있다.

여과의 특성을 설명하기 위해 SS와 탁도의 상관계수를 참고하기도 하는데, 활성슬러지 공정(SRT > 10d)의 처리수를 대상으로 한 연구에서 SS와 탁도의 상관계수는 2차처리수의 경우 2.0

표 12-4 급속모래여과장치의 유형별 구성

여과의 형식			여층의 구성	최대여과속도 (m/d)
여과압의 종류	여과의 방향	여층의 형태		
중력식	상향류	이동상형	① 여재로서 모래를 사용할 경우, 모래의 유효경은 1.0 mm 정도를 표준으로 한다. ② 단층여과장치를 표준으로 하고, 여사 두께는 1 m를 표준으로 한다. ③ 모래의 균등계수는 1.4 이하로 한다.	300
		고정상형	① 여재를 모래로 할 경우 단층을 표준으로 하고 여사 두께는 1.0～1.8 m를 표준으로 한다. ② 여사는 유효경 1～2 mm 정도, 균등계수 1.4 이하를 표준으로 한다. ③ 여층표면하 10 cm에 grid를 설치한다.	
압력식	하향류	고정상형	① 안트라사이트와 모래로 된 2층여과지를 표준으로 하고 모래층의 두께는 안트라사이트층의 60% 이하로 한다. ② 안트라사이트의 유효경은 1.5～2.0 mm를 표준으로 한다. ③ 안트라사이트의 유효경은 모래 유효경의 2.7배 이하로 한다. ④ 안트라사이트와 모래의 균등계수는 1.4 이하를 목표로 한다. ⑤ 안트라사이트와 모래로 된 여층의 두께는 60～100 cm로 한다.	300

Ref) 환경부(2011)

～2.4, 그리고 여과지 유출수의 경우는 1.3～1.5 범위로 나타났다(Metcalf & Eddy, 2003).

우리나라의 시설기준에 따르면 설계 유량은 급속여과시설의 경우 계획일최대 여과수량, 그리고 연결 관거는 계획시간최대 여과수량을 기준으로 하고 있다. 여재 및 여층의 구성은 SS제거율, 유지관리의 편의성 및 경제성을 고려하여 결정하며, 모래여과인 경우 일반적으로 하향류의 경우에는 안트라사이트와 모래로 구성된 2층 구조로 사용하고, 상향류식 여과의 경우에는 모래로만 된 단층구조로 제안하고 있다(표 12-4).

역세척은 여과지의 정상적인 운전을 위해 매우 중요한 요소이다. 심층 여과는 흔히 반연속 또는 연속 모드로 운전되나, 상향식 여과와 이동가교형의 경우는 여과와 역세척이 동시에 일어나는 연속운전 방식이다. 심층 여과에 사용되는 여재의 일반적인 특성과 이에 대한 역세척 속도를 각각 표 12-5와 12-6에 나타내었다. 역세척은 교반기나 공기를 보조로 하는 물 역세척방식(유동형)과 공기와 물을 함께 사용하는 혼합형(비유동형) 방식이 있다. 물 세척량은 1회당 20～40 $L/m^2/min$ 정도이며, 사용되는 공기량은 0.9～1.5 $m^3/m^2/min$ 정도이다.

표 12-5 심층 여과에 사용되는 여재의 일반적인 특성

여재	비중	공극률, α	구형계수
무연탄(anthracite)	1.4～1.75	0.56～0.60	0.40～0.60
모래	2.55～2.65	0.40～0.46	0.75～0.85
석류석(garnet)	3.8～4.3	0.42～0.55	0.60～0.80
티탄철광(ilmenite)	4.5	0.40～0.55	
Fuzzy 여재		0.87～0.89	

주) 구형계수(Sphericity)는 여재 입자와 같은 부피를 갖는 구의 표면적과 실제 여재 입자 표면적의 비로 정의됨.
Ref) Cleasby와 Logsdon(1999)

표 12-6 **심층 여과에 필요한 역세척 속도**

여과지 종류	입상여재의 임계크기 (mm)	여상의 유동화에 필요한 최소 역세척속도	
		$m^3/m^2 \cdot min$	m/h
단일여재(모래)	2	1.8~2.0	110~120
이중여재(anthracite와 모래)	2, 0.8	0.8~1.2	48~72
삼층 여재[anthracite, 모래, 석류석(garnet) 또는 ilmenite]	2, 0.8, 0.6	0.8~1.2	48~72
Fuzzy 여과지	30	0.4~0.6	24~36

주) 최소 역세척 속도는 여재의 크기, 모양, 비중 그리고 역세척수의 수온에 따라 변함.
Ref) Metcalf & Eddy(2003)

표 12-7 **하수 처리수의 심층 여과에서 발생 가능한 문제점과 대책**

문제점	대책
탁도급증	탁도 제어를 위해 약품이나 폴리머 첨가
점토볼 형성	공기나 물을 이용한 표면세척
유화 그리스의 축적	공기나 물을 이용한 표면세척, 심할 경우 스팀세척
여과상의 균열 및 수축	주기적인 역세척과 세척으로 예방
기계적 여재의 손실	세척수 통로와 하수집수장치 점검
운전상 여재의 손실	플록의 여재 부착과 여재의 부상억제를 위해 공기/물 세척
자갈 쌓임	자갈 지지층의 붕괴방지 및 보충

주요 여과 장비로는 하부배수장치, 세척수 집수통, 여재표면 세척장치 등이 있으며, 여과시설에 대한 모니터링 및 제어 시스템이 필요하다. 2단 여과 시스템에서는 유출수의 인 농도를 최대 0.2 mg/L까지 낮게 유지할 수 있는데, 이때 플록 형성을 위해 유기성 폴리머, 알럼 및 철염 등을 사용한다.

하수 처리수의 심층 여과에서 나타날 수 있는 문제점과 대책을 표 12-7에 정리하였다.

(2) 표면 여과

표면 여과(surface filtration)는 디스크 모양의 얇은 격벽(septum)을 여재로 활용하는 기계적인 거름망 방식의 부유물질 제거방법이다. 격벽의 재료로는 주로 금속(Type 316 스테인레스), 섬유 직물 및 합성물질(폴리에스테르 등)을 사용한다. 이 방법은 심층 여과의 대안으로 활성슬러지의 2차 침전지나 안정지 유출수의 처리를 위해 주로 사용된다. 디스크 필터(DF, Disk Filter: US Filter, 공극 20~35 μm, 부하율 0.25~0.83 $m^3/m^2/min$)와 섬유여재 디스크 필터(CMDF, Cloth-media Disk Filter: Aqua Aerobic Systems, 공극 10 μm, 부하율 0.1~0.27 $m^3/m^2/min$)가 대표적이다.

12.3 막 여과

막 여과 공정은 분리막 소재 기술의 발전과 더불어 지난 20년 동안 급성장한 환경기술이다. 정밀여과(MF)와 한외여과(UF)는 이미 표준 여과공정(응집-침전-여과)의 대안으로 인식되고 있고, 나노여과(NF)나 역삼투(RO) 역시 미량의 용존성 오염물질 제거에 탁월한 능력을 인정받고 있다. 현재 사용하고 있는 주요 막 소재로는 친수성 고분자(CA 유도체)와 소수성 고분자(PP, PA, PE, PS, PES, PTFE 및 PVDF 등), 그리고 무기성 세라믹 등이 있다. 막 여과 공정은 사용하는 막의 공경에 따라 그 성능이 정의되지만, 하수처리에서 사용되는 막은 일반적으로 공극 약 100 μm(0.05～2 mm), 두께 약 0.2～0.25 μm이며, 평판형, 중공사형, 관형 및 합성 박막(TFC) 등 다양한 종류의 막들이 개발되어 상업적으로 사용되고 있다(9.5절 참조).

막 개발에 대한 연구 동향은 수투과력 향상, 물성개질(친수성 강화), 방오성의 증대(물리화학적, 생물학적), 내구성 향상, 소요 에너지 저감, 그리고 경제성 향상을 통해 더 우수한 성능을 가진 막 개발에 집중되고 있다. 최근에는 폴리머를 기저층으로 하여 나노물질과 술포화(sulfonation)를 통한 친수성 강화, 그리고 항균(antibacterial) 및 항생물막(antibiofilm) 기능이 부여된 새로운 자가세정(auto-cleaning) 분리막이 개발되기도 하였다(Ayyaru and Ahn, 2017; Ayyaru et al., 2019; Manoharan et al., 2020a). 그림 12-3은 항생물막 특성을 가진 기능성 분리막을 예로 보여주고 있다.

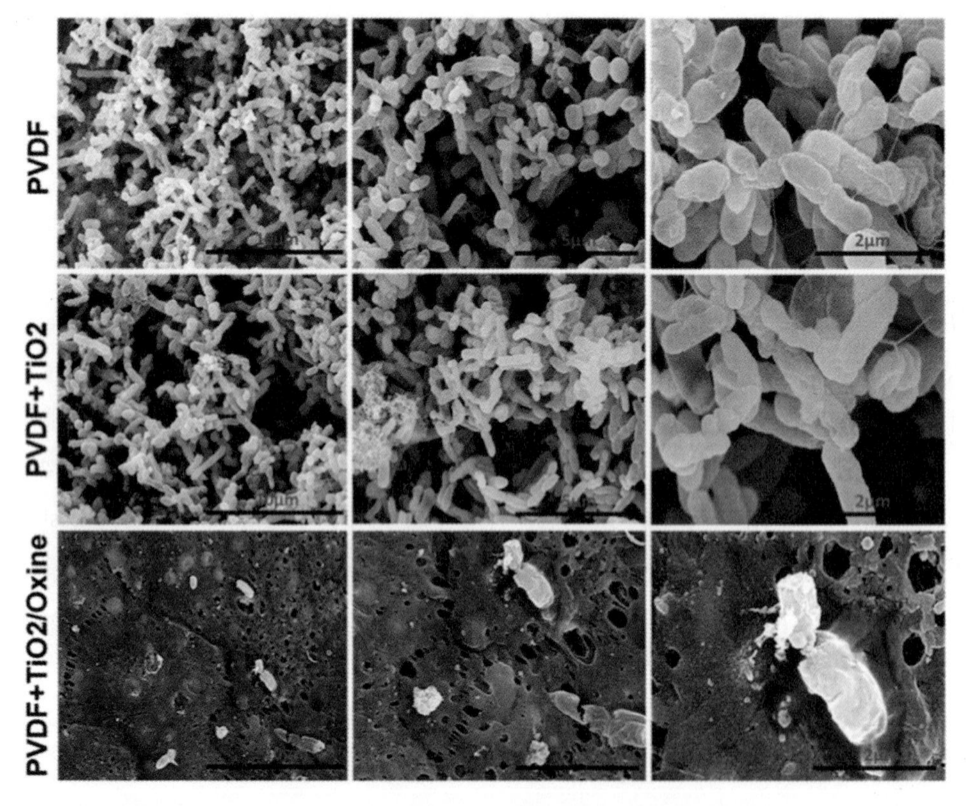

그림 12-3 **자가세정효과를 가진 TiO_2-Oxine 결합 PVDF 한외여과막의 항생물막 특성** (Manoharan et al., 2020a)

표 12-8 **하수처리분야에서 막 기술의 적용예**

Type	Application	Description
MF & UF	Aerobic treatment	MBR(membrane bioreactor) Membrane BNR system
	Anaerobic treatment	Anaerobic MBR
	Membrane aeration bio-treatment	MABR(membrane aeration bioreactor) -to transfer pure O_2
	Membrane extraction bio-treatment	EMBR(extractive membrane bioreactor) -to extract biodegrabable organic
	Pretreatment for disinfection	To remove SS from secondary effluent & depth/surface filtration before Cl_2 or UV disinfection
	Pretreatment for NF & RO	To remove residual colloidal & SS before NF or RO
NF	Effluent reuse	To treat prefiltered MF effluent for indirect reuse, Credit for disinfection
	Wastewater softening	To reduce multivalent ion concentration for reuse, Credit for disinfection
RO	Effluent reuse	To treat prefiltered MF effluent for indirect reuse, Credit for disinfection, Two-stage treatment for boiler use
	Effluent disposal	To treat selected compounds such as NDMA

Ref) Stephenson et al.(2000)

표 12-8에는 하수처리에 적용되는 일반적인 분리막 기술이 정리되어 있다. MF와 UF는 호기성 및 혐기성 분리막 생물반응조(MBR)뿐만 아니라 산소전달을 위한 MABR(membrane aeration bioreactor)과 생분해성 유기분자를 추출하기 위한 EMBR(extractive membrane bioreactor), 그리고 소독의 전 단계로 2차처리수의 콜로이드성 물질이나 부유성 고형물의 제거에도 이용된다. NF와 RO는 소독에 대한 신뢰성이 높아 재이용수의 생산이나 NDMA와 같은 특정 유기화합물의 제거에 유용하다. 그림 12-4에는 MABR과 EMBR에 대한 개념도를 나타내었고, 막 여과기술에 대한 일반적인 특성과 장단점을 표 12-9와 12-10에 정리하였다.

막 여과기술은 하수의 고도처리를 위해 1차처리수와 2차처리수 모두에 적용할 수 있다. 2차처

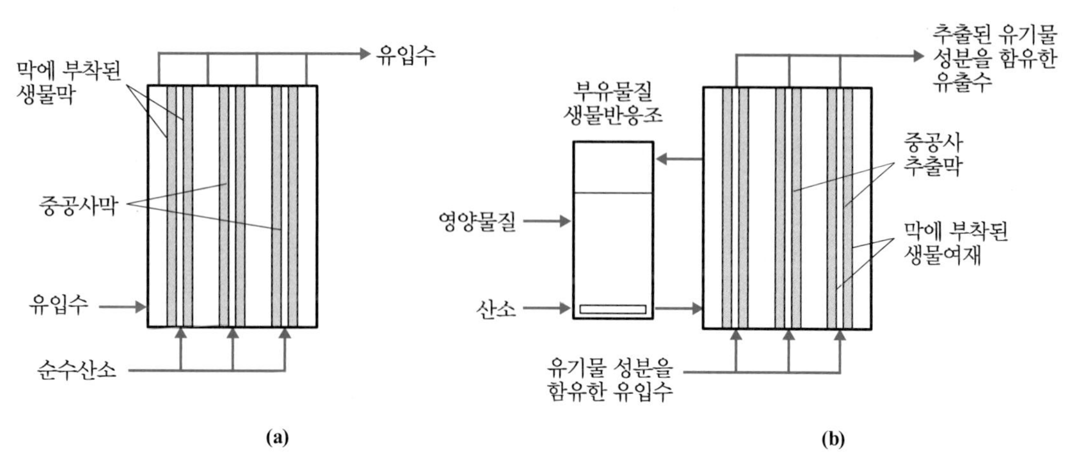

그림 12-4 **(a) 막 폭기 생물반응조(MABR)와 (b) 추출막 생물반응조(EMBR)의 개념도**

표 12-9 하수처리를 위한 막 여과 기술의 일반적인 특성

Type	Typical size (um)	Pressure range (kPa)	Flux ($L/m^2/d$)	Energy consumption (kWh/m^3)	Recovery (%)	Materials	Configuration
MF	0.08-2.0	7-100(100)	405-1,600	0.4	84-98	PP, PTFE, AN, nylon,	Spiral, HF, Plate, Frame
UF	0.005-0.2	70-700(525)	405-815	3.0	70-80	CA, PA	Spiral, HF, Plate, Frame
NF	0.001-0.01	500-1,000(875)	200-815	5.3	80-85	CA, PA	Spiral, HF,
RO	0.0001-0.01	850-7,000(2,800)	320-490	10.2	70-85	CA, PA	Spiral, HF, TFC

Note) ( ) typical pressure
Ref) Stephenson et al.(2000)

표 12-10 막 여과 기술의 장단점

Type	장점	단점
MF & UF	• 약품 사용량 저감 • 소요부지 저감(50～80%) • 자동화 가능 • 원생동물 및 기생충 알 제거 • 박테리아 및 바이러스 일부 제거 가능	• 높은 에너지 소요량 • 전처리 시설 필요 • 막 오염 대응 비용추가 필요 • 잔류물질의 처리 및 농축수 처분 필요 • 막 교체 비용(3～5년) • 잠재적인 녹(scale) 발생 가능성 • 운전에 따라 수투과율의 감소 • 성능에 대한 신뢰성 확보 및 경제성 향상 필요
NF & RO	• 용존물질 제거 가능 • 소독효과 • NDMA 등 유기화합물 제거 가능 • DBPs 전구물질과 무기물질 제거 가능	• 고형물의 함유 정도에 따라 효율 가변적임 • 기존 처리에 비해 고가임 • 잔류물질의 처리, 농축수 처분 필요 • 성능에 대한 신뢰성 확보 및 경제성 향상 필요

리수에 적용하는 경우는 주로 MF-RO-(흡착-IX-오존처리)-소독 방식이며, 1차처리수의 경우는 MBR-RO-소독 순으로 적용된다(그림 12-1). 일반적으로 MBR 유출수의 농도는 보통 BOD <5 mg/L, COD<30 mg/L, NH_3-N<1 mg/L, TN<10 mg/L, 그리고 탁도 <1 NTU 정도이다(Stephenson et al., 2000). 표 12-11에 요약된 바와 같이 활성슬러지 처리수를 대상으로 시험된 2단 막 여과(MF-RO) 공정의 유출수 특성은 매우 우수한 것을 알 수 있다.

분리막 영양소제거(Membrane BNR, 3-stage Phoredox) 시스템에서 분석된 활성슬러지(MLSS 2,500 mg/L)의 막(UF) 여과특성은 그림 12-5와 같다. 이 자료는 단순한 PVDF 막과 나노물질로 개질된 막(PVDF-GO-ZnO)의 여과 플럭스를 비교하여 나타낸 것으로, 개질된 막의 수투과율은 480～960 $L/m^2/d$ 정도로 우수한 성능을 보였으며, 운전기간 동안 측정된 처리수의 탁도는 최대 0.6 NTU 이하로 매우 안정적이었다. 개질된 막의 비가역적 막 오염비율(F_{ir}, irreversible fouling ratio)은 약 7.2% 정도로 개질하기 이전의 PVDF 막에 비하여 매우 낮아 방오성이 우수하다.

표 12-11 **하수처리수를 위한 MF-RO의 운전성능** (Dublin San Ramon Sanitary District, CA)

Constituent	Secondary effluent (mg/L)	MF (Flux rate=1,600 L/m^2/d)		RO (Flux rate=348 L/m^2/d)	
		Effluent (mg/L)	Reduction(%,)	Effluent (mg/L)	Reduction(%)
TOC	10~31	9~16	57(45~65)	<0.5	>94(85~95)
BOD	11~32	<2~9.9	86(75~90)	<2	>40(30~60)
COD	24~150	16~53	76(70~85)	<2	>91(85~95)
TSS	8~46	<0.5	97(95~98)	~0	>99(95~100)
TDS	498~622	498~622	0(<2)	9~19	98(90~98)
NH_3-N	21~42	20~35	7(5~15)	1~3	96(90~98)
NO_3-N	<1~5	<1~5	0(<2)	0.08~3.2	96(65~85)
PO_4-P	6~8	6~8	0(<2)	0.1~1	~99(95~99)
SO_4^{2-}	90~120	90~120	0(<1)	<0.5~0.7	99(95~99)
Cl^-	93~115	93~115	0(<1)	0.9~5.0	97(90~98)
Turbidity(NTU)	2~50	0.03~0.08	>99	0.03	50(40~80)

Note) ( ), reduction reported in Literature

Ref) Whitley et al.(1999)

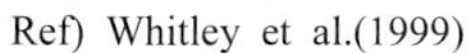

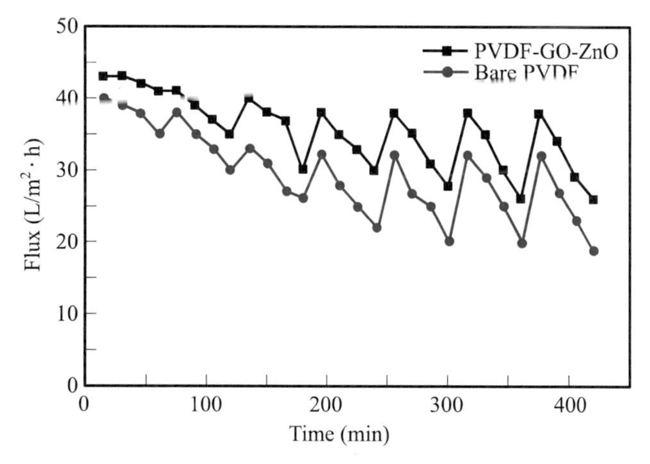

그림 12-5 **나노복합 UF 막을 적용한 Membrane BNR 시스템의 여과특성** (Ayyaru et al., 2019)

막 여과기술을 고도처리에 적용하기 위해서는 충분한 설계자료가 필요하다. 주요한 막 운전인자로는 전처리 조건(약품주입 등), 막 투과 플럭스 및 압력, 세척수 및 빈도, 순환비, 그리고 후처리 조건 등이 있다. 특히 전처리의 필요성을 파악하기 위해서는 다음과 같은 막 오염지표(membrane fouling indexes)를 사용할 수 있다(표 12-12). 이 실험은 흔히 210 kPa 압력에서 여과능력(직경 47 mm, 0.45 um millipore)을 분석하는데, 시험시간은 원수의 특성에 따라 15 min에서 2 h까지 달라질 수 있다.

- SDI(silt density index): 정적인 저항특성 분석법

$$\mathrm{SDI} = \frac{100\left[1-(t_i/t_f)\right]}{t} \tag{12.1}$$

표 12-12 **일반적인 막 오염 지표값**

막 공정	막힘 지표	
	SDI	MFI, s/L^2
나노여과	0～2	0～10
역삼투 중공사	0～2	0～2
역삼투 나선형	0～3	0～2

Ref) Taylor & Wiesner(1999), AWWA(1996)

여기서, t_i = 최초 500 mL를 여과하는 데 걸리는 시간

t_f = 최종 500 mL를 여과하는 데 걸리는 시간

t = 시험에 필요한 총 소요시간

- MFI(modified fouling index): 여과 곡선의 직선 부분 경사 분석

$$\frac{1}{Q} = \alpha + \mathrm{MFI} \times V \tag{12.2}$$

여기서, Q = 평균 유량(L/s)

α = 상수

MFI = 수정된 막 오염 지표(s/L^2)

V = 부피(L)

막 여과를 이용한 하수처리에 있어서 농축 폐액의 처분은 매우 중요한 이슈 중 하나이다. 특히 NF와 RO의 경우 경도 물질, 중금속, 고분자 유기물, 미생물 그리고 황화수소 등 다양한 성분들이 농축 폐액에 포함될 수 있다. 농축수의 양과 수질은 물질수지($Q_f = Q_p + Q_c$, $Q_f C_f = Q_p C_p + Q_c C_c$)에 따라 회수율(recovery, R)과 배제율(rejection, R_c)을 이용하여 다음의 식에 의해 간단한 추정이 가능하다(9.5절 참조).

$$R(\%) = (Q_p / Q_f) \tag{12.3}$$

$$R_c(\%) = (C_f - C_p)/ C_f \tag{12.4}$$

여기서, Q_f, C_f = 유입수(feed)의 유량(L/s)과 농도(g/L)

Q_p, C_p = 투과수(permeate)의 유량(L/s)과 농도(g/L)

농축 폐액의 주요 처분방법으로는 해양 배출, 지표수 배출, 토지 적용, 하수처리장으로의 배출, 심정 주입(dep-well injection), 증발지(evaporation pond), 그리고 열 증발(controlled thermal evaporation) 등이 있다. 큰 규모의 탈염 시설은 대부분 해안가에 위치하므로 해양 배출이 주된 처분방법이 된다. 미국의 경우 가장 보편적인 처분 방법은 지표수 배출이다. 또한 저농도 염수(brine)라면 토지 적용도 가능하고, 하수처리장으로 배출은 TDS 농도가 낮은 경우(20 mg/L 이하)에만 가능하다. 열 증발법은 고가의 운영비로 인하여 주로 별다른 대안이 없는 경우에 고려된다.

12.4 흡착

흡착(adsorption)은 활성탄과 같은 흡착제(adsorbent) 내부의 공극을 이용하여 흡착 가능한 유해물질(흡착질, adsorbate)들을 제거하기 위한 것으로, 주로 고도정수처리(용해성 유기물질, DBPs 전구물질, 맛·냄새물질, 농약 성분 등의 미량 유해물질 등의 제거)를 위해 사용되는 기술이다. 하수처리에서는 2차처리 유출수에 포함된 용존성 미량 독성물질(난분해성 유기물질, 질소, 아황산염, 그리고 중금속 등과 같은 잔류 무기화합물 등)의 제거를 위해 효과적이다(표 9-4). 사용 목적에 따라 이 방법은 고도산화나 생물학적 방법과 함께 사용하기도 한다.

흡착제의 종류는 매우 다양하지만, 하수처리에서는 주로 입상형(GAC, granular activated carbon) 혹은 분말 활성탄(PAC, powdered activated carbon)을 사용한다. 또한 사용한 활성탄의 재생(regeneration)과 재활성화(reactivation)는 경제성 향상을 위해 반드시 고려되어야 할 사항이다. 흡착된 물질의 양은 그 물질의 양적 및 질적 특성(분자구조, 분자량, 극성, 탄화수소 포화량, 용해성 등)과 온도의 함수로, 흡착물질의 총량을 표현하는 방법으로는 흡착등온식을 사용한다. 다양한 종류의 독성화합 물질에 대해 미국 EPA에서 개발된 흡착등온식(Dobbs & Cohen, 1980; LaGrega et al., 2001)을 사용할 수 있다. 하수에는 각종 유기화합물이 복합적으로 포함되어 있으므로 전체 흡착능력은 흔히 단일 화합물의 경우와는 양상이 다르게 나타난다.

하수의 고도처리를 위해 여러 종류의 활성탄 접촉조(carbon contactors)가 사용된다. 그중에서 가장 많이 사용되는 형상은 입상형 활성탄(GAC)을 이용하는 하향류 병렬식 고정상(downflow fixed-bed in parallel) 방식이다. 하향류의 장점은 유기물질의 흡착과 부유물질의 여과가 동시에 일어난다는 점이다. 그러나 손실 수두의 증가를 막기 위해 역세척과 표면세척이 필요하고, 그 결과 흡착면의 파괴 현상은 불가피하게 발생된다. 접촉조의 효율은 pH, 온도, 그리고 안정된 유량 공급과 관련이 깊으며, 효율이 저하되면 재생빈도를 높여야 한다. 유동형에는 팽창상(expended-bed), 유동상(moving-bed) 및 맥동상(pulsed-bed) 접촉조가 있는데, 모두 상향류(upflow) 방식이다. 이러한 유형은 손실수두의 증가와 관련한 문제는 없으나 활성탄 입자의 충돌과 마모로 인해 유출수에 활성탄 입자가 다수 포함될 수 있다. GAC 접촉조의 설계는 보통 2기 이상으로 병렬식을 권장하고 있다. 설계요소와 방법은 9.2절을 참고한다.

분말활성탄(PAC)은 물리화학적 또는 생물학적 공정 안에 직접 주입하거나 공정 후단에 설치된 별도의 접촉조에 주입하는 방식을 사용한다. 활성탄은 분말형이기 때문에 처리수와 함께 배출되므로 후단에 활성탄 입자를 제거하는 단계(응집/급속여과)가 추가적으로 필요하다. 난분해성 용존 유기물질을 대량으로 포함하고 있는 하수나 폐수의 처리를 위해서는 2차처리 활성슬러지의 폭기조에 직접 PAC와 고분자 전해질을 함께 주입하는 것이 효과적이다. 흔히 PACT(powdered activated carbon treatment) 공정으로 잘 알려져 있는 이 공정은 충격 부하에 대한 안정성, 난분해성 오염물질의 제거, 색도 및 암모니아의 제거, 그리고 슬러지의 침전성 향상이라는 장점을 가지고 있다. 이 공정은 특히 독성물질로 인하여 질산화의 저해 현상이 일어날 때 매우 유효하다. 일반적으로 PAC 투여량은 20～200 mg/L 정도이며, 특히 SRT가 높을수록 효과적이다.

정상상태로 운전되는 활성탄 흡착공정의 처리수 수질은 보통 BOD 2～7 mg/L, COD 10～20 mg/L의 범위이며, 최적의 조건하에서 COD는 약 10 mg/L까지 낮아질 수 있다(Metcalf & Eddy, 2003).

12.5 탈기

가스와 액체가 서로 접촉할 때 두 물질이 서로에게 용해되는 현상을 물질전달(mass transfer)이라고 하는데, 탈기(gas stripping)는 액체상태에 용해된 물질을 기체상태로 전환시키는 공정을 말한다. 물질전달은 대상 물질의 농도와 온도에 의존한다. 즉, 액체에 용해된 가스의 양은 액체의 온도가 증가하거나 또는 액체와 접촉하는 가스 농도가 감소할 때 일어나는데, 이때 액체와 접한 가스의 농도를 떨어트리기 위해서는 제거 대상 가스와는 다른 종류의 가스를 사용해야 한다. 탈기 장치(gas strippers, degasifiers)는 이러한 원리를 이용하여 물에서 가스를 제거하는 시설로, 일반적으로 수직형 또는 수평형의 탈기탑(stripping towers)을 사용한다(그림 12-6). 탈기를 위한 접촉상으로 가장 일반적으로 사용되는 유형은 역류형이다.

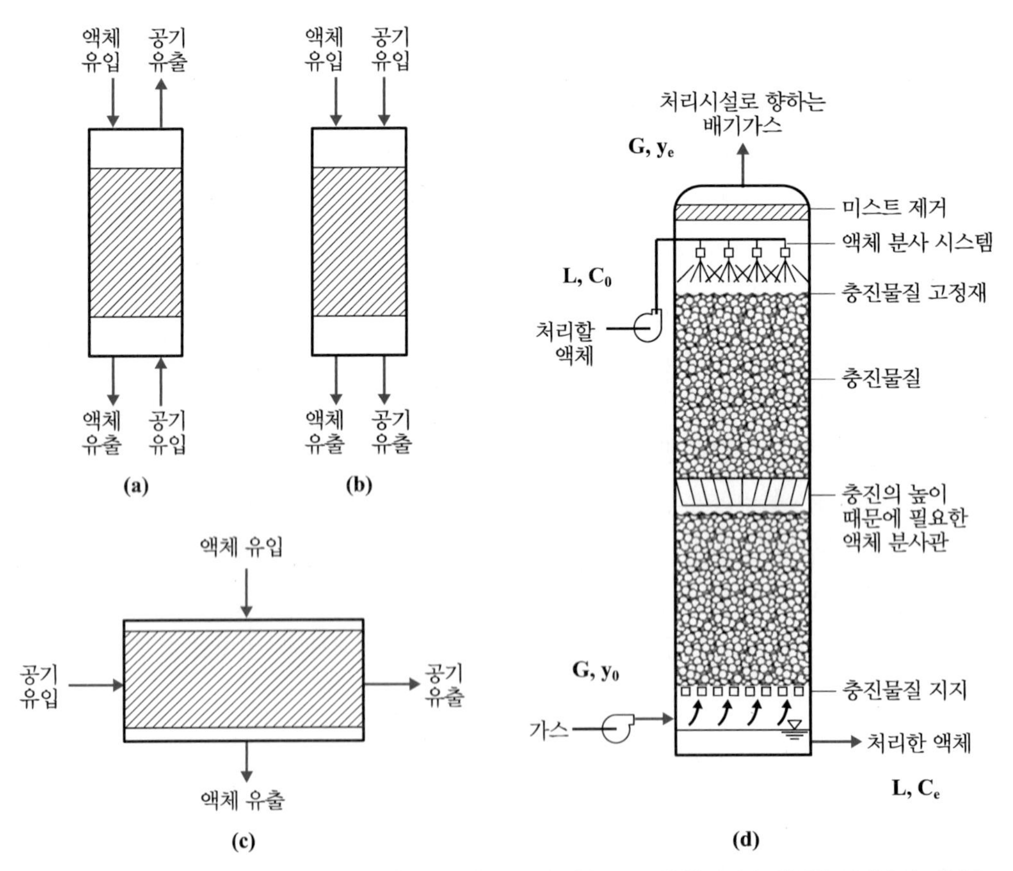

그림 12-6 **탈기탑의 전형적인 흐름 특성(a, 역류형; b, 병류형; c, 교차형)과 (d) 역류형 탈기탑의 개념도**

탈기는 하수처리에서 수중에 용해된 암모니아(NH_3), 황화수소(H_2S), 각종 악취물질, 이산화탄소(CO_2), 그리고 휘발성 유기화합물(VOC, volatile organic carbon) 등의 제거를 위해 주로 사용되며, 혐기성 하수처리(AST)에서 메탄 회수량을 향상시키기 위해서도 적용된다. 탈기가 가능한 물질의 특성은 헨리의 법칙과 관련이 있다. 즉 헨리 상수[atm(mol H_2O/mol air)]가 500보다 큰 벤젠, 톨루엔, 염화비닐(VC) 등은 탈기가 매우 용이하며, 이산화황(38)과 암모니아(0.75)는 어느 정도가 가능하고, 헨리 상수가 0.1보다 낮은 경우(아세톤 등)에는 탈기가 거의 어렵다.

탈기탑의 성능을 분석하기 위해 역류형 탈기탑[그림 12-6(d)]을 예로 다음과 같은 물질수지를 사용할 수 있다.

유입되는 용질(액체 + 기체)의 몰수 = 유출되는 용질(액체 + 기체)의 몰

$$LC_0 + Gy_0 = LC_e + Gy_e \tag{12.5}$$

탑의 하부에서 공기가 유입될 때 용질을 포함하고 있지 않다면($y_0 = 0$), 탈기된 가스의 농도(mole solute/mol solute-free gas)는 다음과 같이 표현된다.

$$y_e = (L/G)(C_0 - C_e) \tag{12.6}$$

이 식에서 헨리의 법칙($y_e = HC_0/P_T$)을 고려하고, 탑의 하부에서 들어오는 액체와 나가는 공기가 용질을 포함하고 있지 않는다고 가정하면($y_0 = 0,\ C_e = 0$), 공기와 액체의 비율(G/L)은 다음과 같이 단순화된다.

$$\frac{G}{L} = \frac{P_T}{H} \times \frac{C_0 - C_e}{C_0} = \frac{P_T \times C_0}{H \times C_0} = \frac{P_T}{H} \tag{12.7}$$

즉, 공기와 액체의 비율(G/L)은 이론적으로 헨리의 법칙에서 정의하는 P_T/H과의 평행선과 같다. 예를 들어 하수로부터 암모니아를 탈기시키기 위한 이론적인 G/L 비율은 그림 12-7과 같다.

탈기탑의 설계에 사용되는 인자는 충진물질의 종류, 탈기율, 탑의 단면적 및 높이가 있다.

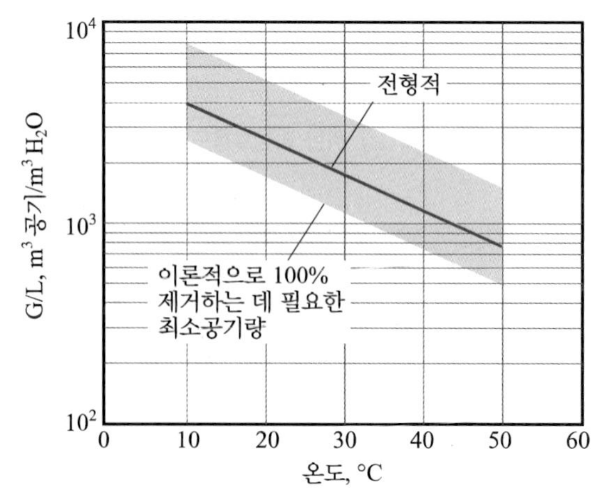

그림 12-7 암모니아 탈기를 위한 공기소요량 (Metcalf & Eddy, 2003)

표 12-13 VOC 및 암모니아 제거를 위한 탈기탑의 전형적인 설계자료

항목	기호	단위	VOC제거[a]	암모니아제거[b]
액체 부하율		$L/m^2 \cdot min$	600~1800	40~80
공기-액체 비율[c]	G/L	m^3/m^3	20~60:1	1.5~5.0
탈기인자	S	무단위	1.5~5.0	1.5~5.0
허용되는 공기압 강하	Δp	$(N/m^2)/m$	100~400	100~400
높이-직경비율	Z/D	m/m	≤ 10:1	≤ 10:1
충진 깊이[d]	Z	m	1~6	2~6
안전인자	SF	%D, %Z	20~50	20~50
하수의 pH	pH	무단위	5.5~8.5	10.8~11.5
근사적 충진인자				
pall ring, Intalox saddles	C_f	12.5 mm[e]	180~240	180~240
	C_f	25 mm[e]	30~60	30~60
	C_f	50 mm[e]	20~25	20~25
Berl saddles,	C_f	12.5 mm[e]	300~600	300~600
Raschig rings	C_f	25 mm[e]	120~160	120~160
	C_f	50 mm[e]	45~60	45~60

[a] Henry 상수가 500 atm(몰 H_2/몰 공기)인 VOC에 대한 자료
[b] Henry 상수가 0.75 atm(몰 H_2/몰 공기)은 부분적으로 탈기되며, 이것은 낮은 부하율과 높은 공기-액체 비율을 나타낸다.
[c] 비율은 온도에 매우 의존한다.
[d] 5~6 m보다 큰 충진 깊이에 있어서 액체 흐름의 재분배를 추천한다.
[e] 충진 물질의 크기
Ref) Hand et al.(1999), Kavanaugh & Trussell(1980)

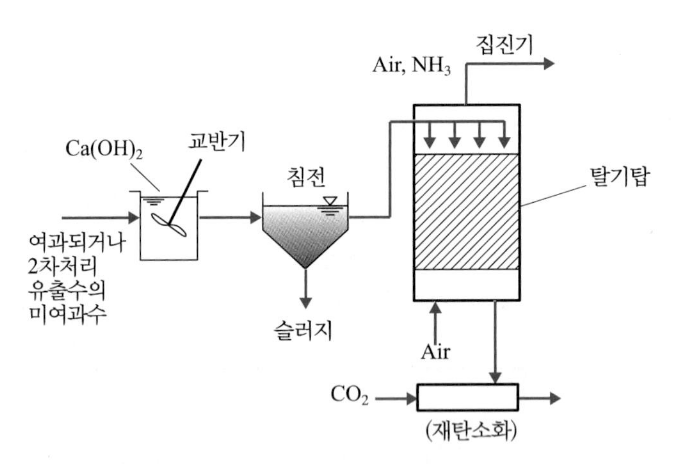

그림 12-8 2차처리수의 탈기를 위한 공정흐름도 (Metcalf & Eddy, 2003)

VOC와 암모니아의 탈기에 사용되는 전형적인 설계값이 표 12-13에 나타나 있다. 일반적인 2차 처리 유출수를 대상으로 적용 가능한 탈기 공정의 흐름도가 그림 12-8에 나타나 있다. 효과적인 탈기를 위해서는 적정 pH 유지, 탄산칼슘 스케일 발생, 그리고 동절기 저효율 등에 주의하여야 한다. 참고로 휘발성이 강한 물질들은 활성슬러지의 폭기 과정에서도 상당량 제거된다. 산소 공급을 위해 공기를 사용하는 활성슬러지에서 실제 미생물에 의한 산소섭취율은 거의 1~2%에 지나지 않으며, 그 나머지는 탈기 작용에 기여하기 때문이다(6.7절 기체전달 참조).

12.6 이온교환

이온교환(IX, ion exchange)은 주로 상수처리에서 경도 물질(칼슘과 마그네슘)의 제거에 주로 사용되지만, 하수처리 분야에서는 고도처리를 위해 질소(암모늄이온, 질산염), 중금속, 용존성 무기 고형물, 그리고 유기물질(TOC)의 제거를 위해 사용된다.

이온교환 공정은 연속식 혹은 회분식 모드로 운전되며, 연속식은 하향류 충진상 컬럼 형태가 대부분이다. 보통 2개의 반응조로 운전과 재생이 교대로 반복적으로 이루어진다. 하수의 고도처리에서는 이온교환 공정의 경제성을 증대시키기 위해서 재생제(regenerants)와 재회복제(restorants)의 사용이 추천된다. 물리화학적인 재회복제로는 수산화나트륨, 염산, 메탄올 및 벤토나이트 등이 있으며, 이들은 유기물질을 제거하는 수지에도 효과적이다.

현재까지 이온교환은 고비용의 전처리, 수지(rasin)의 수명, 그리고 복잡한 재생시스템 등을 이유로 실제 적용은 매우 제한적이었다. 특히 유입수 내 포함된 SS 농도가 높다면 높은 수두로 인해 비효율적이며, 잔류성 유기물질은 수지와 결합하여 성능을 저하시킬 수도 있다. 따라서 이온교환을 고도처리를 위해 적용하고자 한다면 물리화학적인 전처리(응집-침전, 여과)의 필요성은 더욱 강조된다. 이온교환의 적용에에 대해서는 9.6절을 참조하기 바란다.

12.7 고도산화

하수나 각종 폐수처리에서 고도산화 공정(AOPs, advanced oxidation processes)은 기본적으로 기존의 기술로 제거되지 못하는 미량오염물질이나 난분해성 물질의 제거 그리고 살균(disinfection) 등에 중점을 두고 적용된다. 특히, 고도처리에서는 생물학적 난분해성 유기물질을 단순한 분해산물로 산화시키기 위해서 주로 이용된다. 이 경우 반드시 완전한 산화(CO_2)를 목적으로 하지 않으며, 대부분 부분 산화를 통해 후속하는 생물학적 처리를 쉽게 하거나 독성을 줄이는 데 목적을 두고 있다.

고도산화는 기본적으로 수산화 라디칼(· OH)을 만들어 활용하며, 방법에 따라 크게 오존 기반 AOPs와 광화학 기반 AOPs로 크게 구분한다. 수산화 라디칼의 생산을 위해 대체로 오존, 과산화수소(H_2O_2) 혹은 UV를 사용하지만 하나의 기술을 단독으로 사용하는 것보다 대부분 결합형 공정(예, UV/O_3)에서 더 우수한 효율을 얻을 수 있다. 또한 제거효율의 향상을 위해서는 산화분해에 저항하는 물질이 없도록 적절한 전처리 과정이 필요하다. UV 처리는 주로 살균과 NDMA 제거라는 두 가지의 목표를 가지고 적용된다. 하수 속에 포함된 탄산염과 중탄산염의 농도가 높을 경우 고도산화공정의 효율은 다소 떨어지게 된다. 고형물이나 pH, 잔류 TOC 등의 성분도 효율에 영향을 미치는 인자가 된다. 처리 과정에서 2차적인 폐기물 발생이나 물질의 재생과 관련한 문제가 없다는 점은 이 공정의 장점이다.

수산화 라디칼의 반감기는 마이크로초 단위로 매우 짧다. 따라서 수산화 라디칼을 고농도로

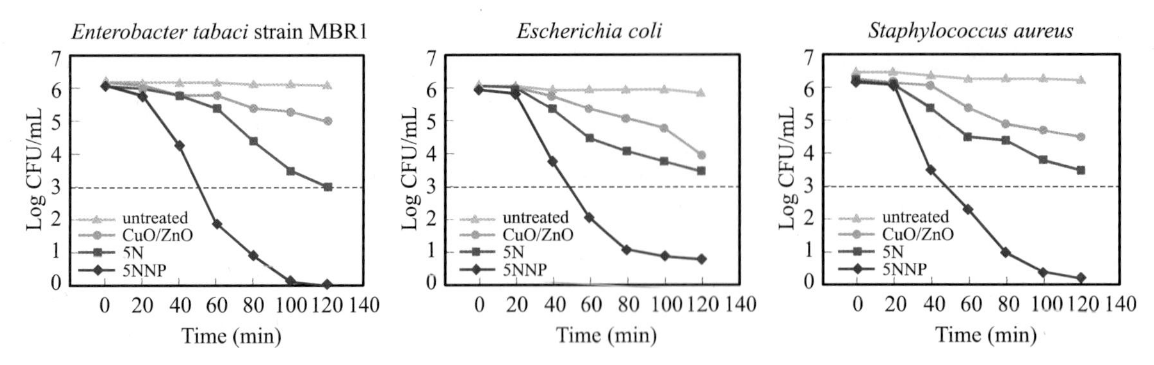

그림 12-9 5-nitroindole 결합 나노입자(5NNP)을 이용한 다제내성균(MDR)의 가시광선 광촉매 소독 효과 (Manoharan et al., 2020b)

만드는 것이 쉽지 않으므로 완벽한 소독을 위해 고도산화를 적용하기는 쉽지 않다. C·T 개념을 기초로 할 때 매우 낮은 농도의 수산화 라디칼을 사용한다면 미생물의 소독을 위해서는 다소 긴 체류시간을 필요로 한다.

그림 12-9에는 광촉매 기반 AOPs 공정의 살균 효과를 예시하고 있다. 대상 미생물은 하수처리장 2차처리 활성슬러지로부터 분리된 3종류의 다제내성균(MDR)으로, 천연적인 인돌(indole) 화합물로 캐핑된 나노입자를 광촉매 물질로 사용하여 가시광선 광촉매 산화 반응(visible light photocatalytic disinfection)을 유도한 것이다. 미생물의 초기 설정 농도는 3×10^6 cfu/mL로 2차 처리수 수준으로 설정되었다. 이 결과에서 우리나라의 현행 방류수 기준(공공하수처리장 기준 총 대장균 1,000 cfu/mL)을 만족할 수 있는 체류시간은 약 50 min 정도임을 알 수 있다. 참고로 표 12-14에는 비교적 최근에 연구된 나노입자를 이용한 광촉매 살균특성을 보여주고 있다. 이러한 결과는 광화학기반 AOPs 공정에서 가시광선도 충분히 UV만큼 살균 효과를 달성할 수 있다는 가능성을 보여준다.

표 12-14 나노입자를 이용한 광촉매 살균 특성

Light source	Nanoparticles	Bacterial species	Intensity, W/m^2 (nm)	Irradiation time(min)	Reduction (%)	Ref.
UV	TiO_2 Plasma	Escherichia coli	- (356)	60	100	1
	TiO_2	Gram-positive and Gram-negative bacteria	69 (315~400)	6	100	2
	TiO_2 quantum	Escherichia coli.	4 W (365)	240	91	3
	TiO_2	Escherichia coli	30 (315~400)	30~60	62	4
	TiO_2	Urban WWTP effluents	- (381)	180	70	5
Visible	TiO_2	Escherichia coli	-	10	99.9	6
	CuxO/Rh-Sb-TiO_2	Salmonella typhimurium	4 W (≥420)	40	98	7
	F doped TiO_2	Staphylococcus aureus	-	-	98.4	8
	Cu-F doped TiO_2	Staphylococcus aureus	-	-	100	8

Note) 1) Nicoletta et al. (2019), 2) Carolina et al. (2019), 3) Faheem et al. (2019), 4) Gaelle et al. (2014), 5) Francesco et al. (2019), 6) Wang et al. (2015), 7) Love et al. (2019), 8) Nigel et al. (2016)

12.8 증류

증류(distillation)는 선택적인 가열과 응축을 통해 액체혼합물로부터 어떤 성분이나 물질을 분리하는 단위공정이다. 증류는 완전한 분리 혹은 부분적인 분리가 가능하지만, 두 가지 모두 혼합 성분의 휘발성 차이를 이용하는 물리적인 분리공정이다.

이 방법은 이미 산업적으로 다양한 적용이 이루어지고 있지만, 수처리 공정에서는 역삼투와 이온교환과 함께 대표적인 탈염(담수화) 공정(desalination processes)으로 사용된다. 증류는 에너지 소요량이 매우 높으므로 실제 높은 수준의 처리나 오염물질을 제거할 다른 대안이 없는 경우 또한 저렴한 열에너지를 이용 가능한 경우에 고려될 수 있다. 하수의 재이용을 위해서는 비교적 최근에 개발되고 있는 기술이다.

증류기의 형태와 열에너지의 전환 및 사용방법에 따라 매우 다양한 형태의 증류법이 있으나, 하수의 재이용을 위해 사용되는 방법으로는 주로 다중효과 증류(MED, multiple effect distillation), 다단 급속증류(MSF, multistage flash distillation), 그리고 증기압축 증류법(VCD, vapor compression distillation)이 있다.

다중효과 증류법(MED)은 증류기(보일러)를 직렬로 연속 배열하고 증류기별로 차례로 운전압력을 점차 낮게 운전하는 방법으로, 대부분의 오염물질은 초기 증류과정에서 분리되므로 에너지 투자 대비 분리 효율은 낮다.

다단 플래쉬 증류(MSF)는 여러 단계의 역류 열교환기에서 물의 일부를 증기로 플래싱하여 물을 증류시키는 공정이다(그림 12-10). 플래싱(flashing)이란 압력강하에 의한 증기 발생이나 끓는 현상을 말한다. 현재 이 기술은 세계 탈염수의 약 26%를 생산하고 있는 대표적인 기술이지만, 신규 담수화 시설은 에너지 소비가 훨씬 적은 역삼투 공정으로 대체되고 있다(Ghaffour et al., 2013). 하수처리를 위해서는 전처리로 유입 하수의 SS 제거와 탈기 과정이 필요하다.

증기 압축 증류법(VCD)은 압축 증기에 의해 전달된 열을 이용하여 증발시키는 공정을 말한다. 운전에 필요한 열은 증기펌프의 기계적 에너지가 전환된 형태이다. 보일러에서 염의 과도한 농축을 방지하기 위하여 뜨겁게 농축된 하수는 간헐적으로 배출해주어야 한다.

하수의 재이용을 위해 증류법을 적용하는 데 있어 주된 이슈는 경제성을 포함하여 하수에 포

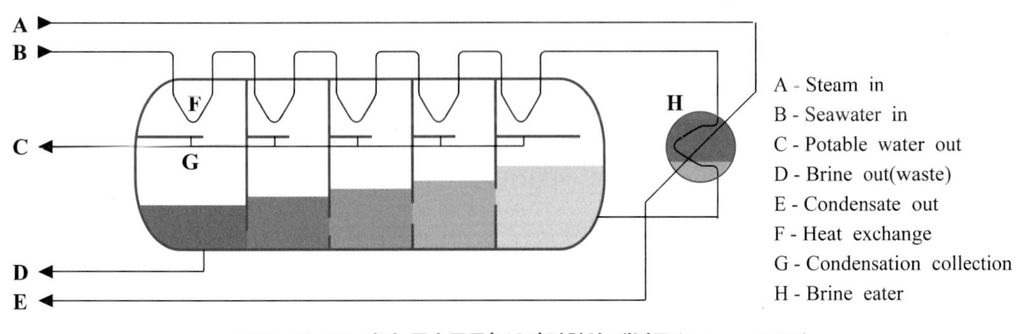

그림 12-10 다단 급속증류(MSF)장치의 개념도 (Ruben, 2010)

함된 휘발성 오염물질의 전처리와 적절한 냉각시스템이 필요하다는 점이다. 운전 시에 주요 문제점은 스케일의 형성과 부식에 대한 대책이다. 대부분의 무기성 용액은 부식성을 가지므로 탄산 또는 스케일 발생을 억제하기 위해 pH 조절이 필요하고, 부식성에 대비하여 구리와 니켈 소재를 사용한다. 허용 가능한 유입 하수의 최대 농도는 용해도, 부식성, 그리고 하수의 증기압 특성에 따라 달라진다. 한편, 농축폐기물의 처분은 막 여과 공정에서의 경우와 동일한 관점을 가진다(Metcalf & Eddy, 2003).

12.9 기존시설의 개선

하수처리장의 개선이란 기존에 운영 중인 재래식 활성슬러지(CAS) 시스템의 성능적 및 시설적 수정을 의미한다. 하수처리의 개념은 이미 단순한 유기성 오염물질(BOD, TSS)의 제거 차원을 넘어 처리수의 재이용으로 전환되었고, 나아가 물 산업의 육성으로 정책의 패러다임이 바뀌어 고도처리를 일반화하기 위한 기술적 도전과 실행이 이루어지고 있다. 고도처리 개념이 도입됨에 따라 기존의 2차처리공정은 영양소제거공정으로 수정 보완되었고, 후속처리는 재이용수의 목표 수질을 만족하도록 콜로이드성/고형성 물질과 용존성 미량 오염물질의 제거기술이 적용된다. 그리고 슬러지 처리계통에서는 슬러지의 처리와 재활용이란 두 가지 관점에서 처리기술이 발전하고 있다(슬러지 부분은 13장을 참조).

기존의 하수처리시설에 고도처리시설을 설치하고자 할 때 필요한 주요 검토사항은 다음과 같다.

- 기본설계과정에서 처리장의 운영실태를 정밀분석한 후 이를 근거로 사업의 향후 추진 방향과 범위 등을 결정한다.
- 시설개량은 운전개선(renovation) 방식을 우선으로 검토하되, 방류수 수질기준의 준수가 어렵다고 판단될 때 시설개량(retrofitting) 방식으로 추진한다.
- 기존 하수처리시설의 부지여건을 충분히 고려하여야 한다.
- 기존의 시설물 및 처리공정을 최대한 활용하여야 한다.
- 표준활성슬러지(CAS)법이 설치된 기존처리장에서 고도처리방법으로의 개량은 대상 오염물질의 특성을 고려하여 효율적인 설계가 되어야 한다.

기존처리장의 운영실태 분석 시 고려해야 할 주요 내용을 표 12-15에 요약하였다. 또한 표 12-16은 다양한 수처리 공정의 전형적인 질소와 인 제거 능력을 정리한 것이며, 표 12-17은 기존 하수처리시설에서 제기되고 있는 주요 문제점을 보여주고 있다.

유기물질(BOD, SS) 처리효율의 향상은 기본적으로 노후설비의 교체 및 개량, 유량 조정 및 전처리 시설 기능 강화, 운전 모드 개선(폭기조 수정, 산소전달효율 향상), 슬러지 처리계통 기능 개선(반송수 관리), 연계처리수(분뇨, 축산, 침출수 등)의 관리, 그리고 2차 침전지 용량 및 구조 개선 등을 통한 운전개선 방안을 모색한다. 그러나 그럼에도 불구하고 목표 수질을 달성할 수

표 12-15 **처리장 운영실태 정밀분석의 주요 내용**

구분	주요 내용
유입 하수량의 수량 및 수질 특성	• 유입 하수량 및 수질 특성 분석(분뇨, 축산폐수, 침출수 등 연계처리로 인한 오염부하량 등) • 하수처리구역 내 배출 특성 및 주요 하수관거 실태조사
하수처리시설의 기능진단	• 수처리 및 슬러지 처리공정의 공정별 기능평가 • 각종 설비의 기능평가 • 시설의 운전방법 및 처리효율 검토 • 인력, 조직 및 유지관리 등 하수처리시설 운영실태조사
시설개선 효율화 방안	• 진단에서 도출된 문제에 대한 원인분석 및 대안 제시 • 처리효율 및 경제성 향상을 한 장단기적 대책 제시 • 시설개선의 방향설정 및 소요비용의 개략적 산정
개선사업의 시행 타당성 검토 및 제시	

Ref) 환경부(2011)

표 12-16 **다양한 수처리 공정의 전형적인 질소와 인 제거 능력**

Category	Process	Nitrogen Removal(%)	Phosphorus Removal(%)
Physical	Filtration	20～40	20～50
	Air stripping	50～90	n.a.
	Electrodialysis	40～50	30～50
	Reverse osmosis	80～90	90～100
	Carbon adsorption	10～20	10～30
Chemical	Breakpoint chlorination	80～95	n.a.
	Chemical precipitation	20～30	70～90
	Ion exchange	70～95(ammonium) 70～90(nitrate)	85～95
	Electrochemical treatment	80～85	80～85
	Distillation	90～98	90～98
	MAP(struvite)	30～60	30～60
Biological	Bacterial assimilation	10～30	10～30
	Nitrification-Denitrification	70～95	n.a.
	Excess Bio-P Removal	n.a.	70～90
	Algae harvesting	50～80	n.a.

없다면 침전지의 용량 증설이나 2차처리수에 대한 추가 시설(여과, 후탈질, 소독 등)의 설치를 검토한다. TN의 제거는 단순한 운전개선으로는 어려우므로 기존 폭기조의 HRT를 고려하여 적절한 고도처리공법을 도입해야 하고, TP의 경우는 생물학적 방법과 화학적 방법에 대한 효율성과 경제성을 평가하여 적용한다.

표 12-17 기존 하수처리시설의 주요 문제점

시설	주요 문제점
전처리 시설	• 그리스, 그릿 등의 협잡물과 부식 문제
2차처리 시설	• 운전 조작이 단순한 공정 필요 • 활성슬러지의 스컴, 거품, 섬유상 미생물의 성장, 침전성 불량 등
2차처리수의 여과	• 역세척 비용의 증가, 유입 유량변동 대응, 모래유실 문제 등
소독	• 유입수 유량 변화에 대한 과잉의 잔류연소 방류 제어
슬러지 농축 및 탈수	• 악취, 원심탈수기의 마모, 농축조(중력식, 부상식)의 운영불량
슬러지 안정화	• 혐기성 소화조 내의 그릿 축적 및 악취 발생 • 호기성 소화 시 슬러지 침전성 불량 • 퇴비화 시의 냄새 및 부식문제 • 소각 시 온도제어 및 대기오염문제
슬러지 운반, 최종처분	• 기후, 최종 매립부지의 가용성, 운반방법 등
운전, 유지관리	• 침입/침투수 관련, 수리학적 및 오염물질의 부하 변동(과부하, 저부하) • 기계고장, 부속품, 노후화된 기계 대체 • 날씨, 슬러지 처리계통, 시스템 전체의 유지관리, 기술인력 및 단위공정

Ref) US EPA(1989)

(1) 생물반응조의 개선

기존처리시설의 개량을 통해 질소와 인을 제거하기 위해서는 폭기조의 크기, 모양, 2차 침전지의 크기, 산소 공급량, 혼합 및 폭기방법 등에 대한 검토가 필요하다. 무엇보다도 유입수 내에 포함된 rbCOD($S_S = S_A + S_F$)의 이용 가능량에 대한 파악은 매우 중요하다. 만약 rbCOD가 충분하다면 기존시설의 폭기조를 혐기, 무산소, 호기조로 적절히 구분해야 한다. 생물반응조의 구획을 나누기 위해 활성슬러지 모델(ASM) 시뮬레이션을 활용하는 것도 매우 유용한 방법이다. 혐기조에서는 인의 방출이, 무산소조에서 유기물질의 제거가 대부분 이루어지고, 호기조에서는 계획된 고형물 체류시간 내에 완전한 질산화가 이루어져야 한다. 이때 질산화를 위한 충분한 산소공급이 가능하도록 폭기기를 적절히 배치하는 것이 중요하다. 보통 재래식 활성슬러지는 질산화가 되지 않도록 설계되어 있다. 따라서 완전한 질산화가 가능하도록 최소 SRT를 확보하고 MLSS를 증가시켜야 한다. 또한 2차 침전지는 침전슬러지의 농도를 높여주고, 침전슬러지의 반송률도 높여야 한다. 증가된 MLSS 농도에 의해 침전지의 부하율(표면부하 및 고형물 부하)은 증가하게 되는데, 2차 침전지가 무리 없이 운전되려면 MLSS는 보통 3,500 mg/L 정도가 적당하다. 특히 동절기에 10°C 이하로 수온이 떨어진다면 질산화는 매우 큰 영향을 받으므로 충분한 양의 미생물 농도와 반응조 용량이 필요하다. Poly-P 섭취 미생물의 활동에 중요한 역할을 하는 VFAs(S_A) 농도는 유입수에 충분히 확보되어야 하지만, 그렇지 못할 경우에는 전발효조(prefermentation)나 외부탄소원의 공급과 같은 대안을 마련해야 한다.

(2) 추가 시설

각종 영양소제거 시스템은 본질적으로 기술적 한계($TN < 5$ mg/L, $TP < 0.5$ mg/L)를 가지고

있다. 더 낮은 수준의 유출수 질소 농도(TN < 3 mg N/L)를 달성하기 위해서는 외부탄소원을 추가적으로 공급하는 후탈질(postdenitrification)과 탈질 여상(denitrifying filter)을 활용할 수 있고, 인(TP < 0.1 mg P/L)은 화학적인 응집과 여과 등의 방법을 고려할 수 있다[11.5절 (12) 참조]. 낮은 수준의 방류수 영양소 농도를 달성하기 위해서는 약품 소요량(메탄올, 응집제, pH 조정제 등)이 증가하고, 동시에 화학적 슬러지도 함께 증가하게 된다. 기술적인 관점에서는 탈질을 위한 탄소원의 공급, 유출수에 포함된 유기성 용존 질소(DON)의 제거, 응집제 사용의 최적화, 그리고 슬러지 발생의 최소화 등에 대한 검토가 필요하다(US EPA, 2010).

외부탄소원을 이용하는 후무산소 탈질조는 유기물질 제거를 목표로 하는 활성슬러지 공정과 유사한 방법으로 설계할 수 있다. 이때 전자공여체는 산소 대신 질산성 질소가 되며, 유기성 기질로 메탄올을 이용하는 종속영양미생물의 성장 동력학(표 11-42)을 사용해야 한다. 따라서 이 경우 설계를 위해 SDNR방식으로 접근하는 것은 바람직하지 않다. 후탈질조 방식에서는 침전지에서의 슬러지 침전성을 향상시키기 위하여 충분한 SRT의 확보가 중요하다[11.5절 (2) 참조].

탈질 여과(denitrifying filter)는 후탈질 방식의 전형적인 3차처리공정이다. 이 공정은 탈질 여상이라고도 부르는데, 운전성이 매우 유연한 추가처리(add-on treatment) 공정이다. 2차처리나 영양소제거공정에서 제거되지 못한 질산성 질소를 제거하면서 동시에 처리수 내에 부유물질을 제거하는 탈질과 여과를 동시에 수행하는 유출수의 세정(polishing)을 목적으로 사용된다. 여과로 인하여 생물학적 플록(biofloc)도 제거되므로 보조적인 인(입자성) 제거 효과도 있지만, 이 공정은 후탈질 방식이므로 추가적인 외부탄소원을 필요로 한다. 대부분 하향류 방식이나, 상향류 방식은 탈질 부분과 여과지 부분을 분리하여 설계한다.

기본적으로 탈질여과지의 설계는 일반 여과지와 유사하나, 탁도보다는 질산성 질소의 농도와 SS 농도가 주요 설계변수가 된다. 탈질 여과지의 설계를 위한 질산성 질소의 전형적인 부하는 0.24～3.2 kg NO_x-N/m^3/d 범위이며, 수리학적 부하는 29～294 m^3/m^2/d 정도이다(표 12-18). 한

표 12-18 굵은 모래를 사용하는 하향류 탈질여과공정의 설계인자

Design parameters	Units	Range	Remarks
Column depth	m	0.6～4.5	typically 0.9～1.8
NO_x-N loading	kg NO_x-N/m^3/d	0.24～3.2	
Hydraulic loading	m^3/m^2/d	29～294	
Empty bed detention time(EBDT)	min	20～30	20 min @ ambient temp.
Media(d_{50})	mm	1.5～5	typically 2～3 mm
Media uniformity		≤1.3	
Backwash rate	m^3/m^2/d	470～1,470	450 m^3/m^2/d for water 0.03 m^3/m^2/s for air
Backwash frequency	cycle/d	0.5～4	
Bumping cycle	h	1～6	1～5 min bumping, 2 h interval

Ref) WEF(1998)

편 여재, 하부 배수장치, 역세척 등 공정구성에서 일반 여과지와 매우 흡사하지만 외부탄소원 주입장치가 추가로 필요하고, 탈질 산물인 질소가스와 이산화탄소를 배제하는 범핑(bumping) 과정이 요구된다. 범핑 운전은 역세척 주기 중에 몇 시간 간격으로 1～10분 정도 역세척을 순간적으로 가동하여 여재층을 유동시키면서 가스를 배제시키는 과정을 말한다. 이 과정에서 슬러지의 제거는 일어나지 않는다. 2차처리수를 처리하는 전형적인 하향류 탈질여과의 처리수질은 BOD 3 mg/L, SS 3 mg/L, 그리고 TN 5 mg/L 이하(< 1 mg NO_x-N/L)이다. TP 제거는 통상적으로 2차처리수 기준으로 20～30% 정도이다(WEF, 1998).

그 외 고도처리를 위한 추가 시설로는 여과(심층 여과, 막 여과), 흡착, 고도산화(O_3), 그리고 소독(Cl_2, UV) 등이 있으며, 이러한 공정들은 잔류 고형물질과 난분해성 용존 유기물질, 그리고 병원성 미생물 등을 주요 처리대상으로 하고 있다. 이 부분은 앞에서 이미 설명하였다.

12.10 인 제거를 위한 화학적 침전

하수나 폐수처리시설에서 인(P)의 제거는 수중에 용해된 인을 고형물(SS)로 전환시킨 후 이를 시스템으로부터 연속적으로 제거하면서 이루어진다. 앞서 설명한 생물학적인 인 제거(EBPR) 외에도 화학적인 방법(CPR, chemical phosphorus removal)을 사용할 수 있다. 생물학적 방법과 비교하면 화학적인 방법은 운전과 조작이 쉬우며, 처리수의 수질을 보장할 수 있다는 장점이 있으나 약품 사용에 따른 비용이 발생하고 슬러지 생산량이 많아 경제성이 떨어진다. 그러나 최종 방류수의 인 농도를 0.5 mg/L 이하로 낮추기 위해서는 화학적 방법의 도입은 불가피하다[11.5절 (12) 참조]. 화학적인 인 제거는 하수처리공정의 여러 위치에서 적용 가능하며, 고형물의 분리 제거를 위해 기존 시설(1차 및 2차 침전지, 여과지 등)을 그대로 활용할 수 있다. 또한 화학적 침전은 단독 혹은 생물학적 인 제거(BPR)와 함께 사용할 때 약품 투여량이나 슬러지 생산과 관련한 비용을 줄일 수 있다(US EPA, 2010).

(1) 약품과 인 침전

인의 화학적 침전을 위해 주로 금속염(metal salts)이나 석회(lime)가 일반적으로 사용된다. 금속염의 일반적인 종류는 황산알루미늄(aluminum sulfate, alum)과 염화철(ferric chloride)이며, 알루미늄의 공급원으로 알루민산나트륨(sodium aluminate)이 사용될 수 있지만, pH를 증가시키는 단점이 있다. 또한 폴리염화알루미늄(PAC, polyaluminum chloride)뿐만 아니라 제철 부산물(pickle liquor)인 철 화합물(황산제2철과 염화제2철)과 석회(생석회 CaO와 소석회 $Ca(OH)_2$)도 화학적 침전을 위해 사용될 수 있다(WEF & ASCE 2009). 이러한 약품은 대부분 상수처리에서 탁도를 제거하기 위한 응집제로도 사용되는데, 그 물성은 8.3절 (3)에 자세히 설명되어 있다. 인 제거를 위한 약품의 선정을 위해 고려해야 할 주요 사항으로는 유입수의 특성(인과 고형물질 농도, 알칼리도 등), 약품비용, 공급의 안정성, 슬러지 처리시설, 최종처분방법, 그리고 기존처리시설과의 적합성 등이 있다.

인의 화학적 침전은 하수에 포함된 총인(TP) 중에서 가장 단순한 오르토인산염(orthophosphate, PO_4^{3-})만을 대상으로 하는데, 이를 흔히 인산염(phosphate)이라고 부른다. 유입 하수의 인산염 함량은 통상적으로 총인의 50～80% 정도이며, 일반적으로 pH 8.3 이하의 조건에서 대부분 두 종류($H_2PO_4^-$나 HPO_4^{2-}) 중 하나의 형태로 존재한다. 다중인산염(polyphosphates)은 금속염 혹은 석회와는 반응하지 않으며, 이는 단지 생물학적 과정으로만 인산염으로 전환된다. 유기적으로 결합된 인(organic-P)은 전형적으로 유입수의 총인의 일부분(< 1 mg P/ L)으로, 콜로이드성 및 입자성 부분은 고액분리 과정에서 제거된다. 용존상태로 존재하는 유기성 인(soluble organic-P) 중에서 생분해가능한 부분은 처리과정에서 오르토인산염으로 가수분해되고, 생분해가 불가능한 부분은 처리시설을 그냥 통과하게 된다. 하수 내에 포함된 인의 분류에 대해서는 11.2절 (3)에 자세히 설명되어 있다.

자연계에 존재하는 인산염 광물질(phosphate minerals)은 매우 다양하고(표 12-19), 모두 생성 가능한 인 침전물이다. 화학적 침전에서는 용존성 인산염과 반응이 쉬운 Al(III), Fe(III, II), Ca(II) 및 Mg(II) 형태의 화합물을 주로 사용한다. 금속염과 인의 대표적인 반응식을 표 12-20에 정리하였다. 칼슘이온을 이용하여 하이드록시아파타이트(HAP, hydroxyapatite)를 형성하는 인 제거방법을 정석탈인법이라고 부르기도 한다. 또한 마그네슘이온을 이용하여 스트루바이트(struvite)를 형성하는 방법도 있다.

침전물의 형성에 따른 인 제거량은 약품 투여량(Me_{dose})과 직접적으로 관련이 있는데, 양론상으로 그 비율(Me_{dose}/P_{in})은 1 mol Me/mol P이다. 그러나 실제 80～98%의 용존성 인(S-P)을 제거하기 위해서는 약 1.5～2.0 Me_{dose}/P_{in} 정도가 필요하다(Smith et al., 2007). 유출수의 TP 농도를 더 낮은 수준(< 0.10 mg P/L)으로 달성하고자 한다면, 약 6～7 Me_{dose}/P_{in}의 높은 비율이 필요하다. 알럼을 비슷한 용량으로 사용한 경우라면 인 제거효율은 75～95% 정도가 된다(WEF & ASCE 2009). 만약 PAC 또는 알루민산나트륨와 같이 중합된 염을 사용하는 경우는 유사한 인 제거효율을 얻기 위해 더 많은 약품량이 요구된다. pH, 알칼리도, 하수 성분들의 경쟁, 초기 혼합조건 및 응결 등은 약품 투여량과 제거효율에 영향을 미치는 주된 요인이다. 최적의 pH 조건은 5.5～7.0이며, 높은 혼합 강도(G = 200～300 /s)와 10～30 sec의 혼합시간이 추천된다(Szabo et al., 2008). 석회를 이용한 인 침전에서는 1.4～1.6배의 알칼리도가 필요한데, 이때 pH는 11 이상으로 증가할 수 있다(Metcalf & Eddy, 2003). 그러나 활성슬러지는 최대 9 이하의 pH 조건으로 운전되어야 하므로 석회는 생물학적 처리공정에 직접 사용할 수 없다. 침전과 여과와 같은 고액분리 기술은 낮은 수준의 유출수 TP 농도를 달성하기 위해 사용되며, 미세 입자 및 콜로이드 제거를 향상시키기 위해 금속염과 함께 폴리머를 첨가할 수 있다.

(2) 고액분리

화학적 침전을 이용한 인 제거에서 고액분리 특성은 처리효율에 매우 민감한 영향을 끼친다. 중력식 침전지는 하수처리시설의 전형적인 고액분리방법이지만 화학적 침전에서는 약품 첨가

표 12-19 인산염 광물질(phosphate minerals)의 다양성

Type	Chemical formula	IUPAC name	Remarks
Ca	$Ca(H_2PO_4)_2$	Monocalcium phosphate	
	$Ca(HPO_4)$	Dicalcium phosphate	Monetite+
	$Ca(HPO_4) \cdot 2H_2O$	Dicalcium phosphate	Brushite+
	$Ca_3(PO_4)_2$	Calcium orthophosphate	Whitlockite+
	$Ca_5(PO_4,CO_3)_3(F)$	Carbonate-rich fluorapatite	Dahlite
	$Ca_5(PO_4,CO_3)_3(OH,O)$	Carbonate-rich hydroxylapatite	
	$Ca_5(PO_4)_3OH^*$	Hydroxyapatite	Apatite+
	$Ca_5(PO_4)_3F$	Fluorapatite	Apatite+
	$Ca_5(PO_4)_3Cl$	Chlorapatite	Apatite+
	$Ca_8H_2(PO_4)_6 \cdot 5H_2O$	Octacalcium phosphate	
	$Ca_xH_y(PO_4)_z \cdot nH_2O$	Amorphous calcium phosphate	
	$CaCO_3^*$	Calcium carbonate	
Fe	$Fe(PO_4)$	Ferric/Iron(III) phosphate	
	$Fe_{1.6}(H_2PO_4)(OH)_{3.8}$	Ferric/Iron(III) phosphate	
	$Fe_3(PO_4)_2$	Ferrous/Iron(II) phosphate	
	$Fe_3(PO_4)_2 \cdot 8H_2O$	Ferrous/Iron(II) phosphate	Vivianite
	$FeO(OH) \cdot H_2O$ or $Fe(OH)_3$	Ferric/Iron(III) oxide-hydroxide	
	$Fe(OH)_2$	Ferrous/Iron(II) hydroxide	
Mg	$Mg(NH_4)(PO_4) \cdot 6H_2O$	Magnesium ammonium phosphate	Struvite+
	$MgH(PO_4) \cdot 3H_2O$		Newberyit
	$Mg_3(NH_4)_2H_4(PO_4)_4 \cdot 8H_2O$		Hannayite+
	$Mg_3(PO_4)_2 \cdot 8H_2O$		Bobierrite
	$(Mg,Fe)_3(PO_4)_{2v}8H_2O$		Baricite
	$(Mg,Fe)Al_2(PO_4)_2(OH)_2$		lazulite
	$Mg(OH)_2^*$		
Al	$Al(PO_4)$	Aluminum phosphate	
	$Al_{0.8}(H_2PO_4)_{1.4}$		
	$Al_x(OH)_y(PO_4)_3$	Aluminum phosphate	
	$Al_3(PO_4)_2(OH,F)_3 \cdot 5H_2O$		Wavellite
	$Al_6Cu(PO_4)_4(OH)_8 \cdot 4H_2O$		Turquoise
	$Al(OH)_3$	Aluminum hydroxide	

Note) * Lime precipitation; +, Kidney stones

후 응결을 위한 체류시간을 제공할 수 있는 응결 지역이 필요하다는 차이가 있다. 2차 침전지의 경우 폭기조나 침전지 이전의 수로에서 응결이 가능하다. 분리막의 경우는 가장 우수한 고액분리(최대 <0.3 NTU, SS = 0) 능력이 있으며, 2차 침전지에 연결된 여과는 유출수의 TP 농도를 0.5 mg/L 이하로 유지할 수 있는 세정(polishing) 효과가 있다. 화학적 침전이 고려되는 1차 침전지의 표면부하율은 통상적으로 30~80(최대 유량에서는 80~90) $m^3/m^2/d$ 범위로 운전된다. 중력식 침전 외에도 공기부상법(DAF)도 유용한 고액분리방법이다.

표 12-20 금속염과 인의 반응식

Aluminum Sulfate, Al(III)

$Al_2(SO_4)_3 \cdot 14H_2O + 2H_3(PO_4) \leftrightarrow 2Al(PO_4) + 3H_2SO_4 + 18H_2O$ $[Al_{0.8}(H_2PO_4)(OH)_{1.4}]$

$Al^{3+} + 3H_2O \leftrightarrow Al(OH)_3 + 3H^+$

Ferric Chloride, Fe(III)

$FeCl_3 \cdot (6H_3O) + H_2PO_4 + 2HCO_3 \leftrightarrow FePO_4 + 3Cl^- + 2CO_2 + 8H_2O$ $[Fe_{1.6}(H_2PO_4)(OH)_{3.8}]$

$Fe^{3+} + 3H_2O \leftrightarrow Fe(OH)_3 + 3H^+$

Lime, CaO & $Ca(OH)_2$

$5Ca^{2+} + 4OH^- + 3HPO_4^- \leftrightarrow Ca_5(PO_4)_3OH + 3H_2O$

$Mg^{2+} + 2OH^- \leftrightarrow Mg(OH)_2$

$Ca^{2+} + CO_3^{2-} \leftrightarrow CaCO_3$

Magnesium salts

$Mg^{2+} + NH_4^+ + PO_4^{3-} + 6H_2O \leftrightarrow MgNH_4PO_4 \cdot 6H_2O$

(3) 슬러지 발생

슬러지의 생산과 처분은 화학적인 인 제거의 단점 중 하나로 유기성 침전물 외에 금속이나 칼슘 침전물 그리고 수산화 금속 슬러지가 추가 고형물로 발생한다. 슬러지 생산량은 약품 투입 위치, 투여량 그리고 하수의 구성성분에 따라 달라진다. 화학적 슬러지 발생량을 산정하기 위해서 양론식을 사용한다. 일반적으로 침전물은 알럼을 사용하는 경우 $Al_{0.8}(H_2PO_4)(OH)_{1.4}$로, 그리고 철분을 이용한 경우는 $Fe_{1.6}(H_2PO_4)(OH)_{3.8}$으로 추정한다. 또한 과잉의 알루미늄 첨가는 수산화알루미늄$[Al(OH)_3]$을, 그리고 과잉의 철분은 수산화 제2철$[Fe(OH)_3]$을 생성한다고 가정한다(표 12-20).

완전한 인 제거를 위해 1차 침전지에 금속염을 주입하였을 때 1차 침전지의 슬러지는 50～100%가량 증가하고 처리장 전체로는 60～70% 정도 증가하게 된다. 2차 처리공정에서 금속염을 주입한다면(양론상 약품투여량의 2.0, 유출수 0.5～1.0 mg P/L), 슬러지 증가량은 35～45% 정도이며, 처리장 전체로는 5～25% 정도가 된다(WEF & ASCE 2009). 3차 처리공정에서 금속염을 주입한다면(양론상 약품투여량의 2～3, 유출수 $<$0.1 mg P/L), 슬러지(2차 + 3차) 증가량은 45～60% 정도이며, 처리장 전체로는 10～40% 정도가 된다(WEF & ASCE 2009). 석회는 일반적으로 천연적인 알칼리성 물질과의 반응$[Mg(OH)_3$, $CaCO_3]$으로 인해 금속염에 비해 훨씬 더 많은 슬러지를 생성한다. 표 12-21에는 화학적 침전에 의한 이론적인 인 제거 특성이 정리되어 있다.

표 12-21 화학적 침전에 의한 이론적인 인 제거 특성

구분	Units	Al^{3+}	Fe^{3+}	Ca^{2+}
Chemical dose	mg Me/mg P	1.74	3.6	-
Alkalinity requirement	mg $CaCO_3$/mg Me	2.83	1.4	-
Sludge production	mg Me-PO_4/mg P	3.9	4.9	-
	mg Me-OH/mg Me	2.9	1.9	-
Total sludge prod.	mg SS/mg Me	3.7	2.3	5.4

(4) 주입지점의 선정

하수처리시설에서 화학적 인 제거는 적용 가능한 지점에 따라 크게 전침전(pre-precipitation), 공침전(coprecipitation) 및 후침전(post-precipitation)으로 나누어진다. 전침전은 1차침전지 이전, 공침전은 1차침전지 유출수, 활성슬러지 혼합액(MLSS), 혹은 2차침전지 이전에 주입하는 경우이다. 후침전은 2차처리수를 대상으로 이루어진다(그림 12-11). 또한 인 결정화 공정(P crystallization processes)을 통하여 슬러지 처리계통의 반류수에 포함된 인 결정물을 직접 회수(P recovery)하는 방법도 있다. 이 경우는 주로 스트루바이트[struvite, $MgNH_4PO_4 \cdot 6H_2O$] 생산기술이 여기에 해당한다.

전침전은 약품 주입으로 인해 인(P)뿐만 아니라 SS도 제거되므로 생물반응조의 BOD 부하를 감소시키고, 산소소요량을 줄이는 장점이 있는 반면에 유기물질의 감소로 탈질에 어려움이 있을 수 있다. 제거되지 못한 인은 미생물의 영양소로 사용할 수 있지만 과다하게 제거될 경우 오히려 인의 결핍을 초래할 수도 있다. 또한 알칼리도의 제거로 질산화에 악영향을 줄 수 있으며, 약품 혼합조(응집)와 응결지의 설치가 필요하다.

공침전의 경우는 유출수의 농도를 1.0 mg P/L 이하로 유지할 수 있는 최적의 약품투입 지점이다. 약품을 폭기조에 직접 주입하는 경우 처리수의 인 농도 저감과 함께 MLSS의 침전성의 개선에도 효과적이며, MBR의 경우에는 막오염의 저감에도 기여한다. 이 경우 철염과 알럼이 주로 사용되고 화학적 슬러지의 증가로 MLSS 농도가 증가한다.

후침전의 경우 처리수의 인 농도는 0.5 mg/L 이하로 유지할 수 있는 최적의 투입지점이며, 유출수의 SS 제거효과가 증가한다. 반면에 여과상의 고형물이 유출수의 인 농도에 영향을 미칠 수도 있다. 우리나라의 경우 유입 하수의 알칼리도/인(Alk/P)이 외국의 경우보다 높기 때문에 수화물의 형성으로 인하여 금속염의 주입량은 더 높게 나타난다. 주입량은 유출수의 인 농도에 따라 다르지만 1 mg P/L 이하의 경우 1.5배, 0.2 mg P/L의 경우는 약 4배 정도이다(최의소, 2003).

약품 투입지점별 장단점이 표 12-22에 종합적으로 비교되어 있다.

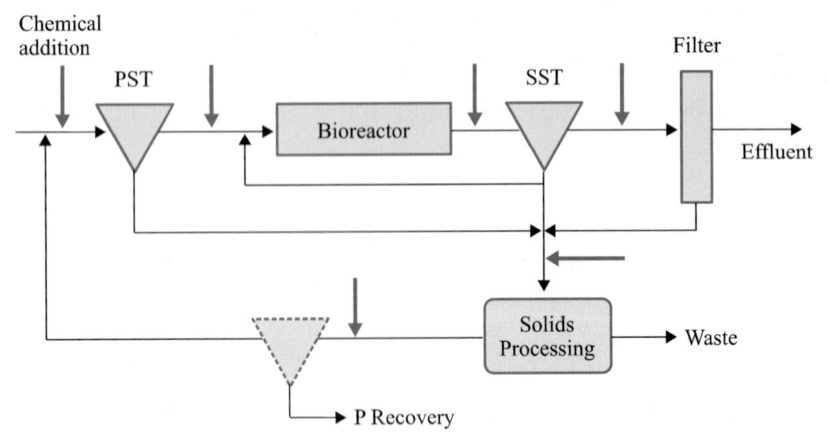

그림 12-11 **하수처리공정에서 인 제거를 위한 약품투입 가능지점**

표 12-22 약품투입 가능지점별 장단점

Application Point	Advantages	Disadvantages
Primary Clarifier only (pre-precipitation)	• Removes additional BOD and solids • Uses lower stoichiometric dose • Iron addition can reduce sulfide odors • Reduces oxygen transfer requirements in the biological process, and reduces the amount of excess biomass sludge produced.	• Control issue of leaving enough P for biotreatment but low enough for effluent • Does not remove polyphosphates which will be converted to orthophosphate in the bioprocess • Competing reactions for hydroxides can decrease dose efficiency • Removes alkalinity before nitrification process, which can result in low pH levels that inhibit nitrification • Removes BOD that can be used downstream for denitrification. Can result in larger anoxic tanks or an increased need for an exogenous carbon source for nitrogen removal.
Secondary Treatment only, e.g., aeration basin or before secondary clarifier(co-precipitation)	• For effluent P less than 1.0 mg/L good final control point for chemical dosing • Polyphosphates converted so most of P is available • May help improve TSS removal in clarifiers • Help prevent fouling in MBR systems	• Removes alkalinity within the biological nitrification process which can lower pH and inhibit nitrification • MLSS increases with production of chemical sludge, which increases the solids loading to the final clarifiers. May need larger activated sludge tanks or larger clarifiers.
Tertiary Treatment only (post-precipitation)	• For effluent P less thatn 0.5 mg/L good final control point for chemical dosing • Polyphosphates already converted so most of P is available • Will help improve TSS removal • Can recycle precipitant to headworks for added P removal	• Filtration increases capital and operating costs • Filtration increases operational complexity and maintenance • Filter solids breakthrough can lead to spikes in effluent P • P removal to low levels can inhibit or prevent nitrogen removal by denitrification filters • Requires separate sludge handling
Multiple	• Can achieve lower effluent TP concentration • Optimization of chemical dose to lower requirements • good control point at final dosing • Provides flexibility	• Additional costs for chemical feed and control equipment in multiple locations. • Additional operational complexity

Ref) US EPA(2010)

예제 12-1 인 제거를 위한 철염의 주입

2차침전지에서 인산염을 제거하기 위해 40% 염화철($FeCl_3$)을 사용하고자 한다. 처리장의 유량은 3,785 m^3/d이며, 2차침전지로 유입되는 인산염의 농도는 4 mg P/L이다. 염화철의 소요량을 계산하시오.

조건

염화철 용액의 농도 = 1.4 kg/L

Fe 원자량 = 55.85, $FeCl_3$ 분자량 = 162.2, P 원자량 = 30.97

풀이

1. 염화철 용액 용량당 철(Fe)의 중량 결정

   $FeCl_3/L = (0.40)(1.4\ kg/L) = 0.56\ kg/L$

   $Fe/L = (0.56\ kg/L) \times (55.85/162.2) = 0.193\ kg/L$

2. 인의 단위 무게당 필요한 철의 중량 결정

   계획 Fe 투입량 = 2 mol Fe/mol P(인 제거효율 98% 예측)

   철 요구량 = 2(55.85/30.97) = 3.61 kg Fe/kg P

3. 인 제거 kg당 염화철 용액 소요량($FeCl_3$ dose)

   = (3.61 kg Fe/kg P)/(0.193 kg Fe/L)

   = 18.70 L ferric solution/kg P

4. 염화철 용액 소요량(L/d)

   = (3,785,000 L/d)(4 mg P/L)(18.70 L ferric soln/kg P)/(10^6 mg/kg)

   = 283 L/d

예제 12-2 화학적 슬러지의 증가량

예제 12-1에서 자 테스트를 통해 98%의 인산염을 제거하기 위해 염화철 용액 283 L/d가 필요한 것으로 확인되었다. 철염의 주입으로 인해 2차침전지에서 추가적으로 제거되어야 하는 슬러지의 질량을 계산하시오. 기본 조건은 예제 12-1과 같다. 단, 인 침전물은 $Fe_{1.6}(H_2PO_4)(OH)_{3.8}$으로 하고, 과잉의 철 침전물은 $Fe(OH)_3$로 가정한다. 화학적 슬러지의 비중은 1.05, 함수율은 92.5%이다.

풀이

1. 철 침전물 형성으로 인한 하루에 추가된 철염의 농도(mM/L/d)

   1) 인 제거량(mM P/L)

      = (0.98)(4 mg P/L))(30.97 mg P/mM P) = 0.127 mM P/L

   2) 주입된 철의 양

      = (2.0 mM Fe/mM P)(4 mg P/L)(30.97 mg P/mM P) = 0.258 mM Fe/L

   3) 침전물의 양

      $Fe_{1.6}(H_2PO_4)(OH)_{3.8}$ = (1.6 mM Fe/mM P rem)(0.127 mM P/L)

      = 0.203 mM Fe/L

      $Fe(OH)_3$ = (0.258 mM Fe/L) − (0.203 mM Fe/L)

      = 0.055 mM Fe/L

2. 화학적 슬러지 생산량[$Fe_{1.6}(H_2PO_4)(OH)_{3.8} + Fe(OH)_3$]

   1) 분자량 계산

      $Fe_{1.6}(H_2PO_4)(OH)_{3.8} = 1.6(55.85) + 2 + 30.97 + 4(16) + 3.8(16 + 1) = 250.9$

$Fe(OH)_3 = 55.85 + 3(16 + 1) = 106.85$

2) 슬러지 농도

$Fe_{1.6}(H_2PO_4)(OH)_{3.8}$

$= (250.9\ mg/mM)(0.203\ mM\ \ Fe/L)/[1.6\ mM\ \ Fe/mM\ \ Fe_{1.6}(H_2PO_4)(OH)_{3.8}]$

$= 31.83\ mg/L$

$Fe(OH)_3 = (106.85\ mg/mM)(0.056\ mM\ \ Fe/L)/[1.0\ mM\ \ Fe/mM\ \ Fe(OH)_3]$

$= 5.98\ mg/L$

3) 슬러지 농도 $= 31.83 + 5.98 = 37.8\ mg/L$

4) 슬러지 생산량 $= (37.8\ mg/L)(3{,}785{,}000\ L/d)/(10^6) = 143.1\ kg/d$

5) 슬러지의 부피 $= (143.1)/[(1.05)(1000)(1 - 0.925)] = 1.82\ m^3/d$

참고 인을 제거하기 위해 염화철을 주입하였을 때 추가적으로 발생하는 화학적 슬러지 발생량은 143.1 kg/d으로 계산된다. 그러나 이것은 추정치이며 실제 폐수의 조건과 주입지점에 따라 달라질 수 있다.

(5) 반류수의 인 결정화

반류수(return flow, reject water)란 하수처리장의 슬러지 처리계통(sidestream)에서 발생하는 농축조와 혐기성 소화조의 상징액 그리고 탈수기 탈리액 등이 다시 수처리계통(main stream)으로 반송되는 액상 슬러지 폐기물(waste sludge liquor)을 말한다. 슬러지의 농축과 소화처리과정에서 생물학적 슬러지에 포함된 질소와 인이 재용출이 일어나므로 반류수는 유입 하수에 비해 유량(1.6%)은 작으나 질소(25%)와 인(24%)의 부하가 높아 수처리계통의 영양소제거공정에 부하를 가중시키는 역할을 한다(표 12-23). 과거에는 오염물질의 제어 측면에서 질소와 인의 제거(예, phostrip 공정)에 집중하였으나 2000년대 이후부터는 점차 유한한 자원의 재이용이라는 개념이 강조되면서 영양소 회수(nutrient recovery)기술의 개발과 적용이 확대되고 있다.

인 결정화 공정(P crystallization processes)은 폐수 내에 포함된 인 성분을 결정화 반응을 통해 화학적으로 직접 회수하는 방법이다. 자연계에 존재하는 인산염 광물질(phosphate mineral) 중 대부분은 무정형(amorphous)의 칼슘과 마그네슘 화합물이다. 그중에 특히 주목받는 광물질

표 12-23 반류수에 의한 부하 증가량 (반류수 부하/유입수 부하)

	농축조 유출수	혐기성 소화조 상징수	탈리액	혼합액
유량	1.2	0.3	0.1	1.6
BOD	0.8～6.8	5.6～21	0.4～1.6	13～43(23)
SS	1.2～15	6.5～25	0.6～1.7	14～44(28)
TN	1.4～3.4	1.4～32	0.4～11	5～47(25)
TP	1.7～7.8	7.3～40	0.6～3.7	13～46(24)

Note) ( )는 평균치, ref) 최의소외(1993)

은 스트루바이트(struvite, MAP: magnesium ammonium phosphate)와 하이드록시아파타이트(apatite, HAP)이다[식 (12.8)과 (12.9)]. MAP와 HAP는 모두 안정한 결정체로 중요한 영양소 성분을 포함하고 있고, 토양 산성화에 대한 억제 효과가 있어 상업적인 비료(market-ready fertilizer)로서의 가치를 오래전부터 인정받고 있다. 하수처리장에서는 관거나 펌프 및 각종 장비의 막힘 문제를 일으키기도 한다.

$$5Ca^{2+} + 4OH^{-} + 3HPO_4^{-} \leftrightarrow Ca_5(PO_4)_3OH + 3H_2O \quad (12.8)$$

$$Mg^{2+} + NH_4^{+} + H_nPO_4^{3-} + 6H_2O \leftrightarrow MgNH_4PO_4 \cdot 6H_2O + nH^{+} \quad (12.9)$$

대표적인 인 결정화 공정으로 Pearl® Technology/WASSTRIP Process(Ostara, Canada)와 CalPrex + AirPrex® Technology(CNP, Netherlands)가 있다. 전자는 소화 슬러지의 탈리액을, 후자는 소화 슬러지를 직접 대상으로 하며, 인 결정물을 형성하는 요건은 기본적으로 모두 동일하다. 그림 12-12는 Pearl® Technology를 예로 보여준다.

인 결정화 공정의 주요 인자로는 유입수의 인 함량, 금속이온(Mg, Ca) 주입량, 운전조건(pH, 폭기, 알칼리도 공급) 등이 있다. 금속이온의 주입량은 최소한 이론치 이상으로 해야 하고, pH는 8～9 이상을 유지해야 한다. 소화 슬러지를 그대로 사용하는 것은 결정체의 분리를 어렵게 하므로 부적절하며, 공정 내 반송률이나 체류시간의 영향은 비교적 크지 않다.

합성폐수를 대상으로 수행된 회분식 인 결정화 반응특성이 그림 12-13에 나타나 있다. 합성폐수를 사용한 인 결정화 반응은 0.5～1 h 이내의 빠른 시간 내에 이루어지고, 상당량(약 60% 이상)의 암모니아와 인이 그동안에 제거된다(그림 12-13). 알칼리성 조건이라는 반응의 고유특성으로 인하여 암모니아의 탈기가 일부(< 5%) 일어나기도 한다.

그림 12-14에는 슬러지의 발효과정을 통하여 rbCOD(즉, 유기산)를 생산한 후 그 상징수를 대상으로 인 결정화를 수행한 사례를 보여주고 있는데(Ahn and Speece, 2006a, 2006b), 이때 금속양이온 공급원으로 마그네슘이나 폐석회(wastelime)를 사용할 수 있다. 폐석회는 화학물질, 시멘트 및 화학비료 제조산업에서 생산되는 주요 산업폐기물로, 주로 매립보조제나 농업용으로 사

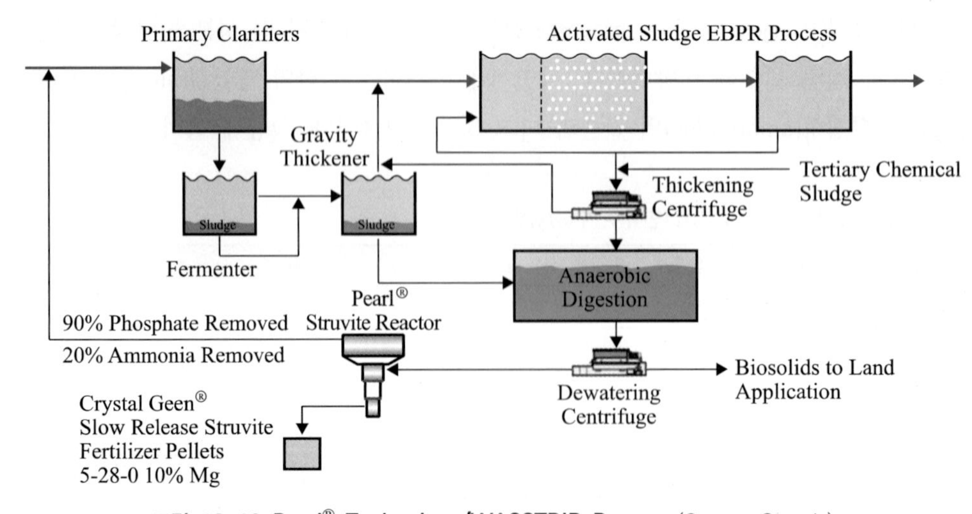

그림 12-12 Pearl® Technology/WASSTRIP Process (Ostara, Canada)

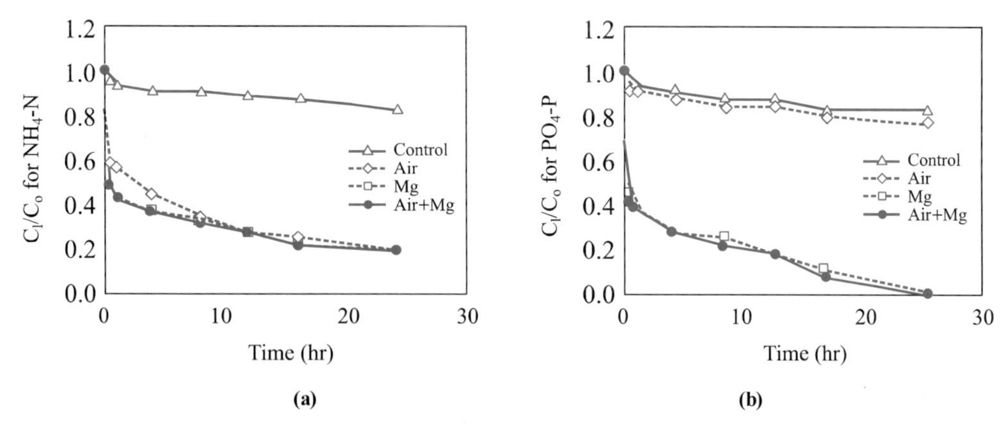

그림 12-13 **합성폐수의 인 결정화 반응특성**(Ahn and Speece, 2006b)
(pH=9.0, C_0=105 mg Mg/L & 30 mg PO_4-P/L; Mg=0.05 mg/L; air=0.05 L/min)

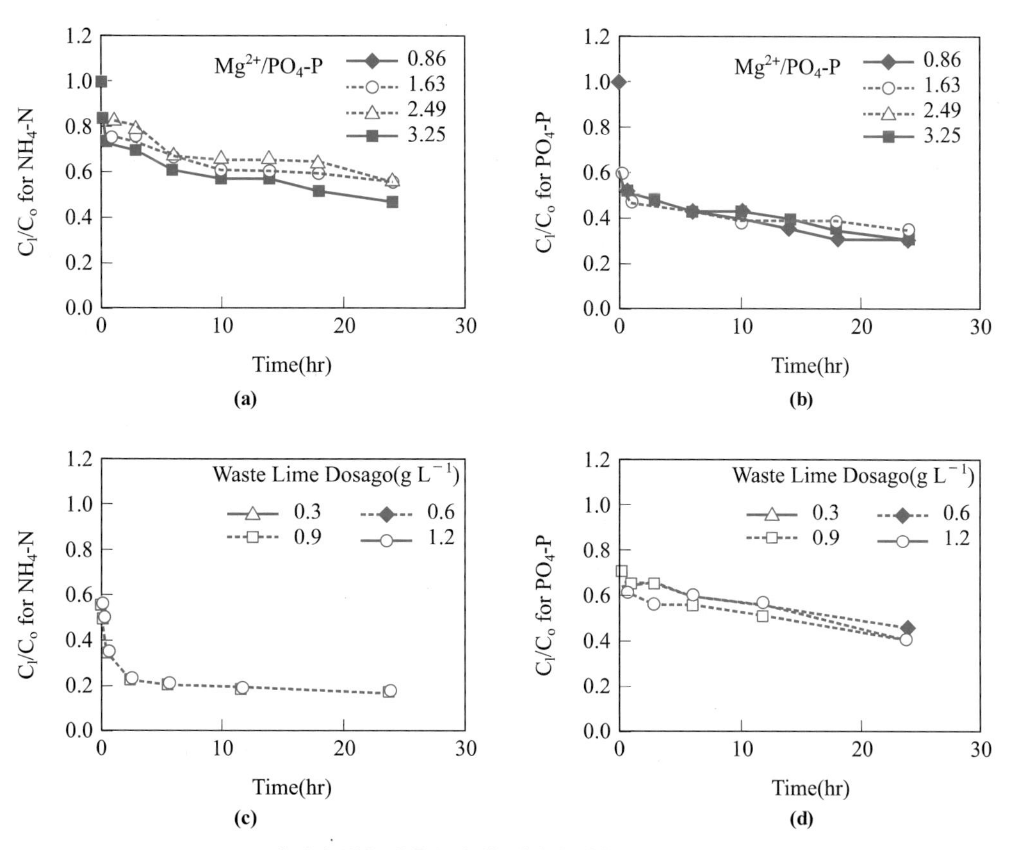

그림 12-14 **슬러지 발효 유출수의 인 결정화 반응**(Ahn and Speece, 2006b)
(pH=9.0, C_0=62~88 mg Mg/L & 20~25 mg PO_4-P/L; air=0.05 L/min)

용되는 폐자원이다. 폐석회는 미량의 Al과 Fe뿐만 아니라 Ca과 Mg 같은 풍부한 양이온(건조중량기준 60%)을 포함하고 있어 MAP와 HAP를 포함한 다양한 광물질의 형성을 기대할 수 있다. 발효조 유출수의 경우 MAP 결정화를 위한 Mg의 최적 주입량은 MAP 질량비의 1.1배로, 질량비의 증가에 따른 차이는 거의 없다[그림 12-13(b)]. 반면에 폐석회의 최적 주입량은 0.3 g/L로 최대 3시간의 반응시간에서 NH_4-N과 PO_4-P의 제거효율은 각각 80%와 41%이다. 이를 근거로 물질수지를 분석한 결과, 인 결정화 유출수를 반류수로 하였을 때 재순환되는 영양소의 부하는 유입 하수 1 m^3당 0.13 g N과 0.19 g P로 매우 낮다.

MAP와 HAP 같은 인 결정물의 회수는 하수처리장의 반류수뿐만 아니라 분뇨 등 각종 폐수를 대상으로 다양하게 적용이 가능하고, 생산된 결정물은 농업 분야에서 기능성 비료로서 영양분을 재활용할 수 있다.

12.11 미량오염물질

(1) 발생 특성

미량오염물질(micropollutants)은 수역에서 미량의 농도(μg/L 혹은 ng/L)로 발견되는 지속적(persistent)이며, 생물활성적인(bioactive) 특성을 가지는 오염물질로 정의된다. 이러한 물질은 분해에 저항성이 있고, 분리가 쉽지 않기 때문에 기존의 수처리 방법으로는 효과적으로 제거되지 않으며 완전한 생분해가 불가능하다는 특징이 있다. 대표적으로 의약품과 보호관리용품(PPCP, pharmaceuticals & protective care products), 내분비 교란 물질(EDCs, endocrine disrupting chemicals), 농업용 화학물질(agricultural chemicals), 산업용 첨가제(industrial additives) 등이 여기에 포함된다.

PPCPs와 EDCs의 경우 정화조, 매립지 및 강우 유출을 통하여 가정 및 산업폐수의 형태로 지속적으로 배출되거나 처분되기 때문에 미국 EPA에서는 이를 신흥오염물질(emerging pollutants)로 지정하고 있고, 현재 12종의 PPCPs/EDCs 물질을 CCL 3(Chemical Contaminant List 3) 목록에 포함시켜 관리하고 있다(WQA, 2013). CCL 3로 분류된 화합물은 발생과 안전성 측면에서 추가 평가가 필요하다는 것을 의미하며, 향후 꾸준한 검토를 통해 최대 오염수준(maximum contaminant level)이 지정된다. 신흥오염물질이란 급수나 폐수의 방류단계에서 그 물질의 존재에 대한 모니터링이나 자료보고에 대한 법정규정이 없는 물질을 말한다. PPCPs에는 의약품, 화장품, 가정 및 산업용 화학물질, 유기성 오염물질 및 영양 보충제 등이 포함된다.

국제 물 연구 연합(Global Water Research Coalition)에서는 총 7가지(사용, 독성, 소모량, 특성 및 지속성 등) 평가기준을 바탕으로 PPCPs 목록의 우선순위를 3단계로 구분하였는데(de Voogt et al., 2009), 표 12-24는 우선순위가 가장 높은 I급 화학물질을 보여주고 있다. 또한 표 12-25에는 지표수와 폐수에서 자주 검출되는 PPCPs 화학물질을 정리하였다.

(2) 도시하수처리시설에서의 제거특성

미량오염물질이 수역이나 물 공급 시스템에 존재한다면, 인간과 생태계의 건강에 심각한 영향을 미칠 것으로 예측되기 때문에 이러한 물질의 측정과 지속 가능한 제어기술개발은 현재 과학계에 큰 도전이 되고 있다. 현재까지 상수처리뿐만 아니라 하수처리시스템에서도 PPCPs/EDCs

표 12-24 High priority Class I PPCPs chemicals

Chemicals	Type	Rationale
Atenolol	hypertension	present in surface water
Bezafibrate	lipid-lowering agent	present in surface water
Carbamazepine	antiepileptic	high detection frequency in environment only human source, persistent in soils
Ciprofloxacin	antibiotic	present in surface water
Diclofenac	anti-inflammatory	present in surface water
Erythromycin	antibiotic	persistent in soils
Gemfibrozil	lipid regulator	present in surface & ground water
Ibuprofen	anti-inflammatory	present in surface water
Naproxen	anti-inflammatory	present in surface water
Sulfamethoxazole	antibiotic	high detection frequency in environment most commonly detected PPCP detected in drinking & ground water

Ref) de Voogt et al.(2009)

표 12-25 **지표수와 폐수에서 자주 검출되는 PPCPs 화학물질**

Chemical Name	CAS* No.	General Classification
benzophenone	119-61-9	household and industrial chemical
caffeine	58-08-2	stimulant
carbamazapine	298-46-4	prescription drug
carbaryl	100-46-9	household and industrial chemical
cholesterol	57-88-5	plant, animal steroid and OWC
cotinine	486-56-6	non prescription drug
2,6-dimethylnapthalene	581-42-0	household and industrial chemical
isophorone	78-59-1	household and industrial chemical
5-methyl-1H-benzotriazole	136-85-6	household and industrial chemical
N-N-diethyltoluamide(DEET)	134-62-3	insect repellant
4-nonylphenol	104-40-5	nonionic detergent metabolite
ticlosan	3380-34-5	an antimicrobial disinfectant
tributylphosphate	126-73-8	household and industrial chemical
tri(2-chloroethyl) phosphate	115-96-8	fire retardant
sulfamethoxazole	723-46-6	veterinary and human antibiotic

Notes) *CAS = Chemical Abstract Service Registry Number,
OWC = Organic Wastewater Compounds
Ref) Motzer (unkown).

저감을 목적으로 특별히 설계된 시설은 없다. 그러나 지난 10년간 미량오염물질의 정량적 및 정성적 분석, 그리고 처리 효과에 대한 많은 연구가 있었다. 여기서는 그중 대표적인 몇 가지를 소개한다.

2008년 8월 미국 EPA와 워싱턴 주 당국에서는 북서부(Puget Sound watershed) 5개 도시폐수처리장의 유입 하수, 2차 및 3처처리수 및 생물고형물(biosolids)에 대하여 PPCPs의 특성을 분석하였다. 대상처리시설은 2차처리가 2곳, 영양소제거가 3곳, 3차처리 재이용수를 생산하는 처리장이 2곳으로 총 7개 하수처리장이었으며, 총 172종의 유기화합물(PPCPs 72종, 호르몬과 스테로이드 27종, 반휘발성 유기화합물 73종)을 대상으로 분석하였다(Lubliner et al., 2010).

연구결과 PPCPs는 모든 도시폐수에서 일상적으로 검출되었고, 다양한 농도로 나타났다. 또한 PPCPs의 분해 정도는 조사된 처리기술별로 다소의 차이가 있지만 대체로 실험실에서 얻은 한계값 이하였다. 폐수에서 제거된 일부 PPCPs 물질은 생물고형물에서도 검출되었고, 그 농도는 매우 큰 폭으로 나타났다. 그뿐만 아니라 분석된 172개 물질 중 약 20% 정도가 폐수 시료가 아니라 생물고형물에서 검출되기도 하였는데, 그 이유는 명확하게 밝혀지지 않았다.

분석결과 PPCPs 제거 효과는 2차처리만의 경우보다 영양소제거공정(생물학적 및 화학적 침전/여과)에서 더 우수한 것으로 나타났다(표 12-26). 특히 고도처리공정에서는 생물학적으로 긴 접촉시간(SRT), 영양소제거 및/혹은 3차 여과를 통해 적어도 31종 이상의 PPCPs 성분이 효과적으로 제거되었지만, 반면에 3종류의 PPCPs(carbamazepine, fluoxetine, thiabendazole)는 거의 처리되지 않았다. 그림 12-15는 처리기술을 대상으로 분석된 일부 PPCPs에 대한 제거율을 비교

표 12-26 **영양소제거공정에 대한 미량오염물질의 제거 구분**

Category	PPCPs[1694]	Hormones/Steroids	Semi-volatile Organics
High = > 80% of analytes had at least 80% reduction in concentration	EBNR + F* EBNR + MF	EBNR + F* EBNR + MF* CA + F* AS + N* EBNR AD AS	EBNR* EBNR + F* CA + F AD
Moderate = 60~80% of analytes had at least 80% reduction in concentration	CA + F	-	AS + N AS
Low = < 60% of the analytes had at least 80% reduction in concentration	EBNR AS + N AS AD	-	EBNR + MF

Note) AS = secondary effluent from activated sludge treatment.
AS + N = final effluent from AS treatment operated to provide nitrification/denitrification.
AD = secondary effluent from aeration ditch treatment
CA + F = chemical addition and two-stage sand filtration applied to secondary effluent.
EBNR = secondary effluent with enhanced biological nutrient removal.
EBNR + F = enhanced biological nutrient removal and tertiary filtration.
EBNR + MF = enhanced biological nutrient removal and tertiary membrane filtration.
*, 1-log reduction(90%) for 80% of the detected influent analytes;
PPCPs[1964], specific list by EPA analytical method 1964.
Ref) Lubliner et al.(2010)

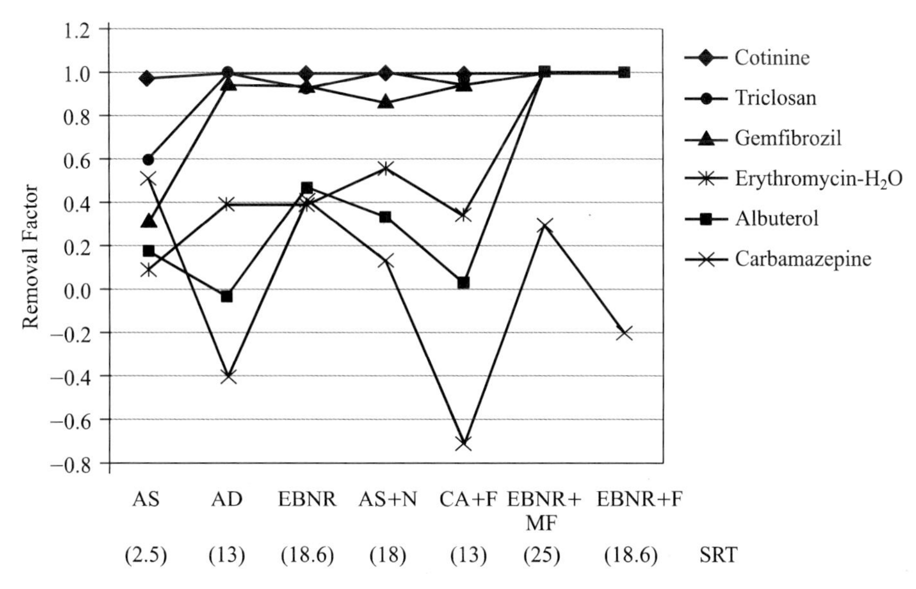

그림 12-15 EPA Method 1694에 의해 분석된 PPCPs의 제거율 (Lubliner et al., 2010)

하여 보여준다. 코티닌(Cotinine)은 모든 처리기술에서 효과적으로 제거되있고, 알부테롤(albuterol) 및 에리스로마이신(erythromycin)의 제거효율은 대상 공정 중 EBNR과 모래여과의 조합공정에서만 향상되었다. 조사대상 BNR 공정은 공통적으로 긴 SRT(18.6～25 d)를 가지고 있었다. 표 12-27은 2차 및 3차처리수에서 측정된 미량오염물질 농도(ng/L)를 문헌상의 자료와 비교하여 나타낸 것이다.

(3) 고도처리공정에서의 제거특성

기존의 일반적인 오염물질 제거기술에 비하여 오존산화, UV 처리, 광촉매 분해, 역삼투, 과산화(H_2O_2/UV) 및 초음파와 같은 고도처리공정은 미량오염물질의 제거에 더 효과적이다. 미량오염물질의 제거효율은 일반적으로 공정의 종류와 구성성분의 특성에 크게 좌우된다. 활성탄(분말 및 과립형)은 화학적 흡착 및 생분해를 통해 많은 종류의 PPCPs/EDCs를 저감시키는 효과가 있으며, 탄소의 유형, 부하량 및 접촉시간이 중요한 요소이다. 역삼투뿐만 아니라 염소, 오존 및 과산화 처리도 PPCPs/EDCs의 산화에 효과적이나, 산화제의 효과는 pH 및 투여량에 크게 의존한다.

미량오염물질의 제거율은 적용된 공정과 화합물의 종류에 따라 큰 차이를 보인다(표 12-28). 기술자료를 분석한 결과를 참고하면, 90% 이상 혹은 검출한계 수준의 제거효율을 보인 화합물은 MBR의 경우 40%(총 49종) 정도이며, MBR의 제거효율은 CAS에 비해 유사하거나 조금 더 높다. 또한 NF와 RO의 경우는 화합물의 82%(각각 총 57종과 60종) 정도였으며, 가장 높은 효율을 얻은 것은 GAC(총 29종의 97%)였다. 고도산화공정으로는 오존기반 AOPs(Ozone/UV, Ozone/H_2O_2)가 효과적이며, 고도산화-생물여과(Ozone/GAC biofiltration) 조합도 적합하다고 보고 있다.

표 12-27 **2차 및 3차처리수에서 측정된 미량오염물질 농도** (ng/L)

Analyte	Secondary Effluent[a] Concentrations in This Study	Secondary Effluent Literature Values[1,2]	Tertiary Effluent[b] or Reclaimed Water[c] Concentrations in This Study	Tertiary Effluent Literature Values[1]
Acetaminophen	nd	nd- <20	nd	2.5
Caffeine	nd～747	<20～51	nd	<10
Carbamazepine	608～785	nd-272	917～1,600	19
Cotinine	39～113	nf	nd～40	nf
Diphenhydramine	255～924	nf	nd～343	nf
Erythromycin	154～327	133～336	nd～168	<1.0
Fluoxetine	43～75	18～24	42～58	8.5
Gemfibrozil	251～3,880	nd～24	nd～1,230	<1.0
Ibuprofen	28～170	19	30～158	6.0
Metformin	4,385～43,800	nf	542～1,760	nf
Naproxen	19～340	<20～25	nd～251	<1.0
Sulfamethoxazole	2～1830	90～841	2～104	<1.0
Tetracycline	10～40	nf	nd	nf
Triclosan	nd～805	29～85	nd～77	1.2
Triclocarban	31～78	nf	3～103	nf
Trimethoprim	308～791	35～186	nd～294	<1.0
17α-ethinyl-estradiol	nd	nd	nd	nf
17β-Estradiol	nd～12	nd	nd	<1.0
Coprostanol	1,170～28,200	nf	7～148	nf
4-nonylphenol	nd～200	nf	nd	nf
Bis(2-ethylhexyl) phthalate(DEHP)	nd～1600	nf	nd～28000	nf
Bis-phenol A	nd～1900	23	nd～600	nf
Di-n-butylphthalate(DBP)	nd	nf	nd～900	nf
Tri(chloroethyl) phosphate(TCEP)	900～1000	189～373	900～1400	133

[a] = Results represent four WWTP codes(EBNR, AS, AD, and AS + N).
[b] = Result represent one WWTP code(CA + F).
[c] = Results represent two RWP codes(EBNR + MF and EBNR + F).
[1]Snyder et al., 2007.
[2]Drury et al., 2006; or Heberer et al., 2004.
nd = not detected.
nf = not found in the literature.
Ref) summarized by Lubliner et al.(2010)

표 12-28 **공정의 종류에 따른 미량오염물질의 제거율**

Process	Studies	Compounds	Percent of compounds with no removal	Percent of compounds with removal below 50%	Percent of compounds with removal above 90% or to BDL[1]
MBR	12	49	14	33	39
CAS	12	33	9	64	27
NF	15	57		17	82
RO	15	60		12	82
GAC	10	29	0	0	97
PAC	10	71	6	31	41
Oxidants	20			(see text)	

[1]BDL = below detection limit.
Ref) Lee et al.(2009)

미량오염물질의 제거와 관련한 최근의 연구는 MBR을 비롯한 다양한 고도처리공정(NF, RO, AOPs 및 AC 등)을 통합한 형태로 이루어지고 있다. 그 주된 목표는 높은 수준의 처리 수질과 에너지 절감효과를 얻기 위함이다. 각종 통합형 공정의 미량오염물질의 제거 능력이 표 12-29에 비교되어 있는데, 경우에 따라 다소의 차이가 있다. 참고로 표 12-30에는 처리대상과 공정별 에너지 소요량을 나타내었다.

고도처리 시스템의 설계와 운전에 있어서 미량오염물질의 제거 효과를 최대화하기 위해서 일반적으로 다음과 같은 사항을 제안하고 있다(Lee et al., 2009).

- 생물학적 공정: CAS 대신에 MBR 기술을 선정하고, SRT를 높게 운전한다.
- RO 공정: 이론적으로 더 작은 공극의 분리막이 좋다. 하지만 더 높은 압력이 필요하고 운

표 12-29 **통합형 공정의 미량오염물질의 제거 효과**

Integrated processes	Removal/rejection of some micropollutants	Reference
AS-MF-RO	100	Rodriguez-Mozaz et al. (2015)
AS-UF-RO	93.2～99.6	Sahar et al. (2011)
AS-UV-Cl	48～100	Rodriguez-Mozaz et al. (2015)
Coagulation-DF-UF-RO	90～99	Chon et al. (2013)
GAC-MF	54.6～89.1	Shanmuganathan et al. (2015)
GAC-MF-NF	>99	Shanmuganathan et al. (2015)
MBR-NF	15～99	Chon et al. (2012)
MBR-NF	50～99.9	Cartagena et al. (2013)
MBR-NF	95～99	Garcia et al. (2014)
MBR-RO	57.1～99.9	Cartagena et al. (2013)
MBR-RO	95～99	Garcia et al. (2014)
MBR-RO	93.2～99.6	Sahar et al. (2011)
MF-RO	12～95	Garcia et al. (2014)
MF-RO-GAC/MF	80～99	Shanmuganathan et al. (2017)
MF-RO-UV/H2O2	99	James et al. (2015)
UF-NF	39～90	Sadmani et al. (2014)
NF-Ozone	～99	Liu et al. (2014)
NF-UV	～49	Liu et al. (2014)
NF-UV/Ozone	85～99	Liu et al. (2014)
IX-NF	20～85	Sadmani et al. (2014)
Ozone-NF	100	Park et al. (2017)
UV-NF	40～100	Sanches et al. (2013)
TiO_2 NPs-UF	50～100	Plakas et al. (2016)

Note) AS, activated sludge; Cl, chlorination; DF, disk filtration; GAC, granular activated carbon; IX, ion exchange; MBR, membrane bioreactor; MF, microfiltration; NF, nanofiltration; NPs, nanoparticles; UF, ultrafiltration; RO, reverse osmosis; summarized by Silva et al.(2017)

표 12-30 **처리 대상수의 종류별 에너지 요구량**

Sources	CAS	Pretreatment	RO system	Overall system
Surface water	-	-	-	0.15～0.3
Wastewater	0.3～0.6	0.1～0.2	0.4～0.5	0.8～1.0(1.3)
Wastewater-MBR effluent	-	0.8～1.0	0.4～0.5	1.2～1.5
Brackish (930-2,200 ppm salts)	-	0.1～0.3	0.6～0.9	0.8～1.0
Brackish (tidal estuary)	-	0.29	1.38	1.67
Seawater (medium salinity)	-	0.3～1.0	2.0～3.0	2.3～4.0

Note) Unit, kWh/m^3; Ref) Pearce(2007)

전비는 증가한다. 회수율은 제거효율에 미치는 영향이 낮으므로 비용적인 측면을 고려하여 달성 가능한 가장 높은 회수율로 운전한다.

- 탄소흡착: 흡착능력이 우수한 종류를 선정하며, 일반적으로 실험실 혹은 파일럿 규모의 검증 시험이 필요하다. GAC이 PAC보다 더 효과적이며, 연속운전에 적합하다. GAC을 사용한다면 접촉상의 용적을 증가시키고, PAC을 사용한다면 운전비가 증가하더라도 투여량과 접촉시간을 늘여야 한다. 전처리를 사용하는 결합형 흡착에서는 유입수 내 총 유기탄소(TOC)의 농도와 경쟁 흡착으로 인한 악영향을 최소화하여야 한다.
- AOPs: 활용 가능한 자료가 충분하지 않지만, 일반적으로 AOPs의 적용은 생물학적 처리 후가 적당하고, 오존기반 AOPs나 UV/H_2O_2 조합공정이 적용 가능하다.
- 최적의 공정조합은 생물학적 처리(rbCOD 제거), 고도산화(난분해성물질 분해), 생물여과(화학적 분해산물 제거), RO(회수율 향상, 폐기물 저감, 소요 에너지 감소)순이다.

참고로 그림 12-16에는 도시하수 처리 방류수를 간접적인 음용수원으로서 사용하는 경우에 대한 물 재이용 시스템의 공정배열을 예시하였다.

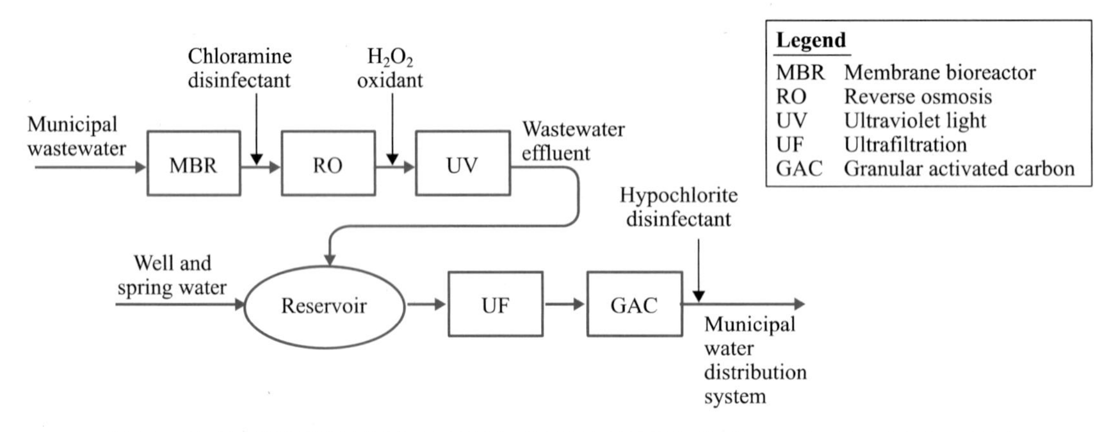

그림 12-16 **미량오염물질에 대비한 물 재이용 시스템의 공정배열 예** (Cloudcroft, New Mexico, USA)

참고문헌

- Ahn, Y.H., Speece, R.E., (2006a). Elutriated acid fermentation of municipal primary sludge, Water Res., 40(11), 2210-2220.
- Ahn, Y.H., Speece, R.E. (2006b). Waste lime as a potential cation source in the phosphate crystallization process, Environmental Technology, 27, 1225-1231.
- Ayyaru, S., Ahn, Y.H. (2017). Application of sulfonic acid group functionalized graphene oxide to improve hydrophilicity, permeability, and antifouling of PVDF nanocomposite ultrafiltration membranes. J. Membrane Science, 525, 210-219
- Ayyaru, S., Dinh, T.L., Ahn, Y.H. (2020). Enhanced antifouling performance of PVDF ultrafiltration membrane by blending zinc oxide with support of graphene oxide nanoparticle, Chemosphere, 241, 125068.
- AWWA (1996). Water Treatment Membrane Processes, American Water Works Association, McGraw-Hill, New York.
- Cleasby, J.L., Logsdon, G.S. (1999). Granular bed and precoat filtration. In: Water Quality and Treatment: A Handbook of Community Water Supplies, 5/e, by R.D. Letterman, McGraw-Hill.
- De Voogt, P., Janex-Habibi, M.L., Sacher, F., Puijker, L., Mons, M. (2009). Development of a common priority list of pharmaceuticals relevant for the water cycle. Water Science and Technology. 59(1), 39-46.
- Dobbs, R.A., Cohen, J.M. (1980). Carbon Adsorption Isotherms for Toxic Organics, EPA-600/8-80-023, U.S. Environmental Protection Agency, Washington, DC.
- Ghaffour, N., Missimer, T,M., Amy, G.L. (2013). Technical review and evaluation of the economics of water desalination: Current and future challenges for better water supply sustainability, Desalination, 309, 197-207.
- Hand, D.W., Hokanson, D.R., Crittenden, J.C. (1999). Air Stripping and Aeration, in R.D. Letterman (ed.), Water Quality and Treatment: A Handbook of Communiη Water Supplies, 5th ed., American Water Works Association, McGraw-Hill, New York.
- Kavanaugh, M.C., Trussell, R.R. (1980). Design of stripping towers to strip volatile contaminants from drinking water, J. AWWA, 72(12), 684.
- LaGrega, M.D., Buckingham, P.L., Evans, J.C. (2001). Hazardous Waste Management, McGraw-Hill, Boston.
- Lee, C.O., Howe, K.J., Thomson, B.M. (2009). State of Knowledge of Pharmaceuticals, Personal Care Products, and Endocrine Disrupting Compound Removal during Municipal Wastewater Treatment, New Mexico Environment Department.
- Lubliner, B., Redding, M., Ragsdale, D. (2010). Pharmaceuticals and Personal Care Products in Municipal Wastewater and Their Removal by Nutrient Treatment Technologies, Washington State Department of Ecology, Olympia, WA. Publication Number 10-03-004.
- Manoharan, R.K., Ayyaru, S., Ahn, Y.H. (2020a) Auto-cleaning functionalization of the polyvinylidene fluoride membrane by the biocidal oxine/TiO_2 nanocomposite for anti-biofouling properties, New J. Chemistry, 44, 807.
- Manoharan, R.K., Mahalingam, S., Gangadaran, P., Ahn, Y.H. (2020b). Antibacterial and photocatalytic activities of 5-nitroindole capped bimetal nanoparticles against multidrug resistant bacteria, Colloids and Surfaces B: Biointerfaces, 44, 807-816.
- Metcalf & Eddy, Inc. (2003). Wastewater Engineering: Treatment, Disposal, and Reuse (4/e), Revised by Burton, F.L., Stensel, H.D., Tchobanoglous, G., McGraw-Hill, New York.

- Motzer, W.W. (unknown). Using pharmaceuticals and protective care products (PPCP) as forensic indicators.
- Pearce, G. (2007). Introduction to membranes: water and wastewater-RO pre-treatment, Filtration and Separation, 9, 28-31.
- Ruben, C. (2010). Schematic of a multiflash evaporator (https://commons.wikimedia.org/wiki/File:Multiflash.svg)
- Silva, L.L.S. et al. (2017). Micropollutant Removal from Water by Membrane and Advanced Oxidation Processes—A Review, Journal of Water Resource and Protection, 2017, 9, 411-431.
- Smith, S.I. et al. (2007). The Significance of Chemical Phosphorus Removal Theory for Engineering Practice. In: Nutrient Removal.
- Stephenson, T., Simon, J., Jefferson, B., Brindle, K. (2000). Membrane Bioreactors for Wastewater Treatment, IWA Publishing, London.
- Szabó, A. et al. (2008). Significance of Design and Operational Variables in Chemical Phosphorus Removal. Water Environment Research, 80(5), 407-416.
- Taylor, J.S., Wiesner, M. (1999). Membranes, In: Water Quality and Treatment : A Handbook of Communiη Water Supplies, 5th ed., edited by R.D. Letterman, American Water Works Association, McGraw-Hill, New York.
- US EPA (1989). Technology and deficiencies at public owened treatment works, Water Environ. Tech., 1(4), 515.
- US EPA (1990). Technologies for Upgrading Existing or Designing New Drinking Water Treatment Facilities. Cincinnati, OH. EPA 625/4-89/023.
- US EPA (2010). Nutrient Control Design Manual. EPA/600/R-10/100, Office of Research and Development, Washington, DC.
- WEF (1998). Design of Wastewater Treatment Plants, 4th ed., Manual of Practice no. 8, Water Environment Federation. A1exandria, VA.
- WEF and ASCE (2009). Design of Municipal Wastewater Treatment Plants-WEF Manual of Practice 8 and ASCE Manuals and Reports on Engineering Practice No. 76, 5th Ed. Water Environment Federation, Alexandria, VA, and American Society of Civil Engineers Environment & Water Resources Institute, Reston, Va.
- Whitley, B. & Associates (1999). Clean Water Revival Groundater Replenishment System: Performance and Reliability Summary Report, Dublin San Ramon Services District, Walnut Creek, CA.
- WQA (2013). Technical Fact Sheet: PPCP & EDC, Water Quality Association, Illinois, USA.
- 최의소 (2003). 상하수도공학, 청문각.
- 최의소, 이호식 (1993). 하수처리장 반송수의 성상과 영향, 대한토목학회논문집, 13(1), 15.
- 환경부 (2011). 하수도시설기준.

Chapter 13

슬러지 처리 및 처분

Sludge Treatment and Disposal

Secret emptying of chamber pots into the river Spree, Berlin.
The gases of anaerobic processes (mainly CH_4) were used to provide light for the woman during her nightly job. Caricature by Doebeck, dated 1830.

Hösel, G. (1990), Unser Abfall aller Zeiten – Eine Kulturgeschichte der Städtereinigung, Jehle Verlag, Munich.

13.1 개요

하수처리과정에서 발생되는 고형성(solid), 반고형성(semi-solid) 및 액상(liquid) 형태의 각종 잔류찌꺼기(residue)를 총칭하여 하수 슬러지(sewage sludge)라고 부른다. 흔히 스크린에 걸린 큰 부유물을 스크린 찌꺼기(screenings), 침사지 침전물을 그릿(모래, grit), 부력에 의해 수면에 뜬 오물을 스컴(scum), 그리고 중력에 의한 침전물을 침전 슬러지라고 하는데, 이들은 모두 슬러지 처리계통(sidestream)에서 함께 처리된다. 슬러지의 성상은 단위조작(unit operation)과 단위공정(unit process)의 종류 및 운전방법에 따라 다르지만 보통 슬러지는 0.2~12%의 고형물을 포함하고 있다. 슬러지는 수분함량이 높을 뿐만 아니라 유기물질을 다량 포함하고 있으므로 슬러지 처리시스템에서는 최종처분 이전에 슬러지의 부피를 감소시키고 안정화(stabilization)를 달성하는 것이 1차적인 과제이며, 최종 잔류물에 대한 처분 규정은 매우 엄격하다. 하수처리장에서 발생되는 일반적인 고형물의 발생원과 유형이 표 13-1에 정리되어 있다.

표 13-1 하수처리장에서 발생되는 고형물의 종류와 특성

종류	발생원	특성	고형물(% TS)
협잡물	스크린	• 협잡물은 바스크린(bar screen)의 기계적 혹은 인위적인 청소로 제거된다. • 소규모시설에서는 주로 찌꺼기를 분쇄하여 후속처리공정에서 처리한다.	
그릿	침사지, 예비 폭기	• 스컴제거시설은 그릿제거시설(침사지)에서 생략되기도 한다. • 예비 폭기조 이전에 침사지가 없으면 예비 폭기조 내에 모래가 퇴적될 수 있다.	
스컴	1차 침전지, 2차 침전지 농축조	• 미국 환경청(EPA)에서는 2차 침전조에 스컴제거설비를 의무화하고 있다.	
1차 슬러지	1차 침전지	• 1차 침전지에서 침전 후 발생되는 찌꺼기로 생슬러지라고도 불린다. • 회색, 점착성, 심한 악취를 가지며, 고형물과 스컴의 양은 하수관로와 유입되는 하수의 성상에 따라 다르다.	4.0~10.0 (2.6)
2차 슬러지	2차 침전지 또는 폭기조	• 2차 처리단계의 침전지에서 침전, 제거되는 잉여 바이오매스로 폐활성슬러지 혹은 잉여슬러지라고 부른다. • 때에 따라서는 생물반응조에서 바로 폐기되기도 한다. • 슬러지의 비중이 가벼워 원심농축을 시킬 경우 효율이 우수하다. • 갈색, 흙냄새, 단독 또는 1차 슬러지와 혼합하여 소화 처리가능하다.	0.8~2.5 (0.9)
혼합 슬러지		• 1차 슬러지와 2차 슬러지의 혼합으로 농축 전 분배조에서 혼합으로 생성된다.	0.5~1.5
농축 슬러지	농축조	• 농축조에서 부피를 감량시킨 슬러지이다.	2.0~8.0(3.3)
소화 슬러지	소화조	• 혐기성(또는 호기성) 소화 처리된 슬러지이다. • 암갈색 내지 흙갈색으로 다량의 가스를 포함한다. • 소화 후 악취 발생이 저감된다.	2.5~7.0 (3.8)
탈수 케이크	탈수조	• 탈수과정을 통해 함수량이 낮아진 슬러지이다. • 운반과 소각 및 최종처분을 용이하게 한다.	20~40 (belt press 21, screw press 20)

주) ( )는 우리나라 80개 하수처리장 자료(최의소, 2003)

하수 슬러지와 함께 흔히 사용되는 단어로 생물 고형물(biosolids)이라는 용어가 있다. 두 용어의 차이는 유익한 용도(beneficial use)라는 기준의 달성 여부에 있다(WEF, 1998). 즉 슬러지라는 용어는 잔류찌꺼기가 유익한 용도 기준을 달성하기 전의 상태를 일반화하여 사용하는 말이지만, 생물 고형물은 유익한 용도 기준을 달성한 상태를 일컫는 말이다, 이 용어는 하수 슬러지의 재이용(토지적용)과 관련하여 미국 EPA(1992, 1999)와 국가연구위원회(NRC, 2002)에 의해 새로이 정립된 개념으로 현재에는 전 세계적으로 통용되고 있는 용어이다. 생물 고형물은 "하수처리공정에 의해 생산된 유익하게 재활용 가능한 유기성 고형물, 또는 Part 503 규칙(Part 503 Rule) 및 이와 상응한 토지적용 기준(land application standards/or practices)을 충족하도록 처리된 하수 슬러지"로 엄격하게 정의하고 있다. 여기서 Part 503 규칙이란 1993년에 수립된 하수 슬러지의 재이용과 처분 기준(The Standards for the Use or Disposal of Sewage Sludge)에 대한 미국의 연방 환경법규[the Code of Federal Regulations(CFR), Title 40, Part 503]를 말한다. 따라서 슬러지와 생물 고형물은 엄격하게 다른 의미이므로 구분하여 사용되어야 한다. 생물 고형물과 유사한 개념으로 우리나라에는 부숙토와 부산물비료 그리고 퇴비 등의 용어가 사용되고 있지만 엄밀하게는 의미에 차이가 있다. 미국에서는 하수 슬러지 발생량의 55% 이상이 생물 고형물 생산기술을 통하여 비료로 사용되고 있다(ENN, 2013). 미국과 유럽에서 규정하고 있는 생물 고형물에 대한 기준은 13.2절에서 별도로 상세히 설명한다.

최근 20년 동안 우리나라는 하수 슬러지 처리와 처분에 있어서는 적지 않은 정책적 및 기술적 변화가 있었다. 2001년까지만 하더라도 해양투기(73.3%)와 매립(12%)은 우리나라 하수 슬러지의 주요 처분방법이었을 뿐만 아니라, 그동안 대부분의 국가들이 사용해온 일반적인 슬러지 처분방법이었다. 그러나 하수 슬러지를 포함한 모든 유기성 폐기물의 직매립 금지제도(2007)와 하수 슬러지와 가축분뇨의 해양투기 금지법(2012)의 시행으로 인하여 우리나라는 더 이상의 해양투기와 매립은 불가능하게 되었다.

또한 전통적으로 유기물질을 주요 처리대상으로 하는 재래식 하수처리방식에서 영양소제거공정으로 기술적 진화가 일어나면서 슬러지 처리에 대한 방향도 함께 변화하게 되었다. 슬러지 처리단계로부터 주처리 공정으로 반류되는 영양소의 부하는 보통 약 25%로 작지 않다. 이러한 수처리 공정의 영양소 부하를 덜어주기 위해서 농축공정은 재래식 중력 농축에서 기계식 농축(공기부상 농축이나 원심탈수 등)으로 전환되었고, 단순하게 반송되었던 혐기성 소화 처리수는 추가적인 영양소제거(탈질 탈인) 혹은 회수(인 결정화 및 자원 회수)를 목표로 하고 있다. 그뿐만 아니라 슬러지 처리 단위기술도 단순한 오염물질의 제거가 아니라 폐자원의 재활용(하수 슬러지 연료화법령 개정, 2009)이란 측면으로 기술적 전환을 유도하였다(환경부, 2012). 따라서 현재 슬러지 처리 처분에 있어서 궁극적인 목표는 자원 회수(resources recovery)와 재이용(reuse)이다. 이러한 배경에서 생물 고형물은 슬러지의 안전한 농지 환원이나 토지적용을 위해 개발된 대표적인 기술적 대안이다. 우리나라도 기본적으로 슬러지에 함유되어 있는 병원균 및 중금속 등에 따른 위해 여부를 충분히 고려한 후, 자원의 유효 이용이라는 관점에서 슬러지의 이용가치에 따라

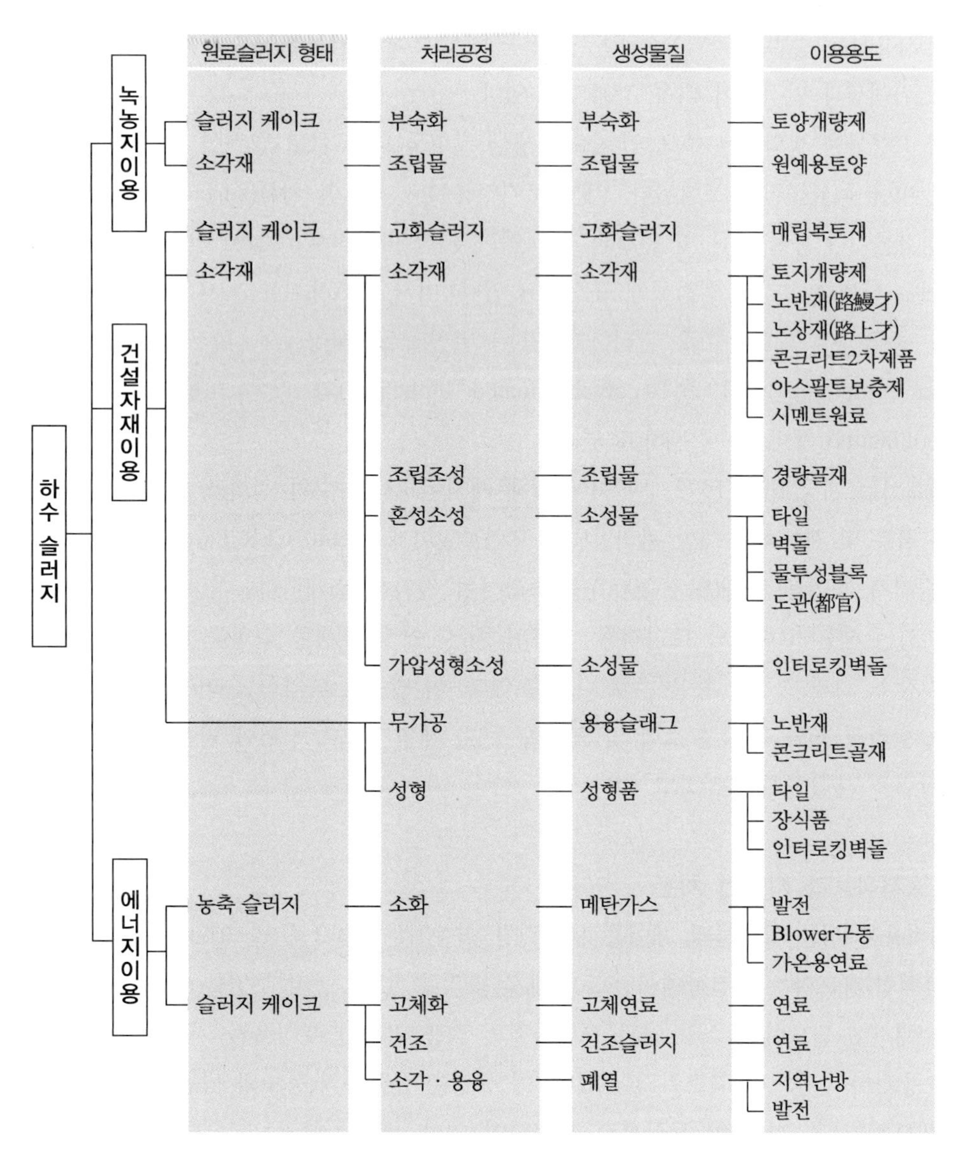

그림 13-1 **하수 슬러지의 재이용 용도 구분**(환경부, 2011)

계획하도록 하고 있다. 또한 경제성 측면에서는 슬러지의 광역처리와 처분을 원칙으로 하고 있다. 그림 13-1은 하수 슬러지의 재이용을 위한 다양한 처리공정과 용도를 보여준다. 재이용을 위해서는 법적인 제반 규정을 엄중히 따라야 한다.

13.2 슬러지 처리와 재이용 관련 규제

하수 슬러지의 자원화 관점에서 토지적용(land application)은 매우 효과적인 최종처분방법 중 하나이다. 그 이유는 유효 자원의 회수와 재이용 측면에서 폐기물 처리와 자원의 순환 시스템을 잘 연결할 수 있기 때문이다. 실제 하수 슬러지를 토지개량제(soil conditioner)나 농지용 비료로 만들어 사용하는 방법은 과거에도 일부 사용되어 왔으나 오염물질의 농도와 다양성 증가로 인해 환경적 위해성과 안전성이 더욱 강화되고 있다.

생물 고형물을 정의하는 주요 인자로는 생물 고형물 내 포함된 병원성 미생물과 각종 중금속 그리고 미량 독성물질이 포함된다. 이는 토지적용이나 지표면 처분(surface disposal)을 시행할 때에 경작물이나 동물 방목 및 인간의 접촉 등에 대한 환경적 위해성에 안전하게 대응하기 위함으로 매우 상세히 그리고 엄격하게 규정하고 있다. 미국 EPA에서는 농지적용을 위해 병원성 미생물과 중금속에 대해 주로 관리하고 있는 반면, 유럽국가들은 할로겐화합물(AOX, total halogen compounds)이나 PCB(polychlorinated biphenyls)와 같은 미량 유기화합물(organic micropollutants) 등에 더 주목하고 있다.

여기에서는 미국 EPA(1992, 1999)에 의해 제시된 가정하수와 정화조 처리에서 발생하는 고형물의 처분 및 재이용에 대한 관리방법과 오염물질한계농도(40 CFR Part 503) 그리고 유럽 연합의 슬러지 재이용 규제(EU, 2000)를 종합하여 간단히 소개한다. 미국의 환경법규(40 CFR Part 503)는 생물 고형물의 토지적용, 지표면 처분, 처리된 생물 고형물에 포함된 병원균과 그 매개체 감소, 그리고 소각 등을 주로 다루고 있다. 이 법규는 다양한 슬러지 안정화 기술(알칼리 안정화, 혐기성 소화, 호기성 소화 및 퇴비화 등)을 재평가하고, 상황에 따라 적용 가능한 처리조건과 방법을 세밀하게 규정하고 있다.

(1) 토지적용과 지표면 처분

토지적용은 생물 고형물의 재이용과 관련한 최종처분방법으로 벌크(bulk) 상태나 포장 제품 모두 유익한 용도라는 조건하에서만 토양에 적용할 수 있다. 농지 주입률(agronomic rates)은 곡식이나 채소에 필요한 질소의 양과 오염물질의 적용 가능한 부하율을 기초로 하며, 뿌리 아래 지역을 통과하지 않도록 최소화되어 있다. 이 규정은 중금속의 농도와 병원성 미생물의 밀도 모두에 대하여 각각 2종류의 등급으로 설정되어 있다. 중금속의 농도는 최고오염농도(pollutant ceiling)와 오염농도(pollutant concentration)로 구분되고, 병원성 미생물의 밀도는 A급과 B급으로 구분되어 있다. 설치류, 곤충 및 조류와 같은 병원균 매개체(vector attraction)의 제어방법은 생물 고형물 처리(biosolids processing) 혹은 물리적 차단벽(physical barriers)의 적용으로 구분하고 있다. 병원균 매개체의 감소는 감염성 질병의 잠재적 확산 가능성 저감이라는 의미가 있다.

지표면 처분은 지정된 지표면 부지 처분(surface disposal site), 단일매립(monofills; solids-only landfills), 더미 혹은 무더기, 그리고 담수지(impoundments) 혹은 라군(lagoon) 등에서 적용될 수 있는데, 최종처분을 위한 부지와 고형물에 대해서는 법규에 세부적으로 규정되어 있다. 그러나 보관이나 처리를 목적으로 하는 경우를 지표면 처분으로 포함하지는 않는다. 특히 처분부지에 차수막이나 침출수 집수 시스템이 설치되어 있지 않은 경우에는 각종 중금속(비소나 니켈 등)에 대한 규제가 포함되어 있고, 그 농도는 처분지의 소유한계선으로부터 지표면 처분 경계까지의 최소거리가 규정되어 있다.

표 13-2 **생물 고형물 등급별 병원성 지표미생물 규제(건조 중량 기준 표준 밀도 한계)**

Type	Class A	Class B
Salmonella	< 3 MPN/4g TS or	-
Fecal coliforms	< 1000 MPN/g TS and	< 2,000,000 MPN/g TS
Enteric viruses	< 1 PFU/4g TS and	-
Viable helminth ova	< 1/4g TS	-

Ref) US EPA(1992, 1999)

(2) 병원균과 매개체 저감

미국 EPA의 규정은 생물 고형물을 병원성 지표미생물의 함유 특성에 따라 두 종류(A급, B급)로 구분하고 있다(표 13-2). A급 생물 고형물(Class A Biosolids)은 토지적용에 제한이 없는 경우로 법적으로 농지에 직접 비료로 사용할 수 있고 퇴비 또는 비료로 수송 및 판매도 가능하도록 허용되어 있다. A급 생물 고형물은 검출 가능한 수준의 병원균을 함유하지 않도록 규정되어 있지만 실제로 법률에서 규제하는 병원균 종류는 분변성 대장균군(FC), 살모넬라균(salmonella), 장바이러스(enteric viruses)와 기생충 알(helminth ova)이다.

B급 생물 고형물(Class B Biosolids)은 지표면 처분과 토지적용을 위한 최소 수준의 병원균 규정이다. 즉 토지적용에 있어 가정의 잔디와 정원(home lawns and gardens), 농작물 및 잔디 수확(harvesting of crops and turf), 동물 방목(grazing of animals) 및 공공 접촉(public contact) 등과 같은 용도에 사용을 제한하는 경우를 말한다. 경우에 따라서는 고형물 살포 후 30일에서 38개월 이상 수확이나 접촉을 금지하기도 한다. B급 생물 고형물에서 법적으로 규제하는 병원균은 분변성 대장균군 하나로, 다른 병원균들이 검출될 수 있으므로 실제 안전을 보장하기에 충분하지 않다. B급은 일반적으로 매립장(landfill site)에서 처분되거나 농림지에서 사용된다.

생물 고형물 관련 규정을 만족하기 위해서는 다양한 병원균 저감 기술(표 13-3)을 활용해야 하며, 병원균 매개체의 저감을 위해서는 제안된 선택사항(표 13-4) 중 하나를 선택해야 한다. 병

표 13-3 **생물 고형물의 등급별 병원성 저감을 위한 대안**

구분	대안
A급 생물 고형물	1. 열처리된 생물 고형물(시간-온도관계) 2. 높은 pH와 높은 온도조건을 사용하는 공정(pH, 온도, 공기건조) 3. 장바이러스와 기생충 알을 감소시킬 수 있는 기타 공정 4. 알려지지 않은 공정-생물 고형물의 활용(사용, 분배, 이동, 판매) 시 병원균(살모넬라, 장바이러스, 성장가능 기생충 알 등)을 검사 5. 추가적인 병원균 저감 강화 공정(PFRPs) 사용 6. PFRP에 상응하는 성능을 가진 공정을 사용하여 처리
B급 생물 고형물	1. 유기물 지표 모니터링 2. 현저한 병원균 감소 공정(PSRPs) 사용 3. PSRP에 상응하는 성능을 가진 공정을 사용하여 처리

Ref) US EPA(1992, 1999)

표 13-4 병원균 매개체 저감을 위한 선택사항

구분	요구사항	적절한 공정
Option 1	처리 동안 최소 VS 38% 저감	혐기성 처리, 호기성 처리, 화학적 산화
Option 2	30~37°C, 추가 40일 동안 회분식 혐기성 소화 동안 17% 이하의 추가적인 VS 저감	혐기성 소화에 해당
Option 3	20°C, 추가 30일 동안 회분식 호기성 소화 동안 15% 이하의 추가적인 VS 저감	호기성 소화에 해당(2% TS 이내)
Option 4	20°C, SOUR = 1.5 mg O_2/g TS/h	호기성 공정(퇴비화 슬러지는 아님)에 해당, 1~2시간 이상 산소가 이용된 경우
Option 5	40°C(평균 45°C) 이상에서 최소 15일 동안 호기성 처리	퇴비화된 생물 고형물
Option 6	충분한 알칼리 첨가(25°C에서 최소 pH 12까지 증가 후 2시간 유지, 22시간 이상 pH 11.5 유지)	알칼리 처리된 생물 고형물(석회, 비산재, 킬른 더스트 및 나무재 등 사용)
Option 7	타 물질과 혼합 전 75% TS	호기성 혹은 혐기성으로 처리된 생물 고형물 (1차 처리에서 생성된 안정화된 생물 고형물)
Option 8	타 물질과 혼합 전 90% TS	1차 처리에서 생성된 안정화되지 않은 생물 고형물(예, 열건조 슬러지)
Option 9	토양에 생물 고형물 주입 후 1시간 뒤 지표에 잔류물 불가(단 A급은 예외, 병원균 저감 후 8시간 이내 주입)	토지 적용 액상 생물 고형물(농지, 산림, 간척지에 적용된 가정정화조)
Option 10	토지 적용 후 6시간 내 토양으로 침투(A급은 병원균 저감 후 8시간 토지적용)	토지 적용 액상 생물 고형물(농지, 산림, 간척지에 적용된 가정정화조)

Ref) US EPA(1992, 1999)

원균과 그 매개체의 감소를 위한 공정으로는 크게 두 가지 단계로 구분하고 있는데, 추가적인 병원균 저감 강화 공정(PFRPs, processes to further reduce pathogens)과 현저한 병원균 저감 공정(PSRPs, processes to significantly reduce pathogens)으로 구분된다. PSRPs는 병원균의 완전한 사멸보다는 감소에 목적이 있으므로 처리된 생물 고형물은 여전히 잠재적인 질병 전파력을 가지고 있다. 반면에 PFRPs는 측정한계 이상으로 병원균을 제거하므로 토지적용 시에 병원균의 규제는 없으나, 모니터링과 기록을 보관하고 보고하는 최소한의 조건부 규정을 포함하고 있다.

A급 생물 고형물을 생산할 수 있는 PFRPs 공정으로는 퇴비화(composting), 열건조(heat drying), 열처리(heat treatment), 고온 호기성 소화(thermophilic aerobic digestion), 방사능 조사(beta/ gamma ray irradiation) 및 저온살균(pasteurization) 등의 방법이 있다. 또한 B급 생물 고형물을 생산할 수 있는 PSRPs 공정으로는 호기성 소화(aerobic digestion), 공기 건조(air drying), 혐기성 소화(anaerobic digestion), 퇴비화(composting) 및 석회 안정화(lime stabilization) 등의 방법이 제안되어 있다. 표 13-5와 13-6에는 각 공정의 기술적 특성이 정리되어 있다.

EPA 법규에는 생물 고형물의 소각에 관한 내용도 포함되어 있다. 그러나 소각은 생물 슬러지 단독인 경우에만 해당되며, 유입 고형물, 소각로와 운전, 그리고 배출가스(탄화수소, 중금속 등) 등과 관련한 사항이 세부적으로 규정되어 있다.

표 13-6 PFRPs 달성 가능 공정

공정	정의
퇴비화	• 용기식 혹은 고정관 산기식 퇴비화: 55°C에서 3일 이상 운전 • 퇴비단 공정: 55°C에서 15일 이상 운전(최소 1일 5회 이상 뒤집기 필요)
열건조	• 고온의 가스와 직·간접적인 접촉을 통해 습기 저감(< 10%) • 고형물 입자나 가스 흐름의 온도가 80°C를 초과하지 않도록 한다.
열처리	• 액상 생물 고형물은 30분 동안 180°C 이상 온도에서 열처리
고온 호기성 소화	• 55~60°C 온도에서 평균 SRT 10일, • 공기 또는 산소를 이용하여 교반
베타선 조사	• 실내온도(약 20°C) 조건에서 베타선 최소 1 Mrad(megarad) 조사
감마선 조사	• 실내온도(약 20°C) 조건에서 감마선 최소 1 Mrad(megarad) 조사
저온살균	• 최소 30분 동안 70°C 이상 유지

Ref) US EPA(1992, 1999)

표 13-6 PSRPs 달성 가능 공정

공정	정의
호기성 소화	• SRT 40일(20°C)~60일(15°C), • 공기 또는 산소를 이용하여 교반
공기 건조	• 최소 3개월 이상 모래상 혹은 반응조에서 건조, • 3개월 중 2개월 동안은 일평균 상온의 온도는 0°C 이상 유지
혐기성 소화	• 35~55°C에서 SRT 15일, • 20°C에서 SRT 60일 조건으로 처리
퇴비화	• 용기식, 고정관 산기식, 퇴비단 공정 모두 온도는 5일 동안 40°C 이상 상승 • 퇴비 더미는 5일 중 4시간 동안 55°C를 초과
석회 안정화	• pH를 12 이상으로 올리기 위해 석회를 충분히 공급하고, 2시간 동안 접촉을 유지

Ref) US EPA(1992, 1999)

(3) 중금속 및 미량 유기화합물

병원성균 규정을 제외하고 생물 고형물의 두 등급에 대한 다른 오염물질에 관한 규정은 본질적으로 동일하다. EPA에서 규정하고 있는 중금속은 비소와 카드뮴을 포함하여 총 10개 항목으로, 표 13-7에 나타난 바와 같이 최고오염농도(ceiling concentration)와 초과오염농도(pollutant concentration limits for exceptional quality)로 구분되어 있으며, 오염물질의 누적 부하율(cumulative loading rate)과 연간 부하율(annual loading rate)을 함께 제시하고 있다. 표 13-8은 농업 용도로 사용되는 퇴비 내에 포함된 중금속 함량에 대한 허용치를 보여주는데, 우리나라는 더 엄격한 기준으로 관리하고 있음을 알 수 있다.

할로겐화합물(AOX)이나 PCB와 같은 미량 유기화합물 등에 대한 기준은 점차 강화되는 경향이다(표 13-9). 미국 EPA 규정에서는 안정화된 슬러지를 직접 비료로 사용되는 경우에도 슬러지 내에 포함된 다이옥신을 엄격하게 규제하고 있지 않지만(ENN, 2003), 유럽 연합은 좀 더 세분화하여 강화된 규칙을 적용하고 있다. 일부 오염물질(acetone, diazinon, phenol 등 15종)에 대해서는 추가로 검토 중에 있다. 우리나라의 경우는 대부분 지역(1~3)별 구분된 토양오염우려기

표 13-7 **Pollutant concentrations and loading rates for land application of biosolids**

Pollutants	Ceiling concentration limits[1) (mg/kg)	Pollutant concentration limits for exceptional quality[2) (mg/kg)	Cumulative pollutant loading rate limits (kg/ha)	Annual pollutant loading rate limits (kg/ha/yr)
Arsenic	75	41	41	2.0
Cadmium	85	39	39	1.9
Chromium	- (3,000)	- (1,200)	- (3,000)	- (150)
Copper	4,300	1,500	1,500	75
Lead	840	300	300	15
Mercury	57	17	17	0.85
Molybdenum	75	-	-	-
Nickel	420	420	420	21
Selenium	100(100)	100(36)	100(100)	5.0(5.0)
Zinc	7,500	2,800	2,800	140

Note) based on dry weight; 1) instantaneous maximum, 2) monthly average;
( ), before modification in 1994.
Ref) US EPA(1992, 1999)

표 13-8 **National maximum permits comparison**

	USEPA (1992)[1)	EU Directive 86/278[2)	Eu (2000)[2)	Korea	
				Manure[3)	Soil[4)
Arsenic(As)	75	–	–	50	50
Cadmium(Cd)	85	20～40	10	5	30
Chromium(Cr)	3,000	–	–	150	30
Copper(Cu)	4,300	1,000～1,750	1,000	500	500
Lead(Pb)	840	750～1,200	750	150	1,000
Mercury(Hg)	57	16～25	10	2	40
Molybdenum(Mo)	75	–	–	–	–
Nickel(Ni)	420	300～400	300	–	–
Selenium(Se)	100	–	–	–	–
Zinc(Zn)	7,500	2,500～4,000	2,500	–	–
Others	–	–	–	Organic <25% C/N <50	PCB: 30 CN: 300 Phenol: 50 BTEX: 200 TPH: 5,000 PCE: 60 TCE: 100

Unit, mg/kg dry solids unless specified otherwise
1) ceiling limits(USEPA, 1992), 2) proposed immediate limit(EU, 2000), 3) based on barnyard manure, 4) based on soil pollution measures by Soil Pollution Protection Act(1995)
Ref) Ahn & Choi(2004)

준(토양환경보전법 시행규칙 별표3)을 적용받는다. 그러나 병원균이나 미량 유해물질에 대한 정보는 부족한 실정이다.

표 13-9 **Limited values proposed by the EU Commission and USA for organic compounds in sludge used for agricultural land application**

Pollutant	EU		USA
	Directive 86/278 (1986)	Proposed immediate (2000)	USEPA (1999)
Total halogen compound(AOX)	N/A	500	-
Linear alkylbenzene sulphonates	N/A	2,600	-
2-ethylhexyl phthalate	N/A	100	-
NPE	N/A	50	-
PAH	N/A	6	-
PCB	N/A	0.8	-
Dioxins PCDD/dibenzofuranes*	N/A	0.1	0.3+

Unit: mg/kg dry matter; N/A, not addressed
NPE, certain nonylphenol and nonylphenolethoxylates; PAH, sum of certain polycyclic aromatic hydrocarbon; PCB, sum of indicated polychlorinated byphenils; *, mg toxic equivalent per kg dry matter; +, the sum of dioxins, furans and certain coplanar PCBs
Ref) Ahn & Choi(2004)

(4) 국내 현황과 규제 방향

하수 슬러지의 처분과 관련하여 지난 20년간 국내의 관련 법규와 규정은 매우 큰 변화가 있었다. 우리나라 「폐기물 관리법 시행령」에서는 수분함량이 95% 미만이거나 고형물 함량이 5% 이상인 것을 '오니'라고 규정하고 있다. 여기서 오니는 오물찌꺼기라는 의미로 하수 슬러지와 동일한 개념이다. 하수 슬러지는 반고형성 폐기물로 기본적으로 폐기물관리법에 준하지만, 하수도법, 수질 및 수생태계 보전 법률, 가축분뇨 관련 법률, 해양오염(환경)관리법, 그리고 비료관리법, 사료관리법, 산업표준화법 신재생에너지 개발이용보급 촉진법 등의 다양한 법률에 의해 직·간접적인 규제를 받고 있다.

해양투기는 전 세계적으로 오랜 시간 동안 사용된 보편적인 폐기물 처리방법이었다. 슬러지를 포함한 각종 오염물질을 무분별하게 해양에 투기하면서 해양오염은 가속화되었고, 그 결과 오슬로협약(1972)과 런던협약(London Dumping Convention)을 통해 1975년 해양투기 금지와 관련한 국제협약을 만들어졌다. 우리나라 역시 1992년 협약에 가입하여 1994년부터 적용을 받게 되었으나 국내의 상황을 고려하여 실질적인 활동은 거의 이루어지지 않았다. 그러나 1996년 12월 경제개발협력기구(OECD) 가입을 시점으로 다수에 걸친 해양관리법 시행규칙 개정을 통해 2012년 하수 슬러지와 가축분뇨의 해양투기 금지법이 시행되었고, 2013년 음폐수(음식물 찌꺼기 폐수)의 해양배출 금지, 2014년 산업폐수와 폐수 오니의 해양배출 금지 등의 법률 시행으로 2014년부터는 모든 종류의 폐기물에 대하여 해양투기가 금지되었다.

한편 매립에 의한 폐기물의 최종처분은 유기물질의 분해와 침출수 발생으로 인하여 지하수 오염문제를 초래하였으며, 매립지의 관리상의 문제뿐만 아니라 장기적으로 사용 가능한 매립지의 안정된 확보조차 어려운 상황에 이르렀다. 그 결과 2007년에는 하수 슬러지를 포함한 유기성 폐기물의 직매립 금지제도를 도입하여 무기성 성분만을 매립지에 처분할 수 있도록 규정하였다.

물론 매립지의 발생 가스를 회수하여 재이용하는 시설이 있는 경우에는 일시적으로 매립(수분함량 < 75%, < 1일 500톤)을 허용하고 있고, 생활폐기물 소각시설을 활용하여 연계처리 후 소각재를 매립하는 등의 방법을 허용하기도 하였다. 하지만 슬러지의 소각은 경제성이 낮고, 소각 시 다이옥신(dioxine)과 같은 유해물질이 배출되는 등의 부수적인 환경문제가 발생하므로 지역사회의 빈번한 이슈가 되고 있다.

이러한 배경으로 인하여 하수 슬러지의 처분과 관련하여 메탄가스화, 부숙토 생산, 연료화 및 시멘트 자원화 등 다양한 재이용 기술 개발과 관련 법규가 정비되고 있다. 하수 슬러지와 관련한 우리나라의 법령과 계획의 변천 과정을 표 13-10에 정리하였다. 또한 이해를 돕기 위해 우리나라의 하수 슬러지 재활용 관련 규정(표 13-11), 폐기물 재활용 방법과 기준(표 13-12), 그리고 부숙토 관련 규정(표 13-13)을 추가로 요약하였다.

표 13-10 **우리나라의 하수 슬러지 관련 법령 및 기본계획 연혁**

연도	내용
1992.	해양투기 금지와 관련한 국제협약 가입
2003. 7.	• 1만 톤 이상 하수 슬러지의 직매립 금지
2005. 12.	• 수도권 광역 하수 슬러지 처리시설 설치 협약 체결 - 1단계(2006.1～2007.12): 1,000톤/일 - 2단계(2008～): 1,000톤/일
2006. 3.	• 런던협약 96 의정서 발표 - 원천적인 해양배출 금지, 하수 슬러지를 포함한 7개 품목만 허용 • 하수 슬러지 관리계획 수립지침 발표
2006. 4.	• 유기성 오니 처리종합대책 발표
2006. 7.	• 하수 슬러지 관리 기본계획 수립 - 1단계(2006～2008), 2단계(2008～2011) - 목표: 하수 슬러지 육상처리기반 완비 (감량화, 바이오가스, 소각, 퇴비화, 고형화, 연구개발)
2007. 2.	• 하수 슬러지를 포함한 유기성 폐기물의 직매립 금지제도 보완 - 매립가스를 회수하여 재이용하는 시설은 수분함량 75% 이하, 1일 500톤까지 매립 허용
2007. 5.	• 하수 슬러지 관리 종합대책 - 1단계(2006～2008), 2단계(2008～2011)
2007. 7.	• 부숙토 생산 시 부숙 기간 조정 등 재활용 관련 규정 개정
2008. 5.	• 하수 슬러지 관리 종합대책 수정 - 2011년 말까지 하수찌꺼기 처리시설 완비, 재활용 활성화를 위한 관련 제도 및 계획정비
2009. 8.	• 하수 슬러지 연료화를 위한 관련 규정 개정 - 건조 연료화하는 경우 화력발전소 연료 사용 가능
2011. 11.	• 하수 슬러지 처리시설 설치·운영지침 제정-처리시설 설치가이드 라인 등
2012. 5.	• 하수 슬러지 처리시설 설치·운영지침 개정 • 하수 슬러지와 가축분뇨의 해양투기 금지법이 시행
2013.	• 음폐수(음식물 찌꺼기 폐수)의 해양배출 금지법
2014.	• 산업폐수와 폐수 오니의 해양배출 금지법 시행
2015. 12.	• 하수도정비 기본계획수립지침: 슬러지 처리 자연순환 재활용 및 자원화, 광역 연계처리 원칙

표 13-11 우리나라의 하수 슬러지 재활용 관련 규정

구분	내용
폐기물관리법 시행규칙 [환경부령 제610호, 2015. 7.29., 일부개정]	• 재활용 방법 및 기준 • 재활용하여야 하는 폐기물의 종류 및 구체적인 재활용 방법(별표 5의 2)
신재생에너지 개발이용보급 촉진법 시행령 [대통령령 제26316호, 2015.6.15., 일부개정]	• 폐기물 에너지 • 바이오에너지 등의 기준 및 범위(2조 관련)
유기성 오니 등을 토지개량제 및 매립시설 복토용도로의 재활용 방법에 관한 규정 [환경부 고시 제2015-200호, 2015.10.7. 타법개정]	• 폐기물관리법 시행규칙 별표 5의2 제13호가목의 규정에 따라 음식물류 폐기물 및 유기성 오니의 재활용 용도 및 방법 • 부숙토, 지렁이 분변토, 매립용 복토재, 매립시설용 토지개량제 및 기반성토재

표 13-12 폐기물 재활용을 위한 방법과 기준 예시

	유기성 오니 고화처리물	비탈면 녹화토	연료용 유기성 오니 (총 연료의 5% 이내 사용)
pH	< 12.4	5.5～8.0	-
수분함량 (%)	< 50	-	< 10
회분 함량 (%, 건조기준)	-	-	< 35
황 함량 (%, 건조기준)	-	-	< 2
발열량 (kcal, 저위기준)			> 3,000
투수 계수 (cm/sec)	$1.0 \times 10^{-7} \sim 1.0 \times 10^{-3}$	-	-
일축 압축강도 (MPa)	0.10	-	-
유해물질	토양오염우려기준(2지역) 이내	토양오염우려기준 이내	Hg < 1.2 mg/kg Cd < 9.0 mg/kg Pb < 200 mg/lg As < 13 mg/kg

주) 폐기물관리법 시행규칙[환경부령 제610호, 2015. 7.29, 일부개정]

표 13-13 우리나라에서 부숙토 원료, 부숙공정 및 정의

구분	비고
I. 사전에 분석검토 없이 사용이 가능한 폐기물	1. 음식물류 폐기물: 생물학적 처리(혐기성 분해)를 거친 경우를 포함한다.
II. 사전에 분석검토 후 사용이 가능한 폐기물	2. 하수도법 제2조의 규정에 의한 공공하수처리시설 및 분뇨처리시설에서 발생하는 유기성 오니 3. 가축분뇨의 관리 및 이용에 관한 법률 제2조의 규정에 의한 가축분뇨처리시설에서 발생하는 유기성 오니 4. 비료관리법 제4조의 규정에 의한 「비료 공정규격설정 및 지정」 별표 5 제2호의 원료 범위에 해당하는 유기성 오니

[부숙공정]

1. 함수율을 60퍼센트 이하 조정 후 부숙 시설(또는 반응기)에서 유기물을 분해 안정화.
2. 부숙 대상 물질에 공기 공급 또는 뒤집기로 적정온도 유지.
3. 1차 발효 및 후부숙 공정을 거쳐야 하며, 1차 발효공정 중에 지속적으로 50°C 이상 3일 이상 유지.
4. 반출·사용하기 전에 부숙도를 만족시킬 수 있는 충분한 후부숙 공정(별표 4)을 거쳐야 한다.
5. 부숙토의 이물질(유리, 플라스틱, 돌 등) 함량 1% 이하(건조 중량 기준). 단, 매립시설 복토용은 제외

표 13-13 **우리나라에서 부숙토 원료, 부숙공정 및 정의**(계속)

[정의]

1. "부숙공정"이라 함은 원료의 함수율을 조정하여 부숙시설 등에서 유기물을 분해하는 1차 발효공정과, 1차 발효 후 남아있는 악취 또는 병원성 미생물을 제거하거나 미분해된 유기물을 분해하여 안정화된 제품을 생산하는 2차 발효공정을 말한다.
2. "부숙 시설"이라 함은 부숙공정을 위하여 설치·운영하는 시설을 말한다.
3. "부숙토"라 함은 음식물류 폐기물과 유기성 오니가 부숙공정을 거친 것을 말한다.
4. "후부숙 공정"이라 함은 퇴적물 또는 반응기 내의 온도가 실온까지 떨어진 후 잔존되어 있는 악취 및 병원성 미생물을 제거하거나 1차 발효에서 미분해된 유기물을 분해하여 안정화시키는 데 소요되는 2차 발효공정을 말한다.
5. "통기 개량제"라 함은 부숙토 제조원료에 첨가하여 호기성 상태를 유지할 수 있도록 공극 형성을 유도하는 물질로서 톱밥, 왕겨, 볏집, 나무껍질 등을 말한다.
6. "지렁이 분변토"라 함은 지렁이가 유기성 오니 등을 섭취·소화한 후 배설한 것을 말한다.
7. "고화 처리"라 함은 유기성 오니와 시멘트·합성고분자화합물(이하 "고화제"라 한다)의 이용, 그 밖에 이와 비슷한 방법으로 혼합하여 흙과 유사한 물리적 성상의 고체로 만드는 것을 말한다.
8. "고화 시설"이라 함은 유기성 오니와 고화제를 혼합하여 처리하는 시설을 말한다.
9. "고화 처리물"이라 함은 유기성 오니를 고화제와 혼합하여 고화 처리한 생성물을 말한다.

注) 유기성 오니 등을 토지개량제 및 매립시설 복토 용도로의 재활용 방법에 관한 규정[환경부 고시 제2015-200호, 2015.10.7. 타법개정]

13.3 슬러지의 발생 및 처분 현황

하수 슬러지 발생량은 하수도 정비 정도와 생활수준의 향상에 따라 변화하고, 수처리 시설의 규모와 방법에 따라서도 다르게 나타난다. 일반적으로 재래식 일반활성슬러지법(CAS)과 비교하여, Phoredox(A2O)계열은 슬러지 발생량이 유사하게 나타나고, 화학적 침전을 사용하는 활성슬러지 공정은 약 2배 정도 증가한다.

2015년 기준 우리나라 하수 슬러지 발생량은 일평균 10,549톤으로 하수 1 m^3당 슬러지 발생량은 0.573 kg/m^3이다. 슬러지 발생량은 하수도 보급률 및 분류식 관로 도입의 확대로 인하여 점차 증가하고 있다(표 13-14). 하수처리 규모별로는 소규모일수록 0.94 kg/m^3까지도 높게 나타난다(표 13-15). 또한 슬러지의 최종처분방법(2015년 기준)으로는 재활용(56.9%), 소각(18.8%) 및 매립(13.7%) 등을 활용하고 있으며(표 13-16), 재활용에는 주로 연료화, 비료화, 시멘트 소성

표 13-14 **우리나라의 하수 슬러지 발생량**

연도	처리시설 (개소)	시설용량 (천m^3/일)	처리량 (천m^3/일)	슬러지 발생량 (톤/일)	원단위 발생량(kg/m^3)
2011	505	25,018	19,369	8,482	0.438
2012	546	25,066	19,730	9,930	0.503
2013	569	25,086	19,697	9,675	0.491
2014	597	24,752	19,522	9,678	0.496
2015	625	25,144	18,414	10,549	0.573
평균	568	25,013	19,346	9,663	0.500

자료: 하수도 통계연보(2012~2016년)

주) 500 m^3/일 이상 공공하수처리시설 기준임.

표 13-15 **우리나라의 하수처리 규모별 슬러지 발생량**

시설용량 (만톤. 일)	하수처리량 (천m^3/일)	하수 슬러지 발생량 (천톤/일)	원단위 (kg/m^3)
평균	19,457	11,144	0.5728
>100	2,797	1,074	0.3839
50～100	5,224	2,497	0.4780
30～50	2,834	1,328	0.4686
10～30	4,299	2,933	0.6822
5～10	1,457	1,027	0.7047
3～5	969	719	0.7415
1～3	1,135	871	0.7673
<1	742	697	0.9385

자료: 2014년 운영조사결과표(환경부)

표 13-16 **우리나라 하수 슬러지 처분현황**

연도	처리시설 (개소)	발생량 (톤/일)	처분량(톤/일)						미처분량 (톤/일)
			계	재활용	소각	건조	매립	기타	
2011	505	8,482	8,481 (100.0)	2,809 (33.2)	1,885 (22.2)	- (-)	716 (8.4)	3,071 (36.2)	1
2012	546	9,930	9,884 (100.0)	4,263 (43.1)	3,496 (35.4)	- (-)	1,455 (14.7)	670 (6.8)	46
2013	569	9,675	9,671 (100.0)	4,984 (51.5)	2,318 (24.0)	- (-)	1,114 (11.5)	1,255 (13.0)	4
2014	597	9,678	9,663 (100.0)	5,521 (57.2)	1,944 (20.1)	156 (1.6)	1,873 (19.4)	169 (1.7)	15
2015	625	10,549	10,537 (100.0)	5,997 (56.9)	1,982 (18.8)	903 (8.6)	1,444 (13.7)	211 (2.0)	12

자료: 하수도통계(2012～2016년); ( ), 백분율

물, 그리고 경량 골재 등이 포함되어 있다.

슬러지 내에 포함된 각종 유기물질과 영양염류 등의 성분특성은 슬러지 처리공정을 선정하고 평가하는 데 매우 유용한 자료이다. 고형물(TS)의 농도는 고액분리공정(농축 및 탈수)을 위해 중요하며, pH, 알칼리도, 유기산, VS/TS 비율 등은 안정화(혐기성, 호기성) 공정의 운전에 매우 중요한 자료이다. 소각과 토지적용을 위해서는 중금속, 탄화수소 함량 등이, 그리고 슬러지의 에너지 함유량은 소각과 같은 감량화 공정에서 유효한 인자이다. 1차와 2차 슬러지, 그리고 소화 처리된 1차 슬러지의 성상이 표 13-17에 나타나 있다. 우리나라 하수처리장의 1차 침전지의 효율은 대략 BOD 30%, SS 50% 정도로, 1차 슬러지의 농도는 2～6%(평균 2.6%) TS이며, 2차 슬러지는 0.5～1.5%(평균 0.9%) 가량이다. 표 13-18은 하수처리공정에 따른 슬러지 발생량 및 물리적 특성을 나타내고 있다.

표 13-17 하수 슬러지의 화학적 조성

	미처리된 1차 슬러지		소화된 1차 슬러지		미처리된 활성슬러지
	범위	대표값	범위	대표값	범위
총 건조 고형물(TS), %	5~9	6	2~5	4	0.8~1.2
휘발성 고형물(TS기준 %)	60~80	65	30~60	40	59~88
그리스와 지방(TS기준 %)					
에테르 용해성	6~30	-	5~20	18	-
에테르 추출물	7~35	-	-	-	5~12
단백질(TS기준 %)	20~30	25	15~20	18	32~41
질소(N, TS기준 %)	1.5~4	2.5	1.6~3.0	3.0	2.4~5.0
인(P_2O_5, TS기준 %)	0.8~2.8	1.6	1.5~4.0	2.5	2.8~11
칼륨(K_2O, TS기준 %)	0~1	0.4	0~3.0	1.0	0.5~0.7
셀룰로오스(TS기준 %)	8~15	10	8~15	10	-
철(황화물 아님)	2.0~4.0	2.5	3.0~8.0	4.0	-
실리카(SiO_2, TS기준 %)	15~20	-	10~20	-	-
pH	5.0~8.0	6.0	6.5~7.5	7.0	6.5~8.0
알칼리도(mg/L as $CaCo_3$)	500~1500	600	2500~3500	3000	580~1100
유기산(mg/L as HAc)	200~2000	500	100~600	200	1100~1700
에너지 함유량, kJ TS/kg	23000~29000	25000	9000~14000	12000	19000~23000

Note) kJ/kg × 0.4303 = Btu/lb
Ref) US EPA(1979)

표 13-18 하수처리공정에 따른 슬러지 발생량 및 물리적 특성

공정의 종류	고형물 비중	슬러지 비중	건조 고형물 발생량 (kg/10^3 m^3)	총 고형물 농도 (% TS)
1차 슬러지	1.4	1.02	110~170 (150)	5~9 (6)
1차 슬러지+2차 슬러지	-	-	-	3~8 (4)
1차 침전지 약품침전				
철염	-	-	-	0.5~3 (2)
석회 소량 350~500 mg/L	1.9	1.04	240~400(300)	2~8 (4)
석회 다량 800~1,600 mg/L	2.2	1.05	600~1,300(800)	4~16 (10)
2차 슬러지	1.25	1.005	70~100 (80)	0.5~1.5 (0.8)
2차 슬러지, 1차 침전지 없을 경우	-	-	-	0.8~2.5 (1.3)
순산소	-	-	-	1.3~3 (2)
살수여상	1.45	1.025	60~100 (70)	1~3 (1.5)
장기폭기	1.30	1.015	80~120 (100)	-
여과	1.2	1.005	12~24 (20)	-
질산화/탈질	1.2	1.005	12~30 (18)	-

주) ( )는 평균값
Ref) Metcalf & Eddy(2003)

표 13-19 Heavy metal concentration in municipal sludge and septage

Sludge type	Municipal sludge (1)	Municipal sludge (2)	Municipal sludge (3)	Municipal sludge (4)	Septage (4)
Argentum(Ag)	25	–	–	–	–
Cadmium(Cd)	6.5	4.1	2.3	11.5	23.2
Chromium(Cr)	220	–	148	–	–
Copper(Cu)	570	781	1,889	810	664
Iron(Fe)	23,000	–	–	–	–
Lead(Pb)	170	163	141	195	448
Magnesium(Mg)	3.3	–	–	–	–
Manganese(Mn)	–	1,682	–	832	807
Mercury(Hg)	9.9	–	2.7	–	–
Nickel(Ni)	180	95	–	378	63.7
Selenium(Se)	120	–	–	–	–
Zinc(Zn)	2,000	1,648	308	642	1,312
PCB	–	0.28	–	–	–
Region	Seoul	Seoul	Seoul	Daegu	Daegu

Unit: mg/kg dry solids; (1) Choi(2001), Rue and Choi(1997); (2) Choi et al.(1995); (3) Rue(1994); (4) Min et al.(1995)
Ref) Summarized by Ahn & Choi(2004)

하수 슬러지와 정화조 찌꺼기에는 다양한 중금속이 포함되어 있는데(표 13-19), 특히 Cu, Fe, Mn 및 Zn 성분이 상대적으로 높으며, Cr 148～220 mg/kg, Pb 141～196 mg/kg, Cd 2.3～11.5 mg/kg, Hg 2.7～9.9 mg/kg 정도이다. 하수 슬러지에 포함된 분변성 대장균(fecal coliform)의 함량에 대해서는 자료가 충분하지 않으나, 대체로 1차 슬러지의 경우 약 $1.2 \sim 2.0 \times 10^6$ cfu/mL 정도이며, 2차 처리수에 $0.5 \sim 1.5 \times 10^3$ cfu/mL 정도가 포함되어 있다(Ahn and Choi, 2004). 생물고형물을 토지적용할 경우 중금속의 농도는 적용 부하율과 적용기간 등에 영향을 미치게 된다.

슬러지의 양적 평가는 질적 평가와 더불어 중요한 요소이다. 슬러지의 주성분은 수분으로 슬러지의 부피는 수분함량과 관련이 깊다. 고형물질은 유기성 및 무기성으로 구분되므로 총 고형물의 비중(S_s)은 다음 식으로 표현된다.

$$\frac{W_s}{S_s \rho_w} = \frac{W_f}{S_f \rho_w} + \frac{W_v}{S_v \rho_w} \tag{13.1}$$

여기서, W_s = 고형물의 무게

S_s = 고형물의 비중

ρ_w = 물의 밀도

W_f = 강열잔류 고형물의 무게(무기물)

S_f = 강열잔류 고형물의 비중

W_v = 휘발성 고형물의 무게

S_v = 휘발성 고형물의 비중

총 고형물의 비중(S_s)과 물의 비중 $S_w = 1$을 이용하여 물과 고형물이 혼합된 슬러지의 비중(S_{sl})을 결정할 수 있다. 이를 이용하여 슬러지의 부피(V)는 다음 식으로 결정된다.

$$V = \frac{M_s}{\rho_w S_{sl} P_s} \tag{13.2}$$

어기에서, V= 부피(m^3)

M_s= 건조 고형물 질량(kg)

ρ_w= 물의 밀도(10^3 kg/m^3)

S_{sl}= 슬러지 비중

P_s= 고형물 백분율

또한 슬러지의 부피(V)는 슬러지에 포함된 고형물의 분율(P)과 반비례 관계($V_1 P_1 = V_2 P_2$)에 있으므로 이를 이용하여 근삿값을 계산할 수 있다.

예제 13-1 슬러지의 부피 결정

1,000 kg의 1차슬러지(2.6 %TS, VS/TS = 0.6)를 혐기성 소화처리한 결과 4% TS와 VS/TS = 0.5의 소화슬러지를 얻었으며, VS 제거율은 60%이었다. 이러한 결과를 바탕으로 혐기성 소화 후의 슬러지의 부피 감소율을 결정하시오(단, 휘발성 고형물과 비휘발성 고형물의 비중은 각각 1.0 및 2.5로 가정한다).

풀이

1. 1차슬러지의 총 고형물 비중 계산

$(1/S_s) = (0.4/2.5) + (0.6/1.0)$

$S_s = 1/0.760 = 1.316$

2. 1차슬러지의 비중 계산

$(1/S_{sl}) = (0.026/1.316) + (0.974/1.0)$

$S_{sl} = 1.006$

3. 1차슬러지의 부피(V)

$V = (1{,}000\text{ kg})/[(1{,}000\text{ kg/m}^3)(1.006)(0.026)]$

$= 38.2\text{ m}^3$

4. 소화슬러지의 휘발성 고형물 분율(%)

$=$(소화 후 휘발성 고형물 중량/소화 후 총 고형물 중량) $\times 100$

$= \{(1000)(0.6)(1-0.6)/[(1000)(0.6)(1-0.6)+(1000)(0.4)]\} \times 100$

$= 37.5\%$

5. 소화슬러지의 총 고형물 평균 비중

$(1/S_{d\_s}) = (1 - 0.375)/2.5 + (0.375/1.0)$

$S_{d\_s} = 1/0.625 = 1.600$

6. 소화슬러지의 비중 계산

$(1/S_{d\_sl}) = (0.04/1.600) + (0.96/1.0)$

$S_{d\_sl} = 1/0.9850 = 1.015$

7. 소화슬러지의 부피(V)

$V = (240 + 400 \text{ kg})/[(1{,}000 \text{ kg/m}^3)(1.015)(0.04)]$

$= 15.8 \text{ m}^3$

8. 소화 후 슬러지 부피 감소율(%)

$= (38.2 - 15.8)/38.2 = 58.8\%$

13.4 슬러지 처리시스템

(1) 처리공정의 종류와 특성

앞서 설명한 바와 같이 슬러지의 최종처분에 대한 기본방향전환은 슬러지 처리시스템의 체계와 구성에도 영향을 주었다. 슬러지 처리를 위한 각종 단위기술은 궁극적으로 최종 부산물의 자원화와 재이용을 목표로 이루어진다. 농축(thickening)은 함수율의 감소, 소화(digestion)는 안정화(stabilzation), 개량(conditioning)은 탈수성 향상, 탈수(dewatering)와 건조(drying), 그리고 소각(incineration)은 감량화를 위해 각각 적용된다. 이러한 각종 단위처리공정의 안정성을 확보하기 위하여 예비처리(preliminary operation)로서 협잡물 및 그릿 제거가 반드시 필요하다. 최종 부산물의 자원화 방법으로는 건설자재, 녹·농지 적용 등 매우 다양한 용도(그림 13-1)가 제안되어 있으나 제품 자체의 안정성뿐만 아니라 유통과 사용과정에 대한 위해성도 충분히 검토되어야 한다. 과거에 주로 사용해왔던 해양투기는 이제는 사용하지 않는 방법이 되었다.

슬러지 처리시스템에 적용되는 일반적인 단위공정과 구성을 그림 13-2에 도식화하였다. 슬러지 처리방법은 통상적으로 슬러지의 특성, 처리효율, 처리시설의 규모, 최종처분방법, 입지조건, 건설비, 유지관리비, 관리의 난이도, 재활용 및 에너지화, 그리고 환경오염대책 등을 종합적으로 검토하여 지역 특성에 적합한 처리법을 평가하여 결정된다. 대표적인 슬러지 처리공정에 대한 전형적인 고형물 농도와 회수율이 표 13-20에 정리되어 있다.

하수처리장의 유입 하수는 연중 유량과 부하가 변화하므로 슬러지 발생도 유입 부하의 변화에 영향을 받는다. 따라서 슬러지 처리시설의 설계와 운전을 위해서는 평균 및 최대 슬러지 발생률과 단위처리시설 내 잠재적 저장가능 공간에 대한 고려가 요구된다. 침전조나 폭기조는 단기적인 저장 효과를 기대할 수 있다. 소화조의 경우는 역시 수위 조정을 통하여 고형물 부하에 대비

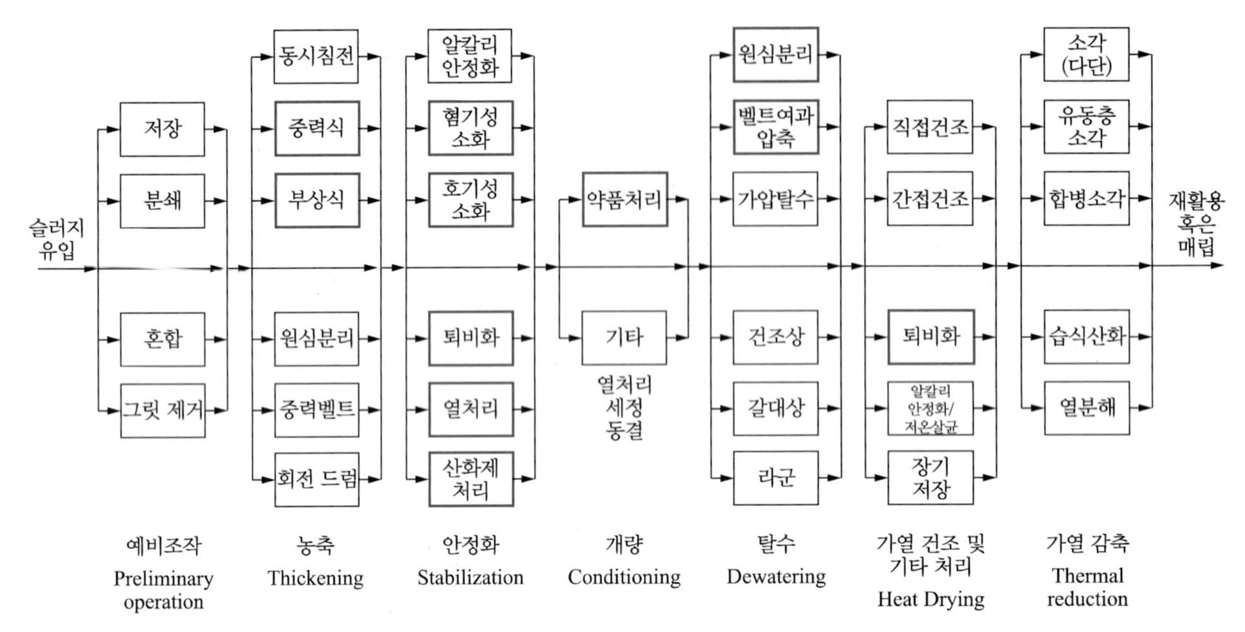

그림 13-2 **슬러지 처리시스템의 일반적인 구성**

표 13-20 **슬러지 처리공정에서의 일반적인 고형물 회수율**

공정	방법	고형물 농도(TS, %)	고형물 회수율(%)	고형물 저감(%)
농축	중력농축(1차, 혼합)	2~10 (6)	80~92 (90)	
	원심 및 벨트식	3~8 (5)	80~98 (95)	
	부상(가압부상)	3~6 (5)	80~98 (95)	
	부상(상압부상)		95	
소화	혐기성			30~40
탈수	가압	20~50 (36)	90~98 (95)	
	벨트 프레스	15~30 (22)	85~98 (95)	
	원심	10~35 (22)	85~98 (95)	
소각			80~90	40~80

하여 상당한 완충 능력을 갖출 수 있다. 소화조의 경우는 보통 월최대 부하량을 기준으로 설계하지만, SRT 15일의 경우 15일 최대부하로 설계하기도 한다. 소화조가 없는 경우는 시스템의 저장 가능 용량을 충분히 활용하는데, 예를 들어 중력식 농축 후 기계적 탈수를 수행하는 경우는 최대 1~3일의 고형물 발생량을 기준으로 계획한다. 특히 슬러지의 수송이나 농축 단계에서 각종 설계요소는 일최대 조건을 만족할 수 있는 용량이 요구된다(Metcalf & Eddy, 2003).

우리나라의 시설기준(환경부, 2011)에 따르면, 슬러지 처리시설의 용량은 수처리시설, 고도처리시설 및 우수저류지 등에서 발생하는 슬러지 계획발생량을 기초로 하고, 각 슬러지 처리시설로부터 발생되는 반류수와 처리 과정에서 발생하는 증감량을 고려하여 산정하도록 되어 있다. 슬러지 저류조는 최소 2조 이상을 원칙으로 철근콘크리트나 철골콘크리트 구조로 설치하되 방수와 방식을 반드시 고려해야 한다. 또한 혼합을 위해 교반장치가 필요하며, 악취 발생에 대비하여 환기시설, 탈취설비, 역세설비 및 배수설비 등을 고려할 필요가 있다. 슬러지 처리계통에서 발생하는 반류수는 일반적으로 수처리시설 선단으로 반송되는데, 경우에 따라서는 반류수의 단독처리(영양소제거 혹은 회수)과정을 추가로 거치기도 한다.

슬러지의 생산량과 그 성상(입자의 크기, 모양, 밀도, 표면 특성 등)은 슬러지 처리과정을 설계할 때 중요한 자료이다. 중력식은 일반적으로 사용되는 농축방법이지만 2차 슬러지는 부상식이나 기계식이 효과적이다. 대규모 처리장의 경우 안정화를 위해 혐기성 소화를 사용하지만, 소규모는 호기성 소화를 사용하거나 그냥 탈수하는 경우가 많다. 슬러지 개량을 위해서는 주로 화학적 방법을 사용하고, 탈수는 벨트 프레스가 일반적이다. 건조단계에서는 간접건조가 대기오염물질의 발생이나 재이용에 대한 장점이 있다. 소각은 위생적이며, 매립 부지를 최소화할 수 있으나 비용이 고가이다. 슬러지 처분과정의 설계에 사용되는 밀도는 탈수케이크(20% TS)는 0.88 ton/m^3, 퇴비는 0.53 ton/m^3, 건조슬러지는 0.72 ton/m^3, 그리고 삭회(lime) 안정화 슬러지는 1.04 ton/m^3이다(최의소, 2003).

(2) 슬러지 처리방식의 선정

우리나라에서 가장 보편적으로 적용하고 있는 슬러지 처리공정배열은 중력식 농축-혐기성 소화-약품 개량-기계식 탈수(원심분리, 벨트 프레스)-자원화(퇴비화 등)의 순이다. 이는 주로 활성슬러지 공정을 주처리 공정으로 사용하고 있는 중규모 이상의 공공하수처리시설에 해당된다. 그러나 현재 거의 모든 공공하수처리시설은 영양소제거공정으로 바뀌었고, 방류수 수질 기준의 강화와 더불어 처리수의 재이용은 점차 확대되고 있다. 이러한 점들은 발생 슬러지의 성상에 직접적으로 영향을 주게 되므로 슬러지 처리시설의 설계와 운전에서는 이러한 영향을 유의하여야 한다. 슬러지 처리방식의 선정 시 고려해야 할 주요 사항을 정리하면 다음과 같다.

- 1차와 2차 슬러지를 혼합 처리할 경우 슬러지의 농축과 소화 특성은 불량해지지만, 탈수공정에서는 큰 문제가 없다(이진우 외, 2005).
- 영양소제거공정의 2차 슬러지는 영양소(질소, 인)의 함량이 높기 때문에 슬러지 처리공정에서 다량의 인 방출과 질소제거를 위한 대안이 필요하다.
- 단지 슬러지의 함수율만 낮추는 것을 목적으로 한다면, 농축-탈수-최종처분방식이 합리적이나 위생적으로 안전하지 못하지만, 이는 주로 소규모 처리시설에 적합하다.
- 슬러지의 건조를 해서는 건조기나 건조상 효과적이지만, 우리나라에서는 부지확보나 경제성을 이유로 보통 사용하지 않는다.
- 퇴비화를 위해서는 탈수 케이크의 수분함량을 저감시켜야 한다.
- 탈수 후 소각은 매립지 확보가 어렵거나 매립처리가 어려운 경우에 주로 검토된다.
- 혐기성 소화 후 소각을 계획할 경우 슬러지 발열량 저하에 대한 대안이 필요하다.
- 탈수성을 향상시키기 위해 열처리를 사용한다면, 소각 시 발생하는 폐열을 에너지원으로 사용할 수 있지만, 열처리 후 탈리액은 BOD 농도가 높고 악취 발생으로 인한 문제나 유지관리상의 어려움이 있다.

• 슬러지 발생량을 최소화할 수 있는 방안을 검토한다.
• 악취 등과 같이 부정적인 환경 영향을 최소화할 방법을 선정한다.
• 유지관리가 쉽고, 운전비가 저렴하고 경제적이며, 자동화 운전이 가능한 처리방법을 선정한다.
• 효과적인 처리와 유지관리를 위해 슬러지 처리의 광역화를 검토한다.

참고로 표 13-21에는 슬러지의 각 단위공정에 의한 슬러지 부피의 감소율 계산과정을 예시하였고, 슬러지 처리공정에서 발생하는 반류수의 특성은 표 13-22에 나타내었다.

표 13-21 **슬러지의 단위처리공정에 대한 슬러지 부피 감소율 계산 예**

단위공정	조건	감량률		비고
		부피[1]	DS[2]	
슬러지	함수율: 99%	100 (1)	1	• 1차찌꺼기 + 잉여찌꺼기
농축	농축 후 함수율: 96%	25 (1/4)	1	• 농축 후 부피 = DS/((100 − 함수율) × (1/100)) = 1/0.04 = 25
소화	VS: 60% 소화율: 50% 소화 후 함수율: 95%	14 (1/7)	0.7	• 소화 후의 DS = 1.0 × 0.6 × 0.5 + 1.0 × 0.4 = 0.7 • 소화 후의 부피 = 0.7/0.05 = 14
탈수	약품주입률: 1% 탈수 후 함수율: 75%	2.8 (1/36)	0.7	• 탈수 후의 DS = 0.7 × 1.01 ≒ 0.7 • 탈수 후의 부피 = 0.7/0.25 ≒ 2.8
소각	외관비중: 0.8	0.5 (1/200)	0.4	• 소각 감량분 = 케이크 중의 유기 성분 = 1.0 × 0.6 × 0.5 = 0.3 • 소각 후의 부피 = (0.7 − 0.3)/0.8 = 0.5

주) [1] 전체 부피기준 감소율, ( )는 분수; [2] DS 건조 슬러지 기준

표 13-22 **슬러지의 처리공정 반류수의 특성**

조작	BOD, mg/L		SS, mg/L	
	범위	대표값	범위	대표값
중력농축 상징수				
1차 슬러지	100~400	250	80~350	200
1차 슬러지 및 폐활성슬러지	60~400	300	100~350	150
부상분리농축 상징수	50~1200	250	100~2500	300
원심농축 하부수	170~3000	1000	500~3000	1000
호기성 소화 상징수	100~1700	500	100~10000	3400
혐기성 소화(2단, 고율) 상징수	500~5000	1000	1000~11500	4500
원심탈수 농축수	100~2000	1000	200~20000	5000
벨트여과압착기 여액	50~500	300	100~2000	1000
여판여과압착기 여액	50~250		50~1000	
슬러지 라군 상징수	100~200		5~200	
슬러지건조상 하부수	20~500		20~500	
퇴비화 침출수		2000		500
소각 스크라바 세척수	30~80		600~8000	
심층 여과지 세척수	50~500		100~1000	
마이크로 스크린 세척수	100~500		240~1000	
탄소 흡착조 세척수	50~400		100~1000	

Ref) WEF(1998)

13.5 슬러지 광역처리와 수송

슬러지의 효과적인 처리·처분을 위하여 지역별 광역처리가 흔히 고려된다. 슬러지 광역처리란 여러 개의 중·소규모 하수처리시설에서 발생하는 슬러지를 수송이나 운반을 통해 한 처리장에 모아 처리하는 방법을 말하는 것으로, 경제성 향상, 환경문제(악취 등) 저감 그리고 자원화 측면에서 특히 유리하다. 그러나 광역처리를 위해서는 슬러지를 한 지역으로 집중시키기 위해 수송운반이 필요하다.

슬러지 수송은 차량 수송(진공차 혹은 트럭) 또는 관로 수송방식을 고려할 수 있다. 차량 수송은 소규모방식으로 액상 또는 탈수 슬러지 모두에 적용이 가능하다. 하지만 관로 수송은 대량 수송용으로 슬러지의 점도가 높고 마찰손실이 크기 때문에 대상 슬러지 농도(보통 1% 내외)에 제한을 받고 별도의 수송용 시설이 필요하다. 관로 수송방식에서는 시설 간의 연계가 중요하므로 펌프나 저류조와 같은 중계시설이 필요하고, 2계열로 분리 설치하는 것이 유리하다. 또한 각 하수처리장의 시설용량이나 이격거리, 슬러지의 반입 및 반출시설도 중요하다. 반입시설로는 슬러지 저류조, 예비처리(스크린) 설비, 슬러지 공급 펌프 등이 있다.

슬러지 수송관은 스테인리스 또는 주철관 등으로 견고하고 내식성 및 내구성 있는 것을 사용해야 한다. 계획슬러지량, 수송시간, 슬러지 농도 등을 고려하여 관내유속은 1.0～1.5 m/s를 표준으로 하고, 관경은 관막힘 현상을 억제하기 위해 보통 150 mm 이상으로 한다. 또한 필요에 따라서는 세척장치와 안전설비도 구비되어야 한다. 고형물 농도가 약 2% 이하 그리고 유속이 1 m/s 이상이면 슬러지 수송은 난류가 되므로 수송관의 손실수두를 계산하기 위해 하젠-윌리엄스(Hazen-Williams) 공식을 주로 사용한다. 보통 100～150 mm의 강관을 사용할 때 8～10% TS 농도로 농축된 슬러지는 깨끗한 물에 비하여 약 6～8배 정도의 손실수두가 발생하며, 약 4% 이상이면 양수가 어렵다.

하수처리시설에서는 슬러지의 반송 및 처분, 슬러지 케이크 및 소각재의 수송 등 여러 가지 경우를 위하여 펌프가 필요하다. 이 경우 펌프는 효율성보다 경제성과 유지관리성 그리고 문제 발생이 없는 종류를 선택하는 것이 바람직하다. 슬러지는 고형물의 농도가 높고, 점성이 있으며, 이물질이 많이 포함되어 있으므로 일반적으로 무폐쇄 형식의 펌프를 선호한다. 슬러지 이송용 펌프의 선정에서는 주로 슬러지의 종류, 점성, 유속, 농도 및 수두 등이 고려되며, 고형물 농도에 따라 주로 원심력 펌프(0.5～1% TS), 흡입펌프(1～5% TS), 피스톤 펌프(4～5% TS) 또는 플랜저 펌프(1～5% TS) 등으로 구분한다. 펌프운영이 가능한 탈수 케이크의 농도는 최소 8%에서 최대 25% 정도이다. 표 13-23은 슬러지용 펌프의 일반적인 요구사항을 나타내고 있는데, 이는 처리장으로 유입되는 하수의 특성에 따라 달라질 수 있다.

표 13-23 슬러지용 펌프의 일반적인 요구사항

용도	총 고형물 농도(%)	정수두(m)	총 수두(m)	마모성	부하
전처리	0.5～10.0	0～1.5 (중력)	1.5～3.0	높음	큼
		5～10 (사이클론)	6～12	높음	큼
1차침전					
슬러지(농축 전)	0.2～2.0	3～12	10～18	있음	보통
슬러지(농축 후)	4.0～10.0	3～12	12～24	있음	큼
2차침전					
반송슬러지	0.5～2.0	1～1.8	1.8～4.5	없음	적음
잉여슬러지	0.5～2.0	1.2～2.4	3～5	없음	적음
농축슬러지	5～10	6～12	24～45	있음/없음[1]	큼
	5～10	60～120[2]	75～165	있음/없음[1]	대단히 큼
슬러지 소화조					
재순환	3～10	0～1.5	2.4～3.6	없음	보통
소화슬러지	3～10	0～6	15～30	있음/없음[1]	대단히 큼
화학적 슬러지					
황산반토/철염(1차)	0.5～3.0	3～12	9～18	없음	적음
석회(1차)	1.0～6.0	3～12	9～24	없음	보통
석회(2차)	2.0～15.0	3～12	9～24	없음	보통
소각재 슬러리	0.5～10	0～15	6～30	높음	대단히 큼

주) 1) 그릿 제거효율에 의해서 결정됨.
2) 열처리를 위한 고압의 경우.
자료: 환경부(2011)

13.6 농축

농축(thickening)은 슬러지에 포함된 일부분의 수분을 제거하여 고형물의 농도를 증가시키는 방법이다. 농도의 증가로 슬러지의 부피가 줄어들면 후속처리(소화, 탈수, 건조 등)에서 반응조의 용량이나 약품비 그리고 에너지 소요량 등을 절감시키는 효과가 있다. 1차와 2차 슬러지는 모두 농축이 필요하지만, 두 슬러지는 상황에 따라 분리 혹은 혼합된 상태로 처리된다.

농축방법은 크게 중력식(gravity thickening)과 기계식(mechanical thickening)으로 구분된다. 중력식 농축은 보통 1차 슬러지에 더 유리하다. 물론 2차 슬러지나 혼합 슬러지의 경우에도 사용할 수 있지만, 농축 효과는 상대적으로 낮다. 반면에 기계식은 주로 중력식 농축이 어려운 2차 슬러지를 대상으로 하는데, 부상 농축(flotation thickener), 원심 농축(centrifugal thicker), 중력식 벨트 농축(gravity belt thickener) 등의 종류가 있다(그림 13-3). 기계식은 운전 비용이 높다는 단점이 있지만, 상대적으로 높은 고형물 농도(3～6% TS)를 달성할 수 있다. 처리장에 따라서는 농축조를 별도로 설치하지 않는 대신 1차 침전지나 소화조 자체에서 농축 효과를 달성하도록 설계하기도 한다. 표 13-24에는 슬러지 농축방법을 서로 비교하였다.

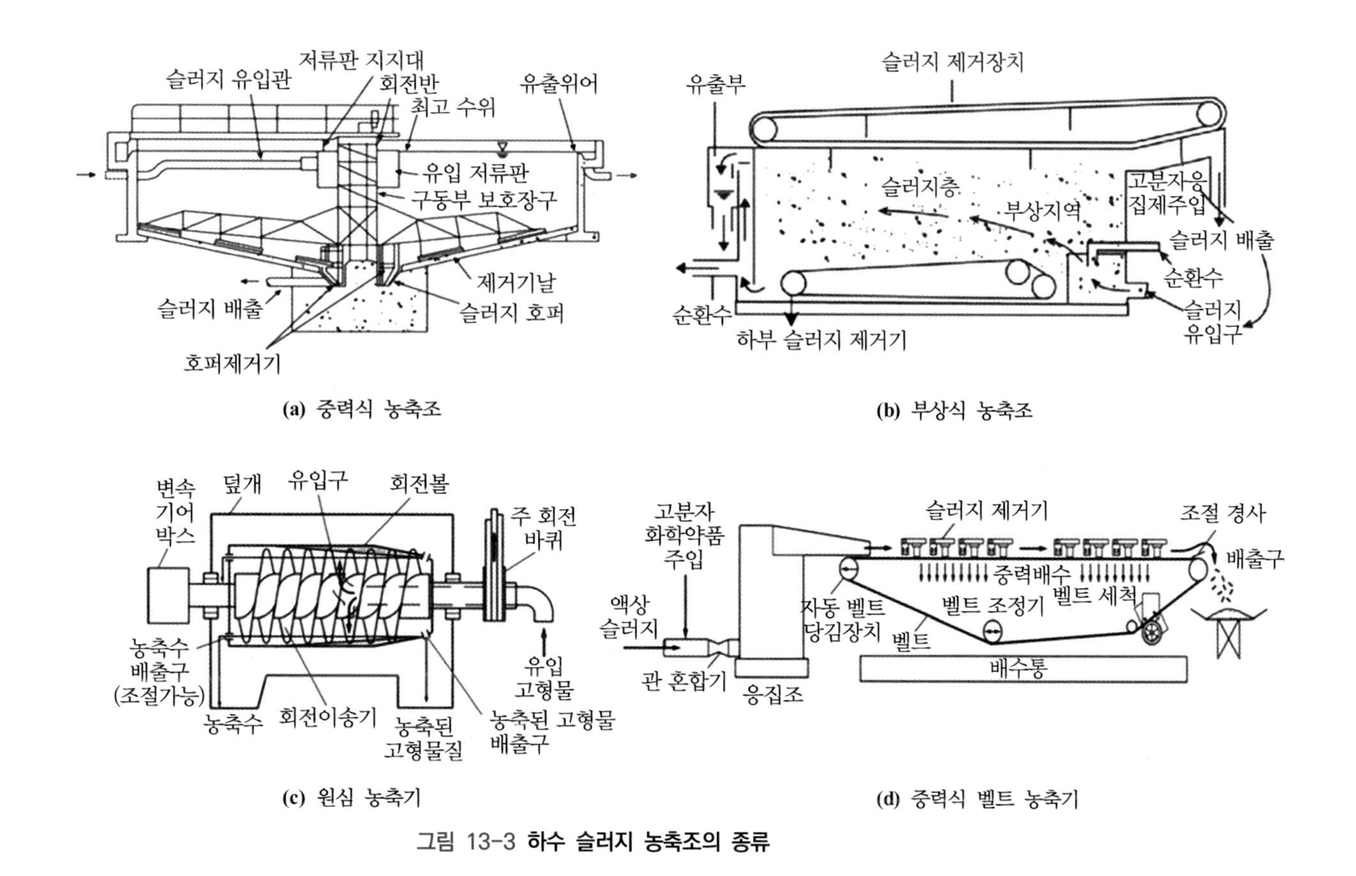

(a) 중력식 농축조

(b) 부상식 농축조

(c) 원심 농축기

(d) 중력식 벨트 농축기

그림 13-3 **하수 슬러지 농축조의 종류**

표 13-24 **하수 슬러지 농축방법의 특성비교**

구분	중력식 농축	부상식 농축	원심분리 농축	중력벨트 농축
설치비	크다	중간	작다	작다
설치면적	크다	중간	작다	중간
부대설비	적다	많다	중간	많다
동력비	적다	중간	크다	중간
장점	• 구조가 간단하고 유지관리 용이 • 1차슬러지에 적합 • 저장과 농축이 동시에 가능 • 약품을 사용하지 않음	• 잉여슬러지에 효과적 • 약품주입 없이도 운전 가능	• 잉여슬러지에 효과적 • 운전조작이 용이 • 악취가 적음 • 연속운전이 가능 • 고농도로 농축 가능	• 잉여슬러지에 효과적 • 벨트탈수기와 같이 연동운전 가능 • 고농도로 농축 가능
단점	• 악취문제 발생 • 잉여슬러지의 농축에 부적합 • 잉여슬러지의 경우 소요면적이 큼	• 악취문제 발생 • 소요면적이 큼 • 실내에 설치할 경우 부식 문제 유발	• 동력비가 높음 • 스크류 보수 필요 • 소음이 큼	• 악취문제 발생 • 소요면적이 크고 규격(용량)이 한정됨 • 별도의 세정장치 필요

Ref) WEF & ASCE(1998)

(1) 중력식 농축

중력식 농축(gravity thickening)은 슬러지 부피감소를 위한 가장 일반적인 방법으로 침전조와 유사하게 설계된다. 침전 유형 4종류 중에서 3형 침전(지역침전)에 해당하며, 고형물 부하율(SF, $kg/m^2/d$)과 월류율(SOR, $m^3/m^2/d$), 그리고 체류시간(HRT)이 중요한 설계인자이다(8.4절 참조). 중력식 농축은 대부분 원형 반응조를 사용하고, 중앙으로 유입하여 반응조 하단부의 슬러지 수집장치를 통해 농축 슬러지가 배출되며, 상징수는 가장자리의 위어를 통해 유출된다(그림 13-3). 중력식 농축조에서는 특히 슬러지층에 설치되는 트러스(truss)나 피켓(pickets) 구조의 장치가 중요한데, 이는 슬러지 입자 사이의 공극을 파괴하여 고액분리 효과를 향상시키는 역할을 한다.

표 13-25에는 슬러지 종류에 따른 중력식 농축조의 설계자료가 정리되어 있다. 우리나라의 경우는 외국에 비하여 적용 가능한 고형율 부하율이 낮다는 것이 특징이다. 수리학적 부하율(월류율)은 1차 슬러지의 경우 16～32 $m^3/m^2/d$, 2차 슬러지의 경우 4～8 $m^3/m^2/d$, 그리고 혼합 슬러지의 경우 6～12 $m^3/m^2/d$ 범위로 제안되어 있고, HRT는 18시간 이하로 추천하고 있다(WEF, 1980). 일반적으로 월류율이 과다하게 높으면 유출수의 고형물 농도가 높아지며, 월류율이 너무 낮으면 부패를 촉진하여 슬러지의 부상과 악취 발생의 원인이 된다. 부패 억제와 농축 효과 향상을 위해 희석수를 공급(24～30 $m^3/m^2/d$)하기도 하고, 성능개선을 위해 염소나 고분자 물질(1차 슬러지의 경우 1～2 mg $FeCl_3$/L)을 주입하기도 한다. 보통 농축조의 권장 직경은 최대 20 m 정도이며, 측벽수심은 3～4 m 정도이다(WEF, 1998).

우리나라의 시설기준(환경부, 2011)에서는 농축조의 용량을 계획슬러지량의 18시간 분량 이하, 유효수심은 4 m, 고형물 부하는 25～70 $kg/m^2/d$(혼합 슬러지 기준)을 표준으로 설정하고 있지만, 이는 슬러지의 특성에 따라 가변적이다. 농축조의 수는 2조 이상, 그리고 슬러지 제거를 위해 바닥의 경사를 5/100 이상 혹은 탱크 바닥 호퍼측벽의 기울기를 60° 이상으로 계획토록 제안하고 있다. 전국 하수처리시설의 운전 경험을 보면 고형물 부하율 4.5～134(평균 40) $kg/m^2/d$, HRT 7.3～82(평균 41) h, 그리고 농축 슬러지 농도가 0.5～5.3(평균 3.1)% TS로 큰 편차를 보였다(건설기술연구원, 1990).

특히 2차 슬러지는 농축이 불량하여 혼합 시 농축효율을 크게 저하시키므로, 보통 20°C의 온도와 SRT가 20일 이상인 경우에는 분리농축을 권장한다(WEF, 1998). 농축조의 설계와 운전인자를 얻기 위해 가능한 한 모형 농축실험을 수행하는 것이 바람직하다. 이 실험방법은 8.4절에 상세히 설명되어 있다.

표 13-25 슬러지의 종류에 따른 중력식 농축조의 설계자료

슬러지의 종류	유입슬러지의 농도 TS(%)	농축된 농도 TS(%)	부하율 (kg/m^2·day)
분리농축 시			
1차 슬러지	2～7(2～6)	5～10(5～7)	100～150(60～100)
살수여상슬러지	1～4	3～6	40～50
RBC슬러지	1～3.5	2～5	35～50
활성슬러지			
공기포기법	0.5～1.5(0.8～1.0)	2～3(2～3)	20～40(10～22)
순산소공법	0.5～1.5	2～3	20～40
장기포기법	0.2～1.0	2～3	25～40
소화슬러지(이단소화 1단계조 유출)	8	12	120
열처리로 개량된 슬러지			
1차 슬러지	3～6	12～15	200～250
1차 + 잉여슬러지	3～6	8～15	150～200
잉여슬러지	0.5～1.5	6～10	100～150
약품침전슬러지			
석회슬러지(고농도)	3～4.5	12～15	120～300
석회슬러지(저농도)	3～4.5	10～12	50～150
철염슬러지	0.5～1.5	3～4	10～50
기타 슬러지			
1차 + 잉여슬러지	0.5～1.5	4～6	25～70
	2.5～4.0	4～7	40～80
1차 + 살수여상	2～6	5～9	60～100
1차 + RBC	2～6	5～8	50～90
1차 + 철염	2	4	30
1차 + 저농도 석회	5	7	100
1차 + 고농도 석회	7.5	12	120
1차 + (잉여슬러지 + 철염)	1.5	3	30
1차 + (잉여슬러지 + 황산반토)	0.2～0.4	4.5～6.5	60～80
(1차 + 철염) + 살수여상	0.4～0.6	6.5～8.5	70～100
(1차 + 철염) + 잉여슬러지	1.8	3.6	30
잉여 + 살수여상	0.5～2.5	2～4	20～40
혐기성 소화된 1차 + 잉여슬러지	4	8	70
혐기성 소화된 1차 + (잉여슬러지 + 철염)	4	6	70

Ref) WEF & ASCE(1998), ( )는 우리나라 자료(최의소 외, 1989).

참고 1차 침전지에서의 침전농축

1차 침전지에서 슬러지층의 적절한 조절은 침전지 효율뿐만 아니라 고형물의 농축에도 크게 영향을 준다. 이러한 관점에서 일부 처리장에서는 별도의 농축시설 없이 1차 침전지에 농축 기능을 부여하여 설계하기도 한다. 이 경우를 동시침전 농축(co-settling thickening)이라고 부른다. 침전 슬러지를 농축 슬러지 수준의 농도로 만들기 위해서 침전지의 고형물 체류시간을 12～24 h 이상으로 유지하는데, 그 결과 고형물의 분해와 가스 발생이 촉진되어 유출수의 수질(BOD, TSS)이 악화될 수 있다. 이 문제를 해결하기 위해 침전지 중 하나를 농축 침전지(체류시간 6～12 h)로 전환하여 침전지와 농축 침전지를 연계 운전하고, 침전을 촉진시키기 위해 응집제(철염, 고분자 물질)를 사용할 수 있다(Albertson & Walz, 1997).

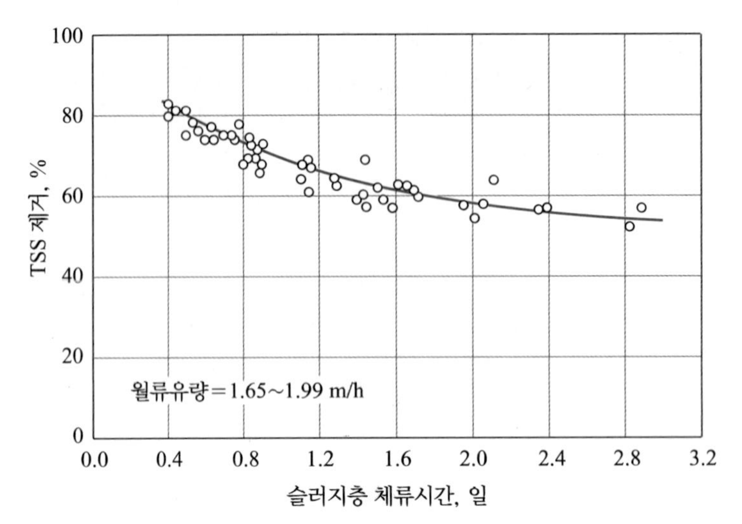

그림 13-4 1차 침전지에서 슬러지층 체류시간에 따른 TSS 제거효율 (Metcalf & Eddy, 2003)

예제 13-2 중력식 농축조 설계

아래 조건을 사용하여 1차와 2차 및 혼합 슬러지 각각을 위한 중력식 농축조를 설계하시오.

설계조건

1차 슬러지: 유량 = 500 m^3/d, TS = 3%, 비중 1.03

2차 슬러지: 유량 = 1,000 m^3/d, TS = 0.8%, 비중 1.005

고형물 부하율: 1차 슬러지 100 kg $SS/m^2/d$, 2차 슬러지 20 kg $SS/m^2/d$,
혼합 슬러지 50 kg $SS/m^2/d$

풀이

1. 설계조건에서의 고형물의 질량

   1차 슬러지: $(500\ m^3/d)(1.03)(0.03)(10^3\ kg/m^3) = 15{,}450\ kg\ TS/d$

   2차 슬러지: $(1{,}000\ m^3/d)(1.005)(0.008)(10^3\ kg/m^3) = 8{,}040\ kg\ TS/d$

   혼합 슬러지: $15{,}450 + 8{,}040 = 23{,}490\ kg\ TS/d$, $500 + 1{,}000 = 1{,}500\ m^3/d$

2. 혼합 슬러지의 농도(비중 1.02라고 가정)

   $= (23{,}490)(100)/\{(1{,}500)(1.02)(10^3)\} = 1.54\%\ TS$

3. 농축조의 표면적

   $= 23{,}490/50 = 469.8\ m^2$

4. 수리학적 부하율

   $= (1{,}500\ m^3/d)/(469.8\ m^2) = 3.2\ m^3/m^2/d$

5. 농축조 규격(2기로 계획)

   1기당 단면적 $= 469.8/2 = 234.9\ m^2$

   직경 $= \{(4)(234.9)/(3.14)\}^{(1/2)} = 17.3\ m$

6. 요약

	단위	1차 슬러지	2차 슬러지	혼합 슬러지
유량	m^3/d	500	1,000	1,500
TS	%	3.0	0.8	1.5
비중		1.030	1.005	1.020
설계 고형물 부하	kg $SS/m^2/d$	100	20	50
고형물 양	kg SS/d	15,450	8,040	23,490
소요 단면적	m^2	154.5	402.0	469.8
수리학적 부하	$m^3/m^2/d$	3.2	2.5	3.19
농축조 수	기	1	2	2
농축조 1기당 단면적	m^2	154.5	201.0	234.9
농축조 직경	m	14.0	16.0	17.3

참고 계산된 수리학적 부하는 모두 권장값에 비하여 낮다. 따라서 슬러지의 부패를 방지하기 위해 희석수를 추가적으로 공급하는 것이 타당하다. 또한 이상의 계산과정은 실제 설계에서는 첨두유량과 평균 유량 모두를 평가대상으로 한다.

(2) 부상식 농축

부상식 농축(flotation thickening)은 용존공기 부상조(DAF, dissolved air flotation)와 동일한 개념으로 2차 침전지의 대안뿐만 아니라 상수처리(탁도, 조류제거)에서도 자주 고려되는 고형물 제거방법이다. 부상식에 의한 고액분리는 부유물질에 미세한 기포를 부착시켜 고형물의 비중을 물보다 작게 만들어 부상 분리시키는 것으로, 기포를 발생시키는 방법에 따라 가압부상(DAF) 방식과 이중막 초미세기포를 이용하는 상압부상(NAF) 방식으로 나누어진다. 주로 가압부상 방식이 많이 이용되어 왔으나 최근에는 상압부상 방식이 소규모 처리장을 중심으로 확대되고 있는데, 그 이유는 고형물 회수율이 높고 장치가 콤팩트하며 고속회전체나 고압력을 쓰지 않아 보수 빈도가 상대적으로 낮기 때문이다.

부상식 농축조는 주로 원형 또는 직사각형 형상을 하고 있다(그림 13-3). 슬러지에 공급된 미세기포가 고형물을 수면으로 이동시켜 분리하는데, 악취나 결빙의 문제로 대부분 건물 내부에 설치한다. 주로 생물학적 슬러지의 경우 매우 효율적이며, 1차 슬러지나 화학적 슬러지(금속염)의 경우에도 적용이 가능하다. 부상 농축조의 성능은 공기-고형물 비(air-solids ratio), 슬러지의 침전특성(SVI), 고형물 부하율, 투입된 고분자 물질 등에 주로 영향을 받는다. 공기-고형물 비는 가장 중요한 운전인자로 보통 2~4% 범위이며, 부상 슬러지의 농도는 보통 3~6% 정도이다. 특히 SVI가 200 이하일 때 효과적이다.

중력식보다 부상식 농축조는 더 높은 부하에서도 운전이 가능하다. 슬러지의 종류에 따라 조금씩 차이가 있지만, 전형적인 고형물 부하율은 화학약품을 첨가하지 않은 경우 2~6 kg $TS/m^2/h$이며, 약품을 첨가한다면 슬러지의 종류에 상관없이 최대 10 kg $TS/m^2/h$(1차 슬러지 단

표 13-26 **부상식 농축조의 설계자료**

구분	우리나라[1]		미국[2]
	가압부상	상압부상	
Air/Solids ratio (%)	0.6~4	5~10	2~4
고형물 부하 (kg TS/m^2/d)	100~120	600	40~120 (무약품) 80~240 (약품 주입)
농축 슬러지 농도 (% TS)	3~4	4~5	3~5 (무약품) 3.5~6 (약품 주입)
고형물 회수율 (%)	85~95	95~96	85 (무약품) 98~99 (약품 주입)
유효 수심 (m)	4~5	4	-

자료: 1) 환경부(2011), 2) WEF & ASCE(1998)

독의 경우 12.5)까지 적용이 가능하다(WEF, 1998). 공기를 용해하는 용존수로는 1차 처리수나 처리장 방류수를 사용하는 것이 바람직하다. 고분자 보조제를 사용할 경우 고형물 회수율을 85%에서 99%까지 향상시킬 수 있는데, 폴리머 투여량은 폐활성슬러지의 경우 보통 2~5 kg/ton TS 정도이다(Metcalf & Eddy, 2003). 표 13-26은 부상식 농축조의 설계자료를 비교한 것이다.

(3) 원심 농축기

원심분리(centrifuge)는 원심력을 이용하여 슬러지의 입자를 분리하는 대표적인 기계식 고액 분리장치로, 일반적으로 농축과 탈수에 모두 사용되는 방법이다. 원심 농축은 주로 생물학적 슬러지에 사용되는데, 특히 생물학적 인(Bio-P) 제거 슬러지의 경우에 적합한 방법이다. 원심분리기의 일반적인 형상은 고체보울(solid-bowl) 유형으로 슬러지와 농축 슬러지의 이동방향에 따라 정류형과 역류형이 있다(그림 13-3). 농축 슬러지의 농도는 보통 4% 이상, 고형물 회수율은 90~95% 정도를 목표로 한다. 고분자의 주입이 없어도 효과적인 농축이 일어나지만, 동력비나 유지관리비용이 높은 것이 단점이다. 따라서 일반적인 방법으로 농축이 어렵거나 공간 및 인력이 부족한 큰 처리장(0.2 m^3/s)에서 더 효과적이다. 시스템 성능을 더 향상시키기 위해 폴리머를 주입하기도 하는데, 주입량은 보통 0~4 kg/ton TS 정도이다. 원심분리기의 폐쇄를 방지하기 위해 모래나 협잡물 제거가 필요하고, 분쇄기를 설치하기도 한다. 정량주입을 위한 유량 제어장치, 폴리머 주입시설, 슬러지 저장시설, 진동 흡수시설, 청소용 급수시설, 그리고 환기 및 탈취시설 등이 필요하다.

(4) 중력식 벨트 농축기

중력식 벨트 농축(gravity-belt thickening)은 슬러지 탈수에 사용되는 벨트 프레스(belt press)의 원리를 응용한 슬러지 농축방법이다. 고분자로 개량된 슬러지(<2% TS)가 균등하게 분배된 벨트 컨베이어는 이동하면서 벨트 압착에 의해 중력에 의해 고액분리가 일어나며, 세척과 농축

을 반복적으로 수행한다(그림 13-3). 생물학석(폐활성, 호기성, 혐기성) 슬러지 및 산업폐수 슬러지의 농축에도 사용된다. 농축기의 사양(벨트의 폭)에 따라 다르지만, 일반적인 설계값은 고형물 부하율 200~600 kg TS/m/h, 수리학적 부하율 800 L/m/min, 그리고 농축 고형물 4~7% TS 정도이다. 고형물 포획률은 85~98% 정도이며, 고분자 주입률은 3~7 kg/ton TS 범위이다 (WEF, 1998).

(5) 회전 드럼형 농축

회전 드럼형 농축(rotary-drum thickening)은 슬러지 개량시설과 회전 매체가 내장된 드럼 스크린으로 구성된 고액분리장치이다. 이 장치는 중소규모 처리장의 폐활성슬러지의 농축을 위해 주로 사용되는데, 탈수 효과를 함께 달성하기 위해 회전 드럼 농축-벨트 프레스 탈수기 순으로 주로 조합하여 사용된다. 회전 드럼형 농축기의 최대 용량은 24 L/s이며, 회전 시 전단력과 플록의 파괴로 인하여 다량의 고분자 개량제가 주입되기도 한다(WEF, 1998). 보통 농축 고형물은 4~9% TS, 고형물 회수율은 90~99% 정도이나 대상 슬러지의 종류에 따라 다소 차이가 있다.

13.7 슬러지 안정화

슬러지 안정화 공정(stabilization processes)의 주된 목적은 병원균 저감, 악취 제어 그리고 잠재적인 부패(putrefaction) 가능성의 제거 등에 있다. 공정의 성공적인 운전 여부는 고형물의 휘발성분(유기성분) 분율과 관련이 있으며, 유기물의 저감과 함께 병원성 미생물의 성장도 억제할 수 있어야 한다. 그 외에도 안정화는 부피 감량, 에너지(메탄) 자원의 회수 및 탈수성 개선 등의 효과가 있다.

슬러지 안정화 방법으로는 크게 알칼리 안정화(alkaline stabilization), 혐기성 소화(anaerobic digestion), 호기성 소화(aerobic digestion), 자체발열 고온소화(ATAD, autothermal thermophilic digestion), 퇴비화(composting), 열처리(heat treatment), 그리고 산화제 주입(oxidant addition) 등이 있다. 알칼리 안정화는 주로 탈수공정의 전후 단계로 적용하고, ATAD는 호기성 소화의 발열반응을 이용하는 변형된 공정이다. 퇴비화는 주로 건조와 함께 슬러지 처리의 마지막 단계에서 사용되는 방법이며, 열처리와 산화제(염소 등) 처리는 슬러지의 가용화(solubilization)나 개량(conditioning)을 위해서 사용하기도 한다. 이 중에서 안정화 단계에서 일반적으로 검토되는 공정들의 특징과 그 상대적인 효과에 대하여 표 13-27과 13-28에 각각 비교하였다.

안정화 공정의 선정은 슬러지 처리량과 효율 같은 기술적인 문제뿐만 아니라 최종산물의 처분용도(13.2절)와도 밀접한 관련이 있다. 미국 EPA 연구결과에 따르면 용도 제한이 없는 A급 생물 고형물을 생산하기 위해서는 높은 pH나 고온의 운전조건 혹은 방사선(베타, 감마선) 조사 방법을 필요로 한다. 다양한 안정화 공정 중에서 단지 자체발열 고온소화(ATAD)나 고온의 퇴비

표 13-27 슬러지 안정화 공정의 종류와 특징

종류	설명	특징
알칼리(석회) 안정화	• 높은 pH를 유지할 수 있는 알칼리성 물질(석회)을 주입하여 병원균을 효과적으로 제거	• 병원균을 감소시켜 풍부한 유사토양 산물을 생성 가능 • 알칼리 물질의 첨가로 생산물의 양이 증가한다. • 알칼리 안정화 공정은 B급 생물 고형물을 생산할 수 있다.
혐기성 소화	• 메탄발효를 통한 생물학적 전환	• 바이오가스를 생성하여 열이나 에너지로 사용 가능하고 최종산물은 토지적용이 가능하다. • 운전에 숙련된 기술이 필요하다. • B급 생물 고형물을 생산할 수 있다.
호기성 소화	• 공기나 산소를 이용한 유기물질의 생물학적 전환	• 혐기성 소화보다는 단순하지만 유효가스 생산이 없다. • 혼합이나 산소공급을 위한 에너지 요구량이 크다. • B급 생물 고형물을 생산할 수 있다.
자체발열 고온소화 (ATAD)	• 높은 발열반응(40~80°C)을 유도할 수 있는 고온 호기성 소화	• 산소공급을 위해 에너지 요구량이 높다. • A급 생물 고형물을 생산할 수 있다. • 운전에 숙련된 기술이 필요하다.
퇴비화	• 고형물질의 생물학적 전환	• 생물학적 퇴비 활성을 위해 벌킹제가 추가로 필요하며, 이로 인해 최종산물의 부피는 더 크다. • 수분의 제어가 필요하다. • A급 및 B급 생물 고형물을 모두 생산할 수 있다.

표 13-28 안정화 공정의 감쇠 정도

공정	병원균	부패	악취
알칼리 안정화	좋음	보통	보통
혐기성 소화	보통	좋음	좋음
호기성 소화	보통	좋음	좋음
자체발열 고온소화(ATAD)	우수	좋음	좋음
퇴비화	보통	좋음	부족~보통
퇴비화(고온)	우수	좋음	부족~보통

Ref) WEF(1998)

화 공정만이 A급 생물 고형물을 생산할 수 있으며, 나머지(석회 안정화, 혐기성 소화나 호기성 소화 등)는 모두 B급 생물 고형물 생산기술로 구분하고 있다(표 13-5와 13-6). 중온의 혐기성 소화는 가장 일반적인 안정화 방법임에도 불구하고 A급 생물 고형물을 생산할 수 없으므로 대규모 현장 처리시설에서는 온도조건을 고온으로 전환하도록 권장하고 있다(Krugel et al., 1998; Schafer and Farrell, 2000a). 따라서 슬러지 안정화 공정의 설계와 운전에서는 이러한 점에 대하여 충분한 검토가 필요하다. 각 공정의 개념과 설계방법을 다음에서 상세히 설명한다.

13.8 알칼리 안정화

알칼리 안정화(alkaline stabilization)는 슬러지에 포함된 미생물의 생존 억제와 불쾌감의 제거를 위해 알칼리 약품으로 처리하는 방법이다. 주로 석회(lime)를 이용하며, pH를 12 이상으로 충분히 증가시키는 방법을 사용한다. 높은 pH 조건은 악취 제거와 병원균 매개체의 발생을 억제할 수 있는 효과적인 방법으로, 동시에 병원성 미생물을 불활성화시키는 효과가 있다.

알칼리 안정화 반응을 위해 소석회(hydrated lime, $Ca(OH)_2$)나 생석회(quick lime, CaO)가 사용되는데, 안전화 반응식은 표 13-29에 예시된 바와 같다. 투입된 생석회는 슬러지에 함유된 수분과 빠르게 반응하여 발열반응(64 kJ/g · mol)을 일으키며, 이산화탄소와의 반응에서는 더 많은 열(180 kJ/g · mol)을 방출하며 온도를 상승시키게 된다.

석회 안정화는 보통 전석회(탈수 전) 처리와 후석회(탈수 후) 처리, 그리고 고도 알칼리 안정화법으로 크게 구분한다(WEF, 1998).

전석회 처리(lime pretreatment)는 주로 탈수 이전의 액상 슬러지를 대상으로 하는 방법으로, 주로 액상 슬러지를 직접 토양에 적용하거나 탈수 과정에서 슬러지의 개량이나 안정화를 동시에 달성하기 위해서이다. 후속 공정으로 가압 여과 방식의 탈수기가 주로 사용되는데, 그 이유는 원심분리나 벨트 프레스의 경우는 마모와 스케일링 문제가 발생하기 때문이다. 생물 고형물에 대한 기준에 따라 석회 주입량은 최소 2시간 동안 pH 12 이상을 유지할 수 있어야 한다. 슬러지 내 유기물질은 석회 안정화에 의해 분해되지 않으므로 보통 과잉의 석회(초기 pH 12 유지에 필요한 양의 1.5배 이상)로 처리한다. 슬러지를 30분간 pH 12로 유지하기 위한 석회 주입량이 표 13-30에 나타나 있다.

후석회 처리(lime posttreatment)는 탈수된 슬러지의 pH를 높이기 위해 사용하는 방법으로 특

표 13-29 석회 안정화 반응식

칼슘: $Ca^{2+} + 2HCO_3^- + CaO \rightarrow 2CaCO_3 + H_2O$
인: $2PO_4^{3-} + 6H^+ + 3CaO \rightarrow Ca_3(PO_4)_2 + 3H_2O$
이산화탄소: $CO_2 + CaO \rightarrow CaCO_3$
산: $RCOOH + CaO \rightarrow RCOOCaOH$
지방: $Fat + Ca(OH)_2 \rightarrow glycerol + fatty\ acids$

표 13-30 슬러지의 알칼리 안정화(30분간 pH 12 유지)를 위한 석회 주입량

구분	고형물 농도 (% TS)	석회 주입량 (g $Ca(OH)_2$/kg TS)
1차 슬러지	3~6 (4.3)	60~170 (120)
2차 슬러지	1~1.5 (1.3)	210~430 (300)
혐기성 소화 슬러지	6~7 (5.5)	140~250 (190)
정화조폐액(septage)	1~4.5 (2.7)	90~510 (200)

주) ( ), 평균값
Ref) WEF(1995).

히 기생충 알을 불활성화시키는 데 효과적이다. 전처리 방법에 비해 이 방법은 건조 석회를 사용할 수 있고 추가 탈수장치가 불필요하며 탈수장치에 미치는 스케일 문제가 없다는 장점이 있지만, 혼합이 중요하다. 이 방법은 탈수 슬러지의 고화(solidification) 처리와 유사하다. 처리된 슬러지는 쉽게 부서지는 구조에 장기간 저장이 가능하고, 토지살포 작업이 용이하다.

고도 알칼리 안정화법(advanced alkaline stabilization)은 탈수된 슬러지를 대상으로 석회 이외의 다른 물질을 사용하는 방법이다. 알칼리제로 시멘트 킬린재(cement kiln dust), 석회 킬린재 및 비산재(fly ash) 등을 사용하며, 사용되는 원료 물질에 따라 부산물의 안정성 및 냄새 저감 등의 개선 효과가 있다.

저온살균(pasteurization)은 수분과 생석회의 발열반응으로 70°C의 온도에서 30분 이상 유지하는 방법이다. 저온살균은 A급 생물 고형물을 만족하기 위하여 반응열의 발생과 병원균의 불활성화가 일정하게 유지되는지 주의하여야 한다.

기타 화학적 안정화 기술에는 다양한 고정화(fixation)/고형화(solidification) 방법들이 있다(WEF, 1998). 예를 들어 실리카 또는 실리카-알루미나계 물질인 포졸란(pozzolanic materials)은 시멘트 반응을 통해 슬러지는 35~50%의 고형물 함량을 가진 유사토양 물질로 전환되는데, 처리된 슬러지는 매립지 덮개나 시멘트의 부분적 대체재로 사용할 수 있다. 이 방법은 주로 산업(유해) 슬러지에 적용된다(탈수 슬러지의 고화 처리는 슬러지의 최종처분 13.15절 (2)에서 별도로 설명한다).

13.9 혐기성 소화

(1) 개요

혐기성 소화(anaerobic digestion)는 하수 슬러지의 안정화를 위해 오랫동안 사용된 가장 보편적인 방법이다. 이 방법은 각종 산업폐수와 고형폐기물의 처리와 부산물인 바이오가스(메탄)의 생산을 위해서도 자주 사용되는 매우 유효한 생물학적 메탄발효공정(methane fermentation processes)이다. 메탄발효란 혐기성 호흡 반응을 통해 유기물로부터 에너지(ATP)를 방출하여 메탄가스로 전환시키는 것을 말한다.

앞서 설명한 바와 같이 혐기성 소화는 안정화 효과는 있지만 A급 생물 고형물을 생산하기는 어려운 기술로 분류되어 있다(US EPA, 1992, 1999). 그 주된 이유는 대부분의 현장 반응조는 경제성을 이유로 중온(35°C)의 온도조건으로 운전되고 있기 때문이다. 그러나 처리효율과 안정성 그리고 에너지 회수 등 다양한 관점에서 소화조의 성능 개선을 위해 그동안 많은 연구가 있었다. 혐기성 공정은 대상 기질의 특성에 따라 매우 다양하지만, 여기에서는 하수 슬러지의 안정화라는 관점에 국한하여 설명한다. 혐기성 메탄발효에 대한 역사적인 발전과정은 2.7절에서 다루었고, 공정에 대한 기초는 11.5절 (3)에서 이미 설명하였다. 혐기성 처리공정에 대한 심화된 내용은 더 전문적인 문헌(Rittmann and McCarty, 2000; Speece, 1996)을 참고하기 바란다.

(2) 공정기초

1) 혐기성 메탄발효

혐기성 소화공정에서는 분자 상태의 산소가 없는 환경에서 가수분해(hydrolysis), 산 형성단계(acidogenesis) 및 메탄 형성단계(methonogenesis)를 통해 유기물과 무기물질(황산염)을 분해한다. 가수분해와 산 형성단계에서는 BOD의 저감이 일어나지 않으므로 에너지는 중간산물인 다양한 휘발성 유기산(VFAs, volatile organic acids)의 형태로 축적되며, 축적된 유기산은 두 종류의 메탄생성 미생물에 의해 최종산물인 메탄으로 전환된다(그림 13-5). 메탄생성균은 전자공여체(ED)로서 수소가스를 이용하는 수소영양메탄균(hydrogenotrophic methanogens)과 아세트산염을 이용하는 아세트산영양메탄균(acetoclastic methanogens)으로 크게 분류되며, 각 미생물들은 이산화탄소와 아세테이트를 전자수용체(EA)로 사용한다.

혐기성 처리는 생물학적 처리 관점에서 호기성의 경우와 자주 비교된다. 호기성 처리는 반응결과 분해된 BOD의 약 50% 정도가 침전 가능한 세포로 전환되고, 생성된 폐활성슬러지는 약 25~40% 정도만이 분해가 가능하다. 또한 호기성 반응은 전자수용체인 산소의 전달(약 100 mg/L/h)에 한계가 있고, 산소의 공급비용 역시 적지 않다(전체 운영비의 약 40~60%). 그 외 슬러지의 침전성이나 거품 형태의 VOC 제어도 호기성 처리의 중요한 이슈이다.

혐기성 처리는 호기성에 비하여 세포합성률(f_s = 세포 생성량/전자공여체 소모량)이 매우 낮고(호기성: $f_s = 0.5$, 혐기성: $f_s = 0.03 \sim 0.1$), 영양소 소요량도 낮다. 또한 산소가 불필요하므로 산소전달로 인한 문제가 없고, 유용한 에너지 산물인 메탄을 얻을 수 있으며, 높은 고형물 부하 운전과 슬러지 내 포함된 염소화합물의 탈염소화 제거도 기대할 수 있다. 특히 동력비나 유지관리비가 적게 든다는 점은 혐기성 처리의 큰 장점이다. 반면에, 호기성의 경우에 비하여 혐기성 미생물의 적응과 성장을 위해 긴 SRT를 필요로 하고(여기서 성장이 느리다는 것을 기질 이용률이 느린 것으로 혼동하지는 말아야 한다), 비교적 높은 온도조건(30~35°C)을 필요로 하며, pH에 대한 높은 민감도와 높은 알칼리도 요구 그리고 악취 발생이 주된 단점으로 작용한다. 혐기성 처리공정의 장단점을 표 13-31에 요약하였다.

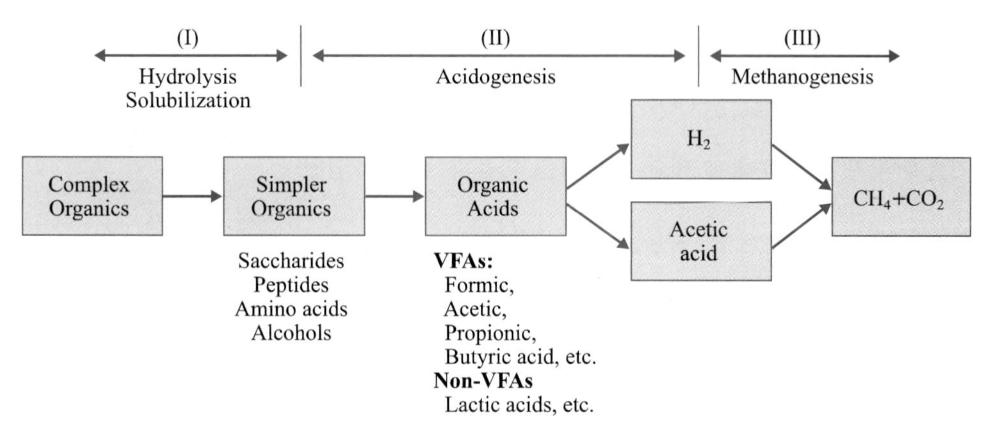

그림 13-5 **혐기성 메탄발효과정**

표 13-31 **혐기성 처리의 장단점**

장점	단점
• 폐슬러지의 발생량이 적다. • 영양물질의 요구량이 작다. • 유용한 바이오가스(메탄)를 생산한다. • 일반적으로 에너지 소모가 적다. • 고부하 운전이 가능하다.	• 미생물 성장속도가 느리다. • 악취를 발생시킨다. • pH 조절을 위한 완충능력이 필요하다. • 저농도 폐수에 대해 처리효율이 낮다.

대부분의 처리장에서는 편의상의 이유로 1차 슬러지와 2차 슬러지를 함께 모아 혼합 소화(mixed sludge digestion) 방식으로 하고 있다. 그러나 2차 슬러지의 바이오매스에 포함된 난분해성 성분(refractory materials)으로 인하여 혼합 슬러지의 분해속도는 1차 슬러지만의 경우보다도 더 느리고, 슬러지의 탈수성도 더욱 열악해진다. 분리 소화(separate sludge digestion) 방식에서는 이러한 문제가 없으므로 효과적인 소화 조건을 충분히 유지할 수가 있다. 따라서 영양소제거공정을 적용하는 처리장에서는 혐기성 공정에서의 인 방출 문제를 해결하기 위해 bio-P 슬러지는 호기성으로 처리하고, 1차 슬러지만을 혐기성 소화하기도 한다.

2) 메탄생성량

유기물질의 분해로 인한 메탄생성량은 다음 식을 이용하여 계산할 수 있다.

$$CH_4 + 2O_2 \rightarrow CO_2 + 2H_2O \tag{13.3}$$

즉, 22.4 L CH_4/64 g COD

= 0.35 L CH_4/g COD @ 0°C, 1 atm(STP)

= 0.40 L CH_4/g COD @ 35°C, 1 atm 이다.

순수한 메탄의 에너지 함량은 35,800 kJ/m^3로, 이는 천연가스(natural gas)의 열량 37,000 kJ/m^3와 유사한 값이다.

복합 유기물질의 메탄발효경로(그림 13-5)는 앞서 설명한 바와 같이 순서대로 이루어지며, 다음과 같은 두 종류의 메탄미생물군이 필요하다.

$$\text{아세트산영양메탄균: } CH_3COO^- + H_2O \rightarrow CH_4 + HCO_3^- \tag{13.4}$$

$$\text{수소영양메탄균: } CO_2 + 4H_2 \rightarrow CH_4 + 2H_2O \tag{13.5}$$

유기물질의 혐기성 분해에 대한 양론식은 다음과 같이 표현된다.

$$\begin{aligned} C_nH_aO_bN_c + \left(2n + c - b - \frac{9df_s}{20} - \frac{df_e}{4}\right)H_2O \rightarrow \\ \frac{df_e}{8}CH_4 + \left(n - c - \frac{df_s}{5} - \frac{df_e}{8}\right)CO_2 + \frac{df_s}{20}C_5H_7O_2N \\ + \left(c - \frac{df_s}{20}\right)NH_4^+ + \left(c - \frac{df_s}{20}\right)HCO_3^- \end{aligned} \tag{13.6}$$

여기서, $d = 4n + a2b3c$

$$f_s = f_s^0 \left[\frac{1+(1-f_d)b\theta_x}{1+b\theta_x} \right]$$: 세포로 합성 혹은 전환되는 유기물질의 분율

f_d: 분해 가능한 바이오매스의 분율

f_e: 에너지로 전환되는 분율

$$f_s + f_e = 1$$

b: 분해율(decay rate)

각 계수에 대한 설명과 해당 값은 7.4절 (5)를 참고하기 바란다. 상기 식에서 1차 슬러지($C_{10}H_{19}O_3N$)의 경우 각 계수는 일반적으로 $n = 10$, $a = 19$, $b = 3$, $c = 1$, $d = 50$, $f_s = 0.0648$, $f_e = 0.09352$, 그리고 $f_d = 0.8$로 가정된다.

예제 13-3 하수 슬러지의 메탄생성 가능량

일반적으로 1차와 2차 슬러지의 화학식은 다음과 같다. 각 슬러지를 이용한 생성가능한 메탄가스의 양을 계산하시오.

1차 슬러지: $C_{10}H_{19}O_3N$, 2차 슬러지: $C_5H_7O_2N$

풀이

1. 1차 슬러지

$$C_{10}H_{19}O_3N + 4.852H_2O \rightarrow 5.845CH_4 + 2.075CO_2 + 0.162C_5H_7O_2N + 0.838NH_4HCO_3 \quad (13.7)$$

m^3 CH_4/kg VS 분해 = 5.845(22.4 L/mol)/(201 g/mol)

= 0.651 @ STP (= 0.735 @ 35°C)

kg Alk/kg VS 분해 = 0.838(50 g/mol)/(201 g/mol)

= 0.208 kg $CaCO_3$/kg VS reduction

CH_4 함량 = 5.845/(5.845 + 2.075) = 73.8%

$$C_{10}H_{19}O_3N + 12.5O_2 \rightarrow 10CO_2 + 8H_2O + NH_3 \quad (13.8)$$

kg BOD_L/kg VSS = 12.5(32)/(201) = 1.99 (실제 범위는 1.8～2.2)

m^3 CH_4/kg BOD_L 분해 = 0.651/1.99

= 0.33 @ STP (= 0.37 @ 35°C)

2. 2차 슬러지

$$C_5H_7O_2N + 4H_2O \rightarrow 2.5CH_4 + 1.5CO_2 + NH_4HCO_3 \quad (13.9)$$

m^3 CH_4/kg VS 분해 = 2.5(22.4)/(113)

= 0.496 @ STP (= 0.56 @ 35°C)

kg Alk/kg VS 분해 = 1(50 g/mol)/(113 g/mol)

$= 0.442$ kg $CaCO_3$/kg VS reduction

CH_4 함량 $= 2.5/(2.5 + 1.5) = 62.5\%$

$C_5H_7O_2N + 5O_2 \rightarrow 5CO_2 + 2H_2O + NH_3$ (13.10)

kg BOD_L/kg VSS $= 5(32)/(113) = 1.42$

m^3 CH_4/kg BOD_L 분해 $= 0.496/1.42$

$= 0.35$ @ STP ($= 0.40$ @ 35°C)

참고 상기 계산식에서 BOD_L 분해당 메탄 발생량(m^3 CH_4/kg BOD_L)이 다르게 나타난 것은 1차 슬러지의 경우는 미생물 증식량이 고려되었기 때문이다. 실제 원단위 메탄 발생량은 유기물질의 종류와 관계없이 동일하다. 2차 슬러지에 비하여 1차 슬러지의 경우는 메탄가스의 구성비는 약 10% 정도 높고, 알칼리 생성량은 약 50% 정도 줄어든다.

3) 반응 동역학

메탄발효 반응 동역학은 기본적으로 생물학적 반응 동력학과 동일하다(7.4～7.5절 참조). 기질(dS/dt) 이용과 미생물(dX/dt) 성장에 대하여 개략적으로 정리하면 다음과 같다.

$$\frac{dX}{dt} = Y\frac{dS}{dt} - bX \tag{13.11}$$

$$\frac{dS}{dt} = \frac{kSX}{Ks + S} \tag{13.12}$$

이상 두 식을 이용하여 다음과 같이 고형물 체류시간[θ_c, SRT $= X/(dX/dt)$]과 유출수에 포함된 기질의 농도, 그리고 기질 제거효율 관련식을 다음과 같이 유도할 수 있다.

$$\frac{1}{\theta_c} = \frac{YkS}{Ks + S} - b \tag{13.13}$$

$$S = \frac{Ks(1 + b\theta_c)}{\theta_c(Yk - b) - 1} \tag{13.14}$$

$$E = \frac{S_0 - S}{S_0} x100 \tag{13.15}$$

만약 $S = S_0$ 인 조건이라면 $\theta_c = \theta_c^{\min}$가 되어 다음과 같이 최소 SRT($\theta_c^{\min}$) 식으로 변화한다. 설계 SRT($\theta_c^d$)는 여기에 안전율($SF$, safty factor)을 곱하여 산정된다.

$$\frac{1}{\theta_c^{\min}} = \frac{YkS_0}{K_s + S_0} - b \tag{13.16}$$

$$\theta_c^d = SF(\theta_c^{\min})_{\lim} \tag{13.17}$$

혐기성 공정에서 Y(미생물 증식률)와 b(내생호흡계수) 값은 각각 0.05～0.10 g VSS/g bCOD 및 0.02～0.04 g/g/d 범위이다. 또한 20 d의 SRT와 90%의 분해성 성분 제거효율을 기준으로 할 때 1차 슬러지의 소화를 위한 안전율은 35°C에서 4.8, 25°C에서 3.3, 그리고 20°C에서 2.8 정도이다(Rittmann and McCarty, 2000).

슬러지와 같은 입자성 기질의 혐기성 분해(그림 13-5)에서는 가수분해 과정이 중요한 제한요소(limiting factor)로 작용한다. 고형물의 가수분해 속도는 다음과 같이 1차 반응식으로 표현된다.

$$-\gamma_{hyd} = k_{hyd} S_{hyd} \tag{13.18}$$

1차 슬러지의 가수분해 속도상수(k_{hyd})는 3 d^{-1} 정도이나(Eastman & Ferguson, 1981), 2차 슬러지의 경우 0.22 d^{-1}(Gossett & Belser, 1982)로 순수한 셀룰로스(cellulose)와 동일하게 낮다. 이에 반해 목질 섬유소(lignocellulose)의 경우는 매우 낮은 값(<0.09 d^{-1})을 가진다(Tong, et al., 1990).

그림 13-6과 13-7에는 1차 슬러지를 위한 혐기성 소화 모델링 관련식과 예측결과가 요약되어 있다.

Primary Sludge Characteristics

$X_v^0 = X_i^0 + X_d^0$ (X_d represents biodegradable VSS)

$X_v^0 = 17.7$ g/L

$X_d^0 = 12.4$ g/L

$S^0 = \gamma X_d^0 = 20.0$ g COD/L

$S_T^0 = \gamma X_v^0 = 28.5$ g COD/L

$\gamma = 1.61$ g COD/g X_v

Reaction Coefficients

$\hat{q}_T = 6.67$ g/g $X_a - d(e^{0.035(T-35)})$

$K_{cT} = 1.8$ g/COD/L $(e^{0.12(35-T)})$

$b_{aT} = 0.03$ d^{-1} $(e^{0.035(T-35)})$

$b_T = 0.05$ d^{-1} $(e^{0.035(T-35)})$

$Y_a = 0.04$ g X_a/g COD

$Y = 0.10$ g X_a/g COD

$f_d = 0.8$

Reactor Equations

$$S_T\text{ (g COD/L)} = K_{cT}\frac{1+b_{aT}\theta_x}{Y_a\hat{q}_T-(1+b_{aT}\theta_x)}$$

$$X_a\text{ (g/L)} = \frac{Y(S^0-S)}{1+b_T\theta_x}$$

$$X_d\text{ (g/L)} = \frac{S}{\gamma}$$

$$X_v\text{ (g/L)} = X_i^0 + X_d + X_a[1+(1-f_d)b_T\theta_x]$$

$$S_T\text{ (g COD/L)} = \gamma X_i^0 + \gamma X_d + 1.42X_a[1+(1-f_d)b_T\theta_x]$$

$$r_{COD}\text{ (g COD/L reactor-d)} = \frac{Q}{V}([S^0-S]-1.42X_a[1+(1-f_d)b_T\theta_x])$$

$$r_{CH4}\text{ (L methane/L reactor-d)} = \frac{22.4\text{ L}}{64\text{ g COD}}r_{COD}$$

$$CH_4/COD\text{ (L/g COD)} = \frac{\frac{22.4\text{ L}}{64\text{ g COD}}(S_T^0-S_T)}{S_T^0}$$

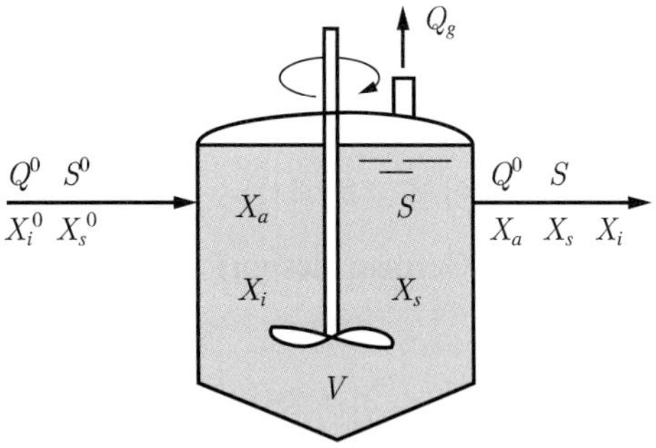

X_a: conc. of active mass

X_i: inert biomass conc.

X_s: biomass conc. in substrate

S: substrate(soluble + insoluble)

그림 13-6 **1차 슬러지의 혐기성 소화 모델링을 위한 관련식 요약 (온도 20~35°C 완전혼합형 반응조 기준)** (O'Rourke, 1969)

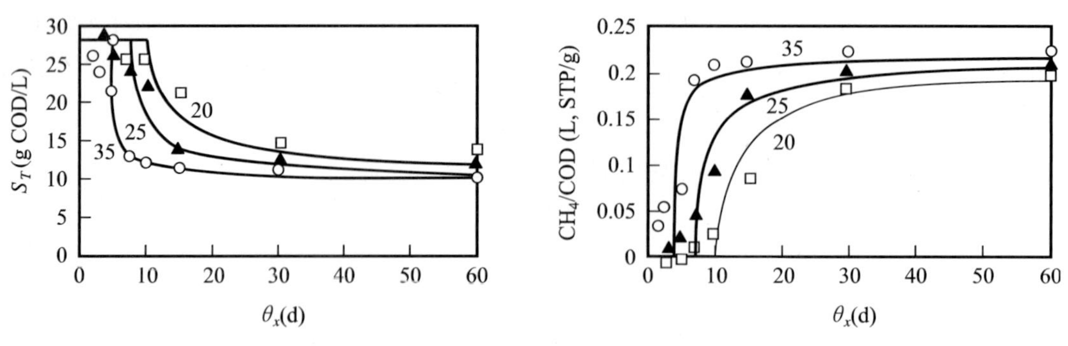

그림 13-7 **1차 슬러지의 혐기성 소화 모델링 결과** (O'Rourke, 1969)

(3) 반응조 형상과 공정 구성

1) 반응조의 기본형상

반응조의 형상(reactor configuration)은 일반적으로 부유 성장 공정과 부착 성장 공정으로 크게 구분된다. 하지만 고형물의 농도가 높은 슬러지의 특성상 혐기성 소화를 위해서는 부유 성장 유형이 보편적이다. 혐기성 공정에 사용되는 각종 반응조 형상은 그림 2-25에 개괄적으로 정리되어 있다.

혐기성 반응조는 대상 기질(substrate)의 특성에 따라 그 적용과 응용이 매우 다양하다. 생물학적 처리 기술의 선정에 있어서 기질의 총 고형물(TS)의 함량은 매우 중요한 의미가 있는데, 흔히 액상(< 3%), 슬러리(slurry)상(3~10%), 반고체상(10~20%) 및 고체상(> 20%)으로 구분하여 적용된다(US EPA, 1997). 입자성(particulate type) 고형물을 다량으로 함유하고 있는 하수 슬러지는 대표적인 슬러리상의 기질로, 다양한 반응조 형상을 적용할 수 있는 액상형 기질과는 달리 적용 가능한 반응조의 형상이 매우 제한적이다. 반고체상 기질은 압출류(plug flow) 방식을 선호하나 슬러리상 기질은 일반적으로 완전혼합형(complete mixed)으로 설계된다.

슬러지의 혐기성 소화에서는 전통적으로 주로 낮은 수직 원통형(cylindrical)이나 재래 독일식(conventional German design) 혹은 난형(egg-shaped) 반응조가 사용된다(그림 2-24). 특히 독일에서 개발된 난형 소화조는 유리한 혼합 특성으로 인하여 유럽을 비롯하여 점차 사용이 늘고 있다. 직사각형은 혼합의 어려움으로 인해 사용하지 않는다. 난형은 철골구조인 반면에 나머지는 일반적으로 콘크리트 구조를 사용한다. 원통형 소화조의 일반적인 규격은 직경 6~38 m, 측벽 수심은 7.5 m 이상(보통 15 m), 그리고 바닥 경사 1 : 6 정도이다. 난형 소화조는 교반 효율의 향상과 청소의 불필요, 스컴층의 제어, 그리고 소요부지가 작다는 장점이 있는데, 높이가 40 m 정도인 규모도 있다.

2) 슬러지 처리용 혐기성 소화조의 발전

재래식 소화조는 표준(standard-rate) 혹은 저율(low-rate) 소화조라고도 불리는데, 혼합과 온도제어 없이 큰 용량(체류시간 30~60일)으로 운영되는 단순한 저장형 반응조 개념이다. 이에

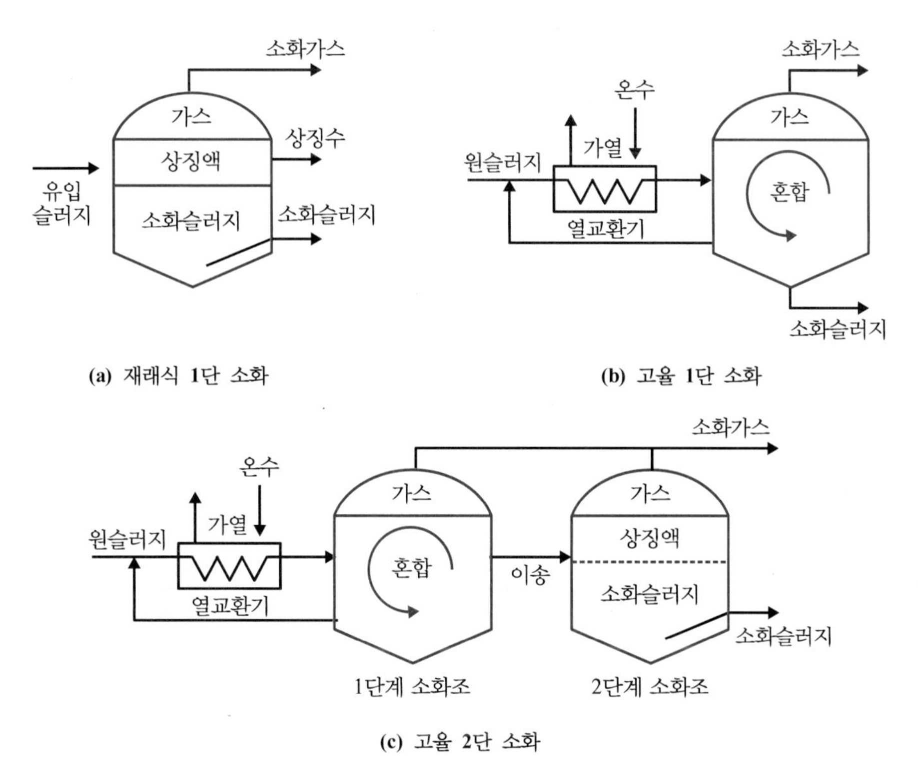

(c) 고율 2단 소화

그림 13-8 슬러지 혐기성 소화에 사용되는 전형적인 완전혼합형 소화조의 유형

반하여 고율(high-rate) 소화조는 가열(중온), 교반, 유입수의 농축 및 균등 유입 등을 특징으로 하고, 1단(single-stage) 혹은 2단(two-stage) 형태로 구성된다. 그림 13-8은 슬러지 처리에 사용되는 전형적인 혐기성 소화조의 유형을 개략적으로 보여준다.

고율 1단 소화에서는 교반을 사용하므로 스컴이나 상징수(supernatant)의 분리가 없고, 약 45~50%의 총 고형물 분해와 함께 소화 슬러지의 양은 유입량에 비해 줄어들게 된다. 소화 처리수는 별도의 고액분리과정을 거쳐 화학적인 개량 후에 탈수한다. 소화조의 지붕은 보통 유동성 커버로 고정되어 있고, 발생된 가스는 운반하거나 저장한다.

고율 2단 공정의 첫 번째 소화조의 기능은 고율 1단 소화와 기능이 동일하지만, 두 번째 소화조는 가열하지 않는 상온조건으로 단순히 저장과 침전 효과만 있으며, 메탄가스량은 전체 발생량의 약 10% 수준이다. 고율 2단 공정은 성능에 비하여 건설비가 과다하고 운전상의 장점이 떨어져 외국에서는 일반적으로 선호하지 않는다.

우리나라 시설기준(환경부, 2011)에서는 혐기성 소화조의 유형을 1단 소화(고율 1단) 또는 2단 소화(고율 2단) 방식으로 규정하고 있다. 2단 소화는 구조적인 특성에 따라 직렬 방식과 이중 소화 방식으로 구분한다. 여기서 이중 소화 방식이란 동심 원형의 안쪽에 첫 번째 소화조를 두고 그 외부에 두 번째 소화조를 설치하는 방법을 말한다. 이 방법은 열 손실이 낮아 에너지 효율 면에서는 유리하지만, 기능은 직렬방식과 동일하고 슬러지의 배출구조가 복잡한 단점이 있다.

소화 슬러지의 침전성은 매우 불량하기 때문에 고율 소화조의 처리수는 부유물질농도가 매우 높다. 이러한 이유로 고율 2단 공정이라 할지라도 침전성에 문제가 있으므로 슬러지를 반송하지

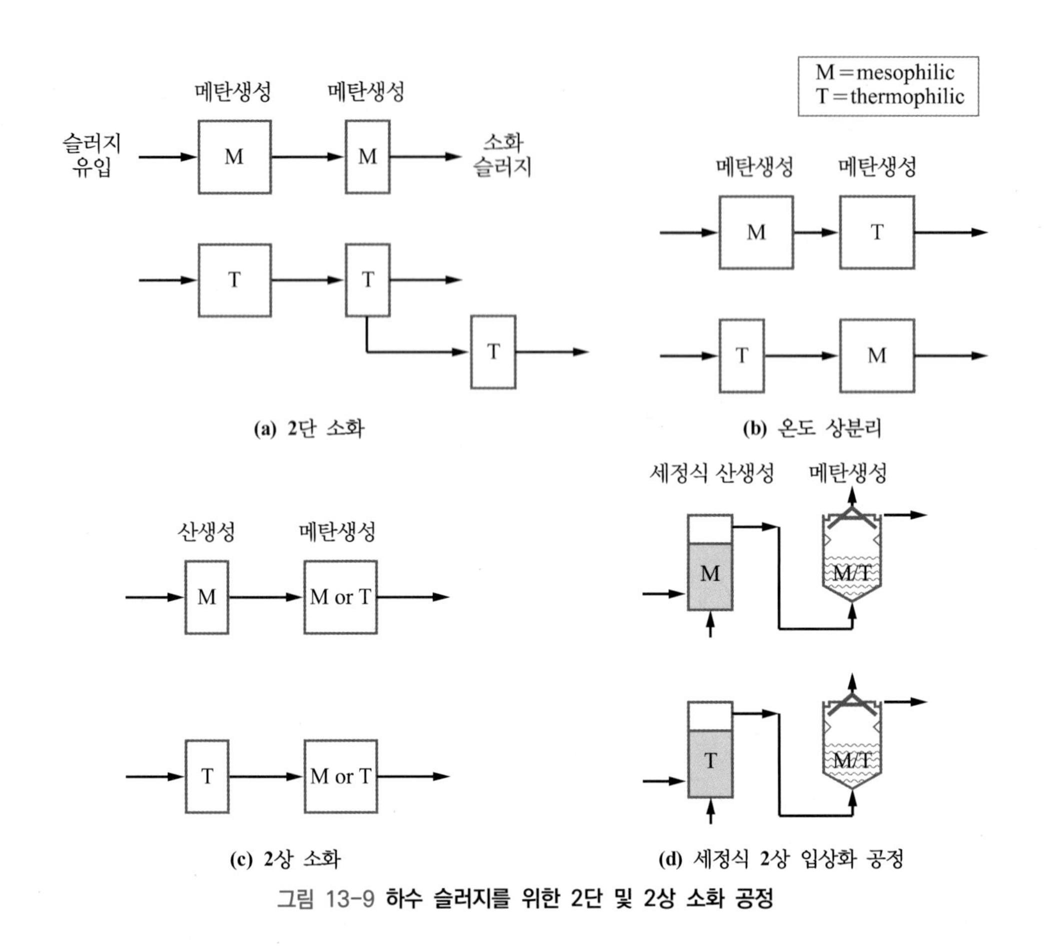

그림 13-9 **하수 슬러지를 위한 2단 및 2상 소화 공정**

는 않는다. 활성슬러지 공정과 같이 고율 소화조의 후단에 침전지를 추가하여 침전 슬러지를 반송하는 경우가 있는데, 이를 혐기성 접촉소화(anaerobic contact process)라고 한다. 이 경우 역시 유출수의 높은 부유물질 문제는 불가피하게 발생한다. 슬러지 소화조의 상징수는 고형물과 유기물질의 농도가 높기 때문에 전체 하수처리시스템의 처리효율에 악영향을 줄 수 있으므로 이에 대한 적절한 대책(반류수 처리)이 필요하다.

전통적인 소화조의 단점을 극복하고 슬러지 처리 성능을 향상시키기 위해 새로운 혐기성 공정 개발이 다양한 측면에서 이루어졌다. 주요 개념은 소화 온도(중온과 고온)의 증가, 동일한 기능의 직렬형 단분리(2단 소화), 온도기반 상분리(중온과 고온), 생화학적 상분리(산형성과 메탄형성), 그리고 고액분리형(세정식) 상분리 입상슬러지 공정 등을 들 수 있다(그림 13-9). 고액분리형 입상 슬러지 공정을 제외한 다른 모든 공정은 부유 성장 완전혼합형 반응조를 사용한다. 기타 공법으로 칸막이형 소화조(ABR, anaerobic baffled reactor)가 있다.

고온 혐기성 소화(thermophilic anaerobic digestion)는 50～70°C의 온도영역에서 친열성 박테리아를 활용하는 방법이다. 고온 소화의 장점은 고형물 분해능력의 향상과 탈수성 향상 그리고 박테리아 비활성도 증가 등이며, 이에 반하여 단점으로는 에너지 소요량 증가, 처리수 내 높은 용존성 고형물, 냄새, 그리고 공정의 불안정성 등이 있다(US EPA, 1998). 중온에 비하여 고온 소화 방식이 가지고 있는 우수한 병원균 사멸 능력에도 불구하고 EPA는 고온 혐기성 소화를

A급이 아닌 B급 생물 고형물 생산기술(PSRPs)로 분류하고 있다. 그 주된 이유로 고온 소화 공정의 안정성이 상대적으로 낮다는 점을 들고 있으나 이러한 지적에 대해서는 논란의 여지가 있다.

2단 공정(two-stage processes)은 고율 1단 소화(교반과 가열)를 직렬로 연결하는 유형으로 두 반응조 모두 중온 혹은 고온의 조건으로 운전된다[그림 13-9(a)]. 고율 1단 소화에 비하여 2단 중온 소화는 더 안정적인 운전특성을 가지고, 2단 고온 소화는 병원균 감소의 장점을 추가적으로 가진다. 실규모 운전 경험(캐나다 아나시스 처리장)에 따르면 1단 1기 + 2단 3기의 배열구조를 가진 2단 고온 소화에서 VS 감량률은 63% 정도로 향상되었다(Schafer & Farrell, 2000a).

온도 상분리 공정(TPAD, temperature-phased processes)은 2단 공정을 중온-고온 혹은 고온-중온의 순서로 배열하여 고온과 중온의 장단점을 보완한 방법으로 독일에서 개발된 것이[그림 13-9(b)]. 이 방법은 충격 부하에 대응력이 높고, 높은 소화 효율을 특징으로 하고 있다. 보통 고온(55°C)은 3～5 d, 그리고 중온(35°C)은 10 d 이상의 고형물 체류시간(SRT)으로 설계되며, 이 공정의 VS 제거율은 중온에 비하여 15～25% 정도 높고, 안정적인 성능을 특징으로 하고 있다(Schafer & Farrell, 2000b). TPAD 공정은 A급 생물 고형물에 대한 요구조건을 충족할 수 있다(WEF, 1998).

2상 소화 공정(two-phased processes)은 산발효과 메탄발효 단계를 분리한 방법으로, 각 단계별로 구분된 온도(중온 및 고온)조건으로 운영된다[그림 13-9(c)]. 가수분해와 산발효를 목표하는 첫 번째 반응조는 높은 유기산을 생성하기 위해 pH 6 이하와 짧은 SRT 조건으로 운전되며, 메탄 반응을 수행하는 두 번째 반응조에서는 중성의 pH와 긴 SRT 조건으로 운전된다. 실규모 시설의 운전결과 휘발성 고형물의 감량은 50～60% 정도이며, A급 생물 고형물의 요구조건도 충족한다(Schafer & Farrell, 2000a).

세정식 상분리 입상슬러지 공정(two-phased elutriation bed UASB)은 첫 번째 반응조에서 세정식 산발효와 고액분리(농축) 효과를 동시에 달성하고, 그 발효유출수를 두 번째 반응조에서 자기고정화된 고활성도의 입상슬러지(granular sludge)를 사용하여 처리하는 방법이다[그림 13-9(d)] (Ahn et al., 2004). 이 방법은 특히 슬러리형 기질에 특화된 기술로 세정식 산발효조를 고온으로 운전할 때 A급 생물 고형물의 요구조건을 안정적으로 만족할 수 있다. 1차 슬러지를 대상으로 운전된 세정식 발효조(운전조건: 55°C, SRT 5일, pH 9)는 VS 제거율 65.3%, VFAs 생산율 0.18 g VFAs/g VSS_{COD}으로 우수한 성능을 보였다. 세정 산발효 유출수의 성상은 TCOD 1,600 mg/L, SCOD/TCOD = 0.816, VFAs/SCOD = 0.632(VFAs 성분비는 acetate : propionate : butyrate = 1.0 : 0.23 : 0.16)로, 후속하는 입상슬러지 공정을 이용한 최종 처리수의 수질은 매우 우수하다(Ahn & Speece, 2006; 안영호, 2008). 이 공법은 특징은 다음과 같이 요약할 수 있다.

- 하수 슬러지와 같은 슬러리형 기질에 적합하다.
- 입자성 고형물의 가수분해와 산형성의 균형에 최적의 환경을 제공한다.
- 상분리에 의해 높은 미생물(산형성 및 메탄형성균) 활성도를 가진다.
- 폐슬러지의 농도가 높고 부피가 작다(유입 슬러지 부피 대비 40% 이하)

표 13-32 슬러지 처리를 위한 혐기성 소화 공정별 전형적인 체류시간 비교

구분	SRT(d)			비고
	첫 번째 소화조	두 번째 소화조	총 용량 기준	
재래식(표준) 저율	30～60	-	30～60	무가온 단순 저장형
고율 1단	15～25	-	15～25	45～50% VS 저감
고율 2단	10-20	10	25-30	무반송, 효과에 비해 비경제적
2단 중온	7～10	(가변적)	-	Schafer & Farrell (2000a,b) Moen (2000)
2단 고온	17～22	～4	21～26	
중온-고온 상분리	> 7～10	> 5	> 12～15	
고온-중온 상분리	3～5	7～15	10～20	
중온기반 2상 소화	1～3	> 10	> 11～13	
고온기반 2상 소화	1～2	> 10	> 11～12	
세정식 2상 소화	> 5	(1)	(> 6)	Ahn et al. (2004)

주) 세정식 2상 소화를 제외한 모든 경우 SRT＝HRT임, ( ), HRT

- 최종 처리수의 수질이 매우 우수하다(COD < 300 mg/L).
- 미생물 군집의 근접성(microbial consortia proximity)이 우수하다.
- 메탄생성균의 높은 성장속도에 대한 동역학적 장점이 있다(SRT > 100일).
- 수리학적 체류시간이 매우 짧다(총 소요 HRT: 최소 6～7일).
- 세정발효조의 고온 운전에서는 A급 생물 고형물 조건을 만족한다.

표 13-32에는 혐기성 소화 공정의 전형적인 SRT를 비교하였다.

3) 슬러지 가용화

혐기성 반응 동역학에서 설명한 바와 같이 슬러지 내 포함된 고형물의 가수분해 단계는 전체 혐기성 반응의 주요 제한요소이다. 전통적인 슬러지 소화공정에서는 슬러지 고형물과 미생물 세포의 낮은 생분해도로 인하여 가수분해에 상당한 시간이 필요하여 소화조의 체류 시간이 길어지고 분해효율이 낮다는 문제점이 있다. 슬러지의 가수분해(hydrolysis)나 가용화(solubilzation)는 이러한 단점을 보완하기 위해 보통 슬러지 소화조의 전처리단계로 적용된다. 가용화 처리수는 영양소제거공정에서 유용한 탄소원으로 사용되기도 한다.

슬러지의 가용화는 소화조 용량축소, 가스 발생량 증가, VS 감량 등의 효과가 있지만 슬러지 입자 파괴로 인해 고액분리나 탈수효율 저하로 탈수 시 약품 요구량이 증가할 수 있다. 슬러지의 가용화를 위해 초음파나 오존 혹은 열처리를 사용하거나, 기계적(혹은 수리동력학)인 방법 등이 사용되지만 추가적인 투자비와 운영비의 증가는 불가피하다. 표 13-33은 다양한 가용화 공정의 종류와 특성을 소개하고 있다.

표 13-33 **슬러지의 가용화 전처리 공정**

Methods	가용화율 (%)	비용 (Euro/ton TDS)	장점	단점
Ball mill shaker	90	414-2,500	• 고효율, 단순성	• 에너지 소모가 큼
High pressure homogenizations	85	42-146	• 고효율	• 운전이 복잡함
Hydrodynamic cavitation	75	3	• 우수한 에너지 효율	• 정보, 현장경험 부족
Ultrasound	100	8,330	• 완전한 가용화	• 에너지 소모가 최대
Cambi(130-180°C, 30 min)	30	190	• 열처리 개량 방식 슬러지 탈수성 향상	• 슬러지 성상에 따라 효율영향
Biological	5-50	NA	• 운영이 쉽고 비용이 비교적 저렴	• 수율이 낮음, 악취문제
Thermochemical	15-60	NA	• 비교적 간단	• 부식, 악취, 후처리 공정 필요

자료: 환경부(2005)

(4) 설계 및 운전요소

슬러지의 혐기성 소화에서 소화 효율이란 일반적으로 유입 슬러지 중에 포함된 유기(VS)성분이 가스화 및 무기화하여 분해되는 비율을 말한다. 소화 효율에 영향을 미치는 중요한 환경인자는 체류시간(SRT, HRT), 유입 슬러지의 성상과 부하, 온도, pH, 알칼리도, 영양물질과 독성물질 등이 있다.

1) 체류시간

생물학적 처리공정에서는 두 종류의 체류시간 개념(SRT와 HRT)을 사용한다. SRT는 미생물의 보유 능력(biomass age)을 말하고 HRT는 수리학적 처리 능력을 의미한다. 고율 1단 소화와 같이 완전혼합형 반응조의 경우에는 SRT와 HRT는 동일한 값이 된다. 그러나 슬러지와 같은 입자성 기질을 처리하는 반응조의 경우 SRT는 고형물이 체류하는 시간을 의미하지만, 여기서 고형물이란 미처리된 입자성 기질(X_s)과 미생물(X_a)을 모두 포함한 개념이다. 그 이유는 반응조에 존재하는 입자성 기질과 미생물의 양을 구분하기 어렵기 때문이다.

생물 반응조의 안정성을 높이고 생산되는 슬러지의 양을 최소화하기 위해서는 SRT를 최대화하여야 하고, 반응조의 크기를 줄여 경제성을 높이기 위해서는 HRT를 최소화하여야 한다. 생물학적 반응은 기본적으로 SRT와 직접적인 관계가 있는데, 반응의 안정성을 높이기 위해서 설계 SRT는 최소 SRT(SRT_{min})에 안전율을 고려하여 결정된다(표 13-34). 만약 반응조의 SRT가 최소 SRT보다 작다면 미생물은 충분히 활동할 수 없으므로 공정 운전은 실패하게 된다.

표 13-34 **고율 완전혼합 혐기성 소화 공정의 최소 SRT와 설계 SRT**

T(°C)	θ_C^{min}	θ_C^{d}@ S.F = 2.5
20	10	25
25	7.4	19
30	5.7	14
35	4.6	12
55～60	2.2	6

Ref) Speece(1996)

2) 유입 슬러지의 성상

슬러지의 혐기성 처리에서는 유입되는 슬러지의 고형물 농도가 중요하다. 만약 하수 슬러지가 희석된 형태로 유입된다면 그 결과는 체류시간의 감소, 저조한 VS 분해율과 메탄생성, 알칼리도의 감소, 소화 슬러지와 상징수의 부피 증가, 탈수시설 용량증가, 액상 슬러지의 운반비 증가 등과 같은 기술적 및 경제적 문제점을 초래한다. 따라서 소화조로 주입하는 슬러지의 고형물 함량은 가능한 한 높게 유지하는 것이 효과적이다.

한편 혼합 슬러지에 폐활성 슬러지가 과다하게 농축되어 있다면 암모니아 독성 문제가 나타날 가능성이 높다. 또한 슬러지에 지방(lipids) 성분이 과다하게 포함되어 있거나 반응의 중간산물(VFAs)의 이용률이 낮아진다면, 혐기성 소화 공정의 전체 반응속도뿐만 아니라 전체 공정의 안정성에도 큰 영향을 주게 된다. 미국의 30개 실규모 처리장을 조사한 결과에 따르면 유입 슬러지의 TS 농도는 평균 $4.7 \pm 1.6\%$(VS 함량 70%), 소화 슬러지의 VS는 1.6%로 약 50%의 VS 제거효율을 보였다(Speece, 1988).

3) 온도

온도는 미생물 대사의 활성도뿐만 아니라 가스 전달률과 미생물의 침강성과도 관련이 깊다. 대부분의 슬러지 소화 시스템은 중온 범위(30～38°C)로 설계하지만, 최근에는 생물 고형물 조건을 달성하기 위해 고온 소화(50～70°C)를 적용하는 경우가 많다. 혐기성 소화 공정에서 온도는 소화율, 가수분해율, 산형성률 및 메탄형성률 등에 직접적으로 영향을 미치므로 설계에서는 운전온도에 해당하는 최소 SRT(표 13-34)를 참고하여야 한다. 메탄생성균은 특히 온도 변화($<$ 1°C)에 민감하므로 온도의 급격한 충격을 주지 말아야 한다(WEF, 1998).

표 13-35는 1차 슬러지의 산발효 공정에서 가수분해와 산형성 속도상수에 대한 온도의 영향을 보여준다. 55°C의 경우 20°C에 비해 가수분해 속도상수는 2.4배 정도 높게 나타나지만 산형성 속도는 약 56% 정도로 낮아진다.

다양한 공정을 대상으로 중온과 고온 소화의 특성을 비교한 연구결과를 참고하면, 정상상태의 동일한 운전조건에서 고온의 소화조는 중온의 경우보다 가스 발생량이나 VS 제거율 그리고 유출수의 유기산 농도 측면에서 공정의 안정성과 성능이 더 우수한 것으로 나타났다. 높은 부하율에서는 유출수의 프로피온산의 농도가 높게 나타났는데 영양물질(Ca, Fe, Ni &Co)의 보충이 프로피온산 농도를 효과적으로 저감시킬 수 있다(Kim et al., 2002).

표 13-35 **1차 슬러지의 산발효 공정에서 가수분해와 산형성 속도상수**

Temperature (°C)	Hydrolysis rate constants (d^{-1})	Acidogenic rate constants (d^{-1})
20	0.12 (1.00)	0.34 (1.00)
35	0.24 (1.98)	0.33 (0.97)
55	0.28 (2.37)	0.19 (0.56)

주) ( )는 상대적인 비교값
Ref) Ahn & Speece(2006)

4) pH와 알칼리도

혐기성 소화조의 pH는 일반적으로 6.5～7.5의 범위로 운전된다. 소화조에서 발생하는 알칼리도(alkalinity)의 주요 공급원은 발효 대사산물인 이산화탄소로, 이는 탄산염 평형시스템(carbonate equilibrium)을 가동하는 주요 성분이다(6.4절 참조). 탄산염 평형시스템에서 알칼리도는 다음과 같이 간략히 표현할 수 있다.

$$[H^+] + [Alkalinity] = [HCO_3^-] + 2[CO_3^{2-}] + [OH^-] \tag{13.19}$$

소화조의 일반적인 운전 pH 영역에서는 CO_3^{2-} 성분은 중요한 의미가 없으며, $[HCO_3^-]$는 $[H^+]$, $[CO_3^{2-}]$ 및 $[OH^-]$에 비해 매우 크므로 총 알칼리도(TA, total alkalinity)는 중탄산 알칼리도(BA, bicarbonate alkalinity)와 유사한 값(TA≒BA)이 된다. 따라서 소화조의 pH는 생화학적 반응산물인 CO_2와 알칼리도$[HCO_3^-]$의 농도에 의해 결정된다(그림 13-10). 소화 가스에 포함된 이산화탄소의 분율이 낮거나 알칼리도가 낮아지면 반응조의 pH는 떨어지게 된다. 따라서 소화 가스의 이산화탄소 분압이 낮다면 일정한 pH를 유지하기 위해 추가적인 알칼리도의 주입이 불가피하게 된다.

혐기성 분해과정에서 발생하는 암모늄 이온과 휘발성 유기산(VFAs)은 반응조의 pH와 알칼리도의 평형에 영향을 미치게 된다. 다음 예에서 보는 바와 같이 유기물질의 생분해 과정에서 방출되는 암모늄 이온은 수중에 알칼리도가 증가되는 주요 요인이 된다(1 mol NH_4^+ = 1 mol BA).

$$C_6H_{12}O_6 + 0.24NH_4^+ + 0.24HCO_3^- \rightarrow 2.4CH_4 + 2.64CO_2 + 0.24C_5H_7O_2N + 0.96H_2O \tag{13.20}$$

유기산은 알칼리도(특히 BA)를 소모하는 중요한 요인으로, 혐기성 시스템의 안정적인 거동을 방해하는 역할을 한다.

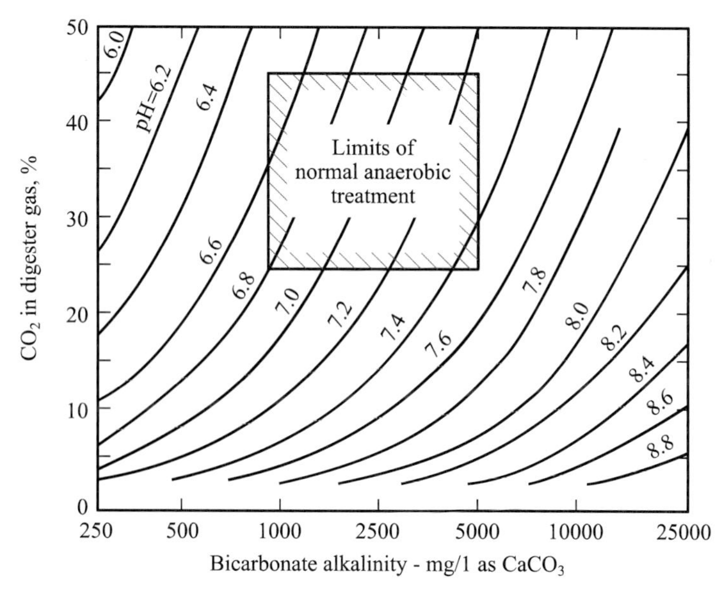

그림 13-10 **혐기성 소화조의 pH와 이산화탄소 분율(1기압 기준) 및 중탄산 알칼리도의 상관관계** (McCarty, 1964)

$$HA(\text{organic acids}) + HCO_3^- \rightarrow H_2CO_3^* + A^- \tag{13.21}$$

염산(HCl)과 같은 강산(strong acids)은 BA와 TA 모두를 감소시키지만, VFAs 같은 약산(weak acids)은 TA의 큰 변화 없이 BA 농도를 떨어트린다. 따라서 약산과 BA가 함께 존재하는 경우 알칼리도 관련식은 다음과 같이 표현된다.

$$[H^+] + [\text{Alkalinity}] = [A^-] + [HCO_3^-] + 2[CO_3^{2-}] + [OH^-] \tag{13.22}$$

여기서 $[A^-]$는 모든 약산염의 몰농도 합이다. 즉, VFAs(HA^-)가 존재할 때 BA≒TA − (HA^-)이 된다. 이 식은 일반적으로 다음과 같은 식으로 적용된다.

$$BA = TA - (0.85)(0.833)TVA \tag{13.23}$$

여기서, TA: 황산 용액을 사용해 pH 4까지 측정한 총 알칼리도(mg $CaCO_3$/L)
TVA: 총 휘발성 유기산(total VFAs, mg CH_3COOH/L)
0.85: 총 알칼리도(~pH 4)를 측정할 때 BA는 보통 85% 정도가 측정된다.
0.833: 아세트산의 알칼리도 등가계수(= 50 g $CaCO_3$/60 g CH_3COOH)

요약하면 소화조 내 VFAs 농도가 낮다면 소화조 내의 TA는 BA 농도에 의해 결정되지만, VFAs 농도가 증가하게 되면 BA는 유기산에 의해 중화되어 낮아지게 된다. TA와 비교하여 BA가 낮아지게 되면 소화조는 완충 능력이 떨어져 pH는 적정 범위를 벗어나 결국 운전실패에까지 이르게 되는 것이다.

성공적으로 운전되는 소화조의 TA는 일반적으로 2,000~5,000 mg as $CaCO_3$/L 범위이다. 그러나 실제 소화조의 운전에서 TA의 값은 여러 가지 운전조건에 따라 변화할 수 있기 때문에 소화조의 안정성을 나타내는 지표로는 BA/TA 비율이 더 중요하다. 보통 BA/TA = 0.6 이상이면 큰 문제가 없다. 완전혼합형 혐기성 소화조의 안정한 pH 조건은 6.6~7.5이며, BA는 1,000~5,000 mg $CaCO_3$/L, 그리고 CO_2 함량은 25~45% 범위이다.

혐기성 소화조의 운전에서 pH 저하 문제를 조절할 수 있는 방법에는 두 종류가 있다. 하나는 유입 슬러지의 고형물 부하를 줄이는 것이고 다른 한 가지는 알칼리 물질을 보충하는 방법이다. 사용 가능한 약품으로는 석회($Ca(OH)_2$), 수산화나트륨(NaOH), 암모니아(NH_3)가 경제적이나, 그 외 중탄산나트륨($NaHCO_3$), 소석회(Na_2CO_3) 및 중탄산암모늄(NH_4HCO_3) 등을 사용할 수도 있다. 이 중에서 중탄산나트륨은 이산화탄소와 반응하지 않으며, 용존성이 높고 약 5,000~6,000 mg/L 알칼리도에서도 독성영향이 없어 pH 조절에 가장 적당한 물질이다.

예제 13-4 알칼리도의 계산

다음 두 경우에 대하여 혐기성 공정의 안정성을 비교하시오.

Case I) TA = 2,500 mg/L, TVA = 50 mg/L

Case II) TA = 2,500 mg/L, TVA = 3,000 mg/L

풀이

1. Case I

   $BA = TA - (0.85)(0.833)TVA$

   $BA = 2{,}500 - \{(0.85)(0.833)(50)\} = 2{,}465$ mg $CaCO_3/L$

   $BA/TA = 2{,}465/2{,}500 = 0.99$

2. Case II

   $BA = 2{,}500 - \{(0.85)(0.833)(3{,}000)\} = 376$ mg $CaCO_3/L$

   $BA/TA = 376/2{,}500 = 0.15$

3. Case II의 경우 BA/TA 비가 매우 낮으므로 완충능력이 낮아 소화조는 불안정할 가능성이 매우 높다.

5) 교반

완전혼합형 슬러지 혐기성 소화에서 교반(mixing) 장치는 필수요소이다. 교반을 사용하는 이유는 반응조의 전체 용량을 효율적으로 사용하여 실제 운전 SRT의 감소를 방지하기 위함이다. 또한 교반은 성층화(스컴 형성과 바닥침전)를 예방하고, 먹이와 미생물 간의 접촉 유지(물질전달 향상)와 일정 온도 유지 그리고 독성물질에 대한 희석 등의 효과도 동시에 제공할 수 있다. 따라서 우수한 교반 기술의 적용은 슬러지의 혐기성 소화조 설계에 있어 중요한 부분이다.

일반적으로 사용되는 교반 유형은 기계적 교반(저속 순환 터빈), 압축된 소화가스 교반 그리고 펌프를 이용한 액상순환 교반이 있다. 기계적 교반 방식의 소요 동력은 0.005～0.008 kW/m^3이며, 가스 교반 방식은 0.005～0.007 $m^3/m^3/min$ 정도의 가스 유량이 필요하다. 교반 시스템의 일반적인 속도 경사는 50～80 s^{-1}이며, 전도(turnover)를 위해 필요한 시간은 약 20～30 min 정도이다. 그림 13-11은 완전혼합형 슬러지 혐기성 소화에서 일반적으로 적용되는 교반 방법을 예시하고 있다.

한편, 비혼합형 소화조는 오히려 미생물의 근접성을 향상시켜 소화 효율을 증대시킬 수 있다. 특히 혼합을 하지 않는 고온 소화조는 고온 소화의 본질적인 문제인 유출수의 수질악화(높은 VFAs 농도) 문제를 해결할 수 있다(Kim et al., 2002). 또한 세정식 상분리 입상슬러지 공정에서 첫 번째 반응조인 슬러지 상(sludge bed) 형태로 운전되는 산발효 공정은 일반적인 고율 1단 소화조의 경우(45～50% @ SRT 15-20 d)에 비해 높은 고형물 분해능력과 산생성률(>65% @ SRT 5 d)을 얻을 수 있다(Ahn & Speece, 2006).

6) 영양소

미생물의 성장에서 요구되는 영양물질로는 질소(N)와 인(P), 그리고 미량원소 등이 있다. 질소는 혐기성 미생물($C_5H_7O_2N$, COD 제거량의 약 5%/1.42) 중량의 약 12%를 차지한다. 소화조에 질소의 공급이 필요할 때 보통 암모니아 형태로 첨가되는데, 그 이유는 혐기성 상태에서는

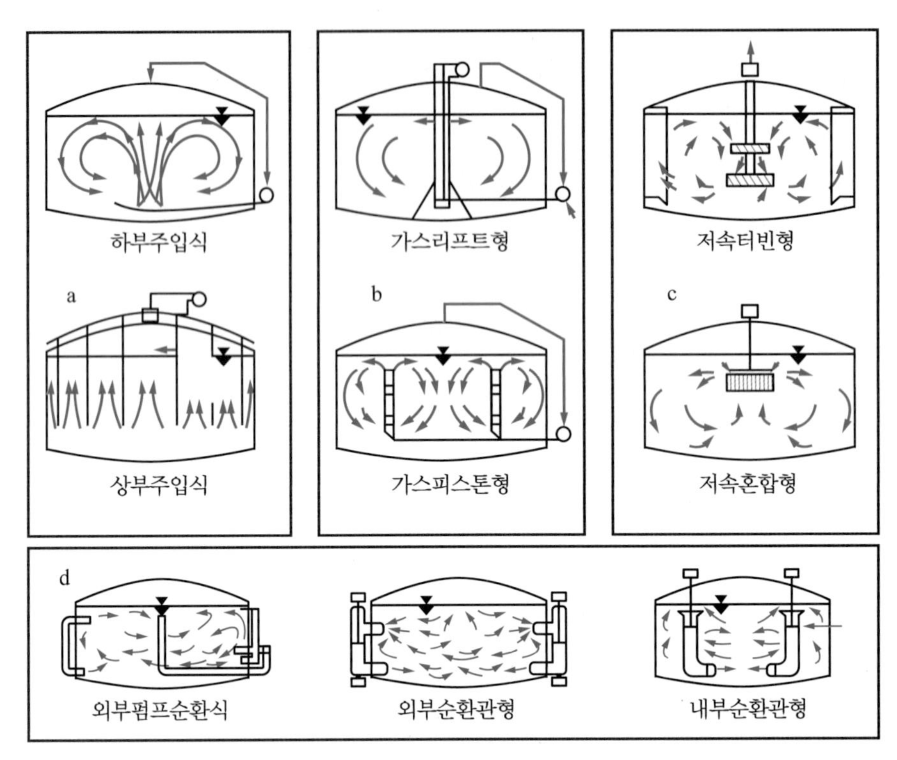

그림 13-11 **고율 소화조의 혼합방법의 예** (Metcalf & Eddy, 1984)
(a) 비폐쇄형 가스 주입, (b) 폐쇄형 가스주입, (c) 기계식 교반, (d) 기계적 펌핑 시스템

NO_2^-나 NO_3^- 형태로 주입할 경우 N_2로 탈질전환되므로 직접적인 영양분으로 사용되지 못하기 때문이다. 인의 요구량은 보통 질소의 약 1/5～1/7 정도이다. 유기물의 분해과정에서 생성되는 인은 미생물에 의해 직접 섭취가 가능하다. 미생물 성장에 필요한 미량원소로는 Fe, Ni, Co, Ca, 등이 있지만 메탄생성균에 대한 미량원소 요구량은 명확하지 않다.

일반적으로 도시 하수의 1차 및 2차 슬러지에는 다량의 영양소가 포함되어 있다고 판단하므로 추가적인 공급은 이루어지지 않는다. 그러나 산업폐수가 다량 포함되는 하수처리장의 경우에는 영양원의 결핍이 일어날 가능성이 크다. 혐기성 소화 유출수에서는 VFAs의 많은 부분을 차지하는 것이 프로피온산(propionic acid)이다. 다양한 미량 영양원을 추가하였을 때 혐기성 미생물(특히 프로피온산 분해균)의 활성도를 증가시킬 수 있으므로 하수 슬러지에 영양물질이 충분하게 포함되었다고 단정하기는 어렵다(Boonyakitsombut et al., 2002; Kim et al., 2002). 표 13-36에는 혐기성 소화에서 요구되는 영양소가 정리되어 있다.

7) 저해물질

생물 반응조의 거동에서 독성(toxicity)에 의한 저해(inhibitory) 현상은 호기성보다 혐기성에서 더 민감하다. 그 주된 이유는 혐기성 미생물의 낮은 비성장률(specific growth rate)과 긴 회복기간(recovery time)에 있다. 생물학적 공정에서 반응속도에 미치는 저해물질의 농도 영향은 일반적으로 그림 13-12와 같이 나타난다.

표 13-36 혐기성 소화에서 요구되는 영양소의 종류

Element	Requirement (mg/g COD)	Desired Excess Concentration (mg/L)	Typical Form for Addition
Macronutrients			
Nitrogen	5～15	50	NH_3, NH_4Cl, NH_4HCO_3
Phosphorus	0.8～2.5	10	NaH_2PO_4
Sulfur	1～3	5	$MgSO_4 \cdot 7H_2O$
Micronutrients			
Iron	0.03	10	$FeCl_2 \cdot 4H_2O$
Cobalt	0.003	0.02	$CoCl_2 \cdot 2H_2O$
Nickel	0.004	0.02	$NiCl_2 \cdot 6H_2O$
Zinc	0.02	0.02	$ZnCl_2$
Copper	0.004	0.02	$CuCl_2 \cdot 2H_2O$
Manganese	0.004	0.02	$MnCl_2 \cdot 4H_2O$
Molybdenum	0.004	0.05	$NaMoO_4 \cdot 2H_2O$
Selenium	0.004	0.08	Na_2SeO_3
Tungsten	0.004	0.02	$NaWO_4 \cdot 2H_2O$
Boron	0.004	0.02	H_3BO_3
Common Cations			
Sodium		100～200	$NaCl$, $NaHCO_3$
Potassium		200～400	KCl
Calcium		100～200	$CaCl_2 \cdot 2H_2O$
Magnesium		75～250	$MgCl_2$

Ref) Speece(1996)

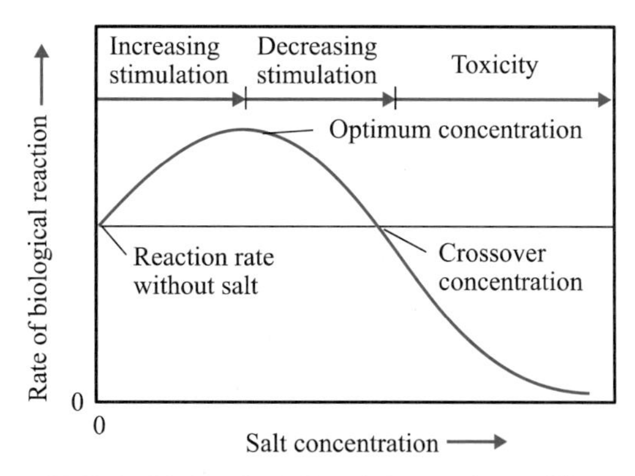

그림 13-12 **생물학적 반응속도에 미치는 저해물질의 농도 영향** (McCarty, 1964)

독성을 유발하는 물질로는 염(salts), 암모니아(NH_3), 황화물(sulfide), 중금속, 그리고 유기성 화합물 등이 있는데, 대체로 독성은 용존 상태에서 나타난다. 독성의 제어방법으로는 원천적인 독성물질의 제거, 임계농도(threshold concentration) 이하로 독성을 희석, 불용성 화합물(침전물)의 형성, pH 조절을 통한 독성물질의 전환, 그리고 독성저감을 위한 길항작용(antagonistic effects) 물질의 첨가 등이 있다. 여기서 길항작용이란 여러 가지 물질을 함께 사용할 때 하나의 물질이 다른 물질의 작용을 방해하거나 상쇄시키는 것을 말한다.

표 13-37 **염 저해를 유발하는 양이온의 농도**

Cation	Stimulatory	Moderate Inhibitory	Strongly Inhibitory
Na^+	100～200	3,500～5,500	8,000
K^+	200～400	2,500～4,500	12,000
Ca^{2+}	100～200	2,500～4,500	8,000
Mg^{2+}	75～150	1,000～1,500	3,000

Ref) McCarty(1964)

일반적으로 음이온 합성 세제(ABS)에 의한 저해는 양이온인 암모니아 화합물을 첨가하고, 칼슘이나 나트륨 기반 염화물의 첨가는 매우 높은 VFAs의 독성을 감소시킬 수 있다. 표 13-37은 염 독성을 유발하는 양이온의 농도를 보여준다. 암모니아는 pH를 떨어뜨리며, VFAs는 탈양성자화된 형태(A^-)보다 오히려 결합된 형태(HA)에서 저해 효과가 크다. H_2S 성분은 탈기에 의해 제거가 가능하다. 잠재적 독성평가를 위해 실험실 규모의 혐기성 생물독성시험법(ATA, anaaerobic toxicity bioassay)이 사용된다(Owen et al., 1979).

암모니아는 혐기성 환경에서 단백질이 포함된 기질이 분해되는 과정에서 발생하는데, 그 결과 pH와 BA를 증가시켜 자연적으로 완충 능력을 가지게 된다.

$$NH_3 + CO_2 + H_2O \rightarrow NH_4(HCO_3) \qquad (13.24)$$

암모니아 독성(ammonia toxicity)은 단백질의 농도가 매우 높은 경우(축산폐수 등)에 주로 발생한다. 아세트산 메탄균은 100 mg NH_3-N/L의 암모니아 농도에서 저해가 일어난다(McCarty and McKiney, 1961). 암모니아 독성은 시스템의 pH와 관련이 깊다.

$$NH_4^+ = H^+ + NH_3 \qquad K_a = 5.56 \times 10^{-10} \text{ (for 35°C)} \qquad (13.25)$$

$$pH = 9.26 + \log\frac{[NH_3]}{[NH_4^+]} \qquad (13.26)$$

만약 pH 7.0 조건에서는 $[NH_3] = 0.0055\ [NH_4^+]$가 되며, pH 8.0 조건이라면 $[NH_3] = 0.055\ [NH_4^+]$가 되어 독성을 유발하게 된다. 예를 들어 pH 7.6, NH_4-N = 1,240 mg/L이라면 $[NH_3]$ = 27 mg/L가 되어 암모니아 독성은 일어나지 않는다. 반면에 pH 8.0에서 $[NH_4^+ + NH_3]$ = 2,000 mg/L이라면 NH_3-N = 110 mg/L가 되어 저해 범위에 포함된다.

암모니아 저해로 인한 혐기성 시스템의 반응은 VFA 소비율의 감소로 나타난다. 따라서 총 암모니아 질소의 농도 증가가 VFA 농도 증가로 이어지면 이는 암모니아 저해의 증거가 된다. 암모니아 독성을 제어하는 가장 효과적인 방법은 저해 농도 범위 이내로 희석하거나, 염산(HCl)을 첨가하여 pH를 저감시키는 것이다. 그러나 두 번째 방법은 NH_3 독성을 위한 것으로 NH_4^+ 독성에서는 해당되지 않는다.

황화물에 의한 독성(sulfide toxicity)은 높은 황산염(SO_4)을 함유하는 폐수의 일반적인 문제로 황산염은 전자수용체로서 사용된다. 혐기성 처리의 정상 pH 범위에서 황화물은 두 가지 화학적인 형태(H_2S와 HS^-)로 존재한다. 황화물 독성은 용존성(비이온화된 황화수소 H_2S) 상태로 200

표 13-38 혐기성 소화에 심각한 영향을 미치는 중금속의 농도

중금속	건조고형물 함량(%)	용해성 농도(mg/L)
Cu	0.93	0.5
Cd	1.08	-
Zn	0.97	1.0
Fe	9.56	-
Cr^{6+}	2.20	3.0
Cr^{3+}	2.60	-
Ni	-	2.0

Ref) WPCF(1990)

mg S/L(이론적으로 600 mg SO_4/L) 이상에서 일어난다(McCarty, 1964). 황화물은 중금속(Fe, Zn, Co 등)과 결합하여 무독성화될 수 있다. 황화수소(H_2S)는 용해도가 중간 정도인 기체로 pH가 낮을수록 가스성분은 높게 나타난다. 가스성분은 부식성으로 독성과 악취를 유발하며, 에너지 회수용 연소 엔진의 운전에 악영향을 주고, 연소 중에는 대기 오염 문제(SO_2)를 초래한다. 그러나 혐기성 시스템에서 황화물의 발생은 박테리아 성장을 위한 필수 영양소 공급과 시스템의 성공적인 운전을 위한 낮은 산화-환원 전위를 제공하는 효과가 있으며, 중금속 농도가 과도할 경우 이로 인한 독성을 억제시키는 효과도 있다.

중금속(heavy metals)은 혐기성 시스템의 운전실패 원인이 될 수 있다. 특히, Co, Ni, Zn, Cd 및 Hg 등은 1 mg/L 이하의 농도에서도 저해 효과를 나타낼 수 있는데, 이 문제를 해결할 수 있는 최선의 방법은 폐수 내에 이러한 물질이 존재하지 않게 하는 것이다. 그렇지 않다면 황화철 완충 시스템(iron sulfide buffer system)이 효과적인데, 황화물 대신에 Na_2S를 첨가하기도 한다. Fe는 일반적으로 무독성으로 황화물과 복합적으로 존재할 때 다른 중금속의 독성을 저감시키는 유용한 역할을 하므로 중금속 독성에 대비한 주요 방안이 될 수 있다. 황화물은 중금속과 결합하여 불용성 무독성 복합체를 강하게 형성하므로 중금속 독성을 줄일 수 있는 완충물질로써 사용할 수 있지만, 시스템 내의 상대적인 중금속 농도와 총 황화물의 농도에 따라 달라진다. 표 13-38은 혐기성 소화에 영향을 미치는 중금속의 농도를 보여준다.

일부 산업폐수(예: 화학 산업)로부터 발생되는 유기 화합물(organic toxicants)은 보통 높은 수준의 농도에서도 독성을 나타낸다. 그러나 클로로포름 등과 같은 물질은 혐기성 시스템에서 생물전환(biotransfomation)이 일어날 수 있다(Speece, 1996). 각종 유기 화합물의 독성 임계농도($<$100 mg/L)는 매우 광범위하다(Blum and Speece, 1991).

8) 가열과 소화가스의 활용

소화조는 적정 온도를 유지하기 위해 가열장치가 필요하다. 이때 필요한 에너지 요구량은 유입 슬러지와 내부의 온도차, 소화조 표면을 통한 열 손실, 그리고 처리수로부터 폐열 회수장치 등에 의존한다. 소화조가 단열이 잘 되어 있고 열교환기에 의해 폐열회수가 효과적으로 이루어

진다면 소화조를 가열하는 데 드는 에너지 비용은 실제 그리 높지 않다.

가열 방법은 교반 방식에 따라 차이가 있다. 액체순환방식의 교반을 사용하는 경우 외부 열교환기를 통해 가열된 슬러지를 순환시킬 수 있고, 열교환기를 소화조 내부에 위치시킬 수도 있다. 또한 가스 교반을 사용하는 경우 디퓨저를 통해 증기를 주입하는 방법을 사용할 수도 있다. 열교환기는 온도가 높으므로 슬러지 측의 교환기 표면에는 단백질성 물질의 응고나 침전이 일어나 열교환 용량이 감소되기도 한다. 따라서 열교환기의 표면적은 온도 보정을 통해 적당히 크게 설계해야 한다.

슬러지의 혐기성 소화에서 가스 발생량은 양론식을 사용하여 예측이 가능하다(예제 13-3). 일반적으로 가스 발생량은 휘발성 고형물을 기준으로 0.75～1.12 m^3/kg VS 제거 정도이다. 그러나 이 값은 소화조 내생물의 활성도와 유입 슬러지의 VS 함량에 따라 달라질 수 있다. 하수처리 인구를 기준으로 하였을 때 개략적인 가스 발생량은 1차 처리의 경우 15～22 $m^3/10^3$ capita/d이며, 1차와 2차 처리를 함께하는 경우 약 28 $m^3/10^3$ capita/d 정도이다(Metcalf & Eddy, 2003).

슬러지의 혐기성 소화에서 발생하는 가스는 CH_4(65～70%)와 CO_2(25～30%)가 대부분이며, 그 외 N_2, H_2 및 H_2S 등의 성분이 미량으로 포함되어 있다. 가스의 성분비는 소화조의 성능을 평가할 수 있는 훌륭한 지표이다. 표준 온도와 압력조건에서 메탄가스의 열량은 천연가스 열량의 96%(8,640 kcal/m^3) 정도로 매우 비슷하다. 천연가스와 구분하기 위해 흔히 메탄가스를 바이오가스라고 부른다. 생산된 바이오가스는 보일러와 엔진을 이용하여 처리시설에서 필요한 동력이나 난방을 위해 사용된다. 대형처리시설에서는 여분의 바이오가스를 지역난방이나 다른 에너지원으로 사용할 수 있다. 하수 슬러지에서 생산된 바이오가스를 연료로 사용하려면 부식을 예방하기 위해 황화물 성분을 제거해주어야 한다.

바이오가스를 이용하여 전기를 생산하는 방법으로 가스엔진, 가스터빈, 그리고 연료전지 등을 사용할 수 있는데, 각 방법에 따라 발전의 용량과 효율에 차이가 있다. 가스터빈은 대용량이지만 발전효율이 낮은 반면, 연료전지는 효율이 높다. 가스엔진은 소용량부터 대용량까지 여러 종류가 있으나, 발전효율은 용량에 따라 변화한다. 바이오가스를 이용한 발전기술은 이미 많은 실적이 있으며, 기술적으로도 확립되어 있다.

9) 운전상의 어려움

거품이나 스컴의 발생은 혐기성 소화조의 운전에서 흔히 겪는 문제이다. 스컴은 물보다 비중이 작은 물질(기름, 식물 성분 등)이 부유하여 발생하는 것이며, 거품은 기포의 생성으로 발생한다.

이러한 문제들은 주로 초기 시운전 단계, 유기물 과부하 운전, 그리고 소화조의 상태가 불안정할 경우에 주로 발생한다. 초기 시운전 단계에서는 유기산 생성균과 메탄균의 성장 불균형으로 유기산이 축적되어 거품이 흔히 발생하기도 하지만 소화조가 안정 상태에 이르면 소멸한다. 두 번째 경우에는 검고 두꺼운 스컴층이 수면에 형성된다. 거품 발생의 원인으로는 유입 슬러지에 기름 성분이 과다하게 포함되어 있거나, 부적절한 교반, 활성슬러지의 함유량, 불안정한 온도 변화, 높은 CO_2와 알칼리도 등이 있다. 이러한 경우는 유입 슬러지 내 활성슬러지의 비율을 줄이거나, 일정한 온도 및 부하제어와 그리고 CO_2 가스의 분압을 낮추는 방법 등이 문제해결에 도움이 된다.

또한 혐기성 소화조에서는 흔히 인 결정화물(P crystallization)의 생성으로 인한 문제가 발생하기도 한다. 대표적인 인 결정화 화합물로 스트루바이트(struvite, magnesium ammonium phosphate, $MgNH_4PO_4$)가 있다. 생성된 결정물은 관로나 열교환기를 폐쇄하여 운전상의 문제를 일으키는데, 일단 발생이 되면 쉽게 제거하기 어렵다. 소화조에서는 미생물의 작용으로 인하여 암모니아와 인산이 상시로 생성되므로 충분한 양의 Mg만 유입된다면 결정물이 쉽게 형성될 수 있다. 스트루바이트의 용해도적은 온도와 pH의 함수이다. 스트루바이트 결정화를 방지하는 방법으로는 표면 코팅 또는 관로의 소재를 바꾸거나, 적극적인 방법으로는 금속염을 주입하여 인산염을 인위적으로 침전시키는 방법이 있다. 화학적인 인 침전과 반류수의 인 결정화에 대해서는 하수고도처리 부분(12.10절)을 참고하기 바란다. 표 13-39에는 혐기성 슬러지 소화조의 운전에서 발생 가능한 일반적인 문제점과 대책이 정리되어 있다.

표 13-39 혐기성 소화조의 운전상 문제점과 대책

상태	원인	대책
1. 소화가스 발생량 저하	1) 저농도 슬러지 유입 2) 소화슬러지 과잉배출 3) 조내 온도저하 4) 소화가스 누출 5) 과다한 산생성 6) 유효용량감소	1) 저농도의 경우는 슬러지 농도를 높이도록 노력한다. 2) 과잉배출의 경우는 배출량을 조절한다. 3) 저온일 때는 온도를 소정치까지 높인다. 가온시간이 정상인데 온도가 떨어지는 경우는 보일러를 점검한다. 4) 가스누출은 위험하므로 수리한다. 5) 과다한 산은 과부하, 공장폐수의 영향일 수도 있으므로, 부하조정 또는 배출 원인의 감시가 필요하다. 6) 조용량감소는 스컴 및 토사 퇴적이 원인이므로 준설한다. 또한 슬러지농도를 높이도록 한다.
2. 상징수 악화 BOD, SS가 비정상적으로 높다.	1) 소화가스발생량 저하와 동일원인 2) 과다교반 3) 소화슬러지의 혼입	1) 소화가스발생량 저하와 동일원인일 경우의 대책은 1.에 준한다. 2) 과도교반 시는 교반횟수를 조정한다. 3) 소화슬러지 혼입 시는 슬러지 배출량을 줄인다.
3. pH 저하 1) 이상발포 2) 가스발생량 저하 3) 악취 4) 스컴 다량 발생	1) 유기물의 과부하로 소화의 불균형 2) 온도 급저하 3) 교반부족 4) 메탄균 활성을 저해하는 독물 또는 중금속 투입	1) 과부하나 영양불균형의 경우는 유입슬러지 일부를 직접 탈수하는 등 부하량을 조절한다. 2) 온도저하의 경우는 온도유지에 노력한다. 3) 교반부족 시는 교반강도, 횟수를 조정한다. 4) 독성물질 및 중금속이 원인인 경우 배출원을 규제하고, 조내 슬러지의 대체방법을 강구한다.
4. 이상발포 맥주모양의 이상발포	1) 과다배출로 조내 슬러지 부족 2) 유기물의 과부하 3) 1단계조의 교반부족 4) 온도저하 5) 스컴 및 토사의 퇴적	1) 슬러지의 유입을 줄이고 배출을 일시 중지한다. 2) 조내 교반을 충분히 한다. 3) 소화온도를 높인다. 4) 스컴을 파쇄·제거한다. 5) 토사의 퇴적은 준설한다.

자료: 환경부(2011)

(5) 설계

혐기성 소화조의 설계에 사용되는 양론계수는 기질의 종류와 특성에 따라 매우 상이하다. 보통 중온의 조건에서 하수슬러지의 미생물 증식률(Y)과 내생호흡계수(b) 값은 각각 0.07 g VSS/g bCOD 및 0.05 d^{-1} 정도이며, 중간산물인 유기산의 경우 Y = 0.041～0.042 g VSS/g bCOD와 b = 0.010～0.019 d^{-1}이다(표 13-40～41). 설계 시 각종 반응 상수는 온도조건에 따라 보정계수(표 13-42)를 사용하여 적절히 보정해주어야 한다.

표 13-40 유기물질의 종류에 따른 혐기성 처리 양론계수

Waste Component	Typical Chemical Formula	f_s^0	Y (g VSS_a per g COD consumed)	b (d^{-1})
Carbohydrates	$C_6H_{10}O_5$	0.28	0.20	0.05
Proteins	$C_{16}H_{24}O_5N_4$	0.08	0.056	0.02
Fatty acids	$C_{16}H_{32}O_2$	0.06	0.042	0.03
Municipal sludge	$C_{10}H_{19}O_3N$	0.11	0.077	0.05
Ethanol	CH_3CH_2OH	0.11	0.077	0.05
Methanol	CH_3OH	0.15	0.11	0.05
Benzoic acid	C_6H_5COOH	0.11	0.077	0.05

Ref) Rittmann & McCarty(2000)

표 13-41 유기산의 종류에 따른 혐기성 처리 양론계수

Substrate	T (°C)	$\hat{\mu}$ (d^{-1})	$\hat{q}$ (mg/mg VSS_a-d)	K (mg/L)	Y (mg/mg)	b (d^{-1})
Acetate	25	0.23	4.7	869	0.050	0.011
	35	0.32	8.1	154	0.040	0.019
Propionate	25	0.50	9.8	613	0.051	0.040
	35	0.40	9.6	32	0.042	0.010
Butyrate	35	0.64	15.6	5	0.042	0.010

Note) $\hat{\mu}$ = the maximum rate of substrate utilization, $\hat{q}$ = the maximum rate of substrate utilization,
b = the rate of organism decay, K = the affinity constant

Ref) Lawrence & McCarty (1969).

표 13-42 혐기성 소화에서 온도 보정계수

Rate Constant	Substrate	θ	Temperature Range (°C)	Reference
$\hat{\mu}$	volatile acids	0.06	15-70	(Buhr and Andrews, 1977)
$\hat{q}$	volatile acids	0.077	15-35	(Lin et al., 1987)
	acetate	0.11	37-70	(van Lier et al., 1996)
	primary sludge	0.035	20-35	(O'Rourke, 1968)
b	volatile acids	0.14	15-70	(Buhr and Andrews, 1977)
	acetate	0.30	37-70	(van Lier et al., 1996)
	primary sludge	0.035	20-35	(O'Rourke, 1968)
K	volatile acidsv	−0.077	25-35	(Lawrence and McCarty, 1969)
	volatile acids	−0.061	15-35	(Lin et al., 1987)
	primary sludge	−0.112	20-35	(O'Rourke, 1968)

Ref) Summarized by Rittmann & McCarty(2000)

표 13-43 중온 고율 완전혼합 소화조의 설계범위

구분	단위	재래식	고율 1단	고율 2단
고형물 체류시간	d	30～60	15～20	10～20
고형물 부하율	$kg/m^3/d$	0.5～1.1	1.6～4.8	1.6～6.4
소요 부피				
1차 슬러지	m^3/capita	0.057～0.085	003～0.06	0.038～0.057
1차＋활성슬러지	m^3/capita	0.11～0.07	0.07～0.11	0.076～0.11
1차＋살수여상	m^3/capita	0.11～0.14	0.07～0.09	0.076～0.096
유입(혼합)슬러지 농도	%	2～4	4～6	4～6
소화슬러지 농도	%	4～6	4～6	4～6
VS 제거율	%	-	45～50%	50
가스생산량	m^3/kg VS rem	-	0.75～1.12	0.75～1.12

자료: US EPA(1979)

표 13-44 우리나라의 중온 고율 혐기성 소화조 설계조건(안)

구분	단위	1차 슬러지	2차 슬러지	분뇨	정화조 폐액
VS 부하	kg $VS/m^3/d$	1.5	1.0	n.a	n.a
체류시간	d	>20	>20	>30	>30
최대 VS 제거율	%	50	30	50	50
가스생산량	m^3/kg VS fed	0.55	0.25	0.55	0.2～0.35
	m^3/kg VS rem	0.75	0.61	1.0	0.74
메탄함량	%	65	67	75	70

자료: Choi & Jhung(1997)

표 13-43은 중온 고율 혐기성 소화조의 설계에 사용되는 각종 인자와 그 적용 범위를 정리한 것이며, 표 13-44에는 우리나라의 설계조건(안)을 비교하고 있다. 우리나라의 시설기준은 대체로 미국의 자료를 근거로 하고 있다. 그러나 실제 우리나라의 권고안은 미국의 경우에 비하여 고형물질 부하율은 매우 낮은 반면, 체류시간과 제거효율은 비슷하다. 이러한 차이는 우리나라는 미국의 경우에 비해 유입 슬러지의 VS 농도가 낮게 설정되어 있다는 것을 의미한다. 유입 슬러지의 농도가 낮다는 것은 앞서 설명한 바와 같이 여러 가지 단점을 내포하고 있으므로 이 부분에 대해서는 재고의 여지가 있다.

그뿐만 아니라 외국의 경우 슬러지 안정화의 성능향상을 위해 고도화된 혐기성 소화공정(표 13-32)을 적용하는 사례가 점차 확대되고 있지만, 우리나라는 전통적인 고율 2단 소화방식만을 주로 사용하고 있다. 그림 13-13은 우리나라 하수 슬러지의 중온 고율 혐기성 소화 특성을 보여준다.

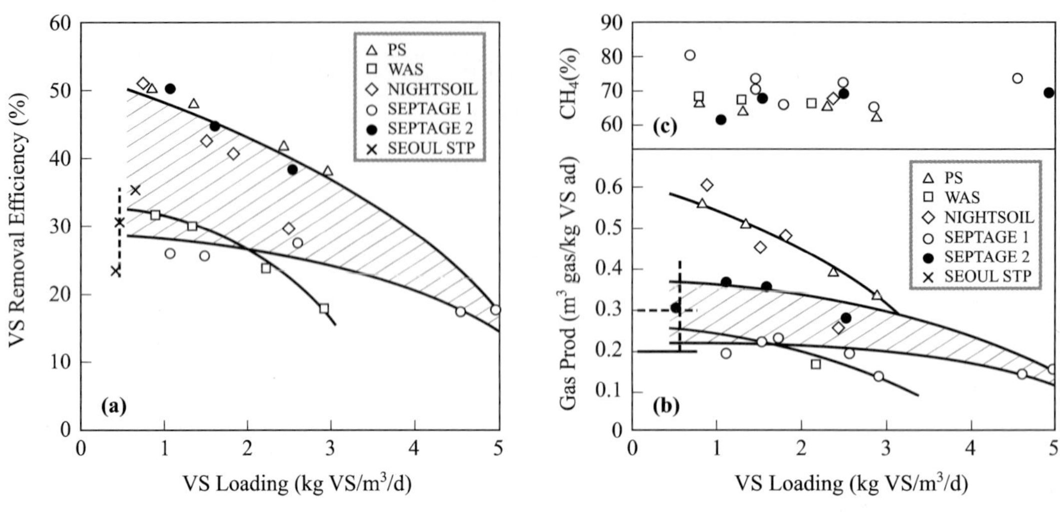

그림 13-13 **우리나라 중온 고율 혐기성 소화조의 운전특성** (최의소, 2003)

예제 13-5 혐기성 소화조 설계

1차 슬러지($C_{10}H_{19}O_3N$)를 대상으로 중온 고율 혐기성 소화조를 설계하시오.

설계조건

SRT = θ_c^d = 20 days

TS = 9,080 kg/d (TS 4%)

VS/TS = 75%

분해 가능한 VS = 50%

슬러지 비중 = 1.010

반응식

$$0.02C_{10}H_{19}O_3N + 0.094H_2O \rightarrow 0.0039C_5H_7O_2N + 0.115CH_4 + 0.0496CO_2 + 0.0161NH_4HCO_3$$

풀이

1. 유입 슬러지의 유량

$$Q = \frac{(9{,}080\ \text{kg/day})}{0.04\ \text{kg Solids/kg Sludge} \times 1\ \text{kg/m}^3 \times 1.010} = 224.8\ \text{m}^3\text{/day}$$

2. 유입 슬러지의 농도(BOD_L)

1) 분해가능한 고형물의 농도 = 9,080(0.75)(0.5) = 3,405 kg VS/d

2) 슬러지의 농도(S_d^0, BOD_L)

$$C_{10}H_{19}O_3N + 12.5O_2 \rightarrow 10CO_2 + 8H_2O + NH_3$$

201g　　12.5×32 g

BOD_L/VSS = 12.5 × 32 g/201 g = 1.99 g COD/g Solids

$$S_d^0 = \frac{(3{,}405)(1.99)(10^3)}{(224.8)} = 30{,}142 \text{ mg/L BOD}_L$$

3. 소화조에서의 슬러지 농도(S_d)

$$S_d = \frac{K_c(1+b\theta_c)}{\theta_c(Y_a k - b) - 1} = \frac{1{,}800(1+0.03\times 20)}{20(0.04\times 6.67 - 0.03) - 1} = 771 \text{ mg/L BOD}_L$$

여기서, $K_c = 1{,}800$ mg/L bCOD

$Y = 0.04$ g VSS/g bCOD

$k = 6.67$ g bCOD/g VSS/d

$b = 0.03\ d^{-1}$

4. 메탄가스 생성량

주어진 양론식으로부터

0.115 mol CH_4/8 g BOD_L = 0.322 L CH_4/g BOD_L @ STP

Gas = (0.322)(224.8 m^3/d)(30.142 − 0.771)

= 2.12×10^6 L CH_4 @ STP

= 2.39×10^6 L CH_4 @ 35°C

5. VS 제거량

1) 총 VS 제거량

= (30,142 − 0.771) g BOD_L/L × (1 g VS/1.99 g BOD_L)(224.8 m^3/d)

= 3,318 kg VS/d

2) 박테리아 증식량

= [0.0039(113)/8](30.142 − 0.771)(224.8)

= 364 kg VS/d

3) 순 VS 제거량 = 3,318 − 364 = 2,954 kg VS/d

6. 가스생산량(35°C 기준)

L CH_4/g VS 주입 = (2.39×10^6 L CH_4)/[(9,080)(0.75)]

= 0.351 L CH_4/g VS 주입

L CH_4/g VS 분해 = (2.39×10^6 L CH_4)/(2,954 kg VS/d)

= 0.810 L CH_4/g VS 제거

L-CH_4/g BOD_L 제거 = 2.39×10^6 L CH_4/[(30.142 − 0.771)(224.8)]

= 0.363 L CH_4/g BOD_L 제거

7. 알칼리도 생산량

주어진 양론식으로부터

[(0.0161 mol HCO_3^-) × (50 g $CaCO_3$/1 mol HCO_3^-)]/8 g BOD_L

= 0.1 g Alk/g BOD_L

참고 이 계산방법은 2차 슬러지의 경우에도 동일하게 적용될 수 있다. 그러나 결과값은 계산에 사용된 양론계수와 동역학 상수에 따라 달라질 수 있다.

참고 하수 슬러지 물질수지

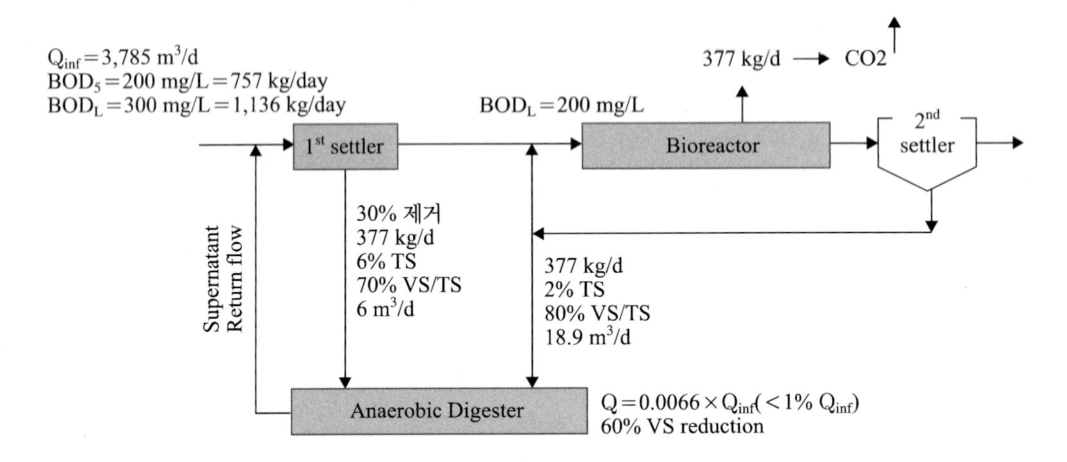

1. 1차 슬러지 (가정: 66% VS 감소)
   1) VS 제거량 = (377 kg BOD_L/d)(2/3)/(1.99 kg BOD_L/kg VS) = 126 kg VS/d
   2) 가스발생량 = 0.735 m^3 CH_4/kg VS 제거 = 0.735(126) = 92.6 m^3 CH_4/d
      = 0.37 m^3 CH_4/kg BOD_L 제거 = 0.37(377)(2/3) = 93 m^3 CH_4/d
      = 93/(0.7) = 133 m^3 gas/d (CH_4 함량 70%)
2. 2차 슬러지 (가정: 30% VS 감소)
   1) 가스발생량 = 0.37 m^3 CH_4/kg BOD_L
      = (0.37)(377)(0.3) = 41.8 m^3 CH_4/d
      = 41.8/(0.625) = 67 m^3 gas/d (CH_4 함량 62.5%)
3. 총 메탄가스량 = 93(69%) + 41.8(31%)
   = 135 m^3 CH_4/d (212 m^3 gas/d, CH_4 65%)
4. 메탄가스로 전환된 BOD 제거량
   = (135 m^3 CH_4/d)/(0.37 m^3 CH_4/kg BOD_L)
   = 364 kg BOD_L removal/d (약 48%: max 66% BOD_5 제거)
5. 원단위 가스발생량(m^3 gas/cap/d)
   1) 하수량 3,785 m^3/d = 378 L/d × 10,000 cap.
   2) 1차 처리: (93 m^3 CH_4/d)/(0.7 × 10,000) = 0.013 m^3 gas/cap/d
   3) 1차 + 2차 처리: (135 m^3 CH_4/d)/(0.63 × 10,000) = 0.021 m^3 gas/cap/d

13.10 호기성 소화

(1) 개요

호기성 소화(aerobic digestion)는 호기성 조건에서 하수 슬러지를 안정화시키는 생물학적 방법이다. 이 방법은 1950년대 이후 많은 처리장에서 사용하였으나, 높은 에너지 요구량으로 인하여 현재에는 그 적용이 매우 제한적이다(표 13-45). 특히 1차와 2차 슬러지를 분리하여 처리하는 경우 효과적이므로 주로 폐활성슬러지(WAS), 혼합슬러지(WAS 혹은 살수여상 슬러지+1차), 장기폭기 폐슬러지 등의 처리를 위해 사용된다. 적용된 하수처리시설의 용량의 범위는 18,930～189,300 m^3/d(5～50 Mgal/d) 정도이다(WEF, 1998).

미국 EPA(1992, 1999)에 따르면 호기성 소화는 B급 생물 고형물을 생산할 수 있는 PSRPs 달성 가능 공정으로 분류된다. 최소 고형물 체류시간은 온도(20°C에서는 SRT 40일, 15°C에서는 60일)에 따라 구분되어 있고, 공기(또는 산소) 공급과 저장 및 농축시설이 필요하다. 동시에 병원균 매개체 저감에 대한 적합성도 성능평가를 위한 주요 내용이다. 반면에 고온(55～60°C)에서 SRT 10일 이상의 조건으로 운전되는 고온 호기성 소화는 PFRPs로 분류되어 있다.

호기싱 소화 공정에는 산소공급을 위해 공기를 사용하는 일반적인 호기성 소화(conventional aerobic digestion)와 변형된 방식인 순산소 호기성 소화(high-purity oxygen aerobic diggestion)와 자체발열 고온소화(ATAD, autothermal thermophilic digestion) 등이 있다.

표 13-45 호기성 소화의 특징

구분	내용
장점	• 휘발성 고형물의 감량화 정도는 혐기성과 유사하다. • 상징수의 BOD 농도가 낮다. • 악취가 없고 휴믹물질과 같은 생물학적으로 안정한 최종산물을 생산한다. • 많은 비료 성분을 회수할 수 있다. • 비교적 운전이 쉽다. • 투자비가 작다. • 영양소제거 슬러지 처리에 적합하다.
단점	• 산소공급을 위해 에너지 요구량이 높다. • 소화 슬러지의 탈수성이 낮다. • 각종 운전조건(온도, 반응조 형태, 슬러지 농도, 교반 및 폭기 등)에 따라 영향을 받는다. • 메탄과 같은 유효 에너지 부산물이 회수되지 않는다.

(2) 공정 기초

호기성 소화(aerobic digestion)는 기본적으로 활성슬러지 공정과 비슷한 방법이다. 이 반응에서는 기질 고갈로 인해 폐슬러지의 내생 호흡에 의한 감량화와 안정화가 이루어진다. 세포조직은 이산화탄소와 물 그리고 암모니아로 산화되는데, 최종산물은 생분해가 불가능한 휘발성 부유고형물질로 이는 세포조직의 생분해 불능 불활성 물질(약 20～35%)과 잔류 유기물질의 혼합물로 구성되어 있다. 호기성 소화의 생화학적 반응은 다음과 같다.

• 미생물의 분해

$$C_5H_7O_2N + 5O_2 \rightarrow 4CO_2 + H_2O + NH_4^+ + HCO_3^- \quad (13.27)$$

• 질산화

$$NH_4^+ + 2O_2 \rightarrow NO_3^- + 2H^+ + H_2O \quad (13.28)$$

• 완전 질산화를 포함한 전체 반응식

$$C_5H_7O_2N + 7O_2 \rightarrow 5CO_2 + 3H_2O + HNO_3 \quad (13.29)$$

여기에 무산소 조건이 허용된다면 다음과 같은 내생 탈질이 일어나게 된다.

• 내생 탈질

$$C_5H_7O_2N + 4NO_3^- + H_2O \rightarrow NH_4^+ + 5HCO_3^- + 2NO_2^- \quad (13.30)$$

• 질산화/탈질의 전체 반응식

$$2C_5H_7O_2N + 11.5O_2 \rightarrow 10CO_2 + 7H_2O + 2N_2 \quad (13.31)$$

이상 식에서와 같이 질산화 반응은 pH 저하와 알칼리도 소모를 초래할 수 있고, 만약 탈질반응까지 수행한다면 이론적으로 질산화에서 소모되는 알칼리도의 50% 정도를 회수할 수 있다. 호기성 소화 반응에서는 완충 능력이 부족하므로 적정 pH를 유지하기 위해 알칼리도 공급시설이 필요하다.

(3) 설계 및 운전요소

호기성 소화의 주요 설계인자로는 온도, SRT, 유입 VS 농도, 산소요구량 및 교반 등 있다. 일반적인 호기성 소화 공정은 대부분 노출형으로 소화조의 온도는 매우 중요한 요소이다. 온도를 일정하게 유지하고 열 손실을 최소화하기 위해 반응조 상부에 커버를 설치하거나 단열을 강화하는 등 다양한 방법이 적용된다. 설계온도에서 슬러지 안정화의 목표를 달성하기 위해서 최대의 산소요구량을 만족하도록 설계되어야 한다. EPA(1999)의 병원균 매개체 저감지침에 따르면, 슬러지 처리 동안 최소 38%의 VS를 저감(선택 1)시키거나 또는 비산소소비율(SOUR, specific oxygen uptake rate)을 1.5 mg O_2/g TS/h(20°C 기준)으로 규정(선택 4)하고 있다.

완전혼합 반응조에서 생분해 가능한 휘발성 고형물(VS)의 변화는 다음 식과 같이 1차 반응으로 표현된다.

$$dX/dt = -bX \quad (13.32)$$

여기서, dX/dt = 생분해 가능한 휘발성 고형물(VS)의 변화(kg VS/d)

b = 반응속도상수(/d)

X = 소화조 내 시간 t에 남아 있는 생분해 가능한 VS의 질량(kg VS)

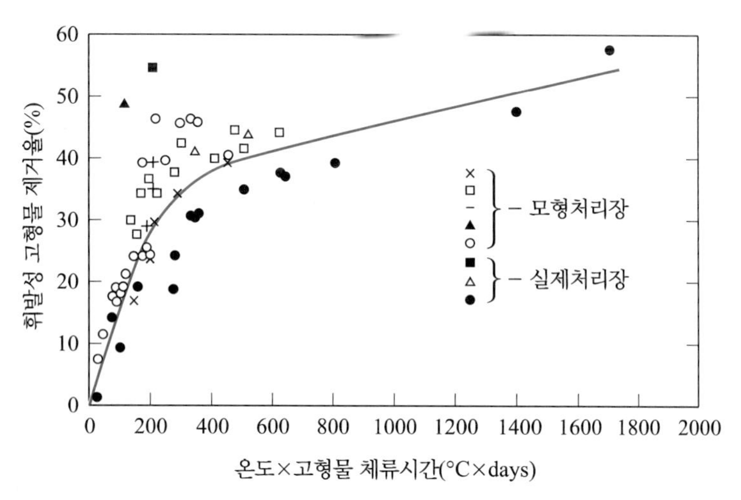

그림 13-14 호기성 소화조의 온도와 SRT에 따른 VS 제거효율

이때 시간의 항은 반응조 내 체류시간(완전혼합이므로 SRT = HRT)에 해당한다. 반응 상수 b는 슬러지의 종류와 VS 농도 및 온도의 함수로, 폐활성(2차)슬러지의 경우 0.05(15°C)~0.14(25°C)의 범위에 있다.

호기성 소화조의 설계를 위해 직접 현장에서 얻어진 운전조건과 VS 제거율의 상관관계를 사용할 수 있는데, 주로 운전 온도와 SRT를 곱한 값이 주요 함수로 사용된다(그림 13-14). 이 자료에서 약 400 온도-일(= 20°C×SRT 40일)에서 가장 경제적일 것으로 판단된다. 그러나 PSRPs 달성 가능 기준을 참고로 할 때 최소 800 온도-일(= 20°C×최소 SRT 40일)에서 900 온도-일 (= 15°C×최소 SRT 60일) 정도가 필요하고, 이때 약 40% 내외의 VS 감량이 가능하다는 것을 알 수 있다.

호기성 소화조의 부피는 다음 식으로 계산된다(WEF, 1998)

$$V = \frac{Q_i(X_i + YS_i)}{X(bP_v + 1/\text{SRT})} \tag{13.33}$$

여기서, V = 소화조의 용적(m^3)

Q_i = 평균 슬러지 유입량(m^3/d)

X_i = 유입 슬러지의 부유 고형물 농도(mg/L)

Y = 1차 슬러지를 구성하는 BOD 분율(소수점 표현)

S_i = 유입 BOD(mg/L)

X = 소화조의 부유 고형물 농도(mg/L)

b = 반응속도(내생호흡)상수(/d)

P_v = 소화조 부유 고형물의 휘발성분 분율(VS/TS 소수점 표현)

SRT = 고형물 체류시간(d)

만약 1차 슬러지가 포함되지 않는다면 이 식에서 YS_i 항은 제외된다.

표 13-46 호기성 소화조의 설계자료(PSRPs 기준)

설계인자	S.I 단위	
	단위	대표값
SRT	d	
20°C에서		40
15°C에서		60
휘발성 고형물부하	$kg/m^3 \cdot d$	1.6∼4.8
산소요구량		
세포조직의 산화	kgO_2/kg VSS	∼2.3
1차 슬러지	kgO_2/kg BOD	1.6∼1.9
교반에 필요한 에너지		
기계식 산기기	$kW/10^3\ m^3$	20∼40
확산 공기교반	$m^3/m^3 \cdot min$	0.02∼0.040
소화액의 잔여 용존산소	mg/L	1∼2
휘발성 부유고형물의 감소	%	38∼50

Ref) WEF(1995)

유입 슬러지의 고형물 농도를 높게 유지하는 것은 혐기성 소화의 경우와 마찬가지로 여러 가지 측면(긴 SRT와 부피감소 공정제어의 용이성 등)에서 장점이 있다. 그러나 3.5∼4% TS 이상에서는 산소공급이나 교반 능력에 영향을 미칠 수 있으므로 검토가 필요하다(WEF, 1998).

산소요구량은 공정의 성능에 직접적인 경향을 미친다. 세포의 완전한 산화를 위해 세포 1몰당 7몰의 산소가 필요하다(2.3 kg O_2/kg VSS). 1차 슬러지의 경우는 1 kg BOD 분해당 1.6∼1.9 kg O_2 정도이다.

표 13-46에는 PSRPs을 기준으로 한 호기성 소화조의 설계자료가 정리되어 있다.

(4) 순산소 호기성 소화

순산소 호기성 소화(high-purity oxygen aerobic diggestion)는 공기 대신에 고순도 순산소를 공급하는 방식으로, 나머지는 대부분 일반적인 호기성 소화 시스템과 동일하다. 호기성 소화는 기본적으로 발열반응이므로 밀폐형 반응조 형상에서는 외부의 온도변화에 민감하지 않고 반응조의 온도는 일정 수준 증가하게 되며, 그 결과 휘발성 고형물의 감량화 속도가 증가하게 된다. 이 방법은 순산소 활성슬러지 공정의 운전방식과 유사하다. 순산소의 공급에 따른 운전비의 증가는 불가피하다. 따라서 이 방법은 주로 순산소 활성슬러지 공정과 연계한 경우에 경제적 효과를 기대할 수 있다.

(5) 자체발열 고온 호기성 소화

자체발열 고온소화(ATAD, autothermal thermophilic digestion)는 재래식 소화 방식과 순산소 소화 방식을 개량한 공정으로 1960년대 후반 개발된 이후 컴퓨터 시뮬레이션과 함께 다수의 실규모 시설에서 그 성능이 검증된 바 있다(Kambhu and Andrews, 1969; US EPA, 1990). 특히 슬러지의 안정화와 병원균 제거에 대한 규제 강화로 인하여 ATAD 시스템은 유럽(특히 독일)에서부터 적용이 확대되었고, 점차 미국 EPA에서도 깊은 관심을 가지게 되었다(US EPA, 1990). 2000년 초에는 기존의 ATAD 기술의 단점을 보완한 2세대(2nd generation) ATAD 공정이 제안되기도 하였다(Staton et al., 2001).

ATAD 시스템은 일반적으로 슬러지 농축조-ATAD 반응조(1단 혹은 2단)로 구성된다(그림 13-15). 유입되는 고농도 휘발성 고형물(4～6% TS)은 호기성 산화와 함께 발열반응을 동반하는데, 이때 발생하는 열을 보존하기 위한 단열 처리가 매우 중요하다. 반응 온도는 55～70°C의 범위까지 상승하므로 외부로부터 추가적인 열 공급 없이 고온의 호기성 산화 반응을 수행하게 되는데, 발생 열량은 보통 20,000 kJ/kg VS 정도이다. 이러한 특성으로 ATAD 공정은 A급 생물 고형물을 생산할 수 있는 PFRPs 달성 가능 공정으로 분류되어 있다(US EPA, 1999).

고온 호기성 소화에서는 높은 온도로 인하여 질산화 반응이 저해를 받고, 알칼리도가 상승하여 pH가 8～9 범위에 이른다. 높은 암모니아 농도는 악취의 원인이 되고, 때로는 산소 공급량이 부족하여 혐기성 환경이 만들어지기도 한다. 악취의 발생이나 소화 슬러지의 탈수성 악화 등의 단점에도 불구하고 짧은 체류시간(HRT 약 5～6일)으로 A급 생물 고형물을 생산할 수 있다는 것은 ATAD 공정의 매우 특별한 장점이다(Pembroke and Ryan, 2019). 2000년까지 유럽에서는 40기 이상, 미국과 캐나다에서 약 35기 이상이 설치되었다(Stensel & Coleman, 2000). 표 13-47에는 ATAD 공정의 장점과 단점을 비교하였다.

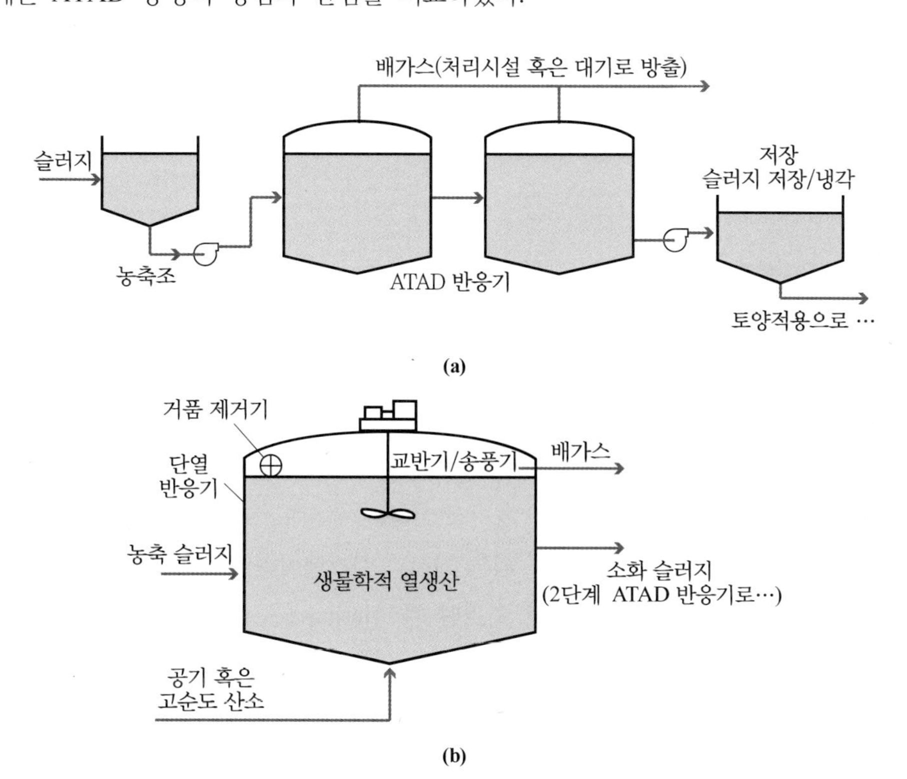

그림 13-15 자체발열 고온소화(ATAD) 시스템 개략도 (Metcalf & Eddy, 2003)

표 13-47 **자체발열 고온소화(ATAD)의 특성**

장점	• 일반적인 호기성 소화과 유사한 수준의 VS 감량(30~50%)을 달성하기 위해 필요한 체류시간(약 5~6일)이 짧다. • 운전이 간편하다. • 혐기성 소화와 비교하여 병원균의 감소가 크다. • 교반이 효과적이다. • 고온의 온도에 도달 시 A급 생물 고형물의 요구조건을 만족한다.
단점	• 악취의 발생 • 소화 슬러지의 탈수성이 낮다. • 질산화가 어렵다. • 메탄과 같은 유효 에너지 부산물이 회수되지 않는다.

표 13-48 **자체발열 고온소화(ATAD) 공정의 일반적인 설계자료**

인자	단위	범위	대표값
반응조:			
HRT	d	4~30	6~8
용적 부하율			
TSS, 40~60 g/L	$kg/m^3 \cdot d$	5~8.3	
VSS, 25 g/L	$kg/m^3 \cdot d$	3.2~4.2	
온도	°C		
1단		35~50	40
2단		50~70	55
송풍과 교반			
교반기 형태			흡입형
산소전달률	kg O_2/kWh		2
에너지 요구량	W/m^3	130~170	

Ref) Stensel & Coleman(2000)

ATAD 공정의 설계에 있어 주요 고려사항으로는 유입 슬러지의 특성과 농축, 반응조의 구성, 후속 냉각/농축, 체류시간, 송풍과 교반, 온도와 pH 그리고 악취와 거품제어 등이다. ATAD 공정은 대부분 2단 직렬형으로 구성된다. 표 13-48은 ATAD 공정의 일반적인 설계자료를 보여준다.

다수의 실규모 운전 경험에서 ATAD 공정의 고형물 분해성능은 다소 불규칙하다는 문제점이 제기되었다. 또한 악취문제뿐만 아니라 '호기성'이라는 특성도 모호한 경향을 보였다. 2세대 ATAD는 이러한 각종 문제점을 해결하기 위한 개선된 시스템이다. 2세대 공정은 단일 반응조의 사용, 더 높은 HRT(10~12일), 폭기/교반 시스템 개선(jet-type 등), 산소 공급률의 개선(on-line ORP 계측), 유입 슬러지의 고형물 농도 증가(TS 6~8%, ~4% VS), 그리고 pH 8.5~9.5 등의 운전조건을 특징으로 하고 있다. 보고된 2세대 ATAD 공정의 성능은 표 13-49와 같다.

(6) 기타

호기성 고온소화를 중온 혐기성 소화와 조합하여 사용되는 경우를 이중 소화(dual digestion)

표 13-49 **2세대 ATAD 공정의 성능**

Waste Material Source	Typical VS or COD Reduction
Municipal Extended Air	35～45%
Municipal Activated Sludge	40～50%
Municipal High VS	45～60%
Industrial Extended Air	40～50%
Industrial Activated Sludge	50～65%
Industrial Hgh COD	55～70%

Ref) Staton et al.(2001)

라고 하는데, 이때 호기성 고온소화에는 순산소가 이용된다. SRT는 호기성 고온소화에서 18～24일, 그리고 후속하는 중온 혐기성 소화에서 10일로 운전된다. 이 공정의 특징은 호기성 소화(병원균 제거, 가수분해 촉진)와 혐기성 소화(메탄생성)의 장점을 모두 가지고 있다는 것이다(Roediger and Vivona, 1998).

13.11 퇴비화

(1) 개요

퇴비화(composting)는 생물학적 분해과정을 통하여 슬러지 내에 포함된 각종 유기물질을 안정한 최종산물로 전환시키는 방법으로 하수 슬러지의 다양한 안정화 기술 중에서도 경제적이며, 친환경적인 처리방법이다.

미국 EPA(1999)에 따르면 퇴비화는 생물 고형물을 달성할 수 있는 PFRPs(A급)와 PSRPs(B급) 공정 모두에 포함되어 있지만, 퇴비화 방식에 차이가 있다. PFRPs 달성 가능 조건은 용기식(in-vessel) 혹은 산기식 고정파일(aerated static pile)에서는 55°C에서 최소 3일 이상 그리고 퇴비단(windrow) 방식에서는 최소 15일 이상 운전하도록 규정되어 있다. 한편 PSRPs 달성 가능 조건은 용기식, 고정파일 및 퇴비단 모두 퇴비 더미의 온도를 5일 동안 40°C 이상의 온도 유지가 필요하고, 5일 중 4시간 동안은 55°C를 초과해야 한다(표 13-5와 13-6).

퇴비화는 혐기성 또는 호기성 조건 모두에서 가능하지만 대부분 호기성 조건으로 수행된다. 그 이유는 빠른 분해속도와 온도 상승 그리고 불쾌한 악취 제거의 장점이 있기 때문이다. 퇴비화 공정에서는 약 20～30%의 휘발성 고형물이 이산화탄소와 물로 전환되며, 그 과정에서 온도가 50～70°C까지 상승하여 각종 병원균이 사멸하게 된다. 하수 슬러지는 영양소(질소와 인) 성분 이외에 각종 유기물과 무기물로 구성되어 있으므로 토지(녹지·농지)의 유기질 보급원으로서의 이용 가치가 높아 효과적으로 퇴비화된 슬러지는 적절한 규제기준에 따라 토지개량제(soil conditioner)나 농지 환원 등으로 유용하게 사용할 수 있다.

우리나라의 경우 하수 슬러지의 퇴비화 규정은 유기성 오니(슬러지)와 부숙토 관련 규정(환경부)과 비료관리법의 비료공정규격(농림수산식품부)이 있는데, 지역의 규모에 따라서도 다르게 규정되어 있다. 비료관리법(제4조)에 따르면 도시하수 슬러지는 원칙적으로 농지용 부산물 비료의 원료로써 사용이 제한되어 있다. 그러나 읍·면 단위의 경우는 원료(하수 슬러지)에 포함된 유해물질의 안전성을 확인하여 국립농업과학원장의 승인을 받아 퇴비로 생산이 가능하고, 용도도 농업용 식용작물까지도 적용이 가능하다(비료공정규격). 그러나 읍·면 단위가 아닌 시급 이상의 지역에서 발생하는 하수 슬러지는 환경부의 법에 따라 식용작물이 아닌 공원 및 녹지지역에 우선적으로 사용하고, 수요가 없을 시에는 매립지 복토용으로 사용이 가능하도록 되어 있다. 하수 슬러지의 퇴비화 방안은 엄격한 품질관리와 위생적인 처리 그리고 원활한 유통체계의 확립을 통해서만 효과적으로 달성될 수 있다.

(2) 퇴비화 공정의 구성

퇴비화 공정의 기본구성은 그림 13-16과 같다. 전처리 공정의 주요 목적은 퇴비화 미생물의 성장환경(유기물량, pH, 함수율, 통기성 및 온도)을 사전에 적절히 조정하기 위함으로 탈수 슬러지(케이크)와 개량제(amendment) 그리고 팽화제(bulking agents)가 서로 혼합되는 단계이다. 개량제란 겉보기 무게와 수분의 함량을 줄이고 적절한 통풍을 위해 공극을 늘리기 위해 첨가하는 유기물질(예, 톱밥, 밀짚, 순환 퇴비, 쌀겨 등)이다. 팽화제는 혼합물의 공극 증대(효과적인 공기공급)와 구조적 안정화를 위해 사용하는 유기 및 무기물질(예, 얇은 나무 조각이나 덤불, 나뭇잎, 목재 폐기물, 타이어 박편 등)로 보통 사용 후 재이용을 위해 회수한다.

주처리 공정에서는 공기주입과 혼합을 통해 고율의 퇴비화 분해가 일어난다. 1차 퇴비화 시설에서는 온도 상승과 수분 증발, 악취 저감 등이 급속하게 일어나며, 2차 퇴비화에서는 완만한 부숙 단계를 거치게 된다. 후속 공정에서는 비생분해성 물질(금속류나 플라스틱류)의 제거와 제품화 단계를 거치게 된다. 그림 13-17은 퇴비화 과정에서 시간의 경과에 따른 이산화탄소 발생과 온도변화의 양상을 예시한다.

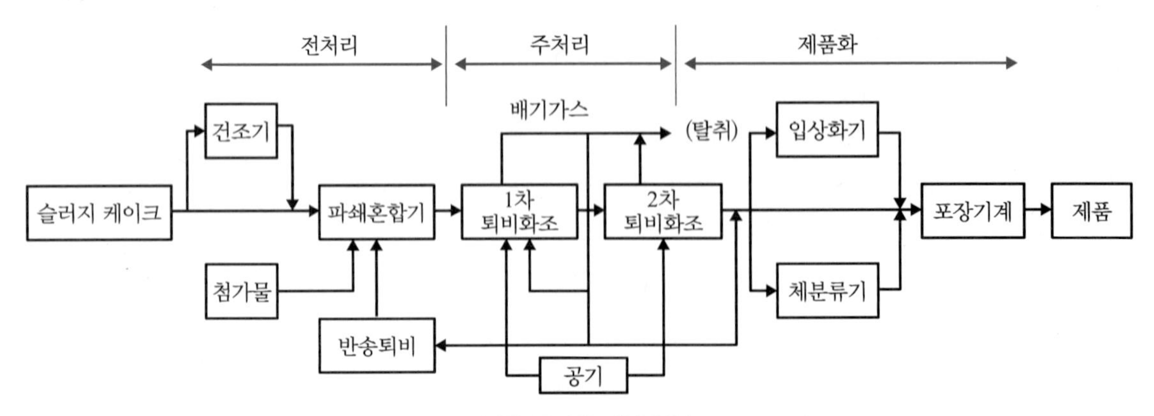

그림 13-16 **퇴비화 공정의 기본구성**(환경부, 2011)

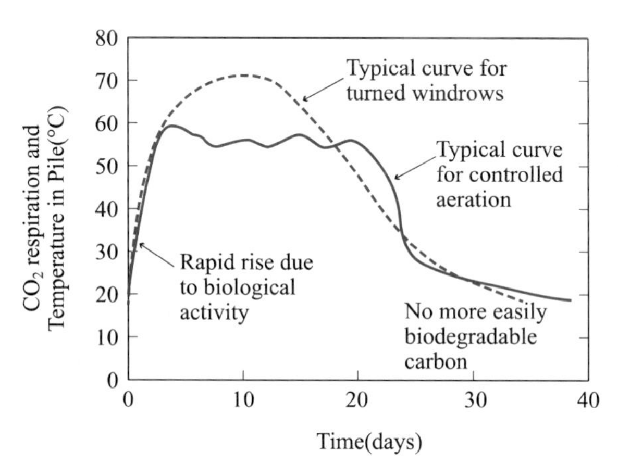

그림 13-17 **퇴비화 과정에서 시간에 따른 이산화탄소 발생과 온도 변화**(Hubbe et al., 2010)

(3) 퇴비화 시설의 종류와 특성

퇴비화의 방식은 주로 교반식(agitating)과 고정식(static) 그리고 다양한 형태의 반응조를 사용하는 용기형 시스템(in-vessel composting system)이 있다(그림 13-18).

산기식 고정 파일(aerated static pile)은 대표적인 고정식 퇴비화 공정으로 탈수 슬러지와 팽화제 혼합물 더미(2～2.5 m 높이) 아래에 공기를 주입하거나 배출할 수 있는 격자형 파이프를 고정하여 설치한다. 이때 보온을 위해 최종 숙성퇴비를 체거름하여 더미 위에 일정 두께로 덮어두는데, 이때 체거름은 팽화제를 회수하기 위함이다. 이 방식에서는 약 21～28일간 퇴비화되어 이후 숙성기간을 거치게 되며, 혼합을 위해 이동식 교반 시설을 사용한다.

퇴비단(windrow) 공법은 산소의 공급과 온도조절 및 균등한 혼합을 위해 주기적으로 뒤집어 주는 방법으로 교반 방법과 체가름의 사용은 고정식과 유사하다. 퇴비단의 높이는 1～2 m(바닥 기준으로 2～4.5 m) 정도이며, 퇴비화 기간은 약 21～28일이다. 전형적인 운전조건으로 55°C 이상 온도가 유지될 때 최소 5번 이상 뒤집어 준다. 이 방법은 산소공급이 강제적으로 이루어지지 않기 때문에 호기성 조건이 항상 유지되기는 어렵다. 따라서 혼합과 통기성 등이 더미의 생물학적 활성도(호기성 및 혐기성)에 영향을 끼치게 된다. 더미의 혼합 과정에서 악취 발생이 동반된다.

용기형 퇴비화 시스템(in-vessel composting system)은 일정 규모의 용기를 이용하여 퇴비화를 진행하는 방법으로 플러그 흐름(plug-flow) 방식과 기계적 혼합식(dynamic in vessel)이 있는데, 두 종류 모두 수직형과 수평형이 있다. 이 방법은 사용되는 용기의 형상에 따라 매우 다양하다. 밀폐된 기계식 시스템으로 운전되기 때문에 공기 유입량, 온도 및 산소 농도 등 환경 조건의 제어가 용이하여 공성의 최적화 운전이 가능하다. 이 방법은 악취제어, 반응속도 향상, 경제성 향상(인건비, 소요부지 저감) 등의 장점이 있다.

우리나라의 시설기준은 퇴비화의 형식을 퇴적형, 횡형(수평형) 및 입형(수직형)으로 정의하고, 가능한 간단한 구조를 권장하고 있다(표 13-50). 퇴적형의 경우는 다른 종류에 비하여 설비가 간단하지만 넓은 부지면적이 필요하고 기상조건에 따른 영향도 쉽게 받는 단점이 있다. 특히 통

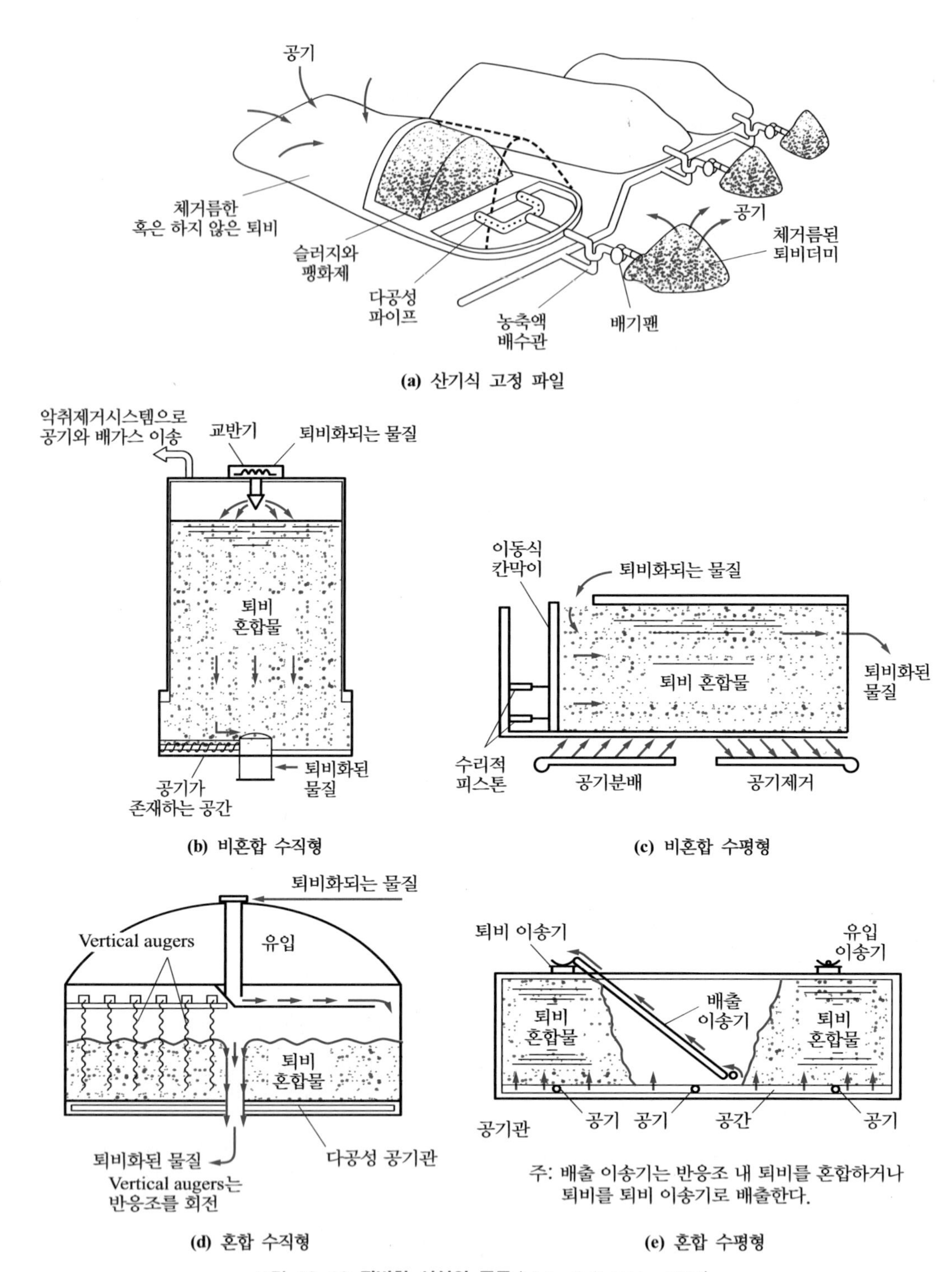

그림 13-18 **퇴비화 시설의 종류** (Metcalf & Eddy, 2003)

기 시설이 없다면 장기간의 분해시간이 필요하다. 수평형의 경우 분해 상태나 분쇄 혼합장치의 점검이 쉽지만, 수직형에 비해 부지면적당 처리 능력이 작고, 악취, 분진, 수증기 등의 관리가 필요하다. 수직형의 경우는 보통 혼합물이 상부로 투입되어 분쇄·혼합하면서 중력에 의해 아래로 점차 이동하는 형태로 단수는 최대 10단 정도이다. 다른 형식에 비하여 설비가 조금 복잡하

표 13-50 **퇴비화 시설의 종류와 특징**

분해조 형식		구조	혼합물의 이동 뒤집기 빈도	통기방법	장점	단점
퇴적형	자연 통기식	칸막이, 울타리가 없는 평면바닥	트럭, 자동 굴진차 등으로 수행한다. (1회/주 정도)	–	• 시설이 간단하여 신속하고 저렴하게 실시할 수 있다. • 고도의 기술을 필요로 하지 않는다.	• 덩어리화로 인해 통기불량 발생 • 장기간의 분해시간 필요 • 넓은 부지가 필요 • 발효물의 균일화가 곤란 • 기상조건에 쉽게 영향을 받는다.
	강제 통기식			조 바닥의 통기관으로 수행한다.		
횡형	자동 굴진차량 방식	상부, 측면 개방식 사각형조	트럭, 자동 굴진차 등으로 행한다. (1회/주 정도)	조 바닥의 통기관으로 수행한다.	• 시설이 간단하며 쉽게 시설할 수 있다. • 개방식 구조이기 때문에 육안으로 감시가 가능하다.	• 악취제거 설비가 대형화된다. • 분진 대책이 곤란 • 덩어리화로 인한 통기 불량 발생 • 반응물의 균일화가 곤란
	패들식	상부 개방식 사각형조	패들의 지그재그 운전(전진, 후진 또는 횡단방향)에 따라 이동, 뒤집기 (1회/주 정도)		• 패들의 뒤집기에 의해 덩어리화가 발생하지 않으며 통기는 양호 발효기간이 짧다. • 대형 발효조의 운전이 가능하다.	• 악취제거 설비가 대형화된다.
	scoop식		이동 scoop에 의한 이동, 뒤집기 (2～6회/주)		• scoop의 분쇄·혼합에 의해 덩어리화가 발생하지 않으며 통기가 양호하다.	• 악취제거 설비가 대형화된다. • 반응조의 최대 규모는 작다.
입형	패들식	밀폐식 원형조	각 단의 회전 패들에 의해 동시에 교반이동시키며, 벨트 반대측으로 날려서 연속적으로 아래쪽으로 이동 퇴적된다. (1회/주 정도)	각 단의 바닥으로부터 통기하며, 반응조 상부로 배기된다.	• 반응물이 회전판에 의하여 교반되며 압축되지 않는다. • 통기 저항이 작고 필요동력은 작다. • 소규모의 악취제거 설비로 좋다.	• 다단 형식으로 기계 높이가 높아진다.
	다단 낙하식		각 단의 낙하문의 개폐에 의하여 연속적으로 낙하하며 교반, 이동된다. (1회/2～4일)	통기와 배기는 각 단의 교차로 인해 행해진다.	• 부지면적이 작다. • 소규모의 악취제거 설비로 좋다.	• 자연 낙하에 의해 교반되기 때문에 적당한 분쇄와 통기는 기대할 수 없다. • 구조가 비교적 복잡하다. • 다단 형식으로 기계 높이가 높다.

자료: 환경부(2011)

지만, 밀폐식 구조로 작업 환경이 양호하고, 열 손실이 적으며, 악취 대책이 쉬운 장점이 있다.

퇴비화 형식의 결정은 시설 용량, 원료 성상, 유지관리, 환경에 미치는 영향 및 실적 등을 고려하여 결정한다. 일반적으로 1차 분해는 반응이 급속하게 진행되며, 발생 가스도 많으므로 악취 대책이 쉬운 수직형이 효과적이고, 분해속도가 비교 완만한 2차 분해에서는 퇴적형 또는 수평형이 채택되는 경우가 많다.

(4) 퇴비화 적용 시 고려사항

하수 슬러지의 퇴비화 공정에서 중요한 설계인자로는 유입 슬러지의 종류와 성상, 첨가제(개량제 및 팽화제), 탄소/질소비, 공기 요구량, 수분 함량, pH, 온도, 병원균 제어, 교반, 중금속 및 유해물질, 지역적 제한 등이 있다. 특히 개량제의 소요량은 슬러지의 함수량과 관련이 높다. 퇴비화 미생물의 활성도와 온도 유지를 위해 적당한 수준의 수분 유지가 필요하므로 효과적인 퇴비화 반응을 위해 되비화 혼합물은 약 40%의 건조 고형물을 함유하도록 해야 한다. 보통 탈수 슬러지 케이크가 약 24% 고형물을 함유하고 있다면 개량제의 요구량은 슬러지 고형물의 약 3배 정도가 된다(US EPA, 1989). 따라서 개량제의 소요량을 저감시키려면 슬러지의 탈수 효과를 높여야 한다.

퇴비화 공정에 대한 주요 인자별 고려사항이 표 13-51에 정리되어 있다. 표 13-52에는 퇴비화

표 13-51 슬러지의 호기성 퇴비화 공정 설계 시 주요 고려사항

항목	내용
슬러지 형태	미처리 슬러지와 소화 슬러지 모두가 성공적으로 퇴비화될 수 있다. 미처리 슬러지는 악취에 대해 특히 퇴비단 시스템에서 문제의 가능성을 가지고 있다. 미처리 슬러지는 더 많은 에너지를 얻을 수 있으며 더 안정적으로 분해될 수 있고 높은 산소 요구량을 가진다.
개량제 및 팽화제	개량제 및 팽화제의 특성(즉, 수분함량, 입자의 크기, 가용 탄소)은 공정과 생산물의 질에 영향을 미친다. 팽화제는 안정적으로 활용 가능해야 한다.
탄소/질소비	최초 C/N비는 무게비로 20:1～35:1 범위에 있어야 한다. 낮은 비율에서 암모니아가 방출된다. 탄소는 그것이 생분해 가능한지를 확인하기 위해 조사되어야 한다.
휘발성 고형물	퇴비화 혼합물의 휘발성 고형물은 총 고형물 함량의 30% 이상이다. 탈수 슬러지는 일반적으로 고형물 함량을 맞추기 위해 개량제나 팽화제를 요구한다.
공기 요구량	최소 50%의 산소를 갖는 공기는 특히 기계적 시스템에서 최적의 결과를 얻기 위해 퇴비화 물질의 모든 부분에 도달할 수 있어야 한다.
수분 함량	퇴비화 혼합물의 수분 함량은 고정식 파일과 퇴비단 퇴비화에 있어서 60% 이하이어야 하며 용기식 퇴비화에 있어서는 65% 이하이어야 한다.
pH 조절	퇴비화 혼합물의 pH는 일반적으로 6～9 범위 내에 있다. 최적의 호기성 분해를 달성하기 위해 pH는 7～7.5 범위를 유지해야 한다.
온도	최상의 결과를 위해 온도는 최초 몇 일 동안 50～55°C를 유지해야 하고 활발한 퇴비화가 일어나는 나머지 기간 동안 55～60°C를 유지해야 한다. 만일 온도가 상당한 기간 동안 65°C 이상으로 증가하도록 방치하면 생물학적 활성도가 감소하게 될 것이다.
병원균 조절	적절히 수행되면 모든 병원균, 잡초, 씨앗들은 퇴비화 공정 동안 사멸하게 된다. 이와 같은 수준을 달성하기 위해 온도는 24시간 동안 60～70°C 사이를 유지해야만 한다. 일반적인 병원균의 사멸을 위해 요구되는 노출 시간과 온도는 표 13-53을 참고하기 바란다.
혼합 및 뒤집음	건조, 케이크화, 공기의 편류현상(air channeling)을 방지하기 위해 퇴비화되는 물질은 정해진 시간에 혹은 필요할 때마다 혼합되거나 뒤집어져야 한다. 혼합 혹은 뒤집음의 주기는 퇴비화 운전의 형태에 따라 다르다.
중금속과 미량 유기물	슬러지와 퇴비 내의 중금속과 미량 유기물은 그 농도가 퇴비의 최종 사용에 따른 적용 규정을 넘지 않음을 확인하기 위하여 측정되어야 한다.
지역적 제한	부지를 선정하는 데 고려해야 할 사항은 가능 면적, 접근성, 처리 시설과 다른 토지용도와의 근접성, 기후 조건, 그리고 완충 지역의 활용성 등이다.

Ref) US EPA(1985)

표 13-52 **퇴비화 시설에 따른 공기공급량**

공기공급 지표	퇴비화조 형식	공기공급량 범위
유효부피(m^3)당 (N L/min)	퇴적형 · 횡형	50～150
	입형 일단식	30～100
공기공급속도 (m/min)	입형 다단식	100～150
	횡형 또는 입형	0.10～0.25

표 13-53 **병원균과 기생충의 저감을 위한 온도와 시간조건**

Organism	Observations
Salmonella typhosa	• No growth beyond 46°C; death within 30 min at 55～60°C and within 20 min at 60°C; destroyed in a short time in compost environment
Salmonella sp.	• Death within 1 h at 55°C and within 15～20 min at 60°C
Shigella sp.	• Death within 1 h at 55°C
Escherichia coli	• Most die within 1 h at 55°C and within 15～20 min at 60°C
Entamoeba histolytica cysts	• Death within a few minutes at 45°C and within a few seconds at 55°C
Taenia saginata	• Death within a few minutes at 55°C
Trichinella spiralis larvae	• Quickly killed at 55°C; instantly killed at 60°C
Brucella abortus or Br. suis	• Death within 3 min at 62～63°C and within 1 h at 55°C
Micrococcus pyogenes var. aureus	• Death within 10 min at 50°C
Streptococcus pyogenes	• Death within 10 min at 54°C
Mycobacterium tuberculosis var. hominis	• Death within 15～20 min at 66°C or after momentary heating at 67°C
Corynebacterium diphtheria	• Death within 45 min at 55°C
Necator americanus	• Death within 50 min at 45°C
Ascaris lumbricoides eggs	• Death in less than 1 h at temperatures over 50°C

Ref) Tchobanoglous et al.(1993)

시설의 형식에 따른 공기공급량이 나타나 있고, 표 13-53에는 각종 병원균의 내열성을 보여주고 있다.

우리나라의 시설기준에 따르면 퇴비화를 위한 시설 규모는 퇴비의 목표 품질과 예측수요량을 기준으로 하고, 각종 유해 병원균과 기생충 알 및 잡초 종자 등의 고온 살균(불활성화)을 위해 분해온도를 65°C 이상에서 2일 이상 운전하도록 하고 있다. 일반적으로 1차 퇴비화를 위한 체류시간은 10～14일을 기준으로 하고, 2차 퇴비화(안정화) 시간은 강제 통기의 경우 20～30일 그리고 자연 통기의 경우 30～60일 정도로 하고 있다(환경부, 2011).

퇴비화에 의해 생산되는 제품의 품질은 퇴비화 방식에 따라 차이가 날 수는 있지만 대체로 원료인 탈수 슬러지의 성분에 의존한다. 일반적으로 탈수 슬러지의 특성(함수율, 강열감량, pH, 질소, 칼슘 함량 등)은 수처리 및 슬러지 처리 방식에 따라 크게 달라질 수 있다. 퇴비의 품질은 슬러지의 특성 외에도 퇴비화 방식, 시비조건 및 관련 법령 기준 등을 고려하여 설정한다. 표 13-54에는 퇴비 품질의 목표와 설정 항목이 정리되어 있으며, 표 13-55에는 비료관리법에 따른

표 13-54 **퇴비 품질의 목표와 고려 항목**

품질 목표	설정 항목
살포 시 작물이나 식물 등의 육성을 촉진하거나 장애를 일으키지 않을 것	유기 성분 함량(강열감량), 비료 성분(질소, 인, 칼륨), pH, C/N비(탄소/질소 비) 및 칼슘(알칼리도) 등
저장 및 살포 시 취급성이 좋을 것	외관, 악취, 함수율 및 입경 등
제품 퇴비 중에 함유된 중금속 등이 토양, 작물 등에 축적되지 않을 것	비료관리법의 오염물질 허용치 등

표 13-55 **부산물 비료의 규격**

항목	함유농도
크롬	300 mg/kg 이하
납	150 mg/kg 이하
카드뮴	5 mg/kg 이하
수은	2 mg/kg 이하
비소	50 mg/kg 이하
구리	500 mg/kg 이하

자료: 농진흥청 고시 제 2002-29호(2002.12.31.) 비료공정규격

부산물 비료의 규격이 나타나 있다.

공중 보건과 환경적인 측면에서 퇴비화의 주요한 이슈는 병원균과 바이오에어로졸(bioaerosol)에의 노출 가능성으로, 주로 부주의한 피부 접촉과 흡입 및 음식물 등으로 인해 흡수될 수 있다. 바이오에어로졸이란 공기 중에 분산된 생물학적 미세입자로 각종 미생물(예, *Aspergillus fumigatus*)과 생물학적 대사산물(예, endotoxin)이 여기에 포함된다. 이 물질들은 도시 고형폐기물의 퇴비화 시설과 관계가 있는 것으로 보고되어 있으므로(Epstein, 1997), 퇴비화 시설의 설치와 운영에서는 이에 대한 안전한 대비가 필요하다.

(4) 기타

퇴비화의 한 가지 방법으로 지렁이(earth worms)를 사용하는 예가 있다. 지렁이의 역할에 대해서는 1881년 찰스 다윈에 의해 처음 관찰 기록된 연구자료가 있다(최훈근 역, 2014). 지렁이 퇴비화(vermicomposting, vermiculture)란 지렁이를 이용하여 음식물 쓰레기나 유기성 폐기물을 분해하는 방법으로 그 분해산물을 흔히 지렁이 분변토(vermicast or worm manure)라고 부른다. 지렁이 분변토는 수용성 영양소를 함유하고 있으며 영양이 풍부한 유기성 비료이며, 토양개량제로 사용할 수 있어 농장이나 소규모 유기 농업에 사용된다.

지렁이는 유기물을 먹이로 섭취하여 분변토로 배설하는 데 대략 12～20시간 정도가 소요된다. 섭취된 유기물은 지렁이 체내에서 분해되어 각종 효소 및 장 내 미생물에 의해 식물이 흡수 가능한 물질로 전환된다. 지렁이 분변토는 크기가 작고 단립 구조로 이루어져 있어 공극률이 크므로 토양의 보수성과 통기성을 유지하는 장점이 있다.

우리나라에서는 이 기술이 음식물류 폐기물처리시설의 한 종류로 고시된 바 있다(환경부 '폐기물 처리 시설관련 규정', 2011). 여기서 지렁이 분변토 생산이란 음식물류 폐기물을 지렁이가 서식하는 지렁이 사육시설에 먹이로 공급하고 이것을 지렁이가 먹이로 섭취하여 분변토를 생산하는 일련의 공정으로 정의하고 있다.

최근에는 하수 슬러지의 안정화를 위해서 사용하는 예가 점차 증가하고 있다(Lee et al., 2018; Vigueros and Ramirez, 2002; Yilmaz Cincin and Agdag, 2019). 퇴비화-지렁이 퇴비화의 통합 시스템에서 혼합 하수 슬러지를 대상으로 영양소와 중금속의 이용성을 연구한 결과를 참고하면, 지렁이 퇴비화는 영양소의 이용성을 크게 향상시키는 반면, Fe 및 Mn을 제외한 중금속의 이용성은 상당히 감소하는 것으로 나타났다. 이때 온도와 습도는 주요 영향 인자였으며, 지렁이 밀도는 질소와 인을 제외한 다른 영양소와 중금속의 이용성과 전환에는 큰 영향이 없는 것으로 나타났다 (Subrata and Vinod, 2012).

13.12 산화제 처리

하수 슬러지에 포함된 미생물을 불활성화(살균)시키고, 부패성 억제와 악취를 제거하기 위해 염소를 이용한 화학적 산화 처리방법을 사용하기도 한다. 이 방법은 밀폐된 반응조 내에 염소가스를 다량 주입하여 짧은 반응시간 동안 염소 처리하는 방법으로 기존 처리시설의 용량이 초과하였을 때 보조적인 수단으로 사용하거나, 소규모 처리장에서 주로 적용된다. 이 방법은 하수 슬러지에 함유된 수분과 염소가스의 반응으로 인하여 염산이 생성되어 슬러지 내 포함된 중금속이 상징수로 용출되는 문제점이 있다.

13.13 개량

슬러지 내에 수분은 일반적으로 슬러지 플럭을 감싸고 있는 자유수(free water), 플럭 구조 내 입자 사이의 모세관 현상으로 갇혀 있는 간극수(interstitial water), 플럭 표면에 붙어 기계적으로 제거가 불가능한 표면수(surface water) 그리고 입자 간에 결합된 결합수(bound water) 형태로 존재한다. 이 중에서 결합수는 열화학적인 방법에 의해서만 제거가 가능하다.

슬러지의 개량(conditioning)은 기본적으로 슬러지 내 포함된 고액분리특성을 향상시키는 데 목적이 있다. 따라서 개량은 대부분 농축이나 탈수의 전 단계로서 주로 이루어지는데, 세정(elutriation), 약품처리(chemical conditioning) 및 열처리(heat treatment) 등의 방법이 사용된다. 개량방법은 슬러지의 종류와 특성, 그리고 후속처리방법에 따라 달라지지만, 일반적으로 탈수를 위해서는 약품처리와 열처리 방법이 가장 많이 사용된다. 표 13-56은 다양한 슬러지 개량 방법을 비교하고 있다.

표 13-56 슬러지 개량방법의 비교

슬러지 개량법	단위 공정	기능	특징	원리
고분자 응집제 첨가	농축 탈수	• 고형물 부하, 농도 및 고형물 회수율 개선 • 슬러지 발생량, 케이크의 고형물 비율 및 고형물 회수율 개선	• 슬러지 응결을 촉진한다. • 슬러지 성상을 그대로 두고 탈수성, 농축성 등을 개선한다.	• 슬러지는 안정한 콜로이드상의 현탁액으로 이것을 불안정하게 하는 것이 약품의 기능이다. • 결합수의 분리, 표면전하의 제거 등의 역할도 한다. • 슬러지 입자는 공유결합, 이온결합, 수소결합, 쌍극자결합 등을 형성함으로써 전하를 빼기도 하고 얻기도 한다.
무기약품 첨가	탈수	• 슬러지 발생량, 케이크의 고형물 비율 및 고형물 회수율 개선	• 무기약품은 슬러지의 pH를 변화시켜 무기질 비율을 증가시키고, 안정화를 촉진한다.	• 금속이온(제2철, 제1철, 알미늄)은 수중에서 가수분해하므로 그 결과 큰 전하를 가지며 중합체의 성질을 갖는다. • 부유물에 대한 전하 중화작용과 부착성을 갖는다.
세정	탈수	• 약품사용량 감소 및 농축률 증대	• 혐기성 소화슬러지의 알칼리도를 감소시켜 산성 금속염의 주입량을 감소시킨다.	• 슬러지량의 2～4배가량의 물을 첨가하여 희석시키고 일정 시간 침전농축시킴으로써 알칼리도를 감소시킨다.
열처리	탈수	• 약품사용량의 감소 또는 불필요 • 슬러지 발생량, 케이크의 고형물 비율 및 안정화 개선	• 슬러지 성분의 일부를 용해시켜 탈수성을 개선한다.	• 130～210°C에서 17～28 kg/cm^{2}의 압력으로 슬러지의 질, 조성에 변화를 준다. • 미생물 세포를 파괴해 주로 단백질을 분해하고 세포막을 파편으로 한다. • 유기물의 구조변화를 일으킨다.
소각재 (ash)의 첨가	탈수	• 벨트 진공탈수기의 케이크의 박리 개선 • 가압탈수기의 탈수성 개선 • 약품사용량 감소	• 슬러지를 소각재를 재이용하는 방법으로 무기성 응집보조제로 슬러지 개량 등에 사용할 수 있다.	• 슬러지 소각재에는 무기성 물질이 다량 함유되어 있으므로 이를 개량제로 재이용하여 탈수성을 증대시킨다. • 소화 슬러지의 함수율을 감소시키고 응결핵으로 작용한다.

자료: 환경부(2011)

(1) 세정

소화 슬러지는 일반적으로 가스(메탄과 이산화탄소)의 발생으로 침전성이 매우 불량하며, 알칼리성(보통 2,000～3,000 mg/L as $CaCO_3$)이 높은 특성이 있다. 세정은 소화 처리된 슬러지의 알칼리도를 400～600 mg/L 수준으로 떨어뜨리고, 기체-고체-액체의 분리와 농축특성을 향상시키기 위해 세정수(elutriation water)를 첨가하는 공정이다.

보통 슬러지 양의 2～4배의 물을 사용하며, 침전에 의해 슬러지 입자를 제거한다. 그러나 보통 세정작업만으로는 탈수성을 충분히 높이기 어려우므로 슬러지의 탈수공정에서는 응집제의 첨가가 불가피하지만, 세정과정을 통해 감소된 알칼리도로 인하여 탈수 효과증진을 위해 필요한 응집제의 양은 줄어든다. 세정 시 필요한 운전비에 비해 탈수단계에서의 응집제 소요비용에 대한 감소 효과가 크기 때문에 과거에는 흔히 사용하던 방법이다. 그러나 세정 처리수에 포함된 다량의 오염물질(용해성 유기물, 암모니아, 인, 및 난분해성 미량성분 등)이 다시 수처리계통으로 반송되어 수처리 공정의 전체 효율에 악영향을 미치는 결과를 초래하므로 최근에는 점차 사용하는 사례가 줄어들고 있다. 소규모 하수처리시설의 경우는 대부분 농축-탈수방식으로 간단하게 처리하기 때문에 세정 공정의 적용은 일반적이지 않다.

일반적으로 슬러지 세정조는 원형 또는 사각형으로 고형물 부하는 50～90 kg TS/m^2/d 그리고 유효수심은 4 m 정도로 설계하며, 세정 상징수의 처리에 대한 검토가 필요하다.

(2) 약품처리

슬러지는 본질적으로 콜로이드성 미립자가 주성분으로 복잡한 화학 구조를 가지고 있고, 물과 친화력도 매우 강하기 때문에 탈수가 쉽지 않다. 따라서 탈수성의 향상을 위해서는 입자의 성질 변화, 친수성 저감, 응집력 증가 등을 통해 탈수 시에 비저항을 감소시킬 필요가 있다.

약품처리는 이를 달성하기 위한 방법의 하나로 응집제로는 유기 응집제(고분자 응집제) 및 무기 응집제(염화제1철, 염화제2철 및 황산제1철 등)가 있으며, 응집보조제로 소석회, 과산화수소 등이 사용된다. 일반적으로 사용되는 응집제의 종류와 주입량은 고형물의 특성(발생원, 농도, 저장 기간, pH 및 알칼리도 등)과 탈수기의 종류에 따라 다르다. 보통 진공탈수기와 가압탈수기에는 무기 응집제를, 그리고 원심탈수와 벨트 프레스에는 유기 응집제를 주로 사용한다. 무기 응집제에는 염화 제2철과 소석회를 병용하기도 하며, 고분자 응집제를 이용하는 경우 소석회에 비해 탈수 슬러지의 건조 고형물 질량은 증가하지 않으나 악취방지에 대한 대책이 필요하다(약품 응집의 기초는 8.3절 참조). 약품 주입량은 보통 슬러지의 비저항실험(specific resistance: Buchner Funnel Test), 모세관흡입실험(CST, capillary suction test) 그리고 표준 자테스트(jar test)를 이용하여 결정한다(WEF, 1998). 표 13-57에 하수 슬러지 개량을 위한 응집제 사용량을 예시하였다.

표 13-57 슬러지 개량을 위한 일반적인 약품소요량

슬러지 종류	$FeCl_3$ (kg/ton 건조고형물)	$Ca(OH)_2$ (kg/ton 건조고형물)	고분자 응집제 (kg/ton 건조고형물)
1차	10～30	0～50	1.5～2.5
(1차 + RBC*)	30～60	0～150	2～5
(1차 + 잉여)	40～80	0～150	3～7.5
잉여	60～100	50～150	4～12.5
소화된 1차	20～30	30～80	1.5～4
소화된 (1차 + RBC*)	40～80	50～150	3～7.5
소화된 (1차 + 잉여)	60～100	50～150	3～10

* RBC: 회전원판법 또는 살수여상슬러지 포함
자료: 환경부(2011)

(3) 열처리 개량

열처리(thermal/heat treatment)는 슬러지를 포함한 각종 폐기물을 높은 온도조건으로 처리하는 기술을 말하는데, 조작방식(온조조건과 산소공급 등)에 따라 다양하게 구분된다. 기계적 열처리(MHT, mechanical heat treatment, autoclaving, 121～134°C), 열건조(heat drying, 200～540°C), 습식산화(wet oxidation, 110～260°C), 소각(incineration, >850°C), 열분해(thermal

표 13-58 슬러지 열처리의 장단점

장점	단점
• 탈수 슬러지의 고형물 함량(30～50%)이 높다. • 처리 슬러지는 화학적 개량이 불필요하다. • 병원성 미생물이 대부분 사멸하여 슬러지 안정화가 가능하다. • 처리 슬러지는 약 28～30 kJ/g의 열량을 가진다. • 열처리 공정은 슬러지 성상 변화에 큰 영향을 받지 않는다.	• 투자비가 높다. • 부식방지가 필요하고 기계적 구성이 복잡하다. • 숙련된 운전이 요구된다. • 처리수에 고농도의 유기물질과 암모니아 및 색도가 발생한다. • 악취 관리가 필요하다. • 스케일 제거를 위한 대안(산세척 및 고압 분사)이 요구된다.

decomposition, pyrolysis, 430～1450°C) 등의 다양한 방법이 모두 이 범주에 포함된다.

열처리는 슬러지의 부피 저감, 안정화, 가용화 및 개량 등을 위해 사용할 수 있는 방법이나 높은 에너지 사용으로 경제성이 낮아 슬러지의 개량을 위해서는 그리 선호하지 않는 방법이다. 그러나 최근에는 하수 슬러지의 지속가능한 최종처분과 재이용이라는 관점에서 열처리 잔류물의 혼합 시멘트화 및 비료화 등의 방안이 활발히 연구되고 있다(Adam et al., 2007; Pavlik et al., 2016; Stasta et al., 2006). 소각과 열분해와 같이 안정화와 감량화를 목적으로 하는 열처리 방법은 13.13절에서 상세히 설명한다.

슬러지의 개량을 위한 열처리는 일정한 압력(20～45 bar)하에서 비교적 짧은 시간(30～60분) 동안 고온(130～240°C)의 열을 가하는 방법으로, 적용되는 온도와 압력은 공정에 따라 다소 유동적이다. 반응결과 슬러지 내부의 수분이 방출되어 고형물이 응집되고 친수성은 낮아지게 된다. 또한 슬러지에 포함된 단백질, 탄수화물, 유지, 섬유류 및 콜로이드 등의 성분변화와 세포막의 파괴를 통해 탈수성 개선과 병원균의 불활성화가 동시에 일어난다. 열처리 결과 발생되는 상징수는 용해성 유기물질(BOD 5,000～7,000 mg/L, SS 600～700 mg/L)과 질소 성분을 다량으로 포함하므로 수처리 공정으로 재순환 시에 악영향을 끼치지 않도록 주의가 필요하다. 높은 온도 유지를 위해 운전비가 많이 소요되므로 열처리를 이용한 슬러지 개량은 경제적이지 못하지만, 처리장 인근 지역의 폐열을 이용할 수 있다면 경제성을 향상시킬 수 있다. 열처리 시설에는 슬러지 저류조, 분쇄기, 탈취설비, 열처리 슬러지 농축조 등이 필요하다. 열처리 개량방식은 슬러지의 혐기성소화에서 전처리 가용화 공정(cambi THP)으로 적용되기도 한다. 표 13-58에는 슬러지 개량을 위한 열처리의 장단점을 정리해두었다.

(4) 기타

슬러지의 탈수특성을 향상시킬 수 있는 기타 개량방법으로 동결/해동(freeze/thaw) 방법이 있다. 이는 동결에 의해 슬러지의 점액 성분을 과립 모양으로 변환시켜 탈수성을 향상시키는 방법이다. 주요 인자는 고형물의 농도, 동결속도 및 지속시간 등으로 영하 10～20°C에서 최소 30분의 운전시간이 필요하다. 기계적인 동결/해동 방법을 이용한 탈수 케이크의 TS 함량은 보통 25～40% 정도로 탈수 효과가 우수하지만 높은 에너지 요구량은 주된 단점이다. 이 방법은 슬러지 건조상(drying bed)을 사용하는 자연동결-건조를 통한 탈수 방식에서 주로 사용된다.

13.14 탈수

슬러지의 탈수(dewatering)는 최종처분 이전에 슬러지 내의 포함된 수분을 제거하여 부피를 감소시키는 목적으로 사용하는 물리적 공정이다. 탈수는 최종 찌꺼기의 취급과 운반을 용이하게 하고 운송비용을 절감하며, 소각 처리할 때 에너지 함량을 높여주는 효과도 있다. 일반적으로 농축 혹은 소화 슬러지의 함수율은 96~98% 정도이나, 함수율을 80% 정도로 탈수한다면 슬러지 부피는 1/5~1/10 정도로 감소하게 된다.

슬러지 탈수 방법에는 기계식 탈수와 자연적인 조건(태양열이나 바람 등)을 이용하는 자연건조 방법이 있다. 일반적으로 자연건조는 기계식과 비교하면 동력비가 들지 않아 경제적인 방법이지만 입지조건(설치면적과 주변 환경 등) 측면에서 제약이 있으므로 주로 기계식 탈수를 많이 이용한다. 기계적인 방법에는 진공 탈수(vaccum filtration), 가압 탈수(filter press), 벨트 프레스(belt-filer press), 원심탈수(centrifugation) 등이 있는데, 이 중에서 진공 탈수는 현재 거의 사용되지 않는다.

하수 슬러지를 위한 탈수기의 특성과 종류는 기본적으로 상수 슬러지의 경우와 유사하다[10.4절 (5) 참조]. 그러나 하수 슬러지는 상수 슬러지의 경우와 달리 성상에 차이가 있고, 탈수기의 특성도 모두 상이하므로 탈수기를 선정할 때에는 소요 약품(응집제 등)뿐만 아니라 에너지 소요량, 경제성 및 유지관리의 난이도 등을 종합적으로 고려해야 하고, 최종적인 슬러지 처리·처분장의 입지조건, 사회적 제약조건 등에 대한 검토도 필요하다. 기계식 탈수기의 종류별 특성을 표 13-59에 비교하였다.

표 13-59 **기계식 탈수기의 종류별 특성 비교**

항목	가압탈수기		벨트 프레스 탈수기	원심탈수기
	filter press	screw press		
유입슬러지 고형물농도	2~3%	0.4~0.8%	2~3%	0.8~2%
케이크 함수율	55~65%	60~80%	76~83%	75~80%
용량	3~5 kgDS/m^2·h	6~8 kgDS/기·hr	100~150 kgDS/m·h	1~150 m^3/h
소요면적	많다	적다	보통	적다
약품주입률 (고형물당)	$Ca(OH)_2$ 25~40% $FeCl_3$ 7~12%	고분자 응집제 1% $FeCl_3$ 10%	고분자 응집제 0.5~0.8%	고분자 응집제 1% 정도
세척수	수량: 보통 수압: 6~8 kg/cm^2	보통	수량: 많다 수압: 3~5 kg/cm^2	적다
케이크의 반출	사이클마다 여포실 개방과 여포이동에 따라 반출	screw 가압에 의해 연속 반출	여포의 이동에 의한 연속 반출	스크류에 의한 연속 반출
소음	보통(간헐적)	적다	적다	보통(패키지 포함)
동력	많다	적다	적다	많다
부대장치	많다	많다	많다	적다
소모품	보통	많다	적다	적다

자료: 환경부(2011)

원심탈수(centrifugation)는 슬러지의 농축, 고형물 제거, 탈수 등을 위해 미국과 유럽에서 광범위하게 적용되는 방법으로, 표준형인 고체-볼(solid-bowl)과 개량형인 고농도 고속형(high-torque)으로 구분되는데, 탈수 케이크의 농도(TS)는 보통 고체-볼형이 10～30%이나 고속형은 30% 이상을 얻을 수 있다. 체류시간을 증가시키고 화학적으로 적절히 개량할 때 고형물 회수율(유입고형물에 대한 %)은 50～80%에서 80～95%까지 증가할 수 있다.

벨트 프레스(belt-filer press)는 1970년초 미국에서 소개된 탈수기로 현재 하수 슬러지의 탈수에 가장 널리 이용되는 방법이다. 일반적으로 0.5～3.5 m의 폭을 가지고 있으며, 슬러지의 종류와 농도에 따라 슬러지 부하율은 60～680 kg/m/h(1.6～6.3 L/m/s) 정도로 운전된다. 최근에는 탈수효율이 개량된 고효율형으로 전환하는 처리장이 증가하고 있다. 고효율형은 유효 탈수시간이 길고, 슬러지의 최대 면압도 높아서 표준형에 비하여 탈수 슬러지의 함수율을 더 낮게 유지할 수 있다. 슬러지 성상이나 운전조건에 따라 다르지만 여포의 수명은 일반적으로 3,000～5,000시간 정도이다.

원심탈수기와 벨트 프레스 탈수기의 성능을 표 13-60에 비교하여 예시하였다.

가압 탈수(filter press)는 고압(690～2070 kN/m^2)으로 슬러지를 탈수하는 방법으로 고농도 탈수 케이크(48～70% 함수율)와 높은 고형물 포획(회수)율을 얻을 수 있다는 장점이 있으나, 성능에 비해 구조가 복잡하고 유지관리 시 경제성(약품비, 인건비, 여과포 수명)이 낮은 단점이 있다. 그 종류로는 여포형(filter-type)과 스크류형(screw-type)이 있다. 여포형의 경우 여과-압착-여과판 개방이라는 일련의 탈수과정을 거친다. 여포는 장기간 사용하면 폐쇄되므로 자주 물이나 약품으로 세척해야 하고 고장에 대처하기 위해 상시가동을 기준으로 보통 2기 이상 설치된다. 스

표 13-60 탈수기의 성능예시

a) 원심탈수기

슬러지 종류		중력농축 혼합슬러지	기계농축 혼합슬러지	혐기성 소화슬러지
슬러지 성상	TS(%)	1.5～2.5	약 3.5	2.0～2.5
	VS/TS(%)	75～80	75～80	60～65
약품첨가율(%)		1.0～1.3	1.0～1.3	1.1～1.3
탈수 슬러지 함수율(%)		80～83	80～83	82～84
SS 회수율(%)		>95	>95	>95

b) 벨트 프레스

슬러지 종류		중력농축 혼합슬러지	기계농축 혼합슬러지	혐기성 소화슬러지
슬러지 성상	TS(%)	1.5～2.5	약 3.5	2.0～2.5
	VS/TS(%)	75～80	75～80	60～65
약품첨가율(%)		1.0～1.3	1.0～1.3	1.1～1.3
여과속도(kg/m · h)		90～120	약 130	70～90
탈수 슬러지 함수율(%)		80～83	79～82	81～83
SS 회수율(%)		>93	>93	>90

자료: 환경부(2011)

크류프레스 탈수기는 원통의 스크린과 스크류 날개를 사용하는 일반형과 다중판형으로 구분되는데, 탈수 케이크의 함수율은 보통 60～80% 정도이며, 탈수능력은 6～8 kg DS/기/hr(내경 200 기준) 정도이다.

13.15 건조

(1) 건조상

건조상(drying bed)은 하수 슬러지의 탈수를 위해 중소규모(장기폭기 AS 등) 처리시설에서 흔히 사용되는 방법으로, 건조 후 고형물은 제거되어 매립 처분되거나 토지개량제로 이용된다. 비용이 저렴하고 고형물의 함량이 높아 유지관리가 용이하다는 장점이 있으나 소요 용지가 넓고 기후의 영향을 받으며, 곤충이나 악취 발생의 문제가 있을 수 있다. 일반적으로 재래식 모래 건조상(conventional sand drying beds), 포장지면 건조상(paved drying beds), 인공여재 건조상(artificial-media drying beds), 진공 건조상(vacuum-assisted drying beds), 자연 건조상(solar drying beds) 및 갈대 건조상(reed beds) 등으로 구분한다. 건조상의 구조나 방식은 상수 슬러지의 경우와 유사하지만[10.4절 (5) 참조], 우리나라에서는 하수 슬러지의 광역처리 시행으로 인하여 일반적으로 사용되는 방법은 아니다. 재래식 개방형 건조상의 경우 부하율(60～160 kg DS/m^2/yr)은 슬러지 종류에 따라 차이가 있다. 갈대 건조상은 지하흐름 인공습지(subsurface flow constructed wetlands)와 유사한 형태로 슬러지 부하율은 보통 30～60(최대 100) kg DS/m^2/yr 정도이다.

(2) 열건조

슬러지의 열건조(heat drying)는 외부의 열원을 이용하여 슬러지에 포함된 수분을 증발시키는 방법으로 보통 병원균을 사멸시킬 수 있는 80°C 이상의 온도를 이용한다. 슬러지의 건조는 대부분 연료(소각, 용융)나 유효 이용(녹지·농지 이용 및 자원화) 등을 목적으로 하기 때문에 적절한 수분조절과 안정화 그리고 취급성이 중요하다. 건조 슬러지의 함수량 설정은 이용 용도에 따라 다르지만, 녹지·농지 이용이나 토양개량제 등으로 이용하는 경우는 대략 20% 이하이나 연료 이용을 위해서라면 함수량은 경우에 따라 달라진다.

건조기의 종류는 열전달 방법에 따라 대류(convection), 전도(conduction), 조합(combination) 혹은 복사(radiation) 방식으로 구분된다. 대류형은 뜨거운 공기를 직접 슬러지와 접촉시키는 직접건조(direct drying) 방식이며, 전도형은 열원과의 직접적인 접촉이 없는 간접건조(indirect drying) 방식이다. 직접건조 방식에 비해 간접건조 방식은 대기오염의 문제가 상대적으로 적은 것이 장점이다. 적외선(infraded) 건조시스템은 복사에너지를 사용하는 비교적 최근에 시도되는 방법이다.

직접건조 방식에는 플래시 건조기(flash dryer)와 회전 건조기(rotary dryer) 그리고 유동상 건조기(fluidized-bed dryer)가 있다. 이 경우 주입 슬러지의 농도 50~60%를 유지하기 위해 충분한 반송과 혼합이 중요하다. 건조 온도는 200~540°C이며, 접촉시간 1~60분으로 에너지 소요량은 수분 증발량 1 kg당 670~890 kcal 정도이다. 이 방법은 건조 시 발생하는 대기오염 물질을 제거하기 위해 습식 세정(wet scruber)과 같은 처리시설이 필요하다.

반면에 간접건조 방식은 다단소각로 형태의 수직형 건조기(vertical dryer)와 반원통형의 수평형 패들 건조기(hollow-flight dryer)가 있다. 주입 슬러지의 농도는 50~60%이며, 건조 슬러지 반송률은 50~75%, 접촉시간은 30분으로 에너지 소요량은 수분 증발량 1 kg당 610~780 kcal 정도이다. 약 95~99% 정도의 건조 슬러지를 얻을 수 있으며, 열공급을 위해 소각기의 폐열을 이용할 수 있다. 직접 및 간접건조 방식 열건조기의 대표적인 형상과 특징을 그림 13-19와 표 13-61에 개략적으로 나타내었다.

건조방식의 결정에는 후속 처리 방식, 건조 후 슬러지 수분량 및 건조에 이용할 수 있는 열원의 양이나 종류 등을 종합으로 검토할 필요가 있다. 방식에 따라서는 배기가스에 악취 성분이 다량 함유되어 있을 가능성이 크기 때문에 대기 배출이나 연소 시 충분한 검토가 필요하다. 열건조 시 발생하는 악취의 주성분은 암모니아, 아세트알데이드 및 H_2S로 이는 모두 발생 가스의 재연소로 제거할 수 있다. 또한 배출가스에는 휘발성 유기화합물이 포함되어 있지만, 일반적으

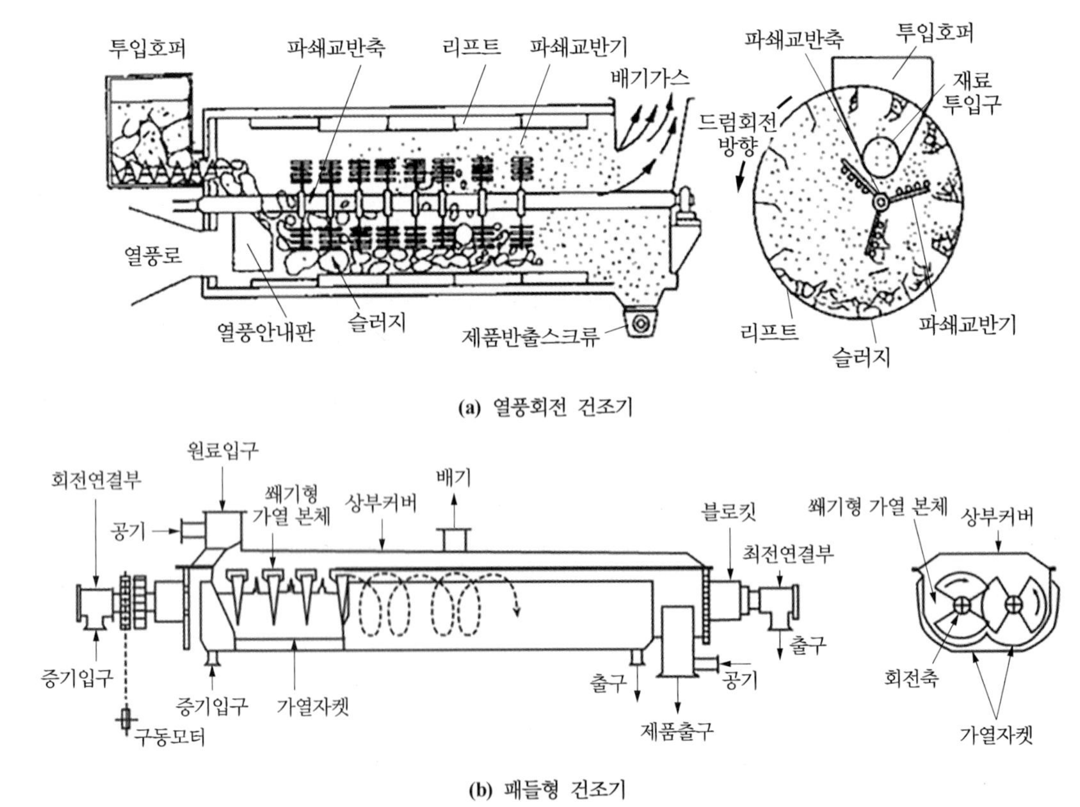

그림 13-19 **대표적인 열건조기의 형상** (환경부, 2011)

표 13-61 **대표적인 열건조기의 특징**

항목		직접가열방식	간접가열방식
장치 형식		교반기부착 열풍회전건조기 기류건조기	교반구형 건조기
건조 방식		열풍에 의한 직접접촉 열전달	열매체에 의한 전열면을 매개로 한 열전달
배기가스	가스량	다량	소량(열풍가열식의 약 1/2～1/5)
	먼지량	소량(1～10 g/Nm^3)	소량(0.1～2 g/Nm^3)
	온도	고온(이슬점 40～70°C)	고온(이슬점 80～95°C)
	배가스처리 설비	대형	소형
열효율(%)		50～70	75～85*

주) *는 열 발생 장치인 보일러의 열효율을 고려하지 않았으나 보일러의 열효율은 80～90%이다.
자료: 환경부(2011)

표 13-62 **슬러지 열건조의 장단점**

장점	단점
• 처리주기 단기간 • 감량효과 양호 • 비교적 운영관리 용이 • 기술적 신뢰성, 안성성 우수 • 처리공정 단순하여 운영관리 용이 • 국내외 기술 수준 우수 • 건설비 저렴 • 소요면적 비교적 작음	• 건조 슬러지의 악취발생으로 민원발생 우려 • 처리부산물 재이용 불가 시 추가 처분비 소요 • 건조를 위한 연료소요량이 많아 유지관리 고가

로 소각에 비해 농도가 낮다.

슬러지의 건조는 재활용(시멘트 자원화, 토양화 등)과 소각처리 등의 목적에 따라 환경에 미치는 영향의 정도가 다르다. 소각을 위한 건조에서는 발생되는 악취도 함께 소각 처리함으로써 효과적으로 해결이 가능하지만, 단독건조 시에는 악취처리에 많은 처리 비용이 소요된다. 보통 열건조 처리 후 비료화, 시멘트 자원화 및 보조 연료 등으로 광범위하게 사용할 수 있다. 표 13-62에는 슬러지 열건조의 장단점을 정리하였다.

건조된 슬러지를 취급할 때 가장 중요한 사항은 폭연 폭발(deflageration explosions)이다. 폭연은 급격한 압력 증가로 기체나 부유먼지가 급격히 팽창하며 연소하는 현상을 말한다. 고온 건조된 슬러지는 극도로 건조된 미세한 입자이므로 이송과 저장과정에서 화재나 폭발의 위험성이 높다. 이를 방지하기 위한 주요 수단으로서 환기시스템(덕트), 질소 충전(산소부피 5% 이하), 전기장비의 적절한 설계, 청결유지 및 열원 이동 등이 있다.

예제 13-6 열건조

다음의 조건을 이용하여 열건조 처리 시 소요 열량을 계산하시오.

조건: 탈수 케이크 20 m^3/d

TS 농도 20%

슬러지 온도 16°C

열건조 온도 100°C

풀이

1) 수분의 온도를 100°C까지 올리는 데 필요한 열량(H_1)

$= (20\ m^3/d)(10^3)(0.8\ kg\ \ H_2O/kg\ \ sludge)(1\ kcal/°C)(100 - 16)$

$= 1.3 \times 10^6\ kcal/d$

2) 수분 증발을 위한 소요 열량(H_2) $= (20)(10^3)(0.8)(539\ kcal/kg\ \ H_2O)$

$= 8.6 \times 10^6\ kcal/d$

3) 총 소요 열량(H_t) $= H_1 + H_2$

$= (1.3 + 8.6) \times 10^6\ kcal/d = 9.9 \times 10^6\ kcal/d$

4) 단위 소요 열량 $= (9.9 \times 10^6\ kcal/d)/(20{,}000\ kg/d)$

$= 495\ kcal/kg$

13.16 열처리

앞서 설명한 바와 같이 슬러지의 안정화와 감량화를 목적으로 하는 열처리(thermal/heat treatment) 공정에는 습식산화(wet oxidation), 소각(incineration), 열분해(thermal decomposition, pyrolysis) 등이 있다. 이러한 방법들은 모두 고유의 장단점을 가지고 있지만, 하수 슬러지의 지속가능한 최종처분과 재이용이라는 관점에서 다양하게 적용되고 있다(Adam et al., 2007; Pavlik et al., 2016; Stasta et al., 2006).

(1) 소각

소각(incineration)은 공기 중의 산소를 이용하여 유기성 고형물을 이산화탄소와 물 그리고 재(ash)로 전환시키는 열처리(thermal treatment)의 한 방법으로, 주된 목적은 위생적인 안정화와 부피감소에 있다. 그러나 불가피하게 발생되는 잔류물(대기오염 물질과 재)에 대한 대책이 필수적이고, 높은 유지관리비와 숙련된 기술이 요구된다는 점은 주된 단점이다. 연소 시 발생하는 폐열은 발전이나 난방 등으로 재활용할 수 있고, 소요 부지면적은 타 방법에 비해 상대적으로 작다. 소각은 매립지의 부족으로 슬러지의 최종처분이 제한되는 대규모 또는 중규모 처리장에서 주로 고려된다. 표 13-63에는 슬러지 소각처리의 장단점이 정리되어 있다.

소각은 보통 탈수가 이루어진 슬러지를 대상으로 하지만, 통상적으로 소각 이전에 별도의 안정화 단계는 적용하지 않는 것이 바람직하다. 그 이유는 소화(혐기성 혹은 호기성) 처리를 하게

표 13-63 **슬러지 소각처리의 장단점**

장점	단점
• 위생적으로 안전(병원균, 기생충 알 사멸) • 부패 가능성이 없다. • 슬러지 감량 효과가 우수(1/50～100) • 부지면적이 상대적으로 적다. • 처리부산물 자원화(시멘트 원료화) 용이, 수요처 확보 • 적용 범위가 크다(정수 및 하폐수 슬러지). • 국내 설치사례가 타 방식보다 많다. • 국내외 기술 수준, 신뢰성 및 안정성 우수 • 폐열활용 가능	• 대규모 환경오염방지시설(대기, 수질 등) 필요 • 건설비 및 유지관리비 고가 • 고급 운영기술 필요, 운영관리 전문적 • 소각재 중금속 용출 영향 있다. • 환경 영향으로 민원 야기 • 소요 사업기간 장기간 필요

되면 슬러지의 휘발성 함량이 낮아져 보조 연료의 요구량이 증가가 되기 때문이다. 혐기성 소화와 소각은 각각 특유의 장단점이 있으므로 공정의 선택에 앞서 건설비와 장기적인 유지관리비, 슬러지의 최종처분방법, 지역 규모와 특성, 운전관리 능력, 매립지의 사용 가능 여부 등의 종합적인 검토가 필요하다.

한편, 슬러지의 소각은 흔히 이미 가동 중인 소각로를 이용하여 도시 고형폐기물과 혼합 처리하거나 단독처리하여 적용한다. 이 경우 접근성과 경제성, 소각시설의 여유 용량, 장래 증설계획, 혼합소각에 따른 대기오염물질저감대책 등을 충분히 검토하여야 한다. 혼합소각 시 적용 가능한 슬러지량은 소각시설의 종류에 따라 다르지만, 보통 중량 기준으로 최대 40～60% 범위에서 적용할 수 있다. 혼합소각은 시설비 절감뿐만 아니라 소각시설에서 발생하는 폐열을 슬러지 건조를 위한 열원으로 활용할 수 있고, 악취 물질을 소각시설의 연소용 공기로 이용할 수 있다는 장점이 있다.

소각에서 가장 큰 이슈는 유기물질의 연소 부산물인 다이옥신(dioxins)이다. 이 물질은 2개의 벤젠고리에 염소가 여러 개 결합되어 있는 폴리할로겐화 유기화합물(PCDD, polychlorinated dibenzodioxins)을 말하는 것으로, 주로 300～600°C 부근의 온도조건에서 생성된다. 높은 유해성으로 인하여 다이옥신의 생성과 배출 저감에 대한 노력이 필요하고, 그 대안으로 열분해 기술이 강조되기도 한다.

소각로는 구조적 특징에 따라 다단 소각로(multiple-hearth incinerator), 유동층 소각로(fluidized-bed incinerator), 회전 소각로(rotary incinerator, 로타리킬른), 기류건조 소각로, 분무소각로 및 사이클론 소각로 등이 있다. 슬러지 처리용 소각로의 선정과 소각설비의 선택은 슬러지의 특성, 처리·최종처분방법, 입지조건, 안정성, 경제성(건설비 유지관리비), 운전조작의 편리성 및 환경오염방지대책(악취, 배기가스) 등을 고려해야 한다. 주요 소각로의 형상과 특성이 그림 13-20과 표 13-64에 나타나 있다.

소각시설의 설계를 위해 연소(combustion)에 대한 이해가 필요하다. 연소는 연료에 포함된 가연(휘발성) 성분들의 급속한 발열 산화반응을 말하는 것으로, 소각은 완전 연소(complete oxidation)를 기준으로 한다. 연소를 위해서는 높은 온도, 충분한 혼합과 접촉시간, 그리고 충분

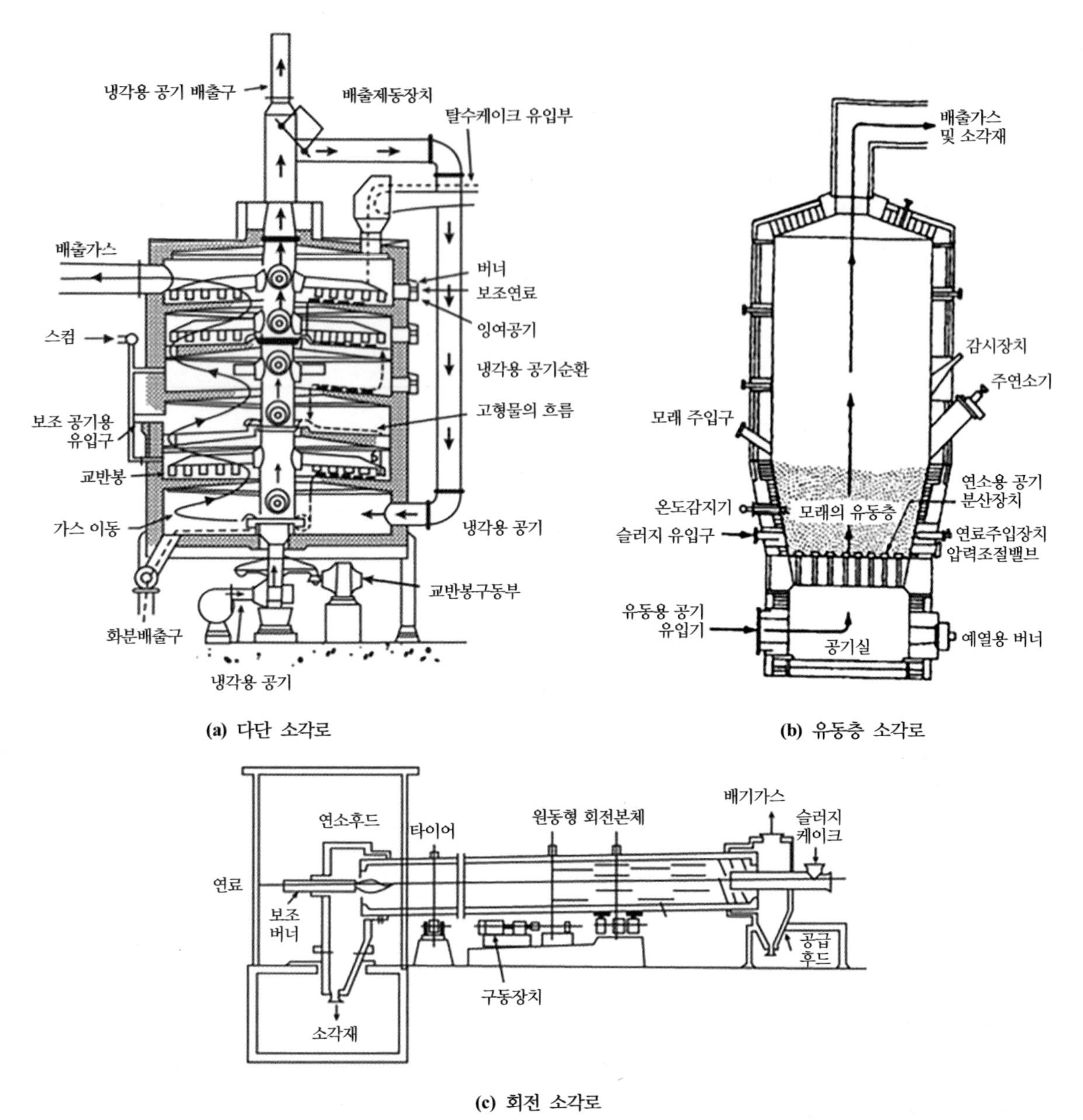

(a) 다단 소각로

(b) 유동층 소각로

(c) 회전 소각로

그림 13-20 **소각로의 일반적인 형상** (환경부, 2011)

한 산소가 필요하다.

산소요구량은 이론적인 완전 산화 반응식을 활용하여 평가할 수 있다. 슬러지의 가연(휘발성) 성분은 탄소, 수소, 산소 및 질소로 구성되어 있으므로 그 구성비율은 원소 분석(elemental analysis)을 통해 결정할 수 있다.

$$C_aO_bH_cN_d + (a + 0.25c - 0.5b)O_2 \rightarrow aCO_2 + 0.5cH_2O + 0.5dN_2 \tag{13.34}$$

공기 중에 포함된 산소의 질량비는 약 23%이므로 연소를 위한 공기소요량은 이론적인 산소량의 약 4.35배가 되는데, 완전 산화를 위해 이론적인 공기소요량의 약 50% 이상을 추가로 계획해야 한다. 이론적인 공기소요량은 보통 연료 열량 100 kcal당 2.35 m^3 정도이다.

표 13-64 **소각로의 종류별 특성 비교**

항목 \ 종류	다단 소각로	유동층 소각로	회전 소각로	기류건조 소각로
건설비	중	중	중	대
내구성	대	대	중	중
처리량(습윤기준)(kg/h)	50～6,000	50～6,000	100～3,000	100～3,000
소각의 용이성	아주 용이	아주 용이	비교적 용이	용이하지 않음
승온시간(분)	40～60	20～40	30～50	40～60
공기비	1.4～2.0	1.3	2.4～3.2	2～3
열부하량(kcal/m^3 · h)	70,000～150,000	150,000～450,000	70,000～100,000	-
소각온도(°C)	700～900	750～850	700～900	700～900
소각건조병행	가능	가능	가능	가능
보조연료 사용량	중	적음	많음	많음
분진발생량(g/Nm^3)	0.85～2	5～30	3～6	-
혼합소각 가능성	가능	가능	가능	불가능

자료: 환경부(2011)

완전 연소를 위한 열 요구량은 회분에 함유된 현열(sensible heat, Q_s), 배기가스 온도를 적정 수준(약 760°C)까지 올리는 데 필요한 현열(혹은 완전 산화와 악취 제거를 위해 필요한 열) 그리고 예열기 또는 열회수기에서 회수된 미열을 합한 값이다. 또한 슬러지에 포함된 수분을 증발시키기 위한 잠열(latent heat, Q_e)에 대한 고려도 필요하다. 따라서 총 열량은 다음 식으로 표현된다. 열 요구량을 줄이기 위해서는 반드시 슬러지의 수분함량을 저감시켜야 하며, 이에 따라 보조 연료의 양이 결정된다.

$$Q = \Sigma Q_s + Q_e = \Sigma C_p W_s (T_2 - T_1) + W_w \lambda \qquad (13.35)$$

여기서 Q = 총 열량, kJ (Btu)

Q_s = 회분의 현열, kJ (Btu)

Q_e = 잠열, kJ (Btu)

C_p = 회분 및 배가스에 함유된 물질에 대한 비열, kJ/kg · °C (Btu/lb · °F)

W_s = 각 물질의 질량, kg (lb)

W_w = 수분의 질량, kg (lb)

T_1, T_2 = 초기 및 최종 온도

λ = 증발 잠열, kJ/kg (Btu/lb)

참고 고위발열량과 저위발열량

물질(연료, C_mH_n)을 완전 연소하였을 때 발생하는 열량을 발열량(heating value)이라고 하고 그 값은 물질의 단위 중량을 기준(kcal/kg)으로 표현한다. 발열량은 일반적으로 열량계(bomb calorimeter)를 이용하여 측정할 수 있다. 연료는 연소 시 산소와 결합하여 연소 가스와 수증기를 생산하는데, 수증기는 응축하여 응축열(잠열)을 발산하게 된다. 이때 총 발열량은 응축열을 포함하는 열량으로 고위발열량(HHV, higher heating value)이라고 하며, 고위발열량에서 수증기의 증발열을 제외한 열량을 저위발열량(LHV, lower heating value)이라고 한다. 즉, 열량계에서 측정한 열량은 고위발열량이며, 저위발열량은 고위발열량에서 수증기 잠열을 뺀 값이 된다. 실제 고체나 액체연료의 경우 열량 계산은 저위발열량을 기준으로 하는데 그 이유는 연료를 기화시켜 연소하기 위해서는 연료 중에 포함된 수분을 증발시켜야 하기 때문이다. 유효열량(effective heat)은 연료의 열량에서 배기가스로 빠져나가는 열량을 뺀 값이다. 기체의 경우 고위발열량과 저위발열량의 상관관계는 다음과 같다.

$$LHV = HHV - 480[\Sigma(n/2)] \quad (여기서,\ C_mH_n)$$

슬러지의 열량은 다음 식으로 결정할 수 있다(WEF, 1998).

$$Q = 14{,}544C + 62{,}208(H - O/8) + 4{,}050S \tag{13.36}$$

여기서, Q = 총 열량, kJ/kg 건고형물(Btu/lb = kJ/kg × 0.43)

C = 탄소, %

H = 수소, %

O = 산소, %

S = 황, %

연료로서 슬러지의 가치는 기본적으로 슬러지에 포함된 휘발성 고형물(VS) 함량에 있다. 따라서 슬러지의 성상은 매우 중요하다. 표 13-65에 나타난 바와 같이 1차 슬러지의 열량이 가장 높으며, 특히 유지(grease)성분과 스컴의 함량이 높을수록 열량은 더 높게 나타난다. 만약 음식물 쓰레기가 다량 포함된다면 VS 함량과 열량이 더 높을 것이다. 천연가스(12,680 kcal/kg), 휘발류(11,520 kcal/kg) 및 석탄(7,050 kcal/kg) 등의 연료와 비교할 때 슬러지는 저품질 석탄 수준임을 알 수 있다.

표 13-65 하수 슬러지의 열량

구분	범위 (kJ/kg DS)	대표값 (kJ/kg DS)
유지와 스컴	-	39,150 (38,970)
1차 슬러지	23,000~29,000	25,000 (24,100)
활성슬러지	20,000~23,000	21,000 (-)
소화슬러지(혐기성)	9,000~14,000	12,000 (12,350)
화학침전 슬러지	14,000~18,000	16,000 (17,510)
1차+화학침전 슬러지	16,000~23,000	20,000 (-)

Ref) WEF(1998); ( ), 환경부(2011).

(2) 습식산화

습식산화(wet oxidation)는 산화제로 산소나 공기를 사용하는 방법이다. 산화 반응은 물의 정상적인 비등점(100°C)보다 높지만, 임계점(374°C)보다 낮은 온도에서 일어나며, 과도한 물의 증발을 피하기 위해 일정 압력(10～100 bar)을 유지해야 한다. 적용되는 온도와 압력은 적용방법과 산화율에 따라 다르지만, 통상적으로 중압법은 230°C(3,500～4,200 kPa), 고압법은 250～260°C(6,900～10,300 kPa), 그리고 심정관 형태의 경우 260～290°C(10,340～13,800 kPa) 정도이다.

산화된 슬러지는 소량의 불활성 잔유물(회분), 용해성 유기물을 함유한 분리액, 그리고 배출가스로 변화한다. 회분은 약품을 첨가하지 않아도 쉽게 탈수되며, 강열 감량은 15% 이하로 처리 후 잔류물은 보통 농축 슬러지의 1/30～1/40 정도가 된다. 산화도는 보통 50～70%(COD 기준) 정도이며, 반응시간은 40분～1시간 정도이다.

습식산화는 20세기 중반에 상용화되기 시작하였는데, 흔히 Zimpro(ZIMmerman PROcess)로 알려져 있다. TS 4%의 슬러지를 습식공기산화(WAO, wet air oxidation) 시스템으로 처리될 때 가압 여과에 의한 탈수 슬러지의 TS는 약 55% 정도이다(Luck, 1999). 습식산화는 고형물 저감과 멸균 효과로 인하여 각종 산업폐수나 슬러지의 처리뿐만 아니라 활성탄의 재생을 위해서도 사용된다(Patria et al., 2004).

(3) 열분해

열분해(thermal decomposition, pyrolysis)는 산소가 결핍된 상태에서 가열하여 유기물질을 물리·화학적으로 분해하는 방법으로, 휘발성분이 많고 검은색의 숯(char)이 잔류물로 발생하므로 탈휘발화(devolatilization) 혹은 탄화(carbonization)라고 표현하기도 한다. 고체에서 액체로 상전이를 일으키는 용융(melting, ＞1,300°C), 고형물을 열분해하여 잔류된 탄소 회분을 고체 연료로 형성 제조하는 건류(dry distillation, 1,000～1,300°C), 포틀랜드 및 기타 유형의 시멘트 열분해 공정인 시멘트 킬린(cement kiln, ＞1,450°C), 그리고 원료(고체, 액체)로부터 합성 연료가스 등을 제조하는 가스화(gasification, ＞700°C) 등의 방법이 있다. 반응압력은 1～170기압까지 다양하며, 경우에 따라서는 1기압보다 낮은 상태에서 운전되기도 한다. 이러한 방법들은 소각이 가진 문제점(다이옥신)을 해결하고 하수 슬러지의 지속 가능한 재이용과 자원화(혼합시멘트화 및 비료화 등)라는 측면에서 최근 다양한 연구와 적용이 이루어지고 있다(Adam et al., 2007; Pavlik et al., 2016).

열분해의 최종산물은 응축성 가스(응축하면 오일 및 타르가 된다), 비응축성 가스 및 숯 세가지로 구별되는데 이들의 생성비율은 슬러지의 화학적 조성뿐만 아니라 반응 조건(반응 온도와 반응 시간 등) 등에 따라 달라진다. 일반적으로 반응 온도가 200～300°C 범위에서 숯이 주로 생성되고, 300～500°C에서는 응축성 가스가, 그리고 600°C 이상에서는 비응축성 가스가 주로 생성된다. 열분해 공정은 무산소 또는 저산소 상태에서 조작되는 열처리 공정이므로 배기가스가 적고, 낮은 보조 연료 소비량, NO_x 발생 및 크롬 산화 억제 등의 장점이 있다.

표 13-66 **슬러지의 용융처리 장단점**

장점	단점
• 처리주기 단기간, 감량 효과 가장 우수 • 소각재, 생활폐기물, 산업폐기물, 유해폐기물 등과 여러 폐기물과 혼합처리가능 • 처리부산물의 무해화, 장기 보관성 용이 • 재활용 가능성 높음 • 폐열활용 가능	• 부산물 재이용 사례 부족 • 고도의 숙련된 운영관리 기술 필요 • 국내 설치 사례 없음 • 기술적 신뢰성, 안정성 미흡 • 국내외 기술 수준 낮음 • 건설비, 처분비 가장 고가

1) 용융

하수 슬러지의 용융(melting)은 매립지 확보가 곤란하거나 소각을 통한 감량화가 어려운 경우에 대한 대안으로 주로 대도시에서 발생되는 대량의 슬러지나 광역 슬러지 처리를 대상으로 고려되는 방법이다.

용융은 열조작 시스템으로서 소각과 유사하지만, 처리온도(1,100～1,500°C)가 소각에 비해 훨씬 높고, 소각재의 재활용 측면에서 시스템의 구성이 다르다. 슬러지를 용융 처리할 경우 그 효과는 감량화, 안정화(회분, 슬래그 고정화로 인한 낮은 용출도), 자재화(결정화 용융 슬래그의 이용) 등으로 유효 이용을 적극적으로 할 수 있다는 장점이 있다(표 13-66).

용융방식에는 하수 슬러지를 소각 후 용융하거나, 슬러지 자체를 직접 용융하는 두 종류가 있다. 직접 용융방식은 용융로 내에서 연소와 용융을 동시에 수행하므로 작은 보조 연료로 슬래그화가 가능하고 소각로가 불필요하므로 상대적으로 설치와 운영 면에서 경제적이다. 슬러지를 소각 후 용융하는 방식은 소요용량이 적고 열효율을 최대화할 수 있으며, 소각로와 용융로의 운전상의 탄력성이 있다. 용융설비로는 코크스베드용융로, 회전용융로 및 표면용융로 등이 있다.

2) 탄화

하수 슬러지의 탄화(carbonization)는 고형물을 열분해하여 잔류된 탄소 회분을 회수하는 건류(dry distillation) 시스템이다. 소각시설보다 시설 규모가 작아 초기투자비가 저렴하고, 처리공정에서 2차 환경오염물질이 적게 발생하며, 최종부산물인 탄화물(carbon black)을 생산한다. 탄화공정은 유기성 슬러지의 무해화 및 감량화뿐만 아니라 유효자원의 회수가 가능하다는 장점이 있다. 탄화처리 부산물인 탄화물은 고온에서 탄화된 탄소알갱이의 무취한 미립자로 흡취성 및 흡착성이 좋고, 약 3,000 kcal/kg 이상 발열량을 가지고 있다. 또한 강알카리성이고 비표면적이 비교적 커서 흡착제, 보조 연료 또는 토양개량재로 유용하게 재활용할 수 있다. 그러나 탄화물(carbon black)은 인간에게 발암 가능성이 있는 그룹(2B)에 포함되므로 사용에 특별한 주의가 필요하다(Kuempel and Sorahan, 2010). 탄화의 장단점은 표 13-67과 같다.

표 13-67 슬러지 탄화처리의 장단점

장점	단점
• 단시간 대량처리 가능, 높은 감량화율	• 탄화제품 특성이 불안정
• 부산물이 거의 발생하지 않는 환경친화적 처리	• 관련 기준 및 규제 미흡
• 발생가스(열분해가스) 재이용, 폐열활용 가능	• 처리부산물 재이용 방안 필요
• 대기오염물질, 악취 등 2차 환경오염유발 적음	• 유기성 찌꺼기에만 처리가 국한됨
• 설치면적 적음	• 고도의 숙련 운영관리 기술 필요
• 탄화물의 활용방안 및 유상판매 가능성	• 기술적 신뢰성, 안정성 미흡
• 탄화물의 장기 보관 가능	• 국내외 기술 수준 낮음
• 소각과 비교 시 환경 악영향 및 건설비 적음	• 비교적 처분비 고가

13.17 슬러지 자원화

과거 슬러지의 최종 처분은 전통적으로 해양투기(ocean dump)나 매립(landfill)을 위주로 이루어져 왔다. 우리나라는 2014년에 시행된 전면적인 해양투기 금지와 매립용지의 급격한 부족으로 인해 슬러지 처리·처분에 대한 근본적인 개념과 방향에 있어 큰 변화가 있었다[13.1절 (4) 참조]. 2007년 이후 하수 슬러지를 포함한 모든 유기성 슬러지의 직매립이 금지되었다. 물론 일부 예외조항이 있지만, 원칙적으로 무기 성분만을 매립 가능하도록 규정하고 있다(폐기물관리법 시행규칙 별표6 폐기물의 수집·운반·보관·처리에 관한 구체적 기준 및 방법, 2010).

우리나라는 지속적인 하수도 정비의 확대와 생활 수준의 향상으로 슬러지 발생량이 꾸준히 증가하고 있고 선택 가능한 최종처분방법도 매우 제한적이므로 지속 가능한 슬러지 처리·처분을 위한 정책적 및 기술적 패러다임의 전환은 불가피하다. 하지만 이러한 변화는 처리 비용의 증가를 초래하기 때문에 최선의 방안은 슬러지의 감량화와 유효 이용을 향상시키는 것이다. 이러한 맥락에서 슬러지의 소각과 용융 그리고 다양한 자원화 기술이 주목받고 있다. 자원회수와 에너지 절약의 관점에서 슬러지의 녹지 및 농지이용, 건설자재 이용 또는 에너지 이용방안 등이 적극적으로 반영되고 있다. 특히 퇴비화 및 고형화 처리된 슬러지는 매립지 복토재로 재이용된다. 여기에서는 다양한 슬러지의 자원화 방향과 그 특성에 대하여 설명한다.

(1) 녹지 및 농지이용

슬러지는 질소, 인 등의 중요한 비료 성분 이외에도 각종 유용한 무기물을 포함하고 있어서 토지적용(녹지 및 농지이용)을 위한 유효자원으로서의 가치가 높다. 하수 슬러지의 토지적용과 관련한 용어로는 환경부 관련 법령에 규정하고 있는 부숙토와 지렁이 분변토가 있고 비료관리법상으로는 부산물 비료가 있다.

부숙토는 음식물류 폐기물과 유기성 슬러지를 부숙 공정으로 처리한 것을 말하는데, 여기서 부숙 공정이란 원료의 함수율을 조정하여 유기물을 분해하는 1차 발효공정과, 1차 발효 후 남아 있는 악취 또는 병원성 미생물을 제거하거나 미분해된 유기물을 분해하여 안정화된 제품을 생산하는 2차 발효공정을 말한다. 부숙토는 정원·공원·임야·간척지·개간지 등의 토지개량제와 매립지 복토용으로 사용할 수 있으나 농경지·화훼 재배지·묘목장·식용작물 재배지에서는 사용을 금지하고 있다. 지렁이 분변토는 지렁이에 의해 유기성 슬러지를 섭취, 소화한 후 배설한 것을 말하는 것으로 비료관리법에서는 지렁이분으로 정의하고 있다.

부산물 비료는 비료 공정 규격상 보통 비료 이외에 농업, 임업, 축산업, 수산업, 식품 공업 따위의 부산물을 비료로 제조한 것으로 퇴비, 부숙겨, 재, 분뇨 잔사, 부엽토, 아미노산 발효 부산비료액, 건 계분, 건조 축산 폐기물, 부숙 왕겨 및 톱밥, 토양 미생물 제제 및 토양 활성 제제 종류가 이 범주에 속하며, 그 주성분에 대한 최소 함량과 유효 성분의 최대 함량 등을 세부적으로 규정하고 있다. 부산물 비료로 사용 가능한 다양한 원료 중에는 가축분뇨(가축분 퇴비), 음식물류 폐기물(가축분뇨 발효액, 혼합 유기질), 그리고 지렁이분이 포함되어 있다. 분뇨처리시설 슬러지와 음식물류 처리 슬러지 그리고 하수 슬러지는 사전분석 후 사용 가능한 원료로 특정되어 있는데(2013년 개정), 여기서 하수 슬러지란 읍면 단위 농어촌지역에서 발생되는 생활하수 슬러지로 한정되어 있다(비료관리법 비료 공정규격 설정 및 지정 별표5 제5호).

우리나라의 하수도 시설기준(2011)에는 하수 슬러지의 녹지 및 농지 적용 형태는 시비되는 토지의 상황이나 이용자 측의 사용 방법을 고려하여 결정하고, 주된 종류로 하수 슬러지 부숙토와 지렁이 분변토를 규정하고 있다. 하수 슬러지로 만든 부숙토는 이미 유기물질이 생물학으로 안정화되어 있으므로 토지적용 시에 급격한 분해로 인한 식물 생육의 악영향을 방지할 수 있고, 슬러지에 포함된 질소나 인과 같은 비료 성분은 토양의 영양성을 개량할 수 있다.

한편, 지렁이 분변토는 하수 슬러지에 포함된 유해한 성분을 줄이고 퇴비 사용에 유용한 재료로 전환된다. 지렁이 분변토 생산 방법은 기존의 슬러지 처리방법보다 간편하고, 시설비와 운전비가 낮으며 부산물의 재활용이 가능하다. 하지만 부지확보와 사육환경에 영향을 받고 대규모 적용이 쉽지 않으며, 지렁이의 안정된 성장과 주변 환경(악취)에 대한 2차 오염방지에 대한 주의가 필요하다.

하지만 비료관리법에서 규정하고 있는 바와 같이 읍면 단위 농어촌지역이 아닌 하수처리장과 산업폐수가 일부라도 수용되는 처리장에서 발생되는 슬러지는 퇴비로 사용 가능한 원료에 포함되어 있지 않으므로 사실상 하수 슬러지를 농지에 퇴비로 사용하는 것은 법적으로 허용되지 않는다. 그러나 농지를 제외한 용처에 대해서는 안정성이 확보된 하수 슬러지를 적용할 수 있으며, 토양의 영양분 공급뿐만 아니라 토지개량제, 발효배양토[식생기반, 산림용, 조림(조경)용, 도로공사용, 매립지 복토재, 간척지 표토, 폐광복구용 및 원예용 등] 및 비탈면 녹화토 등을 목적으로 사용할 수 있다. 비탈면 녹화토란 절토 및 성토 공사 등으로 발생한 비탈면의 낙석 방지, 생태복원 또는 녹화에 사용하는 인공토양을 말한다(폐기물관리법 제14조 관련 시행규칙 별표5, 2011).

토지개량제의 경우 또한 현행 비료관리법의 규정과는 엄격히 차이가 있다는 점에 유의해야 한다. 현행 비료공정규격에는 토지개량제는 산성토양개량 또는 중화효과에 의한 간접적인 비료 효과를 가진 석회질비료 10종, 규산질비료 8종, 고토 6종으로 규정하고 있다. 이렇듯 우리나라의 현행 법률은 하수처리 슬러지의 농지 이용에 대하여 엄격하게 구분하여 규정하고 있다.

부숙토나 지렁이 분변토 그리고 부산물 비료는 미국 EPA에서 규정하고 있는 생물 고형물(biosolids)과는 그 의미와 기술 그리고 용도에서도 분명한 차이가 있다. 왜냐하면 생물 고형물의 원료는 기본적으로 하수 슬러지를 대상으로 하고 있고, A급의 경우 농지를 포함한 모든 토지적용에 제한이 전혀 없이 이루어지기 때문이다. 생물 고형물과 토지적용에 관련한 미국 EPA의 정책은 관련 기술에 대해 상세한 평가와 영향을 명확하게 정의하고 있으므로 중요한 기술적 참고가 될 수 있다. 생물 고형물의 토지적용에 대해서는 13.18절 (3)에서 상세히 설명한다.

(2) 건설자재로서의 이용

하수 슬러지의 건설자재화는 슬러지의 감량화뿐만 아니라 자원 부족이라는 현재 상황에 대응하는 유효한 처분방법으로 부족한 자원과 에너지 절약에 기여할 수 있다. 건설자재로써 사용되는 주된 형태는 소각재와 용융 슬래그로, 이 물질들은 가공 여부와 방법에 따라 토질개량제뿐만 아니라 건설자재 등으로 이용될 수 있다. 소각재나 용융 슬래그의 조성은 종래의 건설자재와 유사하므로 건설자재 또는 그 원료로써 사용이 가능하다. 또한 소각재는 건설 잔토 등을 개량하는데 효과적이다.

소각재는 하수 슬러지의 탈수처리 과정에 사용된 응집제의 종류에 따라 무기계(석회계) 소각재와 유기계(고분자계) 소각재로 구별할 수 있는데, 일반적으로 석회계 소각재는 토질개량제와 노반 재료에 그리고 고분자계 소각재는 2차 콘크리트 제품과 2차 소성 제품에 적합하다. 무기계 소각재는 보통 Ca의 수용성을 이용하는 경우가 많기 때문에 슬러지의 성상과 계절적인 변화에 따른 영향을 파악할 필요가 있다. 토질개량제로 이용하는 경우에는 개량된 토지의 강도를 적절한 범위로 상승시키는 것이 목표이므로 소각재의 함수율을 가능한 낮추어야 한다. 도로 포장재로 이용할 경우 소각재는 단독 또는 다른 재료(용융 슬래그)와 혼합하여 사용한다. 고분자계 소각재의 이용은 점토 등의 대체재료로 소각재에 함유된 규소(SiO_2)나 알루미나(Al_2O_3) 등의 성분을 이용하는 것으로 소각재 성분과 계절적인 변동에 주의가 필요하다. 특히, 소성 시에는 소성 온도의 영향이 크기 때문에 주의해야 한다. 소각재의 과다한 첨가는 제품에 착색의 문제가 발생할 수 있다.

하수 슬러지를 1,200～1,500°C 정도로 태우면 유기 성분은 분해되고 액상 무기물이 남아 냉각단계에서 유리와 같은 결정체가 형성되는데 이를 용융 슬래그라고 한다. 용융 슬래그는 안정화되어 있어 악취, 비산, 유해물질 용출 등의 문제가 없으므로 주로 건설자재로 이용된다. 용융 슬래그는 용융액의 냉각 방법에 따라 크게 급냉 슬래그와 서냉 슬래그로 나누어진다. 이들은 물리적 특성(입경 등)과 성상이 다르지만, 각각 세사 또는 쇄석의 대체재로 이용할 수 있다. 용융 슬래그는 슬러지의 성상, 용융로의 형식, 계절적 변동에 따라 그 성상에 차이가 발생하기 때문에 사용 시에는 물리적 성질(비중, 입도 분포 등)과 화학적 성분(칼슘, 철, 알루미늄 등)을 고려하여

표 13-68 **시멘트 원료와 하수 슬러지의 성분비교**

구분	수분 (%)	화학 성분(%)									
		LOI	SiO_2	Al_2O_3	Fe_2O_3	CaO	MgO	Na_2O	K_2O	P_2O_5	Cl
점토 원료	20.0	7.0	63.3	18.5	6.0	0.4	1.8	1.0	2.0	-	-
슬러지 소각재	30.0	1.0	32.4	15.6	13.4	8.5	3.0	2.1	1.6	15.7	0.04
탈수 슬러지	80.0	79.8	6.8	2.5	31	1.2	0.4	0.5	0.3	3.1	0.03

자료: 김종대(2006)

활용하는 것이 바람직하다. 일반적으로 서냉 슬래그는 급냉 슬래그에 비하여 비중뿐만 아니라 강도도 높다. 슬래그는 도로 포장재 또는 콘크리트 골재 등으로 이용할 수 있으며, 입도 분포를 조정하기 위하여 용융 슬래그를 파쇄하거나 쇄석 등을 혼합하여 사용하기도 한다.

하수 슬러지의 시멘트 자원화는 특히 주목받는 재이용 방안이다. 시멘트 원료인 점토의 주요 성분은 이산화규소를 포함한 네 가지(SiO_2, Al_2O_3, Fe_2O_3, CaO)이다. 슬러지의 연소 후에 남는 고형성분의 성상은 점토 원료와 유사하므로 시멘트 원료로 이용 가능하다(표 13-68).

시멘트 자원화 방법에는 소각회 및 건조분의 원료화, 시멘트 킬른에 직접 투입하는 방법이 있는데, 이는 처리시설 및 시멘트공장의 규모, 지자체의 재정 능력에 따라 결정된다. 하수처리시설의 규모가 크고 재정자립도가 높은 곳에서는 하수 슬러지에 포함된 다량의 수분을 제거하여 최종처리자까지 공급되는 운송비를 경감할 수 있는 소각회 및 건조분의 시멘트자원화 방식이 유리하며, 하수처리시설 규모가 작고 재정자립도가 낮은 지자체에서는 수분 70～80%의 탈수 슬러지를 그대로 시멘트 킬른에 직투입하는 방식이 유리하다.

시멘트 자원화 방법은 하수 슬러지의 처리에 다양한 장점(대량처리, 처리 비용 절감, 시멘트 소성 시 배출되는 NO_x 저감 및 오염 최소화)이 있지만, 슬러지에 함유된 일부 성분(P_2O_5와 Cl 등)이 시멘트 공정과 품질에 악영향을 미치기 때문에 충분한 검토가 필요하고 안정적인 수요처의 확보 역시 중요하다. 처리방법에 따라서는 슬러지의 이송 및 저장에 따른 악취 발생과 분진 등의 문제 해결이 필요하고, 이를 위한 별도의 설비와 처리방법이 요구된다.

슬러지의 처리부산물인 소각재와 용융 슬래그를 건설재료로 이용하기 위해서는 원료와 제품의 안정된 품질관리가 중요하다. 현재 제작과 시험 단계에 있는 경우뿐만 아니라 이미 실용화된 제품도 다양하다. 그 형태별 종류를 표 13-69에 예시하였다. 건설자재 등으로 사용하는 경우 주의할 점은 사용 목적과 자연환경에 대한 안정성 확보 여부이다. 따라서 그 영향을 평가하기 위해 원료(소각재 및 용융 슬래그)와 제품에 대한 유해물질의 용출시험과 장기적인 추적 조사가 필요하다.

(3) 에너지 이용

하수처리시설은 하수의 수집 및 처리 과정에서 다량의 에너지를 소비한다. 우리나라의 하수처리시설에서 사용되는 전력은 연간 국가 총 전력 사용량의 0.5%를 차지하며, 공공하수처리시설의

표 13-69 **슬러지의 건설자재 이용예**

<table>
<tr><td rowspan="10">소각재</td><td rowspan="2">석회계</td><td rowspan="2">(무가공)</td><td>토지 개량제(5～30%)</td></tr>
<tr><td>노반재(～100%)</td></tr>
<tr><td rowspan="8">고분자계</td><td>(무가공)</td><td>콘크리트 2차 제품(2～10%)
• 연결 블록
• 콘크리트 L형
• 콘크리트 경계 블록</td></tr>
<tr><td rowspan="6">소결</td><td>타일(1～100%)</td></tr>
<tr><td>보통 벽돌(10～100%)</td></tr>
<tr><td>연결 벽돌(～100%)</td></tr>
<tr><td>투수성 블록(～50% 정도)</td></tr>
<tr><td>강관(3～6%)</td></tr>
<tr><td>경량 골재(80～100%)</td></tr>
<tr><td rowspan="6">용융 슬래그</td><td rowspan="6">급냉
또는
서냉</td><td rowspan="3">필요한 경우
입도 조정</td><td>노반재(～100%)</td></tr>
<tr><td>콘크리트 골재(～100%)</td></tr>
<tr><td>콘크리트 2차 제품(10～25%)(굵은 골재 치환율～100%)
• 연결 블록
• 콘크리트 경계 블록
• 포장용 콘크리트 평판
• 원심력 철근 콘크리트 관
• 콘크리트 L형</td></tr>
<tr><td rowspan="2">용융 성형</td><td>정형 성형 결정화 물질(타일)(～100%)</td></tr>
<tr><td>장식품(착색 유리)(～100%)</td></tr>
<tr><td>소결</td><td>특수성 블록(～100%)</td></tr>
</table>

주) ( ), 개략적인 습윤중량 기준 첨가율(%)
자료: 환경부(2011)

에너지 자립률은 0.8% 정도이다. 공공하수처리시설에서 사용하는 전력량은 처리장의 규모에 따라 다르지만 보통 하수 1톤당 약 30～40원(처리용량 500 m^3/d 이상 기준 17.5～114원/m^3) 정도이며, 전력비는 전체 운영비의 약 20%(0.26～1.26 kwh/m^3) 정도이다(환경부, 2015). 이러한 배경에서 정부는 2030년까지 50%에 이르는 에너지 자립률을 목표로 하수처리시설 에너지 자립화 기본계획(환경부, 2010)을 수립한 바 있다. 세부계획으로는 에너지 절감(공정 최적화, 소화가스 에너지화 확대, 에너지 절감형 하수처리 공정 도입), 자립화 기반구축(시설개선과 슬러지 자원화), 미활용(하수 열/폐열) 에너지 이용 및 자연에너지(태양광, 소수력 발전) 생산 등이 포함된다.

하수처리장에서 에너지의 회수와 이용은 오래된 주요 관심 사항으로 하수와 슬러지에 포함된 잠재적 에너지는 매우 높다. 예를 들어 캐나다의 토론토 하수처리장에서 수행된 에너지 수지 결과(Shizas and Bagley, 2004)에 따르면, 유입 하수는 처리에 필요한 에너지의 9.3배를 포함하고 있으며, 그중 약 80%가 1차 슬러지(66%)와 2차 슬러지(14%)로 발생되고, 이중 47%의 에너지를 바이오가스(메탄)로 전환하여 사용하는 것으로 분석되었다. 앞서 설명한 바와 같이 연료로서 슬러지의 가치는 대체로 저품질 석탄 수준으로 1차 슬러지는 24,000～25,000 kJ/kg DS 그리고

2차 슬러지는 21,000 kJ/kg DS 정도의 열량을 가지고 있다(표 13-65). 이러한 결과는 재생 가능한 자원으로서 하수와 슬러지의 가치를 충분히 보여주는 예이다.

슬러지의 자원화 관점에서 하수 슬러지의 이용 가능한 에너지 형태로는 소화 바이오가스, 건조 슬러지, 소각·용융로 배기가스 그리고 슬러지 탄화물 등이 대표적이다.

바이오가스의 저위발열량은 보통 5,000～5,500 kcal/Nm^3으로 일반적인 도시가스(고위발열량 기준 약 10,400 kcal/Nm^3)와 비교하여 메탄함량과 잠열을 고려할 때 충분히 에너지원으로 이용이 가능하다. 바이오가스의 이용은 일반적으로 소화조 가온용 보일러, 슬러지 소각로 등의 보조 연료로 우선적으로 사용되지만, 가스 발생량을 향상시킬 경우에는 발전이나 동력원으로서의 이용이 가능하다.

슬러지 케이크의 발열량은 탈수과정에서 유기 응집제를 사용하는 경우 3,000～4,000 kcal/kg DS 정도로 열건조 공정에서 열원으로서의 잠재적 가치는 대단히 높다. 따라서 건조된 슬러지 케이크는 자연 소각이 가능하며, 증발에 의해 수분을 제거한 건조 슬러지는 고체 연료로도 이용이 가능하다. 일반적으로 발열량이 3,000 kcal/kg DS 이상, 수분 함유량이 10% 이상인 경우 화력발전소의 연료로 사용할 수 있다.

소각로나 용융로 등의 배기가스는 다량의 열에너지를 보유하기 때문에 공기 예열이나 백연 방지 예열, 슬러지 케이크 건조 등에 직접 이용될 수 있다. 또한 굴뚝 청소 시 발생하는 세연배수(습식세정 배수, gas-washing wastewater)도 대량으로 발생하기 때문에 그 이용에 대한 검토도 필요하다.

슬러지의 열분해 탄화로에서 400°C 이상의 온도를 유지하면서 발생되는 탄화물은 휘발분이 거의 제거된 상태이므로 슬러지 특유의 악취가 나지 않고, 보관성도 좋아 흡음제 등의 여러 가지 용도로 활용할 수 있다. 경우에 따라서는 화력발전소의 연료로도 활용이 가능하나 탄화물 생성 과정에서 연료 손실량이 많다는 점을 고려해야 한다.

슬러지 에너지 이용을 위해서는 이용 가능한 에너지량의 변동, 에너지 수지 검토, 시스템의 경제성, 그리고 여유 장치의 필요성 등에 대한 검토가 필요하다.

13.18 최종처분

하수 슬러지의 최종처분에 대한 기본방향은 자원화를 통한 유효 이용(beneficial use)과 매립(landfill)이다. 앞서 설명한 바와 같이 슬러지 자원화를 위한 주요 방법으로는 건설자재화와 토지적용(녹지나 농지이용) 그리고 에너지화이다. 매립은 법적으로 허용된 범위 내에서만 가능하며, 슬러지 자원화와 더불어 그 법적 규제는 매우 복잡하고 엄격하다. 따라서 슬러지의 최종처분 방안을 마련할 때에는 기술적 측면(병원균, 유해물질, 악취, 2차 오염 가능성 등)과 경제성(시설비, 운영비 등)뿐만 아니라 관련 법령을 충분히 이해하여야 한다.

하수 슬러지의 최종처분은 폐기물관리법과 직접적으로 관련이 있다. 참고로 우리나라의 경우 폐기물은 생활 폐기물과 사업장 폐기물(일반, 건설, 지정)로 구분하고 있으며, 하수 슬러지는 사업장 폐기물의 지정 폐기물(오니류: 수분함량이 95% 미만이거나 고형물함량이 5% 이상)에 속한다(폐기물관리법 제3조 별표1, 2016). 무기성 슬러지(오니)는 지정 폐기물에 포함되지 않는다. 또한 폐기물의 처분은 폐기물처분시설 및 재활용시설의 설치기준(제35조 별표9, 2018)과 관리기준(제42조 별표11, 2018)에 따른다. 이 규정은 중간처분시설(소각과 기계적, 화학적 및 생물학적 처분시설 등), 최종처분시설(매립 및 기타 고시시설) 그리고 재활용시설(기계적, 화학적 및 생물학적, 시멘트 소성로, 용해로, 소각열 회수시설 등)로 세분화되어 있다.

슬러지 자원화 부분은 이미 설명하였으므로 이 절에서는 매립과 그 전처리 단계로 주로 사용되는 고화(solidification) 처리에 대해서 설명한다. 또한 추가로 토지적용과 관련한 대표적인 자료로 미국 EPA(1999) 규정을 설명한다. 이미 설명한 바와 같이 우리나라도 토지적용을 대상으로 하는 부숙토와 부산물 퇴비의 규정이 있으나, 그 세부내용으로는 큰 차이가 있다. 부숙토의 생산 공정은 매우 단편적으로 정의되어 있고, 부산물 퇴비의 생산과 적용방법도 매우 제한적이며, 설계를 위한 적용기준(부하율 등)도 별도로 규정되어 있지 않다. 생물 고형물에 대한 정의와 기술은 이미 전 세계적으로 통용되고 있으므로 이를 토지적용에 이용하는 설계 부하율의 산정이나 적용방법 등을 이해하는 것은 매우 유용하다. 생물 고형물과 관련한 세부내용은 13.2절을 참고하기 바란다.

(1) 매립

매립(landfill)은 슬러지를 포함한 각종 폐기물을 처분하는 가장 오래된 일반적인 방법으로 과거에는 단순한 쓰레기 더미나 구덩이 형태였지만, 1940년대 이후 체계적인 매립기술이 도입되기 시작하면서부터 현대의 위생매립지(sanitary landfill)는 다양한 고형폐기물을 처리하기 위해 첨단의 공학적 기술로 설계, 관리되는 시설로 발전하였다. 매립지를 이용한 폐기물처분은 통합 폐기물 관리 시스템(integrated waste management system)의 중요한 일부분이다. 매립지의 설계에서는 폐기물의 부피와 독성 저감을 위한 발생원의 감량 그리고 침출수의 관리가 중요하다. 매립지는 일반적으로 대상 폐기물의 유해성에 따라 고형폐기물(solid waste)과 유해폐기물(hazardous waste)로 구분하고, 고형폐기물 매립지에서는 일반적으로 도시 고형폐기물(쓰레기)과 유해성이 없는 산업폐기물을 함께 처분하고 있다.

일반적으로 하수 슬러지는 단독으로 매립되거나 다른 폐기물(도시 고형폐기물)과 혼합하여 매립하기도 한다. 혼합 매립하는 경우 일반 쓰레기의 분해율을 촉진시키므로 매립지의 조기 안정화 효과를 기대할 수 있으며, 슬러지에 포함된 유효 성분과 적절한 수분공급으로 매립 가스(메탄)의 발생량 증가를 가져와 자원의 재활용과 온실가스감축효과를 얻을 수 있다.

매립지의 거동은 산소가 없는 환경에서 유기물질의 지속적인 혐기성 분해가 일어나는 생물학적 분해과정으로, 이 반응속도가 매우 느려 반응은 매립이 종료된 이후 약 25년 이상 안정화 반응이 지속된다(US EPA, 2007). 분해과정은 초기적응을 거쳐 전환기(I), 산 형성(II), 메탄 형성

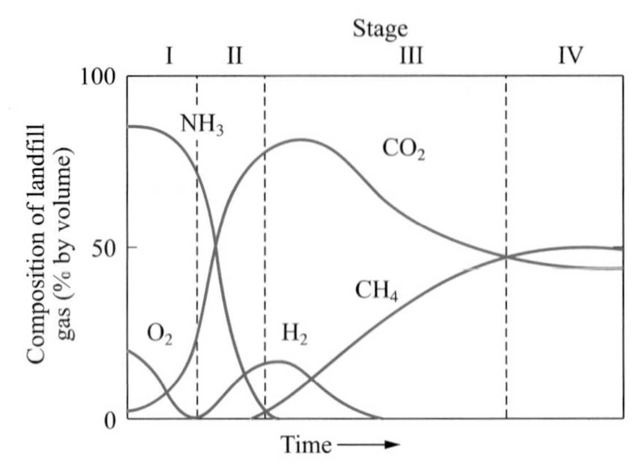

그림 13-21 **매립지의 일반적인 거동 특성**

(III) 및 안정화(IV) 단계로 구분된다(그림 13-21).

우리나라는 매립지의 부족으로 인하여 2007년 이후 하수 슬러지를 포함한 모든 유기성 슬러지의 직매립을 금지하고 있다. 우리나라의 폐기물관리법 "폐기물의 수집·운반·보관·처리에 관한 구체적 기준 및 방법(제14조 관련 시행규칙 별표5, 2011)"에 따르면 수질 및 수생태계 보전에 대한 법률 제48조 제1항에 따른 1일 처리용량 10,000 m^3 이상인 폐수종말처리시설, 하수도법 제2조 제9호의 규정에 의한 1일 10,000 m^3 이상인 공공하수처리시설과 수질 및 수생태계 보전에 대한 법률 제2조에 따른 1일 폐수배출량 2,000 m^3 이상인 폐수배출시설의 유기성 슬러지를 바로 매립하여서는 아니된다"라고 규정하고 있다. 물론 하수 슬러지의 직매립이 원칙적으로 금지되어 있기는 하지만 "매립 가스를 회수하여 재이용하는 시설이 설치된 매립시설의 경우에는 수분함량 75퍼센트 이하로 처리하여 매립할 수 있다. 다만, 1일 500톤 이상은 매립할 수 없다"라는 예외적인 규정이 있다.

매립지는 차단형과 관리형 매립시설로 크게 구분된다. 차단형 매립시설은 주변에 빗물의 유입을 차단할 수 있는 시설(예, 콘크리트 구조물)과 덮개를 설치한 매립시설을 말한다. 주로 추가적인 분해가 필요 없는 무기성 폐기물을 매립하며, 수분이 제거된 건조상태에서 매립된다. 처리 용량에 비하여 시설은 고가이므로 특수한 경우에 해당된다. 구조물의 바닥과 외벽은 한국산업규격 F2405(콘크리트 압축강도 시험방법)에 따라 압축강도가 210 kg/cm^2 이상인 철근콘크리트 구조로 두께가 15 cm 이상 또는 동일한 차단효력의 구조물로 하되 방수처리가 필요하다.

관리형 매립시설은 침출수의 유출을 방지하기 위하여 매립시설의 바닥, 측면에 방수 및 차수 처리한 위생매립(sanitary landfill)시설을 말한다. 시설의 주요 구성은 기초 지반, 저류 구조물, 차수시설, 우수 집·배수시설, 침출수 배제 및 처리시설, 매립가스 처리시설 등으로 이루어진다.

차수시설은 폐기물의 성질, 상태, 매립고, 지형 등을 고려하여 계획한다. 차수막으로는 주로 점토류(점토·점토광물 혼합토 등), 고밀도폴리에틸렌(HDPE, high density polyethylene), 또는 이에 준하는 재질(환경기술검증)의 토목합성수지 라이너(GL, geosynthetic liner)를 사용한다. 점토류 라이너의 경우 투수계수 1×10^{-7} cm/s, 두께 1.5 m 이상이어야 하고, HDPE의 경우 정해진

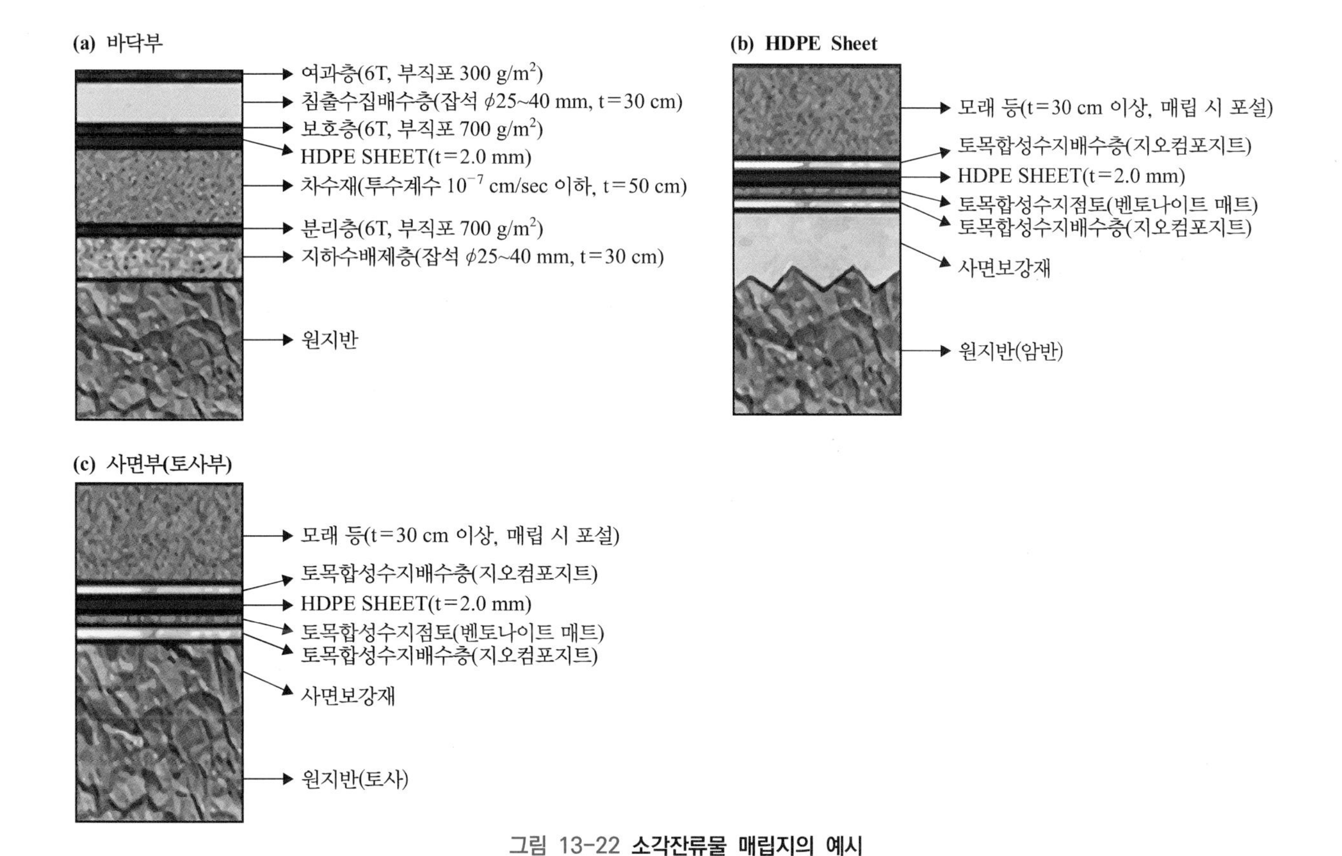

그림 13-22 **소각잔류물 매립지의 예시**

물성 허용기준(HDPE 단체표준 KPS M 6000: 두께 2.5 mm, 강도 및 내화성 등)을 충족해야 한다. 합성수지 라이너 하부에는 점토류 라이너(두께 50 cm 이상, 투수계수 1×10^{-7} cm/s)를 설치하거나 동일한 효과의 라이너로 포설해야 하고, 라이너 위에는 차수시설의 보호와 배수를 위해 지오컴포지트(geo-multicell composite)나 지오네트(geonet)와 같은 토목섬유(geotextile)를 설치한다. 매립시설의 측면에는 차수시설로 점토류 라이너를 설치한 경우 라이너 위에 모래(투수계수 0.01 cm/s, 두께 30 cm 이상) 등을 포설하고, 토목합성수지 라이너를 사용하는 경우 라이너 위에 투과능계수가 1/30,000 m^2/s 이상인 토목합성수지 배수층을 설치한다. 참고로 소각잔류물용 매립지의 차수 구조를 그림 13-22에 예시하였다.

침출수의 집배수시설은 차수시설 위에 설치되는 집배수층(투수계수가 1×10^{-2} cm/s, 두께 30 cm 이상)과 집배수관로(수평)와 집수정(수직) 등이 설치되며, 배수시설의 바닥 경사는 보통 2% 이상이다. 그림 13-23에는 침출수 배수를 위한 간선 관로의 표준단면도를 나타내었다.

참고 토목섬유(geotextile, geosynthetics)와 토목분리막(geomembrne)

토목섬유(geotextile)는 토양과 관련하여 사용되는 배수, 여과, 분리, 보강, 방수 및 차단 기능을 가진 투과성 직물이다. 일반적으로 폴리프로필렌(PP, polypropylene) 또는 폴리에스테르(PE, polyester)로 제작되며, 토목섬유는 직조(자루 모양), 바늘 펀치(펠트) 또는 열 결합(다림 펠트)의 세 가지 기본 유형으로 제공

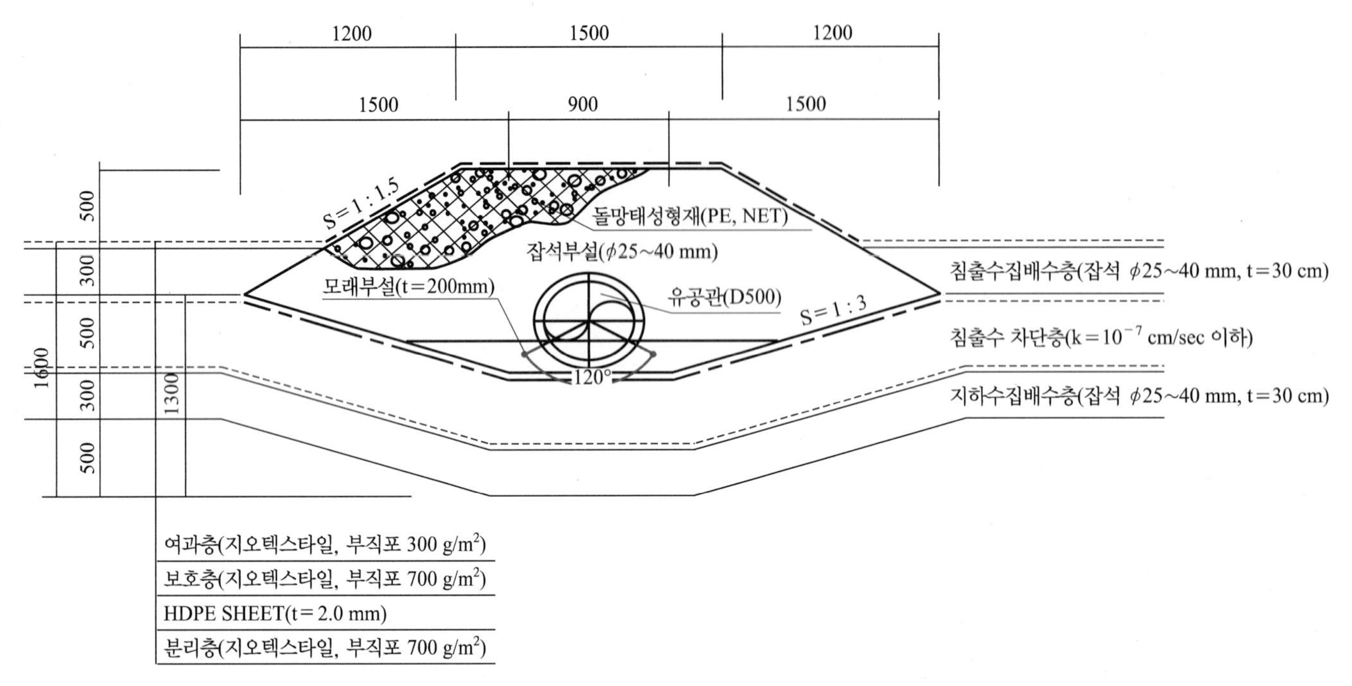

그림 13-23 **침출수 배수 간선관로 표준단면도 예시**

된다. 지오그리드(geogrids)나 메시(meshes)와 같은 복합 지오텍스타일(geotextile composites)도 개발되어 있다. 토목섬유는 내구성과 유연성 등이 우수해 다양한 용도로 사용이 가능하다. 지오네트(geonets), 지반 합성점토 라이너(GCL, geosynthetic clay liners), 지오그리드(geogrids), 지오텍스타일 튜브(geotextile tubes) 등은 지반공학 및 환경공학 설계에 주로 사용된다.

지오멤브레인(geomembranes)은 유체 또는 가스 이동을 제어하기 위해 사용되는 투과성이 매우 낮은 합성분리막 라이너(synthetic membrane liner) 또는 장벽(barrier)을 말한다. 종류로는 상대적으로 얇은 폴리머 시트형, 아스팔트나 폴리머 스프레이가 결합된 지오텍스타일 그리고 다층역청 지오컴포지트(multilayered bitumen geocomposites) 등이 있는데, 그중 연속중합 시트형 지오멤브레인(continuous polymer sheet geomembranes)이 가장 일반적이다. ←

매립장에서 침출수의 처리는 매우 중요한 과제이다. 침출수 처리시설에는 발생하는 침출수량의 변동에 대비하여 유량조정조(최근 10년간 1일 강우량 10 mm 이상인 강우일수 중 최다 빈도 강우량의 7배 이상의 규모)를 설치하고 조정조의 내부에 대한 방수 처리와 유량계가 필요하다.

침출수는 폐기물관리법에 따라 배출허용기준 이하(표 13-70)로 처리하여야 한다. 그러나 인근 지역에 공공하수처리시설이나 공공폐수처리시설이 있는 경우에는 침출수를 공공처리시설로 이송시켜 처리하는 것을 원칙으로 하고 있다. 유기성 폐기물로 인해 발생하는 가스를 처리하는 소각시설이나 발전·연료화 시설이 설치되어 있는 경우 환경부 고시에 따른 침출수 매립시설 환원정화설비를 설치하여 침출수를 매립시설로 반송하여 주입한다. 이러한 운전은 매립지의 생물학적 분해속도를 향상시키는 효과가 있다. 그림 13-24는 일반적인 침출수 처리공정을 예시하고 있다.

무기성 슬러지(용출시험 결과 별표1의 유해물질 함유기준 이내인 경우 및 유기 성분이 일반

표 13-70 **침출수 배출허용기준**(폐기물처분시설 및 재활용시설의 관리기준 제42조 별표11, 2018)

a) 유기물질과 영양소

구분 \ 지역	BOD (mg/ℓ)	COD (mg/L) 과망간산칼륨법 침출수 배출량 $>2,000\ m^3/d$	COD (mg/L) 과망간산칼륨법 침출수 배출량 $<2,000\ m^3/d$	COD (mg/L) 중크롬산 칼륨법	SS (mg/L)	NH_4-N (mg/L)	Inorganic N (mg/L)	TP (mg/L)
청정지역	30	50	50	400(90%)	30	50(95%)	150(85%)	4
가지역	50	80	100	600(85%)	50	100(90%)	200(80%)	8
나지역	70	100	150	800(80%)	70	100(90%)	300(70%)	8

비고

1. 화학적 산소요구량의 배출허용기준은 2001년 6월 30일까지는 과망간산칼륨법에 의한 경우와 중크롬산칼륨법에 의한 경우 중 하나를 선택적으로 적용할 수 있으며, 2001년 7월 1일부터는 중크롬산칼륨법에 의한 배출허용기준을 적용한다.
2. ( ) 안의 수치는 처리효율을 표시한 것이며, 침출수 원수의 화학적 산소요구량이 4,000 mg/L를 초과하는 경우에는 ( ) 안에 표기된 처리효율 이상이 되도록 처리하여야 한다.
3. 지역 구분은 「수질환경보전법시행규칙」 별표5 제1호가목에 의하여 환경부 장관이 고시하는 지역구분에 따른다.

b) 페놀류 등 오염물질

지역구분 \ 항목	수소 이온 농도	노말헥산 추출물질 함유량 광유류 (mg/L)	노말헥산 추출물질 함유량 동식물 유지류 (mg/L)	페놀류 함유량 (mg/L)	시안 함유량 (mg/L)	크롬 함유량 (mg/L)	용해성철 함유량 (mg/L)	아연 함유량 (mg/L)	구리(동) 함유량 (mg/L)	카드뮴 함유량 (mg/L)	수은 함유량 (mg/L)
청정지역	5.8~8.0	1 이하	5 이하	1 이하	0.2 이하	0.5 이하	2 이하	1 이하	0.5 이하	0.02 이하	불검출
가지역	5.8~8.0	5 이하	30 이하	3 이하	1 이하	2 이하	10 이하	5 이하	3 이하	0.1 이하	0.005 이하
나지역	5.8~8.0	5 이하	30 이하	3 이하	1 이하	2 이하	10 이하	5 이하	3 이하	0.1 이하	0.005 이하

지역구분 \ 항목	유기인 함유량 (mg/L)	비소 함유 (mg/L)	납(연) 함유 (mg/L)	6가크롬 함유량 (mg/L)	용해성망간 함유량 (mg/L)	불소 함유량 (mg/L)	PCB 함유량 (mg/L)	대장균 군수 (개/ml)	색도 (도)	트리 클로로 에틸렌 (mg/L)	테트라 클로로 에틸렌 (mg/L)
청정지역	0.2 이하	0.1 이하	0.2 이하	0.1 이하	2 이하	3 이하	불검출	100 이하	200 이하	0.06 이하	0.02 이하
가지역	1 이하	0.5 이하	1 이하	0.5 이하	10 이하	15 이하	0.005 이하	3000 이하	300 이하	0.3 이하	0.1 이하
나지역	1 이하	0.5 이하	1 이하	0.5 이하	10 이하	15 이하	0.005 이하	3000 이하	300 이하	0.3 이하	0.1 이하

비고

1. 노말헥산 추출물질 함유량의 광유류와 동식물유지류는 두 항목을 동시에 배출할 경우 광유류에 규정된 기준을 적용한다.
2. 지역 구분은 「수질환경보전법시행규칙」 별표5 제1호가목에 의하여 환경부 장관이 고시하는 지역구분에 따른다.
3. 무기성 질소는 암모니아성 질소, 아질산성 질소 및 질산성 질소의 합으로 한다.
4. 질소처리시설의 반응조 출구의 수온이 섭씨 12도 미만인 경우에는 암모니아성 질소 및 무기성 질소의 기준을 적용하지 아니한다.
5. 암모니아성 질소 및 무기성 질소의 ( )의 수치는 처리원수에 대한 처리효율을 표시한 것이며, 침출원수의 암모니아성 질소 및 무기성 질소의 농도가 1,000 mg/L 이상인 경우에는 ( ) 안에 표기된 처리효율 이상이 되도록 처리하여야 한다.
6. 매립시설 침출수의 페놀류 등 오염물질의 배출허용기준 적용항목 중 무기성 질소 및 색도의 배출허용기준은 2001년 7월 1일부터 적용한다.
7. 암모니아성 질소의 개정규정은 이 규칙 시행 후 폐기물처리시설 설치 승인신청·변경승인신청, 설치신고·변경신고 또는 폐기물처리업 허가신청·변경허가신청을 하는 것부터 적용하되 신설되는 폐기물처리시설의 경우에 적용한다. 설치 중이거나 운영 중인 폐기물처리시설의 경우에는 1999년 6월 30일까지 암모니아성 질소의 개정규정에 적합하도록 시설을 보완하여야 한다.

토양에 준하는 경우)는 지정 폐기물에 포함되지 않는다. 따라서 침출수 발생이 없거나 침출수 배출허용기준 이하로 배출되어 수질오염방지가 필요하지 않는 매립시설의 경우 차수시설, 집수

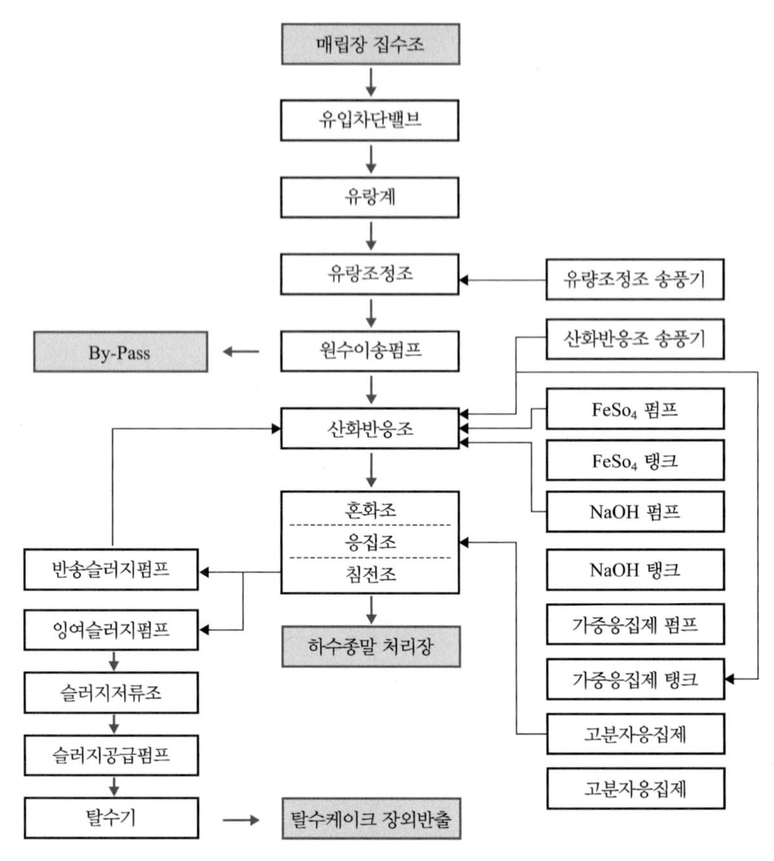

그림 13-24 일반적인 침출수 처리공정

시설, 침출수 유량조절시설, 침출수 처리시설, 가스 소각시설 및 발전 연료화 처리시설을 갖추지 않아도 된다.

매립지의 계획 매립 용량은 계획 목표연도에 도달할 때까지 매년 다음 계획 연간매립용량에 복토 용량을 포함하여 산정한다. 통상적으로 계획 목표연도는 약 10년 후를 목표로 하고, 처분 단가 저감을 위해서는 가능한 한 대규모의 매립지가 바람직하다. 복토 용량은 샌드위치 방식 혹은 셀 방식으로 중간 복토 용량을 포함하여 슬러지의 종류, 지형, 사후 매립지 이용 등도 감안하여 결정한다.

매립지 선정에 있어서의 고려 인자는 운반성, 지형지질, 주변 환경 조건, 사후 매립지 이용계획 및 재해 등에 대한 안전성이 있다. 매립지는 저류 구조물, 차수공, 침출수 집배수시설, 침출수 처리시설 등의 주요 시설과 반입관리시설, 모니터링시설, 관리시설, 그리고 반입도로, 비산방지시설, 방재설비 등의 유관 시설들로 구성된다.

(2) 고화/안정화

고화(solidification) 또는 고화/안정화(S/S, solidification/stabilization)는 고정화(immobilization) 반응을 통하여 폐기물의 독성물질 용출을 차단(isolation/encapsulation)하는 기술로 흔히 유해 폐기물(hazardous waste)의 처분이나 오염된 토양의 정화/복원을 위해 주로 사용되는 기술이다. 안정화란 폐기물 내에 포함된 오염물질의 유해성와 용존 특성을 최소화하는 것을 말하는 것으로 고화는 고화반응과 안정화 반응을 동시에 수반한다.

S/S 처리기술은 1950년대 방사성 폐기물의 처리를 위해 처음 사용되었지만 1970년대 이후에는 유해 폐기물 처리로 확대되었다(Conner, 1990). 미국 EPA는 S/S 기술을 자원보전 및 회수법령(RCRA, Resource Conservation and Recovery Act)에 등록된 57개 유해 폐기물을 처리하기 위한 최고시연가능기술(BDAT, best demonstrated available technology)로 인정하였다(US EPA, 1993). 고화의 주요 목적으로는 운반성과 저장성이 우수한 고화물을 만드는 데 있으며, 오염물의 노출 가능성을 저하, 분해의 어려움, 경제성 및 생산성이 높아야 한다.

하수 슬러지 처리에서 고화는 탈수 슬러지에 고화제를 주입하여 슬러지의 물리·화학적 특성을 개선하고 최종처분(매립) 시 작업능률의 형상과 유해물질(중금속류 등)의 무해화 및 안정화 효과를 목적으로 사용하는 방법이다. 고화 처리는 슬러지의 성상을 무해화 또는 용출이 어려운 형태로 변화하여 처분과정 중에 비산하거나 침출수로의 유출을 방지하므로 토양이나 지하수 오염을 예방하게 된다.

고화제의 종류는 일반적으로 무기성과 유기성으로 구별되며, 무기성에는 시멘트계와 석회계가 있다. 고화 반응의 원리는 사용하는 고화제의 특성에 따라 차이가 있다(표 13-71). 일반적으로 석회계는 흡수발열반응, 이온교환반응, 포졸란반응, 탄산화반응 등이 일어나고, 시멘트계는 포졸란반응과 수화반응이 주로 일어난다. 이 중에서 흡수발열반응은 혼합과정에서 발생하며, 대부분 나머지 반응은 양생과정(3일 내외)에서 일어난다.

탈수 슬러지의 고화를 위해 필요한 고화제의 요건으로는 매립재로서 충분한 강도와 지지력, 짧은 고화 시간으로 용적 증가가 적을 것, 장기적인 안정된 고화 능력, 유해물질을 함유하지 않을 것, 소량의 사용성, 혼합이 용이하고 저렴할 것, 그리고 안정적인 공급 등이 있다. 고화 보조제로는 소각재, 시멘트 킬른 먼지(cement kiln dust), 비산회(fly ash) 및 제강 슬래그(steel slag) 등을 사용할 수 있다. 이러한 물질은 고화제의 사용 비율을 낮추어 경제성을 향상시킬 수 있다.

고화/안정화 공정의 종류는 크게 시멘트기반 공정(cement based processes), 석회기반 공정(lime based processes), 열가소성 플라스틱 공정(thermoplastic processes), 피막형성(surface

표 13-71 **고화제의 종류와 고화 특성**

구분	무기성 고화	유기성 고화
고화제의 재료	시멘트, 석회/시멘트, 포졸란/석회, 포졸란/시멘트, 점토/시멘트, 용해성 규산염/시멘트	요소 포름알데히드, 폴리부타딘, 폴리에스테르, 에폭시, 아릴아미드겔, 역청(bitumen)
고화 특성	• 장기적인 안정성 • 양호한 구조적 특성 • 수용적 작고 수밀성 양호 • 고화재료 구입 용이 • 상온·상압처리 가능 • 고화제에 따른 용적 변화 • 경제성 우수	• 수밀성이 크고 다양한 폐기물에 적용 가능 • 생물학적 및 자외선 분해에 약함 • 중합체 구조의 장기적 안정성 약화 가능 • 사업화 기술자료 부족 • 고도의 기술 필요, 촉매제 필요 • 처리비용 고가

encapsulation processes), 자가 시멘트화 공정(self-cementing processes) 및 유리화 공정(glassification) 등이 있으나 일반적으로 탈수 슬러지는 무기성(시멘트계와 석회계) 고화 반응을 주로 사용한다. 각 공정의 특성을 간단히 요약하면 다음과 같다.

시멘트기반 공정(cement based processes)은 가장 흔히 사용되는 고화처리 방법이다. 고화제로는 포틀랜드 시멘트(PC, portland cement)를 사용하는데, 한국산업표준(KS L 5201)으로 5종이 규정되어 있으나 보통 포틀랜드 시멘트(1종)가 널리 사용된다. 이 방법은 고농도의 중금속 폐기물에 적합한데 그 이유는 시멘트의 수화반응으로 상승하는 pH와 $Ca(OH)_2$와의 반응으로 다원자가의 중금속 이온 수산화물이나 탄산염으로 침전되기 때문이다. 경우에 따라서 고형물의 물리적 특성을 개량하기 위하여 첨가제(액상 규산소다, 점토)를 혼합하기도 한다. 고화제 내 시멘트량은 150 kg/m^3 이상, 수분함량은 20% 이하가 되어야 한다. 이 공정은 사용되는 원료 물질의 가격이 저렴하고 시멘트 혼합 시 수분이 첨가되어야 하므로 과도한 건조나 탈수가 필요 없다. 또한 알칼리도가 풍부하여 산을 중화시킬 수 있으며 시멘트는 질산성 질소나 염소산염(chlorate)과 같은 강한 산화제에 영향을 받지 않는다. 또한 제조장치가 일반적이고 전문지식이 불필요하며, 상온·상압 하에서도 작업이 가능하다. 단점으로는 상대적으로 많은 양의 시멘트 요구량과 큰 고화물의 부피, 불순물(sulfate 등)로 인한 영향, 암모니아 가스의 배출, 낮은 pH 조건에서 오염물질의 용출 가능성 그리고 표면 도포의 필요성 등을 들 수 있다.

석회기반 공정(lime based processes)은 콘크리트와 같은 고화물을 얻기 위하여 석회를 기초로 하여 미세한 포졸란(pozzolan)을 폐기물과 함께 섞어 시멘트 경화반응과 같은 효과를 얻는 방법이다. 포졸란은 규소를 다량 함유하는 미분 상태의 물질을 말하며 그 자체로는 고화되지 않지만, 석회와 결합하여 수밀성 화합물(실리카 및 알루미나 수화물)을 형성한다. 포졸란 활성을 가지는 물질로서 화산재나 규조토(diatomite) 등의 자연 물질과 비산재와 같은 인공적인 것이 있는데, 비산재는 분말도가 좋고 형태가 구형이라 흔히 사용된다. 포졸란 활성을 가진 인공물질은 대부분 폐기물의 일종이기 때문에 포졸란을 이용한 공정은 동시에 두 가지의 폐기물 처리 효과를 가진다. 이 공정의 장점으로는 저렴한 가격, 간단한 운전, 고화물의 안정성, 과도한 탈수 전처리가 불필요하다는 점 등이다. 반면에 단점으로는 최종 고화물의 부피 증가와 낮은 pH 조건에서 오염물질이 용출될 가능성 등이 있다.

열가소성 고화법(thermoplastic processes)은 고온(130∼150°C)에서 열가소성 플라스틱과 건조된 폐기물을 혼합하여 냉각시킴으로써 고화시키는 방법으로 방사능 폐기물의 처분에 사용되는 방법이다. 유기체 중합법(surface encapsulation processes)은 폐기물의 고형성분을 스펀지와 같은 유기 중합체(예, urea formaldehyde)에 물리적으로 고립시키는 방법으로 핵폐기물 처리에 주로 사용한다. 피막 형성법(surface encapsulation processes)은 건조된 폐기물을 결합체(예, 1,2-polybutadiene)와 섞은 후 약간의 고온에서 당분간 응고시키고 응고된 폐기물은 폴리에틸렌과 같은 플라스틱으로 피막을 입혀 단단한 고체 덩어리로 만드는 방법이다. 자가 시멘트법(self-cementing processes)은 주로 연소가스의 탈황 슬러지(FGDS, flue gas desulfurization

표 13-72 슬러지 고화처리의 장단점

장점	단점
• 슬러지의 성상 변화에 따른 적용성 우수 • 고화물의 취급성 우수 • 오염물질의 용해성 저감 • 고화물의 재이용성 높음(건설자재, 매립지 복토재) • 환경 영향 적음 • 건설비 저렴	• 다른 열이용 공정에 비해 처리주기가 김 • 첨가제 주입으로 감량 효과 적음(총 고형물 증가) • 재이용 불가 시 추가처분 필요 • 국내 운영 및 설치사례 부족 • 시장 안정성 필요 • 넓은 부지면적 필요

sludge) 처리에 사용하는 방법이다. 유리화법(glassification)은 폐기물에 규소를 혼합하여 유리화 시키는 방법으로 침출이 거의 일어나지 않기 때문에 2차 오염 유발 가능성이 없어 방사능 폐기물과 독성이 매우 강한 지정 폐기물에 주로 적용된다.

고화/안정화 기술은 대상 폐기물의 종류에 따라 다양하게 적용될 수 있지만, 무기성 폐기물에 가장 효과적이다. 그러나 처리 비용과 전처리의 요구로 인하여 경제성에 제약이 따른다. 고화물은 최종처분을 위한 매립단계에서 작업 차량의 운전에 영향을 주지 않을 정도의 강도를 가져야 한다. 일반적으로 한계 강도는 일축 압축강도로서 0.5 kgf/cm^2 이상이다. 고화물의 매립 후 장기적 안정성, 슬러지의 성상 변화에 따른 고화제의 혼합비 및 양생기간, 혼합 및 양생장치, 공정의 경제성, 부피증가, 전처리 방법 및 처리특성 등은 슬러지 고화처리의 중요한 고려인자이다. 표 13-72는 하수 슬러지 고화처리의 장단점을 정리한 것이다.

(3) 생물 고형물의 토지주입

이미 설명한 바와 같이 우리나라에는 녹지 및 농지이용을 위해 부숙토와 부산물 퇴비 관련 규정이 있다. 그러나 이는 토지적용을 위한 대표적인 개념인 생물 고형물과는 차이가 있다. 미국 EPA(1992, 1999)에 의해 마련된 이 법률은 지금까지 그 정책적 및 기술적 내용에 큰 변화가 없고, 지금까지도 많은 나라에서 슬러지의 토지적용을 위해 참고하고 있다. 이 절에서는 이해를 돕기 위해 토지적용과 관련한 EPA 규정을 요약하였다.

생물 고형물(biosolids)은 기본적으로 하수 슬러지의 유익한 이용과 처분을 위한 방법으로 토지적용을 위해 개발된 개념이다. 토지적용은 농경지나 비농경지(산림, 개간, 전용 처분지) 모두를 대상으로 하고 있다. 농경지의 경우 값비싼 화학비료의 대체품으로 토양의 구조개선(통풍성, 수분 침투 및 양이온 교환능력 등)과 영양소 공급 등에 유용하고, 산림의 성장뿐만 아니라 오염된 지역의 개선을 위해서도 효과적이다.

생물 고형물의 사용과 처분에 대한 EPA의 법규(40 CFR part 503)는 크게 관리지침, 병원균 저감방법(A급, B급), 병원균 매개체 저감 옵션, 생물 고형물 사용에 대한 부지 제한 및 토지적용을 위한 중금속(10종)의 한계농도와 부하율, 모니터링, 기록 및 보고 등에 관한 내용으로 구성된다. 생물 고형물에 대한 병원균과 병원균 매개체의 저감에 대한 기술적 내용 그리고 관리대상 중금속에 관련한 내용은 13.2절에 상세히 설명되어 있다. 여기에서는 나머지 부분을 설명한다.

표 13-73 **B급 생물 고형물에 대한 토지적용 부지 규제**

구분	내용
작물과 잔디 수확	• 생물 고형물 혼합물과 접촉하거나 표면 재배된 식용작물: 주입 후 14개월 동안 수확 금지 • 생물 고형물이 토양 침투 전 4개월 이상 표면에 잔존하는 경우 표면 아래 재배된 식용작물: 20개월 동안 수확 금지 • 생물 고형물이 토양 침투 전 4개월 이하 표면에 잔존하는 경우 표면 아래 재배된 식용작물: 38개월 동안 수확 금지 • 작물의 식용 부분이 토양 표면에 직접 접촉되지 않을 경우 30일 동안 수확 금지 • 잔디 수확의 경우 야적되어 대중에 노출 위험성이 있는 경우 1년 이상 수확 금지
방목	• 생물 고형물 토지 적용 후 30일간 가축 방목 금지
공중접촉	• 사람에게 노출 가능성이 있는 지역(공원, 운동장 등): 1년간 출입금지 및 안내표지 • 사람에게 노출 가능성이 낮은 지역(사유농장 등): 30일 출입금지

1) 관리지침

생물 고형물을 토지적용할 때 지켜야 할 관리지침(management practices)은 크게 제품의 질과 포장 여부와 관련이 있다. 저장 용기나 포대로 판매, 운반되는 생물 고형물은 제품의 정보가 표시된 표찰이나 문서가 제공된다. 여기에 포함되는 주요 내용은 생산자의 정보, 적용 가능한 부지 정보 그리고 토양 주입률(연간 오염 부하율) 등이다.

비포장된 생물 고형물은 지정된 예외지역을 제외하고는 상수원이나 습지로 침투 가능성이 있는 지역에는 허가 없이 임의로 적용할 수 없다. 사람과 접촉되는 지역에서는 농경지 주입률보다 적거나 동일한 비율로 적용해야 하고, 보호 대상 혹은 멸종위기 동식물과 임계서식지 관련 법률에 저촉되지 않아야 한다.

2) 부지 제한

생물 고형물의 사용에 대한 부지 규제(site restriction)는 B급 생물 고형물에만 해당한다. A급 생물 고형물은 부지 제한이 없으며, 이러한 예외조항을 위해 규정된 질적 요구사항을 충족하여야 한다. 이 내용은 작물 경작, 동물과 사람과의 접촉 정도 등에 따라 다르게 규정되어 있다(표 13-73).

3) 설계 부하율

생물 고형물의 토지적용에서 설계 부하율(design loading rates)은 오염물질(중금속) 혹은 질소 항목을 기준으로 평가된다. 중금속은 EPA 규정에 따른 장기적인 부하율(long-term loadings)로 그리고 질소는 연간 부하율(annual loading rate)로 적용한다.

① 질소 부하율

질소 부하율은 일반적으로 적용되는 상품화된 비료의 질소 성분량을 기준으로 결정된다. 생물 고형물은 장기간에 걸쳐 느리게 배출되는 유기성 비료에 해당하므로 식물이 이용 가능한 질소량은 다음 식으로 결정한다.

$$L_N = [(NO_3) + k_v(NH_4) + f_n(N_o)]F \tag{13.37}$$

여기서, L_N = 주입 연수 동안 식물이 이용할 수 있는 질소, g N/kg(lb N/ton)

NO_3 = 소수로 표현되는 생물 고형물 중의 질산염 함량

k_v = 암모니아 휘발계수

= 지표면에 주입된 액체 슬러지는 0.5

= 지표면에 주입된 탈수 슬러지는 0.75

= 지표하에 주입된 액상 슬러지 혹은 탈수 슬러지는 1.0

NH_4 = 소수로 표현되는 슬러지 중의 암모니아 퍼센트

f_n = 유기 암모니아의 무기화 계수

= 따뜻한 기후와 소회된 슬러지는 0.5

= 시원한 기후와 소화된 슬러지는 0.4

= 시원한 기후 또는 퇴비화된 슬러지는 0.3

N_o = 소수로 표현되는 슬러지 중의 유기질소 퍼센트

F = 환산계수, 건조 고형물의 1000 g/kg(lb/ton)

생물 고형물을 일정한 부지에 2～3년에 한 번씩 적용한다면 이상의 식을 사용할 수 있다. 하지만 이 식은 적용방법, 생물 고형물의 질소(유기성, 암모니아, 질산성 질소) 함량, 안정화 방법, 기후 등에 따라 영향을 받으므로 매년 적용할 경우에는 유기성 질소에 대한 연간 무기질화 계수(mineralization factor)에 대한 평가가 필요하다. 따라서 질소 부하율을 기준으로 한 생물 고형물 부하율은 다음과 같다.

$$L_{SN} = U/N_p \tag{13.38}$$

여기서, L_{SN} = 질소 기준 생물 고형물 부하율(Mg/ha/yr)

U = 작물의 질소섭취율(kg N/ha) (표 13-74)

N_p = 식물이 활용 가능한 슬러지 내 질소(g N/kg)

② 오염물질 기준 부하율

오염물질 기준 부하율은 생물 고형물의 오염물질(중금속 10종) 농도를 기준으로 다음 식에 따라 계산된다. 대상 오염물질의 농도와 부하율은 표 13-7에 나타나 있다(참고: 1994년 연방 수정안에 따라 이 표에서 크롬 부분은 전체 삭제되었고, 몰리브덴은 최고 허용농도만 남겨두었으며, 셀레늄은 36에서 100으로 증가시켰다).

$$L_S = L_C/CF \tag{13.39}$$

여기서, L_S = 연간 적용 가능한 최대 생물 고형물질량(Mg/ha/yr)

L_C = 연간 적용 가능한 성분의 최대질량(kg/ha/yr) (표 13-7)

C = 생물 고형물에 포함된 오염물질 농도(mg/kg)

표 13-74 작물의 일반적인 질소섭취율

작물	kg/ha·yr	작물	kg/ha·yr
마초 작물		나무 작물	
자주개자리	220~670	동부삼림	
브롬풀	130~220	혼합 활엽수	225
버뮤다 연안풀	390~670	붉은 솔(Red pine)	110
켄터키 블루풀	195~270	흰 전나무	225
개밀	235~280	파이오니어 석세션	225
새발풀	250~350	포플러 싹	110
갈대 카나리아풀	335~450	남부 삼림	
독보리(지네보리)	180~280	혼합 활엽수	280
전동싸리[b]	175	미송	225~280
긴 김의털	145~325	호수 주(Lake state)	
농작물		혼합 활엽수	110
보리	120	잡종 포플러	155
옥수수	175~200	서부 삼림	
목화	70~110	잡종 포플러	300
수수	135	미송	225
감자	225		
콩	245		
밀	155		

Ref) US EPA(1981)

F = 환산계수(0.001 kg/Mg)

③ 부지 소요량

토지적용을 위한 부지 소요량은 다음 식으로 결정된다.

$$A = B/L_S \tag{13.40}$$

여기서, A = 소요 부지 면적(ha)

B = 생물 고형물 생산량(Mg DS/yr)

L_S = 설계 부하율(Mg DS/ha/yr)

예제 13-7 생물 고형물의 토지적용

아래와 같은 중금속 농도(mg/kg)를 가진 생물 고형물이 있다. 토지적용의 적합성을 판단하고, 가능성이 있다면 적용 가능한 생물 고형물의 부하율을 결정하시오.

As = 40; Cd = 56; Cu = 2,500; Pb = 750;

Hg = 15; Ni = 510; Se = 10; Zn = 3,400

풀이

1. EPA 규정에 따른 오염물질의 농도와 부하율(표 13-7)을 참고하여 비교한다.

구분	최고허용농도 (ceiling conc.)	초과오염농도 (exceptional conc.)	생물 고형물에 함유된 농도	초과 여부
As	75	41	40	미초과
Cd	85	39	56	초과
Cu	4,300	1,500	2,500	초과
Pb	840	300	750	초과
Hg	57	17	15	미초과
Ni	420	420	510	초과
Se	100	100	10	미초과
Zn	7,500	2,800	3,400	초과

모든 금속농도는 최고허용농도 이하이기 때문에 대상 생물 고형물은 토지적용이 가능하다. 또한 Cd, Cu, Pb, Ni 및 Zn은 초과오염농도 이상으로 나타났기 때문에 각각의 오염물질에 대한 연간 부하율 계산이 필요하다.

2. 허용 가능한 연간 오염물질 부하율(Ls = Lc/CF)

	Lc(kg/ha/yr)	C(mg/kg)	Ls(Mg/ha/yr)
Cd	1.9	56.0	33.9
Cu	75.0	2,500.0	30.0
Pb	15.0	750.0	20.0
Ni	21.0	510.0	41.2
Zn	140.0	3,400.0	41.2

3. 각 오염물질의 허용 가능한 연간 오염물질 부하율을 비교할 때 한계 부하율은 Pb의 경우로 20 Mg/ha/yr가 된다.

참고 일반적으로 금속 부하율보다 질소 부하율의 영향이 더 제한적이다. 따라서 산정된 부하율과 질소 부하율을 비교하여 전체적인 생물 고형물의 적용 부하율을 평가해야 한다.

4) 부지의 선정

생물 고형물의 토지적용에서 가장 중요한 단계는 적절한 부지의 선정이다. 부지의 적합성은 부지의 특성(농경지 및 산림지 등)과 토지적용 조건에 의존하며, 적용 가능한 부하율과 효율이 결정된다. 가장 이상적인 적용부지는 깊은 실트질 토양(deep silty loam)에서 사양토(sandy loam soils)로 지하수위가 3 m 이상, 경사도가 0～3% 정도로 인근에 우물이나 습지 혹은 하천이 없어야 한다.

부지의 중요 특성 인자로는 지형(topography), 토양특성, 지하수위, 중요 지역과의 근접성 등이 있다. 지형은 침식과 유출에 크게 영향을 미치는 인자로 액상형 생물 고형물은 보통 15%의 경사까지 살포, 분무 혹은 주입될 수 있으며, 탈수 슬러지는 일반적으로 트랙터나 분배기로 살포

할 수 있다. 산림지는 만약 하천으로의 유출을 제어할 수 있다면 30%까지의 경사지에도 적용할 수 있다.

바람직한 토양특성으로는 양토(loamy soil), 낮거나 중간 정도의 투수성, 토양 깊이 0.6 m 이상, 토양 pH는 중성이나 알칼리성(pH > 6,5) 및 중간 이상의 배수성 등이다. 그러나 적절한 방법으로 설계·운전된다면 실질적으로 거의 모든 토양에 적용이 가능하다.

토지적용 법규의 기본개념은 농업 적용보다 지하수 오염을 초래하지 않도록 하는 것이다. 따라서 지하수의 깊이는 계절에 따라 변화하기 때문에 매우 중요하다. 일반적으로 지하수의 깊이가 깊을수록 토지적용에 적합한데, 최소 지하수 깊이는 1 m 정도이며 계절적 수위변화는 0.5 m 정도의 범위가 적절하다. 토양의 깊이가 적절하지 않고 토양과 지하수 사이에 단층(faults)과 수로 혹은 기타 연결지점이 있다면 바람직하지 않다.

부지의 근접성 및 인접도 측면에서 주택지, 우물, 도로, 지표수 및 개인 소유지역 등과 같이 예민한 지역은 완충(혹은 여유) 지역이 필요하다. 캘리포니아주의 경우 최소거리는 사유지 3 m, 우물 30～150 m, 지표수 30 m, 농지 배수로 10 m, 상수 저수지 120 m 그리고 취수원 750 m 정도로 제한되어 있다.

5) 적용방법

생물 고형물의 적용방법은 생물 고형물의 물리적 특성(액상 혹은 탈수)과 지형조건 및 식물의 종류(밭작물, 사료식물, 나무 또는 파종전 부지 등)에 따라 달라진다.

일반적으로 생물 고형물에 함유된 고형물의 농도는 생산 방법에 따라 다르지만 보통 1～10% 범위이다. 액상형으로 존재할 경우 차량수송과 관개(irrigation) 방식을 통해 적용할 수 있다. 수송 차량을 이용하는 경우는 토양 표면이나 지표면 아래에 투입한다. 관개법에는 분무식(sprinkling)과 고랑 관개(furrow irrigation) 방식이 있다. 분무식의 경우 산림지와 같이 사람의 출입이 없는 지역에 주로 사용되나 슬러지가 식물의 잎사귀를 손상시킬 수 있고 악취와 병원성 매개의 잠재성이 있다. 고랑 관개법은 작물의 성장 시기에도 적용이 가능할 수 있으나 균등한 분배가 어렵거나 집중되어 있을 경우 악취가 발생할 수 있다.

탈수된 생물 고형물의 고형물 농도는 15～20% 정도로, 토지에 적용하는 방법은 반고형물의 퇴비를 살포하는 것과 유사하다. 이 경우 일반적인 비료살포방식을 활용할 수 있다는 장점이 있다.

고부하의 토지적용이 가능한 경우로 전용토지처분(DLD, dedicated land disposal)과 훼손된 토지개선(disturbed land reclamation)이 있다. 훼손토지개량이란 토양개선을 위해 약 100～220 Mg/ha 정로를 한 번에 주입하여 토양의 비옥도와 물리적 특성을 개선하여 장차 농지로 활용하고자 하는 방법이다. 전용토지처분은 관련 규정에 따라 전용으로 사용 가능한 부지확보가 전제되어야 하고, 생물 고형물은 최소한 B급 규정을 만족해야 한다.

참고로, 미국 EPA의 규정(40 CFR Part 503)에서는 생물 고형물의 단순매립(monifill)에 대한 내용을 포함하고 있고, 위생 매립지(sanitary landfill)에서 고형폐기물과의 함께 매립하는 경우는 별도로 규정(40 CFR 258)하고 있다.

참고문헌

- Ahn, Y.H., Choi, H.C. (2004). Municipal sludge treatment and disposal in South Korea: status and a new sustainable approach. Wat. Sci. Tech., 50(9), 245-253.
- Ahn, Y.H., Speece, R.E. (2006). Elutriated acid fermentation of municipal primary sludge. Water Research, 40(11), 2210-2220.
- Adam, C. et al. (2007). Thermal treatment of municipal sewage sludge aiming at marketable P-fertilisers, Materials Transactions, 48(12), 3056-3061.
- Albertson, O.E., Walz, T. (1997). Optimizing primary clarification and thickening, Water Environment & Technology, 9(12), 41-45.
- Boonyakitsombut, S., Kim, M., Ahn, Y.H., Speece, R.E. (2002). Degradation of propionate and its precursors: the role of nutrient supplementation. KSCE Journal of Civil Engineering, 6(4), 243-253.
- Blum, D.K.W., Speece, R.E. (1991). A database of chemical toxicity to environmental bacteria and its use in interspecies comparisons and correlations, Research Journal of WCPF, 63(3), 198-207.
- Choi, E., Jhung, K. (1997). Current status of anaerobic digestion in Korea: from biogas generation to return flow control, Proc. 5th International Conf. on Anaerobic Digestion., 1, 99.
- Conner, J.R. (1990). Chemical Fixation and Solidification of Hazardous Wastes, Van Nostrand Reinhold, New York, NY.
- Eastman, J.A., Ferguson, J.F. (1981). Solublilzation of particulate organic carbon during the acid phase of anaerobic digestion, J. WPCF, 53(3), 352-366.
- Environmental News Network (2003). (http://www.enn.com/news/2003-10-21/s-9612.asp)
- Epstein, E. (1997). The Science of Composting, Technomic Publishing Co., Lancaster, PA.
- EU (2000). Working Document on Sludge. 3rd Draft. EU-Commission, Brussels, 27 April.
- Gossett, J.M., Belser, R.L. (1982). Anaerobic digestion of waste activated sludge, J. Environmental Eng., ASCE, 108(EE6), 1101-1120.
- Hubbe, M.A. et al. (2010). Composting as a way to convert cellulosic biomass and roganic waste into high-value soil amendments: a review, Bioresources, 5(4), 2808-2854.
- Kambhu, K., Andrews, J.F. (1969). Aerobic thermophilic process for the biological treatment of wastes-simulation studies, J. Water Pollut. Control Fed., 41, R127.
- Kim, M.I., Ahn, Y.H., Gomec, C.Y., Speece, R.E. (2001). Anaerobic digestion elutriated phased treatment (ADEPT): the role of pH and nutrient. Proc. of 9th World Congress on Anaerobic Digestion 2001, Antwerp, Belgium, 2-6 Sept., 1, 799-804.
- Kim, M.I., Ahn, Y.H., Speece, R.E. (2002). Comparative process stability and efficiency of anaerobic digestion; mesophilic vs. thermophilic, Water research, 36(17), 4369-4385.
- Koers, D.A., Mavinic, D.V. (1977). Aerobic digestion of waste activated sludge at low temperature, J. WPCF, 49(3), 460-468.
- Krugel, S., Nemeth, L., Peddie, G. (1998). Extended thermophilic anaerobic digestion for producing Class A biosolids at the Greater Vancouver Regional district's Annacis Island wastewater treatment plant. Wat. Sci & Tech., 38(8-9), 409-416.
- Kuempel, E.D., Sorahan, T. (2010). Identification of research needs to resolve the carcinogenicity of high-priority IARC carcinogens, Views and Expert Opinions of an IARC/NORA Expert Group Meeting, Lyon, France, 30 June-2 July 2009. IARC Technical Publication No. 42. Lyon, France: International Agency for Research on Cancer, 42, 61-72.

- Lee, L.H. et al. (2018). Sustainable approach to biotransform industrial sludge into organic fertilizer via vermicomposting: A mini-review, J. of Chemical Technology & Biotechnology, 93(4), 925-935.
- Luck, F. (1999). Wet air oxidation: past, present and future. Catalysis Today, 53, 81-91.
- McCarty, P.L. (1964). Anaerobic waste treatment fundamentals, Part I to IV, Public Works, 95, nos. 9-12.
- McCarty, P.L., McKinney, R.E. (1961). Salt toxicity in anaerobic digestion, J. WPCF, 33(4), 399-415.
- Metcalf & Eddy, Inc. (2003). Wastewater Engineering: Treatment, Disposal, and Reuse (4/e), Revised by Burton, F.L., Stensel, H.D., Tchobanoglous, G., McGraw-Hill, New York.
- Moen, G. (2000). Comparison of Thermophilic and Mesophilic Digestion, MS thesis, Dept. of Civil & Environmental Eng., Univ. of Washington, WA.
- O'Rourke, J.T. (1969). Kinetics of Anaerobic Waste Treatment at Reduced Temperatures. PhD. Thesis, Stanford Univ.
- Owen et al. (1979). Bioassay for monitoring biochemical methane potential and anaerobic toxicity, Water Res., 13, 485-492.
- Patria, L. et al. (2004). Wet air oxidation processes. In Advanced Oxidation Processes for Water and Wastewater Treatment, Parsons, S.; IWA Publishing: London, 247-274.
- Pavlik, Z. et al. (2016). Energy-efficient thermal treatment of sewage sludge for its application in blended cements, Journal of Cleaner Production, 112, 409-419.
- Pembroke, J.T., Ryan, M.P. (2019). Autothermal thermophilic aerobic digestion (ATAD) for heat, gas, and production of a class A biosolids with fertilizer potential, Microorganisms, 7, 0215.
- Rittmann, B.E., McCarty, P.L. (2000). Environmental Biotechnology: Principles and Applications, McGraw-Hill.
- Roediger, M., Vivona, M.A. (1998). Processes for pathogen reduction to produce class A solids, Proc. 71th Conf. of Water Environment Federation, 137-148, Alexandria, VA.
- Schafer, P.L., Farrell, J.B. (2000a). Turn up the heat, Water Environment Technol., 12, 27-32.
- Schafer, P.L., Farrell, J.B. (2000b). Performance comparisons for staged and high temperature anaerobic digestion system, Proc. of WEFTEC 2000, Water Environment Federation, Alexandria, VA.
- Shizas, I., Bagley, D.M. (2004). Experimental determination of energy content of unknown organics in municipal wastewater streams. Journal of Energy Engineering, 130, 45-53.
- Speece, R.E. (1988). A survey of municipal anaerobic sldudge digesters and diagnostic activity assays, Wat. Res., 22, 365-372.
- Speece, R.E. (1996). Anaerobic Biotechnology for Industrial Wastewaters, Archae Press.
- Staton, K.L. et al. (2001). 2nd generation autothermal thermophilic aerobic digestion: conceptual issues and process advancements. WEF/AWWA/CWEA Joint Residuals and Biosolids Management Conference, Water Environment Federation. Biosolids 2001: "Building Public Support".
- Stasta, P. et al. (2006). Thermal processing of sewage sludge, Applied Thermal Engineering, 26, 1420-1426.
- Stensel, H.D., Coleman, T.E. (2000). Assessment of innovative technologies for wastewater treatment: autothermal aerobic digestion(ATAD), Preliminary Report, Project 96-CTS-1.
- Subrata, H., Vinod, T. (2012). Transformation and availability of nutrients and heavy metals during integrated composting-vermicomposting of sewage sludges, Ecotoxicology and Environmental

Safety, 79(5), 214-224.
- Tchobanoglous, G.H. et al. (1993). Integrated Solid Waste Management, McGraw-Hill, New York.
- US EPA (1979). Process Design Manual Sludge Treatment and Disposal, EPA 625/1-79-001, U.S. Environmental Protection Agency, Washington, DC.
- US EPA (1981). Process Design Manual for Land Treatment of Municipal Wastewater, EPA/625/1-81-013, US. Environmental Protection Agency, Washington, DC.
- US EPA (1985). Seminar Publication Composting of Municipal Wastewater Sludges, EPA/625/4-85/014, US. Environmental Protection Agency.
- US EPA (1989). Summary Report, In-Vessel Compsting of Municipal Wastewater Sludges, US. Environmental Protection Agency, EPA/625/8-89/0164.
- US EPA (1990). Environmental Regulations and Technology: Autothermal Thermophilic Aerobic Digestion of Municipal Wastewater Sludge, EPA/625/10-90/007, United States Environmental Protection Agency.
- US EPA (1992). Control of Pathogens and Vector Attraction in Sewage Sludge, EPA/625/R-92/013, US. Environmental Protection Agency.
- US EPA (1993). Technology Resource Document—Solidification/Stabilization and its Application to Waste Materials, EPA/530/R-93/012, U.S. Environmental Protection Agency.
- US EPA (1995). Process Design Manual-Land Application of Sewage Sludge and Domestic Septage, EPA/625/R-95/001, US. Environmental Protection Agency.
- US EPA (1997). AgSTAR Handbook: A manual for developing biogas system at commercial farms in the United States. EPA-430-B-97-015, U.S. Environmental Protection Agency. Washington, DC.
- US EPA (1999). Environmental Regulations and Technology: Control of Pathogens and Vector Attraction in the Sewage Sludge. EPA/625/R-92/013, U.S. Environmental Protection Agency. Washington, DC.
- US EPA (2007) Landfill Bioreactor Performance: second interim report: outer loop recycling & disposal facility-Louisville, Kentucky, EPA/600/R-07/060, U.S. Environmental Protection Agency.
- US EPA (2017) Basic Information about Landfills. (https://www.epa.gov/landfills/basic-information-about-landfills).
- Vigueros, L.C., Ramirez, C.E. (2002). Vermicomposting of sewage sludge: a new technology for Mexico. Water Sci Technol., 46(10), 153-8.
- Yilmaz Cincin, R.G., Agdag, O.N. (2019). Co-vermicomposting of wastewater treatment plant sludge and yard waste: investigation of operation parameters. Waste & Biomass Valorization. (https://doi.org/10.1007/s12649-019-00900-w).
- WEF (1980). Sludge Thickening, Manual of Practice No. FD-1, Water Environmental Federation, Alexandria, VA.
- WEF (1983). Sludge Dewatering, Manual of Practice No.20, Water Environmental Federation, Alexandria, VA.
- WEF (1987). Anaerobic Digestion, Manual of Practice No.16, 2e,, Water Environmental Federation, Alexandria, VA.
- WEF (1995). Wastewater Residuals Stabilization. Manual of Practice no. FD-9, Water Environment Federation, Alexandria, VA.
- WEF (1998). Design of Wastewater Treatment Plants, 4th ed., Manual of Practice no.8, Water Environment Federation. A1exandria, VA.
- WEF and ASCE (2009). Design of Municipal Wastewater Treatment Plants-WEF Manual of Practice

no, 8 and ASCE Manuals and Reports on Engineering Practice No. 76, 5th Ed. Water Environment Federation, Alexandria, VA, and American Society of Civil Engineers Environment & Water Resources Institute, Reston, VA.

- WPCF (1990). Operation of Municipal Wastewater Treatment Plants, Manual of Practice No 11, Vol Ⅲ, 2nd ed.
- 김종대 (2006). 시멘트산업에서의 폐기물 처리현황 및 하수슬러지 처리방안, 유기물자원화, 14(1), 72-77.
- 농진흥청 고시 제 2002-29호(2002.12.31.) 비료공정규격.
- 안영호 (2008). 고성능 혐기성 생물전환기술을 이용한 바이오 에너지 및 동력생산의 향상. 한국에너지관리공단 신재생에너지센터 연구보고서 (2006-N-BIO8-P-01).
- 이진우, 최훈창, 최정동, 정경영, 전석주, 권수열, 안영호 (2005). 도시하수 슬러지의 농축과 탈수: 1차와 2차 슬러지의 분리 및 혼합처리 특성 비교, 대한환경공학회지, 1, 93-100.
- 최의소 (2003). 상하수도공학, 청문각.
- 최의소, 안영호 (1989). 우리나라 하수 슬러지를 위한 농축조의 기초설계요소 검토 연구, 한국환경과학연구협의회.
- 최훈근 역 (2014). 지렁이의 활동과 분변토의 형성, 지식을 만드는 지식[원저: 찰스 다윈(1881). The Formation of Vegetable Mould Through the Action of Worms].
- 환경부 (2005). 통합운영시스템과 Retrofitting 기법을 이용한 하수처리장의 고효율 초집적화-에너지 자급형 하수처리시스템개발, ECOSTAR Project 보고서.
- 환경부 (2010). 에너지 자립화 기본계획, 생활하수과.
- 환경부 (2011). 하수도 시설기준.
- 환경부 (2012). 해양배출 금지에 따른 하수 슬러지 처리현황과 향후 정책방향.
- 환경부 (2015). 2014 공공하수처리시설 운영관리실태 분석결과.
- 한국건설기술연구원 (1990). 하수도 시설의 유지관리 개선방안에 대한 연구.

PART

APPENDIX

부록

부록 1. SI 단위(units) 및 표현

1) Metric conversion factors (SI units to U.S. customary units)

Multiply SI unit		by	To obtain U.S. customary unit	
Name	Symbol		Symbol	Name
Acceleration				
meters per second squared	m/s^2	3.2808	ft/s^2	feet per second squared
meters per second squared	m/s^2	39.3701	in/s^2	inches per second squared
Area				
hectare(10,000 m^2)	ha	2.4711	ac	acre
square centimeter	cm^2	0.1550	in^2	square inch
square kilometer	km^2	0.3861	mi^2	square mile
square kiloimeter	km^2	247.1054	ac	acre
square meter	m^2	10.7639	ft^2	square foot
square meter	m^2	1.1960	yd^2	square yard
Energy				
kilojoule	kJ	0.9478	Btu	British thermal unit
joule	J	2.7778×10^{-7}	kW·h	kilowatt-hour
joule	J	0.7376	$ft \cdot lb_f$	foot-pound (force)
joule	J	1.0000	W·s	watt-second
joule	J	0.2388	cal	calorie
kilojoule	kJ	2.7778×10^{-4}	kW·h	kilowatt-hour
kilojoule	kJ	0.2778	W·h	watt-hour
megajoule	kJ	0.3725	hp·h	horsepower-hour
Force				
newton	N	0.2248	lb_f	pound force
Flowrate				
cubic meters per day	m^3/d	264.1720	gal/d	gallons per day
cubic meters per day	m^3/d	2.6417×10^{-4}	Mgal/d	million gallons per day
cubic meters per second	m^3/s	35.3147	ft^3/s	cubic feet per second
cubic meters per second	m^3/s	22.8245	Mgal/d	million gallons per day
cubic meters per second	m^3/s	15,850.3	gal/min	gallons per minute
liters per second	L/s	22,824.5	gal/d	gallons per day
liters per second	L/s	2.2825×10^{-2}	Mgal/d	million gallons per day
liters per second	L/s	15.8508	gal/mm	gallons per minute
Length				
centimeter	cm	0.3937	in	inch
kilometer	km	0.6214	mi	mile
meter	m	39.3701	in	inch
meter	m	3.2808	ft	foot
meter	m	1.0936	yd	yard
millimeter	mm	3.9370×10^{-2}	in	inch
Mass				
gram	g	3.5274×10^{-2}	oz	ounce
gram	g	2.2046×10^{-3}	lb	pound
kilogram	kg	2.2046	lb	pound
megagram (10^3 kg)	Mg	1.1023	ton	ton (short: 2000 lb)

1) Metric conversion factors (SI units to U.S. customary units)(계속)

Multiply SI unit		by	To obtain U.S. customary unit	
Name	Symbol		Symbol	Name
Power				
kilowatt	kW	0.9478	Btu/s	British thermal units per second
kilowatt	kW	1.3410	hp	horsepower
watt	W	0.7376	ft·lb_f/s	foot-pounds (force) per second
Pressure (force/area)				
Pascal (newtons per square meter)	Pa(N/in^2)	1.4504×10^{-4}	lb_f/in^2	pounds (force) per square inch
Pascal (newtons per square meter)	Pa(N/in^2)	2.0885×10^{-2}	lb_f/ft^2	pounds (force) per square foot
Pascal (newtons per square meter)	Pa(N/in^2)	2.9613×10^{-4}	inHg	inches of mercury (60°F)
Pascal (newtons per square meter)	Pa(N/in^2)	4.0187×10^{-3}	in H_2O	inches of water (60°F)
kilopascal (kilonewtons per square meter)	kPa(kN/m^2)	0.1450	lb_f/in^2	pounds (force) per square inch
kilopascal (kilonewtons per square meter)	kPa(kN/m^2)	9.8688×10^{-3}	atm	atmosphere (standard)
Temperature				
degree Celsius (centigrade)	°C	1.8(°C) + 32	°F	degree Fahrenheit
degree Kelvin	K	1.8(K) − 459.67	°F	degree Fahrenheit
Velocity				
kilometers per second	km/s	2.2369	mi/h	miles per hour
meters per second	m/s	3.2808	ft/s	feet per second
Volume				
cubic centimeter	cm^3	6.1024×10^{-2}	in^3	cubic inch
cubic meter	m^3	35.3147	ft^3	cubic foot
cubic meter	m^3	1.3079	yd^3	cubic yard
cubic meter	m^3	264.1720	gal	gallon
cubic meter	m^3	8.1071×10^{-4}	ac·ft	acre·lfoot
liter	L	0.2642	gal	gallon
liter	L	3.5315×10^{-2}	ft^3	cubic foot
liter	L	33.8150	oz	ounce (U.S. fluid)

출처: Adapted from Metcalf and Eddy (2003). Wastewater Engineering: treatment and reuse, 4th eds., McGraw-Hill, NewYork.

2) Metric conversion factors (U.S. customary units to SI units)

Multiply U.S. customary unit		by	To obtain SI unit	
Name	Symbol		Symbol	Name
Acceleration				
feet per second squared	ft/s^2	0.3048	m/s^2	meters per second squared
inches per second squared	in/s^2	2.54×10^{-2}	m/s^2	meters per second squared
Area				
acre	ac	4046.8564	m^2	square meter
acre	ac	0.4047	ha	hectare
square foot	ft^2	9.2903×10^{-2}	m^2	square meter
square inch	in^2	6.4516	cm^2	square centimeter
square mile	mi^2	2.5900	km^2	square kilometer
square yard	yd^2	0.8361	m^2	square meter
Energy				
British thermal unit	Btu	1.0551	kJ	kilojoule
British thermal unit per kilowatt-hour	Btu/kWh	1.0551	kJ/kW·/h	kilojoules per kilowatt-hour
watt-hour	W·h	3.600	kJ	kilojoule
watt-second	W·s	1.000	J	Joule
Force				
pound (force)	lbf	4.4482	N	Newton
Flowrate				
cubic feet per minute	ft^3/min	4.7190×10^{-4}	m^3/s	cubic meters per second
cubic feet per minute	ft^3/min	0.4719	L/s	liters per second
cubic feet per second	ft^3/s	2.8317×10^{-2}	m^3/s	cubic meters per second
gallons per day	gal/d	4.3813×10^{-5}	m^3/s	cubic meters per second
gallons per day	gal/d	4.3813×10^{-2}	L/s	liters per second
gallons per minute	gal/min	6.3090×10^{-5}	m^3/s	cubic meters per second
gallons per minute	gal/min	6.3090×10^{-2}	L/s	liters per second
million gallons per day	Mgal/d	43.8126	L/s	liters per second
million gallons per day	Mgal/d	3.7854×10^{3}	m^3/d	cubic meters per day
million gallons per day	Mgal/d	4.3813×10^{-2}	m^3/s	cubic meters per second
Length				
foot	ft	0.3048	m	meter
inch	in	2.54	cm	centimeter
inch	in	2.54×10^{-2}	m	meter
inch	in	25.4	mm	millimeter
mile	mi	1.6093	km	kilometer
yard	yd	0.9144	m	meter
Mass				
ounce	oz	28.3495	g	gram
pound (mass)	lb^m	4.5359×10^{2}	g	gram
ton (short: 2000 lb)	ton	0.9072	Mg	megagram (10^3 kilogram)
ton (long: 2240 lb)	ton	1.0160	Mg	megagram (10^3 kilogram)

2) Metric conversion factors (U.S. customary units to SI units)(계속)

Multiply U.S. customary unit		by	To obtain SI unit	
Name	Symbol		Symbol	Name
Power				
British thermal unit	Btu/s	1.0551	kW	kilowatt
foot pound (force) for second	$ft \cdot lb_f/s$	1.3558	W	watt
horsepower	hp	0.7457	kW	kilowatt
horsepower-hour	hp·h	2.6845	MJ	megajoule
kilowatt-hour	kWh	3.6000	MJ	megajoule
Pressure (force/area)				
atmosphere (standard)	atm	1.0133×10^2	$kPa(kN/m^2)$	kilopascal(kilonewton per square meter)
inches of mercury (60°F)	in Hg (60°F)	3.3768×10^3	$Pa(N/in^2)$	Pascal(newtons per square meter)
inches of water (60°F)	in H2O (60°F)	2.4884×10^2	$Pa(N/in^2)$	Pascal(newtons per square meter)
pounds per square foot	lb_f/ft^2	47.8803	$Pa(N/m^2)$	Pascal(newtons per square meter)
pounds per square inch	lb_f/in^2	6.8948×10^3	$Pa(N/m^2)$	Newtons per square meter
pounds per square inch	lb_f/in^2	6.8948	$kPa(kN/m^2)$	kilonewtons per square meter
Temperature				
degree Fahrenheit	°F	0.555 (°F-32)	°C	degree Celsius (centigrade)
degree Fahrenheit	°F	0.555 (°F5+459.67)	K	degree Kelvin
Velocity				
feet per minute	ft/min	5.0800×10^{-3}	m/s	meters per second
feet per second	ft/s	0.3048	m/s	meters per second
miles per hour	mi/h	1.6093	km/h	kilometers per hour
miles per hour	mi/h	0.44704	m/s	meters per second
Volume				
acre-foot	ac-ft	1.2335×10^3	m^3	cubic meter
cubic foot	ft^3	2.8317×10^{-2}	m^3	cubic meter
cubic foot	ft^3	28.3168	L	liter
cubic inch	in^3	16.3781	cm^3	cubic centimeter
cubic yard	yd^3	0.7646	m^3	cubic meter
gallon	gal	3.7854×10^{-3}	m^3	cubic meter
gallon	gal	3.7854	L	liter
ounce (U.S. fluid)	oz	2.9573×10^{-2}	L	liter

출처: Adapted from Metcalf and Eddy (2003). Wastewater Engineering: treatment and reuse, 4th eds., McGraw-Hill, NewYork.

부록 2. Abbreviations for units

1) SI PREFIXES

Multiplication factor		Prefix†	Symbol
1 000 000 000 000	$= 10^{12}$	tera	T
1 000 000 000	$= 10^{9}$	giga	G
1 000 000	$= 10^{6}$	mega	M
1 000	$= 10^{3}$	kilo	k
100	$= 10^{2}$	hecto‡	h
10	$= 10^{1}$	deka‡	da
0.1	$= 10^{-1}$	deci‡	d
0.01	$= 10^{-2}$	centi‡	c
0.001	$= 10^{-3}$	milli	m
0.000 001	$= 10^{-6}$	micro	μ
0.000 000 001	$= 10^{-9}$	nano	n
0.000 000 000 001	$= 10^{-12}$	pico	p
0.000 000 000 000 001	$= 10^{-15}$	femto	f
0.000 000 000 000 000 001	$= 10^{-18}$	atto	a

2) Abbreviations for SI units

Abbreviation	SI unit	Abbreviation	SI unit
°C	degree Celsius	kN/m^2	kiloNewton per square meter
cm	centimeter	kPa	kiloPascal
g	gram	ks	kilosecond
g/m^2	gram per square meter	kW	kilowatt
g/m^3	gram per cubic meter (=mg/L)	L	liter
ha	hectare	L/s	liers per second
J	Joule	m	meter
K	Kelvin	m^2	square meter
kg	kilogram	m^3	cubic meter
kg/capita·d	kilogram per capita per day	mm	millimeter
kg/ha	kilogram per hectare	m/s	meter per second
kg/m^3	kilogram per cubic meter	mg/L	milligram per liter ($=g/m^3$)
kJ	kilojoule	m^3/s	cubic meter per second
kJ/kg	kilojoule per kilogram	MJ	megajoule
kJ/kW·/h	kilojoule per kilowatt-hour	N	Newton
km	kilometer	N/m^2	Netwton per square meter
km^2	square kilometer	Pa	Pascal (usually given as kiloPascal)
km/h	kilometer per hour	W	Watt
km/L	kilometer per liter		

3) Abbreviations for U.S. Customary Units

Abbreviation	U.S. customary unit	Abbreviation	U.S. customary unit
ac	acre	kWh	kilowatt-hour
ac-ft	acre foot	lb_f	pound (force)
Btu	British thermal unit	lbm	pound (mass)
Btu/ft^3	British thermal unit per cubic foot	lb/ac	pound per acre
d	day	lb/ac·d	pound per acre per day
ft	foot	lb/capita·d	pound per capita per day
ft^2	square foot	lb/ft^2	pound per square foot
ft^3	cubic foot	lb/ft^3	pound per cubic foot
ft/min	feet per minute	lb/in^2	pound per square inch
ft/s	feet per second	lb/yd^3	pound per cubic yard
ft^3/min	cubic feet per minute	Mgal/d	million gallons per day
ft^3/s	cubic feet per second	mi	mile
°F	degree Fahrenheit	mi^2	square mile
gal	gallon	mi/h	mile per hour
$gal/ft^2 \cdot ld$	gallon per square foot per day	ppb	part per billion
$gal/ft^2 \cdot lmin$	gallon per square foot per minute	ppm	part per million
gal/min	gallon per minute	ton (2000 lb^m)	ton (2000 lb mass)
hp	horsepower	yd	yard
hp-h	horsepower-hour	yd^2	square yard
in	inch	yd^3	cubic yard

부록 3. Physical properties of selected gases and the composition of air

1) Molecular weight, specific weight, and density of gases found in wastewater at standard conditions(0°C, 1atm)[a]

Gas	Formula	Molecular weight	Specific weight, (lb/ft^3)	Density, (g/L)
Air	–	28.97	0.0808	1.2928
Ammonia	NH_3	17.03	0.0482	0.7708
Carbon dioxide	CO_2	44.00	0.1235	1.9768
Carbon monoxide	CO	28.00	0.0781	1.2501
Hydrogen	H_2	2.016	0.0056	0.0898
Hydrogen sulfide	H_2S	34.08	0.0961	1.5392
Methane	CH_4	16.03	0.0448	0.7167
Nitrogen	N_2	28.02	0.0782	1.2507
Oxygen	O_2	32.00	0.0892	1.4289

[a] Adapted from Perry, R. H., D. W. Green, and J. O. Maloney (eds.) (1984) Chemical Engineers' Handbook, 6th ed., McGraw-Hill, New York.

2) Composition of dry air (0°C, 1.0 atm)[a]

Gas	Formula	Percent by volume[b,c]	Percednt by weight
Nitrogen	N_2	78.03	75.47
Oxygen	O_2	20.99	23.18
Argon	Ar	0.94	1.30
Carbon dioxide	CO_2	0.03	0.05
Other[d]	–	0.01	–

[a] Values reported in the literature vary depending on the standard conditions.
[b] Adapted from *North American Combustion Handbook*, 2nd ed., North American Mfg. Co., Cleveland, OH.
[c] For ordinary purposes air is assumed to be composed of 79 percent N_2 and 21 percent O_2 by volume.
[d] Hydrogen, neon, helium, krypton, xenon.
Note: (0.7803×28.02)+(0.2099×32.00)+(0.0094×39.95)+(0.0003×44.00)=28.97 (see Table 3-1).

3) Physical Properties of Water (SI Units)[a]

Temperature, °C	Specific weight γ (kN/m^3)	Density[b] ρ (kg/m^3)	Modulus of elasticity[b] $E/10^6$ (kN/m^2)	Dyamics viscosity, $\mu\times10^3$ (N·s/m^2)	Kinematic viscosity, $\nu\times10^6$ (m^2/s)	Surface tension[c] σ (N/m)	Vapor pressure P_v (kN/m^2)
0	9.805	999.8	1.98	1.781	1.785	0.0765	0.61
5	9.807	1000.0	2.05	1.518	1.519	0.0749	0.87
10	9.804	999.7	2.10	1.307	1.306	0.0742	1.23
15	9.798	999.1	2.15	1.139	1.139	0.0735	1.70
20	9.789	998.2	2.17	1.002	1.003	0.0728	2.34
25	9.777	997.0	2.22	0.890	0.893	0.0720	3.17
30	9.764	995.7	2.25	0.798	0.800	0.0712	4.24
40	9.730	992.2	2.28	0.653	0.658	0.0696	7.38
50	9.689	988.0	2.29	0.547	0.553	0.0679	12.33
60	9.642	983.2	2.28	0.466	0.474	0.0662	19.92
70	9.589	977.8	2.25	0.404	0.413	0.0644	31.16
80	9.530	971.8	2.20	0.354	0.364	0.0626	47.34
90	9.466	965.3	2.14	0.315	0.326	0.0608	70.10
100	9.399	958.4	2.07	0.282	0.294	0.0589	101.33

[a] Adapted from Vennard and Street (1975).
[b] At atmospheric pressure.
[c] In contact with air.

부록 4. 미국의 먹는 물 수질기준(US EPA, 2009)

1) National Primary Drinking Water Regulations

• Microorganisms

Contaminant	MCLG[1] (mg/L)[2]	MCL or TT[1] (mg/L)[2]	Potential Health Effects from Long-Term[3] Exposure Above the MCL (unless specified as short term)	Common Sources of Contaminant in Drinking Water
Cryptosporidium	Zero	TT[7]	Short-term exposure: Gastrointestinal illness (e.g., diarrhea, vomiting, cramps)	Human and animal fecal waste
Fecal coliform and *E. Coli*	Zero[6]	MCL[6]	Fecal coliforms and E. coli are bacteria whose presence indicates that the water may be contaminated with human or animal wastes. Microbes in these wastes may cause short term effects, such as diarrhea, cramps, nausea, headaches, or other symptoms. They may pose a special health risk for infants, young children, and people with severely compromised immune systems.	Human and animal fecal waste
Giardia lamblia	Zero	TT[7]	Short-term exposure: Gastrointestinal illness (e.g., diarrhea, vomiting, cramps)	Human and animal fecal waste
Heterotrophic plate count (HPC)	n/a	TT[7]	HPC has no health effects; it is an analytic method used to measure the variety of bacteria that are common in water. The lower the concentration of bacteria in drinking water, the better maintained the water system is.	HPC measures a range of bacteria that are naturally present in the environment
Legionella	Zero	TT[7]	Legionnaire's Disease, a type of pneumonia	Found naturally in water; multiplies in heating systems
Total Coliforms	Zero	5.0%[8]	Coliforms are bacteria that indicate that other, potentially harmful bacteria may be present (See fecal coliforms and E. coli).	Naturally present in the environment; as well as feces; fecal coliforms
Turbidity	n/a	TT[7]	Turbidity is a measure of the cloudiness of water. It is used to indicate water quality and filtration effectiveness (such as whether disease-causing organisms are present). Higher turbidity levels are often associated with higher levels of disease causing microorganisms such as viruses, parasites and some bacteria. These organisms can cause symptoms such as nausea, cramps, diarrhea, and associated headaches.	Soil runoff
Viruses (enteric)	Zero	TT[7]	Short-term exposure: Gastrointestinal illness (e.g., diarrhea, vomiting, cramps)	Human and animal fecal waste

• Disinfectants

Contaminant	MCLG[1] (mg/L)[2]	MCL or TT[1] (mg/L)[2]	Potential Health Effects from Long-Term[3] Exposure Above the MCL (unless specified as short term)	Common Sources of Contaminant in Drinking Water
Chloramines (as Cl_2)	MRDLG=4[1]	MRDL=4.0[1]	Eye/nose irritation; stomach discomfort, anemia	Water additive used to control microbes
Chlorine (as Cl_2)	MRDLG=4[1]	MRDL=4.0[1]	Eye/nose irritation; stomach discomfort	Water additive used to control microbes
Chlorine dioxide (as ClO_2)	MRDLG=0.8[1]	MRDL=0.8[1]	Anemia; infants, young children, and fetuses of pregnant women: nervous system effects	Water additive used to control microbes

• Disinfection Byproducts

Contaminant	MCLG[1] (mg/L)[2]	MCL or TT[1] (mg/L)[2]	Potential Health Effects from Long-Term[3] Exposure Above the MCL (unless specified as short term)	Common Sources of Contaminant in Drinking Water
Bromate	Zero	0.010	Increased risk of cancer	Byproduct of drinking water disinfection
Chlorite	0.8	1.0	Anemia; infants, young children, and fetuses of pregnant women: nervous system effects	Byproduct of drinking water disinfection
Haloacetic acids (HAA5)	n/a[9]	0.060	Increased risk of cancer	Byproduct of drinking water disinfection
Total Trihalomethanes (TTHMs)	n/a[9]	0.080	Liver, kidney or central nervous system problems; increased risk of cancer	Byproduct of drinking water disinfection

• Inorganic Chemicals

Contaminant	MCLG[1] (mg/L)[2]	MCL or TT[1] (mg/L)[2]	Potential Health Effects from Long-Term[3] Exposure Above the MCL (unless specified as short term)	Common Sources of Contaminant in Drinking Water
Antimony	0.006	0.006	Increase in blood cholesterol; decrease in blood sugar	Discharge from petroleum refineries; fire retardants; ceramics; electronics; solder
Arsenic	0	0.010	Skin damage or problems with circulatory systems, and may have increased risk of getting cancer	Erosion of natural deposits; runoff from orchards, runoff from glass and electronics production wastes
Asbestos (fiber>10 micrometers)	7 million fibers per liter (MFL)	7 MFL	Increased risk of developing benign intestinal polyps	Decay of asbestos cement in water mains; erosion of natural deposits

- Inorganic Chemicals (계속)

Contaminant	MCLG[1] (mg/L)[2]	MCL or TT[1] (mg/L)[2]	Potential Health Effects from Long-Term[3] Exposure Above the MCL (unless specified as short term)	Common Sources of Contaminant in Drinking Water
Barium	2	2	Increase in blood pressure	Discharge of drilling wastes; discharge from metal refineries; erosion of natural deposits
Beryllium	0.004	0.004	Intestinal lesions	Discharge from metal refineries and coal- burning factories; discharge from electrical, aerospace, and defense industries
Cadmium	0.005	0.005	Kidney damage	Corrosion of galvanized pipes; erosion of natural deposits; discharge from metal refineries; runoff from waste batteries and paints
Chromium (total)	0.1	0.1	Allergic dermatitis	Discharge from steel and pulp mills; erosion of natural deposits
Copper	1.3	TT[5]; Action Level =1.3	Short term exposure: Gastrointestinal distress, Long term exposure: Liver or kidney damage, People with Wilson's Disease should consult their personal doctor if the amount of copper in their water exceeds the action level	Corrosion of household plumbing systems; erosion of natural deposits
Cyanide (as free cyanide)	0.2	0.2	Nerve damage or thyroid problems	Discharge from steel/ metal factories; discharge from plastic and fertilizer factories
Fluoride	4.0	4.0	Bone disease (pain and tenderness of the bones); Children may get mottled teeth	Water additive which promotes strong teeth; erosion of natural deposits; discharge from fertilizer and aluminum factories
Lead	Zero	TT[5]; Action Level =0.015	Infants and children: Delays in physical or mental development; children could show slight deficits in attention span and learning abilities Adults: Kidney problems; high blood pressure	Corrosion of household plumbing systems; erosion of natural deposits
Mercury (inorganic)	0.002	0.002	Kidney damage	Erosion of natural deposits; discharge from refineries and factories; runoff from landfills and croplands

• Inorganic Chemicals (계속)

Contaminant	MCLG[1] (mg/L)[2]	MCL or TT[1] (mg/L)[2]	Potential Health Effects from Long-Term[3] Exposure Above the MCL (unless specified as short term)	Common Sources of Contaminant in Drinking Water
Nitrate (measured as Nitrogen)	10	10	Infants below the age of six months who drink water containing nitrate in excess of the MCL could become seriously ill and, if untreated, may die. Symptoms include shortness of breath and blue-baby syndrome.	Runoff from fertilizer use; leaking from septic tanks, sewage; erosion of natural deposits
Nitrite (measured as Nitrogen)	1	1	Infants below the age of six months who drink water containing nitrite in excess of the MCL could become seriously ill and, if untreated, may die. Symptoms include shortness of breath and blue-baby syndrome.	Runoff from fertilizer use; leaking from septic tanks, sewage; erosion of natural deposits
Selenium	0.05	0.05	Hair or fingernail loss; numbness in fingers or toes; circulatory problems	Discharge from petroleum refineries; erosion of natural deposits; discharge from mines
Thallium	0.0005	0.002	Hair loss; changes in blood; kidney, intestine, or liver problems	Leaching from ore-processing sites; discharge from electronics, glass, and drug factories

• Organic Chemicals

Contaminant	MCLG[1] (mg/L)[2]	MCL or TT[1] (mg/L)[2]	Potential Health Effects from Long-Term[3] Exposure Above the MCL (unless specified as short term)	Common Sources of Contaminant in Drinking Water
Acrylamide	Zero	TT[4]	Nervous system or blood problems; increased risk of cancer	Added to water during sewage/wastewater treatment
Alachlor	Zero	0.002	Eye, liver, kidney or spleen problems; anemia; increased risk of cancer	Runoff from herbicide used on row crops
Atrazine	0.003	0.003	Cardiovascular system or reproductive problems	Runoff from herbicide used on row crops
Benzene	Zero	0.005	Anemia; decrease in blood platelets; increased risk of cancer	Discharge from factories; leaching from gas storage tanks and landfills
Benzo(a)pyrene (PAHs)	Zero	0.0002	Reproductive difficulties; increased risk of cancer	Leaching from linings of water storage tanks and distribution lines
Carbofuran	0.04	0.04	Problems with blood, nervous system, or reproductive system	Leaching of soil fumigant used on rice and alfalfa
Carbon tetrachloride	Zero	0.005	Liver problems; increased risk of cancer	Discharge from chemical plants and other industrial activities

• Organic Chemicals (계속)

Contaminant	MCLG[1] (mg/L)[2]	MCL or TT[1] (mg/L)[2]	Potential Health Effects from Long-Term[3] Exposure Above the MCL (unless specified as short term)	Common Sources of Contaminant in Drinking Water
Chlordane	Zero	0.002	Liver or nervous system problems; increased risk of cancer	Residue of banned termiticide
Chlorobenzene	0.1	0.1	Liver or kidney problems	Discharge from chemical and agricultural chemical factories
2,4-D	0.07	0.07	Kidney, liver, or adrenal gland problems	Runoff from herbicide used on row crops
Dalapon	0.2	0.2	Minor kidney changes	Runoff from herbicide used on rights of way
1,2-Dibromo-3chloropropane (DBCP)	Zero	0.0002	Reproductive difficulties; increased risk of cancer	Runoff/leaching from soil fumigant used on soybeans, cotton, pineapples, and orchards
o-Dichlorobenzene	0.6	0.6	Liver, kidney, or circulatory system problems	Discharge from industrial chemical factories
p-Dichlorobenzene	0.075	0.075	Anemia; liver, kidney or spleen damage; changes in blood	Discharge from industrial chemical factories
1,2-Dichloroethane	Zero	0.005	Increased risk of cancer	Discharge from industrial chemical factories
1,1-Dichloroethylene	0.007	0.007	Liver problems	Discharge from industrial chemical factories
cis-1,2-Dichloroethylene	0.07	0.07	Liver problems	Discharge from industrial chemical factories
trans-1,2-Dichloroethylene	0.1	0.1	Liver problems	Discharge from industrial chemical factories
Dichloromethane	Zero	0.005	Liver problems; increased risk of cancer	Discharge from drug and chemical factories
1,2-Dichloropropane	Zero	0.005	Increased risk of cancer	Discharge from industrial chemical factories
Di(2-ethylhexyl) adipate	0.4	0.4	Weight loss, liver problems, or possible reproductive difficulties.	Discharge from chemical factories
Di(2-ethylhexyl) phthalate	Zero	0.006	Reproductive difficulties; liver problems; increased risk of cancer	Discharge from rubber and chemical factories
Dinoseb	0.007	0.007	Reproductive difficulties	Runoff from herbicide used on soybeans and vegetables
Dioxin (2,3,7,8-TCDD)	Zero	0.00000003	Reproductive difficulties; increased risk of cancer	Emissions from waste incineration and other combustion; discharge from chemical factories
Diquat	0.02	0.02	Cataracts	Runoff from herbicide use

• Organic Chemicals (계속)

Contaminant	MCLG[1] (mg/L)[2]	MCL or TT[1] (mg/L)[2]	Potential Health Effects from Long-Term[3] Exposure Above the MCL (unless specified as short term)	Common Sources of Contaminant in Drinking Water
Endothall	0.1	0.1	Stomach and intestinal problems	Runoff from herbicide use
Endrin	0.002	0.002	Liver problems	Residue of banned insecticide
Epichlorohydrin	Zero	TT[4]	Increased cancer risk, and over a long period of time, stomach problems	Discharge from industrial chemical factories; an impurity of some water treatment chemicals
Ethylbenzene	0.7	0.7	Liver or kidneys problems	Discharge from petroleum refineries
Ethylene dibromide	Zero	0.00005	Problems with liver, stomach, reproductive system, or kidneys; increased risk of cancer	Discharge from petroleum refineries
Glyphosate	0.7	0.7	Kidney problems; reproductive difficulties	Runoff from herbicide use
Heptachlor	Zero	0.0004	Liver damage; increased risk of cancer	Residue of banned termiticide
Heptachlor epoxide	Zero	0.0002	Liver damage; increased risk of cancer	Breakdown of heptachlor
Hexachloro-benzene	Zero	0.001	Liver or kidney problems; reproductive difficulties; increased risk of cancer	Discharge from metal refineries and agricultural chemical factories
Hexachloro-cyclopentadiene	0.05	0.05	Kidney or stomach problems	Discharge from chemical factories
Lindane	0.0002	0.0002	Liver or kidney problems	Runoff/leaching from insecticide used on cattle, lumber, gardens
Methoxychlor	0.04	0.04	Reproductive difficulties	Runoff/leaching from insecticide used on fruits, vegetables, alfalfa, livestock
Oxamyl (Vydate)	0.2	0.2	Slight nervous system effects	Runoff/leaching from insecticide used on apples, potatoes, and tomatoes
Pentachlorophenol	Zero	0.001	Liver or kidney problems; increased cancer risk	Discharge from wood preserv-ing factories
Picloram	0.5	0.5	Liver problems	Herbicide runoff
Polychlorinated biphenyls (PCBs)	Zero	0.0005	Skin changes; thymus gland problems; immune deficiencies; reproductive or nervous system difficulties; increased risk of cancer	Runoff from landfills; dis-charge of waste chemicals
Simazine	0.004	0.004	Problems with blood	Herbicide runoff
Styrene	0.1	0.1	Liver, kidney, or circulatory system problems	Discharge from rubber and plastic factories; leaching from landfills
Tetrachloroethylene (PCE)	Zero	0.005	Liver problems; increased risk of cancer	Discharge from factories and dry cleaners

• Organic Chemicals (계속)

Contaminant	MCLG[1] (mg/L)[2]	MCL or TT[1] (mg/L)[2]	Potential Health Effects from Long-Term[3] Exposure Above the MCL (unless specified as short term)	Common Sources of Contaminant in Drinking Water
Toluene	1	1	Nervous system, kidney, or liver problems	Discharge from petroleum factories
Toxaphene	Zero	0.003	Kidney, liver, or thyroid problems; increased risk of cancer	Runoff/leaching from insecticide used on cotton and cattle
2,4,5-TP (Silvex)	0.05	0.05	Liver problems	Residue of banned herbicide
1,2,4-Trichlorobenzene	0.07	0.07	Changes in adrenal glands	Discharge from textile finishing factories
1,1,1-Trichloroethane	0.2	0.2	Liver, nervous system, or circulatory problems	Discharge from metal degreasing sites and other factories
1,1,2-Trichloroethane	0.003	0.005	Liver, kidney, or immune system problems	Discharge from industrial chemical factories
Trichloroethylene (TCE)	Zero	0.005	Liver problems; increased risk of cancer	Discharge from metal degreasing sites and other factories
Vinyl chloride (VC)	Zero	0.002	Increased risk of cancer	Leaching from PVC pipes; discharge from plastic factories
Xylenes (total)	10	10	Nervous system damage	Discharge from petroleum factories; discharge from chemical factories

• Radionuclides

Contaminant	MCLG[1] (mg/L)[2]	MCL or TT[1] (mg/L)[2]	Potential Health Effects from Long-Term[3] Exposure Above the MCL (unless specified as short term)	Common Sources of Contaminant in Drinking Water
Alpha/photon emitters	Zero	15 picocuries per Liter (pCi/L)	Increased risk of cancer	Erosion of natural deposits of certain minerals that are radioactive and may emit a form of radiation known as alpha radiation
Beta/photon emitters	Zero	4 millirems per year	Increased risk of cancer	Decay of natural and man-made deposits of certain minerals that are radioactive and may emit forms of radiation known as photons and beta radiation
Radium 226 and Radium 228 (combined)	Zero	5 pCi/L	Increased risk of cancer	Erosion of natural deposits
Uranium	Zero	30 ug/L	Increased risk of cancer, kidney toxicity	Erosion of natural deposits

Notes

[1] **Definitions:**

- **Maximum Contaminant Level Goal(MCLG)** - The level of a contaminant in drinking water below which there is no known or expected risk to health. MCLGs allow for a margin of safety and are non-enforceable public health goals.
- **Maximum Contaminant Level(MCL)** - The highest level of a contaminant that is allowed in drinking water. MCLs are set as close to MCLGs as feasible using the best available treatment technology and taking cost into consideration. MCLs are enforceable standards.
- **Maximum Residual Disinfectant Level Goal(MRDLG)** - The level of a drinking water disinfectant below which there is no known or expected risk to health. MRDLGs do not reflect the benefits of the use of disinfectants to control microbial contaminants.
- **Treatment Technique(TT)** - A required process intended to reduce the level of a contaminant in drinking water.
- **Maximum Residual Disinfectant Level(MRDL)** - The highest level of a disinfectant allowed in drinking water. There is convincing evidence that addition of a disinfectant is necessary for control of microbial contaminants.

[2] Units are in milligrams per liter (mg/L) unless otherwise noted. Milligrams per liter are equivalent to parts per million (ppm).

[3] Health effects are from long-term exposure unless specified as short-term exposure.

[4] Each water system must certify, in writing, to the state (using third-party or manufacturer's certification) that when acrylamide and epichlorohydrin are used to treat water, the combination (or product) of dose and monomer level does not exceed the levels specified, as follows:

- Acrylamide = 0.05% dosed at 1 mg/L (or equivalent)
- Epichlorohydrin = 0.01% dosed at 20 mg/L (or equivalent)

[5] Lead and copper are regulated by a treatment technique that requires systems to control the corrosiveness of their water. If more than 10% of tap water samples exceed the action level, water systems must take additional steps. For copper, the action level is 1.3 mg/L, and for lead is 0.015 mg/L.

[6] A routine sample that is fecal coliform-positive or E. coli-positive triggers repeat samples-if any repeat sample is total coliform-positive, the system has an acute MCL violation. A routine sample that is total coliform-positive and fecal coliform-negative or E. coli negative triggers repeat samples--if any repeat sample is fecal coliform-positive or E. coli-positive, the system has an acute MCL violation. See also Total Coliforms.

[7] EPA's surface water treatment rules require systems using surface water or ground water under the direct influence of surface water to (1) disinfect their water, and (2) filter their water, or (3) meet criteria for avoiding filtration so that the following contaminants are controlled at the following levels:

- **Cryptosporidium**: Unfiltered systems are required to include Cryptosporidium in their existing watershed control provisions
- **Giardia lamblia**: 99.9% removal/inactivation.
- **Viruses**: 99.99% removal/inactivation.
- **Legionella**: No limit, but EPA believes that if Giardia and viruses are removed/inactivated, according to the treatment techniques in the Surface Water Treatment Rule, Legionella will also be controlled.
- **Turbidity**: For systems that use conventional or direct filtration, at no time can turbidity (cloudiness of water) go higher than 1 Nephelometric Turbidity Unit (NTU), and samples for turbidity must be less than or equal to 0.3 NTUs in at least 95 percent of the samples in any month. Systems that use filtration other than the conventional or direct filtration must follow state limits, which must include turbidity at no time exceeding 5 NTUs.
- **Heterotrophic Plate Count(HPC)**: No more than 500 bacterial colonies per milliliter.
- **Long Term 1 Enhanced Surface Water Treatment**: Surface water systems or groundwater under the direct influence (GWUDI) systems serving fewer than 10,000 people must comply with the applicable Long Term 1 Enhanced Surface Water Treatment Rule provisions (such as turbidity standards, individual filter monitoring, Cryptosporidium removal requirements, updated watershed control requirements for unfiltered systems).

Notes

- **Long Term 2 Enhanced Surface Water Treatment**: This rule applies to all surface water systems or ground water systems under the direct influence of surface water. The rule targets additionalCryptosporidium treatment requirements for higher risk systems and includes provisions to reduce risks from uncovered finished water storage facilities and to ensure that the systems maintain microbial protection as they take steps to reduce the formation of disinfection byproducts.
- **Filter Backwash Recycling**: This rule requires systems that recycle to return specific recycle flows through all processes of the system's existing conventional or direct filtration system or at an alternate location approved by the state.

[8] No more than 5.0% samples total coliform-positive (TC-positive) in a month. (For water systems that collect fewer than 40 routine samples per month, no more than one sample can be total coliform positive per month.) Every sample that has total coliform must be analyzed for either fecal coliforms or E. coli if two consecutive TC-positive samples, and one is also positive for E.coli fecal coliforms, system has an acute MCL violaton.

[9] Although there is no collective MCLG for this contaminant group, there are individual MCLGs for some of the individual contaminants:

- Trihalomethanes: bromodichloromethane (zero); bromoform (zero); dibromochloromethane (0.06 mg/L): chloroform (0.07 mg/L).
- Haloacetic acids: dichloroacetic acid (zero); trichloroacetic acid (0.02 mg/L); monochloroacetic acid (0.07 mg/L). Bromoacetic acid and dibromoacetic acid are regulated with this group but have no MCLGs.

2) National Secondary Drinking Water Regulations

Contaminant	Units	Secondary Maximum Contaminant Level
Aluminum	mg/L	0.05 to 0.2
Chloride	mg/L	250
Color	color units	15
Copper	mg/L	1.0
Corrosivity	-	noncorrosive
Fluoride	mg/L	2.0
Foaming Agents	mg/L	0.5
Iron	mg/L	0.3
Manganese	mg/L	0.05
Odor	threshold odor number	3
pH	-	6.5-8.5
Silver	mg/L	0.1
Sulfate	mg/L	250
Total Dissolved Solids	mg/L	500
Zinc	mg/L	5

Note) National Secondary Drinking Water Regulations are non-enforceable guidelines regarding contaminants that may cause cosmetic effects (such as skin or tooth discoloration) or aesthetic effects (such as taste, odor, or color) in drinking water. EPA recommends secondary standards to water systems but does not require systems to comply. However, some states may choose to adopt them as enforceable standards.

Reference

US EPA(2009). National Primary Drinking Water Regulations(NPDWRs), EPA 816-F-09-004.

PERIODIC TABLE OF THE ELEMENTS

1 H 1,0079 Hydrogen																	2 He 4,0026 Helium
3 Li 1,941 Lithium	4 Be 9,0122 Beryllium											5 B 10,811 Boron	6 C 12,011 Carbon	7 N 14,007 Nitrogen	8 O 15,999 Oxygen	9 F 18,998 Fluorine	10 Ne 20,180 Neon
11 Na 22,990 Sodium	12 Mg 24,305 Magnesium											13 Al 26,982 Aluminium	14 Si 28,086 Silicon	15 P 30,974 Phosphorus	16 S 32,065 Sulfur	17 Cl 35,453 Chlorine	18 Ar 39,948 Argon
19 K 39.098 Potassium	20 Ca 40.078 Calcium	21 Sc 44.956 Scandium	22 Ti 47.867 Titanium	23 V 50.942 Vanadium	24 Cr 51.996 Chromium	25 Mn 54.938 Manganese	26 Fe 55.845 Iron	27 Co 58.933 Cobalt	28 Ni 58.693 Nickel	29 Cu 63.546 Cooper	30 Zn 65.39 Zinc	31 Ga 69.723 Gallium	32 Ge 1.0079 Germanium	33 As 74.992 Arsenic	34 Se 78.96 Selenium	35 Br 79.904 Bromine	36 Kr 83.80 Krypton
37 Rb 85,468 Rubidium	38 Sr 87,62 Strontium	39 Y 88,906 Yttrium	40 Zr 91,224 Zirconium	41 Nb 92,906 Niobium	42 Mo 95,94 Molybdenum	43 Tc 98 Technetium	44 Ru 101,07 Ruthenium	45 Rh 102,91 Rhodium	46 Pd 106,42 Palladium	47 Ag 107,87 Silver	48 Cd 112,41 Cadmium	49 In 114,82 Indium	50 Sn 118,71 Tin	51 Sb 121,76 Antimony	52 Te 127,60 Tellurium	53 I 126,90 Iodine	54 Xe 131,29 Xenon
55 Cs 132,91 Cesium	56 Ba 137,33 Barium	57 - 71 La - Lu	72 Hf 178.49 Hafnium	73 Ta 180.95 Tantalum	74 W 183.84 Tungsten	75 Re 186.21 Rhenium	76 Os 190.23 Osmium	77 Ir 192.22 Iridium	78 Pt 195.08 Platinum	79 Au 196.97 Gold	80 Hg 200.59 Mercury	81 Tl 204.38 Thallium	82 Pb 207.2 Lead	83 Bi 208.98 Bismuth	84 Po 209 Polonium	85 At 210 Astatine	86 Rn 222 Radon
87 Fr 223 Francium	88 Ra 226 Radium	89 - 103 Ac - Lr	104 Rf 261 Rutherfordium	105 Db 262 Dubnium	106 Sg 266 Seaborgium	107 Bh 264 Bohrium	108 Hs 269 Hassium	109 Mt 268 Meitnerium	110 Uun 271 Ununnilium	111 Uuu 272 Unununium	112 Uub 1,0079 Ununbium	113 Uut Ununtrium	114 Uuq 289 Ununquatium	115 Uup Ununpentium	116 Uuh Ununhexium	117 Uus Ununseptium	118 Uuo Ununoctium
Lanthanide series		57 La 138,91 Lanthanide	58 Ce 140,12 Cerium	59 Pr 140,91 Praseodymium	60 Nd 144,24 Neodymium	61 Pm 145 Promethium	62 Sm 150,36 Samarium	63 Eu 151,96 Europium	64 Gd 157,25 Gadolinum	65 Tb 158,93 Terbium	66 Dy 162,5 Dysprosium	67 Ho 164,93 Holmium	68 Er 1,0079 Erbium	69 Tm 168,93 Thulium	70 Yb 173,04 Yttersium	71 Lu 1,0079 Lutetium	
Actinide series		89 Ac 227 Actinide	90 Th 232,04 Thorium	91 Pa 231,04 Protactinium	92 U 238,03 Uranium	93 Np 237 Neptunium	94 Pu 244 Plutonium	95 Am 243 Americium	96 Cm 247 Curium	97 Bk 247 Berkelium	98 Cf 251 Californium	99 Es 252 Einsteinium	100 Fm 257 Fermium	101 Md 258 Mendelevium	102 No 259 Nobelium	103 Lr 1,0079 Lawrencium	

찾아보기

ㅈ

ㅊ

ㅋ

ㅌ

ㅍ

ㅎ

A

B

C

D

E

F

M

N

O

P

Q

R

S

T

U

V

W

Y

Z

▶ **저자소개**

안영호(Ahn, Youngho)

-고려대학교 환경공학(공학석사), 경북대학교 환경공학(공학박사)

-상하수도 특급기술자

-미국 Vanderbilt University, Faculty Research Associate

-미국 Pennsylvania State University, 캐나다 Ecole Polytechnique Montreal 연구교수

-현 영남대학교 건설시스템공학과 환경공학연구실 교수

상하수도공학

-수질오염제어 및 자원회수-

2020년 8월 24일 초판 인쇄
2020년 8월 31일 초판 발행

지은이 안영호
펴낸이 류원식
펴낸곳 **교문사**
편집팀장 모은영
책임진행 안영선
디자인 신나리
본문편집 김미진

주소 (10881) 경기도 파주시 문발로 116
전화 031-955-6111
팩스 031-955-0955
홈페이지 www.gyomoon.com
E-mail genie@gyomoon.com
등록번호 1960.10.28. 제406-2006-000035호
ISBN 978-89-363-2089-8(93530)
값 53,000원